钻井流体

（上册）

郑力会 编著

石油工业出版社

内 容 提 要

从钻井流体研究应用中,抽象出基本原理、基本概念、基本方法、基本计算和基本应用,形成基础理论和普适工艺。上册通过钻井流体多元聚集态、适合为佳选择等6项基础理论以及控制压力性能、环境友好性能等16项基本性能的阐述,构成钻井流体学原理,共22章;下册通过碱度控制剂、可溶性盐等40类钻井流体组分,造浆土细分散水基、充气等14类分散状态钻井流体,松散地层、破碎性地层等18类地层特性钻井流体,钻进流体、处理钻井废弃物流体等14类作业环节钻井流体,溢流井喷压井、环境友好等18类作业需求钻井流体的集成,构建钻井流体工艺,共104章。全书较完整地建立钻井流体知识体系,形成钻井流体学。

本书适合高等院校相关专业学生基础理论学习使用,也可供相关专业现场工作人员参考借鉴。

图书在版编目(CIP)数据

钻井流体/郑力会编著. —北京:石油工业出版社,2023.8
ISBN 978 − 7 − 5183 − 5852 − 6

Ⅰ. ① 钻… Ⅱ. ① 郑… Ⅲ. ① 钻井液 – 教材 Ⅳ. ① TE254

中国国家版本馆 CIP 数据核字(2023)第 017963 号

出版发行:石油工业出版社
(北京安定门外安华里2区1号楼 100011)
网　　址:www.petropub.com
编辑部:(010)64523537　图书营销中心:(010)64523633
经　销:全国新华书店
印　刷:北京晨旭印刷厂

2023 年 8 月第 1 版　2023 年 8 月第 1 次印刷
787×1092 毫米　开本:1/16　印张:107.25
字数:2600 千字

定价:380.00 元(上下册)
(如出现印装质量问题,我社图书营销中心负责调换)
版权所有,翻印必究

前　言

2002年我进入石油大学(北京)攻读油气井工程油田化学与提高采收率方向的博士学位，开始系统学习钻井流体知识。博士毕业后，从事钻井液相关的教学和科研工作。在工作过程中，我一直想撰写一本系统介绍钻井流体的书籍。希望读者可以通过书中介绍的常识了解相关钻井流体内容，使初学者快速入门。

2010年后，我基本上把所有的空余时间都用在这本书的酝酿和编写上。十几易其稿不说，书名都换了几次。我十多届学生，他们或是学士，或是硕士，抑或是博士、博士后，都为本书贡献了智慧。我们反复修改整体结构、文字、图、表，乃至参考文献，希望为读者系统完整地学习钻井流体相关知识提供帮助。书写起来艰苦，修改也不易，望着编辑部寄来的十几公斤重的初稿，惊叹钻井流体的知识之丰富，工程之浩大，更惊喜地发现钻井流体不再是简单地配制、维护、处理，而已经形成了独特的理论体系和工艺集成。充分发挥钻井流体的作用，实现钻井流体安全、优质、高效和环保的效用，已成为大多数业内人士的主要工作方向。正因为如此，许多从业者十分重视钻井流体，不断投入人力、物力、财力来研究和管理钻井流体，甚至整个钻井项目由钻井流体工程师担任负责人，形成了钻井流体研究和应用起点高、发展完善、发展速度快的新态势。

写作过程中，不仅仅学习了同行研究钻井流体的思路和知识，也使我感受到了先哲们的伟大奉献精神，现在看起来，相对初级的理论、方法和工艺，却凝聚了他们的智慧和汗水。钻井流体经过百年发展与实践，基本认识了现代钻井流体的表观现象及其内在规律，初步建立了理论和开发方法，并不断完善工艺，形成了自己的理论体系和技术系列，形成了实践特点鲜明、理论特征多样的一门用于完成钻井工程任务的新学科。为使前辈们丰富的成果更受关注，笔者大胆提出"钻井流体学"，并将钻井流体和学科的三个英文单词缩略，创造钻井流体学英文单词"drifluidology"，吸引更多人关注钻井流体的研究和应用进展，更大程度地助力钻井流体满足科学研究和工程应用需求，也是油气井井筒工作流体的基础课程。

钻井流体在理论、方法和工艺取得的成就，仅仅是整个钻井流体学大海中的一粟。目前，钻井流体的发展丰富了流变学、胶体化学的研究内容，钻井流体学的未来将促进仿生学、聚集态等前沿科学的技术转化和进步。钻井流体学主要研究钻井流体原理和钻井流体工艺两方面的内容。钻井流体原理研究钻井流体学中的基本规律，重点解决理论问题；钻井流体工艺研究钻井流体使用过程中的方法，重在解决现场出现的问题。

本书以中国钻井流体同行们的研究应用成果为基石，把基本概念、基本原理、基本方法、基本计算和基本应用等作为基础知识重新厘定，对引用文献的原始出处，也详细地做了说明。我将自己从事油井产量损失控制工作中的钻井流体部分整理出来，希望也能给读者带来一点解决难题的灵感。主要思路为储层保护的目标是油井产量损失控制，将井筒中由于能量造成产量损失的研究应用纳入油井产量损失控制中,完善了储层保护的知识体系。同时,根据发现流体的动力决定渗流量大小这一规律,提出了解决不可避免的储层伤害需要通过"储层产量伤害工程补偿技术"来提高产量,并建立室内用流量变化优选工程技术的指标,解决了多个储层合采无法评价储层伤害程度的难题。创造绒囊流体及模糊封堵准则的"粘接稳定破碎性岩土技术",进一步提炼出封堵学这一学科。让封堵这一涉及工程、医学等民计民生的工作在封堵学科的推动下,更好地为社会服务,同时成立了河北省化工学会封堵学专业委员会,并在中国石油大学(北京)和长江大学开设封堵学课程,研究和推动封堵科学和技术。研究中发现钻井流体组分间相互作用可能不是现代物理化学所能解释的,特别是能够满足封堵需要的性能只是某些剂量范围的时候,就提出新的交叉科学——适量化学。"适合就好"成为我本人研究和应用的出发点,即适合为佳的哲学思想。这一哲学思想可以通过剥茧算法定量实现,以探索现象结果背后的实质——原生信息再现技术。从项目—工程—技术—科学—哲学的路径,引导我去思考,去为之奋斗终生。

  本书共7篇126章,还包括单位换算和名词中英文对照等2个附录。第1篇钻井流体性质共6章,全面阐述了钻井流体学通用理论知识。第2篇钻井流体性能共16章,介绍了为实现钻井流体的功能所具备的钻井流体性能。第1篇和第2篇构成钻井流体(上册):钻井流体原理。第3篇钻井流体组分共40章,介绍了钻井流体主要处理剂的作用机理、合成工艺和应用实例等。第4篇分散状态钻井流体共14章,第5篇地层特性钻井流体共18章,第6篇钻井环节钻井流体共14章,第7篇作业需求钻井流体共18章。第3篇至第7篇构成钻井流体(下册):钻井流体工艺。附录考虑了诸多因素,如思考题方便大中专院校和培训机构开放式教学和互动式讨论;书中出现的单位给出了换算关系,为工程作业读者提供方便;钻井流体所涉及的专业名词中英文对照方便国际合作与交流,便于阅读和理解。

  全书上册适合作为钻井流体学普通教育或者一般性了解的书籍,如本科生的油气井工程专业和应用化学专业的课程;下册针对工程问题的内容更多,适合专题研究和具体应用,如研究生的案例教学、现场工程师系统培训教材。写作过程中,得到中国石油出版基金、石油工业出版社的大力支持,在此一并表示衷心的感谢。

  十几年的写作,酸甜苦辣咸,深有感触,总想写出此时的心情。但真到写的时候才发现,任何语言都无法描述那时那刻的上千个日夜,完成书稿后的激动情绪。寥寥数笔,权作留念。

  钻井流体空间广袤,待大悟者指点更深邃的方向。由于水平有限,书中难免存在许多不足,望读者不吝赐教。

目　　录

绪论 ……………………………………………………………………………………（ 1 ）

参考文献 …………………………………………………………………………………（ 27 ）

第 1 篇　钻井流体性质

第 1 章　钻井流体存在状态理论 ……………………………………………………（ 31 ）
1.1　钻井流体溶液态 …………………………………………………………………（ 32 ）
1.2　钻井流体胶体态 …………………………………………………………………（ 68 ）
1.3　钻井流体浊液态 …………………………………………………………………（122）

第 2 章　钻井流体种类变依据划分理论 ……………………………………………（204）
2.1　钻井流体分散状态分类 …………………………………………………………（214）
2.2　钻井流体面对的地层特性分类 …………………………………………………（230）
2.3　钻井环节分类 ……………………………………………………………………（234）
2.4　钻井作业需求分类 ………………………………………………………………（238）

第 3 章　钻井流体组分变依据划分理论 ……………………………………………（242）
3.1　钻井流体组分制造方法 …………………………………………………………（247）
3.2　钻井流体组分分类方法 …………………………………………………………（263）

第 4 章　钻井流体适合为佳选择理论 ………………………………………………（272）
4.1　钻井流体功能两面性 ……………………………………………………………（272）
4.2　钻井流体选择 ……………………………………………………………………（283）

第 5 章　钻井流体系统净化为目标的设备配套理论 ………………………………（296）
5.1　液体型钻井流体循环流程 ………………………………………………………（297）
5.2　气体型钻井流体不可循环流程 …………………………………………………（311）

第 6 章　钻井流体实施过程的对标控制理论 ………………………………………（320）
6.1　设计依据目标需求 ………………………………………………………………（320）

6.2 依据应用环境评价 ·············(350)
6.3 钻井流体配制维护处理一体化 ·············(363)

参考文献 ·············(370)

第 2 篇 钻井流体性能

第 1 章 钻井流体控制压力性能 ·············(387)
1.1 与钻井工程的关系 ·············(393)
1.2 测定及调整方法 ·············(396)
1.3 现场调整工艺 ·············(422)
1.4 发展趋势 ·············(428)

第 2 章 钻井流体流变性能 ·············(431)
2.1 与钻井工程关系 ·············(432)
2.2 测定及调整方法 ·············(450)
2.3 现场调整工艺 ·············(476)
2.4 发展趋势 ·············(487)

第 3 章 钻井流体失水护壁性能 ·············(489)
3.1 与钻井工程关系 ·············(491)
3.2 测定及调整方法 ·············(492)
3.3 现场调整工艺 ·············(504)
3.4 发展趋势 ·············(519)

第 4 章 钻井流体传递信息性能 ·············(521)
4.1 与钻井工程的关系 ·············(522)
4.2 测定及调整方法 ·············(523)
4.3 现场调整工艺 ·············(531)
4.4 发展趋势 ·············(531)

第 5 章 钻井流体耐酸碱性能 ·············(533)
5.1 与钻井工程的关系 ·············(534)
5.2 测定及调整方法 ·············(537)
5.3 现场调整工艺 ·············(548)
5.4 发展趋势 ·············(550)

第 6 章 钻井流体耐盐性能 ………………………………………………(552)

6.1 与钻井工程关系 ………………………………………………(553)
6.2 测定及调整方法 ………………………………………………(556)
6.3 现场调整工艺 …………………………………………………(565)
6.4 发展趋势 ………………………………………………………(567)

第 7 章 钻井流体兼容性能 ………………………………………………(569)

7.1 与钻井工程关系 ………………………………………………(572)
7.2 测定及调整方法 ………………………………………………(581)
7.3 现场调整工艺 …………………………………………………(599)
7.4 发展趋势 ………………………………………………………(645)

第 8 章 钻井流体耐温性能 ………………………………………………(647)

8.1 与钻井工程的关系 ……………………………………………(647)
8.2 测定及调整方法 ………………………………………………(649)
8.3 现场调整工艺 …………………………………………………(654)
8.4 发展趋势 ………………………………………………………(657)

第 9 章 钻井流体抑制性能 ………………………………………………(661)

9.1 与钻井工程的关系 ……………………………………………(661)
9.2 测定及调整方法 ………………………………………………(675)
9.3 现场调整工艺 …………………………………………………(682)
9.4 发展趋势 ………………………………………………………(685)

第 10 章 钻井流体润滑性能 ……………………………………………(686)

10.1 与钻井工程的关系 ……………………………………………(686)
10.2 测定及调整方法 ………………………………………………(688)
10.3 现场调整工艺 …………………………………………………(697)
10.4 发展趋势 ………………………………………………………(700)

第 11 章 钻井流体荧光性能 ……………………………………………(702)

11.1 与钻井工程的关系 ……………………………………………(705)
11.2 测定及调整方法 ………………………………………………(706)
11.3 现场调整工艺 …………………………………………………(712)
11.4 发展趋势 ………………………………………………………(714)

第 12 章 钻井流体腐蚀性能 ……………………………………………(721)

12.1 与钻井工程的关系 ……………………………………………(724)

12.2 测定及调整方法	(725)
12.3 现场调整工艺	(740)
12.4 发展趋势	(753)

第13章 钻井流体导热性能 ································ (759)

13.1 与钻井工程的关系	(759)
13.2 测定及调整方法	(762)
13.3 现场调整工艺	(766)
13.4 发展趋势	(767)

第14章 钻井流体导电性能 ································ (770)

14.1 与钻井工程的关系	(770)
14.2 测定及调整方法	(776)
14.3 现场调整工艺	(778)
14.4 发展趋势	(779)

第15章 钻井流体储层伤害性能 ···························· (780)

15.1 与钻井工程的关系	(780)
15.2 测定及调整方法	(784)
15.3 现场调整工艺	(787)
15.4 发展趋势	(789)

第16章 钻井流体环境友好性能 ···························· (792)

16.1 与钻井工程关系	(794)
16.2 测定及调整方法	(797)
16.3 现场调整工艺	(826)
16.4 发展趋势	(829)

参考文献 ·· (832)

第3篇 钻井流体组分

第1章 碱度控制剂 ······································ (845)

1.1 碱度控制剂作用机理	(845)
1.2 常用碱度控制剂制造工艺	(847)
1.3 发展前景	(849)

第 2 章 杀菌剂 ……(851)
2.1 杀菌剂作用机理 ……(852)
2.2 常用杀菌剂制造工艺 ……(852)
2.3 发展前景 ……(857)

第 3 章 除硫剂 ……(859)
3.1 除硫剂作用机理 ……(859)
3.2 常用除硫剂制造工艺 ……(860)
3.3 发展前景 ……(861)

第 4 章 除氧剂 ……(863)
4.1 除氧剂作用机理 ……(863)
4.2 常用除氧剂制造工艺 ……(863)
4.3 发展前景 ……(865)

第 5 章 高温稳定剂 ……(866)
5.1 高温稳定剂作用机理 ……(867)
5.2 常用高温稳定剂制造工艺 ……(868)
5.3 发展前景 ……(869)

第 6 章 缓蚀剂 ……(871)
6.1 缓蚀剂作用机理 ……(871)
6.2 常用缓蚀剂制造工艺 ……(875)
6.3 发展前景 ……(877)

第 7 章 除钙剂 ……(878)
7.1 除钙剂作用机理 ……(878)
7.2 常用除钙剂制造工艺 ……(879)
7.3 发展前景 ……(883)

第 8 章 水合物抑制剂 ……(884)
8.1 水合物抑制剂作用机理 ……(884)
8.2 常用抑制剂制造工艺 ……(888)
8.3 发展前景 ……(889)

第 9 章 盐析抑制剂 ……(892)
9.1 盐析抑制剂作用机理 ……(892)

9.2 常用盐析抑制剂制造工艺 …………………………………………………………… (893)
9.3 发展前景 ………………………………………………………………………………… (894)

第10章 包被剂 ………………………………………………………………………………… (895)

10.1 包被剂作用机理 ………………………………………………………………………… (895)
10.2 常用包被剂制造工艺 …………………………………………………………………… (895)
10.3 发展前景 ………………………………………………………………………………… (897)

第11章 絮凝剂 ………………………………………………………………………………… (899)

11.1 絮凝剂作用机理 ………………………………………………………………………… (899)
11.2 常用絮凝剂制造工艺 …………………………………………………………………… (904)
11.3 发展前景 ………………………………………………………………………………… (909)

第12章 页岩水化抑制剂 ……………………………………………………………………… (911)

12.1 页岩水化抑制剂作用机理 ……………………………………………………………… (911)
12.2 常用页岩水化抑制剂制造工艺 ………………………………………………………… (914)
12.3 发展前景 ………………………………………………………………………………… (919)

第13章 封堵防塌剂 …………………………………………………………………………… (921)

13.1 封堵防塌剂作用机理 …………………………………………………………………… (921)
13.2 常用封堵防塌剂制造工艺 ……………………………………………………………… (921)
13.3 发展前景 ………………………………………………………………………………… (923)

第14章 解絮凝剂 ……………………………………………………………………………… (925)

14.1 解絮凝剂作用机理 ……………………………………………………………………… (925)
14.2 常用解絮凝剂制造工艺 ………………………………………………………………… (925)
14.3 发展前景 ………………………………………………………………………………… (928)

第15章 增黏剂 ………………………………………………………………………………… (929)

15.1 增黏剂作用机理 ………………………………………………………………………… (929)
15.2 常用增黏剂制造工艺 …………………………………………………………………… (929)
15.3 发展前景 ………………………………………………………………………………… (932)

第16章 提切剂 ………………………………………………………………………………… (933)

16.1 提切剂作用机理 ………………………………………………………………………… (933)
16.2 常用提切剂制造工艺 …………………………………………………………………… (934)
16.3 发展前景 ………………………………………………………………………………… (936)

第17章 降黏剂 (938)

17.1 降黏剂作用机理 (938)
17.2 常用降黏剂制造工艺 (939)
17.3 发展前景 (941)

第18章 交联剂 (943)

18.1 交联剂作用机理 (943)
18.2 常用交联剂制造工艺 (944)
18.3 发展前景 (945)

第19章 固化剂 (946)

19.1 固化剂作用机理 (947)
19.2 常用固化剂制造工艺 (950)
19.3 发展前景 (953)

第20章 破胶剂 (955)

20.1 破胶剂作用机理 (955)
20.2 常用破胶剂制造工艺 (957)
20.3 发展前景 (958)

第21章 降失水剂 (960)

21.1 降失水剂作用机理 (960)
21.2 常用降失水剂制造工艺 (961)
21.3 发展前景 (968)

第22章 堵漏剂 (970)

22.1 堵漏剂作用机理 (970)
22.2 常用堵漏剂制造工艺 (972)
22.3 发展前景 (977)

第23章 泡沫剂 (979)

23.1 泡沫剂作用机理 (980)
23.2 常用泡沫剂制造工艺 (983)
23.3 发展前景 (986)

第24章 乳化剂 (988)

24.1 乳化剂作用机理 (989)

24.2　常用乳化剂制造工艺 ……………………………………………………………（990）
　　24.3　发展前景 ……………………………………………………………………………（992）

第 25 章　消泡剂 ………………………………………………………………………（994）

　　25.1　消泡剂作用机理 ……………………………………………………………………（994）
　　25.2　常用消泡剂制造工艺 ………………………………………………………………（996）
　　25.3　发展前景 ……………………………………………………………………………（998）

第 26 章　增溶剂 ………………………………………………………………………（999）

　　26.1　增溶剂作用机理 ……………………………………………………………………（999）
　　26.2　常用增溶剂制造工艺 ……………………………………………………………（1001）
　　26.3　发展前景 …………………………………………………………………………（1002）

第 27 章　润湿剂 ……………………………………………………………………（1003）

　　27.1　润湿剂作用机理 …………………………………………………………………（1003）
　　27.2　常用润湿剂制造工艺 ……………………………………………………………（1005）
　　27.3　发展前景 …………………………………………………………………………（1007）

第 28 章　清洁剂 ……………………………………………………………………（1008）

　　28.1　清洁剂作用机理 …………………………………………………………………（1008）
　　28.2　常用清洁剂制造工艺 ……………………………………………………………（1008）
　　28.3　发展前景 …………………………………………………………………………（1009）

第 29 章　润滑剂 ……………………………………………………………………（1010）

　　29.1　润滑剂作用机理 …………………………………………………………………（1011）
　　29.2　常用润滑剂制造工艺 ……………………………………………………………（1012）
　　29.3　发展前景 …………………………………………………………………………（1014）

第 30 章　解卡剂 ……………………………………………………………………（1016）

　　30.1　解卡剂作用机理 …………………………………………………………………（1016）
　　30.2　常用解卡剂制造工艺 ……………………………………………………………（1017）
　　30.3　发展前景 …………………………………………………………………………（1019）

第 31 章　防水锁剂 …………………………………………………………………（1020）

　　31.1　防水锁剂作用机理 ………………………………………………………………（1021）
　　31.2　常用防水锁剂制造工艺 …………………………………………………………（1022）
　　31.3　发展前景 …………………………………………………………………………（1023）

第32章 示踪剂 (1025)
32.1 示踪剂作用机理 (1025)
32.2 常用示踪剂制造工艺 (1026)
32.3 发展前景 (1027)

第33章 荧光消除剂 (1029)
33.1 荧光消除剂作用机理 (1029)
33.2 常用荧光消除剂制造工艺 (1030)
33.3 发展前景 (1031)

第34章 分散剂 (1033)
34.1 分散剂作用机理 (1033)
34.2 常用分散剂制造工艺 (1034)
34.3 发展前景 (1036)

第35章 加重剂 (1038)
35.1 加重剂作用机理 (1038)
35.2 常用加重剂制造工艺 (1038)
35.3 发展前景 (1044)

第36章 提速剂 (1046)
36.1 提速剂作用机理 (1046)
36.2 常用提速剂制造工艺 (1047)
36.3 发展前景 (1049)

第37章 钻井流体用连续相 (1051)
37.1 连续相作用机理 (1051)
37.2 常用连续相制造工艺 (1051)
37.3 发展前景 (1057)

第38章 钻井流体用黏土 (1059)
38.1 黏土作用机理 (1064)
38.2 常用黏土制造工艺 (1065)
38.3 发展前景 (1068)

第39章 钻井流体用表面活性剂 (1070)
39.1 表面活性剂作用机理 (1070)

39.2 常用表面活性剂制造工艺 ……………………………………………………… (1071)
39.3 发展前景 ……………………………………………………………………… (1073)

第40章 钻井流体用可溶性盐 ……………………………………………………… (1076)

40.1 可溶性盐作用机理 …………………………………………………………… (1076)
40.2 常用可溶性盐制造工艺 ……………………………………………………… (1077)
40.3 发展前景 ……………………………………………………………………… (1086)

参考文献 …………………………………………………………………………………… (1088)

第4篇 分散状态钻井流体

第1章 造浆土细分散水基钻井流体 ……………………………………………… (1101)

1.1 开发依据 ……………………………………………………………………… (1101)
1.2 体系种类 ……………………………………………………………………… (1102)
1.3 发展前景 ……………………………………………………………………… (1105)

第2章 造浆土粗分散水基钻井流体 ……………………………………………… (1107)

2.1 开发依据 ……………………………………………………………………… (1107)
2.2 体系种类 ……………………………………………………………………… (1107)
2.3 发展前景 ……………………………………………………………………… (1112)

第3章 造浆土适度分散水基钻井流体 …………………………………………… (1113)

3.1 开发依据 ……………………………………………………………………… (1114)
3.2 体系种类 ……………………………………………………………………… (1114)
3.3 发展前景 ……………………………………………………………………… (1117)

第4章 无造浆土水基钻井流体 …………………………………………………… (1119)

4.1 开发依据 ……………………………………………………………………… (1119)
4.2 体系种类 ……………………………………………………………………… (1119)
4.3 发展前景 ……………………………………………………………………… (1122)

第5章 烃分散水基钻井流体 ……………………………………………………… (1123)

5.1 开发依据 ……………………………………………………………………… (1123)
5.2 体系种类 ……………………………………………………………………… (1124)
5.3 发展前景 ……………………………………………………………………… (1127)

第6章 泡分散水基钻井流体 (1129)

 6.1 开发依据 (1129)
 6.2 体系种类 (1130)
 6.3 发展前景 (1135)

第7章 盐溶液水基钻井流体 (1136)

 7.1 开发依据 (1136)
 7.2 体系种类 (1136)
 7.3 发展前景 (1149)

第8章 造浆土适度分散全烃基钻井流体 (1153)

 8.1 开发依据 (1153)
 8.2 体系种类 (1153)
 8.3 发展前景 (1161)

第9章 造浆土分散乳化烃基钻井流体 (1163)

 9.1 开发依据 (1163)
 9.2 体系类型 (1163)
 9.3 发展前景 (1169)

第10章 无造浆土烃基钻井流体 (1171)

 10.1 开发依据 (1171)
 10.2 体系种类 (1172)
 10.3 发展前景 (1175)

第11章 泡分散烃基钻井流体 (1176)

 11.1 开发依据 (1176)
 11.2 体系种类 (1176)
 11.3 发展前景 (1179)

第12章 气体钻井流体 (1181)

 12.1 开发依据 (1182)
 12.2 体系种类 (1183)
 12.3 发展前景 (1187)

第13章 泡沫钻井流体 (1189)

 13.1 开发依据 (1189)

13.2	体系种类	(1190)
13.3	发展前景	(1193)

第 14 章　充气钻井流体 (1195)

14.1	开发依据	(1195)
14.2	体系种类	(1196)
14.3	发展前景	(1199)

参考文献 (1201)

第 5 篇　地层特性钻井流体

第 1 章　松散地层钻井流体 (1209)

1.1	开发依据	(1209)
1.2	体系种类	(1210)
1.3	发展前景	(1212)

第 2 章　水敏地层钻井流体 (1214)

2.1	开发依据	(1215)
2.2	体系种类	(1215)
2.3	发展前景	(1219)

第 3 章　水溶地层钻井流体 (1221)

3.1	开发依据	(1222)
3.2	体系种类	(1222)
3.3	发展前景	(1224)

第 4 章　坚硬地层钻井流体 (1225)

4.1	开发依据	(1226)
4.2	体系种类	(1226)
4.3	发展前景	(1228)

第 5 章　异常压力地层钻井流体 (1231)

5.1	开发依据	(1231)
5.2	体系种类	(1232)
5.3	发展前景	(1234)

第6章　高温地层钻井流体 (1236)

6.1　开发依据 (1236)
6.2　体系种类 (1238)
6.3　发展前景 (1242)

第7章　高应力地层钻井流体 (1245)

7.1　开发原理 (1245)
7.2　体系种类 (1245)
7.3　发展前景 (1247)

第8章　煤层气储层钻井流体 (1249)

8.1　开发依据 (1252)
8.2　体系种类 (1254)
8.3　发展前景 (1275)

第9章　页岩储层钻井流体 (1278)

9.1　开发依据 (1280)
9.2　体系种类 (1280)
9.3　发展前景 (1284)

第10章　致密砂岩气储层钻井流体 (1286)

10.1　开发依据 (1288)
10.2　体系种类 (1288)
10.3　发展前景 (1290)

第11章　水合物储层钻井流体 (1292)

11.1　开发依据 (1293)
11.2　体系种类 (1294)
11.3　发展前景 (1296)

第12章　地热储层钻井流体 (1298)

12.1　开发依据 (1298)
12.2　体系种类 (1299)
12.3　发展前景 (1302)

第13章　酸气储层钻井流体 (1304)

13.1　开发依据 (1304)

13.2　体系种类 ………………………………………………………………………（1304）
　　13.3　发展前景 ………………………………………………………………………（1308）
第14章　油气储层钻井流体 ……………………………………………………………（1310）
　　14.1　开发依据 ………………………………………………………………………（1310）
　　14.2　体系种类 ………………………………………………………………………（1310）
　　14.3　发展前景 ………………………………………………………………………（1315）
第15章　漏失地层钻井流体 ……………………………………………………………（1317）
　　15.1　开发依据 ………………………………………………………………………（1330）
　　15.2　体系种类 ………………………………………………………………………（1335）
　　15.3　发展前景 ………………………………………………………………………（1341）
第16章　坍塌地层钻井流体 ……………………………………………………………（1343）
　　16.1　开发依据 ………………………………………………………………………（1343）
　　16.2　体系种类 ………………………………………………………………………（1343）
　　16.3　发展前景 ………………………………………………………………………（1348）
第17章　盐膏地层钻井流体 ……………………………………………………………（1350）
　　17.1　开发依据 ………………………………………………………………………（1350）
　　17.2　体系种类 ………………………………………………………………………（1350）
　　17.3　发展前景 ………………………………………………………………………（1356）
第18章　破碎性地层钻井流体 …………………………………………………………（1358）
　　18.1　开发依据 ………………………………………………………………………（1358）
　　18.2　体系种类 ………………………………………………………………………（1359）
　　18.3　发展前景 ………………………………………………………………………（1362）

参考文献 …………………………………………………………………………………（1364）

第6篇　钻井环节钻井流体

第1章　钻进流体 …………………………………………………………………………（1375）
　　1.1　开发依据 …………………………………………………………………………（1375）
　　1.2　体系种类 …………………………………………………………………………（1375）
　　1.3　发展前景 …………………………………………………………………………（1380）

第2章 洗井流体 (1382)

- 2.1 开发依据 (1382)
- 2.2 体系种类 (1382)
- 2.3 发展前景 (1386)

第3章 固井前置流体 (1388)

- 3.1 开发依据 (1388)
- 3.2 体系种类 (1389)
- 3.3 发展前景 (1392)

第4章 水泥浆 (1395)

- 4.1 开发依据 (1396)
- 4.2 体系种类 (1396)
- 4.3 发展前景 (1403)

第5章 水泥浆顶替流体 (1405)

- 5.1 开发依据 (1405)
- 5.2 体系种类 (1405)
- 5.3 发展前景 (1406)

第6章 砾石填充流体 (1408)

- 6.1 开发依据 (1408)
- 6.2 体系种类 (1408)
- 6.3 发展前景 (1410)

第7章 钻塞流体 (1412)

- 7.1 开发依据 (1412)
- 7.2 体系种类 (1412)
- 7.3 发展前景 (1414)

第8章 射孔流体 (1416)

- 8.1 开发依据 (1416)
- 8.2 体系种类 (1417)
- 8.3 发展前景 (1421)

第9章 试井流体 (1423)

- 9.1 开发依据 (1423)

9.2　体系种类 ………………………………………………………………………………（1425）
9.3　发展前景 ………………………………………………………………………………（1427）

第10章　破胶流体 …………………………………………………………………………（1429）

10.1　开发依据 ……………………………………………………………………………（1429）
10.2　体系种类 ……………………………………………………………………………（1429）
10.3　发展前景 ……………………………………………………………………………（1431）

第11章　套管封隔流体 ……………………………………………………………………（1433）

11.1　开发依据 ……………………………………………………………………………（1433）
11.2　体系种类 ……………………………………………………………………………（1434）
11.3　发展前景 ……………………………………………………………………………（1438）

第12章　储层伤害解堵流体 ………………………………………………………………（1440）

12.1　开发依据 ……………………………………………………………………………（1440）
12.2　体系种类 ……………………………………………………………………………（1441）
12.3　发展前景 ……………………………………………………………………………（1446）

第13章　修井流体 …………………………………………………………………………（1448）

13.1　开发依据 ……………………………………………………………………………（1448）
13.2　体系种类 ……………………………………………………………………………（1449）
13.3　发展前景 ……………………………………………………………………………（1455）

第14章　钻井流体废弃物处理流体 ………………………………………………………（1459）

14.1　开发依据 ……………………………………………………………………………（1460）
14.2　体系种类 ……………………………………………………………………………（1464）
14.3　发展前景 ……………………………………………………………………………（1488）

参考文献 …………………………………………………………………………………………（1491）

第7篇　作业需求钻井流体

第1章　溢流/井喷压井钻井流体 …………………………………………………………（1499）

1.1　开发依据 ………………………………………………………………………………（1501）
1.2　体系种类 ………………………………………………………………………………（1504）
1.3　发展前景 ………………………………………………………………………………（1505）

第 2 章 防卡/解卡钻井流体 (1506)

2.1 开发依据 (1510)
2.2 体系种类 (1511)
2.3 发展前景 (1515)

第 3 章 打捞落物钻井流体 (1517)

3.1 开发依据 (1517)
3.2 体系种类 (1517)
3.3 发展前景 (1519)

第 4 章 水平井钻井流体 (1521)

4.1 开发依据 (1521)
4.2 体系种类 (1526)
4.3 发展前景 (1534)

第 5 章 深水钻井流体 (1536)

5.1 开发依据 (1538)
5.2 体系种类 (1538)
5.3 发展前景 (1540)

第 6 章 欠平衡钻井流体 (1542)

6.1 开发依据 (1542)
6.2 体系种类 (1543)
6.3 发展前景 (1549)

第 7 章 控压钻井流体 (1552)

7.1 开发依据 (1552)
7.2 体系种类 (1553)
7.3 发展前景 (1556)

第 8 章 小井眼钻井流体 (1558)

8.1 开发依据 (1558)
8.2 体系种类 (1559)
8.3 发展前景 (1562)

第 9 章 大井眼钻井流体 (1563)

9.1 开发依据 (1563)

9.2 体系种类 ……………………………………………………………………… (1564)
9.3 发展前景 ……………………………………………………………………… (1568)

第10章 套管钻井流体 ………………………………………………………… (1570)
10.1 开发依据 …………………………………………………………………… (1570)
10.2 体系种类 …………………………………………………………………… (1570)
10.3 发展前景 …………………………………………………………………… (1572)

第11章 连续管钻井流体 ……………………………………………………… (1574)
11.1 开发依据 …………………………………………………………………… (1574)
11.2 体系种类 …………………………………………………………………… (1575)
11.3 发展前景 …………………………………………………………………… (1577)

第12章 提速钻井流体 ………………………………………………………… (1578)
12.1 开发依据 …………………………………………………………………… (1578)
12.2 体系种类 …………………………………………………………………… (1578)
12.3 发展前景 …………………………………………………………………… (1581)

第13章 大位移井钻井流体 …………………………………………………… (1582)
13.1 开发依据 …………………………………………………………………… (1582)
13.2 体系种类 …………………………………………………………………… (1583)
13.3 发展前景 …………………………………………………………………… (1585)

第14章 科学探索钻井流体 …………………………………………………… (1587)
14.1 开发依据 …………………………………………………………………… (1587)
14.2 体系种类 …………………………………………………………………… (1588)
14.3 发展前景 …………………………………………………………………… (1589)

第15章 气体钻井完井流体 …………………………………………………… (1591)
15.1 开发依据 …………………………………………………………………… (1591)
15.2 体系种类 …………………………………………………………………… (1592)
15.3 发展前景 …………………………………………………………………… (1595)

第16章 取心钻井流体 ………………………………………………………… (1597)
16.1 开发依据 …………………………………………………………………… (1597)
16.2 体系种类 …………………………………………………………………… (1598)
16.3 发展前景 …………………………………………………………………… (1604)

第 17 章　反循环钻井流体 …………………………………………………（1606）

17.1　开发依据 …………………………………………………………（1606）
17.2　体系种类 …………………………………………………………（1607）
17.3　发展前景 …………………………………………………………（1608）

第 18 章　环境友好钻井流体 …………………………………………………（1611）

18.1　开发依据 …………………………………………………………（1612）
18.2　体系种类 …………………………………………………………（1625）
18.3　发展前景 …………………………………………………………（1629）

参考文献 …………………………………………………………………………（1631）

附录 A　钻井流体相关单位转换 ………………………………………………（1637）

附录 B　钻井流体所涉及的专业名词中英文对照 ……………………………（1639）

绪 论

从广义上讲，钻井流体是钻井过程中使用的工作流体的总称，从狭义上讲，钻井流体是钻井作业过程中使用的工作流体，是钻井工作流体的一种，也是油气井工作流体的一部分。所以，无论从广义上，还是狭义上，钻井流体是油气井工作流体的一种。

油气井工作流体(Oil Well Working Fluids)是为完成油井工作任务使用的可以人为控制其性能的流体。钻井工作流体(Drilling Working Fluids)则是为完成钻井任务而使用的可以人为控制其性能的流体。这个钻井任务，不仅仅是石油天然气钻井，还包括煤炭、矿产以及科学试验等掘进工程。

一、钻井流体的发展历史

钻井流体是钻井作业过程中不可或缺的组成部分。没有钻井流体，钻井作业无法正常进行。更谈不上完成工程任务，达到地质目的。所以，钻井工作者常用钻井流体是钻井工程的血液(Brent Estes,2010)比喻钻井流体在钻井工程中的地位和作用。可以想象，如果没有血液，人体就失去运输功能，无法维持内环境稳态和防御保护功能而不能生存。对比而言，如果没有钻井流体，钻井过程中就无法悬浮和携带固相，保持井壁稳定和维持井下安全，会迫使工程中断。可见，钻井流体在钻井工程中的地位多么重要。

钻井过程中任何事故、复杂，都直接或者间接地与钻井流体有关(Adam et al.,1986)。足见钻井流体的重要性。当然，这里所说的事故、复杂和钻井流体所处的"环境条件越来越苛刻、地质条件越来越复杂"，不是一个意思。澄清这一名词的内在含义，意义重大。

环境条件、地质条件复杂(Complicated)中的"复杂"是形容词，即复杂的环境或者地质条件，是指钻井过程中遇到的井下难题。引发难题的原因是多种多样的，如岩性、断层等地质情况，井眼、管柱等工程情况，力学、化学等材料情况，流型、性能等流体情况。种类庞杂、数量繁多且相互联系，相互影响，理解、分析和解释复杂所包含的内容比较困难。相对而言，钻井专业术语"复杂"(Problems)是名词，即"比较难处理的事情"，是指复杂的、难以处理的地层、工程和井下情况。这些复杂情况，尽管比较难以处理，但尚未造成不能弥补的后果。"复杂"如果进一步恶化则导致事故。这就是钻井过程中常说的"事故复杂"，即事故和复杂是两种事情的原因。

"事故复杂"这个钻井工程惯用的专业术语，虽然经验丰富的钻井工作者明白其用意，但却给初学者和一些只需要了解钻井工程基本概念的人带来不少烦恼。同时，由于与普通的语言习惯不一致，也给语言交流、文字描述带来不便。

有的文献试图对此改变，寻找比较恰当的说法，例如，用故障一词替代。但故障仍然不能清晰表达出"复杂"所指井下情况复杂且造成一定麻烦但并没有中断作业的本意。因此，还是没有被广泛接受。建议将"事故复杂"中"复杂"这个名词，改成"难题"。这样，"事故复杂"，说的事故和(或)复杂情况，就可以写成"事故难题"，即事故和(或)难题，就比较清楚地表达出钻井过程中发生的事故和(或)出现的井下复杂情况。从而把钻井过程中出现的井下事故和井下难题区别开来。

钻井事故(Drilling Accident)，是指钻井过程中，突然发生的、违反作业意志的、迫使钻井活动暂时或永久停止、或迫使之前存续的状态发生暂时性或永久性改变的事件。也可以指钻井过程中，突然发生的伤害人身安全和健康，或者损坏设备、设施，或者造成经济损失，导致原钻井工作暂时中止或永远终止的意外事件。如，钻头事故、钻具事故、套管事故、井下落物事故、卡钻事故、测井事故、注水泥事故和井喷失控事故以及人身伤亡、环境污染等，都不能使钻井工作继续进行。

可见，钻井事故是发生在钻井过程中的特殊事件，而且在任何情况下都有可能发生。钻井事故发生的原因非常复杂，往往包含许多偶然因素。因而，事故的发生具有随机性。钻井事故发生之前，无法准确地预测什么时候、什么地方、发生什么样的事故；钻井事故中断、终止正常活动，给生产带来负面影响。因此，钻井事故是一种违背人们意志的事件。钻井事故是动态事件，缘于井下难题的进一步复杂化，并以一系列诱因按一定的逻辑顺序造成的。即，钻井事故是指人员伤害、死亡、职业病或设备设施等财产损失和其他损失的意外事件。钻井事故可分为生产事故和企业职工伤亡事故两类。

既然钻井事故是井下难题的复杂化，那么相对于钻井事故，可以定义，井下难题(Downhole Problems)是钻井过程中井筒中出现的难以解决的问题，或者难以处理的事情，或者不理想的现象。有可能是钻井事故的前提和潜在因素，如井涌、井漏、掉块、砂桥、泥包、缩径、键槽、地层蠕变、地应力引起的井眼变形、钻井流体受外来物质侵害及有害气体逸出等，都可能进一步引发卡钻、井喷等钻井事故。井下难题使钻井工作难度增加，但钻井工作仍能继续进行。为了减少井下难题和钻井事故，应控制钻井流体具备满意的性能，即钻井流体性能。

钻井流体经典著作从《Drilling Mud》起，到《Composition and Properties of Drilling and Completion Fluids》，已经是第6版了，很清楚地展示了人们关注钻井流体性能的变化过程，也体现出技术的进步。

该书第1版(1948年)无法得到原著，书中内容大致为关注钻井流体密度、黏度、胶凝强度、失水护壁性、含砂量、氢离子浓度、可溶性盐含量等性能。第2版(1953年)与第1版出版时间相隔5年，从一些零碎的信息看，第1版中关注钻井流体的性能没有改动。第3版(1963年)从收集的非一手资料看钻井流体的重要性能除密度、黏度、胶凝强度、失水护壁性、含砂量、氢离子浓度、可溶性盐含量等外，电阻率也被列为比较重要的性能，并在失水护壁性中增加了高温高压失水性能。第4版在第3版的基础上增加了流动性能、颗粒大小和形状、胶体性质、润滑性、腐蚀性、阳离子交换量等，并将第3版提到的氢离子浓度改为pH值和碱度，取消电阻率(Darley et al.，1980)。

直到第5版才确定应该关注钻井流体的密度、流变性、失水护壁性、pH值、碱度、阳离子交换量、电导率、润滑性和腐蚀性等(Darley et al.，1988)，基本接近现在评价标准中的性能。因此，第6版得以沿用(Caenn et al.，2017)。

纵观同一作者对钻井流体性能研究认识的变化，可以发现钻井流体性能的种类不断增加，如由最初的7种发展到9种，还包括有些是合并的。同样可以发现，钻井流体性能好坏评价指标与钻井工程需要息息相关,如早期评价氢离子浓度到后期的pH值、碱度,更精细,更严谨。可以说,钻井流体的种类随着钻井技术的进步不断增加。其他学者的论著中也可以看到这一现象。

Adam等(1986)的论著中,钻井流体性能主要有钻井流体密度,流变性包括漏斗黏度、塑性黏度、表观黏度、动切力、静切力、胶凝强度,失水护壁性包括API失水量(常温常压失水量)、高温高压失水量、失水速率和滤饼特性、pH值、含砂量、固相及油水含量、膨润土含量和滤液中各种离子浓度等(Adam et al.,1986)。应该说,Adam等所关注的钻井流体性能是以宾汉模式为核心流变参数,反映了钻井流体性能参数要方便现场应用的理念。

姜仁(1987)的研究关注钻井流体的性能主要有密度、黏度、切力和失水量(姜仁,1987)。与在国际上早期评价性能的步调一致。

James等(1994)的研究关注水基钻井流体的性能,主要有密度、塑性黏度、表观黏度、触变性、屈服值、静切力、固相含量、pH值。油基钻井流体的性能主要有高温高压失水量、流变性、油水比和固相含量(James et al.,1994)。

樊世忠等(1996)的研究关注钻井流体的主要性能有流变性、稳定井壁、固控、腐蚀性和环境污染等性能,特别地关注油基钻井流体的性能主要是油包水乳化钻井流体的性能,固相含量、油水比、水活度、电稳定性、失水量、流变性和碱度(樊世忠等,1996)。

陈家琅等(1997)主要关注钻井流体的流变性以充分利用水力能量、充分发挥钻井流体射流清岩和破岩效率等(陈家琅等,1997)。

鄢捷年(2001)的论著中,钻井流体主要性能有钻井流体密度、流变性能、失水护壁性能、pH值和碱度、含砂量、固相含量、滤液矿化度及润滑性。在其2012年出版的修订版中,延续了这一说法(鄢捷年,2012)。

Johannes(2003)的论著中关注钻井流体的主要性能有漏斗黏度、塑性黏度、胶凝强度、API失水量、高温高压失水量、碱度、pH值和硬度(Johannes,2003)。2011年,在其扩充内容的《Petroleum Engineer's Guide to Oil Field Chemicals and Fluids》中,依然沿用了2003年著作中钻井流体性能类型(Johannes,2011)。

ASME Shale Shaker Committee重点关注钻井流体的固相,认为钻井流体的固相控制是钻井流体所有性能控制的基础。

陈大钧(2006)的研究认为钻井流体性能主要有密度、流变性、失水性、pH值、碱度和润滑性(陈大钧,2006)。

赵福麟(2007)主要关注的钻井流体性能有密度、流变性、失水性、pH值、固相含量和润滑性(赵福麟,2007)。

可以认为,学者们从不同的角度,关注钻井流体的性能,可以说都是一家之言。而美国石油学会多次通过API推荐方法,即常说的API标准,推荐评价钻井流体性能类型及评价方法,则是集多家之言的权威性机构,也不断改变推荐测试钻井流体的性能。主要表现在这个机构不断推荐石油与天然气工业钻井流体现场测试方法:

第1版推荐现场测试水基钻井流体标准,推荐测试钻井流体的密度、黏度和静切力、失水量、水油及固相含量、含砂量、亚甲基蓝容量、pH值、碱度和石灰含量、氯离子含量、钙离子含量、镁离子含量、硫酸钙含量、甲醛含量、硫化物含量、碳酸盐含量、钾离子含量等性能

(ANSI/API,1990)。

第2版推荐水基钻井流体测试密度、黏度和切力、失水量、水油及固相含量、含砂量、亚甲基蓝容量、pH值、碱度和石灰含量、氯离子含量、钙离子含量、镁离子含量、硫酸钙含量、甲醛含量、硫化物含量、碳酸盐含量、钾离子含量等性能(ANSI/API,1997)。

第3版推荐现场测试水基钻井流体标准,建议测试钻井流体的密度、黏度和凝胶强度、失水、水油及固相含量、含砂量、亚甲基蓝容量、pH值、碱性及石灰含量、氯离子含量、钙镁离子总量等性能,附件中还建议了分析钙离子、镁离子、硫酸钙、硫化物、碳酸盐、钾离子等含量、用浮筒切力计测量切力、测量电阻率、钻杆腐蚀环测试腐蚀速率、旋转黏度计测量静切力等具体方法(ANSI/API,2003)。

第4版推荐水基钻井流体测试钻井流体的密度、黏度和凝胶强度、失水、水油及固相含量、含砂量、亚甲基蓝容量、pH值、碱性及石灰含量、氯离子含量、钙镁离子总量。此外,还需要分析钙离子、镁离子、硫酸钙、硫化物、碳酸盐、钾离子等含量,用浮筒切力计测量切力、测量电阻率、钻杆腐蚀环测试腐蚀速率、旋转黏度计测量静切力等(ANSI/API,2009)。

同样,美国石油学会推荐的油基钻井流体的测试性能也不断变化:

第1版推荐油基钻井流体测试密度、黏度和静切力、失水量、水油和固相、碱度、氯离子浓度、钙含量、石灰、固相和矿化度、电稳定性等性能(ANSI/API,1990)。

第2版则推荐油基钻井流体测试密度、黏度和切力、失水量、油水和固相含量、碱度、氯离子含量、钙含量、电稳定性、石灰含量、氯化钠和氯化钙含量、低密度固相和加重材料含量等性能(ANSI/API,1991)。

第3版推荐油基钻井流体测试密度、黏度和切力、失水量、油水和固相含量、碱度、氯离子含量、钙含量、电稳定性、石灰含量、氯化钠和氯化钙含量、低密度固相和加重材料含量等性能(ANSI/API,1998)。

第4版颁布,则延续了第3版推荐的油基钻井流体测试密度、黏度和切力、失水量、油水和固相含量、碱度、氯离子含量、钙含量、电稳定性、石灰含量、氯化钠和氯化钙含量、低密度固相和加重材料含量等性能(ANSI/API,2005)。

有的版本之间差距不大,甚至仅差一个字,意义差别很大,如静切力改为切力,就反映了人们对钻井流体性能研究的深度。为达到良好的性能,钻井流体研发投入成本与钻井流体的性能肯定有关系,但钻井流体的重要性并非可以简单地用自身的费用占整个钻井成本的比例来决定。而实际上,钻井流体自身成本占钻井成本的比例很低,但作用很大。

据统计,20世纪90年代,代表世界先进钻井水平的美国,正常钻完井的钻井流体处理剂费用及钻井流体服务费用仅占全井钻井总成本的5%~8%(Goodwin等,1992)。在中国,虽然没有全面的统计数据支持,但预测钻井流体成本占钻井总成本的7%~10%(胡庆辉,2005)。可见,中国与世界钻井流体成本比例相当。当然,这些费用不包括处理钻井事故或井下难题所花费的额外的钻井流体费用。

2009年,Brian Grayson统计了1993年至2002年的10年间Mexico Gulf大陆架气井钻井与钻井流体相关的钻井事故、处理井下难题所用的时间,发现处理钻井事故、井下难题时间占整个钻井时间的40%以上(Brian Grayson,2009)。

由钻井事故或井下难题(往往是事故连事故,难题接难题)造成的经济损失和处理事故与难题的费用,虽然没有准确数字,但普遍认为是成倍增加的。因此,减少井下难题和钻井事故,进而提高生产时效,是钻井工程节约成本,提高效益的关键,也是钻井流体通过增加投入,加强性能,减少非生产时间,实现全井成本降低的根本原因,同样也是钻井流体不断开发出性能优良的钻井流体的动力。

需求决定进步。恩格斯说,科学的产生和发展一开始就是由生产决定的(中共中央编译局,1971)。科学主要依赖于技术状况和需要。社会一旦有技术上的需求,则这种需求会比十所大学更能推动科学前进(中共中央编译局,1972)。钻井流体的发展完全符合这一规律。无论是2000多年前的古代钻井还是现代科学钻井,需求始终是钻井流体发展的动力和不竭的源泉。

有记载的钻井,最早可追溯到公元前三世纪的中国周代。当时,井眼直径较大,是挖井人进入井内挖掘完成的。井眼用于生产卤水。取卤时发现,有的井产出某种气体。产出的气体能够燃烧。当时人们不知道这种气是天然气,因为能点着火,就称这样的为火井。

到唐代,四川地区的盐井已达640余口。挖的井有的深度已达500多米。大约公元1041年至1053年,即宋仁宗赵祯庆历、皇祐年间,开始用绳式顿钻(Cable Tool Drilling)完成直径较小的盐井。绳式顿钻依靠钻凿工具的重量,向下戳凿成井。因为井筒口径大小似毛竹粗细,称为竹筒井或卓筒井。卓筒意为直立之筒。卓筒井的直径为中国市尺的3~5寸(姜仁,1987)。即直径为10~15cm,似普通碗口大小。至18世纪30年代,已钻成1000多米深的天然气井。

这种卓筒井汲卤制盐技术,被誉为中国第五大发明、世界石油钻井之父(林元雄,1988)。可见中国的钻井技术在当时十分先进。

用绳式顿钻凿卤水井时,钻凿下来的岩石碎片与人工挖掘的水井相比,尺寸相当小,被称作钻屑或者石碴(Cutting)。由于井径较小,钻屑容易堆积在井眼中,不仅影响继续钻进,而且影响井眼完成后从井筒中汲卤。为了解决这个问题,先人们从地面向井下注入清水浮起钻屑,然后用竹筒制作的底部带有牛皮阀门的筒状容器,一筒一筒地把混有钻屑的清水从井下提出地面,解除钻屑对钻进及汲水的不利影响。

在18世纪30年代,中国用这种方式清除钻屑的技术水平领先于其他国家。因此,中国是公认的第一个在钻探过程中有意使用流体辅助清除钻屑的国家。当然,此处所讲的流体是指常用的普通清水。除了利用普通水清除钻屑外,人们还认识到水能软化岩石,辅助井下破岩工具更容易穿透岩石。

当然,那个时代钻井一般是为了寻找淡水或卤水水源。淡水用于饮用、洗涤和灌溉,卤水用作制盐原料。从井筒中自然流出的天然气用于蒸煮盐水,提高盐水浓度,提高晒盐效率。因此,钻井最初并不是为了寻找石油天然气,而是为了生活和农业生产。钻井过程中偶然出现石油,并不认为是件幸运的事情,相反很令人懊恼。因为石油污染了水井的水,平添了卤水晒盐和生活用水的难度。从这个角度讲,钻井流体的历史要比石油钻井的历史更久远。

中国第一次钻井过程中发现石油,是1521年明武宗朱厚照正德末年,四川嘉州(现乐山)钻盐水井时偶然发现的。相比之下,美国第一口油井于1859年才完成,整整晚了300年。当然前者是无意发现,后者是有意而为。不同标准相比,没有多大价值。

水用于石油和天然气钻井工作,最早见于19世纪中叶的顿钻钻井。钻屑被"淘"出井筒之前,水用于悬浮井眼中钻屑,防止钻屑沉降。为了更好地实现悬浮目的,钻井作业者向水中加入了黏土,借助黏土在水中可以自然变成的泥糊,增加水的黏度,提高悬浮能力。这种方法在19世纪90年代前得到普遍应用(ASME,2005),称为泥浆(Mud)。后来,泥浆不断进步,发现人们所用的天然优质土可以配制出性能相近甚至更好的泥浆,为区别于人工配制的泥浆。就称这种井眼中的土形成的泥浆为天然泥浆或自然泥浆(Natural Muds),自然泥浆虽然在性能方面谈不上理想,但黏土在清水中水化分散后能提高流体黏度的造浆作用,却引起了钻井工作者的普遍关注。

造浆作用的发现,促进了真正的人工泥浆在现场广泛应用。从可查到的文献看,人工制造的泥浆最早出现于1900年以后,在美国Texas的Spindletop小镇钻油井时,钻井工人驱赶牛群踩踏灌满清水的土坑配制成黏稠的、泥浆状的水土混合物,有时还加入干草,再用水泵将混合物泵入钻成的井筒中。水土混合物返出地面过程中,携带钻屑,达到清洁井眼的目的。这可能就是最早的按照人类要求配制的钻井流体,也称为钻井泥浆(Drilling Muds)(Brantly,1971)。

用泥土配制而成的用于清洁井眼的流体,可能是钻井流体被称为泥浆的最直接理由。从此,开创了以黏土为基本配浆材料的钻井流体历史。黏土在之后的石油天然气钻井流体中发挥了巨大作用。直到今天,大多数钻井流体还需要黏土作为基础材料,再配比合适的处理剂,实现钻井需要的性能。相信在未来的钻井流体实践中,尽管有的钻井流体没有使用黏土也同样满足了钻井需求,但其主导地位在较短的时间内仍然无法撼动。

这样看来,钻井流体是用水或者其他流体混合相应材料配制而成的。有的使用黏土,有的不使用黏土,不仅实现了携带钻屑到地面的目的,还满足了平衡地层压力、稳定井壁等其他钻井工程需求。但习惯上,不管钻井流体有没有泥土或者有多少泥土,仍被称为泥浆。至于现场作业井所用的泥浆有没有泥或者是不是用泥土配制的,没有人刻意追究,一概都叫泥浆。比方说,用瓜尔胶(Mallory et al.,1960)或者瓜尔胶与淀粉两种处理剂配制(Collings et al.,1960)的无固相钻井流体(Clay-free Drilling Fluids),在现场应用时也称之为泥浆。

当然,细想起来,无固相钻井流体不需要黏土,只需在清水中加入改变性能的处理剂即可配制而成,完全可以满足钻井需要。如果再称这类钻井流体为泥浆,就不能确切地反映其无黏土的特点。然而,如何称谓这种没有泥土的钻井流体呢?

此时,"钻井液"逐渐成为主流术语。然而,这一称呼在随后不到10年的时间里,又出现新的问题。即,称液体配制的钻井流体为钻井液,比较容易接受,但用气体作为钻井流体的,该如何称呼呢?

其实,早在1866年,Sweeney就建议用压缩空气清除井下钻屑(Sweeney,1866)。但从现有的文献看,有文字记录的使用天然气钻井是1932年9月美国得克萨斯州Reagan县的Big Lake油田使用过空气钻井解决井漏难题(Foran,1934)。但后来,由于钻井深度、控制设备等技术难题没有突破,气体钻井一直不温不火。

进入21世纪,钻井提速要求越来越强烈,气体钻井技术迅猛发展。气体作为钻井介质或者气体混入钻井流体降低钻井流体密度的应用越来越多,气体成为钻井流体的连续相。此时称这类钻井工作流体为钻井液已不再合适,称为泥浆更不合适,混淆了液气的性质。而且,笼统地把用于钻井循环介质的液体、气体以及气液混合流体称为液体也不利于研究钻井流体。那么,这种气液混合流体叫什么合适呢?

既然是流体(Fluids),目前主要是液体和气体,其特点和流体一样,没有固定的形状,具有流动性和可压缩性。再加上用于钻井工作,此时统称钻井工作介质为钻井流体(Drilling Fluids)是最恰当不过了。那么,怎么定义钻井流体呢?钻井流体的内容多种多样,如果不从科学技术的角度评价钻井流体的定义是否准确合理,那么,最早用泥浆表达钻井流体的人,应该是1889年左右的Andrew(ASME,2005)。但他没有定义过泥浆。

Andrew在钻水井时,发现黏土与水完全混合后,黏土分散在水中,变得黏稠,可以注入钻成的井眼并保持井眼稳定,还有助于钻柱实施钻井作业以及下套管作业。显然,Andrew提出的泥浆,只是说明泥浆性能的影响因素和作用,而不是定义钻井流体。后来,石油钻井历史的研究者也证明他没有提到过泥浆这个词(Brantly,1971),更不用说石油钻井泥浆了。有人认为是钻井循环系统的发明者Fauvelle定义了泥浆,但也没有在其成果中发现钻井泥浆这个名词是Fauvelle所创。和很多的事物一样,司空见惯,但要定义它,则不一定是件很容易的事情。

定义钻井流体,一直倍受重视。这是因为,通过定义钻井流体,可以更好地理解钻井流体组成,掌握钻井流体规律,发挥钻井流体作用。因此,世界上的学者都很关注此项工作。不断有人定义它,描述它,并随着技术进步不断更新和完善钻井流体的定义。目前发现,最早定义钻井流体的是1916年的Lewis等,他们认为,泥浆是一种水和维持悬浮一定时间的黏土材料的混合物,是清除砂岩、石灰岩钻屑或者相似物质的混合物。此外,还有许多专家学者做过类似的尝试,如:

钻井流体是黏土和其他材料在水中混合形成的一种悬浮液,并称之为钻井泥浆(Adam et al.,1986)。

旋转钻井法利用洗井液清洗井底,携出井下岩屑及控制井内压力等。各种类型洗井液中应用最广泛的是黏土与水混合后的悬浮液,称为泥浆(姜仁,1987)。

钻井流体是协助钻井工具钻井的物质(Darley et al.,1988)。Darley等的著作中多次定义钻井流体,虽然,现在还没有得到第1版(Darley et al.,1948)、第2版(Darley et al.,1953)、第3版(Darley et al.,1963)的原文,但是从第4版(Darley et al.,1980)中可以看出定义是不断丰富的过程,钻井流体是井眼中协助清除钻屑的组分和清除的钻屑组成的。到第5版(Darley et al.,1988)和第6版(Caenn et al.,2017)认为,钻井流体为用于协助钻井工具形成井眼的材料。

1996年,樊世忠等定义钻井液(或钻井流体)俗称泥浆,是用各种原材料和化学添加剂配制而成的一种流体,其各项性能均可调控(樊世忠等,1996)。

钻井液是石油钻井工程中的洗井液。钻井中最常用的钻井液是由黏土、水以及各种处理剂与加重剂组成的溶胶及悬浮体的混合体系。钻井液比较确切的定义是,钻井液是具有各种各样作用以满足钻井工程需要的循环流体(陈家琅等,1997)。相近的定义还有,钻井液是指油气钻井过程中以其多种作用满足钻井工作需要的各种循环流体的总称。钻井液又称钻井泥浆,或简称为泥浆(鄢捷年,2001;陈大钧,2006)。

2003年,Johannes认为,钻井流体是天然或合成的化学药品组成的混合物。用于冷却和滑润钻头、清洁井眼、携带钻屑、控制地层压力以及改善钻柱与钻具功能等(Johannes, 2003)。

2005年，美国机械工程学会振动筛专业委员会(ASME Shale Shaker Committee)认为，钻井流体或泥浆，是指能够用于钻井作业的任何流体。这些流体可以被循环，或者说，可以从地面泵入钻柱内，通过钻头，然后经环空返回地面。

赵福麟认为，钻井液(原称泥浆)是指钻井中使用的工作流体，可以是流体或气体。因此，钻井液应确切地称为钻井流体(赵福麟, 2007)。

于涛等认为，钻井液通常是水、膨润土(一种蒙皂石含量不少于85%的黏土矿物)和化学处理剂组成的一种混合流体，通常称为泥浆(于涛等, 2007)。所谓钻井液，实际上是黏土以小颗粒($2\mu m$以小)分散在水中形成的胶体体系。钻井液中的黏土颗粒大小不一，多数在悬浮体范围内($0.1\mu m$以大)，少数在溶胶范围内($0.001 \sim 0.1\mu m$)。钻井液属多级分散体系。

2012年，Johannes借用美国石油学会(American Petroleum Institute, API)的定义认为，钻井流体是可循环的流体，用于完成旋转钻井中一种或全部作业。而James等1994年转述API的定义是，最好的钻井流体应该能在清洗井眼所必需的流量下发挥适当的水功率，用于与钻压和转速相配合清洗钻头，并使作业费用最低。这些参数组合起来还能稳定井壁、评价地层且顺利钻达目的(James et al., 1994)。

从这些定义的时间和内容可以看出，随着时间推移，技术进步，人们对钻井流体的认识不断深入，对钻井流体的定义逐渐丰富，主要表现在钻井流体种类、认识、作用等方面。

(1)从钻井流体种类角度看，前人的定义反映出钻井流体种类不断增多。如对比诸多定义可以看出，钻井流体可以是清水，也可是黏土加清水配制而成的泥浆，也可以是用聚合物加水或者是油、空气加化学处理剂配制而成的钻井流体。

(2)从钻井流体研究角度看，前人的定义反映出钻井流体研究的深入程度不断加大。对比前人定义发现，钻井流体的研究方法从宏观转向微观，如对黏土粒径尺度不断有新发现，胶体粒径范围不断扩大，分散相种类也不断增多。

(3)从钻井流体用途角度看，前人的定义反映出钻井流体作用不断增多。对比前人定义发现，学者们一步一步认识到，钻井流体除了具有悬浮携带基本功能外，还具有许多功能，如平衡压力、污染环境等正反两方面的作用。

(4)从钻井流体的归属看，前人的定义反映出对钻井流体性质认识不断变化。可以看出，人们已经认识到钻井流体可能是胶液、悬浮液等钻井流体，而不是只有一种流体。特别是绒囊钻井流体的出现，很可能是一种集合了胶体和悬浮体性能的流体，而且聚集态也在变化，如流动时呈现流体物态，静止时呈现固体物态。

所有这些，都是钻井流体技术进步的体现，也是钻井流体发展到一定程度。形成相对独立的知识体系，成为自然科学、农业科学、医药科学、工程与技术科学、人文与社会科学等五大门类中，工程与技术科学中的一个分支体现。结合前人的定义，可以想象出，不同的角度，不同时期，不同环境，对钻井流体内涵和外延的理解不同。反映在定义钻井流体形式上，也说法不一。从某种意义上说，都是有依据的，是分科而学的结果，也是将钻井流体的相关知识通过细化分类研究，形成逐渐完整的知识体系的体现。

这些成果，不是一个学者或者一个团队所能完成的。众多学者重新定义钻井流体，是原有定义不适用现有的实际情况所致,符合否定之否定的规律。也表明,科学地、有效地定义钻井流体更利于研究不断发展的钻井流体所包含的内容以及应用。应该说,钻井流体的定义是随着时间推移,内容不断丰富,外延不断明确,且切近现代钻井流体实际状况的过程。另一个方面反映出,定义钻井流体也是一项十分艰巨的工作,因此,应该以历史性、继承性和多样性为原则。

历史性,是指定义的时效性。所给定的钻井流体定义,由于受当时的认识所限,在一定的历史时期合理,过了这个时期就不合理了。

继承性,是指定义要在前人研究成果的基础上进行。离开了前人所做的工作,就没有了进步的基础,定义无法实现不断完善的目的。

多样性,是指定义要能够包涵不同看法。如果一个定义过分狭窄,一旦内容发展,定义就很快失效或者内容仅适用某一角度,离开这一角度就不适用,会造成时效性太短,普适性不强。

以此为原则,就目前钻井流体发展的状况看,可以这样定义钻井流体:钻井流体(Drilling Fluids),是通过人为控制组分,使其具备特定性能,用以实现工程、地质、产能目的的井筒工作流体。钻井流体的连续相为液体的,可以称作液体型钻井流体或水基钻井流体或烃基钻井流体;连续相为气体的,则称为非液体型钻井流体或者气基钻井流体。

这个定义的内涵和外延,比较全面地考虑了目前的钻井流体类型、组分和作用,是比较合适的钻井流体定义。这种适合性表现在3个方面:

(1)定义反映钻井流体作为一门技术需要科学理论指导。定义明确指出,钻井流体通过人为控制才能达到优化钻井流体性能的目的,反映钻井流体作为技术需要科学理论指导。钻井流体发展到现在,人们逐渐意识到使用自然造浆的钻井流体无法完全实现高效钻井的目的,要通过添加处理剂或材料,控制其性能,才能更好地为钻井、地质、产能服务。所以,工作目的不同,要求的性能不同;使用的处理剂不同,现场应用的方法不同。但可以通过人为控制得以实现。同时,这种目的的实现,需要在使用钻井流体之前,在理论的指导下,通过科学的手段,诊断和评价其适用性。

(2)定义反映了钻井流体的历史性和继承性。定义反映钻井流体应用目的的历史性,也反映钻井流体的定义是在前人基础上提出的。钻完井流体不仅要实现为钻井目标而努力,还要为实现地质目的而努力,更要意识到为产出更多的油、气、水等地层流体服务。实现地质要求是钻井流体的根本目的。也就是说,不能仅以完成钻井任务为目的,而是要设法实现根本目标。这也反映了钻井流体定义对以往定义的肯定,即继承性。

(3)定义反映了钻井流体的实用性。定义明确钻井流体具备多种作用才能满足作业需要,反映钻井流体伴随着应用而进步。钻完井流体时而需要循环,时而需要静止,满足工艺要求;时而需要低密度,时而需要高密度,满足安全需要;时而需要低黏度,时而需要高黏度,满足清洁需要;时而需要提高抑制性,时而需要降低抑制性,满足储层保护要求。这些不断调整的钻井流体性能,都是围绕钻完井工作的需要展开的。所以,钻井工作流体不仅仅是前人所说的通过流体循环清除钻屑的工作流体,而且是具有多种用途的工作流体。这种作用根据工程需要开发,具有实用性。

这个定义无论从室内研究、现场应用以及指导未来钻井流体的发展,都具有较强的研究价值和应用意义。因此,此定义总体上更具有普适性。但不能忘记,随着技术进步,还会出现新的钻井介质,如激光、二氧化碳等,钻井流体的定义还要更新,这也是继承性和历史性的具体反映。同时,钻井流体除了应用于现在油气钻井外,还应用于地热钻井、水合物钻井以及矿业钻井,其定义还要发展。体现定义的实用性。

此外,定义还包涵了钻井流体是一种井筒工作流体的意思。即,钻井流体是井筒内工作流体的一种,是通过人为配制为实现勘探开发目的所形成的用于井筒内作业的流体,不包括在储层或者储层工作的压裂流体、酸化流体和驱油流体等储层工作流体,但目前压裂、酸化等成为完井工程的一种手段后,井筒内工作流体包括钻井流体、完井流体、试井流体、修井流体等。因此,必须认识钻井流体有广义和狭义之分。广义上,钻井流体包括完井流体,完井流体又包括水泥浆、压裂液、酸化液以及在储层中作业的试井、修井用的压井液等。狭义上讲,就是用来钻进的流体了。

所以,将用于钻井工程的工作介质称为钻井流体,能够涵盖清水、盐水、聚合物溶液以及混入加重材料的悬浮体、混入油相的乳液等以水为连续相的钻井介质,也能够包括全油、混油以及油水固混合物等以烃及其衍生物为连续相的钻井介质,还可以包含气、雾滴、泡沫、油气水等以气为连续相的钻井介质。所以,钻井流体是作为钻井工作介质的泥浆、钻井液以及或烃或水或气最为合适的称呼。

至于人们还是习惯地用泥浆或钻井液来称呼所有的钻井流体,其原因或许是不管哪类钻井流体,钻井遇到的地层都与泥土有关;也或许与钻井流体称呼使用的时间不够长有关,都不需花太多精力考证。但是,准确定义钻井流体才能深入地研究钻井流体规律,考虑钻井流体的内涵和外延,是钻井流体基础理论发展的头等大事。要想很好地定义钻井流体,必须从钻井流体的基本特性入手,还要了解钻井流体的种类、组成、功能、设备和应用。

这个定义另外的科学价值和实际意义是,在钻井流体相关的外文文献中,不再译为钻井液而是译为钻井流体,再切合不过了。泥浆、钻井液都是钻井流体在不同阶段、不同认识程度下一种历史称谓。这样,世界上统称为 Drilling Fluids,中英文再无翻译上的差异,消除了称呼和含义不对等的争论,顺利实现与国际接轨和融合,便于学术交流和技术应用。

当然,认为钻井流体是固体也曾经出现。在钻井流体发展初期,人们对钻井工作介质的认识差异较大。如有人认为钻井泥浆是塑性固体,可以更好地解释钻井流体诸如沉降、稠化等现象(Herrick et al.,1932)。

但是,钻井流体发展至今,认为钻井流体是固体的人已经很少了。钻井流体是流体成为认识的主流。除了用固体材料封堵地层、加重钻井流体外,一般不考虑用固体作为钻井作业的工作介质,也不会把它当作固体去研究它。但是,用流体性能方便指导作业,用固体性能实现钻井目的是经常使用的作业方法,如用水泥浆封堵井筒局部,凝胶堵漏,绒囊流体韧性封堵等,也是封堵深部地层研究的热点方向之一。看来,聚态变化的钻井流体仍然吸引众多科学家迷恋它的原理、材料和工艺。但要说热爱和执着的第一人,应该是推动钻井流体强势发展,被誉为美国石油工业之父的 George Bissell。

George Henry Bissell(1821—1884 年)是一位语言学教授。有一天看到药店广告上的盐井钻井塔时,突发奇想地把盐井钻塔引入到了石油钻井工作中。这一想法促使他劝说自称上校的 Edwin Drake 带着 William Smith 父子,三人于 1859 年 8 月 27 日在美国宾夕法尼亚州的 Titusville 农场,用盐井井架钻了 69ft 深后发现了裂缝,钻头继续下放(放空)了 6ft 后,发现了石油(Yergin,1991)。后人称此发现揭开了世界石油工业的序幕,是近代石油工业的发端。尽管这比中国的石油钻井晚了千年左右,但它是继 1830 年左右中国的钻井技术传入欧洲,成功用于盐水井钻井后的又一应用领域的创新应用。当然,这一记载比英国近代生物化学家、科学技术史专家李约瑟(Joseph Terence Montgomery Needham,1900—1995)的中国科学技术史中记录的还要早。

二、钻井流体学关注内容

时光飞逝,转眼 200 多年。但历史记录了重大的科技创造。

从 19 世纪中叶到 20 世纪初,盐水钻井一直使用钢制工具和设备,通过蒸汽机为动力冲击完成。有记载的蒸汽动力用于石油钻井则是 1842 年。

1859 年,Drake 使用蒸汽动力的绳式顿钻钻机钻出第一口具有商业开采价值的油井,绳式顿钻钻机此后成为石油钻机的主流。直到 1883 年法国工程师 Leschot 发明转盘式旋转钻井法,绳式钻井的老大地位才得以改变。1895 年,旋转钻井在美国得克萨斯州的 Corsicana 油田应用,出现了第一台绞车。接着,一系列的创造性工作改变了整个石油钻井。1900 年,钢丝绳用于钻井。1901 年,美国在的 Spindletop 油田运用旋转钻井获得了日产 $1600m^3$(10×10^4 bbl)的高产油井。

1905 年,美国加利福尼亚州应用套管水泥固井和双塞注水泥法完井。1909 年,Howord Hughes 将牙轮钻头用于油田钻井。1914 年,钻具接头使钻杆能旋转对接。1920 年,钻井猫头普遍应用于钻井设备中,顿钻被旋转钻机所取代。

至此,以机械破岩方式为主的旋转钻井工艺趋于完善,在全世界被广泛采用。近 130 年来转盘旋转钻井法几乎是钻井的唯一方式。因此,此前的钻井方式被称为近代顿钻阶段。

1948 年美国出现喷射钻井,标志着钻井技术进入科学阶段。喷射钻井、平衡钻井、镶齿滑动密封轴承的三合一钻头、低密度低固相不分散钻井流体、最优化钻井等是这个阶段较为突出的 5 项成就(黄建仁,1978)。自此,钻井进入科学钻井阶段。

与钻井技术一起发展的钻井流体,是随着钻井工程的需要逐步发展起来的。上述的五大成就,除了钻头与钻井流体相关性不大外,其他 4 项都离不开钻井流体的支持。时间再向前推移,石油钻井工业一直没有停止过对钻井流体的关注,不仅配制钻井流体所需要的处理剂质量、现场使用工艺等得到全面提升,而且原有的基础理论和现场应用经过不断修正,也已经与原有的基础理论相差较远,基本无法照搬套用,而且不断地产生了新理论和新方法。

例如,钻井现场需要钻井速度越来越快,油藏要求储层伤害控制能力越来越强,需要钻井流体处理剂适用的对象越来越广,种类越来越多,性能越来越强,才能实现越来越多的工作目的。简单、单一的化学组分理论基本无法解释作业中出现的非纯净物引发的现象;同样,简单、单一的化学组分也不能满足现场性能控制要求。所以,原有的钻井流体基础理论难以解释钻井过程中的诸多现象,也难以指导钻井流体开发满足性能要求的处理剂和流体。

再如,油气勘探开发程度越来越高,钻井遇到的地层更复杂,设计的井型更多样,使用处理剂配制成钻井流体遇到的地层并非单一,岩性也不一样,需要钻井流体性能更多样或者更精细。理想状态的化学理论和方法难以适用。所以,原有的钻井流体基础理论难以普适,方法难以借用。

总体来看,钻井流体原有的基础理论和方法逐渐不适用的主要原因是,影响钻井流体性能的客观因素越来越多且相互关联。这种现象可以从钻井流体作业对象的变化过程寻找踪迹。

早期,钻井流体面对的工程地质条件相对简单,钻井流体的性质和组分同化学、力学理想化的研究对象接近,使用较少的研究手段,直接引入化学、力学等学科的相关理论,就可以解释许多现象,解决许多问题,为钻井流体发展奠定基础。但是,随着钻井工程的发展,钻井流体所面临的环境条件越来越苛刻、地质条件越来越复杂,钻井流体的类型和组分也不断丰富,影响钻井流体性能的因素越来越多,且各因素相互关联,影响强度也越来越突出,钻井流体越来越偏离化学和力学研究对象的性质和特征。

随着油气勘探开发环境越来越艰苦,钻井事故和井下难题越来越难处理,低成本战略和强制环保政策越来越严格,要求钻井流体的性能指标越来越高,钻井流体的发展遇到空前的挑战。现场作业队钻井流体要求越来越高,促使钻井流体工作者不断努力精细化研究钻井流体,推动钻井流体扎实发展。钻井流体在实际研究和实践中,有许多名词和基本概念、原理的界定不是很清楚,影响着钻井流体研究和应用进一步发展。

如以前钻井流体研究者以人们熟知的化学开发处理剂,研制钻井流体、解释钻井过程中的一些现象,主要是以共价键相结合的分子的合成、结构、性质和变换规律来研究钻井流体。后来发现钻井流体的处理剂、体系未必是化学合成的,钻井流体性能也不一定需要化学键的作用才能实现,所以就运用其他化学知识来研究钻井流体。

有人提出用超分子化学(Supramolecular Chemistry)合成处理剂(胡忠前等,2006),从研究的角度看,反映了钻井流体研究方法的进步。但超分子通常研究三个方面的内容:

一是研究由两种或两种以上分子依靠分子间相互作用结合在一起,组成复杂的、有组织的聚集体,并保持一定的完整性使其具有明确的微观结构和宏观特性。

二是研究处理剂的合成或者说处理剂的相互作用。

三是研究环状配体组成的主客体体系、有序的分子聚集体、由两个或两个以上基团用柔性链或刚性链连接而成的超分子化合物。

显然,这三方面的研究内容,无法解释钻井流体这种没有明确结构的流体或者分散体系。也有人试图用团簇化学(Cluster Chemistry)解释目前钻井流体所用的纳米级材料。

团簇是由几个乃至上千个原子、分子或离子通过物理或化学结合力组成的相对稳定的微观或亚微观聚集体,其物理和化学性质随所含的原子数目而变化。团簇是材料尺度纳米范围的一个概念。

团簇的空间尺度是几埃至几百埃的范围,用无机分子来描述显得太小,用小块固体描述又显得太大。许多性质既不同于单个原子、分子,又不同于固体和液体,也不能用两者性质的简单线性外延或内插得到。

因此,人们把团簇看成是介于原子、分子与宏观固体物质之间的物质结构的新层次,是各种物质由原子分子向大块物质转变的过渡状态,或者说,代表了凝聚态物质的初始状态。所以,团簇化学也无法解释这种含有固相的流动为主的流体。

与之相似的粉体技术(Powder Technology)解释钻井流体内部物质间的作用,也不能得到圆满的答案。

粉体是由许许多多小颗粒物质组成的集合体,具有许多不连续的面和比表面积大等特征。与大块固体相比较,相对微小的固体称之为颗粒。根据其尺度的大小,常分为颗粒(Particle)、微米颗粒(Micron-particle)、亚微米颗粒(Sub-Micron-particle)、超微颗粒(Ultra-micron-particle)、纳米颗粒(Nano-Particle)等。通常,粉体工程学研究的对象是尺度界于 $10^{-9} \sim 10^{-3}$ m 的颗粒。可用于研究钻井流体所用的惰性材料,不适于研究材料与油、气、水之间微观作用规律。

当然,许多研究者用溶液、胶体和乳液的相关理论研究钻井流体,但都不能完全明确钻井流体内部组分进入流体后物质之间的作用规律。

事实上,钻井流体遵循适量化学(Opportune Chemistry)的作用规律,它以物理、化学和数学为基础,研究不同物态物质混合后以流体的形式发挥作用,又能在微观上和宏观上体现化合物的化学性质、混合物的物理性质的交叉学科。它可能是微观、宏观和介观的尺度,也可能以键力、分子力、聚集态力、能量或者其他形式结合在一起,抑或以某几类力结合在一起,是化学、数学、生物学、物理学、材料科学、信息科学、环境科学和力学等多门学科交叉构成的边缘科学。常见的物质有油气井筒工作流体、流质食品等。其机理尽管不能明确,但服从一类或者一定范围内的相关规律,即各种材料只有在一定的加量范围和一定的配制条件下才能形成一种特殊的流体。

变化的自身,变化的环境,引发变化的技术。钻井流体起初采用的研究方法和赖以解释的基础理论,已不能满足钻井流体室内研究和现场应用需要,迫使钻井流体工作者从不同角度、不同程度建立适合钻井流体的理论,开发适合的方法,满足钻井工作需要。

钻井流体在应用的推动下,经过百年努力,深入认识钻井流体应用状况,加强认识其表观现象,努力掌握其内在规律,在建立理论、开发方法等方面取得了长足进步,并逐步形成了自己的理论体系和技术系列。逐渐形成了实践特点鲜明、理论特征多样的用于完成钻井工程任务的一门新学科,即钻井流体学。这是历史的必然,也是钻井流体学自身发展的需要。

钻井流体学是长期研究和应用钻井流体过程中自成系统的主张和理论,是研究钻井工作流体作业现象和作用规律的科学。由于钻井流体是一种工作流体,所以将 Drilling Fluids 演变为 Drifluidology 一词,创造钻井流体学中英文新词。主要研究钻井流体组分、体系和评价方法的科学原理和应用工艺,是一种新型交叉学科,即适量化学所涉及的内容,工艺是钻井流体在使用过程中采取的措施。

钻井流体科学原理(Drilling Fluids Principle),是钻井流体学中具有普遍意义的基本规律。以基础研究为主要工作,开展钻井流体组分和体系的开发机理工作,为建立处理剂、体系的开发和评价方法提供基本原理、作用机制支持,为钻井流体技术提供基础知识。

钻井流体组分开发机理工作主要有研究组分开发机理、建立组分性能优化方法、确定组分作用规律等以及开发钻井流体处理剂。如,研究钻井流体处理剂性能的影响因素及影响程度,研究钻井流体处理剂主要性能评价方法和评价指标,研究钻井流体处理剂与处理剂之间以及钻井流体处理剂与地层岩石间的作用机理,还有钻井流体处理剂与其配合的工具、设备相互作用机理等。

钻井流体的体系开发机理工作主要有研究体系开发机理、建立体系性能评价方法、确定体系作用规律等以及开发钻井流体。如研究钻井流体性能的影响因素及影响程度,研究钻井流体主要性能评价方法和评价指标,研究钻井流体内部相互作用以及钻井流体地层岩石间、地下流体间和辅助设备工具间的作用机理等。

钻井流体原理研究以室内研究为主,重点解决理论问题。

钻井流体应用工艺(Drilling Fluids Technology),是利用钻井设备使用钻井流体组分形成钻井流体的方法与过程。主要从事与应用相关的组分、体系和评价方法等三大方面的工作内容。

进一步讲,钻井流体应用工艺主要工作是,确定钻井流体性能现场控制工艺,建立钻井流体矿场评价方法。如,室内开发新的钻井流体处理剂和钻井流体在现场如何实现配制、维护及处理,施工结束建立适宜的应用效果评价方法等。

钻井流体应用工艺以现场应用为主要内容,重在解决现场出现的问题,同时印证钻井流体理论的适用性,根据应用情况的反馈信息完善处理剂、评价方法等科学原理和施工措施。

钻井流体理论和钻井流体工艺既有区别又有联系。理论指导工艺进步,工艺促进理论发展。钻井流体学作为应用特点明显的科学,实践赋予其强大的生命力。特别是,根据现场需要研究和开发的处理剂和钻井流体,经现场应用后,通过合适的现场评价方法评价,指出存在的问题和不足,进一步改进处理剂、钻井流体及施工措施,使基础研究和现场施工联系更加密切。因此,通过钻井流体的组分、体系和评价方法将钻井流体理论和技术联系起来,使三者成为不可分割的有机体,称为钻井流体学的"三驾马车",也即钻井流体学的三大支柱。

事实上,其他油气井工作流体的核心也是组分、体系和评价方法,这也是油气井工作流体的共同规律所在。当然,钻井流体在所有的油气井工作流体中,是最为复杂的一类。其研究的范围更广,涉及的材料更多,依托的辅助工作更复杂。依靠钻井流体组分、体系和评价方法的持续创新与完善,钻井流体学不断进步。所以,钻井流体是实践性技术,钻井流体学是应用性科学。

为了更好理解钻井流体学或者运用这门学科解决实际难题,需要了解钻井完井的一些工艺过程。既能保证对钻井流体理解的更深,还能够更好地为工程服务。

三、研究钻井流体学需要工程基础知识

从前文可以看出,钻井流体涉及的专业知识十分繁杂。单就石油领域来讲,钻井流体涉及油藏工程、钻井工程和完井工程等多个石油开采的关键环节,这些环节所涉及的基础知识更广。因此,在学习钻井流体学之前,有必要简单回顾一下相关基础知识。当然,现在的技术日新月异,新东西层出不穷,这里仅是简单的入门知识。

1. 油藏工程相关知识

地球自产生到现在大约有45亿年到60亿年,平均半径为6371km。煮熟的鸡蛋可分为蛋壳、蛋白和蛋黄三个圈层。同样地球内部可分为地核、地幔和地壳三个同心排列的圈层。钻井所接触的是地壳。地壳由岩石组成。岩石依据成因的不同可分火成岩、变质岩、沉

积岩。

（1）火成岩，也称岩浆岩，是高热的岩浆冷凝后形成的岩石，呈块状，无层次，致密而坚硬，如花岗岩、玄武岩和沉积岩等。

（2）变质岩是沉积岩或火成岩在地壳内部的物理化学因素（如高温高压、岩浆风化等）影响下，改变了原来的成分和结构变质成为新的岩石，如石灰石变成大理石。

（3）沉积岩是火成岩、变质岩和早期形成的沉积岩，经风吹雨打、温度变化、生物作用等被剥蚀、粉碎、溶解形成碎屑物质及溶解物质，再经风力、水流、冰川、海洋搬运至低凹处沉积下来，越积越厚，经压实、固结而形成了沉积岩。沉积岩有层次、孔隙、裂缝和溶洞，并有古代动植物的残骸遗迹的化石。

石油和天然气在沉积岩中生成，绝大多数储藏在沉积岩的孔隙、裂缝和溶洞里。火成岩和变质岩中则很少有石油和天然气。石油与天然气相关的岩石主要有砂岩、泥岩和石灰岩等沉积岩。

（1）砂岩是普通的砂粒由泥质或石灰质胶结而成。砂岩有孔隙，可以储存油、气、水。岩石孔隙体积与岩石总体积之比为孔隙度。由于岩石存在孔隙，在压力差作用下能通过油、气、水，称渗透性。

（2）泥岩是颗粒直径小于 0.01mm 的普通泥土经成岩作用形成的块状岩石，称泥岩。薄片层状的泥岩称为页岩。油页岩生成石油。

（3）石灰岩，俗称石灰石，主要成分为碳酸钙，呈块状，致密而坚硬。由于地壳运动的作用和地下水的侵蚀，常有裂缝和溶洞，石油与天然气即储存其中。

由于地壳发生升降、挤压褶皱及水平移动，使原来一层层平铺着的沉积岩发生变形，形成地壳的各种构造：

（1）背斜构造是指岩层向上弯曲的褶曲，其核部地层比外圈地层老。

（2）向斜构造是指岩层向下弯曲的褶曲，其核部地层比外圈地层新。

（3）单斜构造是指岩层向单一方向倾斜。

（4）断层是岩层因地壳运动而断裂，在断裂面两侧的岩层发生了显著的相对位移，称这种断裂为断层。

这些在钻井过程经常遇到，在井壁稳定和漏失控制作业中应用。

自地下采出来的石油，提炼前称原油主要由碳、氢两种元素化合而成，其中碳占 83% ~ 87%，氢占 10% ~ 14%，此外还有少量的氧、硫和氮等。

一般根据原油的颜色、密度、黏度、溶解性和凝固点等物理特性来评价原油的性质。原油一般呈棕色、褐色或黑色，也有无色透明的凝析油。颜色越淡越好。原油在 20℃ 的质量与同体积的 4℃ 的纯水的质量之比叫原油重度，一般为 0.75 ~ 1.0。原油流动时，分子间产生摩擦阻力，用黏度表示这种阻力的大小。黏度小者，流动性好。原油溶解于有机溶剂的性质称为溶解性。原油不溶于水，但可与天然气互溶。溶有天然气的石油，黏度小，利于开采。原油冷却到失去流动性的温度称为凝固点。含蜡量少者，凝固点低，有利于原油的开采和集输。

天然气主要是由甲烷、乙烷、丙烷和丁烷组成的可燃气体，其中还混杂有少量的二氧化碳、硫化氢和氮气等。知道这些，判断天然气的品质也就明白用哪些指标了。

埋藏在地下的石油和天然气是由古代的生物遗体在适宜的自然环境和地质条件下生成的。古代陆地上的动植物遗体，被河流带到内陆湖泊或海湾盆地，与原来水中的生物一起混同泥沙沉积下来形成有机淤泥。已形成的有机淤泥又被后沉积的泥砂层覆盖，和空气隔绝，处于缺氧还原的环境。随岁月流逝，有机淤泥中的有机物质经过一系列复杂的物理化学变化，就转变成石油天然气。天然气是气体状态的石油。

有机淤泥中的有机物质在成岩过程中逐渐变成了石油或天然气，此有机淤泥层叫生油层。生油层中分散着石油或天然气，遇有适宜的地质构造条件，发生运移和聚集，形成有工业价值的油藏和气藏。聚集油气的构造称储油构造，不渗透的岩层把聚集的油气圈闭起来。

储油构造是背斜储油构造、断层遮挡储油构造，所圈闭的油气聚集统称为构造油气藏。岩性圈闭储油、地层超覆储油、地层遮挡储油，所圈闭的油气聚集称地层油气藏。

同一面积范围内的油气藏称为油气田。同一油气田可以具备同一类型的油气藏，也可以由多种类型的油气藏所组成。

要找到油气藏，就要实施石油勘测和探查。随着生产经验的积累和科学技术的进步，目前常用的找油方法有三种，即地质法、地球物理勘探法和钻探法。

（1）地质法。地质法即地面地质调查法，就是直接观察地表的地质现象，看是否有露在地面的油气苗，研究岩石、地层情况，分析地下是否储油。

（2）地球物理勘探法。不同的岩石具有不同的物理性质（如密度、磁性、电性、弹性等）。在地面上利用仪器测量这些物理性能，了解地下地质情况，判断是否储油。此即所谓的地球物理勘探法。常用的有重力勘探、磁力勘探、电法勘探和地震勘探4种。

（3）钻探法。钻探法即钻井法，就是在通过地质法、地球物理勘探法，初步查明储油气区域钻井，确定是否有油气，并通过地质录井，能取得第一手地质资料。

钻井过程中收集地下地质资料的工作叫作地质录井工作。通过地质录井，可以掌握第一手资料，搞清地下的地质情况。这些方法都与钻井流体性能有关。

① 砂样录井。规定新探区每进尺1m，地质工便到钻井流体振动筛前取一次砂样，洗净、晾干，用砂样袋装好，依次编号，注明井号、井深、日期，妥为保存。若发现含油砂样，应立即化验，了解含油气情况。

② 岩心录井。在生产层或其他关键层位，可用取心钻进方法取出整段的岩心，它是最能反映地下岩层情况的资料。

③ 钻时录井。记录每钻进1m所需时间，并依据井的深度绘成钻井的深度—时间曲线。地层岩石不同软硬有别，钻进速度各异，故可作为判断地层情况的参考资料之一。

④ 钻井流体录井。不同地层对钻井流体性能的变化有不同的影响。例如，钻到油气层时，钻井流体黏度增加，密度下降，返回的钻井流体中会出现油花等。记录钻井流体性能的变化可作为研究地层的一项资料。

⑤ 地球物理测井。每口井完钻后，测井车就来进行地球物理测井工作。不同岩石的导电能力、自然电位、自然放射伽马射线及受中子冲击作用后放射伽马射线的强度是不同的。同一钻头钻穿不同岩层时井径也不一样。地球物理测井，就是沿井眼自上而下测出岩层的各种物理性质曲线。根据测井曲线，配合其他录井方法得来的资料，进行综合对比，分析解释，便能正确分辨地层，了解地层含油、气、水的情况。

2. 钻井工程相关知识

从地面钻一个孔道直达油层,即钻井。钻井就是破碎岩层、设法取出岩屑,继续加深钻进。钻井方法有顿钻钻井法和旋转钻钻井法。要想实现钻井目的,需要钻井工具和与工具相匹配的工艺参数。当然,任何事情都不可能顺利,出现一些井下难题和事故也是正常的。

顿钻钻井又名冲击钻井,相应的钻井设备称顿钻钻机或钢绳冲击钻机。周期性地将钻头提高到一定高度再向下冲击井底、破碎岩石。同时,向井内注水,将岩屑、泥土混合成钻井流体。待井底钻井碎块堆积到一定数量时,停止冲击,下入捞砂筒捞出岩屑。如此交替进行,加深井眼,直至钻到预定深度。破碎岩石、取出岩屑的作业不连续。旋转钻钻井法包括地面动力转盘旋转钻井法和井下动力钻具旋转钻井法,是目前钻井的主要方法。

转盘旋转钻井法起升系统由井架、天车、游车、大钩及绞车组成,以悬持、提升和下放钻柱。方钻杆接在水龙头下方,卡在转盘中,下部承接钻杆柱、钻铤和钻头。其中,钻杆钻柱是中空的,可通入清水或钻井流体。

工作时,动力驱动转盘,通过方钻杆带动井筒中钻柱,带动钻头旋转。控制绞车,调节由钻柱重量施加到钻头上的压力(钻压)大小,使钻头以适当压力压在岩石面上,连续旋转破碎岩层。

在连续旋转破碎岩石的同时,动力驱动钻井泵,使钻井流体经由地面管汇→水龙头→钻杆柱内腔→钻头→井底→环形空间→钻井流体槽→钻井流体池,实现循环,连续携带出岩屑。

旋转钻井与顿钻钻井相比,钻杆代替了钢丝绳,钻头加压旋转代替了冲击;连续破碎岩石和携带岩屑的工作都是连续的,钻井效率高。随着钻井深度增加,钻柱在井中旋转功率消耗增加,容易引起断钻柱事故,为了解决这些负面作用,寻求钻杆不转或不用钻杆的传送动力和运动的方法是解决的关键。促进了井下动力钻具的发展。井下动力钻具包括涡轮钻具、螺杆钻具和电动钻具。

(1)涡轮钻具是一种特殊结构的井下动力钻具,下接钻头,上接钻杆柱。工作时,钻井泵将高压钻井流体经钻杆柱内腔泵入涡轮钻具中,驱动转子并通过主轴带动钻头旋转,实现破岩钻进。

涡轮钻具钻井的地面设备与转盘钻相同。钻杆柱不转动,节约功率,磨损小,事故少,使用寿命长,特别适用于定向井和丛式井钻井。但涡轮钻具转速高,降低了牙轮钻头的使用寿命,限制了直井和深井钻井的应用。

(2)螺杆钻具是一种由高压钻井流体驱动的容积式井下动力钻具。带有压力的钻井流体驱动转子(螺杆)在衬套中转动,带动装在下端的钻头破岩钻进。钻柱不转动,特别适用于定向井、丛式井,且可做成小尺寸钻具,用于小井眼和超深井钻井;螺杆钻具结构简单,工作可靠,能提供大扭矩、低转速。

(3)电动钻具是直径小、长度较大的电动机,驱动钻头破碎岩石。电缆装在钻杆里,由特殊接头连通。钻井时钻柱不转。电驱动钻具便于操纵控制,适合于打各种定向井。但电动机结构复杂,工作条件恶劣,需要特殊电缆,检修电路故障、更换钻头等很不方便。

可以看到,一口井从开钻到完钻,实质上是要做好三件事:一是破碎岩石;二是取出岩屑,保护井壁;三是固井和完井,形成油流通道。完成三件工作需要通过井身结构来协助完成。

井身结构是下入井中套管层数、尺寸、规格和长度以及各层套管相应的钻头直径,根据掌握的地质情况和要求的钻井深度在开钻前拟定。

(1)导管防止地表土层垮塌,引导钻头入井,导引上返的钻井流体流入钻井流体池。导管下入的深度通常为20~40m。

(2)使用表层套管的目的在于加固上部疏松岩层的井壁和安装防喷器,为下步钻井提供良好条件,一般深度为30~100m,最深可达300~400m。

(3)技术套管是位于表层套管以内的套管。下技术套管是为了隔绝上部的高压油层、气层和水层或漏失层及坍塌层。钻深井和超深井及钻遇地质情况复杂时,需下多层技术套管。在满足钻井工艺要求的前提下,为节约成本,应少下或不下技术套管。

(4)油层套管是下入井内的最后一层套管,形成稳定井筒,使产层的油或气由井底沿油层套管流至井口。在各层套管与井壁的环形空间,按需求注入水泥加固(固井)。钻进所用工具,就叫钻具。钻具组合,或叫钻具配合,指根据地质条件与井身结构、钻具来源等,决定钻井时用什么样的钻头、钻铤、钻杆和方钻杆配合连接起来组成钻柱。

合理的钻具配合是确保优质快速钻井的重要条件。入井钻具应尽量简单。能满足要求时,尽量只用一种尺寸的钻杆,简化钻井器材,便于起下作业和处理井下事故。深井时,钻柱自重大,采用复合钻杆提高钻杆强度。大尺寸者在上部。

一口井的井身结构和钻具配合可以在钻井过程中根据具体情况做适当调整。选择钻机时,必须保证该钻机的起重能力能满足提升最重钻杆柱和下最重套管柱的要求。制订钻机标准系列时,应依据系列井深相应的标准井身结构与钻具组合,以确定钻机有关的基本参数。

1)常规钻井过程

钻井工程是一个十分庞杂的系统工程,涉及的工作很多,总体来看应该包括钻井前、钻井中和钻井后三大块。

(1)钻前工程。开钻前的准备工作很重要。除应做好充分思想、组织准备外,尚应做好所有物质准备工作。平井场,打水泥基础。钻井设备搬迁和安装。设备就位和安装找正,均应严格地依照设备使用说明书进行,防止损害设备的使用寿命。井口准备工作,下导管和钻鼠洞。备足钻井所需器材,如钻杆、钻铤、钻头及钻井泵必要的配件等。先掘一个圆形井,下入导管,并用石子、水泥浆固结。在离井口中心不远处的钻台前侧,钻一个17~18m的浅洞,下入一根钢管,叫作鼠洞,用于钻井过程中存放方钻杆。有的钻机附设有专用的钻鼠洞设备,但大多数情况下是用清水直接刺出来的。在转盘外侧离其中心1m多处钻一个浅孔,下入一根钢管,称为小鼠洞,用于钻进过程中接单根时存放单根。

(2)钻进过程。钻进是进行钻井生产取得进尺的唯一手段。目标是优质、快速钻井,缩短建井周期,降低成本。

第一次开钻,下表层套管。第二次开钻,在表层套管内用直径小一些的钻头往下钻进。如地层情况不复杂,可直接钻到预定井深完井;若遇到了复杂地层,钻井流体难以控制时,可下技术套管(中间套管)。第三次开钻,在技术套管内用再小一些的钻头往下继续钻进。同样,可一直钻达预定井深,或再下一层套管,再进行第4次、第5次开钻。最后,钻完全井深,下油层套管,直至完井作业。

① 下钻是将由钻头、钻铤和方钻杆组成的钻柱下入井中,使钻头接触井底,准备钻进。

下钻包括挂吊卡,以高速挡提升空吊卡至一立根高度;二层台处扣吊卡,将立根稍提移至井眼中心,对扣;上扣;钳紧扣;稍提钻柱,移出吊卡(或提出卡瓦);用刹车控制下放速度,将钻柱下放一柱立根距离;借助吊卡(或用卡瓦)将钻柱轻坐在转盘上,从吊卡上脱开吊环。再去挂吊卡,重复上述操作,直至下完全部立根,接上方钻杆准备钻进。

② 钻进又称纯钻进。正常钻进、接单根、起钻、换钻头,钻进作业的各道工序中,仅纯钻进取得钻井进尺,其余都是辅助操作。启动转盘(或井底动力钻具),通过钻柱带动井底钻头旋转;借助刹车,给钻头施加适当的压力(钻压)破碎岩石;同时开动钻井泵循环钻井流体,冲洗井底,携出岩屑,保护井壁,冷却钻具。只要根据不同的地层情况、钻进深度、钻头类型等,使转速(r/min)、钻压(tf)、排量(L/min)和钻井流体性能,配合得当获得最快的钻进速度。

③ 接单根。钻进继续进行,井眼不断加深,需不断地加长钻杆柱,每次接入一根钻杆的过程称为接单根。上提钻柱全部露出方钻杆,并将钻柱坐在转盘上(用吊卡或卡瓦);卸开并微提方钻杆移至小鼠洞上方与小鼠洞中的单根对扣;上扣;从小鼠洞中提出单根移至井中钻柱上方,对扣;紧扣;稍提钻柱,移开吊卡(提出卡瓦),下放钻柱至井底,继续钻进。

④ 起钻。需要更换新钻头时,便将井中全部钻柱取出,此过程称起钻作业。上提钻具全部露出方钻杆,让钻柱坐在转盘上;卸下方钻杆,将方钻杆和水龙头置于大鼠洞中;提升钻柱至一个立根高度(一般由2~3单根组成一个立根),并让钻柱坐在转盘上(用吊卡或卡瓦);松扣;卸扣;移立根入钻杆盒和二层台指梁中,摘开吊卡;下放空吊卡至井口。重复上述操作起出下一立根。

⑤ 换钻头。起钻完成,钻头提出井口,用专用工具卸下旧钻头,换上新钻头。换完钻头,开始下钻,重复下钻作业。然后下钻→正常钻进→接单根→起钻→换钻头→下钻,直至钻达预定井深。

(3) 下套管固井。钻穿油气层或者达到预定井深,钻进即告结束。接下来加固井眼,即下套管固井。下套管工序类似下钻,但在井口要使用一些专用工具,套管柱上要安装一些附件,如引鞋、套管鞋、回压阀、阻流环、扶正器等。

① 引鞋是为避免下套管时管柱下端插入井壁,装有锥形装置。引鞋用易钻碎的材料制成,如生铁、水泥、硬木和塑料等。

② 套管鞋是接在引鞋上部的一厚壁短节,内侧有锥面,用以防止钻头或钻杆接头在起下钻时被套管下部挂住。

③ 回压阀在引鞋上部装有回压阀,以防止水泥浆、钻井流体从环空倒流入套管内。

④ 阻流环又叫承托环,与回压阀组装成一体,用于阻挡木塞或胶塞,以保证在套管内留有水泥量,封固套管脚。

⑤ 扶正器是为防止长套管柱偏向井壁一侧,在套管柱上装有若干套管扶正器,由数片富有弹性的钢片装成,状如灯笼,外径略大于井径。

⑥ 注水泥是用水泥车和气动下灰车注水泥进入井中,水泥浆全部注入井中后,向套管内放入一枚木塞或胶塞。水泥车再把钻井流体或清水注入套管,推动木塞及其下方的水泥浆下行。水泥浆不断挤入环形空间。当木塞(胶塞)和阻流环(承托环)接触后,水泥泵泵压便突然升高(碰压),环形空间中的水泥浆正好上返至设计高度。停泵,固井工作结束。注水

泥时从水源→计量水箱→水泵+下灰车→水泥混合漏斗→(水泥浆)水泥混合池→(水泥浆)水泥泵→井口水泥头→套管内→套管外环形空间形成流体流动过程。

⑦ 固井。在钻成的井眼内下入轴心线重合的连接在一起的套管,并在套管柱与井壁的环形空间里注入水泥封固,这个过程称固井。依井身结构不同,钻井过程中一般需要多次固井。整个固井工作包括套管柱设计、下套管和注水泥。

(4)完井方法。固井后,油层被水泥和套管封固,必须设法使油(气)层和井筒沟通。这个过程称为完井。合理的井身结构应保证油层具有最大的过流断面,与油井有最好的连通性,要能防止油、气、水互窜;对多层油井,要能保证各油层间互不窜通,以便分层开采。为此,要选择合理的完井方法。

油井完井的方法有射孔完成法、裸眼完成法、贯眼完成法、衬管完成法和堵塞器完成法。完井后还诱导油流。诱导油流完成后,钻井工作完成。

① 射孔完井法。钻开整个油层后,下套管注水泥。再下射孔枪,发射射孔弹射穿套管、水泥环和油层,使油层与油井通过这些弹孔道相连通。优点是能分隔油层、气层和水层;可任意选择开采层位;能有效地防止井壁坍塌。对于岩石比较坚硬和稳定的油气层,在没有油、气、水互相干扰的情况下,可不采用水泥封固的完井方法。

② 裸眼完井法。顾名思义,钻进完成后,不用封固井壁,此法完井渗滤面积大,油流阻力小;但井底易坍塌。

③ 贯眼完井法。钻开产层,在产层部位下入带眼的筛管;只用水泥封固产层以上的套管。此法油流阻力小,但不能防止产层坍塌,不能任意选择出油层位。

④ 衬管完井法。产层套管下到产层顶部,固井;再钻开产层下入带孔眼的衬管。衬管长度可根据产层厚度来决定。衬管上部装有一个堵塞器和悬挂器,前者用以隔开油层和井眼上部,后者将衬管挂于套管尾部。此法完井优缺点类似于贯眼完成法。

⑤ 堵塞器完井法。将带有堵塞器(胶皮、封隔器等)油管下到产层顶部的台肩处。

根据油藏的实际情况,这5种主要方式演变为许多完井方式,如筛管完井、砾石充填完井等。

2)常用钻井工具及参数

机械钻速指的是纯钻进时每小时进尺数,m/h。影响机械钻速的因素很多,除了钻头类型、水力功率利用等因素外,主要是钻压、转速、排量和钻井流体性能。

作用在钻头上的压力简称钻压。钻压大小由司钻控制钻具悬重调节,由安装在钻台上的指重表或其他随钻测量仪显示。一般说来,钻速随钻压增大而加快。

钻头转速,从转盘钻可以反映,即转盘转速,r/min。机械钻速一般随转速提高而提高,浅井软地层更是如此。

钻井流体排量是钻井泵每秒钟排出泥浆的数量称钻井流体排液量,L/s。井底岩屑未被钻井流体及时冲洗干净之前,增大排量提高钻速。排量增大到足以洗净井底、并携带岩屑上返地面时,再增大排量对钻速的影响就不明了了。

在这些基本参数下,通过优化形成许多技术。

(1)喷射式钻井。采用喷射式钻头,钻井流体通过具有特殊形状和结构的小尺寸喷嘴,形成高速钻井流体射流,直接射向井底,充分利用水马力帮助破碎岩石和清除井底岩屑。

国外和中国的钻井实践都证明,采用喷射式钻井可大幅度提高钻头进尺与机械钻速。钻头水眼处流出的喷射流,可以用喷射速度、冲击力和水功率三个参数来表征。由此形成三种提高钻井速度的工作方式,即采用最大喷射速度、最大冲击力、最大钻头水功率。20世纪60年代后期,又提出经济水功率的提高钻井速度工作方式,提倡根据井底清洁的实际需要来确定钻头的水功率值,而不是单纯追求射流的某项水力参数达到最大值,以便更经济合理地利用地面泵的水功率。

中国较多采用最大钻头水功率工作方式实现钻井速度提高。认为破碎岩石,冲洗井底需要一定的能量。单位时间内射流所含能量越大,钻进速度越快。因此主张在钻井泵提供一定的水功率的条件下,尽可能多的水功率作用在钻头上。

为保证能采用喷射式钻井,除研制各种水力喷射式钻头外,必须配备高压大功率的钻井泵及相应的高压阀门、高压管汇、水龙带、水龙头,以及完善的固控设备。

(2)平衡压力钻井是指钻井过程中保持井内钻井流体动压力与地层孔隙压力相等。钻进时,保持井底压力平衡(或近平衡)可降低岩石强度和岩屑的压持效应,大幅度提高机械钻速,有效地保护油层,稳定井眼,预防井漏。

实现平衡压力钻井的关键是选择合理的钻井流体密度,使钻井流体静液压力和环空压降之和同地层孔隙压力始终保持平衡。

平衡压力钻井技术的基础是地层压力和地层破裂压力梯度检测技术、井控技术、钻井流体固相控制工艺技术及计算机技术。

因此,实施平衡压力钻井,必须安装可靠的防喷装置,防止井涌失控导致井喷;必须配置先进的固控设备,适时调配和控制钻井流体性能。

(3)最优化钻井是在喷射钻井和平衡压力钻井基础上发展起来的钻井工艺技术。运用最优化数学理论,总结分析已钻井的有关资料,拟定快速低成本的钻井方案,在新井钻井施工过程中,适时地分析处理有关数据,优选措施使钻井过程始终保持最优经济状况。

影响钻井速度和成本的因素可分为两大类,即地质条件、岩层性质等不变因素,以及钻压、转速、钻井流体性能、水力因素、钻头类型等可变因素。

最优化钻井设计的基本任务是建立影响钻速和成本的可调变量数学模型,在井身结构设计和钻井设备等限制条件下,选择最优钻井流体方案、合适的钻头类型,确定最优的水力参数和钻压—转速匹配。

一口井的最优化设计与施工包括取全取准钻井和测井资料,制订钻井基础程序,现场执行基础程序,评价全井整体技术经济指标。

随钻测量技术的发展和优化钻井计算机软件的开发和应用,借助计算机大大提高了钻井工作的科学水平和自动化水平。

井斜是标志井身质量的一个重要指标,一般用井斜角和井斜方位角来表示。此外,还有井斜变化率、井底水平位移等。

由于钻头上方的钻柱受压弯曲,倾斜地层、软硬交界处钻头在圆周各处所遇阻力不一致等因素的影响,井打得绝对的垂直,是不可能的。但井斜超过规定标准,井底水平位移过大,油层处井眼分布混乱。另外,井斜过大,施工过程中,会造成摩阻大、卡钻等井下难题。因此,中国各油田对井斜都有规定标准,以确保井身质量。

钻出井身质量优良的井筒,需要根据不同地层和要求选择钻具。

满眼钻井法,又叫刚性配合法,是中国在石油矿场广泛采用的快速钻直井的常用井下钻井方法。

钻具下部的钻铤,在钻压作用下会产生弯曲,使钻具在井内不居中,导致井斜。通过在钻铤弯曲处加上扶正器增加受压部分刚度,使钻具居于井眼中心,防止井斜。

采用专门的造斜工具,配合一定的工艺措施,使井眼按照预定方向偏斜的钻井方法叫定向钻井。运用定向钻井技术,在同一井场钻多口井,叫丛式钻井。

定向钻井的应用。定向井用于:①勘探开发浅滩近海地区的油田;②油层地面环境不宜安装钻机时;③油层地质条件不适宜于直井开采时;④倒钻、救援等事故处理。

丛式钻井多用于海洋钻井。提高了钻井平台和设备的利用率,降低了钻井成本。近年来陆上丛式钻井技术发展很快,在沼泽和沙漠等地面条件恶劣地区打丛式井,满足勘探开发新油田的需要。在森林、农业地区可节约占地面积,减少钻井设备搬迁安装时间和钻前工程量。丛式井采油可减少集输计量站、集输管线和油建工程量,便于实现自动化管理。

定向井剖面是由直井段、增斜井段、稳斜井段和降斜井段依用途采取不同的组合而成。多用于大斜度井、悬空侧钻井、一井多层开采井,固定式海上钻井平台钻多筒密集井时,也采用这种剖面。

转盘钻定向井时,造斜工具常用变向器、水力冲钻头和射流钻头。井下动力钻具钻定向井时的造斜工具,常用弯接头、弯钻铤、弯钻杆、涡轮偏心短节。

使斜井达到一定的造斜率,通过选用不同造斜能力的变向器和相应的钻具组合,可以实现不同的造斜率。

用作造斜的涡轮有两种,短涡轮和复式弯涡轮。短涡轮结构与普通单式涡轮基本相同,长3~5m。复式弯涡轮是用弯接头及相应的活动联轴节连接起来的复式涡轮,其下节短(约3m),利于造斜;上节长(约8m),可增加涡轮组数,获得较大功率。

变向器常用套管焊成,下为楔形,便于插入地层。开斜眼时,变向器下部插入地层,剪断销钉后,钻头沿斜面下行,造斜钻进。水力冲钻头利用偏斜喷射流的冲刷作用使井眼偏斜,适用于软地层造斜。还可以用射流钻头造斜。射流钻头的钻头三个水眼的尺寸不同,依靠不对称的射流冲出偏斜的井眼,软地层效果好。

用螺杆钻具或涡轮钻具钻定向井时,在钻具上方接上造斜工具,使造斜工具的下部产生弹性力矩和相应的斜向力。

弯接头,常用弯度角有30′、1°、1°30′、2°、3°和3°30′,最大4°,弯度太大不易下井。

弯钻铤,长3m左右的短钻铤,两端的螺纹处都有弯角,相当于两个弯接头组合,可获得较大组合弯度,较易下井。

弯钻杆,将普通钻杆下端弯曲成一定角度,弯曲点距螺纹处1~1.5m。柔性大,易加工,便于下井,但造斜能力弱。

涡轮偏心短节。在涡轮钻具下部压紧短节上焊一个弧形偏心铁块。在松软易塌地层中,造斜效果比弯接头或弯钻杆好。

3)常见井下事故

钻井过程中常见的井下事故主要有井漏、井塌、井喷和卡钻等。还有一些造成钻井困难但没有中止作业的难题,如掉块、钻井流体不稳定等,将在后续的内容中与钻井流体的性能一并讨论。这里只介绍一些事故。

(1)井漏。井眼中钻井流体液柱压力大于地层压力时,可能引起钻井流体漏失。井漏可能是钻遇疏松地层,开泵过猛蹩漏;钻遇渗透性地层,如渗透性良好的砂岩,渗透性漏失;钻遇地层断裂带或裂缝,如石灰岩裂缝发育地层,或石灰岩大溶洞时,充填或者置换地层流体。

井漏会使钻井流体池液面下降,井口返出钻井流体量减少,甚至循环中断。发生井漏时首先应设法提高钻井流体黏度、切力,相应降低钻井流体密度和钻井泵排量。严重漏失时,应在钻井流体中加入堵漏材料,封堵漏失层。

(2)井塌。钻进时,钻井流体进入岩石,降低了岩石的胶结力,有些岩层,如黏土层、页岩层和泥岩层等,钻井流体浸泡后发生膨胀、剥落,有时会导致井壁失稳坍塌。严重井塌可能引起卡钻。

采用低失水钻井流体,增加井内钻井流体柱压力,避免钻头处于易塌地层循环钻井流体等,都可以防止井塌。

(3)井喷。钻遇到高压油层、气层和水层时,由于油层、气层和水层的压力大于钻井流体柱压力,容易造成井喷。

为防止井喷,除应事前做好地质预告工作外,还应在钻井时采取调整钻井流体性能措施,安装井口防喷设备。

(4)卡钻。卡钻是钻井过程中常发生的事故,依成因不同可分为沉砂卡钻、落石卡钻、地层膨胀卡钻、滤饼卡钻和键槽卡钻,泥包卡钻和落物卡钻等为外来因素卡钻。

① 沉砂卡钻。钻井流体黏度低、切力小,悬浮岩屑能力差,停泵岩屑下沉,造成沉砂卡钻。接单根时间过长,或泵因突然故障需停泵检修,也可能造成此类卡钻。为了处理沉砂卡钻事故,钻机应具备足够的提升能力。

② 落石卡钻。钻遇疏松、胶结性不好的地层,井塌时造成卡钻。

③ 地层膨胀卡钻。钻遇疏松、多孔隙和膨胀性地层时,钻井流体性能不好,失水大,渗入到地层中,导致地层膨胀,井径缩小造成卡钻。

④ 滤饼卡钻。钻井流体性能不好,或含砂量过大,在井壁上形成一层厚滤饼。滤饼表面往往黏附很多岩屑,使井径变小。钻柱贴向一侧井壁时,钻柱受到的侧向液静压力,使其紧贴滤饼,产生摩擦力,可能导致卡钻。

⑤ 键槽卡钻。在井斜角及方位角变化大的井中,由于钻柱在"狗腿"处旋转及多次起下钻,在该处拉磨以致在井壁上磨出一条细槽,一般略大于接头直径,但小于钻头直径。起钻时钻头卡入槽内卡钻。

外来因素卡钻主要从加强管理入手,控制卡钻,不做论述。

四、钻井流体学未来发展

随着钻井技术的发展,非流体钻井技术出现,与钻井技术相对应的钻井后的完井流体也会改变,这些相关资料也在收集之中,在以后的书稿中加以补充。

当然,人类仍在不断地探索钻井技术,以满足更多的作业需求,进展较为迅速的有激光钻井和微波钻井,下面就此两种钻进技术做如下简单介绍。

(1)激光钻井(Laser Drilling)。激光钻井是一种利用激光器件把能量转换成光子,光子经过聚焦成为强光束,再将岩石熔融、粉碎和蒸发的新型钻井方法。

激光技术是20世纪60年代在量子物理学、光子光谱学、无线电电子技术基础上兴起的一门多学科融合的科学技术。受激辐射而获得的特殊的光,具有方向性强、亮度大、单色性强、相干性好等特点。

① 方向性强。几乎是一束定向发射的平行光,发散角一般为毫弧度数量级。

② 亮度大。激光的亮度可以达到太阳亮度的100亿倍以上。如果用透镜将激光聚焦,功率密度可达到$1\times10^{12}\,W/cm^2$。在极小的范围内产生几百万摄氏度高温,几百万个大气压,每米几十亿伏的强电场。

③ 单色性高。激光近乎是单一频率的光,单色性远优于一般单色光源,激光光谱线的线宽可达到千万分之一埃。

④ 相干性好。由于激光的线宽窄、位移在空间的分布不随时间变化,具有良好的时间相干性和空间相干性。

其中,亮度大是激光用于钻进的最主要特性。钻井用激光器件就是把能量转换成光子,光子经过聚焦成为强光束,使岩石熔融、粉碎、蒸发。即把激光束聚焦在要钻入地层的环形区域上,这个环形区域是井眼直径的一小部分。激光束聚焦后产生高温,使要钻入的地层材料熔化蒸发,热冲击使要钻入的岩石材料被击成细粒。由于环形区域内熔化材料的蒸发产生强大的压力,使被击碎的材料腾升到地面,钻屑更加易于成为细粒并喷出井口。为了增强热冲击的作用,还要向钻进部位喷射可膨胀的液体流。液体射流和激光交替作用在欲钻部位,使激光束和液体射流形成脉冲作用。

液体射流所用液体应易于使所钻材料熔化与震碎,有助于井壁光滑。为使从已钻成的井眼中排出的钻屑离开地面设备,在井口处安装转向器便于喷出强液体射流,从而改变从井中喷出震碎的岩石材料方向,吹离井口。激光发生器、工作激光脉冲的长短、注入的强射流体、喷出材料的吹除等整个系统,都由控制器根据被钻地层的物理特性控制。

与常规钻井相比,激光钻井不需要钻井流体、钻头、油管和套管,也不产生钻屑,从而提高机械钻速,缩短钻井周期,大幅度降低钻井成本(韩常省,2000)。目前应用的激光主要有二氧化碳激光、一氧化碳激光、碘氧激光以及自由电子激光。

(2)微波钻井(Microwave Drilling)。微波钻井是利用大功率微波回旋管发射机发射的微波电磁,强束熔化、蒸发岩石进而实现钻进的钻井方法。微波是指频率为300MHz至300GHz的电磁波,具有波粒二象性。

微波钻井技术是将圆形金属波导管下入井眼一定深度,使金属波导管前缘与井底间隔一定的距离,保证微波强束具有一定的发散度充满井眼,保持金属波导管前缘温度足够低以延长金属波导管的使用寿命。

地面微波回旋管发射机发射的微波强束,通过金属圆形波导管传输至波导管前缘,经直径10~30cm的井眼传输至井底。金属圆形波导管向井眼内注入压缩空气,控制井眼内的压力。

在微波强束的作用下,井底岩石表面温度快速升高。温度超过3000℃时岩石开始熔化、蒸发,热熔体前沿快速前进。井眼加深,产生的饱和岩石蒸气形成纳米颗粒烟雾,井眼内压力增大。一部分岩石蒸气随着气流通过金属圆形波导管和井眼之间的环形空间运移至地面,另一部分在压力推动下进入地层微裂缝,冷却后在井壁上形成厚、坚固的玻璃或陶瓷层。

微波在介质传输中因能量损失过大造成机械钻速快速降低时,加深金属波导管的下入深度、恢复金属波导管前缘与井底之间的间隔距离,重复上述过程,即形成高效、可控钻井。微波钻井现阶段分为毫米波钻井和声波钻井。

毫米波钻井(Millimeterwave Drilling),是一种利用大功率回旋管毫米波发射机发射的毫米波电磁能,强束熔化蒸发岩石,高压空气或氮气携带纳米级粉末钻井技术(郭先敏,2014)。

声波钻井(Sonic Drilling)是将高频振动力、回转力和压力三者结合在一起使钻头切入土层或软岩以加深钻孔的破岩方法。美国的Boart Longyear公司环境钻探部、Bowser - Morner公司、Prosonic公司和加拿大的Sonic Drilling公司等正在研发适用于油气钻井的声波钻井技术及装备(史海歧等,2007)。

微波由于具有加热不需介质传热、升温速度快、穿透性强、过程易于控制、使用成本低、实用价值高等特点,发展速度较快。类似的技术还有使用磁滞伸缩的铁芯,使发射体高频振动产生超声波,依靠磨蚀和空化作用破碎岩石的超声波钻井(Supersonic Wave Drilling),用集聚雷达波来加热、剥落岩石的微波钻井技术。

随着科学技术的进步,有些钻井方式只是提出了概念,目前还没有在工艺上实现突破,如原子能钻井、磨蚀钻井等。

(1)原子能钻井(Atomic Energy Drilling)。原子能钻井是利用原子反应堆原理熔化岩石的钻井方法(鄢泰宁等,2003)。

(2)磨蚀钻井(Abrasive Jet Drilling)。磨蚀钻井是用一台单级涡轮带动一个金刚砂或碳化钨的切削轮旋转,达到破碎岩石的钻井方法。

(3)射流冲蚀钻井(High Pressure Jet Drilling)。射流冲蚀钻井是用高速射流冲蚀,破碎岩石的钻井方法。

(4)炸药囊爆破钻井(Explosive Capsule Drilling)。炸药囊爆破钻井是用炸药撞击岩石引起爆炸,破碎岩石的钻井方法。

(5)弹丸钻井(Pellet Impact Drilling)。弹丸钻井是用高速钢粒撞击破碎岩石的方法。

(6)电火花钻井(Electric Spark Drilling)。电火花钻井是用高压电的水下电火花产生高压强脉冲冲击孔底,破碎岩石的钻井方法。

(7)火焰钻井(Flame Drilling)。火焰钻井是用氧和柴油一起燃烧以产生高温高喷速的火焰,破碎岩石的钻井方法。

(8)电加热钻井(Electric Heating Drilling)。电加热钻井是用电加热剥落破碎岩石的钻井方法。

(9)电弧钻井(Electric Arc Drilling)。电弧钻井是用电弧高温熔化岩石的钻井方法。

(10)等离子钻井(Plasma Jet Drilling)。等离子钻井用产生高热转换等离子体熔化岩石钻井方法。也有利用这些原理,激励钻井流体,增加钻井流体的能量的钻井技术。

(11)电子束钻井(Electron Beam Drilling)。电子束钻井是用高电压使从阴极射向阳极的电子束加速,并用偏压栅极和电极透镜使电子束向岩石聚焦,高温熔化和破碎岩石的钻井方法。

(12)化学腐蚀钻井(Chemical Erosion Drilling)。化学腐蚀钻井是用化学反应剂如氟,破碎岩石的钻井方法。

(13)振动钻井(Vibratory Drilling)。振动钻井是用振动器产生振动力使钻头达到破碎岩石的钻井方法。

(14)行星式钻井(Planetary Drilling)。行星式钻井是在普通井下动力钻具下连接带双轴的减速器,下接两个钻头,使钻头产生行星式转动,破碎岩石的钻井方法。

(15)热力钻井(Thermal Drilling)。热力钻井是用氧气枪或喷射燃烧器高温熔化和破碎岩石的钻井方法。

(16)热熔钻井(Hot Melt Drilling)。热熔钻井是利用特殊材料做成的高温钻头压在井底岩石表面,通过热作用使岩石成分团聚状态熔化的钻井方法(王恒等,2004)。

相信,随着科技进步,这些钻井技术会不断成熟并推动钻井流体的发展。同时钻井流体种类的增加,在推动钻井流体学发展的同时,也丰富和完善了钻井流体技术。

参 考 文 献

GB/T 2891—2011　石油天然气钻井工程术语[S].
James L 拉默斯,阿扎 J J.1994.钻井液优选技术——油田实用方法[M].北京:石油工业出版社:17-18.
陈大钧.2006.油气田应用化学[M].北京:石油工业出版社:11-22.
陈家琅,刘永健,岳湘安.1997.钻井液流动原理[M].北京:石油工业出版社:1-3.
恩格斯.1971.自然辩证法[M].中共中央编译局.北京:人民出版社:162.
樊世忠,鄢捷年,周大晨.1996.钻井液完井液及保护油气层技术[M].北京:石油工业出版社:221-231.
郭先敏.2014.毫米波钻井技术[J].石油钻探技术(3):55-60.
韩常省.2000.激光钻井技术展望[J].西安石油学院学报(自然科学版)(2):38-40,62.
胡庆辉.2005.基于专家决策的钻井液设计研究[D].成都:西南石油大学:1.
胡忠前,马喜平.2006.超分子化学及其在油田化学中的应用[J].精细石油化工进展,7(9):15-19.
黄建仁.1978.美国钻井工业发展中的科学化和自动化阶段[J].石油钻采机械通讯(4):3-5.
姜仁.1987.钻井工程[M].北京:石油工业出版社.
林元雄.1988.井盐凿井技术是中国第五大发明[J].盐业史研究(2):44-53.
史海岐,刘宝林.2007.声频振动钻机及其液压系统的设计[J].探矿工程(岩土钻掘工程),34(7):44-46.
王恒,鄢泰宁,徐治中.2004.热熔钻进新工艺及其在地热井中的应用[J].西部探矿工程,16(1):116-117.
鄢捷年.2012.钻井液工艺学[M].东营:中国石油大学出版社:6-18.
鄢捷年.2001.钻井液工艺学[M].东营:中国石油大学出版社:6-17.
鄢泰宁,郭湘芳,姚爱国.2003.俄罗斯电热能钻井、固井和地层压裂方法的应用[J].国外油田工程(2):34-36.
于涛,丁伟,曲广淼.2007.油田化学剂[M].北京:石油工业出版社:1
赵福麟.2007.油田化学[M].东营:中国石油大学出版社:20-50.
中共中央编译局.1972.马克思恩格斯全集[M].北京:人民出版社(39):198.
Adam T Bourgoyne, Keith K Millheim, Martin E Chenevert, et al. 1986. Applied Drilling Engineering [M]. SPE Textbook Series:41-53.
ANSI/API Recommended Practice 13B-2—2005　Recommended Practice for Field Testing Oil-based Drilling Fluids[S]. 4th Edition.
ANSI/API RP 13B-1—1990　Practice for Field Testing Water-based Drilling Fluids[S]. First Edition.
ANSI/API RP 13B-2—1998　Recommended Practice for Field Testing Oil-based Drilling Fluids[S]. 3th Edition.
ANSI/API RP 13B-2—1991　Recommended Practice for Field Testing Oil-based Drilling Fluids[S]. 2th Edition.
ANSI/API RP 13B-2—1990　Recommended Practice for Field Testing Oil-based Drilling Fluids[S]. 5th Edition.
ANSI/API RP 13B-1—2009　Recommended Practice for Field Testing Water-based Drilling Fluids[S]. 4th Edition.
ANSI/API RP 13B-1—2003　Recommended Practice for Field Testing Water-based Drilling Fluids[S]. 3th Edition.
ANSI/API RP 13B-1—1997　Recommended Practice for Field Testing Water-based Drilling Fluids[S]. 2th Edition.
ASME. 2005. Drilling Fluids Processing Handbook[M]. Houston:Gulf professional Publishing:5.

ASME Shale Shaker Committee. 2005. Drilling Fluids Processing Handbook[M]. Houston: Gulf Professional Publishing: 15.

ASME Shale Shaker Committee. 2005. Drilling Fluids Processing Handbook[M]. Houston: Gulf Professional Publishing: 20-25.

Brantly J E. 1971. History of Oil Well Drilling[M]. Houston: Book Division Gulf Pub. Co. :1122.

Brent Estes. 2010. Drilling and Completion Fluids [J]. Journal of Petroleum Technology: 56-69.

Brian Grayson. 2009. Precise Management of Downhole Pressure Enhances Safety and Enables Access of Challenging Offshore Reserves [C]. SPE 119867.

Caenn R, Darley H C H, Gray G R. 2017. Composition and Properties of Drilling and Completion Fluids [M]. 6th Edition. Houston, TX: Gulf Publishing Company.

Caenn R, Darley H C H, Gray G R. 1988. Composition and Properties of Drilling and Completion Fluids[M]. 6th Edition. Houston: Gulf Professional Publishing: 5-19.

Collings B J, Griffin R R. 1960. Clay-free Salt-water Muds Save Ragtime and Bits[J]. Oil & Gas Journal: 115-117.

Darley H C H, George R Gray. 1988. Composition and Properties of Drilling and Completion Fluids [M]. 5th Edition. Houston: Gulf Professional Publishing: 6-19.

Darley H C H, George R Gray. 1980. Composition and Properties of Drilling and Completion Fluids [M]. 4th Edition. Houston: Gulf Professional Publishing: 7-22.

Foran E V. 1934. Pressure Completions of Wells in West Texas [J]. Drilling and Production Practice. American Petroleum Institute: 48-54.

Goodwin K J, Calvert D G, Root R L, et al. 1992. Successful Cementing of Shallow Steam Flood Wells in California [J]. SPE Drilling Engineering, 7(7): 207-211.

Herrick H N. 1932. Flow of Drilling Mud[R]. SPE 932476-G: 476-486.

Johannes Karl Fink. 2003. Oil Field Chemicals [M]. Houston: Gulf Professional Publishing: 31-33.

Johannes Karl Fink. 2011. Petroleum Engineer's Guide to Oil Field Chemicals and Fluids[M]. Gulf Professional Publishing: 40-41.

Lewis J O, McMurray W F. 1916. The use of Mud-laden Fluid in Oil and Gas Wells[M]. U. S. Bur. Mines Bull. : 134.

Mallory H E, Holman W E, Duran R J. 1960. Low-solids Mud Resists Contamination[J]. Petrol Eng. : B25-B30.

Sweeney P. 1866-01-02. Improvement in Rock-drills: U. S. Patent 51,902[P].

Yergin D. 1991. The Prize: the Epic Quest for Oil, Money and Power [M]. New York, NY (United States): Simon and Schuster.

第1篇 钻井流体性质

经过钻井流体工作者100多年来的努力,钻井流体的类型已经从清水发展到以水为连续相的水基钻井流体、以烃类衍生物为连续相的烃基钻井流体、以气体为连续相的气基钻井流体三大类型。钻井流体的体系也由细分散黏土钻井流体、全油基钻井流体、空气钻井流体等几种,发展到水或油连续或者非连续的气泡类钻井流体、逆乳化钻井流体等上百种。同一体系不同的组分更多,不同组分形成的钻井流体在实际应用中更多。

据不完全估计,钻井流体的种类不少于1000种,钻井流体的组分不少于3000种。百花竞放,百家争鸣。钻井流体所包含的内容和所表现的形式愈加多姿多彩,极大地丰富和完善了钻井流体的组分、体系,强有力地促进钻井流体支撑产业的发展。反过来,又增大了钻井流体推广力度和扩大了应用范围,保证了钻井流体在钻井作业中的作用更加突出。

发展过程中,钻井流体所面对的地质条件越来越复杂,油气井轨迹越来越多样,钻井目的越来越丰富,钻井难度越来越大。为完成钻井任务,需要不断地针对具体难题采取具体的措施,开发不同的钻井流体。反过来,针对不同难题获得的许多成功的现场实例又促进了钻井流体原理的深入研究和工艺的持续完善。

这种进步不仅在工程上表现为钻井流体解决各种特殊问题的实际经验有了长足进步,油气生产获得社会效益和经济效益更加明显,还表现在引入社会发展过程中的新思想、新理论、新方法和新材料,对钻井流体的组分、体系和评价方法的理解和掌握,不断认识、不断深化、不断完善。因此,钻井流体不仅是工程领域中钻井工程的重要组成部分,还是涉及整个国计民生的核心技术之一。与钻井流体相关的事情,应该是大事件,是涉及环境保护、关乎国家人民的大事。

钻井流体发展迅速。一方面是因为钻井流体工作在面对复杂的工作对象时需要快速地做出应对措施。另一方面是因为要不断地更新知识、完善施工工艺,满足应对难题有可选择的实施手段。这就需要扎实的基础理论和深厚的专业知识做支撑。

钻井流体基础理论为技术发展提供发展动力,技术发展反过来促进基础理论的进步。因此,第1篇就要从理论说起,要针对钻井流体性能分析和评价时所用到的聚集状态、体系种类、组分种类、主要功能、作业流程和实施过程等钻井流体性质,分6章论述,其基础理论分别是钻井流体存在状态的多元聚集态理论、钻井流体种类变依据划分理论、钻井流体组分变依据划分理论、钻井流体适合为佳选择理论、钻井流体系统净化为目标的设备配套理论、钻井流体实施过程的对标控制理论。

第1章　钻井流体存在状态理论

钻井流体除了实践特征明显外,涉及专业、学科众多也是其重要特点。可以说是一个庞杂的系统工程。学习钻井流体,必须先弄清楚钻井流体的正常的存在状态,即物态。

物态(State of Matter),学名聚集态,是一般物质在一定的温度和压力下所处的相对稳定的状态,通常是指固态、液态和气态。三种状态是可以互相转化的。除三种物态以外,还有等离子态、超固态和玻色—爱因斯坦凝聚态等。

气体中分子运动更加剧烈,成为离子和电子的混合体时,称为等离子态;压强超过百万大气压时,固体的原子结构被破坏,原子的电子壳层被挤压到原子核的范围内,称为超固态;有些原子气体被冷却到纳开级别(10^{-9}K)温度时,气体原子(玻色子)进入能量最低的基态,称为玻色—爱因斯坦凝聚态。

钻井流体是什么物态呢？钻井流体液态和气态居多。研究认为,钻井流体是固液气的混合物,是多相分散体系。目前以溶液、胶体和浊液居多。

什么叫体系？体系(System),泛指一定范围内或同类的事物按照一定的秩序和内部关系组合而成的整体,是不同系统组成的新系统。

什么叫分散体系？分散体系(Dispersion System),是由一种或几种物质分散在另一种物质中所构成的体系,称为分散体系,简称分散系。其中,被分散的物质称为分散质或称分散相(Dispersion Phase);起分散作用的物质称为分散剂或称分散介质(Dispersed Medium)。多相分散体系(Multiphase Dispersion System)是由多种分散质形成的分散体系。

分散体系按照分散质颗粒粒径的大小分为分子或离子分散系、胶体或胶体分散系和粗分散系或聚集体分散体系等三类。

(1)分子或离子分散系的分散质颗粒,平均直径不大于1nm。分散程度达到分子或离子大小的单相状态,称为真溶液(Solution),简称溶液。

(2)胶体分散系的分散质颗粒,平均直径1~100nm。什么是胶体？胶体(Colloid),或者说胶体分散体系、胶体溶液、溶胶,是胶体化学(Colloid Chemistry)规定的,颗粒直径1~100nm、分散于分散剂中,且分散相颗粒与分散介质之间有明显物理分界面的分散体系,称之为胶体分散体系。也有人主张胶体颗粒的平均直径为1~1000nm(Gnther,1988)。习惯上,聚合物大分子质点分散于流体介质中的胶体,被称为高分子溶液(Macromolecular Solution);固体质点分散于流体介质中的胶体,称为溶胶(Sol)。

(3)粗分散系或聚集体分散体系颗粒,平均直径不小于100nm。分散质多为分子聚集体,所以也称聚集体分散体系。此类分散质主要是不溶性颗粒。固体颗粒分散于流体中形成的混合物称为悬浊液(Suspension);液体液滴分散于流体中形成的混合物称为乳浊液(Emulsion)。

分散体系中分散质的粒径大小不同,名称也不一样。钻井流体分散体系中分散质的大小以及所对应的级别见表1.1.1。

表 1.1.1　钻井流体分散体系中分散质的粒径

类别	颗粒直径 μm	粗细等级	对应粒径 目
砂	>2000	粗	<10
砂	2000~250	中	10~60
砂	250~74	中细	60~200
泥	74~44	细	200~355
泥	44~2	极细	—
胶粒	<2	超细	—

从表 1.1.1 可以看出，从粒径结合钻井流体的物理性能看，钻井流体中的分散相应该是泥类分散介质。但是，混入钻屑后的粒径大小十分复杂，不能一概而论。但基本认可钻井流体是粗分散体系。

如果认为钻井流体是分散体系，钻井流体可以认为是为完成钻井工作按照工作流体性能要求，利用钻井流体处理剂配制而成的分散体系。

从严格意义上讲，体系与组分相对应，用于宏观概括；钻井流体与处理剂相对应，用于具体描述。因此，如果说钻井流体体系，是重复叙述。只说钻井流体或者体系就可以。

进一步说，体系泛指所有的钻井流体，钻井流体则指具体的体系。同样，组分泛指所有的处理剂，处理剂则是指具体的组分。因此，一般说体系，和说钻井流体是一个意思。

如某某钻井流体，可以说某某体系。抑制性钻井流体或者说抑制性体系，都是可以接受的。说体系又说具体钻井流体则是多余的。如甲酸盐抑制性钻井流体，是用甲酸盐作为主处理剂配制成的具有较强抑制性能的分散体系。聚合醇钻井流体，是聚合醇为主要处理剂的分散体系。

对比而言，如某某体系，则是指用某某为组分或者具有某类特殊性能的分散体系。因此，建议在表达具体钻井流体时，不用体系两字，某某钻井流体即可，如甲酸盐钻井流体、耐高温钻井流体等。

既然钻井流体是分散体系，那么钻井流体是上述三种形态的哪一种体系呢？这就需要从溶液、胶体和浊液等宏观特性出发，认识钻井流体。钻井流体以不同的聚集态存在的观点，称为钻井流体多元聚集态理论(Theory of Hybrid - Propellant State of Drilling Fluids)。

1.1　钻井流体溶液态

溶液是由至少两种物质组成的均一、稳定的混合物。被分散的物质称为溶质(Solute)。以分子或更小的质点分散的物质，称为溶剂(Solvent)。

溶剂，广义上，是指均匀的混合物中含有的过量组分；狭义上，是指溶解其他物质(一般指固体)但化学组成不发生任何变化的流体，或者与固体发生化学反应并将固体溶解的流体。溶解生成的均匀混合物称为溶液；被溶解的物质称为溶质，即量少的成分；在溶液中过量的成分叫溶剂。

溶剂也称为溶媒,有溶解溶质的媒质之意。工业上,溶剂一般是指能够溶解油脂、蜡、树脂等不溶于水的物质形成均匀溶液的单一化合物或者两种以上组成的混合物。这类物质多为有机物质。除这些常用的有机溶剂外,还有用于溶解无机物质或作为稀释剂用于水乳液的无机溶剂,如水、液氨、液态金属、无机气体等。一般情况下,溶剂在室温下是流体,但也可以是固体(离子化溶剂)或气体(二氧化碳)。溶剂限制沸点不超过250℃。为了区分溶剂与单体及其他活性物质,把溶剂看作非活性物质。相关溶剂和溶质的基础知识比较多,本书列举一些与钻井流体相关的溶解方面的基础知识。

(1)极性(Polarity)。极性指共价键或共价分子中电荷分布的不均匀性。如果电荷分布不均匀,则称该键或分子有极性;如果均匀,则称为非极性。物质的一些物理性质如溶解性、熔沸点等与分子的极性相关。极性是在分子中生成两个相反的电性中心的能力。用于描述溶剂的溶解能力及溶剂和溶质的相互作用。极性取决于偶极矩、氢键、焓和熵,没有物理意义,只表征是一个综合的特性。偶极矩对溶剂极性的影响最大。高对称性的分子(例如苯)和脂肪烃(例如己烷)没有偶极矩被称为非极性的。二甲亚砜(fēng)、酮类、酯类和醇类是有偶极矩的化合物,极性从高到低排列,为极性的、中等极性的和偶极的。

(2)可极化特性(Polariability)。分子在外界电场的影响下,键的极性发生改变,称为极化特性。由于外界电场的影响使分子或共价键极化而产生的键矩叫作诱导键矩。与极性共价键的键矩不同,极性共价键中,键矩是由于成键原子电负性不同引起的。因此,是永久性的。诱导键矩则是在外界电场的影响下产生的,是暂时的。随着外界电场的消失而消失,所以叫诱导偶极。

不同的共价键,对外界电场影响的感受能力不同。共价键的可极化性越大,就越容易受外界电场的影响发生极化。键的可极化性与成键电子的流动性有关,亦即与成键原子的电负性及原子半径有关。成键原子的电负性越大,原子半径越小,则对外层电子束缚力越大,电子流动性越小,共价键的可极化性就小;反之,可极化性就大。一些电中性的溶剂分子,可以由外部电磁场感应生成偶极,形成极性溶剂。

(3)常规溶剂(Conventional Solvent)。常规溶剂是指不发生化学缔合(例如分子之间生成络合物)的溶剂。

把两种或两种以上的溶剂,按一定的规律混合的产物或者把两种溶解性能和使用范围不同的溶剂混合所得到的溶液,在它们互相影响下大幅度地改善溶解能力,使各溶剂的优点得到充分发挥,称为混合溶剂。混合溶剂不是两种或多种单一溶剂性能的简单平均,在一些良溶剂/高聚物溶液中,逐渐加入劣溶剂或非溶剂,混合溶剂并不是逐渐变弱,而是先变得更良,然后再减弱;还有的两种非溶剂的混合物有可能表现出良溶剂的行为,即所谓的共溶剂(Co-solvent)。当然也有两种溶剂混合后成为非溶剂的情况。

这样,混合溶剂性能就不能直接从相应的两种组分溶剂的性能来推演。混合溶剂的情况比较复杂,其溶解性能以及良劣性与排除体积效应、两种溶剂分子间的相互作用、溶剂分子的自缔合、高分子在溶液中的聚集以及高分子对某一组分溶剂的优先吸附等有关。溶剂的介电常数可以直接影响物质的溶解度。

溶解度变化改变溶质的热力学状态、动力学过程以及热力学和动力学平衡。同时,溶剂介质改变,固态颗粒间的相互作用、固体和溶剂的相互作用也发生改变。因此,溶剂环境的变化会大大改变产物的状态。

混合溶剂的形成方法目前主要有相溶溶剂法和乳化溶剂法两种。相溶溶剂法,是把两种相溶的溶剂混合在一起。乳化溶剂法是指两种溶剂相互混合时,一种溶剂被乳化分散到另一种溶剂中所得的分散体系的方法。乳化液法和乳化溶剂法能够混合的特性称为可混溶性,溶解度参数(Solubility Parameter)相差不大于5个单位的溶剂常常是可混溶的。但强极性溶剂不适用。溶解度参数是表征聚合物与溶剂相互作用的参数。物质的内聚性质可以由内聚能定量表征,单位体积的内聚能称为内聚物密度,其平方根为溶解度参数。用以表征是否共溶。两种材料的溶解度参数相近时,可以互相共混且具有良好的共溶性。

(4)质子性溶剂(Protic Solvent)。按照溶剂的结构分为质子溶剂和非质子溶剂。溶剂分子中有可以作为氢键给体的氧—氢(O—H)键或者氮—氢(N—H)键的称为质子溶剂;没有氢键给体的称为非质子溶剂。质子溶剂分子的氧—氢键或者氮—氢键中的氧和氮都有孤对电子。因此,质子溶剂既是氢键给体,又是氢键受体。质子溶剂含有给予质子基团。非质子溶剂(Aprotic Solvent)通常也称惰性的、不离解的或非离子的溶剂,对质子有非常小的亲和力或者不能分解给出质子。供质子溶剂是可以贡献出质子的酸性溶剂。亲质子溶剂是能与氢离子结合或能作为质子受体的碱性溶剂。

(5)溶剂化显色(Positive Solvatochromism)。溶剂化显色是在溶剂存在下,紫外线/可见光吸收的波长和强度会发生变化现象。随着溶剂的极性提高向蓝色(较短波长)方向的增大。溶剂化显色通常是某种分子不对称的化学物质溶解后,因为溶剂的极性改变而改变色彩的现象。当溶剂极性变高时,出现蓝移,则称为负溶剂化显色;出现红移则称为正溶剂化显色。若称某物质具有溶剂化显色效应,或溶剂化显色偏移,该物质的吸收光谱、发射光谱与溶剂的极性有高度的相关性。

(6)反应性(Reactivity)。反应性是指在通常情况下固体废物不稳定,极易发生剧烈的化学反应的特性。或与水反应猛烈,或形成可爆炸性的混合物,或产生有毒气体的特性。按照定义,溶剂应该是非活性介质。但是,在一些溶解过程中溶剂将在反应中被消耗以防止蒸发,称为反应性。降低黏度和降低吉布斯活化能垒(Energy Barrier)影响溶剂的反应速率。

(7)吸湿性(Moisture Absorption)。从气态环境中吸收水分的能力称为吸湿性。普通溶剂,如醇类和乙二醇类是吸湿的,因此不适宜在某些要求干燥的环境或预定的冰点场合应用。

(8)溶剂强度(Solvent Strength)。溶剂强度是指单一溶剂或混合溶剂洗脱某种溶质的能力。在正相色谱中,它随溶剂极性的增加而增大。在反相色谱中则相反。溶剂强度用于确定形成清澈的溶液所必需的溶剂浓度和估算预先设计体系的稀释能力。用于此目的的两种测定量为贝壳松脂丁醇溶液溶解值法和苯胺点法。

(9)挥发性(Volatility)。挥发性是指可挥发的性质或状态。挥发的性质和状态,是指化合物由固体或液体变为气体或蒸汽的过程。溶剂的挥发性有助于估计溶剂在低于它的沸点下的蒸发速度。克努森(Knudson)、亨利(Henry)、考克斯(Cox)、安托万(Antoine)和克劳修斯·克拉佩龙(Clausius - Claproyn)等方程用来估算在流体上方溶剂的蒸发压、溶剂的蒸发速率和溶剂上方大气的组成。溶剂沸点表征蒸发速率。但是,因为摩尔蒸发焓的影响仍不足以准确估算溶剂的蒸发速率。

(10)残渣(Residue)。残渣是在过滤时沉淀在过滤介质上的固体。残渣有可能与非挥发性的物质有关,或者与加工后留下的残余溶剂潜在含量有关。前者由溶剂的规格估算,后者由系统和工艺设计确定。

(11)致癌物(Carcinogen)。致癌物来源于自然和人为环境、在一定条件下能诱发人类和动物癌症的物质。物理性致癌物如 X 射线、放射性核素、氡及日光中的紫外线等。生物性致癌物如有生物合成产物如真菌毒素、生物碱、甙(dài)、水和土壤微生物、低级和高级植物合成多环芳烃化合物、动物和人类激素等。化学致癌物如溶剂中有机硫化合物、胺类、卤代烃类、芳香烃中的某些物质等。

(12)致突变物(Mutagen)。致突变物又称诱变物,使突变率超过自发突变率水平的环境因素,包括物理性致突变物(如紫外线、电离辐射等)、化学性及生物性致突变物(如某些病毒)。诱导有机体突变的物质、引起遗传学的改变,例如基因突变或染色体的结构和数目的变化。

(13)易燃性(Flammability)。易燃性是指物质容易燃烧的特性。闪点和自燃温度用于确定溶剂的可燃性和引燃它的可能性。烃类的闪点和初沸点有关。爆炸下限和上限规定了溶剂安全浓度范围,用于评价溶剂的爆炸危险和可燃性。

(14)可燃性(Combustibility)。可燃性是在规定的试验条件下,材料或制品有焰燃烧的能力,包括是否容易点燃、能否维持燃烧的能力等。净燃烧热和热值有助于估算从燃烧废溶剂可以回收的潜在能量。另外,燃烧产物的组成被认为能评价潜在的腐蚀作用和对环境影响程度。

(15)生物降解能力(Biodegradability)。生物降解能力是指在微生物的作用下,使某一物质改变原来的化学和物理性质,在结构上引起的变化程度。表示生物降解能力的方法有生物降解半衰期、生物需氧量、化学需氧量和理论需氧量等。

此外,物质溶解过程中,溶质分子或离子要克服本身的相互吸引力离开溶质,溶解的溶质向整个溶剂扩散,都需要消耗能量。一般情况下,物质溶解时,要吸收热量。溶解过程中,温度下降。

如果溶解过程只是单纯的扩散,就应该全是吸热的,为什么有的还放热呢?这是因为溶解过程中,溶质的分子或离子不仅要互相分离,分散到溶剂中去。同时,溶解于溶剂中的溶质微粒也可以和溶剂分子生成溶剂化物。如果溶剂是水,就生成水合物。在这一过程里要放出热量。两个过程在整个体系中占主导地位体现在整个体系吸热或者放热。如氢氧化钠、氧化钠溶于水时放热量大于吸热量,溶液温度升高;硝酸铵溶于水时,放热量小于吸热量,溶液温度降低。

常用评价溶解状况的方法有相似相溶规则、溶解度参数原则、溶剂化原则、混合溶剂原则、酸碱电子理论和有机概念图等。

(1)相似相溶规则。相似相溶规则指物质容易溶解在与其结构相似的溶剂中判断方法。如碘、油脂等非极性物质,易溶于四氯化碳、苯等非极性溶剂中,难溶于强极性的水中;氯化钠、氨等强极性物质易溶于强极性的水中,难溶于非极性溶剂中。此规则为经验规则,但可运用于推测物质在不同溶剂中的溶解能力。

(2)溶解度参数原则。物质的内聚性质可由内聚能予以定量表征。单位体积的内聚能称为内聚能密度,其平方根称为溶解度参数。溶解度参数可以作为衡量两种材料是否共溶的指标。两种材料的溶解度参数相近时,可以互相共混且具有良好的共溶性。液体的溶解度参数可从它们的蒸发热得到。聚合物不能挥发,只能通过交联聚合物溶胀实验或线聚合物稀溶液黏度测定得到。能使聚合物的溶胀度或特性黏数最大时的溶剂溶解度参数即为此聚合物的溶解度参数。如果溶剂的溶解度参数和聚合物的溶解度参数相近或相等时,就能使这一聚合物溶解。

(3)溶剂化原则。溶剂化是指溶剂分子对溶质分子产生的相互作用。当作用力大于溶质分子的内聚力时,溶质分子彼此分开溶于溶剂中。如极性分子和聚合物的极性基团相互吸引产生溶剂化作用(Solvation),使聚合物溶解。

(4)混合溶剂原则。混合溶剂原则是除了根据相似相溶规则、溶解度参数原则和溶剂化原则外,还应从价格、毒性、气味等方面选择稀释剂。可以和溶剂混合的稀释剂用量通常用混合溶剂的平均浓度参数应占整个溶剂浓度的50%~80%。确定溶剂类型后,将反映选择混合溶剂限制条件的各方程式联立,利用线型回归分析,通过计算求解,并综合考虑作为溶剂的其他特性,即可获得最经济和性能最佳的混合溶剂。

(5)酸碱电子理论(The Electronic Theory of Acid and Alkali)。酸碱电子理论又称广义酸碱理论、路易斯酸碱理论,是1923年美国物理化学家吉尔伯特·路易斯(Gilbert N. Lewis,酸碱理论建立者)提出的酸碱理论。这一理论认为,凡是能够接受外来电子对的分子、离子或原子团称为路易斯酸(Lewis Acid),即电子对接受体,简称受体;凡是能够给出电子对的分子、离子或原子团称为路易斯碱,即电子对给予体,简称给体。或者说,路易斯酸是指能作为电子对接受体(Electron Pair Acceptor)的原子、分子、离子或原子团;路易斯碱(Lewis Base)则指能作为电子对给予体(Electron Pair Donor)的原子、分子、离子或原子团。

酸碱反应是电子对接受体与电子对给予体之间形成配位共价键的反应。以此判断溶剂能否溶解溶质而不是生成新的物质,保证溶剂选择合适。

(6)有机概念图。20世纪30年代,日本学者藤田穆在其《有机分析》一书中首次提出了有机概念图。经过50多年的补充有机化合物性质研究的一些新发现,至80年代中期日趋完善,有机概念图的理论及应用获得长足发展。

目前,在有机化学分析、色谱分析、溶解溶剂选择、界面化学、环境化学、食品化学、药物化学以及染料化学等方面应用较多。藤田穆等将以共价键结合的非极性部分称为有机性,相对应的以相当于离子键结合的极性部分取代基或者官能团称为无机性。将有机化合物的有机性和无机性定量地表示出来。即根据含碳数多少区别有机性程度大小,并用数值表示有机性值,简写为 O 值。各取代基或官能团相应的无机性数值,简写为 I 值。以有机化合物有机性 O 值为横坐标,无机性 I 值为纵坐标,在图上表示出来,形成了有机概念图。用于进一步判断和解释溶解原因或者溶解度。

这些研究物质溶解特性的方法,在钻井流体处理剂溶解能力判断时十分重要,关系到现场操作的可行性。

1.1.1 溶液特性

一般来说,溶液专指液体溶液,包括能够导电的电解质溶液和不能导电的非电解质溶液。常见的溶液有蔗糖水溶液、碘酒、澄清石灰水、稀盐酸、盐水等。空气也是一种溶液。研究溶液的特性,是为了判断钻井流体是不是满足钻井工程需要。

1.1.1.1 溶液气固液形态的非单一特性

按溶液的存在形式,可分为气体、固体、液体等三种。溶液也有三种状态,即气体溶液、液体溶液和固体溶液。

液体溶液由于溶质的颗粒大小和溶解度不同,溶液的透明度会有所不同。较透明的称作真溶液,较浑浊的称作胶态溶液又称假溶液。有些胶态溶液还会沉淀,称为沉淀胶态溶液。

固体溶液是混合物,常称为固溶体,如合金。

气体溶液种类比较少,如大气。

钻井流体中的连续相,在一般情况下是有固定的形态,但是在不同的环境中会表现出不同的形态,如高温地层钻井、钻井流体返回地面时,可能是气态。这就为研究钻井流体提供了注意事项。

1.1.1.2 溶液中溶质的溶解极限特性

饱和溶液在一定温度、一定量的溶剂中,不能继续溶解溶质的溶液,称为饱和溶液。在一定温度、一定量的溶剂中,溶质可以继续被溶解的溶液,称为不饱和溶液。因此,按照溶液中溶质的可溶性,可分为饱和溶液、不饱和溶液。

一般情况下,不饱和溶液通过增加溶质或降低温度、蒸发溶剂能转化为饱和溶液。也有随着温度升高而溶解度降低的溶质,如石灰水。当然,蒸发溶剂转化为饱和溶液,只有当溶剂是液体时才能实现。饱和溶液通过增加溶剂或升高温度能转化为不饱和溶液,与溶质的溶解度相关。

固体及少量液体的溶解度(Solubility),是指在一定温度下,物质在100g溶剂里达到饱和状态时所能溶解的质量,单位g/100g。通常,如果不注明溶剂,溶解度指的是物质在水里的溶解度。溶解度的单位用g/100g(水)表示。外界条件如温度及气压通常指的是标准状况。

例如,20℃时,100g水里最多溶解36g氯化钠,则氯化钠在20℃的溶解度是36g/100g(水)。可表示为$S_{NaCl}=36g/100g(水)$。

实际上,溶解度是没有单位的相对比值。按法定计量单位,可用质量分数表示。例如,20℃时,$S_{NaCl}=0.36$。溶解度也可以用饱和溶液的浓度表示,即用沉淀溶解平衡时某物质的体积摩尔浓度来表征,单位是mol/L。

例如,难溶物质的溶解度也可以用物质的量浓度(摩尔浓度)表示。氯化钾20℃时的溶解度是4.627mol/1000g(水),表示20℃时在1000g水中最多可溶解4.627mol的氯化钾。

再如,25℃时,氢氧化铁的物质的量浓度是0.45μmol/L,即表示1L氢氧化铁饱和溶液里含0.45μmol氢氧化铁。

多数固体物质的溶解度随温度的升高而增大,如氯化铵、硝酸钾。少数物质的溶解度受温度变化的影响很小,如氯化钠。含有结晶水的硫酸钠($Na_2SO_4 \cdot 10H_2O$)的溶解度开始随温度的升高而增大。当达到一定温度(32.4℃)时,随温度的升高而减小($Na_2SO_4 \cdot 10H_2O$脱水成Na_2SO_4)。含有结晶水的氢氧化钙($Ca(OH)_2 \cdot 2H_2O$)和醋酸钙($Ca(CH_3COO)_2 \cdot 2H_2O$)等物质的溶解度随温度的升高而减小。气体的溶解度随温度的升高而减小,随压强的增大而增大。

溶解度是温度和压力一定时,物质在一定量的溶剂中可溶解的最大量。物质在溶剂中的溶解度主要决定于溶剂和溶质的性质。例如,水是最普通最常用的溶剂,甲醇和乙醇可以任何比例与水互溶。大多数碱金属盐类都可以溶于水。苯几乎不溶于水。

溶解度不同于溶解速度。搅拌、振荡、粉碎颗粒等可增大溶解速度,但不能增大溶解度。溶解度不同于溶质质量。溶剂质量增加,能溶解的溶质质量也增加,但溶解度不会改变。

在一定温度下,沉淀溶解和沉淀生成的速率相等时,形成电解质的饱和溶液达到平衡状态,称为沉淀溶解平衡(Solubility Equilibrium)。

在一定温度下,难溶电解质饱和溶液中各个离子浓度幂的乘积为一常数,称为溶质在水中的溶解平衡常数(Solubility Product Constant)。严格地说,应该用溶解平衡时各离子活度幂的乘积来表示,称为溶度积(Solubility Product),即溶解平衡常数。

溶度积表明难溶电解质尽管难溶,但还是有一部分阴阳离子进入溶液。同时,进入溶液的阴阳离子又会在固体表面沉积下来。两个过程的速率相等时,难溶电解质的溶解达到平衡状态,固体的量不再减少。这样的平衡状态叫溶解平衡,其平衡常数叫溶度积常数(即沉淀平衡常数),简称溶度积。但由于难溶电解质的溶解度很小,溶液的浓度很低。

一般计算中,可用浓度代替活度,反映出溶质的溶解与沉淀平衡关系。沉淀在溶液中达到沉淀溶解平衡状态时,各离子浓度保持不变(或一定),其离子浓度幂的乘积为一个常数,这个常数称之为溶度积常数,简称溶度积,用 K_{SP}^{θ} 表示。溶度积是化学平衡常数的一种,其数值不仅决定于难溶电解质的本性,还受温度影响。这有关钻井流体与地层水的配伍性问题,需要认真研究。

与溶解度相关的参数中,活度就是其中之一。活度(Activity)是某物质的有效浓度,或称为物质的有效摩尔分数。活度系数由吉尔伯特·牛顿·路易斯(G. N. Lewis)于1907年提出,后迅速应用于电化学中,以测定水溶液中电解质的活度系数(Lewis,1907)。此前,Lewis提出的逸度(Fugacity)是化学势与理想气体压强间的关系(Lewis,1901)。

逸度的单位与压力单位相同,物理意义是,体系在所处的温度状态下,分子逃逸的趋势,也就是一种物质迁移时的推动力或逸散能力。

对于理想溶液来说,作为物理学的逸度,定义为:

$$(dG) = RT \cdot d(\ln \bar{f}) \tag{1.1.1}$$

式中 G——给定温度下水相的吉布斯自由能,J;
　　R——理想气体常数,8.314J/(K·mol);
　　T——绝对温度值,K;
　　$\bar{f}$——水相逸度,MPa。

根据热力学基本方程:$dU = dG$,代入式(1.1.1),两边积分得到某一温度下岩石中水相的化学势公式:

$$U_i = RT \cdot \ln(\bar{f_i}) + B(T) \tag{1.1.2}$$

式中 U_i——给定温度下水相的化学势,J;
　　$\bar{f_i}$——某一温度水相逸度,MPa;
　　$B(T)$——与温度相关的常量。

比较标准态与实际状态化学势,可知岩石中水相化学势变化量等于实际岩石中水相化学势与相同温度下理想水相(纯水)的化学势的差值。

$$\Delta U = U - U_0 = RT \cdot \ln(\bar{f}) + B(T) - [RT \cdot \ln(\bar{f_0}) - B(T)] \quad (1.1.3)$$

$$\Delta U = U - U_0 = RT \cdot \ln\left(\frac{\bar{f}}{\bar{f_0}}\right) \quad (1.1.4)$$

式中　ΔU——实际水相的化学势变化量,J;

　　　U——实际水相的化学势,J;

　　　U_0——理想水相(纯水)的化学势,J;

　　　$\bar{f_0}$——理想水相逸度,MPa。

从标准状态到实际状态,化学势会发生变化。Robinson 提出水相活度(Activity)的概念,指出某一温度的水相活度,是指与纯水相比,实际液体中的水相有效浓度或称校正浓度,在数值上等于实际状态下水相逸度与纯水逸度的比值(Robinson Stokes,1959)。

活度系数或称活度因子(Activity Factor)则相当于真实混合物中某离子偏离理想情况的程度。粗略计算常用浓度来代替活度,但在精确的溶液酸度、离子强度以及速率常数、平衡常数等众多计算中都应该使用活度。所以,精确计算中是不能替代的。

在溶液中,由于单个离子的活度系数无法利用实验得到,一般取电解质两种离子活度系数的平均值,称为平均活度系数。平均活度系数通常可从化学手册中查到,见表1.1.2。

表1.1.2　常见溶液的平均活度系数

序号	电解质(分子式)	平均活度系数	序号	电解质(分子式)	平均活度系数
1	氢氟酸(HF)	0.00752	8	食盐(NaCl)	1.004
2	盐酸(HCl)	42.3	9	溴化钠(NaBr)	1.949
3	溴酸(HBr)	46.5	10	碘化钠(NaI)	5.782
4	碘酸(HI)	49.1	11	氢氧化钠(NaOH)	32.86
5	氯酸($HClO_4$)	501.5	12	氟化钾(KF)	3.80
6	硝酸(HNO_3)	2.816	13	氯化钾(KCl)	0.593
7	氟化钠(NaF)	0.573	14	溴化钾(KBr)	0.637

从表1.1.2中可以看出,不同溶液的平均活度系数差距很大,最小的为氢氟酸,只有0.00752,而最大的为氯酸,达到了501.5。

钻井流体活度的高低影响钻井流体抑制性的强弱,降低钻井流体的活度,就可以减小钻井流体中自由水通过页岩的运移速度。如何确定泥页岩中水的活度,是油基钻井流体活度控制的目标。Chenevert 提出测量活度可以采取两种方法:一是由岩屑吸附和脱附曲线确定岩样中水的平均活度,此法耗时较长;二是使用特制的电子湿度计测量钻井流体的活度,此法简单方便。但没有论述电子湿度计测量活度的具体方法(Chenevert,1970)。

电子湿度计可以直接测量溶液上部密闭空间的相对湿度,而不能直接测量溶液的活度。因此,用电子湿度计测量钻井流体活度需要对电子湿度计进一步研制。

(1)岩屑吸附和脱附曲线确定样品中水的平均活度。Mondshine 最早提出一种简便的估算方法,他认为泥页岩地层的活度与埋藏深度以及孔隙压力有关,而基岩应力反映了这两者对活度的综合影响。基岩应力、上覆岩层压力和孔隙压力之间的关系为:

$$\sigma_m = p_{ob} - p_p \tag{1.1.5}$$

式中 σ_m——基岩应力,MPa;
p_{ob}——上覆岩层压力,MPa;
p_p——孔隙压力,MPa。

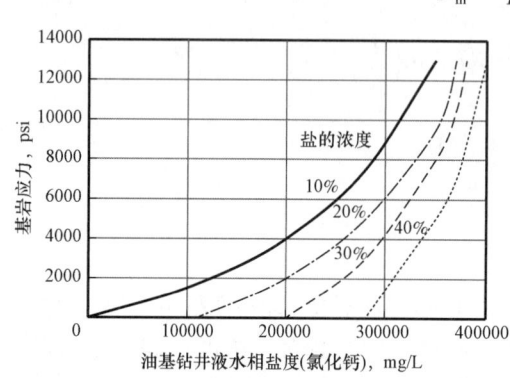

图1.1.1 油基钻井流体水相中氯化钙含量的确定

Mondshine 测得某地层上覆岩层压力为 0.0226MPa/m(1psi/ft),地层孔隙压力为 0.0105MPa/m(0.465psi/ft),则基岩应力等于 0.0121MPa/m(0.535psi/ft)(Mondshine,1969)。此外,地层孔隙中水的盐量对地层水的活度影响也较大。可以用已知基岩应力和地层孔隙中盐的浓度,确定油基钻井流体水相中氯化钙的大致浓度,如图1.1.1所示。

从图1.1.1中可以看出,油基钻井流体水相盐度增加,基岩应力随之增加,并且增长的幅度越来越大。孔隙中水的盐浓度逐渐增加,需要的钻井流体水相的盐度也越来越高。为了方便使用,拟合得到以通过图中基岩应力调整逆乳化油基钻井流体水相氯化钙的浓度。

地层孔隙中水的盐浓度符合曲线10%时,钻井流体水相氯化钙的浓度为:

$$S_{CaCl_2} = 136097\ln S_b - 13775$$

地层孔隙中水的盐浓度符合曲线20%时,钻井流体水相氯化钙的浓度为:

$$S_{CaCl_2} = -1284.6 S_b^2 + 36636 S_b + 86475$$

地层孔隙中水的盐浓度符合曲线30%时,钻井流体水相氯化钙的浓度为:

$$S_{CaCl_2} = -655.64 S_b^2 + 23144 S_b + 183159$$

地层孔隙中水的盐浓度符合曲线40%时,钻井流体水相氯化钙的浓度为:

$$S_{CaCl_2} = 10856 S_b + 277398$$

以上各式中 S_b 为基岩应力,10^{-3}psi。

Chenevert 将取自地层的岩屑进行冲洗、烘干,然后置于已控制好活度环境的干燥器中,通过定时称量样品,测出如图1.1.2所示的岩样对水的吸附和脱附曲线。

从图1.1.2中可以看出吸附时水的质量分数随着水的活度增加而增加,但总体低于3%。当水的活度超过0.9后,水的质量分数增长速度急剧提高;脱附过程则刚好相反。相

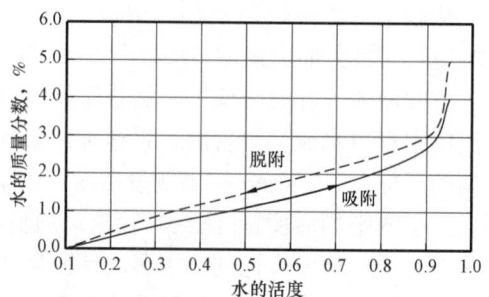

图1.1.2 美国西得克萨斯地区硬页岩的吸附与脱附等温曲线

同水的活度时脱附过程水的质量分数大于吸附过程。根据岩样的实际含水量,对照图 1.1.2 中曲线确定岩样中水的平均活度。

例如,如果硬泥页岩实际含水 2.2%,对应图 1.1.2 中的泥页岩的平均活度为 0.75。这样就可以指导现场配制不高于活度为 0.75 的水相钻井流体,有利于井壁稳定。此法的缺点是耗时较长,岩样与环境达到完全平衡约需 2 周。

吸附测试影响因素较多。稀溶液中,可用 Langmuir 或 Freundlich 吸附等温公式描述吸附量随平衡浓度的变化,获得溶液的活度。假设溶液中溶质和溶剂分子吸附在固体表面上占有同样大的面积,吸附可看作是质量平衡过程。

$$\text{被吸附的溶质} + \text{液相中的溶剂} = \text{被吸附的溶剂} + \text{液相中的溶质}$$

$$(\text{溶剂})^l + (\text{溶质})^s \longrightarrow (\text{溶剂})^s + (\text{溶质})^l \tag{1.1.6}$$

式中 l——液相;
　　　s——表面相。

平衡常数为:

$$K = \frac{x_1^s a_2^l}{x_2^s a_1^l} \tag{1.1.7}$$

式中 a_1^l, a_2^l——溶剂和溶质在液相中的活度;
　　　x_1^s, x_2^s——溶剂和溶质在表面相的摩尔分数,%。

对于稀溶液 a_1^l 可近似视为常数,令 $Ka_1^l = \frac{1}{b}$,代入式(1.1.7)得:

$$\frac{1}{b} = \frac{x_1^s a_2^l}{x_2^s} \tag{1.1.8}$$

因为 $x_1^s + x_2^s = 1$,所以:

$$x_2^s = \frac{ba_2^l}{1 + ba_2^l} \tag{1.1.9}$$

在稀溶液中可用溶质的浓度代替活度。则溶质的表面覆盖分数(θ)为:

$$\theta = n_2^s / n^s \tag{1.1.10}$$

溶剂的表面覆盖分数为:

$$1 - \theta = n_1^s / n^s \tag{1.1.11}$$

式中 n_1^s, n_2^s——溶剂和溶质吸附量;
　　　n^s——表面的吸附位数。

$$\theta = \frac{bc_2^l}{1 + bc_2^l} \tag{1.1.12}$$

式中 c_2^l——溶质在液相中的浓度。

即兰格缪尔(Langmuir)等温式。其直线式形式为：

$$\frac{c_2^1}{n_2^s} = \frac{1}{n^s b} + \frac{c_2^1}{n^s} \qquad (1.1.13)$$

对于不均匀表面，b 不是常数，随覆盖分数的变化而变化，这时，可用 Freundlich 公式。

$$\theta = K(c_2^1)^{n-1} \quad 或 \quad \lg\theta = \frac{1}{n}\lg c_2^1 + \lg K \qquad (1.1.14)$$

式中 K,n——常数，其中 $n>1$。

知道了吸附量，进一步知道了溶液中某物质的浓度，再对这一溶液的浓度进一步评价，判断是否可以用于钻井流体。

(2)使用特制的电湿度计测量样品中水的活度。一般来说，在大气压力条件下使用特制的电湿度计(Electro Hygrometer)测量页岩样品中水的活度或者直接测量油基钻井流体中水的活度。

将湿度计的探头置于水相试样上方的平衡蒸汽中。水蒸气压与水蒸气中水的体积分数成正比。探头的电阻对水蒸气的量十分敏感。在恒温条件下蒸气压就可以与活度建立直接关联，某一湿度下活度值就可以与电阻或者蒸气压建立关系。直接测量出水相的活度。电湿度计常使用某种已知活度的饱和盐水进行校正，可供选择的无机盐及其饱和溶液的活度值，见表1.1.3。

表1.1.3 常温下7种饱和溶液的活度

序号	无机盐类型	活度	序号	无机盐类型	活度
1	氯化锌	0.10	5	氯化钠	0.75
2	氯化钙	0.30	6	硫酸铵	0.80
3	氯化镁	0.33	7	水	1.00
4	硝酸钙	0.51			

确定页岩中水的活度以后，利用图1.1.1就可以获得加入逆乳化钻井流体中的氯化钙的浓度。计算钻井流体水相氯化钙或氯化钠的数量，调整水相活度适用地层水的活度。

郑力会等针对电子湿度计可以直接测量溶液上部密闭空间的相对湿度，而不能直接测量溶液的活度难题，选用电子湿度计测量已知活度的饱和盐水溶液和蒸馏水上方封闭空间的相对湿度，建立相对湿度和溶液活度的数学关系式。通过测量钻井流体上方密闭空间的相对湿度，用相对湿度和溶液活度的数学关系式即可求得钻井流体活度。

用一个普通的数字式电子湿度计、一个广口瓶、一个与广口瓶较密封的橡胶塞即可完成电子湿度计的研制。具体做法是：

在橡胶塞上钻孔，从孔中插入电子湿度计的探头，调好探头与溶液表面的距离，密封好广口瓶，即制成用于测量活度的电子湿度计。

用配制好的氯化钙和氯化钠饱和溶液及蒸馏水作为标准溶液；在3个250mL的广口瓶中分别加入80mL上述三种溶液；用插有探针的瓶塞塞紧装有无水氯化钙的广口瓶，探针在干燥剂表面上方12mm，干燥10~15min；当相对湿度读数是14%或更低时表示探针已干燥，将干燥好的探针和瓶塞移到氯化钙标准溶液上,塞紧瓶塞,大约 30min 气液两相达到平衡,记下显示器上的相对湿度值。

用同样的方法测量氯化钠饱和溶液和蒸馏水的相对湿度。实验过程中广口瓶要密封好,电子湿度计探头干燥充分,保证测量的相对湿度是气液两相达到平衡时的值,以保证测量数据的准确性(郑力会等,2006)。

利用自行研制的电子湿度计定量测定了两种有机盐加重剂水溶液的相对湿度,建立了有机盐加重剂水溶液活度与加量计算方程,绘出了其关系图。

测定盐溶液的活度分两步进行:第 1 步,测定有机盐在不同加量下水溶液的相对湿度,建立相对湿度与加量之间的关系式;第 2 步,由电子湿度计标定的相对湿度与水溶液活度间的关系式。

先加入质量分数 10% 的有机盐到 500mL 蒸馏水中,搅拌 30min 后冷却至室温,取其中 80mL 溶液,用电子湿度计测定其相对湿度,测量完倒回原溶液,并用干燥剂干燥探针。

再向上次测定过的蒸馏水中加入质量分数 10% 的有机盐,重复上述步骤。直到溶液饱和。

再用电子湿度计测量出的相对湿度,确定岩样中水的平均活度(郑力会等,2007)。

(3)用气相色谱法测量水相活度。用气体作为流动相或者称为载气的柱色谱法称作气相色谱法(Gas Chromatography)。气相色谱法适用于在一定温度下有一定挥发性物质的分离。有些化合物如糖类和酸类等本身挥发性很小,或遇热分解的可以制成醚类、硅醚类、酯类等衍生物从而具有热稳定性与挥发性的物质,都可用气相色谱法分离(高光华等,1986)。

根据所用固定相状态不同,气相色谱法分为气固色谱法和气液色谱法。前者是用多孔性固体如硅胶、分子筛、活性炭、氧化铝等为固定相,属吸附色谱;后者则用有机物或无机物涂在惰性固体(载体)表面,或涂在毛细管内壁呈液膜作为固定相,属分配色谱。气相色谱仪,由载气源、进样口、色谱柱、检测器等组成。后三部分保持在适宜温度以保证组分有一定的挥发性。常用载气有氦气、氮气等。

色谱柱可以分为内径几毫米、长几十厘米至几米的填充柱,内径小于 0.3mm、长几十米的毛细管柱等。毛细管柱又称开口管柱,分离效率比填充柱高,但进样量小。

常用的检测器有热导池、氢火焰离子化检测器、电子俘获检测器、火焰光度检测器、热离子检测器、光离子化检测器等。组分流出色谱柱后进入检测器,给出信号,表现为峰形图定量检测。一定条件下组分流出时间称保留时间,为定性鉴别。由检测器信号的大小,即由峰形的面积或峰高,与用已知浓度的组分标准品得到的面积或峰高相比较,可求出含量。现多用微处理机进行数据计算处理,打印出结果。

气相色谱法有很多特点,如高选择性,对性质相近或复杂的多组分混合物有较强的分离能力。高灵敏度,可测定 $10^{-12} \sim 10^{-7}$g 物质。分析操作简单、快速。适用范围广,可分析多种气体、液体、固体样品。但对于难于气化、热稳定性差的物质及许多无机物不能直接分析。

一般说来,利用气相色谱,可以测定与溶液平衡的蒸气相校正浓度,在色谱峰宽度相等的条件下,蒸气相中的校正浓度与峰高成正比。在总压恒定时,一定体积蒸气相中各组分的校正浓度与其分逸度成正比,故色谱峰高度与逸度也成正比,即:

$$\frac{\overline{f_i}}{f_i^\circ} = \frac{h_i}{h_i^\circ} \tag{1.1.15}$$

式中 $\overline{f_i}$——溶液蒸气相中 i 组分的分逸度，Pa；

f_i°——纯 i 组分的逸度，Pa；

h_i——溶液蒸气相中 i 组分的色谱峰高度；

h_i°——纯 i 组分的饱和蒸气的色谱峰高度。

对于非理想体系，当溶液中的气液相达平衡时，有：

$$\overline{f_i} = f_i^\circ x_i \gamma_i \tag{1.1.16}$$

即

$$\gamma_i = \frac{\overline{f_i}}{f_i^\circ x_i} \tag{1.1.17}$$

故有：

$$\gamma_i = \frac{h_i}{h_i^\circ x_i} \tag{1.1.18}$$

式中 γ_i——溶液中 i 组分的活度系数；

x_i——溶液中 i 组分的摩尔分数，%。

因此，已知溶液的摩尔组成，从记录仪上读出峰高，即可求得溶液中各组分的活度系数。

一般地讲，溶液浓度越大，离子电荷越高，温度越高，溶液偏离理想溶液的程度就越大，活度系数越小，活度与浓度的差距就会增大；反之亦然。除了活度外，与反应相关的一些名词还有溶液酸度和离子强度等。

溶液酸度(Acidity)，在化学中，酸度或称中和值、酸值、酸度，表示中和 1g 化学物质所需的氢氧化钾的数量(单位:mg)。

离子强度(Ionic Strength)是溶液中离子浓度的量度，是溶液中所有离子浓度的函数。离子化合物溶于水中时，会解离成离子。水溶液中电解质的浓度会影响到其他盐类的溶解度。尤其是当易溶的盐类溶于水中时，可大幅度增加难溶盐类的溶解度。由于离子造成的溶解度的变化程度称为离子强度。

反应速率常数也称为速率系数(Rate Constant)，是指反应速率方程的比例系数，是一个与浓度无关的量。不同反应有不同的速率常数，速率常数与反应温度、反应介质(溶剂)和催化剂等有关，甚至会因反应器的形状和性质而异。与浓度无关，但受温度、催化剂和固体表面性质等因素的影响。

对一般沉淀反应，在一定温度下，难溶电解质饱和溶液中，离子浓度(活度)的系数次方的积为一常数，大小反映了难溶电解质溶解能力的大小。物质离解成和离解平衡方程为：

$$A_m B_n = mA^{n+}(\text{aq}) + nB^{m-}(\text{aq}) \tag{1.1.19}$$

$$K_{\text{SP}}^{\theta} = [A^{n+}]^m \cdot [B^{m-}]^n \tag{1.1.20}$$

式中 $A_m B_n$——电解质分子式；

A^{n+}——电解质水解出的阳离子；

B^{m-}——电解质水解出的阴离子；

aq——水溶液;

K_{SP}^{θ}——溶度积常数,$mol^{(m+n)}/L^{(m+n)}$;

$[A^{n+}]$——离子 A^{n+} 浓度,mol/L;

$[B^{m-}]$——离子 B^{m-} 浓度,mol/L。

把难溶电解质溶液中离子浓度系数次方之积叫作离子浓度积,用 Q_i 表示。如 $Fe(OH)_3$ 的离子浓度积可以表示为:

$$Q_i = c_{(Fe^{3+})} \cdot c_{(OH^-)}^3 \tag{1.1.21}$$

与离子浓度积参数相关的还有 K_a^{θ},K_b^{θ} 和 K_h^{θ} 等。

K_a^{θ} 表示弱酸离解平衡常数,是指弱酸在溶液中达到沉淀溶解平衡状态时,各离子浓度保持不变(或一定),其离子浓度幂的乘积。

K_b^{θ} 表示弱碱离解平衡常数,是指弱碱在溶液中达到沉淀溶解平衡状态时,各离子浓度保持不变(或一定),其离子浓度幂的乘积。

K_h^{θ} 表示盐的水解平衡常数,是指盐在溶液中达到沉淀溶解平衡状态时,各离子浓度保持不变(或一定),其离子浓度幂的乘积。

任意给定溶液,溶液饱和与否可以根据浓度积规则判断:

① $Q_i < K_{SP}^{\theta}$,溶液未饱和,无沉淀析出。如果溶液中有足量的固体存在,固相溶解,直到饱和为止。

② $Q_i = K_{SP}^{\theta}$,溶液饱和,处于动态平衡状态。

③ $Q_i > K_{SP}^{\theta}$,溶液过饱和,有沉淀析出,直到饱和为止。

据此可控制溶液的离子浓度,使沉淀生成或溶解。通常,温度升高,离子浓度积也升高。常见的氯化银和溴化银等 20 种难溶电解质的离子溶度积,见表 1.1.4。

表 1.1.4 常见的 20 种难溶电解质 25℃时的离子溶度积

序号	难溶电解质(分子式)	离子溶度积	序号	难溶电解质(分子式)	离子溶度积
1	氯化银(AgCl)	1.77×10^{-10}	11	硫化镉(CdS)	8.0×10^{-27}
2	溴化银(AgBr)	5.35×10^{-13}	12	氢氧化亚铁($Fe(OH)_2$)	4.87×10^{-17}
3	碘化银(AgI)	8.52×10^{-16}	13	氢氧化铁($Fe(OH)_3$)	2.79×10^{-39}
4	铬酸银(Ag_2CrO_4)	1.12×10^{-12}	14	氢氧化镁($Mg(OH)_2$)	5.61×10^{-12}
5	碳酸钡($BaCO_3$)	2.58×10^{-9}	15	氢氧化锰($Mn(OH)_2$)	1.9×10^{-13}
6	硫酸钡($BaSO_4$)	1.08×10^{-10}	16	硫化锰(MnS)	2.5×10^{-13}
7	碳酸钙($CaCO_3$)	3.36×10^{-9}	17	铬酸铅($PbCrO_4$)	2.8×10^{-13}
8	草酸钙($CaC_2O_4 \cdot H_2O$)	2.32×10^{-9}	18	硫酸铅($PbSO_4$)	2.53×10^{-8}
9	氟化钙(CaF_2)	3.45×10^{-11}	19	硫酸锶($SrSO_4$)	3.44×10^{-7}
10	硫酸钙($CaSO_4$)	4.93×10^{-5}	20	硫化锌(ZnS)	1.6×10^{-24}

从表 1.1.4 中可以看出,重金属盐和硫化物等大部分难溶于水,溶解度大多低于 10^{-9}。若要使溶解度小的物质完全沉淀,需要加入含有共同离子的电解质。

(4)离子溶度积获取方法。溶度积的获得可以通过两种方式:一是实验测定;二是理论计算。

① 离子溶度积实验测定法。通过测定饱和溶液离子浓度,计算离子浓度积。

以测量硫酸钙的离子浓度积为例。用强酸性阳离子交换树脂(用 $R-SO_3H$ 表示)交换硫酸钙饱和溶液中的钙离子,其交换反应如下:

$$2R-SO_3H + Ca^{2+} \longrightarrow (RSO_3)_2Ca + 2H^+$$

由于硫酸钙是微溶盐,其溶解部分除了钙离子和硫酸根以外,还有以离子对形式存在的硫酸钙。因此,饱和溶液中存在着离子对和简单离子间的平衡。

$$CaSO_4(aq) \rightleftharpoons Ca^{2+} + SO_4^{2-}$$

当溶液流经交换树脂时,由于钙离子被交换,平衡向右移动,硫酸钙溶液解离,全部被交换成氢离子,利用流出液的氢离子浓度可计算硫酸钙的摩尔溶解度。

$[H^+]$ 可用 pH 仪测出,也可由标准氢氧化钠溶液滴定得出。这里介绍滴定法。

$$[CaSO_4(aq)] = Y - C \tag{1.1.22}$$

式中　$[CaSO_4(aq)]$——硫酸钙浓度;

　　　Y——硫酸钙的摩尔溶解度;

　　　C——饱和硫酸钙溶液中钙离子浓度。

25℃时离子对解离常数 5.2×10^{-3},则由方程求出离子浓度。根据溶度积定义可知:

$$K_{SP} = [Ca^{2+}][SO_4^{2-}] = C^2 \tag{1.1.23}$$

求出离子浓度积。

② 离子溶度积标准摩尔吉布斯函数变计算法。

$$\Delta_r G^\theta = -2.303RT \lg K_{SP}^\theta \tag{1.1.24}$$

$$\Delta_r G^\theta = \sum v_i (\Delta_f G^\theta)_产 - \sum v_i (\Delta_f G^\theta)_反 \tag{1.1.25}$$

式中　$\Delta_r G^\theta$——化学反应的标准摩尔吉布斯函数变,kJ/mol;

　　　$\sum v_i(\Delta_f G^\theta)_产$——产物的标准摩尔吉布斯函数和,kJ/mol;

　　　$\sum v_i(\Delta_f G^\theta)_反$——反应物的摩尔吉布斯函数和,kJ/mol。

[例1.1.1]　计算 $BaSO_4$ 的溶度积。

$$BaSO_4(s) \underset{沉淀}{\overset{溶解}{\rightleftharpoons}} Ba^{2+}(aq) + SO_4^{2-}(aq)$$

这些物质标准摩尔吉布斯函数,$BaSO_4$ 为 -1362.2kJ/mol、Ba^{2+} 为 -560.8kJ/mol、SO_4^{2-} 为 -744.5kJ/mol,$\Delta_r G_{298}^\theta = 56.9$kJ/mol,则:

$$\lg K^\theta = -\Delta_r G^\theta / 2.303RT$$

$$= -56.9 / 2.303 \times 0.008314 \times 298.15 = -9.967$$

$$K^\theta = [Ba^{2+}][SO_4^{2-}] = 1.08 \times 10^{-10}$$

溶解度和溶度积都能表示难溶电解质的溶解能力。但两者之间有联系也有区别,可相互换算。

如果某一物质在溶液中饱和时,一般情况下,溶液的饱和度在同一温度下不会变,要想使不饱和溶液饱和度增加可以选择增加溶质,在刚好有晶体析出的时候,就是溶液刚好饱和的时候。

$$A_aB_b(s) = aA^+(aq) + bB^-(aq) \quad (1.1.26)$$

即 $S = c_{饱和}$,此时,A 物质的离子浓度为 $[A^+] = aS$,B 物质的离子浓度为 $[B^-] = bS$。

$$K_{SP} = (aS)^a(bS)^b = a^ab^bS^{(a+b)} \quad 或 \quad S = \sqrt[(a+b)]{\frac{K_{SP}}{a^ab^b}} \quad (1.1.27)$$

式中　S——溶解度,mol/L;

　　　K_{SP}——溶度积,$mol^{(a+b)}/L^{(a+b)}$。

那么,离子溶度积和溶解度间的关系可以用 4 种形式简单计算。

① AB 型化合物,$a=1$,$b=1$,$a+b=2$,离子溶度积等于溶解度间的平方。

$[A^+] = [B^-] = S$,则:

$$K_{SP} = S^2$$

$$S = \sqrt{K_{SP}}$$

② $AB_2(A_2B)$ 型化合物,$a=1$,$b=2$,$a+b=3$,离子溶度积等于 4 倍溶解度的立方,即:

$$K_{SP} = 4S^3$$

$$S = \sqrt[3]{\frac{K_{SP}}{4}}$$

③ AB_3 型化合物,$a=1$,$b=3$,$a+b=4$,离子溶度积等于 27 倍溶解度的 4 次方。

$$K_{SP} = 27S^4$$

$$S = \sqrt[4]{\frac{K_{SP}}{27}}$$

④ A_3B_2 型化合物,$a=3$,$b=2$,$a+b=5$,离子溶度积等于 108 倍溶解度的 5 次方。

$$K_{SP} = (3S)^3(2S)^2 = 108S^5$$

$$S = \sqrt[5]{\frac{K_{SP}}{108}}$$

物质的化合价越高,离子溶度积和溶解度间的关系越复杂。

[例 1.1.2]　比较硫酸钙和硫酸钡的溶解度。

由前面的公式和离子浓度积可以计算得到两种物质的溶解度。

$$S_{(CaSO_4)} = \sqrt{K_{SP}} = \sqrt{4.93 \times 10^{-5}} = 7.02 \times 10^{-3} \text{mol/dm}^3$$

$$S_{(BaSO_4)} = \sqrt{K_{SP}} = \sqrt{1.08 \times 10^{-10}} = 1.04 \times 10^{-5} \text{mol/dm}^3$$

可见,同类型,离子浓度积越大,溶解度越大。

[例1.1.3] 比较铬酸银和氯化银的溶解度。

由前面的公式和离子浓度积可以计算得到两种物质的溶解度。

$$K_{SP}(Ag_2CrO_4) = 9.0 \times 10^{-12}, K_{SP}(AgCl) = 1.56 \times 10^{-10}$$

$$S(Ag_2CrO_4) = \sqrt[3]{\frac{K_{SP}(Ag_2CrO_4)}{4}} = \sqrt[3]{\frac{9.0 \times 10^{-12}}{4}} = 1.31 \times 10^{-4} \text{mol/dm}^3$$

$$S_{(AgCl)} = \sqrt{K_{SP}(AgCl)} = \sqrt{1.56 \times 10^{-10}} = 1.25 \times 10^{-5} \text{mol/dm}^3$$

可见,不同类型,不能直接比较,以计算获得的溶解度为准。

[例1.1.4] 求在$[Cl^-]=0.1$mol/L中氯化银的溶解度。

由前面的公式和离子浓度积可以计算得到物质的溶解度。

$$S_{(AgCl)} = \frac{K_{SP}}{[Cl^-]} = \frac{K_{SP}}{0.1} = 1.56 \times 10^{-9} \text{mol/dm}^3$$

溶度积与溶液浓度无关,溶解度与溶液浓度有关。溶度积是标准平衡常数,只与温度有关。而溶解度不仅与温度有关,还与系统的组成、pH值的改变及沉淀合物的生成等有关。

溶解度受温度影响明显。溶解度在温度作用下溶解速度增加或减小。达到化学平衡的溶液不能容纳更多的同种溶质,此时的体系称之为饱和溶液。特殊条件下,溶液中溶解的溶质会比正常情况多,这时便成为过饱和溶液。如把高温饱和溶液缓慢冷却,就有机会形成过饱和溶液,常见的过饱和溶液有碳酸水。有些饱和溶液升温,也会形成过饱和溶液,例如氢氧化钙。这些盐在钻井流体中常用,特别是钻井流体性能不满足钻井需要时,分析原因十分重要。

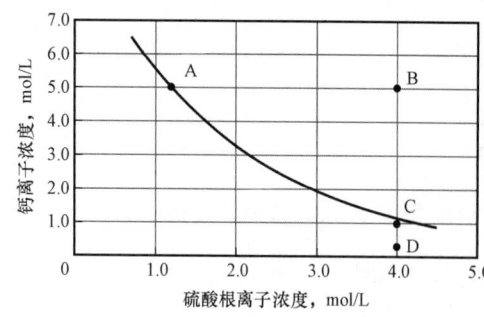

图1.1.3 硫酸钙溶解度曲线

大多数固体物质的溶解度随温度的升高而增大;气体物质的溶解度则与此相反,随温度的升高而降低。氯化钠的溶解度随温度的升高而缓慢增大,硝酸钾的溶解度随温度的升高而迅速增大。而硫酸钠的溶解度随温度的升高而减小。溶解度与温度的关系可以用溶解度曲线来表示。图1.1.3是以硫酸钙为例的溶解度曲线。

从图1.1.3中可以看出,A点硫酸根离子浓度为1.2mol/L、钙离子浓度为5.0mol/L,溶解度等于浓度积,溶液处于饱和状态,表示溶液中溶解与结晶达到平衡。

B点硫酸根离子浓度为4mol/L、钙离子浓度为5mol/L,溶解度大于浓度积,溶液处于过饱和状态，表示溶液中有溶质结晶析出。

C 点硫酸根离子浓度为 4mol/L、钙离子浓度为 5mol/L，溶解度等于浓度积，溶液处于饱和状态，表示溶液中溶解与结晶达到平衡。

D 点硫酸根离子浓度为 4mol/L、钙离子浓度为 0.3mol/L，溶解度小于浓度积，是欠饱和状态，表示溶液还能继续溶解溶质。

物质的溶解及溶解能力，取决于溶剂和溶质性质等因素，还取决于与外界条件如温度、压强和溶剂种类等外部因素。相同条件下，有些物质易于溶解，而有些物质则难于溶解。即不同物质在同一溶剂里溶解能力不同。通常把某一物质溶解在另一物质里的能力称为溶解性(Solubility)。例如，糖易溶于水，油脂不溶于水，是因为它们对水的溶解性不同。溶解度是定量表示溶解性的参数。

如 20℃时，氯化钠的溶解度是 36g，氯化钾的溶解度是 34g。可以说，20℃时氯化钠和氯化钾在 100g 水里最大的溶解量分别为 36g 和 34g。也说明在此温度下，氯化钠在水中比氯化钾的溶解能力强。与溶解度相比，溶解性是表示一种物质在另一种物质中的溶解能力，通常用易溶、可溶、微溶、难溶或不溶等定性的程度来表示。

通常，室温下，溶解度为 10g/100g(水) 以多的物质叫易溶物质；溶解度为 1~10g/100g(水) 叫可溶物质；溶解度为 0.01~1g/100g(水) 的物质叫微溶物质；溶解度小于 0.01g/100g(水) 的物质叫难溶物质。14 种阳离子和 5 种阴离子形成的盐，其溶解性见表 1.1.5。

表 1.1.5　14 种阳离子和 5 种阴离子形成盐的溶解性

离子类型	氢氧根离子	硝酸根离子	氯离子	硫酸根离子	碳酸根离子
氢离子	H_2O	溶解、挥发	溶解、挥发	溶解	溶解、挥发
铵根离子	溶解、挥发	溶解	溶解	溶解	溶解
钾离子	溶解	溶解	溶解	溶解	溶解
钠离子	溶解	溶解	溶解	溶解	溶解
钡离子	溶解	溶解	溶解	不溶解	不溶解
钙离子	微溶解	溶解	溶解	微溶解	不溶解
镁离子	不溶解	溶解	溶解	溶解	微溶解
铝离子	不溶解	溶解	溶解	溶解	—
锰离子	不溶解	溶解	溶解	溶解	不溶解
锌离子	不溶解	溶解	溶解	溶解	不溶解
亚铁离子	不溶解	溶解	溶解	溶解	不溶解
铁离子	不溶解	溶解	溶解	溶解	—
铜离子	不溶解	溶解	溶解	溶解	不溶解
银离子	—	溶解	不溶解	微溶解	不溶解

从表 1.1.5 中可以看出，溶解是绝对的，不溶解是相对的。由硝酸根离子、氯离子和硫酸根离子形成的盐几乎都溶于水(氯化银和硫酸钡除外)，氢氧根离子除与氨根离子、钠离子、钾离子、钡离子和钙离子等形成的盐之外的其他盐都不溶于水，由碳酸根离子形成的盐大多难溶或不溶于水。

溶于水的物质很多,用于钻井流体配制水溶液的可溶性岩盐目前大约有10种。常温下,所能配制的盐水溶液最大密度见表1.1.6。

表1.1.6 常用的易溶性盐配制盐水钻井流体最大密度

序号	盐种类	盐水溶液最大密度	
		lb/gal	kg/m³
1	氯化钠	10.0	1200
2	氯化钙	11.6	1390
3	氯化钙/溴化钙	15.6	1870
4	氯化钾	9.6	1160
5	溴化钠	12.6	1510
6	溴化钙	15.1	1810
7	溴化锌	19.2	2300
8	甲酸钠	11.2	1340
9	甲酸钾	13.0	1560
10	甲酸铯	19.5	2340

从表1.1.6中可以看出,溶液作为钻井流体常用的可溶性盐溶解后的密度差异很大。溶解度差距也很大。盐水溶液密度最大的是甲酸铯,为2340kg/m³;最小的是氯化钾,为1160kg/m³。

由于工业食盐的纯度、溶解方式以及测量仪器精度等的影响,测量结果可能有所差异。但都能满足钻井流体需要的精度。为了获得钻井流体所需要的密度还可以通过复配的方法取得。氯化钾、氯化钠/氯化钾等13种溶液钻井流体的最高密度对比如图1.1.4所示。

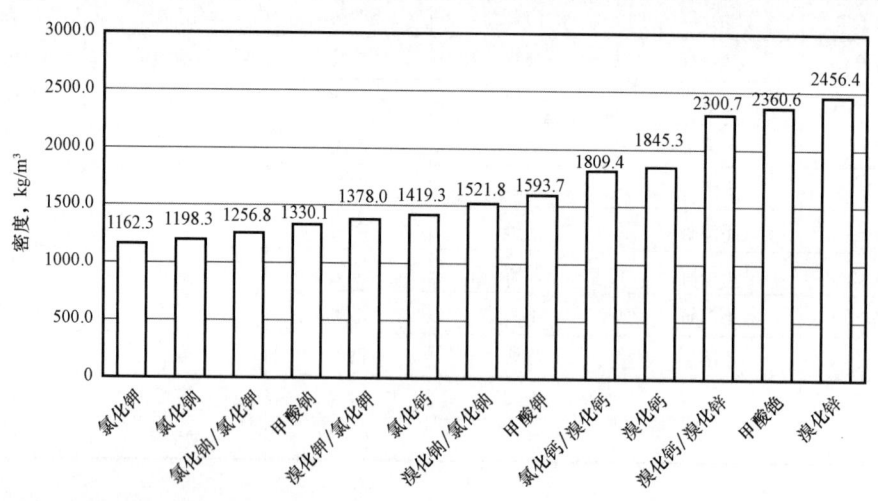

图1.1.4 作为钻井流体的13种溶液最高密度对比

从图1.1.4中可看出,常见的盐溶液,它们之间的最高密度差异很大。最大的是溴化锌,为2456.4kg/m³,最小的是氯化钾,为1162.3kg/m³。还可以发现,常用的盐中,氯化钠是最常用的一种盐。

氯化钠俗称工业食盐,是钻井流体中应用最广泛的,也是价格相对便宜的一种盐。地层中食盐的含量也较高,用食盐配制钻井流体便于抑制地层中的盐溶解,还可以提高钻井流体的抑制性。不仅用在不饱和盐水以及饱和盐水等钻井流体中,还用于试井压井液和修井压井液中。所以,盐水钻井流体的浓度备受关注,研究食盐溶液理化性能的人也比较多。其中的盐水密度、浓度及体积变化系数见表1.1.7。

表1.1.7 20℃(68°F)时氯化钠的加入量与水溶液密度及浓度的关系

溶液密度 g/cm³	氯化钠浓度 (质量分数) %	每立方米溶液含氯化钠的质量 kg	每立方米水溶解氯化钠的质量 kg	体积变化系数
0.9982	0	0	0	1.000
1.0053	1	10.04	10.07	1.003
1.0125	2	20.26	20.37	1.006
1.0268	4	41.08	41.62	1.013
1.0413	6	62.48	63.68	1.020
1.0559	8	84.48	86.85	1.028
1.0707	10	107.07	110.90	1.036
1.0857	12	130.24	136.15	1.045
1.1009	14	154.06	162.51	1.054
1.1162	16	178.54	190.15	1.065
1.1319	18	203.70	219.08	1.075
1.1478	20	229.58	249.55	1.087
1.1640	22	256.06	281.59	1.100
1.1804	24	283.27	315.23	1.113
1.1972	26	311.32	350.66	1.127

从表1.1.7中可以看出,氯化钠在低浓度和高浓度下的密度差别较大,高低浓度差别造成的体积变化也较大。最低每立方米水中只有10.07kg,密度为1.0053g/cm³,溶液浓度为1%;最高则可以达到350.66kg,溶液密度为1.1972g/cm³,溶液浓度为26%。因此,在现场应用时需要为了方便,室内应用时准确使用,建立了氯化钠质量分数、含量与质量浓度之间的换算关系,见表1.1.8。

表1.1.8 氯化钠质量分数、含量与质量浓度之间的换算关系

质量分数 %	含量 ppm	质量浓度 mg/L	质量分数 %	含量 ppm	质量浓度 mg/L
0	0	0	2	20000	20250
0.5	5000	5020	3	30000	30700
1	10000	10050	4	40000	41100

续表

质量分数 %	含量 ppm	质量浓度 mg/L	质量分数 %	含量 ppm	质量浓度 mg/L
5	50000	62500	16	160000	178600
6	60000	73000	17	170000	191000
7	70000	84500	18	180000	203700
8	80000	95000	19	190000	216500
9	90000	107100	20	200000	229600
10	100000	118500	21	210000	243000
11	110000	130300	22	220000	256100
12	120000	52000	23	230000	270000
13	130000	142000	24	240000	279500
14	140000	154100	25	250000	283300
15	150000	166500	26	260000	311300

从表 1.1.8 中可以看出，氯化钠含量数值为质量分数的 10000 倍，这是单位换算的问题。质量浓度数值比含量数值稍高。浓度越大，差距越大。此表便于现场应用或者室内实验时控制氯化钠的含量与加量。因此是非常重要的常用对照表。

(5) 溶液溶解度影响因素。影响溶质溶解的主要因素是，物质化学键的类型与分子的极性、氢键的存在与否、锌盐的生成与否、溶剂化作用与否等，以及溶质溶剂相对分子量及分子中含活性基团的种类和数目、温度、压力、颗粒大小、晶型、同离子效应等和搅拌、相同分子或者原子间的引力与不同或者原子间的引力的相互关系、分子的极性引起的缔合程度、分子复合物的生成等。

① 氢键影响溶解性。氢原子与电负性大的原子 X 以共价键结合。若与电负性大、半径小的原子 Y（如氧原子、氟原子、氮原子等）接近，在原子 X 与原子 Y 之间以氢原子（H）为媒介，生成 X–H⋯Y 形式的一种特殊的分子间或分子内相互作用，称为氢键（Hydrogen Bond）。在极性溶剂中，如果溶质分子与溶剂分子之间可以形成氢键，则溶质的溶解度增大。氟化氢和氨气在水中的溶解度比较大，就是这个缘故。

② 锌盐影响溶解性。锌盐，又称氧翁（Oxygen Oxide），即羟基上的氧再提供一对孤对电子给一个游离的氢离子，形成（—OH^{2+}）基团，这样的物质就叫作锌盐。此类盐大多数情况下不稳定，容易失去氢离子。酸性很强。一般只会在非水溶剂以及有机反应过程中才会短时间出现的中间产物。决定了溶液具有均一性、稳定性和混合性等特点。

③ 溶剂化作用影响溶解性。溶剂化作用（Solvation）是溶剂分子与离子的相互作用，堆积在离子周围的过程。该过程形成离子与溶剂分子的络合物，并放出大量的热。溶剂化作用改变了溶剂和离子的结构。溶剂化作用常表现在高分子和溶剂分子上的基团相互吸引，从而促进聚合物的溶解。

④ 晶型影响溶解性。固体材料可以分为晶体、准晶体和非晶体三大类。晶体是由大量微观物质单位（原子、离子、分子等）按一定规则有序排列的结构。准晶体，是一种介于晶体

和非晶体之间的固体。准晶体具有与晶体相似的长程有序的原子排列,但是准晶体不具备晶体的平移对称性。因而可以具有晶体所不允许的宏观对称性。非晶体是指结构无序或者近程有序而长程无序的物质,组成物质的分子(或原子、离子)不呈空间有规则周期性排列的固体,它没有一定规则的外形。

晶体内部原子的排列具有周期性,外部具有规则外形。晶体通常可以分为7个不同的晶系,即等轴晶系、六方晶系、四方晶系、三方晶系、斜方晶系、单斜晶系、三斜晶系。等轴晶系具有各向同性,属于高级晶族。其余都具有各向异性。六方晶系、四方晶系和三方晶系有一个光轴属于中级晶族。斜方晶系、单斜晶系和三斜晶系有两个光轴属于低级晶族。晶型是晶体的周期性结构。

晶体内部原子排列的具体形式一般称之为晶格。不同的晶体内部原子排列称为晶格结构。各种晶格结构又可以归纳为7大晶系,各种晶系分别与14种空间格子(称作布拉维晶格)相对应,在数学上又可以归结为32种空间点群。能够保持晶体结构的对称性且体积最小,称单位晶胞,简称晶胞。晶胞能完整反映晶体内部原子或离子在三维空间分布的化学结构特征,为平行六面体单元。

晶型(Crystal Form)是物质在结晶时受各种因素影响,使分子内或分子间键合方式发生改变。分子或原子在晶格空间排列不同,形成不同的晶体结构。不同晶型在不同的温度下溶解度不同。这些基础知识是研究和应用钻井流体所用的土和面对井壁失稳时必备的分析知识。

⑤ 分子间的缔合作用影响溶解性。缔合(Association)是指相同或不同分子间不引起化学性质的改变,而依靠较弱的配位共价键、氢键等键力结合但不引起共价键改变的现象。缔合是可逆过程。受介质极性和体系温度的影响。缔合是放热过程,介质极性增大时或体系温度升高时缔合作用减少或消失。常见的缔合现象有表面活性剂形成胶束、烷基锂在非极性介质中形成多聚体、有机羧酸的二缔合体等。在生物高分子、天然高分子和合成高分子中也存在缔合现象。缔合作用在生物大分子三级和四级结构的形成中至关重要。缔合作用是合成高分子相容共混体系的决定因素之一。

固体的溶解度影响因素大致如此。与固体不同的是,气体的溶解度除了固体的影响外还与压力有关。压力越大,溶解度越大;反之越小。其他条件一定时,温度越高,气体溶解度越低。气体溶解度大小,首先决定于气体性质,还取决于气体压力和溶剂的温度。

例如,温度20℃、压力1.013×10^5Pa时,1L水可以分别溶解氨气702L、氢气0.01819L、氧气0.03102L。氨气易溶于水,是因为氨气分子是极性分子,水分子也是极性分子。氨气分子跟水分子还能形成氢键,水合作用明显。所以,溶解度很大。氢气分子和氧气分子都是非极性分子,在水里的溶解度很小。

常见气体在水中的溶解度从大到小的顺序为氨气、氯化氢(极易溶解于水的两种气体)、二氧化硫、硫化氢(易溶解于水的两种物质)、氯气、二氧化碳(能溶解于水的两种气体)、氧气(难溶于水的气体)、氢气、甲烷、一氧化碳(极难溶解于水的物质)。即气体溶于水可以分为极易溶解于水、易溶解于水、能溶解于水、难溶解于水和极难溶解于水等5级。

固体和液体的溶解度基本不受压力影响,气体在液体中的溶解度与气体的分压成正比。1803年,英国化学家W. Henry研究气体在液体中的溶解度时发现,凡是不和溶剂起化学反应的气体,其溶解度取决于这种气体在液面上的压力,溶解度和气体的分压成正比。这一发现被称为亨利定律(袁翰青,1982)。

一定温度和压力下,气体在一定量溶剂中溶解的最高量,称为气体的溶解度。常用一定温度下单位体积溶剂中所溶解的最多体积来表示。

例如,20℃时,100mL 水中能溶解 1.82mL 氢气,则氢气在水中的溶解度为 1.82mL/100mL(水)。气体的溶解度除与气体性质和溶剂性质有关外,还与温度和压强有关,其溶解度一般随着温度升高而减少。由于气体溶解时体积变化很大,故其溶解度随压强增大而显著增大。气体的溶解度关乎气井钻井流体分离气体保持钻井流体性能。

1.1.1.3 溶液热力学稳定特性

研究溶液的热力学性质时,常引入理想溶液的概念作为讨论的基础。所谓理想溶液(Ideal Solution),是指溶液中溶质分子和溶剂分子间的相互作用都相等,溶解过程中没有体积变化,没有热效应,溶液的蒸汽压服从拉乌尔定律(Raoult's Law)。即在某一温度下,难挥发非电解质稀溶液的蒸汽压等于纯溶剂的饱和蒸汽压乘以溶剂的摩尔分数。

实际上,理想溶液是不存在的,实际溶液在混合过程中,热力学函数的变化与理想溶液的差异,称为超额热力学函数。

$$\Delta Z^E = \Delta Z - \Delta Z^i \tag{1.1.28}$$

式中　ΔZ——任一热力学函数。

　　　　E,i——超额和理想状态。

熵(Entropie)是衡量世界中事物混乱程度的指标。热力学第二定律中认为孤立系统总是存在从高有序度转变成低有序度的趋势,这就是熵增的原理。

进一步推导式(1.1.28),得出以下熵焓变化的关系。

$$\Delta S^E = \Delta S - \Delta S^i = -R \sum_B x_B \left[\ln a_B + T\left(\frac{\partial \ln \gamma_B}{\partial T}\right) \right] - \left(-R \sum_B x_B \ln x_B \right)$$

$$= -R \sum_B x_B \left[\ln \gamma_B + T\left(\frac{\partial \ln \gamma_B}{\partial T}\right) \right]$$

式中　ΔS^E——溶液超额熵变,J/K;

　　　　ΔS——溶液实际熵变,J/K;

　　　　ΔS^i——溶液理想熵变,J/K;

　　　　R——标准摩尔气体常数,8.314J/(mol·K);

　　　　x_B——溶剂 B 的摩尔分数;

　　　　a_B——溶剂 B 的活度;

　　　　T——热力学温度,K;

　　　　γ_B——溶剂 B 的活度因子。

焓(Enthalpy)是一定质量的物质按定压可逆过程由一种状态变为另一种状态。焓的增量等于在此过程中吸入的热量。

$$\Delta H^E = \Delta H - \Delta H^i$$

$$= -RT^2 \sum_B x_B \left(\frac{\partial \ln\gamma_B}{\partial T}\right)_T$$

式中 ΔH^E——溶液超额焓变,J/g;

ΔH——溶液实际焓变,J/g;

ΔH^i——溶液理想焓变,J/g。

由此,根据超额热力学函数,将溶液分为理想溶液、正规溶液、无热溶液和非理想溶液等4类。

(1) 理想溶液。$\Delta S_M^E = 0$,$\Delta H_M^E = 0$,即理想溶液中无热力学函数的变化,不含超额热力学函数。

(2) 正规溶液。$\Delta S_M^E = 0$,$\Delta H_M^E = \Delta H_M \neq 0$,即正规溶液中无熵变,超额热力学函数与焓变有关。

(3) 无热溶液。$\Delta S_M^E \neq 0$($\Delta S_M \neq \Delta S_M^i$),$\Delta H_M^E = 0$,即无热溶液中无焓变,超额热力学函数与熵变有关。

(4) 非理想溶液。$\Delta S_M^E \neq 0$($\Delta S_M \neq \Delta S_M^i$),$\Delta H_M^E \neq 0$($\Delta H_M \neq \Delta H_M^i$),即非理想溶液体系中既存在熵变也存在焓变。超额热力学函数与焓变、熵变大小有关。

从热力学性质看,高分子溶液不是理想溶液。一是由于高聚物溶解时有热效应,即焓变不为0;二是由于高分子溶液混合熵远大于理想溶液的混合熵,即混乱程度增加,有很大的超额混合熵。因此,高分子溶液一般属于无热溶液和非理想溶液。

Flory 和 Huggins 分别假设液体和溶液为似晶格模型,运用统计热力学方法,推导出高分子溶液的混合熵、混合热及混合自由能等热力学性质的表达式(Flory,1944)。

$$\Delta S_M = -R(n_1 \ln\varphi_1 + n_2 \ln\varphi_2) \tag{1.1.29}$$

$$\Delta H_M = RTx_1 n_1 \varphi_2 \tag{1.1.30}$$

$$\Delta G_M = RT[n_1 \ln\varphi_1 + n_2 \ln\varphi_2 + x_1 n_1 \varphi_2] \tag{1.1.31}$$

式中 ΔS_M——溶液的超额熵;

ΔH_M——溶液的超额焓;

ΔG_M——溶液的超额吉布斯函数;

n_1, n_2——溶剂和高分子的物质的量,mol;

φ_1, φ_2——溶剂和高分子在溶液中的体积分数;

x_1——Huggins 参数,反映高分子与溶剂混合时相互作用能的变化。

运用统计热力学,把宏观热力学与量子化学架起相关联的桥梁。把分子质量、分子几何构型、分子内及分子间作用力等系统颗粒的微观性质,用分子配分函数(Partition Function)计算系统的宏观性质。用统计力学(Statistical Mechanics)的方法处理热力学的问题。统计物理学认为,物质是由大量颗粒组成的,系统的宏观性质决定于它的微观组成、结构及微观颗粒的运动状态。微观颗粒的运动千差万别,个别颗粒的运动有其偶然性,但大量颗粒表现出来的总体规律有一定稳定性,服从统计规律。统计力学的方法是求大量的颗粒平均性质的方法。统计热力学的任务是按照微观颗粒运动的力学规律,采用统计的方法来研究宏观系统的热力学性质和规律。能不能将这一边缘学科应用于钻井流体学中,研究钻井流体中的颗粒问题,是一个全新的方向。

1929年,Hildebrand提出规则溶液(Regular Solution)模型,并对规则溶液定义为形成或者混合后的热不为零,而混合熵为理想溶液的混合熵,即:

$$\Delta H_M \neq 0 \tag{1.1.32}$$

$$\Delta S_M = \Delta S_I = -R\sum x_i \ln x_i \tag{1.1.33}$$

式中　ΔH_M——混合热,J/mol;

ΔS_M——混合熵,J/(K·mol);

ΔS_I——理想溶液的混合熵,J/(K·mol);

R——气体常数,8.314J/(K·mol);

x_i——单组分的摩尔分数。

规则溶液,更接近实际溶液。除混合熵不等于零外,其他特性和理想溶液一致。由规则溶液为基础,推导出的热力学规律,较适合非电解质溶液,特别是合金溶液。因此,规则溶液理论在冶金和金属材料科学中十分重要。对于二元溶液,规则溶液主要利用4个方程,判断溶液对理想溶液的偏差情况;确定正规溶液焓(或吉布斯自由能)与浓度的关系;通过温度和活度系数等可求得合金溶液的热力学性质。

(1)活度与阳离子分数方程。

$$RT\ln\gamma_B = a'x_A^2 \tag{1.1.34}$$

$$RT\ln\gamma_A = a'x_B^2 \tag{1.1.35}$$

或者

$$\ln\gamma_B = ax_A^2 \tag{1.1.36}$$

$$\ln\gamma_A = ax_B^2 \tag{1.1.37}$$

式中　γ_i——阳离子i的活度系数,$i = A,B$;

x_i——阳离子分数,$i = A,B$;

a——阳离子之间交互作用能,J。

(2)热力学函数分为理想部分和多余部分方程。

$$G^{多余} = \Delta G^M - \Delta G^{理想混合} = RT\sum x_i \ln\gamma_i \tag{1.1.38}$$

式中　$\Delta G^{理想混合}$——理想溶液的热力学函数;

$G^{多余}$——实际溶液的热力学函数(G)与理想溶液的热力学函数($G^{理想混合}$)之差(即$G = G^{理想混合} + G^{多余}$);

ΔG^M——组元混合成溶液时热力学性质的改变。

(3)规则溶液的活度系数的对数比,为温度比倒数方程。在铸造业中应用十分重要。目前已有的热力学参数一般都是针对冶炼温度测定的。不同温度使用热力学参数时,比如钢中元素的热力学参数一般是1600℃下测定的,测得的热力学数据不能直接应用于铸铁熔炼条件下。利用这个公式,就可以较好地解决不能直接运用的参数问题。

$$\frac{\ln\gamma_A(在\ T_2\ 温度下)}{\ln\gamma_A(在\ T_1\ 温度下)} = \frac{T_1}{T_2} \tag{1.1.39}$$

(4) $G^{多余}$ 热力学函数为阳离子活度、分数的积分。

$$G^{多余} = RT \int_0^{x_A} \frac{\ln\gamma_A}{x_B^2} \mathrm{d}x_A \tag{1.1.40}$$

其中

$$x_B = 1 - x_A$$

1.1.2 溶液钻井流体特性

油气钻井井下工作环境是难以模拟的,为此提出能否结合研究钻井流体中钻屑的分散问题,以及造浆土的分散问题。

溶液的特点是均一性和稳定性。溶液是溶质和溶剂混合在一起的混合物。溶液中各处的密度、组成和性质完全一样。温度不变,溶剂量不变时,溶质和溶剂不会分离。

有些钻井流体的确是溶液。如用于防止固相伤害的清洁盐水钻井流体(刘菊泉等,2012)、用于试井过程中平衡地层压力有机盐压井液(郑力会等,2007)等,都是具备溶液特性的钻井流体的典型代表。

钻井流体是溶液时,一般是用于特殊钻井作业需要的工作介质。如各种无机盐、有机盐溶液用于钻井流体,往往利用的是钻井流体的高浓度盐水抑制能力、无固相弱伤害储层又能提高密度等特点。盐溶液引入钻井流体并广泛应用,已成为解决井壁失稳的主要手段之一。

无机处理剂都是水溶性的无机碱类和盐类。其中,多数可提供阳离子和阴离子,也有一些与水形成胶体或生成络合物。它们在钻井流体中的作用机理可归纳为离子交换吸附、调控 pH 值、沉淀、络合、形成可溶性盐和抑制溶解等几个方面。

1.1.2.1 溶液离子交换吸附影响黏土分散状态

离子交换吸附(Cation Exchange Adsorption)主要是黏土颗粒表面的钠离子与钙离子之间的交换。这一过程可以用于改善黏土造浆性能、配制钙处理钻井流体以及防塌等,对钻井流体流变性能影响也较大。

例如,在配制预水化膨润土浆时,常加入适量碳酸钠。其目的是通过钠离子浓度的增加,使之能够与钙蒙脱土颗粒表面的钙离子发生交换,从而使黏土的水化和造浆性能提高,介观上,分散成粒径更小的颗粒;宏观上,钻井流体的黏度、切力升高,失水量降低。

相反地,若在分散钻井流体中加入适量氢氧化钙和硫酸钙等处理剂,滤液中钙离子浓度的增加,一部分钙离子会与吸附在黏土颗粒上的钠离子发生交换,致使钻井流体转变为适度絮凝的粗分散状态,从而控制黏土的水化与分散。

由于钻井流体中的黏土离子交换后,再交换的能力下降。钻井流体就能通过预处理使得钻井流体能够抵御钙离子的侵害。这就是粗分散钻井流体的主要作用原理。

1.1.2.2 溶液碱度影响钻井流体性能稳定

任何一种钻井流体均有合理的 pH 值范围,在此范围内,有满意的性能。在钻进过程中,钻井流体的 pH 值会因发生盐侵、盐水侵、水泥侵和井壁吸附等原因发生变化。其中,pH 值趋于下降的情况更为常见。因此,为了使钻井流体性能保持稳定,应随时调整 pH 值满足钻井流体性能发挥的需要。

添加适量的烧碱和纯碱等无机处理剂是提高 pH 值的最简便的方法。使用酸式焦磷酸钠(Sodium Acid Pyrophosphate,SAPP)、硫酸钙或氯化钙等无机处理剂时,则会使钻井流体的 pH 值有所下降。

1.1.2.3 溶液离子浓度影响钻井流体稳定井壁

过多的钙离子或镁离子会削弱钻井流体中黏土的水化和分散能力,破坏钻井流体的流变性能和失水护壁性能。因此,在配制钻井流体时,可先加入适量烧碱除去镁离子,然后用适量纯碱除去钙离子,以控制钙离子或镁离子侵害钻井流体。

同样的原理,利用两种物质溶解度原理,使某些因受到钙镁离子侵害而失效的钻井流体有机处理剂功能恢复。

例如,利用褐煤碱液生产的水解聚丙烯腈,遇钙侵会生成难溶于水的腐殖酸钙、聚丙烯酸钙。此时,通过加入适量纯碱,由于碳酸钙的溶解度比腐殖酸钙、聚丙烯酸钙的溶解度小得多,生成碳酸钙沉淀。这样,可使腐殖酸钙和聚丙烯酸钙等钙盐再次转变为钠盐,水解聚丙烯腈恢复其原有的功能,维持了钻井流体性能稳定性。

钻遇盐岩层和石膏层,常使用盐水钻井流体和石膏钻井流体,盐膏层使用饱和盐水钻井流体。一是为了增强钻井流体抗盐、钙离子侵害能力;二是为了抑制和防止盐岩层、石膏层以及盐膏层的可溶物溶解,防止井壁过多溶解,形成大直径井眼。

1966 年,Mondshine 等从软泥岩水化实验结果中发现,乳化液中的水相可以穿过油/水界面运移至软泥岩层,进而水化泥岩(Mondshine et al. ,1966)。这一发现引发了人们研究如何通过盐水的浓度控制钻井流体中的水相抑制性。

到 1969 年,Mondshine 等进一步研究发现,如果泥页岩中水相活度和烃基钻井流体中水相活度不同,泥页岩要么发生水化现象,要么发生去水化现象(Mondshine,1969)。这一结论,支撑了在逆乳化钻井流体的水相中提高盐的浓度,增强钻井流体抑制能力,进一步促进了逆乳化钻井流体的发展。

后来,Chenevert 在 1970 年测定不同活度的烃基钻井流体中的泥页岩线性膨胀率时发现,烃基钻井流体中水相活度越高,膨胀率越大。对比表明,钻井流体中水相活度低于页岩中水相活度时,页岩发生负膨胀,即收缩。对现场而言,钻井流体中水相活度高,可能造成井径缩小;相反,钻井流体中水相活度低,可能发生井径扩大(Chenevert,1970)。这一实验结果,从宏观上、实用性角度,证明了 Mondshine 的发现可以解释钻井过程中的诸如井眼缩径、井眼扩大等井壁失稳的原因。

如果说,活度是化学作用,井眼失稳是化学作用下的物理现象。那么,化学作用是如何作用的呢? 即,钻井流体的化学作用如何引发的物理现象的呢?

1993 年,Hale 等测定了用不同活度烃基钻井流体处理后的泥页岩力学特性发现,钻井流体水相活度较低,泥页岩强度增大(Hale et al.,1993)。表明水相活度较高是泥页岩发生水化的主要原因,进一步解释了井壁失稳是由于钻井流体中水相活度较高造成的。

1993 年,Chenevert 等提出钻井流体稳定井壁的活度平衡理论(Activity Balance Theory)(Chenevert et al.,1993)。即把泥页岩表面看成半透膜(Semipermeable Membrane),钻井流体中水相活度与地层泥页岩中水活度基本相同或者略低时,有利于井壁稳定。

烃基特别是逆乳化烃基钻井流体活度平衡与井壁稳定的关系,可以通过泥页岩水化程度来解释。泥页岩地层黏土含量较高,亲水性较强,与钻井流体中水相接触后,易引发泥页岩水化膨胀,导致井壁稳定能力降低。刘向君等从泥页岩表面水化和渗透水化两个水化过程解释了地层失稳的机理。

电性作用首先引起表面水化。泥页岩中黏土矿物表面带负电,钻井流体中溶解不同金属盐的水相和地层中的水相被泥页岩表面隔离后,钻井流体中的活度较高,水分子及水合阳离子就会逃离钻井流体,吸附到地层黏土矿物表面,软化泥页岩地层表面。这就是表面水化。

相对而言,半透膜作用造成渗透水化。泥页岩水相盐浓度大于钻井流体中水溶液盐浓度,泥页岩与钻井流体接触后,周围的流体介质发生了变换。在活度的作用下,烃基钻井流体中的水渗透到泥页岩中,泥页岩体积膨胀,井壁稳定能力降低。表现为井眼缩小或者先缩小再掉块,井眼扩大。钻井流体中水的活度低于泥页岩中水的活度时,井眼扩大。

泥页岩水化类型以及破坏井壁稳定主要以渗透水化为主,也有可能是先表面水化,后渗透水化。其实质是因为钻井流体中水相和泥页岩中水相存在活度差。因此,稳定井壁要求钻井流体中水相活度等于或略低于泥页岩中水相的活度,保持活度平衡(刘向君等,1996)。

由于活度平衡稳定井壁较好地解释了泥页岩渗透水化的原因,活度平衡稳定井壁的思想已经为广大钻井流体工作者接受。其理论基础可以用热力学公式表达。定义水相活度的表达式为:

$$\alpha_w = \frac{\bar{f}}{\bar{f}_0} \tag{1.1.41}$$

式中 α_w——水相活度;
$\bar{f}$——相同温度条件下溶剂的逸度,Pa;
$\bar{f}_0$——相同温度条件下纯水逸度,Pa。

将活度公式代入前文的化学势公式就可以得到:

$$\Delta U = U - U_0 = RT \cdot \ln\alpha_w \tag{1.1.42}$$

将地层水与钻井流体间的化学势差通用化,即可得到:

$$\Delta U = U_f - U_d = RT \cdot \ln\left(\frac{\alpha_f}{\alpha_d}\right) \tag{1.1.43}$$

式中 U_d——钻井流体的化学位,J;
α_d——钻井流体的化学位、水相活度;
U_f——地层水的化学位,J;

α_f——地层水活度。

用带有活度的化学势通用公式解释泥页岩地层失稳机理,即泥页岩地层水化膨胀、脱水收缩,主要是因为地层水与钻井流体中水相活度不平衡所致。

(1)$\alpha_f > \alpha_d$,地层水活度高于逆乳化烃基钻井流体中水相活度。此时,地层水的化学势大于钻井流体的化学势,$\Delta U > 0$。化学势变化量大于零,水有可能从地层流向钻井流体,发生渗透水化作用,井壁稳定。

(2)$\alpha_f = \alpha_d$,地层水与逆乳化烃基钻井流体中水相活度平衡。此时,两种水的化学势相等,$\Delta U = 0$。化学势相同,水的流动趋势不存在,渗透水化作用停止。

(3)$\alpha_f < \alpha_d$,地层水活度低于逆乳化烃基钻井流体中水相活度。此时,钻井流体化学势大于地层水,$\Delta U < 0$。化学势变化量小于零,水有可能从钻井流体流向地层,发生渗透水化,井壁失稳。

从理论上讲,根据盐溶液中水活度计算,可以获得盐的含量,对比实验测量出地层水活度,调整钻井流体中水相的含盐量,可以得到与地层水浓度相当的活度盐水溶液,进而建立逆乳化烃基钻井流体水相活度,以平衡地层水活度,从而达到稳定井壁的目的,是可行的。

在热力学中,对于真实气体,逸度又称为有效压力或校正压力,用逸度代替压力。因此,为了现场应用简单方便,1969年,Chenevert将水相逸度比值用水相饱和蒸气压力比值代替,用压力表征岩石水相的化学势的差值,解释引起自由水进入地层的原因(Chenevert,1969)。

$$\Delta U = U - U_0 = RT \cdot \ln\left(\frac{p}{p_0}\right) \tag{1.1.44}$$

式中　p——岩石中水相饱和蒸气压力,MPa;

p_0——相同温度下纯水饱和蒸气压力,MPa。

进一步假设水相不可压缩,则地层孔隙中水相吸附压力与化学势差值有关。可以通过测量泥页岩水相吸附平衡状态下饱和蒸气压力,来测出泥页岩实际孔隙的吸附压力(Marshall,1964)。根据化学势与温度和压力的关系式

$$dU = -SdT + Vdp \tag{1.1.45}$$

式中　U——物质的热力学能,J;

S——物质的熵,J;

V——物质的体积,m³;

T——温度,K;

p——压力,Pa。

恒定温度下,对化学势与温度、压力的关系式两边积分,得孔隙封闭体系中单位体积水相的化学势变化:

$$\Delta U = U - U_0 = \bar{V}(p - p_0) = \bar{V}p_\pi \tag{1.1.46}$$

式中　$\bar{V}$——1mol水相分子物质体积,m³;

p_π——泥页岩实际吸附孔隙压力,MPa。

联立公式气体状态方程和化学势与温度、压力方程可以得到:

$$\overline{V}p_\pi = RT \cdot \ln\left(\frac{p}{p_0}\right) \tag{1.1.47}$$

进一步变形,得到泥页岩实际的吸附孔隙压力:

$$p_\pi = \frac{RT}{\overline{V}} \cdot \ln\left(\frac{p}{p_0}\right) \tag{1.1.48}$$

用吸附孔隙压力可以进一步解释活度平衡的钻井流体是如何实现防塌的。

泥页岩对水的吸附压相当于渗透压(Osmotic Pressure)。渗透压是,为阻止水从低矿化度溶液(高蒸气压)通过半透膜向高盐度溶液(低蒸气压)移动所需要施加的压力。反过来,也可以认为是,钻井流体向地层中渗透的压力。渗透压用于定量表示水自发运移趋势,与吸水膨胀的力相当。泥页岩与钻井流体接触,自由水会发生三种情况。

(1) $p_\pi > 0$。泥页岩与低矿化度水接触时,泥页岩吸水膨胀。泥页岩与水分子之间的亲和作用减弱了泥页岩中水的逃逸趋势。泥页岩中水的化学位低于低矿化度水的化学位,钻井流体中的渗透压较大,水向泥页岩逃逸。所以,泥页岩水化膨胀。

(2) $p_\pi = 0$。温度一定时,钻井流体和泥页岩地层中水的活度相等,化学位相等,渗透压相等,水不会向地层移动,同样也不会向钻井流体移动,不会发生水化膨胀。

(3) $p_\pi < 0$。泥页岩与高矿化度水接触时,高矿化度钻井流体的水不会进入低矿化度的泥页岩中。此时,泥页岩与水分子的低亲和作用不能阻止泥页岩中的水逃逸趋势,泥页岩中水的化学位大于高矿化度水的化学位,泥页岩中的水会向外逃逸。所以,泥页岩水化剥落。

由此可见,水相活度相等是油基钻井流体和地层之间不发生水相运移的必要条件(Chenevert,1970)。从理论上解释了水化膨胀、去水化掉块机理。

通常用于活度控制的无机盐主要有氯化钾、氯化钙和氯化钠。常温下它们的浓度与溶液中水的活度的关系,如图1.1.5所示。只要确定出所钻泥页岩地层中水的活度,便可由图中查出钻井流体中水相应保持的盐浓度。

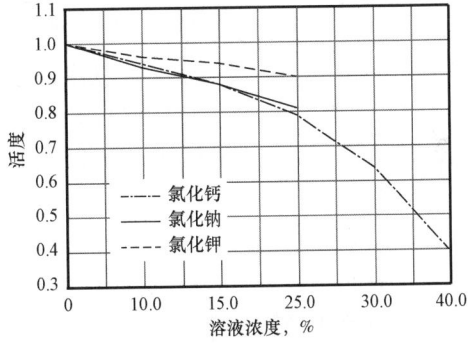

图1.1.5 常温下氯化钾、氯化钙和氯化钠溶液中水的活度与其浓度的关系

从图1.1.5中可以看出,随着盐溶液浓度的增大,水的活度降低,其中氯化钙曲线的降低趋势最为明显。为了方便计算氯化钠和氯化钙溶液中水相活度,将盐浓度和曲线拟合。

氯化钠溶液的活度可以表达为:

$$\alpha_{NaCl} = -0.0057 S_{NaCl}^2 - 0.0137 S_{NaCl} + 0.99 \tag{1.1.49}$$

氯化钙溶液的活度可以表达为:

$$\alpha_{CaCl_2} = -0.0082 S_{CaCl_2}^2 - 0.0118 S_{CaCl_2} + 1.01 \tag{1.1.50}$$

式中 S_{NaCl},S_{CaCl_2}——氯化钠和氯化钙的浓度,%。

根据上述拟合公式,只需要代入盐水的浓度值,就可以计算出氯化钠和氯化钙溶液中水相活度。由于拟合替代度接近 1,可以直接代替曲线,作为活度计算的一种手段。当然,如果不是这两种常用的无机盐,则要重新测定图版。

2009 年,李方等测量有机盐、无机盐、有机酸盐饱和溶液的活度发现,随着浓度升高,甲酸钾的活度下降。在 30% 时活度急剧下降,而在 40% 至饱和时活度变化趋于平稳。浓度不断升高,甲酸钠活度先降低后略微上升,最后又大幅降低。其原因有待于定量研究。同时发现,测量的甲酸钠、甲酸钾、甲酸铯、氯化钙、氯化钾和氯化钠等盐溶液浓度升高,溶液活度都会下降。饱和情况下,有机盐溶液与无机盐溶液相比,溶液活度普遍较低。分析认为,饱和有机盐的抑制性较好。

甲酸钠、甲酸钾和甲酸铯三种有机盐相比,甲酸钠溶液的活度以及膨胀率较高。如果需要更强的抑制能力,溶液中需要含有足够的钠离子,才能使滤液有良好的抑制性。否则,就要选择抑制性更强的金属离子。

在饱和无机盐溶液中,氯化钙的活度较低,抑制性良好;氯化钾溶液的活度最高,抑制性反而较好;氯化钠的抑制性不如氯化钾(李方等,2009)。

以上结果说明抑制性和活度之间的关系不是对等的。抑制性能力的强弱,还与溶质的其他性质有关。这也是钻井流体的特殊之处。

根据实际经验,钻井遇到的大多数水敏性泥页岩地层,将钻井流体的水相活度控制在 0.52~0.53,即氯化钙加量在 30%~50% 是适宜的。

有的工程师将钻井流体的水相活度有意识地控制在比预测值稍低些,即加入更多的无机盐,以使泥页岩地层适度的发生去水化作用。还有的,在遇到同时存在多个不同活度泥页岩地层时,加入足量无机盐以平衡活度最低泥页岩层的办法,造成高活度的地层中一部分水从泥页岩转移到钻井流体中来。以保持井壁稳定,都是值得推广的做法。

但是,也要防止进入钻井流体的水量过多。如果地层水进入钻井流体过多,一方面会影响钻井流体的性能,另一方面会导致泥页岩过快收缩,容易引起井壁剥落掉块,反而不利于维持井壁稳定。

对裂缝和高渗透泥页岩,增加液相超低剪切条件下黏度,降低钻井流体活度,改善泥页岩岩膜的理想性能等,多种措施防止井壁失稳。从另一方面也说明,活度的改变只是改变抑制性防止井壁失稳的方法之一。

因此,活度低的溶液不一定都抑制性良好,抑制性好的溶液则要同时考虑活度、滤液黏度、渗透压等因素,抑制性与活度之间是整体与部分之间的关系,它们相互作用、相互影响。

从应用的角度看,通过调节逆乳化烃基钻井流体水相中无机盐的浓度,使钻井流体产生的渗透压大于或等于泥页岩吸附压,防止钻井流体中水相向岩层中运移,可有效地避免泥页岩地层出现的水化膨胀、去水化掉块以及由此引起的诸多井壁失稳造成的井下难题。

目前使用的绝大多数逆乳化烃基钻井流体水相中加入较多无机盐的原理,基本上依据活度平衡理论。不仅烃基钻井流体如此,盐溶液活度对水基钻井流体的抑制性影响也很大。活度平衡理论一经提出,指出了钻井流体稳定井壁发展的方向,涌现了许多以活度为主题的钻井流体稳定井壁理论和模型。

2003 年,Paul 等研究甲酸盐的抑制能力发现,甲酸盐吸附自由水的能力很强,所以抑制能力较强(Paul et al.,2003)。同年,张克勤等研究水基钻井流体半透膜效应(Semipermeable

Membrane Effect),以此讨论钻井流体与井壁失稳的关系。一般认为,孔隙压力扩散是导致井壁失稳的根本原因,孔隙压力扩散的快慢取决于泥页岩的渗透性、弹性和钻井流体与井壁之间物理化学作用等(张克勤等,2003)。

此外,2006 年,吕开河等研究甲基葡萄糖苷(Alpha – D – Methylglucoside, MEG)页岩抑制作用、水溶液活度、生物毒性、泥页岩膜效率及高密度钻井流体流变性能和失水性能等,发现甲基葡萄糖苷抑制泥页岩水化膨胀、分散的作用较弱(吕开河等,2006)。这也表明,钻井流体处理抑制能力可能还有其他影响因素。

邱正松等(2006)研究氯化钾与强抑制性聚合醇协同作用对钻井流体电动电位、水活度以及油/水界面张力的影响,并结合传统的吸附、分散等防塌实验方法,认为氯化钾与聚合醇具有降低页岩负电性、降低钻井流体水活度和油/水界面张力的特性,与氯化钾复配时,聚合醇浊点降低,在黏土颗粒上的吸附量增加,页岩负电性和钻井流体水活度进一步降低。同时,仍然保持较低的油/水界面张力,协同防塌效果显著。由此,提出了协同防塌。

郑力会等(2007)研究高密度有机盐溶液时认为,有机盐钻井流体较强的抑制能力与有机盐水溶液的活度有关。这对有机盐用于除了钻井流体以外的压井流体防止储层伤害提供了理论依据。

也有结合实验结果与现场试验,认为气体钻井完成后替入水基钻井流体后井壁失稳,通过处理剂实现低润湿反转角、低渗透、低活度等性能可以解决失稳问题(张坤等,2008)。

2013 年,王荐等发明了由纳微米乳化封堵剂、纳米封堵剂和反渗透剂等原料制成且具有化学反渗透功能的钻井流体,阻止钻井流体中的水向泥页岩地层渗透迁移,达到稳定井壁的目的(王荐等,2013)。同年,陈华等针对苏里格区块水平段钻进时极易遇大段泥岩发生漏失及井壁失稳,提出应用复合盐提高钻井流体中化学抑制泥岩防塌的性能和钻井流体的密度解决井下难题(陈华等,2013)。

2014 年,温航等建立了活度/膨胀率/水化程度分析模型,认为岩石膨胀率低于临界膨胀率时处于井壁稳定性良好的非渗透水化阶段,根据其内部对应的钻井流体活度范围,提出活度窗口的概念,并利用室内实验验证了模型。实验结果表明,不同活度的钻井流体在宏观上使页岩强度变化,微观上影响页岩内部结构。这些现象与时间相关度较高(温航等,2014)。

以上研究,是利用活度平衡原理研制钻井流体的典型实例,从失稳地层和钻井流体中自由水的活度关系,解释和控制井壁失稳的机理,也发现了活度的控制并非只有无机盐,还发现了有机盐、表面活性剂、高分子溶液等同样存在活度。也可以看出,在不控制活度的情况下,阻止自由水进入地层也是可行的。常用封堵来实现。

除活度稳定页岩外,封堵岩石渗流通道防止水化井壁稳定理论,则是认为溶液溶解极限特性提出的观点,是从岩石组分中黏土水化造成井壁失稳角度出发,认为控制进入地层的自由水越少,井壁失稳的概率越低。他们认为,溶液中自由水活度是无法控制为 0 的,因此,活度平衡依然不能完全实现稳定,特别是钻井流体工作时撞击井壁、摩擦井壁,更难保持稳定。所以需要物理手段实现尽可能少的自由水进入地层,就提出了封堵稳定井壁的诸多理论。

但也有不支持的。王富华等(2006)在分析易塌地层井眼失稳机理的基础上,依据化学/力学耦合井眼稳定理论,确定了强化封固井壁/强化抑制降高温高压失水/合理密度力学支撑井壁/合理钻井水力参数的钻井流体协同防塌技术。2007 年,邱正松等研究钻井流体滤液和压力向地层的传递、钻井流体水活度等泥页岩井壁失稳因素,提出物化封固井壁阻缓压力传递/加强抑制水化/化学位活度平衡/合理密度有效应力支撑的多元协同钻井流体稳定井壁理论(邱正松等,2007)。

2012年,吕开河等针对油层非均质性强及油层孔径难以准确预知等特点,提出了镶嵌屏蔽储层伤害控制技术,使镶嵌屏蔽剂颗粒部分镶在孔隙入口处(不进入孔隙),对较宽孔径分布的油层具有很好的暂堵作用,且有利于返排和渗透率恢复。室内评价结果表明,以弹性可变性特征镶嵌屏蔽剂为主剂研发的镶嵌屏蔽钻井流体具有低侵入、单向封堵、防塌性能好、抗污染能力强及润滑性好等特点(吕开河等,2012)。

利用封堵材料,从强化地层的角度解决井壁失稳和地层漏失也是控制井壁失稳的一种思路。2012年,王贵提出通过使用堵漏材料有效封堵裂缝和孔隙阻止诱导裂缝延伸,提高裂缝重启压力从而提高地层承压能力,实现扩展安全密度窗口的方法(王贵,2012)。与之相似的观点还有许多,如刚性楔入承压封堵技术(侯士立等,2015),钻井流体致密承压封堵裂缝(邱正松等,2016)。当然,此前也有人提出类似理论和技术。

1990年,Morita等提出使用固相、胶体或凝胶钻井流体充填裂缝,提高地层承压能力,封堵漏失通道(Morita et al.,1990)。

Fuh等(1992)选用尺寸为裂缝孔隙尺寸的坚果壳和石油焦如沥青等(且用量要超过质量分数75%)封堵地层,利用裂缝尖端效应,提高地层裂缝重起压力,控制漏失。

2005年,Wang等提出井壁周围存在应力笼(Pressure Cage),只要控制周围压力变化,就可实现井壁稳定,并研制了苯乙烯-二乙烯基苯(DVC)聚合物交联体系,形成压力安全壳技术(Wang et al.,2005)。

2009年,程仲等在井筒漏失前,利用特殊水力工具,将预封堵材料喷向井壁,封堵地层裂缝孔隙,形成能够承受一定压差的致密滤饼,称为人造井壁(程仲等,2009)。这和井壁贴膜或称井壁镶衬技术想法一致,即利用树脂的光固化反应在井壁上生成井筒衬层,即井壁贴膜。

苏雪霞等(2014)研制出弱凝胶提黏切剂,通过可变形封堵,降低失水能力,解决高温井的井壁失稳问题。蔡记华等(2016)提出正电性/中性润湿/化学抑制/纳米材料封堵/合理密度支撑的协同防塌理论,可以控制钻井流体润湿性增强页岩井壁稳定性。应春业等(2016)优选了疏水型纳米二氧化硅作为泥页岩封堵剂来抑制泥页岩水化膨胀,结果表明纳米颗粒隔水层有效降低失水量,具有较强的抑制性。

这些都是以控制进入地层的自由水作为抑制井壁失稳为出发点,通过有效封堵减少失水量或者漏失量实现减小岩石与水作用,是活度理论的反向运用。这些技术的思想,可以称为刚性封堵理论或者柔性封堵理论。

但是,井壁稳定性受多种因素影响,由于其复杂性、研究思路的单一性和片面性以及研究手段的局限性,一直未能很好地解决。数学方法和计算机技术的发展,以及具有大数据思想的方法或为解决这一问题助力。

与活度平衡理论、刚性封堵理论或者柔性封堵理论实现井壁稳定研究的钻井流体和岩石中的自由水不同。2016年,郑力会等提出的钻井流体内封堵渗流通道粘接地层实现提强增韧扩宽稳定动态安全密度窗口的理论,则是改变坍塌岩土的力学参数实现井壁稳定,通过

"堵"提供粘接环境实现"封",因此,"封"和"堵"是两个过程,深入研究并结合石油工程、矿业、医学等行业的涌渗等现象,建立了封堵学学科。依据防病重于治病的思想,开发能进入地层的渗流通道的绒囊钻井流体,通过粘接地层实现岩石强度、韧度增强,降低坍塌应力,提高漏失压力,或者说降低了造成坍塌所需要的钻井流体密度,提高了造成漏失的钻井流体密度,实现防塌治塌和防漏堵漏(郑力会等,2016)。进一步说,扩大了地层的安全密度窗口,同时实现稳定扩大了的安全密度窗口。这是直接改变岩石自身的力学状态实现稳定井壁的理论,称为提强增韧理论,俗称低密度防塌理论或者砌墙理论。绒囊钻井流体在钻井中的应用,证明了理论的正确性(Zheng 等,2018)。

以此理论为基础,利用自然形成的绒囊钻井流体中囊泡的堆积、拉抻和填塞,实现对工作流体液柱压力的分解、消耗和支撑,即分压、耗压和撑压,从而提出了某类囊泡封堵某类渗流通道的模糊封堵准则(郑力会等,2012)。

绒囊流体中的囊泡在前端堵后,给流体中的聚合物和表面活性剂提供了与地层接触粘接地层的机会,然后实现了封。根据胶粘科学的研究结论,推测了绒囊钻井流体的粘接地层原理,具体是哪种机理实现封堵还是以哪个为主的共同作用,需要对比粘接前钻井流体的性能和粘接后整体岩土的剪切强度、拉伸强度、不均匀扯离强度、剥离强度、压缩强度、冲击强度、持久强度、弯曲强度、扭转强度、疲劳强度、抗蠕变强度等后方可知晓。这也为提强增韧稳定岩土的追随者提供了研究方向。

聚合物或者表面活性剂之间、聚合物或者表面活性剂与岩土、岩土之间的粘接等都存在聚合物或者表面活性剂与不同材料之间界面粘接现象。

粘接(Splice)是不同材料界面间接触后相互作用的结果。因此,界面层的作用是绒囊钻井流体的基本问题。诸如岩土与绒囊钻井流体的界面张力、表面自由能、官能基团性质、界面间反应等,都影响粘接效果。粘接是综合性强,影响因素复杂的一类技术。通过粘接实现提强增韧的绒囊钻井流体粘接理论都是从某一方面出发来推测的原理,目前没有全面的、唯一的特别是通过有效的微观实验获得的理论。这些理论和作用机理包括吸附机理、化学键作用机理、弱界层形成机理、扩散作用机理、静电形成机理和机械作用力机理等 6 种粘接理论,都是零碎的或不完整的描述。

(1)吸附理论。岩土吸附绒囊钻井流体是粘接的主要原因。黏结力的主要来源是绒囊钻井流体的分子作用力,即范德华引力和氢键力。黏结与岩土表面的黏结力与吸附力具有某种相同的性质。绒囊钻井流体分子与岩土表面分子的作用过程有两个阶段:

第一阶段是,绒囊钻井流体中聚合物或者表面活性剂分子借助于布朗运动(Brownian Motion,Brown 发现于 1927 年)向岩土表面扩散,使两界面的极性基团或链节相互接近。此过程中,升温、施加接触压力和降低绒囊钻井流体黏度等都有利于加强布朗运动。

第二阶段是,产生吸附力。绒囊钻井流体聚合物或者表面活性剂与岩土分子间的距离达到 $5 \sim 10 \text{Å}$ 时,界面分子之间便产生相互吸引力,直到分子间的距离进一步缩短到最稳定状态为止。

计算表明,两个理想的平面相距为 10Å 时,范德华力的引力强度可达 $10 \sim 1000 \text{MPa}$;距离为 $3 \sim 4\text{Å}$ 时,可达 $100 \sim 1000 \text{MPa}$。这个数值远远超过目前钻井所遇到的最稳定的岩石强度。因此,可以认为只要绒囊钻井流体和岩土充分接触,即绒囊钻井流体对粘接界面充分润湿,理想状态下,仅色散力的作用,就足以产生很高的粘接强度。

然而,实际粘接强度与理论计算相差很大。这是因为固体力学强度是一种力学性质,而不是分子性质。其大小取决于材料的每一个局部性质,而不等于分子作用力的总和。计算值是假定两个理想平面紧密接触,并保证界面层上各对分子间的作用同时遭到破坏。但实际很难保证各对分子之间的作用力同时发生,所以黏结力也不会达到如此大强度。

如果绒囊钻井流体的极性太高,有时候会严重妨碍湿润效果而降低黏结力。分子间的作用力是提供黏结力的因素,但不是唯一因素。在某些特殊情况下,其他因素也能起主导作用。

(2)化学键形成理论。化学键理论认为绒囊钻井流体与岩土分子之间除相互作用力外,有时还有可能产生化学键。例如,硫化橡胶与镀铜金属的粘接界面、偶联剂对粘接产生的作用、异氰酸酯对金属与橡胶的粘接界面等,均证明有化学键的生成。化学键的强度比范德华作用力高得多。

化学键形成不仅可以提高吸附强度,还可以克服脱附破坏粘接接头。但化学键的形成并不普遍。要形成化学键必须满足一定的量子化条件,所以不可能做到绒囊钻井流体与岩土之间的接触点都形成化学键。况且,单位黏附界面上化学键数要比分子间作用的数目少得多。因此,黏附强度来自分子间的作用力是不可忽视的,但不是唯一的。

(3)弱界层理论。绒囊钻井流体如不能很好地浸润岩土表面时,气泡留在空隙中形成弱区影响粘接强度。又如,杂质能溶于熔融态绒囊钻井流体,而不溶于固化后的绒囊钻井流体。杂质会在固体化后的粘接物中形成另一相,在岩土与绒囊钻井流体整体间产生弱界面层(Weak–Boundary Layer)。弱界面层的存在,就会降低粘接强度。

产生弱界面层除工艺因素外,在聚合物成网或熔体相互作用的成型过程中,绒囊钻井流体与表面吸附等热力学现象中产生界层结构的不均匀性。不均匀性界面层就会有弱界面层出现。弱界面层的应力松弛和裂纹的发展,极大地影响着绒囊钻井流体性能和粘接后的性能。这一理论类似是木桶理论,最弱的环节决定了强度。

(4)扩散理论。绒囊钻井流体聚合物或者表面活性剂与岩土相容的前提下,它们相互紧密接触时,分子的布朗运动或链段摆动产生相互扩散现象。穿越绒囊钻井流体、岩土的界面,导致界面消失,过渡区产生。绒囊钻井流体借助扩散理论能够较好地解释现场的封堵效果,但需要从微观的角度用仪器测定提供证据证明。

(5)静电理论。假设绒囊钻井流体和岩土是一种电子的接受体/供给体的组合形式,电子会从供给体岩土转移到接受体绒囊钻井流体,在界面区两侧形成了双电层,从而产生了静电引力。

日常生活中,在干燥环境中从金属表面快速剥离粘接胶层时,可用仪器或肉眼观察到放电的光、声现象,证实静电作用的存在。但静电作用不能解释绒囊钻井流体在流体环境下的粘接状态。此外,有些学者研究金属粘接时指出,双电层中的电荷密度必须达到每平方厘米 10^{21} 个电子时,静电吸引力才能对粘接强度产生较明显的影响。而双电层栖移电荷产生密度的最大值只有每平方厘米 10^{19} 个电子,还有人认为只有 $10^{10} \sim 10^{11}$ 个电子。因此,静电力虽然确实存在于某些特殊的粘接物,但在绒囊钻井流体中难以形成。所以可能不是粘接的主导因素。

(6)机械作用力理论。从物理化学观点看,机械作用并不是产生粘接力的因素,而是改变粘接效果的一种方法。绒囊钻井流体渗透到岩土表面的缝隙或凹凸之处,固化后在界面区产生了啮合力。类似钉子与木材的接合或树根植入泥土的作用。机械连接力的本质是摩擦力。粘接岩土时,机械连接力很重要,但对某些坚实而光滑的表面,这种作用并不显著。这也是绒囊钻井流体在封堵有些地层时,需要刚性材料提高漏失通道的粗糙度,便于粘接,就是利用的这一原理。

目前推测的绒囊钻井流体的粘接机理,出发点都与绒囊钻井流体中聚合物或者表面性剂的分子结构和岩土的表面结构以及它们之间相互作用有关。因此,解除粘接也只能从界面解除、内聚力解除和混合解除以及钻井流体整体降解等4种粘接解除方法,根据不同情况入手。

(1)界面解除。绒囊钻井流体与岩土的粘接层全部与岩土表面分开,粘接界面完整脱离。这种情况可能会出现在某些光滑的漏失通道中。

(2)内聚力解除。绒囊钻井流体或粘接后的岩土本身,而不在粘接界面间。如通过氧化剂或者破胶剂使绒囊钻井流体失效或者酸化破坏岩土基质都是行之有效的方法。

(3)混合破坏。粘接后的岩土和绒囊钻井流体层本身都有部分破坏或这两者中只有其一形态。如钻井完成后实施压裂作业,既有可能破坏绒囊流体,也希望破坏地层基质。

(4)降解破坏。绒囊钻井流体在生物或者化学作用下,其中的天然高分子聚合物或者表面活性剂降解,从而解除黏结力。当然为加快速度,也可以实施化学强制氧化降解达到解除黏结力的目的。

这些说明,粘接强度不仅与绒囊钻井流体与岩土之间作用力有关,也与聚合物或者表面活性剂的分子之间的作用力有关。聚合物或者表面活性剂分子的化学结构,以及聚集态都强烈地影响粘接强度。研究绒囊钻井流体聚合物或者表面活性剂分子结构,对设计、合成和选用绒囊钻井流体都十分重要。

实际上,井壁稳定是钻井过程中普遍存在的世界性技术难题之一。人们不断认识到,钻井过程中井壁失稳容易造成井壁垮塌、缩径、漏失、卡钻及储层伤害等井下难题和事故,严重制约了油气田勘探开发的速度。尽管在井壁失稳机理、稳定技术措施方面开展了大量的研究,在实践中取得了明显的应用效果,也提出了诸多理论。利用这些理论,可以解释部分钻井流体作用机理,也可以利用这些理论优化钻井流体。但依然没有解决这一难题,或许粘接破碎性地层是一个井壁稳定发展的重要方向。

1.1.2.4 溶液离子络合作用关系到钻井流体耐温能力

利用某些无机处理剂的络合作用,可以有效地除去钻井流体中的钙离子和镁离子等侵害离子。例如,钻井流体受到固井水泥浆中的钙离子侵害的钻井流体中加入足量的六偏磷酸钠,就是通过络合反应除去钙离子的。

$$Ca^{2+} + (NaPO_3)_6 \Longrightarrow [CaNa_2(PO_3)_6]^{2-} + 4Na^+$$

反应所生成的络合离子$[CaNa_2(PO_3)_6]^{2-}$相当稳定,束缚钙离子,在钻井流体中除掉了钙离子。

用褐煤碱液或铁铬木质素磺酸盐等处理钻井流体,提高耐温能力,也是采用的络合反应原理。

1.1.2.5 溶液中无机离子与有机处理剂生成可溶性盐影响处理剂性能

许多有机处理剂,如丹宁、腐殖酸等在水中溶解度很小,不易吸附在黏土颗粒上,不能发挥其效能。

通过加入适量烧碱,使之转化为可溶性盐,如单宁酸钠和腐殖酸钠,发挥其效能。这也是钻井流体应始终保持在碱性环境的一个重要原因。

1.1.2.6 溶液中离子浓度影响钻井流体的导电特性

钻井流体一般不是单纯的电解质溶液,是由黏土矿物分散于水中形成的混合物。包括作为分散剂的油、气、水等和分散其中的分散质如黏土颗粒、盐类等。钻井流体的导电性,是由溶解水中的离子和颗粒决定的。

溶液能导电是因为有可自由移动的带电颗粒,包括阴离子和阳离子。自由移动的颗粒数越多,颗粒带电荷量的绝对值越大,溶液导电能力越强。在电场作用下,溶液中自由移动的阴阳电性颗粒分别向相反方向移动,即阳离子颗粒向负极移动,阴离子颗粒向正极移动,从而导电。溶液呈电中性,阴阳离子共存,其中的阴阳离子分别向两个电极移动才能导电。

电解质溶液是典型的导电溶液,绝大部分被测导电溶液都是水溶液。因为水具有溶解能力,使电解质能够稳定地形成离子。纯水本身可以导电(但是很微弱),因为它可分解出极少量氢离子和氢氧根离子。

电泳现象说明,黏土颗粒在水中通常带有负电荷。黏土颗粒的负电荷是使黏土具有一系列电化学性质的基本原因。反过来对黏土的各种性质也产生一定的影响。例如,黏土吸附阳离子的多少决定了所带负电荷的数量。另外,钻井流体中的无机和有机处理剂、胶体的分散絮凝等性质也影响黏土颗粒的电性。

通过分析溶液和钻井流体的联系,可以肯定地说,钻井流体有可能是溶液,即使不是溶液也与溶液有关。

在回答钻井流体是不是溶液这一看似简单的问题时,不难发现单纯地论述作为溶液的钻井流体是不实际的。正如前文所言,钻井流体不一定是溶液,也不一定是浊液一样,也未必是胶体。具体是什么流体,与钻井流体的组分相关。这也是钻井流体经过多年的研究与应用,形成独特学科的原因。即,没有现成的适合它的成熟的理论和主张,迫使自己形成适合的理论和主张。

1.2 钻井流体胶体态

日常生活中,多见胶体。与此相似,钻井流体作为胶体研究也占主流。相关的内容也比较多。主要是因为胶体为人类生活与生产服务司空见惯。如做豆腐、制造陶瓷等。但胶体一词却等到1861年才由英国科学家格雷厄姆(Graham,胶体最早提出者)明确提出(陈宗淇等,1998)。

Graham应用分子运动理论,系统地研究了物质在溶液中的扩散速度后发现,有些物质能迅速透过具有半透膜特性的羊皮纸如水溶液中的糖、无机盐、尿素等;另外一些物质如明胶、氢氧化铝、硅酸等物质,不能或很难透过羊皮纸。进一步研究发现,迅速透过半透膜的物质,蒸发溶剂时易析出晶体;不能迅速透过半透膜的物质,溶剂蒸发时大多数为无定形的胶状物质。于是,Graham把前一类物质称为晶体(Crystal),后一类物质称为胶体(Colloid),其溶液称为溶胶(Sol)。

很明显,Graham虽然开创了系统研究胶体的先河,但是,用透过半透膜作为评判标准划分晶体和胶体,却是错误的(密德魏杰夫,1956)。因为,晶体是固体形式之一,相对应的是非晶体(Amorphous Solid)。胶体是颗粒分散体系之一,是物质的分散状态,在胶体化学中称为胶体分散体系。胶体属于分散体系,晶体属于固体形式。用评价溶液中分散质能否通过半透膜作为标准,划分胶体和晶体两种不同类型的物质,显然是不恰当的。

胶体即胶体溶液又称胶状分散体系,是一种均匀的混合物。胶体更确切地称呼是溶胶。胶体为分散体系(Colloidal Dispersion),是具有相同或相似结构的胶粒的集合。胶体颗粒数,被称为胶粒数。由于胶粒是集合体,所以一般1mol物质形成的胶体,胶粒数小于1mol,即少于6.02×10^{23}个。

一般情况下,胶体中有两种不同状态的物质:一种呈分散状态,由微小颗粒或液滴组成,称为分散质或者分散相。分散质颗粒直径为1~100nm。另一种呈连续状态,称为分散剂,也称分散介质。分散质相当于溶液中的溶质,分散剂相当于溶液中的溶剂。胶体分散质直径介于浊液和溶液之间,是一种高度分散的多相不均匀体系。胶粒是胶体中存在的微粒,准确地说是胶团或胶束(Micelle)。胶团组成胶体。

胶团有各种形状,如球形、层状、棒状。因此,临界胶束浓度应该有两个值。表面活性剂分子浓度增加,结构会从单分子转变为球状、棒状和层状胶束。此时,形成球形胶束时的浓度为第一临界胶束浓度,即平时人们常说的临界胶束浓度,此时的浓度是第一个临界胶束浓度值。浓度进一步增加,球形胶束转变为棒状或层状胶束时的浓度为第二临界胶束浓度,这时的浓度称为第二临界胶束浓度值。在临界胶束浓度狭窄范围内,表面活性剂的许多物理化学性质都会发生变化,如表面张力、密度、折射率、黏度、渗透压和光散射强度等。

表面活性剂分子的非极性亲油尾端聚于胶束内部,避免与极性的水分子接触。分子的极性亲水头端则露于外部,与极性的水分子发生作用,并对胶束内部的憎水基团产生保护作用。

形成胶束的表面活性剂分子一般为既亲水又亲油分子。因此,一般胶束除可溶于水和醇等极性溶剂以外,还能以反胶束的形式溶于非极性溶剂中。

表面活性剂溶于非极性的有机溶剂中,其浓度超过临界胶束浓度后,有机溶剂内形成的胶束,称为反胶束(Reversed Micelle),也称反相胶束。在反胶束中,表面活性剂的非极性基团向外与非极性的有机溶剂接触,极性基团则排列向内形成一个极性核(Polar Core)。此极性核可以溶解极性物质。极性核溶解水后,就形成了表面活性剂水池(Water Pool)。反胶束是一种自发形成的纳米尺度的聚集体,是一种透明的、热力学稳定的油包水体系。这是逆乳化钻井流体的原理。

胶粒是由胶核组成的。胶核由许多分子或其他微粒聚集而成,吸附能力强。胶核外围存在双电层,即吸附层和扩散层。通俗地说,胶核吸附带某种电荷的离子后,形成胶粒。带

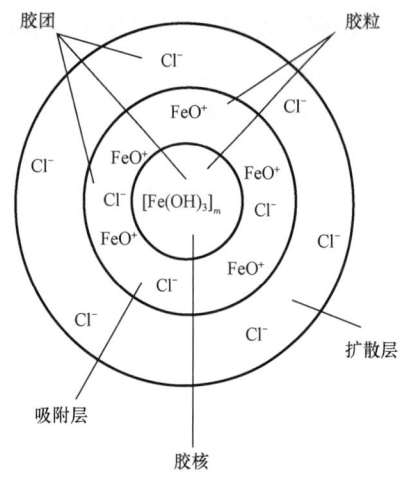

图 1.1.6　氢氧化铁胶体的胶团结构示意图

电荷的胶粒又进一步吸附带相反电荷的离子。其中,胶粒中的离子层被称为吸附层。由胶粒再吸附的离子层被称为扩散层。一个胶团由内到外分为胶粒、吸附层和扩散层,核和吸附层组成胶粒,胶粒和扩散层组成胶团。以氢氧化铁为例说明胶团的结构,如图 1.1.6 所示。

从图 1.1.6 中可以看出,氢氧化铁胶粒结构由 m 个(多个)氢氧化铁分子吸附在一起形成胶核。胶核表面能很大,吸附带正电铁酸盐离子使表面带正电荷。铁酸盐是电位离子。电位离子被牢牢地吸附在胶核表面上。由于静电引力,带正电荷的铁酸盐离子吸引液相中的氯离子。氯离子与电位离子相反,称为反离子。

胶核、吸附层形成胶粒,再加上扩散层形成胶团结构。写胶团结构式时,先写胶核,再写吸附层,其中吸附层包括电位离子和反离子,最后写扩散层即剩下的反离子。其胶团的成分和胶团的结构示意图如图 1.1.7 所示。

从电性角度看,由于反离子受到电位离子的静电吸引和本身的热运动,一部分反离子被束缚在胶核表面与电位离子一起形成吸附层。电泳时,吸附层和胶核一起移动,这个运动单位称为胶粒(Colloidal Particles);另一部分反离子离开胶核表面扩散到分散剂中,疏散地分布在胶粒周围,离胶核越远,浓度越低,这个液相层称为扩散层(Diffusion Layer)。胶粒与扩散层一起称为胶团(Micelle)。胶团也称为胶束。

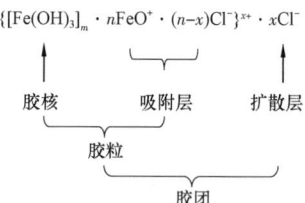

图 1.1.7　氢氧化铁胶体的胶团结构示意图

聚合物水解或者再聚合后通常带有电荷,吸附溶剂分子,形成由溶剂包覆的纳米级或微米级颗粒,即胶体颗粒,简称为胶粒。胶体颗粒带有同号电荷相互排斥,从而能悬浮在溶剂中,形成溶胶。如蛋白溶液、淀粉溶液、氢氧化铁胶体等。胶体颗粒失去电荷或者包覆在外圈的溶剂层被破坏,胶体颗粒发生聚合,溶胶发生固化,即形成凝胶(Gel)。由溶液或溶胶形成凝胶的过程称为胶凝作用(Gelation)。

胶团形成,主要依靠电性作用。扩散双电层理论最早源于电化学的等电容模式。1853 年亥姆赫兹(Helmholtz,平板电容器理论的提出者)研究胶体悬浮体系时设想等电容模式分离阴离子和阳离子来解释界面胶体颗粒与电解质之间的性质。通过研究电极表面上电荷分布,Helmholtz 认为,溶液中的阳离子会因电极表面带负电形成类似平行板电容器的界面。

Gouy(1910)与 Chapman(1913)(扩散双电层模型提出者)推演电荷扩散区模式并改进了 Helmholtz 的学说。Gouy 和 Chapman 认为,由于正、负离子静电吸引和热运动两种效应的作用结果,溶液中的反离子只有一部分紧密地排在固体表面附近,相距一、二个离子厚度,称为紧密层;另一部分离子按一定的浓度梯度扩散到本体溶液中,离子的分布可用玻兹曼公式

（系统无序性的大小遵循微观态数变化）表示，称为扩散层。双电层由紧密层和扩散层构成。此后，有许多观点和理论不断修正扩散电双层理论，成为近代电化学、胶体化学与表面化学的重要的学说。其中，最常见的是Stern扩散双电层理论。

斯特恩（Stern，扩散双电层理论提出者）认为，胶体颗粒带电需要在其周围分布着电荷数相等的反离子胶团才能平衡。因此，在固/液界面存在电荷相等的、电性相反的电荷，形成两种电荷共存同一区域的双电层。双电层中与吸附层电性相反离子，一方面受到固体表面电荷的吸引，靠近固体表面；另一方面，由于反离子的热运动，又有扩散到液相内部的趋势。这两种相反作用的结果使得反离子相对双电层较为松散地分布在胶粒周围，构成扩散双电层。扩散双电层中反离子分布不均匀。靠近固体表面处密度高，形成紧密层，即吸附层（章莉娟等，2006），较好地解释了胶粒的形成过程。扩散双电层理论示意图如图1.1.8所示。

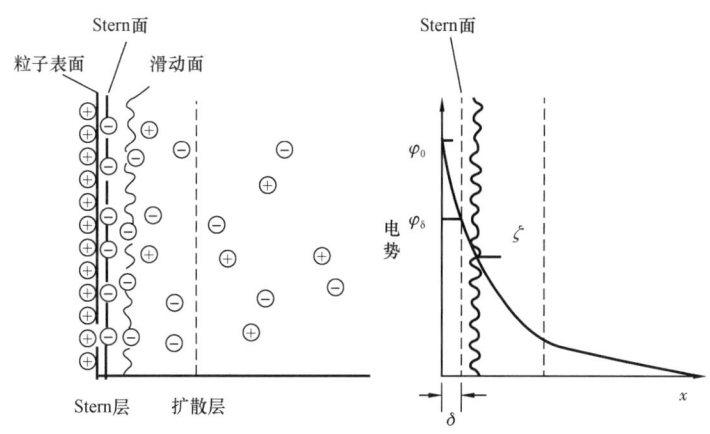

图1.1.8 扩散双电层理论示意图

从图1.1.8中可以看出，Stern认为，固体表面因静电引力和范德华引力而吸引一层反离子，紧贴固体表面形成一个固定的吸附层，这种吸附称为特性吸附，这一吸附层称为固定层或者Stern层。固定层的厚度由被吸附离子的大小决定。吸附的反离子的中心构成的平面称为Stern面。Stern面上的电势称为Stern电势。在电动现象中，Stern层与固体表面结合在一起运动，外缘构成两相之间的滑动面，滑动面与溶液内部的电位差称为电动电热或ζ电势。Stern层内，电势由表面电势直线下降到Stern电势。Stern层以外，反离子呈扩散态分布，称为扩散层或者Gouy层。扩散层中的电势呈曲线下降。

也就是说，Stern把双电层分为固定层和扩散层两个层。内层为紧靠表面的固定层。这一层内静电力或范德华力克服了热扩散作用，牢固吸附水化离子，厚度近于离子或分子的直径，叫紧密层，也叫Stern层。超出离子厚度扩散到介质中的另一层，叫扩散层或者叫Gouy层。

在两种不同物质的界面上，正负电荷分别排列成面层。在溶液中，固体表面常因表面基团的解离或自溶液中选择性地吸附某种离子而带电。由于电中性的要求，带电表面附近的流体中有与固体表面电荷数量相等但符号相反的多余的反离子。带电表面和反离子构成双电层。

热运动使液相中的离子趋于均匀分布，带电表面则排斥同号离子并将反离子吸引至表面附近。溶液中离子的分布情况由上述两种相对抗作用的相对大小决定。根据 Stern 的观点,一部分反离子由于电性吸引或非电性的特性吸引作用(如范德华力)和表面紧密结合,构成固定层或称 Stern 层。其余的离子则扩散地分布在溶液中,构成双电层的扩散层或称 Gouy 层。由于带电表面的吸引作用,在扩散层中反离子的浓度远大于同号离子。离表面越远,过剩的反离子越少,直至在溶液内部反离子的浓度与同号离子相等。

胶粒比表面积大,吸附能力强。吸附离子后结合紧密,分离难。胶体中带电荷的胶粒稳定。胶粒再吸附带相反电荷离子的能力相对较小,吸附的带电离子容易分离。因此,胶粒带电,而胶团显电中性,整体看,正反离子相等,胶体电中性。

胶粒可以通过吸附使胶粒带电,也可以通过离解使胶粒带电。如硅酸溶胶中,胶体颗粒由硅酸分子组成,胶粒表面上的硅酸分子可以离解出氢离子,在胶粒表面留下硅酸根离子或硅酸氢根离子,硅酸胶粒带负电。

这样,可以从胶体颗粒大小和电性推测,胶体可以利用化学组分自身溶解性质制备,还可以通过外力来制备,即物理方法和化学方法。

物理方法是不形成新物质的即可形成胶体的方法,包括机械法、溶解法等。机械法是利用机械磨碎法将固体颗粒直接制成胶粒大小的方法,如膨润土与水混合;溶解法则是利用高分子化合物分散在合适的溶剂中形成胶体的方法,如蛋白质溶于水、淀粉溶于水等。

化学方法是物质通过化学反应生成新的物质形成胶体的方法。如制备氢氧化铁胶体。制备原理是氯化铁水解形成氢氧化铁和盐酸。方法是,向沸腾的蒸馏水中逐滴加入 1~2mL 饱和氯化铁溶液后,继续煮沸至流体呈红褐色。停止加热,即可形成胶体。无法形成胶体的原因可能很多,主要有 4 种:

(1)实验操作中,必须选用氯化铁溶液(饱和)而不能用氯化铁稀溶液。若氯化铁浓度过低,不利于形成氢氧化铁胶体。

(2)向沸水中滴加氯化铁饱和溶液,不能直接加热氯化铁饱和溶液。否则,会因溶液浓度过大直接生成氢氧化铁沉淀而无法得到氢氧化铁胶体。

(3)实验中必须用蒸馏水,而不能用自来水。因为自来水中含有杂质离子,易使制备的胶体沉淀。

(4)向沸水中逐步滴入饱和氯化铁溶液后,可稍微加热煮沸。若长时间加热,又会导致胶体聚沉。

值得注意的是,书写制备氢氧化铁胶体的化学反应方程式时,一定要注明胶体,不能用沉淀或者液体符号。

获得胶体的方法很多,得到的胶体的种类很多,胶体的分类方法也很多。分类方法不同,胶体种类也不同。胶体按分散状态分为气溶胶、液溶胶和固溶胶,按分散质的类型分颗粒胶体、分子胶体,按溶胶颗粒电性正胶体、负胶体。

(1)按分散状分为气溶胶、液溶胶和固溶胶。习惯上,把分散介质为气体的分散体系,称为气溶胶;分散介质为液体的胶体分散体系,称为液溶胶或溶胶;分散介质为固体的分散体系,称为固溶胶。

① 气溶胶(Aerosol)。气溶胶由固体或液体小质点分散并悬浮在气体介质中形成的胶体分散体系,又称气体分散体系。其分散质为固体或液体小质点,大小为 $1~10^5$nm。分散

剂为气体。即气溶胶是指粒径为纳米尺度的固体或液体颗粒漂浮在气体中形成的分散体系。分散质可以是气态、液态或固态。天空中的云、雾、尘埃,工业和运输业用的锅炉和发动机未燃尽的燃料所形成的烟,采矿、采石场磨材和粮食加工时的固体粉尘,人造掩蔽烟幕和毒烟等都是气溶胶。消除气溶胶,主要靠大气降水、小颗粒间碰并、凝聚、聚合和沉降等手段。

② 液溶胶(Lyosol)。液溶胶简称溶胶。以液体、固体或气体为分散质和液体为分散剂所形成的溶胶,即液溶胶分散质可以是气态、液态或固态。以气体为分散质的通常为泡沫;以液体为分散质的,通常为胶体;以固体为分散质的,通常为悬胶。

③ 固溶胶(Solid Sol)。固溶胶以固体作为分散剂的分散体系。分散相可以是气态、液态或固态。气固分散体系常称为固体泡沫,如泡沫塑料。液固分散体系常称为固体乳状液,如珍珠。固固分散体系最为普遍,通常以分散剂称呼,如合金、有色玻璃、烟水晶等。

(2)按分散质不同,可分为分子胶体、颗粒胶体。

① 分子胶体(Molecular Colloid)。组成胶体的胶粒是由单个高分子形成的,称为分子胶体,如蛋白质、淀粉等。

② 颗粒胶体(Particle Colloid)。组成胶体的胶粒是由许多小分子聚集在一起形成的,称为颗粒胶体,如氢氧化铁、土壤等。

(3)按溶胶颗粒电性不同,可分为正胶体、负胶体。

在电泳实验中,溶胶颗粒向负极迁移时,说明胶粒带正电,称溶胶为正溶胶;溶胶颗粒向正极迁移时,说明胶粒带负电,称溶胶为负溶胶。

与之相反,在电渗实验中,分散介质向负极迁移时,说明胶粒带负电,称溶胶为负溶胶;介质向正极迁移时,说明胶粒带正电,称溶胶为正溶胶。

1.2.1 胶体特性

胶体的种类很多,且特性独特,常用于区分溶液和浊液等分散体系。稳定性不如溶液而好于浊液。即在一定条件下稳定存在,属于介稳体系。

介稳体系又称亚稳状态,简称亚稳态(Semi-Stable State),通常是指包括原子、离子、自由基和化合物等化学物质在某种条件下,介于稳定和不稳定之间的一种化学状态。在条件变化或介稳态物质如扰动、碰撞或掺入杂质,就会变成较为稳定或更不稳定的状态。这种稳定的体系称为介稳体系,也称介稳系统(The Metastable System)。从宏观上讲,是指远离平衡状态,却能通过与外界物质和能量交换维持相对稳定的体系。在系统科学中,称之为具有耗散结构的系统。这种体系虽能通过自组织作用达到稳定,但其稳定性很容易被外界的微小扰动所破坏。这些特点,使得溶胶在黏度、稳定性等宏观上与真溶液相比有所不同。

一是,胶体分散体系黏度较真溶液大。分散相颗粒直径大于1nm,且分散相在分散介质中的溶解度很小。分散质和分散剂存在界面。因此,胶体是高度分散的多相体系,黏度比真溶液大。

二是,溶胶不稳定。尽管短时间内具有一定的稳定性,但胶粒自动絮凝聚结,粒径呈现变大的趋势,静置后,胶粒沉淀。而且,沉淀不可逆。胶体中的胶粒沉淀后,再加入分散介质也不会再自发形成溶胶。

此外,胶体还有许多独特的物理特征。1914年,无机化学家和放射化学家美籍波兰人法杨司(K. Kasimir Fajans,吸附指示剂法发明者)研究沉淀滴定法中的银量法发现了Fajans规则(Daniel等,1987)。Fajans规则认为,离子优先吸附能与胶体形成不溶物的离子或者优先吸附具有相同成分的离子,形成胶体颗粒。

能不能形成胶体,可以用许多方法进行评判。银量法是其中的一种。根据所选用指示剂的不同,分为用铬酸钾作指示剂的莫尔(Mohr)法、用硫酸铁铵作指示剂佛尔哈德(Volhard)法、用吸附指示剂的法扬司(Fajans)法。

(1)铬酸钾指示剂法。在中性或弱碱性溶液中用硝酸银滴定液滴定氯化物和溴化物时采用铬酸钾指示剂的滴定方法。滴定到终点时,体系呈砖红色。

(2)硫酸铁铵指示剂法。在酸性溶液中,用硫氰酸铵液为滴定液滴定银离子,采用硫酸铁铵为指示剂的滴定方法。滴定到终点时,体系呈淡棕红色。

(3)吸附指示剂法。即银量法,是指以吸附指示剂指示终点,以硝酸银溶液为滴定液,测定能与银离子反应生成难溶性沉淀的容量分析方法。用硝酸银液为滴定液,以吸附指示剂(有机染料,如荧光黄,即二羟基荧烷,分子式$C_{20}H_{12}O_5$)指示终点测定卤化物的滴定方法。滴定到终点时,体系呈黄绿色渐变至粉红色。

由于胶体颗粒除了布朗运动外,还受到从高浓度区域向低浓度区域移动扩散、重力等作用,出现分散介质分离的沉降现象外,还表现出与其他流体不同的特征,如光学性质、动力学性质和电学性质等,可以用比较著名的丁达尔现象、聚沉现象、电泳现象、渗析作用和吸附现象等,判断是不是胶体或者评价胶体。这些方法是研究钻井流体稳定性的重要方法。虽然每种方法都不完全适合,但综合分析时是一种表征手段。

1.2.1.1 光学特性

胶体的光学特征是胶体高度分散性和不均匀性的反映。通过光学性质研究,不仅可以帮助理解胶体的一些光学现象,而且还能观察到胶粒的运动,用以确定胶粒的大小和形状。

(1)Tyndall效应。光线射入分散体系时,只有一部分光线能自由通过,其余的光被吸收、散射或反射。吸收光主要取决于体系的化学组成。散射和反射的强弱与质点的大小有关。低分子真溶液质点很小,散射极弱;胶体质点略大,发生散射明显即通常所说的光散射;浊液质点直径远大于入射光波长时,则主要发生反射。

许多胶体,外观通常有色透明。一束光线射入胶体后,在入射光线的垂直方向可以看到一道明亮的光带,即丁达尔现象(Tyndall Phenomenon)。这一现象,由英国物理学家丁达尔(John Tyndall,丁达尔现象的发现者)于1869年首先发现,称为丁达尔现象,也叫丁达尔效应(Tyndall Effect)、丁泽尔现象、丁泽尔效应。小分子真溶液或纯溶剂因颗粒太小,光散射非常微弱,肉眼分辨不出来,无法看到。丁达尔效应是区分胶体和溶液的一种常用的物理方法。丁达尔效应产生的原因是光的散射现象或称乳光现象。

所谓散射就是在光的前进方向之外也能观察到光的现象。光本质上是电磁波。当光波作用到介质中小于光波波长的颗粒上时,颗粒中的电子被迫发生振动频率与入射光波相同振动,成为二次波源,向各个方向发射电磁波。这就是散射光波。也就是观察到的散射光,亦称乳光。在正对着入射光的方向上看不到散射光,是因为背景太亮,就像白天看不到星光一样。因此,丁达尔效应可以认为是胶粒对光散射作用的宏观表现。

(2) Rayleigh 散射定律。瑞利(Rayleigh)在三个假设的基础上,研究单个颗粒的散射,发现了 Rayleigh 散射定律。假设一,散射颗粒大小比光的波长小得多,可看作点散射源。假设二,溶胶浓度很稀,颗粒间距离较大,无相互作用,单位体积的散射光强度是各颗粒的简单加和。假设三,颗粒为各向同性、非导体、不吸收光。从而导出,单位散射体积在观察者到样品的距离处产生的散射光强度与入射光强度之间关系:

$$I_\theta = \frac{9\pi^2}{2\lambda^4 r^2}\left(\frac{n_2^2 - n_1^2}{n_2^2 + 2n_1^2}\right)^2 N_0 V^2 I_0(1 + \cos^2\theta) \qquad (1.1.51)$$

式中 I_θ——散射光强度;

λ——入射光波长(颗粒大小 $<\lambda/20$);

r——观察者到样品的距离;

n_1,n_2——散射介质和分散相的折射率;

N_0——单位体积中散射颗粒数;

V——每个颗粒的体积;

I_0——入射光强度;

θ——观察者与入射光方向的夹角,即散射角。

令

$$R_\theta = \frac{I_\theta r^2}{I_0(1 + \cos^2\theta)} \qquad (1.1.52)$$

称为 Rayleigh 比值,单位是 m^{-1}。则 Rayleigh 散射定律也可以表示为:

$$R_\theta = \frac{9\pi^2}{2\lambda^4}\left(\frac{n_2^2 - n_1^2}{n_2^2 + 2n_1^2}\right)^2 N_0 V^2 \qquad (1.1.53)$$

Rayleigh 散射定律可以解释很多现象,也被钻井流体研究所应用,但由于浓度关系,基本上井浆很难适用这种解释。一是解释天空是蓝色的、旭日和夕阳呈红色的原因。散射光强度与入射光波长的 4 次方成反比。即,波长越短的光越易被散射或者散射得越多。因此,白光照射溶胶时,波长 450nm 蓝光较短,容易被散射,故在侧面观察时,溶胶呈浅蓝色。波长 650nm 的红光被散射得较少,从溶胶中透过的较多,故透过光呈浅红色。二是利用式(1.1.52)测定胶体的浓度。散射光强度与单位体积中的质点数成正比,通常所用的浊度计就是利用这个原理设计的。

利用浊度计,已知浓度则可测出颗粒的体积,从而得知颗粒大小。当测定两个分散度相同而浓度不同的溶胶的散射光强度时,若知一种溶胶的浓度,便可以计算出另一种溶胶的浓度。浊度计是研究钻井流体与颗粒相关的内容时经常用到的仪器。

三是估计溶胶的分散度和颗粒的形状。颗粒折射率与周围介质的折射率相差越大,颗粒的散射光越强。若散射介质和分散相的折射率相等,应无散射现象。但实验证明,即使纯液体或纯气体,也有极微弱的散射。阿尔伯特·爱因斯坦(Albert Einstein,光电效应成功解释者)等认为,分子热运动引起的局部区域的密度涨落,引起折射率发生变化,从而造成体系的光学不均匀性。从这种解释的角度看,光散射是一种普遍现象,只是胶体的光散射特别强烈而已。

散射光强度与散射角有关。根据 Rayleigh 散射定律可以画出不同角度或者不同方向的散射光强度,如图1.1.9所示。图1.1.9中向量的长度表示散射光强度的相对大小。

从图1.1.9可以看出,散射光强度在与入射方向 MN 垂直的方向上的散射角 θ 为 90°时最小,随着与 MN 线相接近逐渐增加,且这种增加是完全对称的,亦即在 θ 或 $180°-\theta$ 的方向上散射光强度相同且散射光强度最大。若质点较大,例如颗粒的大小超过波长的1/10,超出Rayleigh定律的范围,则散射光强度的角度分布会发生改变,其对称性受到破坏。如图1.1.10所示。

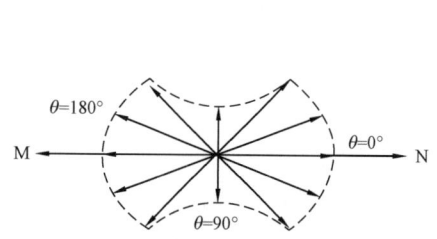

图1.1.9　小颗粒体系散射光的角分布图　　图1.1.10　球形大颗粒体系光散射角分布示意图

从图1.1.10中可以看出,与入射光射出的方向呈锐角时,散射光强度最大。

胶体颗粒尺寸多为40~90nm,介于溶液的溶质颗粒和浊液颗粒之间,小于可见光波长400~750nm。因此,可见光透过胶体时会产生明显的散射作用,产生了丁达尔现象。但实际钻井在用钻井流体的颗粒分布是相当复杂的,所以现场井浆可能不能用这种方法评价。

浊液中分散质的颗粒直径大于可见光的波长,对光只有反射作用,不会发生散射作用,也就不会产生丁达尔效应。

真溶液中颗粒大小一般不超过1nm,散射光的强度随散射颗粒体积减小明显减弱。由于溶液十分均匀,散射光因相互干涉,完全抵消。因此,真溶液对光的散射作用很微弱,不会产生丁达尔现象。

1.2.1.2　电学特性

胶体的电学现象,主要有电动特性和运动特性两大类,都是由于胶体颗粒自身的带电特性决定的。

(1)电动特性。在外电场作用下使固/液两相发生相对运动以及外力使固/液两相发生相对运动而产生电场的现象统称为电动现象(Electric Phenomena)。电动现象包括电泳、电渗、流动电势、沉降电势、双电层静电特性和吸附特性等。

① 电泳(Electrophoresis)。电泳现象是指在外加直流电源的作用下,胶体微粒在分散介质里向阴极或阳极做定向移动的现象。即在外电场作用下,胶体颗粒相对于静止介质做定向移动。带负电的胶粒向正极移动,带正电的胶粒向负极移动,胶体微粒在"游泳"。胶体的电泳证明了胶体颗粒是带电的。胶粒表面电荷来源于胶粒在介质中离解、胶体颗粒对介质中阴(阳)离子的不等量吸附、由离子晶体物质形成胶粒中阴(阳)离子在介质中发生不等量溶解以及晶格取代。

斐迪南·弗雷德里克·罗伊斯(Ferdinand Frederic Reuss,电泳现象发现者)于1807年用一块湿黏土插两只玻璃管,洗净的细砂覆盖两管的底部,加水使两管的水面高度相等。管内各插入一个电极,接上直流电源,带负电的胶粒向正极移动,带正电的胶粒向负极移动(沈钟等,1997)。

② 电渗(Electroosmosis)。电渗指在电场作用下液体相对于与它接触的固相做相对运动的现象。在外电场作用下,分散介质即分散剂相对于静止的带电固体表面做定向移动的电动现象成为电渗。这里的固体可以是多孔膜,也可以是毛细管。

20世纪50年代初,托马斯·格雷厄姆(Thomas Graham)开始系统地研究溶液的扩散作用,随后又研究了不同溶质通过羊皮纸或棉胶等制成薄膜的半透膜的特性,发现一些溶质分子或离子能通过半透膜的细孔,有些溶质如较大的胶体颗粒则不能通过,Graham称此现象为渗析现象(Osmotic Phenomena),又称渗滤现象。渗析作用(Electrosmosis)是指利用半透膜将溶液与纯分散介质隔开的过程。根据渗析作用原理制成的设备称为渗析器。常用于胶体溶液的浓缩以及核酸、蛋白质等高分子化合物的提纯。电渗析是一种膜分离技术,是在外加直流电场作用下,利用离子交换膜的选择透过性,使离子透过离子交换膜,从一部分水中迁移到另一部分水中的物理过程,达到脱盐目的。用于水处理和染料处理等。电渗作用就是电渗析作用。钻井液的活度平衡原理就是利用渗析作用。

电泳与电渗不同。电泳是带电颗粒在电场作用下,向着与其电性相反的电极移动。电泳与电子迁移有类似处。不过电泳一般为颗粒,而电子迁移为离子。电泳是分散相运动,分散介质相对固定;电渗是分散介质的运动,分散相相对固定。

③ 流动电势(Electrokinetic Phenomena)。在外力作用下,流体流过毛细管或多孔塞时两端产生的电势差称为流动电势。例如使用压缩空气将流体挤过毛细管或粉末压成的多孔塞,毛细管或多孔塞的两端也会产生电位差。显然,此现象是电渗的逆过程。当电解质溶液在一个带电荷的绝缘表面流动时,表面的双电层的自由带电荷颗粒将沿着溶液流动方向运动。这些带电荷颗粒的运动导致下游积累电荷,在上下游之间产生电位差,即流动电位(Streaming Potential),也叫流动电势(Streaming Potential)。与此相应,带电荷颗粒的运动产生的电流叫流动电流(Streaming Current)。

④ 沉降电势(Sedimentation Potential)。在无外加电场作用情况下,外力使带电胶粒作相对于流体的运动,两端产生的电势差称为沉降电势。如黏土颗粒在分散介质中迅速沉降,造成沉降管两端产生电位差,这种现象是电泳的逆过程。面粉厂和煤矿等发生的粉尘爆炸可能与沉降电势有关。

⑤ 双电层静电特性(Electrostatic Character of Double Layer)。胶粒表面带电时,在液相中有与其表面电荷数量相等但符号相反的离子存在,这种离子称为反离子。使整个分散体系显电中性。越靠近胶体粒子表面浓度越高,越远离胶体粒子表面浓度越低。到某一距离时反离子与同号离子浓度相等。胶粒表面的电荷与周围介质中反离子电荷就构成双电层。这在前文已介绍。

双电层包括了紧密层和扩散层两个部分。固相和液相发生相对移动时,紧密层中的离子与固相不可分割地相互联系在一起,扩散层中的离子则或多或少地被液相带走。由于离子的溶剂化作用,固相表面上始终有一薄层的溶剂随着一起移动。造成固相与液相之间存在着三种电势：一是，在固相表面处的整个双电层的电势，也即热力学电势。二是，紧密层与扩散层分界处的电势。三是，固相与液相之间可以发生相对移动处，即固相连带着束缚的溶剂化层和溶液之间的电势。由于这个电势与电动现象密切相关，故称为电动电势或 ζ 电势。电动电势不包括紧密层中电位降，只是扩散层电位降中的一部分，利用电泳、电渗和流动电势法可以测定电动电势。

(2) 运动特性。胶体中的颗粒和溶液中的溶质分子一样，总是处在不停地、无秩序地运动之中。从分子运动的角度看，胶体的运动与分子运动并无区别，都符合分子运动理论，不同的是，胶粒比一般分子大得多，故运动强度小。主要表现在胶粒的布朗运动、扩散和沉降等方面，都属于胶体的运动特征。胶体作为分散体系，稳定存在的时间的长短取决于分散相颗粒的沉降和扩散性质。了解胶粒的运动性质对于制备或者破坏胶体有重要作用。而且还可以依据体系沉降和扩散性质来测定体系中分散颗粒的大小和分布，包括布朗运动和聚沉、沉降、扩散等运动。这些有助于分析钻井流体抑制黏土的分散和膨胀能力的强弱。

① 布朗运动(Brownian Motion)。布朗运动是指微小颗粒表现出的无规则运动。用超级显微镜可以观察到溶胶分散相不断地做不规则之字形的连续运动。布朗运动是热运动的流体分子对分散相冲击的结果。对于很小但又远远大于流体介质分子的分散相来说，由于不断受到不同方向、不同速度的流体分子的冲击，受力不平衡。所以，时刻以不同的方向、不同的速度做不规则的运动。尽管布朗运动看来复杂而无规则，但在一定条件下、一定时间内分散相所移动的平均位移有一定的确定值。爱因斯坦(Einstein)利用分子运动理论的一些基本概念和公式，得到 Einstein Brownian 平均位移，表示在 t 时间内粒子沿 x 轴方向上的平均位移，有：

$$\overline{X} = \sqrt{\frac{RT}{N_A}} \sqrt{\frac{t}{3\pi\eta r}} \tag{1.1.54}$$

式中　$\overline{X}$——微粒的平均位移；

R——热力学常数，8.314J/(mol·K)；

T——温度，K；

N_A——阿伏伽德罗常数，6.02×10^{23} mol^{-1}；

t——时间，s；

η——黏度，mPa·s；

r——微粒半径，μm。

Einstein Brownian 运动方程表明，其他条件不变时，微粒的平均位移的平方与时间及温度成正比，与流体黏度及微粒半径成反比。式中诸变量均可通过实验确定，故利用此式可以求出微粒半径，当然也可以求得阿伏伽德罗常数(阿伏伽德罗，阿伏伽德罗定律的提出者)。

② 聚沉(Coagulation)。聚沉是指胶体在外界因素的作用下，分散相质点相互聚集形成可分离的沉淀物凝块的现象(周公度，2004)。聚沉常与絮凝(Flocculation Phenomenon)通用。但聚沉形成的聚集体紧密，易从水中分离；絮凝形成的絮凝物(Floc)较为松散，有时不易从水中分离。

胶体对外加电解质非常敏感。加入适宜的电解质、改变温度等都会引起胶体稳定性变化。通常用聚沉值表示电解质的聚沉能力。使一定量的胶体溶液在一定时间内开始凝聚所需电解质的浓度称作聚沉值(Coagulation Value)。聚沉值是使一定量的胶体在一定时间内完全聚沉所需电解质最小的物质的量浓度,一般用 mmol/L 表示。电解质的聚沉值越小,则表示其凝聚力越大。实验证明,凝聚力主要取决于胶粒带相反电荷的离子所带的电荷数,电荷数越大,凝聚力越大。

聚沉能力与胶粒带相反电荷的电解质离子价数的六次方负相关。聚沉能力主要决定于与胶粒带相反电荷的电解质离子价数。不同价数(1 价、2 价、3 价)的反离子,其聚沉值的比例大约为 100:1.6:0.14,约为 $(1/1)^6:(1/2)^6:(1/3)^6$,即聚沉值与反离子价数的六次方成反比,称为 Schulze – Hardy 价数规则(杨晟,1957)。

价数相同的离子聚沉能力有所差异。一些一价正离子对负溶胶的聚沉能力由大到小的能力为,$H^+ > Cs^+ > Rb^+ > NH_4^+ > K^+ > Na^+ > Li^+$。相同价数的一价负离子对正溶胶聚沉能力的影响大小次序为,$F^- > Cl^- > Br^- > NO_3^- > I^- > SCN^- > OH^-$。这些次序与离子的大小、电性等都有关系,比较复杂。

胶体同号离子能降低胶体的聚沉能力。外来物质与胶体同号的离子与胶粒之间,通过范德华力产生吸附,从而改变胶粒的表面性质,降低了反离子的聚沉能力。

带相反电荷胶粒的溶胶混合后会发生聚沉。如把氢氧化铁胶体加入硅酸胶体中,两种胶体均会发生凝聚。与电解质的聚沉作用不同,两种溶胶剂量应当恰好能使其所带的总电荷量相等时,才会完全聚沉。否则,可能不完全聚沉,甚至不聚沉。

温度升高会使胶体聚沉。加热胶体,能量升高,胶粒运动加剧,胶粒间碰撞机会增多,胶核吸附离子作用减弱,胶体稳定能力减弱,导致胶体凝聚。如氢氧化铁胶体加热发生凝聚,出现红褐色沉淀。

与聚沉不同,聚集(Aggregation)是压缩双电层作用,造成胶体脱稳引起的。絮凝是使流体中悬浮微粒集聚变大,或形成絮团,从而加快颗粒的聚沉,达到固/液分离的目的,这一现象或操作过程称作絮凝。絮凝是吸附架桥作用,吸附物质架桥使微粒相互黏结。聚沉特性与胶体颗粒的运动运动有关。

(3)沉降(Settlement)。微粒密度大于分散介质,微粒就会因重力而下沉,这种现象称为沉降。分散于气体或流体介质中的微粒,受到两种方向相反的作用力,即自身的重力和由布朗运动引起扩散力。与沉降作用相反,扩散力能促进体系中颗粒浓度趋于均匀。两种力相等时,达到平衡状态。根据沉降原理,溶胶受重力作用而质点沉降,此时容器下部的质点浓度越来越大,但与沉降相矛盾的扩散作用也随着浓度梯度的变大而加强。当沉降与扩散两种作用相等而达到平衡时的状态称之为沉降平衡(Sedimentation Equilibrium)。平衡时,各水平面内颗粒浓度保持不变,但从容器底部向上会形成浓度梯度,这种情况正如地面上大气分布情况一样,离地面越远,大气压越低。在不同外力作用下的沉降情况有所不同。

① 重力作用沉降。颗粒在重力场中颗粒所受的力应力为重力与浮力之差。

$$F = F_g - F_b = V(\rho - \rho_0)g \tag{1.1.55}$$

式中 F——颗粒受到的合力;

F_g——颗粒受到的重力;

F_b——颗粒受到的浮力;

V——颗粒的体积;

ρ——颗粒的密度;

ρ_0——分散剂的密度;

g——重力加速度。

当颗粒受到的重力大于浮力,颗粒下沉,反之则上浮。相对运动发生后颗粒即产生一个加速度,同时由于摩擦而产生一个运动阻力,它与运动速度成正比。

$$F_v = fv \tag{1.1.56}$$

式中　F_v——颗粒受到的阻力;

f——阻力系数;

v——颗粒的速度。

当阻力增大到等于颗粒受到的合力时,颗粒呈匀速运动。这时式(1.1.55)和式(1.1.56)可以写成:

$$v(\rho - \rho_0)g = F_v \quad 或 \quad m\left(1 - \frac{\rho_0}{\rho}\right)g = fv \tag{1.1.57}$$

式中　m——颗粒的质量;

ρ——颗粒的密度;

ρ_0——分散剂的密度。

运动阻力与颗粒形状有关。如果颗粒是球形的,Stokes 导出运动阻力与颗粒形状关系式:

$$f = 6\pi\eta r \tag{1.1.58}$$

式中　f——颗粒的阻力因子;

η——介质的黏度;

r——颗粒的半径。

假设颗粒运动速度很慢,保持层流状态;颗粒之间无相互作用;颗粒是刚性球,没有溶剂化作用;与颗粒相比,流体看作是连续介质。将球体积代入式(1.1.58),即可得到下面的基本公式:

$$V = 4\pi r^3/3 \tag{1.1.59}$$

$$v = \frac{2}{9}\frac{r^2(\rho - \rho_0)}{\eta} \tag{1.1.60}$$

此公式称为球形质点在介质中的沉降公式。

由于公式是在假设的前提下获得的,一般只适用于粒径不超过 $100\mu m$ 的颗粒分散体系。粒径太小的接近 $0.1\mu m$ 的颗粒,还必须考虑扩散的影响。在适用范围内颗粒沉降速度与颗粒半径的平方以及介质的密度差成正比,与介质黏度成反比。

如果颗粒是多孔的絮块或存在有溶剂化作用,前面公式中的密度就不再是纯颗粒的密度,而应介于颗粒与分散介质两个纯组分密度之间。因此,沉降速度变慢。这种变慢的现象可归因于阻力因子增大。溶剂化后的阻力因子与未溶剂化的阻力因子的比值称为阻力因子比。显然在有溶剂化情况下,阻力因子比大于1;另外,在实际体系中完全的球形质点是不多的,因此 Stokes 定律的应用受到了限制。实际上,可以把溶剂化和不同规则颗粒的两种作用都归于使阻力因子增大。

$$f = 6\pi\eta\bar{r} \tag{1.1.61}$$

式中 $\bar{r}$——等效球体的平均半径。

因此,用任何形状的溶剂化颗粒,采用未溶剂化时的密度数值,用沉降与扩散实验分析粒度大小,可以得到等效球体的平均半径。

② 超离心力场中的沉降。胶体颗粒在重力场中的沉降是很缓慢的,能测定的颗粒半径最小极限值约为 85nm。粒径小于 0.1μm 的胶粒,因受扩散、对流等干扰,在重力场中基本不能沉降,只能借助于超离心力场加速沉降。

目前,超离心机的转速 $(10\sim16)\times10$r/min,其离心力约为重力的 10^6 倍。在如此强的离心力场中,蛋白质分子也能分离。用沉降平衡法可测出蔗糖的相对分子质量为341,目前已用来确定某些生物基元物质如蛋白质、核酸和病毒等的特性。

在离心力场中,沉降公式仍可以使用。如果胶体颗粒是均匀分散体系,在超离心力场作用下形成明确的沉降界面,由界面位移速度可以算出颗粒大小,该法成为沉降速度法(Sedimentation Velocity Method)。对于处在离心力场中颗粒,同时受离心力、浮力和颗粒位移时的摩擦力等三种力的作用。

离心力为:

$$F_c = m\omega^2 x \tag{1.1.62}$$

式中 F_c——颗粒受到的离心力;
m——颗粒的质量;
ω——旋转的角速度;
x——离开旋转轴的距离。

浮力为:

$$F_b = \rho_0 gV \tag{1.1.63}$$

式中 F_b——颗粒受到的浮力;
ρ_0——介质的密度;
g——重力加速度;
V——颗粒的体积。

颗粒位移时所受摩擦力为:

$$F_v = -fv \tag{1.1.64}$$

式中 F_v——颗粒受的摩擦力;
v——颗粒运动速度;

f——摩擦阻力系数。

对于做匀速运动的球形颗粒,有:

$$\gamma = \sqrt{\frac{9\eta\ln\left(\frac{x_2}{x_1}\right)}{2(\rho - \rho_0)\omega^2(t_2 - t_1)}} \quad (1.1.65)$$

式中 γ——介质黏度;

ρ——颗粒密度;

ρ_0——介质密度;

x_1, x_2——时间 t_1 和 t_2 时质点在沉降池中与旋转轴之间的距离。

对于任意形状的颗粒,在离心力场中的速度:

$$\frac{\mathrm{d}x}{\mathrm{d}t} = \frac{D}{RT}M(1 - \overline{V}\rho_0)\omega^2 x \quad (1.1.66)$$

用沉降速度法还可以测出颗粒的摩尔质量:

$$M = \frac{RT\ln\left(\frac{x_2}{x_1}\right)}{D(1 - \overline{V}\rho_0)(t_2 - t_1)\omega^2} \quad (1.1.67)$$

式中 M——颗粒摩尔质量;

$\overline{V}$——颗粒的偏微比容;

D——扩散系数。

在离心加速度较低(如约为重力加速度的 $10^4 \sim 10^5$ 倍)时,颗粒向容器底部方向移动,形成浓度梯度后有扩散发生,扩散与沉降方向相反,两者达到平衡时,沉降池中各处的浓度不再随时间而变化,称为沉降平衡。沉降平衡方法,为超离心沉降法之一。如果在比沉降速度法低的转速和不可忽视溶质布朗运动的情况下继续离心,则由于离心力所引起的沉降与逆方向扩散相均衡,而使管内溶质的浓度分布保持一定。进而通过平衡时的浓度分布分析可计算出溶质的分子量。沉降平衡时,颗粒的分布可以表示为:

$$\ln\left(\frac{c_2}{c_1}\right) = \frac{M(1 - \overline{V}\rho_0)\omega^2}{2RT}(x_2^2 - x_1^2) \quad (1.1.68)$$

则

$$M = \frac{2RT\ln(c_2/c_1)}{(1 - \overline{V}\rho_0)\omega^2(x_2^2 - x_1^2)} \quad (1.1.69)$$

式中 c_1, c_2——离开旋转轴 x_1 和 x_2 处颗粒的摩尔浓度。

(4)扩散(Diffusion)。由于分子和原子等微粒的热运动而产生的物质迁移现象叫扩散。任何物质都不停地在做不规则运动。扩散是指某种物质的分子通过不规则运动、扩散运动而进入到其他物质里的过程。气体扩散是指某种气体分子通过扩散运动进入到其他气体里。因为气体分子的不规则运动比较激烈,所以扩散比较明显。扩散速度在气体中最大,液体中次之,固体中最小。浓度差越大,微粒质量越小,温度越高,扩散越快。

在相同的温度和压力下,气体的扩散速度与其密度或分子量的平方根成反比,称为气体扩散定律(Law of Gas Diffusion)。这是格拉罕姆(Graham,气体扩散速度定律的创建者)在1832年研究了不同气体的扩散速度后得出的,故又称为格拉罕姆定律。

描述气体扩散量的Fick定律(Fick's Law),是生理学家阿道夫·菲克(Adolf Fick,扩散定律的提出者)于1855年发现的。

Fick提出,在单位时间内通过垂直于扩散方向的单位截面积的扩散物质流量,称为扩散通量(Diffusion Flux)。扩散通量与该截面处的浓度梯度(Concentration Gradient)成正比。也就是说,浓度梯度越大,扩散通量越大。称为Fick第一定律。

Fick第二定律是在第一定律的基础上推导出来的。Fick第二定律指出,在非稳态扩散过程中,在距离x处,浓度随时间的变化率等于该处的扩散通量随距离变化率的负值。

① Fick第一定律。Fick参照傅里叶于1822年建立的热传导方程,建立了描述物质从高浓度区向低浓度区迁移的扩散方程:

$$J = \frac{\mathrm{d}m}{A\mathrm{d}t} = -D\left(\frac{\partial C}{\partial X}\right) \quad (1.1.70)$$

式中 J——扩散通量,$kg/(m^2 \cdot s)$;

D——扩散系数,m^2/s;

C——扩散物质(组元)的体积浓度,原子数$/m^3$或kg/m^3;

$\partial C/\partial X$——浓度梯度。

扩散方程中的负号表示扩散方向为浓度梯度的反方向,即扩散组元由高浓度区向低浓度区扩散。

三维扩散体系,作为矢量的扩散通量可分解为x、y、z坐标轴方向上的三个分量J_x、J_y和J_z。此时扩散通量可写成:

$$J = iJ_x + jJ_y + kJ_z = -D\left(i\frac{\partial c}{\partial x} + j\frac{\partial c}{\partial y} + k\frac{\partial c}{\partial z}\right) \quad (1.1.71)$$

或者简写为:

$$J = -D\nabla C \quad (1.1.72)$$

式中 J——扩散通量,为一个三维向量场;

i, j, k——x方向、y方向和z方向的单位矢量;

D——扩散系数,为一个二阶张量;

C——浓度,为一个数量场;

∇——梯度算子。

Fick第一定律的数学表达式是描述扩散现象的基本方程。表明任何浓度梯度驱动的扩散体系中,物质将沿其浓度场决定的负梯度方向扩散,扩散流大小与浓度梯度成正比。值得注意的是,扩散方程是描述宏观扩散现象的唯象关系式,并不涉及扩散体系内部原子运动的微观过程。扩散系数反映了扩散体系的特性。扩散方程中浓度是位置和时间的函数,扩散系数理论上是一个含有 9 个分量的二阶张量,与扩散体系的结构对称性密切相关。

② Fick 第二定律。扩散物质在扩散介质中的浓度分布随时间发生变化的扩散常称为不稳定扩散。扩散通量随位置与时间变化。不稳定扩散可以从物质的平衡关系着手,建立第二扩散微分方程式。

Fick 第二定律是在 Fick 第一定律的基础上推导出来的。Fick 第二定律指出,在非稳态扩散过程中,在距离 x 处,浓度随时间的变化率等于该处的扩散通量随距离变化率的负值。

$$\frac{\partial C}{\partial t} = \frac{\partial \left(\frac{\partial C}{\partial x}\right)}{\partial x} \quad (1.1.73)$$

Fick 第二定律认为,如果扩散系数随坐标 x 变化不大,可近似看成常数,则该式可以写成:

$$\frac{\partial C}{\partial t} = D \frac{\partial^2 C}{\partial x^2} \quad (1.1.74)$$

式中　C——扩散物质的体积浓度,kg/m^3;
　　　t——扩散时间,s;
　　　x——距离,m。

实际上,固溶体中溶质原子的扩散系数是随浓度变化的,为了使求解扩散方程简单些,往往近似地把扩散系数看作恒量处理。

对于各向同性的三维扩散体系,Fick 第二扩散方程可写为:

$$\frac{\partial C}{\partial t} = D \left(\frac{\partial^2 C}{\partial x^2} + \frac{\partial^2 C}{\partial y^2} + \frac{\partial^2 C}{\partial z^2} \right) \quad (1.1.75)$$

对于球对称扩散,式(1.1.75)可变换为极坐标式:

$$\frac{\partial C}{\partial t} = D \left(\frac{\partial^2 C}{\partial r^2} + \frac{2}{r} \frac{\partial C}{\partial r} \right) \quad (1.1.76)$$

Fick 第二扩散方程描述了不稳定扩散条件下介质中各点,物质浓度由于扩散而发生的变化。根据具体的起始条件和边界条件,求解 Fick 第二扩散方程,便可得到相应体系物质浓度随时间和位置变化的规律。

Fick 第一定律只适应于扩散通量和体积浓度不随时间变化的稳态扩散的场合。所谓稳定扩散(Steady – state Diffusion)是指扩散过程中扩散物质的浓度分布不随时间变化的扩散过程。稳态扩散也可以描述为在扩散过程中,各处的扩散组元的浓度只随距离变化,不随时间变化。每一时刻从前边扩散来多少原子,就向后边扩散走多少原子,没有盈亏,浓度不随时间变化。

实际上,大多数扩散过程都是在非稳态条件下进行的。非稳定扩散(Non – steady – state Diffusion)是指扩散过程中扩散物质的浓度分布随时间变化的一类扩散过程。典型不稳定扩散中边界条件可分为两种情况:第一种情况是在整个扩散中扩散质点在晶体表面的浓度保持不变;第二种情况是一定量的扩散物质由表面向内部扩散。

不稳定扩散的特点是,在扩散过程中,扩散通量随时间和距离变化。通过各处的扩散通量随着距离在变化,而稳态扩散的扩散通量则处处相等,不随时间而发生变化。对于非稳态扩散,就要应用 Fick 第二定律了。

和真溶液中的小分子一样,胶体溶液中的质点也具有从高浓度区向低浓度区的扩散作用,最后使浓度达到均匀。当然,扩散过程也是自发过程。

若胶粒大小相同,则在 dt 时间内,沿 x 方向通过截面积为 A 而扩散的物质的量 dm 与截面 A 处的浓度梯度(胶粒浓度随距离的变化率)dc/dx 的关系为:

$$dm = -DA\frac{dc}{dx}dt \quad 或 \quad \frac{dm}{dt} = -DA\frac{dc}{dx} \tag{1.1.77}$$

式中 $\dfrac{dm}{dt}$ ——单位时间通过截面 A 扩散的物质数量(扩散速度),因为在扩散的方向上,浓度梯度为负值,故等号右端加一负号,使扩散速度或扩散量为正值;

D ——扩散系数,表征物质的扩散能力,扩散系数越大,质点的扩散能力越大,常用于测定扩散系数的方法有孔片法、自由交界法和光子相关谱法,一些单质及简单二元体系中的扩散系数可以从化学工程手册中查到。

在实际应用中的方程式,这是 Fick 第一定律。就体系而言,浓度梯度越大,质点扩散越快;就质点而言,半径越小,扩散能力越强,扩散速度越快。

在扩散方向上某一位置的浓度随时间的变化率,存在以下的微分关系。这是 Fick 第二定律:

$$\frac{\partial c}{\partial t} = D\frac{\partial^2 c}{\partial x^2} \tag{1.1.78}$$

这样两个方程就联系起来了。扩散作用是普遍存在的现象,在物理、化学、工程和生物等科学技术领域中具有重要的作用。胶体质点之所以能自发地由高浓度区域向低浓度区域扩散,其根本原因在于存在化学位。胶粒扩散的方式与布朗运动有关。

1.2.2 钻井流体胶体特性

胶体是聚合物胶体的俗称。聚合物胶体(Polymer Colloid)也叫聚合物胶液、乳胶、乳液等。聚合物胶体颗粒尺寸为 $0.01\sim 1\mu m$。聚合物胶体处于热力学亚稳定状态。

聚合物胶体的环境和条件不同,可以是稳定体系,也可以是不稳定体系,甚至会产生破乳或凝聚(Coagulate)。外界条件如温度、pH 值、电解质和机械力等都影响聚合物胶体稳定性。所谓聚合物胶体稳定性,是指聚合物胶体中的胶体颗粒在水中长期保持悬浮分散状态而不聚集下沉的特性。从胶体化学角度而言,憎水胶体并非绝对稳定体系,但从水处理角度而言,聚集沉淀速度很慢的胶体颗粒,仍作为稳定体系。聚合物胶体的稳定性分为动力学稳定性和聚结稳定性两种。

动力学稳定性(Dynamic Stability),是指从热力学角度考虑可以发生的反应,但是由于反应所需的活化能比较高,导致反应速度很低,表观上反应没有发生。与动力稳定性相反的是动力学不稳定,它是指对于能够发生的化学反应,其反应速率在宏观上是比较快的。

与动力学不稳定相对应的是热力学不稳定。热力学不稳定是指对化学反应过程生成的过渡态或者中间体,或者说是生成的一种物质能量较高,或者说化学位较高,有自发的继续发生反应继续转化的趋势,从热力学角度来说就是不稳定的。

动力学稳定性主要关注热力学不稳定的过程中反应的速率问题。热力学稳定性关注的是生成的物质能不能转化成其他物质,有没有自发反应的趋势。也就是说热力学不稳定的体系是有发生反应的可能的,但是反应的速率可以很慢。就是说,要么是动力学稳定的,否则就是动力学不稳定的。

聚结稳定性(Coagulation Stability),是指分散相颗粒是否容易自动聚结变大的性质。

许多学者认为钻井流体是胶体。有不少学者是从胶体作用机制出发,研究钻井流体的现象。实际上忽略了一些用于储层的清洁盐水流体、修井用冲砂液等溶液,也没有考虑聚合物作为单独的胶体与聚合物黏土结合形成胶体的区别。实际上,只有无固相聚合物钻井流体才比较符合普通意义上的胶体特性。

使胶体不稳定的力,一般是使胶体颗粒聚集和沉降的作用力,包括范德华引力、界面张力、重力和静电力等4种。

(1)范德华引力。与构成胶体颗粒大分子的极性及密度有关。

(2)界面张力。胶体颗粒很小,表面积很大,介质间相界面大,界面能巨大,促使颗粒聚集。界面张力越大,胶体越不稳定。

(3)重力。胶体颗粒有一定的质量和大于水的密度,受地球引力的作用,会产生重力沉降。

(4)静电力。带有异性电荷的胶体颗粒互相吸引而导致凝聚。

使胶体稳定的力,一般是使胶体颗粒不聚集、不沉降的作用力。包括静电力、空间排斥力、溶剂化作用力。

静电力。带有同性电荷的胶体颗粒互相排斥而使胶体颗粒不能接近聚集,能处于分散稳定的状态。

空间排斥力。分子间所占空间对聚集沉降相互排斥力,在胶体颗粒表面上吸附和接枝的大分子链的几何构型阻碍胶体颗粒之间聚结,对胶体起稳定作用。

溶剂化作用力。溶于介质中的大分子可以吸附或接枝在胶体颗粒表面上,形成具有一定厚度的溶剂化层,或增加介质的黏度,在颗粒之间形成阻力,防止胶体颗粒聚结、沉降,起稳定胶体作用。

为了维护钻井流体的稳定性,有时也采取添加处理剂的做法,向体系中加入中分子量的聚合物,保证均匀分散着黏土颗粒和胶粒。此时,聚合物起两个方面的作用:一方面,吸附在黏土表面形成吸附层,以阻止黏土颗粒絮凝;另一方面,能把钻井流体循环搅拌作用形成的细颗粒稳定在分子链上,不再黏结成大颗粒。这一作用叫作护胶作用(Keep Colloid Stability)。发生这一作用的过程,称为护胶过程。利用的是聚合物稳定的静电力、排斥力及溶剂化作用力原理。

护胶作用不仅提高了体系的稳定性,保证了钻井流体的流变性,还增加了细颗粒的比例,使钻井流体形成薄而致密的滤饼,降低滤饼的渗透率,从而降低失水量。起这种作用的聚合物一般用钻井流体用的降失水剂,所以也称这一作用为降失水剂的护胶作用。根据胶体颗粒的表面性质,认为支配胶体颗粒稳定性的静电效应、立体效应、引力效应、溶剂化效应、界面效应等 5 种效应。

(1)静电效应(Electrostatice Effect)。静电效应产生于游离的表面基团。通常为斥力。当颗粒具有相反的电荷时,则产生静电引力。这种效应依赖于电解质浓度。

水溶性聚合物,特别是吸附在固/液界面上的聚合物和非离子型表面活性剂,可以以许多方式影响胶体的稳定性。吸附物质的加入,会对颗粒产生立体稳定作用(Steric Stabzation)或架桥絮凝(Bridging Flocculation)。具体取决于添加的量和方法、处理剂的分子量等。如果改变吸附的大分子链所在的分散介质的亲和力,或加入自由的可溶性聚合物,则立体稳定的胶体会发生反向凝聚(Reversibly Flocculated)。在非水介质中,静电稳定作用起不到什么效果,但在水中可以。值得注意的是,在水介质中,也有一定的局限性。

对多价离子的敏感性,即限制效应(Restrictive Effect)。至今还没有完全弄清楚,为什么胶体在高体积分数下却失去稳定性。立体稳定性对各种介质都有效。在水介质中,立体稳定的胶体,其黏度及对电解质的敏感性一般比静电稳定体系要低。在很高的体积分数下也能保持较好的稳定性,并且冷冻/熔化稳定性和机械稳定性也要更好些。因此,立体稳定作用广泛用于涂料、黏合剂、油墨工业以及食物、水处理等工程,也应用于生物材料(胡金生等,1979)。

在高离子强度的介质中,聚电解质可以作为立体稳定剂。被溶剂化的聚电解质分子链包围的胶体颗粒,结合在胶体颗粒表面上的聚电解质会加厚胶体颗粒周围的双电层,产生静电与立体稳定作用。

只有分子内的作用才有贡献。因此,聚电解质稳定的胶体可以通过半接枝聚电解质的吸附、乙烯基单体(如苯乙烯)的分散聚合或水溶性离子性单体(如丙烯酸)的胶体聚合来制得(Buscall et al. ,1885)。此外,还制备了两性(Amphlpathic)离子共聚物,发现它是良好的稳定剂和分散剂。以蛋白质形式存在的两性聚电解质的稳定和絮凝行为也得到了研究(Hirtzel et al. ,1985)。

(2)立体效应(Steric Effect)。产生于颗粒表面吸附或接枝的大分子链的几何形状和构型也可包括聚电解质的电荷效应(Charge Effect)。这样,效应可以是斥力或引力,一般依赖于温度和电解质浓度(Vans et al. ,1975)。

立体稳定的聚合物胶体是靠加入可溶性的长链非离子型聚合物分子来达到的,在这些长链大分子中,只有少数链段可以吸附或锚结到颗粒的表面,其余的分子溶于介质中,形成被溶剂膨胀的无规线团。

稳定性是由于聚合物链段与溶剂的混合自由能发生了改变而实现的。当两个界面层靠近时,外层分子链开始重叠,类似于浓度增加。在良溶剂中相互作用的熵和焓对体系的自由能贡献都是正值。体系的自由能可认为是发生凝聚的能垒,这种影响也被称为渗透效应(Osmotic Effect)。另外,随着颗粒间距越来越小,体系自由能增加,大分子在空间的排列受到限制,空间构象要减少,这种影响称为体积限制效应(Volume Restriction Effect)。通常,渗透效应更重要,但是,当溶剂温度接近 θ 温度时(θ 温度,也称 flory 温度,在该温度下,聚合物与溶剂间的相互作用为零,此时线型聚合物链分子具有无扰尺寸,渗透效应很小,体积限制效应占优势,所以,立体稳定作用在一定条件下可以消除静电稳定作用中的第一最小值,从而阻止颗粒的聚集。

对于良好的立体稳定作用,应具备两个基本的条件:一是颗粒之间存在完整的界面层,以至于稳定剂不能从颗粒相互作用的侧面流出;二是稳定剂分子在颗粒表面的吸附作用是强烈的,以至于在相互作用区内不能发生解吸。另外,颗粒表面吸附层的分子链密度不足以屏蔽基本胶体颗粒之间的范德华引力,所以,一个附加的条件就是吸附层的厚度要大于范德华引力的有效作用范围。

可溶性均聚物有时可作胶体的稳定剂,也就是说具有立体稳定作用的大分子类型。但是不具有良好的稳定性所必需的强烈的不可逆吸附作用含有疏液基团的无定型分子,对于促进吸附作用更有效。例如无定型稳定剂一般是烷基醇和烷基苯、环氧乙酯表面活性剂,以及嵌段或接枝共聚物,如 AB 共聚物、ABA 嵌段共聚物、BAB 嵌段共聚物、简单接枝共聚物、半接枝共聚物和无规共聚物。

(3)引力效应(Attractice Effect)。产生于运程分散力,即范德华力,实际上是由于构成颗粒的大分子的密度和极性与分散介质不同所致。一般与温度和电解质无关。

(4)溶剂化效应(Solvation Effect)。产生于溶剂分子在界面或大分子附近的排列,即在颗粒的表面形成了具有一定厚度的溶剂化层。

(5)界面效应(Interface Effect)。产生于颗粒与介质间的界面能,它是颗粒聚集的推动力。界面张力越大,胶体越不稳定。

下面分别介绍静电力、重力、范德华引力、空间障碍和溶剂化等特性,界面张力由于是表面活性剂作用的原因,故放在悬浮液一节中。当然,钻井流体的工作环境有温度和压力,所以温度对钻井流体的影响也不容忽略。

1.2.2.1 静电力影响胶体稳定特性

颗粒电性稳定性是聚合物胶体稳定的主要原因。其他稳定机理或多或少与电性相关。

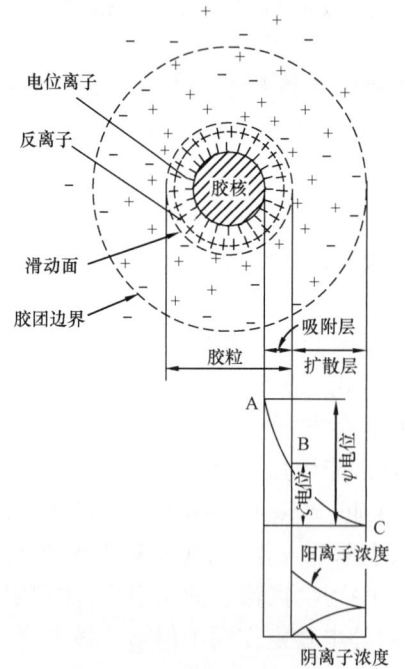

图 1.1.11 聚合物胶粒双电层示意图

颗粒表面吸附有离子性乳化剂,或通过引发剂、离子性单体引入离子性端基,使胶体颗粒表面带一层或为正、或为负的电荷,这一层电荷是不移动的固定层。在固定层周围,由于静电引力会吸附反离子的吸附层。在绝对零度时,由于没有热运动,吸附层和固定层所带电荷电量相等,符号相反,故胶体粒本身处于电中性状态。

通常情况下,由于热运动,吸附层中的一部分带电的反离子会扩散到周围介质中。这就使胶体粒表面的固定层和吸附层带上了与固定层离子符号相同的剩余的电荷,在胶体粒的介质中带有反号离子,这样的结构称为双电层。聚合物胶体颗粒的双电层结构,如图 1.1.11 所示。

从图 1.1.11 中可以看出,颗粒的中心是由数百以至数万个分散相固体物质分子组成的胶核。在胶核表面,有一层带同号电荷的离子,称为电位离子层,电位离子层构成了双电层的内层。电位离子所带的电荷称为胶体颗粒的表面电荷,其电性正负和数量多少决定了双电层总电位的符号和胶体颗粒的整体呈现为电中性。为了平衡电位离子所带的表面电荷,液相一侧必须存在众多电荷数与表面电荷相等而电性与电位离子相反的离子,称为反离子。反离子层构成了双电层的外层,其中紧靠电位离子的反离子被电位离子牢固吸引着,并随胶核一起运动,称为反离子吸附层。吸附层的厚度一般为几纳米,它和电位离子层一起构成胶体颗粒的固定层。固定层外围的反离子由于受电位离子的引力较弱,受热运动和水合作用的影响较大,因而不随胶核一起运动,并趋于向溶液主体扩散,称为反离子扩散层。扩散层中,反离子浓度呈内浓外稀的递减分布,直至与溶液中的平均浓度相等。

固定层与扩散层之间的交界面称为滑动面(Sliding Surface)。当胶核与溶液发生相对运动时,胶体颗粒就沿滑动面一分为二,滑动面以内的部分作整体运动的动力单元,称为胶粒。由于其中的反离子所带电荷数少于表面电荷总数,所以胶粒总是带有剩余电荷。剩余电荷的电性与电位离子的电性相同,其数量等于表面电荷总数与吸附层反离子所带电荷之差。胶粒和扩散层一起构成电中性的胶体颗粒,即胶团。

胶核表面电荷的存在,使胶核与溶液主体之间产生电位,称为总电位或 ψ 电位。胶粒表面剩余电荷,使滑动面与溶液主体之间也产生电位,称为电动电位或 ζ 电位。图 1.1.11 中的曲线 AC 和 BC 段分别表示出总电位和电动电位随与胶核距离不同而变化的情况。总电位和电动电位的区别是,对于特定的胶体,总电位是固定不变的,而电动电位则随温度、pH 值及溶液中的反离子强度等外部条件而变化,是表征胶体稳定性强弱和研究胶体凝聚条件的重要参数。在电荷密度和水温一定时,电动电位取决于扩散层厚度,扩散层厚度值越大,电动电位也越高,胶粒间的静电斥力就越大,胶体的稳定性越强。

(1)胶体颗粒的吸引力和排斥力决定钻井流体的稳定性。分散体系的稳定性取决于胶体颗粒间的吸引力和排斥力的大小。吸引作用起主导作用时,颗粒容易黏附聚结而不能有效分散;排斥作用起主导作用时,体系能够保持较好的分散性。分散体系中的排斥作用主要是两胶团扩散层重叠后,破坏了扩散层中反离子的平衡分布,使重叠区反离子向未重叠区扩散,导致渗透性斥力产生,同时也破坏了双电层的静电平衡,导致静电斥力产生。

在体系中分散相微粒间存在的吸引力本质上仍具有范德华吸引力的性质,但这种吸引力的作用范围要比一般分子的大千百倍之多,故称其为远程范德华力。远程范德华力与颗粒间距离的一次方或二次方成正比,也可能是其他更复杂的关系。

在带电胶粒的周围可形成双电子层。当两个颗粒的双电层发生重叠时,扩散层中的反离子浓度增大,破坏了反离子的平衡分布,引起双电层之间的相互排斥作用,即所谓胶粒之间的静电排斥作用,这种静电斥力的大小与颗粒形状有关。两等同球形颗粒间的斥力势能

$$E_R = \frac{64\pi r n_0 kT \gamma_0^2}{\kappa^2} e^{-\kappa H} \tag{1.1.79}$$

$$\gamma_0 = \frac{e^{Ze\psi_0/2kT} - 1}{e^{Ze\psi_0/2kT} + 1} \tag{1.1.80}$$

式中 E_R——斥力势能(规定为正值);

r——胶体粒半径；

k——波尔兹曼常数；

T——绝对温度，K；

γ_0——表面电势的复杂函数；

κ——常数，κ^{-1}为双电层厚度；

H——两颗粒间最短距离；

e——电子电量，1.6×10^{-19} C；

Z——溶液中离子的电荷数；

ψ_0——表面电势，ψ为正值，随距离增大呈指数衰减。

两平行的等同板状颗粒单位面积上的斥力势能：

$$E_R = \frac{64n_0kT\gamma_0^2}{\kappa}e^{-\kappa H} \qquad (1.1.81)$$

式中 H——两板间的距离。

胶粒间总势能是引力势能（E_A）和斥力势能（E_R）之和：

$$E = E_A + E_R \qquad (1.1.82)$$

引力势能和斥力势能如图1.1.12所示。

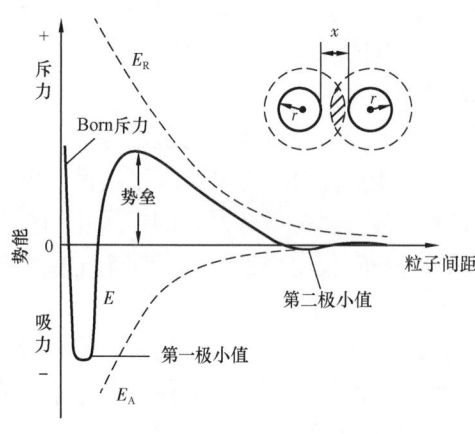

图1.1.12 相互作用势能与颗粒间距关系

从图1.1.12中可以看出，当胶粒离子之间距离很大时，胶粒间总势能为零。当颗粒靠近时，引力势能先起作用，总势能为负值。距离靠近到一定值，总势能形成一个极小值（第二极小值）；随距离缩短，斥力势能逐渐大于引力势能，胶粒离子继续靠近到一定距离后，引力势能急剧下降，斥力势能迅速增加，总势能不断增加。胶粒离子靠近到一定距离，总势能达到最大，形成势垒，其大小是胶体稳定性的重要因素。最大静电斥力势能越大，两个颗粒越难结合，体系越稳定。随着胶粒离子继续靠近，总势能逐渐降低。当胶粒离子相距极近时，又形成一个极小值（第一极小值）。

随着胶粒离子继续靠近，由于电子云的相互作用而产生Born斥力（原子间的斥力和原子的电子层有关，电子层越多，斥力越大）势能，而使总势能急剧上升。势垒的大小是胶体能否稳定的关键，颗粒要发生聚沉，必须越过这一势垒才能进一步靠近。如果势垒很小或不存在，颗粒的热运动完全可以克服它而发生聚沉，从而呈现聚结不稳定性。如果势垒足够大，颗粒的热运动无法克服它，则胶体保持相对稳定，即表现出聚结稳定性。第一极小值比第二极小值低得多，当颗粒落入第一极小值时，形成的聚沉，沉淀密实而稳定；当颗粒落入第二极小值时，沉淀结构是疏散的，且不牢固，不稳定，外界条件稍有扰动，结构就被破坏，这种体系具有触变性或剪切稀释性。

对势能曲线最重要也是最敏感的因素是表面电势。一般来说,表面电势是无法确定的,而实验易于测定的是电动电势,因此常用来估算双电层重叠时的排斥势能(Shaw,1970)。表面势能的变化对总势能曲线和势垒大小的影响如图1.1.13所示。

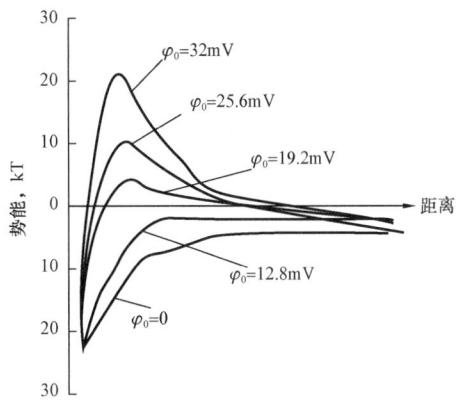

图 1.1.13 表面势能的变化对总势能曲线和势垒的影响

表面性质所造成的表面现象是因为相表面中的分子处于静电不平衡状态。它们在一侧具有相似的分子,在另一侧具有不相似的分子。而相的内部分子在两侧都是相似的。因此,表面携带电荷,其尺寸和电位符号取决于界面两侧的原子的配位。某些物质,特别是黏土矿物,由于其原子结构的某些缺陷而具有异常高的表面电位,使得黏土颗粒无法聚集。

黏土矿物具有片状或棒状结构,形状很不规则,颗粒之间容易彼此联结在一起。黏土加入钻井流体连续相后,在表面水化和渗透水化的作用下,分散成细小的微粒,整个体系成为黏土胶体。黏土胶体颗粒的相互作用受三种力的支配,即双电层斥力、静电吸引力和范德华引力。黏土颗粒间的相互作用力是斥力和吸力的代数和,黏土表面的电荷不可能均匀,再加上在连续相中的水化膜存在,片状的黏土颗粒有两种不同的表面,即带永久负电荷的板面和既可能带正电荷也可能带负电荷的端面,这样黏土表面在溶液中就可能形成两种不同的双电层电荷。因此,在不同条件下,相互作用力的大小不同,由此产生端—面(絮凝)、端—端(聚结)和面—面(聚结)等三种联结方式。根据颗粒间的各种联结方式和板面的方向提出了凝胶结构可概括为端—面、面—面和端—端等三类。

端—面(Edge-to-Face)联结是指带电荷的板面间交叉联结,带正电荷的端与带负电荷的面交叉联结成类似纸牌屋的结构。端—面联结的黏土胶体外观表现为体系絮凝。

端—端(Edge-to-Edge)联结是指带有负电荷的端和带有正电荷的端相联结的一种联结成一种类似交叉丝带的方式(van Olphen,1951)。其基本原理是由于颗粒板面之间相对较高的排斥势能,颗粒间优先趋于形成端—端联结的平行方式。端—端联结的黏土胶体外观表现为体系聚结。

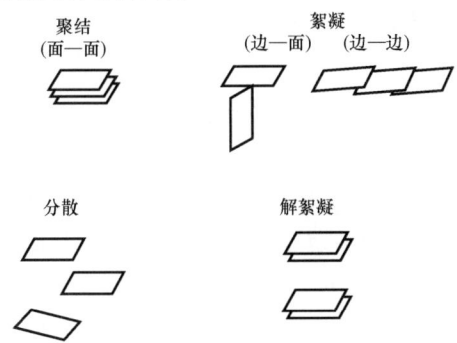

图 1.1.14 颗粒间的连接方式

面—面(Face-to-Face)联结是指通过结晶水将颗粒的板面平行联结在一起的一种胶联方式(Anderson et al.,1958)。面—面联结的黏土胶体外观也表现为体系絮凝,如图1.1.14所示。

上述黏土胶体形成机理是基于黏土的含量、强度和黏土颗粒平面或端面的双电层电位分布建立的。为了实现凝胶结构的可视化研究,黏土颗粒板面的宽度应不小于10000Å,板面间距为300Å左右,黏土颗粒间的联结方式取决于颗粒的空间分布。此外,真实黏土胶体中,黏土颗粒的结构并非示意图所示正方形规整结构,而是以不同形状和尺寸大小分散在黏土胶体中,这可以从扫描电镜中看到。

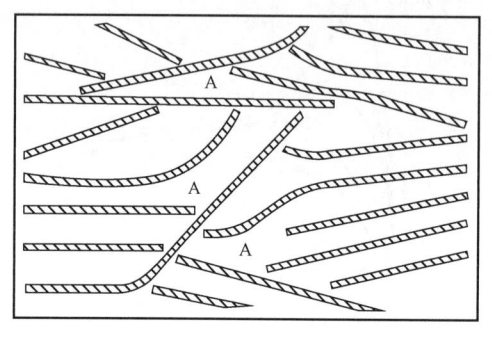

在黏土胶体中,理想的状态是黏土颗粒板面之间通过板面基底的斥力大致平行的排列在一起,而不是完全规整的分布在悬浮体系中。相邻的板面的联结方式可以通过其相对位置、方向和板面端处电位调整(Norrish et al.,1963)。如图1.1.15所示,图中的A表示端面相接。

图1.1.15 端—面联结示意图

从图1.1.15中可以看出,当端处带正电时,黏土颗粒的板面趋于向带负电的一方弯曲。

反之,当端处带负电时,板面上较强斥力作用会使得板面自发呈现平行排列的方式。当加入稀释剂时,端处带的正电荷发生反转,端—端之间斥力增加。另外,由于结晶水的作用能够保持黏土颗粒板面之间平行排列。然而,研究者们对于板面之间相距多远时,这部分结晶水才能发挥作用一直存在争议。为此,Borst等尝试通过快速冷冻胶体,对所得凝胶真空干燥,获得凝胶的骨架结构,进而分析凝胶的原始结构特点(Borst et al.,1971),如图1.1.16所示。

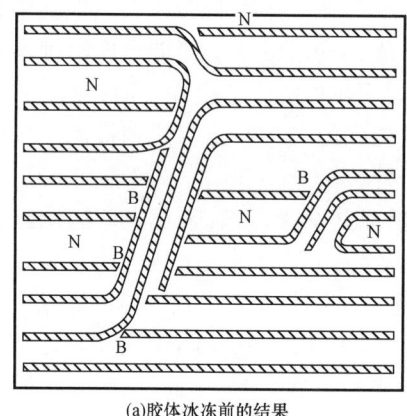
(a)胶体冰冻前的结果

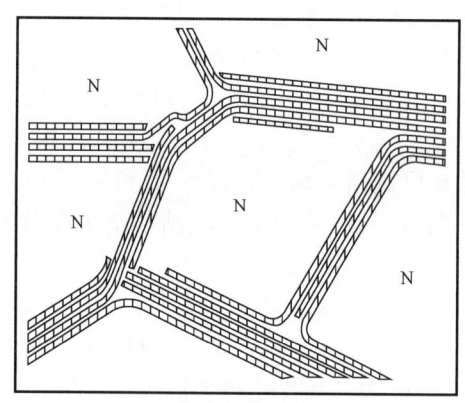
(b)胶体冰冻后的结果

图1.1.16 黏土胶体示意图
N—结晶水晶核;B—端—面联结键

从图1.1.16中可以看出,胶体冷冻前黏土颗粒板面平行排列,冷冻后黏土颗粒聚结在一起,凝胶内部的板面在快速冻结的瞬间形成了大孔结构。

三种不同的联结方式表现的钻井流体性能也不同。面—面联结会导致形成较厚的片状或者束状,即降低颗粒分散度,形成片状颗粒的过程通常称为聚结(Aggregation);端—面与端—端联结则形成三维的网架结构,特别是当黏土含量足够高时,能够形成布满整个空间的连续网架结构,胶体化学上称作凝胶结构(Gelatinous Structure),形成网架结构的过程通常称为絮凝(Flocculation)。与聚结和絮凝相对应的相反过程分别叫作分散(Dispersion)和解絮凝(Deflocculation)。Shell 开发公司公开了他们的研究成果,如图 1.1.17 所示。

从图 1.1.17 中可以看出,采用黏土胶体颗粒间的面—面接触、端—面接触和端—端接触的联结机理对应黏土胶体的絮凝—解絮凝及分散—聚沉状态的变化。

利用这一原理,可以对烃类钻井流体使用的有机土中的有机阳离子或有机化合物如长碳链季铵盐、烷基胺等作插层剂与蒙皂石晶层表面发生化学键连接的特征峰。说明插层剂已经进入蒙皂石晶层间,与层间吸附钠离子发生置换反应生成化学键连接。晶层间距增大,蒙皂石层片变得小而薄,且堆砌十分疏松。

分散体系在双电层中建立了静电力和扩散力之间的平衡。由于胶体粒表面上带电荷,故在胶体粒之间存在着静电斥力,使胶体粒互相难以接近而不发生聚结,保持聚合物胶体具有稳定性。双电层之间的电位差叫剪切电位,即 ζ 电位。剪切电位越高,胶体就越稳定。

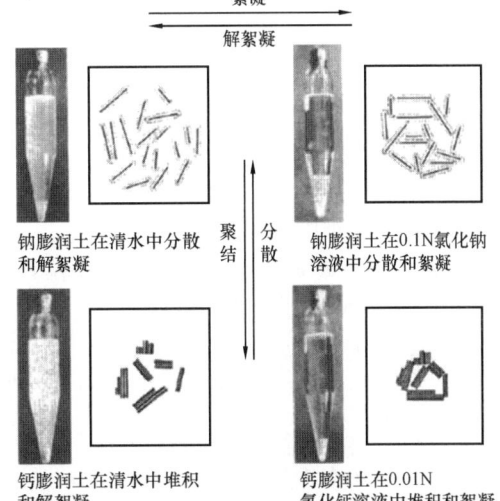

图 1.1.17 絮凝—解絮凝以及聚结—分散机理

外界因素如电解质浓度等,影响胶粒之间的排斥势能较强。若降低胶粒的剪切面电势,则其排斥势能减小,势垒降低,聚结稳定性降低。当剪切面电位降低到某个程度,势垒被分子热运动所克服,极端情况下,剪切面电位为 0,会导致聚沉。非水介质中的双电层与水介质中的双电层相比,有三个不同:

一是,非水介质中胶粒表面电荷密度低,但由于介质的介电常数和离子浓度很低,致使表面电势和剪切面电势也不低。

二是,非水介质中离子浓度很低,所以双电层厚度很大,电势随距离的降低比水介质中缓慢得多。因此可以放心地使用剪切电势代替表面电势。

三是,低浓度的非水分散体系中,电势决定体系的稳定性;而在高浓度的非水体系中,双电层的稳定作用减弱,有时剪切电势与稳定性无关。如油漆、油墨、化妆品、油基钻井流体等。

通常采用高分子或表面活性剂在胶粒表面的吸附,靠其吸附层的空间稳定作用来制取稳定的非水分散体系。如二氧化钛在丁胺中的电位为 12.7mV 的分散体系不稳定,而在三聚氰胺—二甲苯体系中剪切电势更低,但却是稳定的。这可归结于三聚氰胺的空间稳定作用。

非水介质中的胶体周围也可以形成双电层球形胶体粒的电势分布为:

$$\psi(r) = \frac{\psi_0 a}{r} e^{-\kappa(r-a)} \tag{1.1.83}$$

其中

$$\kappa = \left(\frac{8\pi e^2 N_A z^2}{\varepsilon kT}\right)^{\frac{1}{2}} \tag{1.1.84}$$

式中 $\psi(r)$——双电层球形胶体粒的电势；

ψ_0——胶体表面电势；

a——胶体粒半径；

r——距胶体胶粒中心的距离；

e——基本电子电荷量；

κ——介质中的电位随离开胶体粒表面的距离$(r-a)$而下降的速度；

N_A——阿伏伽德罗常数；

z——介质中离子强度；

ε——介质的介电常数；

k——波尔兹曼常数；

T——绝对温度。

当介质下降的速度与胶体半径的乘积远小于1时，双电层的斥力势能为：

$$E_R = \frac{\varepsilon a^2 \psi_0^2}{2a+H} e^{-\kappa H} \tag{1.1.85}$$

式中 H——胶体颗粒间最短距离。

（2）基团离子的静电作用有助于胶体稳定。聚合物能通过共聚物中的酰氨基（$R-CONH_2$）的离子吸附在黏土表面、通过羧基吸附水分子形成吸附层，以阻止黏土颗粒絮凝变大，其示意图如图1.1.18所示，这样就使悬浮液的稳定性增强。

从图1.1.18中可以看出，同一分子链上，不同的位置吸附不同的带电颗粒，相互排斥使得分子链充分展开，实现了体系稳定。

利用双电层的反离子与聚合物的离子基团或者吸附基团也可以实现胶体体系的稳定性，如图1.1.19所示。

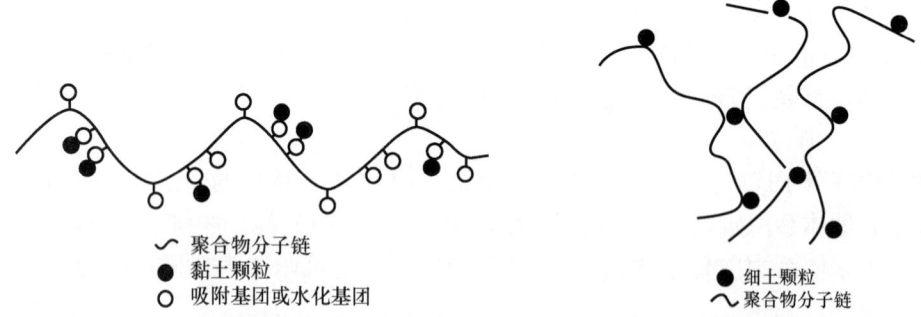

图1.1.18 基团离子的静电吸附作用　　图1.1.19 双电层的吸附稳定示意图

从图1.1.19中可以看出，由于黏土颗粒的电性，使得大分子之间无法靠近，减少了聚集概率，体系稳定。

（3）阳离子侵害钻井流体造成胶体絮凝。钻遇石膏层和含钙离子的盐水层、钻水泥塞、使用硬水配浆及用石灰作为钻井流体处理剂等,都会使钙离子进入钻井流体。除在钙处理钻井流体和油包水乳化钻井流体的水相中需要一定浓度的钙离子外,其他类型钻井流体中钙离子均属侵害离子。虽然硫酸钙和氢氧化钙在水中的溶解度都不高,但都能提供一定数量的钙离子。

试验表明,几万分之一的钙离子就足以使钻井流体失去悬浮稳定性。其主要原因是由于钙离子易与钠蒙皂石中的钠离子发生离子交换。使其转化为钙蒙皂石,使絮凝程度增加,致使钻井流体的黏度、切力和失水量增大。

钻井流体遇钙侵的有效处理方法:一是在钻达含石膏地层前转化为钙处理钻井流体;二是根据滤液中钙离子的浓度,加入适量纯碱除去钙离子,但应注意纯碱加重不要过多,以免造成碳酸根离子侵害。

如果是水泥引起的侵害,由于钙离子和氢氧根离子同时进入钻井流体,致使钻井流体的pH值偏高。这种情况下,最好用碳酸氢钠($NaHCO_3$)或酸式焦磷酸钠($SAPP,Na_2H_2P_2O_7$)清除钙离子。

加入碳酸氢钠时,钙离子与碳酸根离子结合,碳酸钙沉淀:

$$Ca^{2+} + OH^- + NaHCO_3 \longrightarrow CaCO_3 \downarrow + Na^+ + H_2O$$

加入酸式焦磷酸钠时,钙离子与磷酸根离子结合,磷酸钙沉淀:

$$2Ca^{2+} + 2OH^- + Na_2H_2P_2O_7 \longrightarrow Ca_2P_2O_7 \downarrow + 2Na^+ + 2H_2O$$

钻井流体中加入碳酸氢钠或酸式焦磷酸钠,既消除了钙离子,又适当地降低了pH值。

当钻遇盐层时,井壁附近岩盐的溶解使钻井流体中盐浓度迅速增大,发生盐侵;钻遇盐水层时,若钻井流体的液柱压力不足以平衡盐水压力,盐水流出。进入井内发生盐水侵,黏土分散型钻井流体的流变性和失水性能可能发生变化,如图1.1.20所示。

从图1.1.20中可见,当氯化钠浓度在3%左右时,分散钻井流体的黏度和切力分别达到最大值。但需注意,该分数值以及最大值的大小不是固定不变的,而是与所选用的配浆土性质和用量有关。

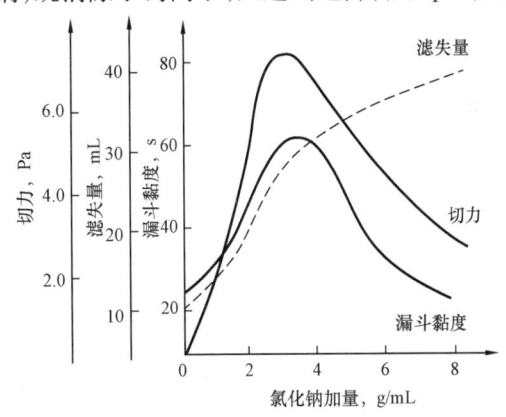

图1.1.20 加入氯化钠分散钻井流体性能变化曲线

钠离子的侵入会增加黏土颗粒扩散双电层中阳离子的数目,压缩双电层使扩散层厚度减小,黏土颗粒表面的剪切电位下降,颗粒间的静电斥力减小,水化膜变薄,颗粒间端—面和端—端连接的趋势增强,絮凝作用将导致钻井流体的黏度、切力和失水量均逐渐上升。当钠离子浓度增大到一定程度之后,压缩双电层的现象更为严重,黏土颗粒的水化膜变得更薄,致使黏土颗粒发生面—面连接,聚结作用使分散度明显降低,因而钻井流体的黏度和切力在分别达到其最大值后又转为下降,失水量则继续上升,钻井流体的稳定性变差。

盐侵的另一表现是随着含盐量增加,钻井流体的pH值逐渐降低,其原因是钠离子将黏土中的氢离子及其他酸性离子不断交换进入体系所致。

当钻井流体受到盐侵或盐水侵之后，欲采取化学方法除去钻井流体中的钠离子是十分困难的。因此，常用的处理方法是及时补充耐盐性强的各种处理剂，将分散钻井流体转化为盐水钻井流体。例如，降失水剂羧甲基纤维素钠的分子链中含有许多羧钠基（—COONa），可使被降低的剪切电位得到补偿。因此，羧甲基纤维素的加入可有效地阻止黏土颗粒间相互聚结的趋势，有助于保持钻井流体的聚结稳定性，使其在盐侵后仍然具有较小的失水量。除羧甲基纤维素外，聚阴离子纤维素、磺化酚醛树脂和改性淀粉等也是常用的耐盐降失水剂。海泡石和凹凸棒石等耐盐黏土是用于配制盐水钻井流体以及对付盐侵和盐水侵的优质材料，但中国黏土资源有限。

（4）黏土颗粒阳离子交换能力可能影响胶体颗粒大小。黏土晶体结构中的原子被取代，所以阳离子能够吸附在黏土表面。因为晶体结构断裂价键，使得阳离子和阴离子共存于晶体边缘。这样，阴阳离子都可与溶液中的离子交换。

交换反应主要由各相中不同种类的离子的相对浓度决定：

$$[A]_c/[B]_c = K[A]_s/[B]_s \tag{1.1.86}$$

式中　$[A]_c,[B]_c$——黏土上的两种离子的分子浓度，mol/L；

　　　$[A]_s,[B]_s$——溶液中两种离子的分子浓度，mol/L；

　　　K——离子交换平衡常数，例如，当 K 大于 1 时，A 优先吸附。

存在两种不同价态的离子时，具有较高价态的离子通常优先吸附。优选顺序通常氢离子最强，锂离子最弱：

$$H^+ > Ba^{2+} > Sr^{2+} > Ca^{2+} > Cs^+ > Rb^+ > K^+ > Na^+ > Li^+$$

这个结论不适用于所有黏土矿物。因为氢离子吸附强烈，pH 值对碱交换反应影响严重（Hendricks,1941）。

每100g 干黏土的物质的量表示吸附的阳离子的总量，称为碱交换容量（Base Exchange Capacity,BEC）或阳离子交换容量（Cation Exchange Capacity,CEC），单位是 mmol/100g（土）。碱交换容量的变化很大，同一地层的样品也会不同，表 1.1.9 给出了 6 种常见黏土的一价阳离子交换容量。

表 1.1.9　6 种黏土矿物的阳离子交换容量

序号	黏土矿物名称	干燥黏土每 100g 的物质的量 mmol/100g
1	蒙皂石	70~130
2	蛭石	100~200
3	伊利石	10~40
4	高岭石	3~15
5	绿泥石	10~40
6	绿坡缕石（凹凸棒石）/海泡石	10~35

从表 1.1.9 中可以看出,黏土矿物的一价阳离子交换容量主要在 10~40mmol/100g,最低的是高岭石,为 3~15mmol/100g,最高的是蛭石,为 100~200mmol/100g。因此,在用阳离子交换容量评价地层中的黏土量时,要多取样品求平均值较好。

蒙皂石和伊利石晶体边缘处的阳离子总交换容量的约 80%,高岭石晶体边缘处的断裂键占据了阳离子交换容量的大部分。

黏土阳离子交换容量和交换阳离子种类决定黏土胶体的成胶性能。强阳交换能力的黏土例如蒙皂石极大地膨胀并且在低浓度的黏土下形成黏性胶体,特别是钠进入层间交换时,更是如此。相反,高岭土是相对惰性的,不管交换阳离子的种类如何,成胶能力都比较差。

阳离子交换容量和交换阳离子的种类可以通过用过量的合适的盐,如乙酸铵浸提黏土测定。盐取代吸附的阳离子和间隙水中的阳离子。然后,另一个试剂用蒸馏水浸提,其仅置换间隙水中的离子。乙酸盐和水浸出液的离子含量之间的差异就是吸附在黏土上的每种物质的物质的量,所有阳离子的总物质的量总和就是阳离子交换容量。在本书第 3 篇中给出了基于亚甲基蓝吸附的近似测定碱交换容量(但不是阳离子种类)的试验方法。

单种交换阳离子黏土交换容量可以通过用合适的盐浸提并洗涤以除去过量的离子来获取,还可以稀黏土胶体用所需阳离子饱和交换高分子化合物来获取。由于黏土大多带有阴离子,通常用单离子黏土称吸附阳离子的黏土,如钠蒙皂石、钙蒙皂石等。

黏土的阴离子交换能力远远小于阳离子交换能力。蒙皂石族矿物为 10~20mmol/100g。有些黏土矿物阴离子交换容量更小,交换容量难以确定。

膨润土是以蒙皂石为主要成分的天然优质黏土。蒙皂石是一种铝硅酸盐矿物,由于层间阳离子可与水溶液中呈一价的阳离子进行交换,所以成胶能力很强。

利用这一特点,亚甲基蓝可以实现吸附能力评价。亚甲基蓝是一种有机极性分子,在水溶液中产生一价阳离子,能取代蒙皂石中可交换阳离子而被吸附形成有机膨润土复合物,在焦磷酸钠碱性介质中,亚甲基蓝能以氢氧化物形式被吸附。因此,分散在水溶液中的蒙皂石具有吸附亚甲基蓝的能力,其吸附的量称为吸蓝量。通常用 100g 膨润土在水中饱和吸附无水亚甲基蓝的物质的量(mmol)来表示。通过测定吸蓝量确定物质中蒙皂石的含量,得到了比较广泛的应用。由于确定吸蓝反应终点的方法不同,测定吸蓝量所用的方法也不同,主要有晕环法、示波极谱法和分光光度法。

晕环法操作方便,仪器简单,应用最为普遍。因为要用眼睛观察绿色环的出现来确定终点,误差比较大,造成方法的准确度和精密度受到限制。

示波极谱法测定吸蓝反应的终点比较准确,但因使用的仪器比较复杂,限制此方法广泛地应用。

分光光度法测定蒙皂石含量的方法,不需测吸蓝量,也不需确定吸附反应的终点,测定结果也比较准确。但当没有标准蒙皂石样品时,便无法作标准曲线,使测量遇到困难(郑素群等,2010)。

阳离子交换的不同,主要是由于黏土的结构造成的。黏土可以通过吸蓝量、胶质价、膨胀容、pH 值、比表面积、阳离子交换容量、吸附脱色性、选择性、吸附催化性、黏滞性、吸水性、灭菌除臭去毒杀虫性等来评价。钻井流体常见的黏土有蒙皂石、凹凸棒土和泡石。可以通过吸蓝量或电镜扫描观察,主要定性研究其成胶性。

(1)蒙皂石又名微晶高岭石、胶岭石(Montmorillonite),是一种层状结构、片状结晶的硅酸盐黏土矿。因其最初发现于法国的蒙脱城而命名。俗名称观音土,其族系物有11种。由二层共顶连接的硅氧四面体片夹一层共棱连接的铝(镁)氧(氢氧)八面体片构成 2∶1 型含结晶水结构,是黏土类矿物中晶体结构变异最强的矿物之一,通过衍射仪慢速扫描的试验结果表明为天然纳米材料。

蒙皂石黏土 pH 值为 7~8.5,比表面积为 $800m^2/g$。蒙皂石晶层上下面皆为氧原子,晶层之间以分子间力联结,联结力弱,水分子易进入晶层之间,引起晶格膨胀。更为重要的是由于晶格取代作用,蒙皂石带有较多的负电荷,于是能吸附等电量的阳离子较多。水化的阳离子进入晶层之间,致使层间方向上的间距增加。所以,蒙皂石是膨胀型黏土矿物,极大地增加了它的成胶性能。蒙皂石晶体构造如图 1.1.21 所示。

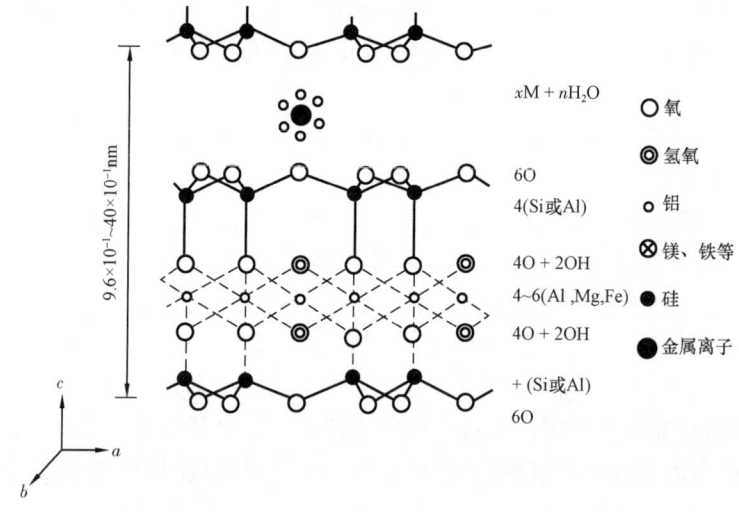

图 1.1.21　蒙脱土晶体构造示意图

从图 1.1.21 中可以看出,蒙皂石晶体中间为铝氧八面体,上下为硅氧四面体所组成的三层片状结构的黏土矿物,在晶体构造层间含水及一些交换阳离子,有较高的离子交换容量,具有较高的吸水膨胀能力。

钻井流体常用的膨润土的主要矿物成分是蒙皂石,含量为 85%~90%。层间阳离子为钠离子时称钠基膨润土。层间阳离子为钙离子时称钙基膨润土。层间阳离子为氢离子时称氢基膨润土或称活性白土、天然漂白土、酸性白土。层间阳离子为有机阳离子时称有机膨润土。

(2)凹凸棒石又称坡缕石或坡缕缟石(Palygorskite),是一种具链层状结构的含水富镁铝硅酸盐黏土矿物。其结构属 2∶1 型黏土矿物。在每个 2∶1 单位结构层中,四面体晶片角顶隔一定距离方向颠倒,形成层链状。在四面体条带间形成与链平行的通道,通道横断面约 $3.7×6.3Å$。通道中充填沸石水和结晶水,从结构看,凹凸棒石是层链状结构的含水富镁铝硅酸盐黏土矿物。理想分子式为 $(Mg,Al,Fe)5Si_8O_{20}(HO)_2(OH_2)_44H_2O$;理论化学成分为

O_2 56.96%；$(Mg,Al,Fe)O$ 23.83%；H_2O 19.21%。凹凸棒石晶体构造示意图如图 1.1.22 所示。

从图 1.1.22 中可以看出，硅氧四面体所组成的六角环都依上下相反的方向对列，并且相互间被其他的八面体氧和氢氧根离子所联结，铝或镁居八面体的中央。同时，构造中保留了一系列的晶道，具有极大的内部表面，水分子可以进入内部孔道。

(3) 海泡石(Spilite) 是一种纤维状的含水硅酸镁，通常呈白、浅灰、浅黄等颜色，不透明也没有光泽。有的形状像土块，有的成皮壳状或结核状。在电子显微镜下可以看到它们是由无数细丝聚在一起排成片状。海泡石遇到水时会吸收很多水从而变得柔软，干燥后又变硬。海泡石是富镁黏土矿

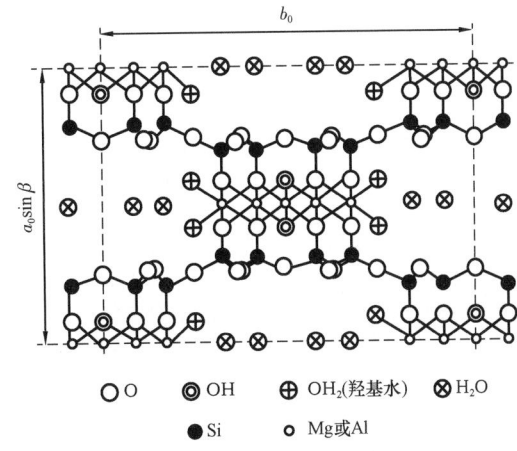

图 1.1.22 凹凸棒石晶体构造示意图

物，海泡石按其晶体形态分为 α 海泡石和 β 海泡石两种。海泡石为含水的硅酸镁，二氧化硅/氧化镁的分子比约等于 1.5。但是长期以来由于各地的海泡石化学成分有显著的差别，所以化学式尚未最后确定，通常以 $4MgO·6SiO_2·2H_2O$ 来表示。

在海泡石的纳米孔中主要存在 8 个沸石水(存在于沸石中的中性水，加热可以逸出)和 4 个结构水(存在于化合物或矿物晶格中的水)，以 4 个羟基水存在于三八面体结构中。从这三种水的在晶体结构中的位置就可以判断出，羟基水是最难排除的，实际热分析结果也是如此。最易排除的是沸石水，而结构水一般分两步排除，排除温度一般在 200~350℃ 和 350~500℃。在理论上，海泡石的化学成分较为简单，主要为硅和镁，其化学式为 $Mg_8(H_2O)_4(Si_6O_{15})_2(OH)_4·8H_2O$。其中，二氧化硅的含量一般为 54%~60%，氧化镁含量多为 21%~25%。但在自然界中，常有少数置换阳离子，如镁离子可被亚铁离子或铁离子、锰离子、铝离子等所置换。其不平衡的电荷则主要由四面体中的铝离子和铁离子对硅离子的类质同象置换所产生，故能产生变种海泡石。一般认为，黏土吸水膨胀机制有结晶膨胀和渗透膨胀两种。

结晶膨胀有时称为表面水合，是由于单晶分子层在基底晶体表面上的吸附的中间层表面。第一层水通过氢键键合到氧原子的六角形网络而保持在表面上(Hendricks et al., 1938)，如图 1.1.23 所示。

因此，水分子也是六方配位。下一层类似地协调和结合到第一层，依此类推，随后的层也是如此。黏合的强度随着与表面距离增大而减小，但氢键形成的吸附水被认为可持续到距离外表面 75~100Å(Low,1961)。图 1.1.24 所示为水和蛭石层通过氢结合的组合体，其中较大的虚线圆圈表示氧原子，位于水分子平面下方 2.73Å 处；A、B 和 C 指氧原子存在的不同位置，L 表示氢键。

水分子结构决定了水具有准结晶性质。因此，表面以内单位体积的水比游离水的小约 3%。水黏度比游离水也高。可交换阳离子以两种方式影响结晶水。

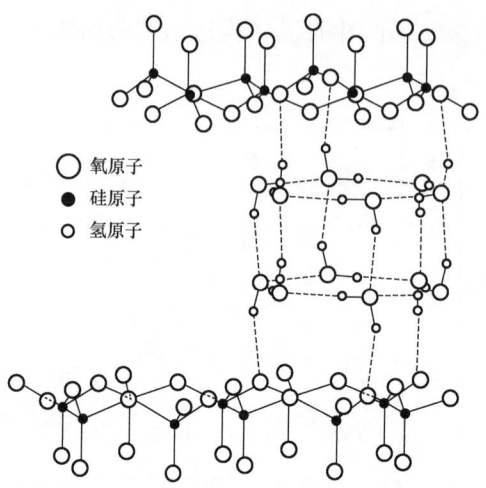

图1.1.23 部分脱水蛭石层之间的组合水层

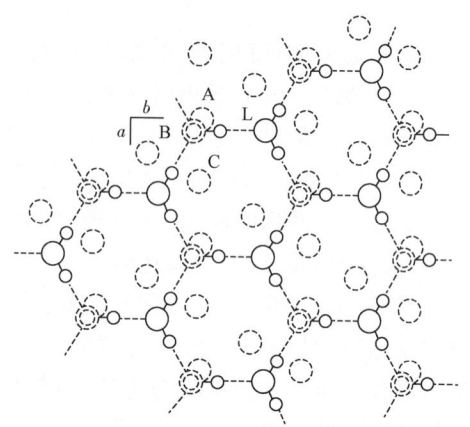

图1.1.24 水和蛭石层通过氢结合的组合体

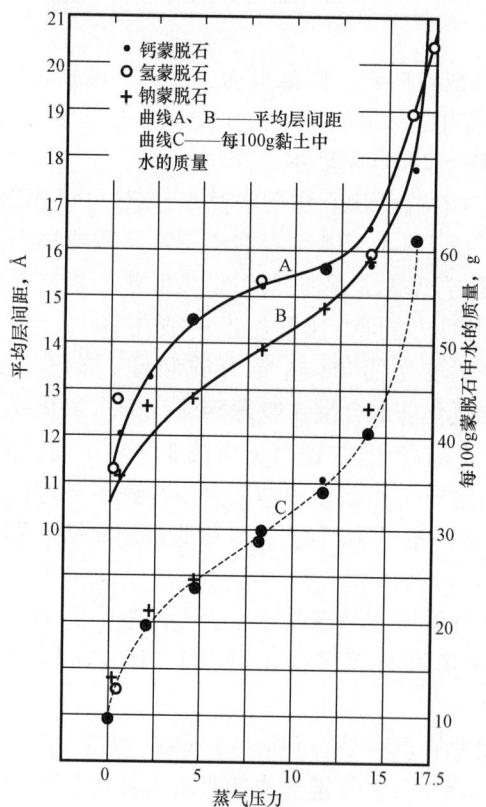

图1.1.25 21℃时蒙皂石的蒸气压力与吸附量的关系

首先,许多阳离子本身是水合的,即它们具有水分子的壳。自己带水进入层间,增加了黏土的结晶水量。其次,水外壳与水分子竞争结合到晶体表面,破坏水结构。

当干蒙皂石暴露于水蒸气时,水在层之间冷凝,并且晶格膨胀。图1.1.25显示了水蒸气压力、吸附的水量和层间距的增加之间的关系(Ross et al.,1945)。显然第一层的吸附能量非常高,但是随着后续层迅速降低。

从图1.1.25中可以看出,水蒸气压力增加,蒙皂石吸附量随之增加,层间距增加。

Norrish使用X射线衍射技术来测量单阴离子蒙皂石薄片的层间距,然后将它们浸没在黏土上的阳离子盐的饱和溶液中,逐渐降低溶液浓度,最后在纯水中观察层间距(Norrish,1954)。

层间距随着浓度降低而增加,每个步骤都有水分子吸附。由单离子黏土观察到的最大间距见表1.1.10。从测得的结果看,吸附水不超过4层。水分子的直径为4Å。

第1篇　钻井流体性质

表1.1.10　蒙皂石晶片在纯水中层间距

序号	黏土阳离子种类	最大层间距 Å
1	Cs^+	13.8
2	NH_4^+,K^+	15.0
3	Ca^{2+},Ba^{2+}	18.9
4	Mg^{2+}	19.2
5	Al^{3+}	19.4

从表1.1.10中可以看出，黏土中不同阳离子在纯水中最大层间距差距不大，离子价数越高，层间距越大。最低的是铯离子，为13.8Å，最大的是铝离子，为19.4Å。

对于单阴离子钠蒙皂石，在0.3N的浓度下观察到间距从19Å增加到40Å，并且X射线图从聚集到扩散。在更低的浓度下，间距随浓度平方根的倒数线性增加，如图1.1.26所示。

从图1.1.26中可以看出，层间距增加时，测试得到的数据更分散。从理论上计算的最大值或许已经发生，因其更分散而未能检测到具体值。使用氯化锂和盐酸代替氯化钠也观察到类似的结果。只是到在0.66N的浓度才出现大幅度的膨胀，层间距为22.5Å。但是，在稀盐酸溶液中观察到的层间距变大时，可能是因为酸侵蚀晶体结构，并且因为随后释放铝离子和将黏土转化为铝形式，破坏整个晶体。

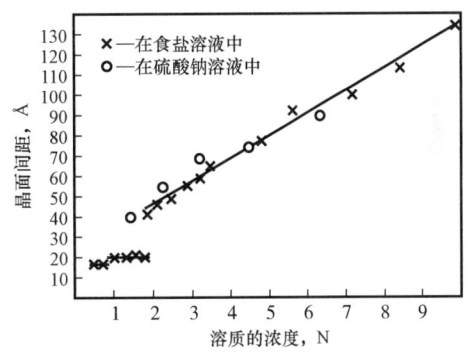

图1.1.26　蒙皂石的晶格膨胀

Norrish认为，由层间阳离子水合产生的排斥膨胀力，以及由带负电层表面和层间阳离子之间的静电连接产生的相反吸引力引起层间距变化。

在表1.1.5所示的盐离子，膨胀力不足以破坏静电连接，仅观察到结晶膨胀。另外，在钠、锂和盐酸稀释溶液中产生的排斥力足够强以破坏连接，从而允许发生渗透性膨胀。

之所以发生渗透膨胀，因为层与层之间的阳离子浓度大于本体溶液中的阳离子浓度。因此，水被吸入层间，从而增加层间距并允许扩展成双层。尽管不涉及半透膜，但是电解质浓度的差异决定渗透的程度。

渗透性膨胀体积比结晶膨胀体积大得多。例如，每克钠蒙皂石干黏土吸附约0.5g水，结晶膨胀体积增加1倍。每克干黏土吸附约10g水，渗透膨胀体积20倍。另外，层间的排斥力在渗透性膨胀时比在结晶膨胀时小得多。

钻井流体使用的黏土矿物的作用机理是吸收水分而发生膨胀和分散。钻井流体形成滤饼的过程是先由较大的颗粒将大孔堵塞一部分，然后次大的颗粒堵塞大颗粒之间的孔隙，依次下去，孔隙越封堵越小，最终起到既能阻止滤液向地层渗透又能保护井壁的作用。

钻井流体用降失水剂吸附在钻井流体中的黏土颗粒上，增加水化程度。黏土颗粒周围的水化膜增厚，使形成的滤饼在压差作用下容易变形，适合封堵不同形态的孔隙，滤饼的渗透率降低。

对于黏土钻井流体而言,调整钻井流体的流变性能和触变性能本质上是调整钻井流体中黏土颗粒间的静电斥力和水化膜斥力。这一点许多学者做过研究(Schofield et al. ,1954)。

(4)电性作用引起的能量变化可以表征稳定胶体。两个胶体离子相互接近至双电层发生重叠时,便产生了静电排斥力。同时,两个颗粒之间又存在范德华力,引力排斥力和吸引力均与胶粒表面间距相关。对悬浮液或胶体的凝聚和分散是从同类微粒间的扩散双电层以及范德华引力合并在一起考虑的。DLVO 理论用排斥势能和引力势能随颗粒间距的变化可用曲线表示,认为体系能量的变化是吸引势能加上排斥势能的总和。

DLVO 理论是由苏联的德加根(Derjaguin)和兰道(Landan)以及荷兰的伏维(Verwey)和奥伏贝克(Overbeek)分别提出的胶粒相互作用理论,故简称 DLVO 理论。

20 世纪 40 年代,苏联学者 Derjaguin 和 Landau 与荷兰学者 Verwey 和 Overbeek 分别独立地提出了关于各种形状胶粒之间的吸引能与双电子层排斥能的计算方法,并据此定量处理了溶胶的稳定性问题。DLVO 理论所涉及的是胶体稳定性问题。两个等同球形颗粒的范德华引力势能。

$$E_A = -\frac{Ar}{12H} \tag{1.1.87}$$

式中　E_A——范德华引力势能(规定为负值);

　　　A——Hamaker 常数,该常数与颗粒性质有关,是物质的特性参数,具有能量单位,一般为 $10^{-20} \sim 10^{-19}$ J;

　　　r——球形半径;

　　　H——两球距离。

两个平行的等同平板颗粒的范德华引力势能:

$$E_A = -\frac{Ar}{12\pi H^2} \tag{1.1.88}$$

从以上两个公式可以看出,E_A 随距离增大而下降。

动力稳定性是指胶粒由于布朗运动而无法下沉的特性。由于水分子热运动撞击胶粒而形成的布朗运动,其平均位移按爱因斯坦(Einstein)和斯莫鲁霍夫斯基(Smoluchowski)的理论:

$$\overline{X} = \sqrt{\frac{RT}{N_A} \times \frac{\Delta t}{3\pi\mu r}} \tag{1.1.89}$$

式中　$\overline{X}$——平均位移;

　　　R——气体常数;

　　　T——水的热力学温度;

　　　N_A——阿伏伽德罗常数;

　　　Δt——观察的间隔时间;

　　　μ——水的黏度;

r——颗粒半径。

胶体颗粒半径越大,布朗运动的摆动幅度即平均位移越小,反之亦然。粒径在 3~5μm 胶体范围内的颗粒,每秒的平均位移仅在 1mm 以下;粒径大于 5μm,实际上布朗运动已经消失,因为大颗粒所受来自不同方向水分子撞击力几乎相互抵消。失去布朗运动的颗粒可在重力作用下下沉,称动力学不稳定。布朗运动剧烈的小颗粒,一方面所受重力小,另一方面由于布朗运动的摆动幅度很大,因而能均匀地分散在溶液中,称动力稳定。如果要使胶体颗粒沉降,须使胶体颗粒相互凝聚成大的聚集体。

两个微粒的距离较远时,只有吸引力起作用,此时,总势能为负值,随着微粒间距离的缩短,排斥力开始起作用,总势能逐渐上升为正值,与此同时,微粒间的吸引力也随着距离的缩短而迅速增加。当距离继续缩短,达到一定范围时,吸引力又占优势,总势能骤然下降。总势能出现能垒,表示此时总势能达到最大值,本是指活化分子含有的能参加化学反应的最低限度能量或称能阈或能障。当胶体微粒的碰撞能小于此能垒时,它不能克服微粒间的排斥力,此时微粒不可能接触,所以也不能产生凝聚作用。这就说明胶体和悬浮液在一定时间内稳定的原因。如果胶体微粒的碰撞能增大,可以克服微粒间的排斥能而超越能垒,这时又由于距离靠近,吸引能随着距离的缩短而激增,此时吸引能占优势。总势能又下降为负值,这时两个微粒发生凝聚作用,这说明悬浮液和胶体出现不稳定的原因。当总势能垒降低时,部分碰撞可能出现,此时悬浮液或胶体发生慢速凝聚。如果能垒全部消失,微粒间的静电排斥力和范德华引力相等,就发生快速凝聚。凝聚速度完全取决于微粒间的碰撞频率。

应该指出的是,上述结论显然是在假定的恒电位表面的情况下得到的,即如果表面电荷是由于电位决定离子在微粒表面上的吸附形成,那么,两个微粒相互接近和扩散层相互重叠时,表面电位不变,表面电荷密度要有相应的调整。但如果表面电荷是由于表面物质离解形成,两个微粒相互接近和扩散层相互重叠时,表面电荷密度不变,表面电位要有相应的调整。如果颗粒间的距离很大,上述两种情况下微粒间的相互作用的差别是非常小的。Overbeek 研究认为,做典型布朗运动的两个微粒互相碰撞时双电层的速度是非常快的,离子不能保持吸附平衡。通常,实际情况是处于表面电位不变和表面电荷密度不变之间的某种状态。但不适用不同种类微粒间的凝聚和分散。

在异相凝聚中,因微粒不同,一般表面电位也不同,它们的双电层作用力是不对称。对于非对称双电层重叠的相互作用力,最初由德里加金(Derjaguin),后由霍格(Hogg)、西利(Healy)和福尔斯特瑙(Feurstenau)等导出求得双电层相互作用的势能(V_{el})公式,以 01 和 02 代表两个不同的微粒,其相互作用的势能

$$V_{el} = \frac{\varepsilon\kappa}{8\pi}[(\psi_{01}^2 + \psi_{02}^2)(1 - \coth\kappa D) + 2\psi_{01}\psi_{02}\mathrm{csch}\kappa D] \qquad (1.1.90)$$

式中 ε——介电常数;
ψ_{01},ψ_{02}——平衡条件下颗粒的表面电位;
κ——离子层厚度的倒数;
D——两微粒之间的距离。

如果在平衡条件下两微粒表面电位相等时,则其势能与 DLVO 理论的排斥势能相似。由于颗粒表面电位不仅可以在数值上不同,而且还可能异号,因此作用势能可为正值,表现

为相斥作用;也可为负值,表现为相吸作用;还可先为正,离子层厚度的倒数随着距离的接近转正为负。

带同性电荷胶体颗粒之间由于静电斥力或水化膜的阻碍而不能相互聚集的现象,称聚集稳定性。不难理解,若胶体颗粒失去聚集稳定性,就可在布朗运动作用下碰撞聚集,动力学稳定性也就随之破坏,沉淀就会发生。因此,胶体稳定性,关键在于聚集稳定性。

1.2.2.2 重力影响胶体稳定特性

胶体颗粒尺寸很小,以至于它们通过水分子冲击,可以无限期地保持悬浮。使用超高倍微显微镜和较暗背景观察时,颗粒的不规则运动可以通过反射光看到。非常小的颗粒,表面性质能够控制胶体的黏度和沉降速度。

(1)分散程度越高、重力越小,稳定性可能越好。固体的细分程度越大,单位质量的表面积越大,表面现象的作用越大。例如,棱长1mm的立方体有$6mm^2$的总表面积。如果它被细分为棱长$1\mu m$的立方体,则将有108个立方体,每个立方体具有$6×10^3 mm^2$的表面积,总表面积将达到$6×10^3 mm^2$。再次细分为纳米级立方体,总表面积将高达$6×10^6 mm^2$或$6m^2$。

单位质量颗粒的表面积比称为比表面积(Specific Surface Area)。如果$1cm^3$的立方体被分成微米尺寸棱长的立方体,立方体的密度为$2700kg/m^3$,那么比表面积将为$6×10^6/2.7 = 2.2×10^6 mm^2/g = 2.2 m^2/g$。

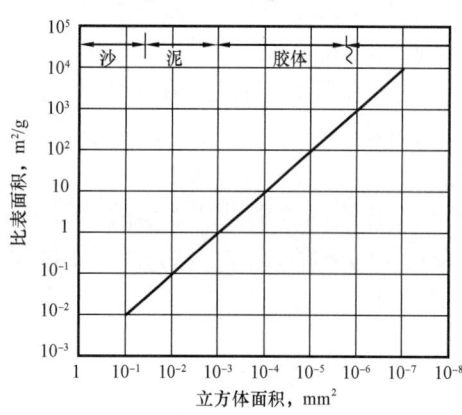

图 1.1.27 密度$2.7g/cm^3$岩石等效球面的立方体比表面

图 1.1.27 展示了密度为$2.7g/cm^3$的岩石比表面积与立方体尺寸的关系,以等效球面半径表示的比表面积。颗粒的等效球面半径,可以认为是具有与颗粒相同的沉降速率的球体的半径,可以通过斯托克斯定律测量的沉降速率来确定。

从图 1.1.27 中可以看出,胶体和淤泥之间的界限是不确定的。因为胶体的表面性质,随颗粒形状而变化,表面电位随原子结构而变化。钻井流体中的大部分固相在淤泥尺寸范围内。颗粒来源是地层剥落或钻屑,抑或加重材料。这些所谓的惰性固体并不是绝对的不与水作用。高浓度固相,影响钻井流体的黏性。

另外,钻井流体中黏土是总固相中的一小部分,但是由于其活性对钻井流体的性能影响很大,主要有黏土矿物和有机处理剂例如淀粉、羧基纤维素和聚丙烯酰胺衍生物。这两类材料在钻井流体中相互影响,加剧了流体的成胶能力。

(2)重力特性是胶体稳定性的重要指标。黏土膨胀分散的程度越高,黏土的成胶性越好。主要是因为分散程度越高,颗粒越小,在布朗运动的作用下,越不易沉淀下来。当然,还要有一定的浓度,以保证能够通过布朗运动的行程内能够相互碰到。固相颗粒在流体中受力示意图,如图 1.1.28 所示。

从图 1.1.28 中可以看出，固相颗粒在流体中主要受向下的重力和向上的浮力、承托力作用。假设岩屑或加重材料固相颗粒为圆球形，颗粒在钻井流体中既不上浮，也不下降时。

$$G = F_S + F_{GS} \quad (1.1.91)$$

即

$$\frac{1}{6}\pi d_s^3 \rho_s g = \frac{1}{6}\pi d_s^3 \rho_1 g + \pi d_s^2 f_{GS}$$

$$(1.1.92)$$

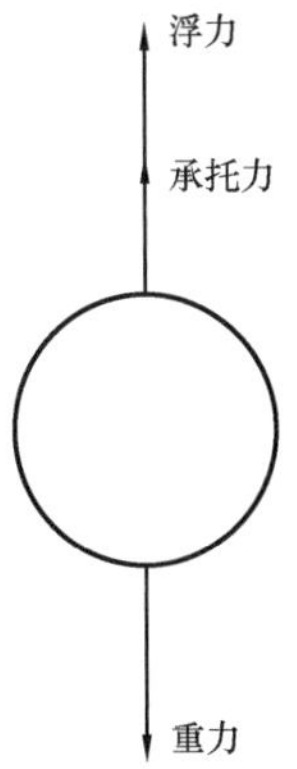

图 1.1.28　固相颗粒受力分析图

式中　d_s——岩屑或加重剂颗粒的等效直径，m；

ρ_s——岩屑或加重剂的密度，kg/m³；

g——重力加速度，取 10m/s²；

ρ_1——钻井流体密度，kg/m³；

f_{GS}——钻井流体单位面积上的承托力，Pa。

此承托力就是控制固相颗粒不沉降的最小值，可以近似认为是钻井流体的静切力。钻井流体的静切力(Gel Strenth)是钻井流体静止时能够承托固相颗粒的力。实质是流体的结构强度。

例如，某钻井流体密度 1.20g/cm³，加重材料重晶石密度 4.2g/cm³，颗粒最大直径为 0.1mm。为保证重晶石颗粒在钻井流体停止循环时不沉降，钻井流体必须提供合适的承托力。

$$F_{GS} = \frac{d_s(\rho_s - \rho_1)g}{6}$$

$$= \frac{(1.0 \times 10^{-4}) \times (4.2 \times 10^3 - 1.20 \times 10^3) \times 10}{6}$$

$$= 0.5$$

即钻井流体必须具有 0.5Pa 以上的静切力，才能满足钻井流体中的固相不沉降。事实上，加重材料颗粒应在 0.075mm 以下，需要承托力较小，一般的钻井流体都能够满足要求。如果重晶石颗粒直径为 0.2mm，钻井流体至少应具备 1.0Pa 的承托力，即静切力增大 1 倍。如果 1.0mm，则需要 5.0Pa 承托力。这个力则是一个比较大的力。

钻井流体加重材料的细度在中国有国家标准。标准中规定重晶石粉、石灰石、钒钛铁矿粉、氧化铁矿粉以及镜铁矿粉的粒径的大小。这样，就可以大到估算出各种加重材料加重前，钻井流体应该具备的最小切力值。保证加重材料不沉降，再考虑地层岩屑的大小提高钻井流体的静切力，以保证在一定时间内保持岩屑等较大的颗粒不沉降。

室内可以利用沉降柱法原理，通过实验测定固相颗粒沉降时间。沉降柱的原理如图 1.1.29 所示。

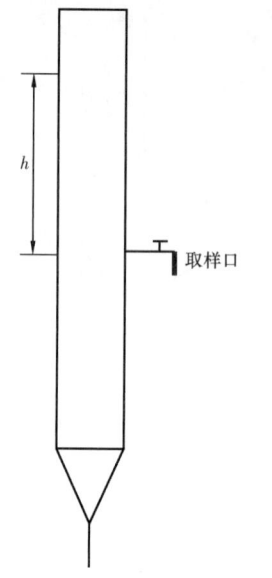

图1.1.29 沉降柱原理示意图

实验测定时,取一定直径、一定高度的沉降柱,在沉降柱中下部设有取样口。搅拌均匀后开始沉降实验,并开始计时,经不同沉降时间从样口取一定体积钻井流体分别计下取样口高度,分析各次钻井流体取样固相浓度,计算沉降速度。

$$u_i = h/t_i \tag{1.1.93}$$

式中 u_i——沉降速度,m/min;
h——取样口高度,m;
t_i——沉降时间,min。

如果测量岩屑沉降速度,需测量加入钻井流体中的岩屑通过取样口的时间,就可以得到单位距离内岩屑沉降所需要的时间。当然,实验也适合测量加重材料的沉降速度。如果用浓度表征沉降的速度,颗粒的浓度可以由浊度仪或者分光光度计来获得。

并不是所有的黏土都能形成胶体,或者说都具备形成钻井流体需要的胶体性能。蒙皂石吸附水分子后,其体积膨胀的量会远远超过高岭石和伊利石等黏土。因此,大多数研究黏土成为胶体都以蒙皂石为例。实际上,黏土水化成比较满意的胶体,除了水化作用外,机械作用也是一个非常重要的手段。

也就是说,认为胶体是特定物质制成的,是不正确的。形成胶体后,在光学显微镜可以分辨的范围内,任何物质都可能成为胶体。胶体更准确地描述应该是胶态流体,因为两相物质之间的相互作用是胶体形成的重要环节,可由分散在液体中的固体,分散在液体中的液滴或分散在气体中的固体改变两种物质的作用力形成一种分散体系。

1.2.2.3 范德华引力影响胶体稳定特性

一般认为,力学影响胶体稳定的作用力,包括胶体稳定的力、胶体颗粒稳定的力等两个方面的力。这两类力在前文讲了来源于范德华力和氢键结合力。

(1)范德华力是胶体颗粒不稳定的因素。分子间作用力是指存在于分子与分子之间或惰性气体原子间的作用力,又称范德华力(van der Waals Force),具有加和性,属于次级键,即分子间弱相互作用。此外,氢键、盐键、疏水作用力、芳环堆积作用以及卤键等,都属于次级键。

胶体颗粒之间存在着范德华力吸引作用,同时它们在相互靠近时又存在双电层之间的排斥作用。胶体的稳定性就取决于这种吸引与排斥作用的相对大小。分子间范德华引力包括诱导力、偶极力和色散力等三类。

一类,诱导力,是永久偶极子与诱导偶极子间的相互作用。当极性分子与非极性分子相邻时,则非极性分子受极性分子的诱导而变形极化,产生诱导偶极。这种固有偶极与诱导偶极之间的相互作用称为诱导力(Induction Force)。此力为1920年由德拜提出,又称德拜力(Debye Force)。诱导力的大小与分子的偶极矩及分子的极化率有关,极性分子偶极矩越大,极性与非极性两种分子的极化率越大,则诱导力也大。

二类,偶极力,是两个永久偶极子之间的相互作用。当极性分子与极性分子相邻时,极性分子的固有偶极间必然发生同极相斥、异极相吸,从而先取向后变形,这种固有偶极与固有偶极间的互相作用称为取向力(Orientation Force)。此力由葛生在1912年提出,又称葛生力(Keenson Force)。取向力的大小与分子的偶极矩和极化率均有关,主要取决于固有偶极,即分子的固有偶极越大,分子间的取向力也大。

三类,色散力,是两个诱导偶极子之间的相互作用。色散力,此力为伦敦所阐明,又称伦敦力(London Force),它是由同种分子间产生的极化所引起。一般可以认为,原子和分子内核和电子不是静止而是运动的,能周期性地瞬变两者的相对位置,于是诱导邻近分子极化。邻近分子的极化反过来会促进瞬变偶极矩的变化幅度增大,增大了的分子偶极矩,会再较强地诱导邻近分子,这样相互反复作用,诱导了分子极化,于是便产生非极性分子间的引力,即色散力。色散力随分子中原子数目的增加或分子表面积的加大而加大,随分子间距离的增长而减小,即色散力的大小与分子的极化率有关,极化率越大,则分子间的色散力也越大。

非极性分子的偶极矩虽为零,但它们之间确实存在相互作用。例如温室下溴为流体,碘为固体,氯、氮和二氧化碳等非极性分子在低温下呈液态,甚至固态。这些物质能维持某种聚集态,就是由于在非极性分子间存在一种相互作用力。这是因为分子在运动过程中电子云分布不是始终均匀的,每瞬间分子内带负电的部分(电子云)和带正电的部分(核)不时地发生相对位移,致使电子云在核的周围摇摆,分子发生瞬间变形极化,产生瞬时偶极(Instantaneous Dipole)。因而,极性分子始终处于异极相邻状态,这种瞬时偶极之间的相互作用称为色散力(Dispersion Force)。

这三种引力的总和之大小与分子间的距离的六次方成反比。除了少数的极性分子之外,对于大多数分子,色散力占支配地位。钻井胶体中,还有许多不为人知的力,在影响着钻井流体的性能。

(2)氢键结合力是稳定胶体的重要因素。氢键结合力(Hydrogen Bonding Force)是指氢原子与电负性大的原子X以共价键结合,若与电负性大、半径小的原子Y(如氧、氟、氮等)接近,在X与Y之间以氢为媒介,生成$X-H\cdots Y$形式的一种特殊的分子间或分子内相互作用。X与Y可以是同一种类分子,如水分子之间的氢键,也可以是不同种类分子,如一水合氨分子($NH_3 \cdot H_2O$)之间的氢键。

氢键是不是分子间作用力,取决于分子间作用力的定义。如果按照广义范德华力定义,引力常数项可将偶极、诱导和氢键等各种极化能归并为一项来计算,氢键属于分子间作用力。如果按照传统定义,分子间作用力定义为,分子的永久偶极和瞬间偶极引起的弱静电相互作用,那么氢键不属于分子间作用力。

由于极性分子正负电荷重心不重合,分子中始终存在着一个正极和一个负极,极性分子的这种固有偶极叫作永久偶极;非极性分子正负电荷重心重合,在外电场作用下可以产生诱导偶极,即使没有外电场存在,由于电子不停运动,正负电荷重心也不断变化。这种某一瞬间产生的正负电荷重心不重合的现象叫作瞬间偶极。

氢键既可以存在于分子内,也可以存在于分子间。氢键与分子间作用力的量子力学计算方法不同。氢键还具有较高的选择性、不严格的饱和性和方向性。分子间作用力不具有这三个特性。折叠体化学认为,多氢键具有协同作用,诱导线性分子螺旋,分子间作用力不具有协同效应。超强氢键具有类似共价键本质,在学术上有争议,必须和分子间作用力加以区分。

1998年,美国化学家Samuel H. Gellman首次提出折叠体(Foldamer)的概念。模拟生物大分子构建受非共价键驱动而具有稳定二级结构和明确构象的低聚物。低聚物又称寡聚物,旧称齐聚物、低聚反应产物。相对分子量在1500以下和分子长度不超过5nm的聚合物。分子量和分子长度高于上述范围是高聚物。低聚物的性质与高聚物不同,能溶解、蒸馏、形成晶形或无定形物质。

低聚物的物理化学性随分子量不同而变化,是一个不完全聚合的聚合物。如未交联固化前的环氧树脂、不饱和聚酯、低分子量聚醚等。某些单体在不同的条件下,能生成不同的聚合物。例如苯乙烯在用过氧化二苯甲酰作引发剂时生成高聚物,在用硫酸作催化剂时生成低聚物。折叠体可分为脂肪类和芳香类两种,前者以氨基酸和核酸等为骨架,模拟多肽结构合成。后者以芳环为骨架,将单体以酰胺键和炔键等连接而成。芳香类折叠体按构建方式可分为分子内氢键、疏溶剂效应、反向优势构象及空间位阻等。与脂肪类折叠体相比,芳香类折叠体由于芳环自身的刚性及芳环之间的π-π环堆积作用,稳定性更强,化合物构型更易预测。这一发现,说明若错误地将分子间作用力、氢键和卤键看成等同作用,那么分子识别、DNA结构模拟和蛋白质结构堆积,就根本不可能研究了。所以在学术上,这些弱相互作用都统称为次级键。

1.2.2.4　空间障碍影响胶体稳定特性

聚合物胶体颗粒的结构和表面状态,是聚合物胶体稳定性的前提。稳定的聚合物胶体是由无数个聚合物胶体颗粒各自作布朗运动的单元,能够长期分散悬浮于介质中的胶体。每个胶体颗粒都含有许多条相对分子量为$10^5 \sim 10^7$的大分子链。根据高聚物的特性、大分子链在胶体粒内部的排列情况以及外界条件,聚合物可以呈结晶态、橡胶态或玻璃态。聚合物胶体颗粒的表面性质与吸附或结合在其表面上稳定作用的物质有关。这些物质包括吸附在胶体粒表面上的乳化剂、结合于聚合物链末端的引发剂离子基团、在胶体粒表面上吸附及锚接或者接枝的两亲聚合物。按照胶体颗粒表面附着物质的性质,颗粒表面可以呈毛发结构和毛发—双电层结构。

(1)毛发结构抵触促使稳定胶体。在胶体粒表面上,若没有离子基团,仅吸附或结合上两亲性嵌段共聚物,其中疏水端吸附于聚合物颗粒表面,亲水端溶解于介质中;或在非水介质,如十二烷、十二羟基硬脂酸链接枝在聚甲基丙烯酸酯胶体粒上。颗粒表面像长一层毛发一样,形成保护层,如图1.1.30所示。

从图1.1.30中可以看出,毛发几何构型,占据了胶体的空间,阻碍了颗粒间接近,使得胶体粒无法靠近而不能凝聚。为了提高胶体

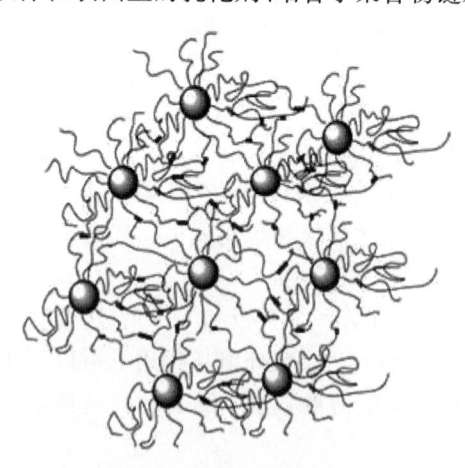

图1.1.30　聚合物毛发结构示意图

粒的稳定性,可以将毛发结构和双电层作用结合起来。如将离子性和嵌段共聚物的聚氧乙烯非离子表面活性剂共用,或将聚电解质链接枝在胶体粒表面上,如图 1.1.31 所示。

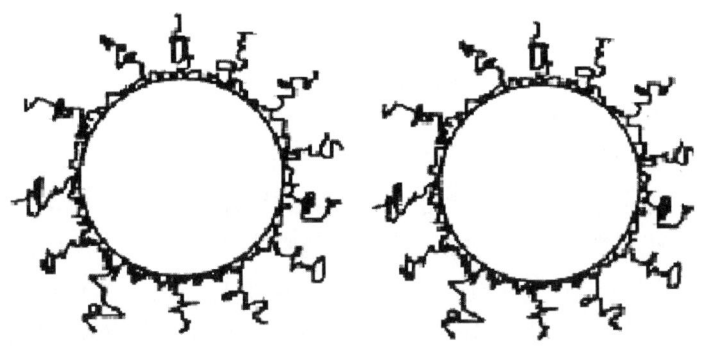

图 1.1.31　毛发—双电层结构示意图

从图 1.1.31 中可知,胶体粒既提供了静电稳定作用,又提供了空间稳定作用,图中的卷曲线为空间障碍稳定作用的范围,实线为静电稳定作用范围。

聚合物毛发结构,增大了颗粒在胶体中下降的阻力,这样,稳定了胶体。如图 1.1.32 所示。

从图 1.1.32 中可以看出,分子链在一定程度上支撑了黏土颗粒,使得黏土颗粒不容易沉降,达到悬浮稳定。同样,颗粒的电性也通过斥力抵触颗粒间的聚集。协同作用维持了体系稳定。

可以想象,拆散这种结构的难度要比拆散线性结构的难度大得多,使得聚合物分子吸附黏土颗粒所形成的悬浮液更稳定;而且,同直线型分子相比,支线型聚合物分子所吸附的细颗粒数量远远多于线性分子,护胶性能好,其降失水效率也就表现得更高,这也是聚合物加量较少便可以得到较低失水的一个重要原因。

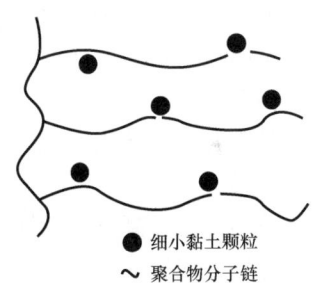

图 1.1.32　毛发状结构的悬浮稳定示意图

聚合物在钻井流体中的浓度一定要足够高,以利于黏土颗粒吸附,这样颗粒变成了带有较大电量的负电荷团,一方面增大了颗粒间的斥力;另一方面,因水化基团的水化而造成的厚水化膜,使黏土颗粒不易合并变大。如果加入聚合物的浓度低于护胶所需要的浓度时,聚合物不但对胶体没有护胶作用,反而引起钻井流体中的黏土颗粒更容易聚沉。这就可以部分解释钻井流体稳定的原因和钻井流体通过絮凝清除钻屑的机理。

(2)吸附层形成空间实现胶体稳定。质点表面上大分子吸附层阻止了质点的聚结,这类作用称为空间稳定作用(Steric Stabilization)。空间稳定作用是高分子稳定水溶胶及非水溶胶的主要因素。两颗粒的高分子吸附层靠近后被压缩,压缩后高分子链可能采取的构象数减少,构象熵降低。熵的降低引起自由能增加,从而产生斥力势能。当两高分子吸附层重叠时可以相互渗透,重叠区高分子浓度增加。若溶剂为良溶剂,因有渗透压产生斥力势能,若溶剂为不良溶剂时,可产生引力势能。

很早以前,人们就发现高分子物质对溶胶具有稳定作用。如中国古代制造的墨汁就掺进树胶,以保护炭粉不致聚结。现代工业上制造的油溶性油漆、涂料和油墨等均利用了高分子物质的稳定作用。此外,非离子表面活性剂不带电荷,对聚合物胶体颗粒也能起稳定作用;两亲性聚合物,在非水介质中,对聚合物胶体颗粒同样可起稳定作用。它们的稳定作用机理,是DLVO理论所无法解释的。按照这一理论,两个胶体颗粒间的相互作用力是静电斥力和范德华引力的叠加,实验表明DLVO理论对理解稳定现象十分有用,但对某些体系尤其是非离子表面活性剂存在的体系并不理想。这是因DLVO理论忽视了除双电层排斥力和范德华引力以外的其他可能因素,即未考虑聚合物物理特征对体系稳定性的影响。

为提高溶胶的稳定性,向溶液中加入少量其他胶体,使溶胶稳定。这种保护作用是依靠大分子在胶体颗粒的表面上形成有一定厚度的吸附层提高胶体的稳定性,称为保护胶体(Protective Colloid),又称为空间稳定性(Steric Stabilization)。保护胶体的过程,称为护胶。护胶所用的处理剂叫护胶剂。一般是中分子的降失水剂。这在前文已经介绍。

1954年,首先由Heller和Pugh两位学者,用空间保护一词来描述这种稳定作用。非离子表面活性剂疏水的烃链端吸附于聚合物颗粒表面,亲水端(多为聚氧乙烯或多缩乙二醇)伸至水相,并与溶剂发生溶剂化,对胶体颗粒起稳定作用。非离子表面活性剂/高分子稳定作用主要作用方式有三(Heller et al.,1954):

一是带电高分子吸附后会增加胶粒间静电斥力势能。这一点同吸附简单离子相同,同样可用DLVO理论处理。这是DLVO和空间稳定理论的相同点。

二是高分子吸附层通常能减小Hamaker常数(哈梅克常数),因而能降低颗粒间的范德华引力势能。

三是带有高分子吸附层的胶粒接近时,吸附层的重叠会产生一种新的空间斥力势能阻止颗粒聚集。

这种因吸附了高分子而导致的稳定作用称为空间稳定作用。产生斥力势能称为空间斥力势能。相应的理论称为空间稳定理论。空间稳定作用的机理主要有体积限制效应和渗透压效应。体积限制效应是指两颗粒的高分子吸附层靠近并被压缩。渗透压效应是指,两高分子吸附层重叠时可以相互渗透,重叠区高分子浓度增加。溶剂为良溶剂产生斥力势能。溶剂为不良溶剂时,产生引力势能,如图1.1.33所示。

(a) 吸附层被压缩

(b) 吸附层相互渗透

图1.1.33 两个带有聚合物吸附层的颗粒的相互作用

图1.1.33(a)为体积限制效应,由于高分子链很长,空间的限制使高分子链可能的构型数减少,构型数减少,体系自由能增加,产生排斥作用。图1.1.33(b)为混合效应,吸附层相互渗透发生交联,在交联区。高分子化合物浓度增加,产生渗透压致使混合过程体系熵、焓变化,从而引起自由能变化,若自由能升高,颗粒间相互排斥体系稳定;若自由能降低则发生

絮凝。通常,胶粒在良性溶剂中,高分子吸附层越厚,胶体越稳定。

上述是两种极端情况,实际上两颗粒上附着的高分子之间既有压缩、又有交联。一般是较远时交联,接近时压缩。根据 Napper 的热力学,有:

$$\Delta G = \Delta H - T\Delta S$$

式中　ΔG——吉布斯自由能;
　　　ΔH——焓变;
　　　T——体系温度;
　　　ΔS——熵变。

凡是促使熵增的变化均可使体系稳定(Napper,1977)。

① 加热聚沉。若焓变和熵变皆为正,则吉布斯自由能大于 0,此时,焓变起主要的稳定作用。

② 冷却聚沉。若焓变和熵变皆为负,则吉布斯自由能大于 0,此时,熵变起主要的稳定作用。

③ 温度对稳定的影响不明显。若焓变大于 0,熵变小于 0,均可使吉布斯自由能大于 0,此时焓变及熵变均使体系稳定,为复合稳定。

此外,该理论认为吸附高聚物层所产生的弹性力也对溶胶起稳定作用。属于何种稳定,由体系对温度的依赖性决定:若升温,体系趋于稳定则为熵稳定;若降低温度体系稳定则为焓稳定;若与温度变化无关则为焓—熵结合型稳定。从宏观上讲,压缩影响空间稳定作用的因素包括高分子结构、高分子的分子量和浓度及溶剂。

能有效稳定胶体的高分子是嵌段共聚物或接枝共聚物分子结构的物质,是高分子的结构,其分子结构中有良好亲和力,能充分伸展形成厚的吸附层,产生较高的斥力势能。

一般分子量越高,形成的吸附层越厚,稳定效果越好。许多高分子有临界分子量,低于此分子量时无稳定作用。

高分子物质浓度的影响比较复杂,一般浓度较高时,在胶粒表面形成吸附层起稳定作用。浓度再增加,过多的高分子物质也不能进一步增加稳定性;但浓度太小时,形不成吸附层,反而会降低胶体的稳定性。

在良溶剂中,高分子伸展,吸附层厚,其稳定作用强;在不良溶剂中,高分子稳定作用变差,容易聚沉。温度可以改变高分子与溶剂的亲水性,因而用高分子稳定的体系,其稳定性常随温度而变化。

向溶胶中加入高聚物或非离子表面活性剂,虽降低了剪切电势,但却显著地提高了溶胶体系的稳定性,这是用 DLVO 理论所解释不了的。这种结果可用空间稳定理论加以解释。空间稳定理论认为这是由于溶胶颗粒表面吸附了高聚物,吸附的高聚物层引起体系能量大于 0。从某种程度上讲,空间稳定理论包含了 DLVO 理论。

(3)不吸附形成空位稳定胶体。空位稳定作用不同于空间稳定。空位稳定(Depetion Stabilization)是由溶于介质中自由聚合物作为稳定剂所起的稳定作用,而不像空间稳定那样,稳定剂是铆接于或附着于胶体颗粒上的两亲性高聚物或表面活性剂所起的稳定作用。空位稳定作用的示意图如图 1.1.34 所示。

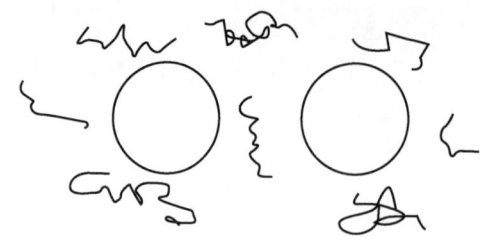

图 1.1.34　空位稳定作用的示意图

从图 1.1.34 中可以看出,向溶胶中加入高聚物,胶粒对聚合物分子可能产生不吸附或负吸附,致使胶粒表面层聚合物浓度低于溶液本体中的高聚物浓度,在胶粒表面形成空缺的表面吸附层,即空位,颗粒间空位的相互作用为空位作用。

高浓度下两颗粒靠近,不能将颗粒间聚合物挤出,接近困难,胶体稳定。浓度不高时,颗粒间高分子不多,甚至没有,挤出容易,则出现絮凝,称为空间絮凝。

当两个颗粒极端接近时,颗粒表面之间自由聚合物浓度会出现空位并产生稳定作用。当两颗粒更接近时,颗粒之间的聚合物链浓度进一步减少,在良溶剂中,从能量上考虑这是不利的。

空间稳定理论阐述了胶粒吸附高聚物的情况。反之,若胶体粒对高聚物是负吸附,胶粒表面层内的高聚物浓度低于体相中的浓度,导致胶粒表面生成空位层。

在链缠绕的聚合物溶液中,自由聚合物的浓度会对颗粒聚集体的形成产生作用。在非常小的纯溶液中,空位可能很大,因而颗粒的聚集很容易产生。

1958 年,Asakura 和 Oosawa 首先提出了空位作用能使胶体分散体产生絮凝作用并建立了平形板模型。两平板胶粒浸入胶粒高聚物溶液中,溶质高聚物分子被视作刚性球或刚性棒且不被吸收。当两平行板胶粒互相靠近时,会将两平板中间的高聚物溶液挤走,在此过程中会产生两种力,其中一种是引力,即两平板胶粒间的范德华引力(Asakura et al.,1958)。

另一种是斥力。由于负吸附,两平板中间的聚合物浓度小于连续相中溶液的浓度,将高聚物分子从两板之间移向高浓度的体相溶液的过程,不会自发进行,而是使两平行板胶粒分离的过程。但是,使溶剂从两平板之间移向连续相,却是自发过程,这种溶剂的渗透压力使两平行板胶粒相互靠近。

高聚物的浓度决定了引力和斥力的大小,而引力或斥力的大小又决定了胶粒的絮凝或稳定。若高聚物浓度不大,两平行板间高聚物分子数目不多,甚至没有,高聚物分子移出就不困难,就无力阻挡两平行板胶粒靠近,胶体出现絮凝,称之为空位絮凝作用。若两平行板间高聚物分子数目较多,要使其移向体相溶液,将消耗较多的能量,从而使两胶粒较难靠近,胶体呈稳定状态。

Vincent 等(1975)首先发现了空位层导致胶体稳定。后来,Vincent 等(1980)解释了在有位阻稳定的分散体系中自由高分子的作用。在聚苯乙烯微球分散体系中,颗粒表面吸附着低分子量的聚氧化乙烯,而加入游离的聚氧化乙烯时,可以诱导絮凝的发生。为了估计半稀释区空间的相互作用,设想了图 1.1.34 的两颗粒的相互作用情况。

自由高分子与起稳定作用的高分子在化学性质上是相等的。这个理论认为,只要自由高分子与起稳定作用的位阻保护层的高分子在化学性质上相同,加入这种自由高分子就会使位阻稳定的胶体颗粒发生絮凝。

Vans 等(1975)指出,Vincent 等的理论并没有考虑到与自由高分子有关的空位效应,而且 Vincent 等认为高分子的絮凝效应与位阻保护层有关。然而众所周知,即使没有位阻保护层存在，絮凝照样能够发生。

Gennes(1976)用平均场理论(The Mean Field Theory)、标度法则理论(A Scatting Law Theory)等两种方法阐述了絮凝现象。但是 Napper 等指出，这两种理论没有一种能够解释空位稳定理论。

(4)多种作用立体稳定胶体。立体稳定性理论认为颗粒间相互作用能包括引力势能和斥力势能，还包括立体作用力。胶体的稳定性取决于静电斥力和立体斥力与范德华引力之间的平衡。当介质的离子强度很高时，或介质的介电常数不能维持离子化作用时，斥力可以忽略。如果表面层足够厚，引力能也可省去。这样，在一定条件下，颗粒的稳定性只受立体能控制。立体能可以是颗粒间的斥力或引力，这取决于分散介质对吸附的分子链的亲和力。引力能和斥力能得到 DLVO 理论的定量描述，构成静电稳定性理论的基础，立体稳定性理论就是试图用表面层的近似统计力学模型来计算立体能。

当表面间距小于 2 倍的吸附层的厚度时，两界面层会产生一定程度的干扰，导致互相贯穿或啮合，或综合这两种情况。无论如何，相互作用区的链段密度会增加，从而引起渗透压的改变。伴随的自由能变化可以用 Flory – Krigbaum 理论(Flory et al.,1950)近似计算。

通常把链段与链段相互作用参数看作是温度、压力和链段浓度的函数。立体相互作用有两个分量：一个是混合分量，可以是引力或斥力，取决于链段与链段相互作用参数的值；另一个是弹性分量，属于纯斥力。

溶解能力较差，立体稳定的分散体系会发生絮凝(Floccutation)。初始絮凝(Incipient Flocculation)是可逆的。因为絮凝会造成温度向解絮凝方向变化，有利于消除第二最小点，絮凝又得以解除，因此，是可逆的。

长链接枝聚合物对胶体有立体稳定作用，考虑到范德华引力的影响，体系的稳定性是由主体斥力与范德华引力之间的平衡决定的(Written et al.,1986)。

1.2.2.5 溶剂化影响胶体稳定特性

胶体稳定性不仅仅是由于静电排斥的结果，往往还与胶体颗粒水化作用有关。DLVO 理论尚无法从理论上解决水化作用对胶体稳定的影响。

胶体水化作用与胶体种类有关，亲水胶体表面包裹了一层水化膜。水化膜阻碍两胶粒之间相互聚集。憎水胶体水化作用要弱得多。因此，亲水胶团稳定性主要取决于水化膜而非剪切电位。虽然亲水胶体也存在双电层结构。大量的实践证实，即使亲水胶体的剪切电位降为零，也仍然保持分散稳定状态。而憎水胶体一旦剪切电位降低或消失，水化膜往往也随之同时消除。

胶体的凝聚，除以上因素外还需考虑其他因素，比如胶体是亲水胶体还是憎水胶体。对于亲水胶体来说，胶体凝聚的关键是要压缩和去除其周围的结合水化膜。投加电解质可压缩水化膜的厚度，但投加的量比憎水胶体要多。此时首先是中和胶粒所带的电荷，使电动电位降低。接着是脱水。因离子水化能力很强，能夺走胶粒周围的水分子去除水壳，也即破坏了溶剂化作用，使胶粒脱稳而凝聚。两种亲水胶体间的相互凝聚，必须是所带电荷相异才能发生。另外，离子价数对亲水胶体的凝聚所起的作用很小，甚至没有作用，这一点跟憎水胶体凝聚相比有很大不同。

胶体的凝聚还有一个原因是溶剂化层的影响，在悬浮液中的固体表面有一层溶剂隔膜，具有一定的排列结构。微粒凝聚时,必须使这种排列变形,而引起定向排列的引力倾向于恢复定向排列。这样,溶剂化层就构成了对微粒凝聚时的阻力。因为这些微粒有极大的比表面,故凝聚的阻力也是很大的。这可以解释钻屑被研磨后,钻井流体性能变差的原理。

由于聚氧乙烯链在水中的溶剂化结果或两亲性高聚物的亲溶剂的链在非水溶剂中溶剂化,在胶体颗粒表面形成很厚的水化层,阻碍胶体颗粒的互相接近凝聚。如图1.1.35所示。

高分子稳定剂的分子量及浓度是稳定颗粒的重要影响因素。分子量存在一个临界分子量,低于临界分子量就不起稳定作用。分子量越高,稳定效果越好。此外,体系中存在最佳浓度范围,如图1.1.36所示。

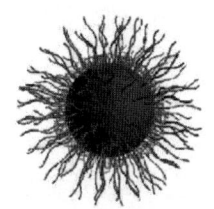

图1.1.35 聚氧乙烯链在水中的溶剂化模型示意图

(a) 絮凝(低浓度)　　　(b) 保护(高浓度)

图1.1.36 高分子稳定剂浓度对颗粒稳定性影响示意图

从图1.1.36可以看出,高分子稳定剂浓度低于此浓度,稳定性变差。浓度增高,稳定胶体。浓度再增加,多余的聚合物高分子在与颗粒接触时,会由于多种阻力而无法絮凝。

1.2.2.6　温度对胶体稳定特性的影响

从宏观上讲,高温所引起的钻井流体性能变化可归纳为不可逆变化和可逆变化两个方面。一般来讲,不可逆的性能变化关系到钻井流体的热稳定性。可逆的性能变化则反映了钻井流体从井口到井底,然后再返回到井口这个循环过程中的性能变化。对于耐高温水基钻井流体,必须同时考虑这两个方面的问题。

为了研究钻井流体不可逆的性能变化,需要模拟井下温度,可用滚子加热炉对钻井流体滚动老化,然后冷至室温,评价其经受高温之后的性能。为了研究可逆的性能变化,则需要测定钻井流体在高温高压条件下的流变性和失水量,评价其高温下的性能。

由于钻井流体中黏土颗粒高温分散和处理剂高温降解、交联而引起的高温增稠、高温胶凝、高温固化、高温减稠以及失水量上升、滤饼增厚等均属于不可逆的性能变化。因高温解吸附、高温去水化以及按正常规律的高温降黏作用而引起的钻井流体失水量增大、黏度降低等均属于可逆的性能变化。实践证明,钻井流体经高温作用后,常表现出三种不同的现象,即高温增稠、高温减稠和高温固化。这些现象不仅发生在不同的钻井流体中,而且同一钻井流体不同条件下,也有可能出现。这充分说明了高温对钻井流体影响的复杂性。

(1)高温增稠。钻井流体在高温条件下黏度、切力和动切力上升的现象称为高温增稠(Thickening at High Temperature)。钻井流体高温增稠的原因比较复杂,若排除处理剂等外加组分的高温性能变化所引的增稠而研究黏土的因素,其主要原因是黏土高温分散增加了钻井流体中黏土颗粒的浓度。因此,由高温分散引起的钻井流体严重增稠,用降黏剂一般不能有效降黏,有时反而使钻井流体增稠,唯有大量稀释或利用无机絮凝剂降低黏土分散度才能加以解决。显然,凡是影响黏土高温分散的因素必然同样会影响钻井流体高温增稠,但是高温分散对钻井流体增稠的实际效果却与钻井流体中黏土的含量有很大关系。其他条件相同时，钻井流体中黏土越多，高温后钻井流体黏土颗粒浓度的绝对值增加越多，使钻井流体黏度类似指数关系急剧上升。当黏土的含量增大到某一数值时，钻井流体高温作用后丧失流动性形成凝胶，即产生了高温胶凝。因此，钻井流体的高温胶凝可认为是钻井流体高温增稠在黏土含量增大到某一数值以后的极限形式。

一般来讲，高温增稠是高温分散导致的结果，其程度与黏土性质和含量有密切的关系。当黏土含量继续增大到一定数值后，高温分散使钻井流体中黏土颗粒的浓度达到一个临界值，此时在高温去水化作用下，相距很近的片状黏土颗粒会彼此连结起来，形成布满整个容积的连续网架结构，即形成胶凝。在发生高温胶凝的同时，如果在黏土颗粒相结合的部位生成了水化硅酸钙，则会进一步固结成型，这种现象称为高温固化（Curing at High Temperature）。高 pH 值的石灰钻井流体发生固化的最低温度为 130℃。

实验还发现，除高温增稠和高温固化外，当钻井流体中黏土的土质较差且加量较低时，会出现高温减稠的现象。此时，尽管仍有黏土高温分散导致钻井流体增稠的因素，但高温所引起的钻井流体滤液黏度降低以及固相颗粒热运动加剧，颗粒间内摩擦作用减弱起主导作用，从而造成钻井流体表观黏度降低，即出现了高温减稠。

高温下钻井流体性能的变化主要取决于黏土类型、黏土含量、高价金属离子存在与否及其浓度、pH 值、处理剂耐温能力以及温度的高低与作用时间等。

如果黏土的水化分散能力强、含量高，很可能出现高温增稠；反之，则很可能出现高温减稠。当黏土含量增至某一临界值时，便会发生高温胶凝。当黏土含量低于其容量限时，钻井流体只发生增稠，而不发生胶凝；高于其容量限时则发生胶凝。一般来讲，若黏土水化分散能力弱、温度低、pH 值低、处理剂抑制高温分散的作用强，则黏土容量限高；反之则抑制性弱，容量限低。至于高温固化，只有当黏土含量超过其容量限、有较多钙离子存在、pH 值较高，并且又缺乏有效的耐高温处理剂保护时才会发生。由此可见，做好固相控制，尽可能降低固相含量，防止膨润土超量使用，对于维持深井水基钻井流体的良好性能是很重要的。

在高温作用下，钻井流体中的黏土颗粒，特别是膨润土颗粒的分散度进一步增加，从而使颗粒浓度增加、比表面增大的现象称为高温分散（High Temperature Dispersion）。实验发现，黏土颗粒的高温分散作用与其水化分散的能力相对应。如钠蒙脱土水化分散能力最强，其高温分散作用也最为明显。并且，任何黏土在油中的悬浮体系都未见高温分散现象。因此，高温分散的实质是水化分散，只是高温进一步加剧了水化分散。

不同的黏土种类也影响分散程度。主要是由于高温使黏土矿物片状微粒的热运动加剧，增强了水分子渗入黏土晶层内部的能力，从而促使原来从未被水化的晶层表面水化和膨胀；随着水分子深入晶层内表面，碳酸根离子、氢氧根离子和钠离子等有利于黏土表面水化的离子随之进入，使黏土表面的阳离子扩散能力增强，导致扩散双电层增厚，剪切电位提高，有利于分散；高温不影响黏土的晶格取代，但促进了八面体中铝离子的离解（pH 值越高，促进离解作用越高），使黏土所带负电荷增加，同时补偿了因高温而解吸的离子，促进黏土颗粒剪切电位的增加，从而有利于渗透水化分散；高温使黏土矿物晶格中片状微粒热运动加剧，从而增强了水化膨胀后的片状颗粒彼此分离的力。

在常温下，黏土水化越容易，高温分散能力也越强；温度越高，作用时间越长，高温分散越显著,但存在一个极限值。高于此极限值则分散程度基本不变。若钻井流体中黏土颗粒发生高温分散的同时,黏土含量大到了一定的数值,致使高度分散的为数众多的片状黏土颗粒在高温去水化作用下,形成凝胶,降温搅拌也无法恢复其流动性,仍保持凝胶状态。

pH值也影响分散状态。由于氢氧根离子的存在有利于黏土的水化,因此高温分散作用随pH值升高而增强;一些高价无机阳离子,如钙离子、镁离子、铝离子、铬离子和铁离子等存在体系中不利于黏土水化,因而它们对黏土高温分散具有抑制作用。

(2)高温固化。高温固化使钻井流体凝结成型,具有一定强度。凡发生高温固化的钻井流体不仅完全丧失流动能力而且失水量大迅速。高温固化大多发生在黏土含量高、钙离子浓度大和pH值高的钻井流体中。井下高温除影响钻井流体中的黏土性能外,还对某些处理剂造成一些影响,主要表现在高温降解和高温交联(赵翰宝等,1994)。

在高温作用下,处理剂分子中存在的不饱和键和活性基团会促使分子之间发生反应,相互联结,从而使分子量增大的现象称为高温交联。由于反应结果使分子量增大,因此可将其看作是与高温降解相反的作用。例如,像铁铬盐、腐殖酸及其衍生物、栲胶类和合成树脂类等处理剂的分子中都含有大量的可以提供交联反应的官能团和活性基团。另外在这些改性和合成产品中还往往残存着一些交联剂如甲醛等,这样为分子之间的交联提供了充分的条件。

高温交联对钻井流体性能的影响有正面和负面两种情况。好的方面可以认为,高温交联提高了钻井流体的性能。如果交联适当,适度增大处理剂的分子量,则可能抵消高温降解的破坏作用,甚至可能使处理剂进一步改性增效。比如,两种处理剂的适当交联可使它们的亲水能力和吸附能力互为补充,在高温下磺化褐煤与磺化酚醛树脂复配使用时的降失水效果要比它们单独使用时的效果好得多,表明交联作用有利于改善钻井流体性能。在实验中有时发现,钻井流体在经受高温老化后的性能要好于老化前的性能,表现为高温后黏度、切力稳定,失水量下降,这显然是十分理想的情况。

但是,如果一旦交联过度,形成体型网状结构,则会导致处理剂水溶性变差,甚至失去水溶性而使处理剂完全失效,钻井流体体系完全破坏,失水量大幅度增加。从钻井流体中可以明显见到不溶于水的许多重复单元以共价键连接而成的网状结构高分子化合物。这种网状结构,一般都是立体的,所以称这种高分子为体型高分子,又称网状高分子。破坏钻井流体的性能,严重时整个体系变成凝胶,丧失流动能力。

由于高温交联可能抵消高温降解作用,所以,可以在钻井流体中加入有机交联剂来有效地防止处理剂的高温降解作用。但是,至今对高温交联及其影响因素的研究很少,对于如何控制有机交联剂的加入还没有一个较为成熟的方法。尽管如此,对于高温交联作用的认识和有关概念的建立,至少给工程上利用高温交联反应,以改善深井钻井流体性能提供可能。从而能把高温对深井钻井流体性能的破坏转化为利用高温改善钻井流体性能。这样就为深井钻井流体技术的研究开辟了新的途径。

在高温条件下,黏土颗粒表面和处理剂分子中亲水基团的水化能力会有所降低,使水化膜变薄,促进了高温聚结作用,从而导致处理剂护胶能力减弱,这种作用常称为高温去水化(High Temperature Dehydration)。其强弱程度除与温度有关外,还取决于亲水基团的类型。凡通过极性键或氢键水化的基团,高温去水化作用一般较强;电解质浓度越大,高温去水化作用表现越强,而由离子基团水化形成的水化膜,高温去水化作用相对较弱。

由于高温去水化使处理剂的护胶能力减弱,因而常导致失水量增大,严重时会促使高温胶凝和高温固化等。

(3)高温减稠。钻井流体经高温作用后,动切力和静切力下降的现象称为高温减稠(Thinning at High Temperature)。在膨润土含量低和矿化度高的盐水钻井流体中经常观察到这种现象。在实际使用中它表现为钻井流体井口黏度与切力缓慢下降,这种下降采用常规的增稠剂难以处理。高温减稠会造成钻井流体失水量增加,严重时可导致加重钻井流体中加重材料沉淀。

高分子有机化合物受高温作用而导致分子链发生断裂的现象称为高温降解(High Temperature Degradation)。钻井流体处理剂的高温降解包括高分子化合物的主链断裂和亲水基团与主链连接键断裂两种情况。前一种情况会降低处理剂的分子量,失去高分子化合物的特性;后一种情况则会降低处理剂的亲水性,使其耐侵害能力和效能减弱。

任何高分子化合物在高温下均会发生降解,但由于其分子结构和外界条件不同,发生明显降解的温度也有所不同。因此,高温降解是耐高温钻井流体必须考虑的另一重大问题。高温降解与介质关系很大,所以通常讨论的是它在水溶液中的降解问题。

影响高温降解的首要因素是处理剂的分子结构。研究表明,如果处理剂分子中含有在溶液中易被氧化的键,那么这类处理剂一般都容易发生高温降解。例如,在高温下含醚键的化合物就比以碳—碳、碳—硫和碳—氮连接的化合物更容易降解。高温降解与钻井流体的pH值以及剪切作用等因素有关。高pH值往往会促进降解。强烈的剪切作用也会加剧分子链的断裂。高温降解还与发生降解的温度和作用时间有关。高分子在不同的条件下,发生明显降解的温度不同。由于高温降解是导致处理剂失效的主要原因之一,因此一般以处理剂在水溶液中发生明显降解时的温度来表示其耐温能力。一些常用处理剂的耐温能力,见表1.1.11。

表1.1.11　一些常用钻井流体处理剂的耐温能力

序号	处理剂主要成分	耐温能力,℃
1	单宁酸钠	130
2	栲胶碱液	80~100
3	铁铬盐	130~180
4	羧甲基纤维素钠	140~180
5	腐殖酸衍生物	180~200
6	磺甲基单宁	180~200
7	磺甲基褐煤	200~220
8	磺甲基酚醛树脂	200
9	水解聚丙烯腈	200~230
10	淀粉及其衍生物	115~130

从表1.1.11中可以看出,常用处理剂的耐温能力普遍在100℃以上,最高的是水解聚丙烯腈,可达200~230℃,最低的是栲胶碱液,为80~100℃。

需要注意的是,由于降解温度与pH值、矿化度、剪切作用、含氧量以及细菌的种类与含量等多种外界条件有关,因此,表1.1.11中数据是相对的,有条件的,不同文献所列数据也不尽相同。至于降低多少算明显降解,建议以表观黏度5mPa·s为界。

处理剂的耐温能力的强弱,世界上尚无统一的定义。有人描述为处理剂本身的热稳定性,还有人认为是处理剂所在的钻井流体在某温度的热稳定性。可以认为,处理剂所在的钻井流体在多高的温度下仍能保持良好性能,才是耐温处理剂的真正的意义。至于处理剂自身能够耐温到多少温度,意义并不大。

处理剂的耐温能力与由它配制的钻井流体的耐温能力是紧密相关而又互不相同的两个概念。处理剂耐温能力是就单剂而言,而钻井流体一般是由配浆土、多种处理剂、钻屑和水组成的体系,其耐温能力是指该体系失去热稳定性时的最低温度,显然它除了与各种处理剂的耐温能力有关外,还取决于各种组分之间的相互作用。

处理剂的高温降解主要对钻井流体的热稳定性产生影响,当然也涉及高温下的性能。其失效有两个方面:一是处理剂失效,钻井流体性能失效。如降黏剂降解引起的增稠、胶凝甚至固化,增稠剂降解引起的减稠,降失水剂降解引起的失水量剧增,滤饼增厚等;二是处理剂降解产生的副产物,如硫化氢和二氧化碳等致使钻井流体性能失效并使钻井流体pH值下降。

所以,高温降解对钻井流体的影响是全面的,涉及钻井流体大多数性能,且常常具有破坏性。在耐高温钻井流体设计和使用中必须加以考虑的关键问题。实践证明,高温降解也有办法减轻,现在行之有效的办法是使用抗氧剂,如酚及其衍生物、苯胺及其衍生物、亚硫酸盐、硫化物等。另外,也可以利用处理剂适当的降解调整和维护钻井流体的性能。

实验表明,在高温条件下,处理剂在黏土表面的吸附作用会明显减弱,其原因主要是分子热运动加剧所造成的。高温解吸附导致高温下处理剂的大量解吸,大大加剧黏土颗粒的高温聚结作用,直接影响处理剂的护胶能力,从而使黏土颗粒更加分散,严重地影响钻井流体的热稳定性和其他各种性能,常常表现出高温失水量剧增,流变性失去控制。

处理剂在黏土表面的吸附与解吸附是一个可逆的动平衡过程。一旦温度降低,平衡又会朝着有利于吸附的方向进行。因而处理剂又将较多地被黏土颗粒吸附,钻井流体性能也会相应地得以恢复。

总的来说,高温使得钻井流体中组分本身和组分之间在低温下不易发生的变化、不剧烈的反应、不显著的影响变得容易、剧烈和显著。这些作用的结果导致严重地改变了、损害了以致完全破坏了钻井流体的原有性能,且这种影响是不可逆的、永久性的。钻井流体经过一定时间的高温作用后的性能稳定能力,称为钻井流体的热稳定性(Thermal Stability of Drilling Fluid)。前面是从微观的角度做了分析,一般采用钻井流体高温老化前后性能的变化来反应钻井流体的热稳定性。

(4)温度增加或降低钻井流体密度。高温会使钻井流体的密度降低。主要原因是高温促进了钻井流体黏土矿物的水化膨胀,使其体积增大,密度降低。膨胀性是黏土矿物与水接触后体积增大的特性。蒙皂石属于膨胀性黏土矿物,膨胀性是由于其有大量的可交换阳离子所产生的。与水接触时,水可进入晶层间,可交换阳离子解离,在晶层表面建立扩散双电子层,从而产生负电性(苏长明等,2002)。

晶层间负电性互相排斥,引起晶层间距加大,使蒙皂石表现出膨胀性。高温一方面会增强水进入晶层内部的能力;另一方面会增强黏土矿物表面阳离子的扩散能力,导致扩散双电子层加厚,钻井流体膨胀性增强,体积增大,密度变小。

低温使钻井流体的密度增大。韩丽丽等测试了甲基硅油在不同低温条件下的(-40~30℃)黏度和密度(韩丽丽等,2011)。结果表明,甲基硅油的密度随温度的降低呈线性增大,运动黏度随温度的降低而增加。这种变化主要是由于温度的降低所造成的体积收缩,与材料的分子结构形态无关,密度的大小与密度增加的速度受材料的组成、分子结构及分子间作用力大小影响比较大。

(5)温度增加或降低钻井流体黏度。温度影响钻井流体的流变性,也表现在两个方面:一方面是高温增稠和高温固化;另一方面是低温胶凝。钻井流体经高温后表观黏度、塑性黏度、动切力及静切力上升。当黏土含量达到一定值时,钻井流体经高温作用后会失去流动性成为凝胶,这种现象称为钻井流体高温胶凝,它是严重的高温增稠现象。在使用中表现为井口黏度和切力不断上升,特别是在起下钻后井筒内静置浆的升幅更大。因此,造成钻井流体性能不稳定,现场维护困难,处理剂使用量大,使用降黏剂一般不能降低黏度,甚至增稠更加严重,这是一个突出的特点。聚结性强、黏土含量高的钻井流体常表现出这种趋势。

高温分散作用使钻井流体中黏土颗粒浓度增加,因此对钻井流体的流变性有很大影响,而且这种影响是不可逆的和不可恢复的,如图 1.1.37 所示。

从图 1.1.37 可以看出,钻井流体滤液的黏度随温度升高而降低。如果假设黏土颗粒的分散度不受温度的影响,那么按正常规律,理想悬浮体的表观黏度应随温度升高而下降(图 1.1.37 中曲线 1)。

但实际情况是,高温分散作用使钻井流体中黏土颗粒浓度增加,从而造成钻井流体的黏度和切力均比相同温度下理想悬浮体的对应值要高(图 1.1.37 中曲线 2 和曲线 3)。若由此引起的表观黏度增加值大

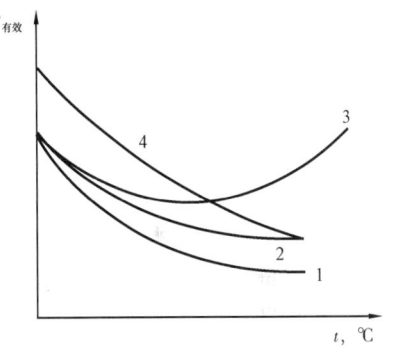

图 1.1.37 高温分散状态下钻井流体表观黏度与温度关系曲线

于升温所引起理想悬浮体的表观黏度下降值,则可能出现高温下钻井流体的黏度高于常温黏度的现象。如果升温后再逐渐降低温度,则可发现降温时的黏温曲线总比升温时要高,如图 1.1.37 中曲线 2 和曲线 4 所示。这表明黏土颗粒的高温分散是不可逆变化。若黏土含量越高,高温分散作用越强,则两条曲线偏离越远。

实验和现场经验均表明,由于高温分散引起的钻井流体高温增稠程度与钻井流体中黏土含量密切相关。当黏土含量大到某一数值时,钻井流体在高温下会丧失其流动性而形成凝胶,这种现象被称为高温胶凝(High Temperature Cementing)。凡是发生了高温胶凝的钻井流体,热稳定性丧失,性能受到破坏。在使用中常表现为钻井流体性能不稳定,黏度和切力上升很快,处理频繁,且处理剂用量大。因此,防止钻井流体高温胶凝是深井钻井流体的关键技术之一。

目前有两项措施可有效地预防高温胶凝的发生:一是使用耐高温处理剂抑制高温分散;二是将钻井流体中的黏土,特别是膨润土含量控制在容量限以下。

高温深井水基钻井流体,在使用中必须将黏土的实际含量严格控制在其容量限以内。实验表明,只有当黏土含量超过了容量限,才有发生高温胶凝的可能;低于此容量限时,钻井流体只发生高温增稠,但不会发生胶凝。对于某一给定的钻井流体,其黏土容量最大限量可通过室内实验确定。高温对钻井流体黏土的影响还表现在钻井流体的黏度方面,主要有3种情况(张春涛,2008):

一是,黏度随着温度的升高而降低。通常耐温能力较强、黏土含量较低的分散型钻井流体表现出这种趋势。此类钻井流体黏度,以非结构黏度为主。

二是,黏度随着温度的升高而增大。聚结性强、黏土含量高的钻井流体表现出这种趋势。此类钻井流体的结构黏度很大,塑性黏度很小。

三是,黏度随着温度的升高先降低再增大。所有的水基钻井流体在较宽的温度范围内基本上表现出这种趋势。因温度而变化的性质可能是可逆的。因此,它较好地反映了钻井流体在循环过程中性能的实际变化情况。

随着钻井技术的不断发展,钻井流体技术也得了相应的发展,已经研发出多种高温钻井流体处理剂,深井钻井流体的研究重点是,在高温条件下如何有效的控制钻井流体的流变性和失水性(赵湛,2014)。

随着能源需求量的日益增加,勘探作业逐步由浅海向深水区发展,深水钻井流体技术成为深水油气钻井的关键技术之一。低温对钻井性能影响很大,成为钻井流体耐温性能不得不面对的难题。

深水钻井环境温度低,钻井流体的流变性发生较大变化,钻井流体的黏度和切力大幅度上升,甚至钻井流体有可能发生胶凝现象(Herzhaf et al.,2001)。

吴彬等测试了中国海洋钻探中常用聚合物钻井流体在不同低温条件下流变性能表明,随着温度降低,钻井流体的表观黏度和切力均有明显的上升。膨润土及高分子量聚合物是造成钻井流体在低温条件下表观黏度以及切力上升的重要因素。加量越大,低温对流变性的影响越大。

研究表明,钻井流体在高温作用下的黏度增大效应和钻井流体中黏土颗粒的含量关系较大(罗平亚,1981)。钻井流体中黏土颗粒超过一定的数量后,钻井流体就会发生凝结,不再具有流动性。出现这种凝结现象后,钻井流体的稳定性遭到破坏,性能已发生改变。通过采用两种方式可以有效地防止这种现象。

一种方式是利用高温抑制剂,抑制黏土颗粒的高温分散。另一种方式是控制钻井流体中黏土的含量,在保证钻井流体性能和功能的前提下,尽可能地减小钻井流体中黏土的含量。钻井流体中黏土颗粒的减少,可以有效地降低钻井流体的水化分散作用,而且还能够避免温度的增加引起钻井流体黏度增加。

室内实验已经表明,钠膨润土含量低的钻井流体,流变性和降失水的性能都很好,在钻井流体密度较高时更为突出。如果应用甲酸钾体系,体系的矿化度较高,在高温条件容易发生老化,体系的流变性和抗失水性也不好。随着钻井流体密度的增大,钻井流体中的惰性颗粒的含量增大。惰性颗粒会参与井壁滤饼的形成,导致滤饼的失水量增大。而且惰性颗粒在高温钻井流体中运动比较剧烈,会对体系的其他处理剂造成机械破坏。但是一般条件下,造成滤饼失水量增大的问题并不是很严重,产生的机械破坏作用也不是很明显,因此可以满足现场施工的要求。因此,矿化度越低,钻进流体流变性和抗失水性越好,耐高温能力越强。

(6)高温增大钻井流体失水量。钻井流体经高温作用后,失水增加,滤饼增厚是常见的现象,其增加程度因钻井流体而不同(Reid et al.,1995)。但有的钻井流体结果相反,即高温作用后失水量降低,滤饼质量变好,钻井流体性能改善。如磺化褐煤-磺化酚醛树脂盐水钻井流体,在一定温度范围内,高温作用后钻井流体失水量降低,滤饼质量反而变好,而且低于体系本身耐温能力下,往往表现出井越深,温度越高,使用时间越长,效果越好的趋势,即呈现出高温改善钻井流体性能的趋向。

钻井流体在高温下的失水及滤饼对于井壁稳定都有重大意义。控制失水一般有两条途径:一是增加液相黏度;二是改善滤饼质量,降低滤饼渗透率。对于深井,由于高温的影响,使滤液黏度急剧下降,故用增加液相黏度的方法效果不佳,而着重于后者,特别是在深井高密度钻井流体压差较大的情况下,改善滤饼质量,增加滤饼可压缩性,具有更现实的意义。降低渗透性,减少滤饼厚度对于深井重钻井流体防粘卡和控制储层伤害意义重大。

为保证滤饼质量,特别是在高温下的质量,在各种温度下有效地防止黏土颗粒聚结,保证亚微颗粒有足够的比例使钻井流体中黏土颗粒有合理的级配是问题的关键。为此,则要求失水控制剂在任何温度下,都能有效地吸附于黏土颗粒表面,带来足够的水化膜和提高黏土颗粒的剪切电位,以保证钻井流体中黏土颗粒的胶体比例,从而保证滤饼的致密性和可压缩性,很好地降低高温下的失水量。有的处理剂本身就能很好地分散于钻井流体中,在高温下有较好的变形性,能很好地堵塞滤饼孔道(如磺化、乳化沥青),从而降低高温下的失水量。

聚合物类型的降失水剂,分子量大,可以承受一定程度的高温。因此,可以有效地提高钻井流体的耐高温性能。其中两性聚合物抗失水剂,可以很好地实现耐高温和抗盐钙的作用。利用该类型的聚合物配制的淡水钻井流体,体系可以抵抗240℃的高温,即使是在盐水钻井流体中,体系也可以抗220℃的高温,同时还能够形成密度较高的钻井流体,形成的滤饼性能稳定,符合现场对高温钻井流体的要求。沥青及树脂材料为主要原料防塌剂可以较好地实现防止岩石膨胀的作用,高温条件下还能够较好地实现封堵裂缝的作用,因此可以较好地防止地层的坍塌和控制储层伤害,同时还能够提高滤饼的质量,减小滤饼摩擦阻力,有效地控制滤饼的失水量,提高钻井流体高温条件下的性能。

(7)温度降低钻井流体 pH 值。高温除了以上对钻井流体性能的影响之外,还会使钻井流体的 pH 值降低,其下降程度视钻井流体不同而异(Mohammed Shahjahan Ali et al.,1967)。

钻井流体矿化度越高,其下降程度越大,经高温作用后的饱和盐水钻井流体 pH 值一般下降到7~8。主要原因是高温钝化作用(High Temperature Passivation Effect)。高温钝化作用是指黏土悬浮体经高温作用后,黏土颗粒表面活性降低的现象。钻井高温作用后,钻井流体中黏土颗粒的表面活性降低,消耗氢氧根离子而引起钻井流体的 pH 值下降(黄汉仁等,2002)。

80℃、100℃、120℃和150℃老化处理淡水钻井流体后,温度越高,钻井流体 pH 值变化越明显。通常情况下,钻井流体在高温老化后 pH 值的降低幅度较低温下老化后更为明显(刘东明等,2007)。

目前,一般可采用表面活性剂来抑制体系 pH 值下降,或采用较低 pH 值的钻井流体。加烧碱反而会使钻井流体的 pH 值下降得更严重。这是由于烧碱不能瞬间均匀分散,使钻井流体局部呈强碱性,引起局部的钻屑强分散,加剧钻井流体的高温钝化作用,从而引起钻井流体 pH 值下降。此外,处理剂在强碱作用下会发生化学反应而失效,也会加剧 pH 值的进一步下降(马运庆,2008)。

1.3 钻井流体浊液态

如果钻井流体的分散质少数情况下是可溶性盐,分子集合体、原子或离子集合体,甚至是固相颗粒或者液滴居多,体系不均匀、不稳定。因此,有人把钻井流体作为浊液来研究。浊液分为乳浊液、悬浊液和微乳液。

不溶性固体颗粒分散到流体中形成的混合物,称为悬浊液(Suspension)。一般来讲,浊液的分散质粒径大于 100nm。浊液用途很多,常用石灰和水配制成悬浊液,粉刷墙壁;X 射线检查肠胃病时,病人服用俗称钡餐的硫酸钡悬浊液,用作造影剂;一些不溶于水的固体或流体农药,配制成悬浊液或乳浊液喷洒在农作物上,提高药效。这就涉及烃基钻井流体的乳化问题,其中柴油乳化是最常用的。

目前,按照分散相的物理特征即颗粒大小,分为悬浊液或称悬浮液、乳浊液或称乳状液以及微乳液等三种。

(1)乳浊液(Emulsion)。乳浊液是指由两种不相溶的液体所组成的分散系。即,一种液体以小液滴的形式分散在另外一种液体之中形成的混合物。乳浊液通常由水和油所组成,习惯上将不溶于水的有机液体,如苯、煤油等统称为油。如果是油分散在水中,称为水包油(油/水或 O/W)型乳浊液,如牛奶和某些农药制剂等。如果是分散在油中,称为油包水(水/油或 W/O)型乳浊液,如石油、原油和人造黄油。一种流体可能是多种类型,如油漆是乳浊液,有油包油、油包水、水包油和水包水等 4 种不同的类型。

乳浊液也称乳状液,俗称乳液。分散质颗粒的直径大于 100nm,多为分子集合体。静置后,小液滴会逐渐下沉或上浮,出现流体上下分层的现象。乳浊液不透明、不均一、不稳定,不能透过滤纸。为使体系形成相对稳定的乳浊液,通过机械作用或者化学作用使不溶的液滴分散得更细小,这一过程被称为乳化(Demulsification)。

破乳又称反乳化作用(Demulsification),是指乳状液的分散相小液珠聚集成团,形成大液滴,最终使油水两相分层析出的过程。破乳方法可分为物理机械法和物理化学法。物理机械法有电沉降法、过滤法和超声波法等;物理化学法主要是改变乳液的界面性质而破乳,如加入破乳剂。

(2)悬浊液(Suspension)。悬浊液也称悬浮液,是一种分散体系。固相颗粒直径 100nm 以大,500nm 以小。悬浊液多为分子的集合体,不透明、不均一、不稳定,不能透过滤纸,静置后出现分层。即分散质颗粒在重力作用下逐渐沉降下来。常见的悬浊液有泥水、氢氧化铜、碳酸钙等。由于钻井流体是相对稳定的分散体系,从悬浮液的角度上讲,含有固相的钻井流体一般都是悬浊液。但由于分散剂黏度较高,沉降能力相对较弱。钻井流体不能简单地作为悬浊液研究。

(3)微乳液。微乳液(Micro-Emulsion Fluids)是由水、油、表面活性剂(Surfactant)和辅助表面活性剂(Co-surfactant)在适当比例下形成的透明或半透明、各向同性的热力学稳定体系。形成微乳液的过程称为微乳化(Micro-Emulsion)。微乳化现象是由德国科学家Hoar和Schulman于1943年发现的,并于1959年利用油、水、表面活性剂、辅助表面活性剂配制出均相体系后,正式定名为微乳液(崔正刚等,1999)。微乳液为透明分散体系,其形成与胶束的增溶作用有关,又称为被溶胀的胶束溶液或胶束乳液,简称微乳。

微乳液与乳液有较大区别。从本质上讲,微乳液与乳液稳定的力学稳定性质不同。微乳液是热力学稳定体系,乳状液是动力学稳定体系。热力学稳定是指在化学反应过程生成的过渡态或者中间体,其能量(即化学位)较低,没有自发的继续发生反应或者继续转化的趋势。动力学稳定,是指在热力学上不稳定的体系,观察不到是反应速率很慢,慢到不能觉察。

一般来讲,微乳液的液滴粒径小于10nm时,微乳液呈透明或半透明状;乳液液滴的粒径为100~500nm时,呈浑浊状态。表现在界面张力、增溶量、粒径范围和稳定性等4项特征。

(1)超低的界面张力。微乳液中油/水界面张力可降至超低值$10^{-4} \sim 10^{-3}$mN/m。一般的油/水界面张力通常为70mN/m,加入表面活性剂能降低至20mN/m左右。

(2)较强的增溶能力。某些难溶物在表面活性剂的作用下,在溶剂中增加溶解能力并形成溶液的过程,叫增溶(Solubilization)。因乳化剂胶束发生的溶解现象称为增溶作用。在超过临界胶束浓度的水溶液中加入的乳化剂全都形成胶束。胶束的内部是乳化剂的亲油性部分,外侧则排列着亲水基团。此时若向该体系中加入不溶于水的烃类物质,则有可能形成透明且稳定的溶解体系。具有增溶能力的表面活性剂叫增溶剂。增溶剂是表面活性剂的一种,亲水疏水平衡值15~18比较合适。被增溶的物质叫增溶质。油/水型微乳液对油的增溶量一般为5%左右,水/油型微乳液对油的增溶量一般为60%左右。

(3)很小的粒径。微乳液液滴的直径一般为10~50nm,胶束直径一般为1~10nm。微乳液中的分散粒径介于胶束与乳状液液滴粒径之间。

(4)较强的稳定性。微乳液很稳定,长时间放置也不会分层和破乳。胶体则不同,任何时间下都可能不稳定,发生分层或者破乳。

热力学稳定性和动力学稳定性是体系的核心问题之一。一般说来,体系稳定与否可以从表观上观测体系是否随时间变化来表征。从物理化学角度看,体系的稳定性划分为两类,一类是真正稳定,另一类是表观稳定。

真正稳定的是体系处于平衡状态。在现有条件下体系中的所有变化的都不会自发进行。另一种不处于平衡状态,只是表观上稳定,即至少有一种可能的变化会自发进行,只是变化的速率十分缓慢,有时难以测量出来。

任一化学反应,其稳定性可由反应的平衡常数来判断。如果平衡常数值很小,则反应只要生成少量产物就达到了平衡态,反应物和产物的量不再变化,反应物的量接近于原始量。此时,认为该反应物是稳定的。反之,平衡常数值很大,达到平衡时,反应物几乎完全转变成了产物,反应物是不稳定的。

从分散类型看,微乳液和普通乳状液一样,也有水/油型和油/水型。但微乳液和普通乳状液有两个根本的不同点:

一是，普通乳状液的形成一般需要外界提供能量；微乳液的形成是自发的，不需要外界提供能量。

二是，普通乳状液是热力学不稳定体系，在存放过程中可能发生聚结，最终分成油水两相。微乳液是热力学稳定体系，不会发生聚结，即使在离心力作用下出现暂时的分层现象，一旦取消离心力场，分层现象即消失，还原到原来的稳定体系。

目前，关于微乳液的形成机理包括负界面张力理论、增溶胶团理论、界面弯曲理论、分散熵效应理论等。

(1) 负界面张力理论。关于微乳液的自发形成，Schulman 和 Prince 等提出了瞬时负界面张力形成机理。认为，油水界面张力在表面活性剂的存在下大大降低，一般为几毫牛每米。这样低的界面张力只能形成普通乳状液，但辅助表面活性剂的存在时，由于产生混合吸附，界面张力进一步下降至 $10^{-5} \sim 10^{-3}$ mN/m，以至产生瞬时负界面张力。由于负界面张力是不能存在的，因此体系将自发扩张界面，使更多的表面活性剂和助表面活性剂吸附于界面，体积浓度降低，直至界面张力恢复至零或微小正值。这种由瞬时负界面张力而导致的体系界面自发扩张的结果，是微乳液形成。

(2) 增溶胶团理论。负界面张力说虽然解释了微乳液的形成和稳定性，但因负界面张力无法用实验测定，因此这一机理尚缺乏实验基础。为此试图从其他角度解释微乳液的形成。由于微乳液在很多方面类似于胶团溶液，如外观透明，热力学稳定，特别是当分散相含量较低时，微乳液更接近胶团溶液，并且伴随着从胶团溶液到微乳液的结构转变，在许多物理性质方面并无明显的转折点。因此，另一种机理认为微乳液的形成实际上是胶团对油或水的增溶结果，并把微乳液称为溶胀的胶团或增溶的胶团。

以溶胀的胶团来解释微乳液的形成，并不否认超低界面张力对微乳液的自发形成和热力学稳定性的重要性。如果从动态界面张力角度来理解，Schulman 等瞬时负界面张力说，意味着动态界面张力可以达到负值，尽管平衡界面张力往往可以降至零甚至负值引起自发乳化，但在微乳液的形成中，辅助表面活性剂的扩散可能起了重要作用。

(3) 界面弯曲理论。事实上，零界面张力不一定能保证形成微乳液，只有当界面的柔性弯曲不好时，才容易形成微乳液。添加油水两亲的小分子物质如中短链醇或胺可以实现界面弯曲和微乳液形成。这是由于油水两亲的小分子嵌入表面活性剂大分子之间，阻止表面活性亲油基规则排列，为亲油基收缩提供足够空间。同时，提高温度或剪切力也可以使界面柔性增加。

(4) 分散熵效应理论。形成微乳液时，分散相以很小的质点分散在另一相中，导致体系的熵增加。这一熵效应，可以补偿因界面扩张而导致的自由能增加。

多种理论产生于对微乳液的研究。由此可见，微乳液形成机理至今看法还不一致。研究表明，如果在普通乳状液中增加表面活性剂的用量，并加入相应辅助剂，可以使该乳状液变为微乳液。反之，在活性剂浓度大于临界胶束浓度的溶液浓胶束溶液中加入一定量的油及辅助剂，也可以使此胶束溶液变成微乳液。因此，现在多数人认为微乳液是介于普通乳状液与胶束溶液之间的一种分散体系，是它们相互过渡的产物。因而也有人把微乳液称为胶束乳状液。虽然各种看法不一，但有一点是共同的，即微乳液是一种各向同性的热力学稳定体系。

从热力学观点看,低界面张力是微乳液形成和稳定性的保证。因此,比较一致的看法是,微乳液的自发形成需要 $10^{-5} \sim 10^{-3}$ mN/m 的超低界面张力、流动的界面膜、油分子和界面膜的联系和渗透等三个条件。

实际上,影响微乳液结构的因素很多,主要包括表面活性剂分子的亲水性、疏水性以及温度、pH 值、电解质浓度、油相的化学特性等。

微乳液分为水/油型、油/水型和双连续型三种形式。水/油型微乳液由油连续相、水核及表面活性剂与助表面活性剂组成的界面膜构成。

两相,油/水微乳液与过量的油共存,称为 Winsor Ⅰ型。

油/水型微乳液的结构则由水连续相、油核及表面活性剂与辅助表面活性剂组成的界面膜三相构成。两相,水/油微乳液与过量的水共存,称为 Winsor Ⅱ型。

双连续相结构具有水/油型和油/水型两种结构的综合特征,但其中水相和油相均不是球状,而是类似于水管在油相中形成的网络。三相,中间态的双连续相微乳液与过量的水、油共存,称为 Winsor Ⅲ型。

微乳液常规制备方法有两种:一种是把有机溶剂、水、乳化剂混合均匀,然后向该乳状液中滴加醇,在某一时刻体系会突然间变得透明,这样就制得了微乳液,这种方法称为 Schulman 法(舒尔曼法);另一种是把有机溶剂、醇、乳化剂混合为乳化体系,向该乳状液中加入水,体系也会在瞬间变成透明,称为 Shah 法。

由于微乳液的形成不需要外加功,主要依靠体系中各组分的匹配,寻找这种匹配关系的主要办法包括亲水亲油平衡值法、相转换温度法、盐度扫描法、黏附能比法、表面活性剂在油相和界面相的分配等方法。这里主要介绍亲水亲油平衡值法、相转换温度法、盐度扫描法。

(1)亲水亲油平衡值法。亲水亲油平衡值(Hydrophilic Lypophilic Balance,HLB)是指乳化剂的亲水亲油平衡能力。人们常用乳化剂的亲油亲水平衡值来表示乳化剂的这种特点,具有不同亲水亲油平衡值的表面活性剂有不同用途。亲水亲油平衡值越小,亲油性越强;反之,亲水性越强。规定亲油性强的石蜡的亲水亲油平衡值为 0,完全无亲水性;亲水亲油平衡值 1~3 的为消泡剂;亲水亲油平衡值 3~6 的为油包水乳化剂;亲水亲油平衡值 7~9 的为润湿剂;亲水亲油平衡值 8~18 的为水包油乳化剂,亲水亲油平衡值范围 13~15 的为洗涤剂;亲水亲油平衡值范围 15~18 的为助溶剂;亲水性强的聚乙二醇的亲水亲油平衡值为 20,完全是亲水基。

测量亲水亲油平衡值的方法比较多,如可查阅相关书籍的查表法,利用表面活性剂在水中溶解、分散情况粗略估计亲憎平衡值的溶解度法。

将表面活性剂分解为一些基团,亲憎平衡是结构因子的相加所得的和,即为基数法,又称 Davis 计算法。适合阴离子型和非离子型表面活性剂。

适合非离子型表面活性剂的亲水基摩尔质量除以表面活性剂摩尔质量乘以 20,为质量分数法,也称 Griffin 法。

混合活性剂的亲水亲油平衡值是各活性剂亲水亲油平衡值与其质量分数乘积之和。当然,也可以用实验的方法来确定。

表面活性剂的亲水亲油平衡值对微乳液的形成至关重要。通常离子型表面活性剂亲水亲油平衡值很高,需要复配中等链长的醇或亲水亲油平衡值低的非离子型表面活性剂,经过试验可以得到各种成分之间的最佳比例。对非离子型表面活性剂可根据其亲水亲油平衡值对温度很敏感的特点确定,即在低温下亲水性强,高温下亲油性强。含非离子型表面活性剂的体系随着温度的提高,会出现各种类型的微乳液。当温度恒定时可通过调节非离子型表面活性剂的亲水基和亲油基比例达到所要求的亲水亲油平衡值。

(2)相转换温度法。非离子表面活性剂的亲水亲油平衡值对温度很敏感,即在低温下亲水性强,因而随着温度改变,微乳状液从油/水型转化为水/油型,转变时的温度称为相转变温度(Phase Inversion Temperature)。此时微乳状液具有含表面活性剂浓度低、对水和油增溶量大的优点,对于寻找试剂配方是十分有意义的,它比亲水亲油平衡值法有实用性和精确性。

(3)盐度扫描法。当体系中油的成分确定,油水体积比值为1,体系中表面活性剂和辅助表面活性剂的比例与浓度确定,如果改变体系中的盐度,由低到高增加往往得到三种状态即 Winsor Ⅰ(两相,油/水微乳液与过量的油共存)、Winsor Ⅱ(两相,水/油微乳液与过量的水共存)和 Winsor Ⅲ(三相,中间态的双连续相微乳液与过量的水、油共存),这种方法称为盐度扫描法。当体系的盐含量增加时,水溶液中的表面活性剂和油受到盐的作用溶解度降低而析出。盐压缩微乳液的双电层,斥力下降,液滴易接近。含盐量增加,使油/水型微乳液进一步增溶油的量,从而微乳液中油滴密度下降而上浮,进而导致新相生成。扫描法改变组成中其他成分也可以达到同样的效果。

比如,增加油的含碳数,可以获得从水/油到双连续结构到油/水的转变;对于低相对分子质量的醇,增加其含碳数也可以获得从水/油到双连续结构到油/水的转变;而对于高相对分子质量的醇,增加其含碳数则将得到从油/水到双连续结构到水/油的转变。

浊液性能与表面活性剂相关,使用表面活性剂改变流体性能。表面活性剂是较低剂量就能使溶液的界面状态发生明显变化的物质。表面活性剂分为离子型表面活性剂(包括阳离子表面活性剂和阴离子表面活性剂)、非离子型表面活性剂、两性表面活性剂、复配表面活性剂以及双亲油基或者双亲水基型的其他表面活性剂等。

表面活性剂具有固定的亲水亲油基团,能在溶液表面定向排列。除双亲型的表面活性剂外,常规的表面活性剂一端为亲水基团,另一端为疏水基团,使得表面活性剂的分子结构具有亲水亲油的两亲性。

常见的亲水基团极性基团,如羧酸、磺酸、氨基、羟基、酰胺基、醚键等可作为极性亲水基团;常见的疏水基团主要为非极性烃链,如8个碳原子以上烃链。

表面活性剂的表面活性源于其分子两亲结构。亲水基团使表面活性剂分子有进入水中的倾向。憎水基团则阻止表面活性剂分子进入水中。整个表面活性剂分子从水的内部向外迁移,有逃逸水相的倾向。两种倾向平衡的结果使表面活性剂在水表面富集,亲水基伸向水中,憎水基伸向空气。结果是,水表面好像被一层非极性的碳氢链所覆盖,水的表面张力下降。

在非均匀的体系中,至少存在着两种不同性质的相。两相共存产生界面。因此,界面是体系不均匀造成的结果。界面一般指两相接触的约几个分子厚的过渡区。实际上,界面是"界"而不是"面"。因客观存在的界面是物理面而非几何面,是一个准三维的区域。严格讲,表面是流体或者固体与其饱和蒸气之间的界面。但习惯上把流体或固体与空气的界面称为流体或固体的表面。常见的界面有气/液界面、气/固界面、液/液界面、液/固界面和固/固界面等5种。若其中一相为气体,所形成的界面通常称为表面。目前常用于处理界面的模型有古根海姆(Guggenheim)模型和吉布斯(Gibbs)模型两种。

古根海姆模型认为,界面是有一定厚度的过渡区,在体系中自成一相,即界面相。界面相是一个既有体积又有物质的不均匀区域。古根海姆模型能较客观地反映实际情况,但数学处理较复杂。

吉布斯模型认为,界面是几何面而非物理面,没有厚度,没有体积,也没有物质。吉布斯相界面模型使界面热力学的处理简单化。

1.3.1 浊液特性

要研究钻井流体是不是浊液,要先研究浊液的特性。液相表面层分子与液相内部分子相比,所处的环境不同。液相内部分子受四周邻近相同分子的作用力是对称的,各个方向的力彼此抵消,即各向同性。但是,处在界面层的分子,一方面受到液相内相同物质分子的作用,另一方面受到性质不同的另一相中物质分子的作用,其作用力不能相互抵消。

单组分体系,表现在同一物质在不同相中的密度不同。多组分体系,表现在组成界面层的物质与任一相都不相同。例如,流体及其蒸气组成表面,界面层分子不均匀对称的力场作用会显示出一些独特的性质。流体内部分子所受的力可以抵消,但表面分子四周所受的力不能抵消。

因为气相密度低,液相密度大,受到液相分子的拉力大,受到气相分子的拉力小。所以,表面分子受到被拉入液相的作用力。这种作用力使表面有自动收缩到最小的趋势,并使表面层呈现一些独特性质,如表面张力、表面吸附和毛细现象等。这些可以作为浊液的特性给予研究,以区别于流体的其他聚集状态。

1.3.1.1 表面张力特性

液相表面层的分子受力情况与液相中分子不同。因此,如果要把分子从内部移到界面,或者增加表面积,就必须克服体系内部分子之间的作用力,对体系做功。

温度、压力和组成一定时,表面积增加对体系做的功,称为表面功(Surface Work)。表面功的大小可以用表面能表示。表面能是恒温、恒压和恒组分情况下,可逆地增加物系表面积须对物质所做的非体积功。表面能的另一种定义是,表面颗粒相对于内部颗粒所多出的能量。或者保持温度、压力和组成不变,每增加单位表面积时,吉布斯自由能的增加值称为表面吉布斯自由能,或简称表面自由能或表面能(Surface Energy)。

要想增大表面积,特别是气/液界面上,要克服一种张力,垂直于表面的边界,指向流体方向并与表面相切,这种力称为表面张力(Surface Tension)。即流体表面任意二相邻部分之间垂直于它们的单位长度分界线相互作用的拉力。其大小,可以这样计算。

边长为 ds_1 和 ds_2 的面元,若其曲率不等于零,则表面张力 T 的合力在曲面法线方向有分量,表面两侧应有与之平衡的压差。凹面上的压力总是大于凸面上的压力,如图 1.1.38 所示。

压差和表面张力之间的关系,可以由拉普拉斯公式表征。拉普拉斯(是法国分析学家、概率论学家和物理学家,拉普拉斯变换的创立者)公式(Laplace Equation)是界面化学的基本公式之一。描述弯曲液面两侧压力差与流体表面张力系数及曲面曲率半径的关系:

$$P_1 - P_2 = \sigma \left(\frac{1}{R_1} + \frac{1}{R_2} \right) \tag{1.1.94}$$

式中　P_1,P_2——曲面两侧的压强,N;
　　　σ——流体表面张力系数,N/m;
　　　R_1,R_2——曲面上任意两个正交方向上的曲率半径,m。

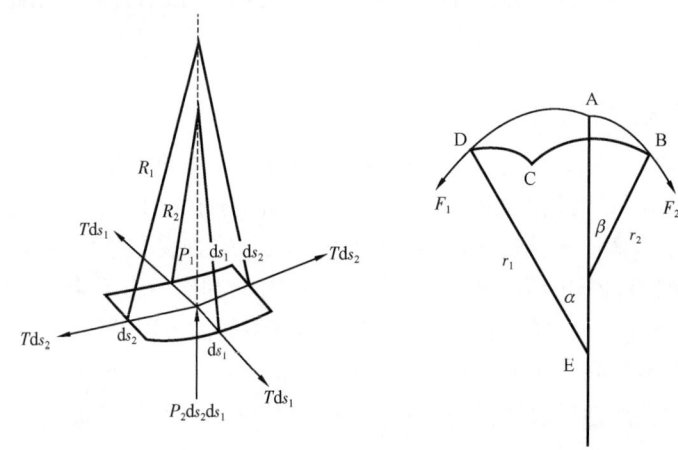

图1.1.38　曲面上表面张力和压力

由于表面张力的存在,在界面间出现了表面张力现象,如润湿现象、毛细现象和泡沫现象等。

1.3.1.1.1　润湿现象

润湿现象也称浸润现象。流体与固体接触时,流体的附着层将沿固体表面延伸。接触角为锐角时,流体润湿固体;接触角为零时,流体将展延到全部固体表面上,这种现象叫作浸润现象(Wetting)。润湿现象的产生与流体和固体的性质有关。润湿的过程可以分为沾湿、浸湿及铺展。它们各自在不同的实践过程中起作用。

(1)沾湿。沾湿过程就是当流体与固体接触后,将液/气界面和固/气界面变为固/液界面的过程。沾湿中常用的是沾湿功。

$$W_a = \gamma_{SG} + \gamma_{LG} - \gamma_{SL} \tag{1.1.95}$$

式中　W_a——黏附过程体系对外所能做得最大的功,也就是将固/液接触自界面交界处拉开,外界所需的最小功;
　　　$\gamma_{SG},\gamma_{LG},\gamma_{SL}$——单位面积的固/气、液/气和固/液界面自由能。

显然,此值越大,固/液界面结合越牢固,故沾湿功是固/液界面结合能力及两相分子间互相作用力大小的表征。沾湿功大于0即是沾湿发生的条件。

(2)浸湿。浸湿是指固体浸入流体的过程,其实质是固/气界面被固/液界面所代替。

硬固体表面的浸湿。硬固体表面即为非孔性固体的表面,硬固体表面的完全浸湿,其实质是固/气界面完全被固/液界面所代替,流体表面在浸湿过程中无变化;硬固体的部分浸湿,其实质是体系的固/气面被固/液界面部分取代的过程。软固体表面的浸湿。软固体表面即为多孔性固体表面,它的浸湿过程常称为渗透过程。

$$W_i = \gamma_{SG} - \gamma_{SL} \qquad (1.1.96)$$

式中 W_i——浸湿功。

W_i 反映流体在固体表面上取代气体的能力。γ_{SG} 越大、γ_{SL} 越小,越有利于润湿的进行,$W_i \geq 0$ 即浸湿发生的条件。

(3)扩展(铺展)。扩展是乳液涂于片基上时,乳剂黏附于片基上不脱落并能自行扩展,成为均匀薄膜的过程。所以,扩展是以固/液界面代替固/气界面的同时,流体表面也同时扩展。

$$S = \gamma_{SG} - \gamma_{SL} - \gamma_{LG} \qquad (1.1.97)$$

式中 S——扩展系数。

由式(1.1.95)至式(1.1.97)可知,$W_a > W_i > S$,若 $S \geq 0$,则 $W_a > W_i > 0$,所以扩展是润湿的最高标准,能扩展则必然沾湿和润湿。

同一种流体,能润湿某些固体的表面,但对另外某些固体的表面就很难润湿。例如,水能润湿玻璃,但不能润湿石蜡。造成浸润现象的原因,可从能量的观点来说明。附着层中任一分子,在附着力大于内聚力的情况下,分子所受的合力与附着层相垂直,指向固体。此时,分子在附着层内比在流体内部具有较小的势能,流体分子要尽量挤入附着层,结果使附着层扩展。附着层中的流体分子越多,系统的能量就越低,状态也就越稳定。因此,引起了附着层沿固体表面延展润湿固体。浸润研究用于如浮游选矿法,就是用浸润原理。

非浸润现象也称不润湿现象(Unwettability)。流体与固体接触时,流体的附着层将沿固体表面收缩。接触角为钝角时,流体不润湿固体,接触角为180°时,流体完全不润湿固体。这种现象称为流体不浸润现象。

不润湿现象的产生与流体和固体性质有关。同一种流体,能润湿某些固体的表面,但不能润湿另一些固体的表面。例如,水银不能润湿玻璃,却能润湿干净的锌板、铜板、铁板。造成不浸润现象的原因,可从能量的观点来说明。附着层中任一分子,在内聚力大于附着力的情况下,分子受到的合力垂直于附着层指向流体内部。此时,若将一个分子从流体内部移到附着层,必须反抗合力做功,结果使附着层中势能增大。附着层中的流体分子越少,系统的能量就越低,状态就越稳定。因此,附着层就有缩小的趋势,宏观上就表现出流体不被固体所吸附。当然流体就不能润湿固体了。

从计算的角度看,在三种介质的边界面相交于一点的情形中,接触线受到三个不同边界面的表面张力,如图1.1.39所示。

因为接触线没有质量,所以要在所有能自由运

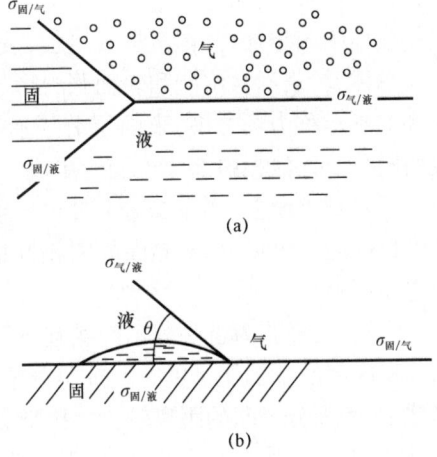

图 1.1.39 三介质接触线处的平衡图
σ—表面张力;θ—接触角

动的方向上维持平衡,表面张力的合力在这些方向上的分量必须等于零。这就要求三个边界面交成一定的角度。如果气/液表面张力比固/液表面张力与气/固表面张力的和还要大,则平衡就不可能出现。例如,汽油滴在水面上,由于空气和水的表面张力比另外两个油面上的表面张力之和还大,所以三种介质不能处于平衡状态,汽油将展布于整个水面,直到油层厚度到达分子尺寸为止。如果是熔化的脂肪,把它放置在空气和水之间时,就形成薄凸透镜的形状,如浮在菜汤上的脂肪圆球。

如果三种介质有一种是边界面为平面的固体,只有平行固壁的接触线才能自由运动,由此得到该方向的平衡方程。

$$\sigma_{气/液} = \sigma_{固/液} + \sigma_{固/气}\cos\theta \tag{1.1.98}$$

或

$$\cos\theta = \frac{\sigma_{气/液} - \sigma_{固/液}}{\sigma_{固/气}} \tag{1.1.99}$$

式中 θ——接触角,(°)。

如果接触角小于 $\pi/2$,则润湿;如果接触角大于 $\pi/2$,则非润湿。接触角越小,浸润程度越高。这是表面张力作用的结果。影响表面张力大小的因素很多,如分子间形成化学键能的大小、温度和压力等。

(1)纯流体或纯固体的表面张力决定于分子间形成化学键能的大小。一般情况下,化学键越强,表面张力越大。两种流体间的界面张力大小,界于两流体表面张力之间,不会超过大的,也不小于小的。

(2)温度升高,表面张力下降。温度升高时,流体分子间引力减弱,与其共存蒸汽的密度加大。表面分子受到流体内部分子的引力减小,受到气相分子的引力增大,表面张力减小。

(3)压力增加,表面张力下降。一般情况下,随着压力增加,表面张力下降。压力增加,气相密度增加,表面分子受内外的力的差异有所改变。另外,气相中有其他物质,压力增加,促使表面吸附增加,气体溶解度增加,表面张力下降。

总体看,表面自由能和表面张力形成的微观原因,是由于表面相分子处于合力指向流体内部的不对称力场之中,表面层分子有离开表面层进入液相的趋势。流体表面自动收缩。表面层分子比液相内部分子能量更高。换言之,增加流体表面积就必须把一定数量的内部分子迁移到表面上,要完成这个过程必须借助于外力做功。因此,体系获得的能量便是表面过剩自由能。可见,构成界面的两相性质不同及分子内存在着相互作用是产生表面自由能的主要原因。

同样,表面张力也是分子间相互作用力的结果。从流体表面的特性来看,表面上的分子比液相内部的分子能量更高。按照分子分布的规律,表面上的分子单位面积内数量小于内部分子,表面分子间的距离较大。因此,表面上的分子沿表面方向存在着侧向引力,距离较大时,吸引力占优势。因此,会出现许多独特的现象,如泡沫、乳状液等。

泡沫和乳状液是由两种不相混溶的液相形成的分散体系。泡沫是大量气体分散在少量流体中形成的。乳状液是流体以微小液滴状态分散在另一液相中形成的。泡沫的片膜与片膜之间构成具有不同曲率的连续流体。由于附加压力不同,流体从曲率小、压力大的片膜流向曲率大、压力小的片膜边界,最后导致泡沫排液、泡膜变薄而破裂。这是泡沫不稳定的重要原因。

1.3.1.1.2 毛细现象

一根管径很细的管子直插入流体中,流体、气体和固体的接触面会产生表面张力,使得流体会在管内爬升或下落,液面升高或者降低。这种现象称为毛细管现象(Capillarity)。

设管子的内半径为 r,同时把管内流体表面近似地看成是球帽状,如图 1.1.40 所示。

在管壁浸润情况下,表面张力的合力为:

$$2\pi r(\sigma_{\text{固/液}} - \sigma_{\text{气/固}}) = 2\pi r \sigma_{\text{固/液}} \cos\theta \quad (1.1.100)$$

应与管内高出部分流体的重量平衡。

$$2\pi r \sigma_{\text{固/液}} \cos\theta = \pi r^2 h \rho g \quad (1.1.101)$$

式中 h——内液面高度,m;
ρ——流体密度,kg/m³;
g——重力加速度,m/s²。

进一步变换得到内液面高度:

$$h = \frac{2\sigma \cos\theta}{\rho g r}$$

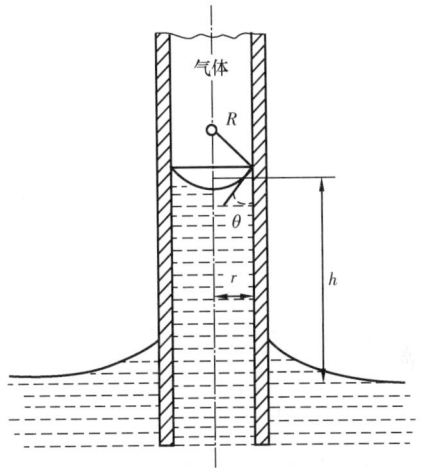

图 1.1.40 毛细管中的流体爬升

可见,管子的内半径越小,内液面高度越大。因此,只有管径足够小,水才可以克服自身重力,在管内爬升。自由液面中间凸起时,水不仅不升高,反而降低到管外的液面以下。毛细作用是影响地下水或石油在多孔介质中流动的重要因素之一,是钻井流体影响储层产能的重要因素之一,特别是钻井流体用于低孔隙度、低渗透率地层作业。

溶质使溶剂表面张力降低的性质叫表面活性(Surfactivity)。具有表面活性较强的物质称为表面活性剂(Surfactant),在加入很少量时即能大大降低溶剂的表面(界面)张力(一般以水为标准溶剂)和液/液界面张力,并具有一定特殊结构、亲水亲油特性和特殊吸附性能的物质。表面活性剂分子一般是双亲化合物,分子具有不对称结构。其分子由易溶于水的亲水基和不溶于水而易溶于油的亲油基,即疏水基组成(王大全,1998)。通常按照水溶液表面张力曲线的特征将溶质划分为非表面活性物质、表面活性物质和表面活性剂。

非表面活性物质作为溶质,溶质浓度增加,表面张力不变。多数无机盐,如食盐、硫酸钠、氯化铵等水溶液及蔗糖、甘露醇等多羟基有机物的水溶液都是如此。

表面活性物质和表面活性剂作为溶质。溶质浓度增加,表面张力下降。低分子量的极性有机物,如醇、醛、酸、酯、胺等表面活性物质的水溶液。由长度大于 8 个碳原子的碳链和足够大的亲水基构成的极性有机化合物,即表面活性剂的水溶液。虽然两者的溶液表面张力在浓度很低时急剧下降,但表面活性很快达到最低点,此后溶液表面张力随浓度变化很小。表面活性物质则一直下降。在表面活性剂科学中广泛采用的是按照它的化学结构分类,如图1.1.41所示。

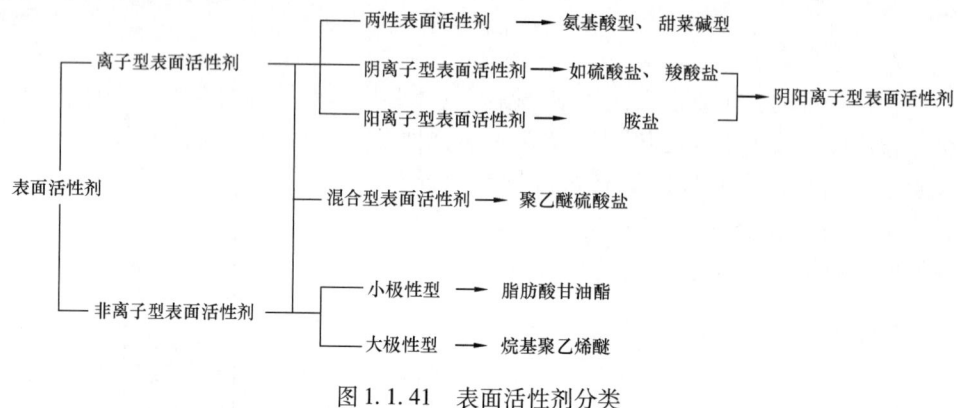

图1.1.41 表面活性剂分类

从图1.1.41可以看出,首先是按亲水基的类型,即电性分为离子型和非离子型。进一步分,离子型又分为阳离子型、阴离子型和两性型。近年来发展较快的,既有离子型亲水基、又有非离子型亲水基的混合型表面活性剂。此外,还有不少特殊表面活性剂。表面活性剂具有润湿、乳化、起泡和消泡、增溶、分散和絮凝等功能。这些特殊作用的产生主要来源于降低体系的表面张力和形成胶束等两方面性质。

(1)降低表面张力。自然界中的物质主要以气体、液体或固体三种状态存在,两相接触会产生接触面。接触面上的分子与其体相内部的分子的受力情况不同。通常将作用于表面单位长度边缘上的力叫作表面张力(Surface Tension),单位为 mN/m。从能量角度讲,表面张力是单位表面的表面自由能,即增加单位表面液体时自由能的增值,也就是单位表面上的液体分子比处于液体内部的同量分子的自由能过剩值。

表面张力是液体本身的固有基本物理性质之一,也存在于一切相界面上,通常被称为界面张力(Interfacial Tension),特别是在互不相混溶的两种液体的界面上更为普遍。

表面活性剂能够在极低的浓度下显著降低溶液的表面张力,是由其分子的结构特点决定的。表面分子通常由两部分构成:一部分是疏水基团,主要由疏水、亲油的非极性碳氢链构成,也可以是硅烷基、硅氧烷基或碳氟链;另一部分是亲水基团,通常由亲水、疏油的极性基团构成,如图1.1.42所示。

(a) 溶液表面表面活性剂分子的定向排列　　(b) 溶液内部表面活性剂胶束的形成

图1.1.42 表面活性剂分子在表面的吸附和胶束形成示意图

从图 1.1.42(a)中可以看出,疏水基团有从水中逃离的特性,使表面活性剂分子从溶液的内部转移至表面,以疏水基团向气相或油相,亲水基插入水中,形成紧密排列的单分子吸附层。此时,溶液表面富集表面活性剂分子,并以表面自由能较低的非极性分子覆盖表面自由能较高的溶剂分子,溶液的表面张力明显降低。

从图 1.1.42(b)可以看出,随着表面活性剂浓度的增加,水表面逐渐被覆盖。当浓度增加到一定值后,水表面全部被表面活性分子占据,达到吸附饱和,表面张力不再继续降低。此时表面活性剂浓度再增加,其分子便会在溶液内部形成胶束。

(2)形成表面活性剂胶束。表面活性剂形成胶束是表面活性剂产生增溶、乳化、洗涤、分散和絮凝等现象的根本原因。表面活性剂分子的疏水基团之间因疏水性存在显著的吸引作用,易于相互靠拢、缔合,从而逃离水的包围。表面活性剂的胶束是由数个乃至数百个离子或分子组成的球状、棒状、层状或块状聚集体,其结构分为内核和外壳两部分,如图 1.1.43 所示。

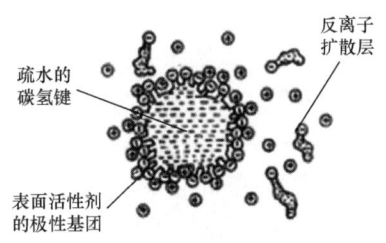 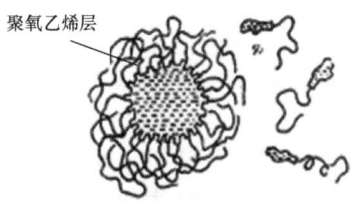

(a) 离子型表面活性剂的胶束结构示意图　　(b) 聚氧乙烯型非离子型表面活性剂的胶束结构示意图

图 1.1.43　水介质中胶束的结构示意图

从图 1.1.43 中可以看出,在水介质中,表面活性剂胶束的内核主要由疏水的碳氢键构成,类似于液态烃。胶束的外壳主要由表面活性剂的极性基团构成,粗糙不平,变化不定。离子型表面活性剂,由胶束双电层的最内层组成。包含表面活性剂的极性端、固定有一部分与极性端结合的反离子、不足以铺满一单分子层的水化层。在该区域之外,还存在反离子扩散层,即双电层外围的扩散层部分,由未与极性端离子结合的其余反离子组成。对于聚氧乙烯型非离子表面活性剂,胶束的外壳是一层相当厚的、柔顺的聚氧乙烯层,还包括大量与醚键相结合的水分子。

在非水介质中,胶束有相似的结构,但内核由极性端构成。外壳则由憎水基与溶剂分子构成。在表面活性剂溶液中,胶束与离子或分子处于平衡态,起着表面活性剂分子的仓库作用,在其被消耗时释放出单个分子或离子。另外,胶束自身能够产生乳化、分散及增溶等作用。这些作用都需要在表面活性剂的浓度达到一定数量以上时方能产生,这个浓度即表面活性剂的临界胶束浓度。表面活性剂分子在溶剂中缔合形成胶束的最低浓度即为临界胶束浓度(Critical Micelle Concentration,CMC)。

临界胶束浓度是衡量表面活性剂的表面活性和表面活性剂应用性能的重要物理量。临界胶束浓度越小,表面活性剂形成胶束和达到表面/界面吸附饱和所需的浓度越低,改变表面/界面性质,产生润湿、乳化、起泡和增溶等作用所需的浓度也越低,即表面活性剂的活性越高。当表面活性剂溶液的浓度达到临界胶束浓度时,溶液的表面张力、渗透压、电导率、折光率、黏度、高频电导等很多性能发生明显的突变。以十二烷基硫酸钠水溶液的主要物理化学性质随其浓度变化的关系曲线为例说明这一现象,如图1.1.44所示。

从图1.1.44中可以看出,溶液的性质均在阴影所示的狭窄的浓度范围内发生剧烈变化。利用临界胶束浓度附近表面活性剂溶液的很多性质发生突变的特点,通过测定溶液的表面张力、电导率、增溶作用和光散射强度等随浓度变化的曲线,得到表面活性剂的临界胶束浓度。大部分表面活性剂的临界胶束浓度在 $10^{-6} \sim 10^{-1}$ mol/L 的范围内。常见表面活性剂的临界胶束浓度可以从有关手册中查到(沈钟等,2004)。

影响表面活性剂临界胶束浓度的主要因素是表面活性剂的分子结构。

就表面活性剂分子中的疏水基团而言,碳原子数增加,碳链加长,临界胶束浓度降低。碳氢链带有分支的表面活性剂,比相同碳原子数的直链化合物的临

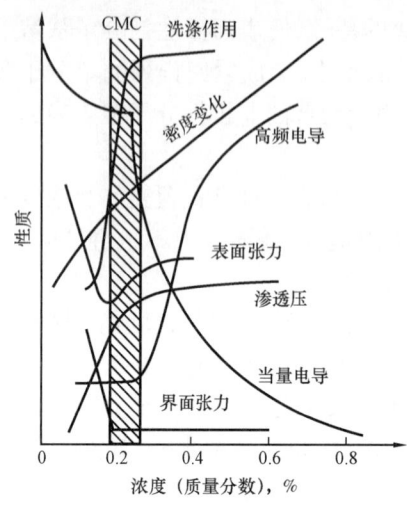

图1.1.44 十二烷基硫酸钠水溶液的物理化学性质与浓度的关系示意图

界胶束浓度大得多。碳氢链中极性基团数量增加,亲水性提高,临界胶束浓度增大,疏水基团的种类不同。表面活性剂的表面活性不同,临界胶束浓度亦不相同。例如,以全新代烷基为疏水基团的表面活性剂比相同碳原子数的普通表面活性剂临界胶束浓度低得多,其水溶液所能达到的表面张力也低得多。

就表面活性剂分子中的亲水基团而言,水溶液中离子型表面活性剂的临界胶束浓度比非离子型大得多。疏水基相同时,离子型表面活性剂的临界胶束浓度约为聚氧乙烯型非离子表面活性剂的100倍,两性型表面活性剂的临界胶束浓度则与相同碳数疏水基的离子型表面活性剂相近。离子型表面活性剂亲水基团的种类对其临界胶束浓度影响不大。疏水基相同时,聚氧乙烯型非离子表面活性剂的临界胶束浓度随氧乙烯单元数目的增加而有所提高。

1.3.1.1.3 泡沫现象

泡沫是由不溶性气体分散在液体或熔融固体中所形成的分散物系。泡沫的种类很多,不同分类方法,种类的数量不同。

根据分散介质的不同可分为水基泡沫和油基泡沫。以水作为分散介质的泡沫称为水基泡沫。水基泡沫由于其独特的性能,在很多领域得到越来越多的应用,如泡沫灭火、矿石浮选、石油钻采、酶蛋白提纯分离、废水处理以及泡沫洗消等。

发泡性和稳定性是泡沫在实际应用中最重要的两个特征。发泡性是指泡沫生成的难易程度和生成泡沫量的多少;稳定性是指生成泡沫的持久性,即消泡的难易。稳定性是泡沫的主要性能,起泡性是稳定性的前提。

影响泡沫发泡的因素主要包括发泡剂种类、搅拌速度、搅拌时间、温度、稳定剂、盐的种类等。

一般碳原子数越多,脂肪族起泡剂的泡沫稳定性越好;非极性基有环状结构的起泡剂,

碳原子数的多少不再是影响起泡性能的主要因素,其关键因素是支链的差异。

随着搅拌速度的提高,泡沫稳定性和发泡力均随之升高。

温度越高,起泡能力越差。

盐浓度超过一定程度时,起泡性能会随着盐浓度的升高而下降。

协同效应控制起泡速度。功等于力和面积的乘积。表面张力越低,空气/水界面积越大,泡沫高度越高。使用通气法起泡,起泡速度比较慢,表面活性剂有足够的时间扩散并吸附到新的空气/水界面上,胶束有足够时间解体以维持溶液中表面活性剂单体的浓度,表面张力几乎达到平衡值,表面活性剂混合体系因产生协同效应能达到比纯组分低的表面张力,因而能产生较高的泡沫高度。使用振荡法起泡时,起泡速度快,表面张力达不到平衡值,在混合体系的胶束中,分子间的相互作用强,比纯组分的胶束稳定,其解体速度慢,表面活性剂的浓度低,动态表面张力高,因而产生的泡沫高度比纯组分的低。因此,能在达到更低的最低表面张力值产生协同效应的表面活性剂体系,其起泡性能与起泡速度有关,慢速起泡时协同效应的更明显。

影响泡沫稳定性的因素有很多,本质是表面张力、表面黏度、溶液黏度、Gibbs – Marangoni(吉布斯—马兰哥尼)效应、表面电荷、表面活性剂的分子结构、表面活性剂间的复配作用等内部因素有关,以及温度、压力、溶液 pH 值、盐浓度、原油、固体颗粒以及泡沫分布的均匀程度等外界因素通过影响内部因素影响泡沫的稳定性。

(1)表面张力。泡沫增大气液界面,表面能增高。能量最低原理表明,所有体系都会向着能力最低状态移动。低表面张力可以降低泡沫体系能量,有助于体系稳定。毛细管压力与溶液的表面张力成正比,表面张力低时,毛细管压力小,泡沫排液速度慢。根据 Laplace(发明拉普拉斯方程的法国分析学家、概率论学家和物理学家)公式,表面张力降低可使在三个或多个气泡聚集的地方,液膜被弯曲,并凹向气室的一方的普来特(Plateau)交界点间的压差减小,使排液速率变慢,利于泡沫稳定。表面张力越小则纯水与溶液表面张力的差值大,泡沫的修复作用强,有利于泡沫的稳定。在形成泡沫时,液体的表面积增加,体系能量随之增加,反之亦然。

(2)表面黏度。泡沫的稳定性很大程度上取决于膜的排水速率。表面黏度通常是指表面活性剂分子在表面上形成的单分子层所产生的黏度。表面黏度增大,气泡膜的排水速率减小。保持较低的排水速率,有利于泡沫的稳定。较大的表面黏度,减少了液膜的透气性。泡沫体系中,气泡大小不一致。由于弯曲液面的附加压力,小泡中的气体压力高于大泡,气体自高压的小泡透过液膜,扩散至低压的大泡中,造成小泡消失,大泡变大最终破裂。气体穿过液膜能力的大小决定稳定速度。较大的表面黏度阻碍气体穿过,有利于泡沫稳定。

表面黏度增加,液膜排液速率降低。可能比因表面张力降低引起的液膜排液速率作用大。但实验发现,表面黏度增加,泡沫的稳定性也增加,但是稳定性增加的幅度没有因表面张力减小而增加的幅度大。皂素、蛋白质及其他类似物质的分子间,除范德华力外,还有分子间的羧基、胺和羰基间形成的氢键力。因而具有很高的表面黏度,可形成很稳定的泡沫(李广田等,2002)。

(3)溶液黏度。溶液黏度影响液膜的排液过程。液膜由两层表面活性剂及中央一层溶液构成。液体本身黏度大,液膜中的液体不易排出,液膜变薄的速度较慢,液膜破裂时间延缓。

(4) Gibbs – Marangoni 效应。表面活性剂形成的泡膜受到外力作用会变形,外力撤销后,表面活性剂会带一定量的水重新形成并恢复液膜的厚度。恢复液膜厚度通常需要一定时间,即所谓的 Marangoni 效应(赵国玺等,2003)。泡沫体系得以稳定一段时间。

(5) 表面电荷,也称分离压力。使用离子型表面活性剂形成的泡沫体系,气泡通常带有电荷。泡沫类似乳状液体系,气泡带有双电层,产生静电斥力,防止泡膜变薄。表面电荷能够作用的距离很小,在液膜很薄时起效。

(6) 表面活性剂的分子结构。表面活性剂的分子结构对泡沫的稳定性起决定作用。表面活性剂疏水链变长,分子间的疏水相互作用增强,导致泡膜的黏性模量增加。表面活性剂在界面排布时,端基的水化作用对分子的构象有锚定作用,保持了疏水链的独立存在。但当疏水链超长时,疏水链就开始弯曲缠绕。这种空间的交叉使得界面膜黏性模量值突升,膜强度增大(Hedreul et al.,2001)。

黏性模量又称损耗模量,是指材料在发生形变时,由于黏性形变(不可逆)而损耗的能量大小,反映材料黏性大小。与黏性模量相关的模量还有复数模量和储能模量。

① 复数模量,是指材料在发生形变时,抵抗形变的能量大小。复数模量越大,材料抵抗形变的能力越强。

② 储能模量,又称为弹性模量,是指材料在发生形变时,由于弹性(可逆)形变而储存能量的大小,反映材料弹性大小。

损耗模量和储能模量的比值称为损耗角正切,反映材料黏性弹性比例。储能模量远大于损耗模量时,材料主要发生弹性形变,所以材料呈固态;损耗模量远大于储能模量时,材料主要发生黏性形变,所以材料呈液态。储能模量和损耗模量相当时,材料为半固态,凝胶即是一种典型半固态物质。这一特征在研究粘接破碎地层实现稳定井壁和防治漏失的绒囊钻井流体时十分重要。

表面活性剂水溶液的发泡性能随发泡剂和稳定剂浓度上升而增强,到一定浓度后达到极限值。表面活性剂水溶液都有不同程度的发泡作用。一般碳氢链为直链,碳原子个数为 12~14 时起泡效果较好,碳链太短时形成的表面膜的强度较低,产生的泡沫稳定性差。碳链太长则溶解度差,且形成的表面膜因刚性太强而不能产生稳定的泡沫(曹旭龙等,2007)。

(7) 表面活性剂间的协同作用。实验表明,复配表面活性剂能够明显降低临界胶束浓度和表面张力,增大表面活性,提高泡沫的稳定性。一般认为混合体系中分子间相互作用力强,分子在空气/水界面排列紧密,表面膜黏度强度较高。同时,表面活性剂复配有助于降低表面张力,减小边界的压差,减小排液速度(陈宗淇等,2001)。

泡沫稳定性受到内因的影响同时,受外界因素,如温度、压力、pH 值、无机盐、杂质(如原油、固体颗粒等)、气体的溶解度、泡沫分布均匀与否等多种因素影响(李作锋等,2003)。

(1) 温度因素。实践表明,泡沫稳定性随温度升高而下降。温度升高,起泡剂溶解性增加,在气液界面上吸附量减小,膜强度减小。高温下膜间的液相黏度降低,液膜排液速度加快,泡沫稳定性下降。泡沫体系表层泡膜上侧总是向上凸的,表面积增大,蒸发速度快。当膜蒸发变薄到一定程度,泡沫自行破灭(李永信,1987)。多数泡沫在高温下是不稳定的。一般来说,疏水链较长的表面活性剂形成的泡沫其耐温性能比短链表面活性剂高(周凤山,

1989)。泡沫的稳定性随温度增高而下降。

(2)压力因素。泡沫的稳定性同压力成正比关系。Rand 研究发现压力与表面活性剂泡沫液膜的排液时间呈直线关系(Rand,1974)。

(3)溶液 pH 值因素。离子型表面活性剂受电荷影响较小,因而受 pH 值影响也较小。然而,离子型表面活性剂形成的泡沫对 pH 值却很敏感。

(4)有机盐或无机盐离子的影响。有机盐和无机盐在溶液中离解产生电荷,影响表面活性剂生成泡沫的稳定性。静电力影响斥力或者吸引力,也抑制表面活性剂脂肪链缔合作用。

(5)原油因素。原油接触泡沫后乳化成小油珠,在外力和驱动力的作用下进入泡沫内,以不同的形式在不同程度上影响和破坏泡沫的完整性。原油对泡沫的破坏作用取决于油珠大小,油珠足够小时可被大量吸入而剧烈减小泡膜的稳定性,可分为三种情况(樊西惊,1997):

第一种情况,原油不能进入泡膜,也不能在泡膜表面铺展。二者之间不存在相互作用和影响。第二种情况原油能进入泡膜内但不能在泡膜表面铺展。第三种情况是原油能进入并在泡膜表面铺展,对泡膜性质产生强烈影响,导致泡膜崩溃。

(6)固体颗粒的影响。固体颗粒对脱硫剂溶液泡沫性能的影响发现,泡沫稳定性与固体颗粒的种类、颗粒大小和颗粒浓度均有关系(杨敬一等,2002)。

铝土矿浮选三相泡沫稳定性研究发现,颗粒大小、固体浓度和颗粒的疏水性均能影响三相泡沫的稳定性(穆泉,2008)。一般情况下,固体颗粒的引入会使泡沫从两相变为三相,稳定性增加。三相泡沫的稳定性随着小颗粒浓度的增大而增强,随着中等颗粒浓度的增加,稳定性先增大后减小;随着大颗粒浓度的增加,稳定性直接减小。颗粒大、中、小粒径的划分与具体体系有关,不可一概而论。当颗粒对泡沫体系起稳定作用时,颗粒的疏水性增强,泡沫体系的稳定性也增强。这也是有人在泡沫中引入纳米颗粒稳定泡沫的原因(李兆敏等,2013)。

(7)气体溶解度的影响。气体溶解度越高,越易在体系中发生扩散,泡沫稳定性就越差。

(8)气泡分布均匀程度的影响。大小不同的两个泡沫接触时,小泡变小,大泡变大,最终破裂消失。因而,泡沫粒径越均匀,泡沫稳定性越好。Monsalve 等(1984)研究发现一定时间段内,单位时间内泡沫数量减少速度与起始条件下泡沫粒径分布直接相关。

选用一种泡沫剂或新开发一种泡沫剂,必须评价起泡性能。泡沫的表征方法有很多,通常用泡沫的起泡力和泡沫的稳定性来界定泡沫的性能好坏,这两点也是筛选实际过程中,研究人员最关心的点。

起泡力是描述起泡能力的指标,起泡能力是指在同等条件下,体系生成泡沫量的多少。若将丁醇稀水溶液和皂角苷稀溶液分别置于试管并加以摇动,发现前者形成大量泡沫,后者形成少量泡沫,但丁醇水溶液泡沫很快消失,而皂角苷水溶液泡沫不易消失。因此不能简单地讲哪种溶液起泡力好,因为起泡和泡沫稳定两者的标准是不同的。由丁醇水溶液形成的稳定性小的泡沫,称为不稳定泡沫;由皂角苷水溶液形成的寿命长的泡沫,称为稳定泡沫。起泡力的大小是以在一定条件下,摇动或搅拌时产生的泡沫多少来评定的。

起泡性能良好的物质称为泡沫剂,一些阴离子表面活性剂,如脂肪酸钠、烷基苯磺酸钠、烷基硫酸钠等均具有良好的起泡能力,它们都是良好的泡沫剂(发泡剂)。应提起注意的是,泡沫剂只是在一定条件下(搅拌、通气等)具有良好的起泡能力,而形成的泡沫不一定持久。一般地说,凡是能使液体表面张力降低、膜强度增高的泡沫剂,不论生成的泡沫是否稳定,均具有较高的起泡力。形成泡沫时,液体表面积增大,因此,表面张力小,有利于起泡。这只是从泡沫形成与表面张力平衡的角度来考虑问题的。外观上泡沫是静止的,但事实上并非如此,构成泡沫膜壁的液体不停地流动、蒸发、收缩,处于非平衡状态。所以,这里考虑平衡时的表面张力意义不大,必须了解表面张力随时间的变化情形。

目前对于泡沫剂的实验评价,还没有一种十分完善的标准化的方法。但各种方法的共同点,是力图获得表征泡沫剂的起泡能力、携液能力和稳定性等参数。通常评价泡沫剂性能的方法有罗氏米尔法、气流法、泡沫带水实验装置法、倾泻法、搅拌法和振荡法等6种:

(1)罗氏米尔法,简称罗氏法。罗氏泡沫测定仪是定型仪器,如图1.1.45所示。

按照实验规定条件,测定200mL泡沫剂溶液从罗氏管口流至罗氏管底时管中形成的泡沫高度,开始时和3min(或5min)分别测两个高度。起始反映了泡沫剂溶液的起泡性能,其差值表示泡沫的稳定性。

(2)气流法。气流法用于测定泡沫剂溶液在气体搅动下,产生泡沫的能力和泡沫含水量,泡沫含水量是指泡沫中水的体积占泡沫体积的百分比。其装置如图1.1.46所示。

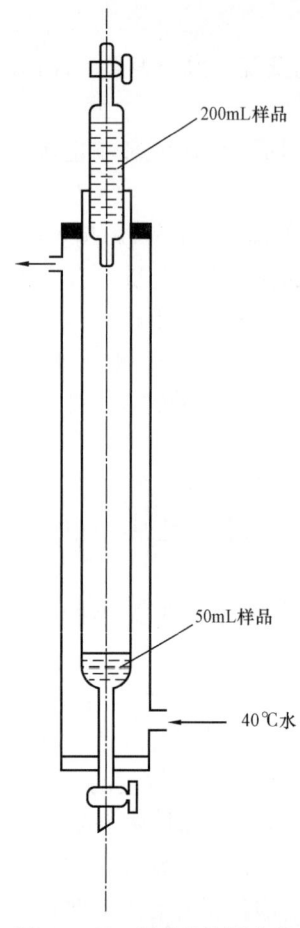

图1.1.45 罗氏泡沫测定仪

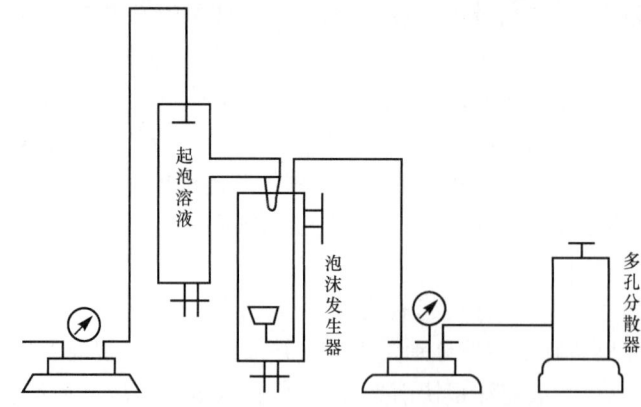

图1.1.46 气流法泡沫测定仪器示意图

起泡溶液盛于发泡器内,空气在一定压力下通过多孔分散器进入发泡器,搅动泡沫剂溶液,产生泡沫。在泡沫发生器中,每升气流通过后形成连续泡沫柱的高度,表示泡沫剂溶液生成泡沫的能力。

实验中产生的泡沫,用泡沫收集器收集。加入消泡剂后,测定每升泡沫的含水量(mL)用以表示泡沫的携水能力。

$$起泡能力 = \frac{泡沫高度(cm)}{单位气体体积(L)}$$

或

$$起泡能力 = \frac{泡沫体积(L)}{单位气体体积(L)}$$

$$泡沫含水量 = \frac{水的体积(L)}{泡沫体积(L)}$$

(3)泡沫带水实验装置法。泡沫带水实验装置法结构如图1.1.47所示,其原理与气流法气泡装置类似。

评价泡沫剂时,将250mL泡沫剂溶液加入玻璃管底,然后将空气以一定的流速从管底注入,当泡沫到达上部出口时开始计时,在出口处加入消泡剂收集泡沫带出液体,直到泡沫不再连续带出为止,一般不超过10min。

泡沫带水实验装置法主要测定泡沫的携液能力,泡沫携带出的液体数量(mL)表示泡沫携液量,携液多则性能好。

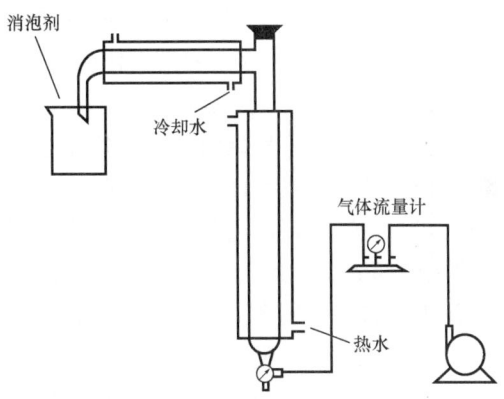

图1.1.47 泡沫带水实验装置示意图

$$携液能力 = \frac{泡沫携带出的液体体积(mL)}{总起泡剂溶液的体积(mL)} \times 100\%$$

泡沫带水实验装置和罗氏泡沫测定仪结合使用,可以综合评价泡沫剂的起泡能力、稳泡能力和携液能力,配合不同的实验条件可以评价泡沫剂的温度性能、耐盐性和抗油性等。

(4)倾泻法。倾泻法又称 Ross-Miles 法,由 Ross 和 Miles 率先提出。随后美国实验与材料学会(American Society for Testing and Materials,ASTM)将该法定为测定表面活性剂起泡性的标准方法,使其在国际上受到重视并得到广泛应用。

Ross-Miles 法的操作是在带刻度的容器中装入一定量试液,将另一部分试液以一定的速度撞击液面,在此过程中混入空气产生泡沫,测量产生的泡沫体积,用最大泡沫体积说明起泡能力,用一段时间后剩余泡沫体积说明泡沫稳定性。泡沫稳定性是指生成的泡沫存在时间的长短,即泡沫的持久性或存在的寿命,也可以理解为泡沫破灭的难易程度。

(5)搅拌法。搅拌法又称 Waring-Blender 法(Lee et al.,2003)。该方法主要用于测定低黏度水溶液的起泡能力和泡沫稳定性。操作方法是向带刻度的容器中加入一定量的试液,对试液进行搅拌,产生泡沫。用 F_m 和 F_r 分别表示起泡能力和泡沫稳定性,可以用下式表示:

$$F_m = M - I \tag{1.1.102}$$

$$F_r = R - I \tag{1.1.103}$$

式中 I——初始液面高度；

M——最大泡沫高度；

R——搅拌5min的泡沫高度。

（6）振荡法。振荡法是将试液装入带刻度的容器中，以一定方式对容器振荡（Xue et al.，2012），停止振荡后，记录容器内的泡沫体积，用体积说明试液的起泡能力；记录泡沫半衰期，用半衰期说明泡沫的稳定性。人为因素对振荡法的测试结果影响较大，故试验时尽量由一人操作。

1.3.1.2 表面吸附特性

吸附现象（Adsorption Phenomenon）是指能有效地吸附分子、离子的现象（Ferrari et al.，2010）。吸附的气体、液体或者溶解固体的原子、离子或者分子能够在吸附表面形成吸附膜。吸附主要是由于比表面积、表面能及电荷所致。

吸附（Adsorption）是传质过程。传质过程是物质的传递过程。物质浓度差可在一相内传递也可在相际间传递，即由一相向另一相传递。传质过程可分为两大类：一类是伴随有化学反应的质量传递过程，通常在反应器中进行；另一类是不进行化学反应的质量传递过程。

物质内部的分子和周围分子存在互相吸引力。但物质表面的分子相对物质内部的分子，作用力没有充分发挥。所以，流体或固体物质的表面可以吸附其他液体或气体，尤其是比表面积较大的物质，吸附作用更强。因此，工业上经常利用大比表面积的物质吸附其他物质，如活性炭、水膜等。吸附过程有物理吸附和化学吸附两种情况。

物理吸附过程中不改变原有物质的性质。因此，吸附能小，被吸附的物质很容易再脱离。如用活性炭吸附气体，只要升高温度，就可以使吸附的气体离开活性炭表面。煤层气吸附煤岩，大多数人认为是物理吸附。

化学吸附过程中不仅有引力，还有化学键力。因此，吸附能较大，吸附的物质需要较高的温度才能离开原物质。被吸附的物质脱附前，产生化学变化，未必是原物质。一般来说，催化剂是以这种吸附方式发挥作用。煤层气吸附煤岩，可以认为是物理吸附外，还可能存在化学吸附，能够比较合理地解释煤层气生产过程中的产量双峰现象。

朗格缪尔（Langmuir，等温吸附方程发明者）研究认为，固体表面的原子或分子存在向外的剩余价力，可以捕捉气体分子。这种剩余价力的作用范围与分子直径相当。因此，吸附剂表面只能发生单分子层吸附。他在假定了7种情况后，吸附剂表面覆盖率可以表示为式（1.1.104）。

（1）吸附剂表面性质均一，每一个具有剩余价力的表面分子或原子吸附一个气体分子。

（2）气体分子在固体表面为单层吸附。

（3）吸附是动态的，被吸附分子受热运动影响可以重新回到气相。

（4）吸附过程类似于气体的凝结过程，脱附类似于液体的蒸发过程。

（5）达到吸附平衡时，吸附速度等于脱附速度。

（6）气体分子在固体表面的凝结速度正比于该组分的气相分压。

（7）吸附在固体表面的气体分子之间无作用力。

$$\theta = \frac{q}{q_{\mathrm{m}}} \tag{1.1.104}$$

式中 θ——吸附剂表面覆盖率;

q——吸附剂表面实际的吸附量;

q_{m}——吸附剂表面所有吸附点均被吸附质覆盖时的吸附量,即饱和吸附量。

气体脱附速率与吸附剂表面覆盖率成正比,气体的吸附速率与剩余吸附面积和气体分压成正比。吸附平衡时,吸附速率与脱附速率相等,则:

$$\frac{\theta}{1-\theta} = \frac{K_{\mathrm{a}}}{K_{\mathrm{d}}} p \tag{1.1.105}$$

式中 K_{a}——吸附速率常数;

K_{d}——脱附速率常数;

p——被吸附气体的压力。

式(1.1.105)整理后,可得单分子层吸附的 Langmuir 方程:

$$q = \frac{kpq_{\mathrm{m}}}{1+kp}$$

$$k = K_{\mathrm{a}}/K_{\mathrm{d}}$$

式中 k——Langmuir 平衡常数。

Langmuir 平衡常数与吸附剂和吸附质的性质以及温度有关。其值越大,表示吸附剂的吸附性能越强。

Langmuir 方程较好地描述了低、中压力范围的吸附等温线。当气体中吸附质分压较高,接近饱和蒸气压时,方程产生偏差。这是由于此时的吸附质可以在微细的毛细管中冷凝,单分子层吸附的假设不成立的缘故。

不管是悬浮液还是乳浊液,分散质分散成细小微粒的程度,称为分散度(Dispersity)。物质分散的程度通常用比表面来表示。而比表面积的测定则是由吸附来完成的。

比表面是比表面积的简称。所谓比表面积(Specific Surface Area),是指单位质量物质所具有的总面积,单位是 m^2/g。通常指的是固体材料的比表面积。常用两种表示方法:一种是单位质量的固体所具有的表面积;另一种是单位体积固体所具有的表面积。物质分散得越小,分散度越高,比表面也越大。目前常用的测定表面积的方法有 BET 测试法和色谱法。

BET 测试法是 BET 比表面积测试法的简称。BET 是 Brunauer、Emmett 和 Teller 三位科学家首字母缩写,以多分子层吸附模型为基础理论,在固体表面均匀发生多层吸附,除第一层的吸附热外其余各层的吸附热等于吸附质的液化热的两个基本假设下,推导出单层吸附与多层吸附量间的关系方程,即著名的 BET 方程。BET 方程是建立在多层吸附的理论基础上,与物质实际吸附过程更接近,因此测试结果更准确(张晓明等,2011)。目前用于煤层气和页岩气储层吸附解吸特征的吸附测试较多,用于对比 Langmuir 单层吸附。但方程在低压下是无法形成多层物理吸附的,甚至连单层也无法形成。所以,适用时也有一定的范围。

此外,还有许多常用的吸附方程,如 Freundlich 等温方程、颗粒内扩散方程、准二级吸附动力学方程、二级动力学方程、二级反应方程、准一级动力学方程(Lagergren 方程)、修正伪一级动力学方程和阿累尼乌斯(Arrhenius)方程等。

溶质在溶液表面层的浓度和溶液内部不同,是因为在溶液表面发生了吸附现象。如果溶质在表面层的浓度大于它在溶液内部的浓度,即为正吸附,反之,则为负吸附。流体发生正吸附还是负吸附,主要与溶质的类型有关,非表面活性物质在水中可发生正吸附,表面活性物质在水中可发生负吸附。

表面活性剂在界面吸附一般为单分子层。表面吸附饱和,表面活性剂分子不能在表面继续富集,但憎水基的疏水作用仍促使其分子逃离水环境。于是表面活性剂分子在溶液内部自聚,即疏水基聚集在一起形成内核,亲水基朝外与水接触形成外壳,组成最简单的胶团。从现象的角度讲,溶液达到临界胶束浓度时,溶液的表面张力降至最低值。再提高表面活性剂浓度,溶液表面张力不再降低而是大量形成胶团。此时,溶液的表面张力就是该表面活性剂能达到的最小表面张力。

表面活性剂溶于水中,浓度较低时,呈现单分子分散或被吸附在溶液的表面上,降低表面张力。当表面活性剂的浓度增加至溶液表面达到饱和不能再吸附时,即表面活性剂分子达到一定浓度时,表面活性剂分子开始转入溶液内部。由于表面活性剂分子的疏水部分与水的亲和力较小,疏水部分自身的吸引力较大,一般 50~150 个表面活性剂分子的疏水部分便相互吸引,缔合在一起,形成缔合体。

1.3.1.3　体系稳定特性

柴油乳化形成的油基钻井流体是一种常见的体系。通过技术手段,利用高剪切力和表面活性剂乳化技术使油水相容。乳化使一种液体以细小的液滴,均匀地分散于另一种不相容的液体中,在两相界面形成一层吸附的薄膜,防止颗粒再凝聚。

乳液的液滴大小直接影响到乳液的外观颜色,原因在于分散相与分散介质的折射率不同,入射光在乳液液滴的界面会发生反射、折射和散射等现象。由于可见光的波长为 0.4~0.8μm,粒径在 1.0μm 以上的乳液主要发生光的全反射,乳液呈现乳白色;粒径为 0.1~1.0μm 的乳液会因波长的散射光增强而呈现带有蓝光的乳白色;液滴的粒度进一步减小,乳液则主要发生散射和透射现象,系统变为半透明状和透明状。

乳状液是热力学不稳定体系,具有较大的界面面积,最终会通过液珠的聚结而分离为油相和水相。乳液不稳定的根源是界面张力。乳液的失稳过程主要包括沉降或乳析、絮凝、聚结、奥氏熟化、转相。

(1)沉降或乳析(Sedimentation or Creaming)。由于油相和水相的密度不一致,在重力的作用下,分散相的液滴受到作用的净力的影响。当连续相的密度大于分散相密度时,乳液的液滴上浮(乳析);当连续相的密度小于分散相的密度时,乳液的液滴下沉。一般来讲,可通过搅拌或摇晃重新分散已经沉降或乳析的体系,沉降或乳析并不是乳液破乳的致命因素。

(2)絮凝(Flocculation)。在乳状液体系中,范德华引力不可忽视,分散相液滴之间相互碰撞时可聚集形成三维堆聚体。絮凝作用较弱时,液滴之间的引力较小,形成的三维堆积体可通过低速搅拌分散;絮凝作用较强,液滴间引力作用大于斥力,三维堆聚体不容易通过低速搅拌分散。根据 DLVO 理论,可通过提高表面活性剂的吸附量、降低电解质的浓度等手段提高电动电位,增强油/水两相界面的双电层厚度,利用双电层的排斥效应阻碍絮凝作用。

对于水包油型乳液,通常电动电位大于 25mV 才可有效地阻止不可逆絮凝的产生。对于油包水型乳液,一般较难在油/水两相界面形成双电层,此时需要利用空间位阻的排斥作用来阻止液滴的絮凝。

(3)聚结(Coalescence)。当絮凝的液滴界面膜强度较弱时,液滴之间的液膜容易发生破裂,液滴合并成更大的液珠,该过程即为聚结。聚结的结果是两相分离。当表面活性剂溶于连续相时,由于膜的波动产生局部膜的膨胀或压缩,局部表面积增加,表面活性剂的吸附量减少而产生界面张力梯度,邻近区域的表面活性剂分子向突出部位扩散以恢复原来的表面张力,即产生 Gibbs-Marangoni 效应阻碍膜的厚度的波动和破裂。若表面活性剂溶于分散相,溶解在分散相中的表面活性剂分子在界面膨胀时迅速加入界面,不能产生局部的界面张力梯度,不会产生 Gibbs-Marangoni 效应。这也从侧面解释了乳液形成的班克罗夫特(Bancroft)规则。认为界面张力是影响乳状液稳定的主要因素之一。

(4)奥氏熟化(Ostwald Ripening)。对于具有一定互溶性的两相所形成的多分散体系,小液滴比大液滴更容易溶解。随着放置时间的增加,小液滴不断溶解到连续相中,大液滴逐渐变大的过程,称为奥氏熟化。即使乳液体系没有发生沉降/乳析,絮凝或者聚结等过程,仍可能因为奥氏熟化的作用分离成两相。这一过程分散的乳液液滴通过连续相发生了质量传递。

(5)转相(Phase Inversion)。由于油水比、温度、乳化剂性质和盐度等条件的改变,乳液的连续相和分散相发生相互逆转的过程。转相途径是指在一定条件下,流体内相与外相相互转变的现象。相转变是流体不稳定的表现。相转变后乳液的性质会发生很大变化。油水体积比、油相成分、乳化方案、乳化温度、乳化剂浓度与亲和性、水相电解质浓度与种类等因素会影响乳状液的转相。

垂直方向发生的转相称为过渡转相。最常见的过渡转相方法是在相同组成体系下通过升温或者降温促使相态的转变。这也是相转换温度法制备纳米乳液的基本原理。在亲水亲油平衡值为 0 时,即相反转边界区域,界面张力值最低,通过搅拌形成较小的液滴;但由于聚结速率较大,此温度下流体的稳定性也最差。然后迅速改变配方条件(迅速降温),使体系的亲水亲油平衡值远离相反转边界区,在保持液滴粒径较小的同时提高乳液的稳定性。

水平方向发生的转相称为突变转相,即在固定亲水亲油平衡值的情况下,改变油水比例而形成的转相。例如在油相中缓慢加入水相或向水相中缓慢滴加油相都会诱导相转变的发生。突变转相是不可逆的转相,且突变转相的具有一定的滞后区域,利用逆转的滞后性以调整乳液的流变性质。突变转相常用于制备稳定的多重乳液。

值得强调的是,上述乳液的不稳定机理是相互关联的。例如絮凝、聚结或奥氏熟化导致乳液平均粒径的增加,最终使得乳液液滴产生重力分离(沉降或乳析)。反过来,重力分离或絮凝使得乳液液滴长时间接触,更容易发生聚结现象。

在制备乳状液时,将分散相以细小的液滴分散于连续相中,由于两个互不相溶的液相所形成的乳状液是不稳定的,通过加入少量的乳化剂则能得到稳定的乳状液。前人从不同的角度给予解释,主要有定向楔入理论、界面张力理论、界面膜理论、电效应理论、固体微粒理论、液晶稳定性理论等。

(1)定向楔入加密理论。1929 年,哈金斯(Harkins)认为,在界面上乳化剂的密度最大,乳化剂分子以横截面较大的一端定向地指向分散介质,即,总是以大头朝外、小头朝里的方式在小液滴的外面形成保护膜。从几何空间结构观点来看这是合理的,从能量角度来说是符合能量最低原则的,因而形成的乳状液相对稳定。以此解释了乳化剂为一价金属皂液及二价金属皂液时,形成稳定的乳状液的机理(Harkins et al.,1929)。

乳化剂为一价金属皂在油/水界面上作定向排列时,以具有较大极性端基团伸向水相。非极性的碳氢键深入油相,这时不仅降低了界面张力,而且也形成了一层保护膜。由于一价金属皂的极性部分的横界面比非极性碳氢键的横界面大,横界面大的一端排在外圈,外相水就把内相油完全包围起来,形成稳定的油/水型乳状液。乳化剂为二价金属皂液时,由于非极性碳氢键的横界面比极性基团的横界面大,于是极性基团(亲水的)伸向内相,所以内相是水,而非极性碳氢键(大头)伸向外相,外相是油相,这样就形成了稳定的水/油型乳状液。这种形成乳状液的方式,乳化剂分子在界面上的排列就像木楔插入内相一样,故称为定向楔入理论。

此理论虽能定性地解释许多形成不同类型乳状液的原因,但常有不能用它解释的实例。理论上不足之处在于只是从几何结构来考虑乳状液的稳定性,实际影响乳状液稳定的因素是多方面的。从几何上看,乳状液液滴的大小比乳化剂的分子要大得多,故液滴的曲表面对于其上的定向分子而言,实际近于平面,故乳化剂分子两端的大小就不是重要的,无所谓楔形插入了。

(2)界面张力降低理论。界面张力理论认为,界面张力是影响乳状液稳定性的一个主要因素。因为乳状液的形成使体系界面积大幅度增加,也就是对体系要做功,从而增加了体系的界面能,这就是体系不稳定的来源。因此,为了增加体系的稳定性,可减少其界面张力,使总的界面能下降。由于表面活性剂能够降低界面张力,因此是良好的乳化剂。

凡能降低界面张力的添加物都有利于乳状液的形成及稳定。在研究同族脂肪酸作乳化剂的效应时也说明了这一点。随着碳链的增长,界面张力降低的幅度逐渐增大,乳化效应也逐渐增强,形成较高稳定性的乳状液。但是,低的界面张力并不是决定乳状液稳定性的唯一因素。有些低碳醇(如戊醇)能将油/水界面张力降至很低,但却不能形成稳定的乳状液。有些大分子(如明胶)的表面活性并不高,但却是很好的乳化剂。固体粉末作为乳化剂形成相当稳定的乳状液,则是更极端的例子。因此,降低界面张力虽使乳状液易于形成,但单靠界面张力的降低还不足以保证乳状液的稳定性。

可以这样说,界面张力的高低主要表明了乳状液形成的难易程度,并非为乳状液稳定性的充分条件。

(3)界面膜保护理论。在体系中加入乳化剂后,降低界面张力的同时,表面活性剂在界面发生吸附,形成一层界面膜。界面膜对分散相液滴具有保护作用,使其在布朗运动中的相互碰撞的液滴不易聚结,而液滴的聚结(破坏稳定性)以界面膜的破裂为前提。因此,界面膜的机械强度是决定乳状液稳定的主要因素之一。

与表面吸附膜的情形相似。乳化剂浓度较低时,界面上吸附的分子较少,界面膜的强度较低,形成的乳状液不稳定。乳化剂浓度增加至一定程度后,界面膜则由比较紧密排列的定向吸附的分子组成。这样形成的界面膜强度高,大大提高了乳状液的稳定性。要有足够量的乳化剂才能有良好的乳化效果,而且,直链结构的乳化剂的乳化效果一般优于支链结构的。

如果使用适当的混合乳化剂有可能形成更致密的界面复合膜,甚至形成带电膜,从而增加乳状液的稳定性。如在乳状液中加入一些水溶性的乳化剂,而油溶性的乳化剂又能与它在界面上发生作用,便形成更致密的界面复合膜。由此可以看出,使用混合乳化剂,能形成较高强度界面膜,来提高乳化效率,增加乳状液的稳定性。在实践中,经常是使用混合乳化剂的乳状液比使用单一乳化剂的更稳定,混合表面活性剂的表面活性比单一表面活性剂往往要优越得多。

对照分析界面张力理论和界面膜理论可以认为,降低体系得界面张力,是使乳状液体系稳定的必要条件,而形成较牢固的界面膜是乳状液稳定的充分条件。

(4)电荷相斥理论。乳状液的乳化剂是离子型的表面活性剂,在界面上,主要由于离解还有吸附等作用,使得乳状液的液滴带有电荷,其电荷大小依离解强度而定。对非离子表面活性剂,则主要由于吸附还有摩擦等作用,使得液滴带有电荷,其电荷大小与外相离子浓度及介电常数和摩擦常数有关。带电的液滴靠近时,产生排斥力。液滴难以聚结,因而提高了乳状液的稳定性。乳状液的带电液滴在界面的两侧构成双电层结构,双电层的排斥作用,稳定乳状液。

双电层之间的排斥能取决于液滴大小及双电层厚度,还有剪切电势。当无电介质表面活性剂存在时,虽然界面两侧的电势差很大,但界面电位却很小,所以液滴能相互靠拢而发生聚沉,不利于乳状液稳定。有电解质表面活性剂使液滴带电。油/水型的乳状液多带负电荷,水/油型的多带正电荷。活性剂离子吸附在界面上并定向排列,带电端指向水相,吸引反号离子形成扩散双电层。较高的界面电位及较厚的双电层,稳定乳状液。若在上面的乳状液中加入大量的电解质盐,则由于水相中反号离子的浓度增加,一方面会压缩双电层,使其厚度变薄;另一方面会进入表面活性剂的吸附层中,形成一层很薄的等电势层。此时,尽管电势差值不变,但是界面电位减小,双电层的厚度也减薄,因而乳状液的稳定性下降。

(5)固体微粒界面成层特性。固体微粒作为乳化剂的稳定理论认为,许多固体微粒,如碳酸钙、黏土、炭黑、石英、金属的碱式硫酸盐、金属氧化物以及硫化物等,可以作为乳化剂起到稳定乳状液的作用。显然,固体微粒只有存在于油水界面上才能起到乳化剂的作用。固体微粒存在于油相、水相还是在它们的界面上,取决于油、水对固体微粒润湿性的相对大小。若固体微粒完全被水润湿,则在水中悬浮;微粒完全被油润湿,则在油中悬浮,只有当固体微粒既能被水也能被油所润湿,才会停留在油水界面上,形成牢固的界面层(膜),而起到稳定作用。这种膜越牢固,乳状液越稳定。固体微粒的作用机理和前文的表面活性剂吸附于界面吸附膜性质类似。

(6)液晶析出阻碍理论。液晶是一种结构和力学性质都处于液体和晶体之间的物态,既有液体的流动性,也具有固体分子排列的规则性。1969年,弗里伯格(Friberg)等第一次发现在油水体系中加入表面活性剂时,即析出液晶相,此时乳状液的稳定性突然增加(Friberg et al.,1969)。

分析认为由于液晶吸附在油水界面上,形成一层稳定的保护层,阻碍液滴因碰撞而粗化。同时液晶吸附层的存在会大大减少液滴之间的长程范德华力,因而起到稳定作用。此外,生成的液晶由于形成网状结构而提高了黏度,这些都会使乳状液变得更稳定。由此可以说,乳状液的概念已从不能相互混合的两种液体中的一种向另一种液体中分散,变成液晶与两种液体混合存在的三相分散体系。因此,液晶在乳化技术或在化妆品领域有着广泛应用的前景,已成为化妆品及乳化技术的一个重要研究课题。如研究液晶在乳化过程中生成的乳化剂的类型及用量、温度等条件和如何控制生成的液晶的状态。相信在钻井流体中也会起到十分重要的作用。

因此,钻井流体作为浊液的研究,是十分复杂但可能还有许多机理没有被发现的问题。如绒囊流体是算不算浊液,如何控制流体的稳定性,都是钻井流体研究更有针对性、更具应用性的方向。

1.3.1.4 体系流变特性

1.3.1.4.1 流变学基本原理

流体的流变性(Rheological Properties),是指流体在外力作用下发生流动和变形的特性。研究流体流变性的学科称为流变学。

流变学(Rheology)是20世纪20年代因土木建筑工程、机械、化学工业的发展而形成的学科。当时,关于流体的理论只有两种,即弹性理论和黏性理论。

弹性理论又称弹性力学(Theory of Elasticity)从宏观现象的角度,利用连续数学的工具研究任意形状的弹性物体受力后的变形、各点的位移、内部的应变与应力。黏性理论(Viscous Stress)认为黏性流体(Viscous Fluid)只存在黏性应力,即相邻两层流体作相对滑动或剪切变形时,由于流体分子间的相互作用,会在相反方向上产生阻止流体相对滑动或剪切变形的剪应力。但是,随着新型材料的推陈出新,如聚合物材料配制的流体,弹性理论和黏性理论已经无法表征新材料的流变性。

1928年,物理家、化学家宾格汉姆(Bingham,流变学创建者)在研究油漆、糊状黏土、印刷油墨、润滑剂以及某些食品后认为,这些物质都包含有使其能够复杂变形和流动的结构,运动方式与一般液体相比,更为复杂,提出宾汉模型(Bingham Model)。后来,Bingham与Marcos Rainer一起开创流变学学科,成立流变学会,创刊《流变学》杂志。此后,流变学逐渐为世界所承认并发展出许多流变学分支,如高分子材料流变学、聚合物流变学、血液流变学等。

高分子流变学(Rheology of Polymer Materials)是研究高分子流体,主要指高分子熔体、溶液在流动状态下的非线性黏弹行为以及这种行为与材料结构及其他物理、化学性能的关系。

聚合物流变学(Polymer Rheology)是随高分子材料的合成、加工和应用的需要,20世纪50年代发展起来的流变学分支,主要研究聚合物形成过程中各个阶段的流变特征。

血液流变学(Hemorheology)主要研究血液宏观流动性质、血液流动和细胞变形以及血液与血管、心脏之间的相互作用,血细胞流动性质以及生物化学成分等。血液流变学与钻井流体流变学非常相似。

其中,聚合物流体与钻井流体关系密切,主要的研究方法有宏观法与微观法两种。宏观法,即经典的唯象理论指导下的研究方法。唯象理论(Phenomenology),是物理学中解释物理现象时,不考虑内在原因,而用概括试验事实得到物理规律。唯象理论是试验现象的概括和提炼,不用已有的科学理论做出解释,即知其然不知其所以然。唯象理论认为聚合物由连续质点组成,聚合物性能是质点位置的连续函数。研究聚合物的性能从建立黏弹模型出发,分析应力—应变或应变速率关系。微观法,即分子流变学方法,从分子运动的角度出发,把聚合物力学行为和分子运动关联起来,提出聚合物结构与宏观流变行为的联系。

钻井流体学在以前主要采用宏观法,研究应力—应变关系,以解决在工程应用中遇到的难题。随着技术进步,在实际工作中常采用分子流变学方法解释宏观现象,即把宏观方法与微观方法结合起来,解释内部各种物质之间分子、离子和颗粒间的作用关系,效果越来越好。研究流体的流变学,首先要研究如何表征流体流变特性。

固体在静止状态下,作用面上能够同时承受剪切应力和法向应力。流体在静止状态时,流体作用面上仅能够承受法向应力。这一应力是压缩应力即静压强;流体运动状态下,相互作用的面同时受到切向应力和法向应力。

固体在力的作用下发生变形,弹性极限内,变形和作用力间服从胡克(Hooke,胡克定律的发现者)定律,即固体的变形量和作用力的大小成正比。流体则是角变形速度和剪切应力有关。层流和紊流状态二者之间的关系有所不同。在层流状态下,二者服从牛顿内摩擦定律。作用力停止,固体可以恢复原来的形状,流体只能够停止变形,但不能返回原来位置。固体有一定的形状,流体由于其变形所需的剪切力非常小,所以很容易使自身的形状适应容器的形状,在一定的条件下维持下来。

也就是说,很小的力就能使流体变形,而且只要力作用的时间足够长,很小的力就能使流体发生很大的变形、流动。具有黏性的流体变形时产生阻力,没有黏性的流体则不会有任何阻力。有黏性的流体称为黏性流体,没有黏性的流体又称为超流体。也就是说,黏性流体克服流体内部自身内摩擦力有可能发生变形或流动。黏度越大,流动越慢,流进或流出相同数量的流体需要时间越长。因此,最早人们认为重量(Weight)和黏度(Thickness)是一个意思(Hallan,1931)。想象一下似乎很有道理,密度越大,越稠,流动得越慢。因此,用时间表达黏度大小是合适的。当然,人们也从实践中,如聚合物的测量中发现,没有多大重量但也可能黏度很大,逐渐认识到黏度和重量之间的关系并非正相关。因此,发明了用力表达黏度大小的仪器。目前,用于钻井流体黏度测量的方法主要有两大类:一类是以时间为单位,评价流体的稠或稀,实际上是条件黏度;另一类是以力为单位,评价流体的黏度,实际是动力黏度。

流变性,通过流变模式定性表达,也可以用流变方程定量表示。流变模式和流变方程是两种不同的表征方法。

流变模式表达流体的剪切应力与剪切速率之间的定性关系,流变方程表达流体剪切应力与剪切速率之间的关系方程。两种方式的最根本目的是寻求流变参数,为工程服务。

流体组分不同,应用对象不同,流体分类不同,流变模式有很多。由于流体的聚集状态,精准的模型几乎没有。

(1)按照流体是否符合牛顿内摩擦定律,分为牛顿流体和非牛顿流体。流变性符合牛顿定律的为牛顿流体。不符合牛顿定律的为非牛顿流体。

(2)按照流体是否具有弹性,分为纯黏性流体和黏弹性流体。流体都具有黏性。若流体同时具有弹性,则称为黏弹性流体;否则,为纯黏性流体。高分子聚合物溶液或熔体以及浓度较高的悬浮液、乳状液一般为黏弹性流体。自然界中存在的流体都具有黏性,统称为黏性流体或实际流体。对于完全没有黏性的流体称为理想流体。

（3）按照流变参数是否受时间影响，分为与时间无关的流体和与时间有关的流体。若流体的流变参数与时间无关，则称之为与时间无关的流体，包括牛顿流体和部分纯黏性流体；若流体的流变参数随时间变化，则称之为与时间有关的流体，包括部分纯黏性流体和黏弹性流体。

流变参数，简言之是剪切力和剪切应力—流变方程中两个参数互为变量，流变曲线中，坐标轴可以互换。

从分类的角度看，能够运用到钻井流体的较少。钻井流体大多属于非牛顿流体，其流变模式较多。

宾汉模式在低剪切速率区误差较大，不能很好反映出低速下的携带能力。20 世纪 60 年代末期，美国和加拿大大面积推广应用低固相聚合物钻井流体后应用受到限制。幂律模式（Power Law）能克服宾汉模式这一缺陷，20 世纪 70 年代初期得到广泛应用。但 Power Law 模式也有其不足。剪切速率范围较宽时，描述应力的形态误差也很大。20 世纪 70 年代中期以来，又陆续推荐一些更精确但更为复杂的模式，包括 Herschel - Bulkely（赫歇尔—巴克利）模式、Casson（卡森）模式、Robertson - Stiff（罗伯逊—斯蒂夫）模式等。这些模式是在假设钻井流体流动参数与时间无关的前提下提出的。因此，可以认为是与时间无关的流变模型。

事实上，钻井流体的流变模型与时间有关，或者说，钻井流体流变模型中的参数在一定程度上与时间有关，不需考虑与时间相关的钻井流体可能仅有个别的压井流体或者洗井流体，如清洁盐水类、很低浓度的聚合物洗井流体等。因此，不考虑时间给钻井流体带来的流变参数变化的流变模型，在一定程度上说不符合钻井流体自身特性。因此，宾汉模式在具体应用中测量初切和终切，相当于引入了时间变化对钻井流体的影响，弥补了这一不足。但由于只有两个时间点，仍然存在很多缺陷。

表征钻井流体流变特性主要依靠流变参数。流变曲线是研究流变参数的前提。没有符合实际的流变曲线，就不会有适合流体的流变参数，更无法解释流变参数形成机理，也不会有合适的流变参数调整手段。

实际上，研究钻井流体的流变性，应该利用连续介质力学描述特定物质性质的方程，建立特定连续介质的运动学量、动力学量、热力学状态之间的某些相互关系，根据实际情况，改变本构关系所考虑的具体介质和运动条件。

质量、动量、能量守恒律对所有物质都适用，连续介质力学以各种微分方程，如连续方程、运动方程、平衡方程等为主要研究手段。通常，这些方程中的动力学量、运动学量（有时还包括热力学量）都是未知函数，其数目多于体现上述守恒律的方程的个数。为了求解反映守恒律的方程组，添加了本构方程，使自变量的数目同总的方程数目相等。所以，本构方程是解决连续介质力学问题中的质量、动量、能量守恒定律的必要补充。

客观上存在的流体、固体多种多样，运动的环境也千差万别，为了对问题深入研究，本构方程只能反映介质性质的主要方面，否则使问题过于复杂，理不出头绪。本构方程规定的介质是客观物质的力学模型。本构方程必须反映介质和运动环境的主要特点，但又要求简单，使所列出的方程便于数学计算。

本构方程（Constitutive Equation），反映物质宏观性质的数学模型，又称本构关系（Constitutive Relations）。归纳宏观实验结果，建立有关物质的本构关系是连续介质力学和流变学的重要研究课题。最熟知的本构关系有胡克定律、牛顿黏性定律(牛顿内摩擦定律)、理想气体状态方程、热传导方程等。通常把应力和应变率,或应力张量与应变张量之间的函数关系称为本构方程。描述特定连续介质运动学量、动力学量、热力学状态之间相互关系的方程,可以称为流变方程,是流体的本构方程,是以应力、应变和时间关系来描述物料的流变性质,反映了特定物质的固有属性,随所研究的具体介质和运动条件而变。

建立本构关系时,为保证理论的正确性,须遵循本构公理。例如,纯力学物质的本构公理有确定性公理(物体中的物质点在某一时刻的应力状态由物体中各物质点的运动历史唯一确定)、局部作用公理(物体中的物质点的应力状态与离开该物质点有限距离的其他物质点的运动无关)和客观性公理(物质的力学性质与观察者无关)。若考虑更复杂的情况,本构公理的数目就相应增多。求解连续介质动力学初边值问题(边值问题是定解问题之一,只有边界条件的定解问题称为边值问题),本构关系是不可少的。否则,就无法把握所研究连续介质的特殊性,在数学上表现为控制方程不封闭,其解不能唯一确定。

建立物质的本构关系是流变学的重要任务,可通过实验方法、连续介质力学方法和统计力学的有机结合来完成。然而,目前尚未找到一个普适的本构关系,需根据研究对象和流动形态选用合适的本构关系。

理性力学除对本构关系研究极为一般的问题外,还具体研究弹性物质、黏性物质、塑性物质、黏弹性物质、黏塑性物质、弹塑性物质以及热和力耦合、电磁和力耦合、热和力以及电磁耦合等物质的本构关系,比较适合钻井流体这一复杂的流体类型。

理性力学是力学中的基础学科,用数学的基本概念和严格的逻辑推理研究力学中带共性的问题。一方面用统一的观点对传统力学分支系统进行综合的探讨;另一方面建立和发展新模型、理论以及解决问题的解析方法和数值方法。理性力学的研究特点是强调概念的确切性和数学证明的严格性并力图用公理体系来演绎力学理论。1945年后,理性力学转向以研究连续介质为主,并发展成为连续统物理学的理论基础。

尽管非牛顿流体在微观上往往是非均匀的多相分散体系,或非均匀的多相混合流体,但在用连续介质理论或宏观方法研究其流变性问题时,一般可忽略这种微观的非均匀性,认为非牛顿流体是均匀或假均匀分散体系。假均匀多相混合流体认为分散相在分散介质中的分布是均匀的,即在非紊流的情况下分散相依靠自身的布朗运动,也能均匀分布于连续相之中。高分子聚合物类的溶液或熔体,尽管是均匀的,但由于聚合物分子量庞大,分子结构复杂,也往往表现出非牛顿流体性质。流体所受的应力可以用应力张量表示,应力张量是二阶对称张量。

$$\sigma = \begin{bmatrix} \sigma_{xx} & \tau_{xy} & \tau_{xz} \\ \tau_{xy} & \sigma_{yy} & \tau_{yz} \\ \tau_{xz} & \tau_{yz} & \sigma_{zz} \end{bmatrix} \quad (1.1.106)$$

式中　$\sigma_{xx},\sigma_{yy},\sigma_{zz}$——法向应力,Pa;

$\tau_{xy},\tau_{xz},\tau_{yz}$——剪切应力,Pa。

流体静止,剪切应力为零。此时为广义微分方程,是纯黏性、非牛顿、多相分散性流体的一种通用的流变方程。

$$\frac{d\tau}{(\tau+C_1)^\alpha} = k_1 \frac{d\gamma}{(\gamma+C_2)^\alpha} \tag{1.1.107}$$

式中 k_1, C_1, C_2——常数；

α——小于 1 的无量纲参数。

假定积分常数均不为 0，对上述微分方程积分。

(1) 当 $\alpha = 0$ 时，两边积分，得：

$$\tau = k^{\alpha-1}(\gamma + C_2) - C_1$$

(2) 当 $\alpha \neq 0$ 时，两边积分，得：

$$\tau = (\gamma + C_2)^{k_1} - C_1$$

k_1, C_1, C_2 和 α 不同的取值条件下，广义微分方程式积分后可分别得到常用的流变模式。

(1) $k_1 = 1, \alpha = 1, C_1 = C_2 = 0$ 时，$\tau = k^{\alpha-1}(\gamma + C_2) - C_1 = \gamma$ 同符合牛顿流体方程。

(2) $\alpha = 1, C_1 = C_2 = 0, k_1 \neq 0$ 时，符合 Power Law 流体方程。且 $k_1 < 1$ 时，为假塑性流体，$k_1 > 1$ 时为膨胀性流体。

(3) $\alpha = 0$ 时，符合宾汉流体方程；

(4) $\alpha = 1, C_2 = 0, C_1 \neq 0$ 时，符合 Herschel – Bulkley 方程。

(5) $C_1 = C_2 = 0, \alpha = 1/2$ 时，符合卡森流体方程。

但是这两个方向在实际工作是没有什么实际价值的。因为现场测定的只有剪切应力和剪切速率。因此，要确定流变曲线需要更实用的数学方法，这就产生了很多统计学的方法。主要有流变曲线对比法、剪切应力误差对比法、相关系数法、最小二乘法、黄金分割法、灰色关联分析法等 6 种。

不管宏观研究方法还是微观研究方法，都需借助实验室流变性能测定工具。特别是宏观研究方法，更需要精密的测定仪器。常用的流变仪器主要有挤出式流变仪和转动式流变仪两大类。挤出式流变仪如毛细管流变仪、熔体指数仪。转动式流变仪，如同轴圆筒黏度计、门尼黏度计、锥板式流变仪、振荡式流变仪、转矩流变仪、拉伸流变仪以及压缩式塑性计等。借助实验仪器，可以表征流动性、弹性和断裂性等聚合物的三个特性。

流动，是指流体在外力作用下引起的宏观运动。依据作用方式，流动可分为剪切流动和拉伸流动。流体在外力作用下连续变形的宏观特性，称为流动性。流动性用黏度的倒数表示，称为流动能力。倒数值越大，流动性越好。与剪切和拉伸流动相对应，黏度有剪切黏度和拉伸黏度。剪切黏度是切应力与切变速率之比；拉伸黏度为拉伸应力与拉伸应变速度之比。一般来说，应变速率很低时，单向拉伸的拉伸黏度约为剪切黏度的 3 倍。双向相等的拉伸，拉伸黏度约为剪切黏度的 6 倍。拉伸黏度随拉伸应力增大而增大，即使在某些情况下有所下降，下降的幅度较剪切黏度小得多。因此，应力较大时，拉伸黏度往往要比剪切黏度大 1~2 个数量级。

聚合物的结构不同，流动性或黏度不同。剪切黏度随剪切应力增加而降低。同时，测试条件如温度和压力等，分子参数如分子量及其分布、支化度等，处理剂如填料、增塑剂、润滑剂等,都影响剪切黏度/剪切应力曲线。一般说来,钻井流体的黏度是剪切黏度,也受分子量和温度等诸多因素的影响。影响钻井流体剪切黏度的因素如图1.1.48所示。

从图1.1.48中可以看出,在一定剪切应力下,分子量、压力及固相材料增加,聚合物的剪切黏度增加;在一定剪切应力时,润滑剂、可溶性盐及温度增加,聚合物的剪切黏度会降低。

聚合物流体流动时,伴随高弹形变产生和贮存,外力除去后会发生回缩现象,即弹性。聚合物流体许多现象与弹性有关,例如,塑料、橡胶挤

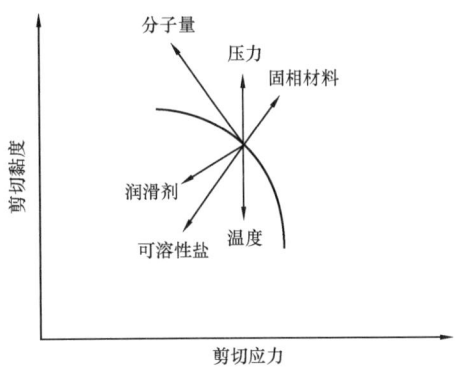

图1.1.48 钻井流体剪切黏度影响因素示意图

出后和纤维纺丝后,会发生断面尺寸增大而长度缩短现象,称为离模膨胀现象或称弹性记忆效应。比较黏稠的堵漏钻井流体会出现这种现象。

与牛顿流体不同,高聚物熔体或浓溶液在旋转黏度计中或在容器中电动搅拌,受到旋转剪切作用,流体沿着内筒壁或轴上升,出现包轴或爬杆,在锥板黏度计中则产生使锥体和板体分开的力。如果在锥体或板上有与轴平行的小孔,流体会涌入小孔,并沿孔连接管道上升。这种现象称为法向应力效应,又称包轴效应,也称爬杆效应。这个现象于1948年由Weissenberg首次发现,也称韦森堡效应(Weissenberg Effect)。韦森堡效应的实质是聚合物流体具有弹性,旋转时弹性大分子链沿着圆周方向发展并出现拉伸变形,从而产生朝向轴心的压力,迫使流体沿棒爬升。

此外,聚合物加工时,半成品或成品表面不光滑,出现橘子皮和鲨鱼皮现象,以及波浪、竹节、直径有规律的脉动、螺旋形畸变甚至支离破碎等,影响制品质量的熔体破裂和不稳定流动等现象,主要与熔体弹性有关。

聚合物除流动和弹性外,还有一个重要的特性是断裂特性。断裂特性是指材料或结构中与裂缝起裂、扩展、止裂和失稳有关的特性,主要用聚合物扯断伸长率、弹性与塑性之比表征。这些可以通过综合考虑扯断伸长率与弹塑比来决定,一般都希望两者均大些,便于生产。

研究聚合物流动、弹性和断裂特性等流变特征的目的,主要在于指导聚合、评定性能、加工设计等生产中三个方面的工作。

(1)指导聚合,获得加工性能优良的聚合物。例如,合成所需分子参数的吹塑用高密度聚乙烯树脂,可以获得冲击强度高,壁厚均匀,外表光滑的树脂成型的中空制品。再如,增加顺丁橡胶的长支链支化和提高其分子量,可改善抗冷流性能,避免生胶贮存与运输过程中出现温度影响问题。

(2)评定聚合物的加工性能、分析加工过程、正确选择加工工艺条件、指导配方设计。例如,通过控制冷却水温及与喷丝孔间的距离,解决聚丙烯单丝不圆度问题。再如,研究顺丁橡胶流动性,寻找温度敏感程度,控制合适的加工温度。

(3)指导设计加工机械和模具。例如,应用流变学知识所建立的聚合物在单螺杆中熔化数学模型,可预测单螺杆塑化挤出机的熔化能力。再如,依据聚合物的流变数据,指导口模

设计,以便挤出光滑的制品和有效地控制制品的尺寸。

某些钻井流体,特别是绒囊钻井流体,其稳定井壁的原理是粘接破碎性地层,提高改变地层的岩石力学参数,实现井壁稳定。因此,研究聚合物流动、弹性和断裂特性更有意义。

聚合物流变学与钻井流体流变学有相似之处,也有区别。相似之处在于二者都是以聚合物为主要研究对象。区别之处是,聚合物流变学研究的是聚合物自身的特性,而钻井流体流变学则是研究聚合物溶液的特性。钻井流体流变学是研究钻井流体流动规律的科学。钻井流体是复杂的结构流体,其黏度不仅与剪切速率和温度有关,还与剪切持续时间有关。许多理论来源于胶体、粉体和钻井流体所处环境的复杂性等相关基础理论,但由于固相特别是固相的活性及在溶液中的相对稳定性,使钻井流体流变学研究对象更复杂。

钻井流体一般认为是非均匀分散体系,是固态、液态或气态等物质分裂成或大或小的颗粒,然后分布在固态、液态或气态等某种介质之中所形成的体系。分散体系可以是均匀的,也可以是非均匀的系统。如果被分散的颗粒小到分子状态的程度,分散体系就成为均匀体系,均匀体系是由单一相组成的单相体系。非均匀分散体系是指由两相或两相以上所组成的多相体系。非均匀分散体系必须具备体系内各单位空间所含物质的性质不同,以及存在着分界的物理界面两个条件。对非均匀分散体系,被分散的一相称为分散相或内相,把分散相分散于其中的一相称为分散介质,亦称外相或连续相。

钻井流体种类众多,流变性能差异很大。不可能用一种流变模式涵盖所有钻井流体流动变形特性。不同流变模式所诠释的流变特性不同,要解决的问题有差别,流变参数也不一样。钻井流体流变模式不仅对准确计算流变参数至关重要,而且对评价处理剂性能、优选钻井水力参数、分析井内净化程度和评价井壁稳定状况等都是不可或缺的指标。钻井流体流变性的核心,是研究钻井流体剪切应力与剪切速率间的关系。剪切应力与剪切速率,是表征体系流变性质的两个基本参数。表达其关系可以采用两种方法,流变曲线和流变方程。流体剪切应力与剪切速率之间的变化关系用图形表示,则称为流变曲线。流变方程,又称流变状态方程,是联系应力、应变、应力速率和应变速率的方程的总称,又叫流变模式。

流变方程,用于描述钻井流体流变性的合理性和实用性,既取决于实测结果,又取决于计算反映的相关参数和性能监测要求。满足合理性和实用性的流变模式,理论应该比较完善,能较好地反映钻井流体流变参数,具有较广泛的适用性,便于计算流变参数及其他相关计算等。流体不同,研究角度不同,流体的分类也不同。

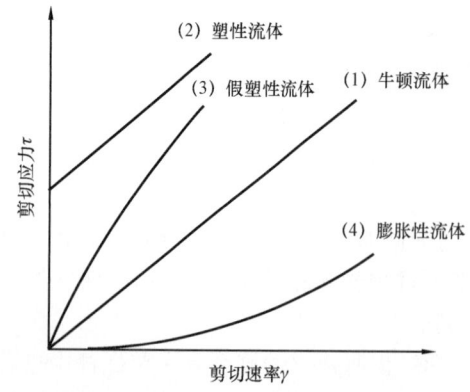

图 1.1.49 四大类型流体的流变曲线

按照流体是否符合牛顿内摩擦定律,即按照流体流动时剪切速率(Shear Rates)与剪切应力(Shear Stress)关系,划分流体类型。流体类型即流型。如图 1.1.49 所示,流体按流型可分为牛顿流型(曲线 1)和非牛顿流型。非牛顿流型包括塑性流体(曲线 2)、假塑性流体(曲线 3)、膨胀性流体(曲线 4)。各流型剪切速率和剪切应力曲线特征如图 1.1.49 所示。

从图 1.1.49 中可以看出,不同流型,流变曲线不同,特点十分明显。同一种流体,不同剪切速率下的剪切力曲线形状不同。

英国物理学家、数学家、天文学家牛顿(万有引力发现者)在大量实验的基础上提出,流体流动时,流体层与层之间的内摩擦力的大小与流体性质、温度有关,并与流体层间接触面积和剪切速率成正比,与接触面上压力无关。通常称为牛顿内摩擦定律(Newton's Law of Viscosity)。

牛顿研究流体内摩擦时,将流体看成不同平面但平行的液层。这样,流动的流体成为许多相互平行移动的液层。各层速度不同,形成速度梯度。速度梯度的存在,致使流动较慢的液层阻滞较快液层流动,流体内部产生运动阻力,叫作流体的内摩擦力,也称为黏滞力。为使流体层保持一定的速度梯度运动,须对液层施加与阻力方向相反的力,克服内部运动阻力。单位液层面积上施加的这种力,称为剪切力。内摩擦力与接触面积的比,即为流体内部剪切应力。

$$\tau = \frac{F}{S} = \mu\gamma \qquad (1.1.108)$$

式中　τ——剪切应力,Pa;
　　　F——流体层与层之间的内摩擦力,N;
　　　S——流体层与层之间的接触面积,m^2;
　　　μ——流体动力黏性系数,Pa·s;
　　　γ——剪切变形速率,s^{-1}。

流体内部剪切应力也等于流体动力黏性系数与剪切变形速率之积。流体内摩擦力又称黏性力(Viscous Force)。流体流动是呈现的这种性质称为黏性(Viscosity),度量黏性大小的物理量称为黏度(Viscosity)。流体的黏性是组成流体分子的内聚力要组织分子相对运动产生的内摩擦力,流体只有在流动或者有流动趋势时才会出现黏性。这种内摩擦力只能使流体流动减慢,不能阻止,这是与固体摩擦力不同的地方。

剪切应力可理解为单位面积上的剪切力,式(1.1.108)是牛顿内摩擦定律的数学表达式,可以认为是牛顿流体的流变方程。通常认为,流体的剪切应力与剪切速率间的关系遵守牛顿内摩擦定律,称为牛顿流体(Newton Fluids);不遵守牛顿内摩擦定律的,称为非牛顿流体(Non-Newton Fluids)。

这一现象,可以在日常生活中经常看到。如河水在河道中流动,自来水在管道中流动。显而易见,越靠近河岸或管壁,流速越小。河道或管壁中心,流速最大。河水、自来水都属是流体,其流速在河道和管道的分布如图1.1.50所示。

从图1.1.50中可以看出,河道或管道中流体的流速,中心轴线方向最大,越靠近河岸或管壁,流速越小,管壁处流速为零。这样就可以很清楚地计算出流体的内摩擦力的大小。

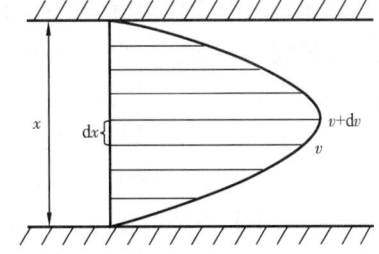

图1.1.50　流体在河道或管道中流速分布

至于管壁处流动速度为0的原因,郑力会等(2013)对启动压力做过文献综述。1971年,Derjaguin等研究玻璃和石英毛细管中的流体,发现异常物理性质水的蒸气压力、蒸发速度及流动速度明显低于期望值,由此认为在固体表面分子剩余力场作用下形成晶体结构物质,被称为边界水、水膜水、结构水或异常水(Derjaguin,1971)。然而,同样是Derjaguin,1974年利用高精度的原子显微镜观察,否定了这种说法并解释说,因为这种水所谓异常性质,是毛细管壁上可溶性盐使水的物理特性产生变化,同时胶体物质造成水的塑性流动(Derjaguin,1974)。

沿中心轴线剖开,可以想象流速剖面为抛物线形状。可以把水中各空间点的不同流速设想成众多不同流速的薄壁圆筒,组成了一个类似于套筒望远镜或拉杆天线的几何体。通过中心轴线上的点作一条流速直线,自中心轴线上点沿垂线纵向移动,由于位置变化,流速也发生变化。如果在垂直于流速的方向上取无限小的距离 dx,流速由 v 变化到 $v+dv$,则比值 dv/dx 表示在垂直于流速方向上单位距离流速的增量。两个层之间速率的变化如图1.1.51所示。

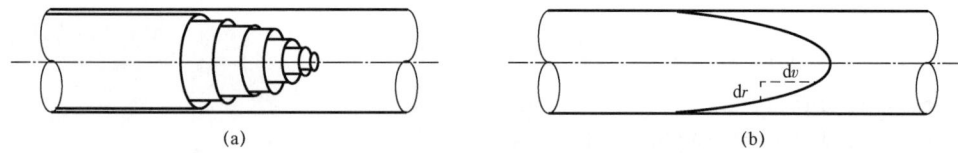

图1.1.51 形管路中流体流速分布示意图

从图1.1.51中可以看出,剪切速率越大,流体层间流速变化越大;反之,流速变化越小。流体各层流速不同,层与层之间的速度差,通常用剪切速率或流速梯度描述,即单位流动层与层间的距离内流过同一截面的时间。在国际单位制中,流速单位为m/s,层间距离单位为m,所以剪切速率单位为 s^{-1}。

流体各层流速不同,是由于层间存在流体内聚力。流速大的液层带动相邻流速小的液层,流速小的液层阻碍流速大的液层。在流速不同的层间发生摩擦作用,形成内摩擦力,即层间相互的剪切力,阻碍液层剪切变形流动。流体具有抵抗剪切变形的物理性质称作流体的黏滞性(Viscosity)。黏滞性的大小可以称为黏滞力(Viscosity Force)。剪切应力可理解为单位面积上的剪切力。

牛顿假设流体拥有相同的面积、相同相隔距离,且以不同流速向相同方向流动。若保持此不同流速的力量正比于流体的相对速度或速度梯度,即得到一个与材料性质有关的参数。把这个度量流体黏滞性大小的物理量,称为黏度(Viscosity)。目前,表征流体黏度大小的方法主要有动力黏度、运动黏度和条件黏度三种。

(1)动力黏度。动力黏度(Dynamic Viscosity或Kinetic Viscosity)也即上文的黏度,定义为,将两块面积为 $1m^2$ 的板浸于流体中,两板距离为1m,若1N的切应力可使两板间的相对速率为1m/s,则此流体的黏度为1Pa·s。其大小是指产生单位剪切速率所需要的剪切应力。不同流体黏度值不同。流体黏度越大,表示产生单位剪切速率所需的剪切应力越大。并且流体黏度与温度有关。一般,随温度的升高黏度降低。

(2)运动黏度。运动黏度(Kinematic Viscosity)是流体在重力作用下流动时内摩擦力的量度。其值为相同温度下动力黏度与其密度之比,在国际单位制中以 m^2/s 表示。习惯用厘斯(cSt)为单位。力学家、数学家斯托克斯(George Gabriel Stokes,斯托斯公式提出者)描述小球体经过黏滞流体的速度,发现斯托克斯定律(Stokes Law)发展了流体动力学(Hydrodynamics),运动黏度单位 stokes 以他的名字命名。$1cSt = 10^{-6} m^2/s = 1mm^2/s$。运动黏度广泛用于喷气燃料油、柴油和润滑油等流体石油产品测定。

(3)条件黏度。条件黏度是指在一定温度下,在一定仪器中,使一定体积的油品流出,以其流出时间(单位:s)或其流出时间与同体积水流出时间之比作为其黏度值。世界上通常用的条件黏度有三种:

一是恩氏黏度(Engler Viscosity),又叫恩格勒黏度,由德国恩格勒公司生产的恩氏黏度计获得,所以被称为恩格勒黏度。又称恩氏度。

恩氏黏度是试样在某一温度时从恩氏黏度计流出 200mL(沥青试样时为 50mL)所需的时间与蒸馏水在 20℃时(沥青试样为 25℃)流出相同体积所需的时间(即黏度计的蒸馏水测量值,即水值)之比。恩氏黏度源于德国。中国燃料油的质量标准中用恩氏黏度作为指标。

实验过程中,试样流出应成为连续的线状。温度 T 时的恩氏黏度,用符号 E_t 表示;试样在温度 T 时从黏度计流出 200mL(沥青试样时为 50mL)所需的时间(s)用 J_t 表示;黏度计的水值(s)用 K_{20} 表示(沥青试样为 K_{25})。$E_t = J_t/K_{20}$,单位为恩格拉度;沥青试样时,$E_t = J_t/K_{25}$。25℃时的水值,可直接测量 25℃时的水值,也可按公式 $K_{25} = 0.224 K_{20}$ 求得。

二是赛氏黏度即赛波特黏度(Saybolt Viscosity)。在规定条件下,200mL 试样从赛波特黏度计流出所需要的时间(单位:s)。

赛氏黏度分为赛氏通用黏度(Saybolt Universal Viscosity,SUV),赛氏重油黏度(Saybolt Furol Viscosit,SFV)或赛氏弗罗(Furol)黏度。美国习惯用赛氏通用黏度作为润滑油的指标。

三是雷氏黏度,即雷德乌德黏度(Redwood Viscosity),在规定条件下,一定体积的试样从雷德乌德黏度计流出 50mL 试样所需要的时间(单位:s)。

雷氏黏度又分为雷氏 1 号(用 Rt 表示)和雷氏 2 号(用 RAt 表示)两种。

三种条件黏度,在欧美各国常用,中国除采用恩氏黏度计测定深色润滑油及残渣油外,其余两种黏度计很少使用。黏度表示方法和单位各不相同,但它们之间有一定的关系。运动黏度:恩氏黏度:赛氏通用黏度:雷氏黏度 = 1:0.132:4.62:4.05。即同样的流体测量结果恩氏黏度最小,赛氏通用黏度最大。

用于钻井流体黏度变化趋势测量的漏斗黏度,则是相对黏度在钻井流体测量中的改进和应用。

国际单位制(International System of Units)规定了 7 个基本单位和 2 个辅助单位,其他单位均可由这 9 个单位导出。黏度的单位是导出单位 Pa·s。一般用 mPa·s 表示流体的黏度。如,20℃时,水的黏度为 1.005mPa·s。在工程应用中,流体黏度的常用单位为厘泊(Centi – Poise,cP),与厘泊相对的单位是泊(Poise,P)。泊是厘米克秒制中的黏度单位。为纪念法国生理学家泊肃叶(Jean Louis Poiseuille,提出了流量与单位长度上的压力降并与管径的四次方成正比的泊肃叶定律)而命名。这些单位间大小可以互相换算:

$$1 Pa \cdot s = 1 N \cdot s/m^2$$

$$1 Pa \cdot s = 1000 mPa \cdot s$$

$$1 mPa \cdot s = 1 cP$$

$$1P = 100cP$$

$$1Pa \cdot s = 1000cP$$

也就是 1Pa·s 是 1P 的 10 倍。按照流体流动变形曲线特征,流体流型又分为牛顿流体、塑形流体(又称宾汉流体)、假塑形流体和膨胀性流体等。

与时间无关的流体的流变性是指,在外力作用下,流体的流动形变与时间无关,其剪切速率瞬间即可调整到与剪切应力相适应的程度。这可能是理想化的。因为一切过程都依赖于时间。被认为瞬间的过程,只是其变化具有很高的速率常数,现有技术不能有效观察和测定时间变化带来的变化。因此,这类流体在恒定的剪切速率下测定的剪切应力是不随时间变化而变化的,这也是相对黏度产生的原因。若流体的流变性与时间无关,则称之为与时间无关的流体,包括牛顿流体和部分纯黏性非牛顿流体,常用的流变性测量方法,如旋转黏度计、流变仪等。

若流体的流变性随时间变化,则称之为与时间有关的流体。对一些复杂的流体,如多相分散悬浮液,在外力的作用下,分散相的形变、取向和排列等虽然对剪切作用可能很敏感,但流体内部物理结构重新调整的速率则相当缓慢,流体的力学响应受到内部结构变化过程的影响,也就是说,在恒定剪切速率下测定流体的剪切应力时,会观察到剪切应力随剪切作用时间而连续变化。变化过程所需的时间可以度量,则此类流体的流变性与时间有依赖关系。因此,常称此类流体为与时间有关的流体,或称有时效流体。与时间有关的流体包括部分纯黏性流体和黏弹性流体,常用的与时间相关的钻井流体流变性测量方法有漏斗黏度计测量。与时间有关的黏性流体又可具体分为触变性流体、反触变性流体、震凝性流体和黏弹性流体等四大类。

可以看出,流体的流变性不同的分类标准之间相互交叉、相互渗透、相互联系。为了优化认识钻井流体的流变性属性特征,下文从流变参数测定与时间相关性与否来认识钻井流体的流变属性。

流变参数与时间无关的流体,实际是说在不同的时间段,相同剪切速率下剪切应力相同。用流变曲线和流变方程是流体流变模式的两种不同的表征方法来表达。流变曲线是流体的剪切应力与剪切速率之间的关系曲线,流变方程表达的是流体剪切应力与剪切速率之间的关系方程。两种方式的最根本目的是寻求流变参数,为工程服务。流变参数的获得,通常采用实测数据点的点线拟合法或线性回归法。

与时间无关的流体流变性研究具体做法是,先固定温度和压力,以剪切速率作自变量,剪切应力作因变量。测定不同剪切速率下,剪切平衡时的剪切应力。然后对比预先知晓的数学模式或拟合数学方程,取拟合精度高者或相关系数高者作为流变方程。方程中的参数或由参数求得即流变参数,可以定量地说明钻井流体在给定温度、压力和剪切平衡条件下的流变性质。改变温度或压力,重复上述实验,可查明温度或压力影响流变参数的状况。

采用与时间无关的流变性参数测量方法研究其流变性的钻井流体类型主要有牛顿流体、塑性流体、假塑形流体、膨胀性流体。

描述流型的模式包括宾汉模式、幂律模式(Power Law)、赫—巴模式(Herschel - Bulkely Model)、卡森模式(Casson Model)等。

但目前常于钻井流体表征的目前只有幂律模式(Power Law)、赫—巴模式(Herschel - Bulkely Model)。因这类流变模型流变参数物理意义明确、数据简单易得,应用性强,用于计算的还有卡森模式(Casson Model)等。

(1)牛顿流体。牛顿研究流体内摩擦时,将流体看成不同平面但平行的液层。这样,流动的流体成为许多相互平行移动的液层。各层速度不同,形成速度梯度。速度梯度的存在,致使流动较慢的液层阻滞较快液层流动,流体内部产生运动阻力。为使流体层保持一定的速度梯度运动,须对液层施加与阻力方向相反的力,克服内部运动阻力。单位液层面积上施加的这种力,称为剪切力。内摩擦力与接触面积的比,即为流体内部剪切应力:

$$\tau = F/S = \mu\gamma \tag{1.1.109}$$

式中　τ——剪切应力,Pa;
　　　F——单位液层面积上施加的力,N;
　　　S——单位液层面积,m^2;
　　　μ——流体的黏度,P;
　　　γ——剪切速率,s^{-1}。

剪切应力可理解为单位面积上的剪切力,式(1.1.109)是牛顿内摩擦定律的数学表达式,是黏度的基础表达式,也可以认为是牛顿流体的流变方程。通常,如果流体的剪切应力与剪切速率间的关系遵守牛顿内摩擦定律,称为牛顿流体;不遵守牛顿内摩擦定律,称为非牛顿流体(Non - Newton Fluid)。

牛顿流体剪切应力随剪切速率变化关系如图1.1.52所示。流变曲线过原点直线的流体为牛顿流体(Newton Fluid)。

由图1.1.52可以看出,牛顿流体的剪切应力随着剪切速率增加,呈现线性增大的趋势,直线过原点。换而言之,只要稍加外力,流体就会流动。牛顿流体在外力作用下流动时,剪切应力与剪切速率成正比。黏度不随剪切速率变化而变化。牛顿流体的黏度不随剪切应力、剪切速率和时间的变化而变化。这类流体剪切速率大于0时,剪切力大于0。

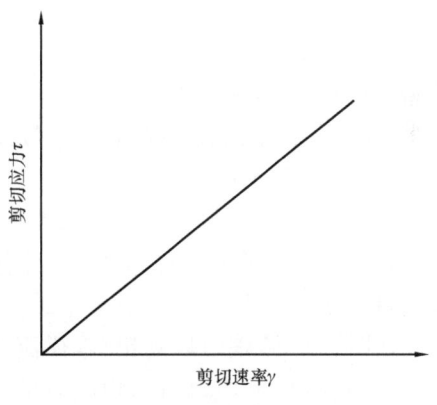

图1.1.52　牛顿流体流变曲线

水、酒精、大多数纯流体、轻质油、低分子化合物溶液以及低速流动的气体等均为牛顿流体。牛顿流体是流变性最简单的流体。

(2)塑性流体。塑性流体受外力到一定大小时,才能流动。这种流型是宾汉首次发现的,也称为宾汉流体。塑性流体一旦流动,剪切应力会随着剪切速率的增加而增大。即在承受较小外力时,流体产生的是塑性流动,外力超过屈服应力时,遵循牛顿流体的规律流动(Bingham,1922)。

塑性流体流变曲线或者称宾汉流变曲线,为一条直线。但直线不通过坐标原点,而是与剪切应力轴在某处相交,如图1.1.53所示。

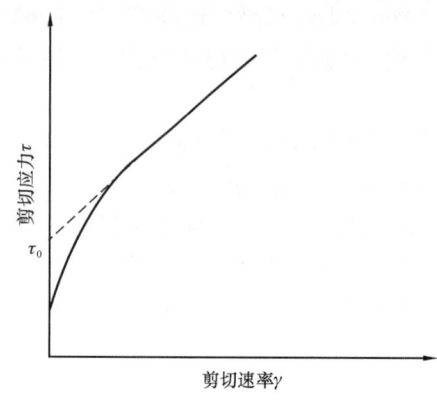

图 1.1.53 塑性流体流变曲线

从图 1.1.53 中可以看出,对流体施加外力小于某一值时,流体不流动,只产生塑性变形,只有当外力大于某一值时,流体才流动。流动后流体黏度先降低后不变。使流体流动所需要的最小剪切应力,即,使流体产生大于 0 的剪切速率所需要的最小剪切应力,称之为屈服值(Yield Stress,或 Yield Value,或 Yield Point),也叫动切力(τ_0)。

屈服值的大小由流体所形成的空间网络结构特点决定。具有屈服值的流体可以称为塑性流体(Plastic Fluid),外力克服屈服值产生的流动称为塑性流动。塑性流体多为内相浓度较大,颗粒间结合力较强的多相混合流体。当颗粒浓度大到使颗粒间相互接触的程度时,便形成颗粒的三维空间网络结构。屈服值可以认为是这种结构强弱的反映。典型的塑性流体有黏土含量高的钻井流体、油漆和高含蜡原油、油墨、牙膏等。

(3)假塑性流体。假塑性流体,只要有外力即发生流动。剪切应力随剪切速率增加而增大,流变曲线凹向剪切速率轴。假塑性流体(Pseudo Plastic Fluid),流变模式的种类很多,但常于钻井流体表征的目前只有幂律模式(Power Law)、赫—巴模式(Herschel - Bulkely Model),用于计算的还有卡森模式(Casson Model)等。

① 幂律模式。能用幂律模式表达的假塑性流体称为幂律流体。有:

$$\tau = K\gamma^n \tag{1.1.110}$$

式中 τ——剪切应力,Pa;
K——稠度系数,或称幂律系数,Pa·s^n;
γ——剪切速率,s^{-1};
n——流性指数,或称幂律指数。

幂律流体是指无屈服应力,并且剪切应力变化随剪切速率增加而减小的流体,如图 1.1.54 所示。

从图 1.1.54 中可以看出,幂律流体受力就流动,与牛顿流体剪切力与剪切应力呈线性关系不同,幂律流体剪切力与剪切速率的变化关系为幂函数关系,不符合牛顿流体内摩擦定律。随着剪切速率的增加,剪切力的增加幅度逐渐降低。遵循幂律模式的假塑性流体比较多,如钻井流体、果酱、聚合物溶液、乳状液、稀释后的油墨以及一定温度下的原油等。流变曲线为凹向剪切速率轴,且通过原点的曲线的流体为假塑性流体。幂律模式由 Ostward 于 1925 年提出(Markus,1933)。因为方程是一个指数形式,习惯上称为幂律模式。

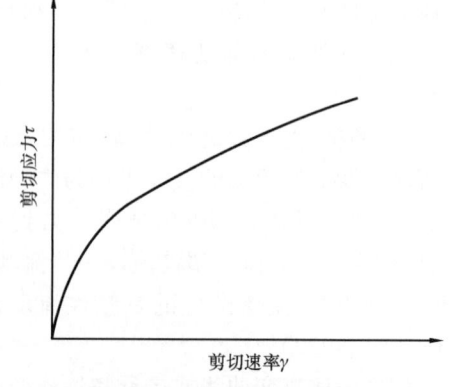

图 1.1.54 幂律流体流变曲线

② 赫—巴模式。流变曲线为一条不通过坐标原点且凸向剪切速率轴,与剪切应力轴有交点,兼有屈服特性和假塑性流体特性的流体,称之为屈服假塑性流体(Yield Pseudoplastic Fluid)(Govier et al.,1972)。

$$\tau = \tau_0 + K\gamma^n \tag{1.1.111}$$

流体具有屈服值。剪切速率大于屈服值后,剪切应力与剪切速率的关系是非线性的,并具有剪切稀释性,是 Herschel 和 Bulkley 于 1926 年提出(Herschel et al.,1926),被称为赫—巴三参数流变模式(Herschel – Bulkely Model),简称赫—巴模式(H – B Model),又称为带有动切力或屈服值的幂律模式或修正的幂律模式。1977 年,Mario Zamora 和 David L. Lord 将赫—巴模式引入钻井流体流变性研究,以准确地描述钻井流体在较宽剪切速率范围内的流变特性(Mario et al.,1977)。高分子聚合物、低温含蜡原油等是赫—巴假塑性流体的典型流

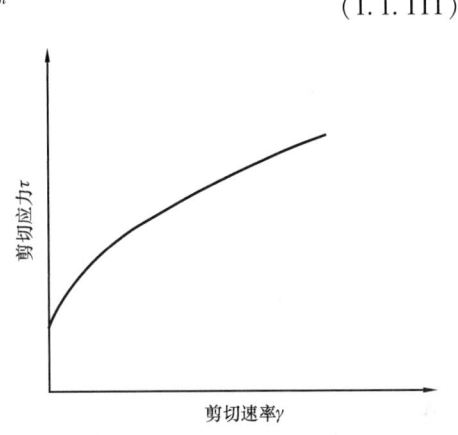

图 1.1.55 赫—巴流体流变曲线

体。主要原因是,流体内部分散相浓度较大,颗粒的不对称程度及聚集程度大,颗粒间的结合力较强,易于形成空间网络结构,如图 1.1.55 所示。

从图 1.1.55 中可以看出,赫—巴假塑性流体流变曲线一般不通过原点,即或多或少都存在着一个极限动切力,只有当外力达到或超过这一极限动切力之后,流体才开始流动。赫—巴假塑性流体剪切力与剪切速率的变化关系为修正的幂函数关系,不符合牛顿流体内摩擦定律。随着剪切速率的增加,剪切力的增加幅度逐渐降低。

③ 卡森模式。卡森模式能根据低剪切速率和中剪切速率的资料,较准确地预测高或极高剪切速率下的黏度变化。

$$\sqrt{\tau} = \sqrt{\tau_0} + \sqrt{\eta_\infty \gamma} \tag{1.1.112}$$

式中 η_∞——极限高剪切黏度,mPa·s。

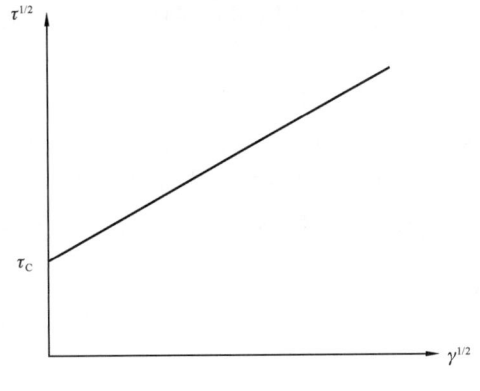

图 1.1.56 卡森流体流变曲线
τ_C——卡森动切力或卡森屈服值,Pa

研究者认为还有一些流体的流变曲线都不通过原点,或大或小都存在着临界动切力。即只有当外力达到或超过某一极限动切力之后,钻井流体才开始流动。在 $\tau^{1/2}$—$\gamma^{1/2}$ 坐标系中,流体的流变曲线为直线的流体,称为卡森流体(Casson Fluid),如图 1.1.56 所示。

这是假塑性流体的又一表达方式,1959 年由 Casson 提出,被称为卡森模式(Casson,1959)。卡森模式有屈服值,剪切力和剪切速率非线性变化,表现出剪切稀释性。符合卡森模式的流体称为卡森流体(Casson fluid)。动物的血液、巧克力等为典型流体。卡森流体内部符

合塑性流体的网络结构理论。因此，最初主要应用于油漆、颜料和塑料等工业。

1979年，Lauzon等将卡森模式用于钻井流体流变性的研究中（Lauzon et al.，1979）。研究和应用结果表明，卡森模式不但在低剪切速率区和中剪切速率区与钻井流体实测曲线符合较好，还可以利用低、中剪切速率区的测定结果预测高剪切速率下的流变特性。

室内和现场试验表明，卡森模式适用各种钻井流体，能够近似地描述钻井流体在高剪切速率下的流动性，弥补了传统模式的不足。但方程相对复杂，符号物理意义，特别是开根号的物理意义更是不能明确，影响其应用前景。

④ Sisko 模式。1958年，Sisko 在研究润滑剂在圆管中的流动规律时提出了一种流变模式，称为 Sisko 模式（Sisko，1958）。

$$\tau = a\gamma + b\gamma^n \tag{1.1.113}$$

式中　a——极限剪切黏度，Pa·s；
　　　b——稠度控制系数，Pa·s^n；
　　　n——流动特性流性指数。

由式（1.1.110）可以看出，Sisko 模式实际是牛顿模式和幂律模式的叠加。表观黏度（μ_a）为：

$$\mu_a = \frac{\tau}{\gamma} = a + b\gamma^{n-1} \tag{1.1.114}$$

多数钻井流体为假塑性流体，因而 $n<1$。Sisko 模式能够反映多数钻井流体的剪切稀释性，即以假塑性流体的流变性质评价钻井流体的流变性。

但是，Sisko 模式流体没有屈服值，缺少反映实际钻井流体屈服应力的参数，在低剪切速率下不能较好地描述钻井流体的实际流变性，但是在中、高剪切速率下具有较高的精度。为此，樊洪海等（2014）在 Sisko 模式的基础上加入一个动切力，提出四参数模式：

$$\tau = \tau_0 + a\gamma + b\gamma^n \tag{1.1.115}$$

通过精确算法则可直接通过通用圆管流量方程得到管壁切应力与流量关系式，进而求解压耗，具有普适性。但是由于 Sisko 模式和四参数模式流变方程的反函数无法表示，因此无法通过积分得到流量计算表达式。其中的参数也缺乏与钻井流体相对的物理意义，因此，只是停留在计算层面上。

⑤ Robertson–Stiff 模式。Robertson 和 Stiff 认为，大多数钻井流体都不符合宾汉模式（Robertson et al.，1976）。用宾汉模式不能清楚地描述钻杆和环空中钻井流体剪切速率和钻井流体流量间的关系。幂律模式比宾汉模式稍好一些，但不能精确描述实际钻井流体剪切速率与剪切应力间的关系。因此，Robertson 和 Stiff 提出用于描述假塑性流体的流变模式，即 Robertson–Stiff 模式。

$$\tau = A(\gamma + C)^B \tag{1.1.116}$$

式中　A——Robertson–Stiff 流体的稠度系数，Pa·s^n；
　　　γ——剪切速率，s^{-1}；
　　　C——初始剪切速率，s^{-1}；

B——流性指数。

当常数 A 和 B 取特定值时,Robertson – Stiff 模式可转变成宾汉流型和幂律流型。

当 $A=\mu_p$, $B=1$, $C=\tau_0/\mu_p$ 时,$\tau=\tau_0-\mu_p\gamma$(μ_p—塑性黏度),符合宾汉流型;

当 $A=K$, $B=n$, $C=0$ 时,$\tau=K\gamma^n$,符合幂律流型。

Beirute 和 Flumerfelt 采用 Robertson – Stiff 方程预测水泥浆和钻井流体的流变数据,并与实验测定数据吻合(Beirute et al. ,1977)。但是,Robertson – Stiff 模式不能说明是某一流型,它只是钻井流体的一种流变参数的表达方法。因此,认为 Robertson – Stiff 模式可以较好地反映钻井流体在钻杆和环空中剪切速率与流量间的关系。实际应用中无解决钻井流体测量价值。

⑥ 双曲线模式。1999 年,林柏亨提出全面反映一般钻井流体流变特性方程(林柏亨,1999)。根据双曲线的特征,它具备了全面反映一般钻井流体流变曲线特征的可能性,如图 1.1.57 所示。

图 1.1.57 中双曲线的粗线部分表示钻井流体的流变曲线。流变曲线的直线部分,可用双曲线中接近渐近线的那部分来描述,甚至可看作与渐近线重合。

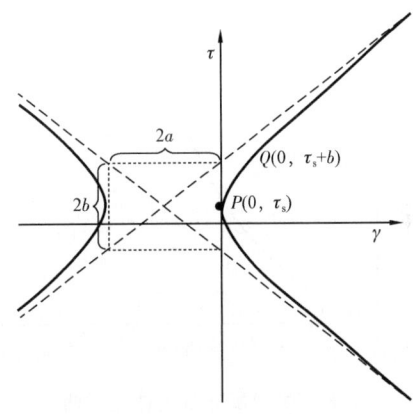

图 1.1.57 流变双曲线特征图

$$\frac{(\gamma+a)^2}{a^2} - \frac{\tau-\tau_s}{b^2} = 1 \quad (1.1.117)$$

它的半实轴为 a,半虚轴为 b,斜率为正的那条渐近线为:

$$\tau = \tau_s + b + (b/a)\gamma \quad (1.1.118)$$

可知,若钻井流体流变曲线的直线部分看作与渐近线重合,则渐近线的斜率即为流变曲线直线部分的斜率,所以塑性黏度等于斜率。由 P 点的坐标得到静切应力,由 Q 点的坐标得到动切力为:

$$\tau_0 = \tau_s + b \quad (1.1.119)$$

整理得:

$$\tau = \tau_s + (b/a)\gamma\left(1 + \frac{2a}{\gamma}\right)^{\frac{1}{2}} \quad (1.1.120)$$

令 $b/a = \eta_p$, $2a = \beta$,得:

$$\tau = \tau_s + \mu_p\gamma(1 + \beta/\gamma)^{\frac{1}{2}} \quad (1.1.121)$$

式中 τ——剪切应力,Pa;

τ_s——静切力或称胶凝强度,Pa;

μ_p——塑性黏度,mPa·s;

γ——剪切速率,s^{-1};

β——剪切稀释系数,s^{-1}。

林柏亨模式不但可描述塑性钻井流体的流变性,还可描述其他类型钻井流体的流变性。而且还揭示了各种流体间的关系。但只是描述钻井流体的参数而已,无法用于钻井流体用现有的测量工具测定。

当 $\tau_s = 0$ 时,$\tau = \mu_p \gamma (1 + \beta/\gamma)^{\frac{1}{2}}$,符合假塑性流体;当 $\beta = 0$ 时,$\tau = \tau_s + \eta_p \gamma$,符合宾汉流体;其中 τ_s 即宾汉方程中的动切力 τ_0。

当 $\beta = 0$,$\tau_s = 0$ 时,$\tau = \eta_p \gamma$,符合牛顿流体。其中 η_p 即为牛顿流体的黏度。

(4)膨胀性流体。膨胀性流体(Dilatant Fluid)是指在外力作用下,流体黏度因剪切速率的增大而上升,但在静置时,流体流动较好。

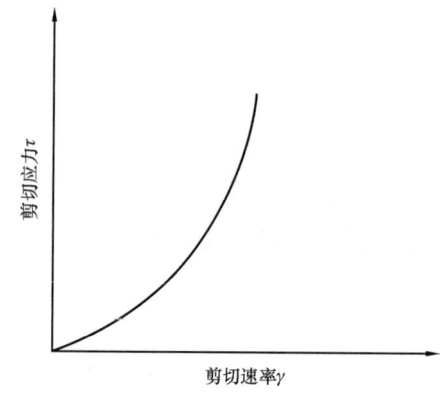

图 1.1.58　膨胀性流体流变曲线

膨胀性流体稍加外力即发生流动,剪切应力变化随剪切速率增加而增大,静止时又恢复原状,流变曲线凹向剪切应力轴。膨胀流体在静止状态时,其内部颗粒是分散的,但不聚结。当剪切应力增大时,部分颗粒会纠缠在一起形成网架结构,使流动阻力增大。膨胀流体形成的条件是分散相浓度相当大,且在一定的范围内,否则分散相和分散质会发生转换。

流变曲线为通过坐标原点且凹向剪切应力轴的流体,称为膨胀性流体,也称胀流型流体,如图 1.1.58 所示。

从图 1.1.58 中可以看出,膨胀性流体稍加外力即发生流动,且黏度随剪切速率增加而增大,静置时又恢复原状。与假塑性流体相反,其流变曲线凹向剪切应力轴。

膨胀性流体的流变方程工程上,常用幂律形式。流体剪切应力与剪切速率呈幂指数关系。

$$\tau = k\gamma^n$$

需要注意的是,n 大于 1。其他参数与幂律流体相同。

膨胀性流体的流变原理是,静止时,颗粒是全散开的;搅动时,颗粒发生重排,形成了混乱的空间结构,这种结构不坚牢,但大大增加了流动阻力,黏度上升,如图 1.1.59 所示。

从图 1.1.59 中可以看出,当搅动停止时,颗粒又呈分散状态,因而黏度又降低。胀性流体通常需要满足 4 个条件:

一是分散相浓度需相当大,且应在一狭小范围内。浓度低时是牛顿流体,浓度高时是塑性流体。出现胀性流型所需的最低浓度称为临界浓度。例如淀粉在 40%~50% 的浓度范围内表现出明显的胀流型。

二是颗粒必须是分散的,而不能聚结。所以要

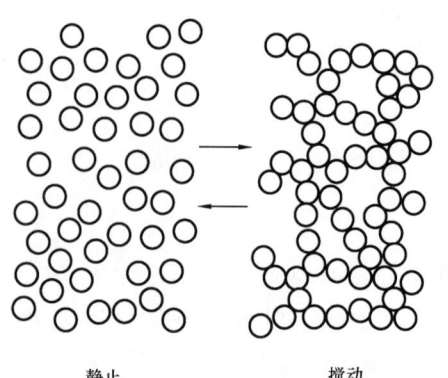

图 1.1.59　胀性体系机理示意图

形成胀性流体,往往要加入分散剂、润湿剂等。高浓度色浆、氧化铝、石英砂等的水悬浮体。属于胀性流体。

目前在钻井施工设计和现场几乎都是用宾汉模式来描述钻井流体的流变性,幂律模式也逐渐使用,其他流变模式在现场未见使用,只是用在实验室研究中。原因是宾汉模式和幂律模式在现场使用时间长,且范围广泛,特有参数物理意义明确,通过六速旋转黏度计很容易测量和计算;现场施工相比实验室研究来说精准度要求不高,其在长期应用中也能基本满足井下安全,这也限制了其他流变模式在现场的应用。

流体受力就有流动,但剪切应力与剪切速率不成线性关系。随着剪切速率的增大,剪切应力的增加速率越来越大。即随着剪切速率的增大,流体的表观黏度增大,即剪切增稠性。典型的膨胀性流体如芝麻酱加盐水形成的混合物、沙滩上的湿沙、做馒头的面团、一定浓度下的二氧化钛的水悬浮液。膨胀性流体的流变方程工程上,常用幂律形式。

三是,剪切增稠性与介质黏度和颗粒尺寸有关。

四是,剪切增稠性往往只产生在一定的剪切速率范围内。

这种增稠性与其他流体所表现的表观黏度不同。牛顿流体的表观黏度随着剪切速率增加,塑性流体和假塑性流体,表观黏度随着剪切速率增加而降低,称为剪切稀释性,也称剪切降黏性(Shear Thinning Behavior)。膨胀性流体的表观黏度随着剪切速率增加而增大,与假塑性流体相反,这种特性称为剪切增稠性(Shear Thicking Behavior)。

表观黏度随剪切速率的增大而增大的特性称为剪切增稠性。膨胀性流体在工程中比较少见,一般为高浓度的含有不规则形状固体颗粒的悬浮液,如淀粉糊等。

而表观黏度与时间的关系有3种,对应3种不同性质的流体,如图1.1.60所示。

图1.1.60中直观地表示出了剪切应力和剪切黏度随剪切速率变化时的关系,不同的流体的变化曲线不同。流性指数n取值有3种情况:

$n=1$时,流体表观黏度随时间不发生变化,对应的流体称为牛顿流体。

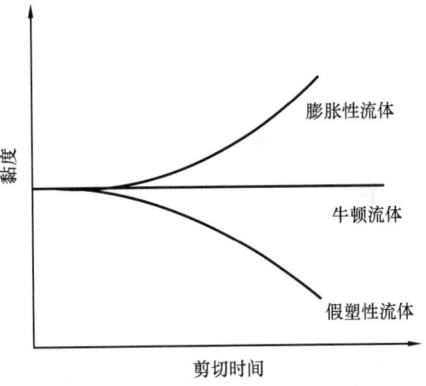

图1.1.60 表观黏度随时间的变化

$n<1$时,流体剪切变稀,对应的流体称为假塑性流体。

$n>1$时,流体随剪切作用增强而表现为黏度增加,这种流体称为膨胀性流体。以与1的差值大小作为衡量非牛顿性的指标。

前文介绍的是与时间无关的流体。现在介绍流变参数与时间有关的流体。

对一些复杂的流体,如多相分散悬浮液,在外力的作用下,分散相的形变、取向和排列等虽然对剪切作用可能很敏感,但流体内部物理结构重新调整的速率则相当缓慢,流体的力学响应受到内部结构变化过程的影响,也就是说,在恒定剪切速率下测定流体的剪切应力时,会观察到剪切应力随剪切作用时间而连续变化。变化过程所需的时间可以度量,则此类流体的流变性与时间有依赖关系。

通常认为,流变性与时间有关的黏性流体有触变性流体、反触变性流体、震凝性流体和黏弹性流体等四大类。最常见的流变参数测量方法如钻井流体测量流过等量流体所用的马氏漏斗、苏式漏斗,利用旋转黏度计的低剪切速率测量静置时间后的最大值。

(1)触变性流体。钻井流体的切力或者是胶凝强度,与钻井流体触变性相关。触变性(Thixotropic Behavior),又称摇变性,是指流体剪切作用,使内部结构发生变化,停止剪切后内部结构恢复的流变学现象。宏观上表现为,流体经长时间高剪切从高黏凝胶态变为低黏态,剪切停止后低黏流体又变成高黏态,如图1.1.61所示。

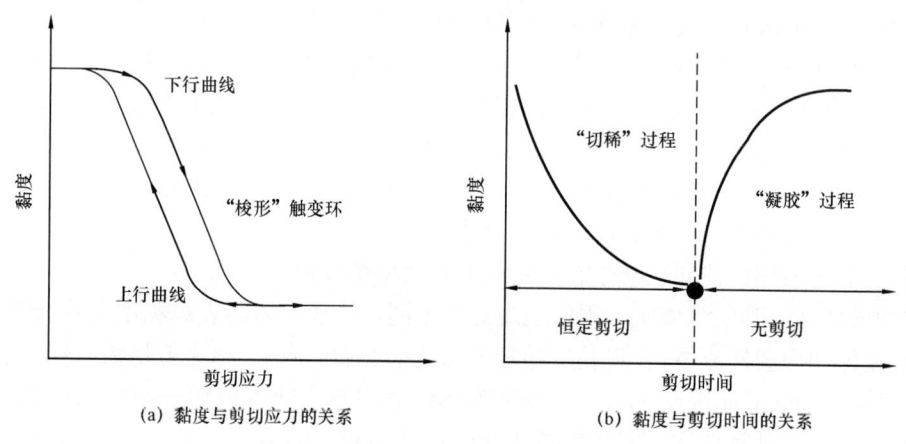

图1.1.61　流体触变性示意图

从图1.1.61中可以看出,流变曲线图中"上行曲线"不与"下行曲线"重合。两条曲线形成了封闭的"梭形"触变环。"梭形"触变环的面积大小是触变特性的量度,它表示破坏触变结构所需要的能量。

这种现象主要是由于在触变体系中一般都存在空间网架结构。在剪切作用下,结构被拆散后,只有颗粒的某些部位相互接触时才能彼此重新连结起来,即恢复结构。颗粒间的连结需要过程,才能相互排列成一定的几何关系。因此,在结构恢复过程中,需要一定的时间来完成这种定向作用。恢复结构所需的时间和最终的胶凝强度的大小,可更为真实地反映某种流体触变性的强弱。测定方法主要是触变环法。

触变环法的试验原理为,剪切速率从0连续增加到某一定值再从这个定值逐渐下降到0。剪切应力随剪切速率的变化过程形成封闭曲线为称触变环,如图1.1.62所示。

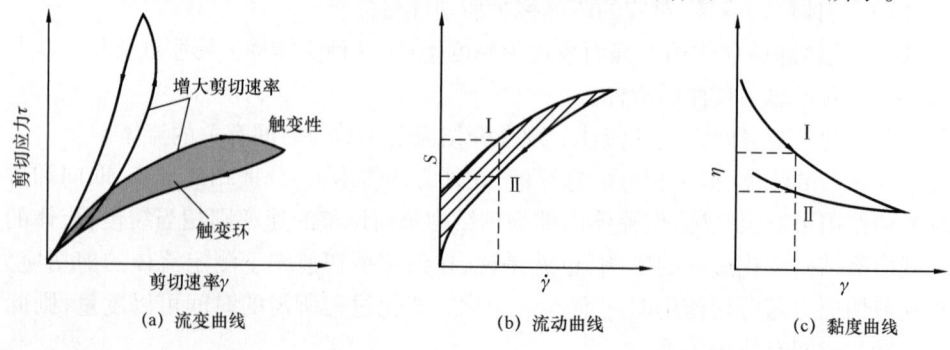

图1.1.62　触变性流体触变环

不同时间和不同最大剪切速率,得到不同面积的触变环。触变环面积越大,触变性越强;反之,则越弱。单个某一旋转黏度计下的转速测定的剪切力,不能表达该状态下的触变性。这是因为,通常认为黏度越大,流速越慢;反之,黏度越小,流速越快。这一规律对牛顿流体和非触变性高分子流体是适用的。但是,对于触变性流体由于触变环的存在,剪切速率不同,剪切历史不同,黏度恢复状态不同,导致所受剪切力不同,可能不遵循上述的规律。

此方法虽然是常用方法之一,但是,在触变性测定过程中,剪切速率和剪切作用时间两个变量同时变化,流体触变性既与剪切速率的大小有关,又与剪切速率作用时间有关,判断触变性比较复杂。用触变指数表征钻井流体的触变性则简单、直观。

触变指数又称触变系数、摇变指数,是反映溶胶触变性的特定值,一般用指最低剪切速率下的黏度与最高剪切速率下的黏度之比来表示,比值越高,触变性越强,反之则触变性弱。其实质是流体在剪切力的作用下结构被破坏后恢复原有结构能力的好坏。

触变性指数测定方法较多。实验可用同轴旋转圆筒式黏度计、毛细管式黏度计和锥板式黏度计等,通过实验测定某些参数,然后计算获得。多速的或程控变速的、能在温度和压力变化条件下使用的同轴旋转筒式黏度计最为适用。

方法一,峰值与直线斜率法,先给钻井流体施加一定的剪切应力并持续一定时间后静置。静置一段时间后再给钻井流体施加一定剪切速率,观察钻井流体剪切应力变化,如图1.1.63所示。

从图1.1.63中可以看出,由于触变性,流体被剪切后结构会受到破坏,静置一段时间后钻井流体结构会有不同程度的恢复。恢复程度与静置时间有关,静置时间越长,结构恢复越完全。静置过后再给体系施加剪切作用,会出现剪切应力峰值。峰值与体系的触变性大小有关。持续施加剪切作用,流体会达到动态平衡状态,剪切速率恒定,剪切应力恒定。即剪切应力为稳态值。

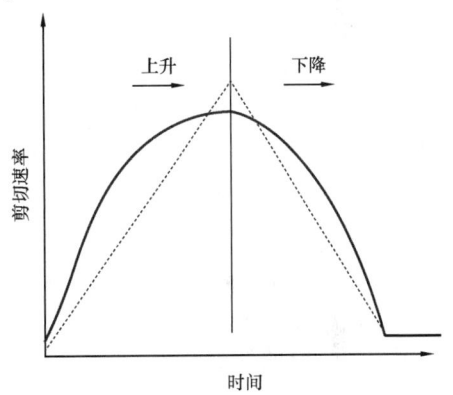

图1.1.63 剪切速率随时间变化关系

由峰值与稳态值之差的平方根与静置时间的平方根作图,得到一条直线。直线斜率的平方为触变指数。

方法二,转子法。利用转子的旋转黏度计测量触变指数。选定适当的转子5.6r/min转速,使测量读数在满刻度表盘20%~80%,以表示量程满足测量要求。测得5.6r/min转速时黏度。再选择65r/min时适当的转子,使测量读数在满刻度盘20%~80%。测得其黏度。两次黏度的比值即为触变指数。

方法三,黏度法。用6r/min时的黏度与60r/min时的黏度比值表示触变指数。常用Brookfield黏度计及国产类似黏度计测量。Tom Brookey用0.5r/min时的黏度与100r/min时的黏度比表示触变指数(Tom Brookey,1998)。牛顿流体或黏度在10^5mPa·s以下的近似牛顿流体钻井流体可用此方法。

钻井流体的触变性与钻井流体网架结构的强弱和架构方式有关。膨润土含量越高,网架结构的强度受黏土颗粒的电动电位和吸附水化膜厚度的影响较大,钻井流体触变性越强,最终胶凝强度越高。如果高分子聚合物通过吸附黏土颗粒架桥,形成网架结构,一般形成速度快,强度又不是很大,类似于较快的弱凝胶。因此,低固相不分散聚合物钻井流体的切力和触变性比较容易满足钻井工艺的要求。膨润土含量较高则不容易满足工程需要。用此来判断钻井流体能否有效地悬浮固相的同时,还要判断是否对开泵造成影响。

但触变性不能代表携带能力。因为触动变形并不意味着能够流动。如果不能流动,仍然需要较高的驱动力即泵压。同样,仅有良好的剪切稀释性也不足以解决开泵泵压过大问题。因为流动时的低黏度,并不代表从静止能够迅速流动。

触变性的重要标志是流体有再次稠化的可逆过程。流体的黏度不仅随剪切速率变化,而且在恒定的剪切速率下,黏度随着时间推移而下降,达到稳定值。剪切作用停止后,黏度又随时间的推移而增高。大多数触变性流体,经过几小时或更长的时间,可以恢复到初始的黏度值。

在搅动或其他机械作用下,黏度或切力随时间变化的流变现象可分为正触变性、负触变性和复合触变性三种。

在外力的作用下,体系的黏度随作用时间下降,静止后又恢复时,即具有时间因素的剪切稀释现象,称为正触变性(Positive Thixotropy);反之,在外力的作用下,体系的黏度上升,静止后又恢复,即具有时间因素的增稠现象,称为负触变性(Negative Thixotropy)。复合触变性则是两种触变都有。如果不特别指明,通常所说的触变性指的是正触变性。

如果高分子聚合物通过吸附黏土颗粒架桥,形成网架结构,一般形成速度快,强度又不是很大,类似于较快的弱凝胶。因此,低固相不分散聚合物钻井流体的切力和触变性比较容易满足钻井工艺的要求。膨润土含量较高则不容易满足工程需要。用此来判断钻井流体能否有效地悬浮固相的同时,还要判断是否对开泵造成影响。

但触变性不能代表携带能力。因为触动变形并不意味着能够流动。如果不能流动,仍然需要较高的驱动力即泵压。同样,仅有良好的剪切稀释性也不足以解决开泵泵压过大问题。因为流动时的低黏度,并不代表从静止能够迅速流动。

触变性概念源自胶体化学。最初是用来描述等温过程中机械扰动下物料胶凝—液化的转变现象。流变学家在对近代流变学研究的初期已注意到触变现象,而且已经发现许多真实物料存在这种现象并已用于工业生产。所以,触变性在流变学领域中比较受到重视。1975年英国标准协会经修订后的触变性(Thixotropic Bahavior)是指在剪切应力作用下,表观黏度随时间连续下降,并在应力消除后表观黏度又随时间逐渐恢复(刘科,2003)。一般认为触变性流体流变特征有5项。

正触变性流体表观黏度随剪切时间增长而下降。恒温且静置的触变性流体,在增长恒定低剪切速率下,产生与恒定的低剪切速率相应的剪切流动;改变为恒定高剪切速率测试,所对应的剪切应力还会随时间而下降,即其表观黏度仍会随剪切时间而下降。图1.1.64是触变性流体在时间剪切下,剪切速率和剪切应力的变化示意图。

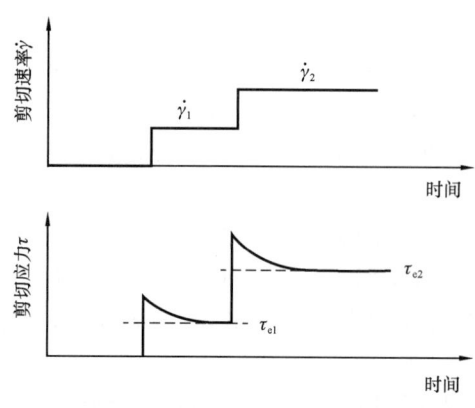

图1.1.64 触变性流体剪切破坏特性

从图 1.1.64 中可以看出,测得流体的剪切应力在某个恒定的剪切速率下随时间增长而连续下降,即其表观黏度随剪切时间而下降。当剪切速率恒定时,剪切应力呈连续下降趋势。从某一时刻开始保持恒定;当剪切速率在某一时刻突然增加时,剪切应力也会随之陡然增加,然后呈连续下降趋势,从某一时刻开始保持恒定。

流体的表观黏度随静置时间增长而增加。触变性流体结构静态恢复过程中,剪切速率和剪切应力的变化特性如图 1.1.65 所示。

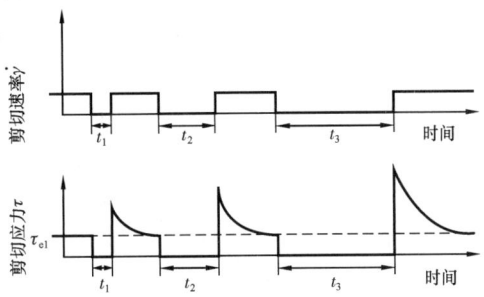

图 1.1.65　触变性流体结构静态恢复特性

从图 1.1.65 中可以看出,恒温状态下,经历低速且恒速剪切的触变性流体,在剪切流动过程中,分别人为地静置三段不同的时间。每当静置结束后,剪切速率恢复到与静置之前相同的数值,恢复的一瞬间,剪切应力会陡然增加到某个值,静置时间越长,增加的值越大,且每次剪切应力增加后,都会随着时间的增长而逐渐恢复到最开始即第一次静置之前的值。

经历剪切的流体,恒温且静置后,表观黏度将随静置时间增长而上升,如图 1.1.66 所示。

恒温下,如果触变性流体已产生与特定高剪切速率相应的剪切流动,改换为恒定低剪切速率测定时,其表观黏度也会随剪切时间而连续上升,表现为动态结构恢复性。

触变性流体流动存在动平衡态流变曲线。恒温下,保持剪切速率恒定,流体的剪切应力随剪切作用时间连续变化,直至达到与剪切速率相对应的动平衡状态,剪切应力不再变化,称此值为动平衡剪切应力。把各剪切速率和所对应的动平衡剪切应力描绘在图上,可求得一条动平衡流变曲线,表征流体达到动平衡态时的流变行为,如图 1.1.67 所示。

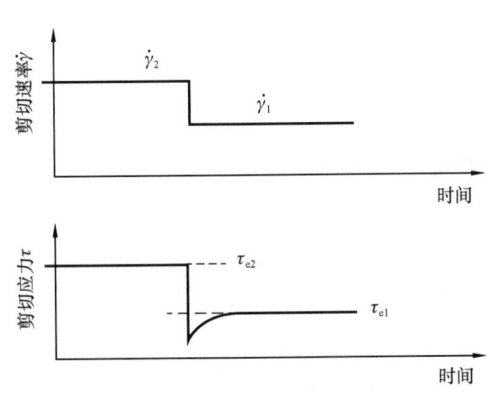

图 1.1.66　触变性流体结构动态恢复特性

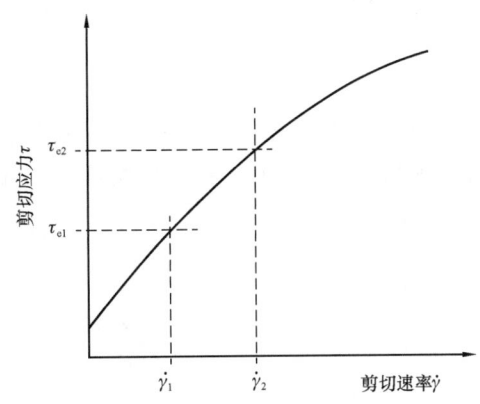

图 1.1.67　流体动平衡态流变曲线

从图 1.1.67 中可以看出,整个流体动平衡态流变曲线为一上凸型曲线,即剪切应力随剪切速率的变化率逐渐变小直至趋近于零,剪切应力会达到一个峰值。当剪切速率为零时,触变性流体仍存在着剪切应力,这就是静剪切应力。

反复循环剪切流体可得到触变性流体的滞后环。其做法是用旋转流变仪,在一定时间内,测量流体从最低转速开始,均衡地逐渐升高转速,在升高过程中记录相应的剪切应力数据,作剪切速率—剪切应力曲线。达到最高转速后再逐渐降低转速,记录转速下降时所对应的剪切应力,作剪切速率—剪切应力曲线。这两条曲线是不重复的,会构成一个环,就是触变滞后环。图 1.1.68 就是一组典型的滞后环。

从图 1.1.68 中可以看出,滞后环的第一个环可能出现峰值,以后的环面积逐渐减小,并向剪切速率轴方向移动。对经过高速预剪过的流体,其滞后环会向离开剪切速率轴方向移动。

无限循环剪切流体可得到平衡滞后环,如图 1.1.69 所示。

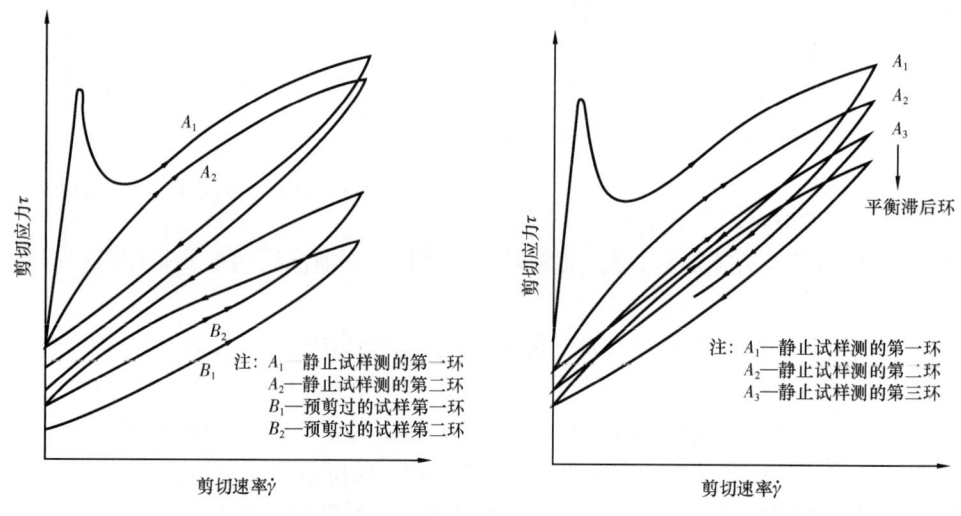

图 1.1.68　触变性流体滞后环　　　　图 1.1.69　触变性流体平衡滞后环

从图 1.1.69 中可以看出,滞后环的第一个环可能出现峰值,以后的环面积逐渐减小,并向剪切速率轴方向移动。

(2)反触变性流体。反触变性流体是指在恒定剪切应力或剪切速率作用下,表观黏度随剪切作用时间增长而增大。反触变性流体又称负触变性流体或覆凝性流体。

这种反触变性现象比触变性更令人费解,而且在实际生产和生活中并不常见。反触变性流体所得到的滞后环一般称作反触变滞后环,如图 1.1.70(b)所示。

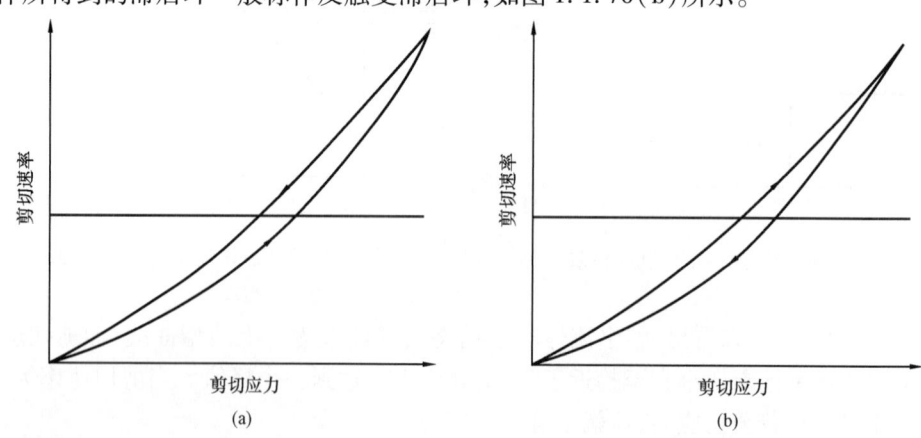

图 1.1.70　触变滞后环(a)和反触变滞后环(b)

从图1.1.70中可以看出,图1.1.70(a)为触变性流体的触变滞后环,图1.1.70(b)为反触变性流体的反触变滞后环。反触变滞后环与触变滞后环刚好相反,剪切速率—剪切应力曲线在上,剪切速率逐渐增加。

(3)震凝性流体。流凝性(Rheopexy或Rheopecticity)又称震凝性。一些非牛顿流体的黏度与时间有关。在恒定剪切速率下,黏度随时间增加而增大的流体,称为流凝性流体,这种现象称为震凝性或流凝性。

造型石膏糊状物是流凝性体系的典型例子,摇动石膏糊大大地缩短了固化时间,使石膏很快成型。震凝性流体在低剪切速率下,表观黏度上升,但随着剪切速率增加,表观黏度又下降。当剪切停止一段时间时,表观黏度又恢复到初始状态。

震凝性流体的触变性不常见。在任一给定的剪切速率下,剪切力随时间的增加而趋于一个最大值,如图1.1.71所示。

从图1.1.71中可以看出,震凝性流体的剪切应力先剪切时间的增加而增加,然后剪切应力增加速度变缓,最后保持一个定值。

(4)黏弹性流体。黏弹性流体是介于固体液体之间的流体,既有黏性又有弹性。在受到剪切时,有一部分能量储存的过程,也有一部分以热能释放。一般情况下,浓度低的黏弹性流体不具有黏弹性,高浓度时才具有黏弹性,其弹性滞后曲线如图1.1.72所示。

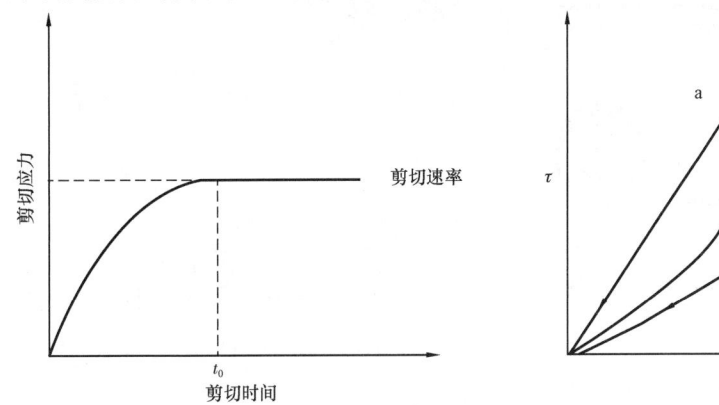
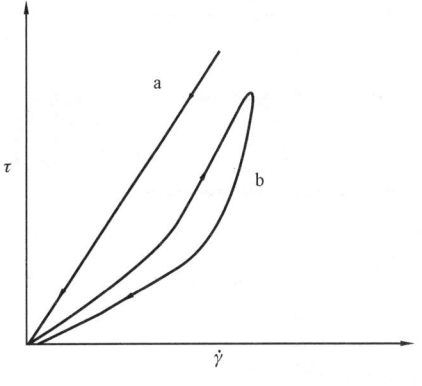

图1.1.71 震凝性流体切应力随时间的变化曲线　　图1.1.72 弹性滞后曲线示意图

理想固体的应力—应变曲线为通过原点的直线,而且应力上升与下降对应的应力—应变曲线完全重合,如图1.1.72中的曲线a。黏弹性流体的应力—应变曲线不是直线,而且其应力上升与下降对应的应力—应变曲线不重合,如图1.1.72中的曲线b。这种特性称弹性滞后。滞后环的面积与应变随时间的变化速率有关,即应力是应变与时间的函数。

按照与时间的相关性,流变性测量手段主要是旋转黏度计,不管是宏观研究方法还是微观研究方法,都需借助于实验室流变性能测定工具。特别是宏观研究方法,更需要精密的测定仪器。常用的流变仪主要有挤出式流变仪和转动式流变仪两大类。

挤出式流变仪,如毛细管流变仪、熔体指数仪等。转动式流变仪,如同轴圆筒黏度计、门尼黏度计、锥板式流变仪、振荡式流变仪、转矩流变仪、拉伸流变仪以及压缩式塑性计等。借助实验仪器,可以表征流动、弹性和断裂等聚合物的三个特性。其他与时间相关流体流变参数测量方法也比较多,概括起来大约有3种。

（1）毛细管黏度计。毛细管黏度计的工作原理是计量流动时间，表征其黏度大小。样品容器（包括流出毛细管）内充满待测样品，处于恒温浴内。打开旋塞，样品开始流向受液器，同时开始计算时间，到样品液面达到刻度线为止。样品黏度越大，这段时间越长。因此，这段时间直接反映出样品的黏度。

毛细管法测定流体黏度的理论基础是 Poiseuille 定律，即：

$$\eta = \frac{\pi r^4 (p_1 - p_2) t}{8 L V_t} \tag{1.1.122}$$

式中 r——毛细管半径，m；
t——流体流经毛细管的时间，s；
L——毛细管长度，m；
V_t——t 时间内流体所流过的体积，m³；
p_1, p_2——流体单元所受的压力，Pa。

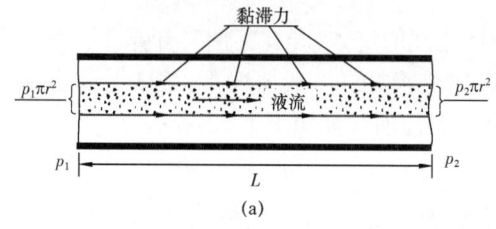

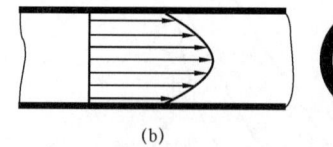

图 1.1.73 黏度流体在管中流动所受的阻力及速度的分布图

假设黏滞流体在管内以一定速度流动，如图 1.1.73 所示。则该部分流体的动能增加要消耗外力，因此在 Poiseuille 公式中需引入动能修正项变为：

$$\eta = \frac{\pi r^4 (p_1 - p_2) t}{8 L V_t} - \frac{m \rho V_t}{8 \pi L t} \tag{1.1.123}$$

式中 ρ——流体的密度，g/cm³；
m——动能修正系数。

流体在毛细管两端流动时，不可能完全保持层流条件，会有径向流动，于是还须引入附加管长修正项 nr，则式（1.1.123）变为：

$$\eta = \frac{\pi r^4 (p_1 - p_2) t}{8 (L + nr) V_t} - \frac{m \rho V_t}{8 \pi (L + nr) t} \tag{1.1.124}$$

根据上述原理制成的典型装置是水平毛细管黏度计。毛细管黏度计也可以作为相对黏度计使用，即令：

$$A = \frac{\pi r^4 (p_1 - p_2)}{8 (L + nr) V_t}, B = \frac{m V_t}{8 \pi (L + nr)}$$

于是

$$\eta = At - B \frac{\rho}{t}$$

对某一毛细管黏度计，A 和 B 为仪器常数，可用两种已知黏度的流体进行标定。仪器突出优点是测量范围广，从 10^{-4} Pa·s 的低黏度流体到 10^5 Pa·s 的高黏度流体都可测定。但是，操作复杂,用秒表记录时间会带来主观性误差,大大降低测量精度,不适合在线快速检测。

毛细管黏度计分类方法较多,主要有三种类型,即圆孔/活塞型黏度计、玻璃管型黏度计和孔型黏度计。

圆孔/活塞型黏度计允许承受较大的压力。因此,可用于测定高聚物的黏度。

玻璃管型黏度可分为重力型和加压型。重力型一般用于测量牛顿流体,加压型可测量非牛顿流体,应用广泛。

孔型黏度计也叫短管型黏度计。小孔型可用于牛顿型流体的粗略测量和黏度比较。测量流体黏度常采用的毛细管的直径为 1.5～2.0mm 实际上就是孔型黏度计的一种。

利用毛细管黏度计、恒温浴、温度计和秒表,在一定温度下,当流体在直立的毛细管中,以完全湿润管壁的状态流动时,其运动黏度与流动时间成正比。测定时,用已知运动黏度的流体作标准,测量其从毛细管黏度计流出的时间,再测量试样自同一黏度计流出的时间,则可计算出试样的黏度。图 1.1.74 所示为毛细管黏度计示意图。

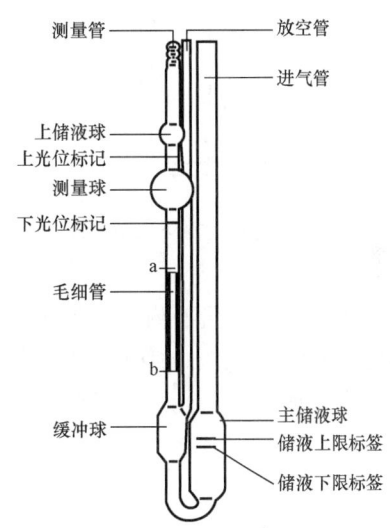

图 1.1.74 毛细管黏度计示意图

测量操作步骤:

① 选取毛细管黏度计并洗净。取一支适当内径的毛细管黏度计,用轻质汽油或石油醚洗涤干净。

② 装标准试样。在支管处接一橡皮管,用软木塞塞住管身的管口,倒转黏度计,将管身的管口插入盛有标准试样(20℃蒸馏水)的小烧杯中,通过连接支管的橡皮管用洗耳球将标准样吸至标线 b 处,然后捏紧橡皮管,取出黏度计,倒转过来,擦干管壁,并取下橡皮管。

③ 将橡皮管移至管身的管口,使黏度计直立于恒温浴中,使其管身下部浸入浴液。在黏度计旁边放一支温度计,使其水银泡和毛细管的中心在同一水平线上。恒温浴内温度调至 20℃,在此温度保持 10min 以上。

④ 用洗耳球将标准样吸至标线 a 以上少许,停止抽吸,使流体自由流下,注意观察液面。当液面至标线 a,启动秒表;当液面至标线 b,按停秒表。记下由 a 至 b 的时间,重复测定 4 次,各次偏差不得超过 0.5%,取不少于 3 次的流动时间的平均值作为标准样的流出时间 t_0。

⑤ 倾出黏度计中的标准样,洗净并干燥黏度计,用同一黏度计按上述同样的操作测量试样的流出时间 t_1。即试样流体相对黏度(η_r)为:

$$\eta_r = \frac{At_1 - B\dfrac{\rho_1}{t_1}}{At_0 - B\dfrac{\rho_0}{t_0}} \tag{1.1.125}$$

式中 A,B——仪器常数;
  t_1——试样流出时间;
  ρ_1——试样密度;

ρ_0——标准样密度；

t_0——标准样留出时间。

毛细管黏度计有乌氏黏度计和奥氏黏度计两种。这两种黏度计比较精确,使用方便,适合于测定流体黏度和高聚物相对摩尔质量。直接由实验测定流体的绝对黏度是比较困难的。通常采用测定流体对标准流体(如水)的相对黏度,已知标准流体的黏度就可以标出待测流体的绝对黏度。

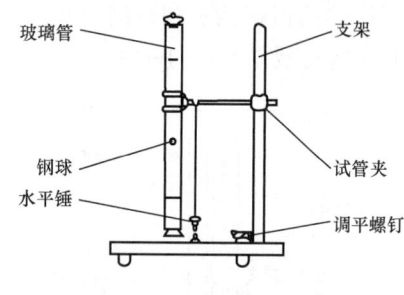

图 1.1.75 落球式黏度计

(2)落球式黏度计。落球式黏度计是利用 Hoeppler 测量原理,测量透明牛顿流体简单而精确的动态黏度测量仪器(图1.1.75)。核心是测量落球在重力作用下,经倾斜成一个工作角度的样品管降落所需的实耗时间。该样品管装配在一个允许样品管自身可做180°快速大翻转的中心轴承上,因而可以立即重复测量。测量结果采用3次测量中落球降落所花的平均时间,再通过一个转换公式将时间读数换算成最终的黏度值。

落球法是常温下测定流体黏度常用的方法。常温下,当固体圆球在静止流体中垂直下落时,小球受3个力的作用,即重力、浮力和阻力,当重力等于浮力与阻力之和时,小球以速度 v_0 做匀速运动。光滑小球在流体中匀速沉降时,在层流域内的黏度计算公式为:

$$\eta = \frac{2}{9}gr^2\frac{\rho_S - \rho_L}{v_0} \qquad (1.1.126)$$

式中 η——流体的黏度；

g——重力加速度；

r——小球半径；

ρ_S——小球密度；

ρ_L——流体密度；

v_0——小球速度。

此公式是小球在无限广阔的介质中沉降时导出的。实际黏度计的尺寸是有限的,在有限量介质中,必须考虑容器半径与高度的影响。常用如下的修正式计算:

$$\eta = \frac{2}{9}gr^2\frac{\rho_S - \rho_L}{\left(1 + 2.4\frac{r}{R}\right)\left(1 + 3.3\frac{r}{h}\right)v_0} \qquad (1.1.127)$$

式中 R——容器半径；

h——容器高度。

只要知道容器半径、小球半径以及小球与流体的密度,便可由小球匀速下落的速度计算出流体在测定温度下的黏度值。可见,准确测定小球匀速下落的速度是至关重要的。对于非透明流体,必须采用特殊的装置才能准确测定其速度,进而得其黏度值。光电落球黏度计就是利用落球法的典型仪器,结构示意图如图1.1.76所示。

工作时，仪器通过磁电转换控制电磁铁自动释放小球，同时给出脉冲，自动启动计时系统，小球沿中心轴线垂直下落，当小球挡住光源时，由光电传感器给出信号，自动关闭计时系统。由于小球的下落长度（液面与光电传感器之间的距离）固定不变，因此将测得的时间代入式（1.1.128）即可求得被测流体黏度值。该装置的优点在于，采用了磁电和光电装置，不但可以精确测量小球下落的时间，还解决了传统落球黏度计中小球易偏心下降的问题。当选择适当波长的光源和与之匹配的光电传感器后，即可测量不透明流体的黏度。

落球法一般适于测定黏度较大的流体或聚合体，小球下落速度能较客观地反映大分子之间的相互作用状态，即可获得聚合物静态黏度值，这也是落球法能有别于旋转法而成为浓溶液黏度测定方法的原因所在。

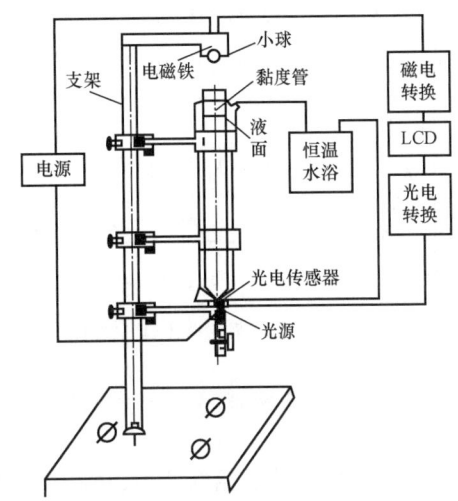

图 1.1.76　光电落球黏度计原理图

落球黏度计用于不同工业的质量控制和科研机构研发，容易使用，且简单记录时间测量的方法确保了有意义的测试结果。落球黏度计和恒温水浴配合使用，对样品进行快速的温度控制，从而可以得到更加精确和重现性高的结果。落球黏度计测试结果计算动力黏度公式为：

$$\eta = Kt(\rho_1 - \rho_2) \tag{1.1.128}$$

式中　η——动力黏度，mPa·s；

　　　K——仪器常数；

　　　t——落球时间，s；

　　　ρ_1——测试球的密度，g/cm³；

　　　ρ_2——被测样品在测试温度下的密度，g/cm³。

实际上，测量黏度的时间作为度量变量称为流体的稠度，即由于钻井流体密度和黏度形成的钻井流体的黏稠程度，落球式黏度计是合适的。不仅能表征出流体自身黏稠程度，还可以定性测量固相在流体中的沉降能力。目前，钻井流体测量钻屑沉降是通过侧切力来推测出能否沉降，可以考虑用落球式黏度计测量。

（3）稠度仪。高温高压稠度仪装有两支 E 型热电偶，其中一支热电偶位于釜侧用来测试釜体的温度、另一支热电偶由釜盖插入釜内用来测试流体的温度，压力传感器位于高压管路上用来测试釜内压力。通过编程，可以自动控制和显示高压釜内的温度和压力，压力还可以由压力表指示。这样釜内即可模拟各种井下的温度和压力环境。

测试钻井流体稠度时，流体注入浆杯中，浆杯由磁力传动器内轴带动，以 150r/min 恒速转动，浆杯内的浆叶连接在电位计机构中的标准蜗旋弹簧上，流体相对浆叶转动，浆叶受到阻力，迫使弹簧变形后带动电位计电阻滑片，产生变化的电压信号，通过 2604 测量和计算转换成稠度值，稠度值可在程序或电压表上读出。

在高压回油的管路中装有单向油滤器,滤出油中纤维和水泥颗粒等污物,同时高压管路装有爆破片,用来保护整个超高压系统及操作人员的安全。

稠度仪用于测定流体在容器内承受剪切应力的大小,测量工作原理如图1.1.77所示(赵建刚等,2005)。

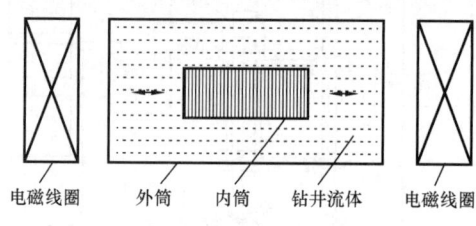

图1.1.77 稠度仪工作原理图

测量原理为,通过安装在钻井流体样品釜两端的两个交替充电的电磁铁产生的电磁力,使软铁芯作轴向往复运动。钻井流体受到运动铁芯与样品釜的釜壁剪切作用。钻井流体黏度越高,铁芯运动越慢。从一端运行到另一端所用的时间也越长。相对黏度用铁芯运行时间来衡量。

电磁铁恒定施加给铁芯力,铁芯在流体中从速度为零加速至终速度,铁芯不能匀速运。因此,稠度仪不能测量绝对黏度,仅测量出相对黏度。不能按不变的或确定的环空剪切速率分析剪切应力。在实际使用中,常用于定性测量水泥浆的稠度。

高温高压稠度仪主要由高压釜、磁力传动装置、超高压气驱液压泵、液压管路系统、釜盖起吊装置、稠度测量显示及报警系统、温度和压力控制系统、电器控制系统、不锈钢机箱、加热器、冷却水、压缩空气系统及数据采集系统等组成(曹鹤,2008)。

高压釜内压力由一个气驱超高压泵提供,操作介质即流体经油箱和油滤器,由压缩空气压入釜内,充满后再由超高压泵加压。高压釜内装有一支220V 4kW管式加热器,通过温控仪调节固态继电器输出,从而达到控制温度的目的。

1.3.1.4.2 流体流变参数的测量方法

(1)旋转黏度计。为测量黏滞力的大小,应首先测量流体不同流动速度下,两层间所受到的不同力。然后,动速度转化成流动时的剪切速率,再将两层间受到的力转化为层间的黏滞力。根据黏度定义,宏观看来流体在剪切时无论什么因素引起的黏度,都是某一点的力作用的结果,所以也称为表观黏度(Apparent Viscosity)。表观黏度又称为有效黏度、视黏度(Effective Viscosity)。

$$\mu_a = \frac{\tau}{\gamma} \qquad (1.1.129)$$

式中 μ_a——表观黏度,mPa·s。

这样,就可以建立流体流动时两层间相对运动的剪切速率和黏滞力间的关系,即流变方程。

Cardwell(1941)根据牛顿定律设计的旋转黏度计,目前的旋转黏度计就是在这个原理上开发的。

测量时,钻井流体置于两个圆柱体之间的空隙中,外筒以不同的速度旋转。测量旋转过程中对内筒施加的扭矩。处理扭矩随转速变化的数据,可求得剪切应力与剪切速率的关系,剪切速率的变化幅度取决于两个圆柱体之间环形空隙的大小,孔隙越小,剪切速率变化越大。

为了表征不同流动速率下的黏度变化。目前,钻井流体高温高压流变仪,剪应力测量原理同样是利用两个圆筒组成的环状间隙里,外筒、内筒间的摩擦力差测定剪切应力。不同的是有的是外筒转动,使内筒转过一个角度。测量这一角度,即可确定其剪应力值;有的是通过轴承将内筒托住,内筒可以转动。外筒外部的驱动机构通过电磁耦合带动内筒转动,内筒通过电磁耦合将其所受的转矩传递给外部的扭矩传感器,使其转过一个角度。测量这一角度,即可得到内筒所受剪应力的大小。目前有的公司流变仪的最高工作压力和温度分别为 70MPa 和 260℃,外筒转速为 0~625r/min,同时剪应值、样品温度值以曲线的形式输出(赵建刚,2005)。

目前,流体使用的黏度测定仪器,是应用最广泛的黏度计称为旋转柱体计,特别适用于粗分散体系的黏度测量,测量原理如下(盖雪洁,2002)。

在流体中,当两层流层之间有相对运动时,运动快的流层对运动慢的流层施以拉力,运动慢的流层对运动快的流层施以阻力,这对力称为内摩擦力,也称黏滞力,其值计算公式为:

$$F = \eta S \frac{\mathrm{d}v}{\mathrm{d}n} \qquad (1.1.130)$$

式中　η——黏滞系数(黏度),mPa·s;
　　　S——流层之间的接触面积,m²;
　　　$\frac{\mathrm{d}v}{\mathrm{d}n}$——流体沿法线方向的速度梯度,s⁻¹。

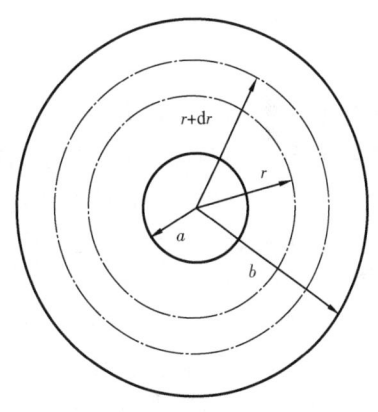

图 1.1.78　旋转柱体黏度计层流示意图

如果将流体置于两共轴圆筒内,假定流体两边的内外筒半径分别为 a 和 b,外筒以恒定的角速度 ω 旋转,只要外筒的转速比较小,介于两圆筒间的流体将会很规则地一层层地转动,在垂直于旋转轴的平面上的流线都是一些同心圆,如图 1.1.78 所示。r 层流体的流速 $v = \omega r$,r 层流体上所受的黏滞力为:

$$F = \eta S r \frac{\mathrm{d}\omega}{\mathrm{d}n} \qquad (1.1.131)$$

相应的黏滞力矩:

$$M = Fr = \eta S r^2 \qquad (1.1.132)$$

式中　η——黏度,mPa·s;
　　　S——r 层面积,m²;
　　　r——r 层半径,m。

以面积 $S = 2\pi rh$ 代入式(1.1.132),得:

$$F = 2\pi \eta h r^3 \frac{\mathrm{d}\omega}{\mathrm{d}n}$$

式中　h——液面高度。

为测定黏滞力矩,把内筒圆柱悬挂在扭转弹簧上,如图 1.1.79 所示。当内圆柱受到黏滞力矩而偏转时,就引起上面扭转弹簧的扭转,扭转弹簧扭转所产生的恢复力矩也作用在圆

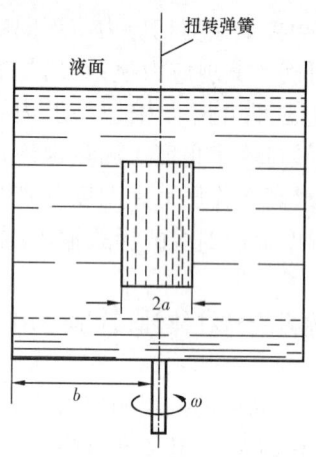

图1.1.79 旋转柱体法原理图

柱上,恢复力矩的方向和黏滞力矩方向相反,恢复力矩的大小为:

$$M' = D\theta \qquad (1.1.133)$$

式中　D——扭转弹簧的扭转系数;
　　　θ——内圆柱的偏转角。

在黏滞力矩和恢复力矩相平衡的条件下,内圆柱就停止转动,此时流体的流动呈稳定状态。在考虑流体流动为稳定的情况下,有:

$$M = \frac{4\pi\eta h\omega}{\frac{1}{a^2} - \frac{1}{b^2}} \quad 或 \quad \eta = \frac{M}{4\pi h\omega}\left(\frac{1}{a^2} - \frac{1}{b^2}\right)$$

$$(1.1.134)$$

由此可见,若能测定力矩 M、浸没深度 h、角速度 ω、内外柱体的半径 a 和 b,便可计算出流体黏度值。不难看出,准确测定力矩 M 和角速度 ω 的大小是旋转柱体法测量流体黏度的关键技术。同时,用旋转柱体法测定黏度,需注意两个条件同时存在。

一是,流体成分分布均匀且处于层流状态。测量时,要求流体对剪切应力所做出的反应必须始终一致,而层流能防止层间成分的交换。所以从测量开始,流体就必须保证成分均匀,并适当降低内外柱体间的相对转动速度。

二是,无滑动。旋转法所测摩擦力矩应为流体内摩擦力造成的,要求流体与内外柱体间无滑动摩擦,否则所测力矩为内摩擦力矩和滑动摩擦力矩之和。

因此,要求被测流体与内外筒材质间润湿性好。旋转柱体的改进的圆盘式旋转黏度计得到了广泛的应用,测试原理如图1.1.80所示。

从图1.1.80中可以看出,电动机以一定的角速度匀速旋转,电动机连接刻度盘,再通过扭转弹簧和转轴带动转子旋转。当转子未受到流体的黏滞阻力时,扭转弹簧指针与刻度盘同速旋转,指针指向刻度盘上的零位置;当转子受到流体的黏滞阻力后,扭转弹簧产生扭矩,平衡流体的黏滞阻力,最后达到平衡。此时与扭转弹簧连接的指针在刻度盘上指示出扭转弹簧的扭转角。将此扭转角经过数学运算后可求得流体的黏度值。

目前仪器配有多种型号的转子,而且电动机的转速可调,根据被测流体性质的不同,可选择不同型号的转子和不同的电动机转速。其缺点在于,仪器采用指针式读数,其稳定性及读数精度受到一定的限制。而且当扭转弹簧产生的扭矩过大时,容易产生蠕变,损伤扭转弹簧,因此在测量范围和转子转速有所限制。

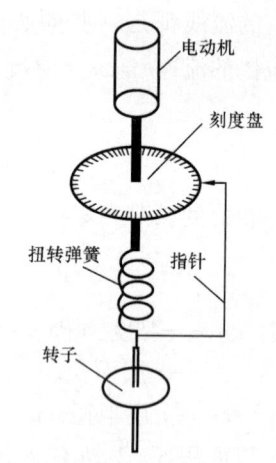

图1.1.80 圆盘式旋转黏度计测试原理图

此外,常见的旋转式黏度计还有锥板式黏度计(Cone-plate Viscometer),包括一块平板和一块锥板。电动机经变速齿轮带动平板恒速旋转,依靠毛细管作用使被测样品保持在两板之间,并借样品分子间的摩擦力而带动锥板旋转。在扭矩检测器内的扭簧的作用下,锥板旋转一定角度后不再转动。此时,扭簧所施加的扭矩与被测样品的分子内部摩擦力(即黏度)有关。样品黏度越大,扭矩越大。扭矩检测器内设有一个可变电容器,锥板转动,电容数值改变。电容变化反映出的扭簧扭矩即为被测样品的黏度,由仪表显示出来。

旋转黏度计具有使用方便、性能稳定、维护简单等优点,适用于测量各种油脂、油漆、油墨、涂料、塑料、浆料、橡胶、乳胶、洗涤剂、树脂、炼乳、奶油、药物以及化妆品等各种流体的黏度,是纺织、化工、石油、机电、医药、食品、轻工、建筑等行业以及大专院校、科研单位、军工部门的实验室、分析室必备仪器。常见的有双重圆筒形、圆锥圆板形和平行圆板型三种。

(2)振动盘式黏度计。振动式黏度计工作原理是,处于流体内的物体振动时会受到流体的阻碍作用。作用的大小与流体的黏度有关。常用的振动式黏度计有超声波黏度计,探测器内有一个弹片。在受脉冲电流激励时,弹片产生超声波范围的机械振动。当弹片浸在被测样品中时,弹片的振幅与样品的黏度和密度有关。在已知密度的情况下,可从测出的振幅数据求得黏度数值。

对于低黏度流体的测定大多采用扭摆振动法,其原理基于阻尼振动的对数衰减率与阻尼介质黏度的定量关系。阻尼振动服从以下规律。

$$A = k \cdot e^{(-\lambda \frac{t}{\tau})} \cos 2\pi \frac{t}{\tau} \tag{1.1.135}$$

式中 A——振幅,m;
t——时间,s;
τ——振动周期,s;
λ——对数衰减率;
k——常数。

对某一确定的振动系统,振动周期与对数衰减率为一定值。可见,阻尼的振幅随时间衰减,且呈指数关系。对数衰减率定义为:

$$\lambda = \frac{\ln A_n - \ln A_{n+m}}{m} \tag{1.1.136}$$

对数衰减率等于两次振幅的对数差与振动次数之比值。此值对确定的阻尼振动系统是不变的。

对于扭摆振动法来说,造成振幅衰减的主要原因是流体介质的黏滞性,故一般可以认为对数衰减率 λ 是流体黏度和密度的函数。通过测量振幅来计算对数衰减率是扭摆振动法测量流体黏度的基础。但在扭摆振动法中,流体黏度与其对数衰减率的关系是很复杂的,实际应用时,大多采用经验或半经验公式。常用方法是柱体扭摆振动法原理,如图 1.1.81 所示(王永洪等,1994)。

柱体插入被测流体中,用外力给悬吊的系统以外力矩,使吊丝发生扭转,达某一角度后,去掉外力矩,柱体便

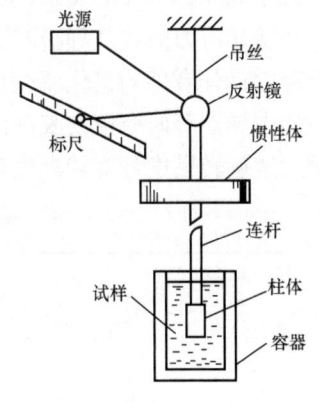

图 1.1.81 柱体扭摆振动法原理图

在吊丝扭力、系统转动惯量和流体对柱体的黏滞阻力作用下,做阻尼衰减振动,其对数衰减率与流体黏度的经验关系式可表示为:

$$\eta = K'\lambda \qquad (1.1.137)$$

式中　K'——仪器常数,须用已知黏度的流体进行标定;

λ——对数衰减率。

通过实验测出扭摆振动的振幅变化及振动次数,计算出对数衰减率,加之事先测定的K',便可以计算出被测流体在实验温度下的黏度值。

该法的测量范围为0.005~180Pa·s。结构简单、使用方便。但由于吊丝本身的扭转变形量大,容易引起残留的塑性变形和较大的内摩擦,可导致测量误差。扭摆振动法测定流体黏度时振动周期对黏度测定影响很大。若振动周期很短,流体发生紊流流动,衰减振动异常,即对数衰减率不为定值。界限周期因装置和流体不同而不同,应通过试验来确定。一般来讲,流体黏度小时,容易产生紊流,故振动周期应该大一些。

振动盘式黏度计不仅可用于气体和流体黏度的测量,而且可以实现流体黏度和密度的同时测量(王军荣等,2012)。工作时是利用一个在被测流体中作简谐衰减扭振的圆盘来测量黏度,通常圆盘是悬挂于一根高弹扭丝下,振动周期在10s以上。由于其原理最先由Maxwell在18世纪提出,也有人称Maxwell型黏度计,在低黏度流体的测量时精度较高(王文等,1997)。

1.3.1.4.3　流体流变曲线的制作方法

流体流变曲线的制作方法主要包括流变曲线对比法、剪切应力误差对比法、相关系数法、最小二乘法、黄金分割搜索法和灰色关联分析法。

(1)流变曲线对比法。流变曲线对比法是通过绘制钻井流体理论流变曲线和实测流变曲线,比较两种曲线是否切贴,确定流变模式。

具体方法是,根据六速旋转黏度计在3r/min、6r/min、100r/min、200r/min、300r/min和600r/min下的读数,计算钻井流体的塑性黏度、流性指数、稠度系数、卡森极限黏度、初切力数,代入宾汉、幂律、卡森模式,分别求出三个模式在6个剪切速率下的理论剪切应力值,绘制各模式的剪切速率与剪切速率曲线,以此作为理论流变曲线。同时,依每转动一个弧度其力的大小为0.511Pa的关系,求出钻井流体的6个实测剪切应力值,在同一坐标上绘制剪切速率和剪切应力曲线,以此作为实测流变曲线。将实测流变曲线与理论流变曲线进行比较,拟合程度最佳者即为最优流变模式(周长虹等,2005)。

如占样烈等研究植物胶冲洗液的流变曲线,使用的就是对比法(占样烈等,2010)。室内应用六速旋转黏度计旋转黏度计测得植物胶冲洗液的流变特性参数,见表1.1.12。

表1.1.12　植物胶冲洗液测量数据表

转速 r/min	剪切速率 s^{-1}	读数 Pa/rad	剪切应力 Pa
3	5.11	2	1.02
6	10.22	9	4.6
100	170.33	43	21.97

第1篇　钻井流体性质

续表

转速 r/min	剪切速率 s^{-1}	读数 Pa/rad	剪切应力 Pa
200	340.66	57	29.13
300	511	69	35.26
600	1022	103	52.63

根据表1.1.12中的数据作植物胶冲洗液的流变曲线,如图1.1.82所示。

从图1.1.82中可以看出,曲线是只要有力就有剪切速率的曲线,且曲线凸向剪切应用轴。可以认为植物胶冲洗液的流变曲线与假塑性流体的幂律流体的流变曲线比较吻合。所以,研制的冲洗流体的流变特性可以用幂律模式来表征。

流变曲线是直观定性的判断方法,简单快捷但计算作图比较烦琐且精度不高。如果几条曲线彼此接近,肉眼判断比较困难。

(2)剪切应力误差对比法。剪切应力误差对比法是通过比较各流变模式的剪切应力值与实测剪切应力值,计算相对误差和平均相对误差的最小者作为钻井流体流变模式的一种分析方法。

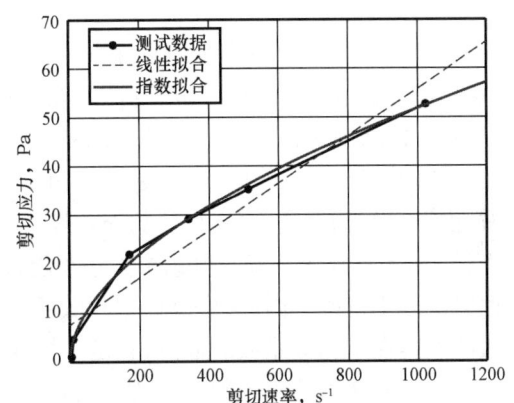

图1.1.82　植物胶冲洗流体实测流变曲线

剪切应力相对误差为:

$$e = (\tau_{理论} - \tau_{实测})/\tau_{理论} \times 100\% \tag{1.1.138}$$

平均误差为:

$$\bar{e} = (|e_1| + |e_2| + |e_3| + \cdots + |e_n|)/n \tag{1.1.139}$$

式中　n——数据个数,对于六速旋转黏度计,$n=6$。

选取误差最小的某一种模式,认为是适合的流变模式。

蔡记华等(2007)用这种方法,研究了植物胶无固相钻井流体的剪切应力。根据不同剪切速率计算出不同的剪切应力,再比较不同剪切速率下植物胶无固相钻井流体的剪切应力,计算结果见表1.1.13。

表1.1.13　6种不同模式计算的植物胶无固相钻井流体的剪切应力

转速 r/min	读数 Pa/rad	剪切速率 s^{-1}	计算剪切应力,Pa					
			实测 剪切应力	宾汉模式	幂律模式	卡森模式	赫—巴 模式	罗—斯 模式	双曲模式
600	33.0	1022	16.8630	16.8630	16.8631	16.8610	16.8632	16.9173	16.7048
300	22.0	511	11.2420	11.2420	11.2420	10.5438	11.2420	11.3142	11.1755

续表

转速 r/min	读数 Pa/rad	剪切速率 s^{-1}	计算剪切应力,Pa						
			实测 剪切应力	宾汉模式	幂律模式	卡森模式	赫—巴 模式	罗—斯 模式	双曲模式
200	17.0	340.66	8.6870	9.3683	8.8681	8.2169	8.9241	8.9534	8.5148
100	11.0	170.33	5.6210	7.4946	5.9120	5.6193	6.1020	6.0254	5.1908
6	2.2	10.2	1.1242	5.7332	1.1389	2.1495	1.8062	1.4723	1.2095
3	1.8	5.11	0.9198	5.6772	0.7601	1.9057	1.4944	1.1732	1.0656

利用表 1.1.13 中的数据,依据相对误差的计算方法,计算宾汉模式、幂律模式、卡森模式、赫—巴模式、Robertson - Stiff 模式和双曲模式的相对误差分别为 47.8504%,0.1432%,2.7318%,1.0829%,0.4281% 和 0.2726%。幂律模式误差最小。因此,认为幂律模式适合。

剪切应力误差对比法的优点是计算简单,缺点是容易受异常点干扰而影响判断准确性。同时,由于是平均误差,模式自身的误差经过平均也掩盖了个别误差大的缺陷。

(3)相关系数法。流变模式相关系数越接近0,线性回归效果越差;相关系数越接近1,线性回归效果越好。因此,可以根据相关系数判定实验数据最符合的流变模式。回归分析方法的关键在于相关系数的取值,它是计算误差的一个综合度量值。

由实验所获得的若干数据记为 $(x_1,y_1),(x_2,y_2),\cdots,(x_n,y_n)$,其中 x 和 y 为随机变量。当两者之间存在一定程度的线性关系时,其一元回归方程为:

$$y = ax + b$$

变量 x 与 y 的线性相关程度由相关系数 R 的大小来衡量。

$$R = \frac{\sum_{i=1}^{n}(X_i - \overline{X})(Y_i - \overline{Y})}{\left[\sum_{i=1}^{n}(X_i - \overline{X})^2 \sum_{i=1}^{n}(Y_i - \overline{Y})^2\right]^{\frac{1}{2}}} \quad 0 < |R| < 1$$

$|R|$ 越接近1,表明 x 与 y 的线性关系越密切,反之,越疏远。$\overline{X}$ 和 $\overline{Y}$ 是拟合出的方程计算值。

对于三种流变模式,比较一元线性回归方程,剪切速率与剪切应力也存在一定形式的线性关系。将实验数据分别整理为:

宾汉模式

$$(\tau_1,\gamma_1),(\tau_2,\gamma_2),\cdots,(\tau_n,\gamma_n)$$

幂律模式

$$(\lg\tau_1,\lg\gamma_1),(\lg\tau_2,\lg\gamma_2),\cdots,(\lg\tau_n,\lg\gamma_n)$$

卡森模式

$$(\tau_1^{\frac{1}{2}},\gamma_1^{\frac{1}{2}}),(\tau_2^{\frac{1}{2}},\gamma_2^{\frac{1}{2}}),\cdots,(\tau_n^{\frac{1}{2}},\gamma_n^{\frac{1}{2}})$$

将上列试验数据和拟合计算值代入相关系数的计算公式,分别求出各模式的相关系数值。相关系数值越接近 1 者,说明钻井流体的流变特性与该模式的吻合性越好,即相关系数值最大者为最优模式。

使用实验数据实施流变模式参数线性回归,然后通过相关系数判断线性回归效果(龙政军等,1986)。根据表 1.1.13 中的数据进行回归计算。这里主要利用数据处理软件,得出不同流变模式下的相关系数(表 1.1.14),从而得出最优的流变模式(蔡记华等,2007)。

表 1.1.14　植物胶无固相钻井流体的流变参数的相关系数

流变模型	宾汉模式	幂律模式	卡森模式	赫—巴模式	Robertson–Stiff 模式	双曲模式
相关系数	0.9581	0.9996	0.9880	0.9998	0.9998	0.9994

相关系数法方法计算简便,但应各模式的相关系数通常在小数点后三四位上才出现差别。这实际上让预测可能更不准确。

(4)最小二乘法。通过对实验数据不断地构造逼近函数,利用最小二乘法拟合方程,使方程求得的值与实验值的残差最小。求出剩余标准差,再通过比较剩余标准差的大小,优选出最合适的钻井流体流变方程。

离散数据点通称为结点(x_i, y_i),其中$i = 1, 2, \cdots, n$。

依据结点值,构造逼近函数$y = f(x)$,绘制拟合曲线,在结点处曲线上对应点的y坐标值$f(x_i)$与相应的试验数值y_i的差$\delta_i = y_i - f(x_i)$称为残差。最小二乘法就是要使残差的平方和为最小,即$\sum_{i=1}^{n} \delta_i^2$为最小。

选择代数多项式作为逼近函数时,用最小二乘法构造逼近函数的方法。

设已知结点(x_i, y_i),$i = 1, 2, \cdots, n$,用$m(<n)$次多项式$f_m(x) = a_0 + a_1 x + \cdots + a_m x^m$去近似它。应选择恰当系数$a_0, a_1, \cdots, a_n$,使得$f_m(x)$能较好地近似列表函数$y(x_i)$。要满足平方逼近条件,应使$S(a_0, a_1, \cdots, a_n) = \sum_{i=0}^{n} [y(x_i) - f_m(x_i)]^2$取最小值。其中$S$为非负的关于$a_0, a_1, \cdots, a_n$的二次多项式,它必有最小值。根据$S$取极值的条件,下列等式成立:

$$\frac{\partial S}{\partial a_0} = \sum_{i=0}^{n} (y_i - a_0 - a_1 x_i - \cdots - a_m x_i^m) = 0$$

$$\frac{\partial S}{\partial a_1} = \sum_{i=0}^{n} (y_i - a_0 - a_1 x_i - \cdots - a_m x_i^m) x_i = 0$$

$$\vdots$$

$$\frac{\partial S}{\partial a_m} = \sum_{i=0}^{n} (y_i - a_0 - a_1 x_i - \cdots - a_m x_i^m) x_i^m = 0$$

将上面$m+1$个等式改写为方程组:

$$\begin{cases} S_0 a_0 + S_1 a_1 + \cdots + S_m a_m = U_0 \\ S_1 a_0 + S_2 a_1 + \cdots + S_{m+1} a_m = U_1 \\ \vdots \\ S_m a_0 + S_{m+1} a_1 + \cdots + S_{2m} a_m = U_m \end{cases}$$

其中

$$S_k = \sum_{i=1}^{n} x_i^k, U_k = \sum_{i=1}^{n} y_i x_i^k, (k=0,1,\cdots,m)$$

解方程组，求出 $a_0, a_1, \cdots, a_n$，就可以构造出满足平方逼近条件的逼近函数：$f_m(x) = a_0 + a_1 x + \cdots + a_m x^m$。由于实际情况千差万别，并不是所有结点的分布情况都适合用多项式来拟合。根据结点的分布规律，逼近函数还可以选择为非多项式的形式，如 $y = Px^q$ 和 $y = Ac^{qx}$ 等类型的函数，这些函数通过变量替换可以使之线性化。

如对于幂函数 $y = Px^q$，在式两端取对数，得 $\ln y = \ln P + q\ln x$，设 $y_1 = \ln y, a_0 = \ln P, a_1 = q, x_1 = \ln x$，则前式可改写为 $y_1 = a_0 + a_1 x_1$，转换成了一次多项式。其他类型的指数函数也可以通过适当的变换，转换成一次多项式 $y_1 = a_0 + a_1 x_1$。

试验用 Baroid286 型无级调速流变仪测得无固相不分散聚合物钻井流体 15 组应力—应变数据，见表 1.1.15（董书礼等，2000）。

表 1.1.15　在不同剪切速率下钻井流体的剪切应力

序号	剪切速率 s^{-1}	剪切应力 Pa	序号	剪切速率 s^{-1}	剪切应力 Pa
1	5.4	1.21	9	218.7	10.8
2	9.0	1.86	10	243.0	11.7
3	16.2	2.52	11	364.5	14.1
4	27.0	3.66	12	437.4	15.7
5	48.6	5.23	13	656.0	19.3
6	81.0	6.54	14	729.0	20.6
7	121.5	8.01	15	1312.0	28.4
8	145.8	8.89			

进一步计算得最小剩余标准差，见表 1.1.16。

表 1.1.16　各模式的有关参数和最小剩余标准差

模式名称	方程形式	有关参数	最小剩余标准差
宾汉模式	$\tau = \tau_0 + \mu_P \gamma$	$\tau_0 = 4.44479$, $\mu_P = 0.0208$	59.735
幂律模式	$\tau = K\gamma^n$	$n = 0.55524, \tau = \tau_0^{\frac{1}{2}} + K\gamma^n$	2.466
卡森模式	$\eta^{\frac{1}{2}} = \eta_\infty^{\frac{1}{2}} + c^{\frac{1}{2}}\gamma^{-\frac{1}{2}}$	$\eta_\infty^{\frac{1}{2}} = 4.20435, \tau_c^{\frac{1}{2}} = -9.0227$	5.222
赫—巴模式	$\tau = \tau_0^{\frac{1}{2}} + K\gamma^n$	$\tau_0 = 1.089, K = 0.10743$, $n = 0.82319$	205.297

通过比较剩余标准差，可以确定该钻井流体应选用幂律模式来描述其流变性。

董书礼等（2000）用非线性最小二乘法评价了无相钻井流体为幂律模式，鲁港等（2008）预测卡森模式的参数，王立波等（2008）预测赫—巴模式的参数也采用最小二乘法，并取得良好效果。尽管不少人应用最小二乘法研究过流变模型,但最小二乘法只能保证回归结果在线性方程时为最优,不能保证其在非线性方程时仍然为最优。

(5)黄金分割搜索法。黄金分割搜索法的原理,是通过不断缩小搜索区间使其快速收敛最优值。适用非线性数据的拟合。选用判定系数和标准误差衡量非线性方程数据拟合的精度。

相关系数越接近于1.0,表示非线性相关程度越强,曲线拟合效果越好。标准误差反映了实际测量值在回归曲线周围的分散情况,说明了回归曲线的拟合程度。判定系数越大,标准误差越小,曲线拟合程度越高。在求解过程中始终追求的是使非线性方程拟合度最高。

因此,该方法克服了线性回归法和最小二乘法的缺点。在现有计算机较为普遍的情况下,方法易于编程求解。

$$R^2 = 1 - SSE/SST \tag{1.1.140}$$

$$SSE = \sum_{i=1}^{N} (y_i - y_{ic})^2 \tag{1.1.141}$$

$$SST = \sum_{i=1}^{N} (y_i - \overline{y_i})^2 \tag{1.1.142}$$

$$\overline{y_i} = \frac{1}{N} \sum_{i=1}^{N} y_i \tag{1.1.143}$$

式中 R^2——判定系数,表示回归方程的可靠程度,其值介于0到1之间;

SSE——剩余变差,或残差平方和;

SST——总变差,或离差平方和,当测量值已知时,SST为常数;

y_i——某一点处测量值;

y_{ic}——某一点处模型计算值;

N——数据点个数。

标准误差,是指实际测量值与回归估计值差平方的均方根。反映了实际测量值在回归曲线周围的分散情况,也说明了回归曲线的拟合程度。可以用它来衡量预测模型所引起的总误差的大小,克服相对误差的缺点。即在数据点比较少的情况下,若某一点测量值不准确,就会引起平均相对误差有较大幅度的增加。

$$S_e = \sqrt{SSE/(N-2)} \tag{1.1.144}$$

式中 S_e——标准误差。

显然,判定系数越大,标准误差越小,曲线拟合程度越高。黄金分割搜索法的原理为通过不断缩小搜索区间使其快速收敛于最优值。

[例1.1.5] 以幂律模式($y = kx^n$)为例,根据旋转黏度计读数(x_i, y_i)求解最优流变参数,设定自变量和搜索区间。

钻井流体幂律指数 n 通常在0和1之间。因此,取幂律指数 n 为自变量,初设搜索区间 L, U 为(0,1)。求解流变参数。根据黄金分割搜索法原理和幂律模式流变方程可以得到:

$$n_1 = L + 0.618(U - L) \tag{1.1.145}$$

$$n_1 = U - 0.618(U - L) \tag{1.1.146}$$

分别代入 $k = \dfrac{1}{N}\sum_{i=1}^{N}\dfrac{y_i}{x_i^n}$，可以得到 k_1 和 k_2。

计算判定系数：

$$R^2 = 1 - \dfrac{\sum_{i=1}^{N}(y_i - kx_i^n)^2}{\sum_{i=1}^{N}(y_i - \overline{y_i})^2} \tag{1.1.147}$$

将 n_1 和 k_1 及 n_2 和 k_2 分别代入式(1.1.147)可以得到 R_1^2 和 R_2^2。

改变搜索区间。根据得到的 R_1^2 和 R_2^2 的大小缩小搜索区间。若 $R_1^2 < R_2^2$，则 $U = n_1$；若 $R_1^2 = R_2^2$，则 $U = n_1$，$L = n_2$；若 $R_1^2 > R_2^2$，则 $L = n_2$；如果使用标准误差判定，则上述关系应该相反。

使用新区间值重复以上步骤，直至搜索区间小于给定精度要求值，即：$U - L < \delta$。

得到最优流变参数。令 $n = (n_1 + n_2)/2$，则 $k = \dfrac{1}{N}\sum_{i=1}^{N}\dfrac{y_i}{x_i^n}$，将上述 n 和 k 代入判定系数和标准误差计算式，可以得到此时的 R^2 和 S_e。

流变方程为3参数方程，例如赫—巴模式($y = kx^n + \tau$)，求解最优流变参数的步骤与2参数方程类似，但需要注意以下几点。

取屈服值为 τ 自变量，初设搜索区间 L，U 为 $(0, \tau_{\min})$，其中 $\tau_{\min}$ 为黏度计在最小转速下测得的剪切应力值。

得到 τ_1 和 τ_2 后，利用线性回归法分别得到 n_1 和 k_1 及 n_2 和 k_2。可参考上面的相关系数法。

将上述 τ_1, n_1 和 k_1 以及 τ_2, n_2 和 k_2 分别代入式(1.1.148)得到 R_1^2 和 R_2^2。

$$R^2 = 1 - \dfrac{\sum_{i=1}^{N}(y_i - kx_i^n - \tau)^2}{\sum_{i=1}^{N}(y_i - \overline{y_i})^2} \tag{1.1.148}$$

根据得到的 R_1^2 和 R_2^2 的大小，不断缩小搜索区间，直至得到最优值，其方法与2参数方程的回归类似。

如使用标准范式旋转黏度计测得某钻井流体在 $\theta_{600}, \theta_{300}, \theta_{200}, \theta_{100}, \theta_6$ 和 θ_3 时的读数分别为52,36,30,21,7和5,使用黄金分割搜索法回归得到的结果见表1.1.17。

表1.1.17 用黄金分割搜索法优选钻井流体流变模式的结果

模式	流变方程	有关参数	判定系数	标准误差
宾汉模式	$y = kx^n$	$n = 0.446, k = 1.179$	59.735	0.7187
幂律模式	$y = \eta x + \tau$	$n = 0.023, \tau = 4.938$	2.466	2.5127
卡森模式	$y^{\frac{1}{2}} = \eta_c^{\frac{1}{2}} x^{\frac{1}{2}} + \tau_c^{\frac{1}{2}}$	$\eta_c = 0.013, \tau_c = 2.510$	5.222	1.2521
赫—巴模式	$y = kx^n + \tau$	$n = 0.540, k = 0.600, \tau = 1.232$	205.297	0.2018

从表 1.1.17 中可以看出,最优流变模式为赫—巴模式。利用黄金分割搜索法优选钻井流体最优流变模式(郭晓乐等,2009)。

(6)灰色关联分析法。灰色关联分析是现代灰色理论的重要组成部分和研究手段,其实质是在两系统或两因素间相关性大小即灰色关联度大小的度量,寻求主系统中各因素间的主要关系。与相关分析的随机理论不同,灰色关联分析注重系统的动态发展(灰色过程),且不要求太多数据量。关联分析的主要步骤为:

① 确定参考数列(母数列)$X_0(K)$和比较数列(子数列)$X_i(K)$,其中 $K,i=1,2,3,\cdots$。

② 求关联系数。经数据变换的母数列记为 $X_0(t)$,子数列为 $X_i(t)$,在时刻 $t=K$ 时,$X_0(K)$ 和 $X_i(K)$ 的关联系数 $\xi_i(K)$ 为:

$$\xi_i(K) = \frac{\Delta_{\min} + \rho \Delta_{\max}}{\Delta_{0i}(K) + \rho \Delta_{\max}} \tag{1.1.149}$$

式中　$\Delta_{0i}(K)$——K 时刻两个序列的绝对差,即 $\Delta_{0i}(K) = X_0(K) - X_i(K)$;

　　　$\Delta_{\min}$——各个时刻的绝对差中的 $\Delta_{\max}$ 最小值,一般 $\Delta_{\min}=0$;

　　　$\Delta_{\max}$——各个时刻的绝对差中的最小值最大值;

　　　ρ——分辨系数,$\rho \in (0,1)$,一般情况取 0.1~0.5,这里取 0.5。

③ 计算关联度。

$$r_i = \frac{1}{N} \sum_{K=1}^{N} \xi_i(K) \tag{1.1.150}$$

式中　r_i——子序列与母序列的相关度;

　　　N——序列长度,即数据个数。

优选钻井流体模式时,将剪切应力实测值记为参考数列(母数列),即:

$$\tau_0(K) \quad K=1,2,3,\cdots,6$$

将宾汉模式、指数模式和卡森模式三种模式的计算剪切应力 $\tau_{理论}$ 值记为比较数列(子数列),即:

$$\tau_i(K) \quad i=1,2,3$$

由于 $\tau_{实测}$ 与 $\tau_{理论}$ 量纲相同,数量级相同或相近,故可省去数据变换过程,直接代入公式计算关联系数,然后求出各模式的 $\tau_{实测}$ 与 $\tau_{理论}$ 间的关联度 r_i。r_i 值越大,说明 $\tau_{实测}$ 与 $\tau_{理论}$ 的吻合程度越高,以此确定最优流变模式。

上述关联分析法用于计算关联度时,实际上是对各指标作平权处理,即将各指标视为同等重要的。对钻井流体的性能来说,就是认为钻井流体的黏度、切力和失水量等性能指标同等重要。而在实际工作中,却存在着许多不平权的情况,如在钻遇储层时,偏向于以控制失水量为主;在携岩困难时,偏向于以控制动塑比为主。因而在计算关联度时要加入权重值,其各指标的权重值为 $a(K)$。考虑权重后的关联度为:

$$r_i = \sum_{K=1}^{N} \xi_i(K) a(K) \tag{1.1.151}$$

权重值的确定方法很多,可根据经验粗略地确定,也可以按一些数学方法确定,如频数统计分析法、主成分分析法和层次分析法等。

优选流变模型是为了调整钻井流体的处理剂加量。

在实验室中选取基浆(基浆是为考查某种钻井流体处理剂性能专门配制的,具有规定性能的钻井流体试样),然后加入 5 种不同物质的降失水量处理剂(编号 $1^{\#}$ 至编号 $5^{\#}$),得到 5 组不同的钻井流体,每组钻井流体的性能参数有 7 个,见表 1.1.18。

表 1.1.18 5 组钻井流体性能参数实测数据

序号	钻井流体配方	失水量 mL/30min	表观黏度 mPa·s	塑性黏度 mPa·s	滤饼厚度 mm	动塑比 Pa/(mPa·s)	表观黏度改变量 mPa·s	失水量改变量 mL/30min
1	基浆 + 1%$1^{\#}$处理剂	12	41.5	30	3	0.38	13	0.5
2	基浆 + 1%$2^{\#}$处理剂	14.3	18	15	2	0.2	1	1.5
3	基浆 + 1%$3^{\#}$处理剂	10.5	28.5	21	2	0.36	14	10.3
4	基浆 + 1%$4^{\#}$处理剂	9.7	19.5	15	2.5	0.3	2	0.1
5	基浆 + 1%$5^{\#}$处理剂	18.8	15	20	2	0.25	3	0.7

以 $X_i(i=1,2,\cdots,5)$ 为 5 组分别表示 7 个钻井流体性能参数所组成的数列;以 $x_i(1)$,$x_i(2)$,$\cdots$,$x_i(7)$ 依次表示失水量、表观黏度、塑性黏度、滤饼厚度、动塑比、表观黏度改变量和失水量改变量。其中表观黏度改变量和失水量改变量分别为将钻井流体加热至 200℃ 和恒温 8h 所测得的热滚后性能与室温性能的差值。

构造参考数列。参考数列 $X_0 = \{x_0(k) \mid k=1,2,\cdots,5\}$ 即为理想的各性能指标组成的数列。其数值大小根据实际情况,既可以由设计的性能参数所决定,又可以根据实测的几种性能参数数值大小采用相对优化原则确定。相对优化原则有两条。

最大(小)值原则:若钻井流体的第 k 个性能参数的数值越大(小)对钻井越有利,则参考数列 $x_0(k)$ 中取该最大(小)值。

最佳值原则:若钻井流体的第 k 个性能为某一数值对钻井有利,则参考数列中 $x_0(k)$ 取该最佳值。

按照上述原则,构造的参考数列为 $X_0 = \{9.7,25,15,2,0.38,1,0.1\}$。

数据处理。由于钻井流体性能参数的数量级不同,量纲各不相同,为了便于比较,必须先对原始数据进行无量纲化和数量级的约化处理。原始数据处理的方法很多,根据钻井流体性能的特点,采用指标归一化处理,即将表观黏度、失水量和塑性黏度 3 个性能参数的数值均除以 10。而将动塑比值乘以 10,其他性能参数不变。归一化后的数据见表 1.1.19。

表 1.1.19 原始数据归一化后的结果

X_i	$x_i(1)$	$x_i(2)$	$x_i(3)$	$x_i(4)$	$x_i(5)$	$x_i(6)$	$x_i(7)$
X_0	0.97	2.5	1.5	2	3.8	1	0.1
X_1	1.2	4.15	3	3	3.8	13	0.5
X_2	1.43	1.8	1.5	2	2	1	1.5

续表

X_i	$x_i(1)$	$x_i(2)$	$x_i(3)$	$x_i(4)$	$x_i(5)$	$x_i(6)$	$x_i(7)$
X_3	1.05	2.85	2.1	2	3.6	14	10.3
X_4	0.97	1.95	1.5	2.5	3	2	0.1
X_5	1.88	1.5	2	2	2.5	3	0.7

首先,确定权重值。权重值的确定采用Saaty提出的层次分析法,其步骤如下:

① 确定目标和评价因素集。优选处理剂的目标是使得钻井流体有利于钻井;评价因素集 U 由7种钻井流体性能指标组成。

② 构造判断矩阵。用 A 表示目标,u_i 表示评价因素,$u_i \in U$;$u_{ij}(i,j=1,2,\cdots,n)$ 表示 u_i 相对于 u_j 的重要性数值。

③ 根据重要性顺序确定权重值分配。根据 P 矩阵,求得最大特征根所对应的特征向量 $a(K)$。$a(K)$ 即为评价因素重要性排序,也就是权重值分配。

④ 检验。所求权数是否合理? 需要对判断矩阵进行一致性检验。

其次,求关联系数和关联度。按照前面所述的计算步骤,计算关联系数。按照权数值分配,利用式(1.1.151)可算得5组钻井流体性能与理想钻井流体性能的关联度分别为 $r_1 = 0.8361$,$r_2 = 0.9035$,$r_3 = 0.7941$,$r_4 = 0.9510$,$r_5 = 0.8701$。

最后,处理剂优选结果。由关联度值的大小顺序 $r_4 > r_2 > r_5 > r_1 > r_3$ 可以看出,处理剂从好到差的顺序依次为 4#处理剂、2#处理剂、5#处理剂、1#处理剂和3#处理剂。其中按关联度值之间的相对差值可将处理剂分为3个级别,即效果比较好的 $r > 0.9$ 的 4#处理剂和 2#处理剂,效果中等的 $0.85 < r < 0.9$ 的 5#处理剂,效果差的 $r < 0.85$ 的 1#处理剂和 3#处理剂。

罗跃等利用灰色关联分析法优选钻井流体流变模式(罗跃等,1992)。王越之等应用灰色关联分析法优选处理剂(王越之等,1995)。

1.3.2 钻井流体浊液特性

钻井流体所用浊液一般多指悬浮液。乳浊液适合研究无固相钻井流体。以往把加入水的油基钻井流体叫乳化钻井流体,实际是不合适的。因为有固相的存在,特别是加入有机土形成的流体,称为乳化钻井流体可能不够确切。

水基钻井流体、烃基钻井流体,加入表面活性剂配制成稳定的悬浮体系,实现增强润滑性,降低密度或者实现烃基钻井流体的性能。因为固相分散于流体中,应该说,钻井流体是一类粗分散体系。

粗分散体系(Coarse Dispersion)是指分散体系中分散相的颗粒尺寸较大,达到肉眼或显微镜可见的程度,通常指颗粒尺寸大于100nm。常见的有泡沫(气/液粗分散体系)、乳状液(液/粗分散体系)、悬浮液(固/液粗分散体系)等,比较符合钻井流体特点。

Adam T. Bourgoyne 等认为钻井流体是黏土或者其他材料的悬浮液(Adam et al.,1986)。樊世忠等认为,钻井流体属于胶态体系。通常,水基钻井流体是一种胶态悬浮体,油包水和水包油钻井流体属于粗分散/胶体分散体,泡沫流体及充气钻井流体是气体在流体中的分散体。在特殊地层中也可用空气或天然气作为钻井循环介质(樊世忠等,1996)。是不是悬浮

液,还没有定论。例如:

Pursley 把微乳液引入到钻井工作中,用于储层伤害控制(Pursley,2004)。就表明钻井流体不全是浊液,只能说是部分钻井流体是浊液。最常见的浊液是油基钻井流体。

20世纪30年代起,使用原油作为钻井流体保护生产层及减少各种复杂问题。原油在未进入地层前不能形成乳状液。当它与地层流体相遇时,由于地层流体中含有活性物质和细小的固体颗粒,形成乳状液。乳状液能够润滑钻具,有助于稳定井壁和控制储层伤害,减少井下事故(蓝强等,2011)。之后,人们开始使用原油和柴油作为分散介质,以沥青为分散相,再加入乳化剂形成乳化水基钻井流体(水包油乳状液)。到1950年前后进一步发展为逆乳化烃基钻井流体(油包水乳状液),以提高钻井流体的抑制性和润滑性。

实践证明,乳状液伤害低压或超低压储层程度低,用作完井液和修井液也有良好的效果。与常规油基钻井流体相比,逆乳化油基钻井流体(油包水钻井流体)有5个优点。

一是,水相作为分散相,可有效抑制泥页岩水化膨胀。二是,润滑和防卡效果好,减少钻进事故。三是,热稳定性好,可用于较深的高温井和水平井完钻。四是,对含有硫化氢和二氧化碳等酸性气体以及地层水矿化度高的油井具有防腐作用。五是,能较好地克服水锁效应和水敏效应,储层伤害程度低。

逆乳化烃基钻井流体的基本组成为基油、水相、乳化剂和亲油胶体,常用于钻井流体、完井液和修井液。乳状液两液相间的界面积增大,热力学不稳定。为此,需要加入可以降低界面自由能的处理剂即乳化剂,提高乳化钻井流体稳定性。

逆乳化柴油基钻井流体(油包水乳化钻井流体)在内的乳状液。体系稳定性是钻井流体性能的重要参数。乳状液稳定性一般采用松弛时间表示,即体系达到平衡状态时所需要的时间,同时也是体系中一种流体发生分离时所需要的时间。

为防止相邻乳状液液滴之间的排液,应控制两种液相间密度差以及乳状液液滴体积均处于较低的水平,连续相的黏度尽量大。近年来,牛乳均化技术通过微细化脂肪液滴,延缓乳状液液滴间的排液过程(Chen,2005)。目前,大多数的乳状液均利用可大幅度降低界面自由能的表面活性剂稳定体系(Kabalnova et al. ,1992)。除此之外,还有聚合物稳定乳状液、颗粒稳定乳状液等多种稳定方法。

维持乳状液稳定性的方法主要是抑制乳滴聚结,进而防止两种液相最终分层(Aveyard et al. ,2003)。乳状液的不稳定性主要表现在4个方面(Binks,2002)。

一是,两个非混相之间的密度差较大,从而引发乳状液的分层和沉降。

二是,由于范德华力或者静电力以及空间作用所引起的乳状液絮凝或聚集作用。

三是,聚结是聚集的乳状液滴分散介质分子扩散所引起,最典型的聚结情况是奥氏熟化,这种熟化是由于乳状液液滴粒径差异较大,以及分散相在连续相中存在一定溶解度,从而使较大乳状液滴粒径增加,小乳状液滴消失。

四是,在某种条件下,温度和压力等环境因素的改变也会引起乳状液相反转。

以上4种不稳定情况最终都可能引起乳状液的破乳。乳状液的稳定性影响因素主要包括界面膜的物理性质、液滴之间的静电排斥作用、空间位阻作用、连续相的黏度、液滴大小与分布、相体积比和温度等。其中,以界面膜、电性作用和空间位阻作用最为重要。另外,乳状液液滴的尺寸及其分布对乳状液稳定性也有重要影响,液滴越小,尺寸分布越均一,体系的黏度越大,其稳定性就越高;反之,液滴越大,多分散性越高,体系的黏度越低,就越容易破乳。

利用表面活性剂稳定乳状液,最主要的稳定机理形成界面膜。通过加入表面活性剂促使界面产生张力梯度,从而维持界面膜的存在,界面膜的强度直接关系到乳状液的稳定性。

一般而言,稳定的乳状液要求界面膜具有良好的弹性,并有一定的自动修复能力。因此,在实际生产中使用的表面活性剂一般都能够形成更加致密而稳定的界面膜,维持乳状液的稳定性。乳状液中液滴表面吸附离子型表面活性剂或某些离子而带电性作用,是乳状液稳定的重要因素。当乳状液滴带电,相互靠近时会产生排斥作用,从而能够防止液滴聚结。

相比于表面活性剂稳定乳化液,聚合物稳定乳状液以空间位阻稳定为主,乳状液滴表面吸附足够厚的聚合物膜,从而具有很强的空间位阻作用。除了聚合物外,活性胶体颗粒单独稳定的乳状液也是以空间稳定为主,其形成的界面膜同时具有刚性和弹性,使得乳状液具有较好的聚结稳定性。

某种活性颗粒的存在能够在油水界面上进行强吸附作用,并形成稳定乳状液。主要参数是颗粒在油水界面上的接触角。

(1)接触角接近于90°时,界面脱附能可能达到几千倍能量单位(K是波尔兹曼常数,T是达尔文温度,KT),表明该吸附作用较强。

(2)接触角不足90°时,生成水包油型乳状液(O/W)。

(3)接触角超过90°时,生成油包水型乳状液。

与表面活性剂稳定的乳状液不同,颗粒稳定的乳状液最稳定的情况发生在相转变点附近,这与采用表面活性剂稳定体系完全相反。相转变所需要的水体积分数值主要是由颗粒的润湿性和油类型决定(Yanl et al.,1993)。

Arvind D. Patel 等首次提出了可逆乳化钻井流体。配方与常规的油基钻井流体类似,包括油相、水乳化剂有机土石灰加重油相、水乳化剂有机土石灰加重油相、水乳化剂有机土石灰加重油相、水乳化剂有机土石灰加重油相、水乳化剂有机土石灰加重剂等材料。满足常规的油包水钻井流体性能要求,唯一区别在于使用酸/碱响应型可逆乳化剂。通过外在条件的改变,乳化钻井流体的相态发生转变,润湿性发生转变,润湿性能反转,实现了油基钻井流体和水基钻井流体的相互转换(Patel,1999)。

可逆乳化钻井流体的研制对油基钻井流体的发展与应用具有重要的意义。可逆乳化钻井流体同时具有油基钻井流体和水的优点。在钻井阶段,可逆乳化钻井流体的性能与传统的油基钻井流体性能相当,具有较强乳化稳定、流变污染力抑制和抗污染能力。可逆乳化钻井流体还可以弥补常规油基钻井流体的不足,主要表现在提高滤饼清除效率、钻屑残余油的冲洗、减少地层损害、提高固井质量、有利于完井作业。

烃基钻井流体具有优良的乳化稳定性和较强的油润湿性。乳化稳定性有利于钻井流体性能稳定,油润湿性有利于钻井作业摩阻低。

全烃基钻井流体与逆乳化烃基钻井流体最大的区别在于水相含量。但是,由于地层水的存在导致全烃基钻井流体中无法真正做到不含水相,只是水相含量相对较低。为避免全烃基钻井流体中水相的不利影响,通过添加乳化剂,促使极少部分水相分散到油相中,形成较为稳定的乳状液,这是全烃基钻井流体与逆乳化钻井流体配方相似性原因。同时,为了提高烃基钻井流体的性能,这两种钻井流体中都会添加润湿剂、降失水剂、无机盐以及加重材料等功能性处理剂。但两者在乳化的原理和性能上有所区别。

钻井流体的乳状液是由两种(或两种以上)互不相容(或微量相容)的液体组成,其中一种液体是以极小液滴的形式分散与另一种液体中,形成具有一定稳定性的非均相体系。当乳化液连续相为水,分散相为油时,称之为水包油型乳状液,用油/水表示,也称正乳化液;当乳化液连续相为油,分散相为水时,称为油包水型乳状液,用水/油表示,也称为逆乳化液。逆乳化液主要由基油、水相、乳化剂、润湿剂、亲油胶体、石灰、无机盐和加重材料等组成。

(1)基油。在逆乳化钻井流体中用作连续相的油称为基油,目前普遍使用的基油为柴油(中国常使用零号柴油)和各种低毒矿物油(白油)。逆乳化柴油基钻井流体中柴油用作基油时应具备4个条件:

① 为确保安全,要求基油的闪点和燃点应分别在82℃和93℃以上。

② 由于柴油中所含的芳香烃对钻井设备的橡胶部件有较强的腐蚀作用,因此芳香烃的含量不宜过高,一般要求所用柴油的苯胺点在60℃以上。

③ 苯胺点是指等体积的油和苯胺相互溶解时的最低温度。苯胺点越高,表明油中烷烃含量越高,芳烃含量越低。

④ 为了较好地控制和调整钻井流体流变性,应控制其黏度不宜过高。

(2)水相。淡水、盐水或海水均可用作逆乳化柴油基钻井流体的水相。但通常使用含一定量氯化钙或氯化钠的盐水,其主要目的在于控制水相的活度,防止或减弱泥页岩地层的水化膨胀,保证井壁稳定。

逆乳化柴油基钻井流体的水相含量通常用油水比来表示。由钻井流体蒸馏实验测得的油相体积分数和水相体积分数,可以很方便地求出油水比。例如,当测得油相体积分数为0.45、水相体积分数为0.30和固相体积分数为0.25时,则油水比为3/2(常表示为60/40)。

一般情况下,水相含量为15%~40%,最高可达60%,且不低于10%。在一定的含水量范围内,随着水相所占比例的增加,油基钻井流体的黏度和切力逐渐增大。因此,人们常用它作为调控烃基钻井流体流变参数的一种方法,增大含水量也可减少基油用量,降低配制成本。但另一方面,随着含水量增大,维持烃基钻井流体乳化稳定性的难度也随之增加,必须添加更多的乳化剂才能使其保持稳定。高密度油基钻井流体,水相含量应尽可能小些。

由于钻井流体的多样性和复杂性,目前还没有确定油水比最优值的统一标准。调整油水比的一般原则是,以尽可能低的成本配制成具有良好乳化稳定性和其他性能的逆乳化油基钻井流体。

在实际钻井过程中,一部分地层水会不可避免地进入钻井流体,即油水比呈自然下降趋势,因此,为了保持逆乳化柴油基钻井流体性能稳定,必要时应适当补充一定量的基油。

(3)乳化剂。为了形成稳定的逆乳化柴油基钻井流体,必须正确地选择和使用乳化剂。从稳定性原理出发,要求乳化剂分子中非极性基的碳链是正构的,碳原子数一般为10~20个。

乳化剂是亲油性的活性剂,亲憎平衡值小于7,可以形成逆乳化油基钻井流体即油包水型乳化液;反之,乳化剂是亲水性的活化剂,亲憎平衡值大于7,则形成正乳化水基钻井流体即水包油型乳状液(鄢捷年,1991)。

一般认为乳化剂的作用机理是在油/水界面形成具有一定强度的吸附膜,降低油水界面张力和增加外相黏度,阻止分散相液滴聚集并变大,从而保持乳状液稳定。其中又以吸附膜的强度最为重要,被认为是乳状液能否保持稳定的决定性因素。值得注意的是,属于阴离子表面活性剂的都是有机酸的高价金属盐(钙盐、镁盐和铁盐等,以钙盐居多),而不选择单价的钠盐或钾盐。现以硬脂酸的皂类为例说明这一问题,硬脂酸皂是指硬脂酸与碱反应生成的盐。

$$C_{17}H_{35}-C\overset{O}{\underset{OH}{\diagdown}} + NaOH \longrightarrow C_{17}H_{35}-C\overset{O}{\underset{ONa}{\diagdown}} + H_2O$$

由于硬脂酸皂分子具有两亲结构,即烃链是亲油的,而离子型基团—COO⁻是亲水的,因此当皂类存在于油、水混合物中时,其分子会在油水界面自动浓集并定向排列,将其亲水端伸入水中,亲油端伸入油中,从而使界面张力显著降低,有利于乳状液的形成。如图1.1.83所示。

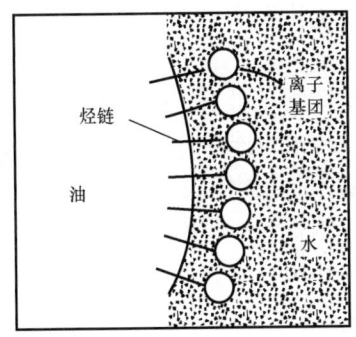
(a) 一元金属皂对水包油型乳状液的稳定作用

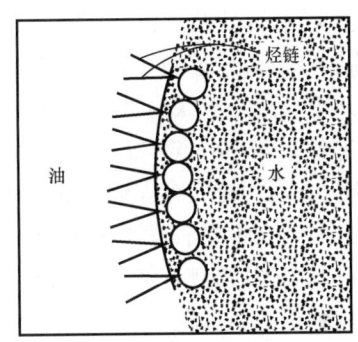
(b) 二元金属皂对油包水型乳状液的稳定作用

图1.1.83 皂类稳定乳状液示意图

从图1.1.83可以看出,一元金属皂的分子中只有一个烃链,这类分子在油水界面上的定向排列趋向于形成一个凹形油面,因而有利于形成油/水型(水包油)乳状液。二元金属皂的分子中含有两个烃链,它们在界面上的排列趋向于形成一个凸形油面,有利于形成水/油(油包水)型乳状液。

这种由乳化剂分子空间构型决定乳状液类型的原理在胶体化学中被称作定向楔形理论。其含义是,将乳化剂分子比喻成两头大小不同的楔子,如果要求它们排列紧密和稳定,那么截面小的一头总是指向分散相,截面大的一头则留在分散介质。

绝大多数用于逆乳化柴油基钻井流体的乳化剂是油溶性的表面活性剂,它们的亲水亲油平衡值一般应在3.5~6.0。但为了形成密堆复合膜,增强乳化效果,有时也使用亲水亲油平衡值大于7的表面活性剂作为辅乳化剂,也称为稳定剂。

乳化剂的有效性常常与基油的化学组成以及水相的pH值和含有的电解质等因素有关,某些乳化剂在高温下还容易发生降解。因此,对于逆乳化柴油基钻井流体,究竟选择何种乳化剂最为合适,需通过室内实验来确定。

可逆转的逆乳化钻井流体,其乳化剂常用有机胺类。在碱性条件下,可逆乳化剂亲水亲油平衡值较小,在6左右,可以形成油包水型乳状液。与酸接触后,有机胺上的N原子被质子化,乳化剂亲水亲油平衡值增大,从而形成水包油型乳状液(华桂友等,2009)。

(4)润湿剂。井下压力控制是钻井时作业者关注的重点,维护钻井流体密度稳定是安全作业的保障。对于逆乳化柴油基钻井流体来说,加重颗粒如重晶石的表面多为亲水性,如何使其在逆乳化烃基钻井流体(油包水乳状液)中均匀分散且不沉降将直接影响钻井流体的静态密度。同时,地层中的亲水黏土颗粒侵入烃基钻井流体时会趋向于与水结合发生颗粒聚集,从而影响钻井流体的流变性(吴超等,2012)。

为了避免由于重晶石或钻屑的亲水性造成的水/油型钻井流体稳定性下降,有必要在油相中添加润湿控制剂,简称润湿剂。目前评价润湿性的方法主要分为两类。

一类是评价岩心润湿性的方法,主要包括 Amott 指数法(Cuiec,1989)、USBM 指数法(Anderson,1986)等;另一类是评价固体表面的方法,主要是测量平面上的润湿角,包括平衡接触角、前进角以及后退角。除此之外,国际上还出现了一种测定润湿角的双滴双晶法(Raw et al.,1996)。

① 润湿剂的润湿性及其影响因素。岩石以及逆乳化柴油基钻井流体中材料的润湿性影响因素包括基油组分、岩石矿物、水相以及温度。

一是基油组分。一般认为,原油中的胶质和沥青质在岩石表面的吸附是导致岩石变为亲油表面的主要原因。Kumar 等(2005)利用原子力显微镜研究了原油组分在云母和二氧化硅表面的吸附,发现沥青质在固体表面的吸附力与原油在固体表面的吸附力相近,胶质在固体表面的吸附力远大于原油在固体表面的吸附力,芳香烃的吸附力最小。据此可以说明胶质和沥青质对润湿性的影响,但不能以此判断胶质和沥青质的含量决定了原油改变润湿性的能力。

Standnes 等(2000)研究表明,原油改变固体表面润湿性的能力与原油中酸性物质(有机酸)的含量密切相关,与胶质沥青质的含量关系不大。对比发现,具有高酸值的低胶质沥青质含量的原油饱和岩心后表现出强亲油性。

Standnes 等(2003)进一步研究发现,原油中的有机酸首先吸附在固体界面上,进而增加了胶质和沥青质的吸附量,降低了油/固界面张力,从而改变了固体表面的润湿性。而在这个过程中原油中的有机酸起到了锚定作用,所以一般酸值较高的原油改变润湿性的能力较强。

二是岩石矿物组分。油藏岩石主要是砂岩和碳酸盐岩组成。后者矿物组分比较简单,主要为方解石和白云岩。砂岩则是由不同性质和晶体构成的硅酸盐矿物组成,如长石、石英、云母、黏土矿物、硫酸盐等。黏土矿物由于其特殊的微观结构,容易吸附原油中的沥青质和胶质,从而使黏土矿物更加油湿。当黏土矿物不可忽略时,就有可能影响岩石的润湿性,即使岩石偏于亲油(张瑞等,2011)。

三是水相中的矿物组成和 pH 值。水中的氯化钠含量对润湿性的影响较小,但将蒸馏水或者氯化钠溶液的 pH 值从5增加到10后,可以增强固相表面的亲水性。在水中加入镁离子或者硫酸根离子后会影响固相表面的润湿性。

pH 值小于7时,加入镁离子或者硫酸根离子可以使固体表面变为亲水特性。pH 值大于7时,镁离子会使流体的亲水性增强,硫酸根离子会使流体的亲油性增强(Gomari et al.,

2006)。

四是温度。不同的固体表面,温度对润湿性的影响是不同的。通过测量接触角发现,当温度升高到196℃时,石英表面由亲水性转变为亲油性;但对于方解石表面,温度升高会导致亲水性增强。据此推测,温度升高造成油水的密度以及固/液界面张力发生变化,进而改变了固体表面的润湿性(Rao,1996)。

② 润湿剂应用原理。逆乳化柴油基钻井流体中润湿剂通过润湿反转,实现固相表面的亲油性与亲水性之间的转变。

根据 Young's 平衡方程,油水界面张力会影响润湿角的大小,但是不能决定润湿角余弦的正负,即不能决定润湿角是否大于90°,从而也就不能决定固体表面是亲油还是亲水。因此,要实现润湿性反转,关键是降低固体与水的界面张力,使得固体表面向亲水方向发展,在固/液界面张力的作用下,使孔壁上的油膜收缩为油珠并参与流动(张瑞等,2011)。

Serrano – Saldaña E 等用 n – 十二烷模拟油,研究了离子强度(氧化钠)、活性剂(十二烷基硫酸钠)浓度对润湿角和油水界面张力的影响。结果表明,增加离子浓度和表面活性剂的浓度都可以降低油水界面张力和改变润湿角。但如果综合考虑油水界面张力和润湿角变化,离子强度对其影响较小。这表明润湿角的改变主要是由油水界面张力变化引起的,离子强度并不能改变固体与液体间的界面张力。表面活性剂浓度可以显著影响固/液界面张力。这进一步表明活性剂可以吸附在固体表面上,通过改变固体与水的界面张力达到润湿反转或是增强表面亲水性的效果(Serrano et al.,2004)。

③ 利用表面活性剂实施润湿反转。一般乳状液中使用润湿剂是具有两亲结构的表面活性剂。分子中亲水的一端与固体表面有很强的亲和力,促使这些分子聚集在油和固体的界面并将亲油端指向油相,这样原来亲水的固体表面便转变为亲油,这一过程常被称作润湿反转,其示意图如图1.1.84所示。

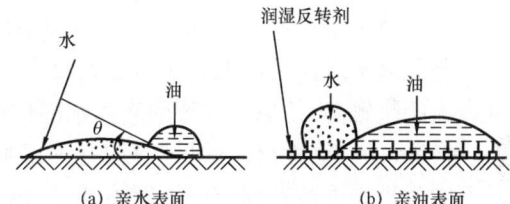

图1.1.84 润湿反转示意图

润湿剂的加入使刚进入逆乳化烃基钻井流体的重晶石和钻屑颗粒表面迅速转变为油湿,从而保证它们能较好地悬浮在油相中。

虽然用作乳化剂的表面活性剂也能够在一定程度上起润湿剂的作用,但其效果一般。较好的润湿剂有季铵盐(如十二烷基三甲基溴化铵)、卵磷脂和石油磺酸盐等。国际上常用的润湿剂一般要求逆乳化钻井流体中润湿剂的亲水亲油平衡值在7~9范围内。

早在1963年,研究人员就开始研究润湿性对采收率影响,通过使用辛基胺改变玻璃珠表面的润湿性分别得到中性润湿和油湿介质。同时,通过模拟油在不同润湿性情况下的残余油分布规律发现。在亲水介质中,残余油呈现不连续分布。在亲油介质中,残余油的存在形式既有连续状态,又有不连续状态。

随后用盐酸改变玻璃表面的润湿性。当玻璃从亲油表面变为亲水表面后,水相可以进入原来绕流的孔隙中,从而驱替出其中的残余油(Morris et al.,1963)。国际上用于润湿反转的表面活性剂主要分为三类。

一是阳离子表面活性剂。最具代表性的阳离子表面活性剂就是季铵盐类表面活性剂。

十六烷基三甲基溴化铵水溶液处理改性后的疏水硅胶表面,表面活性剂在疏水硅胶表面的吸附表现出单向特征。随着表面活性剂浓度的增加,接触角不断减小,即表面亲水性增强。当十六烷基三甲基溴化铵浓度大于 6.0×10^{-4} mol/L 时,在固体表面有聚集体生成,表现出接触角有所增加,表面亲水性有所减弱的特征(毕只初等,1997)。

采用阳离子类表面活性剂的固体表面具有较大的吸附量,特别是在带负电的固体表面。评价溴化十六烷基三甲苯对二氧化硅粉末的润湿反转能力发现,阳离子表面活性剂可以通过吸附在带负电的固体表面从而改变其润湿性(Bi et al.,2004)。

Standnes 等认为,阳离子表面活性剂可以与极性物质形成离子对,从而达到润湿反转的目的(Standnes et al.,2003)。因此,阳离子表面活性剂改变润湿性的效果主要取决于溶液中单分子活性剂浓度,所以要求阳离子表面活性剂具有较高的临界胶束浓度和一定的亲油性才能有效地实现润湿反转。

二是阴离子表面活性剂。一般使用的阴离子表面活性剂包括烷基硫酸盐、α-烯烃磺酸盐以及烷基苯磺酸盐等,这些表面活性剂具有较好的润湿反转作用,可以使固体表面向亲水方向转变。

阴离子表面活性剂的作用机理与阳离子表面活性剂不同。阴离子表面活性剂并不能使极性分子从固体表面脱附,而是通过吸附在固体表面,与原来吸附在表面上的极性物质形成混合吸附层,从而在一定程度上改变润湿性。

由于阴离子活性剂并不能使极性物质从固体表面彻底脱附,所以阴离子表面活性剂改变润湿性的效果是可逆的(Standnes et al.,2003)。

三是非离子表面活性剂。非离子表面活性剂如聚氧乙烯烷基酚醚能显著降低水在二氧化硅表面的接触角,使原来水湿的表面水湿性更强,原来亲油的表面油湿性减弱甚至变成水湿,具有较好的润湿性反转效果(赵国玺等,2003)。

不同类型表面活性剂作用机理不同,阳离子表面活性剂需要较高的使用浓度才能达到较好的润湿反转效果,而非离子以及阴离子活性剂实现润湿反转的浓度较低,使用范围较大。同时,由于不同类型的活性剂在固体上的吸附能力和降低固体界面张力的能力不同而造成其有效浓度不同。

(5)亲油胶体。习惯上将有机土、氧化沥青以及亲油的褐煤粉、二氧化锰等分散在逆乳化烃基钻井流体油相中的固体处理剂统称为亲油胶体,用于增黏和降失水。其中使用最普遍的是有机土,其次是氧化沥青,保证逆乳化烃基钻井流体像水基钻井流体那样很方便地调整性能。

① 有机土是由亲水的膨润土与季铵盐类阳离子表面活性剂发生相互作用后制成的亲油黏土,所选择的季铵盐必须有很强的润湿反转作用。目前常用的有十二烷基三甲基溴化铵和十二烷基二甲基苄基溴化铵两种。

有机土很容易分散在油中,提高黏度和悬浮重晶石。通常在 100mL 逆乳化烃基钻井流体中加入 3g 有机土便可悬浮 200g 左右的重晶石粉。有机土还可在一定程度上增强逆乳状液的稳定性,起固体乳化剂的作用。国际上常用的有机土加量为 5.7~17.1kg/m³。

有机土又称亲油黏土,天然黏土多数是亲水性的。制备有机土就是把亲水性有机土变成亲油性有机土的过程。制备原理是利用阳离子活性剂与亲水性有机土进行离子交换,其反应式见式(1.1.152)。B^+X^-为阳离子活性剂，B^+是活性剂中起活性作用的部分，由亲烃基和亲水基组成，是两亲离子；X^-为卤根或其他酸根离子。

$$亲水性有机土\begin{Bmatrix} Na^+ \\ Ca^{2+} \\ Mg^{2+} \\ 等 \end{Bmatrix} B^+X^- \rightarrow 亲油性有机土 \begin{Bmatrix} B^+ \\ 2B^+ \\ 2B^+ \\ 等 \end{Bmatrix} + \begin{Bmatrix} NaX \\ CaX_2 \\ MgX_2 \\ 等 \end{Bmatrix} \quad (1.1.152)$$

从离子交换能力看，有机阳离子要比无机阳离子具有更强的离子交换能力。在一定条件下，它能交换黏土表面吸附的钠离子、钙离子和镁离子等无机阳离子，使黏土表面吸附一层有机阳离子，形成亲油表面，从而使黏土由亲水性转化为亲油性。不同黏土的离子交换能力不同，蒙皂石最强，伊利石次之，而高岭石最弱。阳离子活性剂是有机土制备质量的关键因素。制备过程中，活性剂用量不能太少，也不能太多。同时，需要注意pH值对有机土质量的影响。

② 氧化沥青又叫吹制沥青，是一种将普通石油沥青经加热吹气氧化处理后与一定比例的石灰混合而成的粉剂产品，常用作逆乳化柴油基钻井流体的悬浮剂、增黏剂和降失水剂，耐高温和提高体系的稳定性。主要由沥青质和胶质组成，是最早使用的烃基钻井流体处理剂之一。在早期使用的烃基钻井流体中，氧化沥青的用量较大，可将烃基钻井流体的API失水量降低为零，高温高压失水量也可控制在5mL/30min以下。但是，它的最大缺点是对提高机械钻速不利，因此在目前常用的烃基钻井流体中限制使用。

(6) 石灰。石灰是烃基钻井流体中的必要组分，其主要作用有三：钙离子有利于二元金属皂的生成，从而保证所添加的乳化剂可充分发挥其效能；维持逆乳化柴油基钻井流体的pH值在8.5~10范围内，以利于防止钻具腐蚀；可有效地防止地层中二氧化碳和硫化氢等酸性气体对钻井流体的侵害，与酸性气体的反应。

$$Ca(OH)_2 + H_2S \longrightarrow CaS \downarrow + 2H_2O$$

$$Ca(OH)_2 + CO_2 \longrightarrow CaCO_3 + H_2O$$

逆乳化柴油基钻井流体中，未溶氢氧化钙的量一般应保持在$0.43~0.72kg/m^3$($1.5~2.5bbl$)；或者将钻井流体的甲基橙碱度控制在$0.5~1.0 cm^3$，遇到二氧化碳或硫化氢侵害时应提升至$2cm^3$。

(7) 加重材料。重晶石粉在水基和烃基钻井流体中，都是最重要的加重材料。逆乳化柴油基钻井流体，加重前应注意调整好各项性能，油水比不宜过低，并适当地多加入一些润湿剂和乳化剂，使重晶石加入后，能及时地将其颗粒从亲水转变为亲油，从而能够较好地分散和悬浮在钻井流体中。

密度小于$1.68g/cm^3$的烃基钻井流体，也可用碳酸钙作为加重材料。虽然其密度只有$2.7g/cm^3$，较重晶石低得多，但它的优点是较重晶石更容易被油所润湿，而且具有酸溶性，可兼作控制储层伤害的暂堵剂。

(8) 无机盐。无机盐用于调节烃基钻井流体的活度。逆乳化钻井流体的活度平衡概念是20世纪50年代初由Robinson首先提出的。通过适当增加水相中无机盐(通常使用氯化钙和氯化钠)的浓度,使钻井流体和地层中水的活度保持相等,从而达到阻止钻井流体中的水向地层运移的目的。当钻井流体水相中的盐度高于地层水的盐度时,页岩中的水自发地移向钻井流体,使页岩去水化;反之,如果地层水比钻井流体水相具有更高的盐度,钻井流体中的水将移向地层,这种作用通常称为钻井流体对页岩地层的渗透水化。

钻井流体属于分散体系,黏土颗粒的分散和聚结在钻井流体内部相互对立。由于地球重力场的存在和体系外部环境经常变化,钻井流体中黏土颗粒的凝聚或聚结是经常的、绝对的,而分散和稳定则是暂时的、相对的。研究钻井流体分散体系的目的,是在了解钻井流体内部稳定和聚结的动力过程的基础上,通过化学处理钻井流体,使分散性差、不稳定的钻井流体转变为分散性好,相对地较稳定的钻井流体以满足钻井的要求。

钻井流体分散体系的稳定是指它能长久保持其分散状态,各微粒处于均匀悬浮状态而不破坏的特性,包含两方面的含义,即沉降稳定性和聚结稳定性。

1.3.2.1 钻井流体的沉降稳定性

沉降稳定性又称动力稳定性,是指在重力作用下钻井流体中的固体颗粒是否容易下沉的特性。钻井流体中固体颗粒的沉降取决于重力和阻力的关系。当重力和阻力相等时,颗粒均速下沉。若球形颗粒的运动十分缓慢,周围液体呈层流分布;颗粒间距离是无限远,即颗粒间无相互作用;液相是连续介质。颗粒为球形,按Stokes定律可以计算颗粒其沉降速度。

沉降速度与颗粒半径的平方,颗粒和介质的密度差呈正比,与介质黏度呈反比。尤以颗粒的大小对沉降速度影响最大。

颗粒和分散介质的密度分别为2.7g/cm^{3}和1.0g/cm^3,分散介质的黏度为1.5mPa·s时,可求出沉降1cm的时间。

颗粒大于1μm便不能长时间处于均匀悬浮状态。用普通黏土配制的钻井流体,其中的黏土颗粒大都在1μm以上,故不加处理剂难以获得稳定的钻井流体。因此,要提高钻井流体分散体系的沉降稳定性,必须缩小黏土颗粒的尺寸,即应采用优质黏土造浆,以提高其分散度,其次应提高液相的密度和黏度。

钻井流体的稳定性表示钻井流体静置时黏土颗粒沉降的程度,是说明钻井流体沉降稳定性的指标。钻井流体稳定性的测定方法是将一定量的钻井流体倒入特制量筒(稳定性测定仪中),静放24h后测定上、下两部分钻井流体的密度,用密度之差表示钻井流体稳定性的好坏。差值越小,钻井流体的稳定性越好。

还可以用重晶石加重后的试验钻井流体装入高温老化罐中,高温老化罐是特别制作的一种容器,内部容积500mL,罐体中间有排放口,以便分开罐内上下两部分钻井液。在两个温度下分别恒温静置48h,分别测量高温老化罐中上下两部分钻井液的密度,然后将两部分钻井液混合搅拌后测量钻井液的流变性,以此来评价研制的钻井液的沉降稳定性。

1.3.2.2 钻井流体的聚结稳定性

钻井流体的聚结稳定性是指钻井流体中的固相颗粒是否容易自动降低其分散度而聚结变大的特性。钻井流体分散体系中的黏土颗粒间同时存在着相互吸引力和相互排斥力,这两种相反作用力便决定着钻井流体分散体系的聚结稳定性。

钻井流体分散体系中黏土颗粒之间的排斥力是由于黏土颗粒都带有负电荷,黏土颗粒表面存在双电层和水化膜。具有同种电荷(负电荷)的黏土颗粒彼此接近或碰撞时,静电斥力使两颗粒不能继续靠近而保持分离状态。同时黏土颗粒四周的水化膜,也是两颗粒彼此接近或聚结的阻碍因素。当两颗粒相互靠近时,必须挤出夹在两颗粒间的水分子或水化离子,进一步靠近时便要改变双电层中离子的分布。要产生这些变化就需要做功。这个功等于指定距离时的排斥能或排斥势能。排斥势能决定于颗粒所带的电荷,同时是相互间距离的函数。大致是随着颗粒间距离的增加呈指数下降。

钻井流体分散体系中黏土颗粒之间的吸引力是范德华引力。范德华引力是色散力、极性力和诱导偶极力之和。对两个原子来说其大小与两原子间的距离的 7 次方成反比(或对吸引能来说是 6 次方)。但钻井流体中的黏土颗粒是由大量分子组成的集合体,它们之间的吸引势能大约与颗粒表面间距离的 2 次方成反比。若为球形颗粒,体积相等,当两颗粒接近到两球表面间距离比颗粒半径小得多时,则两颗粒间的吸引势能可以计算。

两颗粒间的势能是排斥势能和吸引势能之和,势能曲线的形状决定于吸引能和排斥能的相对大小。排斥力大于吸引力的势能曲线,这时颗粒可保持稳定而不聚结。任何距离下排斥力都不能克服颗粒之间的引力,便会聚结而产生沉降。最高点叫斥力势垒,颗粒的动能值只有超过这一点才能引起聚结,所以势垒的高低往往标志着分散体系稳定性的大小。

实验使用近红外分散稳定性扫描仪分析高密度合成基钻井液体系的稳定性。仪器主要是用于分析流体的光学分散特性,对高密度合成基钻井液流体同样适用。近红外分散稳定性扫描仪带有一个近红外线脉冲光源(波长为850nm)和两个同步监测器(一个透射光监测器和一个反射光监测器)。实验时,将样品装入一只特制透明玻璃试管中,试管高度为150mm,而扫描仪最多只能测到65mm高度,因此样品高度应低于65mm,一般装到60mm左右。

由于不同流体对光线有不同的透射率和反射率,同一种流体的稳定性随时间而变化,其对光线的透射率和反射率也不同。近红外分散稳定性扫描仪便是根据这个原理进行测量。当放入样品后,近红外线脉冲光源发出的光线直接射到样品上,能穿透样品的一部分光线,由透射光监测器接收;而另一部分光线则反射回来,由反射光监测器接收。这两个监测器将接收到的光线的不同强弱转换为数据信号,这些数据是监测器接收到的光线强弱与原发射光线强弱的一个比值,以百分比形式给出。对放入的样品高度,每隔一定时间记录一个数据点。最后这些数据反馈到计算机上,由仪器附带的一套软件将其绘制成两条曲线(透射光曲线和反射光曲线)输出。因此,研究人员可根据这两条曲线对样品的稳定性进行分析。

红外分析仪可用于研究悬浮液在各种老化条件下的均匀性和分散性,可以对溶液最微小的状态变化(如乳化、沉淀、絮凝、聚结、相分离等现象)进行测量。其测试范围可从轻微混浊的、到浓缩的、甚至不透明的混合物(0~50000NTU),不用考虑颗粒大小也不必事先稀释。它的应用领域除了制药、皮革、化妆品、造纸和水泥等行业外,特别在石油、石化行业也有重要用途,如二次采油和三次采油(注入水水质检测、泡沫驱油、聚合物等)工作液、钻井液、固井液、压裂液、污水处理、油漆、润滑剂研究。

为提高乳化液钻井流体的稳定性,实际配制逆乳化柴油基钻井流体过程中,需要注意三个因素。

(1) 油水比影响聚结稳定性。较高的油水比有利于逆乳化柴油基钻井流体的稳定,主要表现在两个方面:一是乳化液体系中水相质量分数小,分散的乳状液滴密集程度较小,大大降低了液滴碰撞聚结成大液珠的概率;二是在相同的乳化剂加量下,乳化液中颗粒外吸附的表面活性剂密度较大,界面膜更致密,强度更大,乳状液的电稳定性更高。

(2) 配制条件影响聚结稳定性。乳化液的配制条件主要包括搅拌强度、搅拌时间以及配制顺序。分散相质点越小,乳状液越稳定。

在搅拌时间相同的条件下,搅拌强度越大,越有利于水相分散成较小的液滴,形成逆乳化柴油基乳状液的稳定性也越高。

在搅拌强度相同的前提下,随着搅拌时间的增加,水相分散成更小液滴的能力越强;同时充分的搅拌时间也有利于有机土、石灰和加重剂等固相颗粒在乳化液中均匀分散,形成稳定的逆乳化柴油基钻井流体。

配制逆乳化柴油基钻井流体时,处理剂的加入顺序对形成稳定乳状液影响较大。原则上,应在乳状液形成后再加入固相颗粒,利于形成更为稳定的逆乳化钻井流体。使油相和水相充分接触,以避免固相颗粒对乳状液的负面影响。

(3) 乳化剂种类影响聚结稳定性。乳化液钻井流体稳定性的关键因素之一是乳化剂的选择与添加,具体分为乳化剂类型的选择以及乳化剂加量的选择。

① 乳化剂选择原则一般要求乳化剂的亲水亲油平衡值为 3~6;乳化剂中非极性基团的截面直径必须大于极性基团;逆乳化油基钻井流体,首选碱土金属的二价皂类;选择与油相的亲和力较强乳化剂,同时能大幅度降低界面张力。

目前,许多已经研制出的乳化剂除了促使乳状液的形成和稳定,还表现出其他一些优异的性能。例如作为乳状液处理剂的乳化沥青和石蜡纳米乳状液,同样是性能优良的储层伤害控制剂,不过相对而言,石蜡纳米乳状液的储层伤害控制效果更佳。

② 乳化剂类型。逆乳化柴油基钻井流体中使用石灰作为酸碱调节剂,防止地层中二氧化碳和硫化氢等酸性气体对钻井流体的侵害。在高温条件下,钻井流体中的碱度越高,越容易加速酯类表面活性剂的水解,所以在选择逆乳化柴油基钻井流体乳化剂时,需要从表面活性剂的分子结构和特点考虑。

逆乳化柴油基钻井流体常用乳化剂包括羧酸的皂类、二价金属盐、磺酸的皂盐、有机酸酯、铵盐类等。

③ 乳化剂加量。一般随着乳化剂加量的增大,乳状液的破乳电压也随之增大。当乳化剂加量过低时,乳状液体系稳定性下降,具体表现为老化后乳状液破乳电压的下降。

(4) 钻屑影响聚结稳定性。钻井作业过程中,钻屑会随之进入钻井流体。钻井流体中的表面活性剂对钻屑的润湿作用有利于钻屑在逆乳化柴油基钻井流体中的稳定,但钻屑表面对乳化剂的吸附,降低了乳化剂在油相中的有效浓度,导致界面膜强度的降低,最终可能造成表面活性剂无法完全将水相紧密包裹住。

在高温条件下,水分子从乳状液的颗粒中溢出,被没有完全润湿的钻屑吸附,钻屑在体系中呈现不稳定状态,体系黏度急剧上升,电稳定性下降,钻井流体性能恶化,导致逆乳化柴油基钻井流体的电稳定性下降。

(5)内相中电解质影响聚结稳定性。内相中电解质的浓度应与地层水相活度达到平衡状态,即钻井流体中水相活度与实钻泥页岩中水相活度的大小相同,这样有利于井壁稳定和钻井作业顺利进行。

实际作业中通常采用氯化钠和氯化钙调节内相电解质浓度,现场一般通过氯化钙调节。钙离子能加强液滴的界面强度。高温下游离的钙离子能与乳化剂形成复合乳化剂,更有利于维护乳状液的稳定。同时,与钠离子比较,钙离子能使分散相带电量增多,从而提高乳状液之间相互排斥力,保证乳状液间不易聚结。且一价金属皂类易形成油/水型乳状液,二价金属皂则易形成水/油型乳状液(逆乳化乳状液)。所以使用氯化钙调节活度,有利于形成逆乳化液,同时,也可以进一步提高逆乳化油基钻井流体的稳定性。

(6)外相种类影响聚结稳定性。外相种类是指在逆乳化柴油基钻井流体中连续相的类型。外相的种类对体系黏度和静切力有很大的影响。逆乳化柴油基钻井流体中乳化剂的分子结构与油相分子结构相近时,乳化剂与油相具有较好的相容性,有利于维持乳化液的稳定性。

(7)油润湿固体颗粒影响聚结稳定性。在逆乳化柴油基钻井流体中,有机土作为油相润湿部分,可以起到稳定剂作用。有机土在油相中分散,能有效增加外相黏度,提高乳状液滴间的碰撞阻力,提高逆乳化柴油基钻井流体的电稳定性和悬浮稳定性(Bland et al.,2002)。

(8)井底温度影响聚结稳定性。随着井底温度的升高,分子运动速度加快,乳化剂的解吸附速度增加,界面膜强度降低。表现为逆乳化柴油基钻井流体稳定性降低,容易出现油水分层或是油相分离,钻井流体表面浮油。在室内实验中表现为逆乳化柴油基钻井流体的破乳电压随着热滚温度的升高而呈现降低的趋势。

(9)加重材料影响聚结稳定性。在逆乳化柴油基钻井流体中,一般使用惰性材料作为加重剂。加重剂对体系中的表面活性剂具有吸附作用。同时,随着钻井密度的增加,吸附表面活性剂的吸附量增大。表面活性剂在加重剂表面的吸附,降低表面活性剂在油相中的质量浓度,从而影响表面活性剂在界面膜上的吸附,降低逆乳化柴油基钻井流体的电稳定性。

另外,表面活性剂在加重剂表面的吸附改变了加重剂表面的亲水性质,使其转变为亲油性,也可称之为润湿。在一定程度上,润湿有利于加重剂在体系中的稳定。但如果表面活性剂的加量过小,不能有效地润湿加重剂,将造成逆乳化柴油基钻井流体黏度急剧上升。所以在现场使用过程中,需要调整钻井流体密度时,应该同时调整表面活性剂的加量。

Iwillim 等对乳状液钻井流体的钻进速度和失水性能研究发现,低黏度油如柴油能够增加钻进速率。同时,失水性能测定结果表明,在钻井流体循环过程中,乳状液钻井流体的失水量并没有增加(Lawhon et al.,1967)。

Gray 等(1968)研究表明,逆乳化柴油基钻井流体可以有效防止黏土水化膨胀、封堵孔隙和防止劣质黏土颗粒侵害等,从而降低对产能的伤害。在水敏地层的钻进中,逆乳化柴油基钻井流体能够有效防止井壁坍塌,同时降低井眼扩大率。逆乳化柴油基钻井流体的润滑性和薄而致密的滤饼能够防止压差黏附卡钻。逆乳化柴油基钻井流体还能够减缓井底钻具的腐蚀,因为油相环境可以抑制微生物的增长。

Ezzat 等(1989)提出了无固相盐水/油乳状液在完井作业中的应用,研究发现,其稳定性与乳状液滴的多分散性、细小程度、黏度和界面膜的强度有关。作为修井液,无固相逆乳化钻井流体可以提供常用烃基和水基钻井流体所无法比拟的优势,如较弱的导电性能够提供很高的抗腐蚀性能,而且储层伤害控制性能突出,能够防止黏土膨胀和固体颗粒的运移。这种颗粒还可以作为射孔液、钻井流体、修井液和砾石充填携带液,且清除钻屑后可以重复使用。

20世纪60年代,实验中发现乳化液中的水相可以穿过油/水界面而运移,具有反应活性(Mondshine,1966),而且由于泥页岩中水相活度和烃基钻井流体中水相活度存在相对高低关系,泥页岩既可以发生水化,也可以发生去水化(Mondshine,1969)。

Chenevert(1969)测定了泥页岩在不同活度的烃基钻井流体中的线膨胀率,发现烃基钻井流体中水相活度越高,膨胀率越大。而当流体中水相活度低于页岩中水相活度时,页岩发生负膨胀,即收缩。

Hale等(1993)测定了泥页岩用不同活度的烃基钻井流体处理后的力学性能,发现当钻井流体水相活度较低时,泥页岩的强度增强。此后,Chenevert和Sharma(1993)提出了"总水位"的概念,即总水化学位的概念。通过实验指出,总水位的影响因素包括液压、温度、渗透作用、表面电荷作用等,进一步深入探讨了活度平衡理论。

中国霍尔果斯和塔里木等地区部分井深已超过7000m。深井和超深井的油气钻探工作对井流体提出了更高的要求。在页岩油气等非常规资源开发大力推动下,烃基钻井流体的要求更高。烃基钻井流体和高性能水基钻井流体得到了广泛的应用。油基钻井流体在维护井壁稳定、润滑防卡抑制页岩壁稳定、润滑防卡抑制页岩壁稳定、润滑防卡抑制页岩水化膨胀和地层造浆、耐温性、抗侵害等方面具有显著优势,广泛应用于深井、超深井、复杂井、海上钻井等。

油基钻井流体具有优良的乳化稳定性和强油润湿性。油基钻井流体可以使钻柱、套管、岩屑及地层表面变为油润湿,可有效避免水敏性页岩所涉及的井壁失稳问题。然而,常规油基钻井流体会对钻完井、储层伤害控制、环境保护等后续工作带来一系列的问题。油基钻井流体所涉及的钻井效率与油气产能、环境保护间的矛盾,钻井效率与油气产能、环境保护间的矛盾一直存在,不仅制约了油基钻井流体的推广应用,也影响到了油气资源的勘探开发。

(1)滤饼清除困难。一口井的生产能力很大程度上取决于滤饼的清除效率。滤饼的清除效率是裸眼水平井完井的一个重要问题。使用常规油基钻井流体的固井完井工作前需要完成多步骤的滤饼清除程序,包括使用溶剂、表面活性剂等处理剂清除或冲洗油基钻井流体,该过程中需要消耗大量的表面活性剂等处理,废液可能带来二次储层伤害。

(2)影响固井胶结质量。油基钻井流体中的乳化剂、润湿剂等处理剂可能会改变井壁岩石、套管等表面的润湿性。常规的油基钻井流体黏附在壁和套管上,油基钻井流体的黏度较高、附着力强,形成一种弹性类胶凝结构。此种结构会使界面润湿反转,从而增加了水泥浆的流动稠度并严重影响到固井过程中水泥浆的顶替效率。传统的油基钻井流体的使用有可能导致井壁和套管清洁不彻底,井壁和套管残留油基钻井液,井壁和套管残留油基钻井液滤饼无法彻底清除,导致水湿地层与套管滤饼无法彻底清除,导致水湿地层与套管之间的水泥胶结强度显著降低。

若使用水基冲洗液进行长时间刷,不但会增大成本,还容易造成井壁失稳。

(3)含油钻屑不易处理、成本高。油基钻井流体从井下循环到地面后会携带大量的油基钻屑。油基钻屑通常由油相、水相、乳化剂、降失水剂、润湿剂、有机土、岩屑等混合而成。原油相将会污染环境。油基钻屑具有较高的黏度和固相含量。总石油烃(Total Petroleum Hydrocarbon,TPH)含量高,重金属含量高,可生物降解能力差,已被列入《国家危险废物名录》HW08类。若不对废弃含油钻屑妥善处理,将会对土壤、地层水生态环境造成很大的影响和危害。

面对日益严峻的全球环境问题,中国的环境保护意识也不断加强,对于废弃含油钻意识也不断加强,对于废弃含油钻屑处理要求也更为严格。

目前,世界上对含油钻屑的处理方法主要有离心分离法、热分解法、固化微生物处理溶剂萃取法和岩屑井下注入法等。然而,这些方法有诸如高成本、低效率、工业化困难以及风险性的缺点。

(4)乳状液堵塞地层。油基钻井流体的储层伤害控制问题主要涉及油基钻井流体的润湿性伤害问题。钻井流体滤液进入地层导致产油的润湿性变化,形成乳状液堵塞,进而改变地层的相对渗透率。储层伤害会影响注入能力和产油带的生产能力。研究人员对油基钻井流体润湿性的影响因素进行了探讨,油基钻井流体改变岩石壁面的润湿性为亲油,减小了储层的渗透率。地层润湿性的改变是造成伤害原因之一。

(5)油基钻井流体相容性差。固井时需要泵入一段隔离液,而隔离液通常是水基的,因而使用隔离液替换油基钻井流体存在兼容性问题。油基钻井流体与固井水泥浆是两种性质完全不同的流体,若两者直接接触,不仅会破坏油基钻井流体的稳定性,还会影响到固井作业的顺利进行。且油基钻井流体中的水分散相通常为氯化钙溶液,会促进水泥浆的絮凝,缩短固井稠化时间,水泥石在凝固后呈蜂窝状,降低水泥石的抗压强度,影响固井质量和井筒安全。

针对油基钻井流体在完井、固井和储层伤害控制、环境保持方面的问题,世界上研究者在油基钻井流体滤饼解除技术、油基钻井流体固井清洗技术、含油钻屑处理技术等方面展开了大量研究。这些技术存在处理成本高、工序复杂、二次污染等问题。因此有必要从油基钻井流体自身的性质出发,解决根本性问题,在维持油基钻井流体性能优势的情况下,减小甚至消除油基钻井流体的不利影响。可逆乳化钻井流体就出现了。

可逆乳液是指通过改变外部条件,实现油包水型乳液和水包油型乳液的相互转相。可逆乳液的转相是一种动态转相,又是过渡转相。在动态转相中,表面活性剂、温度和电解质等条件的变化会引起表面活性剂对油相和水相的亲和力发生变化,导致乳状液发生过渡转相,可用于乳状液的可逆转相。若通过油水体积比实现可逆乳化,目前看不可能。是因为油水体积比改变了乳状液的主体,引起了突变转相,且不具备可逆性,因此不可用于乳状液的可逆转化。可逆乳液需一些特殊的表面活性剂即环境响应型表面活性剂。

环境响应型表面活性剂是指外界条件的刺激下乳液的界面性质发生变化,使得乳液的稳定性发生变化的表面活性剂。响应机理可大致分为两类:一类是基于化学方法,如pH值、氧化还原法等;另一类则是基于物理方法,例如光、温度、磁场等物理性刺激。

(1)酸/碱刺激响应性。基于pH值控制的可逆乳状液使用的是酸/碱刺激响应型乳化剂。当乳液的pH值改变时,乳化剂的亲水端离子强度发生改变,从而影响到乳化剂对水相和油相的亲和性,进而改变乳液的类型。酸/碱刺激响应型乳化剂通常是含有羧基、磺基、胺基等基团的表面活性剂。通过官能团与氢离子结合与释放,乳化剂的亲水亲油平衡值发生改变,进而乳液的物理化学性质发生明显变化。酸碱刺激性是环境响应型表面活性剂中应用最广泛的方法之一,具有刺激响应快速、操作便捷、成本低廉、环境友好等优点。但也存在多次刺激响应时盐堆积、油水体积改变、体系性质受酸液/碱液的破坏等缺点。

可逆乳化钻井流体的刺激响应方式主要是通过pH值控制,其特征是在碱性条件下为油包水型乳液,酸性条件下水包油型乳液。目前可逆乳化剂主要为有机胺类表面活性剂,其作用机理是:在酸性条件下,有机胺类表面活性剂的氮原子被质子化,乳化剂的亲水性增强、亲水亲油平衡值增大,容易形成水包油型乳液。在碱性条件下,可逆乳化剂的亲水亲油平衡值为6左右,可形成油包水型乳液。

氧化脂肪酸也具有酸/碱响应性,亦可用于制备可逆乳状液。不同之处在于,碱性条件下,氧化脂肪酸类乳化剂具有较大的亲水亲油平衡值,易形成油/水型乳液;酸性条件下,脂肪酸基团与氢离子结合,乳化剂的亲水亲油平衡值减小,易形成水/油型乳液。

(2)二氧化碳/氮气刺激响应性。Fowler等(2012)首次报道了具有二氧化碳/氮气刺激响应性的脒基类表面活性剂。脒基类表面活性剂的作用机理在于在水中通入二氧化碳气体,脒基会和二氧化碳发生反应生成碳酸氢盐,从而具有表面活性;若通入氮气或者其他惰性气体驱除掉体系中的二氧化碳,脒基恢复到原始状态,表面活性剂失去表面活性。脒基类表面活性剂的刺激响应性好、操作简单。但该表面活性剂的合成工艺较为复杂,且脒基容易水解,制备价格高昂。聚甲基丙烯酸二甲氨基乙酯也具有二氧化碳/氮气刺激响应性,化学性质稳定,具有大规模工业应用的前景。虽然有不少关于二氧化碳/氮气刺激响应的研究,但其刺激响应的方式不适用于井下复杂环境。

(3)物理刺激响应性。物理刺激响应型表面活性剂主要利用光、磁、电等物理条件的变化来改变表面活性剂的亲和性。此方法的优点在于刺激条件较为温和,不需要添加其他的化学处理剂。此方法的缺点在于响应速度比较慢,操作复杂,不易于大规模推广应用。

从工程应用的角度出发,可逆乳化钻井流体不仅应具有良好的刺激响应性,刺激响应条件应尽可能简单高效,且刺激响应的工艺不会额外增加处理工艺,以减少井下的非生产时间。目前,可逆乳化钻井流体主要采用酸/碱响应型乳化剂,通过加入一定量的酸液和碱液,调节可逆乳化剂对油相和水相的亲和性,进而改变乳化钻井流体的乳液相态,实现油包水型钻井流体和水包油型钻井流体的可逆转变。

总体看,钻井流体是一种分散体系,既可能是分子或离子的分散体系,也可以是分子或者分子的聚集体,更是分子的大聚体。但是,不能否认某一种钻井流体属于三种流体中的一种,或者三种流体都是,这是因为,溶液、胶体或者浊液是不同分类标准下的结果。它们之间也可能有交叉。也就是说,钻井流体是以多种聚集状态存在的物质,这种认识被称为钻井流体聚集状态多元化理论(Pluralistic Theory of Aggregation State)。聚集状态的多元化,造成了钻井流体概念的多样性。

钻井流体有的是电解质溶液,有的是非电解质溶液,有的是气溶胶,有的是液溶胶等,具体是什么流体,取决于依据地质、工程需要所配制的混合物的组分以及不同配比下的性能。所以,钻井流体逐渐成为一种新的流体种类,是为实现钻井目的,人为制造的一种功能性流体,可以称为钻井功能性流体。这种流体不一定能在自然存在的物质中找到属类。即从流体的属性,不能一概而论其归属,也不能明确其归属。

从分散体系溶液、胶体、浊液粒径看,胶体的粒径为 1~100nm,浊液的粒径为 100~500nm,溶液中溶质的粒径则在 1nm 以下。这些流体的微观特点和宏观特点见表 1.1.20。

表 1.1.20　钻井流体相关的流体特点

特点分类	表征方法	溶液	胶体	浊液
微观特征	分散质颗粒大小	<1nm	1~100nm	>100nm
	分散质颗粒类型	分子或离子	多分子集合体或高分子	巨大数目分子集合体
宏观特征	外观	均一透明	均一透明	不均一不透明
	稳定性	稳定	较稳定	不稳定
	能否透过滤纸	能	能	不能
	能否透过半透膜	能	不能	不能

从表 1.1.20 中可以看出,钻井流体的从属,以颗粒大小以及稳定性把钻井流体分成了溶液、胶体和浊液等三类。结合前人的定义,可以想象,不同的角度,不同时期,不同环境,对钻井流体内涵和外延的理解不同,反映在定义钻井流体属性上,说法不一也是正常的。也就是说,都是有依据的,不影响它们在当时条件下,反映钻井流体特性的科学性或者实用性。

第 2 章　钻井流体种类变依据划分理论

钻井流体是井筒工作流体的重要分支。钻井流体的基础研究可能运用到其他井筒工作流体中。因此,研究钻井流体的种类进一步研究每一类的共性问题,十分重要。为更加清晰地辨别不同组分、不同特性的钻井流体属性,更加方便地研究同一类钻井流体共同的作用规律,根据作业对象特性有针对性地选用钻井流体类型,设计更加符合具体问题和真实情况的钻井流体作业方案,深入研究钻井流体类型和种类,探索钻井流体技术发展规律,获取开发过程中宝贵的经验,做好钻井流体分类工作是非常有必要的。

钻井流体类型划分,是指将具有相同特点的钻井流体归为一类的过程,以方便研究和应用。因此,类型的范围要比种类大。类型更抽象,种类更具体。

伴随钻井流体应用范围逐步扩大,钻井流体种类不断增多,钻井流体类型间的界限越来越模糊。原本就争议颇多的钻井流体分类标准,不时出现流体类型的混淆、交叉甚至遗漏,影响了钻井流体原理研究和工艺发展。钻井流体分类是根据钻井流体的共同点和差异性,将钻井流体划分为不同种类,并且形成具有一定从属关系的不同等级的系统的逻辑方法。分类依据的科学性和分类结果的实用性,是钻井流体分类的重要原则。做好分类工作的前提是做好分类依据的选择。

分类依据的界定是钻井流体分类的基础,历来被学者们所重视。新的分类标准和分类方法不断出现。陈乐亮认为,钻井流体分类依据主要有三种,即按主要组分划分、按用途划分以及按主要组分与用途相结合来划分(陈乐亮,1991)。

(1)依据钻井流体主要组分划分钻井流体类型,是指将反映钻井流体主要特性的主要组分作为分类标准来划分钻井流体种类。按照这一分类依据,即使钻井流体性能有所差异,但只要其主要组分一致,就可以视为同一类钻井流体。

例如,虽然不同钻井流体的性能差异很大,但连续相一致的,只有油、气、水三类。由此可按主要组分划分为水基、烃基及气基三类。又如,盐水钻井流体中的盐水可能是饱和盐水、不饱和盐水、咸水或海水,含盐量不同的钻井流体性能差异也较大,但其连续相一致,故依据溶于水的盐这一主要组分划分为盐水钻井流体。再根据含盐量不同,盐水钻井流体可分为饱和盐水钻井流体、不饱和盐水钻井流体等。

苏联把钻井流体分为工艺水钻井流体、水基钻井流体、无黏土钻井流体、油基钻井流体、充气钻井流体、气体介质钻井流体等六大类,就是采用的这种分类依据。

① 工艺水钻井流体用于完井、酸化和修井等作业,主要是为满足施工工艺,在水中加入一些简单的处理剂。虽然加入不同处理剂的钻井流体性能差距比较大,但其组分都以清水为主,所以归为同一类钻井流体。主要组分共同点是清水。

② 水基钻井流体适用于所有地层及任何钻井深度的钻井作业,其组分都以水为基础,所以作为一类钻井流体。主要组分共同点是水。

③ 无黏土钻井流体用于完井作业时防止储层伤害,以无黏土为主要特点。所以,归为

一类。主要组分共同点是无固相。

④ 油基钻井流体以油类为基液用于高温、复杂地层钻井,油类是共同的连续相。所以,归为一类。主要组分共同点是油相。

⑤ 充气钻井流体由气、水混合而成,在钻井流体中注入气来降低钻井流体的液柱压力,用于低压储层和漏失地层钻井。主要组分共同点是注入气体,降低钻井流体密度。

⑥ 气体介质钻井流体属纯气体,用于极低压产层、漏失地层及不含水地层快速钻井,以连续相是气体为共同特点。

(2)依据钻井流体用途划分钻井流体类型,是以钻井流体主要用途为依据,将用途相同的钻井流体归为同一类。这样,钻井流体可分为钻进流体、完井流体和修井流体。根据用途分类,所有用于钻井作业的井筒工作流体称为钻井流体,用于修井作业的井筒工作流体称为修井流体,用于完井作业的井筒工作流体称为完井流体。

(3)依据主要组分和用途相结合来划分钻井流体种类,是先以主要组分为依据分类后,再把一些特殊用途的钻井流体单列。如美国石油学会(American Petroleum Institute,API)及国际钻井承包商协会(International Association of Drilling Contractors,IADC)认可的分类法以及苏联二级分类法均属此类。先把钻井流体分成水基钻井流体、油基钻井流体和气体型钻井流体等三类,再把完井流体、高温高压特种产品等与其并列分类。即按主要成分分类后,再把不能包括的内容一一划分。

可以看出,以钻井流体某种主要组分或用途为依据,分类钻井流体,会因主要处理剂种类和用途的多样化,造成钻井流体种类众多,导致进一步深入研究钻井流体共同规律繁杂。

再回头看一下庞杂的钻井流体系统,无论是哪种分类方法,其交叉、重复甚至是模棱两可的部分都难以避免。当然,还有一些问题,分类过程中统一专业术语,也是一个十分繁重的工作。尽管 SY/T 5596—1993 曾规定过钻井流体的类型、代号,但没有说明如何命名。如专术语规范问题、引用符号统一问题等。如分类过程中,常常看到"某某"基(Based)钻井流体,让不少初学者很迷惑;有的与连续相相关,如水基、烃基等;有的与主处理剂相关,如天然高分子基、醇基;到底为什么?

实际上,钻井流体中所谓的"某某"基,可以理解为以某种物质为基础材料所配制的钻井流体,如以水为连续相的称为水基,以烃及烃类衍生物为连续相的称为烃基等。还可以理解为以某种处理剂为主研制的钻井流体,如以聚合醇、多元醇为主要处理剂的称为醇基,以氯化钾、聚丙烯铵盐为主要处理剂的称为钾铵基等。这种称呼不难发现,以处理剂命名的"处理剂基",虽然比较明确主要处理剂的作用,但处理剂种类较多,还可能出现大类的钻井流体被小类的钻井流体所包括,影响分类研究。如醇基钻井流体实际上是水基钻井流体的一种,可能会因为对醇在钻井流体中的加量不了解,而误认为醇基是添加部分水的钻井流体或者认为是用醇作为主要组分钻井。所以,以连续相类型为依据来划分某钻井流体,称之为"某某"基。将连续相称为"基",处理剂则不称为"基",比较合适。即,定义,"某某"基钻井流体(××-based Drilling Fluids),是指以某种流体为连续相配制而成的钻井流体。这样,钻井流体就只有水基、烃基和气基三类,方便进一步分类。

当然,这与有时候会看到基液这个词中的"基"是有区别的。基液以前没有明确的概念。这里定义基液(Base Fluid)是配制、评价处理剂或者钻井流体功能时所用的基础流体。如配制泡沫时用的聚合物溶液,配制造浆土分散钻井流体时用的造浆土水化后的胶体,评价处理剂时用的各种黏土配制的悬浮液,都是研究和评价钻井流体、钻井流体组分时常用的基液。由于造浆土水化后不仅能用于评价钻井流体和处理剂,还可以作为钻井流体使用,故俗称基浆(Basic Mud)。不同目的、不同种类的基液,其配制顺序和加量都应该是不同的,这样才能达到应用的目的(张国钊,1998)。

当然,具体表达某种钻井流体时,难免会涉及处理剂。如果不统一称呼,会造成一定程度的混乱。因此建议,称呼以某处理剂作为主要处理剂配制成的钻井流体时,直接称"某某"钻井流体即可。

称呼钻井流体或者处理剂时,建议最好不用英文缩写。不仅同行业的人不习惯,不同行业的人更会因此产生误会。一些人喜欢称水基钻井流体为 WBM,这个简称在医学上是全身监测仪(Whole – Body Monitor),计算机行业则是基于 Web 的网络管理模式(Web – Based Management)。为了表述清晰准确,本书的正文钻井流体或处理剂均用中文表示。如果需要英文,则全部写出单词。符号除采用钻井流体 API 推荐写法(Milton,1962)外,一律采用专业明确统一的符号。

统一、规范钻井流体的名称、符号后,钻井流体分类就可以一步一步地进行了。许多学者、国家和行业很早就开展了不同程度的钻井流体分类研究工作,其中以《World Oil》杂志公布的钻井流体分类方法为主导。

1977 年《World Oil》工程部主编 Wright(Wright,1977)在归纳行业实践和术语的基础上,囊括 API 和 IADC 所采用的钻井流体描述方法,初步系统地分类钻井流体类型。随后,《World Oil》大约在每年的 6 月份都会专刊报道有关钻井流体种类划分的文章。迄今,《World Oil》杂志对钻井流体的分类工作已连续开展了 40 余年。

1977 年,《World Oil》工程部主编 Wright 在钻井、完井和修井流体导论中将钻井流体分为四大类(Wright,1977),分别是水基钻井流体(连续相为水相)、低固相钻井流体、油基钻井流体(连续相为油相)和空气、气体及雾钻井流体。

① 水基钻井流体。水基钻井流体包含低 pH 值钻井和高 pH 值钻井流体。低 pH 值钻井流体包含清水钻井流体、pH 值在 7.0~9.5 范围内的盐水钻井流体、饱和盐水钻井流体及石膏处理钻井流体;其中,清水钻井流体是指仅含有少量盐的清水钻井流体,pH 值范围是 7.0~9.5,包含开钻钻井流体、造浆土处理的钻井流体、胶泥钻井流体(Red Muds,红土钻井流体或者赤泥)、有机胶体处理的流体和一些完井流体等。高 pH 值钻井流体包含石灰处理钻井流体(通常 pH 值大于 11)和 pH 值大于 9 的清水钻井流体(主要是碱性单宁处理的钻井流体)。

② 低固相钻井流体。低固相钻井流体是指钻井流体中固相质量分数在 10% 以下(或是固相浓度小于 9.5lb/gal)的流体,可能是水基钻井流体也可能是油基钻井流体。

③ 油基钻井流体。油基钻井流体以油为连续相,水为分散相;油基钻井流体包含逆乳化钻井流体和"Oil Muds"或"Oil Base Muds"两类,其中逆乳化钻井流体是指油包水型钻井流体,钻井流体中水的含量可高达 50%。

"Oil Muds"和"Oil Base Muds"并不相同。按照 IADC 的定义,"Oil Muds"通常是指柴油和沥青混合而成的钻井流体。钻井流体在入井前不是乳液状态,在地层水或其他入侵水的作用下,"Oil Muds"才形成 W/O(油包水型)乳化钻井流体。入井前"Oil Muds"通过控制柴油和沥青或有机土的加入量调整钻井流体的黏度,加入重晶石提高钻井流体密度。"Oil Muds"现常命名为全油基或柴油基钻井流体。至于"Oil Base Muds",在 Bulletin D11 中,API 定义其为一类特殊的钻井流体,其中油为连续相,水为分散相。在"Oil Base Muds"中含棕色的沥青和1%~5%的水,用苛性钠或生石灰和有机酸乳化成钻井流体。由于其含水量、黏度和流变性调整方法、井壁稳定材料及降失水的方法不同,"Oil Base Muds"有别于逆乳化钻井流体(或者是油包水乳化钻井流体),接近现在的纯油基(Pure Oil Drilling Fluids)或者全油基钻井流体(All Oil Drilling Fluids)。

④ 空气、气体及雾钻井流体。空气、气体、雾钻井流体包含充气型(Aerated)钻井流体和纯气钻井流体。

1978年至1985年的8年间,《World Oil》在有关钻井、完井和修井流体导论的文章中对钻井流体的分类都未做出相应改变,延续了1977年的分类标准。

1986年,《World Oil》钻井部主编 Muhleman 在钻井、完井和修井流体导论中对前期的工作流体分类大幅度地调整(Muhleman,1986)。第一次将钻井工作流体分为三大类9种钻井流体。

以连续相类型或循环介质为标准将钻井工作流体分为三大类,分别是水基钻井流体、油基钻井流体和气基钻井流体。

(1) 水基钻井流体包含不分散钻井流体、分散钻井流体、钙处理钻井流体、聚合物钻井流体、低固相钻井流体、饱和盐水钻井流体以及修井流体在内的7种钻井工作流体。与前期的钻进工作流体分类相比,1986版分类标准中整合和补充了前期的小类。

① 不分散钻井流体。具体来看,不分散钻井流体与1986年之前的分类中的低 pH 值清水钻井流体相类似,主要包括开钻钻井流体、天然钻井流体和简单处理的钻井流体,主要用于浅层钻孔。

② 分散钻井流体。相较于不分散钻井流体,钻孔更深,典型的是用木质素磺酸盐做分散剂的钻井流体,主要包含一些能有效解絮凝并降失水的组分。此外,还可加入其他处理剂,如可溶性褐煤及其他化学成分,以调整钻井流体性能。

③ 钙处理钻井流体。钻井流体中含有二价钙、镁离子,能有效抑制地层黏土、页岩的水化膨胀,常用于页岩水化垮塌、井眼扩径地层及储层伤害控制。常用的处理剂包括生石灰、石膏和氯化钙,将之前分类中的石膏钻井流体(pH 值为 9.5~10.5 或是石膏的含量超出 2.0~4.0lb/bbl)、石灰钻井流体(包括石灰浓度超出 1.0~2.0lb/bbl,pH 值为 11.5~12.0 的低石灰钻井流体和石灰浓度超出 5.0~15.0lb/bbl 的高石灰钻井流体)都归为钙处理流体。

④ 聚合物钻井流体。主要是在钻井流体中加入了长链、大分子化合物,以提高钻井流体的絮凝能力、增加钻井流体黏度、降低失水、稳定井壁。聚合物类型,常见的有膨润土抑制膨胀剂、生物聚合物、交联聚合物等。

⑤ 低固相钻井流体。1977年版中的低固相钻井流体与1986年的水基钻井流体、油基钻井流体、气基钻井流体等并列分类,且当时的低固相钻井流体可以是水基或是油基,定义不同。1986年版中,低固相钻井流体仅隶属于水基钻井流体,总固相质量体积浓度不得超过 6.0%~10.0%,循环钻井流体中黏土含量不得高于3%,劣质黏土与膨润土比例不得高于

2∶1,特别说明低固相钻井流体的主要优势是能有效提高储层渗透率恢复值。

⑥ 饱和盐水钻井流体。1986年版中的饱和盐水钻井流体整合了1977年版中的部分钻井流体类型,包括氯离子浓度为189000mg/L 的饱和盐水钻井流体、氯离子浓度为 6000～189000mg/L 的盐水钻井流体。盐水钻井流体中包括盐水和海水钻井流体,饱和盐水钻井流体中常加入绿坡缕石、羧甲基纤维素钠、淀粉等以控制钻井流体黏度和提高清洁能力。

⑦ 修井流体。修井流体是指特别为控制储层伤害而设计的完井流体和修井流体,包括酸化、压裂流体,能有效抑制黏土水化。

此外,钻井流体还包括对固相或者抑制性进一步处理的钻井流体和清洁盐水钻井流体。

(2)油基钻井流体。在1986年的分类标准里,首次描述了油基流体的应用范畴。油基钻井流体因其自身特点广泛应用于高温井和深井,有助于解决卡钻、井壁不稳定等现场施工难题。油基钻井流体中有关逆乳化钻井流体和油基钻井流体(Oil Muds 或 Oil Based Muds)的分类未做调整,但内容较之前有所补充和变化。在逆乳化钻井流体中,特别提到乳化剂主要是脂肪酸类和胺类衍生物,通过改变高分子乳化剂和水的含量来调整钻井流体的流变性和乳液电稳定性;不再特别区分"Oil Muds"和"Oil Based Muds"两种钻井流体,统一称为油基钻井流体,是由氧化沥青、有机酸、胺类、其他处理剂和柴油共同组成,通过改变酸类、胺类及柴油的含量来调整钻井流体的黏度和胶凝性能。

(3)气基钻井流体。气基钻井流体中的循环介质除了之前的空气、气体和雾,增加了泡沫一类。同时参照 IADC 的标准将气基钻井流体分为4小类,分别是:空气钻井流体,用作钻井的循环介质,可以是空气也可以其他气体;雾化钻井流体,通过在入井气流中加入泡沫剂,将地层产出的水雾化,携带岩屑钻井;稳定泡沫钻井流体,加入化学清洁剂(即表面活性剂成分类)和聚合物,在泡沫发生器的作用下,在入井流体中形成稳定的气泡,携带岩屑快速钻井;充气钻井流体,通过注入空气,降低静水压头,清除井眼中的钻屑(Muhleman et al., 1986)。

1987年至1993年连续7年间,《World Oil》在有关钻井、完井和修井流体导论的文章中对钻井流体的分类都未做出相应改变,沿用了1986年的分类标准。

1994年,《World Oil》在有关钻井、完井和修井流体导论的文章中仍然沿用了1986版中对于钻井流体三大类9种钻井流体的分类标准,包含不分散钻井流体、分散钻井流体等在内的7种水基钻井流体、油基钻井流体和以空气、雾、泡沫或天然气为循环介质的气基钻井流体共9种。不同的是,1994年版中采用油/合成基钻井流体替换了1986年版单纯的油基钻井流体。在油/合成基钻井流体中,除逆乳化和油基这两类典型的油基钻井流体之外,还包含这类以酯、聚α-烯烃和食品级石蜡为连续相为代表的合成基钻井流体。合成基流体是一种环境友好型钻井流体,能够弥补油基钻井流体在近海地区不能使用的缺点(World Oil, 1994)。

1995年,《World Oil》在有关钻井、完井和修井流体导论的文章中正式将合成基钻井流体从油/合成基钻井流体中单独分类出来,至此将钻井流体大体分为10种。分别是不分散钻井流体、分散钻井流体、钙处理钻井流体、聚合物钻井流体、低固相钻井流体、盐水钻井流体、完井流体等7种水基钻井流体,而后是油基钻井流体和合成基钻井流体,最后是以空气、雾、泡沫或天然气为循环介质的气基钻井流体。对钙处理钻井流体和盐水钻井流体的细则进行了微小调整。其中,钙处理钻井流体的低石灰钻井流体 pH 值范围由以往的 11.5 ~ 12.0 扩大至 11.0 ~ 12.0;盐水钻井流体中饱和盐水钻井流体的氯离子浓度从之前的 189000mg/L 微调至 190000mg/L,盐水系统中氯离子浓度范围由之前的 6000 ~ 189000mg/L 调整至 10000 ~ 190000mg/L;此外,聚合物钻井流体中大分子类型首次述及聚丙烯酰胺、纤维素和天然聚合物类,之前最具代表性的大分子为膨润土抑制膨胀剂,同时为了提高页岩稳定性,聚合物钻井流体中常加入一些抑制性无机盐类,如氯化钾和氯化钠。另外,该钻井流体中还常添加极少量的膨润土组分。钻井流体对二价钙、镁离子较为敏感。大多数的聚合物的温度最高限在 300℉。在此温度以下,聚合物钻井流体可用于井底温度(Bottom Hole Temperatures,BHTs)较高的井(World Oil,1995)。

1996 年,《World Oil》在钻井、完井和修井流体导论中对钻井流体的分类沿用了 1995 年的分类标准,未做出相应调整(World Oil,1996)。

1997 年,《World Oil》在钻井、完井和修井流体导论中不再对完井流体进行单独分类,形成了 9 种钻井流体的分类标准,分别是不分散钻井流体、分散钻井流体、钙处理钻井流体、聚合物钻井流体、低固相钻井流体、盐水钻井流体等 6 种水基钻井流体,然后依次是油基钻井流体、合成基钻井流体和以空气、雾、泡沫或天然气为循环介质的气基钻井流体(World Oil,1997)。

1998 年至 2004 年 7 年间,《World Oil》在钻井、完井和修井流体导论中对钻井流体的分类仍沿用了 1997 年的分类标准,未做出相应调整。

2005 年,《World Oil》在钻井、完井和修井导论中对钻井流体的分类在 1997 版的基础上大幅度修改(World Oil,2005)。保留了原有不分散钻井流体、分散钻井流体、钙处理钻井流体、低固相钻井流体、聚合物钻井流体、盐水钻井流体、油基钻井流体、合成基钻井流体和以空气、雾、泡沫或天然气为循环介质的气基钻井流体等 9 种流体的分类,增加了高性能水基钻井流体(High - performance Water Based Muds,HPWBM,又译作优质水基钻井流体)、完井流体、高温高压特种流体、储层钻进流体、裸眼清洁流体等 5 种流体类型。至此,形成了包括不分散钻井流体、分散钻井流体、钙处理钻井流体、高性能水基钻井流体、低固相钻井流体、聚合物钻井流体、盐水钻井流体等在内的 7 种水基钻井流体,加之油基钻井流体、完井流体、高温高压特种流体、储层钻进流体、合成基钻井流体、裸眼清洁流体和以空气、雾、泡沫或天然气为循环介质的气基钻井流体共 14 种钻井流体的分类标准。

其中,聚合物钻井流体的分类由以往单独的"聚合物流体"的名称,变更为"聚合物/聚丙烯酰胺(Polyacryl Amide,PA)/部分水解聚丙烯酰胺(Partially Hydrolyzed Polyacryl Amide,PHPA)(即 PA/PHPA)流体",但没有调整钻井流体的措施内容。

新增的高性能水基钻井流体是聚合物钻井流体中加入特种处理剂(聚胺)的钻井流体,具有较强的抑制性能、较好的润滑性能和较强的提高机械钻速性能。能有效地降低钻头泥包的概率,加快钻井速度,减少井下难题。有的高性能水基钻井流体还兼具稳定井壁的性能,有效降低钻井过程中流动阻力,类似油基钻井流体。另外,高性能水基钻井流体也适用于因污染物排放限制,需要使用而不能使用油基/合成基钻井流体的地区。

完井流体是无固相流体的一种,在不添加传统加重材料的情况下,通过在钻井流体中添加某种合适的无机盐(如氯化物、溴化物和甲酸盐等),即可对流体进行宽幅度的密度调整。

完井流体设计通常要符合特定的储层标准,综合考虑当量循环密度、污染风险和结晶温度等关键因素。

高温高压特种产品是针对常规流体无法满足钻井要求的高温高压地层,推出的一种钻井流体,以解决高温高压带来的钻井难题。

储层钻进流体主要特点是,易于形成有效防止储层伤害的滤饼而滤饼又容易被清除,且能结合完井工艺实现在钻进过程控制储层伤害。储层钻进流体的有效组分一般为高分子生物聚合物或桥堵材料。

井眼清洁流体的主要作用是钻井完成后控制井筒内低固相含量,或者完井前清除井筒内的滤饼和封堵材料。

如果说1986版《World Oil》对钻井流体的分类是钻井流体分类历史上的里程碑,搭建了钻井流体种类的基本架构,那么,20年后,2005年版《World Oil》对钻井流体的分类影响更为深远,具有划时代意义。这一年的分类,确定了钻井流体的分类模式,逐渐成为后续分类的参照,奠定了近年来钻井流体的分类基础。后续对钻井流体分类的修改只是在2006年的分类基础上,简单修改或者补充了一些细节问题。

2006年至2008年3年间,《World Oil》在钻井、完井和修井流体导论中对钻井流体的分类沿用了2005年的分类标准,只是将题目换成了 World Oil's Fluids Nomenclature,使文章上升到一个新高度,即钻井流体的命名法,引领了行业。

2009年,《World Oil》在钻井、完井和修井流体导论中对钻井流体的分类沿用了2005年的14种钻井流体的分类标准,只是在内容上局部进行了调整。在油基钻井流体中的油基钻井流体中,首次以"All – oil Fluids"命名,即目前常说的全油基钻井流体,替换原有的"Oil – based Muds"。但内容上并无区别,只是删除了原有对油基钻井流体相应处理剂的文字介绍,补充了油基钻井流体中逆乳化钻井流体的内容,认为逆乳化钻井流体不仅要有较强的稳定性和较好的降失水性,而且能够在高温高压钻进过程中保持稳定的乳化性能和良好的失水性能(World Oil,2009)。

2010年至2016年7年间,《World Oil》在钻井、完井和修井流体导论中对钻井流体类型的分类均未做调整,只是从2013年开始,对部分钻井流体的内容描述有适量的调整。比如,对于高性能水基钻井流体没有特别指出高性能水基钻井流体适用于因污染物排放限制不能使用油基/合成基钻井流体的地区(American Petroleum Institute,2012);对于低固相流体没有特别说明,低固相钻井流体的主要优点之一是提高机械钻速(World Oil,2014)。"设计钻井流体是用来匹配特定储层条件"的说法也没有再出现(World Oil,2015)。

纵观40年来钻井流体的分类过程,可以比较清楚地发现,钻井流体分类过程的变迁正是美国钻井工业需求和发展的缩影。每一次分类,实际上都是伴随着钻井流体标志性技术的出现或者机理发现。因此,钻井流体类型间的分分合合、修修补补更是家常便饭,这展示了钻井流体在发展中曲折进步的规律,描述了钻井流体技术持续进步的痕迹,体现了钻井流体分类的重要性,反映了钻井流体发展迅速的特点。至此,钻井流体的分类基本定型,研究者们也逐渐习惯了这种分类方法和分类结果。应该说,《World Oil》在钻井流体的分类方面做出了巨大的贡献,为钻井流体的研究和应用提供了分类基础。

然而,对钻井流体的分类是以美国本土钻井流体特点为基础,结合美国一些通用做法,对钻井流体进行的划分和评述,其他油气技术服务公司、学术研究单位使用时,受到限制较多;此外,分类调整也是基于美国的钻井流体的进展所做出的相应变化。尽管钻井流体类型不断完善,但依然未解决不同类型钻井流体之间的交叉、重复等问题。目前,依据美国的钻井流体分类还存在着分类标准混乱、钻井流体主要特征表征不清晰以及没有及时表征技术发展等问题。

(1)分类标准比较混乱。如分类的标准是主要组分结合性能特征,但在实际分类过程中出现了不统一现象,如分散钻井流体和盐水钻井流体,分散可以说是某种钻井流体的性能特征,但盐水是主要的组分。用盐水作为连续相配制钻井流体,分散相分散程度低才是其共同特点。同样,完井流体是用途分类的结果,而合成基则是以钻井流体的主要组分为依据分类的结果,但两者是并列的,不合适。

(2)钻井流体主要特征表征不清晰。如优质水基钻井流体,"优质"一词是指某种钻井流体与其他钻井流体比较,性能比较好,以名称出现不合适。

(3)没有及时表征技术发展。如储层钻进流体依然期望有可能解除的滤饼,封堵后完成钻完井工程后,解除滤饼实现储层伤害控制。用于储层钻进的无固相钻井流体已经很多,如煤层气绒囊钻井流体是用于煤储层钻井的一种无固相钻井流体,是一种没有固相却能实现储层封堵的作业流体(郑力会等,2010)。再用滤饼解释储层钻进流体作用就不太合适了。

因此,为使得钻井流体的分类对某一领域更具有针对性,许多公司、学者不断提出本领域的分类方法,以适应不同机构、不同应用组分、体系和评价方法的研究与应用。如苏联分类标准、中国分类标准、行业习惯分类标准等。

本着融合、兼顾、发展的理念,在综合分析并吸收各行业、机构、国家分类标准的基础上,提出依据主处理剂在连续相中的分布状态、钻井作业地层特性、钻井作业环节和依据钻井作业需求对钻井流体进行分类。首先粗分钻井流体类型,而后细分该类型的具体种类。即,将钻井流体分成若干类型,每类包括若干种体系。

钻井流体依据主要处理剂在连续相中的分散状态分为14类;依据钻井作业地层特性分为18类;依据钻井作业环节分为14类;依据钻井作业需求钻井流体分为18类。

进一步梳理收集到的文献,可以发现学者们分类方法尽管说法不一,有的是定性的,有的是定量的,但都反映出不同的需求产生不同的分类特点。因此,在划分钻井流体的种类时,划分的依据是随着需求变化的。研究不同划分依据下的钻井流体种类的论述,称为钻井流体种类变依据划分理论。

从应用的角度看,直接用钻井流体的主要处理剂分类钻井流体,便于记忆,使用者很容易知晓组分和掌握钻井流体特性,有其实用价值。这样,钻井流体的种类很可能就是主处理剂的种类。钻井流体的主要处理剂越多,钻井流体的类型也就越多。

如,聚磺钻井流体,早称三磺钻井流体,一般是在水基聚合物钻井流体中引入磺化单宁、磺化栲胶及磺化酚醛树脂,从而提高钻井流体耐高温抗盐性能。经过三磺、聚磺和盐水聚磺等三个发展阶段。目前已开发和应用饱和盐水聚磺钻井流体、钾钙基钻井流体和甲酸盐聚磺钻井流体等多种钻井流体。这是典型的以处理剂名称命名的钻井流体。

再如,有机盐钻井流体。有机盐是在甲酸盐的基础上发展起来的一种碱金属低碳有机酸盐和有机酸铵盐、季铵盐的复合物。以有机盐水溶流体为连续相配制而成的一种无固相高密度钻井流体,称为有机盐钻井流体(姚少全等,2003)。有机盐钻井流体抑制能力强,抗侵害能力强,有利于发现储层、控制储层伤害。这是以加入量比较大的处理剂命名的钻井流体。

与加量较大相对应,聚合醇钻井流体则是以量小、起作用大而成名。聚合醇是一种非离子型表面活性剂。井下温度高于聚合醇浊点温度时,聚合醇与水分离,附着在井壁上实现抑制功能;低于井下浊点温度时,聚合醇溶于水。所以,钻井流体的抑制能力强弱取决于浊点。利用聚合醇的抑制机理,开发了以浊定固定的聚合醇、浊点不固定的多元醇为主要处理剂的聚合醇钻井流体(向兴金等,1996)、多元醇钻井流体(Bland et al.,1996)等,具有储层伤害控制、润滑性好、环境友好等特点。

此外,木质素磺酸盐钻井流体(李常茂等,1965)、天然高分子钻完井流体(胥思平等,2006)、钾铵基钻完井流体(谭道忠,1994)等,都是按照钻井流体主要组分命名并列为某类钻井流体。这种分类方法使得钻井流体的种类很多,重复分类很多,交叉分类也很多,不利于研究。

可见,按照钻井流体处理剂类型为依据分类钻井流体,存在诸多缺点:一是种类多,不利于分类研究;二是分类太宽泛,应用指导意义并不强;三是相同的处理剂未必起相同的作用,交叉问题较多。

分类标准不同,分类结果差异较大。因此,有学者做过类似的研究,试图对钻井流体精细分类。

如赵雄虎等按密度分为低密度钻井流体、普通钻井流体、普通加重钻井流体、高密度钻井流体和超高密度钻井流体,密度范围分别为低于 $1.0g/cm^3$、$1.0 \sim 1.2g/cm^3$、$1.2 \sim 1.6g/cm^3$、$1.6 \sim 2.3g/cm^3$ 和高于 $2.3g/cm^3$(赵雄虎等,2004)。这种分法只是从使用加重材料的角度分类,只是一类分法而已,且这种分类方法没有定量依据。

如果按照地层孔隙压力分则有了依据。按照常用的孔隙压力分类,地层压力系数小于 0.75 的为超低压,地层压力系数 0.75~0.9 的为低压,地层压力系数 0.9~1.1 的为常压,地层压力系数 1.1~1.5 的为高压,地层压力系数大于 1.5 的为超高压(杜翔等,1995),则钻井流体可以分为超低密度钻井流体、低密度钻井流体、正常密度钻井流体、高密度钻井流体和超高密度钻井流体等 5 类,分别对应不同的地层孔隙压力。

但是,地层孔隙压力的分类也不一样,有苏联分类方法、埃克森石油公司分类方法,以及杜翔分类方法、郝芳分类方法等,地层孔隙压力值也不同(樊洪海,2016)。所以,这种分类方法也不完善。

钻井流体的分类方法不同,侧重点也不同,就产生多种结果。如强调处理剂可以根据处理剂抑制性不同分类,强调密度可以根据密度不同分类,强调固相含量可以根据固相含量不同分类。

还有一些新型完井流体有甲酰完井流体、绒囊完井流体、生物完井流体、隐形酸完井流体、聚合醇完井流体、固化水完井流体、甲酸盐完井流体、正电胶完井流体、无渗透完井流体及广谱油膜暂堵完井流体。新型完井流体,从连续相的分类来看,也可以归为水基或油基流体。

还有学者依据配制基础原料类型进行分类,实际是按是不是水基为标准,钻井流体可以分成水制钻井流体、非水制钻井流体和气制钻井流体(ASME Shale Shaker Committee,2005)。

(1)水制钻井流体(Aqueous Drilling Fluids)是指充气/泡沫钻井流体、硬胶(含微泡沫)黏土钻井流体、聚合物钻井流体、乳化钻井流体。水制成的钻井流体通常称作水基钻井流体。真正意义的泡沫钻井流体在地面含氮气、二氧化碳和空气等气量不小于70%。硬胶钻井流体包括微泡沫钻井流体,含气体量则较少。微泡沫是由特别稳定的泡沫组成的,起桥堵剂和堵漏剂作用,以减少钻井流体在渗透性地层和微裂缝地层的漏失。

(2)非水制钻井流体(Nonaqueous Drilling Fluids)是指油基或合成基钻井流体、全油基钻井流体、逆乳化钻井流体。非水制成的钻井流体是经常提到的油基钻井流体或合成基钻井流体。油基钻井流体的基液是从原油中蒸馏出来的物质,包括柴油、矿物油和精炼线性石蜡。合成基钻井流体也被认为是仿油基钻井流体,其基液是乙烯类产品衍生产物,包括石蜡、酯和合成线性石蜡等。

(3)气制钻井流体(Gaseous Drilling Fluids)是指空气、氮气钻井流体。这类钻井流体主要是指以气为连续相的钻井流体,且钻井流体的主要组分是气体。

这种分类方法作为科普介绍是比较合适的,但作为研究介绍,显然是不适宜的,它不能清晰地表达出某类钻井流体的共性,特别是交叉很多。

有学者按钻井流体使用加重材料与否,分为加重钻井流体和非加重钻井流体。这种分类方法明显是定性的。

(1)加重钻井流体(Weighted Drilling Fluids)又称为重泥浆,是指钻井流体使用高于钻井流体基液密度的加重材料,包括使用惰性或活性加重材料,配制成有固相或者无固相的钻井流体。

(2)非加重钻井流体(Non-Weighted Drilling Fluids)是指钻井流体中没有使用高于钻井流体基液密度的加重材料,总固相含量一般低于加重钻井流体的钻井流体。

加重钻井流体和非加重钻井流体是相对的分类。一般用于判断钻井流体固相高低及固相类型。但是,随着无固相加重钻井材料的出现,给判断有无固相造成混乱。这种分类也逐渐淡出人们的视线。

有的学者按钻井流体的连续相,分为水基钻井流体、油基钻井流体、合成基钻井流体、气体型钻井流体等4种钻井流体。

(1)水基钻井流体是指以水为连续相的钻井流体,其主要组分为水,几乎没有油。
(2)油基钻井流体是指以油为连续相的钻井流体,其主要组分为油,几乎没有水。
(3)合成基钻井流体是指以合成基为连续相的钻井流体,其组分以合成基为主。
(4)气体型钻井流体是指以气体为连续相的钻井流体,其组分以气体为主。

这种分类方法,实际是主要成分的进一步细化。合成基钻井流体刚出现时,这种分法认为比较合适。后来发现合成基是油基钻井流体的环境无害化改进的结果,作用机理、维护方法与油基钻井流体配制、维护和处理相同,且未必完全对环境无害,合成基作为单独的种类就不再出现了。

当然,每一种分类方法,都有其应用时的优点。按分散介质不同分类,有助于确定钻井流体的连续相,便于选择合适的流体介质。按固相含量的不同分类,有助于确定钻井流体的使用范围和用途,比如无固相钻井流体主要用于完井。按与黏土水化作用的强弱分类有助于确定钻井流体的组分,从而针对地层选择非抑制性和抑制性钻井流体处理剂,如零电位钻井流体是抑制性钻井流体,按零电位评价指标来分的抑制性钻井流体,便于现场调整钻井流体(李宁等,2015)。按密度大小分类有助于选择钻井流体的加重剂。

不同的分类方法适用于不同的领域。依据主要处理剂在连续相中的分散状态分类,研究人员和操作者用来分析钻井流体处理剂在使用中出现的问题和指导处理剂发挥作用;以钻井作业地层特点为依据的分类方法清楚地表述了作业对象的难点和重点,且有明显的专业特点,主要适用于专题研究,常被用作现场工作者的口头用语;以钻井作业环节为依据的分类方式适用于现场工作,便于在钻井过程中针对不同的作业环节选择与作业环节相关的钻井流体,或者调整钻井流体性能到适合某一种作业的范围内;以钻井作业特点为依据的分类方式描述了作业对象对钻井流体的特殊要求,普遍受到现场认可,但不适于研究钻井流体的组分和体系的科学问题。因此,划分钻井流体的种类时,需要根据当时需求、目的、时间等确定分类依据,称之为变依据分类理论(Classification Theory of Variable Basis Drilling Fluids)。它是钻井流体发展过程中,由于钻井流体的类型不断增多,作用不断扩大,从而使用不同的分类依据所形成的。

为了进一步研究钻井流体,第4篇将介绍主要组分钻井流体的开发原理、钻井流体种类及发展方向,第5篇将介绍地层特性钻井流体的开发原理、钻井流体种类及发展方向,第6篇将介绍作业环节钻井流体的开发原理、钻井流体种类及发展方向,第7篇将介绍作业需求钻井流体的开发原理、钻井流体种类及发展方向。

值得注意的是,这种分类介绍方法看似还有交叉和重复,但是如果仔细想来就有道理。如水基钻井流体的多元醇钻井流体,用于水敏地层钻井流体作为强抑制钻井流体,同样可以作为储层伤害控制钻井流体,都可以叫多元醇钻井流体,但其性能需要做适度调整以满足不同钻井目的。在不同分类方法下出现相同的钻井流体种类,是正常的。

2.1 钻井流体分散状态分类

钻井流体中的连续相,水、烃和气占据钻井流体的绝对多数体积。其他处理剂,虽然对性能起决定性作用,但从数量上讲,比例较小。

水基钻井流体中水的体积分数占主要部分,其他处理剂体积分数较小。水基钻井流体是最早应用于钻井的钻井流体,也是应用最广的钻井流体。称得上是第一类钻井流体。

水基钻井流体最初以水为连续相,只有黏土为分散相,依靠黏土在水中分散,成相对稳定的胶体,形成具有黏度的钻井流体,达到钻井工程的目的。主要用于浅井作业。但是,分散黏土的钻井流体存在着不能有效控制地层造浆、不耐高温、不能很好地抵抗外来物质侵害以及不能有效防塌等缺点。因此,从20世纪60年代起,开发出能够在水基钻井流体中离解出钙离子的钻井流体和以盐水为连续相的钻井流体,并较为广泛地应用。

这种连续相中含有离子的水基钻井流体,引入同时具有亲油性和亲水性两种相反性质的界面活性剂起分散黏土作用。通过有机和无机阳离子的共同作用,使钻井流体的黏土颗粒有一定程度的絮凝。可均匀分散那些难于溶解于液体的无机、有机的固体颗粒,同时也能防止固体颗粒的沉降和凝聚,形成稳定的悬浮液所需的药剂。分散剂分为脂肪酸类、脂肪族酰胺类和酯类。与分散黏土的钻井流体相比,黏土颗粒的尺度略大,能够在一定程度上抑制地层黏土水化膨胀、保持井壁稳定的作用,还能够较好地抵抗盐、钙的侵害,以及能够在较高的温度下发挥作用。

相比于只有黏土分散的钻井流体,黏土颗粒较大,称为粗分散钻井流体。仅依靠黏土分散发挥钻井流体作用的钻井流体,被称为细分散钻井流体或者分散钻井流体。又因为,粗分散钻井流体抑制了人为加入黏土的分散程度,同时抑制地层黏土分散,从而一定程度上抑制地层水化的特性,故又称为抑制性钻井流体。

实际上,粗分散钻井流体的抑制能力十分有限,只是相对细分散钻井流体而言,抑制能力略强。而且,粗分散钻井流体在钻井过程中,钻井流体中的固相含量不易控制,在大段泥页岩井段钻进时,控制井壁失稳难度大,无法完成油气井越来越深、钻遇的地层条件越来越复杂、钻遇的高温高压及各种复杂地层越来越多等勘探开发要求的工程、地质任务,全面推广应用粗分散钻井流体比较困难。

此时,钻井工程出现高压喷射钻井、近平衡钻井和定向钻井等新型钻井技术,已经为钻井行业所重视,需要钻井流体和固相控制技术加速发展以适应新型技术的需要。此时,钻井流体种类增加很多以适应钻井工程的多种需要。其中,不分散低固相聚合物钻井流体的出现,满足了高压喷射钻井、长裸眼段快速钻井等工艺要求,成为钻井流体发展史上的里程碑。目前,几乎所有的钻井流体都使用聚合物处理剂。

聚合物钻井流体,是发展最为迅速的水基钻井流体。最初是将非离子的、阴离子的有机高分子化合物聚丙烯酰胺和它的部分水解产物引入钻井流体中,用作化学絮凝剂,促使钻屑和造浆率差的黏土不分散或者絮凝,便于地面沉降清除,降低钻井流体中的固相。

后来,随着钻井流体的发展,用于钻井流体的高分子聚合物种类如阳离子聚合物、两性离子聚合物越来越多,不同分子量如较大分子的增黏剂、中分子的降失水剂以及小分子的絮凝剂也越来越多,聚合物钻井流体得到快速发展,促进了机械钻速提高、稳定井壁、岩屑清洁和储层伤害控制等多项工作发展的同时,聚合物钻井流体几乎成为水基钻井流体的主要处理剂。也正因为如此,可以认为目前的水基钻井流体主要由连续相的水或者盐水、黏土水化的活性胶体、用于加重的惰性固体以及化学处理剂等材料组成。

事实上,水基钻井流体的种类多,各组分不同、各种组分间比例不同,造成具体测定的体积分数也不会相同。中国陆上石油钻井使用的主要水基钻井流体有无固相不分散聚合物钻井流体、低固相聚合物钻井流体、聚磺钻井流体、氯化钾聚磺钻井流体、钾石灰钻井流体、石膏钻井流体、正电胶钻井流体、钾硅基钻井流体、多元醇或聚醚类钻井流体、盐水钻井流体、饱和盐水钻井流体、油包水乳化钻井流体等12类。

(1)无固相不分散聚合物钻井流体。属于假塑性幂律流体,具有良好的剪切稀释作用,适用层理裂隙不发育、正常孔隙压力与弱地应力、中等分散砂岩与泥岩互层;已下技术套管的低压、井壁稳定的储层等。

(2)低固相聚合物钻井流体。有助于絮凝、触变结构形成过程的加快,适用钻进层理裂隙不发育的易膨胀、强分散或不易膨胀、强分散、软的砂岩与泥岩互层;已下技术套管的低压储层等。

(3)聚磺钻井流体。主要成分为聚磺类物质,适用深井与超深井段;层理裂隙发育的泥页岩、岩浆岩、砂岩、煤层等。

（4）氯化钾聚磺钻井流体。主要成分为氯化钾和聚磺类，适用蒙皂石或伊/蒙无序间层矿物含量高的强水敏易坍塌地层。

（5）钾石灰钻井流体。主要成分为氢氧化钾（或碳酸钾）、石灰、聚合物、磺化酚醛树脂、磺化沥青等。体系利用钾离子和钙离子抑制泥页岩水化膨胀，使用磺化沥青和磺化酚醛树脂封堵层理裂缝。适用层理裂隙发育的中深井段泥页岩层。

（6）石膏钻井流体。主要成分为石膏，适用钻进大段石膏层。

（7）正电胶钻井流体。主要成分为正电胶，适用层理裂隙发育地层、胶结差砾石层等。

（8）钾硅基钻井流体。适用深层层理裂隙发育的地层。

（9）多元醇或聚醚类钻井流体。适用层理裂隙发育的泥页岩地层，特别适用于定向斜井，以及海洋等对环保要求高的地区。

（10）盐水钻井流体。适用浅层或中深井段的厚度不大的纯盐膏层。

（11）饱和盐水钻井流体。适用大段含盐膏地层。

（12）油包水乳化钻井流体。适用高难度深井、超深井、水平井、大位移井，水基钻井流体难以对付的强水敏性泥页岩地层、大段含盐膏地层等。

很明显，这些分法没有体现出聚合物钻井流体的共性，不利于科学研究。因此，为了研究不同主要成分在水中的状态所引起的不同水基钻井流体的性能，按造浆土细分散水基钻井流体、造浆土粗分散水基钻井流体、造浆土适度分散钻井流体。

水生万物，容纳天下。水基钻井流体钻遇不同地层，地层中的不同物质都有可能进入钻井流体，致使钻井流体性能发生变化，即第一篇中提到的钻井流体受到外来物质的侵害。有的侵害物影响钻井流体的流变性和失水性能，有的加剧损坏和腐蚀钻具。

钻井流体最常见的侵害物有钙离子、盐和盐水、二氧化碳，此外还有镁离子、硫化氢和氧气等。钙离子、盐和盐水、二氧化碳，造成钻井流体工程性能变差，镁离子与钙离子处理方式相似，硫化氢和氧气主要是影响钻井流体的腐蚀性。

为保证钻井流体性能稳定，需要及时调整处理剂配比，或者采用化学方法清除钙离子、盐和盐水、二氧化碳等侵害物质。对水基钻井流体侵害物的维护处理基本上大同小异，不同种类的水基钻井流体有其不同的开发原理、组分及配比、维护处理措施及应用实例，钻井流体学按造浆土细分散钻井流体、造浆土粗分散钻井流体、造浆土适度分散钻井流体、无造浆土钻井流体介绍，但考虑到造浆土适度分散钻井流体数量庞大，就进一步细分介绍水溶性盐钻井流体、烃分散钻井流体，并把泡分散水基钻井流体单独介绍。这样，相对统一地以连续相为标准，对水基钻井流体做了比较全面的介绍。

随后介绍第二大类钻井流体，烃基钻井流体。烃基钻井流体（Hydrocarbon – based Drilling Fluids）是在油基钻井流体的基础上发展起来的，以油或人造烃类衍生物作为连续相的钻井流体。

Chilingarian 等统计表明，烃基钻井流体占所有应用钻井流体的 3% ~ 5%（Chilingarian，1981）。由于其材料的来源、成本以及环保压力，虽然又经过30多年，烃基钻井流体无论使用的井次还是费用总额，仍然没有超过水基钻井流体。

王中华认为，与水基钻井流体相比，烃基钻井流体抗侵害能力强，润滑性好，抑制性强，有利于保持井壁稳定,能最大限度地控制储层伤害。同时,烃基钻井流体性能稳定,易于维护,耐温能力强、热稳定性好。烃基钻井流体优良的抑制性及耐温性,使其在钻复杂井,特别是钻高温深井和水敏性地层中优势更明显,能够更有效地保护水敏性储层,提高油气产量(王中华,2011)。

烃基钻井流体的发展最早可以追溯到20世纪初。1919年,Swan将重质油馏分、粗苯加入煤焦油中,替代水基钻井流体,用于钻井作业。钻井过程中发现,钻井流体的悬浮性良好,有利于提高钻速,有效抑制泥页岩水化膨胀,有效保护钻头等。但同时发现,过高的成本也限制了这种钻井流体的进一步推广(Swan,1919)。

20世纪30—40年代期间,学者和技术人员已经注意到原油加入钻井流体中,会提高钻井流体性能,并不断寻找合适的油类作为钻井流体的连续相,也就是钻井流体的基础流体,称为基油。

Cartwright提出,原油作为润滑剂,可用来防止卡钻和提高井眼质量(Cartwright,1928)。Lummus在其著作中描述,钻井流体中原油最早是被作为侵害物处理,但是由于技术原因,并不能完全除尽。后来人们发现遗留的原油,乳化在钻井流体中,有利于解卡(Lummus,1953)。

1934—1936年间,Oklahoma油田的技术人员将原油加入钻井流体中,保持井眼规则。1937年某钻井承包商在Oklahoma Pottawatamie县钻井时发现,在钻井流体中添加原油可以有效提高钻速,节约成本。

Carnnon等于1938年提出了油基钻井流体。通过在原油中加入饱和脂肪酸、植物油、一氧化铅等,获得具有较好的高密度、悬浮性和稳定性的油基钻井流体,解决了墨西哥湾地区的钻井作业中,水基钻井流体容易造成泥页岩水化膨胀,严重影响作业效率的问题(Carnnon,1938)。

后来的烃类衍生物钻井流体,以前称为合成基,除连续相外,以淡水或盐水为分散相,加上乳化剂、降失水剂、流型改进剂等组成。烃类衍生物钻井流体相比于普通油基钻井流体具有7项优点:

(1)合成基钻井流体使用合成基液取代柴油或矿物油,使生物毒性大大降低,有效提高了生物降解性,在钻井过程中和完井后排放的钻屑及污水对海底环境影响甚微且恢复期短。

(2)合成基钻井流体的黏度随水相含量的增加而升高,但受影响的程度比油基钻井流体小,其流变特征趋向于幂律流体或赫—巴流体。

(3)合成基液特别是聚α-烯烃类基液具有很强的耐温能力,通过选用耐温的乳化剂和流变性调节剂,可用于200℃以上的高温高压深井。

(4)合成基钻井流体具有很强的抗盐、抗钙和抗水泥浆侵害的能力,适用于钻大段盐膏层。而且该类钻井流体密度可调范围广,可配制密度低于$1.0g/cm^3$的钻井流体和密度高于$2.0g/cm^3$的加重钻井流体。

(5)合成基钻井流体连续相是有机合成基液,基本上不存在泥页岩的水化问题。现场试验表明,烃类衍生物钻井流体钻出的井眼更为规则。同时,由于基液均为非水溶性的非离子型有机物,不会产生水敏伤害以及与储层中金属造成结垢伤害,其控制储层伤害的效果明显好于水基钻井流体。

（6）合成基在岩屑上的滞留量对控制和减少合成基损失及环境污染方面起着重要作用。第二代烃类衍生物钻井流体黏度低，固控设备处理容易。排放的钻屑残留的合成基液较少。这不仅有利于减少基液损失，节约成本，还有利于控制环境污染。

（7）使用合成基钻井流体的过程中，大部分合成基液的挥发性比矿物油小得多，且对皮肤和眼睛无刺激作用，容易被作业者接受。一般认为，普通油基钻井流体基液蒸汽中所含的芳烃馏分对哺乳动物毒害最大，而聚 α - 烯烃、酯、线性 α - 烯烃和内烯烃等合成聚合物用作基液相对无毒或毒性极小。

研究应用表明，合成基钻井流体在高温乳化稳定性、油水比、流体密度方面有一定的门限值，要使它完全成为人们所接受的现有油基钻井流体的替代品还需要解决许多问题。目前研究者们正在不断寻求和改进烃类衍生物钻井流体的基液、乳化剂及流型调节剂，进一步提高体系的高温高压稳定性，并在满足性能要求和环保要求的前提下降低成本。

1939 年，Mazee 总结了当时非亲水性钻井流体的不同功能性组分。其中，油相包括原油、汽油、煤油、煤焦油馏分、植物油、动物油、乙醇、酮类、松节油以及相互之间混合物；防燃剂包括卤代烃如四氯化碳、氯仿、三溴甲烷；固相加重剂如黏土、贝壳粉、石灰岩、磁铁矿、赤铁矿、重晶石、铅化合物以及铁化合物；稳定剂包括高分子聚乙烯羧酸、二烯酸、棕榈炔酸以及重油酸等；井壁保护及护壁剂用云母、氧化沥青等（Mazee,1939）。

1941 年，Hindry 进一步定义油基钻井流体，油取代水成为最主要流体成分的钻井流体称为油基钻井流体。阐述了最初油基钻井流体组分及其功能。壳牌公司在加利福尼亚油田水平井作业中开始尝试使用油基钻井流体进行钻井作业并取得了不错的效果（Hindry,1941）。

炉用油，作为流体介质，同时可以用于调节流体黏度。牡蛎壳、石灰岩或者重晶石，作为加重材料，调节流体密度，并且提供最初的塑性黏度。油烟，用于提供足够的凝胶强度和凝胶结构。氧化沥青，提供后期塑性。

同年，Miller 申请油基钻井流体应包括油相基液、加重材料、增塑剂以及凝胶剂，其中氧化沥青在一定温度条件下可以作为良好的塑性黏度和结构黏度调节剂（Miller,1941）。

真正商业化油基钻井流体是在 1942 年出现的（Cannon 等,2011）。当时一位名叫 George 的美国商人在洛杉矶成立了油基钻井流体公司（Oil Base Drilling Fluids Company），推广油基钻井流体。该公司的烃基钻井流体是由粉末状沥青混入适量原油，再加入环烷酸、柴油、氧化钙等其他处理剂配制而成。

1943 年，哈里伯顿油井固井公司（Halliburton Oil Well Cementing Company）经过壳牌石油公司授权，向市场投放了另一种油基钻井流体，其主要成分包括吹制沥青、碳酸氢钠、硅酸钠以及氯化钠溶液。

吹制沥青也称为空气吹制沥青，也叫氧化法沥青，是在一定范围的高温下向减压渣油或脱油沥青吹入空气，使其组成和性能发生变化，所得的产品称为氧化沥青。减压渣油在高温和吹空气的作用下会产生汽化蒸发，同时会发生脱氢、氧化、聚合缩合等一系列反应。这是一个多组分相互影响的十分复杂的综合反应过程，不仅仅发生氧化反应，但习惯上称为氧化法沥青和氧化沥青。

1943 年，Dawson 将塔尔油引入烃基钻井流体中，以获得更好的稳定性和塑性黏度。基本配方为 10% 塔尔油、40% ~ 50% 柴油及其类似油、30% ~ 40% 的石灰石或黏土（Dawson,

1943）。

塔尔油或称塔罗油，又称纸浆浮油。主要由硫酸盐生产松木浆的废液表面的肥皂撇出后经酸化而得，主要成分是脂肪酸和松香酸，为暗黑色油状液体。密度为 0.950 ~ 1.024g/cm³，碘值为 135 ~ 216mg/kg，皂化值为 142 ~ 185mg/g。用于制肥皂、油漆、油墨和润滑剂、乳化剂等，也用作浮选剂。

Kersten 描述了 Self 将原油作为基液，加入一定量的塔尔油、碱性硅酸盐、碳酸钙以及其他功能性处理剂，配制出具有较高塑性黏度、稳定性较好的油基钻井流体，并在美国加利福尼亚州 Ventura 油田的钻完井作业中获得了成功的应用。随着人们对水基钻井流体引起储层伤害的研究，油基钻井流体凭借储层伤害较低、有利于完井、很少需要额外的抽汲、洗井、划眼作业以及有利于提高钻头寿命等优势得到了推广使用。但易发生火灾，需防范地层水侵害以及较高成本也阻碍了油基钻井流体的进一步发展（Kersten, 1946）。

Miller 研究出以柴油为主要基液，加入塔尔油、氧化沥青、硅酸钠、氢氧化钠以及氯化钠溶液配制而成的油基钻井流体（Miller, 1947）。

Edinger 用油基钻井流体钻取不同砂岩地层岩心，实验实际测量了岩心相关数据，对比了油基钻井流体与水基钻井流体的岩心储层伤害程度，认为油基钻井流体的储层保护性能更好（Edinger, 1949）。

Miller 详细对比了油基钻井流体和水基钻井流体在钻井性能、维护方式、作业成本等方面的优缺点，指出油基钻井流体需要发展必须克服成本高的缺陷（Miller, 1950）。于是乳化钻井流体解决了油基钻井流体这一缺陷，在钻井作业中表现出了良好的性能和应用效果，进一步加快了油基钻井流体的推广和使用（Weichert et al., 1950）。

1953 年，逆乳化油基钻井流体，即油包水乳化烃基钻井流体第一次用于 Oklahoma 盆地的 Duncan - Laws Unit 1 号井的完井液，取得了良好的应用效果。据 Lummus 论述，当时在 Oklahoma 盆地南部地区有 10% 的油井运用了逆乳化烃基钻井流体（Lummus, 1953）。随后逆乳化油基钻井流体用于该地区油气井的钻井作业。表现出有利于保持井眼规则、顺利完井以及有效控制储层伤害等优点（Trimble et al., 1959）。

1951 年，美国石油学会西南地区钻井流体研究委员会（API Southwestern District Study Committee on Drilling Fluids）针对烃基钻井流体的应用现状研究结果，发现相比于水基钻井流体，利用精炼油或原油配制成的乳化钻井流体可以有效提高钻速和钻头寿命、减少井眼难题、降低扭矩、有效防止和降低钻杆卡钻等事故，表现出较好的井壁稳定性（Perkins, 1951）。精制油是采用先进精炼设备，通过二级油脱酸、脱磷、脱色、脱臭并滤去其杂质的食用油。

20 世纪 70 年代，随着逆乳化油基钻井流体各种功能性处理剂的出现和应用，逆乳化油基钻井流体逐渐成为钻井工业最主要的油基钻井流体（Fraser, 1991）。

在 1969 年美国国家环境政策法案的出台之前，柴油基钻井流体污染环境没有引起重视。法案出台，使用者开始寻找柴油替代物。对比动物油、植物油以及矿物油（俗称白油）等基油钻井流体的基本特性及环境友好性后，选择了低毒、生物降解性良好的矿物油作为柴油替代物，逐渐成为油基钻井流体基液主要用油（Thoresen, 1983）。但是，矿物油钻井流体对环境影响仍然较大。同时也存在着机械钻速较低、配制成本高、配制条件严格等缺点。

随着 1977 年美国《净水法案》（Clean Water Act）中相关环保规定和措施的出台，近海钻井作业中钻井流体的应用限制条款越来越严格。柴油和矿物油中一些成分被认定对海洋生物和油田工作人员具有较大的毒性。其中,油基钻井流体在近海钻井作业中最大的问题是钻屑处理。钻井流体中钻屑通常包裹着原油、柴油等油相,不允许直接排放入海。此后,越来越多地用于规范钻井流体,尤其是针对自身环保问题较大的油基钻井流体应用和废弃物处理的环境指导性方针出台(Caenn et al.,2011)。为此,人们开始寻找柴油和矿物油的环保型替代物,以提高油基钻井流体的环保性能。

合成基钻井流体的研制主要针对油基钻井流体中的油相造成的环境不友好进行改造,改用人工合成有机物如酯、醚、聚α-烯烃等一些低毒性、芳香烃含量低的物质,提高环境友好性能,以利于海洋钻井中的应用。同时不牺牲普通油基钻井流体抑制能力强、控制储层伤害能力好等特性。从20世纪80年代末开始,美国、英国和挪威等国石油公司投入人力物力从事合成基钻井流体的研发工作。1990年3月在北海首次酯基钻井流体应用成功,合成基钻井流体种类不断增加。

第一代合成基钻井流体包括酯、醚、聚α-烯烃、缩醛基钻井流体,后来权衡环境保护和成本,发展了第二代烃类衍生物钻井流体。第二代合成基钻井流体以线性α-烯烃、内烯烃、线性烷基苯和线性石蜡基钻井流体为代表,运动黏度和钻井流体成本较第一代低,环境友好性能较第一代略差。目前比较成熟的合成基钻井流体包括Baroid公司的Petrofree、Dowell公司的Quard Drill、Mipark公司的Bio-drill以及M-I公司的Novadrill等合成基钻井流体。

开发合成基钻井流体的主导思想是将天然矿物油换成改性植物油或人工合成的有机物,同时保留油基钻井流体高抑制性、高温稳定性、良好抗侵害性等性能。选择的机物性能的条件是,替代物应与矿物油的物理性质相似,钻井流体毒性很低满足排放要求,在好氧或厌氧环境中都可以降解。

合成基钻井流体配制工艺和部分性能优点与普通油基钻井流体相似,故又称为假油基钻井流体,保留了常规油基钻井流体具有的较高的热稳定性、较好的井眼稳定能力、较低的润滑性等特点外,还具环境可接受性和低储层伤害性等两大特点(Growcock et al.,1996):

(1)良好的环境可接受性。合成基钻井流体在环境性能上完全不同于普通油基钻井流体和低毒性白油基钻井流体,微生物降解能力较强,在钻井和完井作业中产生的钻屑以及后期处理时排放的钻屑和污水对环境影响甚微,且恢复期短。同时,合成基钻井流体在加入合适的降解剂后能迅速增加降解速率。毒性和生物试验表明,能够达到海洋排放标准,挥发性比普通矿物油低,对皮肤和眼睛无刺激作用,更容易接受。

(2)较低的储层伤害程度。合成基液均为非离子型有机物,不会产生水解作用,避免了与储层中的金属离子作用造成结垢伤害。用合成基钻井流体钻井后再用水基完井液完井,虽然储层渗透率会下降,但是用洗井液浸泡,再用隔离液驱替后,岩心渗透率会得到恢复。

2001年,美国国家环境保护局(U. S. Environmental Protection Agency,EPA或USEPA)发表了近海钻井流体排放物限制法案。规定,在不满足环保要求的情况下,油基钻井流体不允许直接排放入水中,排放物钻屑上油相含量必须低于8%。同时,禁止直接排放柴油和白油等常规油基钻井流体基油(Caenn et al.,2011)。很明显,随着对油基钻井流体环保性能的逐渐重视,常规柴油基和白油基钻井流体的应用受到了一定的限制,其配制、维护以及后期处理的成本也相应提高,研究人员开始寻找其替代物,以配制钻井性能优异、环保性能良好的新型钻井流体。后来出现的替代物包括气制油基、醇基以及合成基都是在这一大环境下出现的,在实际钻井作业中的取得进展。

到 20 世纪末,全世界范围内已有 500 多口井应用合成基钻井,包括墨西哥湾、北海、远东、欧洲大陆、南美地区以及澳大利亚、墨西哥和俄罗斯等国家和地区。其中,墨西哥湾和北海地区应用合成基钻井流体的油气井数量占世界总数的 90%(龙政军,1999)。

20 世纪 70 年代和 80 年代期间,油基钻井流体引发的储层伤害成为关注热点。Thomas 研究了油基钻井流体和油基化学处理剂对渗透率的影响,发现当时几乎所有的商业化烃基钻井流体均改变了近井眼储层的水饱和度和润湿性,造成储层伤害(Thomas,1984)。

为了在保证逆乳化油基钻井流体自身优点的前提下,进一步提高油基钻井流体性能,Fraser 等研发出一种不含或含水相极少的全油基钻井流体,应用于北美 Louisiana 海上钻井和 Mississippi 的陆上钻井(Fraser,1990)。

随后,Friedheim 等研发出第一代合成基钻井流体,以聚 α-烯烃(PAO)为连续相的钻井流体(Friedheim,1991)。相比于白油钻井流体,具有更低的气体溶解度、更高的润滑性、低毒性、良好的生物降解性以及钻屑油相携带小等优势。

Patel 研制出酯基、醚基、内烯烃、二甲基硅氧烷基和烷基碳酸等合成基钻井流体,进一步丰富了烃类衍生物钻井流体种类和功能(Patel,1998)。

20 世纪末至 21 世纪初,合成基钻井流体凭借其良好的钻井性能和低毒、高生物降解性在墨西哥湾和北海地区得到了大规模应用(Friedheim 等,1996)。

中国油基钻井流体是在 20 世纪 40 年代发展起来的。60 年代用于油层取心及浅井钻井,取得了一定的效果(樊世忠等,1995)。

1977 年初为了解决胜利油田红层问题,吴学诗等在室内研制成功了两类逆乳化钻井流体(吴学诗等,1980)。1978 年为了解决华北油田高家堡地区岩盐及膏泥层的钻井问题,在吴学诗和樊世忠等研究的基础上改进油基钻井流体配方,完成新家 4 井的钻井应用(樊世忠,1980)。

20 世纪 80 年代以来,中国先后在华北油田、新疆油田、中原油田和大庆油田等,使用过烃基钻井流体,但受限于成本和环境保护问题,应用十分有限。直到近年来,随着油基钻井流体的不断改进和完善,才逐步被关注。未来,随着复杂井、高温井数量的不断增多,对于油基钻井流体的需求也会越来越多,且要求越来越高(王中华,2011)。

油基钻井流体按连续相分,可以分为煤焦油相、炉用油相、汽油相、柴油相、动植物油相、精炼油相、气制油相、白油相和合成基相烃基钻井流体等。其中,煤焦油相、炉用油相、汽油相、动植物油相和精炼油相等油基钻井流体出现时间较早,但是由于油相的来源、成本以及安全等因素,逐渐被弃用。目前运用较多的油基钻井流体的基油主要为柴油、白油、合成基以及部分气制油。

油基钻井流体按油水比可分为常规油基钻井流体、逆乳化油基钻井流体以及全油基钻井流体。其中,常规油基钻井流体出现在油基钻井流体应用早期,研究人员将油相(大多情况下用原油)作为连续相,配制过程中加入少量水相或者在钻井作业中混入地层水,形成的常规油基钻井流体。由于水相作为无用相,钻井流体性能稳定性较差。20 世纪 50 年代左右被逆乳化油基钻井流体取代。

逆乳化烃基钻井流体中,油相作为连续相、水相作为分散相与油相形成乳化液结构,钻井流体稳定性较高,同时具有乳状液的性能优势得到应用。

全油基钻井流体中无水相或者水含量极低,避免水相对钻井流体性能破坏以及储层伤害。是20世纪90年代初研发出的一类油基钻井流体。

后来,由于环境保护需求,合成基钻井流体、生物油钻井流体、气制油钻井流体等可降解的油类钻井流体出现。因为它们都属于烃及烃的衍生物,所以称为烃类衍生物钻井流体。

根据烃基钻井流体的连续相种类和处理剂的分散程度,分为造浆土适度分散全烃基钻井流体、造浆土分散乳化烃基钻井流体、无造浆土烃基钻井流体和泡分散烃基钻井流体。本书也全面介绍其配方及应用情况。

第三类钻井流体,则是气基钻井流体。气基钻井流体(Gas-based Drilling Fluid)是气相为连续相的钻井流体,是与水基钻井流体和烃基钻井流体并列的一类钻井流体。

按气体与水或者油的比例,可以把气基钻井流体分为气体钻井流体、泡沫钻井流体、充气钻井流体等三种。由于气基钻井流体以气体为主,樊世忠等也将其称之为气体型钻井流体(樊世忠等,1996)。

与水基钻井流体、油基钻井流体相比,认为气基钻井流体在控制储层伤害、提高机械钻速方面有8个优点、6个缺陷(Nicolson,1953):

(1)气基钻井流体属于低密度钻井流体,对地层压力相对小,有效控制储层伤害。

(2)气基钻井流体静液(气)柱压力低于常规钻井流体静压力,井底压力比地层孔隙压力小,可实现欠平衡钻井,减缓了压持效应,大幅度提高钻速。

(3)气基钻井流体可解决溶洞型或裂缝性地层漏失问题,以及其他漏失地层井漏问题。

(4)气基钻井流体可以有效冷却钻头。

(5)气基钻井流体可以有效地清洗井底,携带岩屑到地面,快速净化井眼。

(6)气基钻井流体可以延长钻头使用寿命,与常规钻井流体相比,钻头寿命可提高10%~20%。

(7)气基钻井流体更适用于地热井、永冻地区钻井。

(8)气基钻井流体适用于缺水地区。

但是,气基钻井流体之所以应用不及水基钻井流体和油基钻井流体广泛,是因为它具有6个方面的局限性:

(1)气体流量大,工作压力高,要求地面设备性能好,作业成本高。

(2)控制井壁稳定性差,井径扩大率大,可达100%。

(3)安全性差,钻遇储层、含硫化氢地层、煤层时,易引起井底爆炸,引发钻井事故。钻遇高压、高产层时,井控安全性差。

(4)空气、尾气钻井腐蚀、冲蚀钻具比较严重。

(5)对付地层出水的能力差,尤其是砂泥岩地层出水。

(6)井下欠压值过大,流体间处于无控制的欠平衡状态,致使储层速敏伤害、出砂伤害等储层伤害,甚至坍塌的应力敏感伤害。

随着油气开采程度增大,储层地层压力降低,需要低压易漏油藏高效开采以及控制储层伤害技术,欠平衡钻井技术不断发展,气基钻井流体也得到长足进步。

有资料记载的气体钻井试验可追溯到1938年。当时,使用空气压缩机作为动力,空气作为循环介质,在Signal Hill完钻一口油井(Fuller,1954)。然而,直到20世纪50年代,旋转气体钻井技术出现,空气钻井技术才逐渐得到完善并趋于成熟。

1951年,由EI Paso天然气公司的C. L. Perkins,在美国新墨西哥州的San Juan盆地进行了天然气钻井。天然气主要成分为甲烷。甲烷是无色、无味气体。甲烷对空气的质量比为0.54,约是空气质量的一半。甲烷溶解度很小,在20℃、0.1MPa时,100单位体积的水,能溶解3个单位体积的甲烷。同时甲烷燃烧产生明亮的淡蓝色火焰。作业时容易爆炸,造成事故。

为防止爆炸,在储层使用气体钻井时,用尾气或天然气代替空气,实施钻井作业。直到1953年,在美国犹他州利用空气钻井,气体才算真正意义上的应用于钻井作业,全世界范围内气体钻井开始兴起(Shale et al.,1991)。

气体钻井流体发展历程经历了两个阶段。20世纪30年代至20世纪80年代末,为第一阶段,称为非目的层钻井阶段。主要以空气为循环介质,在非储层处理井下难题和钻井事故,以提高钻速、缩短建井周期为目的。

第二阶段始于20世纪90年代至21世纪初期,称为目的层钻井阶段。除空气外,氮气、天然气及空气、氮气、柴油机尾气等混合气体均可作为循环流体,用于以勘探、开发为主要目的储层钻井。美国和加拿大等国的气体钻井流体应用较为成熟。中国在20世纪五六十年代在四川油田开始实施空气钻井。

雾滴钻井流体是气体钻井流体的一个阶段或者说是处理井下出水的一种措施,从严格意义上讲,它属于气体钻井的一种,只是因为强制水变成雾滴,需要用表面活性剂和聚合物处理剂,外在感觉它与空气钻井流体有所区别,但实际上气体钻井都使用一定数量的处理剂。水量的进一步增加还迫使地层水转换为泡沫钻井。当然,泡沫钻井不一定是地层出水才使用泡沫。

自20世纪50年代开始,泡沫应用于石油领域。到20世纪60年代,泡沫技术逐渐成熟,在防漏、防卡、保护低压储层、提高机械钻井速度及携屑能力等方面优势明显。

20世纪70年代中期,泡沫应用于压裂和酸化等增产作业。20世纪70年代末到80年代初还用于水泥浆、砾石充填及驱油等作业环节。同时,泡沫的种类也在增加,如二氧化碳泡沫用于水力压裂。20世纪80年代,泡沫已完成井深6903m钻井(Reidenbach et al.,1986)。在中国,自20世纪80年代初开始,泡沫用于钻井完井等领域,也取得较为显著的成果。

按照经典的划分,稳定泡沫的气体体积分数是55%~97%,气体体积分数大于97%即为雾和不稳定泡沫。

空气钻井指干空气钻井,也叫粉尘钻井。Weatherford公司的分类标准认为,气体钻井气体体积分数是99%~100%,雾滴钻井气体体积分数是96%~99%,泡沫钻井气体体积分数是55%~99%。

为满足油气藏开发需要,特别是为应对低压易漏地层,20世纪30年代中期,气体钻井技术出现后,开始了将空气和天然气充入钻井流体中的相关研究和应用(William et al.,

2001)。

气基钻井流体在钻井、完井作业中,经常联合作业,并取得较大进展。在新疆油田、四川油田、华北油田、长庆油田、辽河油田和中原油田等利用气体型流体逐年增多,取得系列成果。从配方优选、计算机控制、钻井工艺措施及装备配套,3000m 深的钻井、洗井作业越来越成熟。

研究人员和操作者关心钻井流体组分在连续相中的分散状态,用以分析钻井流体处理剂在使用中出现的问题,指导处理剂发挥作用。处理剂在不同的连续相中,工作状态不同,在水基钻井流体有 7 种、烃基钻井流体有 4 种、气基钻井流体有 3 种,共 14 种。即造浆土细分散水基钻井流体、造浆土粗分散水基钻井流体、造浆土适度分散水基钻井流体、无造浆土水基钻井流体、烃分散水基钻井流体、泡分散水基钻井流体、盐溶液水基钻井流体、造浆土适度分散全烃基钻井流体、造浆土分散乳化烃基钻井流体、无造浆土烃基钻井流体、泡分散烃基钻井流体、气体钻井流体、泡沫钻井流体、充气钻井流体等。

从钻井流体学以连续相类型为依据的分类结果看,水基、烃基和气基三类脉络分明,基本上涵盖了所有的钻井流体。在研究各类钻井流体的性能时,可以研究水、烃或气连续相的基本特点与钻井流体特点间的关系,以及连续相对钻井流体组分的影响规律。与三类钻井流体类型相匹配,以处理剂的主要成分和处理剂的主要作用为依据,将三大基钻井流体细分为 14 种钻井流体,为研究主要成分的作用机理以及与其他组分相互作用的规律,提供了较清晰的技术路线。因此,目前认为,这种分类方法是比较科学的,利于同类钻井流体的研究和优化。

但是,这种分类方法依然是一种狭义分类方法,即为完成钻井工程作业目的的分类方法。广义上讲,钻井流体是采掘地下目标资源前所有的井筒内工作的流体,即,为采掘地下资源建立流动通道的井筒内工作的流体,是钻井完井流体的总称,所以仍然有重复和交叉之嫌。

水基钻井流体 7 种。水基钻井流体(Water Based Drilling Fluids),是指以水作为连续相的钻井流体,水也是钻井流体的主要组分。钻井流体性能与其他组分在水中的状态密切相关。按照主要处理剂在水中的工作状态,可以分为造浆土细分散水基钻井流体、造浆土粗分散水基钻井流体、造浆土适度分散水基钻井流体、无造浆土钻井流体、烃分散水基钻井流体、泡分散水基钻井流体、盐溶液水基钻井流体等 7 种,都归属于以水为连续相的水基钻井流体。最大的特点是起主要作用的处理剂是在水中发挥作用,可以用水基钻井流体的主要方法进行理论研究和应用研究。钻井流体的分散状态分类理论(Classification Theory of Dispersed State for Drilling Fluids),是指以分散质的分散状态为依据对钻井流体的分类的一种观点。

烃基钻井流体 4 种。烃基钻井流体(Hydrocarbon Based Drilling Fluids)是指以油或烃及其衍生物作为连续相的钻井流体。包括造浆土分散全烃基钻井流体、造浆土水分散烃基钻井流体、无造浆土全烃基钻井流体和泡分散烃基钻井流体。主要分为以油为连续相的油基钻井流体及以烃及其衍生物为连续相的合成基钻井流体等。

油基钻井流体(Oil-Based Muds Drilling Fluids)是以油为连续相的一类用途比较广泛的钻井流体,可用于高温井、深井、易卡钻井和井壁失稳井等井壁失稳地层和提高抑制性地层。

合成基流体(Synthetic Drilling Fluids)是按照油基钻井流体的性能研制的一种人工合成的烃类衍生物为连续相的钻井流体。作为基液的连续相主要是酯类、醚类、聚乙烯烃和异构乙烯烃类。与油基钻井流体相比，合成基钻井流体可控制环境污染，可直接排放入海，不会形成油膜，无荧光且可生物降解。由于油、合成基、矿物油和气制油等钻井流体其作用机理和施工工艺相同，所以统称为烃基钻井流体。

烃基钻井流体与水基钻井流体相比较，烃基钻井流体具有能耐高温、抗盐钙侵、有利于井壁稳定、润滑性好和对储层伤害程度较小等多种优点。目前已成为钻高难度的高温深井、大斜度定向井、水平井和各种复杂地层的重要手段。

气基钻井流体3种。这是一类特殊的钻井流体，主要用于不同地层特点实施钻井作业所采的特殊措施。一般使用干燥空气或天然气、雾化、泡沫、充气等4种钻井流体，实现防漏堵漏等目的，还期望提高机械钻速。雾是气的阶段性流体，单独作为一种分类。但在本书的分类中，雾只是气体钻井的一种形式。

气基钻井流体(Gas Based Drilling Fluids)是钻井作业过程中采用气体作为连续相的一类循环介质，或者可以理解为气体起主要作用的一类钻井流体。这类钻井流体的共性是希望通过气体降低井筒中工作流体的密度，达到控制漏失的目的。以气体在钻井流体中所占的比例为依据，分为气体钻井流体、泡沫钻井流体和充气钻井流体等3种。

2.1.1 造浆土细分散水基钻井流体

造浆土细分散钻井流体(Dispersed Drilling Fluids)，又称为细分散钻井流体、分散钻井流体。造浆土分散在含盐量低于1%、含钙离子低于120mg/L的淡水中。使用过程中需要加入分散剂，充分分散配制钻井流体所用的造浆土，以提高钻井流体黏稠度和护壁性能。

细分散钻井流体，相对于不分散钻井流体，分散钻井流体(Dispersed Drilling Fluids)适用于更深井段钻井。需要较高密度的钻井流体或处理井下难题时，一般使用木质素磺酸盐、褐煤或丹宁类等解絮凝剂和降失水剂分散钻井流体中造浆土，使胶体稳定性更好。此外，经常加入含钾离子的处理剂提高钻井流体的抑制能力。当然，为满足工程需要，也会使用一些特殊处理剂调整或维护钻井流体的其他性能。

细分散钻井流体以淡水作为分散介质，黏土颗粒高度分散，每个黏土颗粒的外面又吸附有较厚的水化膜，这样，钻井流体中的自由水较少，颗粒之间的距离很近，带来一系列的问题。例如性能不稳定、防塌能力差、固相含量高、不能有效储层伤害控制等。

2.1.2 造浆土粗分散水基钻井流体

造浆土粗分散钻井流体(Non-dispersed Drilling Fluids)是相对于细分散钻井流体而言的一种水基钻井流体，也称不分散钻井流体。通过人为加入分散剂和无机阳离子，起到分散并絮凝的双重作用，使钻井流体中黏土颗粒处于适度絮凝即粗分散的状态，实现耐盐水层、盐层、盐膏层中无机离子的侵害。

由于粗分散钻井流体主要由含钙离子的无机絮凝剂、降黏剂以及降失水剂组成，又被称为钙处理钻井流体(Calcium Treated Drilling Fluids)。通常，高浓度可溶性钙离子用于控制易坍塌页岩、控制井眼扩大和防止储层伤害。熟石灰(氢氧化钙)、石膏(硫酸钙)或氯化钙是钙处理钻井流体的常用处理剂。粗分散钻井流体的抗盐、抗石膏污染能力强，但高温下易胶凝或固化。

有人也称粗分散钻井流体为抑制性钻井流体，也是相对而言的。通过向钻井流体基液中加入抑制黏土水化的抑制剂，实现抑制井壁或者钻屑黏土水化膨胀、分散的目的。以是否加入抑制性处理剂为标准，可分为抑制性钻井流体(Inhibited Drilling Fluids)和非抑制性钻井流体(Non-inhibited Drilling Fluids)。

随着钻井流体技术的发展，越来越多的作业者认识到，不管何种钻井流体，抑制性至关重要。因此，钻井流体都需要一定的抑制性。要么靠处理剂的抑制能力直接实现抑制，要么靠封堵能力间接实现抑制。因此，这种分类方法，也逐渐被人们所淡化。

2.1.3 造浆土适度分散水基钻井流体

造浆土适度分散水基钻井流体(Moderate Dispersion Drilling Fluids)主要是聚合物钻井流体(Polymer Drilling Fluids)，是以某些具有絮凝或包被作用的高分子聚合物如聚丙烯酰胺、纤维素和天然树胶等为基础母链改性后作为主处理剂的水基钻井流体。絮凝作用主要是在体系中高分子絮凝剂通过自身的极性基或离子基团与质点形成氢键或离子对，加之范德华力而吸附于质点表面，在质点间进行桥连形成体积庞大的絮状沉淀而与水溶液分离。包被作用是聚合物钻井流体中的水溶性聚合物吸附在孔壁岩层或黏土矿物表面上，形成高分子吸附膜，阻止黏土与水的接触，从而抑制泥页岩的水化膨胀。在絮凝和包被作用下，钻井流体中作为增黏护壁的造浆土固相颗粒粒度较大。同样的道理，岩屑也不易分散成细颗粒。聚合物用于包被钻屑，隔离了水和钻屑接触，从而防止页岩分散和抑制页岩膨胀，或是提高钻井流体黏度和降低失水量。为提高钻井流体的抑制页岩能力还需要加入氯化钾或氯化钠或者其他抑制剂，其抑制机理与聚合物不同。

由于多数聚合物的耐温能力低于150℃(300°F)，有相当一部分井的井底温度高于此温度，个别井井底温度高出更多。因此需要在高温深井使用加入特定耐高温处理剂，以完成高温深井的钻进。在合适的井下工具和地面设备协助下，实现安全钻进，控制失水量，解决了钻井速度低，酸气逸出控制和判断井下压力判断困难等问题。为提高页岩稳定性、黏土和钻屑的抑制性、润滑性和机械钻速，减少钻头泥包机率和井下扭矩等，在聚合物钻井流体中加入一些特殊处理剂。

聚合物钻井流体的先天不足是护壁性和热稳定性差，失水量大，黏切不易控制，不利于井下安全和储层伤害控制。

2.1.4 无造浆土水基钻井流体

无造浆土钻井流体也称为无固相钻井流体(No-solid Drilling Fluids)，是指基本上不含固相颗粒的钻井流体。无固相钻井流体是以水溶性聚合物为主要处理剂制备的高分子水溶液，所以这种水溶液稳定性比有固相钻井流体的稳定性好得多，适应能力更强。

无固相钻井流体是由无机盐和不同种类的高聚物组合而成，具有一定流变特性和失水特性的钻井流体。其中无机盐与有机聚合物适度的交联，以提高溶液的黏度和减少溶液的失水量；可以调节溶液的矿化度，以平衡地层的化学活度，抑制地层的膨胀分散或破碎坍塌；

还可以调节溶液的 pH 值。

与有固相钻井流体相比,具有较低流动阻力、较小的静切力、良好的流变性以及体系黏度易调节等诸多优点。在钻井过程中具有良好的携带岩屑的能力,良好的防护井壁以及防止井塌等性能,能够很好地控制储层伤害。一般无固相钻井流体是以生物聚合物、纤维素衍生物、合成聚合物以及弱凝胶作为增黏剂,配合使用改性淀粉、聚阴离子纤维素、磺化酚醛树脂等提高其降失水性能,用加重剂和盐调整密度,以及用缓蚀剂、防塌抑制剂、杀菌剂等其他钻井流体处理剂复配而成。

在高温高盐度条件下,无黏土相钻井流体性能会受到影响,造成钻进过程中出现很多复杂问题,如钻井流体密度改变,流变性难以控制等。同时,无固相钻井流体护壁性能较差。吸附能力较弱,难以在井壁上形成质量良好的滤饼,对钻井流体中其他处理剂的要求更高。

2.1.5 烃分散水基钻井流体

烃分散水基钻井流体(Hydrocarbon Dispersed Water Base Drilling Fluid),又叫油分散水基钻井流体,是将一定量的油分散在淡水或盐水中,通过加入乳化剂和其他处理剂,形成以水为连续相、油为分散相的水包油乳状流体。增强水基钻井流体的润滑性。烃分散水基钻井流体既保持了水基钻井流体的特点,又具备了油基钻井流体的特点,烃分散水基钻井流体主要用于解决一些低孔隙度、低渗透率、缝洞发育易井漏、地层压力系数低的储层伤害控制问题和深井欠平衡技术难题。

烃分散水基钻井流体性能稳定,耐温能力强,流动性好,失水量低,稳定井壁能力较强。其密度低于普通钻井流体,欠平衡钻进时对储层伤害极小,有利于解放储层,提高油气井产能;有助于防止井漏的产生和机械钻速的提高,不影响电测和核磁测井。润滑作用好,可减少对钻井泵的损害。较纯油基钻井流体成本低,对橡胶件的损害小,对环境污染小。

2.1.6 泡分散水基钻井流体

泡分散水基钻井流体(Balls Dispersed in Water Based Drilling Fluids)分散着不连续的泡,主要由膨润土、发泡剂、增黏剂以及降失水剂等制成的一种气、液、固三相分散的胶体。这个泡不一定是气泡,还有可能是水泡、油泡,由聚合物、表面活性剂自然形成的。这样的钻井流体有水基微泡钻井流体、水基绒囊钻井流体等。泡分散水基钻井流体与传统水基钻井流体相比,具有密度低、失水量小、携岩能力强以及提高钻速等优点,多应用于近平衡或欠平衡钻井。

2.1.6.1 水基微泡钻井流体

水基微泡钻井流体(Water Based Micro Bubble Drilling Fluid)中的微泡(Aphron),中国有人译为微泡沫、微泡等,和中国的可循环泡沫(隋跃华等,1999)比较接近。微泡由核和水基外壁组成。水基外壁由定向排列的表面活性剂分子组成,可以有效阻止微泡聚并。微泡均匀、非聚集、非连续态存在于水溶胶中(Tom Brookey,1998),钻井时可循环使用。尽管认为名称不同,作用相同,但微泡、微泡沫、可循环泡沫在结构上仍然有区别。

微泡钻井流体不仅可用于钻井,在防漏堵漏方面也有一定的应用,但微泡钻井流体对于表层漏失控制能力不足。微泡沫钻井流体对钻井泵的上水效率有一定影响,循环时地面管汇振动幅度较大。

2.1.6.2 水基绒囊钻井流体

绒囊钻井流体(Water Based Fuzzy Ball Drilling Fluid)中的囊泡(Fuzzy Ball),由一核二层三膜组成。绒囊钻井流体是一种非连续、动静态下物理特性不一的目前是囊泡裹着气的钻井流体(郑力会等,2016)。既保留了水基钻井流体的基本特性,还具有强封堵性能和强携带性能。囊泡进入地层后,在地层压力和温度的共同作用下,囊泡通过堆积、拉抻和填塞等形式封堵各种类型裂缝性漏失地层,提高地层承压能力。加入一定量的黏土抑制剂,提高了绒囊钻井流体的抑制性,防止黏土矿物水化膨胀、分散,维持井壁稳定,有效防止因坍塌掉块引发的井下复杂情况。目前,煤层气绒囊钻井流体应用比较成熟。

当然,绒囊流体除了用于钻井外,还可以用在压裂、酸压等重复储层改造时,提高原裂缝或通道地层强度和韧性,实现流体转向。

2.1.7 盐溶液水基钻井流体

盐水钻井流体(Saltwater Drilling Fluids)通常由咸水(含1%以上的氯化钠)、海水(含3%~5%氯化钠)、生产水以及氯化钠或其他盐类如用于防止页岩水化膨胀的氯化钾、有机盐等配制而成,达到要求盐浓度的钻井流体。水基钻井流体发展过程中,无机盐、有机盐以及正电类钻井流体,以其利用连续相中的盐类或者加入盐、抑制性强和无固相密度高等独特性能,在钻井作业中广泛应用,可统称为盐溶液水基钻井流体(Soluble Salt Drilling Fluids)。

从严格意义上讲,盐溶液水基钻井流体与聚合物钻井流体有时候是同一类钻井流体。主要原因是,盐溶液需要加入聚合物调节流变性,实现悬浮和携带,聚合物钻井流体需要加入盐,提高钻井流体抑制性或者提高密度。但用于盐溶液的聚合物需要特别性能,所以单独列为一类。在实际应用中,归为哪一类的主要依据是,盐是否为主要处理剂。以盐溶液作为主处理剂的,归为水溶性盐钻井流体。否则,则归属聚合物钻井流体。

2.1.8 造浆土分散全烃基钻井流体

全烃基钻井流体(Pure Hydrocarbon Based Drilling Fluids)是连续相全部为油或烃及其衍生物的钻井流体,也有人称为纯烃基钻井流体,主要由基液、有机土、乳化润湿剂、有机土增效剂、增黏提切剂、降失水剂、碱度控制剂和加重剂等组成,包括油基钻井流体、合成基钻井流体、气制油钻井流体。

全烃基钻井流体不含水或含水5%~10%,含水量极少,液相为油,通常用作取心流体。尽管地层水可能进入钻井流体中,但没有必要人为地加入水或盐水。为提高黏度,全烃基钻井流体需要比水基钻井流体性能更好的提切剂,此外,其他处理剂一般为相对分子量较高的脂肪酸和胺的衍生物,用作乳化剂、润湿剂以及胺处理的有机材料,还有有机土和石灰等辅助处理剂。

全烃基钻井流体有利于储层伤害控制和提高钻井速度,已经发展成为解决泥页岩水化问题的重要钻井流体,目前已成为钻探高难度与高温深井、海上钻井、大斜度定向井、水平井、各种复杂井段和储层伤害控制的重要手段,并且还可广泛地用作解卡液、射孔完井液、修井液和取心液等。

2.1.9 造浆土水分散烃基钻井流体

水分散烃基钻井流体(Water-in-Hydrocarbon Drilling Fluids)是以油为外相或连续相，以水、淡水或盐水为内相或分散相，添加适量的乳化剂、润湿剂、亲油胶体和加重剂等所形成的稳定的乳状液钻井流体。最常见的就是油包水型烃基钻井流体。

逆乳化钻井流体(Invert Emulsion Drilling Fluids)是其中的一种，比较常见，即油包水钻井流体，一般以氯化钙盐水为乳化相，油为连续相。油包水钻井流体的连续相可含有高达50%的盐水。逆乳化钻井流体电稳定性较低，失水量较大。破乳剂可以破坏乳化状态。可以通过加入不同处理剂或者不同浓度、含量和矿化度的盐及盐水，控制流变性、失水量和乳状液稳定性。

水分散烃基钻井流体具有良好的抑制性、润滑性以及耐温性，有利于井壁稳定，抗盐能力强。经常在复杂地层以及水敏地层使用。

2.1.10 无造浆土全烃基钻井流体

无造浆土全烃基钻井流体(No-Soil Hydrocarbon-Based Drilling Fluid)就是以油或烃衍生物为连续相、无造浆土的钻井流体，又称无土相全烃基钻井流体。相比于水基钻井流体，无土相全烃基钻井流体润滑性能更为优异，同时抑制性能良好，有利于保持井壁稳定，能最大限度地保护油气储层。

相比于有土相全烃基钻井流体，无土相全烃基钻井流体能够及时避免井下卡钻、下钻不畅等井下事故。在复杂地质条件下钻井，特别是在钻高温深井和水敏性地层中优势更明显，能够更有效地保护水敏性储层，提高油气产量。在开发页岩气及非常规气藏的工程中也应用良好。

2.1.11 泡分散烃基钻井流体

泡分散烃基钻井流体(Balls Dispersed in Hydrocarbon Drilling Fluids)是指以油或烃及其衍生物引用发泡剂和其他形成胶体的处理剂配制的钻井流体，包括可循环微泡、烃基微泡和烃基绒囊等钻井流体。最大的特点是起主要作用的处理剂在烃或者烃类衍生物中发挥作用，可以用烃基钻井流体的主要方法理论研究和应用。

微气泡由专门的聚合物和表面活性剂稳定的气体或液体的核构成，在渗透性地层中这些微泡能聚集形成坚韧的具有弹性的屏障，从而阻止钻井流体的漏失。由于体系中存在非连续状态分散的气泡，一定程度上减少了泡分散烃基钻井流体的密度。同时微泡聚集且膜强度较坚韧，能够有效地阻止钻井流体漏失。泡分散烃基钻井流体既可以充分发挥泡沫钻井流体的携带悬浮、高效封堵、储层伤害控制等优点，又可发挥油基钻井流体强抑制性、强润滑性、耐高温的长处，能够有效抑制泥页岩水化膨胀，在水敏性地层应用较广。

2.1.12 气体钻井流体

气体钻井流体(Pure Gas Drilling Fluids)是钻井过程中用空气、天然气、氮气、粉尘气体或者雾滴作为循环介质的钻井流体。国际上在20世纪30年代开始应用气体型流体钻井作业及理论研究。相较于国际上,中国自20世纪60年代才开始使用空气和天然气作为循环介质的钻井流体。目前,中国使用气体作为钻井流体比较普遍。

气体钻井流体能够有效解决防漏、治漏的问题,避免井漏事故。能够有效提高机械钻速,缩短建井周期,降低钻井综合成本。保护和发现储层,提高采收率。

2.1.13 泡沫钻井流体

泡沫钻井流体(Foam Drilling Fluids)是钻井过程中添加发泡剂和稳定剂形成泡沫用作钻井工作流体。气体成分占70%以上。包括一次性泡沫钻井流体和可循环泡沫钻井流体。

一次性泡沫钻井流体是利用气体携带泡沫进入井筒携带钻屑的一类钻井流体。泡沫破裂后再重复利用或者一次性废弃。可循环泡沫钻井流体,依靠发泡剂和稳泡剂在钻井流体中发泡,使气体达到能够循环的量。虽然连续相依旧是水或者油类,但气泡的基本特征没有发生太大变化。所以,仍然划归于泡沫类钻井流体。泡沫消耗后,加入处理剂维护,循环利用。

与纯气体钻井流体相比,泡沫流体具有密度低、黏度和切力高、携带岩屑清洗井筒能力强、高温状态性能稳定等特点。

2.1.14 充气钻井流体

充气钻井流体(Aerated Drilling Fluids)是指气体通过环空注入常规钻井流体中,形成流体裹着气体的一类钻井流体。用于降低钻井流体密度。充气钻井流体中起主要作用的是气体,所以归类为气基钻井流体。充气钻井一般是向水基钻井流体中注入空气,降低流体静液柱压力。

充气钻井流体最大的特点是分散在气中,自身不能够循环使用,归属于气基钻井流体,可以用气基钻井流体的主要方法研究和应用。充气钻井流体能够控制储层伤害、携岩能力强、密度低以及提高机械钻速。在低压储层钻进中,采用充气钻井流体有利于提高钻进效率、储层伤害控制、增大油气产量。

2.2 钻井流体面对的地层特性分类

现场通常选择针对特定地层的专用钻井流体,因此,就出现按地层特性分类的方法。如按地层温度分类、按地层岩石特性等分类。如果按地层物理特点,可以把钻井流体分为松散地层钻井流体、水敏地层钻井流体、水溶地层钻井流体、坚硬地层钻井流体、异常压力地层钻井流体、高温地层钻井流体、高应力地层钻井流体、煤岩储层钻井流体、页岩储层钻井流体、致密砂岩储层钻井流体、水合物储层钻井流体、地热储层钻井流体、酸气储层钻井流体、油气储层钻井流体、漏失地层钻井流体、坍塌地层钻井流体、盐膏层钻井流体和破碎性地层钻井流体等,以上被称为地层特性钻井流体,共18类。依据地层特点,对钻井流体分类的思想,称为钻井流体地层特性分类理论(Classification Theory of Formation Characteristics for Drilling Fluids)。

这种分类方法清楚地表述了作业对象与钻井流体相关的难点和重点。虽然带有一定的地域特点,会出现多种具体问题,普适性不好,但是,具有明显的专业特点,适用于专题研究。在工程作业中,一般是现场工作者的口头语或指定性用语,因此,应用比较普遍。

2.2.1 松散地层钻井流体

松散地层钻井流体(Unconsolidated Deposit Drilling Fluids)是指用于机械性分散地层的钻井流体,一般是指用于如流沙层、砾卵石层、砂夹砾石层、黄土层、海上表层、糜粒煤层和破碎带地层等的钻井流体。

松散地层胶结强度低,地层易坍塌,钻井流体易漏失,严重时会引起井漏等严重事故。适用于松散地层的钻井流体应具有强降失水性、强抑制性、强黏结性,应对松散地层钻井施工的难点。目前主要使用水基聚合物钻井流体,油基聚合物钻井流体和微泡沫钻井流体也有部分应用。

2.2.2 水敏地层钻井流体

水敏地层钻井流体(Water Sensitivity Drilling Fluids)是指用于水基钻井流体容易引起井下事故难题的地层钻井流体。一般是指用于抑制含有较多水敏性黏土的地层,如黄土层、泥页岩等水化膨胀或者分散的钻井流体。

水敏地层易遇水膨胀,井壁不稳定易塌,极易造成井下事故。用于水敏地层的钻井流体,尽可能降低钻井流体失水量,提高钻井流体抑制性。也可以使用烃基钻井流体解决水敏地层钻井遇到的难点。

2.2.3 水溶地层钻井流体

水溶地层钻井流体(Water Soluble Formation Drilling Fluids)是指用于组分易溶于水的地层钻井流体,此类地层一般为含有盐、钾盐和天然碱等物质的地层。

水溶性地层遇水溶解,造成井壁溶解,井壁垮塌,进而引起井下事故。此外,水溶地层中组分溶于钻井流体,会导致井下钻具腐蚀,影响钻具使用寿命。因此,用于水溶地层的钻井流体多为饱和盐水钻井流体,同时加入缓蚀剂,减缓腐蚀速度,降低钻井流体失水量以及加入抑制剂抑制盐类溶解。

2.2.4 坚硬地层钻井流体

坚硬地层钻井流体(Hard Formation Drilling Fluids)是指用于较为稳定、漏失较小的硬岩的钻井流体,俗称硬地层的钻井流体。坚硬地层一般为硅质胶结的石英砂岩、长石砂岩、硬泥岩、含燧石结核亮晶灰岩、高抗压白云岩等。

地层硬度高,抗钻性强。在该类地层中钻井钻进速度慢,钻井周期长,钻具寿命短。为了提高钻进速度,大多使用气体钻井流体,部分出水地层则使用泡沫流体等。

2.2.5 异常压力地层钻井流体

异常压力地层钻井流体(Abnormal Pressure Formation Drilling Fluids)是指用于异常低压或异常高压地层的钻井流体,用于地层压力较低易发生漏失或者地层压力较高易发井喷等事故难题的地层。

异常低压地层钻井中易发生漏失,伤害储层;异常高压地层压井作业困难,易发生井涌、井喷。对于异常低压地层,应及时控制钻井流体固相含量,清除多余岩屑,保持钻井流体密度;对于异常高压地层,应提高钻井流体密度,使其能够与地层压力平衡,防止井涌或井喷。

2.2.6　高温地层钻井流体

高温地层钻井流体(High Temperature Formation Drilling Fluids)是指能够承受较高温度的钻井流体,一般是指用于超深井、地热井等高温条件下钻井作业的钻井流体。

高温地层大多数处于较深地层,地层岩石坚硬,多为火山岩和变质岩。高温地层钻进难、损坏钻具。随着温度升高,钻井流体的流变性控制难度加大。处理剂容易高温降解,作用效果降低或失效。因此,在高温地层钻井时,应优选耐高温处理剂,实现强抑制性、良好的高温流变性。

2.2.7　高应力地层钻井流体

高应力地层钻井流体(High Stress Formation Drilling Fluids)用于所钻地层应力大、井不一定深但需要较高的钻井流体密度才能不发生应力坍塌的地层。

由于地层应力高、各向异性较强导致地层中微裂缝发育,钻井流体漏失以及井壁坍塌。因此高应力地层钻井流体具有较高的密度、较强的封堵性以及抑制性能。

2.2.8　煤岩储层钻井流体

煤岩储层钻井流体(Coal Reservoir Drilling Fluids)是指能够解决煤层坍塌、漏失和储层伤害问题,一般用于开采镜煤、亮煤、暗煤和丝炭等煤岩中煤层气的钻井流体。

在煤岩储层钻进过程中容易发生井壁坍塌、漏失和井斜,煤是松软矿体、强度低,取心困难,而且使用无固相或清水钻进煤层段,造成井壁稳定性差与井径扩大率超限,煤储层孔隙压力低,渗透性差,高密度钻井流体浸入伤害煤层,影响煤层的产气量。因此需要煤岩储层钻井流体具有良好的井壁稳定性、强封堵性能。对钻井流体密度和固相含量有严格的标准。

2.2.9　页岩储层钻井流体

页岩储层钻井流体(Shale Reservoir Drilling Fluids)是指能够解决页岩储层坍塌、漏失和储层伤害问题,一般用于开采页岩中油气资源的钻井流体。

页岩地层不确定因素多,压力难以预测、流体性质难以维持。泥页岩和致密砂岩存在易水化膨胀、易破碎、井壁不稳定以及储层易伤害等问题。因此,要求页岩储层钻井流体具有封堵能力强、强抑制性、润滑性好和携砂能力强等。

2.2.10　致密砂岩储层钻井流体

致密砂岩储层钻井流体(Tight Sandstone Reservoir Drilling Fluids)是指能够解决致密砂岩气储层油或者气的储层伤害控制问题,一般用于开采致密砂岩中油气资源的钻井流体。

致密砂岩储层岩石致密，孔喉小。储集空间大多是孔隙、裂缝、孔洞，在钻进过程中易造成孔喉堵塞。地层压力低，易造成水锁效应。钻井流体易漏失。因此，需要在钻井流体中加入降失水剂、抑制剂或者采用欠平衡钻井等。

2.2.11 水合物地层钻井流体

水合物地层钻井流体（Hydrate Formation Drilling Fluids）是指能够解决与钻头接触后，水合物释放引起的井壁失稳问题，一般用于开采水合物中天然气的钻井流体。

在水合物地层钻进时，储层井壁和井底附近的地层应力释放，地层压力降低；同时，钻头切削岩石、井底钻具与井壁及岩石摩擦会产生热，从而使井眼温度升高，水合物分解。钻进过程中水合物分解会危害钻井、井眼质量、设备。因此，在水合物地层钻进时，需要钻井流体具有良好的井壁稳定性、携岩能力以及流变性。此外，还要抑制天然气水合物重新生成能力。

2.2.12 地热地层钻井流体

地热地层钻井流体（Geothermal Formation Drilling Fluids）是指能够解决开采来自地球内部核聚变产生的清洁地热资源时，井筒内温度过高问题的钻井流体。

高温地热储层的岩石一般为火山岩、花岗岩或结晶岩等。岩石的硬度大，研磨性强，可钻性差，非均质性强；另外，地热储层中还含有二氧化碳或硫化氢等腐蚀性气体。因此，需要地热地层钻井流体密度较低，耐高温性能较强以及加入缓蚀剂提高钻井流体抗腐蚀能力。

2.2.13 酸气地层钻井流体

酸气地层钻井流体（Sour Gas Formation Drilling Fluids）是指用于开采高含硫和二氧化碳地层中油气资源的钻井流体。

全球近三分之一的储层都含有酸气。钻开酸气储层时，钻井流体与酸气接触，硫化氢和（或）二氧化碳侵入钻井流体中，影响钻井流体性能。为了安全钻进酸气储层，需要钻井流体具有抑制酸性气体作用，并加入能够去除酸性气体的处理剂。

2.2.14 油气储层钻井流体

油气储层钻井流体（Reservoir Drilling Fluids）是指用于油气储层钻进、控制储层伤害的钻井流体。

在油气储层钻井时，控制储层伤害是重中之重。因此，需要油气储层钻井流体具备良好的钻井流体性能的同时，具备良好的完井流体性能。能够有效稳定井壁和控制储层伤害。应该尽量降低钻井流体失水量并增强其封堵能力。

2.2.15 漏失地层钻井流体

漏失地层钻井流体（Leakage Formation Drilling Fluids）是指用于易漏失地层的钻井流体。

漏失地层钻井过程中，由于地层裂缝发育以及钻井流体密度过高，钻井流体液柱压力常常大于地层的破裂压力或漏失压力，造成井漏，致使施工困难。如果为防止井漏，降低钻流体密度,则容易诱发地层流体溢流甚至井喷等问题。因此,需要使用能够封堵裂缝提高漏失地层承压能力的钻井流体,能够降低钻井流体密度,或者钻井流体通过粘接地层的不连续碎片,提高地层的强度和韧性,提高了地层的漏失压力同时降低了地层坍塌压力,实现了防漏防塌的钻井流体。

2.2.16 坍塌地层钻井流体

坍塌地层钻井流体(Collapse Formation Drilling Fluids)是指用于钻易发生垮塌地层的钻井流体。坍塌地层主要有层理裂隙发育或破碎的各种岩性的地层、孔隙压力异常的泥页岩、处于强地应力作用地区的地层、厚度大的泥岩层、生油层、倾角大易发生井斜的地层、薄的砂泥岩互层等。

在坍塌地层施工时,地层坍塌岩屑进入钻井流体,使钻井流体黏度、切力、密度和含砂量增高,有时突然憋泵,严重时会憋漏地层。因此需要钻井流体具有井壁稳定、抑制性能。

2.2.17 盐膏层钻井流体

盐膏层钻井流体(Salt-gypsum Formation Drilling Fluids)是指用于钻易发生塑性流动、溶解及吸水膨胀的盐膏层钻井流体。盐膏层主要由盐岩和石膏组成,盐岩和石膏的含量不同,还含有其他矿物。

盐膏层钻井时,地层蠕变、缩径、井壁坍塌、卡钻甚至井眼闭合及挤毁套管等。钻井流体受到盐膏层中溶解的钠离子和钙离子侵害,会使钻井流体抑制能力减弱。因此,需要钻井流体具有合适的密度范围防止盐膏层蠕变缩径。此外还应具有良好的抗盐耐高温性能。

2.2.18 破碎性地层钻井流体

破碎性地层钻井流体(Sofigenthcarbon Formation Drilling Fluids)是指钻进地层整体强度低,但强度非均质性强、渗流非均质性强等钻井流体。破碎性地层分破碎性储层和非储层之分。

若地层岩石整体强度偏低,在力学环境改变后岩石易破碎成不规则破裂体,该地层被视为破碎地层(王平全,1990)。而储存油气资源的破碎地层则被称为破碎性储层。目前,破碎性储层分成两大类:一类是以煤岩、碳酸盐岩和疏松砂岩等为代表的天然破碎性储层;另一类是以改造后的致密砂岩和页岩等为代表的人工破碎性储层。破碎性储层在岩石组分、渗流能力和岩石力学参数等方面各向异性严重,且多数需要经过储层改造才能获得经济产量(郑力会等,2019)。

2.3 钻井环节分类

在钻井过程中,针对不同的作业环节,通常选择与作业环节相关的钻井流体,或者调整钻井流体性能到适合某一种作业环节的范围内。总体看,依据钻井流体作业环节不同,可分为钻进流体、洗井流体、固井前置流体、水泥浆、水泥浆顶替流体、砾石充填流体、钻水泥塞流体、射孔流体、试井流体、破胶流体、套管封隔流体、储层伤害解堵流体、修井流体和钻井废弃物处理流体等14种。依据钻井作业环节分类钻井流体的观点,称为钻井环节钻井流体分类理论(Classification Theory of Drilling Fluids in Drilling Process)。

依据钻井作业环节分类钻井流体,是普遍接受的钻井流体分类方法。但是,其下细分钻井流体时,又遇到按什么标准分类的问题。如按处理剂、体系,则又回到了以前的分类标准,反而增加了分类层次。当然,有人对钻井流体包括完井流体,还是完井流体包括钻井流体,争论不休。实际是不同的分类标准问题。

完井(Well Completion)是油气井的完成方式,即根据储层的地质特性和开发开采的技术要求,在井底建立储层与油气井井筒之间的合理连通渠道或连通方式。从定义来看,完井流体一般是在完井作业过程中所使用的工作流体的统称为狭义完井流体。广义地讲,完井流体是指从打开储层到油气井枯竭为止的一切油井储层作业使用的流体。也即从打开储层开始,人为注入井下的所有工作流体都属于完井流体的范畴。因此,钻井流体与完井流体的关系就非常清楚了。

完井流体的主要功能是平衡地层压力、储层伤害、维持井下清洁、提供良好的防腐效果并维持井内各种性能的稳定。

从流体的习惯分类来看,完井流体是指钻进结束后,用于清洗井眼、顶替钻井流体、射孔作业的钻井流体。

从作业类别或用途来分类,完井流体可分为钻开流体、清洗流体、射孔流体、砾石充填流体、压井流体、封隔流体、修井流体、洗井流体、压裂流体、酸化流体、破胶流体等。

根据连续相的性质还可以把完井流体分3大类,即气基完井流体、水基完井流体和油基完井流体。

气基完井流体,一般只用作钻开流体,也即在欠平衡钻井中的各种气体,包括空气、天然气、烟道气和氮气等。有时候把甲烷、氮气及空气等气体用作隔热性封隔流体,也是气基完井流体的范畴。

水基钻井完井流体主要有:改性钻井完井流体、低造浆土聚合物钻井完井流体、无造浆土聚合物暂堵型钻井完井流体、水包油钻井完井流体、无固相清洁盐水钻井完井流体、阳离子聚合物钻井完井流体、屏蔽暂堵钻井完井流体、正电胶钻井完井流体、甲酸盐钻井完井流体、水基封隔流体。

油基完井流体主要包括油基钻开流体、油基射孔流体、油基修井流体及油基封隔流体。油基钻井完井流体主要包括油包水乳化钻井完井流体、耐高温高密度油包水乳化钻井完井流体、低毒无荧光油包水乳化钻井完井流体。

2.3.1 钻进流体

钻进流体(Drilling-in Fluids)是指完成各次钻开新地层的钻井流体。储层中的钻井流体又叫钻开流体,又称为钻井完井流体,是储层钻井中所用的流体,其有效成分一般为生物高分子化合物或桥堵材料。因此,钻进流体是一个比较宽泛的概念。在较浅的表层,使用的钻进流体一般使用清水、盐以及膨润土,降低钻井流体失水量,防止表层垮塌,漏失。在表层之下的技术套管井段,地层较深,会经常遇到异常压力、漏失等,需要钻井流体耐温抗压性能较好。在目的层使用的钻进流体,为了储层伤害控制,一般要求此处钻进流体控制储层伤害,环境友好,井壁稳定性能良好。

2.3.2 洗井流体

洗井流体(Well Flushing Fluids)是指将井筒内的液相、固相和气相携带至地面,从而改变井筒环境的循环流体,又称清洗流体。一般用于清洗套管和井眼的工作流体。洗井流体又称冲砂流体,冲洗流体,用来冲洗井壁,清除井内沉砂或淤砂的流体。一般由表面活性剂及溶剂组成,添加增黏剂和降失水剂调整性能。主要作用是循环清除钻孔中的岩屑,净化井底,润滑和冷却钻头、钻具等,平衡地层压力,并在井壁形成滤饼,保护井壁,防止地层坍塌,防止井喷、井漏和控制储层伤害等。与修井流体的功能相似。

2.3.3 固井前置流体

固井前置流体(Cementing Front Fluids)是指注入水泥浆前泵入的流体,将水泥浆与钻井流体隔开,从而提高水泥浆顶替效率,改善水泥浆胶结质量。固井前置流体,即固井前置液是用在固井注水泥之前,用于清洗井壁油污和胶凝钻井流体。通过添加表面活性剂改善固井二界面亲水性能,提高二界面与水泥环的胶结强度。后期添加聚合物提高固井前置流体提高井壁的冲洗效率。在保证钻井流体悬浮性能前提下,改善流动性能,提高水泥浆顶替钻井流体的效率,提高固井质量。前置液一般要求较低的黏度、低临界返速、有一定悬浮性能以及清除滤饼等。

2.3.4 水泥浆

水泥浆(Cement Slurry)是指固井中使用的工作流体。由套管注入井壁与套管或者套管与套管的环空并上返至一定高度,随后变成水泥石将井壁与套管固结起来。水泥浆的密度对封隔过程以及封隔的效果有很大影响。高压储层的固井,使用高密度的水泥浆,避免固井时井喷;钻遇低压储层的井,则应当使用较低密度的水泥浆。若水泥浆密度太高,较高的流体静压力会引起地层破裂,水泥浆漏入地层。水泥浆密度应符合设计要求、有较好的流动性和适宜的初黏度、失水量低、控制储层伤害、水泥浆必须能有效地置换环空内的钻井流体以及固化后所形成的水泥石有较高的强度。

2.3.5 水泥浆顶替流体

水泥浆顶替流体(Cement Slurry Displacement Fluid)是用于顶替水泥浆的钻井流体。其密度、流变性以及润滑性影响固井质量。因此,在钻井过程中,完井阶段,固井作业者要求调整钻井流体性能,以满足固井需要。

2.3.6 砾石充填流体

砾石充填流体(Rock Packing Fluid),在砾石填充作业中,用来携带砾石或砂砾片将其运送到井下预定位置的流体。砾石充填就是利用具有一定性质的携砂液,携带加工好的标准砾石,充填到筛套环空中,依靠绕丝筛管的阻挡,使流体通过筛管进入冲管,返出井口。砾石被阻挡在筛套环空内,形成具有一定厚度、高空隙、高渗透的砾石层,防止地层砂在生产过程中进入油井。砾石充填流体要求携砂能力强、固相颗粒少以及减少液相侵入伤害储层。

2.3.7 钻塞流体

钻塞流体(Drilling Plug Fluids)是指用于钻掉留在套管或井眼内的凝固水泥塞、桥塞等的流体。由于钻塞流体携带能力的限制,钻磨碎屑难以返出井口,易出现憋泵和卡钻等。因此,需要钻塞流体具有良好的碎屑携带和悬浮能力,高效悬浮性循环液体以便清洗水平段/造斜段碎屑,预防下钻遇阻或卡钻。

2.3.8 射孔流体

射孔流体(Perforating Fluids)是指套管射孔时井筒内的流体。目的是控制射孔时地层与井内的压差,防止射孔时发生井喷、射孔堵塞、储层伤害等。通常按照其密度要求用各种无机盐配制而成,无机盐包括氯化钠、氯化镁、氯化钙等;也可用油基钻井流体作为射孔流体。射孔流体必须与储层配伍,其固相含量少,固相颗粒小,高温下性能稳定、失水量小、成本低、配制方便。

2.3.9 试井流体

试井流体(Well Test Fluids)是指用于确定油气井生产能力和研究储层参数及储层动态的流体。常称为压井流体。在油井与气井的试井、修井过程中,控制生产层地层压力。在洗井、侧钻、射孔等过程中控制油层压力操作时所用的流体,通常称压井流体。压井流体是为了防止井喷,而泵入井内的流体。其密度需根据油藏压力和深度来选择,一般为无固相流体。由于试井时出现的井漏、易塌等问题,要求试井流体具有良好的抑制防塌性能、良好的稳定性,具有一定的悬浮能力以防井内掉块、沉砂掩埋测试管具。同时还要求试井流体具有一定的储层伤害控制能力。

2.3.10 破胶流体

破胶流体(Gel Breaking Fluid)是完井作业后期解除聚合物堵塞储层近井带的流体。完井作业后期,采用破胶技术解除钻井完井流体在井壁上形成的滤饼,疏通原油流动通道。

在油井射孔、砾石充填和修井等作业中往往使用聚合物胶液。因担心聚合物分子团在岩心孔隙中的吸附和滞留造成储层伤害。要求破胶流体能快速破胶,对储层伤害低,与储层原油具有较好的配伍性。

2.3.11 套管封隔流体

套管封隔流体(Casing Packer Fluids)是指置于油管和套管之间,封隔器以上环形空间中的流体。主要功能是以其静水柱压力来减少地层与套管之间及封隔器上下的压差,保护套管和保证封隔器的密封性,防止气井水合物产生;另外,要求封隔流体中的各种成分不降解,本身无腐蚀性。根据连续相的性质,可把封隔流体分为气体型、油基型以及水基型3大类,其中气体型封隔流体和油基封隔流体的应用较少,主要应用水基封隔流体。

2.3.12 储层伤害解堵流体

储层伤害解堵流体(Reservoir Damage Unblocking Fluid)是用来清洗储层解除堵塞控制

储层伤害的流体。由于钻井流体长时间浸泡、油层内部微粒运移以及注入水中杂质堵塞都会造成储层堵塞,降低储层渗透率,降低油气产量。因此,需要针对不同堵塞类型,使用相应解堵流体,恢复地层渗透率。

2.3.13 修井流体

修井流体(Workover Fluids)是指在油气井完成投产以后为恢复、保持和提高油气井产能作业所使用的流体。修井流体是用于井下设备修理维护和重新完井所用的流体,能有效控制井下压力。简单来说,修井流体是用于已投产油井的修井作业所用的流体。修井流体应具备的主要特点是低固相或接近无固相,同时能够有效控制井下压力,控制储层伤害小,清洁井眼,悬浮固相,控制失水,在重复高剪切条件下想能保持理性性能。修井作业时,进入井筒的都可以叫修井流体。修井液一般要求具有适当的密度、清洁井眼能力和储层伤害控制能力。大多时候用清水和地层水就足够,针对一些特殊的储层,按照需要加入一些聚合物或功能材料。

2.3.14 钻井废弃物处理流体

钻井废弃物处理流体(Drilling Waste Management Additives)是指用于处理废弃钻井流体时,所使用的非钻井用的处理剂或者材料配制而成的流体,以确保钻井废弃物的指标满足法律、法规和标准要求。

2.4 钻井作业需求分类

按作业对象对钻井流体的特殊要求,分为溢流/井喷压井钻井流体、防卡解卡钻井流体、打捞落物钻井流体、水平井钻井流体、深水钻井流体、欠平衡钻井流体、控压钻井流体、小井眼钻井流体、大井眼钻井流体、套管钻井流体、连续管钻井流体、提速钻井流体、大位移井钻井流体、科学探索钻井流体、气体钻井完井流体、取心钻井流体、反循环钻井流体、环境友好钻井流体等18类钻井作业需求工作流体。

按照作业的需求分类钻井流体的观点,称为钻井作业需求分类理论(Classification Theory of Drilling Operation Demand)。此理论指导下的这种分类方法和按作业的程序、地层特性一样,普遍受到现场认可。但是,从钻井流体研究的角度,可能存在诸多交叉,特别是它不适于研究钻井流体的组分和体系相关的科学问题。

2.4.1 溢流/井喷压井钻井流体

溢流/井喷压井钻井流体(Killing Drilling Fluids)是指溢流或者井喷发生后,通过调整钻井流体密度平衡地层压力的钻井流体。通常在溢流或者井喷发生后,通过调节钻井流体密度大小,使井筒内静液柱压力大于或等于地层压力,防止地层流体进入井筒,造成更为严重的溢流井喷事故。在保证钻井流体密度较高的同时,还应具有良好的流变性能。

2.4.2 防卡解卡钻井流体

防卡解卡钻井流体(Control Drill Pipe Sticking Drilling Fluids)是指用于防止或解除钻具

在井内不能自由活动的钻井流体。井眼内卡钻类型很多,要根据卡钻类型,选择相应防卡解卡钻井流体。一般需要低固相钻井流体,控制适当的膨润土含量,保证了钻井流体具有良好的流变性、携砂性和失水护壁性,而且性能稳定。

2.4.3 打捞落物钻井流体

打捞落物钻井流体(Fishing Fluids)是指用于打捞脱落于井内的有形物体的钻井流体。井下落物包括小件类井下落物、井下工具、不规则管类、杆类落物等,如柱塞、拉杆、加重杆、油管及筛管等。在井下作业过程中,应及时清除井下落物,防止井下事故。使用具有冲洗井底沉砂能力的打捞落物钻井流体更能提高打捞效率。另外,应降低打捞落物钻井流体中的固相含量,减少井下作业事故的发生,减少套管磨损。

2.4.4 水平井钻井流体

水平井钻井流体(Horizontal Well Drilling Fluids)是指用于钻水平井的钻井流体。水平井钻井中主要存在井壁稳定、降阻减摩和岩屑床清除等问题。要求水平井钻井流体具有良好的润滑性,较强的携岩能力以及优良的井壁稳定性能。

2.4.5 深水钻井流体

深水钻井流体(Deep Water Drilling Fluids)是指用于海上作业水深超过900m的钻井流体。深水钻井面临的主要问题有海底页岩的稳定性差、钻井流体用量大、井眼清洗难、地层破裂压力窗口窄等。深水钻井流体应具有良好的低温流变性,保持常温流变性无太大的差别,能够有效地抑制气体水合物的产生,能有效稳定弱胶结地层并有效防止浅层流危害,良好的悬浮和清除钻屑能力,满足海洋环境保护的要求。

2.4.6 欠平衡钻井流体

欠平衡钻井流体(Underbalanced Drilling Fluids)是指用于在钻井时井底压力小于地层压力,地层流体有控制地进入井筒并且循环到地面上的钻井流体。欠平衡钻井技术开始于20世纪50年代,80年代发展迅速。使用欠平衡钻井流体可大幅度降低压差,大大提高机械钻速,延长钻头使用寿命。减少储层伤害,保护低压储层,安全钻穿易漏层。

2.4.7 控压钻井流体

控压钻井流体(Pressure Controlled Drilling Fluids)是指用于精确控制整个井眼的环空压力,确定井底压力范围,控制环空压力剖面的钻井流体。在20世纪60年代中期开始,陆地钻井使用控压钻井技术,后随着海上油气勘探开发,受到海上钻井决策者的重视,促进了控压钻井技术快速发展。控压钻井所用的钻井流体,主要是根据地层控压所需要的性能,通常一般通过调整钻井流体的密度和流变性能来满足控压钻井作业。

2.4.8 小井眼钻井流体

小井眼钻井流体(Slim Hole Drilling Fluids)是指用于钻90%的井眼直径小于7in或70%

的井眼直径小于6in的井的钻井流体。小井眼钻井环空间隙小、压耗大、易塌、易漏。为了满足流变性和防黏卡的需要,小井眼钻井流体要求固相含量低,同时还应具有良好润滑性能,剪切稀释性、流动性和良好的抑制性、护壁性、防塌、悬浮携带能力。

2.4.9 大井眼钻井流体

大井眼钻井流体(Large Hole Drilling Fluids)是指用于钻311mm及以上尺寸的井的钻井流体。一般煤矿大井眼钻井比较多见。大井眼井泥岩易水化分散造成钻井流体流变性变差,岩屑易黏附在井壁上引起缩径,井壁稳定困难。要求大井眼钻井流体提高钻井流体悬浮携带固相、稳定井壁等性能,提高钻井流体抑制性能。

2.4.10 套管钻井流体

套管钻井流体(Casing Drilling Fluids)是指用于用套管代替钻杆对钻头施加扭矩和钻压,实现钻头旋转与钻进的钻井流体。套管钻井作业时,环空间隙小,当量循环密度大,容易导致地层破漏、压差卡钻等问题。要求套管钻井流体固相含量低、抑制性能好以及悬浮稳定性好。

2.4.11 连续管钻井流体

连续管钻井流体(Reeled Tubing Drilling Fluids)。连续管钻井是一种采用连续管完成钻井的技术,特别适合于钻小井眼井和欠平衡井。用于此类钻井的流体称为连续管钻井流体。使用连续管钻井流体可安全地进行欠平衡钻井,最大的优势是可以确保井下始终处于欠平衡状态,减少钻井流体漏失,控制储层伤害。连续管钻井流体大多都是储层中作业,要求固相含量低,携岩性能好,能有效控制储层伤害。

2.4.12 提速钻井流体

提速钻井流体(Fast Drilling Fluids)是指在钻井流体中加入快钻剂,在不改变钻井水力参数、钻具结构和不影响钻井流体应具有的携屑、悬浮和稳定井壁性能的条件下,通过减小压持效应、提高岩石可钻性、增大井壁稳定性、减小环空压力降、增大钻头水马力等手段,最终达到大幅度提高机械钻速的效果的钻井流体。

2.4.13 大位移井钻井流体

大位移井钻井流体(Drilling Fluid Of Extended Reach Well)是指应用于大位移井的钻井流体。大位移井由于井斜较大,裸眼井段长,井壁更易垮塌失稳,海上大位移井作业还存在着污染问题。因此需要大位移井钻井流体具有良好的流变性能以及润滑性能,控制钻井流体固相含量;钻井流体具有较强井壁稳定性能。此外,还应具备良好的环境友好性能。

2.4.14 科学探索钻井流体

科学探索钻井流体(Scientific Exploration Drilling Fluids)是根据物探资料,依据地质设计和找油找气的需要而设计。为弄清地质构造,发现储层,控制储层伤害,落实油气储量参数而进行的钻井,称为科学探索钻井,用于此类钻井的流体称为科学探索钻井流体。为此要求科研探索钻井流体具备控制储层伤害性能。

2.4.15 气基钻井完井流体

气基钻井完井流体(Gas-based Drilling and Workover Fluids)是指气体钻井完成进尺后,用于恢复常规钻井流体钻井的钻井流体。气基钻完井流体要求能够最大限度避免外来流体对储层的伤害,有效储层伤害控制,提高机械钻速,节约勘探开发成本。常用于致密油气藏的开采过程。常用的气基钻井完井流体是氮气钻井。

2.4.16 取心钻井流体

为取得不受钻井自由水伤害的岩心,以求获得较为准确的储层原始含油饱和度资料,为合理制订油田开发方案提供依据的钻井称为取心钻井。用于取心钻井的流体称为取心钻井流体(Coring Drilling Fluids)。要求取心钻井流体失水量低,性能稳定,流动性和润滑性很好,取心过程中不发生吸水膨胀或剥落,也不易断裂或磨损,保证取出的岩心规矩、完整、成柱性好、收获率高。

2.4.17 反循环钻井流体

钻井流体从井眼环空流入,经钻头、钻具内孔返出的钻井方式称为反循环钻井。用于反循环钻井的流体称为反循环钻井流体(Reverse Circulation Drilling Fluids)。反循环钻井技术减少地层漏失、控制储层伤害、岩样代表清晰等特点,可进一步分为气举反循环、空气反循环、泵吸反循环等多种类型。

2.4.18 环境友好钻井流体

环境友好钻井流体(Environmentally Friendly Drilling Fluids)是既满足工程需求,又具有环境友好性能的钻井流体。要求环境污染轻、毒性小、抑制性好、流变性好、固相含量低、能生物降解等特点。环境友好型流体应该是由无毒无污染的无机盐和可降解的天然高分子材料或其改性产品为处理剂组成,满足施工地区的环保排放标准。

第3章　钻井流体组分变依据划分理论

钻井流体组分(Drilling Fluids Composition)是指配制、维护或者处理钻井流体所使用的物质，是钻井流体处理剂(Additives)的总称。

钻井流体组分是钻井流体的基础。没有性能优良的钻井流体组分，就不可能有性能优良的钻井流体。没有性能优良的钻井流体，也难以预防井下难题和解决井下难题。

实现基本功能的处理剂，可以认为是基础处理剂。一般来说，钻井流体最基本的功能是清洁井眼。因此清洁井眼所需要的处理剂就是基础的处理剂，即增黏剂。增黏剂通过悬浮和携带岩屑，实现清洁井眼。因此，构建钻井流体时，首先选择合适的增黏剂，在满足悬浮、携带的前提下，通过添加其他处理剂实现其他性能。最简单、最便宜的增黏剂是钻井流体用黏土。当然，如果钻井流体的基本目标是提高抑制性，抑制剂就是构建钻井流体时最基本的处理剂。如清水中加入的氯化钾，就是基础处理剂。

就收集得到的文献看，有人认为钻井流体组分应该向多功能发展，也有人认为应该向功能单一、性能更强方向发展。

如果钻井流体处理剂具有多功能特点，处理剂在使用时，就可以减少用量。比如说聚合物处理剂通过自身提高黏度功能，实现携带的同时，实现失水护壁和润滑。聚丙烯酰胺类降失水剂，就是这样的。其降失水作用要靠滤液的黏度来实现，同时聚合物吸附井壁实现了井壁与钻具间摩阻降低。这样，在构建某钻井流体时，就要考虑工程、地质和储层等所有的需求，通过处理剂的协同作用达到钻井流体性能的目的，而不是某种需要对应用某种处理剂。协同作用(Integrated Effects)是指钻井流体的多个组分同时对某一性能产生影响，产生的效果超过各自单独作用的总和，也称协同效应。

相反，如果单一功能突出，则在选择处理剂时目标更明确，应用更有针对性。会缩短处理剂配制、维护和处理的时间，应用更方便。但是，目前实现处理剂功能单一、性能强大，是非常困难的。如钻井过程中提高切力，有的虽然效果明显，但也会改变其他性能。如现场提高切力，加入水化膨润土。但加入水化膨润土的同时，塑性黏度也同时增加。同样，目前提高切力用的生物聚合物类也有同样的现象，只是程度不同而已。

钻井流体类型不同，组分不同。水基钻井流体、油基钻井流体以及气基钻井流体，由于类型不同，所需要的组分也不同(Darley,1988)。根本原因是组分在不同的连续相中的作用机理不同。这就促使许多学者定义钻井流体处理剂，以方便研究作用机理。

《钻井手册(甲方)》(石油工业出版社,1990)认为，钻井流体所用的材料包括原材料及处理剂。原材料(Raw Material)是指用作配制钻井流体的基础材料，剂量较大。例如膨润土、水、油以及加重材料。化学剂(Chemical)是指用于改善和稳定钻井流体性能，或为满足钻井流体某种性能需要而加入的化学处理剂，包括无机处理剂和有机处理剂。处理剂(Additivities)是钻井流体的核心组分，往往很少的剂量就能对钻井流体性能产生极大的影响(《钻井手册(甲方)》编写组,1990)。

SY/T 5822 认为,钻井流体处理剂是指钻井流体配制和处理过程中所用的化学剂。可以看出,钻井流体中的原生材料不作为处理剂。

樊世忠等认为,钻井流体材料是指配制各种钻井流体的物质,包括原材料和处理剂。原材料主要是指黏土矿物、水、油和加重材料,处理剂主要指天然的和人工的化学试剂(樊世忠等,1996)。可见,钻井流体处理剂和原材料是不同的。

王中华认为,在石油钻井过程中,为了调节钻井流体性能,保证钻井作业顺利进行,所使用的化工产品即为钻井流体用化学品,也称钻井流体处理剂。包括无机化工产品、有机化工产品和高分子化合物,属于油田化学品之一(王中华,2006)。可见,钻井流体的处理剂化工产品,不包括原材料。这一点与前人的研究相似,但明确了无机、有机化工产品以及高分子化合物属于才是处理剂。

前人的文献中,明确了钻井流体处理剂只是化学品。但实际上,处理剂包括了所有的入井材料。

钻井流体组分伴随着钻井流体的出现而出现,更准确地说是先有钻井流体组分然后有钻井流体。钻井流体组分的出现,可以追溯到公元19世纪。Chapman 在 1890 年申请了专利,用黏土、糠、谷物及水泥"糊"不稳定地层,减少井眼扩大,提高钻井流体的黏度(Chapman et al. ,1890)。虽然 Chapman 没明确提出这些是钻井流体组分,但实际上钻井流体组分可以认为由此产生。

尽管人们早已开始使用黏土配制钻井流体,但是用优选出的黏土配制出黏度较高的适合钻井的钻井流体,则到了 1903 年才出现(Hayes et al. ,1903)。

有增黏就有降黏。把稀释剂引入黏土制成的钻井流体,降低钻井流体的黏度,直到 1930 年才得以实现(Parsons,1931),达到了钻井流体能够人为控制黏度目的,实现需要的性能。处理剂的开发与应用使其获得了解决越来越复杂井下难题的性能,成为钻井流体学的重要组成部分。研制和开发各类高效、无毒和多功能的处理剂,或者寻找合适的配制钻井流体的材料,是钻井流体追求的目标之一。

钻井流体处理剂的效能、质量和技术水平,代表着钻井流体学的发展水平。钻井流体是用不同功能的处理剂配制而成。随着配制钻井流体的材料和处理剂种类不断地增加,引发钻井流体不断更新。据不完全统计,世界上处理剂种类不少于 3000 种。

美国《World Oil》杂志每年都会刊登一版有关世界石油钻井流体的体系及处理剂分类的文章,对钻井流体处理剂分类时,结合了钻井现场及经验,为国际钻井承包商协会钻井流体分委会所广泛认可。

张克勤等对 1981 年至 2006 年《World Oil》公布的钻井流体处理剂情况进行统计发现,从 20 世纪 80 年代以来,世界上钻井流体组分种类基本保持在 2000 种以上。具体来看,1981 年已达 2833 种,1983 年 2733 种,1989 年 2606 种,1991 年 2323 种,1995 年 2487 种,1997 年 2887 种,1999 年 2671 种,2000 年 2689 种,2001 年 2856 种,2002 年 2550 种,2004 年 2188 种,2006 年 2763 种,预计今后处理剂种类会随着新工艺和新技术的出现而增加(张克勤等,2005)。

相对而言,中国的钻井流体材料或处理剂的发展比较缓慢。1972 年,中国钻井流体材料和处理剂种类仅 21 种。1975 年以后,中国钻井流体材料和处理剂开始有所突破,种类逐渐增加。1978年至1993年,中国钻井流体材料和处理剂种类变化有所增加,1978年中国钻井流体材料和处理剂种类仅49种,1982年63种,1984年106种,1986年155种,1988年175种,1990年213种,到1993年才发展至260种,呈缓慢持续上升趋势(张克勤等,2007)。

为了进一步弄清钻井流体处理剂的品种数量,张克勤等将世界上一些国家的主要钻井流体公司的产品对比发现。全世界钻井流体处理剂商品的商标维持在2500种左右,但是由于厂家众多,同一种类的产品每个公司均有自己的商品名称。通过鉴别分析合并同类项,全世界钻井流体处理剂仅有150~200种,大宗的仅有20多种。用得最多的是降失水剂、增黏剂、乳化剂、页岩抑制剂和降黏剂等5种,其他种类处理剂所占比例则较少。

钻井流体种类多,分类复杂;钻井流体组分更多,分类愈加困难。由于中国石油企业相应钻井流体机构的变化,加上非石油企业的参与,钻井流体组分增长速度惊人。同时,不能排除同一组分以不同名称存在的情况。总的来说,钻井流体组分命名比较混乱,统计越来越困难。

1993年,石油天然气行业制定了关于钻井流体处理剂类型、代号的SY/T 5596—1993《钻井液用处理剂命名规范》,但没有命名方法相应的国家标准出台。2009年由石油钻井工程专业标准化委员会提出并归口,国家能源局发布了SY/T 5596—2009《钻井液用处理剂命名规范》替代原有的SY/T 5596—1993,删除了钻井液用处理剂常用原材料的英文名称,修改了以代号为主的命名方式,改为以汉字为主的命名方式。删除了对钻井流体类型和代号的规定。修改了钻井流体用处理剂的分类并增加了说明。对钻井流体用处理剂主要原材料分类并说明。

SY/T 5596—2009中,钻井流体用处理剂命名规范规定钻井流体处理剂命名方法采用功能和主要原材料分二段式表示。第一字段体现钻井流体处理剂的功能名称,明确其使用范围;第二字段体现主要原料名称。如果是多种原材料的混合物应取其中最大的或对功能起主导作用的一种原料作为主要原材料名称。名称之后可以有代号。若使用代号,应在第二段后加入不超过6个字符的代号。如预胶化淀粉DFD,按照命名规范要求命名为,钻井流体用降失水剂预胶化淀粉DFD。其中,钻井流体用降失水剂为功能字段,预胶化淀粉为原材料字段,DFD为代号。

但是,因为不同的用途会产生不同的分类方法,不同的生产厂家也会出现不同的写法,所以分类仍然比较混乱。然而,即便如此,钻井流体研究者们对钻井流体组分的分类工作从未间断。对钻井流体组分的分类都是基于本国钻井行业发展而开展,同时为钻井工作提供服务和便利。

1977年,Wright在《World Oil》(1977—1978)对钻井流体功能所用的处理剂类型进行了归类(Wright,1977),分别是碱度/pH值控制剂、杀菌剂、除钙剂、缓蚀剂、消泡剂、乳化剂、降失水剂、絮凝剂、泡沫剂、堵漏剂、润滑剂、页岩抑制剂、表面活性剂、稀释剂/分散剂、增黏剂和加重材料共16种。

其中,碱度/pH值控制剂主要是用来调整体系酸度或碱度,一般采用石灰、氢氧化钠和碳酸氢钠。

杀菌剂的功能是用来降低菌落的数量,常用的组分包括多聚甲醛、石灰和防腐剂等。

除钙剂一般由氢氧化钠、碳酸钠、碳酸氢钠和多聚磷酸盐等组成,主要用来防止或避免无水硫酸钙或石膏等形式的钙污染。

防腐剂一般采用生石灰或铵盐。胶体、乳化体系和油基钻井流体的钻井流体均具有良好的防腐性能。

消泡剂主要用来消除盐水和饱和盐水体系中的起泡行为。

乳化剂的目的是使得两种液体在乳化剂的作用下形成非均匀混合物。常用的乳化剂包括改性木质素、阴离子或非离子表面活性剂等。

降失水剂常用的类型包括膨润土、羟甲基纤维素钠、预胶化淀粉等。

絮凝剂是使得悬浮的胶体颗粒发生絮凝,常用于提高凝胶的强度,常用的絮凝剂包括盐类(或盐水)、生石灰、石膏和四磷酸钠等。

发泡剂常用于气体或空气钻井方式在钻井遇到地层水时,通过发泡携带钻屑。常用的化学发泡剂是表面活性剂。

堵漏剂主要是用于封堵漏失地层的材料。

润滑剂可通过减小摩阻,降低转盘的扭矩并提高钻井水动力。常用的润滑剂包括油类、石墨烯和皂类。此外,润滑剂还常用来解卡。

页岩抑制剂用来抑制页岩的水化膨胀,常用的处理剂包括石膏、硅酸钠、木质素磺酸盐、石灰及盐类。

表面活性剂是用来降低两相间(水/油、水/固、水/气)界面张力的组分,表面活性剂的类型较多,可能是乳化剂、去乳化剂、絮凝剂、解絮凝剂等。

降黏剂/分散剂可以用来改变钻井流体中黏度和固体百分比之间的关系,并且还可以使用降低凝胶强度,增加流体的"可泵性"等。单宁(Quebracho)、各种多磷酸盐、褐煤和木质素磺酸盐材料等常用作稀释剂,或作为分散剂。

稀释剂的主要目的是用作抗絮凝剂,以减少黏土颗粒的吸引(絮凝),导致高黏度和高凝胶强度。

常用的增黏处理剂包括膨润土、羟甲基纤维素钠、绿坡缕石、钠膨润土等。

加重材料包括重晶石、铅化合物、氧化铁、碳酸钙和具有高密度的类似产品,用于控制地层压力,也常用于应对地层漏失情况及完井作业的封堵,提高地层承压能力。

1978年至1985年的8年间,《World Oil》在有关钻井、完井和修井流体导论的中对钻井流体功能处理剂的种类未做出相应改变,延续了1977年的分类标准(Wright,1978,1979;Jeff,1980,1981;Wright,1982;Muhleman,1983;Wright,1984;Muhleman,1985)。

1986年,《World Oil》在有关钻井、完井和修井流体导论关于功能处理剂的分类中,在碱度/pH值控制剂、杀菌剂、除钙剂、缓蚀剂、消泡剂、乳化剂、降失水剂、絮凝剂、泡沫剂、堵漏剂、润滑剂、页岩抑制剂、表面活性剂、稀释剂/分散剂、降黏剂和加重材料16种组分的基础上,增加解卡剂和温度稳定剂。钻井流体处理剂达到18类。

其中,解卡剂组成与润滑剂类似,功能也与润滑剂相似。解卡剂也可以注入可能卡钻的位置,以减少摩擦,提高润滑性,抑制地层膨胀。

温度稳定剂主要是为了提高高温下流体的流变性和失水稳定性,主要成分来自丙烯酸纤维、磺化纤维、共聚物、褐煤、木质素磺酸盐和基于单宁类的处理剂等。

1987年至2004年18年间,《World Oil》在有关钻井、完井和修井流体导论的中对钻井流体功能处理剂的种类未做出相应改变,延续了1986年的分类标准。内容也仅有少量的微调,如1995年起,表面活性剂的类型除了乳化剂、去乳化剂、絮凝剂、解絮凝剂等,还新加入了润湿剂(World Oil's Fluids, 1987, 1988, 1989, 1990, 1991, 1992, 1993, 1994, 1995, 1996, 1997, 1998, 1999, 2000, 2001, 2002, 2003, 2004, 2006, 2007, 2008)。功能处理剂的类型依然是包括碱度/pH值控制剂、杀菌剂、除钙剂、缓蚀剂、消泡剂、乳化剂、降失水剂、絮凝剂、泡沫剂、堵漏剂、润滑剂、页岩抑制剂、表面活性剂、解卡剂、温度稳定剂、稀释剂/分散剂、降黏剂和加重材料在内的18种。

　　2005年,《World Oil》对之前的18种功能处理剂的类型做了局部调整,增加了一类为满足深/冷水钻井环境,在钻井流体中添加盐或者乙醇类处理剂的水合物抑制剂,把解卡剂并入了润滑剂,命名为润滑剂/解卡剂,内容与润滑剂一致。因此,钻井流体处理剂类型分别是碱度/pH值控制剂、杀菌剂、除钙剂、缓蚀剂、消泡剂、水合物抑制剂、乳化剂、降失水剂、絮凝剂、泡沫剂、堵漏剂、润滑剂/解卡剂、页岩抑制剂、表面活性剂、温度稳定剂、稀释剂/分散剂、降黏剂和加重材料等18类(World Oil's Fluids, 2005)。

　　2006年至2016年11年间,《World Oil》在有关钻井、完井和修井流体导论的中对钻井流体功能处理剂的种类未做出相应改变,延续了2005年的分类标准(World Oil's Fluids, 2006, 2007, 2008, 2009, 2010, 2011, 2012, 2014, 2015)。

　　根据上述分析可知,《World Oil》关于钻井流体处理剂的分类是将钻井流体处理剂按功能分类,具体包括碱度/pH值控制剂、杀菌剂、除钙剂、缓蚀剂、消泡剂、乳化剂、降失水剂、絮凝剂、泡沫剂、水合物抑制剂、堵漏剂、润滑剂/解卡剂、页岩抑制剂、表面活性剂、高温稳定剂、降黏剂/解絮凝剂、增黏剂、加重材料等18大类,该分类方法被国际钻井承包商协会(IADC)钻井流体委员会广泛接受,但是,《World Oil》在分类过程中同时指出,由于某种处理剂同时兼具多项功能,所以分类可能会有交叉重复出现的情况。例如,消泡剂和乳化剂等属于表面活性剂,然而又再将表面活性剂单列为一类,是明显的重复。

　　不同国家和组织在本国钻井流体发展的基础上,也提出了符合本国钻井流体处理剂特点并为本国钻井公司服务的钻井流体处理剂分类方法。例如苏联将钻井流体处理剂分为18类,分别是pH值控制剂、杀菌剂、除钙剂、缓蚀剂、消泡剂、乳化剂、降失水剂、絮凝剂、泡沫剂、堵漏剂、润滑剂、页岩抑制剂、表面活性剂、热稳定剂、降黏剂、胶体结构剂、加重剂和硫化氢结合剂等。虽然从用途上比较容易区别,但无法避免交叉、重叠的现象。

　　中国国家能源局也将钻井流体处理剂分为18类,分别是钻井流体用降失水剂、防塌封堵剂、页岩抑制剂、包被絮凝剂、增黏剂、降黏剂、润滑剂、解卡剂、防泥包剂(清洁剂)、消泡剂、乳化剂、发泡剂、堵漏剂、加重剂、杀菌剂、缓蚀剂、润湿反转剂和特殊功能处理剂。与《World Oil》对钻井流体处理剂分类相比,中国钻井流体处理剂分类中没有把水合物抑制剂单独列出,也没有把解卡剂和润滑剂合并。

　　有的标准把发泡剂称为起泡剂,堵漏材料也称为堵漏剂,碱度控制剂称为pH值控制剂,加重材料称为加重剂。

　　在技术不断进步的今天,有的提法有一定道理,且有前瞻性。如堵漏材料发展到凝胶堵漏,加重材料已发展到有机盐加重材料,此时,可以把加重材料称作加重剂了。但依然没有改变交叉和不完整的缺点。因此,需要全面地、系统地分类钻井流体用处理剂。

当然,许多学者对钻井流体处理剂进行分类没有明确自己的分类标准,如把处理剂分成有机处理剂和无机处理剂,而后又分为矿物产品、天然产品、合成有机化学品和无机化学品等四类(王中华,2006)。只是作者分类时,没有明确自己的分类依据。

钻井流体是为钻井和地质勘查等目的使用不同功能的处理剂配制而成的。因此,处理剂按功能分类是比较合适的。但是,考虑研究、加工、运储等原因,依据多种分类方法也是应该的。常见的分类方法是,按处理剂物理化学性质、处理剂主要组分、处理剂功能以及作业地层特性等分类标准。但按实用依据分类是比较容易接受的,主要根据用途和组分来划分钻井流体组分的种类。相关钻井流体组分实用依据划分的论述,称为钻井流体组分实用依据划分理论(Division Theory of Practical Basis for Drilling Fluid Components)。处理剂不同功能,造成加工方式不同。

3.1 钻井流体组分制造方法

钻井流体的组分种类尽管很多,但是,以材料的物理化学性质为依据制造生产处理剂的方式归结起来只有三类,即化学合成法、物质复配法、粉碎筛选法。

3.1.1 化学合成法

化学合成法是将两种或以上物质从分子变成原子后,原子重新组合形成新分子物质的方法。包括无机合成法和有机合成法。

无机合成又称无机制备,包括合成新的无机物及研究新的合成方法。无机合成的合成对象除了一般的无机物,现已扩展到金属有机化合物、生物无机化合物、原子簇化合物、无机固体材料等。有关无机物的物理性质、化学性质及反应规律的知识及经验的积累和总结奠定了无机合成化学的基础,据此进行特定结构和性质的无机材料定向设计和合成是无机合成的发展方向。

无机合成技术有水溶液化学法和高温固相反应法、电解法、非水溶剂法、化学气相沉积法、电弧法、光化学法、水热法等。后来发展了高温、高压等极端条件下的化学合成,以及以溶胶/凝胶法为代表的在温和条件下进行的软化学合成。

有机合成是指利用化学方法将单质、简单的无机物或简单的有机物制成比较复杂的有机物的过程。例如由氢气和二氧化碳制成甲醇;由乙炔制成氯乙烯,再经聚合而得聚氯乙烯树脂;由苯酚经一系列反应制得己二酸和己二胺,二者缩合成聚酰胺66纤维。目前大多数的有机物如树脂、橡胶、纤维、染料、药物、燃料和香料等都可通过有机合成制得。20世纪70年代以后,有机合成的新领域迅速发展,如一些有一定立体构象的天然复杂分子的合成,一些新的理论和方法如反应机理、构象分析、光化学、各种物理方法分析手段的应用等方面的进展,尤其是分子轨道对称守恒原理的提出,对有机化学合成起着极大的推动作用。有机化学合成的主要方法有9种。

(1)羟基的引入。引入羟基的方法有烯烃与水加成、醛酮与氢气加成、卤代烃的水解、酯的水解等。加成反应(Addition Reaction)是一种有机化学反应,在有双键或三键(不饱和键)

的物质中，两个或多个分子互相作用，生成一个加成产物的反应。加成反应可以是离子型的、自由基型的或协同的。离子型加成反应是化学键异裂引起的，分为亲电加成（Electrophilic Addition）和亲核加成（Nucleophilic Addition）。加成反应后，重键打开，原来重键两端的原子各连接上一个新的基团。加成反应一般是两分子反应生成一分子，相当于无机化学的化合反应。根据机理，加成反应可分为亲核加成反应、亲电加成反应、自由基加成反应、环加成反应。加成反应还可分为顺式加成和反式加成。顺式加成是指加成的两部分从烯烃的同侧加上去；反式加成是指加成的两部分从烯烃的异侧加上去。能发生加成反应的官能团有碳碳双键、碳碳三键、碳氧双键、碳氮三键、苯环。水解（Hydrolysis）是指利用水将物质分解形成新物质的过程。一般是指盐类。典型的有机物水解有卤化物水解、芳磺酸盐水解、胺水解、酯水解、蛋白质水解等5种类型；典型的无机物水解有强酸强碱盐水解、强酸弱碱盐水解、强碱弱酸盐水解、弱酸弱碱盐水解等4种类型。

（2）卤原子的引入。烃与卤素的取代、不饱和烃与卤化氢及卤素的加成、醇与卤化氢取代。

（3）双键的引入。卤代烃的消去反应、醇的消去反应、炔烃不完全加成。

（4）不饱和键的消去、加成反应。

（5）除羟基，包括消去反应、氧化反应、酯化反应。

（6）除醛基，包括加成反应、氧化反应。

（7）转换不同官能团。

（8）增加官能团，通过某种途径使一个官能团变为两个。

（9）改变官能团位置，通过某种途径使官能团的位置发生改变。

以上反应，多是聚合反应。聚合（Polymerization）是指多个含有不饱和碳原子的低分子量化合物单体，通过自身加成反应，转变为高分子量化合物的反应。根据离子电荷不同，分为阳离子聚合和阴离子聚合。用人工方法，将低分子化合物合成高分子化合物，称为人工高聚物，也称高聚物。高聚物相对分子量可大于10000。除人工高聚物外，还有天然高聚物，如淀粉、纤维素、天然橡胶和蛋白质等自然界存在的高聚物。钻井流体使用的高聚物一般是经过进一步改性更易溶于水的高聚物，主要是有机电解质类的物质。

能否反应顺利，一般用平衡常数来表征。平衡常数表达式表明在一定温度下，体系达成平衡的条件。对于一般可逆反应 $mA + nB \rightleftharpoons pC + qD$，平衡时，平衡常数计算：

$$K_c = \frac{c_C^p \, c_D^q}{c_A^m \, c_B^n} \tag{1.3.1}$$

式中 c_A, c_B, c_C, c_D ——物质A、物质B、物质C和物质D的浓度，mol/L；

m, n, p, q ——化学计量数；

K_c ——平衡常数，$(\text{mol/L})^{(p+q-m-n)}$。

在一定温度下，可逆反应达到平衡时，生成物浓度幂的连乘积与反应物浓度幂的连乘积之比是一个常数。

溶质以相对浓度表示，即该组分的平衡浓度除以标准浓度的商；气体以相对分压表示，即该组分的平衡分压除以标准分压的商。以平衡时生成物各组分的相对浓度和相对分压之积为分子,反应物各组分的相对浓度和相对分压之积为分母,各组分相对浓度或相对分压的指数等于反应方程式中相应组分的计量系数。固体、水溶液中水的浓度可视为定值,其浓度不列入平衡常数表达式中。在一定条件下,某可逆反应的平衡常数值越大,说明平衡体系中生成物所占的比例越大,它的正反应进行的程度越大,即该反应进行得越完全,反应物转化率越大;反之,就越不完全,转化率就越小。当平衡常数大于10^5或等于10^5时,该反应就基本进行完全,一般当成非可逆反应;而平衡常数在$-10\sim10$的反应被认为是典型的可逆反应。平衡常数值大小只能预示某可逆反应向某方向进行的最大限度,但不能预示反应达到平衡所需要的时间。

化学平衡常数只受温度影响。平衡常数既与任何一种反应物或生成物的浓度变化无关,也与压强的改变无关;由于催化剂同等程度地改变正逆反应速率,故平衡常数不受催化剂影响。任何可逆反应,当温度保持不变,改变影响化学平衡的其他条件时,即使平衡发生移动,平衡常数值不变。其他条件不变时,若正反应是吸热反应,由于升高(或降低)温度时平衡向正(或逆)反应方向移动,平衡常数增大(或减小);若正反应是放热反应,由于升高(或降低)温度时平衡向逆(或正)反应方向移动,平衡常数减小(或增加);所以温度升高时平衡常数可能增大,也可能减小,但不会不变。

化学合成的概念较多,只有先了解一些合成的基本概念才能更好地区分合成的类型及其特点(王中华,2006)。常见的钻井流体处理剂常用的合成组分包括13类。

(1)单体。单体是一种化合物,能与其他相同或者不同类型的分子结合形成聚合物。作为单体的化合物,必须具备两个以上的可反应位置,并能够引入其他单体构成聚合物。

(2)高分子。高分子也叫高聚物分子、聚合物分子或大分子,由许多相同的、简单的结构单元通过共价键重复键接而成的相对分子质量很大的化合物。具有较高的相对分子质量,结构是由多个重复单元组成。

(3)聚合物。聚合物也叫高分子化合物,是由大量的简单分子(单体)化合而成,相对分子质量较高的大分子组成的天然的或合成的物质。聚合物又称为大分子物质或者高分子物质。

(4)链原子。构成高分子主链骨架的单个原子。

(5)链单元。由链原子及其取代基组成的原子或者原子团。

(6)主链,构成高分子骨架结构,以化学键结合的原子集合。

(7)侧链或者侧基,连接在主链原子上的原子或者原子集合,又称支链。支链可以较小,称为侧基;可以较大,称为侧链。

(8)结构单元。构成高分子主链结构部分的单个原子或原子团。可包含一个或多个链单元。

(9)重复结构单元。聚合物分子结构的最小的结构单元。

(10)单体单元。聚合物分子结构中,由单个单体分子生成的最大的结构单元。

(11)聚合度。单个聚合物分子所含单体单元的数目。

(12)末端基团。高分子链的末端结构单元。

(13)遥爪高分子,又称远螯聚合物。分子链两端带有反应性官能团的低聚物。因其分子中的活性基团犹如两只爪子占据了链的两端而得名。其分子量不高,呈液状,在加工时可采用浇铸或注模工艺,最后通过活性端基的交联或链的伸长成为高分子聚合物。

分子量分布与聚合物的物理机械性能和加工过程,如模塑、成膜和纺丝等都有密切的关系。因而,研究分子量分布是控制和改进产品质量的一个重要因素。聚合物和低分子量化合物不同,没有固定的分子量,而是不同分子量同系物的混合体系。因此聚合物分子量是一个平均值,有一个分布的概念。常用的分子质量的概念包括数均相对分子质量($\overline{M_n}$)、重均相对分子量($\overline{M_w}$)、黏均相对分子质量$\overline{M_\eta}$和 Z 均相对分子量。

(1)数均相对分子质量($\overline{M_n}$)。数均相对分子质量通常由渗透压、蒸气压等依数性方法测定,如溶液的蒸气压、沸点、凝固点和渗透压等,与溶质的本性无关。由溶质颗粒数目的多少决定的性质被称为溶液的依数性(高岐等,2010)。其定义是某体系的总质量为分子总数所平均。低分子部分对数均相对分子质量有较大贡献。

$$\overline{M_w} = \frac{\sum_i n_i M_i}{\sum_i n_i} = \sum_i x_i M_i \tag{1.3.2}$$

式中 n_i——第 i 种分子的分子数;

M_i——第 i 种分子的分子量,g/mol;

x_i——第 i 种分子的摩尔分数,%。

(2)重均相对分子量($\overline{M_w}$)。重均相对分子量通常由光散射法测定。其定义是某体系的总重量为分子总数所平均。相对分子质量较高部分对重均相对分子质量有较大的贡献。

$$\overline{M_w} = \frac{\sum_i m_i M_i}{\sum_i m_i} = \sum_i w_i M_i \tag{1.3.3}$$

式中 m_i——第 i 种分子的分子质量,g;

w_i——第 i 种分子的质量分数,%;

M_i——第 i 种分子的分子量,g/mol。

(3)黏均相对分子质量$\overline{M_\eta}$。用溶液黏度法的平均相对分子质量。此法要考虑黏度的影响。引入高分子稀溶液特性黏度,相对分子质量关系式中的指数,一般为 0.5~1.0。

$$\overline{M_\eta} = \left[\sum_i w_i M_i^\alpha \right]^{1/\alpha} \tag{1.3.4}$$

式中 w_i——第 i 种分子的质量分数,%;

M_i——第 i 种分子的分子量,g/mol;

α——相对分子质量关系式中的指数,一般为 0.5~1.0。

(4)Z 均相对分子质量($\overline{M_Z}$)。Z 均分子量是指按照 Z 值统计平均的分子量。Z 均相对分子质量是聚合物的一种平均分子量,它的数学定义为:

$$\overline{M_Z} = \frac{\sum_i Z_i M_i}{\sum_i Z_i} = \frac{\sum_i m_i M_i^2}{\sum_i m_i M_i} = \frac{\sum_i w_i M_i^2}{\sum_i w_i M_i} \tag{1.3.5}$$

其中
$$Z_i = M_i m_i$$

式中 m_i——第 i 种分子的分子质量,g;
M_i——第 i 种分子的分子量,g/mol;
w_i——第 i 种分子的质量分数,%。

Z 均相对分子质量的数值高于重均分子量。熔体黏度与其相关性较高。试样的 Z 均相对分子质量高时,熔体黏度将大大增高。实验上可以用超离心沉降法和凝胶色谱法测定 Z 均相对分子质量。

单独一种平均相对分子质量往往还不足以表征聚合物的性能,需要了解相对分子质量分布的情况。分布宽度指数定义为各个分子量与平均分子量之间差值的平方平均值。多分散系数是重均分子量与数均分子量的比值或者 Z 均分子量与重均分子量的比值。

高聚物的分子量分布可用某种函数形式来表示。Schulz – Flory 最可几分布适用于线型缩聚物和双基歧化终止的自由基加聚物的分子量分布,最可几分布也称为最概然分布,表示粒子数、能量、体积一定的条件下,微观状态数最大的分布出现的概率最大;Schulz 分布适合于终止机理是双基复合而没有歧化和链转移的自由加聚物的分子量分布;Poisson 分布适合于阴离子聚合反应得到的聚合物的分子量分布;高斯分布(正态分布)适合分布窄的高聚物的分子量分布,比较罕见;另外,还有对数正态分布(Wesslau 分布)、董履和分布(Tung 分布)等。

对于钻井流体处理剂而言,除了平均相对分子质量大小,相对分子质量分布也是影响聚合物钻井流体性能的重要因素之一,低相对分子量将使处理剂具有降黏作用,高相对分子质量则具有增黏作用。不同作用的产物应有其合理的相对分子质量分布。常用的分子质量研究方法有沉淀分级法、超速离心沉降法和凝胶渗透色谱法等。

高分子最常见的分类方法是按主链结构分类和按用途分类,还有按来源、按分子形状以及单体等分类方法。

(1)按高分子主链结构可分为:碳链高分子,主链完全由碳原子组或;杂链高分子,主链除碳原子外,还有氧、氮、硫等杂原子;有机高分子(主链上没有碳原子),如橡胶;无机高分子(完全没有碳原子),例如聚二硫化硅和聚氟磷氮等。

(2)按用途可分为塑料、橡胶(弹性体)和纤维三大类,如果再加上涂料、黏合剂和功能高分子则有六大类。塑料、合成橡胶和合成纤维被认为是三大合成材料,是人工合成的高聚物。

(3)按来源可分为天然高分子、合成高分子和半天然高分子(改性天然高分子)。主要包括淀粉、纤维素、栲胶等。

(4)按分子的形状可分为线形高分子、支化高分子和交联(或称网状)高分子。或者线形聚合物、支链聚合物和体形聚合物。如果各链节连接成一长链,则称为直链聚合物。如果各链节连接成的长链上还有支链,则称之为支链聚合物。直链和支链聚合物统称为线性聚合物。如果聚合物的链结构是三维网状的,则称之为网状聚合物。

(5)按单体组成可分为均聚物、共聚物和高分子共混物(又称高分子合金)。其中,聚合物含有的链结构重复单元仅为一种化学组成时,称为均聚物。具有两种或者两种以上不同初始物的链结构重复单元的聚合物,称为共聚物。按照聚合物分子主链结构中重复单元的组成结构排列方式,又可分为无规则共聚物、交替共聚物、接枝共聚物和嵌段共聚物等。

3.1.1.1 合成类型

钻井流体处理剂化学合成反应类型包括聚合反应、加聚反应、缩聚反应和共聚反应。

(1)聚合反应。聚合反应(Polymerization Reaction)是把低分子量的单体转化成高分子量的聚合物的过程。聚合物化学反应特征与小分子相比较,由于聚合物相对分子质量高,结构和相对分子质量的多分散性等基本特征,聚合物的化学反应有黏度极高、制取纯高分子困难、聚合度改变、不能说明有多少结构单元参与反应等特征。

(2)加聚反应。加聚反应(Addition Polymerization),即加成聚合反应,一些含有不饱和键(双键、叁键、共轭双键)的化合物或环状低分子化合物,在催化剂、引发剂或辐射等外加条件作用下,同种单体间相互加成形成新的共价键相连大分子的反应就是加聚反应。

$$n\text{CH}_2 = \text{CH}_2 \longrightarrow \text{\{CH}_2-\text{CH}_2\text{\}}_n$$

(3)缩聚反应。缩聚反应(Condensation Polymerization),即缩合聚合反应,单体经多次缩合而聚合成大分子的反应。该反应常伴随着小分子的生成。

$$n\text{OHCH}_2-\text{COOH} \longrightarrow \text{\{OC H}_2\text{CO\}}_n + n\text{H}_2\text{O}$$

(4)共聚反应。共聚反应是几种不饱和的或环状的单体分子参与的聚合反应。例如丁二烯与苯乙烯经共聚而成丁苯共聚物(丁苯橡胶)。

3.1.1.2 合成处理剂时影响性能的因素

影响聚合物化学反应的主要因素有物理因素、分子结构因素和相对分子量因素等多种因素。

(1)分子物理特性影响处理剂性能。分子物理特性影响处理剂性能,如聚合物的结晶度、溶解度和温度等。对于部分结晶的聚合物而言,由于在其结晶区域(即结晶区)分子链排列规整。分子间相互作用强,链与链之间结合紧密,小分子不易扩散进入结晶区,因此反应只能发生在非晶区。聚合物溶解性随化学反应可能不断发生变化,一般溶解性好对反应有利。但假若沉淀的聚合物试剂对反应试剂有吸附作用。由于使聚合物上的反应试剂浓度增大,反而使反应速率增大。所以,溶解性相关的问题很复杂。一般情况下温度提高有利于反应速率的提高,但温度太高可能导致不期望发生的氧化、裂解等副反应发生。

(2)分子结构影响处理剂性能。分子结构影响处理剂性能,主要包括邻基效应和功能基孤立化效应。邻基效应指的是相邻基团含有的 σ 键、π 键电子或孤对电子与反应中心发生作用,使反应的某些性质发生改变的现象,包括位阻效应和静电效应。位阻效应是由于新生成的功能基的立体阻碍,导致其邻近功能基难以继续参加反应。静电效应是聚合物所带的电荷可改变小分子反应物在高分子线团中的局域浓度,从而影响其反应活性。当高分子链上的相邻功能基成对参与反应时,由于成对基团存在功能基孤立化效应,即反应过程中会产生孤立的单个功能基,由于功能基难以继续反应,因而不能100%进行转化,只能达到有限的反应程度。

(3)构型与构象对处理剂的影响。构型指分子中由化学键所固定的几何排列,一般来说,构型比较稳定。一种构型转变为另一种构型则要求共价键的断裂、原子(基团)间的重排和新共价键的重新形成。构型的改变往往使分子的光学活性发生变化。

在有机化合物分子中,由碳—碳单键(σ键)旋转而产生的原子或基团在空间排列的无数特定的形象称为构象。这种由碳—碳单键旋转而产生的异构体称为旋转异构体或构象异构体。如1,2-二氯乙烷。当碳—碳单键(σ键)旋转时,可以有无数个构象异构体,极限构象有顺叠、顺错、反错和反叠等。在顺叠构象中,两个碳上连接的氯原子和氢原子之间相距最近,产生强排斥作用,内能最高,属该分子最不稳定的构象;在反叠构象中,氯原子和氢原子之间相距最远,相互间排斥力最小,内能最低,是该分子最稳定的构象。顺错构象和反错构象的稳定性介于这两种构象之间,它们的稳定性次序为反叠>顺错>反错>顺叠。构象改变不会改变分子的光学活性。

(4)高分子处理剂作用基团及影响因素。高分子处理剂的基团分布和结构会影响处理剂的性能。基团是指有机物失去一个原子或一个原子团后剩余的部分,是对原子团和基团的总称。基团通常是指原子团,包含有机物结构中所有的官能团,影响着钻井流体处理剂的性能。高分子按主链结构分类可分为碳链高分子、杂链高分子和元素有机高分子三类。碳链高分子的特点是柔性好,化学稳定性高,不易水解、醇解、酸解,熔点或流动温度低,易成型加工。但热稳定性差,软化温度低,易热变形,且易燃烧。杂链高分子的特点是易结晶,力学强度高,热稳定性好,但极性大,较易水解、醇解或酸解,加工温度较高。此外盐敏性也会造成影响,盐敏性是指对于水敏性地层,当含盐度下降时导致黏土矿物晶层扩张增大、膨胀增加,地层渗透率下降的现象。聚合物类处理剂有显著桥联作用,线性大分子覆盖在页岩的表面,通过多点吸附而产生了固结作用,从而使页岩膨胀得到抑制。

(5)处理剂分子的刚性对性能影响。刚性分子对温度的变化表现出更强的敏感性,刚性分子热稳定性高,有利于高分子的有序排列。主链结构和侧基是影响处理剂大分子链柔性的主要因素。

主链中含有杂原子时,高分子链的柔顺性增加;主链中含有芳杂环结构的高分子链,其柔顺性较差;结构单元中含有双键的高分子链,有较好的柔顺性,由共轭双键组成的高分子链都是刚性分子。侧基分为极性侧基和非极性侧基。对极性侧基来说,侧基极性的强弱与高分子链的柔顺性成反比,极性越强,柔性越差;极性基团分布密度越高,柔性越差;高分子链的对称性与链的柔顺性成正比。对非极性侧基来说,侧基体积的大小与链的柔顺性成反比;增大分子链间距,柔性提高。空间位阻指因分子中靠近反应中心的原子或基团占有一定的空间位置,而影响分子反应活性的效应,又称刚性因子,空间位阻越小,柔顺性越好。

由两种或两种以上单体共同参加的聚合反应形成共聚合物,其聚合度决定了高分子链的长短。当分子链很短时,分子呈刚性;当分子量增大到一定程度时,分子量对柔顺性无影响。接枝是指大分子链上通过化学键结合适当的支链或功能性侧基的反应,所形成的产物称作接枝共聚物,接枝共聚物的性能决定于主链和支链的组成、结构、长度以及支链数。交联指线型或支型高分子链间以共价键连接成网状或体型高分子的过程,交联度越大,分子刚性越强。

(6)相对分子质量及其分布对处理剂的影响。相对分子质量及其分布对处理剂的影响主要体现在两个方面：

一是相对分子质量对处理剂的影响。相对分子质量影响处理剂的溶解性，高分子化合物分子量增大，溶解度下降。分子量大，分子间引力大，溶剂与高分子化合物的相互作用力不易取代聚合物链间的作用力，就不易溶解。此外，高分子化合物溶液浓度通常在千分之几时，其溶液黏度已高出溶剂黏度许多倍，十分黏稠。当浓度继续增加到自由溶剂全部被高分子线团吸收而成为内含溶剂时的浓度称为临界浓度。超过临界浓度后，高分子线团彼此紧密堆砌形成网状结构，溶液失去流动性。此时黏度急剧增加，这时就形成了冻胶。

二是相对分子质量分布对处理剂的影响，相对分子质量分布是指处理剂中各个级分的含量与相对分子质量的关系。相对分子质量分布对处理剂的性能有重要影响。不同分子量的分子对处理剂的性能贡献不同。通过相对分子质量分布来研究处理剂混合物的分散程度，进而研究其对处理剂性能的影响。

钻井流体处理剂合成水平的提高应该从开发配套的专用原料，完善聚合物的性能和重视天然产品的开发等方向发展。主要向着环保方向发展，如木质素资源的利用，褐煤的利用应着眼于深度改性，加强淀粉和纤维素在油田化学中应用，加强高纯度产品研发，向深度高水平发展处理剂开发，开展基础性研究。如分子模拟技术是新兴的一门计算化学技术，是对真实分子系统的计算机模拟，是在实验的基础上，通过物理和化学原理构筑起一套模型与算法，利用计算机强大的数据处理和图形显示功能，计算出合理的分子结构与分子行为，从而解释已有实验现象或为开展新的实验提供指导和预测。分子模拟方法通常包括量子力学方法和以经典力学为基础的分子力学方法、分子动力学方法和蒙特卡洛方法。这些方法既可以独立应用于不同体系，也可以联合用于一个体系的研究。钻井流体的各种高效处理剂通过现有的实验方法难以观察在具体环境中的作用，因此设计处理剂时实验工作量大、研发周期长；手工绘制的二维示意图和仪器分析获得的宏观物理化学性质，难以从分子水平定量解释处理剂的作用机理，而分子模拟技术具有对分子结构、分子间相互作用、分子运动行为精确描述的功能，并能够以清晰的图像和动画展示出来。因此，采用分子模拟技术对钻井流体黏土矿物水化、钻井流体用表面活性剂、高分子研究方面进行了分析，可以获得更清晰的结果，从而推动钻井流体学发展。

3.1.2　物质复配法

两种或两种以上具有不同特性的物质，按一定比例混合加工生产出新的特性的混合物叫复配。两种或两种以上的物质复配能起到增效、互相弥补各自性能上的缺陷以及派生出新性能的作用，这就是复配协同效应（Synergistic Effect）。

3.1.2.1　复配类型

按照钻井流体的物理化学性质可以分成原生材料复配、无机处理剂复配、表面活性剂复配和极性有机物复配、非离子表面活性剂与离子表面活性剂的混合、阳离子表面活性剂与阴离子表面活性剂混合、表面活性剂和高聚物复配、离子表面活性剂与离子聚合物复配等。

（1）原生材料复配。原生材料复配包括重晶石与重晶石复配、重晶石与铁矿粉复配、重晶石和（或）铁矿粉与其他矿物的复配、重晶石和铁矿粉或者甲酸盐复配等。

① 重晶石与重晶石复配。王平全等通过研究单一种类重晶石和复配重晶石对钻井流

体性能的影响,发现利用多粒径重晶石复配后的混合材料加重得到的钻井流体性能优于所有未经复配的单一种类重晶石加重得到的钻井流体性能;平均粒径不同的重晶石经复配后使钻井流体的性能得到极大改善,建议加重颗粒应先复配再加重;复配重晶石间粒径差过大或过小都会使钻井流体流变性变差,应取一个合适值,以 0.89μm 和 46.0~60.0μm 范围内的粒径差值最佳(王平全等,2014)。

② 重晶石与铁矿粉复配。在钻深井和超深井时经常要用到重晶石和铁矿粉作为加重剂,肖国章等研究了重晶石和铁矿粉对套管及钻杆磨损的影响,结果表明,重晶石和铁矿粉按一定的比例复配相较于单纯使用一种加重剂的套管防磨损效果好(肖国章等,2007)。

③ 重晶石和(或)铁矿粉与其他矿物的加重复配。王琳等考察了不同加重剂对超高密度钻井流体性能的影响。结果表明,纯度较高的重晶石粉能够配制出具有良好流变性、悬浮稳定性的超高密度钻井流体,且高温高压失水量小;用重晶石粉和密度更高,粒径较小的微锰粉复配加重,高温老化后钻井流体的黏度和动切力下降,流变性有一定改善,但高温高压失水量增大(王琳等,2012)。

韩成等研究了四氧化三锰与传统的加重材料重晶石铁矿粉按不同质量比加重的高密度钻井流体的失水护壁性(韩成等,2015)。实验结果表明,对采用相对单一的加重材料加重的高密度钻井流体,当四氧化三锰与重晶石和铁矿粉按较优的质量比复配时,球形的四氧化三锰小颗粒对重晶石和铁矿粉大颗粒的充填效果较明显,得到的滤饼较致密;当四氧化三锰与重晶石铁矿粉分别按 1∶4 和 2∶3 的质量比复配加重时,高密度钻井流体失水量小,而且滤饼渗透率较低。

④ 重晶石和铁矿粉或者甲酸盐复配。甲酸盐钻井流体本身不需要添加任何加重剂就能获得较高的密度,达到较高的密度时仍能保持低黏、低活度,较好地解决了高密度与失水及流变性之间的关系。然而在钻某些超深井时,甲酸盐钻井流体密度依然达不到要求。叶艳等通过研究发现,重晶石在甲酸盐溶液中几乎不溶,可以在饱和盐水磺化钻井流体中用 30.0%~70.0% 甲酸盐溶液提高基液密度,然后采用重晶石加重(叶艳等,2013)。

(2) 无机处理剂复配。无机处理剂复配包括无机盐的复配、无机盐和表面活性剂复配、无机盐和铁矿粉或者甲酸盐复配等。

① 无机盐的复配。无机盐处理剂常被用作絮凝剂和页岩抑制剂,无机盐的复配能使钻井流体的性能更优良。魏新勇等研究发现硅酸盐与其他防塌剂复配能提高钻井流体的防塌能力(魏新勇等,2002)。

② 无机盐和表面活性剂复配。周六顺等研究了无机盐对正负离子复配表面活性剂流变性能影响。结果表明,对于蠕虫状胶束/润滑剂/水或黏弹性表面活性剂/润滑剂/水复配体系,随着无机盐浓度的增大,复配体系的双水相区和各向同性单相区的剪切黏度峰均向远离等物质的量之比的方向移动,且润滑剂过量的各向同性单相区的黏度峰值小于正离子表面活性剂过量的各向同性单相区的黏度峰值。在润滑剂过量各向同性单相区的黏度峰值随氯化钠或溴化钠浓度的增大先升高,但升高程度较小,且当浓度达到一定程度时剪切黏度峰值基本保持不变;在蠕虫状胶束过量的蠕虫状胶束/润滑剂/水复配体系各向同性单相区的黏度峰值随氯化钠浓度的增大而升高,但是随着无机盐浓度的增加,黏度增大趋势降低;在黏弹性表面活性剂过量的黏弹性表面活性剂/润滑剂/水复配体系各向同性单相区的黏度峰

值随溴化钠浓度的增大先增高后减小(周六顺,2012)。

③ 无机盐和铁矿粉或者甲酸盐复配。黄秋伟等对比研究了甲酸盐、氯化钾溶液和清水抑制黏土水化分散的能力,结果表明,抑制黏土水化分散能力的强弱顺序为:甲酸铵＞甲酸钾＞5.0%氯化钾＞清水。用煤油改变岩石表面的润湿性,有助于提高有机盐抑制黏土水化膨胀的作用。用氯化钾复配甲酸盐体系在阜东地区现场应用多口井,储层伤害控制效果明显(黄秋伟等,2013)。

(3) 表面活性剂复配。表面活性剂复配是一大类复配物,表面活性剂复配通常是将表面活性剂的同系物进行混合,或者在表面活性剂中加入无机电解质。表面活性剂之间复配具有协同效应,提高表面活性剂的性能。

复配体系常常具有比单一表面活性剂更优越的性能。降低表面活性剂的应用成本。减少表面活性剂对生态环境的破坏。在表面活性剂的复配时,常常追求协同效应。

① 同系物混合体系。同系物混合物的物理化学性质,常介于各个纯化合物之间。碳原子数越多,越易于在溶液的表面吸附,表面活性越高。碳原子数越多,越易于在溶液中形成胶团,临界胶团浓度越低,表面活性也越高。

② 加入无机电解质。无机电解质的协同作用是无机电解质使溶液的表面活性提高。在表面活性剂的应用配方中,无机电解质是最主要的处理剂之一。存在表面活性剂溶液中的无机电解质,往往使溶液的表面活性提高。在表面活性剂的应用配方中,无机电解质是最主要的处理剂之一。这种协同作用主要表现在离子型表面活性剂与无机盐混合溶液中。降低同浓度溶液的表面张力,降低表面活性剂的临界胶束浓度,使溶液的最低表面张力降得更低,即达到全面增效作用。加到表面活性剂溶液中的无机盐,在降低溶液临界胶束浓度的同时,也使其表面张力大大下降。当表面活性剂浓度相同时,氯化钠浓度越高,溶液的表面张力越低。氯化钠的加入量越多,表面活性剂的临界胶束浓度越低,且最低表面张力降得更低。化合价的数越高,降低溶液临界胶束浓度的作用越显著。高价离子具有更大的降低表面活性剂最低表面张力的能力。

对于非离子表面活性剂,无机盐对其性质影响较小。当盐的浓度较小时(如小于0.1mol/L)非离子表面活性剂的表面活性几乎没有显著变化。只是在盐浓度较大时,表面活性才显示变化,但也较离子表面活性剂的变化小得多。无机盐非离子表面活性剂的胶团聚集数的影响不大。对于非离子表面活性剂,则主要在于对疏水基的"盐析"或"盐溶"作用,而不是对亲水基的作用。起"盐析"作用时,表面活性剂临界胶束浓度降低;起盐溶作用时,则临界胶束浓度升高。欲使非离子表面活性剂的浊点有较大的变化,则必须有较高的盐浓度。

③ 助溶剂与表面活性的关系。难溶性物质与加入的第三种物质在溶剂中形成可溶性分子间的络合物、缔合物或复盐等,以增加物质在溶剂中的溶解度。这第三种物质称为助溶剂(Solubilizers 或称 Solubilizing Agents)。助溶剂可溶于水,多为低分子化合物,形成的络合物多为大分子。

(4) 极性有机物复配。极性有机物一般是指碳原子数 6 个以上的长链的醇、酸、胺等。少量的这样的有机物的存在,常导致表面活性剂在水溶液中的临界胶束浓度有很大下降。同时,出现表面张力有最低值的现象。

脂肪醇的存在对表面活性剂溶液的表面张力、临界胶团浓度以及其他性质(如起泡性、泡沫稳定性、乳化性能及加密作用等)皆有显著的影响,其影响作用,一般是随脂肪醇烃链的加长而增大,临界胶束浓度随醇的浓度的增加而下降。醇的碳氢链越长,影响越大。溶液的临界胶束浓度随醇浓度有直线变化关系。溶液中醇的存在使胶团容易形成,临界胶束浓度降低。长链脂肪醇对表面活性剂溶液表面张力的影响先降低后增加。短链醇的影响,在浓度小时可使表面活性剂的临界胶束浓度降低,在浓度高时,则临界胶束浓度随浓度变大而增加。在低浓度时,醇本身碳氢链周围有冰山结构,故醇分子参与表面活性剂胶团形成的过程是容易形成,临界胶束浓度降低;醇浓度升高,溶剂性质改变,使表面活性剂的溶解度增大,表面活性剂分子或离子不易缔合;溶液的介电常数变小,使胶团离子头之间的斥力增加,也不利于胶团形成,致使表面活性剂溶液随醇浓度增加临界胶束浓度值升高。

强水溶性极性有机化合物,一类物质,如尿素、N-甲基乙酰胺、乙二醇、1,4-二氧六环等,此类物质使表面活性剂的临界胶束浓度和表面张力上升,而不是下降。另一类极性物质如木糖、果糖以及山梨醇、肌醇等,则使表面活性剂的临界胶束浓度下降。

凡是能够使表面活性剂溶液临界胶束浓度上升的强极性有机化合物均能增加表面活性剂在水中的溶解度,这类化合物在工业清洗剂配方中起助溶作用。

常用的助溶剂主要分为两大类:一类是某些有机酸及其钠盐,如苯甲酸钠、水杨酸钠、对氨基苯甲酸等;另一类是酰胺类化合物,如尿素、烟酰胺、乙酰胺等。因助溶机理较复杂,许多机理至今尚不清楚,因此,关于助溶剂的选择尚无明确的规律可循,一般只能根据物质的性质选用与其能形成水溶性的分子间络合物、复盐或缔合物的物质。注意它不是表面活性剂,因而与增溶剂相区别。

表面活性剂形成胶团后增加某些难溶性物质在溶媒中的溶解度并形成澄明溶液的过程称为增溶(Solubilization)。具有增溶能力的表面活性剂称增溶剂,如吐温类。

增溶剂和助溶剂有时作用相同,但助溶与增溶不同,其主要区别在于加入的第三种物质是低分子化合物,而不是胶体电解质或非离子表面活性剂。如苯甲酸钠、水杨酸钠、乙酰胺等。

潜溶剂是混合溶剂的一种特殊的情况。物质在混合溶剂中的溶解度一般是各单一溶剂溶解度的相加平均值。在混合溶剂中各溶剂在某一比例时,药物的溶解度比在各单纯溶剂中溶解度出现极大值,这种现象称为潜溶(Co-solvency),这种溶剂称为潜溶剂(Co-solvent)。混合溶剂是一些能与水任意比例混合,与水分子能形成氢键结合并能增加它们的介电常数,能增加难溶性药物溶解的那些溶剂。如乙醇、甘油、丙二醇和聚乙二醇等与水组成的混合溶剂。例如苯巴比妥在90.0%乙醇中有最大溶解度。潜溶剂不同于增溶剂和助溶剂,它主要是使用混合溶媒,根据不同的溶剂对物质分子的不同结构具有特殊亲和力的原理,能使物质在某一比例时达到最大溶解度。合适的比例主要是根据实验确定。

(5)非离子表面活性剂与离子表面活性剂的混合物。非离子表面活性剂中加入离子表面活性剂后,浊点升高。非离子表面活性剂与离子表面活性剂在溶液中能形成混合胶团。当离子表面活性剂中加入非离子表面活性剂时,除使临界胶束浓度下降外,表面张力也下降,表面活性增高。

研究表明,阴离子表面活性剂与非离子表面活性剂的相互作用明显强于阳离子表面活性剂与非离子表面活性剂。非离子表面活性剂(如聚氧乙烯链中的氧原子)通过氢键与水及水合氢离子结合,从而使这种非离子表面活性剂分子带有一些正电性。

(6)阳离子表面活性剂与阴离子表面活性剂混合物。阴离子表面活性剂与阳离子表面活性剂相互作用可形成一种复合物,其临界胶束浓度远小于各自离子表面活性剂的临界胶束浓度,阴离子—阳离子复配具有很高的表面活性。阴离子表面活性剂与阳离子表面活性剂形成的复合物,其是按1∶1等物质的量组成的。

例如,正辛基三甲基溴化胺($C_8H_{17}N(CH_3)_3Br$)和烷基磺酸钠($C_nH_{2n+1}SO_4Na$)的各种不同混合比的复配,测定它们水溶液的表面张力得知,溶液表面上吸附的复配表面活性剂为等物质的量的复合物。这种复合物在溶液表面上形成离子亲和力很强的单分子层,而留在溶液内的则被增溶于胶束中。等物质的量之比的正、负离子表面活性剂混合物的表面活性远高于单一的表面活性剂的表面活性。等物质的量之比的正、负离子表面活性剂混合物一方面提高了降低表面张力的效能,混合体系的表面张力可低达25.0mN/m甚至更低,另一方面极大地提高了降低表面张力的效率,混合体系的临界胶束浓度小于每一单纯组分表面活性剂的临界胶束浓度,甚至呈现几个数量级的降低,因而表现为全面增效作用。

不仅等物质的量之比的正、负离子表面活性剂混合物显示出高表面活性,非等物质的量之比的混合物也显示出高表面活性。这是由于正、负离子表面活性剂在混合溶液中互相作用强烈。这种作用的本质主要是电性相反的表面活性离子间的静电作用及其亲油基碳氢链间的疏水作用,也就是说,与单一表面活性剂相比,除了碳氢链间的相互作用外,不但没有极性基团的相同离子间的静电斥力,反而增加了正、负离子电荷之间的引力,这就大大增加了正、负两种表面活性离子之间的缔合,使溶液内部的表面活性剂分子更易聚集形成胶团,表面吸附层中的表面活性剂分子的排列更为紧密,表面能更低。与此相似,复配表面活性剂的液滴在油水界面上的寿命较单一表面活性剂长很多。

并不是所有类型的正、负离子表面活性剂都具有上述突出的表面活性,只有当亲油基中的碳原子数比较多,而且正离子表面活性剂的碳原子数m和负离子数$n,m≈n$时表面活性才有特殊表现。对于碳原子总数相同,不对称的混合体系(例如$m+n=14,m≠n$)与对称的混合体系($m+n=14,m≈n$)相比,临界胶束浓度较低,而溶液表面张力所能达到的最低值比较高。

此外,正、负离子表面活性剂混合物的表面活性还受到盐的影响。1∶1正负离子表面活性剂混合物当烷基链碳数不同时,在吸附层和胶团中的正、负离子表面活性离子的比例不是1∶1,碳数较多的表面活性离子所占的比例大。这就是说在吸附层不是电中性的,有扩散双电层存在,无机盐对表面活性有显著影响。当碳数相近时,无机盐对临界胶束浓度及表面张力无显著影响。这表明胶团周围及表面吸附不存在扩散双电层,胶团与表面层皆近于电中性。

鉴于阴离子/阳离子混合体系在气/液界面及固/液界面的超强吸附能力,预计在涉及气/液和固/液吸附的应用领域如静态润湿、洗涤去污等方面将有所作为。事实上在以阴离子表面活性剂为主的洗涤剂中加入少量阳离子,可以显著提高洗涤效果,或者降低表面活性剂用量。

(7)表面活性剂和高聚物复配。在实际应用中,表面活性剂往往和一些水溶性高分子一起复配使用。通过复配可减少表面活性剂或聚合物的用量,显著提高了体系的功能。此外,聚合物与表面活性剂的复配可能产生许多新的应用性质。

水溶性高分子与表面活性剂之间的作用一般可分为电性作用、疏水作用及色散力作用。

在水溶液中，水分子与水分子之间的色散力作用和水分子与碳氢链之间的色散力作用差别不大。在相同的数量级内，水溶剂所具有的特殊结构而引起的碳氢链之间的疏水作用较强。

因此，对于一般的非电解质中性水溶性高分子，它与表面活性剂之间的相互作用主要是烃链间的疏水结合。但对于离子表面活性剂存在的体系，则电性作用比较强烈，成为主要作用力。通过向表面活性剂溶液中加入水溶性高分子，研究高分子物质对表面活性剂溶液性质的影响，可逐步了解这二者之间相互作用的本质。

两个临界浓度的出现最初被认为是表面活性剂分子通过疏水力结合到高聚物链上所致，但后来的大量研究证明，在该体系中表面活性剂并不是通过疏水作用结合到高聚物链上，而是以其亲水头基通过离子/偶极作用结合到高聚物如聚乙二醇链的极性基上。

水溶性高分子与表面活性剂混合物溶液的表面张力曲线出现两个转折点的现象，是高分子物质与表面活性剂在水溶液中通过彼此的碳氢链之间的疏水作用而结合的结果。此种结合常称之为形成"复合物"，或是聚合物分子"吸附"到胶束的界面上，或是表面活性剂分子以小分子簇的形式吸附于聚合物分子上。在第一个转折点时，高分子开始明显地"吸附"表面活性剂，溶液中表面活性剂的活度与无高分子存在时相比显著降低。表面活性剂在溶液表面的吸附量随浓度的增加而增加的量不多，表面张力下降率明显变小，直到高分子对表面活性剂的吸附达到饱和时（出现曲线中较平的一段）。当表面活性剂的浓度继续增加时，它在溶液表面的吸附虽开始增加，表面张力明显下降，直到溶液表面吸附达到最大值，表面张力降到最低值。此时，表面活性剂在溶液中开始生成胶团，溶液表面张力不再发生显著变化，出现第二个转折点。高分子与表面活性剂的结合是中性高分子与表面活性离子的结合，形成的复合物有一定的电荷，表面活性剂的反离子存在于溶液中，具有与电解质相类似的结构与性质。非极性基在高分子中占比例较大的高分子物质，混合溶液表面张力不易显示出两个转折点，甚至无转折点。阴离子表面活性剂与高分子物质作用的强烈程度次序是聚乙二醇＜羧甲基纤维素＜聚酸乙烯酯＜聚丙二醇≈聚乙烯吡咯烷酮。

影响相互作用强弱的主要因素有两个：一是高分子的疏水越强，相互作用越大；表面活性剂的碳氢链越长，与高分子的相互作用越强；二是高分子与表面活性剂的电性差异越大，相互作用越强。非离子表面活性剂与高分子的相互作用一般较弱。

（8）离子表面活性剂与离子聚合物复配。在高分子物质与表面活性剂的相互作用中，除考虑烃链之间的疏水作用外，有些体系常需考虑电性的相互作用。

离子型，特别是阴离子型表面活性剂与非离子聚合物有两种类型的作用：一种是靠彼此疏水链间的疏水作用，聚合物疏水性越强、链越柔顺、表面活性剂烷烃链越长，则相互作用越强，外加电解质加强了它们之间的相互作用；另一种是靠聚合物亲水片段和表面活性剂头基间的偶极作用。

两性表面活性剂开发得较晚，但由于其独特的优良性能，在洗涤剂、化妆品、医药、食品和生物等领域应用越来越广泛，它们与聚合物相互作用的情况也开始引起了人们的兴趣。

两性表面活性剂与高分子化合物的相互作用与pH值有关。两性表面活性剂与高分子化合物的复配体系。在低于或高于其等当点时,分别呈阳离子型或阴离子型,与离子型表面活性剂类似。在等当点附近,可能通过疏水力或偶极作用等与高分子发生相互作用。与离子型表面活性剂相比,由于两性表面活性剂可形成内盐,故受电解质的影响较小。非离子聚合物如聚氧化乙烯和聚乙烯吡咯烷酮与阴离子表面活性剂如十二烷基硫酸钠复配使聚合物带上电荷,成为"聚电解质",分子间斥力增加使聚合物分子伸展,导致溶液黏度增加。这种黏度增加在一定的表面活性剂浓度下发生,与聚合物的分子量无关。黏度增加值可达到5倍。除了黏度增加,这些复配体系也常显示黏弹性。在有离子型表面活性剂形成的胶团存在的情况下,吸附在乳液界面的中性高分子和这些胶团发生相互作用使得高分子链具有聚电解质的一些性质。由于高分子链上的带电胶团之间的相互排斥导致高分子链的伸展,从而可以更好地保护乳液的稳定性。

3.1.2.2 复配处理剂时影响性能的因素

影响钻井流体处理剂性能的复配因素,主要有六大类(陈才等,2011),包括复配剂类型、复配比例、复配时间、复配温度、复配体系pH值和浓度等性质以及搅拌速度(张群等,2006)。

(1)复配剂类型。复配剂按照钻井流体的物理化学性质可以分成原生材料、无机处理剂、有机处理剂和表面活性剂。不同复配剂的化学性能不同,复配出的处理剂性能也不同。

(2)复配比例。复配剂的比例决定了复配剂配方中各个处理剂的含量,也影响着处理剂的性能,可通过实验确定复配比列。

(3)复配时间。复配时间影响着复配剂间的均匀混合程度、处理剂间的化学反应,从而影响了复配的性能。

(4)复配温度。复配温度影响着处理剂间的化学反应,同时,温度也影响着处理剂本身的化学性质,如温度越高,分子链的柔顺性越好。

(5)复配体系pH值、浓度等性质。复配体系的酸碱度影响着处理剂分子的水解度、聚合、交联、枝联等化学性质,复配体系的浓度影响着钻井流体本身的密度,也影响着处理剂的化学反应。

(6)搅拌速度。搅拌速度会影响复配时间。搅拌速度越快,复配时间越短,处理剂混合得越均匀。此外,搅拌速度还会通过影响处理剂高分子的形态来影响复配剂的化学性质。

复配的目的是为了增效,在性能上互相弥补各自本身的缺陷,派生出新的性能,实现复配协同效应。复配的基础是复配剂的选择和复配工艺的确定。为此通过研制专用原料,聚合物优化设计和合成方法改进、天然高分子材料的改性等,有效提高钻井流体处理剂的性能,拓宽钻井流体处理剂复配剂及复配方案的研究思路,特别是加强专用原料和特殊结构的聚合物的研制,更有利于提高处理剂的综合效果。另外,不断优化复配工艺,结合高效复配剂,为钻井流体技术发展奠定基础。

3.1.3 粉碎筛选法

粉碎筛选的制造方法主要限于钻井流体处理剂固相组分的制备,如膨润土、褐煤、重晶石、铁矿粉、矿石粉等。相较于化学合成和物质复配的制造方法,粉碎筛选的方法具有时间短、见效快,并有良好的调整性能以适用不同矿源和用户对产品的不同要求等特点。

3.1.3.1 粉碎筛选类型

粉碎有多种工艺类型,不同的类型有着不同的粉碎效果。具体选择粉碎类型时需要根据处理剂性能需求进行选择。同样,筛选也有多种类型。

通过机械做功,将固体原料由大块或大颗粒变小、变碎的加工过程叫作粉碎操作,简称粉碎。一般又把使大块原料变为小块原料的操作称为破碎,而把小块原料变为更小的颗粒或粉末的操作称为磨碎或研磨。破碎和磨碎都统称为粉碎。机械粉碎按施加外力的方法不同,粉碎方式也不同。挤压粉碎是粉碎设备的两个工作面对物料施加挤压作用,物料在相对缓慢的压力作用下发生粉碎。因为压力作用较缓慢和均匀,故物料粉碎过程较均匀。

这种方法适用于破碎大块硬质物料,通常多用于物料的粗碎。物料在两个相对滑动的工作面之间,或在研磨体间的摩擦作用下被粉碎。研磨和磨削是靠研磨介质对物料颗粒表面的不断磨蚀而实现粉碎的,本质上属于剪切摩擦粉碎;多用于小块物料的粉磨。物料在楔形工作体的作用下受拉应力的作用而被粉碎,用于粉碎脆性物料。物料在瞬间受到外来的、足够大的冲击力作用而被粉碎。冲击粉碎包括高速运动的粉碎体对被粉碎物料的冲击和高速运动的物料向固定壁或靶的冲击,适用于粉碎大中块脆性物料。

(1)粉碎。固体物料在外力作用下,克服内聚力,从而使颗粒的尺寸减小、表面积增加的过程称为粉碎。物料经破碎后特别是粉磨后,粒度减小,表面积增大,提高物理作用效果和化学反应速度,提高固体物料混合后均匀效果,为烘干、运输、混合和储存等创造条件。粉碎物体方法从作业方式上概括为两种:一种是手工粉碎;另一种是机械粉碎。从粉碎的环境讲,可以分干法粉碎和湿法粉碎两种。干法粉碎时对物料中水分含量有一定限制,否则会给粉碎带来困难;湿法粉碎则要求往物料中加水。

手工粉碎,操作简单,成本低廉,细末极少。如混凝土的石子及碎石铺路等。所用工具为铁锤、剪刀等。机器粉碎,使用机器粉碎固体物料。常见的有金属破碎机、复合式粉碎机、反击式破碎机、对辊式破碎机、锤式破碎机等。粉碎程序主要有两种,包括单程粉碎和循环粉碎。单程粉碎是物料依次经过粗碎机、中碎机及磨粉机,一次磨至需要的细度。简单地说,就是物料在粉碎过程中,不走"回头路"。循环粉碎是物料经过每级粉碎之后,做下简单处理,较细者通过,较粗者需要重新粉碎。

粉碎方式选择时,要根据物料性质、物料尺寸和要求的粉碎度而定。对硬度大的物料,应该用挤压和撞击,对韧性物料用研磨和剪力较好,对脆性物料撞击和劈裂为宜。

研究粉碎过程中能耗与细化程度关系的称为粉碎理论。粉碎作业涉及多种因素,极其复杂。粉碎理论尚无公认的统一结论,目前有三种比较重要的假说:一是德国的里特林格尔于1867年提出的面积假说,认为固体物料粉碎时,能耗与新产生的表面积成正比;二是德国的基克于1885年提出的体积假说,认为将几何形状相似的同类物料破碎成几何形状相似的产品时,能耗与被破碎的料块的体积或重量成正比;三是美国的邦德和中国的王仁东于1952年提出的裂缝假说,即能耗与裂缝的多少有关。这三种假说在实用中都有其局限性,面积假说较适用于排料粒度为 0.01~1.0mm 的粉磨作业,体积假说较适用于排料粒度大于10.0mm 的粗碎和中碎作业,而裂缝假说则介于两者之间,适用于从中碎到粗粉磨范围。

粉碎模型主要有 3 类,分别是体积粉碎模型、表面粉碎模型和均一粉碎模型,如图 1.3.1 所示。

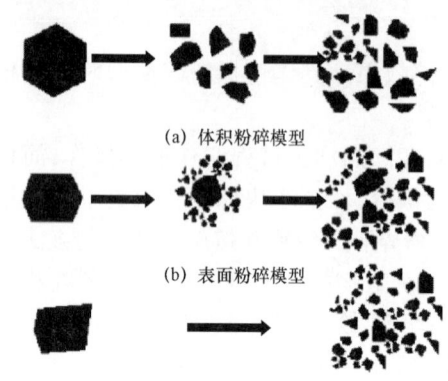

图 1.3.1　粉碎模型

从图 1.3.1(a)中可以看出,体积粉碎模型整个颗粒均受到破坏,粉碎后生成物多为粒度大的中间颗粒。随着粉碎进行,这些中间颗粒逐渐被粉碎成细粒。冲击粉碎和挤压粉碎与此模型较为接近。

从图 1.3.1(b)中可以看出,表面粉碎模型在粉碎的某一时刻,仅是颗粒的表面产生破坏,被磨削成微粉成分,这一破坏作用基本不涉及颗粒内部,这种情形是典型的研磨和磨削粉碎方式。

从图 1.3.1(c)中可以看出,均一粉碎模型施加于颗粒的作用力使颗粒产生均匀的分散性破坏,直接粉碎成微粉成分。

物料破碎前的平均粒度与粉碎后的平均粒度之比,称为平均粉碎比,或称为破碎比、粉碎度。破碎机的平均粉碎比一般小于公称粉碎比,前者约为后者的 70%~90%。粉碎比是衡量物料粉碎前后粒度变化程度的指标,也是粉碎设备厂评价粉碎设备性能的指标之一。一般破碎机的粉碎比为 3~30;粉磨机的粉碎比为 500~1000 或更大。

(2)筛选,也称为筛分。固体原料经粉碎后颗粒并非完全均匀,碎散的物料通过一层或数层筛面被分成不同粒级的过程称为筛分。在实验室或试验场地为完成粒度分析而进行的筛分分为试验筛分,在工厂或矿场进行的筛分称为工业筛分。筛分不仅用来测定颗粒的粗细程度,更重要的是用来分离固体颗粒。物料经筛选后可以分为大小相近的若干部分。其中某些部分正是生产所需的规格,以满足钻井流体配制的相应粒度要求。

简单来讲,利用筛子把矿石按粒度分成若干级别的作业称为筛分。筛分的意义很大,筛分作业在冶金工业中是不可缺少的。它可以从破碎机的给矿中筛出细粒部分,可以增加破碎机生产率和避免过粉碎;在跳汰选矿和干式磁选前,常把矿石按粒度筛分成若干级别,分别处理,可以提高选别效果;在选矿厂中,有时筛分作业也可分为选择筛分、脱水筛分或洗矿筛分,筛分作业是选矿生产中不可缺少的一项作业。

根据筛分的目的不同,筛分作业可以分为独立分筛、辅助筛分、预先筛分、检查筛分、准备筛分、脱水筛分等。

(1)独立分筛的目的是得到适合于用户要求的最终产品。例如,在黑色冶金工业中,常把含铁较高的富铁矿筛分成不同的粒级,合格的大块铁矿石进入高炉冶炼,粉矿则经团矿或烧结制块入炉。

(2)辅助筛分主要用在选矿厂的破碎作业中,对破碎作业起辅助作用。一般又有预先筛分和检查筛分之别。

预先筛分是指矿石进入破碎机前进行的筛分,用筛子从矿石中分出对于该破碎机而言已经是合格的部分,如粗碎机前安装的格条筛,筛分其筛下产品,用于正式筛分。这样就可以减少进入破碎机的矿石量,可提高破碎机的产量。

检查筛分的是指矿石经过破碎之后进行的筛分,其目的是保证最终的碎矿产品符合磨矿作业的粒度要求,使不合格的碎矿产品返回破碎作业中,如中、细碎破碎机前的筛分,既起到预先筛分,又起到检查筛分的作用。所以检查筛分可以改善破碎设备的利用情况,类似于分级机和磨矿机构成闭路循环工作,以提高磨矿效率。

(3)准备筛分的目的是为下一作业做准备。如重选厂在跳汰前要把物料筛分分级,把粗粒、中粒、细粒不同的产物进行分级跳汰。如果物料中有用成分在各个粒级的分布差别很大,则可以筛分分级得到质量不同的粒级,把低质量的粒级筛除,从而相应提高了物料的品位,有时又把这种筛分称为筛选。

(4)脱水筛分的目的是脱除物料的水分,一般在洗煤厂比较常见。影响筛分过程的因素可分为三大类:第一类是入筛物料的物理性质,包括粒度组成、湿度、含泥量和矿粒形状;第二类是筛面运动特性及其结构参数,包括筛面运动的特性、筛面的长度和宽度、有效筛面、筛孔尺寸和形状等;第三类是操作条件,包括生产率的大小和给矿的均匀性等。

在上述三类因素中,第一类因素除湿度外是不能随意改变的;第二类因素在设计筛子时必须认真考虑;只有第三类因素在实际生产过程中是可以调节的。

3.1.3.2 筛选效果影响因素

粉碎筛选的影响钻井流体处理剂性能因素主要是粉碎机的性能和筛选机的性能,此外还受处理剂样品的强度、硬度、粒度和易碎性等诸多因素的影响。

(1)粉碎机的性能。粉碎机的性能是确定钻井流体固相处理剂产量和质量的关键因素之一。以膨润土为例。在单机年产800~1000t膨润土粉的条件下,如采用主要是起磨碎作用的锤式粉碎机,则其击碎、磨细效果不好,产品的质量无法保证。

根据粉碎的要求,破碎过程可以分为一段破碎、两端破碎、三段破碎和带洗矿作业的破碎等。用于粉碎机设备,如颚式破碎机、旋回破碎机、圆锥破碎机、冲击式破碎机、辊压破碎机等。

(2)筛选机的性能。筛选机的性能也是确定钻井流体固相处理剂产量和质量的关键因素之一。以200目以上的膨润土筛选为例,单选用机械振动筛肯定是无法满足要求的。应选用如固定筛、筒形筛、平面摇动筛和振动筛等筛选机器。

筛分机械的类型很多,在选矿工业中常用的,根据它们的结构和运动特点,可分为固定筛、筒形筛、平面摇动筛、振动筛、概率筛、细筛。固定筛包括固定格筛、固定条筛、悬臂条筛和弧形筛;筒形筛包括圆筒筛、圆锥筒和角锥筛;振动筛分机械传动和电力传动两种,属于前者的有偏心振动筛、惯性振动筛、自定中心振动筛、直线振动筛和共振筛,属于后者的有电振筛;概率筛包括旋转概率筛、直线振动概率筛、等厚概率筛等;细筛包括弧形筛和高频筛等。

为了满足钻井流体处理剂配制要求,提高破碎和筛选产品的质量和产量,促进破碎和筛分设备的更新换代和升级,粉碎筛选高质量、高产量的处理剂是钻井流体处理剂性能粉碎筛选发展方向。

3.2 钻井流体组分分类方法

钻井流体组分的分类方法有多种,最常用的分类方法有按组分功能分类和按组分主要成分分类。按组分功能分类可分为36类,这种分类法的优点是可以让使用者按需采购,适应性较强,多为钻井流体公司及生产厂家所采用。按组分主要成分分类可分为19类,这种方法容易掌握其主要组分和性质,一般常为钻井流体研制单位和专业技术人员所使用。

3.2.1 按组分功能分类方法

作为钻井流体学,以作用机理为主线,利于研究。但是现场应用则需要简单直接。处理剂作用或功能,分类比较清楚地选择处理剂。但是,由于钻井流体处理剂用途扩大造成分类不断变化,分类的稳定性变差。按组分功能把钻井流体处理剂分为36类。

3.2.1.1 碱度控制剂

碱度控制剂是主要用于控制钻井流体酸度或碱度的产品,即为碱度/pH值控制剂。具体来说,碱度控制剂是通过提供某种离子来控制钻井流体中水相pH值,钻井流体的pH值一般控制在弱碱性8.0~11.0。维持钻井流体碱性的无机离子主要来源于氢氧根离子、碳酸根离子、碳酸氢根离子等。常用的碱度/pH值控制剂如石灰、氢氧化钠、碳酸钠和碳酸氢钠,也包括其他的普通酸和碱。

3.2.1.2 杀菌剂

钻井流体用杀菌剂,是用来防止淀粉、生物聚合物等,多糖类聚合物及其衍生物被细菌降解的处理剂。

3.2.1.3 除硫剂

除硫剂是主要用于清除硫化氢的钻井流体处理剂。现场常用除硫剂有微孔碱式碳酸锌和氧化铁(海绵铁)。

3.2.1.4 除氧剂

除氧剂主要是用于钻井工作液中除去流体中的溶解氧,防止钻具腐蚀的处理剂。

3.2.1.5 高温稳定剂

高温稳定剂是主要用来提高钻井流体在高温条件下的流变性能和失水性能稳定性,并在高温条件下持续发挥其功能的处理剂,又称温度稳定剂,高温稳定剂可以提高钻井流体和聚合物处理剂的热稳定性,还可作为防腐剂使用。

3.2.1.6 缓蚀剂

钻井流体用缓蚀剂是用来延缓钻具和套管等腐蚀的处理剂,如氨基产品。

3.2.1.7 除钙剂

除钙剂主要用于去除钻井流体中的钙离子。钙污染是钻井流体应用中经常遇到的难题之一。通常的处理方法是在钻井流体中加入碳酸钠或是硅酸钠等除钙剂,将钻井流体中的钙离子以碳酸钙或是硅酸钙的形式除去。碳酸钠和碳酸氢钠等碳酸根离子除钙剂简单易得,常被用来做钻井流体的除钙剂。

除钙剂共同的特点是,利用钙离子生成不溶物,常见的钙难溶物主要有碳酸钙、硫酸钙、磷酸钙等,在25℃的溶度积分别为2.8×10^{-9}、9.1×10^{-6}和2.0×10^{-20}。由于磷酸钙价格昂贵,虽除钙效果最佳,但从经济效益角度考虑,其不合适工程大规模使用,所以通常使用碳酸钠或者碳酸氢钠作为除钙剂,基本满足钻井流体的除钙要求。

3.2.1.8 水合物抑制剂

水合物抑制剂主要用于深水/寒冷水域/隔水导管等环境中阻止或抑制水合物的生成。主要包括醇类、无机电解质、表面活性剂类和聚合物类等。

3.2.1.9 盐析抑制剂

盐析抑制剂主要用于防止饱和盐水钻井流体中,溶解于水的盐重结晶的抑制剂。

3.2.1.10 包被剂

包被剂是通过包被作用抑制泥土颗粒分散的钻井流体处理剂。

3.2.1.11 絮凝剂

钻井流体用絮凝剂是用来絮凝钻井流体有害固相的处理剂。如相对分子量较高的聚丙烯酰胺及其衍生物等。

3.2.1.12 页岩抑制剂

钻井流体用页岩抑制剂,用来降低泥页岩的水化作用,抑制页岩水化。有无机盐、有机盐和一些相对分子质量小的阳离子有机物等。

3.2.1.13 封堵防塌剂

钻井流体防塌封堵剂是用于封堵微裂缝的处理剂。有水分散性、油溶性沥青类处理剂及石蜡类处理剂。

3.2.1.14 解絮凝剂

钻井流体用降黏剂,用来降低钻井流体黏度。如铁络盐、磺化栲胶、单宁、部分低相对分子质量乙烯基单元聚合物等。

3.2.1.15 增黏剂

钻井流体用增黏剂,用来提高钻井流体黏度。如配浆土类、黄胞胶、高黏钠羧甲基纤维素等。

3.2.1.16 提切剂

提切剂是用来提高钻井流体动切力结构强度的处理剂。

3.2.1.17 降黏剂

降黏剂是用来降低钻井流体黏度的处理剂。

3.2.1.18 交联剂

交联剂是用于水基冻胶压裂液的主要处理剂,使高聚物形成高黏度凝胶体,使得压裂液具有优良的造缝和携砂能力。

3.2.1.19 固化剂

固化剂是使钻井流体中的浆液固化的处理剂。钻井流体固化剂主要用于废弃钻井流体的固化处理,主要是一些无机盐类和胶凝类材料。

3.2.1.20 破胶剂

破胶剂主要用于高分子钻井流体、压裂液破胶,实现压裂液适时、彻底破胶返排。常规的压裂液通常用过硫酸铵作为破胶剂。

3.2.1.21 降失水剂

钻井流体用降失水剂用来降低钻井流体失水量。这类处理剂一般有两种：一种是人工合成或者改性的如磺甲基酚醛树脂、预胶化淀粉等，主要依靠增加流体黏度和与黏土吸附形成网状物封堵渗流通道降低失水量；另一种是天然物质如超细碳酸钙、天然沥青等，主要依靠封堵地层的漏失通道降低渗透地层渗透率，进而降低钻井流体的失水量。

3.2.1.22 堵漏剂

钻井流体用堵漏剂用来封堵漏失层、阻止钻井流体向地层漏失。有粒状、片状、纤维状固体材料及可溶胀、交联的聚合物等。

3.2.1.23 泡沫剂

钻井流体用发泡剂具有较高的表面活性，能够降低钻井流体的表面张力，并能包裹气体而形成泡沫的表面活性剂。常用的如乳化剂 OP-20 或者叫 OPE-20、聚氧乙烯(20)辛基酚醚、辛基酚聚氧乙烯(20)醚、十二烷基苯磺酸钠(Sodium Dodecyl Benzene Sulfonate，ABS-Na，K-12(Sodium Lauryl Sulfate，十二烷基硫酸钠或者称椰油醇或月桂醇硫酸钠)等。

3.2.1.24 乳化剂

钻井流体用乳化剂，用来使两种互不相溶的流体成为具有一定稳定性的乳状液。如烷基苯磺酸钠盐、失水山梨醇脂肪酸酯、聚氧乙烯山梨醇酐单硬脂酸酯、山梨酸酯等。

3.2.1.25 消泡剂

钻井流体用消泡剂用来消除或削减钻井流体中不需要的泡沫。如醇类、有机硅油、脂肪酸衍生物。

3.2.1.26 增溶剂

增溶剂主要用于提高钻井流体的溶解能力。增容剂主要来自能产生增溶作用的表面活性剂。表面活性剂在水溶液中形成胶束后，具有能使不溶或微溶于水的有机化合物的溶解度显著增大的能力。

3.2.1.27 润湿反转剂

钻井流体用润湿反转剂是用来改变固体与液体表面润湿性的处理剂。

3.2.1.28 清洁剂

钻井流体用防泥包剂也称钻井流体用清洁剂，是用于防止钻具泥包的处理剂。

3.2.1.29 润滑剂

钻井流体用润滑剂用于降低钻井流体摩阻、增强润滑性。有液体润滑剂及固体润滑剂。

3.2.1.30 解卡剂

钻井流体用解卡剂，主要用于解除井下发生的黏附卡钻。解卡剂通常含有清洁剂、脂肪酸盐、油、表面活性剂和其他化工产品。

3.2.1.31 防水锁剂

防水锁剂主要是通过增大液相与岩石表面的接触角,降低滞留液面界面张力,加快排液速率来解决储层水锁伤害。常用的防水锁剂主要是表面活性剂和低级醇。

3.2.1.32 示踪剂

示踪剂主要用于监测各层段产出情况及贡献大小,同时可用于评价压裂后的压裂效果和裂缝形态。钻井流体用于跟踪漏失地层或测定迟到时间。常用的如同位素、显示光一类的高分子化合物等。

3.2.1.33 荧光消除剂

荧光消除剂主要用于消除钻井流体中荧光干扰油气层发现。

3.2.1.34 分散剂

分散剂是用于在连续相中,难以分散开来,不利用溶解或者配制均匀的处理剂。大多分散剂是表面活性剂。

3.2.1.35 加重剂

钻井流体用加重剂用于提高钻井流体密度。如重晶石粉、铁矿粉、无机盐、有机盐等。同样,还有减轻钻井流体密度的减轻剂。因此,加重剂确切的称呼为密度调节剂。

3.2.1.36 提速剂/增速剂/快速钻井剂

通过改进抑制性、润滑性和流变性,形成适合破碎岩石的钻井流体。这样的处理剂一般由表面活性剂、胺类化学剂复配形成,有助于提高机械钻速。

3.2.2 按组分主要成分类方法

按照组分的主要成分,钻井流体组分可分为19类,分别是配浆土类、腐殖酸类、沥青类、丙烯酰胺类、丙烯腈类、淀粉类、纤维素类、木质素类、酚脲醛树脂类、动植物油类、植物胶类、聚合醇类、有机硅类、有机盐类、单宁类、碱类、矿石粉、矿物油类、两性金属氢氧化合物类,并进一步细分若干小类。

这种分类方法的优点是,清楚钻井流体的处理剂组分,便于研究和优化钻井流体处理剂。缺点是,对于大多数使用者而言,针对钻井流体需要,选择处理剂功能即可,知道处理剂组分,功能选择时反而选择处理剂困难。

3.2.2.1 配浆土类

配浆土可用于配制黏土类钻井流体,可提高钻井流体切力,形成滤饼。常用的如有机土、钠基土、钙基土、改性土、抗盐土、增效土、凹凸棒石、海泡石等。

3.2.2.2 腐殖酸盐类

腐殖酸盐类可用作钻井流体降黏剂、降失水剂、高温稳定剂和防塌剂等,适用于水基钻井流体,以保证钻井流体性能稳定,特别是配合磺化褐煤、磺化酚醛树脂等形成的三磺钻井流体耐温抗盐能力很强,可用于深井和超深井钻井。主要包括腐殖酸钠、硝化腐殖酸钠、磺化腐殖酸钠、硝化腐殖酸钾、磺化腐殖酸钾、硝化磺化腐殖酸钾、腐殖酸铁钾、腐殖酸铁、聚合腐殖酸、褐煤、磺甲基褐煤、铬褐煤、腐殖酸酰胺等。

3.2.2.3 沥青类

沥青类作为钻井流体处理剂的主要作用是封堵地层微裂缝、防止剥落性页岩坍塌、抑制页岩水化(姚福林,1989),广泛用于水基钻井流体的防塌剂、页岩抑制剂和降失水剂等。钻井流体用沥青类主要包括沥青、氧化沥青、磺化沥青、磺化妥尔油沥青、乳化沥青。

3.2.2.4 丙烯酰胺盐类

钻井流体用聚丙烯酰胺类聚合物,主要起絮凝作用外,还兼有抑制、润滑减阻、交联堵漏、剪切稀释等作用,被广泛用于水基钻井流体中。主要包括部分水解聚丙烯酰胺钙盐、部分水解聚丙烯酰胺铵盐、部分水解聚丙烯酰胺钠盐、部分水解聚丙烯酰胺钾盐、聚丙烯酸钠、磺化聚丙烯酰胺、聚丙烯酰胺等。

3.2.2.5 丙烯腈盐类

丙烯腈盐类用作降失水剂、降黏剂等,主要包括水解聚丙烯腈钙盐、水解聚丙烯腈铵盐、水解聚丙烯腈钠盐、水解聚丙烯腈钾盐等。

3.2.2.6 淀粉类

淀粉类用于增黏、降失水。常见的有预胶化淀粉、糊化淀粉、羧甲基淀粉、羟乙基淀粉等。

3.2.2.7 纤维素类

纤维素类用于增黏、降失水。主要有羧甲基纤维素钠盐、聚阴离子纤维素、羟乙基纤维素等。

3.2.2.8 木质素类

木质素类用于提高抗盐和耐温能力,用于制备高温高压降失水剂、抑制剂(氨基化)、分散剂(高密度钻井流体、水泥浆)、高温缓凝剂(油井水泥)等处理剂。主要包括磺化木质素、木质素磺酸钠、木质素磺酸钙、木质素磺酸铁、木质素磺酸铬、铁铬木质素磺酸盐等。

3.2.2.9 酚/脲醛树酯类

酚/脲醛树脂类具有良好的耐温和抗盐能力,由于脲醛树脂的存在使得改性产物在应用过程中没有起泡现象,同时还具有很好的降黏性能(鲍允纪等,2011),主要包括磺甲基酚醛树脂、磺化木质素酚醛树脂共聚物、脲醛树脂等。

3.2.2.10 动/植物油类

动/植物油类用于润滑剂,主要包括妥尔油、磺化妥尔油、油酸、硬脂酸、油酸酰胺、硬脂酸酰胺、硬脂酸锌等。

3.2.2.11 植物胶类

植物胶类用于提高耐温和抗盐能力,改善溶解性。改性方法包括羟烷基化、羧甲基化和接枝共聚。产品可作为钻井流体增黏(切)剂。主要包括田菁粉、瓜尔胶、植物蛋白等。

3.2.2.12 聚合醇类

聚合醇具有抑制黏土水化、储层伤害控制、环境友好性等优点(罗云凤等,2009)。主要用于页岩抑制剂,同时可用作润滑剂、降失水剂、乳化剂、消泡剂、表面活性剂等(李辉等,2003)。聚合醇,又称多元醇,还具有易维护、易降解、无荧光、与其他处理剂配伍性好等特点,被看作是协调钻井工程技术、储层伤害控制技术与环境保护需要之间矛盾的产物,是逆乳化钻井流体和高电解质体系的取代产品,是钻井流体水基处理剂研究中的热点。同时适用于深井、海底天然气水合物开采等特殊地层(刘天乐,2010)。主要包括聚乙烯醇、聚乙二醇、聚醚等。

3.2.2.13 有机硅类

有机硅类用作抑制剂和稳定剂。有机硅钻井流体无污染,无腐蚀性,稳定性好,抑制性强,流变性易控制,对油层伤害轻,用于解决深井钻井中的复杂情况非常有效,可提高机械钻井速度,缩短钻井周期,具有较好的技术和经济效益。主要包括烷基硅、腐殖酸硅等。

3.2.2.14 有机盐类

有机盐类可用作加重剂和抑制剂,具有低固相和强抑制等特点,主要包括甲酸钾、甲酸钠、甲酸铯、氯乙酸钠、三甲胺盐酸盐等(楼一珊等,2005)。

3.2.2.15 单宁类

单宁类起降黏和降失水作用,主要包括单宁酸钠、磺甲基单宁、磺甲基栲胶等(王中华,2008)。

3.2.2.16 碱类

碱类用于碱度控制剂或pH值控制剂,主要包括氢氧化钠、氢氧化钾、碳酸钠、碳酸氢钠、氧化钙等。

3.2.2.17 矿石粉类

矿石粉类用于加重剂,主要包括重晶石粉、活化重晶石粉、石灰石粉、磁铁矿粉、赤铁矿粉、黄铁矿粉、钛铁矿粉、菱铁矿粉等。

3.2.2.18 矿物油类

矿物油类用于润滑剂,主要包括原油、沥青、氧化沥青、磺化沥青、磺化妥尔油沥青、乳化沥青、柴油、白油、石蜡等。

3.2.2.19 两性金属氢氧化合物类

两性金属氢氧化合物类具有页岩抑制性、稳定井壁和保护油气的能力。主要包括有机正电胶、聚合铝等。

3.2.3 按组分物理化学性质分类方法

有的学者按组分物理化学性质将其分为4类,包括原生材料、无机处理剂、有机处理剂和表面活性剂等。

这种分类方法的优点是与平时物质的分类相当,便于记忆和选择、研究;缺点是类别太大,无法根据需要的物质特点,有针对性地寻找材料。

3.2.3.1 原生材料

原生材料(Material)是指用于钻井流体的组分基本上不需要改变其化学性质,或仅需要改变其物理性质的物质。这类钻井流体组分是钻井流体用量较大的组分,如水、油、气等连续相以及膨润土、重晶石和碳酸钙等基础材料。原生材料一般对密度影响较大。

3.2.3.2 无机处理剂

无机处理剂(Inorganic Additives)是指钻井流体处理剂为无机盐类,如氯化物、硫酸盐、碱、碳酸盐、磷酸盐、硅酸盐和重铬酸盐以及混层金属氢氧化物等。无机处理剂的用量相对而言也比较大,一般用于碱度影响较大的地层。

3.2.3.3 有机处理剂

有机处理剂(Organic Additives)是指用作钻井流体的处理剂为有机物类,如自然界天然产品及天然改性产品、有机合成化合物。按其化学组分又可分为腐殖酸类、纤维素类、木质素类、丹宁酸类、沥青类、淀粉类、聚合物类、有机盐类等。一般来讲用量相对较少,但不绝对,如有机盐用于提高钻井流体的密度,则用量比较大。一般对流变性和失水护壁性影响较大。

3.2.3.4 表面活性剂

表面活性剂(Surfactant)是指在钻井流体中用于乳化、发泡和缓蚀等,起辅助作用的处理剂。如阴离子表面活性剂、阳离子表面活性剂、两性表面活性剂、非离子型表面活性剂。

3.2.4 按组分耐温能力分类方法

有的学者按组分耐温能力将其分成5类,包括低温、中温、中高温、高温和超高温等钻井流体处理剂。

3.2.4.1 低温钻井流体处理剂

低温钻井流体处理剂(Low Temperature Drilling Fluids Additive)是指钻井流体处理剂在低于120℃条件下,不需要加入温度稳定剂即可实现所需性能稳定的钻井流体处理剂。目前,非天然物直接应用的处理剂,基本都能达到这一温度。

3.2.4.2 中温钻井流体处理剂

中温钻井流体处理剂(Medium Temperature Drilling Fluids Additive)是指钻井流体在121~150℃条件下,所需性能稳定的钻井流体处理剂。

3.2.4.3 中高温钻井流体处理剂

中高温钻井流体处理剂(Medium high Temperature Drilling Fluids Additive)是指钻井流体在151~180℃条件下,所需性能稳定的钻井流体处理剂。

3.2.4.4 高温钻井流体处理剂

高温钻井流体处理剂(High Temperature Drilling Fluids Additive)是指钻井流体在181~200℃条件下,所需各种性能稳定的钻井流体处理剂。

3.2.4.5 超高温钻井流体处理剂

超高温钻井流体处理剂(Ultra High Temperature Drilling Fluids Additive)是指钻井流体在200℃以上条件下,所需各种性能稳定的钻井流体处理剂。

这种分类以井深每增加1000m,钻井流体处理剂的耐温能力增加30℃来确定的。与目前关于深井超深井的界定相对应。由于不同地区的地温梯度不同,从这个角度上看,这类分法仍然是个相对量化的分类方法。

本书将在后文中,将功能分类和主要成分分类结合起来,详细介绍处理剂的作用机理、常用处理剂生产工艺、应用实例等。

第4章 钻井流体适合为佳选择理论

钻井流体是钻井工程的血液,在钻井工程中发挥着重要作用。针对地质和工程条件,选择适合功能的钻井流体,是保证完成钻井任务,达成钻井目的的基础。

任何事情都有其两面性。钻井流体在发挥其主要功能的同时,也会带来一些不利的影响。不同时代不同环境,某些问题可能放大。这要需要采取有力措施解决,保证钻井过程顺利有序地开展。

为此,使用之前,针对不同的地层特点、工程要求和环境限制,制订适合的钻井流体应用方案,减弱部分性能或加强部分性能,满足钻井工程的所有需要。这种以满足钻井工程需要调整钻井流体性能的方法,称为钻井流体调和方法(Drilling Fluids Harmonization Method)。与之相关的理论,称为钻井流体调和理论(Drilling Fluids Harmonization Theory)。它是指为满足钻井需要,根据工程经验、理论知识和作业条件,调整钻井流体性能以满足钻井工程需要的理论。从这个意义上讲,钻井流体学是调和学说的具体实践。通俗地说,是折中思想、妥协思想。

选择钻井流体时,要根据钻井工程需要选择合适的性能的论述,称为钻井流体适合为佳选择理论(Fit for Target Theory for Drilling Fluids)。即,适合就是最好的。可以说是没有万能的钻井流体,只有不适合的钻井流体。

4.1 钻井流体功能两面性

钻井流体的功能(Drilling Fluids Function),也叫钻井流体的作用,是指钻井流体能够满足钻井工程某种需求的一种特性。功能或者作用是性能作用的结果,一般是不能定量的,但可以通过相对比值来定量。

最早研究钻井流体功能的人是 Abraham,他总结了旋转钻井过程中钻井流体的功能,主要有6条,分别是润滑钻具、清除岩屑、不同压力下封堵地层裂缝、稳定井壁、保持井筒内压力、高低压条件下保持旋转钻进(Abraham,1933)。钻井流体的功能有很多,目前尚无统一的说法。不断更新的经典著作对钻井功能的定位,都是以 Abraham 在旋转钻井过程中对钻井流体功能的认识为基础。不断增加完善的结果。

Adam T. Bourgoyne 等认为,旋转钻井过程中,钻井流体应该具备的功能有4项,包括清除钻井过程中钻头底部岩屑并将其携带至地面;能够对地下岩层施以足够的流体静压以阻止地层流体流入井内;能够下套管注水泥前保持裸眼稳定;冷却和润滑旋转钻柱和钻头(Adam et al.,1986)。钻井流体除具备这些功能之外,其性能不应对地层评价不利,不能影响提高机械钻速、腐蚀钻井设备和井下管材。

Caenn 等认为,钻井流体最初的功能是清除钻屑,随着石油工业的发展、钻遇地层的复杂化,钻井流体应用范围的广泛化,要求钻井流体应兼具多种功能,而且不断多样化(Caenn et al.，2011）。因此，明确钻井流体的每一项具体功能是比较困难的。以旋转钻井为例，钻井流体主要功能有7项，即：

(1)清洗钻头底部岩屑,输送至环空并能够实现地面分离。

(2)冷却清洗钻头。

(3)降低钻柱与井壁间的摩阻。

(4)维护裸眼井段非稳固井段的稳定性。

(5)防止钻开的渗透性地层中流体进入井眼。

(6)形成薄且低渗透的滤饼,封堵孔隙和打开地层后其他地层通道。

(7)协助其他作业环节,通过钻屑、岩心和测井收集和解释地层信息。

除上述功能外,由于自身的限制或附带的消极影响应尽量避免或降到最低,其中包括钻井过程中钻井流体不能伤害钻井作业人员、不能污染周边环境、不需要非常规的或昂贵的方法完成钻井任务,同时不影响地层正常产液。此前,钻井流体的功能没有认识到有这么多,认为钻井流体的功能是携带钻屑,冷却并清洁钻头,润滑,稳定井壁,防止井涌,形成滤饼护壁,协助钻屑、岩心和测井获得信息(Darley,1988)。不同的时代认知钻井流体的功能不同,但都在进步,展示了钻井流体技术在发展过程中认识深度加深。

樊世忠等认为钻井流体最基本的功能有两大方面,以保证快速优质钻井和控制储层伤害并取全取准资料(樊世忠等,1996),即钻井流体通过地面与井下循环,及时把破碎的钻屑带到地面上来,保证钻井过程的连续进行,并保障井下安全,储层伤害控制及取全取准各项工程地质资料。为保证快速优质钻井,钻井流体应需具备5个方面作用:

一是清除井下钻屑并携带到地面。

二是对地层施以足够的反压力,以防地层流体进入井内。

三是保持井眼稳定。

四是冷却与润滑钻头钻具。

五是传递水功率。

控制储层伤害并取全取准资料,需要具备4个方面的作用:

一是不伤害储层。

二是有利于地层测试。

三是不伤害钻井人员及污染环境。

四是不腐蚀或减轻腐蚀井下工具及地面装备。

Fred Growcock认为,钻井流体最主要的功能是,最小化钻头周围和整个井眼内钻屑的浓度(Fred Growcock,2005)。同时,钻井流体还必须具备以下11项功能:

(1)悬浮钻屑,钻井流体将井底和井眼的钻屑携带至地面,然后清除。

(2)控制地层压力和保持井壁稳定。

(3)封堵渗透性地层。

(4)冷却、润滑和支撑钻具组合。

(5)为工具和钻头传递水动力。

(6)减小储层伤害。

(7)提供足够的地层评价信息。

(8) 防腐。

(9) 便于注水泥和完井作业。

(10) 减少影响环境。

(11) 抑制气体水合物形成。

Johannes Fink 则认为,钻井流体的基本功能是控制地层压力、控制地层内流体压力、避免储层伤害、清除钻屑和冷却润滑钻头;除基本功能外,钻井流体还应该兼具一些理想性能,以提高钻井效率,包括理想的流变性(塑性黏度、屈服值、低速流变特性和凝胶强度),预防流体漏失能力,不同温度和压力下的稳定性,抗盐水、石膏、水泥和钾盐的污染能力等(Johannes,2012)。另外,钻井流体还应该具有提高机械钻速的特性以及润湿钻杆、保持钻头表面清洁等特性。也就是说,从某种意义上讲,钻井流体需要具备润湿特性。同时,钻井流体还应该具有较好的润滑性,最小化井壁和钻具之间的摩阻。在存压差卡钻可能的情况下,最小化压差卡钻概率,防止钻井流体的有效静液柱压力高于地层压力造成钻柱靠近井壁卡钻。钻井流体还应该防止地层中泥岩和黏土水化膨胀产生过多固相,减少卡钻事故,保证井眼规则等。

而之前在 Johannes 出版的著作中,将钻井流体的基本功能表征为从井底清除钻屑并把其运至地面,克服地层压力,避免储层伤害,冷却和润滑钻具钻头,防止钻杆疲劳,能够获取已钻地层的信息,如测井和岩屑分析(Johannes,2003)。没有提到润湿特性,这表明作者对钻井流体在储层伤害控制和钻井工具保护等功能方面的认识在不断深入。

不难发现,对钻井流体功能的认知,不同阶段不同学者所持观点不同,同一作者不同时期观点也不相同。总的来说,随着人们对钻井流体认识的不断深化,对钻井流体功能的认识也在逐渐深入和完善,学者们对功能的分类逐渐形成了钻井流体功能界定理论。这种理论不仅为发挥钻井流体的作用提供了依据,还为加强和扩充钻井流体学的功能提供了理论基础。然而,不同学者对钻井流体基本功能的评价标准不同,具体界定钻井流体的功能也不相同。因而,对钻井流体功能的分类也是各执一词。实际工作中,应该从工程需要、地质许可、环境接受和成本合理等 4 个方面描述钻井流体必须具备的功能,以实现安全、快速、优质、环保、高效的钻井目的。

这些都是从应用的角度分类钻井流体的功能。总的来说,钻井流体在钻井工程过程中发挥的作用有两类:一类是积极的功能;另一类是消极的影响。也就是说,钻井流体在发挥有利钻井工程功能的同时,也会对钻井工程造成一些不利的影响。积极作用是必须具备且需要加强的,而消极的影响及存在的问题是无法避免但需要控制的。这就是界定钻井流体功能时的正反两方面功能都要考虑的两面性理论。

实际上钻井流体的功能应该有多种分类方法。例如,按照储层伤害与否,可能分为储层伤害控制功能和储层伤害影响。当然,这种分类方法太宽泛,主要是以其在钻井过程中发挥的作用来分类的。按发挥作用的分类,便于与钻井流体的性能结合。通过性能调节实现功能发挥。

4.1.1　钻井流体的主要有益功能

钻井流体的主要功能即钻井流体的积极作用,是指钻井流体所特有的,能够在钻井过程中表现出有利于钻井工程目的的能力。钻井流体的主要功能有14项,包括悬浮固相、携带固相、平衡井下压力、稳定井壁、冷却地层和工具、传递水动力、反馈井下信息、润滑工具和地层、润湿工具和地层、减轻工具重量、封堵地层、兼容外来物质、保护套管和封隔器以及协助完成其他钻井作业。

4.1.1.1 悬浮固相

悬浮钻屑是钻井流体首要和最基本的功能,也是顿钻钻井最初的应用目的。接单根、起下钻或因故停止作业,钻井流体静止。此时,钻井流体则将井内钻屑、岩屑和磨屑等无用固相和为提高钻井流体密度加入的惰性加重材料、膨润土等,稳定在钻井流体某一位置中,防止其沉降造成钻具掩埋,钻井流体失去稳定性。

4.1.1.2 携带固相

携带固相是旋转钻井时代钻井流体最基本的功能。钻进过程中,钻井流体通过循环,将钻头切削下来的钻屑运至地面,以保持井眼清洁、起下钻畅通,保证钻头在井底始终接触破碎新地层,不造成重复切削,实现快速钻进。同样的道理,钻井过程中如处理井下落鱼、开窗磨铣、完井等作业中,钻头或者磨鞋磨铣的金属、水泥等碎屑、磨屑等无用固相也需要钻井流体将其清洗出井眼。

还有,也需要清洗自然的无法避免的固相,如地层由于应力释放造成的掉块,处理剂中一些不溶的杂质。当然,钻井流体还应该能彻底冲洗和驱替井筒中岩屑、掉块或架桥材料这些人为的加入的固相。

不管怎样,在钻井过程中,清除固相,将钻井流体中固相浓度控制在合理的范围内,是高效发挥钻井流体各种作用的关键。如控制有害固相在一定的范围内,可以保证滤饼质量,以实现护壁目的。2005年,美国机械工程师学会(ASME)振动筛委员会出版的《钻井流体处理手册》,就是以处理钻屑为主线的专著。

4.1.1.3 平衡井下压力

钻井过程中需不断加入加重材料和减轻材料,调节钻井流体密度,使液柱压力尽可能与地层压力相当,以平衡地层流体压力,防止井喷和井漏。还要平衡破裂压力和坍塌压力,防止井漏和井塌。有人认为存在地层漏失压力(Motita et al.,1990),因此,钻井流体也应该平衡地层漏失压力,以防止地层漏失。

如果钻井流体密度无法调低到能够平衡地层压力,或者不能低于破裂压力,钻井流体则需要通过添加提高地层承压能力的处理剂或材料,封堵地层保证不发生漏失或者破裂,再调整钻井流体密度使钻井过程中不发生井喷。

4.1.1.4 稳定井壁

井壁稳定、井眼规则是实现安全、优质、快速钻井的基本条件。稳定井壁有两层含义:一是稳定井眼,维持井壁不坍塌或者减少掉块;二是保持井壁不产生新的裂缝,防止漏失。

钻井流体在满足地层稳定所需力,即调整钻井流体密度满足井壁的基础上,借助于液相失水作用和化学抑制能力,在井壁上形成薄而韧的滤饼,稳固已钻开的地层并阻止液相侵入地层,减弱泥页岩水化膨胀和分散程度,实现钻井顺利。

同时,钻井流体在井壁上形成光滑且薄、韧的滤饼或者其他有效的封堵材料,及时封堵可能张开或者产生的裂缝,提高抵抗钻井流体冲击的能力,防止钻井流体造成新的流动通道,造成漏失。如下套管时,钻井流体的激动压力过大,诱导裂缝产生。钻井流体通过封堵作用提高了破裂压力,从而减少漏失的概率。

4.1.1.5 冷却工具

这里所说的钻具是指包括钻头及其以上所有用于钻井的有型化手段。井筒中,地层与钻具发生热交换,使钻具温度升高。钻进过程中,钻头在地层高温环境中旋转并破碎岩层,进一步产生热。与此同时,钻具旋转或滑动与井壁摩擦产生热量。

钻井流体及时吸收热量,并在钻井流体返出地面后释放热量,或者吸收摩擦产生的热量,减少直接作用于井下工具的热量,从而起到了冷却钻头、钻具,延长使用寿命的作用。同样,地层温度也井一步降低。

4.1.1.6 润滑工具

钻头和钻具在钻井流体中旋转和滑动,减少了钻具和钻头直接与地层接触的概率,降低钻具和钻头与井壁间的摩擦阻力。另外,钻井流体形成的滤饼,使得钻具和钻头与井壁的局部接触,转换为钻具和钻头与滤饼间的接触,降低了摩阻,起到了润滑作用。

4.1.1.7 传递水动力

钻井流体传递水动力的方式大致可以分为通过钻头喷嘴和通过井下工具两大类。其中有直接作用于岩石的,还有直接作用于工具的。

钻井流体通过钻头喷嘴形成高速流冲击井底,提高破岩效率,加快钻井速度。直接传递水动力作用在岩石上,实现钻头水马力(水马力又称水功率)。喷射钻井时,消耗于钻头喷嘴处的水力能量,称为钻头水马力。钻头水马力等于钻头各喷嘴的射流压力降乘以各喷嘴流量的总和,可以通过调整泵排量和改变喷嘴直径来控制。钻头水马力越大,机械钻速越高。但是钻头水马力受到泵功率和钻具压力损失的限制。喷射钻井一般要保持的钻头水马力是泵输出功率的 $1/2 \sim 2/3$。为此,欲提高喷射钻井的效率,首要的条件是加大泵的功率。其次是改善钻井流体管路及循环系统,降低循环系统的水力损失。在使用螺杆钻具和涡轮钻具钻进时,钻井流体在钻杆内以较高流速流经螺杆钻具和涡轮钻具转子,使转子旋转并带动钻头破碎岩石(王太平等,2003)。

螺杆钻具以钻井流体为动力,是把液体压力能转换为机械能的容积式井下动力钻具。钻井泵出的钻井流体流经旁通阀进入马达,在马达的进出口形成一定的压力差,推动转子绕定子的轴线旋转,并将转速和扭矩通过万向轴和传动轴传递给钻头,从而实现钻井作业(李明谦等,2006)。

涡轮钻具靠液体的流速来驱动。钻探时钻杆不转动,钻杆工作条件可以得到明显改善,旋转钻柱也不消耗功率(成海等,2008)。

液力冲击器锤又称液动锤,依靠高压钻井流体为动力介质实现冲击回转破碎岩石(吴来杰等,2005)。间接传递水动力作用在岩石上,实现破碎岩石。

传递水动力,还表现在打开井下工具,如固井附件的滑套、胶塞等,以及其他作业过程中送入堵球、煤层气造穴、挤入堵漏材料等。

4.1.1.8 反馈井下信息

钻井流体应该能够完成随钻测井(Measurement While Drilling,MWD),井下压力温度传感器传递井下信息的任务,做到信号衰竭少,清晰可辨。例如,旋转导向钻井系统中,钻井流体通过脉冲传输方式传递定向钻井实时参数信息是最为成熟的井下信息传输方式,而钻井流体不能对钻井工艺有特殊的要求和限制(肖仕红等,2006)。

钻井流体脉冲传输的基本原理是,井下传感器测量的信号经编码,由脉冲器的驱动控制电路,驱动钻井流体脉冲器的锥阀、旋转阀或转子等工作,产生截流效应,从而产生钻井流体压力脉冲,压力脉冲经钻杆柱中的钻井流体传递到地面。地面立柱安装的压力传感器接收压力脉冲信号,经过滤波整形后,由地面的解码系统解码,从而可以获得井下传递上来的数据信号(Lesso et al.,2008)。同时,通过返回地面的钻井流体性能变化、体积变化,判断工具运转状况、地层变化和事故难题等。

另一种反馈井下信息的方式是岩屑录井。通过钻井流体返到地面的岩屑,建立地层剖面。同样,利用录井的传感器,监测全烃含量变化,发现油气储层。

钻井流体还可以反馈井下压力、井下温度及地层特征等一些信息。如通过钻井流体密度计算井下压力,通过钻井流体温度计算井底温度,通过钻井流体中离子变化判断地层岩性(Peter Ablard et al.,2014)。

4.1.1.9 润湿工具和地层

钻井流体润湿钻头和钻具,防止钻屑颗粒吸附钻头和钻具,泥包钻头(Grocock et al.,1994)。钻井流体可改变岩石的润湿性,实现岩石润湿性由强亲水向弱亲水方向转变,减弱钻屑颗粒在钻头、钻具表面的吸附力。引发钻头泥包的原因很多,主要有地层因素、钻井流体因素、工程因素等,但都表现为钻进时进尺明显变慢,或者说钻时明显增加,增大钻压或减小钻压钻速也不明显提高。

另外,润湿性转变使岩石与钻井流体的表面张力降低,从而降低岩石的毛细管力,有利于钻井流体渗入钻头切屑和冲击井底岩层所形成的微裂缝中,有助于提高钻井速度。润湿性还有助于吸附地层形成高质量的滤饼(孙金声等,2009)。

钻井流体润湿作用在控制储层伤害方面也有积极作用(王富华,2005)。在外来流体中某些表面活性剂或原油中极性物质的作用下,储层岩石表面会发生从亲水变为亲油的润湿反转。导致油流通道减少、驱油阻力增加、油相渗透率降低等,从而影响油气采收率。通过钻井流体的润湿作用,使储层岩石保持亲水性,有助于提高油气采收率。

4.1.1.10 减轻工具重量

钻井流体的悬浮作用,减小了钻具受到的轴向拉力,减轻了钻机的负担。在井斜段,作用于钻具表面的浮力切向分力可减小钻具对井壁的正压力,对减少井斜段起下钻摩阻和黏附卡钻有积极意义。同样,在下套管时,灌入钻井流体,利用套管下入。减少灌入量,则会增加套管浮力,减少套管悬重,减轻钻机负荷。

4.1.1.11 封堵地层

钻井流体通过自身的黏度,增加了进入地层的阻力,有效控制进入地层的流体,即自身封堵地层渗流通道。钻井流体与固相颗粒混合,封堵地层渗流通道,实现与其他材料结合封堵地层。当然钻井流体中如果混入封堵材料,更能实现钻井流体的有效封堵。

4.1.1.12 兼容外来物质

钻井流体能够接受加入体系以外的处理剂并能够维持钻井流体的性能,称为钻井流体兼容性(Compatibility),也称配伍性。

钻井流体兼容性分为人为加入的物质的兼容性和地层中的物质的兼容性。人为加入的物质的兼容性主要是指各种处理剂间相互兼容(曾浩等,2012)。如优选多种抗硫缓蚀剂,复配咪唑啉含硫衍生物、硫代磷酸酯、炔醇类化合物、表面活性剂、有机溶剂及其他酰胺化合物而成缓蚀剂,就需要这些复配剂之间配伍,而且需要复配成的处理剂与钻井流体的其他处理剂配伍。

此外,来自地层的物质与钻井流体间的配伍性主要体现在与地层岩石、地下流体等兼容(宫立武等,1994)。比如钻井流体与地层中的物质配伍性不好,会发生化学沉淀伤害及储层黏土矿物水化膨胀分散运移,骨架矿物转化等,使储层孔喉直径缩小、毛细管力增加、束缚水饱和度上升,储层渗透率下降。

最初,配伍性是中医中说的药物间的关系。配伍是指有目的地按病情需要和药性特点,有选择地将两味以上药物配合同用。钻井流体处理剂间的作用关系与中药的药材间的作用层理相当。

同样,只有深入理解处理剂的作用机理,才能够配制出性能满意的钻井流体。不少研究者尽管在钻井流体配制过程中,已经意识到处理剂之间存在着不能相互兼容的作用,但没有提出相关理论,也没有总结出某类处理剂与另一类处理剂不能共用的经验。如井内出现硫化氢、二氧化碳等酸气,能够用处理剂处理酸气,但没有总结相应的规律。本书总结为,"酸气先提碱度值,再加锌盐固硫根。基础尚需密度适,不让酸气见着人。"

当然,加有除硫剂的钻井流体的维护要做到"四勤三细",四勤是勤观察、勤试验、勤测定、勤维护;三细是后效钻井流体性能要细测、硫化氢含量要细测、调整钻井流体密度要细测。钻井流体性能的维护要做到"三低一高",三低是低密度、低黏度、低失水;一高是高泵压。

使用处理剂,不能影响钻井流体的性能,即使有所影响,性能也应能够调整,这就是配伍性。

钻井流体对地下或者地面具有破坏性能的物质的抵抗能力,是指某种物质对钻井流体性能的影响能力,即抗污染能力。但是,由于污染这个词经常给初学者带来误解,建议改成钻井流体抗侵害能力(Contamination Capacity),即钻井流体在工作过程中抵抗原油、地层水、地层黏土和钻屑等外来物质侵害的能力。与配伍性不同的是,抗侵害能力与侵害物质和原有物质有关,配伍性与流体中自身两种或两种以上物质间相互影响有关。

地层流体和人为加入的流体主要是指地层中的油、气、水以及为了达到某种工程目的而人为加入的工作流体。地层中的盐类以及盐膏层中盐类,侵入钻井流体后会影响钻井流体性能。室内一般对钻井流体从膨润土、地层水、原油和盐等侵害作抵抗能力评价。如果钻井流体在被上述物质侵害后,流变性变化不大,失水护壁性稳定性好,说明配制的钻井流体具有很好的抗侵害能力。

4.1.1.13 保护套管和封隔器

为保护套管不受腐蚀以及井下注水封隔器能够安全起出,需要在套管环空中注入保护液。套管环空保护液是充填于油管和油层套管之间的流体,其作用是减轻套管头或封隔器承受的油藏压力,降低油管与环空之间的压差,抑制油管和套管的腐蚀。套管环空保护液在生产井中,如果不修井就不会流动;在非投产井中,不投产也不会流动。因此,要求套管环空保护液具有良好的稳定性和防腐性,储层伤害控制能力强,在修井或投产时不伤害储层,无腐蚀等特点。

李晓岚等基于套管和油管的腐蚀机理和防腐机理,设计出了套管环空保护液的主要处理剂,形成了套管环空保护液的基础配方,并通过对不同类型的除氧剂、缓蚀阻垢剂和杀菌剂的优选及加量调整,研制出了适用于南堡油田海上施工的套管环空保护液(李晓岚等,2010)。

宋兆辉等设计了有机盐作为无固相环空保护液(宋兆辉等,2013)。通过对有机盐、缓蚀剂和杀菌剂等处理剂的室内优选,形成了无固相有机盐环空保护液,成功应用于中国石化四川盆地川东巴中低缓构造带的元坝103H井。

水基环空保护液是最常用的一种环空保护液。根据其来源,水基环空保护液又可分为改性钻井流体环空保护液、低固相环空保护液和清洁盐水环空保护液。据此,郑力会等设计了有机盐环空保护液,并研究了其腐蚀性能。同时作为环空保护液在现场应用了6口井(郑力会等,2004)。

饶天利等针对空气泡沫驱注水井环空高温、高压、氧气浸入、细菌超标等现状,采用缓蚀剂、杀菌剂、pH值调节剂和除氧剂复配空气泡沫用环空保护液体系(饶天利等,2015)。

曾浩等针对高含硫气井环空特殊的腐蚀环境,结合普光气田油管柱与套管管材情况,开发出以复合有机酸盐为基液,添加高抗硫缓蚀剂、除硫剂、除氧剂和杀菌剂等处理剂的适应于高含硫气田的长效环空保护液体系(曾浩等,2012)。

4.1.1.14 协助完成其他钻井作业

钻井流体除了完成自身的作业外,还要协助完井和中途测试等其他作业完成作业任务,也是重要的功能之一。

(1)协助固井作业。钻井作业完成后,如果实施套管完井,在注水泥固井时,绝大多数钻井流体与水泥浆不兼容。如果水泥浆和钻井流体直接接触,钻井流体可能发生水泥侵害,水泥浆也会受到钻井流体侵害产生黏稠的团块状絮凝物质,影响水泥浆的性能,进而影响固井质量。所以,固井施工时,注水泥浆前,先泵入另一种防止两种流体接触的流体,将水泥浆与钻井流体隔开,这种流体叫前置液(陈大钧,2006)。

前置液分为冲洗液和隔离液两类。冲洗液的作用是稀释和分散钻井流体,防止钻井流体聚结和絮凝,有效冲洗井壁及套管壁,清洗残存的钻井流体和滤饼,并在水泥浆和钻井流体之间起到缓冲的作用,提高固井质量。隔离液的作用是有效隔开钻井流体和水泥浆,能形成平板流型的顶替效果最好,对低压漏失层可起到缓冲的作用。隔离液应该具有较高的浮力及拖拽力,以加强顶替效果。

(2)协助封堵漏失地层。发生井漏或预防漏失时,通过调节钻井流体的性能,如改变密度、黏度和切力等,来达到降低井筒液柱压力、激动压力和环空消耗的效果。

改变钻井流体在漏失通道中的流动阻力,减少地层产生诱导裂缝的可能性,来达到堵漏和预防漏失的效果。钻井流体应该能与堵漏材料混合,运送堵漏材料到指定封堵位置(徐同台,1997)。

(3)协助地层测试。钻井流体要有利于地层测试,不影响地层评价。地层测试时,通过减少钻井流体液柱压力来产生生产压差,达到形成流压的目的。

同时,在随钻地层测试过程中,利用钻井流体脉冲将信号传递到地面是目前随钻仪器使用最普遍的传输方式(马建国,2006)。

(4)利用钻井流体的导电能力传递电信号。在配制钻井流体时需要添加处理剂改善钻井流体的性能,从而保证钻井顺利进行。

由于处理剂中含有导电物质,使得钻井流体具有了导电能力。于是人们利用钻井流体的导电能力来传递电信号,再通过对电信号的处理和分析来尽可能多地获取井下信息。

(5)传递地层热量防止气井水合物。水合物是在一定压力和温度下,天然气中的某些组分和液态水生成的一种不稳定、具有非化合物性质的晶体。水合物在井筒中形成,可能造成堵塞井筒、减少油气产量、损坏井筒内部的部件,甚至造成油气井停产。

于是利用钻井流体的导热能力来传递地层热量,使井筒内的温度高于水合物的生成温度,防止气井水合物的生成,保证气井安全稳产。

此外,还有协助金属防止地层流体腐蚀、防止钻井工具疲劳破坏等作用。

4.1.2 钻井流体发挥有益功能时的负面影响

钻井流体在具备上述主要功能与保证钻井过程顺利进行的同时,一些特有的影响甚至是不利于钻井过程的基本特性也随之而来。目前研究认为,钻井流体发挥主要功能时附带的负面影响主要包括伤害储层、污染环境、伤害人类和动物、腐蚀金属和橡胶、增加作业设备、增加钻井成本等。这些问题在钻井过程中都无法避免但应该得到有效的控制。

4.1.2.1 伤害储层

钻井流体需要与所钻遇的储层岩石、黏土矿物以及地下流体相兼容,防止因速敏、水敏、盐敏、碱敏、酸敏、应力敏感以及其固相颗粒堵塞、黏土水化膨胀、乳化堵塞、润湿反转、有机垢产生、无机垢产生、细菌堵塞、吸附气解吸能力下降等降低产能和产量,控制储层产能不受影响或者在可接受的影响范围内。

为及时、有效地发现储层,钻井流体使用的处理剂,要控制干扰油气判断的因素在可接受的范围内。例如钻井流体密度尽可能接近于地层孔隙压力。钻井流体密度过高,会使含油气地层无油气显示或者油气显示不明显。控制带有不饱和烃的物质用于钻井流体,避免因使用影响气测与录井的处理剂而影响岩屑录井判断地下油气,从而利于录井捕捉油气显示。否则,钻井流体性能影响岩屑描述的鉴别和区分,携带能力影响捞取砂样深度的准确性,处理剂质量影响挑选样品的速度(王嘉,2012)。

钻井过程中一旦发现储层,有必要利用中途测试、试井和测井等技术评价储层,减少储层伤害,为准确评价储层创造条件。地层是否含有工业性油气流、油气水边界及油气生产能力和驱动类型、油气储量、确定油气水层等参数是储层发现的主要表征指标。钻井流体性能必须满足这些参数获取的性能,利于得到地层评价相关参数。如钻井流体的抑制性能好,能够提高井眼质量,并为录井和试油创造良好的环境,利于封隔器坐封。使用强抑制钻井流体,为完井提高固井质量做好井眼准备。

人们常说的钻井流体"双保",其中的"一保",就是指钻井流体要控制储层伤害,即人们常说的储层保护。

4.1.2.2 污染环境

钻井流体应该尽量减少对环境的影响。随着油田开采程度不断提高,使用的特殊作用钻井流体越来越多,化学处理剂的种类和数量大幅度增加,废弃钻井流体成分越来越复杂。钻井流体中有机化合物渗透到土壤中不易降解形成隔离膜,阻止土壤和植物吸水。另外,一些有机化合物具有毒性,危害水中生物。钻井流体中机油、柴油污染土壤、植物、水。钻井流体中盐和可交换性钠离子,能造成土壤板结,植物吸收土壤水分难,不利于植物生长,影响地下水质。钻井流体中岩屑对土壤、植物、地下水、水中生物都会产生或多或少的影响。

尽量少加或不加无机盐特别是钠盐以及不易降解的有机高分子化合物。能用无固相钻井流体的地层尽可能使用无固相钻井流体,一是便于清理岩屑,二是不用排浆换浆,三是钻井流体可以重复利用。使用性能优良的钻井流体,最大限度地在循环槽内沉淀岩屑,便于清理岩屑。使用除泥器,降低固相含量,延长钻井流体使用寿命。用上一次钻井使用的钻井流体钻表层。挖储污坑,垫上塑料膜,填埋岩屑。在完钻的钻井流体中加固化剂,固化钻井流体,防止浸出造成污染环境。钻井流体应该不破坏作业环境中的生物和地貌,作业完成后最好能够直接排放。如果不能排放,也可以回收或者利用较为简单的处理方法,以满足无害要求。

"双保"中的另一保,就是指钻井流体要保护环境和相关人员,也即钻井工程中所使用的钻井流体应保证不污染周围水体和自然环境、不危及人类健康和生命。

4.1.2.3 伤害人类和动物

钻井流体中添加了多种化学处理剂,一般都含有重金属、油类、碱和化合物等,其中的化合物等如铁铬盐、磺化沥青、磺化栲胶和磺化褐煤等都可能对人、畜和环境造成伤害。如有毒有害的物质可能会伤害正在作业的人员,也可能因为处理废弃钻井流体对处理人员造成伤害。还有,钻井过程中,钻井流体应该能够很好控制地下有毒有害流体,如酸气,并能够通过调整性能控制或者消除酸气。因此,钻井流体应对工作人员不造成伤害。

4.1.2.4 腐蚀金属和橡胶

钻井流体应该对井下工具及地面设备不腐蚀或尽可能减轻腐蚀。除了自身不影响金属、橡胶钻井设备及配件外,还要能够很好控制地下有毒有害流体,如酸气对设备的损害。

有关资料表明,中国石油钻井每钻进 1m,就消耗 4kg 钻杆,其中由腐蚀造成的损失占 $20\%\sim50\%$,每年钻井进尺按 1500×10^4m 计,腐蚀损失就高达 0.9 亿~2.5 亿元。另据统计,中国钻井每年发生的事故大约 60% 源于腐蚀,处理这些事故的花费与直接损失相当(侯彬等,2003)。因此,钻井流体对钻井设备应不腐蚀或尽可能减轻腐蚀,并且在腐蚀环境中具有一定防腐作用。

4.1.2.5 增加作业设备

钻井流体不仅要在配制和处理等方面严格遵守操作规范,还需要维护操作设备。因此,需要操作简单。

钻井流体最好能在不增加附加操作设备或者特殊要求的情况下,实现钻井目的。增加操作设备往往增加钻井成本,带来钻井作业不便。同时,钻井流体尽可能不改变钻井流体作业习惯,方便评价、调整和使用钻井流体。如提高机械钻速需要降低固相含量,钻井流体应该能够利用现有固控设备降低固相含量。还如,气体侵害后,钻井流体需要脱气,也能够利用现有除气设备除气,完成清除则有利于调整钻井流体性能。钻井流体性能调整还要满足各种设备正常运转,如钻井吸入方便,配制容易等。同时,在选择钻井流体时要考虑钻井流体所需要的材料来源、获取等因素。

但是,随着钻井手段多样化,需要投入的设备越来越多,特别是一些特殊的钻井流体,如气体钻井和特殊需要的作业如无固相钻井流体,无形中增加了设备费用。

4.1.2.6 增加钻井成本

钻井成本是钻井效益的重要环节。钻井流体是钻井工程的组成部分。钻井流体的成本是应用范围的关键因素。钻井流体自身成本比较合理,才值得推广。当然,目前作业者通过回收利用或重复利用,进一步降低成本和减少环保处理费用,也是控制成本的主要方面。除处理剂成本、人员成本外,井下事故难题损失的钻井流体以及处理事故难题所需要费用,都是钻井流体的成本。因此,避免事故难题,提高钻井速度,是降低成本的关键。

钻井流体成本虽然仅占钻井综合成本的小部分,但是钻井流体如果发挥作用,会提高机械钻速、减少井下事故难题,进而缩短钻井周期,降低钻井综合成本。需要说明的是,钻井流体利于降低成本,需要钻井设备、钻井操作等配套设备和工艺措施,仅靠钻井流体可能达不到预期目标。

至此,比较全面地总结和提炼了钻井流体在钻井工程中的 20 项功能,可以说,展示了钻井流体称为钻井的血液的原由。严格意义上讲,有些作用有所交叉。但可以发现,钻井流体不断伴随钻井技术发展,丰富和完善自己的作用。这些作用既不可能详尽描述,也会随着技术进步不断增加。因此,在选择钻井流体时,既要考虑性能产生的好处又要考虑其带来的负面影响,选择正面功能和负面功能都可以接受的性能,就是在选择钻井流体发挥其功能时的妥协理论,也可以称为折中理论。

当然,人们认识这些性能需要不断深入,也经过了长期的认知过程。钻井流体的性能是随着钻井流体的作用增加,不断丰富和完善的。钻井流体作用与钻井流体基本性能相关。功能的发展,需要达到功能的性能和评价方法。有的功能需要多个性能来实现,如携带功能,需要流变性和流动速度。有的则是一个性能可以实现多个功能,如流变性可以实现悬浮携带以及传递水马力。

因此,钻井流体的性能未必和钻井流体的功能一一对应。通过研究钻井流体的控制压力性能、流变性能、失水护壁性能、酸碱中和能力、离子控制能力等,实现钻井流体主要性能控制。除了这些基本性能外,还要研究兼容性能、抑制性能、润滑性能、耐温性能、荧光性能、腐蚀性能、润湿性能、导热性能、导电性能、储层伤害性能和环境友好性能等辅助性能。都与钻井流体的功能息息相关。发挥钻井流体作用,离不开钻井流体性能的合理性。

钻井流体的控制压力性能,与平衡井下压力、稳定井壁等功能有直接关系,还与悬浮功能、减轻井下钻具、储层伤害等诸多功能直接相关。

钻井流体的流变性,与悬浮固相、携带固相、传递水动力和协助其他作业环节有直接关系,还与稳定井壁、封堵地层等诸多功能间接相关。

钻井流体的失水护壁性,与稳定井壁、储层伤害、封堵地层等功能有直接关系,还与润滑钻具、润湿地层和钻具等诸多功能相关。

钻井流体的酸碱度、矿化度,与钻井工程稳定井壁、环境污染等许多功能有直接关系,还是其他性能的基础。

4.2 钻井流体选择

了解了钻井流体的功能,就可以选择钻井流体。选择钻井流体时,在满足质量、健康、安全和环保的要求下,还应满足钻遇地层、地层温度和地层压力等井下环境以及井身结构、油气储层伤害、录测井限制、钻井流体综合成本等工作要求。选择钻井流体类型主要考虑钻遇地层难易程度,井眼轨迹控制难度,储层伤害控制难度,环境保护难度,相关作业环节要求,钻井流体成本控制。地质钻井情况越复杂,涉及因素越多,要求钻井流体的性能也越高。选择钻井流体的依据和选择钻井流体的方法成为必需的环节。从总体上看,选择钻井流体的依据应该是地质首要原则、工程协调原则、效益至上原则、风险可控原则。

4.2.1 地质首要原则

地质目的是钻井的最初目的,也是最终目标。工程上解决钻井过程中的地质难题,发现地质要求的地层。钻井流体设计必须以保证实现地质任务为前提,充分考虑录井、测井、中途测试、完井、试油和采油等方面的需要。因此,选择钻井流体首先必须满足地质要求。除了考虑正常地层环境外,还要重点考虑地下岩石、流体以及环境的特殊性。概括而言,主要考虑井别要求,地层温度和压力要求,复杂地层要求。

4.2.1.1 注重满足井别要求

井别,是指按照钻井目的和开发要求,把井分为不同的类别,包括探井、开发井、生产井、资料井、注水井、观察井、检查井、更新井、调整井、正注井、反注井。从井别要求入手,考虑钻井流体需要的性能,涉及因素较多。

(1)探井要求。探井是经过地球物理勘探证实有希望的地质构造,为探明地下情况,寻找油气田而钻的井。包括区域探井和预探井。

探井主要在新探区,地质情况有待清楚,要求能够随时发现储层。探井应为油气发现与评价创造良好条件。钻井流体密度尽可能接近于地层孔隙压力,避免使用影响气测与录井的处理剂,有利于录井捕捉油气显示,提高井眼质量,并为录井和试油创造良好的环境,减少储层伤害,为准确评价储层创造条件。因此,不宜使用油基或含油钻井流体,应选用易于维持近平衡钻井的钻井流体。

(2)开发井要求。开发井是在已知有开发价值的油气藏边界内,按开发方案的布井方式钻成的用于油气生产的井。开发井的特点是地层清楚、已有成熟的钻穿上部地层的经验。钻此类井时,应建立良好的采油气与注水、井下作业的井筒环境,保证油气井安全生产与后期作业。因此,主要要求控制储层伤害及快速完井,同时考虑钻井流体成本。上部采用聚合物钻井流体,储层更换或者改性相应的钻井流体,以达到最好地控制储层伤害的目的。

(3)调整井要求。调整井是在原有井网基础上,为改善油田开发效果,补充一些零散井或成批成排的加密井。该类井的主要特点是地层压力异常高。造成高压的原因多数是由于储层长期注水,水窜到较浅的层而形成的,也有原生的高压气层。老区受多年油田开发各种作业影响,存在钻井流体密度确定困难、调整困难等问题。水井停止注水泄压过程中,地层压力处于不断变化的状态,难以确定压井时钻井流体密度。溢流后钻井流体密度降低,易发生井壁失稳、坍塌;密度加重后,钻井流体的流变性和润滑性变差,易造成压差卡钻。溢流若处理不及时,易造成井涌或井喷;若盲目提高密度,则易引起井漏,甚至造成同一井筒喷漏共存。压井后液柱压力高于地层压力,滤液、固相颗粒更易进入储层,易造成储层伤害。

调整井钻井时,个别情况下密度特别高,给钻井流体的配制及维护带来困难。所以,一般都选用分散型钻井流体,如选用磺甲基褐煤、磺甲基酚醛树脂及磺甲基栲胶等处理剂为主剂的钻井流体。主要因为三磺钻井流体有较高的固相容限。固相容限主要是指固相不导致钻井流体性能不适用钻井时的最高量。在条件许可时,也可选用油基钻井流体。当然,目前高密度钻井流体种类较多,可选择的余地较大。

(4)资料井要求。资料井是为编制油田开发方案所需要的资料而钻的取心井。储层一般全取心。此类井钻探目的主要是取得原始状态的岩心,以便开发部门测算储层储量。此类井的特点是对地层情况较掌握,钻储层以上地层已有一套成熟的经验。重点要求在储层取心时钻井流体不得伤害岩心,保持岩心原有的各种物性。因此,最好是采用不含水或少含水的油基钻井流体,也可以使用密闭液取心。

此外,还有注水井,用于向储层内注水;观察井,用于观察油田地下动态;检查井,为检查储层开发效果;更新井,为完善注采系统,需要打新井。这些不同用途的井,都需要根据地层需要确定合适的钻井流体。

钻井流体主要工作在地下压力温度环境中,要求钻井流体热稳定性好、高压差下滤饼不可压缩性好。这就需要钻井流体处理剂必须在高温下不热解,黏土在高温下不解吸附,钻井流体整体上能够承受高温。

一般认为,井深达到6000m的井或虽井深不足6000m但其地层最高温度180℃以上的井,重点难点是高温、高压。因而,钻井流体需要在高温下性能变化较小、高温性能与常温下差别不大及在高压差下滤饼质量与常温相当。此时,选用油基钻井流体较为理想。聚磺钻井流体也能成功完成井深6000m以上的超深井,但需要优化配方和维护措施才能实现钻探目的。

此外,地层环境还要考虑地应力问题。地应力的大小和方向,关系钻井安全。当垂直应力为最大主应力时,水平最小地应力方位是安全的钻井方位;当垂直应力为最小主应力时,最大水平地应力方位的井眼最稳定,最小水平地应力方位的井眼最危险;当垂直应力为中间主应力时,与最大水平地应力方向夹30°~45°方位的井眼井壁最安全。

4.2.1.2 注重克服地下难题

复杂地层主要是指容易坍塌地层、容易漏失地层、容易卡钻地层、含盐水层、含盐膏层等。选择钻井流体时,应重点考虑这些地层造成的钻井难题。

(1) 易坍塌地层难题。地层坍塌主要发生在脆性页岩及微裂缝发育地层。滤液进入地层引起地层黏土水化膨胀分散,原来平衡的各种力重新寻找平衡。容易坍塌地层的差别较大,没有适合所有地层的钻井流体。选择钻井流体时,应遵循6条主要原则:

① 不宜采用负压钻井。钻井流体液柱压力不得低于易塌地层的孔隙压力与坍塌压力。

② 合理的黏度、切力和环空返速。钻井流体的表观黏度和切力不能过低,环空返速不宜过高。防止为提高携带能力而提高排量,造成冲刷井壁严重,加剧井塌严重程度。

③ 合适的钻井流体胶凝强度。钻井流体胶凝强度过大,即动切力过大,造成起下钻及开泵时压力波动过大,引发井塌。

④ 较低的高温高压失水量。钻井流体高温高压失水量控制在较低的范围内,控制钻井流体滤液进入地层,引发黏土水化膨胀分数,导致井眼坍塌。

⑤ 适度使用封堵剂。脆性页岩及微裂缝发育坍塌层,最好选用封堵剂封闭缝隙,减少滤液进入地层。使用沥青类封堵剂封堵地层时,其软化点要与地层温度、循环温度相适应。

⑥ 使用抑制性较强的钻井流体。提高钻井流体抑制性,防止黏土水化膨胀及分散。

(2) 易漏失地层难题。漏失是钻井过程中常见的难题,选择钻井流体应该首先立足于防漏,然后再考虑堵漏。钻井流体在黄土层、沉积岩、火成岩和变质岩的任何地层中都有可能漏失。现在许多井在作业过程中漏失发生再处理的思想是十分错误而且有害的。

黄土层,是由黄土构成的地层。黄土是距今约200万年的第四纪最新的地质时期形成的土状堆积物。黄土层在干燥时较坚硬,一旦被流水浸湿,通常容易剥落和遭受侵蚀,甚至发生坍陷。沉积岩、火成岩和变质岩等容易漏失地层是指由于井壁岩石的抗张强度过低或存在致漏裂缝,在井内钻井流体压力的作用下,容易发生钻井流体漏失的地层。按地层承压能力的表现形式,易漏失地层可分为两大类:一类是弱抗张能力地层;另一类是致漏裂缝性地层,包括天然致漏裂缝地层和诱导致漏裂缝地层(王贵,2012)。

弱抗张能力地层也称薄弱地层,是指井壁岩石没有能够直接导致井漏发生的漏失通道,但随着井内钻井流体压力的升高,很容易产生破裂而发生钻井流体漏失的地层。这类地层的特征为井壁岩石通常发育着一些解理、层面、微裂隙等天然的弱面形态,或者钻井过程中破坏产生的"瑕疵"或"缺陷",在正压差的作用下,钻井流体液相容易侵入这些微裂缝而产生水力劈裂作用。若这些微裂缝不断发展并互相连通形成大的裂缝,则会引起钻井流体的漏失,最终表现为地层被压裂和地层承压能力低。

致漏裂缝性地层是指井壁岩石存在能够直接导致井漏发生的裂缝性通道的地层,包括天然致漏裂缝地层和诱导致漏裂缝地层。这类地层的共同特征为裂缝的开度较大,在正压差作用下,能够允许钻井流体固相和液相同时进入地层,最终表现为明显的井漏和地层没有承压能力。研究表明,这类地层裂缝的开口度均大于0.2mm。

显然,钻井过程中,若不及时采取合理的防漏措施,未漏的弱抗张强度地层将发展转化成诱导致漏裂缝地层。对待易漏失地层,通常采取5项措施:

① 浅部松散易漏地层,应使用高膨润土含量、高黏切钻井流体。必要时可加入适量的

正电胶。

②深部或有一定胶结强度地层,应考虑较低黏切的钻井流体,一方面降低循环压耗,另一方面便于加入堵漏材料。

③裂缝性储层,可加入适量纤维状堵漏材料,封堵地层。

④发生井漏首先要准确测定井漏位置。根据漏失量判断漏层性质。针对漏层性质选用相应堵漏措施。在可能的情况下,最好把漏层钻穿后再采取堵漏措施。

⑤堵漏钻井流体静切力较大,严禁下钻时开泵过猛,憋漏地层。

(3)易卡钻地层难题。易卡钻地层主要是指易发生压差卡钻的地层和高渗透性地层,如粗砂岩等,易形成较厚的滤饼。对待易卡钻地层,通常采用以下5项措施:

①降低压差。使用合适密度的钻井流体,防止压差卡钻是前提。

②尽可能降低固相含量,特别是有害固相不要超过6%,形成高质量滤饼。

③选择有效的钻井流体润滑剂,降低钻柱与滤饼的摩阻。

④合理级配固相粒径,在近井壁地带形成内滤饼。

⑤储备与钻井流体可配合使用的解卡剂,一旦发生黏卡,及时浸泡解卡。

(4)含盐水地层难题。含盐水地层,是指地层中的含水或盐水的地层。除水外,主要由气体、有机质和无机盐组成。盐水侵入钻井流体,影响钻井流体性能。不同钻井流体承受水侵和盐侵的能力不同,则要根据井下盐水层情况选择合适的钻井流体。对待含盐水地层,通常采用3项措施:

①弄清盐水层压力系数,调整好钻井流体密度,控制盐水进入钻井流体。

②根据盐水层水质,采用抗污染的钻井流体。

③可用套管封隔盐水层,防止提高钻井流体密度伤害储层或压漏容易漏失地层。

(5)含盐膏地层难题。盐膏层按照化学成分不同,可分为纯盐膏层和复杂盐岩层两大类。纯盐膏层,含氯化钠90%以上,岩性相对稳定,盐层间大多为不易水化膨胀地层;复杂盐岩层,除晶态氯化钠外,还有光卤石(砂金或卤石,Carnallite,$KCl \cdot MgCl_2 \cdot 6H_2O$)、溢晶石(Tachyhydrite,$CaCl_2 \cdot 2MgCl_2 \cdot 12H_2O$)、芒硝(Mirabilite,$Na_2SO_4 \cdot 10H_2O$)、石膏(Gypsum,$CaSO_4 \cdot 2H_2O$)、方解石(Calcite,$CaCO_3$)、碳酸盐岩等,其溶解与再结晶问题比较复杂(李玉民,2004)。

盐膏层与泥页岩往往交互或混杂形成复合盐膏层。盐膏层在地应力的作用下发生蠕变流动,导致井眼缩径、发生井下事故,主要有力学和物理两方面原因。

从力学角度看,盐岩具有较强的流动性,钻穿地层后原地应力场的平衡遭到破坏,次生应力场的作用使得盐岩向井眼方向流动,直到达到新的平衡状态。这种沿径向的流动使井眼缩径,最常见的事故是卡钻。这是盐岩层钻井卡钻的主要原因。

从物理学角度看,盐岩易溶于水,对于大段盐岩来说,盐的溶解则导致较大块的砂、泥岩等离开井壁,造成井壁坍塌,从而加大了井眼失稳的可能性。同时由于盐的溶解使钻井流体进一步受到钠离子和钙离子等的污染,抑制能力减弱,失稳加剧(金衍等,2000)。

为抑制塑性变形,应适当提高钻井流体密度,控制盐层缩径速度小于盐层溶解速度,保证井眼安全。盐膏地层对钻井流体要求较高(郭春华,2004)。对待盐膏层,通常采用5项措施:

① 薄层或夹层盐膏,可以选用抗盐抗钙处理剂维护钻井流体性能。
② 大段纯盐层,可选用饱和盐水,并添加盐抑制剂。
③ 巨厚复合盐层,要在弄清盐的种类及含量的基础上选择钻井流体。
④ 纯石膏层,可选用石膏钻井流体。
⑤ 为了防止井眼的塑性变形,应尽可能提高钻井流体密度,以防止缩径和卡钻事故。

4.2.2 工程协调原则

构建钻井流体时,应从地质要求出发,通过采取适用技术,适当成本投入,提高地质目的与工程服务的质量。在全方位考虑地质复杂客观因素的情况下,协调用户期望、井眼类型、流体能力、机械能力、井身结构和自然条件,实现钻井的目的。

4.2.2.1 选择用户使用成熟的钻井流体

许多油田在长期生产中积累了丰富的钻井流体使用经验,相应的配套措施比较完善。用户根据自己的经验和实际情况,提出自己的选择意向,是选择钻井流体类型时优先考虑的重要因素之一。同时,用户希望在原来钻井流体的基础上,通过优化实现解决生产问题又能节约成本,是用户作为投资者比较现实的想法。因此,安全地获得油井高产以及提高钻井流体性能,少投入多产出这一基本指导思想的具体表现。

(1)安全钻井是协调的首要问题。安全钻井主要指近平衡钻井。近平衡钻井是指钻井流体液柱压力接近地层孔隙压力(John,1958)的钻井方式。近平衡钻井有许多优点,除安全生产外,节约钻进过程中所需的钻井流体处理剂,控制储层伤害,提高机械钻速,是重要的长处。采用近平衡钻井,需要注意以下5个方面:

① 准确预测地层孔隙压力及破裂压力,为套管程序提供可靠数据,为计算平衡地层孔隙压力所需静液柱压力提供比较准确的依据。
② 尽可能采用较低黏切,保证洗井效果的同时,降低抽吸压力和激动压力。
③ 加强钻井流体抑制性,使用防止钻头泥包的处理剂。
④ 添加钻井流体润滑剂,降低摩阻引起的流动附加压力。
⑤ 保持适当排量,避免钻井流体排量过大造成当量循环密度过高,使得携带能力变差。

因此,密度稳定、钻井流体携屑能力强、钻井流体的耐高温能力强、机械钻速快、钻井流体润滑性好、钻井流体维护简单、性能稳定以及防塌抑制性良好是选择成熟钻井流体的主要条件(魏殿举等,2008),以保证能够防止井喷、井漏以及卡钻等事故、难题。

(2)钻井流体基本性能良好是协调的基础。钻井流体通过钻头喷嘴时,流速增加,黏度变小,利于破岩。钻井流体流出钻头水眼后流速降低,黏度变大,利于清洁井底。环空流速低,黏度大,流动阻力大,压力损耗大,影响钻速。良好的剪切稀释性应该满足携带钻屑即可,压力消耗过高或过低均不利于破岩和携岩。

钻进过程中,井底洁净程度直接影响钻头的切削效率。井底岩屑不能及时清除,钻头重复切削岩屑,影响钻速及钻头寿命。岩屑虽然被及时冲离井底,但钻井流体的携带能力差,岩屑上返速度慢,环空岩屑浓度过大。当量密度增加,流动阻力增大,对井壁的压力也增大。压差增加,易发生井漏。岩屑黏附井壁,造成缩径,引起起下钻阻卡或卡钻,产生井下各种难题情况,影响钻井,甚至发生井下事故。

因此,通过提高钻井流体基本性能,使钻井流体能够在高剪切速率下有效地破岩,在低剪切速率下有效携带钻屑。

4.2.2.2 选择满足井身轨迹的钻井流体

油气井按井型可分为直井和定向井两大类。直井钻井,钻井流体的主要作用是控制地下压力、稳定井眼、保证井眼清洁、冷却钻头等。定向井钻井包括水平井及其他非直井钻井,钻具与井壁接触面积较大,摩阻高,钻井流体需要形成滤饼来降低摩阻并有效携岩。因此,流体选择难度较大。

(1) 充分考虑井眼轨迹引起的钻井流体携带难题。定向井钻井,根据井斜大小分为一般斜井、大斜度井和水平井。选择钻井流体应考虑直井和斜井的工程因素差别。

直井中,岩屑携带问题研究较多。岩屑的下滑方向与井眼轴线平行,原则上,只要提高钻井流体动塑比或者降低流性指数,达到平板层流,就能保证岩屑运移比在 0.5 以上,满足携带岩屑要求(Sample et al., 1977)。

大斜度井及水平井中,虽然岩屑的沉降方向仍然是重力方向,但环空流速沿重力方向分量却随井眼斜度增大而减小。特别是水平井段,环空流速垂向分量为 0。因此,水平段钻井流体携带岩屑的能力会降低,致使岩屑沉积加快,在环空的下井壁易于形成岩屑沉积床(Tomren et al., 1986)。

定向井钻井中,尤其是在大斜度井段的钻进,井斜角超过临界值时,岩屑在环空中的下滑速度会随井斜角增大而增大,岩屑滑向井眼底边的趋势也增强,向钻井流体滑动的趋势也逐渐减弱。此时,如果钻井参数使用不当,岩屑会沉淀在环空的底边,形成岩屑床。紧邻岩屑床层的流体轴向速度很低,岩屑床中岩屑重新运动困难,岩屑在环空中滞留时间增长,导致环空内岩屑浓度增加,钻井流体因为钻屑性能发生巨大变化,清除岩屑效率很低。为清洗环空,不得已增加洗井时间,但有时效果并不理想。另外,岩屑床的存在减小了环空截面有效面积,增大了起下钻的摩阻与扭矩。同时,岩屑床不稳定极易导致岩屑下滑,堆积在下部井段,甚至填塞整个井眼。

岩屑床可以使用机械方法破除。如增加起下钻次数、上下活动钻具等,可以弥补钻井流体清洗井眼动力不足的缺陷。采用顶部驱动装置,在起下钻期间循环钻井流体和旋转钻柱也有利于清除岩屑床。有人认为,水平井环空返速是唯一破坏岩屑床的动力,因此需要降低循环压耗,或者增大泵排量。但增加排量不但受到钻井泵功率的限制,而且还会造成井壁冲刷过度,不利于喷射钻井(王智锋,2009)。同时,增大排量会导致循环压耗的增加,从而引起当量循环密度增加(Samuel Olusola Osisanya et al., 2005),压漏地层(马光长,1993)。从这个角度上讲,选择的钻井流体应具备良好的携岩性能,才能较好地解决定向井中易出现的岩屑床等问题。

(2) 充分考虑井眼轨迹引起的钻具摩阻难题。定向井主要特点是井眼倾斜,甚至与地面平行。钻进过程中钻具与井壁接触面积较大,摩阻高。不但起下钻具过程中摩阻大,而且一旦钻具静止,易发生阻卡,测井作业也困难。水平井段,钻具在自身重力作用下,平躺在井眼底侧,钻具与井眼中线不一致,钻具偏心。

钻具偏心不利的一面是,钻具偏心造成环空流量分布不均,宽间隙处流量大,窄间隙处流量小,不利于携岩。偏心度增大,钻具与井眼接触面积增加,起下钻摩阻和扭矩增大,易于发生阻卡和黏附卡钻。

钻柱偏心有利的一面是,钻柱旋转或上下活动时,扰动岩屑床,胶结疏松的岩屑随钻井流体流动并携带出井眼。因此,在钻井流体润滑性好、钻屑胶结不好的情况下,钻柱旋转或者上下活动也容易,对携带岩屑有利。因此,最好选用油基钻井流体,或者加有适量润滑剂的水基钻井流体,而且必须严格控制失水量及滤饼质量,使钻井流体具有较好的润滑性,解决定向井钻进中易出现的阻卡、卡钻等难题。

(3) 充分考虑井眼轨迹引起的井眼失稳难题。现场实践表明,水平井中,钻井流体密度取值范围相对较小。钻井流体柱压力较小时,容易导致压缩应力和剪切应力过小而垮塌;液柱压力较大时,可能导致拉伸应力过大,产生裂缝性垮塌,甚至井漏;过大的抽汲和激动压力更易诱发井喷、井漏、井塌等事故。

另外,地层中黏土水化膨胀,尤其是水敏性泥页岩是影响水平井井眼稳定的又一重要因素。因此,在钻进中应尽可能采用抑制性强的钻井流体。

水平井钻井,井眼冲蚀、井径缩小和井壁坍塌等比直井钻井严重。为了井眼物理稳定需要增加钻井流体密度时,也增加了压差卡钻概率。因此,选择钻井流体时,首先考虑地层类型及特性,发现薄弱环节所在,再选定流态、抑制性和失水量合适的钻井流体。坚硬且渗透率较低的石灰岩,紊流可能很成功,也不要求失水量控制和抑制性。但黏土含量较高的疏松砂岩,则需要选择具有抑制性强且失水护壁性好的钻井流体。

因此,钻井流体密度应易于调整,同时具有抑制地层黏土水化膨胀能力,才能维持井壁稳定。

(4) 充分考虑井眼轨迹引起的地层漏失。水平井钻井流体循环路程或长度大于直井,流动阻力相对直井增加较多,钻井流体当量循环密度增高,与地层压力的压差亦增大,容易压漏地层。

水平井井眼净化困难,如钻屑在某些井段堆积,环空岩屑浓度增大,形成岩屑床等,增加流动阻力,与地层压力的压差变大,压漏地层的可能性增大。为改善井眼清洁程度,往往采用大排量和提高钻井流体黏度,这样又造成当量循环密度更高,压漏地层。

地应力随着水平井钻进及井斜增大而减弱,地层破裂压力也相应降低,更容易被压漏。钻井流体密度调控范围变得更小,性能要求更加严格。钻进水平井段时最易发生井漏,还有一个原因是,水平井段全部是储层,基本上不允许封堵稳定地层,以免伤害储层。除非采用暂堵剂,生产时可以解堵。防漏成为防止水平井段井漏的主要措施,但是由于要考虑储层保护,没有多大的选择余地。

水平井发生井漏时,一般不采用加入堵漏材料实行全井堵漏。如果在全井高黏切钻井流体中加入大量的锯末、棉籽皮、单向封堵剂等固相颗粒堵剂,大颗粒固相材料会黏附在井壁上,不仅增加了滤饼的摩阻,还影响井眼清洁。因此,分段打入高黏切堵漏材料,是目前水平井常用的堵漏方法。如果地质条件许可,堵漏的同时,尽量降低钻井流体密度。

因此,选择水平井钻井流体时,更多的注意力则应集中在井眼清洗、润滑钻具、维护井眼物理稳定性、静态时悬浮固相颗粒以及控制储层伤害等。其中的任何一项不能满足,都可能发生钻井难题。储层钻进时,钻井流体与储层接触面积大,浸泡时间长,选择钻井流体时要考虑更全面,需要对钻井流体密度、起下钻速度、防止垮塌、防止漏失等可能造成的储层伤害难题,采取针对性措施。

(5)充分考虑井眼轨迹复杂性造成的储层伤害。多底井分支井钻井技术是20世纪90年代兴起的钻井工艺技术,并逐步趋于成熟,钻井数量逐年增多。对提高老油田油气采收率,增加油井产能,改善油田总体开发方案等,具有十分重要的作用。多底井分支井钻井主要是利用定向井和水平井钻井技术。但其难度和复杂程度远高于普通定向井和水平井。多底井分支井类型繁多,如叠加式、反向式、Y形、鱼刺形、辐射状等。多底井分支井按井型分为分支定向井和分支水平井。

按钻井方式分为新井预开窗分支井和老井侧钻分支井。新井预开窗分支井是在地面将套管加工出窗口,然后下入井中并固井,再下入斜向器从预开窗处侧钻分支井的井。

按造斜半径分为长半径分支井、中半径分支井、短半径分支井和超短半径分支井等4类。

根据油藏类型完井方式和采油工艺要求,多底井分支井应选用不同的结构类型。要考虑到先钻的分支井眼在钻井流体中浸泡时间长,可能发生比较严重的储层伤害和井眼坍塌等问题(张云连等,2000)。

因此,选择适合的钻井流体钻多底井分支井时,应依据老井的钻井资料、开采情况、地质条件等信息,合理选择与地层兼容的钻井流体。分支井所用的钻井流体应具有较好的稳定性、流变性和储层伤害控制性能(赵文光,2003)。

综上所述,对不同的井眼类型和地层条件,所选择的钻井流体应具有以下性能,以满足现场工程需要:

(1)井眼环空应及时清除岩屑床,保证井眼清洁。

(2)防止井壁坍塌,保证井壁稳定。

(3)控制好钻井流体润滑性,减少滤饼摩擦系数,从而减小钻柱摩阻。

(4)携岩能力强,防止固体颗粒堆积。

(5)低失水量,控制地层伤害、卡钻等问题。

(6)低固相,减少固相沉积。

(7)抑制地层造浆,稳定钻井流体性能。

4.2.2.3　选择钻井流体充分考虑流体能力

选择钻井流体还要考虑环空返速、固相悬浮、井眼稳定和润滑性等能否满足钻井工作需要。这是选择钻井流体的关键。

(1)携带固相能力。环空返速是影响井眼清洗的首要因素。岩屑床冲蚀速度等于岩屑沉积速度时,二者就出现动态平衡。一般来讲,高环空返速下,环空内很少或没有岩屑床;低环空返速下,岩屑床形成,岩屑床形成减小了环空面积,泵速受到限制,可考虑使用较大直径钻柱以增大环空流速。

总之,采用提高低剪切速率下的黏度、维持紊流、起下钻前循环钻井流体等措施可以确保井眼的清洁。间隙式地注入低黏驱替浆和高黏驱替浆也可达到清洗环空的目的。

(2)悬浮固相能力。研究认为,悬浮固相是水力设计的关键因素。如果钻井流体运移岩屑或悬浮岩屑的能力降低,会导致岩屑在环空中的积聚(Bland et al.,1995)。

直井钻井时,循环停止,岩屑或钻井流体中的固相加重材料向下沉降。由于沉降距离长,井眼中上部、底部钻井流体密度变化小,一般比较安全。水平井钻井,钻井流体悬浮固相的能力比在直井中更重要。水平井段,岩屑沉降很小距离就会引起井眼下侧固相沉积,起下钻时拖曳岩屑,严重时卡钻。重新开钻时,扭矩和阻力增大。另外,由于岩屑沉淀在井眼下侧,会导致流体通道变化,造成一些潜在隐患。在斜井段,岩屑沉积很有可能导致岩屑床滑移,造成卡钻或井眼报废。为解决这一问题,钻井流体必须达到以下要求:

① 钻井流体必须有足够的凝胶强度,保证在环空中悬浮岩屑,避免形成岩屑床。这一点在动力钻具钻进时尤为重要。因动力钻具受排量限制,环空返速很低。在疏松地层钻进时,由于其转速高、进尺快,岩屑不易携带出井眼而滞留于井眼内。钻井流体悬浮性能差,会造成下钻不能顺利到井底、开泵困难等。

② 钻井流体触变性较好,较高的凝胶强度下开泵容易。

③ 屈服值合适,流动时有足够的动塑比,携带岩屑能力强。

(3) 稳定井壁能力。斜度增加,井眼承受垂直上覆应力不断增加。为防止井壁坍塌并支承地应力在井壁上产生的载荷,使用高密度钻井流体很有必要,但又不能超过地层破裂压力而压裂地层。

在压应力作用下钻进时,井壁周围岩块会引起压应力。压应力超过地层的抗压强度时,可导致压缩破裂和剪切破裂。与直井相比,水平井可能在较高的近井壁应力下发生坍塌,在较低的井眼应力下发生破裂。另外,为防止井壁坍塌而施加的压力在水平井中要远大于直井,尤其在页岩地层。此外,流体与地层的机械和化学交互作用在水平井中变得极为突出。

(4) 井壁润滑能力。井眼清洁程度、地层抑制特性、滤饼质量及井眼倾角等多种因素都会影响井眼摩阻和扭矩。

水平钻井,岩屑床压实程度、钻柱接触岩屑床程度都会影响扭矩和阻力,强润滑能力的钻井流体可在一定程度上减轻摩阻和扭矩。由于油基钻井流体润滑性能良好常常用于水平井钻井。但因油基钻井流体污染环境,其应用范围受到一定限制。多数情况下,为保证水平井段清洁和井径规则往往忽视润滑性,不管井眼是否光滑,一味地向钻井流体中加入润滑剂。水平钻井出现扭矩和阻力大,除归因于钻井流体润滑性外,还有可能是井眼轨迹不规则、狗腿度严重、井眼不清洁等原因。因此,水平钻井,保证光滑的井眼轨迹、减小狗腿度、避免产生键槽卡钻尤为重要。

4.2.2.4 选择钻井流体充分考虑机械设备能力

选择钻井流体考虑机械设备问题,应重点考虑各种设备的配备能力。

大型钻机设备齐全,如大功率钻井泵、高压循环系统和固控设备、完善的井控设施、齐全的钻井流体测试仪器及处理设备。因而,除了气体钻井流体外,其他体系均能胜任。

中、小型钻机泵功率不足,固控设备不全,钻井流体处理设备简单。如果选用低固相和聚合物钻井流体,以及一些特种体系如油基钻井流体,机械设备就可能不适应。

选用气体钻井流体,更应另配特种设备。

4.2.2.5 选择钻井流体充分考虑井身结构要求

选择钻井流体考虑井身结构问题,要针对特殊地层确定封隔目的。储层若采用先期完井,可选用完井流体。先期完井是指钻头钻至油层顶部附近后,起出钻具下套管注水泥浆固井,水泥浆从套管和井壁之间的环形空间上返至预定高度,待水泥浆凝固后,从套管中下入直径较小的钻头,钻穿水泥塞和油层,直至达到设计井深。

后期完井是指钻头钻穿储层之后,将油层套管下到储层顶部,进行固井的完井方法。若是后期完井,打开储层时选用改造的钻井流体。

异常压力地层井,若采用套管封隔,井身结构封隔高压层后,可采用能获得较高机械钻速的低固相聚合物钻井流体。否则,只能选用适合加重的分散钻井流体或其他高密度钻井流体。若在较浅处存在漏失严重地层,套管封隔后,可采用便宜又省时的开钻原浆快速穿过漏层。

4.2.2.6 选择钻井流体充分考虑自然条件约束

选择钻井流体考虑的自然条件问题,主要是水源、水质及运输。海上及海滩地区钻井,离淡水源较远,故可适合选用盐水钻井流体。农田较多地区钻井,最好选用强抑制性聚合物钻井流体,降低废钻井流体的排放数量,减轻对农田的污染。边远地区钻井,钻井流体的材料应选用高效、剂量少的品种及优质钠膨润土,以降低运输费用。

4.2.3 效益至上原则

效益主要包括社会效益和经济效益。钻井活动影响安全与环境。钻井流体本身就是安全环保的敏感因素。钻井工程的安全至关重要,更需要关注。钻井流体材料的运输、存放和使用都应满足安全环境保护的要求,在环境敏感地区应优先采用无毒、低毒钻井流体。

4.2.3.1 社会效益

钻井流体所产生的社会效益(Social Benefit),主要是指环境保护及生态恢复等经济活动在社会上产生的非经济性效果和利益。

钻井流体是由多种化学处理剂组成的,其生物毒性主要来源于钻井流体组分。过去注重满足钻井流体工艺性能,而忽略钻井流体危害环境,致使钻井流体成为油气田勘探开发过程中的污染源之一。随着社会进步和经济发展,人们越来越重视保护人类生存环境。因此,选择钻井流体时,应该将敏感地区和脆弱地区的环境保护作为重点考虑因素。

目前,废弃水基钻井流体依旧不需要任何处理即可排放到周围环境,但配制水基钻井流体的许多组分日益受到限制或禁止。很多地区,政府规制中禁止使用含铬材料(Bland et al.,1995)。

不少地区强行限制钻井流体使用氯化物、硝酸盐和钾盐等无机盐,或者控制钻井流体的总电导性(汪海阁等,1994)。

聚丙烯酰胺类聚合物也被严格限制(胡显玉等,2001)。聚丙烯酰胺、部分水解聚丙烯酰胺无毒,但合成聚丙烯酰胺、部分水解聚丙烯酰胺时未反应完全的残留丙烯酰胺单体有毒,而且在生产过程中夹带有毒重金属。部分水解聚丙烯酰胺比聚丙烯酰胺更易溶解并增强水的稠化能力,因此现场多用部分水解聚丙烯酰胺。

油基钻井流体,特别是海上,比水基钻井流体更受限制的趋势。而且,在很多地区,只有采取零排放措施的油基钻井流体才能使用(易绍金等,2001)。

在美国,如果合成基钻井流体毒性和生物降解性达到标准要求且不产生荧光,通常可以直接排放到海里(向兴金,1996)。从这个角度来看,尽管合成基钻井流体的直接成本一般高于油基钻井流体,但其处理费用较低。这样,使用合成基钻井流体比油基钻井流体更经济。但目前合成基也基本不能使用,矿物油成为主要方向(高长虹,2000)。

(1)控制钻井废液数量。搞好钻前土方工程,设置专用的储砂坑堆放岩屑,为钻井流体固化提供相应条件。钻井施工过程中加强工艺技术的科学管理,减少钻井废物的产生量。处理和利用产生的污水,需要外排的污水应达到排放标准。废弃钻井流体应固化处理掩埋,固化后形成的基岩满足环保技术指标,并由相关环保部门检测合格,恢复原地貌。废弃井,储层要注水泥塞封闭。

(2)合理处理钻屑。完井后,在取得当地环保部门同意后,掩埋压实,恢复地貌。

(3)防止钻井材料和油料损失。钻井材料和油料要集中管理,减少散失或漏失,对被污染的土壤应及时妥善处理。

(4)保护地下水土。钻井过程中,尽量使用低毒和无毒钻井流体处理剂。同时,提高钻井流体护壁性,减轻钻井流体的渗漏。施工完成后,处理井场使其整洁、无杂物,保护地下水源和土壤。

4.2.3.2 经济效益

钻井流体经济效益(Economic Benefit),主要是通过钻井流体所取得的社会劳动节约,即以尽量少的钻井流体耗费取得尽量多的经济成果,或者以同等的钻井流体耗费取得更多的经营成果。经济效益是资金占用、成本支出与有用生产成果之间的比较。

(1)储层伤害控制以获取较多油气。钻井流体作为接触储层的工作流体,对储层后期开发至关重要。产能高低是评价经济效益优劣的最重要标准。砂岩储层在钻完井作业中易受伤害,造成储层伤害的因素有很多。

钻井流体中的固相颗粒进入储层,堵塞孔喉,伤害储层。因此,钻井流体中人为加入的固相颗粒,应该能够有效解除。钻井流体滤液与岩石中黏土或矿物反应,造成微粒移动,或者滤液与地层液体不兼容形成非水溶性沉淀物,都会减小孔喉渗流直径或堵塞孔缝。如果储层中含有一些与外来液体起化学反应产生化学沉淀物质,则应选用与地层水相兼容的钻井流体。例如,地层水中含有大量的钙离子,就不能选用高pH值钻井流体;地层水中含有碳酸根离子和硫酸根离子,就不能选用钙处理的钻井流体等。

速敏性储层,应选用低失水量的钻井流体;水敏性储层,采用强抑制性水基钻井流体或油基钻井流体;盐敏性储层,采用矿化度达到或超过储层临界矿化度的钻井流体;酸敏性储层,不宜选用酸溶性的加重材料、暂堵剂等;碱敏性储层,不宜采用pH值过高的钻井流体。

某些容易引起润湿反转、水锁及乳化等物理特性变化的储层,应采取相应的有效措施加以防范。例如,易发生润湿反转和易形成乳状液的储层,慎用表面活性剂;易发生水锁的储层,应使用适量表面活性剂,降低钻井流体界面张力。

钻井流体当量循环密度不断变化,会造成钻井流体滤液和固相颗粒进入地层时多时少。因此,除上述因素外,还应该从钻井流体本身考虑来减少储层伤害。如用水基钻井流体钻到储层前钻井流体中加入合适的屏蔽暂堵剂材料来减少滤液和固相颗粒进入地层的量。但如果选用的钻井流体与储层岩石和流体兼容性较差,自身就会发生微粒运移、化学沉淀等储层伤害。这种通过钻井流体加入屏蔽暂堵材料实施储层伤害控制的效果会不好。

水平井更应注意储层伤害问题。设计水平井的目的,是使井眼穿过尽可能多储层,增加油气泄流面积,提高产量。水平井段储层与钻井流体接触面积大,固相和滤液引起伤害的可能性也大。钻井流体固相和滤液进入储层的深度与压差、浸泡时间、滤饼厚度、滤饼渗透率以及地层渗透率有关。一般考虑压差作用时只考虑静液柱压力,没有综合考虑当量循环密度。

另外,钻井流体循环过程是动态失水,平常都只考虑静失水作用。因此,对钻井流体固相和滤液侵入地层造成的伤害程度,评价不够准确。

一般而言,在其他条件相同的情况下,渗透率较低的地层,最容易造成储层伤害。要彻底研究地层可能造成伤害的原因和程度,可借助岩心分析技术,结合岩心渗透率恢复实验,优选钻井流体。

(2)合理控制钻井流体成本以减少投入。钻井流体成本是整个钻井成本的重要组成部分,通常用单位进尺所需费用来表示,包括钻井过程中为避免事故、难题所需的费用。选择钻井流体的一个重要原则是在保证安全、快速钻进的前提下,尽量减少钻井流体的投入。许多情况下,钻井流体成本还包括固相控制及管理和废弃物处理费用。因此,降低固相控制或管理及废弃物处理费用,也是提高经济效益的一个重要方面。钻井流体类型特殊、维护特殊、设备特殊,都会导致钻井流体成本上升。因此,操作简单也是钻井流体成本控制重要的经济评价标准。

4.2.4 风险可控原则

钻井的设计、地质和工程施工等各个环节都存在不同程度的风险。作为贯穿于设计、地质和工程施工过程的钻井流体风险高低关系到钻井的成败。

钻井作业中,相关承包方的技术服务作业产生的HSE风险会影响全部过程(王瑞勤,2003)。因此,识别风险,不但要识别共同风险,也要识别出相关作业风险。

4.2.4.1 共同作业风险

共同作业风险主要有井喷及井喷失控可能造成地层碳氢化合物的溢出、火灾及爆炸。地层碳氢化合物的溢出,特别是轻质油、硫化氢等可燃(剧毒)气体溢出,汽油及柴油、润滑油、机油等泄漏都会造成火灾爆炸危险事故。此外,共同作业风险还包括:营房火灾、电气火灾、现场易燃纤维或其他物品着火;高空作业人员坠落,高空物品坠落,起吊重物坠落;人员施工操作过程中造成物体打击危险;机械伤害;触电伤害;食物中毒和化学品中毒;噪声伤害;交通事故;恶劣天气或大自然灾害造成的危险;环境污染;海上钻井的风险;社会环境带来的风险。

4.2.4.2 相关作业风险

相关作业风险主要有测井作业风险、录井作业风险、定向井作业风险、固井作业风险和相关作业生产的废水、废渣、废气对环境的污染等。

钻井过程中,为稳定井壁、平衡高压层,需提高钻井流体密度,则可能带来压差卡钻的风险,还会带来诱导漏失的风险。快速钻进虽然能缩短钻井周期和降低钻井成本,但若钻井参数和钻井流体选择不当,将会导致井漏、卡钻、井涌和井喷等事故的发生。虽然钻井流体低成本是钻井追求的目标,但低成本下的钻井处理剂造成的环境污染处理费用,以及处理剂质量差造成的井下事故难题处理费用可能比处理剂本身的成本还要高。

诸如此类风险必须在可以控制的范围内。如果某钻井流体无法控制某种风险,则可以不选择此种钻井流体。因此,在选择钻井流体时,应该为不合理设计、意想不到的地质条件、无法抗拒的事故难题做好风险控制措施。

从四大原则中可以看出,选择钻井流体时应该向着合适发展,即适合为佳。不是选择最好的,也不是选择最便宜的,而是选择社会效益和经济效益都满足要求的。这就是在选择钻井流体时的中庸理念,可以概括为折中理论或者妥协理论,即钻井流体适合为佳选择理论。

第5章 钻井流体系统净化为目标的设备配套理论

钻井流体要想把井下钻屑携带出井底,需要配套设备。钻井流体工作设备是钻机的一部分。钻机是全套钻井设备的总称。最常见的钻机是转盘旋转钻机。

钻机由柴油机、传动轴、钻井泵、绞车、井架、天车、游车、大钩、水龙头和转盘等组成,能够完成钻进、洗井、起下钻具等各项工作。一套钻机必须具备起升系统、旋转系统、循环系统、动力系统、传动系统、控制系统、设备底座和辅助系统等八大系统。

(1)起升系统。主要功能是下放钻具、下套管以及控制钻头送钻等。主要包括主绞车,辅助绞车或猫头,水刹车或者电磁刹车等辅助刹车,钢丝绳、天车、游车和大钩游动系统以及悬挂游动系统的井架等。另外,还包括起下钻操作使用的工具及设备,如吊环、吊卡、大钳、卡瓦、立根移动机构等。

(2)旋转系统。主要功能是实现钻具转动。钻机配备有转盘或动力水龙头,井下有的使用钻柱和钻头,有的使用井下动力钻具。

(3)循环系统。主要功能是用钻井流体清除已破碎的岩石,保证连续钻进。循环系统包括钻井泵、地面管汇、钻井流体池和钻井流体槽、钻井流体净化设备以及调配钻井流体设备。在喷射钻井和井底动力钻具钻井中,循环系统还担负着传递动力的任务。

(4)动力系统。包括驱动绞车、钻井泵和转盘等。可以用柴油机、交流电动机或直流电动机提供动力,也可以用燃气轮机提供动力。

(5)传动系统。主要功能是把动力设备的机械能传递和分配给绞车、钻井泵和转盘等。动力设备的输出特性往往不能满足工作机的需要,因而要求传动系统在传递和分配动力的同时具有减速、并车、倒车等多种性能。传动方式包括机械传动、涡轮液力传动、电传动和液压传动。其中,机械传动设备最常见的包括万向轴、减速箱、离合器、链传动和三角胶带等。

(6)控制系统。主要功能是协调各系统工作。控制方式可分为机械控制、气控制、电控制和液压控制等。主要设备包括集中气控制台和观测记录仪表等。

(7)底座。包括钻机底座、机房底座和钻井泵底座等。车装钻机的底座是汽车或拖拉机的底盘。

(8)辅助设备。包括空气压缩机、钻鼠洞设备、井口防喷设备、辅助发电设备(供机械化装置、空气压缩机及照明用电)以及辅助起重设备、生活房屋(材料库、修班房、值班房等)。在寒冷地区钻井时,还需配备供暖保温设备。

起升系统的主绞车、循环系统的钻井泵和旋转系统的转盘,被称为石油钻机的三大工作机组。

钻井流体利用钻机循环系统,流经各种管件、设备以及井眼环空,构成钻井流体通道。水基和油基等液体型钻井流体,通过钻井泵输送动力,实现从地面到井下,再从井下到地面的循环。气体型钻井流体的使用过程涉及诸多设备,两者最大的区别是"循环与否"。

5.1 液体型钻井流体循环流程

液体型钻井流体从钻井泵排出的高压钻井流体经过地面高压管汇、水龙带、立管、水龙头、方钻杆、钻杆和钻铤流动到钻头。钻头喷嘴喷出流体后,流体清洗井底,然后沿钻柱与井壁或套管形成的环形空间向上流动,并携带岩屑到达出口,最后经出口管和钻井流体槽流向振动筛以及固控设备,维护后进入钻井流体吸入罐。钻井泵再次吸入钻井流体,从钻井泵排出,重复循环过程。

这种方式是常用的钻井流体循环方式,称为全井正循环,也称正循环,是钻井过程中常用的循环方式,一般不特别指明,都是正循环。正循环时,钻井流体由地面的钻井泵或者压风机泵入地面高压胶管,经钻杆内孔到井底,由钻头喷嘴返出,经由钻杆与孔壁的环状空间上返至井口,流入地面循环槽,净化系统或者注入除尘器中,再由钻井泵或者压风机泵入井中,不断循环。正循环循环系统简单,井口不需要密封装置,这种循环方式应用广泛。

与之相对应的是反循环,也称全井反循环。全井反循环时,钻井介质的流经方向正好与正循环相反。钻井流体经井口进入钻杆与孔壁的环状空间,沿此通道流经井底,然后沿钻杆内孔返至地表,经地面管路流入地表循环槽和净化系统中,再行循环。

反循环又具体分为压注式和泵吸式两种方式。压注式所用的钻井泵类型与正循环相同,但井口必须密封,才能使钻井流体压入井内。这就需要专门的井口装置保证井口密封,且允许钻杆柱能自由转动和上下移动;泵吸式采用抽吸泵,将钻井流体从钻杆内孔中抽出,循环。全孔反循环和全孔正循环比较,有以下不同:

(1)反循环钻井流体从钻杆柱内孔上返至地表,流经断面较小,因而上返速度较大。过流断面规则,有利于在低泵排量下将大颗粒岩屑携带出井外。大口径钻进、灌注桩钻进和空气钻井,为了能较好地携带出岩屑,常采用全孔反循环洗井方式,油气井修井也常用此法压井作业。

(2)固体矿床钻探中采用反循环方式,可将岩心从钻杆中带出地表,用以实现反循环连续取心钻进。全井反循环的流向与岩心进入岩心管的方向一致,可使岩心管内的破碎岩矿心处于悬浮状态,避免了岩矿心自卡和冲刷,从而有利于岩矿心采取率提高。

(3)相同情况下,反循环所需的泵量比正循环小,因此对井壁的冲刷程度较小;同时,流动阻力损失也较小。

(4)钻头旋转使破碎的钻屑离心向外,这与正循环在钻头部位的液流方向一致,而与反循环的流向相反。从这一点来看,正循环有利于井底钻屑清除。

(5)压注式反循环所需的井口装置复杂。

(6)正循环和压注式反循环在井内产生的是正的动压力,即循环时井内的压力大于停泵时的静液柱压力;而泵吸式反循环恰恰相反,产生的是负的动压力,即循环时井内的压力小于停泵时的静液柱压力。

全孔正循环和全孔反循环冲洗可以是闭式的(完全的循环,冲洗液经沉淀除去岩屑后重复使用)和开式的(非完全的循环,冲洗介质排出地表后即废弃)两种方式。闭式循环通常用于液体冲洗介质,而开式循环则大都用于气体介质。

井内局部反循环是正反循环相结合的洗井方式。一般是在孔底钻具以上的绝大部分为正循环,而以下部分为反循环。岩心钻探中用得较多的喷射式反循环,是井内局部反循环的典型例子。为了避免钻井流体对岩心的冲刷,提高岩矿心采取率,此时钻井流体由钻杆柱内孔送到孔底,经由喷反接头流到钻杆柱与孔壁的环状间隙中,喷嘴高速喷出液流,在其附近形成负压,将岩心管内的液体向上吸出,从而形成孔底局部反循环。由喷反接头流入环空中的液流,一部分在负压下流经孔底,另一部分上返携带钻屑至地表。

钻井流体循环是否能正常维持,客观上取决于井是否发生漏失或井涌。特别是严重漏失会造成循环中断,钻井不能进行。井涌或井喷也使正常循环破坏,甚至出现重大事故。

这样看来,钻井流体循环主要有3种方式,即全孔正循环、全孔反循环和孔内局部反循环。不管是液体型还是气体型,不管正循环还是反循环,都是力图实现钻井流体中清除其中的无用固相,实现钻井流体作用的高效发挥。这种钻井流体工作设备和参数配套时关于清除其中的无用固相相关的论述,称为钻井流体流动系统净化配套理论(Matching Theory for Purification of Drilling Fluids Flow System)。液体型需要循环的观点,称为循环流程理论。气体型钻井流体的不可循环的观点,称为不可循环理论。

钻井流体从地面到井下,再到地面所经过的主要环节,主要通过钻井泵、管线等实现连续作业,如图1.5.1所示。

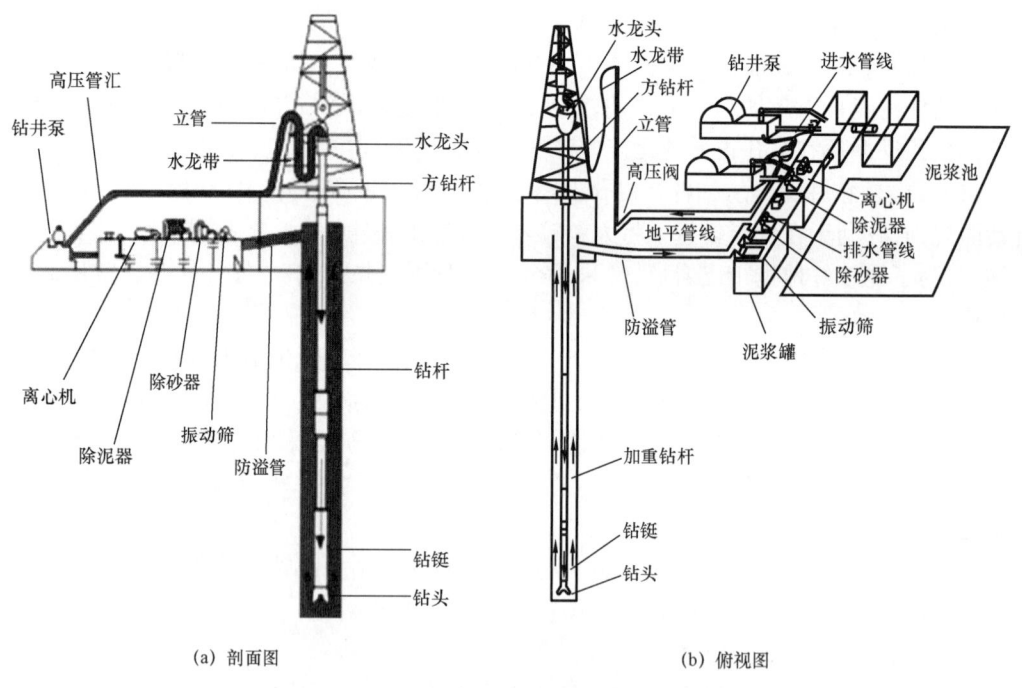

图1.5.1 钻井流体循环系统示意图

图1.5.1中所展示的液体型钻井流体工作系统的基本原理是1833年法国工程师Fauvelle在法国钻自流井时发明的。据说英国人Robert Beart因为曾经帮助过Fauvelle设计循环装置,而获得专利。但是,Robert Beart并不知道Fauvelle申请专利时,加上了他的名字。1844年,Robert Beart收到循环处理流体的专利证书时,才知道自己获得了专利授权(奇林格

雷等,1987),并于 1846 年在 Philadelphia 州 Franklin 研究院杂志上发表文章(Fauvelle, 1846)。这一工作原理才得以为广大钻井工作者所拥有。

钻井流体的设备,按用途可分为注入系统、井筒系统、配制维护系统和废弃物处理系统。所以,研究钻井流体的工作流程,一般也以此为主线。

5.1.1 注入系统

钻井流体注入系统包括提供井筒动力的所有设备,有钻井泵、空气包、高压管汇、水龙头和方钻杆。

5.1.1.1 钻井泵

钻井泵(Mud Pump),通俗称泥浆泵,用于提供钻井流体循环的动力。一般采用三角带传动。钻井泵的作用好比人的心脏,即提供能量。如果,钻井流体是钻井工程的"血液",供"血"的钻井泵则是钻井工程的"心脏"。

钻井泵除了一些实验的类型外,几乎都是往复容积式活塞泵。往复容积式活塞泵有许多优点,如输送高固相及大颗粒钻井流体能力强、操作简单维护方便、性能可靠。通过更换缸套和活塞,可以获得较大范围的压力和流量。大直径缸套压力低、泵压高,小直径缸套压力高、排量低。钻井泵型号很多,一般按水功率或者最大排量、最大压力分成两大类。随着钻井工程需要的流体压力越来越高,高压设备维护麻烦,但钻井泵依旧向大功率方向发展。

钻井泵有双缸泵和三缸泵两种。双缸泵是双作用泵,即活塞向前和向后两个冲程。三缸泵一般是单作用泵,一般只有向前一个冲程。三缸泵比双缸泵重量小,结构紧凑,输出压力波动小,价格较低。所以,目前大多数使用三缸泵。

钻井泵循环时的总功率为机械效率和容积效率的乘积。机械效率一般假设为 90%,容积效率最高可达 100%。大多数钻井泵标定机械效率 90%,容积效率 100%。同时,要明确不同缸套时的额定压力和排量。

钻井泵一般配套两台。一般情况下,上部井段用两台泵,输出大排量满足井眼流体上返速度携带固相需要;下部井段用一台泵满足泵压清洗井底需要。另一台泵作为前一台泵需要维护时的备用泵。

钻井流体离开钻井泵,经过空气包、高压管汇、立管和水龙带、水龙头和方钻杆等进入井眼。

5.1.1.2 空气包

空气包又称压力缓冲器(Pulsation Dampener),用于往复式活塞泵中。空气包是一种利用空气可压缩性缓冲钻井泵排出流体波动的压力和排量,减少波动幅度的容器。空气包内,上部有胶囊充满气体,气体和钻井流体靠柔性隔膜隔开,减弱钻井泵活塞产生的压力波动。排出管有安全阀,钻井流体压力达到一定值就会剪断销钉,使钻井流体短路返回钻井流体罐,防止管线压力过高而破裂管线。

空气包根据结构分为预压球形空气包、预压双球形空气包及多筒式预压空气包等。

球形空气包,在球形外壳中有橡胶囊,橡胶囊下部有阀。空气包外壳的下部与排出管线相连,上部通过充气阀给气囊充氮气,压力表指示出气囊的压力。一般预充压力 4.0 ~

7.0MPa。随着排出压力的变化,橡胶囊改变形状。有的空气包在橡胶膜中充部分液体,以免气体泄漏(赵怀文等,1995)。

筒式空气包需要一定的容积。钻井泵本身所装的筒式空气包容积往往不够。所以,有的井队另外用套管(约10m长)做成立地式空气包,很有效。但安装、搬运困难。另外,由于空气包中液体与空气相接触,液体流动时会携带部分空气,相当于减少空气包容积。目前,这种空气包已被预压空气包所代替(刘希圣,1996)。预压式与常压式顾名思义,就是预先充入氮气保证一定压力。由钻进时最小压力的20%和最大压力的80%确定。

5.1.1.3 高压管汇

高压管汇(High Pressure Piping)是由一系列装置组成的,将钻井泵排出的钻井流体输入到水龙头的管线。高压管汇主要作用是,通过倒换闸阀,提供给钻井流体不同用途的流动通道,向井筒内传递钻井流体,从而实现破碎岩石、冷却钻头、携带岩屑等功能。同时也可实现放空、灌注钻井流体等特殊钻井作业。

钻井泵到立管间的管汇就属于高压管汇,不仅钻井设备有高压管汇,采油生产过程中的生产管线同样属于高压管汇,注水压裂等作业过程中输送具有较大压力流体的管汇等,都属于高压管汇。目前还没有关于高压管汇能承受多大压力的分类论述。有 SY/T 6270—2012 规定了额定压力为 35~140MPa 的石油钻采高压管汇的使用技术要求、维护要求、检测程序和方法。

高压管汇通过水龙带输入到水龙头(Swivel),主要作用是将钻井泵排出的钻井流体输出。高压管汇由水龙带、弯管、滤清器、水平三通管、支管、水平管、闸阀组、闸阀、活接头、高压胶管、压力表和三通等组成。立管和水龙带提供柔性连接,这样钻柱垂直移动方便。

水龙头是旋转系统的一部分。同时连接提升系统和旋转钻具。一方面,在钻具旋转时承受所有的钻具质量,并保证钻具自由旋转;另一方面,使高压循环钻井流体进入钻柱内而不漏失。水龙头的结构由固定部分、旋转部分及密封部分组成,靠滚动轴承支持旋转钻柱和保证高压钻井流体通过。

固定部分包括带有提环的壳体、鹅颈管和冲管。鹅颈管一端接水龙带,另一端固定在壳体顶部并与冲管相连。

旋转部分主要是中心管。中心管下端接反扣方钻杆。固定部分的冲管下端插入中心管上端内或对接在中心管的上端。

密封部分。在中心管与冲管之间的间隙内充填密封用的密封填料(冲管密封填料),以防止高压循环钻井流体外漏。钻进时,中心管由转盘通过方钻杆带动旋转,故在中心管与壳体之间装有承受管柱负荷的止推轴承和防跳轴承(刘希圣,1996)。

5.1.1.4 方钻杆

方钻杆(Kelly)是整个钻柱的驱动部分。横截面为正方形的空心钻杆,也有六角形和八角形的。四方方钻杆和六方方钻杆主要有 63.5mm($2\frac{1}{2}$in)、76.2mm(3in)、88.9mm($3\frac{1}{2}$in)、108mm($4\frac{1}{4}$in)和 133.4mm($5\frac{1}{4}$in)等尺寸。最常用的有 88.9mm、108mm 和 133.4mm等,内径分别为 57.2mm、82.6mm 和 71.4mm。

旋转钻井中,方钻杆上连水龙头,下连井内钻柱。方钻杆上面带有方补心,将转盘的旋转运动传递到方钻杆,从而带动钻柱旋转。为循环钻井流体,方钻杆的中心制成圆形孔眼。

方钻杆与水龙头连接处用反螺纹接头,以保证下面的钻杆柱右向旋转时不致脱开。使用方钻杆要保证正直,否则易引起井眼偏斜,影响井身质量。

5.1.2 井筒系统

井筒作业系统是钻井作业发挥钻井流体作用的主要场所,由钻井管柱和钻井工具以及地层环境组成,包括井下钻柱、钻头、环形空间。

5.1.2.1 井下钻柱

钻柱(Drill String)是连通地下与地面的枢纽,指钻头以上、水龙头以下钻井工具的总称。地面的动力和扭矩通过钻柱传递给钻头,钻井流体亦可通过钻柱内部输送到井底。某些特殊作业如打捞、挤水泥、地层测试等,也会通过钻柱连接相关工具下入井内。钻柱螺纹连接方式分正螺纹连接和反螺纹连接两种。方钻杆、钻杆、钻铤、接头、井下动力钻具以及其他一些辅助钻井工具通过接头或者配合接头以螺纹形式连接在一起。钻柱的连接方式,如图1.5.2所示。

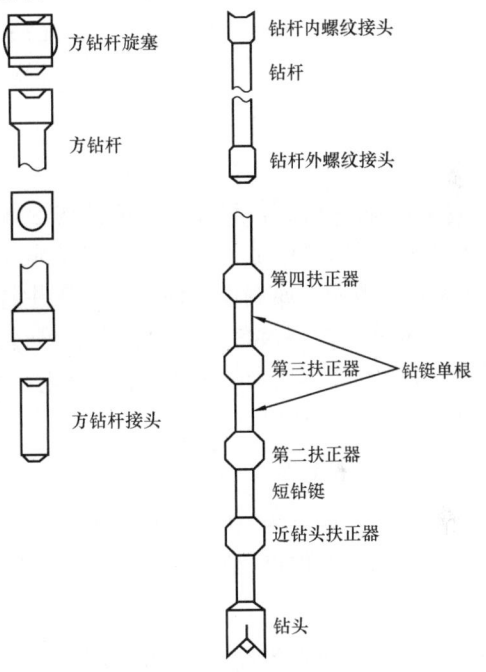

图1.5.2 钻柱基本组成示意图

从图1.5.2可以看出,钻柱包括钻头、钻铤、扶正器、钻杆和接头等,方钻杆、钻杆、钻铤、接头、井下动力钻具以及其他一些辅助钻井工具通过接头或者配合接头以螺纹形式连接在一起,井下钻柱中,钻杆最多。一根钻杆就像一根圆形空心的钢柱,一般长10m左右。钻柱组合形式依据钻井工程需要而确定。不同的井钻柱组合不同;同一口井,钻井井段、井深、作业目的不同,钻柱组合也不同。钻柱的主要功能有8项,即提供钻井流体流向钻头的通道;施加钻头压力即钻压;传递钻头地面动力;起下钻头;根据钻柱长度计算井深并用不断连接钻杆的办法来达到加深井眼的目的;通过钻柱观察和了解钻头的工作情况、井眼状况及地层情况等;完成取心、挤水泥、打捞井下落物、处理井下事故等特殊作业;测试与评价地层流体及压力状况。

5.1.2.2 钻头

钻头(Bit)是用于破岩的工具。钻头在钻压和钻柱旋转作用下,压碎研磨岩石,并为钻井流体冲洗井底提供通道。

工程钻探施工领域广泛,钻进目的和地层条件各异,钻孔直径和深度变化范围很大,因此使用的钻头的类型很多。一般常按钻头破碎岩石的方式、切削刃或磨料的性质、破碎孔底形状、钻头形状和钻头直径大小等进行分类。常用的钻头类型有硬质合金钻头、钻粒钻头、金刚石钻头、牙轮钻头、刮刀钻头、螺旋钻头、麻花钻头、蛇形钻头、勺形钻头、冲击钻头和大口径钻头等(中国冶金百科全书总编辑委员会,1999)。钻头分类依据不十分明确,石油钻井常用的钻头有牙轮钻头、刮刀钻头及金刚石钻头。

5.1.2.3 环形空间

环形空间,通常称为环空(Annulus),是井下管柱和地层(或套管)之间的环状空间。环空主要作用是携岩、为钻井流体循环提供通道以及为井下作业提供通道。

环空主要有4种,即套管和钻柱形成的环形空间、裸眼和钻柱形成的环形空间、井下套管间形成的环形空间、井下套管与裸眼地层形成的环形空间。

5.1.3 配制维护系统

钻井流体配制维护装置是生产补充钻井流体的主要装置,指从井口流出的钻井流体通过这些装置使钻井流体性能满足钻井要求,包括钻井流体槽、脱气器、振动筛、沉砂池、旋流器、离心机和钻井流体罐体。

5.1.3.1 导流管

钻井流体导流管,也称钻井流体输送管(Flow Line),是连接井口振动筛金属槽。连接振动筛与沉砂池,沉砂池与钻井流体池之间的金属槽,现场称作钻井流体槽(Mud Ditch, Mud Flume),一般用金属制作。钻井流体从井筒中通过钻井流体槽流回泵吸入罐。

钻井流体槽要求有一定的长度和坡度,并需要在槽内设置一些挡板,达到减缓流动速度、促使钻井流体携带的固相沉降、净化钻井流体的目的。同时,钻井流体槽也构成钻井流体地面循环处理通路。

5.1.3.2 脱气器

脱气器(Gas Trap Degasser)是清除钻井流体中所含气体的装置。一般安装在钻井流体出口管上或在其他可以安装的部位。钻井流体除气器根据其工作原理可分为常压式、真空式和离心式等三类。

(1)常压式除气器工作时,气侵钻井流体从靠近泵上部的进口流入离心泵的叶轮,并泵送到喷射罐。罐内可调的盘形阀与立管端面之间的间隙很小,钻井流体经过阀口时,流速增大,形成紊流薄膜,并撞击喷射室的侧壁,促使气泡上升到表面破裂,从而从顶部的排气口排出。钻井流体在重力作用下经排浆槽排向储液罐,与此同时,由于泵轮的旋转,吸入室中靠近转轴附近的钻井流体压力降低,部分气体特别是大气泡在该处被分离,沿泵轴向上运动排入大气。从这两处排出的气体,也可用抽风机输送到远离井场的地方排出。

(2)真空式除气器主要通过喷射器或真空泵从真空罐中抽出气体,使罐内保持真空,以便吸入气侵钻井流体,除气。储存在罐内经过除气室处理的脱气钻井流体,绝大部分由钻井泵再循环,小部分借助泵提供一股诱导液流,通过缩颈管时,在双喷射器的入口处形成真空,于是,除气室底部的脱气钻井流体被吸入第一个喷射器的入口,除气室顶部的气体通过导管被吸入第二喷射器的入口,二者在导管内混合后,流入旋流分离器,气体经出口向上排至大气,脱气钻井流体则经漏斗流入罐。由于除气室顶部的气体经导管被吸入喷射器,再经过旋流分离器排出,故除气室顶部形成真空,罐内的含气钻井流体在压差作用下进入除气室,并在挡板上扩散成薄膜层,钻井流体中的游离气体及大气泡气体先行逸出,钻井流体则顺挡板流向除气室底部,再经过上述的循环,分离出溶解气体。

(3)离心式除气器工作时,主筒插入气侵钻井流体中。电动机通过胶带传动装置驱动筒中的主轴和叶轮旋转。气侵钻井流体从主筒的下端经过过滤器进入除气主筒。叶轮驱动钻井流体做旋转运动,在离心力场的作用下,钻井流体在主筒内形成涡流。钻井流体中的液相和固相被甩向主筒内壁,气体则向中心扩散,在主筒中心形成气柱。由于涡流作用,分离后的钻井流体沿主筒内壁旋转向上运动,以约25mm厚的环形流螺旋状进入排出腔。由于排出腔过流面积大,进入排出腔的钻井流体流速降低,并从排出腔排出。主筒形成的气柱沿主筒中心区域旋转向上运动,进入排气腔的上部,并从排气口排走。在排出腔和排气区域之间有一块挡泥板,防止钻井流体窜入排气区。与真空型除气器相比,离心式除气器功率利用率高,所需功率小,结构简单重量轻,占用空间小,成本低。

5.1.3.3 振动筛

振动筛(Shale Shaker)是用于钻井流体固相处理的一种过滤性机械分离设备,是利用振子激振所产生的往复旋型振动而工作的。

振动筛主要由振子、筛网和筛架组成。振子是一个偏心轮,在电动机带动下旋转,使筛架发生振动。振子的上旋转重锤使筛面产生平面回旋振动,下旋转重锤则使筛面产生锥面回转振动,其联合作用的效果则使筛面产生复旋型振动。筛网的粗细以目表示,一般50目以下的为粗筛网,80目以上的为细筛网。由于筛架的振动,钻井流体流到筛面上时较粗的固体颗粒就留在筛面上,并沿斜面从一端排出,较细的固相颗粒和钻井流体一起通过筛孔流到钻井流体池去(刘希圣,1996)。

5.1.3.4 沉砂池

沉砂池(Sand Trap)是利用自然沉降原理,清除钻井流体中砂粒或其他密度较大颗粒的池子。沉砂池主要用于沉降较细固相颗粒、释放气体和存放多余的钻井流体,保护管道、阀门等免受磨损和阻塞。可以认为主要用于清除钻井流体中粒径大于0.2mm、密度大于2650kg/m^{3}的砂粒。另外,沉砂池还可以为井漏或特殊作业提供钻井流体。

沉砂池一般用钢板做成箱式的,底部倾斜,便于排砂。如果固相控制系统中装有旋流器,沉砂池装在振动筛和旋流器之间,来保证旋流器的固相分离效率。但是沉砂池不能做除气器和旋流器的吸入池用,因为固相颗粒较大,增加了固控设备负荷。

以前的沉降和吸入容器都使用土坑。现在除废弃物和地层产液用土池外,沉降和钻井流体所用的所有容器罐都是用钢制的。

5.1.3.5 旋流器

旋流器(Hydrocyclones)是利用离心沉降原理来处理钻井流体固相的分离分级设备,利用钻井流体中固相、液相颗粒所受的离心力大小不同,分离钻屑。旋流器分为除砂器和除泥器两种,结构和工作原理相同。

钻井流体以一定压力从旋流器周边切向进入旋流器内后,做三维椭圆形强旋转剪切湍流运动。粗颗粒与细颗粒之间存在粒度差,受到的离心力、向心浮力和流体拖曳力等不同。由于离心沉降作用,使得大部分粗颗粒经旋流器底流口排出,大部分细颗粒由溢流管排出,从而达到分离分级目的。简言之,旋流器的工作原理是将需要混合的流体旋流泵入旋流蜗壳,高速旋转的液流混合后进入液筒,进一步与流体充分混合,然后进入外腔,再沿切线方向排出,完成一个周期的混合过程。

5.1.3.6 离心机

离心机(Centrifuge)是利用离心力使得需要分离的流体与固体颗粒,或流体与流体的混合物中各组分不同的物料得到加速分离的机器。

离心机主要用于分开悬浮液中的固体颗粒与流体,或将乳浊液中两种密度不同,又互不相溶的流体分开,也可用于排除湿固体中的流体。特殊的超速管式分离机还可分离不同密度的气体混合物,利用了不同密度或粒度的固体颗粒在流体中沉降速度不同的特点。有的沉降离心机还可对固体颗粒按密度或粒度分级。

离心机可分为实验用离心机和工业用离心机。实验用离心机或实验离心机,是专门用于实验分析的小型离心机,又分为制备性离心机和分析性离心机。制备性离心机主要用于分离各种生物材料,每次分离的样品容量比较大;分析性离心机一般都带有光学系统连续监测,主要用于研究纯的生物大分子和颗粒的理化性质,依据待测物质在离心场中的行为,能推断物质的纯度、形状和分子量等。分析性离心机都是超速离心机。

也有人将实验室离心机按用途分为工业用实验室离心机和医用实验室离心机。工业用实验室离心机通常用于工业固液的分离试验、物料性能分析、少量分离工艺、企业实验室等。医用实验室离心机主要用于医疗实验、医院、制药企业、生物研究所、精细化工等。

工业用离心机主要分为过滤离心机、沉降离心机和离心分离机三大类离心机,包括上悬式、三足式、刮刀式、活塞推料式、离心力卸料式、振动式、进动式、螺旋卸料式、管式等离心机及碟式分离机。

工业离心机起源于中国古代从陶罐中取蜂蜜。先辈们用绳索系住陶罐,手握绳索另一端,旋转甩动陶罐,从而把蜂房中的蜂蜜挤到罐底。这就是早期离心分离原理的应用,目前最突出的代表就是洗衣机的甩干桶。但真正的工业离心机诞生欧洲19世纪中期,主要是用于纺织品脱水和制糖。目前主要用于化工、石化、医药、轻工、食品、选矿、湿法冶金、环境保护和有机膨润土及复合材料生产等行业的工程技术人员研究与生产。评定工业离心机的主要参数是分离因数。工业离心机主要分为过滤式离心机、沉降式离心机、分离机等三大类。钻井流体用的主要是沉降式离心机。

5.1.3.7 混合漏斗

混合漏斗也叫加料漏斗。需要配制或增加钻井流体总量或者改变钻井流体密度、黏度和失水等特性时,将钻井流体材料和相应的化学处理剂投放到循环罐中。若直接投放会造成钻井流体材料和化学处理剂沉淀或成团,俗称"鱼眼",不能获得分散、均匀的钻井流体。特别是在可能发生井喷的紧急状况下,需要在短时间内均匀地混合、配制加重钻井流体,必须借助辅助设备完成。而采用钻井流体加料漏斗可以实现。

加料漏斗(Mixing Funnel)是与石油钻井固控系统配套使用的一种设备,来满足钻井固控系统钻井流体的加重和配制。钻井流体加料漏斗的主要用途是使钻井流体与其添加物快速均匀地混合。也称混合漏斗,用于混合钻井流体处理剂,并将混合均匀的钻井流体移入循环罐的设备。补充、混匀钻井流体时,简化钻井流体处理剂添加过程,降低劳动强度。按其工作原理来分,有射流式加料漏斗和旋流式加料漏斗(Mike Richards,2005)。

射流式钻井流体加料漏斗主要由喷嘴、混合室、文丘里管及加料漏斗和蝶阀组成。液体由喷嘴喷出后,经混合室,进入剪切管。物料由漏斗加入混合室,在喷嘴喷出的液流带动下进入剪切管,并在此过程中得到分散和混合,混合后的液体流出剪切管后进入钻井流体罐。剪切管是一根按一定曲面逐渐扩张的空心管,主要作用是增加液体在管内的剪切力,以便物料更好地进行分散和提高混合后液体的压力,进入循环罐。剪切管实际上利用了文丘里效应(袁运开等,1991)。

混合室内由于液体从喷嘴以高速喷出,此时压力低;液体进入剪切管后,由于截面逐渐变大,速度变小,于是压力升高。文丘里效应,也称文氏效应。这种现象以其发现者,意大利物理学家文丘里(Giovanni Battista Venturi)命名。意思是在流体受限制流动时,通过缩小的过流断面时,流体出现流速增大的现象。流速与过流断面成反比。由伯努利定律可知流速的增大伴随流体压力的降低,即常见的文丘里现象。

通俗地讲,这种效应是指在高速流动的流体附近会产生低压,从而产生吸入作用。利用这种效应可以制作出文氏管。旋流式钻井流体加料漏斗主要由加料漏斗、蝶形闸阀、外混合筒、内混合筒及旋流蜗壳利用文氏管原理组成。用混浆泵将需混合的钻井流体沿切线方向泵入旋流蜗壳。蜗壳内高速旋转的液体产生真空,将混合物料吸入并与高速旋转的液流混合后进入混合筒。在混合筒内腔中,高速旋转的液流进一步将物料与液体充分混合,然后进入外腔,再沿切线方向排除,完成一个周期的混合过程,配制出合乎性能要求的钻井流体可以经过多次混合。

旋流式钻井流体混合器采用高速旋流混合原理,与传统的喷射式钻井流体混合漏斗相比有4个突出特点,有效混合时间长、混合效果好;加料口径大、不易堵塞、加料速度快;对物料颗粒大小基本无限制,也不会因长时间停用而发生固相沉积堵塞现象;对物料适应性强、运用范围广,可用来混合堵漏材料。

5.1.3.8 钻井流体罐体

泥浆罐(Mud Tank),现场也叫钻井流体循环罐或者钻井流体罐,是储存、配制、循环和处理钻井流体的容器。

钻井流体罐是钻井流体循环系统的重要组成部分,为钻井施工提供经过处理的钻井流体。罐上装有搅拌器和钻井流体枪,用于搅拌罐内钻井流体防止沉降。钻井流体罐配合振动筛、旋流器、离心机以及脱气器分离钻井流体中固相和气体,用于储存、配制、循环和处理钻井流体。

根据罐底部形状分为方形罐和锥形罐。一般为方形罐。钻井流体罐体一般由加料罐、吸入罐、补给罐、加重罐、备用罐等独立的罐构成。国际上生产的罐内多有隔舱,中国制成的循环罐多无隔舱。罐与罐之间有圆形连通管,用于沟通各罐之间的流体。

(1)加料罐是加入钻井流体处理剂的钻井流体罐。现场配制的新钻井流体通过加料罐添加至钻井流体罐中。

(2)吸入罐是钻井流体混合和搅拌充分的钻井流体罐,是钻井流体罐的最后部分。为防止钻井泵吸入空气,吸入罐安装了一块垂向挡板来阻断可能由搅拌器引起的漩涡流。

(3)补给罐是整个钻井流体罐的辅助系统。补给罐有液位标尺,安装时校正好标尺的高度和罐内容积多少,以检测流入或流出补给罐的钻井流体体积。通常,起管柱时监控起出钻柱体积与补偿钻井流体量是否合适。

(4)加重罐是用于盛放少量特殊钻井流体的储备容器。有些钻井流体循环系统可能不只拥有一个加重罐。加重罐安装流体流动管汇并连接加料漏斗,便于添加钻井流体处理剂,配制密度更高的钻井流体。起钻前替入密度较大的钻井流体,可以防止起钻时钻杆中的钻井流体喷溅。典型加重罐容积为 $3\sim8m^3$。

(5)备用罐是用于储存多余的钻井流体、基液或者储存与现用的钻井流体完全不同类型的钻井流体,用于替换现有的钻井流体。海上钻井系统没有钻井流体备用罐。整个钻井流体罐的容积和数量,取决于平台可以利用的空间和钻井平台甲板的承载能力。

5.1.4 废弃物处理系统

钻井流体废弃物是指钻井过程中产生的岩屑、废弃钻井流体和废液等。处理钻井流体废弃物的废液池和岩屑处理设备等,构成钻井流体废弃物处理系统。

5.1.4.1 废液池

废液池(Liquid Waste Disposal Basin)是指为防止废弃钻井流体渗漏地层造成地下水和地表土壤污染的盛装废弃钻井流体的天然坑池或人造坑池。即,废弃池有天然坑池和人造坑池两种,主要用于盛装废弃的钻井流体及废弃流体,防止废弃液渗漏地层。

废弃池选址要避开地下蓄水层,避开居民区、风景区,避开动植物和古迹保护区,远离泛洪区。废弃池内设有衬里,即先在储存池底部和周围铺垫一层有机土,压实后再铺一层加厚塑料膜衬层,最后再盖一层有机土压实。填埋废弃液时将废弃钻井流体充填到池内,待其中的水分基本蒸发完后,再盖上一层有机土顶层,填埋处理,最上部封上普通土壤,用于植被生长。废液池所用的有机土有两种。

一种为天然土壤,主要依据土壤的渗透性系数来选择。渗透性系数又称水力传导系数(Hydraulic Conductivity)(Zohrab et al.,1988)。在各向同性介质中,渗透性系数定义为单位水力梯度下的单位流量,表示流体通过孔隙骨架的难易程度。渗透性系数大小与孔隙介质的渗透率、流体密度和重力加速度成正比,与流体的黏度成反比;在各向异性介质中,渗透系数以张量形式表示。渗透系数越大,岩石透水性越强。强透水的粗砂砾石层渗透性系数在 $10m/d$ 以上,弱透水的亚砂土渗透性系数为 $0.01\sim1.0m/d$,不透水的黏土渗透性系数为 $0.001\sim0.01m/d$。

一般的天然土壤如黏土和胶质黏土,15℃时的渗透性系数分别为 $2.5\times10^{-8}m/s$ 和 $2.5\times10^{-10}m/s$,基本满足不渗水要求,达到一般危害性废弃物的封堵渗流通道的需要。

另一种是掺和材料,如沥青和高活性膨润土,遇水膨胀的有机聚合物或者乳胶和高活性膨润土的掺和物。后者具有自行封闭能力强、不易降解、易施工、成本低,且对水、盐水和碳氢化合物流体都可以封闭等优点。

5.1.4.2 钻屑处理设备

钻屑处理设备(Drilling Cutting Disposal Equipment)是将钻井流体净化设备产生的岩屑进一步分离、甩干等所用到的一系列装置。钻屑处理最复杂的油基钻屑处理装置,主要由预处理罐、回收和清洗罐、调配及存储罐、螺旋输送装置、管线、电缆和集成控制系统等组成（王锋智等，2015）。预处理装置主要由控制柜、搅拌器、供浆泵和罐体组成。回收和清洗装置主要由搅拌器、供浆泵、1号离心机、2号离心机、控制柜、加热棒和罐体组成。调配和存储装置主要由搅拌机、表面活性干粉箱、供浆泵、控制柜和罐体组成。

螺旋输送装置主要由2台螺旋输送机串联组成如图1.5.3所示。

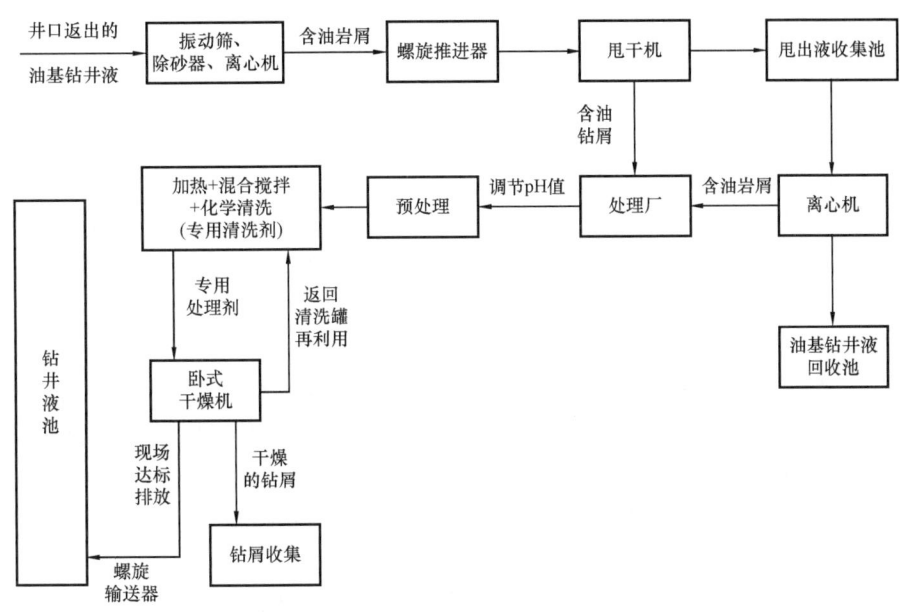

图1.5.3 油基钻屑随钻处理流程

结合图1.5.3进一步解释处理过程。钻井过程中，从钻井流体振动筛、除砂除泥器或一体机、离心机等钻井流体净化设备出来进入岩屑槽。岩屑槽下端安装了可选装的排屑转换装置，可分别根据排屑的要求在直接排屑口和螺旋输送机之间切换。进入螺旋输送中的岩屑依靠轴流电动机带动的螺杆推进作用进入甩干机。甩干机利用离心原理实现固液分离。甩干后的岩屑通过第二段螺旋输送机的推进到达岩屑集中收集口。

从甩干机分离出来的钻井流体进入钻井流体收集罐。钻井流体收集罐上装有一个浮球式的液位传感器，通过自动控制台实现钻井流体驳运泵与液位传感器的联动功能。当钻井流体收集罐中的液位到达上限时控制台给驳运泵发出启动指令，钻井流体从收集罐中输送到钻井流体净化罐，再通过净化设备的处理后，形成钻井所需的有效钻井流体。收集罐中的钻井流体排放到液位下线后，传感器和驳运泵联动功能起作用，控制台实现驳运泵停止（冯利杰等，2013）。岩屑处理装置的结构流程如图1.5.4所示。

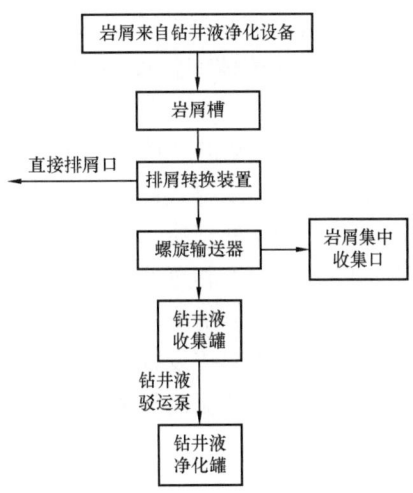

图1.5.4 岩屑处理流程

从图 1.5.4 中可以看出,钻屑处理装置的作用是将钻井流体净化设备产生的岩屑经过螺旋输送器和甩干机等一系列装置处理,分离出钻井流体,回收到钻井流体集中罐,将甩干后的岩屑送到岩屑集中收集口。

目前,钻屑处理没有形成规模,因此装备没有形成规模,更没有明确的分类标准。

前面提到的循环系统是基本配置,在实际应用过程中,发现许多不适用之处,一是从地层循环系统看过于复杂,二是从下循环看还有待完善和改进。

钻井系统配套的钻井流体地面循环系统属于机械固控钻井流体循环系统。包括钻井泵、地面管汇、钻井流体池、钻井流体槽、振动筛、除砂器、除泥器、离心分离、钻井流体调配设备等。在喷射钻井及井下动力钻井中系统还担负着传递动力的任务。通过筛分、离心分离等原理,将钻井流体中的固相按密度和颗粒大小不同分离,根据需要决定取舍,达到控制固相的目的。这种方法效果较好,成本较低,得到广泛使用。但该固控系统复杂,牵涉的设备多,工况差,不少设备寿命短,故障多,且现场使用时往往仅能使用部分设备,导致达不到固控要求。因此,有必要对目前普遍使用的钻井流体地面循环系统流程和设备加以改进(钟功祥等,2004)。

现有普通钻井流体地面循环系统中的固控系统设备包括振动筛、除气器、除砂器、除泥器及清洁器等,通过这些设备的逐级分离可达到较好地控制钻井流体中固相的目的。处理加重钻井流体时除泥器不能使用,甚至除砂器也不提倡使用。因为两者,特别是前者可能除去重晶石。振动筛,特别是细网振动筛为易损件且成本较高,砂泵数量多及工作时间长,利用水封式旋流分离装置,简化现有固控系统,改善这一状况。

(1) 负压钻井用钻井流体处理系统。负压钻井是开发低渗透油气藏的一种重要手段,与常规钻井的区别除钻井工艺之外,结构上主要是井口防喷器,能够实现边喷边钻,井口钻井流体槽可以是闭式的,带压钻井流体可直接利用井口剩余压力进入闭式钻井流体处理系统。这是根据负压钻井原理设计的非加重钻井流体固控系统。

来自井内的钻井流体密闭输送到水封式旋流分离装置进行固液分离,分离后的清洁钻井流体直接进入处理罐,为避免浪费钻井流体,分离后的固相再通过粗网振动筛分离。分离的液相通过离心泵打入水封式旋流分离装置再分离,分离出的固相颗粒外排。非加重钻井流体固控设备仅需水封式旋流分离装置、粗网振动筛、离心泵和处理罐各1台。

与非加重钻井流体固控系统流程不同,加重钻井流体固控系统是来自井内的钻井流体密闭输送到水封式旋流分离装置,由水封式旋流分离装置固液分离,分离后的清洁钻井流体直接进入处理罐,为避免浪费钻井流体和重晶石,分离后的固相通过振动筛分离。经振动筛分离的液相再通过离心泵(砂泵)进入清洁器(小型水封式旋流分离装置 + 超细振动筛),经清洁器分离后的清洁钻井流体和重晶石进入处理罐,或直接进入重晶石混合罐。加重钻井流体固控设备仅需水封式旋流分离装置、振动筛、离心泵、清洁器和处理罐各 1 台。非加重钻井流体和加重钻井流体固控系统流程可将两个阀门并在一起,如图 1.5.5 所示。

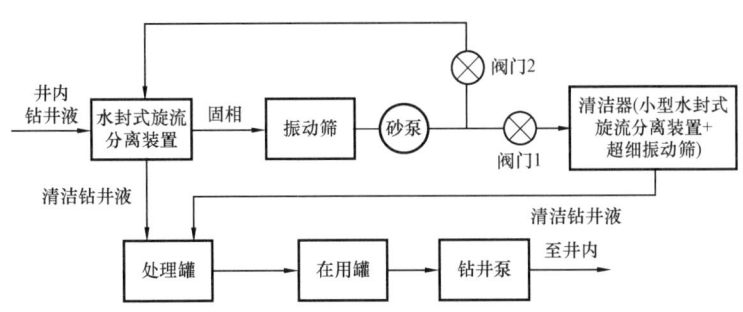

图1.5.5 组合钻井流体固控流程

从图1.5.5可以看出,在组合钻井流体固控系统流程中,井内钻井流体通过水封式旋流分离装置,得到清洁钻井流体和固相,清洁钻井流体通过处理罐循环至井内,固相通过振动筛和砂泵。

关闭阀门1,打开阀门2为非加重钻井流体固控系统。重新返回水封式旋流分离装置,得到清洁钻井流体通过处理罐循环至井内。

关闭阀门2,打开阀门1即为加重钻井流体固控系统。清洁钻井流体进入处理罐循环至井内。改进后的固控系统主要优点是设备数大大减少,直接减少设备投资;振动筛、离心泵和清洁器均为间断工作,且非加重钻井流体处理时可换用粗网振动筛,使系统的可靠性提高,寿命延长。该固控系统的关键设备是水封式旋流分离装置,直接控制整个固控系统的固控效果。

(2) 开式钻井用钻井流体处理系统。开式钻井即常规钻井时,封井器处于敞开状态,井口无压力。此时也可利用上述钻井流体处理系统。但需要在钻井流体槽出口增设两个装置,一是固相岩屑粉碎机;二是1台砂泵,主要用于将经岩屑粉碎机粉碎岩屑后的浆液泵入水封式旋流分离装置。钻井流体地面循环系统设备的改进包括三步:

① 离心泵(砂泵)在固控系统中,为除砂器、除泥器和清洁器等供料,输送为含固相的循环钻井流体。现有离心泵的轴封采用简单的机械密封,导致离心泵轴承(封)内常窜入钻井流体。钻井流体中含有大量的固相颗粒,因而使离心泵轴承(封)很快损坏,致使许多钻井队放弃除砂器与除泥器等,仅使用振动筛,恶化了钻井流体性能,影响钻井工况。为此,应研制密封效果好、寿命长的砂泵新型轴封结构,延长泵寿命,更好地发挥钻井流体固控设备效能,提高钻井效率。

② 钻井泵是钻机系统最重要的液力装置。但现有钻井泵明显偏大、偏重,而且泵活塞与缸套磨损非常严重,是泵的主要易损件。究其原因,主要是两个方面的问题:一是钻井泵结构设计主要是仿制,未采用现代设计方法,致使钻井泵的结构明显偏大;二是钻井流体中的固相含量偏多,特别是钻井流体中的重晶石是引起泵活塞缸套摩擦副严重磨损的主要原因。鉴于此,应该开展两方面的研究工作:一是在室内试验的基础上,采用现代设计方法开展钻井泵的结构方案设计、零部件的三维实体设计、组装、运动分析及静动态分析研究,开发相应的钻井泵分析设计软件,以优化钻井泵的结构。二是在钻井流体净化系统设计上,设法使重晶石钻屑等主要固相颗粒不经过钻井泵。基本思路是在钻井泵后设置喷射混砂装置,让清洁器分出的钻井流体及重晶石与加入的重晶石在钻井泵后混合,钻井泵的高压钻井流

体通过喷射泵,将高浓度的重晶石砂浆吸入并混合。这样,就可极大地减轻钻井泵的磨损。

③ 水封式旋流分离装置在钻井过程中,除砂器、除泥器和微型旋流器(统称水力旋流器)承担除砂、除泥、降低钻井流体中固相含量的任务,其分离效果对钻井机械钻速影响显著。目前使用的水力旋流器的排砂口均为常压开口(直接外排),称为开式水力旋流器。这种水力旋流器的分离效果受结构尺寸影响相当大(特别是排砂口直径),控制困难。为此,研究出的排砂口为带压口,称为水封式旋流分离装置,替代除砂器、除泥器和微型旋流器的功能,除砂、除泥效果好,可大大简化现用固控系统。

钻井流体井下循环系统通常是钻井流体通过钻杆直接到达钻头处,经钻头水眼喷出,携带井底岩屑,沿环空返回地面。随着钻井深度的增加,为增加井壁的稳定性,避免压差卡钻,储层伤害控制,必须在钻井流体中加入固相重组分(如重晶石),以提高钻井流体密度。但随着钻井流体密度的增大,钻进速度将迅速下降,钻头磨损明显加剧。为此,国际上已研制出井下固相分离接头(井下水力旋流分离器)。

固相分离器接头装于钻头上部,由地面钻井泵供给具有一定能量的钻井流体,经其上部通道,从切线方向进入旋流筒,净化处理。分离出来的固相从其上部喷嘴进入环形空间,低固相钻井流体进入钻头。采用此装置,既能保持环空的钻井流体密度,保持井壁稳定,又能降低水眼处钻井流体黏度和密度,减轻水眼的磨损,提高当量水马力,充分发挥高压喷射清岩与水力破岩的作用。同时,由于井底钻井流体固相含量的减少,将减轻钻头牙齿的磨损,提高钻头的寿命和机械钻速。现场试验证明,增加井下固相分离接头的钻井流体井下循环系统,机械钻速提高,钻头使用寿命延长。但井下固相分离接头尚存在一些问题,一直未得到推广使用。

井下固相分离器的应用,在一定程度上克服了现有钻井流体井下循环系统的不足,较大幅度地提高了机械钻速,具有显著的经济效益。为此,应积极开展理论和实验研究,建立较完善的井下固相分离器设计理论,研制出新型井下固相分离器,克服现有井下固相分离器在结构、材质及分离效果等方面的不足。

无论何种钻井方式,所用的钻井流体都是为了清除井眼中的无用固相。系统清除钻井流体的无用固相和无用气相,保证钻井流体始终处于清洁状态。这是钻井流体运行系统不断完善和进步的动力。净化理论和方法成为净化实施的基础,即钻井流体运行系统净化理论。

长期以来,世界上相关研究机构和生产单位投入了大量的人力和物力,开展钻井流体循环系统的研究,已研制出相对完善的钻井流体地面固控系统,能实现5级钻井流体净化。5级净化若全部实施,净化效果完全能满足钻井作业对钻井流体质量的要求。

但目前钻井流体地面循环系统相对复杂,操作难度大且不少设备寿命短、故障多、现场往往仅使用部分设备,导致达不到固控要求。但钻井流体井下循环系统通常是钻井流体由井口通过钻杆、钻头,再通过钻杆与井眼环空返回到井口。这种简单的钻井流体循环系统较严重地影响机械钻速。应该针对目前钻井流体循环系统存在的问题,提出了相应解决方案,不能一概统一采用这一方式,对付所有的现场钻井流体固相清除难题。

5.2 气体型钻井流体不可循环流程

气体型钻井流体,需要气体压缩机提供动力,大多数情况下无法建立循环,但发挥钻井流体作用的原理和液体型钻井流体一样,需要供气设备实现气体从地面到地下,然后从地下到地面的循环,只是返上来的气体不循环利用而已。空气及其他气体用作钻井流体工作介质时,井下通道与液体型钻井流体基本相同,不同之处是地面设备有所增加。

气体型钻井流体工作系统,是一类因工作气体不同而有所差异的操作设备。因此,气体型钻井流体的工作流程比较复杂,不同的流体有不同的处理方法。

泡沫流体不需要循环。充气流体需要加入井下伴生管。天然气钻井,可以加上气源管线将分离后的气体直接回收,回注利用。有时氮气钻井需要循环。不管怎样,其根本目的是为了有效分离出从井内循环出的气、液、固。经过分离、过滤、净化后的气体再次进入压缩机、增压机,循环利用。岩屑和流体进一步处理,回收或废弃。

一般气体钻井,高压气体先后混入惰性气体、雾化液、泡沫后进入井筒。气基钻井流体通过钻柱,再到环空。返回地面后,通过流体、气体处理装置,要么重新利用,要么废弃。完成从地面到井下,再到地面的重复工作。气体钻井流体作业系统如图1.5.6所示。

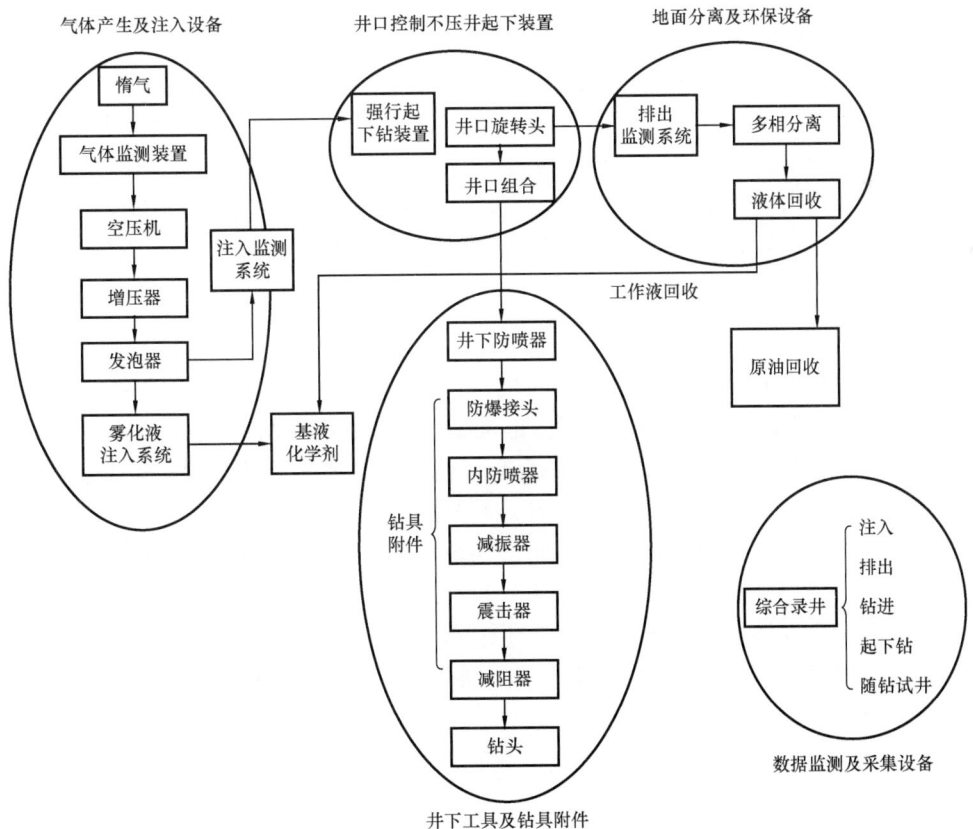

图 1.5.6 气体钻井流体作业系统

从图1.5.6中可以看出,实施气体钻井,需要一系列的装备和工具。按设备的作用方式,气体钻井流体工作系统可分成气体产生及注入设备、井口控制及不压井起下装置、井下工具及钻具附件、地面分离及环保设备、数据监测及采集设备等五大系统(刘伟等,2006)。

5.2.1 气体产生及注入设备

气体产生及注入设备即钻井流体生成和强制进入井筒的系统,包括惰性气体容器、气体监测系统、空气压缩机、增压机、雾化液注入系统、泡沫发生器、基液化学剂存储罐和注入监测系统。

5.2.1.1 惰性气体容器

为保证气体钻井时空气含量处于爆炸极限外,需混入一定量的惰性气体。盛装惰性气体的低温高压储存罐,则称为惰性气体容器(Inert Gas Container)。惰性气体容器主要用于混入一定量的惰性气体,保证空气处于爆炸极限以外,避免井下着火或地面爆炸等。

惰性气体容器按照气体类型可以分为氮气容器和柴油机尾气容器。现场主要使用氮气作为惰性气体。氮气作为惰性气体时,提供氮气的主要容器是泵氮装置。泵氮装置由柴油机、容积式泵和换热器组成,将液氮从低温罐泵入换热器,在换热器内将泵的发动机所产生的热用于蒸发液氮转化为氮气。

5.2.1.2 气体监测系统

气体监测系统是监测压缩空气安全性能并计量气体量的系统(Gas Monitoring System)。气体监测系统用于监测增压机内各种气体含量,以便调整气体含量在不会发生爆炸的范围内,从而保证增压机安全工作。同时,保证气体的量足够,能有效地将井下钻屑携带出来,防止钻屑在井内沉降并在井底聚集卡钻。气体监测系统主要由气体流量计构成。

空气计量计主要可以分为气体超声波流量计、热式质量流量计、热式气体流量计、气体涡街流量计、气体质量流量计等。

5.2.1.3 空气压缩机

空气压缩机(Air Compressor)也称空压机,是气源装置中的主体,是将原动机(通常是电动机)的机械能转换成气体压力能的装置,也是压缩空气的压力发生装置。

空气压缩机提供压缩空气,作为欠平衡空气钻井的主要介质及气源。欠平衡空气钻井时,井底岩石被钻头破碎,形成钻屑,空气压缩机压缩空气,通过地面管线和井口装置进入井底,以适当的气举速度,将岩屑输送至地面。气举速度一般为1200~2100m/min,根据井眼尺寸及井深,通过调整气体流量来保持举升速度。

空气压缩机是提供空气钻井所需空气的主要设备。空气钻井时,根据不同的井眼尺寸、井下出水等情况,配备多台空气压缩机,以机组形式并联使用提供压缩空气,满足空气钻井需要的空气量。

5.2.1.4 增压机

增压机(Supercharger)是增加空气压缩机气缸进气压力的装置。从本质上说,增压机是一种容积式空气压缩机,对来自空气压缩机组的具有一定压力、流量的气体进一步增压。一般来说,增压机组的输出压力和温度取决于其输入压力和流量。当增压机输出压力一定时,增压机的气体流量会受到功率的限制。同时,在流量不变的情况下,增压机的输出压力也会受其功率制约。

空气钻井要求增压机排量高、压力高、散热良好、作业环境温度范围宽泛、持续时间长。空气钻井作业中,应先根据钻具组合、井身结构及地质条件确定空气排量及压力,计算出空气钻井所需功率,再比较同增压机相对应的海拔位置的有效功率,选择比该功率值高的增压机作业。

空气压缩机排气压力不足时,一般用增压机提高钻井流体的压力,如将井眼内钻井流体或清水举升至地面并吹干井壁。或者,井眼较深时,用增压机提高钻井流体的压力来提高携带能力。

一般情况下,一台增压机能处理两台或多台空气压缩机提供的空气。空气钻井作业时,应根据所需的空气量配备与空气压缩机相对应的增压机数量,且并联使用,以满足空气钻井作业需要。

5.2.1.5 雾化液注入系统

雾化液注入系统是为了满足雾化钻井需要,将空气、发泡剂、防腐剂以及少量的水混合生成雾滴钻井流体的系统。雾化液注入系统也称为液相注入设备及装置,由气体注入系统和流体注入系统组成。气体注入系统的主要设备包括空气压缩机组、增压机、制氮车、液氮泵车、天然气供气管道或邻井天然气输送装置、柴油机尾气处理系统或柴油机尾气发生装置等。采用不同的气基流体时,设备需要做相应的准备和调整。雾化液注入系统由雾化泵、供水系统、地面管汇等组成。雾化泵有时也用水泥车和钻井泵临时替代。

5.2.1.6 泡沫发生器

泡沫发生器又名发泡机(Foam Generator),是一种将发泡剂达到一定浓度的水溶液制成泡沫的设备。井下出水较多时,会泥包钻头,在钻具上形成泥环,导致空气钻井无法继续。此时可根据出水量大小,选择雾化钻井或者泡沫钻井,此时就需要产生泡沫的发泡机。

发泡剂本身不能自然成为泡沫,需要机械作用才能成为泡沫。空气钻井泡沫发生器安装在增压器、雾化泵出口至立管之间的管线上,起提高携带能力的作用。

按照发泡机的结构,泡沫发生器可分为孔隙式、同心管式、螺旋式和涡轮式四大类。现场常用的是孔隙式和同心管式两种。

5.2.1.7 基液化学剂存储罐

采用雾滴钻井流体和泡沫钻井流体的钻井作业中,除向井内注入空气外,还注入一定量的基液,有时还需注入一些化学缓蚀剂和防腐剂。这些基液和化学剂被存放在特定的容器中,这个容器称为基液化学剂存储罐。

注入基液时,所用的专用注液装置,称为雾化泵。雾化泵一般为往复式柱塞泵。一般来说,泡沫钻井和雾滴钻井作业所需的基液排量较低,有时低于30L/min,因此要求雾化泵具备在低排量下长时间工作的能力。另外,电动钻机的钻井泵排量范围较宽,可替代雾化泵作业。

空气钻井时,如地层少量出水,可根据需要向井内注入固相干燥剂。另外,有时还需注入固相润滑剂,以减少钻柱与井壁间的摩擦,这就需要配备固相注入泵。固相泵也称固体泵,是由液压动力驱动液压油缸,液压油缸推进输送缸,将输送缸内物料输出至管道的一种柱塞泵。从井筒中返出的工作液也回到基液化学剂罐中,循环利用。

低压、高压空气注入管汇是空气钻井的必备装置。闸阀、安全阀、泄压阀及单流阀应安装在空气管线的相应位置,用以转变空气流动通道,保证空气动力设备的正常运转。另外,低压、高压空气注入管汇上应安装精确的压力测试仪表。如果条件具备,还应在压力表上配备可连续工作的压力记录仪,用来监测空气设备运行,反映井下作业状况。管线上有必要安装温度计,因为输出空气的温度值不但是气体流量计算的重要参数,也是衡量空气设备冷却系统是否正常工作的指标。

5.2.1.8 注入监测系统

注入监测系统是用来监测井口注入气体的安全性能,保证井下管柱和工具安全的设备及装置。

空气钻井过程中,气体流量计用于测量和记录注入井筒内的气体流量,指导欠平衡钻井作业。用户应根据实际工作状况下空气可能达到的温度和压力,估算出空气的体积流量范围,从而正确选择流量计规格。两种口径的流量计均能完成最低和最高体积流量测定时,如果压损允许,应尽量选择小口径流量计。

现场应用较多的是节流式差压流量计。通过测量不同管段的气体压力、气体压差、气体温度,以及气体类型、孔板直径等参数计算出气体排量。用好流量计的关键是处理好节流部件前的积水、变速器高低压室的积水以及引压管线的积水问题,提高其测量精度。

5.2.2 井口控制及不压井起下装置

井口控制及不压井起下装置由井口旋转头、井口组合和强行起下钻装置组成,是钻进中途接单根、起下钻的关键装备。

5.2.2.1 不压井起下钻装置

不压井起下钻装置是为了实现欠平衡状态下的起下钻作业,在井口带压条件下利用游动卡瓦与固定卡瓦的反复卡紧松开,实现钻柱的安全提升和下放的装置。

以前,欠平衡钻井主要针对钻进而言,换钻头、取心、中途测试以及其他处理事故过程中仍然采用压井的办法。实践证明,仍然有伤害。目前更多关心的是全过程的欠平衡钻井,即所谓实现真正的欠平衡钻井。在边喷边钻的情况下进行。井筒内具有一定的压力,如果不采用特殊的工艺技术,就不能实现欠平衡状态下的起下钻作业。

研究和发展不压井起下钻装置,目的是为避免钻井流体压井以及洗井时伤害储层。目前欠平衡钻井中不压井作业有强行起下钻装置和电缆防喷装置、井下套管阀等两类技术。

5.2.2.2 井口旋转头

井口旋转头也称旋转控制头(Rotary Control Head 或 Rotary Control Device,RCD),又称旋转防喷器(Rotating Blow Out Preventer,RBOP),是在井眼环空与钻柱之间起封隔作用并提供安全有效的压力控制,同时具有将井眼返出流体导离井口作用的装置,是欠平衡钻井、地热钻井、煤层气钻井等空气钻井的必要设备之一。

空气钻井作业中,井口套压一般较低,使用低压型旋转控制头即可。但如果在井口施加回压,或有地层流体侵入,或采用反循环空气钻进方式,井口压力将会较高,应选用压力级别较高的旋转控制头进行作业。

5.2.2.3 井口组合装置

井口组合装置是为了保障气体钻井工艺技术实施和控制井喷的装置,由常规防喷器组、旋转防喷器和六棱方钻杆构成。

井口组合装置是其他设备的配套装置,要求在标准井口的基础上,安装旋转控制头或旋转防喷器,作用有三:一是封隔井眼环空与钻台;二是提供安全有效的压力控制;三是将井下返出的流体安全导离井口。

常规防喷器组由半封防喷器、全封防喷器和环形防喷器构成。无论是气体钻井还是充气或稳定泡沫钻井,井口返出流体均有一定压力,井口还必须安装旋转防喷器和与旋转防喷器相匹配的六棱方钻杆。

气体钻井中为保证钻柱的密闭性,一般使用六棱方钻杆。方钻杆越接近于圆形,密闭性越好,但钻杆接近于圆形会限制扭矩大小。出于密闭性和扭矩这两个方面的考虑,气体钻井一般采用的是六棱方钻杆。

5.2.2.4 节流管汇及其控制系统

欠平衡钻井过程中始终使用节流管汇。节流管汇是阀件组合,通过调节液动节流阀和手动节流阀的开关度的大小来保证立压不变,防止套压过大。同时排放钻井流体,满足欠平衡钻井工艺的要求。

节流管汇在整个钻井过程都在使用,工作时间长,液动节流阀经常开关、控制压力,要求性能可靠、寿命长。液动节流阀配有控制台。返回的钻井流体通过节流管汇遥控节流阀系统即可控制井眼压力。每个节流阀上有1500psi压力的液压启动器,以便快速响应。节流阀的流动控制元件有活塞和塞座,节流阀不能完全关死。

节流阀的操作有全开、半开(0~100%)。全开时,钻井流体进入节流阀,完全流经塞与座之间的孔道。当突然发生岩屑堵塞孔道时,操作者能很快地退回活塞,让岩屑通过50.8mm的最大孔道。岩屑清除干净后,通过观察电子位置指示器,使活塞再回到它的原来开度。控制台可遥控一个或两个液动节流阀。

5.2.3 井下工具及钻具附件

井下工具及钻具附件是空气钻井作业的主要井下工具,主要包括钻头、井下空气锤、减阻器、震击器、减振器、内防喷器、防爆接头、井下防喷器等。空气钻井作业机械速度较快,可能导致井斜。故常使用刚性或满眼钻具组合,通过下入带有可换硬质合金齿组件的扶正器来防止井斜。有的还将方钻铤直接加在钻头上部防斜。

空气钻井中没有流体来缓冲钻柱受到的冲击,易造成钻柱特别是下部钻具组合及其接头的疲劳损坏。与钻井流体钻井要求钻柱中和点始终保持在钻铤上不同,气体钻井作业中和点应位于钻杆和钻铤的连接部位。为防止强烈振动引起的交变应力影响钻柱强度,可使用空气震击器(空气锤)钻井,在钻铤和钻杆之间接加重钻杆,减少应力集中。

5.2.3.1 井下防喷器

防喷器用于试油、修井和完井等作业过程中关闭井口,防止井喷事故发生。它将全封和半封两种作用合为一体,是油田常用的防止井喷的安全密封井口装置,具有结构简单、易操作、耐高压等特点。但是,海上钻井作业中,由于近地层的地质结构往往比较脆弱,浅气层中天然气的蓄积易导致事故。因此,常用的重浆压井措施及储层伤害控制之间存在着矛盾。为了解决这一问题,研制井下防喷器(Sangesland et al.,1991)。

井下防喷器是一种集关闭钻杆内环空、外环空于一体的井下井控工具,是集信号监测、信号传输、控制及机械运动于一体的新式防喷器。井下防喷器作为用于钻井过程中的井下井控工具,在井涌或井喷等异常情况发生时,关闭井眼内危险地层以上钻杆内外环空,且在关闭钻杆内外环空后可进行钻井流体的循环。在密度较高的钻井流体压井成功后,再打开井下防喷器继续钻进作业。井下防喷器与井口防喷器相比,能有效快速地控制钻柱内的井喷,很好地控制井下井喷,减少防喷步骤从而缩短有效控制井喷的时间,简化了防喷器的结构和材料。但研发难度大,技术要求高,容易损坏,维修成本高。常见的井下防喷器类型主要有旋塞阀式井下防喷器、插板阀式井下防喷器和提升阀式井下防喷器。

5.2.3.2 防爆接头

防爆接头是为了达到防爆效果由特殊材质所构成的接头。防爆接头依靠其材质良好的导热性能及几乎不含碳的特点,使接头与物体摩擦或撞击时,短时间内产生的热量被吸收及传导。而且接头材质相对较软,摩擦和撞击时有很好的退让性,不易产生微小金属颗粒,几乎不产生火花,以此来达到防爆的效果。防爆接头按照材质可以分为铜合金、黄铜镀镍、不锈钢防爆接头。

5.2.3.3 内防喷器

内防喷器是钻井中发生溢流或井喷时,协助井口抢接钻具的专用工具。内防喷器具有承压高、放喷功能、密封可靠、操作方便、开关迅速等优点。钻具内防喷工具是装在钻具管串上的专用工具,主要用来封闭钻具的中心通孔,防止钻井流体沿钻柱水眼向上喷出,保证水龙带及其他装置不因高压而憋坏。

现场常用的钻具内防喷工具主要有方钻杆上下旋塞阀、钻具止回阀(箭形止回阀、球形止回阀、蝶形止回阀、投入式止回阀、钻具浮阀)、旁通阀等,与井口防喷器配套使用。

5.2.3.4 减振器

减振器是利用工具内部减振元件吸收或减小钻井过程中钻头的冲击负荷、钻柱的振动负荷以及旋转破岩时的扭转负荷的井下工具之一。

钻井作业过程中,钻头破岩的同时会产生纵向和周向振动,冲击钻柱,导致钻柱中某些部件疲劳损坏,降低使用寿命,造成安全隐患。减振器的使用可以有效吸收这些有害的振动能量,储存或转化为其他形式的能量,减少疲劳损坏,达到保护钻具、提高机械钻速的目的。液压减振器利用流体的可压缩性以及流体在压缩时吸收能量和流动时耗散能量的特性,达到减少或者消除振动的目的。双向减振器除了可以轴向压缩外,还可以将扭转冲击转化为轴向冲击,利用液压减振的原理减少或者消除纵向振动和扭转冲击。

目前,中国多采用液压式减振器和弹簧式减振器。液压式减振器依靠可压缩硅油腔体的弹性变形来吸收振动能量;弹簧减振器是依靠弹簧元件的变形吸收钻具的振动能量。减振器效果的好坏与减振器的刚度范围有关(王希勇等,2011)。

5.2.3.5 震击器

震击器(Drilling Jars)是由于地质构造复杂(如井壁坍塌、裸眼中地层的塑性流动和挤压)、技术措施不当(如停泵时间过长、钻头泥包等)发生钻具遇阻、遇卡时,用于解除卡钻事故的有效工具之一。

需要震击器上击作业时,在地面施加足够的预拉力,工具内锁紧机构解锁,释放钻柱储能,震击器冲锤撞击砧座。储存在钻柱内的拉伸应变能迅速转变成动能,并以应力波的形式传递到卡点,使卡点处产生一个远远超过预拉力的张力,从而使受卡钻柱向上滑移。经过多次震击,受卡钻柱脱离卡点区域。震击器下击作业与此类似,不再赘述。

震击器类型主要有随钻震击器、打捞震击器和地面震击器。随钻震击器设计在钻柱组合中,如果钻进或者起下钻过程中遇卡,可以随时震击解卡。打捞震击器只是在需要解卡时才下井作业,不可以长时间随钻工作。地面震击器只在井口使用,其对卡点的震动效果是向下震击,故现场使用比较方便。

5.2.3.6 减阻器

减阻器是能使钻具在滑动钻进中降低摩擦阻力,能满足旋转钻进要求,减小旋转钻进扭矩,较好地满足气体钻水平井、大位移水平井等特殊钻井工艺需求的钻井工具。

在气体钻大位移定向井、水平井中,尤其是气体钻水平井,由于井壁没有常规钻井时钻井流体形成的滤饼降低摩阻系数,使得摩擦阻力较常规钻井时大得多,随着井眼的延伸,摩擦阻力越来越大,使得钻压难以施加到钻头上,导致钻井无法继续进行;此外,还使得卡钻事故频繁。减阻器不仅能降低钻具在滑动钻中的摩擦阻力、减小旋转钻进时的扭矩,并且能满足旋转钻进时对钻具的要求和气体钻水平井、大位移水平井等特殊工艺钻井的需求。

5.2.3.7 井下冲击器

井下冲击器也称井下冲击锤(Downhole Percussion Hammer),是协助钻头破岩的机械设备。井下冲击器主要用于冲击/旋转钻井中,冲击/旋转钻井(Percussion - rotary Drilling)是在旋转钻进的基础上加入井下冲击器。在钻进中,地面以动力带动整个钻具旋转,并通过钻具给钻头一定的轴向压力。同时,井下冲击器以一定的频率进行冲击,给钻头齿施加一个附加冲击载荷。钻头在加压旋转和冲击共同作用下破碎岩石。高压气体或流体在活塞上下两腔形成的压力差推动冲击器内的活塞做上下往复运动,进而给钻头齿施加一个附加冲击载荷,钻头在加压旋转和冲击共同作用下破碎岩石。按照冲击介质的不同,井下冲击器可分为气动冲击锤和液动冲击锤两类。

5.2.3.8 钻头

钻头是在实体材料上钻削出通孔或盲孔,并能对已有的孔扩孔的刀具。钻井工程中钻头的主要作用是破碎岩石。空气钻井所用钻头是在常规钻头基础上改进或者研发的,相比常规钻头,气体钻井钻头机械钻速提高,钻压需要较小,能够防斜打直和有效地清洗井底。

空气钻井作业钻头外径磨损严重,磨损量主要取决于钻头保径措施以及地层抗磨程度。一般情况下,不使用高进尺钻头再划眼和扩径。当钻头外径的磨损量每300m进尺井段磨损高度1.6～3.2mm时,需更换钻头。空气钻井应选用最佳保径作用的钻头,同时推荐使用具有硬质合金齿或短齿的密封轴承钻头。气体钻井专用钻头与普通钻头的切削结构基本相同,只是内部流道和轴承冷却有所区别。

纯气体钻井作业钻头通常不安装喷嘴,并应堵住最佳保径牙轮中间的水眼。空气钻井所用钻头主要有空气锤、锤击钻头和反循环钻头等三类。

5.2.4 地面分离及环保设备

地面分离及环保设备主要是为防止井筒内的气体及尘土污染环境,所采用的方法是先监测,后清除。主要包括井筒排出物监测系统和多相分离装置。

5.2.4.1 井筒排出物监测装置

井筒排出物监测装置是用于监测排出的井筒内钻井用气体设备。配套装置还有除尘器、天然气探测器及气体喷嘴等。

除尘器由泵和水管线组成,作用是用泵将水直接注入排屑管线内部,润湿岩屑粉尘,以降低环境污染,一般安装于取样器的下游位置。

天然气探测器用于监测空气钻井过程中是否钻遇天然气层,以便及时采取应对措施,保证作业安全,其探头通常放置在排屑管线入口处。

气体喷嘴使排屑管线产生一定的真空度,可迫使环空中的天然气从排屑管线排出。另外,起下钻让一定量的来自压缩机组的空气流经气体喷嘴,可避免天然气弥散于钻台上。气体喷嘴一般安装在靠近排屑管线的端部。

5.2.4.2 多相分离装置

钻井用多相分离装置是应用于欠平衡钻井作业中的地面分离装置。独特的结构设计使钻井用多相分离装置在钻进过程中能较精确地分离所有从井筒中产出或循环出的物质,如液体、气体和固体。可根据需要将环空混合物直接导入排屑管线,或经液气分离器,将分离出的气体导入燃烧管线,把井筒内产出的可燃气体通过燃烧装置燃烧。排屑管线和燃烧管线出口端应为下风口方向。钻井工作中常用的多相分离装置主要包括液气分离器和油水分离器。

5.2.4.3 排放系统

排放系统由排屑管线、燃烧管线、防回火装置、取样器和自动点火装置组成,用于点燃欠平衡钻井过程中液气分离器分离出的可燃有毒气体。

排屑管线的内横截面积应比井口部位环空横截面积大10%左右。

燃烧管线的内横截面积不得低于液气分离器气体排放口的内环空横截面积。

防回火装置两端为法兰,与燃烧管线连接,内部由耐高温金属丝或金属片缠绕,具有一定厚度,防止空气倒返进入燃烧管线和液气分离器内,燃烧或爆炸。防回火装置一般安装于燃烧管线的最后一段管线前。

取样器一般安装于除尘器的上游位置,捞取和保存井下岩屑,供地质分析。防回火装置允许气体通过,阻止火焰通过。

自动点火装置一般采用高压电脉冲放电打火。高压电脉冲的来源有两种方式:一是利用太阳能,将太阳能转化为电能;二是直接采用电能,经过变压器变压,可以形成几千伏到上万伏的电能。

点火器主要由承托架、打火电容、辅助点火管线、遮风板、热电偶和点火激发器等部件组成。点火激发器主要由高压脉冲电源和控制电路两部分组成。点火装置接通原始的电源(220V 交流电、太阳能蓄电池、直流电)后,经过控制电路控制接通激发器,激发器产生高压脉冲电流,通过导线输送到点火电容(点火针)上,使电容在空气介质中受高压激发击穿放电,产生火花点燃从钻井流体中分离出来的可燃气体,或先点燃预燃气体,预燃气体的火苗再点燃从钻井流体中分离出来的可燃气体。热电偶将热量信号反馈到点火激发器,激发器可以根据点火器处的温度,适当调整打火频率。激发器使用的电源是 110V 交流电,需要用变压器变压。激发器使用过程中损坏,配件更换困难,难以恢复,尤其是点火头材质不易在市场上购买。

中国虽已开发了点火装置,但效果都不太理想,且在现场使用可靠性较差,甚至有时不能满足现场需要。主要原因是材质上与国际上有差距。

5.2.5 信息监测及采集系统

信息监测及采集系统是为达到发现储层、评价储层和实时钻井监控目的而安装在钻台上、钻井流体循环通道上、钻具等相关部位能获取信息的设备,以及安全监测毒性气体的仪器。

5.2.5.1 工程信息监测系统

工程信息监测系统用于获取工程信息如钻压、钻速、扭矩,钻井流体循环动态信息如出入口钻井流体排量、钻井流体池体积变化、立管压力、套管压力,钻井流体性能信息如电阻率、密度、温度,气测信息和随钻测量信息如自然伽马、声波、孔隙度、密度,发现储层、评价储层和实时钻井监控。数据监测及采集设备可以分为流量仪和气体监测仪。

5.2.5.2 安全信息监测系统

为了保护作业人员,防止中毒、爆炸,现场常用气体监测仪监测环境气体中的成分及含量,以提高作业的安全程度。气体监测仪有固定式和便携式两种。

第6章 钻井流体实施过程的对标控制理论

　　理论上,所有的钻井流体都应具备钻井流体的主要功能,并在钻井过程中钻井流体在发挥主要功能的同时应将自身的不良影响降到最低。然而,在实际钻井工程中,不存在任何情况下都适用的钻井流体组分配比及性能参数,也没有必要使用所有性能均为最好的钻井流体。

　　有的井钻井作业仅需要钻井流体的某几种功能,有的井在某一个作业环节仅需要钻井流体的某一项功能。根据油气井的地质需要、工程目的、效益大小、风险高低等因素,合理选择钻井流体,才能实现安全、高效、优质钻井,才能有利于取准地质和工程等各项资料,才能有利于发现储层并减少储层伤害,才能有利于环境保护。也即,各种性能都是最好的钻井流体未必是最优的,需要降低或者增强某些性能来满足现场应用,即为折中理论或者称为调和理论。

　　一般来说,某井或者某区的钻井流体应用流程包括钻井流体的设计、钻井流体评价和钻井流体的维护处理。首先应该根据地质情况确定理想或者是满足地质要求的钻井流体性能,然后根据性能要求从理论上选择满足条件的组分,把这些在理论上满足要求的处理剂进行实验评价。如果达到理论要求就用该处理剂配制钻井流体;否则,就考虑更换处理剂或开发新型处理剂。处理剂优选或者开发完成,器材、方案准备齐全后,着手配比优化,钻井流体评价,并估算成本。

　　当然,成本优化也是优化处理剂配比的过程,最后制订风险预案并形成文本文件,指导现场施工。此外,在实际应用过程中,还要根据现场使用信息反复优化处理剂、体系及工艺,维护钻井流体性能,才能实现钻井流体的成功应用。因此,有人认为优化体系只是优化配比,明显是不全面的。钻井流体的应用,除了组分的配比外,施工工艺也十分关键。故此,钻井流体优化或者叫体系优化,是指根据应用对象,从理论、实验、室内、现场、组分、体系、处理剂、工艺乃至法律、法规、标准规范等全面的整合,以达到效率、成本和性能的最佳。

　　为了防止钻井流体在实施过程中不考虑其他作业仅考虑钻井流体自身的事宜,就制定了一系列的规范或者标准,便于在实施过程中控制性能或者操作方法。对照规范或者标准完成钻井流体一系列的工作的论述,称为钻井流体实施过程对标控制理论(Benchmarking Control Theory of Drilling Fluid Applying Process)。

6.1 设计依据目标需求

　　设计钻井流体,应该按照先地质后工程的思路进行,被称为设计依据目标需求理论(Target Demand Theory)。不仅适用于钻井流体设计,还适用其他工程设计。首先弄清地质工程特点需要什么性能的钻井流体,然后调研哪些钻井流体理论上能够满足这些性能,接着实验评价这些钻井流体的性能并筛选出性能合适的钻井流体,再结合邻井的钻井经验、费用成本、材料供应、废弃流体处理等方面,确定钻井流体种类及备用钻井流体方案。最后,按照规范的文本编制钻井流体设计、维护处理方法,指导现场施工。因此,钻井流体设计过程中,一是必须遵守选择的四个原则,二是选择必须依据基础数据,才能使选择的钻井流体更合理,更适用。

具体说,设计钻井流体应该依据钻井流体设计原则,结合待钻井的特殊要求进行。一般以收集钻探地质地理概况、钻探遇到地层、邻井钻井数据资料、相关钻井流体标准等资料为基础,根据地层情况,确定目标性能参数、优选钻井流体类型、优选钻井流体组分、优化钻井组分配比,确定各井段使用的钻井流体及配方。

6.1.1 依据目标确定性能参数

收集资料是选择钻井流体的基础工作,主要包括地质地理概况、井眼基本数据资料、钻探遇到地层资料、邻井钻井数据资料、相关钻井流体标准资料等,以确定出理想的钻井流体及性能。

6.1.1.1 确定目标参数需要的基础数据

确定目标参数需要以地层为目标,以欲钻井井眼基本数据、钻遇地层资料、邻井实钻信息等为基础,根据欲钻井难点提出性能对策。

(1)井眼基本数据。井眼基本数据资料主要包括井号、井别、井身结构、设计井深、井位、钻探目的与任务、完成钻探的原则等内容,可由钻井地质设计、工程设计资料得到。通过了解井别、设计井深、井位可以判断所选钻井流体需要达到的性能。

(2)钻探遇到的地层资料。收集钻探遇到的地层特点资料,重点在地层分层及特点、地层理化特性分析、储层敏感性分析等,包括钻遇地层资料和特殊地层资料。

钻遇地层资料包括地层代号、所在深度、岩性以及易出现的难题等,可由钻井地质设计以及邻井钻井总结得到,以此来考虑钻井流体需要满足的特殊性能。

特殊地层资料包括特殊地层如卵石层、砾石层等的成岩状况。泥页岩的水敏性如胶结情况、吸水膨胀情况、分散情况、伊/蒙混层比情况,以及它们所在深度、厚度、累计厚度等。裂隙发育带或破碎带,所在深度、厚度、累计厚度。膏岩层,所在深度、厚度、累计厚度。盐岩层,所在深度、厚度、累计厚度。漏失层,所在深度、漏失速度、压力、漏失类型。井涌(井喷)层,所在深度,气、油或水种类,地层压力。盐水层,所在深度、压力、氯离子含量。储层,所在深度、压力、物性等。

(3)邻井钻井数据。邻井钻井数据资料可在钻井总结和钻井流体总结资料中得到。主要包括实钻地层剖面、难题提示、钻井事故处理及分析、实测地层压力及破裂压力、实测地温梯度、实际井身结构及说明、现场水质分析、供水情况、实际钻井流体类型及使用情况、实际钻井流体性能及分析、井眼净化情况、实际钻井流体材料消耗量及成本、井眼质量、井径、井斜等。

另外,其他资料,如机械钻速、钻井流体泵排量、水力参数、环境要求、废弃钻井流体、废水处理等也可以从邻井钻井情况获得。

6.1.1.2 确定目标性能参数

分析得到的基础资料、地层情况,确定目标钻井流体性能。钻井流体的密度、流变性、失水护壁性、碱度、固相控制、抑制性和储层伤害性能等是钻井流体的关键性能,一般都需要优先考虑。具体数值与地层特点相关。

(1)密度参数。一般情况下,钻井流体密度要大于地层孔隙压力当量密度,小于地层破裂压力当量密度,即某井深的地层孔隙压力与地层破裂压力之差为该井深的安全窗口。

确切地说,安全窗口(Safety Window)是指使用合适的钻井流体,其密度满足安全钻进,不发生井喷,也不发生井漏的范围。

钻井流体设计过程中,钻井流体的最低密度是根据地层孔隙压力,结合抽吸作用附加安全量来确定。一般泥岩和储层中钻井,钻井流体密度安全附加量为 0.05~0.10g/cm³,气层中钻井,钻井流体密度安全附加量为 0.07~0.15g/cm³。浅气层中钻井,钻井流体密度安全附加量为 0.05~0.10g/cm³。所以说,钻井流体设计的最低密度是考虑抽吸作用的钻井流体密度(沈忠厚,1981)。

也有学者对钻井流体附加密度提出质疑,认为密度增加对有些井不适用,容易造成井下漏失、压差卡钻等井下难题或者事故(陈德飞等,2017)。

钻井流体附加安全值也可以用压力来表示,一般储层中,钻井流体安全附加值为 1.5~3.5MPa。气层中,钻井流体安全附加值为 3.0~3.5MPa,浅气层中,钻井流体安全附加值为 1.5~3.5MPa。

实际钻井过程中,钻井流体安全密度窗口变化较大。主要原因有地层中压力的变化、钻井流体性能差、提采措施致使安全密度窗口变化、地层不同以及不同类型钻井流体。由于地层压力降低、破裂压力降低或者坍塌压力升高造成的密度窗口变窄。由于钻完井流体性能不好,在某一时刻当量循环密度较大,使地层开始起裂,打破安全密度窗口。开采地下流体,原始地层压力降低。但开发时由于注水、注聚等提高采收率措施,会使层位此时的密度安全窗口不同于原始的密度安全窗口,一般来讲,会提高地层孔隙压力。钻井完井过程中钻遇不同的地层,密度安全窗口不同。不同类型的作业流体,由于其性能不同,相对地层而言,安全密度窗口也不同。

为解释这一现象,在安全密度窗口的基础上,提出动态窄安全密度窗口的概念,动态窄安全密度窗口与目前常说的窄安全密度窗口不同,其影响因素更多,有内在的,也有外在的;作用机理复杂,有钻井流体自身原因,也有施工工艺原因,封堵措施也不同(郑力会,2011)。此后,张明伟详细论述了动态安全密度窗口的含义(张明伟,2013)。张明伟认为,钻井流体密度窗口发生变化的主控因素是地层性质、钻井流体性能、施工工艺等,如泥页岩的水化,砂岩的裂缝孔隙等。在钻井施工过程中,由于主控因素的变化,安全密度窗口发现相应变化。所以动态安全密度窗口是指,由于地层性质、钻井流体性能、施工工艺等主控因素的变化引起钻井流体安全密度窗口发生变化的范围。

(2)流变性参数。对钻井流体流变性基本要求是保证携岩能力和井眼净化的前提下,防止冲刷孔壁,尽可能降低黏度,利于破岩,清除岩屑,提高机械钻速,也有利于降低环空压力、防止钻杆内壁堆积杂物。为计算与清洁井眼相关的流变参数,流变模式常选择宾汉模式和幂律模式。常用流变参数有漏斗黏度、表观黏度、塑性黏度、动切力、静切力以及流性指数和稠度系数等。选择理想流变参数需要考虑钻井流体密度、钻进方法、地层岩性等。

(3)失水护壁性参数。钻井流体的理想失水护壁性依据地层特点而定。水敏性地层或渗透性强的地层,应严格控制钻井流体的失水量。松散地层或渗透性较强的地层,易形成较厚滤饼,易憋泵,使环空压力大,造成黏附卡钻、坍塌等事故,因此应严格控制滤饼质量。对于易塌地层,防塌一直是钻井技术难题。由于塌层性质差别较大,条件千变万化,不可能用一种标准适应所有类型塌层。易塌地层不能采用负压钻井,即钻井流体的压力不得低于塌层孔隙压力。在易坍塌井段钻井时,钻井流体的黏度、切力不能过低,钻井流体返速不能过高,以免形成紊流冲刷井壁,加剧井塌。钻井流体胶凝强度不能过大,以免起下钻及开泵时压力波动过剧引起井塌。水敏性强的地层钻井,要求钻井流体高温高压失水量控制在15mL/30min左右,但不能超过20mL/30min。使用抑制性较强的钻井流体,如钾基钻井流体,滤液中钾离子浓度不得低于1800mg/L。坍塌层防治困难,水基钻井流体不能解决,可使用活度平衡的油基钻井流体(鄢捷年等,1993)。

易发生压差卡钻的地层,主要是指高渗透地层,易形成较厚的滤饼。降低压差是防卡的主要原理,固相含量尽可能低,特别是无用的低密度固相不超过6%的钻井流体。提高润滑性,选用有效的润滑剂。

(4)碱度参数。钻井流体的pH值范围一般为8~12,取决于钻井流体的种类,以及流体控制钻井流体储备碱度的量和地层的敏感性。

(5)固相含量参数。固相主要包括膨润土、加重材料及岩屑。固相含量影响钻井流体的基本性能,绝大多数情况下是有害的。即使是有用的膨润土,在钻井流体中也不能含量过高。配浆时加入的膨润土含量一般不超过5%。

岩屑含量用岩屑与膨润土含量的比值衡量。一般认为比值小于2比较合理。比值大于3则需要维护。比值大于5则应排放钻井流体,重新配制新的钻井流体(胡继良等,2011)。

(6)抑制性参数。相对膨胀率或相对膨胀降低率是钻井流体抑制性的重要指标。岩屑回收率是评价钻井流体抑制岩屑分散性能的重要指标。此外,还可以考虑浸泡观察岩样变化、激光粒度仪测定等方法测定钻井流体的抑制性。

对于水敏、易塌、缩径等易引起井下事故的地层,通常需要应用强抑制性钻井流体。

(7)储层伤害性能参数。发现和保护好储层是钻井的首要任务。钻井流体理想性能必须以储层的类型和特征为依据,考虑可能导致储层伤害的各种因素,有针对性地采取有效措施防止或减轻伤害。钻达储层前,调整好钻井流体性能,尽可能减轻对储层的伤害。在安全条件下,钻井流体密度所形成的压力尽量接近地层孔隙压力。尽可能使用酸溶性或油溶性钻井流体材料。钻井流体滤液活度与储层水相活度尽可能相当,最好加有黏土稳定剂。

总之,应根据储层类型、压力系数、渗透率、完井方法和潜在的伤害原因来确定钻井流体和完井流体的类型和性能参数。

6.1.2 优选钻井流体类型

钻井流体必须与地层特性相适应,才能有效地发挥钻井流体的作用。优选钻井流体类型,主要是从宏观上对每种钻井流体能否适用某一特定地层,在理论上做原则性的把握。根据地层提出的性能要求,结合井眼特征,选择符合性能要求的钻井流体。主要是指根据钻井目的分类,即根据不同井的要求选择钻井流体。

所谓不同类型井,主要是指所钻井的地质工程产能需要,如超深井、定向井或水平井、探井、储层全取心井、开发井等。据此选取不同性能的钻井流体。

6.1.2.1　井别对钻井流体的要求

探井和生产井等,钻井目的不同,决定了选择钻井流体的功能不同。井别主要包括探井、生产井、调整井、超深井、定向井以及特殊储层钻井,对钻井流体的要求有所区别。

(1)探井对钻井流体的要求。探井包括区域探井和预探井,钻探的主要目的是及时发现储层。新探区,井下地质情况尚不完全清楚,需要选用不影响地质录井并易于发现储层的钻井流体,即要求钻井流体密度尽可能低,无荧光或弱荧光。钻井流体不得混入原油、柴油等油类。为维持钻井流体的低密度和低固相,尽量使用不分散聚合物钻井流体。

(2)生产井对钻井流体的要求。生产井用于开发油气田,以获得高产、稳产油气为目的。要求钻井流体以控制储层伤害和提高钻速为主。上部地层多采用不分散聚合物钻井流体。钻至储层前,改造原钻井流体或更换成储层伤害控制良好的储层钻进流体。

(3)调整井对钻井流体的要求。调整井由于油田长期高压注水导致多压力层系并存。因此,钻此类井的钻井流体密度常常高于一般钻井流体,配制与维护困难。

为提高固相容限量,多采用分散钻井流体。控制钻井流体中膨润土含量,是配制高密度钻井流体和维护其流变性的关键。多压力层系并存同一裸眼时,钻井过程中经常井喷、井漏。因此,应优选防漏堵漏钻井流体或配合使用单向压力封闭剂或其他堵漏材料,做好防漏堵漏工作。

(4)超深井对钻井流体的要求。超深井的特点是高温高压。钻井流体需要热稳定性好,经高温作用后,性能不发生明显变化或性能变化不严重,高压差下滤饼性能良好等。可选择耐温能力强的处理剂和钻井流体,如聚磺类钻井流体或油基钻井流体。

(5)定向井对钻井流体的要求。定向井分为定向井和水平井。定向井和水平井钻井过程中钻具与井壁接触面大,摩阻高,容易发生阻卡,甚至卡钻。井斜段易形成岩屑床,完全携带岩屑问题比较突出。要求定向井和水平井钻井流体具有良好的润滑防卡和携岩能力。常用的钻井流体有两性离子聚合物钻井流体、正电胶钻井流体等。

(6)特殊储层钻井对钻井流体的要求。特殊储层钻井,主要是指特低压渗透性储层、低压渗透性储层、中高压渗透性储层、稠油储层、敏感性和吸附储层等。

① 特低压渗透储层,固相及滤液不易进入的储层,可根据裸眼段地层特点选用有利于安全快速钻进的聚合物钻井流体,加快钻井,缩短储层浸泡时间,降低钻井成本。页岩气储层从渗透性的角度看,可以归结为这类储层。

② 低压低渗透性储层应根据低压渗透性储层压力系数,选用气基钻井流体、无固相储层钻井流体或油基储层钻井流体或水包油或低固相储层钻井流体。

③ 中、高压渗透性储层,应选择清洁盐水和低膨润土聚合物储层钻井流体,并根据储层的敏感性实施暂堵技术,提高渗透性恢复能力。裂缝性砂岩和碳酸盐储层,极易发生漏失,必须严格按储层压力选择储层钻井流体,实现近平衡压力钻井,并使用适合的暂堵剂防止或减轻对储层的伤害,或者使用提高地层承压能力的钻井流体。

④ 稠油储层,应采用无固相储层钻进流体或加有暂堵剂的无黏土相储层钻进流体。选择处理剂要考虑储层中黏土和无机盐的种类及含量、敏感性的类型、孔喉直径以及地层水矿化度和离子组成等,主要控制流体间不兼容造成储层伤害。

⑤ 敏感性储层是指根据储层岩石敏感性评价方法,确定有可能发生敏感性伤害的储层,一般包括速敏、水敏、盐敏、碱敏、酸敏和应力敏感等敏感种类。钻井过程中,钻井流体要考虑,完井后需酸化的储层,应选用易酸溶的处理剂和加重材料。而酸敏性储层则应避免使用酸溶性的处理剂或加重材料。碱敏感性储层,应采用较低 pH 值的钻井流体。盐敏性储层,钻井流体的矿化度应超过临界矿化度,并且钻井流体滤液与底层水相兼容。若储层中含有可溶性无机盐,应选用与盐不产生沉淀的处理剂。

⑥ 吸附储层主要是指煤层气和页岩气这一类既是生气层又是产气层的储层。此类储层钻井的主要难点在于钻井流体在维持井壁稳定的同时,还要有储层伤害控制的解吸能力。因此钻井流体选择的难度较大。目前页岩气钻井主要用油基钻井流体,煤层气钻井一般选择以井壁稳定为主,完井后破胶的方法钻井。

这些都是从定性的角度,即从经验的角度选择钻井流体,尚显操作性不强。利用全程信息定量开展钻井流体的选择,是实现非人为控制选择钻井流体的重要方向。不管怎样,根据工程要求确定钻井流体,是必须坚持的原则。钻井作业过程中,钻井流体尽可能满足保持近平衡的压差、具有良好的剪切稀释性、较强的洗井及携屑能力等要求,是优选钻井流体的重要依据。

6.1.2.2 相关标准对钻井流体的要求

技术标准是保障实现安全生产、清洁生产和集约生产的重要基础工作和技术规范,同时也是新形势下技术发展、生产管理、工作方式方法创新和发展的总结。通过多方努力,技术标准的地位和作用进一步提高,在钻井流体设计和现场施工中得到了更加广泛的认同和严格的执行,有力支撑了钻井技术的进步。有关标准资料包括被有关部门认可的标准,也包括一些使用说明书、注意事项提示等。

国家、行业、部门和企业颁发的钻井流体技术标准、规范。钻井流体分类及应用范围。钻井流体处理剂种类、用途、价格、产地及保质期。固控设备能力标准。振动筛、除砂器、除泥器、钻井流体清洁器和离心机等的处理能力、运行状况、维护保养说明等。钻井流体作业人员配备标准,分工要求,仪器、药品配备标准。

这些规章制度是钻井流体的性能边界条件。选择钻井流体类型时,要考虑这些约束,做好钻井流体的选择工作。

6.1.3 优选钻井流体组分

优选钻井流体组分即通过优选钻井流体的组分,使钻井流体具备特定性能,进而满足地层或油气井的工作需要。优选钻井流体组分包括对钻井流体组分理论优选以及钻井流体组分实验优选。

6.1.3.1 钻井流体组分理论优选

理论优选钻井流体组分时要考虑环保性,同时也要在相应程度上考虑其他的如井眼的稳定、钻井流体性能的稳定性以及井眼安全等必要的、常规的问题。因此需要理论优选出具有相应性能的钻井流体处理剂。

(1)考虑到钻遇地层的水敏、盐敏、碱敏、乳化堵塞伤害以及固相侵入造成的伤害等因素,钻井流体必须具有防止伤害的性能,以达到储层伤害控制的目的。

(2)根据井别选择。这里所指的井别,主要是指那些对钻井流体有特殊要求的井,如探井,其主要目的是对地层的含油气情况进行探测,所以要选择不影响地质录井、易发现储层的钻井流体。需要钻井流体中的处理剂荧光度要低,加入处理剂的钻井流体密度适当。

(3)考虑井眼稳定选择。井眼失稳的现象主要有井漏、井塌、缩径以及卡钻等。造成这些现象的因素主要是井壁岩石的黏土含量高、稳定性差、页岩层和石膏层及过大的地层渗透率使滤饼厚而松散。相应的钻井流体则可通过处理剂或其他方法处理此难题。

(4)考虑钻井流体的稳定性,如在高温、高压、盐及盐水、钙及石膏等地层钻进会影响钻井流体的性能,进而影响钻井的正常进行。如在高温地层选择具有耐高温处理剂;在高压地层选择密度较大的加重材料,钻井流体具有较高密度,能够平衡高压地层压力;加入盐的盐水钻井流体就可以很好地克服盐侵。

(5)考虑环境保护选择。社会进步使环境保护越来越受到重视。所以,要求钻井流体降低环境污染程度也是钻井流体组分优选的原则之一。选择对环境危害小,无毒性的钻井流体处理剂组分。

6.1.3.2 钻井流体组分实验优选

人们很早就开始研究优化方法。钻井流体处理剂配比优化主要是针对处理剂设计实验,先优选出处理剂,后优化处理剂加入一个体系后,配制出比较满意的性能,处理剂间的最佳加量,即先设计单因素实验优选出处理剂,然后设计多因素实验优化处理剂加量。

处理剂优选即单因素实验方法可分为 0.618 法、分数法和对分法等。0.618 法和分数法有一个共同的特点,就是根据前面实验结果安排后面的实验,优点是总的实验次数较少,缺点是实验周期累加,可能用很多时间。分数法的优点是可以把所有可能的实验同时都安排下去,实验总时间短,缺点是总的实验比较多,如果每个实验代价不大,又有足够的设备,则该方法是可以采用的。对分法一方面取点较方便,另一方面在某些情况下效果比 0.618 法和分数法效果更好。以下简单介绍一下这三个方法的具体做法。

(1)黄金分割法。黄金分割法是按照该方法的选点办法,先把实验范围定为1,然后在实验范围 0.618 处做第一次实验(佛明义,1992)。这一点加量为:

$$(P_大 - P_小) \times 0.618 + P_小$$

式中　$P_大$——加量大处的加量,%;

　　　$P_小$——加量小处的加量,%。

再在这一点的对称处做第二次实验,其加量为:

$$P_大 - P_1 + P_小$$

式中　P_1——第一个测量点加量,%。

比较两次实验结果,如果第二点比第一点好,则去掉第一点以上部分,然后在留下部分再找出第二点的对称点做第二次实验。如果仍然是第二点好,则去掉对称点的以下部分,在留下的部分继续找出第二对称点做第四次实验。

这个方法的要点是先取实验范围内的 0.618 处做第一个实验,再在其对称点做第二次实验,比较两点实验结果,去掉"差"点以外部分。在留下部分继续取已试点的对称点进行实验、比较、取舍。逐步缩小实验范围。应用此法每次可以去掉实验范围的 0.382,因此,可以以较少的实验次数,迅速找到最佳点。

(2)分数法。分数法又叫菲波那契数列(Fibonacci Sequence)法。分数法是利用菲波那契数列优化单因素实验设计的一种方法(栾军,1987)。数列中的数 $F_0,F_1,F_2,\cdots,F_n$,满足 $F_n=F_{n-1}+F_{n-2}(n\geq 2)$,即前两项之和等于第三项。可以看出,这个方法存在两种情况,即所有可能的实验总数正好是某一个 F_n-1,和所有可能实验总数大于某一个 F_n-1,而小于 $F_{n+1}-1$。

对于第一种情况,把前两个实验点放在实验范围内的 $\dfrac{F_n-1}{F_n}$ 和 $\dfrac{F_{n-2}-1}{F_n}$ 位置上,也就是先在第 F_{n-1} 点和 F_{n-2} 点上做实验。比较这两个实验结果,如果第 F_{n-1} 点好,划去第 F_{n-2} 点以下的实验范围。如果第 F_{n-2} 点好就划去 F_{n-1} 点以上的实验范围。在留下的实验范围中,还剩下 $(F_{n-1}-1)$ 个实验点。重新编号后,其中第 F_{n-2} 和第 F_{n-3} 个分点,有一个是刚才留下的好点,另一个是下一步要做的新实验点。两个结果比较后,和前面的做法一样,从差点把实验分开,留下包含好点的部分,这时新的实验范围就只有 $(F_{n-2}-1)$ 个实验点了。以后的实验,照上面的步骤重复进行,直到实验范围内没有应做的点。

对于第二种情况,只要在实验范围之外,虚设几个实验点,凑成 $(F_{n+1}-1)$ 个实验,就化成了第一种的情形。对于这些虚设点,并不真正做实验,直接判定其结果比其他点差,实验往下进行。很明显,这种虚设点并不增加实际实验次数。

这种方法的要点是用 $\dfrac{F_n-1}{F_n}$ 和 $\dfrac{F_{n-2}-1}{F_n}$ 代替 0.618 法中的 0.618 和 0.382 来确定实验点,以后的步骤相同,一旦用 F_{n-1}/F_n 确定了第一个实验点,以后根据对称公式即可确定其余的实验点,也会得出完全一样的实验点来。

(3)对分法。对分法根据经验确定实验范围(张殿荣,1996)。设实验范围在 $a\sim b$ 之间。第一次在 $a\sim b$ 的中点 x_1 处做实验,如实验表明 x_1 取大了,则去掉大于 x_1 的一半,第二次实验在 $a\sim x_1$ 的中点 x_2 处做。反之,如果第一次实验结果表明 x_1 取小了,则去掉小于 x_1 的一半,则第二次实验 $x_1\sim b$ 的中点处做。总之,做了第一个实验,可将范围缩小一半,然后再在保留范围的中点做第二次实验,再根据第二次实验结果,又将实验范围缩小一半。这样继续下去,就可以很快找到所要求的点。这个方法的要点是每个实验点都取在实验范围的中点,将实验范围对分为两半,所以这种方法就称为对分法。用这种方法做实验的效果较 0.618 法好,每次可以去掉一半,而且取点方便。

总之,单因素实验方法中的 0.618 法与分数法有一个共同的特点,就是根据前面实验结果安排后面的实验,它的优点是总的实验次数较少,缺点是实验周期累加,可能用很多时间。而分数法的优点是可把所有可能的实验同时安排下去,实验总时间短;缺点是总的实验比较多,如果每个实验代价不大,又有足够的设备,则可采用此法。而对分法一方面取点较方便,另一方面在某些情况下效果比 0.618 法和分数法效果更好。这样就可以得到在处理剂加量下的性能和这些单剂的性能加量及性能指导体系优化时的大致加量。

6.1.4 优化钻井组分配比

钻井流体优化即多因素多水平实验设计的方法通常有全面实验设计法、正交实验设计法和均匀实验设计法。在实际生产中遇到的问题,一般都比较复杂,影响实验结果的因素并不是单一的,而是由诸因素共同作用,各个因素又有不同的状态,它们互相交织在一起,或单独对实验起作用,称无交互作用;或因素间有时会联合起来起作用,称有交互作用。

全面实验法是让每个因素的每个水平都有配合的机会,并且配合的次数一样多。一般地全面实验的次数至少是各因素水平数的乘积。优点是可以分析事物变化的内在规律,结论较精确,但由于实验次数较多,在多因素多水平的情况下实验次数是不可想象的,在实际工作中很难做到。因此,也就出现了为多因素实验而设计的全面实验法、正交实验法和均匀设计法等,加上现场习惯的经验法。

无论是全面实验法、正交实验法和均匀设计法中的哪一种方法都难以避免较大量的实验次数和因为采取处理措施而可能造成的最优条件损失。因此,钻井流体组分配比应根据由地质部门提供的地质资料及地质要求,钻井工程提出的理想性能,正确地选择钻井流体的基础上,提供钻井流体各处理剂的配比。迄今,还不存在任何情况下均适用的钻井流体,必须根据作业井的类别和岩性、工程和产能等情况,综合考虑各方面因素之后,通过实验结合现场试验获得适用的处理剂加量。

钻井流体应用现场前,应针对不同井段的钻井流体,在理想性能参数和工艺参数的基础上,开展有效的室内实验,验证其适用性和可行性。因此,钻井流体的配比优化,可以分成根据室内实验数据和现场数据优化两类方法。

室内可采用给定条件实验法、正交实验设计法等传统方法,在给定的配比中选择合适的配比,也可用数据挖掘方法选择合适的配比。配比是优化的前提,配比优化后,才能对体系和工艺优化。目前,配比优化主要有经验法、正交实验设计法、均匀实验设计法、自择优化法、数据挖掘法、范例推理法、规则推理法和支持向量机法优化钻井流体处理剂配比等8种比较认可的数学方法。

6.1.4.1 经验法优化组分配比

经验法(Empirical Method)优化组分配比,是指根据指定的处理剂和理想性能参数,通过调整剂量达到需要的性能指标。这种方法适用于现场钻井流体维护和某地区常用钻井流体性能调整。

(1)经验法基本原理。经验法是以钻井流体在某一地区应用比较成熟为基础,只是针对某一井眼工程或地质特殊要求,做特殊调整而实施的优化。其原理是,充分了解所用钻井流体,并确定此钻井流体能够适用于此区块工程和地质需求,针对某种需要调整的性能,调整能够使此性能发生变化的处理剂剂量,最终达到某种性能指标。经验法实质是全面实验法的特例。

(2)经验法基本方法。由于经验法是在已有的基础上,通过调整处理剂剂量来实现的,所以,基本方法非常简单。就是哪种性能不好,调整哪种性能。经验法的基本步骤有4项。

① 确定优化目标。根据给定条件,分析现场应用中遇到的问题,根据要解决的问题提出理想的性能,再研究钻井流体性能不足之处。

② 寻找基础配比及处理剂。根据钻井流体不足之处，寻找用于改造的钻井流体目前在用的配比，特别是基础配比，加重材料、堵漏材料等要剔除。这些调整要放在配比优化后再进一步调整。因为这些处理剂是非常规作业时需要的。

③ 室内配制及评价钻井流体性能。室内利用获取的钻井流体基本配比，根据处理剂剂量经验，逐渐添加要改进的处理剂。按处理剂配制方法配制完成后，测定钻井流体性能。达到理想性能指标，就全面评价钻井流体性能，达不到就增加处理剂量。

④ 现场试用钻井流体。根据室内研制的配比，结合现场施工要求，研究施工工艺，并在现场应用中发现性能缺陷，再次优化并试用，直到应用满意。最后，配比及施工工艺配套推广技术。

(3) 经验法应用实例。针对文 33-196 井存在的润滑性不足难题，在聚合物钻井流体中加入聚合醇转化为聚合醇水基钻井流体(边继祖等，2001)。室内评价耐温性、抑制性和润滑性等表明，性能能够满足钻井现场应用，钻井流体转化简单，对原浆不必做特殊调整，不影响钻井施工进程。

(4) 经验法优缺点。经验法是依据处理剂、性能在一定范围内选择的实验方法。经验法简单，对特定地区实用性强。但由于这种方法偏重在规定的范围内优选优化，所以，普遍应用于有一定基础的钻井流体优化，很难优化出较普遍适用的钻井流体组分配比。同样，应用此法获得的配比，由于不考虑处理剂间的协同作用，未必是最优的配比。

6.1.4.2 正交实验设计法优化钻井流体组分配比

正交实验设计方法(Orthogonal Experimental Design)，简称正交法或正交实验法，是研究多因素、多水平实验的一种设计方法，是统计数学的重要分支，是根据正交性从全面试验中挑选出部分有代表性的点试验，以概率论数理统计、专业技术知识和实践经验为基础，充分利用标准化的正交实验表来安排实验方案，并对试验结果分析，最终达到减少试验次数，缩短实验周期，迅速找到优化方案的一种科学计算方法。

正交实验法是在实验中使用一套规格化的正交表，排列出最具有代表性的实验，比较合理地节省实验次数，并能从仅做的少数实验中充分得到所需要的信息。正交实验法的优点是从方案的设计结果分析完全表格化，实验具有均匀分散性、整齐可比性，是安排多因素实验的有效方法，被广泛利用。正交实验法可分为并列法、部分追加法、拟因子设计法、直积法，分析方法有直观法和方差分析法。但是有些实验，由于影响因素很多，每个因素变化范围大，水平也多，即使使用正交设计，实验次数仍太多。此外，对于时间紧和原材料价格昂贵的科学实验，也不允许安排太多实验。另外，正交表为了照顾"整齐可比"，即各因素的每个水平出现次数相同及各因素水平的组合出现次数相同的特点，安排实验时往往由于不能取太多水平，故使实验点难以做到充分均匀分散。正交实验法主要的名词有三个，即指标、因素和水平。

指标是指在试验中需要考查的效果的特性值，简称为指标。指标与试验目的是相对应的。例如，试验目的是提高产量，则产量就是试验要考查的指标；如果试验目的是降低成本，则成本就成了试验要考查的指标。总之，试验目的多种多样，而对应的指标也各不相同。指标一般分为定量指标和定性指标，实验设计法需要通过量化指标以提高可比性。所以，通常把定性指标通过评分定级等方法转化为定量指标。

因素也称因子,是试验中考查对试验指标可能有影响的原因或要素,是试验当中重点要考查的内容。因素又分为可控因素和不可控因素。可控因素指在现有科学技术条件下,能人为控制调节的因素;不可控因素指在现有科学技术条件下,暂时还无法控制和调节的因素。实验设计法中,首先要选择可控因素列入试验当中。不可控因素要尽量保持一致,即在每个方案中,要对试验指标可能有影响的不可控因素,尽量要保持相同状态。这样,处理试验结果过程中,就可以忽略不可控因素对试验造成的影响。

试验中选定的因素所处的状态和条件称为水平或位级。例如:加热温度为70℃,80℃和90℃这3个状态,可分别用"1""2""3"来表示。又如1个因素分为2水平,用"1"和"2"来表示。同理,一个因素也可分为4水平、5水平或更多水平,依此类推(徐仲安等,2002)。

(1)正交实验设计法基本原理。在科学研究和工业化生产过程中往往有众多因素影响目标产品的生产,需要研究多个因素对产品指标的效应。若采用多因素完全方案,因素的数量为m,因素的水平数为q,则多因素完全试验方案的次数$n = q^m$,虽然因素完全试验方案可以综合研究各因素的简单效应、主效应和因素间的交互效应,但是从试验次数的计算式可以发现,随着因素数量和因素水平的增多,试验的次数将急剧增多,不仅会给研究带来极大的工作量,而且也会浪费大量的原料和时间。

实验设计法则是采取部分试验来代替全面试验的方法,挑选出有代表性的试验点来进行试验,通过对代表性的试验的结果分析,了解全面试验的情况,以实现工艺的优化。因此,挑选有代表性的试验点成为实验设计法的关键。

1951年,日本著名的统计学家田口玄一将实验设计法选择的水平组合列成表格,称为正交表。正交表成为实验设计法设计的基本工具,使得实验设计法具备了分散性和整齐可比性,不仅可以根据正交表确定出因素的主次效应顺序,而且可应用方差分析对试验数据进行分析,分析出各因素对指标的影响程度,从而找出优化条件或最优组合,实现试验的目的。

正交表是一整套规则的设计表格,代号表示成$L_n(q^m)$,其中:L为正交表(Lation Square)的代号;n为试验的次数;q为因素水平数;m为因素个数,也就是可能安排最多的因素个数。正交表中各列的水平数相等时,称为同水平正交表。例如$L_9(3^4)$,表示需作9次实验,最多可观察4个因素,每个因素均为3水平。一个正交表中也可以各列的水平数不相等,称它为混合水平正交表。例如$L_8(4^1 \times 2^4)$,此表的5列中,有1列是为4水平,4列为2水平。

这些有代表性的点需要具备"均匀分散,齐整可比"的特点,即任一列各水平都出现,且出现次数相等;任两列之间各种不同水平的所有可能组合都出现,且出现的次数相等。这里的因素是指实验所包含的变量,水平指的是每个因素的可取值。例如3因素4水平,说明该实验有3个变量,每个变量可取到4个不同的值。

(2)正交实验设计法基本方法。第二次世界大战后,试验设计作为质量管理技术之一,受到各国的高度重视,以日本人田口玄一博士为首的一批研究人员在1949年发明了用正交表安排试验方案,1952年田口玄一在日本东海电报公司,运用正交表试验取得了全面成功,之后实验设计法在日本的工业生产中得到迅速推广。

据统计,在正交法推广的前10年,试验项目超过100万项,其中三分之一的项目效果显著,获得极大的经济效益。中国从20世纪50年代开始,以中国科学院数学研究所的研究人员深入研究正交实验设计法这门科学,并逐步应用到工农业生产中去,其后正交实验设计得

到了广泛研究,尤以上海市和江苏省等地的推广成绩显著。正交实验设计方法的基本步骤有6项:

① 明确试验目的,确定评价指标。试验指标是表示试验结果特性的值,如钻井流体的各种性能指标。用来考核实验效果。

② 确定试验的因素与水平。因素是钻井流体组分配比中对性能指标有影响的配浆材料和处理剂等因素。影响试验指标的因素很多,不可能全面考察。根据试验目的,选取主要因素。水平是指试验中每个因素的具体条件或状态,如配比中处理剂的剂量。选取水平数时,一般尽可能使各因素的水平数相等,以便数据处理。

③ 选择正交表,设计表头。列出因素、水平表,根据因素数和水平数选择合适的正交表。常见的正交表有2水平正交表、3水平的正交表。类似$L_4(2^3)$,$L_8(2^7)$,$L_{12}(2^{11})$和$L_{16}(2^{15})$等水平为2的正交表,即这几张表中的数字2表示各因素都是2水平的。试验要做的次数分别为4,8,12和16。最多可安排的因素分别为3,7,11和15。类似$L_9(3^3)$和$L_{27}(3^{13})$等水平为3的正交表,即这两张表中的数字3表示各因素都是3水平的。要做的试验次数分别为9和27。最多可安排的因素分别为3和13。依次类推4水平正交表和5水平正交表。正交表有两条重要性质:一是,每列中不同数字出现的次数是相等的,如$L_9(3^4)$,每列中不同的数字是1,2,3,它们各出现3次;二是,在任意两列中,将同一行的两个数字看成有序数对时,每种数对出现的次数是相等的,如$L_9(3^4)$,有序数对共有9个:(1,1),(1,2),(1,3),(2,1),(2,2),(2,3),(3,1),(3,2),(3,3),它们各出现一次。由于正交表有这两条性质,用它来安排试验时,各因素的各种水平的搭配是均衡的,这是正交表的优点。

④ 明确试验方案,试验获得试验结果。试验正交表选择好后,按表内规定位置填写试验的因素与水平,然后按照正交表所排列的试验次序进行试验,测出所需要的数据,并记录试验结果。

⑤ 试验结果统计分析。通过对试验结果的分析可以获得因素主次顺序、优秀方案等有用信息。通常采用极差分析法(或称直观分析法)和方差分析法。

⑥ 验证试验,做进一步分析。得出优化方案后还需进行验证,保证优化方案与实际一致。

考虑交互作用的正交实验设计,要把交互作用看作影响因素,在正交表中占有相应的列。交互作用列在表中的位置需根据正交表设计合理安排。

(3)正交实验设计法应用实例。洪继祥等1982年把正交实验设计方法用于聚丙烯酰胺低固相钻井流体组分配比优化实验(洪继祥,1982)。张洁等采用正交实验设计方法,对无固相钻井流体组分配比筛选,考察了羧甲基纤维素钠、聚丙烯酰胺、氯化钠、氯化钾、氢氧化钾和水解聚丙烯腈钾盐等6种主要处理剂对钻井流体电导率、表观黏度和失水性的影响大小,并获得了对不同性能的最优配比。以聚丙烯酰胺低固相钻井流体组分配比优化实验为例,说明钻井流体如何利用正交实验设计方法(张洁等,2011)。

① 首先确定能满足钻井工艺技术与护壁堵漏要求的钻井流体基本性能指标,供分析试验结果用。这些指标包括钻井流体密度(Density,Den)、漏斗黏度(Funnel Viscosity,FunV)、失水量(Filter Loss,FilL)、滤饼厚度(Height of Mud Cake,HeiMC)、pH(法语 potentiel d'hydrogène)、表观黏度(Apparent Viscosity,AppV)和动切力(屈服点,Yield Point,YieP),见表1.6.1。

表1.6.1 聚丙烯酰胺低固相钻井流体体性能指标

项目	密度 g/cm³	漏斗黏度 s	失水量 mL/30min	滤饼厚度 mm	pH值	表观黏度 mPa·s	动切力 Pa
指标	1.05	>22.0	<15.0	<0.5	8.0~9.0	15.0	2.0

② 列出因素水平表,确定参加试验的4个因素分别为A(碳酸氢钠)、B(羧甲基纤维素)、C(部分水解聚丙烯酰胺,水解度30%左右)和D(膨润土)。每个因素均取3个水平,即3个不同剂量,见表1.6.2。

表1.6.2 正交实验因素水平表

水平\因素	碳酸氢钠 g	羧甲基纤维素 g	部分水解聚丙烯酰胺 mg/L	膨润土 g
1	1.0	1.0	0.05	40.0
2	3.0	3.0	0.1	80.0
3	5.0	5.0	0.2	100.0

③ 根据因素和水平,选用正交表。前文确定实验的主要有4个因素,即4种钻井流体处理剂,每个因素分别取3个水平,即3个剂量。因此选用3水平4因素9次试验正交表$L_9(3^4)$正交表,其排列见表1.6.3。

表1.6.3 $L_9(3^4)$正交表

试验号\因素	A	B	C	D
1	1	1	1	1
2	1	2	2	2
3	1	3	3	3
4	2	1	2	3
5	2	2	3	1
6	2	3	1	2
7	3	1	3	2
8	3	2	1	3
9	3	3	2	1

④ 把各因素水平的数值按正交表排列填入,进行试验,测试数据填入试验结果表,见表1.6.4。

根据实验结果列出相应的分析表格,再作曲线图,按工艺和护壁要确定的各指标最优水平线作为对比依据,选取各因素最优水平。具体列表和作图的方法可以根据以下方法。

根据表1.6.4安排进行1~9次正交实验,实验测定结果。将其中各项数据按表1.6.4中3个水平列出结果分析表,见表1.6.5。

表1.6.4 钻井流体组分配比选择正交实验

试验号	碳酸氢钠(A因素) g	羧甲基纤维素(B因素) g	部分水解聚丙烯酰胺(C因素) %	膨润土(D因素) g	试验结果							
					密度 g/cm³	漏斗黏度 s	失水量 mL/30min	滤饼厚度 mm	pH值	表观黏度 mPa·s	动切力 Pa	塑性黏度 mPa·s
1	1.0	1.0	0.05	40.0	1.025	18.0	29.0	0.2	7.0	5.0	0.5	4.0
2	1.0	3.0	0.1	80.0	1.050	24.0	17.0	0.4	7.0	13.0	0.5	12.5
3	1.0	5.0	0.2	100.0	1.062	38.0	9.0	0.6	7.0	27.0	4.0	23.0
4	3.0	1.0	0.1	100.0	1.060	25.0	12.0	0.5	8.0	12.5	0	12.5
5	3.0	3.0	0.2	40.0	1.030	25.0	15.0	0.2	7.5	13.0	2.0	11.0
6	3.0	5.0	0.05	80.0	1.055	78.0	11.0	0.2	8.0	39.0	8.0	31.0
7	5.0	1.0	0.2	80.0	1.050	36.0	12.0	0.2	7.0	21.0	2.5	18.5
8	5.0	3.0	0.05	100.0	1.065	205.0	9.0	0.3	9.0	62.0	20.5	41.0
9	5.0	1.0	0.1	40.0	1.035	33.0	12.0	0.2	9.0	21.0	32.5	17.5
10	5.0	5.0	0.1	80.0	1.055	55.0	10.0	0.3	8.5	29.0	6.5	23.0

表1.6.5 钻井流体组分配比正交实验结果分析表

指标\因素	密度 g/cm³				漏斗黏度 s				失水量 mL/30min				动切力(表观黏度) Pa(mPa·s)			
极水平	碳酸氢钠 g	羧甲基纤维素 g	部分水解聚丙烯酰胺 %	膨润土 g	碳酸氢钠 g	羧甲基纤维素 g	部分水解聚丙烯酰胺 %	膨润土 g	碳酸氢钠 g	羧甲基纤维素 g	部分水解聚丙烯酰胺 %	膨润土 g	碳酸氢钠 g	羧甲基纤维素 g	部分水解聚丙烯酰胺 %	膨润土 g
I	3.137	3.135	3.145	3.100	80.0	79.0	301.0	76.0	55.0	53.0	49.0	56.0	50.0 (45.0)	3.0 (38.5)	29.0 (106.0)	5.75 (39.0)
II	3.145	3.145	3.145	3.155	129.0	254.0	82.0	138.0	38.0	41.0	41.0	40.0	100.0 (64.5)	23.0 (88.0)	3.75 (46.5)	11.0 (73.0)
III	3.150	3.152	3.142	3.187	274.0	149.0	99.0	268.0	33.0	32.0	36.0	30.0	262.0 (87.0)	15.25 (87.0)	8.5 (61.0)	24.5 (101.45)
极差R	0.013	0.017	0.003	0.087	194.0	175.0	219.0	192.0	22.0	21.0	13.0	26.0	212.0 (42.0)	20.0 (49.0)	25.2 (59.0)	18.7 (62.0)

表1.6.5中密度指标A因素Ⅰ水平3.137这一数值即由表1.6.4中相应于A因素的Ⅰ水平的第1、第2、第3三次试验中的3个值(1.025,1.050,1.062)相加所得,其余类推。又如密度指标B因素栏中Ⅲ水平3.152这一数值即由表1.6.4中相应于B因素Ⅲ水平的第3、第6、第9三次试验中的3个值(1.062,1.055,1.035)相加而得。其余类推。

极差R是反映Ⅰ,Ⅱ和Ⅲ三个水平数据累加值,最大值与最小值之差。中密度指标A因素一列中R值为0.013系由最大值3.150与最小值3.137相减所得。极差越大,说明该因素的水平改变对考察指标影响越大。

表1.6.5中Ⅰ,Ⅱ和Ⅲ三个水平的累加值为基础,以相等间距将最大值与最小值标上。如一项中最大值是D因素的3.187,最小值也是D因素的3.1。如A1,A2和A3所示三个数字1,3和5系A因素在表1.6.2中三个水平的加量。

表1.6.5中根据表1.6.1要求的基本性能指标而定。如密度项中,要求密度为1.05,将$1.05 \times 3 = 3.15$。如果要求密度越低越好,则选择极差最小的部分水解聚丙烯酰胺。

⑤ 配比优选分析。主要是利用表1.6.5中分析结果数据,比较各处理剂对钻井流体主要性能的影响。

对密度影响最大的是黏土,C因素(部分水解聚丙烯酰胺)浓度在0.2%以下时对其影响不显著。失水量受A因素(碳酸氢钠)、B因素(羧甲基纤维素)及D因素(膨润土)影响较大,受C因素影响小。碳酸氢钠和部分水解聚丙烯酰胺对动切力影响较大。接下来比较处理剂加量对钻井流体性能的影响。

钻井流体密度较低的加量组合是A3B2C1D2和A3B3C2D2。使黏度适中的较优加量组合是A3B2C1D3。失水量较小的较优加量组合是A3B2C2D2和A3B3C3D3。动切力适当的较优加量组合是A3B2C1D3和A2B3C1D3。表观黏度较高的较优加量组合是A3B2C1D2和A3B2C1D3。根据要求筛选出的最优配比组合为A3B2C1D3和A3B2C2D2。

⑥ 验证A3B2C1D3配比是正交表中第8个试验,从试验结果看,指标是较优的。再以A3B2C2D2组合做第10号配比试验。验证结果,其性能也符合聚丙烯酰胺钻井流体性能要求。

⑦ 使用低固相钻井流体的最佳配比是,碳酸氢钠加量0.4%,羧甲基纤维素加量0.3%,水解度30%左右部分水解聚丙烯酰胺加量0.1%,膨润土加量8%。易坍垮井段提高聚丙烯酰胺浓度。三年施工,钻孔54个,总进尺28154m。证明配比适用。

(4)正交实验设计方法优缺点。利用正交实验设计方法优化钻井流体组分配比,可以克服"全面试验法"工作量大的缺点。

例如,做一个3因素3水平的实验,按全面实验要求,须进行$3^3 = 27$种组合的实验,且尚未考虑每一组合的重复数。若按$L_9(3^3)$正交表安排实验,只需作9次,按$L_{18}(3^3)$正交表进行18次实验,显然大大地减少了工作量。将处理剂及其加量作为水平,设计正交实验,通过钻井流体性能实验评价各水平组合的相关性能,如API失水量、塑性黏度(Plastic Viscosity, PV)等。考察不同处理剂及其加量对钻井流体各个性能的影响大小,同时选出各项性能指标达到设计要求的最优配比。

但是,正交实验设计方法优化钻井流体组分配比存在一些问题,比如试验得出的优化配比只能是试验设计的某种组合,而不会超过所选取的范围,不一定是能达到最优;优化配比的组分种类较多时,工作量依然较大,耗时较长。

6.1.4.3 均匀实验设计方法优化钻井流体组分配比

均匀实验设计方法(Uniform Experimental Design)将数论与多元统计相结合引入到实验设计中(方开泰,1980),适用于多因素多水平多指标实验,试验次数等于因素的水平数,可有效减少实验数量。同时又采用多元逐步回归法对实验结果数据分析,建立回归方程,从中优化所需要的参数或目标值,寻找到最优配比,得到试验目标要求的实验结果。利用有限的数据结果获得最多的实验信息,便于分析各种因素的影响规律。

将这种方法运用到钻井流体组分配比的优选实验中,能够掌握各处理剂对钻井流体性能的影响规律;更迅速、方便确定钻井流体组分配比。

均匀设计法可以不考虑"整齐可比",从而可设更多水平,在实验范围内多取实验点,使实验点具有充分的均匀分散性。这种从均匀出发的实验设计就是均匀设计法。其最大的优点是可以减少大量的实验。由于均匀实验充分利用了实验点分布的均匀性,所得的适宜条件虽然不一定是全面实验最优条件,但至少也在某种程度上接近最优条件。另外,可以利用均匀设计中实验次数少的特点,适当增加实验次数,即增加各种因素的水平数。水平数增加,实验点在研究范围更加分散,代表性更强,更接近最优条件。均匀设计可以处理各因素有不同水平数的实验安排问题,还可以处理某些带约束条件的实验设计问题,但用得最多的仍然是各因素水平数相同的实验安排问题。由于均匀设计考察的是多因素水平的实验,实验次数又少,分析结果时无法采用一般的方差分析。又由于设计表没有正交性,因此实验数据处理也比较复杂。在利用计算机处理时可以采用回归分析法,在没有计算机时可采用直观分析法。

(1)均匀实验设计方法基本原理。均匀实验设计方法,与正交实验设计类似,均匀设计也是通过一套设计好的均匀表来安排试验。最大不同之处是,均匀设计只考虑试验点的均匀散布,而不考虑整齐可比,因而可以大大减少试验次数。例如,因素数为2,各因素水平数为20的试验中,若采用正交设计安排试验,不考虑交互作用情况下,至少要做$20^2=400$次试验。这是难以实现的。但若采用均匀设计,则只需安排20次试验。因此,均匀设计在试验因素变化范围比较大,需要取多水平时,可以极大地减少试验次数,比正交实验更具可行性。由于试验次数较少,试验精度较差,为了提高其精度可采用试验次数较多的均匀设计表来重复安排因素各水平的试验。

(2)均匀实验设计方法基本方法。均匀实验设计方法共7步:

① 确定钻井流体黏度和密度等评价指标,选择均匀设计表。若试验考察多个指标,还要将各指标综合分析。根据试验的因素数和水平数选择,应首选均匀设计表$U \times n$。选表时还应考虑试验次数与回归分析的关系。

② 明确试验方案,确定钻井流体处理剂的种类和加量的变化。选因素,即挑选对试验指标影响较大的各种处理剂。确定因素的水平。根据试验条件和以往的试验经验,先确定各因素的取值范围,然后在这个范围内选取合适的水平。

③ 获得试验结果。根据相关实验标准或者规范实施实验。

④ 试验结果分析。因均匀表没有整齐可比性,试验结果不能用方差分析法,常采用直观分析法和回归分析法。

⑤ 优选配比验证试验。给定范围结合计算,利用计算软件获得配比。实验验证配比与估算值差距。

⑥ 现场应用并完善配比。

(3)均匀实验设计方法应用实例。彭春耀等(2000)采用均匀实验设计方法优选了不同粒径碳酸钙颗粒和油溶性树脂复配的钻井流体暂堵配比。刘建民等(2005)采用均匀设计法设计实验,研究了堵漏剂(A)、降失水剂(B)和增黏剂(C)等最佳配比。

① 确定钻井流体黏度和密度等评价指标,选择均匀设计表。确定 A,B 和 C 为实验因素,每个因素相应的水平数为7,各因素及其试验区域为:A,0.1%~0.4%;B,0.1%~0.7%;C,0.3%~1.5%。选择均匀设计表 $U_7 \times (7^4)$,见表1.6.6。

表1.6.6 均匀设计表 $U_7 \times (7^4)$

实验序号	因素			
	1	2	3	4
1	1	3	5	7
2	2	6	2	6
3	3	1	7	5
4	4	4	4	4
5	5	7	1	3
6	6	2	6	2
7	7	5	3	1

由于考察因素共有3个,即 $S=3$,根据 $U_7 \times (7^4)$ 的使用表可以看出,应选用 $U_7 \times (7^4)$ 的使用表中对应的影响因素是3的列号,见表1.6.7。

表1.6.7 $U_7 \times (7^4)$ 的使用表

S	列号			
2	1	3		
3	2	3	4	

② 明确试验方案,确定钻井流体处理剂的种类和加量的变化。使用表1.6.6的第2、第3和第4列安排实验,这样就得到均匀设计实验方案,见表1.6.8。

表1.6.8 均匀设计实验方案

水平	处理剂加量,%		
	堵漏剂	降失水剂	增黏剂
1	0.2	0.5	1.5
2	0.35	0.2	1.3
3	0.1	0.7	1.1
4	0.25	0.4	0.9

续表

水平	处理剂加量,%		
	堵漏剂	降失水剂	增黏剂
5	0.4	0.1	0.7
6	0.15	0.6	0.5
7	0.3	0.3	0.3

③ 获得实验结果。配制3.0%的淮安膨润土浆500mL为基浆,按表1.6.8分别加入各处理剂,8000r/min高速搅拌40min,静置4h,然后120℃滚动老化16h,取出冷却至室温,高速搅拌5min,在同一仪器及计量器具的实验条件下,测表观黏度和静切力等钻井流体常规性能及中压失水量,实验结果见表1.6.9。

表1.6.9 均匀设计实验结果

配比	表观黏度 mPa·s	塑性黏度 mPa·s	动切力 Pa	初切/终切 Pa/Pa	失水量 mL/30min
1	34.5	28.0	6.5	1/1.5	5.0
2	35.0	29.0	6.0	1/1.5	5.2
3	20.5	14.0	6.5	0.5/1	7.2
4	26.5	21.0	5.5	0.5/1	7.6
5	32.0	24.0	8.0	0.5/3.5	7.6
6	16.5	9.0	7.5	0.5/1	8.0
7	18.0	14.0	4.0	0.5/1	8.2

④ 实验结果分析。回归分析方法用于实验数据处理,可以帮助分析影响因变量的主要因素、各因素之间是否存在相互作用以及相互作用的强弱,为钻井流体机理研究和体系性能评价提供指导。

将表1.6.9中的数据作因变量,其他数据做自变量,用均匀设计实验软件回归可得到表观黏度、塑性黏度、动切力失水量和静切力的回归方程。

A_i,B_i和C_i分别为A,B和C的含量,Y表示钻井流体的性能。

表观黏度最优子集回归方程:

$$Y = 23.8209679 - 28.9729242A_i + 29.4866152A_iC_i + 19.8521021B_iC_i$$

塑性黏度最优子集回归方程:

$$Y = -17.8036711 + 127.2624753A_i - 109.5244963A_iA_i + 22.2221331A_iC_i + 23.6111800B_iC_i$$

动切力最优子集回归方程:

$$Y = 8.7857210 - 38.6244172A_i + 3.3068783B_iB_i$$

中压失水量的逐步回归方程:

$$Y = 8.2941681 + 1.6881982B_iC_i - 2.0100872C_iC_i$$

静切力(10min)最优子集回归方程：

$$Y = 0.2158461 + 15.7420247A_iA_i$$

综合以上5个回归方程,可以得出A,B和C影响表观黏度,同时随着B增大,表观黏度呈下降趋势；对于塑性黏度,主要受A和C影响,且A起主导作用；A和B同时对动切力产生影响；失水主要由B和C控制,并且C在配比中起主要的降失水作用。

三个因变量A,B和C的加量在配比中所起的作用分别为,A能提高塑性黏度和初切力,B能够降低表观黏度,C的主要作用是降失水。

⑤ 优选配比验证试验。根据得到的回归方程,结合配比变化范围,利用均匀设计实验设计软件处理,就可得到所期望的堵漏剂、降失水剂和增黏剂等性能配比,见表1.6.10。

表1.6.10 堵漏剂、降失水剂和增黏剂配比的综合最优解

Y_i	堵漏剂(A)	降失水剂(B)	增黏剂(C)	Y_{max}/Y_{min}	权K_i	最优解Y_i
Y_1	0.4	0.7	1.1	49.18388	1.0	38.26525
Y_2	0.4	0.7	1.1	43.53575	1.0	30.54960
Y_3	0.1	0.2	1.1	8.14551	1.0	5.82804
Y_4	0.4	0.2	1.1	6.23337	-1.0	6.23337
Y_5	0.4	0.2	0.3	2.73457	1.0	2.73457
综合最优解Y_y	堵漏剂0.4,降失水剂0.2,增黏剂1.1					

从表1.6.10中可以看出,最优配比为A 0.4%,B 0.2%,C 1.1%。按照此配比试验,试验结果见表1.6.11。

表1.6.11 优选配比性能预测值和实测值

项目	表观黏度 mPa·s	塑性黏度 mPa·s	动切力 Pa	失水量 mL/30min	终切 Pa
预测值	33.8899	27.0774	7.1127	5.8304	2.3749
实测值	32.0	25.0	7.0	6.0	3.0

预测值是加量代入优化方程获得。从表1.6.11可以看出,实验结果与均匀设计实验预测结果基本接近。表明优选配比的合理与可信性。

⑥ 现场应用并完善配比。在实际生产中,应该将配比在现场应用,获得实际应用数据再进一步优化配比,完善工艺。

(4)均匀实验设计方法优缺点。均匀实验设计方法和正交实验设计方法一样,都属于部分因子试验设计的方法。正交设计是根据正交性准则挑选试验点,它具有"均匀分散""整齐可比"的特点,既可以估计出方差分析模型中主影响因素和主要交互作用,也可以估出回归模型中的主影响因素和主要交互作用。而均匀设计只具备均匀分散的特点,保证了试验点有代表性,但未考虑整齐可比的原则,不能估计出方差分析模型中的主影响因素和主要交

互作用。但是，当试验的因素和水平数都较多时，由于试验量过大，正交设计方法不具备可行性，而均匀设计方法在基本不影响优选效果的情况下，能够明显地减少试验次数，既节省时间又节约试验费用。寇林元等对比研究正交实验与均匀实验优化效果，结果表明只要严格控制实验误差，均匀设计实验的结果是可靠的，就能够获得与正交实验相同的实验效果（寇林元等，2009）。

由于正交设计实验和均匀设计实验受水平数等限制，所选出的配比从理论上说只是较好的代表性配比，而不是最佳的试验配比。因此，1988年，方开泰等提出将这两种优化设计方法与回归分析方法结合，寻求最优化的组合（方开泰等，1988）。

均匀设计由于每个因素水平较多，试验次数却较少，分析试验结果时不能采用一般的方差分析法。

如果试验的目的是为了找一个较优的工艺条件，而又缺乏计算工具，这时就从试验点中挑一个指标最优的，相应的试验条件即为欲选的工艺条件。这种方法建立于试验均匀的基础之上，由于试验点散布均匀，试验点中最优的工艺条件离试验范围内的最优工艺条件不是很远。这个分析方法看起来粗糙，但在正交实验中因素混杂时常采用此法，大量试验证明这种方法是有效的。

在条件允许的情况下最好采用回归分析方法，线性回归或多项式回归，在多项式回归时最好采用逐步回归的方法。建立回归方程后，可用来预报指标的极大值或极小值，以便确定欲选的工艺条件。

如果试验目的只是寻找一个可行性试验方案或确定适宜的试验范围，可采用此法。直接对几组试验结果进行比较，从中挑选出试验指标最符合要求的试验点。由于均匀设计的试验点分布均匀，用上述方法找到的试验点距离最佳试验点不会很远。

6.1.4.4 自择优化法优化钻井流体组分配比

正交实验和均匀实验设计优点明显，但它们都是在给定的配比中选择优秀配比，并非真正的优秀配比。欲获得优秀配比，需要引入多元回归方法分析结果。因多元回归的实用性及有效性，在现今社会越来越多的领域得到广泛应用。1986年郑钟光将多元回归分析应用在矿石体重测定中，并用实践证明了这一方法具有较大的优越性（郑钟光，1986）。

鄢泰宁最早在中国使用了回归分析（Regression Analysis）方法优化钻井流体组分配比（鄢泰宁，1986）。但他仅寻找处理剂与性能的函数关系，无法给出最优配比。2005年，郑力会等通过多元回归，建立两种处理剂下的数学模型并反算出最优化配比，以此创立了Lihuilab法（郑力会等，2005）。即针对单目标函数，多元回归方程，通过精度控制反算方法优化钻井流体组分配比，解决以往方法不能优化多目标函数配比。提出自择优化理论，即先对比不同拟合方法得出的结果优选拟合方法，再对比相同方法拟合计算的结果优化配比。

单一目标函数自择优化方法是利用回归分析方法确定两种或两种以上变量间相互依赖的定量关系，确定回归方程，再通过控制精度迭代，计算出满足目标和精度各因素剂量。

（1）自择优化法基本原理。单一目标函数自择优化方法是利用多元回归这种比较容易理解的数学方法，建立实际实验中所用的处理剂剂量与目标性能间的函数关系。由于达到一个目标性能的配比会有无数个，所以无法说明哪一个更优。但通过迭代时精度的控制，会得到有限配比，并使配比的数量大幅度减少。再通过实验验证配比是否满足需要。从而实现了配比优化。

(2) 自择优化方法基本方法。自择优化方法的基本步骤共 7 步：

① 实验测定。在各加量范围内任意做实验，并按标准或者操作规范测量性能。

② 建立失水量和密度等性能指标和钻井流体处理剂加量的回归方程。回归分析中，关键问题就是寻找试验指标 X, Y 和 Z 等因变量与多个试验因素 A, B 和 C 等自变量之间的近似函数关系 $Y = f(A, B, \cdots, Z)$。包含 m 个自变量的多元线性回归模型。

$$Y = b_0 + b_1 A + b_2 B + \cdots + b_m Z$$

式中　$b_0, b_1, b_2, \cdots, b_m$——回归系数。

对有 n 组试验数据的多元线性回归问题，可建立回归方程组：

$$\begin{cases} Y_1 = b_0 + b_1 A_1 + b_2 B_1 + \cdots + b_m Z_1 \\ Y_2 = b_0 + b_1 A_2 + b_2 B_2 + \cdots + b_m Z_2 \\ \quad\quad\quad\quad\quad \vdots \\ Y_n = b_0 + b_1 A_n + b_2 B_n + \cdots + b_m Z_n \end{cases}$$

与线性回归不同，非线性回归函数有多种多样的具体形式，需要根据所研究的实际问题的性质和试验数据的特点做出合适的选择。例如有 A, B, C 和 D 4 个因素，作二次多项式回归时共有 14 项：$A, B, C, D, A^2, B^2, C^2, D^2, AB, AC, AD, BC, BD$ 和 CD，如果计算条件不允许，可采用线性回归或线性回归再加上部分平方项和交叉项（方开泰，1980）。对于有些特殊情况，还可能是与对数函数，指数函数等有关的函数回归，需通过对数据的散点图来初步判断。为使得回归方程更准确，也可以做几种类型的回归分析，与其他函数关系的回归方程进行对比，得到最优回归方程。

③ 确认回归系数。通过具体实验数据获得系列的指标值 Y_i 和与之对应的试验因素 A_i，$B_i, \cdots, Z_i$。之后对数据处理，计算出方程待定系数，得到回归方程。

④ 回归方程显著性检验。检验方法有 F 检验法和相关系数检验法，其中涉及的计算量比较大，需借助计算机分析。

⑤ 反算试验变量。验证试验前，需假设待验证的指标值，使用回归方程反算试验变量的值。在一定限制条件下，一个指标值能够反算出多组配比，根据这些配比验证试验。

⑥ 验证试验。根据反算得到的配比实验测试，对比实验测得指标值与假设的指标值，计算误差值。比较同一假设指标值的不同配比，即可得到在一定约束条件下的最优配比。

⑦ 改善原始数据。如果试验验证数据误差较大，则把验证试验获得的数据，加到原始数据中重新拟合函数。

(3) 自择优化方法应用实例。对于配比给定的钻井流体优化试验，可以以钻井流体中待考察的某项性能指标（如塑性黏度、失水量、密度等）作为试验指标，以处理剂剂量或是工作条件（温度、压力）为自变量，对给定配比优化设计。

2008 年，郑力会分别使用正交实验设计法、均匀实验设计法和多元回归方法优化塑性黏度 18.0mPa·s 的可循环微泡钻井流体组分配比（Zheng et al., 2008）。该钻井流体组分配比

组成为 A,B,C,D,E 和 F 及油等 7 种处理剂。前两种方法在实验过程中,各处理剂的原始加量难以确定,且得到的配比并不最优。

① 实验测定。在允许的处理剂加量范围内,随机确定钻井流体处理剂的加量,共测定了 17 组钻井流体的塑性黏度。

② 建立回归方程。

$$y = f(A,B,C,D,E,F,G) = b_0 + b_1 A + \cdots + b_7 G + b_8 A^2 + \cdots + b_{14} G^2$$

③ 确认回归系数。利用 MATLAB 软件,根据矩阵的相关运算,求得解向量。

$-71.830, 337.574, -18.181, 773.993, 326.652, 9.483, -4.610, 4.760, -776.254, 9.966, -3137.043, 1803.698, -164.697, 13.970, -0.805$。

回归方程为:

$$Y = -71.830 + 337.574A - 18.181B + 773.993C + 326.652D + \\ 9.483E - 4.610F + 4.760G - 776.254A^2 + 9.966B^2 - 3137.043C^2 + \\ 1803.698D^2 - 164.697E^2 + 13.970F^2 - 0.805G^2$$

④ 回归方程显著性检验。计算回归方程的相关系数为 0.998,满足反算要求。

⑤ 反算试验变量。利用回归方程反算塑性黏度分别为 $18.0\text{mPa}\cdot\text{s}$,$20.0\text{mPa}\cdot\text{s}$ 和 $22.0\text{mPa}\cdot\text{s}$ 时的配比组成,各 5 组。

⑥ 验证试验。按计算得到的配比进行验证实验,测得实际值与理论值相对误差都小于 5%。

钻井流体性能优化研究的目的是研究出一套或多套合适的体系组分配比。钻井流体性能是靠实验来完成的,但实验得出数据只完成了性能优化的基础工作,数据处理是十分重要也很繁重的。以往的研究根据前面的实验结果来安排下一步实验,然后利用实验结果和经验,从大量的实验中用正交实验找出各种处理剂的权重,发现其加量与性能间的关系,选择一套比较合适的配比。工作量大、配比未必最优,因此,需要进行钻井流体组分配比优化的新方法探索。其目的是在事先不做单一实验而是做几个实验,确定性能范围,然后利用数学方法优选钻井流体,达到减少工作量,不漏掉最优配比的目的。

从钻井流体初步测定的结果可以看出,钻井流体的流变性和失水量这两套钻井流体最重要的性能优化存在 4 个特点。在不考虑其他参数的情况下,为了获得钻井流体某一合适的流变参数或性能,如表观黏度、塑性或其他参数,可以通过许多方法,如增减膨润土的加量或改变其品种,增减增黏剂或降失水剂的加量;钻井流体性能研究除了考虑单一因素外,还要考虑处理剂之间相互作用,如为了增大或降低黏度,减小或增大失水量,同时增加降失水剂和增黏剂比单一增加降失水剂或增黏剂,其黏度或失水量变化更显著;用经验是可以判定何种配比是可以满足钻井工程需要的,但不一定将所有满足钻井工程需要的配比都进行比较。如降失水剂在加量为 0.1% 时达不到某种要求,加量为 0.15% 时满足要求。通过经验不能确定加量为 0.13% 满足或不满足钻井工程需要;钻井流体研究需要做大量的实验,这些实验的设计和优选工作是十分繁重的,找到一种考虑经验在内的设计和优选方法十分必要。

针对以上特点，提出了用数学方法进行优化的新方法，其整个过程大致是这样的。首先对各种处理剂的单独作用进行初步评价，确定其最大加量及最小加量，即加量范围。本书是指用钻井流体用基准膨润土作为基液后，先对增黏剂和降失水剂进行最大加量和最小加量进行限定，即其加量区间分别为 0.05%~0.15% 和 0.5%~1.5%。这是因为在前面的实验中，通过观察知道，增黏剂和降失水剂在 0.15% 和 1.5% 加量下，悬浮液的黏度已经很大，再提高加量已没有什么实际意义。

接着，结合单因素和多因素实验设计，确定增黏剂的加量为三个，分别为 0.05%，0.10%，0.15%；降失水剂的加量为三个，分别为 0.5%，1.0%，1.5%。

最后，根据这些加量作正交实验，测定出该钻井流体的有关数据，根据有关公式计算出流变性和失水量。以增黏剂加量和降失水剂加量为坐标轴，将塑性黏度、动切力、流性指数、稠度系数和失水量在空间坐标上表示出来，观察其数据分布形态。

假设增黏剂加量和降失水剂加量与性能间的数学关系方程并进行数学计算，求出数学关系的各个相关系数，并判断其相关性，建立数学关系。

将有关经验数据作为边界条件代入数学关系式，求出满足各种边界条件的关系式，即处理剂加量与性能间的优化关系式。以此数学模型为基础，通过期望的性能值反算增黏剂和降失水剂的加量。

(4) 自择优化方法优缺点。自择优化方法一般是建立在大量的实验数据基础之上进行的，它是通过处理大量数据，找出其中规律的方法。所以，在工程应用中往往结合前文介绍的正交实验法，均匀实验设计法等方法得到的大量实验数据进行进一步的精确分析。应用这种科学的方法，可以大大提高优化配比的精度，并且有减少实验次数。

但是，值得注意的是，由于实验数据量有限、数据本身就有误差存在，而且自择优化方法是一种本身就会有误差存在的方法。此种钻井流体优化设计方法存在工作量大、无法考虑处理剂间协同作用等不足。

① 钻井流体优化的工作量较大。钻井流体的性能通过比较此前的一些实验数据预测，然后实验验证。只要没有达到要求就进一步实验。进一步实验的处理剂加量与经验有很大关系。如果选择的加量不合适，实验量就可能成倍增加，还有可能造成进一步实验如何发展的困惑。

② 实验得到的影响因子依靠单个处理剂在整个体系中所起到的作用确定，没有考虑处理剂之间的协同作用。这种协同作用有可能增强处理剂的作用效果，也有可能因为加量的不同出现相反的作用。

③ 由于处理剂的多功能性，很可能造成在分析配比时无法解释处理剂间的作用机理。

因此，由自择优化方法得到的数据还必须通过实验进一步验证。后来，郑力会等进一步优化了实验的流程，形成了完整的优化流程(Wang et al., 2016)，成为石油工程大数据算法之一，剥茧寻根算法的雏形。

6.1.4.5 数据挖掘技术优化钻井流体组分配比

数据挖掘(Data Mining)，又译为资料探勘、数据采矿，是从大量的、模糊的随机数据中提取出隐含在其中的潜在有用信息和知识的过程。数据挖掘目前应用于关联分析、分类分析、预测分析、聚类分析、趋势分析和偏差分析等八大类。实现数据挖掘的主要方法有统计分析方法、决策树方法、神经网络法、遗传法、覆盖正例排斥反例法、粗集、模糊集法、概念树法及可视化技术等。用于钻井流体组分配比优化的主要有聚类分析和预测分析,并以神经网络法为主。神经网络法模仿生物神经网络,建立分布式并行信息处理的算法数学模型,通过采掘训练数据逐步计算网络连接的权值。由于数据挖掘需要大量数据,有时难以得到大量数据。同时,需要的数学方法比较高深,影响了其应用广泛性。

（1）数据挖掘技术基本原理。将数据挖掘引入钻井流体学中,以神经网络法和遗传法等方法训练数据,不断提高精度,建立密度和黏度等钻井流体性能指标和钻井流体组分配比间的数学模型,实现配比优化。

（2）数据挖掘技术基本方法。数据挖掘技术的基本方法大约分为5部分。

① 把钻井流体的黏度和密度等评价指标和配比作为数据集。

② 数据前处理。获得数据集后,根据所选数据特征处理训练前模型,提高训练效率,加快训练速度。

③ 把钻井流体性能指标经数据组成输入向量和钻井流体组分配比数据组成目标向量,训练数据集。数据集训练是数据挖掘工具的核心之一。数据集中钻井流体性能指标经数据前处理后组成输入向量,相应的钻井流体组分配比经数据前处理后组成目标向量。预测分析挖掘钻井流体组分配比时,为进一步提高挖掘的准确度,先根据选取数据集中钻井流体的常规性能,即输入向量,分析挖掘聚类,再预测挖掘结果。

④ 挖掘验证。利用所选数据集中没有参与训练的部分数据集对挖掘结果验证,确认是否可以进行预测。

⑤ 预测并解释挖掘结果。根据用户所要求的钻井流体性能,挖掘工具给出符合要求的相应钻井流体组分配比,并进行解释。

（3）数据挖掘技术应用实例。利用数据挖掘方法实验了氯化钾两性离子聚磺钻井流体组分配比优化设计(张勇斌等,2002)。

① 把钻井流体的黏度和密度等评价指标和配比作为数据集。按设计要求,钻井流体在95℃下热滚16h后常规性能密度为 $1.1 g/cm^3$,漏斗黏度为58s,表观黏度为 $30 mPa \cdot s$,塑性黏度为 $20 mPa \cdot s$,动切力为10Pa,静切力为10/12.5Pa,API失水量为7.5mL/30min,pH值为8.8。常规性能见表1.6.12。

表1.6.12　氯化钾两性离子聚磺钻井流体常规性能

条件	密度 g/cm³	塑性黏度 mPa·s	动切力 Pa	初切/终切 Pa/Pa	失水量 mL/30min	高温高压失水量 mL/30min	pH值
常温	1.12	12.0	38.0	27.5/27.0	5.4	22.9	10.0
老化 (95℃,16h)	1.12	13.0	17.0	12.5/12.5	8.2	19.5	10.0

从表1.6.12可以看出,钻井流体的常规性能和设计要求相差较大,因此需要调整钻井流体组分配比。在其他处理剂剂量不变只改变两性离子聚合物降黏剂的条件下,氯化钾两性离子聚磺钻井流体的表观黏度和塑性黏度等4项性能,见表1.6.13。

表1.6.13 不同两性离子聚合物降黏剂加量的氯化钾两性离子聚磺钻井流体常规性能

加量 %	条件	表观黏度 mPa·s	塑性黏度 mPa·s	动切力 Pa	初切/终切 Pa/Pa
0.2	常温	50.0	12.0	38.0	27.5/28.0
0.2	95.0℃,16.0h	30.0	12.0	18.0	12.5/12.5
0.1	常温	13.0	14.0	29.0	22.0/22.5
0.1	95.0℃,16.0h	30.0	6.0	24.0	12.0/13.0

从表1.6.13可见,钻井流体的动切力为18.0~38.0Pa,偏高,必须继续调整配比。根据试验结果和个人经验调整了配比中其他药品剂量并重复上述实验。

数次整理实验数据后,得到挖掘工具所需的数据集(或称为数据源)。实验数据中的部分样实验数据见表1.6.14。

② 数据前处理。把钻井流体性能指标经数据组成输入向量和钻井流体组分配比数据组成目标向量,训练数据集。通过挖掘数据集,数据挖掘工具给出的处理剂加量为0.3%包被剂、0.2%降黏剂、0.7%降失水剂、2.0%褐煤树脂、0.1%氢氧化钾、0.5%降失水剂、3.0%暂堵剂。

③ 挖掘验证。对计算得到的配比实验,测定配制成的流体性能,比较设计的性能和实际性能间的差距。如果差距较大,则重新计算。

表1.6.14 处理剂剂量及钻井流体常规性能

处理剂剂量,%							条件	性能			
包被剂	降黏剂	降失水剂	褐煤树脂	氢氧化钾	降失水剂	暂堵剂		表观黏度 mPa·s	塑性黏度 mPa·s	动切力 Pa	初切/终切 Pa/Pa
0.3	0.2	0.7	2	0.1	0	3	常温	50	12	38	27.5/28.0
0.3	0.2	0.7	2	0.1	0	3	95℃,16h	30	13	18	12.5/12.5
0.3	0.1	0.7	2	0.1	0	3	常温	13	14	29	22.0/22.5
0.3	0.1	0.7	2	0.1	0	3	95℃,16h	30	6	24	12.0/13.0
0.3	0.2	0.6	2	0	0.1	3	常温	37	10	27	21.0/21.0
0.3	0.2	0.6	2	0	0.1	3	95℃,16h	29	14	15	9.5/9.5
0.3	0.2	0.6	2	0.1	0.1	0	常温	12	10	32	22.0/22.0
0.3	0.2	0.6	2	0.1	0.1	0	95℃,16h	28	12	16	11.0/11.0

(4)数据挖掘技术方法优缺点。在工程中应用数据挖掘工具挖掘钻井流体优化配比后,能快速给出符合性能要求的钻井流体组分配比,指导用户有针对性地实施配比实验。缩短实验时间,降低实验成本,同时极大地提高实验成功率。数据挖掘是在已建立的数据库上进行的,因此,为了科学地得到优化配比,合理地应用到工程中,首先必须确保建立的数据库足够庞大、足够可靠,其次是选择最合适的数学计算方法。

6.1.4.6 范例推理技术优化钻井流体组分配比

计算机作为主要工具引入钻井流体设计中,系统有效地运用了钻井流体专家经验和钻井流体设计资料,实现了钻井流体组分配比设计、钻井流体数据管理、钻井流体信息查询等功能,为钻井流体的优化设计提供了一个有效途径。钻井流体设计人员在构思方案的过程中,往往是搜寻以往类似的成功配比的例子,对其稍做修改,以满足实际需要,在钻井流体设计方面,大多都采用范例推理(Case – based Reasoning,CBR)(程金霞等,2005)。

(1)范例推理技术优化钻井流体组分配比的基本原理。根据钻井流体设计原则和一般过程,建立相关计算机模型。运用数据库管理钻井流体设计范例,通过模糊相似理论与最邻近法计算相似度,考虑特征量之间的联系和特征量的部分匹配等实际情况。将配比设计模块、数据管理模块和其他辅助模块有机组合,共同完成钻井流体的设计。

范例推理技术中,范例的表示和特征的确立是系统成败的关键。将钻井流体设计中范例表示分为两个结构,在描述信息中,包括油田、区块、范例名称、井别(探井、资料井、生产井和调整井)等量;约束性信息中,除了包括了钻井流体应解决的复杂事故和储层潜在伤害外,还加入了钻井流体所适应的地层岩性。在进行了一定研究之后,对地层岩性分类。

传统特征权值非"0"即"1"的赋值方式,忽视了钻井流体范例特征之间的联系,如地层岩性和井下复杂情况之间的关系和范例部分匹配的情况。在钻井流体设计的具体操作中,完全匹配的情况很少,大部分是部分匹配,且部分匹配还应有强部分匹配和弱部分匹配。所以引用模糊理论的方法,对地层岩性和井下复杂情况等特征采用模糊匹配的方式,同时也考虑了岩性及井下复杂情况等特征之间的联系。这样构造的钻井流体范例的模糊相似度计算模型,克服了传统算法的不足,使得范例的检索更加科学合理。

(2)范例推理技术优化钻井流体组分配比的基本方法。范例是一组特征,根据该特征可得到结论。范例推理系统知识工程的主要任务就是确定合适的范例特征,包括术语的定义和代表性范例的收集。这个过程相当于建立规则推理的规则库,但更简单,节省时间。范例的主要表示方法有任意网络表示法、框架表示法和面向对象的表示法,其过程如图1.6.1所示。

从图1.6.1中可以看出,整个过程可以分为信息输入和方案评价两部分。提取范例的每个特征,并设定权值,建立搜索机制。范例的组织是系统效率的关键,范例组织的原则是建立一个合适的结构,以便检索机制能迅速找到合适的范例。搜索范例库中的范例。求解范例的相似度。比较所有范例相似度,求出最大相似度例子,作为与求解目标的相似范例。根据目标是否满意,评价修改。输出目标问题解。存储新范例。

(3)范例推理技术优化钻井流体组分配比的应用实例。为了将范例推理技术引入钻井流体设计领域中,必须要充分理解领域专家的思维过程。

① 收集资料。收集相应区块的地质资料和岩石矿物资料;阅读邻井井史等有关资料,搞清楚可能发生的井下复杂情况以及储层的潜在伤害因素等;了解施工单位的技术装备和技术人员素质及技术水平;了解所要使用的钻井流体的适用条件;实施行经济评价。

范例推理的钻井流体设计的关键是范例的描述、特征提取、推理、评价、修改。在特征提取、范例评价与修改过程中,需要利用相应的专家知识作为规则,即在程序中需要建立规则库。因此,范例推理的钻井流体设计系统的知识库由范例库+规则库两部分组成。

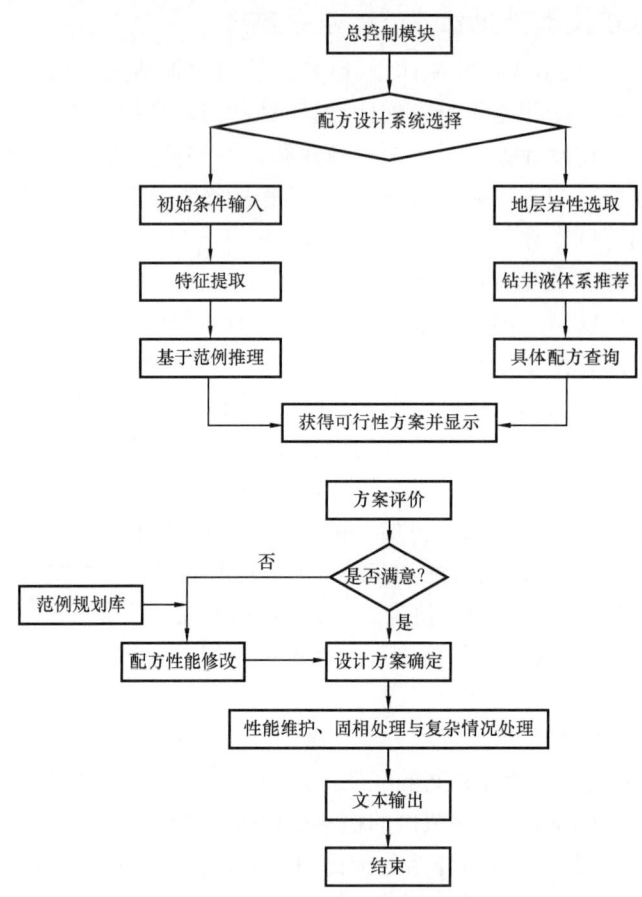

图 1.6.1 范例推理技术过程

② 搜索范例。搜索范例就是在源范例库中搜索与目标范例具有相似条件的范例。根据钻井流体的设计原则,该系统的基本设计条件和约束条件是表 1.6.15 中的前 5 项,包括油田基本信息、储层物性及岩石性质、储层矿物成分组成及可能发生的储层伤害、储层流体性质及潜在伤害、邻井情况。表 1.6.15 中的后 6 项是钻井流体设计的结果,包括钻井流体类型及参数、井身结构、钻井设备、操作程序、复杂问题分析与处理、经济评价。

表 1.6.15 钻井流体设计范例参数表

序号	参数类型	参数名称
1	油田基本信息	油田、井别、区块、层位、地层类型、地层温度、设计井深、气体钻井深度、钻井流体类型、钻井设备
2	储层物性及岩石性质	岩石类型、有效孔隙度、渗透率、饱和度、孔喉结构、孔隙类型、地层压力系数
3	储层矿物成分组成及可能发生的储层伤害	包括矿物类型、含量,胶结物及含量;酸敏、水敏、速敏、盐敏、碱敏、应力敏感、固相侵入

续表

序号	参数类型	参数名称
4	储层流体性质及潜在伤害	原油性质(密度、黏度、饱和压力、油气比、流量)、地层水性质(总矿化度、水型、流量)
5	邻井情况	机械钻速,复杂事故(井塌、卡钻、井漏、井喷)及可能存在的伤害
6	钻井流体类型及参数	钻井流体类型及性能(干气、雾化、泡沫、可循环泡沫、充气钻井流体);钻井水力参数:气体注入量、液体注入量、井底压力和立管压力
7	井身结构	根据不同地层和井深进行设计
8	钻井设备	不同的钻井流体类型所用设备不同
9	操作程序	与常规钻井一样
10	复杂问题分析与处理	不同钻井流体类型适用条件不同,也存在不同的问题,需要了解
11	经济评价	经济效益是钻井流体设计成功与否的判断基础

③ 改写范例。当目标范例存有特殊要求时,需要对这些检索出来的范例调整与改写。

应针对特定应用领域确定特定的改写策略。在范例的低密度钻井流体欠平衡钻井设计中,需要计算机学习与人为调整相结合的方法,即调用钻井流体设计的规则修改范例库中的原有方案。

④ 学习机器。如前所述,完成目标范例求解,经验证成功后,可将该目标范例增加到源范例中,在求解相似问题时,机器将变得更容易。

(4)范例推理技术优化钻井流体组分配比的优缺点。范例推理技术优化法更为简单,也更省时间。值得注意的是在这些系统中,存在两点不足:一是范例特征的描述不够准确,由于所钻地层多样,没有将地层岩性这一关键特征考虑进来;二是相似度的计算只是考虑了完全匹配和完全非匹配两种特殊情形,而忽视了范例特征的部分匹配。

6.1.4.7 规则推理技术优化钻井流体组分配比

案例推理是类比推理的一个独立的子类,最早由 Kolodner 实现(Kolodner,1991)。在知识难以表达或因果关系难以把握,但已积累丰富经验的领域,如医疗诊断、法律咨询、工程规划和设计以及故障诊断等,得到了广泛的应用。研究钻井流体设计时,使用这一方法(胡茂焱,2005)。

(1)规则推理技术优化钻井流体组分配比的基本原理。规则推理技术是范例和规则(Rule – Based Reasoning,RBR)混合推理方式的智能诊断技术。建立在规则基础上,通过人机对话问答方式输入问题,与机器的一系列规则库连接,为新问题求解。即输入问题,追踪规则1→规则2→规则3→求解问题。以范例推理和规则推理为基础的钻井流体组分配比设计系统的开发,可以有效保存和利用原有的设计资料,在遇到新的工程实例时利用已有经验,快速有效地得出设计方案。它的指导思想与许多工程设计研究人员的思路一样,即建立一个大的数据库,将以范例记录和配比记录形式的各种知识包含在内,然后主要通过范例推理并辅之以规则推理来实现求解。在范例设计过程中,相似度计算模型和加权系数的取值都非常关键。应该采用最近邻法与模糊相似度法相结合的方法,避免根据一些无关紧要因素搜索出一堆范例的情况,从而提高搜索效率。

(2)规则推理技术优化钻井流体组分配比的基本方法。传统的钻井流体设计主要依靠专业设计人员凭借经验知识,综合油井数据和大量试验来完成。这种设计方法存在很多缺陷。规则推理的钻井流体设计基本思想是:运用专家经验数据,建立专家经验知识库,使用钻井层位的地质结构、岩性、接箍和阻流环位置地层的物理化学特性、地层的模糊参数、地层岩石矿物组成等数据,通过推理技术来推导出最适合该井段的钻井流体。

(3)规则推理技术优化钻井流体组分配比的应用实例。胡茂焱在钻井流体设计系统的研究时,使用规则推理的专家系统。专家系统具有很高实用性,引起了世界各国的普遍重视,开发出很多高水平的专家系统。但专家系统也存在一些问题:首先推理过程缺乏自动学习能力,即使对于给定的完全相同的问题,也需要完全相同的工作以求得答案。另外,对于同一领域的问题,如果不在规则范围内,专家系统不能给出答案。最后,由于规则的建立需要大量的专家知识,知识的提取需要大量的工作,因此规则的专家系统的建立与维护耗费巨大。对于缺乏成熟的、规范的设计模式或标准,在许多情况下依靠经验的钻井流体设计,建立规则的专家系统是很困难的,范例推理过程解决了这个问题。

(4)规则推理技术优化钻井流体组分配比的优缺点。运用规则推理的方法的优势有,开发出的设计软件适用范围广,既可用于地质钻探,也可以在石油钻井中使用。运用规则推理的方法开展钻井流体设计的缺点有,需要有较强的专业知识,设计系统比较复杂,难度大。

6.1.4.8　支持向量机方法优化组分配比

统计学习理论20世纪90年代中才成熟,是在经验风险的有关研究基础上发展起来的,专门针对小样本的统计理论。统计学习理论为研究有限样本情况下的模式识别、函数拟合和概率密度估计等三种类型的机器学习问题提供了理论框架,同时也为模式识别发展了一种新的分类方法——支持向量机(Support Vector Machine,SVM)。

简单来说,就是支持或者支撑平面上把类别划分开来的超平面的向量点,支持向量机本身就是一个向量,而这些向量起着很重要的作用。分界面靠这些向量确定和支撑。这里的"机"是"机器(Machine)",即是一个算法。在机器学习领域,常把一些算法看成是一个机器,如分类机,也称分类器,而支持向量机本身便是一种监督式学习的方法,它广泛地应用于统计分类以及回归分析中。

(1)支持向量机方法基本原理。支持向量机(SVM)是20世纪90年代中期发展起来的统计学习理论的一种机器学习方法,通过寻求结构化风险最小来提高学习机泛化能力。泛化能力即是机器学习算法对新鲜样本的适应能力,实现经验风险和置信范围的最小化,即支持向量机的学习测量便是间隔最大化。从而达到在统计样本量较少的情况下,也能获得良好统计规律的目的。

(2)支持向量机方法基本方法。支持向量机是Vapnik等提出的以统计学理论为基础的一种分类与回归的方法,具有严格的理论和数学基础。基本原理是这样的:

给定n组样本数据$(x_1,y_1),(x_2,y_2),\cdots,(x_n,y_n)$,其中$x_i \in Rm, y_i \in R, i=1,2,\cdots,n$,而$m$是输入空间的维数,通过非线性映射$\varphi$,将输入数据$j$.映射到高维特征空间$F$,然后在此特征空间中进行线性逼近,从而将原始空间的非线性函数估计问题转化为高维空间中的线性函数估计问题。在逼近过程中,利用了结构风险最小化原则,根据有限的样本信息在模型的复杂性(即对特定训练样本的学习精度)和学习能力(即无错误地识别任意样本的能力)之间寻求最佳折中,因此,比其他非线性函数逼近具有更强的泛化能力。

（3）支持向量机方法应用实例。以某油田常用强抑制性水基钻井流体为例,其中关键处理剂抑制剂选取氯化钾,降失水剂,包被剂,将3种处理的加量作为输入,分别建立表观黏度(AV)、塑性黏度(PV)和API失水量(FL_{API})为输出的模型,其结构如图1.6.2所示。

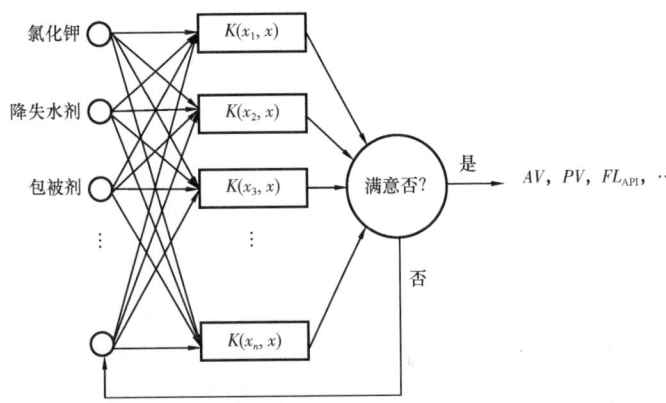

图1.6.2 SVM预测模型结构图

通过实验,测定了3种处理剂在不同加量、不同组合情况下钻井流体的表观黏度,塑性黏度,API失水量。共测得实验数据45组,随机选取其中30组数据作为模型训练样本,剩余15组数据作为模型测试样本。

应用15组数据来检验模型的预测精度,模型精度的衡量标准采用均方误差（Mean Squared Error,MSE）表示,均方误差值越小,说明预测模型描述实验数据具有更好的精确度。该模型的预测结果与实验结果比较,见表1.6.16。

表1.6.16 各模型预测误差

误差	预测AV模型	预测PV模型	预测API失水量模型	预测回收率模型
均方误差	1.22	1.63	1.34	0.27
最大误差率,%	6.0	6.7	4.2	2.8

从表1.6.16可以看出,采用支持向量机建立预测钻井流体性能参数都超过5%。为了加强模型的计算精度,可将预测结果不准确的,处理剂加量数据加入此模型。重新训练模型,使模型达到更高的计算精度（李红冀等,2014）。

（4）支持向量机方法优缺点。支持向量机方法可以解决小样本情况下的机器学习问题,可以提高泛化性能,可以解决高维问题,可以解决非线性问题,可以避免神经网络结构选择和局部极小点问题。但支持向量机方法对缺失数据敏感,对非线性问题没有通用解决方案,必须谨慎选择核函数功能来处理。因为它是省去在高维空间中实施烦琐计算的简便运算法。

随着数学方法的不断涌现,钻井流体这种处理剂自身对性能影响比较复杂,处理剂间相互影响比较复杂的流体,处理剂间的配比优化将会越来越好。在配比优化的基础上,形成钻井流体配方。

按照配比和配制方法,把配制某种钻井流体所需要的组分混合成钻井流体,或维持钻井流体性能,满足钻井工程和地质目的需要。这种配制钻井流体组分、配比以及配制或维护方法,称为钻井流体的配方(Formulation)。用配方配制而成的钻井流体,一般称为钻井流体体系(System)。钻井流体本身实际上已经包含了各种组分混合一起的意思,不需要再称为钻井液体系或钻井流体体系。本书定义的钻井流体配方,包括5个方面意思:

① 组分。钻井流体所用的组分是钻井流体配方的核心,对改善和稳定钻井流体性能或为满足钻井流体某种性能需要作用极大。因此,配方中应该明确钻井流体组分的名称、主要作用及加量范围、使用注意事项。

② 配比。钻井流体是流体,处理剂在流体中的比例称为钻井流体处理剂浓度,通俗的说法是加量,即处理剂的加入量。实际上加入量与处理剂在钻井流体中的浓度有一定区别,特别是聚合物处理剂,由于受到溶解能力的限制,可能会有较大差异。而配比则是组分之间的用量比例,这涉及处理剂的兼容能力,称为含量也是不够准确的。

③ 配制。钻井流体用处理剂,作用机理不同,配制方法也不同,甚至顺序颠倒都会产生不同的结果。如先用淡水水化膨润土充分后,加入盐水,与将膨润土直接加入盐水中,流体的性能差距很大。在室内研究、现场施工过程中,钻井流体使用者要清楚地知道配制钻井流体的方法,最好知晓作用机理,才能配制出性能合乎要求的钻井流体。钻井流体处理剂物理性质也是配制方法不同的依据。钻井流体处理剂可能是流体,也可能是固体。有的可以直接加入,有的还需要配制成胶液加入,有的还需要用油混合后入井,都应在配方中予以明确,以免影响钻井流体性能,或者造成配制困难。

④ 维护。钻井流体使用过程中,由于地层吸收、钻屑黏附、大气蒸发或井眼加深等造成性能下降或不能满足工程需要,需要添加处理剂或连续相,调整性能满足作业需要。因此,配方中应该明确调整时机,指出调整的方法。

⑤ 处理。钻井过程中地下可能出现井涌、井塌等事故或难题,根据预判应指出紧急情况下的处理预案。钻井结束,应该提出配合完井作业的措施,以及废弃钻井流体处理方案。

只有明确5个方面的内容才能算比较完整的配方。这也是钻井流体相关理论、方法和工艺形成独特知识体系的重要原因,需要完整的且系统的、独特的技术体系,与理论相互支撑。

6.2 依据应用环境评价

根据钻井流体应用的环境评价钻井流体的观点,称为依据应用环境评价理论。钻井流体应用前评价对于钻井流体应用必不可少,钻井流体的评价包括性能评价和成本估算两部分。而应用环境评价,则要附加风险评估和预案制订。

6.2.1 钻井流体性能评价

钻井流体的性能与钻井流体的功能息息相关,钻井流体依靠钻井流体的性能实现其功能。如钻井流体的密度,与平衡井下压力、稳定井壁等功能有直接关系,还与悬浮功能、减轻井下钻具等诸多功能相关。钻井流体组分配比优化完成以后,要根据优化配比及现场特殊需求,全面评价钻井流体性能,因而,根据现场具体要求,全面测试钻井流体的性能对钻井流体现场应用非常重要。

评价从配制到性能测试,是室内研究现场施工工艺的重要环节,除了测试密度、流变性、失水护壁性、酸碱度、固相容纳性能、抑制性能和储层伤害性能等外,其过程结合现场就可以得到现场基本施工过程。不仅仅是性能指标,还有工艺措施,井下难题和事故预案,都应列入其中。

贾小军认为有机盐钻井流体正常钻井前,要做9项工作,比较全面地概况了钻井流体的配制过程(贾小军,2013)。其他水基钻井流体也应该大致如此。

(1)准备钻井流体处理剂,并确定加量顺序。

(2)向循环灌中注入清水,并加入碳酸钠溶解,用加重漏斗中加入黏土,搅拌均匀,预水化10h以上。

(3)用加重漏斗加降失水剂,循环直至均匀,搅拌直至溶解。

(4)待降失水剂完全溶解后,加入盐,搅拌至完全溶解。

(5)加入防塌剂、润滑剂等,搅拌,使用钻井流体枪,循环2h以上。

(6)加重准备工作。加重前,监测钻井流体性能,根据性能要求调整处理剂用量。

(7)循环均匀加重晶石和铁矿粉,准备顶替井眼中钻井流体。

(8)顶替井内钻井流体时,先注入清水作前置液,防止井眼中的原钻井流体侵害钻井流体。

(9)顶替完成,调整钻井流体,循环均匀,准备钻进。

在这9项工作的指导下,基本上可以满足现场施工工艺。这样,实现室内和矿场对钻井流体的全面评价。

6.2.2 钻井流体成本估算

钻井流体成本包括钻井流体直接成本和综合成本两大类。

钻井流体直接成本(Drilling Fluids Direct Costs),是指配制钻井流体所需的费用。钻井流体中油田化学处理剂的剂量及价格决定了油气井钻井流体的成本(郑力会等,2005)。

钻井流体综合成本(Drilling Fluids Compositive Cost),是指对某个井综合考虑到突发事故的情况下,所有可能用到的钻井流体的材料成本、人工成本(包括配制、运输)的总和。估算是指确定项目开发时间和开发成本的过程。值得一提的是,在谈及估算的时候,常会联想到众多量值,例如成本、工作量、资源、进度、规模、风险等(李明树等,2007),定量表征估算结果。

成本估算是指制订项目计划时,估算项目需要的人力及其他资源、项目持续时间和项目成本。钻井流体成本估算是指通过科学方法,利用前期取得的资料预测钻井工程作业过程中需要的钻井流体成本,在满足钻井流体性能要求的前提下优化钻井流体组分配比,降低钻井作业的成本。

蔡利山等认为钻井流体组分配比优化,除性能优化外,还要优化使用环节(蔡利山等,1994)。各地区成本不同,影响成本的主导因素也不一样。因此,首先从资料收集出发,通过对比、分析某地区实际钻井的固相控制数据,合理制订固相控制标准,然后预测与制订钻井流体剂量和费用。

钻井流体可以通过查阅井位所在地区已完成井井史、了解钻机型号、固相控制设备种类和使用情况下,提出普通井钻井流体剂量的预测、初探井钻井流体剂量,预测后估计钻井流体成本。

从钻井流体工作报表,采集较详细的固相控制数据,包括各井段的钻井流体密度、相对应的总固相体积分数(总固相含量)、相对应的膨润土体积分数、旋流器底流密度等。

与钻井流体固相控制及费用预测相关的其他资料和数据,主要有钻井流体类型、地层岩性、地层流体矿化度、泥页岩的阳离子交换容量、地层压力、滤液分析数据、井径扩大系数、井身结构、处理剂种类和剂量、钻井流体消耗量和成本、施工时的水源供应情况及当地水矿化度。

确定投入施工钻机的固相控制设备种类、数量和效率。通过合理制订设计钻井过程中钻井流体的固相控制标准,这是预测与制定钻井流体剂量和费用的基础。

6.2.2.1 普通井钻井流体用量预测

普通井,包括生产井、评价井和开发性预探井。由已完成井的钻井流体工作报告中可以得到全井段钻井流体密度、全井段的固相体积分数、膨润土体积分数、高密度固相体积分数、低密度固相体积分数、氯离子含量、含油量、井径扩大系数、固相控制设备废弃物中的低密度固相分数等。由测井报告,还可以得到各井段岩石的平均孔隙度。

(1)各井段平均固相含量计算。分井段平均固相含量为:

$$S_i = \frac{1}{L} \sum_{h-1}^{n} L_k S_k \qquad (1.6.1)$$

式中 S_i——分段井平均固相含量,%;
L——要计算井段长度,m;
L_k——测定固相含量时的间隔井段长,m;
S_k——对应于L_k的固相体积分数。

(2)待施工井对应井段平均固相含量计算。尽管收集到的井数越多越好,设计时一般选择三口参考井即可满足要求。参考井施工钻机固控设备尽可能与设计井设计时钻机固控设备相接近,然后按地层组段、井深、钻井流体密度相同或相近的原则,将全井划分为若干个井段,并分别求出各段的平均固相分数,最终得到待施工井对应井段平均固相含量为:

$$S_{dm} = \frac{1}{n} \sum_{n=1}^{n} S_{mn} \qquad (1.6.2)$$

式中 S_{dm}——设计井预测井段平均固相含量,%;
S_{mn}——参考井预测井段的平均固相含量,%;
m——井段序号;
n——参考井数目。

(3)钻进过程中进入钻井流体的钻屑量计算。钻进时,破碎的岩石进入钻井流体中的钻屑体积(V_d)的计算:

$$V_d = 0.7854 W_{cm} D_m^2 H_m (1 - \phi_m) \tag{1.6.3}$$

式中 V_d——钻进时进入钻井流体中的钻屑体积，m^3；
W_{cm}——参考井的平均井径扩大系数，%；
D_m——设计井预测井段井眼直径，m；
H_m——预测井段井深中值，m；
ϕ_m——预测井段的地层孔隙度，%；
0.7854——计算岩屑体积时的系数。

(4)完成设计井段钻井所需要的钻井流体量计算。假设完成设计井某井段井眼时，钻进产生的钻屑量完全以冲稀的方式进入钻井流体中并达到设计给定的固控水平，则该井段所需钻井流体体积(V_{mo})为：

$$V_{mo} = \frac{V_d(\rho_h - 2.6)}{1 + 2.6 S_b + \rho_h(S_{dm} - S_b) - S_{dm} - \rho_m} - V_d \tag{1.6.4}$$

式中 V_{mo}——目标井段钻井所需要的钻井流体体积，m^3；
ρ_h——设计使用的加重剂密度，g/cm^3；
S_{dm}——预测井段设计的固含值，%；
S_b——设计的膨润土含量，%；
ρ_m——设计的钻井流体密度，g/cm^3。

(5)固控设备消耗钻井流体量计算。实际施工时，为了减少钻井流体所用的处理剂量，达到节约目的，需采用固控设备清除钻井流体中钻屑，钻屑带走一定钻井流体，则固控设备消耗的钻井流体体积(V_m)为：

$$V_m = V_d \left(\frac{S_r}{S_d} + \frac{1 - S_r}{S_m} - 1 \right) \tag{1.6.5}$$

式中 S_r——固控设备除去的钻屑体积分数，%；
S_d——固控设备废弃物中低密度固相体积分数，%；
S_m——设计钻井流体中低密度固相体积分数，%。

(6)各井段所用钻井流体成本。根据各井段所用钻井流体类型以及处理剂种类、剂量和价格即可进行钻井流体成本估算。某井段采用某种钻井流体，预算得钻井流体剂量为 V_b，室内优选配比知配制钻井流体需添加处理剂 $C_1, C_2, \cdots, C_n$，其价格分别为 $P_1, P_2, \cdots, P_n$，该段钻井流体成本 K_b 为：

$$K_b = V_b \sum_{i=1}^{n} C_i P_i \tag{1.6.6}$$

(7)全井钻井流体费用。将计算出各井段的钻井流体费用 K_i 累加，即为全井钻井流体费用 K：

$$K = \sum_{i=1}^{n} K_i \tag{1.6.7}$$

钻井流体剂量与钻井流体中的固相含量有关,固相含量与性能有关,而性能又与成本相关。性能和成本结合,优选出性能符合设计要求、成本经济的钻井流体配比。最理想的状态是,性能成本都可以接受。在性能和成本不能兼顾的情况下,一般以性能为首选。因为性能不好,可能会引发诸多事故难题,钻井综合成本可能会增加。

6.2.2.2 初探井钻井流体用量预测

设计初探井钻井流体用量可供参考的钻井流体资料很少,只能定性地给出钻井流体的总固相含量和膨润土含量指标。

根据加重钻井流体,给出加重剂含量指标,得到钻井流体的低密度固相含量;钻屑量可以由设计的井身结构确定;固控设备除去的钻屑体积分数一般为0.5,固控设备废弃物中低密度固相体积分数一般为0.5~0.6,代入式(1.6.5)中求出钻井流体的消耗量。

在确定与固控设备效率有关的总固相含量、固控设备除去的固相含量等参数时,应同时考虑与投入施工钻机的固控设备在以往的使用情况、人员操作水平等因素,做出符合实际的调整。通过了消耗量,计算钻井流体的费用。

6.2.2.3 浅井钻井流体用量预测

浅井钻进因耗时短一般不用旋流固控设备,只配备振动筛作固控设备,部分浅井钻进不使用振动筛,直接采用地面循环。因此,进入钻井流体中的钻屑大多靠自然沉淀清除,通常认为这种方式能清除掉30%钻屑,即 $S_r = 0.3$。剩余的70%以冲稀或替换的方式降低至设计水平。这种情况应该根据是否加重分开计算。

(1)非加重钻井流体的钻井流体消耗量。在编写设计时,全井分段的固相含量值是给定的,非加重钻井流体的钻井流体消耗量为:

$$V_m = \frac{0.7V_d}{S_{dm} - S_b} \quad (1.6.8)$$

(2)加重钻井流体的钻井流体消耗量为:

$$V_m = \frac{0.7V_d}{S_{dm} - S_h - S_b} \quad (1.6.9)$$

根据配备固控装置的钻机可以调整计算的消耗量。也就可以计算费用了。

6.2.3 风险预案制订

应急预案是在地理条件比较差的环境中作业的必须考虑的内容。在一些极端的情况下,如果没有充分的思想准备和有效措施,可能造成无法挽回的重大损失。如堵漏材料不足,可能会发生井喷;控制硫化氢材料不足,可能会造成人员伤亡等。因此,应急措施重点应放在打开储层前的准备措施中。

施工单位应本着"人员安全优先、防止事故扩展优先、保护环境优先"的原则,按照相关规则制度(SY/T 6276—2010)制订与当地政府有关政策法规相衔接应急救援体系和应急救援措施计划。与钻井流体相关的污染应该坚持局部利益服从全局利益,先减灾、后抢险,先控制、后消灭,先重点、后一般,一般工作服从应急工作的基本原则。

6.2.3.1 硫化氢泄漏应急救援预案

钻井作业过程中地层硫化氢气体可能会溢出井口。硫化氢是一种剧毒、可燃性气体,低浓度时可闻到臭鸡蛋味道。浓度高于 4.6mg/L 时,闻不到气味;浓度 4.3~4.6mg/L 时与空气混合遇火爆炸。可能发生中毒和窒息、火灾或其他爆炸事故。应急预案包括,应急处理基本原则、组织机构及职责、预防与预警、信息报告程序、应急处理、应急物资与装备保障等。

6.2.3.2 溢流与井喷应急救援预案

溢流与井喷是指油、气、水等地层流体涌入井筒,溢出或喷出地面的现象。流体自地层经井筒喷出地面叫地上井喷,从井喷地层流入其他低压地层叫地下井喷。井喷事故具有突发性、灾难性和可预防性的特点。在钻井作业中,一旦发生井喷失控,将使油气资源受到严重破坏,还易酿成火灾,造成人员伤亡、设备毁坏、油气井报废、环境污染,社会不良影响严重。井喷失控是钻井工程中性质最严重、损失最大的灾难性事故。应急预案包括应急报告、应急行动、预防措施、应急措施、关井、压井、压井完毕清理现场、总结经验与教训等。

6.2.3.3 环境污染事故应急预案

钻井生产过程中,有可能发生的与钻井流体相关的环境污染有施工过程中污水池垮塌、漏油污染事故。应急预案包括应急处理基本原则、组织机构及职责、预防与预警、信息报告程序、应急处理、应急物资与装备保障等。

6.2.3.4 钻井流体材料中毒应急措施

钻井流体配制过程中,相关人员应注意穿戴口罩、塑胶手套、塑胶围裙及防护眼镜等劳保用具,控制溢出和防止粉尘飞扬,溢出物铲到合适的容器内,避免造成环境污染。一旦发现呼吸、摄入、皮肤接触、眼睛接触等中毒事件,应立即处理。

(1)呼吸中毒。发现人员呼吸中毒,应立即将病人转移到空气新鲜处,如因此造成呼吸停止,应进行适当的人工呼吸,呼吸困难时应输氧并立即到医院治疗。

(2)摄入中毒。发现有人摄入中毒,千万不能引吐,应给予大量水。对丧失知觉的人,千万不能进食任何东西,并应立即送医治疗。

(3)皮肤接触中毒。发现皮肤接触中毒,用肥皂和大量流水彻底冲洗 15min,同时脱掉被污染的衣物和工作鞋,立即接受医生治疗,在下次工作前,一定要仔细清洗衣服及工作鞋。

(4)眼睛接触中毒。发现眼接触中毒,用水冲洗眼睛不少于 15min,冲洗时撑开上下眼睑,并立即送医治疗。

6.2.4 作业方案风险评估

随着油气勘探开发的纵深发展,钻井条件和地质条件越来越复杂,定向井、水平井、复杂结构井和大位移井等新型钻井有了很大的发展。在市场经济环境下,人们更加注重经济效益,钻井承包商和钻井队希望用更加快捷的方式预测钻井成本和掌握投资额,从而施行投标,风险评估越来越引起人们的关注。由于主客观因素的影响,现场钻井事故时有发生,风险问题依然存在,并始终是生产发展的一大障碍。所以风险评估势在必行(李海宏,2003)。

钻井工程存在大量不确定因素,具有很大的风险性。在钻井作业的不同阶段和不同环节均存在不同程度和不同形式的风险。因此需要在对单因素分析的基础上综合评价各种因素。针对石油天然气钻井作业的特殊性,运用风险评估的基本原理,查找、分析和预测钻井作业过程中存在的风险因素以及可能导致的危险、危害后果和严重程度,合理选择石油天然气钻井作业的定性定量风险评估方法,有利于提出合理可行的安全对策措施,以便于指导钻井作业过程中的风险监控和事故预防,达到降低事故率、减少事故损失的目的(田岚,2010)。

目前综合风险评估方法主要的有层次分析法、决策树法、蒙特卡罗法、敏感性分析法、模糊综合评价法等(李琪等,2008)。此外,风险评估方法还有安全检查表法、危险及可操作性研究、故障树分析、神经网络法等(方传新等,2012)。这里仅介绍几个常用的方法。

6.2.4.1 层次分析法评估风险

层次分析法(Analytic Hierarchy Process,AHP)是将与决策有关的元素分解成目标、准则、方案等层次,在此基础之上定性和定量分析的决策方法。由美国运筹学家匹茨堡大学萨蒂(T. L. Saaty)于20世纪70年代初最先提出。层次分析法从本质来讲是一种思维方式。它把复杂问题分解成各个组分因素,又将这些因素按支配关系分组形成递阶层次结构。然后综合决策者的判断,确定决策方案相对重要性的总排序。整个过程体现了人的决策思维的基本特征,即分解、判断综合。

(1)层次分析法的基本原理。对难于完全定量的复杂系统作决策的模型和方法。该方法将定量分析与定性分析结合起来,用决策者的经验判断各衡量目标能否实现的标准之间的相对重要程度,并合理地给出每个决策方案的每个标准的权数。利用权数求出各方案的优劣次序,比较有效地应用于那些难以用定量方法解决的课题。

层次分析法根据问题的性质和欲达到的总目标,将问题分解为不同的组成因素,并按照因素间的相互关联影响以及隶属关系将因素按不同层次聚集组合,形成一个层次分析的结构模型。这些层次大体分为最高层、中间层和最底层3类。最高层这一层次中只有一个元素,一般它是分析问题的预定目标或理想结果,因此也称目标层;中间层这一层次包括了为实现目标所涉及的中间环节,它可以由若干个层次组成,包括所需考虑的准则、子准则,因此也称为准则层;最底层表示为实现目标可供选择的各种措施、决策方案等,因此也称为措施层或方案层。

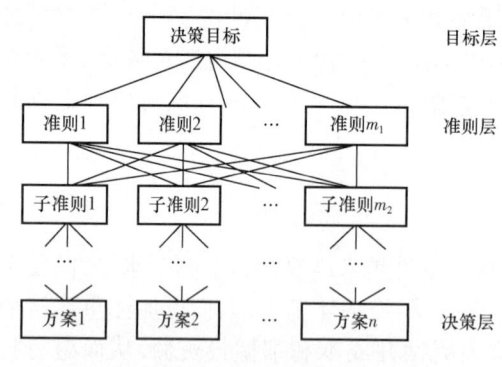

图1.6.3 递阶层次结构示意图

同一层次的元素作为准则对下一层次的某些元素起支配作用,同时它又受到上一层次元素的支配,从而最终使问题归结为最低层(方案层)相对于最高层(目标层)的相对重要权值的确定或相对优劣次序的排定,如图1.6.3所示。

(2)层次分析法的优缺点。层次分析法的优点是将对象视作系统,按照分解、比较、判断和综合的思维方式进行决策。成为继机理分析和统计分析之后发展起来的系统分析的重要工具。定性与定量相结合,能处理许多用传统的最优化技术无法着手的实际问题,应用范围很广。同时,这种方法使得决策者与决策分析者能够相互沟通,决策者甚至可以直接应用它,这就增加了决策的有效性。计算简便,结果明确,具有中等文化程度的人即可以了解层次分析法的基本原理并掌握该法的基本步骤,容易被决策者了解和掌握。

层次分析法的缺点是只能从原有的方案中优选一个出来,没有办法得出更好的新方案。该法中的比较、判断以及结果的计算过程都是粗糙的,不适用于精度较高的问题。从建立层次结构模型到给出成对比较矩阵,人的主观因素对整个过程的影响很大,这就使得结果难以让所有的决策者接受。当然采取专家群体判断的办法是克服这个缺点的一种途径。

6.2.4.2 决策树法评估风险

决策树(Decision Tree)一般都是自上而下地来生成的。每个决策或事件(即自然状态)都可能引出两个或多个事件,导致不同的结果,把这种决策分支画成图形很像一棵树的枝干,故称决策树。

(1)决策树法的基本原理。决策树一般由方块结点、圆形结点、方案枝、概率枝等组成,方块结点称为决策结点,由决策结点引出若干条细支,每条细支代表一个方案,称为方案枝;圆形结点称为状态结点,由状态结点引出若干条细支,表示不同的自然状态,称为概率枝。每条概率枝代表一种自然状态。在每条细枝上标明客观状态的内容和其出现概率。在概率枝的最末梢标明该方案在该自然状态下所达到的结果(收益值或损失值)。这样树形图由左向右,由简到繁展开,组成一个树状网络图,如图 1.6.4 所示。

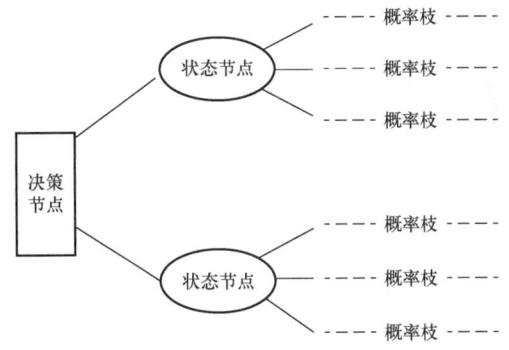

图 1.6.4 决策树示意图

(2)决策树法优缺点。决策树法的优点是可以生成可以理解的规则。计算量相对来说不是很大。可以处理连续和种类字段。决策树可以清晰地显示哪些字段比较重要。决策树的缺点是对连续性的字段比较难预测。对有时间顺序的数据,需要很多预处理的工作。当类别太多时,错误可能会增加得比较快。一般的算法分类的时候,只是根据一个字段来分类。

6.2.4.3 蒙特·卡罗法评估风险

蒙特·卡罗方法(Monte Carlo method),也称统计模拟方法,是 20 世纪 40 年代中期由于科学技术的发展和电子计算机的发明,提出的一种以概率统计理论为指导的一类非常重要的数值计算方法。是使用随机数(或更常见的伪随机数)来解决很多计算问题的方法。与它对应的是确定性算法。

蒙特·卡罗方法于 20 世纪 40 年代美国在第二次世界大战中研制原子弹的"曼哈顿计划"的成员 S. M. 乌拉姆和约翰·冯·诺伊曼首先提出。数学家约翰·冯·诺伊曼用驰名世界的赌城摩纳哥的 Monte Carlo 来命名这种方法,为它蒙上了一层神秘色彩。实际上在这之前,蒙特卡罗方法就已经存在。1777 年,法国数学家布丰(Georges Louis Leclere de Buffon,1707—1788)提出用投针实验的方法求圆周率 π,被认为是蒙特·卡罗方法的起源。

(1)蒙特·卡罗法的基本原理。当所求问题的解是某个事件的概率,或者是某个随机变量的期望,或与概率和数学期望有关的量时,通过某种试验的方法,得出该事件发生的频率,或该随机变量若干个观察值的算术平均值,根据大数定律得到问题的解。大数定律是在随机事件中大量重复出现,往往呈现几乎必然的规律。

(2)蒙特·卡罗法的优缺点。借助计算机技术,蒙特·卡罗方法实现了两大优点:一是简单。省却了繁复的数学推导和演算过程,使得一般人也能够理解和掌握。二是快速。整个方法可以很快地得到问题的结果。简单和快速,是蒙特卡罗方法在现代项目管理中获得应用的技术基础。蒙特·卡罗方法有两个缺点:一是随机模拟方面的算法简单,但计算量大;二是模拟结果具有随机性,精度较低。

6.2.4.4 敏感性分析法评估风险

敏感性分析是分析各种不确定性因素变化一定幅度时(或者变化到何种幅度),对方案效果的影响程度(或者改变对方案的选择)。把不确定性因素中对方案效果影响程度较大的因素,称为敏感性因素。通过敏感性分析,决策者可以知道决策对哪些因素十分敏感,对哪些因素则不大敏感。敏感性分析也有助于决策者对长期方案做出正确决策,能降低投资风险。

(1)敏感性分析法的基本原理。假设影响方案的其他因素不变,只是对某单一的不确定因素变化及其影响进行分析,考察其对最终效益的影响。

分析方法可采用连环替换法,即先分析某一变化因素(其他因素不变),分析其影响及敏感性强弱,然后依次逐一替换方案中其他相关因素为变动因素,并计算各自的敏感性,直至全部因素计算出为止。最后综合判断出方案的最优性是否可以确认,或者变化的幅度能否在允许变化的幅度范围之内。

在多因素同时变化的条件下,分析各种因素的变化对方案预期效果的影响及其程度的常用分析方法是多状态分析法,即以多种参数同时变化可能的情况分析。

(2)敏感性分析法的优缺点。敏感性分析不确定因素的变动对工程方案的效果影响作了定量描述分析。这有助于决策者了解投资方案的风险情况,有利于决策者做出最后的项目选择。同时也有助于在决策过程中和实施过程中重点把握和控制风险因素。敏感性分析法的缺点是没有考虑到各种不确定因素在未来发生变动的概率,这可能会影响到分析结论的准确度。

6.2.4.5 模糊综合评价法评估风险

模糊集合理论(Fuzzy Sets)的概念于1965年由美国自动控制专家查德(L. A. Zadeh)教授提出,用以表达事物的不确定性。模糊综合评价法是一种模糊数学的综合评标方法。该综合评价法根据模糊数学的隶属度理论把定性评价转化为定量评价,即用模糊数学对受到多种因素制约的事物或对象做出总体的评价。它具有结果清晰、系统性强的特点,能较好地解决模糊的、难以量化的问题,适合解决非确定性问题。

(1)模糊综合评价法的基本原理。首先确定被评价对象的因素(指标)集合评价(等级)集;再分别确定各个因素的权重及它们的隶属度矢量,获得模糊评判矩阵;最后把模糊评判矩阵与因素的权矢量进行模糊运算并进行归一化,得到模糊综合评价结果。

(2)模糊综合评价法的优缺点。模糊评价通过精确的数字手段处理模糊的评价对象,能对蕴藏信息呈现模糊性的资料做出比较科学、合理、贴近实际的量化评价;评价结果是一个向量,而不是一个点值,包含的信息比较丰富,既可以比较准确的刻画被评价对象,并可以进一步加工,得出参考信息。模糊综合评价法计算复杂,对指标权重向量的确定主观性较强。当指标集较大时,即指标集个数较大时,在权向量和为1的条件约束下,相对隶属度权系数往往偏小,权向量与模糊矩阵不匹配,结果会出现超模糊现象;分配率很差,无法区别谁的隶属度更高,甚至造成评价失败。

6.2.4.6 神经网络法评估风险

神经网络法是从神经心理学和认知科学研究成果出发,应用数学方法发展起来的一种具有高度并行计算能力、自学能力和容错能力的处理方法。

(1) 神经网络法的基本原理。神经网络技术在模式识别与分类、识别滤波、自动控制和预测等方面已展示了其非凡的优越性。神经网络的结构由一个输入层、若干个中间隐含层和一个输出层组成。神经网络分析法通过不断学习,能够从未知模式的大量的复杂数据中发现其规律。神经网络方法克服了传统分析过程的复杂性及选择适当模型函数形式的困难,是一种自然的非线性建模过程,无须分清存在何种非线性关系,给建模与分析带来极大的方便。

(2) 神经网络法的优缺点。神经网络法的优点在于其无严格的假设限制,且具有处理非线性问题的能力。它能有效解决非正态分布和非线性的信用评估问题。

神经网络法的最大缺点是其工作的随机性较强。因此使该模型的应用受到了限制。一个较好的神经网络结构,需要人为随机调试,需要耗费大量人力和时间,加之该方法结论没有统计理论基础,解释性不强,所以应用受到很大限制。

6.2.5 构建作业施工方案

钻井流体工艺是油气钻井工程的重要组成部分,是实现健康、安全、快速、高效钻井及控制储层伤害、提高油气产量的重要保证。做好钻井流体设计是实施钻井流体工艺的前提。钻井流体设计是钻井工程设计的重要组成部分,也是钻井流体现场施工的依据。合理的钻井流体设计是钻井成功和降低钻井成本的关键。钻井流体设计应根据地质设计中地层孔隙压力、破裂压力、井温以及井下难题提示等资料,按照钻井和地质工程提出的要求,做好钻井流体设计。

与一般钻井相比,复杂地质条件下钻井所用的钻井流体受到的限制更多,需要解决问题的难度更大。如地层地质条件不清,缺少经验可以参考,设计准确度差。受成本和井身结构限制,同一裸眼井段,钻井流体可能需要同时防涌、防漏、防塌,确定合理的钻井流体密度十分困难。钻井流体流变性、护壁性、抑制性、封堵性和润滑性等协调统一,至今仍然未能很好地解决。

复杂地质条件下的深井钻井,问题将更加突出、严峻。如深井起下钻作业时间长,各种与钻井流体有关的井下难题、事故,更容易诱发和恶化,要求钻井流体性能更优。因此,钻井设计必须以保证安全钻井为前提,充分考虑录井、测井、中途测试、完井和试油等方面的需要。

钻井设计应从井下难题、分段组分配比及性能范围、钻井流体配制维护处理、钻开储层时钻井流体性能的调整、固控设备及使用要求、钻井流体材料计划及成本评估、钻井流体储存要求以及复杂情况处理措施8个方面考虑。

（1）提示分层与分井段井下难题。

在地质设计中，可以发现相关分层与分井段的井下难题提示，即提示性信息，包括邻井资料中的钻井流体资料、钻探目的及完钻层位及原则、完井方式、钻探要求，并提示地层分层、分组岩性、目的层及特殊层简述。同时，地质设计还提示邻井地层实测压力，并建议钻井流体的类型、性能及使用原则。

（2）明确分段组分配比及性能范围。

钻井流体设计应综合考虑地质情况、钻井施工的难易程度以及钻井成本、环境保护等多方面因素，实现因地制宜。依据地层的地质情况及井下的温度和压力，每个井段设计选择的钻井流体必须满足减少储层伤害及环境污染、抑制泥岩水化膨胀、防止井壁坍塌、防止卡钻、提高钻速、良好润滑性以利于减少扭矩和摩阻等条件。同时必须满足成本合理。

设计要明确，在不同井段，采用钻井流体、钻井流体组分配比，以及不同配比下钻井流体的密度、漏斗黏度、API失水量、滤饼厚度、pH值、含砂量、高温高压失水量、摩阻系数、静切力等常规性能参数，塑性黏度、动切力、流性指数、稠度系数等流变参数，固相含量、膨润土含量、储备钻井流体密度、储备钻井流体体积、储备加重剂密度、储备加重剂组分配比等，为处理突发事件钻井流体性能控制范围。

（3）指出钻井流体配制、维护与处理的方法。

钻井作业前按配比混合处理剂及钻井流体材料的过程称为钻井流体配制。钻井过程中，钻井流体因井下、地面消耗需要补充钻井流体。正常的补充钻井流体以满足钻井需要称为钻井流体维护。钻井遇到特殊地层前或钻井遇到特殊地层，控制钻井流体满足钻井需要，为实现特殊目的而改变钻井流体的某些性能满足钻井需要则称为钻井流体处理。

这些性能通过仪器设备测定数据，确定是否维护处理。因此，钻井流体设计中首先要明确现场测试仪器配套及监测要求，一些特殊的钻井流体，其测试仪更要重点提示。根据已有配浆设备情况、钻井流体处理剂特性，特别是维护处理剂小样测试，然后提出考虑钻井流体配制方法及维护措施，并提出建议或要求。

① 制订钻井流体地面管理要求。制订有序和高效的钻井流体地面管理制度，遵守相关钻井流体守则，对处理维护钻井流体至关重要，有利于保持钻井流体的优良性能。根据钻速快慢、新增井眼体积、地层岩性情况、处理剂消耗及井底温度和钻井流体性能变化等因素，进行小型实验，确定钻井流体维护所需处理剂品种、数量及液体量。钻井流体维护处理时，应在1~2个循环周内以"细水长流"的方式加入，不断测钻井流体性能，保持钻井流体性能稳定；对钻井流体进行大、中型处理时，应停止钻进。下钻到底循环正常1个循环周后开始处理。尽量避免在起钻前对钻井流体进行处理，确需处理时，应在处理结束后循环2~3个循环周，待性能稳定后方能起钻。

处理过程中，每个循环周的钻井流体密度变化不能超过 0.05g/cm^3；大量补充钻井流体时，新钻井流体的基本性能应与井筒内钻井流体相符，并均匀混入井浆中。向盐水或饱和盐水钻井流体添加膨润土时，应先将膨润土在淡水中预水化并适度护胶后再加入。水基钻井流体混油时，混油量不应超过15%，同时加入适量乳化剂。

② 制订钻井流体资料录取要求。正常钻进时，每6~8h测一次钻井流体常规性能；储

层段起钻前应测一次钻井流体常规性能；特殊作业时，根据要求加密监测。钻至高温深井段时，应根据井底温度，每 3~4d 测试钻井流体高温高压性能和摩擦系数至少一次，超深井增加测试钻井流体热稳定性。处理钻井流体前后，应监测全套钻井流体性能并做好记录，认真分析每次维护处理的效果。

井下发生油气侵、盐水侵、膏岩侵或卡钻等难题及事故时，应加密监测钻井流体性能。电测前循环钻井流体时，应取钻井流体样品作失水试验，保留试验滤饼并收集大于 10mL 的滤液。

(4) 钻开储层时钻井流体性能的调整。

钻开储层过程中，储层钻进流体与储层可以发生物理的、化学的或生物的相互作用而破坏储层原有的平衡状态，增大油气流入井底的阻力，造成储层伤害。因此，钻开储层时，应对钻井流体性能进行控制与调整，调整内容主要有以下三方面：

① 钻井流体兼容性调整。改造或改性进入储层的钻井流体，其组分及性能应与储层特性相匹配。

② 钻井流体密度调整。储层中钻进，应严格控制钻井流体密度。

③ 钻井流体保护性能调整。根据储层物性特征和潜在伤害因素选用储层伤害控制剂。

(5) 提出固控设备及使用要求。

钻井流体固相控制是保持钻井流体性能，实现优化钻井的重要手段。在钻井现场，利用固控设备对钻井流体进行固相控制是钻井流体维护和管理工作中的重要环节。固控设备需要按照有关要求合理使用。

① 钻井流体中含砂量控制。密度小于 $1.5g/cm^3$ 的钻井流体，直井的含砂量不大于 0.5%，小井眼、定向井和水平井含砂量不大于 0.3%。

② 振动筛使用。要求振动筛的使用率应达到钻井流体循环时间的 100%，应选用 100 目以上的筛布，并保证井内返出的钻井流体全部通过振动筛。起下钻环空返出的钻井流体也应通过振动筛清除钻屑等有害固相。

③ 除砂、除泥清洁器使用要求。除砂、除泥清洁器应保证循环或钻进过程中二者至少有一台运转，使用时间之和大于纯钻时间。

④ 离心机使用要求。使用离心机时，应随时监测上水罐的钻井流体密度，保持钻井流体密度稳定。钻井流体密度低于 $1.2g/cm^3$ 时，离心机使用率应达纯钻时间的 100%；钻井流体密度在 $1.21~1.5g/cm^3$ 时，离心机使用率应达纯钻时间 70% 以上；钻井流体密度高于 $1.5g/cm^3$ 时，离心机使用率应达纯钻时间的 20%~40%。

⑤ 钻井流体净化。坚持人工掏砂与机械除砂、化学沉砂相结合的措施净化钻井流体。

(6) 评估钻井流体材料计划及成本。

设计中要表明钻井流体所需要的材料是基础材料还是专用材料，并标明材料类型、材料代号、材料用途以及剂量，再结合地层特性、井眼尺寸、井深及施工经验，估算钻井流体日消耗量，计算全井剂量。根据材料单价，计算材料费用。这些材料一般是认为正常情况所消耗的材料。

(7) 明确钻井流体材料储备要求。

钻井流体由钻井流体基础材料及化学处理剂两部分组成。钻井流体基础材料是指在配浆中剂量较大的基本组分,如膨润土、水、油和重晶石等。处理剂是指用于改善和稳定钻井流体性能,或为满足钻井流体某些性能要求需要加入的化学处理剂。

① 钻井流体原材料及处理剂选择与数量要求。设计钻井流体需要依据地层情况、钻井流体类型及材料特性,选择合适的材料。不仅要涉及配比中所涉及的材料,还要考虑特殊情况处理需要配备的其他材料,如水泥、堵漏材料、防腐剂等。

这就需要预估施工工期和预测难钻穿地层适当考虑附加数量。一般在考虑钻井过程中材料获取的难易程度,附加量控制在20%以内。

② 现场钻井流体原材料及处理剂使用要求。钻井流体原材料及处理剂应是施工方和投资方的入网产品,并有正式质量标准及产品合格证。送达现场的原材料及处理剂应附检验单或报告的副本;施工方钻井流体管理者对厂家直送现场的原材料及处理剂应按相关规定,抽样、编号封存,留交质检部门进行质量检测。钻井队应核实每批材料实际收到情况,包括品种、数量、包装等,发现问题及时上报。

新产品应经质量检测和效能评价合格后方可使用。井队应建立钻井流体原材料及处理剂来料、消耗、库存、回收的管理制度,防止浪费和流失。钻井流体材料应归类摆放整齐、标识清楚,防雨、防晒、防污染。

(8) 制订复杂情况处理措施。

钻井过程中由于遇到复杂地层、钻井流体的类型与性能选择不当等原因,造成不能维持正常钻井和其他作业的现象,称为井下难题。发生井下难题后,需要了解难题发生的原因和过程。针对具体情况,及时采取有效的措施防止情况恶化,保证钻井工作的安全顺利解除难题。

① 井漏处理措施。井漏是指钻井作业中钻井流体漏入地层的现象。漏失可以发生在任何地层、任意井深、不同作业方式中。在可能发生井漏的区域钻井,应储备能配制 $40m^3$ 井浆的处理剂和膨润土浆,同时储备可实施 1~2 次桥接或随钻堵漏的堵漏材料,探井和交通不便的井储备能实施 2~3 次堵漏的材料。

钻进时,应维持钻井流体弱凝胶性能,避免较大的激动压力。漏速小于 $10m^3/h$ 时,宜采取静止观察或随钻堵漏措施处理;漏速在 $10~30m^3/h$ 时,应采用随堵或桥接堵漏措施;漏速大于 $30m^3/h$ 时,采取专项堵漏工艺。配桥浆时应先将基浆调整到井浆性能或直接用井浆配制,再按配比加入堵漏剂。堵漏浆配制完毕后 4h 内必须入井。堵漏成功后,及时筛除堵漏材料,调整钻井流体性能。采取桥浆随钻堵漏工艺时,桥接堵漏剂应在入井 48h 内筛出。筛出桥接堵漏剂后应及时补充,确保井浆中桥接堵漏剂浓度。

② 卡钻处理措施。卡钻指在钻井过程中由于各种原因造成钻具陷在井眼中不能自由活动的现象。

发生卡钻,应尽快建立或保持循环,认真分析卡钻原因及卡钻性质,在安全允许范围内按规定活动钻具。留取钻井流体样品,监测全套性能。大幅度上下活动钻具前,应检查提升系统,用绳子捆牢大钩开口和水龙头提环。转动钻具或用转盘强行倒扣时,应锁定大方瓦和补心,并用钢丝绳将补心固定在方钻杆上。不得用吊钳倒扣。上下活动钻具、强行转动钻具或用转盘强行倒扣时,钻台上除司钻和指挥人员外,其他人员一律退到安全位置。卡钻猛然解脱后,应首先检查游车钢丝绳是否跳槽,然后才能继续其他作业。解卡后,应边活动钻具边循环井浆或循环划眼,起至安全井段调整处理井浆性能。不同的地域,井下难题情况不同,如海洋石油钻井,表层钻井要防漏。煤层气钻井表层要防漏、防塌。具体的井下难题处理措施,在钻井流体设计时要重点提示。

③ 井喷处理措施。井喷是指地层流体失去控制,喷到地面,或是窜至其他地层的现象。井喷是钻井工程中较为常见的恶性事故。如何预防和控制井喷,钻井流体采取的措施有7项:

a. 选用合理的钻井流体密度。依据三个地层压力剖面,设计合理的钻井流体密度,使得钻井流体密度高于地层坍塌压力当量密度,低于裸眼井段地层破裂压力当量密度。

b. 进入油层、气层、水层前,调整好钻井流体性能。调整钻井流体密度,保证其正常携岩的情况下,尽量采用较低的钻井流体黏度与切力,特别是终切随时间变化幅度不宜过大,以降低起下钻过程中的抽吸压力和激动压力。

c. 防止井漏诱发井喷。对于裸眼井段存在不同压力地层的井,特别是下部存在高压油层、气层和水层的压力系数大于上部裸眼井段地层的漏失压力或破裂压力系数时,应在进入高压层前提高上部地层的承压能力,防止钻至高压层时因井漏而诱发井喷。

d. 及时排除气侵气体。钻遇高压储层时,钻井流体往往会受到气侵,造成其密度下降。因此,此时要注意钻井流体密度变化,随时监测。一旦发现气侵,应立即开动除气器,并使用消泡除气,及时恢复钻井流体密度,防止井喷发生。

e. 注意观测钻井流体体积。钻开油层、气层和水层后,应不间断观测钻井流体中钻井流体的总体积。

f. 储备一定数量的加重钻井流体。钻遇高压油层、气层和水层时,应该储备高于井筒内钻井流体密度的加重钻井流体,其量应该与井筒内钻井流体量接近。

g. 分段循环钻井流体。油气活跃的井,下钻时应分段循环钻井流体,以免大量气体上返时膨胀造成井涌。

如果井喷发生,应立即关闭防喷器,用一定密度的加重钻井流体压井,以快速恢复钻井流体压力,重新建立井底压力平衡。压井流体的要求主要考虑压井流体密度,压井流体种类、配比及性能,压井流体的量及配制要求。

可以发现,在钻井流体相关研究中,随着对技术的精细化要求,引入了越来越多的数学方法,并贯穿整个组分、体系和评价各个环节,已经形成数学钻井流体。如何实现,这就涉及钻井流体的配制方法问题,也就是配制方法的定量优化问题。

6.3 钻井流体配制维护处理一体化

钻井流体的配制、维护与处理,是决定钻井流体正常工作最重要的环节。按照一体化的思想管理钻井流体的观点,称为钻井流体配制维护处理一体化理论。配制符合要求的钻井流体是钻井工作正常进行的基础,维护是保障,处理是措施。

6.3.1 钻井流体配制

钻井流体配制过程中配量不准确、操作不规范、方法不得当、人员不定位,均会影响钻井流体性能指标，进而不能满足钻井需要，造成不必要的损失。钻井流体的配制主要有 4 个步骤。

6.3.1.1 了解处理剂性能特征

了解处理剂性能特征是配制良好钻井流体性能的前提，准确了解处理剂的性能指标、作用机理、使用方法、配制情况，是配制工艺中重要的环节。根据处理剂物理或化学特性调整配制程序，使它在配制过程中充分展现应有的性能。例如，天然植物胶要充分浸泡，低速搅拌。聚丙烯酰胺和聚丙烯酸钾等采用先溶解后稀释的方法做配制前的准备。这主要是由处理剂自身特点决定的。这样有利于处理剂性能的充分发挥（田娟锋等，2017）。

6.3.1.2 确定钻井流体的各项性能指标

根据钻井流体方案和配制及性能指标，进行室内配制实验和优化调整。确认性能达标和配量准确，并做好详细的配制实验记录，这样做主要是为后续施工配制确立准确的方法，杜绝盲目性。

6.3.1.3 严格按照配制程序和方法操作

配制程序和方法包括严格计量、依次加入、精细调整、充分搅拌等 4 个方面。

（1）严格计量。在配制钻井流体时，各种处理剂的配量要准确，特别是加量较少的处理剂，更要做到十分精确。这样可防止因加量不足或过多，造成钻井流体性能指标达不到设定值，致使井内事故。如聚丙烯酰胺加量过小，有害固相不能及时絮凝沉淀清除，造成钻井流体密度增大，有害固相增多，浮力减小，造成沉砂卡钻；加量过大，钻井流体高度絮凝，浮力小，有害固相快速沉淀，也会造成沉砂卡钻。

应特别注意处理剂的物理与化学特性，配制过程采用分别溶解的方法，避免相互制约而造成溶解缓慢或不溶解。如多效天然植物胶、共聚物等具有一定的包被功能的处理剂与膨润土混配溶解时，如果包被功能大于分散功能，膨润土颗粒被包被而难以分散。滤饼过厚，失水量大，泥包钻头、吸附、缩径、坍塌卡钻。

（2）依次加入。钻井流体是由处理剂与溶解介质混合而成。多功能由多个单功能组成，即多种处理剂混合组成。在配制过程中，应按照分散、增稠、增黏的方式依次加入。

（3）精细调整。性能调整是钻井流体配制过程中的一个调制程序，主要由于环境、条件、人为等因素，造成按剂量配制出来的钻井流体达不到功能体系所要求的性能指标，必须要通过调制调整性能，满足功能要求。

（4）充分搅拌。充分搅拌是促使各个单功能处理剂快速、均匀地溶入整个功能体系中的重要手段。通过充分剪切完成整个配制过程。

6.3.1.4 使用过程中详细记录

使用过程中，做好记录有利于加强当时的记忆，可以在以后忘记而又需用时查找，可以为其他想用的人提供方便。同时，便于提高管理管理水平和科学技术进步。

生产作业记录是生产工艺和操作指导书的延续，是生产工艺和操作指导书的细化；生产作业记录作为可追溯性依据，分析生产操作中存在的问题，确定某一件产品的质量问题或某一设备存在问题；生产作业记录对某一批产品在一定时期内的生产记录进行综合分析，掌握产品质量情况、设备运行情况，为采取纠正和预防措施、完善工艺提供依据。

(1)记录存在的问题。在实际的生产过程中,由于对生产作业记录的作用认识不够,仅仅将其用于作业或安全管理事件的记载,以及出现问题后查证事情的依据。因此,在记录管理方面出现了很多问题。

① 重理论,轻实践。在管理中,对记录的设置非常重视,对相关环节都有相应记录,在各行业都设计了大量的范本表格,几乎无所不包。对单位规模、人员多少、环节繁简、工艺流程差异等方面因素全然不顾,只是一味地下发记录,而在记录内容、记录整合等方面没有要求或要求不多,造成记录设置、内容与实际情况差距很大,记录数量过多、内容填写重复,形成了"为记录而记录"的局面,客观上也造成了记录的混乱。

② 重运行,轻检查。在实际管理中,对记录运行是比较重视的,有没有填写是最关注的问题,而对记录是否有涂改,字迹是否清楚,是否有填写人签字几乎是检查的全部内容,符合这几个标准的记录就是好记录,对记录填写内容是否符合实际,内容真实性等关键因素几乎不检查或检查不充分,从而掩盖了很多管理的隐患。

③ 重结果,轻过程。记录是作业过程的真实反映。在现今管理过程中,更多地关注结果,很少关注作业过程。表现为只要作业不出大的问题,工作也就结束了,记录也就束之高阁,没人再去关注,超过一定保管周期就销毁。缺少人员对记录进行汇总、检查、分析的过程,不利于发现管理中的隐患,以及进一步改进作业环节,提高工作效率的途径。

④ 重作业,轻填写。由于大多数人员没有认识到记录的作用、记录设置上的不符合实际、记录过多等问题,导致人员愿意干活,内心不愿意而又不得不填记录的状况,表现为:填写不及时,经常将记录当成回忆录;"造"记录;敷衍了事等问题,影响作业过程信息的收集。

⑤ 重执行,轻参与。管理人员设计记录,作业人员只负责作业和填写记录,不填记录就处罚,无权过问作业规范的制定和记录的设置,影响了人员安全责任感和工作积极性的发挥,在一定程度上阻碍了管理方法的改进和管理水平的循环提高。

(2)做好记录的方法。存在的问题越多,越需要对作业记录的作用进行重新认识并进行有效的管理,从而最大限度地发挥其对管理的作用。

① 对作业人员的业务培训作用。记录是由管理规程、技术规范等得来的,人员在作业前,如果能够认真准备记录、浏览记录内容,实际上为他们提供了重温作业流程、管理规程的机会,唤起他们对标准规范的记忆,相当于进行了一次业务培训,也为作业打好心理和技术基础。

② 对作业人员的监督指导作用。作业中,通过填写记录,指导作业人员按标准的要求规范操作,防止按经验模糊操作,并将作业实际产生的结果与标准内容比对,做到及时发现、及时提醒、及时纠错,为安全作业提供有力支持。

③ 对作业人员的激励作用。通过对作业记录中数据的统计,形成相关的信息。比如对人员、班组的工作量进行统计,形成了一定的目标值,将这些目标经常列在显眼的地方,对人员是一种无形的召唤,也就在其内心形成了一种"要超越目标"的潜在动力,从而自发地去完成任务,提高他们的岗位自豪感。

④ 促进作业环节及人员持续改进。通过对记录中数据的统计,形成相关的信息,在同等工作不同作业人员间形成的差异比较,分析产生这些差异的原因,从而自发地查找存在问题,改善作业环节,提高工作效率,并相应地提高自身业务技能水平,以适应高效率的工作需

要。同时,配合管理人员,共同对作业流程、标准规范进行改进完善,为安全作业提供可靠保证。

(3) 做好记录的管理。作业记录对管理的作用,某种程度上属于隐性的,而非显性的,这就是说,这些作用如果不靠一定的系统管理方法,就达不到它的作用。为有效发挥作业记录对管理的促进作用,应做好4项工作:

① 做好记录制订是发挥作业记录对管理促进作用的前提。记录制订的好坏、内容多少、格式的合理直接影响记录的填写效果,所谓好的开始是成功的一半。记录制订应遵循四项原则。

以"环节并行模式"转变为"流程模式"设置作业记录,提高作业效率。将各个独立作业单元或管理环节统一到以生产作业流程为主线,从作业开始到结束,尽量将与之相关的各岗位的工作内容集中起来,包含在一种记录中,采用菜单式的记录。这样做,一是可以避免工作内容的重复,使工作环节更加紧凑,节约作业时间,提高工作效率;二是通过填写和浏览记录,可以对作业人员进行本岗位以外的业务知识培训,实现人员一岗多能,便于团队协作,也在一定程度上促进了作业人员对岗位重要性的认知;三是便于随后对整个作业过程分析,通过一本记录就可以一目了然地看到作业过程的每个环节,而无须查找很多记录,便于找出存在的问题,并据此改进优化业务流程。

用作业标准的要求设计记录内容,指导人员规范操作。尽量将与作业有关的操作规程内容融入作业记录中,一是通过浏览记录内容,对人员进行业务培训;二是借助填写记录的过程,再次对人员进行指导,唤起他们对业务知识的记忆,防止出错;三是可以明确工作内容,防止"偷懒"意识,杜绝操作"能少一步是一步,不出问题就完成"的思想;四是便于管理者掌握作业的进程,分析存在的问题。

将相关标准列入记录中,做到提醒人员,及时纠正的作用。作业过程中,需要记录很多的现场数据,根据数据来判定作业正常与否。如果数据在标准规定的范围内,作业就是安全的,就可以继续进行下一个环节。如果超标,就要立即停止,查找问题。以往都是靠人的记忆与现场数据进行比对的办法,一旦人员作业时忘记标准或者粗心,就会在作业中产生安全隐患。如果把标准列入记录中,就可以起到及时提醒的作用。

记录的格式设计上应涵盖各种情况,尽量用选择的方法来完成记录的填写。作业记录要求作业人员在作业过程中边干边填,由于时间原因和人员素质的差异,如果记录设置过于简单,要求不明确,需要书写的内容又太多,就会出现人员敷衍了事、字迹潦草、工作内容填写不全等问题。如此一来,就不能真实反映作业过程,无法对作业进行分析,也使作业人员对记录产生厌烦心理。一个好的记录应该是在反映作业状态的情况下,人员书写的字越少越好。因此,记录格式设计要求内容要全面,必须涵盖所有可能出现的情况,人员只需用打"√"或打"×"的方法予以确认即可,而无须填写具体做法。并且对涵盖所有情况的列举其本身就是对作业过程和可能出现情况的再分析。实践证明,填写字迹越少的记录越受作业人员欢迎。

② 做好记录填写工作是发挥作业记录对管理促进作用的基础。真实的记录是对管理有效性的监督。为保证记录的真实,应做好以下三项工作:

制订记录填写规定,确保记录填写规范。要求人员按规定填写记录,包括记录涂改次数不得过多;字迹要清晰整洁;填写内容要齐全,不得有空缺项;要按操作步骤填写,干一项填一项,严禁作业后补填记录等。

做好记录填写方法的培训工作。要及时对作业人员进行记录填写方法的培训,尤其是使用新的记录时,更要加强培训,确保记录按规定填写。

做好记录填写的保障措施。在记录的设置、填写和分析过程中,必须做到全员参与。只有作业人员参与记录的设置,充分听取他们的意见,才能使记录更切合工作实际,也无形中给了他们责任,使其更自觉地填写记录。

只有作业人员认真填写记录,才能确保作业信息的准确性和完整性,才能做好记录分析工作。只有作业人员参与记录分析,才能自觉发现作业过程中存在的问题,并配合管理人员对现行的标准规范进行改进。

记录填写完成后,要避免无人关注的情形,及时检查讲评,发现问题及时更改,对记录本身出现的问题把它看作是安全隐患,采取一定的行政措施进行处理。

③ 做好记录收集、统计和分析工作是发挥作业记录对管理促进作用的关键。记录收集回来,如果不汇总统计,不分析,实际上就是一堆废纸,更谈不上对管理的促进作用,为充分发挥其作用,应该做到三点:

一是建立记录收集、统计和分析制度,并严格执行。建立收集、统计和分析制度,及时收集,定期对记录统计分析,确保记录的循环改进。

二是分析记录填写问题,完善记录设计。对记录填写问题汇总分析,是格式问题、人员问题,还是设计问题等,针对问题改进完善,从而使记录更加合理,更切合实际工作。

三是统计作业量,发挥人员激励作用。统计记录中每个班组、每个人员的工作量,按一定的时间间隔进行排名公布,无形中就产生了激励作用,排在前面的受到鼓励,更加有信心,继续努力,排在后面的,鼓足勇气,要在下一次超越对方,从而形成了你追我赶的热潮,工作积极性显著提高;同时,也因作业量的统计,在作业人员心中产生了被关注、被重视的感觉,自豪感油然而生,从而自觉寻找自己工作中的存在问题和薄弱环节,积极提高业务技能,参与管理的改进完善,这样不仅提高了自己的工作成绩,也促进了整体安全管理水平的提高。

④ 采用计划(Plan)、执行(Do)、检查(Check)、处理(Act)(即 PDCA 模式)管理记录是发挥作业记录对管理促进作用的保障。记录是否合理的、切合实际的,只有在实际运用中才能得以验证。因此,必须对记录进行 PDCA 管理,经过从实际中来再到实际中去的循环使用过程,才能制订更合理的记录,才能继续对人员进行培训、指导、激励。记录的作用在动态的优化循环中得以有效发挥,安全管理水平也就在这动态的优化管理模式中得以提高。

综上所述,统计分析作业记录是对管理过程的评价,是发现问题和隐患的主要来源,是创新管理的基础。可以说,作业记录是管理中不可缺失的重要环节,做好作业记录管理工作对管理有极大的促进作用,也是钻井流体进步的有力支撑。

6.3.2 钻井流体维护

从钻井流体配制到废弃的整个过程中,无论是正常钻进还是停钻,钻井流体都需要不断性能测定,维护处理,以保证钻井流体性能保持在正常范围内。维护好钻井流体有利于后续钻进工作顺利开展。在施工当中如何保障钻井流体性能稳定,就需要严格按照维护程序认真操作,并需定人、定时检测、配制、补充、维护。钻井流体的维护工作程序主要有五点。

(1)测定好返出钻井流体性能。

定时、定人对返浆性能进行测定。保持钻井流体的性能在最佳值。掌握钻井流体性能的细微变化对钻井的影响,并能及时地维护和处理。

(2)及时调整钻井流体性能和新配制钻井流体的补充。

发现钻井流体或施工地层发生变化,应根据变化情况及时调整钻井流体性能或新配制钻井流体替换或者补充,满足钻井施工的需要。

(3)预防地层侵害钻井流体。

预防、解决地层特殊物质侵害钻井流体,是钻井流体维护的一个重要措施。对地层中的钙、镁、盐等侵害钻井流体,采取相应的预防措施和解决方法。如钙镁侵,如果有过多的钙和镁侵入,会使黏土水化和分散能力下降,造成过度絮凝而使造浆性能减退。此时需要加入适量的纯碱,使钠离子和钙离子交换,达到提高黏土的造浆率的目的。

(4)防止自然因素和人为因素损害钻井流体。

自然因素如地表含泥沙水流、室外温度等,人为因素如意外加入、无知加入等,都有可能造成钻井流体性能失控。

(5)认真及时清除有害固相。

认真、及时清除有害固相,是保障钻井流体性能稳定的积极措施。使钻井流体保持较低固相和设计密度,防止因固相偏高造成施工困难和井下事故。

6.3.3 钻井流体处理

钻井过程中,由于地层的复杂性,经常会发生钻井流体性能发生较大变化的情况,给施工造成困难。如发生钙侵,使钻井流体失水、黏度和切力上升,滤饼变厚,导致钻井泵开泵困难、循环压耗大等难题,称为钻井流体性能失控。通过调整使钻井流体恢复性能的过程,称为钻井流体处理。因此,当钻井流体的性能出现变化时,及时调整钻井流体性能,使其恢复正常性能满足该井段的钻井要求,对于钻井施工以及后续的油气田开采具有十分重要的意义。一般情况下,当钻井流体性能改变时,按5步处理。

(1)测量钻井流体性能。

现场取样,对钻井流体的密度、黏度、切力、固相含量、pH值进行测量,具体测量方法参照 GB 16783.1—2014《石油天然气工业 钻井液现场测试 第1部分:水基钻井液》、GB 16783.2—2012《石油天然气工业 钻井液现场测试 第2部分:油基钻井液》。测量结果与钻井流体设计要求的性能对比发现不恰当之处。

(2)寻找钻井流体性能失控主控因素。

根据现场生产资料和钻井流体取样资料,利用定量定性方法分析导致钻井流体性能发生变化的主控原因。钻井流体的同一种性能受到多方面因素的影响。如:地层水侵入钻井流体、钻井流体中的无用固相含量、温度、压力和井身结构等因素都会影响钻井流体性能。因此,只有找到引起某一性能发生改变的真正原因,对症下药,才能达到恢复钻井流体性能的目的。只有在拥有大量的现场实际数据的基础上,运用合理的分析方法才能提高实验结果的精确性。

(3)确定处理失控钻井流体方案。

根据性能改变的程度、原因及地层理化特性确定经济合适的处理剂类型及用量。分析确定钻井流体某一性能的改变程度,结合之前分析得出的导致钻井流体性能改变的原因,并根据地层特点、处理剂的成本选择合适经济的处理剂类型和用量。

(4)处理钻井流体获得合适性能。

加入处理剂后,需及时监测钻井流体性能的变化,直至钻井流体性能恢复至正常水平。随着勘探领域逐渐向深部地层中发展,需要钻探的低层也越来越复杂。为了能够满足钻探对钻井流体技术的标准和要求,必须探索性能稳定、耐温能力强、抗污染性能好和密度大的钻井流体技术。

钻井深度越深,井下温度和压力越来越高,地质情况越加复杂,遇到的技术困难就越多。而高温高压盐膏层钻井的技术难度就更大,因此高温高压盐膏层钻井流体的性能稳定与否直接关系到钻井的成败。

对于深井来说,钻进井段长且有大段裸眼,同时还要钻穿许多复杂地层。因此作业条件较一般井苛刻得多,钻井流体处于井底高温和高压条件下,钻井流体中的各种组分都发生了显著变化,使钻井流体的性能明显恶化,严重时将导致钻井作业无法正常进行。伴随较高的地层压力,钻井流体必须具有较高的密度,造成钻井流体的高固相,可能引发压差卡钻及井漏、井喷等。保持钻井流体良好的流变性和较低的失水量变的非常困难。要克服钻井流体在高温、高压条件下流变性恶化这一现象,一般应采取措施。

研制耐高温钻井流体处理剂,提高钻井流体的耐温、抗污染能力,有效抑制高温对黏土的副作用并把它们的影响降到最低限度,使钻井流体在整个温度循环过程中具备稳定的流变性能;在高温下能否保持钻井流体具有良好的流变性和携带、悬浮岩屑的能力非常重要,针对井下温度和压力严格控制钻井流体中低密度固相黏土的含量及其分散特性,可以保证钻井流体性能的稳定;增强钻井流体的抑制性,提高高密度钻井流体中固相颗粒的分散度。具有良好的润滑性,当固相含量较高时,防止卡钻尤为重要。此时可通过加入耐高温的润滑剂,以及混油等措施来降低摩阻。

(5)处理技术完善推广。

同一区块,由于地层的相似性,钻井过程中常会遇到相似的问题,因此,即时保存资料,对于新井的施工具有十分重要的意义。

同样,对于同一类钻井流体,处理的经验以及失控钻井流体的教训,更应该总结。因为预防钻井流体失控比处理钻井流体更容易、更廉价。

参 考 文 献

鲍允纪,何跃超,孙立芹,等.2011.酚脲醛树脂改性褐煤降滤失剂的合成与评价[J].精细石油化工(5):5-9.

毕只初,史彦,颜文华.1997.十六烷基三甲基溴化铵在二氧化硅表面吸附的研究[J].化学试剂,19(6):331-333.

边继祖,张献丰,张全明,等.2001.聚合醇水基钻井液在文33-196井的应用[J].钻井液与完井液,18:30-31.

蔡记华,乌效鸣,谷穗.2007.LG植物胶无固相钻井液的流变性研究[C].第十四届全国探矿工程(岩土钻掘工程)学术研讨会:160-162.

蔡记华,岳也,曹伟建,等.2016.钻井液润湿性影响页岩井壁稳定性的实验研究[J].煤炭学报,41(1):228-233.

蔡利山,郭才轩.1994.钻井液用量和费用的合理预测[J].石油钻探技术,22(1):50-51,46.

曹鹤.2008.高温高压稠化仪分析及改进设计[D].沈阳:沈阳航空工业学院:11-12.

曹绪龙,何秀娟.2007.表面活性剂疏水链长对高温下泡沫稳定性的影响[J].高等学校化学学报(11):2106-2111.

陈安猛,沈之芹,高磊,等.2015.可逆转油基钻井液用乳化剂的合成及性能研究[J].化学世界,56(4):240-244.

陈才,卢祥国,杨玉梅.2011.复配聚合物驱油效果及影响因素研究[J].特种油气藏(5):105-107,141.

陈大钧.2006.油气田应用化学[M].北京:石油工业出版社:110-111.

陈德飞,孟祥娟,康毅力,等.2017.气体吸附对煤层安全钻井液密度的影响[J].煤田地质与勘探,45(1):152-157.

陈华,张建卿,刘兆利,等.复合盐低活度防塌钻井液及其施工方法:CN103146363A[P].2013-06-12.

陈乐亮.1991.我国钻井液体系分类的探讨[J].天然气工业,11(4):64-68.

陈宗淇,王光信.2001.胶体与界面化学[M].北京:高等教育出版社:309-310.

陈宗淇,杨孔章.1988.胶体化学发展简史[J].化学通报(6):56-59.

成海,郑卫建,夏彬,等.2008.国内外涡轮钻具钻井技术及其发展趋势[J].石油矿场机械,37(4):28-31.

程金霞,郑秀华,夏柏如.2005.基于范例推理的钻井液优化设计系统的研究[J].探矿工程(岩土钻掘工程)(增刊):300-302.

程仲,熊继有,程昆,等.2009.物理法随钻堵漏技术的试验研究[J].石油钻探技术,37(1):53-57.

崔正刚,殷福珊.1999.微乳化技术及应用[M].北京:中国轻工业出版社:1

董书礼,鄢捷年.2000.利用最小二乘法优选钻井液流变模式[J].石油钻探技术,28(5):27-29.

杜栩,郑洪印,焦秀琼.1995.异常压力与油气分布[J].地学前缘(4):12.

樊洪海,彭齐,腾学清,等.2014.不同流变模式钻井流体圆管层流压耗的通用精确算法[J].中国石油大学学报(自然科学版),38(1):70-74.

樊洪海.2016.异常地层压力分析方法与应用[M].北京:科学出版社.

樊世忠,鄢捷年,周大晨.1996.钻井液完井液及保护油气层技术[M].北京:石油工业出版社.

樊世忠,鄢捷年,周大晨.1996.钻井液完井液及储层伤害控制技术[M].东营:石油大学出版社.

樊世忠.1980.油包水加重乳化泥浆[J].钻采工艺(2):21-27.

樊西惊.1997.原油对泡沫稳定性的影响[J].油田化学(4):384-388.

方传新,纪永强,金业权.2012.几种常用钻井风险评价方法的比较[J].中国石油和化工标准与质量,33(10):244.

方开泰.1980.均匀设计——数论方法在试验设计的应用[J].应用数学学报,3(4):363-372.

方开泰,全辉,陈庆云.1988.实用回归分析[M].北京:科学出版社:184-191.

冯利杰,张福,马永新,等.2013.岩屑处理装置在DSJ300-1海洋钻井平台上的应用[J].石油机械,41(3):77-79.

佛明义.1992.数据统计分析与实验设计[M].西安:西北大学出版社:100-102.

盖雪洁,盖同祥.2002.旋转黏度计检测机理分析及改进建议[J].青岛建筑工程学院学报,23(1):67-69.

高长虹.2000.国外20世纪90年代海洋钻井液新技术[J].中国海上油气(工程)(8):63-68.

高光华,王殿霞,童景山.1986.液上气相色谱法测定甲基叔丁基醚—甲醇等温汽液平衡[J].石油化工(11):30-35.

高岐,任建敏.2010.无机与分析化学[M].北京:化学工业出版社.

宫立武,刘安健,齐海鹰.1994.钻井液与储层配伍性研究[J].西部探矿工程(6):6.

郭春华.2004.塔河油田盐下区块盐膏层钻井液技术[J].钻井液与完井液,21(6):19-22.

郭晓乐,汪志明,陈亮.2009.利用黄金分割搜索法优选钻井液最优流变模式[J].钻井液与完井液,26(1):1-2.

韩成,邱正松,许发,等.2015.加重材料复配对高密度钻井液滤失造壁性的影响[J].辽宁石油化工大学学报(5):42-44.

韩丽丽,徐会文,于达慧,等.2011.南极冰钻超低温钻井液试验研究[C].第十六届全国探矿工程(岩土钻掘工程)技术学术交流年会.

洪继祥,刘子昆.1982.正交设计法选择泥浆配方[J].地质与勘探(7):71-74.

侯彬,周永璋,魏无际.2003.钻具的腐蚀与防护[J].钻井液与完井液,20(2):48-53.

侯士立,黄达全,杨贺卫.2015.刚性楔入承压封堵技术[J].钻井液与完井液,32(1):49-52.

胡继良,陶士先.2011.深部地质钻探钻井液体系设计因素及其分析[J].探矿工程(岩土钻掘工程),38(4):17-20.

胡金生,曹同玉,刘庆普.1979.乳液聚合[M].北京:化学工业出版社:100.

胡茂焱.2005.钻井液设计系统的研究[D].北京:中国地质大学(北京):1-157.

胡显玉,寇生河,王玮,等.2001.PAM的毒性作用及矿物防护措施[J].油田环境保护,11(1):27-29.

华桂,舒福昌.2009.可逆转乳化钻井流体研究与应用进展[J].内江科技,12:17,34

华桂友,舒福昌,向兴金,等.2009.可逆转乳化钻井液乳化剂的研究[J].精细石油化工进展,10(10):5-8.

黄汉仁,杨坤鹏,罗亚平.2002.泥浆工艺原理[M].北京:石油工业出版社.

黄秋伟,许江文,王新河,等.2013.有机盐抑制黏土水化膨胀应用[J].油田化学,30(4):496-499.

霍锦华,张瑞,杨磊.2018.CTAB诱导膨润土乳液转相机理及其在可逆乳化油基钻井液中的应用[J].石油学报,39(1):122-128.

贾小军.2013.浅谈钻井液现场配制与维护[J].中国新技术新产品(10):86.

金衍,陈勉.2000.盐岩地层井眼缩径控制技术新方法研究[J].岩石力学与工程学报,19(增刊):1111-1114.

寇林元,凌建春,赵丽彦,等.2009.正交试验与均匀试验优化效果比较[J].中国卫生统计,26(2):139-142.

蓝强,苏长明,杨飞,等.2006.乳液和乳化技术及其在钻井液完井液中的应用[J].钻井液与完井液,23(2):61-69.

李常茂,汪仲英,吴文媛.1965.国外新型泥浆处理剂与处理泥浆的经验[J].探工零讯(2):2-7.

李方,蒲小林,罗兴树.2009.几种有机盐溶液活度及抑制性实验研究[J].西南石油大学学报(自然科学版),31(3):134-137.

李广田,耿云华.2002.复合表面活性剂黏度行为研究[J].淮南工业学院学报,22(3):30-34.
李海宏.2003.钻井风险评价方法与模型建立[J].石油钻探技术(6):66-68.
李红冀,蒲晓林,赵黎丽,等.2014.基于支持向量机的水基钻井液配方优化设计[J].计算机与应用化学,31(7):787-790.
李辉,肖红章,张睿达,等.2003.聚合醇在钻井液中的应用[J].油田化学(3):280-284.
李明树,何梅,杨达,等.2007.软件成本估算方法及应用[J].软件学报,18(4):775-795.
李宁,李家学,周志世,等.2015."零电位"水基钻井液体系[J].钻井液与完井液,32(2):15-18,22,98.
李琪,于琳琳,刘志坤,等.2008.钻井风险因素综合评价方法及模型建立[J].天然气工业,28(5):120-122.
李晓岚,李玲,赵永刚,等.2010.套管环空保护液的研究与应用[J].钻井液与完井液(6):61-64,100.
李永信.1987.空气钻进用发泡剂性能测试研究[D].吉林:吉林大学.
李玉民.2004.塔河油田南缘盐膏层钻井液技术研究[J].石油钻探技术,32(3):8-11.
李兆敏,孙乾,李松岩.2013.纳米颗粒提高泡沫稳定性机理研究[J].油田化学,30(4):625-629,634.
李作锋,潭惠民.2003.表面活性剂混合体系的起泡性和泡沫稳定性[J].油气田地面工程,22(4):13-14.
林柏亨.1999.一个新的钻井液流变模型[J].石油学报,20(4):78-82.
刘东明,黄进军,王瑞莲,等.2007.钻井液pH值的影响因素研究[J].油田化学,24(1):1-4,29.
刘飞,王彦玲,郭保雨,等.2017.改性纳米颗粒稳定的可逆乳化钻井液的制备与性能[J].化工进展,36(11):4200-4208.
刘飞,王彦玲,郭保雨,等.2017.酸碱类型对pH值控制的可逆乳状液的影响[J].钻井液与完井液(1):63-67.
刘建民,胡庆江,严波,等.2005.均匀设计法在双保钻井液配方中的应用[J].西部探矿工程(6):76-77.
刘菊泉,于立松,刘平江,等.2012.清洁盐水完井液中抗高温保护剂的作用研究[J].长江大学学报(自然科学版),9(5):93-95.
刘科.2003.触变性研究新进展[J].胶体与聚合物,21(3):31-33,38.
刘天乐.2010.海底天然气水合物地层钻井用聚合醇钻井液体系研究[D].武汉:中国地质大学(武汉).
刘伟,陶冶,郑传义,等.2006.空气钻井设备配套技术[J].新疆石油科技(1):4-8.
刘希圣.1996.石油技术辞典[M].北京:石油工业出版社.
刘向君,罗平亚.1996.泥浆滤液防塌性能矿场评价方法研究[J].西南石油学院学报,18(2):42-47.
龙政军,韩松.1986.相关系数法选择钻井液流变模式[J].天然气工业:64-68.
龙政军.1999.合成基钻井流体体系及其最新发展[J].石油与天然气化工,28(1):57-60.
楼一珊,郑力会.2005.基于有机盐钻井液的稳定井壁新技术应用研究[J].石油天然气学报(江汉石油学院学报)(S6):888-890,814.
鲁港,李晓光,陈铁铮,等.2008.钻井液卡森模式流变参数非线性最小二乘估计新算法[J].石油学报,29(3):470-474.
吕开河,乔伟刚,赵修太,等.2012.镶嵌屏蔽钻井液研究及应用[J].钻井液与完井液,29(1),23-26.
吕开河,邱正松,徐加放.2006.甲基葡萄糖苷对钻井液性能的影响[J].应用化学,23(6):632-636.
栾军.1987.实验设计的技术与方法[M].上海:上海交通大学出版社:20-30.
罗平亚.1981.抗高温水基泥浆作用原理[J].石油学报(4):81-92.
罗跃,王永远.1992.灰色关联分析法优选钻井液流变模式[J].天然气工业,12(1):46-48.
罗云凤,韩来聚,张妍,等.2009.新型海洋环保聚合醇钻井液室内性能研究[J].石油钻探技术(4):15-18.
马光长.1993.井漏综合分类及其堵漏方法的选择[J].钻采工艺,16(4):15-20.
马建国.2006.油气井地层测试[M].北京:石油工业出版社:212-213,49-51.

马运庆,王伟忠,杨俊贞,等.2008.浅谈钻井液 pH 值对处理剂的影响[J].钻井液与完井液,25(3):77-78+90.

美国机械工程师学会振动筛委员会.2008.钻井液处理手册[M].郑力会,译.北京:石油工业出版社:141.

密德魏杰夫 П И.1956.物理化学与胶体化学[M].北京:高等教育出版社:181-182.

穆枭,冯其明.2008.铝土矿浮选三相泡沫稳定性研究[J].中国矿业(1):81-83.

彭春耀,鄢捷年.2000.钻井液配方的均匀设计法[J].石油大学学报(自然科学版),24(2):13-16.

蒲晓林,余越琳,易偲文,等.2014.油包水钻井液用乳化剂的研制[J].石油化工,43(1):68-73.

奇林格雷 G V,沃布切 P V.1987.钻井与钻井液[M].徐云英,等译.北京:石油工业出版社:1.

邱正松,韩祝国,徐加放,等.2006.KCl/聚合醇协同防塌作用机理研究[J].钻井液与完井液,23(2):1-3.

邱正松,徐加放,吕开河,等.2007."多元协同"稳定井壁新理论[J].石油学报,28(2):117-119.

邱正松,周宝义,暴丹.2016.钻井液致密承压封堵裂缝机理与优化设计[J].石油学报,37(S2):137-143.

饶天利,张文来,王涛,等.2015.空气泡沫驱用环空保护液研制与应用[J].长江大学学报(自然科学版)(25):10-13,2-3.

任妍君,蒋官澄,张弘,等.2013.基于乳状液转相技术的钻井液新体系室内研究[J].石油钻探技术,41(4):87-91.

沈忠厚.1982.确定泥浆比重的原则和方法[J].石油钻采工艺(6):32-33.

沈钟,王果庭.1997.胶体与表面化学[M].2 版.北京:化学工业出版社:49.

沈钟,赵振国,王果庭.2004.胶体与界面化学[M].北京:化学工业出版社.

宋兆辉,李舟军,薛玉志.2013.无固相有机盐环空保护液的研究与应用[J].钻井液与完井液(4):49-51,95.

苏长明,付继彤,郭保雨.2002.黏土矿物及钻井液电动电位变化规律研究[J].钻井液与完井液,19(6):6-9,148.

苏雪霞,孙举,郑志军,等.2014.氯化钙弱凝胶无黏土相钻井液室内研究[J].钻井液与完井液,31(3):10-13.

苏义脑.2001.螺杆钻具研究及应用[M].北京:石油工业出版社:1-2.

隋跃华,成效华,孙强,等.1999.可循环泡沫钻井液研究与应用[J].钻井液与液钻井,16(5):15-19.

孙金声,杨宇平,安树明.2009.提高机械钻速的钻井液理论与技术研究[J].钻井液与完井液,26(2):1-6.

谭道忠.1994.钾铵基聚合物钻井完井液技术的开发与应用[J].石油钻探技术(2):31-35,63.

谭建荣,王世伟,张树有.2003.面向大批量定制的产品成本估算方法研究[J].中国机械工程,14(7):576-579.

田娟锋,吴兆清.2017.浅谈钻井液配置技术及工艺与维护[J].化工设计通讯,43(5):231-232.

田岚.2010.石油天然气钻井工程风险识别与评价方法[J].钻采工艺,33(2):31-33.

汪海阁,刘希圣.1994.大斜度井及水平井钻井液的选择[J].钻采工艺,17(3):8-14.

王大全.1998.精细化工辞典[M].北京:化学工业出版社:43-46.

王富华,于敦远,万绪新,等.2006.防塌与保护气层的钻井液技术[J].石油钻探技术(5):39-43.

王富华.2005.中等润湿性在油气钻探和开发中的应用[J].断块油气藏,12(3):41-43.

王贵.2012.提高地层承压能力的钻井液封堵理论与技术研究[D].成都:西南石油大学.

王嘉.2012.浅谈钻井液设计对钻工程和地质录井的影响[J].中国石油和化工标准与质量,32(S1):14.

王荐,向兴金,舒福昌,等.2013-10-16.一种具有化学反渗透功能的钻井液:CN103351854A[P].

王军荣,刘志刚,何茂刚.2002.振动盘式黏度计工作方程的修正及 R407C 气相黏度的实验研究[J].热科学与技术,1(2):164-168.

王立波,鲁港.2008.钻井液赫—巴模式参数估计的新算法[J].中外能源,13(6):38-41.

王琳,林永学,杨小华,等.2012.不同加重剂对超高密度钻井液性能的影响[J].石油钻探技术(3):48-53.

王平全.1999.破碎性地层概念界定及其破碎的热力学分析[J].西南石油学院学报(1):19-22,3.

王平全,杨坤宾,朱涛,等.2014.复配重晶石对水基钻井液性能的影响[J].钻井液与完井液(1):16-19,96.

王瑞勤.2003.风险分析—钻井作业实施HSE管理的核心[J].安全、健康和环境(6):32-33.

王太平,程广存,李卫刚,等.2003.国内外超高压喷射钻井技术研究探讨[J].石油钻探技术(2):6-8.

王文,李刚,何昭睿,等.1997.气体黏度测量的低频振动法研究[J].西安交通大学学报,31(5):10-14.

王希勇,朱化蜀,朱礼平,等.2011.新型钻具减振器研制及在气体钻井中的应用[C].2011年度钻井技术研讨会暨第十一届石油钻井院所长会议.

王彦玲,刘飞,郭保雨,等.2016-06-08.一种pH值响应性可逆乳化剂组合物及其制备方法和应用:CN201610020684.0[P].

王永洪,范世福.1994.新型液体黏度自动测量仪的研制[J].仪器仪表学报,15(2):214-215.

王越之,罗春芝,罗跃.1995.运用灰色关联分析法优选钻井液处理剂[J].江汉石油学院学报(9):57-61.

王智锋.2009.复杂结构井岩屑床清除技术[J].石油钻采工艺,31(1):102-104.

王智锋,李作会,董怀荣.2015.页岩油油基钻屑随钻处理装置的研制与应用[J].石油机械,43(1):38-41.

王中华.2008.改性栲胶和单宁类钻井液处理剂研究与应用[J].精细石油化工进展(9):10-13.

王中华.2011.国内外油基钻井流体研究与应用进展[J].断块油气田,18(4):533-537.

王中华.2006.钻井液化学品设计与新产品开发[M].西安:西北大学出版社.

魏殿举,王善举,马文英,等.2008.水包油近平衡钻井液在中生界地层的应用[J].精细石油化工进展,9(4):16-19.

魏新勇,肖超,韩立胜.2002.硅酸盐钻井液综合机理研究[J].石油钻探技术,30(2):51-53.

温航,陈勉,金衍,文招军,等.2014.钻井液活度对硬脆性页岩破坏机理的实验研究[J].石油钻采工艺(1):57-60.

吴彬,向兴金,张岩.2006.深水低温条件下水基钻井液的流变性研究[J].钻井液与完井液,3(26):12-13.

吴超,田荣剑,罗健生,等.2012.油基钻井流体润湿性评价[J].西南石油大学学报,34(3):139-144.

吴来杰,李波,金远雄.2005.液力冲击器随钻监测仪的研制[J].矿山机械,33(5):20-23.

吴学诗,潘惠芳,夏文涛,等.1980.抗高温加重油包水乳化泥浆的稳定性[J].华东石油学院学报(1):27-36.

向兴金,肖稳发,易绍金,等.1996.聚合醇类防塌水基钻井液体系的研究及其应用[J].江汉石油学院学报(4):72-75.

向兴金,易绍金,戴向东,等.1996.海上钻井废弃物排放的法规与对策[J].油气田环境保护(3):31-35.

肖国章,赵国仙,韩勇.2007.重晶石和铁矿粉对套管磨损的实验研究[J].钻井液与完井液,24(5):73-75.

肖仕红,梁政.2006.旋转导向钻井技术发展现状及展望[J].石油机械,34(6):68-70.

胥思平,沈忠厚,丁海峰,等.2006.天然高分子钻井液体系的研究与应用[J].钻井液与完井液(6):33-35,83-84.

徐同台.1997.钻井工程防漏堵漏技术[M].北京:石油工业出版社:212-213.

徐仲安,王天保,李常英,等.2002.正交试验设计法简介[J].科技情况开发与经济,12(5):148-150.

鄢捷年,黄林基.1993.钻井液优化设计与实用技术[M].北京:石油大学出版社:24-25.

鄢捷年.1991.油藏岩石润湿反转与储层伤害[J].油田化学,8(4):342-350

鄢泰宁.1986.应用回归正交设计及微机优选泥浆配方[J].煤田地质与勘探(1):61-65.

杨敬一,顾荣.2002.固体颗粒对脱硫剂溶液泡沫性能的影响[J].华东理工大学学报(4),351-356.

杨晟.1957.物理化学及胶体化学[M].北京:人民卫生出版社:211.

姚福林.1989.沥青类钻井液处理剂[J].油田化学(2):176-184.

姚少全,汪世国,张毅,等.2003.有机盐钻井液技术[J].西部探矿工程(7):73-76.

叶艳,安文华,尹达,等.2013.甲酸盐溶液对饱和盐水磺化钻井液的适应性评价[J].石油与天然气化工,42(6):614-618.

易绍金,向兴金,肖稳发.2001.海上钻井含油钻屑处理技术[J].中国海上油气(工程)(6):52-55.

应春业,李新亮,杨现禹,等.2016.基于疏水型纳米二氧化硅的页岩气盐水钻井液[J].钻井液与完井液,33(4):41-46.

袁翰青.1982.亨利定律的发明人[J].化学教育,3(6):59-60.

袁运开,顾明远.1991.科学技术社会辞典(STS辞典):物理[M].杭州:浙江教育出版社.

曾浩,刘晶,党丽更,等.2012.普光高含硫气田长效环空保护液的研究与应用[J].西安石油大学学报(自然科学版),27(4):87-90,118.

占样烈,徐力生,李月良.2010.SM植物胶冲洗液的流变性分析与探讨[J].地质与勘探(3):343-347.

张春涛.2008.盐膏层固井技术及应用[J].钻采工艺(3):146-148.

张殿荣.1996.现代橡胶配方设计[M].北京:化学工业出版社:45-50.

张国钊,何耀春,郑若芝,等.1998.关于评价钻井液降粘剂使用的基浆的讨论[J].油田化学(4):18-22.

张洁,陈刚.2011.正交分析法筛选无固相钻井液配方[J].石油化工应用,30(2):5-8.

张克勤,方慧,刘颖,等.2003.国外水基钻井液半透膜的研究概述[J].钻井液与完井液,20(6):1-5.

张克勤,卢彦丽,宋芳,等.2005.国外钻井液处理剂20年发展分析[J].钻井液与完井液(S1):1-4,117.

张克勤,王欣,何纶,等.2007.2006年国外钻井液体系和处理剂分类[J].钻井液与完井液(S1):45-51,127.

张坤,伍贤柱,李家龙,等.2008."三低"水基钻井液防塌技术在四川超深井中的应用[J].天然气工业,28(1):79-81.

张明伟.2013.动态安全密度窗口解析模型[D].北京:中国石油大学(北京):1.

张群,裴梅山,张瑾,等.2006.十二烷基硫酸钠与两性表面活性剂复配体系表面性能及影响因素[J].日用化学工业(2):69-72.

张瑞,杨杰,叶仲斌.2011.油田用润湿反转剂的应用与展望[J].化学工程与装备(7):153-156.

张晓明,袁丹.2011.新型比表面积测定仪在检测中的应用[J].计量与测试技术,12:21-23.

张勇斌,梁荣华,罗健生,等.2002.数据挖掘技术在钻井液优化配方设计中应用[J].钻井液与完井液,19(1):36-37,40.

张云连,王正湖,唐志军,等.2000.多底井、分支井工程设计原则及方法[J].石油钻探技术,28(2):4-5.

张志行.2014.可逆乳状液逆转过程及其影响因素研究与分析[J].石油化工应用,33(7):92-94.

章莉娟,郑忠.2006.胶体与界面化学[M].2版.广州:华南理工大学出版社.

赵国玺,朱步瑶.2003.表面活性剂作用原理[M].北京:中国轻工业出版社:27-51.

赵翰宝,李男璋,廖光裕.1994.深井钻井液技术研究与应用[J].西安石油学院学报(自然科学版)(S1):4-10,15.

赵怀文,陈智喜.1995.钻井机械(钻井专业用)[M].北京:石油工业出版社:166.

赵建刚,韩天夫,许云博.2006.高温高压泥浆流变性测试方法及其测试设备[C]."十五"重要地质科技成果暨重大找矿成果交流会:233-236.

赵建刚,韩天夫,许云博.2005.高温高压泥浆流变性测试方法及其测试设备[J].探矿工程(岩土钻掘工程),32(S1):233-236.

赵文光.2003.分支井工程设计原则[J].海洋石油,23(4):75-78.

赵雄虎,苟燕.2004.钻井液体系分类方法研究进展[J].石油钻采工艺,26(3):28-29.

赵湛.2014.抗高温水基钻井液研究[J].科技致富向导(12):42.

郑力会,陈必武,张峥,等.2016.煤层气绒囊钻井流体的防塌机理[J].天然气工业,36(2):72-77.

郑力会,单正锋,刘东,等.2007.有机盐加重剂Weigh2和Weigh3水溶液活度[J].石油钻采工艺,29(3):89-90.

郑力会,单正锋,刘东.2007.钻井液活度测量仪开发及应用[J].石油机械,35(5):46-48.

郑力会,单正锋,刘东.2006.钻井液活度测量仪器研制[J].石油天然气学报,28(6):164-165.

郑力会.2011.仿生绒囊钻井液煤层气钻井应用现状与发展前景[J].石油钻采工艺,33(3):78-90.

郑力会,蒋建方.2007.有机盐无固相试油压井液的基液研究[J].油气井测试,16(3):16-18.

郑力会,康晓东,蒋珊珊,等.2013.油藏启动压力研究基础理论问题探讨[J].石油钻采工艺,35(5):121-125.

郑力会,孔令琛,曹园,等.2010.绒囊工作液防漏堵漏机理[J].科学通报(15):1522-1530.

郑力会,刘皓,曾浩,等.2019.流量替代渗透率评价破碎性储层工作流体伤害程度[J].天然气工业,39(12):74-80.

郑力会,鄢捷年,陈勉,等.2005.油气井工作液成本控制优化模型[J].石油学报,26(4):102-103.

郑力会,张金波,杨虎,等.2004.新型环空保护液的腐蚀性研究与应用[J].石油钻采工艺(2):13-16,81-82.

郑力会,张明伟,2012.封堵技术基础理论回顾与展望[J].石油钻采工艺,34(5):1-9.

郑素群,汤静芳,杨芳芳,2010.膨润土吸蓝量试验方法探讨[J].中国非金属矿工业导刊(1):43-45.

郑钟光,1986.多元回归分析在矿石体重测定中的应用[J].地质与勘探(8):44-46.

中国冶金百科全书总编辑委员会,1999.中国冶金百科全书冶金建设上[M].北京:冶金工业出版社.

钟功祥,梁政,王维军,2004.钻井液循环系统存在的问题及解决方案[J].石油机械,32(8):66-68.

周长虹,崔茂荣,黄雪静,等.2005.钻井液常用流变模式及其优选方法[J].中国科技信息(22):86-87.

周风山.1989.泡沫性能研究[J].油田化学,6(3):267-271.

周公度.2004.化学辞典[M].北京:化学工业出版社:372.

周六顺.2012.无机盐对正负离子表面活性剂复配系统流变性质的影响[D].长沙:湖南师范大学.

钻井手册(甲方)编写组.1990.钻井手册[M].北京:石油工业出版社.

Abraham W E V. 1933. The Functions of Mud Fluids used in Rotary Drilling[C]. Oilfield Chemistry, WPC-1093.

Adam T Bourgoyne Jr, Keith K Millheim, Martin E Chenevert, et al. 1986. Applied Drilling Engineering (SPE Textbook Series)[M]. Richardson, Texas: Society of Petroleum Engineers.

American Petroleum Institute, International Association of Drilling Contractors. 2012. Classifications of Fluid Systems[J]. World Oil(6): F109-F113.

Anderson D M, Low P F. 1958. The Density of Water Adsorbed by Lithium-, Sodium-, and Potassium-Bentonite[J]. Soil Science Society of America Journal, 22(2): 99-103.

Anderson W G. 1985. Wettability Literature Survey Part 2: Wettability Measurement[C]. SPE 13933.

Asakura S, Oosawa F. 1958. Interaction between Particles Suspended in Solutions of Macromolecules[J]. Journal of Polymer Science Part A Polymer Chemistry, 33(126): 183-192.

ASME Shale Shaker Committee. 2005. Drilling Fluids Processing Handbook[M]. Houston: Gulf Professional Publishing: 16.

Aveyard R, Binks B P, Clint J H. 2003. Emulsions Stabilized Solely by Colloidal Particles[J]. Advances in Colloid and Interface Science(100-102): 503-546.

Beirute R M, Flumerfelt R W. 1977. An Evaluation of the Robertson-Stiff Model Describing Rheological Properties of Drilling Fluids and Cement Slurries[C]. SPE 6505: 97-100.

Bingham E C. 1922. Fluidity and Plasticity [M]. New York: McGraw. Hill Book Co.

Binks B P. 2002. Particles as Surfactants Similarities and Differences [J]. Current Opinion in Colloid & Interface Science, 7(1-2): 21-41.

Bi Z, Liao W, Qi L. 2002. WettabilityAlteration by cTAB Adsorption at Surfaces of SiO_2, Film or Silica Gel Powder and Mimic Oil Recovery[J]. Acta Physico-chimica Sinica, 221(1-4): 25-31.

Bland R G, Smith G L, Eagark P. 1995. Low Salinity Polyglycol Water-based Drilling Fluids as Alternatives to Oil-based Muds [C]. SPE/IADC 29378.

Bland R G, Smith G L. 1996. Low Salinity Polyglycol Water-Based Drilling Fluids as Alternatives to Oil-Based Muds[C]. SPE 29378.

Bland R G, Smith G L, Pasook Eagark. 1995. Low Salinity Polyglycol Water-Based Drilling Fluids as Alternatives to Oil-Based Muds[C]. SPE 2937.

Bland R G, Waughman P G, Tomkins W S. 2002. Water-Based Alternatives to Oil-based Muds: Do They Actually Exist[C]. IADC/SPE 74542.

Borst R L, Shell F J. 1971. The Effect of Thinners on the Fabric of Clay Muds and Gels[J]. Petrol. Technol., 23(10): 1193-1201.

Bowman S, Urbancic T I, Baig A. 2012. Remote Triggering of Large($M>0$) Events During Hydraulic Fracture Stimulations [C]. SPE 159796.

Buscall R, Corner T, Stagement F. 1885. Polymer Colloids [M]. NewYork: Elsevier.

Caenn R, Darley H C H, Gray G R. 2011. Composition & Properties of Drilling & Completion Fluids(Sixth Edition) [M]. Huston, TX.: Gulf Professional Punlishing.

Cannon Williams. 1938-4-13. Weighted Nonaqueous Drilling Fluid: US, 2239498[P].

Cardwell W T. 1941. Drilling-Fluid Viscosimetry [R]. Drilling and Productice Practice. American Petroleum Institute: 104-112.

Cartwright R S. 1928. Rotary Drilling Problems [C]. SPE 929009-G.

Casson N. 1959. A Flow Equation for Pigment-Oil of the Printing Ink Type [J]. Rhehology of Disperse System, 卷(期)不详: 84-104.

Chapman D L. 1913. A Contribution to the Theory of Electrocapillarity [J]. The London, Edinburgh, and Dublin Philosophical Magazine and Journal of Science, 6(25): 475.

Chapman M T, Chapman M C. 1890-12-16. Apparatus for and Process of Sinking Wells: US, 443069[P].

Chenevert M E. 1970. Shale Alteration by Water Adsorption [C]. SPE 2401.

Chenevert M E. 1970. Shale Alteration by Water Adsorption [J]. Journal of Petroleum Technology, 22(9): 1141-1148.

Chenevert M E. 1970. Shale Control with Balanced-Activity Oil-Continuous Muds [J]. SPE 2559.

Chenevert M E, Sharma A K. 1993. Permeability and Effective Pore Pressure of Shale [J]. SPE Drilling & Completion, 8(1): 28-34.

Chenevert Sharma. 1993. Permeability and Effective Pore Pressure of Shalesc[C]. SPE 21918.

Chen Taw. 2005. An Experimental Study of Stability of Oil-water Emulsion [J]. Fuel Processing Technology(86): 499-508.

Chilingarian G V, Vorabutr P. 1981. Drilling and Drilling Fluids [M]. Amsterdam: Elsevier Scientific Publishing Company.

Cuiec L. 1989. Effect of Drilling Fluids on Rock Surface Properties[J]. SPE Formation Evaluation, 4(1): 38-44.

Daniel C Harris. 1987. Quantitative Chemical Analysis(2nd edition)[M]. NewYork: W. H. Freeman: 25.

Darley H C H. 1988. Composition and Properties of Drilling and Completion Fluids [M]. Houston: Gulf Professional Publishing.

Darley H C H, Gray G R. 1988. Composition & Properties of Drilling & Completion Fluids (fifith edition) [M]. Houston TX: Gulf Publishing Co. : 1 – 2.

David D R, Henderikus H P. 1943 – 05 – 05. Nonaqueous Drilling Fluids: US, 2350154[P].

Dawson R D. 1950 – 02 – 14. Oil Base Drilling Fluid: US, US2497398[P].

Deraguin B V. Landan L D. 1941. Acta Physicochim[J]. USSR, 14: 633.

Derjaguin B V, Churaev N V. 1971. Investigation ofTheproperties of Water II[J]. JCIS, 36(4): 415 – 426.

Derjaguin B V, Zorin Z M, Rabinovich Y I, et al. 1974. Results of Analytical Investigation of the Composition of "Anomalous" Water[J]. Journal of Colloid and Interface Science, 46(3): 437 – 441.

Everett D H. 1988. Basic Principles of Colloid Science [M]. London: Royal Society of Chemistry.

Ezzat Blattel. 1989. Solids – Free Brine – in – Oil Emulsion for Well completion [C]. SPE 17161.

Fauvelle M. 1846. On aNew Method of Boring for Artesian Springs [J]. Philadelphia Journal of the Franklin Institute, 42(6): 369 – 372.

Ferrari L, Kaufmann J, Winnefield F, et al. 2010. Interaction of Cement Model Systems with Super Plasticizers Investigated by Atomic Force Microscopy, Zeta Potential, and Adsorption Measurements[J]. Journal of Colloid & Interface Science, 347(1): 15 – 24.

Flory Paul J. 1944. Thermodynamics of Heterogeneous Polymer Solutions [J]. The Journal of Chemical Physics, 12(3): 114 – 115.

Flory P J, Krigbaum W R. 1950 Statistical Mechanics of Dilute Polymer Solutions II [J]. Journal of Chemical Physics, 18(8): 1086 – 1094.

Fowler C I, Jessop P G, Cunningham M F. 2012. Aryl Amidine and Tertiary Amine Switchable Surfactants and their Application in the Emulsion Polymerization of Methyl Methacrylate [J]. Macromolecules, 45(7): 2955 – 2962.

Fraser L J. 1991. Field Application of the All – Oil Drilling – Fluid inept [C]. SPE 19955.

Fraser L J, Gerbino A J, Hurst B, et al. 1990. Green Canyon Drilling Benefits from All – oil Mud[J]. Oil and Gas Journal (USA) (3): 33 – 39.

Friberg S, Mandell L, Larsson M. 1969. Mesomorphous Phases, a Factor of Importance for the Properties of Emulsions[J]. Journal of Colloid & Interface Science, 29(1): 155 – 156.

Friedheim Conn. 1996. Second Generation Synthetic Fluids in the North Sea are they Better [C]. SPE 35061.

Friedheim J E, Hans G J, Park A, et al. 1991. An Environmentally Superior Replacement for Mineral – Oil Drilling Fluids [C]. SPE 23062.

Fuh G F, Beardmore D H, Morita N. 2007. Further Development, Field Testing, and Application of the Wellbore Strengthening Technique for Drilling Operations[R]. SPE/IADC 105809.

Fuller L S. 1954. Drilling with Air and Natural Gas [C]. API 54 – 082.

Garrison A D. 1941 – 05 – 06. Oil Base Drilling Fluid: US, US2241255[P].

Gennes D P G. 1976. On a Relation between Percolation Theory and the Elasticity of Gels [J]. Journal de Physique Lettres, 37(1): 1 – 2.

George M. 1947 – 07 – 12. Oil Base Drilling Fluid and Mixing Oil for the Same: US, US2475713[P].

Gomari K A R, Hamouda A A. 2006. Effect ofFatty Acids, Water Composition and pH on the Wettability Alteration of Calcite Surface[J]. Journal of Petroleum Science & Engineering, 50(2): 140 – 150.

Go Morikawa, Junji Maeda, Yuki Maehara, et al. 1949. Interpretation of Core – analysis Results on Cores Taken with Oil or Oil – base Muds[C]. SPE SPWLA – JFES – 2017 – X.

Gouy M. 1910. Sur la Constitution de la Charge électrique à la Surface d'un electrolyte[J]. Phys. Theor. Appl. ,9(1):457-468.

Govier G W, Aziz K, Schowalter W R. 1973. The Flow of Complex Mixtures in Pipes [J]. Journal of Applied Mechanics,40(2):404.

Gray G R, Grioni S. 1968. Varied Applications of Invert Emulsion Muds [C]. SPE 2097-PA.

Green T C, Wagner M R, Webb T, et al. 2004. Horizontal Drilling and Openhole Gravel-Packing with Oil-based Fluids-An Industry Milestone. Society of Petroleum Engineers[C]. SPE 87648.

Grocock F B, Sinor L A, Reece A R, et al. 1994. Innovative Additives can Increase the Drilling Rates of Water-based Muds[C]. SPE 28708.

Growcock Frederick. 1996 Drilling Operational Limits of Synthetic Drilling Fluids [J]. SPE 29071:132-136.

Hale A H, Mody F K, Salisbury D P. 1992. Experimental Investigation of the Influence of chemical Potential on Well-Bore Stability[C]. IADC/SPE 23885.

Hale A H, Mody F K, Salisbury D P. 1993 The Influence of Chemical Potential on Wellbore Stability [J]. SPE Drilling & Engineering,8(3):207-216.

Hallan N Marsh. 1931. Properties and Treatment of Rotary Mud [J]. SPE 931234-G:234-249.

Harkins W D, Beeman N. 1929. Emulsions:Stability, Area per Molecule in the Interfacial Film, Distribution of Sizes and the Oriented Wedge Theory [J]. Journal of the American Chemical Society,51(6):1674-1694.

Hayes C W, Kennedy W. 1903. Oil Fields of the Texas Louisiana Gulf Coastal Plain [J]. U. S. Geol. Survey Bull. ,212:167.

Hedreul C, Frens G. 2001. FoamStability [J]. Clioids and Surfaces A:Physicochem. Eng. Apects,186:73.

HellerW, Pugh T L. 1954. "Steric Protection" of Hydrophobic Colloidal Particles by Adsorption of Flexible Macromolecules[J]. Journal of Chemical Physics,22(10):1778-1778.

Hendrick S B. 1941. Base Exchange of the Clay Mineral Montmorillonite for Cations and its Dependence upon Adsorption due to van der Waals Forces[J]. Phys. Chem. ,45(1):65-81.

Hendricks S B, Jefferson M E. 1938. Structures of Kaolin and Talc-pyrophyllite Hydrates and their Bearing on Water Sorption of the Clays[J]. Amer. Min. ,23:863-875.

Herschel W H, Bulkley R. 1926. Measurement of Consistency as Applied to Rubber-Benzine solutions [C]. Proceedings of the American Society of Testing Materials:621-633.

Herzhaf T B, Peysson Y, Isambourg P, et al. 2001. Rheological Properties of Drilling Muds in Deep Offshore Conditions [C]. SPE 67736.

Hildebrand J H. 1929. Solubility XII. Regular Solutions[J]. J. Am. Chem. Soc. (1):66-80.

Hindry H W. 2013. Characteristics and Application of an Oil-base Mud[J]. Transactions of the AIME,142(1):70-75.

Hirtzel C S, Ragepalau B. 1985. Colloidal Phenomena—Advanced Topics [M]. Park Ridge, New Jersey:C. S. Hirtzel and Raj Rajagcopalan, Noyes Publications.

Jeff Leonard. 1980. Guide to Drilling, Workover and Completion Fluids [J]. World Oil:F57-F59.

Jeff Leonard, Robert D Dudley. 1981. Guide to Drilling, Workover and Completion fluids [J]. World Oil:F77-F78.

Jin J, Wang Y, Wang L, et al. 2016. The Influence of Gas-wetting Nanofluid on the Liquid-blocking Effect of Condensate Reservoir[C]. SPE 182350.

Johannes Fink. 2012. Petroleum Engineer's Guide to Oil Field Chemicals and Fluids [M]. Houston:Gulf Professional Publishing:1.

Johannes Karl Fink. 2003. Oil Field Chemicals [M]. Houston:Gulf Professional Publishing.

John R Eckel. 1958. Effect of Pressure on Rock Drillability [C]. SPE 877 – G.

Kabalnov A S,Shchukin E D. 1992. Ostwald Ripening Theory:Application to Fluorocarbon Emulsion Stability [J]. Advances in colloid and Interface Science,38(92):69 – 97.

Kersten G,Glenn V. 1946. Results and Use of Oil – based Fluids in Drilling and Completing Wells [C]. The Spring Meeting of the Pacific Coast District.

Kolodner J L. 1991. Inproving Human Decision Making through Case – based Decision Aiding[J]. AI Magazine,12(3):52 – 69.

Kumar K,Dao E K,Mohanty K K. 2005. Atomic Force Microscopy Study of Wettability Alteration. [C]. SPE 93009 – MS.

Lauzon R V,Reid K I G. 1979. NewRheological Model Offers Field Alternative [J]. The Oil and Gas Journal,77(21):51 – 57.

LawhonC P,Evans W M,Simpson J P. 1967. Laboratory Drilling Rate and Filtration Studies of Emulsion Drilling Fluids[C]. SPE 1695 – PA.

Lee D,Hansen V,Wallace Mc Calie. 2003. From Rubber to Volcanoes; the Physical Chemistry of Foam Formation [J]. J. Chem. Res. ,42(12):2634 – 2638.

Lesso W,Laastad H,Newton A,et al. 2008. The Utilization of the Massive Amount of Real Time Data Acquired in Wired – Drillpipe Operations [C]. SPE 112702.

Lewis G N. 1907. Outlines of a new System of Thermodynamic Chemistry [J]. Proceedings of the American Academy of Arts & Sciences,43(7):259 – 293.

Lewis G N. 1901. The Law of Physic – chemical Change [J]. Proceedings of the American Academy of Arts & Sciences,37(3):49 – 69.

Low P F. 1961. Physical Chemistry of Clay – water Interaction[J]. Advances in Agronomy(13):269 – 327.

Lummus J,Barrett H,Allen H. 1953. The Effect of Use of Oil in Drilling Muds [C]. SPE 135.

Mario Zamora,David L Lord. 1974. Practical Analysis of Drilling Mud Flow in Pipes and Annuli[C]. SPE 4976 – MS.

Markus Reine. 1933. De Waele – Ostwald Law[J]. Kolloid Zeitschrift,65(1):44 – 62.

Marshall C E. 1965. The Physical Chemistry and Mineralogy of Soils. Volume 1[J]. Soil Science,99(5):355.

Martin E Chenevert. 1969. Adsorption Pore Pressure of Argillaceous Rocks [R]. The 11th U. S. Symposium on Rock Mechanics(USRMS).

Mazee Willem Martin. 1942 – 09 – 29. Nonaqueous Drilling Fluid:US,US2297660 A[P].

Milton R. 1962. WaterBase Drilling Fluid and Method of Drilling:US,US3027324[P].

Mohammed Shahjahan Ali,Muhammad Ali Al – Marhoun. 1990. The Effect of High Temperature,High Pressure,and aging on Water – Based Drilling Fluids[C]. SPE 21613.

Mohan R,Boswell B,Oyler K,et al. 2014. Effective Hydraulic Modeling and Field Data for Deepwater Horizontal Well with Low Drilling Margins in Unconsolidated Formation. Society of Petroleum Engineers[C]. SPE 167934.

Mondshine T C,Kercheville J D. 1966. Shale Dehydration Studies Point Way to Successful Gumbo – Shale Drilling [J]. The Oil and Gas Journal,28(3):235 – 251.

Mondshine T C,Kercheville J D. 1966. Successful Gumbo – shale Drilling[J]. Oil and Gas Journal(13):194 – 205.

Mondshine T C. 1969. New Technique Determines Oil – Mud Salinity Needs in Shale Drilling [J]. Oil & Gas Journal(7):70 – 75.

Mondshine T C. 1969. New Technique Determines Oil – Mud Salinity Needs in Shale Drilling [J]. Oil and Gas Journal,14:70 – 75.

Monsalve A, Schechter R S. 1984. TheStability of Foams: Dependence of Observation on the Bubble Size Distribution [J]. Journal of Colloid and Interface Science, 97(2): 327-335.

Morita N, Black A D, Guh G F. 1990. Theory of Lost Circulation Pressure. Society of Petroleum Engineers[C]. SPE 20409.

Morris E E, Wieland D R. 1963. A Microscopic Study of the Effect of Variable Wettability Conditions on Immiscible Fluid Displacement [C]. SPE 704.

Motita N, Black A D, Fuh G F. 1990. Theory of Lost Circulation Pressure[C]. SPE 20409.

Muhleman T M Jr. 1983. Guide to Drilling, Completion and Workover Fluids [J]. World Oil: F55-F58.

Muhleman T M Jr. 1985. Guide to Drilling, Completion and Workover Fluids [J]. World Oil: F54-F58.

Muhleman T M Jr. 1986. Guide to Drilling, Completion and Workover Fluids [J]. World Oil: F37-F39.

Naik V, Mudhfar D, Pal A, et al. 2018. An Innovative Approach to Test Heavy Oil in Burgan Reservoir of Greater Burgan Field [C]. SPE 193793.

Napper DH. 1977. Steric Stabilization[J]. Journal of Colloid and Interface Science, 58(2): 390-407.

Nicolson K M. 1953. Air Drilling in California [C]. SPE 53-300.

Norrish K. 1963. Rausell-Colom, Effect of Freezing on the Swelling of Clay Minerals [J]. Clay Minerals Bulletin, 5(27): 9-16.

Norrish K. 1954. The Swelling of Montmorillonite[J]. Discuss. Faraday Soc., 18: 120-134.

Olphen H V. 1951. Rheological Phenomena of Clay Sols in Connection with the Charge Distribution on the Micelles [J]. Discussions of the Faraday Society, 11(11): 82-84.

Osmond D W J, Vincent B, Waite F A. 1975. Steric Stabilisation: A reappraisal of current theory [J]. Colloid and Polymer Science, 253(8): 676-682.

Parsons C P. 1931. Characteristics of Drilling Fluids [J]. Trans. AIME, 92: 227-233.

Patel A, Ali S. 2003. New Opportunities for the Drilling Industry through Innovative Emulsifier Chemistry[C]. SPE 80247.

Patel A D. 1998. Choosing the Right Synthetic-Based Drilling Fluids: Drilling Performance Versus Environmental Impact [C]. SPE 39508.

Patel A D. 1999. Negative Alkalinity Invert Emulsion Drilling Fluid Extends the Utility of Ester-Based Fluids [C]. SPE 56968.

Paul H Javora, Mingjie Ke, Richard F Stevens, et al. 2003. The Chemistry of Formate Brines at Downhole Conditions [C]. SPE 8021.

Perkins H. 1951. A Report on Oil-emulsion Drilling Fluids [C]. SPE 349.

Peter Ablard, Chris Bell, David Cook. 2014. 泥浆录井技术新进展(一)[J]. 国外测井技术, 200(2): 67-74.

Price-Smith C, Parlar M, Kelkar S, et al. 2000. Laboratory Development of a Novel, Synthetic Oil-Based Reservoir Drilling and Gravel-Pack Fluid System That Allows Simultaneous Gravel-Packing and Cake-Cleanup in Open-Hole Completions [C]. SPE 64399.

Pursley John T. 2004. Microemulsion Additives Enable Optimized Formation Damage Repair and Prevention [C]. SPE 86556.

Ragland D, George E C. 1955. Method of Drilling Wells: US, US2726063 A[P].

Rand P B. 1974. Aqueous Foams for Geothermal Drilling Fluids. I[R]. Surfactant Screening D. Sandia Labs.

Rao D. 1996. Wettability Effects in Thermal Recovery Operations [J]. SPE 57897, 2(5): 420-430.

Rao D N, Girard M G. 1996. A New Technique for Reservoir Wettability characterization [J]. Journal of Canadian Petroleum Technology, 35(1): 31-39.

Reidenbach V G, Harris P C, Lee Y N, et al. 1986. Rheology Study of Foam Fracturing Fluids using Nitrogen and Carbon Dioxide [C]. SPE 12026 – PA.

Reid P I, Bernadette Dolan, Stephen Cliffs. 1995. Mechanism Fluids of Shale Inhibition by Polyols in Water Based Drilling[C]. SPE 28960.

Robertson R E, Stiff H A. 1975. An Improved Mathematical Model for Relating Shear Stress to Shear Rate in Drilling Fluids and Cement Slurries [C]. SPE 5333 – PA.

Robinson Stokes. 1959. Electrolyte Solutions[M]. 2nd ed. London: Butterworths Scientific Publications.

Ross C S, Hendricks S B. 1945. Minerals of Clay Aggregation by Polyelectrolytes[J]. Soil Sci. (73):485 – 492.

Sample K J, Bourgoyne A T. 1977. An Experimental Evaluation of Correlations used for Predicting Cutting Slip Velocity[C]. SPE 6645.

Samuel Olusola Osisanya, Oluseyi Olusola Harris. 2005. Evaluation of Equivalent Circulating Density of Drilling Fluids under High Pressure/High Temperature Conditions [C]. SPE 97018.

Sangesland S, Sivertsen A, Hiorth E. 1991. Downhole BlowoutPrevente [C]. SPE/IADC 21962.

Schofield R K, Samson H R. 1954. Flocculation of Kaolinite due to the Attraction of Oppositely Charged Crystal Faces[J]. Faraday Society Discussions(18):135 – 145.

Serrano – Saldaña E, DomíNguez – Ortiz A, Pérez – Aguilar H, et al. 2004. Wettability of Solid/Brine/ n – dodecane Systems: Experimental Study of the Effects of Ionic Strength and Surfactant Concentration[J]. Colloids & Surfaces a Physicochemical & Engineering Aspects, 241(1 – 3):343 – 349.

Shale L. 1991. Eastman Christensen Development of Air Drilling Motor Holds Promise for Specialized Directional Drilling Applications [C]. SPE 22564 – MS.

Shaw D J. 1970. Introduction to Colloid and Surface Chemistry 2nd [M]. Burlington, MA.: Linacre House: 172.

Sisko A W. 1958. The Flow of Lubricating Greases [J]. Industrial & Engineering Chemistry, 50(12):1789 – 1792.

Standnes D C, Austad T. 2003. Wettability Alteration in Carbonates: Interaction between Cationic Surfactant and Carboxylates as a Key Factor in Wettability Alteration from Oil – wet to Water – wet Conditions [J]. Colloids & Surfaces A Physicochemical & Engineering Aspects, 216(1 – 3):243 – 259.

Standnes D C, Austad T. 2000. Wettability Alteration in Chalk: 1. Preparation of Core Material and Oil Properties [J]. Journal of Petroleum Science & Engineering, 28(3):111 – 121.

Thomas D C, Hsing H, Menzie D E. 1984. Evaluation of Core Damage caused by Oil – Based Drilling and Coring Fluids [C]. SPE 13097.

Thoresen K M, Hinds A A. 1983. A Review of the Environment Acceptability and the Toxicity of Diesel Oil Substitute in Drilling Fluid System[C]. SPE 11401.

Tom Brookey. 1998. "Micro – Bubbles": New Aphron Drill – in Fluid Technique Reduces Formation Damage in Horizontal Wells[C]. SPE 39589.

Tomren P H, Iyoho A W, Azar J J. 1986. Experimental Study of Cuttings Transport in Directional Wells [C]. SPE 12123, 1(1):1 – 3.

Trimble Nelson. 1959. Use of Inverted – Emulsion Mud Proves Successful in Zones Susceptible to Water Damage [C]. SPE 1296.

Vans R R, Napper D H, Ewald A H. 1975. A Correlation between Critical Flocculation Pressures and Theta – pressure [J]. Journal of Colloid & Interface Science, 51(3):552 – 553.

Verwey E J W. 1947. The Journal of Physical and Colloid Chemistry, 51(3):631 – 636.

Vincent B, Luckham P F, Waite F A. 1980. The Effect of Free Polymer on the Stability of Sterically Stabilized Ddispersions [J]. Journal of Colloid & Interface Science, 73(2):508 – 521.

Wagner M, Webb T, Maharaj M, et al. 2004. Open-Hole Horizontal Drilling and Gravel-Packing with Oil-Based Fluids - An Industry Milestone [C]. SPE 87648.

Wang H, Sweatman R E, Engelman R E, et al. 2005. The Key to Successfully Applying Today's Lost Circulation Solutions [C]. SPE 95895.

Wang Jinfeng, Zheng Lihui, Li Bowen, et al. 2016. A Novel Method Applied to Optimize Oil and Gas Well Working Fluids [J]. International Journal of Engineering and Technical Research, 5(1): 178-185.

Weissenberg K. 1948. Some New Rheological Phenomena and their Significance for the Constitution of Materials [J]. Nature, 162(4113): 320-323.

Wright T R Jr. 1977, 1978, 1979, 1982, 1984. Guide to Drilling, Workover and Completion Fluids [J]. World Oil.

Written T A, Pincus P A. 1986. Colloid Stabilization by Long Grafted Polymers [J]. Macromolecules, 19: 2509-2513.

Xue L, Stoyan I, Karakashev M. 2012. Effect of Environmental Humidity on Static Foam Stability [J]. Langmuir, 28(9): 4060-4068.

Yanl Masliyah. 1993. Solids-Stabilized Oil-in-water Emulsions: Scavenging of Eemulsion Droplets by Fresh Oil Addition [J]. Colloids and Surfaces A: Physic-chemical and Engineering Aspects(75): 123-132.

Zheng L, Su G, Li Z, et al. 2018. The Wellbore Instability Control Mechanism of Fuzzy Ball Drilling Fluids for Coal Bed Methane Wells via Bonding Formation [J]. Journal of Natural Gas Science and Engineering(56): 107-120.

Zheng L H, Wang J F, Li X P, et al. 2008. Optimization of Rheological Parameter for Micro-bubble Drilling Fluids by Multiple Regression Experimental Design [J]. J. Cent. South Univ. Technol., 15(S1): 424-428.

Zohrab A Samani, Willardson L S, 周训. 1988. 非饱和水力传导系数的简易实验室测量方法 [J]. 地质科学译丛(4): 80-84.

第 2 篇 钻井流体性能

钻井流体性能(Drilling Fluids Performance)，是指人为控制钻井流体处理剂种类和剂量，使钻井流体具有一定的物理化学性质或者具备完成钻井工程需要的能力。这种性质或者能力，称为钻井流体的性能。

钻井流体发展过程中，不同时期，不同工程、不同地质和不同环境需要钻井流体性能不断变化，使得钻井流体性能类型不同，性能好坏的评价指标也不尽相同。

首先，性能类型有时增加，有时减少。如钻井流体最初要求具备工程安全作业性能，逐渐增加具备控制储层伤害需要的性能，现在环境保护日益重视又必须增加环境友好性能，即增加性能。对于某一具体井眼而言，并不是所有的井段都使用相同性能的评价指标，浅井段注重防塌，目的层则注重储层保护，即根据实际情况减少性能。

其次，性能指标有时提高，有时降低。如钻井流体在完成常规地层钻井后，进入泥页岩井段，为抑制黏土水化就要提高地层抑制能力。在泥页岩井段固井结束后进入砂岩地层，则因泥质含量降低需要降低抑制能力。

因此，钻井流体必须具备性能可以调整的能力。但应该谨记，满足工程需要的性能是钻井流体的前提，是诸多钻井流体性能的基础。只有首先满足工程需要后，再满足钻井流体其他性能才有意义。如，在完成工程需要的基础上，达到储层保护目的，实现环境保护。钻井流体如果无法完成钻井目的，无法按预先设计钻达井深，其他性能再好也不能称为钻井流体，至少不能算是理想的钻井流体。

当然，钻井流体基本性能外的性能，即辅助性能，不能认为不重要，有的还十分重要。如钻井流体的兼容性能。钻井流体的维护处理，主要针对不能兼容的固相采取控制措施。

钻井流体辅助性能不能充分发挥，不仅影响主要功能无法发挥，还会引起其他性能的恶化。如抑制性能不足，会引起低密度固相含量增加，失水护壁能力下降，润滑性变差甚至恶化等一系列问题。当然，如果是储层作业，储层伤害程度也会因此加剧。

钻井流体的任何性能都十分重要。只有了解这些性能与钻井、地质和产能间的关系也就是作用机制，了解测量手段、计算方法以及调整技术，才能更好地调整钻井流体的性能，更好地发挥钻井流体的作用。

从钻井流体控制压力性能，到钻井流体流变性能、钻井流体失水护壁性能、钻井流体传递信息性能、钻井流体耐酸碱性能、钻井流体耐盐性能、钻井流体兼容性能、钻井流体耐温性能、钻井流体抑制性能、钻井流体润滑性能、钻井流体荧光性能、钻井流体腐蚀性能、钻井流体导热性能、钻井流体导电性能、钻井流体储层伤害性能、钻井流体环境友好性能，共 16 章，介绍这些性能与钻井工程间的关系、测量及调整方法、现场调整工艺和发展趋势。

第1章　钻井流体控制压力性能

钻井流体的压力控制性能(Pressure Control Performance)是指利用钻井流体密度或者流体进入地层后形成的新的岩石强度控制井壁坍塌或者地层压力的性质和功能。

许多论文和著作中把钻井流体的密度作为钻井流体的一种性能，是不完全合适的。钻井流体的密度是流体的物理属性而不是性能。要想利用这一物理属性满足钻井流体的在工程上的需要，则要结合工艺实现。利用钻井流体密度这一物理属性结合操作工艺，获得钻井流体井下压力的控制的性能，达到稳定井壁、防止井喷等目的。

物理学中用以表征物质分布密集程度的物理量，称为密度(Density)。通常指某一空间单位(如面积、长度、体积)的量(如质量、电量、能量)的分布。依据单位类型，可分为面密度、线密度和体密度。

密度可为工艺设计提供数据、推测物质纯度、确定物质浓度等，是产品中间控制和成品检验过程中的一项重要指标，如印刷上的光密度、粉末颗粒的堆密度等。这里只讨论与钻井流体相关的体密度，如加重剂和流体密度(液体和气体等)。钻井流体的密度是物质质量与其体积的比值，适用于气体、固体和液体的密度表达。

$$\rho = \lim_{\Delta V \to 0} \frac{\Delta M}{\Delta V} \tag{2.1.1}$$

式中　ρ——物质密度；
　　　ΔV——体积元；
　　　ΔM——体积元的质量。

在厘米·克·秒制中，密度的单位为 g/cm^3；在国际单位制和中国法定计量单位中，密度的单位为 kg/m^3。kg/m^3 与 g/cm^3 的换算关系为：

$$1kg/m^3 = 10^{-3} g/cm^3$$

密度作为物质本身的一种特性，不随物质的质量或体积的变化而变化，与该物质组成的物体的质量、体积、形状、运动状态等无关。同一种物质的密度在一定的状态下(如温度、压力等)是确定的，不同物质的密度一般是不同的。因此，可用密度来鉴别物质的成分。日常生活和工作中，常说密度指的是实际密度。

固体密度需要关注实际密度、表观密度和堆积密度等3种，都与钻井流体的处理剂和体系相关。

实际密度(Actual Density)，又称真密度，指物质在绝对密实状态下，单位体积所具有的质量。绝对密实状态下，物质的密度只与构成物质的化学成分和分子结构有关。所以，对于同种物质构成的物质，其密度为一恒定值。特定种类的物质在自然界中的存在形式很多。因此，测定出的密度与真实密度或多或少有些区别。测定矿物真密度的方法是排除孔隙法。

表观密度(Apparent Density),又称容重,指物质在自然状态下,单位体积所具有的质量。自然状态下,物质的体积受到环境如温度和压力等较多因素的影响,其体积等于真实体积、开口孔隙体积和闭口孔隙体积之和。测量表观密度的原理是阿基米德定律。

堆积密度(Tap Density),指散粒物质如砂、石等在自然堆积状态下,单位体积的质量。自然堆积状态下,物质的体积等于真实体积、开口孔隙体积和闭口孔隙体积以及空隙体积之和。堆积密度受容器大小、填充方式等因素的影响。测定时应按一定的方法进行。通常是从一定的高度让试料通过漏斗定量自由落下。松散充填后的密度称为疏充填堆积密度。密实充填后的密度称为密充填堆积密度。此外还有压缩率、充填率及空隙率等参数。

这三类密度大多指固体的密度。流体的密度,指气体或液体的密度,大多与温度和压力有关,一般是指气体或液体的密度。测量方法较多,一般都用密度计来完成。

按照密度计的应用场景不同,可以将密度计分为台式密度计和便携式密度计。

按测量的物质形态不同,可以将密度计分为固体密度计、液体密度计和气体密度计。密度的种类较多,主要是分类的依据较多。

按照工作原理的不同,可以将密度计分为静压式、振动式、浮子式和放射性同位素式密度计。

密度计来源于实践,可以分成原理式、直读式和数字式,即以越来越方便使用为分类依据。由于钻井流体是流体,所以主要介绍流体密度计。

(1)原理式密度计。根据流体密度概念,只要得知一定体积液体的质量,就可以计算密度。利用这一原理测量的方法有密度瓶法。相同原理的,还有更简单的移液管法。用移液管取一定体积的液体放置在电子天平上称量即可得到该液体的密度。由于无法控制温度或压力,因此只能用于要求不高的场合。只要在烧杯中装适量的未知液体放在调节好的天平上称出其质量。将烧杯中的未知液体倒一些在量筒中测出其体积。将盛有剩下未知液体的烧杯放在天平上,测出它们的质量。根据密度公式计算流体密度:

$$\rho_\text{液} = \frac{m_2 - m_1}{V} \tag{2.1.2}$$

式中 $\rho_\text{液}$——液体的密度;
m_1——剩下液体和烧杯的质量;
m_2——原液体和烧杯的质量;
V——液体的体积。

因此,利用的是密度差比例正比于水的密度和液体密度,就可以利用密度瓶法测量液体的密度。

用调节好的天平测出空瓶的质量。在空瓶中装满水,测出它们的总质量。把水倒出,再将空瓶中装满未知液体,测出它们的质量。计算出液体的密度。

$$m_\text{液} = m_2 - m_0 \tag{2.1.3}$$

$$V_\text{液} = V_\text{水} = \frac{m_1 - m_0}{\rho_\text{水}} \tag{2.1.4}$$

$$\rho_{液} = \frac{m_2 - m_0}{m_1 - m_0}\rho_{水} \tag{2.1.5}$$

式中　$V_{水}$——水的体积；

　　　$V_{液}$——液体的体积；

　　　$\rho_{水}$——水的密度；

　　　$m_{液}$——液体的质量；

　　　m_0——空瓶的质量；

　　　m_1——空瓶加满水的质量；

　　　m_2——空瓶加满液体的质量。

同样的原理,密度计法也可以测量流体的密度。利用测量液体的密度比正比于液体密度与水的密度的方法来计算。把铁丝缠在细木棍下端制成简易的密度计。在量筒中放适量的水,让密度计漂浮在水中,测出它在水中的体积。在量筒中放适量的未知液体,让密度计漂浮在液体中,测出它在液体中的体积。

$$\rho_{液} = \frac{V_{水}}{V_{液}}\rho_{水} \tag{2.1.6}$$

式中　$V_{水}$——密度计在水中的体积；

　　　$V_{液}$——密度计在液体中的体积。

同样的原理,浮力法也可以测量流体的密度。利用重力差比值正比于液体密度和水的密度计算获得。用弹簧测力计测出金属块在空气中受到的重力。用弹测力计测出金属块浸没在水中受到的重力。用弹簧测力计测出金属块浸没在未知液体中受到的重力,进而计算流体的密度。

$$\rho_{液} = \frac{G_0 - G_2}{G_0 - G_1}\rho_{水} \tag{2.1.7}$$

式中　G_0——金属块在空气中受到的重力；

　　　G_2——金属块浸没在未知液体中受到的重力；

　　　G_1——金属块浸没在水中的重力。

(2)直读式密度计。根据阿基米德物体所受浮力原理,测定方法有密度(浮)计、表面张力仪和天平所带的密度附件等测量方法。

密度(浮)计,由干管和躯体两部分组成。即密度计是一根粗细不均匀的密封玻璃管,管的下部装有少量密度较大的铅丸或水银。使用时将密度计竖直地放入待测的液体中,待密度计平稳后,从它的刻度处读出待测液体的密度。干管是一顶端密封的、直径均匀的细长圆管,熔接于躯体上部,内壁粘贴有固定的刻度标尺。躯体是仪器的本体,为一直径较粗的圆管。为避免底部附着气泡,底部呈圆锥形或半球状。底部填有适当质量的压载物(如细铅丸),使其能垂直稳定地漂浮在液体中。某些密度计还附有温度计。测量密度时,同时测量温度,用于排除温度变化对密度的影响。

密度(浮)计忽略空气浮力和弯月面影响,平衡方程为:

$$m_0 g = (V_0 + lA)\rho g \tag{2.1.8}$$

即

$$m_0 = (V_0 + lA)\rho \tag{2.1.9}$$

式中　ρ——所测液体密度，g/cm^3；

m_0——密度计质量，g；

V_0——密度计躯体部分的体积，cm^3；

l——液面下干管的长度，cm；

A——干管的截面积，cm^2。

液面下干管的长度和密度对应，可以直接读出。因此，可用液面下干管的长度表示液体密度的大小。密度计测量密度时，首先估计所测液体密度值的可能范围，根据所要求的精度选择密度计。仔细清洗密度计，测液体密度时，用手拿住干管最高刻线以上部位垂直取放。容器要清洗后再慢慢倒进待测液体，并不断搅拌，使液体内无气泡后，再放入密度计。密度计浸入液体部分不得附有气泡。密度计使用前要洗涤清洁。密度计浸入液体后，若弯月面不正常，应重新洗涤密度计。读数时以弯月面下部刻线为准。如图2.1.1，读数时密度计不得与容器壁、底以及搅拌器接触。对不透明液体，只能用弯月面上缘读数。

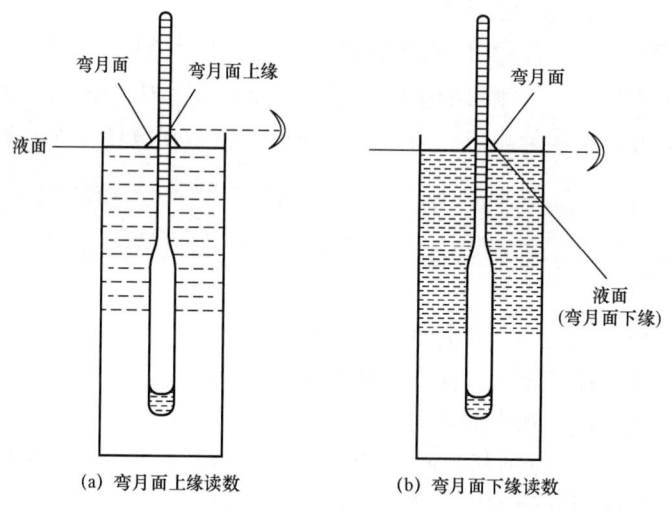

图2.1.1　液体密度计读数示意图

测量时要根据测液体密度值的范围选择合适的密度计。根据同一物质不同浓度的液体密度不同，可以将其刻度改为浓度，用于测定酒精浓度、糖度、盐度等。

密度计是浮计的一种，分通用和专用两类，其测量范围大、精度高。中国生产的部分密度计技术规格，见表2.1.1。

第2篇　钻井流体性能

表 2.1.1　中国部分密度计技术规格(温度20℃)

名称	规格	用途	测量范围 g/cm³	分度值 g/cm³
通用密度计	一等	测量各种液体密度	0.65~2.00	0.0002~0.0005
	二等			0.0005
蓄电池密度计	精密型	测量蓄电池电液密度	1.10~1.30	0.0010
	普通型			0.0020
海水密度计		测量海水相对密度	1.00~1.04	0.0001
酒精密度计		测量酒精密度	998.20~789.24	0.2000

密度计测量依据浮体法,同样利用的是阿基米德定律,采用的是浸没在水中的或者液体的深度,计算液体密度。如利用木块就可以测量出液体密度,先将木块平放在水中漂浮,测出木块浸在水中的深度。然后,将木块平放在液体中漂浮,测出木块浸在液体中的深度。

$$\rho_{液} = \frac{h_1}{h_2}\rho_{水} \qquad (2.1.10)$$

式中　h_1——木块浸在水中的深度;

　　　h_2——木块浸在液体中的深度。

(3)数字密度计。利用U形管的振荡频率与其质量关系制作的仪器,测量需要的样品量少,精度高。目前广泛采用的方法有两种:一是,用容量瓶测量液体体积,再用天平测量其质量,求得液体密度,这种方法测量精度较高,但测量时间长。二是用比重瓶进行测量,但玻璃易碎,不安全。

无论是第一种,还是第二种,难以满足自动化的需要,也无法将密度信号送入计算机中。目前也有一些具有电信号输出的密度计,但其精度不高,难以满足使用者的需要。谐振式数字液体密度计克服了上述不足,具有较高的性价比,适用领域较广。

谐振式数字液体密度计是由谐振筒式密度传感器和单片微型计算机构成的智能仪表,谐振筒式密度传感器将液体密度变成相应的频率信号,通过测量频率信号,就可以得到液体密度。随着钻井流体智能化发展,很有可能用于钻井流体在线测量。

钻井流体是流体,因此钻井流体的密度一般指液体或气体配制完成的流体密度。钻井流体密度(Drilling Fluid Density)是指钻井流体在一定温度和压力下单位体积的质量。

水基和油基等液体型钻井流体密度,即非气基钻井流体的密度,是指单位体积钻井流体在规定温度(21℃)下的质量,俗称钻井流体比重(Mud Weight,MW 或 Mud Specific Gravity,MSG)。气基钻井流体密度,是指单位体积的气体质量,用百分比表示。通常,钻井流体密度通常是指地面密度(Surface Density),与之相对的是井下密度(Downhole Density)。

钻井流体密度的度量用国际单位制(International System of Units)和英制单位均可。国际单位制为克/立方厘米(Grams per Cubic Centimeter,g/cm³)或者千克/立方米(Kilograms per Cubic Meter,kg/m³)。一般情况下,可以使用毫升(Milliliter,mL)来表达立方厘米。英制单位为通常为磅/加仑(lb/gal,Pounds per Gallon,即ppg)或者磅/立方英尺(Pounds per Cubic

Foot,lb/ft³)。

$$1g/cm^3 = 1000kg/m^3$$
$$1lb/gal = 119.826kg/m^3$$
$$1lb/ft^3 = 16.02kg/m^3$$

国际标准化组织(International Organization for Standardization,ISO)给出了钻井流体密度单位 g/cm^3、kg/m^3、lb/gal 和 lb/ft^3 间的换算关系，其中 g/cm^3 的值与相对密度的数学值相同。$1g/cm^3 = 8.345lb/gal$ 是单位间换算关系。

尽管API接受立方厘米替换毫升，但作为文献或者撰写学术论文时，不推荐使用此表示方法，建议使用国际单位制或者文献要求的单位。

密度作为钻井流体的性质，比较复杂。钻井流体是功能性流体，同一类钻井流体，甚至同一钻井流体，在组分不同或者同一组分但剂量不同的情况下，钻井流体的密度也可能不相同。钻井流体密度是钻井流体各组分密度及相互作用程度的综合表现。

1974年，Hutchison S.O.等用扇形图绘制了以空气、柴油、水、饱和盐水、饱和氯化钙盐水为标志性的密度分布图，定性地比较了空气、雾、稳定泡沫、充气的钻井流体和带压测量的泡沫、油、胶体及盐水、自然造浆黏土以及水的密度(Hutchison et al.,1974)。

随着钻井流体的发展，密度不断变化，已经无法适用于复合加重、可循环泡沫类流体等工艺和技术。所以只能借用扇形图中空气、油、水、饱和盐水、饱和氯化钙盐水密度的标识值划定的思想，以估算主要处理剂在连续相中的存在状态三大类钻井流体的密度范围。

钻井流体类型不同，密度范围不一样，而相同类型钻井流体的密度也可能不一样。但其共同之处是，非加重钻井流体连续相对钻井流体密度起决定作用。除气基外，以油作为连续相的钻井流体密度最低，水及盐水钻井流体较高。

气基钻井流体的密度一般小于 $0.9g/cm^3$。其中，空气密度 $0.00117g/cm^3$ 为最低。充气钻井流体密度最高，能达到 $0.83g/cm^3$(朱丽华等,2006)。充气钻井液是一种密度 $0.47 \sim 0.83g/cm^3$ 的气(通常为空气或氮气)液(通常为水或油)混合物，钻井中将气体通过地面设备连续不断地注入钻井流体，使其呈均匀气泡状分散于钻井流体中，从而达到降低环空液柱压力的目的。有的充气钻井流体的密度最高可达 $1.05g/cm^3$(仇自力,2008)。

油基钻井流体密度 $0.83 \sim 1.30g/cm^3$，其中柴油全油基钻井流体的密度最低，为 $0.83g/cm^3$，但现场应用中曾出现过初始密度为 $1.30g/cm^3$ 的油基钻井流体(何涛等,2012)。主要是油品不同，如沥青油作基油，非加重钻井流体的密度较高。

水基钻井流体密度为 $1.0 \sim 2.2g/cm^3$，其中清水钻井流体密度最低为 $1.0g/cm^3$，有学者研究的高密度盐水钻井流体，密度可达 $2.2g/cm^3$(王富华等,2010)。

加重钻井流体的密度变化较大，范围在 $1.25 \sim 2.1g/cm^3$。使用可溶性有机盐、无机盐，不溶性惰性加重剂以及复合加重的钻井流体密度可达 $2.3g/cm^3$ 或者更高(叶艳等,2016)。

钻井流体除了连续相、可溶性盐以及惰性加重材料等能提高钻井流体密度的组分外，还有降失水剂和增黏剂等其他处理剂。这些处理剂在调节钻井流体性能方面可以发挥巨大作用，但如果它们的剂量相对较小，对钻井流体的密度影响可以忽略，特别是对加重钻井流体，这些处理剂对密度的贡献更是微乎其微，所以在计算密度时，一般不考虑。

1.1 与钻井工程的关系

认识钻井流体密度控制井下压力的作用,经过了较长时间。Jones 提出使用钻井流体的密度控制钻井过程中地下油、气、水进入井眼,防止井壁掉块(Jones,1937)。这些目前看来常识性的内容,但在当时长篇论述也没有得到完全认可。随着技术进步,认为井下压力的控制不仅仅靠密度,还可以通过封堵来改变地层流体的流动阻力和岩石自身的强度来实现。这也可能需要较长的时间,才能被钻井所接受。

钻井流体控制压力性能关系到井下安全、机械钻速和储层伤害等。此外,还能通过自身的密度悬浮井内物质。

钻井流体密度增加,体系兼容能力变差,抗侵害能力减弱,容易引发井下难题和事故。钻井流体密度高于地层临界承压能力,压漏地层概率增加,压差卡钻概率增加。钻井流体密度过高,黏度、切力增大,材料消耗增加,钻井流体水动力降低,机械钻速降低。此外,钻井流体的失水量也会增加,钻井流体中的固相进入地层的深度也相应增加,储层伤害的程度加剧。

钻井流体密度低于地层临界密度,井涌甚至井喷概率增加,井眼缩径、井壁坍塌和井壁失稳的概率上升,井下风险增加。钻井流体密度过低,浮力降低,悬浮固相能力下降,携带能力下降,摩阻增加,有可能沉砂卡钻。

但这些问题,通过调节钻井流体的封堵能力,可以在一定程度上减缓或者避免以上井下难题或者事故。

1.1.1 关系井下安全

钻井流体的首要作用是保证井下安全。井下安全主要体现在平衡地层孔隙压力和构造应力,即井下压力。井下压力是指作用在井下某一位置的各种压力总和。钻井作业不同,井下压力也不同。实际钻井过程中,井下压力不仅是钻井流体静止或者循环时的压力,还有许多作业会产生附加压力。这些压力都可以用钻井流体的密度来表征。

1.1.1.1 静止时钻井流体作用于井下的压力

钻井流体静止是指钻井流体停止循环,如接单根作业、测井作业等,钻井流体处于静止状态。钻井流体静液柱压力(Hydrostatic Pressure)是平衡井底压力和维持井壁稳定的唯一手段,即一级井控。钻井流体在井内处于不流动的状态。此时,钻井流体作用于井下的压力可以为(Moore,1974):

$$p_{bot} = p_{df} = 0.00981 \rho_{df} D \tag{2.1.11}$$

式中 p_{bot} ——井下某垂深处的压力,MPa;

p_{df} ——钻井流体静液柱压力,MPa;

ρ_{df} ——钻井流体密度,g/cm³;

D ——井下某处的垂深,m。

1.1.1.2 循环时钻井流体作用于井下的压力

钻井流体循环时,如正常钻进、地质循环等过程,环空流动阻力使井底压力增加,井底压力为钻井流体静液柱压力与环空流动阻力(Flow Resistance)之和。此时,钻井流体作用于井下的压力为(O'Brien et al.,1960):

$$p_{bot} = p_{df} + p_{fr} \tag{2.1.12}$$

式中 p_{fr}——循环时钻井流体环空流动阻力,MPa。

1.1.1.3 起钻时钻井流体作用于井下的压力

起钻时,钻柱沿井筒向上运动,井筒内压力降低,称为抽吸现象。引起抽吸现象的原因,称为抽吸作用(Suction Effect)。此时,井筒内钻井流体短时间内向下流动,充填钻柱起出后留下的体积。流体作用于井底压力因为抽吸作用和钻井流体没有来得及灌满井筒而产生的静液压力减小。此时,钻井流体作用于井下的压力,可以计算。

$$p_{bot} = p_{df} - p_{ss} - p_{hh} \tag{2.1.13}$$

式中 p_{ss}——抽吸波动压力,MPa;

p_{hh}——井筒掏空压力,MPa。

抽吸作用使钻井流体作用于井下压力减小。这个压力称为抽吸波动压力(Swab Surge Pressure)。钻井流体没有来得及灌满井筒而减少的静液压力,称为井筒掏空压力(Hollow Hole Pressure)。

起钻时井底压力小于静液柱压力,抽吸压力过大会造成井涌、井塌等井下难题。现场应每起3~5根钻杆或1柱钻铤就应灌满一次钻井流体,保证钻井流体充满井眼。目前,中国已开发出自动灌浆监测系统,实时监测起下钻过程钻井流体的灌浆情况并自动灌满钻井流体。如果出现异常情况如溢流或井涌,还可以及时报警(刘寿军,2006)。

钻井设计中如果采用近平衡钻井,必须考虑抽吸压力和井筒掏空压力。一般以起钻时的井下压力为基准,附加安全余量。

一般地,中国钻井作业,钻井流体密度附加值,油层可选择1.5~3.5MPa或0.05~0.1g/cm³,气层可选择3.0~5.0MPa或0.07~0.15g/cm³。

国际上,认为正常压力以0.433psi/ft为标准,高于此值为异常高压,低于此值则为异常低压。以此为依据,可分为过平衡钻井、平衡钻井和欠平衡钻井。大多数钻井属于过平衡钻井,附加值通常高于地层压力100psi到500psi(阿扎等,2011)。

1.1.1.4 下钻时钻井流体作用于井下的压力

下钻时,钻柱沿井筒向下运动,造成井筒内压力增大,称为挤注现象。引起挤注现象的原因,称为挤注作用。此时,井筒内钻井流体短时间内向上流动,挤占钻井流体原有空间迫使流体向上运动,流体作用于井底的压力因为挤注作用突然增大。此时,钻井流体作用于井下的压力,可以计算。

$$p_{bot} = p_{df} + p_s \tag{2.1.14}$$

式中 p_s——激动压力,MPa。

挤注作用使钻井流体作用于井下压力增加。这个压力称为挤注波动压力,俗称激动压力(Surge Pressure)。

下钻或者下套管时,激动压力过大会增加地层破裂的概率,进而诱发井漏。因此,下钻时要防止激动压力过大压漏地层。

1.1.1.5 划眼时钻井流体作用于井下的压力

已完钻井眼由于井眼质量不好或者局部井眼质量不好,或者发现井壁附着杂物,造成起下钻柱阻卡,需要修理已钻井眼。用与井径相同直径的钻头,在井眼内上下移动旋转、刮削缩径岩石,使井眼规则、井径上下一致、井壁平滑的作业过程,称为划眼(Reaming Redressing)。

下钻遇阻时、下套管前摩阻较大或在容易发生井斜的井段,都需要划眼。此时,钻井流体作用于井下的压力,可以计算。

$$p_{\text{bot}} = p_{\text{df}} + p_{\text{fr}} + p_{\text{s}} + p_{\text{ss}} \tag{2.1.15}$$

划眼分正划眼和倒划眼。边循环、边向下钻已完成的井眼,称为正划眼(Ream Down),此时井内压差为正值。边循环、边向上钻已完成的井眼,则称为倒划眼(Back Reaming),此时井内压差为负值。

由此可见,钻井过程中,钻井流体对井下作用的压力十分复杂,准确地预测井下压力对于井下安全十分重要。

1.1.2 关系机械钻速

钻井过程中,钻井流体密度偏高或地层压力偏低,或者因钻井流体循环,当量循环密度增加,或者钻屑引起的循环当量密度增加,致使井底承受较大的附加压力。这种井底附加压力增大的现象,即为井底压持效应。井底压持效应的存在会造成钻头重复破碎和切削,降低钻进速度(张云,1992)。主要原因是加大井内推力和增大压入强度。

(1)加大井内推力。岩石处于受拉状态下最易破坏。钻井流体密度降低,改变井底应力状态,使地层孔隙压力在负压差条件下产生向井内的"推力"。"推力"有促使井底岩石破碎的趋势,利于钻头和井底岩石的接触,提高切削效率。

(2)增大压入强度。钻井流体密度降低,井底围压随之降低,即相当于岩石的抗钻强度降低。钻井流体密度提高在围压较高时会增大岩石的各向压缩效应,导致岩石压入强度(即岩石硬度)增加和塑性增大。钻进过程中齿坑减小,会造成破碎岩石体积减小,从而降低机械速度。这种影响在岩石硬度较小的地层尤其明显。各向压缩效应是,三轴应力实验中,如果岩石是干的或者不渗透的,或孔隙度小且孔隙中不存在液体或者气体时,增大围压一方面增大岩石的强度,另一方面也增大了岩石的塑性。

惰性加重剂加重钻井流体,高密度意味着高固相,高固相就意味着低机械钻速。固相含量对钻井速度的影响将在容纳固相的能力部分介绍。可溶性盐,特别是高密度有机盐钻井流体的出现,意味着高密度未必是高固相。所以,一概而论,高密度影响钻井机械钻进是不恰当的。

1.1.3 关系储层伤害

钻井流体密度高、当量循环密度大,液柱压力和地层压力差增加,导致固相颗粒进入地层数量增多或者颗粒间距离增大,无法封堵稳定,失水量增大,造成储层伤害。

通常,滤液或者固相颗粒进入储层的深度和储层伤害的严重程度,随着正压差的增加而增大,即随着密度的增加而增大。

此外,当钻井流体有效液柱压力超过地层破裂压力或钻井流体在储层裂缝中的流动阻力时,钻井流体就有可能漏失至储层深部,加剧储层伤害。

1.2 测定及调整方法

准确地测量钻井流体的密度,是调控钻井流体密度的前提。钻井流体作为流体的一种,测量手段多种多样。大多数情况下,钻井流体是相对稳定的多相流体,且在流体测量体积较小的情况下,钻井流体在容器上部和下部的密度相差不大。通过测量单位体积的钻井流体质量以获得钻井流体的平均密度作为钻井流体的密度,是可接受的。所以,可以借助一些流体的近似测量方法定量测量,如利用减少钻井流体的质量和体积计算的流体减少法,利用相同体积的清水比对密度的等体积清水法等,都是可以接受的。钻井流体密度是钻井流体最常用的参数之一,测量频率较高,迫使钻井行业必须提出一种简便的钻井流体密度方法。

1.2.1 钻井流体地面密度测量方法

钻井流体的配制工作通常在常温常压的环境中进行,因此在地面环境中使用各种方法测量钻井流体的密度是可以接受的。

1.2.1.1 利用体积质量减少测量钻井流体地面密度

体积质量减少法是利用钻井流体减少的质量除以减少的体积,获得钻井流体近似密度的一种方法。流体减少和流体增加都可以获得钻井流体的密度,原理相同。测量分4步:

(1)用天平称量烧杯和钻井流体的总质量,然后从烧杯中倒入量筒一部分。
(2)用天平称量烧杯和剩余钻井流体的质量。
(3)计算出量筒中钻井流体的质量。
(4)读出量筒中钻井流体的体积,然后计算钻井流体的密度。通过式(2.1.16)即可得到被测量的钻井流体的密度值。

$$\rho_{df} = \frac{m}{V_{df}} = \frac{m_1 - m_2}{V_{df}} \quad (2.1.16)$$

式中　m——量筒中钻井流体的质量,g;
　　　m_1——烧杯和钻井流体的总质量,g;
　　　m_2——烧杯和剩余钻井流体的质量,g;
　　　V_{df}——量筒中钻井流体的体积,mL。

1.2.1.2 利用等体积清水测量钻井流体地面密度

等体积清水法用于没有量筒或者液体体积无法直接测量的情况,需要借助等体积配浆用的清水(Preparation Water)测量钻井流体。利用清水的密度,在体积相等时,两种物质的质量比等于密度比,来获得钻井流体近似密度的一种方法。

(1)用天平称量空烧杯质量。

(2)用烧杯取一定量清水,用记号笔在液面处做好记号,并用天平称量清水和烧杯总质量。

(3)再用烧杯取与清水等体积的钻井流体(钻井流体液面与记号处相平),并用天平称量钻井流体和烧杯总质量。

(4)根据清水和钻井流体体积相等,计算钻井流体的密度。利用式(2.1.17)得到钻井流体密度。

$$\rho_{df} = \frac{m_2 - m_0}{m_1 - m_0}\rho_{cw} \tag{2.1.17}$$

式中 m_2——烧杯和钻井流体的总质量,g;
　　　m_0——空烧杯质量,g;
　　　m_1——烧杯和清水的总质量,g;
　　　ρ_{cw}——清水的密度,kg/m³。

1.2.1.3 利用液体密度计测量钻井流体地面密度

使用密度计测量钻井流体的密度,是利用固定的体积,获得钻井流体的相对质量,来获得钻井流体近似密度的一种方法。此前,通过观察钻井流体槽或者钻井流体池中钻井流体表面状况判断得到的钻井流体密度,叫重度。一般认为稠浆即是重浆(Brantly,1971)。

为测量钻井流体的密度,最先用的液体比重计叫密度(浮)计,也叫浮秤。用于计量钻井流体的重度。在使用过程中发现并不适合测量钻井流体,因为钻井流体的重度与动切力相关,与塑性流体特别是其密度、黏度与流动速度有很大关系。

20世纪20年代,高密度矿石用于增加钻井流体的密度,需要仪器测量钻井流体的密度或者重量,用1gal的桶配上一个简单的弹簧秤测量钻井流体的重量,以获得钻井流体的密度。

由于测量精度和测量范围受限,需要开发适合的仪器。洛杉矶的Braun公司开发并销售的一种铝制液体比重计作为钻井流体水比重计(Mud - Water Hydrometer)。用配浆水来校准。置于重浆中后,引起浮动的液体比重计在流体中上浮或者下沉。使用后,发现钻井流体水比重计不易校正,太灵敏,不适于大风天气,还容易损坏。所以,现场用钻井流体的密度计还需要进一步探索。

大约在1936年,加利福尼亚的Union Oil公司发明了操作简单、耐用的钻井流体比重秤(Mud - Weight Balance)。测量臂可以使用lb/ft³或者lb/gal两种单位。API把两种仪器都作为标准仪器。现在这种液体比重计已完全取代钻井流体其他比重秤,并且,测量臂上的单位也有了国际单位。主要有普通和加压两种钻井流体密度计。

不同的仪器,不同的钻井流体,不同的测量目的,测试的步骤不同。但测试之前均需对仪器进行校正。一般清水校正。这也是钻井流体密度是近似密度的原因,也是密度等同于相对密度的原因。尤其在扩大量程使用时,更应做适当的校正。

(1)普通钻井流体密度计。钻井流体专用钻井流体比重秤,现在多称为钻井流体密度计(Mud Balance)。密度计外观及主要部件,如图 2.1.2 所示。

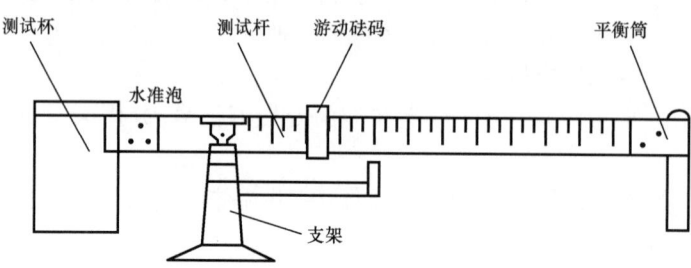

图 2.1.2　钻井流体液体密度计

图 2.1.2 中标明了钻井流体液体密度计的测试杯、水准泡、测试杆、游动砝码和平衡筒等主要部件,这些主要部件的作用不同。

① 测试杯。用于盛放待测的钻井流体。带有小孔的杯盖,用于密封和固定待测钻井流体。测量时钻井流体应与杯口相齐,气泡排净。

② 水准泡。用于判断横梁是否水平,提高测量的准确性。

③ 测试杆。刻有刻度,并承载游动砝码。

④ 游动砝码。用于指示钻井流体密度。测量时调整游动砝码,使水平泡居中,然后读取测量结果。

⑤ 平衡筒。用于校准密度计和防止游动砝码掉落。测量前,清洗干净钻井流体测试杯,充满配浆用清水,游动砝码归"0",调整平衡筒内铅粒,使水平泡居中。

⑥ 支架。用于支撑整个密度计,用于放置密度计。刀架上有主刀垫,用于安放横梁上的主刀口。支架上有挡臂,用于防止横梁以主刀口为中心扭动。

钻井流体密度计所得到的测量结果,是钻井流体的当量密度,也可以作为钻井流体的压力梯度,单位为 psi/ft 或者 MPa/m。目前中国生产的钻井流体液体密度计有 5 种规格。测量范围、测量精度及容量参数见表 2.1.2。

表 2.1.2　钻井流体液体密度计主要技术参数

序号	规格型号	测量范围,g/cm³	测量精度,g/cm³	测试杯容量,cm³
1	Ⅰ	0.96~2.00	0.01	140
2	Ⅱ	0.96~2.50	0.01	140
3	Ⅲ	0.96~3.00	0.01	140
4	Ⅳ	0.50~2.00	0.01	140
5	Ⅴ	0.90~3.10	0.01	210

从表 2.1.2 中可以看出,钻井流体密度在 0.5~3.1g/cm³ 范围内时,均可采用钻井流体液体密度计直接测量。使用密度计前,应该根据钻井流体的密度选择合适的密度计。钻井流体液体密度计的测量精度为 0.01g/cm³,待测钻井流体的量应大于 140cm³ 或 210cm³,测量温度范围为 0~105℃ 或者 32~220℉。

国际上的密度计与中国的密度计测量原理相同,都符合 API 标准。测量精度为 0.01g/mL或者 10kg/m³,即 0.1lb/gal 或者 0.5lb/ft³。

21℃或者 70℉下,1g/cm³ 等于 8.33lb/gal 等于 62.3lb/ft³;1Pa/m 等于 9.81g/cm³ 等于 22.6psi/ft,1psi/ft 等于 0.0520lb/gal/ft 等于 0.00694lb/ft³/ft。这样,密度和压力梯度关系建立起来。

使用普通钻井流体密度计测量钻井流体密度时,首先在测试杯中充满钻井流体,盖上杯盖,用棉纱擦净从杯盖小孔溢出的钻井流体。放置钻井流体密度计刀口于底座的刀垫上,移动游动砝码,直至水准泡位居两条线的中央。此时,游动砝码左侧的刻度即表示所测量钻井流体密度。具体测量步骤有 7 项:

① 放置钻井流体液体密度计底座在水平平面上。
② 测量钻井流体的温度。
③ 将待测钻井流体注入清洁干燥的测试杯内。盖上杯盖并旋转杯盖,直至压紧。确保有一些钻井流体从小孔挤出,以排出钻井流体中夹带的空气或其他气体。
④ 用拇指堵住盖上小孔,将杯盖握紧在钻井流体杯上,将杯子外部冲洗干净并擦干。
⑤ 将测试杆放在底座上,沿刻度梁移动游码至水准泡位于中线时即认为可以读数。
⑥ 从靠近钻井流体测试杯一侧的游码边缘读取密度值。
⑦ 记录钻井流体密度值,精确至 ±0.01g/cm³。

现场使用普通钻井流体密度计,测量范围有限,现场作业时,又不可能更换测量工具,需要用普通钻井流体密度计调整测量范围,以满足测量需要。方法很多,现场主要使用平衡筒加重法。平衡筒加重法又分为内加重法和外加重法(张孝华等,1999)。操作步骤有三项:

① 用清水校正密度计。在测试杯内重新装入一定量的钻井流体,记下密度计平衡时的游码读数。
② 测量已知钻井流体的密度和测试杆显示数据的差值。通过在平衡筒内或上方,加质量实现调整平衡筒的质量,使再次平衡。记下密度计平衡时的游码读数。
③ 测试杯内装入待测钻井流体,测量并记录密度计平衡时的游码读数,计算特重钻井流体的密度。

$$\rho = \frac{\rho_1 - \rho_2}{V} \tag{2.1.18}$$

$$\Delta\rho = \rho_A - \rho_B \tag{2.1.19}$$

式中 ρ_A——密度计平衡时的游码读数;
ρ_B——密度计再次平衡时的游码读数;
ρ_1——被测钻井流体的密度;
ρ_2——加质量后测钻井流体密度时的游码读数;
$\Delta\rho$——加质量前后密度计平衡时的游码读数的差值。

公式中的读数以密度计上的单位为单位。内加重法不增加密度计量程,只是使密度计测量的范围增加。外加重法则可测量密度更大的钻井流体,测量其他密度范围的钻井流体也很方便。

由于目前普通钻井流体密度计测量范围较广泛,现场没有必要调整钻井流体密度计扩大测量范围。因此,这里只是简单地说明原理,以便更好地理解钻井流体密度计的操作。如果需要可根据参考文献深入了解(罗远游,1987)。

(2)加压钻井流体密度计。钻井过程中,钻井流体受气侵或有意混入一些表面活性剂产生气体,如可循环泡沫钻井流体、微泡钻井流体以及绒囊钻井流体等水基或油基钻井流体,以及泡沫钻井流体和充气钻井流体等气基钻井流体。此时,需要了解钻井流体的密度和在一定压力下的密度,即在循环温度比较恒定时,入井后钻井流体的密度变化,可用一种特殊的密度计,即加压钻井流体密度计(Pressurized Mud Balance)测量。

测量含有气体的或空气的钻井流体加压密度计与常规密度计相似,不同的是钻井流体测试杯和杯盖有螺纹,可将杯盖旋拧在杯盖上。杯盖上装有一个单向阀,加压柱塞筒将一部分钻井流体注入杯中时,不至于返出钻井流体。

由于有气体的钻井流体,要在加压的状态下完成测量,即,要在压力的作用下进一步增加测量的钻井流体的量,所以,使用流体加压密度计测量钻井流体时,测量前的准备工作与普通钻井流体密度计不同。

① 将钻井流体注入测试杯中,以钻井流体液面低于测试杯口 6mm 处为宜。

② 用加压柱塞筒抽吸钻井流体。

③ 将加压柱塞筒单向阀端口接到单向阀的单向型圈的表面上,推动加压柱塞杆,将钻井流体样品通过单向阀注入杯中。缓慢退回柱塞筒,将单向阀关闭。

④ 洗净并擦干测试杯外部,将密度计放在支架刀口架上,测量钻井流体密度。

除了测量钻井流体的密度,测量固体的密度,特别是在现场,准确测量加重剂密度,有益于调控钻井流体的密度。在钻井流体密度计测试杯内装入一定量的测量固体,读密度计平衡时的读数。向装有测量固体的测试杯内加满清水或者煤油(吸水物质),并记下密度计平衡时读数。计算待测物密度。

$$\rho_{wm} = \frac{\rho_f \rho_1}{\rho_f + \rho_1 - \rho_2} \tag{2.1.20}$$

式中 ρ_{wm}——被测固体的密度,kg/m^3;

ρ_f——吸水物质的密度,kg/m^3;

ρ_1——装入被测固体后密度计平衡时的游码读数,kg/m^3;

ρ_2——加入吸水物质后密度计平衡时的游码读数,kg/m^3。

大多数钻井流体在实验前除去其中的气体,并不需要特殊的设备。通常加几滴适合的消泡剂再稍加搅拌即可。多数情况下,用刮匀搅拌或来回倾倒就能满足需要。若采用了前面的做法,钻井流体仍含气时,就需采用能抽真空的装置和消泡剂脱气设备(ANSI/API RP 13B-1—2009)。选择真空设备时要注意其真空度。真空度是抽真空程度的量度,通常以大气压减去容器内残压来表示。真空度越高,则抽空程度越大,容器内残压越低。具体做法有 8 个步骤:

① 在一个清洁、干燥的容器中装半容器的含气钻井流体。

② 在钻井流体表面加几滴消泡剂。

③ 插入搅拌器和吸头,用有密封垫的盖子盖紧。
④ 用真空管线连接真空泵和容器,保持大约 17kPa 的真空度。
⑤ 增加真空度到 85～91kPa,继续除气。
⑥ 若钻井流体已经脱气,降低真空度到 50.8～33.9kPa,观察钻井流体中的气泡。
⑦ 如果脱气不充分,重复上述第⑤和第⑥步,直到气体脱净。
⑧ 用吸头末端的圆柱,完全消除真空,并且移出钻井流体样品,供试验用。

(3)压力传感器钻井流体密度计。目前由于压敏元件的快速发展和精度提高,压敏元件在钻井流体密度测量时也得以广泛应用。其测量原理是利用液柱压力与密度的相关性。在钻井流体容器内取一定的高度,通过测量两处位置的压力差在已知当地重力加速度的条件下,求出对应钻井流体的密度。

1.2.1.4 利用质量法测量泡沫钻井流体地面密度

气基钻井流体的密度测量比较复杂,气基钻井流体有的采用其密度计量,如充气钻井流体;有的采用体积百分比计量,称为流体质量。气/雾钻井流体的地面密度可以采用常规测量方法。其测量可以根据空气的测量方法,如浮力法、声学法和温湿压法(王旭等,2013)。

(1)浮力法。通过精确测量比较质量相等但体积相差较大的两物体的浮力差确定空气密度。利用浮力法测量空气密度装置成本高,过程复杂,常用于测量精度要求较高的测试环境中。

(2)声学法。利用声场的改变引起空气压力的改变从而测定空气密度的方法,测量精度低。

(3)温湿压法。通过测量空气的成分和温度、湿度和压力,通过查表或计算得出空气密度的方法。高精度的测试系统,采用温湿压法可以得到和浮力法相同的测量精度。

气体钻井流体可以根据测量空气的方法,得到比较满意的结果。泡沫钻井流体、充气钻井流体地面密度可以通过液体计的方法直接测量,也可用计算的方法预测。

泡沫钻井流体的基浆密度通过实验钻井流体的配制方法得到。由于钻井流体处理剂剂量小、体积小,加到基液中对水体积的影响可以忽略,故在计算泡沫钻井流体的基浆密度时,忽略处理剂的体积,那么泡沫钻井流体的基浆密度计算公式为:

$$\rho_b = \frac{m_b + m_a}{V_b} \tag{2.1.21}$$

式中 ρ_b ——泡沫钻井流体的基浆密度,g/cm^3;

m_b ——泡沫钻井流体基液质量,g;

m_a ——处理剂质量,g;

V_b ——泡沫钻井流体基液体积,cm^3。

根据基浆密度和泡沫钻井流体地面密度可推算泡沫体积百分比,忽略处理剂的体积,计算泡沫体积百分比(成效华等,2004)。

$$n = \frac{V_g}{V_m} = \frac{V_g}{V_g + V_L} \times 100\% \tag{2.1.22}$$

式中　n——泡沫质量,%；
　　　V_L——液相物质的体积,cm^3；
　　　V_g——气相物质的体积,cm^3；
　　　V_m——泡沫流体的体积,cm^3。

将处理剂的质量和体积归为液相,计算泡沫钻井流体的地面密度。

$$\rho_{ff} = \frac{m_{ff}}{V_{ff}}$$
$$= \frac{m_g + m_L}{V_L + V_g} \quad (2.1.23)$$
$$= \frac{m_L}{V_L} \frac{V_L}{V_L + V_g} + \frac{m_g}{V_g} \frac{V_g}{V_L + V_g}$$
$$= \rho_b(1-n) + \rho_g n$$

式中　ρ_{ff}——泡沫钻井流体的地面密度,g/cm^3；
　　　ρ_g——地面气体密度,值为 $0.00129g/cm^3$；
　　　m_{ff}, m_g, m_L——泡沫、气体、液体质量,g；
　　　V_{ff}, V_g, V_L——泡沫、气体、液体体积,cm^3。

由于地面气体密度与基浆密度相比可完全忽略不计,泡沫钻井流体的密度计算公式可以简化。

$$\rho_{ff} = \rho_b(1-n) \quad (2.1.24)$$

泡沫钻井流体的泡沫质量也可以计算出来：

$$n = 1 - \frac{\rho_{ff}}{\rho_b} \quad (2.1.25)$$

式中　n——泡沫质量,%。

1.2.2　钻井流体井下密度测量方法

不同作业过程,井下压力不同,作用在地层上的压力也不同,即井下压差。井下压差是井下压力与地层压力的差。井下压差也称井底压差。但井底压差不能体现钻井流体作用在任意井深处的压力。所以,某井深处的井下压力是指液柱压力与该井深处的地层压力之差。

$$p_{dh} = p_{bot} - p_{por} \quad (2.1.26)$$

式中　p_{dh}——某井深处的井下压力,MPa；
　　　p_{bot}——某井深处的地层压力,MPa；
　　　p_{por}——液柱压力,MPa。

这样,井下压力与液柱压力之间存在以下 5 种关系：

(1)井底压力远大于地层压力时,井底压差远大于 0,这时的钻井为过平衡钻井。

(2)井底压力稍大于地层压力时,井底压差稍大于0,这时的钻井为近平衡钻井。

(3)井底压力等于地层压力时,井底压差为0,这时的钻井为平衡钻井。

(4)井底压力小于地层压力时,井底压差小于0,这时的钻井为欠平衡钻井。

(5)控制一定的井下压差,这时的钻井则为控压钻井。

钻井流体静止时,作用于井下的压力可以折算成钻井流体密度,称为当量静态密度。当量静态密度(Equivalent Static Density,ESD),是指钻井流体停止循环时井底的实际静液柱压力根据垂深所折算的密度。

与地面密度不同,钻井流体的当量静态密度受压力和温度的影响,井深不同,密度不同。钻井流体具有热膨胀性。井越深,温度越高,密度越低。钻井流体具有可压缩性,井越深,压力越高,密度越大。温度和压力的双重作用,使得预测当量静态密度十分困难。

一般情况下,井越深,井底温度越高,钻井流体当量静态密度会随之变小。同时,井越深,井底静液柱压力越大,当量静态密度会变大。这就引发出温度和压力协同作用下的井内钻井流体的密度问题,与之相对应的是液柱压力问题。还有,流体中的固相含量也是影响钻井流体当量静态密度一个重要因素,特别是钻井流体作为悬浮体,上部与下部的密度可能差距较大。

更复杂的是,钻井流体流动时,作用于井底的力也可以折算成密度,称为当量循环密度。当量循环密度(Equivalent Circulating Density,ECD)是指钻井流体循环时井下所有的压力变化都归一到流体流动时的沿程损失,造成实际液柱产生的压力比钻井流体静止时的压力大,根据垂深折算成的密度。当量循环密度是假想的流体密度,是钻井流体在动态条件下产生的对给定井深压力的折算值。钻井流体的当量循环密度是钻井流体的当量静态密度与钻井流体流动造成的环空压降折算的密度之和。

一般地,钻井流体井下密度预测,先通过压力体积温度(Pressure Volume Temperature,PVT)测量仪,测量其不同压力和温度下的密度,然后再预测不同井深下的密度。

所有压力体积温度测量仪,都是利用一定温度和压力下获得钻井流体体积,然后根据物质质量守恒定律计算流体的密度。即,在常温常压下将钻井流体完全充满测试釜,记下此时釜中流体的密度、体积和温度,然后将测试液升温,测试液开始膨胀、升压。由于釜内钻井流体压力上升,活塞受力失去平衡,活塞杆上移,其位移用千分尺量出膨胀的体积量。在下一个温度与压力下,可以测出另一个体积膨胀量,得到此时的密度。用于测量钻井流体的PVT测试仪主要由加热系统、温控系统、压控系统和测试系统等4部分组成。

(1)加热系统,提供温度,由导热油浴部分和加热器组成。

(2)温控系统,由数显温度控制器及相应的辅助电路组成。两组电加热器分别控制加热油浴和测试釜的温度。

(3)压控系统,由测试釜、手动压力泵和压力表组成,手动压力泵与测试缸相连接,用于调节和平衡测试釜压力。

(4)测试系统,由测试缸、位移标定及测试部件组成。

利用PVT仪器,测试钻井流体在温度压力联合作用下的密度变化,分12步进行:

(1)检查油泵的出油能力和操作灵活性,防止使用时卡泵。

(2)检查仪器密封件的完好性,以防泄漏。

(3)检查测温头的密封性和数显仪的温显误差,如有问题应及时调整。

(4)校正测试釜的有效体积。

(5)装入待测钻井流体,排空气,加压试漏15min以上,观察测试釜压力有无明显下降。如有明显的压降应仔细检查各密封点和阀门直至不漏。

(6)试漏完成后校正千分尺零点位置,将活塞杆压到底,使活塞下端面与测试釜上盖完全接触,同时排出测试液直至测试液压力为零,立即关闭排液阀,移动千分尺,使千分尺下端面与测试缸上盖完全贴合,此时千分尺的指示刻度应为零。

(7)调好零点位置后,开始升温并设定温度值,观察温度和压力的变化情况。

(8)达到设定温度值后,给测试缸升压。记录在设定温度和压力下对应的测试缸杆位移。

(9)重新设定温度,重复步骤(1)~(8)操作多次(重复次数)。

(10)数据采集完成后,让仪器自然冷却至80℃以下,放出测试液,观察高温高压后测试液的变化并分析。

(11)拆下标志缸、压力表、缓冲容器等部件,检查密封件,清洗仪器,擦干备用。

(12)整理数据,计算出体积变化值和压力变化值。

利用相同的原理,开发出许多用于测量钻井流体体积和密度的仪器、设备等,较好地提供井下密度预测的测量手段。

1.2.2.1 井下当量静态密度预测方法

准确地预测当量静态密度和当量循环密度关系钻井作业安全、快速钻进以及控制储层伤害。但钻井流体当量循环密度的影响因素很多,如温度、压力、钻井流体的流变性、钻井流体流速、井身结构、钻具组合等,计算比较困难。尽管许多学者对此做了大量研究,但有说服力的成果也不多见。当量静态密度的研究方法归纳起来有两类:一类是组分模型法;另一类是经验模型法。

(1)组分模型法预测井下当量静态密度。组分模型,也就是钻井流体的组分模型,是研究钻井流体的组分,特别是研究连续相在温度与压力协同作用下的变化规律,来预测钻井流体密度的变化规律。比较经典的有Hoberock L.L.模型,它以液柱压力、钻井流体密度与垂深的积为基础,通过引入一定温度与压力下柴油、水和盐水密度变化,预测当量静态密度(Hoberock et al.,1982)。井下某一深度的压力是钻井流体和垂深的函数。

$$p_{\text{bot}} = p_g D = \rho C_f D \qquad (2.1.27)$$

式中 p_g——压力梯度,MPa/100m;

D——井下某一垂深,m;

C_f——换算系数。

采用英制单位时,根据帕斯卡定理,换算系数为0.052,可以计算。

$$p_{\text{bot}} = 0.052\rho D \qquad (2.1.28)$$

式中 p_{bot}——井下某一垂深的压力,psi;

ρ——钻井流体不可压缩的恒定密度,g/cm³;

D——井下某一垂深,ft。

采用国际单位时,根据帕斯卡定理,换算系数为 0.00981,可以计算。

$$p_{\text{bot}} = 0.00981\rho D \tag{2.1.29}$$

式中 p_{bot}——井下某一垂深的压力,MPa;

ρ——钻井流体不可压缩的恒定密度,kg/m^3;

D——井下某一垂深,m。

由于物质具有压缩性和膨胀性,在配制钻井流体时,必须考虑这种性质来确定各组分的体积变化以及对密度的影响。在这个模型中,假设钻井流体中的固相都是不可压缩的,对于实际情况,则需考虑固相的压缩性和膨胀性。

(2)经验模型法预测井下当量密度。经验模型也称为复合模型,即利用钻井流体在不同温度与压力下实际测量体积,根据质量守恒定律,利用数学方法寻找温度和压力的规律。比较经典的是 Mcmordie W. C. 模型。

1982 年,Mcmordie W. C. 等利用温度压力实验,研究 21~204℃,0~95MPa,1.32~2.16g/m^3 的油基和水基钻井流体密度变化,发现相同质量的钻井流体,高温高压影响油基钻井流体的较水基钻井流体大(Mcmordie,1982)。推导出密度和压力温度的公式。公式的特点是钻井流体密度的改变量可以看作是压力的函数。

$$\rho_1 = \rho_0 \mathrm{e}^{0.000319N} - 1.064 \times 10^{-5} p^{1.064} \tag{2.1.30}$$

式中 ρ_1——钻井流体密度,lb/gal;

ρ_0——温度为 21.11℃(70℉)、压力为 0psi 时的钻井流体密度,lb/gal;

e——自然对数的底;

N——调压螺杆体积单元,cm^3;

p——压力,psi。

Kutasov 利用油基和水基钻井流体的 PVT 实验数据,提出了水基和油基钻井流体井下密度预测经验公式,并利用多元线性回归法估算参数,第一个预测油基和水基钻井流体井下密度的经验公式(Kutasov,1988)。

$$\rho = \rho_0 \mathrm{e}^{\alpha p + \beta(T-T_s) + \gamma(T-T_s)^2} \tag{2.1.31}$$

式中 T——国际标准温度,K;

α, β, γ——钻井流体特性常数利用计算机软件回归出公式中的经验系数,$\alpha = 3.597 \times 10^{-6}$psi,$\beta = 1.3063 \times 10^{-4}$℉$^{-1}$,$\gamma = -6.6128 \times 10^{-7}$℉$^{-2}$。

经验模型预测钻井流体的井下密度,比较直观,容易理解。但是不同的方法,回归出的公式差距较大。目前,除了很多人用有公式的多元回归,得到许多方程外,王金凤等还用 BP 神经网络预测了绒囊钻井流体的井下密度变化规律(王金凤等,2013)。事实上,如何得到温度和压力是一个十分困难的事情。现场无法得到或得到会投入大量时间和设备,效益不好。王金凤等引入可以转换为地温和压力的井深,预测不同井深下的密度,更有效预测井下密度(王金凤等,2012)。

利用静态密度公式,进一步归一,得到任意密度的钻井流体密度与压力和温度之间的线

性关系,即:

$$\rho = \rho_0(a_1 + a_2 T + a_3 T^2 + a_4 p) \tag{2.1.32}$$

式中　a_1,a_2,a_3,a_4——变量系数。

由于井筒内液柱压力又是钻井流体密度的函数,所以无法直接求解。对井眼中的微元体分析可得出压力与钻井流体密度的关系:

$$\frac{\mathrm{d}p}{\mathrm{d}H} = \rho g \tag{2.1.33}$$

假设地层温度随井深线性增加,则:

$$T = T_0 + tH \tag{2.1.34}$$

联立式(2.1.32)至式(2.1.34),得到可分离的偏微分方程:

$$p = F(H) = \left[-\left(\frac{a_1 + a_1 T_0 + a_2 T_0^2}{a_4}\right) - \frac{a_2}{a_4^2}t - \frac{2 a_3 T_0}{\rho_0 a_4^3}t - \frac{2 a_3 T_0 t + a_2}{a_4}H + \right.$$
$$\left. \mathrm{e}^{-\varphi \rho_0 a_4 h} - \left(\frac{a_3 t^2}{a_4} + \frac{2 a_3 t^2}{\rho_0 a_4^2}\right)H^2 - \frac{2 a_3 t^2}{\rho_0 a_4^2}H^3\right]g \tag{2.1.35}$$

由此,通过某地区地温梯度以及钻井流体的地面密度,即可得到井筒内液柱压力沿井深的分布规律,进而得到绒囊钻井流体静态密度沿井深分布规律。

当然,还有很多学者通过各种手段提高预测精度,但是给出的模型都是给定温度和压力来计算出当量密度。由于现场无法测量实际的井下温度和压力,这些模型的实用价值并没有发挥作用。

1.2.2.2　井下当量循环密度预测方法

钻井流体循环时,附加的压力可以转化为密度。即钻井流体的当量循环密度可定义为钻井流体的当量静态密度(Equivalent Static Density,ESD)与钻井流体流动造成的环空压力损失之和。

1982年,Hoberock等用"s"代表固相,"w"代表给定浓度的含不溶性盐的水,"d"代表柴油,"o"代表地面条件,"i"代表深度 D_i 的增加,给出井下密度的变化规律(Hoberock et al.,1982):

$$D_i = i(\Delta D)$$

ΔD 是固定的深度增量。之后根据物质平衡得出以下公式:

$$\Delta p_i = \frac{0.052\Delta D(W_{so}V_{so} + W_{wo}V_{wo} + W_{do}V_{do})}{100 + V_{wo}\left(\frac{W_{wo}}{W_{wi}} - 1\right) + V_{do}\left(\frac{W_{do}}{W_{di}} - 1\right)} \tag{2.1.36}$$

式中　V_{so},V_{wo},V_{do}——地面条件下固相、盐水和柴油的体积分数;
　　　W_{wi},W_{di}——水基钻井流体和柴油钻井流体的平均重量。

盐水和柴油的密度可以表示在深度增加下的压力和温度的函数关系。

$$p_b = p_o + \sum_{n=1}^{i} \Delta p_n \tag{2.1.37}$$

环空内的循环压力梯度是静态压力梯度与环空内的摩擦损失压力梯度之和。计算环空内的循环压力梯度。

$$\frac{p_c}{L} = \frac{p_h}{L_v} + \frac{p_a}{L_m} \tag{2.1.38}$$

式中　p_c——循环压力，psi；
　　　L——环空长度，ft；
　　　p_h——静态压力，psi；
　　　L_v——垂直深度的真值，ft；
　　　p_a——环空压降，psi；
　　　L_m——测量深度，ft。

如果存在环空段，使用环空内的平均摩擦损失压力梯度来计算循环压力梯度。

当量循环密度（Equivalent Circulating Density，ECD）是指钻井流体循环时井下所有的压力变化都归一到流体流动时沿程损失，造成实际液柱产生的压力比钻井流体静止时的压力大，根据垂深折算成的密度，计算当量循环密度：

$$\rho_c = \frac{10 p_c}{L_v} + \rho_m \tag{2.1.39}$$

式中　ρ_c——当量循环密度，lb/gal；
　　　p_c——循环压力，psi；
　　　L_v——垂直深度，ft。

Peters 等在 1991 年提出的多组分物质平衡模型，开发出 OILMUD 软件。模拟温度最高为 232.22℃，压力为 103.4MPa。通过输入井深、地面压力、井口和井底温度、密度、水相矿化度、油相和水相体积分数等数据，预测柴油和 4 种矿物油钻井流体的密度和静压力。只要已知流体中各组分的含量和高温高压下两种液体的密度，便可求得相应条件下钻井流体的密度（Peters，1991）。

$$\rho(p,T) = \frac{\rho_o f_o - \rho_w f_w + \rho_s f_s + \rho_c f_c}{1 + f_o\left(\frac{\rho_o}{\rho_{oi}} - 1\right) + f_w\left(\frac{\rho_w}{\rho_{wi}} - 1\right)} \tag{2.1.40}$$

式中　$\rho(p,T)$——高温高压下油基钻井流体的密度，g/cm³；
　　　$\rho_o, \rho_w, \rho_s, \rho_c$——常温常压下油基、水相、固相和处理剂的密度，g/cm³；
　　　f_o, f_w, f_s, f_c——常温常压下油基、水相、固相和处理剂的体积分数；
　　　ρ_{oi}, ρ_{wi}——高温高压下油基和水相的密度，g/cm³。

当然，现在对当量循环密度研究的学者很多。利用宾汉塑性流体模型和 Crank Nicolson 离散模型预测当量循环密度（Harris et al.，2005）。

井下静态流体密度当量表示为：

$$\rho_{esd} = \frac{p_{SBHP}}{0.052h} \tag{2.1.41}$$

式中 ρ_{esd}——井深 h 处井底静态流体密度,lb/gal;
p_{SBHP}——井底静态压力,psi;
h——井深,ft。

井下循环流体密度当量表示为:

$$\rho_{ecd} = \rho_{esd} + \frac{\Delta p_f}{0.052h} \tag{2.1.42}$$

$$\Delta p_f = \frac{2f\rho v^2}{d}\Delta L \tag{2.1.43}$$

式中 ρ_{ecd}——循环状态流体密度,lb/gal;
Δp_f——摩擦阻力引起压力,psi;
f——钻井流体摩阻,lbf;
ρ——钻井流体密度,lb/gal;
v——钻井流体在钻杆中的运动速度,ft/s;
d——钻杆内径,in。

建立了静态密度当量预测模型之后,还需建立钻井循环期间环空压力损耗的计算模型,采用宾汉模式,循环系统管内流动和环空流动压耗计算。

管内流:

$$\Delta p_f = \left(\frac{\mu_p \bar{v}}{1500 d^2} + \frac{\tau_y}{225d}\right)\Delta L \tag{2.1.44}$$

环空流:

$$\Delta p_f = \left[\frac{\mu_p \bar{v}}{1500(d_2-d_1)^2} + \frac{\tau_y}{225(d_2-d_1)}\right]\Delta L \tag{2.1.45}$$

式中 Δp_f——管路的循环压耗,Pa;
μ_p——塑性黏度,cP;
$\bar{v}$——钻井流体在管路的平均流速,m/s;
τ_y——钻井流体的屈服值,Pa;
ΔL——钻井流体流经钻柱的长度,m;
d_2——套管内径,cm;
d_1——钻杆外径,cm。

计算管路压耗的关键在于确定管路的水力摩阻系数。首先要判别流态,然后根据流态和不同的管路状况选用对应的摩阻系数计算关系式,各种计算式可参见文献。

在以上模型的基础上,综合考虑了温度和压力对钻井流体密度和流变参数的影响,建立了钻井流体当量循环密度预测模型。

为准确地计算循环压耗,按精度要求将井眼划分为若干井段,假设每一井段中温度和压力是均匀的,利用井筒温度场模型、高温高压钻井流体密度模型和流变性模型可求出每一井段钻井流体的温度、密度和流变参数。同时,每一井段环空和钻柱具有相同的尺寸,若钻井流体排量已知,可将上述参数代入循环压耗计算公式求得每一井段环空和钻柱内的压耗,然后计算钻井流体在全井钻柱和环空内的流动压耗,有:

$$p_p = \sum n_i = 1 \, p_{pi} \tag{2.1.46}$$

$$p_a = \sum n_i = 1 \, p_{ai} \tag{2.1.47}$$

式中 p_p——钻柱内压耗,MPa;
p_{pi}——第 i 段井段钻柱内压耗,MPa;
n_i——所划分的井段数;
p_a——环空内压耗,MPa。

了解了钻井流体的井下密度,就可以在地面调整钻井流体的密度,满足井下需求。

不同钻井流体采取不同的调整钻井流体密度方法。非气基钻井流体提高钻井流体密度,通过添加加重剂;降低钻井流体密度通过化学方法、机械方法、加入密度减轻剂,也可以加水或油等连续相,充入气体,增加表面活性剂剂量等物理方法。总体来看,可以把调整非水基钻井流体密度方法分成惰性调整、连续相调整、活性加重剂调整、可溶性盐调整、表面活性剂调整、复合调整剂调整等一系列的密度调整方法。因此,调整钻井流体密度的主要方法有准确计算处理剂用量和按照处理剂的特点合理配制钻井流体两种。前者为原理问题,后者为技术问题。

降低钻井流体密度的化学和机械方法主要是通过固相控制来实现,将在固相控制部分来研究,这里只讲一讲计算加入密度减轻剂的计算方法。

纯气钻井流体调整钻井流体密度的方法较少,主要是清除气体钻井流体中的钻屑。

1.2.3 惰性加重剂调整钻井流体密度方法

用惰性加重剂调整钻井流体密度,是指材料加入后除处理剂自身体积增加钻井流体的体积外,不会因加重剂与原钻井流体发生物理或者化学反应,造成体积增加。惰性加重剂调整钻井流体密度,是钻井流体加重最常用的方法。大多数情况下是提高钻井流体密度,即加重。

顾名思义,加重就是向钻井流体中加入更重的物质。然而,如果钻井现场没有更重的物质,或者没有那么多容器盛装,该怎么办呢?因此,要比较准确地计算加重需要的各种物质的用量。根据作业需要不同,可以分成不限定体积加重和限定体积加重两种情况。

加重后钻井流体的固相最佳浓度经验公式。

$$V_{固} = (\rho C - 6) \times 3.2 \tag{2.1.48}$$

式中 $V_{固}$——加重钻井流体最佳固相浓度,%;
ρ——钻井流体密度,g/cm³;
C——系数,采用国际单位时值为 8.3454,采用英制单位时值为 1。

提高钻井流体密度,也称加重,是指在钻井流体中加入加重剂,获得高于钻井流体连续相的密度的过程。

常见的加重剂有重晶石粉、石灰石粉、氧化铁矿粉、钛铁矿粉和方铅矿粉等以及空心玻璃微珠,密度可以根据 SY/T 6003—1994 获得。

重晶石密度大于 $4.2g/cm^3$,石灰石密度大于 $2.7g/cm^3$,钒钛铁矿粉密度大于 $4.5g/cm^3$,氧化铁矿粉一级密度大于 $4.5g/cm^3$、二级密度 $4.2 \sim 4.5g/cm^3$,钛铁矿粉密度大于 $4.2g/cm^3$。也可以用处理剂实际测量。计算时,以最小密度计算的量添加,获得的钻井流体密度应该略大于计算值,是比较安全的。

1.2.3.1 不限定体积调整钻井流体密度

不限定体积调整钻井流体密度,是指钻井流体配制完成后,无须考虑钻井流体体积增加的钻井流体调整方法。

钻井流体加重前,可以测量钻井流体的密度和体积,也可以得到加重剂的密度。假定加重剂与流体间不发生化学反应,则调整前、调整后的体积等于流体与加重剂体积之和,即前后的体积总体不变。

$$V_{aw} = V_{bw} + V_w = V_{bw} + \frac{m_w}{\rho_w} \quad (2.1.49)$$

式中 V_{aw}——密度调整后钻井流体的体积,m^3;
V_{bw}——密度调整前钻井流体的体积,m^3;
V_w——密度调整前加重剂的体积,m^3;
m_w——加重剂的质量,kg;
ρ_w——加重剂的密度,g/cm^3。

钻井流体调整密度前后,原钻井流体和加重剂因为不发生物理化学反应,所以总质量不变。因此,可以得到另外一个方程。

$$\rho_{aw} V_{aw} = \rho_{bw} V_{bw} + m_w \quad (2.1.50)$$

式中 ρ_{bw}, ρ_{aw}——调整前、调整后钻井流体密度,g/cm^3;
V_{bw}, V_{aw}——调整前、调整后的钻井流体体积,m^3。

联立式(2.1.49)和式(2.1.50),求解得到密度调整后钻井流体的体积:

$$V_{aw} = V_{bw} \frac{\rho_w - \rho_{bw}}{\rho_w - \rho_{aw}} \quad (2.1.51)$$

式中 ρ_w——加重剂的密度,g/cm^3。

求出 V_{aw} 后,加重剂用量通过配制完成后钻井流体增加的体积求出。

$$m_w = (V_{aw} - V_{bw}) \rho_w$$

惰性加重剂一般呈颗粒状,粒径 200 目以上,比表面积大。加入钻井流体后,吸附钻井流体中自由水的能力很强,致使钻井流体增稠。实践中调整钻井流体密度时,同时加入连续相与加重剂,可以较好地解决由于吸附造成的鱼眼,分散不均匀等问题。但是,加入连续相会降低钻井流体密度,增加钻井流体成本。所以,加入连续相的剂量能润湿加重剂即可,不必太多。国际上学者认为100lb钻井流体加重剂加入1gal水即可满足润湿条件(Boyd et al.,1989)。因此,调整前后的总体积不变,即每单位质量的加重剂和所需水体积在内的全部钻井流体总体积在调整前后是相等的。

$$V_{aw} = V_{bw} + V_w + V_{cp} = V_{bw} + \frac{m_w}{\rho_w} + m_w V_{cpm} \tag{2.1.52}$$

式中 V_{cp}——用于润湿加重剂加入水的体积,m^3;

V_{cpm}——单位质量的加重剂需要加入的水的体积,m^3/kg。

同样,根据加重前后的质量相等,也可以得到密度调整前后钻井流体的质量相等方程。

$$\rho_{aw} V_{aw} = \rho_{bw} V_{bw} + m_w + \rho_{cp} m_w V_{cp} \tag{2.1.53}$$

式中 V_{cp}——加入的润湿加重剂的连续相的体积,m^3;

ρ_{cp}——润湿加重剂加入水的密度,由于现场润湿所用的水一般是配浆水,所以一般用 ρ_w 替代,kg/m^3。

联立两个方程可以求出,所需要的加重剂用量和调整完成后钻井流体体积。

$$V_{bw} = V_{aw} \left[\frac{\rho_w \left(\frac{1 + \rho_{cp} V_{cp}}{1 + \rho_w V_{cp}} \right) - \rho_{aw}}{\rho_w \left(\frac{1 + \rho_{cp} V_{cp}}{1 + \rho_w V_{cp}} \right) - \rho_{bw}} \right] \tag{2.1.54}$$

$$m_w = \frac{\rho_w}{1 + \rho_w V_{cp}} (V_{aw} - V_{bw}) \tag{2.1.55}$$

式中 m_w——加重剂用量,kg;

V_{bw}——调整前钻井流体体积,m^3;

V_{aw}——调整后钻井流体的体积,m^3。

实际作业中,由于润湿水的混入方式比较困难,一般不采取先润湿或者边加入边润湿的方式,除非有合适的设备,如混合装置等。

(1)用重晶石调整钻井流体密度。用重晶石提高水基钻井流体密度,加重时不限定体积时,先计算出调整后的体积,然后再用公式计算得到重晶石用量。

$$m_w = 4200(V_{aw} - V_{bw}) \tag{2.1.56}$$

用重晶石提高水基钻井流体密度,加重限定体积时,先计算出原钻井流体用于调整钻井流体密度的用量,再用公式计算得到补充钻井流体连续相的用量和重晶石用量。最后计算出排放的钻井流体用量。

$$m_w = 4200(V_{bw} - V_{aw} - V_{cp}) \tag{2.1.57}$$

式中 V_{cp}——用于润湿加重剂的水体积,m^3;

m_w——重晶石作为加重材料的用量,kg。

有学者提出了简化加重钻井流体的基础配方,为造浆材料+页岩抑制剂+耐高温剂+降黏剂+防塌剂(邱正松等,2014)。用重晶石作加重材料,钻井流体的密度可以提高至2.4g/cm³。

(2)用碳酸钙调整钻井流体密度。用碳酸钙提高水基钻井流体密度,加重不限定体积时,先计算出调整后的体积,然后再用公式计算得到碳酸钙用量。

$$m_w = 2700(V_{aw} - V_{bw}) \tag{2.1.58}$$

式中　V_{bw}——调整前钻井流体的体积,m³;

　　　V_{aw}——调整后钻井流体的体积,m³;

　　　m_w——用碳酸钙作调整材料的质量,kg。

用碳酸钙提高水基钻井流体密度,加重不限定体积时,先计算得到补充钻井流体连续相的用量,再计算碳酸钙用量。

$$m_w = 2700(V_{aw} - V_{bw} - V_{cp}) \tag{2.1.59}$$

某气田产层段主要沉积有中—粗粒石英砂岩、岩屑石英砂岩、细砾岩、泥岩及煤层,平均厚度40~60m,气藏埋深2800~3000m。用配方0.2%~0.3%增切剂+0.1%~0.2%增黏剂+0.3%~0.5%降失水剂+0.1%~0.2%耐盐降失水剂+0.5%~1.0%酸溶降失水剂+18%~20%有机盐+4%~5%无机盐+高效润滑剂+防腐剂+除氧剂+缓蚀剂+石灰石(碳酸钙)配制的加重钻井流体作为储层钻井流体(赵向阳等,2012)。

(3)用氧化铁矿粉调整钻井流体密度。用氧化铁矿粉提高水基钻井流体密度,加重时不限定体积时,先计算出调整后的体积,然后再用公式计算得到氧化铁矿粉用量。

$$m_w = 4900(V_{aw} - V_{bw}) \tag{2.1.60}$$

用氧化铁矿粉提高水基钻井流体密度,加重不限定体积时,先计算得到补充钻井流体连续相的用量再计算氧化铁矿粉用量。

$$m_w = 4900(V_{aw} - V_{bw} - V_{cp}) \tag{2.1.61}$$

某现场开窗侧钻井,最大井斜为43°,配制的钻井流体配方为基浆(密度1.04g/cm³)+1.5%降失水剂+0.5%页岩抑制剂+1.5%耐高温剂+氧化铁粉。使用氧化铁粉可将钻井流体密度由1.3g/cm³提升至1.6g/cm³左右(田春雨等,2001)。

使用铁矿粉调整钻井流体密度时,需要充分考察产品的磁性指标,避免加重剂因具有磁性造成卡钻和干扰井下随钻测量信号。

(4)用空心玻璃微珠调整钻井流体密度。空心玻璃微珠,也称中空玻璃微珠,是一种微小、中空的圆球状粉末。由无机材料如二氧化硅、氧化铝、氧化锆、氧化镁和硅酸钠等为外层,为内部充填二氧化碳的封闭微型球体。关于其大小,壁厚说法不一。通常情况,粒度为5~300μm,壁厚为1~3.5μm,真密度为0.2~0.7g/cm³。重量轻、体积大、导热系数低、抗压强度高(13.8~124.1MPa),分散性、流动性、稳定性好。另外,还具有绝缘、自润滑、隔音、不吸水、耐火、耐腐蚀、防辐射、无毒等优异性能,多用于减轻水泥浆密度防止注水泥漏失(Fred,2006)。

空心玻璃微珠加入钻井流体,可实现欠平衡钻井。通过加入钻井流体密度减轻材料,可以降低钻井流体的密度。选用空心玻璃微珠作为低密度钻井流体的密度减轻材料,最主要的原因是利用较低的球体密度和较高的破裂强度(Medley et al.,1995)。

用空心玻璃微珠降低钻井流体密度,调整时不限定体积时,先计算出调整后的体积,然后再计算得到重晶石用量。

$$m_w = 685(V_{aw} - V_{bw}) \tag{2.1.62}$$

用空心玻璃微珠调整水基钻井流体密度,加重不限定体积时,先计算得到补充钻井流体连续相的用量,再计算空心玻璃微珠用量。

$$m_w = 685(V_{aw} - V_{bw} - V_{cp}) \tag{2.1.63}$$

某现场井深3495.26m,岩性为混合花岗岩,油气显示为荧光和油迹级别,鉴于地质录井确定该层位油气显示较好,但钻井流体密度较高未达到欠平衡钻井,决定使用空心玻璃微珠降低钻井流体密度,配方为36.0%原浆(密度0.92kg/L水包油钻井流体)+36.0%柴油+1.4%乳化剂+5.6%水+21.0%空心玻璃微珠。钻井流体的密度由0.91g/cm³调整至0.83g/cm³(陈思路,2010)。

1.2.3.2 限定体积调整钻井流体密度

一般情况下,限定体积调整钻井流体密度,是指钻井流体受容器限制或者不需要太多钻井流体,如井眼直径变小,要求密度调整后的钻井流体体积不能超过一定的量。或者认为原来钻井流体使用时间过长,低密度固相含量较高,需要放弃一部分原钻井流体,补充一些新浆。限定调整完成后,钻井流体控制在此体积。超过此量,没有容器盛装或者浪费。

由于调整后,固相增加钻井流体、固相含量过高影响许多性能,因此,调整钻井流体密度前必须废弃部分钻井流体,才能满足需要。同时,密度调整前废弃部分钻井流体,废弃的都是原钻井流体,相对于密度调整后再放掉钻井流体,所需要的费用相对少些。

限定体积调整钻井流体密度,要根据调整后要求的体积,反推出应保留的原钻井流体体积,再计算应放弃的体积。放弃一部分钻井流体后,还要补充一定的连续相。这是因为钻井流体密度越高,要求低密度固相越低,才能保证钻井流体的流变性合适。

计算时,仍然根据调整前后的钻井流体体积不变,建立第一个方程。只是多了一项连续相。

$$V_{des} = V_{sav} + V'_{cp} + V_w = V_{sav} + V'_{cp} + \frac{m_w}{\rho_w} \tag{2.1.64}$$

式中 V_{des}——调整后钻井流体体积,m³;

V_{sav}——保留的原钻井流体体积,m³;

V'_{cp}——连续相的体积,m³;

m_w——加重剂用量,kg;

ρ_w——加重剂密度,kg/cm³。

根据钻井流体密度调整前后体积不变,密度调整前后的总质量也不变。建立第二个方程。

$$\rho_{des}V_{des} = \rho_{sav}V_{sav} + m_w + \rho_{cp}V_{cp} \qquad (2.1.65)$$

保留的原钻井流体中,尽管加入新的加重剂,但膨润土和钻屑等低密度固相的质量并未减少,只是由于加入新材料和连续相,固相含量质量/体积的浓度数值上变低,或者体积/体积的体积分数降低,即钻井流体密度调整前后的低密度固相总量不变,只是所占的体积分数或浓度由于加入加重剂和连续相而降低。这样有利于控制调整后的黏度和切力,也降低了低密度固相含量,一举两得。利用调整前后低密度固相的总体积不变得到第三个方程。

$$f_{des}V_{des} = f_{sav}V_{sav} \qquad (2.1.66)$$

式中 f_{sav} ——密度调整前钻井流体低密度固相的体积分数,%;
  f_{des} ——密度调整后钻井流体低密度固相的体积分数,%。

联立式(2.1.64)至式(2.1.66)三个方程,可得保留的原钻井流体体积,加入连续相的体积和需要密度调节剂的用量。

$$V_{sav} = V_{des}\frac{f_{des}}{f_{sav}} \qquad (2.1.67)$$

$$V_{cp} = \frac{(\rho_w - \rho_{des})V_{des} - (\rho_w - \rho_{sav})V_{sav}}{\rho_w - \rho_{cp}} \qquad (2.1.68)$$

$$m_w = (V_{des} - V_{sav} - V_w)\rho_w \qquad (2.1.69)$$

这样,就可以得到钻井流体密度调整前,原钻井流体用于调整钻井流体密度的用量,也知道了钻井流体调整需要多少连续相和加重剂。

现场调整钻井流体密度前,保留的钻井流体体积,一般是通过排放某罐中的流体来实现的。因此,更希望知道排放多少,便于现场操作。原钻井流体的量,减去剩余需要用于调整的量,即得排放的量。

$$V_{dis} = V_{tot} - V_{sav} \qquad (2.1.70)$$

式中 V_{dis} ——钻井流体排放量,m^3。
  V_{tot} ——原钻井流体的量,m^3;
  V_{sav} ——调整钻井流体的量,m^3。

某井二开完井后准备三开。开钻前,需要将钻井流体密度由 1.20g/cm³ 提高到 1.70g/cm³。同时,为降低成本和降低低密度固相体积分数(固相含量),需要排放钻井流体和加入清水将钻井流体的低密度固相的体积分数由 0.05 降低到 0.03。原有钻井流体 160m³,加重后的钻井流体体积不能超过 130m³。试计算应排放的原钻井流体的体积,加入清水(密度1.0g/cm³)的体积以及需要重晶石(密度4.2g/cm³)的质量。这是一个现场常见的应用问题,直接将已知数代入式(2.1.67)至式(2.1.69)后计算出留下的原钻井流体的量及需要的清水和加重剂用量。再利用式(2.1.70)可以得到排放量。

1.2.4 活性材料调整钻井流体密度方法

活性材料主要是指膨润土、有机土、耐盐土等一类不会大幅度提高钻井流体密度,但又能引起钻井流体密度变化的处理剂。这类处理剂共同的特点是,在连续相中剂量相对于加重剂少,吸附连续相充分分散,应该说与连续相发生了物理作用。但加量小,体积不会发生变化。故此,加重前后的总体积不变。

加入前原钻井流体和活性加重剂的质量等于加重后的质量,加重前原钻井流体的体积和活性加重剂的体积等于加重后的体积。

$$m_2 = m_C + m_1 \tag{2.1.71}$$

$$V_2 = \frac{m_C}{\rho_C} + V_1 \tag{2.1.72}$$

式中 m_1——水的质量,kg;
m_2——配制完成后的钻井流体质量,kg;
m_C——所需膨润土的质量,kg;
ρ_C——膨润土的密度,kg/m³;
V_1——配制水的体积,m³;
V_2——配制完成后钻井流体体积,m³。

配制一定密度膨润土基液,所需的膨润土及水量,即加重前是清水。这样,就可以得到,加入膨润土的量和清水的需要量。

$$m_C = \rho_2 V_2 - \rho_1 V_1 \tag{2.1.73}$$

$$\rho_w V_w = \rho_2 V_2 - m_C \tag{2.1.74}$$

式中 ρ_2——配制出钻井流体的密度,kg/m³;
ρ_w——水的密度,kg/m³;
V_w——所需水量,m³。

方程中,如果用油品代替水,也可以计算油基土的用量或油的用量。这样,可以用于计算配制土浆的密度。由于活性加重剂剂量是用连续相的质量浓度计算的,其用量还可以进一步简化计算。

钻井实践中,膨润土和有机土等活性加重剂是水化充分后,再混入钻井流体中,补充膨润土含量,达到提切、降低失水等作用。这样,混入后的钻井流体密度,可以按照两种钻井流体相混的方法来计算,求几何平均即可,相对简单。

1.2.4.1 不限定调整钻井流体密度

活性材料不限定体积加重,一般不考虑活性材料加入后的体积变化。

$$m_b = \rho_b (V_2 - V_1) \tag{2.1.75}$$

式中 m_b——膨润土的质量,kg;
ρ_b——膨润土的密度,kg/m³。

某室内研究的超高密度钻井流体配方为1%~2%膨润土+3%降失水剂+5%~7%润湿分散剂+0.5%~1%非增黏降失水剂+0.5%润滑剂+重晶石,配制出的钻井流体密度为3.0g/cm³,仍保持较好的流动性,就是计算好膨润土含量实施配制的例子(黄强等,2011)。

1.2.4.2 限定体积调整钻井流体密度

活性材料限定体积加重,同样不考虑活性材料加入后的体积变化,考虑润湿连续相的量,直接按控制体积计算加入材料的质量。

$$m_b = \rho_b(V_2 - V_1 - V'_{cp}) \tag{2.1.76}$$

式中 V'_{cp} ——所需连续相的量,m³。

1.2.5 可溶性盐调整钻井流体密度方法

氯化钠和氯化钙等无机盐,甲酸钠和甲酸钾等有机盐,在钻完井流体中应用越来越广泛,其密度的调整问题也值得研究。

可溶性盐溶解在水中,水溶液的质量和溶解前水的质量以及可溶性盐的质量,没有发生变化。即加重前后的质量相等。

$$m_{awei} = m_w + m_s = \rho_w V_w + m_s \tag{2.1.77}$$

式中 m_{awei} ——调整后水溶液总质量,kg;
m_w ——水的质量,kg;
m_s ——可溶性盐的质量,kg;
ρ_w ——水的密度,kg/cm³;
V_w ——水的体积,m³。

1.2.5.1 不限定体积调整钻井流体密度的计算方法

加重后,盐充分溶解,晶体盐变成了钠离子和氯离子,离子进入水分子之间的间隙,使得体积小于两种物质的体积和。但由于空隙的体积不能完全容纳所有的离子,所以,会比水的体积大。这样,就会产生体积增加的多少问题。不同种类可溶性盐,不同的盐溶液密度,体积的增加量不同,即体积膨胀系数。这样,可以得到另外一个方程:

$$V_2 = B V_1$$

式中 V_2 ——盐溶液的体积,m³;
B ——体积膨胀系数;
V_1 ——水的体积,m³。

加入后的体积等于体积膨胀系数乘以水的体积,式(2.1.78)可变为:

$$\begin{aligned} V_2\rho_2 &= BV_1\rho_2 \\ &= V_1\rho_1 + m_s \end{aligned} \tag{2.1.78}$$

式中 ρ_1 ——水密度,g/cm³;

ρ_2——盐水密度,g/cm³。

如果给定水的体积而不限定加重后的体积,就可以通过清水的密度得到水的质量、体积膨胀系数及加重后的密度得到加重后的质量,算出需要的加重可溶性盐的质量。

$$m_s = V_2\rho_2 - V_1\rho_1 \tag{2.1.79}$$

体积膨胀系数,加入可溶性盐的体积变化可由实验室测定。也可由第三篇中查出。

1.2.5.2 限定体积调整钻井流体密度的计算方法

事实上,现场很少在不限定加重后获得盐水体积。一是成本需要控制,二是现场也没有盛放钻井流体的容器,供不限定体积加重。此时,应先用目标体积换算出清水用量。再用质量相等方程求出需用的可溶性盐的量。即配制盐溶液密度和体积是已知的。通过膨胀系数即可求得。

$$V_2 = BV_1 \tag{2.1.80}$$

$$\rho_2 V_2 = \rho_1 V_1 + \rho_w V_w + m_s \tag{2.1.81}$$

$$V_1 = \frac{\rho_2 V_2 - m_s}{\rho_w} \tag{2.1.82}$$

式中 V_m——配制原浆的体积,m³;
ρ_m——原浆密度,kg/m³;
V_w——所需水量,m³;
m_s——可溶性盐的质量,kg。

联立得到:

$$V_w = V_1 \frac{V_2(\rho_s - B\rho_2) - V_1(B\rho_s - B\rho_1)}{B\rho_s - B\rho_w} \tag{2.1.83}$$

$$m_s = \rho_s \left(\frac{V_2}{B} - V_1 - V_w \right) \tag{2.1.84}$$

通过利用可溶性盐增加水相的密度除提高钻井流体的密度外,还可以减少固相体积分数,增加钻井流体的抑制性。常用的可溶性盐有无机盐和有机盐两种。

如果现场水基钻井流体配浆中需要通过加入可溶性盐,配制一定密度的"清水",先计算出在罐中加入的清水的体积,再计算出可溶性盐的用量。

如果配制的盐水是用于补充或者混入原盐水钻井流体中,需要进一步计算钻井流体的密度,则要通过质量不变和体积不变两大原则针对具体情况实施计算。

某现场井斜井段地层主要以泥岩为主,在斜井段施工时,由于轨迹控制需要,使用牙轮钻头钻进,机械钻速下降,使钻井流体对井壁的浸泡时间加长。使用的钻井流体配方为0.2%~0.3%聚阴离子纤维素+0.2%羧甲基纤维素钠+1.5%~2.0%阳离子乳化沥青粉+烧碱+1.0%磺化酚醛树脂+0.5%~1.0%耐盐降失水剂+10%~15%甲酸钠+15%~20%氯化钠+氯化钾+4.0%~5.0%超细碳酸钙+石灰石粉+重晶石粉+聚合醇+石墨粉,通过加入有机盐和无机盐调整后,钻井流体的密度可以达到1.3g/cm³,实现了提高抑制性和钻井流体密度(刘兆利等,2010)。

1.2.6 复合加重剂调整钻井流体密度方法

复合加重材料,是指用不同性质不同能力的加重材料,调整钻井流体密度。复合加重剂调整钻井流体密度,主要是指利用可溶性盐加重后,再用与之相兼容的惰性加重剂加重。这样,可以获得高密度钻井流体的同时,还提高了钻井流体的抑制性,降低了固相含量,钻井流体的其他性能也容易控制。一般可按照现场操作顺序,先计算可溶性盐的用量,然后再计算惰性加重剂的用量。而同一类钻井流体加重材料,如重晶石和铁矿粉,则可以根据惰性材料加重的方法,计算和调整。

1.2.6.1 不限定体积调整钻井流体密度

先根据连续相体积和预期密度,建立带有体积膨胀系数的加重前后质量不变的可溶性盐方程。方程要含有可溶性盐和惰性加重剂。

$$\rho_2 V_2 = \rho_1 V_1 + m_B + m_s \tag{2.1.85}$$

根据加入可溶性盐加重后的膨胀体积,作为惰性材料加重前的体积。可认为惰性材料加重前后的体积不变,建立体积不变方程。

$$V_2 = BV_1 + \frac{m_B}{\rho_B} \tag{2.1.86}$$

联立式(2.1.85)和式(2.1.86)得到:

$$m_s = \frac{V_2(\rho_2 \rho_s - \rho_B \rho_s) + V_1(B \rho_B \rho_s - \rho_1 \rho_s)}{\rho_s - B \rho_B} \tag{2.1.87}$$

$$m_B = \frac{V_2(\rho_B \rho_s - B \rho_B \rho_2) + V_1(B \rho_B \rho_1 - B \rho_B \rho_s)}{\rho_s - B \rho_B} \tag{2.1.88}$$

复合加重剂调整钻井流体密度可以认为是连续相体积增加后的惰性材料加重。计算相对简单,但要思路清楚。

1.2.6.2 限定体积调整钻井流体密度

限定体积用复合加重剂调整钻井流体密度,比较复杂。假定,加入可溶性盐后,盐不会对原钻井流体中的处理剂造成影响,且不会因为可溶性盐混合后的体积增加,影响了非加重剂的浓度。这样,仍然可以建立三个方程。

加入所有处理剂前后,质量不变。

$$\rho_2 V_2 = \rho_1 V_1 + \rho_w V_w + m_B + m_s \tag{2.1.89}$$

加入所有处理剂前后,水溶液体积变化,但确定密度下,体积再加重时不变。再加入钻井流体中,体积不变。

联立式(2.1.86)和式(2.1.89)得到:

$$m_B = \frac{V_2 \rho_B (B \rho_2 - \rho_s) + V_1 B \rho_B (\rho_s - \rho_1) + V_w B \rho_B (\rho_s - \rho_w)}{B \rho_B - \rho_s} \tag{2.1.90}$$

$$m_{s} = \frac{V_{2}(\rho_{B}\rho_{s} - \rho_{2}\rho_{s}) + V_{1}(\rho_{s}\rho_{1} - B\rho_{B}\rho_{s}) + V_{w}(\rho_{s}\rho_{w} - B\rho_{B}\rho_{s})}{B\rho_{B} - \rho_{s}} \qquad (2.1.91)$$

加入可溶性盐水溶液后,相当于原钻井流体中加入了连续相,降低了质量低密度固相的质量分数。但低密度固相的总量仍然不变。也可以得到一个方程,前文已述。与前两个方程相联立即可。

复合加重剂加重钻井流体,一般用甲酸钠或者甲酸钾作为可溶性盐,然后再用重晶石粉加重,这样既提高了钻井流体的密度,又减少了固相含量,同时提高了钻井流体的抑制性。甲酸钠理论上可以将钻井流体加重至 1.32g/cm³,并且可作为抑制剂,抑制泥页岩水化膨胀(赵向阳等,2013)。一般不用氯化钠,因为氯化钠对其他处理剂的影响较大,且氯化钠的溶解度较小,地层中的其他盐进入钻井流体仍然可以溶解。利用可溶性盐和惰性加重材料钻盐膏层早在 2005 年郑力会等在塔里木羊塔克地区应用过。这种既能抑制黏土膨胀分散,又能抑制盐类进一步溶解的特性,称为泛抑制性(All Inhibitive Ability)。具备这种性质的钻井流体,称为泛抑制性钻井流体(All Inhibitive Ability Drilling Fluids)。

以聚阴离子纤维素为聚合物降失水剂,利用磺化褐煤、磺甲基酚醛树脂、褐煤树脂、惰性降失水剂、磺化酚腐殖酸铬作为降失水剂,使用合理浓度的甲酸盐膨润土浆为基浆,用无荧光润滑剂增强钻井流体的润滑性能,选用重晶石和铁矿粉加重。先用重晶石加重至密度为 1.80g/cm³,再用铁矿粉复配加重至密度为 2.50g/cm³,超过 2.50g/cm³ 后单独采用铁矿粉加重,实现解决深井高密度钻井流体流变性控制(廖天彬等,2010)。

1.2.7 连续相调整钻井流体密度方法

一般来说,连续相密度低于钻井流体其他组分密度,且剂量大,对钻井流体密度影响大。所以,加入连续相,会降低钻井流体密度。同时,加入相同的连续相后,钻井流体的其他性能如流变性和失水护壁性等都会发生变化,俗称为稀释。

但是,有些情况则不同,如水基钻井流体加入柴油,由于柴油的密度低于水,所以钻井流体的密度降低。反过来,饱和氯化钙水溶液加入油基钻井流体中,则可以提高密度。因此,加入不同的连续相,也会带来密度的变化。所以,用连续相调整钻井流体的方法和技术,值得注意。

钻井过程中,为了提高钻井流体的润滑性,常在水基钻井流体中混入油类流体。为了提高油基钻井流体的密度和降低成本,也经常增加水的用量。因此,钻井流体的密度也会因此发生变化。

加入连续相调节钻井流体的密度,也可以按不限定体积和限定体积两种情况考虑。不同的是,加入的连续相不需要再考虑与原有的连续相润湿问题。水基钻井流体混油前后,或者油基钻井流体加入盐水前后,在不考虑发生乳化的前提下,油或者水的体积和钻井流体的体积总量没有发生变化。

1.2.7.1 不限定体积调整钻井流体密度

加入连续相后,调整前连续相与原钻井流体体积之和等于调整后的体积,即加入连续相前后的钻井流体体积总体不变。

$$V_{aw} = V_{bw} + V'_{cp} \tag{2.1.92}$$

式中 V_{aw}——密度调整后钻井流体的体积,m^3;
　　　V_{bw}——密度调整前钻井流体的体积,m^3;
　　　V'_{cp}——加入连续相体积,m^3。

钻井流体调整密度前后,原钻井流体和连续相因为不发生物理化学反应,所以总质量不变。因此,可以得到另外一个方程。

$$\rho_2 V_2 = \rho_1 V_1 + m_{cp} = \rho_1 V_1 + \rho_{cp} V'_{cp} \tag{2.1.93}$$

式中 ρ_1,ρ_2——调整前、调整后钻井流体的密度,kg/m^3;
　　　V_1,V_2——调整前、调整后钻井流体的体积,m^3;
　　　m_{cp}——加入连续相质量,kg;
　　　ρ_{cp}——连续相的密度,kg/m^3。

联立两式,求解得到密度调整后钻井流体的体积。

$$V_2 = \frac{\rho_1 V_1 + \rho_{cp} V'_{cp}}{\rho_2} \tag{2.1.94}$$

求出 V_2 后,连续相用量通过配制完成后钻井流体增加的体积求出。

$$V'_{cp} = V_2 - V_1 \tag{2.1.95}$$

1.2.7.2 限定体积调整钻井流体密度

限定体积调整钻井流体密度,要根据调整后要求的体积,反推出应保留的原钻井流体体积,再计算应放弃的体积。放弃一部分钻井流体后,还要补充一定的连续相。这是因为钻井流体密度越高,低密度固相越低,才能保证钻井流体的流变性合适。

计算时,仍然根据调整前后的钻井流体体积不变,建立第一个方程。只是多了一项连续相。

$$V_2 = V_1 + V'_{cp} \tag{2.1.96}$$

式中 V_2——调整后钻井流体体积,m^3;
　　　V_1——保留的原钻井流体体积,m^3;
　　　V'_{cp}——连续相的体积,m^3。

钻井流体密度调整前后体积不变,密度调整前后的总质量也不变。这样,建立第二个方程。

$$\rho_2 V_2 = \rho_1 V_1 + \rho_{cp} V'_{cp} \tag{2.1.97}$$

继续利用剩余钻井流体的固相体积与调节完成后的体积相同,得:

$$V_1 = V_2 \frac{f_{c2}}{f_{c1}} \tag{2.1.98}$$

联立,可得保留的原钻井流体体积,加入连续相的体积和需要密度调节剂的用量。

$$V'_{cp} = \frac{V_2}{\rho_{cp}}\left(1 - \frac{f_{c2}}{f_{c1}}\right) \tag{2.1.99}$$

这样,就可以得到钻井流体密度调整前,原钻井流体用于调整钻井流体密度的用量,也知道了钻井流体调整需要多少连续相。

现场调整钻井流体密度前,保留的钻井流体体积,一般通过排放某一罐中的流体来实现的。因此,更需要知道排放多少。通过原钻井流体的量,减去剩余需要用于调整的量,即得废弃的量。

$$V_{dis} = V_0 - V_1 \tag{2.1.100}$$

式中　V_{dis}——钻井流体的排放量,m^3;

V_0——排放前钻井流体总量,m^3。

油基钻井流体是目前应用较广泛的钻井流体之一,它具有良好的热稳定性、润滑性、防塌抑制性和储层保护性,但也存在切应力小、悬浮性弱、岩屑携带较差及残留钻井流体不易清除等缺陷。调节黏度时通常用乳化来实现。

(1)柴油混入水基钻井流体后密度。水基钻井流体混油,可有效改善钻井流体的润滑性能,同时还能降低钻井流体的密度。在不限定体积的情况下,直接加入即可,特别是少量加入的油,不用计算,通过现场实测性能来控制。

某个构造带形成的低压低渗透油气田,地层孔隙压力一般为 0.95~1.05g/cm³。通过在水基钻井流体中加入柴油,乳化柴油钻井流体的密度始终在 0.86~0.89g/cm³ 之间,黏度在 40~65mPa·s。钻井流体密度从原来的 1.2g/cm³ 下降到 0.85g/cm³,起下钻畅通无阻,测井、下套管一次成功(杨作武等,2003)。

(2)盐水混入油基钻井流体后密度。在油基钻井流体中进一步混入饱和盐水,提高密度的同时,提高抑制性降低成本也是常用的方法之一。

某地层可钻性极值高、研磨性强,泥页岩水化膨胀、滤饼较厚,大井眼段岩石易剥落。四开使用的油包水型钻井流体配方为白油 + 高温有机膨润土 + 高温主乳化剂 + 石灰 + 氯化钙 + 高温降失水剂 + 高温降失水剂 + 重晶石(梁勇,2010)。调整后,钻井流体的密度由 0.9g/cm³ 提至 1.1g/cm³。

1.2.8　表面活性剂调整钻井流体密度方法

表面活性剂特别是发泡剂和消泡剂,自身质量对钻井流体密度影响较小,但其活性会引起密度变化幅度较大,因此,液体计算方法无法适用。用多元回归的方法,效果较为满意(Zheng et al.,2008)。

任意选取各处理剂的推荐剂量范围,设计若干套配方进行室内实验,并测得各配方工作液密度,拟合出密度与表面活性剂剂量之间的代数关系。这样就可以正反计算表面活性剂剂量和密度的关系。

首先建立密度模型。如不考虑因素间的相互影响,密度与各处理剂剂量之间存在着一定的函数关系。假设为二次函数关系,其方程为:

$$y = f(x_1, x_2, \cdots, x_m) = b_0 + b_1 x_1 + \cdots + b_m x_m + b_{m+1} x_1^2 + \cdots + b_{2m} x_m^2 \quad (2.1.101)$$

式中 y——钻井流体的密度,g/cm^3;

$x_i (i=1,2,\cdots,m)$——不同表面活性剂的剂量,%;

$b_i (i=0,1,\cdots,2m)$——待定的系数。

对实验数据进行二次回归分析,假设对变量的 $n(n>m)$ 次独立观测数据为:$\{(y_i, x_{i1}, x_{i2}, \cdots, x_{im}), i=1,\cdots,n\}$,$m$ 为变量的个数,则这些观测数据应满足式(2.1.102),即有:

$$\begin{cases} y_1 = b_0 + b_1 x_{11} + \cdots + b_7 x_{17} + b_8 x_{11}^2 + \cdots + b_{14} x_{17}^2 \\ y_1 = b_0 + b_1 x_{21} + \cdots + b_7 x_{27} + b_8 x_{81}^2 + \cdots + b_{14} x_{27}^2 \\ \vdots \\ y_n = b_0 + b_1 x_{n1} + \cdots + b_7 x_{n7} + b_8 x_{n1}^2 + \cdots + b_{14} x_{n7}^2 \end{cases} \quad (2.1.102)$$

若记为:

$$\boldsymbol{Y} = (y_1, y_2, \cdots, y_n)^T, \boldsymbol{\beta} = (b_0, b_1, \cdots, b_m, b_{m+1}, \cdots, b_{2m})^T \quad (2.1.103)$$

$$\boldsymbol{X} = \begin{bmatrix} 1 & x_{11} & \cdots & x_{1m} & x_{11}^2 & x_{12}^2 & \cdots & x_{1m}^2 \\ 1 & x_{12} & \cdots & x_{1m} & x_{21}^2 & x_{22}^2 & \cdots & x_{2m}^2 \\ \vdots & \vdots & \ddots & \vdots & \vdots & \vdots & \ddots & \vdots \\ 1 & x & \cdots & x_{nm} & x_{n1}^2 & x_{n2}^2 & \cdots & x_{nm}^2 \end{bmatrix}_{n \times (2m+1)} \quad (2.1.104)$$

则多元线性回归数学模型可写成矩阵形式:

$$\boldsymbol{Y} = \boldsymbol{X\beta}$$

将实验数据带入矩阵,可以解得待定系数的值和置信区间。比较相关系数的回归精度是否满足要求,从而确定该模型是否可用。

此法适用微泡沫钻井流体、可循环使用的低密度钻井流体等泡分散类钻井流体,解决加入处理剂的量,给密度带来较大变化的体系,但又影响因素无法简单计算的难题。

某地层以泥岩与砂岩互层为主。表层地层破碎、裂缝发育,地质预测压力系数小于 1.0。一开和二开均采用微泡沫钻井流体钻进密度。实钻表明,该 0~400m 井段发现漏失井段 6 个,最长漏失井段长达 21m,漏层压力当量密度 0.4~0.7g/cm³,属于典型的低压漏失层段。使用的微泡沫钻井流体配方:3%~7% 预水化膨润土浆 +1%~1.5% 降失水剂 +0.3% 两性离子聚合物强包被剂 +0.3%~0.5% 增黏剂 +0.8%~1.2% 起泡剂,钻井流体平均密度为 0.7~0.89g/cm³,微泡钻井流体能克服以往普通桥浆钻进时扭矩大、易出现卡钻和起下钻困难等问题,并且显著提高易漏地层的承压能力,现场应用情况表明,可提高漏层承压能力 1.02~1.32g/cm³ 的当量密度(吉永忠等,2005)。

1.3 现场调整工艺

钻井流体通过调整钻井流体密度,实现调整钻井流体在井筒内产生的静液柱压力,达到平衡地层孔隙压力目的。以此,防止地层流体无控制地进入井眼,发生井涌、井喷。

钻井流体平衡地层的压力另一形式是,平衡地层构造压力。地层未被钻开之前,井壁处的应力状态为原应力状态,压力处于平衡状态。钻开井眼后,地应力被释放,破坏了地层和原有的应力平衡。井筒内的钻井流体作用于井壁的压力取代了原先岩层对井壁的支撑。

两种形式都需要合适的钻井流体密度,结合工艺控制井下压力。但是,钻井流体密度过高,钻井流体增稠、钻井漏失、机械钻速下降、加剧伤害储层和增加钻井流体成本;密度过低,则容易发生井涌甚至井喷,还会造成井塌、缩径和携屑能力下降等。因此,必须准确、合理地确定不同井段钻井流体的密度,并在钻进过程中实时检测和调整,才能实现安全钻井。合理的钻井流体密度须根据所钻地层的孔隙压力、坍塌压力、破裂压力及钻井流体的流变参数来确定。调整前,应调整好钻井流体的各种性能,特别要严格控制低密度固相的含量。一般情况下,所需钻井流体密度越高,则密度调整前钻井流体的固相含量及黏度、切力应控制的越低。这种控制钻井流体性能实现井下安全的性质和性能,称为钻井流体控制井下压力的性能。

1.3.1 钻井流体密度差异确定

钻井流体的密度,不仅能够稳定井壁,防止井壁的张性破裂(井漏)和剪切垮塌(井塌),还要能够维持井内压力平衡,避免地层流体大量流入井内,造成地层流体侵害钻井流体以及井漏、井喷、压差卡钻等。这就涉及地层的三个压力,即地层孔隙压力、地层破裂压力和地层坍塌压力。

地层孔隙压力(p_p),是指岩石孔隙流体(油气水)所形成的液柱压力,可以表达为:

$$p_p = 1 \times 10^{-3} \rho g H \tag{2.1.105}$$

式中 ρ ——孔隙流体密度,g/cm³;
g ——重力加速度,m/s²;
H ——地层所处井深,m。

地层破裂压力,是指在一定深度裸露的地层,承受流体压力的能力是有限的,液体压力达到一定数值时会使地层破裂。这个液体的压力被称为地层破裂压力。

地层坍塌压力,是指井眼形成后井壁周围的岩石产生应力集中,井壁围岩所受的切向应力和径向应力的差达到一定数值后,发生剪切破坏,井眼坍塌。此时的钻井流体液柱压力即为地层坍塌压力(刘之的等,2004)。

三个压力在纵向上的连续变化称为压力剖面。剖面间的压力差值被称为安全密度窗口(Safety Drilling Fluids Window)。为实现井下安全,地层孔隙压力、地层破裂压力和地层坍塌压力间存在如下关系:

当 $p_f > p_m > p_p$,($p_p > p_c$)时

$$\Delta p = p_f - p_p \tag{2.1.106}$$

当 $p_f > p_m > p_c$,($p_c > p_p$)时

$$\Delta p = p_f - p_c \tag{2.1.107}$$

式中 p_f——地层破裂压力,MPa;
p_m——钻井流体柱压力,MPa;
p_p——地层孔隙压力,MPa;
p_c——地层坍塌压力,MPa。

两个 Δp 重叠的部分,称为安全密度窗口。安全钻井流体密度窗口越大,则钻井越易;安全钻井流体密度窗口越小,则钻井越难。若全钻井流体密度窗口小于循环压耗,则无法使用常规钻井方式。

根据岩石力学理论可知,地层破裂压力是由井壁上的应力状态决定的,它是由于井壁上的有效切向应力达到或超过岩石的拉伸强度。

$$p_f = \frac{3\sigma_{h_2} - \sigma_{h_1} - \alpha\left(\frac{2-3\mu}{1-\mu}\right)p_p + S_t}{1 - \alpha\left(\frac{1-2\mu}{1-\mu}\right) + \phi} \tag{2.1.108}$$

式中 $\sigma_{h_1}, \sigma_{h_2}$——水平方向地应力,MPa;
α——Biot 系数;
μ——岩石的泊松比;
S_t——岩石的抗拉强度,MPa;
ϕ——地层的孔隙度,%。

钻井流体取代了原井眼处的岩石,井壁坍塌的主要原因是由于井内液柱压力太低,使得井壁周围岩石所受压力超过了岩石本身强度而产生剪切破坏。此时,对于脆性地层会产生坍塌掉块,井径扩大,对于塑性地层,则向井眼内产生塑性变形,造成缩径。在石油工程岩石力学中,一般采用 Mohr – Coulomb 准则描述井壁发生剪切变形。

$$p_c = 0.1g\frac{\eta(3\sigma_{h_1} - \sigma_{h_2}) - 2F_c K + \alpha p_p(K^2 - 1)}{K^2 + \eta} \tag{2.1.109}$$

其中

$$K = \cot\left(45° - \frac{\varphi}{2}\right) \tag{2.1.110}$$

式中 η——应力非线性修正系数;
F_c——岩石的黏聚力,MPa;
K——内摩擦角转换的余切函数;
φ——岩石的内摩擦角,(°)。

在得知井壁不发生剪切变形的钻井流体液柱压力极限和保证井壁不发生张性破裂的钻井流体液柱压力极限后,便可得出保持井壁稳定的安全钻井流体密度窗口。所谓安全钻井流体密度窗口是指钻井过程中不造成漏、喷、卡、塌等钻井事故,能维持井壁稳定的钻井流体密度范围。这是从井壁静力学稳定的角度考虑的安全钻井流体密度窗口。在实际钻井施工中还必须考虑由于起下钻、钻井流体的循环和设计安全系数等因素。因而必须在前面的安全钻井流体密度窗口的基础上再加上这些因素引起的附加密度值。

根据地层压力剖面、地层破裂压力剖面和坍塌压力剖面等全井压力剖面及浅气层资料，分段确定钻井流体密度。

$$\rho_m = \rho_p + \rho_e \tag{2.1.111}$$

式中 ρ_m——钻井流体密度，g/cm^3；

ρ_p——地层压力当量密度，g/cm^3；

ρ_e——附加当量密度（安全余量），g/cm^3。

油井 ρ_e 取 $0.05 \sim 0.10 g/cm^3$（或 $1.5 \sim 3.5 MPa$）；气井 ρ_e 取 $0.07 \sim 0.15 g/cm^3$（或 $3.0 \sim 5.0 MPa$）。

可以看出，这是在假设岩石的黏聚力和摩擦角不变的前提下，做出的一系列的安全密度窗口的计算公式。与此相对照，另一个学术观点则是认为黏聚力和内摩擦角是可以通过粘接材料实现增加从而实现了较低密度下防塌防漏，增加地下流体的流动阻力而实现防喷。

1.3.2 钻井流体密度维护处理

确定好安全钻井流体密度后，正确的钻井流体配制与维护工艺是实现钻井流体密度目标的关键。

1.3.2.1 惰性加重材料钻井流体调整

原浆性能对钻井流体密度调整前后的性能影响很大，需要考虑可能出现的情况合理调整密度的性能。密度调整后钻井流体的密度越高，原浆的膨润土含量应越低，悬浮性应越好。原浆应具有恰当的黏度、动切力、静切力和较低的失水量、良好质量的滤饼。密度调整前应做好小型试验，优选出原浆处理的最合理方案，保证钻井流体在密度调整后能满足要求，并检查使用材料是否满足调整需求。

调整前应将井内油气侵入的钻井流体循环出至地面，并尽可能排放。原浆性能调整稳定后，可用一台钻井流体泵在地面循环密度调整，另一台钻井流体泵往井内泵浆和循环。密度调整时必须使用混合漏斗和钻井流体枪。密度调整应按循环周进行，钻井流体密度一般每循环一周提高 $0.05 \sim 0.10 g/cm^3$，不能过快。加到预定密度值后，循环 $1 \sim 2$ 周并同时测量其密度、黏度和切力。

为维持调整钻井流体的性能，可以添加连续相或化学处理剂，但必须做好小型试验。维护时，加入速度要适当。要防止其他流体进入钻井流体，防止加重剂沉降。认真做好固控工作，使用细目的振动筛和双离心机及时清除钻屑。用一台 $1600 \sim 1800 r/min$ 的离心机回收底流的加重剂，其溢流泵入下一台 $2800 \sim 3500 r/min$ 的高速离心机，清除其底流的细钻屑。其溢流可稀释回收的重晶石，一起返回循环系统。

1.3.2.2 活性加重材料钻井流体调整

膨润土是以蒙脱石为主的层状硅酸盐矿物，是重要的钻井流体材料。膨润土、水及处理剂是组成水基钻井流体的基本物质,其中膨润土是用于调整钻井流体流变性和失水性能的最主要天然矿物材料。加入钻井流体后,由于密度上升,故也需要考虑其应用方法。

选用膨润土,体系中总固相和膨润土含量均不宜过高,防止在配制过程中出现黏度、切力过高的情况。膨润土一般控制在 $50kg/m^3$ 左右。体系由井浆转化而成,应该在加盐前先将固相含量及黏度、切力降下来。膨润土钻井流体选择淡水配制,水化时间不少于 6h,每柱钻进完,根据钻速快速倒划眼 1~2 遍,有利于黏土的分散和钻屑的携带。充分利用固控设备清除有害固相,实时监测和调 pH 值大于 10,让岩屑中的黏土充分分散、避免黏结成团和泥球,也可避免密度上涨过快、导致井漏。

钻井流体黏土、固相含量的合理控制很重要。特别是保持体系的强抑制、低膨润土含量特性,一般要求膨润土含量小于 3%,体系具有较好的流变性能。为降摩阻防卡提供条件。现场施工过程中,必须使用好固控设备,合理控制振动筛筛布和除砂器筛布的目数,并使用好除泥器和离心机。

1.3.2.3 可溶性盐钻井流体调整

高密度盐水钻井流体主要用于高压盐膏层,钻井过程中可能遇到盐或石膏侵害、井眼缩径和卡钻等。盐水钻井流体自身具有体系固相含量高、固相比表面积大、固相稳定性差和自由液相含量较少等特点,这些性质使盐水钻井流体的维护具有一定难度和特殊性。

在搅拌条件下,向预水化的膨润土浆中依次加入主降失水剂、辅降失水剂、分散剂、防塌剂,以及 pH 调节剂、高温稳定剂、氯化钠(盐水钻井流体),搅拌均匀后,缓慢加入适量的加重剂,在 10000r/min 下高速搅拌 20min,完成配制工作。

在钻进过程中,控制适当的含盐量是非常重要的,如果含盐量过小,起不到抑制效果;如含盐量过高,则钻井流体性能难以控制,费用上升,所以应控制好钻井流体中的氯离子含量,保证井眼规则和确保钻井作业顺利。根据地层情况,钻井流体中的氯离子的浓度一般控制在 10000~25000mg/L(赵静杰,2010)。

首先,高密度饱和盐水钻井流体的现场维护处理要紧密围绕清除无用固相、改变固相表面性质及相对增加自由水含量进行。由于密度的限制,即按照地质和工程要求,必须达到一定的密度,高固相含量和自由水含量少是客观存在的,也就是说,在钻井流体配方确定的情况下,用某一种加重剂调整钻井流体到某一密度值,体系的固相含量和自由水含量基本固定。但钻井流体中固相比表面积以及表面性质的变化与钻井流体维护处理措施是否得当是分不开的,同时也是这类钻井流体现场维护技术的关键所在。清除固相可使用振动筛,并使筛布目数在 120 目以下,维持密度稳定的前提下,并间隔使用离心机配合清除固相。

其次,因盐的溶解度随温度上升而有所增加,故在地面配制的饱和盐水,循环到井底就变得不饱和了。如,温度 26.6℃时,饱和氯化钠溶液的含盐量为 $362.3kg/m^3$;48.9℃时,含盐量为 $368kg/m^3$;93.2℃时,含盐量为 $390.9kg/m^3$。为了解决温差引起的盐岩层井径扩大的潜在问题,比较常用的方法是在钻井流体中加入适量的重结晶抑制剂,这样在盐岩层井段井温下使盐溶液饱和。钻井流体返至地面时,抑制住盐的重结晶。

最后,盐结晶的控制也是一个比较关键的问题。在地层中的过饱和盐水,上返过程中,温度降低,盐结晶和析出速度加快,钻具往往会遇阻、遇卡。高密度饱和抑制剂,以振动筛面无明显结晶块或井下无阻卡为宜,确定合理的盐结晶抑制剂及抑制剂剂量。

1.3.2.4 复合加重剂钻井流体调整

复合加重剂钻井流体主要用于异常高压地层,由于地层压力高,需加重钻井流体,单一加重材料不能满足钻井流体加重要求,需使用复合加重剂加重钻井流体,平衡地层压力。加重钻井流体固相含量较高,钻井流体流变性能和稳定性不易控制。

对钻井流体密度要求较高,单一加重材料将不能满足加重要求,可以采用复合加重。

相对于单一的加重材料加重的钻井流体,四氧化三锰与重晶石和铁矿粉复合加重能获得较高密度。四氧化三锰与重晶石铁矿粉分别按1:4和2:3的质量比复配加重时,高密度钻井流体失水量小,滤饼渗透率较低,失水护壁性更好(韩成等,2015)。

在固相含量比较高的条件下膨润土的最佳用量难以把握,存在高温增稠及减稠的双重危险,影响钻井流体的流变性和沉降稳定性。为了保证钻井流体具有较好的流动性和悬浮稳定性,膨润土根据基浆黏度高低情况加入,漏斗黏度控制在 38~50s,含量应为 1.0%~3.0%。

复合加重钻井流体流变性能较差、滤饼较厚,将磺化沥青粉的加量由 1.0% 提高至 2.0%~2.5%后,很好地解决了起钻遇阻卡的问题。磺化沥青粉的主要作用机理是在一定温度与压差下发生变形,封堵地层层理与裂隙,提高裂缝黏结力,在井壁处形成良好的内、外滤饼。同时磺化沥青在加重剂等固体表面吸附,可以减少固体颗粒的团聚,改善钻井流体流变性使滤饼光滑、薄、韧(王海宝等,2016)。

1.3.2.5 连续相调整钻井流体密度

加入连续相调整钻井流体的密度,是比较简单的方法。直接加入连续相即可。加入前计算时,根据加入前后的体积相等、质量相等,联立方程求解即可。这里重点介绍烃类钻井流体中以油作为连续相调整时的注意事项。

油基钻井流体的分散介质一般都是柴油。柴油中含有芳香烃和石蜡烃两种成分。这两种成分与沥青在柴油中的分散性有密切关系。芳香烃易溶解沥青质,石蜡烃难溶解沥青质。通常油基钻井流体应选取芳香烃含量低于20%、石蜡烃含量40%左右的柴油。

在实施负压钻井之前,将所用的钻井流体罐及管线用清水冲洗干净,保证钻井流体罐密封。按配方配制钻井流体,搅拌约1h测性能后即可用于负压钻井。钻井过程中要勤观测返出的钻屑及钻井流体性能变化情况,用增加水量和有机土加量提高钻井流体黏度。依据地层压力的变化和随钻产油气情况,及时调整钻井流体密度。

使用油基钻井流体钻进期间,根据先期钻井流体的消耗量,增加惰性封堵材料、随钻封堵剂和液体沥青的含量,使封堵剂总含量在3%以上,提高封堵能力,减少后期消耗量。

现场通过减少有害固相含量、降低塑性黏度、控制油水比等措施,同时加入乳化剂和润湿剂改变钻井流体中固相的润湿性能,达到调整流变性目的。如发现黏度上升较快,应开动离心机,振动筛使用孔径 0.075mm(200 目)的筛布,尽可能地除去有害固相,同时加入一定量的柴油以改变油水比,调整流变性。如黏度降低,可加入提切剂,提高油基钻井流体在水平井段的携砂能力,保持漏斗黏度 70~90s。

钻进期间钻屑及加重材料等固相不断进入钻井流体中控制固相成为重点。加入氯化钙提高抑制性是常用的方法。由于氯化钙亲水,为保证油基钻井流体的乳化稳定性,要不断补充乳化剂及润湿剂,保证油基钻井流体的乳化稳定性。此外,需要采用合理的钻井流体密度平衡地层压力,防止掉块。油基钻井流体的活度应始终保持在与钻屑活度基本平衡的状态,防止低活度时地层水侵入和高活度时油基钻井流体中水相的流失,保证钻井流体油水比的合理。

1.3.2.6 表面活性剂调整钻井流体密度

油田使用的泡沫流体一般分为硬胶泡沫和稳定泡沫。硬胶泡沫是有气体、黏土、稳定剂和发泡剂配成的稳定性比较强的分散体系。稳定泡沫是指空气(气体)、液体、发泡剂和稳定剂组成的分散体系。

硬胶泡沫用于需要泡沫寿命长、携带能力强的场合。例如大直径钻井的携带钻屑和清洗井底、防漏堵漏、堵水等,但是对电解质及油相的侵害较敏感。稳定泡沫能与钻井过程中的电解质和侵害物配伍或不敏感,还可以封堵地层水。

使用表面活性剂、黏土或聚合物配制成泡沫钻井流体,利用其强携带能力,清除钻屑。泡沫钻井流体,常用到的表面活性剂有发泡剂和稳泡剂。

表面活性剂的加入,降低了溶液的表面张力,提高了泡沫钻井流体中泡沫的稳定性。作业过程中,按照配方配制钻井流体,测量钻井流体性能变化。

表面活性剂的性能影响因素较多,如酸碱度、无机盐以及环境温度等。酸碱度对阴离子表面活性剂的影响较大,对非离子表面活性剂影响不明显。

氯化钠能有效降低阴离子表面活性剂的临界胶束浓度和最低表面张力,具有协调增效作用。氯化钠对非离子表面活性剂的影响程度较弱。随着环境温度的升高,大部分表面活性剂的表面活性能有增强趋势。

根据井口返出泡沫钻井流体的密度、黏度、切力及泡沫大小,及时维护处理泡沫钻井流体。通过现场小型试验及时补充发泡剂和稳泡剂,以维持各处理剂在泡沫钻井流体中的有效含量。充分利用各循环罐中的搅拌器以及混合漏斗,将泡沫钻井流体中的大泡变成小泡,维持钻井流体泵较好的上水效率,保证了钻井工程顺利。

钻井流体密度调整后,其他性能有可能发生变化。此时,就要优化和改进钻井流体其他性能,如钻井流体的润滑性、流变性等,及时补充或者调整相匹配的处理剂或者改变作业工艺。

1.4 发展趋势

目前,钻井流体在控制压力方面主要是强调钻井流体的密度,控压钻井和欠平衡钻井也是通过调节钻井流体的密度来实现的,而且这些控制方式是依据钻井静态的压力实现的。未来可能要根据实钻井的具体情况,不断调整才能更好控制井下压力,特别是在油田调整井的钻井过程中,井下压力的变化比较复杂,内部封堵控制地层和井筒中压力可能是一个重要的发展方向。

1.4.1 研究现状

确定合理的钻井流体密度时应考虑的因素很多,如注水压力、井距、注入量、注入速度总注量、邻井采液量等,但因井网复杂,断层发育,单纯依靠收集这些数据,计算确定合理的钻井流体密度值是不可能的。因此在参考以上因素的基础上,应着重通过邻井的实钻情况确定。

如哈 14-316 井是根据哈 14-418 井的实钻情况及邻近注水井的注入情况,在钻开储层前把钻井流体密度调至 1.73g/cm³,但在钻进过程中根据井下的变化情况又将钻井流体密度调至 1.76g/cm³,平衡地层压力。

二连油田的阿南和哈南地区属开发老区,近几年为完善注采系统布置了大批的第三套、第四套井网的调整井。1994 年后,受连年高压注水的影响,原始的地层压力系统受到了严重破坏,所钻井储层压力难以掌握,施工中常出现溢流或井涌,并由此引发了井漏、井塌及卡钻等,钻井困难。通过几年的不断实践和摸索,对阿南和哈南调整井区域的地层压力系统有了比较完整的认识,对调整井钻井流体密度的确定也更趋于合理,井涌和井漏都得到了较好的控制。

1.4.2 发展方向

目前,钻井过程中遇到的最大难题,一是井塌,二是井漏。两者同时出现时,往往采取先封堵后治塌的方法。从传统方向发展则是要降低钻井流体的密度或者提高钻井流体的密度。如果从长远看,用提高岩石自身强度低密度钻井的办法可能更具有实用价值。

(1) 低密度钻井流体。世界低压钻井及欠平衡钻井的成功实践证明,在未来的钻井技术发展中,欠平衡钻井技术将同水平井、分支井和连续油管钻井一样,成为各油田钻井技术发展的一个重要方向。

欠平衡钻井技术是在钻井过程中利用自然条件和人为手段,使钻井流体循环体系井底压力低于所钻地层孔隙压力,以实现产层流体有控制地进入井筒并将其循环到地面的一种钻井工艺。

欠平衡钻井井控技术已经基本形成了低压井欠平衡钻井井控技术,但对于类似川西储层低孔隙度、低渗透率、裂缝发育、产量难以准确预测的高压气井,目前中国还没有形成与气体钻井配套井控工艺技术(廖忠会,2007)。

降低钻井流体密度,尤其是针对油气田开发后期的低压低渗透油气藏而言,是保护储层、提高采收率、克服各种钻井复杂问题的重要技术措施。低压钻井及欠平衡钻井的核心技术之一就是低密度钻井流体技术。因此,发展低密度钻井流体技术是重要的发展方向。

(2) 高密度钻井流体。高密度钻井流体技术在国际上研究和应用比较成熟,未来研究的重点是针对异常高温高压地层中应用的钻井流体技术。但是中国钻井流体的研究与国际相比还有一定的差距,缺乏专用的处理剂。

另外,中国主要进行水基钻井流体研究,在油基和合成基钻井流体方面的研究较少,技术水平比较落后,是未来高密度钻井的发展方向。

（3）目前钻进过程中，还没有意识到钻井流体可以通过较低密度较强封堵能力来实现对地层流体的控制。在岩石比较稳定的地层中，既保持井壁稳定又能够很好控制井涌和溢流，在一些出水井中，增加流动阻力，可能是未来发展方向。

（4）随着钻井流体密度控制技术的发展，控制压力钻井已经成为普遍认可的钻井技术，可以解决复杂地层钻井中出现的压力控制复杂问题，提高钻井效率，降低钻井成本。控压钻井技术的应用范围应包括过平衡钻井、近平衡钻井、欠平衡钻井、精细控压钻井及自动（闭环）控压钻井（周英操等，2008），这也是压力控制技术发展的一个很重要的方向。

当然，开发具备粘接能力的钻井流体，通过粘接提高地层的强度，实现防塌防漏，这是一个新的领域，也是一个艰苦奋斗的过程。

第2章　钻井流体流变性能

钻井流体流变性(Rheological Properties of Drilling Fluids)是指钻井流体在流动变形过程中所表现出来的性质和功能。

钻井流体的流变性是钻井流体的重要性能之一。钻井流体的流变性，在钻井作业中特别是在复杂井身结构井作业中越来越受到作业者的重视，良好的流变性是实现钻井悬浮、携带等基本功能的保证。尽管早已为许多学者所研究，但井下环境的复杂性使其仍然是热点和难点。从目前的研究成果看，钻井流体流变性与悬浮固相、清洁井眼、稳定井壁和提高机械钻井速度等方面紧密相关。钻井流体流变学的发展与钻井工程需要钻井流体性能的多样性密切相关。

最早研究钻井流体黏度的是 Hallan。他不仅设计了马氏漏斗(Marsh Funnel)，还用毛细管测定了钻井流体的黏度和切力(Hallan,1931)，为钻井流体流变性研究奠定了基础。

20世纪40年代末至50年代初，喷射钻井技术得到推广，钻井水力学研究受到重视。Stormer 黏度计测得的是使黏度计以 200r/min 转速转动时所需要负荷[克(g)]或者用克雷布斯(Krebs,生物化学家，循环代谢的提出者)。克雷布斯(KU)是 200r/min 转速所需要负荷的对数。一般用来表示用于刷涂和辊涂涂料的黏度。这种方法获得的黏度不能用于水力学计算。

1951年，美国 Melrose 和 Lilianside，解决了用同轴旋转圆筒式黏度计测定宾汉模式流变参数和静切力问题(Melrose et al.,1951)。在此基础上，1954年，Savins 和 Roper 通过选择测量元件的适当几何尺寸和弹簧系统，使测定的结果可以在表盘上直接读出，成为今天广为应用的直读式旋转黏度计(Savins et al.,1954)。仪器简单，操作方便，促进了宾汉流变模式在钻井流体流变学研究中的应用，钻井流体流变性研究飞速发展。通过研究剪切速率和剪切应力间的关系，建立本构方程，确定流变参数，实现满意性能，最终实现安全快速高效钻井。这是比较经典的理论促进应用的实例。

钻井流体流变性主要包括钻井流体组分形成的悬浮液流变性和利用组分配制出钻井流体流变性。研究钻井流体组分以及组分形成的悬浮液，特别是聚合物组分形成的悬浮液流变模式及流变方程，主要是为解决钻井流体在应用过程中两个方面的问题：

一方面，研究钻井流体组分熔体的流动规律，检验配制钻井流体的材料是否满足钻井作业所需要的性能要求，以改进钻井流体组分的分子结构或分子量，优化组分性能；

另一方面，研究钻井流体组分所形成的悬浮液流动规律，检验所配制的钻井流体是否满足钻井作业所需要的性能要求，优化钻井流体。

由于钻井流体组分溶于连续相才能发挥作用，所以一般研究钻井流体组分通过组分形成的悬浮液来研究。因此，研究钻井流体流变性主要是研究钻井流体流变模式及流变方程，是为解决三个方面的问题：

第一，研究钻井流体的结构属性和流动规律，建立相应的流变方程，进一步计算流体对钻井工程清洁井眼能力、水动力等影响。

第二，研究剪切持续时间、温度和压力等因素对钻井流体流变性能的影响规律，奠定钻井过程中流体力学理论基础。

第三，研究钻井流体流动性能与钻井流体组分的关系，为钻井流体配方优化及组分合成提供依据。

研究背景表明，经典理论虽然促进了应用发展，但钻井流体自身的特点，许多经典理论很难适用。这也是钻井流体学成为一门科学的重要原因。

2.1 与钻井工程关系

钻井流体的流变性能参数与钻井工程有着密切的关系，是钻井流体重要性能之一。因此，钻井过程中必须测量和调整其流变性，满足钻井需要。钻井流体的流变性能参数主要包括漏斗黏度、表观黏度、塑性黏度、动切力和静切力、流性指数、稠度系数等。

研究钻井流体黏度随着剪切应力和剪切速率变化规律，目的是研究钻井流体的流变特性与破碎岩石、携带悬浮岩屑、稳定井壁等相互作用的规律，为确定钻井流体类型、组分优选和维护处理钻井流体方案，提供理论依据。

2.1.1 关系固相悬浮

起下钻柱、接单根或者其他作业，如测井、中途测试以及设备故障、井下事故等，需要钻井流体在应该停止或者被迫停止循环时，控制钻井流体中的岩屑或加重材料，不沉降或者下沉速率很慢。确保再次循环前，岩屑和加重材料不沉积于井筒内，掩埋钻具。特别是，水平井、大位移井作业，更需要重视固相沉降问题。就某一固相而言，如果不能沉降，需要钻井流体浮力和承托力不小于岩屑或者加重材料的重力。

钻井工程对重晶石和岩屑尺寸的要求不同。重晶石颗粒不能过小。重晶石颗粒越小，承托力越小，节省钻井流体组分费用，降低悬浮重晶石颗粒的难度。但颗粒过小，有可能从有用固相转变为有害固相。重晶石粒度也不应过大。颗粒过大固相控制设备会清除重晶石，钻井流体还需要提供较大的承托力。承托力过大，钻井流体恢复循环时，需要较大的泵压克服承托力。泵压太高，作用于地层的液柱压力可能超过地层破裂压力，导致地层漏失，俗称"憋"漏地层。

因此，钻井流体停止循环，钻井流体应很快提供承托力，悬浮岩屑和重晶石。恢复循环，又能够在较小的泵压下迅速恢复流动。这就需要钻井流体静则有承托力，动则可流动。即具备良好的触变性。这是以重晶石为例说明悬浮和携带固相需要钻井流体的性能，其他固相也是如此。

钻井流体的触变性（Thixotropy），是指外力接触钻井流体后，钻井流体变形的特性。钻井流体的触变性，关系钻井流体停止流动后迅速形成结构强度承托固相以及钻井流体开始流动时启动泵所需要的力。在一定程度上，触变性表征钻井流体悬浮固相的能力，剪切稀释性表征不同流动区域钻井流体的流动阻力。

气体钻井停止时，气体无法悬浮钻屑。接单根过程中或其他原因停止注气，岩屑沉积在井底。恢复钻井时,岩屑在气体作用下重新随气体流动。因此,气体不考虑其流变性能。

2.1.2 关系井眼清洁

清洁井眼(Clean Hole)是指钻井流体流动时携带固相返至地面的现象或者过程。钻井流体清洁井眼所能达到的程度,称为运送能力(Carrying Capacity)。

岩屑大小不一,携带时需要的力不同。但作业者希望钻井流体尽快基本清除钻头破碎的岩屑。这是因为,岩屑在井筒中循环时间过长,颗粒受到井壁、钻具等研磨、碾压,颗粒变小,塑性黏度增加,钻井流体摩阻增大,滤饼质量变差,失水量增加,引发井下难题或者事故。因此,钻井流体应用前需要评估钻井流体的运送能力。钻井流体运送能力强弱与含有固相的钻井流体在环空中流动状态有关。钻井流体中的固相,可能随钻井流体返出地面,也可能在重力作用下滑向井底。循环过程中希望固相向地面移动的速度大于向下滑落的速度,即钻井流体携带的固相向地面运动的速度与向下滑落的速度之和大于零,或者认为向上净速度为正。这样,钻井流体中固相向上移动的速度,可以表达为:

$$v_{su} > v_{fu} - v_{sd} \tag{2.2.1}$$

式中 v_{su}——固相上升速度,m/s;
v_{fu}——钻井流体上返速度,m/s;
v_{sd}——固相滑落速度,m/s。

极限情况,钻井流体上返速度等于固相下滑速度。这样,公式两边同除以钻井流体上返速度,可得:

$$\frac{v_{su}}{v_{fu}} = 1 - \frac{v_{sd}}{v_{fu}} \tag{2.2.2}$$

岩屑上升速度与钻井流体上返速度比值,称为钻井流体携带比或运载比(Carrying Ratio,CR),用于表征钻井流体清洁井筒效率,即携带比公式:

$$CR = \frac{v_{su}}{v_{fu}} = 1 - \frac{v_{sd}}{v_{fu}} \tag{2.2.3}$$

式中 CR——钻井流体携带比或运载比,%。

从携带比公式可以看出,固相下滑的速度越小,或者钻井流体上返的速度越大,携带比越接近于1,井眼清洁效率越高,清洁程度越好。因此,提高井眼清洁效率有两个途径:

一是提高钻井流体环形空间上返速度,即环空返速。但是,环空返速不易过高,高返速需要钻井流体泵高排量,高排量增加了钻井流体循环系统负荷。同时,钻井流体环空返速增加,冲刷井壁能力增强,不利于井壁稳定。修井时可以利用此方法冲砂。

二是降低固相的滑落速度。固相滑落速度除与固相尺寸、密度和自身的物理性质有关外,还与钻井流体密度、流态等因素有关,但最简单的做法是提高钻井流体黏度。而提高钻井流体黏度需要增加处理剂用量,增加钻井流体成本,还要消耗更多钻井流体泵动力。

T. E. Becker 通过分析定向井中钻井流体流变性和携岩效果的相互关系认为,低剪切速率下的参数6r/min和3r/min以及初切力是携带钻屑、清洁井眼的关键,其相关性系数达到了0.9~0.95(Becker,1991)。

井斜角为45°时,增大这些参数的数值,能够携带出更多的岩屑,减少钻井流体中的岩屑量。水平井中,流动状态为层流时,也是如此。同时,水平流动时,与层流相比,紊流的携岩效果更好。

钻井流体性能合适与否要看其是否能满足不同工程的需要,已经引起学者们关注。研究表明,钻井流体的流态不同,岩屑上升的机理不同,流体携带岩屑的方式也不同。流动速度不同,流体流动形式也有区别。塑性流体在不同流速下表现出不同的流动形式,包括段塞流、层流、过渡流、紊流。

段塞流(Slug Flow)指管道中一段气柱一段液柱交替出现的气液两相流动状态。在一般钻井流体中,不会出现,但在充气钻井流体中存在。实验表明,常规的钻井流体在玻璃管中的流动状态,可以分成三种,分别是层流、过渡流和紊流,如图2.2.1所示。

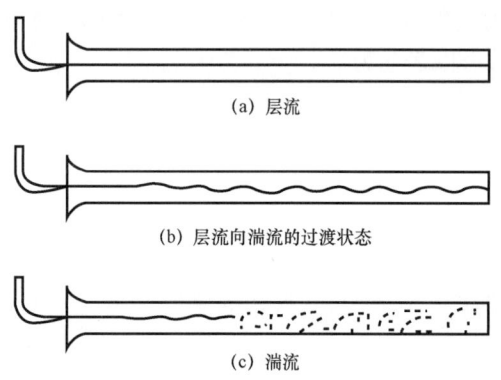

图2.2.1 三种流动状态下流体的携岩方式

流体流速很慢时,流体会分层流动,互不混合,形成层流,如图2.2.1(a)所示。层流(Laminar Flow)也称为片流,是流体流动时作层状流动所表现出的一种流动状态。一般情况下,低速流动下的流体在管道内流动时呈层流状态,流体质点沿着与管轴平行的方向作平滑直线运动。流体流速在管道中心处最大,靠近管壁处最小。管道内流体的平均流速与最大流速之比为0.5。除了管道中流动为层流外,经常遇见的层流还有毛细管或多孔介质中的流动、轴承润滑膜流动、微小颗粒在黏性流体中运动时引起的流动、液体或气体流经物体表面附近形成的边界层中的流动等。层流时流体质点呈层状流动,层与流动方向平行。

随着流体流速增加,流动越来越快,流体开始出现波动性摆动,表现为过渡流,如图2.2.1(b)所示。过渡流(Transition Flow)是逐渐增加流速,流体的流线开始出现波浪状的摆动。此种流动状况也称为过渡流。摆动的频率及振幅随流速的增加而增加。输水管输水、超音速动力学等研究常常涉及过渡流。

在过渡流的基础上,流体流速持续增加,流线不能清楚分辨,出现涡流、湍流,又称作乱流、扰流或紊流,如图2.2.1(c)所示。紊流(Turbulent Current)又称为湍流、乱流、扰流,是流体流动时常见的一种流动状态,是指流体从一种稳定状态向另一种稳定状态变化所表现的无序状态。紊流是质点呈不规则流动,在整个流体中充满小旋涡,质点的宏观流动速度基本相同。具体是指流体流动时各质点间的惯性力占主要地位,使得流体各质点不规则地流动。龙卷风属宏观湍流;夏天柏油路面看到的闪烁,称之为微观湍流;水煮沸后沸腾的现象也是一种湍流现象。

管道内紊流一般相对层流而言,可以用雷诺数判定。雷诺数(Reynolds Number,Re),又称雷诺准数,是用以判别黏性流体流动状态的一个无量纲数群,是流体力学中表征黏性影响的相似准则数。英国人雷诺(O. Reynolds)在1883年观察流体在圆管内流动时,首先指出流体流动形态除与流速有关外,还与管径、流体的黏度和流体的密度等因素有关。

雷诺数小,流体流动时各质点间的黏性力占主要地位,流体各质点平行于管路内壁做有规则的流动,呈层流流动状态;雷诺数大,流体流动时惯性力占主要地位,流体呈紊流流动状态。一般说来,管道流动雷诺数小于2000为层流状态,雷诺数大于4000为紊流状态,雷诺数2000~4000为过渡状态。

不同流动状态下,流体运动规律、流速分布等现象不同,管道内流体的平均流速与最大流速比值也是不同的。因此雷诺数的大小表征了黏性流体的流动特性。

钻井工程中,钻井流体紊流也是最常见的流动状态之一。一般情况下,钻井流体在钻杆、钻铤中的流动是紊流流动;钻井流体在环空中的流动则有时是层流有时是紊流。紊流是一种极为复杂的流动状态,迄今还没有关于紊流的严密理论。钻井流体特别是带有固相的钻井流体,能不能用雷诺数判断流动状态,也是一个未知数。

1950年,C. E. Williams等研究了钻井流体携带岩屑在环空中的流动,层流时,岩屑在钻井流体中,发生翻转运动和上下运动。紊流时,则没有滑落现象。岩屑在环空中运动时所受的力、运动方向等,如图2.2.2所示(Williams et al.,1951)。

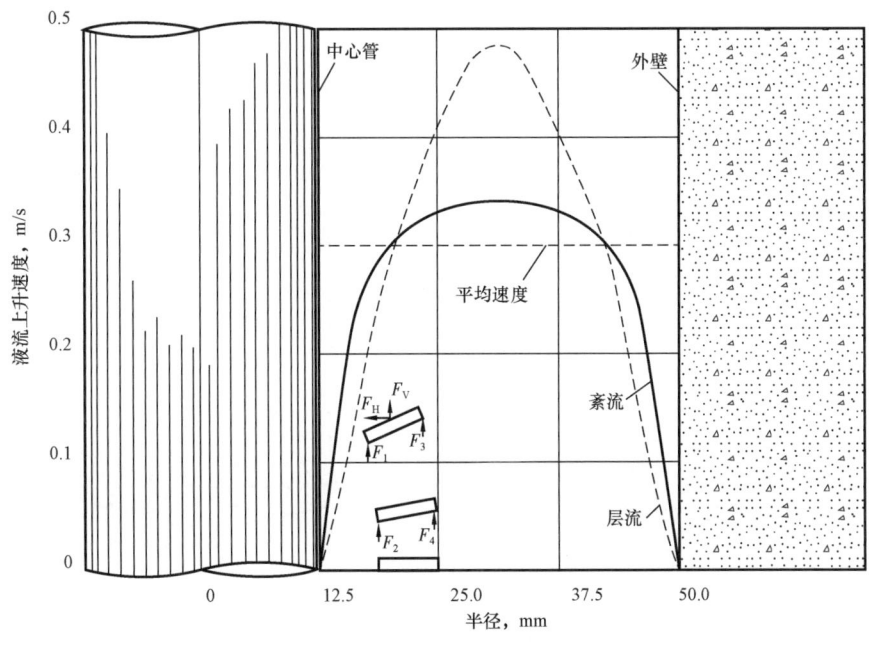

图2.2.2 片状岩屑在环空中的运动特征

从图2.2.2中可以看出,层流时,钻井流体流速剖面为一抛物线。环空中心线处流速最大,两侧流速逐渐降低,外管内管壁或内管外壁处的速度接近零。这就产生了携带岩屑翻滚的特殊现象。紊流时,钻井流体流速剖面同样为抛物线,但环空中心线处流速小于层流时的环空中心线处流速。

2.1.2.1 层流携带岩屑

C. E. Williams 等用 2½in 和 2⅞in 尺寸的玻璃管模拟井筒,用 0.500in,0.625in 和 0.750in 的三种扁平圆形铝片模拟岩屑,研究岩屑在钻柱旋转的情况下环空中上升情况,如图 2.2.3 所示。图中岩屑间箭头表示片状岩屑受力方向。

从图 2.2.3 中可以看出,钻柱静止时,片状岩屑上升过程中,不同位置受力不同。环空中心线流速高,作用力大;靠近两侧流速低,作用力小。作用力不同,力矩不等,岩屑翻转,向外管内管壁或中心管外壁即环空两侧运移。有的片状岩屑贴在井壁上,近似实际作业中形成的虚滤饼;有的向下滑移,下滑一段距离,进入流速较高的中心部位,向上运移,再下滑,再上移。如此反复,岩屑经过反复后携带出井口。

实际钻井作业中,岩屑翻转延长岩屑从井底返至地面时间,造成岩屑不能及时返出地面,有可能造成起钻遇卡、下钻遇阻、下钻不到井底等井下难题。但是,钻井流体流动速度慢,钻井流体泵负荷低,对井壁冲刷作用弱等特性易被现场接受。但现在也有一些学者也在坚持用大排量洗井。认为冲刷对形成薄而韧的滤饼有利,还可以清洁井眼。

实验结果还表明,钻柱转动时岩屑的翻转现象只在靠近井壁侧出现,所以观察到钻柱转动有利于层流携带岩屑。因此,相比钻柱不转动,转动钻柱时钻井流体的清洁井眼能力相对较强,如图 2.2.4 所示。

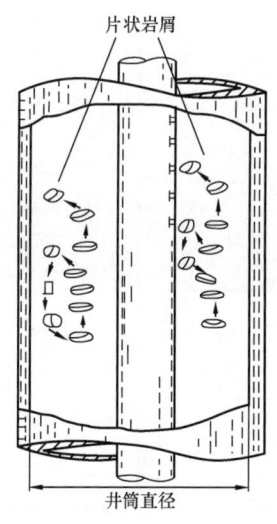

图 2.2.3 片状岩屑在环空中的
上升情况(钻柱不旋转)

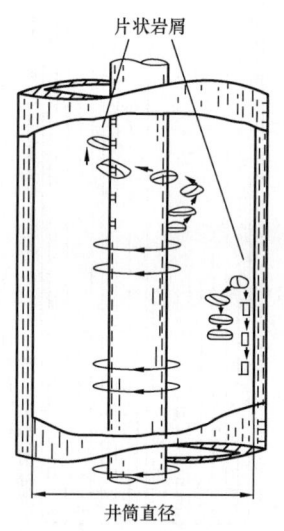

图 2.2.4 片状岩屑在环空中的
上升情况(钻柱旋转)

从图 2.2.4 中可以看出,钻柱转动增大靠近钻柱表面的流体速度,改变层流速度分布,岩屑螺旋状上升。进一步实验发现,岩屑厚度与直径比小于 0.3 或大于 0.8 时,会发生翻转,延长返出地面时间。岩屑厚度与直径比不在此范围内,岩屑出现翻转的可能性较小,一般能够顺利地返至地面。

2.1.2.2 紊流携带岩屑

钻井流体紊流状态时,钻柱不旋转的情况下,片状岩屑在环空中的可以直接向上运动,返出地面,如图 2.2.5 所示。

从图 2.2.5 中可以看出,钻井流体在紊流状态下,岩屑没有转动和滑落现象,直接返出地面,从而提高井眼清洁效率。

虽然钻井流体紊流流动状态下,能够提高携带岩屑的效率,但是钻井流体在紊流状态下清洁井眼缺点明显,如钻井流体泵达到预期排量困难,钻井流体流动时循环压耗大,钻井流体在高速流动时冲刷井壁等。

(1) 实现紊流需要大排量,钻井流体泵实现困难。钻井流体层流状态时,岩屑滑落速度大于紊流,携带能力较低,清洁井眼效率较低。为满足工程需要,要求钻井流体提高上返速度,即增大钻井流体泵排量,实现紊流。但是,受泵压和泵功率限制,特别是井眼尺寸较大、井深较深以及钻井流体黏度较大时,需要钻井流体泵输出功率较大,一般很难满足实现紊流的机械条件。

(2) 循环压耗大,发挥水力破岩困难。流体流动时沿程压耗与流速的平方成正比,功率损失与流速的立方成正比。紊流需要钻井流体流速远远高于层流,钻井流体紊流状态下携带岩屑会造成钻柱中水动力损失大,弱化水眼喷射钻井破岩,影响机械钻速。

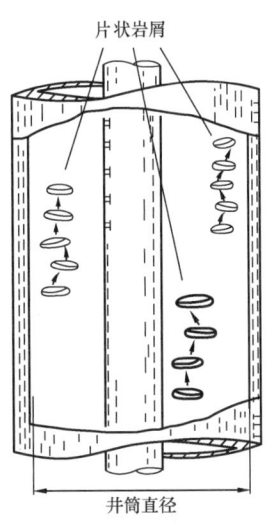

图 2.2.5 岩屑在紊流状态下的运动特征

(3) 环空流速快,不利于稳定井壁。钻井流体在环空中流动时,如果是紊流状态,井壁处流动速度会较高,高流速动会冲蚀井壁,钻井流体形成滤饼困难,存在井壁垮塌隐患。

可见,钻井流体紊流状态下携带岩屑,受到许多实际条件限制,可操作性较差。但紊流状态下能够提高携带岩屑效率,启示人们思考实现提高岩屑携带效率的流动状态。

2.1.2.3 平板形层流携带岩屑

提高钻井流体岩屑携带效率,可以通过提高上返速度或者控制颗粒自身滑落速度两条途径。两途径的关键,在于消除岩屑翻转。

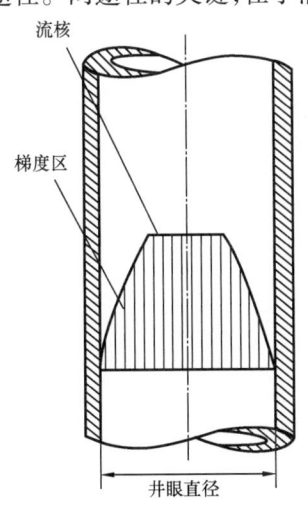

图 2.2.6 平板层流状态下的流动特征

岩屑翻转的主要动力来源于层流过水断面的尖峰形流速分布。过水断面是某一研究时刻的水面线与水底线包围的面积。过水断面是与元流或总流所有流线正交的横断面。过水断面不一定是平面,其形状与流线的分布情况有关。只有当流线相互平行时,过水断面才为平面,否则为曲面。消除钻井流体尖峰形流速,就可避免岩屑翻转滑落。所以,解决翻转需要控制作用在岩屑上的力不产生力矩,不产生力矩的方法则是改变流速分布,改变流速分布的方法是改变流动状态。平板层流因钻井流体需求而被重视。

李洪乾等研究表明,塑性流体从段塞流发展为层流,要经过平板层流。平板层流是流体周围区域为层流流动,中间区域流动速度相等的流体流动状态,也称为平板形层流(李洪乾等,1993)。流体中部流动速度相等的区域,称为流核,如图 2.2.6 所示。平板层流不同于塞流。塞流是指质点的流动像塞状物一样移动,流速是一个常数。塞流是理想流动。

从图 2.2.6 可以看出，钻井流体在环空中流动时，在平板层流状态下，流速剖面为流速相等的环形筒流核，不同于层流流速峰值线形成的环状。平板形层流状态下流体的流动特征，如图 2.2.7 所示。

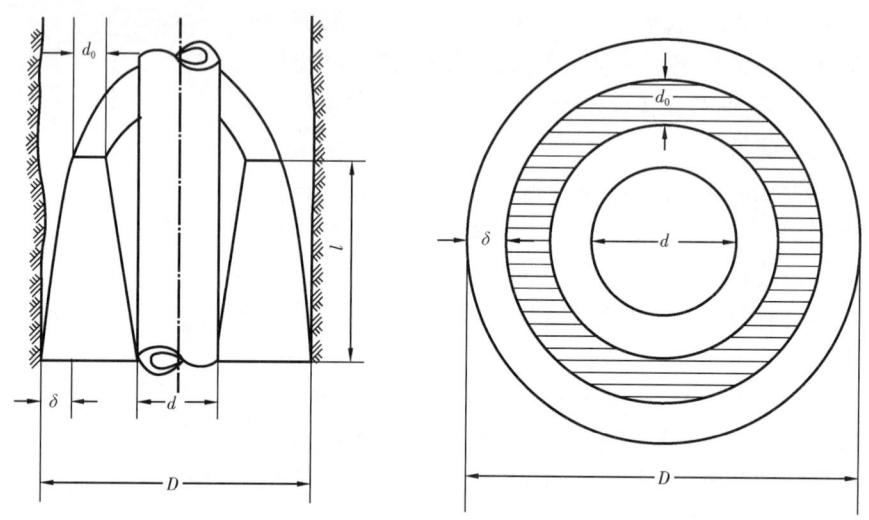

图 2.2.7　钻井流体的平板形层流状态下的流动特征

从图 2.2.7 中可以看出，平板层流流速可以形成一定厚度的等速筒。可以推测，管道直径不同，流核大小或者流核环形筒的厚度不同。从理论上讲，具有等速核的平板层流能够克服尖峰形层流造成的岩屑受力不均，实现岩屑翻转控制。塑性流体平板形层流流核直径计算方法依据是作用在流核端面力相同（黄汉仁等，1981）。

$$\Delta p A = \tau_0 S \tag{2.2.4}$$

式中　Δp——环形柱流核截面积上的压力降；
　　　A——环形柱流核截面积；
　　　τ_0——作用在流核表面积上的切应力；
　　　S——流核表面积。

环形空间中，流核截面积和流核表面积都可以求得：

$$\begin{aligned} A &= \pi \left(\frac{1}{2}D - \delta\right)^2 - \pi \left(\frac{1}{2}D - \delta - d_0\right)^2 \\ &= \pi d_0 (D - 2\delta - d_0) \end{aligned} \tag{2.2.5}$$

$$\begin{aligned} S &= 2\pi L \left(\frac{1}{2}D - \delta\right) - 2\pi L \left(\frac{1}{2}D - \delta - d_0\right) \\ &= 2\pi L (D - 2\delta - d_0) \end{aligned} \tag{2.2.6}$$

式中　A——流核截面积；
　　　d_0——环形柱流核宽度；
　　　L——环空长度；

δ——环空层流流速梯度;
S——流核表面积;
D——井眼直径。

塑性流体同心环空轴向流动时,流变方程可表示为:

$$\tau = \tau_0 - \mu_p \frac{d_u}{d_r} \tag{2.2.7}$$

即,流体受到的剪切应力是径向上受到的剪切速率的负相关。将其代入控制方程式

$$\tau = \frac{\Delta p r}{L} \tag{2.2.8}$$

并分离变量,得:

$$du = \frac{\tau_0}{\mu_p}dr - \frac{\Delta p}{\mu_p L}rdr \tag{2.2.9}$$

式中 μ_p——流体塑性黏度;
r——井眼半径。

考虑边界条件

$$\mu|_{r=R_\delta} = 0$$

式(2.2.9)两边求积分:

$$\int_0^u du = \int_{\frac{R_\delta}{2}}^r \frac{\tau_0}{\mu_p}dr - \int_{\frac{R_\delta}{2}}^r \frac{\Delta p}{\mu_p L}rdr \tag{2.2.10}$$

将

$$\tau_0 = \frac{\Delta p r_0}{L} = \frac{\Delta p \delta}{2L} \tag{2.2.11}$$

代入式(2.2.10)积分,并整理得到塑性流体同心环空轴向流速梯度区流速方程。

$$u = \frac{\Delta p}{\mu_p L}\left(\frac{R_\delta}{2} - r\right)\left[\frac{1}{2}\left(\frac{R_\delta}{2} + r\right) - r_0\right] \tag{2.2.12}$$

式中 R_δ——流核区井壁半径。

若 $\tau_0 = 0(r_0 = 0)$,即切应力不存在,式(2.2.9)变为牛顿流体同心环空轴向层流流速方程式。

若 $r = r_0$ 时,可得流核的速度:

$$u_0 = \frac{\Delta p}{2\mu_p L}\left(\frac{R_\delta}{2} - r_0\right)^2 \tag{2.2.13}$$

环空总流量分成两部分来考虑:一部分为流核流量,另一部分为速梯区流量。总流为:

$$Q = Q_0 + Q_1 \quad (2.2.14)$$

$$Q_0 = \pi\left[\left(\frac{R_0 + R_1}{2} + r_0\right)^2 - \left(\frac{R_0 + R_1}{2} - r_0\right)^2\right]\mu_0 = 2\pi(R_0 + R_1)r_0\mu_0$$

$$= \frac{\Delta p \pi r_0}{\mu_p L}(R_0 + R_1)\left(\frac{R_\delta}{2} - r_0\right)^2 \quad (2.2.15)$$

式中　Q——环空总流量；
　　　Q_0——流核流量；
　　　Q_1——非流核流量；
　　　μ_0——流核流体黏度；
　　　R_0——流核半径；
　　　R_1——非流核半径。

由流量微分方程

$$dQ = u2\pi[(R_o + R_i)/2 + r]dr + u2\pi[(R_o + R_i)/2 - r]dr = 2\pi(R_o + R_i)udr \quad (2.2.16)$$

则梯速区流量为：

$$Q_1 = \int_{r_0}^{\frac{R_\delta}{2}} 2\pi(R_o + R_i)udr = \frac{2\Delta p\pi}{\mu_p L}(R_o + R_i)\int_{r_0}^{\frac{R_\delta}{2}}\left(\frac{1}{2}R_\delta - r\right)\left[\frac{1}{2}(R_\delta + r) - r_0\right]dr \quad (2.2.17)$$

式中　Q_1——速梯区流量。

积分并整理得：

$$Q_1 = \frac{2\Delta p\pi}{3\mu_p L}(R_o + R_i)\left(\frac{1}{2}R_\delta - r_0\right)^3 \quad (2.2.18)$$

总流量为：

$$Q = \frac{\Delta p\pi(R_o + R_i)}{12\mu_p L}R_\delta^3\left(1 - \frac{2r_0}{R_\delta}\right)^2\left(1 + \frac{r_0}{R_\delta}\right)$$

$$= \frac{\Delta p\pi(R_o + R_i)}{12\mu_p L}R_\delta^3\left[1 - \frac{3}{2}\left(\frac{\delta}{R_\delta}\right) + \frac{1}{2}\left(\frac{\delta}{R_\delta}\right)^3\right] \quad (2.2.19)$$

为了计算方便，工程上常将式(2.2.19)简化。认为，流速较大时，流核很小，可以忽略式中的高次项，得：

$$Q = \frac{\Delta p\pi}{12\mu_p L}(R_o + R_i)R_\delta^3\left(1 - \frac{3\delta}{2R_\delta}\right) \quad (2.2.20)$$

由

$$\tau_0 = \frac{\Delta p r_0}{L} = \frac{\Delta p \delta}{2L} \tag{2.2.21}$$

得:

$$\delta = \frac{2L\tau_0}{\Delta p} \tag{2.2.22}$$

代入式(2.2.20)得工程上近似计算塑性流体同心环空轴向平板层流流量公式:

$$Q = \frac{\pi(R_o + R_i)}{12\mu_p} R_\delta^2 \left(\frac{\Delta p R_\delta}{L} - 3\tau_0 \right)$$

$$= \frac{\Delta p \pi (R_o + R_i)}{12\mu_p L} R_\delta^3 - \frac{\pi(R_o + R_i)R_\delta^2}{4\mu_p} \tau_0 \tag{2.2.23}$$

当 $\tau_0 = 0$ 时,式(2.2.23)为牛顿流体同心环空轴向层流流量式。

将

$$\tau_w = \frac{\Delta p}{2L}(R_o - R_i) = \frac{\Delta p R_\delta}{2L} \tag{2.2.24}$$

式中 τ_w——壁面切应力。

和

$$\frac{\tau_0}{\tau_w} = \frac{\delta}{R_\delta} = \alpha \tag{2.2.25}$$

代入式(2.2.23)得塑性流体同心环空轴向结构流流量与壁面切应力的精确关系式。

$$Q = \frac{\pi R_\delta^2}{6\mu_p}(R_o + R_i) \tau_w \left[1 - \frac{3}{2}\frac{\tau_0}{\tau_w} + \frac{1}{2}\left(\frac{\tau_0}{\tau_w}\right)^3 \right] \tag{2.2.26}$$

已知流量,通过数值方法求解壁面切应力,再通过

$$\Delta p = \frac{2L}{R_w} \tau_w \tag{2.2.27}$$

即可得到环空压耗 Δp。

环空平均流速为:

$$v = \frac{Q}{\pi(R_o^2 - R_i^2)} = \frac{\Delta p R_\delta}{4\mu_p} \tag{2.2.28}$$

进一步可得工程上常用的宾汉流体同心环空轴向平板层流压耗计算公式。

$$\Delta p = \frac{12\mu_p Lv}{R_\delta^2} + \frac{3L}{R_\delta}\tau_0 = \frac{48\mu_p Lv}{(D-d)^2} + \frac{6\tau_0 L}{D-d} \tag{2.2.29}$$

当 $\tau_0 = 0$ 时,即变为牛顿流体同心环空轴向层流压耗方程式。

塑性流体,层流时的环空压降

$$\Delta p = \frac{48\mu_p v_f}{(D-d)^2} + \frac{6L}{D-d}\tau_0 \qquad (2.2.30)$$

将流核截面积、表面积、压力降代入,得平板层流的流核直径。

$$d_0 = \frac{\dfrac{\tau_0}{\mu_p}(D-d)^2}{24v_f + 3\dfrac{\tau_0}{\mu_p}(D-d)} \qquad (2.2.31)$$

式中　d_0——塑性流体平板型层流时流核直径,cm;

　　　τ_0——流核表面的动切力或屈服值,Pa;

　　　μ_p——流体塑性黏度,Pa·s;

　　　v_f——钻井流体上返速度,cm/s;

　　　d——钻杆或钻铤外径,cm;

　　　D——井径,cm;

　　　L——环形空间流核长度,cm。

假设钻井流体符合宾汉模式,当动切力与塑性黏度之比(动塑比)分别为 0,1/16,1/2 和 2/1 时,计算钻井流体上返速度分布。比较同一环空返速下,流核大小与动塑比的关系,如图 2.2.8 所示。

钻井流体符合幂律模式时,钻井流体没有屈服值,不存在流核。结合式(2.2.31),Richard 计算了流性指数分别为 0.5 和 1.0 时,不同流体返速下,钻井流体上返速度的剖面分布 (Richard et al.,1969),如图 2.2.9 所示。

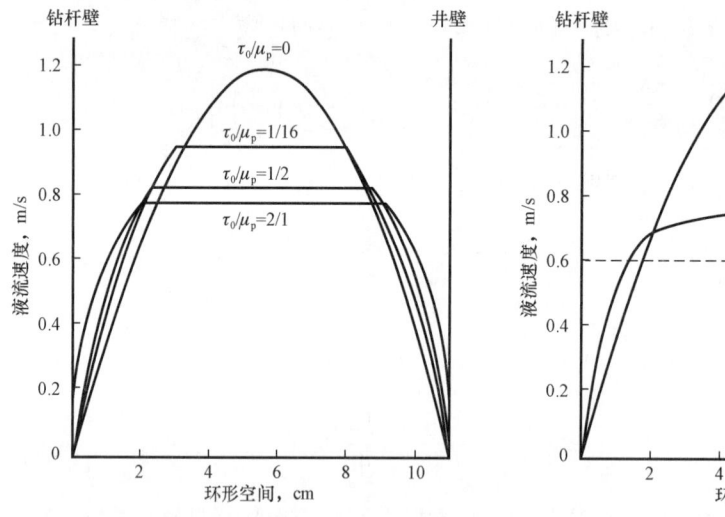

图 2.2.8　不同动塑比时钻井流体平板型层流流核特征　　图 2.2.9　不同流性指数下的流核对比

环形空间指环形的厚度,即同心圆的半径差,可以认为,在一定尺度环形空间里,钻井流体流动剖面平板化程度,与动塑比或流性指数、钻井流体环空中上返速度具有一定的相关性,具体表现在两个方面:

(1)动塑比越大或流性指数越小,平板化程度越强。塑性流体平板层流的流核尺寸与钻井流体动塑比呈正相关,幂律流体平板化程度与流性指数负相关。因此,如果确认钻井流体符合塑性流体模式,增大动塑比,可以增大钻井流体流核尺寸,提高携带能力;如果确认钻井流体符合假塑性流体的幂律模式,减小流性指数,可以使钻井流体返出井口的速度分布平缓,提高携带能力。

多数情况下,塑性流体环空返速满足 0.5~0.6m/s 即可实现平板层流流动。即在较低环空返速下有效携岩。此时,低表观黏度钻井流体能有效携岩。进一步说,一般情况下,只要保证钻井流体动塑比较高,钻井流体处于平板型层流状态的概率就高。环空返速适合,不需要过多地提高钻井流体表观黏度,便能有效携岩,清洁井眼。在这一返速下,既能使泵压维持在合理范围内,又能够降低钻井流体在钻柱内和环空中的压力损失。

(2)环空上返速度越大,平板化程度越小。钻井流体上返速度越大,流核降低,井壁失稳风险加大。平板化钻井流体的出现,使得钻井流体在较低的环空流速和较低的表观黏度下,实现了清洁井眼,避免钻井流体依靠加大排量,紊流状态清洁井眼,降低了钻井流体冲蚀井壁的风险,有利于井壁稳定。

与液体钻井流体不同,气体钻井通过地面设备注入空体或氮气,依靠注入量携带岩屑,保持井眼清洁。气体钻井过程中,只有井底产生的岩屑足够小,才能冲离井底并带至环空,然后带至井口;如果岩屑太大,则不能进入被带至环空或者在环空中不能被带出井口,最终又落回井底。在井底大块岩屑被重复破碎成为小岩屑,不断重复这一过程,直到尺寸小至能被气流带出井口。

注气量越大岩屑越容易携带至地面,但提高注入气量会造成钻铤环空的摩擦压耗增加,导致井眼冲蚀,加剧井壁垮塌,引发环空堵塞,同时对地面注气设备要求会更高。

气体携带岩屑在流体横截面突然增大处,是携带钻屑难点。流体流速降低、体积膨胀、压力和密度减小,环空流速降低。为有效的携带岩屑,保持井眼清洁,应分析气体和岩屑在关键区域的流动规律,确定合理的流速以及气体注入量。

井眼清洁涉及诸多专业或环节,十分复杂。因此,许多学者曾研究过清洁井眼问题并提出许多理论,发现许多现象,获得许多结论。

通过实验观察到,井斜角 0°~45°,动切力影响井眼清洁程度显著;井斜角 45°~90°,影响可以忽略。还发现在层流流态下增加动塑比可以改善岩屑运移效果,紊流状态下钻井流体流变性对岩屑运移没有影响。因此,钻井流体在特定的井眼、流态环境下,动塑比影响井眼清洁程度(Okrajni et al.,1986)。

还有人认为,井筒中的岩屑颗粒群在细观上是离散的,运动具有极大的随机性。但是,在时间与空间的宏观尺度下,其分布及运动又具有统计连续性、规律性,并可将其视为一种特殊的连续介质,叫作拟流体。依据这一基本观点,探讨在实际岩屑运移过程中客观存在的、对钻井流体携屑起主导作用的岩屑/岩屑间的随机碰撞及剪切效应、岩屑/钻井流体的相间作用及岩屑/井壁的作用等问题,需要从微观分析入手,揭示了钻井流体携屑机理应用统计理论及方法,建立了描述其动力学特性的双流体模型(岳湘安等,1996)。

根据固液两相流理论,综合考虑岩屑的悬浮、滚动和滑动等运移方式以及悬浮层固液相速度差及钻杆旋转等影响因素,建立适用于大位移井全井段的三层岩屑动态运移模型,并通过预测和修正两步方法求解,发现排量对岩屑床形成速度和冲蚀速度影响较大,而初始岩屑床高度对完全清洗井眼所用时间影响不大。其中排量越小,环空达到稳定状态时形成的岩屑床越高,环空达到稳定所需时间越长(郭晓乐等,2011)。

从前人研究成果看,理论上,任何临界上返速度大于岩屑沉降速度的钻井流体,最终都会将岩屑带出井眼。只是,相同钻井条件下,为达到相同的携岩效果,斜井相对于直井需要更大的流动速度。这是因为,重力作用下,钻柱在斜井中会向井眼的低边倾斜,形成偏心环空。因此,Jawad认为用于直井的钻井流体携岩能力的研究成果不能直接应用于斜井中(Jawad,2002)。

通过室内环空实验研究及现场实践表明,定向井钻井,岩屑运移按照井斜大小分为三个清洁状态区(王才学,2006):

一区,井斜0°~45°。钻井流体层流状态下携带岩屑较好。钻井流体动塑比增加或流性指数减小,钻井流体携岩能力增强。避免紊流,防止冲蚀井壁引发井壁掉块、坍塌等。

二区,井斜45°~60°。此区钻井流体层流和紊流都可以实现井眼清洁。岩屑运移取决于钻井流体环空返速和动量,紊流与层流均可携带钻屑。钻井过程中应在停止循环前尽可能彻底清除岩屑床,避免停泵后岩屑床下滑。

三区,井斜60°~90°。紊流的涡流效应能够更有效地清洗井眼。紊流和较快的环空返速的冲刷作用有利于破坏岩屑床。

相对液体型钻井流体气体钻井清洁井眼的影响因素较少。通过研究气体注入后,恢复携带岩屑的过程,发现气流速度一般由小到大,逐渐正常状态,沉积在井底的岩屑经历沟流、段塞流、崩裂、聚团等流动,最后返出井眼,实现井眼清洁(郭建华等,2006)。

2.1.3 关系井壁稳定

钻井速度越快,钻井流体的悬浮和携带岩屑能力相对越差,井内液柱压力产生激动压力的概率越高。

(1)钻进速度与悬浮和携带岩屑的关系。紊流时的高流速对井壁具有很强的冲蚀作用。功率较小的钻井流体泵,不可能达到紊流状态。层流可以使岩屑发生翻转,并将其推向井壁,有的在井壁上形成"假滤饼",有的直接掉落在井底埋钻。因此,提高钻井流体的动塑比,使紊流变为平板型层流,可保持环空返速在0.5~0.6m/s。这样不但达到了携带岩屑的目的,还避免了紊流破坏井壁。

(2)井内液柱压力激动与钻进速度的关系。压力激动有害钻井,与钻井流体黏度、切力和触变性成正比。压力激动易引起井漏井塌。因此,在钻遇易漏易塌地层时,一定要控制好钻井流体的流变性,起下钻和开泵不宜操作过猛,开泵之前最好先活动钻具,防止因为压力激动引起井下难题。

钻井流体在环空中紊流状态下流动时,流体质点的运动方向不规则,流速高,动能较大,冲蚀井壁能力较强,易造成地层垮塌。因此,钻井流体循环时,一般应保持钻井流体的层流状态流动,尽量避免紊流。要实现层流,需要准确计算钻井流体在环空中由层流到紊流的临界返速。采用速度梯度和压差计算临界流速(Mooney,1931)。

流体的流动速率 u 在半径 r 的井眼中流动梯度可以由式(2.2.32)来表达:

$$\left(\frac{-\mathrm{d}u}{\mathrm{d}r}\right)_w = 3\left(\frac{8Q}{\pi D^3}\right) + \frac{D\Delta p}{4L}\frac{\mathrm{d}(8Q/\pi D^3)}{\mathrm{d}(D\Delta p/4L)} \tag{2.2.32}$$

由流体过流断面的速度 $v = \frac{4Q}{\pi D^2}$,转换为流量 Q 代入式(2.2.32),得到:

$$\begin{aligned}\left(\frac{-\mathrm{d}u}{\mathrm{d}r}\right)_w &= \frac{3}{4}\left(\frac{8v}{D}\right) + \frac{1}{4}\left(\frac{8v}{D}\right)\frac{\mathrm{d}(8v/D)(8v/D)}{\mathrm{d}(D\Delta p/4L)/(D\Delta p/4L)} \\ &= \frac{3}{4}\left(\frac{8v}{D}\right) + \frac{1}{4}\left(\frac{8v}{D}\right)\frac{\mathrm{dln}(8v/D)}{\mathrm{dln}(D\Delta p/4L)}\end{aligned} \tag{2.2.33}$$

为了简化计算,引入 n' 和 K',取

$$\frac{1}{n'} = \frac{\mathrm{dln}(8v/D)}{\mathrm{dln}(D\Delta p/4L)}$$

$$\ln K' = \frac{\ln(D\Delta p/4L) - n'\ln(8v/D)}{n'}$$

得:

$$\frac{D\Delta p}{4L} = K'\left(\frac{8v}{D}\right)^{n'} \tag{2.2.34}$$

再令

$$f = \frac{D\Delta p/4L}{\rho v^2/2g_c}$$

$$\gamma = g_c K' 8^{n'-1}$$

联立,得:

$$f = \frac{16\gamma}{D^{n'} v^{2-n'} \rho}$$

而 $\frac{\gamma}{D^{n'} v^{2-n'} \rho}$ 是雷诺数 Re 的表达式。即由 $f = 16/Re$ 得雷诺数:

$$Re = \frac{D^{n'} v^{2-n'} \rho}{\gamma}$$

$$v_c = \frac{100\mu_p + 10\sqrt{100\mu_p^2 + 2.52 \times 10^{-3}\rho\tau_0(D-d)^2}}{\rho(D-d)} \tag{2.2.35}$$

式中 v_c——临界流速,cm/s;
  μ_p——塑性黏度,mPa·s;
  τ_0——动切力,Pa;
  D——井径,cm;
  d——钻杆或钻铤外径,cm;

ρ ——钻井流体密度,g/cm³。

钻井过程中,钻井流体的实际环空返速大于临界流速,为紊流流动;小于临界流速,则为层流。临界流速取决于钻井流体的密度、塑性黏度和动切力。以 ϕ127mm 钻杆在 3 种井眼、3 种密度、3 种塑性黏度、3 种动切力条件下为例,根据式(2.2.35),分别求得不同条件下的临界流速。

第一种情况,339.73mm,311.15mm 和 215.9mm 井眼,密度 1.10g/cm³,塑性黏度 15mPa·s,在动切力 10Pa 时,计算获得的流速分别为 128.22cm/s,148.11cm/s 和 306.78cm/s。这表明环形空间越大,层流临界流速越小。

第二种情况,311.15mm 井眼,密度 1.30g/cm³,1.10g/cm³ 和 0.90g/cm³,塑性黏度 15mPa·s,在动切力 10Pa 时,计算获得的流速分别为 125.33cm/s,148.11cm/s 和 181.03cm/s。表明密度越大,层流临界流速越小。

第三种情况,311.15mm 井眼,密度 1.10g/cm³,塑性黏度 25mPa·s,15mPa·s 和 5mPa·s,在动切力 10Pa 时,计算获得的流速分别为 246.84cm/s,148.12cm/s 和 49.41cm/s。表明塑性黏度越大,层流临界流速越大。

第四种情况,311.15mm 井眼,密度 1.10g/cm³,塑性黏度 15mPa·s,在动切力 15Pa,10Pa 和 5Pa 时,计算获得的流速分别为 148.124cm/s,148.116cm/s 和 148.108cm/s。表明动切力越大,临界返速越大,但影响较小。

上述结果表明,井眼越大、密度越高、塑性黏度越低和动切力越低条件下,钻井流体层流临界流速越低,钻井流体的流动易于达到临界流速实现紊流。深井钻井中可能造成井壁冲刷严重。携岩效率可能较高,但高密度低黏度钻井流体不易获得。这一结果符合黏性力显著影响雷诺数这一规律。

Metzner 等认为,非牛顿流体可以采用综合雷诺数判别流态。钻井流体作为塑性流体,其综合雷诺数在 2100 以上时为紊流。雷诺数 2100 为临界点。令雷诺数等于 2100,可得出钻井流体由层流转换为紊流的临界流速(Metzner et al.,1955)。

气体钻井的井壁稳定除了与气体的流动状态有关系外,还受诸多因素影响,后续气体钻井一章将进行具体介绍。

实际上,钻井流体冲刷井壁,造成井壁失稳外,作业过程中造成井内压力波动,也是井壁失稳的重要因素。井内液柱压力波动,是指井筒内液柱压力突然升高或降低的现象。这些现象主要是钻柱上下运动、钻井流体泵开启等原因,引起的钻井流体的变化,是非牛顿流体自身的特点造成的。

2.1.3.1 起下钻时的波动压力

钻井用钻柱有一定体积。下钻入井时,钻柱置换钻井流体。钻井流体向上,流向地面方向;起钻出井时,钻井流体填补钻柱离开后的井内空间,钻井流体向下,流向井底方向。

起钻或下钻时钻井流体需要一定压力,才能克服沿程阻力向下或向上流动。起下钻时,使钻井流体流动的瞬时压力,通过井内液柱作用于井壁和井底。起下钻造成的突然给予井内流体和通过流体施加井壁和井底的附加压力,称为下钻时的波动压力。

波动压力造成的现象,称为起下钻引起的压力波动(Pressure Surge)。下钻时波动压力为正值,称为激动压力。起钻时为负值,称为抽吸压力(Swab Pressure)。

起下钻波动压力大小主要取决于起下钻速度、井深、井眼尺寸和钻头喷嘴尺寸等工艺参数,以及钻井流体的表观黏度、切力和触变性等流变参数。

Gonis 在现场研究压力波动中遇到钻井流体失水的问题时,用压力测量接头代替钻头,记录起下钻过程中压力波动的整个过程。实验先用正常速度下放 90ft 钻杆,到达井底时间为 11~21s,记录压力波动数值,绘制井深/压力波动值关系图;再用较慢的速度下放 90ft 钻杆,到达井底时间为 33~41s,记录压力波动数值,绘制井深/压力波动值关系图,如图 2.2.10 所示。

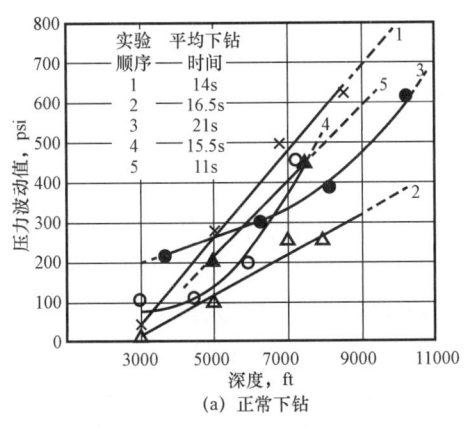 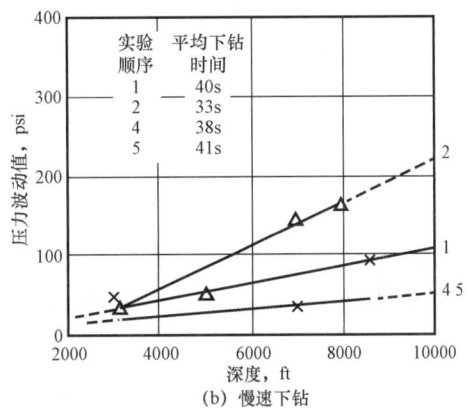

图 2.2.10 不同下钻速度的井深与压力波动值关系图

对比图 2.2.10(a)(b)发现,压力波动的大小跟钻杆到达井底的时间有关。速度较快时压力波动值要大于速度较慢时的值,但不是简单的线性关系。随着深度增加,压力波动数值增大。研究表明,井深 1500m 时,压力波动值为 2.0~3.0MPa;井深在 5000m 时,压力波动值则达到 7.0~8.0MPa(Gonis,1951)。因而,压力波动不能忽视,起下钻会导致压力波动,下钻可能会引起钻井流体失水量增大,从而可能会造成地层失稳。

2.1.3.2 开泵时的激动压力

钻井流体具有触变性,钻井流体停止循环后,钻井流体组分会形成一定强度的空间网架结构,即具有一定的切力。钻井流体泵开启时,泵压超过正常循环时所需要的压力,才能流动。超出压力除与钻井流体的切力相关外,与开泵时的排量关系密切。开泵时排量越大,需要超过正常流动压力值越大。超过正常压力会通过流体作用在井壁和井底,这个压力称为开泵时的激动压力。这种现象称为开泵时的压力激动。钻井流体开始流动后,网架结构逐渐消失,泵压逐渐下降。网架结构破坏与恢复达到平衡后,泵压稳定。

某井开泵时的泵压为 5.0MPa。钻井流体流动一段时间后,泵压降为 4.4MPa,钻井流体泵正常工作时泵压为 8.0MPa。排量和压力的关系如图 2.2.11 所示,图中,p_s 和 p_0 表示克服钻井流体静切力和动切力所需要的压力,p_1 和 p_2 为钻井流体静止 t_1 和 t_2 时间后开泵时克服钻井流体切力所需的压力。

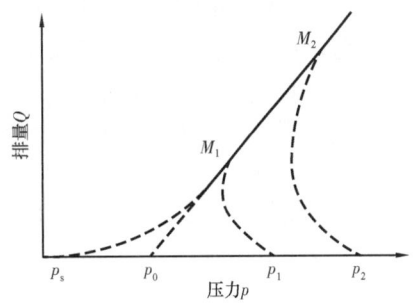

图 2.2.11 开泵后泵压变化示意图

从图 2.2.11 中可以看出,钻井流体具有触变性,切力随静止时间增长逐渐增大至最大值。因此,最大切力值前,由于切力随时间增加,所以钻井流体静止 t_2 时间后,开泵时克服钻井流体切力所需的压力大于静止 t_1 时间所需压力 p_1,大于克服钻井流体静切力所需要的压力 p_s。开泵后,压力将按钻井流体静止 t_1 时间之后,开泵时克服钻井流体切力所需的压力所对应的虚线变化,或钻井流体静止 t_2 时间之后,开泵时克服钻井流体切力所需的压力所对应的虚线变化,直至与斜直线段相交,表明泵工作压力稳定。这个现象就是开泵时的压力激动。需要指出,除钻井流体触变性外,开泵时的压力激动也会因井底沉砂或淤泥的堆积而引起或加剧。可以想象,钻井流体泵启动时的排量相同,对静止时间不同的钻井流体而言,其启动压力不同,激动压力也不相同。静止时间越长,启动时间越长,激动压力或大或小。若以静止 t_1 时间所需压力开泵,压力将沿虚线升至 M_1 点与曲线 M_1M_2 相交;若以静止 t_2 时间所需压力开泵,压力则沿虚线到达 M_2 点与曲线 M_1M_2 相交。静止时间越长,同一排量,进入直线的压力越来越大,即激动压力会增大。

无论开泵压力大小,都有附加压力。开泵时激动压力与井眼和钻具尺寸、井深、井眼质量,钻井流体切力和触变性、固相含量,以及开泵时操作熟练程度、泵排量等因素有关。

激动压力破坏井内液柱压力与地层压力平衡,破坏井壁与井内液柱相对稳定状态,容易引起井漏、井喷或井塌。影响压力激动的因素很多,特别是与钻井流体的黏度和切力密切相关。其他条件相同时,随着钻井流体黏度和切力增大,压力激动更加严重。因此,控制钻井流体的流变性,使其保持良好的流变性,特别是钻遇高压地层、容易漏失地层或容易坍塌地层时,起下钻、开泵,操作平稳。起下钻彻底清洗井底,开泵前适度活动钻具,防止压力激动造成井下复杂,是十分必要的。

2.1.4 关系机械钻速

钻井流体在钻头喷嘴处需要流速极高且黏度极低才能很好地完成水力破岩,在环空中接近静止时则需要较大黏度以悬浮钻屑。这就需要钻井流体具备流动时稀(黏度低)、静止时稠(黏度高)的特性,即剪切稀释性。钻井流体剪切稀释性(Shear Thinning Behavior),是指钻井流体表观黏度随着剪切速率增加而降低的特性,是表征钻井流体流过不同尺寸的通道时表观黏度变化的程度。

钻井流体泵功率一定,黏度减少,泵压降低,排量增加,钻头水马力增加,喷射能力增强。喷嘴紊流黏度降低,钻井流体的清洗和排屑作用增强。低黏度钻井流体易渗入井底的微裂隙,从而降低岩屑的压持力和岩石的可钻强度。

剪切稀释性强的钻井流体,在钻头水眼处的剪切速率较高,紊流流动阻力变得很小,液流冲击井底的力增强。通过对钻头水马力和循环压降优化,达到水马力最优,提高机械钻速。液流更容易渗入钻头冲击井底岩石时所形成的微裂缝中,减小岩屑的压持效应,提高井底岩石的可钻性。

压持效应(Chip Hold Down Effect),是指液柱压力或者是液柱压力与地层压力差,除能增强井底岩石硬度外,还产生岩石破碎面正压力,从而沿破碎面形成摩擦阻力。岩屑压持效应可以分为静压持效应和动压持效应。摩擦阻力增大岩屑离开母体的阻力,岩屑离开破碎坑的难度加大。动压持效应是指钻井流体循环时,由钻井流体液柱压力和流动阻力联合作用,井底流场有涡流或者流动"死区",有些即将离开井底的岩屑又被钻头压在底部不能立即离开井底。

压持效应是造成重复破碎、机械钻速低的主要原因。为克服压持效应,可以从两个方面入手:一方面增大射流冲击力,克服阻力,使岩屑离开井底;另一方面改善井底流场,充分发挥漫流作用,减少动压持效应。这样,避免重复破碎,提高破碎效率,提高机械钻速。

钻井流体流变性影响机械钻速,主要在钻头喷嘴处。钻井流体紊流状态流动,产生的流动阻力较多地消耗水功率,使得用于破碎岩石的水功率相对减少,影响机械钻速(蔺志鹏,1990)。喷嘴处流动阻力也称水眼黏度。水眼处的黏度越大,对机械钻速负面影响越大。

钻头喷嘴过流面积远远小于钻具过流面积,钻井流体在喷嘴处流速极高,一般在150m/s以上。此速度换算成剪切速率达到10000s^{-1}以上。如此高的剪切速率,使得具有剪切稀释性能的钻井流体,黏度很低,增大了流体冲击井底的力量,钻井流体更容易渗入钻头冲击井底岩层时所形成的微裂缝中,有利于减小岩屑的压持效应和降低井底岩石的可钻强度,从而提高机械钻速。

钻井流体不同,剪切稀释性差别很大。试验层流时表观黏度相同的钻井流体,发现在喷嘴处的紊流流动阻力可相差10倍。层流时表观黏度相同,动塑比分别为0.25Pa/(mPa·s),0.5Pa/(mPa·s),1.0Pa/(mPa·s),2.0Pa/(mPa·s)和4.0Pa/(mPa·s)的5种钻井流体,不同剪切速率下的表观黏度(李洪乾,1994),如图2.2.12所示。

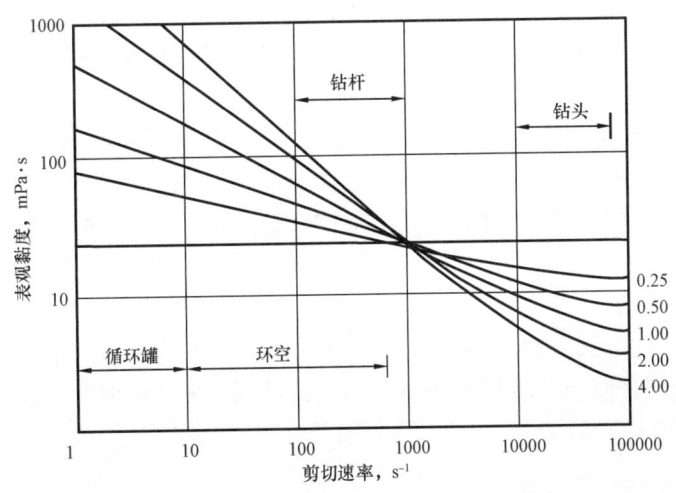

图2.2.12 层流时表观黏度相同动塑比不同的5种钻井流体的表观黏度

从图2.2.12中可以看出,同一种钻井流体,不同剪切速率下的表观黏度变化很大,动塑比较大,低剪切速率下的表观黏度和高剪切速率下的表观黏度相差上百倍。不同钻井流体,相同剪切速率下表观黏度不同。剪切速率1000s^{-1}以下时,钻井流体的动塑比越大,表观黏度越大;动塑比越小,表观黏度越小。剪切速率大于1000s^{-1},动塑比越小,表观黏度越大;动塑比越大,表观黏度越小。

动塑比越大,表明钻井流体塑性黏度相对较小;动塑比越小,钻井流体塑性黏度相对较大。喷嘴处紊流流动阻力主要是塑性黏度引起的,动塑比大的钻井流体塑性黏度小,阻力小,水功率相对较大。反之,阻力大,水功率相对较小。水功率相对较小,降低和减缓钻头对井底的冲击和切削作用,降低机械钻速。

续丽琼在全尺寸钻井试验架上,用砂岩模拟钻井流体不同卡森极限黏度时的机械钻速。认为,卡森模式中的流变参数极限剪切黏度,在一定程度上可用于表示钻井流体在喷嘴处钻井流体紊流时的流动阻力(续丽琼,1992)。当卡森极限黏度为1.0mPa·s时,机械钻速为7.62m/h;当卡森极限黏度为13.7mPa·s时,机械钻速为4.74m/h。

从图2.2.12中可以看出,机械钻速随钻井流体极限黏度增大明显降低。华北油田现场4口井的现场统计,卡森极限黏度和机械钻速的关系都表明,卡森极限黏度较低的钻井流体剪切稀释性强,钻头喷嘴处的紊流流动阻力较小,机械钻速较高,符合上述规律。

胜利油田在全尺寸钻井试验架上用三种岩石(砂岩、石灰岩和花岗岩),在条件一致而不同的情况下进行了室内模拟孔试验。结果表明,钻井流体的极限剪切黏度接近于清水黏度时,可获得最大的机械钻速(周华安,1989)。华北油田、大庆油田、辽河油田及中原油田等,优选聚合物钻井流体降低水眼黏度,机械钻速提高明显(徐同台,1989)。因此,从钻井流体的角度看,尽量使用低固相不分散钻井流体,尽可能降低喷嘴处的流动阻力,才能有可能提高钻井速度。

2.2　测定及调整方法

目前测量钻井流体流变性能的方法有两种:一种是用旋转黏度计测量钻井流体的动力黏度参数;另一种是用漏斗黏度计测量相对黏度参数。

旋转黏度计只能测试流体在一定条件下的黏度,如低级的6速黏度计只能测试6个固定转速下的黏度,再好一些的有更多的转速可供选择。流变仪可以给出连续的转速(或剪切速率)测量过程,给出完整的流变曲线,高级旋转流变仪还具备动态振荡测试模式,除了黏度以外,还可以给出许多流变信息,如储能模量、损耗模量、复数模量、损耗因子、零剪切黏度、动力黏度、复数黏度、剪切速率、剪切应力、应变、屈服应力、松弛时间、松弛模量、法向应力差、熔体拉伸黏度等,可获得的流体行为信息:非牛顿性、触变性、流凝性、可膨胀性、假塑性等。漏斗黏度计有两种:一种是测量945mL钻井流体流过漏斗的时间,另一种是测量500mL钻井流体流过漏斗的时间。

2.2.1　流变性能测量方法

钻井现场测量方法主要有动力黏度测量和相对黏度测量。动力黏度测量采用旋转黏度计,原理是流体力转化为机械力。相对黏度测量采用漏斗黏度计,原理是黏度大的流体流动时间长。

2.2.1.1　旋转黏度计测量动力黏度流变参数方法

目前钻井现场普遍使用的旋转黏度计,一般是多种转动速度的流变测量仪,也有两速型黏度计。

两速型旋转黏度计仅有600r/min和300r/min固定转速用于测量钻井流体的剪切应力,分别相当于$1022s^{-1}$和$511s^{-1}$剪切速率的剪切力。由于在这两个剪切速率下测得的剪切应力,不能研究和评价钻井流体在整个循环系统中不断变化的剪切速率和剪切应力,主要是静切力测量理论未能获得突破。目前世界使用多速型旋转黏度计更为普遍,其中直读式六速黏度计是目前最常用的多速型黏度计。

为了连续测量不同剪切速率下的剪切应力,研制出从 1r/min 至 600r/min 可连续变速的黏度计,既满足六速旋转黏度计按通用标准测量的需要,也满足了深入研究的需要。直读式六速旋转黏度计,由动力系统、变速系统、测量系统和辅助系统等 4 部分组成,如图 2.2.13 所示。

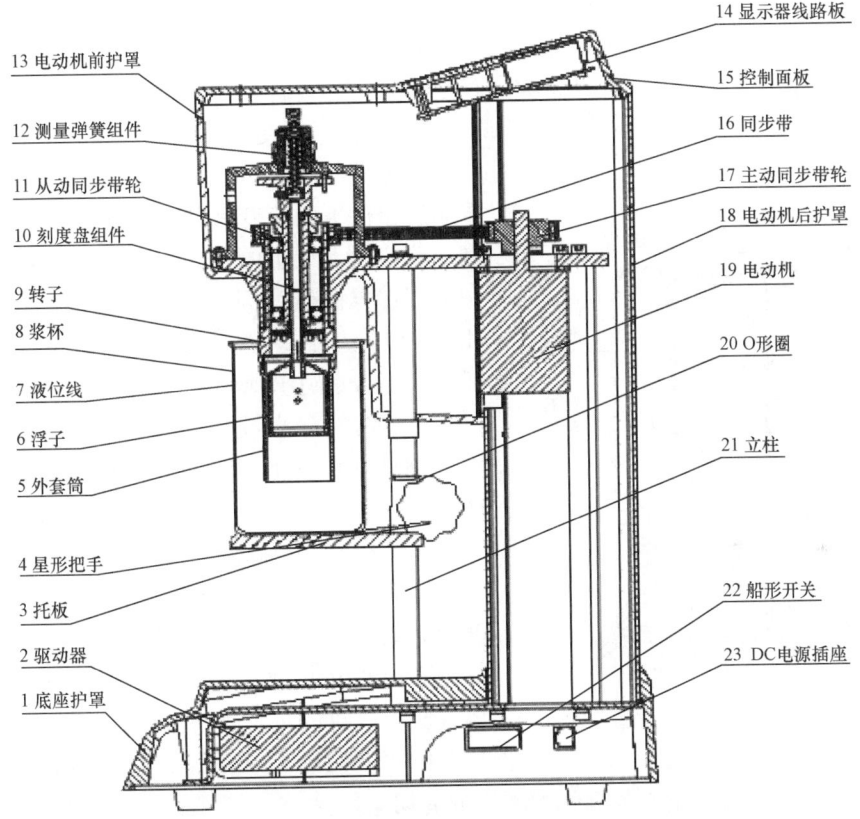

图 2.2.13 钻井流体直读式六速旋转黏度计示意图

（1）动力系统。动力系统主要由采用双速同步电动机组成。电动机用于提供测量钻井流体时的动力。电动机一般功率为 7.5W/15W,电源电压 220V(±10%),频率 50Hz。

（2）变速系统。变速系统主要由把高速变成低速的机械齿轮箱,其中恒速装置和变速装置组成旋转部分,提供直读式黏度计的剪切速率。恒速装置是通过固定在旋转部件上的外筒,在电动机的驱动下使外筒旋转,通常称为转子。在变速装置的控制下,调节不同的恒速提供 6 种或多种固定的转速,以模拟流体流动时的某一流动速度。转速通过某种仪器的固定换算关系,换算成剪切速率。

（3）测量系统。测量系统由扭力弹簧、内外筒、刻度盘等组成,可直接读数,固定各个部件,也是安全、美观的重要保证。

（4）辅助系统。辅助系统由钻井流体杯、升降机构、支架箱等组成,用于盛放测量流体。

测量装置是直读式黏度计测量结果输出部分,由测量扭簧、刻度盘和转子(也称外筒)、定子(悬锤或内筒)组成。内筒与扭簧一体固定在机体上,扭簧附有刻度盘。内外筒是同心圆筒,用于模拟流体层间距离。内筒阻止外筒旋转的力可以认为是某一固定速度下流动所受的剪切力。

测定钻井流体时,内筒和外筒需要浸没在钻井流体中。外筒以某一恒速旋转时,带动环空间隙里的钻井流体转动,模拟两流体层向同一方向运动。最靠近内筒的流体层带动内筒转动,流体的黏滞力带动连接扭簧的内筒转动一定角度。黏滞力越大,转动角度越大。这样,钻井流体黏滞力的测量就转换为内筒转动角度的测量。转动角度的大小可以在刻度盘上直接读出,通过角度和力的换算可以得到剪切力的大小,进而得到黏度大小。由于这种黏度计可以直接读出角度大小,所以又称为直读式旋转黏度计。这种黏度计是在室内环境下使用的,温度可以加热到93℃,一般不能调整钻井流体所承受的压力。

为适用深井钻井,钻井流体还需测定井下高温高压条件下的流变参数。一些公司开发了高温高压流变仪。最早的是 Thomas R. Garvin 等用使用电流计方法研究高温下的流变仪器(Thomas et al.,1970)。目前,高温高压流变仪,温度已达450℃,压力也达 15000psi,如图 2.2.14 所示。

随着海洋深水油气勘探,还需要测定低温高压下的钻井流体流变参数,有的公司研制出带有冰箱的高压低温流变仪,使流变仪在低温环境下工作。工作原理与高温相同。

以此原理为依据,目前用于测量钻井流体黏度的旋转黏度计无论常压还是高压,都已连接计算机来辅助记录测定结果,使得数据更准确、处理更方便。目前钻井流体测量用的旋转黏度计多数只能测定固定的剪切速率,而流变仪能够对钻井流体施加压力和温度,测量更低剪切速率下的剪切应力。

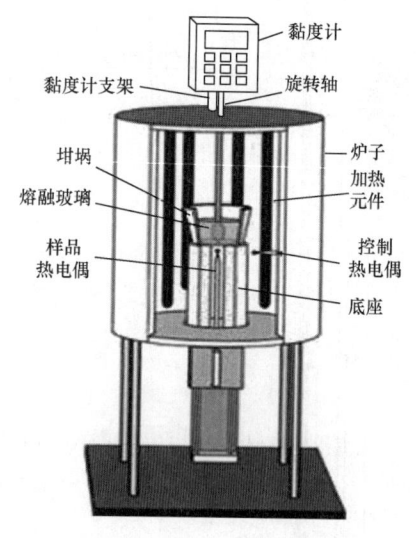

图 2.2.14 钻井流体高温高压流变仪示意图

工程上,为了方便应用,把内外筒长度、内外筒间隙以及弹簧被扭转时每增加 1°扭转角负荷的扭簧系数调整成特殊关系,使刻度盘读数与剪切应力间的计算简单。为实现这一目的,把旋转黏度计测量系统中的计算部件制造固定尺寸。黏度计读出外筒转动时转子转动的角度后,口算即可得到流变性。显然,内外筒的几何结构决定了旋转黏度计的剪切速率与剪切力间的关系。

1969 年,Sinha 等发现剪切力与转速和间隙大小有关。保持转速 1000r/min,间隙越小测量值越大。0.03in,0.05in 和 0.07in 时,表观黏度分别为 45mPa·s,43mPa·s 和 42mPa·s。转速超过 1000r/min 或者在 0.05in 以下减小间隙,对黏度测量结果影响很小(Sinha et al.,1969)。因此,必须把间隙调整妥当。

外筒内径 36.83mm,内筒外径 34.49mm,柱体长度 38.0mm,内筒底部为平面,顶部为锥形,密闭空心容器;总长度 87.0mm(1.496in),底部到刻度线处的高度 58.4mm。转筒刻度线下的小孔,角度差120°、直径为3.18mm;内外筒环空间隙约1mm(ANSI/API RP 13B-1—2009)。扭力弹簧扭簧系数调整为368×10^{-7}N·m/(°)(Savins等,1954)。

API推荐扭簧系数386dyne·cm/(°)。并注明国际单位和英制单位可以互换(1Pa=0.51lbf/100ft^2)。国际单位制中的牛顿米(Newton Meter)是国际单位制中量度力矩的导出单位,符号为N·m。1N·m相当于1N的力垂直作用于1m长的力矩臂上。因为跟能量单位焦耳(J)的量纲一样,所以有时用于作能量单位,但并不普遍。这里,1m代表移动距离,或是顺着力方向的位移。表示力矩时,与支点垂直距离。由于这样看不出牛顿米所表示的究竟是力矩还是能量,所以国际上不鼓励这种用法。用N量度的力矩,用于计算所耗能量数时,只需把它乘上物体顺力矩所移动用弧度表示的角度即可。也可以用于计算输出的以瓦特(W)为单位的功率,只需把它乘上物体转动以每秒弧度的速度。

1N·m相当于0.7375621ft·lbf(英尺磅力)。

1kgf·m相当于9.80665N·m。

1ft·lbf(英尺磅力)相当于1lbf·ft(磅力英尺),约等于1.3558N·m。

1in·ozf相当于7.0615518mN·m。

1dyne·cm相当于10^{-7}N·m。

通过一系列对仪器尺寸的特别处理,外筒转速及剪切速率、内筒转动角度间的关系可以确定。剪切速率与外筒转速数学关系,剪切应力与内筒刻度盘读数数学关系可以表达如下:外筒转速1r/min相当于1.703 s^{-1}的剪切速率,内筒每转过一定角度所受到的力τ,相当于0.511θ,即1r/min=1.703s^{-1},$\tau=0.511\theta$。其中,θ为内筒刻度盘上角读数,即扭转的角度,实际应用中,经常省略单位Pa/(°);τ为剪切应力,Pa。

如果用英制单位,每转过一个单位角度,刚好是1lb/100ft^2,由于1Pa等于0.511lbf/100ft^2,也就是说0.511是有单位的系数,Pa/(°)。

不同流变模式,表征其规律的参数不同。但任何流变模式的钻井流体,都可以用在某一剪切速率下,剪切应力与剪切速率的比值来表达在某一剪切速率下的流体黏度。

非牛顿流体,没有恒定黏度,不同剪切速率有不同表观黏度。即剪切应力和剪切速率的比值不是一个常数,不能用同一黏度值来描述它在不同剪切速率下的流动特性。在需要说明其表观黏度大小时,一定要注明对应的剪切速率、转速、流量等,还要表明剪切应力条件,如温度、压力等。在流变曲线上,表观黏度为曲线上某一点与原点所连直线的斜率,不是流变曲线在该点的切线的斜率。用直读式黏度计测定钻井流体表观黏度。

$$\mu_a = \frac{\tau}{\gamma} = \frac{0.511\theta_N}{1.703N} \times 1000 = \frac{300\theta_N}{N}$$

式中 θ_N——转速为N时的刻度盘读数;

N——转速,r/min;

τ——剪切应力,Pa;

γ——剪切速率,s^{-1};

1000——将单位Pa·s换算成mPa·s的系数。

若外筒转速为300r/min,刻度盘读数(θ_{300})为10,则:

$$\mu_\text{a} = \frac{\tau}{\gamma} = \frac{300\theta_{300}}{N} = \frac{300 \times 10}{300} = 10\text{mPa} \cdot \text{s}$$

即外筒为 300r/min 时,刻度盘的读数在数值上等于表观黏度。

若外筒 600r/min,刻度盘读数(θ_{600})为 10,则:

$$\mu_\text{a} = \frac{\tau}{\gamma} = \frac{300\theta_{600}}{N} = \frac{300 \times 10}{600} = 5\text{mPa} \cdot \text{s}$$

若外筒 100r/min,刻度盘读数(θ_{100})为 10,则:

$$\mu_\text{a} = \frac{\tau}{\gamma} = \frac{300\theta_{100}}{N} = \frac{300 \times 10}{100} = 30\text{mPa} \cdot \text{s}$$

如果刻度盘为英制单位刻度,刻度盘上每转一个角度读数刚好为的剪切力值。在这种固定的数学关系下,外筒转速为 600r/min,300r/min,200r/min,100r/min,6r/min 和 3r/min 时,转速和与剪切速率间的对应关系就可以确定,见表 2.2.1。这样,任意剪切速率或外筒转速下,测得的刻度盘读数都可以换算成表观黏度。

表 2.2.1　钻井流体直读式旋转黏度计转速与剪切速率关系

外筒转速,r/min	600	300	200	100	6	3
剪切速率,s^{-1}	1022	511	341	170	10.22	5.11
相同转速下表观黏度的比值	0.5	1	1.5	3	50	100

从表 2.2.1 中可以看出,外筒转速为 300r/min 时,如果测得刻度盘读数为 1,则表观黏度为 1.0mPa·s。同样的钻井流体,6r/min 时,测得刻度盘读数是 1,则 300r/min 时的表观黏度为 50.0mPa·s。进一步表明,在表述钻井流体的表观黏度时,必须对剪切速率做明确说明。

但是,实际工作中,如此表达表观黏度太复杂。所以规定,如果没有特别注明某剪切速率下的表观黏度,一般是指 600r/min 时的表观黏度。

$$\mu_\text{a} = \frac{1}{2}\theta_{600} \tag{2.2.36}$$

式中　θ_{600}——直读式黏度计 600r/min 时的读数。

即钻井流体的表观黏度是直读式旋转黏度计 600r/min 时,刻度盘读数的一半。式(2.2.36)表达了表观黏度的实质,即表观黏度就是在某一剪切速率下钻井流体对剪切的阻抗力。不论以哪种流变模式表达钻井流体,其 600r/min 转速下的表观黏度大小是相同的。

直读式旋转黏度计是固定转速下测量的剪切速率。这样,就可以方便地确定钻井流体剪切速度及与之对应的剪切应力。实际测量过程,API 推荐了测定程序和计算方法。

第一步,将预先配制好的钻井流体充分搅拌后,倒入量杯中,使液面与黏度计外筒的刻度线准确相齐。

第二步,测量并记录钻井流体的温度,以℃记录。

第三步,打开 600r/min 开关,待表盘读值恒定后,读取并记录 600r/min 时的表盘读值。

第四步,倒换 300r/min 开关,待表盘读值恒定后,读取并记录 300r/min 时的表盘读值。

第五步,依次倒换成 200r/min,100r/min,6r/min 和 3r/min,待表盘读值恒定后,读取并记录各转速下的表盘读值。

第六步,打开 600r/min 开关,搅拌钻井流体 10s。静置 10s 后,测定 3r/min 时的最大读值。再打开 600r/min 开关,重新搅拌钻井流体 10s,静置 10min 后,测定 3r/min 时的最大读值。

第七步,计算钻井流体流变参数或绘制出流变曲线。

影响钻井流体流变参数的因素较多,所以测量时影响其精确性。为了获得重复性较好的流变性能,建议取样、测量时遵循 4 个原则:

(1)钻井流体流变参数与固相含量关系密切。所以,建议取样位置在过振动筛后的就近处。其原因是流变参数用于水力计算,评价悬浮携带能力时,其性能优劣是钻井流体自身的性能优劣,固相增加影响性能变化,缺乏对比性;再有流体不同流速下,流变参数也不同。在钻井流体进入罐体后,流体剪切速率下降,所以以振动筛就近处统一采样。

(2)钻井流体的流变参数与温度相关。所以,建议测量时钻井流体温度应尽可能接近取样处的钻井流体温度,并温差控制在 ±6℃ 以内。

(3)钻井流体流变参数与时间相关。建议现场测量钻井流体时,应尽可能控制取样后测量间隔时间在 5min 之内。

(4)温度计量程为 0~105℃,直读式旋转黏度计最高工作温度为 93℃。API 推荐工作温度 0~105℃。如果钻井流体的温度高于限制值,测量时,空心内筒内部流体可能会蒸发造成内筒破裂。因此,应使用实心金属内筒或内部完全干燥的空心金属内筒。

2.2.1.2 漏斗黏度计测量相对黏度流变参数方法

用时间表达黏度的常压设备,主要是漏斗黏度计。漏斗黏度,测量表观黏度的一种方法。钻井流体的漏斗黏度(Funnel Viscosity)是经常测定的重要参数。测定方法简便,可直观反映钻井流体的黏度变化趋势。因此,沿用多年,几乎每个钻井队都配备有漏斗黏度计。

漏斗黏度与其他流变参数的测定方法不同。其他流变参数一般使用按 API 推荐的旋转黏度计,测量某一固定的剪切速率下的动力黏度。漏斗黏度使用特制的漏斗黏度计测量相对黏度。目前,在用的漏斗黏度计有两种:一种是苏氏漏斗,另一种是马氏漏斗。

(1)苏式漏斗黏度计。苏氏漏斗(Su Funnel)是测定 700mL 钻井流体流出 500mL 所用时间(s),也称野外标准漏斗黏度计,由漏斗、量杯、钻井流体容器和秒表等组成。苏氏漏斗的外观示意图如图 2.2.15 所示。

测定时,主要步骤有 6 项:

① 用纯水校正漏斗黏度计的准确度。常温下,API 认为,常温是指 21℃ ±3℃。纯水的苏氏漏斗黏度为 15s ±0.2s。

② 测量钻井流体温度,以℃ 记录。

③ 用钻井流体量杯的上端(500mL)与下端(200mL)准确量取 700mL 钻井流体。用左手食指堵住漏斗口,使钻井流体通过筛网后流入漏斗中。

④ 将钻井流体量杯 500mL 的一端置于漏斗口的下方;在松开左手食指的同时,右手按动秒表。注意在钻井流体流出过程中,应始终使漏斗保持一定高度并直立。

⑤ 待钻井流体量杯 500mL 端流满时,按动秒表记录所需时间。

⑥ 所记录的时间即漏斗黏度,其单位为 s。

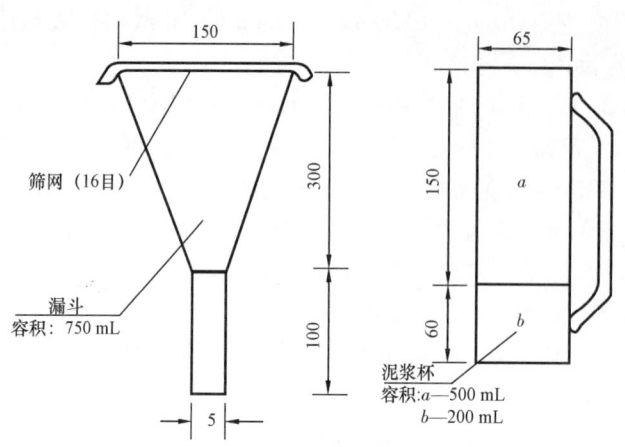

图 2.2.15　苏氏漏斗黏度计示意图(单位:mm)

（2）马氏漏斗黏度计。1931年,Hallan N. Marsh 公开其发明的用于测定钻井流体黏度的马氏漏斗(Marsh Funnel)(Hallan,1931)。标志着钻井流体的黏度与重度不是一回事。

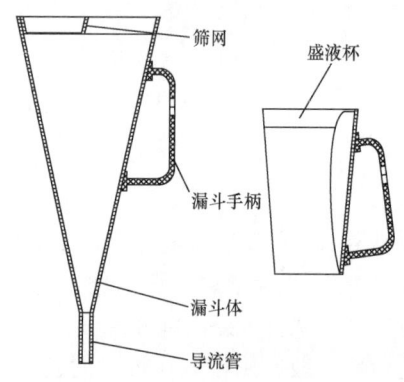

图 2.2.16　马氏漏斗示意图

马氏漏斗的测量原理是,1500mL 钻井流体在重力作用下从一个固定型号的漏斗中自由流出 946mL(1qt,946mL)的钻井流体所需的时间来表示钻井流体的黏度,通常用秒(s)来表示,反映在某一条件下的相对黏度,单位为 s/qt。夸脱(qt)是美国度量体系中体积或容量单位的一种,用于测量液体,相当于 1/4gal 或 32oz,或 0.946L,即 946mL。马氏漏斗黏度计主要由 946mL 夸脱标准量杯、盛液杯、筛网和锥体马氏漏斗组成。API 标准推荐用此方法。马氏漏斗的外观如图 2.2.16 所示。

马氏漏斗黏度测量时主要有5个步骤:

① 用清水校正马氏漏斗黏度计的准确度。常温下,纯水的马氏漏斗黏度为 26s±0.5s。

② 测量钻井流体温度,以℃记录。

③ 用手指堵住漏斗流出口,通过筛网将新取的钻井流体样品注入干净且直立的漏斗中,直至钻井流体刚好平齐筛网底部为止。此时,盛取钻井流体的量刚好是 1500mL。

④ 移开手指的同时按动秒表,测量钻井流体注满量杯内 946mL 刻度线所需的时间。

⑤ 以秒为单位记录钻井流体漏斗黏度。

钻井流体从漏斗口流出过程中,随着漏斗中液面逐渐降低,流速不断减缓。因此,不能在某一固定的剪切速率下,即某一固定液面时测定黏度。使用漏斗黏度计测定的数据不能和旋转黏度计测得的数据一样,用于数学处理。而且,两种大小不同的漏斗所测得的钻井流体黏度也不能数学换算。测定数据的可重复性较差。因此,建议漏斗黏度计测定的黏度单位用 s/500mL,s/946mL 表示,以区别测量工具不同。

漏斗黏度只能用来判别在钻井作业期间不同阶段黏度变化趋向,不能说明钻井流体黏度变化的原因,也不能作为处理钻井流体的依据。

1941年,Owen比较了马式漏斗黏度计与Stormer黏度计黏度认为,漏斗黏度与Stormer黏度计转速的关系方程为:

$$\eta R^x = K \tag{2.2.37}$$

式中　η——表观黏度,cP;
　　　R——Stormer黏度计转速,r/min;
　　　x,K——常数。

Pitt提出应用马氏漏斗黏度计测定和计算有效黏度,建立了非牛顿流体的有效黏度与马式漏斗黏度、流体密度之间的关系方程(Pitt,2000)。

刘孝良等用漏斗黏度计表征了非牛顿流体和假塑性流体的流变参数,认为Pitt提出的方法在测量黏度大于4mPa·s的牛顿流体和幂律流体时误差较大,细化并提出了自己的计算有效黏度方法(刘孝良等,2003)。

Li等用马氏漏斗研究了钻井流体流变性模型及漏斗黏度计的流变方程(Li et al.,2020)。

尽管做了大量工作,漏斗黏度计在一些水力计算时,依然没有得到同行们认可而不选择使用它。主要是因为许多公式中都出现了与流体相关的常数,而钻井流体是多样的,无法明确选择条件,相当于无法选择,进而无法应用。即便如此,漏斗黏度计至今仍然与旋转黏度计测量的流变参数相结合,共同表征钻井流体的流变性。

旋转黏度计是现场中广泛使用的测量钻井流体流变性的仪器。旋转黏度计有两速型和多速型两种。两速型旋转黏度计用600r/min和300r/min这两种固定的转速测量钻井流体的剪切应力,它们分别相当于$1022s^{-1}$和$511s^{-1}$的剪切速率。但是,仅在以上两个剪切速率下测量剪切应力具有一定的局限性,因为所测得的参数不能反映钻井流体在环形空间剪切速率范围内的流变性能。因此,目前世界已普遍使用多速型旋转黏度计。六速黏度计是目前最常用的多速型黏度计,以更好地匹配多种剪切速率下的流动特性。

为更好地调控钻井流体流变性能,满足钻井施工需要,在对钻井流体的流变性进行计算时,建议充分考虑影响钻井流体流变性的外部因素,比如温度、时间、外来物等。

循环泵流的管径不同,钻井流体在循环系统位置不同,流速不同,剪切速率也不同:沉砂池的最低,为$10\sim20s^{-1}$;环形空间为$50\sim250s^{-1}$,钻杆内为$100\sim1000s^{-1}$;钻头喷嘴最高,为$10000\sim100000s^{-1}$。

剪切速率不同,需要钻井流体表现出不同的流变性能才能满足工程需要。如沉砂池需要尽快沉降,环空则不需要沉降或少沉降,钻杆内和钻头喷嘴处流速越高越好,而环空流速高,就会冲刷井壁。因此,测定不同剪切速率下流变参数,判断是否满足工程需要十分重要。流变参数是钻井流体流变性的直观表现,是了解钻井流体的流动状态的断定手段,是维护、调整钻井流体的依据。

2.2.2　流变参数的计算方法

流变参数是流体性能的核心,合理的计算方法是获得准确流变参数的基础。以下介绍牛顿流体、塑性流体、假塑性流体、膨胀性流体和广义流体流变参数的计算方法。

2.2.2.1 牛顿流体流变参数计算方法

流变曲线过原点直线的流体为牛顿流体(Newton Fluid),如图2.2.17所示。水、酒精、大多数纯液体、轻质油、低分子化合物溶液以及低速流动的气体等均为牛顿流体。牛顿流体是流变性最简单的流体。

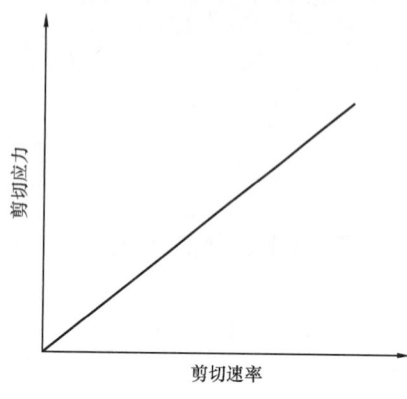

图 2.2.17　牛顿流体流变曲线

牛顿流体随着剪切速率增加,剪切力增加。牛顿流体剪切速率和剪切应力呈直线关系。只要稍加外力,流体就会流动,且随着剪切速率的增加剪切应力增大。牛顿流体在外力作用下流动时,剪切应力与剪切速率成正比。这类流体剪切力大于0时,剪切速率大于0。因此,只要对牛顿流体施加一个外力,即使力很小,也可以产生剪切速率,即开始流动。此外,黏度不随剪切速率变化而变化。

用旋转黏度计测量牛顿流体时,作用在内同外表面上的速度梯度剪切应力为:

$$\gamma = 1.703n \tag{2.2.38}$$

$$\tau = 0.511\theta_n \tag{2.2.39}$$

式中　γ——剪切速率;

n——转数;

τ——剪切应力

θ_n——某一转速 n 下的刻度读值或格数。

因此,600r/min 和 300r/min 所对应的剪切速率为 $1022\mathrm{s}^{-1}$ 和 $511\mathrm{s}^{-1}$。在测量时,将刚搅拌好的钻井流体倒入样品杯刻度线处(350mL),立即放置于托盘上,上升托盘使液面至外筒刻度线处。拧紧手轮,固定托盘。迅速从高速到低速测量,待刻度盘读数稳定后,分别记录各转速下的读数。试验结束后,关闭电源,松开托盘,移开量杯。轻轻卸下内外筒,清洗内外筒并且擦干,再将内外筒装好。

将六速黏度计 600r/min 时的读数代入牛顿流体的本构方程:

$$\tau = \eta\gamma \tag{2.2.40}$$

$$0.511\theta_{600} = \eta \times 1.703 \times 600 \tag{2.2.41}$$

则有:

$$\eta = \frac{0.511\theta_{600}}{1.703 \times 600}(\mathrm{Pa\cdot s}) = \frac{1}{2}\theta_{600} \tag{2.2.42}$$

根据黏度定义,宏观看来流体在剪切时无论什么因素引起的黏度,都是某一点的力作用的结果,所以也称为表观黏度(Apparent Viscosity)。表观黏度又称为有效黏度、视黏度(Effective Viscosity)。

$$\mu_a = \frac{\tau}{\gamma}$$

式中 μ_a——表观黏度,mPa·s;
τ——剪切应力,Pa;
γ——剪切速率,s^{-1}。

牛顿流体,流变方程为 $\tau = \mu_a \gamma_0$。因此,牛顿流体的流变参数比较简单,只有表观黏度。牛顿流体表观黏度反映了与材料性质有关的度量流体黏滞性大小的物理量。严格意义上讲,牛顿流体是塑性流体的特殊流体。

2.2.2.2 塑性流体流变参数计算方法

塑性流体,受到的外力到一定大小时,才能流动。由于这种流型是宾汉首次发现的,因此也称为宾汉流体。塑性流体一旦流动,剪切应力会随着剪切速率的增加而增大,即在承受较小外力时,流体产生的是塑性流动,外力超过屈服应力时,遵循牛顿流体的规律流动。

塑性流体或者称宾汉流变曲线为一条直线,但直线不通过坐标原点,而是与剪切应力轴在某处相交的流体为塑性流体,如图2.2.18所示。

从图2.2.18中可以看出,对流体施加外力小于某一值时,流体不流动,只产生有限变形。只有当外力大于某一值时,流体才流动。流动后流体黏度先降低后不变。使流体流动所需要的最小剪切应力,即,使流体产生大于0的剪切速率所需要的最小剪切应力,称之为屈服值(Yield Stress/Yield Value/Yield Point),也叫动切力。屈服值的大小由流体所形成的空间网架结构性质所决定。具有屈服值的流体可以称为塑性流体(Plastic Fluid),外力克服屈服值产生的流动称为塑性流动。塑性流体多为内相浓度较大,粒子间结合力较强的多相混合流体。

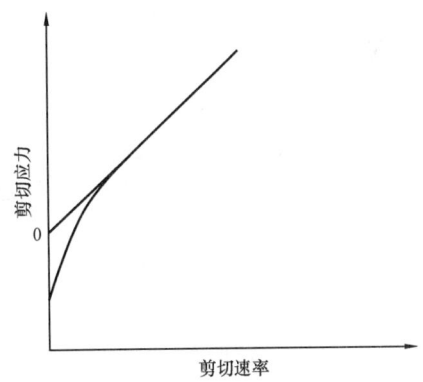

图2.2.18 塑性流体流变曲线
τ_0——动切力

当粒子浓度大到使粒子间相互接触的程度时,便形成粒子的三维空间网架结构。屈服值可以认为是这种结构强弱的反映。典型的塑性流体有黏土含量高的钻井流体、油漆和高含蜡原油、油墨、牙膏等。

将六速黏度计的读数(600r/min 和 300r/min)代入塑性流体的本构方程:

$$\begin{cases} \tau_1 = \tau_0 + \mu_p \gamma_1 \\ \tau_2 = \tau_0 + \mu_p \gamma_2 \end{cases} \qquad (2.2.43)$$

$$\begin{cases} 0.511\theta_{600} = \tau_0 + \mu_p \times 1.703 \times 600 & (2.2.44a) \\ 0.511\theta_{300} = \tau_0 + \mu_p \times 1.703 \times 300 & (2.2.44b) \end{cases}$$

式(2.2.44a)和式(2.2.44b)两式相减得:

$$0.511(\theta_{600} - \theta_{300}) = 511\mu_p$$

$$\mu_p = (\theta_{600} - \theta_{300})/1000(\text{Pa}\cdot\text{s}) = \theta_{600} - \theta_{300}(\text{mPa}\cdot\text{s})$$

$$\tau_0 = \theta_{300} - \frac{1}{2}\theta_{600}(\text{Pa})$$

表观黏度

$$\mu_a = \mu_p + \tau_0/\gamma = \frac{1}{2}\theta_{600}(\text{mPa}\cdot\text{s})$$

如图 2.2.18 所示,直线段的斜率称为塑性黏度(表示为 μ_p 或 PV),直线段延长与剪切应力轴相交于一点 τ_0,通常将 τ_0(也可表示为 YP)称为动切应力(常简称为动切力或屈服值)。由此,可以获得塑性流体的流变方程:

$$\tau = \tau_0 + \mu_p\gamma \qquad (2.2.45)$$

式中　τ——剪切应力,Pa;

　　　τ_0——动切应力,Pa;

　　　μ_p——塑性黏度,Pa·s;

　　　γ——剪切速率,s^{-1}。

式(2.2.45)是非牛顿流体中塑性流体的流变方程,1922 年由 Bingham 首先提出,常称为宾汉模式(Bingham Model),塑性流体也称为宾汉流体(Bingham Plastic Fluid)。

因此,用塑性流体模式表征钻井流体除了表观黏度外,还需要塑性黏度和动切力等参数。同时,由于流变方程不能完整地表达钻井流体在低剪切速率下的流变特征,还需要引入切力和动塑比等参数评价对钻井流体的性能。

动切力与塑性黏度的比值,简称动塑比(Ratio of Yield Point to Plastic Viscosity)。动切力表征钻井流体内部的结构及其强度,塑性黏度表征钻井流体内部的内摩擦力。因此,动塑比反映了钻井流体结构强度与内摩擦力的比例关系,常用于评价钻井流体触变性的强弱。

$$R_{\text{YPPV}} = \frac{YP}{PV} \qquad (2.2.46)$$

式中　R_{YPPV}——动塑比,Pa/(mPa·s)。

动塑比可以理解为塑性流体高剪切作用破坏了钻井流体内部空间网架结构,使钻井流体整体黏滞性降低。

用式(2.2.46)与前文宏观描述对照:剪切速率为零时,流体所受到的剪切应力不为零;主要认为存在最低剪切应力,即静切应力(Gel Strength),又称静切力、切力或胶凝强度。此最低剪切应力实际上是静切应力的极限值,施加的剪切应力超过最低剪切应力时塑性流体才开始流动。

流动初始期剪切应力与剪切速率的关系在流变曲线上不是一条直线。剪切应力与剪切速率的比值随剪切速率增大而降低;当剪切应力增加到一定程度后,剪切应力与剪切速率的比值不再随剪切速率增大而变化,流变曲线变成直线。

塑性黏度是非牛顿塑性流体自身的性质,不随剪切速率而变化。塑性黏度反映了在层流情况下,钻井流体中网架结构的破坏与恢复处于动态平衡时,悬浮的固相颗粒之间、固相颗粒与液相之间和连续液相内部之间的内摩擦作用的强弱。

(1)表观黏度。根据表观黏度的定义,表观黏度是任意剪切速率下的剪切力与剪切速率的比值,关系钻井流体的携带能力。提高黏度,可以降低泵排量的情况下实现清洁井眼。

表观黏度随着剪切速率增大而减小。当剪切速率无限大时,表观黏度即近似为塑性黏度。测定时,只要测量任意速率下剪切力,其表观黏度即可获得。

根据表观黏度的定义,塑性流体的表观黏度可以由宾汉方程变换获得。它关系钻井流体的携带能力。提高其大小,可以降低泵的负荷。

$$\mu_a = \mu_p + \frac{\tau_0}{\gamma} \tag{2.2.47}$$

式中 μ_p——塑性黏度,mPa·s;
τ_0——动切力,Pa。

表观黏度随着剪切速率增大而减小。塑性黏度是与剪切速率无关,在整个钻井流体黏度中是不变的,反映了流体自身的内部层间阻力。当剪切速率无限大时,表观黏度即近似为塑性黏度。

(2)塑性黏度。塑性黏度(Plastic Viscosity)是塑性流体被均匀剪切时钻井流体的黏度。塑性黏度与剪切速率无关,在整个钻井流体中是不变的,反映了流体自身的内部层间阻力。其数值上等于塑性流体流变曲线中直线段的斜率。认为在旋转黏度计600r/min和300r/min较高的剪切速率下,钻井流体已经成为"牛顿流体",剪切应力点的连线,是一条直线,即在这两个剪切速率下的塑性黏度应该是一个常数,所以这两个剪切速率所对应的剪切应力应该在直线段上。利用这两点连线所形成的直线方程,可以求得直线的斜率,即塑性黏度。

$$\mu_p = \frac{\tau_{600} - \tau_{300}}{\gamma_{600} - \gamma_{600}} = \frac{0.511(\theta_{600} - \theta_{300})}{1022 - 511} = \frac{0.511(\theta_{600} - \theta_{300})}{511} \tag{2.2.48a}$$

$$\mu_p = \frac{\tau_{600} - \tau_{300}}{\gamma_{600} - \gamma_{600}} = \frac{0.511(\theta_{600} - \theta_{300})}{1022 - 511} \times 1000 = \theta_{600} - \theta_{300} \tag{2.2.48b}$$

式中 $\tau_{600}, \tau_{300}, \gamma_{600}, \gamma_{300}$——旋转黏度计600r/min和300r/min时的剪切应力和剪切速率;
$\theta_{600}, \theta_{300}$——旋转黏度计600r/min和300r/min时的读数。

塑性黏度表征的是塑性流体的固有性质,反映了在层流情况下,钻井流体中从较低剪切速率到较高剪切速率网架结构的破坏与恢复处于平衡时,悬浮固相颗粒之间、固相颗粒与液相之间以及连续液相内部的内摩擦作用强弱。在一定的剪切速率之上,流体内部组分间的摩阻不再发生变化,不随剪切速率大小变化,是宾汉模式的主要流变参数。剪切速率很高时,如钻头水眼处,其他摩阻所引起的黏度趋近于零,此时,可以理解成,塑性黏度是剪切速率极高时的表观黏度。

剪切力的单位是Pa,剪切速率的单位是s^{-1},计算得到的塑性黏度的单位是Pa·s。由于Pa·s单位较大,常用mPa·s。需要把Pa·s转换成mPa·s,由于1Pa·s=1000mPa·s,所以,塑性黏度常用mPa·s来计量。

(3)动切力。塑性流体表观黏度由塑性黏度和动切力与剪切速率的比值组成,即表观黏度是塑性流体流动过程中所表现出的总黏度。进一步说塑性流体的表观黏度既包括流体内部固相颗粒之间、高分子聚合物分子之间以及颗粒与聚合物之间的摩擦力,还包括了这些组分之间形成空间网架结构的力。摩擦作用引起的黏度,称为塑性黏度;由于空间网架结构引起的黏度称为结构黏度(Inner Viscosity 或 Structural Viscosity)。钻井流体流变学中称为动切力或屈服值。结构黏度是塑性流体静止时,胶粒周围呈定向排列,失去运动自由的水分子增多,黏度比正常黏度大一部分。

动切力(Yield Point)是塑性流体流变曲线中的直线段在剪切应力轴上的截距,也称屈服值。依据宾汉方程,在求得塑性黏度的基础上,应用旋转黏度计600r/min 和 300r/min 的读数即可求得动切力:

$$\tau = YP + PV\gamma \tag{2.2.49a}$$

$$YP = \tau - PV\gamma \tag{2.2.49b}$$

$$\begin{aligned} YP &= \tau_{600} - PV\gamma_{600} \\ &= 0.511\theta_{600} - \frac{0.511(\theta_{600} - \theta_{300})}{1022 - 511} \times 1022 \\ &= 0.511(2\theta_{300} - \theta_{600}) \\ &= 0.511(\theta_{300} - PV) \end{aligned} \tag{2.2.50}$$

宾汉模式下的动切力反映了钻井流体在层流流动时,黏土颗粒之间及高分子聚合物分子之间相互作用力的大小,亦即形成空间网架结构能力的大小,或形成空间网等结构的强度。

由于 0.511 是一个较复杂的数据,记忆不便,如果记 0.5,就方便得多。把 0.511 看成是 0.5,则:

$$YP = 0.511(\theta_{300} - PV)$$

就可以变换成:

$$\begin{aligned} YP &\approx 0.5(\theta_{300} - PV) \\ &= \frac{1}{2}\theta_{300} - \frac{1}{2}(\theta_{600} - \theta_{300}) \\ &= \frac{1}{2}\theta_{300} - \frac{1}{2}\theta_{600} + \frac{1}{2}\theta_{300} + \left(\frac{1}{2}\theta_{600} - \frac{1}{2}\theta_{600}\right) \\ &= \theta_{300} - \theta_{600} + \frac{1}{2}\theta_{600} \\ &= \frac{1}{2}\theta_{600} - (\theta_{600} - \theta_{300}) \\ &= AV - PV \end{aligned} \tag{2.2.51}$$

进一步变换写成:

$$AV = PV + YP \tag{2.2.52}$$

即,在宾汉模式下,表观黏度近似等于塑性黏度与动切力的数据之和。因此,现场经常用这个方法,迅速计算出宾汉模式的主要流变参数。先测定600r/min和300r/min时的读数,然后600r/min时读数的一半是表观黏度,600r/min时的读数减去300r/min时的读数为塑性黏度,表观黏度减去塑性黏度即为动切力。这一结论可以从表观黏度等于塑性黏度加上动切力/剪切速率来解释。剪切速率是$1000s^{-1}$左右时,动切力/剪切速率刚好用$mPa \cdot s$做单位时,近似等于动切力,见式(2.2.53b)。

(4)动塑比。前文已表明钻头水眼处钻井流体剪切速率$10000 \sim 100000s^{-1}$。这种剪切速率下的钻井流体黏度很低,有利于充分发挥水马力作用,实现水力破岩,提高机械钻速。环形空间中,剪切速率$50 \sim 250s^{-1}$。这种剪切速率下的钻井流体仍然能够保持一定黏度,满足携带钻屑,清洁井眼需要。

这就要求钻井流体要有较低的塑性黏度和较高的动切力,能够在高剪切速率下有效地协助破岩,在低剪切速率下有效地携带岩屑。为实现这一目的,需要钻井流体具有较高的动塑比。但过高的动塑比会影响开泵平稳、增加处理剂用量。动塑比控制在$0.36 \sim 0.48 Pa/(mPa \cdot s)$比较适宜(马玉玲等,2019)。

钻井流体的剪切稀释作用主要取决于动切力的大小。从流变方程中也可以发现,表观黏度相同,动切越大,剪切稀释性越强。

$$\tau = YP + PV \tag{2.2.53a}$$

$$\frac{\tau}{\gamma} = \frac{YP}{\gamma} + PV \tag{2.2.53b}$$

塑性黏度与剪切速率无关。两种钻井流体,在表观黏度相同的情况下,动切力越大,塑性黏度越小。剪切速率增大时,表观黏度降低越多,特别是剪切速率趋向无穷大时,动切力与剪切速率的比值趋向零,塑性黏度趋近表观黏度,即降低越多,剪切稀释性越好。良好的剪切稀释性,会给钻井工程清洁井眼、传递水动力等带来益处,因此成为优质钻井流体必须具备的性能。

对比了两种塑性黏度不同的钻井流体的表观黏度、塑性黏度和动切力后,鲁凡对此提出了异议(鲁凡,1994)。因为,钻井流体的动塑比不同,但它们的表观黏度降低值相同时,也就说明钻井流体的剪切稀释作用相同。因此,动塑比不能代表钻井流体的剪切稀释能力。真正说明钻井流体剪切稀释能力的是动切力。

设有两种钻井流体,甲种钻井流体的动切力为τ_{d1},塑性黏度为η_{p1},动塑比为$\frac{\tau_{d1}}{\eta_{p1}}$。

乙种钻井流体的动切力为$\tau_{d2} = \tau_{d1}$,塑性黏度为$\eta_{p2} = 2\eta_{p1}$,动塑比为$\frac{\tau_{d2}}{\eta_{p2}} = \frac{\tau_{d1}}{2\eta_{p1}}$。

两种钻井流体的动切力相同,塑性黏度不相同,所以它们的动塑比不相同。下面比较它们的剪切稀释能力。

当$\frac{dv}{dx}$由$1000s^{-1}$增加到$2000s^{-1}$时,比较甲乙两种钻井流体表观黏度的变化。

甲种钻井流体在 $\dfrac{\mathrm{d}v}{\mathrm{d}x} = 1000\mathrm{s}^{-1}$ 时，表观黏度为：

$$\eta_{A1} = \left(1 + \dfrac{\dfrac{\tau_{d1}}{\eta_{p1}}}{\dfrac{\mathrm{d}v}{\mathrm{d}x}}\right)\eta_{p1} = \left(1 + \dfrac{\dfrac{\tau_{d1}}{\eta_{p1}}}{1000}\right)\eta_{p1}$$

在 $\dfrac{\mathrm{d}v}{\mathrm{d}x} = 2000\mathrm{s}^{-1}$ 时，表观黏度为：

$$\eta'_{A1} = \left(1 + \dfrac{\dfrac{\tau_{d1}}{\eta_{p1}}}{2000}\right)\eta_{p1}$$

表观黏度降低值：

$$\eta_{A1} - \eta'_{A1} = \left(1 + \dfrac{\dfrac{\tau_{d1}}{\eta_{p1}}}{1000}\right)\eta_{p1} - \left(1 + \dfrac{\dfrac{\tau_{d1}}{\eta_{p1}}}{2000}\right)\eta_{p1} = \dfrac{\tau_{d1}}{1000} - \dfrac{\tau_{d1}}{2000} = \dfrac{\tau_{d1}}{2000}$$

乙种钻井流体在 $\dfrac{\mathrm{d}v}{\mathrm{d}x} = 1000\mathrm{s}^{-1}$ 时，表观黏度为：

$$\eta_{A2} = \left(1 + \dfrac{\dfrac{\tau_{d2}}{\eta_{p2}}}{\dfrac{\mathrm{d}v}{\mathrm{d}x}}\right)\eta_{p2} = \left(1 + \dfrac{\dfrac{\tau_{d1}}{2\eta_{p1}}}{1000}\right)2\eta_{p1}$$

在 $\dfrac{\mathrm{d}v}{\mathrm{d}x} = 2000\mathrm{s}^{-1}$ 时，表观黏度为：

$$\eta'_{A2} = \left(1 + \dfrac{\dfrac{\tau_{d1}}{2\eta_{p1}}}{2000}\right)2\eta_{p1}$$

表观黏度降低值：

$$\eta_{A2} - \eta'_{A2} = \left(1 + \dfrac{\dfrac{\tau_{d1}}{2\eta_{p1}}}{1000}\right)2\eta_{p1} - \left(1 + \dfrac{\dfrac{\tau_{d1}}{2\eta_{p1}}}{2000}\right)2\eta_{p1} = \dfrac{\tau_{d1}}{1000} - \dfrac{\tau_{d1}}{2000} = \dfrac{\tau_{d1}}{2000}$$

所以

$$\eta_{A1} - \eta'_{A1} = \eta_{A2} - \eta'_{A2}$$

甲乙两种钻井流体的动塑比：

$$\dfrac{\tau_{d1}}{\eta_{p1}} \neq \dfrac{\tau_{d2}}{\eta_{p2}}$$

甲种钻井流体的动塑比是乙种钻井流体的 2 倍。但它们的表观黏度降低值相同,也就是钻井流体的剪切稀释作用相同。所以说动塑比不能代表钻井流体的剪切稀释能力。真正说明钻井流体剪切稀释能力的是动切力。

(5) 切力。用塑性流体模式表征钻井流体除了表观黏度外,还需要塑性黏度和动切力等参数。同时,由于流变方程不能完整地表达钻井流体在低剪切速率下的流变特征,还需要引入切力参数评价钻井流体的性能。

钻井流体的切力(Gel Strength)是指钻井流体的静切应力,实质是胶体化学中的胶凝强度,但因钻井流体比胶体更复杂,又不完全相同。它表示钻井流体在静止状态下与固相一起形成空间网架结构的强度。其物理意义是,钻井流体静止时,使其流动需要破坏钻井流体内部单位面积上的形成空间网架结构的最小剪切力或者由流动到静止时形成的结构力。塑性流体的流动特性中的静切应力,实际上是静切应力的极限值,即真实的胶凝强度。但是,由于钻井流体组分的复杂性,钻井流体不是真正意义上的凝胶,而是一种可逆凝胶。这种可逆凝胶强度的大小与时间有关(Sabins et al.,1982)。而且最好相同时间下,程度的变化是一致的。

要想测得静切应力的极限值,至少花费 20min 时间才能得到较稳定的凝胶强度。钻井现场测量性能需要 20min 以上,是不现实的。于是人为规定,用初切力和终切力,来评价静止和静止一段时间后,钻井流体形成胶凝强度的大小。把与时间有关的静切力测量转化为与时间无关的力的计算。

初切力(Initial Gel Strength),是钻井流体用直读式旋转黏度计 600r/min 充分搅拌 10s 后,与直读式黏度计都静置 10s 或 1min 时,用旋转黏度计 3r/min 的剪切速率下,读取刻度盘的最大偏转值,然后计算得到。

终切力(Terminal Gel Strength),是钻井流体在 600r/min 下再充分搅拌 10s,静置 10min 后,在 3r/min 的剪切速率下读取最大偏转值,然后计算得到。按前文在国际单位制下所设计的旋转黏度计,每转动一定角度,其剪切应力数值上等于 0.511 乘以转动的读数。

$$G_{10s} = 0.511\theta_3 \tag{2.2.54a}$$

$$G_{10min} = 0.511\theta_3 \tag{2.2.54b}$$

式中　G_{10s}——初切力,Pa;

　　　G_{10min}——终切力,Pa。

用初切力与终切力表示钻井流体凝胶强度的变化,进而评价钻井流体的悬浮能力有一定的局限性。这是因为 10s 和 10min 可测得的凝胶强度并不代表最终的强度。10s 和 10min 胶凝强度低并不等于 1h 后胶凝强度低。同样,10s 和 10min 凝胶强度高并不等于 1h 后凝胶强度高。现场测定 10s 和 10min 胶凝强度后,分析数据时必须注意这一点。生硬地照搬会给现场施工造成困难。

2.2.2.3　假塑性流体流变参数计算方法

某些钻井流体、高分子化合物的水溶液以及乳化液等均属于假塑性流体(Pseudo Plastic Fluid)。这类流体外界施加极小的剪切应力就能流动,不存在静切应力,表观黏度随剪切应力的增大而减小。符合幂律模式、赫—巴模式、卡森模式、双曲模式等流变模式。但常于钻井流体表征的目前只有幂律模式(Power Law Model)、赫—巴模式(Herschel – Bulkely Model),用于计算的还有卡森模式(Casson Model)等。

(1)幂律模式。

幂律模式由 Ostward 于 1925 年提出,适用于假塑性流体和膨胀型流体。流变曲线为凹向剪切速率轴且通过原点的曲线的流体为假塑性流体。流变曲线不通过坐标原点且凹向剪切速率轴,与剪切应力轴有交点,兼有屈服特性和假塑性流体特性的流体,称之为屈服假塑性流体(Yield Pseudoplastic Fluid)(Govier et al.,1972)。即,赫—巴模式是假塑性流体的流变模式之一。

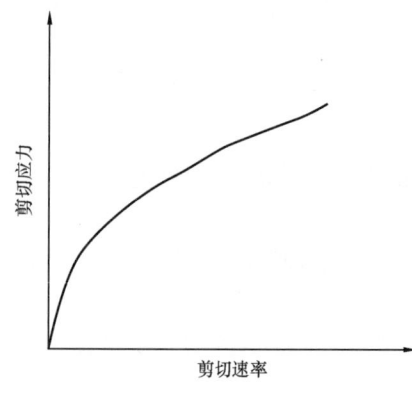

图 2.2.19 假塑性流体流变曲线

能用幂律模式表达的假塑性流体称为幂律流体,这类流体无屈服应力,并且剪切应力变化随剪切速率增加而减小,如图 2.2.19 所示。

从图 2.2.19 中可以看出,幂律流体受力就流动,与牛顿流体剪切力与剪切应力呈线性关系不同。幂律流体剪切应力与剪切速率的变化关系为幂函数关系,不符合牛顿流体内摩擦定律,流变曲线凹向剪切速率轴。随着剪切速率的增加,剪切力的增加幅度逐渐降低。遵循幂律模式的假塑性流体比较多,如钻井流体、果酱、聚合物溶液、乳状液、稀释后的油墨、一定温度下的原油等。

幂律模式的研究者认为,假塑性流体不存在静切应力,剪切应力与剪切速率的比值黏度随剪切应力的增大而降低;剪切应力与剪切速率之比总是变化的,在流变曲线上无直线段。流性指数和稠度系数是假塑性流体的两个重要流变参数。

幂律模式的张量定义为:

$$\eta = K\left(\frac{1}{2} I_2\right)^{\frac{n-1}{2}} \quad (2.2.55)$$

对于一维方向的简单流动行为来说,有:

$$\tau = K\gamma^n \quad (2.2.56)$$

式中 τ——剪切应力,Pa;
I——应变速率张量的不变量分量;
K——稠度系数,Pa·s^n;
γ——剪切速率,s^{-1};
n——流性指数,对假塑性流体,$0 < n < 1$。

这是假塑性流体所遵循的流变方程之一,幂律流体的表观黏度等于剪切应力与剪切速度之比。

$$AV = K\gamma^{n-1} \quad (2.2.57)$$

① 流性指数。幂律模式中流性指数(Flow Behavior Index)反映假塑性流体在一定剪切速率范围内所表现出的非牛顿性的程度。由于流性指数小于1,也可反映出流体剪切稀释性的特点。数值越小,剪切稀释性越强,非牛顿性也越强。流性指数等于1时,上述方程变为牛顿流体方程。因此,通常将 n 称为流性指数。幂律模式等号两边同时取对数,得到:

$$\lg \tau = \lg K + n \lg \gamma \tag{2.2.58}$$

这是以 $\lg \tau$ 为纵坐标、$\lg \gamma$ 为横坐标的直线。直线在纵坐标轴上的截距为 $\lg K$,斜率为 n。在直线上任取两点 $(\lg \tau_1, \lg \gamma_1)$,$(\lg \tau_2, \lg \gamma_2)$,代入式(2.2.58),得到:

$$\begin{cases} \lg \tau_1 = \lg K + n \lg \gamma_1 \\ \lg \tau_2 = \lg K + n \lg \gamma_2 \end{cases} \tag{2.2.59}$$

解此联立方程,可得:

$$n = \frac{\lg \tau_1 - \lg \tau_2}{\lg \gamma_1 - \lg \gamma_2} = \frac{\lg \dfrac{0.511\, \theta_1}{0.511\, \theta_2}}{\lg \dfrac{\gamma_1}{\gamma_2}} \tag{2.2.60}$$

式中 θ_1,θ_2——两种转速时黏度计刻度盘读数;

γ_1,γ_2——两种转速时黏度计剪切速率,s^{-1}。

钻井流体一般用六速黏度计上的 600r/min 和 300r/min 时作为两个数据点计算,主要是指高剪切速率区间,此两个速率下的剪切速率分别为 $1022s^{-1}$ 和 $511s^{-1}$。此时,有:

$$n = \frac{\lg \dfrac{\theta_{600}}{\theta_{300}}}{\lg \dfrac{1022}{511}} = 3.322 \lg \frac{\theta_{600}}{\theta_{300}} \tag{2.2.61}$$

这样,流性指数可以用直读式旋转黏度计测定的数值来计算得到。水和甘油等牛顿流体流性指数等于1,此时 $\tau = K \gamma^n$ 等同于 $\tau = \dfrac{F}{S} = \mu \gamma$。

② 稠度系数。幂律模式中的系数 K 值大小与钻井流体的黏度、切力和剪切速率有关。K 值越大,黏度越高。因此,将 K 称为稠度系数。稠度系数(Consistency Coefficient)是钻井流体的黏度和切力大小的综合表现,反映钻井流体的黏稠程度。钻井流体稠度系数,主要与固相含量、液相和结构强度有关。固相含量或聚合物处理剂的浓度增大时,稠度系数相应增大。

由 $\tau = K \gamma^n$,得:

$$K = \frac{\tau}{\gamma^n} \tag{2.2.62}$$

钻井流体一般取 $N=300$r/min,主要原因是 300r/min 的读数可以转换为六速黏度计的任意速度下的黏度。$\gamma = 1.703 \times 300 = 511 s^{-1}$,$\tau = 0.511\, \theta_{300}$,所以

$$K = \frac{\tau}{\gamma^n} = \frac{0.511\,\theta_{300}}{511^n} \qquad (2.2.63)$$

式中 K——稠度系数，$Pa \cdot s^n$。

稠度系数值可在一定程度上反映钻井流体的可泵性。稠度系数值过大，重新开泵困难；也可以一定程度地反映钻井流体的携带能力。稠度系数值过小，携岩能力不强。因此，稠度系数值应保持在合适的范围。当然，目前还没有明确的数值范围。

（2）赫—巴模式。流体具有屈服值。剪切速率大于屈服值后，剪切应力与剪切速率的关系是非线性的，并具有剪切稀释性，是 Herschel 和 Bulkley 于 1926 年提出。被称为赫—巴三参数流变模式（Herschel/Bulkely Model），简称赫—巴模式（H/B Model），又称为带有动切力或屈服值的幂律模式或修正的幂律模式（Herschel et al., 1926）。

1977 年 Mario Zamora 和 David L. Lord 将赫—巴模式引入钻井流体流变性研究，以准确地描述钻井流体在较宽剪切速率范围内的流变特性。高分子聚合物、低温含蜡原油等是赫—巴假塑性流体的典型流体。流体内部分散相浓度较大，粒子的不对称程度及聚集程度大，粒子间的结合力较强，易于形成空间网架结构，如图 2.2.20 所示。

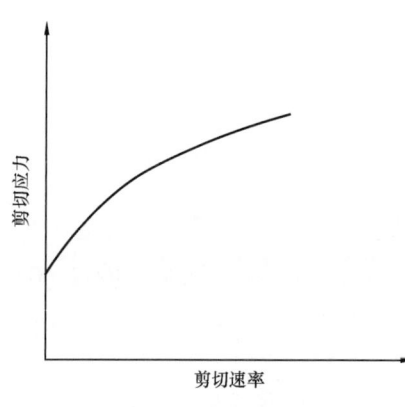

图 2.2.20 赫—巴流体流变曲线

在幂律模式的基础上，引入新的变量赫—巴模式的动切力或称屈服值。

$$\tau = \tau_y + K\gamma^n \qquad (2.2.64)$$

式中 τ——剪切应力，Pa；

τ_y——赫—巴模式的动切力或屈服值，Pa；

K——稠度系数，$Pa \cdot s^n$；

γ——剪切速率，s^{-1}；

n——流性指数，一般小于 1。

可见，赫—巴三参数流变模式的稠度系数、流性指数与幂律模式相同。但赫—巴模式的动切力与宾汉模式的动切力稍有不同。宾汉模式的动切力是外推值，它一般会高于实际钻井流体的动切力；赫—巴模式的动切力是钻井流体的实际的动切力，表示使流体流动所需的最低切应力。计算 Herschel - Bulkely 模式参数，一般用旋转黏度计 3r/min、300r/min 和 600r/min 时的读数。

① 稠度系数。稠度系数的大小主要与聚合物处理剂的类型和浓度有关。此外，固相含量也有一定影响。

$$K = 0.511 \frac{(\theta_{300} - \theta_3)}{511^n} \qquad (2.2.65)$$

式中 θ_3——3r/min 时的旋转黏度计刻度盘读数。

② 流性指数。流性指数用于表征偏离牛顿流体的程度。

$$n = 3.3221\lg\left(\frac{\theta_{600} - \theta_3}{\theta_{300} - \theta_3}\right) \tag{2.2.66}$$

③ 动切力。赫—巴模式的动切力反映流动的临界力。

$$\tau_y = 0.511\,\theta_3 \tag{2.2.67}$$

屈服幂律流体的特性可用该式表示

$$\tau - \tau_3 = (K/C)\,\gamma^n \tag{2.2.68}$$

式中　τ——剪切应力，Pa；

　　　τ_3——3r/min 时的剪切应力，Pa；

　　　C——与仪器有关的常数；

　　　K——稠度系数，$Pa \cdot s^n$；

　　　n——流性指数。

（3）卡森模式。卡森模式的特点之一，是存在卡森动切力，表示钻井流体内可供拆散的网架结构的强度；另一特点是存在剪切稀释指数，为无量纲量，用于表示钻井流体剪切稀释性的相对强弱。

$$\tau^{1/2} = \tau_c^{1/2} + \eta_\infty^{1/2}\,\gamma^{1/2} \tag{2.2.69}$$

式中　τ_c——卡森动切力或称卡森屈服值，Pa；

　　　η_∞——极限剪切黏度，$mPa \cdot s$。

卡森模式是个经验式，又称卡森方程。将式中每一项分别除以 $\gamma^{1/2}$，可得卡森模式的另一表达式：

$$\eta^{\frac{1}{2}} = \eta_\infty^{\frac{1}{2}} + \tau_c^{\frac{1}{2}}\,\gamma^{-\frac{1}{2}} \tag{2.2.70}$$

式中　η——某一剪切速率下的有效黏度，$mPa \cdot s$。

卡森模式的主要参数为动切力和极限高剪黏度。一般使用旋转黏度计测得 100r/min 和 600r/min 读数，计算即可得到。

① 卡森动切力。钻井流体作为一种复杂的非纯某种流体的工作流体，都存在着一个极限动切力。卡森动切力是流体开始流动时的极限动切力，其值大小可反映钻井流体携带与悬浮钻屑的能力。

假设实测的两组不同转速下内筒外壁剪切应力和剪切速率为（τ_1, γ_c）和（τ_1', γ_c'），有：

$$\tau_1^{\frac{1}{2}} = \eta_\infty^{\frac{1}{2}}\,\gamma_c^{\frac{1}{2}} + \tau_c^{\frac{1}{2}} \tag{2.2.71}$$

$$\tau_1'^{\frac{1}{2}} = \eta_\infty^{\frac{1}{2}}\,\gamma_c'^{\frac{1}{2}} + \tau_c^{\frac{1}{2}} \tag{2.2.72}$$

联立式(2.2.71)和式(2.2.72)，可得：

$$\eta_\infty^{\frac{1}{2}} = \frac{\tau_1'^{\frac{1}{2}} - \tau_1^{\frac{1}{2}}}{\gamma_c'^{\frac{1}{2}} - \gamma_c^{\frac{1}{2}}} \tag{2.2.73}$$

$$\tau_c^{\frac{1}{2}} = \frac{\tau_1^{\frac{1}{2}} \gamma'_c{}^{\frac{1}{2}} - \tau'_1{}^{\frac{1}{2}} \gamma_c^{\frac{1}{2}}}{\gamma'_c{}^{\frac{1}{2}} - \gamma_c^{\frac{1}{2}}} \tag{2.2.74}$$

黏度计外筒不同转速时,剪切速率的差值等于牛顿流体剪切速率的差值,即:

$$\gamma'_c{}^{\frac{1}{2}} - \gamma_c^{\frac{1}{2}} = \gamma'_n{}^{\frac{1}{2}} - \gamma_n^{\frac{1}{2}} \tag{2.2.75}$$

所以

$$\eta_\infty^{\frac{1}{2}} = \frac{\tau'_1{}^{\frac{1}{2}} - \tau_1^{\frac{1}{2}}}{\gamma'_n{}^{\frac{1}{2}} - \gamma_n^{\frac{1}{2}}} \tag{2.2.76}$$

将式(2.2.76)代入式(2.2.77):

$$\gamma_n^{\frac{1}{2}} = \eta_\infty^{\frac{1}{2}} (\tau_1^{\frac{1}{2}} - B_c \tau_c^{\frac{1}{2}}) \tag{2.2.77}$$

得,$B_c = 1.033$,B_c 为卡森流体修正系数,为方便计算取 $B_c = 1.0$。

$$\begin{aligned}\tau_c^{\frac{1}{2}} &= \frac{\tau_1^{\frac{1}{2}} \gamma'_n{}^{\frac{1}{2}} - \tau'_1{}^{\frac{1}{2}} \gamma_n^{\frac{1}{2}}}{B_c(\gamma'_n{}^{\frac{1}{2}} - \gamma_n^{\frac{1}{2}})} \\ &= \frac{K_\tau^{\frac{1}{2}} (\theta_1^{\frac{1}{2}} N_2^{\frac{1}{2}} - \theta_2^{\frac{1}{2}} N_1^{\frac{1}{2}})}{N_2^{\frac{1}{2}} - N_1^{\frac{1}{2}}} \\ &= \frac{0.511^{\frac{1}{2}} (\theta_{100}^{\frac{1}{2}} 600^{\frac{1}{2}} - \theta_{600}^{\frac{1}{2}} 100^{\frac{1}{2}})}{600^{\frac{1}{2}} - 100^{\frac{1}{2}}}\end{aligned} \tag{2.2.78}$$

式中 K_τ——仪器测定时每转过一个角度的力的大小;
N_1——较低的转速,r/min;
N_2——较高的转速,r/min。

由于使用符合 API 标准的六速黏度计展示的是较低剪切到较高剪切的黏度,故 $\tau_c^{\frac{1}{2}}$ 简化得:

$$\tau_c^{\frac{1}{2}} = 0.493[(6\theta_{100})^{\frac{1}{2}} - \theta_{600}^{\frac{1}{2}}] \tag{2.2.79}$$

式中 θ_{100}——100r/min 时的旋转黏度计刻度盘读数。

卡森动切力是钻井流体网架结构强度的量度。凡是能够影响胶体电化学性质的物质如降黏剂、电解质和絮凝剂等,以及固相含量和环境条件如温度和压力等都可能影响卡森动切力。

② 极限高剪黏度。卡森模式中的极限高剪切黏度,简称为高剪黏度,表征钻井流体内摩擦作用的大小。常用于近似表示钻井流体在钻头喷嘴处紊流状态下的流动阻力。因此,有的文献将其称为水眼黏度。极限高剪切黏度在数值上等于剪切速率无穷大时的有效黏度。然而,黏度概念本身是在层流流动的前提下建立的,因此,最好将高剪黏度理解为剪切速率无穷大时的流动阻力。

高剪黏度可以用旋转黏度计 100r/min 和 600r/min 来表征,则:

$$\eta_\infty^{\frac{1}{2}} = \frac{\tau'^{\frac{1}{2}}_1 - \tau_1^{\frac{1}{2}}}{\gamma'^{\frac{1}{2}}_n - \gamma_n^{\frac{1}{2}}}$$

$$= \frac{K_\tau^{\frac{1}{2}}(\theta_1^{\frac{1}{2}} - \theta_2^{\frac{1}{2}})}{K_\gamma^{\frac{1}{2}}(N_1^{\frac{1}{2}} - N_2^{\frac{1}{2}})}$$

式中 K_γ 为用转速测定剪切时的固定系数 $1.703 \text{s}^{-1}/(\text{r/min})$。

则

$$\eta_m^{\frac{1}{2}} = \frac{5.11^{\frac{1}{2}}(\theta_{600}^{\frac{1}{2}} - \theta_{100}^{\frac{1}{2}})}{1.703^{\frac{1}{2}}(600^{\frac{1}{2}} - 100^{\frac{1}{2}})}$$

$$= 0.1195(\theta_{600}^{\frac{1}{2}} - \theta_{100}^{\frac{1}{2}}) \tag{2.2.80}$$

如果 η_∞ 的单位是 $\text{dyn} \cdot \text{s/cm}^2$ 或是 P，所以 K_τ 取 $5.11 \text{dyn} \cdot \text{s/cm}^2$ 或 $5.11 \text{P}/(°)$，如果单位转化为 $\text{mPa} \cdot \text{s}$ 或 cP，则极限高剪黏度的表达式变成：

$$\eta_\infty^{\frac{1}{2}} = 1.195(\theta_{600}^{\frac{1}{2}} - \theta_{100}^{\frac{1}{2}}) \tag{2.2.81}$$

流体流动时，高剪黏度的大小是流体中固相颗粒之间、固相颗粒与液相之间以及液相内部的内摩擦作用强度的综合体现。因此，固相类型及含量、分散度和液相黏度等都将对高剪黏度产生影响。

③ 剪切稀释指数。该值为无量纲量，用于表示钻井流体剪切稀释性的相对强弱。

$$I_m = \left[1 + \left(\frac{100\tau_c}{\eta_\infty}\right)^{\frac{1}{2}}\right]^2 \tag{2.2.82}$$

式中 I_m——卡森模式的剪切稀释指数。

卡森模式的剪切稀释指数实际上是转速为 1r/min 的有效黏度与极限剪切黏度的比值。剪切稀释指数越大，剪切稀释性越强。

分散钻井流体的剪切稀释指数一般小于 200，不分散聚合物钻井流体和适度絮凝的抑制性钻井流体的剪切稀释指数为 300~600，高者可达 800。值得注意的是，剪切稀释指数过大会使泵压升高，造成开泵困难。

(4) 双曲模式。描述假塑性流体流变性的幂律模式和赫—巴模式，仅能表征具体情况下的流体流变性，在较广泛范围内特别在较低剪切速率范围内与实测值符合程度较低，用于水力学、流变参数计算也不方便（白家祉，1980）。因而，提出双曲模式（Dual Power Law Model）。

$$\tau = \tau_0 + \frac{a\gamma}{1 + b\gamma} \tag{2.2.83}$$

$$a = \frac{1}{200} \frac{(\theta_{600} - \theta_3)(\theta_{300} - \theta_3)}{\theta_{600} - \theta_{300}} \tag{2.2.84}$$

$$b = \frac{1}{1000} \frac{2\theta_{300} - \theta_{600} - \theta_3}{\theta_{600} - \theta_{300}} \tag{2.2.85}$$

式中　τ——剪切应力,Pa;
　　　τ_0——动切应力,Pa;
　　　γ——剪切速率,s^{-1};
　　　a——稠度系数,$dyn \cdot s/cm^2$ 或 P;
　　　θ_{600}——旋转黏度计 600r/min 的读数;
　　　θ_3——旋转黏度计 3r/min 的读数;
　　　θ_{300}——旋转黏度计 300r/min 的读数;
　　　b——剪切稀释系数,s。

双曲模式与赫—巴模式一样,认为剪切速率趋近于无穷大时,视黏度趋向于 0。说明不存在让流体流动的最小黏度,不符合多数钻井流体实际情况。通过与大量不同类型钻井流体实测数据的对比校核,证明双曲模式可在各种不同数值的剪切梯度范围内皆能给出很满意的结果。但由于计算复杂和参数没有明确物理意义,推广起来比较困难。

2.2.3　流变性能调整方法

在前文论述中多次提到,由于诸如广义模型只能用计算或者卡森模型无法解释微观的物理意义,在现场没有推广,所以,仅介绍牛顿流体、塑性流体和幂律流体的调整方法,用于钻井流体评价和调整。

2.2.3.1　牛顿流体

[例 2.2.1]　饱和盐水压井流体入井前,用六速黏度计测其 300r/min 时读数为 1。求该饱和盐水黏度。

解:六速黏度计 300r/min 时读数为 1,即为流体的黏度值,故:

$$\eta = \theta_{300} = 1 \text{mPa} \cdot \text{s}$$

如果是牛顿流体,就可以利用 300r/min 的黏度推测 600r/min 时的读数应该是 2。因为牛顿流体流变曲线是一条过原点的直线。非牛顿流体则不能。

2.2.3.2　塑性流体

[例 2.2.2]　现场使用 Fann35A 型旋转黏度计,测得某种钻井流体的 600r/min 时读数为 42,300r/min 时读数为 28。接着在 600r/min 下搅拌 10s,静置 10s 后,测得 3r/min 时的最大读数为 2;再在 600r/min 下搅拌 10s,并静置 10min 后测得 3r/min 的最大读数为 4。试求该钻井流体的表观黏度、塑性黏度、动切力、动塑比和静切应力。

解:
表观黏度

$$AV = \frac{\theta_{600}}{2} = \frac{42}{2} = 21 \text{mPa} \cdot \text{s}$$

塑性黏度

$$PV = \theta_{600} - \theta_{300} = 42 - 28 = 14 \text{mPa} \cdot \text{s}$$

动切力
$$YP = 0.511(\theta_{300} - PV) = 0.511(28 - 14) = 7.15\text{Pa}$$

动塑比
$$R_{\text{YPPV}} = \frac{YP}{PV} = \frac{7.15}{14} = 0.51\text{Pa}/(\text{mPa}\cdot\text{s})$$

静切应力包括初切和终切。

初切
$$G_{10s} = 0.511\,\theta_3(10\text{s 或 }11\text{min}) = 0.511 \times 2 = 1.0\text{Pa}$$

终切
$$G_{10\min} = 0.511\,\theta_3(10\min) = 0.511 \times 4 = 2.0\text{Pa}$$

在测定的基础上,计算出塑性流体流变参数后,可以分析钻井流体与钻井工程需求之间的关系,也可以建立此钻井流体的流变方程。

2.2.3.3 幂律模式

[例2.2.3] 现场用 ZNN-6 型旋转黏度计测得某钻井流体在 600r/min,300r/min,200r/min,100r/min,6r/min 和 3r/min 的刻度盘读数分别为 38,28,22,17,5.5 和 4.5,试分成三组计算钻井流体的流性指数和稠度系数。

解:第一组、第二组和第三组的钻速分别为 600r/min 和 300r/min,200r/min 和 100r/min,以及 6r/min 和 3r/min,分别求得其 n 和 K 值。

第一组
$$n = 3.322\lg\left(\frac{\theta_{600}}{\theta_{300}}\right) = 3.322\lg\left(\frac{38}{28}\right) = 0.44$$

$$K = \frac{0.511\,\theta_{300}}{511^n} = \frac{0.511 \times 28}{511^{0.44}} = 0.92(\text{Pa}\cdot\text{s}^n)$$

第二组
$$n = 3.322\lg\left(\frac{\theta_{200}}{\theta_{100}}\right) = 3.322\lg\left(\frac{22}{17}\right) = 0.37$$

$$K = \frac{0.511\,\theta_{100}}{170^n} = \frac{0.511 \times 17}{170^{0.37}} = 1.30(\text{Pa}\cdot\text{s}^n)$$

第三组
$$n = 3.322\lg\frac{\theta_6}{\theta_3} = 3.322\lg\frac{5.5}{4.5} = 0.29$$

$$K = \frac{0.511\,\theta_3}{5.11^n} = \frac{0.511 \times 4.5}{5.11^{0.29}} = 1.43(\text{Pa}\cdot\text{s}^n)$$

从以上计算结果可知,不同剪切速率下,稠度系数或流性指数不相同。剪切速率减小,钻井流体的流性指数减小,稠度系数增大。

目前现场主要以 600r/min 和 300r/min 表征钻井流体的流变特征。但是,600r/min 和 300r/min 对应的剪切速率与钻井流体在钻杆内的流动情况大致相当,以此计算的许多参数可能与实际不同剪切速率下的参数差距较大。因此,需要进一步计算不同剪切速率下流变参数。以幂律模式为例,计算实际钻井流体的流变参数。实际钻井流体的流变参数计算方法,可分为图解法和试算法两种。

(1)图解法。图解法是利用幂律方程,在坐标系中做剪切速率和表观黏度的对数关系曲线,找出研究的剪切速率下的表观黏度是否满足工程要求。

$$AV = \frac{\tau}{\gamma} = K\gamma^{n-1}$$

等号两边同时取对数,可以得到:

$$\lg AV = \lg\left(\frac{\tau}{\gamma}\right) = \lg K + (n-1)\lg\gamma \tag{2.2.86}$$

理想的假塑性流体,$\lg AV$ 与 $\lg\gamma$ 之间应该呈线性关系。直线的斜率为 $(n-1)$,截距为 $\lg K$。式(2.2.86)测定了 3r/min,6r/min,30r/min,60r/min,300r/min 和 600r/min 时,从低剪切速率到高剪切速率的表观黏度,绘制剪切速率与表观黏度对数曲线,如图 2.2.21 所示。

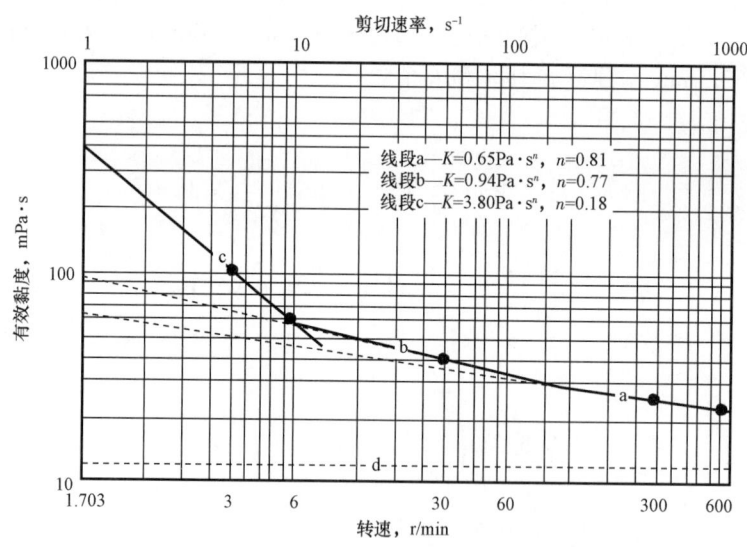

图 2.2.21　钻井流体剪切速率与表观黏度对数曲线

从图 2.2.21 可以看出,大多数钻井流体在低剪切速率到中高剪切速率,理论上的一条直线与实际差距很大,6 个测试点的数据并不在一条直线上。将 6 个数据点,按照 600r/min 和 300r/min,60r/min 和 30r/min,以及 6r/min 和 3r/min,做成 a,b 和 c 三个线段,利用斜率为 $(n-1)$,截距为 $\lg K$,就可得到三组不同的 n 和 K 值。

线段 a,$n = 0.81$,$K = 0.65 \text{Pa} \cdot \text{s}^n$;

线段 b，$n=0.77$，$K=0.94\text{Pa}\cdot\text{s}^n$；
线段 c，$n=0.18$，$K=3.80\text{Pa}\cdot\text{s}^n$。

根据钻井流体的排量、井眼尺寸、井下管柱尺寸，就可计算环空返速，进一步可计算环空中钻井流体的剪切速率。知道了剪切速率，就可以知道钻井流体的表观黏度，就可以利用图中曲线的变化趋势，较直观地分析钻井流体的状态以及对工程的影响。

（2）计算法。利用幂律模式直接计算流性指数、稠度系数值，找出某剪切速率下的表观黏度，判断是否满足工程要求。

首先根据六速黏度计测得 600r/min，300r/min，200r/min，100r/min，6r/min 和 3r/min 的数据，分成计算 600r/min 和 300r/min，200r/min 和 100r/min，以及 6r/min 和 3r/min 在各自剪切速率范围内的流性指数、稠度系数计算公式。

$$n_{600-300} = 3.322\lg\frac{\theta_{600}}{\theta_{300}}$$

$$K_{600-300} = \frac{0.511\,\theta_{300}}{511^n}$$

$$n_{200-100} = 3.322\lg\frac{\theta_{200}}{\theta_{100}}$$

$$K_{200-100} = \frac{0.511\,\theta_{100}}{170^n}$$

$$n_{6-3} = 3.322\lg\frac{\theta_6}{\theta_3}$$

$$K_{6-3} = \frac{0.511\,\theta_3}{5.11^n}$$

根据这三组数据，可以在剪切速率、表观黏度对数坐标系中做出 $\lg\mu_a$—$\lg\gamma$ 曲线，然后先取剪切速率为某一范围的一段。此段最大、最小剪切速率对数所对应表观黏度对数点连线，通过斜率和截距或通过计算确定其流性指数、稠度系数值。再利用式（2.2.87）求出钻井流体在环空的剪切速率。

$$\gamma_{环} = \frac{2n+1}{3n} \times \frac{12v}{D_2 - D_1} \tag{2.2.87}$$

式中 $\gamma_{环}$——环空的剪切速率，s^{-1}；

v——环空返速，cm/s；

D_1——钻杆外径，cm；

D_2——井眼直径，cm。

如果求出的环空剪切速率正好落在所取剪切速率范围内，则表明所确定的流性指数和稠度系数值是比较准确的。若环空剪切速率未落在此范围，则另取一段按同样方法试算，直至环空剪切速率落入所取的剪切速率范围时为止。以此寻找准确的流性指数和稠度系数值来判断环空中钻井流体是否满足工程需要指导钻井流体设计。

2.3 现场调整工艺

大多数钻井流体是非牛顿流体,研究非牛顿流体的流变参数也较多,在钻井过程中应用水力计算和钻井流体性能评价。同时,现场应用时,普遍采用宾汉模式和幂律模式。因此,重点介绍这两种模式的流变参数。其他流变模式作为室内研究的水力模型,不作为钻井流体应用流变参数介绍。

钻井流体是塑性流体还是假塑性流体不能一概而论。从中剪切速率和高剪切速率的钻井流体流动规律符合宾汉模式和幂律模式情况看,钻井流体可以是塑性流体也可以是假塑性流体。但是,从低剪切速率钻井流体的宾汉模式和高剪切速率的幂律模式都不能完全反映钻井流体的全部流变状态看,钻井流体既不是塑性流体也不是假塑性流体。

显然,这个结论耐人寻味。即钻井流体应该有在较宽剪切速率范围内适合的流变模型。但是,由于钻井流体携带岩屑在环空中的剪切速率一般属于低剪切速率,而清洁井眼是钻井流体的基本功能,因此,关注低剪切速率下的钻井流体特性是钻井流体流变特性研究的重点。不少人已开始用3r/min以下的钻井流体剪切应力值评价水平井眼中悬浮和携带固相的能力。所以这个结论实际上是说,这里介绍的模型也不能硬性地套用。

2.3.1 流变性能差异确定

目前,钻井流体流变模式参数预测方法较多。尽管人们在对某一种钻井流体采用了不同的数学方法预测其参数并获得了较好效果,但钻井流体组分的多样性使得流变模型复杂,很难准确地说哪一种方法更准确。因此,就要根据不同的钻井流体用实测的方法建立适合的模型再预测其参数。计算机技术发展,为复杂的多常数模式的应用提供了条件。直接利用实测数据拟合流变方程然后求解钻井流体有关参数成为可能。相信,流变参数会越来越接近真实情况。

事实是,宾汉模式和幂律模式只能反映塑性流体在中、高剪切速率下的流动规律,但不能反映低剪切速率下流体的流动规律,携带钻屑和悬浮钻屑的环空中剪切速率较低,用中、高剪切速率下分析低剪切速率则不准确。至于最小值要多大时,才可用宾汉模式描述钻井流体的流变性,则要考虑所需的精度。如果要求相对误差在2%以内,则当双曲线方程的剪切力为4倍半实轴长时,可用宾汉模式描述钻井流体流变性。由于双曲线模式的符合性还没有得到证实。所以双曲线方程指导的宾汉模式,也不一定值得信任,因此,宾汉模式和幂律模式无法肯定能否预测携带在环空中携带的钻屑。

对照测量牛顿模式、宾汉模式、幂律模式、赫—巴模式、卡森模式与实际钻井流体曲线对比,如图2.2.22所示。

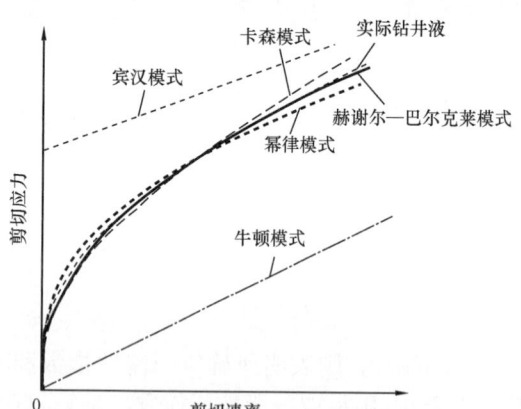

图2.2.22 钻井流体流变曲线示意图

从图 2.2.22 可以看出，一般假塑性流体流变模型在中等剪切速率的范围内，由于剪切稀释作用，曲线呈现向下弯曲递增。但在较低剪切速率或特高剪切速率范围内，曲线则趋向于线性增加。

与实际流体的流变曲线相比，宾汉模式不适用。动切力是一外推值，一般情况下远远高于实际钻井流体的极限动切力，也不能反映高剪切速率下的剪切稀释性。宾汉模式是描述非牛顿流体的塑性钻井流体流变模式，能较好地描述中、高剪切速率下钻井流体的流变性能。但实际钻井流体并非塑性流体，故采用宾汉模式流体的极限静切应力、塑性黏度、动切力和动塑比等来评价钻井流体性能，与钻井现场施工符合度不高，指导意义较差。

然而，存在巨大缺陷的宾汉模式，用于评价钻井流体流变性能，应用较为普遍。主要是因为计算简单、历史久远、现场使用方便等。

(1) 计算简单方便。宾汉模式在现场使用时，参数通过六速旋转黏度计测量读数后，计算无须借助工具即可完成。

(2) 精度不高但符合现场要求。与现场施工相比实验室研究精准度要求不高，应用表明基本上能够满足井下安全。

(3) 现场缺少运用其他模式的条件。钻井单井各开钻井段使用不同钻井流体，体系不同，流变模式各异。相同钻井流体在不同层位钻井，流变模式未必相同。现场缺少有效的手段方便快捷地优选钻井流体的流变模式，但需要快速合理地调整钻井流体性能和计算水力学参数，不得已而用之。

(4) 其他模式及应用软件未广泛应用。现有优选钻井流体流变模式的数学方法计算烦琐，只适合于实验室研究。基于这些数学分析方法开发的钻井流体流变模式计算软件，未见有主流商业化产品，也没有在现场施工广泛应用。

尽管宾汉模式一直是世界钻井流体工艺中最常用的流变模式，但目前认为，采用幂律模式比使用宾汉模式能更好地表达钻井流体在环空的流变特性，并能更准确地预测环空压降和计算有关的水力参数。在钻井流体设计和现场实际应用中，这两种流变模式往往同时使用。

同时，与实际流体的流变曲线相比，幂律模式也不适用。剪切速率较小时，因为流变曲线曲率很大，剪切应力理论值要高于实测值剪切速率。剪切速率值特高时，剪切应力理论值低于实测值。幂律模式流变曲线通过原点，极限动切力为零，不能反映钻井流体具有屈服应力的特性，也不能反映实际钻井流体存在极限动切力的特性。

但是，幂律模式能在一定程度上反映假塑性流体在中、高剪切速率下的流动规律。井眼环空中用于携带和悬浮钻屑的剪切速率往往比较低，特别是在深井钻井过程中更是如此。幂律模式不能反映低剪切速率下的流动规律，也不能反映钻井流体具有静切力的特性。

目前在钻井施工设计和现场几乎都是以宾汉模式为主描述钻井流体流变性，幂律模式只是近年来才开始应用。其他流变模式在现场未见使用，只是用在实验室研究中。现场用来评价调整钻井流体性能和计算水力学参数的钻井流体流变参数与实际钻井流体流变参数之间存在很大误差。因此，给钻井施工留下了安全隐患，钻井流体流变性能的不合理和不必要调整会增加钻井成本、提高井下事故的发生率和加剧储层伤害。

目前，采用幂律模式来描述钻井流体的流变模式已逐渐为同行所认可，并写入有关钻井流体评价标准和相关水力学参数计算。原因是幂律模式与宾汉模式相比，相对准确、相对简单、计算方便等。

（1）相对准确。一般情况下,用幂律模式描述表观黏度,剪切速率无穷大时,表观黏度趋于0;剪切速率趋于零时,表观黏度趋于无穷大。虽与实际情况不符,但在1~3个数量级的剪切速率范围内,该模式与实际实验数据拟合度较高。只是当剪切速率很小或很大时,拟合误差较大或不适用。

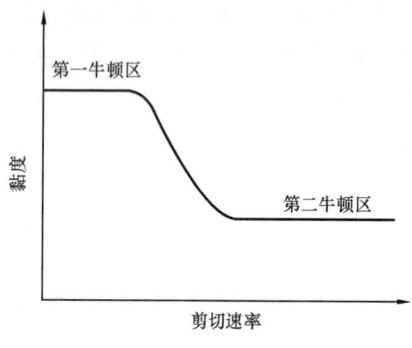

图 2.2.23　假塑性钻井流体黏度随剪切速率的变化曲线

实际上,假塑性流体在不同剪切速率下,其黏度变化不同,整个剪切速率范围内,流体黏度随剪切速率的变化曲线如图 2.2.23 所示。

从图 2.2.23 中可以看出,剪切速率接近于零的低剪切速率时,流变行为符合牛顿流体特征,常称为第一牛顿区;剪切速率足够高时,流变行为符合牛顿流体性质,称为第二牛顿区。因此,用一个流变方程来描述,不太适合。

（2）方程相对简单。幂律模式流变方程相对简单,只需要两个流变参数即可描述流变方程,且物理意义比较明确。稠度系数反映钻井流体黏稠程度。流性指数反映流体剪切稀释特性。流性指数越小,流体剪切稀释性越强。方程便于线性化,数学回归简单,流性指数便于求解。只要对方程两边取对数,即可用线性求解。因此,在双对数坐标系中,流变曲线为直线,直线斜率即为流性指数。纵轴上剪切速率为 1 时,截距即为稠度系数。稠度系数、流性指数几何意义明确。

（3）计算相对方便。幂律形式的流变方程在工程上推导应用方便。管流层流压降公式推导分析,以及紊流流态条件下的压降计算迅速。

相当数量的钻井流体,特别是聚合物钻井流体都具有一定的假塑性。在较低剪切速率范围内,实际流变曲线与宾汉模式流变曲线的偏差较大,与幂律模式流变曲线较为接近。因此,将宾汉模式和幂律模式结合的赫—巴模式较为理想。

遗憾的是,赫—巴模式比幂律模式多一个动切力参数,不如传统模式应用方便,特别是由此推导出的水力学计算式相当复杂,限制了现场应用。目前,该模式仅在对流变参数测量精度要求较高时或室内研究中使用。随着计算机的广泛应用,该模型的应用会逐渐得到推广。

赫—巴模式在中高剪切速率下能够反映牛顿流体、塑性流体和假塑性流体的特性,但不能反映卡森流体的流变特性。赫—巴模式的动切力是钻井流体的实际动切力,表示使流体开始流动所需的最低剪切应力,不是外推值。赫—巴模式是一种较为理想的,兼具宾汉模式和幂律模式特点的一种流变模式。这个模式集宾汉模式与幂律模式为一体,更能准确地描述钻井流体在钻柱内和环空中的流动。但由于其参数计算的复杂性,在现场未受到重视。因此,借助计算机技术也未必在短期内得以推广。

卡森模式一般优于宾汉模式和幂律模式,但其流变参数没有明确钻井流体在实际应用中的物理意义。因此,无法指导钻井流体性能调整。

钻井流体流变参数是钻井流体内部变化的外在表征。因此,在为完成钻井工程需要调整流变参数时,首先要了解钻井流体内部的微观变化。钻井流体流变特性与钻井流体内部特别是影响钻井流体流变性的处理剂有关。以黏土、水和聚合物处理剂配制的水基钻井流体为例,说明流动特性与内部结构的关系。

黏土矿物呈片状或棒状结构。一般说来,黏土胶体颗粒的相互作用受三种力的支配,即双电层斥力、静电吸引力和范德华引力。黏土颗粒间相互作用力是斥力和引力的代数和。片状黏土颗粒表面带永久负电荷的板面和既可能带正电荷也可能带负电荷的端面。黏土颗粒表面所带电性和水化膜不均匀,形成两种不同的双电层,致使颗粒很容易连接在一起,形成空间网架结构。研究表明,黏土颗粒可能存在面—面(Face to Face)、端—面(Edge to Face)和端—端(Edge to Edge)等三种连接方式,如图2.2.24所示。

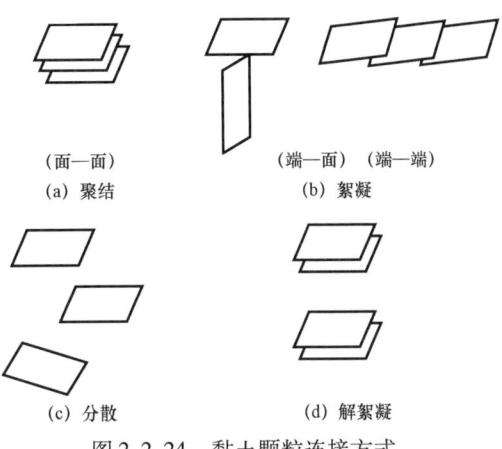

图2.2.24 黏土颗粒连接方式

从图2.2.24中可以看出,黏土颗粒由于存在环境不同可以转化为不同的连接方式。端面带正电荷静电吸引力占优势,形成板面与端面连接;溶液中阳离子压缩双电层使电位降低,如加入可溶性电解质时,双电层斥力降低,可以形成端—面连接;加入电解质数量足够使双电层斥力降至某种程度,则会发生面—面连接。三种不同的连接方式产生不同的结果。图2.2.25是地层黏土水化后不同的变化方式示意图。

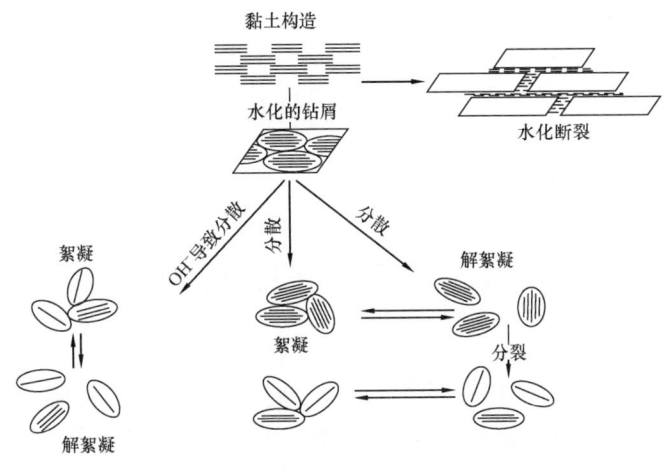

图2.2.25 地层黏土水化后不同的变化方式

结合图2.2.24和图2.2.25,可以分析地层黏土进入钻井流体以及人为在钻井流体中加入的黏土配制成钻井流体,黏土在水中的作用情况。可以看出,黏土在水中的作用主要有聚结和絮凝。

(1)聚结(Aggregation)过程。聚结,是指几个小颗粒聚集在一起形成较大的颗粒的现象。与聚结相对应的相反过程叫作分散(Dispersion)。分散,是指粉体颗粒在液相介质中分离散开并在整个液相中均匀分布的过程，主要包括润湿、解团聚及分散颗粒稳定等三个阶段。聚结过程是指黏土颗粒分散度降低，面—面连接形成较厚的片。

（2）絮凝（Flocculation）过程。颗粒端—面与端—端连接形成三维网架结构，特别是当黏土含量足够高时，能够形成布满整个空间的连续网架结构，胶体化学上称作凝胶结构，这一过程通常称为絮凝。絮凝是黏土颗粒以端—端聚结或以端—面连接，颗粒聚集成网状结构，引起黏度增加的现象。与絮凝相对应的相反过程叫作解絮凝（Deflocculation）。

一般情况下，钻井流体中的黏土颗粒都处于不同程度的絮凝状态。因此，要使钻井流体开始流动，就必须施加一定的剪切应力，破坏絮凝形成的连续网架结构。这个力即静切应力、赫—巴动切力等。

钻井流体开始流动以后，由于初期的剪切速率较低，结构的拆散速度大于其恢复速度，拆散程度随剪切速率增加而增大，因此表现为黏度随剪切速率增加而降低。随着结构拆散程度增大，拆散速度逐渐减小，结构恢复速度相应增加。因此，当剪切速率增至一定程度，结构破坏的速度和恢复的速度相等，达到动态平衡时，结构拆散的程度不再随剪切速率增加而发生变化，相应地黏度也不再发生变化。此时黏度即钻井流体的塑性黏度、极限黏度。因为塑性黏度、极限黏度不随剪切应力和剪切速率改变而改变，钻井流体水力计算这些值就很重要。

假塑性流体内相颗粒结构不对称。剪切流动时，颗粒在流动方向上定向程度不同，如乳状液，内相颗粒的聚集体形成结构。剪切流动时，其内相颗粒在流动剪切作用下发生变形，聚集结构被不同程度地打破。与之相对的分散乳状液，出现溶剂化现象，溶剂化的颗粒在剪切作用下遭到破坏，已溶剂化的液体会不同程度地分离出来，从而使颗粒的有效体积减小，流动阻力减小；大分子在流动方向上不同程度地伸展。总之，假塑性流体在流动过程中，其内部结构从无序到有序。

钻井现场一般调整钻井流体流变参数主要是为了携带岩屑，悬浮固相。所以，与携带钻屑、悬浮固相相关的钻井流体参数主要是表观黏度和黏度系数、切力以及间接相关的动塑比、流性指数等。

2.3.2 流变性能维护处理

根据钻井流体流变模式，预测流体流变性能或者结合实际数据，推断钻井流体的流变模式，确定流体性能的相应调整工艺，是研究钻井流体流变性的目的，最重要的是用于井眼清洁。

井眼清洁程度，一般用环空中钻井流体所含岩屑的浓度表示。孙晓峰等认为，环空钻井流体岩屑含量在5%以内比较安全（孙晓峰等，2013）。胜利油田实践证明，只要采取相应的钻井流体及工程措施，岩屑含量在9%以内也可以实现钻井安全（王小利等，2007）。

岩屑从井底到地面，要经过两个过程。钻井流体先是冲洗岩屑离开井底，然后携带岩屑从井壁和钻柱的环形空间中返至地面。汪海阁等认为岩屑被冲离井底涉及钻头选型和井底流场，而岩屑从井底携带至地面则主要与钻井流体的流变性相关（汪海阁等，1995）。

研究钻井流体流变模式的目的，是为了为工程施工更好地服务。因此，需要了解这些模式是否合理，进而指出在实际应用中如何去避免不合理的应用，以及通过人为控制调整钻井流体的性能。

固相含量、地层、温度和压力等是影响钻井流体流变性的主要因素。因此需要从调整钻井流体固相颗粒粒径分布、控制固相含量、提高钻井流体对高温高压适应能力等方面,调整钻井流体的流变性,满足现场需要。

控制固相含量措施包括减少加重材料的用量,使用纯度高且密度较高的加重材料,或者对加重材料表面改性;使用好固控设备或加入适量絮凝剂,尽量减少钻屑含量;尽量降低膨润土含量,使黏土粒子处于适度絮凝的粗分散状态;除掉侵害源,如用氧化钙沉淀碳酸氢根离子和碳酸根离子。研发耐高温耐盐加重钻井流体高效降黏剂,提高抑制高温分散能力,提高高温降黏能力。提高钻井流体的水化抑制能力,大幅提高体系的容量限和抑制能力,如通过钾离子和钙离子的协同抑制作用或有机盐类来实现(王富华等,2007)。

调整钻井流体流变性时,要注意解决好钻井流体抑制性与造浆性的矛盾,还应根据体系自身的特点优选流变模式,确定流变性的调控措施。

刘天科等分析了胜科1井井底温度235℃,盐岩、泥页岩及盐膏泥混层,钻井流体流变性调控困难后认为,固相含量、地层组构和高温等因素对高温水基钻井流体流变性的影响及其作用机理,总结得出了高温水基钻井流体流变性调控技术手段:(1)适当增大聚丙烯酰胺的加量;(2)应用耐温耐盐降失水剂;(3)应用高温流型调节剂;(4)尽量降低固相含量;(5)定期清理循环罐底部的沉积砂和黏度高的钻井流体等。应用结果表明,提出的高温水基钻井流体流变性调控技术措施,较好地解决了高温、高固相和盐膏泥混层对钻井流体流变性的影响问题,从钻井流体方面保证了胜科1井的安全、快速钻进(刘天科等,2007)。

2.3.2.1 表观黏度和稠度系数调整

表观黏度是所有黏度的总和。提高黏度有利于清洁井眼。任何增加流体流动阻力的处理剂都可以增加表观黏度。调整表观黏度的主要方法有提高黏土含量或者加入水溶性聚合物等。

加入水化好的膨润土能迅速提高钻井流体黏度。但是,膨润土含量高会增加钻井流体的塑性黏度,降低钻井流体水力作用。因此,除了表层钻井外,不宜加入过多膨润土增加钻井流体表观黏度,应该以增加钻井流体用增黏剂为主要手段提高钻井流体表观黏度。

与表观黏度相似的流动参数是稠度系数。提高稠度系数类似于增大钻井流体黏度,有利于清洁井眼和消除井塌;降低稠度系数类似于降低钻井流体黏度,有利于提高钻速。

提高稠度系数,可添加聚合物处理剂,或将预水化完全的膨润土浆加入钻井流体中,提高稠度系数,相当于提高塑性黏度,但动切力提高更多。也可加入超细碳酸钙、重晶石粉等惰性固相物质,提高稠度系数,相当于提高塑性黏度,但动切力提高不大。

降低稠度系数最有效的方法,是降低钻井流体中的固相含量,可以采用加强固相控制或加水稀释等两种方法。

2.3.2.2 动切力和静切力调整

凡是影响钻井流体形成空间网架结构的因素,均可能影响动静切力大小。这些因素包括黏土矿物类型和浓度、电解质种类和浓度、稀释剂种类和浓度等。

(1)黏土矿物类型和浓度。常见的黏土矿物中,蒙皂石最容易被水化,在钻井流体中形成网架结构。钻井流体中蒙脱石浓度增加,塑性黏度增加较小,动切力增加较大。相对而言,高岭石和伊利石等黏土矿物,由于水化能力较差,对塑性黏度增加较多,对动静切力影响较小。

（2）电解质种类和浓度。氯化钠、硫酸钙和水泥等无机电解质进入钻井流体,会增大钻井流体絮凝程度,使动静切力增大。

（3）稀释剂种类和浓度。大多数稀释剂是通过稀释剂分子吸附到黏土颗粒的端/面上,使端/面带一定的负电荷,负电荷的相斥性拆散了黏土颗粒的网架结构。从而降低动切力。塑性黏度相对降低较小。

提高动静切力,可加入预水化膨润土浆,或增大高分子聚合物的加量。对于钙处理钻井流体或盐水钻井流体,可通过适当增加钙离子和镁离子浓度提高动切力。

降低动切力,最有效的方法是加入适合于体系的降黏剂或稀释剂,拆散钻井流体中已形成的网架结构。如果是因钙离子或镁离子等侵害引起的动切力升高,则可用沉淀方法除去这些离子。此外,用清水或稀浆稀释也可起到降低动切力的作用。

与塑性流体动静切力相关的是卡森动切力。卡森动切力表示钻井流体内可供拆散的网架结构强度,是流体开始流动时的极限动切力,可以反映钻井流体携带与悬浮钻屑的能力。高固相含量钻井流体的卡森动切力一般较高,加入降黏剂和清水可以降低卡森动切力,加入适量电解质和絮凝剂均可以提高卡森动切力。实测结果表明,卡森动切力一般低于宾格汉姆动切力,而与初始静切力较为接近。

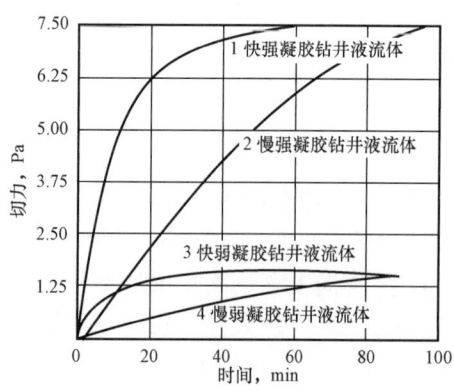

图 2.2.26 水基膨润土钻井流体触变性 4 种典型切力曲线

对于非加重钻井流体,动切力应控制在 1.4～14.4Pa。密度不同钻井流体的塑性黏度和动静切力值的适宜范围也不尽相同。静切力应以悬浮固相为基本原准。具有良好剪切稀释性能的低固相聚合物钻井流体的高剪黏度一般较低,为 2.0～6.0mPa·s;而密度较高的分散钻井流体,其高剪黏度常超过 15.0mPa·s。膨润土钻井流体的触变性,归纳出 4 种典型情况,如图 2.2.26 所示。

从图 2.2.26 可以看出,第一种情况,图中曲线 1,钻井流体 20min 短时间内能够形成较大切力值,且经过 40min 后切力值随静置时间增长基本保持不变。这种钻井流体切力形成过程,可以用快速形成强胶凝来描述。这种钻井流体被称为快强胶凝钻井流体。

第二种情况,图中曲线 2,钻井流体属于慢强胶凝特性。短时间内不能够形成较大切力值,切力值随着时间增长而增大。这种钻井流体切力形成过程,可以用较缓慢地形成胶凝来描述。这种钻井流体被称为慢强胶凝钻井流体。

第三种情况,图中曲线 3,钻井流体属于快弱胶凝特性。短时间内能够形成较小切力值,且切力值随静置时间增长基本保持不变。这种钻井流体切力形成过程可以用快速形成较弱凝胶来描述。这种钻井流体被称为快弱胶凝钻井流体。

第四种情况,图中曲线 4,钻井流体属于慢弱胶凝特性。短时间内能够形成较小切力值,切力值随着时间增长基本保持不变。这种钻井流体切力形成过程可以用慢速形成较弱胶凝来描述。这种钻井流体被称为慢弱胶凝。

综合分析,曲线 1 所代表的快强凝胶悬浮岩屑能力很强,但长时间形成的强切力会导致重新开泵困难,应控制在实际钻进中应用。应该应用曲线 3 的快弱凝胶钻井流体。当然,钻井流体的胶凝强度也不能太弱。经验表明,一般情况下,能够悬浮重晶石的最低静切力为 1.44Pa(鄢捷年等,2006)。

曲线 2 和曲线 3 所代表的两种钻井流体,也有所不同。虽然刚开始切力值相近。但随着时间增长,曲线 2 所代表的钻井流体切力增加较多,不能为钻井工程所接受。曲线 4 所代表的钻井流体不能用于钻井作业,特别是水平井钻井作业,初始形成较低的凝胶强度会造成沉砂卡钻。

用初切与终切表示钻井流体凝胶强度的变化,进而评价钻井流体的悬浮能力有一定的局限性。这是因为 10s 和 10min 可测得凝胶强度并不代表最终的强度。10s 和 10min 时胶凝强度低并不等于 1h 后胶凝强度低。同样,10s 和 10min 时凝胶强度高并不等于 1h 时凝胶强度高。现场测定 10s 和 10min 时胶凝强度后,分析数据时必须注意这一点。

2.3.2.3 动塑比和流性指数调整方法

调整钻井流体流变参数和确定环空返速时,既要考虑岩屑的携带问题,还要考虑钻井流体的流态,在保持井壁的前提下清洁井眼。

在泵排量最大许可范围内,环空间隙一定的情况下,要达到岩屑浓度要求,主要应从调整钻井流体性能入手。从钻井流体本身的性能看,岩屑上升速度与密度及黏切有关。钻井流体的密度越大,同样的岩屑在钻井流体中所受的浮力越大,下沉速度越慢。但调整悬浮能力不能从密度上去寻求解决方法,因为它会影响到钻速。故应从黏切上去解决钻井流体携砂能力问题。要想调整钻井流体流变参数,就必须先确定钻井流体适应哪种流变模式,而后才能以其反映携砂能力的指标加以要求。动塑比用来调整以宾汉模式表征的钻井流体,而流性指数则是用来调整以幂律模式表征的钻井流体。一般情况下,降低流性指数值有利于携带钻屑,清洁井眼。同样,增大动塑比有利于携带钻屑,清洁井眼。

流性指数主要受网架结构影响,如加入高分子聚合物或适量无机电解质时,会使形成的网架结构增强,流性指数相应减小。在钻井流体设计中,经常要确定流性指数的合理范围,一般希望有较低的流性指数,确保钻井流体具有良好的剪切稀释性能。

降低流性指数最常用的方法是加入黄胞胶、羟乙基纤维素等生物聚合物类流型改进剂,或在盐水钻井流体中添加预水化膨润土。适当增加无机盐的含量也可起到降低流性指数的效果,但往往会对钻井流体的稳定性造成影响。因此,通过增加膨润土含量和矿化度来降低流性指数,一般来讲不是好方法,而应优先考虑选用适合于体系的聚合物处理剂来达到降低流性指数的目的。

流性指数保持在 0.4~0.7,就能够有效地携带岩屑。如果动塑比过小,会导致尖峰型层流;如果动塑比过大,常常因为动切力增大引起泵压显著升高。

钻井流体的流性指数值一般均小于 1。流性指数值越小,表示钻井流体的非牛顿性越强。不同流性指数下,假塑性流体流变曲线如图 2.2.27 所示。

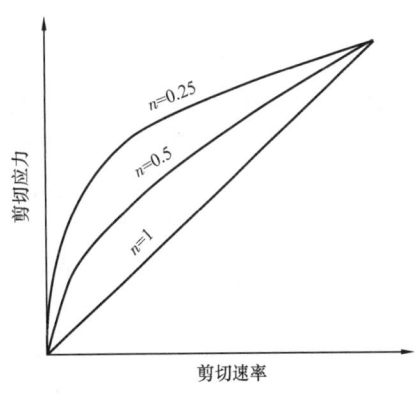

图 2.2.27 不同流性指数下假塑性流体流变曲线

从图 2.2.27 中可以看出,流性指数越小,曲线曲率越大,钻井流体越偏离牛顿流体。一般情况下,降低流性指数有利于携带岩屑,清洁井眼。

幂律模式的流性指数也可反映剪切稀释性。流性指数为 1.0 时,表观黏度为稠度系数,是与剪切速率无关的常数,此时钻井流体为牛顿流体。流性指数越小,表观黏度越低。不同流性指数时,钻井流体在不同剪切速率下的表观黏度如图 2.2.28 所示。

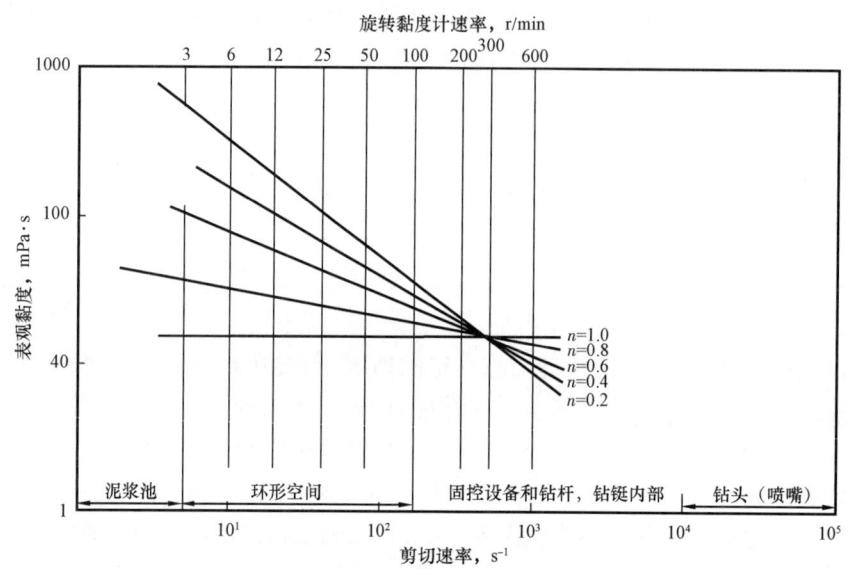

图 2.2.28　钻井流体剪切稀释性影响因素

从图 2.2.28 可看出关于剪切稀释性、流性指数以及钻井流体在循环系统不同的位置所表现的不同表观黏度有以下结论:

(1)无论流性指数大小,钻井流体都存在随着剪切速率增加表观黏度减小的趋势。流性指数越小,表观黏度随剪切速率增加降低得幅度增大,剪切稀释性增强。以此,可以推断流性指数主要受网架结构影响。

(2)旋转黏度计所测定的表观黏度是中高剪切速率下的黏度,并不一定能反映在较低剪切速率下和很高剪切速率下的表观黏度。进一步说,未必能反映钻井流体的整个性能变化。因此,在较低速率下携岩效率、较高速率的水马力等计算中,有些数据仅可作参考。

(3)无论流性指数大小,旋转黏度计转速大约在 300r/min 时,钻井流体的表观黏度相同。可以认为是黏度趋同现象,其产生原因需要进一步研究。

流性指数大,钻井流体可能层流携带岩屑,不利于井眼清洁;流性指数小,钻井流体可能紊流携带岩屑,动力消耗太多。一般认为,为保证钻井流体能够在平板层流下携带岩屑,流性指数值维持 0.4~0.7,较为适宜(Richard,1969)。

对于非加重钻井流体,塑性黏度应控制在 5~12mPa·s,剪切应力应控制在 1.4~14.4Pa。一般情况下将动塑比控制在 0.36~0.48Pa/(mPa·s)是比较合适的。

提高动塑比的目的,主要是为了解决岩屑转动问题,同时增强钻井流体的剪切稀释性能。但如果遇到井下情况比较复杂或出现井塌时,则需要适当提高钻井流体的有效黏度并加大排量,才能有效地降低岩屑滑落速度,提高钻井流体环空返速,从而提高岩屑的净上升速度。

通过控制动塑比,使环空流体处于平板型层流状态的方法只适用于层流,这是因为动切力和塑性黏度都是反映钻井流体在层流流动时的流变参数。如果通过计算得知,环空流体处于紊流状态,则首先应考虑通过降低环空返速或同时提高黏度和切力,使钻井流体从紊流状态转换为层流状态,然后再考虑通过控制动塑比使钻井流体成为平板型层流。

在钻井流体中,还应考虑提高结构黏度的问题也就是提高动切力和静切力的情况。以上的高分子增黏剂在浓溶液或在钻井流体中,肯定也会同时提高初切力和静切力。一种处理剂能大幅度提高动切力即增加体系的结构,而本身用量很少,对滤液黏度影响很小,这样就会出现动塑比上升,流性指数值下降的情况。这一类增黏剂,称为流型调节剂。

这种处理剂能提高钻井流体的非牛顿性,提高钻井流体的剪切稀释作用,这对于提高钻井效率是非常有意义的。而且这种流型改进剂还能改变钻井流体在井筒内的流态。尖峰形层流对于携带钻屑是极为不利的,因为钻屑在不同流速的推动下会向井壁翻转并沿着井壁下滑,但对井壁的冲蚀较轻;紊流携带钻屑虽不存在尖峰形层的缺点,但对井壁冲蚀严重,而且在相同排量情况下,钻屑滑落速度较层流大。因此,对于固相含量很高的钻井流体,紊流携带钻屑比层流好,但是对于目前广泛使用的低固相钻井流体,最理想的是改型层流,即平板型层流,它具有最好的携带能力和井壁安全性。通过控制钻井流体的雷诺数使其保持层流,通过提高动塑比或降低流性指数值来使钻井流体的流动截面速度分布最大限度地保持平板型。

因此,对流型改进剂的主要要求就是对动切力提高的幅度大,对塑性黏度的提高幅度小。为了达到这一目的,一般采取的措施是保证一定的优质膨润土含量,使用水化性强的高分子化合物,配合使用一定数量的无机电解质起交联作用。

将流性指数的适宜范围定为 $0.4 \sim 0.7$,也是同样的道理。当然,为了减小岩屑的滑落速度,钻井流体的有效黏度也不能太低,将低固相聚合物钻井流体的塑性黏度维持在 $5 \sim 12 \text{mPa} \cdot \text{s}$ 比较合适。为了使钻井流体的动塑比控制在 $0.36 \sim 0.48 \text{Pa}/(\text{mPa} \cdot \text{s})$,常采取添加聚合物、有效地使用固控设备、加入电解质等方法。

(1)选用具有较高分子量的聚合物处理剂,并保持其足够的浓度。这些处理剂在钻井流体中形成网架结构,使动切力增大。尽管钻井流体的液相黏度也会相应增大,即塑性黏度同时有所增大,但由于动切力的增大幅度比塑性黏度大得多,所以有利于提高动塑比。

(2)有效地使用固控设备,清除钻井流体中密度较高、颗粒较大的固相颗粒,保留密度较低、尺寸较小的膨润土颗粒,达到降低塑性黏度、提高动塑比的目的。

(3)在保证钻井流体性能稳定的前提下,适量地加入石灰、石膏、氯化钙和食盐等电解质,增强体系中固体颗粒形成网架结构的强度,使钻井流体的动切力增大。

2.3.2.4 塑性黏度和极限黏度调整方法

一般情况下,作业者并不愿意提高塑性黏度,因为塑性黏度在大多数情况下,不利于钻井工程作业。其影响因素是固相含量、黏土分散程度以及聚合物高分子的加量。

(1)钻井流体中的固相含量。固相含量是影响塑性黏度的主要因素。一般情况下,随着钻井流体密度升高,固体颗粒逐渐增多,颗粒的总表面积不断增大,颗粒间的内摩擦力也会随之增加,塑性黏度增加。

(2)钻井流体中黏土的分散程度。黏土含量相同时,其分散度越高,黏土分散后颗粒的总表面积越大,颗粒间的内摩擦力越大,塑性黏度越大。

(3)高分子聚合物处理剂。钻井流体中加入高分子聚合物处理剂会提高液相黏度,增大液相黏度和固相间的作用力,从而使塑性黏度增大。处理剂浓度越大,塑性黏度越高;处理剂分子量越大,塑性黏度越高。

欲降低塑性黏度,可减少固相含量。通过合理使用固控设备、加水稀释或化学絮凝等方法可降低固相含量;欲提高塑性黏度,可尽量增加固相含量。通过加入低造浆率黏土、重晶石、混入原油或适当提高 pH 值等均可提高塑性黏度。另外,增加聚合物处理剂的浓度提高钻井流体的液相黏度,也可起到提高塑性黏度的作用。

保证深井钻井时的井下安全措施,包括例如起钻前先充分循环钻井流体,接单根时晚停泵,钻进一定进尺后短起下钻,尽可能提高泵排量,以及很好地调整钻井流体流变参数,把携带比控制在 0.5 以上,都是非常实用的工艺措施。

卡森模式从高剪黏度的物理意义来看,极限高剪切黏度表示钻井流体中内摩擦作用的强弱,可以近似表示钻井流体在钻头喷嘴处紊流状态下的流动阻力,可理解为剪切速率为无穷大时的流动阻力。降低极限高剪切黏度有利于降低高剪切速率下的压力降,提高钻头水马力,有助于及时地从钻头切削面上清除钻屑,从而提高机械钻速。与宾汉模式中塑性黏度类似。但在数值上它往往比塑性黏度小得多,这主要是由于在高剪切速率范围内,宾汉模式会出现较大偏差的缘故。试验表明,降低高剪黏度有利于降低高剪切速率下的压力降,提高钻头水马力,也有利于从钻头切削面上及时地排除岩屑,从而提高机械钻速。

钻井流体中固相含量,从井眼清洁的角度,主要是由于钻井流体的携带能力不足造成的。当然,钻井流体的抑制性能,固相控制设备处理能力也有很大影响。钻井流体能够携带和悬浮岩屑,即具有清洁井眼的功能,才能控制岩屑滞留井内的时间较短,才能发挥固相控制能力。钻井流体的清洁井眼能力主要是借助环空中钻井流体循环时上返的动力和浮力,静止时的切力,克服岩屑颗粒自身重力以及其他阻力来实现的。影响固相及时清除的主要因素有固相类型、固相浓度和固相形状。

(1)固相类型。钻井流体中固相的类型很多,岩屑是钻井流体中固相的一种。相同尺寸下,钻屑密度越大,重力越大,相应的滑落速度也越快。钻井流体中,高密度固相越多,钻井流体密度越大,岩屑所受浮力越大,滑落速度也越小,利于岩屑上返。但利用提高密度实现井眼清洁意义不大,主要是因为,钻井流体密度是根据地层孔隙压力和破裂压力等要求确定的,不会为了清洁井眼而提高钻井流体密度。现场经常用岩屑自身的浓度提高钻井流体密度,这是十分有害的,岩屑增加,密度增加,但井下安全问题相应增加。

(2)固相浓度。固相浓度很低时,固相颗粒滑落过程相互干扰很小;固相浓度增加到一定程度,颗粒之间相互干扰加剧,须考虑固相浓度对颗粒滑落速度的影响。颗粒较大,固相浓度越大,颗粒滑落速度越小,越易被携带;颗粒较小时,其滑落速度受固相浓度的影响比较复杂,考虑固相浓度对絮凝的作用,固相浓度越大,细颗粒絮凝越易发生,使得颗粒滑落速度随固相浓度增大而增大。

(3)固相形状。无论是井底钻头破岩产生的钻屑,还是井壁剥落和坍塌形成的岩屑,其形状各不相同,且不规则。固相颗粒的大小、形状及表面粗糙度等因素都会影响其受力情况,进而影响颗粒在环空中的运动状态。颗粒表面越粗糙,所受黏滞力和运动阻力越大,相对流体的滑落速度越小,随流体上升较容易。对于类型和形状相同但尺寸大小不同的颗粒,一般认为,颗粒粒径越大滑落速度越大,越难携带。但是在黏度和切力较高的钻井流体中,情况却相反,粗颗粒更易携带,这可能是由于粗颗粒表面积大,黏滞力增加的程度大于重力增加的作用,其合力有利于颗粒上返。此外,一些粒度小于 $4\mu m$ 的小颗粒,它们既不随钻井流体返出,也不再发生滑落,而是悬浮在环空中,对钻井流体的结构黏度起作用。

从以上分析可以看出,钻井流体携带岩屑、清洁井眼的能力,不仅与流体流变性有关,而且与固相本身也关系密切。合理控制钻井流体中固相含量与组成,对维持流体流变性,提高钻井流体的携岩效率,保证安全、优质、快速钻进,具有重要意义。因此,从这个角度上讲,钻井流体的性能相互关联,功能相互影响,这就是钻井流体的协同作用。协同作用,是指钻井流体通过相互依存的性能,功能相互影响的现象。

2.4 发展趋势

目前钻井流体流变性还可以用流变曲线对比法、剪切应力误差对比法、回归分析方法、最小二乘法、黄金分割搜索法等计算。就目前实验室研究应用看,流变曲线对比法和剪切应力误差对比法准确度较低,拟合效果较差,回归分析方法和最小二乘法拟合准确度较高,拟合效果较好。文献中报道的使用这两种方法优选钻井流体流变模式的较多,这两种方法是目前较为理想的方法。黄金分割搜索法在非线性方程尤其是赫—巴流变模式的优选中有独特优势,但是对于其他流变模式的优选文献中报道的较少,广泛使用还需要研究人员进一步探索。

2.4.1 研究现状

从上面描述钻井流体的流变模式可以看出,钻井流体的流变性能变化范围很大,不是一种或者两种流变模式所能涵盖的,而不同的流变模式所诠释的流变性能不同,其流变参数也不一样。

如宾汉模式只能在中、高剪切速率下才能较好地描述钻井流体的流变性能,且它描述的是非牛顿塑性钻井流体的流变模式。若实际钻井流体并非塑性流体,那么使用宾汉塑性模式及其特有的参数如塑性黏度、动切力和动塑比来评价钻井流体性能及指导钻井现场施工就存在问题(詹美萍等,2005)。

幂律模式在一定程度上能反映假塑性流体在中、高剪切速率下的流动规律,但不能反映低剪切速率下的流动规律,而携带和悬浮钻屑的环空中的剪切速率往往不会很高,且幂律模式不能反映钻井流体具有静切力的特性(胡茂焱等,2005)。

目前在钻井施工设计和现场几乎都是用宾汉模式来描述钻井流体的流变性,幂律模式也有少量使用,其他流变模式在现场未见使用,只是用在实验室研究中,现场用来评价调整钻井流体性能和计算水力学参数的钻井流体流变性参数与实际钻井流体流变性参数之间存在很大误差。因此,给钻井施工留下了安全隐患,钻井流体性能的不合理和不必要调整会增加钻井成本、提高井下事故的发生率和造成储层伤害(德米提等,2010)。

2.4.2 发展方向

随着现代钻井向着深井和复杂结构井方向发展,预测和合理调整钻井流体的性能、准确计算水力学参数变得越来越重要,现场广泛使用的宾汉模式早已不能满足钻井工艺向着高难度、精准化、低成本和安全化方向发展的需要,同样幂律模式也存在很多缺陷,卡森模式、赫—巴模式、罗伯特逊/斯蒂夫模式和林柏亨提出的新模式相比之下有更为广泛的应用范围。

如认为油基钻井流体更符合卡森模式,聚合物钻井流体更符合赫—巴模式(胡茂焱等,2007)。用赫—巴模式来描述水基钻井流体的流变性比宾汉模式和幂律模式更准确(Alderman et al.,1988)。

因此,必须根据实际钻井流体优选最优的流变模式来指导钻井施工和调整钻井流体性能,然而无论是使用回归分析方法还是最小二乘法来优选流变模式,计算过程都很烦琐,手工计算完全不能满足现场施工的需要,开发相应的快速计算分析软件优选钻井流体流变模式以及计算水力学参数,成为必然的发展趋势。

钻井工程设计人员、钻井流体现场技术服务人员和钻井现场监督人员必须意识到钻井流体流变模式的重要性,正视现场广泛使用的宾汉模式以及幂律模式的不足,安全合理地调整钻井流体的流变性能,与信息化、数字化和智能化结合,多种因素共同作用下的非模型化调整流变参数,才能保证井下安全,实现优质快速和低成本钻井目标。

第3章　钻井流体失水护壁性能

钻井流体的失水护壁性能,实际包括钻井流体失水性能和护壁性能两项性能。由于含有固相的钻井流体,失水是护壁的基础,护壁是失水的结果。两者相伴而生,所以经常把两项性能放在一起研究。但是,两者的定义是不同的。

钻井流体滤失性能(Filtration Properties)或失水性能(Water Loss),是指钻井流体中流体渗入地层的性质和功能。钻井流体造壁性能(Mudding Off Properties)或者护壁性能(Mud Off)则是指钻井流体中的有形物质与井壁结合形成一体的能力和强度。

滤失和失水是有区别的。滤失更多的时候指的是钻井流体中的自由水通过介质流失,从某个层面上讲,失水包括滤失。而失水不仅仅是自由水,还有微小颗粒和聚合物、表面活性剂等的流失,因此,钻井流体中用失水表示是比较合适的。而滤失指岩石渗流介质滤失更合适。

同样,造壁和护壁也有区别。造壁是指新的井壁产生,而护壁则指把原来的井壁加以保护。所以,护壁比较合适。失水和护壁的区别更明显。失水研究流体和地层孔隙、空隙的可容纳关系,护壁是研究流体中的物质自身与地层中孔隙、空隙结合后形成新的地层。

钻井流体中,除气基钻井流体外,油和水是钻井流体的主要成分,是进入地层的主要物质,一般主要研究水和油。水,作为水基钻井流体的分散介质,在钻井流体中以结晶水、吸附水和自由水等三种形态存在。

(1)结晶水(Crystal Water),是指溶质从溶液里结晶析出时,晶体里结合着一定数目的以化学键力与离子或分子相结合的、数量一定的水分子。这样的水分子叫结晶水。最常见的是五水硫酸铜。对地层来说,结晶水属于黏土矿物晶体构造的组成部分,又称化学结合水,结合水借助化学和物理学力与固体相结合。只有在温度高于300℃时,结晶受到破坏,结晶水才能释放出来。

(2)吸附水(Adsorption Water)即结合水或束缚水,是指在物质表面通过静电作用结合的水。吸附水由黏土表面吸附水分子所形成的水化膜组成。这部分水随黏土颗粒一起运动。当温度高于110℃时,吸附水基本上全部逃逸。这部分水主要存在于钻井流体中的黏土颗粒表面。

(3)自由水(Free Water)是游离水的同义词,在岩石中只受重力作用,所以又称为重力水。指钻井流体中自由流动的水,即水基分散体系的分散介质,占总水量的绝大部分,是与黏土颗粒作用后剩下的水。特征是液体状态,在重力作用下倾向于垂直的下行(或侧向的沿地面坡度)运动,具有很强的溶解作用,能够以溶液状态转运盐分、胶体溶液和很细的悬浮体。油基钻井流体中油作为分散介质,也存在自由水。

此外要注意的是,油基钻井流体主要有两大类:一类是纯油相,是氧化沥青、有机酸、碱、稳定剂及高闪点柴油的混合物。这类钻井流体含水量不超过5%,常常不考虑失水的影响。另一类为油包水乳化钻井流体(反相钻井流体逆乳化钻井流体),有各种处理剂被用来使水乳化和体系稳定,这种体系最高含水可达50%。失水量相比于水基钻井流体小得多。

失水过程中,随着钻井流体中的自由水进入岩层,钻井流体中除了小于孔隙或裂缝的颗粒可能渗入岩层至一定深度外,合适的固相颗粒附着在井壁上形成滤饼(Mud Cake 或 Filter Cake),即钻井流体的护壁性。井壁上形成滤饼后,渗透性变差,阻止或减慢了钻井流体的侵入。钻井流体发生失水的同时就有滤饼形成,钻井流体再发生失水时,必须经过已经形成的滤饼。因此,决定失水量大小的主要因素是滤饼的渗透率。

钻井流体的失水性能和护壁性能是钻井流体的重要性能,关系到松散、破碎和遇水失稳地层的井壁稳定性能。因为钻井流体有时需要循环流动,有时需要静止,所以失水性能和护壁性能也分为静态和动态两种。由于流动状态时的失水性能和护壁性能影响因素较为复杂,所以目前静态下的研究较多,动态下的研究较少。

Ferguson 等认为,钻井流体在井筒内的失水过程由瞬时失水阶段、动态失水阶段和静态失水阶段组成,与三个阶段相对应的失水现象分别为瞬时失水、动失水和静失水(Ferguson et al.,1954)。

(1)瞬时失水也称初失水(Spurt Loss),是指从钻头破碎井底岩石的瞬间开始,到钻井流体中的固相颗粒及高聚物在井壁上开始形成滤饼的这段时间内钻井流体的失水现象。瞬时失水的特点是时间很短,失水速率最大。

(2)动失水(Dynamic Filtration)紧跟瞬时失水,是指钻井流体在井内循环流动时的失水现象。动失水的特点是压力差较大,等于静液柱压力加上环空压力降和地层压力之差,滤饼厚度维持在较薄的水平,失水速率开始较大逐渐减小,直至稳定在某一值。

(3)静失水(Static Filtration)是指钻井流体在井内停止循环时的失水现象。静失水特点是压差较小,滤饼较厚,大多数情况下单位时间内失水量小于动失水量。

与三个阶段对应的滤饼分别为动滤饼、静滤饼以及复合滤饼。整个失水过程中,累计失水体积、失水速率以及滤饼变化如图2.3.1所示。

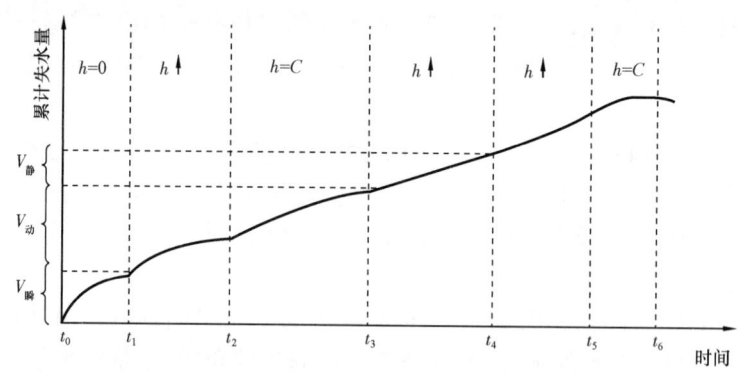

图2.3.1　井下钻井流体失水过程(陈平,2011)
h—滤饼的厚度;C—常数

从图2.3.1中可以看出,在压差作用下井下钻井流体的失水过程从钻头破碎井底岩石形成井眼的瞬间开始,钻井流体和钻井流体中的自由水几乎同时向地层孔隙中渗透。在很短时间内尚未形成滤饼,称为瞬时失水过程,其失水量叫作瞬时失水量。瞬时失水是滤饼尚未完全形成之前的失水,特点是时间短、占总失水量的比例小。动失水是钻井流体循环时的失水,特点是滤饼形成、增厚与冲蚀处于动平衡,滤饼厚度基本不发生变化,但高渗透率滤饼密度逐渐增大变为低渗透率滤饼,并趋于稳定;失水速率大、失水量大。静失水是钻井流体停止循环后的失水,特点是失水速率小、失水量较小,因为无冲蚀作用故滤饼较厚。所以,控制井下失水量,主要控制动失水;控制滤饼厚度,主要控制静失水量(Darley,1965),图 2.3.1 中的 $t_0 \to t_3$。

钻井流体继续循环,滤饼形成、增厚,直至滤饼厚度保持不变,单位时间内的失水量也由开始的较高速度逐渐减小至恒定,这段时间称为动失水过程,图 2.3.1 中 $t_3 \to t_4$。

钻进一段时间后,由于起钻或接单根,停止循环钻井流体。此时钻井流体不再冲刷滤饼,但失水过程仍在进行,滤饼逐渐增厚,失水速度逐渐减小,这是静失水过程,此阶段的失水量称为静失水。静失水过程的失水量比动失水过程小,滤饼则比动失水过程时厚。图 2.3.1 中 $t_4 \to t_5$。

起下钻或接单根结束后,继续钻进,需要循环钻井流体,于是从静失水又变为动失水。此次的动失水与前次不同,它是经过了一段时间的静失水过程产生静失水所形成的滤饼之后的动失水,失水量要比上一次小,图 2.3.1 中 $t_5 \to t_6$。

这样一段时间动失水、一段时间静失水地周而复始,单位时间里的失水量在逐渐减小,滤饼大体保持一定的厚度,累计失水量也达到一定的数值。

在钻井过程中,滤饼质量的好坏和失水量的大小不但对钻井工艺复杂问题(如泥页岩和煤层的垮塌、缩径、卡钻、压力激动等)有很大影响,而且对储层伤害也有很大影响。评价滤饼质量和失水性能常采用 API 失水试验,它虽然可以定性地判定滤饼质量的好坏,并取得了一定的成果,但还有许多局限(Simpson,1974)。

3.1 与钻井工程关系

钻井过程中钻井流体的失水不可避免,失水有利有弊。失水可以使流体滤液进入地层,协助破岩,防漏堵漏。当然,失水在大部分情况下是有害的,易造成井壁稳定性变差,储层伤害以及降低钻速。

3.1.1 关系井下安全

用于泥页岩地层的钻井流体,失水量过大会引起地层岩石水化膨胀、剥落,井径缩小或扩大。由于井径缩小或扩大,又会引起卡钻、钻杆折断,降低机械效率,缩短钻头、钻具的使用寿命等问题(Darley,1988)。

裂隙发育的破碎地层,失水渗入岩层的裂隙面,减小了裂隙面间的摩擦力,钻具敲击井壁可能碎岩块落入井内,可能引起掉块卡钻。井壁上形成滤饼过厚,会减小井眼有效直径,钻具与井壁的接触面积增大,可能引起旋转时扭矩增大、起下钻遇阻以及过高的抽吸与波动压力、功率消耗增加等问题,甚至可能引起井壁垮塌或造成井漏井涌等。厚的滤饼易引起压差卡钻事故。

此外,滤饼过厚会造成测井工具、打捞工具不能顺利下至井底。井壁上形成滤饼太薄,不能有效稳定井壁,同时钻具与井壁之间的接触面积减小,增大起下钻时的摩擦阻力,钻进过程中容易引起井壁坍塌,且磨损钻具。此外,滤饼太薄不能阻挡自由水进入地层,增大钻井流体失水量。

3.1.2 关系储层伤害

储层特别是低渗透和黏土含量高的储层,失水量过大则会引起储层渗透率的下降(Peden,1982)。同时滤饼过厚,还会影响油井测试结果,进而影响判断的正确性,甚至会误导发现低压生产层。

钻井作业时为防止地层流体进入井筒,钻井流体的静液柱压力必须大于地层孔隙内流体的压力。钻井流体因此有侵入渗透性地层的趋势,失水是必然的。为了维持井眼的稳定以及减少钻井流体固相和液相侵入地层与储层伤害,就必须控制钻井流体的失水性能。有效途径是在井壁上形成薄而致密的滤饼。如果井内钻井流体失水性控制不当,会造成失水量过大和滤饼过厚。

3.1.3 关系机械钻速

机械钻速是指钻井中钻头在单位时间内的钻进进尺,是反映钻进速度快慢的参数,它是一口井的钻井速度快慢的重要技术经济性指标,也是衡量一个钻头优劣的重要指标。

在钻井过程中离不开钻井流体。瞬时失水量对机械钻速影响较大。研究表明,瞬时失水的高失水速率可使滤液分子迅速进入钻头破碎的岩屑下,协助岩体与井底剥离并立即冲走,减少了液柱压差作用所造成的重复破碎;高失水速率可使破碎岩石的微裂缝扩大,或者使它们不易闭合。因而,瞬时失水量较大,有利于提高机械钻速。不分散低固相钻井流体瞬时失水量明显大于其他钻井流体,是机械钻速高的原因之一。

但是,在孔隙大、裂缝发育的砂岩或石灰岩、白云岩储层中,瞬时失水造成钻井流体和滤液进入储层的失水量增加,导致储层渗透率下降。因此,储层钻进流体,要求其瞬时失水量越低越好。

3.2　测定及调整方法

失水性能包括失水量和滤饼质量。不同温度和不同压力,钻井流体向地层渗透的性能不同。温度和压力差对钻井流体失水量影响很大,因此,又可分低温低压失水量和高温高压失水量。

对失水量的评价,早期主要有美国的 API 和苏联的 BM-6 两种标准,随着技术的进步和发展逐渐统一为 API 失水量:即钻井流体在规定的压力差下通过一定的渗滤断面(通常用滤纸作为渗滤介质)30min 的失水量,单位为 mL/30min。对于瞬时失水量的测定目前还没有直接测量的方法;静失水量测试装置有低温低压失水仪和高温高压失水仪两种,通常以 150℃(300°F) 作为分界标准(GB/T 16783.1—2006);目前尚未建立动失水量评价标准,动失水量测量仪器也千差万别,各生产厂家所生产的评价仪器差别较大。

根据 GB/T 16783.1《石油天然气工业 钻井流体现场测试 第 1 部分:水基钻井液》关于失水量的测量主要分为低温低压实验和高温高压实验两类,分别采用低温低压失水仪和高温高压失水仪测试。

(1)低温低压失水仪,其主体是一个内径为 76.2mm(3in)、高度至少为 64.0mm(2.5in) 的筒状钻井流体杯。此杯是由耐强碱溶液的材料制成,并被装配成加压介质可方便地从其顶部进入和放掉。装配时在钻井流体杯下部底座上放一张直径为 90mm(3.54in) 的滤纸。过滤面积为 $45.8cm^2 \pm 0.6cm^2(7.1in^2 \pm 0.1in^2)$。在底座下部安装有一个排出管,用来排放失水至量筒内。用密封圈密封后,将整个装置放在一个支撑架上。压力可用任何无危险的流体介质来施加。加压器上应装上压力调节器,以便由便携式气瓶、小型气弹或液压装置等来提供压力。为获得相关性好的结果,必须使用一张直径为 90mm 的滤纸。

低温低压失水仪的过滤面积为 $15.2 \sim 46.4mm^2$,相应的直径为 $75.86 \sim 76.86mm(2.987 \sim 3.026in)$。密封圈是过滤面积的决定因素。密封圈应该用圆锥形卡尺检测,并用最小直径为 75.86mm、最大直径为 76.86mm 标记。尺寸大于或是小于标记值的密封圈均不适用。此外,使用小型或过滤面积为标准面积一半的失水仪,所得结果与使用标准尺寸失水仪所得结果之间没有直接相关性。测试计时 30min。

(2)高温高压失水仪主要组成是一个可控制的压力源(二氧化碳或氮气)、压力调节器、一个可承受 $4000 \sim 8900$ kPa($600 \sim 1300$ psi)工作压力的钻井流体杯、一套加热系统、一个能防止滤液蒸发并承受一定回压的滤液接收器以及一个适合的支撑架。钻井流体杯有温度计插孔、耐油密封圈、支撑过滤介质的底座以及控制滤液排放的位于滤液排放管上的阀门。密封圈需要经常更换。关于气源,一氧化氮气源不可用作高温高压的测量。在高温高压下,一氧化氮在润滑脂、油或含碳物质等存在时可能发生爆炸。

3.2.1 滤失护壁测量方法

3.2.1.1 钻井流体瞬时失水测量方法

目前还没有直接测量瞬时失水的方法。也有人建议用 1min 的失水量作为瞬时失水量。在后续间接的测量中,有更详细的介绍。

3.2.1.2 钻井流体动态失水测量方法

动失水量测量仪(Dynamic Filter Press)(也称动失水仪)是模拟钻井流体在流动状态下测量失水量的仪器。动失水仪主要由动力传动部分、调压管汇部分、钻井流体杯、滤液接受部分、三通连接部分、电器控制箱和加热保温箱几部分构成。目前主要通过两种手段为钻井流体提供剪切速度:一种是利用转动的叶片来使钻井流体流动,渗滤介质为滤片;另一种是使用泵使钻井流体循环流动,过滤介质为陶瓷滤芯,可用于测量模拟钻井条件下,当滤饼被冲蚀速度与沉积速度相等时的动态失水量。目前中国研制和生产了不同型号的动失水量测量仪,所有动失水装置都具有模拟高温高压的功能。

测量时,将钻井流体测试液加入腔内,封闭入口,升温加压,模拟需要的测试环境,过滤介质用来分割钻井流体中的固相和液相,便于滤饼的形成,搅拌器为流体提供剪切速度,从而模拟滤饼受冲蚀作用,更好地模拟真实情况。

(1)世界还有多种可使用地层岩心作为渗滤介质、泵循环钻井流体的动态循环失水装置,如 Laurel 公司的产品,井眼循环模拟系统和德国克劳斯塔尔工业大学石油工程所研制的动态循环装置。这些装置由钻井流体循环回路、岩屑循环支路、注气支路和数据采集系统构成,其主要用途是在模拟井眼的条件下,研究长距离或长时间循环实验中流体的特性,还可以模拟钻井流体对渗透性或非渗透性地层的影响;高温高压条件下滤饼的动失水特性;以及模拟注水泥过程。在失水及储层伤害分析中,研究钻井流体与岩石的作用。该类系统通常配有数据采集系统,可采用人工和计算机对过程进行控制、安全设置及报警。

(2)三用钻井流体动失水仪。国际早在20世纪50年代就开始在模拟钻井装置上研究钻井流体动失水研究工作,但装置比较笨重、不便维修操作、钻井流体需求量大、试验周期较长,进展缓慢。普遍认为钻井流体动失水性能指标虽然有较高的实用价值,但迄今还没有测量动失水的完全令人满意的方法(李淑廉等,1985)。

当时中国在设计三用动失水仪时,吸取了国际的经验教训,主要着眼于装置简化,突出钻井流体对储层的压差及钻井流体的流速对井壁的冲刷速度梯度这两个主要参数,采用动、静相结合的方式,在高压腔内产生运动,用旋转黏度计的原理来模拟流速梯度,这样既能模拟井下影响钻井流体动失水主要参数,又能使测试手段仪器化。

三用钻井流体动失水仪主要由电动机、外筒、内筒、岩心、滤纸和压控等部件组成。动失水仪的最高工作压力为100atm,相对滤器表面产生的速梯范围在$0 \sim 500 s^{-1}$之间自由变换,电动机功率246W,用钻井流体量2.2L,仪器底部装有滤纸过滤孔,侧壁有两个岩心滤孔,可装岩心长3~18cm。失水仪具有三个方面的作用,既可测得钻井流体在滤纸上的动、静失水量,又能在不同渗透率的岩心上测得动、静失水数据,还可以和储层渗透率测定仪器结合,测定岩心渗透率恢复值,观察钻井流体侵入深度,了解储层受伤害的程度。

(3)BM-6型钻井流体失水仪。BM-6型钻井流体失水仪是20世纪60年代中国仿苏联制造的钻井流体仪器,在当时是最新也是最好的一种钻井流体失水量测定仪器,曾被野外勘探队和研究所广泛所用。该测量仪结构简单,具有易于操作、测定结果精确、体积小、分量轻和便于携带等主要特点(罗泽栋,1957)。

BM-6型钻井流体失水仪的构造简单,不附设电力或加压装置,是采用加压法在1atm下测定钻井流体的失水量。测定时,只要观察带刻度的重锤下行的位置,便能清晰而确切地从刻度尺上读出失水量的容积,不用量筒量取且易于操作。

由于BM-6型钻井流体失水仪是利用自带刻度的重锤加压,可以避免用手摇泵将空气或油压进仪器里,并能在测定失水量的整个时间内,施加固定不变的压力。同时,设有螺栓,可准确掌握开始过滤的时间。根据钻井流体的减少来测定失水量,是该仪器最大的特点,可以避免滤液润湿漏斗和残留在漏斗上而引起的误差。在当时这些都是领先的技术。因此,测定的结果很准确,其误差范围不超过$0.5 cm^3$。

此外,BM-6型钻井流体失水仪体积很小,在当时的失水仪中,体积算相对小的,质量轻,不超过7kg,便于携带。

(4)P.H.Jones失水仪。P.H.Jones失水仪是Jones研发并成功地应用于美国加利福尼亚州钻井流体密度、黏度、含砂量、屈服点和静力学性能的现场试验中的一项仪器设备。结构简单,经久耐用,操作方便。稍加培训和监督就能使用。

使用P.H.Jones失水仪时,塞上孔塞,用泵泵入测试钻井流体,有电加热和介质加热两种加热系统,设置好所需温度,渗滤介质主要为滤纸和细沙,通过活塞泵往复运动为钻井流体提供剪切速率,这种情况下便可测得动失水量(Jones,1937)。

因为动失水量的测量缺少完善的标准,仪器不断地发展。迄今,在 API 静失水量和动失水量之间难以找到对应关系,因此以 API 实验来推测井下动失水速率是不可靠的。室内实验和现场实践结果表明,约 90% 以上的失水是动失水(Ferguson et al.,1954)。因此,要了解井内钻井流体失水的真实情况,接近钻井条件的动失水实验是必要的。API 静失水实验不能作为考察井内钻井流体的失水和作为评价不同组成钻井流体失水特性的唯一依据。由于以上原因,特别是深井复杂井钻井流体,应测量动失水量。钻井流体动失水的测量,由于受仪器限制,目前尚未广泛开展。

3.2.1.3 静态失水测量方法

目前,静失水量的测试方法主要有 API 失水仪(滤纸)测试法、API 失水仪(砂床)测试法、FA 型无渗透钻井流体失水仪测试法、试管测试法和注射器测试法(罗向东等,2005)。静失水量的测定通常采用 API 测试,测试装置主要有低温低压失水仪和高温高压失水仪两种。

(1)低温低压失水量测量。低温低压失水量测量(Low - temperature/Low - pressure Test)常用的是 API 失水量测量仪(API Filter Press),在室温中压条件下评价钻井流体失水量,此法最早是由 Jones P. H. 于 1937 年公开的,这种失水量测量方法适用现场试验。

P. H. Jones 失水仪操作原理与现代失水仪原理一致,结构上主要有固定装置、储液装置、过滤装置、加压装置和测量装置等组成,是现代仪器发展的雏形。

① API 失水仪(滤纸)测试法。API 失水试验产生于 20 世纪 30 年代,用于评价滤饼质量,后来用来评价怀俄明膨润土质量,并扩展为评价 0.69MPa 压力下钻井流体在 30min 内的失水特性。这一方法早已实现标准化。

② API 失水仪(砂床)测试法。API 失水仪试验用滤纸作为渗透介质,而滤纸不能完全代表井壁表面及地层情况。1952 年 Beeson 和 Wright 比较了分别用疏松砂岩(或胶结砂岩)和滤纸作渗透介质的失水试验。结果表明,一种 API(滤纸)失水量为零的油基钻井流体,在用疏松砂岩作渗滤介质的失水试验中失水量很大。显然用不同的渗滤介质评价同一种钻井流体的失水护壁性,其结果是完全不同的。同样的道理,用同一方法评价所有钻井流体也不合适。

近年来,有人提出用砂岩作渗滤介质,因为钻井流体接触的许多重要储层均为砂砾岩或砂岩,所以用砂岩作渗滤介质可以更好地模拟井下情况。国际上许多研究者开展了试验工作,推荐了一些接近 API 失水仪测试法的砂床失水试验评价方法。不同研究者推荐的评价方法的主要原理和试验步骤是一致的。主要有单个的和三个并联的两种方式,如图 2.3.2 所示。

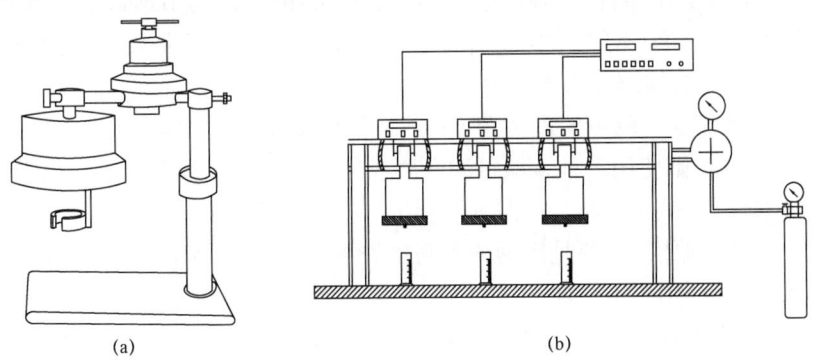

图 2.3.2 低温低压失水仪示意图

图(a)中失水仪渗滤面积为 $45.8cm^2$,实验渗滤压差为 $0.69MPa(100psi)$,测量温度为室温。以 30min 渗滤出的滤液体积作为 API 失水量标准。为了能获得可比性结果,失水材料必须使用直径为 $90mm(3.54in)$ 的符合标准的滤纸(SY/T 5677—1993)。

测量过程如下:(1)组装一个不装滤纸的标准 API 压滤装置;(2)称取一定质量具有一定粒径的砂粒倒入压滤装置中;(3)摇动压滤装置直到砂面平整规则;(4)倒入一定体积的待测流体;(5)将压滤装置放在支架上并盖紧杯盖;(6)在压滤装置下放一个带刻度的量筒;(7)打开气阀给流体施加 $0.69MPa$ 的压力;(8)流体在砂层中失水 30min;(9)30min 后关闭气源卸掉压力;(10)读出并记录量筒中滤液的体系;(11)如果 30min 内有气体渗出,记下开始渗出的时间并停止试验,即为 30min 以内全失水量。

失水量测量结束后,应小心地拆开钻井流体杯,倒掉钻井流体并取下滤纸,尽可能减少对滤饼的损坏;用缓慢水流冲洗滤纸上的滤饼;然后测量并记录滤饼厚度,同时描述滤饼的外观。虽然对滤饼的描述带有主观性,诸如硬、软、韧、致密等注释,但对于了解滤饼的质量仍是重要的信息。C. Marx 等发明了将滤饼迅速冷冻处理后,利用扫描电镜观察滤饼微观结构的方法。这种方法被普遍用于滤饼结构的研究,由于费用较高,常规评价不采用此方法。

③ FA 型无渗透钻井流体失水仪测试法。用砂床代替滤纸的 API 失水试验对滤液在砂床中的渗透速度及渗滤程度的评价不够清晰直观,如果滤液侵入量很少,没有流体流出,就无法测定侵入深度,也就无法进一步评价钻井流体的渗滤性能。为此,通过借鉴国际同类产品的设计,中国也研制出了 FA 型无渗透钻井流体失水仪,这种仪器采用有机玻璃筒作为可透视的钻井流体杯,可以在试验过程中清晰地观察到滤液的渗滤情况。

④ 试管测试法。用砂岩作渗滤介质的另一个较为直观的试验是试管测试法。在试管中放入一定体积、一定粒径的砂子,并倒入试验液体,可以观察液体的渗滤情况及形成封堵层的情况。

⑤ 注射器测试法。用砂岩作渗滤介质的一个较为直观的试验是在注射器中进行的。在注射器中放入一定体积一定粒径的砂子,并倒入试验液,然后推进活塞直到试验人员不能推动或活塞碰到砂层,观察钻井流体的渗滤情况。这个试验可以快速、方便地观察钻井流体的渗滤情况,如果滤液侵入量很少,就没有流体从注射器流出并且可以测定侵入深度。这种方法虽简单易行,但只能作定性的评价。

(2)高温高压失水量测量。评价深井钻井流体在高温高压条件下的失水量是必要的。API 给出了测量高温高压条件下 API 失水量的标准,测量仪器为 Baroid 公司生产的高温高压失水仪(HTHP Filter Press)。中国也有许多厂家生产高温高压失水仪,虽外形、操作有所差异,但原理大致一致,如图 2.3.3 所示。

测量压差为 $3.5MPa$,测量时间为 30min。当温度低于 204℃时,使用一种特制的滤纸;当温度高于 204℃时,则使用一种金属过滤介质或相当的多孔过滤介质盘。由于渗滤面积只有低温低压失水仪的一半。因此,按照 API 标准,应将 30min 的失水量乘以 2 才是高温高压失水量。这种设计的原因,主要是因为高温高压失水量较高,失水面积大。所需要的测试流体数量和失水量较大,操作不方便。

此外,还常常使用岩心测试法测量高温高压失水量,高温高压岩心失水仪由静态流动实验仪改装而成,把岩心夹持器换成高温高压岩心夹持器,增加钻井流体冷却及接收装置。测

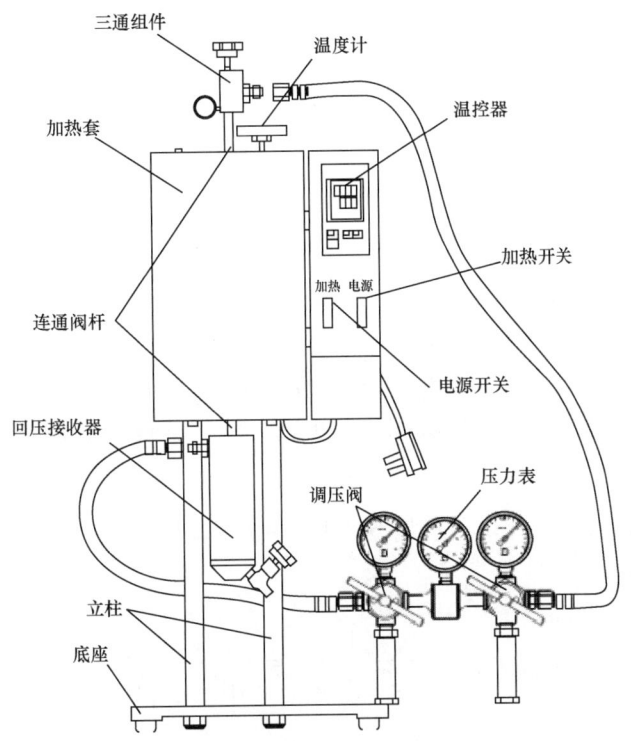

图 2.3.3 高温高压失水仪示意图

试方法是:把岩心装入高温高压岩心夹持器中,加热至需要的温度,把配制好的钻井流体加入钻井流体容器中,开冷凝器,用手压泵加压至 0.69MPa,开平流泵加围压至孔隙压力系数的 1.2 倍,加驱压 3.5MPa,30min 后测量液杯中滤液的体积。如果液杯没有滤液,待高温高压岩心夹持器冷却后,取下岩心,测量滤液进入岩心的深度(孙金声等,2005)。

失水量与滤饼的渗透率、固体含量系数、渗滤压差、渗滤时间、滤液黏度有关,高温环境下钻井流体失水性能调整方法,主要体现在调整钻井流体中固相颗粒粒度大小及含量、钻井过程中井底压力、缩短钻井时间和提高钻井流体黏度来实现。通常直接添加可耐高温的降失水剂即可达到调整高温环境下钻井流体失水性的目的。

钻井流体的失水是钻井流体中的自由液相进入地层的渗透过程。静失水的特点是钻井流体处于静止状态,在渗滤压差作用下,作为渗滤介质的滤饼随时间的延长而增厚,滤饼的厚度是一个变数,一般情况下,滤饼的渗透率远小于地层的渗透率。

$$\mathrm{d}V_\mathrm{f} = \frac{KA\Delta p}{\mu\, h_\mathrm{mc}}\mathrm{d}t \tag{2.3.1}$$

式中 $\dfrac{\mathrm{d}V_\mathrm{f}}{\mathrm{d}t}$——静失水速率,$\mathrm{cm}^3/\mathrm{s}$;

K——滤饼渗透率,D;

A——渗滤面积,cm^2;

Δp——渗滤压差,$10^5\mathrm{Pa}$;

μ——滤液黏度,mPa·s;

h_{mc}——滤饼厚度,cm。

钻井流体渗滤期间,在任何时间 t 内,渗滤体积 V_m 的钻井流体在被过滤的固相体积等于沉积在滤饼上的固相体积:

$$f_{sm}V_m = f_{sc}h_{mc}A \tag{2.3.2}$$

式中 V_m——失水钻井流体的体积,cm³;

f_{sm}——钻井流体中的固相分数;

f_{sc}——滤饼中固相的体积分数。

黏土颗粒在水中分散,表面吸附了一层水化反离子,形成了吸附溶剂化层,所以沉积过程中携带着吸附水(水化膜)一起沉积。失水钻井流体的体积为滤饼加失水量。因此式(2.3.2)变为:

$$f_{sm}(h_{mc}A + V_f) = f_{sc}h_{mc}A \tag{2.3.3}$$

进一步推导,得:

$$h_{mc} = \frac{f_{sm}V_f}{A(f_{sc}-f_{sm})} = \frac{V_f}{A\left(\dfrac{f_{sc}}{f_{sm}}-1\right)} \tag{2.3.4}$$

将式(2.3.4)代入式(2.3.1),得:

$$V_f = A\sqrt{2K\Delta p\left(\frac{f_{sc}}{f_{sm}}-1\right)}\frac{\sqrt{t}}{\sqrt{\mu}} \tag{2.3.5}$$

或

$$\frac{V_f}{A} = \sqrt{2K\Delta p\, F_s}\frac{\sqrt{t}}{\sqrt{\mu}} \tag{2.3.6}$$

式中 $\dfrac{V_f}{A}$——单位渗滤面积的失水量,cm³/cm²;

F_s——固体含量系数;

t——渗滤时间,s。

单位渗滤面积的静失水量与滤饼的渗透率、固体含量系数、渗滤压差、渗滤时间的平方根成正比,与滤液黏度的平方根成反比。此方程通常被称为钻井流体静失水方程。

目前,低温低压、高温高压下的失水量,都是在参数固定的情况下测量的,与真实井下情况存在很大差异。因此,失水量只能比较在这两种情况下,钻井流体失水量的室内评价结果,而不能说明哪种情况下的钻井流体更适合地下情况。

3.2.1.4 滤饼质量评价方法

滤饼质量评价包括滤饼形成过程评价和滤饼质量评价等两个方面。要求被评价的滤饼与在井下实际条件下形成的滤饼相当。在井筒周围形成的滤饼,就像一个致密的多孔介质。

（1）滤饼质量的评价试验。从渗流力学和钻井工艺要求来看，滤饼渗透率、滤饼强度和滤饼厚度是决定滤饼质量的三个关键因素（葛家理，1982）。

滤饼强度是滤饼承受静态和动态液柱压差的能力。滤饼形成并动态平衡后，滤饼稳定，一般情况下具有承受一定液柱压差的能力，随着压差的增大，失水速率增大，液柱压差达到某值时，失水速率突然增加，此时，可以认为滤饼被破坏，此压差视为滤饼强度。

由于初失水时间很短，失水大部分是动失水。所以，滤饼的失水量取决于动失水速率（即单位时间的失水量）。动失水速率可以通过测定滤饼的渗透率来评价。滤饼厚度与颗粒侵入深度和堆积厚度相关，滤饼薄对钻井工艺和储层伤害控制都有利。滤饼质量评价试验包括滤饼渗透率评价试验、滤饼强度评价试验以及滤饼厚度评价实验。

① 滤饼渗透率评价实验。将已形成滤饼的岩心柱塞装入渗透率仪的岩心夹持器。滤饼端相对驱替液的驱替方向。从低压差到高压差逐渐升高。记录不同压差下驱替液的流量。根据达西公式计算带滤饼岩心的渗透率。由于滤饼渗透率远小于岩心渗透率，可认为驱替压差全部是由滤饼阻力引起；滤饼面积可以认为与岩心横截面积相同，滤饼厚度为外滤饼厚度附加3mm即侵入深度为3mm。

② 滤饼强度。按滤饼渗透率的测定方法，测定不同压差下滤饼的渗透率，直到滤饼渗透率显著增加为止。这个使滤饼渗透率显著增加的压差即为滤饼强度。

③ 滤饼厚度。靠滤饼端切掉小段岩心（一般为0~5cm），然后测定剩余岩心的渗透率，比较该渗透率与岩心的原始地层水渗透率。若剩余岩心的渗透率比岩心的原始地层水渗透率小，继续靠滤饼端切掉小段岩心。直至剩余岩心的渗透率基本上等于岩心的原始地层水渗透率为止，这样切掉的长度之和即为滤饼厚度。从严格意义上说，在不考虑储层伤害的前提下，测得的内外滤饼的厚度。

（2）滤饼结构物理模型。根据滤饼的力学特征，滤饼可以分为虚滤饼层、可压缩滤饼层、密实滤饼层和致密滤饼层等4个部分。据此建立滤饼的层状结构物理模型。实际滤饼中并不存在这样的层，而是连续变化的，只是为了研究问题方便，才根据其力学特征人为分层。

① 虚滤饼层。刚刚制备的新鲜滤饼，表面上一般附着一层疏松的呈胶凝状态的钻井流体，其强度接近于0。在井下该表层被流动的钻井流体冲蚀，当钻井流体静止时才能在井壁上形成，通常称为虚滤饼。在现场和实验室标准试验中，API RP 13B-1—2009《水基钻井流体现场测试的标准程序》规定"用平缓的水流冲去滤饼最表层的虚滤饼"，然后再测定滤饼的真实厚度和观测它的其他性能。从钻井作业的实际需要出发，一般要求虚滤饼应尽可能薄，以免在井下钻井流体停止循环后，形成过厚的滤饼，导致开泵时的过高激动压力和起下钻作业时的过大阻力。

② 可压缩滤饼层。在虚滤饼的下部开始接触真正的实滤饼。此部分实滤饼虽已具有一定的强度，致密程度也开始增加，但强度增加很缓慢且强度值不大。外力越大，厚度越小，表现出明显的可压缩性。因此，这一层称为可压缩层。可压缩层厚，表明滤饼表面太疏松，内聚力弱，滤饼质量不好；若可压缩层薄，钻井流体冲蚀后很可能会影响其内层的高强度滤饼。因此，一般要求在滤饼其他性能较好的情况下，压缩层应尽可能薄，更利于钻井作业。

③ 密实滤饼层。在压力作用下，滤饼被压缩至一定程度后，强度逐渐增大，滤饼有一定

弹性与强度。随着压力增加,滤饼厚度变化不大,即滤饼本身产生较强的抵抗外力的能力,致密程度较高。因此,称这一层滤饼为密实滤饼层。弹性与强度较强,也称为韧性区。所以一般要求该层稍厚,在有强度的同时又有一定的弹性。避免钻井流体冲刷和不稳定压力作用影响钻井流体护壁性能。

④ 致密滤饼层。密实滤饼层以下是滤饼强度最大的部位,是在钻井流体动态失水时,最先形成的一层滤饼,经历了冲刷和压力的连续作用,密实程度异常高,强度增加极快,可以与固体相当,厚度非常小,是构成滤饼强度的主要部分,称为致密滤饼层。从钻井作业的护壁和抗冲蚀等方面考虑,一般要求致密层应尽可能薄,但强度越大越好(周凤山等,2003)。

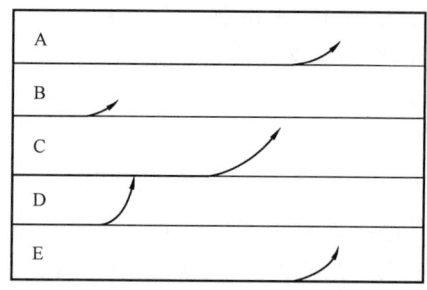

图 2.3.4　滤饼针入度曲线特征类型

用成熟的 10 种钻井流体,分别在室内和现场完成了数百次滤饼针入度测试曲线(Zamora 等,1990),分析表明,不论是 API 标准失水试验还是高温高压失水试验,滤饼针入度曲线表现为 5 种类型,如图 2.3.4 所示。

这些曲线反映了滤饼不同内在特性从力学的角度有共性,因而有可能用典型特征曲线建立针入度曲线理论模型。模型的不同形式反映不同类型滤饼的特征。对于个别与典型曲线相差较大的非典型曲线,可作为特例,用其他的模型来研究。但没有建立起,主要原因是没有落实能解决什么问题。

由于井眼中的失水介质和室内研究的介质有所差别,需要假设 4 个条件。没有这 4 个条件,以上方程不能成立。

① 滤饼厚度与井眼直径相比很小。这样,可以忽略滤饼中自由水的量对计算失水量的影响。② 滤饼是平面型的。这样,就可以忽略扇形内外面积不一致对计算的影响。③ 厚度为定值。这样,就可以忽略不同时间形成的不同厚度对计算的影响。④ 滤饼不可压缩且渗透率不变。压缩影响厚度,压缩能导致滤饼渗透率改变。

总之就可以忽略压力、温度和时间等对计算的影响。在此假设条件下,滤液通过滤饼的失水规律,可以用达西定律描述。

3.2.2　失水量计算方法

钻井流体失水分成三个阶段,即瞬时失水、动态失水和静态失水。目前,瞬时失水还没有公认的测量方法,但可以用计算的方法得到。

钻井流体向地层失水的规律,与地下流体在地层中的渗透规律相近。因此,可以用达西定律(Darcy Law)来阐述钻井流体向地层中的渗滤规律。

$$\frac{dQ}{dt} = \frac{KA\Delta p}{\mu L} \tag{2.3.7}$$

式中　K ——滤饼与岩石作用后介质渗透率,D;

A ——渗流面积,cm^2;

Δp ——内外压差,$10^5 Pa$;

μ ——滤液黏度,mPa·s;
L ——介质厚度,cm。

3.2.2.1 动失水量计算方法

钻井流体在循环流动中的失水过程称为动失水过程。表现为剪切速率和钻井流体流态动失水数量。在动失水条件下,滤饼的增长受到钻井流体冲蚀作用的限制。岩层表面最初暴露于钻井流体时,失水速率较高,此时滤饼厚度增长较快。但随着时间的推移,滤饼厚度的增长速率减小,失水速率等于冲蚀速率时,滤饼厚度将不再发生变化。此时渗滤过程符合达西定律。

$$dV_f = \frac{KA\Delta p}{\mu h_{mc}}dt \tag{2.3.8}$$

$$\int_0^{V_f} dV_f = \int_0^t \frac{KA\Delta p}{\mu h_{mc}}dt \tag{2.3.9}$$

$$V_f = \frac{KA\Delta pt}{\mu h_{mc}} \tag{2.3.10}$$

式中 V_f ——动态下的失水量,cm³;
K ——滤饼渗透率,μm²;
A ——渗滤面积,cm²;
Δp ——渗滤压差,10^5Pa;
μ ——滤液黏度,0.1mPa·s;
h_{mc} ——滤饼厚度,cm;
t ——渗滤时间,s。

动失水量与滤饼渗透率、滤饼厚度、渗滤压差和渗滤时间成正比,与滤饼厚度和滤液黏度成反比。

3.2.2.2 静失水量计算方法

钻井流体的静失水是静止状态下,钻井流体中的自由液相进入地层的过程。静失水的特点是钻井流体处于静止状态,在渗滤压差作用下,作为渗滤介质的滤饼随时间的延长而增厚,滤饼的厚度是一个变数,一般情况下,滤饼的渗透率远小于地层的渗透率。

$$\frac{dV_f}{dt} = \frac{KA\Delta p}{\mu h_{mc}}dt \tag{2.3.11}$$

式中 $\frac{dV_f}{dt}$ ——静失水速率,cm³/s;
K ——滤饼渗透率,μm²;
A ——渗滤面积,cm²;
Δp ——渗滤压差,10^5Pa;
μ ——滤液黏度,0.1mPa·s;
h_{mc} ——滤饼厚度,cm。

钻井流体在渗滤期间,在一定时间内,一定体积的钻井流体中被过滤的固体体积等于沉积在滤饼上的固体体积。

$$f_{sm}V_m = f_{sc}h_{mc}A \tag{2.3.12}$$

或表示为:

$$f_{sm}(h_{mc}A + V_f) = f_{sc}h_{mc}A \tag{2.3.13}$$

式中 f_{sm} ——钻井流体中固相的体积分数;

f_{sc} ——滤饼中固相的体积分数;

V_f ——滤液体积,即渗滤量,cm^3。

$$h_{mc} = \frac{f_{sm}V_f}{A(f_{sc} - f_{sm})} = \frac{V_f}{A\left(\dfrac{f_{sc}}{f_{sm}} - 1\right)} \tag{2.3.14}$$

对式(2.3.11)积分,得到:

$$\int_0^{V_f} V_f dV_f = \int_0^t \frac{KA\Delta p}{\mu}A\left(\frac{f_{sc}}{f_{sm}} - 1\right)dt \tag{2.3.15}$$

$$\frac{V_f^2}{2} = \frac{K}{\mu}A^2\left(\frac{f_{sc}}{f_{sm}} - 1\right)\Delta pt \tag{2.3.16}$$

或者表示为:

$$V_f = A\sqrt{2K\Delta p\left(\frac{f_{sc}}{f_{sm}} - 1\right)}\frac{\sqrt{t}}{\sqrt{\mu}} \tag{2.3.17}$$

或

$$\frac{V_f}{A} = \sqrt{2K\Delta p\ F_s}\frac{\sqrt{t}}{\sqrt{\mu}} \tag{2.3.18}$$

式中 $\dfrac{V_f}{A}$ ——单位渗滤面积的失水量,cm^3/cm^2;

F_s ——固体含量系数,$F_s = \dfrac{f_{sc}}{f_{sm}} - 1$;

t ——渗滤时间,s。

式(2.3.17)被称为钻井流体静失水方程。从方程中可以看出,单位渗滤面积的静失水量与滤饼的渗透率、固体含量系数、渗滤压差、渗滤时间的平方根成正比,与滤液黏度的平方根成反比。

另外,当失水量只受时间影响时,有 $\dfrac{V_1}{V_2} = \dfrac{\sqrt{t_1}}{\sqrt{t_2}} = \dfrac{\sqrt{30}}{\sqrt{7.5}} = 2$ 成立,这也解释了测量7.5min 的失水量乘以2 即可得到失水量的原因。

3.2.2.3 瞬时失水量计算方法

瞬时失水量的计算主要是应用静失水方程联立求截距的方式实现的。如果不考虑瞬时失水量,失水量与渗滤时间平方根的关系曲线,应该是通过原点的一条直线。7.5min 的失水量是 30min 失水量的一半,所以,通常用在 0.689MPa 下测量的 7.5min 失水量乘以 2 作为 30min 的失水量,即 API 失水量。

如果测量时间较长,失水总量的增长速度就会减慢,直至保持不变,并不是过原点的直线。但钻井流体失水实验结果也表明,大多数情况下根据实际测试结果绘制出的直线并不通过原点,而是相交于纵轴上某一点,形成一定的截距,如图 2.3.5 所示。

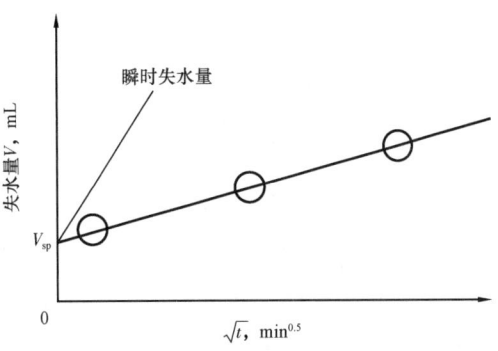

图 2.3.5 失水量与失水时间的关系

从图 2.3.5 中可以看出,在滤饼形成之前,存在瞬时失水,表现在图上就是失水曲线不过原点。如果瞬时失水量大到可以测量的话,就可以计算 API 失水量。

$$V_{30} = 2(V_{7.5} - V_{sp}) + V_{sp} \qquad (2.3.19)$$

式中　$V_{7.5}$——7.5min 时的失水量;

V_{30}——30min 时的失水量;

V_{sp}——瞬时失水量。

如果瞬时失水量无法测量,或者说不能推测,则可以利用任意两个时间点并分别测量两个时间的失水量,作图。通过作图或解联立方程可求解,得到瞬时失水量。也可以如图 2.3.5 所示失水量和失水时间平方根关系的曲线,用线上的两个点外推出更长时间或者任意时间的失水量和确定瞬时失水量。

[例 2.3.1]　使用高温高压失水仪测得 1min 失水量为 6.5mL,7.5min 失水量为 14.2mL。试确定这种钻井流体在高温高压条件下的瞬时失水量和高温高压失水量?

解:使用该仪器时的瞬时失水量可由两点式直线方程求得,即

$$V_{sp} = V_{7.5} - \frac{\sqrt{7.5}(V_{7.5} - V_{1.0})}{\sqrt{7.5} - \sqrt{1.0}}$$

$$= 14.2 - \frac{\sqrt{7.5} \times (14.2 - 6.5)}{\sqrt{7.5} - \sqrt{1.0}}$$

$$= 2.07 \text{mL}$$

由于瞬时失水量不可忽略,30min 的失水量可以由下式求得:

$$V_{30} = 2(V_{7.5} - V_{sp}) + V_{sp}$$

$$= 2 \times (14.2 - 2.07) + 2.07$$

$$= 26.33 \text{mL}$$

考虑面积因素之后,可以确定在高温高压条件下测得该钻井流体的瞬时失水量为4.14mL,高温高压失水量为52.66mL/30min。

3.3 现场调整工艺

失水性能主要包括失水量和滤饼质量。在钻井流体工艺中,控制和调整钻井流体失水性能的关键在于改善滤饼的质量,既包括增加滤饼的致密程度,降低其渗透性,同时又包括增强滤饼的抗剪切能力和润滑性。主要调整方法是根据钻井流体类型、组成及所钻地层的情况,选用合适的降失水剂和封堵剂。

3.3.1 性能差异确定

实际钻井过程中,多种因素均可直接或间接地影响钻井流体的失水,Peden等总结了影响钻井流体失水的主要因素为岩石性质、钻井流体性质、井内水力状况以及井内环境状况等(Peden et al.,1984)。

(1)岩石物理性质。包括孔隙度、平均孔径、迂曲度、渗透性等储渗空间。还与岩石组分、表面性质等有关。

(2)钻井流体性质。包括流体类型、黏度、处理剂种类、固相含量、固相颗粒构成、形状及大小分布、流变性等。

(3)井内水力状况。包括环空流速、各种失水的时间及次序、流体剪切力、流体循环速率及喷嘴喷射速率等。

(4)井内环境状况。包括井内温度、井内绝对压力、钻井流体与地层压差、井斜角、钻柱与滤饼接触频率及程度、转速、钻速及钻头类型等。

虽然以上各种因素均可对钻井流体的失水产生影响,但对于不同类型的失水其主要影响因素不同。按照井筒内钻井流体的失水类型,依次讨论瞬时失水、动失水和静失水影响因素,重点是静失水,因为它与井内的滤饼厚度(Cake Thickness)关系密切。

3.3.1.1 瞬时失水影响因素

一般情况下,瞬时失水的时间较短,失水量占总失水量的比例较小。但固相含量低、分散水化好的不分散低固相钻井流体,瞬时失水占总失水量的比例较大。钻井流体相同时,渗滤介质不同,瞬时失水量也不同。

影响瞬时失水的因素(Glenn et al.,1957)主要有压差、岩层渗透性(Homer et al.,1957)、滤液黏度、钻井流体中固相颗粒含量尺寸和分布、水化程度以及钻井流体在地层孔隙入口处能否迅速形成架桥,即被挡在孔隙入口之外。因瞬时失水过程时间很短,测量时很难与其他类型的失水量分开,所以一般采取计算方法得到,这在静失水计算中有介绍。

3.3.1.2 动失水影响因素

影响动失水的因素主要有失水时间、钻井流体流动、压差、滤液黏度、温度、固相情况、地层渗透性、滤饼渗透性、井斜情况等。这些因素并不是单一的,它们之间也存在千丝万缕的联系。

(1)失水时间。失水量与渗滤时间成正比。实际上,动失水速度也不是恒定的。不同的时间,其滤失速度也在变化。

(2)钻井流体流动。实验表明,钻井流体动失水下的滤饼厚度是剪切速率、流态以及滤饼剪切强度的函数(Benzmer et al.,1966)。动态失水平衡时滤饼厚度与剪切速率的关系如图2.3.6所示。

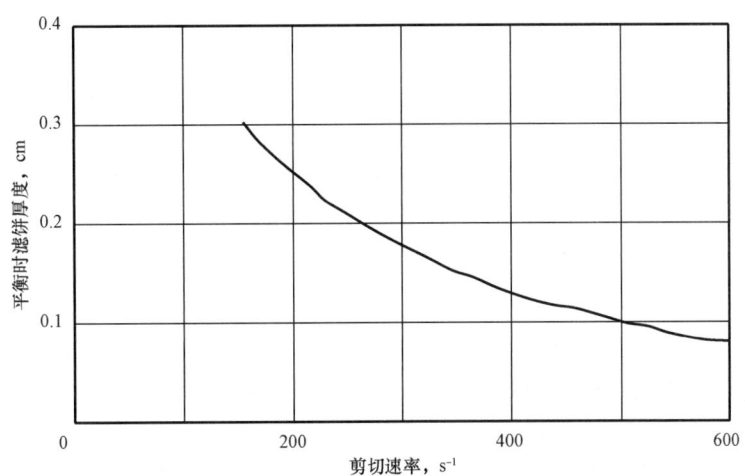

图2.3.6 动态失水平衡时滤饼厚度与剪切速率的关系

从图2.3.6可以看出,随着剪切速率的增加,钻井流体滤饼厚度呈下降趋势。通常情况下,动失水滤饼没有软表面层。但表面层的抗剪切强度很低,在钻井流体的冲蚀作用下即可变薄。动态失水平衡时动失水量与剪切速率的关系如图2.3.7所示。

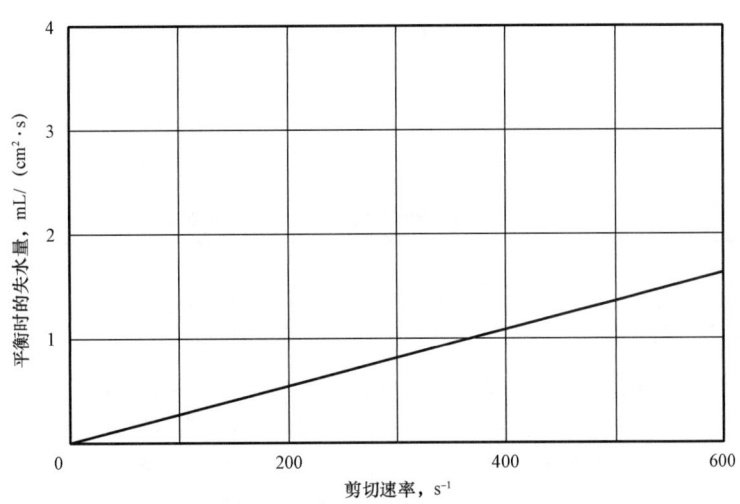

图2.3.7 动态失水平衡时动失水量与剪切速率的关系

从图2.3.7可以看出,随着剪切速率的增大,动失水量增大。且呈线性增加,但在实际地层中可能不会是这样,因为渗流距离越长,流动阻力增大,失水的速率下降,累计速率也会降低。

与层流相比,紊流对滤饼有很强的冲蚀作用。紊流状态下形成的滤饼较薄,失水量较大。靠近井壁处的平板形层流流速梯度较尖峰形层流更大,冲蚀滤饼的力量较尖峰形层流更强。因此,滤饼厚度也较尖峰形层流更薄。尖峰形层流时所形成的滤饼最厚。这也是使用低返速、高黏度的钻井流体时,形不成平板层流,钻柱经常遇到阻卡。

钻井流体流动时的剪切作用使滤饼中的固相颗粒受到冲刷和沉积,滤饼的厚度和渗透率均随之变化。在低剪切速率下,小颗粒容易沉积覆盖在大颗粒上或填充在大颗粒间,滤饼较为致密,孔隙较小。随着剪切速率增大,沉积在滤饼表面的小颗粒容易被流体冲走,滤饼颗粒变粗,孔隙变大;钻井流体中的固相颗粒随剪切速率的增高就越不容易沉积,只有大粒径的颗粒才能沉积形成滤饼;剪切速率增高,滤饼抗冲刷能力降低,液体冲刷滤饼表面带走细颗粒,改变了滤饼的致密程度(马喜平等,1996)。此外,剪切速率的变化也会引起钻井流体黏度的变化(Peden et al.,1984)。

以上作用机理导致随着剪切速率的增大,滤饼变薄,孔隙体积增大,滤饼渗透率增高,失水量增大。

(3)压差。从理论上讲,失水量与压差成正比,压差越大,钻井流体失水量越大。但实际钻井流体失水量不一定与压差呈正比关系。因为钻井流体的组成不同,失水时形成滤饼的压缩性也不同。滤饼的压缩系数一般为 0.80~0.87;加重钻井流体滤饼的压缩系数为 0.32~0.69。随着压差增大,渗透率减小的程度有差异,失水量与压差的关系也不同。

水基钻井流体的滤液黏度在一定压力作用下,基本保持稳定,压力增加、失水量增加;油基钻井流体滤液的黏度随压力的增加而增加,由失水方程,黏度增加、失水量减小。

(4)滤液黏度。从理论上讲,钻井流体的失水量与滤液黏度成反比。滤液黏度越小,钻井流体的失水量越大。

滤液的黏度与有机处理剂的加入量有关,有机处理剂加入量越大,滤液的黏度越大,从而可以通过提高滤液黏度达到降低失水量的目的。

(5)温度。温度升高能降低滤液的黏度,温度越高,滤液的黏度越小,失水量越大。不同温度下水的黏度值见表2.3.1(Darley et al.,1988)。

表 2.3.1 0~300℃温度下水的表观黏度

温度,℃	0	12	20	30	40	60	80	100	130	180	230	300
表观黏度,mPa·s	1.729	1.308	1.005	0.801	0.656	0.469	0.356	0.284	0.212	0.150	0.116	0.086

从表2.3.1中可以看出,不同温度下水的黏度相差很大,这也可能是高温高压失水量比常温下失水量大的原因之一。温度通过改变钻井流体中黏土颗粒的分散程度、水化程度、黏土颗粒对处理剂的吸附、处理剂特性等,影响钻井流体失水量。随着温度上升,水分子热运动加剧,黏土颗粒对水分子和处理剂分子的吸附减弱,解吸附的趋势加强,使黏土颗粒聚结和去水化,从而影响滤饼的渗透性,造成失水量上升。

高温引起钻井流体中黏土颗粒去水化和处理剂脱附,使液相黏度降低,以及处理剂本身特性改变,从而导致失水量增大。在高温作用下,钻井流体中的某些处理剂会发生不同程度的降解,并且随着温度升高降解程度加剧,最后失去维持失水性能的作用。

(6)固相。根据静失水方程,也就是说钻井流体中的固相含量越高,滤饼中固相越少,钻井流体的失水量越小。然而当钻井流体中的固相含量增大时,机械钻速显著降低,滤饼增厚,因而通过增大钻井流体中固相的体积分数来降低失水量是不可取的。通常的办法是减小滤饼中固相的体积分数。降低滤饼中固相含量的办法是采用优质土造浆和使用有机处理剂处理。滤饼中固相含量降低是因为优质土分散性好、固相颗粒细而多,水化性好、溶剂化膜厚,以及形成的滤饼渗透率低。钻井流体中的固相含量相同时,滤饼中固相含量降低,钻井流体失水量会相应地下降,见表2.3.2。

一般情况下,钻井流体中的固相含量的质量分数为4%~6%,滤饼中固相含量的质量分数为10%~20%。

表2.3.2 滤饼固相含量与失水量的关系

编号	钻井流体配方	密度 g/cm³	失水量 mL/30min	滤饼中固相含量,%			
				60℃烘干	105℃烘干	200℃烘干	平均
1	Telgel 土 + 0.7%羧甲基纤维素钠盐	1.03	5.9	10.1	9.2	9.4	9.73
2	怀俄明土 + 0.7%羧甲基纤维素钠盐	1.03	6.4	11.3	10.6	10.3	10.73
3	夏子街土 + 0.7%羧甲基纤维素钠盐	1.03	6.8	12.7	12.3	11.8	12.27
4	安邱土 + 0.7%羧甲基纤维素钠盐	1.03	9.6	16.3	15.8	15.1	15.73

表2.3.2中的怀俄明土(Wyoming Bentonite),是美国怀俄明州超大型膨润土矿床的土,产在白垩系海相地层内。其中3/4以上位于莫里页岩组中。其上、下为一套以泥质岩石为主的岩层,也含有数层膨润土。莫里组约有100个膨润土矿层。多数矿层的厚度在0.6~1.5m之间,矿层延伸比较稳定。蒙皂石含量为83%。其他矿物有长石、黑云母、石英和沸石,以长石含量最高。探明储量125×10^8t。怀俄明州和南达科他州是美国仅有的钠基膨润土产区,资源量达445×10^8t。另外,Telgel 土的降失水量能力较好。

夏子街土,是中国特大型膨润土矿产土,产于准噶尔盆地西北缘地区,该区位于新疆维吾尔自治区塔城地区和布克赛尔县境内,同克拉玛依油田毗邻,距克拉玛依市180km。夏子街膨润土矿,已探明C+D级膨润土储量达到4.32×10^8t,远景储量达到50×10^8t。但其蒙皂石含量仅为48%,低于工业平均品位,属于中低品位膨润土。另外,安邱土降失水能力略差于夏子街土。

一般钻井流体的滤饼渗透率为10^{-5}D,未处理的淡水钻井流体渗透率为10^{-6}D。钻井流体的电化学性质,影响滤饼渗透率。如絮凝钻井流体的滤饼渗透率数量级为10^{-5}D,用稀释剂处理的钻井流体的滤饼渗透率数量级则变为10^{-7}D。

钻井流体的絮凝使得颗粒间形成网架结构,提高滤饼的渗透率。失水压差越高,网架结构形成难度越大,孔隙度与渗透率都随压力的增加而减小。絮凝的程度越高,颗粒间的引力越大,其结构越强,对压力的抵抗能力越大。若聚结伴随着絮凝,结构还会增强,滤饼的渗透率增大,失水量增大。

相反,在钻井流体里添加稀释剂,处理剂的反絮凝作用就会使滤饼的渗透率降低。多数稀释剂是钠盐。钠离子交换黏土晶片上的多价阳离子,使聚结状态转变为分散状态,从而降低滤饼的渗透率。

钻井流体中细黏土颗粒多,粗颗粒少,形成的滤饼薄而致密,钻井流体失水量小;反之,若粗颗粒多而细颗粒少,则形成的滤饼厚而疏松,钻井流体失水量大(Krumbein et al.,1943)。

此外,钻井流体中含有的加重成分如重晶石粉、碳酸钙等对滤饼的变形能力、抗剪切能力、渗透率等有着重要影响(Williams et al.,1938),从而影响钻井流体的失水。

(7)地层渗透性。钻井流体是通过岩层的孔隙和裂缝失水的。岩层的孔隙和裂缝使得钻井流体在压差作用下,类似于筛分的筛余形成滤饼。失水则可认为是过筛。

不同井位和层位,岩石的孔隙度和渗透率不同,因而同一组分配制而成的性能相同的钻井流体,在不同岩性地层的失水量不同,在井壁上形成的滤饼厚度也不一样,如图2.3.8所示。

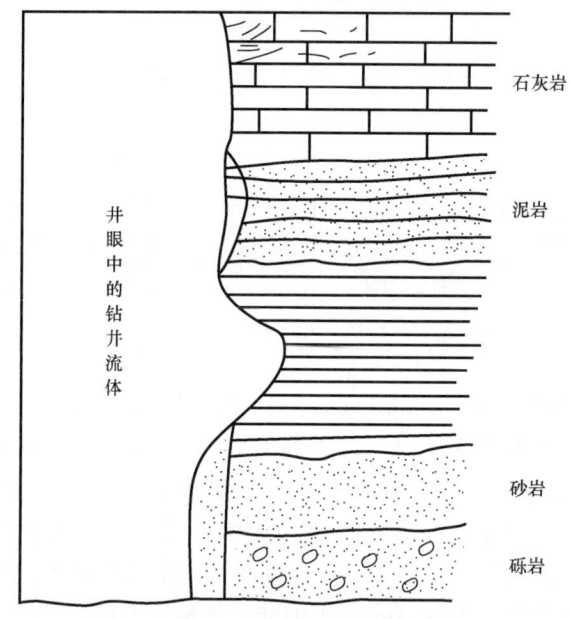

图2.3.8　井内滤饼与井壁岩石的示意图

在渗透性大的砂岩、砾岩和裂缝发育的石灰岩井壁会形成较厚的滤饼;在渗透性小的页岩、泥岩、石灰岩和其他致密岩石的井壁上会形成较薄的滤饼。在瞬时失水阶段和滤饼开始形成时,岩层的孔隙和渗透性对失水起重要作用,是钻井流体的第一渗滤介质,在形成作为第二过滤介质的滤饼之后,岩层的孔隙和渗透性对钻井流体的失水便不起主要作用,这是因为一般情况下,滤饼的渗透性远远小于岩层的渗透性。

钻井流体在失水过程中,固体颗粒堆积在近井壁岩层中或黏附岩石表面,形成瞬时失水侵入层、架桥层以及外滤饼(Darley et al.,1988),如图2.3.9所示。

① 瞬时失水侵入层(Zone Invaded by the Mud Spurt),瞬时失水时钻井液滤液和细颗粒渗入深度可达25~30mm。

② 架桥层(Bridging Zone),较粗的颗粒在岩层孔隙内部架桥,减小岩层的孔隙度,或称为内滤饼(Internal Filter Cake)。

③ 外滤饼(External Filter Cake)。细小颗粒、软粒子在井壁表面形成低渗透层。

地层孔隙相适宜的架桥粒子(Bridging Particles)的数量不足,API失水实验结果可能误导现场应用。即滤纸上做出的失水实验结果可能与井下渗透性地层的实际失水情况差异较大。

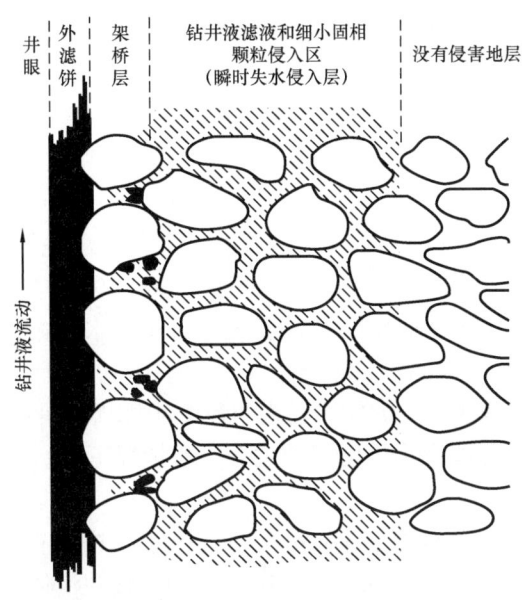

图 2.3.9 钻井流体固相对可渗透性地层侵入的示意图

确定架桥粒子尺寸的最佳方法,是使用地层岩心反复试验,得到架桥粒子尺寸与所选方法的关系(Abrams,1977)。

① 直径小于 $2\mu m$ 的颗粒能在渗透率小于 0.1D 的岩石孔隙中架桥。
② $10\mu m$ 的颗粒能在 0.1~1D 的固结岩石的孔隙中架桥。
③ $74\mu m$ 的颗粒可堵塞渗透率 10D 的岩石。

当然,选择架桥粒子的方法很多,如 1/3 架桥原则、理想充填理论等,在封堵领域有详细论述,这里不再赘述。

架桥粒子大小两种表征方式对照见表 2.3.3。

表 2.3.3 架桥粒子大小两种表征方式对照

粒径		粒径		粒径		粒径	
目	μm	目	μm	目	μm	目	μm
2.5	7925	12	1397	60	245	325	47
3	5880	14	1165	65	220	425	33
4	4599	16	991	80	198	500	25
5	3962	20	833	100	165	625	20
6	3327	24	701	110	150	800	15
7	2794	27	589	180	83	1250	10
8	2362	32	495	200	74	2500	5
9	1981	35	417	250	61	3250	2
10	1651	40	350	270	53	12500	1

颗粒浓度越大,架桥速度越快,钻井流体瞬时失水量越小。渗透率为 0.1~1D 胶结完好的岩石,符合颗粒尺寸范围且颗粒的浓度约为 $2.8kg/m^3$ 的钻井流体,便可控制瞬时失水侵

入深度在 2.54cm(1in) 以内。通常,起封堵作用的各种颗粒的总含量约占钻井流体的 5% 时,便能起到良好的封堵作用。

研究表明,滤饼的孔隙度受滤饼中固相颗粒分布的影响。颗粒尺寸均匀变化时,得到最小孔隙度,因为较小的颗粒可以致密地充填在较大颗粒的孔隙之间。较大范围颗粒尺寸分布的混合物,其孔隙度比小范围颗粒尺寸分布的混合物要小。小颗粒多要比大颗粒多形成的滤饼孔隙度小。处理剂的种类和加量,决定着颗粒是分散还是絮凝以及颗粒四周可压缩性水化膜的厚度,从而影响滤饼的渗透率(Krumbein et al.,1943)。

(8)滤饼渗透性。通过测量失水量,可以发现滤饼厚失水量大,滤饼薄失水量小。其主要原因是厚滤饼的渗透性强,薄滤饼的渗透性弱。同时,滤饼的渗透性也是钻井流体失水量大小的决定因素。滤饼的渗透性与滤饼中固相的种类、固相颗粒的大小与形状和级配、处理剂的种类和含量以及渗透压差大小等密切相关。一般情况下,滤饼的渗透率均比地层渗透率至少小一个数量级。

渗透压差影响着滤饼的压实性,高压差有利于压实滤饼。有的资料指出(Williams et al.,1938),一般滤饼的压缩性较大,为 0.80~0.87。加重钻井流体滤饼的压缩性较小,只有 0.32~0.69。

滤饼渗透率受胶体种类、数量及颗粒尺寸的影响。例如,黏土是扁平小片,在淡水中膨润土水化分散很好,大量小片形成薄膜状封堵层,能有效封堵钻井流体在垂直方向的孔隙和裂缝,滤饼渗透率很低。

还如,在钻井流体中加入沥青控制钻井流体失水。只有当沥青呈现胶体状态时,才能更好控制失水。如果沥青中芳烃含量太高,沥青为溶液,控制失水的能力变弱。烃基钻井流体,使用乳化剂形成油包水乳化液,体系中细小且稳定的水滴类似可变形的固相,形成的滤饼渗透率低,失水量得到有效控制。

此外,滤饼对外来物质抗侵蚀能力对动失水量也有着重要影响。

(9)井斜。J. M. Peden 研究认为,井斜主要是通过重力作用影响失水。井斜不同,重力造成的钻井流体中固相颗粒沉积不同,如加重材料重晶石易在偏下方沉淀,导致不同位置所形成的滤饼厚度以及颗粒组成不同。因此,导致不同的滤饼失水也不同,如图 2.3.10 所示。

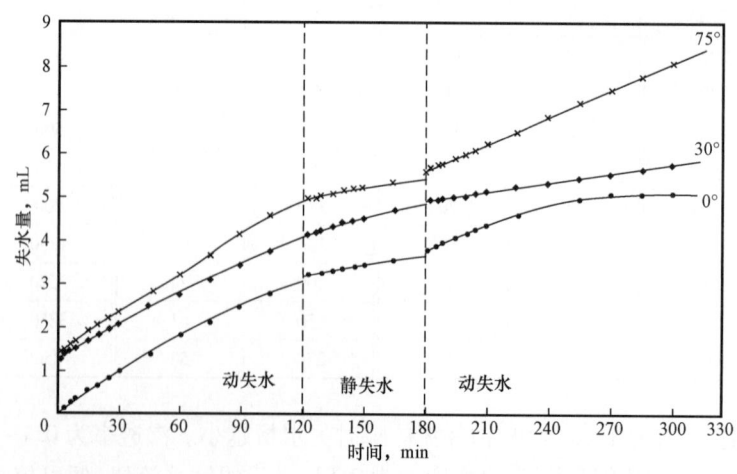

图 2.3.10　不同井斜角下失水量比较(据 Peden 等,1984)

从图 2.3.10 可以看出,井斜角不同,流体失水情况不同。井斜角越大失水量越大。主要是由于滤饼的组成、厚度以及钻井流体压力变化所致。

3.3.1.3 静失水影响因素

钻井流体的实际失水过程与公式推导的假设条件有差别。实际情况下,滤饼不断增厚且大多数滤饼可压缩,渗透率是变化的。因此有必要讨论影响失水量的各因素。

(1)失水时间。失水量与渗滤时间的平方根成正比。实际上,钻井流体的静失水在室内测量时,应由两个失水阶段组成,即从无滤饼到开始形成滤饼的瞬时失水阶段和滤饼不断增厚的静失水阶段。这样,假设成一个阶段建立方程明显是不合理的。

(2)压差。失水量与压差的平方根成正比,压差越大,钻井流体失水量越大。但实际钻井流体失水量不一定与压差成平方根关系。钻井流体的组分不同,失水时形成滤饼的压缩性也不同,滤饼随压差增大,渗透率减小的程度也有差异,失水量与压差的关系也会不同。不同的造浆黏土,失水量随压差变化的规律,如图 2.3.11 所示。

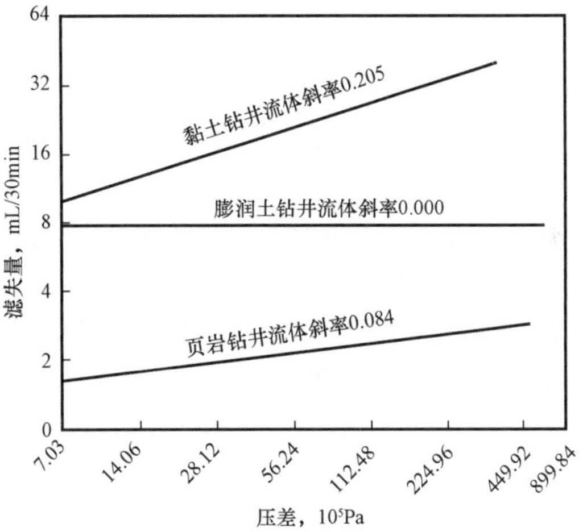

从图 2.3.11 中可以看出,膨润土钻井流体受压差的影响不大。黏土和页岩钻井流体受压影响比较明显地呈正相关。因此,公式推算的与实际测试的有所差距。

(3)处理剂。使用不同的处理剂,对失水量的规律影响也不同。膨润土和煤碱液等三种处理剂的失水量随压差变化的规律,如图 2.3.12所示。

图 2.3.11 压差对不同配浆土钻井流体失水量的影响(据 Darley et al.,1988)

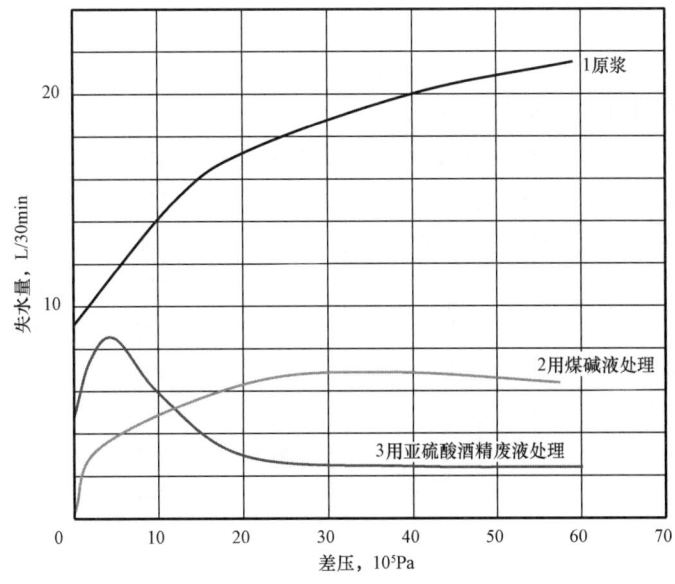

图 2.3.12 压差对不同处理剂钻井流体失水量的影响

从图 2.3.12 中可以看出,钻井流体的失水量与压差既非线性关系,也不是平方根关系。有的学者认为失水量与压差呈指数关系,指数因钻井流体不同而不同,但都在 0.5 以下。指数大小主要受组成滤饼颗粒的尺寸与形状影响。

(1)一般情况下,由惰性颗粒配制成的钻井流体,形成滤饼的可压缩能力很差,此时失水量与压差的平方根存在一定数学关系。

(2)优质膨润土配制的钻井流体加有较多有机高分子处理剂时形成的滤饼,压缩性很强,滤饼的渗透性随压差的增加而减弱。压差对失水量影响很小或无影响,即指数是零,失水量相对是一个常数。普通钻井流体介于两者之间,指数为 0~0.2(Larsen,1938)。

(3)油基钻井流体滤液的黏度(一般是柴油)随压力的增加而增加。压差增大增加了滤液黏度,随黏度增加失水量减小。

低压差时,不同钻井流体所测得的失水量虽然相近,但高压差下可能差别较大。在深井和对失水量要求严格的井段钻进前,最好评价高压差失水性能,对合理选择钻井流体组分十分必要。

(4)温度。温度对静失水和动失水的作用基本相同。温度升高从多个方面导致失水量增加。首先,温度升高能降低滤液的黏度。温度越高,滤液的黏度越小,失水量便越大。不同黏度下水的黏度相差很大,这是高温高压失水量比 API 失水量大的原因之一。水在不同温度下的黏度和密度见表 2.3.4。

表 2.3.4 水在不同温度下的表观黏度和真密度

温度 ℃	K	表观黏度 mPa·s	真密度 g/cm³	温度 ℃	K	表观黏度 mPa·s	真密度 g/cm³
0	273	1.709	0.999840	17	290	1.100	0.998774
1	274	1.662	0.999898	18	291	1.074	0.998595
2	275	1.616	0.999940	19	292	1.049	0.998404
3	276	1.573	0.999964	20	293	1.025	0.998203
4	277	1.530	0.999972	21	294	1.002	0.997991
5	278	1.490	0.999964	22	295	0.979	0.997769
6	279	1.450	0.999940	23	296	0.957	0.997537
7	280	1.413	0.999901	24	297	0.936	0.997295
8	281	1.376	0.999848	25	298	0.916	0.997043
9	282	1.341	0.999781	26	299	0.896	0.996782
10	283	1.307	0.999699	27	300	0.876	0.996511
11	284	1.274	0.999605	28	301	0.858	0.996231
12	285	1.243	0.999497	29	302	0.840	0.995943
13	286	1.212	0.999377	30	303	0.822	0.995645
14	287	1.182	0.999244	31	304	0.805	0.995339
15	288	1.154	0.999099	32	305	0.789	0.995024
16	289	1.126	0.998943	33	306	0.773	0.994700

续表

温度		表观黏度	真密度	温度		表观黏度	真密度
℃	K	mPa·s	g/cm³	℃	K	mPa·s	g/cm³
34	307	0.757	0.994369	68	341	0.421	0.978890
35	308	0.742	0.994029	69	342	0.415	0.978327
36	309	0.727	0.993681	70	343	0.409	0.977759
37	310	0.713	0.993325	71	344	0.403	0.977185
38	311	0.699	0.992962	72	345	0.397	0.976606
39	312	0.686	0.992591	73	346	0.392	0.976022
40	313	0.673	0.992212	74	347	0.386	0.975432
41	314	0.660	0.991826	75	348	0.381	0.974837
42	315	0.648	0.991432	76	349	0.376	0.974237
43	316	0.636	0.991031	77	350	0.371	0.973632
44	317	0.624	0.990623	78	351	0.366	0.973021
45	318	0.613	0.990208	79	352	0.361	0.972405
46	319	0.602	0.989786	80	353	0.356	0.971785
47	320	0.591	0.987358	81	354	0.351	0.971159
48	321	0.581	0.988922	82	355	0.347	0.970528
49	322	0.571	0.988479	83	356	0.343	0.969892
50	323	0.561	0.988030	84	357	0.338	0.969252
51	324	0.551	0.987575	85	358	0.334	0.968606
52	325	0.542	0.987113	86	359	0.330	0.967955
53	326	0.533	0.986644	87	360	0.326	0.967300
54	327	0.524	0.986169	88	361	0.322	0.966636
55	328	0.515	0.985688	89	362	0.318	0.965974
56	329	0.507	0.985201	90	363	0.314	0.965304
57	330	0.499	0.984707	91	364	0.310	0.964630
58	331	0.491	0.984208	92	365	0.307	0.963950
59	332	0.483	0.983702	93	366	0.303	0.963266
60	333	0.475	0.983191	94	367	0.300	0.962577
61	334	0.468	0.982673	95	368	0.296	0.961883
62	335	0.461	0.982150	96	369	0.293	0.961185
63	336	0.454	0.981621	97	370	0.289	0.960482
64	337	0.447	0.981086	98	371	0.286	0.959774
65	338	0.440	0.980546	99	372	0.283	0.959062
66	339	0.433	0.979999	100	373	0.280	0.958345
67	340	0.427	0.979448				

钻井流体温度从 20℃ 升至 80℃ 时,若其他因素不变,只考虑温度升高,滤液黏度降低而使钻井流体失水量增大 1.68 倍。

$$V_{f80} = V_{f20} \frac{\sqrt{\mu_{20}}}{\sqrt{\mu_{80}}} = V_{f20} \frac{\sqrt{1.005}}{\sqrt{0.356}} = 1.68\ V_{f20} \qquad (2.3.20)$$

式中　　V_{f80} ——80℃ 时钻井流体失水量;
　　　　V_{f20} ——20℃ 时钻井流体失水量;
　　　　μ_{20} ——20℃ 时钻井流体黏度;
　　　　μ_{80} ——80℃ 时钻井流体黏度。

此外,温度影响钻井流体静失水量,与动失水一样,通过改变钻井流体中黏土颗粒的分散程度、水化程度、黏土颗粒对处理剂的吸附和处理剂特性等起作用。随着温度上升,水分子热运动加剧,黏土颗粒吸附水分子和处理剂分子的作用减弱,解吸附趋势增强,黏土颗粒聚结和去水化,从而影响滤饼的渗透性,造成失水量上升。

例如,Byck 发现,6 种钻井流体中有 3 种钻井流体在 70℃ 时的失水量比在 21℃ 时按静失水方程预测的失水量大 8%~58%(Byck,1940)。表明滤饼的渗透率发生了变化,变化最大的是从 2.2×10^{-3} mD 增加到 4.5×10^{-3} mD,滤饼渗透率增加了 100% 以上。

其他三种钻井流体的失水量与预测值只差 5%,说明滤饼渗透率基本维持不变。其他学者的实验也证实,采用数学处理方法不能用常温下的失水量预测较高温度下的失水量。

随着井深增加和地热资源开发,井内温度和液柱压力不断增大,人们愈加感到低温低压下的失水特性不能说明井下高温高压下的失水特性。为此,必须研究高温高压下的失水特性。

高温对静失水的影响同高温对动失水的影响一样。钻井流体处理剂的加入对静失水和动失水的影响是不同的。用某种处理剂使静失水达到最小值时,动失水并不一定达到最小。有些物质(如油类)在降低静失水的同时,却使动失水增加。

(5)固相。根据静失水方程,也就是说钻井流体中的固相含量越高,滤饼中固相越少,钻井流体的失水量越小。然而,钻井流体中的固相含量增大,滤饼增厚,失水量并未得到控制。因而,通过增大钻井流体中固相的体积分数降低失水量是不可取的。通常的办法是减小滤饼中固相的体积分数。降低滤饼中固相含量的办法是采用优质土造浆和使用有机处理剂来实现。即,使钻井流体的有用固相充分分散。

(6)岩层渗透性。岩层的孔隙和裂缝是钻井流体失水的天然通道。岩层有一定孔隙,钻井流体在压差作用下,产生失水,形成滤饼。岩层的孔隙性和渗透性,在瞬时失水阶段和滤饼开始形成时,对失水起重要作用。在形成滤饼之后即形成第二过滤介质,岩层的孔隙和渗透性对钻井流体的失水就不是主要因素,这是因为滤饼的渗透性一般远远小于岩层的渗透性。

实验表明,架桥所需要的临界粒子的尺寸为孔隙尺寸的 1/3,通常将其称为"三分之一架桥规则"。一些研究者的实验结果则表明,架桥所需要的临界粒子的尺寸为孔隙尺寸的 1/3~2/3。为了能形成坚实的滤饼底层,钻井流体必须含有初级架桥粒子,其尺寸范围可从所钻地层最大孔径或平均孔径的 1/3 选取。此外,还必须有一些尺寸范围小到胶体尺寸的小颗粒作为充填粒子,以便堵塞地层较小孔隙及较粗架桥颗粒所不能堵塞的孔隙。

(7)滤饼渗透性。通过测量失水量,可以发现滤饼厚时失水量大,滤饼薄时失水量小。其主要原因是厚滤饼的渗透性大,薄滤饼的渗透性小。事实上,滤饼的渗透性是钻井流体失水量大小的决定因素。滤饼的渗透性与滤饼中固相的种类、固相颗粒的大小与形状和级配、处理剂的种类和含量以及过滤压差大小等密切相关。

滤饼渗透率受胶体种类、数量及颗粒尺寸的影响。例如,黏土是扁平小片,在淡水中膨润土水化分散很好,大量小片形成薄膜状封堵层,能有效封堵钻井流体在垂直方向的孔隙和裂缝。因此,淡水膨润土悬浮液的滤饼渗透率很低。还如,在钻井流体中加入沥青以控制钻井流体失水。只有当沥青呈现胶体状态时,才能有效地控制失水。如果混入的沥青芳烃含量太高,沥青溶解于水变成了溶液,就失去了控制失水的能力。油基钻井流体,通过使用乳化剂形成油包水乳化液,体系中细小且稳定的水滴就像可变形的固相,产生低渗透率滤饼,从而有效控制失水量。

3.3.1.4 滤饼质量影响因素

在钻井生产过程中,滤饼质量的优劣将直接关系到钻井生产的效率和钻井效益。水基钻井流体主要由黏土、处理剂及其他固相材料组成,所得到滤饼的主要成分也是由上述几种组分组成,因此钻井流体中主要组分的含量对滤饼的质量影响很大。

(1)黏土含量的影响。黏土不仅影响钻井流体的流变性能,也影响其护壁性,黏土在钻井流体护壁性作用中不可或缺。

钻井流体中的黏土颗粒呈片状,有表面带负电,端面带正电。因而,黏土粒子在分散介质中能形成稳定的平面—平面、端面—平面、端面—端面结合,形成空间网架结构,如图 2.3.13 所示。

借助黏土胶体粒子和卡片式结构,在失水过程中参与形成滤饼过程,黏土含量不同,胶体粒子含量卡片式结构数量与强弱不同,滤饼性质不同,见表2.3.5。

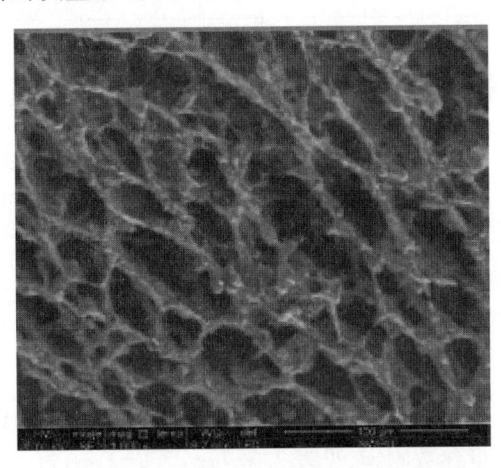

图 2.3.13 黏土粒子的空间网架结构(1000 倍)

表 2.3.5 黏土含量对滤饼的影响

黏土含量,%	滤饼实际厚度,mm	抗剪强度,gf	渗透率,10^{-3} mD	润滑系数
1	2.427	160	13.43	0.0597
2	2.673	240	14.78	0.0756
3	2.300	450	12.33	0.0868
4	2.214	400	10.74	0.0923
5	2.010	570	8.07	0.0945
6	2.233	430	12.62	0.2024
7	2.409	420	14.85	0.1993

从表 2.3.5 中可以看出,当黏土含量小于 5% 时,滤饼厚度、韧性系数和渗透率处于最低值,滤饼质量特性最好。这是因为随着黏土含量增加,胶体粒子含量和卡片房子结构构成的固相颗粒大小、级配逐渐趋于合理。

随着固相含量增加,自由水减少,颗粒间易于靠近形成卡片房子结构、颗粒聚集变大,致使颗粒大小、级配不合理,滤饼增厚、韧性变差、致密性差、渗透率增大,滤饼质量特性变差。

(2)固相加重材料含量的影响。固相加重材料也是滤饼的重要构成部分,其含量显著影响滤饼质量。采用 API 重晶石加重的不同密度的水基钻井流体的在 150℃、3.5MPa 高温高压下滤饼质量参数见表 2.3.6。

表 2.3.6 重晶石加重不同密度滤饼质量参数

钻井流体密度,g/cm³	实际厚度,mm	抗剪强度,gf	渗透率,10^{-3}mD	润滑系数
1.10	2.133	520	11.45	0.2305
1.30	2.201	410	12.95	0.1948
1.50	1.550	700	13.67	0.0995
1.70	2.084	900	15.43	0.1877
1.90	2.099	1200	17.45	0.1958
2.10	2.450	1200	17.35	0.2188
2.30	3.183	1200	17.63	0.2416

从表 2.3.6 中可以看出,随着固相加重剂含量的增加,所得到的滤饼的渗透率及抗剪强度参数均呈增大趋势,滤饼的实际厚度及润滑系数则呈先减小再增大。这表明滤饼的最终强度与钻井流体中固相含量正相关。

钻井流体中固相含量达到一定量后,滤饼的抗剪强度与固相含量不再相关。同样,滤饼的渗透率也随着密度的增加,渗透率逐渐增加。

(3)不同加重材料的影响。在 1.50g/cm³ 相同密度下,测定密度分别为 5.46g/cm³ 和 4.24g/cm³ 的铁矿粉和 API 重晶石加重的钻井流体,150℃、3.5MPa 高温高压失水后滤饼质量参数测定,见表 2.3.7。

表 2.3.7 两种常用的固体惰性加重材料对滤饼影响

加重材料状态	密度,g/cm³	实际厚度,mm	抗剪强度,gf	渗透率,10^{-3}mD	润滑系数
未加	1.12	2.133	520	11.45	0.0852
重晶石	1.50	1.550	700	13.67	0.0975
铁矿粉	1.50	2.201	410	21.39	0.1093

从表 2.3.7 可以看出,在相同条件下,使用重晶石加重的钻井流体形成的滤饼厚度较铁矿粉加重的钻井流体形成的滤饼要薄,用重晶石加重的钻井流体形成的滤饼强度高于用铁矿粉加重的钻井流体形成的滤饼强度,渗透率和黏附系数也较低。

可见,相同条件下,用重晶石加重的钻井流体形成的滤饼整体特性较用铁矿粉加重的钻井流体形成的滤饼整体特性好。

(4)无机盐类处理剂的影响。水基钻井流体中较为常用的无机盐类处理剂主要有氯化钠、氯化钾和氯化钙等,尤其在耐高温、耐盐和抗钙类水基钻井流体中应用较多。由于钻井流体中大量黏土片的存在,无机盐类物质对黏土片分散度的影响导致整个钻井流体中固相粒度分布变化极大。钻井流体中这种固相粒度级配的变化对滤饼的形成以及滤饼的质量将产生很深的影响(Rushton,1997)。常用的无机盐类处理剂对滤饼质量的影响见表2.3.8。

表2.3.8 无机盐加入对滤饼影响

处理剂	加量,%	滤饼实际厚度,mm	抗剪强度,gf	渗透率,10^{-3}mD	润滑系数
未加	0	1.832	1850	8.42	0.0766
氯化钾	3	2.002	1830	9.87	0.0603
	5	2.885	1700	13.97	0.0418
	7	3.615	1460	17.04	0.0348
	20	6.835	840	20.97	0.0169
	30	8.133	600	31.04	0.0087
氯化钠	3	1.994	1800	9.47	0.0639
	5	2.102	1720	11.19	0.0486
	7	3.539	1630	14.63	0.0377
	20	4.508	1080	20.43	0.0204
	30	5.236	910	25.74	0.0185
氯化钙	1	2.144	1750	9.68	0.0704
	3	2.795	1400	12.76	0.0627
	5	3.588	1220	16.87	0.0493
	7	4.024	900	51.54	0.0257

从表2.3.8中可以看出,随着钻井流体中无机盐类处理剂加量的增大,所得到的高温高压滤饼的质量参数较未加入无机盐类处理剂的滤饼质量参数均有不同程度的变化。其中,滤饼的实际厚度和渗透率均增大,滤饼的强度及润滑系数均降低。这是由于加入的无机盐溶解后影响钻井流体中黏土颗粒表面电动电势,即影响黏土颗粒表面的扩散双电层。

(5)有机类处理剂的影响。钻井流体处理剂主要通过与黏土吸附发挥作用。处理剂改变钻井流体中黏土的聚集状态(分散度、级配等)及其与黏土之间形成结构都是吸附作用产生的结果。宏观上表现为影响钻井流体性能。考察了包被剂、稀释剂和降失水剂对滤饼质量特性的影响得到以下结论(王松等,2011)。

(1)加入包被剂后,高温高压滤饼厚度会有所增加,强度、渗透率及润滑系数均有一定程度的降低。

(2)稀释剂的作用有两方面:一方面,稀释剂吸附在黏土颗粒端部,拆散结构而起稀释作用;另一方面,稀释剂尤其是磺化类稀释剂对黏土颗粒有一定的分散作用,提高了分散程度。

因此,稀释剂对滤饼质量的影响表现出与无机盐类处理剂相反的现象,使钻井流体保持部分结构、黏土颗粒部分分散、粒子大小与级配更合理。与无机盐类絮凝相比,稀释剂使滤饼减薄致密、渗透率降低、强度增大,滤饼质量变好。

(3)加入降失水剂,一方面提高滤液黏度、降低失水速度;另一方面对黏土颗粒护胶,保证钻井流体有足够的填充粒子,合理的颗粒大小与级配,同时黏土颗粒吸附的处理剂溶剂化膜具有弹性起润滑作用,因而滤饼减薄、致密、渗透率降低、润滑性变好、强度增加,滤饼质量整体变好。

3.3.2 性能维护处理

控制钻井流体失水在钻井流体工艺中十分重要。首先要控制滤饼的厚度。一般说来,滤饼的厚度随失水总量的增加而增厚,故应控制钻井流体的失水量。然而,失水量并不是决定滤饼厚度的唯一因素,对于不同的钻井流体,滤饼厚度相同,失水量不一定相同。同样,失水量相同,滤饼厚度也可能不同。失水量过大固然不好,但不恰当地要求失水量过低也会使钻井流体成本增加,钻速下降,在高渗透层不能迅速生成滤饼,增加钻井流体用量。

另外,钻井流体滤液矿化度不同,对井壁岩层稳定性的影响也不同。与淡水滤液和强碱性滤液相比,高矿化度和碱性弱的滤液以及含高聚物(例如聚丙烯酰胺)的滤液不易引起井壁膨胀和坍塌。即使失水量大些,使用这类钻井流体也比较安全。因此,稳定井壁,不仅要控制失水量,还要考虑滤液的性质及其对井壁稳定的影响。

综上所述,钻井流体形成的滤饼一定要薄、致密、坚韧,钻井流体的失水量则要适当,应根据岩石的特点、井深、井身结构等因素来确定。同时应考虑钻井流体的类型。要注意提高滤饼质量,尽可能形成薄、韧、致密及润滑性好的滤饼,以利于稳定井壁和避免压差卡钻。在中国,某些油田要求,钻开储层时 API 失水实验测得滤饼厚度不得超过 1mm。

(1)井浅时可放宽,井深时应从严;
(2)钻裸眼时间短时可放宽,钻裸眼时间长时须从严;
(3)使用不分散性处理剂时可适当放宽,使用分散性处理剂时要从严;
(4)钻井流体矿化度高者可放宽,钻井流体矿化度小应从严。

总之,要从钻井实际出发,以井下情况为依据,适时测量并及时调整钻井流体的失水量:
(1)钻开储层时,应尽力控制失水量,减轻储层伤害。此时的 API 失水量应小于 5mL/30min,模拟井底温度的高温高压失水量应小于 15mL/30min。
(2)钻易坍塌地层时,失水量需严格控制,API 失水量最好不大于 5mL/30min。
(3)对一般地层,API 失水量应尽量控制在 10mL/30min 以内,高温高压失水量不应超过 20mL/30min。但有时可适当放宽,某些油基钻井流体可以适当放宽失水量提高机械钻速。
(4)除技术要求外,还要检测钻井流体失水性能。正常钻进时,应每 4h 测一次常规失水量。定向井、丛式井、水平井、深井和复杂井要增测高温高压失水量和滤饼的润滑性,性能要求也相应高一些。

在影响钻井流体失水的所有因素中,井温和地层的渗透性是无法改变的,其余因素可人为控制。通过改善滤饼的质量(渗透性和抗剪强度)、确定适当的钻井流体密度以减少液柱与地层压差、提高滤液黏度、缩短钻井流体的浸泡时间、控制钻井流体返速和流态(形成平板形层流)等方法,减少钻井流体失水量,形成薄而韧的滤饼。

控制和调整钻井流体失水性能的关键在于改善滤饼的质量。包括增加滤饼的致密程度,降低其渗透性,增强滤饼的抗剪切能力和润滑性。主要调整方法是根据钻井流体类型、组成以及所钻地层的情况,选用适合的降失水剂和封堵剂。一般来说,可以用使用膨润土造浆、加入适量处理剂、加入羧甲基纤维素或其他聚合物以及加入一些极细的胶体粒子等方法使滤饼致密且渗透性较低:

(1)使用膨润土造浆。膨润土颗粒细,呈片状,水化膜厚,能形成致密且渗透性低的滤饼,而且可在固相较少的情况下满足钻井流体失水性能和流变性能要求。一般情况下,加入适量的膨润土可以将钻井流体的失水量控制到钻井和完井工艺要求的范围。膨润土是常用的配浆材料,同时也是控制失水量和形成良好井壁的基础处理剂。

(2)加入适量纯碱、烧碱或有机分散剂(如煤碱液等),提高黏土颗粒的电动电位、水化程度和分散度。

(3)加入羧甲基纤维素或其他聚合物以保护黏土颗粒,阻止其聚结,从而有利于提高分散度。同时,羧甲基纤维素和其他聚合物沉积在滤饼上也起封堵作用,使失水量降低。

(4)加入一些极细的胶体粒子(如腐殖酸钙胶状沉淀)充填滤饼孔隙,以使滤饼的渗透性降低,抗剪切能力提高。

中国在钻井流体降失水剂的使用方面已形成自己的特色。在分散型钻井流体中,常用的是低黏羧甲基纤维素。若降低失水量的同时还希望提高黏度,可选用中或高黏度的羧甲基纤维素。

聚合物钻井流体中使用的降失水剂均为由单体合成的聚合度相对较低的聚合物。目前其产品种类繁多,已形成系列。如常用的聚丙烯腈盐类(有钠、钙及铵盐等)、聚丙烯酸盐类(有钠、钙及钾盐等),还有阳离子聚合物和两性离子聚合物等。

在深井和超深井下部井段,可选用耐温能力强的磺化褐煤、磺化酚醛树脂以及酚醛树脂和腐殖酸缩合物。在饱和盐水钻井流体中可选用磺化酚醛树脂。

另外,还经常使用沥青类产品改善滤饼质量,降低滤饼的渗透性,增强滤饼的抗剪切强度和润滑性。水基和油基钻井流体中均可使用。

3.4 发展趋势

钻井流体的护壁性包括失水量和滤饼质量两方面内容。采用水基钻井流体和过平衡或近平衡钻井时,钻井流体会在水力压差或渗透压差的作用下侵入地层,使地层含水量加大,从而降低了井壁的力学性能导致井壁失稳。侵入的钻井流体量越多,侵入范围越广,越不利于井壁稳定。因此,钻井时,应控制钻井流体的失水量。

3.4.1 研究现状

滤饼的形成和质量的好坏无疑对控制失水量和支撑井壁起关键作用,对特殊地层钻井的研究已经开始,如水合物地层钻井,水合物的分解往往使滤饼在早期不易形成,形成后的质量也不高。所以在水合物地层钻井时,应选择护壁好、滤饼质量高、失水量小的钻井流体。

目前,成膜(隔离膜)研究在世界是十分活跃的多科学交叉领域,成膜钻井流体能有效护壁并具有良好的失水护壁性能。

研究试验能达到完全隔离效能的水基钻井流体,使聚合物通过吸附或化学反应在井壁上形成隔离膜即在井壁的外围形成保护层,良好的流变性和失水护壁性阻止水(滤液)及钻井流体进入地层。

3.4.2 发展方向

从近年的发展来看,通过研制出耐高温、耐盐钙能力强、防塌性优良的钻井流体降失水剂,提高钻井流体失水护壁性能,在油田应用较为广泛。但随着钻井深度增加,地质条件的复杂以及钻井流体失水对地层环境污染,应改进已有聚合物性能,提高生物聚合物和两性离子聚合物降失水剂的耐高温能力和防塌能力。

开发专用的新单体,开展无机/有机单体聚合物处理剂研究,以降低聚合物成本并研制降失水效果好、不增黏的降失水剂。

对现有的降失水剂合理复配使用,可以是天然高分子或合成聚合物,重视无污染或污染较轻的钻井流体降失水剂研究,满足环境友好需要。

从岩石自身寻找井壁失稳的原因并通过提高岩石的强度控制井壁失稳是全新的方向,相信会和这种以往架桥充填理论形成两种不同的理论、方法和工艺,并开发出配套的钻井流体技术。

第4章　钻井流体传递信息性能

钻井流体传递信息性能(Drilling Fluid Information Transmission Properties)是指利用钻井流体或者结合钻井流体,传递井下工程、地质和流体等相关物性参数至地面的性质和功能。目前看,传递信息的方式有两种:一是将捕获信息传递到地面,如钻井流体脉冲信息;二是自己携带信息到地面,如岩屑录井。

钻井流体传输的信息包括:井斜参数,如井斜角、方位角;定向参数,如工具面角;地层参数,如电阻、自然伽马等;工艺参数,如钻压、转速等;钻井流体参数,如井温、压力等。岩屑录井则测量岩屑信息判断地层岩性、油气层等。

一般测量系统主要由井下测量部分、信号传输部分和地面接收三个部分组成。钻井流体承担传输工作。由于钻井过程特殊,传输井下和地面信息非常困难。目前,有多种传输方式处于探索和研究中。按传输方式总体分为有线传输与无线传输两大类(方倩等,2010)。

有线随钻测量技术与无线随钻测量技术最大的区别是信号传输通过电缆把井底参数传送到地面。有线和无线的探管测量井斜和方位的原理是一样的。主要包括三个磁通门、三个磁液悬浮加速度计和一个温度传感器。测量系统中测方位角的地磁场传感器为磁通门。测量时,测量仪以空间坐标系中地球磁场矢量的三个分量为参照,测井斜角的传感器为重力加速度计,磁液悬浮加速计精度略低于石英加速度计但技术成熟可靠。通过三个方向测得数值平方之和再开平方分别得到方位角和井斜角。

有线随钻测量不需使用井下动力源,传输实时信息快。数据传输率高达几千二进位制/秒,既能把信息从井底传到地面,又能把信息从地面传到井下。不存在无线传输那样受井深限制和产生信号衰减等影响。特别是在造斜井段或井很深、钻杆旋转很难传送到井下时,采用有线传输方式的效果好。有线随钻只有在钻杆不转动的情况下,也就是在使用涡轮钻具或井下电动钻具滑动钻进的情况下才能使用,复合钻进和接单根都要收起电缆,钻进效率比较低。有线传输主要有电缆传输、特质钻杆传输、光纤传输等方式。

(1)电缆传输距离远、传输速度很快、可靠性好,但不适用于旋转钻井,且成本较高。

(2)特质钻杆传输距离很远、传输速度很快,适用于旋转钻井,但可靠性一般、成本很高。

(3)光纤传输传输距离很远、传输速度很快,但不适用于旋转钻井。

无线随钻测量系统是目前国际上钻井中普遍采用的先进测量仪器。无线随钻测量仪器与有线随钻测斜仪的主要区别在于井下测量数据以无线方式传输。按传输通道分为钻井流体脉冲、电磁波、声波和光纤4种方式。其中钻井流体脉冲和电磁波方式已经应用到生产实践中。电磁波在地层中传输时,信号衰减严重,只能以较低的频率发送和在较浅的地层中应用。钻井流体脉冲信号传输方式利用钻井流体压力脉冲将信号传输到地面,可靠性好,传输距离远,使用也最为广泛。电磁波传输距离相对较短、传输速度快,适用于旋转钻井,但成本高;声波成本低、速度快,但是传输距离太短,不适用于深井。相对而言,钻井流体脉冲信号传输方式是最能接受的一种方式。

测量时，首先将井下信息转化为电信号，然后通过钻井流体泵转换为压力脉冲信号，以钻井流体为传输介质完成传输。传输过程是能量转换过程。通常可分为正压力信号、负压力信号和最新发展的连续波技术。

整个传输过程中以钻井流体作为传输介质，钻井流体中含有岩屑、黏土、气体以及重晶石粉等固体物质，还伴有多种噪声，信号传输容易失真。因此，信号处理过程中必须实施选择信号类型、发出脉冲信号、获取脉冲信号、处理噪声、矫正信号等工作，才能实现信号的有效性。很多学者研究脉冲信号的传输速度、衰减过程、噪声处理以及信号矫正等问题，成果颇丰。钻井流体脉冲信号是一种压力波，其原理采用脉冲位置组合编码方式。在钻井过程中发挥了重要的作用。

4.1 与钻井工程的关系

传递有效信息是实现井眼轨道自动控制、发现油气层的关键技术，担负着对井下工况参数的监测以及对井下执行系统实施决策、干预等控制功能的双向通信任务。

4.1.1 关系工程结果判断

脉冲信号的传输速度及衰减主要受钻井流体密度、钻柱径厚比、脉冲类型和脉冲频率等因素影响。

（1）钻井流体密度及三相物质含量的影响。钻井流体应当尽可能均匀，保证气泡尽可能小而且少，含气量越高传输速度越慢。固相含量对传输速度的影响也较大。影响程度取决于密度和压缩性。

（2）钻柱径厚比及材料特性的影响。通常，不同脉冲信号，径厚比影响不同。正脉冲传输速度会随着径厚比的增加而降低，负脉冲则相反。脉冲指电子电路中的电平状态突变，既可以是突然升高，也可以是突然降低。正脉冲就是突然升高，负脉冲就是突然降低。

（3）脉冲类型的影响。脉冲信号影响传输速度明显。一般情况下负脉冲信号的传输速度比正脉冲信号传输速度快10%左右。

（4）信号衰减影响传输速度。传输过程中，高频信号更易于衰减。钻井流体黏度、较大脉冲频率较高，加速信号衰减。

4.1.2 关系油气储层发现

通过检测地下流体返出地面情况发现油气层，是比较常用的方法之一。通过检测钻井流体循环携带到地面的地下烃类气体和非烃类气体，协助及时发现地下油气，指导现场钻井工作。主要原理是，钻头钻开地层后，被钻头破碎的岩石碎屑和地层中的油气，在钻井流体的携带下，从井底上返到井口，然后进入钻井流体池中。经过专用的气体分离设备，钻井流体中的气体从钻井流体中分离出来，被真空泵抽入气体分析仪中分析，从而获得烃类气体和非烃类气体组分含量及总含量。

追溯钻井流体气体检测技术的发展历程，从20世纪30年代美国Baroid公司首次研制出用于气体检测与分析的简易钻井流体气体检测仪器，到采用连续脱气、连续全烃和组分气相色谱分析,再到功能完善的现代综合录井仪系统,至今已有近百年的历史,随钻气体检测技术发展迅速。

王立东等(2001)在定量化检测解释中考虑了钻井参数影响,提出地面含气量校正的思想。李志强(2003)提出背景气影响校正方法并应用了双色谱检测技术。

钻井流体气体分离之后需要对气体成分分析,气体分析方法一般有全烃检测、组分检测和非烃气体检测三种。

4.2 测定及调整方法

钻井流体传输测量信号或者携带地层信息返回地面后,需要处理信息不是钻井流体的任务。钻井流体如何把有用的信息传输到地面是钻井流体的重要功能,实现这一功能需要依赖钻井流体的基本性能。

4.2.1 传输井下测量信息的方法

钻井过程中,钻井流体如果能形成井底至地面的连续介质,随钻信号就可以借助钻井流体的压力脉冲(压力差)传输。产生压力脉冲的方法很多,其中钻井流体的压力脉冲由固定在钻杆柱内通水截面上的限流阀门的开与关来产生。阀门控制钻井流体环路的阻力,阀门每开关1次,安装在地面立管上的压力传感器便会产生1个压力脉冲。水力信息通道传送的结果最可靠,所传送的参数有钻具载荷、旋转速度、钻具状态、井斜角、方位角、温度、压力和所钻岩石物理性质。压力脉冲沿钻井流体液柱以接近声波在流体中的速度(1200~1500m/s)传播,信息发送速率为1.5~3.0bit/s。采用钻井流体脉冲作为信息传输通道的不足之处是对钻井流体有严格的要求,如含砂量控制在1.0%~4.0%,含气量小于7%,主要是气体的可压缩性使得压力波信号发生变形,导致在地面上很难检测出正确的信号,所以充气钻井流体和天然气田钻进过程中不能采用水力通道的传送方式。

水力通道的传输系统更好、更可靠,能远距离传输,与岩石电学特征参数和钻井周围地质特性无关。系统动力既可以来自涡轮发电机,又可以来自电池。锂电池工作寿命可达800h,碱电池工作寿命250h。国际上,某些公司传输系统的耐温耐压能力比国产设备高(大多数为125℃/140MPa,有时可达150℃/140MPa),井内仪器直径比中国设备种类更多,直径55.6mm、120mm、127mm、159mm、171mm、197mm、203mm、210mm、229mm和241mm都有。

钻井流体脉冲信号传输可分为正脉冲、负脉冲和连续波三种信号传输方式。水力通道与钻井流体贯通时便会形成压力正脉冲。钻井流体与钻杆外环空间连通时产生压力负脉冲。压力脉冲的形状和脉冲频率取决于所用元件在电磁铁或电动机动作中产生的行程和频率。起控制作用的信号由调节模块和编码电子模块传给电磁铁或电动机。连续波则是利用连续钻井液脉冲器产生波形幅度连续的脉冲波。

4.2.1.1 井下信号产生方法

井下信号的种类较多,包括正脉冲、负脉冲和连续波。使用它们的目的不同,产生的方法也不同。

(1)钻井流体正脉冲产生方法。钻井流体正脉冲发生器的针阀与小孔的相对位置能够改变钻井流体流道在此处的截面积,从而引起钻柱内部钻井流体压力的升高,针阀的运动是由探管编码的测量数据通过驱动控制电路来实现。由于用电磁铁直接驱动针阀需要消耗很大的功率,通常利用钻井流体的动力,采用小阀推大阀的结构。在地面通过连续地检测立管压力的变化,并通过译码转换成不同的测量数据。

井内仪器由发射器和装在扶正器中的传感器模块组成,发射器即脉冲器产生与传感器所发信号对应的钻井流体压力正脉冲。当钻井流体流通孔被阀门连通时,便会出现压力正脉冲。阀启动器推动带锥形柱塞的碟形提升阀。提升阀、阀启动器和传感器模块的能量由涡轮发电机提供。

系统的接收部分安装在方钻杆中,传感器可以测出幅值为 $0.35 \sim 0.70\text{MPa}$ 的压力脉冲。带涡轮钻具的系统只要钻井流体循环就能连续测量。

钻盘钻进时,测量必须让钻具停止旋转 1.5min。每个参数的发射需要近 50s。全部信息以数字编码方式发送要 2.5min。水力通道系统与上述仪器的区别在于脉冲发射器的不同,由电磁铁线圈或步进电动机控制脉冲器的阀门,步进电动机的精度更高。井下传感器发出信号时,启动器便使提升阀动作,对钻井流体节流。产生的压力脉冲信号由地面检测设备检测并解释。旋转钻进情况下,钻杆停止转动而仍维持钻井流体循环时,传感器启动角度测量。

井下电动钻具钻进时,钻井流体循环多长时间,测量可重复多长时间。测量的方位角、井斜角和工具面角,用 10 位二进制数字表示,传输时间为 50s,传输深度可达 7500m 以深。由于技术水平的限制,目前国内使用的主要还是正脉冲方式。

(2)钻井流体负脉冲产生方法。一部分钻井流体经旁通阀流向管外空间时会产生压力负脉冲。基本原理是在使用喷射钻头或井下电动机钻井时,钻井流体负脉冲发生器安装在专用的无磁短节中,开启钻井流体负脉冲发生器的泄流阀,可使钻柱内的钻井流体经泄流阀与无磁钻铤上的泄流孔流到井眼环空,旁通阀打开时间短暂,仅为 $0.25 \sim 1.0\text{s}$,从而引起钻柱内部钻井流体压力下降(泄流阀的动作是由探管编码的测量数据通过驱动控制电路实现)。把压力信号转变成电信号,这样就形成了一种可与正脉冲一样传递数字化信息的负脉冲。为了形成压力负脉冲的信息通道,须在管内与管外空间建立初始压力降。压力降消耗在水力喷射钻头的工作过程中和测量系统的钻具组合中。脉冲的下降值取决于钻井流体泵高压管线中的压力降。数据传输速度为 1bit/s。在地面通过连续检测立管压力变化,通过译码转换成不同的测量数据。钻井流体负脉冲传输方式的不足是会释放钻柱的部分压力,由此不仅可能造成系统的故障,而且可能造成井底动力机故障。

(3)钻井流体连续波产生方法。这种系统与钻井流体脉冲的正负脉冲不同。不是靠钻井流体产生脉冲来传输井底信息,而是用相位调制器以数字方式连续发送信号。当马达驱动的旋转阀接收到井下传感器送来的信号时,便以一定速度垂直于流体转动。连续波脉冲发生器的转子在钻井流体的作用下产生正弦压力波,由井下探管编码后的测量数据,通过调制系统控制的定子相对于转子的角位移,使这种正弦或余弦压力波在时间上出现相位移或角位移。地面连续检测这些相位或频率的变化,计算机将压力传感器接收到的信号放大、分析与处理,通过译码、计算得到测量数据。

系统产生某一频率的连续压力波,通过在规定的时间内改变或保持波的相位来传输 10

位二进制数据。旋转阀在短时间内出现回转加速或滞后时,相位互换。180°用1表示,相位用0表示。可在监测方向参数的同时监测地球物理的井斜角、方位角、岩石比电阻率、伽马放射性、井内温度、钻头扭矩和轴向载荷。

比较而言,三种传输方式,连续波方式传输率最快,可用于深井钻井。传输的信号不受钻机噪声的影响,与其他遥测系统相比,有更多的传感器。由于单位时间内传送的数据多,因而测量精度和逼真度都很高,能更好地监控钻井作业。其缺点是井下传输和地面检测设备复杂(林琦,2017)。

4.2.1.2 脉冲信号处理方法

信号提取之后,必须做信号噪声处理。因为信号发出和传输过程中,不可避免受到钻井流体泵、井下动力机械、钻井流体中气泡破裂、活动钻具等因素的影响。这些活动产生的噪声直接影响信号提取的真实性。目前,噪声处理方法主要有常规滤波法、非线性滤波法、小波阈值去噪法和小波熵法。

(1)常规滤波法。低通、高通、带通等方法均属于常规滤波法。但是,这种方法适用性不普遍。比如,频谱与信号发生交叠的情况就无法使用常规性滤波方法,应改用非线性滤波方法。

(2)非线性滤波方法。这种方法采取平顶消除方法。这种方法是在提取低频信号以后,以此信号为中心,以某一参数为阈值的带状区域截取原始信号。这种方法用于减小或者删除信号频谱区域的干扰噪声、反射噪声效果明显,且误差小,解码操作也很方便,误码少。

(3)小波阈值去噪法。滤掉高斯白噪声、修正低频基线可以使用小波阈值法。小波阈值去噪法是通过在不同尺度上设定阈值,将小于该阈值小波系数置为零,从而抑制低频噪声。

(4)小波熵法。小波多尺度分析理论结合熵增原理,区分考虑各尺度间的能量分布差异,在消除基线的多频波动的情况下使脉冲特征显现出来,达到对噪声不敏感,对信号能量变化敏感的效果。小波熵法是原始信号在能量域的一种映射,是信号基于多尺度能量谱的一种综合方法。但是,抑制低频噪声,小波阈值去噪法比小波熵法效果更好。

传输过程中,除了噪声干扰,基线漂移现象也很多。信号处理噪声后,有必要处理基线漂移。目前用的最为广泛的是中值滤波基线矫正法。基线矫正法原理是把数字序列中某一点的值用该点的一个邻域内各点值的中值来代替。这种方法矫正效果较好,能够满足实际应用。

4.2.2 携带地层信息处理方法

钻井过程中钻井流体所含油气主要来源于新钻开储层中的油气、钻井流体背景气和人工混入的原油(王印,2010)。钻井流体背景气和人工混入的原油对气体检测的影响相对稳定,基值升高,受实时钻井条件的影响较小。新钻开储层中的油气多少不仅取决于储层性质,还受钻井参数、钻井状态和钻井流体性能等实时钻井条件的影响。钻井流体循环到钻井流体池中,经过分析,获得烃类气体和非烃类气体组分含量及总含量,用于协助发现油气层。结合岩屑分析,发现地层油气信息。

录井油气检测技术中,钻井流体气体检测技术最重要、最常用和最有效,因而也最受录井界青睐。录井钻井流体气体检测主要对钻井流体循环携带到地面的地下烃类气体和非烃类气体分析,帮助及时发现地下油气,指导现场钻井工作。

4.2.2.1 油气检测方法

钻井流体含气量的计算可以通过充分稀释混入气体的钻井流体,并搅拌使气体逸散,此时称量无气相的钻井流体,反算获得未经稀释的无气相钻井流体密度。现场常用的钻井流体含气测量方法主要是现场直接测量法和搅拌测量法(邓伟平等,2001)。细分可分为气体检测方法、油气解释方法、现场直接测量气体法、随钻气体测量方法和含油量测量方法等5种。

(1)气体检测方法。钻井过程中钻井流体所含油气主要来源于新钻开储层中的油气、钻井流体背景气和人工混入的原油(王印,2010)。其中,钻井流体背景气和人工混入的原油对气体检测的影响相对稳定,在仪器中形成基准值,受实时钻井条件的影响较小;新钻开储层中的油气多少不仅取决于储层性质,还受钻井参数、钻井状态和钻井流体性能等实时钻井条件的影响。

① 全烃检测。全烃检测是检测钻井流体中所有气态碳氢化合物,不区分单一组分。气体样品通过样品泵经过稳压稳流后进入鉴定器,通过鉴定器将气体中的烃类气体总量转换成电信号处理,最后转换成数字信号。

当前全烃检测大都采用氢火焰离子鉴定器。虽然氢火焰离子鉴定器具有检测精度高、受杂质气干扰少的优点,但是需要氢气和氧气作为燃烧气和载气,需要辅助设备多,结构复杂。为此许多公司开发了其他的全烃检测手段,如加拿大公司的全烃检测技术,是将半透膜脱气与热导鉴定器结合的一种全烃检测设备。

② 组分检测。早期的组分检测只能检测重烃、轻烃。随着色谱技术的引入,气相色谱仪已经成为当前气体在线气体检测的最重要手段。在线色谱仪的主要组成为色谱柱、进样装置、鉴定器等。

色谱柱将混合气体中的各个成分按照保留时间分离。在钻井现场采用的都是微分型鉴定器,最广泛应用的是热导鉴定器和氢火焰离子鉴定器。

进样装置一般采用旋转阀实现自动进样。为了去除样品气中的重烃污染,一般要加入反吹流程。

鉴定器目前组分检测的最小检测浓度为 $10\sim50\,\text{mg/L}$,分析周期为 $4\,\text{min}$。分析样品为甲烷、乙烷、丙烷、正丁烷、异丁烷和正戊烷和异戊烷。由于钻井速度加快,传统的色谱检测周期已经不能满足石油勘探需要,提高色谱分析速度已经成为设备研制厂家追求的目标。

③ 非烃气体检测。勘探领域不断扩大,安全要求提高,大陆钻探等特殊井钻探工程的需要,非烃气体检测的重要性逐步体现出来,非烃类气体的检测内容也相应增多。

最早进行的非烃气体检测的是硫化氢气体,主要是出于安全考虑,检测范围为 $0\sim100\,\text{mg/L}$,采用半导体方式的检测探头。

随着二氧化碳气藏发现,二氧化碳在线检测也应用到现场。二氧化碳检测主要采用红外检测方式。德国大陆勘探工程出于科学研究的需要,建立了完整的非烃气体检测方法。检测原理是色谱法结合质谱在隔离空气的脱气方式下完成在线气体检测。检测的参数有氮气、氦气、氩气、氢气、甲烷、一氧化碳、二氧化碳和氧气。中国的录井公司在中国大陆科探一井也尝试在线非烃检测,在其他油气井钻井过程中检测非烃也在摸索协助油气评价的方法。

(2)油气解释方法。油气检测的目的在于及时评价地下油气情况。由于影响油气显示的因素较多,传统的气测资料解释理论不够成熟,方法单一,定量程度低,评价工作不容易实现,但是在长期的实践中,通过统计分析大量已获得的资料,发现一定的规律,提出了多种解释方法,并在实践中取得了较好的效果。

① Pixler 法。Pixler 法是由美国 Baroid 公司 Pixler 提出而得名。先计算出 C_1/C_2,C_1/C_3,C_1/C_4 和 C_1/C_5 这 4 个比值,然后将各点绘制在所示的烃比值解释图版上,将各点连成线段。解释图版上已绘有虚线划出的油、气与两个非生产层区带,根据线段可以帮助油气层评价。

② 三角图版法。三角图版法是法国 Geoservice 公司提出的,用减去背景值后的 C_1,C_2,C_3,C_4 和 EC($EC = C_1 + C_2 + C_3 + C_4$)值,计算出 C_2/EC,C_3/EC 和 C_4/EC 等三个比值,作三角形烃组分比值图,解释时根据三角形顶尖的指向和交点处在解释图中的位置来判断储层内流体的性质。

③ 3H 法。3H 法是在 Pixler 法的基础上,通过测定 Pixler 法所用的烃比值和其他变量后确定出来的。引用了烃湿度值、烃平衡值和烃特征值等三个参数同,即烃的英文 Hydrocarbon。

烃的湿度值定性解释储层,并估计其开采价值。由烃平衡值做进一步的解释,以提高解释的准确性。烃湿度值和烃平衡值表示为气或油时,依据烃特征值分辨流体是气还是与油伴生的气,可更细致地定性解释。

为了消除人为因素影响,提高解释的符合率,开始尝试采用人工智能的方法识别油气水层。目前主要采用人工神经网络法,选取的输入参数包括烃参数 C_1—C_5 含量和地化参数 $S_0 \sim S_2$。总体准确率优于传统方法,取得了良好的应用效果。模糊数学在油气评价中也有应用。另外,随着色谱周期缩短,快速气体色谱分析法开始应用于水平井导向,3H 参数也用于钻井轨迹预测。

(3)现场直接测量气体法。现场直接测量气体法即自然放气法,是在钻井流体返到地面后,进入气体分离装置之前,可以取样直接测量。

① 选用 5mL,50mL 和 500mL 三种烧杯在钻井流体返回地面后、未做任何处理前取样。
② 迅速读取并记录三个烧杯的准确体积读数。
③ 将烧杯放在常温常压环境中静置,测量环境温度并记录。
④ 确保静置的空间无尘,无风。30min 后重新读数并记录。

两次读数之差与初始读数之比可以粗略地认为就是钻井流体的含气体积分数,这种测量方法简单、易于操作,但是误差较大。

(4)随钻气体测量方法。影响钻井流体气体检测定量化的钻井参数主要有钻头直径、机械钻速和钻井流体流量。

在其他条件相同的情况下,钻头直径大的钻头破碎岩石的数量多,钻开相同厚度岩石,破碎岩石后进入钻井流体中的气体数量多,气体检测值增高;反之,破碎岩石后进入钻井流体中的气体数量少,气体检测值降低。

在其他条件相同的条件下,较快的钻进速度单位时间钻穿的储层厚度大,破碎岩石的体积也大,破碎岩石后进入钻井流体中的气体数量多,气体检测值增高;反之,破碎岩石后进入钻井流体中的气体数量少,气体检测值降低。

在其他条件相同的条件下,钻井流体流量越大,单位体积钻井流体中所含气体检测值就越低;反之,单位体积钻井流体中所含气体量就越多,气体检测值就越高。

① 钻头直径。在近平衡或过平衡状态下,不考虑地层向井筒中直接流入的气体和地层向井筒中扩散的气体对气测值的影响,钻进中钻开储层后,进入钻井流体中的气体量即为钻头破碎岩石孔隙中的气体量。对同一储层来说,储层储集物性参数和储层性质确定,单位体积岩石的含气量也确定,钻头破碎岩石孔隙中的气体量直接与破碎岩石体积有关:

$$C = \mu V_R \tag{2.4.1}$$

式中　C——钻头破碎岩石孔隙中的气体量,m^3;

　　　μ——单位体积岩石的含气量,m^3/m^3;

　　　V_R——破碎岩石体积,m^3。

其中,式(2.4.1)中的破碎岩石体积为:

$$V_R = \frac{1}{4}\pi D^2 \Delta H \tag{2.4.2}$$

式中　D——钻头直径,m;

　　　ΔH——钻开地层的厚度,m。

② 机械钻速。对同一储层来说,在近平衡或过平衡状态下,不考虑地层向井筒中渗滤的气体和地层向井筒中扩散的气体对气测值的影响,钻进中钻开储层后,进入钻井流体中的气体量即钻头破碎岩石孔隙中的气体量不仅与钻头直径的平方成正比,而且与钻开地层的厚度成正比。因此,机械钻速直接影响进入钻井流体中的气体量的多少。

③ 钻井流体流量。钻井过程中,钻井流体通过不断循环将破碎的岩屑及其中的油、气、水带到地面。为满足不同工况的需要,钻井流体流量会经常变化。当油气水层被钻开后,气体会通过破碎岩石、渗滤和扩散三种方式进入钻井流体。很显然,当单位时间内以三种方式进入钻井流体中的气体量一定时,钻井流体流量越大,稀释这些气体的钻井流体量就越多,单位体积钻井流体中所含气体量就越少,气体检测值就越低;反之,单位体积钻井流体中所含气体量就越多,气体检测值就越高。因此,要实现气体检测的定量化,必须对钻井流体流量变化对气体检测结果造成的影响进行校正。

④ 欠平衡钻井。地层中进入钻井流体的气体分为两种,破碎岩石中的气体和从地层渗滤进入井筒的气体。在欠平衡状态下,渗滤作用显得尤其突出,随着欠压值的增大,含气量也会增大。所以欠平衡状态在钻井流体含气检测分析过程中的影响不能够忽略。

⑤ 脱气位置。钻井过程中,地下含气层被钻开,地层中的流体进入钻井流体。由于温度和压力变化,随着钻井流体从井底不断运动到地面的过程中,以及地面循环系统的不同位置,油气在钻井流体中的状态、含量都在不断变化。因此,分析从井底到井口直至地面循环系统中不同位置的钻井流体中的油气状态、含量变化,进而选择能够准确反映钻井流体原始含油气量的取样位置,采集有代表性的钻井流体脱气处理,是实现准确、定量检测的前提。

⑥脱气设备。脱气设备是随钻气体检测系统中的样品采集装置,其功能是完成钻井流体气液分离和气体收集。同所有物理和化学分析一样,采样过程中的过失和误差在以后的分析中是不可能校正的,随钻气体定量检测也不例外。

目前可用于钻井现场的随钻气体检测连续脱气装置,无论是原始无驱动力连续脱气器、半透膜连续脱气器,或是有驱动力非定量连续脱气器、定量连续脱气器,影响其能否定量脱气的关键因素有处理钻井流体量、脱气效率和补充空气量三个方面。由于现在使用的脱气设备在这三个方面的能力不尽相同,所以脱气设备也会对含气的检测分析产生影响。

(5)含油量测量方法。钻井流体中含油相时,判断检测钻井流体中含油量,是分析含油量的多少,对钻井工程的影响,以及利用含油量的多少评价油气资源的基础。由于钻井流体含油检测的方法有很多,常见的主要是核磁共振检测法和定量荧光检测法两种。

① 核磁共振检测法。钻井流体核磁共振检测法是通过钻井流体中氢原子核的磁共振信号强度,计算钻井流体中的含油率。主要检测的参数为体积弛豫时间和扩散弛豫时间(高汉宾等,2008)。分析方法是量取一定体积或称取一定质量的钻井流体,直接或加入锰离子后核磁共振分析。在区分油、水(钻井流体)弛豫信号的基础上,通过计算油峰面积占未加锰离子样品的总峰面积百分数,得到相对含油率;或通过一系列不同含油率的标样对仪器标定,建立回归方程,然后根据样品的油峰面积,计算绝对含油率。

② 定量荧光检测法。钻井流体定量荧光测量含油量的原理是通过对一定量的钻井流体分析,根据单位体积钻井流体中所含油的定量荧光发光强度的变化,判断钻井流体中油质量浓度的变化,进而了解钻井流体含油量的信息。具体操作如下:

取钻井流体1mL放入试管中,加入正己烷5mL,用玻璃棒充分搅匀,静置15min使钻井流体中的油被正己烷充分溶解。由于钻井流体与正己烷的密度差异较大,且正己烷与钻井流体互不相溶,正己烷溶液会自动浮到混合液的表层。将正己烷溶液放入定量荧光分析仪分析,测量出1mL钻井流体中所含有的油在15min正己烷中的发光强度。根据定量荧光原理,利用单位体积钻井流体在一定体积溶剂中的荧光发光强度就能测出钻井流体的含油质量浓度(徐进宾等,2008)。

在确保没有意外情况造成油相混入钻井流体的情况下,钻遇储层时,可利用钻井流体含油检测方法检测得到钻井流体中的含油质量浓度,根据与原始钻井流体的含油量对比,可用于判断评价油气资源。

4.2.2.2 地层岩性检测方法

钻井过程中,钻头在井底钻碎的岩屑随着钻井流体的循环,不断地返至地面。岩屑是及时认识地层岩性和油气层的直观材料。按一定深度间隔取样,并按岩屑迟到时间作深度校正。对每次取得的混杂样品挑选,排除坍塌的岩块后,肉眼或显微镜下地质观察、描述、定名,分别求出各种岩屑样品的质量分数或体积分数,确定取样深度的岩石类别,配合其他录井资料,做出井下岩屑地层剖面图。在此工作中还要用荧光灯照射某些层段的岩屑以识别其含油气性,统称为岩屑录井。

岩屑录井的费用低,可识别井下地层岩性和油气,是油气勘探中必须进行的工作,主要特点有:

(1)直观性。岩屑是井下岩层本身的写真,钻时只能间接地反应岩层特征。

(2)简单经济性。岩屑录井比钻井取心简单,成本低。

(3)连续性。岩屑录井是自录井开始至井底建立的完整的全井岩性柱状剖面,岩心是井下某一段地层的岩性,井壁取心是井下某一点的岩样样品。

(4)基础性。如以岩屑作载体衍生出荧光录井、地化录井等。

岩屑录井首先是要获取有代表性的岩屑。为此必须做到井深准确、迟到时间准确。要求井深准确,必须管好钻具。要求迟到时间测准确,必须按一定间距测准岩屑迟到时间。迟到时间是指岩屑从井底返至井口的时间。常用测定迟到时间的方法有理论计算法、实物测定法和特殊岩性法。

(1)捞取岩屑。捞取岩屑必须按照录井间距和迟到时间准确无误地捞取岩屑。而且,每口井必须统一捞取岩样的位置,通常有两处:一处在溢流管槽内加挡板取样;另一处在振动筛前加接取样器取样。边喷边钻,在搅拌器处放喷管口设取样篮取样;井漏严重有进无出时,在钻头上方装打捞杯取样。

(2)清洗岩屑。不论从槽内或振动筛前捞取的岩屑均黏附着钻井流体,必须将所取岩屑清洗干净。清洗方法因岩性而定,以不漏掉或不破坏为原则。一般致密、坚硬、水敏性极差的地层,如石灰岩、致密砂岩及部分泥质岩等可以淘洗或冲洗。

软泥岩及疏松砂岩等只能用盆轻轻漂洗,以见岩石本色即可,或者留一部分不洗,晾干以备观察。注意密度小的岩屑如煤屑,清洗时要防止漂流散失。洗样时还要注意嗅煤气味,观察含油岩屑的有关情况。需要密封的样品,洗净后立即装罐密封。要求混液样品不许清洗。

(3)荧光直照。为了及时发现油气层,岩屑洗净后,必须立即进行荧光湿照和滴照。肉眼不能鉴定含油级别的储层,岩样要用氯仿浸泡定级。发现荧光的岩屑,要按规定选样作系列对比及含油特征观察,岩屑晾干后还需荧光直照,称为干照。

(4)烘晒岩屑。若环境条件允许,最好让岩屑自然晾干。晾干来不及的,只得烘烤,但要保证岩屑不被烘烤过度而变质。用于含油气试验的储层岩屑及用于生油条件分析的生油岩样,严禁烘烤。

(5)岩屑描述。现场捞取的岩屑,由于受多种因素的影响,每包岩屑并不是单一岩性,而是多个地层混杂的。这就要求岩屑描述,将地下每一深度的真实岩屑找出来,给予比较确切的定名,恢复和再现地下地质剖面。因此,岩屑描述是地质录井工作中的一项重要工作。岩屑描述的方法一般是,大段摊开,宏观观察;远看颜色,近查岩性;干湿结合,挑分岩性;分层定名,按层描述。

① 分层深度。岩屑分层深度以钻具井深为准。连续录井描述第一层时,在分层深度栏写出该层顶界深度和底界深度,以后只写各层底界深度。

② 岩性定名。同岩心各种岩性定名要求。碎屑岩岩屑含油级别中不使用饱含油级,套用含油、油浸、油斑、油迹、荧光5级定名。

③ 描述内容。包括颜色、矿物成分、构造、化石及含有物、物理性质及化学性质、含油程度等,可参照岩心描述中岩性的描述内容。

4.3 现场调整工艺

4.3.1 性能差异确定

现场施工时,钻井流体传递的信号与设计要求有所差异,此时就要对照五方面实施检测,以发现差异,调整性能(刘修善等,2010)。

(1)检查井底与井口压力信号是否存在延迟时间。延迟时间就是钻井流体脉冲的传输时间,所以调整钻井流体尽量减少延迟时间。

(2)钻井流体脉冲的传输过程中是能量转换过程。由于存在钻井流体的黏性阻力和管路系统的弹性变形,钻井流体脉冲在传输过程中存在着明显的衰减。所以,要检测钻井流体性能。

(3)钻井流体脉冲发生过程中,如果没有能量损失,将产生一个矩形波信号。考虑钻井流体的黏性阻力时,信号的波蜂(或波谷)将变为一条斜线,并且在信号发生的前后,存在明显的能量损失。所以要检测信号形态。

(4)边界(如钻井流体聚集、钻头)处,钻井流体脉冲产生反射,在管路中往复传播形成振荡波,并逐渐衰竭。所以要检测衰竭原因。

(5)正脉冲信号渡峰处斜线的斜率为正。当脉冲信号过后,管路系统中的压力将高于该点的原始压力,负脉冲信号与之相反。随着流动逐渐趋于稳定,其压力也将逐渐恢复到原始压力。所以要根据信号及时调整相关影响因素。

4.3.2 性能维护调整

经过对照,找到性能与设计的不同之处,井下信号不好,大多情况是由于钻井流体的气泡所致。因此消除气泡为主要方法(朱忠喜等,2010)。采用的主要方法有机械法和化学法。现场多以机械和化学结合的方法。

(1)高密度、高黏度的钻井流体气侵后,在地面采用二级除气方式,用重力式分离器除去大直径气泡,之后用离心式分离器除去小直径气泡。

(2)钻井流体黏度增大,气泡悬浮于液相中时间增长,高密度、高黏度的钻井流体影响离心分离器的除气效果。

(3)气泡直径、钻井流体黏度显著影响重力式分离器和离心式分离器的除气效率。

4.4 发展趋势

地面与井下的信息传输是实现钻井导向和井眼轨迹控制的关键。信息传输的成功与否直接关系井下工况和参数的监测是否同步、准确,能否使工作人员做出正确的钻井控制。

4.4.1 研究现状

提高色谱分析速度、减少分析时间的研究自 20 世纪 60 年代已经开始。但是,直到近些年才有快速的发展。

Camers等(1999)提出了快速色谱分析的不同方法。提高色谱分析速度主要通过选择合适固定相、缩短色谱柱长度、减少色谱柱内径、提高载气流速和提高柱温的方法实现。加拿大采用了美国惠普公司的快速色谱技术,实现了30s的快速检测。中国有的采用单柱单流程实现了30s的分析周期,而中国科学院新乡22所采用多维色谱技术45s内完成分析。

通常气体检测设备都是在仪器房内,气体由现场通过样品泵进入房内,存在着气体传输滞后和安全隐患。加拿大利用其半透膜脱气器结合美国瓦里安的小型色谱仪,实现了色谱分析的井场化。色谱仪直接在脱气器的旁边分析,分析后的数据以无线或总线方式送出。国际还有人开发了采用红外原理的检测设备,5个并联的红外分光度计实现了现场的气体组分分析。这种方式结构简单,中间环节少。钻井流体的传递信息的能力,主要有5个方面的问题:

(1)钻井流体脉冲在信号传输过程中的控制存在一定困难,包括在起下钻时,钻井流体泵要停用,脉冲信号的传输将中断。

(2)目前所研究的滤波和噪声处理方法功能单一,只能实现处理某一种噪声。

(3)脉冲信号的传输速率和传输深度矛盾,仍然没得到解决。

(4)从脉冲信号传输过程中的噪声源来看,噪声的出现主要发生在钻井流体动力系统上,如钻井流体泵水龙头等设备,动力系统制造工艺还有待改进。

(5)脉冲信号传输的相关设备都还处于比较低端状态。

4.4.2 发展方向

钻井流体的传递信息的能力,主要是如何配合工具获得更多信息,建议向设备和信号处理两个大方面五个方向发展。

(1)考虑多种传输方式结合使用。如在正常钻进时采用钻井流体脉冲法传递控制命令,在起下钻时采用控制钻具速度法,更好地实现地面与井下的信息传输。

(2)上传信号与下传信号尽量采用不同的频率带宽。一般上传信号频率较高,故下传信号可采用较低的频率,二者差别越大,发生干扰的可能性越小。不过这样下传信号花费时间较长,一般上传频率为下传信号频率的5~10倍就可以取得较好的识别效果。避免下传信号和上传信号的相互干扰。

(3)脉冲信号的噪声处理方法多样化。综合使用有常规性滤波法、基于平顶消除的非线性滤波法、小波阈值去噪法、小波熵法等。

(4)脉冲信号传输速度影响因素复杂,进一步增大对可控因素的研究以及不定因素的量化分析,成为下一步重要研究方向,如脉冲信号的编码方式、处理方法等。

(5)发展钻井设备以及相关电子设备的研究,如泵、动力机、解码仪等,保证信息传输和解码实时性和真实性。

第5章　钻井流体耐酸碱性能

钻井流体耐酸碱性能(Acid – base Properties)是指钻井流体能够承受酸度或者碱度的性质和功能。

酸度(Acidity),是指水中所能与强碱发生中和作用的物质总量,单位通常用 mmol/L。有些国家也常采用和硬度相同的单位。1mmol/L 的酸度相当于 100mg/L 的碳酸钙,折合为 10 度(法国度)。相当于 56mg/L 的氧化钙,折合为 5.6 度(德国度)。

水中酸度物质有强酸,如盐酸、硝酸、硫酸等;弱酸如碳酸、硫化氢以及各种有机酸类;强酸弱碱盐,如氯化铁、硫酸铝等。

水中这些物质对强碱的全部中和能力称为总酸度。总酸度表示中和过程中可以与强碱反应的全部氢离子的数量。在中和前溶液中已经离解生成的氢离子数量称为离子酸度,它与溶液的 pH 值相对应。酸度数值越大,溶液酸性越强。酸度是测定化合物或混合物中游离基团数量的方法之一,是油脂、树脂、蜡和石油产品等有机物的重要理化数据。

与酸度对应的是碱度(Alkalinity)。碱度表征水吸收质子的能力,通常用水中所含能与强酸定量作用的物质总量来标定,又称盐基度。水中碱度主要由重碳酸盐、碳酸盐、氢氧化物、硼酸盐、磷酸盐和硅酸盐产生。废水及其他复杂水体中,还含有有机碱类、金属水解性盐类等,均可产生碱度。因此,碱度成为一种综合性指标,表示能被强酸滴定的物质总和。

碱度用途广泛。碱度用作判定碱式氯化铝质量好坏的指标,还用于表征产品化学结构形态和特性,如聚合度、分子电荷数、混凝能力、贮存稳定性、pH 值等。碱度还常用于评价水体的缓冲能力及金属在水中的溶解性和毒性,判定水和废水处理质量指标。如过量的碱金属盐类会产生碱度。碱度还可以确定处理过的水是否适宜于灌溉。碱度还可用于判定鞣革的性能。碱度高表示鞣性络合物的分子大,即与皮蛋白质结合能力强,渗透能力差;反之,则表示鞣性络合物的分子小,与皮蛋白质结合的能力弱,渗透能力强。

碱度用于钻井流体,主要用于确定钻井流体滤液中氢氧根离子、碳酸氢根离子和碳酸根离子的含量,从而可判断钻井流体碱性的来源和数量。API 选用酚酞和甲基橙两种指示剂来评价钻井流体及其滤液碱性的强弱。

钻井流体的酸度和碱度统称钻井流体的酸碱度,也称为酸碱度,是指钻井流体含酸和含碱的程度,即钻井流体中氢离子或氢氧根离子的浓度,或者含碱量的多少或中和酸的能力的强弱。通常用钻井流体滤液的 pH 值表示。

pH 值是氢离子的活度指数,是溶液中氢离子活度的一种标度,也就是通常意义上溶液酸碱程度的衡量标准。1909 年由丹麦生物化学家 Søren Peter Lauritz Sørensen 首次提出。p 代表德语 Potenz,意思是力量或浓度;H(Hydrogenion)代表氢离子。有时候 pH 也被写为拉丁文形式的 pondus hydrogenii。pH 值数量上为氢离子物质的量浓度的负对数,即:

$$pH = -\lg[H^+] \tag{2.5.1}$$

式中　　[H^+]——氢离子物质的量浓度。

如果某溶液所含氢离子的浓度为 1.0×10^{-5} mol/L，则它的氢离子浓度指数就是 5。如果某溶液的氢离子浓度指数为 5，则它的氢离子浓度为 1.0×10^{-5} mol/L。通常情况下（25℃ 或 298K 条件下），溶液的 pH 值越趋向于 0，表示该溶液酸性越强，越趋向于 14 表示该溶液碱性越强。

这就涉及缓冲溶液。在稀醋酸溶液中滴入两滴甲基橙指示剂，溶液显红色。加入固体醋酸钠，溶液由红色变黄色，表明溶液中氢离子浓度减小，pH 值增高，离解向生成醋酸方向移动；同样在氨水溶液中加入酚酞指示剂，溶液呈红色。向其中加入固体氯化铵，溶液红色逐渐褪去，表明溶液的氢氧根离子浓度减小，离解向生成氢氧化铵方向移动。如果在醋酸溶液中加入酸或在氨水中加入强碱，离解平衡都向生成醋酸和氢氧化铵方向移动。

在弱电解质的溶液中加入具有相同离子的强电解质，可使弱电解质离解平衡向左移动，使弱电解质的离解度降低，这种效应叫同离子效应。在这样的混合液中加入少量强酸或强碱，溶液体系的 pH 值几乎不发生变化，即它能够抵抗外来少量强碱或强酸或稍加稀释，而使其 pH 值不易发生改变的作用，称为缓冲作用。具有缓冲作用的溶液叫缓冲溶液。如果在弱酸溶液中同时存在弱酸的共轭碱，或弱碱溶液中同时存在该弱碱的共轭酸，则构成缓冲溶液，能使溶液的 pH 值控制在一定的范围内。

缓冲溶液一般可以分为 3 种类型：弱酸及其对应的盐，如醋酸、醋酸钠溶液；弱碱及其对应的盐，如氨水、氯化铵溶液；多元弱酸的酸式盐及其对应的次级盐，如磷酸二氢钠、磷酸氢二盐。还有一类是标准缓冲溶液，如 0.05mol/L 邻苯二甲酸氢钾溶液，pH 值为 4.01；0.01mol/L 硼砂溶液，pH 值为 9.18。

5.1　与钻井工程的关系

一般说来，钻井流体 pH 值为 7.0 时，称为中性；钻井流体 pH 值为 0～7.0 时，称为酸性；钻井流体 pH 值为 7.0～14.0 时，称为碱性。

实际应用中，大多数钻井流体的 pH 值需要控制 8.0～11.0 发挥优良的性能，即在弱碱性环境中发挥作用。一是处理剂容易发挥作用，二是在地层流体侵入时容易控制。因此，碱度在钻井流体中较为广泛地用于评价钻井流体的工作环境。只要测定氢氧根离子、碳酸氢根离子和碳酸根离子的含量，就可判断碱性来源，确定钻井流体中悬浮固相的储备碱度。

储备碱度（Reserve Alkalinity），主要用于钙处理钻井流体，是指钻井流体中加入的石灰类处理剂未溶解的石灰形成的碱度。pH 值降低时，石灰溶解，补充消耗的钙离子，可为钙处理钻井流体不断地提供钙离子，保持钻井流体钙处理状态，同时维持钻井流体的 pH 值稳定。此外，通过碱度测定还可以优选用于钻井流体维持工作环境的处理剂，保持钻井流体在弱碱性环境中工作。

5.1.1　关系金属破坏

钻井流体的 pH 值对钻具和套管等寿命影响很大。主要表现在协助钻井流体减缓对金属和橡胶的腐蚀以及发挥处理剂的正常功能等。

5.1.1.1 减轻钻井流体对钻具和套管等金属的腐蚀程度

侯彬等认为,钻井流体的腐蚀性随 pH 值的增加显著降低,加碱类如纯碱、烧碱或石灰乳等处理剂提高钻井流体 pH 值是控制钻具腐蚀最古老而又最普遍的方法。

分散性钻井流体为促进膨润土分散,一般为碱性,pH 值为 9.0~10.0,腐蚀性较低。钻井流体中含有少量硫化氢时,加碱提高 pH 值,控制游离硫化氢的量,也能有效控制硫化氢对套管和钻具的腐蚀。硫化氢含量较高时,不宜采用。钻井流体的腐蚀性因钻井流体种类不同而差异很大。

钻井流体腐蚀能力从大到小的大致顺序为充气海水钻井流体(如氯化钾聚合物钻井流体、低 pH 值聚合物钻井流体、硫化氢侵害钻井流体)、低 pH 值天然钻井流体(如淡盐水钻井流体、淡水钻井流体)、高 pH 值天然钻井流体(如石灰钻井流体)、高分散性钻井流体(如水包油钻井流体、饱和盐水钻井流体)、缓蚀剂处理钻井流体(如油基钻井流体)(侯彬等,2003)。

利用滚子炉模拟现场高温和流动条件,用失重法考察钻井流体对钻杆钢材的腐蚀性认为,钻井流体腐蚀能力由强到弱的顺序为,羟基铝无固相钻井流体、无固相部分水解聚合物钻井流体、低固相三聚钻井流体(部分水解聚合物钻井流体、部分水解聚丙烯酰胺/聚丙烯酸钙、聚丙烯酸钙/聚丙烯腈钙或部分水解聚丙烯腈钙)、深井钻井流体(磺甲基褐煤、磺化褐煤、磺甲基酚醛树脂、磺甲基酚醛树脂)、盐水钻井流体、淡水分散性钻井流体(华明琪等,1988)。

主要原因是,羟基铝因其强烈的水解作用,使得钻井流体的 pH 值为 3.5~3.8,腐蚀性最高。低固相和无固相聚合物钻井流体的 pH 值也较低,聚合物溶液黏度大,易包裹氧,故腐蚀性较高。分散性钻井流体呈碱性,其中磺化系列产品、丹宁类等处理剂具有缓蚀作用,故腐蚀性较小。

深井钻井流体中无加入重铬酸钾时,腐蚀速度随温度上升显著增加;加入重铬酸钾时,腐蚀速度随温度的上升并不明显。原因在于磺化系列处理剂在温度升高时分解,本身的缓蚀作用降低,生成具有腐蚀性的含硫化合物和二氧化碳,重铬酸钾通过络合作用抑制处理剂的热降解作用。

5.1.1.2 预防因氢脆造成的钻具和套管损坏

氢脆(Hydrogen Embrittlement)又称氢致开裂或氢损伤,是由于金属材料中氢引起的材料塑性下降开裂或损伤的现象。

石油钻具在使用过程中,均不同程度地接触腐蚀介质如钻井流体、溶解氧、硫化氢、二氧化碳、溶解盐类、酸类等。这种水湿酸性环境中的钻具,发生氢致应力腐蚀断裂的概率较高。因此,增大 pH 值,创造碱性环境,有助于降低发生氢脆的概率(冯荣耀等,2000)。

5.1.2 关系钻井流体性能

钻井流体的 pH 值在很大程度上影响钻井流体性能,主要表现在抑制钻井流体中钙盐镁盐的溶解、调节水化基团对黏土颗粒的吸附等两个方面。

5.1.2.1 抑制钻井流体中钙盐镁盐的溶解

pH 值较低时,钻井流体中将溶解大量的钙、镁离子,这些钙离子和镁离子来自生产用水、石膏层、盐水层等,钙离子和镁离子会影响钻井流体性能,产生不同程度的钙侵害。

徐忠新研究了钙离子和镁离子侵害的作用机理和处理方法。在钻井流体中,钙离子和镁离子与钠离子交换,将钠土转变为钙土(或镁土)。钙土(或镁土)水化能力弱,分散度低,转化后体系的分散度明显下降。

此外,钙离子和镁离子本身是一种无机絮凝剂,会压缩黏土颗粒表面的扩散双电层,使水化膜变薄,电位下降,从而引起黏土晶片面/面和端/面聚结,造成黏土颗粒的分散度减小以及钻井流体的黏度、切力、失水量增大(徐忠新,2006)。

配制钻井流体时,首先化验配制用水,矿化度大于 200mg/L 的水不能用作配制用水,从源头控制钙离子和镁离子对钻井流体的侵害。如果配浆水中钙离子和镁离子或地层溶解的钙离子和镁离子较多,可能侵害钻井流体,钙离子一般用纯碱处理,镁离子一般用烧碱处理。

5.1.2.2 调节水化基团对黏土颗粒的影响

大多数有机处理剂在碱性介质环境中,才能充分发挥效能。冯士安研究影响有机处理剂性能因素的结果,有机处理剂如单宁类、褐煤类和木质素磺酸盐类等,分别含有磺酸基、羧基、酰胺基、羟基等官能团中的一种或几种,其中羟基是有机处理剂中最普通的官能团。因此,在碱性环境下,有机处理剂才能充分发挥其功用(冯士安,1983)。

不同钻井流体,要求的 pH 值范围也有所不同,控制好 pH 值才能发挥好钻井流体功能,为地质工程服务。

(1)分散钻井流体的 pH 值,一般控制在 10 以上。

(2)用石灰处理的钙处理钻井流体的 pH 值,一般控制在 11~12。

(3)用石膏处理的钙处理钻井流体的 pH 值,一般控制在 9.5~10.5。

(4)聚合物钻井流体的 pH 值,一般控制在 7.5~8.5。

pH 值过高或过低都会造成钻井流体性能不理想。马运庆等(2008)提出了钻井流体的 pH 值大于 12.0 或小于 8.0 时的危害。

(1)pH 值大于 12 时的 5 种危害:

① 丙烯酰胺类或氰类高分子量聚合物只有吸附到黏土颗粒上才能实现架桥作用,有效封堵地层。pH 值过高时,部分酰胺基会发生水解作用转变成羧酸根,从而失去吸附黏土颗粒能力。

② 较高的 pH 值时,大部分脂肪醇类润滑剂水解的油酸遇到钙离子和镁离子(如海水)会形成不溶于水的黏弹性胶,易使钻井流体糊筛(筛布孔径小于 0.154mm)现象。

③ 较高的 pH 值时,磺化酚醛树脂类产品在高碱性环境中,分子中的酚羟基形成酚钠基,减少了磺化酚醛树脂吸附黏土颗粒的基团,增加了水化基团,使得磺化酚醛树脂的耐盐、降失水性能减弱。

④ 聚磷酸盐类处理剂在 pH 值大于 10 后,会水解丧失降低黏度的功能。

⑤ 氯化钙、氯化铁和氯化铝等在高碱性环境中形成不溶于水的沉淀物,影响钻井流体的性能。

(2)pH 值小于 8 时的 5 种危害:

① 硅酸盐或有机硅等硅类产品分子之间交联形成不溶于水的大分子,失去抑制作用。

② 葡萄糖类、纤维素类处理剂的黏度、切力及失水量大大降低。

③ 腐殖酸类处理剂中的棕腐酸、黑腐酸在水中不溶而失去活性,降低其效用。
④ 木质素类处理剂因酸性增强而溶解性变差,大分子形成较强的网架结构增稠。
⑤ 石灰石在水中的溶解度增大而发生钙侵,降低膨润土的降失水、增黏效能。

5.1.2.3 二氧化碳侵害造成胶体去水化

钻遇的许多地层含有二氧化碳,混入钻井流体后会生成碳酸氢根离子和碳酸根离子,即:

$$CO_2 + H_2O \longrightarrow H^+ + HCO_3^- \longrightarrow 2H^+ + CO_3^{2-}$$

室内和现场试验均表明,钻井流体的流变参数,特别是动切力受碳酸氢根离子和碳酸根离子的影响很大,高温下更为突出。一般随着碳酸氢根离子浓度增加,动切力呈上升趋势,而随着碳酸根离子浓度增加,动切力先减后增。

两种离子侵害后的钻井流体性能加入处理剂很难恢复。只能用加入适量氢氧化钙清除这两种离子,加入氢氧化钙后pH值升高,体系中的碳酸氢根离子先转变为碳酸根离子,即:

$$2HCO_3^- + Ca(OH)_2 =\!=\!= 2CO_3^{2-} + 2H_2O + Ca^{2+}$$

碳酸根离子与钙离子继续作用,生成碳酸钙沉淀,将碳酸根离子除去,即:

$$CO_3^{2-} + Ca(OH)_2 =\!=\!= CaCO_3\downarrow + 2OH^-$$

前文处理钙侵害时,是用碳酸根离子除去钙离子,现在用氢氧化钙离解出来的钙离子除去碳酸根离子。两者的原理是一致的。

在二氧化碳容易侵害的地层钻井,碳酸氢根离子和碳酸根离子对钻井流体性能的危害明显强于钙离子。经验证明,此时在钻井流体中始终保持50~75mg/L的钙离子是适宜的。有利于及时清除碳酸根离子及碳酸氢根离子。

5.2 测定及调整方法

现场测定和调节钻井流体或滤液的pH值是控制钻井流体性能的一项基本工作,不仅用于控制酸和硫化物的腐蚀,还用于控制黏土的相互作用、各种组分和侵害物的溶解性以及处理剂的效能。

5.2.1 酸碱度测定方法

5.2.1.1 pH值测定方法

pH值的测定方法很多,常用的主要分为两大类:一类是玻璃电极法;另一类是比色法(张立敏,1998)。

API推荐的水基钻井流体现场测试程序中推荐用玻璃电极pH计法测定钻井流体的pH值。此方法准确可靠,操作简单,且使用高质量电极、设计合适的仪器排除一些干扰,可以精确到小数点后三位。但现场最简单方便的就是使用pH试纸。

(1)玻璃电极pH计法。玻璃电极pH计法测定pH值的方法原理是以玻璃电极为指示电极,饱和甘汞电极为参比电极组成电池。在25℃理想条件下,氢离子活度变化10倍,使电动势偏移59.16mV。由于这种方法太过复杂,不适于现场应用,仅适用原理研究。

玻璃电极pH计法需要的药品和仪器包括:

① 缓冲溶液。样品测定前,用于pH计的校正和建立梯度。0.05mol/L的邻苯二甲酸氢钠水溶液,24.0℃时pH值为4.01;0.02066mol/L的磷酸二氢钾和0.02934mol/L的磷酸氢二钠的水溶液,24℃时pH值为7.0;0.025mol/L的碳酸钠和0.025mol/L的碳酸氢钠水溶液,24℃时pH值为10.01。缓冲溶液可从供货商处得到预先配制好的溶液、袋装干粉或给定的配方。所有缓冲溶液的使用期不应超过6个月。井场使用的缓冲溶液的配制日期应标在瓶子上。瓶子应盖紧盖子保存。

② 蒸馏水或去离子水,盛在洗瓶内。

③ 温和的液体清洁剂。

④ 氢氧化钠(CAS No.1310-73-2),0.1mol/L(近似浓度),修复电极用。氢氧化钠是一种强腐蚀性的碱性化学药品,要避免接触皮肤。

⑤ 盐酸(CAS No.7674-01-0),0.1mol/L(近似浓度),修复电极用。盐酸是一种有毒的强酸。

⑥ 氟化氢铵(CAS No.1341-49-7),10.0%溶液(近似浓度),修复电极用。氟化氢铵呈强酸性且有毒,应进行相应的处理,并避免接触皮肤。

⑦ 毫伏范围电位仪(pH计),已经标定过并通过测定玻璃电极与标准"参比"电极之间的电位来显示pH值。仪器(最好)能防水、防震、耐腐蚀且携带方便。pH值范围为0~14.0;电极类型为固态(最佳);电源为电池(最佳);工作温度范围0~66℃;显示为数字式(最佳);分辨率0.1pH单位;准确度±0.1pH单位;重复性0.1pH单位。通过电极系统的温度补偿和电极系统的梯度(最佳)调节。读值校正装置最好使用带有内部温度补偿的仪器。

⑧ 电极系统。由一个对氢离子敏感的玻璃电极和一个具有标准电位的参比电极所组成的系统,其结构最好像一个单一电极,电极体应采用耐用材料制成。

为起到保护作用和便于清洗,电极末端最好是平的。推荐使用防水连接系统,玻璃pH电极响应范围为0~14pH单位。

电极由一个玻璃电极和一个银/氯化银电极所组成的结合体,并具有陶瓷或塑料制成的单式或双式接头。

在测定含有硫离子或溴离子的溶液时要使用双式接头电极以避免损坏(银)参比电极。参比电极内的电解质是氯化钾凝胶。

玻璃组分是适用于低钠离子误差的合适的玻璃。

pH值为13.0或钠离子摩尔浓度为0.1mol/L时,误差小于0.1pH单位。

⑨ 软纸。用于擦拭电极。

⑩ 温度计。玻璃温度计,量程为0~105℃。

⑪ 软毛试管刷。用于清洗电极。

⑫ 电极贮存瓶。用于保持电极的湿度。

取一份待测样品,并使其温度达到24℃±3℃。使缓冲溶液的温度也达到与待测样品相同的温度。为准确测定pH值,待测钻井流体样品、缓冲溶液及参比电极必须都在相同温度之下。容器标签上所标出的缓冲溶液的 pH 值只有在 24℃下才是正确的。如果要在其他温度下进行校正,必须使用相应温度下的缓冲溶液的实际 pH 值。不同温度下缓冲溶液的 pH 值数据表可从供应商处得到,在校正过程中应该使用它。用蒸馏水冲洗电极并擦干。将电极放入 pH 值为 7.0 的缓冲溶液中。以下为玻璃电极 pH 计法测量 pH 值的 10 个步骤:

① 启动仪器,等 60s,使读值稳定。

② 测定 pH 值为 7.0 的缓冲溶液的温度。

③ 将温度旋钮调在此温度上。

④ 调校正旋钮将仪器读值置于 7.0。

⑤ 用蒸馏水冲洗电极并擦干。

⑥ 用 pH 值为 4.0 或 pH 值为 10.0 的缓冲溶液重复步骤②至⑤的操作。如果待测样品是酸性的,则使用 pH 值为 4.0 的缓冲溶液;如果待测样品是碱性的,则使用 pH 值为 10.0 的缓冲溶液。用梯度调节旋钮将仪器的读值分别调至 4.0~10.0(如果没有梯度调节旋钮,则用温度旋钮将仪器的读位调至 4.0 或 10.0)。

⑦ 再次用 pH 值为 7.0 的缓冲溶液检验仪器。如果读值发生变化,则用"校正"旋钮将读值重新调至 7.0。重复步骤②至⑤的操作。如果不能适当地校正仪器,则按步骤④修复或更换电极。

校正用过的缓冲溶液样品应弃掉而不要再使用。仪器应该每天用两种缓冲溶液从头校正一次,每 3h 用 pH 值为 7.0 的缓冲溶液校正一次。

⑧ 校正好仪器后,用蒸馏水冲洗电极并擦干,将电极放入待测样品中并缓慢搅动,等 60~90s,以便读值稳定。

⑨ 在钻井流体报表上记录样品的 pH 值,精确到 0.1pH 单位,并记录样品的温度。

⑩ 小心清洗电极以备下次使用,将其存放在 pH 值为 4.0 的缓冲溶液瓶中,杜绝使电极探头变干。

关掉仪器并盖好保护仪器,避免将仪器存放在低于 0℃或高于 50℃的极端温度下。玻璃电极 pH 计法注意事项:

① 玻璃电极在使用前先放在蒸馏水中浸泡 24h 以上。

② 测定 pH 值时,玻璃电极的球泡应全部浸入溶液中,并使其稍高于甘汞电极的陶瓷或塑料芯端,以免搅拌时破坏。

③ 玻璃电极的内电极与球泡之间、甘汞电极的内电极和陶瓷芯之间不得有气泡,以防断路。

④ 甘汞电极中的饱和氯化钾溶液的液面必须高出汞体,在室温下应有少许氯化钾晶体存在,保证氯化钾溶液饱和,但须注意氯化钾晶体不可过多,以防止堵塞与被测溶液的通路。

⑤ 玻璃电极表面受到侵害时,需进行处理。如果吸附着无机盐结垢,可用温稀盐酸溶解;对钙镁等难溶性结垢,可用乙二胺四乙酸二钠溶液溶解;沾有油污时,可用丙酮清洗。电极按上述方法处理后,应在蒸馏水中浸泡一昼夜再使用。注意忌用无水乙醇、脱水性洗涤剂处理电极。

(2)比色测定法。比色测定法测定 pH 值的方法原理是根据指示剂在不同氢离子浓度的水溶液中所产生的不同颜色来测定的。每一种指示剂都有其一定的变色范围。比色法一般又分为标准色液瓶法和 pH 试纸比色法两种。

① 标准色液瓶法。将一系列已知 pH 值的缓冲溶液加入适当的指示剂制成标准色液装在封口的小安瓿瓶内,测定时往水样中也加入指示剂,与标准色液瓶比较,得出待测水样的 pH 值。本方法可测至 0.1pH。

一般地说,标准色液瓶法可用于测定饮用水(地下水)或较清洁的天然水(地表水)的 pH 值,但对 pH3.0 以下或 pH10.0 以上的样品的测定是不甚可靠的,特别是待测水样带有颜色、浑浊或含有较多的氧化剂、还原剂、游离氯等物质时,测定的结果更差。

② pH 试纸比色法。将不同 pH 值为显色剂吸附特定的纸上,标出不同 pH 值的标准色板,使用时取试纸一条浸入欲待测溶液中,半分钟后取出与标准色板比较,即得出待测液 pH 值。

pH 试纸又分为广泛试纸和精密试纸两种。广泛试纸的测定范围为 1.0~14.0,均为 1 个 pH 单位差级;精密试纸又分为 0.5~5.0,2.7~4.7,5.4~7.0,5.5~9.0,7.6~8.5 和 8.2~10.0 等范围的试纸。

不同范围试纸又分为不同的 pH 单位,如 pH 值为 8.2~10.0 的精密试纸是由 8.2,8.5,8.8,8.9,9.0,9.3,9.7 和 10.0 以上 8 个标准色板构成。

GB/T 16783.1—2006 提出,pH 试纸比色法也可用于井场 pH 值的测定,但由于钻井流体中的固相、溶解的盐和化学处理剂以及深颜色液体等,均会对 pH 试纸测定值产生较大误差。因此,这种方法只有在非常简单的水基钻井流体中使用才较为可靠。

5.2.1.2 碱度测定方法

滴定至酚酞指示剂由红色变为无色时,溶液 pH 值为 8.3,指示水中氢氧根离子已被中和,碳酸盐均被转化为重碳酸盐,此时的滴定结果称为酚酞碱度。滴定至甲基橙指示剂由黄色变为橙红色时,溶液的 pH 值为 4.4~4.5,指示水中的重碳酸盐(包括原有的和由碳酸盐转化成的)已被中和,此时的滴定结果称为总碱度。俗称甲基橙碱度。

通过计算可求出相应的碳酸盐、重碳酸盐和氢氧根离子的含量。但废水、污水组分复杂,计算无实际意义。碱度是海水中弱酸阴离子总含量的一个量度,严格定义是当温度为 20℃时,1.0cm³ 海水中弱酸阴离子全部被释放时所需氢离子的物质的量(mmol),用符号"ALK"或"A"表示。

碱度的测定值因使用的指示剂终点 pH 值不同差异很大,只有当试样中的化学组成已知时,才能解释为具体的物质。天然水和未污染的地表水,可直接以酸滴定至 pH 值为 8.3 时消耗的量为酚酞碱度,以酸滴定至 pH 值为 4.4~4.5 时消耗的量为甲基橙碱度。通过计算,可求出相应的碳酸盐、重碳酸盐和氢氧根离子的含量;废水和污水往往需要根据水中物质的组分确定其与酸作用达到终点时的 pH 值。然后,用酸滴定以便获得分析者感兴趣的参数,并做出解释。

碱度指标常用于评价水体的缓冲能力及金属在其中的溶解性和毒性,是对水和废水处理过程控制的判断性指标。若碱度是由过量的碱金属盐类所形成,则碱度又是确定这种水是否适宜于灌溉的重要依据。碱度的测定方法通常有酸碱指示剂滴定法和电位滴定法。

(1)酸碱指示剂滴定法。酸碱指示剂滴定法的原理是水样用酸溶液滴定至规定的 pH 值。其终点可由加入的酸碱指示剂在该 pH 值时颜色的变化来判断。

滴定至酚酞指示剂由红色变为无色时,溶液的 pH 值为 8.3,指示水中氢氧根离子已被中和,碳酸盐均被转化为重碳酸盐;滴定至甲基橙指示剂由橘黄色变成橘红色时,溶液的 pH 值为 4.4~4.5,指示水中的重碳酸盐(包括原有的和由碳酸盐转化成的)已被中和。根据上述两个终点到达时所消耗的盐酸标准滴定溶液的量,可以计算出水中碳酸盐和重碳酸盐的含量以及总碱度。

酸碱指示剂滴定法分取 100mL 水样于 250mL 锥形瓶中,加入 4 滴酚酞指示剂,摇匀。溶液呈红色时,用盐酸标准溶液滴定至刚刚褪至无色,记录盐酸标准溶液用量。加酚酞指示剂后溶液无色,则不需用盐酸标准溶液滴定。向上述锥形瓶中加入 3 滴甲基橙指示剂,摇匀。继续用盐酸标准溶液滴定至溶液由橘黄色刚刚变为橘红色为止。记录盐酸标准溶液用量。上述计算方法不适用于污水及复杂体系中碳酸盐和重碳酸盐的计算。

(2)电位滴定法。电位滴定法原理是用玻璃电极为指示电极、甘汞电极为参比电极,用酸标准溶液滴定,靠电极电位的突跃来指示滴定终点。在滴定到达终点前后,滴液中的待测离子浓度往往连续变化 n 个数量级,引起电位的突跃,被测成分的含量仍然通过消耗滴定剂的量来计算,其终点通过 pH 计或电位滴定仪指示。

以 pH 值为 8.3 指示水样中氢氧化物被中和及碳酸盐转化为重碳酸盐时的终点,与酚酞指示剂刚刚褪色时的 pH 值相当;以 pH 值为 4.4~4.5 指示水中重碳酸盐(包括原有重碳酸盐和由碳酸盐转化成的重碳酸盐)被中和的终点,与甲基橙刚刚变为橘红色的 pH 值相当。工业废水或含复杂组分的水可以以 pH 值为 3.7 指示总酸度的滴定终点。

电位滴定法可以绘制成滴定时 pH 值对酸标准滴定液用量的滴定曲线,然后计算出相应组分的含量或直接滴定到指定的终点。

电位滴定法分取 100mL 水样置于 200mL 高型烧杯中,用盐酸标准溶液滴定。滴定方法同盐酸标准溶液的标定。滴定到 pH 值为 8.3 时,到达第一个终点,即酚酞指示的终点,记录盐酸标准溶液消耗量。继续用盐酸标准溶液滴定至 pH 值为 4.4~4.5 时,到达第二个终点,即甲基橙指示的终点,记录盐酸标准溶液用量。

甲基橙的变色点 pH 值为 4.3。当 pH 值降至该值时,甲基橙由黄色转变为橙红色。能使 pH 值降至 4.3 所需的酸量,则被称作甲基橙碱度(Methyl Orange Alkalinity)。

酚酞的变色点 pH 值为 8.3。滴定过程中,pH 值降至该值时,酚酞由红色变为无色。因此,能够使 pH 值降至 8.3 所需的酸量被称作酚酞碱度(Phenolphthalein Alkalinity)。钻井流体及其滤液的酚酞碱度分别用符号 P_{df} 和 P_f 表示。API 规定钻井流体的酚酞碱度和甲基橙碱度分别用 P_{df} 和 M_{df} 表示,中国标准规定用 P_m 和 M_m 表示,本书采用 API 标准。

API RP 13B-1—2009 推荐,P_{df},P_f 和 M_f 三种碱度的值,均以滴定 1mL 钻井流体或其滤液的样品所需 0.02N H_2SO_4 的体积(单位:mL)表示,单位 mL 常可省略。

各种碱度用标准酸滴定时可起下列反应:

$$OH^- + H^+ \Longrightarrow H_2O$$

$$CO_3^{2-} + H^+ \Longrightarrow HCO_3^-$$

$$HCO_3^- + H^+ \Longrightarrow H_2O + CO_2$$

根据这些化学方程式可以,推测出钻井流体中或者钻井流体的滤液中,有哪些离子存在。进而实现对钻井流体碱度的控制。

GB/T 16783.1—2006中规定的钻井流体滤液碱度测定的主要程序包括滤液酚酞碱度和甲基橙碱度的测定以及钻井流体酚酞碱度测定。由于滤液碱度和甲基橙碱度的测定是连续的,所以方法一起介绍。

(1)滤液酚酞碱度、甲基橙碱度测定方法。

① 取1.0mL的滤液于滴定瓶中,加入2滴或更多的酚酞指示剂溶液。如果指示剂变成粉红色,则用刻度移液管逐滴加入0.02N(N/50)硫酸并不断搅拌,直至粉红色恰好消失为止。如果样品颜色较深而干扰指示剂颜色变化,则可用pH计测定,pH值降至8.3时即为滴定终点。

② 记录滤液的酚酞碱度,即每单位体积(mL)滤液到达酚酞终点所消耗的0.02N硫酸的体积(mL)。

③ 测完酚酞碱度之后的样品中加入2~3滴甲基橙指示剂溶液,用带刻度移液管逐滴加入标准硫酸并不断搅拌,直至指示剂颜色从黄色变为粉红色为止。也可以用pH计测定,pH值降至4.3时即达到滴定终点。

记录滤液的甲基橙碱度,即每单位体积(mL)滤液到达甲基橙终点所消耗的0.02N硫酸的总体积数(mL)(包括到达酚酞碱度终点所消耗的量)。

(2)钻井流体酚酞碱度测定方法。

① 用注射器或移液管取1mL钻井流体于滴定瓶中,用25~50mL蒸馏水稀释。加入4~5滴酚酞指示剂,边搅拌边用0.02N(N/50)标准硫酸迅速滴定到粉红色消失。如果滴定终点的颜色变化看不清楚,则可用pH计测定,pH值降至8.3时即到达滴定终点。

如果怀疑有水泥浆侵害,必须尽快滴定,并以粉红色第一次消失为滴定终点记录。

② 记录钻井流体的酚酞碱度,即每单位体积(mL)钻井流体到达酚酞终点所消耗的0.02N硫酸的体积(mL)。

5.2.2 酸碱度计算方法

根据酚酞碱度、甲基橙碱度通过化学反应方程式和当量定律,计算钻井工作流体滤液中氢氧根离子、碳酸氢根离子和碳酸根离子的浓度。

5.2.2.1 pH计算方法

化学上常用氢离子物质的量浓度的负对数来表示溶液酸碱性的强弱。

(1)通常pH值的计算公式。

$$pH = -\lg[H^+]$$

式中 pH——以H^+物质的量浓度$[H^+]$的负对数计算的pH值。

(2)强酸溶液的pH值计算公式。

$$pH = -\lg[H^+] = -\lg C_a \tag{2.5.2}$$

式中 C_a——强酸的浓度。

(3)强碱溶液的pH值计算公式。

$$pH = pK_w + \lg[OH^-] = pK_w + \lg C_b \qquad (2.5.3)$$

式中 pK_w——以水的离子积常数 K_w 所计算出来的 pH 值;

$[OH^-]$——OH^- 的物质的量浓度;

C_b——强碱溶液中生成的氢氧根离子浓度。

在任何溶液中都有:

$$K_w = [H^+][OH^-] \qquad (2.5.4)$$

通常水的离子积常数取 10^{-14},则:

$$pK_w = pH + pOH = -\lg K_w = 14 \qquad (2.5.5)$$

式中 pOH——以 OH^- 物质的量浓度的负对数计算的 pH 值。

(4)弱酸溶液的 pH 值计算公式。

$$K_a = \frac{[H^+]^2}{C_a - [H^+]} \qquad (2.5.6)$$

$$[H^+] = -\frac{1}{2}K_a + \left(\frac{1}{4}K_a^2 + K_aC_a\right)^{\frac{1}{2}} \qquad (2.5.7)$$

$$pH = -\lg\left[-\frac{1}{2}K_a + \left(\frac{1}{4}K_a^2 + K_aC_a\right)^{\frac{1}{2}}\right] \qquad (2.5.8)$$

式中 K_a——弱酸溶液的离解常数;

C_a——弱酸的浓度。

弱酸溶液的离解常数小于 10^{-4},或者弱酸溶液的离解常数在 10^{-4} 左右时,可以用总浓度代替平衡浓度,式(2.5.8)可简化为:

$$pH = \frac{1}{2}P_a^k - \frac{1}{2}\lg C_a \qquad (2.5.9)$$

式中 P_a^k——强酸溶液的 pH 值。

(5)弱碱溶液的 pH 值计算公式。

$$pH = P_w^k = \frac{1}{2}P_b^k + \frac{1}{2}\lg C_b \qquad (2.5.10)$$

式中 P_w^k——水溶液的 pH 值;

P_b^k——碱溶液的 pH 值;

C_b——弱碱的浓度。

(6)强酸弱碱盐混合之后的 pH 值计算。

当强酸与弱碱等当量数作用,反应后完全生成强酸弱碱盐,水解后混合溶液呈酸性,按氢离子浓度计算 pH 值,氢离子浓度的计算公式为:

$$[H^+] = \sqrt{\frac{K_w}{K_b} \times [盐]} \qquad (2.5.11)$$

式中 K_b——弱碱的解离常数。

当弱碱过量,生成的强酸弱碱盐与过量弱碱组成缓冲溶液。根据缓冲溶液计算氢氧根离子浓度,求出碱度值,最后计算 pH 值,计算公式为:

$$[OH^-] = K_b \times \frac{[碱]}{[盐]} \tag{2.5.12}$$

$$pOH = pK_b + \lg\frac{[盐]}{[碱]} \tag{2.5.13}$$

$$pH = 14 - pOH = 14 - pK_b - \lg\frac{[盐]}{[碱]} \tag{2.5.14}$$

式中 pK_b——弱碱的 pOH 值。

当强酸过量,混合溶液的氢离子浓度取决于过量酸的浓度,计算公式为:

$$[H^+] = \frac{M_{酸}V_{酸} - M_{碱}V_{碱}}{V_{总}} \tag{2.5.15}$$

式中 $M_{碱}$——碱的摩尔浓度,mmol/L;
$V_{碱}$——碱的体积,L;
$M_{酸}$——酸的摩尔浓度,mmol/L;
$V_{酸}$——酸的体积,L;
$V_{总}$——酸碱的体积,L。

(7)强碱弱酸盐混合之后的 pH 值计算。

当强碱与弱酸等当量数作用,反应后完全生成强碱弱酸盐,要考虑盐的水解,水解后,混合溶液呈碱性。根据氢氧根离子浓度计算碱度值,再计算 pH 值,氢氧根离子浓度的计算公式为:

$$[OH^-] = \sqrt{\frac{K_w}{K_a}[盐]} \tag{2.5.16}$$

式中 K_a——弱酸的解离常数。

弱酸过量,生成的强碱弱酸盐与过量弱酸组成缓冲溶液。根据缓冲溶液计算氢离子浓度,再计算 pH 值,计算公式为:

$$[H^+] = K_a \times \frac{[酸]}{[盐]} \tag{2.5.17}$$

$$pH = -\lg\left\{K_a \times \frac{[酸]}{[盐]}\right\} \tag{2.5.18}$$

强碱过量,溶液呈碱性,氢氧根离子浓度取决于过量碱的浓度,计算公式为:

$$[OH^-] = \frac{M_{碱}V_{碱} - M_{酸}V_{酸}}{V_{总}} \tag{2.5.19}$$

根据氢氧根离子浓度求出碱度值后,最后计算 pH 值。

(1)氢氧根离子浓度计算方法。

用酚酞指示剂滴定至终点时,$pH=8.3$,此时消耗的0.02N硫酸的量为酚酞碱度(P_f),所发生的反应使得体系中没有氢氧根离子。即,氢氧根离子浓度为0。

$$H^+ + OH^- = H_2O$$

$$H^+ + CO_3^{2-} = HCO_3^-$$

(2)碳酸氢根离子浓度计算方法。

用甲基橙指示剂滴定至终点时,$pH=4.3$,此时消耗的0.02N硫酸的量为甲基橙碱度(M_f),所发生的反应如下:结合分子、离子的摩尔质量(M)、数量(n)、标准测试液浓度(C)和用量(V),计算钻井流体中离子的浓度。

$$H^+ + HCO_3^- = H_2O + CO_2$$

且 $M_{(OH^-)} = 17\text{g/mol}$,$M_{(CO_3^{2-})} = 60\text{g/mol}$,$M_{(HCO_3^-)} = 61\text{g/mol}$。

当酚酞碱度为0时,发生的反应只有:

$$H^+ + HCO_3^- = H_2O + CO_2$$

根据反应方程式,可得:

$$n_{(H^+)} = n_{(HCO_3^-)} = 0.02 \times M_f \times 10^{-3} \text{mol} \tag{2.5.20}$$

碳酸氢根离子的质量浓度为:

$$M_{(HCO_3^-)} \times n_{(HCO_3^-)} = 61 \times 0.02 \times M_f \times 10^{-3} = 1.22 M_f \times 10^{-3} \text{g/mL} = 1220 M_f \text{mg/L} \tag{2.5.21}$$

氢氧根离子和碳酸根离子的质量浓度均为0。

(3)碳酸根离子浓度计算方法。

当甲基橙碱度等于2倍酚酞碱度时,发生的反应有:

$$H^+ + CO_3^{2-} = HCO_3^-$$

$$H^+ + HCO_3^- = H_2O + CO_2$$

即

$$CO_3^{2-} + 2H^+ = H_2O + CO_2$$

根据反应方程式,可得:

$$n_{(CO_3^{2-})} = 2n_{(H^+)} = 2 \times 0.01 \times P_f \times 10^{-3} \text{mol} = 0.02 \times P_f \times 10^{-3} \text{mol} \tag{2.5.22}$$

碳酸根离子的质量浓度为:

$$M_{(CO_3^{2-})} \times n_{(CO_3^{2-})} = 60 \times 0.2 \times P_f \times 10^{-3} = 1.2 P_f \times 10^{-3} \text{g/mL} = 1200 P_f \text{mg/L} \tag{2.5.23}$$

氢氧根离子和碳酸氢根离子的质量浓度均为0。

当甲基橙碱度等于酚酞碱度时,发生的反应只有:

$$H^+ + OH^- \Longrightarrow H_2O$$

根据反应方程式,可得:

$$n_{(H^+)} = n_{(OH^-)} = 0.02 \times P_f \times 10^{-3} \text{mol} \tag{2.5.24}$$

氢氧根离子的质量浓度为:

$$M_{(OH^-)} \times n_{(OH^-)} = 17 \times 0.02 \times P_f \times 10^{-3} = 0.34 P_f \times 10^{-3} \text{g/mL} = 340 M_f \text{mg/L} \tag{2.5.25}$$

碳酸根离子和碳酸氢根离子的质量浓度均为0。

(4)两种离子共存时的浓度计算方法。

① 当甲基橙碱度大于2倍酚酞碱度时,发生反应:

$$H^+ + CO_3^{2-} \Longrightarrow HCO_3^-$$

$$H^+ + HCO_3^- \Longrightarrow H_2O + CO_2$$

碳酸根离子的质量浓度为:

$$[CO_3^{2-}] = 1200 P_f \text{g/mL} \tag{2.5.26}$$

碳酸氢根离子的质量浓度为 $1220(M_f - 2P_f)$ mg/L。

氢氧根离子的质量浓度为0。

② 当甲基橙碱度小于2倍酚酞碱度时,发生反应:

$$H^+ + OH^- \Longrightarrow H_2O$$

$$CO_3^{2-} + 2H^+ \Longrightarrow H_2O + CO_2$$

氢氧根离子的质量浓度为 $340(2P_f - M_f)$ mg/L。

碳酸根离子的质量浓度 $1200(M_f - P_f)$ mg/L。

碳酸氢根离子的质量浓度为0。

钻井流体的酸碱度对在钻井工作的进行中有着非常重要的作用,为了使钻井流体能适用于各种不同类型的地层,需对其酸碱度进行调整。

5.2.2.2 储备碱度计算方法

钻井流体的储备碱度通常用体系中未溶解氢氧化钙的含量表示。此时,体系中有未溶解的氢氧化钙和溶解的氢氧化钙形成的钙离子和氢氧根离子。滴定硫酸到终点。未溶解的氢氧化钙就可以求出。考虑钻井流体中可能水不是全部流体(还有固相),所以引入水的体积分数,表示氢氧化钙只溶于水中。

$$RA = 0.742(P_{df} - f_w P_f) \tag{2.5.27}$$

式中 RA——储备碱度,kg/m^3;

0.742——浓度转化中的转换系数；

P_{df}——钻井流体的酚酞碱度；

f_w——钻井流体中水的体积分数；

P_f——钻井流体滤液的酚酞碱度。

5.2.3 酸碱度调整方法

5.2.3.1 pH 值调整方法

pH 值的调整包括 pH 值偏低时的调整及 pH 值偏高时的调整。通常，在钻井生产时，遇到 pH 值偏低的情况较多。有关 pH 值偏低时的调整方法及原因主要有三个方面。

(1)钻井流体 pH 值小于 8.0 时，为了有效抑制黏土的水化分散，提高钻井流体的防塌效果，常用的维护方法是加入具有防塌和抑制功能的处理剂氢氧化钾水溶液来提高钻井流体的 pH 值，避免使用氢氧化钠。

一方面是因为氢氧化钠在水溶液中完全离解，钠离子具有很强的水化分解性，对提高抑制性不利；另一方面是因为氢氧化钾提供的钾离子，能进一步增强抑制泥页岩的水化膨胀。

添加氢氧化钾的过程中一定要注意均匀慢速添加并及时跟踪测量钻井流体性能，防止局部高碱性，引起局部钻屑分散及处理剂在高碱性下发生化学反应失效，导致处理剂的维护周期缩短。

(2)钻水泥塞或遇到盐膏层产生钙镁离子侵 pH 值降低，可加入适量纯碱处理。因纯碱加入量过多会造成钻井流体钠化过度、黏切下降、失水量增大、滤饼增厚、钻井流体性能恶化。所以加入纯碱过程中同样少量慢速加入，及时跟踪测量各项性能，以保证其加量达到最佳效果。必要时还要加入其处理剂协助维护性能。

(3)钻遇含二氧化碳气体的地层时，二氧化碳气体侵入井筒，与钻井流体中的水反应生成碳酸，造成钻井流体 pH 值下降。可加入氧化钙，利用离解的氢氧根离子中和碳酸根离子，且反应生成的碳酸钙沉淀还具有降失水及暂堵保护储层的作用。

pH 值偏高时，通过加水稀释即可满足要求。为保证钻井流体密度及抑制性等不受影响，需要按同时加入重晶石粉、聚合物等体系中所原有的各种处理剂。这就需要做一些调整前的计算。

[例 2.5.1] 某钻井流体的 pH 值为 8.5，现要将此钻井流体的 pH 提高到 10 应用于含石膏的地层，向该钻井流体中加入 0.01mol/L 氢氧化钾溶液。求每升钻井流体中需加入氢氧化钾的量。

解：由 $pH = -\lg[H^+]$，可知氢离子浓度 $C_{(H^+)} = 10^{-pH}$

此钻井流体的 $[H^+] = 10^{-8.5}$ mol/L，$[OH^-] = 10^{-5.5}$ mol/L。

$pH = 10$ 时，钻井流体的 $[H^+] = 10^{-10}$ mol/L，$[OH^-] = 10^{-4}$ mol/L。

设每升钻井流体所需加入的 0.01mol/L 氢氧化钾的体积为 V，则可列方程如下：

$$10^{-5.5} + 0.01V = 10^{-4} \times (1+V)$$

解得 $V = 9.68$ mL。

答：每升钻井流体中需加入 0.01mol/L 氢氧化钾溶液的量为 9.68mL。即 $1m^3$ 钻井流体中加入9.68L氢氧化钾溶液。

5.2.3.2 储备碱度调整方法

所谓储备碱度,主要是指未溶石灰构成的碱度。pH值降低时,石灰会不断溶解。一方面可为钙处理钻井工作流体不断地提供钙离子,维持粗分散状态;另一方面有利于使钻井工作流体的pH值保持稳定保证体系处于弱碱环境。

[例2.5.2] 某种钙处理钻井流体的碱度测定结果,用0.02N硫酸滴定1.0mL钻井流体滤液,需1.0mL硫酸达到酚酞终点,1.1mL硫酸达到甲基橙终点。再取钻井流体样品,用蒸馏水稀释至50mL,使悬浮的石灰全部溶解。然后用0.02N硫酸滴定,达到酚酞终点所消耗的硫酸为7.0mL。已知钻井流体的总固相含量为10%,油的含量为零,试计算钻井流体中悬浮氢氧化钙的量。

解:悬浮氢氧化钙的量即钻井流体的储备碱度。根据碱度测定结果可知:

$$P_f = 1.0, M_f = 1.1, P_m = 7.0, f_m = 1.0 - 0.10 = 0.90$$

可求得悬浮氢氧化钙的量:

$$RA = 0.742 \times [7.0 - (0.90) \times (1.0)] = 4.526(kg/m^3)$$

5.3 现场调整工艺

现场钻井作业过程中,为使钻井流体适用于各种不同的地层,需对其酸碱度进行研究,主要包括钻井流体碱度确定以及钻井流体碱度调整工艺两个方面的内容。

5.3.1 酸碱性能差异确定

前文给出离子浓度计算方法,可知氢氧根、碳酸根和碳酸氢根离子的质量浓度可按表2.5.1估算。

表2.5.1 P_f和M_f值与离子浓度之间的关系

条件	$[OH^-]$,mg/L	$[CO_3^{2-}]$,mg/L	$[HCO_3^-]$,mg/L
$P_f = 0$	0	0	$1220M_f$
$2P_f < M_f$	0	$1200P_f$	$1220(M_f - 2P_f)$
$2P_f = M_f$	0	$1200P_f$	0
$2P_f > M_f$	$340(2P_f - M_f)$	$1200(M_f - P_f)$	0
$P_f = M_f$	$340M_f$	0	0

一般情况下,$pH = 8.3$时,形成水分子和碳酸氢根离子的反应已基本进行完全。存在于溶液中的碳酸氢根离子不参与反应。

$$OH^- + H^+ \Longleftrightarrow H_2O$$

$$CO_3^{2-} + H^+ \Longleftrightarrow HCO_3^-$$

继续用硫酸溶液滴定至 $pH = 4.3$，碳酸氢根离子与氢离子的反应也已基本上反应完全，即

$$HCO_3^- + H^+ \rightleftharpoons CO_2 + H_2O$$

但仍然存在特殊情况，需要注意。

(1) 所测甲基橙碱度等于酚酞碱度时，滤液的碱性完全由氢氧根离子引起；
(2) 所测酚酞碱度为 0 时，滤液的碱性完全由碳酸氢根离子引起；
(3) 所测甲基橙碱度等于 2 倍酚酞碱度时，滤液中只含有碳酸根离子。

由于使钻井流体维持碱性的无机离子除氢氧根离子，还可能有碳酸氢根离子、碳酸根离子，pH 值并不能完全反映钻井流体中这些离子的种类和质量浓度。因此，在实际应用中，除使用 pH 值外，还常使用碱度来表示钻井流体的酸碱性。钻井流体碱度具体要求是一般钻井流体的酚酞碱度最好保持在 1.3~1.5mL；饱和盐水钻井流体的滤液酚酞碱度保持在 1.0mL 以上即可。海水钻井流体的酚酞碱度应控制在 1.3~1.5mL；深井耐高温钻井流体应严格控制碳酸根离子含量，一般应将甲基橙碱度/酚酞碱度比值控制在 3.0 以内。

钻井流体的酸碱性强弱直接与钻井流体中黏土颗粒的分散程度有关。因此，很大程度上影响钻井流体的黏度、切力和其他性能参数。pH 值升高时，黏土晶层的表面会有更多氢氧根离子被吸附，进一步增强表面所带的负电性，从而在剪切作用下使黏土更容易水化分散，使钻井流体的黏度增加。

根据现场经验，钙处理钻井流体中悬浮石灰的量一般保持在 3.0~6.0kg/m³ 范围内较为适宜，可见该钻井流体中所保持的量合乎要求。由于例 2.5.2 中测得的酚酞碱度和甲基橙碱度值十分接近，表明滤液中碳酸氢根离子和碳酸根离子几乎不存在，滤液的碱性主要是由于氢氧根离子的存在而引起的。

钻井流体中碳酸氢根离子和碳酸根离子破坏钻井流体的流变性和降失水性能，均为有害离子，因此尽量清除。用甲基橙碱度与酚酞碱度的比值可表示它们的侵害程度。

甲基橙碱度/酚酞碱度等于 3.0，即流体中氢氧根离子浓度很低，碳酸根离子浓度较高，已出现碳酸根离子侵害；

甲基橙碱度/酚酞碱度大于 5.0 时，则为严重的碳酸根离子侵害。

钻井流体被碳酸氢根离子和碳酸根离子侵害后具有一些特征。根据特征，可以判断侵害程度，针对侵害程度采取相应的处理措施。

(1) 钻井流体颜色变为暗灰色或棕灰色，严重时钻井流体为暗黑色胶油状，且钻井流体起泡，且泡不易消除。
(2) 钻井流体的黏度和切力明显增大，不稳定性强，流动性变差，表面固化现象非常明显。倾倒时挂壁现象严重。常用的钻井流体处理剂降黏效果不好。
(3) 钻井流体失水量不易控制。即使向钻井流体中加入大量的降失水剂，能将失水量限定在要求的范围内，滤饼的质量不如以前的薄而韧。
(4) 钻井流体 pH 值不易控制。

5.3.2 酸碱性能维护处理

使用钻井流体过程中，为保证其性能良好且稳定，需控制 pH 值为 8.0~11.0，即维持在

一个弱碱性的环境中,保持钻井流体适度的分散和絮凝,防止钻具的腐蚀和破坏,有效地抑制微生物对钻井流体处理剂的酸化和老化,同时促进钻井流体处理剂的发挥。pH 值是钻井流体性能稳定性的一项指标,通过调节 pH 值可在一定程度上控制钻井流体的流变性及防塌性等性能(徐跟峰等,2012)。

5.3.2.1 提高 pH 值方法

提高 pH 值的最常用方法是加入烧碱、纯碱、熟石灰等碱性物质。常温下,10% 烧碱溶液,pH 值为 12.9;10% 纯碱溶液,pH 值为 11.1;石灰饱和溶液,pH 值为 12.1。

石膏侵、盐水侵造成的 pH 值降低,可加入高碱比的煤碱液、单宁碱液等处理。既能提高 pH 值,又能降低黏度和切力和失水量,钻井流体性能变好。还可以加入适量纯碱处理。但因纯碱加量过多会造成钻井流体钠化过度、黏度和切力下降、失水量增大、滤饼增厚、钻井流体性能恶化。所以加入纯碱过程中同样少量慢速加入,及时跟踪测量各项性能,还需要补充处理剂,以保证其加量达到最佳效果。一般采用溶液的形式加入。

在高温、高矿化度环境下调整钻井流体 pH 值时,不宜采用加入氢氧化钠的办法提高 pH 值,否则加碱越多,由于碱化和屏蔽作用,pH 值下降越严重,钻井流体性能越不稳定。根据经验,一般加入烷基磺酸钠、失水山梨醇单油酸酯、烷基酚与环氧乙烷缩合物等表面活性剂,缓解钻井流体 pH 值的下降,但仍有一定的局限性(马运庆等,2008)。

烷基磺酸钠是阴离子型表面活性剂,在搅拌过程中会产生大量的气泡,会对钻井流体的流变性能造成一定的影响,一般情况下不单独使用。

失水山梨醇单油酸酯、烷基酚与环氧乙烷缩合物均为非离子型表面活性剂,通常认为非离子表面活性剂在钻井流体中不受外界离子的干扰,能吸附在黏土颗粒表面,阻止钠离子与黏土矿物晶层间的氢离子发生离子交换作用,减少钻井流体中氢离子的浓度,从而达到稳定体系 pH 值的作用。

实验表明,单一的非离子型表面活性剂稳定 pH 值的效果并不明显。

5.3.2.2 降低 pH 值方法

现场降低 pH 值,一般不加无机酸,而是加弱酸性的单宁粉或栲胶粉。聚合物钻井流体,通常情况下 pH 值偏高时,加水稀释即可以满足要求。为保证钻井流体密度及抑制性等参数不受影响,需要按比例同时加入重晶石粉、聚合物等原体系中所有的各种处理剂。

5.4 发展趋势

在实际应用中,大多数钻井流体的 pH 值要求控制在 8.0~11.0,即维持一个较弱的碱性环境,因为可以减少钻井流体对钻具的腐蚀。可以预防因氢脆而引起的钻具和套管的损坏。可以抑制钻井流体中钙、镁盐的溶解。并且相当多的处理剂需要在碱性介质中才能充分发挥其效能。因此针对不同处理剂的钻井流体确定其准确合适的 pH 值以发挥钻井流体处理剂的最大作用。

5.4.1 研究现状

随着世界钻井流体工艺技术的不断发展,中国钻井流体的整体水平提高较快,钻井流体的研究水平取得了长足的进步,一批批优质的钻井流体和处理剂陆续问世,有效地提高了钻井的成功率,降低了钻井成本,获得了可观的经济效益。

钻井流体的 pH 值和酸碱度对钻井流体性能有相当大的影响,但在常规的实践中认为钻井流体的 pH 值只要能大体稳定在一个相当的范围内即可。对 pH 值重视不够,缺乏深入的研究。在使用钻井流体过程中,温度升高、盐侵、钙侵、固相含量增加或处理剂失效等诸多因素,常常导致钻井流体 pH 值降低。其原因主要有离子交换、高温钝化作用、与杂质反应。

(1)离子交换。滤液中的钠离子与黏土矿物晶层间的氢离子发生离子交换,置换出氢离子,使钻井流体的 pH 值降低。

(2)高温钝化作用。钻井高温作用后,钻井流体中黏土颗粒的表面活性降低,消耗氢氧根离子而引起钻井流体的 pH 值下降。

(3)与杂质反应。工业食盐中含有氯化镁和氯化钾等杂质,它们与滤液中的氢氧根离子反应生成沉淀,或消耗部分氢氧根离子,导致钻井流体 pH 值降低。

钻井流体 pH 值降低不仅在一定程度上影响有机处理剂在钻井流体中的效果,降低钻井流体的工作性能,还会加重钻具的腐蚀,造成一些预料外的钻井事故,致使钻井成本增加。

5.4.2 发展方向

调节钻井流体合适的酸碱度并保持其稳定性是保持钻井流体稳定性,充分发挥钻井流体效能的关键措施,可以通过优选或复配钻井流体处理剂,研制新型钻井流体处理剂。

(1)优选或复配钻井流体处理剂。因为目前的钻井流体处理剂种类繁多,使用一种或者几种钻井流体处理剂,难以达到最好的效果。通过钻井流体处理剂的复配可以充分发挥其作用,达到稳定钻井流体酸碱度的目的。

(2)研制新型钻井流体处理剂。随着传统钻井流体难以满足新的钻井需要,随着认识水平的提高和科技的进步,研制具有能够自动调节钻井流体酸碱度能力的新型钻井流体处理剂成为重要方向。

第6章 钻井流体耐盐性能

钻井流体的耐盐性能(Salinity Tolerant Properties)是指钻井流体组分能够承受流体中离子浓度性质和能力,也称矿化度耐受性能。

钻井流体矿化度(Mineralization Degree)又叫作钻井流体的含盐量,表示钻井流体中所含盐类的数量,属于水化学的基本概念。由于钻井流体中的盐类一般是以离子的形式存在,所以矿化度也可以表示为钻井流体中所有阳离子的量和阴离子的量之和。所有离子在溶液中的累积过程,称为矿化过程。

一般说来,钻井流体,特别是使用过的钻井流体容纳的物质,种类较多,概括起来主要有悬浮物、胶态物、溶解物、溶解气等物质。

(1)悬浮物,悬浮在钻井流体中的固体物质,包括不溶于水中的无机物、有机物及泥砂、黏土、微生物等,粒径大于10^{-7}m。

(2)胶态物,分散于钻井工作流体中,构成胶态物质,具有胶体特性。比如硅酸、氢氧化铝、氢氧化铁等无机胶态物。粒径$10^{-9} \sim 10^{-7}$m。

(3)溶解物,能溶于水的物质统称。在水中以分子或离子状态存在。阳离子主要有钾离子、钙离子、镁离子、钠离子等。阴离子主要有氯离子、硫酸根离子、碳酸根离子、碳酸氢根离子等。此外,还含有少量其他离子如铜离子、锌离子、锰离子、硝酸根离子、氟离子及可溶性有机物质。粒径小于10^{-9}m。

(4)溶解气,一般为氧气、二氧化碳气、氮气、硫化氢气及少量的氨气等。

把完全溶解性固体(Total Dissolved Solids)的溶解总量定义为矿化度,即溶解于水中的固体组分(如氯化物、硫酸盐、硝酸盐、重碳酸盐及硅酸盐等)的总量,包括溶解于地下水中各种离子、分子、化合物和不易挥发的可溶性盐类和有机物的总量,但不包括悬浮物和溶解气体。一般以g/L表示(段媛媛等,2011)。

进一步说,钻井流体的总矿化度是指钻井流体中各种阴阳离子量的总和。如果不加以特殊说明,矿化度就是指钻井流体的矿化度。钻井工作者不断总结现场经验和理论研究发现,钻井工作流体的矿化度对安全快速钻进有着重要的意义,是钻井工作流体重要性能之一。

水基钻井流体的水型及矿化度,不仅会影响钻井流体性能的维护,还涉及井下安全问题。钻井流体用水由于受地理条件的限制,一般就近选用,至于取用水的水型及矿化度往往被忽视,因此会导致钻井流体矿化度较高,性能难以维持。因此为了控制钻井流体矿化度,需要合理选用钻井流体用水。

钻井过程中,常有来自地层的各种侵害物进入钻井流体,使其性能发生不符合施工要求的变化,这种现象常称为钻井流体受侵(Drilling Fluids Contaminated)。有的侵害物严重影响钻井流体的流变和失水性能,有的加剧钻具的损坏和腐蚀。当发生侵害时,应及时进行配方调整或采用化学方法清除侵害物,保证钻进正常进行。其中最常见的是钙侵、盐侵和盐水侵,此外还有镁离子、二氧化碳、硫化氢和氧气等造成的侵害。还有向井下钻井过程中,温度升高或者下降,使得钻井流体作为胶体的性能发生变化。

6.1 与钻井工程关系

由于矿化度对钻井流体的各项性能都有一定影响,所以在钻井过程中要综合考虑到这一因素,这与工程的关系很紧密。

6.1.1 关系井壁稳定

在钻井流体性质一篇中,讨论过添加无机盐特别是水基钻井流体中添加氯化钠、油基钻井流体中添加氯化钙,降低钻井流体中自由水的活度,提高钻井流体的抑制能力,维护井壁稳定。

钻井流体的抑制能力,在钙处理钻井流体中体现较为明显。高钙盐钻井流体与其他钻井流体的本质区别是钙离子浓度不同。一般情况下,高钙盐钻井流体钙离子含量大于900mg/L,才能充分发挥高价金属离子的抑制作用。因此,基浆的配制、氯化钙的添加很重要,与性能调整密切相关。

正常钻进时,保持钻井流体中有较高的钙离子浓度有利于提高钻井流体的化学抑制能力,降低岩石中黏土矿物的水化分散作用。但是钙离子浓度过高,钻井流体的失水量会升高,黏度和切力不易控制。因此,高钙盐体系中钙离子浓度存在一个合理的范围,一般在1000mg/L左右最合适。此时,既能有效维护钻井流体,又可以保持较低的成本。

在盐溶液中,有些处理剂会起到特殊的作用。不仅能够解决盐浓度过高影响的钻井流体性能问题,还能够与在高钙环境下钙离子协同作用,配合适当的物理封堵材料,可以形成高韧性滤饼。形成的滤饼具有较好的反渗透作用,提高抑制性。

6.1.2 关系机械钻速

盐溶液加入新的组分,会改变矿化度。高飞等通过模拟恒压钻进实验,考察了钻井流体中无机盐组分与砂岩岩石的相互作用及对机械钻速的影响,结合岩屑/溶液混合物的电动电位,初步分析了其作用机理。

研究发现,氯化铝溶液和硫酸铝溶液具有较好的提速效果,氯化铝溶液的浓度为0.01mol/L时机械钻速能提高33.7%。电动电位分析认为,铝离子能够使岩屑溶液的电动电位由负值变为0,再转为正值,电动电位大于-10mV时提高机械钻速的效果明显。主要原因是,电动电位接近于0,岩石表面具有较高的表面自由能,有利于岩石破碎(高飞等,2011)。

6.1.3 关系钻井流体性能

钻井流体一般是快弱凝胶。矿化度则对凝胶的性能有影响,这就引用了耐盐能力或者耐盐能力。

6.1.3.1 矿化度影响胶体稳定性

为了弄清盐离子对弱凝胶的影响规律,提高弱凝胶调驱的应用效果,陈铁龙通过研究金属离子钠离子、钾离子、镁离子和钙离子、金属离子的数目以及总矿化度等参数对弱凝胶性能的影响,为提高弱凝胶调驱的应用效果提供重要的依据(陈铁龙等,2003)。

单一阳离子形成弱凝胶的浓度为钠离子 $2 \times 10^4 \sim 7 \times 10^4$ mg/L、钾离子 $1 \times 10^4 \sim 5 \times 10^4$ mg/L、镁离子小于 1500mg/L、钙离子小于 500mg/L。

阳离子对弱凝胶影响的大小顺序为钙离子、镁离子、钾离子、钠离子。即二价阳离子的影响作用大于一价阳离子,电荷相同时离子半径大的阳离子影响大于离子半径小的阳离子。

溶液中同时存在多种盐时,弱凝胶可以承受更高的二价阳离子浓度。单一钙离子浓度超过 500mg/L,聚合物溶液就会形成沉淀而不能成胶。

流体中包含多种阳离子,在总矿化度的情况下,阳离子互相竞争,导致阳离子与聚合物之间作用与单一阳离子不同。总矿化度为 11×10^4 mg/L,钙离子和镁离子各为 1500mg/L 的盐水中,一价阳离子总浓度约为 4.5×10^4 mg/L,二价阳离子总浓度为 3000mg/L,前者约为后者的 15 倍。在浓度相差如此悬殊的条件下,一价阳离子对弱凝胶的影响大于二价阳离子,弱凝胶不沉淀且表现出较好的成胶性能和稳定性能。

6.1.3.2 矿化度影响黏土吸附性

任何处理剂要在钻井流体中发挥效能,对钻井流体起稳定作用必须首先吸附在黏土表面上。具有不同分子结构的聚合物在黏土表面应该有不同的吸附量和相对应的吸附特点。

无机盐的作用,一方面影响着聚合物的溶解性、水化性能和分子构象,另一方面还影响着黏土颗粒的电动电位和胶体性质,这样势必影响着聚合物在黏土表面的吸附规律,直接影响着钻井流体的性能。无机盐对两性离子聚合物在黏土表面吸附规律有 4 点:

(1)随着氯化钠浓度增加,低分子量两性离子聚合物在黏土表面吸附量增加,而且随着聚合物分子量增加,吸附量相应进一步提高;

(2)聚合物分子链中阳离子基团含量增加,也使吸附量增加;

(3)聚合物分子链中磺酸基含量减少,较高氯化钠浓度下在黏土表面吸附量显著增加;

(4)两性离子聚合物在黏土表面吸附量变化规律同其在盐水中溶解性与水化性的变化有较好的相关性。

6.1.3.3 矿化度影响聚合物水溶液性能

部分水解聚丙烯酰胺(Partially Hydrolyzed Polyacrylamide, HPAM)为水溶性高分子聚合物,按离子特性分可分为非离子、阴离子、阳离子和阴阳两性等 4 种类型,不溶于大多数有机溶剂,具有良好的絮凝性,可以降低液体之间的摩擦阻力,在石油钻采工业中具有广泛的用途,常用作降水剂和驱油剂。为探究钻井流体矿化度对流体流变性的影响,以平均相对分子质量为 2.5×10^6,水解度为 28% 的部分水解聚丙烯酰胺为实验对象,分别在镁离子、钙离子和钠离子不同矿化度中测试流变性。结果表明,矿化度对溶液流变性影响表现为,矿化度越高,流性指数越大,稠度系数越小。阴离子对溶液黏度降低无贡献。溶液黏度主要取决于阳离子浓度、阳离子电荷数和离子半径,对溶液黏度影响从大到小顺序为镁离子 > 钙离子 > 钠离子。

阳离子对部分水解聚丙烯酰胺溶液黏度影响可以通过阳离子影响部分水解聚丙烯酰胺分子链双电层理论来解释。阳离子浓度和离子半径影响双电层的厚度，而双电层厚度的改变会影响部分水解聚丙烯酰胺分子带电程度和卷曲程度进而影响部分水解聚丙烯酰胺溶液的黏度。电荷数相同的阳离子，如镁离子和钙离子，钙离子的离子半径大于镁离子的离子半径，相应的吸附层较厚，从而电势下降得较慢，也就是部分水解聚丙烯酰胺分子卷曲的程度较小，即部分水解聚丙烯酰胺溶液的黏度下降较小。

电荷数相同的钾离子的离子半径和钠离子的离子半径对黏度影响机理类似。电荷数不同的阳离子，如钠离子和钙离子，离子半径相差不大，而电荷数增加，扩散层厚度变小，也会使双电层厚度变薄，部分水解聚丙烯酰胺分子卷曲的程度增大，表现为部分水解聚丙烯酰胺溶液黏度降低的幅度较大。阳离子浓度、电荷及其阳离子半径的大小决定部分水解聚丙烯酰胺溶液黏度降低幅度的大小(康万利等，2006)。

不同矿化度盐溶液引发的钠/蒙皂石黏土矿物晶间距增量不同，比较氯化钾、氯化钠、氯化钙三种溶液，氯化钾溶液引起的晶间距变化量最小，在饱和氯化钾溶液作用下，钠/蒙皂石黏土的晶间距变化量仅1.32%(刘向君等，2011)。

矿化度对不同的有机处理剂的影响也是不同的，以脂肽类生物表面活性剂在不同矿化度条件下乳化原油的效果研究为例(王蕊等，2010)，来说明矿化度对有机处理剂的影响。

通过对液体石蜡乳化稳定性实验，测定了脂肽生物表面活性剂具有一定乳化能力，振荡混合后在油水之间出现灰色的乳化层。通过对比用不同矿化度地层水稀释表面活性剂后的原油乳化情况发现，高矿化度更有利于乳化。其中以矿化度8912mg/L的地层水稀释的表面活性剂的乳化层明显大于另两种矿化度，析水速度慢，析水率也最低。

这可能主要是由于矿化度的升高即离子浓度的增加能够压缩表面活性剂的双电层，提供水溶性脂肽表面活性剂向原油的趋向力，从而增强乳化性。

除此之外一些无机阳离子还可以压缩黏土表面双电层，使电动电位降低，有利于有机处理剂的吸附，增强有机处理剂的作用效果。无机盐类，例如氯化钾和硫酸铵都有减少黏土表面水化和渗透水化的作用。

6.1.3.4 矿化度影响杀菌剂性能

在油田生产过程中，常常要使用多种有机化学药剂，这些有机化学药剂易于生物降解，加上其他适宜的环境条件如温度、pH值、无机盐和溶解氧含量等，往往会造成钻井流体、完井液的细菌侵害，可造成多种危害。为了保证油田生产的正常进行，必须采取有效的措施控制细菌的危害(易绍金等，2002)。

其中，钻井流体矿化度对其杀菌性就有很大影响。在矿化度较低时，有机悬浮物浓度和溶解的无机盐浓度将适宜菌类生长，降低杀菌性。在无机盐含量大于20%时，此时矿化度和离子浓度高，这样就使水的渗透压升高，细菌都是单细胞生物，使细菌大量脱水死亡，能抑制大多数菌类生长，提高杀菌性。

6.1.4 关系钻具腐蚀

钻井流体中的盐类含量决定其矿化度。钻井流体中含盐浓度升高，溶液中电解质电导率也就增强，腐蚀速率加快。当氯化钾浓度高于3%时，腐蚀速率较大。因此，控制含氯盐水钻井流体中较低的氯化钾含量可以有效减弱腐蚀影响。

钻遇地层矿化度高,含有较多二氧化碳和硫化氢等腐蚀性气体、溶解氧等对钻具腐蚀较严重。尤其是二氧化碳的体积分数较高,溶解在钻井流体中致使钻井流体中二氧化碳、碳酸氢根离子的质量浓度增加,钙离子质量浓度又很高,易于在钻具外侧结垢,从而发生垢质下部腐蚀。

深层油藏中,含有1.5%~20%的二氧化碳,二氧化碳溶入水中,对金属材料尤其是铁基金属材料具有极强的腐蚀性。在相同pH值条件下,由于二氧化碳总酸度高,对钢材材料的破坏比盐酸还要严重。特别在温度约110℃时,均匀腐蚀速度高,局部腐蚀严重(深孔),腐蚀产物为厚而疏松的碳酸铁粗结晶。

氯离子和硫酸根离子质量浓度高,钻杆材质表面上不同部位的物理化学性质不均一,也会产生氯离子、硫酸根离子的自封闭电池孔蚀。另外氯离子和硫酸根离子对缝隙腐蚀、垢质下部腐蚀以及氯离子和硫酸根离子的闭塞电池孔蚀有加速和向纵深方向发展的作用。氯离子和硫酸根离子质量浓度越高,其作用越大。在氯离子和硫酸根离子作用下的垢下腐蚀是产生较深的斑状腐蚀的主要原因,在氯离子和硫酸根离子作用下的缝隙腐蚀导致了钻杆穿孔断裂。

6.1.5 关系储层伤害

矿化度对储层保护的影响主要体现在盐敏效应上。盐敏性随地区的不同有一定差异;临界盐度的变化范围从1/16地层水到1/2地层水;盐敏感性评价用临界盐度来表示。在钻井、完井及其他作业中,当高于地层水矿化度的工作液滤液进入储层后,可能引起黏土的收缩、失稳、脱落;当低于地层水矿化度的工作液滤液进入储层后,可能引起黏土的膨胀和分散,这些情况都将导致储层孔隙空间和喉道的缩小及堵塞,引起渗透率的下降从而伤害储层。

根据扩散双电层理论,矿化度降低时,溶解度升高,使黏土矿物晶片之间的连接力减弱,增加扩散层间距,使黏土矿物失稳,脱落;矿化度升高时,同离子效应能使晶片之间的连接物溶解,压缩双电层间距,有利于絮凝,导致黏土矿物失稳,分散。

6.2 测定及调整方法

钻井流体矿化度的变化对钻井流体性能影响显著,在钻井工程上,准确并实时掌握钻井流体矿化度成为关键要素之一,钻井流体矿化度的测定方法分为两大部分:一是流体总矿化度的测定方法;二是流体中几种重要离子的测定方法。

6.2.1 矿化度的测定方法

矿化度的测定方法依目的不同大致有重量法、电导法、阴阳离子加和法、离子交换法及比重计法等。

6.2.1.1 重量法

重量法含义较明确,是测定液体矿化度较简单而且通用的方法。水样经过滤去除漂浮物及沉降性固体物,放在蒸发皿内蒸干并称至恒重,并用过氧化氢去除有机物,然后在105~110℃下烘干至恒重,将称得质量减去蒸发皿质量即为矿化度。高矿化度水样含有大量钙、镁的氯化物时易于吸水,硫酸盐结晶水不易除去,均可使结果偏高。采用加碳酸钠,并提高烘干温度和快速称重的方法处理以消除其影响。

实验用直径90mm的玻璃蒸发皿(或瓷蒸发皿)、烘箱、水浴或蒸汽浴、分析天平,感量1/10000g、砂芯玻璃坩埚或中速定量滤纸、抽气瓶(容积为500mL或1000mL)、30%的过氧化氢溶液。实验操作过程包括烘干称重、抽滤、取水样蒸干、处理残渣变白或颜色稳定不变以及再称重。

(1)将清洗干净的蒸发皿置于105~110℃烘箱中烘2h,放入干燥器中冷却至室温后称重,重复烘干称重,直至恒重(两次称重相差不超过0.0005g);

(2)取适量水样用玻璃砂芯坩埚抽滤;

(3)取过滤后水样50~100mL(水样量以产生2.5~200mg的残渣为宜),置于已称重的蒸发皿中,于水浴上蒸干;

(4)如蒸干残渣有色,则使蒸发皿稍冷后,滴加过氧化氢溶液数滴,慢慢旋转蒸发皿至气泡消失,再蒸干,反复处理数次,直至残渣变白或颜色稳定不变为止;

(5)蒸发皿放入烘箱内于105~110℃烘箱中烘2h,置于干燥器中冷却至室温,称重,重复烘干称重,直至恒重(两次称重相差不超过0.0005g)。然后计算矿化度:

$$\frac{w - w_0}{V} \times 10^6 \tag{2.6.1}$$

式中 w ——蒸发皿及残渣的总质量,g;

w_0 ——蒸发皿质量,g;

V ——水样体积,mL。

实验时,高矿化度含有大量钙、镁、氯化物或硝酸盐的水样,可加入10mL 2%~4%的碳酸钠溶液,使钙、镁的氯化物及硫酸盐转变为碳酸盐及钠盐,在水浴上蒸干后,在150~180℃下烘干2~3h即可称至恒重。所加入的碳酸钠量应从盐分总量中减去。

用过氧化氢去除有机物应少量多次,每次使残渣润湿即可,以防有机物与过氧化氢作用分解时泡沫过多,发生盐分溅失。一般情况下应处理到残渣完全变白,但当铁存在时,残渣呈现黄色,若多次处理仍不褪色,即可停止处理。

清亮水样不必过滤,浑浊及有漂浮物时必须过滤。如水样中有腐蚀性物质存在时,应使用砂芯玻璃坩埚抽滤。

6.2.1.2 电导法

电导率指溶液传导电流的能力,纯水电导率最小。当水中有无机酸、碱及盐时使溶液的电导率增加,故可用电导率间接地推测水中离子的总浓度(刘芳,2013)。

电导是电阻的倒数。因此,可以通过求出的电阻反推电导。方法是将两个电极插入溶液中,可以测出两极间的电阻。根据欧姆定律,温度一定时,这个电阻值与电极间距离成正比,与电极截面积成反比。由于电极面积与间距是固定不变的,为一常数,称电导池常数。电阻率倒数称电导率。电导度,反应导电能力的强弱,是长度的倒数。

当已知电导常数并测出电阻后,即可求出电导率。而矿化度是水中呈有极性阴阳离子的总和;无疑这些带有正负电荷离子在电极间会做迁移活动。因此,电导法是测量矿化度的理想工具。

实验用 0.01mol/L 标准氯化钾溶液冲洗电导池 3 次。将此电导池注满标准溶液,放入恒温水浴恒温 0.5h,测定溶液电阻;更换标准溶液后再进行测定,重复数次,使电阻稳定在 ±2% 范围内,取其平均值。然后计算电导池常数:

$$Q = KR \tag{2.6.2}$$

式中　Q——电导池常数,cm^{-1};

　　　K——标准氯化钾溶液电导率,K 值为 $1413\mu S/cm$;

　　　R——标准溶液电阻,Ω。

用水冲洗电导池,再用水样冲洗数次后,测定水样的电阻,同时记录样品温度。计算样品的电导率(测定温度为 25℃)。

$$K = \frac{Q}{R} = 1413 R_{KCl}$$

知道了标准溶液的电导率,就可以用同样的方法,测量欲测量的液体的矿化度。

6.2.1.3　阴阳离子加和法

阴阳离子加和法测矿化度是将水中可溶性的阴离子各量和阳离子各量之和表示矿化度。但是,各离子浓度是用不同的化学方法定量出来的,只用此方法求矿化度就显得麻烦又不经济了,因此并不实用。

6.2.1.4　离子交换法

根据离解学说理论,确定基本单元之后,可溶盐类在溶液中就存在着电性相反而物质的量相等的阳离子和阴离子。以单盐氯化钠为例,其离解式:

$$NaCl \rightleftharpoons Na^+ + Cl^-$$

离解前后的分子与离子的质量相等,1mol 的氯化钠离解后产生 1mol 带正电的钠离子和 1mol 带负电的氯离子。天然水并非是单一盐类的溶液,而是多种溶盐的液体。因此,可得天然水中的总盐量、阳离子总量和阴离子总量三者的质量浓度关系、摩尔浓度关系(使用单位按国际单位或者推导单位统一即可):

$$C\sum S = C\sum K + C\sum A \tag{2.6.3}$$

$$\beta\sum S = \beta\sum K + \beta\sum A \tag{2.6.4}$$

式中　C——摩尔浓度;

　　　β——物质的质量浓度;

$\sum S$——总盐量;

$\sum K$——阳离子总量;

$\sum A$——阴离子总量。

天然水总盐量的质量浓度是阳离子与阴离子质量浓度之和;总盐量、阳离子和阴离子三者的摩尔浓度相等。根据分析化学中物质的质量浓度、摩尔浓度和摩尔质量三者与天然水盐溶液三者的关系式

$$\beta \sum S = C \sum S \times M \sum S \quad (2.6.5)$$

$$\beta \sum K = C \sum K \times M \sum S \quad (2.6.6)$$

$$\beta \sum A = C \sum A \times M \sum S \quad (2.6.7)$$

式中 M——摩尔质量。

可以认为,如何确定摩尔质量总盐量值,就成为天然水矿化度由 mmol/L 数值向 g/L 数转换的关键。由于钾离子、钙离子、镁离子、氯离子、硫酸根离子、碳酸根离子和钠离子等主要离子占总盐量的 98% 以上,是组成各种盐类的主体。因而,用主要阴阳离子质量浓度的总和(下称主要离子总量)来代替总盐量。常用主要离子总量、总盐量、矿化度来表达。

用阳离子交换树脂法能快速、准确地测得总酸量。如果借助测定碱度的那份试液,用连续滴定的方法,即先以酚酞为指示剂,用标准硫酸液滴定碳酸根离子含量,再加甲基橙指示剂,仍用标准硫酸液滴定碳酸氢根离子含量,后加铬酸钾为指示剂,用标准硝酸银液滴定氯离子含量,那么,有离子摩尔浓度之间关系:

$$C \sum H + C_{HCO_3^-} + C_{1/2CO_3^{2-}} = C \sum A \quad (2.6.8)$$

$$C \sum H - C_{Cl^-} = C_{1/2SO_4^{2-}} \quad (2.6.9)$$

式中 $\sum H$——总酸量。

可以用区段直线回归法计算总矿化度(高仁先,1998)。

$$矿化度(g/L) = C \sum A \times M \quad (2.6.10)$$

摩尔质量随阴离子总量摩尔质量的大小而变。阴离子总量摩尔质量小于 5 时,阴离子摩尔质量经验变换系数可取 0.77。阴离子总量摩尔质量为 5~15 时,阴离子摩尔质量经验变换系数可取 0.072。阴离子总量摩尔质量为 15~100 时,阴离子摩尔质量经验变换系数可取 0.065。阴离子总量摩尔质量大于 100 时,阴离子摩尔质量经验变换系数可取 0.059。也可以用幂函数回归法计算总矿化度:

$$矿化度(g/L) = 0.07707 C_{\sum A}^{0.9614} \quad (2.6.11)$$

也可以用对数回归摩尔质量法计算总矿化度:

$$矿化度(g/L) = C\sum A \times M_1 \tag{2.6.12}$$

其中

$$M_1 = 0.06851 + 0.007928 \lg HCB \tag{2.6.13}$$

$$HCB = \frac{C_{HCO_3^-}}{C_{Cl^-} + C_{1/2CO_3^{2-}}} \tag{2.6.14}$$

式中　M_1——阴离子摩尔质量经验变换系数,其值可参考表 2.6.1。

　　　HCB——阴离子的摩尔浓度,g/L。

表 2.6.1　阴离子摩尔质量经验变换系数取值范围

阴离子摩尔浓度 g/L	阴离子摩尔质量经验变换系数	阴离子摩尔浓度 g/L	阴离子摩尔质量经验变换系数
<0.035	0.057	1.350~1.800	0.070
0.035~0.055	0.058	1.800~2.400	0.071
0.055~0.073	0.059	2.400~3.200	0.072
0.073~0.100	0.060	3.200~4.200	0.073
0.100~0.130	0.061	4.200~5.700	0.074
0.130~0.180	0.062	5.700~7.600	0.075
0.180~0.240	0.063	7.600~10.000	0.076
0.240~0.300	0.064	10.000~13.500	0.077
0.300~0.420	0.065	13.500~18.000	0.078
0.420~0.560	0.066	18.000~25.000	0.079
0.560~0.750	0.067	25.000~32.000	0.080
0.750~1.000	0.068	>32.000	0.081
1.000~1.350	0.069		

6.2.1.5　比重计法

物体浸入液体内将受到一定的浮力,浮力的大小等于该物体所排开液体的重量,因而浮力的大小取决于液体的密度,也取决于溶液中盐分的含量。故可利用比重计间接测出溶液中的盐分含量,进而推导得出矿化度(姚成宗等,1960)。

6.2.2　相关离子含量测定方法

钻井流体中含有多种离子,其中重要离子主要包括钾离子、钙离子、镁离子、氯离子、硫酸根离子、碳酸根离子、钠离子、碳酸氢根离子等。以下测量方法适应于钻井流体滤液和钻井用水中,钾离子、钙离子、镁离子、氯离子、硫酸根离子、碳酸根离子、钠离子等常见离子的分析。各项离子测定的精度要求为两个平行测定结果的相对误差应小于 1.0%。所用试剂除特别指明外,均系"分析纯"。"水"为蒸馏水,所用溶液除特别指明外均为水溶液。钻井用水的试样应为沉降后的清液。按 API 标准手工取样。

实验用的仪器、器皿主要有:pHS-2型酸度计、磁力搅拌器、232型的饱和甘汞电极、231型的玻璃电极、滴定台;10mL(最小刻度0.05mL)及25mL的酸式滴定管各一个;10mL(最小刻度0.05mL)及25mL的棕色酸式滴定管各一个;5mL,10mL,20mL以及50mL移液管各一个;100mL和250mL容量瓶各一个;100mL和250mL锥形瓶;50mL,100mL和200mL烧瓶各一个;10mL量筒、长径漏斗、漏斗架、800~1000W的电炉、感量为0.2mg/格的分析天平、定性滤纸。

试剂及滤液主要有通过吸附作用使滤液脱色的化学纯的活性炭、硝酸、氢氧化钠(为试液提供碱性环境)、甲醛、乙二胺四乙酸二钠、乙二胺四乙酸、四苯硼酸钠、0.1%的达旦黄水溶液、十六烷基三甲基溴化胺、盐酸羟胺、氨水、氯化铵、5%(W/V)的铬酸钾水溶液、氯化钡、氯化镁、钙指示剂、0.5%(W/V)的酚酞、1%(W/V)的甲基橙水溶液、氯化钠、pH值为10的氨性缓冲溶液、钡离子和镁离子混合液、氯化钾。

6.2.2.1 钾离子测定方法

钾离子测定是用十六烷基三甲基溴化胺测定的。用移液管准确取5mL试液于100mL容量瓶中,加3mL 20%的氢氧化钠溶液、5mL 40%的甲醛溶液、5mL 10%的乙二胺四乙酸,再用移液管移取20mL的0.03N四苯硼酸钠标准溶液,稀释至刻度,摇动后静止10min。钾离子测定的原理为:

$$K^+ + [B(C_6H_5)_4]^- = K[B(C_6H_5)_4]$$

用干燥的漏斗、烧杯、滤纸过滤上述制备液,并弃去开始得到的5~10mL滤液。用移液管移取50mL滤液于250mL锥形瓶中,加入0.10%达旦黄指示剂;用0.03N十六烷基三甲基溴化胺(季铵盐)标准溶液滴定至由肉色变为浅粉红色为终点。钾离子浓度为:

$$[K^+] = \frac{N_1 V_1 - 2 N_2 V_2}{V_0} \times 1000 \times 39.10 \qquad (2.6.15)$$

式中 N_1——四苯硼酸钠标准溶液的当量浓度,N;
V_1——加入的四苯硼酸钠标准溶液的体积,mL;
N_2——苯季铵盐标准溶液的当量浓度浓度,N;
V_2——消耗的季铵盐标准溶液的体积,mL;
V_0——试液的体积,mL。

6.2.2.2 钙离子测定方法

钙离子测定是用乙二胺四乙酸盐测定的。用移液管移取5mL试液于100mL锥形瓶中(若试液已经脱色时,应加10%~20%的盐酸羟胺)用2N的氢氧化钠调节pH值在12~14,加入30mg钙指示剂,用0.01M的乙二胺四乙酸标准液滴定至由紫红色应变纯蓝色为终点,记下消耗的乙二胺四乙酸体积。

乙二胺四乙酸盐是一种螯合剂,又称内配合物或内络合物。具有环状结构的配位化合物(或络合物)。由具有两个或两个以上能提供孤对电子的配位原子与中心离子配位而形成。两个配位原子之间一般相隔二个或三个其他原子,以便于中心离子形成稳定的五原子环或六原子环。螯合物可以是不带电荷的中性分子,如二氨乙酸合铜;也可以是带电荷的离子,如二乙二胺铜离子。由于它形成环状结构,远较简单络合物稳定。例如铜离子与甘氨酸、半胱氨酸等都能生成稳定的二环螯合物。天然水体和废水中会形成金属螯合物,往往影响其迁移、归宿或毒性。易溶于有机溶剂,广泛用于金属元素及环境中化学侵害物的分离和分析工作中。钙离子测定的原理为:

$$Ca^{2+} + H_2Y^{2-} + 2OH^- =\!=\!= CaY^{2-} + 2H_2O$$

钙离子浓度为:

$$[Ca^{2+}] = \frac{MV}{V_1} \times 1000 \times 40.08 \qquad (2.6.16)$$

式中　M——标准溶液的物质的量浓度,表示一升溶液中所含溶质的物质的量,又称质量摩尔浓度,mol/kg;

　　　V——滴定钙离子所消耗的乙二胺四乙酸标准溶液的体积,mL;

　　　V_1——所取水样的体积,mL。

6.2.2.3　镁离子测定方法

镁离子测定是用乙二胺四乙酸盐测定的。用移液管准确取滤液5mL试液于100mL锥形瓶中(若试液已经脱色时,应加10mL 20%的盐酸羟胺),加入10mL的pH值为10的氨性缓冲溶液(酸度大时,应先用2N的氢氧化钠调至近中性,再加缓冲溶液),加入6滴0.5%的铬黑T指示剂,用0.01M的乙二胺四乙酸标准溶液滴定至由紫红色变纯蓝色为终点,记下消耗的乙二胺四乙酸体积。镁离子测定的原理为:

$$Mg^{2+} + H_2Y^{2-} + 2OH^- =\!=\!= MgY^{2-} + 2H_2O$$

镁离子测定的计算为:

$$[Mg^{2+}] = \frac{M(V_1 - V)}{5} \times 1000 \times 24.30 \qquad (2.6.17)$$

式中　M——乙二胺四乙酸标准溶液的质量摩尔浓度,mol/kg;

　　　V_1——测镁离子消耗乙二胺四乙酸标准溶液的体积,mL;

　　　V——测钙离子消耗乙二胺四乙酸标准溶液的体积,mL。

铬黑T,属偶氮类染料,化学名称1-(1-羟基-2-萘偶氮基)-6-硝基-2-萘酚-4-磺酸钠。取铬黑T和烘干的氯化钠按照质量比1:100研磨均匀,存储于棕色瓶中,制成指示剂。

6.2.2.4　氯离子测定方法

用移液管准确取滤液5mL试液于100mL锥形瓶中,加入10mL蒸馏水和1滴0.5%的酚酞指示剂(用0.1N氢氧化钠及0.1N硝酸,调至粉红色刚刚消失),加入10滴(约0.5mL)5%的铬酸钾指示剂,用0.1N硝酸银标准液滴定至恰成砖红色为终点,记下消耗的硝酸银体积。氯离子测定的原理为:

$$Ag^+ + Cl^- =\!=\!= AgCl \downarrow$$

氯离子浓度的计算为：

$$[Cl^-] = \frac{NV}{V_0} \times 1000 \times 35.45 \quad (2.6.18)$$

式中　N——硝酸银标准溶液的当量浓度，mol/L；
　　　V——消耗的硝酸银标准溶液的体积，mL；
　　　V_0——所取试液的体积，mL。

6.2.2.5　硫酸根离子测定方法

用移液管移取 5mL 试液，放入 100mL 锥形瓶中，再用移液管移取 10mL 0.02M 的钡离子与镁离子混合液（若试液已经脱色时，则加入 10mL 20% 的盐酸羟胺）用 2N 的氢氧化钠调节 pH 值为 7，加入 10mL pH 值为 10 的氨性缓冲溶液，加 6 滴 0.5% 的铬黑 T 指示剂，用 0.01M 的乙二胺四乙酸标准溶液滴定至由紫红色变为纯蓝色为终点。记录消耗的乙二胺四乙酸体积。

用移液管移取 10mL 0.02M 的钡离子与镁离子混合液放入 100mL 锥形瓶中，加入 20mL 蒸馏水和 10mL pH 值为 7 的氨性缓冲溶液，再加入 6 滴 0.5% 的铬黑 T 指示剂，用 0.01M 的乙二胺四乙酸标准溶液滴定至由紫红色变为纯蓝色为终点。记录消耗的乙二胺四乙酸体积。硫酸根测定的原理为：

$$Mg^{2+} + 2OH^- =\!=\!= Mg(OH)_2 \downarrow$$

$$Ba^{2+} + H_2Y^{2-} + 2OH^- =\!=\!= BaY^{2-} + 2H_2O$$

$$Mg^{2+} + H_2Y^{2-} + 2OH^- =\!=\!= MgY^{2-} + 2H_2O$$

硫酸根离子浓度计算为：

$$[SO_4^{2-}] = \frac{M(V_3 + V_1 - V_2)}{5} \times 1000 \times 96.06 \quad (2.6.19)$$

式中　M——乙二胺四乙酸标准溶液的质量摩尔浓度，mol/kg；
　　　V_3——测定钡离子与镁离子混合液消耗的乙二胺四乙酸标准溶液体积，mL；
　　　V_1——测定镁离子消耗的乙二胺四乙酸标准溶液体积，mL；
　　　V_2——加钡离子与镁离子混合液后试液消耗乙二胺四乙酸标准溶液的体积，mL。

6.2.2.6　碳酸根离子测定方法

用移液管移取 20mL 试液，移入 100mL 锥形瓶中加入 0.5% 酚酞指示剂 2~3 滴，用 0.1N 的盐酸标准溶液滴定至红色消失，记录消耗的盐酸标准溶液的体积。再加入 0.1% 的甲基橙指示剂 2~3 滴，继续用 0.1N 的盐酸标准溶液滴定至橙色，即为终点，记录此时消耗的盐酸标准溶液的体积。两次消耗盐酸的体积相加为总体积。碳酸根测定的原理为：

$$2H^+ + CO_3^{2-} =\!=\!= CO_2 \uparrow + H_2O$$

（1）当用酚酞作指示剂消耗盐酸标准溶液的体积大于用甲基橙作指示剂消耗盐酸标准溶液的体积时。碳酸根离子浓度的计算为：

$$[HCO_3^-] = \frac{2V_2N}{V_0} \times 1000 \times 60.01 \qquad (2.6.20)$$

$$[OH^-] = \frac{(V_1-V_2)N}{V_0} \times 1000 \times 17.01 \qquad (2.6.21)$$

（2）当用酚酞作指示剂消耗盐酸标准溶液的体积小于用甲基橙作指示剂消耗盐酸标准溶液的体积时。碳酸根离子浓度的计算为：

$$[CO_3^{2-}] = \frac{2V_1N}{V_0} \times 1000 \times 60.01 \qquad (2.6.22)$$

$$[HCO_3^-] = \frac{(V_1-V_2)N}{V_0} \times 1000 \times 61.02 \qquad (2.6.23)$$

（3）当用酚酞作指示剂消耗盐酸标准溶液的体积等于用甲基橙作指示剂消耗盐酸标准溶液的体积时。碳酸根离子浓度的计算为：

$$[CO_3^{2-}] = \frac{(V_1+V_2)N}{V_0} \times 1000 \times 60.01 \qquad (2.6.24)$$

（4）当用酚酞作指示剂消耗盐酸标准溶液的体积等于零时：

$$[HCO_3^-] = \frac{V_2N}{V_0} \times 1000 \times 61.02 \qquad (2.6.25)$$

（5）当用甲基橙作指示剂消耗盐酸标准溶液的体积等于零时：

$$[OH^-] = \frac{V_1N}{V_0} \times 1000 \times 17.01 \qquad (2.6.26)$$

式中　V_0——取样量，mL；

　　　N——盐酸当量浓度，N；

　　　V_1——用酚酞作指示剂消耗盐酸标准溶液的体积，mL；

　　　V_2——用甲基橙作指示剂消耗盐酸标准溶液的体积，mL。

试液应为未经处理的滤液，若溶液有色，用酸度计代替指示剂。具体做法为：

（1）用移液管移取 20mL 试液未以脱色之滤液，放入 50mL 干燥的烧杯中，用酸度计准确测定试液的 pH 值。

（2）用 0.1N 的盐酸标准溶液滴定至试液的 pH 值为 8.3，记录消耗的盐酸标准溶液的体积。

（3）继续用 0.1N 的盐酸标准溶液滴定至试液的 pH 值为 4.3，再次记录消耗的盐酸标准溶液的体积。

（4）按上述公式计算含量。

6.2.2.7　钠离子测定方法

溶液中阴阳离子电荷守恒，即阴离子电荷数与阳离子总电荷数相等。根据此守恒定律，可求得试液之中剩余钠离子的含量。

$$\sum N_{阴} = \sum N_{阳} \tag{2.6.27}$$

式中 $\sum N_{阴}$ ——阴离子总电荷数；

$\sum N_{阳}$ ——阳离子总电荷数。

将上述测得的阴离子和阳离子都换算成当量数计算：

$$N_{Na^+} = \sum N_{阴} - \sum N_{阳} \tag{2.6.28}$$

$$[Na^+] = (\sum N_{阴} - \sum N_{阳}) \times 1000 \times 22.99 \tag{2.6.29}$$

6.3 现场调整工艺

在施工现场，除了测定上述离子外，还要测定硫酸钙含量、甲醛含量、硫化物含量和碳酸盐含量。这些物质是有害离子的提供者，获得这些物质的含量有利于分析潜在的隐患和对整个钻井流体的离子的控制能力。

6.3.1 耐盐性能差异确定

6.3.1.1 硫酸钙含量方法

钻井流体中的硫酸钙含量可以用钙离子测定程序中所描述的乙二胺四乙酸方法测定。首先用此测定钻井流体滤液和钻井流体中的钙离子含量，而后可计算得到硫酸钙总量和未溶解的硫酸钙含量。

测定硫酸钙含量需要的试剂有：乙二胺四乙酸溶液、1mol/L 的氢氧化钠溶液、钙指示剂溶剂、掩蔽剂、次氯酸钠溶液、蒸馏水以及冰乙酸。实验仪器：150mL 烧杯；2 支 10mL 的刻度移液管；1 支 1mL 的刻度移液管；1mL，2mL，5mL 以及 10mL 的移液管各一支；加热板；pH 试纸以及 50mL 量筒。

(1) 将 5mL 钻井流体加入 245mL 蒸馏水中，搅拌 15 分钟后用标准 API 失水仪过滤，只收集澄清的滤液。用 10mL 移液管移取 10mL 澄清滤液到 50mL 烧杯中，然后按照钙离子测定程序，用乙二胺四乙酸滴定至终点。此时记录消耗乙二胺四乙酸体积。

(2) 用乙二胺四乙酸滴定 1mL 原始钻井流体滤液至终点。此时记录消耗乙二胺四乙酸的体积。

(3) 用蒸馏器蒸馏钻井流体，用液相和固相含量测定中所获得的水的体积百分数确定钻井流体中水的体积分数。

(4) 计算。以 kg/m^3 为单位的钻井流体中硫酸钙含量为：

$$C_{硫酸钙} = 6.80 V_1 \tag{2.6.30}$$

式中 V_1 ——滴定 10mL 滤液消耗乙二胺四乙酸体积。

以 kg/m^3 为单位的钻井流体中未溶解的硫酸钙含量为：

$$C_{硫酸钙} = 6.80V_1 - 1.37V_2 F_w \tag{2.6.31}$$

式中　V_2——滴定 1mL 滤液消耗乙二胺四乙酸体积；

　　　F_w——钻井流体中水的体积分数。

6.3.1.2　甲醛含量方法

通过亚硫酸钠与滤液样品(已中和至酚酞终点)作用，然后再用酸滴定至酚酞终点，测定钻井流体中的甲醛含量。必须进行空白试验以扣除亚硫酸钠所产生的碱度。

需要的药品有酚酞指示剂、0.02mol/L 的氢氧化钠溶液、0.01mol/L 的硫酸溶液、亚硫酸钠溶液，此外还需要仪器为滴定瓶、1mL 和 3mL 的刻度移液管各 1 支。

(1) 用移液管移取 3mL 钻井流体滤液于勺皿或试管中。加入 2 滴酚酞指示剂溶液。如果样品仍为无色，边搅拌边加入氢氧化钠溶液，直至出现淡粉红色。然后再逐滴滴入硫酸直至颜色刚好消失。

(2) 如果第一次加入酚酞之后滤液颜色变成粉红色，则逐滴加入硫酸至颜色刚好消失。

(3) 在中和后的滤液中，加入 1mL 亚硫酸钠溶液，此时将呈现红色。

(4) 大约 30s 后，用硫酸滴定至溶液呈非常淡的粉红色为止，记录酸的用量。

(5) 用蒸馏水代替钻井流体滤液重复以上操作，记录酸的用量。

(6) 计算，两次滴定结果的差值即为钻井流体中的甲醛含量。

6.3.1.3　硫化物含量方法

硫化物含量的测定一般用碘量法。使用试剂有淀粉指示液、硫代硫酸钠标准溶液、重铬酸钾溶液以及碘标准溶液，使用的仪器为恒温水浴、150mL 或 250mL 碘量瓶、25mL 或 50mL 棕色滴定管。

(1) 200mL 水样各加入 10mL 0.01mol/L 碘标准溶液，密塞混匀。在暗处放置 10min，用 0.01mol/L 硫代硫酸钠标准溶液滴定至溶液呈淡黄色时，加入 1mL 淀粉指示剂，继续滴定至蓝色刚好消失为止。

(2) 以水代替试样，重复步骤(1)。

(3) 硫代物含量计算。

$$C_{硫化物} = \frac{(V_0 - V_i)c \times 16.03 \times 1000}{V} \tag{2.6.32}$$

式中　V_0——空白试验中，硫代硫酸钠标准溶液用量，mL；

　　　V_i——滴定硫化物含量时，硫代硫酸钠用量，mL；

　　　V——试样体积，mL；

　　　c——硫代硫酸钠标准溶液浓度，mol/L。

6.3.1.4　碳酸盐含量方法

碳酸盐含量测试方法众多，从分析可靠性来看，以目前实验的成熟度为前提，有经典法之称重量法最为可靠。

实验操作为试样用盐酸分解，碳酸盐分解产生的二氧化碳用烧碱石棉吸收。根据增加的二氧化碳的质量计算碳酸盐的含量。计算公式为：

$$w_{碳酸盐} = \frac{(A-B) \times 2.2743}{W} \times 100\% \tag{2.6.33}$$

式中 A——烧碱石棉吸收二氧化碳后的质量,g;

B——烧碱石棉吸收二氧化碳前的质量,g;

W——烘干试样的质量,g。

6.3.2 耐盐性能维护处理

钻井流体的耐盐性能因为不同的目的做不同的调整。一般目的为调整钻井流体的抑制能力、改善钻井流体的抗外来物质的侵入能力,还有提高钻井流体的密度。

钻进过程中补充钻井液处理剂应先配制饱和盐水胶液,并进行加重,采用"细水长流"缓慢加入,严禁把固体或粉末状处理剂直接加入钻井液,保证体系等浓度,达到外来高浓度盐侵害时性能稳定。

向钻井液中加入 0.2%~0.4% 的盐重结晶抑制剂。除了具有抑制盐重结晶的作用外,还能提高钻井液的热稳定性。

同时,要及时维护钻井流体其他处理剂,保证钻井流体性能稳定。

6.4 发展趋势

矿化度对钻井流体的抑制性是一把双刃剑,对钻井流体性能能够造成很大的影响。高矿化度能破坏钻井流体的胶体稳定性,阻止大分子聚合物分子链的伸展,破坏钻井流体的稳定性和流变性,但同时它也能抑制地层中的黏土水化,从而达到稳定井壁的目的。

6.4.1 研究现状

目前在有利于保持井壁稳定和钻井流体性能稳定的前提下,可以调整钻井流体中保持一定的矿化度。高矿化度钻井流体要选用配伍的耐盐抗钙的处理剂和配方配比浓度,才能达到优质、安全和高效的钻井施工目的。矿化度的控制根据井下安全随时调整,在有利于井壁稳定和钻井流体流变性控制上维护处理,适当地提高钻井流体矿化度,从而提高钻井流体的抑制性和防塌能力,有效降低井下复杂情况的发生。

6.4.2 发展方向

钻井流体的 pH 值一般随含盐量的增加而下降,这一方面是由于滤液中的钾离子,钠离子与黏土矿物晶层间的氢离子发生了离子交换;另一方面则是由于少量的氯化镁杂质与滤液中的氢氧根离子反应,生成氢氧化镁沉淀,从而消耗了氢氧根离子所导致的结果。因此,在使用矿化度较高的钻井流体时应注意及时补充烧碱,以便维持一定的 pH 值 10~11。

(1)膨润土在有较高钙离子和镁离子的水中水化分散效果很差,当钻井流体中矿化度提高后膨润土很容易聚集,破坏了钻井流体的胶体稳定性,而且矿化度越高钻井流体抑制性越强,对胶体稳定的破坏性越大。配浆时应在钻井流体中加入耐盐护胶处理剂。

(2)当钻井流体矿化度高时,润滑性也不是很好,当钻井流体中混入盐水后滤饼虚厚,起下钻摩阻大。因此在平时日常维护中多加入润滑剂,提高钻井流体的润滑性,保证井下的安全。

(3)矿化度过高后很多降失水剂耐盐性差,难以发挥作用,从而钻井流体失水比较大,对井下安全也不利。

(4)随着盐的加入,钻井流体黏度急剧下降,水化基团的水化能力也大大下降,钻井流体流变性能也变差,悬浮能力下降,重晶石很容易沉淀。这种情况下,尽量用两性金属离子聚合物,其特殊的分子结构有较强的抗电解质能力,能在盐水中保持适度的伸展状态,并具有较厚的水化膜,钻井流体的黏度受盐度的影响减少。

(5)pH 值过高(例如扫塞后)时,在高温、高钙的环境下,几乎所有的聚合物处理剂都不同程度地会发生断链、缩聚、聚沉等反应,造成体系的不稳定,滤饼质量虚而不韧,严重影响井下安全。在扫塞前应适当控制好钻井流体的矿化度,扫塞时控制好钻井流体的 pH 值,从而避免上述情况的发生。

第7章　钻井流体兼容性能

钻井过程中,常有来自地层或者人为加入的物质,使其性能不符合施工要求,这种现象常称为钻井流体受侵害(Drilling Fluids Contaminated)。习惯上称为钻井流体污染。有的侵害物严重影响钻井流体的流变性和失水性能,有的加剧钻具的损坏和腐蚀。钻井流体的兼容性能(Drilling Fluids Compatibility)是指钻井流体对外来物质的接受能力,主要有固相兼容能力、液相兼容能力,包括水基中的油和烃基中的水、气相兼容能力。或者说,对外来物质的容忍能力。当然,温度升高或者下降,也可能使得钻井流体的性能发生变化,则是属于耐环境属性,其他章节有叙述。

发生侵害时,应及时调整配方或采用化学方法清除侵害物,保证正常钻进。最常见的是钙侵、盐侵和盐水侵。此外,镁离子、二氧化碳、硫化氢和氧气等也经常侵害钻井流体。这在前文已有阐述。

钻井过程中,气体经常侵入钻井流体。如不及时清除侵入钻井流体中的气体,钻井流体密度降低,不足以平衡地层压力。受侵钻井流体再次循环进入井内,可能导致井涌或井喷。钻进储层,使用钻井流体气体分离器清除进入钻井流体中的气体,保证一次井控成功。

还有,地层进入钻井流体的气体太多,会影响泵工作效率,严重时钻井流体泵空转。此外,钻井流体中含气会影响钻井流体处理过程中固相设备如清洁器、离心机等正常发挥。

钻井过程中气体可压缩性和低密度,导致井控工作复杂。只有了解气体在钻井过程中的变化,才能真正了解钻井流体气体容纳性能与钻井工程的关系,并据此采取相应措施控制气体入侵钻井流体。

钻井流体的含气性是指钻井流体中含有气体后表现的特性。气体的来源一般有两种:一种是打开地层后地层中气体或是钻井流体循环过程中外界气体进入钻井流体;二是通过人为添加气体希望钻井流体具有特殊性能满足钻井需要。气体虽然也是流体的一种,但它和水、油等液体性能区别很大,主要表现在可压缩和低密度。

(1)气体是可压缩的流体,其体积取决于压力的大小。压力增加,体积减小;压力减小,体积增加。气体的压力和体积的关系随气体类型不同而变化。对天然气来说,在不考虑温度影响压力的情况下,体积与压力成反比。

(2)由于气体的密度远小于液体的密度,液体中的气体总是有向上运移的趋势。即,由井底向井口运移。钻井过程中无论是开放的井眼还是密闭的井筒,气体运移总会要发生。

钻井流体工作过程中,随时都存在气体侵入的可能。只有明确了钻井流体中气体的来源及其在钻井流体中的流动特点,气体进入钻井流体改变体系性能的程度,才能认识和更好地明确气体对钻井工程的影响。

钻井流体在循环过程中,从地面到井底再到地面,各个环节都有机会混入气体,其来源大体有岩屑中的气体、接单根气体、起下钻气体、负压进入气体和扩散进入井筒的地层气体等5种。

（1）岩屑中的气体。在钻井过程中，随着井底岩石的破碎，破碎岩石中的气体会直接进入井筒内的钻井流体。

（2）接单根气体。接单根时停泵，环空总压力会降低，常常会有少量但是很明显的地层气体进入井筒中。

（3）起下钻气体。起钻过程中的抽汲形成井筒内负压，使地层气体进入井筒。

（4）钻井流体液柱压力不足以平衡地层压力而侵入的地层气体。即使在钻井过程中，由于钻井流体密度设计不合理，不足以平衡地层压力，地层气体还是可以进入井筒。

（5）扩散进入井筒的地层气体。由于气体扩散和溶解，即使钻井流体液柱压力超过地层压力，气体也不可避免地侵入钻井流体内。扩散速度、运动速度很快。从井底向井口运移的过程中，体积随温度和压力的变化而变化，井口体积最大（井口敞开时），气体的侵入量还与气层气体的饱和度和气层的孔隙度有关，饱和度越高，气体侵入量越大。

钻井流体含气后井筒两相流动特点：进入井筒的气体向井口运动过程中，随着温度、压力不断变化，流动状态也不断发生变化。

地层气体进入井筒后，由于密度与钻井流体不同，重力分离，气体相对钻井流体滑脱上升。先进入井筒的气体将先行滑脱上升，不会待气体聚集成气柱再上升。根据气液两相流理论，气体在进入环空后出现的典型气液两相流分布如图2.7.1所示。

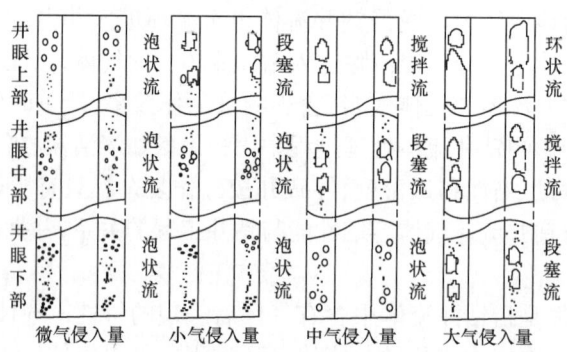

图 2.7.1　气体在环空中的流型分布示意图

（1）微气侵入量时的流型分布。在微气侵入量时，整个环空为泡状流。在井眼下部，气泡体积小。在地面可以看到钻井流体槽内有气泡，但无明显井涌。如果气体储层较薄，环空中可能只在某一段钻井流体中有气泡。

（2）小气侵入量时的流型分布。小气侵入量时，环空中的中、下部均为泡状流，上部为段塞流。在井口可以看到含大量气体的钻井流体涌出。既可以由微小气量流型分布演变而来，也可能由于地下进气量增加所致。

（3）中气侵入量下的流型分布。中气侵入量时，井底为泡状流。井眼中上部为段塞流，井口为搅拌流（又称过渡流）。井口可能出现连续的喷气或井喷。井底压力与地层压力的负压差较大，地层的渗透率较高。也可能由小气侵入量时的流型演变而来。

（4）大气侵入量下的流型分布。高压裂缝性或溶洞性气藏，负压差较大，进入井眼的气体流量可能很大，井底可能出现段塞流，不是连续气柱而且也不可能出现连续气柱。井筒中上部出现搅拌流,井筒上部可能出现环状流。地面可以看到强烈的井喷。

以上4种情况基本是以单位时间内进入井筒的气量来划分的。实际上的气侵量可能是几种情况的综合,情况多样复杂。当然,侵入量的大小是相对井眼大小而言,还没有明确的界限。

关心气体影响钻井流体外,最关心的是,外来固相如钻屑或者加入的加重材料引起的钻井流体的性能变化。

钻井流体固相(Solids)是指配浆黏土、加重材料和钻进过程中不断进入钻井流体的岩屑、处理剂的杂质等,以难溶物的形式存在于钻井流体中的物质。固相可改变钻井流体密度、流变参数、失水护壁参数等,达到钻井流体所需要的性能。同样,因为固相的存在,钻井流体性能也可能破坏钻井流体的性能。这样看来,钻井流体可以分为有用固相和无用固相。当然,由于分类依据不同,也可以分为其他种类。

(1) 按固相密度的高低,钻井流体固相可分为高密度固相和低密度固相。高密度固相主要指密度大于 4.2g/cm³ 的重晶石、铁矿粉、方铅矿等加重材料。低密度固相主要指膨润土、岩屑,密度为 2.5~3.0g/cm³ 的一些难溶性的处理剂。一般认为低密度固相的平均密度为 2.6g/cm³。

(2) 按固相与连续相的作用方式,钻井流体固相可分为活性固相和惰性固相。活性固相是指容易发生水化作用或与液相中其他组分发生反应的固相,称为活性固相(Active Solids)。活性固相主要指膨润土、耐盐土等造浆用的黏土。与活性固相相反,不发生反应的,称为惰性固相(Inert Solids)。惰性固相包括钻屑、加重材料以及造浆率极低的黏土、地层的砂、燧石、石灰石、白云石、某些页岩和许多矿物的混合物等。除重晶石、铁矿粉等加重材料外,其他惰性固相均被认为是有害固相,即固相控制过程中需要清除的物质。

(3) 按固相颗粒尺寸,钻井流体固相可分为黏土、泥、砂三大类。黏土或称胶粒,指粒径小于 2μm 的固相;泥,指粒径为 2~74μm 的固相;砂,指粒径大于 74μm 的固相。江汉油田实际测定了非加重黏土分散水基钻井流体中固相的粒度,测定结果见表 2.7.1。

表 2.7.1 非加重分散钻井流体固相粒度分布(使用典型分散性水基钻井流体测定)

类别	外观描述	粒径范围,μm	对应目数,目	质量分数,%
砂	粗	>2000	>10	0.8~2
	中	250~2000	60~10	0.4~8.7
	中细	74~250	200~60	2.5~15.2
泥	细	44~74	355~200	11~19.8
	极细	2~44	—	56~70
黏土	胶粒	<2	—	5.5~6.5

从表 2.7.1 中可以看出,粒径大于 2000μm 的粗砂粒和粒径小于 2μm 的胶粒在钻井流体中所占的比例都不大,不会超过 10%。如果以相当于 200 目筛布孔径 74μm 为界,大于 74μm 的粒径只占 3.7%~25.9%,也不是占多数。小于 74μm 的颗粒则占到 90% 以弱。由此可见,仅以粒径大于 74μm 含砂量检验钻井流体固控效果是不全面的,还要控制泥和黏土的含量。进一步分析粒径分布。

固相颗粒的粒度分布受地层岩性、钻头尺寸和类型、机械钻速、钻井流体类型等因素的影响。以质量分数来看,74μm 以小的固相颗粒占绝大部分,说明钻井流体中的颗粒主要由 74μm 以下颗粒组成。因此,在固相控制过程中要特别重视 74μm 以下的固相颗粒。

(4) 按固相用于钻井流体的目的,钻井流体固相可分为有用固相和无用固相。有用固相(Useful Solid)是指有助于改善钻井流体性能的固相,如膨润土、加重材料以及非水溶性或非油溶性的化学处理剂,活性固相大多是有用固相。无用固相(Useless Solids)是指不能改善钻井流体性能,甚至影响钻井流体性能,危害钻井正常进行的固相,如钻屑、劣质土和砂粒等,惰性固相大多是无用固相。

钻井实践表明,过量无用固相的存在是破坏钻井流体性能、降低钻速并导致各种井下复杂情况的最大隐患。颗粒尺寸 15μm 以上,循环时对设备有磨蚀作用,所以也称为有害固相(Harmful Solids)。但必须清楚,无用固相在钻井流体中不可能全部清除,甚至是溶液作为钻井流体都难以做到。无用固相和有用固相无法从组分上有控制地分开。目前的固相控制设备,是按颗粒大小从钻井流体中分离的,迄今,无论从理论上或还是从实践上都无法获得零固相。

现场一般将钻井流体中的固相按在钻井流体中作用的好坏分是一种通俗说法。适度控制有用固相和无用固相,都是十分必要的。也就是说,固相可以存在于钻井流体中,但不能超过一定的限度,超过这一浓度,钻井流体的流变性和失水护壁性以及其他相关性能就不能满足钻井工程需要。即钻井流体允许固相存在于钻井流体中的浓度,称为固相容纳能力(Solid Capacity)。

由此,可以想象,用多种方法评价钻井流体的固相,才能恰如其分地评价钻井流体的性能,进而做出合适的处理方法。但不管哪种分类方法,都不能孤立地看待固相。同样的原因,处理固相的方法一般也不能采取单一的手段,需要将多种方法结合起来,达到理想效果。

此外,油对水基钻井流体起到润滑作用,但水基钻井流体的油对钻井流体也不一定全是好事。如过多的烃类物质会造成失水过大,还影响油气层的发现。油相可能形成钻井流体乳化甚至发泡,影响水基钻井流体性能。同样的道理,烃基钻井流体的水相过多也可能破坏钻井流体的稳定性。

水基钻井流体的含油性是指钻井流体中含有油相后的性能。油相的来源一般有两种:一种是打开地层后,地层中油相或是钻井流体循环过程中外界油相进入钻井流体;另一种是通过人为添加油相,获得钻井流体某种新的特性,如用作润滑剂。

7.1 与钻井工程关系

钻井流体中的固相不但会影响井下安全和钻井速度,还会造成储层伤害。影响程度与固相含量多少,固相类型和固相颗粒尺寸有关。固相过多,钻井流体密度增大,不利于提高机械钻速。滤饼松软,失水量增大,不利于井壁稳定,影响固井质量。滤饼摩阻增大,压差卡钻概率增加。钻头和钻具磨损增加,使用寿命缩短。钻井流体黏切增高,钻井流体流变性变差。机械钻速降低,钻井效率降低。固相侵入地层的概率增加,储层伤害加剧。

钻井流体固相,是钻井流体维护处理的核心,除上述描述的负面影响外,还有如增加地面设备负荷,增加处理剂用量等诸多问题,可以归纳为影响井下安全,影响机械钻速,影响储层伤害控制等三大方面。

7.1.1 关系井下安全

有用固相有助于提高钻井流体的密度,平衡井下压力,保证井下安全,但过高的低密度固相危害钻井安全。

钻井过程中,岩屑不断积累,特别是泥页岩类的易水化分散岩屑存在,固相设备处理负担加重,钻井流体固相含量越来越高。过高的固相含量,往往危害井下安全。

(1)钻井流体流变性能不稳定,黏度、切力偏高,流动性和携带岩屑效果变差。不仅钻井流体密度增加,还可能增加了压漏地层的概率。

董悦等(2008)认为,固相含量大、固相颗粒的分散程度高、钻井流体中自由水量少、钻屑的侵入和积累不易清除。

反映其胶体悬浮体流变性特征的总黏度可用 Einstein 经典悬浮液黏度公式和 Hiemen 溶剂化理论公式联合表示出来。对于稠溶液,Einstein 黏度公式可写作:

$$\eta_c = \eta_o(1 + k_1\varphi + k_2\varphi^2 + \cdots + k_n\varphi^n) \tag{2.7.1}$$

设悬浮分散体系中固相颗粒为球形粒子,引入 Hiemenz 溶剂化理论,式(2.7.1)变为:

$$\eta_c = \eta_o[1 + k_1(1+hS)\varphi + k_2(1+hS)\varphi^2 + \cdots + k_n(1+hS)\varphi^n] \tag{2.7.2}$$

式中 η_c——稠溶液黏度;
η_o——纯溶液黏度;
$k_1, k_2, \cdots, k_n$——常数;
φ——固相体积分数;
S——固相比表面积;
h——颗粒溶剂化膜厚度。

可见,悬浮分散体系的黏度由3大部分组成,纯溶液的黏度、总固相带来的黏度、固相粒子分散带来的黏度。根据钻井流体流变参数的胶体化学意义,可令宾汉模型中的塑性黏度等于纯溶液黏度,则钻井流体悬浮体系的总黏度可以写作(高固相时,取悬浮体系黏度公式的前3项):

$$\eta_c = \eta_o[1 + k_1(1+hS)\varphi + k_2(1+hS)\varphi^2] \tag{2.7.3}$$

这样,就比较清楚地表示出钻井流体黏度由钻井流体溶液黏度、总固相产生的黏度、固相粒子分散带来的黏度及固相粒子间相互作用产生的黏度4部分构成。显然,各部分的变化均要影响到总黏度值的变化。

高固相含量带来的黏度高,高固相粒子分散带来的黏度高,固相粒子间相互作用产生的黏度高,固相粒子分散性强,巨大的固相粒子比表面积通过润湿和吸附作用使得整个体系的自由水含量大幅度减少,导致体系的钻屑容量降低。

(2)井壁滤饼虚厚,质地松散,摩阻增大,起下钻遇卡遇阻,黏附卡钻的可能性增大。钻井流体失水量要小,滤饼应薄而韧。滤饼的厚度主要取决固相颗粒的尺寸、数量、形状及在一定压力下的变形能力。滤饼过厚,一方面会造成起下钻不畅,产生抽汲或压力激动,诱发井塌或井喷;另一方面,增大了钻具与井壁的接触面,易引发卡钻事故。所以,要控制固相含量,提高滤饼质量(陈范生等,1999)。

(3)滤饼质量差造成钻井流体失水量增大,泥页岩水化膨胀、井径缩小或井壁剥落、坍塌的可能性增大。在相同压差下,失水量越大,进入地层的滤液越多,渗透压越高,水化作用越强,井壁失稳越严重。因此,控制钻井流体的失水量,是实现井壁稳定的关键因素。在失水量相同的情况下,改变滤液性质,提高滤液矿化度,也就是降低滤液的活度,可提高井壁的稳定性(李宪留等,2007)。

(4)钻井流体易发生盐钙侵和劣质黏土侵入,耐温性能变差,维护处理难度明显增大。在钻井流体中加入生石灰、纯碱等可以提高对硫化氢和二氧化碳的抗侵入能力,加入量不够,会使得钻井流体中的硫化氢难以有效除去。加入量过多,又会加大钻井流体中氢氧根离子的浓度,使钻井流体的黏度和切力迅速上升。钻井流体被盐水侵害时,添加氢氧化钠可以提高钻井流体的pH值,增强钻井流体对盐水的侵害能力。处理石膏侵害时,可同时加入氢氧化钠和碳酸钠溶液处理。烧碱溶液使钻井流体的pH值升高,拆散因钙离子形成的较大、较强的黏土絮凝结构,使钻井流体处于适度的絮凝状态,保持黏土颗粒大小适度,不至于因聚结颗粒过大,但过多的氢氧化钠会使钻井流体的黏度和切力以及失水量增加,从而使钻井流体应有的一部分性能因此丧失。碳酸钠溶液可清除过量钙离子,根据所选择的钻井流体使钙离子的含量保持在适宜范围(杨莉等,2012)。

固相如此,气体更复杂。

钻井流体混入气体,一般来说危害钻井工程,改变钻井流体性质,降低钻井效率,甚至会大量喷出有毒气体,危害生命。外来气体对钻井工程的影响主要体现在降低钻井流体密度、有毒气体逸出、机械钻速降低等。

(1)降低钻井流体密度。钻井流体密度降低后,井内钻井流体净液柱的压力低于地层的压力时,可能引起井涌或井喷。

(2)部分有毒气体(如硫化氢)逸出钻井流体,可能引起现场操作人员中毒。

(3)钻井过程中使用的气体或者地层中侵入的气体,还可能引起火灾。

(4)气侵后,钻井流体黏度增大,机械钻速降低。

气体进入钻井流体后最显著的变化是钻井流体密度下降。有时候这种密度的下降速度非常迅速。例如,循环出的后效气体,气测峰值高达3000个单位以上,甚至接近5000个单位。地面仪表不能读数。地面钻井流体中气体体积含量超过60%甚至接近100%。这也就是说,井口返出的钻井流体大部分为气泡状或几乎全是泡沫,可能会大量涌出转盘面,出现假井喷。

天然气从井底向井口运移过程中,压力降低体积不断增加。因此,不同深度,钻井流体密度不同。井口处,天然气膨胀后的体积最大,气侵后的钻井流体密度最低。假设气体膨胀是等温过程,忽略气体自重,则气侵后钻井流体柱压力的降低值可用式(2.7.4)计算:

$$\Delta p = \frac{2.3(1-a)p_s}{a} - \lg \frac{p_s + 0.1\gamma_m H}{p_m} \qquad (2.7.4)$$

式中　Δp——气侵前后钻井流体液柱压力降低值，atm；

a——地面气侵钻井流体密度 γ_s 与原钻井流体密度 γ_m 的比值即 $a = \dfrac{\gamma_s}{\gamma_m}$；

p_s——地层孔隙压力梯度，1atm/10m；

p_m——钻井流体液柱压力，atm；

γ_m——钻井流体原始密度，g/cm³。

H——井深，m。

以 YC21-1 井的例，揭开高压气层时井深为 4647.00m，钻井流体密度 1.52g/cm³，气侵后测得背景气峰值为 4000 个单位(含量 80%)。则：

气侵后井底压力的降低值 Δp

$$\Delta p = \frac{2.3 \times (1-0.2) \times 1}{0.2} \lg(1 + 0.1 \times 1.52 \times 4647) = 26.20(\text{atm})$$

当量钻井流体密度降低值 $\Delta \gamma$

$$\Delta \gamma = \frac{\Delta p}{p} = \frac{26.20}{0.1 \times 4647} = 0.056$$

压力降低百分比 n

$$n = \frac{\Delta p}{p} = \frac{26.20}{0.1 \times 1.52 \times 4647} = 3.7\%$$

可以看出，钻井流体气侵后整个钻井流体柱的压力下降并不严重。即使气侵后钻井流体密度仅为原来的 20%，井口钻井流体几乎全是泡沫的严重情况下，井底压力下降百分比仅为 3.7%。压力下降值也只不过与一般考虑的安全附加压力相当。如果气侵后井口钻井流体密度为原来的 50%，压力降低值微乎其微。因此，气侵后不一定会紧急加重钻井流体密度，应首先循环除气，然后根据地层压力的大小，酌情加重。最危险的做法是将气侵钻井流体重复使用，根据气测值的大小盲目加重又会导致井漏、井塌，可能导致井喷。

如果气测值经多次循环加重后仍居高不下，应保证在不压漏地层和使入口钻井流体密度过平衡的条件下继续进行有关作业，如钻进、起下钻等。

气体在环空中上升速度的计算。相对来讲，以水为液相的气体上升速度模型较为准确。对于泡状流，管流中气体的速度模型多选用

$$v_g = \frac{Q_g + Q_w}{A} + 1.53 \left[\frac{\rho(\rho_w - \rho_g)\sigma}{\rho_w^2}\right]^{\frac{1}{4}} \tag{2.7.5}$$

对于段塞流，管流中气体上升速度模型多选用

$$v_g = 1.2 \frac{Q_g + Q_w}{A} + 0.35 \left[\frac{gd(\rho_w - \rho_g)}{\rho_w}\right]^{\frac{1}{2}} \tag{2.7.6}$$

式中　v_g——气体上升速度，m/s；

Q_g——气体流量，m³/s；

Q_w——液体流量,m^3/s;
A——流道截面积,m^2;
d——流道直径,m;
ρ_w——液体密度,kg/m^3;
ρ_g——气相密度,kg/m^3;
σ——气液表面张力,mN/m。

前一项为混合流速,后一项为气体相对液体速度。常温常压下,典型的气泡相对于液相的滑脱速度为几厘米每秒或十几厘米每秒。段塞流下,典型的气弹(泡)上升速度为 0.5~0.8m/s。

从泡状流过渡到段塞流,非牛顿流体为液相的含气率比牛顿流体为液相的含气率低得多。环空流中的多相流比管流中的多相流过渡时需要的含气率少。相同介质下,含气率较低流型下的气体上升速度低于含气率较高流型下气体上升速度。同样的含气量,以钻井流体为液相的气体上升速度比以水为液相的气体上升速度快。严格来说,不同井深、不同流型、不同温度压力,气体在钻井流体中的上升速度不同。

7.1.2 关系机械设备磨损腐蚀

钻井流体中任何固相颗粒的研磨性决定于颗粒的尖锐程度和硬度。研磨性颗粒应比被磨的材料更硬。同时,较大的磨粒在磨损某种材料的时候比较小的磨粒产生的磨痕更深,磨去的材料也更多。由于井内的岩屑在机械作用下逐渐变小,其研磨性也逐渐减弱。15μm 以下的颗粒对设备的研磨性就不太明显了。钻井流体中的磨粒主要有 74μm 以下,15μm 以上的颗粒组成。因此,在固相控制过程中要特别重视 74μm 以下的固相颗粒。

钻井流体中有害气体对钻具的腐蚀破坏比较复杂,目前世界钻井流体中常见有害气体来源及破坏形式见表 2.7.2。

表 2.7.2 钻井流体中有害气体来源及破坏形式

有害气体	来源	减少疲劳强度,%	破坏形式	预防措施和解决方法
氧气	大气	65	坑点腐蚀、失重腐蚀	钻井流体 pH 值为 10,钻井流体中添加除氧剂
硫化氢	细菌作用,钻井流体组分的热降解,地层中的气体侵入	20~50	失重腐蚀、硫化物应力腐蚀开裂	钻井流体 pH 值为 10,选择热稳定钻井流体,加入杀菌剂、缓蚀剂、除硫剂,使用油基钻井流体,保持足够的静液压力,防止地层物质侵入
二氧化碳	细菌作用、地层中的气体侵入	40	坑点腐蚀、轮藓状腐蚀、台面状腐蚀、失重腐蚀	钻井流体 pH 值为 10,加入杀菌剂、缓蚀剂、保持足够的静液压力,防止地层物质侵入
硫化氢+二氧化碳	细菌作用、地层中的气体侵入、钻井流体热分解	60	失重腐蚀、坑点腐蚀等,超过极限浓度时钢材发生硫化氢应力腐蚀开裂	按照含硫油气井钻采要求采取防腐措施

从表 2.7.2 中可以看出,钻井流体中有害气体主要为酸性气体。因此,应保持钻井流体 pH 值在 10 左右,减少酸性气体的腐蚀。同时,加入杀菌剂等,减少细菌作用。对不同的酸性气体可添加不同的处理剂加以吸收和清除。

7.1.3 关系机械钻速

钻井流体中固相含量增加是机械钻速下降的重要原因之一。此外,钻井流体的固相类型、固相颗粒尺寸和钻井流体类型等也与机械钻速相关。

(1)固相浓度。采用清水钻进,其固相含量为零,钻速最高;随着固相含量增大,钻速显著下降,特别是在较低固相含量范围内钻速急剧下降;固相含量超过 10% 后,对钻速的影响就相对较小(吴代宗,2011)。

(2)固相类型。一般认为,重晶石、砂粒等惰性固相对钻速影响较小,钻屑、低造浆率劣土的影响居中,高造浆率膨润土对钻速的影响最大(崔成军等,2012)。

(3)固相颗粒大小。Lummus 等分析了固相分散性对钻速的影响(Lummus et al.,1964),如图 2.7.2 所示。

从图 2.7.2 中可以看出,黏土加量对清水钻井流体的钻速比对盐水钻井流体的影响更显著。黏土颗粒在盐水中的粒径比在清水中小很多,因为盐水可抑制水化分散。从理论上讲,在盐水中较大的颗粒对钻头的切削作用的影响较小。实验室钻井速度测试中,将凹凸棒石和低塑性黏土 1:1 混合,添加 7% 固相体积可降低 22% 使用饱和盐水钻进时的钻井速度。在 3% 固体浓度(体积分数)下,钻井速度约为清水钻进速度的 87%,盐水钻进速度的 90%。因此,即使黏土在盐水中发生水合程度比在淡水中小,从钻井速度的角度来看,使用低黏土固体含量的盐水钻井流体,3% 固相体积或者更少优势明显。低浓度盐水或在含有氯化钠以外的盐水中固相对钻井速度的影响还未研究。

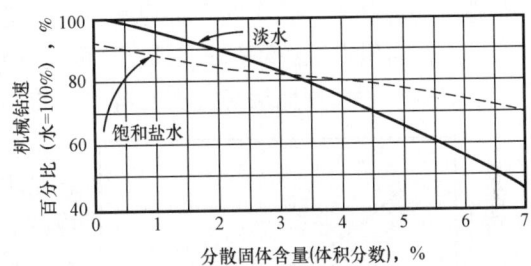

淡水中黏土固相:50%膨润土,50%钻屑劣土
盐水中黏土固相:50%凹凸棒石,50%钻屑劣土

图 2.7.2 分解固相体积含量影响机械钻速曲线

根据 100 口井的固相含量与钻头进尺、钻头使用数量和钻井时间的关系作图。虽然不能预测某一口井的钻速,但可表明固相含量对钻速影响的趋势,如图 2.7.3 所示。

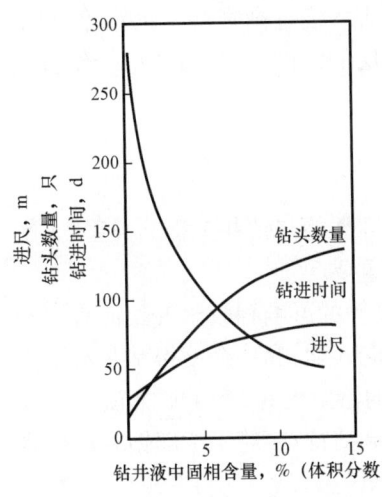

图 2.7.3 钻井流体固相含量影响钻井指标曲线

从图 2.7.3 可以看出,固相含量为 0 时,钻速最高;随着固相含量增加,钻速显著下降,特别是在低固相含量范围内钻速下降曲线更陡。固相含量超过 12% 以后钻速的下降缓慢。

钻井流体的固相含量相同,黏度不同,对钻速的影响也不同。这是因为钻井流体固相颗粒的粒度分布特性不同。钻井流体中细颗粒的含量越高,对钻速的影响越大。钻井流体中固相颗粒的大小(分散的粗细)对钻井效率影响巨大,表明不分散固相颗粒的重要性。研究表明,小于1μm的亚微米颗粒对钻速的影响比1μm以上的粗颗粒对钻速的影响大12倍还要多。亚微米颗粒对钻速的影响在硬地层中表现更为明显。在此理论指导下,形成了一类新型钻井流体,即不分散低固相钻井流体。

7.1.4 关系储层伤害程度

钻井流体中有多种固相颗粒,如膨润土、加重剂、堵漏剂、暂堵剂、钻屑和处理剂的不溶物及高聚物"鱼眼"等。钻井流体中小于储层孔喉直径或裂缝宽度的固相颗粒,在钻井流体有效液柱压力与地层孔隙压力之间形成的压差作用下,进入储层孔喉和裂缝中堵塞渗流通道,造成储层伤害。伤害的严重程度随钻井流体中固相含量的增加而加剧。

钻井流体固相含量高,失水量大,可能导致钻井流体侵入储层深度增加,降低近井壁地带储层的渗透率,使储层伤害程度增大,产能下降。

一般来讲,在钻井过程中,钻井流体固相含量变化是由于钻井流体中岩屑含量变化及其分散程度造成的。显然,固相含量与钻井流体密度密切相关。在满足密度要求的情况下,应尽可能降低固相含量。钻井流体中的固相和渗透率的关系,如图2.7.4所示。

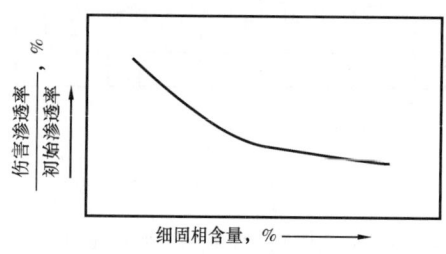

图2.7.4 钻井流体中固相对地层渗透率的影响

从图2.7.4中可以看出,随着细固相含量的增加,伤害渗透率与初始渗透率的比率显著降低。体系中细固相含量增加到一定程度,二者比率降低的幅度趋缓。表明随着体系中细固相含量的增加,渗透率受伤害程度逐渐降低。此外,渗透率受伤害程度还与固相颗粒尺寸大小、级配及固相颗粒侵入储层的深度有关,渗透率受伤害程度随压差增大而加深。

7.1.5 关系储层发现

钻井流体中含油是很常见的问题,明确钻井流体油相兼容性能与钻井工程的关系,了解钻井流体中含有油相的影响,研究钻井流体含油后性能十分重要。

油与水均为液体,性质相近,在钻井循环过程中对钻井流体的影响相较于气相而言要小得多,但由于通常情况下,油比水的密度小,水基钻井流体中混入油相后,会使得钻井流体密度降低,且水相与油相不能互溶,影响了钻井流体对各物质的溶解性,改变了钻井流体的流变性。了解钻井流体中油相的来源,明确钻井流体含油后的流动特点,对于了解钻井流体含油对钻井工程的影响,及其与钻井工程的关系至关重要。

钻井流体循环过程中,任何阶段油相都有可能侵入钻井流体。钻井流体中油相主要有钻屑油相、地层侵入油相、人为加入油相。

钻屑上的油相是指当钻开储层时,钻井流体由于含油岩屑的混入,使得钻井流体中存在或多或少的油相。

钻井流体液柱压力不足以平衡地层压力而侵入的地层油相。如果在钻开储层的过程中,钻井流体密度不足,会导致钻井流体液柱压力不足以平衡地层压力。由于压差存在,使得储层油相侵入钻井流体中。

为达到某种目的人为加入的油相是指在钻井过程中,由于某些原因造成纯水相钻井流体不能满足钻井需要时,加入部分油相与表面活性剂,使钻井流体变为油包水或水包油型钻井流体。

钻井流体含油后,如果含油量极少,相对于水基钻井流体而言可以忽略不计。但当油相含量达到一定值后,钻井流体即变为油水两相混合流体,其流动特点相对于单相流体要复杂得多。

在垂直上升井筒油水两相流中,流型可分为水占优势的流型和油占优势的流型。其中,水占优势的流型包括分散的水包油流型[图2.7.5(a)]、细小分散的水包油流型[图2.7.5(b)]、混状流动的水包油流型[图2.7.5(c)];油占优势的流型包括混状流动的油包水流型[图2.7.5(d)]、分散的油包水流型[图2.7.5(e)]、细小分散的油包水流型[图2.7.5(f)]。其中混状流动的水包油和油包水流型属于过渡流型(Flores 等,1997)。

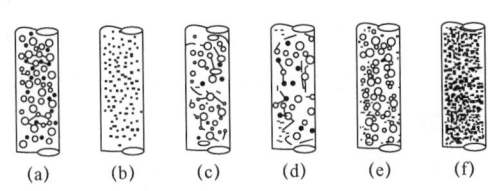

图2.7.5　垂直井筒油水两相流流型示意图

钻井流体中混入油相,改变了钻井流体的界面状态,对钻井流体性能都有一定的影响。对于钻井工程而言,有有利的影响,也有不利的影响。

若钻井遇到地质构造复杂,地层条件特殊的油气藏,如严重水敏性油气藏,为确保钻井质量,确保钻井安全,防止钻井事故及提高钻井时效,保护储层,在钻井流体中加入有机处理剂,甚至使用混油钻井流体或油基钻井流体。含油钻井流体如水包油或油包水钻井流体,相对于纯水基钻井流体而言,某些性能更有优势。

钻井流体中混入油相后,对岩石样品可能造成不同程度的侵害。对于录井工作带来不必要的麻烦。具体而言有对荧光实验、钻井流体性能、取心和岩屑资料的影响(叶莉,2011)。

(1)对荧光试验的影响。钻井流体中混油及有机处理剂后,有不同程度的荧光显示,对比级别明显升高。岩屑真显示与真假显示混杂,难以辨认,可能会导致油砂含量测定结果偏高,影响准确判断储层性质。

(2)对钻井流体性能的影响。钻井流体混油或加入有机处理剂,特别是不均加入时,可能导致钻井流体性能变化较大,钻井流体密度降低,黏度升高。钻井流体混入原油后性能的变化与钻遇储层时的变化相类似,从而造成假显示,可能会掩盖真显示造成的钻井流体性能变化,降低了钻井流体资料的可利用价值。

(3)对钻井取心和井壁取心的影响。钻井流体混入原油和柴油后,所取得岩心有侵害带存在,其新鲜面观察可看到环状浸入带,闻之有油味,在荧光灯下可看到黄色环状边,宽0.5~1mm,岩性越致密环状边越窄、越疏松环状边越宽;若为较疏松砂岩则可能完全被侵害,失去荧光鉴别的意义。钻井流体中混入有机处理剂时对钻井取心影响较小。

(4)对岩屑资料的影响。加大了岩屑的混杂程度,增加了岩屑描述的难度。钻井流体中混入处理剂及成品油后,特别是不均加入或加入后钻井流体未循环均匀时,钻井流体性能变化无常,造成所捞取岩屑的代表性较差,岩屑清洗困难,影响岩性的准确描述。

另外,因为假荧光显示的存在,当真正储层被打开时,仅有较少含量的油砂出现时有可能被掩盖,这样就不能及时发现显示,从而遗漏储层,降低现场录井油气显示发现率。

7.1.6 关系设备运行

钻井流体气体侵入主要影响振动筛、除砂器、除泥器、离心机等固相控制设备以及钻井泵、加料漏斗等钻井设备,降低工作效率,增加了操作环节。

7.1.6.1 钻井流体含气对振动筛的影响

带有钻屑的钻井流体流量的稳定性决定了钻井流体振动筛的筛分效果。钻井流体通过安装筛布,钻屑要么通过筛布,要么被筛布清除。钻井流体中的气体对筛分的影响有气体上窜、微小气泡和泡沫膜三种。

(1)气体上窜可以引起钻井流体的体积波动,从而超过振动筛处理钻井流体流量的能力。因为混入钻井流体中的气体,在地表迅速膨胀的同时,使得钻井流体波动巨大,涌出溢流管,使用气体分离装置可以解决。

(2)钻井流体中的微小气泡是地层气体进入钻井流体的主要标志,气泡膨胀至填充筛布金属线之间的空隙时,气泡可能堵住筛布。这种问题通常可以由脱气装置清除钻井流体中混入的气体而得到解决。

(3)与地层气体进入钻井流体相关的泡沫会使振动筛布上留下一层轻而湿的泡沫膜。这些泡沫太轻而不能在重力作用下通过筛布,并且携带额外的钻井流体到振动筛的底端。钻井流体的流失通常不够明显而被忽略。

7.1.6.2 钻井流体含气对除砂器和除泥器的影响

除砂器和除泥器的运转情况是由水头压力决定的。水头压力是离心泵所泵入钻井流体体积决定的。离心泵对气体进入钻井流体非常敏感。气体在叶轮中心压力降低区域聚集,从而迅速减少泵的输出。如果在离心泵吸入管线处流体压头很低,钻井流体中少量的气体就可能气锁离心泵甚至限制或者停止钻井流体的流动。

离心泵的气锁阻止了除砂器和除泥器的运转。只要溢流管中出现了气体,在固控系统的进料泵前就应该使用脱气装置再用进料泵除砂、除泥。

7.1.6.3 钻井流体含气对离心机的影响

离心机的进料泵采用典型的莫伊诺(Moyno)泵,也叫螺杆泵。莫伊诺泵是渐进式腔式泵,不会像离心泵那样被气锁,但是其排量比离心泵小。这直接降低了钻井流体中含气的比例和离心机的输入压力。钻井流体中的气体通过莫伊诺泵后其压力增加为输入压力,因此气体被压缩从而减少泵的输出。离心机输入的降低直接导致输出的减少。

7.2 测定及调整方法

兼容性测定是调整的基础,也是调整的目标。因此,测定的方法和调整的方法是非常重要的工作。首先测定的是固相,所以先认识常见的固相以及其密度。钻井流体中常见的固相的密度见表2.7.3。

表2.7.3 钻井流体中常见固相的密度

固相名称	密度		
	g/cm³	lb/gal	lb/bbl
凹凸棒石	2.89	24.10	1011
水	1.00	8.33	350
柴油	0.86	7.20	300
膨润土	2.60	21.70	910
砂	2.63	21.90	920
钻屑	2.60	21.70	910
重晶石	4.20	35.00	1470
氯化钙	1.96	16.30	686
氯化钠	2.16	18.00	756

7.2.1 兼容性测定方法

兼容性测定方法主要用于测定黏土含量、砂含量、固相含量和气体含量。有的是定量的,有的是定性的或半定量的。

7.2.1.1 黏土含量测定方法

控制膨润土含量的前提,是准确地测定膨润土含量。目前测定膨润土含量的方法有电导滴定法、pH计指示电位滴定法、六氨合钴离子交换法、核磁共振法、吸蓝量法等。

(1)电导滴定法测量阳离子交换容量。电导滴定法测定阳离子交换容量依据两个反应。一是黏土 – M + Ba^{2+} →黏土 – Ba + M^{2+}(浸泡过程),二是黏土 – Ba + $MgSO_4$→黏土 – Mg + $BaSO_4$↑(滴定过程)(吴涛等,2002)。

与氯化钡交换后的黏土悬浮体,用硫酸镁滴定的过程中,交换性阳离子钡离子不断地被镁离子置换出来,形成硫酸钡沉淀。同时引入镁离子,溶液电导率基本保持不变,交换性阳离子钡离子全部被置换出来以后,随硫酸镁加入,溶液电导率急剧上升,电导滴定曲线上两条直线的交点即为等电点,根据等电点便可计算出阳离子交换容量。

电导滴定实验法是,称取基准钠蒙脱土、钠高岭土或处理过的岩心2g于50mL烧杯中,加入不同浓度的氯化钡溶液,为分散充分,氯化钡溶液每天更换一次,分散充分后用三次蒸馏水离心洗涤至上层清液无铝离子存在(酸化硝酸银检验)。悬浮液起始体积为50mL,加入25mL无水乙醇,在30℃恒温的条件下在DZ – 1型滴定装置上,边搅拌边用0.1mol/L硫酸镁溶液滴定。在滴定完成后计算出阳离子交换容量。

(2) pH 计指示电位滴定法。pH 计指电位滴定法测量黏土含量的原理是，试样先用 1mol/L 氯化铵溶液煮沸，过滤，用去离子水洗去多余的氯化铵。再和 1mol/L 氯化钾溶液作用，将交换的铵离子置换出来，然后加入甲醛，被置换出来的铵离子与甲醛作用产生盐酸和六次甲基四铵，用氢氧化钠溶液滴定氢离子，计算膨润土阳离子交换容量（张秀红，1999）。

实验操作方法是，准确称取 0.2g 样品于 100mL 烧杯中，加 25mL 1mol/L 氯化铵溶液，100℃ 水浴加热 30min（中间轻轻摇动 2 次），取出，用定量滤纸过滤，将残渣全部转入滤纸并多次洗涤烧杯壁和滤纸至无铝离子存在。残渣连同滤纸浆一起用 1mol/L 氯化钾溶液洗回原烧杯（约 20mL），加 2.5mL 中性甲醛溶液（2+1），2 滴酚酞指示剂，用 0.1mol/L 氢氧化钠滴定至 pH 值 9~10 即为终点。

阳离子交换容量（mmol/100g）为：

$$C_{\text{CEC}} = cV/G \times 100 \tag{2.7.7}$$

式中　C_{CEC}——阳离子交换容量，mmol/100g；

　　　c——氢氧化钠溶液的浓度，mol/L；

　　　V——消耗氢氧化钠溶液的体积，mL；

　　　G——样品的质量，g。

pH 计指示电位滴定法，用于水质分析中碱度的测定多年，即用标准的低浓度盐酸滴定碳酸氢根离子、碳酸根离子和氢氧根离子时用 pH 计指示。在用标准的低浓度氢氧化钠滴定氢离子时，同样可以用 pH 计指示。而且，由于滴定液浓度很低，用酚酞作指示剂时，终点的颜色突跃变化不明显，难于正确判断终点。预先用酚酞指示，并用 pH 计精确指示 pH 值 9~10 为终点，既正确又方便。

(3) 六氨合钴离子交换法（分光光度法）。膨润土样品弥散分布于过量的固定浓度带正电性的亚甲基蓝溶液中，由于膨润土胶粒带负电性，两物质混合后电性中和，并快速聚沉，随亚甲基蓝浓度不同变化。根据这一原理，即可测定膨润土有效含量（胡秀荣等，2000）。

在溶液黏土体系中，高价离子易把低价离子交换出来，浓度高的易把溶度低的交换出来，同价离子中，离子半径小的离子因水化层厚，交换能力低于离子半径大的。六氨合钴离子电荷高（3 价），离子半径大（0.2nm），在 474nm 处有最大吸收，并在宽的 pH 值范围（1~14）内稳定性好，是理想的交换离子。有色溶液吸收光有选择性，通常可用光吸收曲线来描述。选用最大吸收波长作为测定波长，使测定具有最大的灵敏度，通常选择的波长为 474nm，以图建立快速测定黏土中可交换阳离子容量的方法。

将试样与一定量的三氯化六氨合钴溶液混合，调 pH 值至 7~8，摇匀，待交换平衡后，在 474nm 处测吸光度。由交换前后吸光度之差，计算离子交换对应的浓度，则黏土的阳离子交换容量（mmol/100g）为 $300CV/W$（其中，C 为离子交换对应的浓度，V 为加入的交换液的体积，W 为称取的试样量）。

(4) 核磁共振法。Hill 等（1979）在研究矿化度和阳离子交换容量对黏土束缚水孔隙度、毛细管压力以及渗透率的影响时，提出了有效孔隙度方程理论方程。在已知溶液矿化度、总孔隙度以及黏土束缚水孔隙度时，可计算出阳离子交换容量。

$$1 - \frac{\phi_E}{\phi_T} = \frac{V_S}{V_P} = (0.084 C_0^{-\frac{1}{2}} + 0.22) Q_V \tag{2.7.8}$$

式中 ϕ_E ——有效孔隙度，%；
ϕ_T ——总孔隙度，%；
V_S ——束缚水体积，L；
V_P ——总孔隙体积，L；
C_0 ——平衡溶液浓度，E/L；
Q_V ——阳离子交换容量，g/L。

平衡溶液浓度单位为 E/L（相对平衡浓度），应用不方便。Juhasz 等（1979）把单位转化为更加通用的 g/L：

$$1 - \frac{\phi_E}{\phi_T} = (0.6425 S^{-\frac{1}{2}} + 0.22) Q_V \tag{2.7.9}$$

式中 S ——平衡溶液浓度，g/L。

将 $\phi_E = \phi_T - \phi_{CBW}$ 代入式(2.7.9)，得：

$$Q_V = \frac{\phi_{CBW}}{\phi_T (0.6425 S^{-\frac{1}{2}} + 0.22)} \tag{2.7.10}$$

式中 ϕ_{CBW} ——黏土束缚水孔隙度，%。

ϕ_{CBW} 和 ϕ_T 可以通过岩心核磁共振实验获得：

$$\phi_{CBW} = \int_{T_2}^{T_{2,\text{cutoff\_CWB}}} S(T_2) dT_2 \tag{2.7.11}$$

$$\phi_T = \int_{T_{2,\min}}^{T_{2,\max}} S(T_2) dT_2 \tag{2.7.12}$$

式中 $T_{2,\text{cutoff\_CWB}}$ ——黏土束缚水横向弛豫时间截止值，ms。

用岩心核磁共振实验可以获取阳离子交换容量：

$$Q_V = \frac{\int_{T_2}^{T_{2,\text{cutoff\_CWB}}} S(T_2) dT_2}{(0.6425 S^{-\frac{1}{2}} + 0.22) \int_{T_{2,\min}}^{T_{2,\max}} S(T_2) dT_2} \tag{2.7.13}$$

(5) 吸蓝量法。蒙皂石分散在水溶液中有吸附亚甲基蓝的能力，称为吸蓝量，以 100g 试料吸附亚甲基蓝的数表示。亚甲基蓝在水溶液中呈一价有机阳离子，可与蒙皂石层间阳离子交换，形成蒙皂石有机复合体。用亚甲基蓝的水溶液滴定膨润土的水溶液，发生离子交换反应。离子交换完成后，溶液中存在的多余的亚甲基蓝在中速定量滤纸上会出现浅绿色晕环（郑素群等，2010）。

钻井流体测量黏土含量的常用方法主要是吸蓝量法，即吸附亚甲基蓝的量。先测出钻井流体中阳离子交换容量，再通过计算确定钻井流体中膨润土的含量。

① 用不带针头的注射器量取 1mL 钻井流体，放入适当大小的锥形瓶中，加入 10mL 水稀

释。为消除某些有机处理剂的干扰,加入15mL 3%的过氧化氢和0.5mL 浓度约为2.5mol/L的稀硫化氢,缓缓煮沸10min,然后用水稀释至50mL。

② 用浓度为3.74g/L(相当于0.01N)的亚甲基蓝标准溶液进行滴定。每滴入0.5mL 亚甲基蓝溶液后旋摇30s,然后用搅棒转移一滴液体放在普通滤纸上,观察在染色的钻井流体固相斑点周围是否出现绿—蓝色圈。若无此种色圈(如图2.7.6 滴入1~5mL 的情况),继续滴入0.5mL 亚甲基蓝溶液,并重复上面的操作。一旦发现绿—蓝色圈时(如图2.7.6 滴入6mL 的情况),摇荡锥形瓶2min,再转移1滴在滤纸上,如色圈仍不消失表明已达滴定终点,如图2.7.6 加入7mL 后达到终点。此时,所耗亚甲基蓝溶液的毫升数即为钻井流体的阳离子交换容量。若出现图2.7.6 中滴入8mL 的情况,表明已滴入过量亚甲基蓝溶液,需重新滴定,确定终点。

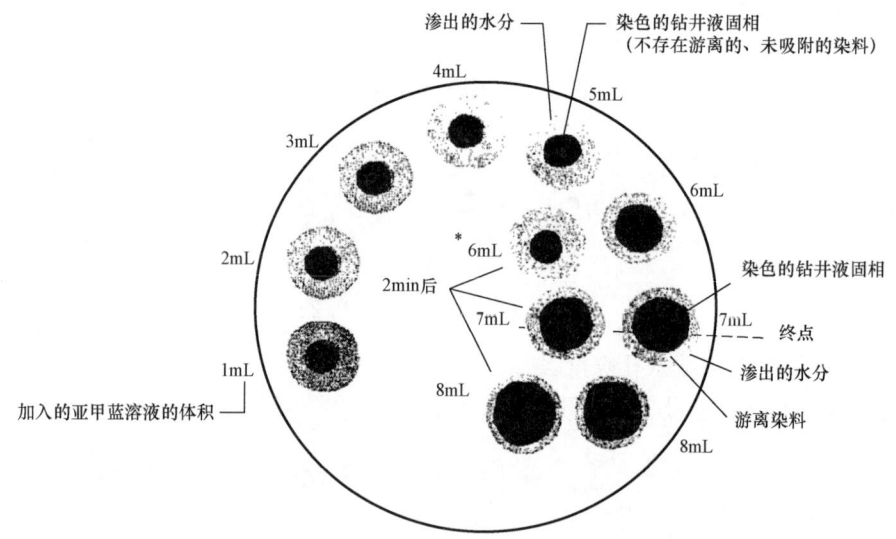

图2.7.6　亚甲基蓝滴定终点的点滴试验

吸蓝量法用于检验膨润土含量,精确度不高,还存在着一些问题,如亚甲基蓝含水量的变化直接影响吸蓝量,与膨润土矿共生的其他矿物吸附亚甲基蓝的问题,以及蒙皂石成分、结构、电荷数量等因素的影响。但操作简便,也没有可替代的简单操作方法,故仍被广泛使用。

7.2.1.2　固相含量测定方法

钻井流体固相控制是在保存适量有用固相的前提下,尽可能地清除无用固相,是优化钻井流体性能,实现安全、优质、高效钻井的重要手段之一。正确、有效地控制固相含量可降低钻具扭矩和摩阻,减小环空抽吸的压力波动,减少压差卡钻的可能性,提高钻井速度,延长钻头寿命,减轻设备磨损,改善下套管条件,增强井壁稳定性,控制储层伤害,减少钻井流体费用,为科学钻井提供必要的条件。因此,准确分析钻井流体固相含量对指导现场钻井流体的固控工艺和性能维护意义重大。

钻井流体固相含量,是指钻井流体中全部固相体积占钻井流体总体积的分数,用百分数来表示。钻井流体中固相含量不明显地影响钻井流体性能的值,称为钻井流体的固相容限。即前文的固相兼容能力,也即钻井流体性能最大可接受的固相含量。由于固相的成分十分复杂,分别介绍总固相含量测定、砂含量测定、膨润土含量测定等方法。

钻井流体最常用的固相测量方法是蒸馏法。蒸馏法是指通过加热装置将钻井流体中的液体蒸发,称量固相的方法。

蒸馏法主要的工具是固相仪。固相仪是定量测定钻井流体中所含液相和固相含量的计量器具。固相仪如图 2.7.7 所示。

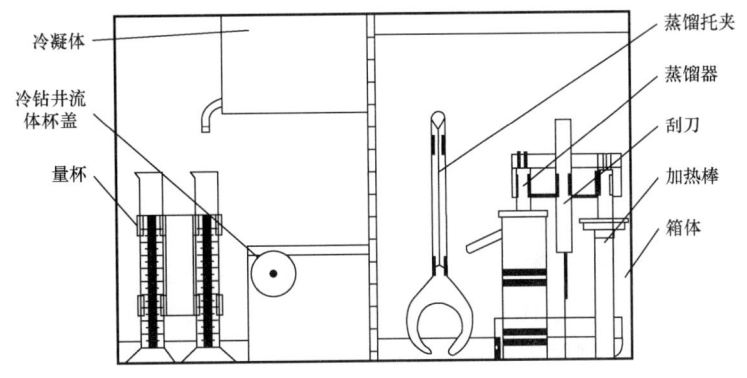

图 2.7.7　固相仪示意图

(1)箱体。采用全不锈钢材料制成,固定盛装其他部件用的容器。

(2)加热棒。需要具有足够的功率,以便在 15min 之内将样品温度升至液相蒸发温度,不致使固相沸腾出蒸馏器。

(3)刮刀。用来刮取蒸馏器内剩余的固相成分。

(4)蒸馏器。由不锈钢材料精制而成,盛装钻井流体。

(5)蒸馏托夹。热蒸馏器用其拿取。

(6)冷凝体。需要具有足够的容量,以便油和水的蒸汽在离开冷凝器之前,冷却至蒸发温度以下。

(7)计量盖。封闭蒸馏器,保证蒸馏器内的体积固定。

(8)量筒。接收冷凝后的液体并测量其体积。

钻井流体固相含量测定仪是用来分离和测定钻井流体样品中水、油和固相体积的仪器。这是了解固相浓度和组成水基钻井流体黏度、失水控制的基础。钻井流体(固相)油水分离装置的特点为采用电子仪表电流控制,加热温度可调。测量精度高、重复误差小,操作、携带方便。使用大容量蒸馏器,不锈钢外壳,冷凝效果好,液体回收率高。固相仪分类、加热器功率和钻井流体杯标称容量,见表 2.7.4。

表 2.7.4　固相仪规格

分类	加热器功率,W	钻井流体杯标称容量,mL
内热式	100	20
	170	50
外热式	300	10
		20
	600	50

测量时,取一定量钻井流体,用电加热使其中液相组分完全蒸发,经冷凝后收集在量筒内,计算液相和固相的质量分数或体积分数。以内热式为例,具体步骤为:

(1)在蒸馏器内注入20mL钻井流体,将插有加热棒的套筒连接到蒸馏器上。

(2)将蒸馏器的引流管插入冷凝器的孔中,然后将量筒放在冷凝器的引流嘴下方,以接收冷凝成液体的油和水。

(3)接通电源,使蒸馏器开始工作,直至冷凝器引流嘴中不再有液体流出时为止,这段时间一般需20~30min;

(4)待蒸馏器和加热棒完全冷却后,将其卸开。用铲刀刮去蒸馏器内和加热棒上被烘干的固体。用天平称取固体的质量,并分别读取量筒中水和油的体积。以便计算固相含量。

7.2.1.3 砂含量测定方法

钻井流体的砂含量,也称含砂量,是指钻井流体中不能通过200目筛布,即粒径大于74μm的砂粒占钻井流体总体积的百分数。现场施工中,数值越小越好,一般要求控制在0.5%以下。含砂量测定的方法较多,比较常见的有电容法、激光法和超声波法及湿筛法。

(1)电容法。电容法利用钻井流体中泥砂含量的变化会引起其介电常数变化这一电物理学性质,通过测量电容的变化来测量含砂量变化。由于电容受温度影响较大,电容两端输出电压随温度、含盐量升高而呈非线性增加趋势,加之径流流速的影响,使得电容法的适用条件受到一定限制(API RP 13B-1—1990)。介质在外加电场时会产生感应电荷而削弱电场,介质中的电场减小与原外加电场(真空中)的比值即为相对介电常数,又称诱电率,与频率相关。介电常数是相对介电常数与真空中绝对介电常数乘积。如果有高介电常数的材料放在电场中,电场的强度会在电介质内有明显的下降。理想导体的相对介电常数为无穷大。

根据物质的介电常数可以判别高分子材料的极性大小。通常,相对介电常数大于3.6的物质为极性物质;相对介电常数在2.8~3.6范围内的物质为弱极性物质;相对介电常数小于2.8为非极性物质。利用这些,就可以根据测得的结果判断含砂多少。

(2)激光法。光在钻井流体中传输时,由于流体介质的散射和吸收,光强衰减,且钻井流体中悬浮砂的浓度不同,衰减也不同。激光法正是利用此原理将透射过钻井流体的激光信号转换为电压信号。依据电压信号的强弱在流速较小且相同粒径分布条件下与含砂浓度呈正比函数关系确定含砂量(陈彦平,1992)。

(3)超声波法。超声波法分为超声波反射法和超声波衰减法。前者根据超声波的反射量与砂粒的多少呈正比例关系,从而测定含砂量。后者考虑泥砂颗粒对超声波的散射、吸收和超声波自身的扩散因素,利用传感器检测其能量的衰减,计算含砂量。超声波反射法对于低含砂量钻井流体较敏感,测量精度较高,只是测量范围较窄,0~3kg/m^3。超声波衰减法利用声波在钻井流体中传播时声波大小受到衰减的原理,通过接收换能器将衰减后的超声波转化为电信号,再经放大处理后得到随含砂量变化的模拟电信号,依据其与含砂量间的关系来测量含砂量(熊家伟,1986)。

(4)湿筛法。钻井流体含砂量测定仪器,是根据砂粒的大小,专门设计的含砂量测定仪。仪器由一个带刻度类似于离心试管的玻璃容器、一个漏斗和一个带200目筛布的过滤筒组成,如图2.7.8所示。

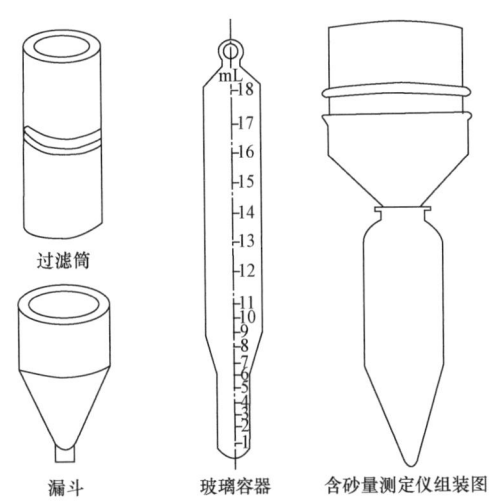

图 2.7.8 含砂量测定仪

用玻璃容器测量钻井流体体积并可用来观察流体清澈程度。漏斗用于收集砂,便于将其冲入玻璃容器测量。含砂量的测定和计算方法如下。

① 将钻井流体注入玻璃管"钻井流体"标记处。加水至另一标记处。堵住管口剧烈振荡;

② 将此混合物倒入洁净、湿润的筛网中。弃掉通过筛网的流体。在玻璃管中再加些水,振荡并倒入筛网上。重复直到测量管洁净。冲洗筛网上的砂子以除去残留的钻井流体;

③ 将漏斗口朝下套在筛框上,缓慢倒置,并把漏斗尖端插入玻璃管口中。用小水流通过筛网将砂冲入测量管内。使砂沉淀。从玻璃测量管上刻度,读出砂的体积分数。

④ 以体积分数记录钻井流体的含砂量。记录钻井流体取样位置,如振动筛上流位置、吸入罐位置等。比砂粒径大的其他固相颗粒(如堵漏材料)也会留在筛网上,应注明这类固体的存在。

钻井流体含砂量指钻井流体中不能通过 200 目筛网(边长为 74μm)的砂砾的含量,即直径大于 74μm 的砂砾占钻井流体总体积的百分数

滤饼质量变差,最后求出钻井流体含砂量:

$$N = \frac{V_{砂粒}}{V_{钻井流体}} \times 100\%$$

式中 N ——钻井流体含砂量,%。

在现场应用中,钻井流体含砂量越小越好,一般要求控制在 0.5% 以下。若砂含量过高,导致固相含量升高,会造成钻井流体密度和黏度增加,性能维护困难,机械钻速降低,滤饼质量下降、增厚,失水变大,滤饼摩擦系数变大,可能发生井下复杂情况,严重伤害储层,对设备的磨损严重。缩短机械设备及井下钻具的寿命,影响钻井作业的安全快速钻进。电测遇阻,地质资料不准。

7.2.1.4 气体含量测定方法

最初,钻井过程中发现油气靠肉眼观察从井底返出的钻井流体中油花或气泡,钻井流体从井底携带至地面的岩屑含油,后来出现了简单的荧光分析技术、气体检测技术。经过最近几十年的发展,发现和评价储层的录井油气检测技术越来越多,有钻井流体气体检测全烃检测,组分色谱分析技术,岩石热解分析技术,二维和三维定量荧光分析技术,罐顶气轻烃气相色谱分析技术,钻井流体性能如失水离子、相对密度、温度、电导率、电阻率、流量、体积分析技术等,形成了比较完整的油气检测技术系列。多种油气检测技术的应用,为录井工作者提供了丰富的地层油气信息,有助于及时发现和准确评价储层,在石油和天然气勘探开发中有着其他手段所不可替代的作用。

钻井流体含气量的计算可以通过充分稀释混入气体的钻井流体,搅拌使气体逸散,此时称量无气相的钻井流体,然后反算未经稀释过的无气相钻井流体密度。

例如,ρ_1 是气侵后钻井流体的密度,ρ_2 是 1 体积的水加入 1 体积的钻井流体并搅拌除去气体后钻井流体的密度,ρ_3 是不含气且未被稀释钻井流体的密度,ρ_w 是水的密度,x 为钻井流体含气量,则:

$$\rho_1 = \frac{(1-x)}{1}\rho_3$$

$$\rho_2 = \frac{(1-x)\rho_3 + 1 \times \rho_w}{2-x}$$

解得 x 为:

$$x = \frac{2\rho_2 - \rho_1 - \rho_w}{\rho_2}$$

调整钻井流体气体含量,必须先清楚钻井流体中气体含量、赋存状态,即如何比较准确地计算出气体在环空中上升速度、气体对钻井流体液柱压力影响、气体对泵输出影响,才能提出调整防止气体侵入的对策。现场常用的钻井流体含气测量方法主要是压力差测量法。压差法测量含气量原理,如图 2.7.9 所示。

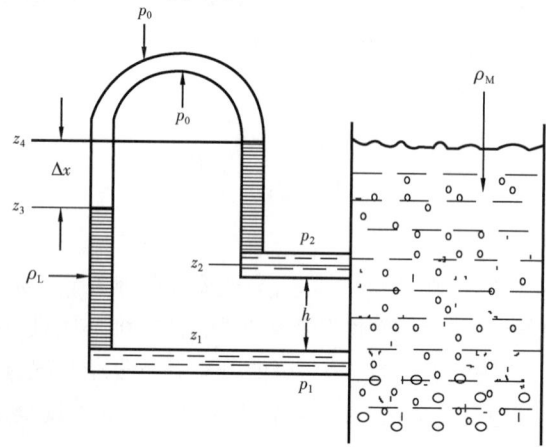

图 2.7.9 压差法测量含气量原理图

测量仪中,由于液体重力的存在,使得接入的 U 形管的两个液面存在高度差,用于平衡液体重力造成的压差。根据 U 形管上部气体的压力及管中液面高度,可计算出 U 形管两个接口处的压力,两个压力的差值与两接口高度差范围内的流体重力造成的压力相等,即可得到流体中含有的气体含量。根据压差平衡可知:

$$p_1 = p_0 + \rho_1 g(z_3 - z_1) \tag{2.7.14}$$

$$p_2 = p_0 + \rho_1 g(z_4 - z_2) \tag{2.7.15}$$

$$\Delta p = p_1 - p_2 = \rho_L g h - \rho_L g \Delta x \tag{2.7.16}$$

式中　ρ_L——标准液体的密度;
　　　Δx——倒 U 形管中液面的高度差;
　　　h——引压口间的距离;
　　　Δp——引压口间的压力差;
　　　p_1——U 形管下模管压力;
　　　p_0——U 形管气体压力;
　　　z_3——U 形管左侧液面高度;
　　　z_1——U 形管底部液面高度;
　　　p_2——U 形管上模管压力;
　　　z_4——U 形管左侧液面高度;
　　　z_2——U 形管右侧液面高度。

另外,由于引压口之间的压力差主要是重力作用产生的,所以有:

$$\Delta p = \rho_M g h = \frac{m_L + m_G}{V_M} g h = \frac{\rho_L(V_M - V_G) + \rho_G V_G}{V_M} g h$$

$$= \rho_L(1 - \beta)gh + \beta \rho_G gh = \rho_L gh + (\rho_G - \rho_L)\beta gh \tag{2.7.17}$$

式中　ρ_M——钻井流体密度;
　　　m_L——标准液体质量;
　　　m_G——气体质量;
　　　V_M——钻井流体体积;
　　　V_G——气体体积。

由于气体的密度远远小于液体的密度,所以可得:

$$\beta = \frac{\Delta x}{h} \tag{2.7.18}$$

β 即为气体密度的含气率,所以只需要测出高度差就可以知道含气率。

7.2.2　兼容性调整方法

兼容性调整主要是调整固相含量、砂含量、黏土含量和气体含量。调整时所采用的方法,称为兼容性调整方法。

7.2.2.1 黏土含量调整方法

一般来讲,钻井流体密度越大,井温越高,膨润土含量应越低。钻井流体中膨润土含量的一般范围为 30~80g/L,也就是说,加量应控制在 3%~8%。钻井流体中保持适宜的膨润土含量。钻井流体性能不仅满足工程需要,而且易于调整和控制。

调整前先测出钻井流体中阳离子交换容量,再通过计算确定钻井流体中膨润土的含量,进而确定膨润土含量的调整方案。

钻井流体的阳离子交换容量通常又称作亚甲基蓝容量。表示每 100mL 钻井流体所能吸附亚甲基蓝的物质的量(单位:mmoL)。配制标准溶液使 1mL 标准溶液中含有 0.01mmol 亚甲基蓝,试验中所消耗标准溶液的体积(单位:mL)在数值上恰好等于钻井流体的亚甲基蓝容量。为便于计算,一般情况下假定膨润土的阳离子交换容量等于 70mmol/100g,于是,钻井流体中的膨润土含量为:

$$f_c = 14.3(CEC)_m \tag{2.7.19}$$

式中 f_c——钻井流体中的膨润土含量,g/L;

$(CEC)_m$——钻井流体的阳离子交换容量,mmol/100mL。

国际上,常用英制单位 lb/bbl 表示钻井流体中的膨润土含量。由于 1lb/bbl 相当于 2.853g/L,所以:

$$f_c = 5.0(CEC)_m \tag{2.7.20}$$

使用亚甲基蓝法,测得的钻井流体中膨润土的含量只是一个近似的含量,其原因有两个:

(1)蒙皂石的阳离子交换容量,一般 70~150mmol/100g。假定膨润土的阳离子交换容量为 70mmol/100g,是不准确的,为此,选择了 8 种现场经常见的物质加入基准浆中,考察其对亚甲基蓝阳离子交换量的影响,结果见表 2.7.5。

表 2.7.5 与钻井流体有关的常见矿物和岩石的阳离子交换容量

矿物名称	砂岩	页岩	高岭石	氯泥石	伊利石	凹凸棒石	黏性页岩	蒙皂石
阳离子交换容量(CEC) mmol/100g	0~5	0~20	3~15	10~40	10~40	15~25	20~40	70~150

由表 2.7.5 可以看出,不同物质有不同的阳离子交换容量,且差别较大,表明这些钻井过程常见的物质对测定膨润土含量有较大影响。

从表 2.7.5 中,还可以进一步看出,同一种矿物,阳离子交换容易量也有所不同。这些不同可能与钻井流体 pH 值、处理剂及其加量、分散时间等关系较大。因此,必须严格掌握操作技术才能获得可靠结果。

(2)钻井流体中,除膨润土外,还常有其他一些可吸附亚甲基蓝的物质。实验中用过氧化氢仅能排除其中有机物的影响,但不能排除来自地层钻屑的影响。钻屑中的页岩、伊利石及高岭石等也可以发生阳离子交换,吸附亚甲基蓝。计入钻井流体的膨润土亚甲基蓝容量中,会增大测量结果。

因此,为了准确地确定钻井流体中配浆膨润土的含量,不仅需要测定钻井流体的阳离子交换容量,还应同时测定膨润土和钻屑的阳离子交换容量(Chenevert et al.,1989)。其中,钻井流体的阳离子交换容量用常规亚甲基蓝法测定。实验用钻屑样品需在105℃温度下烘干后磨成细粉,并通过325目细筛。取10g烘干的膨润土和钻屑细粉分别加至50mL蒸馏水中,经充分搅拌后,再用亚甲基蓝滴定法测定这两种固体物质的阳离子交换容量。根据阳离子交换容量的定义

$$(CEC)_m = 100\left[f_c \rho_c \frac{(CEC)_c}{100} + f_{ds} \rho_{ds} \frac{(CEC)_{ds}}{100}\right] \tag{2.7.21}$$

式中 $(CEC)_m$——钻井流体的阳离子交换容量,mmol/100mL;
f_c——膨润土体积分数;
ρ_c——膨润土密度,g/cm^3;
$(CEC)_c$——膨润土的阳离子交换容量,mmol/100g;
f_{ds}——钻屑体积分数;
ρ_{ds}——钻屑密度,g/cm^3;
$(CEC)_{ds}$——钻屑的阳离子交换容量,mmol/100g。

膨润土和钻屑密度为2.6g/cm^3,代入式(2.7.21),得到:

$$(CEC)_m = 2.6[f_c(CEC)_c + f_{ds}(CEC)_{ds}]$$

由于膨润土和钻屑的量都是10g,故膨润土体积分数等于钻屑体积分数,即$f_{ds} = f_c$,代入得到:

$$f_c = \frac{(CEC)_m - 2.6 f_{ds}}{2.6[(CEC)_c - (CEC)_{ds}]} \tag{2.7.22}$$

因此,只需将测得的两种物质阳离子交换容量代入式(2.7.22),便可计算出钻井流体中膨润土的含量。然后,由低密度固相含量减去膨润土含量,便可求出钻屑含量。

确定盐水钻井流体中膨润土含量和钻屑含量如果使用可溶性盐水钻井流体,也可以用同样的方法。同样,也可以确定含氯化钙的钙处理钻井流体和含氯化钾的钾基钻井流体。

[例2.7.1] 将1mL钻井流体用蒸馏水稀释至50mL后,用0.01N亚甲基蓝标准溶液滴定。到达滴定终点时标准溶液的用量为4.8mL,试求钻井流体中的膨润土含量。

解:
因标准溶液用量在数值上等于钻井流体的亚甲基蓝容量,故

$$(CEC)_m = 4.8 \text{mmol}/100\text{mL}$$

由此,计算钻井流体中的膨润土含量:

$$f_c = 14.3(CEC)_m = 14.3 \times 4.8 = 68.64 \text{g/L}$$

即膨润土的加量大约为7%。

钻气层时,钻井流体性能变化大部分情况是由于钻井流体中的气泡所致。解决办法主要以消除气泡为主(朱忠喜等,2010)。

调整钻井流体气体含量,必须先清楚钻井流体中气体含量、赋存状态,即如何比较准确地计算出气体在环空中的上升速度、气体对钻井流体液柱压力的影响以及气体对泵输出的影响,才能提出调整防止气体侵入的对策。

钻井流体含气后,这些气体部分溶于钻井流体,大部分不溶,呈气液两相形式存在,易形成泡沫。为了控制钻井流体中的气体含量,通常对钻井流体消泡。目前消泡的方法主要有两种:一种是机械方法,即使用除气器和立式搅拌器排气;另一种是化学方法,即采用消泡剂消泡。实际应用中,一般是两种方法联合使用(王群,1991)。

良好的消泡剂必须具备表面张力小、不与起泡剂反应等性能。表面张力低于起泡剂,在泡沫中不溶或难溶,但与起泡液有一定的亲和性。不与起泡液发生化学反应,挥发性小,热稳定性好,加量少,不吸附,无毒。

国际上,钻井流体消泡剂品种较多,有金属皂、脂肪酸类、酰胺、醇、磷酸酯、珍珠岩、橡胶、皮革粉、炭黑等固体惰性材料、有机硅等。中国钻井流体消泡剂种类相对较少,主要有硬脂酸铝、柴油机用乳化油、十二烷基苯磺酸胺和十二烷基苯磺酸钙的复配物、有机硅等。此外,还使用过甘油聚醚、正辛醇、泡敌(由丙三醇与环氧丙烷、环氧乙烷共聚而成)、万能无荧光灭泡灵等。

7.2.2.2 固相含量调整方法

蒸馏法实用性强,计算较为简便。钻井流体中固相、液相含量一次获得,一律采用体积分数或体积百分比浓度表示。这样,如需要表示工作流体中某物质在钻井流体密度中所占的分数,只需乘以该物质的密度,即可换算求得。

根据已知钻井流体总体积和蒸馏法测得的水、油(液相)体积,可以计算出钻井流体固相含量,计算过程如下:

$$f_w = \frac{V_w}{V_M} \qquad (2.7.23)$$

$$f_o = \frac{V_o}{V_M} \qquad (2.7.24)$$

$$f_s = 1 - f_w - f_o \qquad (2.7.25)$$

式中 f_w——钻井流体中水体积分数;

V_w——蒸馏所得水的体积,mL;

V_M——实验所用的钻井流体体积,mL;

f_o——钻井流体中油体积分数;

V_o——蒸馏所得油的体积,mL;

f_s——钻井流体中固相体积分数。

需要注意的是,含盐量小于1%的淡水钻井流体,根据实验结果直接求出钻井流体中固相的体积分数;含盐量较高的盐水钻井流体,蒸干的盐和固相共存于蒸馏器中。需扣除由于盐析出引起体积增加的部分,才能确定钻井流体中的实际固相含量。一般情况下,钻井流体固相含量的计算。

$$f_{\text{s}} = 1 - f_{\text{w}} C_{\text{f}} - f_{\text{o}} \tag{2.7.26}$$

式中 f_{s}——钻井流体中固相体积分数,%;

f_{w}——钻井流体中水体积分数,%;

f_{o}——钻井流体中油体积分数;

C_{f}——考虑盐析出而引入的体积膨胀系数,是大于1的无量纲常数。

常用食盐和氯化钙在不同盐度下的体积膨胀系数值可从表 3.40.1 和表 3.40.2 中查得。

总固相含量的测定方法除了最常用的蒸馏法外,还有一种滤液密度法(谭希硕等,2005)。蒸馏法在测定过程中可能会出现如蒸馏气体逸出现象,产生较大的实验误差。滤液密度法是假设钻井流体由悬浮相(悬浮固相和油)和水溶相(水和可溶盐)构成,钻井流体密度等于这两相的体积加权。因此,不含油的钻井流体,只要测定到水溶相即钻井流体滤液的密度,就可以求出固相含量。但这种测定方法具有很大的局限性,只能用于不含油的非加重水基钻井流体固相含量分析,普适性较差。

蒸馏法测定钻井流体中总固相含量,广泛应用于生产现场中。然而,现代钻井流体和固控技术需求,只测定固相含量不能满足生产需求。钻井流体中不仅要关注低密度固相含量和高密度重晶石含量,还要测量膨润土和钻屑有用固相和无用固相含量。总矿化度小于 10000mg/L 的淡水钻井流体,可根据钻井流体质量等于各种组分质量之和。

$$\rho_{\text{m}} = \rho_{\text{w}} f_{\text{w}} + \rho_{\text{lg}} f_{\text{lg}} + \rho_{\text{B}} f_{\text{B}} + \rho_{\text{o}} f_{\text{o}} \tag{2.7.27}$$

式中 ρ_{m}——钻井流体密度,g/cm^3;

ρ_{w}——水的密度,g/cm^3;

f_{w}——水的体积分数;

ρ_{lg}——低密度固相密度,g/cm^3;

f_{lg}——低密度固相的体积分数;

ρ_{B}——重晶石密度,g/cm^3;

f_{B}——重晶石的体积分数;

ρ_{o}——油的密度,g/cm^3;

f_{o}——油的体积分数。

由于总体积分数等于1,所以,欲求得重晶石的体积分数,则:

$$f_{\text{B}} + f_{\text{w}} + f_{\text{o}} = 1 \tag{2.7.28}$$

$$f_{\text{B}} = 1 - f_{\text{w}} - f_{\text{o}} \tag{2.7.29}$$

$$f_{\text{lg}} = \frac{\rho_{\text{w}} f_{\text{w}} + (1 - f_{\text{w}} - f_{\text{o}}) \rho_{\text{B}} + \rho_{\text{o}} f_{\text{o}} - \rho_{\text{m}}}{\rho_{\text{B}} - \rho_{\text{lg}}} \tag{2.7.30}$$

可以看出,只要测得钻井流体密度,并用蒸馏实验测得水的体积分数和油的体积分数,便可求出低密度固相的体积分数,然后再求出重晶石的体积分数。如果钻井流体中不含油。

$$f_{\text{o}} = 0$$

令 $f_B + f_{lg} = f_s$，则式(2.7.28)可简化得到：

$$f_w = 1 - f_s \tag{2.7.31}$$

$$f_B = f_s - f_{lg} \tag{2.7.32}$$

式中　f_s——钻井流体中固相的总体积分数。

$$f_s = \frac{\rho_m + f_{lg}(\rho_B - \rho_{lg}) - \rho_w}{\rho_B - \rho_w} \tag{2.7.33}$$

一般情况下，钻井流体中的一些常用材料的密度可以从表2.7.3中查得。重晶石密度为$4.2g/cm^3$，膨润土和钻屑等密度为$2.6g/cm^3$，可得钻井流体中固相的总体积分数。

$$f_s = 0.3125(\rho_m - 1) + 0.5 f_{lg} \tag{2.7.34}$$

也可以用来计算低密度固相含量。

$$f_{lg} = \frac{\rho_w f_w + (1 - f_w - f_o)\rho_B + \rho_o f_o - \rho_m}{\rho_B - \rho_{lg}}$$

$$f_{lg} = \frac{\rho'_w C_f f_w + (1 - C_f f_w - f_o)\rho_B + \rho_o f_o - \rho_m}{\rho_B - \rho_{lg}} \tag{2.7.35}$$

$$f_B + f_w + f_{lg} + f_o = 1$$

$$f_B = 1 - f_w - f_{lg} - f_o \tag{2.7.36}$$

式中　ρ'_w——盐水密度，也即钻井工作流体滤液的密度，g/cm^3。

获得盐水密度的方法是，先用硝酸银滴定法测得钻井工作流体滤液中氯化钠的浓度，再用钻井工作流体滤液的浓度查得对应的盐水密度。

不混油的淡水钻井流体，由钻井流体密度和蒸馏实验测得的钻井流体中固相的总体积分数，可以很方便地求出低密度固相含量，可求得重晶石的体积分数。

盐水钻井流体中总固相含量的确定方法是，先从表2.7.6查得相应氯化钠水溶液浓度下的体积膨胀系数，然后根据蒸馏试验测得，水的体积分数和油的体积分数，最后求得总固相含量。

$$f_s = 1 - f_w C_f - f_o \tag{2.7.37}$$

如果求盐水钻井流体中低密度固相和加重材料含量，应该考虑盐水的体积校正系数变化为：

$$f_{lg} = \frac{\rho_w f_w + (1 - f_w - f_o)\rho_B + \rho_o f_o - \rho_m}{\rho_B - \rho_{lg}} \tag{2.7.38}$$

$$f_{lg} = \frac{\rho'_w C_f f_w + (1 - C_f f_w - f_o)\rho_B + \rho_o f_o - \rho_m}{\rho_B - \rho_{lg}} \tag{2.7.39}$$

$$f_B + C_f f_w + f_o = 1 \tag{2.7.40}$$

$$f_B = 1 - C_f f_w - f_o \tag{2.7.41}$$

获得盐水体积膨胀系数的方法是,先用硝酸银滴定法测得钻井流体滤液中氯化钠的浓度,同样再从表 2.7.6 中查得。

表 2.7.6　20℃时不同浓度氯化钠水溶液的密度和体积膨胀系数

密度,g/cm³	质量浓度,mg/L	质量分数,%	体积膨胀系数 C_f
0.9982	0	0	1
1.0053	10050	1	1.003
1.0125	20250	2	1.006
1.0268	41100	4	1.013
1.0413	62500	6	1.020
1.0559	84500	8	1.028
1.0707	107100	10	1.036
1.0857	130300	12	1.045
1.1009	154500	14	1.054
1.1162	178600	16	1.065
1.1319	203700	18	1.075
1.1478	229600	20	1.087
1.1640	256100	22	1.100
1.1804	279500	24	1.113
1.1972	311300	26	1.127

钻井流体中的组分不同,真实密度也不相同。为现场应用方便,以钻井流体密度为横坐标,钻井流体固相含量为纵坐标,绘制了不同体积分数的低密度钻井流体随压力变化固相含量的变化,得到一束平行的直线,可以看出随着低密度固相体积分数的增加,总固相含量随之增加,如图 2.7.10 所示。

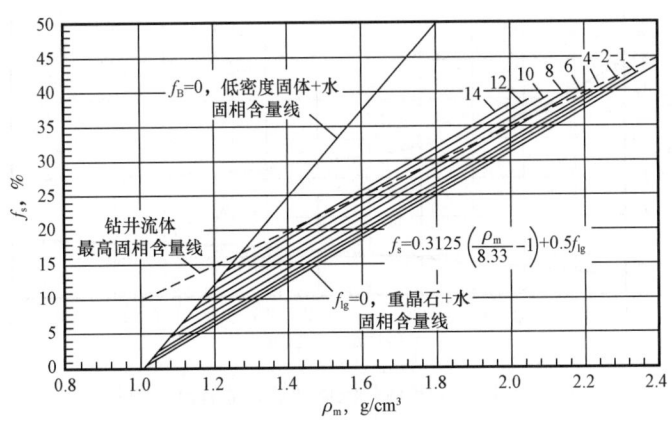

图 2.7.10　淡水钻井流体的密度与固相含量关系(据 Adam et al.,1986)

这样,与钻井流体密度和固相的总体积分数相对应的低密度固相含量可直接从图中查得。图中虚线是一条经验曲线,称为钻井流体的最高固相含量线,表示在一定钻井流体密度条件下,钻井流体所能容纳固相的最大限度。

$$f_s = (24.8\rho_m - 14.8)/100 \qquad (2.7.42)$$

式中 f_s——钻井流体中固相体积分数;

ρ_m——钻井流体密度,g/cm^3。

在钻井过程中,除利用图2.7.11可判断钻井流体中固相含量的适宜程度外,还常借助宾汉模式塑性黏度和动切力这两个流变参数分析固相含量,决定维护措施。不同密度的水基钻井流体,塑性黏度和动切力有不同的适宜范围。

Annis(1974)测定了48.9℃(120℉)时水基钻井流体塑性黏度适宜范围和动切力适宜范围,如图2.7.11和图2.7.12所示。

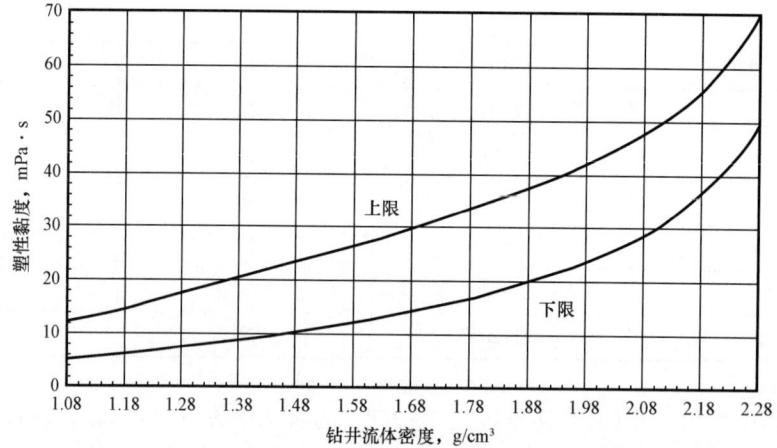

图2.7.11 水基钻井流体塑性黏度适宜范围图版

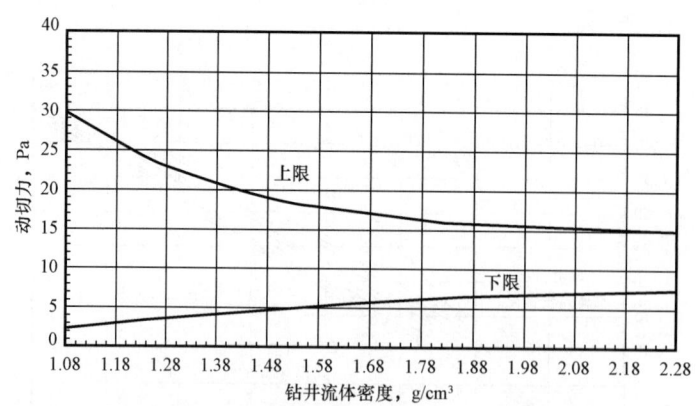

图2.7.12 水基钻井流体动切力适宜范围图版

计算方便,根据两张图中曲线,用多项式拟合塑性黏度和动切力,不同密度水基钻井体的塑性黏度适宜范围:

上限
$$\mu_p = 62.0\rho_m^4 - 375.5\rho_m^3 + 848.9\rho_m^2 - 817.6\rho_m + 293.8$$

下限
$$\mu_p = 64.7\rho_m^4 - 390.6\rho_m^3 + 884.1\rho_m^2 - 870.2\rho_m + 318.0$$

不同密度水基钻井流体的动切力适宜范围：
上限
$$\tau_0 = -12.3\rho_m^3 + 76.8\rho_m^2 - 162.4\rho_m + 131.2$$

下限
$$\tau_0 = -2.23\rho_m^2 + 11.77\rho_m - 7.71$$

这样，现场就可以简单地推算出所用钻井流体的流变参数是否合理。

[例2.7.2] 某种密度为1.44g/cm³的盐水钻井流体被蒸干后，得到6%的油和74%的蒸馏水。已知钻井流体中氯离子含量为79000mg/L，试确定该钻井流体的固相含量。

解：
方法一，首先求出钻井流体中氯化钠的浓度。由于氯离子浓度已知，故氯化钠浓度可以由比例式求解：

$$\frac{[NaCl]}{[Cl^-]} = \frac{23.0 + 35.5}{35.5}$$

$$[NaCl] = \frac{23.0 + 35.5}{35.5}[Cl^-]$$

$$= 1.65 \times 79000$$

$$= 130350 \text{mg/L}$$

查表2.7.5可得氯化钠的质量分数，即盐度为12%时，其质量浓度为130300mg/L，与130350mg/L较接近，此盐水钻井流体的固相体积校正系数为1.045。将此值代入式(2.7.41)求得固相含量。

$$f_s = 1 - f_w C_f - f_o = 1 - 0.74 \times 1.045 - 0.06 = 0.167$$

方法二，结合表2.7.5，已知氯化钠的盐度为12%时，该质量分数所对应的盐水密度为1.0857g/cm³；另据表6，柴油密度为0.86g/cm³。将有关数据分别代入式(2.7.33)、式(2.7.34)，便可求得：

$$f_{lg} = \frac{[1.0857 \times 1.045 \times 0.74 + (1 - 0.06 - 1.045 \times 0.74) \times 4.2 + 0.86 \times 0.06 - 1.44]}{4.2 - 2.6}$$

$$= 0.095$$

$$f_B = 1.006 - 1.045 \times 0.74 - 0.095 = 0.072$$

$$f_B + f_{lg} = 0.167$$

两种方法的计算结果是一致的,表明两种方法均可以用于固相计算。方法一可以认为是综合法,方法二可以认为是分类法。

[例 2.7.3] 密度为 1.80g/cm³ 的淡水钻井流体经蒸馏试验测得固相含量为 0.29,体系不含油。用亚甲基蓝法对钻井流体、膨润土和钻屑样品的测定结果表明,钻井流体阳离子交换容量为 7.8mmol/100mL,膨润土阳离子交换容量为 91mmol/100g,钻屑阳离子交换容量为 10mmol/100g。49℃时,测得钻井流体的塑性黏度为 32mPa·s,动切力为 9.6Pa。据此回答:

(1)钻井流体中低密度固相的体积分数是多少?
(2)膨润土的体积分数是多少?
(3)钻屑的体积分数是多少?
(4)判断钻井流体中膨润土的含量是否足够?

解:

(1)钻井流体中低密度固相的体积分数,由式(2.7.34)可求得。

$$f_{lg} = 2f_s - 0.625(\rho_m - 1)$$

$$f_{lg} = 2 \times 0.29 - 0.625 \times (1.80 - 1) = 0.08$$

(2)膨润土的体积分数,由式(2.7.22)可求得。

$$f_c = \frac{(CEC)_m - 2.6f_{lg}(CEC)_{ds}}{2.6[(CEC)_c - (CEC)_{ds}]}$$

$$f_c = \frac{7.8 - 2.6 \times 0.08 \times 10}{2.6 \times (91 - 10)} = 0.027$$

(3)钻屑的体积分数,可由低密度固相含量减去膨润土含量来求得。

$$f_{ds} = f_{lg} - f_c = 0.08 - 0.027 = 0.053$$

(4)将膨润土固相含量 0.027,换算成用 g/L 表示的膨润土含量。

$$f_{cg/L} = 2.6 \times 1000 \times 0.027 = 70.2$$

判断钻井流体中膨润土含量是否适宜,可用动切力作为相对标准。对于一定密度的钻井流体,如果动切力值超过上限,则可认为膨润土含量过高。从图 2.7.12 中可以看出,对于密度为 1.80g/cm³ 的钻井流体,动切力为 8.0Pa 即可满足需求,尽管未超过上限,但此体系达到了 9.6Pa,动切力较高。由于动切力主要有膨润土控制,所以膨润土含量足够,且偏高。

[例 2.7.4] 用蒸馏实验测得密度为 1.68g/cm³ 的某钻井流体样品的固相的总体积分数 0.28,48.9℃时测得的塑性黏度为 32mPa·s,动切力为 7.2Pa,试判断该钻井流体的固相含量是否适宜?应采取何种措施?

解:

(1)从图 2.7.11 淡水钻井流体的密度与固相含量关系曲线可知,钻井流体密度为

1.68g/cm³ 时,所允许的最高固相含量为 0.265。而测得的总固相体积分数为 0.28。因此,该钻井流体的固相的总体积分数值较高,应调整低密度固相含量。

(2)从图 2.7.12 和图 2.7.5 可分别查得,钻井流体密度为 1.68g/cm³ 时,塑性黏度上限为 30mPa·s,动切力上限为 9.0Pa,表明钻井流体的动切力在适宜范围内,但塑性黏度偏高。由此可推断,钻井流体中膨润土含量不高,而钻井流体固相的总体积分数过高,引起钻井流体的塑性黏度过高。导致塑性黏度过高的主要原因,是体系中的钻屑含量较高引起的。降低体系中钻屑含量,就可以降低塑性黏度。降低体系中钻屑含量最有效的方法,是通过合理使用固控设备或采取添加选择性絮凝剂,结合固控设备尽快清除,避免性能恶化最好将固相总体积分数降至 0.265 以下。

[例 2.7.5] 试计算例 2.7.2 中密度为 1.44g/cm³ 的盐水钻井流体所含低密度固相和重晶石的体积分数。

解:

给定氯化钠的质量分数为 12%,体积校正系数为 1.045。由表 2.7.5 可知,该浓度所对应的盐水密度钻井流体滤液的密度为 1.0857g/cm³;另据表 2.7.3,柴油密度为 0.86g/cm³。将有关数据分别代入式(2.7.35)和式(2.7.36),便可求得低密度固相和重晶石的体积分数。

$$f_{lg} = \frac{1.0857 \times 1.045 \times 0.74 + (1 - 0.06 - 1.045 \times 0.74) \times 4.2 + 0.86 \times 0.06 - 1.44}{4.2 - 2.6}$$

$$= 0.095$$

$$f_B = 1 - 0.06 - 1.045 \times 0.74 - 0.095 = 0.072$$

7.3 现场调整工艺

钻井流体固相控制的方法,一般是降低固相含量的方法,固相无法根除,主要有稀释法、絮凝法、机械法。稀释法包括用连续相直接稀释和用新钻井流体替换,絮凝法包括直接沉降也称物理沉降和加入化学处理剂沉降。机械法主要是利用固控设备强制固相和液相分离。

钻井流体固相调控的前提是钻井流体中不同类型固相的类型、数量以及控制类型和数量确定,据此才能选择适合的固相控制方法,以便更经济快速地控制固相。

7.3.1 性能差异确定

钻井过程中,多种原因可造成钻井流体固相含量和气体含量不能满足工程需要。

(1)大循环时间太长。一开和二开第一只钻头,钻进时利用大循环,作钻井流体储备。随着井深增加,钻井液黏切上升,固相颗粒的下沉速度变慢,依靠大循环池沉降钻屑已不能满足要求。大循环时间过长造成钻井流体固相含量上升,密度超过设计要求,井眼内形成厚滤饼,起下钻不畅通。

(2)页岩抑制剂加量不足。影响钻速的固相主要是低密度固相(黏土矿物),因此必须清除钻井流体中多余的低密度固相。防止钻屑进一步分散,特别是钻进造浆地层和易水化分散的泥页岩地层时,清除固相十分必要,所以页岩抑制剂加量要保持在强抑制范围内,并且持续维护。抑制剂的量不足会使钻井流体的抑制性越来越弱,泥页岩钻屑在循环过程中迅速分散成普通固控设备无法清除的微粒。

(3)固控设备。除砂器底流孔调得太小,振动筛利用不合理,清洁器筛网使用不合理等使得设备使用效果不够理想,也会造成钻井流体固相含量过高。

7.3.2 性能维护处理

钻井流体性能维护处理主要是指利用适合的手段清除钻井流体中的固相和气相,保证钻井流体性能稳定满足作业持续进行。

(1)振动筛、除气器、钻井流体清洁器、离心机和搅拌器等在使用中应特别注意,从井口返出的钻井流体应依次经过除气器、振动筛、除砂除泥器和离心机处理,否则将使下一级净化设备过载,不能正常工作。

(2)使用混合漏斗时,应先关闭加料蝶阀,待压力钻井流体从出口正常排出后再打开加料蝶阀加料。加重漏斗为旋流式,加料时应尽量使用漏斗连续加料,防止返浆。如排出不畅或发生堵塞现象,应减少或停止加料作业,及时排除故障。

(3)用钻井泵给泥浆枪管路供液时,压力不超过 $6\sim8MPa$。

(4)砂泵和搅拌器使用过程中,观察油杯油面高度,确保一定油面,以防润滑不足,升温过高及摩擦过于严重。

(5)所有泵类在初期使用前,最好卸下皮带,测试电动机的转动方向。如发现转动方向错误,应马上调整,以免损坏泵体,剪切泵使用中尤其应注意。

7.3.2.1 固相维护处理方法

固相控制的方法一般为物理法、化学法和机械法,但不是绝对的,大多数时候采用物理法和化学法结合。

(1)物理法清除固相。物理法清除固相是指不需要外力作用清除固相的方法,主要有稀释法和物理沉降法。

① 稀释法。稀释法既可用清水或其他较稀的流体直接稀释循环系统中的钻井流体,也可在钻井流体池容量超过限度时用清水或性能符合要求的新浆,替换出一定体积的高固相含量的钻井流体,降低固相含量。如果用机械方法清除有害固相仍达不到要求,也可用稀释的方法进一步降低固相含量。也有时是在机械固控设备缺乏或出现故障的情况下不得不采用这种方法。稀释法是指通过增加连续相的量达到降低固相目的的方法,可分为直接加入连续相和替换原钻井流体两种方法。

一是连续相稀释法。连续相稀释法(Based – Fluids Dilution)是指向钻井流体中加入纯分散介质或其他较稀的连续相,实现降低固相含量,维持钻井流体密度、黏度和切力等性能的控制方法。

稀释是用钻井流体低固相含量流体(可以是水、油、混合物或预先配制的稀浆)加入循环系统中,使在用钻井流体固相含量降低的过程。钻井流体固相含量增大时,黏度上升,切力增大,流动性变差。这主要是由于固相颗粒聚集,内摩擦力增大造成的。加液体稀释可使固相浓度降低,颗粒不易聚集或形成有一定强度的网状结构,从而达到降切力、降黏度目的。

在生产中，单纯的稀释很少采用，原因较多。首先，地面钻井流体罐的容量有限，不允许连续稀释，否则，必须在稀释的同时排放部分钻井流体，造成钻井流体的浪费；其次，稀释虽然降低固体含量，也会使钻井流体的其他性能发生变化，如失水量增大、稳定性变差等。如果使钻井流体性能保持在理想的范围内，就要再加入其他处理剂，导致维护费用增加。

二是稀浆替换法。在稀释之前先排放一部分钻井流体，然后再补充相同量的稀浆，从而使固相含量降低，这样比单纯稀释在经济上划算。

稀释法虽然操作简便、见效快，但在加水的同时必须补充足够的处理剂，如果是加重钻井流体还需补充加重材料，增加钻井流体成本。

为了尽可能降低成本，稀释后的钻井流体总体积不宜过大，加水稀释前排放部分旧浆，不宜边稀释边排放；一次性较多量稀释比分多次少量稀释的费用要少。

② 物理沉降法。沉降(Settling)，是由于分散相和分散介质的密度和大小不同，分散相颗粒在重力场或离心力场作用下发生定向运动。沉淀池、旋流器和离心机等凡利用沉降原理工作的装置或设备，原理都是源于斯托克斯定律。

英国数学家、物理学家斯托克斯(George Gabriel Stokes)研究光学和流体动力学时，推导出了在曲线积分中最有名的被后人称之为斯托克斯公式。直至现代，在数学、物理学等方面都有影响。斯托克斯描述小球体经过黏滞流体的速度，所以运动黏度单位 Stokes(斯托克斯)便以他的名字命名。在国际单位制中，运动黏度单位为斯(St)，即平方米每秒(m^2/s)，实际测定中常用厘斯(cSt)表示厘斯的单位为平方毫米每秒(即 $1cSt = 1mm^2/s$)。

固相沉降的速度由引起沉降的力、固相尺度以及该沉降速度下的流体黏度决定。作用在不规则形状物体上的力复杂。简单地描述，固体颗粒被考虑成球形并且在静态流体中沉降。球形颗粒受使其沉降的重力以及往往阻止其沉降的浮力作用。引起沉降的力也可以是由某些设备如旋流除砂器或离心机所产生的离心力。

流体中球形颗粒的沉降速度，可以由斯托克斯定律计算。

$$F = 6\pi \mu v R \tag{2.7.43}$$

式中　F——流体作用于球形颗粒上的力，N；
　　　μ——流体的黏度，Pa·s；
　　　v——颗粒的速度，m/s；
　　　R——球形颗粒的半径，m。

在流体中沉降的球形颗粒受到向下的重力和向上的浮力作用。颗粒所受浮力的大小等于它所排开的流体的重量：

$$浮力 = \frac{4\pi}{3} R^3 \rho_1 g \tag{2.7.44}$$

式中　ρ_1——流体密度，kg/m³；
　　　g——重力加速度，m/s²。

向下的力是质量与加速度的乘积，或者重力沉降的那部分重力，球形颗粒的质量等于颗粒的体积乘以密度，故球形颗粒所受的重力为：

$$球形颗粒重力 = \frac{4\pi}{3} R^3 \rho_s g \qquad (2.7.45)$$

式中 ρ_s ——沉降颗粒密度，kg/m^3。

球形颗粒平衡受力分析得：

$$\frac{4\pi}{3} R^3 \rho_s g - \frac{4\pi}{3} R^3 \rho_l g = 6\pi \mu v R \qquad (2.7.46)$$

$$\frac{4}{18} R^2 (\rho_s - \rho_l) g = \mu v$$

解出速度公式并将半径 R 转化为直径 d，得：

$$v = \frac{d^2}{18\mu} [(\rho_s - \rho_l)] g \qquad (2.7.47)$$

为方便计算，单位换算为适合钻井流体固相颗粒尺寸的单位得：

$$v = \frac{d^2}{18\mu} [(\rho_s - \rho_l)] \times 980$$

$$v = \frac{5.44 \times 10^{-5} d^2}{\mu} [(\rho_s - \rho_l)] \qquad (2.7.48)$$

式中 v ——沉降速度或者最终速度，cm/s；

d ——颗粒等效直径，cm；

ρ_s ——固相颗粒密度，g/cm^3；

ρ_l ——流体密度，g/cm^3；

μ ——流体黏度，$mPa \cdot s$。

[例 2.7.6] 如果密度为 $2.6g/cm^3$ 颗粒通过 API 20 的筛布（直径 $1000\mu m$）后，在密度为 $1.08g/cm^3$，黏度为 $100mPa \cdot s$ 的钻井流体中下降的速度是多少？

解：

由题可知，$\rho_s = 2.6g/cm^3$，$\rho_l = 1.08g/cm^3$，$d = 1000\mu m$，$\mu = 100mPa \cdot s$

代入式(2.7.48)得到固相颗粒在钻井流体中的沉降速度为：

$$v = \frac{5.44 \times 10^{-5} d^2}{\mu} (\rho_s - \rho_l)$$

$$v = \frac{5.44 \times 10^{-5} (1000\mu m)^2}{100mPa \cdot s} [(2.6 - 1.08) g/cm^3]$$

$$v = \frac{5.44 \times 10^{-5} (1000\mu m)^2}{100mPa \cdot s} [(2.6 - 1.08) g/cm^3] (60s/min)$$

$$= 49.65 cm/min$$

即沉降速度为 $49.65cm/min$。如果钻机以 $500gal/min$（$1.9m^3/min$）的排量通过 $8m^3$ 的沉降罐或者沉砂池，则钻井流体在罐中停留的时间最大限度为 $4.2min$。如果沉砂池的钻井流体容量为 16m³,那么钻井流体的停留时间为 8.4min。在 4.2min 的停留时间内,固相可沉降约 15.24cm;在 8.4min 内,则为 30.48cm。

用于方程式中计算的黏度,不易确定数值。最低黏度一般是由 3r/min 的黏度计读出。一些使用聚合物钻井流体的钻机使用布氏(现场)黏度计,能测量超低剪切速率下的黏度。钻井流体黏度是剪切速率的函数。随着颗粒的沉降,阻碍沉降的钻井流体黏度可由沉降速度算出。随着沉降速度的降低,沉降所用的时间越长,表明流体的黏度越大。一些钻井流体配成后拥有较大的低剪切速率黏度,以增加钻井流体从井眼中携带岩屑的能力。许多钻井流体的表观黏度为 1000mPa·s,而不是上面例子中的 100mPa·s。对钻井流体中固相的沉降阻力很大,因为这些钻井流体是用来防止井眼中岩屑沉降的。斯托克斯公式还可用来描述重晶石或者低密度岩屑的预期沉降速率:

$$v_B = \frac{d_B^2}{18\mu}(\rho_B - \rho_1)g \qquad (2.7.49)$$

令 $v_{lg} = v_B$,得:

$$\begin{cases} d_{lg} = d_B \sqrt{\dfrac{\rho_B - \rho_1}{\rho_{lg} - \rho_1}} \\ d_B = d_{lg} \sqrt{\dfrac{\rho_{lg} - \rho_1}{\rho_B - \rho_1}} \end{cases} \qquad (2.7.50)$$

式中 d_{lg},d_B——低密度固相颗粒和重晶石的直径,cm;

ρ_{lg},ρ_B——低密度固相颗粒和重晶石的密度,g/cm³。

若以 ρ_B 代表重晶石的密度为 4.2g/cm³,ρ_{lg} 代表低密度固相颗粒的密度为 2.5g/cm³,ρ_1 为水的密度 1.0g/cm³,则 $d_B \approx 1.5\ d_{lg}$。亦即低密度固相颗粒的直径为重晶石颗粒直径的 1.5 倍时,二者的沉降速度相同。换言之,10μm 的重晶石颗粒和 15μm 的低密度固相颗粒用任何沉降装置也不能分离开。即:

$$d_B = 0.65\ d_{lg}$$

也就是说,直径为 20μm 的重晶石样品与直径为 30μm 的低密度颗粒沉降速率相同;或者直径为 48μm 的重晶石样品与直径 74μm 的低密度颗粒沉降速率相同。

因此,用沉砂池、旋流器和离心机处理加重钻井流体时,有一些重晶石颗粒随较粗的低密度固相颗粒一起清除。所以加重钻井流体的固相控制,比非加重钻井流体固相控制困难。

(2)化学法清除固相。化学法清除固相主要是絮凝法。絮凝使水或液体中悬浮颗粒积聚变大,或成团状,从而加快粒子聚沉,达到固液分离,这一现象或操作称为絮凝。通常,絮凝依靠添加适当的絮凝剂,吸附微粒,在微粒间"架桥",从而促进聚结。胶乳工业中,絮凝是胶乳凝固的第一阶段,是一种不可逆的聚集。絮凝剂通常为铵盐类电解质或有吸附作用的胶质化学品。但并不是只有化学作用才能絮凝,物理形式的沉降也可称之为絮凝。

化学沉降法主要是指利用化学处理剂提高固相絮凝程度,然后用物理沉降的方法。化学絮凝法是指在钻井流体中加入适量的絮凝剂,使某些细小的固体颗粒通过絮凝作用聚集成较大颗粒,然后用机械方法排除或在沉砂池中沉除。这种方法是机械固控方法的补充,两者相辅相成。

絮凝剂的化学絮凝原理是假设粒子以明确的化学结构凝集,并由于彼此的化学反应造成胶质粒子的不稳定状态。当发生聚结作用时,胶体粒子失去稳定作用或发生电性中和,不稳定的胶体粒子再互相碰撞形成较大的颗粒。絮凝剂离子化,固相与离子表面形成价键。为克服离子彼此间的排斥力,絮凝剂会由于搅拌及布朗运动而使得粒子间产生碰撞。粒子逐渐接近时,氢键及范德华力促使粒子聚结成更大的颗粒。碰撞一旦开始,粒子便经由不同的物理化学作用开始凝集,较大颗粒粒子从水中分离而沉降。

目前广泛使用的不分散聚合物钻井流体正是依据这种方法,使其总固相含量保持在所要求的指标以下。化学絮凝方法还可用于清除钻井流体中不合适的膨润土。由于膨润土的最大粒径在 $5\mu m$ 左右,离心机一般只能清除粒径 $6\mu m$ 以大的颗粒。因此,用机械方法无法降低钻井流体中膨润土的含量。但由于聚合物选择吸附一些劣质土,膨润土变大,是可以清除的。化学絮凝安排在钻井流体通过所有固控设备之后才进行。

(3)机械法固相控制。除稀释法和化学法外,机械方法是常用的固控方法。钻井流体固控有不同的方法,首先应考虑的是机械方法。通过合理使用钻井流体罐、振动筛、除砂器、除泥器、清洁器和离心机等机械设备,利用筛分和强制沉降的原理,按密度和颗粒大小不同分离钻井流体中的固相,并根据需要决定取舍,以达到控制固相的目的。与其他方法相比,这种方法处理时间短、效果好,并且成本较低。

在固相控制的方法中,固相物损失的液相量、稀释液量、化学处理剂量的大小,机械处理的方法在经济上是合算的。以最高浓度的形式除去固相,随固相物损失的液相量少;不用外加大量的稀释液就可以维持所希望的固相含量;用较少的化学处理剂就可以使钻井流体的流变性相对稳定;使用机械处理可大大减少液体的运输量。

降低钻井流体固相含量最有效的方法,是充分利用振动筛、除砂器和除泥器等设备。控制钻井流体固相含量的方法称为固相设备法。固控设备法控制钻井流体固相含量的循环流程已经基本定型,虽然有人认为流程复杂,但从应用效果看,适合大多数钻井施工。非加重钻井流体固控系统如图 2.7.13 所示。加重钻井流体固控系统如图 2.7.14 所示。

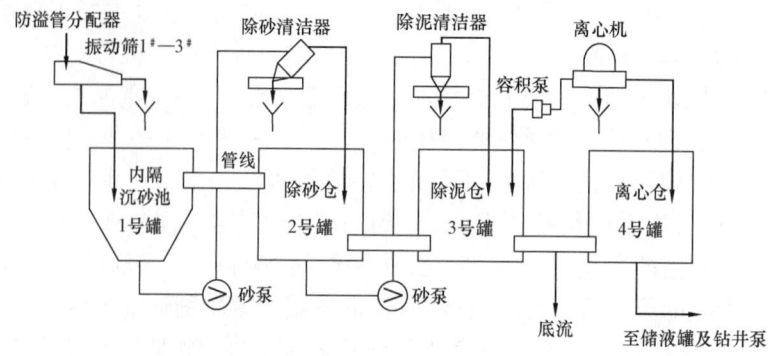

图 2.7.13　非加重钻井流体固控系统

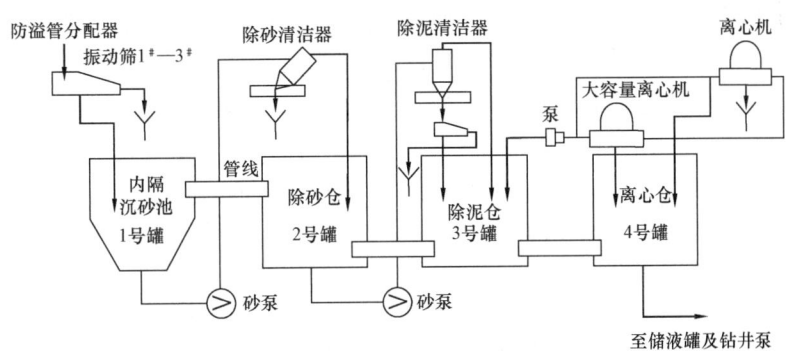

图 2.7.14　加重钻井流体固控系统

如图 2.7.13 中，井眼返出钻井流体通过防溢管分配器，分配器可分别或同时将钻井流体输送至 2 台或 3 台振动筛。经过振动筛处理后进入沉砂池。从沉砂池出来的钻井流体经过管线进入除砂仓。除砂泵吸入除砂仓的钻井流体，将钻井流体通过管线输送至除砂器。除砂器处理后的钻井流体经管线进入除泥仓。除泥泵吸入除泥仓的钻井流体，将钻井流体通过管线输送至除泥器，除泥器处理后的钻井流体经过管线进入离心仓。离心机的容积泵吸入离心仓的钻井流体，将钻井流体通过管线输送至离心机，离心机处理后的钻井流体经过管线进入储液罐。钻井流体泵吸入储液罐的钻井流体，通过高压管汇输送至井口。完成了一次钻井流体固控循环流程。每一个固控设备，通称为一级固控设备。

振动筛、旋流器、钻井流体清洁器和离心机是机械法调控钻井流体固相含量中起主要作用的装置。除此之外，钻井流体固控系统还包括辅助装置，如钻井流体罐、添加钻井流体装置、吸入和测试装置、加重罐和补给罐等，在固控过程中起到不可或缺的重要作用。

① 钻井流体罐是固控设备中不可缺少的重要设备。主要用于储存钻井流体和供给处理过的钻井流体。与搅拌器和泥浆枪及砂泵配合，处理、储存钻井流体供给钻机使用。

罐体应当有充足的搅拌能力保证固相沉淀最少，并给旋流器和离心机提供均匀的固/液相分布，旋流器工作过程中搅拌很重要，不搅拌与搅拌时相比，效率减半。未搅拌的吸入罐经常导致旋流器超载和堵塞底部。旋流器超载时，清除效率降低。底部堵塞，没有清除固相，效率为零。搅拌也有助于气体的清除。如果有气体，含气钻井流体进入罐体底部可能造成气体溢出。钻井流体通过振动筛后就可以进入钻井流体罐体系统。

② 钻井流体在通过钻井流体振动筛以后进入分离罐部分。振动筛的下方紧靠着的第一个罐体称为沉淀池或沉砂池。钻井流体通过振动筛筛布直接流入这个池子。沉砂池中的钻井流体未被搅动，固相得以沉淀。钻井流体从沉砂池溢流进入下一个池子，就是脱气装置的吸入池。沉淀池是钻井流体容器系统中唯一不安装搅拌器的池子。

沉砂池以 45°或者更大角度倾斜，至快速开启卸料阀前的一个小区域处。固相倾卸，卸料阀迅速关闭。钻井流体开始从沉砂池流出。快速开启阀的作用是只允许沉淀下来的固体颗粒离开沉砂池，损失尽量少的钻井流体。快速钻进的时候，由于使用粗筛或者振动筛筛布损坏，沉砂池每天将卸料几次。

沉砂池要求溢流口尽量长，以便钻井流体尽可能深。尽可能利用沉砂池和脱气装置吸入池之间管线的长度，使钻井流体中的固相沉淀。

③ 如果钻机没有配备沉砂池，振动筛底流直接流入脱气装置吸入池。吸入池应该是沉砂池下游的第一个池子，或者在没有沉砂池时，自身作为第一个池子。这个池子应该不停地搅动，利于钻井流体翻滚，使钻井流体中的天然气尽可能多地脱离出来。被处理过的钻井流体接着流入下游的池子。在这两个容器之间应有位置较高的回流管线或者溢流口，实现循环流动。

脱气装置的卸料池也是离心泵的吸入池，此处的离心泵用于从脱气装置的喷射器处吸入钻井流体。这时候的钻井流体通常称为运动钻井流体。从喷射器处吸入钻井流体实际上是从脱气装置吸入池中将钻井流体吸走然后送到卸料管线。在喷射器处有一低压区域。喷射器处的钻井流体回到了同一个容器中，离心泵从容器中吸入钻井流体。

脱气装置的卸料池也是除砂器的吸入池。除砂器和除泥器一样，需要在脱气装置的下游工作。如果旋流器的吸入池是脱气器上游，钻井流体中含有天然气，那么离心泵的效率将降低甚至发生气锁，乃至无法吸入钻井流体。另外，还会诱导气穴现象导致离心泵过早磨损。

④ 除砂器卸料池（在锥形外壳处）的流体应该流入下游池子中，罐与罐之间的回流器应该打开。锥形总管处理的流量比超过额定流量时，流体可以通过回流管线回流。有些未处理的钻井流体回到罐中，避免浪费。

除砂器一般推荐用于未加重的钻井流体。如果用于加重钻井流体，除砂器会浪费钻井流体，用于加重的物质会被清除。

除泥器的吸入池是除砂器的卸料池。除泥器能清除的颗粒比除砂器所能清除的更小。所以它应放于除砂器的下游使用。除泥器的装备与操作和除砂器相同。卸料总管在吸入管的下游，两个罐体之间安装一个回流管线。建议除泥器处理流体量比钻井泵排量大，以便通过回流管线回流，保证所有的钻井流体都能够得到处理。

⑤ 如果钻井流体是通过泥浆枪从下游罐体中抽上来的，这些钻井流体必须通过旋流除砂器处理才能进入循环系统。加重钻井流体，除泥器的底流由振动筛处理。理论上，振动筛装有筛布，能允许加重物质通过而阻止任何比加重物质粒径大的钻屑通过。

离心机的吸入池是除泥器的卸料池（对于未加重钻井流体）。离心分离机的岩屑被废弃，清洁的钻井流体又回到下游的循环系统即钻井泵吸入罐。

离心分离机分离出来的固相主要由用于增加钻井流体密度的物质组成（假设上游处理过程操作正确）。固相废料（滤液的滤饼）不能回到循环系统中，而应与液相废料一起被废弃。否则，钻井流体中含有微小颗粒（胶体或黏土大小），累积到一定浓度时，就会引起钻井流体变性不易控制。

⑥ 对于加重的非水基钻井流体，直接排放离心机的废弃物不可行，这涉及环境不接受和经济上也不允许。这种条件下，第一台离心机以较低的重力沉降（通常为 $600g \sim 900g$）运转，并且加重物质（由于较高的密度易于分离）返回到循环系统时，利用双重离心机。从第一级分离器出来的流体一般流入储存罐，不再第二次分离，因为第二次分离是在较高重力下分离较小的固体，然后清除。第二级分离器出来的固相尺度一般不在能够引起流变性问题的颗粒尺寸范围内。但是一旦循环时间较长，就会分散为更小的颗粒，引发流变性问题。因此，仪器可以清除的时候尽量清理。再将第二级分离的流体回到循环系统。

⑦ 吸入池和测试池是地面系统的最后一部分，占据地面系统大部分空间。处理过的钻井流体应当优先考虑入井再循环。钻井流体在这里应当被混合、交汇并充分搅拌。在流体

入井之前，应当预留充足的滞留时间以便钻井流体性能稳定。应当防止搅拌器产生漩涡以免空气进入钻井流体。

为了防止钻井泵抽入空气，吸入罐应当安装垂向挡板来阻断可能由搅拌器引起的漩涡。如果吸入罐液面较低，就必须采取另外的措施防止漩涡，比如在吸入管线上方添加一个平底盘来切断漩涡。

⑧ 合适的搅拌器可以使吸入室和井中钻井流体都是均匀的混合物。如果发生井涌（因为静水压力下降，地层流体进入井中），准确的井底压力计算，是井控的基础。如果井底压力不能正确计算，井控过程中，要么无法压稳地层，要么可能压漏地层。

所有的商用材料和化学处理剂都应通过加入吸入部分和测试部分上游的搅拌容器得以使用。从其他来源到现场的钻井流体应当通过振动筛清除不需要的固相后再添加到系统中去。

为了有助于均匀混合，在添加部分和吸入与测试部分可以使用泥浆枪保证罐体任何部位的材料都能流动。

⑨ 新钻井流体添加到系统中时，要清除不需要的钻屑和气体。钻屑会使钻井流体性能变差并导致与所钻井眼相关的成本增加。过多的钻屑可能引起卡钻，导致固井质量不好，或者过高的激动压力和抽汲压力，可能会导致井漏和（或）井喷。每口井和每种类型的钻井流体对钻屑含量承受能力不同。每种固控设备都是为在一定尺度范围内清除固体而设计的。固控设备应当按清除越来越小的固相尺度顺序安装。

⑩ 加重罐是位于吸入部分的一种 20~50bbl 的小型罐。这种罐应与循环系统分开，用于储存小量特殊流体。某些钻井流体系统可能不止一个这样的小型罐。它们都应安装管线接加料漏斗，便于材料和化学试剂的添加，还用于配制更高密度的钻井流体在起下钻之前注入井中。防止起下钻时钻杆中的钻井流体溅在钻台上。这些罐也用于在井眼混合和配制处理剂和钻井流体。吸入泵吸入必须安装管线接入加重罐。

此外，钻井流体补给罐是钻井流体储存系统的组成部分。补给罐应该有已校正好的液位量表来测量流入或流出补给罐的钻井流体体积。补偿钻柱体积的流体通常在起下管柱时被监控，以保证地层流体不进入井孔眼。当相当于钻井流体体积的钻柱从井眼中取出时，就应该有相当体积的钻井流体补偿，以维持井眼中恒定的液位。如果钻柱体积未被补偿，流体液面可能降低。静水压力降低，地层流体进入井眼，发生井涌。当向井眼中下管柱时，钻井流体可能回到钻井流体补给罐。补给罐中过多的钻井流体应该通过钻井流体振动筛回到循环系统。大颗粒可能从井中返出。如果钻井流体绕过振动筛，就可能堵塞旋流器。

钻井流体补给罐明显地减少了诱导性井涌次数。陈旧的或者老式系统的钻机是利用钻井泵通过计算钻井泵的冲程计算注入井眼钻井流体的体积。但需要估算泵效率。如果钻井泵泵效率估计得不准确，注入井中的钻井流体液柱高度可能会降低。导致静压下降。如果地层压力大于钻井流体静压，可能发生井涌。另一种诱发井涌的常见做法是用于钻杆相同的冲数向井中连续注入，起钻至加重钻杆或钻铤时也没有增加灌注量，加重钻杆和钻铤都比钻杆体积大，造成井眼中钻井流体液柱高度降低，引发井涌。

固相控制设备的选用对降低固控成本、实现高效固控至关重要。不仅要明确固控设备的分离能力和处理量，还需要了解钻井流体中各尺寸固相的含量，这对合理选用固控设备，有实际的指导意义。此外，还需要考虑钻井流体类型，加重钻井流体还是非加重钻井流体、抑或是水基钻井流体或油基钻井流体。另外,固相的种类、含量、大小、密度及粒度分布,钻井流体的黏度及密度等都会影响固控设备的工作效率,在设备选用时也需要特别注意。现场工作中具体表现为,在不同井段采取与之相适应的固相控制技术。

为选择适合的固控设备和方法,必须了解作为欲保留的膨润土、重晶石和欲清除的钻屑的粒度分布范围和固控设备的处理能力。如膨润土和钻屑均属于低密度固相,且密度十分相近,如果不了解其处理能力,选择设备就十分困难。钻井流体中固相颗粒的分布及固控设备处理颗粒的大小分布如图 2.7.15 所示。

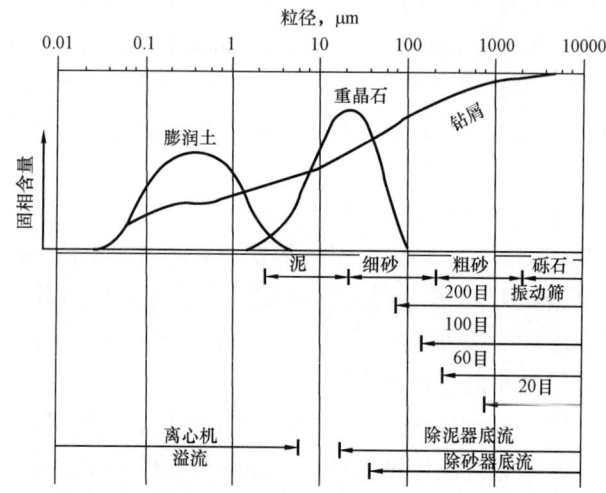

图 2.7.15　钻井流体中固相的颗粒分布及固控设备处理颗粒的大小分布

从图 2.7.15 中可以看出,膨润土的粒径范围为 0.03~5μm,钻屑粒径分布在 0.05~10000μm。在小于 1μm 的亚微米级颗粒和胶体颗粒中,膨润土所占的体积分数明显超过钻屑,大于 5μm 的较大颗粒中则相反,钻屑颗粒含量远大于膨润土含量。此外,按照美国石油协会标准,要求钻井流体用重晶石粉至少有 97% 颗粒粒径在 74μm 以下。一般认为,加重钻井流体中重晶石颗粒的粒径范围为 2~74μm。这样,利用固控设备,就可以实现固相控制。各种固控设备可分离颗粒粒径的近似范围如图 2.7.16 所示。

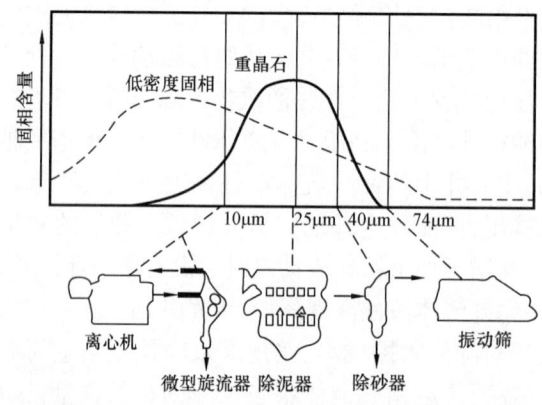

图 2.7.16　各种固控设备可分离固体颗粒的粒径范围

从图 2.7.16 中可以看出,钻井流体中固相粒径分布不均匀,低密度固相粒径分布较广,重晶石粒径集中分布从几微米至 $40\mu m$,同时不同固控装置清除固相颗粒的能力和可分离粒径范围不尽相同。因此,需要根据现场情况,配合使用各种固控设备以及合理设计固控流程是提高固控效率、维护钻井流体性能、实现循环利用、降低钻进成本的有效途径。

(4)成本优选固相控制法。钻进时钻井流体的每日维护费用约 90% 花费在固相处理或与固相有关的问题上。加重钻井流体的重晶石费用约占总材料费用的 75%。因此,正确地选择和使用固控设备及固控系统,可以通过大量地清除岩屑来减少钻井流体及处理剂的消耗,取得显著的经济效益。相反,如果固控设备选配不当,或使用保养不善,则不仅不能取得好的固控效果,还会在经济上造成不可弥补的损失。

钻井流体消耗量(V_m)是指维持钻井作业所需钻井流体的总体积。所有类型的钻井流体均可用式(2.7.51)预测:

$$V_m = \frac{V_{ds} E_r}{f_{ld}} + \frac{V_{ds}(1 - E_r)}{f_{lm}} - V_{ds} \tag{2.7.51}$$

式中　V_{ds}——进入钻井流体的岩屑体积,m^3;
　　　E_r——清除岩屑的百分比,%;
　　　f_{ld}——排出物中低密度固相的体积分数,%;
　　　f_{lm}——钻井流体中低密度固相的体积分数,%。

① 非加重钻井流体固控系统的经济分析。首先要获取底流的速度,然后计算底流与钻井流体中的低密度固相分数以及两者之差,再计算稀释物,最后计算节约的结果。

准确测定设备的底流流量 $Q(m^3/h)$,分析计算底流和钻井流体中的低密度固相体积分数,以及两者之差。

$$f_{lm} = 0.625(\rho_m - 1) \tag{2.7.52}$$

$$f_{ld} = 0.625(\rho_d - 1) \tag{2.7.53}$$

$$f_{le} = f_{ld} - f_{lm} = 0.625(\rho_d - \rho_m) \tag{2.7.54}$$

式中　ρ_d——底流密度,g/cm^3;
　　　ρ_m——钻井流体密度,g/cm^3。

计算当量稀释流体量:

$$E_{dv} = Q\left(\frac{f_{ld}}{f_{lm}}\right) - Q = Q\left(\frac{f_{le}}{f_{lm}}\right) \tag{2.7.55}$$

式中　E_{dv}——当量稀释流体量,m^3/h。

根据单位体积稀释物的价格和设备日工作时间计算设备节约的价值。

$$C_s = E_{dv} P_m T \tag{2.7.56}$$

式中　C_s——设备节约的稀释物的费用,元/d;
　　　P_m——单位体积稀释物的费用,元/m^3;
　　　T——设备每日工作时间,h/d。

设备节约的稀释物的费用：

$$C_s = QP_mT\frac{\rho_d - \rho_m}{\rho_m - 1} \tag{2.7.57}$$

将求得的 C_s 值和设备费用相比较，即可确定固相控制系统的经济效益。

例如，已知某固控设备的底流流量 Q 为 $0.341\text{m}^3/\text{h}$，底流密度 ρ_d 为 1.80g/cm^3，钻井流体密度 ρ_m 为 1.08g/cm^3，设备工作时间 T 为 16h/d，单位体积稀释物价格 P_m 为 2.81 元$/\text{m}^3$。根据上述方法计算可得设备节约的稀释物费用 C_s 为 1380 元$/\text{d}$，如果设备的使用费用为 690 元$/\text{d}$，那么使用设备获得的经济效益为 690 元$/\text{d}$，刚好节约一半费用，设备使用是合理的。

② 加重钻井流体固控系统的经济分析。非加重钻井流体固控系统的分析方法也适用于淡水加重钻井流体（回收重晶石的离心机除外）。

准确测定设备底流流量 Q。测定底流密度和钻井流体密度。计算底流和钻井流体的固相含量。分别计算底流和钻井流体中所含高密度固相与低密度固相的体积分数，然后计算设备节省的稀释液的费用：

$$C_s = QP_mT\left(\frac{f_{le}}{f_{lm}}\right) \tag{2.7.58}$$

额外排掉的重晶石的费用：

$$C_w = 4.2QP_wT(f_{hd} - f_{hm}) \tag{2.7.59}$$

式中　C_w——排掉的重晶石的费用，元$/\text{d}$；

　　　P_w——重晶石的价格，元$/\text{t}$；

　　　f_{hd}——底流中重晶石的体积分数；

　　　f_{hm}——钻井流体中重晶石的体积分数；

　　　Q——底流流量，m^3/h；

　　　T——设备工作时间，h/d。

在某些情况下，设备底流中重晶石的浓度低于钻井流体中重晶石的浓度，求出的 C_w 为负值，这表明有额外的节约量。但有时 C_w 超过了 C_s，这时与稀释法相比总节省量为负值，在这种情况下关掉设备比使用设备也许更为有利。

总节省量为：

$$C = C_s - C_w \tag{2.7.60}$$

与设备的总费用比较，以此评价设备的经济效益。

③ 离心机回收重晶石的经济分析。用离心机回收重晶石时，大多数重晶石和部分低密度固相从底流中被回收，除去的只是溢流中的微细颗粒，因此 $f_{ld} < f_{lm}$。这时计算当量稀释液量 E_{dv} 的公式与前有所不同。分析步骤如下：

测定设备溢流排量 $Q(\text{m}^3/\text{h})$，此时溢流丢弃，底流回收。计算当量稀释液量 E_{dv}（m^3/h）：

$$E_{dv} = Q\left(\frac{f_{ld}}{f_{lm}}\right) \tag{2.7.61}$$

节省重晶石的费用 C_w：

$$C_w = 4.2\, E_{dv}\, f_{hm}\, P_w\, T \tag{2.7.62}$$

由于一些粒径很小的重晶石将随钻屑一起排掉，故设备的净节约费用为：

$$C_n = 4.2Q\, P_w T(f_{hm} - f_{hd})\left(\frac{f_{ld}}{f_{lm}}\right) \tag{2.7.63}$$

④ 油基或盐水钻井流体的经济分析。这两种钻井流体，特别是油基钻井流体，成本高。因此，更有必要对其所用的固控设备作详细的分析。分析中需要的各种数据包括钻井流体和排放物中高、低密度固相物的体积分数、含油量、盐水体积分数、排放掉的油和重晶石的费用、单位体积钻井流体的费用和单位体积钻井流体中所加处理剂的费用等。

测定设备的排量 Q （m³/h）。确定当量稀释液量：

$$E_{dv} = Q\left(\frac{f_{ld}}{f_{lm}}\right) \tag{2.7.64}$$

确定每日使用设备节约的费用为：

$$C_s = E_{dv}\, P_m\, T \tag{2.7.65}$$

设备废弃基油费用 C_{od} （元/d）：

$$C_{od} = Q f_{od}\, P_o\, T \tag{2.7.66}$$

式中　f_{od}——设备排放物中油的体积分数；

　　　P_o——油的价格，元/m³。

废弃的处理剂费用 C_{cd} （元/d）。由于处理剂分散在油相或盐水中，需将每立方米钻井流体本体中处理剂的费用换算之后，才可确定所排掉的处理剂的费用。

油基钻井流体中处理剂费用为：

$$C_{cd} = Q\, P_c\, T\left(\frac{f_{od}}{f_{om}}\right) \tag{2.7.67}$$

式中　P_c——单位体积钻井流体中处理剂的费用，元/m³；

　　　f_{om}——钻井流体中油的体积分数。

盐水钻井流体中处理剂费用为：

$$C_{cd} = Q P_c T\left(\frac{f_{bd}}{f_{bm}}\right) \tag{2.7.68}$$

式中　f_{bd}——设备排放物中盐的体积分数；

　　　f_{bm}——钻井流体中盐的体积分数。

废弃的加重材料费用 C_{wd} （元/d）：

$$C_{wd} = Q f_{hd}\, \rho_w\, P_w\, T \tag{2.7.69}$$

式中　f_{hd}——排放物中加重材料的体积分数；

ρ_w——加重材料的密度。

废弃的盐水费用 C_{bd}（元/d）为：

$$C_{bd} = Qf_{hd} P_b T \tag{2.7.70}$$

式中　P_b——盐水的价格,元/m³。

设备的净节约费用 C_n（元/d）为：

$$C_n = C_s - C_{od} - C_{cd} - C_{wd} - C_{bd} \tag{2.7.71}$$

7.3.2.2　气相维护处理方法

钻井流体气体控制的方法,一般是降低气体含量的方法,主要有物理消泡法、机械消泡法和化学消泡法。气体控制方法很多,主要是产生气体有许多影响因素。从原理上弄清楚原因,才能选择适合的气体控制方法,以便更经济快速地控制气体的侵入。

（1）物理法清除气相。物理消泡法是改变泡沫产生与维持的条件,泡沫的化学成分仍然维持不变的消泡方法,常用的方法有热力法、电力法和真空法。

① 热力法。热力法是加热升高温度使泡膜的液体蒸发。在蒸汽气流作用下或者泡沫与加热器直接接触下而使泡沫破裂。加热器的温度在泡沫破坏区应该高于表面活性剂溶液的沸点。热力消泡的作用是液体蒸发、表面活性剂的温度和表面张力改变以及液体黏度减少的共同结果。热力法消泡有许多优点,特别是它不会导致重复发泡,设备简单,成本较低。其缺点是严重结垢的情况下会使消泡效率降低、耗能增大。

② 电力法。电力法是一种低温消泡法,在低温下使泡沫的稳定性下降、弹性降低。低温放电装置可以安装在泡沫面上,根据泡沫的发生情况,发射电子使泡沫逐渐缩小。

③ 真空法。真空消泡法广泛应用于石油天然气钻井。钻井流体中侵入大量气体而产生泡沫时可用真空法来消除水泡,其原理是真空室与气泡中的压力差会使气泡发生破裂。

此外,近年提出声波法消泡。声波法的原理是使用高频振荡的超声波使泡沫破坏。这种方法在选矿厂的消泡过程中广泛使用。

（2）化学法清除气相。化学消泡法是在泡沫中加入化学药品,使之与泡沫剂发生化学反应,消除泡沫的稳定因素,达到消泡的目的。即利用作为消泡剂的表面活性剂在液面上取代泡沫剂分子,使其所形成的液膜强度差,不能维持液膜稳定。消泡剂应该具有很强的降低表面张力的能力、极易吸附在表面上、分子间相互作用不强、在表面上排列疏松,进而泡沫不稳定而破泡。

优良的消泡剂应该具有消泡抑泡、表面张力小、极性小等性质(王平全等,2003)。较强的消泡能力和抑泡能力;很低的表面张力,能强烈地吸附在泡沫液膜表面;不溶于发泡溶液;不被增溶和乳化。增溶是指难溶性物质在表面活性剂的作用下,在溶剂中增加溶解度并形成溶液的过程;在溶液表面铺展速度快;分子链的极性小,形成的溶液表面黏度很低。

根据消泡作用原理,消泡剂大致可以分为醇类、脂肪酸类、酰胺类、磷酸类,上述4类消泡剂的使用所需浓度较大,消泡作用速度较慢,而且不能持久。聚硅氧烷类则不同。

① 醇类。具有分支结构的醇,如异辛醇、异戊醇以及高碳醇(二异丁基甲醇)等。

② 脂肪酸及脂肪酸酯类。脂肪酸如豆油和蓖麻油等天然油脂也是良好的消泡剂,常用

于许多发酵过程和钻井流体。

③ 酰胺类。如二硬脂酸酰乙二胺等多酰胺可以作为蒸汽锅炉内的消泡剂。

④ 磷酸酯类。磷酸三丁酯是最常用的消泡剂,通常溶于有机溶剂中。应用时加入有机溶剂中混溶,也用于有机溶剂消泡,如掺入润滑油消泡。

⑤ 聚硅氧烷类。聚硅氧烷消泡剂又称有机硅消泡剂,主要以不同分子量的聚二甲基硅氧烷或者甲基乙氧基硅油为原料复配而成消泡速度快、用量小,消泡效果持久。不同分子量的聚二甲基硅氧烷的消泡性能不同:分子量较低的,常温消泡效果好、速度快;分子量较高的,高温消泡性能好且持久。为了兼顾高低温的消泡效果,工业用消泡剂大多用数种不同分子量的聚二甲基硅氧烷复配而成。

⑥ 硬脂酸铝。硬脂酸铝又称十八酸铝,为白色或黄色粉末。不溶于水、乙醚、乙醇。可溶于碱溶液和煤油,遇强酸分解成硬脂酸和铝盐,主要用于水基钻井流体的消泡剂。使用时应先溶于少量的柴油或煤油中。

⑦ 硅油,又称有机硅油,属于有机硅聚合物,一般是无色、无味、无毒、不易挥发的液体,有较高的耐热性、耐水性、电绝缘性和较小的界面张力。常用作高级润滑油、防震油、绝缘油、消泡剂、脱模机、擦光剂和真空扩散泵油等消泡剂。以甲基硅油为最常用,此外还有乙基硅油、甲基苯基硅油、含腈硅油等。钻井流体用消泡剂为3#甲基硅油。

⑧ 甘油聚醚。无色或微黄色黏稠状透明液体,难溶于水,能溶于苯、乙醇。用于钻井流体消泡,使用时可以直接加入。

消泡剂的种类很多,针对发泡原因和发泡情况,科学合理的选择消泡剂可以事半功倍。选择消泡剂应当关注表面活性强、碳链短、能降低膜的黏度等主要性能。

① 利用表面活性强的物质作为消泡剂,可以顶替泡沫剂,形成新的液膜,使膜的局部表面张力降低,在表面迅速展开,同时带走表面上下的一层液体,使膜的局部厚度变薄从而使泡沫破裂。

② 消泡剂的碳链一般比泡沫剂的链短,有些不具有分枝结构。加入消泡剂后不能在气液界面上形成紧密排列的界面膜,不足以维持膜稳定,泡沫破裂。乙醚、硅油和醇类等属于这一类的消泡方式。

③ 有些消泡剂能显著降低膜表面的黏度,从而削弱液膜抗干扰能力,使泡沫稳定性下降。例如磷酸三丁酯分子的截面积很大,渗入液膜中,削弱泡沫剂分子间的作用,液膜表面的黏度降低破裂。

④ 由环氧乙烷和环氧丙烷共聚形成的醚型非离子表面活性剂与有些润湿剂之间不能够形成牢固的界面膜,扩散和吸附到界面上,使液膜失去弹性和恢复能力,泡沫破裂。

⑤ 作为消泡剂的表面活性剂还应该具有无毒性、无腐蚀性、无污染环境、耐高温、表面张力低、价格便宜等特点。

液气分离器是保证井内气体安全排出的关键设备。很多井控事故是由于超过了分离器的处理能力,导致分离器超负荷工作后失效造成的。虽然液气分离器处理能力明确表明,但对不同井的油气类型以及钻井流体的性能,分离器相对应的处理能力也不尽相同。因此,在实施待钻井前需要根据目标井的具体情况对分离器校核,以保证在出现井控事件后完全将油气安全处理。

(3)机械法清除气相。机械消泡法是利用压力如剪切力、压缩力和冲击力等力的急速变化将泡沫消除。按其对泡沫发生作用的特点分为离心法、水动力法和气压法等。离心法是利用高速旋转的离心机叶轮的离心作用以及它们在转动时对容器壁产生足够大冲击,破碎泡沫。水动力法和气压法都是利用流体通过喷嘴产生负压破碎泡沫。

钻井流体现场常用的清除气相的方法是气液分离器。液气分离器已经从简单的开口罐发展到复杂的密闭和加压式容器。大致分为两类:常压式非承压分离器和密闭式承压分离器。虽然液气分离器种类很多,功能和作用也不完全一样,但是它们使液气分离的基本方式有5种:

① 重力分离。重力分离由物质间密度的差异、液柱的高度、气泡的大小以及液体内部的流动阻力所决定。钻井流体罐或者压裂罐就是简单的重力分离器。储存液体、固相以及气体直到它们自然分离为止。气体上升并从罐顶逸出,油从水中分离并漂浮到液体的上部。当油漫过溢水口或者罐的内置挡板后,抽走即可分离。钻井流体以及其他流体沉积罐的底部以上被清除。固相沉降在底部并且留在那或者被带到液体中去,然后利用固相设备清除。重力分离是用于密闭式承压分离器的最主要方法。

② 离心分离。钻井流体通过切向送进圆形容器或者送进旋转的圆柱体容器而被旋转。油、气、水以及固相颗粒被旋转流体的离心力产生人造重力分离。通常用于一些密闭式承压系统产生重力分离的分离气制造。

③ 撞击、折流和喷洒分离。撞击、折流和喷洒分离是钻井流体以较高的流速撞向折流板,从而分离气体。可以直接分离溢流管或者排屑管排出的钻井流体也可以用泵提高钻井流体流速后再分离。

④ 平板和薄膜分离。平行板或者薄膜分离主要针对钻井流体中气体的。分离方法钻井流体在平行板上像薄膜一样平铺展开,使得气体更容易逸出。在平行板分离器中,含有气体的钻井流体在两个平行板间被施加压力,使得气泡扭曲变形有助于破裂。薄膜分离是让钻井流体以薄膜形式在平板上流动,这就使得气泡自发膨胀而破裂。薄膜处理多在真空脱气装置中采用。

⑤ 真空分离。真空脱气装置使用降低压力(局部真空)来促使气泡膨胀和破裂。常用在真空脱气装置中用以清除混入钻井流体的气体。

7.3.3 固相控制设备维护

固控设备维护固相是目前最经济的钻井流体处理方法,特别是结合化学处理剂,已成为钻井过程中最通用的固相控制方法。因此,固控设备维护成为钻井流体技术人员必须掌握的知识。

7.3.3.1 振动筛维护

振动筛是清除钻井流体中固相成分的第一级固控设备,担负着清除多数固相的任务。为下一级固控设备创造条件。相对于连续相稀释法,振动筛不会浪费大量化学处理剂或加重材料。正常情况下只需适时更换磨损筛布。因此,在不会造成钻井流体处理剂损失的情况下,尽可能让全部钻井流体经过振动筛处理,并且在整个钻井过程中都使用振动筛。

振动筛清除固相颗粒的粒径和振动筛的处理量都是由所用筛布的规格决定的。筛布目数越大,筛布孔径越小,可清除固相颗粒粒径越小,但处理量也越小,清除固相的量也越大。

从生产角度看,希望使用细目筛布,清除尽可能多的无用固相;从经济角度讲,为达到一定的循环处理流量,可能需要多台振动筛联动工作或者使用面积更大的筛布,成本增加。细目筛布织线强度低寿命较短,也增加成本。因此,在筛布的选择上需要综合考虑。筛布叠层使用,或者整体式筛布,有效地提高细目筛布的寿命和振动筛的净化能力,上层筛布一般为10~60目,下层筛布可以目数较大,有的可达到200目。

采用200目或200目以上超细目筛布的振动筛,为满足单筛处理量的要求,筛布面积一般较大,有的达3m²以上。从振动筛运动轨迹来看,直线运动振动筛和平衡椭圆运动振动筛传输能力更好,更适合钻井工程中固液分离。实际工作中,振动筛的分离效率不仅与筛布目数有关,而且还与钻井流体类型及性能、固相颗粒粒径及分布情况、振动筛的技术参数(频率及振幅)、循环流量等相关。

(1)振动筛固相控制原理。振动筛是一种过滤性的机械分离设备。通过机械振动把大于网孔的固体和通过颗粒间的黏附作用将部分小于网孔的固体筛离。从井口返出的钻井流体流经振动着的筛布表面时,固相从筛布尾部排出,含有小于网孔固相的钻井流体透过筛布流入循环系统,从而完成对较粗固相颗粒的分离。振动筛由筛箱、箱式激振器、渡槽、支承弹簧、筛网和横梁筛架等部件组成,如图2.7.17所示。

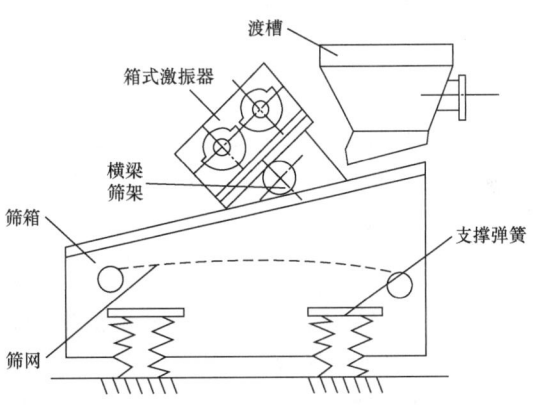

图2.7.17 箱式激振器钻井流体直线振动筛原理图

振动筛最先、最快分离钻井流体固相,担负着清除大部分钻屑任务。如果振动筛发生故障,除砂器、除泥器和离心机等其他固控设备都会因超载不能正常、连续地工作。因此,振动筛是钻井流体固控的关键设备。根据振动筛筛布运动轨迹或路径,可以把振动筛分为4种类型:

① 欠平衡椭圆振动筛。将单一转动的振动器安装在偏离振动框重心的垂直方向上某一位置,在筛面末端产生椭圆运动轨迹,在振动器下部产生圆周轨迹,具有这种运动轨迹的振动筛称为欠平衡椭圆振动筛。筛箱的运动由质心的圆运动和绕质心的仰俯摆动构成,所以筛箱在进料端和出料端形成了椭圆长轴方向不一致运动轨迹,且出料端椭圆运动轨迹的长轴方向倾向入料端,因此称之为欠平衡椭圆振动筛。如图2.7.18所示。

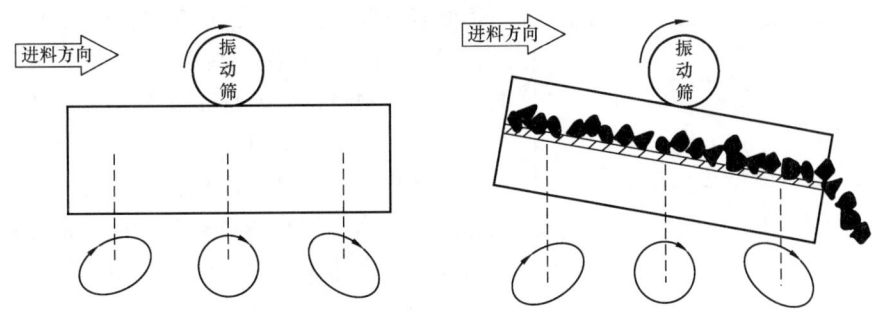

图2.7.18 欠平衡椭圆运动及振动筛原理图

具体应用时,椭圆轨迹主轴方向与固相排出口方向完全相反,直接背对着入口末端,不利于固相从振动筛上排除。为此,通常将筛面或下层筛布向下倾斜一定角度,或者让振动器向排出口的方向运动。但是振动器向排出口末端运动会加重筛面磨损,同时还减少了钻井流体在筛面上的停留时间,降低了振动筛的处理能力。

欠平衡椭圆振动筛结构紧凑、维护简单、运行便宜等。常常用作初级维护筛,应用60~80目较粗的筛布,清除大颗粒固相,减轻下一级振动筛的载荷。

② 圆周振动筛。圆周振动筛的单一振动轴与水平振动框的重心重合,在振动器的带动下,整个振动筛筛面做圆周运动,如图2.7.19所示。

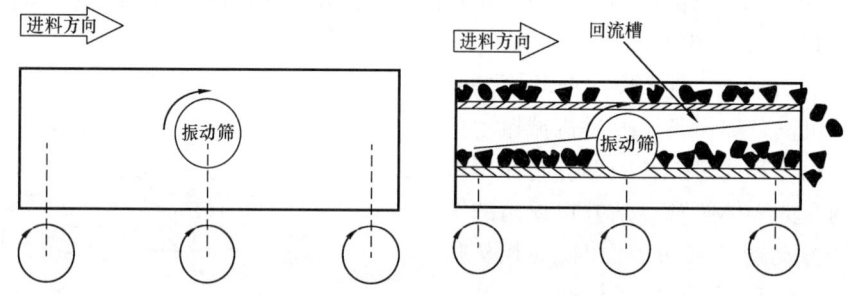

图 2.7.19 圆周运动及振动筛原理图

相对于欠平衡椭圆运动,圆周运动提高了固相到筛面末端的传送能力,同时在水平面上传输固相,也不会降低振动筛的处理能力。圆周运动振动筛常采用复合式、纵向叠层筛面,上层用较粗筛布,用于分离和排除大尺寸钻屑,减少低层筛面的载荷。这种复合筛布可以使用80~100目的筛布。除此外,振动筛还设计采用了回流槽,用于导流低层筛面上的钻井流体向上流到细筛面的进料口,充分利用低层细筛布,在清除更多固相的同时,减少了液相的损失,但处理量限制,只能使用最高100目的筛布。如果配合使用绷紧筛布,则可以使用150目的筛布。

③ 直线振动筛。直线振动筛的振动器由两个相同质量的偏心块组成,偏心块做方向相反的转动,产生作用力作用在振动轨迹上的所有受力点。偏心块所产生的激振力在平行于电动机轴线的方向相互抵消,在垂直于电动机轴的方向叠为一合力。因此筛机的运动轨迹为一直线。两电动机轴相对筛面有一倾角,在激振力和物料自重力的合力作用下,物料在筛面上被抛起跳跃式向前做直线运动,从而达到筛选物料和分级的目的,如图2.7.20所示。

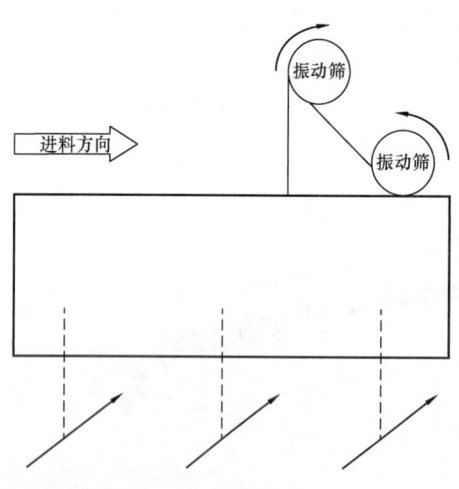

图 2.7.20 直线运动及振动筛原理图

直线振动筛相较于椭圆振动筛和圆周振动筛,直线运动提供了优越的固相输送能力和细目筛布的液相穿透能力。但直线振动筛不能传输黏泥。黏性物需要筛面向排出口方向向下倾斜才能有效清除黏泥。增加这些单元的物理尺寸,同时增加筛面面积,直线振动筛能够使用更细目数的筛布。

在传统欠平衡椭圆运动设计和圆周运动设计中,仅有一部分能量用于把钻屑传送到排出口,其余的能量由于筛面始终沿固定轨迹运动而浪费,最显著的表现就是固相无方向性的或在相反方向上传输运移。而直线振动筛通过振动循环给固相提供了持续的正确方向。因此,直线振动筛的核心就是能够产生直线运动,并将这种动力高效地传输给振动床。

④ 平衡椭圆振动筛。平衡椭圆振动筛由一对相对转动、质量不等的偏心重轴提供动力,椭圆轴心倾向与振动筛排出口方向,相对转动的两个振动器互成角度,如图 2.7.21 所示。

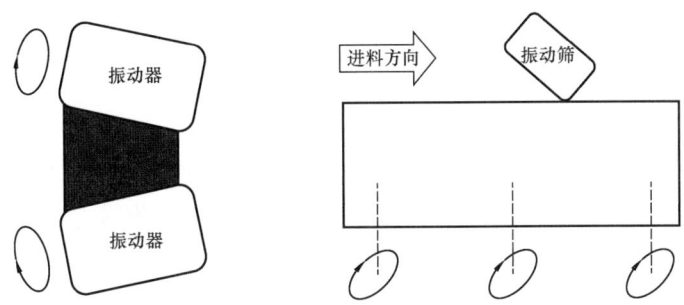

图 2.7.21　平衡椭圆振动及振动筛原理图

椭圆长轴除以短轴的比值,由振动器之间的角度和两个振动器的质量差值来决定。增加短轴长度,或是增加振动器之间的角度都会形成更宽的椭圆面,从而降低振动筛的固相传输能力。长短轴的比值越小,固相传输能力越差,但筛布的使用寿命越长。如果平衡椭圆振动筛向下倾斜的方向与排出口方向一致,即与直线振动筛类似,能有效清除黏泥。增加元件的物理尺寸和筛布的面积,就能够使用比其他运动振动筛更细的筛布。

制造振动筛最基本的理论依据是筛分。筛分是将颗粒大小不同的碎散物料群,多次通过均匀的单层或多层筛面,分成若干不同级别的过程。理论上大于筛孔的颗粒留在筛面上,称为该筛面的筛上物;小于筛孔的颗粒透过筛孔,称为该筛面的筛下物。两个筛面间的颗粒,称为筛中物。

筛分过程是指粒度小于筛孔的细粒物经筛孔透过筛面,与粒度大于筛孔留在筛面上的粗粒物料实现分离的过程。

碎散物料的筛分过程,可以看作由两个阶段组成:一是小于筛孔尺寸的细颗粒通过粗颗粒所组成的物料层到达筛面;二是细粒度透过筛孔。要想完成上述两个过程,必须具备最基本的条件,就是物料和筛面之间要存在相对运动。为此,筛箱应具有适当的运动特性:一方面使筛面上的物料层成松散状态;另一方面,使堵在筛孔上的粗颗粒闪开,保持细粒度透筛之路畅通。

分离过程可以认为是由物料分层和细粒透筛两个阶段所构成。但是分层和透筛不是先后的关系,而是相互交错同时进行的。由于物料和筛面间相对运动的方式不同,从而形成了不同的筛分方法。不同方法,特点不同,如图 2.7.22 所示。

如图 2.7.22(a)所示,物料在倾斜固定不动的筛面上靠自重下滑,称为滑动式筛分法。这是早期使用的筛分法,其筛分效率低,处理量小。

如图 2.7.22(b)所示,组成筛面的筛条转动,物料通过筛面运动构件的接力推送,沿筛面向前运动,称为推动式筛分法。如滚轴筛。

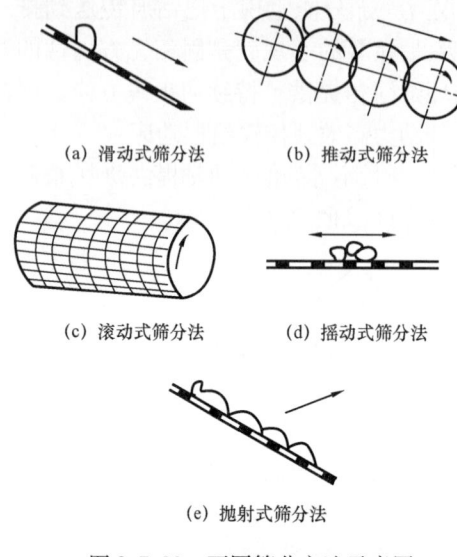

图 2.7.22　不同筛分方法示意图

如图 2.7.22(c)所示,筛面是个倾斜的圆筒,工作时匀速转动,物料在倾斜的转筒内滚动,称为滚动式筛分法。如选煤厂早期使用的圆筒筛。

如图 2.7.22(d)所示,筛面水平安置或倾斜安置,工作时筛面在平面内做往复运动。为了使物料和筛面之间有相对运动,如筛面呈水平安置时,筛面要做差动运动;筛面倾斜安置时,筛面在平面内做谐振动,物料沿筛面呈步步前进状态运动,称为摇动式筛分法。

如图 2.7.22(e)所示,筛面在垂直的纵平面内做揩振动或准揩振动。筛面运动轨迹呈直线,也可呈圆形或椭圆形。物料在垂直的纵平面上被抛射前进,称为抛射式筛分法。如振动筛。

虽然物料与筛面相对运动的方式不同,但其目的都是为了使物料处于松散状态,从而使每个颗粒都能获得相互移动所需的能量和空间,同时保证细粒顺利透筛。

振子的旋转速度决定了振动筛振动频率高低,旋转速度越大,振动频率越高。振动筛振幅的大小由偏心轮(振子)质量和偏心距决定。所谓振幅是指振动筛网垂直运动的距离,其大小为:

$$A = \frac{me}{M} \tag{2.7.72}$$

式中　A——振动筛的振幅,mm;
　　　m——振子质量,N·s²/mm;
　　　e——偏心距,mm;
　　　M——筛框(包括振子)质量,N·s²/mm。

振动强度是指振动筛振子所产生的离心加速度相对于重力加速度的倍数,它反映了筛网作用在固体颗粒的力的大小。振动强度为:

$$K = \frac{A\pi^2 n^2}{900g} \tag{2.7.73}$$

式中　K——振动幅度;
　　　A——振幅,cm;
　　　n——振子转速,r/min;
　　　g——重力加速度,cm/s²。

实际筛分过程中,大量粒度大小不同、粗细混杂的碎散物料进入筛面,只有一部分颗粒与筛面直接接触。接触筛面的这部分物料中,又不全是小于筛孔的细粒。大部分小于筛孔的颗粒,分布于整个料层中。但是由于物料与筛面做相对运动,筛面上的料层被分散,使大颗粒本来就存在的较大间隙被进一步扩大,小颗粒乘机穿过间隙转移到下层。由于小颗粒间隙小,大颗粒不能穿过,因此大颗粒在运动中的位置不断升高,于是,原来杂乱无章排列的颗粒群发生析离现象，按颗粒大小分层，形成小粒在下、粗粒居上的规则排列。到达筛面的小颗粒，经过与筛孔大小比较，然后小于筛孔者透筛，最终实现了粗粒与细粒分离，完成了筛分过程。

细颗粒透筛时，虽然颗粒都小于筛孔，但它们透筛的难易程度不同。颗料越小于筛孔，透筛越容易。和筛孔尺寸相近的颗粒，很难通过筛面下层大颗粒的间隙，因而也就难以透过筛孔。

筛分实践表明。粒度小于筛孔尺寸3/4的颗粒，可筛性定性为易筛粒。粒度小于筛孔但又大于筛孔尺寸3/4的颗粒，定性为难筛粒，而且难筛粒的直径越接近筛孔尺寸，其透筛的困难就越大。

在分层过程中，易筛粒和难筛粒自上而下向筛面转移时，直径超过筛孔尺寸1.5倍的粗粒，基本上不能阻碍其运动。直径小于筛孔尺寸1~1.5倍的粗粒，在筛面所组成的下层物料，阻碍难筛粒的颗粒接近筛孔。所以，粒度大于筛孔，但又小于筛孔1.5倍的颗粒，称为阻碍粒。

现代筛分主要是采用抛射式筛分法，尤其是在原料中难筛粒和阻碍粒较多时，和其他筛分法比较，具有明显的优越性。

(2) 振动筛固相控制措施。选用振动筛时，除根据固相粒度分布选择适合的筛布外，还应考虑另一重要因素，即筛布的许可处理量。振动筛的处理能力应能适应钻井过程中钻井流体的最大排量。振动筛处理量会受振动筛运动参数、钻井流体性质和网孔尺寸三类因素的影响。

① 振动筛的运动参数。物料与筛面的相对运动方式越有利于物料处于松散状态，并保证细粒透筛，处理量越大。

② 钻井流体类型、密度、黏度、固相粒度分布与含量。钻井流体密度越大，黏度越高，处理量越小。一般黏度每增加10%，处理量降低2%左右。

③ 网孔尺寸。筛布越细，则处理量越小。

为了满足大排量的要求，有时需要2台或3台振动筛并联使用。筛布的许可处理量与钻井流体密度的关系，供选择筛布时参考，如图2.7.23所示。

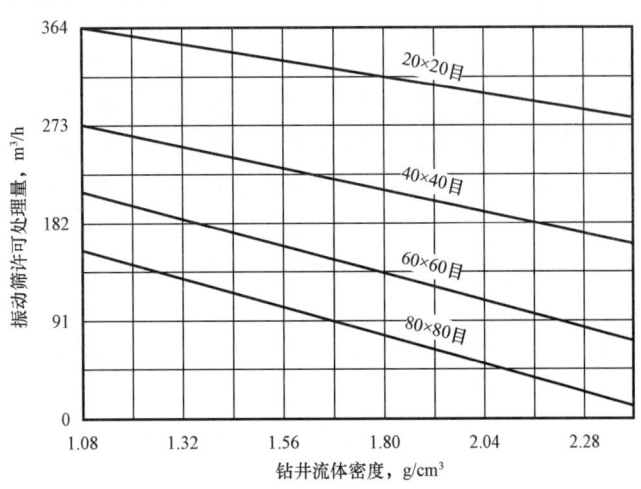

图 2.7.23 振动筛筛布许可处理量与钻井流体密度的关系图版

也可以用具体数值计算:

20×20 目

$$Q = -64\rho_m + 432.6 \tag{2.7.74}$$

40×40 目

$$Q = -84.3\rho_m + 364 \tag{2.7.75}$$

60×60 目

$$Q = -104.2\rho_m + 323 \tag{2.7.76}$$

80×80 目

$$Q = -111.1\rho_m + 277.7 \tag{2.7.77}$$

式中 Q——振动筛许可处理量,m^3/h;

ρ_m——钻井流体密度,g/cm^3。

使用振动筛时还应注意正确地安装与操作:筛布的张紧程度要适当,否则筛布寿命会缩短;网孔尺寸以钻井流体覆盖筛布总长度的75%~80%为宜;安装水管线,及时清洗筛布,防止堵塞。

振动筛筛面是整个设备的重要部分。要求有足够的机械强度、最大的开孔率、筛孔不易堵塞。所谓开孔率,是指筛孔总面积与整个筛面面积之比。常见的筛面有筛箅、筛板、筛网、筛片和筛布等。按材质可分为金属和非金属两种。金属筛面多采用低碳钢、高碳钢、锰钢、弹簧钢和不锈钢等材质制成,非金属筛面多采用橡胶、尼龙和聚氨酯等材质制成。

棒条筛面是由平行排列的具有一定断面形状的一组箅条直接固定在筛框横梁上构成筛面,因此又称为箅条筛面或棒条筛面。棒条筛面的棒条较粗、强度及刚度均较大,故各棒条间不设置横向构件,工作面平滑。对筛上物料的移动阻力很小,块料不容易堵塞。棒条筛面的开孔率一般为50%~60%,主要用于固定筛和重型振动筛。矿山大块物料作大于$50\mu m$的粗筛分。棒条筛面在多数情况下与筛框的横梁固接,但有时只在一端与筛框固接,另一端呈悬臂状。物料给到筛面上时,由于物料的冲力及棒条的弹性,各棒条产生上下颤动,从而使物料松散并有助于排出筛上物,避免物料卡塞在筛缝中。这种情况仅限于作固定筛使用。

冲孔筛板是用钢板经钻孔或冲孔等加工方法制作的筛面。筛板的厚度一般为5~$12\mu m$,筛孔尺寸越大,板厚也应相应增大,以保证足够的强度。但筛板太厚会增加重量,还会增加细粒物料透筛的阻力,通常按厚度为0.625倍孔径确定。孔形常用圆形,个别情况下也采用方形。为了使筛板有足够的强度而且开孔率尽可能大,圆形筛孔几乎全部作菱形排列。

筛片是用圆形金属丝冷压成梯形、三角形或其他上宽下窄断面的筛条后,再经焊接或螺栓连接而成的筛面。

编织筛面是由钢丝作经线和纬线编织而成。筛孔形状为方形或长方形。为保证筛孔大小分布均匀、避免网丝错动,在网丝交叉处交替设有凹槽。编织筛网的有效面积大(可达75%以上),质量轻,便于制造,但使用寿命较短。目前,使用不锈钢或弹簧钢作网丝,可延长使用寿命,但价格高。编织筛面通常适用于中细粒级物料筛分。钢丝的材质有低碳钢、弹簧钢或不锈钢等。筛分磨蚀性小的物料可选用低碳钢丝;筛分磨蚀性大的物料应选用高碳钢丝或弹簧钢丝;在腐蚀性兼磨蚀性较大的场合应选用不锈钢丝。

波浪形筛面由筛条沿横向被压制成波浪形,两筛选条合并组成筛孔,即波浪形筛面。筛条也可沿纵向被压制成波浪形,此种波浪形筛条构成的筛面又称为琴弦式筛面。波长根据筛孔大小而定。通常,筛孔均为方形,但琴弦式筛面的筛孔为长方形。筛条采用富有弹性的锰钢制成,能产生振幅较小的二次振动,由此可减少黏性物料或微细粒的黏结及堵塞。

非金属筛面也常常用于筛面制造。非金属筛面所用的材质有橡胶、尼龙和聚氨酯。这类筛面的共同优点是耐磨、使用寿命长、质量轻、噪声小,可广泛用于金属矿石、煤和建筑材料等的筛分。但目前在中国使用尚不够广泛。

振动筛能够清除固相颗粒的大小,依赖于网孔的尺寸及形状。筛布的主要参数一般是网孔直径、筛分面积和目数。

网孔直径是筛布金属丝之间的开孔尺寸;筛分面积是筛面的总开孔面积。目前井场上通用的筛布网孔直径、筛分面积百分比等参数,见表2.7.7。

表2.7.7 石油钻井中通用的振动筛筛布规格

网孔尺寸 mm	金属丝直径 mm	筛分面积百分比 %	相当于英制目数 mesh[①]
2.00	0.500	64	10
	0.450	67	
1.60	0.500	58	12
	0.450	61	
1.00	0.315	58	20
	0.280	61	
0.560	0.280	44	30
	0.250	48	
0.425	0.224	43	40
	0.200	46	
0.300	0.200	36	50
	0.180	39	
0.250	0.160	37	60
	0.140	41	
0.200	0.125	38	80
	0.112	41	
0.160	0.110	38	100
	0.090	41	
0.140	0.090	37	120
	0.071	41	

续表

网孔尺寸 mm	金属丝直径 mm	筛分面积百分比 %	相当于英制目数 mesh[①]
0.112	0.056	44	150
	0.050	48	
0.110	0.063	38	160
	0.056	41	
0.075	0.050	36	200
	0.045	39	

① mesh——网目,一种标准筛筛孔尺寸表示方法,指24.5mm(1in)长度筛网中所共有的筛孔数,也简称"目"。

由于基本尺寸相同的网孔可用两种不同直径的金属丝编成,所以表中筛分面积百分比有些差别。使用12目粗筛布,最多清除钻井流体中10%的固相。为了清除更多细钻屑,应使用80~120目的细筛布。然而,使用细筛布会存在处理量减少、筛布寿命短、筛布网孔易堵塞等问题。

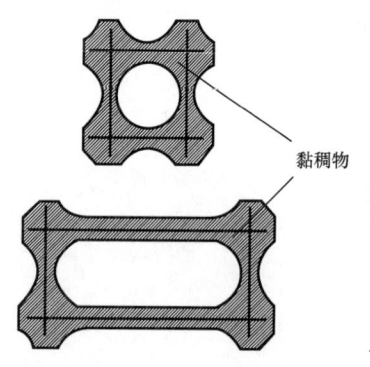

图 2.7.24 桥糊现象示意图

处理量减少。细筛布网孔面积小于常规筛布,处理量减小;筛布寿命短。所用的细钢丝强度较低,使用寿命较常规筛布短;筛布网孔易堵塞。高黏度钻井流体通过细筛布时,黏稠物易黏附在网孔上,甚至完全堵塞,即出现桥糊现象。把高黏度钻井流体通过细筛布时,由于黏性流体糊住网孔,导致网孔有效尺寸减小的现象称为桥糊现象,如图2.7.24所示。

网孔的形状有长方形和正方形。假定长方形孔和正方形孔的面积相等,则正方形孔分离的颗粒较细。40目的正方形筛网和40目的长方形筛网都能分离出约420μm的干燥固体颗粒。漏斗黏度为45s的钻井流体,40目长方形筛网能分离出300μm的颗粒,40目正方形筛网却能分离出约200μm的颗粒。差别是由于桥糊现象引起的。所谓桥糊是指黏性细颗粒附着在筛网金属丝的周围,使孔眼变小的现象。

为提高筛布的寿命和抗堵塞能力,经常使用两层或三层筛布重叠在一起的叠层筛布,低层的粗筛布起支撑作用。还有层与层之间留有一定空间距离的双层或多层筛布。一般上层用粗筛布,下层用细筛布。上层粗筛布清除粗固相,可减轻下层细筛布的负荷,以便更有效地清除较细固相。缺点是下层筛布的清洗、维护保养和更换较困难。由于筛布越细,越易桥糊,因此细网振动筛的振幅高于常规振动筛。通过高振幅的强力振动,可以避免桥糊现象和减轻堵塞程度。

① 筛网的排列与支撑。筛网的排列分单层筛网和复合筛网,复合筛网又有垂直排列和平行排列两种。图2.7.25所示为垂直排列筛网,图2.7.26所示为平行排列筛网。

垂直排列的筛网所分离的颗粒的大小由最细的筛网所决定,最细的筛网必须放在最底部。平行排列方式的各段筛网之间稍有重叠,以防止钻井流体中的岩屑从两段之间漏掉。

这种排列方式,钻井流体仅通过一层筛网就进入了钻井流体循环系统,所分离的颗粒的大小由最粗的筛网决定。因此,这种排列方式中的筛网型号一致。

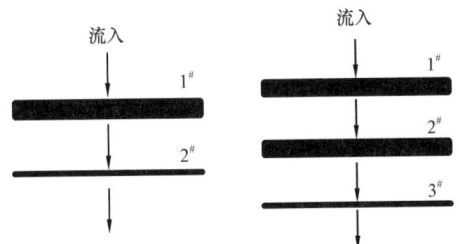

图 2.7.25 垂直排列的筛网示意图

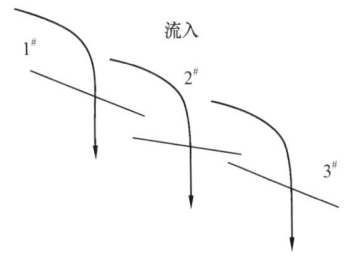

图 2.7.26 平行排列的筛网示意图

筛网的支撑有下部支撑和上部支撑两种,如图 2.7.27 所示。下部支撑系统最先发展起来,工业应用的历史较长,在现场使用较普遍,筛网负载能力强,支座和细筛网之间应放置支撑杆保护筛网,防止岩屑聚集在支座上损坏细筛网。上部支撑方式则不需要这种支撑杆保护筛网,不存在岩屑聚集在支撑杆上,造成岩屑不易分离。

② 振动筛的处理量。振动筛的处理量也称透液能力,是指单位时间内振动筛处理的钻井流体量。它主要

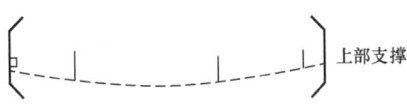

图 2.7.27 筛网的支撑方式示意图

取决于 4 个因素,即振动筛的设计、筛布的目数和类型、钻井流体性能和固相载荷。除了筛网的目数之外,筛网的总面积也影响振动筛的处理量。在其他条件等同的情况下,振动筛的处理量与钻井流体密度和黏度成反比。从井内返出的岩屑在筛网上沉积的速度(即固相负荷)也影响处理量,固相负荷增加,振动筛的处理量减小。

③ 振动筛的使用。无论使用何种类型的振动筛,都应按照制造厂家提供的说明书安装和使用。

安装时振动筛支架应水平、牢固,避免滑动或振动;使用的电压或频率必须在允许的范围内。低电压会减短电器系统的寿命,低频率会导致筛床振动减弱,降低分离能力;振动筛一定要以正确的方向旋转,机轴应朝着固相排出端转动;严格按照制造厂家的规定或推荐安装筛布衬垫(一般是橡胶制品);按厂商的要求适当张紧筛布。如果松紧不合适会严重影响筛布的寿命;应适当选择筛布的尺寸,原则是钻井流体覆盖筛布总长度的 75%~80%;起下钻期间应冲洗筛布,清洗暂时堵塞的孔眼;可偶尔往振动筛上喷水,以除去筛布上的黏附细颗粒。但此法不宜经常使用,因为水会冲稀钻井流体,有助于细小颗粒通过筛网,这些颗粒很可能黏附在较大颗粒上,一起从钻井流体中除去;在任何情况下都不能让钻井流体跑浆;每天要检查筛布的松紧度;每周检查传动皮带的松紧度;在循环过程中要经常检查筛布,一旦损坏要立即更换。

7.3.3.2 旋流器

水力旋流器是除砂器和除泥器的通用名称,两者之差仅在于尺寸。圆柱体直径代表规

格。钻井流体用除砂器的尺寸为150~300mm,一些实验样机已达760mm。

水力旋流器最早在20世纪30年代荷兰出现。20世纪50年代中期美国在现场应用了两台150mm旋流器,成功地清除了钻井流体中大于74μm的岩屑,因为是砂的尺度范围,故称之为除砂器。

1962年使用了第一台100mm旋流器,可以清除小于74μm的颗粒,故把100mm或小于100mm的旋流器称为除泥器。目前使用的除泥器的尺寸范围为125~50mm,其中100mm的最为常用。

20世纪80年代以来,非加重钻井流体把50mm的旋流器作为除去超细颗粒的有用工具,使用更为普遍。根据直径不同,旋流器可分为除砂器、除泥器和微型旋流器三种类型。当然,将合适尺寸的除泥器结合细目振动筛可以组成清洁器。

除砂器是直径为150~300mm的旋流器。在输入压力为0.2MPa时,除砂器处理钻井流体的能力为20~120m³/h。正常工作状态时,能够清除大约95%大于74μm的钻屑和大约50%大于30μm的钻屑。为了提高使用效果,在选择型号时,钻井流体的许可处理量应该是钻井时最大排量的1.25倍。

除泥器是直径为100~150mm的旋流器。在输入压力为0.2MPa时,处理能力不应低于10~15m³/h。正常工作状态下的除泥器可清除约95%大于40μm的钻屑和约50%大于15μm的钻屑。除泥器的许可处理量,应为钻井时最大排量的1.25~1.5倍。

直径为50mm的旋流器称为微型旋流器。在输入压力为0.2MPa时,其处理能力不应低于5m³/h。分离粒度范围为7~25μm。主要用于处理某些非加重钻井流体,以清除超细颗粒。

除砂器在振动筛之后,作为第二级固控设备(不使用除气器时),除泥器作为第三级固控设备。除砂器可用来清除30~90μm的固相颗粒,除泥器用来清除7~30μm的固相颗粒。若用来处理油基钻井流体,有效分离粒径会有所增加。表2.7.8是旋流器可分离颗粒的粒径范围和许可处理量。

表2.7.8 不同尺寸旋流器的许可处理量和可分离粒径

旋流器名称	微型旋流器	除泥器	除砂器		
旋流器直径,mm	50	100	150	200	300
许可处理量,m³/h	2.3~6.8	11.3~14.8	22.7~27.2	45.4~54.5	113~136
可分离的颗粒粒径,μm	4~10	10~40	15~52	32~64	46~80

确定除砂器和除泥器尺寸时,既要考虑分离能力的大小,即分离的颗粒粒径范围,又要满足实际处理量的要求。除砂器和除泥器都由多个旋流锥筒组成,处理量可以通过使用合适的旋流器解决。为了增强使用效果,选择除砂器和除泥器的型号时,钻井流体的许可处理量应该是钻井时最大排量的1.25倍。原因是有时钻井流体的黏度和密度过高,降低除砂器和除泥器分离效率,需要稀释钻井流体。还需要注意的是,除砂器和除泥器应该尽早使用,或是在表层井段就开始使用,因为在快速钻井时产生的钻屑比较多,钻井流体中固相含量高,如果不及时在这些较粗颗粒受机械磨损或水化分散成细颗粒前分离出来,就可能会造成井下复杂情况,加速钻具的磨损,降低机械钻速,而且颗粒变细后更难分离。

(1)旋流器固相控制原理。钻井流体用固相控制旋流器是一个带有圆柱部件的锥形容器。锥体上部的圆柱部分叫液腔;圆柱体外侧有一进液管,以切线形式和液腔连通;容器的顶部是溢流口,底部是底流口(或排泄口,也叫排砂口);一个空心圆管沿旋流器的轴线从顶部延伸到钻井流体里,称为溢流管,其内部形成上溢流通道,以便钻井流体上溢流出。旋流器的尺寸由锥体的最大直径决定,如图 2.7.28 所示。

要处理的钻井流体用砂泵泵入旋流器的进液管,钻井流体在压力的作用下经过进液管以切线方向进入液腔。由于钻井流体的切向速度,旋流器内部形成离心区。液腔的顶部是密封的,具有切向分速度的钻井流体受到液腔顶部向下的推力,再加上重力的影响使钻井流体获得向下的轴向分速度。两个分速度合成的结果使钻井流体向下作螺旋运动,形成向下的旋流。在旋流截面上,中心的液体速度高,离心力大,压力小,因

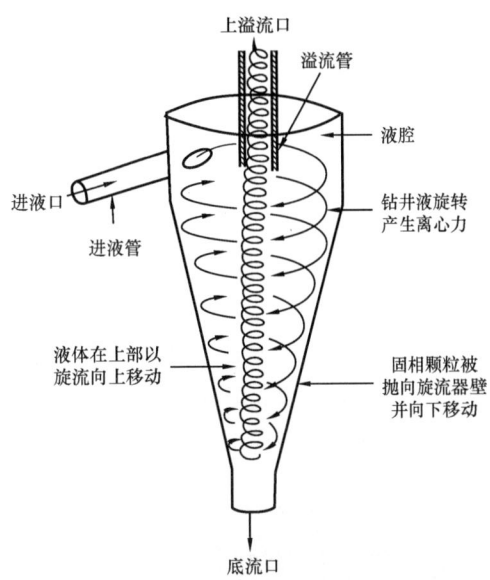

图 2.7.28 旋流器结构示意图

而外面的空气由底流口高速流入旋流器。钻井流体到达底流口附近时,液体夹带着部分细小颗粒便改变方向,和空气一起向上做螺旋运动,形成向上的旋流,经溢流管从上溢流口溢出,而旋流液中较粗的固相颗粒在离心力的作用下被甩向旋流器内壁,边旋转边下落,由底流口排出,钻井流体中的固相颗粒被分离出来。

含有固体颗粒的钻井流体,在压力作用下,由进液口沿切线方向进入旋流器。在高速旋转过程中,尺寸及密度较大的颗粒在离心力作用下被甩向容器壁,沿壳体螺旋下降,由底流口排出;而夹带细颗粒的钻井流体在接近底部时会改变方向,形成内螺旋向上运动,经溢流口排出。这样,在旋流器内就同时存在着两股呈螺旋流动的流体:一股是含有大量粗颗粒,向下做螺旋运动的流体。另一股是携带较细颗粒连同中间的空气柱一起向上做螺旋运动的流体。根据斯托克斯定律,固相颗粒在钻井流体中的沉降速度可近似表示为:

$$v_s = \frac{g d_s^2 (\rho_s - \rho_m)}{18 \mu} \quad (2.7.78)$$

式中 v_s ——沉降速度,m/s;
g——重力加速度,m/s^2;
d_s——固体颗粒最大直径,m;
ρ_s——固体平均密度,kg/m^3;
ρ_m——钻井流体密度,kg/m^3;
η——钻井流体表观黏度,Pa·s。

可见,颗粒的粒径越小,沉降速度越慢;密度大的颗粒(如重晶石)比密度小的颗粒(如钻屑)沉降快;钻井流体黏度越高,密度越大,则固相颗粒沉降越慢。

重力加速度提高若干倍,则颗粒的沉降速度就会增大若干倍。通常将这类固控措施称

作强制沉降。强制沉降是利用离心的方法,强制产生远大于重力加速度的离心加速度,使不同尺寸及密度的颗粒沉降速度产生明显差距,达到使不同颗粒分离的目的。这正是旋流器和离心机控制固相含量的基本原理。

除切向进口管内及其附近区域外,水力旋流器中的液体流型具有周向对称性。旋流中任一点的流速均可分解为三个分速度,即切向速度、径向速度和轴向速度。

① 切向速度。在低于溢流管下缘的水平旋流面上,静压力由周边向中心减小,减小的程度取决于旋流的速度。由于旋流器的任一半径上静压头和速度头之和是相等的,所以当静压头随半径减小而减小时,速度头增加,故越接近中心周向速度越大。靠近旋流器中心线处的液体的周向速度及相应的离心力变得足够大,致使液体分开并沿着中心线形成空气柱状的空气核心。如果底流口与大气相通,空气柱便保持下来。

水力旋流器内速度场分析。切向分速度变化与水力旋流器半径的关系可以表示为:

$$vr^n = 常量 \tag{2.7.79}$$

式中　v——切向分速度;

　　　r——水力旋流器水平截面半径;

　　　n——幂指数,通常取 $0.6 \leqslant n \leqslant 0.9$。

n 值可以在很大范围内变化,取决于水力旋流器结构和溢流管与底流口直径的比例。切向分速度与水力旋流器半径的关系曲线,如图 2.7.29 所示。

从图 2.7.29 可以看出,切向分速度随液体的旋转半径减小而增加,但在接近溢流管半径处(亦即空气柱附近)达到最大值,而后急剧减小。

② 轴向速度。轴向速度也称垂直速度,其分布如图 2.7.30 所示。

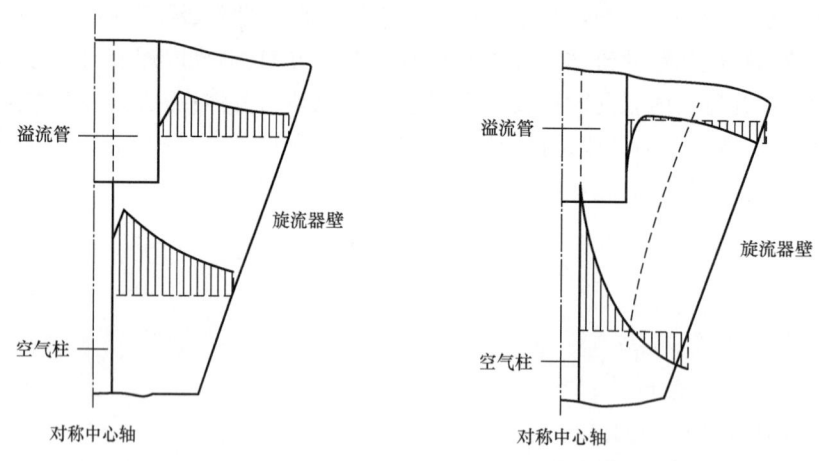

图 2.7.29　水力旋流器内切向速度的分布　　图 2.7.30　水力旋流器内轴向速度的分布

在水力旋流器内,沿圆柱和圆锥内壁高速向下的流动非常重要,因为通过它运送被分离的颗粒至底流口。在中心区域向下的部分液流与向上的液流平衡。也就是说,在沿高度的任一水平截面上总存在一轴向速度为零的点,该点的内侧轴向速度为正,外侧轴向速度为负。在旋流器内部轴向速度为零的点的轨迹为一圆锥形的表面,表面以内液体向上运动,在其外侧液流向下运动。

③ 径向速度。迄今,对径向分速度的研究尚不够充分,国际上对径向分速度分布问题尚存在分歧。但径向分速度通常比其他两个分速度小得多。并且其本身也难于准确地测定,所以在实际计算中可忽略不计。

应当指出,水力旋流器中速度分布的论述是定性的,即使是密度和黏度较低的流体也是非常复杂的。因此,几何形状不同或液体的黏度不同,旋流器中液体的流型不会雷同。所以,设计水力旋流器考虑两种情况。

① 平衡底流。在旋流器里,有向上和向下的两股旋流,向上的从溢流口流出,向下的从底流口排出。平衡设计的旋流器可以通过底流口大小的调节来控制底流的形态。如果底流口调节适当,输入纯液体时,液体全部从溢流口流出。如果液体里含有可分离的固相颗粒,颗粒将从底流口排出,颗粒表面有液膜。底流口的大小符合上述要求时,规定旋流器内部向上的旋流的起点为平衡点。如果底流口的开度相对于平衡点所对应的直径太小,平衡点和底流口边缘之间的区域将形成"干区"。所谓干区,即平衡点与底流口边缘之间的内壁比较干燥。较细的颗粒失去液膜通过干区时,容易黏附在壁面上,堵塞排出口。这种不合理的调节称为"干底"。干底引起的堵塞称为干堵。如果底流口的开度大于平衡点所对应的直径时,有部分液体从底流口流出,这种不合理的调节称为"湿底"。实际操作中,理想的平衡点很难调节和保持,同时也没有必要。在仅有干底和湿底两种选择的情况下,稍微湿一些,尽管损失一些钻井流体,但可以保证不堵塞排出口。若湿底不严重,用非加重钻井流体正常钻进时,钻井流体的损失量并不大。

如图 2.7.31 所示为平衡设计的旋流器理想的工作状态,即伞形雾状底流。固相颗粒从底流口排出时相对轴线形成一定角度,像一把打开的雨伞。只有在这种工作状态下,旋流器才能充分发挥平衡设计的效力。验证方法是把手指放在底流口底部,明显感觉到空气的吸入。这是由于向上的旋流的高速流动,使旋流区内部形成低压区,空气被吸入,并和上旋流一起向上运动。

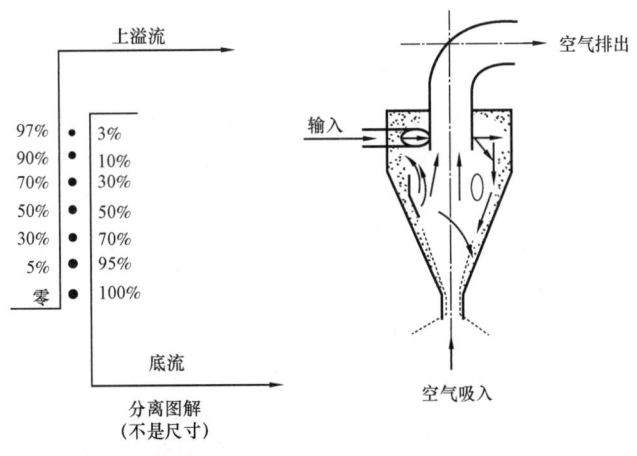

图 2.7.31 底流伞状排出示意图

在旋流器里,两股索流状旋流束的界面的形成有点像图 2.7.32 的那样。旋流可以从旋流器内壁附近冲起一些固相颗粒,并把它们带到中心向上的旋流里。其中的一些颗粒过大,根本不能被向上的旋流带走而沉降。当然,随大颗粒沉降的也有少量的小颗粒。那些太小而根本不能分离出来的固相颗粒在溢流和底流里都可发现。

旋流器底流口沉降的固相颗粒超过底流口所能承受的数量时,颗粒与流体便以绳状排出底流口,表明旋流器工作超载。超载时底流口没有空气吸入。这也是验证超载的一种方法,如图 2.7.32 所示。

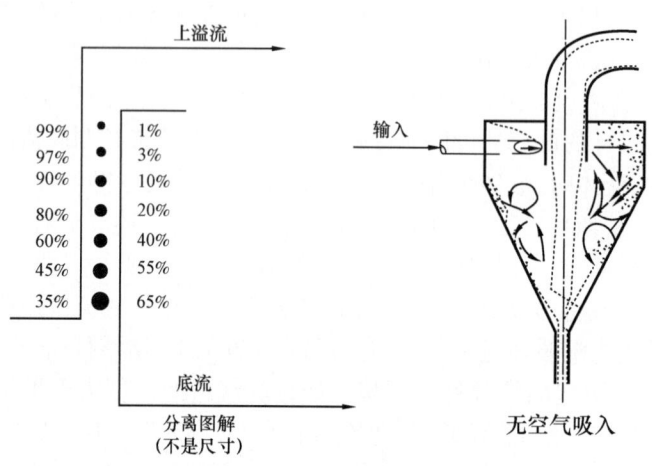

图 2.7.32　底流绳状排出示意图

从图 2.7.32 右部分可以看出,底流口无空气吸入,很容易发生堵塞。这种不正常的工作状态,处于旋流器清除范围之内的固相颗粒,会返回溢流管然后返回钻井流体循环系统,导致溢流排出的钻井流体固相含量偏高,没有达到应有的固控效果,如图 2.7.32 左部分所示。

由于伞状底流里较细颗粒的含量比绳状底流高,较细颗粒具有较高的比表面,因此伞状底流里单位质量固体的含液量比绳状底流多,亦即伞状底流密度比绳状底流小。但是,这并不意味着以绳状排出时的分离效率更高。相反地,由于绳状底流时,溢流里含有较多的粗颗粒,会使返回循环系统中去的钻井流体含有较高的密度和黏度,没有达到应有的处理效果。因此,把绳状和伞状结合看,认为底流密度越大越好的观点是不正确的,应该有一个平衡点。

一般情况下,排除绳状可以通过调节底流口的大小,但当固相颗粒输入严重超载时,旋流器出现绳状底流是不可避免的。此时只能通过改进振动筛或增加旋流器数量来改善。

② 满溢底流。顾名思义,设计成流体注入时,旋流器满后就流出来。显然没有达到清除固相的目的。满溢底设计的旋流器如图 2.7.33 所示。

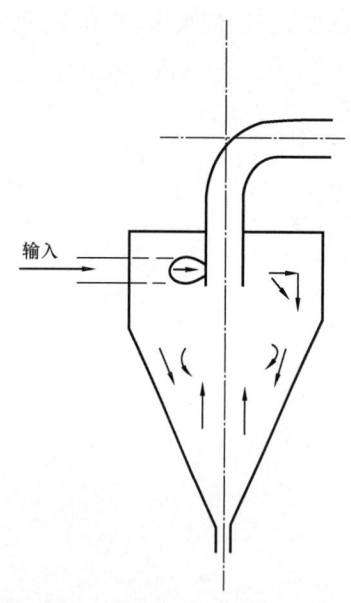

图 2.7.33　满溢底式旋流器示意图

从图 2.7.33 中可以看出,旋流器没有平衡点,任何条件下旋流器的溢流口和底流口的作用像阻流阀那样,两个出口是用水增加流动阻力的。例如,旋流器输入流体,旋流器的底流口直径是10mm,底流将是直径为10mm的压力流束。若输入流体有固相颗粒,仅仅影响底流的流速,不会影响颗粒流向。满溢底式旋流器底流口的最佳开度可在最大和最小之间,根据底流的具体情况进行调节。清洗旋流器时,可以设计成这种方案。

(2)旋流器固相控制措施。旋流器的处理能力从两个方面评价:一是允许输入钻井流体的能力;二是底流口的排泄能力。单个水力旋流器所能处理的钻井流体量可用式(2.7.80)做近似计算:

$$Q = \frac{1}{12} d_i d_0 \sqrt{gp} \frac{1.82}{\alpha^{0.2}} \quad (\alpha < 20°) \tag{2.7.80}$$

式中 Q ——旋流器能够处理的钻井流体量,L/s;

d_i ——进液管直径,cm;

d_0 ——溢流管直径,cm;

g ——重力加速度,cm/s²;

p ——输入压力,MPa;

α ——锥角,(°)。

根据钻井流体的循环流速(即排量),可以确定需要的旋流器的个数。在实际应用中,旋流器组的总钻井流体处理量要大于排量的10%~20%,以防旋流器超载。

影响底流口排泄能力两个方面:一是,旋流器内流体是否具有较高的分离能力,能否沉降较细的颗粒;二是,旋流器底流口在超载的情况下,能够以最大的速度排泄固相颗粒。旋流器的直径不同,分离能力不同的。除砂器分离的颗粒直径一般为40~200μm,除泥器分离的颗粒直径一般为15~40μm,见表2.7.9。

表2.7.9 旋流器直径与可分离颗粒直径

旋流器直径,mm	50	75	100	150	200	300	1270
可分离的颗粒直径,μm	4~10	7~30	10~40	15~52	32~64	46~80	300~400

为评价旋流器的分离能力,引入分离点的概念。钻井流体固相颗粒在旋流器分离过程中,同一尺寸的颗粒,特别是较细的颗粒,不能全部从底流口排出,有一部分要随上旋流从溢流口溢出。颗粒的尺寸不同,随上下流分配的比例也不相同,但是,固相颗粒总存在某一尺寸,全部颗粒中有50%分离出来从底流口排出,其余的50%随液体从溢流口溢出,这个颗粒尺寸叫旋流器的50%分离点,简称分离点(Cut Point),用D_{50}表示。

分离点是评价旋流器分离效果的一个指标,分离点越低说明旋流器的分离效果越好。表2.7.10列出了几种规格的旋流器在正常情况下的分离点。

表2.7.10 旋流器尺寸与分离点

旋流器尺寸,μm	300	150	100	75
分离点,μm	65~70	32	16~18	12

从表 2.7.10 可以看出,旋流器的尺寸越小,分离效果越好,然而小尺寸的旋流器比大尺寸的旋流器的处理量要小。

需要注意的是,同一种旋流器的分离点并不是一个常数,随钻井流体黏度、密度和输入压力等因素的变化而变化。换言之,分离点是这些变化因素的函数,即:

$$D_{50} = f(D_c, \mu, \rho, \Delta\rho, p) \tag{2.7.81}$$

式中　D_{50}——旋流器分离点;

　　　D_c——旋流器直径;

　　　μ——钻井流体黏度;

　　　ρ——钻井流体密度;

　　　$\Delta\rho$——固体和液体的密度差;

　　　p——输入压力。

一般来讲,钻井流体的黏度和固相含量越低,输入压力越高,则分离点越低,分离效果越好。如图 2.7.34 所示。

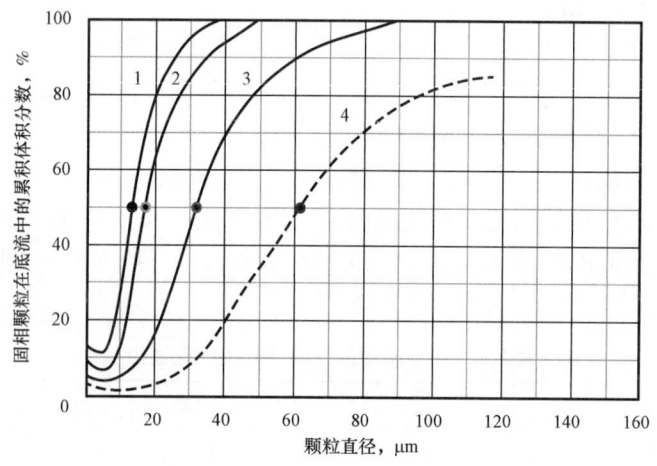

图 2.7.34　旋流器的分离曲线

1—75mm 旋流器伞状底流;2—100mm 旋流器伞状底流;3—150mm 旋流器伞状底流;4—100mm 旋流器绳状底流

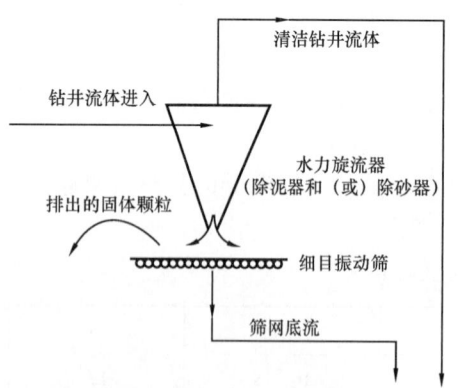

图 2.7.35　钻井流体清洁器原理图

从图 2.7.34 中可以看出,100mm 旋流器在底流呈伞状排出时,其分离点为 16μm,而呈绳状排出时的分离点却高达 62μm,可见"伞状"排出时的分离效果比"绳状"的要好得多。同样,都是伞状流条件下,旋流器越大,150mm 旋流器分离的颗粒粒径在 75mm 和 100mm 的范围要宽,分别为 90μm、38μm 和 50μm。

钻井流体清洁器由一组旋流器和一台细目振动筛组成,上部为旋流器,下部为振动筛,如图 2.7.35 所示。旋流器组一般是 100mm 的除泥器。100mm 旋流器的分离点 15~20μm。几乎可以分离出所有较大的颗粒。如果用除砂器组成旋流器组,其分离点在 20~40μm,那么许多小颗粒根本不能到达清洁器的细目振动筛,而随旋流器的溢流返回钻井流体系统,进一步研磨分散。

钻井流体清洁器处理钻井流体的过程分为两步:第一步是旋流器将钻井流体分离成低密度的溢流和高密度的底流。其中,溢流返回钻井流体循环系统,底流落在细目振动筛上;第二步是细目振动筛将高密度的底流再分离成两部分。一部分是能够透筛的重晶石及其他尺寸小于网孔的颗粒;另一部分是大于网孔的颗粒,在筛布上被排出。细目振动筛所选筛布一般 100~325 目,通常多使用 150 目。由于旋流器的底流量只占总循环量的 10%~20%,因此筛布的桥糊现象和堵塞现象并不严重。

细目振动筛的网孔可以是正方形的,也可以是圆形的,其大小可在 125~325 目选择。如清洁器在处理过程中连续使用,150 目的振动筛通常能够保持钻井流体的清洁。常规安装的振动筛如果筛网较细,容易造成覆盖或堵塞现象,影响振动筛的透液能力,以致跑浆。清洁器的振动筛不易发生这种现象。因为处理的仅仅是旋流器的底流物,不是全部钻井流体。然而清洁器的振动筛也有堵塞倾向,用三种办法可以防止或治理。

① 在振动筛筛网下悬挂大约 200 枚聚氨酯滑块。振动筛振动时,滑块就在振动筛网下的区域内滑动,并且无规律地冲撞筛网,帮助筛网松动和释放塞入网孔的颗粒。

② 用一根链条,一小段放在筛网上,其余部分悬挂在筛框边上。振动筛振动时,筛网上面的那段链条在筛网上既振动又移动,其作用也像上面提到的滑块一样。

③ 用小排量喷雾水冲洗筛网,一般不推荐使用这种方法。因为冲洗的时候不可避免地会把一些清水加入钻井流体,这部分水对钻井流体来说可能不是必要的。尽管不推荐使用这种方法,制造厂家在筛网的底部还是安装有冲洗装置,以备在停止循环的时候冲洗筛网。

钻井流体清洁器主要用于处理加重钻井流体,回收重晶石。处理过程中,旋流器的底流物都落在下面的细网上,经细筛网处理后,大于 74μm 的砂子被除掉,小于 74μm 的固相颗粒(重晶和部分岩屑)通过筛网又回到钻井流体中。根据美国石油协会标准,使用的重晶石有 97% 的颗粒小于 74μm,所以经清洁器处理后绝大部分的重晶石仍然被回收。使用钻井流体清洁器的优点在于既降低了低密度固体的含量,又避免了重晶石的大量损失。

钻井流体清洁器也可用于处理非加重钻井流体,回收费用不菲的液相。旋流器的底流物经过筛网处理后所分离出的固相颗粒比较干燥,这样旋流器分离的固相颗粒所带的自由液体大部分能被回收。为保证旋流器的分离效果,在实际使用过程中应注意振动筛、离心泵工作等 4 个问题。

① 要保证旋流器的前级处理设备,特别是振动筛工作有效。尽可能选用比较细的振动筛网,同时振动筛不能跑浆或破损,以防旋流器超载而堵塞。堵塞对旋流器的分离效果影响很大,如果发现应立即排堵,或者更换。底流口的堵塞通常是由于干区或固相超载引起的。干区的产生往往是由于底流口调得太小而引起的。固相超载可以通过调大底流口来解决。如有可能,可在旋流器组内再加装几个旋流器,或者更换更好、更合适的旋流器。

② 选择合适的离心泵,保证进口压力。在离心泵的吸入端要加过滤网,防止大的固相颗粒团吸入。

③在旋流器的吸入池加适量稀释水,降低钻井流体黏度和密度,提高旋流器的分离效率。

④对平衡底流的旋流器要经常检查其底流状态,如有不正常现象应立即排除。

7.3.3.3 离心机

工业用离心机类型较多,但用于钻井流体固控的主要是倾注式离心机,又称为沉降式离心机,简称离心机。沉降式离心机是唯一能够从分离的固相颗粒表面上清除自由液体的固/液分离装置。经离心机分离的固相颗粒仅含有其本身所吸附的液体,即颗粒表面上的束缚液体。国际上从20世纪30年代初开始使用离心机处理水基加重钻井流体,但沉降式离心机是1953年才开始在油田应用,通过逐步改进提高,成为一种常用的钻井流体固相处理设备。

(1)按离心分离因数大小可分为常速离心机、高速离心机和超高速离心机。离心分离因数是离心分离机转鼓内的悬浮液或乳浊液在离心力场中所受的离心力与其重力的比值,即离心加速度与重力加速度的比值。离心分离因数越大,离心分离的推动力就越大,离心分离机的分离性能也越好。但对具有可压缩变形滤渣的悬浮液,过大的离心分离因数会使滤渣层和过滤介质的孔隙阻塞,分离效果恶化。离心分离因数<3000,为常速离心机,主要用于分离颗粒不大的悬浮液和物料的脱水;3000<离心分离因数<50000,为高速离心机,主要用于分离乳状和细粒悬浮液;离心分离因数>50000,为超高速离心机,主要用于分离相不易分离的超微细粒的悬浮系统和高分子的胶体悬浮液。

(2)按操作原理可分为过滤式离心机、沉降式离心机和分离式离心机。过滤式离心机,鼓壁上有孔,借助离心力实现过滤分离。沉降式离心机,鼓壁上无孔,借助离心力实现沉降分离。分离式离心机,鼓壁上无孔,转速极大,一般在4000r/min以上,分离因数在3000以上。借助离心力实现沉降分离。

(3)按操作方式可分为间歇式离心机和连续式离心机。间歇式离心机是指转鼓对所承载的被分离截留的物料有一定质量限度的离心机。可根据需要延长或缩短过滤时间,主要用以固/液悬浮混合液的分离。连续式离心机的操作均为连续状态,用于固/液悬浮液或者液/液乳浊液的分离。

(4)按卸料方式可分为人工卸料离心机、重力卸料离心机、刮刀卸料离心机、活塞推料离心机、螺旋卸料离心机、离心卸料离心机、振动卸料离心机和进动卸料离心机等8类。由于与钻井流体的固相关系不是很密切,不再详细描述。

(5)按转鼓主轴位置可分为卧式离心机和立式离心机。用途与其他分类相关。钻井流体固控使用的离心机,主要是卧式离心机。立式离心机主要用于室内实验。

对于粒度处于亚微米级的超细颗粒,即使使用高速离心机也无法将其去除,这类固相的清除需要配合化学絮凝法。

需要注意的是,离心机等固控设备作为处理手段,无法从根本上解决固相分散的问题,提高钻井流体的抑制性,防止黏土颗粒向更细的粒度分散,才是从源头上解决问题。只有标本兼治,才能有效提高固控效率。

(1)离心机固相控制原理。离心机作为四级固控设备,主要作用是,回收加重钻井流体中小于$10\mu m$的加重材料;清除非加重钻井流体中$5\sim8\mu m$的细小钻屑。离心机的分离能力主要受转速、钻井流体黏度和供给量三个因素的影响。离心机的转速越快,产生的离心力越大,固液分离效果越好。离心机滚筒转速可以达到 1500~3500r/min。钻井流体黏度过高,会降低颗粒沉降速率,因此钻井流体进入离心机处理前需稀释,稀释水的供给量以送料速度的 25%~75% 为宜。钻井流体马氏漏斗黏度为 35~37s 过量稀释会降低离心机的处理量。钻井流体的供给量就是离心机的处理量。不同的钻井流体,离心机的最佳处理量也会不同。供给量过大,本应从底流排出的细颗粒来不及充分沉降,就随流体从溢流口流出,不能达到预期的分离效果,降低了离心机的效率。离心机的处理量与所处理的钻井流体密度有关,表 2.7.11 是不同密度下的离心机推荐最大处理量。

表 2.7.11 离心机推荐最大处理量与钻井流体密度对照

钻井流体密度,g/cm³	推荐的最大处理量,L/s
1.44	1.953
1.56	1.764
1.68	1.638
1.80	1.449
1.92	1.323
2.04	1.134
2.16	0.945
2.28	0.756

从表 2.7.11 中可看出,钻井流体密度越大,离心机处理量越小。通常,离心机不会像除砂器那样全天使用,每天只允许处理 1~2 个钻井流体循环周。

离心机处理加重钻井流体时,主要用于清除粒径小于重晶石的钻屑颗粒,回收重晶石。加之振动筛、清洁器清除粒径大于重晶石的钻屑,能够有效回收重晶石。如果钻井流体清洁器载荷过高,可加入大尺寸除砂器,清除粒径 74μm 以上的钻屑,但同时也会除掉部分重晶石。

① 离心机工作时,钻井流体通过固定的进浆管进入离心机,然后在输送器轴筒上被加速,并通过在轴筒上开的进浆孔流入滚筒内。由于滚筒的转速极高,在离心力作用下,密度或体积较大的颗粒被甩向滚筒内壁,使固液两相分离。其中,固体被输送器送至滚筒的小端,经底流口排出;含有细颗粒的流体以相反方向流向滚筒大端,从溢流口排出。滚筒内液层的厚度靠调节离心机端面上 8~12 个溢流孔来控制。在离心力的作用下,钻井流体里的固相颗粒被甩到旋转的滚筒壁,速度降低,沉降下来。根据斯托克斯定律大颗粒首先沉降,小颗粒最后沉降,不能沉降的很细的颗粒随液相从溢流口排出。沉降下来的固体颗粒由输送器连续不断地推动它们向滚筒的小端移动,从小端的底流口排泄出来。由于滚筒的高速旋转,分离室里的钻井流体会获得较大的离心力,因而能分离出很细的固相颗粒,同时能够甩掉固相颗粒表面吸附的大部分自由水。因此,离心机是唯一能够从分离的固相颗粒上清除自由水的钻井流体固控装置。可将液相损失降低到最低程度。变速器的作用是使输送器的转速稍慢于滚筒的转速,一般仅慢 20~40r/min,其目的在于能连续输送固相。多数变速器的变速比为 80:1,即滚筒每转 80 转,输送器便少转动一转。例如,若滚筒以 1600r/min

的转速旋转,输送器则以1580r/min的转速旋转,它们之间的转速差为20r/min。

离心机的固相排泄能力受输送速度和底流口开度大小的限制。流体溢出能力受溢流口大小的限制,离心机的钻井流体输入能力受钻井流体中可分离固相的体积限制。如果固相含量低,则输入能力受流体溢出能力的限制;如固相含量高,则输入能力受固相排泄能力的限制。

② 固相颗粒的离心沉降。离心机里固相颗粒的分离是在离心场进行的。由于滚筒的高速旋转,钻井流体的液相和固相都获得很大的离心力,液相的离心力为:

$$F_1 = m_1 \omega^2 r \tag{2.7.82}$$

式中　F_1——液相的离心力,N;
　　　m_1——液相的质量,kg;
　　　ω——滚筒旋转角速度,rad/s;
　　　r——旋转半径,m。

固相颗粒的离心力为:

$$F_s = m_s \omega^2 r \tag{2.7.83}$$

式中　F_s——颗粒的离心力,N;
　　　m_s——颗粒的质量,g。

液固两相的离心力之差是作用在颗粒上的有效离心力,即离心沉降力,这个力使固/液分离。即:

$$F = F_s - F_1 \tag{2.7.84}$$

$$F = (m_s - m_1) \omega^2 r \tag{2.7.85}$$

式中　F——作用在颗粒上的有效离心力,N。

若颗粒的大小以当量球直径来表示

$$F = \frac{\pi}{6} d^3 (D_s - D_1) \omega^2 r \tag{2.7.86}$$

式中　d——颗粒的当量球直径,m;
　　　D_s——颗粒的密度,g/cm^3;
　　　D_1——液相的密度 g/cm^3。

根据牛顿内摩擦定律,颗粒开始运动后所受液体的阻力为:

$$f = 3\pi \mu d v_s \tag{2.7.87}$$

式中　f——液体对颗粒的阻力,N;
　　　μ——液体的黏度,mPa·s;
　　　v_s——颗粒的运动速度,m/s。

在离心场内,颗粒的离心沉降力克服阻力时才能运动沉降,即:

$$F = f \tag{2.7.88}$$

$$\frac{\pi}{6} d^3 (D_s - D_1) \omega^2 r = 3\pi\mu d v_s \quad (2.7.89)$$

$$v_s = \frac{d^2 (D_s - D_1)}{18\mu} \omega^2 r \quad (2.7.90)$$

式中的 v_s 是颗粒在离心场中的离心沉降速度；$\omega^2 r$ 为离心加速度。由于离心机的高速旋转，离心机里颗粒的重力沉降速度远远小于离心沉降速度。所以，一般情况下，在离心机中仅考虑离心沉降作用。离心加速度和重力加速度的无量纲之比称为离心机的分离因数，即衡量离心机分离能力的一种条件。

$$\varphi_p = \frac{\omega^2 r}{g} \quad (2.7.91)$$

式中　φ_p——离心机的分离因数；
　　　g——重力加速度，cm/s^2。

(2)离心机固相控制措施。用于钻井流体固控的主要是倾注式卧式离心机。离心机结构如图 2.7.36 所示。

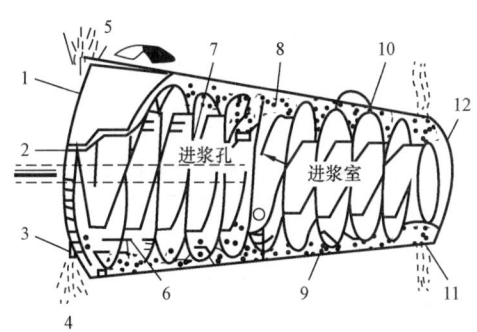

图 2.7.36　倾注式离心机结构简图

1—分离后的钻井液出口；2—钻井流体进口；3—溢流口；4—溢流液体；5—外壳，旋转产生极高的离心力；
6—钻井流体池液面由调节出口来控制；7—槽；8—与外壳同方向旋转但较外壳转速略低的输送器；
9—滤饼；10—干湿区过渡带；11—底流口；12—滚筒

离心机的核心部件是锥形滚筒、滚筒内的螺旋输送器，以及连接滚筒和螺旋输送器的变速器。固/液分离就是在滚筒内进行的，滚筒大头端部流体溢流口。滚筒内的螺旋输送器用来向滚筒两端分别输送液相和固相。变速器把滚筒和螺旋输送器连接起来，使两者同向旋转，并有一定的转速差。滚筒和输送器的转速比一般为 80∶79，即滚筒转 80 转，输送器转 79 转。当滚筒转速为 1800r/min 时，输送器相对滚筒有 22.5r/min。这个相对转速正是输送器的传达速度。

离心机可用于处理加重钻井流体以回收重晶石和清除细小的钻屑颗粒。在 20 世纪 50 年代初钻井用离心机问世之前，加重钻井流体的固控除使用振动筛外，主要采取加水稀释的方法，这样处理的结果不仅使钻井流体性能不稳定，而且令钻井流体成本大幅度增加。使用离心机的好处是，既降低了加重钻井流体中低密度固相的含量，使黏度和切力得到有效的控制，又可大大地减少重晶石的补充量，从而降低钻井流体的费用。

具体做法是,钻井流体用离心机处理后,将底流的固相颗粒回收,而将溢流的流体(主要包含低密度固体)废弃。需要注意,钻井流体清洁器和离心机都可用于从加重钻井流体中清除钻屑,并回收大部分重晶石。但是,这两种设备清除颗粒的粒度范围有所不同。从宏观来看,钻井流体清洁器清除的钻屑颗粒密度晶石颗粒大,而离心机清除的钻屑颗粒密度晶石颗粒小。它们的作用可以相互补充,对于密度大于 1.80g/cm³ 的加重钻井流体,最好两种设备同时使用。

离心机还常用于处理非加重钻井流体以清除粒径很小的钻屑颗粒,以及二次分离旋流器的底流,回收液相,排除钻屑。旋流器分离出来的固相颗粒带有自由液体,而离心机分离的固相颗粒相对来说比较干燥。如果钻井流体的液相费用较高,自由液体随固相一起废弃就不合算。用离心机处理可以尽可能多地回收有用的液相。

为了提高离心机的分离效率,一般需对输入离心机的钻井流体用水适当稀释,以使钻井流体的漏斗黏度降至 34~38s 范围内为宜,稀释水的加入速度为 0.38~0.5L/s。离心机的转速对分离粒度也有很大影响。例如,处理量为 21.6m³/h 的离心机,当工作转速为 3250r/min 时,对水基钻井流体可分离重晶石至 2μm,钻屑至 3μm;工作转速为 2500r/min 时,可分离重晶石至 6μm,钻屑至 9μm。根据斯托克斯定律,重晶石颗粒可与 1.5 倍于其粒径的低密度固体颗粒同时沉降。为了保证离心机有效地工作,钻井流体的输入速度不应超过所推荐的最大范围,即离心机不要超载。钻井流体输入速度的推荐值见表 2.7.12。

表 2.7.12　钻井流体输入速度推荐值

钻井流体密度,g/cm³	1.44	1.56	1.68	1.80	1.92	2.04
最大速度,L/s	1.953	1.764	1.638	1.449	1.323	1.134

从表 2.7.12 中可以看出,钻井流体密度越大,钻井流体输入速度越小。在使用离心机时,应注意选择合适的转速和处理量,以取得预期效果。

7.3.3.4　固控设备组合控制固相

振动筛、旋流器和离心机是三种基本的固相控制设备。在固相处理中,旋流器和离心机不能单独使用。虽然振动筛可以单独使用,但不会取得理想的固控效果。因此,在实际应用中要根据需要把设备组合起来。现场常用的有一次分离和二次分离两种组合布置方案。

(1)组合设备固相控制原理。由于组合设备固相控制分一次分离和二次分离,所以原理也按两种分离方法实施。

① 一次分离。一次分离的一般布置方案如图 2.7.37 所示。所谓一次分离,就是固相处理系统中的任何处理设备都直接从循环的钻井流体系统中汲取钻井流体,经处理后把回收的部分(液相或固相)送回钻井流体。图 2.7.37 是一种典型的全系统一次分离布置方案。在这种方案中,除离心机是部分流体处理外,其余都是全流处理装置。若设备的钻井流体输入能力(以体积流量表示)等于或大于钻井流体循环速度(排量),则称为全流处理。若设备仅从循环的钻井流体系统中取出部分钻井流体处理,则称为部分流处理。

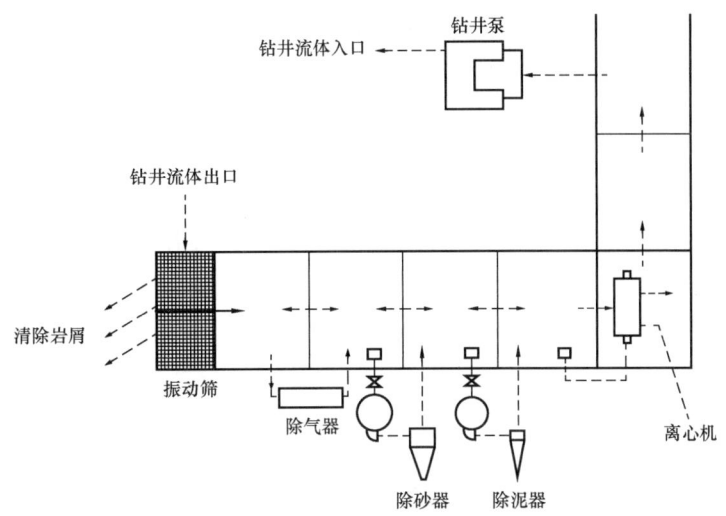

图 2.7.37 一次分离布置方案

一次分离布置方案可用于处理非加重钻井流体或加重钻井流体。使用时并不是一定要将图中所列的设备全部安装或启用不可,要根据具体情况而定。譬如,钻井流体没有气侵或气侵轻微,就可以不启用除气器。

非加重钻井流体处理的主要目的是清除钻井流体中的岩屑或大于黏土颗粒的惰性固体,在固控系统方案中可以考虑不启用除砂器,而使用除泥器。除泥器最好选择100mm的。在除泥器工作过程中只要正确地选择平衡点,使其保持伞形雾状底流,100mm的除泥器就可以使钻井流体保持所要求的清洁程度。

某些实际操作者出于经济上的考虑,常常等到钻井流体的密度达到相当高的程度才启用除泥器,这样做反而适得其反,得不到经济上节省的效果。钻井流体密度的增高是由振动筛不能分离的颗粒的增加引起的,这些颗粒在钻井流体循环过程中又进一步研磨分散,更小化的颗粒大部分再也不能用除泥器清除,致使钻井流体性能发生变化。图 2.7.38 综合了几种不同的全流处理过程,图中的每条曲线各对应着除泥器使用的不同时机。

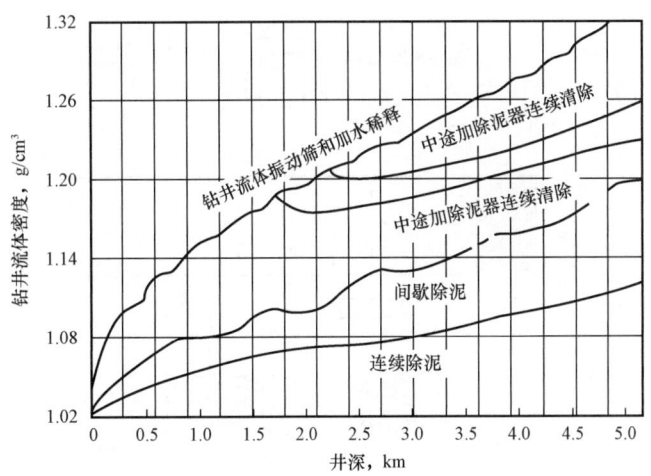

图 2.7.38 根据井深和钻井流体密度使用除泥器图版

从图 2.7.38 中可以看出,除泥器越滞后使用,钻井流体密度增加越高。不但如此,颗粒的反复研磨分散使其总表面积增加,进而影响钻井流体的黏度。间断地使用除泥器也是一种不当的操作,将导致密度的波动,从而危害裸露井眼的稳定性。总而言之,非加重钻井流体的最佳处理方案是连续地、正确地使用除泥器。

② 二次分离。一次分离往往会造成钻井流体中的聚合物材料、非加重钻井流体的液相和加重钻井流体的重晶石损失,因而提出了二次分离。图 2.7.39 和图 2.7.40 是两种二次分离的方案。所谓二次分离就是固控系统中的某种设备不是直接从钻井流体系统中汲取要处理的钻井流体,而是将另外某种设备的底流物再分离处理。

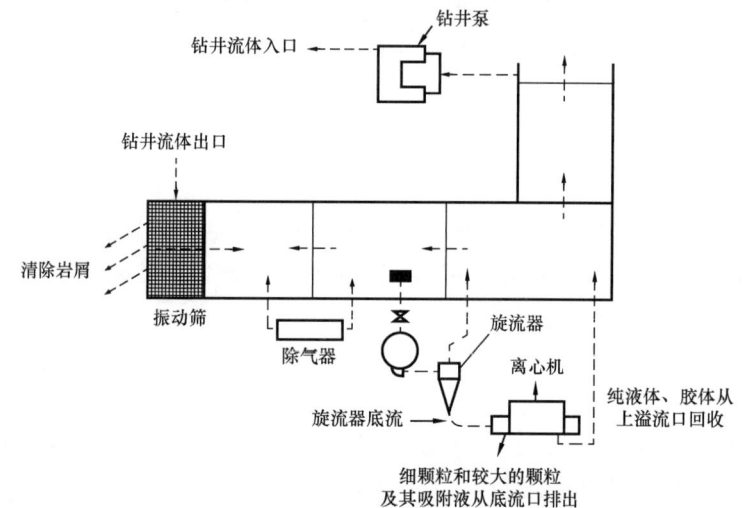

图 2.7.39　旋流器和离心机二次分离布置方案

从图 2.7.39 中可以看出,除泥器和离心机的二次分离与组合,用于处理非加重钻井流体。除泥器的底流物再进入离心机处理,把除泥器底流的颗粒和颗粒所带的自由液体分开,将液体回收,废弃比较干燥的颗粒。这种二次分离组合方式适用于液相费用较高的非加重钻井流体和水源缺乏的荒凉地区,降低钻井流体成本。

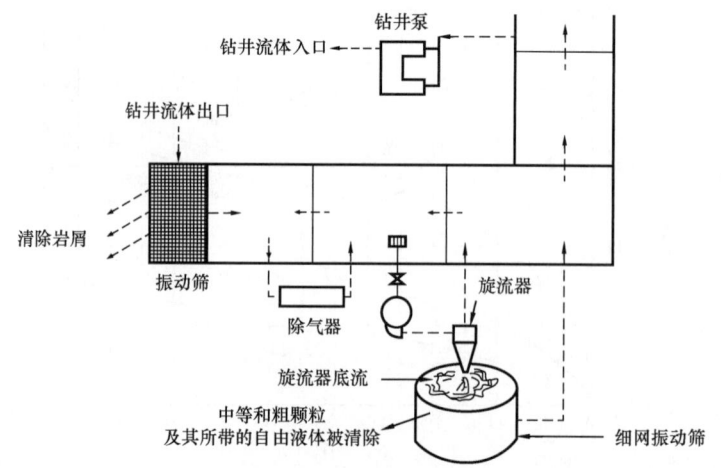

图 2.7.40　旋流器和细目振动筛二次分离布置方案

从图 2.7.40 中可以看出,旋流器和细目振动筛的二次分离与组合(即钻井流体清洁器),用于处理加重钻井流体,回收重晶石。这种方案还适用于处理油基钻井流体和油包水乳化钻井流体,回收费用较高的液体。

(2)组合设备固相控制措施。常规固相控制系统是由振动筛、除砂器、除泥器和离心机组成多级固相控制系统。在处理过程中,固相颗粒都受到不同程度的、甚至是剧烈地机械碰撞,进一步细化。振动筛的筛网施加在颗粒上的力相当于颗粒重力的几倍,破碎更细。有的细颗粒能够通过筛网,进入循环的钻井流体。通过离心泵和水力旋流器的剪切作用,再次使悬浮颗粒分散。随着钻井流体循环,颗粒分散变细更趋严重,导致机械钻速降低,或滤饼质量变差等其他井眼问题,此时不得不使用昂贵的处理剂调整钻井流体性能。

为改善颗粒破碎分散状况,曾试图安装更多的振动筛和旋流器,这将意味着安装更多的管汇和随之而来的设备维修,同时也不能从根本上解决颗粒破碎分散问题。美国 Ramtack 公司研制一种单级固相控制系统,其结构如图 2.7.41 所示。

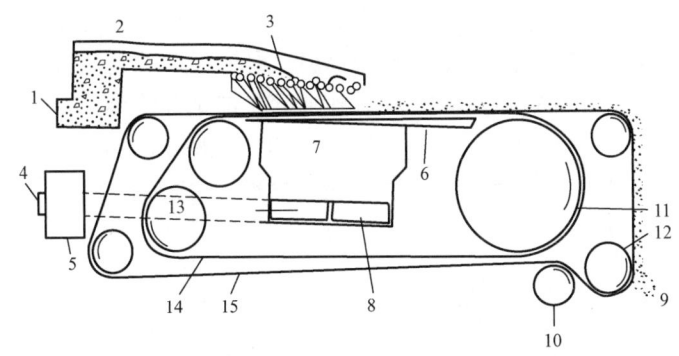

图 2.7.41　单级固相控制系统

1—从井中返回钻井流体的管线;2—密封导槽;3—活动板;4—空气和天然气排出;5—真空源;6—真空盘;
7—除气器;8—处理后的钻井流体进入有效钻井流体罐;9—钻屑排出处;10—可选配水射流清洁器;
11—传动鼓轮;12—旋转空气清洁器;13—空气和天然气;14—泄流带;15—滤带

Ramtack 公司单级固控系统利用真空过滤原理清除钻井流体中的固相颗粒及气体。系统没有振动筛和旋流器,滤带在转动过程中不振动,固相颗粒不会再度破碎变小。主要特点:

① 从井口返出的钻井流体靠重力输入单级固控系统。

② 密封导槽保障钻井流体均匀地分布在活动板上。

③ 活动板中紧密排布的滚柱运送较大的黏土块和岩屑到过滤区之外,钻井流体液相和较小的固相颗粒平稳地下落到活动履带上。

④ 合成单纤维滤带置于鼓轮驱动的内层泄流带上。泄流带为滤带提供支撑,为真空盘提供密封,借助两带之间的摩擦力带动滤带。履带开孔范围为 100~400 目,有效使用寿命可达 200h,一级处理可除去 90% 的岩屑。

⑤ 滤带和泄流带相互独立,因而可以清洗滤带。

⑥ 真空泵驱使滤带上液体通过滤带,非干燥的固相留在带上。钻井流体中的大部分气

体也在这里被除去。

⑦ 过滤后的钻井流体进入除气器时仍处于真空环境中,除气器除去余下的天然气或空气。

⑧ 密封重力系统把净化的钻井流体送入有效钻井流体罐(而不是靠离心泵),以备循环使用。

⑨ 在穿孔鼓轮机构内部旋转的高压空气喷嘴从滤带上除去黏附的固体。空气喷嘴的脉动冲击力,使滤带为接收通过活动板的钻井流体做好下一次行程准备。

⑩ 可选配的水射流冲洗器用于清洗滤带。

与常规多级固相控制系统相比,单级固控系统从根本上解决了颗粒的破碎分散问题,同时结构紧凑、体积小、耗电量低、价格便宜,易于维修保养。单级固控系统可使岩屑更加干燥,回收更多的液相,从而降低钻井流体成本,保持钻井流体性能稳定。同时可减少井眼问题,增加钻头寿命,减少钻井泵维修。

7.3.3.5 气液分离器

气液分离器是处理井控难题的重要组成部分。不管是海上还是陆地的钻井,都必须配置气液分离器。其作用是分离和排出井筒循环到地面的气体,避免气体危害人员和设备,将处理后的钻井流体返回循环系统,保障了压井作业充足的钻井流体体量。

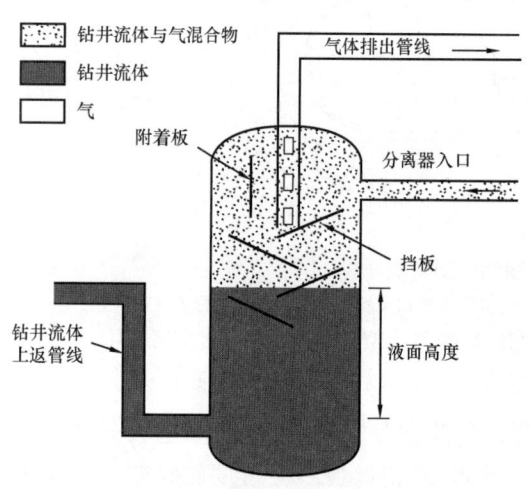

图 2.7.42 底部封闭式气液分离器示意图

(1)气液分离器气相控制原理。按照设备的结构,气液分离器分为底部密封式、底部开放式和浮漂式三种。

① 底部封闭式。气液分离器底部是密封的,钻井流体返出管线安装在本体上,如图2.7.42所示,返出管线高度决定了液封的高度,此种类型的气液分离器普遍使用在钻井上。

② 底部开放式。气液分离器放置在专用的钻井流体池中,液封的高度可以通过移动设备与钻井流体池相对位置调节。气液分离器可根据实钻井的情况调整。

③ 浮漂式。钻井流体返出口安装阀门,开关阀门由分离器浮漂位置来控制,浮漂安放在液封液面处,液面的变化带动浮漂运动,通过传感器,控制钻井流体返出口阀门的开关,保障液封的高度。阀门开关有两种方式,包括手动和气动。从使用情况来看,气液分离器在调节阀门开关存在误差和气源不稳定的风险,因此目前钻井现场安装此类气液分离器较少。

(2)气液分离器分离气体原理。气液分离器原理较为简单,井内循环出来的钻井流体以及油气,通过节流阀后进入分离器。钻井流体由于重力的原因下落,密度较低的气体上浮,通过顶部排气管线排出。另外,分离器内部安装有挡板,钻井流体下落过程中通过挡板时分散,钻井流体内部游离的气体脱出,增强排气效果;捕捉网是将夹杂在气体中间的颗粒较小的液体聚集起来,达到一定量后在重力的作用下下落,达到分离目的。

分离器工作压力来自气体通过排气管线排放时产生的摩阻或者回压。液封高度提供了静液柱压力,保证了分离器钻井流体液面,防止液面过低,气体通过钻井流体返出管线进入平台内部。

气液分离器处理能力受到自身结构和待处理流体性质的影响,不同厂家分离器的结构有差异。另外,各区域使用的钻井流体以及油气性质也不尽相同。所以影响因素较多。

① 排气管线尺寸。气体在排气管线运动产生的摩阻决定了分离器的工作压力,除了气体的组成外,管线的内径和长度决定了摩阻的大小。

$$P_\mathrm{f} = \frac{0.4FLQ^2}{d^6} \tag{2.7.92}$$

式中　P_f——摩擦力,psi;
　　　F——气体与管体摩擦系数;
　　　L——管线长度,ft;
　　　Q——气体量,bbl/min;
　　　d——管体直径,in。

回压的大小与管内摩擦系数、管线长度以及气体量成正比,与管线内径成反比;排气管线一般沿着分离器支架到达支架顶部,不同的钻井设备支架高度不同。为满足不同工况下作业要求,气体排出速度为气体最大排出速度,一般是在循环压井第一周时气体返至井口,经过节流阀后,随钻井流体进入气液分离器中的排出速度;根据生产年代和配置的平台,管线内径为 8~12in。

② 气液分离器本体尺寸。分离器本体尺寸指高度和内径,高度的增加和内径的增大利于气体与液体的分离;一方面,高度增加液体的下行时间变长,便于气体分离;另一方面,内径的增大,增加了液体下落时间和挡板与钻井流体接触面积,也有利于气体的逸出。井筒返出流体进入分离器后,一部分气体自行上移,另外一部分与钻井流体混合下降。下降过程中由于液体下降速度大于气体,加上挡板的作用,使得气体脱离钻井流体后上行,最后从排气管线排出。

③ 液封高度。液封的高度是影响静液柱压力的主要因素。钻井流体密度一定的情况下,液封高度不足时,无法与气体排出时产生的回压相平衡,导致流体全部顶替出分离器,气体通过钻井流体返出口进入平台内部。

$$p_\mathrm{m} = \rho_\mathrm{m} g h_\mathrm{ml} \tag{2.7.93}$$

式中　p_m——液封液柱压力,psi;
　　　ρ_m——钻井流体密度,lb/gal;
　　　h_ml——液柱高度,ft。

钻井配置的气液分离器正常情况下工程参数是固定的,但平台在不同井作业使用的钻井流体不同,包括钻井流体类型和性能,两者对分离器工作都有影响。

① 钻井流体类型。通常情况下,水基钻井流体和油基钻井流体都经常用到,两者在处理气体井控时有较大差别。气体可溶解于油基钻井流体。气体到达其泡点后,大部分气体脱离出来,但少量气体仍以溶解的状态存在于钻井流体中,分离器内部分挡板也无法将溶解

于钻井流体的气体排出,所以油基钻井流体不利于气体分离。

② 钻井流体性能。钻井流体密度主要影响液封的液柱压力,井底返出钻井流体受到地层流体的侵蚀,密度发生变化,即使通过油气分离,不同的钻井流体类型和溢流流体类型也会导致分离的效果有差异,进入返出管线的钻井流体密度相对于泵入压井流体偏低;导致液柱压力也相应降低。钻井流体在返出管线流动过程中也会产生摩阻,与钻井流体黏度和管线尺寸有关,但流动距离和流动速度较小,摩阻较小。

(3)气液分离器固相控制措施。气液分离器处理能力分为液体处理能力和气体处理能力两个部分。

① 最大液体处理量。当井筒返出液体达到一定数量后,分离器无法及时处理,导致溢流气体携带部分钻井流体或者全部钻井流体从气体返出口溢出,分离失败。最大液体处理量为:

$$Q_1 = \frac{d_g^2 D_s^2}{4\mu_m}(\rho_m - \rho_g) \qquad (2.7.94)$$

式中　Q_1 ——最大液体处理量,m^3/s;
　　　d_g ——气体管线直径,m;
　　　D_s ——分离器直径,m;
　　　ρ_m ——钻井流体密度,kg/m^3;
　　　ρ_g ——气体密度,kg/m^3;
　　　μ_m ——钻井流体黏度,$mPa·s$。

液气分离器最大液体处理量与分离器本体直径、钻井流体与气体密度差和气泡颗粒尺寸成正比,与钻井流体黏度成反比;其中,气泡颗粒尺寸小于 $18\mu m$ 时分离器无法将其分离。

通常钻井平台配置的液气分离器尺寸在 $762\sim1000mm$ 之间。目前较为先进平台配置的尺寸增大至 $1200mm$,其处理量更为可观,如图 2.7.43 所示。

溢流气体的密度在一定程度上会影响分离器处理能力。但从计算结果来看,其影响较小,如图 2.7.44 所示。

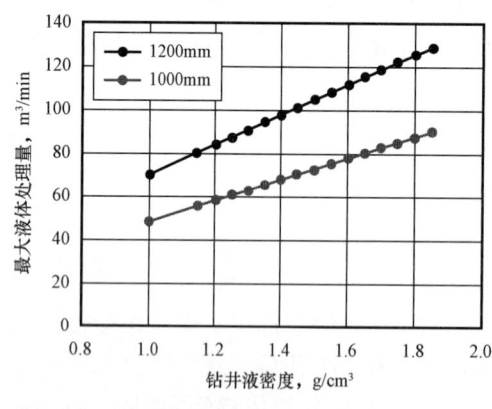
图 2.7.43　钻井流体密度与最大液体处理量关系

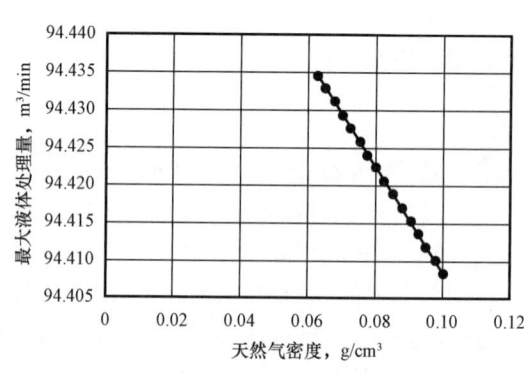
图 2.7.44　天然气密度与最大液体处理量关系

② 最大气体处理量。影响分离器气体处理量考虑两个方面：一是，气体量较大时液体被气体携带从排气管线排出；二是，气体从排气管线排出时，管线摩阻带来的回压大于液封的液柱压力，气体从钻井流体返出管线排出。

$$Q_g = 23.3 D_s^2 \sqrt{\frac{d_m(\rho_m - \rho_g)}{\rho_g}} \quad (2.7.95)$$

式中　Q_g——最大气体处理量，m^3/s；
　　　d_m——液滴直径，m；
　　　D_s——分离器直径，m；
　　　ρ_m——钻井流体密度。kg/m^3；
　　　ρ_g——气体密度，kg/m^3。

最大气体处理量平方与分离器本体尺寸以及气液密度差成正比，与气体密度成反比，如图2.7.45所示。

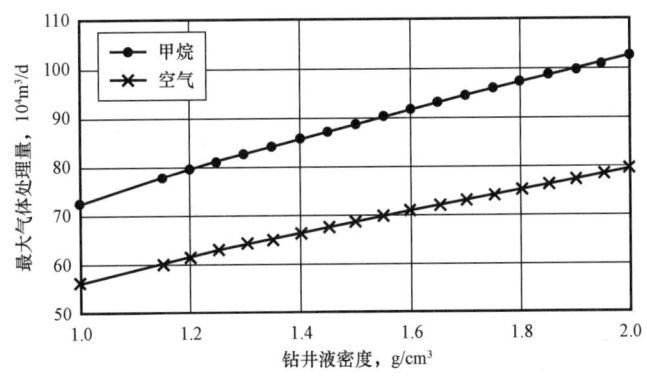

图2.7.45　钻井流体密度与最大气体处理量关系

气体在排放管线中产生的回压与液封高度形成的液柱压力达到平衡。即：

$$Q_g = d^3 \sqrt{\frac{\rho_m g h_{ml}}{0.4 FL}} \quad (2.7.96)$$

式中　Q_g——最大气体处理量，m^3/s；
　　　d——管线直径，m；
　　　ρ_m——钻井流体密度，kg/m^3；
　　　g——重力加速度，m^2/s；
　　　h_{ml}——液封高度，m；
　　　F——摩擦系数；
　　　L——管线长度，m。

最大气体处理量平方与排气管线直径、钻井流体密度以及液封高度成正比，与排气管线长度以及摩擦系数成反比。如图2.7.46所示。

从图2.7.46中可以看出，两种工况下计算得出不同的处理能力，实际配置时取两者之间的小值以保证安全。如待钻井位于南中国海区域,水深1400m,井深5000m,钻井流体密度(水基)1186kg/m³,钻井流体屈服值10Pa,钻头尺寸φ311.15mm,井底钻具组和尺寸209.55mm(长度250m),钻杆尺寸φ139.7mm,上层套管尺寸φ339.725mm,高压管线尺寸76.2mm,地层压力6735psi,地层孔隙度14%,地层渗透率2mD,油藏以甲烷为主的湿气,气体密度0.90kg/cm³;地面温度30℃,海底温度4℃,地温梯度4℃/100m。模拟压井过程中井口气体返出峰值。气液分离器的相关参数见表2.7.13。表中分离器的额定工作能力是基于液封钻井流体密度为1500kg/m³,待处理气体密度为0.978kg/m³。

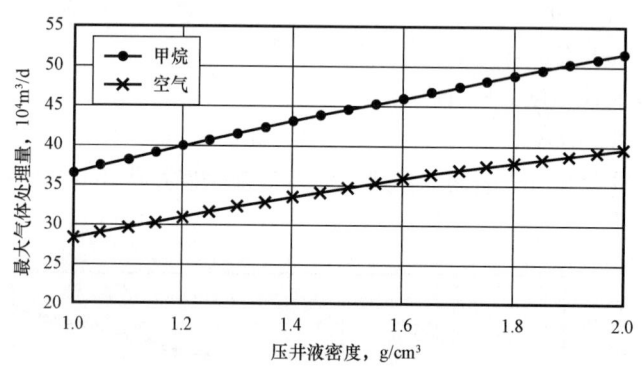

图2.7.46 钻井流体密度与最大气体处理量关系

表2.7.13 气液分离器参数

生产厂家	最大气处理量,m³/d	分离器本体内径,mm(in)	排气管线内径,in	排气管线高度,m	液封高度,m
	396435	1200(47¼)	10	50	6

根据油藏物性以及压井参数,通过软件计算,按照司钻法以700L/min的泵速压井,气体返出速度为$9 \times 10^4 m^3/d$,气体性质以及压井液性能,结合平台配置液气分离能力,校核结果。如图2.7.47所示为压井液密度与分离器处理量的关系。

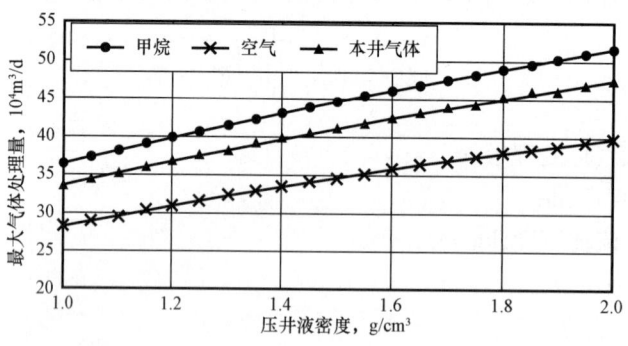

图2.7.47 压井液密度与分离器处理量关系

从图2.7.47中可以看出,在气体组分不变的情况下,不同的地层压力所需要的压井液密度影响分离器处理能力;地层压力梯度当量钻井液密度为1.186kg/m³,防止井涌附加密度60kg/m³,井喷时井底压力梯度当量钻井液密度为1.246kg/m³。根据图版查到分离器处理

能力为 $37\times10^4\mathrm{m}^3/\mathrm{d}$。使用时要注意以下 5 个问题：

① 分离器是处理井控的重要设备之一，核实各部分尺寸，了解其处理能力保证在处理井控时安全操作。

② 分离器处理能力与本体直径、排气管线长度和内径、液封高度等有关系选择时应慎重。

③ 钻井平台固定液气分离器最大气体处理量取决于液封中钻井流体的密度。循环压井过程中液封中钻井流体的密度是变化的，因此最大处理能力也在变化。

④ 钻井设计阶段，根据待钻井油气组分与物性以及钻井设计中钻井流体的密度，对选用的钻井平台分离器重新校核，以满足井控的处理要求。

⑤ 为便于现场根据实际情况调整分离器处理气体能力，可在液封高度方面考虑设计可调节式，以便需求时调整。

钻井流体气侵后，部分溶于钻井流体，大部分不溶，呈气液两相形式存在，易形成泡沫。为了控制钻井流体中的气体含量，通常对钻井流体消泡，再进行气液分离。

7.4 发展趋势

钻井流体兼容性能主要向钻井流体自身性能改造方向发展，包括各种高性能钻井流体处理剂的开发，提高钻井流体钻屑和地层侵入流体与气体的兼容能力，以及研究地面辅助设备，保证钻井流体性能稳定。

7.4.1 研究现状

钻井流体的兼容性能目前主要研究的是固相侵害和气相侵害。两种侵害都带来钻井流体性能的变化。采取的办法主要有 4 类。

(1)抗固相侵害主要办法是使用强抑制性聚合物钻井流体，通过其抑制性控制钻屑分散，减少固相颗粒，然后携带至地面，通过合理的固控设备清除。目前现场应用的聚合物钻井流体，二开预处理时页岩抑制剂加量偏高，钻进中补充维护跟不上，造成页岩抑制剂加量不足。正确的方法是二开预处理时加入少量的页岩抑制剂，在钻进中不断按一定浓度补充，保持钻井流体的抑制性。尽量少加或不加分散性稀释剂。

(2)抗气相侵害主要办法是，钻井流体密度控制合适，保证压稳气层，防止或减少气层气侵特别是烃类气体的侵入。

(3)钻井流体控制合适的 pH 值。不同类型钻井流体都有其合适的 pH 值控制范围，特别是对于加有可能发泡处理剂的钻井流体，pH 值一定要控制在 9～11 范围内，否则钻井流体容易起泡。控制合适的 pH 值，有利于降低有机处理剂的表面活性，有利于钻井流体性能稳定。

(4)钻井流体的黏度、切力一定要控制合适，在满足钻井工程的前提下，黏度、切力越低越好，有利于气泡的排出。

7.4.2 发展方向

目前采用的方法，是固相、气相侵害后的方法，应该向着防治结合的方向发展。

（1）做好固相控制工作。保持钻井流体性能稳定，提高机械钻速，缩短钻井周期，降低钻井成本，实现钻井流体侵害治理与钻井经济效益双赢。

（2）研制开发不同层位、不同区块、不同类型井钻井流体。

（3）不断改进处理工艺、设施，实现处理后能与采油污水配伍回注地层最好。

（4）在钻井流体中加入盐和分散剂，使钻井流体具有更强的耐盐能力和抑制能力。

（5）加入具有絮凝作用的处理剂、无机盐和有机胺等均可以控制低密度固相含量，但添加专用的固相清洁剂可以更有效地降低低密度固相含量，保证钻井流体清洁。低密度固相含量低，可以减少钻井流体的黏滞性，降低内摩阻，在一定程度上有利于发挥水马力作用。

（6）液气分离器是保证井内气体安全排出的重要组成部分，很多井喷事故是由于超过了分离器的处理能力，导致分离器超负荷工作后失效，导致灾难性事故。

虽然液气分离器处理能力在其参数中有标识，但对不同井的油气类型以及钻井流体的性能，分离器相对应的处理能力也不尽相同。因此，在实施待钻井前需要根据井的具体情况校核分离器，保证在出现井喷事故时，还能够处理油气分离。影响钻井流体传递信号能力的主要是钻井流体的混入外来物质的量，特别是气体和岩屑，因此，现场调节性能前要研究正常的钻井流体和混入外来物质后性能变化然后清除外来物质。

第8章 钻井流体耐温性能

钻井流体的耐温性(Temperature Resistance Properties)是指钻井流体在不同温度下仍能维持需求性能的特征,通常也称抗温性能。根据所处的环境,可分为耐高温性能和耐低温性能。

外界温度的变化,对钻井流体性能具有较大影响。其中,温度对钻井流体性能的影响较为突出。温度的升高,钻井流体中黏土的分散、处理剂的稳定性、黏土间的相互作用如吸附和水化等发生变化,改变了钻井流体的性能,如失水性能、pH值、密度、流变性等。

高温会造成膨润土黏土絮凝,导致低剪切速率下的高凝胶强度和高黏度(Max,1967)。高温还会造成膨润土黏土的分散,从而导致钻井流体永久增稠。高温减少平衡离子的水化程度,改变双电层的厚度,增加黏土颗粒的热能,减少悬浮介质的黏度,增加黏土颗粒的分散性(Mohammed Shahjahan Ali et al.,1990)。

低温会改变钻井流体的流变性和失水性,如改变表观黏度、剪切强度、动塑比和失水量等。另外,钻井流体本身温度改变会改变所钻地层的温度,从而地层稳定性遭到破坏。温度降低,无论是水基钻井流体还是合成基钻井流体,表观黏度和塑性黏度均随之增大;温度越低,合成基钻井流体的黏度增大越快。相比而言,水基钻井流体则稍显平缓。随着温度降低,水基钻井流体的动切力也会呈现上升趋势,但是幅度不是很大(田荣剑等,2010)。

钻井流体的耐温性能对钻井流体的发挥功能影响显著,是钻井工程中必须考虑的一个重要因素。

8.1 与钻井工程的关系

高温条件下,钻井流体中的组分有可能降解、发酵、增稠或失效,导致钻井流体性能变化,且不易调整和控制,严重时无法完成正常的钻井作业。特别是,高密度钻井流体,因其固相含量高,发生压差卡钻及井漏、井喷等井下复杂情况的可能性会大大增加。保持良好的流变性和较低的失水量难度增加。所以需要耐高温性能良好的钻井流体才能够克服高温给钻井流体带来的影响,减少井下复杂情况。首要任务是优选耐高温处理剂。

高温对钻井流体性能的影响,主要表现在钻井流体中黏土的高温分散作用、处理剂的高温降解和高温交联作用、高温对处理剂与黏土相互作用的高温解吸附和高温去水化作用以及高温引起的钻井流体性能变化。

高温分散作用是在高温作用下增加钻井流体中的黏土和钻屑分散程度。高温降解是在高温条件下,处理剂长链断裂,或亲水基与主链连接键断裂,降低处理剂性能。高温交联作用是处理剂分子结构中存在着各种不饱和键和活性基团,在高温作用下钻井流体中的这些处理剂分子间发生反应,互相连结,分子量增大。

冰层、极地、永冻层以及赋存天然气水合物的永冻层等低温地层的钻进,钻井流体在冰点以下能够正常工作是必备条件。

一方面,要求钻井流体在低温条件下能够起到常规钻井流体所具有的护壁功能,即具有良好的流变性和失水性能,如表观黏度、剪切强度、动塑比和失水量等;另一方面,要求控制其本身的流体温度,避免在循环过程中由于钻井流体本身的热传递而改变所钻地层的固有温度,从而使其性能发生变化。冻土是天然气水合物主要储存地带之一(张凌等,2006)。

勘探表明,中国的青藏高原有大量的天然气水合物。在冻土钻探过程中首先要避免和减少冻土融化,确保冻土钻探质量。冻土钻井井内的温度是选择钻井流体品种、性能和数量的重要依据,也是确定合理的钻进规程、保证正常钻进、避免事故的重要因素。钻井流体是保证井内的温度正常的关键。低温会导致钻井流体黏度升高,钻井流体流变性变差。

钻井流体耐温性能与钻井工程顺利完井紧密相关。钻井流体的耐温性能,关系钻井过程中的机械钻速、储层伤害和井下安全。若钻井流体耐温性能不足,会造成钻井过程中机械钻速下降,失水增加、滤饼增厚、储层伤害,以及钻具腐蚀、井壁稳定、堵塞井眼等井下安全隐患。

8.1.1　关系机械钻速

高温主要通过影响钻井流体性能间接改变机械钻速:一方面,高温引起钻井流体密度降低,井底围压随之降低,减小岩石的各向压缩效应,岩石压入强度(即岩石硬度)和塑性降低,即相当于降低岩石的抗钻强度。钻进过程中齿坑增大,会造成破碎岩石体积增大,从而提高机械速度。另一方面,钻井过程中,钻井流体密度偏高或地层压力偏低,或者因钻井流体循环当量循环密度增加,或者钻屑引起的循环当量密度增加,使井底承受较大的附加压力。这种井底附加压力增大的现象,即是井底压持效应会产生过多的重复破碎和切削,降低钻进速度(张云,1992)。高温引起钻井流体密度降低,能减弱井底压持效应,从而提高钻进速度。

8.1.2　关系储层伤害

储层伤害是指任何阻碍流体从井眼周围流向井底的现象。钻井流体经高温作用后,会引发失水量增加、滤饼增厚等问题。失水量过大会引起储层特别是低渗透和黏土含量高的储层渗透率的下降。钻井流体中的固相颗粒侵入储层后会造成储层油气流通道堵塞,储层渗透性降低,同时,滤饼过厚,还会影响油井测试结果,进而影响判断的正确性,甚至会误导低压生产层的发现。这些都是温度升高造成的储层伤害。

8.1.3　关系井下安全

钻井流体的耐温性能影响钻井过程中井下安全。耐温性能不足,增加了井下安全问题诸如井下钻具腐蚀加剧、失水量增加、滤饼增厚等井壁失稳、井涌井喷或者堵塞井眼等出现概率。

(1)高温影响钻井流体 pH 值。高温引起钻井流体 pH 值下降,加重了钻井流体对钻具、套管等金属的腐蚀程度。pH 值的下降幅度视钻井流体不同而异,钻井流体矿化度越高,下降程度越大,经高温作用后的饱和盐水钻井流体 pH 值一般下降到 7~8。钻具水湿酸性环境中工作,发生氢脆致应力腐蚀断裂的概率高。氢脆(Hydrogen Embrittlement)又称氢致开裂或氢损伤,是由于金属材料中氢引起的材料塑性下降开裂或损伤的现象。

另外,钻井流体pH值较低时,钻井流体溶解钙离子和镁离子的能力增强。钙离子和镁离子来自生产用水、石膏层、盐水层等。钙离子和镁离子降低钻井流体性能,产生不同程度的钙侵害,井下安全事故概率增加,钻井成本增加。

(2)高温影响钻井流体失水量。高温解吸附和去水化作用引起钻井流体失水量增加,滤饼增厚会引发井壁稳定性问题。如,泥页岩地层的失水量过大会引起地层岩石水化膨胀、剥落,井径缩小或扩大,引起卡钻、钻杆折断,降低机械效率,缩短钻头、钻具使用寿命等。再如,井壁上形成滤饼过厚,减小井眼有效直径,钻具与井壁的接触面积增大,旋转时扭矩增大、起下钻遇阻以及过高的抽吸与波动压力、功率消耗增加等,甚至可能引起井壁垮塌或井漏井涌等事故。厚滤饼还易引起压差卡钻,测井工具、打捞工具不能顺利下至预期位置等。

(3)高温影响钻井流体密度。高温引起钻井流体密度降低,易引发井涌、井喷等。尤其当地层压力和地层破裂压力接近,钻井流体安全密度范围狭窄,钻井过程中会经常发生井漏与溢流事故。

(4)低温影响钻井流体。低温增大钻井流体形成气体水合物的可能。一旦气体水合物形成,堵塞井眼、环空和防喷器等,造成钻井事故,延长钻井作业周期和增加钻井作业成本;水合物分解还会造成井壁坍塌、井壁失稳,引发井漏、井喷等,给钻井作业造成巨大的经济损失,甚至使钻进工作无法正常进行(吴华等,2007)。

8.2 测定及调整方法

目前,测定温度影响钻井流体性能主要是运用高温高压失水仪测定钻井流体高温条件下失水变化。具体而言,先用高温高压失水量测量在高温(如220℃)下热滚老化后低温(如150℃)时的高温高压失水量,或者在低温下测试一段时间,然后再升至所需高温测试失水量。

世界对于超过220℃高温条件下钻井流体流变性的研究较少,对于温度和压力影响钻井流体流变性能规律还没有完全认识清楚。在地面条件下测定的钻井流体流变性不能代表井下高温环境下的流变性(Bartlett等,1967)。因此,研究钻井流体高温高压失水性能评价方法、高温高压流变性能及钻井体系耐温性评价方法等,具有重要的理论意义和实用价值(黄承建等,2002)。

钻井流体耐温性能影响钻井流体的性能严重,关系钻井作业的顺利进行,关系钻井流体耐温性能调整,关系提高钻井流体的耐温能力。调整钻井流体耐温性能主要包括钻井流体密度调整、流变性能调整等。提高钻井流体耐温性能的具体做法,主要以提高钻井流体处理剂的耐温性能。

8.2.1 密度测定评价耐温性能

通常情况下,钻井深度增加,地层温度升高,压力不断增加,钻井流体性能发生变化。其中,密度是表征钻井流体性能变化的一个重要参数。温度影响当量静态钻井液密度严重。随温度增加,当量静态钻井液密度减小,井口与井底当量静态钻井液密度差值增大。随地表温度或钻井流体入口温度增加,当量静态钻井液密度减小,但不同初始温度条件下井口与井底当量静态钻井流体密度差值基本相同。不同钻井流体的高温高压钻井流体性能不同。静止时,随井深增加,当量静态钻井流体密度减小;钻井流体充分循环后,随井深增加,液柱压力增加,当量静态钻井液密度增加。目前,关于高温高压条件下钻井流体密度测定方法较多,下面介绍了一种常用的采用高温高压密度仪测定钻井流体密度的方法。

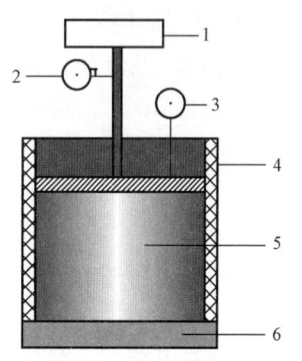

图 2.8.1 高温高压钻井流体密度测定仪器示意图
1—液压装置;2—压力表;3—百分表;
4—加热装置;5—钻井流体密封缸体;6—温控装置

试验用高温高压条件下钻井流体静密度测量装置主要由自动温控系统(加温装置和温控装置)、压力调节系统(液压装置和压力表)、钻井流体密封缸体三部分组成。温度 10~200℃,压力 30~100MPa,密度精度为 1.0×10^{-3} kg/m³,测量密度 0~3.0g/cm³,如图 2.8.1 所示。

高温高压密度仪的工作原理为质量守恒定律,即,将钻井流体注入密封缸体前后,钻井流体的体积和密度会随着温度和压力的变化而变化,但是钻井流体的质量始终不变。在已知初始注入钻井流体体积的条件下,通过测量注入密封缸体前钻井流体的初始密度,并且通过百分表测出任意温度压力条件下钻井流体体积的改变量,就能得到相应条件下钻井流体的密度。其中,压力调节系统为密度计施加测试压力,自动温控系统为密度计施加测试温度。

由于钻井流体的高温环境大多是因为深井、超深井的缘故,所以在测定高温环境下的钻井流体密度时,需要模拟真实地层情况。因此,不单独针对高温条件实施测定,而是同时测定高温高压条件下密度的变化。

高温高压密度仪的测试从实验准备,设备检查开始装液,检查各阀门开关,调节冷却水流量大小,设定控温程序并执行,设定温度下,调节压力大小,最后记录数据完成测试。

高温环境下钻井流体密度的调整方法与常温环境中的调整方法基本相同,主要有添加加重剂提高钻井流体密度,采用化学方法、机械方法、加入密度减轻剂和加入轻质连续相等降低钻井流体密度。也可以加水或油等连续相,充入气体,添加表面活性剂发泡等。与低温下调整钻井流体密度的主要区别在于调整处理剂的耐温性能要求较高,强于低温条件下。计算方法主要是依据高温高压钻井流体密度测定仪器的工作原理。

$$\rho = \frac{H\rho_0}{H+\Delta H} \tag{2.8.1}$$

式中 ρ——升温加压后的密度,kg/L;

ρ_0——初始密度,kg/L;

H——初始高度,mm;

ΔH——升温加压前后钻井流体液柱的高度差,mm。

总体来看,可以把调整非水基钻井流体密度方法分成惰性调整、连续相调整、活性加重剂调整、可溶性盐调整、表面活性剂调整、复合调整剂调整等一系列的密度调整方法。钻井流体密度的调整方法及实例在本篇第1章钻井流体密度部分有很全面叙述,这里不再赘述。

8.2.2 流变性能测定评价耐温性能

钻井过程中钻遇高温地层越来越多,了解、明确高温环境影响钻井流体流变性能规律至关重要。高温条件下主要是采用高温高压流变仪测量钻井流体流变性能。

高温环境下的钻井流体流变性测试仪器(即高温高压流变仪)有很多种,但是测试的方法基本一致。工作原理同其他旋转式流变仪一样,转子/浮子组合是标准API旋转黏度计的转子/浮子组合,所以流变仪测得的流变数据可与其他流变仪测得的流变数据比较。

不同的流变仪有不同的最高测量温度、最高测量压力、剪切速率范围、剪切速率可以固定分级,也可以无级调速。

不同的流变仪有不同的黏度测量范围,以及数据采集时间间隔。剪切速率和压力由控制器任意调节,温度可根据实验需要在温控器的单片机上编程来确定升温速率、升温时间、恒温时间以及不同的升温步长等。采集温度、压力、剪切速率以及数据采集频度等参数。

内筒/转子(外筒)总成浸入被测样品,马达驱动转子(外筒)按照预先设定的转速或者连续变化速率转动。根据采集到的剪切力与剪切速率,计算样品黏度。剪切应力、剪切速率和表观黏度可以分别计算。

剪切应力(τ)为:

$$\tau = \frac{M}{2\pi R_i^2 L} \quad (2.8.2)$$

剪切速率(γ)为:

$$\gamma = 2\omega \frac{R_o^2}{R_o^2 - R_i^2} \quad (2.8.3)$$

表观黏度(μ)为:

$$\mu = \frac{\tau}{\gamma} \quad (2.8.4)$$

式中 M——内筒上扭矩,N·m;
L——内筒高度,cm;
ω——角速度,s^{-1};
R_i——内筒半径,cm;
R_o——转子(外筒)半径,cm。

高温环境下钻井流体流变性调整方法主要调整钻井流体黏度。通常通过添加增黏剂或降黏剂实现。对用于调整的增黏剂或降黏剂的耐温能力有了较高要求。

运用高温高压流变仪测得的钻井流体在不同温度和压力条件下流变数据拟合,得到钻井流体高剪切黏度受温度、压力影响的经验方程。

$$\eta(p \cdot T) = A \cdot \eta(p_0 \cdot T_0) \cdot e^{(K_3 T + K_4 p)} \quad (2.8.5)$$

式中　$\eta(p \cdot T)$——温度 T、压力 p 条件下钻井流体的高剪切黏度,mPa·s；

$\eta(p_0 \cdot T_0)$——温度 T_0、压力 P_0 条件下钻井流体的高剪切黏度,mPa·s；

A, K_3, K_4——钻井流体的特征常数。

周福建等利用高温高压流变仪研究大庆油田钻水平井用小阳离子钻井流体的高温高压流变性。测量之前首先将仪器调整好,实验温度设定为室温到85℃。考虑到压力影响钻井流体流变性能较小,实验压力范围设定为 1～70MPa。其他测试条件为剪切速率 1.7～1021s^{-1};数据采集频度 1 次/90s;升温速率 0.25℃/min;恒温时间 30～120min;降温时间 150min。得到实验曲线如图 2.8.2 和图 2.8.3 所示。

从图 2.8.2 中可以看出,随温度升高,小阳离子聚合物钻井流体在所有剪切速率下的剪切应力呈下降趋势,高剪切速率下的剪切应力较低剪切速率下的剪切应力下降的幅度大。温度升高时,钻井流体的流变性对温度的敏感程度降低。

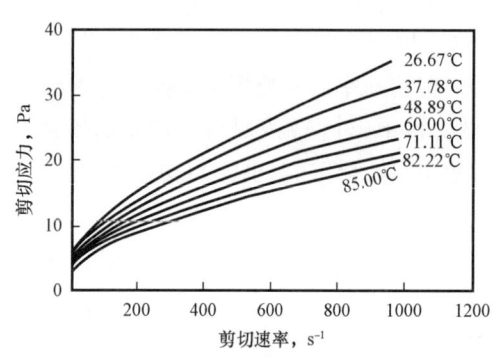

图 2.8.2　1MPa 时不同温度下的流变曲线　　图 2.8.3　60℃时不同压力下的流变曲线

从图 2.8.3 中可以看出,随着压力增大,所有剪切速率下的剪切应力都呈增大趋势,但表现不够显著,压力对小阳离子聚合物钻井流体的流变性能影响较小。钻井流体的流变性能对压力的敏感性较其对温度的敏感性要小。

实验过程中发现,在剪切速率上升和下降的变化处,曲线的形状和位置都发生变化。由一种剪切速率变化到另一种剪切速率时,如果在记录剪切应力之前等待的时间较短,就可发现流变曲线有明显的滞后环。重复实验的流变曲线也发生变化。其主要原因是在记录剪切应力时该钻井流体结构的形成速度和破坏速度还没有达到动态平衡。因此,剪切应力滞后于剪切速率的结果在流变曲线中显示出来。如果将数据采集的时间间隔拉长,即在各测量点上等待的时间较长,剪切应力的滞后量减少,这样就可得到较为客观的流变图,在选定的误差范围内重复实验时,得到的流变曲线具有良好的重复性。在数据分析时,优选斜率较大的流变曲线。

8.2.3　失水性能测定评价耐温性能

高温条件下钻井流体失水性能的测定主要是利用高温高压失水仪测定。钻井流体失水性能测量仪器为高温高压失水仪,又叫高温高压失水仪。符合 API 高温高压失水仪标准的高温高压失水仪分为 GGS－42 型(4.2MPa/150℃)和 API 71 型(7.1MPa/180℃),API 71 型高温高压失水仪可以做180℃以下的失水量,测试压力也可以更高一点。当温度高于204℃时,滤纸容易发生焦糊,一般采用金属过滤介质或与之相当的多孔介质盘。中国使用的主要是 GGS-42 型,与 API 71 型功能相当。

GGS-42 型高温高压失水仪的工作温度为150℃,钻井流体杯工作压力为4.2MPa,回压器压力为0.69MPa,钻井流体杯底部滤纸的横截面积为22.6cm^2,有效失水面积为22.6cm^2。接通电源后,在30min内加热器温升可达150~180℃,在此范围内,根据选取温度可恒定于某一温度;仪器在30min时间内,依照实验所需的温度和压力条件,可测得钻井流体通过截面积为22.6cm^2 的滤纸及筛网所获得的失水量(以 mL 表示),以及失水后形成的滤饼的厚度(以 mm 表示)。

高温高压失水仪的工作原理是模拟地层高温高压环境下,钻井流体向地层失水的过程。用以评价钻井流体的耐温能力,如图2.8.4所示。

实验先在钻井流体杯底部铺上截面积为22.6cm^2 的滤纸,向钻井流体杯中加入待测液体,失水仪通过进气阀杆和加热套对钻井流体施加所需的温度和压力,待测液体在设定的温度和压力下向滤纸失水,失水量通过回压接收器测定。仪器测定时间为30min。由于失水面积比 API 常温失水仪小一半。因此,测得的失水量应该乘以2,才为钻井流体的实际高温高压失水量。当失水量较大时,为了缩短测量时间,可测7.5min所得失水量再乘以4也为所测钻井流体失水量。但是这种测量只适合失水量大的情况,失水量小时误差较大。强调一点,滤纸必须符合 API 标准,因为滤纸的差别会导致失水量差别非常大。GGS-42 型高温高压失水仪的测试步骤主要包括5项:

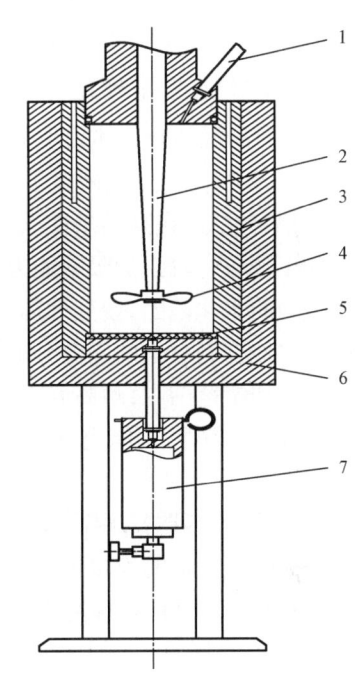

图 2.8.4　GGS-42 型高温高压失水仪结构图
1—进气阀杆;2—搅拌轴;3—钻井流体杯;
4—搅拌叶片;5—滤纸;6—加热套;7—回压接收器

(1)调试。调试好 GGS-42 型高温高压失水仪。

(2)依序完成准备。向钻井流体杯中倒入钻井流体,按顺序放入密封圈、滤纸(也可以选择高温玻璃纤维滤网、不锈钢滤网、岩心陶瓷滤片)、过滤筛网、密封圈,将钻井流体杯盖好。

(3)加热并观察。将钻井流体杯放入加热器内,转动钻井流体杯。观察温度上升情况。

(4)调压。打开气瓶,使输出压力为0.7MPa。观察温度表是否达到试验温度,若达到,增加输出压力到4.2MPa。实际工作压差是3.5MPa。

(5)计算失水量。测量30min后,测得的失水量再乘以2即为所测钻井流体的失水量。

8.3　现场调整工艺

根据现场施工环境的不同,施工工艺主要分为高温条件现场施工工艺和低温条件现场施工工艺。

8.3.1　高温条件现场施工工艺

为满足钻井流体在现场应用中的耐温性能,必须确定现场所需的耐温性能范围,以便于确定钻井流体的耐温能力范围。由于钻井流体的耐温性能主要依赖钻井流体处理剂的耐温性能,所以要明确每个处理剂的耐温能力,以便用于配制耐温的钻井流体。

8.3.1.1　耐温性能差异确定

一般来说,耐高温钻井流体处理剂应具备很多条件。要达到这些条件,主要通过对分子结构改造或加入一些高价金属阳离子来实现。

(1)高温稳定性好,在高温条件下不易降解。

(2)对黏土颗粒有较强的吸附能力,受温度影响小防止高温解吸附。

(3)有较强的水化基团,使处理剂在高温下有良好的亲水特性,防止高温去水化。

(4)能有效地抑制黏土的高温分散作用,防止高温分散。

(5)在有效加量范围内,耐高温降失水剂不使钻井流体防止增稠。

(6)不同 pH 值条件下,能充分发挥其效力,以利于控制高温分散,防止高温胶凝和高温固化现象。

为了能够满足上述要求,耐高温处理剂的分子结构应从 4 个方面着手:

(1)处理剂分子主链的连接键,以及主链与亲水基团的连接键应为碳/碳、碳/氮和碳/硫等键,应尽量避免分子中有易氧化的醚键和易水解的酯键,以保证高温下分子链不易断裂降解,提高热稳定性,交联易控制,增强吸附作用,保证高温下吸附量。高温降解也有办法减轻,现在行之有效的办法是使用抗氧剂,如酚及其衍生物、苯胺及其衍生物、亚硫酸盐、硫化物等。

(2)处理剂在高温下吸附黏土表面能力较强,常在处理剂分子中引入铬离子和铁离子等高价金属阳离子,使之与有机处理剂形成络合物,如铬/腐殖酸钠和铁铬盐等。其目的是用高价金属阳离子作为吸附基,在带负电荷的黏土表面上牢固而受温度影响较小的静电吸附。与此同时,高价金属阳离子的引入对抑制黏土颗粒的高温分散也有作用。

(3)为了尽量减轻高温去水化作用,处理剂分子中的主要水化基团避免选用通过极性键或氢键水化基团,应选用亲水性强的离子基,如磺酸基、磺甲基和羧基等强水化基团,以保证处理剂吸附在黏土颗粒表面后能形成较厚的水化膜,使钻井流体具有较强的热稳定性。在单宁、褐煤和酚醛树脂分子上引入磺甲基正是为了提高它们的热稳定性。并且,处理剂的取代度、磺化度应与温度和钻井流体的矿化度相适应。

(4)为了使处理剂在较大 pH 值范围内充分发挥其效力,要求亲水基团的亲水性尽量不受 pH 值的影响。相比之下,带有磺酸基的处理剂可以较好地满足这一要求。

8.3.1.2 耐温性能维护处理

在高温作用下,钻井流体中的主要处理剂会出现高温降解、高温增稠、高温解吸附、高温去水化等高温不稳定问题,如淀粉类处理剂在温度超过120℃时容易发酵,纤维素类和常用高聚合物类处理剂在温度超过140℃时会降解失效等。聚磺类处理剂则会在超过160℃时高温过度交联,造成体系流动性变差,失水剧增等。高温下这些处理剂的物理、化学作用,最终影响钻井流体性能及稳定性,导致钻井工程无法正常进行。

因此,调整的工艺有两个方面:一是使用耐高温的处理剂,主要是降失水剂和降黏剂钻井流体;二是使用高温保护剂调整体系耐温。

(1)使用耐温处理剂调整耐温性。如耐高温降失水剂。降失水剂是用以保证钻井流体性能稳定,减少钻井流体向地层失水,以及稳定井壁,保证井径规则的重要钻井流体处理剂。好的降失水剂会在井壁上形成低渗透率、柔韧、薄而致密的滤饼,从而尽可能地降低钻井流体失水量。降失水剂分为水溶性和油溶性两大类,水溶性降失水剂用途广泛,品种繁多,主要分为四大类:天然及改性天然高分子类、合成聚合物类、利用工业废料和化工副产品制备的降失水剂以及合成树脂类。随着井深增加,地层温度越来越高。因此,耐高温水基钻井流体的发展备受关注,耐高温水基钻井流体的性能好坏关键在于耐高温处理剂的性能,尤其是高温条件下耐高温降失水剂的性能稳定性。

国际上在耐高温降失水剂研究方面起步较早,目前已经开发了多种适合不同地层条件的耐高温降失水剂,并在现场得到了应用,其中以乙烯基磺酸单体与丙烯酰胺、烷基丙烯酰胺和乙烯基乙酰胺等为单体的合成的聚合物最受关注。

中国也做了大量的耐高温处理剂研发工作,根据耐高温处理剂要求的分子结构开发了耐高温处理剂。如2-丙烯酰胺基-2-甲基丙磺酸多元聚合物可用于205℃、抗钙镁能力较强的耐高温降失水剂,耐220℃高温不增黏降失水剂(主要成分为柠檬酸盐)系列。

如耐高温耐盐降黏剂。降黏剂,又称稀释剂,是钻井过程中降低钻井流体黏度和切力的处理剂。

天然降黏剂包括丹宁和栲胶类降黏剂、木质素磺酸盐类降黏剂。丹宁和栲胶类耐温能力强,但耐盐钙能力差,因此通过改性引入磺酸基,研制出磺甲基丹宁和磺化栲胶。该类降黏剂主要是通过吸附在黏土粒子边缘,拆散黏土粒子的边/边和边/面结构来发挥降黏作用的。木质素磺酸盐类的典型代表是铁铬盐,不仅降黏效果明显,耐盐钙能力强且可在170℃高温下使用,但是由于铁铬盐的环境污染问题已经很少使用。

天然及酸性天然高分子类降黏剂,包括无铬木质素、聚合物类降黏剂、木质素磺酸盐/丙烯酸接枝共聚物和无铬系列降黏剂。

合成聚合物降黏剂,又分为马来酸酐类、含磺酸基团降黏剂和两性离子降黏剂。马来酸酐类降黏剂包括磺化苯乙烯/马来酸酐共聚物、丙烯酸/马来酸酐共聚降黏剂和特种降黏剂。其中特种降黏剂适用于高温、高矿化度、高固相含量及复杂地质条件。含磺酸基团的降黏剂包括阳离子聚合物降黏剂、2-丙烯酰胺基-2-甲基丙磺酸/丙烯酸共聚物和2-丙烯酰胺基-2-甲基丙磺酸/丙烯酸/三元共聚物。此类降黏剂均具有良好的耐温耐盐能力。两性离子降黏剂包括丙烯酸氧乙基-H-甲基氯化钙/丙烯酸/烯丙基磺酸钠两性离子型聚合物降黏剂、复合离子聚合物降黏剂和阳离子降黏剂。

利用工业废料和化工副产品制备的无机类降黏剂,包括磷酸盐降黏剂和有机硅降黏剂。此类降黏剂主要是通过拆散黏土粒子之间、黏土粒子和大分子之间的结构起到降黏效果的。

天然类降黏剂的降黏效果突出,但耐温和耐盐能力有限。无机类降黏剂的耐温能力差且不适用于高密度。高密度钻井流体,由于固相含量高(高达30%),有些降黏剂在加入之后不仅起不到降黏效果,可能还会出现增黏现象。目前,还没有发现降黏效果好、耐温能力高、耐盐抗钙且适用于高密度钻井流体的降黏剂。

(2)高温稳定剂调整整个体系耐温。高温稳定剂(High Temperature Stabilizer),又称温度稳定剂,是指能使钻井流体在温度升高的条件下保持原有性能(主要指流变性和失水性)稳定的处理剂。常用的稳定剂有磺化酚醛树脂及其改性物、铬酸盐类、磺化褐煤改性物、有机磺化聚合物类、含巯基的杂环化合物类以及能防止有机物在温度升高时发生氧化降解的还原剂等。

对于深井超深井来说,最成熟的钻井流体是三磺钻井流体和聚磺钻井流体。其中聚磺钻井流体是在三磺钻井流体的基础上研制出来的,结合了聚合物钻井流体和磺化钻井流体二者的优点。聚磺钻井流体目前最常用的降失水剂是磺甲基酚醛树脂,具有良好的降失水性能,但聚磺钻井流体耐温能力不强,且含有盐、钙等或者体系密度较高时,耐温能力会更差。主要是因为高温会促使体系中的处理剂产生交联,流变性变差,失水变大,交联严重时甚至会产生胶凝,使体系失去流动性。

此外,高温稳定剂与表面活性剂配合能提高聚合物钻井流体的耐温性能。聚合物高分子通过热氧化降解失去作用,热氧化降解导致处理剂分子链的断裂或取代基的脱落。其中,氧化是主要因素,温度促进氧化。氧的来源主要为钻井流体中的溶解氧。但是加入高温稳定剂和表面活性剂后,稳定剂可除去钻井流体中的氧,从而有效地保护高分子量聚合物。表面活性剂也可提高钻井流体的耐温性能。一方面是因为钻井流体中含有大量的胶体颗粒,表面活性剂在颗粒表面的吸附阻止了不可逆卷曲现象的发生;另一方面,表面活性剂增加了钻井流体中黏土颗粒的分散性,使得聚合物吸附在黏土颗粒上的概率增大。此外,表面活性剂还可与聚合物形成络合物,抑制聚合物分子链的卷曲。

8.3.2　低温条件现场施工工艺

海洋深水低温钻井流体包括高盐木质素磺酸盐钻井流体、高盐部分水解聚丙烯酰胺聚合物钻井流体、无固相甲酸盐钻井流体、油基钻井流体及合成基钻井流体等。高盐类钻井流体中盐类质量分数高,为维护井眼清洁,必须进行频繁的短程起下钻,导致钻井成本增加,而且高盐类钻井流体稳定性差,常出现水土分层、重晶石下沉等现象,给深水钻井施工带来不利影响。无固相甲酸盐钻井流体、油基钻井流体、合成基钻井流体虽然能减少井下复杂情况的发生,但作业成本高,一旦发生井下漏失,损失巨大,且油基钻井流体存在潜在的安全隐患。

海洋深水水基钻井流体应用于海洋深水钻井,为保护海洋环境、减小产层伤害、避免黏土低温增稠影响钻井流体低温流变性,以及抑制性差引起的泥页岩水化分散现象,钻井流体配方应具有无毒、保护产层、抑制性能好等特点。

(1)无生物毒性,达到排放标准。

(2)良好的低温流变性,即泥线温度、动切力和低剪切速率下的黏度波动尽量小,满足正常钻进要求。

(3) 有利于储层伤害控制。

(4) 较强的抑制泥页岩水化分散性能。

综合考虑,选用以海水为基液,对温度不敏感、环保的处理剂组成的无黏土相钻井流体配方。设计低温流变测试装置、优选处理剂并评价其配伍性,配制密度调节范围宽、体系性能稳定、抑制性及抗侵害性强的环保、低伤害海洋深水水基钻井流体。

海洋深水钻井流体低温环境模拟装置主要有低温流变仪和低温实验室。低温流变仪测试较为烦琐;低温实验室耗能高、利用率低(徐加放等,2010)。考虑实验需求,设计低温流变测试装置包括4部分:

(1) 恒温冰柜。控温范围为 $-10 \sim 20℃$,主要功能是模拟海洋深水泥线处低温环境。

(2) 温度计。测量范围为 $-20 \sim 20℃$,实时监控柜体内测温度变化。

(3) 三叶推进式搅拌器。转速调节为 $0 \sim 4000 r/min$,模拟钻井流体循环至隔水管附近搅拌降温。

(4) 六速旋转黏度计 Fann35SA。转速为 $3 \sim 600 r/min$,测试不同温度下深水水基钻井流体样品流变参数。低温流变测试装置有利于人员操作,并可确保测试数据真实、准确。

实验样品制备及实验步骤包括6部分:

(1) 取 1.0L 海水置于配液罐内,首先加入 2.5g 碳酸钠、1.0g 氢氧化钠搅拌 10min,去除海水中的钙离子和镁离子,使 pH 值升高至 9.5。

(2) 将 $4.0 \sim 6.0$g 生物聚合物黄胞胶缓慢加入海水中,并充分溶解 40min。

(3) 加入 1.0g 聚阴离子纤维素和 20.0g 改性淀粉,搅拌 20min。

(4) 加入 50.0g 抑制剂氯化钾、10mL 抑制润滑剂聚合醇、5.0g 滤饼质量改善剂超细碳酸钙,搅拌 30min。

(5) 加入 $220 \sim 1224$g 重晶石粉,调节样品至实验所需密度,搅拌 1h 以上。

(6) 配制好样品装入老化罐,在温度为 120℃ 条件下热滚 16h,测定不同温度(60℃,20℃,4℃)下样品的高低温流变性及失水量。

8.4 发展趋势

目前对钻井流体耐温性能研究已经取得了丰富的研究成果,钻井流体向着更好的耐高温性和耐低温性发展。

8.4.1 研究现状

国际上,耐高温水基钻井流体处理剂发展很快。20世纪60年代研制出了耐盐、抗钙且抗 $150 \sim 170℃$ 高温的木质素磺酸铬铁降黏剂。20世纪70年代研制出了磺化褐煤和磺化酚醛树脂的缩合物,能抗 230℃ 的高温,与磺化酚醛树脂和磺化褐煤的复配物相当,现在中国已广泛使用。

21世纪以来,出现了一批耐高温处理剂如流型调节剂、降失水调节剂、密度调节剂、高温保护剂、耐高温降黏剂等,相应地配制出了甲酸盐无固相钻井流体、无膨润土耐高温钻井流体、耐高温硅酸盐钻井流体、耐高温聚合醇聚合物高密度钻井流体等(朱宽亮等,2009)。

(1)甲酸盐无固相钻井流体。20世纪80年代的研究结果表明,一价甲酸盐能够作为常规聚合物如黄胞胶的高温稳定剂(Bland et al.,2006)。1996年Mobil首次用甲酸盐钻井流体钻高温高压井并获得了成功。在甲酸盐的作用下,聚合物可以抗154℃的高温,钻井流体能高效地清洗井底,机械钻速较常规钻井流体提高20%,无储层伤害,表皮系数为零,滤饼薄且易清除,黏土抑制性好。其后3年中,Mobil用甲酸钾聚合物钻井流体在德国北部钻了15口深层气井,均取得了较好的效果。1999年甲酸铯钻井流体也投入了使用(Downs,2006)。

(2)无膨润土耐高温钻井流体。M-I公司设计了一种独特的水基钻井流体(Soric et al.,2003),在Kalinovac和Molve气田的5口高温高压井中成功应用,其中4口井井斜较大。实验研究、现场应用、油藏调查结果表明,该钻井流体的表皮系数小,应用井的产能高,因此不需要实施额外的增产措施,从而降低了开发成本。该体系在180~220℃下保持稳定。

(3)耐高温硅酸盐钻井流体。硅酸盐钻井流体因其良好的抑制性、低成本、环保等优点受到了重视,近年来应用广泛。因硅酸盐钻井流体的抑制性不受高温的影响,国际上开发了耐高温的高pH值硅酸盐钻井流体,(El Essawy et al.,2004)。在高温下天然和改性聚合物都开始降解。高温降解的一个重要原因是聚合物和氧以及自由基发生氧化反应。可通过加入牺牲剂除去氧和自由基。但是牺牲剂的效果会受到钻井流体密度和过高温度的限制。硅酸盐钻井流体中很少有盐,所以不能通过加入充足的盐来除去氧,而且硅酸盐的高pH值使聚合物更容易降解,所以耐高温硅酸盐钻井流体需要加入既能耐高温而且能耐高pH值的聚合物。需要能在高温下流变性稳定且160℃高温高压失水量不超过30mL/30min的产品。

(4)耐高温聚合醇聚合物高密度钻井流体。聚合醇聚合物高密度钻井流体主要以聚合醇作页岩抑制剂和润滑剂。在中国海南省琼东南盆地的崖城21-1-4井完钻井深为5250.00m,井底温度为212℃,地层孔隙压力当量密度为2.21g/cm^3。

如常规钻井需要与温度匹配一样,低温地层钻进同样需要与之相匹配的低温钻井流体,从而实现井壁稳定、地层压力平衡、钻屑携带和悬浮、钻头与钻具冷却和润滑等功能,才能够保证钻进安全顺利。目前中国关于低温钻井流体的文献较少,这可能与中国目前在冰层、极地以及永冻层的钻井以及研究相对较少有关。

(1)冰层和极地钻井相关的低温钻井流体。钻井流体是冰芯钻进中非常重要的组成部分。在电动机械钻进系统中,利用亲水和憎水的钻井流体钻进深和中等深度的冰芯。其中,亲水钻井流体倾向于与冰结合,如乙二醇、乙醇;而憎水钻井流体则不会,如煤油、乙酸丁酯。苏联在冰层和极地钻进中,经常使用以烃类物质为基础加有处理剂的液体(航空燃料、柴油机燃料)、乙醇水溶液、乙二醇水溶液及其他防冻剂。例如,煤油水溶液,或添加有极地柴油与三氯乙烯加重剂的乙醇水溶液,或油溶性暂堵剂极地柴油和氟利昂的混合物,曾被用作钻孔循环钻井流体(Zagorodnov V et al.,1998)。煤油和在北极应用的柴油燃料在冰层和其他地层钻进中用得最多,但煤油系列的钻井流体具有高渗透性,特别在有裂隙的永冻层钻进,钻井流体的漏失会造成环境污染。

此外,由60%北极型柴油和40%矿化水(含25%氯化钙的水溶液)混合而成的低温乳化剂,即溶解了沥青的柴油和含烃基苯磺酸钠的氯化钙水溶液,可作为可逆乳化剂的专用处理剂以提高低温钻井流体的稳定性。南极冰川大陆架上的友谊基地就曾以航空燃料为钻井流体机械钻进。南极东方站在钻2200m深钻孔时利用了添有加重剂的航空燃料。1998年，俄罗斯在东方站(南极中心部分)完成深达3623m的钻孔，孔内注有航空燃料和氟利昂混合液。南极冰层深孔钻进，主要采用乙醇水溶液、乙酸丁酯(用苯甲醚作加重剂)、有机硅溶液，并越来越广泛使用加有加重剂的烃基液体。烃基液体主要为柴油机、气涡轮机和喷射发动机的轻质燃料与工业煤油和溶剂。加重剂主要为三氯乙烯、高氯乙烯以及某些氯氟化碳。

(2) 永冻层钻进相关的低温钻井流体。俄罗斯冻结岩层钻进经验表明，散热系数小、失水量低、黏度大的钻井流体是最有效的。向低温钻井流体中添加不同聚合物(水解聚丙烯腈、聚丙烯酰胺、羧基甲基纤维素、聚乙烯氧化物等)，可以使其黏度变大，失水量减小，从而满足工程需要。为降低钻井流体和钻孔周围岩层的热交换系数，必须调整流程参数。其中包括调整流态和决定钻井流体热物理性能和润滑性能的物理化学成分。通过添加少量的聚氧乙烯或巴西树脂型聚合物，可以使相遇液流间的相互作用明显降低。这些聚合物大分子明显降低了钻井流体的涡流性，使得液流间的热交换强度减少了数倍，同时还降低了液力摩擦功消耗。通过增大冲洗液量和改变其冷却条件来调整钻进规程参数(转速和钻压)时，往溶液中加入有机和润滑处理剂，便具有重要的意义。为了保证正常钻井，防止井壁解冻坍塌，降低钻井流体的冰点非常重要。为了降低洗井液的冰点，可以使用氯化钠、氯化钾、氯化钙、碳酸钠等盐。钻井流体加有机处理剂时，宜使用无机盐作防冻剂。为了得到低温钻井流体，使用乙醇、丙三醇、乙烯乙二醇、聚乙烯乙二醇和表面活性剂等有机处理剂非常有效。这些结果已被全俄石油钻井研究所的研究所证实。目前在冻结岩层中钻探时，为了制备低温聚合物钻井流体，主要使用氯化钠和氯化钾。有时使用氯化钙，但是制备带有该处理剂的稳定钻井流体非常困难，因为它不稳定，容易分解成液相和固相。钻进冻结砾石层时可以使用黏稠的钾聚合物钻井流体，钻进冻结泥岩时也可使用这种钻井流体。钻井流体的温度对钻井温度影响较大，所以应该选用能够保证井壁岩石不解冻的钻井流体温度。试验资料表明，钻井流体的初始温度不应高于-2℃、盐水溶液初始温度不应高于$-3 \sim -2.5$℃。

(3) 储存天然气水合物永冻层钻进相关的钻井流体。该类地层钻进使用的低温钻井流体的特点是添加有不同成分的天然气水合物的抑制剂。抑制剂主要有两类：一类是常规的抑制剂，即热力学抑制剂，盐、甲醇或乙二醇等，作用机理主要是使水合物的相平衡曲线移至更低温度(更高压力)的位置；另一类为新型的抑制剂，即低剂量水合物抑制剂，而它又分为动力学抑制剂和防聚水合物抑制剂。目前，世界上对抑制剂研究较多的主要是低剂量水合物抑制剂。热力学抑制剂可以更直接地防止天然气水合物形成，但需要的剂量很大，这就使得输送、放置、处理等费用相当昂贵，而且处理时还存在环境污染问题。低剂量水合物抑制剂的低剂量是相对热力学抑制剂而言的。动力学抑制剂，含有聚合物和表面活性剂的化学剂，主要是对天然气水合物的具有时间依赖性和随机性的结核和生长过程进行抑制。防聚水合物抑制剂不是防止水合物的形成，而是通过亲水合物的头部和水合物晶体结合，同时另一个疏水合物(或亲油)的尾部将水合物分散于液烃相中，从而维持它们在可流动的流体状态。具体而言，常用的天然气水合物抑制剂主要有低分子量水溶性有机聚合物抑制剂、盐类抑制剂、乙二醇衍生物加盐类抑制剂、油基抑制剂以及一些特殊的化学试剂(包括卵磷脂、多聚物等)。低分子量水溶性有机聚合物主要是乙二醇衍生物，其分子量大约在800的非聚合物分子和分子量大约在2000的聚合物。采用多种乙二醇衍生物的混合物作为抑制剂的抑制效果比单纯使用乙二醇衍生物要好。采用混合物不仅能够抑制天然气水合物形成,而且还能提高水敏性页岩的抑制性。常用的盐类抑制剂有氯化钠、氯化钙、溴化钠及氯化钾,其中溴化钠与氯化钠的效果相当。盐的浓度对天然气水合物的抑制有决定性影响。油基钻井流体中天然气水合物的形成主要由水相的盐成分控制。卵磷脂的表面吸附对抑制天然气水合物分解能起到关键作用。另外,卵磷脂分子可形成不同类型的聚合物,主要取决于卵磷脂的浓度和介质的成分。氯化钾聚合物卵磷脂体系在阿拉斯加北极地区东南边缘永冻层的K-13等井获得成功(蒋国盛等,2001)。

8.4.2 发展方向

现代钻井对耐高温钻井流体提出了新的要求。即达到最大的钻速,提高经济效益。高温高压井的钻井成本非常高,在正常钻井情况下为2.2亿~2.8亿元/井,如果出现问题,成本通常要达到4.4亿元/井(Fitzgeruld et al.,2000)。因此,提高钻速可节约钻井成本,要求耐高温钻井流体具有良好的性能。

(1)固相含量低,特别是黏土含量要低。

(2)在满足携岩能力的前提下,尽量保持低黏度,以提高钻井流体对井底的清洗能力。

(3)密度可调性大。对加重剂和膨润土的要求高,应在用量较低的情况下达到预期的效果(Tehrani et al.,2007)。

(4)流变性能好。能以较小的沿程水力损失传送最大水马力。

(5)抗可溶性盐(如盐、石膏、氯化钙型盐水)及酸性气体(如二氧化碳、硫化氢等)侵害的能力强。

(6)储存稳定性好。严格的井控要求每口井在钻进期间,必须储备一定数量的流动性好的钻井流体,不会在急用时因加重剂沉淀流不出或因钻井流体凝胶过强而流不动(徐同台等,2007)。

(7)维护处理简单、费用低。

低温地层钻进对于科学研究和矿产与油气资源的勘探开发非常重要。这就需要对低温地层特性深入研究。钻进设备和技术也需要进一步改进和提高,从而保证钻进顺利和安全。对低温地层钻进中起关键作用的低温钻井流体研究很有必要。这需要和所钻低温地层的特性研究相结合,其中主要包括钻进中地层的温度压力分布规律和地层与钻井流体间的传热传质规律。这可以从理论、数值模拟及试验研究三方面进行。低温钻井流体自身的性能研究也非常重要,其包括室内和现场两方面的研究。目前,就中国而言,室内研究条件相对成熟一些,而现场的试验研究条件相对欠缺一些。在室内条件下建立的低温环境中非常适宜测试钻井流体的密度、流变性以及失水量等低温性能。需要深入研究低温钻井流体配方,选择合适的固相、液相以及处理剂,满足不同地层的钻进要求。尤其,非常有必要对赋存天然气水合物永冻层的低温钻井流体进行专门的相关试验研究(张凌等,2006)。

第9章 钻井流体抑制性能

抑制是指物质的活性程度或反应速率降低、停止、阻止或活性完全丧失的现象。钻井流体抑制性能(Drilling Inhibition Properties),是指钻井流体具有抑制地层和钻屑造浆的性质功能。更准确地说,是对地层黏土,有抑制其水化、膨胀及分散的作用。为了有效控制钻屑造浆和稳定井壁,需要使用具有抑制性的钻井流体。

钻井过程中,地层中的黏土水化造浆,使钻井流体中的低密度固相含量不断增加,影响钻井流体性能,伤害储层。泥页岩水化膨胀、分散、造浆是井壁失稳、钻井流体性能维护困难的主要原因。

钻井流体的抑制性能与工程地质、地层岩石的物理化学因素及合理的工程措施密切相关。井壁不稳定的实质是力学不稳定问题,原因十分复杂,主要可归纳为力学因素、物理化学因素和工程技术措施因素等。物理化学因素和工程技术措施因素,先影响井壁应力分布和井壁岩石的力学性质,后造成井壁不稳定。

9.1 与钻井工程的关系

钻井流体抑制性能差时,无法有效抑制泥页岩水化膨胀,导致井下作业难题。因此,井壁稳定对钻井和产油气过程非常重要(廖扬强等,2003)。钻井时,必须控制井眼形状和方向。产油气时,要防止坍塌和出砂。保持井壁稳定需要平衡地应力、岩石强度和孔隙压力等不可控制因素和钻井流体密度、钻井流体化学成分等可控因素。另外,合理的工程措施也是必要的。因此,钻井流体抑制性能与钻井过程息息相关,通常关系井下安全及钻速问题。

9.1.1 关系井下安全

1940年,Westergaard(1940)定义了井壁稳定性。后来,应力理论、岩石破坏准则、弹性理论和数学方法对各向同性或各向异性地层岩石的破坏形式及井壁的应力状态综合分析,使井壁力学稳定问题的研究和应用进入新时期。

地层岩石的组成是井壁失稳的物理化学因素之一。地层岩石一般由三大类矿物组成(徐同台等,2004):

第一类是石英、长石、方解石、白云石、黄铁矿等非黏土矿物。石英的主要成分是二氧化硅。长石的主要成分是二氧化硅、氧化铝、氧化钾、氧化铁、氧化钠、氧化钙。方解石的主要成分是氧化钙、二氧化碳,常含锰和铁,有时含锶。白云石的主要成分是碳酸钙、碳酸镁的三方晶系碳酸盐矿物。黄铁矿是铁的二硫化物。

第二类是蒙皂石、伊利石、伊/蒙间层、绿泥石、绿/蒙间层、高岭石等晶态黏土矿物。蒙皂石主要成分是钠、铝、钙、硅等的水合物。伊利石主要成分为硅、铝、钾、钠等。伊/蒙间层,常说伊/蒙混层,是指地层由伊利石和蒙皂石两种矿物组成,层内两种矿物形成小层交互分布。绿泥石主要成分是镁、铁、铝组成的硅酸盐矿物。绿/蒙混层是指绿泥石和蒙皂石两种矿物组成的地层。高岭石主要成分是含硅铝的黏土矿物。

第三类是蛋白石、水铝英石、伊毛缟石、硅铁石等非晶态黏土矿物。蛋白石是二氧化硅的水合物。水铝英石是氧化硅、氧化铝和水组成的非晶质铝硅酸盐矿物。伊毛缟石是丝状次晶质含水铝硅酸盐矿物。硅铁石是铁和硅组成的合金矿物。

不同岩性地层所含的矿物类型和含量不同,影响井壁稳定性的主要组分是地层中所含的黏土矿物(高岭石、蒙皂石、伊利石、绿泥石)和混合晶层黏土矿物。因此,任何岩性的地层均有可能发生井壁失稳。

(1)高岭石。高岭石(Kaolinite)的单元晶层构造,是由一片硅氧四面体晶片和一片铝氧八面体晶片组成的。所有的硅氧四面体的顶尖都朝着同样的方向,指向铝氧八面体。硅氧四面体晶片和铝氧八面体晶片由共用的氧原子联结在一起,如图2.9.1所示。

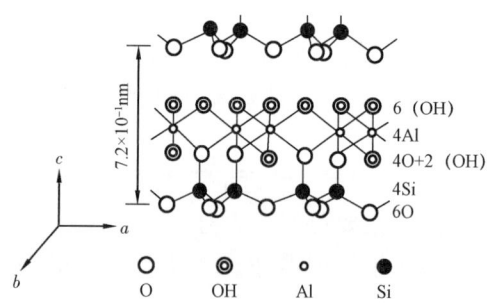

图 2.9.1 高岭石晶体构造示意图

高岭石构造单元中原子电荷是平衡的。因为其单元晶层构造是由一片硅氧片和一片铝氧片组成,故也称为1:1型黏土矿物。其晶层在c轴方向上一层一层地叠置,在a轴和b轴方向上连续延伸。高岭石在显微镜下呈六角形鳞片状结构。

高岭石单元晶层,一面为氢氧层,另一面为氧层。氢氧键具有强极性,晶层与晶层之间容易形成氢键。因而,晶层之间连接紧密,晶层间距仅为0.72nm。高岭石分散度较低且性能比较稳定,几乎无晶格取代现象。

高岭石具有上述晶体构造的特点,决定了阳离子交换容量小,水分不易进入晶层中间,为非膨胀类型的黏土矿物。水化性能差,造浆性能不好。目前,一般不用作配浆黏土。在钻井过程中,含高岭石的泥页岩地层易发生剥蚀掉块。

(2)蒙皂石。一般认为蒙皂石(Montmorillonite)是叶蜡石的衍生物。叶蜡石的每一晶层单元由两片硅氧四面体晶片和夹在它们中间的一片铝氧八面体晶片组成,如图2.9.2所示。每个四面体顶点的氧都指向晶层的中央,与八面体晶片共用氧。构造单元晶层沿a轴和b轴方向无限铺开,沿c轴方向以不小于0.96nm间距叠置,构成晶体。

尽管认为蒙皂石的晶体结构可以用叶蜡石晶体结构解释,但它们之间还是有一定区别。蒙皂石的晶体构造和叶蜡石不同之处在于叶蜡石的晶体构造电性平衡,即电中性的。蒙皂石由于晶格取代作用带电荷。

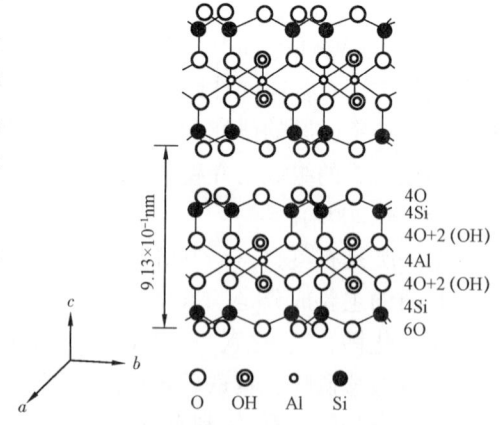

图 2.9.2 叶蜡石的晶体构造示意图

所谓晶格取代作用是晶体结构中某些原子被其他化合价不同的原子取代而晶体骨架保持不变的作用。例如,如果蒙皂石晶体中一个铝离子被一个镁离子取代,就会多余一个负电荷。该负电荷由吸附周围溶液中的阳离子来平衡。这种取代作用可以出现在八面体中,也可以出现在四面体中。例如,在四面体晶片中的部分硅离子被铝离子取代,八面体晶片中的部分铝离子被镁离子、铁离子、锌离子等取代。如果二八面体晶片的4个铝原子中有一个铝原子被镁原子所取代,在四面体晶片的8个硅原子中有一个硅原子被铝原子取代,这种蒙皂石的化学式为$(Al_{334}Mg_{0.66})(Si_{7.0}Al_{1.0})O_{20}(OH)_4$。蒙皂石晶体构造如图2.9.3所示。

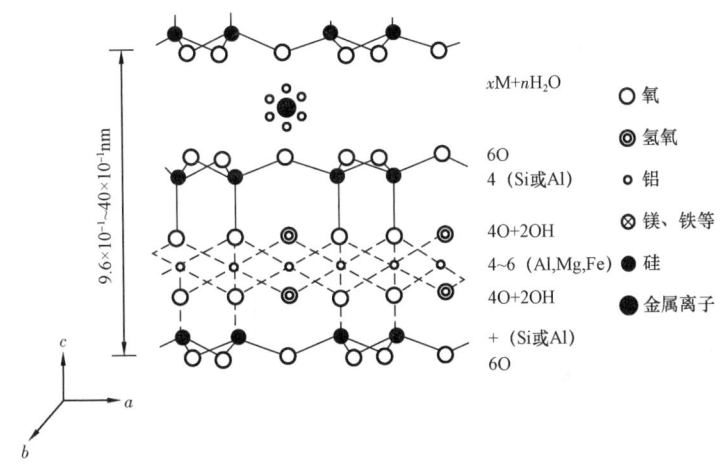

图2.9.3 蒙皂石晶体构造示意图

蒙皂石晶层上下面皆为氧原子。晶层之间以分子间力联结。联结力弱,水分子易进入晶层之间,造成晶格膨胀。更为重要的是由于晶格取代作用,蒙皂石带有较多的负电荷,能吸附等电量的阳离子。水化的阳离子进入晶层之间,致使c轴方向上的间距增加。所以,蒙皂石是膨胀型黏土矿物,这就大大地增加了它的胶体活性。其晶层所有表面,包括内表面和外表面都可以水化及阳离子交换,如图2.9.4所示。蒙皂石具有很大的比表面积,可以大至$800m^2/g$。

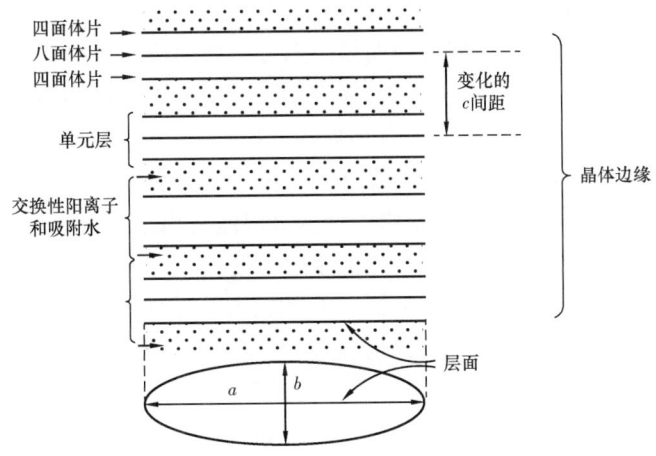

图2.9.4 三层型膨胀型黏土晶格示意图

蒙皂石的膨胀程度在很大程度下取决于交换性阳离子的种类。吸附的阳离子以钠离子为主的蒙皂石称为钠蒙皂石,膨胀压大,晶体可以分散为细小的颗粒,甚至可以变为单个单元晶层。很多人试图测定钠蒙皂石的颗粒大小,但是很困难。因为矿片很薄,形状又不规则,颗粒大小的变化范围很大。钻井遇到含有这种黏土的地层,井眼缩径是常见的井下难题。

(3)伊利石。伊利石(Illite)也称为水云母。伊利石的理论化学式为 $(K, Na, Ca_2)_m$ $(Al, Fe, Mg)_4 (Si, Al)_8 O_{20} (OH)_4 \cdot n H_2O$,$m$ 的值小于 1。

白云母和黑云母是伊利石的原生矿物。云母演变为伊利石的过程中,由于云母颗粒逐渐变细,比表面积增大,裸露在表面的钾比晶层内部的钾易于水化,也容易和别的阳离子交换。晶层间的钾离子也有一部分交换成了钙离子、镁离子、水合氢离子。化学分析表明,伊利石比其原生矿物云母少钾多水。因此,伊利石又称为水云母。云母类无机物加热至 800~1000℃ 形成的多孔海绵状物体,像水蛭一样的蛭石。

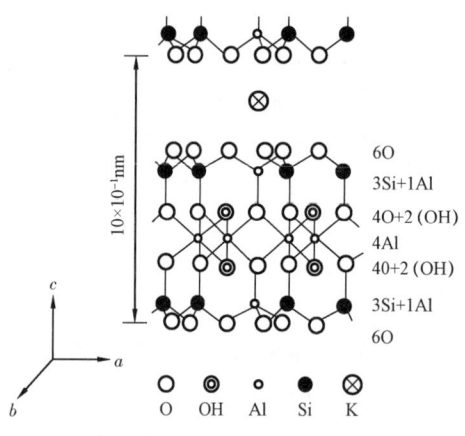

图 2.9.5 白云母的晶体构造示意图

伊利石是三层型黏土矿物,其晶体构造和蒙皂石类似,主要区别在于晶格取代作用多发生在四面体中,约有 1/6 的硅被铝取代。在许多情况下,最多时,4 个硅中可以有一个硅被铝取代。晶格取代作用也可以发生在八面体中,典型的是镁离子和铁离子取代铝离子,其晶胞平均负电荷比蒙皂石高,蒙皂石晶胞的平均负电荷为 0.25~0.6,而伊利石的平均负电荷为 0.6~0.10,产生的负电荷主要由钾离子来平衡,如图 2.9.5 所示。

伊利石的晶格不易膨胀,水不易进入晶层之间。这是因为伊利石的负电荷主要产生在四面体晶片,离晶层表面近,钾离子与晶层的负电荷之间的静电引力比氢键强,水也不易进入晶层间。另外,钾离子的大小刚好嵌入相邻晶层间的氧原子网格形成的空穴中,起到联结作用,周围有 12 个氧与它配位。因此,钾离子通常联结非常牢固。钾离子直径 0.266nm,与硅氧四面体中六方网格内切圆直径 0.288nm 相近,易进不易出。然而,在其每个黏土颗粒的外表面却能发生离子交换。因此,其水化作用仅限于外表面,水化膨胀时,体积增加的程度比蒙皂石小得多。

伊利石在水中可分散到等效球形直径为 0.15μm 的颗粒,宽约为 0.7μm。有些伊利石以分散的形式出现。这种分散的形式是由于钾从晶层间浸出来。这种变化使某些晶层间水化和晶格膨胀,但是绝不会达到蒙皂石水化膨胀的程度。

伊利石是最丰富的黏土矿物,存在于所有的沉积年代中,在古生代沉积物中居多。钻井遇到含伊利石为主的泥页岩地层时,常常剥落掉块。需采用抑制黏土分散的钻井流体。

(4)绿泥石。绿泥石(Chlorite)多是辉石、角闪石、黑云母等蚀变产物,绿泥石晶层由类叶蜡石的三层型晶片与一层水镁石晶片交替组成,如图 2.9.6 所示。

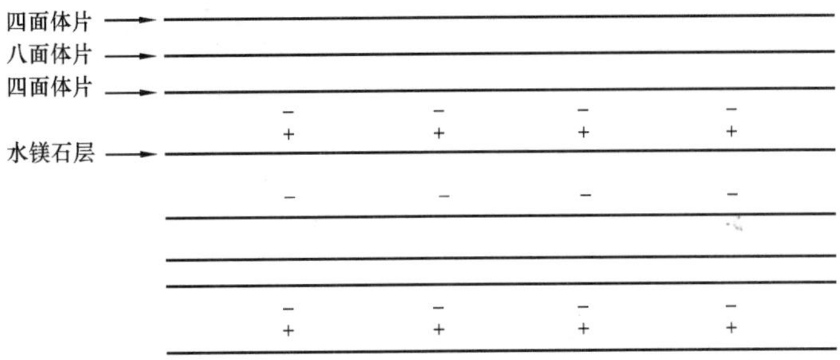

```
四面体片 ——→
八面体片 ——→
四面体片 ——→
              -    -    -    -
              +    +    +    +
水镁石层 ——→
              -    -    -    -

              -    -    -    -
              +    +    +    +
```

图 2.9.6　绿泥石晶体构造示意图

硅氧四面体中的部分硅被铝取代产生负电荷,但净电荷数很少的。水镁石层有些 Mg^{2+} 被 Al^{3+} 取代带正电荷,正电荷与负电荷平衡,绿泥石化学式为 $2[(Si,Al)_4(Mg,Fe)_3O_{13}(OH)](Mg,Al)_6(OH)_{12}2(Si,Al)_4$。

绿泥石通常无层间水,某种降解的绿泥石中一部分水镁石晶片被除去。因此,存在某种程度的层间水和晶格膨胀。绿泥石在古生代沉积物中含量丰富。钻遇这种地层经常发生井径扩大。

(5)混合晶层黏土矿物。多种不同类型的黏土矿物晶层叠置在同一黏土矿物晶体中,称为混合晶层黏土矿物。不同晶层互相重叠,称为混层结构。最常见的混层结构有伊利石和蒙皂石混合层简称伊/蒙混层、绿泥石和蛭石(Vermiculite)的混合层结构。一般来说,晶层排列次序无规则,个别以同样的次序有规则地重复排列。通常,混合晶层黏土矿物晶体在水中比单一黏土矿物晶体更容易分散,也易膨胀,特别是其中一种矿物膨胀性强时,更是如此。钻遇这种地层一般是先缩径后扩径,比较复杂。

这些黏土矿物在外界因素影响下,发生力学变化、物理化学变化等。

9.1.1.1　影响井下安全的地层力学因素

影响井下安全的地层力学因素主要包括岩石的破坏形式、井壁周围应力状态以及岩石破坏形式强度准则。

(1)岩石的破坏形式。一定深度的岩层,处于受压状态,存在原地应力。井眼形成时,井眼周围岩石承受破碎岩石承担的部分载荷。结果在井壁周围岩石中应力集中。若井筒液压支承不足或岩石强度不够,井壁失稳。通过岩石力学、破坏准则、基础力学和数学方法分析井壁岩石的不稳定性的三种形式——坍塌、缩径、破裂等,井壁失稳的破坏模型归纳分4种:

一种是正压差作用引起的水力压裂破坏;二是负压差作用引起的挤毁和坍塌;三是塑性流动引起的缩径、挤毁和坍塌;四是挤压、剪切破坏引起的坍塌(Cheatham,1984)。Bradley 提出具有代表性的破坏形式,如图 2.9.7 所示。

从图 2.9.7 中看出,第一层表示钻井流体压力过高,易压裂地层。第二层和第三层分别表示钻遇易剥落的硬质岩层和易坍塌的页岩层,引起井眼扩大。第四层表示钻遇塑性岩层。塑性岩石产生塑性形变,导致挤毁、缩颈和坍塌。其中第二层和第三层的页岩层是井眼扩大的主要井段。

(2)井壁周围应力状态。根据力学假设的不同,确定井壁周围应力状态的结构模型大致可以分为弹性模型和弹塑性模型两种。从正断层段到逆断层段的地应力变化,依据 Coulomb

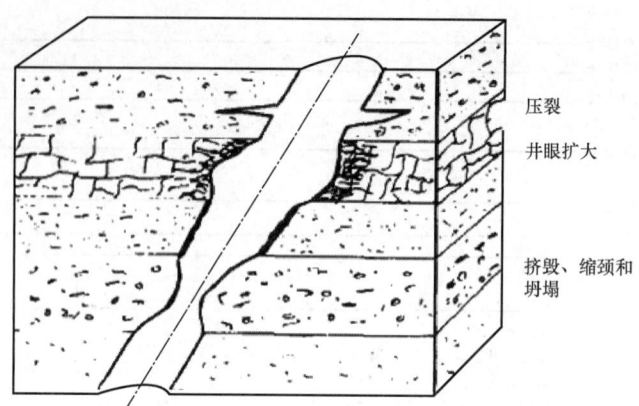

图 2.9.7　井壁不稳定地层的类型（据 Bradley,1979）

破坏准则,提出地壳最大主应力与最小主应力比的最大值为 3∶1,并推出了井壁周围应力分布公式(Hubbert et al. ,1957)。

考虑到许多井与地应力主应力轴线成一定角度,用 Barenblatt 和 Cherepanov 的弹性公式,在考虑井筒纵向剪切应力影响的前提下,推导了井壁应力状态分布公式(Fairhurst,1964)。使得井筒处在地应力场中任意方向都可以计算井壁周围弹性应力。

将地层模拟为沿井眼线平面应变的线弹性体,不考虑渗透流体的作用,井壁周围应力同时用 Kirseh 解和 Faihust 解来描述,应力状态方程用极坐标系表示,并且引入应力云的数学概念。利用 Von‑Mises 岩石破坏准则和平均有效正应力形象描述斜井的压性破坏及张性破坏。

1988 年,Andnoy 等利用线弹性理论考虑地层的各向异性,提供井壁稳定性分析方法(Andnoy et al. ,1988)。后来,以地应力、各向同性岩石弹性平面变形理论为依据,研究钻井时井壁周围应力变化的原因,并给出应力分量计算公式(Kung et al. ,2007)。Mitchell 等综合考虑钻井流体密度、岩性、井眼尺寸及地应力等因素,用有限元法、弹性理论和无量纲参数群的形式分析了井眼发生塑性流动的状态和井壁不稳定现象(Mitchell et al. ,1987)。

廖扬强等(2003)在总结前人成果的基础上,提出 4 种具有代表性的井壁周围应力状态方程,即直井线弹性井眼围岩应力分布方程、井壁上有效应力方程、原地主地应力方程、斜井井壁上的主应力方程。

(3)岩石破坏形式强度准则。岩石的破坏形式主要有脆性破坏、塑性破坏、弱面剪切破坏。岩石破坏形式准则主要分为岩石的压性破坏准则和岩石张性破裂准则。

① 岩石的压性破坏准则。Coulomb‑Navier 提出,岩石沿某一面发生剪切破坏,不仅与该面上剪切应力大小有关系,且与该面的正压力有关,岩石并不沿着最大剪切应力作用面产生破坏,而是沿其剪切应力与正应力达到最不利组合的某一面产生破坏。

$$0.5\sigma_m(1-\sin\beta) - 0.5\sigma_n(1+\sin\beta) + \alpha_a p_p \sin\beta - \tau_0 \cos\beta = 0 \qquad (2.9.1)$$

式中　β——内摩擦角,(°);

τ_0——岩石固有抗剪强度或称黏聚力,MPa;

σ_m,σ_n——岩石承受的最大、最小主应力,MPa。

后来试验发现,孔隙较多、较为疏松、压缩性大延性好的岩石,破裂包络线逐渐向主应力轴方向弯曲,趋近于渐近线。相继产生了岩石剪切破裂是最大、最小主应力的函数,破裂包络线的形式为抛物线、双曲线及折线行式。为了解岩体内各应力影响岩石破裂的形式,预测工作区域内的岩石能否失稳破坏,建立三维主应力的岩石破坏(屈服)准则。

② 岩石张性破裂准则。若井壁上产生的正应力之一超过岩石的抗张强度,井壁破裂。因此,建立用最大正应力理论预测井眼张性破裂的准则。

$$\sigma_N - p_p \leqslant S_t \tag{2.9.2}$$

式中 σ_N——岩石承受的最小主应力,MPa;

p_p——地层岩石孔隙压力,MPa;

S_t——岩石的抗张强度,MPa。

Bradley W. B. 认为岩石的抗张强度较差,通常小于7MPa,而且大多数岩石含有节理、裂缝或断层,肉眼观察虽然很致密,但实际上并未胶结在一起,或仅仅是弱胶结。因此地层的抗张强度通常比岩石本身的抗张强度低得多。建议采用张性破坏准则。

$$\sigma_n - p_p \leqslant 0 \tag{2.9.3}$$

式中 σ_n——岩石承受的最小主应力,MPa;

p_p——地层岩石孔隙应力,MPa。

1993年,Fuh G. F. 等研究认为井壁处的切向应力有最大的集中应力,若切向应力超过岩石的抗张强度,井眼发生破坏。

$$\sigma_\theta - p_p \leqslant S_t \tag{2.9.4}$$

式中 σ_θ——岩石所受的切向应力,MPa;

p_p——地层岩石孔隙应力,MPa;

S_t——岩石的抗张强度,MPa。

一般情况下,利用岩屑形状可以判断井壁坍塌的原因。欠平衡引起的井塌,岩屑为长凹尖带有杂纹,形如树叶。通过提高钻井流体密度可恢复井下正常。岩屑块状,则认为是应力作用导致,应通过力学分析,采取相应措施解决。

若想知道井壁是压性破坏或张性破裂,需要力学分析计算。比较结果与试验数值或实际情况。若计算的岩石应力状态在试验破坏包络线以下,井眼不会发生失稳破坏,反之则发生破坏。

中国根据地质力学理论、多孔弹性介质力学理论、岩石力学及声学理论,系统研究井壁围岩的受力状态、地应力的测量技术、岩石强度的方法以及泥页岩水化应力的计算方法,取得诸多成果。

(1)形成室内发声凯塞尔试验与现场水力压裂试验相结合的地应力测试技术。针对不同构造区域的地质运动特点,建立了分层地应力计算模型,结合测井资料解释及处理,可求出全井段各地层的三个主应力。

(2)利用人造泥页岩岩心或露头岩心,通过强度对比试验及测井资料解释确定泥页岩强度参数。

(3) 通过同步测试室内岩石运动、静弹性参数及强度参数,建立了泥页岩动、静弹性参数间的关系,以及泥页岩强度参数与其声波速度、泥质含量及密度间关系,形成了利用测井资料求算泥页岩弹性参数及强度参数技术。

(4) 利用多孔弹性介质力学理论,分析计算井壁围岩受力状态。结合岩石破坏准则,推导了考虑地层渗透性、岩石非线性变形性质、井斜角、方位角等影响因素的地层坍塌压力与破裂压力的计算模型。

(5) 建立了两套井壁稳定力学分析系统程序。根据程序利用测井资料或输入相关的参数即可给出整个井深范围内不同井径扩大率条件下的地层坍塌压力与破裂压力剖面,地应力、动弹性与静弹性参数等数值。

(6) 研究盐层和含盐软泥岩的塑性变形与温度、井深、封闭压力、压差、地应力、时间、岩盐层厚度及岩盐组分等因素间的关系,建立了岩盐和含盐软泥岩黏塑性流变的本构方程,绘制了控制岩盐收缩率的钻井流体密度图板,为顺利钻进岩盐和含盐软泥岩提供依据。

9.1.1.2 影响井下安全的物理化学因素

物理化学因素包括地层岩石的组成、地层水化、钻井流体滤液等,引起地层岩石中晶态黏土易水化膨胀、分散,影响井壁稳定。主要是钻井流体进入地层,引起地层力学性质变化,影响井壁稳定。

(1) 地层水化作用引起井壁稳定。影响地层水化作用的因素很多。地层中黏土矿物类型和含量及其可交换阳离子的类型和交换量、黏土晶体部位、地层中所含无机盐类型及含量、地层中层理裂隙发育程度、温度与压力、与钻井流体滤液接触时间、钻井流体的组成与性能等,都是地层水化作用影响因素。利用膨润土、伊利石、高岭石和绿泥石等黏土矿物研究了诸多因素的影响因素。

① 地层中黏土矿物类型和含量及其可交换阳离子的类型和含量。绿泥石、高岭石、伊利石、蒙皂石等4种典型黏土矿物的一些物理特性见表2.9.1。

表2.9.1 4种典型黏土矿物的理化特性

黏土矿物	比表面积,m^2/g	阳离子交换容量,mmol/100g	粒径中值,μm	表面电荷密度,C/m^2
绿泥石	6.6	5	21.6	0.731
高岭石	48.6	9	2.7	0.122
伊利石	105	20	6.6	0.184
蒙皂石	633	80	6.7	0.179

从表2.9.1可以看出,黏土矿物的组构特征不同,可交换阳离子的容量也不同,水化膨胀程度差别很大。蒙皂石的阳离子交换容量高,易水化膨胀,分散度也较高;高岭石、绿泥石和伊利石阳离子交换容量低,不易水化膨胀。同种黏土矿物,交换性阳离子不同,水化膨胀特性也不相同。其原因是不同的阳离子,形成的水化膜厚度不同。钠土的水化膜最厚,钾土与铵土的水化膜最薄,这是因为钠离子的水化能高,钾离子与铵离子的水化能低。因此钠土膨胀量比钙土、钾土大得多。如图2.9.8所示,图中展示了黏土相同而加量不同和黏土不同而加量相同情况下在蒸馏水的线性膨胀量,以及加入氯化钾的线性膨胀量。

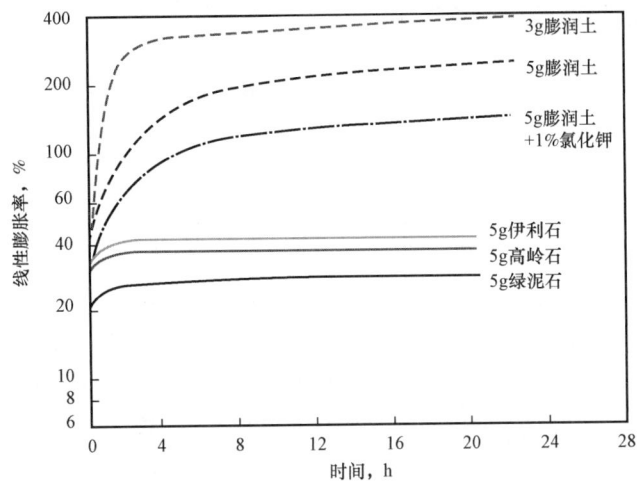

图 2.9.8 黏土矿物的线性膨胀率与时间关系

从图 2.9.8 中可以看出,黏土矿物不同,水化膨胀程度也不同。蒙皂石的阳离子交换容量高,水化膨胀最严重,分散程度也高。高岭石、伊利石和绿泥石都属于非膨胀型的黏土矿物,水化膨胀性较差。常见黏土矿物膨胀能力由大到小顺序是:蒙皂石、间层矿物、伊利石、高岭石、绿泥石。由此看来,地层的水化作用强弱与地层中所含黏土矿物及其可交换阳离子的类型及含量有关。

地层中非晶态黏土矿物的类型及含量会影响阳离子交换容量的大小,因此,影响地层水化作用(Ritter et al.,1985),如图 2.9.9 所示。

从图 2.9.9 可以看出,随着非晶态矿物质量分数增加,黏土阳离子交换容量增加。

② 黏土晶体的部位。黏土晶体所带的负电荷大部分集中在层面上,吸附的阳离子较多,形成的水化膜较厚;黏土晶体晶片端面上所带的负电荷较少,吸附的阳离子较少,故水化膜较薄。

③ 地层中所含无机盐的类型及含量。地层中含石膏、氯化钠和芒硝等无机盐,会促使地层发生吸水膨胀。

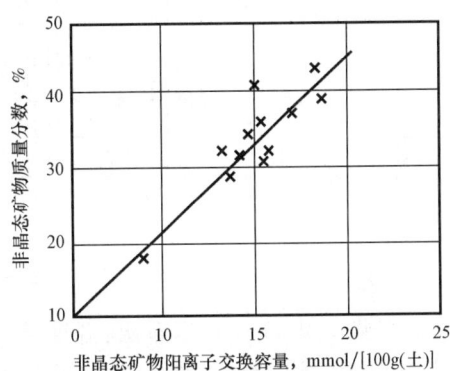

图 2.9.9 几内亚海湾地层中的非晶态矿物与阳离子交换容量的关系

地层中的无水石膏,能通过吸水,由密度为 2.9g/cm^3 的硫酸钙转变为密度为 2.3g/cm^3 的结晶硫酸钙,转变后体积增加约 26%。因而,含膏泥岩的膨胀性与无水石膏有密切关系。

含氯化钠泥岩吸水后,初始膨胀率较高,在 5~7h 达到最大值。随着氯化钠溶解,膨胀率反而下降。用胜利油田红层中的含盐泥岩试验吸水质量增加量,如图 2.9.10 所示,然后用淡水洗去泥岩中的盐再次吸水。

从图 2.9.10 中可以看出,含盐泥岩的吸水量大大高于不含盐岩的吸水量。这可能与盐溶解后,地层中的孔隙变大有关,也可能是盐中的一些阳离子会增加水合离子量。

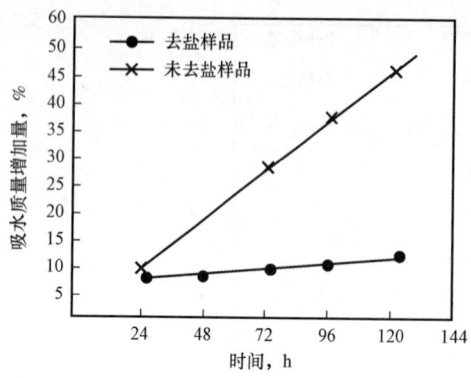

图 2.9.10 含盐与不含盐红层泥岩的吸水时间与吸水质量增加量曲线

④ 地层中层理裂隙发育程度。地层中存在层理裂隙,部分微细裂缝在井下高围压作用下闭合。但是,与水接触时,水仍然会沿着微裂缝进入地层,引起地层水化膨胀。地层中层理裂隙越发育,水越容易沿层理裂隙进入地层,水化井壁周围地层中的黏土矿物,井壁也越容易失稳。

⑤ 温度与压力。泥页岩和流体的偏摩尔自由能之差控制流体进、出泥页岩。偏摩尔自由能取决于温度和压力。因此,温度与压力影响泥页岩水化膨胀。随着温度升高,黏土的水化膨胀速率和膨胀量明显增高(Chenevert et al.,1992),如图 2.9.11 所示。

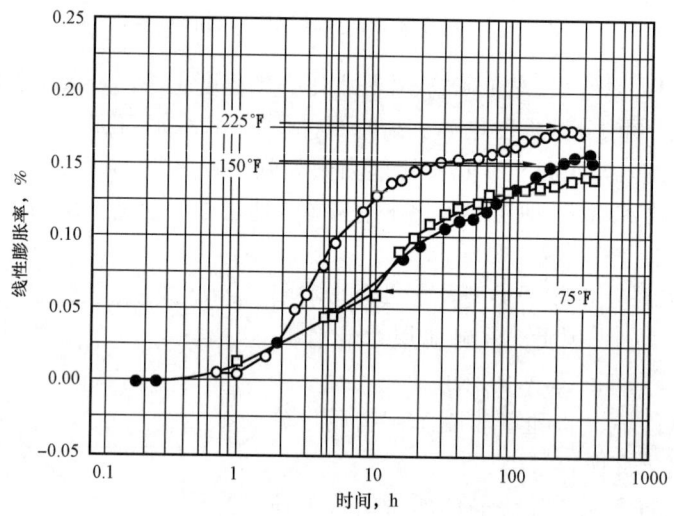

图 2.9.11 温度影响 Wellington 页岩线性膨胀率

从图 2.9.11 中可以看出:温度从 75 ℉ 到 150 ℉,温度影响 Wellington 页岩水化膨胀较小;从 150 ℉ 到 225 ℉,曲线明显分离。随温度增加,页岩水化线性膨胀率显著增加。

增高压力,减少了偏摩尔自由能,可抑制黏土水化膨胀,如图 2.9.12 所示。

从图 2.9.12 中可以看出,常见的黏土矿物线性膨胀率均随压力增大而下降。实际井眼压力影响页岩水化程度,如图 2.9.13 所示。

从图 2.9.13 中可以看出,同一水化时间,压力越大,Wellington 页岩水化膨胀率越小。不同作用时间下,浸泡时间越长,线性膨胀率越高。

⑥ 黏土矿物与钻井流体滤液接触时间。黏土矿物与钻井流体滤液接触时间越长,地层中的含水量越大。在一定范围内页岩水化膨胀量随之增加。黏土水化膨胀随地层中的黏土矿物与钻井流体滤液接触时间的增长而加剧。

⑦ 钻井流体的组成与性能。钻井流体中所含有机处理剂和可溶性盐的类别及含量、滤液的 pH 值等均会影响黏土的水化膨胀。

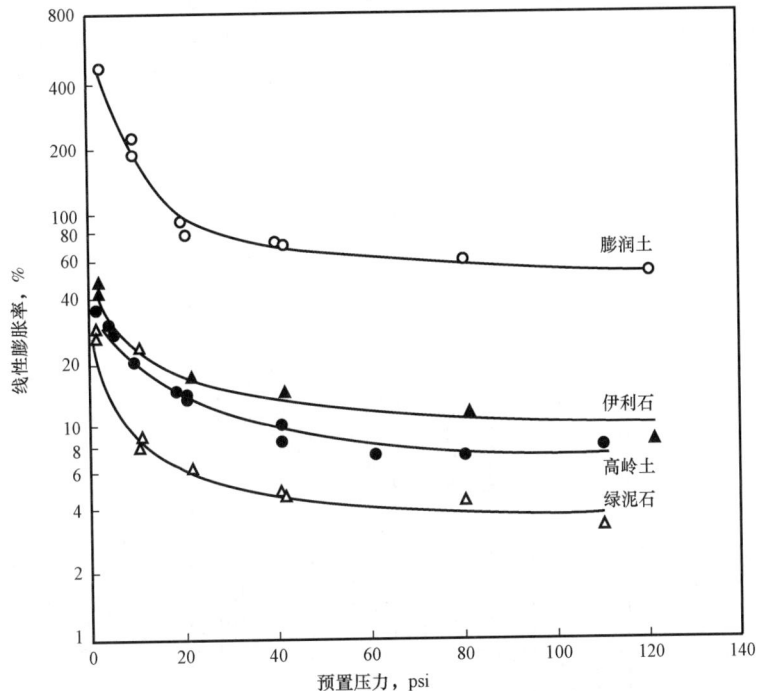

图 2.9.12 黏土矿物线性膨胀率与压力的关系

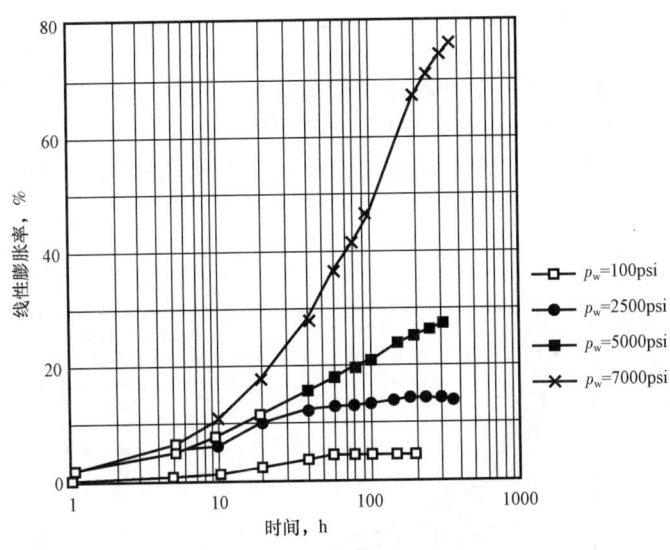

图 2.9.13 压力影响 Wellington 页岩水化规律

（2）钻井流体滤液进入地层驱动力。钻开地层后,井筒中钻井流体液柱压力与地层孔隙压力压差、钻井流体与地层流体之间的活度差和地层的半透膜效率产生的化学势差、岩石的表面性质产生的地层毛细管力,是钻井流体滤液进入地层的驱动力。综合作用的大小,决定钻井流体滤液进入地层引起地层中黏土矿物水化膨胀程度。

使用水基钻井流体,低渗透泥页岩表面的确存在着非理想的半透膜,膜效率低于1。膜效率大小取决于钻井流体的组成、地层的渗透率和孔喉尺寸,并随钻井流体与岩石接触时间增长而降低。盐水的膜效率为1%~10%,估计聚合醇类和多元醇类水基钻井流体具有较高的膜效率。

钻井过程中,钻井流体接触地层物理化学作用比较复杂,进而影响井壁稳定性,主要表现在孔隙压力升高和近井壁地带地层力学性质变化。

① 孔隙压力升高。钻井流体滤液进入地层后,压力传递、滤液与地层黏土矿物之间通过水化作用产生水化应力,近井壁地带地层孔隙压力升高,如图 2.9.14 所示。

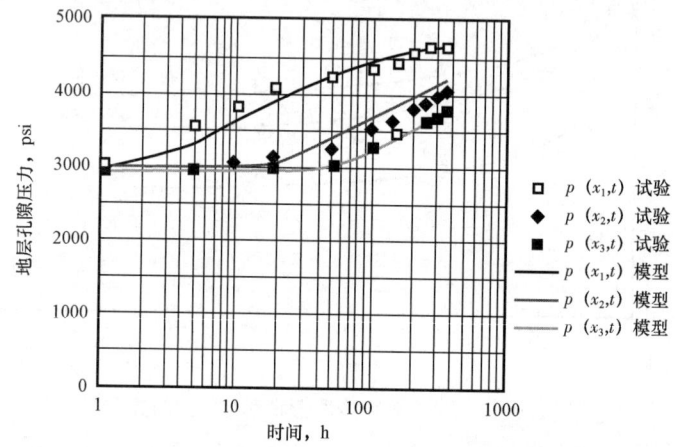

图 2.9.14　地层孔隙压力与钻井流体作用时间实验结果

从图 2.9.14 可以看出,随着钻井流体进入地层时间增加,地层孔隙压力增加。

② 近井壁地带地层力学性质发生变化。钻井流体滤液进入地层后,引起地层含水量升高。弹性模量随地层含水量增大急剧降低,如图 2.9.15 所示;泊松比随地层含水量的增大而增加,如图 2.9.16 所示;地层强度参数黏聚力和内摩擦角随地层含水量增大而下降,如图 2.9.17 和图 2.9.18 所示。

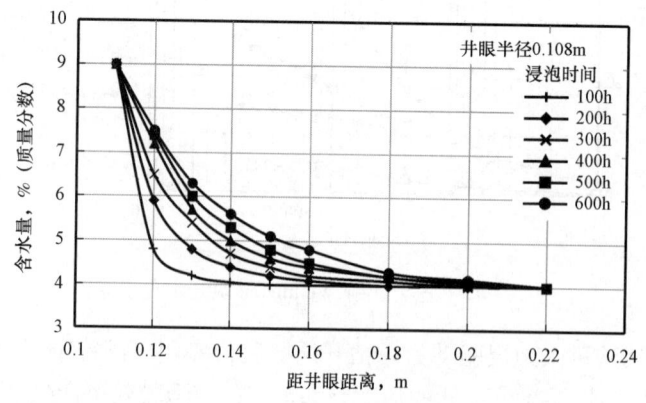

图 2.9.15　井眼周围岩石含水量与浸泡时间的关系

从图 2.9.15 中可以看出,越靠近井眼,钻井流体与地层接触时间较长,地层中含水量(质量分数)越大。钻井流体接触某一地层的时间越长,地层中含水量就越大。

从图 2.9.16 中可以看出,随着地层含水量增加,地层杨氏弹性模量急剧降低。

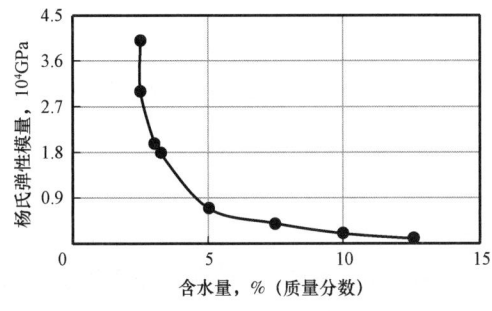 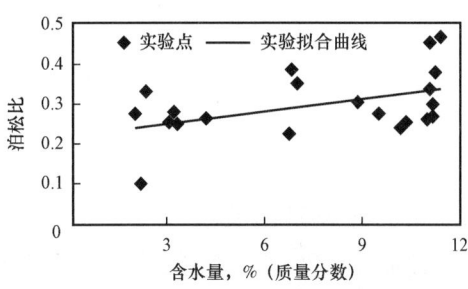

图 2.9.16 含水量对泥页岩弹性模量的影响　　图 2.9.17 含水量影响泥页岩泊松比值规律

从图 2.9.17 中可以看出,随着地层含水量增加,地层泊松比逐渐增加。

从图 2.9.18 中可以看出,随着泥页岩含水量增加,泥页岩黏聚力显著下降。

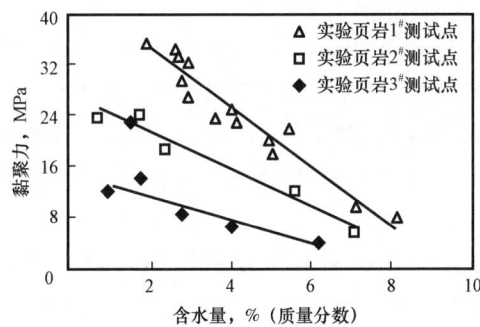 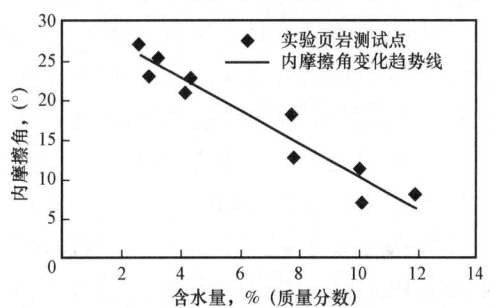

图 2.9.18 含水量影响泥页岩黏聚力测试曲线　　图 2.9.19 含水量影响泥页岩内摩擦角测试曲线

从图 2.9.19 中可以看出,随着泥页岩含水量增加,泥页岩内摩擦角显著减小。

综上所述,地层黏土矿物吸水水化,产生水化应力,改变了井筒周围地层孔隙压力与应力分布,从而引起井壁岩石强度降低,地层坍塌压力变化。井壁岩石受到的周向应力超过岩石的屈服强度时,井壁失稳。因此,井壁失稳是物理化学因素与力学因素相互作用结果。

9.1.1.3 影响井下安全的工程技术因素

钻井工程措施对稳定井壁极其重要(Krueger,1988)。除了钻井流体措施外,还必须依据地层压力剖面研究合理的井身结构与井下钻具结构。根据地层特点选择钻井流体环空流型、返速、起下钻速度、短起下钻时间,以及依据所钻地层岩石可钻性研究合理的机械钻速,都关乎稳定井壁。

9.1.2 关系机械钻速

钻井流体抑制性差,无法控制泥页岩水化分散。固相含量大,黏度和切力高,钻屑清除困难。吸附在钻头表面,造成钻头泥包。无固相钻井流体,钻头一般不会发生泥包。钻井流体密度偏高,失水大,滤饼虚厚粗糙。钻井流体润滑性能差、钻头表面无法形成有效吸附膜,劣质固相易吸附在钻头上,影响机械钻速。

从地面来看,地层变化时不影响机械钻速。一般情况下泵压略有升高或无明显变化。但有时也会出现泵压升高,甚至堵死钻头水眼,阻塞循环通道。钻头牙齿不能有效吃入地层,扭矩变小或扭矩波动范围减小。起下钻出现拔活塞现象。短起下钻后恢复钻速明显变慢,继续钻进可能会因泥包解除,逐渐恢复原钻速,或者继续变慢造成严重泥包乃至无法钻进。钻井中发生钻具刺漏、循环出现短路,处理完后钻速明显变慢。这些现象都是钻头泥包的反映。

9.1.2.1 钻头泥包原因

造成钻头泥包的原因有工程技术因素、地质因素、钻头选型因素、操作能力因素和钻井流体性能因素等。

(1)工程技术因素。钻进中排量小,不能有效清洗井底及钻头,上返速度不足,岩屑在井内滞留时间长,黏附于井壁形成虚厚滤饼,尤其是中上部钻速高时更为严重;软泥岩地层,钻压过大,地层或岩屑与钻头表面直接接触,泥包钻头;长裸眼下钻中途未循环钻井流体,从井壁上刮下的滤饼或钻屑可能会泥包钻头。

(2)地质因素。所钻地层为上部不成岩的软泥,极易黏附牙轮钻头表层,压实后钻头泥包;地层中的泥页岩虽成岩,但易于水化分散,钻井流体内泥质或固相含量增加,吸附于钻头表面造成钻头泥包;或者地层中含有石膏,钻井流体侵害后,钻井流体中的有害固相清除困难,钻头泥包的概率大增;地层渗透率高,压差作用下,吸附井壁上有害固相和未及时携带出的岩屑,形成虚厚滤饼,起下钻时在钻头下方堆积造成钻头泥包。

(3)钻头选型因素。水眼设计无法满足排屑要求;流道排屑角阻碍钻屑脱离井底。造成钻井流体中固相含量增加,井底泥岩接触钻头时间长。

(4)操作能力因素。下钻速度过快,牙轮钻头不顺着螺旋型轨道向下滑行,而是在井壁上不断刮削滤饼或钻屑,极易造成钻头泥包;下钻时遇阻不是接方钻杆循环划眼冲洗钻头,而是下压或下冲,从井壁上刮下的滤饼或钻屑,泥包钻头;下钻到底时操作方法有误,如果先启动转盘,后启动泵,同样会造成钻头泥包;在软地层中钻进时,送钻不均匀也会泥包钻头。

(5)钻井流体性能因素。钻井流体抑制性差,滤饼质量差。滤饼自身泥包钻头。钻屑泥包钻头。

9.1.2.2 钻头泥包预防对策

预防钻头泥包,应该从泥包的机理入手。泥包原因是钻头表面润湿作用就可以在钻井流体性能、工程技术措施等方面提出对策。

(1)钻井流体对策。固相含量和黏度、切力超过极限值,岩屑难于清除,易吸附在钻头表面。提高钻井流体抑制性,减少泥页岩的水化分散。降低钻井流体黏度、切力,及时清除劣质固相;加大聚合物含量,控制失水,控制泥页岩的水化分散。

润滑性能差、钻头表面无法形成有效的保护膜,钻井流体中的劣质固相易吸附在钻头上。混油或增加润滑剂投入量,使钻屑不易黏附到钻头上。

高渗透砂层,可使用暂堵技术,减少渗透性漏失。提高滤饼质量,避免滤饼虚厚、泥包钻头。

含膏岩层,应提前加纯碱,防止侵害钻井流体,造成钻井流体性能变差,失水量增加、滤饼虚厚、井筒不清洁等泥包钻头。

(2)工程技术措施。做好钻头的选型工作,钻头水眼、流道设计应利于排屑。维护处理好钻井流体性能,钻头入井前后预防钻头泥包很重要。入井前,配制一定量的表面活性剂溶液,清洗钻头有一定效果。下钻时在钻头流道表面涂满黄油,形成一层保护膜,减少钻头与钻井流体中的劣质固相直接接触的时间,或者把钻头包起来,这样做即便在深井中也是有一定作用的。

下入钻头后,应充分循环钻井流体,清洗井眼,防止起钻后滞留在井眼内的钻屑继续水化分散。下入钻头前先短起下钻,刮削、挤压、刮拉、压实滤饼,保证井眼畅通、消除阻卡。在钻头泥包高发区,如果采用了所有方法都无法避免钻头泥包,就应该使用牙轮钻头和聚晶金刚石钻头交互使用。

下钻时钻头不断刮削井壁,井壁上的滤饼或滞留于井内的钻屑会在钻头下堆积,到一定程度便会压实在钻头上。下钻中途循环钻井流体,将钻头冲洗干净也是有其必要的。

下钻过程中还应适当控制速度,防止钻头突然冲入砂桥。另外,如果速度恰当,聚晶金刚石钻头会顺着前一只钻头所钻的螺旋形井眼轨道行进,而不是在井壁上刮蹭拉大量滤饼。

每次下钻到底时必须先开泵,尽量提高排量充分冲洗井底和钻头,等排量满足要求后再轻压旋转钻进 0.5~1.0m,这也是聚晶金刚石钻头造型的要求。

尽量采用大排量钻进,保证聚晶金刚石钻头的充分清洗与冷却;在软泥岩中钻进,应尽量采用低钻压、高转速、大排量,牙轮钻头可以大钻压;操作精细,送钻加压要均匀。

9.1.2.3 钻头泥包处理办法

处理钻头泥包的原则是,不要急于钻进。钻头泥包后,越是钻进,泥包越严重。此时,停止钻进,加入处理剂。

停止钻进,提高排量加强水力冲洗效果,上提钻头脱离井底,提高转速增大离心力,甩离黏附钻头钻屑,上下大幅度活动。下压至井底不开转盘循环钻井流体 5~10min。如果在 2 个循环周内无效,就应当考虑起钻处理钻头泥包。

无论预防或处理钻头泥包,必须调整钻井流体性能,发现钻头有泥包迹象,应立即停钻并配制清洁剂在第一时间打入井内清洗钻头。

9.2 测定及调整方法

世界评价钻井流体抑制性的主要方法有两大类:一类是评价钻井流体对黏土分散性的抑制方法,另一类是评价钻井流体对黏土膨胀性的评价方法。分散和膨胀相结合,评价实验是在这两大类方法的基础上发展起来的。

实验用泥页岩样的采集与制备十分重要。泥页岩样品选用岩心或钻屑。测定具有代表性的泥页岩理化性能时,推荐使用岩心。水溶性盐的分析时,必须使用岩心。评价泥页岩抑制能力,需要泥页岩样较多时,可以使用钻屑。采得的泥页岩样品必须标明岩心或岩屑,并标明采样的构造、层位、井号、井深和采样时间等基础信息。

岩样的制备分为岩心制备和岩屑制备。在制样过程中,应避免外来物质侵害岩样,保持岩样代表性。

制备岩心粉时,刮去岩心表层钻井流体侵害的部分,放在通风的室内风干。在干净的塑料板或钢板上击碎岩心,用孔眼边长分别为3.2mm和2.0mm的双层分样筛筛析。收集通过孔眼边长为3.2mm筛,但未通过2.0mm筛的岩心颗粒500g,置于广口瓶中备用(贴好标签)。将未通过孔眼边长为3.2mm筛和通过孔眼边长为2.0mm筛的部分在105℃±3℃的恒温箱中至少烘干4h。粉碎,收藏通过孔眼边长为0.149mm筛的岩粉1kg,存于广口瓶准备用(岩心粉也可直接由岩心研磨,不必先用双层筛过筛)。

收集岩屑时,在钻井流体振动筛上指定层位,用自来水洗去钻屑上的钻井流体,尽量清除混杂其他层位的岩屑,用浓度为3%的过氧化氢溶液洗涤一次。放在通风的室内风干,粉碎,用孔眼边长分别为3.2mm和2.0mm的双层分样筛筛析。可制作岩心粉,岩心粉用处很多,如压制线性膨胀用试样,做激光粒度分析。

9.2.1 黏土分散性评价方法

一般认为,黏土分散不造成流体黏度增加,以粒径减小为主。因此,以此为原理,世界上分散性试验方法常用的有页岩滚动实验和毛细管吸入时间实验法两种。但这原理可能有一定偏差。

9.2.1.1 页岩滚动实验

页岩滚动实验用来评价泥页岩的分散特性,研究钻井流体抑制地层分散能力的强弱。评价指标是回收率。能够回收的岩样占原岩样的质量分数,称为回收率(Shale Roll Recovery)。

实验采用干燥的泥页岩岩心样品或岩屑粉碎,过6~10目筛,风干后,取50g岩样加入装有350mL水或实验流体的加温罐(或玻璃瓶)中,加盖旋紧。然后将加温罐放入滚子加热炉中,在目标温度下滚动16h。开始滚动10min后,应检查钻井流体样品灌是否漏失。如有漏失,应取出盖紧或更换垫圈。

实验中,温度和时间可以根据需求设置。一般同时进行三个样,做平行实验。

恒温16h,倒出实验流体与岩样,冷却至常温,将罐内的流体和岩样全部倾倒在30目筛上,在盛有自来水的水槽中湿式筛析1min。将30目筛筛余放入105℃±3℃的电热鼓风恒温干燥箱中烘干4h,取出冷却,并在空气中放24h,然后称量岩样。干燥并称量筛上岩样(精确至0.1g)。称为一次回收率。

取上述过30目筛的筛余干燥岩样,放入装有350mL水加温罐中,继续滚动2h,倒出水与岩样,再过30目筛,干燥并称筛余的岩样。称为二次回收率,表征钻井流体的作用时效。

在页岩滚动实验中,根据两次分别称量的筛上岩样质量(精确至0.1g),分别计算以百分数表示的一次回收率和二次回收率。

$$R_{30} = \frac{m}{m_0} \times 100\% \tag{2.9.5}$$

式中 R_{30}——30 目页岩回收率,%;
  m——热滚后平行实验 30 目筛余的平均值,g;
  m_0——热滚前平行实验页岩质量平均值,g。

9.2.1.2 毛细管吸入时间实验

毛细管吸入时间(Capillary Suction Time,CST),也称 CST 实验,是一种通过失水时间来测定页岩分散特性的方法。实验测定钻井流体与页岩粉配成的浆液渗过特制滤纸一定距离所用的时间,此值称为毛细管吸入时间。

通常,将测定页岩岩浆滤液在毛细管吸入时间测定仪(图 2.9.20)的特性滤纸上运移 0.5cm 距离所需的时间称为毛细管吸入时间。

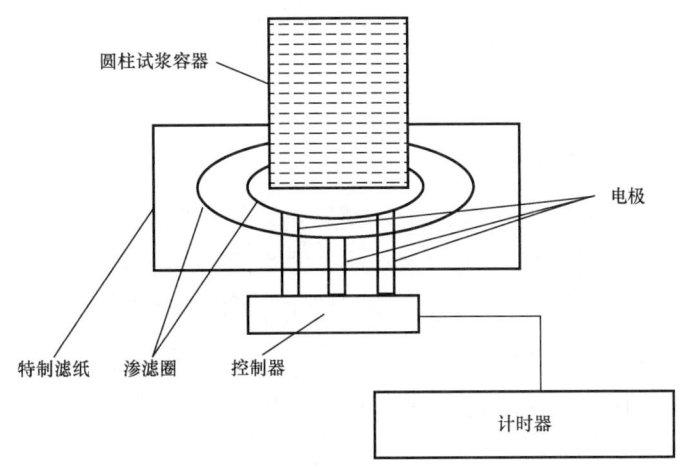

图 2.9.20 毛细管吸入时间测定仪示意图

实验使用瓦棱混合器不锈钢杯和毛细管吸入时间测定仪,仪器包括计时器、标准孔隙度滤纸、电极、控制器、圆柱试浆容器、平板底座。

制备试样时,将收集的岩样(最好直径大于 6.4mm)用淡水清洗岩屑,然后用 3% 质量分数的过氧化氢溶液强烈搅拌已用淡水清洗好的岩屑。置于 105℃ ±30℃ 的恒温箱内干燥。烘干后,定量称取 7.5g 过 100 目筛的页岩试样,倒入不锈钢杯中,加入蒸馏水至 50mL。

实验时,将装有试样的不锈钢杯置于瓦棱混合器上,在 3 档速度下,搅拌 20s。之后用不带针头的 5mL 注射器取出 3mL 浆液并压入仪器圆柱试浆容器中。使用 1.59mm 厚的特制滤纸或四层滤纸,测定并记录仪器时间。将剩余的浆液继续在 3 档速度下,分别搅拌 60s 和 120s,测定其毛细管吸入时间值。

毛细管吸入时间实验中,根据试验结果可绘制毛细管吸入时间值与剪切时间的关系曲线,二者为线性关系,页岩分散特性为

$$Y = mx + b \tag{2.9.6}$$

式中 Y——毛细管吸入时间,s;
  m——页岩水化分散的速度系数;

x——剪切时间,s;

b——瞬时形成的胶体颗粒数目。

在数据分析时,用20s,60s和120s作为剪切时间值,记录对应的毛细管吸入时间,依据线性回归方法求出瞬时形成的胶体颗粒数目,即页岩水化分散的速度。其中,瞬时形成的胶体颗粒数目值大小取决于页岩的胶结程度,是页岩含水量、黏土含量及压实程度的函数,可用来表征水化分散速度。

一般认为,瞬时形成的胶体颗粒数目越大,瞬时破裂下来的胶体颗粒越多。页岩水化分散的速度越大,水化分散的速度越快,反之亦然。

最大的毛细管吸入时间值表示页岩的总胶体量。毛细管吸入时间瞬时形成的胶体颗粒数目值是总胶体含量和瞬时可分散的黏土含量之差,用来表示页岩潜在的水化分散能力。毛细管吸入时间瞬时形成的胶体颗粒数目的倒数,可用来预测井塌的可能性。此值越高,井塌的可能性越大。

9.2.2 黏土膨胀性评价方法

地层膨胀是地层中所含黏土矿物水化的结果。通常采用测定岩样线性膨胀率或岩样吸水量表示地层膨胀能力。温度影响岩样膨胀率。因此,不仅测定岩样在常温下的膨胀率,还应测定在高温高压下的膨胀率。膨胀率是指岩样在外来流体作用下膨胀的速率。

9.2.2.1 常温下膨胀率测定

常温下的膨胀率通常选用常温页岩线性膨胀仪和Nsulin膨胀仪测试。页岩样品直接与水接触测定不同时间下线性膨胀率和应变膨胀率。

(1)线性膨胀率测定。页岩样心直接与水接触,由于样心只允许在一个方向膨胀。可用相同条件下测定的2h和16h的线膨胀百分数比较页岩膨胀能力强弱。页岩线性膨胀仪包括主机、记录仪和压力机。主要部分示意图如图2.9.21所示。

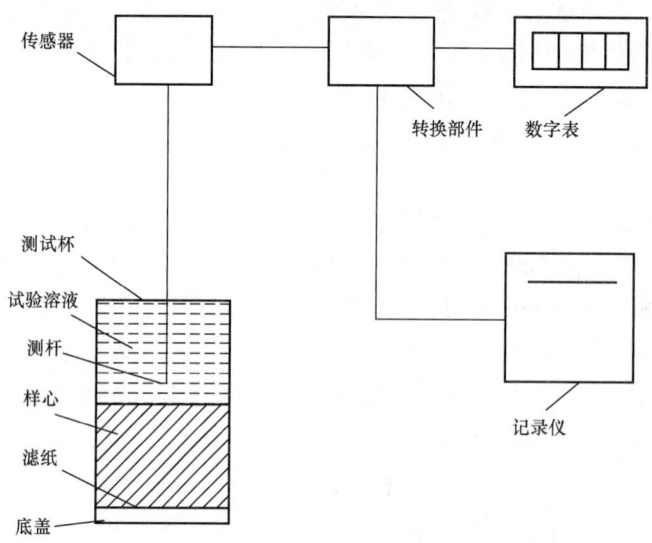

图2.9.21 页岩线性膨胀仪原理图

实验中用到游标卡尺、凡士林、滤纸等。制作样心时,洗净测筒,擦干并在底盖内垫一层普通滤纸,旋紧测筒底盖。岩粉过100目筛,在105℃±3℃烘干4h并冷却至室温后,称取10g±0.01g~15g±0.01g装入测筒内,铺平岩粉。装好活塞柱上的密封圈,将活塞柱插入测筒内,放在压力机上逐渐均匀加压,直到压力表上指示4MPa,稳压5min。卸去压力,取下测筒,将活塞柱从测筒内慢慢取出,用游标卡尺测量样心的厚度,在1~2.5cm为合格,即原始高度。

具体实验时,接通主机电源,启动记录仪,预热15min。将装好样心的测筒安装到主机的两根连杆中间,放正,把测杆放入测筒内,使之与样心紧密接触。测杆上端插入传感器中心杆,调整中心杆上的调节螺母,使数字表显示0.00。调整记录仪测量范围为1.5cm,满量程相当于10mm。将事先准备好的约20mL蒸馏水注入测筒内,与此同时启动记录仪的调零旋钮,主机数字表随时显示样心的膨胀量,同时记录仪描绘出膨胀量与时间曲线,即膨胀曲线。仪器工作16h之后,关断电源,拆下测筒、测杆,清洗干净并烘干,收存备用。测量样心原始厚度时,应在装入岩粉前用游标卡尺测量测筒高度,平行实验4个,取平均值,样心制好后再用同样方法测量测筒高度,两次之差即为岩样厚度。

作为页岩理化性能,只需报告页岩在蒸馏水中2h和16h的线膨胀率。

优选页岩抑制剂时,需要多组实验,逐一测试,得到一簇膨胀曲线,以便与相互比较。

采用线性页岩膨胀测试仪测定黏土膨胀量时,按式(2.9.7)分别计算2h和16h的线膨胀率:

$$V_t = \frac{L_t}{H} \times 100\% \qquad (2.9.7)$$

式中 V_t——时间为 t 时岩样的线膨胀率,%;

L_t——时间为 t 时的线膨胀量,mm;

H——岩样原始高度,mm。

目前,任意时刻膨胀量都是采用计算机记录,可以方便地按要求获取任意时刻的数据。

(2)应变膨胀率测定。采用应变仪膨胀传感器(即直读式数字膨胀指示仪)测定变形的量。取垂直于岩心基面切割下来的岩样柱塞,放在聚乙烯小袋中,按一定方向放在夹持器中,使传感器上的初始应变为1.5in。袋中装满试验液体。岩样膨胀时,应变仪记录位移,从指示器直接读出应变。直读式数字膨胀指示仪,如图2.9.22所示。仪器不需要准备岩样,但原理与线性膨胀仪相同。

直读式数字膨胀指示仪测量黏土膨胀量时,依据指示器读取的应变,计算出线膨胀率:

$$V_t = \left(\frac{K_i}{L} \times \sigma\right) \times 10^{-4} \qquad (2.9.8)$$

式中 V_t——时间为 t 时岩样的线膨胀率,%;

K_i——仪器膨胀量测定常数;

L——岩样长度,mm;

σ——指示器读数。

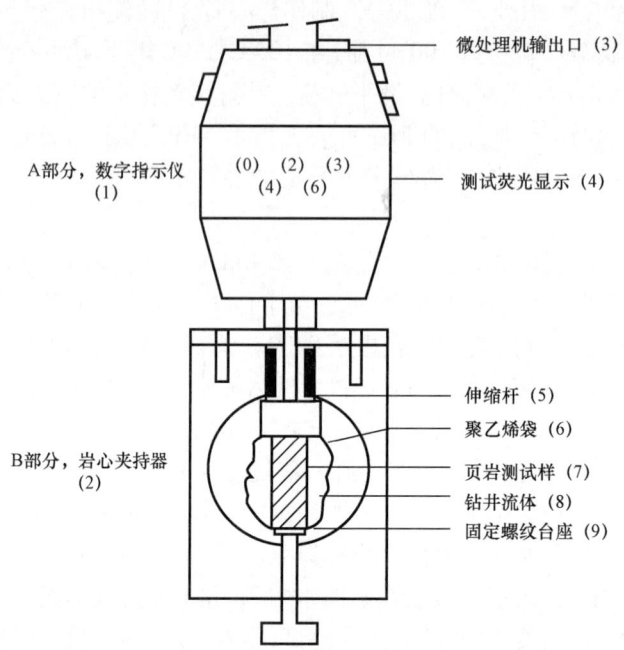

图 2.9.22 直读式数字膨胀指示仪原理图

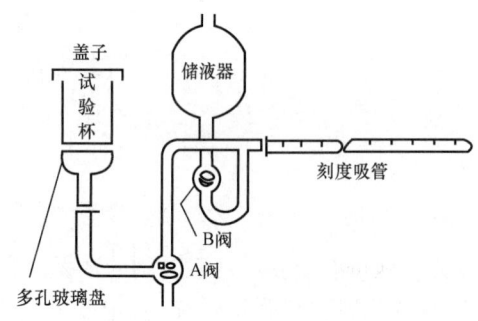

图 2.9.23 Nsulin 膨胀仪示意图

(3)膨胀量所用水体积测定。采用 Nsulin 膨胀仪测试页岩的膨胀特性。Nsulin 膨胀仪示意图如图 2.9.23 所示。仪器最大的特点是将膨胀量所用流体用吸管体积表达出来。但机理与线性膨胀仪相同。

试验时将试验用岩粉装在杯中并与过滤圆盘接触,吸附试液。吸附量可由刻度吸管读取。采用 Nsulin 膨胀仪测定岩样膨胀性时,刻度吸管所读取的吸附水量与岩样质量分数即为膨胀率。

$$\lg M_t = \lg M_i + N\lg t \tag{2.9.9}$$

式中　M_t——在 t 时间内单位质量岩样所吸附的流体总量,g/g;

　　　M_i——瞬时吸水量,g/g;

　　　N——水化速率或膨胀速率,g/min;

　　　t——吸附时间,min。

9.2.2.2　高温高压下膨胀率测定

高压膨胀仪结构如图 2.9.24 所示。可用测定页岩在较高有效应力 5~45MPa 下的膨胀性能。测得的结果为膨胀率即页岩与试验液接触所增加的体积占原来体积的百分比。

瞬时吸水量的大小取决于岩样中黏土和水的含量以及压实作用,随地层岩石密度及压实作用的增大而减小。测量方法及计算方法,与常温常压下线性膨胀量相同。

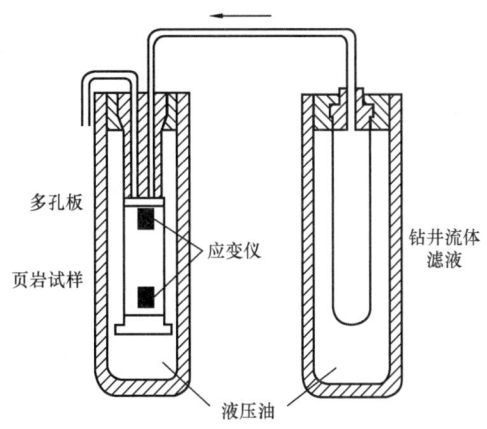

图 2.9.24　高压膨胀实验仪结构图

9.2.3　分散和膨胀性评价方法

分散和膨胀性评价方法主要有水化实验以及页岩稳定指数法,都是将分散和膨胀综合考虑的测试方法。测试结果用于分析混层的物理化学特征。

9.2.3.1　水化实验

衡量膨润土的造浆性能的主要指标之一是造浆率,即单位质量的膨润土可以配制成具有表观黏度为 15mPa·s 的悬浮液体积数,单位为 m^3/t。

造浆率测定使用高速搅拌器和六速旋转黏度计,首先配制 3 份 350mL 膨润土悬浮液,每份悬浮液含有不同质量的土样,使其表观黏度为 10~25mPa·s。分别高速搅拌 3 份样品 20min,静止 24h 再搅拌 5min,用六速旋转黏度计测试表观黏度。计算表观黏度与膨胀土加量的数学关系,绘出通过 3 点的视黏度直线。确定 15mPa·s 表观黏度的悬浮液浓度。通过造浆率对照表求的相当的造浆率。按照膨润土造浆率的测定方法测定泥页岩的造浆率。

如果评价页岩水化,则在页岩水化实验中,泥页岩的水化指数可以用式(2.9.10)计算:

$$h = \frac{Y_s}{Y_b} \tag{2.9.10}$$

式中　h——水化指数;
　　　Y_s——页岩的造浆率,m^3/t;
　　　Y_b——膨润土的造浆率,水化 24h,一般取 $16m^3/t$,m^3/t。

9.2.3.2　页岩稳定指数法

页岩稳定指数表示在一定温度下,地层在钻井流体作用下,强度、膨胀和分散侵蚀三个方面综合作用对井眼稳定性的影响。

试验时先将泥页岩磨细,过 100 目筛,与标准地层水配成浆液,比例为 7:3,放置在干燥器内预水化 16h。用压力机在 7MPa 下压滤 2h,取出岩心放入不锈钢杯中,再用 9.1MPa 压力加压 2min,刮平岩心表面,用针入度仪测定针入度,而后将岩心连同钢杯一起置于 65.6℃ 下热滚 16h,取出再测针入度,并测量杯中岩样膨胀或侵蚀高度。在页岩稳定指数法中,按式(2.9.11)计算页岩稳定指数：

$$SSI = 100 - 2(H_y - H_i) - 4D \tag{2.9.11}$$

式中　SSI——页岩稳定指数；

　　　H_y——热滚前的针入度；

　　　H_i——热滚后针入度；

　　　D——膨胀或侵蚀总量。

由于此方法操作环节多，误差引发的原因多，故使用较少。

9.3　现场调整工艺

钻井流体及其处理剂抑制性的好坏是优选钻井流体及其处理剂的重要条件之一。使用钻井流体抑制剂，能抑制泥页岩和钻屑的水化分散，降低钻井流体结构黏度和水眼黏度。如果井壁中含有混层黏土矿物，且存在于易塌地层，必须用抑制剂。因此，处理剂抑制性评价方法的科学性、可操作性是非常重要的。

9.3.1　抑制能力差异确定

世界上常用的抑制性钻井流体有油基钻井流体、饱和盐水钻井流体、氯化钾钻井流体、钙处理钻井流体、聚合物钻井流体、硅基钻井流体和醇类钻井流体等。在实际钻井过程中，根据钻井遇到地层的特性和潜在的井壁不稳定因素，选用合适的钻井流体以及抑制性处理剂，研制合理的钻井流体配方，最终能够有效稳定井壁，减少非生产时间。

确定稳定井壁技术措施有一定程序。根据所钻地层特点，一般为分析难点、确定对策、室内实验以及确定稳定井壁技术措施，再施工等。

（1）作为基础工作，首先比较系统的测试和分析设计区块易发生井壁失稳地层的矿物组分、理化和组构特征、地层孔隙压力、坍塌压力、破裂压力和漏失压力。

（2）在深入调研该地区所发生的井下难题或事故、钻井技术措施和钻井流体使用情况的基础上，综合分析井壁不稳定的原因及应采取的对策。

（3）利用坍塌层的岩心或岩屑室内实验，采用评价钻井流体产生井壁失稳的膨胀性、分散性、强度、封堵性能、高温高压失水量和滤饼渗透率等性能，在此基础上优选稳定井壁的钻井流体类型、配方和性能，综合评价钻井流体稳定井壁的效果。

（4）确定稳定井壁的技术措施。首先依据坍塌压力、破裂压力和孔隙压力、漏失压力等压力剖面确定合理的钻井流体密度范围，保持地层处于力学稳定状态；然后再根据地层矿物组分、组构特征、已钻井情况、室内试验结果等，确定与易坍塌地层特性相配伍的钻井流体类型、配方和相应的工程技术措施。必须将优选钻井流体类型、配方、性能与优选裸眼钻进时间、套管程序、钻井参数、工艺技术措施等因素结合起来综合考虑。此外，还需考虑所选择技术措施的可行性和经济合理性，以及环保要求等。

在实际钻井过程中，钻井流体抑制泥页岩水化膨胀作用机理大不相同。钻井流体维持井壁稳定作用机理主要有钾铵离子的镶嵌作用、正电荷及高价正电荷对双电层的压缩作用、高分子聚合物的包被作用、粒子充填作用、有机硅的防塌吸附作用、钻井流体低失水作用以及钻井流体低机械冲刷作用。

(1) 钾铵离子的镶嵌作用。泥页岩的蒙皂石族矿物中包含蒙皂石、贝得石与皂石等。对于贝得石、皂石，由于其层电荷是四面体电荷，当采用氯化钾溶液处理此类黏土时，负电荷离钾离子近，对钾离子的静电引力大，因而钾离子易进入六方晶格被固定。由伊利石蚀变而成的蒙皂石，尽管负电荷离钾离子较远，但由于电荷高，钾离子也易被固定。由火山岩系蚀变而成的蒙皂石，由于电荷低，负电荷离钾离子较远，钾离子很难被固定，仅能交换其他离子，成为蒙皂石上的可交换阳离子。由于大部分蒙皂石与伊利石的区别在于可交换阳离子的种类不同，因而采用含钾的处理剂处理贝得石、皂石、由伊利石蚀变而来的蒙皂石时，钾离子被固定在四面体六方晶格中时，蒙皂石就有可能转变为伊利石，泥页岩的水化被抑制。

(2) 正电荷及高价正电荷压缩双电层作用。高价正电荷能够有效中和泥页岩中蒙皂石表面负电荷，大大降低表面电动电位又不会使电位反转，从而极大程度压缩扩散双电层，使泥页岩不易分散。

(3) 高分子聚合物的包被作用。高分子聚合物通过吸附及桥联方式与黏土颗粒作用。一方面聚合物以链团或链束方式包裹黏土颗粒（即包被形式），另一方面又以彼此桥联多个黏土颗粒成网状或絮凝态，即是高分子聚合物的絮凝作用。聚合物的吸附、桥联作用能力越强，则其包被、絮凝能力也越强。

(4) 粒子充填作用。封堵材料粒子易进入泥页岩毛细管及微裂缝中，填充和补强，封堵裂缝和孔道，形成致密的封堵层，防止流体进入泥页岩。

(5) 有机硅的防塌吸附作用。有机硅的硅醇基与黏土矿物的铝醇基发生缩合反应，产生胶结性物质，将黏土等矿物颗粒结合成牢固的整体，从而封固井壁。在一定温度下，有机硅中的硅醇基易和黏土表面的硅醇基缩合失水，形成 Si—O—Si 键，在黏土表面产生很强的化学吸附作用，使黏土发生润湿反转，从而控制泥页岩的水化。

(6) 钻井流体低失水作用。降失水剂通过吸附作用提高钻井流体中颗粒表面的负电荷密度。通过电极化水分子作用，形成稳定的钻井流体分散体系。失水过程中能迅速形成致密的滤饼，水分子排列更紧密，形成牢固的水化膜，束缚游离水，缩小滤饼的毛细孔孔径，形成致密滤饼降低失水量。与钻井流体颗粒形成弹性胶粒，使水分子处于相对固化状态，在压力作用下，通过弹性变形堵塞滤饼孔隙并在浆体表面形成稳定的液膜，阻止水分子移动降低失水量。

9.3.2 抑制能力维护处理

钻井流体中水的活度与流体中盐的浓度有直接关系。钻井流体中的盐可分为无机盐和有机盐两大类。两类盐的浓度影响水活度的程度并不相同，但大体趋势都表现在随着盐溶液增加，水的活度呈下降趋势。

钻井流体的处理剂影响钻井流体的抑制性能。不同类型的处理剂影响钻井流体抑制性的程度不同。因此，钻井流体的抑制性可以通过调节处理剂的类型和加量来实现。

处理剂为固体时，固体表面对溶液中的某些离子具有特殊的吸附作用。固体表面的分子、原子或离子，同液体表面一样，所处的力场不对称、不饱和。不论是在空气中或是在溶液中的固体，其表面上各个质点从固体内部受到的作用力要比从外部气体或液体方面受到的作用力大得多。因此,固体表面存在剩余的表面自由能,同样具有自动降低这种能量的趋势。不过固体表面又不同于液体表面,一般情况下质点是固定不可移动的,表面的形状不能任意地自由变化,也不能随意地收缩和展开改变其大小。所以,固体表面自动降低自由能的趋势往往表现为对气体或液体中地间界面,在此相间界面上常会出现气体组分或溶质组分浓度升高的现象,这就是固体表面的特殊吸附作用。在吸附平衡及饱和吸附量以内,溶液中的某些离子,受到带电固体表面足够大的静电力、范德华力及其他形式的吸引力,就会使这些离子所具有的能量足以克服各种形式的阻力,牢固地吸附在固体表面上。

若介质为水溶液,被吸附的离子也应该是水化的。至少除了紧靠固体表面之外,离子的其他部位都应是水化的。这种特性吸附相当牢固,即使是在外电场的作用下,吸附层也随着固体粒子一起运动。基于上述原因,应当把吸附层视为固体表面层的一部分,称为固定层或紧密层。

离子被吸附时,离子中心距固体表面的距离约为水化离子的半径,这些水化离子中心线所形成的假想面,称为斯特恩面。当固液两相发生相对移动时,滑动面是在斯特恩面之外,它与固体表面的距离约为分子直径大小的数量级,一旦固液两相发生相对移动,滑动面便呈现出来。斯特恩面与固体表面之间的空间成为斯特恩层,即紧密层,斯特恩面之外至电势为零处的溶液本体,称为扩散层。

配制钻井流体过程中,通过控制处理剂的类型和加量调节钻井流体的抑制性,以达到抑制地层水化膨胀和钻屑分散的目的。

(1)增加无机盐加量。提高无机处理剂的浓度,阳离子浓度增大,阳离子进入吸附层的机会增大,使电动电位降低。扩散层以及水化膜变薄,通常称为挤压双电层。抑制作用增强;反之,减少无机盐的加量,减小浓度,水化膜变厚,电动电位增大,抑制作用减弱。

(2)改变无机盐的类型。无机盐所含阳离子的价数越高,对黏土颗粒扩散层及水化膜的影响越大,抑制黏土矿物水化的作用越强。

(3)调整聚合物加量。阴离子型聚合物、阳离子型聚合物、两性离子型聚合物、非离子型聚合物都可影响黏土颗粒电动电位,只是影响的程度和效果不同。但聚合物对黏土矿物电性和水化抑制性影响较为复杂,不能完全根据电动电位的大小判断聚合物抑制黏土颗粒水化的强弱。提高钻井流体抑制性,一般在药品处理过程中加入一些亲油基团,使得钻井流体渗入地层的水分少一些,有利于井壁稳定。提高处理剂抑制性的方法比较多,目前常用的方法处理剂有无机盐、大分子聚合物、聚合酶等。

在钻井流体抑制性处理中,添加一种大分子聚合物成膜聚合分子,这种大分子聚合物有4个亲水的羟基。这个亲水的羟基可以吸附在井壁岩石和钻屑上。如果在钻井流体中成膜聚合物分子的加量足够的话,则可以在井壁上形成一层类似油包水钻井流体那样的半透膜,可以大大防止井壁的水分流进钻井流体中,使钻井流体黏度变低,导致井壁大幅度脱落现象。并且这些亲水的羟基还可以以氢键的方式和水分子形成结合,以减少钻井流体中自由水的含量。这种仿油性水基钻井流体。成膜聚合分子对页岩抑制性的加量远比通常所用的处理剂高。通常应用给出的加量如果是20%~30%。但用作页岩抑制剂时,其加量仅为2%~15%。所以,在钻井流体的抑制性处理剂中,大分子聚合物拥有的亲水基团和亲油基团才是控制钻井流体护壁性的关键。

9.4 发展趋势

油气资源需求加大,促进复杂、特殊油气藏的开发,从而对钻井工艺技术提出了新的要求。诸如一些复杂井,包括陆上深井、大位移井、水平井、多分支井等以及一些苛刻条件下(高温、高压等)的复杂井,钻具在井筒内经常会遇到起下钻过程中发生遇阻、卡钻,特殊地层机械钻速低、井眼稳定性不足、井漏等复杂情况和钻井流体储层伤害等,特别是目前勘探开发的区域转向非常规岩层,钻井难度不断增加,钻井工况复杂性增加,施工风险提高,成本控制难度大。这些复杂情况是对钻井工艺技术的新要求和新挑战。

钻井流体抑制能力对石油勘探开发作业起着至关重要的作用。特别是在钻探泥页岩等黏土含量高、易水化地层中,钻井流体抑制能力的好坏直接影响钻屑膨胀、分散和井壁稳定以及作业安全等问题。

9.4.1 研究现状

目前抑制性钻井流体主要有油基钻井流体、有机聚合物钻井流体等。油基钻井流体井壁稳定性能良好,钻屑完整度较高,清洁井眼能力强,润滑性能好。但是,废弃物处理、循环漏失以及环境污染和成本高等缺陷,限制了油基钻井流体的使用。因此,研制强抑制性、高钻井效率、环保型水基钻井流体具有十分重要的实际意义。

使用效果良好的水基钻井流体有部分水解聚丙烯酰胺钾盐钻井流体、钙醇络合水基钻井流体、硅酸盐钻井流体、氯化钙/聚合物钻井流体、阳离子钻井流体等。但这些钻井流体抑制高水敏性页岩水化效率并不高,例如部分水解聚丙烯酰胺钾盐钻井流体经常出现泥包钻头的现象,在高含水敏感性黏土矿物泥页岩中机械钻速低。阳离子聚合物钻井流体的抑制性能与逆乳化钻井流体相当,但成本较高,并且与其他阴离子钻井流体处理剂的配伍性较差。硅酸盐钻井流体虽然具有良好的抑制性,但是钻井流体流变性调节困难。

9.4.2 发展方向

油基钻井流体经常被用来处理一些复杂井段的施工问题。与水基钻井流体相比,油基钻井流体具有很多天然优点,如抗侵害能力强、扭矩和阻力低、机械钻速高和页岩稳定性好等。然而,油基钻井流体对环境影响大、成本高、易发生循环漏失等缺点。

正因为如此,世界的学者和专家都致力于寻求一种高性能的水基钻井流体,使其不仅具有油基钻井流体的优良性能,而且又具有环保性能。有机胺水基钻井流体符合现代钻井技术要求,不仅有高效抑制性能,而且还兼具油基钻井流体的特点。大力研究开发出抑制性能更强的胺类抑制剂,建立相应的试验评价手段,实现聚胺抑制钻井流体的深入研究和推广应用。

换一个角度讲,能不能利用粘接材料,通过粘接地层的微小单元并通过黏胶机理实现提高地层的强度,即改变地层的黏聚力和内摩擦角,以提高地层的强度,并辅以提高钻井流体的密度,实现井壁稳定呢? 郑力会等要这方面开始了有益的尝试,并取得了长足的进展,为稳定井壁开辟了一条新的道路(Zheng et al.,2018)。

第10章 钻井流体润滑性能

钻井流体润滑性能(Drilling Fluids Lubricity)是指钻井流体具有降低钻井过程中摩擦阻力的性质和功能。通常包括滤饼的润滑性能和钻井流体自身的润滑性能两方面。滤饼摩阻系数和钻井流体摩阻系数,是评价钻井流体润滑性能的两个主要技术指标。

良好的钻井流体润滑性,可以大幅度降低钻井流体的摩擦阻力,是改变钻井扭矩、阻力以及钻具磨损的主要可调节因素。良好的钻井流体润滑性,可以减少钻头、钻具及其他配件的磨损、延长使用寿命,同时防止黏附卡钻、减少泥包钻头,易于处理井下事故等。此外,水平井和定向井钻探过程对润滑性能有更高的要求。因此钻井流体的润滑性能对减少井下复杂情况,保证安全、快速钻进提高钻井工程整体效益起着至关重要的作用。

钻井过程中,由于动力设备有固定功率,钻柱的抗拉、抗扭能力以及井壁稳定性都有极限。若钻井流体的润滑性能不好,会造成钻具旋转阻力增大,起下钻困难,甚至造成黏附卡钻和断钻具事故。钻具扭转阻力过大,导致钻具振动,有可能引起断钻具事故和井壁失稳。从提高钻井经济技术指标看,润滑性能良好的钻井流体有减小磨损、减少卡钻等作用。

10.1 与钻井工程的关系

在钻井及完井作业过程中,钻具与井壁、套管之间,钻井流体与钻具、井壁、套管壁之间均会产生摩擦。在水平井和定向井的钻井过程中,重力的作用使岩屑向井壁下部聚集,进一步加大了钻具和岩屑的接触面积,导致扭矩、摩阻增大,引起卡钻等井下复杂事故。

10.1.1 关系井下安全

钻井流体润滑性好,可以减少钻头、钻具及其他配件的摩阻,延长使用寿命,同时防止黏附卡钻,减少泥包钻头,易于处理井下事故。

10.1.1.1 润滑性不良可能造成吸附卡钻

吸附卡钻,又称压差卡钻。井眼不可能完全垂直。井内钻具静止时,在井下压差作用下,钻柱一些部位贴于井壁,与井壁滤饼粘合在一起,静止时间越长,钻具与滤饼的接触面积越大,由此产生的卡钻称为吸附卡钻(潘东懿等,2007)。

卡钻是钻井过程中经常发生的一种事故。从钻进过程中的扭矩、上下钻具的阻力以及钻井泵泵压的变化可以判断。吸附卡钻最明显的现象是钻具被卡既不能转动又不能上提和下放,但钻井流体循环正常,而且,钻井流体循环时间越长钻具提升阻力越大。

钻具旋转时,钻具被钻井流体薄膜润滑,钻具周边的压力均等。但是,钻具在井内静止不动时,钻具重量分量压在井壁滤饼上,迫使滤饼中的自由水进入地层孔隙,造成滤饼孔隙压力降低。滤饼内的有效应力则随其孔隙压力降低增加。钻具停靠井壁时间越长,滤饼内的孔隙压力逐渐降至与地层的孔隙压力相平衡,此时,在钻具两侧会产生一个压差。此压差等于钻井流体在井内的液柱压力与地层孔隙压力之间的差。这种压差增加上提钻具的阻力,如果阻力超过了钻机的提升能力,就发生吸附卡钻事故。

调节钻井流体的润滑性和滤饼的润滑性可大大降低吸附卡钻概率,主要包括降低滤饼黏滞系数、减小钻具与井壁接触面积、降低钻井流体密度等。

(1)调节好钻井流体性能。尽可能降低钻井流体的密度,提高钻井流体的润滑性能。必要时,可以在钻井流体内加入磺化沥青。一是磺化沥青有一定吸附能力,吸附在页岩表面阻止页岩颗粒水化分散,维护井壁稳定和黏土颗粒分散;二是磺化沥青有粒子存在,粒子被挤入页岩孔隙、裂缝和层理,封堵地层层理与裂隙,改善钻井液滤饼质量,降低钻井液失水量,稳定井壁。

(2)降低滤饼黏滞系数。采用优质钻井流体,在钻井流体中混油或加入润滑剂,降低钻井流体的含砂量,进而提高滤饼润滑性。

(3)减少钻具与井壁的接触面积。可以选择加入固体类润滑剂,如塑料小球、玻璃微珠等。

(4)减小岩屑床的厚度。井深、井斜和地温影响钻井流体性能,钻井泵排量减小,井壁上不可避免地黏附了较多的岩屑,逐渐形成岩屑床,增加了吸附卡钻可能性。提高井壁润滑性,可以减少井壁黏附岩屑。

10.1.1.2 润滑性不良可能造成钻头泥包

钻头泥包是指在钻井作业中,钻屑和无用固相吸附聚集在钻头表面,包裹住钻头切削刃,或堵塞钻头水眼或流道,使钻头无法正常工作的现象(明瑞卿等,2015)。

钻井流体性能不好或者循环排量不够,固相黏附在钻头上。聚晶金刚石复合片钻头发生泥包概率最大。钻头泥包降低钻井速度,延长钻井周期,甚至导致井眼报废。

泥岩井段,容易发生钻头泥包、钻具遇卡等,机械钻速降低。调节滤饼黏滞系数和钻井流体润滑系数,改善井下状况,提高钻进速度(安传奇等,2010)。

在钻头未严重磨损或所钻地层岩性未发生明显变化时,出现钻时明显增加,钻井泵泵压上涨,扭矩变小而其他钻进参数未发生变化,则可判断井下钻头出现泥包。

钻头泥包的预防措施有很多种,如应使用抑制性较强的钻井流体,保证钻井流体的润滑性,加入适量清洁剂,降低钻井流体失水,控制钻井流体流变性,保证钻头冲洗效率,勤划眼,严格控制起下钻。其中加入润滑剂,提高钻井流体润滑性和滤饼质量是预防钻头泥包的主要措施。

大多数水基钻井流体,摩阻系数应维持在0.20左右。水平井则要求尽可能保持0.08~0.10。要做到聚晶金刚石复合片钻头表面不吸附钻屑,推荐直井润滑剂加量为1%~2%,斜井水平井润滑剂加量为2%~3%(陈胜等,2013)。

10.1.2 关系机械钻速

影响钻速的因素很多,如钻压、转速、水力因素、钻井流体性能、岩石类型、钻头类型、钻头泥包、吸附卡钻、钻具磨损及循环压降等。其中与润滑性相关的主要就是钻头泥包、吸附卡钻、钻具磨损和循环压降的升高。

提高钻井流体的润滑性、降低扭矩及减少钻井流体中的微米级和亚微米级粒子也有利于提高机械钻速(孙金声等,2009)。

10.1.2.1 润滑性关系钻井能量的传递

钻进中,钻头摩擦部分以及钻柱与地层接触处会产生热量,减少了用于钻井的能量。性能良好的钻井流体能够更好地润滑钻头、钻柱及套管,相当于增加了钻井能量。

钻井流体中加有各种处理剂,尤其是润滑剂类,保证钻井流体具有良好的润滑性能,有利于降低扭矩、延长钻头寿命。

10.1.2.2 润滑性关系钻井循环压降

提高钻井流体的润滑性,可以降低钻井流体黏度,从而降低循环压降,减少钻井过程中钻井流体循环压力损失,提高钻井效率。因此,钻井流体润滑性能对提高钻速,保证正常钻进和井下安全及降低能耗等意义重大(谷穗等,2010)。

10.2 测定及调整方法

钻井流体摩阻系数和滤饼摩阻系数,是评价钻井流体润滑性能的两个主要技术指标。由于摩阻的大小不仅与钻井流体的润滑性能有关,还与钻具与地层接触面粗糙程度、接触面塑性变形情况、钻柱侧向力大小和分布情况、钻柱尺寸和旋转速度等因素有关。因此,要全面评价和测定钻井过程中钻井流体和滤饼的摩阻系数,正确选择钻井流体和润滑剂是很困难的。

目前,世界对钻井流体润滑性能的检测尚无公认的通用仪器和方法,评价方法的客观性尚需进一步提高。因此,在目前限定的测试仪器和条件下,只能从某一侧面评价和优选钻井流体和润滑剂,确定在该条件下的摩阻系数。

国际上许多公司和研究机构研制了检测钻井流体润滑性能的仪器和模拟装置。投入实际应用的主要有滑板式滤饼摩阻系数测定仪、钻井流体极压润滑仪、滤饼针入度计、润滑性能评价仪、滤饼黏附系数测定仪、井眼摩擦模拟装置以及多种卡钻系数测定仪等。模拟钻头轴承高载荷可使用四球摩擦测定仪测量钻井流体润滑性能。模拟钻柱和井壁低载荷可使用极压润滑仪。

钻井流体的润滑性能评价空气摩阻最大,油摩阻最小,水基钻井流体的润滑性处于其间。用钻井流体极压润滑仪测定了三种连续相的摩阻系数,空气为 0.5,清水为 0.35,柴油为 0.07。配制的钻井流体,大部分油基钻井流体的摩阻系数为 0.08 ~ 0.09,水基钻井流体的摩阻系数为 0.20 ~ 0.35,如附加有油或润滑剂,可降到 0.10 以下。

大多数水基钻井流体的摩阻系数低于 0.20 是可以接受的,但不能满足水平井的要求。水平井钻井流体的摩阻系数保持在 0.08 ~ 0.10 是比较合适的。

因此,除油基钻井流体外,其他类型钻井流体的润滑性能很难满足水平井钻井需要,可以选用有效的润滑剂改善润滑性能满足实际需要。近年来开发出的一些水基仿油基钻井流体,摩阻系数在 0.10 以下,润滑性能可满足水平井钻井需要。

10.2.1 钻井流体润滑性能测定及调整方法

钻井流体润滑性能测试可使用多种仪器。常用的有钻井流体极压润滑仪、润滑性能评价仪、润滑性测试仪和防卡测试仪等。

测定钻井流体摩擦系数,可采用模拟井下的方法。测定原理如图 2.10.1 所示。

用一个钢环模拟钻柱,用金属模块模拟井壁,在钢环和金属模块中间充满待测钻井流体,通过给钢环施以一定的载荷,压紧模拟金属模块。在一定的转速下转动钢环,记录钢环和金属材料间的接触压力。通过测定钢环与金属模块之间的摩擦力,得到钻井流体的摩擦系数。

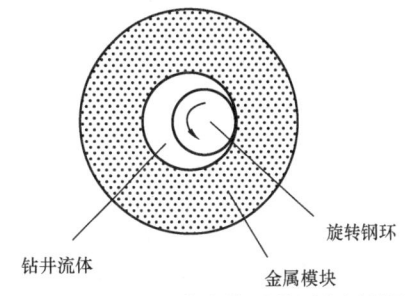

图 2.10.1　钻井流体摩擦系数测定原理图

10.2.1.1　钻井流体极压润滑性能测定方法

极压润滑仪是通过模拟钻具转速和钻具所承受的井眼压力,测定钻井流体润滑性能的专用润滑性分析仪,是目前评价钻井流体润滑性可靠性较高的分析仪器。影响润滑系数测量准确性的关键是磨块与磨环之间的磨合抛光程度。最佳的磨合状态是在转速为 60r/min、侧压在 1MPa 的情况下,磨块与磨环在蒸馏水中的润滑系数控制在 0.32 ~ 0.36(Mondshine,1970)。润滑试验仪用一个钢环模拟钻柱,给它施以一定的载荷,使它压紧在起井壁作用的金属材料上。极压润滑仪结构如图 2.10.2 所示。

极压润滑仪可以测量钻井流体的润滑性能和评价润滑剂降低扭矩的效果,还可预测金属部件的磨损速率。

摩擦在钻井流体中进行,摩擦环旋转时产生惯性力,钻井流体流动。在固定的转速下转动钢环,记录钢环和金属材料间的接触压力、力矩和仪表上的读数,经换算可得到评价液体的摩擦阻力。仪器的缺点是不能评价温度和压力影响润滑性程度。

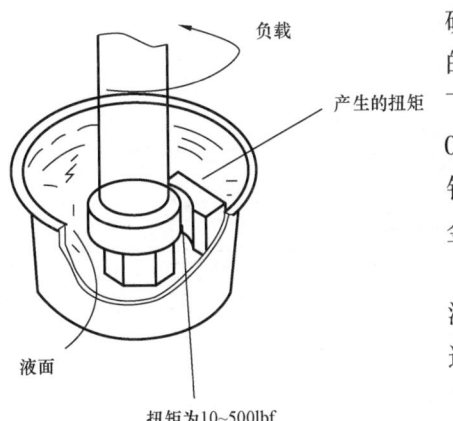

图 2.10.2　极压润滑仪结构简图

钻井流体的摩阻还可以借鉴石油集输所用的用泵压和流量分别评价,特别是对照两种钻井流体的润滑性时,更有针对性地表明,哪一种流体润滑性更好。

10.2.1.2　钻井流体润滑性能相关的卡钻可能性测试方法

Stan E. Alford 设计了一种用来润滑性评价及钻头泥包测定分析系统(Lubricating Evaluation Monitor)(Stan,1976)。润滑仪的结构原理简图和取样容器结构如图 2.10.3 所示。

从图 2.10.3 中可以看出,在取样容器中有一个内环形空间以便使钻井流体能够通过砂岩岩心的孔连续循环。仪器可在大气和地层条件下进行钻井流体润滑性能的静态或动态试验,测量钻具和井壁间的扭矩和摩擦系数、在不同介质条件下泥包形成的钻屑量以及在地层条件下动失水量。测试时受载的不锈钢轴靠在岩心孔眼一侧旋转。轴的扭矩由传感器监控,并自动给出扭矩与时间的关系,真空泵与取样容器相连以便让滤饼沉积在岩心孔眼的壁上。试验可以用轴贴在裸露的砂岩滤饼上或一根钢管内壁上来做(模拟套管内扭矩)。每一组试验施加几种载荷,并绘出扭矩与载荷的关系。润滑性评价及钻头泥包测定分析系统是一种系列测试仪器设备共三种型号,LEM 系列技术规范指标见表 2.10.1。

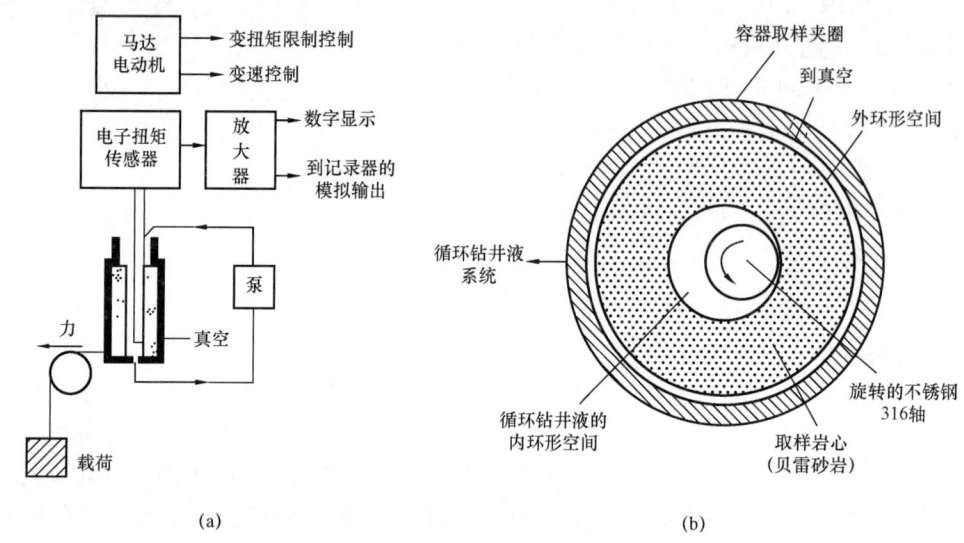

图 2.10.3 润滑仪结构原理简图(a)及取样容器结构(b)

表 2.10.1 LEM 系列技术规范指标

参数/型号	LEM-2000	LEM-3000	LEM-3100
温度,℃	室温	室温	21~204
压力,kPa	大气压	0~690	0~6900
压差,kPa	0~690	0~690	0~6900
钻井泵压力,kPa	690	690	6900
回压调节器压力,kPa	—	—	0~1379
试验类型	静态	静/动态	静/动态
接触力,N	22~223	111~890	111~890
转速,r/min	50~380	50~380	50~380
扭矩,N·m	0.34~22.6	0.34~22.6	0.34~22.6

除了上述评价钻井流体的仪器外,国际上还提出了一种预测卡钻的方法,称为卡钻因子法。该方法选取井斜角(A)、最大裸眼长度(L)、井底钻具组合长度(L_{BHA})、钻井流体密度(ρ)和失水量(V)等 5 种因素,采用数理统计分析方法,提出了卡钻因子方程,以预测不同井斜度井眼中压差卡钻的发生率及解卡率。

$$卡钻因子 = (A + 10°) + \frac{(L + 5000)\rho^2(2 + \sqrt{V})(L_{BHA} + 800)}{1 + 10} \quad (2.10.1)$$

实践表明,卡钻因子控制在 2.5 以内较为合适。

中国分别提出了摩阻系数法和人工神经网络法两种预测卡钻的方法。

摩阻系数法是在所建立的拉力和扭矩模型的基础上,利用现场实时采集的钻压、扭矩和大钩载荷数值,以及井身结构和钻具组合参数,计算出起下钻和钻进时的摩阻系数。正常情况下,摩阻系数的值为 0.1~0.3。摩阻系数值超过此范围,并有增长趋势,就有可能下钻。

人工神经网络法所需参数较多,包括钻井流体情况、钻井参数、地层条件、井身结构和钻具组合等,先采集训练用样本,后训练模型,可实时预测卡钻。此外,用于钻井流体润滑性能预测的还有金属岩石润滑性测定仪和防卡测试仪。

(1)润滑性测定仪。金属与岩石在钻井流体环境下摩擦,摩擦力通过与岩石相连的弹簧的弹性形变量显示出来,用以确定钻井流体的润滑性能。仪器测定的数据规律性好。但只能相对得出润滑剂的润滑效果,无法定量计算。

(2)防卡测试仪。仪器是用高温高压钻井流体失水仪器改装的,与高温高压黏附仪不同的是压盘改成了钢球。钢球与失水面接触后失水,在钢球周围形成滤饼,以转动钢球的扭矩的大小来判断钻井流体防卡能力。使用该仪器分析钻井流体中的固含与黏卡扭矩值有较好的相关性(Reid et al.,1996)。

钻进过程中,影响钻井流体摩擦的因素很多,在这些众多的影响因素中,钻井流体的润滑性能是主要的可调节因素。目前,常用的改善钻井流体润滑性能的方法,主要是通过合理使用润滑剂降低摩阻系数,以及通过改善滤饼质量来增强滤饼的润滑性。

10.2.1.3 钻井流体润滑性能扭矩测量方法

钻井流体的扭矩测量一般用钻井流体润滑性分析仪。测量步骤及测试润滑剂样品的润滑性能如下:

(1)扭矩测定具体步骤。

① 将仪器接到 380V 电源上(零线是否接通,可用万用表检查火线对零线都为 220V,表明零线好)。按面板开关接通仪器电源,若显示器没有显示"GOOG",请按"系统复位"键,直至显示"GOOG"。

② 接通打印机电源。接通气源并调整输出压力为 0.15MPa 左右。

③ 按"扭矩试验"键,扭矩试验指示灯亮,蜂鸣器鸣叫。拔下检查拉力传感器的插头,接通打印机电源,按"确认"键,蜂鸣器停止鸣叫声,扭矩指示灯亮。

④ 将试验钻井流体倒入岩心筒内,拧紧上盖,启动真空泵,检查密封情况。

⑤ 将试验钻井流体倒入岩心筒内,按"钻井泵"键,启动钻井泵,使钻井流体在管线中循环。排空管路中的空气,使筒内和管路充满钻井流体。调节钻井泵变速箱上的手柄改变其排量。

⑥ 按"真空泵"键,启动真空泵,并定时 10min。

⑦ 按"钻具运动"键,关闭空气电磁阀,打开放气阀,将钻头下入筒内,下降时应避免钻头与岩心内壁摩擦。

⑧ 按"转速增加"或"转速减少"键,设定钻具转速值,再按"确认"键。钻具即开始旋转,待扭矩显示值稳定后按"扭矩"清零键若干次,以使扭矩显示值(即零点)在 -0.5~+0.5之间(注意:若是当天首次开机,则应先让钻杆在 150r/min 下旋约 10min 后再从步骤③开始)。

⑨ 定时 10min 到后,在仪器挂钩上挂上所需的砝码,使钻具与岩心内壁接触并定时 30s。

⑩ 按"启动"键即可使打印机记录试验曲线,90s 后,曲线记录完毕,显示器显示载荷值,同时蜂鸣器鸣叫。按"载荷增加"或"载荷减少"键可使显示值与实际载荷一致,按"确认"键,显示对比值为 0,若需要计算相对减少率,按数字键输入,然后按"确认"键,打印出本次试验结果。

试验结果表格可记录 4 次实验内容,若不需要,可在一次试验后按"打印机复位"键使仪器和打印机退出,以便重新开始新的试验,可从步骤④开始,但不必等待 10min。直接挂上所需砝码即可。

（2）样品测试。

① 配制膨润土基浆两份,各 600mL。取配制好的膨润土基浆一份,用搅拌器搅拌 10min 后,用钻井流体润滑性分析仪测定扭矩。

② 将另外一份膨润土浆按润滑剂最佳加量加入润滑剂。用钻井流体润滑性分析仪测其扭矩。

扭矩降低率计算：

$$R_\mathrm{M} = \frac{M_0 - M_1}{M_0} \times 100\% \tag{2.10.2}$$

式中　R_M——扭矩降低率；N·m；

　　　M_0——基浆的扭矩,N·m；

　　　M_1——基浆加入润滑剂后的扭矩,N·m。

调整钻井流体润滑性能的主要目的是降低摩阻。钻井过程中影响摩阻的因素有很多种。钻井流体润滑性能的调整方法由影响润滑性能的因素决定,目前认为,影响钻井流体润滑性的因素主要有 5 种,即黏土、固相、加重剂、无机盐和有机盐等。调整钻井流体润滑性能的方法主要有两种：一种是使用润滑剂,另一种是改善滤饼质量。

钻井流体润滑性的表征量有 3 个,分别是钻井流体的润滑系数、滤饼摩擦系数和极压膜强度。钻井流体的润滑系数是指在钻井流体作用下金属间的摩擦系数,要求越小越好；滤饼摩擦系数是指滤饼与光滑金属面间的摩擦系数,要求越小越好；极压膜强度是指吸附于钻具表面的润滑膜的极限强度,要求越高越好。

钻井流体的润滑系数评价方法,可以使用极压润滑仪测定；滤饼摩擦系数可以使用滤饼摩擦系数测定仪测定；极压膜强度可以用极压润滑仪测定。

摩擦系数的计算,其原理是牛顿内摩擦定律：

$$F = \mu p \tag{2.10.3}$$

式中　F——摩擦力；

　　　μ——摩擦系数；

　　　p——物体所受的正压力。

则摩擦系数可表示为：

$$\mu = \frac{F}{p}$$

10.2.2 滤饼润滑性能测定

欲改善滤饼质量,需先了解滤饼质量的影响因素。在充分了解这些影响因素的基础上,采用合适的技术改善滤饼质量。

不同体系、不同密度的水基钻井流体的滤饼质量影响因素不同。因此,在现场施工过程中需就钻井流体中的主要组分的用量及其性质特点进行针对性选用(王平全等,2012)才能控制好体系的润滑性。滤饼质量因素主要包括黏土含量、固相加重材料、处理剂等。

(1)黏土含量的影响。黏土不仅影响钻井流体的流变性能,也影响其护壁性。黏土在钻井流体护壁作用中十分重要。借助黏土胶体粒子和卡片房子结构固相,在失水过程中参与形成滤饼。黏土含量不同,胶体粒子含量和卡片房子结构多少与强弱不同,形成的滤饼性质不同。不同作业需要的黏土加量也不同。

(2)固相加重材料含量的影响。固相加重材料也是滤饼的重要构成部分。含量变化影响滤饼质量很明显。如采用美国石油学会重晶石加重的不同密度的水基钻井流体在高温高压(150℃/3.5MPa)下测量滤饼质量参数。发现滤饼最终强度和渗透率与钻井流体中固相含量的多少呈正比例。钻井流体中固相含量达到一定程度后,滤饼的最终强度与固相含量不相关。滤饼的实际厚度和润滑系数随着密度的增加先减小后增大。

(3)不同加重材料的影响。相同条件下,重晶石加重的钻井流体形成的滤饼整体性能较铁矿粉加重的钻井流体形成的滤饼整体性能好。因此,一般来说,固相加重材料的密度越大,钻井流体滤饼质量越差。

(4)无机盐类处理剂的影响。无机盐类处理剂增加钻井流体的滤饼厚度,降低强度,增大渗透率,降低润滑性。滤饼质量整体特性变差。

(5)有机类处理剂的影响。有机类处理剂中包被剂除了使钻井流体滤饼的实际厚度有所增加、强度略微降低外,对改善滤饼的渗透率及润滑性有一定的作用;降失水剂的加入则能从整体上改善滤饼的质量。有机类处理剂中的稀释剂对滤饼质量的影响与无机盐类处理剂的影响效果相反。

滤饼质量和润滑性能测定常用的仪器有滤饼针入度机、滑板式滤饼摩阻系数测定仪、高温高压黏附仪和滤饼黏附系数测定仪等。

滤饼润滑性能的调整主要包括滤饼韧性或厚度的调整、滤饼摩阻系数的调整、滤饼黏附系数的调整、极压润滑性能的调整以及卡钻可能性的调整。

10.2.2.1 滤饼韧性和厚度测量

滤饼针入度计可测量低压或高压、静态或动态失水试验中所形成的滤饼质量和厚度,可以手动或电动操作,用纸带记录数据,如图2.10.4所示。

针入度用于测量沥青材料较为广泛,用于润滑脂较多。是指标准圆锥体在5s内沉入温度在25℃时的润滑脂试样的深度,单位是1/10mm。钻井流体滤饼是借鉴润滑脂采用的。针入度计操作步骤:

(1)取出达到恒温的盛样皿,移入水温控制在试验温度的平底玻璃皿中的三角支架上,试样表面以上的水层深度不小于10mm。

(2)将盛有试样的平底玻璃皿置于针入度仪的平台上。旋开升降架背后的紧定螺钉,上

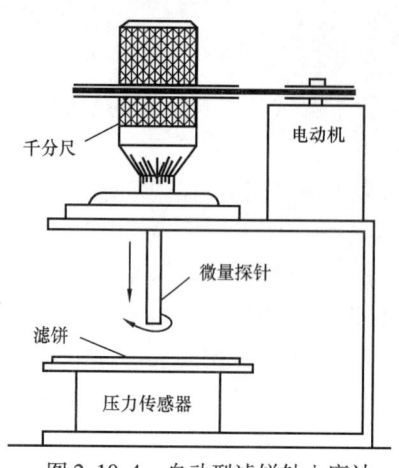

图 2.10.4　自动型滤饼针入度计结构

下移动升降架至合适位置,旋紧。再用两侧微调手轮,慢慢放下针连杆,利用反光镜来观察使针尖刚好与试样表面接触,松手,升降架自锁。

(3) 按下显示面板上置零按钮,显示清零。

(4) 置零 5s 后按下启动键,标准针下落贯入试样,读取位移指示器读数。

(5) 同一试样平行试验至少 3 次,每个测试点之间及与盛样皿边缘的距离不应少于 10mm,每次试验应换一根干净标准针,或将标准针取下用蘸有三氯乙烯溶剂的棉花或布擦干。

(6) 测定针入度大于 200 的试样时,至少用 3 支标准针,每次试验后将针留在试样中,直至 3 次平行试验完成后,才能将标准针取出。

(7) 需要重新提针连杆时,应按下释放按钮,不应在针连杆锁紧状态下抽拔。每次试验完毕后,均应取下针入件,涂油保护并装入护套内。

为防止复杂层位的井壁剥落、坍塌等井下事故,近年来兴起了钻井流体成膜技术。钻井流体成膜技术是通过在钻井流体中加入成膜材料,使钻井流体能够在井壁表面形成半透膜或隔离膜结构,即在井壁的外围形成保护层,阻止或减小钻井流体及滤液进入地层,防止地层岩石水化,封堵地层裂隙,保持井壁稳定。目前聚合物乳液成膜技术比较热门。

聚合物乳液泛指聚合物微粒分散于水中形成的胶体乳液。习惯上,橡胶微粒的水分散体称为胶乳,树脂微粒的水分散体称为乳液。聚合物乳液通常由功能单体、乳化剂、表面活性剂等在水中乳液聚合而成,一般分为天然胶乳、合成胶乳和人造胶乳。聚合物乳液通过水分挥发后聚合物粒子相互靠近、黏结可形成整体的膜结构。最初,聚合物乳液粒子分散在水中,水分蒸发时,粒子渐渐靠近,温度高于乳液最低成膜温度时,粒子在相互靠近的时候可以变形,以填充粒子之间的空隙,进而形成膜结构。

根据聚合物乳液的成膜特性,将其加入钻井流体中,使聚合物颗粒在钻井流体中均匀分散。随着钻井流体向地层失水,聚合物颗粒和固相颗粒在井壁上沉积,聚合物逐渐被限制在滤饼的孔隙中。随着失水的进一步进行,孔隙中的水量逐渐减少,聚合物颗粒絮凝在一起,在固相颗粒表面形成聚合物密封层,聚合物密封层黏结了固相颗粒和井壁表面,滤饼中的孔隙被有黏结性的聚合物所填充。由于失水过程的不断进行,凝聚在一起的聚合物颗粒之间的水分逐渐失去,最终完全凝结在一起形成连续的聚合物网状膜结构,即滤饼中的固相颗粒与聚合物交织缠绕在一起,改善了滤饼质量,阻止了钻井流体向地层的失水,也提高了滤饼与地层的黏结强度,稳定井壁。

10.2.2.2　滤饼摩阻系数测定

滤饼摩擦系数的测试方法可分为滑块(长方体)测试法和滑棒(圆柱体)测试法两类。由三角形关系可知:

$$F = W\sin\alpha \qquad (2.10.4)$$

$$p = W\cos\alpha \tag{2.10.5}$$

则滑块开始下滑时的摩擦系数根据牛顿内摩擦定律为：

$$u = \frac{F}{p} = \frac{W \cdot \sin\alpha}{W \cdot \cos\alpha} = \tan\alpha \tag{2.10.6}$$

设角 β 为滑板抬起的角度，由相似三角形的关系可知 角 α 和 角 β 相等，则有：

$$\tan\alpha = \tan\beta \tag{2.10.7}$$

式中　F——摩擦力，是滑块重量与斜面平行的分力；

　　　W——滑块重量；

　　　p——正压力，是滑块重量与斜面垂直的分力；

　　　u——摩擦系数；

　　　α——正压力与滑块重量的夹角；

　　　β——滤饼抬起的角度。

由此可知，测出滤饼抬起的角度，则其正切值就是滤饼的摩擦系数。应用此原理测量滤饼摩擦系数的仪器主要是滑板式滤饼摩阻系数测定仪。

滑板式滤饼摩阻系数测定仪是一种极简易的测量滤饼摩阻系数的仪器。在仪器台面倾斜的条件下，放在滤饼上的滑块受到向下的重力作用，当滑块的重力克服滤饼的黏滞力后开始滑动，如图2.10.5所示。测试主要有三步：

(1)准备工作。检查各连接部位连接是否牢固可靠。接通电源，开启电源开关，观察数字管是否全亮。开启电动机开关，检查各转动部位是否运转正常。若正常，将工作滑板不带槽面转至向上，关停电动机待用。按下清零按钮使数字管全部显示零位，左右调整调平手柄，观察水平泡，将工作滑板不带槽面调至水平，准备工作结束。

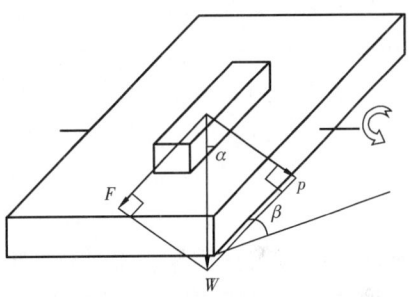

图2.10.5　滤饼摩擦系数测定原理图

(2)准备滤饼。按美国石油学会标准测量30min失水量后打开阀门放掉失水仪杯内压力，而后打开钻井流体杯，倒掉钻井流体。小心取出滤饼，尽量不要破坏滤饼的完整性，用缓慢的水流冲洗滤纸上的滤饼，冲洗过程中还要特别小心保护滤纸。冲洗掉表面浮泥后所得的滤饼放在工作滑板不带凹槽的平面上。

(3)测量开始时，将由失水试验得到的新鲜滤饼放在仪器台面上，滑块压在滤饼中心停放5min。然后开动仪器，使台面升起，直至滑块开始滑动时为止。读出台面升起的角度。此升起角度的正切值即为滤饼的黏滞系数。仪器台面的转动速度为 5.5～6.5r/min，测量精度为 0.5°。

仪器测定的数据重复性与规律性较差，且手动操作，掌握转动平衡点误差大。试验结果必然不理想(任冠龙等，2014)。

滑棒测试法的工作原理和准备工作与滑块测试法基本相同，只是滑棒测试法使用工作滑板的带凹槽面。

(1)将按美国石油学会标准做的失水后所得的滤饼放在工作滑板凹槽内,先在滤饼上面放一定量钻井流体。再将滑棒(圆柱形)轻轻放在凹槽内的钻井流体上。静置1min。

(2)开启电动机开关。电动机带动传动结构,使工作滑板带动滑棒(圆柱形)慢慢翻转。角度显示窗上的数字也随着工作滑板的翻转从零慢慢增加。

(3)当滑棒(圆柱形)随着工作滑板的翻转开始滑动时,立即关闭电动机开关,关停电动机。读取角度显示窗上角度值。

(4)按此角度值由正切函数表中查得与之相对应的正切函数值,即为滤饼的摩擦系数。测试需要钻井流体多个滤饼。各个滤饼的滑棒静置时间不同。一直做到滑棒静置到某个时间。以后的几个摩擦系数不再增大为止。若以测得的角度和静置时间画一条曲线图可以看出,曲线上升到一定程度,就趋于平滑。取拐点值就是最大的摩擦系数和静压时间。以后,再做同类钻井流体直接做最大静置时间即可。

10.2.2.3 滤饼黏附性能测定

高温高压黏附仪是一种模拟性的,具有多功能的试验测试仪器。仪器可测钻井流体在常温中压(0.7MPa)及常温高压(3.5MPa)下失水后所形成滤饼的黏附性能,同时还可测试钻井流体样品在高温(约170℃)高压(3.5MPa)下失水后所形成滤饼的黏附性能。仪器结构合理,操作方便,精度高,实现了一机多用,无须重复操作。

滤饼黏附系数测定仪可以模拟井下状态,在一定压差下钻柱(黏附盘)与井壁形成滤饼,钻柱与滤饼的黏附力与滤饼摩阻系数成正比。钻井过程中常用该仪器测定黏附盘与滤饼摩阻系数,操作也比较简便。主要测量步骤:

(1)配制出同一密度的水基钻井流体基浆两份。在其中一份基浆中以质量比计加入3%的润滑剂,获得基浆和润滑基浆,备用;配制出另一不同密度的水基钻井流体基浆两份,在其中一份基浆中以质量比计加入3%的润滑剂,获得基浆和润滑基浆,备用。

(2)将两份基浆、两份润滑基浆分别按11000r/min的速度搅拌20min,经100℃恒温滚动16h,然后经11000r/min高速搅动20min,备用。

(3)利用高温高压黏附仪对两份基浆、两份润滑基浆在相同条件下,测定润滑性能,绘制出润滑系数测试数据图。

测定仪是模拟了压差卡钻部分因素作实验条件。监测井眼中钻具与井壁滤饼之间的黏卡发生概率。由一个高压加压装置、失水实验筒和金属黏附盘组成。钻井流体在3.45MPa压力条件下失水30min后,在滤纸上形成滤饼,然后压下黏附盘使其与滤饼粘实,隔一定时间后扳动扭矩仪测定黏附系数。滤饼黏附系数为测定出的压盘在滤饼上转动的力与压盘加压在物体上的力之比。仪器在一定程度上反映了钻井流体防卡能力的大小(沈伟,2001)。

改善滤饼质量的方法,主要是在钻井流体中加入处理剂改变吸附特性,形成致密滤饼和改变滤饼质量。

(1)钻井流体中加入聚醚多元醇。聚醚多元醇具有一定的极性和较小的黏压系数,能在钻具及套管表面和井壁岩石上产生有效吸附,形成非常稳定的且具有一定强度的润滑膜,从而大幅度降低钻具与井壁及套管之间的摩擦力,降低钻具的旋转扭矩和起下钻阻力。此外,聚醚多元醇可直接参与滤饼形成,使滤饼具有较好的润滑性,有效地避免或减少压差卡钻的发生。

(2)钻井流体中加入稀释剂。稀释剂的作用有两方面:一方面,稀释剂吸附在黏土颗粒端部表面,拆散结构而起稀释作用;另一方面,稀释剂尤其是磺化类稀释剂对黏土颗粒有一定的分散作用。因此,稀释剂借助这两面的协同作用,使钻井流体保持部分结构、黏土颗粒部分分散、粒子大小与级配合理。因此,加入稀释剂后,滤饼减薄致密、渗透率降低、强度增大,滤饼质量整体特性变好。

(3)钻井流体中加入降失水剂。加入降失水剂后,一方面提高滤液黏度、降低失水速度,另一方面对黏土颗粒具有护胶能力,保证钻井流体有足够的填充粒子。颗粒大小与级配合理,黏土颗粒吸附的处理剂溶剂化膜具有弹性而起润滑作用,因而滤饼减薄、致密、渗透率降低、润滑性变好、强度增加、滤饼质量整体特性变好。

10.3 现场调整工艺

改善钻井流体润滑性能的目的主要是为了降低钻井过程中钻柱的扭矩和阻力。按摩擦表面润滑情况,钻井过程中摩擦可分为三种,如图 2.10.6 所示。

(1)边界摩擦。两接触面间有一层极薄的润滑膜,摩擦和磨损不取决于润滑剂的黏度,而取决于两表面特性和润滑剂的特性,如润滑膜的厚度和强度、粗糙表面的相互作用以及液体中固相颗粒间的相互作用。有钻井流体的情况下,钻铤稳定器等在井眼中的运动属边界摩擦。

(2)干摩擦(无润滑摩擦)或称为障碍摩擦。如空气钻井中钻具与岩石的摩擦,或井壁极不规则光滑的情况下,钻具直接与部分井壁岩石接触时的摩擦。

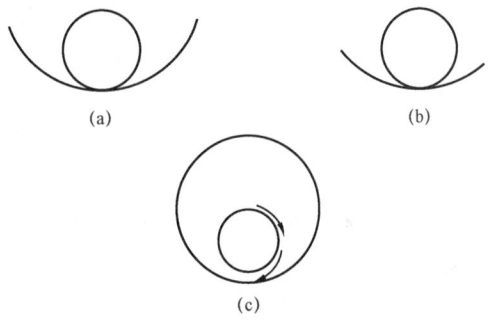

图 2.10.6 钻井过程三种不同润滑模式

(3)流体摩擦。由两接触面间流体的黏滞性引起的摩擦。

可以认为,钻进过程中的摩擦是混合摩擦,即部分接触面为边界摩擦,另一部分为流体摩擦。在高负荷边界面上,塑性表面的边界摩擦更为突出。在钻井作业中,摩擦系数是两个滑动或静止表面间的相互作用以及润滑剂所起作用的综合体现。

10.3.1 润滑性能差异确定

钻井作业中的摩擦较为复杂,摩阻力的大小不仅仅与钻井流体的润滑性能有关,而且与诸多因素密切相关。如钻柱、套管、地层、井壁滤饼表面的粗糙度,接触表面的塑性,接触表面所承受的负荷,流体黏度与润滑性,流体内固相颗粒的含量和大小,井壁表面滤饼润滑性,井斜角,钻柱重量,静态与动态失水效应等。

钻井流体润滑性能的影响因素有很多,归结起来主要有黏度、密度和固相、失水性、岩石条件、地下水和滤液 pH 值、有机高分子处理剂、润滑剂等。

(1)确定是否是黏度、密度和固相影响润滑性。

一般情况下,随着钻井流体固相含量和密度增加,黏度和切力也会相应增大。因此,钻流体润滑性能相应变差。这种情况下,钻井流体的润滑性主要取决于固相的类型及含量。

① 固相的类型影响钻井流体的润滑性能。钻井流体中的膨润土、砂岩和加重剂的颗粒具有特别高的研磨性能。

② 固相含量影响钻井流体的润滑性能。随着钻井流体固相含量增加,除使滤饼黏附性增大外,还会使滤饼增厚,易造成压差黏附卡钻。

③ 固相颗粒的大小影响钻井流体的润滑性能。钻井流体在一定时间内通过不断剪切循环,固相颗粒尺寸随剪切时间增加而减小。钻井流体失水有所减小,滤饼对钻柱摩阻也有所降低;颗粒分散得更细,使比表面积增大,造成摩擦阻力增大。

因此,严格控制钻井流体黏土含量,搞好固相控制和净化,尽量使用低固相钻井流体,是改善和提高钻井流体润滑性能的重要措施之一。

(2)确定是否是失水性、岩石条件、地下水和滤液 pH 值影响润滑性。

致密、表面光滑、薄的滤饼,具有良好的润滑性能。因此,钻井流体的失水护壁性对钻井流体润滑性能影响很大。所以向钻井流体中加入的降失水剂和其他改进滤饼质量的处理剂,主要是通过改善滤饼质量来改善钻井流体的防磨损性能和润滑性能。

在钻井流体条件相同的情况下,岩石条件会影响所形成滤饼的质量以及井壁与钻柱之间接触表面粗糙度。

地下水、井底温度、压差和滤液 pH 值等因素也会在不同程度上影响润滑剂和其他处理剂的作用效能,从而影响滤饼质量,影响钻井流体的润滑性能。

(3)确定是否是有机高分子处理剂影响润滑性。

许多高分子处理剂都具有良好的降失水、改善滤饼质量及减少钻柱摩擦阻力的作用。有机高分子处理剂能提高钻井流体的润滑性能,这与有机高分子在钻柱和井壁上的吸附能力有关,吸附膜的形成,有利于降低井壁与钻柱之间的摩阻力。

某些处理剂,如聚阴离子纤维素、磺化酚醛树脂等具有提高钻井流体润滑性的作用。不少高分子化合物通过复配、共聚等处理,可成为具有良好润滑性能的润滑材料。

乳液体系具有较为突出的润滑性能,比直接添加矿物油的钻井流体润滑性更好。随着乳液加量的增加,乳液体系的黏附系数不断减小,加量至体系的 1.0% 时,黏附系数已接近零。温度的升高有利于增强乳液的润滑性能,升温至 70℃ 时,乳液含量为 0.5% 时就能使体系的黏附系数降为零(蓝强等,2006)。

(4)确定是否润滑剂影响润滑性。

清水钻井流体,摩擦阻力较大。但往清水中加入阴离子表面活性剂型的润滑剂后,润滑性能会得到明显改善,表现为极压润滑仪测量时,回转工作电流下降很多。因此,使用润滑剂是改善钻井流体润滑性能、降低摩擦阻力的主要途径。正确地使用润滑剂可以大幅度提高钻井流体的防磨损性能和润滑性能。

极压润滑剂在高温高压条件下,可在金属表面形成一层坚固的化学膜,以降低金属接触界面的摩阻,从而起到润滑作用。故极压润滑剂更适应于水平井中高侧压力情况下,钻柱对井壁降摩阻的需要。

(5)确定是否是滤饼质量影响润滑性。

滤饼越致密、均匀、薄,越光滑越好,具有井壁岩石特性。相反,滤饼疏松、不均质、厚,则会影响润滑性。

10.3.2 润滑性能维护处理

按照几何形状、井深和用途等分类钻井类型。不同类型的井对钻井流体润滑性能的需求不同。除按照几何形状分类外,还可按几类特殊井分类,如深井与超深井、大位移井。

不同的井型或者不同的深度对钻井流体润滑性调整方法也有所区别。按几何形状可以将井分为三类,分别是垂直井、定向井和水平井。

垂直井是指井口与井底在同一条铅垂线上。钻垂直井时,钻柱旋转产生的扭矩阻力和起下钻的摩擦阻力用普通钻井流体就能克服,不需另加润滑剂。但在使用加重钻井流体时,扭矩阻力和摩擦阻力则不容忽视,并且钻井流体密度越大其阻力也越大,此时需要提高钻井流体的润滑性,降低摩阻和扭矩。

随着定向钻井技术的推广应用,尤其是水平井施工,对降低摩阻的要求越来越高。20世纪80年代以来,钻井流体润滑剂的研制和应用有了长足进步。

定向井是指沿着预先设计的井眼轨迹钻达目的层,井口与井底不在同一条铅垂线上;水平井是指沿着预先设计的井眼轨迹以井斜角不小于85°的角度进入目的层。定向井和水平井施工中,随着井斜角的增加,钻具和井壁的接触面积以及摩擦阻力和扭矩阻力随之增加,不加润滑剂极易造成卡钻。

大位移井一般是指井的水平位移与井的垂深之比等于或大于2的定向井,也有指测深与垂深之比大于2的。大位移井具有很长的大斜度稳斜段,大斜度稳斜角一般大于60°。大位移井具有能大范围地控制含油面积、提高油气采收率、降低油田开发成本等优点,具有显著的经济、社会效益,所以大位移井已成为目前开发边际油田的最有效手段之一。

管柱的摩阻扭矩是大位移井技术需重点考虑的核心问题之一。决定水平位移的最大延伸,提高钻井流体的润滑性是降低井下摩阻的主要手段之一。钻井流体润滑系数小于0.15,滤饼摩擦系数小于0.1,可以满足大位移井的基本要求。主要通过以下几种方法,达到降低摩阻和扭矩的目的。

10.3.2.1 合理选择钻井流体

适合于大位移井作业的钻井流体有油基钻井流体、合成基钻井流体和水基钻井流体,在实际钻井过程中要根据具体的情况选用钻井流体。

为了降低摩阻和扭矩,超长大位移井一般都采用润滑性能良好的油基和合成基钻井流体。传统的油基钻井流体以原油或柴油为基础油,具有较强的毒性,且成本高。目前研发了一些以精炼油(或称白油)的基础油,具有较低的毒性,且润滑性较好。

为了彻底解决油基钻井流体对环境污染问题且保留其优良特性,20世纪90年代国际上一些石油公司开发出了合成基钻井流体,其性能比油基钻井流体更好,具体表现在滤饼摩擦系数更低,润滑性能良好,能更好地解决大位移井摩阻和扭矩问题。

由于环保要求的提高,以及低钻井成本和现场易处理的需求,且在地质条件不十分复杂的前提下,水平位移相对较短的大位移井钻井作业尽可能采用水基钻井流体。

10.3.2.2 优选高效润滑剂

油基钻井流体,润滑剂对钻井流体润滑性影响很小,油水比对其影响较大。高油水比的油基钻井流体可使金属—金属或金属—砂岩界面之间的摩擦力下降近50%。所以,提高油水比可明显改善油基钻井流体的润滑性。

在油基或水基钻井流体中加入石墨、塑料小球等惰性固体润滑剂,可明显降低边界摩擦,提高钻井流体润滑性能,因为石墨和塑料小球的加入,可改变钻柱与套管或裸眼井壁的接触方式,由滑动改变滚动摩擦状态,有效地降低两者之间的摩擦系数。水基钻井流体经过一些特殊润滑剂处理,润滑性可以达到接近油基钻井流体的水平。

大位移井与直井相比,钻井作业增加了许多技术难题,如在大斜度井段,钻柱与井壁接触面积增大,摩阻增加。若井眼清洗不力,井壁不稳定,会导致缩径、坍塌以及岩屑床等,增加了钻进和起下钻过程中的扭矩与摩阻,可能导致卡钻。因此,摩阻问题是大位移井钻井作业亟待解决的技术难题。提高钻井流体的润滑性是降低井下摩阻的重要手段。当钻柱对斜井段井壁的正向压力一定时,低润滑系数钻井流体使钻杆与井壁相对运动时的摩擦阻力更小,可以大大减少钻杆与套管之间的磨损,减少黏附卡钻和钻头泥包的概率,有效提高了钻井速度,同时也满足了不断增长的设计套管延伸长度所带来需要更低润滑性要求。(蔡利山等,2003)。

深井是指井深4500~6000m的井;超深井是指井深大于6000m的井。摩擦阻力随深度成正比增加。深井和超深井具有更高的摩擦阻力。超深井的井斜和方位也会发生较多变化,产生附加阻力。如科罗拉多深井钻探10km时提钻阻力高达1200kN,回转阻力矩达27kN·m,12km时提钻阻力达1400kN(胡继良等,2012)。

深井高温高密度钻井流体性能调控的重要难题,是制约高密度钻井流体施工的技术瓶颈。中国还没有开发出针对高密度钻井流体的高效润滑剂。普通润滑剂在高温、高密度、高固相、强碱条件下,由于交联、降解、挥发和破乳等因素而失去活性,润滑效能大大降低。高密度钻井流体由于其高固相、厚滤饼,要求润滑性能更好。如果润滑性控制不好,极易黏卡、泥包等,造成流动阻力的增大,限制水马力发挥,降低机械钻速(艾贵成等,2009)。

10.3.2.3 合理调整钻井流体性能

钻井流体流动摩擦主要与钻井流体固相含量、黏度、流速和钻具管壁粗糙度等多因素有关。添加润滑材料后,可以通过管壁吸附,提高管壁的表面粗糙度,降低流动摩阻。也可通过合理调整钻井流体性能,降低流动摩阻。

严格控制钻井流体黏土含量,并充分利用固控设备,降低劣质固相含量,合理使用降失水剂,调整失水护壁性和固相颗粒粒径分布,改善滤饼质量,减小滤饼厚度,降低钻具与滤饼的接触面积;合理使用流型调节剂,调整钻井流体流变性,降低黏滞性,从而改善、提高钻井流体润滑性能。

10.4 发展趋势

钻井流体的润滑性能通常包括滤饼的润滑性能及钻井流体的润滑性能两个方面。目前,通过向钻井流体中添加优质润滑剂以降低井下摩阻是预防和解决钻井安全问题的主要技术手段之一。润滑剂在降低钻具与井壁之间的摩擦、减小钻进扭矩和起下钻摩阻、预防黏卡、防止钻头泥包中起到关键作用。通常,加入1%的润滑剂即可减少20%的扭矩。润滑剂的最优加量在3%以下。钻井流体润滑剂作为处理剂之一,不仅要具有优良的润滑性能,还要与钻井流体配伍良好,兼具热稳定性、抗氧化性等功能。

10.4.1 研究现状

钻井流体润滑剂主要应用于水基钻井流体中,油基和合成基钻井流体中的润滑剂研究较少。油基和合成基钻井流体润滑性虽优于水基钻井流体,但在高摩阻井段仍旧不能满足工程需要。目前应用的钻井流体润滑剂以有机物为主,可能伤害储层或自然环境。

10.4.2 发展方向

钻井流体润滑剂在钻井流体中的详细作用机理还不甚明确。尽管钻井流体润滑剂文献较多,但其中大部分行文方式为研制—评价—应用,研究润滑剂在钻井流体中的微观作用机理甚少。因此,深入研究润滑剂降低钻井流体摩阻的机理有益于工程应用。此外,润滑剂还存在室内与现场应用不一致、评价体系不完善以及伤害储层等问题。

(1)钻井流体润滑剂室内测量结果与现场应用不一致,误差43%~83%。例如,钻井流体中固相颗粒(如膨润土、重晶石)导致的摩擦无法通过美国石油学会极压润滑仪测量,导致了润滑测量结果与实际不符。工程技术人员应通过实验数据引入修正系数协调实验室评价与现场应用的一致性。

(2)钻井流体润滑剂评价过程不尽相同,钻井流体润滑剂的评价与选择还未形成普遍认可的体系。目前,中国主要采用润滑系数、滤饼黏附系数评价钻井流体的润滑性,辅以流变性、失水性及其他物理化学参数以优选钻井流体润滑剂。可参考的钻井流体润滑剂技术指标只有 Q/SY 1088—2012《钻井液用液体润滑剂技术规范》。国际上几个不同的润滑剂筛选方法,如使用高频往复钻机、弹性水动力钻机、润滑性能测试和环摩擦试验机等不同测试手段也可能产生不一致的结果。因此,形成一套完善的钻井流体润滑剂评价体系将是未来的发展方向之一。

(3)发展环境友好、储层伤害程度低的润滑剂。钻井流体用常规润滑剂存在耐温能力差、润滑膜强度低、荧光级别高、润滑持久性差等缺点,未来应大力研发适用于特殊井型的特种润滑剂,如极压润滑剂、耐高温润滑剂等。

第 11 章 钻井流体荧光性能

大多数钻井流体处理剂分子结构中都含有生荧团。生荧团是指分子结构中的一些不饱和双键,特别是稠环,可以吸收紫外光并且发射荧光的官能团。带有生荧团的钻井流体处理剂分子吸收紫外辐射能后,电子跃迁到激发态。激发态为不稳定态,需要回到稳定的基态。电子由激发态跃迁回基态时,能量以荧光发射的形式放出,发射荧光的能力,就叫钻井流体的荧光性能(Drilling Fluids Fluorescence Properties)。

根据玻尔兹曼分布,分子在室温时基本上处于电子的基态。吸收了紫外可见光后,基态分子只能跃迁到激发态的单线态的不同的振动能级,不能直接跃迁到激发三线态的振动能级。跃迁以后能量较大的激发态分子,在很短的时间里(10^{-15}s),由于分子间的碰撞或者分子与晶格间的相互作用,以热的形式失掉部分能量,从振动能级的较高能级向下降,这一过程称为振动弛豫。由于这一部分能量以热的形式释放,不是以光辐射形式发出,故振动弛豫属于无辐射跃迁。振动弛豫只能在同一电子能级内进行。分子经过振动弛豫到第一电子激发态的最低振动能级,发射光量子,分子跃迁到基态的不同的振动能级,这时分子发射的光即称为荧光。因此,荧光是从激发态分子衰变为自旋多重度相同的基态或低激发态时的自发的发射现象。荧光是一种发射光。根据激发光和发射光波长的关系,可分为共振荧光、荧光和反荧光三种类型。

(1)共振荧光。发射的荧光频率与激发光频率相同。荧光检测时易受到激发光的干扰,在高灵敏度的检测中一般不采用。

(2)荧光,非共振斯托克斯荧光,是指碰撞辅助非共振斯托克斯荧光。发射的荧光波长都大于激发光的波长。避开了激发光的干扰,常用于检测高灵敏度物质。

(3)反荧光,非共振反斯托克斯荧光,反射的荧光波长短于激发光的波长。适合作反斯托克斯旋光测量的粒子很少,应用不广泛。

共振荧光属于原子荧光,荧光和反荧光属于分子荧光。钻井流体处理剂发射的荧光属于分子荧光。气态自由原子吸收光源的特征辐射后,原子的外层电子跃迁到较高能级,然后又跃迁返回基态或较低能级,同时发射出与原激发波长相同或不同的发射即为原子荧光。如果在电子从激发态辐射跃迁至基态的过程中,经过较低能态的能级,并将部分能量用于非辐射跃迁,则此辐射跃迁将发射波长大于其吸收波长的荧光。如果分子中的电子在激发过程中伴有热激发,则电子由高能态跃迁至基态时,发射出波长小于其吸收波长的反荧光。

荧光分析方法是荧光物质检测常用的方法之一,具有灵敏度高、检测限低、操作简单、分析快捷等优点。

常规荧光检测技术起源于 20 世纪 30 年代,最早是由伯恩斯和斯特奥内尔于 1933 年提出的,是建立在岩心、岩屑和井壁取心录井基础上,利用石油具有荧光的特性,地质学家将荧光检测技术应用于钻井现场,紫外光照井间返出岩屑,以了解地层岩屑是否含油,从而判断地层的生油及储藏特性。石油中的油质、沥青质等在紫外光的照射下,能发出特殊光亮的现象,称为石油的荧光性。不同石油亮度及颜色有差别。根据荧光的亮度可测定石油的含量,根据发光的颜色可测定石油的组成成分。这就是荧光录井的基本原理。

20 世纪 50 年代,荧光检测技术从苏联引入中国,在荧光灯下肉眼观察岩屑颜色和强弱,定性地给出荧光级别。经过一些改进,成为大多数钻井现场应用的常规荧光检测技术。能及时地帮助人们有效处理重点层段和确定油气显示,对勘探开发现场施工有着重要的指导作用。

被测物质浓度不高时,荧光强度与浓度呈线性关系。对于特定体系在确定的实验条件下,激发光强度 I_o 与光程长 L 的积为一常数。

$$F = 2.3\phi I_o \varepsilon CL \tag{2.11.1}$$

$$K = I_o LF = 2.3K\phi\varepsilon C \tag{2.11.2}$$

式中 F——荧光强度;

ϕ——被测物质的荧光效率;

I_o——激发光强度;

ε——被测物质的摩尔吸光系数;

C——被测物质的摩尔浓度;

L——光程长。

不同原油所含分子的结构不同,吸收光的波长和发射的荧光波长也不同,由此可定性判别原油性质。同一类型的原油,用同一波长的激发光照射,可发射相同波长的荧光。若浓度不同,则随着浓度增加,所发射的荧光强度增强。

在石油钻探过程中,运用这一基本理论,根据定量检测岩样中石油的荧光强度。利用邻井相同层位的油所做的标准工作曲线计算出相当的石油含量,再根据石油含量的多少和油质情况来判断地层含油情况。

不同原油浓度下,岩屑在紫外线下的荧光颜色和级别的计算公式:

$$B = 15 - \frac{4 - \lg C}{0.301} \tag{2.11.3}$$

式中 B——荧光显示级别;

C——原油浓度,mg/L。

荧光技术在石油勘探领域有广泛应用,随着生产实际需求的增加,传统荧光技术已经很难满足要求,三维荧光与各种同步荧光得到了不断的发展。三维荧光分析法是一种高信息量、高灵敏度和高选择性的分析技术,是研究原油地球化学特性的有效测试方法,越来越受到人们的重视。与三维荧光法比较,同步荧光法在解决多组分荧光物质同时测定时,具有更好的选择性和更高的灵敏度,也越来越多地被人们应用于研究和实际工作中。目前,国内油田应用的主流仪器是二维定量荧光分析仪,其在消除钻井流体污染,有效识别轻质油等方面发挥了较大作用。

20 世纪 80 年代,美国 TEXACO 公司(美国大型石油公司之一,又称德士古石油公司或得克萨斯石油公司,1901 年成立,总部设在纽约州的哈奇森)与得克萨斯州 A&M 大学(四年制美国公立大学,成立于 1876 年,是全美校园特大的学府之一)成功研制了 QFT 数字滤波荧光仪 Quantitative Fluoresence Tester，即一维型仪器。这是荧光录井技术上的重大跨越，为定量荧光录井技术的产生和发展奠定了基础。国内很多家录井公司开始引进此仪器；同时，上海润辰公司也开发了 LYC 型一维仪器，解决了轻质油荧光用肉眼观测不到的难题，不易丢失轻质油层。但它的缺点是单点激发单点接收，不能体现不同油质的图谱特征。

QFT 数字滤波荧光仪是单发单收的定量荧光仪。通过紫外光源发出连续的紫外光，经初级滤波成为 254nm 单色光激发样品。经激发的样品发射荧光光波，由次级滤波器滤波为 320nm 的光信号经检测转换为电信号，经放大、处理后，输出荧光强度的数字量。较好地解决了常规荧光录井肉眼观察无法识别、荧光受人为因素影响等难题，实现了荧光录井由定性解释向定量解释的转变，更有利于荧光波长在 400nm 以下的轻质油和凝析油的发现和识别，较有效地消除钻井流体处理剂及混油对岩屑录井及储层识别的干扰。启发了世界荧光录井技术研究。

20 世纪 90 年代中期，中国开始了荧光录井技术研究，并开发了相应的解释软件。根据不同原油发射波长不同的特点，在原 QFT 数字滤波荧光仪的工作原理的基础上加以改进，采用分光技术，将发射波长从原来固定的 320nm 光波改为 260~800nm 扫描波长，并给出每次扫描的二维荧光图谱。结合开发软件，自动给出样品的含油浓度、自动扣除本底、消除矿物荧光的影响。同理，对激发波长也采用分光技术。当用不同波长的激发光照射样品时就测得了不同的二维光谱，即二维石油荧光分析仪。多个二维光谱叠加就生成了三维光谱，经处理可得到样品的荧光指纹图，从而产生了三维荧光仪，即 PDQFL-2001 三维分析仪和美国 TEXACO 公司 TSF 全三维扫描仪器。

此外，还发展了显微荧光技术，并已在一些油田分析化验领域开始尝试性的应用。值得一提的是，随着二维定量荧光仪的普及，与之配套的荧光录井软件开发发展很快。荧光检测技术应用于地质实验分析领域，主要是利用原油的荧光性。

钻井过程中，记录和收集井下资料，了解井下地层及井的技术情况称为录井。如对烃类或非烃气体的气测分析，对钻井的钻时、钻压和转速等参数以及钻井流体的温度、密度、导电率和流量等参数的记录以及岩屑分析（显微镜观察、页岩密度、荧光分析等）等。录井技术是油气勘探开发活动中最基本的技术，是发现与评估油气藏最及时、最直接的手段，在勘探开发中对现场施工有重要的指导作用，能及时提示人们有效处理重点层段和确定油气显示。

目前，随着计算机技术的进步，录井技术已经由过去单一的，以徒手操作、定性描述为主的岩屑（岩心）录井，逐渐发展成为以综合录井仪为主、多种小型录井仪和录井方法配合使用并逐步向定量化发展的综合录井技术。起先它仅是勘探者的耳目，后来逐渐提升为油气勘探者的有力助手，现在已成为勘探者必不可少的决策依据。

现代综合录井技术涉及石油地质、钻井工程、地球化学、地球物理测井、传感技术、信息处理与传输等多个领域，是应用数学和计算机等多种现代科学技术的边缘专业技术，是当代高科技的产物，它在油气勘探中显示出了越来越重要的作用和广阔的发展前景。

常规荧光检测技术作为地质录井技术的一种方法，是在现场将岩屑样品放在暗箱中的紫外灯下照射，通过肉眼观察记录岩屑的荧光颜色和级别，以氯仿或四氯化碳作为萃取剂，制定 15 个系列的标准样品系列对比。这样，可以利用不同的原油浓度预先配制标准荧光样品，与现场岩屑的荧光对照后，确定荧光级别。这个阶段称之为荧光定性阶段。然而，常规荧光有着显著的局限性：

（1）常规荧光灯是用波长 365nm 的紫外光照射石油，不能充分激发轻质油的荧光。

（2）用肉眼观察只能看到波长大于 410nm 的可见光，而轻质油、煤成油和凝析油发出的荧光波长为小于 400nm 的不可见光，因此用常规荧光检测方法观察不到，容易漏掉轻质油、煤成油和凝析油显示层。

（3）常规荧光录井用氯仿或四氯化碳浸泡再对比。氯仿对人体健康有害；四氯化碳对荧光有猝灭作用，会降低仪器检测的灵敏度，降低检测灵敏度，作为荧光试剂不理想。

（4）常规荧光录井不能消除钻井流体中荧光类有机处理剂的荧光干扰，在特殊施工井中影响地质资料的准确录取。

（5）常规荧光用肉眼观察和描述，人为因素太大。

为此，众多学者和石油工作人员提出了荧光定量检测技术、筛选钻井流体处理剂、重新设计钻井流体、设计石油荧光分析仪、研制性能优异无干扰的替代处理剂、寻找无猝灭无环境污染的替代溶剂，用钻井流体含油浓度恢复储层含油浓度、荧光技术在油基钻井流体录井中的应用等方法，解决常规荧光检测的不足之处。油田系统采用定量荧光分析技术，自 1998 年初以来，取得了可喜的应用效果。

有效识别油层。消除钻井流体污染，有利于发现轻质油，特别适合探井微量显示的轻质油层；评价油气层，为油源评价提供新的解释资料，有效区分不同层系的含油性质。为现场施工决策提供依据。评定储层，提高认识低阻油藏能力。

11.1　与钻井工程的关系

由于石油具有荧光特性，国际上地质学家于 20 世纪 30 年代将荧光检测技术应用于钻井现场，紫外光照钻井中返出岩屑，了解地层岩屑是否含油，从而判断地层的生油及储藏特性。

20 世纪 50 年代，荧光检测技术从苏联引入中国，并成功地应用到中国钻井现场。经过方法上的改进成为今天仍在大多数钻井现场应用的常规荧光检测技术。在勘探开发中指导现场施工，及时有效协助处理重点层段和确定油气显示。

物体经过较短波长光照，把能量储存起来，然后缓慢放出较长波长的光。放出的这种光就叫荧光。勘探开发过程中，利用荧光及时发现储层和评价储层级别。钻井流体处理剂所发射的荧光属于分子荧光。生荧团是指分子结构中的一些不饱和键，特别是共轭双键以及苯环，特别是稠环，可以吸收紫外光并且发射荧光的官能团。带有生荧团的钻井流体处理剂分子吸收紫外辐射能后，电子跃迁到激发态。由于激发态为不稳定态，必须跃迁回稳定的基态。电子由激发态跃迁回基态时能量以荧光发射的方式放出。这样，凭借这一特性可以检测钻井流体中携带出来的岩屑是否含油。

钻井流体处理剂发射荧光的波长和强度因处理剂的种类、分子结构以及处理剂配制的钻井流体类型不同存在较大差异，影响原油荧光显示的程度也不相同。因此，需要考察不同条件下添加剂种类和用量影响荧光特性以及对原油荧光显示的程度，以便优选添加剂。排除干扰原油荧光显示程度大的处理剂，既能保证钻井施工的顺利进行，又能及时发现原油荧光显示的层位。

所有钻井流体处理剂本身在紫外光照射下都能连续发射荧光,而且荧光发射波长在280~520nm 范围内,这与原油的荧光发射波长范围重叠。钻井流体处理剂本身的荧光强度大小与原油荧光显示的影响程度并不一致,因为岩屑与处理剂的相互作用程度不同,钻井流体处理剂影响原油荧光显示,既取决于处理剂本身的荧光强度,还取决于处理剂与岩屑的相互作用程度。从岩屑荧光录井的角度来看,钻井流体处理剂引起的岩屑原油荧光强度变化越小越好。

11.2 测定及调整方法

常规荧光检测仪的主要部件是装在铁皮暗箱中的紫外灯。紫外灯发射的紫外光波长一般为365nm 左右,激发光能量较低。根据荧光偏移原理,待测样品受到该波长的紫外光照射激发后所发射的荧光波长至少大于激发波长(365nm),无法激发小于365nm 波长的荧光。另外,肉眼所能观察到的光线(即可见光)波长为410~800nm,而大部分原油荧光特征主峰在300~400nm 波长范围内。因此,通过紫外光灯照射样品所观测到的荧光,只是荧光光谱延续到可见光范围的少量(约10%)荧光,其荧光强度远小于400nm 波长的荧光主峰强度。因此,常规荧光法存在原油荧光的激发、发射率低、发现率低(300~410nm 波长内的原油荧光用肉眼观测不到)和分辨率低、无法准确定量等缺点。对于轻质油,该问题更加突出。因为轻质油的整个荧光光谱波长范围低于400nm,属于不可见荧光,这时必须借助高灵敏度分析仪器才能检测到,仅靠肉眼观测很难发现和辨别。利用常规荧光检测仪肉眼观测,在技术上很难准确分辨7级以下的荧光。由于不同的地质技术员受自身现场经验、颜色敏感度等人为因素,以及环境温度、井场电压波动、紫外灯发光效率等不同因素的影响,同一个样品目测定级的误差较大。因此,该种方法主观而且不可靠,容易漏掉轻质油储层。

11.2.1 定性荧光法

不同分子结构的荧光物质,具有不同的激发光谱(即吸收光谱)和荧光光谱。这是分子荧光分析的定性依据。在定性分析时,一般是在一定实验条件下,用荧光分光光度计作试样和标样的激发光谱和荧光光谱,然后比较它们的光谱图即可鉴定试样物质。有时需改变溶剂后再比较它们的光谱图,如二者一致,即为同一物质。

利用常规荧光检测仪采用定性荧光法或者半定性荧光法,荧光录井,是识别储层最方便易行的方法,现已发展成为包括湿照或喷照、干照(又称直照)、普照、选照、滴照、浸泡照和加热照对比等系统荧光分析方法。通常根据荧光亮度估算油气含量,依据发光颜色确定油气组分。优点是简单易行,对样品无特殊要求,且能系统照射。为了及时有效地发现油气显示,尤其对轻质油,采取了湿照和干照相结合的方法,提高储层发现率。

常规荧光录井所用到的设备主要是,紫外光仪为发射光波小于 3.65×10^{-7}m 的高灵敏度紫外光岩样分析仪,内装一支15W 的紫外灯管或两支8W 紫外灯管。材料主要是标准定性滤纸。有机溶剂(分析纯)一般使用分析纯的氯仿、四氯化碳或正己烷和其他一些辅助用具。如普通试管(直径12mm、长度100mm)、磨口试管(直径12mm、长度100mm)、10 倍放大镜、双目实体显微镜、滴瓶(50mL)、盐酸(质量分数为5%～10%)、镊子、玻璃棒、小刀等。

11.2.1.1 湿照法

湿照法是指将砂样捞出后,洗净、控干水分(实际还是湿的),立即装入砂样盘,置于紫外光岩样分析仪的暗箱里,启动分析仪,观察描述。

观察岩样荧光的颜色和产状,与本井混入原油的荧光特征对比,排除原油混入造成的假显示,见表 2.11.1。

表 2.11.1　真假荧光显示判别

项目	假显示	真显示
岩样	由表及里浸染,岩样内部不发光	表里一致,或核心颜色深,由里及表颜色变浅
裂缝	仅岩样裂缝边缘发光,边缘向内部浸染	由裂缝中心向基质浸染,缝内较重,向基质逐渐变轻
基质	晶隙不发光	晶隙发荧光,饱和时可呈均匀弥散状
荧光颜色	与本井混入原油一致	与本井混入原油不一致

观察油品荧光的颜色,排除成品油发光造成的假显示,见表 2.11.2。

表 2.11.2　原油与成品油荧光判别表

油品名称	原油	成品油					
		柴油	机油	黄油	螺纹脂	红铅油	绿铅油
荧光颜色	黄色、棕色、褐等色	亮紫色、乳蓝紫色	蓝天蓝色、乳蓝紫色	亮乳蓝色	蓝色、暗乳蓝色	红色	浅绿色

测试完成后进一步确定有关油气信息。

(1)用镊子挑出有荧光显示的颗粒或在岩心上用红笔画出有显示的部位。

(2)在自然光或白炽灯下认真观察,分析岩样,排除上部地层掉块造成的假显示。

(3)观察岩样的荧光结构,若仅见砾石或砂屑颗粒有荧光,而胶结物无荧光,则可能为早期储层遭受破坏再沉积或早期储层被后期充填的胶结物填死而形成的假显示。

11.2.1.2 干照法

干照法是将岩屑洗净、晒干后,取干样置于紫外光岩样分析仪内,启动分析仪,观察描述的一种荧光分析方法。

11.2.1.3 氯仿滴照法

氯仿滴照法是在湿照的基础上进一步分析油气显示的荧光分析方法。取定性滤纸一张,在紫外光下检查,确保滤纸洁净无油污。

(1)把由湿照法挑出来的一粒或数粒荧光显示岩屑放在备好的滤纸上,用有机溶剂清洗过的镊柄碾碎。

(2)悬空滤纸,在碾碎的岩样上滴1～2滴有机溶剂。待溶剂挥发后,在紫外光下观察。若为岩心,可先在岩心的荧光显示部位滴1～2滴有机溶剂,停留片刻,用备好的滤纸在显示部位压印,再在紫外光下观察。

（3）若滤纸上无荧光显示，则为矿物发光。

（4）观察荧光的亮度和产状，按表2.11.3划分滴照级别。二级或二级以上则参加定名。

表2.11.3 荧光级别的划分

滴照级别	一级	二级	三级	四级	五级
荧光特征	模糊晕状，边缘无亮环	清晰晕状，边缘有亮环	明亮，呈星点状分布	明亮，呈开花状、放射状分布	均匀明亮或呈溪流状分布

（5）观察荧光的颜色，划分轻质油和稠油。① 轻质油荧光。轻质油含胶质和沥青质不超过5%，油质含量95%以上。荧光的颜色主要显示油质的特征，通常呈浅蓝色、黄色、金黄色、棕色等。② 稠油荧光。稠油含胶质和沥青质20%～30%甚至50%，荧光颜色主要显示胶质和沥青质的特征，通常为颜色较深的棕褐色、褐色、黑褐色。

轻质油荧光颜色浅，稠油荧光颜色深，利用荧光法可以方便地分辨油质的轻重。

11.2.1.4 系列对比法

系列对比法是现场常用的定量分析方法。取1.0g磨碎的岩样，放入带塞无色玻璃试管中，倒入5～6mL氯仿，塞盖摇匀，静置8h后与同油源标准系列在荧光灯下对比，找出发光强度与标准系列相近等级。用式（2.11.4）计算样品中沥青的含量。

$$Q = (A \times B \div G) \times 100\% \qquad (2.11.4)$$

式中 Q——被测岩样的石油沥青质量分数，%；
A——被测岩样同级的1mL标准岩样中的沥青质量，g/mL；
B——被测岩样用的氯仿溶液体积，mL；
G——样品质量，g。

然后用求得的结果与标准系列石油沥青含量表对比，得到对应的荧光级别。

对岩屑原油沥青的定量分析，主要是通过试样与标准系列对比来确定等级并计算其百分含量。因此必须预先选取本构造、相邻构造或邻区的纯原油配制出荧光标准系列。标准系列共分15级，荧光标准系列1mL标准溶液中沥青含量见表2.11.4。

表2.11.4 荧光标准系列1mL标准溶液中沥青含量

级别	含量，%	含油浓度，g/mL	级别	含量，%	含油浓度，g/mL
1	0.00031	0.000000661	9	0.078	0.000156
2	0.00063	0.00000122	10	0.156	0.000313
3	0.00125	0.00000244	11	0.3125	0.000625
4	0.00256	0.00000488	12	0.625	0.00125
5	0.005	0.00000976	13	1.25	0.0025
6	0.01	0.0000195	14	2.5	0.005
7	0.02	0.0000391	15	5	0.01
8	0.04	0.0000781			

将岩样粉碎,取1.0g放入试管中,加入5.0mL氯仿,加盖或蒸馏水密封,静置6~8h。在荧光灯下与标准系列溶液对比,判定显示级别。

从表2.11.4中可以看出,由于不同的地质技术人员受自身现场经验、颜色敏感度等人为因素以及环境温度、井场电压波动、紫外灯发光效率不同等客观因素的影响,同一个样品目测定级的误差最高可达3级。另外,客观上还存在某些非技术性因素,直接影响钻井流体处理剂的荧光评价。

11.2.1.5　点滴法

点滴法是先定量称取待测样品,用一定体积的氯仿直接浸泡一定时间后,过滤去除不溶物;然后,用玻璃棒蘸一滴萃取液放于滤纸上,将滤纸置于荧光灯下,用肉眼观察光环的颜色和亮度。该方法能够检验荧光的"强""弱""无"。

11.2.2　定量荧光法

石油以烃类为主,以非烃类为辅。通常所说的石油族组成指饱和烃、不饱和烃、非烃、非烃类和沥青质4种组分。烃类占80%以上,是石油的主要组成部分。非烃类主要有含氧化合物(包括环烷酸、脂肪酸、酚等)、含硫化合物(硫醚、二硫化物等)及含氮化合物,多为杂环化合物。对以上的石油族组成,现场定量荧光录井是基于紫外吸收光谱与荧光光谱法的一种石油分析技术。

紫外吸收光谱法是基于共轭双键有机化合物,在紫外区域存在特征吸收峰。随着共轭双键的增加,特征峰向长波方向移动。不同的芳香族化合物在一定的波长上存在一定的分子吸收系数,通过特征峰波长位置及其相关性,可以判别某些组分的存在,如单环芳烃、双环芳烃等。

荧光光谱法的基本原理是许多芳香族化合物在紫外光的照射下,能够产生反映该物质性质的荧光。在一定条件下、一定浓度范围内物质的含量与荧光光强度成正比。在有机分子能够产生荧光的共轭双键体系中,π电子的共轭度越大,荧光就越易产生。芳烃荧光最强。荧光强度与有机分子浓度可以保持较好的线性关系;非烃荧光较芳烃弱;饱和烃中没有芳香环,没有共轭π键,所以没有荧光。沥青质是由带有烷基取代基的缩合的芳香环和烷环组成,是多成分组成物,所以会有荧光,但其谱图特征表现为多峰组合。

可见紫外吸收光谱法和荧光光谱法两种方法都可用来检测石油中的芳烃含量与性质。由此形成了多维的定量荧光录井分析方法。

11.2.2.1　单点荧光法

单点定量荧光测量只能提供固定激发波长(254nm)、固定发射波长(320nm)的荧光分析。缺点是单点激发单点接收,不能体现所有油质的图谱特征。

荧光分析技术发展很快。通过研究和实验石油发射荧光机理,利用现代光电技术逐步研制和发展了能够弥补常规荧光检测仪器不足的定量荧光检测仪器。目前,世界研制开发的定量荧光检测仪器大致可分为三类,即数字滤波荧光检测仪、二维荧光检测仪和三维荧光检测仪。

11.2.2.2　数字滤波荧光检测法

用数字滤波荧光检测仪测量荧光的方法也称一维定量荧光检测仪法。数字滤波荧光检测仪也是荧光光度计的一种,是一种固定激发波长和发射波长的定量荧光分析技术。在20世纪90年代,由美国TEXACO公司开发,典型仪器为QFT定量荧光仪。同时,中国上海润辰公司也开发了LYC型一维定量荧光检测仪器。

11.2.2.3 二维定量荧光检测仪法

二维定量荧光检测仪采用单点激发、多点接收的方式,激发波长为254nm,光栅接收的荧光发射波长为200~600nm。

1997年,中国石油天然气集团公司立项开始研制具有图谱特征的二维荧光分析仪,也就是OFA荧光分析仪。OFA克服紫外灯观察不到轻质油的缺陷,使轻质油层不易遗漏;采用正己烷作为萃取液替代数字滤波荧光仪的异丙醇和常规录井的氯仿和四氯化碳,使荧光分析灵敏度提高10~35倍;自动扣除钻井流体添加剂的荧光干扰;以图谱的形式比较全面地反映了油质和添加剂的全貌。直观、简单耐用。

11.2.2.4 三维荧光分析法

三维荧光分析法能够获得激发波长与发射波长或其他变量同时变化的荧光强度信息,将荧光强度表示为激发波长—发射波长两个变量的函数。或者说,物质的荧光强度与激发光的波长和所测量发射光的波长有关,将荧光强度的数据用矩阵形式表示。行和列对应不同的激发光波长和发射光波长,每个矩阵元分别为激发光、发射光波长的荧光强度,称之为激发—发射矩阵(Excitation – Emission Matrix, EEM)。描述荧光强度随激发波长和发射波长变化的关系图谱即为三维荧光光谱。三维荧光光谱有两种表示形式(王春艳,2005)。激发波长可变,形成样品的指纹图和立体图,精细分析样品,尤其对添加剂的区分比较明显。但仪器精密、结构复杂,更适合室内应用,增加了现场应用和解释的难度。

三维定量荧光检测仪由紫外光源、激发光分光系统、样品室、接收光分光系统、检测器、信号放大及处理电路和计算机、打印机等组成。采用光栅分光激发光,可发射光谱扫描测试样品不同激发光波长下,多个二维光谱叠加处理可以生成三维光谱。此即三维立体图或三维指纹图。

11.2.2.5 同步荧光光谱法

荧光录井中普遍存在三维数据获取及分析时长较长,二维发射光谱定量数据单一,石油荧光光谱重叠严重以及存在测量范围窄、准确度不高等不理想现象,从而影响了荧光技术成为石油地质实验室中的主力分析手段的进程。

同步荧光技术简单快捷、光谱特征丰富明显、干扰小,可将三维图谱要表达的特征以特殊的二维图谱模式表现出来,其量值指标更易于比较和操作,尤其适合对多组分混合物的分析。同步荧光法在原油样品分析中显现出较大优势和发展空间。

在常用的发光分析中,所获得的两种基本类型的光谱是激发光谱和发射光谱。由Lloyd首先提出的同步扫描技术与常用的荧光测定方法不同。同步扫描技术是在同时扫描两个单色器波长的情况下测绘光谱的,由测得的荧光强度信号与对应的激发波长和发射波长构成光谱图,称为同步荧光光谱(Lloyd,1971)。

(1)同步光谱与激发光谱及发射光谱都有关系,同时利用了化合物的吸收特性和发射特性,因而使光谱分析的选择性得到改善。

(2)有利于分析多组分混合物。同步荧光光谱可以增强强带,减小弱带,剔除干扰。

(3)可消除瑞利散射干扰,降低且拉曼散射光强度。

根据激发和发射两个单色器在同时扫描过程中彼此间所应保持的关系,同步荧光测定可分为3种类型:

第一种类型,在同时扫描过程中使散发波长和发射波长彼此间保持固定的波长间隔,即散射波长减去发射波长为常数。这种方法称为固定波长同步扫描荧光测定法,即习惯上所说的同步荧光测定法,是最初的同步扫描技术。

第二种类型,以能量关系代替波长关系,在两个单色器的同时扫描过程中使激发波长与发射波长之间保持固定的能量差即频率或波数差。这种方法称为固定能量同步扫描荧光测定法。

第三种类型,在测绘同步光谱时,使激发和发射两个单色器以不同的速率同时扫描,称为可变角或可变波长同步扫描荧光测定法。

同步扫描荧光测定可以光谱简化、谱带窄化、减少光谱重叠现象和减小散射光影响。

同步荧光测定可以减小因光谱重叠和宽带结构所引起的干扰,从而提高分析的选择性,但它与惯用的荧光测定方法一样,仍然存在发光分析技术所固有的某些局限。例如,同样受内滤效应、猝灭和能量转移等因素的影响。因此,必须在足够稀的溶液中测定。在高浓度的溶液中,由于内滤、猝灭和能量转移等因素的影响加剧,工作曲线非线性和同步光谱畸变的现象时有发生。同时,随着浓度增大,激发能的转移过程加剧,荧光光谱和同步荧光光谱向长波方向移动。"猝灭"现象是指荧光分子与其他分子发生作用造成光度降低,发光时间缩短乃至停止发光的现象。激发态反应、共振能量转移形成非荧性络合物、分子碰撞、pH值变化、温度变化、压力变化等都可能引起荧光猝灭。常见的荧光猝灭是长时间照射造成激发态分子与其他分子相互作用,引起碰撞造成的。只有在稀溶液里才能忽略分子间的相互影响,吸光度才能和浓度存在线性且是正比例关系。只有满足这一条件才能得出准确的测量结果,测得数据才能用作"定量分析"。认为对溶液的稀释是浪费溶液和工作繁杂的观点将导致测量数据失去科学性,测得结果是不准确的,不可能达到"定量"的目的。

Latz H. W. 等认为,只有当混合物中组分之间在浓度和荧光分子匹配时,才能提供可靠的定性和定量数据。因而,需要用惯用的荧光测定方法配合测量以揭示各组分之间的干扰情况(Latz et al.,1978)。

11.2.2.6 荧光分光光度法

分子荧光光谱分析(Molecular Fluorescence Spectroscopy,MFS)也叫荧光分光光度法,是当前普遍使用发展前途看好的一种光谱分析技术。

荧光分光光度法是根据物质的荧光谱线位置及其强度物质鉴定和含量测定的方法。

由于物质分子结构不同,吸收光的波长和发射的荧光波长也有所不同。利用这个特性可以定性鉴别物质。同一种分子结构的物质,用同一波长的激发光照射,可发射相同波长的荧光。若该物质的浓度不同,则浓度大时,所发射的荧光强度亦强。利用这个特性定量测定荧光。用荧光定性、定量分析的方法称为荧光分析法,也称荧光分光光度法。测定荧光的仪器有荧光记计和荧光分光光度计。

11.3 现场调整工艺

一般情况下,岩屑荧光录井要求钻井流体处理剂及钻井流体本身的荧光强度越低越好,这就要求用来配制钻井流体的各种处理剂不仅具有良好的性能,而且荧光强度应尽可能低。钻井流体处理剂是保持钻井流体性能、确保钻井施工顺利不可缺少的材料,但大部分钻井流体处理剂在紫外光照射下均有不同程度的荧光发射,某些处理剂的荧光发射还较强。例如,改性沥青是一种比较理想的钻井流体防塌降失水剂,但它荧光较强,岩屑荧光录井带来分辨困难,因此仅限于在生产井中使用(赵菊英等,1996)。

因此,荧光性能控制尤为重要,荧光性能参数的计算是评价储层,判别储层性质的基础。了解和利用荧光性能的影响因素,提高荧光分析的灵敏度和选择性。同时,储层评价之前首先保证检测数据的精准性。

11.3.1 荧光级别差异确定

常规荧光录井技术采用传统简易荧光灯所发射的紫外光照射含油岩屑,用肉眼主观观察荧光颜色、含量,用氯仿等有机溶剂浸泡后观察确定荧光级别。

目前,中国许多油田都开展了定量荧光录井的应用研究工作,并逐步推广应用,取得了初步成效,已为越来越多的油田用户和勘探方接受,替代常规荧光录井也势在必行,但许多测定方法受内外界影响,存在许多不确定因素。

荧光的发射及荧光强度首先取决于发射荧光物质的分子结构,其次是在荧光发射过程中不可避免地受到无辐射去活化过程的环境因子的影响,如温度、溶剂、pH值、溶解氧、激发光、荧光自熄和散射光等(刘爱军,2003)。

11.3.1.1 分子结构因素

发射荧光的物质必须具有吸收光量子的结构和一定的荧光量子效率。由于能强烈发射荧光的物质几乎都是通过跃迁过程吸收辐射能量。因此,具有共轭双键,尤其是具有刚性结构、平面结构和稠环结构的电子共轭体系的分子有利于发射荧光。荧光效率是发出的光量子数与吸收的光量子数的比值,是影响荧光发射的重要因素。芳香族化合物芳香环上的不同取代基团,通过诱导作用而影响荧光强度和荧光效率。

由于石油与钻井流体处理剂都是混合物,除取代基的影响外,生荧团之间的相互作用可以影响生荧团的能量传递,与纯有机物荧光相比生荧团发出相对弱的偏红荧光。

(1)Forster共振耦合作用。Forster共振耦合作用,是结构相似的生荧团分子间的偶极—偶极相互作用,使激发态分子(供体分子)可在远大于分子碰撞直径的距离(可达5~10nm)内将激发能传递给另一生荧团分子(受体分子)。Forster共振耦合能量转移效应可使荧光效率降低,光谱峰红移。

(2)辐射能量转移作用。辐射能量转移作用,是一荧光分子发射的荧光被另一荧光分子吸收,导致后者被激发而发射荧光。能量的转移效率取决于供体分子的发射光谱与受体分子的吸收光谱两者的重叠程度。辐射能量转移的结果使荧光强度降低。

(3)激基聚合体的形成作用。激基聚合体的形成作用,是某些荧光物质,如蒽和芘等,在浓度较高的体系中,激发态分子可能与基态分子发生聚合作用而生成激发态二聚体。蒽的激发态二聚体并不发光。有些荧光物质的激发态二聚体虽会发射荧光,但光谱特性与原荧光物质相比,往往有较大的偏移。

11.3.1.2 环境因素

荧光发射性能的环境影响因子主要包括温度、溶剂、pH 值、溶解氧、激发光、荧光的熄灭和散射光等。

(1)温度。温度影响测试溶液的荧光强度,随溶液温度升高,荧光强度和荧光效率下降。这是因为,温度升高时,分子运动速度加快,分子间碰撞概率增加,无辐射跃迁增加,降低荧光效率。例如,荧光素钠的乙醇溶液,在 0℃以下,温度每降低 10℃,在荧光效率增加 3%,在 −80℃时,荧光效率为 1。一般地,样品温度升高 10℃,荧光强度降低 1%~2%。某些生物化学样品,荧光强度降低率约为 10%。随温度升高,荧光效率降低的主要原因一是分子辐射能的转移作用,二是由于激发态分子和溶剂分子之间发生某些可逆的光化学作用。

(2)溶剂。同一种荧光物质在不同的溶剂中荧光特征峰的位置和荧光强度都有差别。一般来说,荧光峰的波长随着溶剂的介电常数增大而增大,荧光强度也有增强。这是因为在极性溶剂中,$\pi \rightarrow \pi^*$ 跃迁需要的能量差变小,而且跃迁概率增加,使紫外吸收和荧光波长均增长,强度也增强。

溶剂黏度减小时,增加分子间碰撞机会,无辐射跃迁增加,荧光减弱。故荧光强度随溶剂黏度的减小而减弱。由于温度影响溶剂黏度,一般温度上升,溶剂黏度降低,温度上升荧光强度下降。

如果溶剂和荧光物质形成络合物,或溶剂使荧光物质的离解状态改变,则荧光峰的波长和荧光强度都会发生很大变化。例如,苯胺稀溶液中加入少量盐酸,由于生成盐而使荧光消失。混合溶剂对荧光作用重要,如一种荧光物质分别在两种不同的溶剂中均不发射荧光,但是在这两种溶剂的混合物中,有可能发生很强的荧光。

(3)pH 值。荧光物质本身为弱酸或弱碱时,溶液的 pH 值改变影响溶液的荧光强度。主要是因为弱酸弱碱和自身离子结构不同,不同酸度,分子和离子间的平衡不同。因此,应该预先了解溶液的 pH 值与荧光的关系,以便确定适宜的 pH 值范围。另外,有些荧光物质在酸性或碱性溶液中发生水解改变荧光强度。因此,要与 pH 值改变影响荧光强度的区别认清。在每一种荧光物质都有适宜的发射荧光的形式,也就有相应的 pH 范围,保持荧光物质和溶剂之间的离解平衡。

(4)溶解氧。溶液中的氧分子可使样品溶液发射的荧光强度降低甚至熄灭。溶解氧几乎对所有的有机荧光物质都有不同程度的荧光熄灭作用,对芳香烃尤为显著。

(5)激发光。有些荧光物质的稀溶液在激发光照射下容易分解,降低荧光强度。因此,在定量荧光测试时尽量避免样品溶液照射时间过长。

(6)荧光熄灭。由于荧光分子间或其他物质的作用,有时荧光强度显著下降,这种情况称之为荧光熄灭。荧光熄灭的原因可概括为三个方面:

① 碰撞熄灭。溶液中熄灭剂分子和荧光分子碰撞,降低荧光物质分子的荧光效率,导致荧光强度降低。

② 生成无荧光络合物。由于一部分荧光物质分子与熄灭剂分子作用生成无荧光络合

物,导致荧光强度显著下降。

③ 自行熄灭。荧光物质的浓度超过一定量,激发态分子与基态分子碰撞,荧光熄灭,即所谓的浓度消光现象。

(7)散射光。散射光是溶剂、容器以及能形成胶粒的溶质在激发光照射下而产生的。散射光有两种:一种是瑞利散射光,另一种是拉曼散射光。在测定之前,先做出空白溶液的发射光谱,然后选择适当的波长,以便绕过溶剂的散射光峰,再测定溶液的荧光强度,才能避免显著误差。

11.3.2　荧光性能维护处理

有些条件下,要求钻井流体无荧光。维护处理荧光强度达到要求,可以选用无荧光的处理剂和研制无荧光的替代处理剂。

11.3.2.1　选用无荧光处理剂

处理剂选用前,评价处理剂荧光特性,筛选出影响岩屑原油荧光强度越小越好的钻井流体处理剂,用荧光干扰度定量评价钻井流体处理剂影响原油荧光程度(王富华等,2001)。

聚合醇无荧光多功能储层保护剂系列产品是由环氧乙烷或环氧丙烷单体分别在不同条件下,通过聚合反应生成的不同分子量和分子结构的聚醚类有机聚合物产品。分子基本结构为醚键,不含双键和苯环,也就是说分子结构中不存在能够发射荧光的具有π电子结构的生荧团。因此,只要产品来源可靠,一般情况下不会发射荧光。

但地质技术人员通过对聚合醇无荧光多功能储层保护剂系列产品紫外灯目测分析发现,产品存在一定程度的扩散光。由于这种光具有不扩散的特点,并且荧光级别较低,现场易于分辨,可在探井中使用,不会影响荧光录井。小于7级的荧光在紫外灯下仅凭肉眼观测难以分辨。因此,荧光级别确定因人而异,测试结果缺乏客观性。

11.3.2.2　研制无荧光的替代处理剂

改性沥青是一种比较理想的防塌处理剂,但在紫外光照射下,能够发出比较强的荧光,给地质岩屑录井分辨带来困难。

20世纪80年代以来,消除钻井流体改性沥青荧光的研究不断深入。利用原油、柴油和改性沥青的荧光特征,设立了3个检测挡,即柴油挡(347nm)、原油挡(379nm)和沥青挡(580nm),研制出石油荧光分析仪。根据不同要求,这三个挡可以任意选择使用,且定量检测。

在钻井流体中混有柴油和改性沥青的情况下,为了消除其对岩屑荧光录井的影响,可在检测目的样的同时,检测目的层前几米的岩样荧光值,即背景值,在转换为对比级之前扣除背景值,即可达到消除影响的目的(赵菊英等,1996)。

11.4　发展趋势

近几年来,中国一些油田,尤其是地质荧光录井技术比较薄弱的油田,不仅在探井,而且在一些开发井中,对钻井流体处理剂的荧光对比级别的要求越来越苛刻,禁止使用一些不可能存在荧光的处理剂。主要原因是由于对荧光机理缺乏认识,忽略了不同的荧光评价方法评价结果不同,未能从处理剂本身对原油荧光照示的实际影响程度(即荧光干扰度)考虑,片面强调处理剂本身的绝对荧光。势必陷入荧光误区,误导钻井流体处理剂的研制、生产和销售,给钻井生产和钻井流体施工带来不良影响。为此,有必要对钻井流体处理剂的荧光问题深入探讨,正确认识钻井流体处理剂荧光问题,建立科学而又行之有效的荧光评价方法(刘爱军,2003)。

11.4.1 研究现状

分子荧光分析能提供较多的参数。这些参数能从不同的角度反映分子的发光特性。通过对这些参数的分析,不但可以做一般的定量测定,而且还可以推断分子在各种环境中的构象变化,从而了解大分子的结构与功能的关系。

11.4.1.1 荧光强度

目前一般处理剂都采用荧光强度来表示荧光的相对强弱,不用考虑量纲,用相对值表示。在仪器上测定一个物质的相对荧光强度与很多因素有关,可表示为:

$$I = K \varphi_f I_e (1 - e^{-\varepsilon b C}) \tag{2.11.5}$$

式中 I——荧光强度;

K——仪器常数;

φ_f——量子产率;

I_e——激发光强度;

ε——摩尔吸附系数;

b——样品池的厚度;

C——样品的浓度。

从式(2.11.5)可以看出,荧光强度与仪器条件有关,同一物质用不同仪器或同一仪器在不同的测定条件下,得到的值常常是不同的;荧光强度与物质本身的量子产率和激发光强度成正比;荧光强度与摩尔吸收系数、样品光径及浓度三个因素有关。摩尔吸收系数是表示某一物质吸收光的特性。分子要发射荧光首先必须吸收能量,所以吸收特性与荧光发射密切相关。样品光径和浓度是互相有关系的两个因子。因为增大样品池的光径,在测定效果上就像增大样品浓度一样。当溶液浓度很低时,$e^{-\varepsilon b C}$ 近似等于 $1 - \varepsilon b C$,式(2.11.5)变形为:

$$I = k I_e \varphi_f \varepsilon b C \tag{2.11.6}$$

用物质的荧光发射光谱面积来表示荧光的量,称为总荧光量。使用总荧光量定量分析分子荧光,可以提高荧光灵敏度。

11.4.1.2 分子荧光激发光谱和发射光谱

任何荧光的分子都具有激发和发射两个特征光谱,是利用荧光法定量和定性分析的基本参数和依据。

常见的荧光光谱主要包括激发谱和发射谱两种。激发谱是荧光物质在不同波长的激发光作用下，测得的某一波长处的荧光强度的变化，也就是不同波长的激发光的相对效率。发射谱则是某一固定波长的激发光作用下荧光强度在不同波长处的分布情况，也就是荧光中不同波长的光成分的相对强度。激发谱是表示某种荧光物质在不同波长的激发光作用下所测得的同一波长下荧光强度的变化，荧光的产生又与吸收有关，因此激发谱和吸收谱极为相似，呈正相关关系。

吸收谱与发射谱的关系由于激发态和基态有相似的振动能级分布，从基态的最低振动能级跃迁到第一电子激发态各振动能级的概率与由第一电子激发态的最低振动能级跃迁到基态各振动能级的概率也相近。因此吸收谱与发射谱呈镜像对称关系。发射谱中最大荧光强度的位置称为 λ_{max}，是荧光光谱的一个重要参数，对环境的极性和荧光团的运动很敏感。

(1) 荧光激发光谱。激发光谱表示的是在某一发射波长下荧光强度随激发光波长的变化曲线。要使某荧光物质在一定条件下产生荧光，就需要有一个激发光源提供能量。一定强度的激发光经第一单色器分光，选择最佳波长的光激发液池内的荧光物质。物质发出的荧光可射向四面八方，但通过液池后的激发余光是沿直线传播的。为了准确地测定荧光，检测器不能直接对准光源。通常在液池的一边，与激发光传播方向成直角关系。这样，强烈的激发余光不会显著干扰测定，也减弱了损坏检测器的可能性。

第一单色器的作用是给荧光物质选择具有特定波长的激发光。第二单色器的作用是滤除荧光液池的反射光、瑞利散射光、拉曼光以及溶液中干扰物质产生的荧光，只允许被测物质的特征性荧光照射到检测器上转换光电信号，消除杂光干扰，提高测定选择性。

激发光谱(Excitation Spectrum)是在激发光的波长连续变化时在某一固定荧光测定波长下测得的该物质荧光强度变化的图像。测定激发光谱时，先固定第二单色器的波长，使测定的荧光波长保持不变，后改变第一单色器的波长在 200～700nm 范围内扫描。以显示系统测出的相对荧光强度为纵坐标，以相应的激发光波长为横坐标作图，所绘出的曲线就是该荧光物质的激发光谱。激发光谱反映了激发光波长与荧光强度之间的关系，为荧光分析选择最佳激发光提供依据。为了获得较高灵敏度，理论上应选用最大激发波长作为激发光，但实际上常选用波长较长的高波峰所对应的波长作为激发光。这样，既可产生较大的荧光强度，又不至于引起荧光分子的跃迁，灵敏度和准确度都比较理想。

激发光谱第二单色器不论怎样改变固定波长，同一荧光物质激发光谱的性质在其他条件一定时并不改变。变化的只是曲线高低，即测定的灵敏度发生变化。这是由于第二单色器波长只要固定，荧光的相对比较强度即固定。如果改变第二单色器至新的固定波长，荧光的相对比较强度又固定在一个新的水平，激发光谱在各波长处的强度将移动同样的距离，使谱线的形状保持不变。同一物质的最大激发波长与最大吸收波长一致。这是因为物质吸收具有特定能量的光而激发，吸收强度高的波长正是激发作用强的波长。因此，荧光的强弱与吸收光的强弱相对应，激发光谱与吸收光谱的形状应相同。但实际上并不完全一致，因为激发光包含着光源以及单色器的特性，荧光分光光度计并不能保证在各波长处以完全相同的强度激发。

(2) 荧光发射光谱，简称荧光光谱。荧光发射光谱是在某一波长紫外光激发下，荧光强度随发射光波长的变化曲线。

荧光光谱如果固定第一单色器波长,使激发光波长和强度保持不变。然后改变第二单色器波长,从 200～700nm 扫描。所获得的光谱就是荧光光谱(Fluorescence Spectrum),表示在该物质所产生的荧光中各种不同波长组分的相对强度,为选择最佳测定波长荧光分析提供依据,也可用于荧光物质鉴别。

荧光光谱的特性是荧光光谱形状与激发波长无关。这是由于分子无论被激发到高于 S_1 的哪一个激发态,都经过无辐射的振动弛豫和内转换等过程,最终回到动能级,产生分子荧光。因此,荧光光谱与荧光物质被激发到哪一个电子能级无关。

荧光光谱与吸收光谱有很好的镜像(Mirror Image)关系。S_0 态跃迁到 S_1 态各振动能级时产生的吸收光谱,其形状取决于该分子各振动能级能量间隔的分布情况(称该分子的第一吸收带)。分子由 S_1 态的最低振动能级至 S_0 态振动能级所产生荧光光谱同样有多个峰。也就是说,荧光光谱的形状取决于 S_0 态中振动能级的能量间隔分布。由于分子的 S_0 态和 S_1 态中振动能级的分布情况相似,荧光光谱和吸收光谱的形状相似。

在吸收光谱中,S_1 态的振动能级越高,与 S_0 态间的能量差越大,吸收峰的波长越短;相反,在荧光光谱中,S_0 态的振动能级越高。与 S_1 态间的能量差越小,产生荧光的波长越长。因此。荧光光谱和吸收光谱的形状虽相似,却呈镜像对称关系。荧光发射与荧光物质的分子被激发到哪一个能级无关,即与激发光能量无关。一般来说,荧光发射光谱的形状与激发光波长的选择无关。但是当激发光波长选在远离最大激发峰的位置时,发射强度小,会导致灵敏度低。因此,在实际工作种应尽量选用最大激发峰波长作为激发光。

11.4.1.3 峰位及谱带宽度

(1)峰位,是指激发峰和发射峰的波长所在的位置,分别用 λ_{ex} 和 λ_{em} 表示,并用 λ_{max} 表示特征光谱峰位。峰位是荧光定性鉴定的重要依据。

(2)谱带宽度。通常用半波宽来表示,即峰的强度值为一半时其横坐标上的波长宽度。当然表示谱带宽度的方法还有很多种,如光谱的有效面积除以峰高等。

11.4.1.4 分子荧光寿命

某种物质被一束激光激发后,物质的分子吸收能量后从基态跃迁到某一激发态,再以辐射跃迁的形式发出荧光回到基态。激发停止后,分子的荧光强度降到激发时最大强度的自然对数的底的例数所需的时间称为荧光寿命。荧光物质受到一个极其短的时间的光脉冲激发后,从激发态跃迁到基态的变化可以用指数衰减定律来表示。

$$I_t = I_0 e^{-Kt} \tag{2.11.7}$$

式中 I_t, I_0 ——在 t 时间和激发初始时的荧光强度;

K——衰减比例常数。

11.4.1.5 斯托克斯位移

激发峰位和发射峰位的波长差称为斯托克斯位移,表示分子回到基态以前在激发态寿命期间能力的消耗,单位是 cm^{-1}。

$$斯托克斯位移 = 10^7 \left(\frac{1}{\lambda_{ex}} - \frac{1}{\lambda_{em}} \right) \tag{2.11.8}$$

式中 λ_{ex}，λ_{em}——校正后的最大激发波长和最大发射波长，nm。

11.4.1.6　荧光猝灭

荧光分子与溶剂或其他物质分子作用使荧光强度减弱的现象称为荧光猝灭。能使荧光强度降低的物质称为荧光猝灭剂（Quencher）。如温度淬灭、杂质猝灭等。量子产率对于生荧团周围的环境以及猝灭过程很敏感。量子产率的改变必然会引起荧光强度的改变。因此，如果只需要研究量子产率的相对值，则只要量测荧光强度也就足够了。荧光猝灭分为静态猝灭和动态猝灭。静态猝灭的特征是基态荧光分子和猝灭剂发生反应，生成非荧光性物质，使基态荧光分子失去荧光特性。

动态猝灭的特征是激发态和碰撞，发生能量或电子转移从而失去荧光性，或生成瞬时激发态复合物，使荧光分子的荧光猝灭。与静态猝灭不同，动态猝灭通常并不改变吸收光谱。

产生荧光猝灭的原因很多，如荧光物质和猝灭剂分子碰撞而损失能量；荧光分子与猝灭剂分子作用生成不发光的化合物；在荧光物质的分子中引入卤素离子后易发生体系跨越而转至三线态；溶解氧的存在使荧光物质氧化，或是由于氧分子的顺磁性促进了体系跨越，使激发态的荧光分子转成三线态。

荧光猝灭剂在荧光分析中会引起测定误差。但是如果荧光物质在加入某猝灭剂后，荧光强度的减少和荧光猝灭剂的浓度呈线性关系，则可以利用这一性质测定猝灭剂的含量，这种减少荧光的方法称为荧光猝灭法。

11.4.2　发展方向

钻井流体自身荧光降低和测量方法向着两个方面发展，一是积极探索识别不同荧光的手段，二是用更精确的方法分辨荧光。

11.4.2.1　钻井流体自身荧光级别

钻井流体中添加了含荧光的处理剂，会使荧光录井变得困难甚至完全失效。己烷的室内与现场试验表明，己烷能很好地展示原油的荧光，己烷代替四氯化碳作为溶解原油的荧光分析试剂，可以使原油的荧光分析灵敏度提高10~35倍。己烷虽然对重油中的一部分组分溶解不完全，但并不影响其荧光方面的优势。己烷对改性沥青的溶解能力较四氯化碳小，从选择性溶解方面减轻了改性沥青对岩屑荧光录井的干扰（赵菊英，1997），但己烷解决了沥青类处理剂的识别难题，使用己烷作为替代试剂，若仍采用在紫外灯下用肉眼直接观察荧光的方法，煤成油、凝析油及大量的轻质油仍然有可能被漏掉，即遗漏油层发现。所以必须尽快研制出适于现场使用的荧光光谱分析仪。

磺化沥青类产品因其在钻井流体中有良好的滤饼性能而被广泛应用。但磺化沥青类产品存在着明显缺点。荧光级别较高，影响地质录井，含较多稠环芳烃等有毒物质，造成环境污染。磺化沥青类产品的这些缺点，限制了其在勘探开发中的应用。无荧光仿沥青为克服常规磺化沥青的缺点而研制的。以无毒、无荧光的油溶性物质为原料，通过水溶化反应，使其部分溶于水，部分溶于油，并使其具有一定的乳化性能、降失水和封堵能力。满足现场对钻井流体处理剂荧光性能的要求（孙德强等，2005）。

11.4.2.2 测量方法消除荧光级别

钻井流体定量荧光录井是通过单位体积钻井流体在一定体积溶剂中的荧光发光强度定量测定钻井流体中的含油质量浓度。因此,只要系统对比分析大量实验数据,就能得到一个合理的表示钻井流体含油质量浓度与储层含油质量浓度之间关系的修正的恢复系数,进而可通过钻井流体来测定储层的含油质量浓度。恢复系数实验时,及时选取无混入油或混入少的井段,以保证岩屑定量荧光的准确度。通过岩屑定量荧光测得的质量浓度和钻井流体定量荧光测得的质量浓度的比值得到恢复系数。

$$m_0 = C_1/C_2 \tag{2.11.9}$$

式中 m_0——恢复系数;
C_1——岩屑定量荧光测得的质量浓度;
C_2——钻井流体定量荧光测得的质量浓度。

针对不同的影响因素修正恢复系数,得到实钻目的层修正恢复系数,就可以实现用该井下部地层钻井流体中含油质量浓度恢复储层的含油质量浓度,进一步结合其他资料综合解释。钻井流体荧光技术的发展向寻找低猝灭低混入的替代溶剂、用钻井流体含油浓度恢复储层含油浓度。影响因素有以下 6 种:

(1)机械钻速。机械钻速即钻时的倒数,钻时越大机械钻速越低,钻头破碎地层速度慢,溶于钻井流体中油气物质少,其恢复系数越大;反之,其恢复系数就越小。

(2)钻头选型。主要指的是聚晶金刚石复合片钻头和牙轮钻头的比较。由于聚晶金刚石复合片钻头破碎地层充分且钻速快,岩屑细小,其溶于钻井流体中有机物质相应要多,恢复系数就要比牙轮钻头小。

(3)钻井流体。钻井流体密度和钻井流体污染关于浓度测定。钻井流体密度越大,油气物质溶于钻井流体中困难,恢复系数越大;钻井流体溶油性越好,溶于钻井流体中油气物质越多,恢复系数相应要小。

(4)岩屑物性。岩屑粒径,岩屑粒径大,岩屑内油性物质难以渗出到钻井流体中,恢复数就大。

(5)井深。井深的影响主要来自井筒体积对钻井流体中油气物质的质量浓度的影响。井越深,钻井中油气物质的质量浓度越小,恢复系数越大。

(6)钻井状态。欠平衡、近平衡、过平衡种钻井状态影响恢复系数。欠平衡钻井时,地层流体混入钻井流体的量最多,恢复系数小。过平衡钻井时,其恢复系数最大。

所以,不仅仅是解决环保问题,还是发现油气的需要。岩屑荧光录井是钻探过程中初步寻找油气显示层段的一种最简便、直观的方法。正确判定岩屑有无荧光及荧光级别的高低非常重要。

目前中国采用的方法及仪器仍然是 20 世纪 50 年代从苏联引进的岩样用三氯甲烷(俗称氯仿)或四氯化碳浸泡,用简单的紫外灯照射,肉眼观察岩样的发光颜色和发光强弱,用对比法确定岩样荧光级别。由于三氯甲烷对人体健康影响极大,目前普遍使用四氯化碳。四氯化碳作为岩屑荧光录井试剂存在致命的弱点,使原油的荧光发生猝灭,其结果是用荧光录井方法难以发现油(特别是轻质油)气层。

用钻井流体含油浓度恢复储层含油浓度(徐进宾等,2008)。钻遇油气储层后,被破碎岩层中的油气会随着钻井流体循环带到地面,造成钻井流体中的含油质量浓度升高。钻井流体定量荧光录井的原理是通过对一定量的钻井流体分析,根据单位体积钻井流体中所含油气的定量荧光发光强度的变化,判断钻井流体中油气质量浓度的差异,进而了解地下储层的信息,判定地层油气显示。

第12章　钻井流体腐蚀性能

腐蚀指金属与环境间产生的物理化学相互作用,使金属性能发生变化,导致金属、环境及其构成系统功能受到损伤的现象。钻井流体腐蚀性能(Drilling Fluid Corrosion)指钻井流体对流经容器、管线及钻具金属材料、橡胶腐蚀的性质和功能。钻具在钻井过程中遇到的腐蚀主要源于氧气、二氧化碳、硫化氢、细菌、钻井流体以及冲蚀。

(1)溶解氧腐蚀。氧气主要来自大气,器材设备在运输和储存过程中,暴露在大气中,会直接受到氧的腐蚀。因为钻井流体循环系统不是密闭的,大气中的氧可通过钻井流体池、振动筛、高压钻井流体枪、钻井流体泵等设备在钻井流体的循环过程中溶解在钻井流体中,直到饱和状态。

钢材的溶解氧腐蚀通常兼有均匀腐蚀和局部腐蚀两种形式。均匀腐蚀的壁厚减小不大,腐蚀面有棕褐色腐蚀产物;局部腐蚀的麻点均布在钢材的外表面,腐蚀严重处形成凹坑。个别部位产生沟槽,呈环状分布,这些坑点是钢材的疲劳裂纹源(李仲等,2004)。

溶解氧腐蚀都是在中性和碱性环境中发生的。钻井流体的pH值绝大多数是中性和碱性的,阳极反应与阴极反应不同(李鹤林,1999)。

阳极发生的反应

$$Fe \longrightarrow Fe^{2+} + 2\ e^-$$

阴极发生的反应

$$O_2 + 2\ H_2O + 4\ e^- \longrightarrow 4OH^-$$

$$Fe^{2+} + 2OH^- \longrightarrow Fe(OH)_2 \downarrow$$

(2)二氧化碳腐蚀。钻井过程中钻具遇到的二氧化碳主要有两个来源:首先,地层蕴藏着丰富的天然二氧化碳气体。当石油和天然气被开采时,二氧化碳作为伴生气同时产出;其次,为了增加油产量所普遍采取的二氧化碳驱油工艺(张学元等,2000)。

但是,二氧化碳溶于水后形成的碳酸对钢材会产生极强的腐蚀性,比同pH值下盐酸对钢材的腐蚀性还要严重(Schmitt,1984)。

二氧化碳腐蚀在油气工业中也称为甜腐蚀(Sweet Corrosion),这一术语API在1925年第一次采用(Corrosion,1994)。

二氧化碳腐蚀类型包括均匀腐蚀和局部腐蚀。均匀腐蚀,金属的全部或大面积上均匀地受到破坏,导致油管强度降低,油管落井。其中,均匀腐蚀速率受金属表面形成的腐蚀产物膜控制,同时也和温度、流速、二氧化碳分压、介质成分、合金元素有关。局部腐蚀包括点蚀、台面状腐蚀,会导致油管刺穿,是油管主要的失效形式。局部腐蚀的产生同样与金属在二氧化碳腐蚀环境下生成的腐蚀产物膜密切相关。流体影响局部腐蚀的,同时与材料成分也有密切关系。

二氧化碳溶于水中,化学方程式为:

$$CO_2 + H_2O \Longleftrightarrow H_2CO_3$$

碳酸离解离子方程式为:

$$H_2CO_3 \longrightarrow HCO_3^- + H^+$$

$$HCO_3^- \longrightarrow CO_3^{2-} + H^+$$

腐蚀产物生成离子方程式为:

$$Fe + CO_3^{2-} \longrightarrow FeCO_3 + 2e^-$$

(3)硫化氢腐蚀。硫化氢来源主要有两方面:一方面是地层中蕴藏的天然硫化氢;另一方面是环空内液面以下为绝氧条件,在适宜的温度下厌氧菌活性增强,将钻井流体中的硫酸盐不断转化成硫化氢(李凤林等,1996)。

金属在干燥的硫化氢中不发生腐蚀,只有在湿硫化氢环境中才会发生腐蚀或者开裂,除了电化学腐蚀以外,硫化氢特有的腐蚀方式包括硫化应力开裂、氢诱发裂纹腐蚀、应力向氢诱发开裂及硫堵。

① 硫化应力开裂(Sulfide Stress Corrosion Cracking,SSCC)。硫化应力开裂,这种腐蚀作用随着硫化氢分压值的升高而加剧。剧烈的电化学失重腐蚀会导致钢材的壁厚迅速减薄,而且大量的腐蚀产物的生成和积聚还会给管路和设备中的流通及自控仪表的正常工作带来困难。腐蚀方式容易发生在焊接缝或热影响区中的高硬度值部位,与钢材的化学成分、力学性能、微观组织、外加应力与参与应力之和以及焊接工艺等都有密切联系。

硫化氢溶于水,逐步解离,在水中的解离反应方程式为:

$$H_2S \longrightarrow H^+ + HS^- \longrightarrow 2H^+ + S^{2-}$$

硫化氢在水中解离释放出来的氢离子是强去极化剂,极易在阴极夺取电子,促进阳极铁溶解、反应而导致钢材的腐蚀。

阳极发生的反应为:

$$\begin{cases} Fe + H_2S + H_2O \longrightarrow Fe(HS^-)_{ads} + H_3O^+ \\ Fe(HS^-)_{ads} \longrightarrow Fe(HS^-)^+ + 2e^- \end{cases}$$

阴极发生的反应为:

$$\begin{cases} Fe + HS^- \Longleftrightarrow Fe(HS^-)_{ads} \\ Fe(HS^-)_{ads} + H_3O^+ \Longleftrightarrow Fe(H-S-H)_{ads} + H_2O \\ Fe(H-S-H)_{ads} + e^- \longrightarrow Fe(HS^-)_{ads} + H_{ads} \end{cases}$$

② 氢诱发裂纹腐蚀(Hydrogen Induced Crack,HIC)。氢诱发裂纹指电化学产生的氢渗透到钢材内部组织比较疏松的夹杂物(包括硫化物和氧化物)处或晶格与夹杂物的交界处,聚集起来形成一定的压力。经过一段时间的积累会使接触它的钢材内壁的断面上产生平行

于金属轧制方向的梯状裂纹,从而导致钢材变脆,形成层状裂纹,影响管材和设备的安全性。

③ 应力向氢诱发开裂(Stress Oriented Hydrogen Induced Cracking,SOHIC)。应力向氢诱发开裂主要发生在焊接缝或热影响区中的高硬度值部位,形成的裂纹在贯穿容器壁厚的方向叠加。

④ 硫堵。硫堵指天然气中的硫化氢达到一定的浓度及压力、温度达到一定限度,元素硫会析出。析出的硫化学腐蚀其接触的金属表面,并且附在金属表面的元素硫及其与金属化学作用产生的腐蚀物会减少甚至堵塞天然气的流通截面,从而使天然气不能连续地生产。

(4)细菌腐蚀。腐蚀性细菌影响钻井管材腐蚀程度,主要包括4类细菌,分别为铁细菌、腐生菌、硫酸盐还原菌以及硫杆菌。

① 铁细菌(Iron Bacteria,IB)。油田水中普遍存在铁细菌,这是一类好气异养菌。铁细菌能把水中的亚铁离子氧化成铁离子,沉淀于菌体鞘内或菌体周围(尹宝俊等,2004),并从中获得能量,同二氧化碳形成胶鞘使得菌体呈现丝状体可堵塞管道;有些铁细菌分泌大量的黏性物质,造成注水井和过滤器堵塞;有些铁细菌利用荚膜和胶鞘附着在管道壁上,使油井套管受到腐蚀。同时,带胶鞘的铁细菌将硫酸盐还原菌包围在其中,为硫酸盐还原菌生长提供了厌氧环境,产生了好氧菌和厌氧菌共同作用下的腐蚀,铁细菌会生成半球形点状的腐蚀瘤。

铁细菌的腐蚀通过缝隙腐蚀发生作用,存在于高浓度氧区、金属表面分成的小阳极点(在致密的铁氢氧化物和生成物下面)及大范围阴极区。

② 腐生菌。腐生菌也称为黏液形成菌,是一种好氧的混合菌体,常见的有气杆菌、黄杆菌、巨大芽孢菌、荧光假单孢菌和枯草芽孢杆菌等。腐生菌是异养菌,在一定条件下,它们可从有机物中获得能量,产生黏性物质,并与某些代谢产物累积形成沉淀(张学元等,1999)。腐生菌属于中温型细菌,生长温度为 10~45℃,最适宜的生长温度为 25~30℃。产生的黏液与铁细菌、藻类和原生物等一起附着在管线和设备上,形成生物垢,造成注水井和过滤器堵塞。同时,还产生氧浓差电池而引起腐蚀,以及促使硫酸还原菌生长和繁殖。

③ 硫酸盐还原菌(Sulfate Reducing Bacteria,SRB)。硫酸盐还原菌为革兰氏阴性菌,有弧形、短杆状、S形弯曲、微弯曲杆状和螺旋形等形态。在不同的样品中,各形态的硫酸盐还原菌所占比例不同。在清水样和原油样中弧形细菌所占比例大,此外还有 S 形弯曲和螺旋形细菌;在原油与水的混合样中杆状菌所占比例大。硫酸盐还原菌是微生物腐蚀中比较重要的细菌,可引起厌氧腐蚀。硫酸盐还原菌在生长代谢过程中局部形成厌氧环境,诱发腐蚀碳钢。硫酸盐还原菌会在钢和不锈钢的表面上生成硫化亚铁黑色沉积物。硫酸盐还原菌腐蚀不锈钢形成开口的点蚀坑或圆孔,许多坑内可看到同心环。硫酸盐还原菌腐蚀镍、高镍合金和钢镍合金形成同心环或阶梯形的圆锥形坑。硫酸盐还原菌的腐蚀点蚀区充满黑色硫化亚铁腐蚀产物,产生较深坑蚀,形成结疤,在疏松的腐蚀产物下面出现金属光泽,点蚀区表面为许多同心圆所组成其横断面为锥形。

硫酸盐还原菌可以进入铁细菌形成的鞘体的厌氧环境内部,释放硫化氢;也可以在水中产生硫化亚铁物质堵塞和破坏管道,破坏管道。硫酸盐还原菌腐蚀的主要原因是在金属的电化学腐蚀过程中,硫酸盐还原菌的新陈代谢起到了阴极去极化的作用。结垢是由成垢离子直接在器壁或地层中形成的,或由某些细菌如铁细菌和腐生菌等分泌物黏附在器壁上形成生物膜垢。垢下的厌氧条件为硫酸盐还原菌的代谢创造了生存条件,微生物膜的剥落导致堵塞。

(4)硫杆菌。硫杆菌可分为氧化硫硫杆菌、脱氮硫杆菌和氧化亚铁硫杆菌,其中脱氮硫杆菌存在于油田污泥、油水中(黄建新等,2002)。脱氮硫杆菌是自养兼厌氧菌,菌细胞为球杆状,革兰氏染色阴性,能将硫酸盐和硫化物氧化成硫酸根离子,或将硫氧化成高价态硫化物。硫杆菌在厌氧条件下引起腐蚀需要硝酸盐和溶解气态氮,硝酸根离子作为电子受体被还原成氮气。

$$5HS^- + 8NO_3^- + 3H^+ \longrightarrow 5SO_4^{2-} + 4N_2\uparrow + 4H_2O$$

硫杆菌可将硫或硫化物氧化成硫酸腐蚀。从污水中析出的无机硫化物沉积在管道的内底面上,硫杆菌将这些硫化物氧化成硫酸,pH 值小于 1,腐蚀金属管。

(5)钻井流体腐蚀。钻井流体的组成和腐蚀机理十分复杂。影响钻井流体腐蚀的因素很多,主要有钻井流体的 pH 值、钻井流体的流速、钻井流体中所含盐的种类和数量、钻井流体中所含的微生物等。

不同类型的钻井流体对金属材料的腐蚀性不同,根据腐蚀性强弱大致可分为 5 大类:

① 充气海水钻井流体、氯化钾聚合物钻井流体、低 pH 值聚合物钻井流体、硫化氢侵害的钻井流体;为腐蚀性最强的一类钻井流体。

② 低 pH 值天然钻井流体、盐水钻井流体、淡水钻井流体,为腐蚀性较强的一类钻井流体。

③ 高 pH 值天然钻井流体、石灰钻井流体,为腐蚀性中等的一类钻井流体。

④ 高分散钻井流体、水包油钻井流体、饱和盐水钻井流体,为腐蚀性较弱的一类钻井流体。

⑤ 缓蚀剂处理钻井流体、油基钻井流体,为腐蚀性弱的一类钻井流体。

(6)冲蚀腐蚀。冲蚀腐蚀是磨损的一种形式,是金属表面与腐蚀流体之间由于高速相对运动引起的损坏现象,是材料受冲蚀和腐蚀交互作用的结果(刘国宇等,2004)。

空气钻井时,气体和夹带的固体钻屑向上运动通过井眼环空,速率通常 15m/s 以上。从井底到井口气流速度逐渐升高,井口气流速度最高接近 100m/s。固体颗粒磨蚀性很强。在井下高温的情况下,腐蚀性盐、硫化物和氧协同促进钻杆的腐蚀和磨蚀。

海洋石油钻井中钻井流体一般为海水钻井流体。Wranglen G. 的研究结果认为,聚晶金刚石(Polycrystalline Diamond Compact)钻头在海洋石油钻井中,除了承受复杂的交变载荷和液固两相流冲蚀外,还得承受海水钻井流体腐蚀。因此,聚晶金刚石钻头在实际工况下,胎体受到纯机械冲刷、电化学腐蚀及其相互作用产生冲蚀腐蚀磨损,从而影响聚晶金刚石钻头的寿命和功效。

流体由层流变为湍流时,金属表面由腐蚀变为磨蚀,表面光亮没有腐蚀产物,破损面一般具有按流入方向切入金属表层,呈现深谷或马蹄状狭长凹槽的特征(Wranglen,2016)。

12.1 与钻井工程的关系

在钻井作业中,金属部件与大气和(或)与含有电解质的钻井流体接触,往往发生电化学腐蚀。

钻遇硫化氢地层时,引起氢脆和硫化物应力腐蚀。此外,钻井流体和地层中还有一些其他的腐蚀介质,一定程度上会彼此增加腐蚀钻具的程度。

12.1.1　关系钻井成本

钻井工程中,钻具腐蚀普遍存在。随着钻井向高速、深井方向发展,日趋严重。钻具价格的提升,成本作用变得尤为突出。

钻井中为满足钻井工艺需求,使用低固相、无固相、盐水以及正电胶等钻井流体。钻井流体中含有多种处理剂,成分复杂,在井下高温高压作用下腐蚀强烈,由此造成井下钻具疲劳、穿孔、断裂,钻杆提前报废的费用,以及处理这些事故的花费降低了钻井效益。

倘若由于腐蚀问题使钻具脆断,造成井下复杂事故,其间接经济损失无法估量。仅以钻杆为例,中国石油钻井工程中,每钻进1m,消耗约4kg钻杆,其中因腐蚀造成的损失占20%~50%,造成了严重的经济损失(倪怀英,1982)。

12.1.2　关系钻井安全

在钻井过程中,钻具受到强腐蚀性钻井流体、高井温、溶解氧及钻井流体冲刷等多重作用,腐蚀相当严重。每年发生的众多钻井事故中,有60%是源于腐蚀,不仅造成处理事故所花费费用巨大,更是钻井人员人身安全的一大隐患。所以研究钻井流体腐蚀性能关乎钻井施工安全与工程作业成本(侯彬等,2003)。

12.2　测定及调整方法

20世纪40年代以后,腐蚀与防护科学测试方法进入了标准化时代。钟琼仪研究表明,英国列入标准的腐蚀实验方法有6个,德国列入标准的腐蚀试验方法有13个。列入美国材料实验协会(American Society of Testing Materials,ASTM)、美国腐蚀工程师国际协会(American Society of Corrosion Engineers,NACE)和全球不干胶标签制造商协会(FINAT Test Method,FTM)的腐蚀试验标准有38项。

此外,还有工业部门制定的腐蚀试验标准。例如,美国福特汽车公司的阳极氧化铝耐蚀试验、英国航空部工业部的铝合金应力腐蚀试验(又称Black试验)等。各种方法一起至少有200种腐蚀试验方法(钟琼仪,1983)。

钻井流体的腐蚀性评价有室内动态滚动法、挂片法、腐蚀疲劳法、电阻探针法、线性极化法、交流阻抗法、电位法以及无损检测法。

12.2.1　室内动态滚动法

钻井流体一般为碱性或弱碱性体系,评价此类体系的腐蚀性既不能完全照搬酸性体系的评价方法,又必须考虑钻井流体的实际状态。这就要求腐蚀介质不能处于静止状态,评价过程要能部分模拟钻井流体与现场的工作状态,滚动试验法可满足这些要求。

将磨好并洗净的圆形试片如图2.12.1(a)所示,穿在一根塑料棒上,棒的两端各装上一个用尼龙做成的圆形支撑轮,使之起到滚动和支撑试片的双重作用。两试片之间,试片与支撑轮之间,由塑料管隔开,装成的试片串,如图2.12.1(b)所示。把试片装入高温高压釜中,充入一定的腐蚀介质,放入滚子加热炉,加热到要求的温度后滚动,如图2.12.1(c)所示。

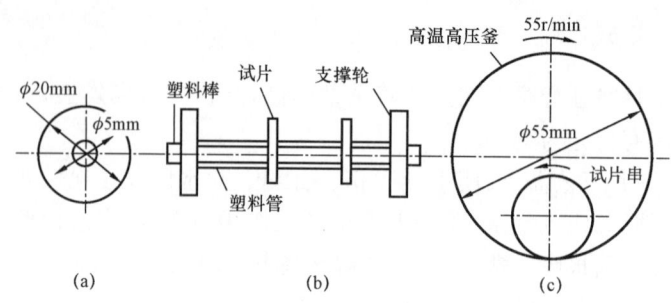

图2.12.1　滚子加热炉测试腐蚀性示意图

高温高压釜的转速为55r/min。内表面任一点线速度为0.4m/s,试片串的转速(假设相对无滑动)约140r/min,试片外缘的线速度约0.3m/s。

试验中,试片与试片、试片与支架、试片与高压釜都无连接,故不会发生电化学腐蚀,造成腐蚀干扰,试片与钻井流体介质的相对运动恒定不变,与现场实际较相符。该方法数据重现性良好,数值稳定,试验人员操作简便。使用该法评价钻井流体的腐蚀性、参数的选择,要根据具体情况而定。一般来讲,试验压力不应超过2MPa,试验时间为6~24h。

12.2.2　挂片法

挂片法又叫失重法,是一种经典的现场监测腐蚀速率的方法。这种方法是把已知质量和尺寸的金属试片放入监测腐蚀系统中,经过一段时间的暴露期后取出,仔细清洗处理后称重。根据试片质量变化和暴露时间的关系计算平均腐蚀速率(冀成楼等,1998)。现场挂片法和钻具接头腐蚀环法,原理相似。

12.2.2.1　现场挂片法

现场试验挂片分为地面挂片和井内挂片两种。地面挂片,根据钻井流体的状态分别于钻井流体出口处挂片和入口处挂片。入口处主要测定带有余温及井内介质钻井流体的腐蚀性,出口处主要测定钻井流体于地面滞留一段时间大气腐蚀介质充入后的腐蚀性。地面挂片所选片的面积要大,一般可用40mm×40mm×5mm的试片。挂片用绝缘绳系好试片,放置于液面下10~20mm处。

地面挂片由于试片始终处于静止状态,测得的数据仅是地面钻井流体在静止(或接近静止)状态下的腐蚀情况,测得的数值较小,与实际差值较大,一般不使用。

井内挂片是在钻具外壁开一个矩形槽,将试片镶在其中,测量井内动态条件下的钻井流体腐蚀性。

采用这种挂片方法时必须注意,挂片不能太厚。这是因为太厚将大幅度降低钻具的强度,增加钻井事故概率;试片除外表面外,其他端面都用绝缘材料封盖,防止试片与钻具本体之间连接。试片材质要用同钻具材质相同或接近的材料。试片镶嵌要牢固,否则在井下激烈运动时容易脱落。

12.2.2.2 钻具接头腐蚀环法

钻具接头腐蚀环法是一种标准的检测井下钻井流体腐蚀性的方法。API RP 13B 中对此做了规定。中国根据 API 的标准对这种方法制定了推荐标准 SY/T 5390—1991,但标准中的一些参数不够明确。方法所用试件为带有绝缘材料的金属钢环。如图 2.12.2 所示。其中绝缘套由橡胶或塑料做成,用于衬垫和绝缘;绝缘涂层均匀地覆盖在圆钢环的外面和侧面,起绝缘的作用;钢环是腐蚀环的主体,材料要与钻具相同或接近,尺寸与钻具接头尺寸吻合,内表面为试验面,表面粗糙度 0.32。

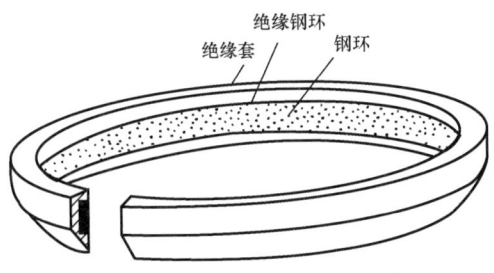

图 2.12.2 钻杆腐蚀试验环示意图

腐蚀环除外包裹层需要预先加工外,其他的清洗和称重工作与常规试片清洗完全一样。但应当注意,试环在带到现场时,路途要密封好,不要与大气、特别是潮湿的空气接触。下钻时把试环整套放入适当的内螺纹接头内。放置妥当后的腐蚀环在接头内的位置,如图 2.12.3 所示。

腐蚀环于井内的时间不得低于 40h,小于 40h 的数据不能用来评价钻井流体的腐蚀性。试验中应同时放两个环:一个位于方钻杆下;另一个放在与钻铤联接的第一个钻杆接头内。两个腐蚀环的计时应分别进行。下部试环从钻杆入井开始计时,上部试环从方钻杆入井开始计时。均匀腐蚀,腐蚀速率可以用单位时间内,单位面积上金属被腐蚀的质量来表示:

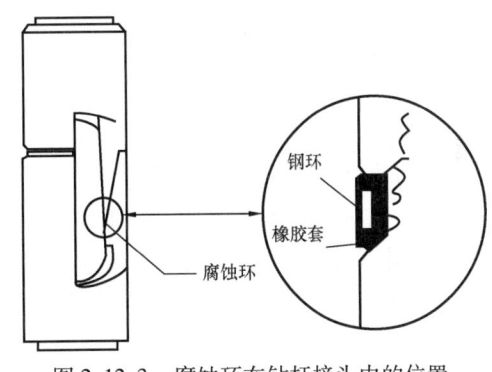

图 2.12.3 腐蚀环在钻杆接头内的位置

$$v_{cor} = \frac{\Delta m}{St} \tag{2.12.1}$$

式中 v_{cor}——腐蚀速率,$g/(m^2 \cdot h)$;
Δm——金属被腐蚀后质量的变化,g;
S——被腐蚀金属的面积,m^2;
t——腐蚀时间,h。

12.2.2.3 腐蚀疲劳法

石油钻井中,钻具失效大部分是腐蚀疲劳原因所致。所以,测试钻井流体腐蚀疲劳是非常必要的。腐蚀疲劳法原理为力学中的简支梁模型,如图 2.12.4 所示。

从图 2.12.4 中可以看出,在 B 点加一力 P,A 截面产生一个相应的应力。在这一应力作用下,旋转杆件使 A 点的受力循环变化;同时,在 A 截面处浸泡钻井流体(实际操作中该处的钻井流体是流动的)作为腐蚀介质,就可以观察 A

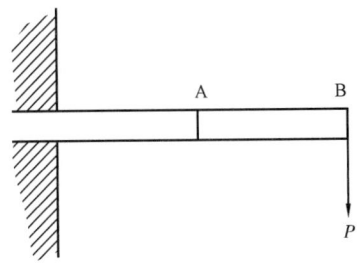

图 2.12.4 腐蚀疲劳试验原理图

处断面因腐蚀及变化应力,发生腐蚀失效的时间。由此确定钻井流体的腐蚀性并可对比钻井流体腐蚀性的程度,或者评价缓蚀剂防止腐蚀疲劳效果。

采用该方法试件的尺寸要求严格,管壁厚度要均匀,应力槽深度要合适,否则最后数据可靠性差。现场实际操作性不强。

12.2.3 电阻探针法

电阻探针法是测定金属腐蚀速度的现场在线测试方法。将被测金属做成丝状或薄片状探针插入被监测的设备中,被腐蚀后,截面积减小,电阻增大。将探针与电阻测定仪器连接,即能连续测定记录电阻的变化,并在指示刻度上显示出腐蚀深度。

与试片失重法相比,电阻探针法是唯一的可用于所有类型腐蚀环境的实时在线、仪器测量技术。电阻探针被称为电子腐蚀试片,跟试片失重法一样,电阻探针测量的是金属损失。电阻探针法具有工作环境广、直接获得腐蚀速度、探针置于管内以及腐蚀变化迅速等优点(桑绍雷等,2014)。

(1)适用于所有的工作环境。气相、液相、固相、含颗粒流体。
(2)可直接获得腐蚀速度。
(3)在使用寿命内,探针可一直置于管内。
(4)腐蚀变化响应迅速,可用于报警。

电阻探针一般安装在钻井流体泵高压端的立管中,用温度补偿片涂层提高耐温能力。运用该方法可以在设备运行过程中连续监测设备的防腐蚀状况,准确地反映出设备运行阶段的腐蚀率及变化,适用于不同的介质,不受介质导电率影响,使用温度仅受制作材料限制。电阻探针法快速、灵敏、方便,可以监控腐蚀速度较快的生产设备腐蚀情况。

金属试件在腐蚀过程中电阻增加,测定试件的电阻与补偿试件电阻的比值即可计算腐蚀速率。

$$\Delta h = \frac{1}{4}\left[(a+b) - \sqrt{(a+b)^2 - 4ab(R_1-R_0)/R_1}\right] \tag{2.12.2}$$

式中 Δh ——腐蚀深度,mm;
a ——被测试件原始宽度,mm;
b ——被测试件原始厚度,mm;
R_0 ——试验前后电阻比值;
R_1 ——试验后电阻比值。

$$c = \frac{\Delta h \times 8760}{t} \tag{2.12.3}$$

式中 c ——年腐蚀速率,mm/a;
t ——试验时间,h。

12.2.4 线性极化法

线性极化法是 M. Stern 根据小幅度极化(一般过电位不大于10mV)内,过电位与极化电流呈线性关系提出的,即,腐蚀的斯特恩公式(Stern 等,1957)。

过电位指电极的电位差值,是一个电极反应偏离平衡时的电极电位与这个电极反应的平衡电位的差值。

极化电流指介质被极化时,原本呈电中性的粒子的正负电荷被拉开。拉开过程中正、负电荷位移,产生电流。电流通过电极后,电极电位发生极化,这种电流通过电极时引起电极电位移动的现象称为电极的极化。阳极的电极电位从原来的正电位向升高方向变化,阴极的电极电位从原来的负电位向减小方向变化。变化结果使腐蚀原电池两极之间的电位差(电动势)减小,腐蚀电流也相应减小。这种通过在开路电位周围的小区域,测出电极电位的变化来检测腐蚀的电化学方法称为线性极化法。

线性极化方法相对简单,对腐蚀情况变化响应快,能获得瞬间腐蚀速率,比较灵敏,可以及时地反映设备操作条件的变化,数据重复性较好,数据处理直观简单,有较强的可比性;仪器相对简单,可用于现场测试;测试时间较短,可以进行大批量试验;由于极化电流小,所以不至于破坏试件的表面状态,用一个试件可作多次连续测定,并可用于现场长期监测。但它不适于导电性差的介质。这是由于设备表面有一层致密的氧化膜或钝化膜,甚至堆积有腐蚀产物时,将产生假电容,引起误差很大,甚至无法测量。此外,由线性极化法得到腐蚀速率的技术基础是稳态条件,所测物体是均匀腐蚀或全面腐蚀。因此,线性技术不能提供局部腐蚀的信息。在一些特殊的条件下检测金属腐蚀速率通常需要与其他测试方法比较以确保线性极化检测技术的准确性。Stern – Geary 方程公式:

$$\frac{\Delta I}{\Delta E} = i_{\text{corr}}\left(\frac{2.303}{\beta_a} + \frac{2.303}{\beta_c}\right) = \frac{1}{R_p} \qquad (2.12.4)$$

即

$$i_{\text{corr}} = \frac{\beta_a \beta_c}{2.303(\beta_a + \beta_c)} \frac{1}{R_p} = \frac{B}{R_p} \qquad (2.12.5)$$

式中　ΔI——极化电流,A;

ΔE——极化电位,V;

i_{corr}——腐蚀电流密度,A/m²;

β_a,β_c——阳极和阴极过程的 Tafel 常数;

R_p——极化电阻,Ω。

测得极化电阻后,只要知道常数 B 值就可以计算出腐蚀电流密度。对于大多数系统,常数 B 值为 13~52mV。因此,极化电阻测量是应用这种方法的关键。实测时一般采用恒电位仪测量。

12.2.5　交流阻抗法

I. Epelboin 等首次提出应用交流阻抗技术测量金属腐蚀(Epelboin et al.,1972)。这种方法称为交流阻抗法。

交流阻抗法是利用小幅度交流电压或电流扰动电极,观察体系在稳态时跟随扰动情况。测量电极的交流阻抗,计算电极电化学参数。由于电阻和电容组成极化电路,可以获得的交流阻抗数据。用电极模拟等效电路,计算相应的电极反应参数。

电阻电容电路(Resistor Capacitor),包含电压源、电流源驱使电阻器和电容器。交流阻抗技术实质上是研究电阻电容电路在交流电作用下的特点和规律。金属在腐蚀过程中,简单等效电路图如图2.12.5所示。

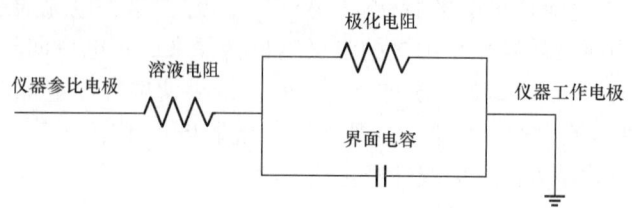

图2.12.5 交流阻抗法简单等效电路图

金属腐蚀是电化学反应的结果,金属表面腐蚀进行的化学反应:

$$2Fe \longrightarrow 2Fe^{2+} + 4e^-$$

$$O_2 + 2H_2O + 4e^- \longrightarrow 4OH^-$$

这是金属腐蚀过程同时发生的两种反应。腐蚀电流在金属表面上产生内部电流,不能从外部直接测量。但是,如从外部给金属表面微小电扰动,则可得到反映上述两个反应特征值的响应,分析响应,可以评价腐蚀电流值。使金属电位电动势变化,则可生产电源;或使电流变化改变电位。当电动势变化值在±10mV 的微小变化区间内,电流与电位之间则存在直线关系,有

$$\Delta E = R_p \Delta I \tag{2.12.6}$$

式中　ΔE——电动势变化值,V;

　　　R_p——极化电阻,Ω;

　　　ΔI——电流变化值,A。

极化电阻与腐蚀电流腐蚀间的关系:

$$I_{腐蚀} = K \times \frac{1}{R_p} \tag{2.12.7}$$

式中　K——换算系数;

　　　$I_{腐蚀}$——腐蚀电流。

换算系数具体值由金属种类及其所处的环境决定。根据式(2.12.7)通过测量极化电阻可以评价腐蚀速度(松冈和已等,1999)。

交流阻抗评价腐蚀方法是暂态电化学技术,属于交流信号测量的范畴,测量速度快,对研究对象表面状态干扰小。它用小幅度交流信号扰动电解池,观察体系在稳态时对扰动的跟随情况,同时测量电极的交流阻抗(交流阻抗谱),计算电极的电化学参数,特别适用于高阻抗土壤环境和对金属腐蚀体系的测量,如图2.12.6所示。

在时域范围内,对于一个线性系统,电压和电流可以通过阻抗建立。

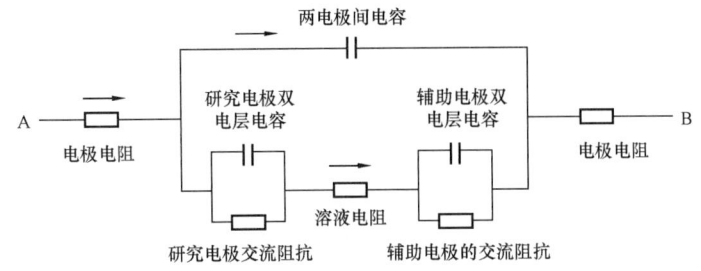

图 2.12.6 交流阻抗法中电解池的基本等效电路图

$$U(t) = Z(t)I(t) \qquad (2.12.8)$$

式中 t——时间,s;
$U(t)$——时变电压,V;
$Z(t)$——反应阻抗,Ω;
$I(t)$——时变电流,A。

在频域范围内,阻抗可以通过对上述公式进行傅里叶变化得到:

$$U(\omega) = Z(\omega)I(\omega) \qquad (2.12.9)$$

式中 ω——圆频率;
$U(\omega)$——正弦电压,V;
$Z(\omega)$——反应阻抗,Ω;
$I(\omega)$——正弦电流,A。

反应阻抗是复数量,包括幅值和相位。在电化学以及腐蚀研究领域,阻抗是一个很重要的参数。如果得到了材料的阻抗,那么在有限频率范围内,材料的其他化学特性就可以通过阻抗得到。

在现场以及实验室条件下,通常用正弦交流电作为输入电流,相应的输出电压的幅值与输入电流相比具有初相位角。电压为复数量。相对应的阻抗就可以得到,阻抗还可以用模和相位角表示,它们之间的关系。

$$Z_r = \frac{U_r}{I_0}, Z_i = \frac{U_i}{I_0} \qquad (2.12.10)$$

$$Z = Z_r - iZ_i \qquad (2.12.11)$$

$$|Z| = (Z_r^2 + Z_i^2)^{\frac{1}{2}} \qquad (2.12.12)$$

$$\varphi = \arctan\left(\frac{Z_i}{Z_r}\right) \qquad (2.12.13)$$

式中 Z_r——阻抗实部;
U_r——电压实部;
U_i——电压虚部;
Z_i——阻抗虚部;
I_0——输入电流幅值;

φ ——相位角。

一般的认为虚部和相位角数值上为正数。这样就可以形成交流阻抗谱图。交流阻抗图的表示类型共有7种,但常用的是交流阻抗复数平面图(即 Nyquist 图)和相频图(又称 Bode 图)。在分析复杂的交流阻抗图时常把两者结合起来分析,并相互印证。通过 Nyquist 图研究缓蚀剂的作用机理和缓蚀效率。

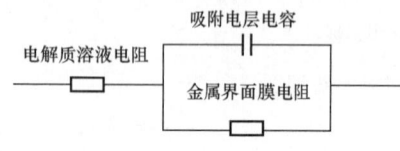

图2.12.7 电解质溶液等效电路示意图

交流阻抗研究法是从阻抗的角度来研究金属的耐蚀性和缓蚀剂保护膜的缓蚀效果的一种研究方法。这种研究方法基于等效电路的概念,具体做法是把金属表面发生的过程、双电层、电解质溶液等效于的等效电路,如图2.12.7所示。

以复数形式表示该电路图的阻抗为:

$$Z = R_1 + \frac{1}{\frac{1}{R_r} + i\omega C_d} \tag{2.12.14}$$

式中 R_1 ——电解质溶液电阻,Ω;
R_r ——金属界面膜电阻,Ω;
ω ——频率,s^{-1};
C_d ——吸附电层电容,mF。

整理式(2.12.14),并分别以 x 和 y 表示其实部和虚部为:

$$x = R_1 + \frac{R_r}{1 + a^2} \tag{2.12.15}$$

$$y = -\frac{a R_r}{1 + a^2} \tag{2.12.16}$$

$$a = \omega C_d R_r \tag{2.12.17}$$

$$\left(x - R_1 - \frac{R_r}{2}\right)^2 + y^2 = \left(\frac{R_r}{2}\right)^2 \tag{2.12.18}$$

这是圆的曲线方程,即阻抗在复平面系中的轨迹(Nyquist 图)是一半圆,是一个典型的交流阻抗谱图如图2.12.8所示。

从图2.12.8中,可以看出,频率高至 $\omega \to \infty$ 时,$x = R_1$,$y = 0$,相当于半圆与实轴相交于左边的点。频率低至时 $\omega \to 0$,$x = R_1 + R_r$,$y = 0$,相当于半圆与实轴相交于右边的点。对 ω 求导并令导数为零,得:

$$\omega_m = \frac{1}{C_d R_r} \tag{2.12.19}$$

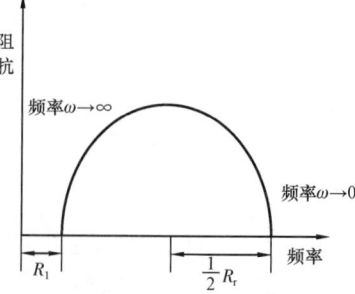

图2.12.8 典型的交流阻抗谱图

此时虚部值最大,相当于半圆顶点。

以一定频率范围内的交流电压扫描电路,记录不同频率电压下的阻抗,作 Nyquist 图就可以得到电解质溶液电阻、金属界面膜电阻,求出吸附电层电容。测定不同条件下的 Nyquist 图,通过对比吸附电层电容、金属界面膜电阻,就可以讨论金属的耐蚀性,也可以研究缓蚀剂的缓蚀机理和缓蚀效果。一般来说,电解质溶液电阻和金属界面膜电阻越小,吸附电层电容越大,金属越容易发生腐蚀反应。

正是由于交流阻抗技术在研究电极表面状况方面比其他的电化学测试手段更准确方便,并且可以得出一些重要的电极过程参数,故很快成为电化学工作者研究电极过程动力学和表面现象的重要手段。但在实际应用中,由于腐蚀过程和缓蚀过程的复杂性以及实际界面偏离双电层,使得测定的交流阻抗图谱有可能偏离半圆的形状,所得的阻抗图远比上述示例复杂得多,需具体分析。

12.2.6 电位法

Schlumberger(1920)最早使用电位法,应用于固体金属矿产的勘探开采与评价,圈定矿产的富集带。电位法主要是分析已腐蚀部分组分,通过量化的方法评定材料受腐蚀情况和程度。电位法测定电极电位,是在零电流的情况下,通过测量待测电极与参比电极组成原电池的电动势来实现的。因此,电位法测量仪器是将参比电极、指示电极和测量仪器构成回路测量电极电位。电位法测量分为两种类型直接电位法和电位滴定法。

直接电位法是利用专用电极将被测离子的活度转化为电极电位后加以测定,如用玻璃电极测定溶液中的氢离子活度,用氟离子选择性电极测定溶液中的氟离子活度;电位滴定法利用指示电极电位的突跃指示滴定终点。

两种方法的区别在于直接电位法只测定溶液中已经存在的自由离子,不破坏溶液中的平衡关系;电位滴定法测定的是被测离子的总浓度。

电位滴定法可直接用于有色和混浊溶液的滴定,能滴定离解常数小于 5×10^{-9} 的弱酸。在酸碱滴定中,可以滴定不适于用指示剂的弱酸;在沉淀和氧化还原滴定中,因不用指示剂,应用更为广泛。此外,电位滴定法还可以进行连续和自动滴定。

12.2.6.1 直接电位法

直接电位法,以测定电池(工作电池)电动势求得待测组分含量的方法。其主要应用有溶液 pH 值的测定、离子活度的测定。

(1)溶液 pH 值的测定。pH 玻璃电极是世界上使用最早的离子选择性电极,早在 20 世纪初就用于测定溶液的 pH 值。直到今天,绝大多数实验室测定溶液的 pH 值时,仍然使用 pH 玻璃电极。内参比电极的电位是恒定不变的,与待测试液中的氢离子活度(pH 值)无关,pH 玻璃电极之所以能作为氢离子的指示电极,主要作用体现在玻璃膜上。当玻璃电极浸入被测溶液时,玻璃膜处于内部溶液和待测溶液之间,这时跨越玻璃膜产生电位差(这种电位差称为膜电位),与氢离子活度之间的关系符合能斯特公式(图 2.12.9)。

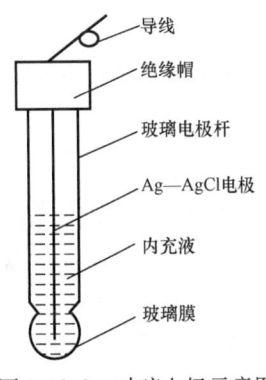

图 2.12.9 玻璃电极示意图

溶液 pH 值的测定只要测出工作电池电动势,并求出标准电

动势,就可以计算试液的 pH 值。计算试液 pH 值公式为:

$$E = E' + \frac{2.303RT}{F}pH \tag{2.12.20}$$

$$E = E' + 0.059pH(25℃) \tag{2.12.21}$$

式中　E——工作电池电动势;
　　　E'——标准电动势;
　　　R——气体常量,8.314J/(K·mol);
　　　T——温度,℉;
　　　F——法拉第常数。

但 E' 十分复杂,它包括了饱和甘汞电极的电位、内参比电极电位、玻璃膜的不对称电位及参比电极与溶液间的接界电位。有些电位很难测出。因此,实际工作中不可能采用上式直接计算 pH 值,而是用已知 pH 值的标准缓冲溶液为基准,通过比较由标准缓冲溶液参与组成和待测溶液参与组成的两个工作电池的电动势来确定待测溶液的 pH 值。即测定标准缓冲溶液的电动势,然后测定试液的电动势。计算电动势公式为:

$$E_s = E'_s + \frac{2.303RT}{F}pH_s \tag{2.12.22}$$

$$E_x = E'_x + \frac{2.303RT}{F}pH_x \tag{2.12.23}$$

式中　E'_s——标准缓冲溶液标准电动势;
　　　E_s——标准缓冲溶液欲测电动势;
　　　pH_s——标准缓冲溶液的 pH 值;
　　　E_x——试液欲测电动势;
　　　E'_x——试液的标准电动势;
　　　pH_x——待测溶液 x 的 pH 值。

测量条件一致,故 $E_s = E_x$,得到:

$$pH_x = pH_s + \frac{E_x - E_s}{\frac{2.303RT}{F}} \tag{2.12.24}$$

当温度为25℃时,得到:

$$pH_x = pH_s + \frac{E_x - E_s}{0.059} \tag{2.12.25}$$

(2)离子浓度的测定。离子活(浓)度的电位法测定与 pH 值的电位法测定相似,也是选择对待测离子有响应的离子选择性电极,与参比电极浸入待测溶液组成工作电池,并用仪器测量其电池电动势。

测定离子活度需要用一个已知离子活度的标准溶液为基准,比较包含待测溶液和包含标准溶液的两个工作电池的电动势来确定待测试液的离子活度。目前能提供离子选择性电极校正用的标准活度溶液,仅有用于校正氯离子、钠离子、钙离子和氟离子电极用的标准参比溶液氯化钠、氟化钾和氯化钙,其他离子活度标准溶液尚无标准。通常在要求不高并保证离子活度系数不变的情况下,用浓度代替活度进行测定。离子浓度测定原理示意图如图2.12.10所示。

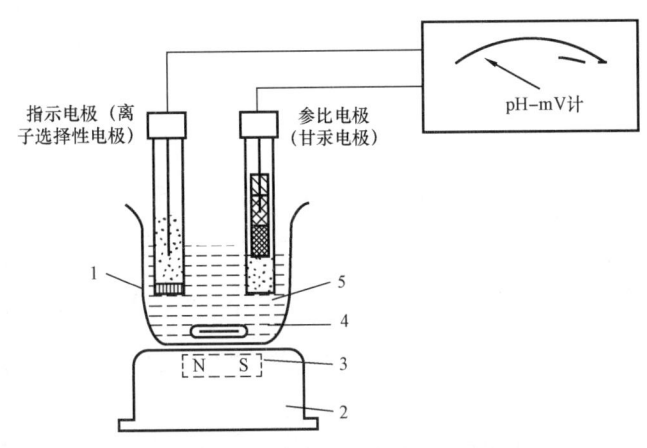

图 2.12.10　离子浓度测定原理示意图
1—容器；2—电磁搅拌器；3—旋转磁铁；4—玻璃封闭铁搅棒；5—待测离子试液

离子选择性电极测定离子浓度的条件包括必须保持溶液中离子活度系数不变以及要求保持溶液的离子强度不变。

要达到这一目的的常用方法是,在试液和标准溶液中加入相同量的惰性电解质,称为离子强度调节剂。有时将离子强度调节剂、pH值缓冲溶液和消除干扰的掩蔽剂等事先混合在一起,这种混合液称为总离子强度调节缓冲剂(Total Ionic Strength Adjustment Buffer, TISAB)。总离子强度调节缓冲剂的作用主要有维持试液和标准溶液恒定的离子强度;保持试液在离子选择性电极适合的 pH 值范围内,避免氢离子或氢氧根离子的干扰;使被测离子释放成为可检测的游离离子,即消除干扰被测离子。

离子浓度的测定,采用标准曲线法。在所配制的一系列已知浓度的含待测离子的标准溶液中,依次加入相同量总离子强度调节缓冲剂,并插入离子选择性电极和参比电极,在同一条件下,测出各溶液的电动势,然后以所测得电动势为纵坐标,以浓度的对数(或负对数值)为横坐标,绘制电动势和浓度的对数关系曲线。以此分析腐蚀程度。

标准曲线法的步骤包括待测物配制、屏蔽干扰离子、测定电动势、作图以及查找待测物浓度等。

(1)待测物、标准浓度系列的配制。

(2)使用总离子强度调节缓冲剂分别调节标准液和待测液的离子强度和酸度,以掩蔽干扰离子。

(3)用同一电极体系测定标准液和待测液的电动势。

(4)以测得的标准液电动势对相应的浓度对数作图,得校正曲线。

(5)通过测得的待测物的电动势,从标准曲线上查找待测物浓度。

由于标准电动势值容易受温度、搅拌速度及液接电位等影响,标准曲线不是很稳定,容易平移。实际工作中,每次使用标准曲线都必须先选定标准溶液测出电动势值,确定曲线平移的位置,再供分析试液。若试剂等更换,应重做标准曲线。采用标准曲线法测量时实验条件必须保持恒定,否则将影响其线性,如图 2.12.11 所示。

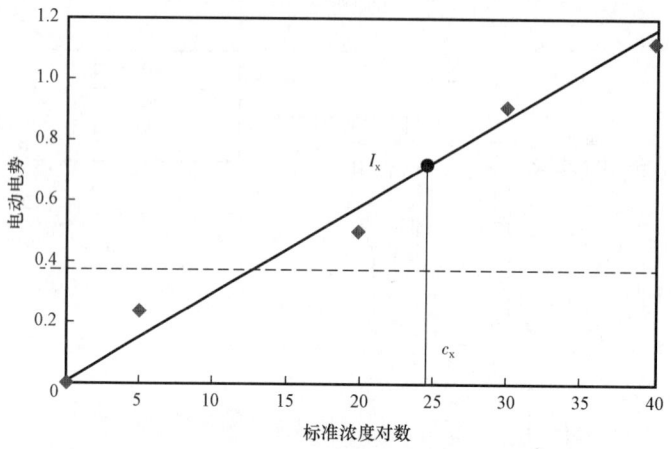

图 2.12.11　电动势与浓度对数标准曲线(标准曲线法)

从图 2.12.11 中可以看出,电动势与浓度对数的关系曲线是一条过原点的直线,即电动势与浓度对数满足线性关系。

12.2.6.2　电位滴定法

电位滴定法(Potentiometric Titration)是在滴定过程中通过测量电位变化以确定滴定终点的方法,和直接电位法相比,电位滴定法不需要准确地测量电极电位值。因此,温度、液体接界电位的影响并不重要,其准确度优于直接电位法,普通滴定法是依靠指示剂颜色变化来指示滴定终点,如果待测溶液有颜色或浑浊时,终点的指示就比较困难,或者根本找不到合适的指示剂。电位滴定法是靠电极电位的突跃来指示滴定终点。在滴定到达终点前后,滴液中的待测离子浓度往往连续变化 n 个数量级,引起电位的突跃,被测成分的含量仍然通过消耗滴定剂的量来计算。

电位滴定法又分为手动滴定法和自动滴定法。手动滴定法所需仪器为上述 pH 计或离子计,如图 2.12.12所示。

滴定过程中测定电极电位变化,然后绘制滴定曲线。这种仪器操作十分不便。随着电子技术与计算机技术的发展,自动电位滴定仪相继出现。

自动滴定仪有自动记录滴定曲线方式和自动终点停止方式等两种工作方式。自动记录滴定曲线方式是在滴定过程中自动绘制滴定体系中 pH 值(或电位值)与滴定体积变化的曲线,然后由计算机找出滴定终点,

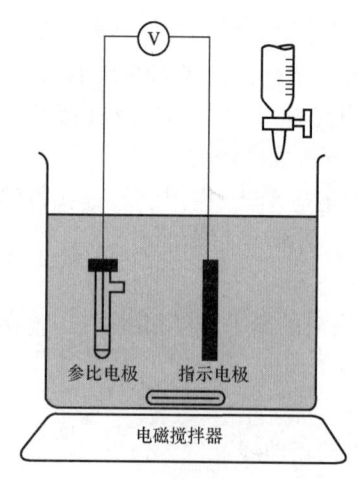

图 2.12.12　电位滴定基本仪器原理图

给出消耗的滴定体积。自动终点停止方式是预先设置滴定终点的电位值,当电位值到达预定值后,滴定自动停止。

作为一种腐蚀监测技术,电位监测有其明显优点。可以在不改变金属表面状态、不扰乱生产体系的条件下从生产装置本身得到快速响应,同时也能用来测量插入生产装置的试样。电位法已在阴极保护系统监测中应用多年,并被用于确定局部腐蚀发生的条件,但它不能反映腐蚀速率。

这种方法与所有电化学测量技术一样,只适用于电解质体系,并且要求溶液中腐蚀性物质有良好的分散能力,以使探测到的是整个装置的全面电位状态。应用电位监测主要适用于阴极保护和阳极保护、指示系统的活化与钝化行为、探测腐蚀的初期过程以及探测局部腐蚀。

12.2.7 电化学噪声法

Iverson 采用十分简单的仪器研究了腐蚀金属与铂电极组成的电偶的瞬时电位。首次观察到金属材料的自腐蚀电位随时间的自发波动现象。把这种波动称为电化学噪声(Iverson,1968)。同时发现这种波动信号可用于探索金属腐蚀过程。随后,人们观测到自腐蚀电位与局部腐蚀的密切联系,这就使局部腐蚀类型的判断成为可能。

电化学噪声(Electrochemical Noise,EN)是指在定电压或定电流的情况下,电解液中金属电极与电解质界面的电压,以及电流随时间发生随机非平衡波动。这里的波动是由于电极与电解质界面上发生的不可逆电化学反应而造成电极表面电位电流的自发变化。分析这些波动不仅能给出腐蚀的过程,而且还可给出腐蚀的特点,如点蚀特征。它包括电化学电位噪声以及电化学电流噪声,反映了由于腐蚀引起腐蚀电位或电偶电流的微幅波动。由于该测量方法简单,对仪器要求不高,近10年来已逐渐成为腐蚀研究的重要手段之一,并开始应用于工业现场腐蚀监测,如不锈钢、碳钢、铝合金和黄铜等的孔蚀、缝隙腐蚀、微生物腐蚀、涂层下腐蚀等。

理论上,电流噪声应围绕零值上下波动,同样地,如果电位噪声减去参比电极的电位,其结果也应该围绕零值上下波动,即它们在整个时域范围内的净值为零,也就是平均能量为零。在均匀腐蚀情况下,电化学噪声呈高斯分布,如图 2.12.13 所示。

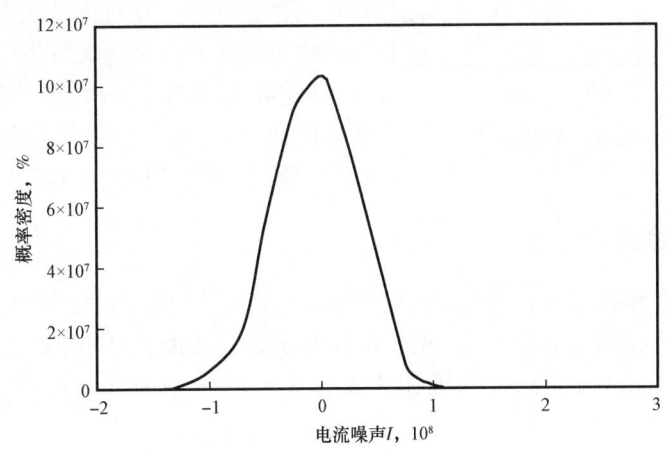

图 2.12.13 电流噪声的概率密度分布

从图 2.12.13 可以看出,电流噪声的概率密度分布经平滑后呈明显的正态分布,分布在零值附近的数据最多,分别向正负两边递减。可以通过概率分布图初步判断发生的腐蚀类型。

电化学噪声法中常用的分析方法为频域分析法中的快速傅里叶变换(Fast Fourier Transform,FFT),所谓频域分析,是指将电化学噪声信号利用数学转换工具从时域转换到频域,也就是将其时间函数转换为电化学噪声谱,习惯上变换为功率密度谱(Power Spectral Density,PSD)曲线。

快速傅里叶变换是目前应用最广泛的时频转换数学手段,适用于长期稳态过程,变换过程能避免有用信息的丢失,计算也较简单。

快速傅里叶变换是比较容易上手的时频变换法,电化学噪声信号经过其变换后得到了频域谱 $S(\omega)$:

$$S(\omega) = \lim_{T \to \infty} \frac{1}{T} \left| \int_0^\infty x(t) \, \mathrm{e}^{-\mathrm{j}\omega t} \mathrm{d}t \right|^2 \qquad (2.12.26)$$

式中 $x(t)$——电化学电位或者电流噪声的时域函数;
　　　T——测量周期,s;
　　　ω——角频率,s^{-1}。

其相应的功率密度谱 $P(\omega)$ 为:

$$P(\omega) = |S(\omega)|^2$$

功率密度谱曲线,如图 2.12.14 所示。

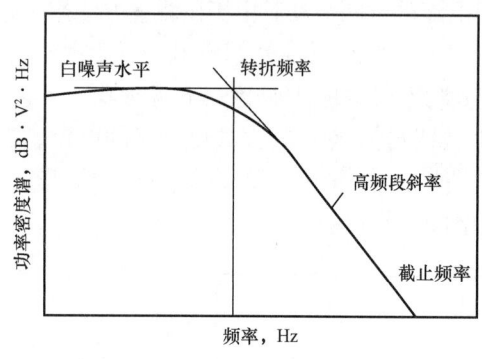

图 2.12.14　典型的 PSD 曲线

从图 2.12.14 可以看出:典型的功率密度谱曲线包括白噪声水平(White Noise Level),即功率密度谱曲线水平部分的数值(高度);高频段斜率,即曲线中高频段线性部分的斜率;转折频率,即低频的白噪声水平段和高频线性段的交点(转折点)对应的横坐标频率值;截止频率,即高频线性段与横坐标的交点对应的频率值。

电化学噪声信号频域分析以这 4 个参数为核心,伴随着腐蚀过程和电化学反应的变化而变化。因此,可以用这 4 个参数来表征噪声的某些特性,揭示电极反应过程的规律。

12.2.8　无损检测法

无损检测通常包括用光谱/硬度法鉴别钢级,用测径规法测截面积变形;用超声波测厚法或核辐射测厚法测量管壁厚度,用直读仪测定管子截面积,使用荧光磁粉探伤和非荧光磁粉探伤的磁粉探伤、漏磁探伤或超声波探伤检测管子内外表面有无裂纹、切痕、麻坑等。

12.2.8.1 鉴别钢级的检测腐蚀方法

(1)光谱法基于物质与辐射能作用时,测量由物质内部发生量子化的能级之间的跃迁而产生的发射、吸收或散射辐射的波长和强度进行分析。

光谱检测要使用光谱仪,根据高压激发下金属放出的光谱,可以检测物体内部各种金属的含量。其具有高灵敏度、高分辨率、高速度、无损伤、无污染、抗干扰、可遥测等特点。由于光谱仪可以检测出物体内部金属含量,故可以鉴别钢级以及金属的腐蚀情况。

(2)硬度检测的主要目的是测定材料的适用性,或材料为使用目的所进行的特殊硬化或软化处理的效果。硬度是评定金属材料力学性能最常用的指标之一。硬度的实质是材料抵抗另一较硬材料压入的能力。对于被检测材料而言,硬度是代表着在一定压头和试验力作用下所反映出的弹性、塑性、强度、韧性及磨损抗力等多种物理量的综合性能。

由于通过硬度试验可以反映金属材料在不同的化学成分、组织结构和热处理工艺条件下性能的差异。因此,硬度试验广泛应用于金属性能的检验、监督热处理工艺质量和新材料的研制。硬度检测也可以作为金属腐蚀的一种判断标准。

12.2.8.2 测量截面积的测径规检测腐蚀方法

测径规法用于测量套管和油管的腐蚀,主要部件是由硬质合金组成的传感器。传感器与待测管内壁接触,记录仪记录传感器与钢材接触位置上的最大坑深。因此,也叫用直读仪测定管子截面积。测径规使用前必须先除去管子内的钻井流体的垢、腐蚀产物等。

目前使用井径仪测量油管管柱内表面的腐蚀损坏。它为直接测量油管内表面腐蚀损坏创造了条件。该仪器借助测井电缆穿入油套管靠同油套管内表面接触的机械测头记录腐蚀损坏。通过油套管柱之后即为确定腐蚀损坏的严重程度和分布范围提供数据。可从井径测量获得的数据估算油管失效的时间及油管内最可能出现破损的位置(许大任,1994)。

井径仪数据测量有助于识别井下腐蚀机理,正确的鉴别作用于生产油管上或套管的特殊腐蚀现象,为选择更好的代替材料,节约化学腐蚀控制溶液以及改变保养操作程序提供全面数据。多臂井径仪和多笔尖井径仪最适合于井下测试,因为它们能够识别腐蚀损坏的径向分布。分散锈斑、腐蚀的窄垂线、均匀井壁耗损面积及井壁损耗的局部条痕都是不同的腐蚀机理的典型特征。

12.2.8.3 测量管壁厚度检测腐蚀方法

(1)超声波法广泛地用于检测化工设备内部的缺陷、腐蚀损伤以及测量设备和管道的壁厚。超声波测厚法可以测量运转中的设备,但是难以获得足够的灵敏度来跟踪记录腐蚀速度的变化。

超声波测厚法是利用压电换能器产生的高频声波穿过材料,测量回声返回探头的时间或记录产生共鸣时声波的振幅作为讯号,来检测缺陷或测量壁厚。一般采用示波器或曲线记录仪显示接收到的讯号,比较先进的仪器则可以直接显示缺陷,或给出厚度的数值。

(2)核辐射测厚仪是根据物质对放射线的吸收或散射特性设计制作而成,用以测量厚度值。

利用放射线被物质小角散射或反向散射效应制作而成的测厚仪称之为散射式辐射测厚仪。利用放射线穿过物质时强度将随之减弱,减弱量与被测物质的厚度有确定的对应关系而制作成的测厚仪,称之为透射式辐射测厚仪。

透射式辐射测厚仪与其他测厚技术相比,具有测量快速、连续、无接触、非破坏。尤其是能在高温、高湿、雾气、粉尘等恶劣工作条件下,实现高精度厚度值的动态测量,这是它本身具有的其他非核物理测厚技术不可替代的技术特点。

12.2.8.4 探伤检测腐蚀方法

探伤的原理是当铁磁性钢管充分磁化时,管壁中的磁力线被其表面的或近表面处的缺陷阻断,缺陷处的磁力线发生畸变。畸变会造成一部分磁力线泄露出钢管的内、外表面,形成漏磁场。采用探测元件检测漏磁场发现缺陷的电磁检测方法,即漏磁探伤。

(1)漏磁探伤借助于磁痕显示铁磁材料及其制品的缺陷情况。磁粉探伤法可探测露出表面用肉眼或借助于放大镜也不能直接观察到的微小缺陷,也可探测未露出表面埋藏在表面下几毫米的近表面缺陷。

位于钢管表面并与钢管做相对运动的探测元件拾取漏磁场,将其转换成缺陷电信号时,通过探头可得到反映缺陷的信号,判定处理缺陷。

探伤灵敏度,以钢管外表面为最高,从外表面到内表面,随壁厚增大而降低。

缺陷走向与磁力线方向垂直时,缺陷处漏磁场强度最大,探伤灵敏度也最高。随着缺陷走向的偏斜,漏磁场强度逐渐减小,直至二者走向一致时,漏磁场强度接近为零。因此,采用纵向、横向探伤设备时,对于斜向缺陷反应不甚敏感,易形成盲角区域。

(2)超声波探伤检测法是利用超声波探测材料内部缺陷的无损检验法。利用超声能透入金属材料的深处,由一截面进入另一截面时,在界面边缘发生反射的特点来检查零件缺陷,当超声波束自零件表面由探头通至金属内部,遇到缺陷与零件底面时就分别发生反射波,在荧光屏上形成脉冲波形,根据这些脉冲波形来判断缺陷位置和大小。

(3)荧光磁粉探伤。磁粉探伤基本原理是,工件磁化时,工件表面有缺陷存在,缺陷处的磁阻增大,产生漏磁,形成局部磁场,磁粉便在此处显示缺陷的形状和位置,判断缺陷。

12.3 现场调整工艺

钻具防护措施主要包括合理选材、金属钝化、阴阳极保护、防腐剂和防腐涂层等措施防止钻井流体腐蚀(王霞等,2006)。钻井流体的腐蚀性能差异包括硫化氢、溶解氧、二氧化碳、细菌、碱、酸以及氯化物等造成的腐蚀,从而可据此有针对性地维护钻井流体。

12.3.1 腐蚀性能差异确定

钻具在钻井过程中会受到多种多样的腐蚀影响,常常造成钻具报废,危及井下安全。因此,钻井专用管材、井下工具、井口装置等金属材料往往同时存在多种腐蚀类型及特征(白立业等,2007)。钻具发生的部分腐蚀类型及特征见表2.12.1。

按钻具所接触到的介质分类,常见的腐蚀主要有7种:应力腐蚀、疲劳腐蚀、硫化应力开裂腐蚀、坑点腐蚀、缝隙腐蚀、沉积物腐蚀、磨滚腐蚀、冲蚀以及微生物腐蚀(任骏,1998)。

表 2.12.1　钻具发生的部分腐蚀类型及特征

序号	腐蚀类型	特征
1	应力腐蚀	由残余或外加应力导致应变和腐蚀联合作用产生材料破坏过程,如钻杆表面出现腐蚀裂缝甚至断裂
2	腐蚀疲劳	金属材料在交变应力与腐蚀联合作用下,破坏材料,破坏沿管壁圆周方向发生且垂直于钻杆轴线
3	硫化应力开裂腐蚀	金属在硫化物、特别是硫化氢环境中产生的应力腐蚀破裂,无明显腐蚀痕迹,断口平整破裂,断裂时间可能很短
4	坑点腐蚀	产生点状或坑状的腐蚀,且从金属表面向内扩展,一般开口处直径小于点穴深度,因此也称为孔蚀
5	缝隙腐蚀	由于狭缝和间隙的存在,在狭缝内或近旁产生腐蚀
6	沉积物腐蚀	由于腐蚀产物或其他物质如钻井流体的沉积,在其下面或周围发生的腐蚀
7	磨滚腐蚀	由腐蚀或接触面间滚动滑移而引起磨损的联合作用使材料破裂,通常发生在滚动构件的机械结合处
8	冲蚀	流体高速流动及载有悬浮颗粒的冲刷和腐蚀联合作用使材料破坏
9	微生物腐蚀	由于硫酸盐还原菌使无机硫酸盐还原成硫化氢,使钻杆和套管发生硫化物应力腐蚀破裂;在氧充分的水中,氧细菌使水中硫氧化成硫酸,加速钢的腐蚀

油田容器、储罐的内腐蚀一般比外腐蚀严重(李化钊等,2002)。

油罐的内腐蚀主要集中在罐底、灌顶。灌顶腐蚀主要是由于介质温度较高时(50℃以上)水蒸气到达灌顶,冷却形成水珠水膜形成氧浓差电池腐蚀造成的。此外,罐顶东部或南部受日光照射时间长,温度高。因此,罐顶的腐蚀部位主要集中在东部或东南部及罐口周围。罐底沉积水含有较高的氯离子、碳酸根离子等腐蚀离子是造成腐蚀的主要原因。腐蚀主要集中在焊接热影响区、凹陷及变形处。腐蚀形式为电偶腐蚀、耗氧腐蚀(赵玉昆,2003)。

污水罐和清水罐的内腐蚀集中在罐顶和罐壁气液相界面等部位,罐内污水含有溶解氧气、硫化氢、氯离子、碳酸根离子等成分,这些成分是造成内壁腐蚀的主要因素。过滤罐、脱水器的内腐蚀主要是因为水中可能含有可溶性盐和较高的温度加剧了内壁腐蚀。分离器和加热炉的内腐蚀部位集中在加热炉的盘管和烟火管。盘管主要腐蚀形式为垢下腐蚀,严重时造成盘管报废。

油气管道问世已有百余年的历史,管道工作者为做好管道的防腐工作,从 20 世纪 20 年代埋设裸管到 30 年代裸管加阴极保护,40 年代开始采用覆盖层加阴极保护,迄今仍在探索管道防腐蚀技术(王强,1984)。管体腐蚀损伤的分类主要是以判断管体腐蚀程度为基础,结合是否采取措施,采取什么样措施,采取措施的迫切性来表达。在 SY/T 5918—2014 和 SY/T 5919—2014,针对埋地钢质管道的石油沥青防腐层,按照管道的防腐层绝缘电阻值对防腐层进行质量等级划分的,在此基础上制定了防腐层等级对策标准,见表 2.12.2。

表 2.12.2　防腐涂层等级划分和对策

序号	防腐层面电阻,$\Omega \cdot m^2$	技术等级	损坏级老化程度	对防腐层采取措施
1	<1000	5(劣)	损坏或老化严重	大修
2	1000~3000	4(差)	损坏较重或局部严重	加密测点测试小区域
3	3000~5000	3(可)	损坏或老化较轻	维修加密测点测出的<1000$\Omega \cdot m^2$处。每年检漏和修补
4	5000~10000	2(良)	损坏或老化轻微	每三年为一周期(每年三分之一)检漏修补
5	>10000	1(优)	基本无损坏或老化	暂不维修和补漏

防腐层的大修标准,是经济技术的综合指标。如果指标过高,从技术上看有利,但从经济上看企业可能承受不了。表 2.12.2 所示的指标,在技术上是最低的要求,经济上也比较合适。在钻井工程中,钻井流体不可避免地要和管道接触,甚至在管道中停留贮存,这些都无形中加速了管道的腐蚀与更换。

12.3.1.1　硫化氢的腐蚀控制

硫化氢气体主要来自含硫地层,某些磺化有机处理剂以及木质素磺酸盐在井底高温下也会分解产生硫化氢。硫化氢对人有很强的毒性,在其质量浓度为 800mg/m^3 以上的环境中停留就可能因窒息而导致死亡。同时,硫化氢对钻具和套管有极强的腐蚀作用。

腐蚀机理主要是氢脆。硫化氢在其水溶液中离解,离解出的氢离子会迅速吸附在金属表面,渗入金属晶格内,转变为原子氢。当金属内有夹杂物、晶格错位现象或其他缺陷时,原子氢便在这些易损部位聚集,结合成氢气。由于该过程在瞬间完成,氢的体积骤然增加,于是在金属内部产生很大应力,致使强度高或硬度大的钢材突然产生晶格变形,进而变脆产生微裂缝,通常将这一过程称作氢脆。在拉应力和钢材残余应力的作用下,钢材上因氢脆而引起的微裂缝很容易迅速扩大,最终使钢材脆断破坏。

因此,要求在钻开含硫地层前 50m,将钻井流体 pH 值保持在 9.5 以上,直至完井;一旦发现钻井流体受到硫化氢侵害,应立即处理,将其清除。目前一般采取的清除方法是加入适量烧碱,使钻井流体的 pH 值保持在 9.5~11,再加入碱式碳酸锌海绵铁等硫化氢清除剂,以避免硫化氢从钻井流体中释放出来。即:

$$Zn_2(OH)_2CO_3 + 2H_2S \Longrightarrow 2ZnS\downarrow + 3H_2O + CO_2$$

硫化氢气体对钢材设备腐蚀破坏的主要环境因素就是钻井流体、压井液等,破坏作用的表现形式为电化学腐蚀(李臣生等,2008)。因此,根据反应物和反应介质的特点,可从减少硫化氢侵入的可能性、添加处理侵害的处理剂、加入除硫缓蚀剂、保持钻井流体为碱性、安装脱气器、加入适量的除硫剂、使用油为连续相的钻井流体、提高钻井流体密度、储备钻井流体加重材料等方面考虑防腐措施。

(1)尽可能防止硫化氢侵入钻井流体。最好保持足够的静水压力以减少硫化氢侵入的可能性。

(2)轻度侵害,通常用石灰和烧碱将提高钻井流体的 pH 值至 9~12;严重侵害,通常加入除硫剂、碱式碳酸锌、海绵铁等预处理,可使硫化氢浓度降低至 500mg/m^3 以下。预处理中注意不要加入过量的碱式碳酸锌,因为过量碱式碳酸锌会影响体系中膨润土的性能。建议碳酸锌加量不要高于 14.6kg/m³,并可适当加入 2.86~5.71kg/m³ 的磺化褐煤、腐殖酸钠等。

(3) 为控制管材设备发生氢脆破坏,需阻止氢原子在钢材表面聚集,最有效的方法是加入除硫缓蚀剂。在条件允许的条件下推荐使用油基钻井流体,因为硫化氢不溶于油基钻井流体,油覆盖在金属表面上可起到保护膜的作用。

(4) 为了保持有足够的除硫剂与全部溶解的硫化物起作用,水基钻井流体处理后性能应保持为碱性,一般要求 pH 值达到 9.5~10.5。预计有硫化氢或二氧化碳侵入钻井流体中时,应保证更高的 pH 值。但这种加碱处理的方法并不能除掉反应生成物,只是暂时避免硫化氢的危害。

(5) 建议在水基钻井流体的出口(喇叭口)处安装脱气器(该脱气装置中需要按一定比例加入除硫脱气剂,如过氧化氢,使其溶解的硫化物被氧化),经处理后的钻井流体可重新进入循环系统再次利用。

(6) 为了防止井下钻具的腐蚀,在整个钻井完井作业过程中均可加入适量的除硫剂。

(7) 含硫气井的钻井作业,应配套齐全相关装备,如气体分离器、除气器(脱硫化氢气体装置)、高压硫化氢阻流器、硫化氢监测设备、除硫效率测定仪器等。

(8) 使用油为连续相的钻井流体。硫化氢易溶于油和油基钻井流体,远远大于其在水中的溶解度,并随溶解压力的升高而增大,这表明硫化氢可溶解在油基钻井流体中。用油作为连续相的钻井流体消除了电化学腐蚀,避免钻井过程中硫化氢及二氧化碳引起的腐蚀疲劳及硫化物应力腐蚀。在井底温度超过 260℃ 时,油基钻井流体仍然稳定。

(9) 提高钻井流体密度,压稳硫化氢气层。目的层保护储层,提高钻井流体密度实际上会受到一定限制。同时改变钻井流体的流变性能,在满足钻井流体携砂性和悬浮能力的条件下,使用低黏切钻井流体,并充分发挥除气器的作用,使硫化氢气体与钻井流体及时分离,恢复钻井流体密度(徐海彬等,2013)。

(10) 储备钻井流体加重材料。充分利用井上现有设备,储备超过常规钻井流体密度 0.30~0.35g/cm³ 以上重浆,定时搅拌,保证随时使用。常备加重材料 30~50t,无储备罐的应配备 2~3 个储备罐。

(11) 含硫气田用的钻杆应该间歇使用。钻杆停用,堆置一定时间可使其释放氢,使钻杆恢复韧性,防止发生硫化物应力腐蚀断裂。

目前,现场除硫时,通常加入钻井流体用除硫剂、除硫缓蚀剂、除硫剂以及碳酸铜。

(1) 钻井流体用除硫剂是锌粉锌基化合物、海绵铁和微孔型碳酸盐溶液经复分解而制得的钻井流体用除硫剂,为微黄或(灰)白色粉末,具有纯度高、单体配比优化、分子量高、有效作用物锌含量高、添加量小的特点。

除硫后钻井流体中残硫含量在 3% 以下,除硫效果显著,除硫效率在 95% 以上,完全能满足安全钻进的目的,同时能防止钻具损伤。

钻井流体用除硫剂用于无固相钻井流体和低密度钻井流体时,可直接按循环周期徐缓均匀加入,推荐用量为 5~15kg/m³;用于固相含量相对较高的钻井流体时,推荐用量为 3~10kg/m³;具体用量视钻井流体性能要求,通过试验确定。

(2) 除硫缓蚀剂。除硫缓蚀剂分为吸附型、钝化型及沉淀型 3 种。除硫缓蚀剂在钢材表面形成薄膜,隔绝其与外部介质的接触,减缓和抑制钢材的电化学腐蚀,延长井下管柱的使用寿命。

(3)碳酸铜。铜化合物除硫剂中碳酸铜的除硫效果最好。铜离子和亚铜离子与二价硫化物离子反应生成惰性硫化铜和硫化亚铜沉淀,脱除钻井流体中的硫化氢,不会影响钻井流体性能。但铜与钢材会形成铜/铁腐蚀电池,加速了钢材的电化学腐蚀,以一种腐蚀代替了另一种腐蚀,这就限制了它的使用。

12.3.1.2 溶解氧的腐蚀及控制

钻井流体中或多或少有溶解氧存在,它来源于大气、水和处理剂。腐蚀可在钻具接箍等死角处引起坑蚀,可导致应力集中性钻具断裂。钻井流体总体含氧量一般不高(20~850mg/L)。但局部含氧量有可能很高,所以有氧腐蚀存在。控制氧气腐蚀从消除泡沫、加除氧剂、使用缓蚀剂以及钻具涂膜等方面入手。

(1)减少空气夹带量及时消除钻井流体泡沫。
(2)加除氧剂(即还原剂),如亚硫酸钠等。
(3)使用缓蚀剂,如胺、胺盐及其他表面活性剂。
(4)可能的话,使用涂膜钻具。

防止钻杆氧腐蚀最简便的措施就是提高钻井流体的 pH 值(详见本篇第 4 章相关内容)。在钻井流体中添加缓蚀剂可以有效抑制氧腐蚀,解决钻杆氧腐蚀的最有效办法是采用除氧剂除氧。

钻井流体中氧的存在会加速钻具腐蚀,腐蚀形式主要为坑点腐蚀和局部腐蚀,即使是极低浓度的氧也会使钻具的疲劳寿命显著降低。

大气中的氧,在循环时混入钻井流体,其中一部分氧溶解在钻井流体中,直至饱和状态。试验表明,氧的含量越高,腐蚀速度越快。如果钻井流体中有硫化氢或二氧化碳气体存在,氧的腐蚀速度会加剧。

清除钻井流体中的氧应首先考虑采取物理脱氧的方法,即充分利用除气器等设备,并在搅拌过程中尽量控制氧的侵入量。将钻井流体的 pH 值维持在 10 以上也可在一定程度上抑制氧的腐蚀。这是由于在较强的碱性介质中,氧对铁产生钝化作用,在钢材表面生成一种致密的钝化膜,因而腐蚀速率降低。然而解决钻具氧腐蚀的最有效方法还是化学清除法,即选用某种除氧剂与氧发生反应,从而降低钻井流体中氧的含量。

常用的除氧剂有亚硫酸钠(Na_2SO_3)、亚硫酸铵(($NH_4)_2SO_3$)、二氧化硫(SO_2)和肼(N_2H_4)等,其中以使用亚硫酸钠最为普遍。除氧剂与氧之间的反应可分别表示为

$$2Na_2SO_3 + O_2 =\!=\!= 2Na_2SO_4$$

$$2(NH_4)_2SO_3 + O_2 =\!=\!= 2(NH_4)_2SO_4$$

$$2SO_2 + O_2 + H_2O =\!=\!= 2H_2SO_4$$

$$N_2H_4 + O_2 =\!=\!= N_2 + 2H_2O$$

12.3.1.3 二氧化碳腐蚀及控制

二氧化碳来源于地层气和钻井流体热降解,属于酸性气体,可引起坑蚀。实际上,控制

二氧化碳腐蚀,应用较多的方法是阴极保护、管线的选材和缓蚀剂的使用。管外腐蚀,使用较多的方法主要是防腐涂层和阴极保护以及两者相结合的方法。管内腐蚀,由于管内的环境和管外相差较大,主要的方法是选材和适用缓蚀剂。对于选材,管线的化学成分对腐蚀过程会产生很大的影响,铬的加入可以显著地降低金属的腐蚀速率。在较低的流速下,pH 值为 6 时,与单独含铬相比,含镍时腐蚀速率随着铬含量的增加而增加。在合金中,少量的合金元素的加入可以显著的降低腐蚀速率(如铬),但有些元素的加入,不但不能降低腐蚀速率,反而还会使腐蚀速率明显的增加(如镍)。

不同的油田,环境极其复杂,所用的缓蚀剂成分可能是不一样的. 在一个油田适用的防腐药剂,在另一个油田中未必能发挥效用。

目前使用较多是咪唑啉类的缓蚀剂,复合型的缓蚀剂使用也较广泛,由于协同作用其效果比单一的缓蚀剂要好。控制二氧化碳腐蚀主要采取加碱,pH 值控制在 9~10 为好。流体高 pH 值下,二氧化碳气体不能产生,以碳酸根离子的形式滞留在流体中。

12.3.1.4　细菌腐蚀及控制

细菌腐蚀的原因有硫弧菌对含硫化合物的分解产生硫化氢,还有多糖类(如淀粉等)在细菌作用下的发酵分解产生二氧化碳等。细菌腐蚀一般危害不大,关键是抑制细菌繁殖,加杀菌剂如一些醛类化合物,往往在钻井流体配制初期便加入一些具有杀菌抑菌性能的物质,钻井过程中如果再有较严重的细菌情况,根据需要再次加入杀菌剂即可。

12.3.1.5　碱腐蚀(碱脆)及控制

在碱性环境中常常有亚铁酸根离子和氢气产生,如发生在钻具接头缝隙处,在高应力情况下可发生脆断。控制方法是保持钻井流体 pH 值为 10 以下。深井高温时,高 pH 值环境发生碱脆的概率较大。所以减轻碱性环境对金属材质造成的腐蚀也是十分重要的研究方向(陈合成,2004)。

金属只有在特定的介质中才会产生应力腐蚀开裂。因此,在特定介质条件下应尽量选择环境无应力腐蚀破裂的金属,或者设计合理的特殊结构,避免应力集中部位接触这种特定介质。

发展了高纯高铬铁素体不锈钢具有优异的耐蚀性和机械性能。在碱液中常用高纯高铬铁素体不锈钢。镍及其合金是传统的耐碱材料,在 10%~99% 氢氧化钠溶液浓缩过程中都可选用镍材。在制碱过程中影响镍材使用寿命的因素是氢氧化钠的浓度、温度和杂质组成(特别是其中的氯酸钠含量和氯化钠的含量)。近来,由于高纯高铬铁素体不锈钢的发展,在碱液蒸发浓缩设备的选材方面,大有取代传统镍材的趋势。

不同金属在一定的介质中引起应力腐蚀开裂所需的温度也不相同,即都存在一个临界开裂温度。浓度一定的碱液,临界开裂温度是一定的,只有当温度接近或超过临界开裂温度,材料才可能发生应力开裂。在碳钢/氢氧化钠体系中,氢氧化钠的浓度越高,临界开裂温度就越低。一般来说,温度越高,破裂就越快,所以有人认为应力腐蚀开裂是热激活过程。

引起应力腐蚀开裂的往往是拉应力(即张应力)。拉伸应力有两个来源:一是在金属材料的冶炼、加工及金属构件装配过程中产生的残余应力,或因温差产生的热应力,或是因固相变形产生的第二类残余应力;二是在金属材料使用过程中外加负载在结构的不同部位出现的应力。在上述两大类中,以残余应力为主,约占事故的80%,在残余应力中又以焊接应力为主。在碳钢/氢氧化钠体系中,当工作条件超过表2.12.3所列的数据时,就需要进行焊后热处理以消除残余应力。需进行焊后热处理的氢氧化钠浓度和温度条件见表2.12.3。

表2.12.3 需进行焊后热处理的氢氧化钠浓度和温度条件

浓度,%	5	10	15	20	30	40	50	60	70
温度,℃	85	76	70	65	54	48	43	40	38

工艺操作中和设备结构设计时,应尽可能地使温度均匀,避免死角和局部过热产生热应力,特别是温度较高的部位要避开焊接应力集中的部位。对需要伴热的设备和管道,要充分考虑伴热方式对其造成的影响。蒸汽伴热引起的碳钢热应力腐蚀破裂的例子很多。防止和减少管道由伴热引起热应力腐蚀简单有效的办法是改变传统的保温结构,用岩棉将伴热管与母管隔开以及把直接伴热改为间接伴热。

通过除去介质中的有害杂质、控制介质的温度、降低介质的浓度来改变设备的工作环境和通过添加缓蚀剂都能达到防护效果。如在苯菲尔脱碳系统中,通常是通过添加偏钒酸钾缓蚀剂防止腐蚀,起缓蚀作用的是钒离子。

钒属于钝化型缓蚀剂(氧化剂),很容易发生还原反应,促使铁发生氧化反应生成氧化铁保护膜,使腐蚀受到抑制。但钝化剂的浓度必须超过临界致钝浓度,才能使金属钝化。若浓度偏低,不仅不能使金属钝化,反而会促进金属的腐蚀或者造成严重的局部腐蚀。

另外,还可以采用的措施有电化学保护和保护性镀层或涂层等。一般情况下,需采用多种防护手段,才能有效地保证设备的安全运行。

12.3.1.6 酸腐蚀及控制

酸腐蚀发生在酸化作业中及其之后。最好的控制方法是使用缓蚀剂保护钻具,其次是在使用酸之后尽快中和酸,提高pH值至碱性范围。

特别应注意的是被硫化氢侵害过的钻井流体千万不能接触酸,以防生成硫化氢气体引起事故。

12.3.1.7 氯化物腐蚀及控制

氯是一种很强的氧化剂,可与铁金属组成高电位的原电池造成铁的腐蚀。钻井流体中常见的氯化物有氯化钠、氯化钙等,氯化钠属强酸强碱盐,离解平衡较好,氯化钙属强酸弱碱盐,在溶液呈酸性反应。因此,氯化钙比氯化钠腐蚀性强,更重要的一点是氯化物产品往往不纯,其中的氢离子和其他杂质在腐蚀中起助长作用。

控制方法一是保持钻井流体碱性,若是氯化钠盐水可加氢氧化钠,若是氯化钙可加氢氧化钙中和其中的游离氢离子,使离解平衡。在高密度氯化钙溶液中不宜加氢氧化钠,因为生成的氯化钠会降低氯化钙溶液密度。二是使用缓蚀剂保护钻具。

12.3.2 钻井流体维护处理

由于需要监测的钻井流体所处的环境比较复杂,单纯采用某一种腐蚀监测方法一般不能全面掌握设备管道腐蚀状态。要获得良好的腐蚀监测效果,必须制订相应的腐蚀监测方案。通常腐蚀监测方案包括腐蚀监测位置、腐蚀监测方法以及腐蚀监测频率等。

腐蚀监测位置的确定直接决定着腐蚀监测效果的好坏。一般来说,对设备管道真正造成威胁的是局部腐蚀。因此,如何监测到设备管道腐蚀相对严重的部位,即腐蚀监测位置的选择就显得十分重要。

这些部位随着设备管道工艺条件、材质和结构等不同而变化,通常需要注意以下几个腐蚀严重的部位:腐蚀介质浓缩部位,如循环冷却水系统;设备管道高湍流区域,如管道的弯头等;高温高压腐蚀严重的部位;事故发生频繁的设备管道;下周期计划备换的设备管道。

实际生产过程中,采用单一的腐蚀监测方法不能满足生产要求,通常需要同时采用多种方法才能获得比较准确可靠的腐蚀监测信息。例如,电阻探针腐蚀监测数据通常需要腐蚀挂片法的数据校正,以防止由于探头原因造成的数据偏差。

另外,工艺介质分析和腐蚀产物分析也十分重要,可以反映出腐蚀发生的主要原因和腐蚀状况,与腐蚀监测数据相关联后,这些数据可以用于显示预测可能发生的腐蚀及程度。

腐蚀监测可以周期性进行,也可以连续性进行,监测频率由腐蚀监测方法、被监测部位腐蚀程度及腐蚀监测费用三方面确定。腐蚀监测方法决定腐蚀速度响应时间,如腐蚀挂片法通常需要一个月以上的监测周期,而电阻探针的监测周期可以缩短到几天甚至几小时。此外,被监测部位腐蚀加重时应加大腐蚀监测频率,腐蚀比较轻微的部位其监测频率应相应减少。腐蚀监测费用也是一个重要方面,要避免过于频繁地采用高成本的腐蚀监测方法,在目前阶段,连续性在线腐蚀监测费用比周期性腐蚀监测费用高。

以此规律为依据,开展许多防腐治腐措施,保证既能够有效地防止腐蚀带来的负面影响,又能控制成本在可接受的范围内。

12.3.2.1 合理选材

根据当地腐蚀条件合理地选用相应强度的钻具和管材,可以延长它们的使用寿命,避免井下突发事故。不同型号的钢材具有不同的强度和硬度。

(1)屈服强度低的钢材,一般可以抗硫化物应力腐蚀,但侵入氢后可产生气泡。

(2)钢材强度增加时,临界应力降低和破损时间减少。

(3)含二氧化碳油气井,可以选用高合金钢材。使用高合金钢材时,应考虑氯离子应力腐蚀合金钢问题。

(4)在含硫气井下部(即温度超过93℃时)可使用强度较高的薄壁管材,从而减小管材上部低温部位管材受到的轴向应力,减缓上部管材硫化物应力腐蚀。

12.3.2.2 金属钝化

铁和浓硝酸、浓硫酸反应后表面上覆盖了一层致密的氧化物保护膜,防止了铁的继续腐蚀。这时的铁处于钝化状态。

12.3.2.3 阴阳极保护

阴阳极保护分为阴极保护以及阳极保护。

(1)阴极保护。阴极保护方法有两种:一种方法是将另一种平衡电势低的金属与被保护金属相连,形成自发电池,前者是阳极。腐蚀过程中,阳极溶解,阴极放出氢气。这实际上是牺牲了阳极来保护阴极,故称为阴极保护。另一种方法是使金属直接与外部电源相连。为了保证有阴极电流通过金属,还必须引入一块阳极,通常是石墨电极。

阴极保护只能作为一种辅助的防腐手段,既不经济,也会在金属表面放出氢,容易产生氢脆。

(2)阳极保护。通过外加电源直接使被保护的金属处于钝化状态。采用此方法时应特别注意介质的特点和致密膜的性质,否则容易造成孔蚀。

12.3.2.4 防腐剂

防腐剂用于钻井流体的作为防腐措施,主要包括除气剂、缓蚀剂、杀菌剂和 pH 值控制剂等。黄桥二氧化碳气田开发利用防腐处理剂实现二氧化碳腐蚀控制(宣志军等,2008)。

12.3.2.5 除气剂

钻井流体用除气剂包括除氧剂和除硫剂。

(1)除氧剂。钻井流体中氧会加速腐蚀钻具。腐蚀形式主要为坑点腐蚀和局部腐蚀。即使是极低浓度的氧也会使钻具的疲劳寿命显著降低。疲劳寿命,是指材料在疲劳破坏前所经历的应力循环数。钻井流体中多数有机降黏剂可以吸收氧气并和氧气发生反应,其他有机处理剂和高分子处理剂也能与氧发生反应从而使钻井流体性能变差。

钻井流体中氧的清除首先应考虑采取物理脱氧的方法,即充分利用除气器等设备,并实施搅拌,尽量控制氧的侵入量。将钻井流体的 pH 值维持在 10 以上也可在一定程度上抑制氧的腐蚀。这是由于在较强的碱性介质中,氧对金属铁产生钝化作用,在钢材表面生成一种致密的钝化膜,因而腐蚀速率降低。

然而解决钻具氧腐蚀的最有效方法还是化学清除法,即选用某种除氧剂与氧发生反应,从而降低钻井流体中氧的含量。一般情况下,钻井流体中所含的氧可以用除氧剂除去,常用的除氧剂有亚硫酸钠、亚硫酸铵、二氧化硫和肼等。亚硫酸氢钠必须先溶于水制成溶液后再加到钻井流体中去。若使用亚硫酸氢铵则可直接以粉末的形式加入钻井流体,其中以使用亚硫酸钠最为普遍。

$$2Na_2SO_3 + O_2 = 2Na_2SO_4$$

$$2(NH_4)_2SO_3 + O_2 = 2(NH_4)_2SO_4$$

$$2SO_2 + O_2 + 2H_2O = 2H_2SO_4$$

$$N_2H_4 + O_2 = N_2 + 2H_2O$$

(2)除硫剂。硫化氢主要来自含硫地层,此外某些磺化有机处理剂以及木质素磺酸盐在井底高温下也会分解产生硫化氢。硫化氢对人有很强的毒性,硫化氢腐蚀钻具和套管也很强。

因此,一旦发现硫化氢侵害钻井流体,应立即清除。目前一般采取的清除方法是加入适量烧碱,使钻井流体的 pH 值保持在 10 以上。当 pH 值为 7.0 时,硫化氢与氢氧化钠之间的反应为:

$$H_2S + NaOH = NaHS + H_2O$$

当 pH≥9.5 时,有反应:

$$NaHS + NaOH = Na_2S + H_2O$$

此法的优点是处理简便,但当钻井流体的 pH 值再次降低时,生成的硫化物又会重新转变为硫化氢。因此,为了使清除更为彻底,应在适当提高 pH 值之后,再加入适量碱式碳酸锌等硫化氢清除剂,其反应式为:

$$Zn_2(OH)_2CO_3 + 2H_2S = 2ZnS + 3H_2O + CO_2\uparrow$$

工业上常用的除硫剂主要有锌基和铁基两类。前者主要有碱式碳酸锌、锌螯合物等;后者主要有铁氧化除硫剂、铁螯合物等。

锌基除硫剂的反应产物为硫化锌,在水基钻井流体中除硫比高,且可以提高钻井流体的 pH 值而得到广泛的应用。氧化锌则较适合油基体系。为了解决碱式碳酸锌在 pH 值为 9~11 时溶解性不好的问题,可以将锌离子与一些有机配位体螯合,制成锌螯合物,但是降低了除硫比。

铁基除硫剂的反应产物是硫化亚铁。铁基除硫剂的主要成分是铁的氧化物,它和硫化氢的反应既有氧化还原反应,又有沉淀生成。

$$Fe_3O_4 + 4H_2S = 3FeS\downarrow + 4H_2O + S$$

$$FeS + S = FeS_2$$

$$Fe_2O_3 + 3H_2S = 2FeS\downarrow + 3H_2O + S$$

$$FeO + H_2S = FeS\downarrow + H_2O$$

铁基除硫剂中效果较好者当属海绵铁,由铁粉经控制氧化制备出的多孔性四氧化三铁。

铁螯合物除硫剂是一种新型除硫剂,它是由乙二胺四乙酸、二乙撑三胺五乙酸、氮川三乙酸和 N-羟乙基乙胺三乙酸同铁螯合而成的,具有除硫速度快、易溶于水、不生成沉淀物、可以再生并重复使用等优点。

12.3.2.6 缓蚀剂

缓蚀剂又称阻蚀剂或腐蚀抑制剂,是一种以适当的浓度或形式存在于介质中时,可以防止和减缓腐蚀的化学物质或复合物质。缓蚀剂的特点是用量小、见效快、成本较低、使用方便,但对腐蚀的抑制作用很大。影响缓蚀剂缓蚀效果好坏的因素很多,除了缓蚀剂的组分、结构、介质的性质、金属的种类和表面状态诸因素外,还与缓蚀剂的浓度、使用温度和介质的流动速度等因素有关。

(1)浓度的影响。金属的腐蚀速率随缓蚀剂浓度的增加而降低。大多数缓蚀剂在酸性及浓度不大的中性介质中,都属于这种情况。缓蚀剂浓度和金属腐蚀速率的关系有极限值。有些缓蚀剂浓度增加到一定程度后,如再继续增加缓蚀剂浓度,金属腐蚀速率不仅不下降反而会升高,因此,在使用这类缓蚀剂时,必须注意缓蚀剂不要过量。

缓蚀剂用量不足会加速金属腐蚀。例如,为减缓盐水腐蚀性,常用亚硝酸钠作缓蚀剂。添加量不足时,碳钢的腐蚀速率不仅加大,而且还会发生明显的点腐蚀。大部分氧化剂也属于这类缓蚀剂,如铬酸盐、重铬酸盐、硅酸钠等。

(2)温度的影响。金属的腐蚀速率一般随温度升高而加快,尤其是在腐蚀过程中有氢析出的介质中。如果腐蚀过程中有氧参与阴极反应,则由于温度升高时氧的溶解度降低,腐蚀速率与温度的关系就比较复杂。温度对缓蚀剂缓蚀作用的影响大致可分为3种情况:

① 温度升高,缓蚀率降低。大多数有机缓蚀剂及许多无机缓蚀剂属于这种类型。吸附膜性缓蚀剂,温度升高,缓蚀率降低。这是由于金属表面对这类缓蚀剂的吸附明显地减少,从而增大了介质与金属作用的表面积,提高了金属的溶解速率。对于沉淀膜型缓蚀剂,温度升高缓蚀率下降的主要原因是温度升高沉淀颗粒变大,黏附性能变差,沉淀膜的保护性能相应下降。

② 在一定的温度范围内缓蚀率不随温度升高而改变。用于中性水溶液和水中的一些无机缓蚀剂,其缓蚀率几乎是不随温度升高而改变的。

③ 温度升高缓蚀率也增高。有些缓蚀作用特别强缓蚀剂,不仅能使腐蚀速率减小,而且还可使腐蚀反应速率随温度升高而增加的变化率减小,进一步提高缓蚀效率。这可能是温度升高时,缓蚀剂与金属表面发生化学吸附生成反应产物膜或类似钝化膜的膜层,从而降低了腐蚀速率。

(3) 介质流动速度的影响。介质流动速度对缓蚀剂缓蚀作用的影响并不亚于温度、压力、介质的组成及其他因素的影响。

流速增加可能导致缓蚀率降低。在大多数情况下,提高介质的流速或搅拌介质都会造成缓蚀效率的降低。

流速增加也会致使缓蚀率提高。缓蚀剂在介质中不能均匀分布影响保护效果时,增加介质流速有利于缓蚀剂均匀地扩散到金属表面,形成保护膜提高缓蚀效率。

介质流速影响缓蚀率,因缓蚀剂使用浓度不同结果不同。采用4份六偏磷酸钠和1份氯化锌的混合物作循环冷却水的缓蚀剂。缓蚀剂浓度为8mg/L以上时,缓蚀率随介质流速的增加而提高;浓度在8mg/L以下时,缓蚀率随流速的增大而减小。

12.3.2.7 杀菌剂

杀菌剂按其化学成分可以分为无机杀菌剂和有机杀菌剂,按杀菌机理可以分为氧化型杀菌剂和非氧化型杀菌剂。

无机杀菌剂主要有氯、溴、次氯酸钠、铬酸盐、硫酸铜、汞和银的化合物等,以天然矿物为原料,加工制成的具有杀菌作用的元素或无机化合物。无机杀菌剂多为保护性杀菌剂,缺乏渗透和内吸作用,一般用量较高。

有机杀菌剂主要有氯酚类、氯胺、季铵盐、烯醛类等,指在一定剂量或浓度下,具有杀死危害作物病原菌或抑制其生长发育的有机化合物。20世纪60年代后,开发了许多内吸性有机杀菌剂,与非内吸杀菌剂同样具有保护作用、治疗作用和铲除作用(周明国,1999)。

氧化型杀菌剂主要有氯、次氯酸盐、二氧化氯、臭氧、过氧化氢等,具有强烈氧化性。通常是强氧化剂,对水中微生物的杀菌作用强烈。氧化型杀菌对水中其他的还原性物质都能起到氧化作用。水中存在有机物、硫化氢、亚铁离子时,会消耗掉一部分氧化型杀菌剂,降低它们的杀菌效果。循环冷却水系统中常用的氧化型杀菌剂为含氯化合物、过氧化物、含溴化合物等具有氧化性能的化合物。

非氧化型杀菌剂不是以氧化作用杀死微生物,而是以致毒作用于微生物的特殊部位,因而,不受水中还原物质的影响。通常是氯酚类、季铵盐类的非氧化性化合物。其杀菌作用有一定的持久性,对沉积物或黏泥有渗透、剥离作用,受硫化氢、氨等还原物质的影响较小,受水中pH值影响较小。但处理费用相对于氧化型杀菌剂较高,且容易引起环境污染,水中的微生物易产生抗药性。

12.3.2.8 pH值控制剂

钻井流体的腐蚀性随pH值增加而显著降低。因此,提高钻井流体pH值,从而可以控制钻具的腐蚀。常用的pH值控制剂有氢氧化钠、碳酸钠、氧化钙等碱性物质。

钻井流体中含有少量硫化氢时,pH值的提高还能控制硫化氢腐蚀,但硫化氢含量较大时不能靠提高pH值来控制腐蚀,应该用碱式碳酸锌来清除。

12.3.2.9 防腐涂层

用优质涂料在钻杆内壁涂层,不但可以防止井下钻井流体腐蚀对钻杆的腐蚀,还可以防止钻杆在地面存放时的腐蚀。防腐涂层主要有三方面的作用:(1)屏蔽作用。漆膜阻止腐蚀介质和材料表面接触。隔断腐蚀电池的通路,增大了电阻。(2)缓蚀作用。某些颜料,或其与成膜物或水分的反应产物,对底材金属可起缓蚀作用(包括钝化)。(3)阴极保护作用。漆膜的电极电位比底材金属低,在腐蚀电池中它作为阳极,保护底材金属(阴极)。

值得注意的是,内涂层能防止钻杆内表面的腐蚀,但因此可能造成腐蚀过程转移到外表面上去。因此,还需要采取措施减缓钻井流体对钻杆的侵蚀,通常采用油脂涂料、生漆、酚醛树脂涂料、环氧树脂涂料、聚氨酯涂料、乙烯树脂涂料、呋喃树脂涂料、橡胶类涂料、沥青涂料以及重防腐蚀涂料。

(1)油脂涂料。油脂涂料是以干性油为主要成膜物的涂料。特点是易于生产,涂刷性好,对物面的润湿性好,价廉,漆膜柔韧。但漆膜干燥慢,膜软,机械性能较差,耐酸碱性、耐水性及耐有机溶剂性差。干性油常与防锈颜料配合组成防锈漆,用于耐蚀要求不高的大气环境中。

(2)生漆。生漆又称为国漆、大漆,是中国特产之一(张飞龙,2001)。生漆是从生长着的漆树上割开树皮流出来的一种乳白色黏性液体,经细布过滤除去杂质即是。涂在物体表面上后,颜色迅速由白色变为红色,再由红色变为紫色,时间较长则可变成坚硬光亮的黑色漆膜。漆酚是生漆的主要成分,含量30%~70%。一般讲,漆酚含量越高生漆质量越好。生漆附着力强、漆膜坚韧、光泽好,耐土壤腐蚀,较耐水、耐油。缺点是有毒性,皮肤过敏。不耐强氧化剂,耐碱性差。现在有不少改性的生漆涂料,不同程度上克服了这些缺点。

(3)酚醛树脂涂料。主要有醇溶性酚醛树脂、改性酚醛树脂、纯酚醛树脂等。醇溶性酚醛树脂涂料抗腐蚀性能较好,但施工不便,柔韧性、附着力不太好,应用受到一定限制。因此,常需要改性酚醛树脂。如松香改性酚醛树脂与桐油炼制,加入颜料,经研磨可制得磁漆,漆膜坚韧,价格低廉,广泛用于家具门窗的涂装。纯酚醛树脂涂料附着力强,耐水耐湿热,耐腐蚀,耐候性好。酚醛树脂和脲醛树脂等其他合成树脂经高温烘烤后交联成膜,漆膜具有突出的耐腐蚀性,并有良好的机械性能和装饰性。

(4)环氧树脂涂料。环氧涂料附着力好,对金属、混凝土、木材和玻璃等均有优良的附着力。耐碱、油和水,电绝缘性能优良,但抗老化性差。环氧防腐蚀涂料通常由环氧树脂和固化剂两个组分组成。固化剂的性质也影响到漆膜的性能。常用的固化剂有脂肪胺及其改性物可常温固化,未改性的脂肪胺毒性较大。芳香胺及其改性物反应慢,常须加热固化,毒性较弱。聚酰胺树脂耐候性较好,毒性较小,弹性好,耐腐蚀性能稍差。

(5)聚氨酯涂料,使用时将双组分混合而反应固化生成聚氨基甲酸酯(聚氨酯)。聚氨酯涂料价格高,但使用寿命长,物理机械性能好。漆膜坚硬、柔韧、光亮、丰满、耐磨、附着力强。耐腐蚀性能优异。耐油、酸、化学药品和工业废气。耐碱性稍低于环氧涂料。耐老化性优于环氧涂料。常用作面漆,也可用作底漆。聚氨酯树脂能和多种树脂混溶,可在广泛的范围内调整配方,以满足使用要求。可室温固化或加热固化,温度较低时也能固化。多异氰酸酯组分的贮藏稳定性较差,必须隔绝潮气,以免胶冻。

(6)乙烯树脂涂料。乙烯树脂防腐蚀涂料主要是指以氯乙烯、醋酸乙烯、乙烯、丙烯等单体制成的树脂为成膜物的涂料。过氯乙烯涂料已大量生产和应用。过氯乙烯涂料能形成致密的漆膜,耐化学腐蚀性能好,但对光、热的稳定性差,长期使用不宜超过60℃,对金属附着力较差。涂料原料来源丰富,在防止化工大气腐蚀方面已大量使用。

(7)呋喃树脂涂料。呋喃树脂涂料耐各种非氧化性无机酸、电解质溶液、有机溶剂,耐碱性也很突出,但抗氧化不好。呋喃树脂系列防腐蚀涂料包括糠醇树脂涂料、糠醛丙酮甲醛树脂涂料和改性呋喃树脂涂料等。

(8)橡胶类涂料。橡胶类防腐蚀涂料以经过化学处理或机械加工的天然橡胶或合成橡胶为成膜物质,加上溶剂、填料、颜料、催化剂等加工而成。① 氯化橡胶涂料耐水性好,耐盐水和盐雾。有一定的耐酸、碱腐蚀性,50℃以下能耐10%的盐酸、硫酸、硝酸、不同浓度的氢氧化钠及湿氯气。但不耐溶剂,耐老化性和耐热性差。广泛用于船舶、港湾、化工等场合。② 氯丁橡胶涂料耐臭氧、化学药品,耐碱性突出,耐候性好。耐油和耐热,可制成可剥涂层。缺点是贮存稳定性差。涂层易变色,不易制成白色或浅色漆。③ 氯磺化聚乙烯橡胶涂料由聚乙烯树脂与氯气及二氧化硫(或氯磺酸)反应制得。涂层抗臭氧性能优良,耐候性显著,吸水率低、耐油、耐温,可在120℃以上使用,零下50℃也不发脆。

(9)沥青涂料。沥青是重要的防腐蚀涂料之一。尤以煤焦沥青为最佳,煤焦沥青涂料价格低廉,耐水,浸入水中10年,吸水率仅0.1%~0.2%。耐化学介质的侵蚀,对未充分除锈的钢铁表面仍有良好的润湿性;固相含量高,可获厚膜;价格低廉。其缺点是在寒冬时发脆,夏暑时发软,曝晒后有些成分挥发逸出会使漆膜龟裂。通过加入其他树脂得到改善。例如加入氯化橡胶可提高沥青涂料的干性,改善冬脆夏软的缺点。加入环氧树脂制得的环氧沥青涂料,可兼具沥青涂料和环氧涂料的优点,在防腐蚀中获得非常满意的效果。沥青涂料已在集装箱底、船底、船坞阀门、围堰等场合使用,防腐蚀效果很好。

(10)重防腐蚀涂料。重防腐蚀涂料相对一般防腐蚀涂料而言,是指在严酷的腐蚀条件下,防腐蚀效果比一般腐蚀涂料高数倍以上的防腐蚀涂料。其特点是耐强腐蚀介质性能优异,耐久性突出,使用寿命达数年以上。主要用于海洋构筑物和化工设备、贮罐和管道等。目前常用的重防腐蚀涂料主要有作为底漆的重防腐蚀富锌涂料。分厚膜型有机富锌涂料、富锌预涂底漆和无机富锌涂料三个系列。重防腐蚀中间层涂料和面漆可直接涂在富锌底漆上,主要有氯化橡胶系、乙烯树脂系、环氧系、聚氨酯系、氯磺化聚乙烯系、环氧焦油系等重防腐蚀涂料,玻璃鳞片重防腐蚀涂料,环氧砂浆重防腐蚀涂料,含氟涂料如聚三氟氯乙烯涂料、氟橡胶涂料等。

防腐蚀涂料品种繁多,其性能和用途各有不同,正确选用对涂层的防蚀效果和使用寿命至关重要。选用时应考虑被涂物体表面材料性质。如黑色金属可选择铁红、红丹底漆,红丹底漆对铝等有色金属不仅不起保护作用,反而会起破坏作用。

① 被涂物体的使用环境。防腐蚀涂料对环境针对性很强,要根据具体使用环境,如介质的类型、浓度、温度及设备运转情况等因素来选用最适宜的涂料品种。

② 施工条件。应根据施工现场实际状况选择适宜的涂料品种,如在通风条件差的现场施工宜采用无溶剂或高固体份或水性防腐蚀涂料,在不具备烘烤干燥的现场只能选用自干型涂料。

③ 技术、经济综合效果。不仅要考虑技术性能是否优异,还要考虑经济的合理性。经济核算时要将材料费用、表面处理费用、施工费用、涂层性能及使用寿命、维修费用等综合考虑。

涂料施工质量好坏影响涂层的性能。在实际涂装过程中,由于施工方法不当达不到预期防蚀效果的例子很多,特别是许多性能优异的防腐蚀涂料对施工方法极为敏感。只有严格按照其施工条件施工才可形成正常的涂层,达到预期保护作用。

底材必须严格地处理表面。钢铁基材必须经除锈、除油处理,磷化处理则可根据具体情况而定。要保证必要的涂层厚度。防腐蚀涂层厚度必须超过其临界厚度,才能发挥保护作用,一般为 150~200μm。控制涂装现场的温度、湿度等环境因素。

室内涂装温度应控制在 20~25℃。相对湿度视品种而异,一般以 65% 左右为宜。在室外施工时应无风沙、细雨,温度不低于 5℃,相对湿度不高于 85%。应避免未完全固化的涂层上结霜、降露、下雨和降落砂尘。控制涂装间隔时间,如底漆涂装后放过久才涂面漆,将难以附着而影响整体防护效果。

此外,还必须加强施工人员培训和施工质量管理。要求施工人员了解涂料的性质、用法、施工要点和技术要求。管理人员要加强质量监控,保证每道工序都符合技术要求,以便最终得到一个性能优异的防腐蚀涂层。还要加强劳动安全防护,注意溶剂挥发,加强通风,以免中毒。

12.4 发展趋势

从钻井、完井到地面建设各个环节,以及油井与水井注入、输出乃至原油集输,整个生产循环系统都存在腐蚀,已经成为制约石油天然气工业发展的关键因素之一。随着石油天然气工业的发展,油气田的勘探开发向着沙漠、海洋、极地不断延伸,对防腐蚀技术提出了更高要求(黄本生等,2009)。

12.4.1 研究现状

为了更好地研究金属腐蚀规律,对金属腐蚀实施分类研究和管理,但由于金属腐蚀现象和机理比较复杂,因此分类方法各式各样,至今尚未统一。

(1)根据腐蚀发生的部位,可分为全面腐蚀(均匀腐蚀)和局部腐蚀两大类。

(2)按腐蚀环境分类,即分为化学介质腐蚀、大气介质腐蚀、海水介质腐蚀和土壤介质腐蚀等四大类。

（3）按腐蚀过程的特点分为化学腐蚀、电化学腐蚀和物理腐蚀3大类。

工程最普遍的是按照腐蚀状态划分，除均匀腐蚀或全面腐蚀外，应力腐蚀、腐蚀疲劳、电偶腐蚀或双金属腐蚀、缝隙腐蚀、孔蚀、晶间腐蚀、选择性腐蚀、氢损伤、磨损腐蚀以及微生物腐蚀等11大类。事实上，全面腐蚀可能是各种腐蚀的集成。腐蚀均匀分布在整个金属表面上。单从质量上来看，均匀腐蚀代表对金属的最大破坏。但从技术观点来看，这类腐蚀形态并不重要。

全面腐蚀也称均匀腐蚀，是一种常见的腐蚀形态，其特点是化学或电化学反应在全部暴露的表面或大部分表面上均匀地进行，金属逐渐变薄，最终失效。全面腐蚀造成金属大量损失，但这种腐蚀危险性较小。可在工程设计时考虑合理的腐蚀裕度，合理选材，涂覆保护层，添加缓蚀剂，阴极保护。

局部腐蚀是设备腐蚀破坏的一种主要形式，是金属表面某些部分的腐蚀速率或腐蚀深度远大于其余部分的腐蚀速率或深度，因而导致局部区域的损坏。其特点是腐蚀仅局限或集中于金属的某一特别部位，阳极和阴极一般截然分开，次生腐蚀产物又可在第三点形成。

局部腐蚀是在腐蚀体系中，存在着或出现了某种因素使得金属表面的不同部分遵循不同的阳极溶解规律，即具有不同的阳极极化曲线。不仅如此，随着腐蚀进行，这种阳极溶解速度的差异不但不会减弱甚至还会加强。这种局部腐蚀的条件由腐蚀过程本身所引起的现象称为局部腐蚀的自催化现象。

12.4.1.1　应力腐蚀破裂

材料在静应力和腐蚀介质共同作用下发生的脆性开裂现象称为应力腐蚀开裂，简称应力腐蚀（Stress Corrosion，SCC）。结构和零件的受力状态是多种多样的，如拉伸应力、交变应力、冲击力、振动力等。不同应力状态与介质协同作用所造成的环境敏感断裂形式不同。应力腐蚀应是电化学腐蚀和应力机械破坏相互促进裂纹的生成和扩展的过程。敏感的合金、特定介质和一定的静应力是发生应力腐蚀的三个必要条件。确定材料，应力腐蚀只发生在特定的介质中。这种材料与敏感介质的组合关系，称为应力腐蚀体系。

控制方法主要有正确选材，避免构成应力腐蚀体系，减轻应力腐蚀的敏感性。合理设计、改进制造工艺，尽量减小应力集中效应。改善环境介质，消除或减少介质中促进应力腐蚀的有害物质，加入适当的缓蚀剂。电化学保护，外加电流极化，使金属的电位远离应力腐蚀敏感区。

12.4.1.2　腐蚀疲劳

许多金属材料构件都工作在腐蚀的环境中，同时还承受着交变载荷的作用。与惰性环境中承受交变载荷的情况相比，交变载荷与侵蚀性环境的联合作用往往会显著降低构件疲劳性能，这种疲劳损伤现象称为腐蚀疲劳。

腐蚀疲劳的控制与防护主要方法是合理选材与优化材料。采用耐腐蚀疲劳的材料。由于钢的强度越高，腐蚀疲劳敏感性越大，因此选择强度低的钢种一般更为安全。

降低张应力水平或改善表面应力状态，设计上注意结构合理化，减少应力集中，避免缝隙结构，适当加大截面尺寸。常用施加表面、添加缓蚀剂和实施电化学保护技术减缓腐蚀。

12.4.1.3 电偶腐蚀

电偶腐蚀是指两种或两种以上具有不同电位的金属接触时形成的腐蚀,又称不同金属的接触腐蚀。耐蚀性较差的金属(电位较低)接触后成为阳极,腐蚀加速;耐蚀性较高的金属(电位较高)则变成阴极受到保护,腐蚀减轻或甚至停止。

腐蚀主要发生在两种不同金属或金属与非金属导体的相互接触的边线附近,而在远离边缘的区域,腐蚀程度轻。一般是同时存在两种不同电位的金属或非金属导体,有电解质溶液存在,两种金属通过导线连接或直接接触,才能发生。

控制措施主要有选材设计时,尽量避免异种材料或合金相互接触,尽量选用电偶序材料。选用容易更换的阳极部件,或加厚以延寿。避免大阴极、小阳极面积比的组合。异种材料连接处或接触面采用绝缘措施。

12.4.1.4 缝隙腐蚀

在腐蚀介质中的金属构件,由于金属与金属或金属与非金属之间存在特别小的缝隙,造成缝内介质处于滞流状态而导致发生的一种局部腐蚀形态称为缝隙腐蚀。最敏感的缝隙宽度为 0.025~0.1mm。

缝隙腐蚀可发生在所有金属与合金上,特别是靠钝化而耐蚀的金属及合金。介质可以是任何侵蚀性溶液,酸性或中性,充气的中性氯化物介质中最易发生。对同一金属而言,缝隙腐蚀比点蚀更易发生。缝隙腐蚀的临界电位比点蚀电位低。

金属结构的连接,铆接、焊接、螺纹连接等,金属与非金属的连接,金属表面的沉积物都有可能发生。缝隙腐蚀机理是氧的浓差电池与闭塞电池自催化效应共同作用的结果。

控制措施主要有:合理设计和施工,避免缝隙和死角的存在;正确选材;电化学保护;缓蚀剂的应用。

12.4.1.5 孔蚀

孔蚀又称点蚀,是一种腐蚀集中于金属表面的很小范围内,并深入到金属内部的腐蚀形态。有窄深型、宽浅型,有蚀坑小而深型。有些分散,有些密集。蚀坑口多数有腐蚀产物覆盖,少数呈开放式。

点蚀多发生于表面生成钝化膜的金属材料上,或表面有阴极性镀层的金属上。含特殊离子的介质,点蚀电位以上,电流密度突然增大,点蚀发生。可采取选择耐腐蚀合金、改善介质条件、电化学保护、缓蚀剂的应用等措施控制。

12.4.1.6 晶间腐蚀

晶间腐蚀是一种由微电池作用而引起的局部破坏现象,是金属材料在特定的腐蚀介质中沿着材料的晶界产生的腐蚀。

在表面还看不出破坏时,晶粒之间已丧失了结合力、失去金属声响,严重时只要轻轻一敲打就可破脆,甚至形成粉状。

晶间腐蚀发生在金属或合金中含有的杂质或第二相等沿晶层界面析出,晶界与晶内化学成分的差异,在特定的环境介质中形成腐蚀电池,晶界为阳极,晶粒为阴极,晶界产生选择性溶解。可采取降低含碳量、加入固定碳的合金元素、适当热处理、采用双相钢等措施。

12.4.1.7　选择性腐蚀

选择性腐蚀是在合金的某些特点部位有选择地发生的腐蚀。或者说,腐蚀是从一种固溶体合金表面除去其中某些元素或某一相,其中电位低的金属或相发生优先溶解而被破坏。

使材料表面均匀化和调整介质的腐蚀活性是防止选择性腐蚀的基本方法。往合金或介质内加入某些组分作为缓蚀剂,此外,防护层和阴极保护等也是常用的防护方法。

12.4.1.8　氢损伤

氢损伤是指金属中由于含有氢或金属中的某些成分与氢反应,使金属材料的力学性能发生改变的现象。氢损伤导致金属或金属材料的韧性和塑性降低,易使材料开裂或脆断。氢脆钢中氢所引起的脆性,又称氢致开裂或氢损伤。

(1)氢损伤的控制措施有选用耐氢脆性合金,还可以减小内氢,改进冶炼技术,焊接时采用低氢环境,电镀时需使用低氢脆工艺,提高电镀的电流效率,减小腐蚀率。酸洗时合理选用缓蚀剂、减小腐蚀率。

(2)控制外氢进入金属,障碍氢的直接渗入,可采取在基体上施以低氢扩散性和低氢溶解度的镀涂层。如覆盖铜、钼、铝、银、金、钨等金属镀层和有机涂层。

(3)阻碍氢的间接进入,采取加入某些合金元素延缓腐蚀反应,或生成的产物具有抵制氢进入基体的作用。如含铜钢在硫化氢水介质中,生成硫化铜致密产物,能够降低氢诱发的开裂倾向。

(4)降低外氢的活性,例如在硫化氢、氢气环境中,加入抑制剂,可有效地抵制裂纹的扩展。

12.4.1.9　磨损腐蚀

腐蚀磨损(Corrosive Wear)是指摩擦副对偶表面在相对滑动过程中,表面材料与周围介质发生化学或电化学反应,并伴随机械作用而引起的材料损失现象,称为腐蚀磨损。腐蚀磨损通常是一种轻微磨损,但在一定条件下也可能转变为严重磨损。常见的腐蚀磨损有氧化磨损和特殊介质腐蚀磨损、气蚀侵蚀磨损、微动磨损。

(1)磨损腐蚀控制的方法主要有合理选材。提高材料本身的热力学稳定性,采用耐磨损腐蚀材料、易钝化的金属、金属渗镀层。

(2)改变环境介质的腐蚀性,如系统腐蚀介质中加入去极化剂除去氢离子、溶解氧气等。

(3)采用防腐层,如涂料、塑料、橡胶等有机材料覆盖层或玻璃、陶瓷等无机材料,隔绝金属与腐蚀介质的接触。

(4)加入缓蚀剂,电化学保护包括阴极保护和阳极保护。

(5)实施工艺控制,包括除砂除杂、调节温度、压力、流速、流动状态、金属结构尺寸、增大腐蚀余量等措施。

12.4.1.10　微生物腐蚀

微生物腐蚀是当金属在含有硫酸盐环境中腐蚀时,阴极反应的氢将硫酸盐还原为硫化物,硫酸盐还原菌利用反应的能量繁殖从而加速金属腐蚀的现象。

由于微生物腐蚀涉及的金属构件种类多,所处的环境及腐蚀的菌类又不尽相同,因此在防护工作中,必须根据具体情况采取一种或几种措施配合使用。

(1)限制营养源。细菌生长需要营养,限制金属构件周围的微生物生长的营养物是降低腐蚀危害的一个重要方法。例如尽量控制环境中有机物、铵盐、磷、铁、亚铁、硫及硫酸盐等就会降低微生物增长。

(2)控制微生物生长的环境条件。微生物生长繁殖都需要一个适宜的环境条件,所以适当地改变环境条件也是减少微生物金属腐蚀的一个重要措施。例如提高 pH 值到 9 以上,温度50℃以上就会强烈抑制菌类生长。再如在湿润黏土地带加强排水,回填砂砾于埋管线周围,以改善通气条件,即可减少硫酸还原菌产生的厌氧腐蚀。

(3)采用化学杀菌剂和抑菌剂。主要是将杀菌剂和抑菌剂用于密闭或半密闭的系统中或掺合于涂料和护层中。杀菌剂要求高效、低毒、广谱、价廉、原料来源方便等。采用这种方法应把杀菌剂、防腐剂、去垢剂三者结合使用。

(4)物理、生物控制方法。物理法主要是采用紫外线、超声波等物理手段来杀灭腐蚀微生物的方法。

生物法主要是采用生物防治和遗传工程方法改变危害菌的附着力来达到控制目的的方法。例如日本研制开发的利用能吞食海水中腐蚀微生物的噬菌体清除金属管件表面的有害微生物,以达防止微生物腐蚀的方法。该法利用病毒,能有选择地杀死附着微生物,不会像其他方法那样影响其他生物。

(5)在金属材料外加防护层,也可控制微生物腐蚀金属。

目前,世界研究油气钻井工程中的腐蚀主要集中在二氧化碳、硫化氢和二氧化碳/硫化氢的腐蚀与防护方面。

二氧化碳腐蚀问题的研究,初期主要集中在环境因素、材料因素影响腐蚀行为和探讨腐蚀机理。随后研究重点逐渐转移到腐蚀产物膜与多相流,包括膜的形成机理、结构特征、力学性能、化学稳定性以及导电性能,讨论膜影响传质效率,确定腐蚀速度、形态与膜的关系。到目前为止,均匀腐蚀的研究相对比较清楚,已有许多腐蚀预测模型,局部腐蚀研究仍处于形成机制研究阶段。

近年来,湿硫化氢环境下使用设备及管道的腐蚀、氢致开裂/台阶状开裂、硫化氢应力腐蚀开裂等事故率有不断上升的趋势。目前硫化氢腐蚀机理和影响因素包括温度、硫化氢浓度、pH 值、电位、缓蚀剂和其他杂质等,腐蚀形态等的研究,都认为硫化氢不仅对钢材具有很强的腐蚀性,而且硫化氢本身还是很强的渗氢介质,是腐蚀开裂的关键因素,但关于渗氢机制还需要进一步研究。

钻井流体中含有二氧化碳/硫化氢混合气体的高温高压腐蚀,其复杂性和实验条件的限制,世界上的研究都不多,但已开展了实质性的实验研究。一般认为,二氧化碳的存在对腐蚀起促进作用,二氧化碳相对含量增加导致了腐蚀形态逐步转化为以二氧化碳为主导因素,增加了酸性气田的防腐蚀难度。硫化氢的存在既能通过阴极反应加速二氧化碳腐蚀,又能通过硫化铁沉淀减缓腐蚀。因此,二者相对含量的不同,决定腐蚀过程是受硫化氢还是二氧化碳控制。硫化氢含量较小时以二氧化碳腐蚀为主,加剧腐蚀;硫化氢含量增大,转化为以硫化氢腐蚀为主,出现局部腐蚀,继续增大硫化氢含量,局部腐蚀反而受到抑制。

12.4.2 发展方向

探索经济型的材料、涂层保护、阴极保护等是油气钻井工程过程中防腐蚀技术的主流发展方向。

(1)开发新型低成本耐蚀材料,提高套管材料的耐蚀性是根本性的防止钻井流体腐蚀途径。在目前的技术水平下暂时还没有一种能够满足性能需求、低成本、耐腐蚀的材料,探索新型低成本取代材料是防腐研究的方向之一。

(2)表面工程技术。发展性能优异的涂层以及运用和发展材料表面改性技术,改善和提高金属材料的耐蚀性能。

(3)油井腐蚀检测装置。井下腐蚀环境复杂,如果有操作简便、测量结果准确的仪器能够对井下实际腐蚀状态实时跟踪监测,就能更准确地找到防止腐蚀的方法。

(4)优化当前的防腐蚀技术。目前正在使用的各种防腐蚀技术都存在一定的缺点,优化这些技术,进一步降低成本,提高保护效果。

(5)开发新材料寻求与探索新的固井材料,提高胶结质量,保证其良好的井下封固性能,不发生地层水的渗漏,对于油套管的保护有很大作用。

(6)不同防腐蚀措施的协同作用。在复配各种方法和措施时,必须详细了解各种方法、措施的原理及使用条件,避免出现协同效应副作用。

(7)加强基础理论研究,从基础研究中找出腐蚀的主要原因,从而针对腐蚀原因提出有效的防腐蚀方法。

(8)引入新型防腐方法。引进其他领域的方法进入油田防腐蚀工程,提高钻井流体防止腐蚀能力。

第13章 钻井流体导热性能

钻井流体导热性能(Drilling Fluid Thermal Properties)是指钻井流体与外界环境之间的热交换性质和功能;钻井流体经过高温地层吸收热能,循环到地面释放热能的能力。通常用导热系数描述钻井流体导热性能。导热系数是指在稳定传热条件下,1m 厚的材料,两侧表面的温差为 1K 或 1℃时,在 1s 内,通过 $1m^2$ 面积传递的热量,单位为 W/(m·K),此处的 K 可用℃代替。

导热系数,又称导热率、热导率,是表征材料热传导能力大小的物理量。材料的导热率与材料成分、物理结构、物质状态、温度和压力等有关。其导出式来源于傅里叶定律,定义为单位温度梯度,在单位时间内经单位导热面所传递的热量。

钻井流体导热系数增大,井底及循环最高温度均上升,但环空大部分井段的温度降低。这是因为导热系数增大,钻井流体从高温井壁吸收更多的热量,但同时又将更多热量传递给温度较低的井壁。

油气勘探开发逐步向深层发展,钻遇高温高压地层的概率逐渐增大,钻井流体所面对的地层温度也越来越高,井底温度 180~240℃,井口钻井流体温度很高。这就需要钻井流体良好的导热能力,将钻井流体中吸收的热量散入外界环境中。

同样的道理,地层通过多种方式将岩石的热量传递到钻井流体中,钻井流体温度升高,再通过循环,到地面散热,降低井筒内流体的温度,达到冷却的目的。当然,钻井流体也需要保持低温,满足水合物钻井需要。

13.1 与钻井工程的关系

随着井深增加,井眼温度和压力随之增加。深部地层,钻井流体作为地层与井筒的介质需要良好的导热能力以及热稳定性,才能满足钻井工程需要。钻井流体在井下的循环温度是钻井工程需要掌握的重要指标。井下循环温度不但直接影响钻井流体的流变性、密度及稳定性等,与井内压力、循环压耗、套管和钻柱强度等有关。准确确定钻井作业时井内循环温度的分布和变化规律对钻井循环压耗、井控和安全快速钻井具有极其重要的意义(易灿等,2007)。

13.1.1 关系钻井安全

钻井流体循环温度是预测钻井流体循环当量密度、确定钻井安全密度窗口的重要影响因素之一。要准确计算钻井流体循环温度,除了建立与井下实际情况吻合的模型外,还必须获得钻井流体的导热系数。钻井流体是混合物,主要依靠微观结构和钻屑实现热传导过程。钻井流体微观孔隙结构与一般多孔介质存在微观结构的骨架结构、动态平衡等不同。

(1)钻井流体微观结构中没有固体支撑骨架结构,液体中水化高分子聚合物形成网架骨架。相对于普通聚合物溶液中较为分散疏松的部分局部网架结构,钻井流体中高分子聚合物、固相颗粒等,微观网架结构更复杂致密,强度更大。

(2)钻井流体微观网架结构流动时处于动态平衡状态。网架结构随流动剪切作用变化发生解体或重构。一般多孔介质网架骨架结构通常处于比较稳定的固定状态,不会由于流体的流动发生比较明显的变化。

钻井流体微观网架结构的强度一般较通常多孔介质网架骨架结构流动时的强度要弱得多。钻井流体不流动情况下具有较高强度。强度明显受环空剪切作用影响。与通常多孔介质(岩石的多孔介质)存在较大区别。

一般情况下,影响物质导热能力的主要因素有物质的化学组成、密度以及物质所处的温度环境。钻井过程中,钻井流体的化学组成、密度和物质经常发生改变,导热性也会不同。

文乾彬等(2008)设计实验研究了钻井流体类型、钻井流体密度、所处温度环境与其导热系数的关系。实验用中国油田现场常用的聚合物钻井流体和聚磺钻井流体为典型研究代表。配制 $1.01g/cm^3$、$1.20g/cm^3$ 和 $1.40g/cm^3$ 等 3 个密度的聚物钻井流体,$1.20g/cm^3$、$1.40g/cm^3$、$1.60g/cm^3$、$1.80g/cm^3$ 和 $2.00g/cm^3$ 等 5 个密度的聚磺钻井流体,分别测量不同温度下钻井流体的导热系数。结果表明,同一种钻井流体,导热系数随温度和密度的增大而增大。

不同钻井流体有不同的导热系数,表明钻井流体导热能力与其组分有关。现场预测井下钻井流体循环温度时,如果不考虑这一点,会给计算结果带来较大误差。

返出井筒的钻井流体温度上升异常,可能是钻遇高温地层。钻井流体导热系数随之增加,钻井流体整体温度随之增加。如果钻井流体温度过高,则会影响流体的稳定性以及井壁稳定性。此时,需要循环钻井流体,并在地面采取降温措施。

现场还经常发现温度异常的钻井流体,返出钻井流体固相颗粒增多、增大。有可能是钻井流体从井底向上返回过程中,较多热量传导到上部井壁。上部井壁耐高温能力差,岩心崩落掉块。

Manuel 研究表明,热效应会改变井壁应力。井壁应力的改变影响地层破裂压力梯度。深井钻井,下部地层温度较高,上部地层温度较低。钻井流体循环过程中,下部井壁围岩温度降低,上部井壁围岩温度升高。下部地层受冷收缩,相应的减小了下部围岩的切向应力,有利于井壁稳定;上部地层受热膨胀,上部围岩切向应力增大。膨胀应力和原地应力引起的井壁围岩应力重新分布,超过岩石强度时,井壁失稳。

温度升高 1℃,中硬度的岩石压应力增加 0.4MPa,坚硬岩石会增加 1.0MPa。此时,需要及时冷却钻井流体,保持井壁稳定,保证井下安全(Manuel,2004)。

采用低温钻井流体抑制天然气水合物分解需要钻井流体具备两方面的性能:一方面,要求钻井流体在低温下能够起到常规钻井流体所具有的护壁堵漏功能,即具有良好的流变性和滤失性能,如视黏度、剪切强度、动塑比和滤失量等;另一方面,要求控制其本身的温度,避免在循环过程中由于钻井流体自身的热传递而改变所钻地层的固有温度,井壁失稳。钻进水合物过程中需要低温操作,需要钻井流体冷却系统,保证钻井过程中,上返钻井流体温度不能高于水合物层的相平衡温度。

但是,温度却很难控制岩屑中天然气水合物的分解,尤其是随着井筒内压力减小,天然气水合物发生分解,钻井流体中气体含量高达70%。为了降低气体含量,仅通过增加钻井液密度是无效的,只能降低钻进速度。钻井流体中大量含气,要求除气设备性能良好(白玉湖等,2009)。

13.1.2 关系钻井流体性能

钻井流体的导热性影响钻井流体热物性参数,主要表现在温度影响。导热性使井内循环温度不断变化,影响钻井流体性能,进而影响钻井工程安全进行。

13.1.2.1 导热性能影响钻井流体循环温度

深井钻井时,温度和压力的变化影响钻井流体流变性。如果用某一固定温度和压力下的流变参数计算循环压降或当量密度,可能与实际差距较大。必须考虑深井钻井流体循环温度影响流变性能。但无论钻井流体循环温度模型与井下实际情况多么吻合,如果钻井流体和岩石等热物性参数无法准确给出,钻井流体循环温度预测误差较大。因此,井下循环温度计算时,必须确定钻井流体在井下的热物性参数(Harris 等,2005)。

文乾彬等(2008)用井内温度预测模型,计算了在不同导热系数下环空温度随井深的变化。结果表明,井底温度超过100℃,钻井流体的导热系数严重影响井下环空温度。

13.1.2.2 循环温度影响钻井流体性能

温度过高,钻井流体密度不是常数,是温度和压力的函数。Adamson 等计算发现,非加重合成基钻井流体地面密度 $0.79g/cm^3$,4976m 处,温度201℃,密度为 $0.68g/cm^3$。井下密度比地面密度减小14%(Adamson et al.,1993)。

很多钻井流体流变参数与温度有关,比如表观黏度、塑性黏度等,钻井流体导热性影响井筒中的循环温度,井筒内温度变化改变钻井流体流变性。井筒内温度也影响钻井流体的处理剂稳定性,进而改变钻井流体的流变特性。

13.1.2.3 导热性能影响封隔液性能

封隔液又称环空保护液,是指充填于油管和储层套管之间的流体(李冬梅等,2012)。防止油管套管腐蚀和平衡封隔器上下压力。因而,需要本身具有长期稳定性能、防腐性能、储层伤害控制性能。作为隔热性封隔液,还需具有良好的隔热性能。井下油管/环空/储层套管或隔水管的完井系统,油管流动的热流体油、气、高温蒸汽等通过油管壁、环空和套管壁向外传热,可能导致深水井析蜡、热采井热量损失和冻土区油气井油管结蜡等。

(1)深水生产井的近海底的海水温度很低,热量向低温海水中散失,油管中原油可能会析蜡、生成天然气水合物、出现环空带压等现象,影响油管内流量稳定,降低油气井产量。修井次数增加,修井作业难度加大。

(2)热采井的高温蒸汽热量会向套管及水泥环散失。一方面降低蒸汽干度,影响注蒸汽效果;另一方面,会造成油气井套损、水泥环破坏等,缩短油井寿命。

(3)永久冻土区油气井的关井期间,井筒热量大量损失,油管结蜡。

油管/环空/储层套管或隔水管系统中的传热方式,主要有导热和对流传热。导热,是热传导的简称,是指两个相互接触且温度不同的物体或者同物体的各不同温度部分间在不发生相对宏观位移的情况下的热量传递过程。对流传热又包括自然对流和强制对流两种。以自然对流传热为主。为了保证封隔液具有良好的隔热性能,要求封隔液具有很低的对流传热系数,能有效减小热量损失。

因此,防止热量散失的方法主要是使用隔热油管和应用隔热性封隔液。充当隔热作用的封隔液必须具有良好的隔热性能,才能满足以上需求。

13.2 测定及调整方法

导热系数是指单位截面、长度的材料在单位温差下和单位时间内直接传导的热量,是表征物质导热性能的参数之一。钻井流体通常用流体的导热系数判断流体的导热性能。导热系数是研究钻井流体导热性的重点。

描述钻井流体导热性能的热物性参数为导热系数,通过测定钻井流体的导热系数来获得钻井流体的导热能力。

流体存在温度梯度,流体分子试图通过从高温区至低温区传递能量来消除温度梯度。导热系数,定义为单位面积热流关系式中的比例常数,称为 Fouriers 定律。

$$q = -\lambda \left(\frac{dT}{dX}\right) \qquad (2.13.1)$$

式中　q ——单位面积的热流,J/m^2;

λ ——导热系数;

$\frac{dT}{dX}$ ——沿热流方向的能量梯度。

13.2.1 液体型钻井流体的导热性能测定方法

测定钻井流体导热性能的主要方法有 3 种,即:实际测量法、室内预测法和经验法。

13.2.1.1 实际测量法

井下温度计是在井下连续测取温度随时间或随深度变化的记录仪器。一般用来记录温度随时间的变化。

如果测温过程中深度随之改变,也可以折算出温度随深度的变化。温度变化数据可以用来分析井筒中的温度梯度,了解储层位置,并为井筒中的相态变化提供温度背景数据。分为机械式井下温度计和电子式井下温度计。

(1)机械式井下温度计。常见的机械式井下温度计的传感器有两种类型:弹簧管式和双金属片式。

① 弹簧管式温度计。在温度计的感温包内,贮放着温度膨胀系数很大的液体。当井内温度上升时,由于体积膨胀而溢出的液体将进入弹簧管,使弹簧管伸展,并引起弹簧管末端做旋转位移(横向),显示温度变化。温度计中装有计时系统,由钟机、记录筒和记录笔等组成。由钟机控制,通过螺杆,使记录筒相对记录笔作纵向位移,在记录卡片上刻画出温度随时间的变化曲线。

② 双金属片式温度计。与弹簧管式温度计结构上十分类似,所不同的是,感温元件不

是感温包和弹簧管,而是由镍、铬等合金材料制成的双金属片,并盘制成类似弹簧管的螺旋状。当井内温度变化时,双金属片向一方弯曲,螺旋双金属片末端做旋转位移,记录温度随时间的变化。

(2)电子式井下温度计。电子式温度计中应用最多的感温元件是铂电阻。通过电子线路把铂电阻元件随温度变化的电阻值转化为频率信号,传输到地面,再折算出温度记录和显示出来。电子式温度计输出的温度信号有两类用途:

① 测量井筒内的温度、温度梯度,直接用于参数分析。例如通过生产测井得到的井温梯度曲线,用于了解产气、产水层位,套管窜槽等井筒内的信息。

② 应用温度计即时测得的环境温度,校正压力计输出的频率信号。

大多数电子压力计系统的感压元件都存在温度漂移。因此,压力计在井下工作时,必须实时取得环境温度数据,通过计算机程序校正压力值。因此,所有的井下电子压力计系统中,都包含了温度测试部分,并与压力数据同步测得井下的温度数据。

13.2.1.2 室内预测法

测量液体导热系数非常烦琐,没有简单又普遍采纳的室内测算导热系数的方法。根据钻井流体本身的物性特征,文乾彬等采用了圆管稳态法,根据液体导热系数的测量原理设计了测量装置。

在玻璃双层管内固定一个电热丝,同时填充耐高温液体,密封,外管装待测液体,其外管和内管壁都较薄,可以减少传热过程中的热阻损失。

外管的长度大于内管半径的10倍以上。在外管内壁和内管外壁之间装上铜康铜热电偶,用于测量钻井流体在径向热传导过程中的温差,在其玻璃管的开口处放入热电偶就可以测量钻井流体的温度。为减少钻井流体轴向热量损失,分别在双层玻璃套管的两端加上绝热材料。

被测物体上的各点温度不随时间变化时,温度场为稳态温度场。设内管的温度为 T_1、半径为 r_1,外管温度为 T_2、半径为 r_2,管的长度为 L,截面面积为 S。玻璃双层管截面图,如图 2.13.1 所示。

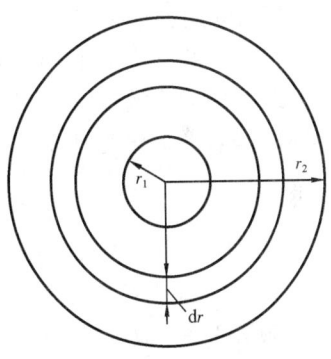

图 2.13.1 实验装置简示

假设所加电压为 $U(V)$,其热电阻丝电阻为 $R(\Omega)$,通电时间为 $t(s)$,则加热电阻丝产生的热量(Q)为:

$$Q = \frac{U^2}{R}t \qquad (2.13.2)$$

被测物体上的各点温度不随时间变化时,温度场为稳态温度场。由傅里叶定律可知:

$$Q = -ktS \cdot \mathrm{grad}T \qquad (2.13.3)$$

式中 k——测量液体的导热系数,W/(m·℃)。

取半径为 r 的液体截面,其面积为:

$$S = 2\pi rL \qquad (2.13.4)$$

联立可以得到：

$$\frac{\mathrm{d}r}{r} = -k\frac{2\pi LR}{U^2}\mathrm{d}T \tag{2.13.5}$$

假设待测液体的导热系数在较小的温度范围内为常数，对式(2.13.5)积分整理：

$$k = \frac{U^2}{2\pi LR}\ln\frac{r_2}{r_1}\frac{1}{T_2 - T_1} \tag{2.13.6}$$

只要测出电压和玻璃管内外壁温差就可以计算出钻井流体的导热系数。

另外，管志川等（2011）基于瞬态热线法及热平衡原理设计了钻井流体热物性参数测试仪。利用仪器实测聚合物钻井流体和聚磺钻井流体的导热系数和比热容，分析了钻井流体导热系数和比热容变化对井筒温度计算值的影响。得到了两种钻井流体的导热系数和比热容随温度变化的规律。依据实验数据拟合了不同温度下两种钻井流体的导热系数和比热容求取公式。考虑温度影响钻井流体特性参数，建立了井筒温度场模型。

杨谋等（2013）建立了考虑径向温度梯度条件下钻井流体层间温度模型，同时引入钻井流体轴向导热项，建立了钻井流体轴向导热温度模型。计算结果表明，钻井流体径向温度梯度对井筒径向与轴向温度产生的误差分别为0.15℃和0.2℃左右。表明钻井流体轴向导热对井筒温度分布几乎不产生影响。

13.2.1.3 经验法井底温度预测

目前，常用的钻井流体是井底静止温度和井内循环温度。中国石油行业标准，油井水泥浆性能要求，推荐井底静止温度和循环温度的计算。

（1）井底静止温度预测。

API推荐井底温度计算公式：

$$T_{\mathrm{BHS}} = 27 + 2.733 \times H/100 \tag{2.13.7}$$

式中　T_{BHS}——井底静止温度，℃；
　　　27——地表环境温度，℃；
　　　2.733——地层温度梯度常数，℃/100m；
　　　H——垂直井深，m。

中国行业推荐计算公式：

$$T_{\mathrm{BHS}} = T_{\mathrm{BSA}} + aH/100 \tag{2.13.8}$$

式中　T_{BSA}——地表环境温度，℃；
　　　a——地层温度梯度常数，℃/100m。

（2）井底循环温度计算公式。标准还推荐了用图版法推测水泥浆的温度。由井底静止温度对应求井底循环温度，再推荐循环温度公式。

$$T_{\mathrm{BHC}} = T_{\mathrm{c}} + H/168 \tag{2.13.9}$$

式中　T_{BHC}——循环温度，℃；
　　　T_{c}——钻井流体循环两周时的钻井流体循环出口温度，℃。

13.2.2 气基钻井流体的导热性能测定方法

气基钻井流体的导热性能测定方法,按照稀薄气体导热系数测定和烃类混合物两类方法分别介绍。

13.2.2.1 稀薄气体导热系数

稀薄气体导热系数的计算公式:

$$\lambda = \frac{1}{3} nvLC_V \tag{2.13.10}$$

式中 n ——单位体积内的分子数;
v ——平均分子速度,m/s;
L ——两个分子间的平均自由程,m;
C_V ——恒容摩尔热容,J/(mol·K)。

如果假设平均速度 v 正比于 $(RT/MW)^{1/2}$,平均自由程正比于 $1/(n\delta^2)$,δ 为分子的直径,而 C_V 正比于分子量(MW),则可导出:

$$\lambda = 常数 \times T^{1/2}/(MW^{1/2}\delta^2) \tag{2.13.11}$$

如进一步假设 δ^3 正比于临界摩尔体积 V_c,而 V_c 正比于 RT_c/p_c,则可导出临界点处 λ 的表达式,用于计算稀薄气体对应状态的理论导热系数。

$$\lambda_c = 常数 \times p_c^{2/3}/(MW^{1/2}T_c^{1/6}) \tag{2.13.12}$$

13.2.2.2 烃类混合物导热系数

烃类混合物的理论导热系数与压力和温度相关。

$$\lambda_T = f(p_r, T_r) \tag{2.13.13}$$

式中 f ——对一组遵循对应状态原理的物质均相同的函数。

对比导热系数 λ,可用

$$\lambda_T(p,T) = \lambda(p,T)/(T_c^{-1/6} p_c^{2/3} MW^{-1/2}) \tag{2.13.14}$$

表示。

式(2.13.14)右方分母一项可认为近似于气液临界点的导热系数。使用简单对应理论,组分 x 在温度 T 和压力 p 时的导热系数可表示为:

$$\lambda_r(p,T) = (T_{cx}/MW_o)^{-1/6} (p_{cx}/p_{co})^{2/3} (MW_x/MW_o)^{-1/2} \lambda_o(p_o, T_o) \tag{2.13.15}$$

其中

$$p_o = pp_{co}/p_{cx}$$

$$T_o = TT_{co}/T_{cx}$$

λ_o 可以参比物质在温度 T_o 和压力 p_o 下的导热系数。

多原子物质的导热系数(λ)(Hanley,1976)则可分为两部分作用,其一是由于平移能量的传递(λ_{ix}),另一部分则是由于内能的传递(λ_{int})。

$$\lambda = \lambda_{ix} + \lambda_{int} \tag{2.13.16}$$

对应状态理论只应用于平移项(Christensen 和 Fredenslund,1980),所以采用 α 项来校正对简单状态模型的偏离。计算混合物在温度 T 和压力 p 下的导热系数 λ_{mix}。

$$\begin{aligned}\lambda_{mix}(p,T) &= (T_{o'mix}/T_{co})^{-1/6}(p_{c'mix}/p_{co})^{2/3}(MW_{mix}/MW_o)^{-1/2}\\ &\quad (\alpha_{min}/\alpha_o)(\lambda_o(T_o,p_o))\\ &\quad -\lambda_{int'o}(T_o) + \lambda_{int'mix}(T)\end{aligned} \tag{2.13.17}$$

其中

$$T_o = T\Big/\left(\frac{T_{c'mix}\alpha_{mix}}{T_{co}\alpha_o}\right)$$

$$p_o = p\Big/\left(\frac{p_{c'mix}\alpha_{mix}}{p_{co}\alpha_o}\right)$$

各组分临界温度和临界压力采用 Pedersen 等的特征化方法求定。混合物的分子量是由 Mo 和 Gubbins(1976)介绍的 Chapman Enskog 理论定出。其他符号在前面的介绍中都已表明。

$$MW_{mix} = \frac{1}{8}\Big\{\sum_i\sum_j\big[z_iz_j(1/MW_i + 1/MW_j)^{1/2}(T_{ci}T_{oi})^{1/4}\big]\Big/\big[(T_{ci}/p_{ci})^{1/3} + (T_{oi}/p_{ci})^{1/3}\big]^2\Big\}^{-2}$$

$$T_{c'mix}^{-1/3}p_{c'mix}^{4/3} \tag{2.13.18}$$

13.3 现场调整工艺

在现场,用室内测算方法钻井流体导热性显然是不合适的。现场工程师可根据经验,如反排钻井流体的温度异常、出现析蜡现象或水合物生成等,提出解决问题的方法。

13.3.1 钻井流体导热性能差异确定

影响物质导热系数的主要因素是物质的化学组成、密度及所处的环境温度。钻井流体不同,导热系数和比热容不同。

在所测量的范围内,被测钻井流体导热系数随温度升高减小。这是由于温度升高导致钻井流体内部产生气泡,钻井流体导热受阻。实际钻井过程中,钻井流体内部一般不应该产生气泡,如何消除气泡的影响也是今后的改进方向。

比热容随着温度的升高而增大。同一体系的钻井流体,密度增大,钻井流体导热系数增大,比热容减小。这是由于加重剂导热系数较大,比热容较小。密度越大,加重剂越多,导热系数增大,比热容反而降低。

13.3.2 钻井流体导热性能维护处理

维护处理钻井流体导热性能一般通过加入处理剂来实现,有的是直接的,有的则是间接的(周姗姗等,2016)。

(1)使用流型调节剂控制环空流态。控制钻井流体处于层流或平板层流状态,减少紊流可能产生的气泡等。同时,保证静止后黏度较大,导热性较差。

(2)加入多元醇等醇类处理剂调节钻井流体的导热系数。多元醇增加,水溶液导热系数减小。

(3)选用可溶性无机盐,包括氯化钠、氯化钾、氯化钙、溴化钠等处理剂,调节钻井流体的密度。可溶性盐的加入减少了自由水含量,减小体系导热系数,部分盐还可以提高体系热稳定性。

13.4 发展趋势

钻井流体导热性能向着为钻井流体热物性参数测量手段与测量仪器方向,开发相关技术,同时,利用计算机技术,建立和优化井筒内温度场模型。

(1)研究钻井流体的导热系数和比热容在不同密度、不同温度下的变化规律。

(2)研究钻井流体热物性参数的测量方法。

(3)研究井筒温度场模型,提高井筒压力控制、井壁稳定性预测、井下动力钻具与测量设备优选的能力。

13.4.1 研究现状

目前,研究钻井流体导热性能成果尚少。为数不多的成果主要是建立温度场模型计算钻井过程中井筒内的温度分布。

还有不少学者研究水化物与钻井流体导热的方式及影响因素。钻井流体的传导热是通过流体微观骨架结构与水分子、流体携带物质之间的热交换实现的。钻井流体传导热研究可以从钻井流体微观结构对水合物分解前传热、网架骨架热传导、充填介质时流传热、钻屑表面传导等4种方式探讨。

(1)钻井流体微观结构影响水合物分解前传热。钻屑进入环空时,钻井流体内高分子聚合物形成的网架骨架与钻屑外表面静态吸附接触。这些网架骨架孔隙中由中小分子组成流体的填充部分与钻屑表面动态接触。其中,钻屑自身的温度要比刚进入的环状空隙中的钻井流体要低得多,使周围钻井流体的热量通过大分子网架结构、中分子流体等两种介质分别以热传导和对流传热方式传递至钻屑表面。

热量传递至钻屑表面时,这些热量继续往钻屑内部传递时,钻屑、钻屑其中水合物的导热性质影响传热的效率(张凌等,2011)。

(2)热量由聚合物网架骨架以热传导方式传递至钻屑表面。聚合物网架骨架在溶液中已经充分水化。热量传递过程中不仅需要考虑自身的导热性质与在钻井流体中的空间分布,还需要关注其外围所包裹着的紧密吸附水化膜及其外部的疏松扩散的半自由水膜(即不自由与半自由或束缚和结合状态的水)。

此外,还需要考虑这些受较高剪切作用而离散的网架结构在环空不断上升过程中的重构现象。钻井流体所处的运动状态及其内部网架骨架与钻井流体中含水合物钻屑之间的相对运动情况有待于进一步分析。

(3)热量由流动填充介质以对流传热方式传递至钻屑表面。流动填充介质中的自由流动部分主要由自由水、水化盐离子与水化中小分子组成。后两者外围也包裹上了两层水化膜,紧密吸附层与疏松扩散层。这些自由水在温差作用下,经具有分形特征的网架骨架结构孔隙向钻屑表面移动。由于其网架骨架并不相对固定而且强度较常规多孔介质的骨架要弱很多,其形成的孔隙的分形特性与常见多孔介质孔隙的分形特征存在一定差异。

与此同时,水化盐离子与水化中小分子随着自由水分子一起移动向钻屑表面聚集。此传热过程,前者需要考虑盐离子浓度变化所产生的影响,以及其使钻屑表面水合物稳定相态条件产生偏移的影响,而对后者则需要分析其运动状态及其运动力学半径的影响。

值得考虑的是,这些不同物质的两种水化膜在两者之间热量传递过程中所起的作用,同时还需要考虑上述三种物质在复杂聚合物网架骨架孔隙中的运动情况与各自的相互作用。

(4)热量由钻屑表面以热传导方式传递至其内部。目前现场水合物样品稀少、测试困难等,这些方面的参数信息很难获取。热量传递到钻屑表面时,需要获取钻屑表面的分形特征,结合相关的热传导分形模型与实验测试得出的钻屑相关物理性质(钻屑与水合物的导热性质和钻屑的整体孔隙特性),考虑水合物笼型结构中作用键的断裂理论,分析钻屑整体多孔隙结构特征与水合物的分布特征对表面上水合物的分解与热量的继续深入传递所产生的影响,同时还要考虑此过程中水合物分解吸热作用的影响。

水基钻井流体的特殊微观结构由大分子量聚合物及微粒等形成网架骨架结构、中小分子量物质(水、盐类以及聚合物等)组成的流动填充两部分所构成,周围钻井流体中的热量一方面通过其中的网架骨架结构以热传导方式往钻屑表面及其内部传递,而另一方面通过流动填充部分中的自由水、水化盐离子与水化中小分子等经过上述网架骨架结构中具有分形特征的孔隙通道以对流传热方式传递。

表面水合物吸收足够热量足以破坏其笼型结构时就产生分解,其产生的水和气体受到钻井流体微观结构的影响。

13.4.2 发展方向

钻井流体导热性能的发展方向主要为改变钻井流体导热性能处理剂的开发与应用,钻井流体导热性能变化的机理以及建立更准确的井筒温度场模型。

(1)在钻井流体中加入多元醇。多元醇(聚合物)主要是指乙二醇、丙二醇、丙三醇、二甘醇、三甘醇、聚乙二醇等,根据需要可以单独加入,也可以按一定比例混合加入。与水相比,它们具有密度高和黏度大的特点,既可以辅助加重,又可以增加体系黏度。除此之外,它们在钻井流体中还起降低体系导热系数和提高体系热稳定性的作用(樊宏伟等,2014)。

(2)在钻井流体中加入盐。盐一般是指可溶性无机盐,如氯化钠、氯化钾、氯化钙、溴化钡、溴化钠,近年来也使用比较昂贵的甲酸盐,如甲酸钠、甲酸钾。不同种类、不同含量的盐能够配制出不同密度的封隔液,从而满足不同压力系数的油气藏使用。

另外,把可溶性盐加入水中能够明显降低水溶液的导热系数,即盐的加入能够削弱热传导。对于甲酸盐,还能提高体系中聚合物的热稳定性。

(3)改善钻井流体的剪切稀释性能。具有优良剪切稀释性的体系静止时表观黏度较高,削弱自然对流传热损失。

(4)开发具有温度活化特点的增黏剂。温度达到一定值时,无机聚合物增黏剂活化,从而发生交联。常温下,两种增黏剂的水溶液只具有较低的黏度,便于泵送井下。一旦处在井下一定温度的环境,二者发生交联,黏度增加,并能保持长期稳定,长效削弱自然对流传热。

第 14 章　钻井流体导电性能

钻井流体导电性能(Drilling Fluid Conductive Properties)是指钻井流体导电性质和功能。钻井流体的导电性能,关系钻井工程诸如安全、地层评价等多项工作。与导电性能相关的是电导率和电流。

电导率(Conductivity)是表示导体导电能力的物理量,与电阻率互为倒数,单位是西门子每米(S/m)。溶液的电导率大小与测量条件有关,如电极与溶液的接触面积、电极之间的距离等,都是测量结果的影响因素。为了使各种溶液导电性能的测量结果具有可比性,使用电导率(单位:S/m),倒数是电阻率。电导率的范围很宽,从低于 1×10^{-5} S/m 的纯水到超过 100S/m 的浓硫酸,都是可以测量的。

电流(Current)是电荷的定向移动,或者说是电荷的宏观位移。电荷的定向漂移是大量电荷沿一定方向作宏观运动的结果。物体内部存在电流的条件:首先有能够自由运动的电荷如电子、离子等,通常把这种能够自由运动的电荷,称为载流子;其次,有使电荷做定向运动的力,即物体的两端必须有一定的电势差,或者说物体内部必须存在电场。满足这两个条件,物体中的载流子就会在电场的作用下发生定向运动,形成电流。

14.1　与钻井工程的关系

为了了解井下情况,需要测量入口钻井流体和出口钻井流体的电导率数值并加以比较。钻井流体虽然不是单纯的溶液,但其中包含着电解质,在外电场的作用下与普通溶液一样可以形成位移电流。从理论上讲,测量普通溶液的电导率的方法也同样适用于钻井流体,但是由于钻井流体与普通溶液不同,其中含有固体颗粒会沉淀。溶液中的水分蒸发后,还会结块。所以不能简单地用测量普通溶液电导率的方法来测量钻井流体。

14.1.1　关系井下安全

钻井流体的导电性主要是离子作用。电动电位是固液相对移动的切动面与溶液内部的电位差。Stern 双电层模型告诉我们,电动电位的值取决于吸附层滑动面上的净电荷数量,也就是取决于扩散层中的离子数量,因此电动电位的大小受电解质浓度和化合价的影响。

根据强电解质的德拜·休克尔(Debye Huckel)(强电解质理论提出者)理论,双电层的厚度主要取决于溶液中电解质的反离子价数和电解质浓度。随着电解质浓度增加,特别是离子价数升高,扩散双电层厚度下降。溶液中加入电解质后,更多的反离子进入吸附层,结果扩散层的反离子数目下降,导致双电层厚度下降,电动电位随之下降。

加入电解质膨润土的电动电位发生变化。氯化钠的作用最弱,氯化钾的作用明显强于氯化钠;一价交换性离子对电动电位的影响小于二价、三价离子。因此,交换性阳离子价数越高,改变膨润土负电动电位的效果越好;铝离子的加量超过一定值时,膨润土的电动电位由负值变为正值。水解铝盐形成羟基铝离子与膨润土发生特性吸附,在膨润土电性转变过程达到等电态时,氯化铝和硫酸铝的加量分别为8%和10%左右;随着电解质加量增加,膨润土电动电位由高负值向低负值转变,但一价、二价离子加量达到一定数值后,对膨润土电动电位的影响趋于平缓,而且都不能使膨润土的电性反转;所有上述电解质在较低加量时,对膨润土电动电位的影响明显,随着加量增加,影响程度变弱。

电解质通过压缩带负电的黏土颗粒双电层,使黏土颗粒表面电位下降。中和作用的结果,离子交换吸附等当量进行。因此黏土颗粒电动电位降低,或达到等电态,不能使黏土颗粒电性反转。铝盐水解形成的羟基铝离子与黏土不等量吸附。铝离子超量吸附后,可以使黏土表面的电动电位改变符号。

14.1.1.1 关系井壁稳定

井壁稳定措施包括化学和物理两方面。化学方面主要表现为离子对地层的影响。物理方面从钻井流体角度性能看钻井流体的密度和抑制性。

李健鹰等(1987)提出晶格孔穴理论,认为直径恰好可以进入晶格孔穴的阳离子。和结晶体的负电荷靠得很紧,所以被约束得很牢。阴离子进入孔穴中使晶层靠近以抵抗再吸水膨胀,离子被锁在孔穴中。不能进入孔穴中较大的阳离子,则被松弛地固定在晶层之间,不是固定在晶格的孔穴之内。

(1)钾盐溶液中的钾离子。钾离子的晶格固定作用和交换作用能有效地抑制黏土的水化膨胀,因此含钾离子钻井流体能够有效降低地质年代早、黏土矿物含量高的水敏性地层的膨胀压,稳定井壁。

含钾离子钻井流体的钾离子不能阻止滤液侵入地层,也不能阻止地层中钻井流体的压力渗透。钾离子诱发岩层孔隙流体反渗透的作用微弱,所以含钾离子钻井流体不适合钻较老和弱水敏性的页岩地层。

(2)钠盐溶液中的钠离子。钠离子的抑制性不如钾离子的强,但氯化钠溶解度比氯化钾高,接近饱和的氯化钠溶液能较好地降低侵入地层的滤液量,有利于防止井壁垮塌。地层中伊利石含量较大时,如果氯化钠含量过大,则会增大伊利石的水化能力,不利于井壁稳定。

(3)铝盐溶液中的铝离子。铝离子对于提高硬脆性和水敏性地层的井壁稳定性更为有效。含铝盐钻井流体的固壁机理是由铝离子反应生成的氢氧化铝沉淀最终会转变为晶体形态,并逐渐变成岩石晶体的一部分,有效稳定岩层。

(4)钙盐溶液中的钙离子。含钙离子钻井流体能产生高渗透压。渗透压可降低钻井流体液柱过平衡压力,有效防止井漏。

(5)其他盐溶液中的离子。小分子铵盐可使黏土晶层间脱水,能够嵌入黏土晶层,阻止水分子进入,可以有效抑制黏土水化膨胀,吸附黏土颗粒牢固,稳定期长。甲酸盐和醋酸盐的滤液黏度高,可产生非常大的渗透压,能够有效防止井漏事故。

14.1.1.2 关系钻具腐蚀

导电性与钻具腐蚀主要为电化学腐蚀。金属浸入盐溶液,金属表面的阳离子进入溶液使金属带负电,带负电的金属与阳离子离子吸引,一部分阳离子回到金属。金属与阳离子电量平衡时,在金属周围(约10nm)形成一个与金属电性相反的溶液薄层,在金属表面与邻近溶液之间形成"双电层",并有一定电势差。双电层电势差阻止金属上的阳离子进入溶液,使金属"溶解"的速度减小。金属于阳离子和电子达到平衡时的电势差叫作金属的电极电势。金属的电极电势在腐蚀及其控制中起决定性作用。钻具腐蚀是多种电对按电势差进行的电化腐蚀最主要形式,不涉及电子转移的单纯化学腐蚀是次要的。

例如,将两种不同的金属(以铜片和锌片为例)放置在电解质溶液中,并将金属用导线连接起来,导线上便会有电流流过,形成原电池。在此电池中,锌电极的电位较低,失去电子变为锌离子进入溶液。

$$Zn \longrightarrow Zn^{2+} + 2e^-$$

铜电极的电位较高,酸中的氢离子从铜极板上获得电子变成氢原子,最后成为氢气分子析出。

$$2H^+ + 2e^- \longrightarrow H_2 \uparrow$$

整个电池反应表示为:

$$Zn + 2H^+ \longrightarrow Zn^{2+} + H_2 \uparrow$$

实际的电化学腐蚀,往往是同一金属材料放在某种电解质溶液中发生的与钻具金属腐蚀。有关的腐蚀原电池主要有如下3种情况。

(1)钻具钢同其他的钢材一样,也含有以微粒状分布在基体金属铁之中的碳化铁杂质。电极电位高,腐蚀趋势小,成为腐蚀原电池的阴极,促使与钻井流体相接触的纯铁阳极发生溶解。纯铁阳极因表面积比碳化铁杂质大得多,电流密度很小,故电化学反应的结果常常引起均匀腐蚀。

(2)钻具表面的不均匀性。受力不均,受力大的部位为阳极;金属表面钝化膜有孔隙,孔内暴露的金属为阳极;将新、旧钻杆接在一起时,新钻杆为阳极。这些因素均使钻具遭受局部腐蚀。

(3)介质不均匀构成腐蚀电池,主要为浓差电池,尤其是氧浓差电池。钻具不同部位处于氧浓度不同的钻井流体中时,氧浓度低部位,电极电位比氧浓度高部位低,氧浓度低将作为电极首先受到腐蚀。钻井流体中常常含有氧,钻具上经常有垢斑、锈斑或黏土覆盖物,在这些覆盖物下因缺氧而成为阳极首先被腐蚀,造成常见的垢下腐蚀或锈下腐蚀。由于垢斑、锈斑的表面积比钻具上面裸露的表面积小得多,垢(锈)斑处腐蚀电流密度大,腐蚀电化学反应向钻具的纵深发展,形成深坑,产生坑蚀。

钻井流体中的阳离子会对金属制钻具造成腐蚀,增加钻井成本和钻具事故概率增加,详见钻井流体的腐蚀性一章。

14.1.2 关系地层评价

蒙皂石、伊利石等黏土矿物,本身不饱和电性(带负电)。黏土颗粒表面负电荷会吸附岩石孔隙空间地层内流体中的金属阳离子以保持电性平衡。这些被吸附的阳离子在外加电场的作用下,会在黏土颗粒表面交换位置,从而产生除孔隙自由水离子导电以外的附加导电作用。当岩石的阳离子交换量较大时,其附加导电作用非常明显,可以造成储层电阻率降低,甚至形成低阻储层。

含有阳离子的钻井流体进入地层后,破坏地层电性平衡,影响测井和录井的结果,误导对地层的判断。

14.1.2.1 导电性关系高渗地层发现

录井现场可以用专用的仪器测定钻井流体滤液的电阻率,然后查图求得钻井流体的等效氯化钠浓度(10^{-6}),但这种方法既存在误差,又无法显示连续变化结果,且现场氯离子浓度计量单位用 mg/L 来表示,所以必须建立用钻井流体温度和钻井流体电导率直接求算钻井流体等效氯离子浓度(mg/L)的数学模型。

$$\left.\begin{array}{l} R_{w24} = R_{bw}(T_H + 7)/82 \\ x = [3.562 - \lg(R_{w24} - 0.0123)]/0.955 \\ P = 10^x \end{array}\right\} \quad (2.14.1)$$

式中　T_H——地层温度,℉;

　　　P——地层水矿化度,10^{-6};

　　　R_{w24}——24℃或75℉时地层水的电阻率,Ω·m;

　　　R_{bw}——T_H 温度下地层水的电阻率,Ω·m。

录井常用摄氏度单位标量温度,用电导率单位标量钻井流体导电性,且钻井流体滤液电导率与钻井流体滤液电阻率为倒数关系,则:

$$\left.\begin{array}{l} T_H = 1.8 T_s + 32 \\ C_{mf} = 1/R_{mf} \end{array}\right\} \quad (2.14.2)$$

式中　T_s——地面静止时钻井流体的温度,℃;

　　　T_H——井筒中某一井深钻井流体的温度,℉;

　　　C_{mf}——钻井流体滤液电导率;

　　　R_{mf}——钻井流体滤液电阻率。

$$\left.\begin{array}{l} C_{mf24} = C_{mf} \times 82/(1.8 T_s + 32) \\ x = [3.562 - \lg(10000/C_{mf24} - 0.0123)]/0.955 \\ P = 10^x \end{array}\right\} \quad (2.14.3)$$

式中　P——等效氯化钠浓度,10^{-6};

　　　C_{mf24}——24℃时钻井流体滤液的电导率,μS/cm;

　　　C_{mf}——T_H 温度下钻井流体滤液的电导率,μS/cm。

$$C_{x24} = 10000 \times 82/[R_x(T_s + 7)] \quad (2.14.4)$$

式中　x——可以代表钻井流体,也可以代表钻井流体滤液。

录井所连续测量的电导率为钻井流体电导率,不是钻井流体滤液电导率,所以必须把钻井流体电导率通过一定的数学关系换算为钻井流体滤液电导率。陈中普等(2002)使用石油服务公司的资料,把实测钻井流体电阻率和钻井流体滤液电阻率数据绘制成线性回归图,如图2.14.1所示。

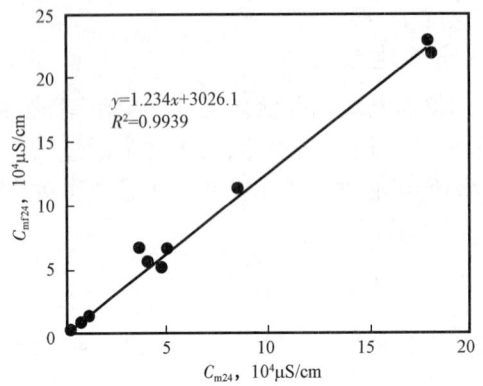

图 2.14.1　实测数据线性回归线(据陈中普等,2002)

从图 2.14.1 中可以看出,同一温度(例如 24℃)下的钻井流体电导率和钻井流体滤液电导率的关系基本上呈现出线性关系,即:

$$C_{mf24} = aC_{m24} + b \tag{2.14.5}$$

式中　a,b——待定系数,因地区、钻井流体等因素不同而变化,由实测的数据归回得到。

葛炼(2010)总结了利用钻井流体温度和钻井流体电导率计算钻井流体等效氯离子浓度的通用数学模型。

$$\left. \begin{aligned} C_{m24} &= C_m \times 82/(1.8 T_s + 39) \\ C_{mf24} &= a C_{m24} + b \\ x &= [3.562 - \lg(10000/ C_{mf24} - 0.0123)]/0.955 \\ P &= 10^x [1.65 \times (1 - 10^{x-6})] \end{aligned} \right\} \tag{2.14.6}$$

由于黏土或页岩对离子有渗滤和吸附作用,所以在沉积压实的过程中,尤其是具较高交换能力的蒙皂石地层,地层中的水分被挤出,盐分被吸附渗滤保留下来。因此,在泥页岩压实过程中,压实地层的地层水矿化度将大于欠压实地层的地层水矿化度。

超过正常压实泥(页)岩氯离子浓度趋势较多的异常高氯离子浓度,表明有盐水层或盐岩沉积。

如果泥页岩上下有大范围的渗透性砂岩,随着泥页岩地层水向上下砂岩地层渗透,泥(页)岩含盐量向渗透性砂岩逐渐增加。地层水含盐量变化趋势,表明邻近砂岩地层渗透性较好和分布范围较广。

14.1.2.2　导电性关系地层信息判断

测井时,测量用交流电流由下部电极流入地层,回到上部电极。测井过程中,借助液压系统使极板接近井壁,由地面装置控制向地层发射电流,记录每个纽扣电极的电流强度及对应的电位差,反映地层的电阻率变化。

成像测井资料包含大量的地层信息,通过图像的颜色(不同的颜色代表不同电阻率值,颜色深代表电阻率低,颜色浅代表电阻率高)、图像的几何形态、图像的连续性、图像之间的关系来代表不同的地质意义。

图像按颜色可以分为浅色、暗色及过渡色3种,代表不同的地质意义。能显示出井壁表面状况。按几何形态分类,可分为块状、线状、条带状、斑状等,代表不同的地质特征。能有效地识别地层特征。地质应用主要有裂缝识别、地层沉积环境分析、地应力分析等,但受多种因素影响,成像图具有多解性,因此要将成像图上的不同信息区分开,才能为储层判断提供准确依据。

14.1.3　关系钻井流体稳定性

乳状液是热力学不稳定体系。为了维持体系稳定性,需要加入乳化剂在油水界面形成吸附层以保护水在油相(或油在水相)的分散特性。

水包油钻井流体是以水(或盐水)作为连续外相,以油(如柴油和白油)作为分散相,通过乳化作用所形成的乳状液,还包含其他处理剂,如降失水剂、钻井流体稳定剂、流型调节剂等。

乳状液稳定性的评价方法通常使用的有静止观察、电导率测定、表面张力测定、分散稳定性测定等。

稳定的乳化性是保证油基钻井流体乳状液稳定性的核心问题。主要用破乳电压来衡量油基钻井流体的乳化性。采用电温实验测量油基钻井流体的破乳电压。作为连续相的油是不导电的,采用小电压时,钻井流体并不导电,随着电压增大,乳状液破乳,便产生电流。这时的电压称为破乳电压。破乳电压越大,乳化剂越稳定。

14.1.4　关系机械钻速

改善钻井流体性能提高机械钻速,是目前降低钻井成本常用的技术手段之一。许多学者从不同的角度提高机械钻速。

通过模拟恒压钻进,考察钻井流体中无机盐组分与砂岩岩石的相互作用及对机械钻速的影响,结合岩屑/溶液混合物的电动电位发现,氯化铝和硫酸铝具有较好的提速效果,氯化铝的浓度为 0.01mol/L 时机械钻速能提高 33.7%。

铝离子能够使含岩屑溶液的电动电位由负值变为0,再转为正值,电动电位大于10mV时提高机械钻速的效果明显。主要原因是,电动电位接近于0时岩石表面具有较高的表面自由能,有利于岩石破碎(高飞等,2011)。

泥页岩抑制剂阻止黏土矿物吸附阳离子,抑制电动电位的增加,抑制地层黏土矿物水化、分散和膨胀,但对钻井流体的稳定性构成严重的破坏。当黏土颗粒表面的负电动电位显著降低或变为零电位,甚至反转为正电位时,黏土/水悬浮体系的电性也随之改变。如果控制钻井流体中膨润土胶粒的电位与地层黏土的电性尽可能一致,在井内钻井流体与井壁地层黏土之间建立一种电势平衡,避免由于电动电位的差异引起化学位失衡,就可减少钻井过程中可溶性电解质离子在钻井流体和井壁之间的频繁迁移,通过有效控制黏土矿物的电性质,使钻井流体能有效稳定井壁。

有学者基于此提出零电位钻井流体的概念。用单一无机盐或非离子聚合物或阳离子聚合物改变膨润土的电动电位,发现钻井流体的其他性能不易实现。将几种处理剂复配使用,在改变膨润土电动电位的同时,其他功能也能发挥,起到一剂多用、简化钻井流体配方、实现钻井流体性能良好(梅宏等,2011)。

使用的两种钻井流体:一种由4%的膨润土、0.6%的电性改变剂、0.4%阳离子有机季铵盐、0.2%阳离子型聚丙烯酰胺、0.5%高温稳定剂、0.8%絮凝剂等配制;另一种是由4%的膨润土、0.2%碳酸钠、0.3%中黏羧甲基纤维素钠盐、0.3%阳离子有机季铵盐、0.2%阳离子型聚丙烯酰胺、1.0%黄胞胶、1.0%褐煤树脂等配制。

前一种钻井流体在120℃下滚动16h,冷却后测得钻井流体的漏斗黏度为28s,塑性黏度为13.0mPa·s,动切力为6.0Pa,中压失水量为7.0mL/30min,滤饼厚度为1.5mm,电动电位为-4.0mV。后一种钻井流体在120℃、初始压力为4.14MPa、回压为0.67MPa下,零电位钻井流体高温高压失水量为14.0mL/30min,滤饼厚度为2.0mm。表明两种钻井流体具有良好的性能,从而实现了零电位下的钻井流体研制成功。

14.2 测定及调整方法

电导率测量适于所有存在离子的溶液。有的溶液不能单独通过电导率测量鉴别或得到它的质量浓度。但可用已知成分即已知溶液中电解质成分,通过测量质量浓度与电导率的对应关系得到。

录井过程中,为了了解井下情况,需要测量入口钻井流体和出口钻井流体的电导率数值并加以比较。钻井流体虽然不是单纯的溶液,但其中包含着电解质,在外电场的作用下与普通溶液一样也会形成位移电流。从理论上讲,测量普通溶液的电导率的方法也适用于钻井流体。但是由于钻井流体与普通溶液不同,其中固体颗粒可能沉降。溶液中的水分蒸发后固相物质还会结块,考虑到这些情况就不能简单地用测量普通溶液电导率的方法测量钻井流体。

14.2.1 接触式测量钻井流体导电性

用两个电极的探头,与被测溶液接触,在两电极上施加一定的交流电压,溶液中离子导电,在电极之间形成电流。根据这个电流的大小,利用欧姆定律可以检测溶液的电导。

$$G = \frac{I}{V} \tag{2.14.7}$$

式中 G——溶液电导,S;
I——电流,A;
V——交流电压,V。

电导率(k)与溶液电导的关系是:

$$k = JG \tag{2.14.8}$$

$$J = L/A \tag{2.14.9}$$

式中　J——探头常数，cm^{-1}；
　　　L——电极距离，cm；
　　　A——电极有效面积，cm^2。

在探头电极之间的电流值不仅与被测溶液的电导率有关，而且与电极的表面积、距离以及几何形状有关。探头常数也称传感器常数或电解池常数是衡量一个传感器对导电溶液形成电流的反应。大小取决于探头的尺寸和形状，单位是 cm^{-1}（距离与面积之比）。电导率分析仪的测量电路测量范围与探头常数直接相关，探头常数的范围可以从 $0.01cm^{-1}$ 到 $50cm^{-1}$，所测溶液的电导率越高需要的探头常数越大。

接触式测量可以用于测量低到纯水的电导率。主要缺点是传感器对覆盖和腐蚀敏感，覆盖和腐蚀会降低读数，强烈的电解质溶液对电极会有极化效应，其结果是造成测量的非线性误差。

14.2.2　感应式测量钻井流体导电性

感应式环状传感器接受极内的电流正比于周围液体的电导。

$$I = GV/(N_1 N_2) \tag{2.14.10}$$

式中　I——接受极内的电流，A；
　　　G——周围液体的电导，S；
　　　V——接受极上的感应电压，V；
　　　N_1——发射极线圈圈数；
　　　N_2——接受极线圈圈数。

只要与标准液体的电流值相比就可得到被测液体的电导。由于电导率是单位长度的电导，若探头常数为1，则电导等于电导率；若探头常数为定值，则电导与电导率的关系确定。因此，只需要通过与标准液体的比较，就可以确定被测液体的电导率。

感应式测量探头常数关系式同接触式测量一样，这里的电极面积是流管的截面积，电极长度是流管的有效长度。

这种测量方法的优点，主要是感应线圈不与被测溶液接触。它们不是被聚合物包裹着就是安装在流管外部。插入类型的探头可以在测量过程中完全被固体或油类覆盖，在没有过量的覆盖以前本质上不会引起读数下降，具有聚合材料外壳的探头可用于测量腐蚀性溶液。感应式测量的主要缺点是探头的体积比较大，不能测量电导率微弱的溶液如高纯水。

14.2.3　离子色谱仪测量钻井流体导电性

利用离子色谱仪，对油田地质钻探钻井流体中无机离子现场分析，杜雅琦等（2010）将钻井流体样品经适当稀释后，用高速离心法分离待测样品中固相杂质与水溶液，再用离子色谱法快速分析水相溶液中无机阴离子。

使用的仪器有离子色谱仪、自动再生电解抑制器，平流泵、电子天平和离心机。取原钻井流体样品100g加去离子水100mL稀释，电磁搅拌约10min，充分搅拌均匀（防止高盐度样品结晶体沉淀）。从中称取2g钻井流体样品于250mL锥形瓶中，加入去离子水约50mL，电磁搅拌 10min，使被钻井流体颗粒吸附的无机阴离子完全溶出，定容至 100mL。用高速离心机（8000r/min）离心 15min。后用 0.45μm 水相过滤膜过滤，取清液待测。

钻井流体样品是高盐度的固液不均匀的黏稠状物体。为保证样品取样时的均一性和防止高盐结晶体沉淀导致结果偏低，首先需要稀释一定倍数，并加磁转子搅拌，使盐类充分溶解。再取样进行后续操作。

样品的高速离心是本实验操作过程中较为关键的一步。在样品离心过程中，转速的选择至关重要。实验表明，在 8000r/min 离心 15min 时，可得到完全透明的上清液。较长时间较低转速的离心，反而会使离心机升温，使溶液少量水分挥发。尤其是原样品，未经适当稀释，直接离心，可导致分析结果的偏差增大。实验过程中，最好选用带冷却系统的离心机。

挤压过滤处理分析前样品，分离固相和液相，也是一种有效的方法。但是，挤压前提前适当稀释黏稠而不均匀的原样品，同样不可缺少。实验证明，对原样先采用挤压法，再将滤液稀释和测定，也不利于分析结果准确。特别是对存在盐类结晶盐饱和原样更是如此。当然，选择适当的压力是保证不穿滤的关键。

14.3 现场调整工艺

现场钻井作业中，为使钻井流体适用于不同的地层，需调整其导电性，满足工程需要。主要包括钻井流体矿化度差异确定和维护处理。

14.3.1 钻井流体矿化度差异确定

流体测井是通过测量井筒内钻井流体电阻率的异常变化，评价地层内流体性质。井筒内钻井流体离子矿化度发生变化时，导致井筒内钻井流体局部电阻率变化，在流体测井曲线上表现为异常响应。影响井筒内钻井流体离子矿化度变化的主要是由钻井流体失水、地层内液体或气体侵入井筒内造成的。在钻井生产中，利用流体测井曲线的异常确定高压层的位置，进一步评价地层内流体的能量及其对固井质量的影响。

14.3.2 钻井流体矿化度维护处理

适度提高钻井流体的矿化度有利于提高钻井流体的抑制性和兼容性能。提高矿化度主要是提高盐类离子的含量，如钙离子、钠离子、钾离子等。钻井流体含有适量的钙离子（200~400mg/L）。这些离子，可以抑制井壁水化膨胀分散，防治井壁坍塌，稳定井壁。不仅耐盐侵的能力增强，而且能够有效地抗钙侵和耐高温，适于钻含盐地层或含盐膏地层，以及在深井和超深井中使用。

由于其滤液性质与地层原生水比较接近，故对储层伤害较轻。能有效地抑制地层造浆，流动性好，性能较稳定。同时还可以抑制钻头切削下来的岩屑分散，从而较为容易地带到地面经固控设备清除。

使用钾基聚合物体系时，由于体系耐盐抗钙能力弱，控制较低的矿化度有利于聚合物大分子材料的充分水化，有利于充分发挥聚合物处理剂作用，提高钻井流体的整体抑制性，钻井流体性能稳定、易维护，钻井流体处理剂用量较少。增强聚磺体系耐盐抗钙能力，现场可适当提高钻井流体矿化度,对易造浆地层起到良好的抑制作用,能有效提高防塌能力,现场可配合使用一些耐盐耐温的降失水处理剂,能有效维护钻井流体性能,提高井下安全。

14.4 发展趋势

在有利于保持井壁稳定和钻井流体性能稳定的前提下,可以调整钻井流体中有一定的矿化度即一定的导电性。高矿化度钻井流体要选用配伍的耐盐抗钙的处理剂和配比浓度,才能达到优质、安全、高效的钻井施工目的。矿化度的控制应根据井下安全随时调整,以有利于井壁稳定和钻井流体流变性维护处理,适当地提高钻井流体矿化度,从而提高钻井流体的抑制性和防塌能力,有效降低井下复杂情况的发生(杨禄明等,2017)。

14.4.1 研究现状

膨润土有较低的电阻率是因为膨润土中含有钾、钠、钙、镁、铁、钛等的金属氧化物,遇水后能离解出金属离子,另外还有半导体元素。膨润土具有吸附性能和离子交换性能,遇水后吸附水中的自由离子。膨润土充分吸水后,膨润土内部离子导电性能较好,电阻率很低。

高振洲等(2010)指出,高温焙烧之所以能改善膨润土的性能是因为膨润土自身结构内含有自由水、吸附水、层间水和结晶水。高温焙烧可以使膨润土失去部分水并使膨润土内的空气逸出,从而在膨润土内部形成许多细小的孔隙,增大了比表面积,增强了膨润土的吸附能力,使得膨润土在水溶液中能吸附更多的离子,导电性能增强。

14.4.2 发展方向

钻井流体导电性能对电测有重要意义。钻井过程中可测量流体的电阻率,根据测井曲线变化,判断井筒内流体矿化度降低或升高。利用测井曲线的局部异常确定异常压力层的位置。同时,根据高压层的特征,确定高压层砂体的分布范围,确定异常压力的分布,评价钻井流体漏失或涌入情况和侵入井筒内流体的性质。

根据测井曲线异常特征和相关公式,可计算流体的侵入量及侵入速度。所以,在钻井中利用流体测井曲线的局部异常确定异常压力层的位置,评价钻井流体漏失或涌入情况。

井筒内压力高于地层内压力时,在压差的作用下,钻井流体滤液侵入地层,导致井内钻井流体离子矿化度局部降低,导电能力减弱,钻井流体电阻率增加,在流体测井曲线上表现为正异常值。异常井段多数与高渗低压层相对应。

井筒内压力低于地层压力时,在压差的作用下,地层流体侵入井内。如果是高矿化度地层水侵入井筒后,导致井筒内流体的矿化度增加,流体测井曲线为负异常。如果是低矿化度地层内油气侵入井筒后导致井内流体的电阻率升高,流体测井曲线为正异常。所以,要保持钻井流体电测正常就要求钻井流体具有尽可能减少失水量或者防止地层流体侵入的能力。

第15章 钻井流体储层伤害性能

钻井流体储层伤害性能(Drilling Fluids Formation Damage Control Properties)是指钻井流体改变地层流体产出量的性质和功能。

早先,认为钻井流体储层伤害性能是指钻井流体造成液相、气流和多相流产出或注入自然能力下降的性能(康毅力等,1997)。这种表达方式很好地表明了储层伤害对产量的影响,但没有考虑储层伤害也有改善储层流动的好的方面,也没有考虑井筒内流体也会受到干扰,如完井流体的导热性较好、水合物生成造成产量下降。实际上,产出液在井筒内的流动所产生的流动能力的变化也是产量伤害的一部分内容。郑力会等(2008)发现,采油泵不同的剪切速率改变地层产出液的黏度也会造成产量下降,并在此后开展了井筒伤害产量的机理研究,并发现了地层产液、产气混合后可能造成热能损失。

钻井流体伤害油气井产量,主要是储层受到了伤害。储层钻开之后,原有平衡状态被破坏,钻井流体与之接触,可能会伤害储层。例如原始状态的产层最先接触钻井流体,受伤害的可能性最大。储层伤害一旦发生,不易消除。储层保护具有历史性、累积性和关联性。

钻井过程伤害储层的严重程度不仅与钻井流体类型和组分有关,而且随钻井流体固相、液相与岩石、地层流体的作用时间和侵入深度的增加加剧。

15.1 与钻井工程的关系

储层伤害一般是在作业过程中,固相颗粒的侵入、细菌填塞、工作滤液造成黏土矿物膨胀,分散运移或产生化学沉淀,有机垢填塞,乳化填塞及腐蚀产物,造成产能下降。主要影响钻井工程的安全,钻井作业的效果。

15.1.1 关系钻井安全

钻井流体性能好坏与储层伤害程度高低紧密相关。因为钻井流体固相和液相进入储层的深度及伤害程度均与钻井流体失水量和滤饼质量有关。

钻井过程中起下钻、开泵所产生的激动压力随钻井流体的塑性黏度和动切力增大而增加。此外,井壁坍塌压力随钻井流体抑制能力的减弱而增加,维持井壁稳定所需钻井流体密度随之增高才能实现井下安全。若坍塌层与储层在同一裸眼井段,坍塌压力高于储层压力,钻井流体液柱压力与储层压力之差随之增高,可能对储层加重伤害。

特殊轨迹井,如定向井、丛式井、水平井、大位移井、多目标井等,钻井流体性能优劣伤害储层的间接影响更显著,除了上文阐述的钻井流体的流变性、失水性和抑制性外,钻井流体的携带能力和润滑性能直接影响进入储层井段后作业时间的长短,不合理的钻井流体携带能力和润滑性能使钻井流体浸泡储层时间延长,使储层伤害加剧,影响钻井安全,主要包含:固相颗粒堵塞储层伤害的同时,也可能会形成质量不佳的滤饼;钻井流体与岩石不配伍造成伤害的同时,引起储层岩石井壁失稳以及钻井流体与储层的压差增加,不仅增加伤害程度,还增加了井下不安全。

(1)固相颗粒堵塞储层伤害的同时也可能会形成质量较差滤饼。

钻井流体常含有两类固相颗粒:一类是为达到其性能要求加入的有用颗粒,如加重剂和桥堵剂;另一类是岩屑和混入的杂质等固相侵害钻井流体的物质。

当井眼中流体的液柱压力大于储层孔隙压力时,固相颗粒可能会随液相一起进入储层,如果不能返排减小储层孔道半径,甚至堵塞孔喉造成储层伤害。影响外来固相颗粒储层伤害程度和侵入深度的因素有固相颗粒粒径与孔喉直径的匹配关系、固相颗粒的浓度、施工作业参数如压差、剪切速率和作业时间等。钻开储层时,钻井流体固相或滤液在压差作用下进入储层,进入数量和深度及对储层伤害的程度均随钻井流体浸泡储层时间的增长而增加。

外来固相颗粒对储层的伤害一般在近井地带造成较严重的伤害。颗粒粒径小于孔径的 1/10,且浓度较低时,虽然颗粒侵入深度大,但是伤害程度可能较低。这是因为这种尺度的颗粒容易进入也容易出来。但是,此种伤害程度会随时间增加而增加。中、高渗透率砂岩储层,尤其是裂缝性储层,外来固相颗粒侵入储层的深度和所造成的伤害程度相对较大。

应用辩证的观点可在一定条件下将固相堵塞这一不利因素转化为有利因素,如当颗粒粒径与孔喉直径匹配较好,浓度适中,且有足够的压差时,固相颗粒仅在井筒附近很小范围形成严重堵塞(即低渗透的内滤饼),阻止了固相和液相侵入,从而降低伤害的深度(张绍槐等,1994)。

(2)钻井流体与岩石不配伍造成伤害的同时引起储层岩石井壁失稳。

钻井流体与岩石不配伍造成的伤害主要表现为水敏伤害、碱敏伤害、酸敏伤害和润湿反转造成的伤害(陈忠等,1998)。

① 水敏性伤害。储层水敏性伤害(Water Sensitivity Damage)是指若进入储层的外来液体与储层中的水敏性矿物如蒙皂石不配伍时,会引起这类矿物水化膨胀、分散或脱落,导致储层渗透率下降。储层的水敏性与储层中黏土矿物类型、含量、存在状态、储层物性、外来液体的矿化度大小、矿化度降低速度及阳离子成分等因素有关。同时,水敏性矿物会引起水化膨胀分散。

a. 储层物性相似时,储层中水敏性矿物含量越多,水敏性伤害程度越高。

b. 储层中常见的黏土矿物水敏感性强度不同。储层水敏性伤害强弱顺序为蒙皂石、伊利石/蒙皂石间层矿物、伊利石、高岭石或者绿泥石。

c. 储层水敏性矿物含量及存在状态均相似时,高渗透储层的水敏性伤害比低渗透储层的水敏性伤害要低些。

d. 钻井流体的矿化度越低,储层水敏性伤害越强。钻井流体矿化度降低越多,储层水敏性伤害程度越高。

e. 钻井流体矿化度相同的情况下,钻井流体中含高价阳离子越多,引起储层水敏性伤害程度越弱。

② 碱敏性伤害。储层碱敏性伤害(Alkali Sensitivity Damage)是指高 pH 值的钻井流体侵入储层时,与其中的碱敏性矿物发生反应造成分散、脱落、新的硅酸盐沉淀和硅凝胶体生成,导致储层渗透率下降。

a. 黏土矿物的铝氧八面体在碱性溶液作用下,使黏土表面的负电荷增多,导致晶层间斥力增加,促进水化分散,堵塞储层孔道,降低渗透率。

b. 隐晶质石英、蛋白石等较易与氢氧化物反应生成不溶解的硅酸盐。硅酸盐可在适当的 pH 值范围内形成硅凝胶,堵塞孔道。

储层碱敏性伤害程度取决于碱酸性矿物的含量、液体的 pH 值和液体侵入量。其中液体的 pH 值起着重要作用,pH 值越大,碱敏性伤害程度越高。

③ 酸敏性伤害。酸敏性伤害(Acid Sensitivity Damage)是指储层酸化处理后,释放的微粒、矿物溶解形成的离子,再次生成沉淀。微粒和沉淀堵塞储层孔道,轻者削弱酸化效果,重者酸化失败,储层渗透率降低。

造成酸敏性伤害的无机沉淀和凝胶体有氢氧化铁、氢氧化亚铁、氟化钙、氟化镁、氟硅酸盐、氟铝酸盐沉淀以及硅酸凝胶。沉淀和凝胶的形成与酸的浓度有关,大多数在酸的浓度很低时才形成沉淀。

控制酸敏性伤害的因素有酸液类型和组成、酸敏性矿物含量、酸化后返排酸的时间。因此,储层酸化效果的好坏,要看有利的溶解反应与不利的沉淀反应哪个起主导作用。若有利因素起主导作用,则酸化有效;反之,则无效。

④ 润湿性反转造成的伤害。储层岩石可以亲水(水润湿)、亲油(油润湿)或中等润湿,主要取决于原油中极性组分的含量和天然岩石的表面性质。因化学处理剂的作用,使岩石的润湿性发生改变的现象,称之为润湿性反转(Wettability Reversal)。

润湿性改变后,储层的孔隙结构、孔隙度和绝对渗透率等改变不明显,但油、水的相对渗透率变化较大。岩石由水润湿变成油润湿后,油由原来占据孔隙中间部分变成占据小孔隙角隅或吸附颗粒表面,大大地减少了油的流道,同时使毛细管力由原来的驱油动力变成驱油阻力。这样采收率下降,油气的有效渗透率降低。

润湿性改变起主要作用的是表面活性剂,影响润湿性反转的因素有钻井流体 pH 值、聚合物处理剂、无机阳离子和温度。

(3) 钻井流体与储层的压差增加既增加伤害程度还增加了井下风险。

压差是造成储层伤害的主要因素之一。通常钻井流体的失水量随压差的增大而增加。因而,钻井流体进入储层的深度和伤害储层的程度均随正压差的增加而增大。

此外,当钻井流体有效液柱压力超过地层破裂压力或钻井流体在储层裂缝中的流动阻力时,钻井流体有可能漏失至储层深部,加剧储层伤害。

负压差可以阻止钻井流体进入储层,减少储层伤害,但过高的负压差会引起储层出砂、裂缝性地层的应力敏感和有机垢的形成,反而会对储层产生伤害。

环空返速越大,钻井流体对井壁滤饼的冲蚀越严重。钻井流体的动失水量随环空返速增高而增加。钻井流体固相和滤液侵入储层深度及伤害程度增加。此外,钻井流体当量密度随环空返速增高而增加,因而钻井流体与储层的压差增高,伤害加剧。

15.1.2 关系钻井效果

钻井流体储层伤害性能的好坏影响钻井效果。钻井流体在钻进工程中易侵入地层,伤害近井筒地带,给储层造成不同程度的伤害,影响储层的渗透率,最终降低了油气田的开采效率,主要是钻井流体与储层流体不配伍引起伤害以及钻井流体进入储层会影响地层中的油水分布引起的伤害。

15.1.2.1 钻井流体与储层流体不配伍造成的伤害

钻井流体组分与储层流体组分不相匹配时,可能引起储层流体沉积、乳化或促进细菌繁殖,影响储层渗透性(李传亮等,2008)。

(1)结垢堵塞。钻井流体与储层流体不配伍造成沉淀,形成无机垢或有机垢是否能生成垢,用浊度来评价。将一定量的硫酸肼与六次甲基胺聚合,生成白色高分子聚合物,以此作为浊度标准溶液,在一定条件下与水样浊度比较,单位为 NTU(Nephelometric Turbidity Unit)。散射浊度是仪器在与入射光成90°角的方向上测量散射光强度。

① 无机垢。外来液体与储层流体不配伍,形成碳酸钙、硫酸钙、硫酸钡、碳酸锶、硫酸锶等无机垢沉淀。影响无机垢沉淀的因素有盐类溶液的浓度、pH 值、温度、时间以及压力等。

钻井流体和储层液体中盐类溶液浓度。一般来说,两种液体中含有高价阳离子(如钙离子、钡离子、锶离子等)和高价阴离子(如硫酸根离子、碳酸根离子等),达到浓度积时,就可能形成无机沉淀。

钻井流体的 pH 值。钻井流体的 pH 值较高时,可使碳酸氢根离子转化成碳酸根离子,引起碳酸盐沉淀的生成,同时,还可能形成氢氧化钙、氢氧化铁等氢氧化物沉淀。

温度。不同的无机沉淀受温度影响不同。吸热沉淀反应(如生成碳酸钙、硫酸钡等反应),温度升高促使平衡向生成沉淀方向移动。地温越高,沉淀越易生成。放热沉淀反应(如生成的氢氧化钙反应),则正好相反,随着温度升高,生成沉淀的趋势减小。另外,温度的降低还可使高矿化度的地层水溶液过饱和形成结晶,堵塞储层渗流通道。

接触时间。不配伍的流体相互接触时间越长,生成的沉淀越多。沉淀的数量越多,沉淀引起的伤害越严重。

压力。油井生产过程中,井眼周围的流动压力一般都低于地层的原始饱和压力。压力下降,地层流体中气体不断脱出。气体的脱出,二氧化碳分压降低,碳酸钙沉淀更多。

② 有机垢或称有机沉淀主要指石蜡、沥青质及胶质在井眼附近的储层中沉积。不仅堵塞储层的孔道,还可能使储层的润湿性反转,导致储层渗透率下降。

钻井流体引起原油 pH 值改变而导致沉淀。高 pH 值的液体可促使沥青絮凝、沉积,一些含沥青的原油与酸反应形成沥青质、树脂、蜡的胶状污泥。气体和低表面张力的流体侵入储层,可促使有机垢的生成。

(2)乳化堵塞。钻井流体常含有许多化学处理剂。处理剂进入储层后,可能改变油水界面性能,使外来油与地层水或外来水与储层中的油相混合,形成油和水的乳状液。

乳化液造成的储层伤害有两类:一方面是比孔喉尺寸大的乳状液滴堵塞孔喉;另一方面是提高流体的黏度,增加流动阻力。

影响乳化液形成的因素有表面活性剂的性质和浓度、微粒的存在、储层的润湿性。

(3)细菌堵塞。储层原有的细菌或者随着钻井流体一起侵入的细菌。储层环境适宜它们生长时,会很快繁殖。油田常见的细菌有硫酸盐还原菌、腐生菌、铁细菌新陈代谢物质,可能造成菌落堵塞、细菌产生黏液以及无机沉淀等储层伤害。

细菌繁殖很快,常以体积较大的菌落存在,可堵塞孔道;腐生菌和铁细菌都能产生黏液,黏液易堵塞储层;细菌代谢产生的二氧化碳、硫化氢、硫离子、氢氧根离子等,可引起硫化铁、碳酸钙、氢氧化亚铁等无机沉淀。

影响细菌生长的因素为环境条件(温度、压力、矿化度和 pH 值)和营养物。细菌伤害储层多发生在近井地带。细菌在井眼周围的繁殖半径与注水时间及地层渗透率有关,长期注水井中的细菌繁殖要比短期注水井中的细菌繁殖活跃;在高渗透、大孔隙储层中,细菌易向储层深部运移,大范围内储层伤害;低渗透储层对细菌的侵入有一定的阻碍作用,但细菌一旦侵入,伤害严重。

15.1.2.2　钻井流体进入储层影响油水分布造成的伤害

外来流体渗入储层后,会增加含水饱和度,降低原油的饱和度,增加油流阻力,导致油相渗透率降低。根据产生毛细管阻力的方式,可分为水锁伤害(张琰,1999)和贾敏伤害。

水锁伤害是由于非润湿相驱替润湿相而造成的毛细管阻力,从而导致油相渗透率降低;贾敏伤害是由于非润湿液滴对润湿相流体流动产生附加阻力,从而导致油相渗透率降低。

影响这两种伤害的主要因素有钻井流体水相侵入量和储层孔喉半径。低渗透储层,水锁、贾敏伤害明显。

15.2　测定及调整方法

借助于仪器设备,室内评价钻井流体储层伤害程度,优选优化钻井流体配方和施工工艺参数。

15.2.1　钻井流体的静态伤害性能测定

钻井流体静态伤害评价主要利用静失水实验装置测定钻井流体滤入岩心前后渗透率的变化,表征钻井流体储层伤害程度并优选配方。实验时,要尽可能模拟地层的温度和压力条件。计算钻井流体的伤害程度(朱玉双等,2006),可以用式(2.15.1)计算:

$$R_S = \left(1 - \frac{K_{OP}}{K_O}\right) \times 100\% \qquad (2.15.1)$$

式中　R_S——伤害程度,%;
　　　K_{OP}——伤害后岩心有效渗透率,mD;
　　　K_O——伤害前岩心有效渗透率,mD。

伤害程度值越大,伤害越严重。钻井流体的静态伤害性能测定共有 6 个环节,分别为准备岩心、配制地层水、抽真空加压饱和地层水、测正向渗透率、配液静置以及计算伤害程度。

(1)准备岩心。使用已知参数的人造岩心柱塞。主要是用于比较不同钻井流体的储层伤害程度。

(2)配制地层水。主要依据是标准地层水。

（3）抽真空加压饱和地层水。使用抽真空机抽真空6h，再用手摇泵加压饱和。有些实验室无加压泵，可能影响饱和程度。

（4）测正向渗透率。将人造岩心放置岩心夹持器中，用蒸馏水加5MPa初始围压，使用地层水为工作介质，正向测定渗透率。

（5）将处理剂按钻井流体配方要求配制钻井流体，反向注入岩心柱塞，流量控制以围压始终高于驱压2~3MPa，静置1h。

（6）继续注地层水，测定正向渗透率，计算伤害程度。

$$DR = \frac{K_1 - K_2}{K_1} \times 100\% \qquad (2.15.2)$$

式中　DR——伤害恢复程度，%；

K_1——正向渗透率，mD；

K_2——伤害后的正向渗透率，mD。

伤害恢复程度越大，伤害程度越低；反之则越高。实际上，任何钻井流体都无法做到零伤害储层，可先实验评价，优选储层伤害最低的钻井流体。

15.2.1.1　正反向流动实验

正反向流动实验是指用流体作正向流动后，不中断流动的状态，接着以同样的流体、同样的流速做反向流动。此时，可以观察岩心中由于微粒运移造成的渗透率波动。

矿化度不变时，地层中的微粒运移对流体流速和压力反应最敏感。因此，在已测得临界速度之后，在大于临界速度下再做正反向流动实验，这对于了解大于临界速度时的微粒运移情况有实际意义。

在正向流动速度超过临界速度时，将造成微粒在孔隙喉道中运移。反向流动时，喉道附近的微粒在相反作用力下反向运移，解除或堵塞，流体渗透率变化。再流动一段时间后，微粒运移达到新的平衡，渗透率趋于稳定。

15.2.1.2　钻井流体失水评价实验

钻井流体失水评价实验的目的是了解钻井流体与地层岩石接触后地层伤害程度，从而评价钻井流体与地层的配伍性及优选钻井流体。

在3.5MPa的压力下，使钻井流体与岩心接触2h，失水穿过岩心柱塞，测定岩心柱塞在与钻井流体接触前后的渗透率值。

15.2.1.3　离心法所测毛细管压力曲线实验

离心机转动时，岩样中两相流体密度不同，在旋转半径和角速度相同的条件下，两相流体产生不同的离心力。离心力差值与孔隙介质内流体两相间毛细管压力相平衡，相当于外加的驱替压力达到一相驱替另一相的目的。改变离心机转速，建立不同的驱替压力，同时计量岩样中在不同转速下所取出的液量，则可绘制出一条毛细管压力与润湿饱和度的关系曲线/毛细管压力曲线。

钻完井过程中，钻井流体进入地层。如果岩石敏感性较强或钻井流体与岩石不配伍，会使地层中的黏土膨胀、分散运移、产生沉淀以及外来固相颗粒侵入，堵塞或减小岩石孔道，岩石渗透率降低。此时,毛细管压力曲线则表现出比钻井流体接触前更高的压力(即非湿润相从岩石最大空隙中驱替湿润相从所需的压力),以及更高的束缚水饱和度,整个曲线向更右上方抬高。因此,只要正确合理设计实验程序,就可通过对比岩样毛细管压力曲线特征的方法来判断岩样是否受到伤害。

随着技术的不断进步,储层伤害静态评价技术迅速发展,目前已形成了全条件模拟实验、多点渗透率测量实验、大尺寸岩心样品实验、自动化评价实验、计算机与室内物理模拟结合实验以及利用地层实际流体实验等。

(1)全条件模拟实验,模拟井下实际工况,如温度、压力和剪切条件下的储层伤害评价。

(2)多点渗透率仪的应用,由短岩心柱塞向长岩心柱塞发展。将数块岩心试样装入多点渗透率仪的夹持器内组成长岩心试样。测量伤害前的原始渗透率曲线,然后用钻井流体伤害岩心试样,再测伤害后的渗透率曲线。利用伤害前后渗透率曲线对比求伤害深度和分段伤害程度。

$$L_{伤害} = L_1 + L_2 + L_3 + L_4 + 0.5 L_5 \qquad (2.15.3)$$

$$R_{si} = (1 - K_{opi}/K_{oi}) \times 100\% \qquad (i = 1,2,\cdots,6) \qquad (2.15.4)$$

式中 $L_{伤害}$——伤害深度,cm;

0.5——电阻感应片安装的位置;

L_1,L_2,L_3,L_4,L_5——分段岩心长度,cm;

R_{si}——分段伤害程度,%;

K_{opi}——伤害后的恢复渗透率,mD;

K_{oi}——基线渗透率,mD。

利用此实验结果与试井数据对比,可以更准确地确定储层伤害深度和伤害程度。

(3)小尺寸岩心试样向大尺寸岩心试样发展。

(4)实验自动化,广泛引入计算机数据采集。

(5)计算机数学模拟与室内物理模拟的结合。

(6)利用地层实际流体(地层水、地层原油)实验,例如,油速敏测试,模拟实际地层温度,用实际地层原油进行。又如,采用地层原油评价储层伤害程度。

15.2.2 钻井流体的动态伤害性能测定

尽量模拟地层实际工况,评价钻井流体储层综合伤害(包括液相和固相及处理剂储层伤害),为优选伤害最小的钻井流体和最优施工工艺参数提供科学的依据。动态伤害评价与静态伤害评价相比能更真实地模拟井下实际工况条件下钻井流体储层伤害过程。两者最大差别在于工作流体伤害岩心时状态不同(李传亮,2007)。钻井流体伤害储层动态模拟实验,用动态渗透率恢复值(SY/T 6540—2002)来表征伤害程度:

$$R_d = \frac{K_{od}}{K_o} \times 100\% \qquad (2.15.5)$$

式中 R_d——动态渗透率恢复值,%;

K_{od}——钻井流体动态伤害岩心后岩心煤油的渗透率,mD;

K_o——钻井流体伤害岩心前岩心煤油的渗透率,mD。

动态渗透率恢复值越大,伤害程度越大。静态评价时,钻井流体静止。动态评价时,钻井流体处于循环或搅动的运动状态。显然后者的伤害过程更接近现场实际,实验结果对现场更具有指导意义。

要降低伤害程度,可从减小钻井流体动态伤害岩心后岩心的煤油渗透率入手。在一定范围内,选择低密度、低黏度的钻井流体利于地层伤害控制。

15.3 现场调整工艺

钻井流体伤害储层机理表明,为了降低钻井流体储层伤害性能,需要重点调整钻井流体的固相含量、黏度、失水量等方面。因此需要先确定储层性能,然后现场调整钻井流体性能。

15.3.1 性能差异确定

钻井流体伤害储层主要是由于钻井流体与储层不配伍、与地下流体不配伍、工作流体间不配伍造成的。主要表现在岩石敏感性、应力敏感性、液相圈闭、渗流通道堵塞等。

(1)岩石敏感性伤害控制和预防主要从提高工作液抑制能力和减少工作液侵入储层两方面入手。

(2)油气田开发过程中,随着地层流体采出,岩石所受的有效应力不断增加,引起岩石骨架颗粒发生变化,造成颗粒间孔隙和喉道空间的不断减少,渗透率下降,称为应力敏感性。防治应力敏感性伤害,主要从在作业过程中减少压力波动、避免压差过大入手。

(3)液相圈闭是低渗透/超低渗透储层常见的伤害,钻完井流体选择和工艺措施均需特别注意,通常的方法是减少钻完井流体渗入储层。

(4)渗流通道的堵塞主要包括固相颗粒堵塞和乳化堵塞。其中,固相颗粒堵塞更为严重,可以使用屏蔽暂堵技术和使用无固相或低固相钻完井液;解决乳化堵塞可以降低油基体系的失水量。

15.3.2 性能维护处理

控制钻井流体中的固相伤害,首先从接触储层的钻完井流体入手,一般采用清除钻井流体固相和控制钻井流体失水量两种方法。

15.3.2.1 清除钻井流体固相

清除钻井流体固相是为了使接触储层的液体中不含有 $2\mu m$ 以上的固相颗粒。采用筛去钻井流体固相大颗粒、减少侵入地层微粒、提高钻井流体黏度、提高上返速度、添加护胶剂和快速桥堵剂以及除去储层表面的固相颗粒等6种方法。

(1)筛去钻井流体固相大颗粒。地面可用两层筛,除去大颗粒。如金属氧化物、铁锈、铁皮等。

(2) 减少进入地层微粒。可采用近平衡钻井方法减少侵入地层微粒。

(3) 提高钻井流体黏度。无固相钻井流体可以通过加入过滤的原油或盐水或增黏剂提高黏度，利于携带大颗粒。

(4) 提高上返速度。有时用提高上返速度代替增加黏度，清水返速达到45m/min时，亦可将岩屑、砂子携带到地面。但返速受到设备能力的限制。

(5) 添加护胶剂。用合适的护胶处理剂及快速桥堵剂阻止固相进入储层。常用的护胶剂一般是降失水剂。

(6) 除去留在储层表面的固相颗粒。采用地层流体返排带出或酸洗除去其他工序留在储层表面的固相颗粒。

钻井流体中常常使用一些处理剂来增加黏度，提高悬浮和携带能力，减少固相。这些增黏剂都是长链高分子聚合物或高分子聚合物胶体（俗称胶液），都起降失水作用。天然的或合成的聚合物用作增黏剂纤维素类、生物聚合物类、聚丙烯酰胺类、木质素类、淀粉类。表2.15.1列出了每立方米盐水中加入处理剂的流变性数据。

表2.15.1　盐水中加入处理剂的流变性数据

性质	5.7kg/m³ 黄胞胶 2.8kg/m³ 聚阴离子纤维素	28.5kg/m³ 淀粉 2.85kg/m³ 聚阴离子纤维素	7.125kg/m³ 瓜尔胶
塑性黏度，mPa·s	27	20	52
屈服值，Pa	14.84	4.78	31.13
10s 切力，Pa	0.95	0.48	2.87
10min 切力，Pa	2.39	0.95	5.74
API 失水量，mL/30min	14.6	10	42

羟乙基纤维素与木质素磺酸钙复配使用可达到较好携岩性能、较强降失水性能、低切力以及不稳定。

较好的携带岩屑的能力，有利于井眼清洁。较好的降失水性能，利于控制进入失水、低切力，使无用固相易在地表沉降下来。不稳定性易被盐酸溶解或被破坏。

需要注意的是生物聚合物可提高切力，有利于悬浮桥堵剂和加重剂，并能提供良好的携带岩屑和相控制失水的能力，但要注意解堵比较困难。

如其他处理剂，如淀粉、瓜尔胶及羧甲基纤维素等往往不适合于完井流体及修井流体的提黏，储层伤害控制是重要的考量指标。

所使用的加重剂必须满足与连续相不起化学反应、良好配伍性、颗粒细小、不磨损设备以及易溶于水或酸等要求。

钻井周期增加，钻完井流体中的膨润土在机械搅拌、水力喷射以及高pH值、分散剂的作用下，颗粒越来越小，固控设备难以清除。分散越充分，颗粒含量越高，进入储层内部的数量和深度就越大，储层伤害程度越严重（陈忠等，1996）。

此外，钻完井流体中膨润土含量高时，黏度增加需要加入更多的稀释剂及pH调节剂维护流变性，加剧黏土水化分散。如此恶性循环，储层伤害更加严重。

为了减少膨润土伤害储层，应采取控制固相含量、控制稀释剂加量以及膨润土浆加入量等3项措施：

（1）在满足护壁性、降失水性、流变性、高温稳定性等要求的前提下，尽量减少膨润土的加入量（一般控制在50g/L以下），必要时，还应及时清除多余的膨润土。

（2）在能够控制弱碱性环境下，维持较低的pH值，控制稀释剂加量。

（3）作业过程中需补充膨润土时，应加入优质的、预水化达24h以上的膨润土浆，不应直接加入膨润土。

烧碱是目前常用的pH调节剂，在水溶液中形成的钠离子是一种活泼的金属阳离子，侵入储层后会使储层中黏土的钙蒙皂石转化成水敏性更强的钠蒙皂石。氢氧根离子可提高滤液的pH值，增加黏土本身的负电位，促使黏土进一步分散，是一种强分散剂。

强分散剂不但可促使储层中的黏土膨胀、分散，还可促使钻完井流体中的膨润土、钻屑分散，造成储层双重伤害。特别是在高pH值的情况下，黏土及岩石的胶结物溶解除进一步起分散作用外，还可能形成硅/氢氧根离子、铝/氢氧根离子等黏稠胶体，堵塞渗流通道。

为此，钻完井流体的pH值调节最好选用氢氧化钾、氧化钙、氧化镁等做pH调节剂。

15.3.2.2　控制钻井流体失水量

钻完井流体中常常使用封堵剂减少失水量，防止固体颗粒进入储层。桥堵剂应该能够迅速形成稳定的低渗区，地层流体返排带出或溶解可以除去。

桥堵剂颗粒粒度范围为$2 \sim 200 \mu m$。聚合物一般是胶体颗粒，胶体固相约为$2 \mu m$。碳酸钙为最常用的桥堵剂，其颗粒范围见表2.15.2。

表2.15.2　碳酸钙颗粒的粒度范围

分类	直径，μm	
	平均	最大
极小颗粒（400目）	3.2	18
微粒（200目）	60	160
中等颗粒（70目）	213	420

大多数地层一般使用200目的颗粒封堵，碳酸钙几乎完全被盐酸溶解。

油溶性树脂常用作封堵剂。为有效封堵地层，油浓度2%的盐水即可将油溶性树脂清除，耐温性好，低温下也很容易溶解。

15.4　发展趋势

不同伤害类型，采用不同的解除伤害技术。水锁伤害一般采取化学方法来消除，但物理/化学耦合法将是未来发展的方向。主要原因是物理方法耗能高，解除深度较浅；化学方法速度快，但解除效率较低。因此，研制新型高效的水锁解除剂，再配合高效快速的物理解除方法，将是未来研究的重要方向。

水敏伤害，通常使用黏土稳定剂，如钾盐、铵盐等，但仅是化学方面，阳离子聚合物具有较好前景。低渗透储层伤害比较复杂，首先分析产生伤害的原因，再选取对应的解堵措施。

地层岩石力学环境改变，易破碎成不规则裂体，视为破碎地层（王平全，1999）。储存油气资源的破碎地层称之为破碎性储层。

破碎性储层包括以煤岩、碳酸岩盐和疏松砂岩等为代表的天然破碎性储层，相似的有干热岩储层、白云岩储层、水合物储层、油砂储层、砾岩储层等，和以改造后致密砂岩为代表的人工破碎性储层，相似的有致密油储层、页岩气储层等。破碎性储层在储层组分、渗流能力和岩石力学特性等方面各向异性程度强，大多数天然破碎性储层需要经过储层改造获得经济产量。但是，投入产出比较低，多个储层联探并采才能提高效益（郑力会等，2017）。然而，并采所用的储层流体控制储层伤害存在诸多难题：

一是并采储层工作流体伤害实验岩样柱塞长度不一，利用达西公式计算并采多个柱塞的渗透率时，无法确定长度值。

二是即便采用相同长度岩样柱塞实验，然后利用同一长度计算渗透率，但孔隙度和有效渗流面积的差异，端面面积简单代数加和，代入达西公式求取整体渗透率，有待商榷。

三是室内渗透率评价储层伤害程度，现场关注的是产量。两者的不一致性，不利于直观反映储层伤害程度。误以为产量是渗透率唯一影响因素。

15.4.1 研究现状

从总体上看，多数认为钻井流体伤害地层主要有润湿反转、地层黏土矿物的水化膨胀、水锁、固体残留物堵塞、聚合物伤害等。世界上主要的研究对象是水基钻井流体和油藏岩石经钻井流体滤液的浸润，造成润湿反转，变成亲水性，增大了岩石与地下流体之间的界面张力，阻碍流体流动。钻井流体中的微小颗粒和滤液侵入地层孔隙深处，对储层造成的伤害有固相颗粒形成滤饼直接堵塞微小孔道。如部分黏土矿物，随失水量的增加，逐渐在井壁上积聚并水化膨胀形成致密的滤饼，导致渗透率进一步下降。滤液进入储层后，在岩石缝隙中产生了滞留和物质反应两种伤害作用：一是聚合物与岩石表面发生多点吸附；二是钻井流体中离子与地层水混合可能产生硫酸盐和氢氧化铁沉淀，堵塞渗流通道，降低了油气储层的渗透率。因此，研究工作主要集中在渗透率变化。

15.4.2 发展方向

储层伤害评价目前主要集中在渗透率变化。实际上，油气井产量受地层和井筒流动条件两方面的影响。油气井的油气产量受地层产量的影响可以用油气动力定律来表达，即井筒产量与油气流动时的动力正相关：

$$Q = Z(\Delta p K) + F \tag{2.15.6}$$

式中　Q——油气井产量，cm^3/s；

　　　Z——油气动力常数，与流体的自身性能相关，$cm^3/(s \cdot MPa \cdot D)$；

　　　Δp——油气流动压差，MPa；

　　　K——油气在储层中的流动能力，D；

　　　F——井筒油气流动影响因子，cm^3/s。

实验表明,油气流动是由力决定的。这一发现有可能适用其他渗透性地层。在此理论的指导下,开发了储层伤害前后对比流量的储层伤害评价方法,用于解决破碎性地层的储层伤害程度评价。

与渗透率法相比,流量法不考虑测试样品的尺度,能够代替渗透率法评价破碎性储层非均质渗流特性造成的类似多层并采的工作流体伤害程度,解决了渗透率法无法计量不同尺度测试样品的渗透率难题,为优选储层作业工作流体提供了评价方法(郑力会等,2019)。

在此理论的指导下,破碎性储层是无法克服伤害的。因此,可以通过工程补偿技术,如钻更长的井眼、储层改造等实现产量增长,称为产量损失工程补偿技术(郑力会等,2017)。

第16章　钻井流体环境友好性能

钻井流体环境友好性能(Drilling Fluid Environmental Friendly Performance)是指钻井流体污染环境的性质和功能。

钻井过程中会产生废弃钻井流体、钻屑、完井液、水泥浆、隔离液和其他含有化学物质的污水、气体、固体等钻井废弃物,主要成分是无机盐、碱、重金属离子、油以及具有不同程度毒性、很难自然降解的有机处理剂。钻井废弃物如果处理不得当,可能破坏生态环境,污染空气、水和土地,危害动物和人类。如陆上钻井完成后,将废弃钻井流体露天放置,易造成废弃物的渗漏和溢出,引起地表水和地下水的污染,并危及周围农田和水生生物的生长;海上钻井完成后,废弃钻井流体如果排放到海中,可能影响海洋和港口的资源。

随着石油和天然气勘探开发的发展,油田经营者认为钻井不是简单地向下钻进,而应是以最少的投入获取最大限度地发现油气和开发储层。因此,现代钻井技术对钻井流体提出了更高更新的要求。

(1)经济效益要求。油气田经营者追求利润的极大化,要求油气田勘探开发的各个环节降低成本。对钻井工程来说,油田经营者要求达到进一步降低钻井流体自身成本,开发多功能的钻井流体处理剂,减少钻井流体处理剂的种类和用量,优选钻井流体配方,在低成本下达到稳定井壁,防止钻井过程中出现复杂情况,诸如此类的目标。而且,在满足钻井工程这些需要的同时,尽可能地减少钻井流体伤害储层,最大限度地从地下获得石油与天然气,进一步增加经济效益。

(2)社会效益要求。随着世界范围内环境保护法律法规的日益严格及公众环境意识的日益增强,油田化学剂特别是钻井流体处理剂的毒性问题普遍受到了关注和重视。人们对生存环境高质量的追求,世界各国特别是一些发达地区,保护环境的声浪此起彼伏。作为生存环境中的个体,钻井工作者也希望有好的工作环境和生活环境。这就涉及开发无毒钻井流体处理剂。工作时,对自己的工作环境无害;生活时,对自己的生存环境无害。

这样看来,要实现现代钻井流体技术和产品的新要求,既要在思想上重视又要在技术上可行,既要满足经济需求又能解决社会问题,既要经济效益显著又要社会效益良好。因此,这类钻井流体的研制和应用,既涉及观念问题也涉及技术问题,既是经济问题也是社会问题。

(1)从思想观念方面来说,开发、应用、完善和推广环境可接受的钻井流体要迎接观念上的挑战。如果应用者对钻井流体的认识,只是停留在避免被政府部门罚款或减少对地方政府补偿的水平上,环境可接受的钻井流体或俗称环保钻井流体的发展动力是柔弱的,态度是消极的,前途是暗淡的。

(2)从技术进步方面来说,主要污染物的种类和不同剂量下成为有毒物质本来就很多,而且近年来被查明可能造成有害的污染物种类和剂量的增长速度也很快。如据2002年前有关文献表明,有害物质有气体16类、芳烃4类、氰化物1类、含氮化合物3类、有机氯化合物2类、有机磷化合物1类、有机硫化合物1类、含氧有机化合物1类、重金属14类,人体致癌化学物质及可能致癌化学物质达34类,恶臭物质17类。在日常生活中单凭直觉感到没有什么问题的物质却可能存在着有毒成分。又如,"化学物质毒性作用注册"中,1977年比1976年增加了4700种有毒物质,1977年比1976年增加了8000多种新的毒性剂量。而且,在实际钻井过程中,除钻井流体自身的毒性外,可能造成有毒有害的环节很多,如地面施工和地下温度都可能使毒性衍变;装卸方法、处理方式、当地政策等,都有可能使处理剂成为有毒有害物质而遭到环境部门的不接受。目前,国内油田对废弃钻井液治理研究主要集中在后期处理上,如直接排放法、就地掩埋法、固化处理法及固液分离法等,但现有废弃钻井液的处理技术都存在自身的局限性,如处理不彻底、存在环境隐患或处理费用高,其推广应用受到了限制(周礼,2014)。

(3) 从经济效益方面来说,由于目前公认的可以达到环保要求的钻井流体,其成本较高,影响了油田经营者的效益。这使得油田经营者产生了"只要环保,肯定成本高"的心理暗示,造成了不应有的偏见。但从目前看来,市场事实上也是如此。此前开发和应用的合成基钻井流体、烷基葡萄糖钻井流体以及甲酸盐钻井流体都在不同程度上由于自身成本问题,导致了推广前景不容乐观,甚至醇类处理剂如聚合醇、多元醇等单从处理剂的价格上也让人感到成本压力。因此,高成本的环保钻井流体从经济效益的角度讲,遇到的困难是非常巨大的。

(4) 从社会效益方面来说,油田经营者对社会效益的考虑往往是整个油气田综合因素的集中表现,它与政治、文化、效益、地域紧密相连,往往越发达的地区,人们对社会效益的关注偏向于如何提高人们的生活质量,而发展中地区则注重物质的极大丰富。国际上发达国家,此方面的有关政策已比较完备。中国石油工业由于地域问题,环保钻井流体的发展极不均衡:针对海洋钻井投入了巨大的人力物力发展环保钻井流体,并且具有海洋排放的有关标准;而对陆上钻井,只是近年才重视起来,还没有专门的法律法规。因此,如果从社会效益的角度,在陆上钻井中推广应用环保钻井流体,也存在不同程度的难度。

也正如此,无论从技术上还是从思想观念上、从经济效益上还是从社会效益上,发展环保钻井流体都是比较困难的,主要面临思想、技术、经济和社会等四大难题。从另外一个方面也说明了此前环保钻井流体存在这样那样的问题也是正常的,更说明了研究和开发环境钻井流体的必要性和急迫性。

实际上,环保是相对的。利用认可的环保检测手段,依据认可的环保执行标准,达到认可的环保指标,具有钻井流体特性的钻井流体,称之为环保钻井流体。这个定义应该包含设计用途、特性、环保标准等三个方面的内容(郑力会,2005)。

(1) 钻井流体毕竟不是专为保护环境而设计的,只有在完成工程需求的前提下又被认为对环境无害或环境,才可以接受。

(2) 环保钻井流体要有体系的特性,某种钻井流体用处理剂是环保的并不能代表用它研制的钻井流体是环保钻井流体。钻井作业结束后,大部分钻井流体通常要被废弃掉,成为钻井作业中数量最多、环境影响最大的污染源。需要对废弃钻井流体进行无害化处理。

(3) 钻井流体是否可认作环保体系是可变的,这主要与地域、当地法律法规或执行的标准有关。

总体上说,现有的环保型钻井流体较普遍地存在处理剂成本较高、性能比较单一、合成工艺复杂,体系现场维护处理复杂的问题;有的还只停留在室内试验和现场试用阶段,没有大规模地推广应用,还有一些环保型处理剂和钻井流体的配伍性问题还没有完全解决好等。因此,环保钻井流体应向多功能、维护简单、成本低廉等方面发展,这个结论不仅仅是环保钻井流体的发展方向,也是大多数钻井流体的发展方向。

(1) 处理剂多功能,尽可能减少主要处理剂种类和添加量。

(2) 现场维护简单,尽可能减少操作环节和劳动量。

(3) 成本容易接受,尽可能减少油田经营者的投入成本。

(4) 达到环保指标,尽可能改善工作环境和减少钻井流体后期处理的投入。

(5) 保护油气储层,尽可能减少对储层的伤害以达到从地下获取更多油气产品的目的。

16.1 与钻井工程关系

随着世界石油工业的发展,钻井技术对钻井流体提出了更高、更新的要求,特别是在钻井流体技术的发展受到环保政策及法律、法规限制的情况下,研究满足钻井工程技术和环境保护需要的新型钻井流体更显得非常必要。为了满足环境保护的需要,同时又不失去钻井流体所必需的性能,世界钻井工作者均在竞相研发新的环保型钻井流体。将处理剂开发与现场需要结合在一起,从长远利益出发,开发原料价廉、成果易于转化的钻井流体处理剂,以及利用这些处理剂配制出环保钻井流体是目前开发的方向。

16.1.1 关系钻井作业人员健康

石油钻井作业的主要职业病危害为不良气象条件、噪声、振动、粉尘。对工人健康的影响主要是上呼吸道疾病、胃病、腰背及肢体关节痛及听力损伤。上呼吸道疾病可认为与冬季野外钻井作业、不良的气候条件以及大强度的体力劳动有关;胃病是由于饮食不规律、卫生条件差以及紧张繁重的作业所致;腰背及肢体关节痛可以认为是由于钻井平台及刹把的振动、强迫体位、寒冷及劳动强度过大所引起;听力损伤可以认为是井场强大的动力设备的噪声所致(张慧斌等,2004)。

16.1.1.1 造成大气污染危害人体健康

大气污染主要是指大气的化学性污染。大气中化学性污染物的种类很多,对人体危害严重的多达几十种。中国的大气污染属于煤炭型污染,主要的污染物是烟尘和二氧化硫。此外,还有氮氧化物和一氧化碳等。这些污染物主要通过呼吸道进入人体,不经过肝脏的解毒作用,直接由血液运输到全身。所以,大气的化学性污染对人体健康的危害很大。这种危害可以分为中毒作用和致癌作用两种。

(1) 中毒作用。大气中化学性污染物的浓度一般比较低,对人体主要产生慢性毒害作用。科学研究表明,城市大气的化学性污染是慢性支气管炎、肺气肿和支气管哮喘等疾病的重要诱因。在工厂大量排放有害气体并且无风、多雾时,大气中的化学污染物不易散开,就会使人急性中毒。例如,1961年,日本四日市的三家石油化工企业,因为不断地大量排放二氧化硫等化学性污染物,再加上无风的天气,致使当地居民哮喘病大发生。后来,当地的这种大气污染得到了治理,哮喘病的发病率也随着降低了。

(2)致癌作用。大气中化学性污染物中具有致癌作用的有多环芳烃类和含铅的化合物等,其中3,4-苯并芘引起肺癌的作用最强烈。燃烧的煤炭、行驶的汽车和香烟的烟雾中都含有很多的3,4-苯并芘。大气中的化学性污染物,还可以降落到水体和土壤中以及农作物上,被农作物吸收和富集后,进而危害人体健康。

大气污染还包括大气的生物性污染和大气的放射性污染。大气的生物性污染物主要有病原菌、霉菌孢子和花粉。病原菌能使人患肺结核等传染病,霉菌孢子和花粉能使一些人产生过敏反应。大气的放射性污染物,主要来自原子能工业的放射性废弃物和医用X射线源等,这些污染物容易使人患皮肤癌和白血病等。

16.1.1.2 造成水污染危害人体健康

河流、湖泊等水体被污染后,对人体健康会造成严重的危害,这主要表现在中毒、传染病和致癌等三个方面。

(1)饮用污染的水和食用污水中的生物,能使人中毒,甚至死亡。例如,1956年,日本熊本县的水俣湾地区出现了一些病因不明的患者。患者有痉挛、麻痹、运动失调、语言和听力发生障碍等症状,最后因无法治疗而痛苦地死去,人们称这种怪病为水俣病。科学家们后来研究清楚了这种病是由当地含汞的工业废水造成的。汞转化成甲基汞后,富集在鱼、虾和贝类的体内。人们如果长期食用这些鱼、虾和贝类,甲基汞就会引起以脑细胞损伤为主的慢性甲基汞中毒。孕妇体内的甲基汞,甚至能使患儿发育不良、智能低下和四肢变形。

(2)被人畜粪便和生活垃圾污染了的水体,能够引起病毒性肝炎、细菌性痢疾等传染病以及血吸虫病等寄生虫疾病。

(3)一些具有致癌作用的化学物质,如砷、铬、苯胺等污染水体后,可以在水体中的悬浮物、底泥和水生生物体内蓄积。长期饮用这样的污水,容易诱发癌症。

16.1.1.3 造成固体废弃物污染危害人体健康

固体废弃物是指人类在生产和生活中丢弃的固体物质,如采矿业的废石、工业的废渣、废弃的塑料制品以及生活垃圾。固体废弃物只是在某一过程或某一方面没有使用价值,实际上往往可以作为另一生产过程的原料被利用。因此,固体废弃物又被称为放在错误地点的原料。但是,这些放在错误地点的原料往往含有多种对人体健康有害的物质,如果不及时加以利用,长期堆放,越积越多,就会污染生态环境,对人体健康造成危害。钻井作业中,生产性粉尘主要为:干涸在钻杆上的钻井流体尘;钻井流体加重时,在搬运重晶石粉过程中散落的重晶石粉尘;固井时的水泥尘。

16.1.1.4 造成噪声污染危害人体健康

噪声对人的危害主要包括损伤听力、干扰睡眠和诱发疾病等方面。

(1)损伤听力。长期在强噪声中工作,听力就会下降,甚至造成噪声性耳聋。

(2)干扰睡眠。当人的睡眠受到噪声的干扰时,就不能消除疲劳、恢复体力。

(3)诱发多种疾病。噪声会使人处在紧张状态,致使心率加快、血压升高,甚至诱发胃肠溃疡和内分泌系统功能紊乱等疾病。

(4)影响心理健康。噪声会使人心情烦躁,不能集中精力学习和工作,并且容易引发工伤和交通事故。

因此,我们应当采取多种措施,防治环境污染,使包括人类在内的所有生物都生活在美好的生态环境。

16.1.1.5 造成环境污染危害生物

环境污染往往具有使人或哺乳动物致癌、致突变和致畸的作用,统称"三致作用"。"三致作用"的危害,一般需要经过比较长的时间才显露出来,有些危害甚至影响到后代。

(1)致癌作用。致癌作用是指导致人或哺乳动物患癌症的作用。早在1775年,英国医生波特就发现清扫烟囱的工人易患阴囊癌,他认为患阴囊癌与经常接触煤烟灰有关。1915年,日本科学家通过实验证实,煤焦油可以诱发皮肤癌。污染物中能够诱发人或哺乳动物患癌症的物质叫作致癌物。致癌物可以分为化学性致癌物(如亚硝酸盐、石棉和生产蚊香用的双氯甲醚)、物理性致癌物(如镭的核聚变物)和生物性致癌物(如黄曲霉毒素)三类。

(2)致突变作用。致突变作用是指导致人或哺乳动物发生基因突变、染色体结构变异或染色体数目变异的作用。人或哺乳动物的生殖细胞如果发生突变,可以影响妊娠过程,导致不孕或胚胎早期死亡等。人或哺乳动物的体细胞如果发生突变,可导致癌症的发生。常见的致突变物有亚硝胺类、甲醛、苯和敌敌畏等。

(3)致畸作用。致畸作用是指作用于妊娠母体,干扰胚胎的正常发育,导致新生儿或幼小哺乳动物先天性畸形的作用。20世纪60年代初,西欧和日本出现了一些畸形新生儿。科学家们经过研究发现,原来孕妇在怀孕后的30~50d内,服用了一种叫作"反应停"的镇静药,这种药具有致畸作用。目前已经确认的致畸物有甲基汞和某些病毒等。

综上所述,环境污染的危害是巨大的,涉及面广,危害程度大,侵袭性强,且难以治理。必须做好每一步环境污染防止的工作,坚持预防为主,防治结合,综合治理的原则,真正地把环境保护与治理同经济、社会持续发展相协调。

16.1.2 关系钻井过程中的储层伤害控制

将钻井工程中保护储层和环境保护有机地结合起来,以获得长期稳定的综合效益。这是环保型钻井流体处理剂及体系发展的目标。

应用钻井流体的目的是获取最大的经济效益,得到的油气产量越多越好,其间施工过程的投入越少越好,这是油田经营者的根本目的和开发应用新技术的原动力。只有满足了应用者要求的钻井流体才能长久存在下去,否则会被淘汰。

保护油气储层,尽可能减少对储层的伤害以达到从地下获取更多油气的目的。这一点关系到钻井流体使用者的最终利益,减损应用者利益的钻井流体是不会长久下去的,因此,这也是不可忽视的重要方面。

16.1.3 关系钻井流体使用过程中投入

成本问题一直是使用者倍加关注的问题,涉及因素很多,除了寻找物美价廉的生产原料之外,基础工业的发展将是进一步降低成本的关键。此外,还有体制问题、管理问题、经营策略问题等,但总的来说,成本必须可以接受,否则肯定失败。

长远效益好的前提是处理剂的合理价格,这就要求利用来源丰富,价格低廉的天然材料作为原材料,将先进的化学、生物技术应用到钻井流体处理剂的研制上来,深度改性,简化合成工艺,提高其综合性能,实现降低成本,形成系列产品以有利于配套成环保钻井流体推广。这是环保型钻井流体处理剂及体系发展的手段。

尽可能减少主要处理剂种类和添加量。处理剂种类和添加量的减少,使得钻井流体一方面可以减少大量使用处理剂所增加的劳动量;另一方面还可以避免钻井流体处理剂之间相互作用而产生的兼容问题,以及在处理钻井流体兼容时所增加的额外投入。

16.1.4 关系钻井废弃物后期处理投入

达到环保指标,尽可能改善工作环境和减少钻井流体后期处理的投入。从源头控制,开发无毒无害的钻井流体处理剂及其体系是钻井流体工作最根本的目标。但是,如果没有后期处理,也是难以达到环境友好的目的。

16.2 测定及调整方法

要研究钻井流体环境友好性能,首先要弄清楚钻井废弃物的组成及毒性成分,掌握其测定方法。钻井过程中产生的废弃物,主要包括固体废弃物、废水、污染气体等。固体废弃物主要有钻屑、钻井废液及钻井废水处理后的污泥;废水主要有柴油机冷却水、钻井废水、洗井水及井场生活污水;污染气体主要来自柴油机排出的废气和烟尘、酸化压裂、脱气器产生的气体等。钻井废弃物的组分复杂,对人类有害的物质主要有石油类、无机盐类、重金属元素,以及硫化物、有机磷化物、有害气体等。

(1)石油类。石油类是指矿物油化学物质,是烃类混合物,以溶解态、乳化态和分散态存在于废水中。油基钻井流体的基油对环境可能造成有害影响。此外,油类还可能是钻井设备清洗用油,钻井时钻屑的附着油。石油进入海洋,降低海滨环境的使用价值,影响海洋生物生长。水中含油 $0.01\sim0.1\mathrm{mL/L}$ 时,影响鱼类及水生生物的生存环境。油膜和油块能粘住鱼卵和幼鱼。石油污染对幼鱼和鱼卵的危害最大。石油污染短期内对成鱼影响不明显,但对水域的慢性污染会使渔业受到较大的危害。同时,海洋石油污染还能使鱼虾类产生石油臭味,降低海产品的食用价值。另外,石油进入海洋,降低海洋的自净能力。

据研究,石油烃类对人类健康的影响取决于人们对这些物质获取的途径,途径不同,对人体的影响也有所差别。如摄食吸收、表面皮肤接触等。一般来说,摄食吸收所产生的危害要比表面皮肤接触大,并且这些影响有慢性和急性之分。

急性影响包括对鼻、喉和胃的刺激,可造成消化不良。微量的烃类如果渗入肺中,就会使呼吸受到影响,产生肺气肿、支气管炎、哮喘等疾病,还影响人的神经系统,造成头痛、头晕,降低中枢神经的兴奋度。

慢性影响包括对肾脏、肝脏和肠道的影响,还可使心律不齐。经常处在含有苯和芳香族碳氢化合物的环境中会损伤造血系统的正常功能,罹患血液类疾病,如白血病。研究发现,即使原来的芳香族碳氢化合物没有毒性,但经新陈代谢后,会诱发致癌作用,一部分多环芳香烃都与人体的皮肤癌、肺癌有关。石油类物质也会影响植物的生长。土壤中的油类物质含量超过 1.0% 时,就会降低植物的生长能力。

(2)有机物。这里说的有机物是指以碳水化合物、蛋白质、氨基酸以及脂肪等形式存的天然有机物质及某些其他可生物降解的人工合成有机物质为组成的污染物。可分为天然有机物和人工合成有机物两大类。表层土壤是有机物最初直接污染的对象,土壤中的有机物在大气降水条件下既可向周边环境迁移,又可向土壤深层迁移,直接影响周围水体、土壤的环境生态、环境质量及其使用功能。因此,研究石油类污染物对环境产生的影响,对石油类污染物防治与环境保护具有重要的意义。在美国环境保护署(U.S Environmental Protection Agency,EPA)的规定,半数致死浓度(Median Lethal Concentration, LC_{50})为30000mg/L,是排放的废弃钻井流体的最低限度。钻井流体的处理剂影响体系毒性。淡水基铁铬盐钻井流体加不含有芳香物2.0%矿物油后,半数致死浓度为22500mg/L。当其中的芳香物含量为15%时,半数致死浓度降至4740mg/L。

(3) 无机盐类。无机盐是钻井过程中常常要加入的化学处理剂,特别是,钻遇含盐地层时更是如此。如氯化钾是水基钻井流体钻页岩地层常用的防塌剂,钻井流体中使用氯化钾比较普遍。不同的钻井流体中氯化钾的浓度不同,一般加量在8%左右。因此,这类废弃物必须要进行专业的脱盐处理方可排入环境。众所周知,低浓度的盐类对动植物的健康是非常重要的,但当浓度同天然存在的浓度不同时,就会对所处生态系统造成负面影响。金属离子来源钻井流体中加入的各种化学处理剂,为满足钻井要求而加入的基础性原材料。地层本身含有金属离子也可以进入钻井流体。金属离子可以通过食物链由低级生物向高级生物蓄集,最终给处于食物链顶端的人类带来的潜在危害。采用盐水钻井流体及地层矿化度较高时,会使废水中氯离子的含量增高。大量的氯化物排入土壤,会造成土壤盐碱化,改变土壤理化性能,肥力下降。同时因氯离子活性比硝酸根离子和磷酸根离子强,会抑制农作物对氮和磷的吸收,因而造成农作物减产。

锌离子可与天然水中的黏土矿物缔合。缔合是指相同或不同分子间不引起化学性质的改变,而依靠较弱的键力(如配位共价键、氢键)结合的现象。

被吸附在晶格中成为吸着离子,吸持的形式为锌离子、锌合氢氧根离子及锌合氯离子。吸持是指吸附、聚合、凝聚、絮凝、离子交换、表面络合、晶核生成与成长、裹携扫带等作用的综合表现。

此时,锌离子随同黏土矿物沉积迁移到底质中。锌离子还可形成化学沉淀物向底质迁移。含锌废水排放到天然水体中后,在碱性环境生成氢氧化锌絮状沉积物迁移到底质中。锌离子与硫离子有很强的亲和力,可形成溶度积极小的硫化锌沉积到底质中。测定结果表明,底质沉积物中含锌范围为45~222mg/L,平均110mg/L,是水体中锌含量的10000倍。水生动植物有很强的吸收锌离子的能力,致使水中的锌向生物体内迁移。

研究表明,许多低级形式的动植物,都不能容忍锌的存在。由于这些有机质处于食物链的始端,也将对较高级生命形式产生明显的影响。锌浓度为2.0mg/L时,水有异味;锌浓度为5.0mg/L时,水呈乳浊状;锌浓度1.0~3.0mg/L时,废水的生物处理受抑制,影响生物降解。按《职业性化学物危害程度分级》进行评价,溴化钙和溴化锌盐水的急性经皮肤毒性试验均为轻度危害。溴化钙盐水对眼睛有中度刺激性,而溴化锌盐水对眼睛有重度刺激性;接触30s即进行冲洗的试验结果仍为重度刺激性;接触4s即进行冲洗的实验结果为中度至重度刺激性。因此,高密度重金属盐水,特别是含溴化锌的盐水对眼睛和皮肤的刺激性比低密度盐水大得多。它能引起眼睛永久性损伤,裸露的皮肤也会受到刺激。如果长时间接触将会导致化学烧伤。另外,配制完井液时使用固体溴化钙和溴化钙溶解时会产生大量的热量,对人和设备的安全会造成威胁。

(4)重金属及其化合物。重金属原意是指密度大于 4.5g/cm³ 的金属,包括金、银、铜、铁、铅,金属化合物比相应的金属无机化合物毒性强得多,如有机汞、有机铅、有机砷、有机锡等。可溶态的金属又比颗粒态金属毒性大。六价铬比三价铬毒性大。钻井完井液中重金属离子的主要来源之一,是为了保证钻井流体的稳定性和各种工艺性能而加入的各种化学处理剂,如防腐剂、絮凝剂、pH 控制剂、润滑剂、加重剂等。据初步统计,目前美国使用的此类化学剂已超过 200 种,中国也有 100 种以上。这些化学剂大部分含有重金属离子,如防腐剂常用重铬酸钠,其中就含有六价铬离子。除铬外,钻井流体中毒性较大的重金属离子还有镉、汞、铅及非金属砷等。这些重金属及其化合物随废弃钻井流体进入环境,主要集中在水体和土壤中。它们在水体和土壤中的行为直接关系到其迁移转化以及对环境污的影响。

重金属包括铬(Chrome 或 Chromium,Cr)、镉(Cadmium,Cd)、汞(Mercury,Hg)、铅(Lead 或 Plumbum,Pb)、砷(Arsenic,As)等。

铬是一种银白色、有光泽、坚硬而耐腐蚀的金属,相对密度 7.2,熔点 1900℃,沸点 2480℃。金属铬不损伤人体,但其化合铬则对人体有害。通常以化合物方式存在的铬有二价铬、三价铬、六价铬。六价化合物易还原成三价,三价铬稳定,可形成许多铬盐。铬化合物中,六价铬毒性最强,三价铬次之,二价铬毒性很小。六价铬对人体的皮肤、黏膜、上呼吸系统有很大的刺激性及腐蚀作用,是一种常见的致敏物质。能引起接触性皮炎和湿疹、萎缩性鼻炎、鼻中隔穿孔等中毒症状。

镉是灰色、有金属光泽的软质金属,相对密度 8.64,熔点 320.9℃。沸点 767℃。金属镉本身无毒,但镉的化合物毒性很大。

镉对人的毒害主要表现在能引起高血压、神经痛、骨质松软、骨折、骨炎和内分泌失调等病症。骨痛病就是镉中毒引起的。镉在人体内的潜伏期达 10~30 年。

汞又称水银,银白色液体金属。熔点 -38.87℃,沸点 356.6℃,密度 13.59g/cm³。纯汞有毒,但其化合物和盐的毒性更大,口服、吸入或接触后可以导致脑和肝的损伤。在标准气压和温度下,纯汞最大的危险是它很容易氧化而产生氧化汞,氧化汞容易形成小颗粒从而加大它的表面面积。最危险的汞的有机化合物是二甲基汞,仅数微升接触在皮肤上就可以致死。汞是一种可以在生物体内积累的毒物,它很容易被皮肤以及呼吸和消化道吸收。汞可破坏中枢神经组织,对口、黏膜和牙齿有不利影响。长时间暴露在高汞环境中可以导致脑损伤和死亡。尽管汞的沸点很高,但在室内温度下饱和的汞蒸气已经达到了中毒计量的数倍,所以要保存好汞。

铅是一种淡青灰色软质的重金属,相对密度为 11.34,熔点 327℃,沸点 1740℃。铅能生成二价和四价化合物。铅化合物有毒,被摄入的铅大部分被肝脏吸收,并由胆汁排出。铅中毒导致红细胞溶血、肾肝损伤及雄性性腺、神经系统和血管等损伤。铅离子对玉米的生长有很强的抑制作用,在 1000mg/L 铅离子条件下,玉米苗 1 天内全部死亡。铅是蓄积性毒物,一些铅盐对动物有致肿瘤、致畸作用。

砷是非金属,为灰黑色固体,相对密度 5.73,升华点 615℃,不溶于水和 Lewis 酸。纯砷不溶,无毒,但砷的化合物有剧毒。砷可形成负三价、三价和五价化合物。砷的毒性与其价态有关,三价砷毒性最大,砷化合物可透过皮肤、呼吸道和消化道被吸收。砷是蓄积性毒物,将对哺乳动物产生长期慢性影响。工业性砷中毒可引起皮炎、咽炎、结膜炎及鼻中隔穿孔。

(5)硫化物。电正性较强的金属或非金属与硫形成一类化合物。大多数金属硫化物都可看作氢硫酸的盐。由于氢硫酸是二元弱酸,因此又可分为酸式盐、正盐、多硫化物,称为硫化物。钻井废弃物中的硫化物主要来自处理剂和钻遇含硫储层时进入钻井流体的硫化物。当含有硫化物的钻井废水排入农田时,植物的根系生长将受到抑制,植物根部发黑而腐烂,造成农作物枯萎。硫化物在水中的含量为 25~110mg/L 时,淡水鱼将在 1~3d 内死亡。有机硫化物,例如硫醇,易挥发,具有强烈臭味。低浓度硫醇可引起头痛、恶心,有不同程度麻醉作用;高浓度硫醇可引起神经系统痉挛、瘫痪甚至死亡。

(6)有害气体。有害气体是指对人或动物的健康产生不利影响或者说对人和动物的健康虽无影响,但使人或动物感到不舒服,影响人或动物舒适度的气体。钻完井过程中以气体形态进入大气的污染物危害极大,其中一些有害气体的毒性数据见表 2.16.1。此表摘自美国国家学会的有关文件,其中临界限量是指在这种浓度下,工人工作 8h 不会受危害。危险限量是指 8h 可能致死的浓度。死亡浓度是指短期内致死的浓度。

表 2.16.1 部分气体的毒性数据

名称	分子式	密度,g/cm³	临界限量,mg/L	危险限量,mg/L	死亡浓度,mg/L
氰化氢	HCN	0.940	10.0	150.0	300.0
硫化氢	H_2S	1.176	10.0	250.0	600.0
二氧化硫	CS_2	2.210	5.0	*	1000.0
一氧化碳	CO	0.970	50.0	400.0	10000.0
二氧化碳	CO_2	1.520	500.0	50000.0	100000.0
甲烷	CH_4	0.550	90000.0	*	*

注:* 表示在空气中超过 5.0% 即燃烧。

以往人们对环境保护重视不够,致使在配制钻井流体过程中往往只着重考虑其钻井工艺性能,而忽视或很少考虑钻井流体原料及处理剂对环境的潜在污染和毒性危害,使钻井作业成为油田和地质勘探开发过程中的污染源之一。随着人们对环境保护问题的日益重视,与钻井流体有关的环保和安全问题使得高效、低成本和无毒钻井流体的研究开发成为发展的重要方向。如何评价钻井流体环保性能的问题自然就提了出来。

中国目前还没有钻井流体环保性能及毒性评价统一的标准或规范。但根据环保型钻井流体不产生危险废物这一总的目标,其环保指标及毒性最低应满足一般废物的要求。根据 GB 5085.1~3—2007《危险废物鉴别标准》、GB 15618—2018《土壤环境质量 农用地土壤污染风险管控标准(试行)》、GB 8978—1996《污水综合排放标准》、GB 4284—2018《农用污泥污染物控制标准》等相关技术指标,结合实际研究以及应用,建议钻井流体环保性能的评价项目内容应包括 pH 值、重金属含量、石油类含量、生物毒性、生物降解性等 5 类。

16.2.1 pH 值测定

pH 值是影响动植物生长的重要因素。过高或过低的 pH 值还具有明显的腐蚀性。因此 pH 值是常见的污染物控制指标。

GB 8978—1996《污水综合排放标准》规定 pH 值 6 ~ 9；GB 5084.2—1996《危险废物鉴别标准 腐蚀性鉴别》以 pH 值为鉴别标准，规定当 pH 值≥12.5 或者 pH 值≤2.0 时固体废物为危险废物；土壤质量、地表水和地下水水质等标准中都有对 pH 值相应的规定。

测定 pH 值方法主要有玻璃电极法和便携式 pH 值计法。在现有国家标准中，pH 值的检测均采用玻璃电极法进行检测。但在国家环保总局《水和废水监测分析方法》（第 4 版）中，推荐的水质 pH 值测定方法为便携式 pH 值计法。与便携式 pH 值计法相比，玻璃电极法相对较烦琐，而且便携式 pH 值计法在实际中应用非常广泛。

16.2.1.1 玻璃电极法测定 pH 值

玻璃电极法测定 pH 值，是以玻璃电极为指示电极，饱和甘汞电极为参比电极，插入溶液中组成原电池。当氢离子浓度发生变化时，玻璃电极和甘汞电极之间的电动势也随着引起变化，在 25℃时，每单位 pH 标度相当于 59.1mV 电动势变化值，在仪器上直接以 pH 的读数表示。温度差异在仪器上有补偿装置。

玻璃电极法测定 pH 值，适用于饮用水、地面水及工业废水 pH 值的测定。钻井流体作为工业废水评价。

pH 是从操作上定义的。对于溶液，测出伽伐尼电池（Galvanic Cell）或伏打电池（Voltaic Cell）参比电极的电动势。将未知 pH 值的溶液换成标准 pH 溶液，同样测出电池的电动势。

$$pH(X) = pH(S) + \frac{(E_S - E_X)F}{RT \ln 10} \tag{2.16.1}$$

式中　F——法拉第常数；
　　　R——摩尔气体常数；
　　　T——热力学温度；
　　　E_S——电池的电动势；
　　　E_X——参比电极的电动势。

因此，所定义的 pH 是无量纲的量。pH 没有理论上的意义，其定义为一种实用定义。但是在物质的量浓度小于 0.1mol/L 的稀薄水溶液有限范围，既非强酸性又非强碱性（2.0 < pH < 12.0）时，则：

$$pH = -\lg\left(\frac{c_{(H)} y}{\text{mol} \cdot \text{dm}^3}\right) \pm 0.02 \tag{2.16.2}$$

式中　$c_{(H)}$——氢离子的物质的量浓度；
　　　y——溶液中典型能离解为一个阳离子、一个阴离子的电解质的活度系数。

实验常用试验仪器有酸度计或离子浓度计、玻璃电极和甘汞电极。先将水样与标准溶液调到同一温度，记录测定温度，并将仪器温度补偿旋钮调至该温度上。用标准溶液校正仪器,当仪器、电极或标准溶液三者均正常时,方可用于测定样品。测定样品时,先用蒸馏水认真冲洗电极,再用水样冲洗,然后将电极浸入样品中,小心摇动或进行搅拌使其均匀,静置,读数稳定时记下 pH 值。

16.2.1.2　便携式 pH 计法

pH 值测量常用复合电极法,是以玻璃电极为指示电极,以银/氯化银等为参比电极合在一起组成 pH 值复合电极。利用 pH 值复合电极电动势随氢离子活度变化发生偏移来测定水样的 pH 值。复合电极 pH 计均有温度补偿装置,用以校正温度对电极的影响,用于常规水样监测可准确至 0.1pH 单位。较精密的 pH 计可精确至 0.01pH 单位。为了提高测定的准确度,校准仪器时选用的标准缓冲溶液的 pH 值应与水样的 pH 值接近。

测定时,将仪器温度补偿旋钮调至待测样品温度处,选用与样品 pH 值相差不超过 2 个 pH 单位的标准溶液校准仪器。从第一个标准溶液中取出电极,彻底冲洗,并用滤纸吸干。再浸入第二个标准溶液中。pH 值约与第一个相差 3 个 pH 单位。如果测定值与第二个标准溶液 pH 值之差大于 0.1pH 单位时,就要检查仪器、电极或标准溶液是否有问题。当三者均无异常情况时方可测定样品。

样品测定先用蒸馏水仔细冲洗电极,再用样品溶液冲洗,然后将电极浸入样品溶液中,小心搅拌或摇动,读数稳定后记录 pH 值。

根据 GB 8978—1996《污水综合排放标准》,钻井完井废液 pH 值环境友好评价指标为 6~9。如果不在这个范围内,则要采取措施控制到此范围内。

16.2.2　重金属测定

废气钻井流体中重金属主要是指镉、汞、铅、铬、砷,它们的总含量关系毒性的强弱。

16.2.2.1　铅和镉含量测定

铅和镉属于重金属,在环境中只迁移和转变,不能被降解,对环境的影响是长期的。GB/T 17141—1997《土壤质量　铅、镉的测定　石墨炉原子吸收分光光度法》规定了测定土壤中铅、镉的方法为石墨炉原子吸收分光光度法。按称取 0.5g 试样消解定容至 50mL 计算,检出限为铅 0.1mg/kg,镉 0.01mg/kg。

测定总铅和总镉的方法有电感耦合等离子体原子发射光谱法,火焰原子吸收分光光度法和石墨炉原子吸收分光光度法。由于采用电感耦合等离子体原子发射光谱法测定总铅和总镉容易受到其他金属元素的干扰,测量不准确,火焰原子吸收分光光度法的最佳浓度测定范围小,而原子吸收分光光度法测定重金属具有灵敏度高、选择性好、操作简便快速等特点。所以一般选择石墨炉原子吸收分光光度法测定总铅和总镉。

(1)电感耦合等离子体原子发射光谱法。等离子体发射光谱法可以同时测定样品中多元素的含量。当氩气通过等离子体火炬时,经射频发射器所产生的交变电磁场使其离解、加速并与其他氩原子碰撞。这种连锁反应使更多的氩原子离解,形成原子、离子和电子的粒子混合气体,即等离子体。过滤或消解处理过的样品经进样器中的雾化器被雾化并由氩载气带入等离子体火炬中,气化的样品分子在等离子体火炬的高温下被气化、离解、激发。原子在激发或离解时可发射出特征光谱,所以等离子体发射光谱可用来定性测定样品中存在的元素。消解又叫湿化消化。是指用酸液或碱液并在加热条件下破坏样品中的有机物或者还原性物质的方法。

特征光谱的强弱与样品中的原子浓度有关，与标准溶液进行比较，即可定量测定样品中各元素的含量。表 2.16.2 中的检出限是指产生一个能可靠地被检出的分析信号所需要的某元素的最小浓度或含量。

表 2.16.2　测定元素推荐波长及检出限

测定元素	推荐波长, nm	检出限, mg/L
锌	213.86	0.006
铬	205.55	0.01
	267.72	0.01
镉	317.93	0.01
	393.37	0.002
铅	220.35	0.05

实验用试剂水，为 GB/T 6682 规定的一级水；硝酸，密度为 1.42g/mL，优级纯；盐酸，密度为 1.19g/mL，优级纯。（1+1）硝酸溶液，用硝酸和试剂水配制。氩气，钢瓶气，纯度不低于 99.9%；标准溶液，单元素标准贮备液、单元素中间标准溶液的配制。优级纯：化学试剂的纯度规格，属于一级品，标签为深绿色，用于精密分析试验。

分取上述单元素标准贮备液，将锌、镉、铬稀释成 0.1mg/mL；将铅稀释成 0.5mg/mL。稀释时，补加一定量相应的酸，使溶液酸度保持在 0.1mL/L 以上。

实验用电感耦合等离子发射光谱仪和一般实验室仪器以及相应的辅助设备。高频功率 1.0~1.4kW，反射功率小于 5.0W，观测高度 6.0~16.0mm，载气流量 1.0~1.5L/min，等离子气流量 1.0~1.5L/min，进样量 1.5~3.0mL/min，测定时间 1~20s。

所有的采样容器都应预先用洗涤剂、酸和试剂水洗涤，塑料和玻璃容器均可使用。如果分析极易挥发的砷化合物，要使用特殊容器（如用于挥发性有机物分析的容器），保证分析样品不能挥发。水样必须用硝酸酸化至 pH 值小于 2.0；非水样品应冷藏保存，并尽快分析；分析样品中可溶性砷时，不要求冷藏，但应避光保存，温度不能超过室温。

电感耦合等离子体原子发射光谱法通常存在的干扰大致可分为两类：一类是光谱干扰，主要包括了连续背景和谱线重叠干扰；另一类是非光谱干扰，主要包括了化学干扰、离解干扰、物理干扰以及去溶剂干扰等。在实际分析过程中各类干扰很难截然分开。一般情况下，必须予以补偿和校正。此外，物理干扰一般由样品的黏滞程度及表面张力变化而致。尤其是当样品中含有大量可溶盐或样品酸度过高，都会对测定产生干扰。消除此类干扰的最简单方法是将样品稀释。

基体元素的干扰消除是优化试验条件选择出最佳工作参数，无疑可减少电感耦合等离子体原子发射光谱法的干扰效应，但由于废水成分复杂，大量元素与微量元素间含量差别很大，因此来自大量元素的干扰不容忽视。表 2.16.3 列出了待测元素在建议的分析波长下的主要光谱干扰。

表 2.16.3　可能的元素间干扰

测定元素	波长,nm	干扰元素
锌	213.86	镍、铜
铬	205.55	铁、钼
铬	267.72	锰、钒、镁
镉	317.93	铁
镉	393.37	—
铅	220.35	铝

校正元素间干扰的方法很多,化学富集分离的方法效果明显并可提高元素的检出能力,但操作烦冗,且易引入试剂空白;基体匹配法(配制与待测样品基体成分相似的标准溶液)效果十分令人满意。

此种方法对于测定基体成分固定的样品,是理想的消除干扰的办法,但存在高纯度试剂难于解决的问题,而且废水的基体成分变化莫测,在实际分析中,标准溶液的配制工作将是十分麻烦的;比较简便而且目前常用的方法是背景扣除法(凭试验,确定扣除背景的位置及方式)及干扰系数法、当存在单元素干扰时,干扰系数为:

$$K_i = \frac{Q' - Q}{Q_i} \tag{2.16.3}$$

式中　K_i——干扰系数;

Q'——干扰元素加分析元素的含量;

Q——分析元素的含量;

Q_i——干扰元素的含量。

通过配制一系列已知干扰元素含量的溶液在分析元素波长的位置测定其干扰元素加分析元素的含量,根据式(2.16.3)求出干扰系数,然后进行人工扣除或计算机自动扣除。在仪器最佳工作参数条件下,将预处理好的样品及空白溶液(溶液保持5%的硝酸酸度),按照仪器使用说明书的有关规定,测量两点并以此为标准,做样品及空白测定。扣除背景或以干扰系数法修正干扰。扣除空白值后的元素测定值即为样品中该元素的浓度;如果试样在测定之前进行了富集或稀释,应将测定结果除以或乘以一个相应的倍数。测定结果最多保留三位有效数字,单位以 mg/L 计。仪器要预热1h,以防波长漂移。测定所使用的所有容器需清洗干净后,用10%的热硝酸荡涤后,再用自来水冲洗、去离子水反复冲洗,以尽量降低空白背景。元素含量太低,可浓缩后测定。砷为剧毒致癌元素,配制标准溶液及测定时,防止与皮肤直接接触并保持室内有良好的排风系统。采用五氧化二钒作催化剂,硝酸-硫酸消解法对样品前处理后,用电感耦合等离子体发射光谱仪同时测定砷、铅、汞回收率为95%~103.5%,相对标准偏差不大于3%(方红等,2002)。

(2)火焰原子吸收分光光度法。样品溶液雾化后在火焰原子化器中被原子化,成为基态原子蒸气,对元素空心阴极灯或无极放电灯发射的特征辐射进行选择性吸收。在一定浓度范围内,其吸收强度与试液中待测物的含量成正比,见表2.16.4。

表 2.16.4　各元素的检出限、灵敏度及定量测定范围

元素	检出限,mg/L	灵敏度,mg/L	最佳浓度范围	
			波长,nm	浓度范围,mg/L
锌	0.005;低于0.01时建议用石墨炉法	0.02	213.9	0.05~1.0
铬	0.05;低于0.2时建议用石墨炉法	0.25	357.9	0.5~10.0
镉	0.005;低于0.02时建议用石墨炉法	0.025	228.8	0.5~2.0
铅	0.1;低于0.2时建议用石墨炉法	0.5	283.3	1.0~20.0

试剂用试剂水,为 GB/T 6682 分析实验室用水规格和试验方法规定的一级水;硝酸,密度为 1.42g/mL,优级纯;盐酸,密度为 1.19g/mL,优级纯;空气,可由空气压缩机或者压缩空气钢瓶提供;氩气,高纯;金属标准储备液使用市售的标准溶液,或用水和硝酸溶解高纯金属、氧化物或不吸湿的盐类制备;标准使用液,逐级稀释金属储备液制备标准使用液,配制一个空白和至少 3 个浓度的标准使用液,其浓度由低至高按等比排列,且应落在标准曲线的线性部分,标准使用液中酸的种类和浓度应与处理后试样中的相同,见表 2.16.5。

表 2.16.5　各元素的金属标准储备液配制具体要求

元素	浓度,mg/mL	配制方法
锌	1.0	称取 1.0g 金属锌,用 40.0mL 盐酸溶解,煮沸,冷却后用水定容至 1L
铬	1.0	称取 1.0g 金属铬,加热溶解于 30.0mL 盐酸(1+1)中,冷却后用水定容至 1.0L
镉	1.0	称取 1.0g 金属镉,用 30.0mL 硝酸溶解,用水定容至 1.0L
铅	1.0	称取 1.0g 金属铅,用 30.0mL 硝酸(1+1)加热溶解,冷却后用水定容至 1.0L

① 测试使用仪器。原子吸收分光光度计,单道或双道,单光束或双光束仪器具有光栅单色器、光电倍增检测器,可调狭缝,190~800nm 的波长范围,有背景校正装置和数据处理;燃烧器,以氧化亚氮为助燃气的元素测定需使用高温燃烧器;单元素空心阴极灯;各种量程的微量移液器;玻璃仪器,容量瓶、样品瓶、烧杯等。

② 工作条件。燃气(乙炔),各元素测定时使用的助燃气类型见表 2.16.6,各元素测定时使用的火焰类型见表 2.16.7,测定时要求背景校正的元素是镉、铅、锌。

表 2.16.6　各元素测定时使用的助燃气类型

助燃气类型	元素
空气	镉、铅、锌
氧化亚氮	铬

表 2.16.7　各元素测定时使用的火焰类型

火焰类型	元素
富燃	铬
贫燃	镉、铅、锌

③ 样品的采集、保存和预处理。所有的采样容器都应预先用洗涤剂、酸和试剂水洗涤，塑料和玻璃容器均可使用；水样必须用硝酸酸化至 pH 值小于 2.0；非水样品应冷藏保存，并尽快分析；当分析样品中可溶性砷时，不要求冷藏，但应避光保存，温度不能超过室温；为了抑制六价铬的化学活性，样品和提取液分析前均应在 4℃下贮存，最长的保存时间为 24h。

④ 干扰的消除。当火焰温度不足以使分子解离时，会由于在火焰中原子受到分子的束缚而使吸收减少，如磷酸盐对镁的干扰。或者当解离出的原子立刻被氧化成化合物时，在此火焰温度下将不能再解离。因此在镁、钙和钡的测定中，加入镧可以去除磷酸盐的干扰；在锰的测定中加入钙也能消除硅的干扰。这种干扰也可以通过从干扰物质中分离出待测金属来消除。此外，还可利用主要用于提高分析灵敏度的络合剂来消除或减少干扰。

试样中可溶解性固体的含量很高时，会产生类似光散射的非原子吸收干扰。当用背景校正仍无效时，应用非吸收波长校正，并应提取出试样所含有的大量固体物质。当火焰温度高到足以导致中性原子失去电子而成为带正电荷的离子时，会发生离解干扰。在标准和试样中都加入超过量的易离解元素如钾、钠、锂或铯，可控制这类干扰。

采用微波消解法预处理待测土壤，火焰原子吸收分光光度法测定污染土壤消解液中的锌、铜、铅、镉、铬 5 种重金属。方法简便、灵敏、准确。土壤中锌的相对标准偏差为 1.2%，铜的相对标准偏差为 1.9%，铅的相对标准偏差为 1.2%，镉的相对标准偏差为 5.2%，铬的相对标准偏差为 1.8%。方法的加标回收率锌为 76.8%~104%，铜为 86.9%~95.3%，铅为 83.0%~94.4%，镉为 83.2%~91.9%，铬为 90.9%~96.1%。适用于污染土壤中重金属含量的测定（景丽洁，2009）。

试样中共存的某种非测定元素的吸收波长位于待测元素吸收线的带宽时，会发生光谱干扰。由于干扰元素的影响，将使原子吸收信号的测定结果异常高，当多元素灯的其他金属或阴极灯中的金属杂质产生的共振辐射恰在选定的狭缝通带的情况下，也会产生光谱干扰。应采用小的狭缝通带以减少这类干扰。

试样和标准的黏度差异会改变吸入速率，应引起注意。在消解试液中各种金属的稳定性不同，尤其是消解液中仅含硝酸（不是同时含硝酸和盐酸）时，消解液应尽快分析，并且优先分析锡、锑、钼、钡和银。部分元素测定过程中消除干扰的特殊要求见表 2.16.8。

表 2.16.8　测定过程消除干扰的特殊要求

元素	消除干扰的特殊要求
铬	如果样品中的碱金属含量比标准高很多，应当在样品和标准中加入离解抑制剂
铅	加入锶（1500.0mg/L）可消除铜和磷酸盐的干扰

⑤ 分析步骤。配制试液，包括金属标准储备液和标准使用液；进行干扰的消除和背景校正；参照仪器说明书设定仪器最佳工作条件；测定标准使用液的吸光度，用浓度及对应的吸光度值绘制标准曲线；测定实验样品和质控样品的吸光度或浓度值。

⑥ 结果计算。金属浓度测定，可从校准曲线或者仪器的直读系统得到金属浓度（μg/L）值。如果试样进行稀释，则：

$$试样中的金属(\mu g/L) = A\left(\frac{C+B}{C}\right) \tag{2.16.4}$$

式中 A——从校准曲线查出的稀释样份中的金属浓度，$\mu g/L$；
　　B——稀释用的酸空白基体，mL；
　　C——样份，mL。

对于固体试样，根据试样质量计算含量：

$$\text{金属}(\mu g)/\text{试样}(kg) = \frac{AV}{m} \tag{2.16.5}$$

式中 A——从校准曲线得到的处理后试样中的金属浓度，$\mu g/L$；
　　V——处理后试样的最终体积，mL；
　　m——试样质量，g。

⑦ 注意事项。测定所使用的所有容器清洗干净后，用10%的热硝酸荡涤，再用自来水冲洗、去离子水反复冲洗，以尽量降低空白背景。元素含量太低，可浓缩后测定。

(3) 石墨炉原子吸收分光光度法。采用盐酸/硝酸/氢氟酸/高氯酸全消解的方法，彻底破坏土壤的矿物晶格，使试样中的待测元素全部进入试液。然后，将试液注入石墨炉中。经过预先设定的干燥、灰化、原子化等升温程序使共存基体成分蒸发除去，同时在原子化阶段的高温下铅、镉化合物离解为基态原子蒸汽，并对空心阴极灯发射的特征谱线产生选择性吸收。在选择的最佳测定条件下，通过背景扣除，测定试液中铅、镉的吸光度。实验用品及方法如下。

① 试剂。盐酸、硝酸、(1+5)硝酸溶液、体积分数为0.2%的硝酸溶液、氢氟酸、高氯酸、磷酸氢二铵(优级纯)水溶液、铅标准储备液、镉标准储备液、铅、镉混合标准使用液。

② 仪器。石墨炉原子吸收分光光度计(带有背景扣除装置)、铅空心阴极灯、镉空心阴极灯、氩气钢瓶、手动进样器。

③ 实验步骤。按照仪器使用说明书调节仪器至最佳工作条件，测定试液的吸光度。用水代替试样，采用空白溶液，并按步骤进行测定。每批样品至少制备2个以上的空白溶液。土壤样品中铅和镉的含量(w，mg/kg)计算：

$$w = \frac{cV}{m(1-f)} \tag{2.16.6}$$

式中 c——试液吸光度减去空白试验的吸光度，然后在校准曲线上查得铅、镉的含量，$\mu g/L$；
　　V——试液定容的体积，mL；
　　m——称取试样的质量，g；
　　f——试样中水分的含量，%。

GB 8978—1996《污水综合排放标准》规定了总铅和总镉最高允许排放浓度分别为1.0mg/L和0.1mg/L。

16.2.2.2　铬含量测定

铬属于重金属，进入土壤和地下水，会影响土壤和水质。金属铬不引起人体损害，但其化合铬则对人体有害。通常以化合物方式存在的铬有二价铬、三价铬和六价铬。

HJ 491—2019《土壤和沉积物　铜、锌、铅、镍、铬的测定　火焰原子吸收分光光度法》规定了测定土壤中总铬的火焰原子吸收分光光度法,按称取 0.5g 试样定容至 50.0mL 计算,检出限为 5.0mg/L。

测定总铬的方法有高锰酸钾氧化—二苯碳酰二肼分光光度法、硫酸亚铁铵滴定法和火焰原子吸收分光光度法。

(1)高锰酸钾氧化—二苯碳酰二肼分光光度法。在酸性溶液中,试样的三价铬被高锰酸钾氧化成六价铬。六价铬与二苯碳酰二肼反应生成紫红色化合物,于波长 540nm 处进行分光光度测定。过量的高锰酸钾用亚硝酸钠分解,过量的亚硝酸钠被尿素分解。实验用品及方法如下：

① 试剂。丙酮、硫酸、磷酸、硝酸、氯仿、高锰酸钾、尿素、亚硝酸钠、氢氧化铵、铜铁试剂、铬标准贮备溶液、铬标准溶液、显色剂。

② 仪器。一般实验室仪器和分光光度计。

③ 实验步骤。一般清洁地面水可直接用高锰酸钾氧化后测定。样品中含有大量的有机物质采用硝酸硫酸消解处理,用铜铁试剂—氯仿萃取除去钼、钒、铁、铜,用高锰酸钾氧化三价铬。取 50.0mL 或适量(含铬量少于 50.0μg)经高锰酸钾氧化三价铬处理的试份置 50.0mL 比色管中,用水稀释至刻线,加入 2.0mL 显色剂摇匀。10min 后,在 540nm 波长下,用 10nm 或 30nm 光程的比色皿,以水做参比,测定吸光度。减去空白试验吸光度,从校准曲线上查得铬的含量。空白试验按上述步骤进行,仅用 50.0mL 水代替试样。总铬含量(mg/L)为：

$$c_1 = \frac{m}{V} \tag{2.16.7}$$

式中　m——从校准曲线上查得的试份中含铬量,μg;

　　　V——试份的体积,mL。

试份是,根据不同监测指标测定的需要,将一个水样分成若干份,或在同一采样点不同采样方法采集的水样。

(2)硫酸亚铁铵滴定法。在酸性溶液中,以银盐作催化剂,用过硫酸铵将三价铬氧化成六价铬。加入少量氯化钠并煮沸,除去过量的过硫酸铵及反应中产生的氯气。以苯基代邻氨基苯甲酸做指示剂,用硫酸亚铁铵溶液滴定,使六价铬还原为三价铬,溶液呈绿色为终点。根据硫酸亚铁铵溶液的用量,计算出样品中总铬的含量。钒对测定有干扰,但在一般含铬废水中钒的含量在允许限以下。实验用品及方法如下：

① 试剂。硫酸溶液、磷酸、硫酸—磷酸混合液、过硫酸铵、铬标准溶液、硫酸亚铁铵溶液、硫酸锰、硝酸银、无水碳酸钠、氢氧化铵、氯化钠、苯基代邻氨基苯甲酸指示剂。

② 实验步骤。吸取适量样品于 150mL 烧杯中,消解后转移至 500mL 锥形瓶中(如果样品清澈,无色,可直接取适量样品于 500mL 锥形瓶中)。用氢氧化铵溶液中和至溶液 pH 值为 1.0~2.0。加入 20.0mL 硫酸—磷酸混合液、1~3 滴硝酸银溶液、0.5mL 硫酸锰溶液、25.0mL 过硫酸铵溶液,摇匀,加入几粒玻璃珠。加热至出现高锰酸盐的紫红色,煮沸 10min。取下稍冷却,加入 5.0mL 氯化钠溶液,加热微沸 10~15min,除尽氯气。取下迅速冷却,用水洗涤瓶壁并稀释至 220mL 左右,加入 3 滴苯基代邻氨基苯甲酸指示剂,用硫酸亚铁铵溶液滴定至溶液由红色突变为绿色即为终点,记下用量。空白试验按上述步骤进行,仅用和样品体积相同的水代替样品。总铬含量(c_2,mg/L)为：

$$c_2 = \frac{(V_1 - V_0)T \times 1000}{V} \tag{2.16.8}$$

式中 V_1——滴定样品时,硫酸亚铁铵溶液用量,mL;

V_0——空白试验时,硫酸亚铁铵溶液用量,mL;

T——硫酸亚铁铵溶液对铬的滴定度,mg/mL;

V——样品的体积,mL。

(3)火焰原子吸收分光光度法。采用盐酸/硝酸/氢氟酸/高氯酸全消解的方法,破坏土壤的矿物晶格,使试样中的待测元素全部进入试液,并且,在消解过程中,所有铬都被氧化成铬酸根。然后,将消解液喷入富燃性空气/乙炔火焰中,在火焰的高温下,形成铬基态原子,并对铬空心阴极灯发射的特征谱线 357.9mm 产生选择性吸收,在选择的最佳测定条件下,测定铬的吸光度。实验用品及方法如下:

① 试剂。盐酸、盐酸溶液、硝酸、氢氟酸、硫酸、(1+1)硫酸溶液、氯化铵水溶液、铬标准储备液、铬标准使用液。

② 仪器。原子吸收分光光度计、铬空心阴极管、乙炔钢瓶、空气压缩机。元素在热解石墨炉中被加热原子化,成为基态原子蒸气,对空心阴极灯发射的特征辐射进行选择性吸收。在一定浓度范围内,其吸收强度与试液中被测元素的含量成正比。其定量关系可用郎伯-比耳定律表达。此定律描述的是物质对某一波长光吸收的强弱与吸光物质的浓度及其液层厚度间的关系。利用待测元素的共振辐射,通过其原子蒸气,测定其吸光度的装置称为原子吸收分光光度计。它有单光束、双光束、双波道、多波道等结构形式。基本结构包括光源、原子化器、光学系统和检测系统。主要用于痕量元素杂质的分析,具有灵敏度高及选择性好两大主要优点。广泛应用于特种气体,金属有机化合物,金属醇盐中微量元素的分析。但是测定每种元素均需要相应的空心阴极灯,这对检测工作带来不便。原子吸收分光光度计根据物质基态原子蒸气对特征辐射吸收的作用来进行金属分析,能够灵敏可靠的测定微量或痕量元素。痕量元素是指含量等于或小于 1000×10^{-6} 的任何一种元素。基本上是除氧、氢、硅、铝、铁、钙、镁、钠、钾、钛等 10 种元素以外的元素,也称微量元素。

火焰原子化法的优点是火焰原子化法的操作简便,重现性好,有效光程大,对大多数元素有较高灵敏度,因此应用广泛。缺点是原子化效率低,灵敏度不够高,而且一般不能直接分析固体样品;试样组成不均匀性的影响较大,测定精密度较低,共存化合物的干扰比火焰原子化法大,干扰背景比较严重,一般都需要校正背景。石墨炉原子化器的优点是原子化效率高,在可调的高温下试样利用率达 100%,灵敏度高,试样用量少,适用于难熔元素的测定。

③ 实验步骤。试液的制备,准确称取 0.2~0.5g 试样于 50mL 聚四氟乙烯坩埚中,用少量水润湿,加入硫酸溶液 5.0mL,硝酸 10.0mL,静置。待剧烈反应停止后,加盖,移至电热板上加热分解 7min。开盖,待土壤分解物呈黏稠状时,加入 5.0mL 氢氟酸并中温加热除硅,为了达到良好的除硅效果,应经常摇动坩埚。当加热至冒三氧化硫白烟时,加盖,使黑色有机碳化物充分分解,然后,取下坩埚,稍冷,用少量水冲洗坩埚盖和坩埚内壁,再加热将三氧化硫白烟赶尽并蒸至内容物呈不流动状态。取下坩埚稍冷,加入盐酸溶液 3.0mL。容量瓶中加入 5.0mL 氯化氨溶液,冷却后定容至标线,摇匀。

按照仪器使用说明书调节仪器至最佳工作条件,测定试液的吸光度。用去离子水代替

试样,采用空白溶液,并按步骤进行测定。每批样品至少制备 2 个以上的空白溶液。土壤样品中铬的含量(w):

$$w = \frac{cV}{m(1-f)} \tag{2.16.9}$$

式中　c——试液的吸光度减去空白试验的吸光度,然后在校准曲线上查得铬的含量,mg/L;

　　　V——试液定容的体积,mL;

　　　m——称取试样的质量,g;

　　　f——试样中水分的含量,%。

GB 8978—1996《污水综合排放标准》规定了总铬最高允许排放浓度为 1.5mg/L。

16.2.2.3　汞含量测定

纯汞有毒,但其化合物和盐的毒性更大。在标准气压和温度下,纯汞最大的危险是它很容易氧化而产生氧化汞,氧化汞容易形成小颗粒从而加大它的表面面积。

GB/T 17136—1997《土壤质量 总汞的测定 冷原子吸收分光光度法》标准规定了测定土壤中总汞的冷原子吸收分光光度法,检出限视仪器型号的不同而异,本方法按称取 2g 试样计算,最低检出限为 0.005mg/kg。

总汞指原水样中无机的、有机结合的,可溶的和悬浮的全部汞的总和。测定总汞的方法有冷原子吸收分光光度法。利用欧洲标准样品,对比研究了 3 种不同消解方法测定表层土壤中总汞的差异。结果发现,利用王水电热炉加热消解和浓硝酸、浓硫酸及高锰酸钾水浴加热消解的方法测得的标准样的总汞最为接近实际值。而硫酸(1:1)与高锰酸钾水浴加热消解法的测得值明显偏低,测得的土壤总汞值介于方法前两种方法之间。综合考虑各种因素,测得的土壤总汞仍然有效(丁振华等,2003)。

汞原子蒸气对波长 253.7mm 的紫外光具有强烈的吸收作用,汞蒸气浓度与吸光度成正比。通过氧化分解试样中以各种形式存在的汞,使之转化为可溶态汞离子进入溶液,用盐酸羟胺还原过剩的氧化剂,用氯化亚锡将汞离子还原成汞原子,用净化空气做载气将汞原子载入冷原子吸收测汞仪的吸收池进行测定。实验用品及方法分三步:

① 试剂。硫酸、硝酸、盐酸、重铬酸钾、无汞蒸馏水、巯基棉纤维除汞管、巯基棉纤维、5.0% 高锰酸钾溶液、5.0% 过硫酸钾溶液、20.0% 盐酸羟胺溶液、20.0% 氯化亚锡溶液、经碘化处理的活性炭、0.5g/L 汞标准固定液、稀释液(将重铬酸钾 0.2g 溶于 900.0mL 水中,加入硫酸 28.0mL,冷却后定容至 1000.0mL)、100μg/mL 汞标准贮备液、10μg/mL 汞中间标准液、0.1μg/mL 汞标准使用液、变色硅胶、洗液(将 10.0g 重铬酸钾溶于 9.0L 蒸馏水中加入 1000.0mL 硝酸)。

② 仪器。测汞仪;汞还原器,容积分别有 25mL,50mL 和 100mL,具有磨口,带有莲蓬形多孔吹气头的翻气瓶;U 形管,ϕ15mm × 110mm 内填 60~80mm 的普通粒状变色硅胶;三通阀;汞吸收装置,250mL 玻璃制干燥塔,内填经碘化处理的活性炭,仪器的净化系统,可根据不同测汞仪的特点及具体条件进行连接,更换 U 形管中的硅胶。

③ 实验步骤。用硫酸/硝酸/高锰酸钾消解处理试样。每分析一批试样,应同时用无汞

蒸馏水代替浸出液试样,制备两份空白试料。取出汞还原器吹气头,逐个吸取10.0mL经处理后的试样或空白溶液注入汞还原器中,加入氯化亚锡溶液1.0mL,迅速插入吹气头,将三通阀旋至"进样"处,使载气通入汞还原器,记下检测表头的最大读数或记录仪上的峰高。待指针或记录笔重新回零后,将三通阀旋至"校零"处,取出吹气头,弃去废液,用水冲洗汞还原器2次,再用稀释液洗涤1次,仪器读数恢复到零,然后进行另一份试样的测定。土样中总汞的含量(c):

$$c = \frac{m}{w(1-f)} \tag{2.16.10}$$

式中　m——测量试液中汞量,μg;

　　　w——称取土样质量,g;

　　　f——土样水分含量,%。

GB 8978—1996《污水综合排放标准》规定了总汞最高允许排放浓度为0.05mg/L。

16.2.2.4　砷含量测定

纯砷不溶,无毒,但砷的化合物有剧毒。砷可形成负三价、三价和五价化合物。GB/T 17134—1997《土壤质量　总砷的测定　二乙基二硫代氨基甲酸银分光光度法》规定了测定土壤中总砷的二乙基二硫代氨基甲酸银分光光度法,按称取1g试样计算,检出限为0.5mg/kg。

测量总砷的方法有原子荧光法、石墨炉原子吸收分光光度法和二乙基二硫代氨基甲酸银分光光度法。原子荧光法与其他两种方法相比具有操作简便、用样量少、灵敏度和准确度高、测量重现性好、自动化程度高、适合大批量分析等特点。石墨炉原子吸收分光光度法在前面已经介绍了,下面介绍其他两种方法。

(1)原子荧光法。在消解处理后的水样加入硫脲,把砷还原成三价。在酸性介质中加入硼氢化钾溶液,三价砷形成砷化氢气体,由载气(氩气)直接导入石英管原子化器中,进而在氩氢火焰中原子化。基态原子受特种空心阴极灯光源的激发,产生原子荧光,通过检测原子荧光的相对强度,利用荧光强度与溶液中的砷含量呈正比的关系,计算样品溶液中相应成分的含量。检出限为0.2μg/L。存在的主要干扰元素是高含量的铜离子、钴离子、镍离子、银离子、汞离子以及形成氢化物元素之间的互相影响等。实验用品及方法如下:

① 试剂和材料。硝酸、高氯酸、盐酸、氢氧化钾或氢氧化钠、硼氢化钾溶液、10%硫脲溶液、砷标准贮备溶液、砷标准工作溶液

② 仪器、装置及工作条件。砷高强度空心阴极灯;原子荧光光谱仪。原子荧光光谱仪的工作条件见表2.16.9。

表2.16.9　砷元素测定条件

灯电流,mA	负高压,V	氩气,mL/min	原子化温度,℃
40.0~60.0	240.0~260.0	1000.0	200.0

③ 分析步骤。先样品测定。移取20.0mL清洁的水样或经过预处理的水样于50mL烧杯中,加入3.0mL盐酸,10.0%硫脲溶液2.0mL,摇匀。放置20min后,用定量加液器注入5.0mL于原子荧光仪的氢化物发生器中,加入4.0mL硼氢化钾溶液,进行测定,或通过蠕动

泵进样测定(调整进样和进硼氢化钾溶液流速为0.5mL/s),但须通过设定程序保证进样量的准确性和一致性,记录相应的相对荧光强度值。从校准曲线上查得测定溶液中砷浓度。

再校准曲线绘制。用含砷标准工作溶液制备标准系列,在标准系列中砷元素的浓度分别为:$0.0\mu g/L$、$1.0\mu g/L$、$2.0\mu g/L$、$4.0\mu g/L$、$8.0\mu g/L$、$12.0\mu g/L$ 和 $16.0\mu g/L$。准确移取相应量的标准工作溶液于100.0mL容量瓶中,加入12.0mL盐酸、8.0mL10.0%硫脲溶液,用去离子水定容,摇匀后按样品测定步骤进行操作。记录相应的相对荧光强度,绘制校准曲线。

④ 结果计算。由校准曲线查得测定溶液中砷元素的浓度,再根据水样的预处理稀释体积进行计算。

$$C_{AS} = \frac{cV_1}{V_2} \tag{2.16.11}$$

式中　C_{AS}——待测样品浓度,$\mu g/L$;
　　　c——从校准曲线上查得相应测定元素的浓度,$\mu g/L$;
　　　V_1——测量时水样的总体积,mL;
　　　V_2——预处理时移取水样的体积,mL。

(2)二乙基二硫代氨基甲酸银分光光度法。通过化学氧化分解试样中以各种形式存在的砷,使之转化为可溶态的砷离子进入溶液。锌与酸作用,产生新生态氢。在碘化钾和氯化亚锡存在下,使五价砷还原为三价砷,三价砷被新生态氢还原成气态砷化氢。用二乙基二硫代氨基甲酸银/三乙醇胺的三氯甲烷溶液吸收砷化氢,生成红色胶体银,在波长510nm处,测定吸收液的吸光度。实验用品及方法如下:

① 试剂。二乙基二硫代氨基甲酸银、三乙醇胺、氯仿、无砷锌粒(10~20目)、盐酸、硝酸、硫酸、氢氧化钠溶液、碘化钾溶液、氯化亚锡溶液、硫酸铜溶液、乙酸铅溶液、乙酸铅棉花、吸收液、砷标准溶液(100mg/L)、砷标准溶液(1mg/L)。

② 仪器。一般实验室仪器和分光光度计、砷化氢发生装置、砷化氢发生瓶、导气管、吸收管。

③ 实验步骤。试样的消解处理不必要时,可直接制备试份、显色和测定。否则,先预处理。试份制备好后,显色,于砷化氢发生瓶中,加4.0mL碘化钾,摇匀,再加2.0mL氯化亚锡溶液,混匀,放置15.0min。取5.0mL吸收液至吸收管中,插入导气管,加1.0mL硫酸铜溶液和4.0g无砷锌粒于砷化氢发生瓶中,并立即将导气管与发生瓶连接,保证反应器密闭。在室温下,维持反应1h,使砷完全释出。加氯仿将吸收体积补足到5.0mL。

光度测定时,用10.0mm比色皿,以氯仿为参比液,在530nm波长下测量显色步骤中得到的吸收液的吸光度,减去空白试验所测得的吸光度,从校准曲线上查出试份中的含砷量。砷含量(c,mg/L):

$$c = \frac{m}{V} \tag{2.16.12}$$

式中　m——校准曲线查得的试份砷含量,$m>7g$;
　　　V——试份体积,mL。

GB 8978—1996《污水综合排放标准》规定了总砷最高允许排放浓度为0.5mg/L。

16.2.3 石油类测定

石油类又称矿物油,土壤中达到一定量后对植物的生长是有影响的。石油主要由烷烃、芳烃碳氢化合物组成。这类化合物进入土壤环境后,影响土壤通透性,土壤感观环境,影响作物生长发育,以致造成减产。同时也影响农作物品质(蔡仕悦等,1986)。

液体石蜡性状为无色透明油状液体,在日光下观察不显荧光。室温下无嗅无味,加热后略有石油臭。相对密度0.86~0.905(25℃),不溶于水、甘油、冷乙醇。溶于苯、乙醚、氯仿、二硫化碳、热乙醇。与除蓖麻油外的大多数脂肪油能任意混合,樟脑、薄荷脑及大多数天然或人造麝香均能被溶解,允许含有食用级抗氧化剂,是由石油所得精炼液态烃的混合物,主要为饱和的环烷烃与链烷烃混合物,原油经常压和减压分馏、溶剂抽提和脱蜡,加氢精制而得。

矿物油通常是指经过开采和初加工的原油(或石油),石油是埋藏于地下的天然矿产物,经过勘探、开采出的未经炼制的石油也叫作原油。在常温下,原油经过炼制后的成品叫作石油产品。依据习惯,把通过物理蒸馏方法从石油中提炼出的基础油称为矿物油基础油。提炼加工过程主要是将原油分成不同的部分以得到所需产品。主要的分离过程包括将原油分离成粗汽油、粗煤油、粗柴油、重柴油、各种润滑油馏分、裂化原料油及渣油(又称残油)的蒸馏分离和将各种润滑油提纯所使用的溶剂分离。生产过程基本以物理过程为主,不改变烃类结构,生产的基础油取决于原料中理想组分的含量与性质;白油,别名石蜡油、白色油、矿物油。矿物油在提炼过程中因无法将所含的杂质清除干净,因此得到的基础油流动点较高,不适合寒带作业使用;因此,矿物油类基础油在性质上受到一定限制。

2017年10月27日,世界卫生组织国际癌症研究机构公布的致癌物清单初步整理参考,未经处理或轻度处理矿物油在一类致癌物清单中。矿物油、高精炼油在3类致癌物清单中。

HJ 637—2018《水质 石油类和动植物油的测定 红外分光光度法》规定了测定水中石油类和动植物油的红外分光光度法。试料体积为500.0mL,使用光程为4.0cm的比色皿时,方法的检出限为0.1mg/L;试料体积为5.0L,通过富集后其检出限为0.01mg/L。

石油类测定方法有重量法、紫外分光光度法、荧光法、非分散红外分光光度法和红外分光光度法。由于红外分光光度法适用范围广,结果可靠性好,一般使用这种方法。

16.2.3.1 红外分光光度法

用四氯化碳萃取样品中的油类物质,测定总油,然后将萃取液用硅酸镁吸附,除去动植物油类等极性物质后,测定石油类。总油和石油类的含量均由波数分别为2930cm^{-1}(亚甲基基团中碳氢键的伸缩振动)、2960cm^{-1}(甲基基团中的碳氢键的伸缩振动)和3030cm^{-1}(芳香环中碳氢键的伸缩振动)谱带处的吸光度进行计算,其差值为动植物油类浓度。

(1)固含量测定。称取5.0g(精确到0.1mg)钻井流体样品,在105℃±2℃下烘干至恒重,取出,放入干燥器中冷却30min,称重,计算样品的固含量。

(2)萃取。以减量法准确称取钻井流体样品10.0g(精确至0.01g)全部倾入分液漏斗中,加盐酸酸化至pH值不大于2.0,注入约100.0mL四氯化碳,充分振荡2.0min,并经常开启活塞排气。静置分层后,将萃取液经10.0mm厚度无水硫酸钠的玻璃砂芯漏斗流入容量瓶内。用20.0mL四氯化碳重新萃取一次,取适量的四氯化碳洗涤玻璃砂芯漏斗,洗涤液一并流入容量瓶,加四氯化碳稀释至标线定容,并摇匀。但在测定过程中,还存在萃取过程烦琐、萃取剂毒性大、有时准确度偏低等问题,结合工作经验,对红外分光光度法测定石油类中的萃取剂的替代、萃取次数、脱水操作进行了改进试验。结果表明,采用四氯乙烯替代四氯化碳作为萃取剂,能够满足环境监测中油类测试的精度要求,一次萃取在样品浓度为100mg/L 以下时能满足测定要求,萃取液放在瓶中以无水硫酸钠脱水后再在普通漏斗中经脱脂棉过滤后定量也可满足测试要求(吴艳,2007)。

（3）吸附。取适量的萃取液通过硅酸镁吸附柱,弃去前约 5.0mL 的滤出液,余下部分接入玻璃瓶用于测定石油类。如萃取液需要稀释,应在吸附前进行。也可采用振荡吸附法。经硅酸镁吸附剂处理后,由极性分子构成的动植物油被吸附,而非极性石油类不被吸附。某些非动植物油的极性物质同时也被吸附,当样品中明显含有此类物质时,可在测试报告中加以说明。

（4）石油类含量测定。以四氯化碳作参比溶液,使用适当光程的比色皿,在 3400～2400cm^{-1}之间对硅酸镁吸附后滤出液进行扫描,于 3300～2600cm^{-1}之间划一直线作基线,在 2930cm^{-1}、2960cm^{-1}和 3030cm^{-1}处硅酸镁吸附后滤出液的吸光度,计算石油类的含量。

（5）校正系数测定。以四氯化碳为溶剂,分别配制 100.0mg/L 正十六烷、100.0mg/L 姥鲛烷和 400.0mg/L 甲苯溶液。用四氯化碳作参比溶液,使用 1.0cm 比色皿,分别测量正十六烷、姥鲛烷和甲苯三种溶液在 2930cm^{-1}、2960cm^{-1}和 3030cm^{-1}处的吸光度。正十六烷、姥鲛烷和甲苯三种溶液在上述波数处的吸光度均服从于通用式:

$$C = XA_{2930} + YA_{2960} + Z(A_{3030} - A_{2930}/F) \tag{2.16.13}$$

式中　C——萃取液中化合物的含量,mg/L;

　　　A_{2930},A_{2960},A_{3030}——各对应波数下测得的吸光度;

　　　X,Y,Z——与各种碳氢键吸光度相对应的系数;

　　　F——脂肪烃对芳香烃影响的校正因子,即正十六烷在 2930cm^{-1}和 3030cm^{-1}处的吸光度之比。

由此得出的联立方程式,经求解后,可分别得到相应的校正系数。对于正十六烷(H)和姥鲛烷(P),由于其芳香烃含量为零,即 $A_{3030} - \dfrac{A_{2930}}{F} = 0$,则有:

$$F = A_{2930}(H)/A_{3030}(H) \tag{2.16.14}$$

$$C(H) = XA_{2930}(H) + YA_{2960}(H) \tag{2.16.15}$$

$$C(P) = XA_{2930}(P) + YA_{2960}(P) \tag{2.16.16}$$

式中　$C(H)$,$C(P)$——测定条件下正十六烷和姥鲛烷的浓度,mg/L。

由式可得脂肪烃对芳香烃影响的校正因子值以及与各种碳氢键吸光度相对应的系数值。对于甲苯(T),则有:

$$C(T) = XA_{2930}(T) + YA_{2960}(T) + Z\left[A_{2930}(T) - \dfrac{A_{2930}(T)}{F}\right] \tag{2.16.17}$$

可采用异辛烷代替姥鲛烷、苯代替甲苯,以相同的方法测定校正系数。两系列物质,在同一仪器相同波数下的吸光度不完全一致,但测得的校正系数变化不大。

(6)校正系数检验。分别准确量取纯正十六烷、姥鲛烷和甲苯,按5∶3∶1的比例配成混合烃。使用时根据所需浓度,准确称取适量的混合烃,以四氯化碳为溶剂配成适当浓度范围(如5.0mg/L,40.0mg/L,80.0mg/L等)的混合烃系列溶液。在2930cm^{-1},2960cm^{-1}和3030cm^{-1}处分别测量混合烃的吸光度2930cm^{-1},2960cm^{-1}和3030cm^{-1},按式计算混合烃系列溶液的浓度,并与配制值相比较。如混合烃系列溶液测定值和回收率为90%~100%,则校正系数可采用,否则应重新测定校正系数并检验,直到符合条件为止。

(7)空白试验。以水代替试验样,加入与测定时相同体积的试剂,并使用相同光程的比色皿,按步骤空白试验。

(8)计算。钻井流体样品中固相含量(S):

$$S = \frac{m_2 - m_0}{m_1 - m_0} \times 100\% \tag{2.16.18}$$

式中　m_0——称量瓶的质量,g;
　　　m_1——烘干前样品和称量瓶的质量,g;
　　　m_2——烘干后样品和称量瓶的质量,g。

样品中石油类的含量(C)为:

$$C = \left[X A_{2930}(T) + Y A_{2960}(T) + Z\left(A_{3030} - \frac{A_{2930}}{F}\right)\right] \times \frac{100 V_0 D l}{mSL} \tag{2.16.19}$$

式中　X,Y,Z,F——校正系数;
　　　$A_{2930},A_{2960},A_{3030}$——各对应波数下测得萃取液的吸光度;
　　　V_0——萃取溶剂定容体积,mL;
　　　D——萃取液稀释倍数;
　　　l——测定校正系数时所用比色皿的光程,cm;
　　　m——样品的质量,g;
　　　L——测定水样时所用比色皿的光程,cm。

16.2.3.2　非分散红外分光光度法

利用油类物质的甲基和亚甲基在近红外区(2930cm^{-1}或3.4μm)的特征吸收测定。

(1)试剂和材料。四氯化碳、硅酸镁、吸附柱、无水硫酸钠、氧化钠、盐酸(密度为1.18g/mL)、50.0g/L氢氧化钠溶液、130.0g/L硫酸铝溶液、标准油、1000mg/L标准油储备液、标准油使用液。

(2)仪器和设备。红外分光光度计,非分散红外测油仪,1000mL分液漏斗,50mL,100mL和1000mL容量瓶,40mL玻璃砂芯漏斗,采样瓶。

(3)采样和样品保存。油类物质要单独采样,不允许在实验室内再分样。采样时,应连同表层水一并采集,并在样品瓶上做一标记,用以确定样品体积。当只测定水中乳化状态和溶解性油类物质时,应避开漂浮在水体表面的油膜层,在水面下20~50cm处取样。当需要报告一段时间内油类物质的平均浓度时,应在规定的时间间隔分别采样而后分别测定。样品如不能在24h内测定,采样后应加盐酸酸化至pH值不大于2.0,并于2~5℃下冷藏保存。

(4)测定步骤。主要有5项:

① 萃取,包括直接萃取和絮凝富集萃取。直接萃取是以减量法准确称取钻井流体样品10.0g(精确至0.01g)全部倾入分液漏斗中,加盐酸酸化至pH值不大于2.0,注入约100.0mL四氯化碳,充分振荡2min,并经常开启活塞排气。

静置分层后,将萃取液经10mm厚度无水硫酸钠的玻璃砂芯漏斗流入容量瓶内。用20.0mL四氯化碳重新萃取一次,取适量的四氯化碳洗涤玻璃砂芯漏斗,洗涤液一并流入容量瓶,加四氯化碳稀释至标线定容,并摇匀。

将萃取液分成两份:一份直接用于测定总萃取物;另一份经硅酸镁吸附后,用于测定石油类。当水中样中石油类和动植物油的含量较低时,采用絮凝富集萃取法。在一定体积的样品中加25mL硫酸铝溶液并搅匀,然后边搅拌边逐滴加入25mL氢氧化钠溶液,待形成絮状沉淀后沉降30min,用虹吸法弃去上层清液,加适量的盐酸溶液溶解沉淀,再按直接萃取进行处理。

② 吸附。取适量的萃取液通过硅酸镁吸附柱,弃去前约5.0mL的滤出液,余下部分接入玻璃瓶用于测定石油类。如萃取液需要稀释,应在吸附前进行。也可采用振荡吸附法。经硅酸镁吸附剂处理后,由极性分子构成的动植物油被吸附,而非极性石油类不被吸附。某些非动植物油的极性物质(如含有醚键、羟基基团的极性化学品等)同时也被吸附,当样品中明显含有此类物质时,可在测试报告中加以说明。

③ 测定。红外分光光度计测定是以四氯化碳作参比溶液,使用适当光程的比色皿,在$3200\sim2700cm^{-1}$之间分别对标准油使用液、萃取液和硅酸镁吸附后滤出液进行扫描,在扫描区域内画一直线作基线,测量在$2930cm^{-1}$处的最大吸收峰值,并用此吸光度减去该点基线的吸光度。以标准使用液的吸光度为纵坐标,浓度为横坐标,绘制校准曲线。从标准曲线上查得石油类含量。非分散红外测油仪测定是按仪器规定调整和校准仪器,根据仪器测量步骤,测定硅酸镁吸附后滤出液的石油类含量。

④ 结果计算。水样中石油类含量(c,mg/L):

$$c = \frac{c_h V_0 D}{V_w} \qquad (2.16.20)$$

式中 c_h——硅酸镁吸附后滤出液中石油类含量,mg/L;

V_0——萃取溶剂定容体积,mL;

D——萃取液稀释倍数;

V_w——水样体积,mL。

GB 8978—1996《污水综合排放标准》规定了石油类一级、二级和三级,最高允许排放浓度分别为5.0mg/L、10.0mg/L和20.0mg/L。

16.2.4 生物毒性测定

生物毒性是指样品对生物的毒性强弱,与生物毒性相对应是化学毒性、免疫毒性等。化学毒性是因物质与机体间发生的化学反应所造成的毒害,如强碱腐蚀、六价铬引起的化学烧伤等。某些生物物质能造成动物体免疫系统破坏,属于免疫毒性。

生物毒性试验是将生物置于试验条件下,施加污染物的影响,然后观察测定生物异常或死亡效应。生物毒性检测能直观地反映污染水体对生物种群的综合毒性,是预测和控制化学物质污染的一种不可缺少的辅助手段,因而得到了广泛应用和迅速发展。生物毒性包括急性毒性、亚急性毒性和慢性毒性。急性生物毒性试验方法包括糠虾试验法、发光细菌法、藻类生长抑制试验、蚤类活动抑制试验、鱼类急性毒性试验和小鼠急性毒性试验等,其中钻井流体毒性应用最多的是糠虾试验法和发光细菌法。

GB/T 15441—1995《水质急性毒性的测定 发光细菌法》和国际上发光细菌法均采用明亮发光杆菌。GB/T 18420.1—2009《海洋石油勘探开发污染物生物毒性 第1部分:分级》和GB/T 18420.2—2009《海洋石油勘探开发污染物生物毒性 第2部分:检验方法》,采用对虾仔虾、卤虫幼体进行试验。

GB/T 18420.1—2009《海洋石油勘探开发污染物生物毒性 第1部分:分级》和GB/T 18420.2—2009《海洋石油勘探开发污染物生物毒性 第2部分:检验方法》两项国家标准由国家海洋局南海分局和广东省实验动物检测所共同编制。《海洋石油勘探开发污染物生物毒性 第1部分:分级》主要规定了钻井流体、钻屑、采出水在不同海区的生物毒性检验的频率、生物毒性容许值,并对样品的检验方法和结果判定提出要求;《海洋石油勘探开发污染物生物毒性 第2部分:检验方法》主要规定了钻井流体、钻屑、生产水等污染物的样品采集、样品处理、试验生物种类、试验方法、质量控制等要求。

评价生物毒性的方法有糠虾生物实验法、发光细菌法、微毒性分析法和生物冷光累积实验法,其中糠虾试验法和发光细菌法可信度高,一般采用这两种生物毒性评价方法。

随着世界范围内环境保护法律法规的日益严格及公众环境意识的日益强烈,油田化学剂、钻井流体处理剂及体系的生物毒性问题受到了普遍的关注和重视。在国际上,如美国、加拿大、挪威和荷兰等都制定了有关油田化学剂生物毒性的法律法规及生物毒性测试方法与分级标准。

在油田化学剂生物毒性测试方法中,最有影响的是美国环保局批准的糠虾生物试验法。这种方法已于1987年1月1日在美国海上油田正式实施。然而,几年的实施情况表明,糠虾生物试验法在具体测定的过程中有不少问题和不足,因而不断受到石油工业界的抱怨和指责。这种测试方法的不足突出地表现在实验物种来源不便、准确性差、操作复杂等4个方面。

试验物种糠虾来源不便,挑选条件不易掌握,对虾龄要求苛刻,要求专业人员在专门实验室进行操作实验,不便推广应用;准确性不高,重复性差;耗时,每次实验需要一周以上且成本高;操作过程复杂,试验技术不易掌握,不能现场应用。

为此,美国正在积极研究快速、准确且能与糠虾生物试验法相比较的新方法,其中研究较为成熟,影响较大且已大量应用的有微毒性分析法。微毒性分析法是利用发光细菌对毒性不同的物质产生不同响应的快速生物毒性测试方法。

在中国,油田化学剂生物毒性测试方法的研究起步于20世纪90年代初期。这些研究基本参照美国糠虾生物试验法,所选用试验物种也是虾类。显然会面临糠虾生物试验法所面临的同样问题,从而难以推广应用。

1995年，国家环保局颁布了 GB/T 15441—1995《水质急性生物毒性 发光细菌法》，并于 1995 年 3 月 1 日开始全国实行。它是测定水质急性生物毒性的标准方法。中国针对陆地油水井作业施工还没有成文的环境保护方面的标准，与之相联系的标准较多，但核心标准是 GB 8978—1996《污水综合排放标准》，它包括 pH 值、色度、石油类含量、生化需氧量、悬浮物、挥发物、硫化物、磷酸盐、氰化物、氨氮、阴离子表面活性剂、氟化物等 13 项指标。

发光细菌法是以发光细菌冻干粉为实验生物，研究出了中国陆上油田用化学剂和钻井液生物毒性检测新方法。原理是根据发光细菌相对发光度随样品毒性总体浓度的增高而呈线性降低的特性，测定发光细菌在接触样品 15min 后的发光量，得出油田化学剂及钻井液的毒性水平。该方法及毒性分级简单易行，快速简洁，可操作性强。结合中国陆上油田的实际情况，给出了划分油田化学剂和钻井液毒性的等级标准，并依据该标准对目前中国陆上油田所使用的部分油田化学剂及钻井液的毒性进行了检测与评价，从而验证了油田化学剂和钻井液生物毒性检测新方法及毒性分级标准的可行性（李秀珍等，2004）。

采用明亮发光杆菌为试验物种（或称标准菌种）。发光机理是借助活体细胞内具有三磷酸腺苷、荧光素和荧光酶等发光要素。这种发光过程是该菌体内的一种新陈代谢过程，也是该菌种健康状况的一个标志。当细菌细胞活性高，处于积极分裂状态时，细胞内三磷酸腺苷含量高、发光性强；休眠时细胞内三磷酸腺苷含量明显下降，发光弱；当细胞死亡时，立即消失，发光停止。

处于活性期的发光细菌，当加入毒性物质时，菌体就会受抑甚至死亡，体内三磷酸腺苷含量也随之降低甚至消失，发光度便下降甚至到零。发光细菌的发光度与生物毒性存在着明显的相关关系。因此，利用灵敏的光度计（生物毒性测定仪）测定油田化学剂对发光细菌的发光影响，即可测试出油田化学剂生物毒性的大小。

用发光细菌发光能力减弱一半时油田化学剂的浓度，表示油田化学剂生物毒性的大小。发光细菌发光能力减弱一半时油田化学剂的浓度值越大，生物毒性越小；反之，生物毒性越大。因此，可以认为发光细菌发光能力减弱一半时油田化学剂的浓度是反映油田化学剂毒性大小的一个综合指标，是前文中提到的多个指标共同作用的结果，或者说是处理剂对生物有害与否的集中反映。发光细菌发光能力减弱一半时油田化学剂的浓度的检测标准见表 2.16.10。

表 2.16.10 钻井流体生物毒性分级

毒性等级	剧毒	高毒	中等毒性	微毒	无毒	直接排放
油田化学剂浓度，mg/L	1.0	1.0~100.0	100.0~1000.0	1000.0~10000.0	>10000.0	>30000.0

从表 2.16.10 中可以看出，当发光细菌发光能力减弱一半时油田化学剂的浓度大于 1000mg/L 时，可以认为钻井流体为微毒，大于 10000mg/L 时为无毒，大于 30000mg/L 才能直接排放。

16.2.4.1 糠虾生物试验方法

糠虾生物试验方法是 20 世纪 70 年代中期由美国环境保护局与石油工业界共同制定的唯一的钻井流体毒性评价方法。这一方法主要是为保护近海水质限制将油基钻井流体、岩屑和毒性超过限度的水基钻井流体排入海中。目前,中国在石油及海洋业中引用了美国石油协会的糠虾生物试验法来评价钻井流体完井液的毒性。

糠虾类(Mysidacea)属节肢动物门,甲壳纲,软甲亚纲,糠虾目。目前世界有记录的有780种,绝大多数生活在海洋里,淡水种类极少,我国常见的种类有广泛分布于沿海的黑褐新糠虾(Neomysisawatschensis)等,它能在水底生物和浮游生物之间形成纽带,是海洋生物链中的重要环节,具有生活周期短,生长快,易培养,对毒物敏感等特点,因而有许多国家将其应用于水生生物毒性试验中(窦亚卿等,2006)。

糠虾生物试验法是美国环境保护局唯一批准的标准方法,但这种方法精度不高,物种来源不便、操作困难、耗时、试验成本高(每次试验至少需要360只糠虾,成本约为1000美元)。现将国际上评价钻井完井液毒性的糠虾生物试验方法作简单介绍。

美国环境保护局环境保护局规定的糠虾生物试验的基本方法,如图2.16.1所示。

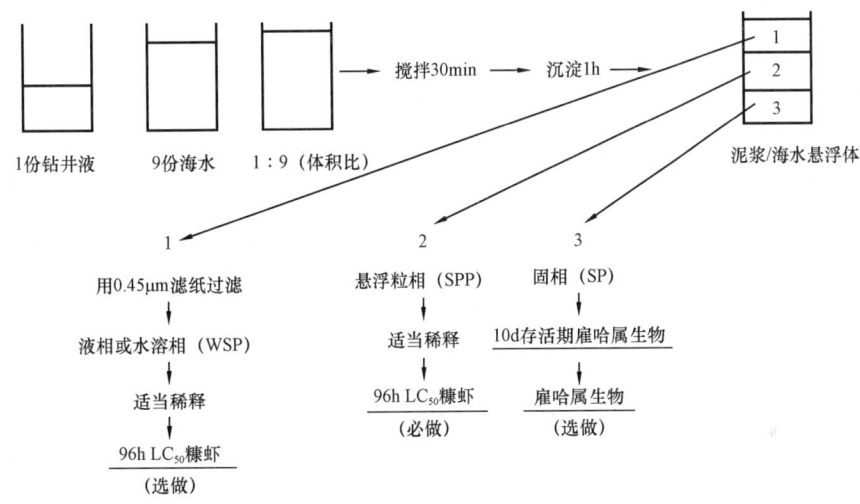

图2.16.1 三相生物鉴定图解

按1:9的体积比将钻井流体及其废弃物与海水混合配制成悬浮液,先强烈搅拌30min。再静置60min,悬浮液分为液相、悬浮颗粒相及固相。固相测定,用0.45μm的滤纸,滤去液相,其余为试验的悬浮相。

将悬浮相适当稀释后,分成浓度不同的若干盘,每盘放入经挑选的年龄均为4~6d的糠虾20只,观察96h后糠虾的存活情况,以96h试验期内糠虾死亡率达50%时,悬浮颗粒相浓度表示钻井流体生物毒性的大小。

悬浮颗粒相浓度值越大,生物毒性越小;反之则越大。

16.2.4.2 发光细菌法

目前,水体中有毒物质生物毒性的测定,一般用鱼、水生物、细菌或其他生物作指示生物,以其形态、运动性、生理代谢的变化或死亡率作指标来评价水体的毒性。这些方法大都操作烦琐,需要较多的仪器设备,结果不稳定,重复性差,需时长,因而难以推广应用。发光细菌法是一种简便快速测定环境水样中有毒物质生物毒性的新方法(吴自荣,1987)。

发光细菌法是以明亮发光杆菌为标准菌种,自海水中分离得到。其发光机理是借助活体细胞内具有三磷酸腺苷、荧光毒和荧光酶等发光要素。荧光酶是自然界中能够产生生物荧光的一类酶。

这种发光过程是该菌体的一种新陈代谢过程,即氧化呼吸链上的光呼吸过程。当细菌体内分成荧光酶、荧光毒、长链脂肪醛时,在氧的参与下,能发生生物化学反应,反应结果便产生发光。

当细胞活性高,处于积极分裂状态时,细胞三磷酸腺苷含量高,发光强;休眠细胞三磷酸腺苷含量明显下降,发光弱;当细胞死亡,三磷酸腺苷立即消失,停止发光。处于活性期的发光菌,当加入毒性物质时,菌体会受到抑制甚至死亡,体内三磷酸腺苷含量也随之降低甚至消失,发光度下降至零。由于发光细菌相对发光度与水样毒性组分的有关浓度呈显著负相关,因此可通过生物发光光度计测定水样的相对发光度,并以此表示待测样品急性毒性的水平。这种方法与微毒性法相似,具有快速、简便、廉价等优点,是中国测试水质急性生物毒性的推荐标准方法之一。

利用发光细菌法评价生物毒性的大小,是以有效半致死浓度为评价指标(Midian Effective Concentration, EC_{50})中国参考以下毒性分级标准,见表 2.16.11。

表 2.16.11　发光细菌法生物毒性等级分类

标准 1		标准 2	
生物毒性等级	发光细菌 EC_{50}, mg/L	生物毒性等级	发光细菌 EC_{50}, mg/L
剧毒	<1	剧毒	<1
高毒	1~100	重毒	1~100
中毒	100~1000	中毒	101~1000
微毒	1000~10000	微毒	1001~25000
无毒	>10000	无毒	>25000
排放限制标准	>10000		

从表 2.16.11 中可以看出,标准 1 与标准 2 主要区别在于无毒与排放的分类,标准 1 认为发光细菌 EC_{50} 大于 10000mg/L 为无毒,大于 10000mg/L 可以排放。而标准 2 认为发光细菌 EC_{50} 大于 25000mg/L 才为无毒,同时可以直接排放。

16.2.4.3　微毒性分析法

由于糠虾生物试验过程及条件极为繁杂,试验精度不高,专用设备需要专门的场地,现场使用极不方便,试验结果误差较大。因此研究人员研究了一种新的试验方法——微毒性分析法,微毒性分析法是利用发光菌的生物冷光的光强对不同毒性物质的不同响应研制而成的快速生物毒性测试方法。

发光是发光细菌健康状况的一种标志。当毒性物质存在时,发光细菌的发光能力减弱,甚至为零。生物毒性越强,细菌的发光能力越弱。利用光强测定仪测定发光细菌在不同待测物中的生物毒性大小。使发光细菌的光强减少一半时待测物试验液的浓度值越大,生物毒性越小;反之则越大。

微毒性法用于评价钻井流体及其废弃物的生物毒性,具有快速(1h 准备,15min 测定),

方法简单,成本低廉(每次25美元)等优点。其在欧洲一些国家已广泛应用于钻井流体及其废弃物的生物毒性评价。该种方法的试验结果与糠虾生物试验结果没有直接关系。

16.2.4.4 生物冷光累积实验

该试验方法的原理与微毒性试验一样,只是所用生物和测量方法不同而已,试验所用生物采用海藻植物。由于海藻是植物类,生长快,当加有海藻的钻井流体试样被剪切搅拌时,便发出噼噼啪啪的爆破声,并伴有闪光。

因此,计量这种闪光的总通量(累积流量),而不是测量光强,该法操作简单,适用于现场测试毒性。糠虾试验法生物毒性等级划分为见表2.16.12。

表2.16.12 糠虾试验法生物毒性等级分类　　　　　　　　　　单位:mg/L

毒性等级	剧毒	高毒	中毒	微毒	无毒	排放限制批准
糠虾试验法悬浮颗粒相浓度,mg/L	<1	1~100	100~1000	1000~10000	>10000	>30000

从表2.16.12中可以看出,糠虾实验法生物毒性等级分类与利用发光细菌发光能力减弱一半时油田化学剂的浓度对钻井流体生物毒性分类相似,当糠虾试验法悬浮颗粒相浓度大于1000mg/L时为微毒,大于10000mg/L为无毒,大于30000mg/L可直接排放。

16.2.5 生物降解性测定

生物降解一般指微生物的分解作用。自然界存在的微生物分解物质,对环境不会造成负面影响。表征降解程度的叫降解指数。生物降解性能是指通过微生物活动使某物质改变原来的化学和物理性质。理论上,所有的有机污染物都可以被生物降解。不容易生物降解的废弃钻井流体,会对环境产生一定的污染,不属于环境友好型钻井流体。

16.2.5.1 生物/化学需氧量测定生物可降解性

5日生物需氧量(BOD_5)与化学需氧量(COD_{Cr})比值是指有机物在微生物作用5d内被氧化分解所需要的氧量,可反映有机物在微生物作用下的总体含量变化。

BOD_5/COD_{Cr}比值法具有方法简单,操作简便,易于现场实现,更重要的是可以对不同有机添加剂使用统一生物降解性等级等优点,所以推荐此方法可以作为钻井流体有机添加剂生物降解性的评价标准(杨超等,2012)。

在有机物快速生物降解试验中,有机物在微生物作用5d内被氧化分解所需要的氧量可以反映有机物的生物降解性,比值越大越容易生物降解,见表2.16.13。

表2.16.13 钻井完井液废弃物及处理剂生物降解性试验评价标准

试验方法	技术指标			
生物需氧量/化学需氧量	Y>25	15<Y<25	5<Y<15	Y<5
生物降解性	容易	较易	较难	难

从表2.16.13中可以看出,生物需氧量/化学需氧量的比值$Y>25$为容易降解,$15<Y/25$为较易降解,$5<Y<15$为较难降解,$Y<5$为难降解。

钻井液有机添加剂的生物降解性与其结构密切相关,淀粉类添加剂及黄胞胶易降解,沥青和树脂类添加剂则对微生物有一定的抑制作用。按其在自然海水中的生物降解规律可分为无抑制性、可逆抑制性和不可逆抑制性三类。其在海水中的生物降解符合一级动力学降解模型（吕开河，2001）。

16.2.5.2 稀释与接种法测5日生物化学需氧量

稀释与接种法测5d生化需氧量，是按照GB/T 7488—1987标准规定中测定水中生化需氧量的标准方法。适用于每升水消耗掉氧的质量大于或等于2mg/L并且不超过6000mg/L的水样。

生物化学需氧量为在规定条件下，水中有机物和无机物在生物氧化作用下所消耗的溶解氧（以质量浓度表示）。将水样注满培养瓶，塞好后应不透气，将瓶置于恒温条件下培养5d。培养前后分别测定溶解氧浓度，由两者的差值可算出每升水消耗掉氧的质量。

由于多数水样中含有较多的需氧物质，其需氧量往往超过水中可利用的溶解氧量，因此在培养前需对水样进行稀释，使培养后剩余的溶解氧量符合规定。一般水质检验所测生物化学需氧量，只包括含碳物质的耗氧量和无机还原性物质的耗氧量。有时需要分别测定含碳物质耗氧量和硝化作用的耗氧量。常用的区别含碳和氮的硝化耗氧的方法是向培养瓶中投加硝化抑制剂，加入适量硝化抑制剂后，所测出的耗氧量即为含碳物质的耗氧量。在5d培养时间内，硝化作用的耗氧量取决于是否存在足够数量的能进行此种氧化作用的微生物，原污水或初级处理的出水中这种微生物的数量不足，不能氧化显著量的还原性氮，而许多二级生化处理的出水和受污染较久的水体中，往往含有大量硝化微生物，因此测定这种水样时应抑制其硝化反应。

在测定5日生化需氧量的同时，需用葡萄糖和谷氨酸标准溶液完成验证试验。5日生化需氧量实验步骤：

将试验样品温度升至约20℃，将已知体积样品置于稀释容器中，用稀释水或接种稀释水稀释。若只需要测定有机物降解的耗氧，必须抑制硝化微生物以避免氮的硝化过程。

按采用的稀释比用虹吸管充满两个培养瓶至稍溢出。将所有附着在瓶壁上的空气泡赶掉，盖上瓶盖，小心避免夹空气泡。将瓶子分为两组，每组都含有一瓶选定稀释比的稀释水样和一瓶空白溶液。空白溶液是用接种稀释水进行测定。放一组瓶于培养箱中，并在黑暗中放置5d。在计时起点时，测量另一组瓶的稀释水样和空白溶液中的溶解氧浓度。达到需要培养的5d时间时，测定放在培养箱中那组稀释水样和空白溶液的溶解氧浓度。验证试验同试验样品同时进行。5日生化需氧量以每升消耗氧的数量（mg/L）表示为：

$$\mathrm{BOD}_5 = \left[(c_1 - c_2) - \frac{V_t - V_c}{V_t} \times (c_3 - c_4)\right] \times \frac{V_t}{V_c} \qquad (2.16.21)$$

式中　c_1——在初始计时时一种试验水样的溶解氧浓度，mg/L；

c_2——培养1天时同一种水样的溶解氧浓度，mg/L；

c_3——在初始计时时空白溶液的溶解氧浓度，mg/L；

c_4——培养1天时空白溶液的溶解氧浓度，mg/L；

V_c——制备该试验水样用去的样品体积，mL；

V_t——该试验水样的总体积，mL。

生物需氧量越多,越易降解。

16.2.5.3 利用重铬酸盐法测定化学需氧量

重铬酸盐法测定化学需氧量,是在水样中加入已知量的重铬酸钾溶液,并在强酸介质下以银盐作催化剂,经沸腾回流后,以试亚铁灵为指示剂,用硫酸亚铁铵滴定水样中未被还原的重铬酸钾,由消耗的硫酸亚铁铵的量换算成消耗氧的质量浓度。在酸性重铬酸钾条件下,芳烃及吡啶难以被氧化,其氧化率较低。在硫酸银催化作用下,直链脂肪族化合物可有效地被氧化。

对重铬酸盐法测定水和废水中化学需氧量的国家标准方法做了改进。改进方法较原方法的取样量由20.00mL减少为10.00mL,氯离子掩蔽剂硫酸汞由固体改为溶液。改进方法受氯离子干扰的程度与国标方法相似,当氯离子质量浓度小于1000mg/L时对测定结果无影响。改进方法的检出限为3mg/L,对标准物质和标准溶液进行测定,测定结果的相对误差0.96%~2.70%,标准偏差在0.80~5.6mg/L,相对标准偏差($n=6$)0.80%~5.9%。方法应用于水样的测定,测定值与国标法测定值相符,测定值的标准偏差0.94~20.5mg/L,相对标准偏差($n=6$)0.53%~11%(陈丽琼等,2016)。

(1)实验用品。硫酸银,化学纯;硫酸汞,化学纯;硫酸,密度为1.84g/mL;硫酸银/硫酸试剂,向1.0L硫酸中加入10.0g硫酸银,放置1~2d,摇匀;0.25mol/L和0.025mol/L重铬酸钾标准溶液;0.1mol/L和0.01mol/L硫酸亚铁铵标准溶液;2.0824mol/L邻苯二甲酸氢钾溶液。化学纯是化学试剂的纯度规格,属于三级品,标签为中蓝,用于要求较低的分析实验和要求较高的合成实验。

(2)实验仪器。试验用回流装置、加热装置、酸式滴定管。

(3)采样和样品。水样要采集于玻璃瓶中,应尽快分析。如不能立即分析时,应加入硫酸至pH值不大于2,置4℃下保存。但保存时间不多于5d。采集水样的体积不得少于100mL。将试样充分摇匀,取出20mL作为试料。

(4)测量步骤。

① 水样的测定。在试管中加入10mL重铬酸钾标准溶液和几颗防爆沸玻璃珠,摇匀。将锥形瓶接到回流装置冷凝管下端,接通冷凝水。从冷凝管上端缓慢加入30mL硫酸银/硫酸试剂,以防止低沸点有机物的逸出,不断旋动锥形瓶使之混合均匀。自溶液开始沸腾起回流2h。冷却后,用20~30mL水自冷凝管上端冲洗冷凝管后,取下锥形瓶,再用水稀释至140mL左右。溶液冷却至室温后,加入3滴1,10-菲绕啉指示剂,用硫酸亚铁铵标准滴定溶液滴定,溶液的颜色由黄色经蓝绿色变为红褐色即为终点。记下硫酸亚铁铵标准滴定溶液的消耗量(mL)。

② 空白试验。按相同步骤以20mL水代替试料进行空白试验,其余试剂和试料测定相同,记下硫酸亚铁铵标准滴定溶液的消耗量(mL)。

③ 校核试验。按测定试料提供的方法分析20mL邻苯二甲酸氢钾标准溶被的化学需氧量值,用以检验操作技术及试剂纯度。该溶液的理论化学需氧量值为500mg/L,如果校核试验的结果大于该值的96%,即可认为实验步骤基本上是适宜的,否则,必须寻找失败的原因,重复实验,使之达到要求。

④ 去干扰试验。无机还原性物质如亚硝酸盐、硫化物及二价铁盐将使结果增加,将其

需氧量作为水样化学需氧量值的一部分是可以接受的。

该实验的主要干扰物为氧化物,可加入硫酸汞部分地除去,经回流后,氯离子可与硫酸汞结合成可溶性的氯汞络合物。

当氯离子含量超过1000mg/L时,化学需氧量的最低允许值为250mg/L,低于此值结果的准确度就不可靠。

根据 HJ 828—2017《水质 化学需氧量的测定 重铬酸盐法》开展测定水中化学需氧量,对实验过程中试剂的纯度、配制的浓度,消解的温度、时间,实际水样的性质,水样取用量,分析者操作滴定过程等对测定结果的影响展开了分析和讨论。化学需氧量反映了水体还原性物质污染的程度,是实施污染物排放总量控制指标之一,水样中化学需氧量由于各种氧化剂种类加入的不同而获得不同的结果。重铬酸盐法是环境监测中常用的一种氧化还原滴定法(沃燕娜,2016)。

(5)结果计算。水样的化学需氧量为:

$$\mathrm{COD} = \frac{C(V_1 - V_2) \times 8000}{V_0} \tag{2.16.22}$$

式中　C——硫酸亚铁铵标准滴定溶液的浓度,mol/L;

　　　V_1——空白试验所消耗的硫酸亚铁铵标准滴定溶液的体积,mL;

　　　V_2——试料所消耗的硫酸亚铁铵标准滴定溶液的体积,mL;

　　　V_0——试料的体积,mL。

化学需氧量越多,越容易降解。

16.2.5.4　有机物生物降解性测定

相对于化学、物理反应而言,生物反应过程及机理相对复杂。为了考察有机物在生物降解过程中的变化情况,必须有针对性地在试验过程中选取一定的指示性参数进行检测,对有机物的降解性和速率进行评价。有机物生物降解考察参数大体可以分为两类:特征性参数与非特征性参数(鲁亢等,2013)。

(1)非特征性参数。非特征性参数主要包括化学耗氧量、生化耗氧量、溶解氧、溶解性有机碳,生物降解过程中生成的二氧化碳和甲烷也可通过压强及质量、浓度等参数的检测评价有机物生物降解性。

(2)特征性参数。与非特征性参数不同,特征性参数能够表征生物降解过程中特种物质浓度及代谢产物的变化,如受试物的多氯联苯、壬基酚、脱氢酶、三磷酸腺苷和蛋白质等的含量,均属于特征性参数。其中脱氢酶、三磷酸腺苷和蛋白质能够表征微生物活性,反映降解过程的强弱程度,而受试物本身特征性参数的测定能定量反映其降解情况,并且通过中间产物的定量检测,可进一步了解其降解机理。

一般而言,有机物生物降解性方法的选择由试验目的决定,如活性污泥法可为污水处理厂提供设计参数,摇瓶试验常为化学物的登记提供依据。生物降解性的评价方法很多,按有机物降解需氧状况可分为两类:好氧生物降解和厌氧生物降解。前者主要有基质去除率法、耗氧速率法、好氧堆肥法等,厌氧生物降解法主要是通过生物产气量的测定、同位素标记、失重等方法衡量有机物的降解效果。但上述有些方法并不仅仅局限于好氧或厌氧,如失重法、基质去除率法和同位素标记法等,研究者应根据试验条件和受试物本身的物理状态进行试验方法的选择。

16.2.5.5 好氧生物降解性试验

好氧生物降解性测定是废水处理的一个核心问题,它不仅可以为废水处理工艺流程的选择提供科学依据,还可以通过它找出影响现有废水生物处理设施正常运行的主要污染源;将其用于废水生物处理设施的日常管理中,以保证正常运行(许妍等,2015)。

(1)基质去除率法。在好氧生物降解性试验中,基质去除率法是较常用的方法之一,它主要包括特异性分析及其他综合指标分析。前者通过测定受试物在生物降解反应前后的浓度表征降解状况。这种方法能反映受试物的初级降解状况,但不能证明该有机物在反应中是否完全降解。如一些大分子长链物质的生物降解,降解过程很可能是侧链支链的断裂而并非完全矿化。综合指标主要包括溶解性有机碳、化学需氧量、总有机碳等常见降解性指标,批次或连续性试验都可采用,测定方法简单易行,但对于探明有机物降解途径和机理机制帮助不大。

(2)耗氧速率法。与基质去除率法不同,相对耗氧速率反映有机物降解过程的快慢程度。相对耗氧速率的测定在有机物生物降解性试验中有其独到的应用。首先,相对耗氧速率可以指示有机物生物降解的终点。再者,由于相对耗氧速率是一种表征活性污泥代谢快慢程度的即时参数,能指示废水(如医药废水)对活性污泥的抑制或制毒作用。相对耗氧速率提供了活性污泥对于废水的及时适应状况,是一种简单可靠的评价生物降解性的参数。

(3)其他好氧生物降解性试验。好氧堆肥是一种评价有机物降解的可靠方法,Hoshino等在此方法中引入了微生物氧化降解分析器,通过注入一定量去除二氧化碳的空气到好氧堆肥装置,在装置末端检测由有机物堆肥化作用释放出的二氧化碳气体量,从而衡量塑料聚乳酸及聚己内酯的降解率(Hoshino et al.,2007)。Pradhan等通过模拟好氧堆肥的方法分别对加入了麦秆和大豆杆的塑料聚乳酸评价生物降解性,结果在试验第180天,改性的塑料聚乳酸降解率达到90%以上(Pradhan et al.,2010)。

16.2.5.6 厌氧生物降解性试验

厌氧生物降解性试验主要通过测定有机物最终氧化产物二氧化碳和还原产物甲烷来评价降解率,也可以通过测定基质的消耗来表征。

(1)通过甲烷和二氧化碳浓度评价有机物生物降解性。将受试物、无机培养基和接种物混合加入密闭的血清瓶,检测反应过程中甲烷和二氧化碳产量,并与受试物完全矿化理论甲烷和二氧化碳总量对比,从而评价有机物厌氧生物降解性,该方法应用很广。

(2)土埋失重法。土埋失重法主要应用于塑料等多聚物(试验过程中质量应相对较大,便于称量)的厌氧生物降解性评价。

总体而言,土埋失重法可以判断微生物是否能够侵蚀受试物,是土壤环境下微生物降解塑料等有机物的理想选择,而产气量测定法可直接反映受试物在微生物体内的新陈代谢及其转化情况以评价完全矿化率,在厌氧的水环境下更方便有效。

16.3 现场调整工艺

利用钻井废气消减钻井废水技术及应用。下面列举了中国几种主要钻井流体环境友好性能的现场应用(易畅等,2012)。

环境友好型水基钻井流体在渤海勘探开发区域已进行5次的现场应用,取得了良好的应用效果。在渤海金县的一口生产井,井深为2600.00m。应用水基钻井流体后一次钻穿馆陶组,且未发生任何渗漏,减少了两次起下钻作业。该井段钻井流体性能良好稳定,并且符合一级海域环保要求。

川庆钻探工程有限公司钻井流体技术服务公司研发了一套全新的环境友好型聚合物钻井流体并在宜201井进行现场试验。从试验情况来看,该钻井流体从性能指标、井壁稳定、钻具清洁度等方面有独特优势,具有抗膏盐侵害、抗酸性物质侵害、抗水泥侵害、耐高温的超强能力,较好地稳定井壁、减少井下复杂、提高机械钻速,且生物毒性低、易降解,不含油及烃类物质,有利于清洁生产的后续处理。

废弃钻井流体主要是由黏土、加重材料、化学处理剂、污水、污油、无机盐及钻屑等组成的多相稳定胶态悬浮体系,pH值较高。其中,危害环境的主要成分是油类、盐类、杀菌剂、某些化学处理剂、碱性物质、重晶石中的杂质和汞、砷等重金属离子。

16.3.1 性能差异确定

根据前文测定的内容和方法,测定pH值、铅镉含量、铬含量以及汞含量、砷含量等金属离子,再测定石油类、生物毒性和生物需氧量,对照要求,研究其差距,为采取合理的措施提供依据。

16.3.2 性能维护处理

陆地钻井作业时,一般采用土池存储废弃钻井流体及岩屑,必然导致土壤、地下水等的污染。因此,完井后必须对其进行无害处理。

一是,废弃钻井流体的主要污染物包括各种化学处理剂、矿物杂质、金属离子等。

二是,利用存在状态为多相稳定胶态及部分岩屑固结态处理钻井废液,根本目的是消除对环境的污染及再利用。

根据世界文献报道,废弃钻井流体的处理方法很多,但对比综合效果来看,固化处理既能保证高的控制污染效果,又能节省较大的费用,因此应用前景广阔。废弃钻井流体处理方法有多种,大致可以分为简单化处理、资源化处理和稳定化处理三大类。

16.3.2.1 简单化处理

无毒或低毒、易生物降解、对环境无污染的废弃钻井流体可以进行简单处理。简单化处理方法包括直接排放、直接填埋、分散处理和加热解吸等。

(1)直接排放。废弃钻井流体部分可直接排放到环境中。直接排放费用少,操作也十分简便。但只限于那些低毒或无毒、易生物降解的钻井废弃物,如水基钻井流体,矿物油基钻井流体(回收基液后剩余的废弃物),合成基钻井流体等。

(2)直接填埋。直接土地填埋是一种花费少、操作简便的方法。这种方法被大多数国家用于处理工业固体废物。填埋前选择坑池将废钻井流体沉降分离，将分离出的上部污水澄清处理，达到环保标准后就地排放。剩下的泥渣让其自然脱水，风干到一定程度后，即可储存在坑池内，待固相干化后就地填埋。

这种方法适用于废弃钻井流体中盐类、有机质、油类、重金属等含量很低，并且对储存坑池周围环境地下水污染可能性很小，污染物浓度维持在可接受范围以下的条件。

(3)分散处理。废弃钻井流体部分可以采用分散法处理。废弃钻井流体一般呈碱性，集中堆放容易导致该区域的土壤碱化，采用分散的方法处理有利于降低碱度。特别是若分散到酸性土壤中，由于它中和了土壤中的酸性，可以起到改良土壤的作用。当然，必须在满足环境保护要求的前提下才能采用该方法。假如不能符合环保要求就必须改用其他适合的方法。对少量的油基钻井流体也可用分散法处理。

16.3.2.2 资源化处理

有些钻井流体(如合成基钻井流体、甲酸盐钻井流体等)进行回收处理后可以再次利用，对这些钻井流体可以进行资源化处理，使其转化为可以再次利用的资源。资源化处理方法包括回收利用和循环使用等。

(1)回收利用。回收利用处理废弃钻井流体方法不失为一项既经济又合理的处理方法，油基、酯基还有合成基钻井流体使用后可回收其基液后，再用于其他井作为钻井流体的基液或作为燃料等其他用途。还有钻井流体中的处理剂也可以采用适当的方法回收再利用。很多废弃材料都是可以回收再利用的。

(2)循环利用。有些废弃钻井流体、废水和废材料可循环使用。水最有可能被循环使用，例如从钻井流体中分离出的废水可用于清洗钻头；清洗钻头后的废水收集后再循环使用；生产水经过处理后再注入井内以平衡井内压力，也可用于重油的处理。要求安装的设备能便利地使用可重复利用的废材料，例如安装循环系统以便收集溶剂和其他能够收集的材料并在井场重复使用。有些暂时废弃的钻井流体(如改变钻井流体的密度、黏度等时处理的一部分钻井流体)在适当的时候又可以在该井使用，或运到另一口适合的井上再使用。

16.3.2.3 稳定化处理

有毒、对环境有较大污染的废弃钻井流体，要进行稳定化处理，降低其毒性，减少对环境的影响和危害。稳定化处理方法有固化处理、固液分离、地层回注、生物治理、坑类密封、土地耕作、焚烧处理等。

(1)固化处理。固化处理是向废弃水基钻井流体或其沉积物中加入固化剂，使其转化为类固体，原地填埋或用作建筑材料等。该方法能显著降低钻井流体中金属离子和有机质对土壤的沥滤程度，从而减少了对环境的影响和危害，回填还耕也比较容易。它是取代简单回填的一种更易为人们所接受的方法，近年来受到了重视。

比较水泥硅酸钠固化体系、油井水泥混合物固化体系、粉煤灰复合材料固化体系，采用粉煤灰水泥固化剂为主而辅以适量的无机添加剂的复合固化剂固化强度高。对固化后的吉林油田废钻井液固化物的浸出液毒性检测结果表明，废弃钻井液经固化处理后，其毒性均在 GB 3550—1996《污水综合排放标准》指标范围内，具有较好的社会与经济效益(黄鸣宇，2011)。

固化法所用的固化剂分为有机系列和无机系列两大类。有机系列固化剂,具有应用范围广,适用于多种类型废弃物的处理,且具有固化有机废弃物效果好的优点,但处理费用高,废弃物中某些成分可能会引起有机固化剂降解,且该类固化剂使用时,需配用乳化剂等缺点。无机固化剂的优点是原材料价廉易得,使用方便,处理费用低,固结好,稳定周期长(可达10年以上),原料无毒,抗生物降解,低水溶性及较低的水渗透性,固结物机械强度高,对高固相废弃物的处理效果好等。缺点是固化剂用量大、使处理后的体积增加。

固化剂和钻井废弃物经过充分混合,固化剂中的阴离子沉淀剂和阳离子沉淀剂分别将钻井废弃物中的有毒害粒子沉淀形成稳定性的固定态,使混合浆体迅速稠化并胶凝;吸附剂进一步将废弃物和沉淀物吸附、镶嵌、封闭、包裹,把污染物固定在处理团块中,整个混合物形成具有一定强度的固化体;混合物最终生成以钙矾石、盐以及水化硅酸钙凝胶为主的具有一定强度固体团块。钙矾石呈细长晶体,晶体间相互交叉,具有很好的骨架作用,生成的凝胶填充在晶体交叉的空隙处,加固和致密了固化物的结构,极大地提高了固化物的早期强度,有效地阻止了钻井废弃物中有毒害物质的渗透、扩散和迁移。

将一定量的固化剂和钻井废弃物不定期地按比例加入自制的砂浆混拌器,充分搅拌混匀使其反应完全,然后将浆样物根据不同需求制成固化渣状物的固化体。渣状物具有一定的肥效和强度的固化体,可就地填埋或集中拉运填埋处理,然后复垦;固化体可用做铺路材料,用于井场道路铺设,做到废物利用。固化物通常需常温养护5~7d,方可达到最佳固化效果。

固化处理的方法有多种,基本原理是向钻井废弃液或沉积物中加固化剂,使其转化为固态,就地覆埋或再利用。这种方法可以有效地抑制钻井废液中金属离子及有机物质对土壤等的侵蚀及滤沥程度,从而减少对环境的污染,而且利于土壤的再耕作。

固化用的固化剂种类很多,主要包括有机及无机两大系列。不论是哪种固化剂,都是优劣势并存。主要影响的因素是投入的剂量、固化效果及处理费用。现以中国某油田现场实施井为例,处理废液量200m³,固化剂为复合型(水泥/水玻璃),投入量为30m³,絮凝剂投入量150kg,完全固化时间7d,检测抗水性较好,固结强度为0.1~1.8MPa,单井处理费用1.5万元。综合评价认识,固化剂投入量大,成本费用高,固化效果一般。针对此种情况,开展对固化剂的优选是固化工艺的关键。

高水速凝固化材料作为一种新型固化剂可以用于钻井废液的固化处理基本理论是按一定的配比(90%的水和10%的固化剂)将其混合成甲乙溶液,再混合一定时间即可凝固,抗压强度逐渐增强,且固结后不干缩、不水解,添入消毒成分可有效地控制废液中的毒素。初凝和终凝的时间可控。应用这种材料可以起到小剂量、低成本投入,并获得最佳的固化效果。

(2)固液分离。使用化学方法使废弃钻井流体絮凝、脱稳,脱稳是指通过压缩胶体颗粒扩散层厚度,降低电位,促使胶体颗粒互相接触,成为较大的颗粒,从而破坏胶体稳定性,使胶体颗粒沉降的一种过程。然后进行机械强制固液分离的一种技术。

废弃钻井流体的含水率一般为80%~90%,因而可以考虑固液分离后对沉积固相固化处理。选用有效的絮凝剂使废弃钻井流体最大程度脱水。另外化学脱稳、絮凝技术可以强化机械分离固体的能力,使用这种技术可以使废弃钻井流体体积减小50%~70%,分离出的滤饼固相最大可达50%~60%。在化学脱稳絮凝的过程中,如果加入合适的药剂,可以在固液分离的同时把钻井废物中的毒害成分转化为危害小或无毒的物质。

(3)地层回注。地层回注是指在钻井作业中将钻井废弃物进行固液分离,在大于地层破裂压力的条件下将以固相为主的钻井流体泵入地层的一种处理方法。回注可以实现海洋钻井零排放的目标,有利于保护海洋生态环境。

在海上钻井中,回注处理使用起来比较复杂。首先面临的问题就是建立地层通道。废弃钻井流体可以通过软管、套管或者套管和地层间的环形空间注入地层。但无论使用那种方法,回注地层必须和海面及其他地层隔离,特别是固井的环形空间。在许多钻井作业中,有时并不存在这种通道。

(4)生物治理。生物治理技术就是引进降解菌和营养物质,通过细菌的生长、繁殖和内呼吸使废钻井流体中的污染物分解、矿化。一般利用生物液/固处理工艺、微生物絮凝剂、添加菌剂和营养物。微生物絮凝剂为微生物菌体或生物高分子物质,属于天然有机高分子絮凝剂,对人体无害,絮凝后残渣可被生物降解,对环境无害。与一般化学絮凝剂比较,不仅有絮凝作用,还有降解作用,同时对于油、色度去除明显。

(5)坑内密封。这是在直接填埋法基础上改进的一种钻井废弃物处理方法,又称安全土地填埋法。当钻井废弃物有害成分含量较高时,为防止渗透而造成地下水和土壤污染,在储存坑池内设以衬里,再按普通直接填埋法操作。

(6)土地耕作。土地耕作处理就是将废钻井流体移至井场周围进行地面耕作。在处理前对要处理的土壤耕地做全面的特征研究。其处理的成本较低。油基废钻井流体,在土壤含油量小于5%时耕作处理,对环境就是安全的。土地耕作法的操作要求有三项:地面开阔平坦,便于机械化耕作;具备发生侵蚀的地表条件;地下水位有足够的深度,以防止污染地下水。此方法适用于对环境要求不高的沙漠和戈壁地区。

(7)焚烧处理。焚烧也是一种非常洁净的处理钻井废弃物的方法。因为在焚烧炉的烟窗内都安置有除尘回收和气体吸收的装置。回收的油和其他物质可以用于油基钻井流体的基液或移作他用。剩余的灰烬可以综合利用,对环境没有不良影响。但这要求必须具有很高的温度(为1200~1500℃)。现在国际上使用一项称作加热解吸的技术,用于加热解吸油基钻井流体中钻屑含有的油类物质(温度大约为400℃)。加热解吸油基钻井流体钻屑的技术已经成熟,在北海油田用其处理油基钻井流体中的钻屑,分离钻屑中的油类物质,钻屑中的剩余含油量小于1.0%,可以直接排放到海洋中,符合国际和国家的环保要求。解决了海上使用油基钻井流体产生的油基钻屑处理困难的问题。Antonio等提出了低温加热解吸油基钻井流体钻屑中含有的油类物质的技术(Antonio et al.,1988)。

16.4 发展趋势

随着环保钻井流体技术的不断发展,世界上陆续研发了一批仿油基钻井流体性能的环保型水基钻井流体,并取得了较好的现场应用效果,但在耐高温性能、综合环保性能等方面仍需要进一步深入研究完善。

由于海上排污环保法规对废弃液的生物毒性做了新的限制,排放标准也会越来越严格,完善海上所用钻井液/完井液等油田化学剂和体系的生物毒性以及可生物降解性的评价方法值得深入研究,特别是针对海洋生态系统,建立快速灵敏的多生物能级的评价方法和体系,是目前海上钻井液生物毒性评价方法研究所亟须解决的问题(王东等,2011)。

16.4.1 研究现状

中国在环保型钻井流体处理剂与体系方面也取得了较大进展,但多数环保型钻井流体处理剂普遍存在合成工艺复杂、成本较高、性能单一等缺点,目前在复杂高温地层钻井过程中仍然多采用人工合成高分子与磺化类处理剂,尚未有效解决钻井流体处理剂环保性与高温稳定性之间的矛盾(赵小平等,2018)。

16.4.2 发展方向

随着世界范围内人们对环保事业的关注,各石油公司均大量增加了环境保护的投入。钻井废弃物治理的目的:一是消除污染,保护环境;二是回收利用,化害为利。因此,其发展主要集中在如何减少废弃物的产生、废弃物对环境的影响以及如何降低处理成本等方面。

(1)钻井流体转化为水泥浆固井技术。钻井流体转化为水泥浆固井(Mud Turn Cement,MTC)技术,是在钻井流体中加入固化处理剂,经过充分混合形成稳定的固化物,完成钻井流体转换水泥浆的过程。它利用钻井流体的失水性和悬浮性,通过加入廉价的高炉水淬矿渣、激活剂(BAS)等,将钻井流体转化为完全可以与油井水泥浆相媲美的固井水泥浆。此技术不仅可节约固井成本,而且又可解决一部分钻井废液污染环境问题。

(2)开发无毒钻井流体和新型处理剂。从本质上讲,钻井废弃钻井流体的毒性主要取决于钻井生产期间钻井流体中添加的各种化学处理剂的毒性。因此,开发并尽量选用低毒或相对无毒的钻井流体,是降低钻井废弃钻井流体处理难度的根本措施。现已开发出无芳香化合物的改性矿物油型低毒润滑剂,如铁/锆木质素磺酸盐、钛铁木质素磺酸盐等无毒钻井流体降黏剂;国际上一些公司首先开发了酯基钻井流体并成功地用其代替油基钻井流体,这种体系最早由Statoil公司在北海和挪威等的海域使用。环保部门的监测结果表明,这种有机体系废弃物不会对海水形成污染,可直接排放。稍后又开发了可代替油基钻井流体的有机体系醚基钻井流体和聚α-烯烃基钻井流体。

(3)加强有肥效特性固化剂的研发。固化法处理钻井废弃钻井流体具有简便易行、处理效果好等优点,是一种很有发展前景的处理方法。目前世界都在致力于开发固化能力强、解毒性好、具有肥效特性的固化剂,土壤中掺入此类固化剂处理过的废弃钻井流体,不但不会污染环境,具有很好的稳定性,而且能明显改善土壤性能,提高土壤肥力。另外,开发高效廉价固化剂也是得到迅速发展的,以获得高强度、无污染的固结体,将其用于建筑材料,达到废弃物再利用永久无害化的目的。

(4)研究开发最佳废弃物管理系统。目前,国际上钻井流体公司积极开发最佳废弃物管理系统,其基本要求是选择最佳钻井作业,使废弃物量减至最少。控制废弃物质量,保证废弃物无害化。加强井场废弃物分类管理,可降低处理费用及废弃物体积。采用环境安全和经济有效的方法处理废弃物。成功的废弃物管理程序。

首先,是根据地质特点,正确选用钻井流体及其处理剂,管理好水质,使钻井过程中产生的废弃物减至最低量。

其次,是鉴别和隔离潜在的废弃物源,减少引起问题的复杂性,使废弃物的加工和处理更加容易和经济。

最后,是选择经济且环保可接受的废弃物处理方法。

(5)加强开发研究专业化的固化处理设备。现阶段各油田废弃钻井流体现场固化工艺主要有两种:一是采用代用机械(如挖掘机之类的机械设备)将固化剂与废弃钻井流体进行混合;二是直接用钻井流体泵以及配浆设备将固化剂混入废弃钻井流体中。第一种方法比较简单,但混合均匀程度较差,直接影响最终的处理效果;第二种方法混合较均匀,但要求钻井废弃钻井流体具有较好的流动性,在很多井场处理中都受到限制。因此,开发专业化的机械处理设备势在必行。同时,由于钻井作业的分散性和流动性的行业特点,对廉价、简单的车载式钻井废弃钻井流体处理设备的需求更为迫切。

参 考 文 献

阿扎 J J,罗埃尔 萨莫埃尔 G. 2011. 钻井工程手册[M]. 北京:石油工业出版社.
艾贵成,王卫国,张宝峰,等. 2009. 深井高温高密度钻井液润滑性控制技术[J]. 西部探矿工程(6):42-44.
安传奇,熊青山,甘新星,等. 2010. 快速钻井液处理剂技术在车峰5井的应用[J]. 长江大学学报(自然科学版)理工卷,7(1):183-185,389-390.
白家祉. 1980. 带屈服值的假塑性流体的双曲模式方程与压降计算式[J]. 石油学报,1(2):57-63.
白立业,崔茂荣. 2007. 钻井过程中存在的腐蚀与防腐措施[J]. 内蒙古石油化工,33(4):17-18.
白玉湖,李清平,周建良,等. 2009. 天然气水合物对深水钻采的潜在风险及对应性措施[J]. 石油钻探技术,37(3):17-21.
蔡利山,赵素丽. 2003. 钻井液润滑剂润滑能力影响因素分析与评价[J]. 石油钻探技术,31(1):44-46.
蔡士悦,王莉,张久根,等. 1986. 北京地区土壤矿物油对农作物的生态污染效应及其临界含量的研究[J]. 环境科学研究(2):72-79.
陈范生,赵睿鹏,刘锋. 1999. 钻井液的固相控制技术[J]. 探矿工程(岩土钻掘工程)(S1):289-291.
陈合成. 2004. 碱液腐蚀及防护技术[J]. 石油化工腐蚀与防护,21(1):20-24.
陈丽琼,张榆霞,夏新,等. 2016. 改进的重铬酸盐法测定水和废水中化学需氧量[J]. 理化检验:化学分册(52):166.
陈平. 2005. 钻井与完井工程[M]. 北京:石油工业出版社:85.
陈胜,余可芝,邱文发,等. 2013. 预防PDC钻头泥包的钻井液工艺技术[J]. 钻井液与完井液,30(1):38-40,92.
陈思路. 2010. 空心玻璃微珠在沈289井欠平衡钻井中的应用[J]. 石油钻探技术,38(1):60-62.
陈铁龙,刘庆昌,赵继宽,等. 2013. 阳离子和总矿化度对弱凝胶性能的影响[J]. 西南石油学院学报,25(1):59-61.
陈彦平. 1992. 用激光粒度仪研究黏土粒度的分布规律[J]. 钻井液与完井液(5):7-14.
陈中普,高敬民,黄汉军,等. 2002. 钻井液等效氯根浓度的计算及应用[J]. 录井工程(2):26-35.
陈忠,唐洪明,沈明道,等. 1998. 川南香溪群四段低渗裂缝性砂岩储层保护[J]. 石油与天然气地质(4):340-345.
陈忠,张哨楠,沈明道. 1996. 黏土矿物在油田保护中的潜在危害[J]. 成都理工学院学报(2):80-87.
成效华,隋跃华,秦积舜,等. 2004. 可循环泡沫钻井液完井液动密度的测定[J]. 钻井液与完井液(2):16-19,34,63-64.
崔成军,艾尼瓦尔 麦麦提,迪力木拉提 买买提依明,等. 2012. 百乌28井区钻井提速综合配套技术[J]. 钻采工艺(3):101-103.
德米提,石建,李称心,等. 2010. 钻井液流变模式的探讨[J]. 新疆石油天然气,6(2):50-54,110-111.
邓伟平,吴月珍. 2001. 井场直接测量钻井液气体含量[J]. 录井技术(3):16-19.
丁振华,王文华. 2003. 不同消解方法对土壤样品中汞含量测定的影响[J]. 生态环境(1):4-6.
董悦,盖珊珊,李天太,等. 2008. 固相含量和密度对高密度钻井液流变性影响的实验研究[J]. 石油钻采工艺,30(4):36-40.
窦亚卿,成永旭. 2006. 糠虾作为毒性试验标准生物的应用与研究进展[J]. 实验动物科学与管理(3):47-49,53.
杜雅琦,张宗涛,刘燕,等. 2010. 离子色谱法测定地质钻探泥浆中的无机阴离子[J]. 化学工程师,24(2):27-29.
段媛媛,段日升,贾亮亮,等. 2011. 水中溶解性总固体(矿化度)的概念与测定[J]. 河北地质(3):39-40.

Fred S. 2006. 降低固井水泥浆密度的新技术[J]. 钻井液与完井液,23(4):47-49.

樊宏伟,李振银,张远山,等. 2014. 无固相水基隔热封隔液研究应用现状[J]. 钻井液与完井液,31(3):83-88,102.

方红,杨晓兵. 2002. 电感耦合等离子体原子发射光谱法测定化妆品中砷、铅、汞[J]. 光谱实验室,19(1):74-77.

方倩,魏晓东,王德贵. 2010. 钻井液脉冲信号传输的研究现状及发展[J]. 内江科技,31(6):22-22.

冯士安. 1983. 影响有机处理剂性能的主要因素——官能团的分析[J]. 探矿工程(5):47-50,43.

冯耀荣,李鹤林. 2000. 石油钻具的氢致应力腐蚀及预防[J]. 腐蚀科学与防护技术,12(1):57-59.

高飞,赵雄虎,周超. 2011. 钻井液中无机盐对机械钻速的影响规律研究[J]. 石油钻探技术,39(4):48-52.

高汉宾,张振芳. 2008. 核磁共振原理与实验方法[M]. 武汉:武汉大学出版社.

高仁先. 1998. 阳离子交换树脂法测定天然水矿化度的研究[J]. 水利水电技术(3):1-3.

高振洲,高欣宝,李天鹏,等. 2010. 膨润土高温活化改性研究[J]. 科学技术与工程,10(3):766-768.

葛家理. 1982. 油气层渗流力学[M]. 北京:石油工业出版社:22-24.

葛炼. 2010. 钻具腐蚀与钻井液控制概述[J]. 钻采工艺,33(S1):141-145.

谷穗,蔡记华,乌效鸣. 2010. 窄密度窗口条件下降低循环压降的钻井液技术[J]. 石油钻探技术,38(6):65-70.

管志川,李千登,宁立伟. 2011. 钻井液热物性参数测量及其对井筒温度场的影响[J]. 钻井液与完井液,28(3):1-4.

郭建华,李黔,王锦,等. 2006. 气体钻井岩屑运移机理研究[J]. 天然气工业,26(6):66-67.

郭晓乐,汪志明,龙芝辉. 2011. 大位移钻井全井段岩屑动态运移规律[J]. 中国石油大学学报(自然科学版),35(1):72-76.

韩成,邱正松,许发,等. 2015. 加重材料复配对高密度钻井液失水造壁性的影响[J]. 辽宁石油化工大学学报(5):42-44.

何涛,李茂森,杨兰平,等. 2012. 油基钻井流体在威远地区页岩气水平井中的应用[J]. 钻井流体与完井液,29(3):1-5.

侯彬,周永璋,魏无际. 2003. 钻具的腐蚀与防护[J]. 钻井液与完井液,20(2):51-53,56,70.

胡继良,陶士先,单文君,等. 2012. 超深井高温钻井液技术概况及研究方向的探讨[J]. 地质与勘探,48(1):155-159.

胡茂焱,尹文斌,郑秀华,等. 2005. 钻井液流变参数计算软件的开发及流变模式的优化[J]. 钻井液与完井液,22(1):28-30.

胡茂焱,尹文斌,郑秀华. 2004. 钻井液流变参数计算方法的分析及流变模式的优选[J]. 探矿工程(岩土钻掘工程)(7):41-45.

胡秀荣,吕光烈,杨芸. 2000. 六氨合钴离子交换法测定黏土中阳离子交换容量[J]. 分析化学,28(11):1402-1405.

华明琪,贺承祖. 1988. 钻具腐蚀与防护[J]. 油田化学,5(1):71-80.

黄本生,李慧,刘清友,等. 2009. 油气钻井工程中的腐蚀防护及一种新的防护方法[J]. 腐蚀与防护,30(1):53-55.

黄承建,闫志刚. 2002. 吐哈油田盐膏层钻井液技术[J]. 石油钻探技术(2):49-50.

黄汉仁,杨坤鹏,罗平亚. 1981. 泥浆工艺原理[M]. 北京:石油工业出版社.

黄建新,马艳玲,陈志昕,等. 2002. 长庆油田金属管材的腐蚀性细菌类群研究[J]. 中国石油大学学报(自然科学版),26(2):66-69.

黄鸣宇. 2011. 废弃钻井液固化处理技术研究[D]. 大庆:东北石油大学.

黄强,刘明华.2011.超高密度钻井液的性能研究[J].油田化学,28(2):122-125.
吉永忠,张坤,余勇,等.2005.微泡钻井液防漏堵漏技术在玉皇1井的应用[J].钻采工艺,28(3):95-97.
冀成楼,黄云.1998.钻井液腐蚀性评价方法[J].清洗世界(1):6-9.
江汉石油管理局钻井处攻关队,江汉石油管理局钻采设备研究所.1978.国外钻井泥浆固相控制技术(上)[J].石油钻采机械(5):57-74.
蒋国盛,宁伏龙.2001.钻进过程中天然气水合物的分解抑制与诱发分解[J].地质与勘探,11(6):86-87
景丽洁,马甲.2009.火焰原子吸收分光光度法测定污染土壤中5种重金属[J].中国土壤与肥料(1):78-81.
康万利,孟令伟,牛井岗,等.2006.矿化度影响HPAM溶液黏度机理[J].高分子材料科学与程,22(5):175-181.
康毅力,高约友.1997.储层伤害源-定义,作用机理和描述体系[J].西南石油大学学报(自然科学版),19(3):8-13.
蓝强,苏长明,刘伟荣,等.2006.乳液和乳化技术及其在钻井液完井液中的应用[J].钻井液与完井液,23(2):61-69.
李臣生,赵斌,褚跃民,等.2008.硫化氢对气田钢材的腐蚀影响及防治[J].断块油气田,15(4):126-128.
李传亮,涂兴万.2008.储层岩石的2种应力敏感机制——应力敏感有利于驱油[J].岩性油气藏,20(1):111-113.
李传亮.2007.岩石应力敏感指数与压缩系数之间的关系式[J].岩性油气藏,19(4):95-98.
李冬梅,杜春朝,刘菊泉,等.2012.封隔液及其应用现状研究[J].长江大学学报(自然科学版),9(12),86-89.
李凤林,宁树枫,郑平.1996.注水井的微生物腐蚀与防护[J].石油石化节能(8):34-35.
李鹤林.1999.石油钻柱失效分析及预防[M].北京:石油工业出版社:180.
李洪乾,刘圣希.1993.修正幂律流体的平板型层流条件[J].钻井液与完井液,10(5):24-27.
李洪乾.1994.泥浆的动塑比与其剪切稀释能力的关系[J].西部探矿工程,6(6):65-66.
李化钊,王淑英.2002.大庆油田金属容器、储罐防腐保温大修技术研究[J].全面腐蚀控,16(2):33-36.
李健鹰,吴同明.1987.钾盐对油气层中黏土水化膨胀的抑制作用[J].天然气工业(4):50-52.
李淑廉,胡三清,章贻俊.1985.钻井泥浆的动失水研究[J].江汉石油学院学报(1):69-78,124.
李宪留,杨玉良,杜钢.2007.井壁稳定与滤液性质之间的关系探讨[J].新疆石油科技,17(3):6-8.
李秀珍,李斌莲,范俊欣,等.2004.油田化学剂和钻井液生物毒性检测新方法及毒性分级标准研究[J].钻井液与完井液(6):46-48,84.
李志强.2003.用差分色谱法消除气测背景气及外源气干扰的可行性探讨[J].录井技术,14(3):13-19
李仲,吕国志,葛森.2004.一种预测蚀坑腐蚀疲劳寿命的概率模型[C].全国疲劳与断裂学术会议:19-27.
梁勇.2010.油包水钻井液技术在古龙1井的应用[J].钻井液与完井液,27(5):15-17.
廖天彬,蒲晓林,罗兴树,等.2010.超高密度聚磺近饱和甲酸盐钻井液室内研究[J].钻井液与完井液,27(4):26-28.
廖扬强,余庆.2003.大斜度井水平井井壁力学稳定性技术现状[J].钻采工艺,26(3):1-10.
廖忠会.2007.欠平衡钻井井控工艺技术应用研究[D].成都:西南石油大学.
林琦.2017.浅析无线随钻测量泥浆脉冲传输方式工作原理[J].中国井矿盐,48(2):24-26.
蔺志鹏.1990.降低钻井液水眼黏度的室内研究[J].油田化学,7(2):114-118.
刘爱军.2003.钻井液处理剂荧光问题的认识与思考[J].钻井液与完井液,20(2):9-12.
刘芳.2013.电导率法测定水中含盐量[J].潍坊高等职业教育(2):46-48.
刘国宇,鲍崇高,张安峰.2004.不锈钢与碳钢的液固两相流冲刷腐蚀磨损研究[J].材料工程(11):37-40.

刘寿军. 2006. 钻井液液面监测与自动灌浆装置的研制[J]. 石油机械,34(2):29-31.

刘天科,邱正松,裴建忠,等. 2007. 胜科1井高温水基钻井液流变性调控技术[J]. 石油钻探技术,35(6):40-43.

刘向君,袁书龙,刘洪,等. 2011. 溶液矿化度及加量对钠-蒙脱石晶间距的影响研究[J]. 岩土力学,32(1):137-140.

刘孝良,刘崇建,舒秋贵,等. 2003. 应用漏斗黏度测定幂律流体的流变参数[J]. 天然气工业,23(4):47-50.

刘修善,苏义脑. 2000. 钻井液脉冲信号的传输特性分析[J]. 石油钻采工艺,22(4):8-10.

刘兆利,李晓明,张建卿,等. 2010. 无土相复合盐水钻井液的研究与应用[J]. 钻井液与完井液,27(6):34-37.

刘之的,夏宏泉,张元泽,等. 2004. 地层坍塌压力的测井预测研究[J]. 天然气工业,24(1):57-59.

鲁凡. 1994. 泥浆的动切力、塑性黏度、动塑比与剪切稀释性的关系[J]. 西部钻探工程,6(1):64-65.

鲁亢,杨尚源,梁志伟. 2013. 有机物生物降解性评价方法综述[J]. 应用生态学报,24(2):597-606.

罗向东,陶为民,刘鹏,等. 2005. 无渗透无侵害钻井液及其渗滤性能评价方法的探讨[J]. 钻井液与完井液,22(1):5-10.

罗远游. 1987. 用普通泥浆比重计测量特重液体及固体物质密度[J]. 钻采工艺(3):31-33.

罗泽栋. 1957. BM-6型泥浆失水仪的使用和维护[J]. 探钻工程(1):31-33.

吕开河,郭东荣,高锦屏. 2001. 钻井液有机添加剂在自然海水中的生物降解性[J]. 石油钻探技术,29(4):39-41.

马喜平,罗世应. 1996. 动态滤饼微观结构研究[J]. 钻井液与完井液,13(2):19-21.

马玉玲,罗平亚,谢刚,等. 2019. 钻井液强抑制剂技术研究[J]. 广州化工,47(2):78-81.

马运庆,王伟忠,杨俊贞,等. 2008. 浅谈钻井液pH值对处理剂的影响[J]. 钻井液与完井液(3):77-78,90.

梅宏,杨鸿剑,张克勤,等. 2011. "零电位"水基钻井液探讨[J]. 钻井液与完井液,28(6):17-20.

明瑞卿,张时中,王越之. 2015. 中古151井二开PDC钻头泥包原因和对策分析[J]. 天然气与石油,33(3):71-73,11.

倪怀英. 1982. 钻杆腐蚀的化学控制[J]. 天然气工业(3):58-64.

聂帅帅,郑力会,陈必武,等. 2017. 郑3X煤层气井绒囊流体重复压裂控水增产试验[J]. 石油钻采工艺,39(3):362-369.

潘东懿,马先. 2007. 吸附卡钻的预防与处理[C]. 全国煤炭地质钻探研讨会论文集:40-41.

邱正松,韩成,黄维安,等. 2014. 微粉重晶石高密度钻井液性能研究[J]. 钻井流体与完井液,31(1):12-15.

仇自力. 2008. 充气钻井液体系研究[D]. 大庆:大庆石油学院:1-2.

任冠龙,吕开河,刘玉霞,等. 2014. 钻井液滤饼物性参数测量研究进展[J]. 钻井液与完井液,31(1):84-90,101-102.

任酸. 1998. 长庆气田腐蚀及防护[J]. 天然气工业,18(5):63-67.

桑绍雷,李全民. 2014. 电阻探针与试片失重法在监测试验中的应用对比分析[J]. 全面腐蚀控制(8):46-49.

沈伟. 2001. 大位移井钻井液润滑性研究的现状与思考[J]. 石油钻探技术,29(1):25-28.

松冈和巳,张守本. 1999. 用交流阻抗法监测混凝土中的钢筋腐蚀[J]. 国外地质勘探技术(4):5-9.

孙德强,姚少全,李研媛. 2005. 钻井液用无荧光仿沥青NFA-25的性能评价与应用[J]. 钻井液与完井液,22(3):9-11.

孙金声,唐继平,张斌,等. 2005. 超低渗透钻井液完井液技术研究[J]. 钻井液与完井液,22(1):1-4.

孙金声,杨宇平,安树明,等.2009.提高机械钻速的钻井液理论与技术研究[J].钻井液与完井液,26(2):1-6,129.

孙晓峰,闫铁,王克林,等.2013.复杂结构井井眼清洁技术研究进展[J].断块油气田,20(1):1-5.

谭希硕.2005.滤液密度在钻井流体测试分析中的应用[J].江汉石油科技,15(2):29-33.

田春雨,陈远数,吕保军,等.2001.加重剂磁性对摩阻的影响及其机理探讨[J].钻井液与完井液,18(3):15-17.

田荣剑,王楠,李松,等.2010.深水作业中钻井液在低温高压条件下的流变性[J].钻井液与完井液(5):5-7.

汪海阁,刘希圣,李洪乾,等.1995.水平井段钻井液携带岩屑的实验研究[J].石油学报,16(4):125-132.

王才学.2006.新型多功能定向井钻井液研究及应用[D].东营:中国石油大学(华东):2.

王春艳.2005.用于石油录井的原油同步荧光光谱分析技术研究[D].青岛:中国海洋大学.

王东,冯定,张兆康.2011.海上油田废弃钻井液的毒性评价及无害化处理技术研究进展[J].环境科学与管理(6):82-87.

王富华,邱正松,鄢捷年,等.2001.钻井液添加剂的荧光特性评价[J].钻井液与完井液,18(3):1-5,8.

王富华,王力,张神徽.2007.深井水基钻井液流变性调控机理研究[J].断块油气田,14(5):61-63.

王富华,王瑞和,刘江华,等.2010.高密度水基钻井流体高温高压流变性研究[J].石油学报,31(2):306-310.

王海宝,薛然明,刘波.2016.合水区块加重钻井液技术[J].化工管理(11):192.

王建华,鄢捷年,丁彤伟.2007.高性能水基钻井液研究进展[J].钻井液与完井液,24(1):71-75.

王金凤,杨晨,毛邓添,等.2013.BP神经网络法预测水基绒囊钻井液井下静态密度[J].石油钻采工艺,35(6):32-35.

王金凤,郑力会,韩子轩,等.2012.用多元回归法预测水基绒囊钻井液井下静态密度[J].石油钻采工艺,34(2):33-36.

王立东,罗平.2001.气测录井定量解释方法探讨[J].录井技术,12(3):1-10.

王平全,马瑞.2012.滤饼质量的影响因素研究[J].钻井液与完井液,29(5):21-25.

王平全.1999.破碎性地层概念界定及其破碎的热力学分析[J].西南石油学院学报(1):19-22,3.

王平全,周世良.2003.钻井液处理剂极其作用原理[M].北京:石油工业出版社:284.

王强.1984.地下金属管道的腐蚀与阴极保护[M].西宁:青海人民出版社.

王群.1991.钻井液起泡与消泡[J].钻采工艺(1):9-13.

王蕊,李蔚,刘洋,等.2010.有机激活剂对原油乳化性能的影响[J].日用化学品科学,33(2):22-25.

王松,魏霞,喻霞,等.2011.钻井液滤饼强度评价研究[J].钻井液与完井液,28(1):11-13,87-88.

王霞,钟水清,马发明,等.2006.含硫气井钻井过程中的腐蚀因素与防护研究[J].天然气工业,26(9):80-84.

王小利,王树永.2007.对胜利油田长裸眼定向井井眼清洁问题的几点认识[J].西部探矿工程(2):76-77,82.

王旭,崔敏,周琪,等.2013.空气密度测量仪的研制与测试研究[J].物理实验(12):41-44.

王印.2010.储层钻井流体气体定量检测影响因素及方法研究[D].青岛:山东科技大学:31-65.

文乾彬,梁大川,任茂,等.2008.钻井液导热系数室内研究[J].石油钻探技术,36(1):30-32.

沃燕娜.2016.重铬酸盐法测定水中化学需氧量影响因素探析[J].环境科学与管理,41(5):138-140.

吴代宗.2011.钻井液固相含量及测量[J].中国石油和化工标准与质量(11):197-197.

吴华,邹德永,于守平.2007.海域天然气水合物的形成及其对钻井工程的影响[J].石油钻探技术,3(35):91-93.

吴涛,韩书华,张春光,等.2002.电导法测定黏土矿物的阳离子交换容量[J].油田化学,19(3):205-207.
吴艳.2007.红外分光光度法测定石油类萃取方法的改进[J].环境科学与管理(5):149-150.
吴自荣.1987.发光细菌法[J].上海环境科学(4):42-43.
徐跟峰,邓兴强.2012.聚合物钻井液pH值的调整[J].西部探矿工程,24(8):34-35,38.
徐海彬,徐海彦,李树刚.2013.钻井过程中硫化氢气体的危害与控制措施[J].广东化工,40(5):86-87.
徐加放,邱正松.2010.深水钻井液研究与评价模拟实验装置[J].海洋石油,30(3):88-92.
徐进宾,凌国春,郝涛.2008.钻井液定量荧光录井技术的研究和应用[J].录井工程,19(4):21-25.
徐同台,李家库,卢淑芹.2004.影响砂泥岩在清水中分散性能因素的探讨[J].钻井液与完井液,21(1):4.
徐同台,赵忠举,冯京海.2007.2005年国外钻液新技术[J].钻井液与完井液,24(1):64-67.
徐忠新.2006.钻井液污染的防治与对策[C].中国石油学会石油工程学会钻井工作部钻井液学组2006年钻井液学术研讨会:454-461.
许大任.1994.井烃规作为井下油管内腐蚀检测仪[J].石油石化节能(5):54-54.
许妍,周珉,王乔.2015.废水好氧生物降解性测试方法研究[J].四川环境(4):140-145.
续丽琼.1992.卡森流变模式在钻井液中的应用[J].石油与天然气化工,21(4):208-215.
宣志军,赵炬肃.2008.黄桥二氧化碳气田开发井钻井工艺[J].石油钻探技术,36(4):22-25.
鄢捷年,杨虎,王利国.2006.南海流花大位移井水基钻井液技术[J].石油钻采工艺,28(1):23-28.
杨超,鲁娇,陈楠.2012.钻井液有机添加剂生物降解性评价方法的研究综述[J].内蒙古石油化工,38(12):17-20.
杨莉,姚建华,罗平亚.2012.钻井液常见污染问题及处理方法探讨[J].钻井液与完井液,29(2):47-50.
杨禄明,王正良,王西江.2017.矿化度对钻井液性能及井壁稳定影响因素分析[J].西部探矿工程,29(4):89-91.
杨谋,孟英峰,李皋,等.2013.钻井液径向温度梯度与轴向导热对井筒温度分布影响[J].物理学报,62(7):537-546.
杨作武,刘彦学,刘兴福.2003.乳化柴油钻井液欠平衡钻井技术在松辽盆地南部油气田的应用[J].钻采工艺,26(5):11-13.
姚承宗,朱芳瑜,虞心南.1960.用塑料比重计测定土壤和地下水溶性盐总量[J].土壤通报(4):56-59.
叶莉.2011.钻井液混油情况下如何正确判断油气层[J].中国石油和化工标准与质量(4):258-259.
叶艳,尹达,张馨文,等.2016.超微粉体加重高密度油基钻井液的性能[J].油田化学(1):11-12.
易灿,闫振来,郭磊.2007.井下循环温度及其影响因素的数值模拟研究[J].石油钻探技术,35(6):47-49.
易畅,陆林峰,银小兵.2012.利用钻井废气消减钻井废水技术及应用[J].四川环境(S1):63-67.
易绍金,彭少华,鹿桂华,等.2002.油田生产中的细菌危害与杀菌技术[J].河南化工(2):3-4.
尹宝俊,赵文轸,史交齐.2004.金属微生物腐蚀的研究[J].四川化工,7(1):30-33.
岳湘安,吴文祥,陈家琅,等.1996.钻井液携屑的双流体模型[J].石油学报,17(1):133-137.
詹美萍,郑秀华,李纯,等.2005.可循环微泡钻井液流变模式的研究[J].探矿工程(岩土钻掘工程)(S1):303-304.
张飞龙.2001.生漆科学研究发展动态聚焦[J].中国生漆(2):12-18.
张慧斌,赵晓清.2004.石油钻井作业对工人健康的影响[J].工业卫生与职业病(4):236.
张立敏.1998.pH值的测定及有关计算[J].有色金属加工(5):25-28.
张凌,蒋国盛,蔡记华,等.2006.低温地层钻进特点及其钻井液技术现状综述[J].钻井液与完井液,23(4):69-72.
张凌,蒋国盛,宁伏龙,等.2011.钻井液微观结构对水合物分解传热传质特性的影响探讨[C].全国渗流力学学术大会.

张绍槐,蒲春生.1994.储层伤害的机理研究[J].石油学报,15(4):58-65.

张孝华,罗兴树.1999.现代泥浆实验技术[M].东营:石油大学出版社:97-98.

张秀红.1999.pH 计指示电位滴定法测定沸石的阳离子交换容量[J].有色金属矿产与勘察,8(2):120-121.

张学元,邱超,雷良才.2000.二氧化碳腐蚀与控制[M].北京:化学工业出版社:12.

张学元,杨春光.1999.油气工业中细菌的腐蚀和预防[J].石油与天然气化工(1):52-56.

张琰.1999.储层伤害室内评价方法的研究[J].地球科学-中国地质大学学报,24(2):211-215.

张云.1992.射流净化井底岩屑机理[J].石油钻采工艺,2(7):41-44.

赵静杰.2010.欠饱和盐水钻井液在塔河油田的创新应用[J].西部探矿工程,22(10):42-43.

赵菊英,靳红敏.1996.消除改性沥青对地质荧光录井影响的技术[J].石油勘探与开发,23(6):82-84.

赵菊英.1997.用己烷作为岩屑荧光录井替代试剂的探讨[J].石油勘探与开发,24(4):83-86.

赵向阳,林海,陈磊,等.2012.长北气田 CB21-2 井长水平段煤层防塌钻井液技术实践与认识[J].天然气工业,32(3):81-85.

赵向阳,张小平,陈磊,等.2013.甲酸盐钻井液在长北区块的应用[J].石油钻探技术,41(1):40-44.

赵小平,孙强.2018.环境友好型水基钻井液技术研究新进展[J].山东化工,47(20):52-53.

赵玉昆.2003.油田金属管道、容器(储罐)腐蚀检测及防腐保温大修技术[M].北京:石油工业出版社.

郑力会,李光蓉.2008.定性判别电潜泵剪切作用造成产液乳化的数值模拟方法[J].石油钻采工艺(3):81-84.

郑力会,刘皓,曾浩,等.2019.流量替代渗透率评价破碎性储层工作流体伤害程度[J].天然气工业,39(12):75-80.

郑力会.2005.天然高分子钻井液体系研究[D].北京:中国石油大学(北京).

郑力会,魏攀峰,张峥,等.2017.联探并采:非常规油气资源勘探开发持续发展自我救赎之路[J].天然气工业,37(5):126-140.

郑素群,汤静芳,杨芳芳.2010.膨润土吸蓝量试验方法探讨[J].中国非金属矿工业导刊(1):43-45.

钟琼仪.1983.腐蚀与防腐科学技术史话(1)[J].包装工程(1):51-55.

周凤山,王世虎,李继勇,等.2003.滤饼结构物理模型与数学模型研究[J].钻井液与完井液,20(3):7-11,64.

周福建,冯化君.1996.小阳离子聚合物钻井液高温高压流变性研究[J].钻井液与完井液(5):25-28.

周华安.1989.控制喷嘴卡森黏度 η_∞,提高机械钻速[J].天然气工业,9(1):35-41.

周礼.2014.废弃水基钻井液无害化处理技术研究及应用[D].成都:西南石油大学

周明国.1999.杀菌剂的发展现状及 21 世纪展望[J].现代农业科技(3):10-11.

周姗姗,许明标,由福昌.2016.深水无固相水基隔热封隔液技术[J].钻井液与完井液(2):36-40.

周英操,崔猛,查永进.2008.控压钻井技术探讨与展望[J].石油钻探技术(4):1-4.

朱宽亮,王富华,徐同台,等.2009.抗高温水基钻井液技术研究与应用现状及发展趋势(Ⅰ)[J].钻井液与完井液(5):60-68.

朱丽华,黄晓川,刘英.2006.国外充气钻井液钻井技术[J].钻采工艺,29(5):9-12.

朱玉双,李庆印,王小孟.2006.马岭油田北三区延 10 油层注水开发中储层伤害研究[J].石油与天然气地质,27(2):263-268.

朱忠喜,李军,王朝飞.2010.地面除气系统影响因素实验研究[J].油气田地面工程,29(12):5-8.

Aadnoy B S, Chenevert M E. 1987. Stability of Highly Inclined Boreholes[J]. SPE Drilling Engineering,2(4):364-374.

Abrams A. 1977. Mud Design to Minimize rock Impairment due to Particle invasion[J]. Journal of Petroleum Technology,29(5):586-592.

Adam T Bourgoyne Jr,Keith K Millheim,Martin E Chenevert,et al. 1986. Applied Drilling Engineering(SPE Textbook Series)[M]. Richardson,Texas:Society of Petroleum Engineers.

Adamson K,Birch G,Gao E,et al. 1993. High-pressure,High-temperature Well Construction[J]. Oilfield Review,5(2/3): 15-32.

Alderman N J,Gavignet A,Guillot D,et al. 1988. High-Temperature,High-Pressure Rheology of Water-Based Muds[J]. SPE 18035.

Annis M R. 1974. Drilling Fluids Technology[R]. U.S.A. (Houston): Exxon Co.

Antonio J,Delgado S A,Per Sorensen. 1998. Low Temperature Distillation Technology[C]. SPE 46601.

Bartlett E. 1967. Junior Member Aime. Effect of Temperature on the Flow Properties of Drilling Fluids [C]. SPE 1861.

Becker T E. 1991. Correlations of Mud Rheological Properties with Cuttings-Transport Performance in Directional Drilling[C]. SPE 19535:16-24.

Bezemer C,Havenaar I. 1965. Filtration Behavior of Circulating Drilling Fluids[C]. SPE 1263.

Bland R G,Mullen G A,Gonzalez Y N,et al. 2006. HPHT Drilling Fluid Challenges[C]. SPE 103731.

Bradley W B. 1979. Failure of Inclined Boreholes[J]. Journal of Energy Resources Tech. ,101(4):232-239.

Brantly J E. 1971. History of Oil Well Drilling [M]. Houston: Book Division Gulf Publication Company: 1133-1134.

Byck H T. 1940. The Effect of Formation Permeability on the Plastering Behavior of Mud Fluids[C]. API 40-040.

Cheatham J B. 1984. Wellbore Stability[J]. Journal of Petroleum Technology,36(6):889-896.

Chenevert M E,Osisanya S O. 1992. Shale Swelling at Elevated Temperature and Pressure[C]. SPE 92-0869.

Chenevert M E,Osisanya S O. 1989. Shale/Mud Inhibition Defined with Rig-site Methods[J]. SPE Drilling Engineering,4(3):261-268.

Corrosion E F O. 1994. A Working Party Peport on Predicting CO_2 Corrosion in the Oil and Gas Industry[M]. Published for the European Federation of Corrosion by the Institute of Materials,1.

Cramers CA,Janssen H G,Deursen M M V,et al. 1999. High-speed Gas Chromatography: an Overview of Various Concepts[J]. Journal of Chromatography A,856(1-2):315-329.

Darley H C H. 1965. Designing Fast Drilling Fluids[J]. JPT. ,17(4):465-470.

Darley H C H. 1988. Composition and Properties of Drilling and Completion Fluids[M]. Houston: Gulf Professional Publishing.

Downs John D. 2006. Drilling and Completing Difficult HP/HT Wells with the Aid of Cesium Formate Brines-A Performance Review[C]. SPE 99068.

Epelboin I,Keddam M,Takenouti H. 1972. Use of Impedance Measurements for the Determination of the Instant Rate of Metal Corrosion[J]. Journal of Applied Electrochemistry,2(1):71-79.

Ferguson C K,Klotz J A. 1954. Filtration from Mud During Drilling[J]. Journal of Petroleum Technology,6(2): 30-43.

Fitzgerald B L,McCourt A J,Brangetto M. 2000. Drilling Fluid Plays Key Role in Developing the Extreme HTHP, Elgin/Franklin Field[C]. SPE 59188.

Flores J G,Chen X T,Sarica C. 1997. Characterization of Oil-water Flow Patterns in Vertical and Deviated Wells [C]. SPE 56108.

Fuh G F,Morita N,Whitfill D L. 1993. Method for Inhibiting the Initiation and Propagation of Formation Fractures while Drilling and Casing a Well: US,US 5207282 A[P].

GlennE E, SlusserM L, Huitt J L. 1957. Factors Affecting Well Productivity – I. Drilling Fluid Filtration[J]. Pet. Trans. of AIME,210:63 – 68.

Gonis W C. 1951. Down – the – hole Pressure Surges and Their Effect on Loss of Circulation[J]. SPE 51125:125 – 132.

Hallan N Marsh. 1931. Properties and Treatment of Rotary Mud[J]. SPE 931234:234 – 249.

Herschel W H, Bulkley R. 1926. Measurement of Consistency as Applied to Rubber – Benzine solutions[J]. Am. Soc. Test Proc. ,26:621 – 633.

Hoberock L L, Thomas D C, Nickens H V. 1982. Here' show Compressibility and Temperature Affect Bottom – hole Mud Pressure[J]. Oil Gas;(United States),80(12):159 – 164.

Horner V, White M M, Cochran C D, et al. 1957. Microbit Dynamic Filtration Studies[J]. Pet. Trans. of AIME,210(6):183 – 189.

Hoshino A, Tsuji M, Momochi M, et al. 2007. Study of the Determination of the Ultimate Aerobic Biodegradability of Plastic Materials under Controlled Composting Conditions[J]. Journal of Polymers and the Environment,15:275 – 280.

Hubbert M K, Willis D G. 1957. Mechanics of Hydraulic Fracturing[C]. SPE 686 – G.

Hutchison S O, Anderson G W. 1974. What to Consider when Selecting Drilling Fluids[J]. World Oil,179(5):83 – 94.

Jawad R H. 2002. Carrying Capacity Design for Directional Wells[J]. IADC/SPE 77196.

Jones P H. 1937. Field Control of Drilling Mud[C]. API Drilling and Production Practice:24 – 29.

Juhasz I. 1979. The Central Role of QV and Formation Water Salinity in the Evaluation of Shaly Formation[C]. SPWLA 20th Annual Logging Symposium, paper A.

Krueger R F. 1988. An Overview of Formation Damage and Well Productivity in Oilfield Operations: An Update [C]. SPE 17459.

Krumbein W C, Monk G D. 1943. Permeability as a Function of the Size Parameters of an Unconsolidated Sand[J]. Pet. Trans. AIME,151:153 – 163.

Kung G T, Juang C H, Hsiao E C. 2007. Simplified Model for Wall Deflection and Ground – surface Settlement Caused by Braced Excavation in Clays[J]. Journal of Geotechnical and Geoenvironmental Engineering,133(6):731 – 747.

Kutasov I M. 1988. Empirical Correlation Determines Downhole Mud Density[J]. Oil Gas J. (United States),86(50):61 – 63.

Latz H W, Ullman A H, Winefordner J D. 1978. Limitations of Synchronous Luminescence Spectrometry in Multicomponent Analysis. Reply to comment[J]. Analytical Chemistry,52(1):191 – 191.

Li Z, Zheng L, Huang W. 2020. Rheological Analysis of Newtonian and Non – newtonian Fluids using Marsh Funnel: Experimental Study and Computational Fluid Dynamics Modeling[J]. Energy Sci. Eng. ,00:1 – 19.

Lloyd J B F. 1971. Synchronized Excitation of Fluorescence Emission Spectra[J]. Nature Physical Science,231(20):64 – 65.

Lummus J L , Anderson D B ,Field L J. 1964. Low – solids Salt – water Drilling Fluid. [C]. API:59 – 65.

M J Pitt. 2000. The Marsh Funnel and Drilling Fluid Viscosity: A New Equation for Field Use[C]. SPE 62020.

Manuel Eduardo Gonzalez. 2004. Increasing Effective Fracture Gradients by Managing Wellbore Temperature[C]. SPE/IADC 87217.

Mario Zamora, David L Lord. 1977. Practical Analysis of Drilling Mud Flow in Pipes and Annuli[C]. SPE 4976.

Max R. 1967. Annis Junior Member Aime. High – temperature Flow Properties of Water – base Drilling Fluids[C].

SPE 1698.

Mcmordie W C, Bland R G, Hauser J M. 1982. Effect of Temperature and Pressure on the Density of Drilling Fluids [J]. SPE 11114.

Medley G H, Maurer W C, Garkasi A Y. 1995. Use of Hollow Glass Spheres for Under balanced Drilling Fluids[C]. SPE 30500.

Melrose J C, Lilianside W B. 1950. Plastic Flow Properties of Drilling Fluids Measurement and Application[C]. SPE 951159.

Metzner A B, Need J C. 1955. Flow of Non – Newtonian Fluids – correlation of the Laminar, Transition and Turbulent Flow Region[J]. AICHE,1(4):433 – 440.

Mitchell R F, Goodman M A, Wood E T. 1987. Borehole Stress: Plasticity and the Drilled Hole Effect[C]. SPE/IADC 16053.

Mohammed Shahjahan Ali, Muhammad Ali Al – Marhoun. 1990. The Effect of High Temperature, High Pressure, and aging on Water – Based Drilling Fluids[C]. SPE 21613.

Mondshine T C. 1970. Drilling – mud Lubricity: Guide to Reduced Torque and Drag[J]. Oil& Gas Journal(12):70 – 77.

Mooney M. 1931. Explicit Formulas for Slip and Fluidity[J]. Journal of Rheology(1929 – 1932),2(2):210.

OBrien T B, Goins W C J. 1960. The Mechanics of Blowouts and How to Control Them[J]. New York State Journal of Medicine,74(5):858 – 9.

Okrajni S, Azar J J. 1986. The Effects of Mud Rheology on Annular Hole Cleaning in Directional Wells[J]. SPE Drilling Engineering,1(4): 297 – 308.

Osisanya S O, Harris O O. 2005. Evaluation of Equivalent Circulating Density of Drilling Fluids under High Pressure/High Temperature Conditions[C]. SPE 97018.

Owen J E. 1941. A Comparison of Marsh – funnel and Stormer Viscosities of Drilling Muds[C]. SPE 941094.

Peden J. 1982. Reducing Formation Damage by Better Filtration Control[J]. Offshore Services and Technology(1):26 – 28.

Peden M, Arthur K G, Margarita Avalos, Heriot – Watt U. 1984. The Analysis of Filtration under Dynamic and Static Conditions[C]. SPE 12503.

Peters E J, Chevenver M E, Alhamadah A M. 1991. Oilmud: A Microcomputer Program for Predicting Oil – Based Mud Densities and Static Pressures[J]. SPE 20391 – PA, Drilling Engineering,6(1):57 – 59.

Pradhan R, Misra M, Erickson L. 2010. Composability and Biodegradation Study of PLA – wheat Straw and PLA Soy Straw based Green Composites in Simulated Composting Bioreactor [J]. Bioresource Technology, 101: 8489 – 8491.

Reid P I, Meeten G H, Clark P, et al. 1996. Mechanisms of Differential Sticking and a Simple Well Site Test for Monitoring and Optimizing Drilling Mud Properties[C]. SPE/IADC 35100.

Richard E Walker. 1969. Migration of Particles to a Hole Wall in a Drilling Well[C]. SPE 1946 – PA.

Ritter A J, Geraut R, Elf Aquitaine. 1985. New Optimization Drilling Fluid Programs for Reactive[C]. SPE 14247.

Rushton A. 1997. Cake Filtration Theory & Practice: Past, Present and Future[C]. 3th China – Japan International Conference on F. & S, :16.

Sabins F, Tinsley J, Sutton D. 1982. Transition Time of Cement Slurries between the Fluid and Set States[C]. SPE 9285 – PA, Society of Petroleum Engineers Journal,6(22):875 – 882.

Samuel O O, Oluseyi O H. 2005. Evaluation of Equivalent Circulating Density of Drilling Fluids under High – pressure/High – temperature Conditions[C]. SPE 97018 – MS.

Savins J G, Roper W F. 1954. A Direct – indicating Viscometer for Drilling Fluids[J]. Drilling & Production Practice, API: 7 – 22.

Savins J G, Roper W F. 1999. A Direct – indicating Viscometer for Drilling Fluids[C]. SPE 54007.

Schmitt G. 1984. Fundamental Aspects of CO_2 Corrosion[C]// Hausler R H, Giddard H P. Advance in CO_2 Corrosion. Houston, Texes: NACE(1): 10.

Simpson J P. 1974. Drilling Fluid Filtration under Stimulated Downhole Conditions[J]. SPE 4779.

Sinha B K, Kennedy Harveyt. 1969. Development of a Reproducible Method of Formulating and Testing Drilling Fluids[J]. SPE 2302: 403 – 411.

Soric T, Huelke R, Marinescu P. 2003. Uniquely Engineered Water – base High – temperature Drill – In Fluid Increases Production, Cuts Costs in Croatia Campaign[C]. SPE/IADC 79839.

Stan E Alford. 1976. New Technique Evaluates Drilling Mud Lubricants[J]. World Oil(7): 105 – 110.

Stern M, Geary A L. 1957. Electrochemical Polarization I. A Theoretical Analysis of the Shape of Polarization Cures [J]. Journal Electrochemical Society, 104(1): 56 – 63.

Tehrani M A, Popplestone A, Guarneri A, et al. 2007. Water – based Drilling Fluid for HT/HP Applications[C]. SPE 105485.

Thomas R Garvin, Preston L Moore. 1970. A Rheometer for Evaluating Drilling Fluids at Elevated Temperatures [C]. SPE 3062.

Wael Mei Essawy, Rosli bin Hamzah, Mirghani M M, et al. 2004. Novel Application of Sodium Silicate Fluids Achieves Significant Improvement of the Drilling Efficicncy and Reduce the Overall Well Costs by Resolving Borehole Stability Problems in East Africa Shale[C]. SPE 88008.

Warren P Iverson. 1968. Transient Voltage Changes Produced in Corroding Metals and Alloys[J]. The Electrochemical Society, 115(6): 617 – 618.

Westergaard H M. 1940. Plastic State of Stress around a Deep Well[J]. Boston Soc. Civil Eng.: 1 – 5.

Williams C E, Bruce G H. 1951. Carrying Capacity of Drilling Muds[C]. SPE 951111: 111 – 120.

Williams M, Canon G E. 1938. Evaluation of Filtration Properties of Drilling Muds [J]. The Oil Weekly (6): 25 – 32.

Wranglen G. 2016. An Introduction to Corrosion and Protection of Metals [J]. World Nonferrous Metals, 57 (11): 1692.

Zagorodnov V, Thompson L G, Kelley J J, et al. 1998. Antifreeze Thermal Ice Core Drilling: An Effective Approach to the Acquisition of Ice Cores[J]. Cold Regions Science and Technology, 28(3): 189 – 202.

Zamora M. 1988. Innovative Devices for Testing Drilling Fluids[C]. SPE 17240 – PA.

Zheng L, Su G, Li Z, et al. 2018. The Wellbore Instability Control Mechanism of Fuzzy Ball Drilling Fluids for Coal Bed Methane Wells via Bonding Formation[J]. Journal of Natural Gas science and Engineering, 56: 107 – 120.

Zheng Lihui, Wang Jinfeng, Li Xiaopeng, et al. 2008. Optimization of Rheological Parameter for Micro – bubble Drilling Fluids by Multiple Regression Experimental Design[J]. Journal of Central South University of Technology, 15(S1): 424 – 428.

钻井流体
（下册）

郑力会　编著

石油工业出版社

内容提要

从钻井流体研究应用中,抽象出基本原理、基本概念、基本方法、基本计算和基本应用,形成基础理论和普适工艺。上册通过钻井流体多元聚集态、适合为佳选择等6项基础理论以及控制压力性能、环境友好性能等16项基本性能的阐述,构成钻井流体学原理,共22章;下册通过碱度控制剂、可溶性盐等40类钻井流体组分,造浆土细分散水基、充气等14类分散状态钻井流体、松散地层、破碎性地层等18类地层特性钻井流体、钻进流体、处理钻井废弃物流体等14类作业环节钻井流体、溢流井喷压井、环境友好等18类作业需求钻井流体的集成,构建钻井流体工艺,共104章。全书较完整地建立钻井流体知识体系,形成钻井流体学。

本书适合高等院校相关专业学生基础理论学习使用,也可供相关专业现场工作人员参考借鉴。

图书在版编目(CIP)数据

钻井流体/郑力会编著. —北京:石油工业出版社,2023.8

ISBN 978-7-5183-5852-6

Ⅰ.①钻… Ⅱ.①郑… Ⅲ.①钻井液-教材 Ⅳ.①TE254

中国国家版本馆 CIP 数据核字(2023)第 017963 号

出版发行:石油工业出版社
(北京安定门外安华里2区1号楼 100011)
网　　址:www.petropub.com
编辑部:(010)64523537　图书营销中心:(010)64523633
经　　销:全国新华书店
印　　刷:北京晨旭印刷厂

2023年8月第1版　2023年8月第1次印刷
787×1092毫米　开本:1/16　印张:107.25
字数:2600千字

定价:380.00元(上下册)
(如出现印装质量问题,我社图书营销中心负责调换)
版权所有,翻印必究

前　　言

  2002年我进入石油大学(北京)攻读油气井工程油田化学与提高采收率方向的博士学位,开始系统学习钻井流体知识。博士毕业后,从事钻井液相关的教学和科研工作。在工作过程中,我一直想撰写一本系统介绍钻井流体的书籍。希望读者可以通过书中介绍的常识了解相关钻井流体内容,使初学者快速入门。

  2010年后,我基本上把所有的空余时间都用在这本书的酝酿和编写上。十几易其稿不说,书名都换了几次。我十多届学生,他们或是学士,或是硕士,抑或是博士、博士后,都为本书贡献了智慧。我们反复修改整体结构、文字、图、表,乃至参考文献,希望为读者系统完整地学习钻井流体相关知识提供帮助。书写起来艰苦,修改也不易,望着编辑部寄来的十几公斤重的初稿,惊叹钻井流体的知识之丰富,工程之浩大,更惊喜地发现钻井流体不再是简单地配制、维护、处理,而已经形成了独特的理论体系和工艺集成。充分发挥钻井流体的作用,实现钻井流体安全、优质、高效和环保的效用,已成为大多数业内人士的主要工作方向。正因为如此,许多从业者十分重视钻井流体,不断投入人力、物力、财力来研究和管理钻井体,甚至整个钻井项目由钻井流体工程师担任负责人,形成了钻井流体研究和应用起点高、发展完善、发展速度快的新态势。

  写作过程中,不仅仅学习了同行研究钻井流体的思路和知识,也使我感受到了先哲们的伟大奉献精神,现在看起来,相对初级的理论、方法和工艺,却凝聚了他们的智慧和汗水。钻井流体经过百年发展与实践,基本认识了现代钻井流体的表观现象及其内在规律,初步建立了理论和开发方法,并不断完善工艺,形成了自己的理论体系和技术系列,形成了实践特点鲜明、理论特征多样的一门用于完成钻井工程任务的新学科。为使前辈们丰富的成果更受关注,笔者大胆提出"钻井流体学",并将钻井流体和学科的三个英文单词缩略,创造钻井流体学英文单词"drifluidology",吸引更多人关注钻井流体的研究和应用进展,更大程度地助力钻井流体满足科学研究和工程应用需求,也是油气井井筒工作流体的基础课程。

  钻井流体在理论、方法和工艺取得的成就,仅仅是整个钻井流体学大海中的一粟。目前,钻井流体的发展丰富了流变学、胶体化学的研究内容,钻井流体学的未来将促进仿生学、聚集态等前沿科学的技术转化和进步。钻井流体学主要研究钻井流体原理和钻井流体工艺两方面的内容。钻井流体原理研究钻井流体学中的基本规律,重点解决理论问题;钻井流体工艺研究钻井流体使用过程中的方法,重在解决现场出现的问题。

  本书以中国钻井流体同行们的研究应用成果为基石,把基本概念、基本原理、基本方法、基本计算和基本应用等作为基础知识重新厘定,对引用文献的原始出处,也详细地做了说明。我将自己从事油井产量损失控制工作中的钻井流体部分整理出来,希望也能给读者带来一点解决难题的灵感。主要思路为储层保护的目标是油井产量损失控制,将井筒中由于能量造成产量损失的研究应用纳入油井产量损失控制中,完善了储层保护的知识体系。同时,根据发现流体的动力决定渗流量大小这一规律,提出了解决不可避免的储层伤害需要通过"储层产量伤害工程补偿技术"来提高产量,并建立室内用流量变化优选工程技术的指标,解决了多个储层合采无法评价储层伤害程度的难题。创造绒囊流体及模糊封堵准则的"粘接稳定破碎性岩土技术",进一步提炼出封堵学这一学科。让封堵这一涉及工程、医学等民计民生的工作在封堵学科的推动下,更好地为社会服务,同时成立了河北省化工学会封堵学专业委员会,并在中国石油大学(北京)和长江大学开设封堵学课程,研究和推动封堵科学和技术。研究中发现钻井流体组分间相互作用可能不是现代物理化学所能解释的,特别是能够满足封堵需要的性能只是某些剂量范围的时候,就提出新的交叉科学——适量化学。"适合就好"成为我本人研究和应用的出发点,即适合为佳的哲学思想。这一哲学思想可以通过剥茧算法定量实现,以探索现象结果背后的实质——原生信息再现技术。从项目—工程—技术—科学—哲学的路径,引导我去思考,去为之奋斗终生。

  本书共7篇126章,还包括单位换算和名词中英文对照等2个附录。第1篇钻井流体性质共6章,全面阐述了钻井流体学通用理论知识。第2篇钻井流体性能共16章,介绍了为实现钻井流体的功能所具备的钻井流体性能。第1篇和第2篇构成钻井流体(上册):钻井流体原理。第3篇钻井流体组分共40章,介绍了钻井流体主要处理剂的作用机理、合成工艺和应用实例等。第4篇分散状态钻井流体共14章,第5篇地层特性钻井流体共18章,第6篇钻井环节钻井流体共14章,第7篇作业需求钻井流体共18章。第3篇至第7篇构成钻井流体(下册):钻井流体工艺。附录考虑了诸多因素,如思考题方便大中专院校和培训机构开放式教学和互动式讨论;书中出现的单位给出了换算关系,为工程作业读者提供方便;钻井流体所涉及的专业名词中英文对照方便国际合作与交流,便于阅读和理解。

  全书上册适合作为钻井流体学普通教育或者一般性了解的书籍,如本科生的油气井工程专业和应用化学专业的课程;下册针对工程问题的内容更多,适合专题研究和具体应用,如研究生的案例教学、现场工程师系统培训教材。写作过程中,得到中国石油出版基金、石油工业出版社的大力支持,在此一并表示衷心的感谢。

  十几年的写作,酸甜苦辣咸,深有感触,总想写出此时的心情。但真到写的时候才发现,任何语言都无法描述那时那刻的上千个日夜,完成书稿后的激动情绪。寥寥数笔,权作留念。

  钻井流体空间广袤,待大悟者指点更深邃的方向。由于水平有限,书中难免存在许多不足,望读者不吝赐教。

目　　录

绪论 ……………………………………………………………………………（1）

参考文献 ………………………………………………………………………（27）

第 1 篇　钻井流体性质

第 1 章　钻井流体存在状态理论 ……………………………………（31）
1.1　钻井流体溶液态 …………………………………………………（32）
1.2　钻井流体胶体态 …………………………………………………（68）
1.3　钻井流体浊液态 …………………………………………………（122）

第 2 章　钻井流体种类变依据划分理论 ……………………………（204）
2.1　钻井流体分散状态分类 …………………………………………（214）
2.2　钻井流体面对的地层特性分类 …………………………………（230）
2.3　钻井环节分类 ……………………………………………………（234）
2.4　钻井作业需求分类 ………………………………………………（238）

第 3 章　钻井流体组分变依据划分理论 ……………………………（242）
3.1　钻井流体组分制造方法 …………………………………………（247）
3.2　钻井流体组分分类方法 …………………………………………（263）

第 4 章　钻井流体适合为佳选择理论 ………………………………（272）
4.1　钻井流体功能两面性 ……………………………………………（272）
4.2　钻井流体选择 ……………………………………………………（283）

第 5 章　钻井流体系统净化为目标的设备配套理论 ………………（296）
5.1　液体型钻井流体循环流程 ………………………………………（297）
5.2　气体型钻井流体不可循环流程 …………………………………（311）

第 6 章　钻井流体实施过程的对标控制理论 ………………………（320）
6.1　设计依据目标需求 ………………………………………………（320）

  6.2 依据应用环境评价 ……………………………………………………………… (350)
  6.3 钻井流体配制维护处理一体化 ………………………………………………… (363)

参考文献 ……………………………………………………………………………………… (370)

第2篇 钻井流体性能

第1章 钻井流体控制压力性能 …………………………………………………… (387)
  1.1 与钻井工程的关系 ……………………………………………………………… (393)
  1.2 测定及调整方法 ………………………………………………………………… (396)
  1.3 现场调整工艺 …………………………………………………………………… (422)
  1.4 发展趋势 ………………………………………………………………………… (428)

第2章 钻井流体流变性能 ………………………………………………………… (431)
  2.1 与钻井工程关系 ………………………………………………………………… (432)
  2.2 测定及调整方法 ………………………………………………………………… (450)
  2.3 现场调整工艺 …………………………………………………………………… (476)
  2.4 发展趋势 ………………………………………………………………………… (487)

第3章 钻井流体失水护壁性能 ………………………………………………… (489)
  3.1 与钻井工程关系 ………………………………………………………………… (491)
  3.2 测定及调整方法 ………………………………………………………………… (492)
  3.3 现场调整工艺 …………………………………………………………………… (504)
  3.4 发展趋势 ………………………………………………………………………… (519)

第4章 钻井流体传递信息性能 ………………………………………………… (521)
  4.1 与钻井工程的关系 ……………………………………………………………… (522)
  4.2 测定及调整方法 ………………………………………………………………… (523)
  4.3 现场调整工艺 …………………………………………………………………… (531)
  4.4 发展趋势 ………………………………………………………………………… (531)

第5章 钻井流体耐酸碱性能 …………………………………………………… (533)
  5.1 与钻井工程的关系 ……………………………………………………………… (534)
  5.2 测定及调整方法 ………………………………………………………………… (537)
  5.3 现场调整工艺 …………………………………………………………………… (548)
  5.4 发展趋势 ………………………………………………………………………… (550)

第 6 章 钻井流体耐盐性能 (552)

- 6.1 与钻井工程关系 (553)
- 6.2 测定及调整方法 (556)
- 6.3 现场调整工艺 (565)
- 6.4 发展趋势 (567)

第 7 章 钻井流体兼容性能 (569)

- 7.1 与钻井工程关系 (572)
- 7.2 测定及调整方法 (581)
- 7.3 现场调整工艺 (599)
- 7.4 发展趋势 (645)

第 8 章 钻井流体耐温性能 (647)

- 8.1 与钻井工程的关系 (647)
- 8.2 测定及调整方法 (649)
- 8.3 现场调整工艺 (654)
- 8.4 发展趋势 (657)

第 9 章 钻井流体抑制性能 (661)

- 9.1 与钻井工程的关系 (661)
- 9.2 测定及调整方法 (675)
- 9.3 现场调整工艺 (682)
- 9.4 发展趋势 (685)

第 10 章 钻井流体润滑性能 (686)

- 10.1 与钻井工程的关系 (686)
- 10.2 测定及调整方法 (688)
- 10.3 现场调整工艺 (697)
- 10.4 发展趋势 (700)

第 11 章 钻井流体荧光性能 (702)

- 11.1 与钻井工程的关系 (705)
- 11.2 测定及调整方法 (706)
- 11.3 现场调整工艺 (712)
- 11.4 发展趋势 (714)

第 12 章 钻井流体腐蚀性能 (721)

- 12.1 与钻井工程的关系 (724)

12.2 测定及调整方法 ……………………………………………………… (725)
12.3 现场调整工艺 …………………………………………………………… (740)
12.4 发展趋势 ………………………………………………………………… (753)

第13章 钻井流体导热性能 ……………………………………………… (759)

13.1 与钻井工程的关系 ……………………………………………………… (759)
13.2 测定及调整方法 ………………………………………………………… (762)
13.3 现场调整工艺 …………………………………………………………… (766)
13.4 发展趋势 ………………………………………………………………… (767)

第14章 钻井流体导电性能 ……………………………………………… (770)

14.1 与钻井工程的关系 ……………………………………………………… (770)
14.2 测定及调整方法 ………………………………………………………… (776)
14.3 现场调整工艺 …………………………………………………………… (778)
14.4 发展趋势 ………………………………………………………………… (779)

第15章 钻井流体储层伤害性能 ………………………………………… (780)

15.1 与钻井工程的关系 ……………………………………………………… (780)
15.2 测定及调整方法 ………………………………………………………… (784)
15.3 现场调整工艺 …………………………………………………………… (787)
15.4 发展趋势 ………………………………………………………………… (789)

第16章 钻井流体环境友好性能 ………………………………………… (792)

16.1 与钻井工程关系 ………………………………………………………… (794)
16.2 测定及调整方法 ………………………………………………………… (797)
16.3 现场调整工艺 …………………………………………………………… (826)
16.4 发展趋势 ………………………………………………………………… (829)

参考文献 ……………………………………………………………………… (832)

第3篇 钻井流体组分

第1章 碱度控制剂 ………………………………………………………… (845)

1.1 碱度控制剂作用机理 …………………………………………………… (845)
1.2 常用碱度控制剂制造工艺 ……………………………………………… (847)
1.3 发展前景 ………………………………………………………………… (849)

第2章 杀菌剂 (851)

- 2.1 杀菌剂作用机理 (852)
- 2.2 常用杀菌剂制造工艺 (852)
- 2.3 发展前景 (857)

第3章 除硫剂 (859)

- 3.1 除硫剂作用机理 (859)
- 3.2 常用除硫剂制造工艺 (860)
- 3.3 发展前景 (861)

第4章 除氧剂 (863)

- 4.1 除氧剂作用机理 (863)
- 4.2 常用除氧剂制造工艺 (863)
- 4.3 发展前景 (865)

第5章 高温稳定剂 (866)

- 5.1 高温稳定剂作用机理 (867)
- 5.2 常用高温稳定剂制造工艺 (868)
- 5.3 发展前景 (869)

第6章 缓蚀剂 (871)

- 6.1 缓蚀剂作用机理 (871)
- 6.2 常用缓蚀剂制造工艺 (875)
- 6.3 发展前景 (877)

第7章 除钙剂 (878)

- 7.1 除钙剂作用机理 (878)
- 7.2 常用除钙剂制造工艺 (879)
- 7.3 发展前景 (883)

第8章 水合物抑制剂 (884)

- 8.1 水合物抑制剂作用机理 (884)
- 8.2 常用抑制剂制造工艺 (888)
- 8.3 发展前景 (889)

第9章 盐析抑制剂 (892)

- 9.1 盐析抑制剂作用机理 (892)

9.2　常用盐析抑制剂制造工艺 …………………………………………………………… (893)
9.3　发展前景 ……………………………………………………………………………… (894)

第10章　包被剂 …………………………………………………………………………… (895)

10.1　包被剂作用机理 ……………………………………………………………………… (895)
10.2　常用包被剂制造工艺 ………………………………………………………………… (895)
10.3　发展前景 ……………………………………………………………………………… (897)

第11章　絮凝剂 …………………………………………………………………………… (899)

11.1　絮凝剂作用机理 ……………………………………………………………………… (899)
11.2　常用絮凝剂制造工艺 ………………………………………………………………… (904)
11.3　发展前景 ……………………………………………………………………………… (909)

第12章　页岩水化抑制剂 ………………………………………………………………… (911)

12.1　页岩水化抑制剂作用机理 …………………………………………………………… (911)
12.2　常用页岩水化抑制剂制造工艺 ……………………………………………………… (914)
12.3　发展前景 ……………………………………………………………………………… (919)

第13章　封堵防塌剂 ……………………………………………………………………… (921)

13.1　封堵防塌剂作用机理 ………………………………………………………………… (921)
13.2　常用封堵防塌剂制造工艺 …………………………………………………………… (921)
13.3　发展前景 ……………………………………………………………………………… (923)

第14章　解絮凝剂 ………………………………………………………………………… (925)

14.1　解絮凝剂作用机理 …………………………………………………………………… (925)
14.2　常用解絮凝剂制造工艺 ……………………………………………………………… (925)
14.3　发展前景 ……………………………………………………………………………… (928)

第15章　增黏剂 …………………………………………………………………………… (929)

15.1　增黏剂作用机理 ……………………………………………………………………… (929)
15.2　常用增黏剂制造工艺 ………………………………………………………………… (929)
15.3　发展前景 ……………………………………………………………………………… (932)

第16章　提切剂 …………………………………………………………………………… (933)

16.1　提切剂作用机理 ……………………………………………………………………… (933)
16.2　常用提切剂制造工艺 ………………………………………………………………… (934)
16.3　发展前景 ……………………………………………………………………………… (936)

第 17 章 降黏剂 (938)
17.1 降黏剂作用机理 (938)
17.2 常用降黏剂制造工艺 (939)
17.3 发展前景 (941)

第 18 章 交联剂 (943)
18.1 交联剂作用机理 (943)
18.2 常用交联剂制造工艺 (944)
18.3 发展前景 (945)

第 19 章 固化剂 (946)
19.1 固化剂作用机理 (947)
19.2 常用固化剂制造工艺 (950)
19.3 发展前景 (953)

第 20 章 破胶剂 (955)
20.1 破胶剂作用机理 (955)
20.2 常用破胶剂制造工艺 (957)
20.3 发展前景 (958)

第 21 章 降失水剂 (960)
21.1 降失水剂作用机理 (960)
21.2 常用降失水剂制造工艺 (961)
21.3 发展前景 (968)

第 22 章 堵漏剂 (970)
22.1 堵漏剂作用机理 (970)
22.2 常用堵漏剂制造工艺 (972)
22.3 发展前景 (977)

第 23 章 泡沫剂 (979)
23.1 泡沫剂作用机理 (980)
23.2 常用泡沫剂制造工艺 (983)
23.3 发展前景 (986)

第 24 章 乳化剂 (988)
24.1 乳化剂作用机理 (989)

24.2 常用乳化剂制造工艺 ……………………………………………………… (990)
24.3 发展前景 ……………………………………………………………………… (992)

第25章 消泡剂 ……………………………………………………………………… (994)

25.1 消泡剂作用机理 ……………………………………………………………… (994)
25.2 常用消泡剂制造工艺 ………………………………………………………… (996)
25.3 发展前景 ……………………………………………………………………… (998)

第26章 增溶剂 ……………………………………………………………………… (999)

26.1 增溶剂作用机理 ……………………………………………………………… (999)
26.2 常用增溶剂制造工艺 ………………………………………………………… (1001)
26.3 发展前景 ……………………………………………………………………… (1002)

第27章 润湿剂 ……………………………………………………………………… (1003)

27.1 润湿剂作用机理 ……………………………………………………………… (1003)
27.2 常用润湿剂制造工艺 ………………………………………………………… (1005)
27.3 发展前景 ……………………………………………………………………… (1007)

第28章 清洁剂 ……………………………………………………………………… (1008)

28.1 清洁剂作用机理 ……………………………………………………………… (1008)
28.2 常用清洁剂制造工艺 ………………………………………………………… (1008)
28.3 发展前景 ……………………………………………………………………… (1009)

第29章 润滑剂 ……………………………………………………………………… (1010)

29.1 润滑剂作用机理 ……………………………………………………………… (1011)
29.2 常用润滑剂制造工艺 ………………………………………………………… (1012)
29.3 发展前景 ……………………………………………………………………… (1014)

第30章 解卡剂 ……………………………………………………………………… (1016)

30.1 解卡剂作用机理 ……………………………………………………………… (1016)
30.2 常用解卡剂制造工艺 ………………………………………………………… (1017)
30.3 发展前景 ……………………………………………………………………… (1019)

第31章 防水锁剂 …………………………………………………………………… (1020)

31.1 防水锁剂作用机理 …………………………………………………………… (1021)
31.2 常用防水锁剂制造工艺 ……………………………………………………… (1022)
31.3 发展前景 ……………………………………………………………………… (1023)

第 32 章　示踪剂 (1025)
32.1　示踪剂作用机理 (1025)
32.2　常用示踪剂制造工艺 (1026)
32.3　发展前景 (1027)

第 33 章　荧光消除剂 (1029)
33.1　荧光消除剂作用机理 (1029)
33.2　常用荧光消除剂制造工艺 (1030)
33.3　发展前景 (1031)

第 34 章　分散剂 (1033)
34.1　分散剂作用机理 (1033)
34.2　常用分散剂制造工艺 (1034)
34.3　发展前景 (1036)

第 35 章　加重剂 (1038)
35.1　加重剂作用机理 (1038)
35.2　常用加重剂制造工艺 (1038)
35.3　发展前景 (1044)

第 36 章　提速剂 (1046)
36.1　提速剂作用机理 (1046)
36.2　常用提速剂制造工艺 (1047)
36.3　发展前景 (1049)

第 37 章　钻井流体用连续相 (1051)
37.1　连续相作用机理 (1051)
37.2　常用连续相制造工艺 (1051)
37.3　发展前景 (1057)

第 38 章　钻井流体用黏土 (1059)
38.1　黏土作用机理 (1064)
38.2　常用黏土制造工艺 (1065)
38.3　发展前景 (1068)

第 39 章　钻井流体用表面活性剂 (1070)
39.1　表面活性剂作用机理 (1070)

39.2　常用表面活性剂制造工艺 ……………………………………………………… (1071)
　39.3　发展前景 ……………………………………………………………………… (1073)

第40章　钻井流体用可溶性盐 ………………………………………………………… (1076)
　40.1　可溶性盐作用机理 …………………………………………………………… (1076)
　40.2　常用可溶性盐制造工艺 ……………………………………………………… (1077)
　40.3　发展前景 ……………………………………………………………………… (1086)

参考文献 ……………………………………………………………………………………… (1088)

第4篇　分散状态钻井流体

第1章　造浆土细分散水基钻井流体 ………………………………………………… (1101)
　1.1　开发依据 ………………………………………………………………………… (1101)
　1.2　体系种类 ………………………………………………………………………… (1102)
　1.3　发展前景 ………………………………………………………………………… (1105)

第2章　造浆土粗分散水基钻井流体 ………………………………………………… (1107)
　2.1　开发依据 ………………………………………………………………………… (1107)
　2.2　体系种类 ………………………………………………………………………… (1107)
　2.3　发展前景 ………………………………………………………………………… (1112)

第3章　造浆土适度分散水基钻井流体 ……………………………………………… (1113)
　3.1　开发依据 ………………………………………………………………………… (1114)
　3.2　体系种类 ………………………………………………………………………… (1114)
　3.3　发展前景 ………………………………………………………………………… (1117)

第4章　无造浆土水基钻井流体 ……………………………………………………… (1119)
　4.1　开发依据 ………………………………………………………………………… (1119)
　4.2　体系种类 ………………………………………………………………………… (1119)
　4.3　发展前景 ………………………………………………………………………… (1122)

第5章　烃分散水基钻井流体 ………………………………………………………… (1123)
　5.1　开发依据 ………………………………………………………………………… (1123)
　5.2　体系种类 ………………………………………………………………………… (1124)
　5.3　发展前景 ………………………………………………………………………… (1127)

第6章 泡分散水基钻井流体 (1129)

- 6.1 开发依据 (1129)
- 6.2 体系种类 (1130)
- 6.3 发展前景 (1135)

第7章 盐溶液水基钻井流体 (1136)

- 7.1 开发依据 (1136)
- 7.2 体系种类 (1136)
- 7.3 发展前景 (1149)

第8章 造浆土适度分散全烃基钻井流体 (1153)

- 8.1 开发依据 (1153)
- 8.2 体系种类 (1153)
- 8.3 发展前景 (1161)

第9章 造浆土分散乳化烃基钻井流体 (1163)

- 9.1 开发依据 (1163)
- 9.2 体系类型 (1163)
- 9.3 发展前景 (1169)

第10章 无造浆土烃基钻井流体 (1171)

- 10.1 开发依据 (1171)
- 10.2 体系种类 (1172)
- 10.3 发展前景 (1175)

第11章 泡分散烃基钻井流体 (1176)

- 11.1 开发依据 (1176)
- 11.2 体系种类 (1176)
- 11.3 发展前景 (1179)

第12章 气体钻井流体 (1181)

- 12.1 开发依据 (1182)
- 12.2 体系种类 (1183)
- 12.3 发展前景 (1187)

第13章 泡沫钻井流体 (1189)

- 13.1 开发依据 (1189)

  13.2 体系种类 …………………………………………………………………… (1190)
  13.3 发展前景 …………………………………………………………………… (1193)

第14章 充气钻井流体 ……………………………………………………………… (1195)
  14.1 开发依据 …………………………………………………………………… (1195)
  14.2 体系种类 …………………………………………………………………… (1196)
  14.3 发展前景 …………………………………………………………………… (1199)

参考文献 ………………………………………………………………………………… (1201)

第5篇 地层特性钻井流体

第1章 松散地层钻井流体 ………………………………………………………… (1209)
  1.1 开发依据 …………………………………………………………………… (1209)
  1.2 体系种类 …………………………………………………………………… (1210)
  1.3 发展前景 …………………………………………………………………… (1212)

第2章 水敏地层钻井流体 ………………………………………………………… (1214)
  2.1 开发依据 …………………………………………………………………… (1215)
  2.2 体系种类 …………………………………………………………………… (1215)
  2.3 发展前景 …………………………………………………………………… (1219)

第3章 水溶地层钻井流体 ………………………………………………………… (1221)
  3.1 开发依据 …………………………………………………………………… (1222)
  3.2 体系种类 …………………………………………………………………… (1222)
  3.3 发展前景 …………………………………………………………………… (1224)

第4章 坚硬地层钻井流体 ………………………………………………………… (1225)
  4.1 开发依据 …………………………………………………………………… (1226)
  4.2 体系种类 …………………………………………………………………… (1226)
  4.3 发展前景 …………………………………………………………………… (1228)

第5章 异常压力地层钻井流体 …………………………………………………… (1231)
  5.1 开发依据 …………………………………………………………………… (1231)
  5.2 体系种类 …………………………………………………………………… (1232)
  5.3 发展前景 …………………………………………………………………… (1234)

第6章 高温地层钻井流体 (1236)
6.1 开发依据 (1236)
6.2 体系种类 (1238)
6.3 发展前景 (1242)

第7章 高应力地层钻井流体 (1245)
7.1 开发原理 (1245)
7.2 体系种类 (1245)
7.3 发展前景 (1247)

第8章 煤层气储层钻井流体 (1249)
8.1 开发依据 (1252)
8.2 体系种类 (1254)
8.3 发展前景 (1275)

第9章 页岩储层钻井流体 (1278)
9.1 开发依据 (1280)
9.2 体系种类 (1280)
9.3 发展前景 (1284)

第10章 致密砂岩气储层钻井流体 (1286)
10.1 开发依据 (1288)
10.2 体系种类 (1288)
10.3 发展前景 (1290)

第11章 水合物储层钻井流体 (1292)
11.1 开发依据 (1293)
11.2 体系种类 (1294)
11.3 发展前景 (1296)

第12章 地热储层钻井流体 (1298)
12.1 开发依据 (1298)
12.2 体系种类 (1299)
12.3 发展前景 (1302)

第13章 酸气储层钻井流体 (1304)
13.1 开发依据 (1304)

13.2 体系种类 ……………………………………………………………………… (1304)
13.3 发展前景 ……………………………………………………………………… (1308)

第 14 章　油气储层钻井流体 ……………………………………………………… (1310)
14.1 开发依据 ……………………………………………………………………… (1310)
14.2 体系种类 ……………………………………………………………………… (1310)
14.3 发展前景 ……………………………………………………………………… (1315)

第 15 章　漏失地层钻井流体 ……………………………………………………… (1317)
15.1 开发依据 ……………………………………………………………………… (1330)
15.2 体系种类 ……………………………………………………………………… (1335)
15.3 发展前景 ……………………………………………………………………… (1341)

第 16 章　坍塌地层钻井流体 ……………………………………………………… (1343)
16.1 开发依据 ……………………………………………………………………… (1343)
16.2 体系种类 ……………………………………………………………………… (1343)
16.3 发展前景 ……………………………………………………………………… (1348)

第 17 章　盐膏地层钻井流体 ……………………………………………………… (1350)
17.1 开发依据 ……………………………………………………………………… (1350)
17.2 体系种类 ……………………………………………………………………… (1350)
17.3 发展前景 ……………………………………………………………………… (1356)

第 18 章　破碎性地层钻井流体 …………………………………………………… (1358)
18.1 开发依据 ……………………………………………………………………… (1358)
18.2 体系种类 ……………………………………………………………………… (1359)
18.3 发展前景 ……………………………………………………………………… (1362)

参考文献 ……………………………………………………………………………… (1364)

第 6 篇　钻井环节钻井流体

第 1 章　钻进流体 …………………………………………………………………… (1375)
1.1 开发依据 ………………………………………………………………………… (1375)
1.2 体系种类 ………………………………………………………………………… (1375)
1.3 发展前景 ………………………………………………………………………… (1380)

第 2 章 洗井流体 ·· (1382)

  2.1 开发依据 ··· (1382)
  2.2 体系种类 ··· (1382)
  2.3 发展前景 ··· (1386)

第 3 章 固井前置流体 ··· (1388)

  3.1 开发依据 ··· (1388)
  3.2 体系种类 ··· (1389)
  3.3 发展前景 ··· (1392)

第 4 章 水泥浆 ·· (1395)

  4.1 开发依据 ··· (1396)
  4.2 体系种类 ··· (1396)
  4.3 发展前景 ··· (1403)

第 5 章 水泥浆顶替流体 ·· (1405)

  5.1 开发依据 ··· (1405)
  5.2 体系种类 ··· (1405)
  5.3 发展前景 ··· (1406)

第 6 章 砾石填充流体 ··· (1408)

  6.1 开发依据 ··· (1408)
  6.2 体系种类 ··· (1408)
  6.3 发展前景 ··· (1410)

第 7 章 钻塞流体 ·· (1412)

  7.1 开发依据 ··· (1412)
  7.2 体系种类 ··· (1412)
  7.3 发展前景 ··· (1414)

第 8 章 射孔流体 ·· (1416)

  8.1 开发依据 ··· (1416)
  8.2 体系种类 ··· (1417)
  8.3 发展前景 ··· (1421)

第 9 章 试井流体 ·· (1423)

  9.1 开发依据 ··· (1423)

  9.2 体系种类 ··· (1425)
  9.3 发展前景 ··· (1427)

第10章 破胶流体 ··· (1429)

  10.1 开发依据 ··· (1429)
  10.2 体系种类 ··· (1429)
  10.3 发展前景 ··· (1431)

第11章 套管封隔流体 ··· (1433)

  11.1 开发依据 ··· (1433)
  11.2 体系种类 ··· (1434)
  11.3 发展前景 ··· (1438)

第12章 储层伤害解堵流体 ··· (1440)

  12.1 开发依据 ··· (1440)
  12.2 体系种类 ··· (1441)
  12.3 发展前景 ··· (1446)

第13章 修井流体 ··· (1448)

  13.1 开发依据 ··· (1448)
  13.2 体系种类 ··· (1449)
  13.3 发展前景 ··· (1455)

第14章 钻井流体废弃物处理流体 ··· (1459)

  14.1 开发依据 ··· (1460)
  14.2 体系种类 ··· (1464)
  14.3 发展前景 ··· (1488)

参考文献 ··· (1491)

第7篇 作业需求钻井流体

第1章 溢流/井喷压井钻井流体 ··· (1499)

  1.1 开发依据 ··· (1501)
  1.2 体系种类 ··· (1504)
  1.3 发展前景 ··· (1505)

第2章 防卡/解卡钻井流体 (1506)

2.1 开发依据 (1510)
2.2 体系种类 (1511)
2.3 发展前景 (1515)

第3章 打捞落物钻井流体 (1517)

3.1 开发依据 (1517)
3.2 体系种类 (1517)
3.3 发展前景 (1519)

第4章 水平井钻井流体 (1521)

4.1 开发依据 (1521)
4.2 体系种类 (1526)
4.3 发展前景 (1534)

第5章 深水钻井流体 (1536)

5.1 开发依据 (1538)
5.2 体系种类 (1538)
5.3 发展前景 (1540)

第6章 欠平衡钻井流体 (1542)

6.1 开发依据 (1542)
6.2 体系种类 (1543)
6.3 发展前景 (1549)

第7章 控压钻井流体 (1552)

7.1 开发依据 (1552)
7.2 体系种类 (1553)
7.3 发展前景 (1556)

第8章 小井眼钻井流体 (1558)

8.1 开发依据 (1558)
8.2 体系种类 (1559)
8.3 发展前景 (1562)

第9章 大井眼钻井流体 (1563)

9.1 开发依据 (1563)

9.2　体系种类 …………………………………………………………………………… (1564)
9.3　发展前景 …………………………………………………………………………… (1568)

第 10 章　套管钻井流体 …………………………………………………………………… (1570)
10.1　开发依据 …………………………………………………………………………… (1570)
10.2　体系种类 …………………………………………………………………………… (1570)
10.3　发展前景 …………………………………………………………………………… (1572)

第 11 章　连续管钻井流体 ………………………………………………………………… (1574)
11.1　开发依据 …………………………………………………………………………… (1574)
11.2　体系种类 …………………………………………………………………………… (1575)
11.3　发展前景 …………………………………………………………………………… (1577)

第 12 章　提速钻井流体 …………………………………………………………………… (1578)
12.1　开发依据 …………………………………………………………………………… (1578)
12.2　体系种类 …………………………………………………………………………… (1578)
12.3　发展前景 …………………………………………………………………………… (1581)

第 13 章　大位移井钻井流体 ……………………………………………………………… (1582)
13.1　开发依据 …………………………………………………………………………… (1582)
13.2　体系种类 …………………………………………………………………………… (1583)
13.3　发展前景 …………………………………………………………………………… (1585)

第 14 章　科学探索钻井流体 ……………………………………………………………… (1587)
14.1　开发依据 …………………………………………………………………………… (1587)
14.2　体系种类 …………………………………………………………………………… (1588)
14.3　发展前景 …………………………………………………………………………… (1589)

第 15 章　气体钻井完井流体 ……………………………………………………………… (1591)
15.1　开发依据 …………………………………………………………………………… (1591)
15.2　体系种类 …………………………………………………………………………… (1592)
15.3　发展前景 …………………………………………………………………………… (1595)

第 16 章　取心钻井流体 …………………………………………………………………… (1597)
16.1　开发依据 …………………………………………………………………………… (1597)
16.2　体系种类 …………………………………………………………………………… (1598)
16.3　发展前景 …………………………………………………………………………… (1604)

第17章 反循环钻井流体 ··· (1606)

17.1 开发依据 ··· (1606)
17.2 体系种类 ··· (1607)
17.3 发展前景 ··· (1608)

第18章 环境友好钻井流体 ··· (1611)

18.1 开发依据 ··· (1612)
18.2 体系种类 ··· (1625)
18.3 发展前景 ··· (1629)

参考文献 ··· (1631)

附录A 钻井流体相关单位转换 ··· (1637)

附录B 钻井流体所涉及的专业名词中英文对照 ··························· (1639)

第3篇　钻井流体组分

钻井流体组分(Drilling Fluids Composition)或称钻井流体处理剂(Additive for drilling Fluid,Chemical Compound for Drilling Fluids,Materials for Drilling Fluids),是指配制钻井流体所需要的物质,俗称化学药剂。

从目前看,处理剂与原材料的界限越来越不明显。如有机盐类的加重材料,溶于水形成无固相高密度溶液。溶液还具有抑制性,很难说是原材料还是处理剂。用于配制、维护和处理钻井流体的任何材料,都是钻井流体的组分,即处理剂。组分应该是多种多样的。第一章中定义了钻井流体,并进一步分类,从不同角度看是合适的。但是,也很明显,它不能囊括所有的钻井流体组分,而且有些处理剂作用机理不一致,不宜放在一起。

所以,全书按功能或者用途厘定了处理剂类型,共35大类。即:(1)碱度控制剂;(2)杀菌剂;(3)除硫剂;(4)除氧剂;(5)高温稳定剂;(6)缓蚀剂;(7)除钙剂;(8)水合物抑制剂;(9)盐析抑制剂;(10)包被剂;(11)絮凝剂;(12)页岩水化抑制剂;(13)封堵防塌剂;(14)解絮凝剂;(15)增黏剂;(16)提切剂;(17)降黏剂;(18)交联剂;(19)固化剂;(20)破胶剂;(21)降失水剂;(22)堵漏剂;(23)泡沫剂;(24)乳化剂;(25)消泡剂;(26)增溶剂;(27)润湿剂;(28)清洁剂;(29)润滑剂;(30)解卡剂;(31)防水锁剂;(32)示踪剂;(33)荧光消除剂;(34)分散剂;(35)加重剂;(36)提速剂等。每一类按单章介绍钻井流体处理剂的作用机理、常用工业产品的制造工艺,并以典型处理剂为例,介绍其工程应用情况。这样以作用或者用途为主线,既单独成章,联起来又成系统。

此外,还有钻井流体用连续相、钻井流体用黏土、钻井流体用表面活性剂和钻井流体用可溶性盐等4类处理剂,在前面的处理剂中有所体现,但又不能全部概括,故也单独成章。

第1章 碱度控制剂

钻井流体酸碱性能通常用钻井流体的 pH 值表示。pH 值不能很好地反映钻井流体中某些离子的信息时,常用碱度(Alkalinity)衡量滤液的酸碱性。用来控制钻井流体酸度或碱度的处理剂称为 pH 控制剂(pH Control Additives),即为碱度/pH 控制剂。

酸碱性的强弱与钻井流体中黏土颗粒的分散程度直接相关,很大程度上影响钻井流体的黏度、切力和其他性能参数。pH 值大于 9 时,表观黏度随 pH 值升高剧增。原因是 pH 值升高,黏土表面会吸附更多氢氧根离子,增强表面所带负电性,剪切作用下黏土更容易水化分散。

实际应用中,大多数钻井流体的 pH 值控制在 8～11,即维持在较弱的碱性环境,减轻腐蚀钻具程度,预防氢脆引起的钻具和套管损坏,抑制钻井流体中钙、镁等盐的溶解。多数处理剂需在碱性介质中才能充分发挥效用,如丹宁类、褐煤类和木质素磺酸盐类处理剂等。

不同类型的钻井流体,所需 pH 值范围不同。例如,一般要求分散钻井流体的 pH 值在 10 以上,含石灰的钙处理钻井流体的 pH 值多控制在 11～12,含石膏的钙处理钻井流体的 pH 值大多控制在 9.5～10.5。许多情况下,聚合物钻井流体的 pH 值仅控制在 7.5～8.5。

1.1 碱度控制剂作用机理

碱度控制剂通过提供某种离子来控制钻井流体中水相 pH 值。钻井流体的 pH 值一般控制在弱碱性,pH 值 8～11。维持钻井流体碱性的无机离子主要来源于氢氧根离子、碳酸根离子和碳酸氢根离子。

乙酸、三乙胺和吡啶等有机物所产生的离子也具有维持钻井流体碱性的功能,但是在现场应用并不多见。主要是因为有机物产生离子的速度较慢。

控制钻井流体的碱度,可以通过提供氢氧根离子直接增加钻井流体中氢氧根离子浓度、提供碳酸根离子间接增加钻井流体中氢氧根离子浓度、提供碳酸氢根离子间接增加钻井流体中氢氧根离子浓度、储备氢氧根离子维持钻井流体中氢氧根离子浓度以及利用高分子化合物控制钻井流体中氢氧根离子浓度等 5 种方式来实现。

(1)提供氢氧根离子,直接增加钻井流体中氢氧根离子浓度。

有些无机化合物如氢氧化钠和氢氧化钾,在水中通过解离的氢氧化物直接提供氢氧根离子,升高钻井流体 pH 值。

$$NaOH \longrightarrow Na^+ + OH^-$$

$$KOH \longrightarrow K^+ + OH^-$$

氢氧化钠和氢氧化钾控制 pH 值能力很强。氢氧化钠解离产生的钠离子除了提高钻井流体的 pH 值外,还有两个方面的功能:一方面可使钻井流体中的钙土转化为钠土,有利于提高钻井流体的稳定性;另一方面,也可使井壁的页岩膨胀、分散,不利于井壁稳定。

氢氧化钾与氢氧化钠不同,氢氧化钾解离产生的钾离子对井壁的页岩有抑制膨胀、分散作用,有利于提高井壁的稳定性。

所以,在选择碱度控制剂时,要根据井壁的稳定性来选择用何种处理剂来调控 pH 值。

(2)提供碳酸根离子,间接增加钻井流体中氢氧根离子浓度。

在水中可解离的碳酸盐类物质可提供碳酸根离子,碳酸根离子水解间接产生氢氧根离子,调整钻井流体 pH 值。

$$Na_2CO_3 \longrightarrow 2Na^+ + CO_3^{2-}$$

$$K_2CO_3 \longrightarrow 2K^+ + CO_3^{2-}$$

$$CO_3^{2-} + H_2O \longrightarrow HCO_3^- + OH^-$$

$$HCO_3^- + H_2O \longrightarrow H_2CO_3 + OH^-$$

碳酸钠和碳酸钾等碳酸盐控制钻井流体 pH 值的同时,还可以降低钻井流体中钙离子和镁离子浓度。

$$Ca^{2+} + CO_3^{2-} \longrightarrow CaCO_3 \downarrow$$

$$Mg^{2+} + OH^- \longrightarrow Mg(OH)_2 \downarrow$$

$$Mg^{2+} + CO_3^{2-} \longrightarrow MgCO_3 \downarrow$$

因此,可解离的碳酸盐类可用作钻井流体的除钙剂和除镁剂。同时,碳酸钠和碳酸钾与氢氧化钠和氢氧化钾,对钙土、井壁页岩作用与氢氧化钠、氢氧化钾相同。

(3)提供碳酸氢根离子,间接增加钻井流体中氢氧根离子浓度。

在水中可解离的碳酸氢盐类可提供碳酸氢根离子,碳酸氢根离子水解,间接产生氢氧根离子,调整钻井流体 pH 值。

$$NaHCO_3 \longrightarrow Na^+ + HCO_3^-$$

$$KHCO_3 \longrightarrow K^+ + HCO_3^-$$

$$HCO_3^- + H_2O \longrightarrow H_2CO_3 + OH^-$$

碳酸氢盐控制钻井流体酸碱性的作用与碳酸钠类似。但是,碳酸不稳定,一般呈现酸性。碳酸氢钠为酸式盐,控制钻井流体的 pH 值范围更小。由于钻井流体一般维持弱碱性,所以,一般不用碳酸氢盐调整钻井流体的碱度。

(4)储备氢氧根离子,维持钻井流体中氢氧根离子浓度。

储备氢氧根离子是指氢氧根在水相中的浓度变化时,可调节解离速度,类似储藏氢氧根离子。钻井流体中常用的是石灰。

pH 值降低时,生石灰不断溶解成为氢氧化钙水溶液,一方面可为钙处理钻井工作流体不断地提供钙离子,另一方面有利于使钻井工作流体的 pH 值保持稳定。

$$CaO + H_2O \longrightarrow Ca(OH)_2$$

$$\mathrm{Ca(OH)_2 \longrightarrow Ca^{2+} + 2OH^-}$$

pH 值在一定溶度时,氢氧化钙不再离解,进一步抑制生石灰溶解。油基钻井流体用石灰调节 pH 值,维持 pH 值在 8.5~10.0,防止钻具腐蚀。

(5)利用高分子化合物控制钻井流体中氢氧根离子浓度。

高分子化合物控制钻井流体的 pH 值,可以用表面活性剂控制,也可以用常用聚合物控制。

在蒸馏水和饱和盐水中,加入十二烷基苯磺酸钠、十六烷基三甲基溴化铵和司盘 60 等三种类型的表面活性剂发现,体系的 pH 值升高,不同的表面活性剂体系 pH 值不同。加入氢氧化钠,氢氧化钠浓度增加,各体系 pH 值增大。饱和盐水的十二烷基苯磺酸钠和十六烷基三甲基溴化铵体系的变化与蒸馏水的变化规律相同,司盘 60 体系 pH 值为 10.5~11.5 平缓。可能是因为司盘 60 在饱和盐水中溶解度低,活性剂黏附到玻璃电极上带来的实验误差所致。也可能是解离子表面活性剂抑制了氢氧化钠溶解。

无论是在蒸馏水中还是在饱和盐水中,钻井流体用聚合物升高体系 pH 值。主要是聚合物材料中含有的碱性杂质所致。氢氧化钠是氢氧根离子的主要来源,随着氢氧化钠浓度的增加,除磺甲基酚醛树脂体系有缓冲作用外,其他聚合物体系的 pH 值增大,可以认为聚丙烯酰胺、羧甲基纤维素和黄胞胶等聚合物能够调整体系 pH 值。

无论是在蒸馏水中还是在饱和盐水中,磺甲基酚醛树脂体系的 pH 值变化曲线与其他体系的变化曲线完全不同,表现出明显的缓冲作用。

磺甲基酚醛树脂在钻井现场中应用广泛,主要用在深井盐水或饱和盐水钻井流体中,现场应用盐磺化钻井流体时经常出现钻井流体 pH 值偏低,即使加入大量烧碱仍很难提高。氯化钠降低钻井流体初始 pH 值,磺甲基酚醛树脂对钻井流体的 pH 值有显著的缓冲作用,可能是盐水磺化钻井流体 pH 值不易调整的主要原因。

为探讨磺甲基酚醛树脂的缓冲机理,研究磺甲基酚醛树脂、水溶性酚醛树脂和苯酚对体系 pH 值影响规律表明,无论是在蒸馏水中还是在饱和盐水中,磺甲基酚醛树脂、水溶性酚醛树脂和苯酚都表现出显著的缓冲作用。三种物质分子中都有酚羟基,在碱性条件下酚羟基与氢氧化钠发生中和反应生成酚钠,在酸性条件下酚钠转化成酚羟基,酚羟基与酚钠构成了 pH 值缓冲体系。

1.2 常用碱度控制剂制造工艺

钻井流体常用的酸碱度控制剂有烧碱、纯碱和石灰,还有一些弱酸和弱碱。钻井流体需要维持弱碱性环境,一般不需要酸。常温下,10% 烧碱或苛性钾溶液,pH 值为 12.9;10% 纯碱、钾碱溶液,pH 值为 11.1;石灰饱和溶液,pH 值为 12.1。

1.2.1 烧碱制造工艺

烧碱(Caustic Soda),即氢氧化钠(Sodium Hydroxide),分子式为 NaOH。外观为乳白色晶体。密度 2.0~2.2g/cm^3。易溶于水,溶解时放出大量热。溶解度随温度升高而增大,水溶液呈强碱性。烧碱容易吸收空气中的水分和二氧化碳,并与二氧化碳作用生成碳酸钠。

存放时应注意防潮加盖。烧碱主要用于调节钻井流体的 pH 值,还可用于控制钙处理钻井流体中钙离子的浓度。

烧碱的生产方法很多,大致有 40 多种。目前,中国的烧碱生产主要采用离子膜电解法。按流程可分为,一次盐水精制、二次盐水精制、电解、淡盐水脱氯、氯气处理、氢气处理等工序。核心工序是二次盐水精制和电解。

一次盐水精制的主要目的是控制悬浮物、杂质离子的含量,为盐水二次精制做准备。二次盐水精制最主要的是使粗盐水经过螯合树脂塔后除去二价阳离子。有的工艺在二次精制中盐水进螯合树脂塔之前加上碳素管或其他类型过滤器,进一步降低盐水中悬浮物的含量。电解部分是烧碱制备流程的关键工序,符合电解要求指标的精制盐水流经电解槽时,在直流电作用下,离子经离子交换膜迁移,在阴极液相形成烧碱,阳极液相产生淡盐水。阴极生成氢气,阳极生成氯气。

胜利油田某井钻遇酸敏性地层,钻井流体中钙土含量增加。考虑井壁稳定性能良好,加入烧碱控制 pH 值,既能将钙土转变成钠土,提高了钻井流体的稳定性,又调节了钻井流体的 pH 值,适合酸敏性地层钻进,预防沉淀、堵塞孔隙和喉道,提高地层渗透率。

中古 151 井位于塔中西部,钻入含硫化氢地层,要求钻井流体的 pH 值始终控制在 9.5 以上。通过向钻井流体中加入烧碱调节钻井流体的 pH 值,预防钻具腐蚀,保证安全钻进。

1.2.2 纯碱制造工艺

纯碱(Soda Ash),即碳酸钠(Sodium Carbonate),又称苏打粉,分子式为 Na_2CO_3。无水碳酸钠为白色粉末,密度为 $2.5g/cm^3$,易溶于水,接近 36℃ 时溶解度最大,水溶液呈碱性,pH 值为 11.5;空气中,易吸潮结成硬块(晶体),存放时要注意防潮。

18 世纪以前,世界上没有制碱工业,所需要的碱通过天然碱湖(碱矿)采得,也可以从含碱的植物灰分中制得(裴正建,2011)。

1791 年,法国医生路布兰(Nicholas Leblanc,1742—1806)通过煅烧硫酸钠、煤炭和石灰石成功研制出路布兰法制造纯碱工艺。

首先用硫酸和食盐制取硫酸钠,然后将硫酸钠与石灰石、煤炭三者按 100∶100∶35.5 的质量比混合,在反射炉或回转炉内 950~1000℃ 煅烧后生成熔块(即黑灰),再通过浸取、蒸发以及煅烧等过程得到纯碱。

后来,比利时工程师索尔维(E. Ernest Solvay,1838—1922)在 1863 年实现了索尔维法制造纯碱(即氨碱法)。通过石灰石煅烧、盐水精制、吸氨、碳酸化、碳酸氢钠过滤、煅烧、母液蒸馏后,可制得纯碱。

氨碱法与路布兰法相比,原料价格低廉,易得,产品纯度高,适合大规模生产,从而取代了路布兰法,沿用至今。但氨碱法也存在氯化钠利用率低、废液处理难达标等问题。每生产 1.0t 纯碱约要排除 $10m^3$ 左右的废液,被称为白海。二战后,日本纯碱工业为了适应增产肥料要求,进一步提高原盐的利用率,在索尔维法的基础上开发了联合制碱法,称为 AC 法,之后改良成 NA 法。

1924 年德国格鲁德(Gland)和吕普曼(Lopmann)试验用碳酸氢铵和食盐为原料的循环法获得成功。1935 年此法专利转让给察安(Zahn)公司,后期称为察安法。首先做出碳酸氢铵结晶以处理饱和盐卤,把得到的碳酸氢钠过滤后,将母液冷却降温,再加入食盐从而得到氯化铵结晶。大大提高了利用率。

天然碱加工制纯碱,世界主要采用的方法有蒸发法、碳酸化法两种,其中蒸发法还可以依据原料组成不同,进一步细分为倍半碱工艺和一水碱工艺。

按不同方法,纯碱的生产工艺较多,主要有天然碱法和合成碱法,其中合成碱法又分为氨碱法和联碱法。其中合成碱法占68.0%,天然碱法占32.0%。同时,中国是世界上唯一同时拥有上述三种生产方法的国家。

江汉油田王76平-1井区钻遇含钙离子和镁离子地层,井壁失稳。钻井流体中加入碳酸钠,除掉了钙离子和镁离子,但是没有解决井壁失稳。后又改用碳酸钾,不但除掉钙离子和镁离子,而且钾离子抑制页岩膨胀、分散,从而稳定井壁。

1.2.3 生石灰制造工艺

石灰,也称生石灰,即氧化钙(Calcium Oxide),分子式为 CaO。吸水后变成熟石灰,即氢氧化钙(Calcium Hydroxide),分子式为 $Ca(OH)_2$。氧化钙在水中的溶解度较低,常温下为0.16%,水溶液呈碱性。温度升高,溶解度降低。油包水乳化钻井流体,氧化钙用于调节 pH 值,维持油基钻井流体的 pH 值 8.5~10.0,防止钻具腐蚀。未溶解的氢氧化钙的量一般应保持 $0.43 \sim 0.72 \text{kg/m}^3$(1.5~2.5lb/bbl)作为储备碱度。

生石灰是石灰石煅烧的产物,石灰石煅烧又分为悬浮态煅烧和堆积态煅烧,相对堆积态煅烧,悬浮态煅烧时碳酸钙的表观分解率可以达到99.0%以上,而且得到的产品有较大的比表面积和较多的空隙,活性较高。悬浮态煅烧的热效率优于传统的堆积态煅烧,可用于大规模工业化生产(周元一,1984)。

胜利油田的埕北21-平1井钻遇含有二氧化碳地层。二氧化碳气体侵入钻井流体,钻井流体 pH 值下降。加入氧化钙不但保证了钻井流体的弱碱性,碳酸钙沉淀还具有降失水、暂堵作用控制储层伤害。

1.3 发展前景

维持钻井工作流体碱性的无机离子除了氢氧根离子外,还有碳酸氢根离子和碳酸氢根离子等,保证 pH 值在一个合理的范围内。

但 pH 值并不能反映钻井流体中离子的种类和浓度。在实际应用中,特别是国际上除测量 pH 值外,还常使用碱度来表示钻井流体的酸碱性。

碱度控制剂保证了井壁的稳定性,防止了钻具腐蚀,抑制了钻井工作流体中钙盐和镁盐的溶解,对钻井流体发展具有重要意义。

1.3.1 存在问题

日常工作中,有两个问题经常被忽视:

一是,钻井工作流体中碳酸氢根离子和碳酸根离子均为有害离子,会破坏钻井工作流体的流变性和降失水性能,因此应尽量消除。

二是,碱敏性储层,钻井流体的 pH 值应尽可能控制在 7~8。如需调控 pH 值,最好不用烧碱作为碱度控制剂,可用低储层伤害程度的碱度控制剂。

1.3.2 发展方向

随着世界钻井流体发展,中国钻井流体的整体水平有了很大的提高,钻井流体的研究水平取得了长足的进步,优质的钻井流体和处理剂陆续问世,有效地提高了钻井的成功率,降低了钻井成本,获得了可观的经济效益。

钻井流体的 pH 值和碱度对钻井流体性能影响很大,但在常规的实践中认为钻井流体的 pH 值只要能大体稳定在一个相当的范围内即可,重视不够,缺乏深入的研究。

钻井流体 pH 值降低不仅在一定程度上影响有机处理剂在钻井流体中的作用,降低钻井流体性能,还会加重钻具腐蚀,造成随机的、可避免的钻井事故。因此,未来钻井流体需要更好的碱度控制剂提高钻井流体中的碱度,减轻对钻具的腐蚀,预防因氢脆引起的钻具和套管的损坏。

不断完善碱度控制剂,是碱度控制剂进一步发展的方向和目标,对中国钻井流体的发展具有重要意义。

第2章 杀 菌 剂

杀菌剂(Bactericides)是用于杀灭和减少钻井流体中有害微生物群落(真菌、细菌、酵母)及藻类,使其含量降低到安全范围内,从而维持钻井流体中处理剂的正常发挥作用的钻井流体用处理剂。给钻井流体带来严重危害的常见细菌主要有腐生菌以及硫酸盐还原菌。

腐生菌(Saprophytes)是能生物降解有机处理剂的菌类,尤其是淀粉类、纤维素类、生物聚合物类,同时会产生大量菌体和黏性代谢产物,影响钻井流体、完井液、压裂液性能,使其作用下降或失效;同时,产生的大量菌体和黏性代谢产物与机械杂质等进入储层,堵塞储层和改变储层为酸性。

硫酸盐还原菌(Sulfate Reducing Bacteria)能将硫酸盐还原成硫化氢的细菌的总称。硫化氢具有较强的腐蚀性、味臭且有毒性,会造成钻具、井下设备及压裂设备腐蚀,影响操作者的身体健康;此外,硫化氢还会与钻井流体、完井液和压裂液中携带的二价铁离子反应生成黑色的硫化亚铁沉淀,堵塞储层。目前普遍采用细菌测试瓶法测定腐生菌、硫酸盐还原菌,不常用的还有培养-镜检法、改进测试瓶法、免疫学法等(易绍金等,2002)。

细菌生长速度快,可造成如腐蚀、储层伤害、管线受阻等诸多问题。因此,必须采取有效措施,控制油田细菌。目前,杀菌种类很多,最常用的是氯气、季铵盐、有机醛、有机硫化物杀菌剂等。

(1)氯气。氯气是早期常用的注水杀菌剂。中国氯气来源丰富,价格便宜,使用方便,速效、污染环境较小等。但是氯气有氧化某些缓蚀剂、受到pH值的局限、缺乏穿透能力、药效短、使细菌产生抗药性以及生成沉淀等缺点,用得越来越少。与之相关的氯酚类杀菌剂有杀菌毒力较强而持久和成本较低等优点,但对鱼类毒性较大,某些氯酚化合物的杀菌效果易受pH值的影响,用得越来越少。国际上最常用的氯酚类杀菌剂有三氯酚、五氯酚、双氯酚等。

(2)季铵盐类。季铵盐是阳离子表面活性剂,不仅具有极好的分散和杀菌性能,而且还是较好的缓蚀剂。其中脂肪胺的季铵盐杀菌效果最好。国际上油田常用的季铵盐类杀菌剂有大豆油三甲基氯化铵、牛油三甲基氯化铵、烷基双-2-羟乙基甲基氯化铵、二椰二甲基氯化铵等。中国油田也应用了季铵盐类杀菌剂,常用的是十二烷基二甲基苄基氯化铵及新洁尔灭。

(3)有机醛类。有机醛类杀菌剂控制硫酸盐还原菌生长。最有效的杀菌剂是戊二醛和甲醛。

(4)有机硫化物。有机硫化物杀菌剂杀菌高效,价格便宜。但在碱性条件下易于分解。国际上常用二硫氰基甲烷作杀菌剂。中国有二硫氰基甲烷和表面活性剂为主要成分的杀菌剂。

此外,为了经济、有效、合理地抑制油田细菌,往往采用联合或交替使用杀菌剂措施。联合使用杀菌剂是将两种或两种以上的杀菌剂按照一定的配方复配杀菌剂。交替使用杀菌剂是指两种或两种以上的杀菌剂先后交替使用。充分发挥各种杀菌剂的优势,减少杀菌处理费用,避免细菌的抗药性。

2.1 杀菌剂作用机理

钻井流体用杀菌剂,是用来防止淀粉、生物聚合物等多糖类聚合物及其衍生物被细菌降解的处理剂。杀菌剂按其化学成分可以分为无机杀菌剂,如氯、溴、次氯酸钠、铬酸盐、硫酸铜、汞和银的化合物等,有机杀菌剂,如氯酚类、氯胺、季铵盐、烯醛类等。按杀菌机理可以分为氧化型杀菌剂和非氧化型杀菌剂。

氧化型杀菌剂是通过氧化机理杀菌的化学药剂。一般是较强的氧化剂,利用它们所产生的次氯酸、原子态氧等,氧化微生物体内一些与代谢有密切关系的酶而杀灭微生物。如氯、次氯酸盐、二氧化氯、臭氧、过氧化氢等,应用较广泛的是氯气、漂粉精和二氧化氯。

非氧化型杀菌剂包括非离子型杀菌剂和离子型杀菌剂。非离子型杀菌剂分为有机醛类、氯代酚类及其衍生物、有机锡化合物含氰类化合物,如二硫氰基甲烷、异噻唑啉酮等。主要是靠渗透到细菌体内或者在水中水解后与细菌的某些组分形成络合物沉淀来达到杀灭或抑制细菌的目的。

离子型杀菌剂为阳离子型杀菌剂、阴离子型杀菌剂和两性离子杀菌剂。由于细菌细胞壁通常带负电,所以使用最早最多的是阳离子表面活性剂类杀菌剂,如季铵盐、季磷盐、烷基胍等。阴离子型杀菌剂研究和报道不多,如代森类[metiram,乙撑双二硫去氧基甲酸锰和锌的离子配位络合物,$(C_4H_6N_2S_4Zn)_x$]杀菌剂和福美类杀菌剂均为典型的阴离子型杀菌剂。由于这些杀菌剂水溶性和复配能力差、杀菌能力弱,现在应用和研究得都比较少。两性杀菌剂既有带正电荷的基团,也有带负电荷的基团,适用的pH值范围更宽,杀菌效果也更好。

2.2 常用杀菌剂制造工艺

钻井流体常用杀菌剂,主要用来杀灭和减少钻井流体中有害微生物群落(真菌、细菌、酵母)及藻类,使数量降低到安全范围内,维护钻井流体处理剂正常使用。常用的杀菌剂有醛类(甲醛、多聚甲醛、戊二醛、丙烯醛等)、阳离子表面活性剂(苯扎氯铵、聚六亚甲基胍等)、无机碱类杀菌剂(烧碱、石灰、高浓度盐溶液等)、噻唑类杀菌剂(异噻唑啉酮、苯噻硫氰等)。

2.2.1 醛类杀菌剂制造工艺

醛类化合物的杀菌活性基团是醛基。醛基的极性效应使醛基碳带正电荷。醛基氧带负电荷,与蛋白质中带孤对电子的氨基或细菌酶系统中的巯基发生亲核加成反应,使蛋白质变性或破坏酶的活性,杀灭细菌。油气井应用醛类杀菌剂主要应对硫酸盐还原菌。但醛类杀菌剂刺激性大,对人体有害,操作不方便。

(1)甲醛。甲醛的分子式为HCHO,相对分子质量为30.03。俗称福尔马林,无色,有特殊的刺激气味。在-20℃时,气体相对密度$1.067g/cm^3$,液体相对密度$0.815g/cm^3$。易溶于水和乙醚。水溶液的含量最高可达55%。工业品通常是40%(含8%甲醇)的水溶液,无色透明,具有窒息性臭味,呈中性及弱酸性。纯甲醛有强还原作用,能燃烧。蒸汽与空气形成爆炸混合物,爆炸极限为 7%~73%。甲醛用作钻井流体的杀菌剂和防腐剂。

甲醛用途广泛,生产工艺简单、原料供应充足,是甲醇下游产品的主力,世界年产量在 2500×10^4 t 左右,30% 左右的甲醇都用来生产甲醛。但甲醛是浓度较低的水溶液,不便长距离运输,所以一般都在主消费市场附近设厂。进出口贸易也极少。甲醛的制备方法包括甲醇氧化法、天然气氧化法、二甲醚氧化法和甲醇脱氢法,工业上主要采用甲醇氧化法和天然气氧化法。

① 甲醇氧化法是在 600~700℃ 下,使甲醇、空气和水通过银催化剂或铜、五氧化二钒等催化剂,直接氧化生成甲醛,甲醛用水吸收得甲醛溶液。

$$2CH_3OH + O_2 \longrightarrow 2HCHO + 2H_2O$$

总反应是放热反应,50%~60% 的甲醛通过氧化反应生成,其余通过氢反应生成。副产物为一氧化碳和二氧化碳、甲酸甲酯及甲酸。甲醇转化率为 80%,收率以甲醇计为 85%~90%。技术成熟,收率高,得到广为采用。

② 天然气氧化法是在 600~680℃ 下,天然气和空气混合物通过铁、钼等氧化物催化剂,直接氧化生成甲醛,用水吸收得甲醛溶液。

$$CH_4 + O_2 \longrightarrow HCHO + H_2O$$

③ 二甲醚氧化法系采用合成气高压法合成甲醇副产的二甲醚为原料,以金属氧化物为催化剂氧化而成。

$$CH_3OCH_3 + O_2 \longrightarrow 2HCHO + H_2O$$

④ 甲醇脱氢法是将甲醇蒸气在 300℃ 时,通入铜或银的催化剂,甲醇脱氢而制得,同时副产氢气。甲醛气体吸收水含量达 36%~40%,即为甲醛溶液。将市售甲醛溶液蒸馏去除杂质,并补充甲醇即为试剂甲醛溶液。

$$CH_3OH \longrightarrow HCHO + H_2 \uparrow$$

甲醛作为杀菌剂,一般为 37% 的水溶液,因用量大,应用范围受到限制。优点是价格低廉,但有致癌的可能,用量大,易于氨、硫化氢及除氧剂反应。

(2)戊二醛。戊二醛用作钻井流体的杀菌剂和防腐剂。戊二醛的分子式为 $OHC(CH_2)_3CHO$,相对分子质量为 100.12。戊二醛为带有刺激性特殊气味的无色透明状液体。熔点为 -14℃,沸点 188℃。不易燃,可随蒸气挥发。蒸气相对密度 3.4g/cm³,不易溶于冷水,但与热水可混溶,易溶于乙醇、乙醚等有机溶剂。

戊二醛的制备方法主要采用吡喃法。1950 年,Lonely 和 Emerson 采用丙烯醛和乙烯基乙醚为原料,二者经 Diels – Alder 加成反应生成 2 – 乙氧基 – 3,4 – 二氢吡喃,后者在酸催化作用下生成戊二醛。反应多以锌铝盐为催化剂,转化率高达 95%。

反应结束后将乙醇蒸出,得到戊二醛溶液。由于戊二醛在常温条件下可被空气氧化,也容易发生缩合、聚合等反应,工业上通常将其制成 25% 的稳定水溶液,以便贮存和使用。

戊二醛在石油工业中普遍使用,常与其他杀菌剂或表面活性剂一起使用。戊二醛广谱高效,不受硫化物的影响。戊二醛为非离子型,与其他药剂兼容性好,耐盐、耐钙。戊二醛的缺点是易受氨、无机胺及除氧剂的影响,作用下降。

(3)丙烯醛。丙烯醛为无色或淡黄色易挥发不稳定液体,有类似油脂烧焦的辛辣臭气。熔点为 -87.7℃,相对空气密度为 $1.94g/cm^3$。易溶于水、乙醇、乙醚、石蜡烃(正己烷、正辛烷、环戊烷)、甲苯、二甲苯、氯仿、甲醇、乙二醚、乙醛、丙酮、乙酸、丙烯酸和乙酸乙酯。丙烯醛的分子式为 C_3H_4O,相对分子质量为 56.06。丙烯醛的制备方法主要有丙烯催化空气氧化法、甘油脱水法和甲醛乙醛法等。

① 丙烯催化空气氧化法是在反应温度 310~470℃、常压的条件下将丙烯在钼酸铋及磷钼酸铋系催化剂存在下用空气直接氧化,从生成的反应产物中除去副产品酸后,再经蒸馏,即得成品。

工业制法将丙烯、空气和水蒸气,按投料物质量之比丙烯:空气:水蒸气 = 1:10:2 混合后与催化剂一起送入固定床反应器,在 0.1~0.2MPa、350~450℃下反应,接触时间 0.8s,反应释放的热量回收用生产蒸汽。反应生成的气体混合物用水急冷,从急冷塔出来的尾气放空前经过洗涤,从急冷塔塔底出来的有机液进汽提塔,汽提出丙烯醛和其他轻组分,然后用蒸馏法从粗丙烯醛中除去水和乙醛。

② 甘油脱水法为实验室制法。将甘油与硫酸氢钾或硫酸钾、硼酸、三氯化铝在投料物质量之比甘油:硫酸氢钾:硫酸钾 = 1:0.5:0.026。在温度 215~235℃下共热,将反应生成的丙烯醛气体蒸出并经冷凝收集,得粗品。将粗品加 10% 磷酸氢钠溶液调 pH 值至 6.0,分馏收集 50~75℃时的馏分,即得丙烯醛精品。

③ 甲醛乙醛法是在以硅酸钠浸渍过的硅胶催化作用下,由甲醛和乙醛气相缩合制得。

丙烯醛是高效杀菌剂、除硫剂。丙烯醛常温下是气体,刺激眼睛和黏液组织,操作时应小心,加入时用泵注入或用氮气置入。丙烯醛广谱、渗透力强,能穿透垢沉积及硫化物组织杀死细菌。缺点是操作较难控制,易与聚合物和清洗剂反应,而且毒性较高。

2.2.2 阳离子表面活性剂制造工艺

阳离子表面活性剂用作杀菌剂常用的主要是十二烷基二甲基苄基氯化铵,分子式为 $C_{21}H_{38}NCl$,相对分子质量为 339.5。

十二烷基二甲基苄基氯化铵,简称 1227,为淡黄色透明黏稠溶液,略有苦杏仁芳香味,可溶于氯仿、丙酮、苯和混合二甲苯,易溶于水,1% 水溶液为中性,发泡性、稳定性好,耐热、耐光和无挥发性,既可用作非氧化性杀菌剂,又可作为黏泥剥离剂。不能与阴离子表面活性剂或助剂混用,可与一定量非离子表面活性剂混用。在水中能改变细胞膜的性质,起到杀伤细胞壁的原生质膜,并能与蛋白质起反应使细胞死亡。同时,十二烷基二甲基苄基氯化铵是阳离子表面活性剂,可用作黏土稳定剂、杀菌剂和耐高温油包水乳化钻井流体的乳化剂。其制备合成工艺主要有 Lenckart 反应法、氯代烃法两种。

(1)Lenckart 反应法。十二烷基胺加 2 倍物质的量的甲酸和 2 倍物质的量的甲醛(甲酸甲醛法)生成十二烷基二甲基胺(叔胺),再取十二烷基二甲基胺加入氯化苄季胺化得到氯化十二烷基二甲基苄基。工艺简单。

但甲酸甲醛法不能保证合成叔胺的纯度,产率较低。反应过程中采用高效催化剂,可提高十二烷基二甲基胺纯度,经精馏可制95%以上纯品。

(2)氯代烃法。十二醇与盐酸反应得到氯代烃(一氯代十二烷),再加二甲基胺反应生成十二烷基二甲基胺(叔胺),取十二烷基二甲基胺213份,在不超过100~110℃下投加氯化苄126.5份,在120℃加热2h可得到淡黄色黏稠液体,然后冷却成固体。

工艺回收使用盐酸和二甲胺,无三废产生。工艺反应温度较低,时间短。

2.2.3 无机碱类杀菌剂制造工艺

钻井流体用无机碱类杀菌剂主要是氢氧化钠和氢氧化钙。其合成方法较多。

(1)氢氧化钠。氢氧化钠,化学式为NaOH,俗称烧碱、火碱、苛性钠,为强腐蚀性强碱,一般为片状或颗粒形态,易溶于水,溶于水时放热形成碱性溶液。潮解,易吸取空气中的水蒸气(潮解)和二氧化碳(变质),可加入盐酸检验是否变质。

氢氧化钠是化学实验室其中一种必备的化学品,也为常见的化工品之一。纯品是无色透明的晶体。密度$2.13g/cm^3$,熔点318.4℃,沸点1390℃。工业品含有少量的氯化钠和碳酸钠,是白色不透明的晶体。有块状、片状、粒状和棒状等。相对分子质量40.01。氢氧化钠在水处理中可作为碱性清洗剂,溶于乙醇和甘油;不溶于丙醇和乙醚。高温下腐蚀。与氯、溴、碘等卤素发生歧化反应;与酸类物质中和生成盐和水。

氢氧化钠的制备方法包括苛化法、隔膜电解法、离子交换膜法,工业上生产烧碱的方法有苛化法和电解法两种。

① 苛化法。将纯碱、石灰分别制成纯碱溶液、石灰制成石灰乳,于99~101℃苛化反应,苛化液经澄清、蒸发浓缩至40%以上,制得液体烧碱。进一步熬浓固化,制得固体烧碱成品。苛化泥用水洗涤,洗水用于化碱。

$$Na_2CO_3 + Ca(OH)_2 \longrightarrow 2NaOH + CaCO_3 \downarrow$$

② 隔膜电解法。将原盐化盐后加入纯碱、烧碱、氯化钡精制剂除去钙、镁、硫酸根离子等杂质,在澄清槽中加入聚丙烯酸钠或苛化麸皮以加速沉淀,砂滤后加入盐酸中和,盐水经预热后送去电解,电解液经预热、蒸发、分盐、冷却,制得液体烧碱,进一步熬浓即得固体烧碱成品。盐泥洗水用于化盐。

$$2NaCl + 2H_2O \xrightarrow{电解} 2NaOH + Cl_2 \uparrow + H_2 \uparrow$$

③ 离子交换膜法。将原盐化盐后按传统办法精制盐水,把一次精盐水经微孔烧结碳素管式过滤器进行过滤后,再经螯合离子交换树脂塔进行二次精制,使盐水中钙和镁含量降到0.002%以下,将二次精制盐水电解,于阳极室生成氯气,阳极室盐水中的钠离子通过离子膜进入阴极室与阴极室的氢氧根离子生成氢氧化钠,氢离子直接在阴极上放电生成氢气。电解过程中向阳极室加入适量的高纯度盐酸以中和返迁的氢氧根离子,阴极室中应加入所需纯水。在阴极室生成的高纯烧碱浓度为30%~32%(质量分数),可以直接作为液碱产品,也可以进一步熬浓,制得固体烧碱成品。

$$2NaCl + 2H_2O \longrightarrow 2NaOH + H_2 \uparrow + Cl_2 \uparrow$$

(2)氢氧化钙。氢氧化钙是白色粉末状固体。化学式$Ca(OH)_2$,俗称熟石灰、消石灰,微溶于水。加入水后,呈上下两层,上层水溶液称作澄清石灰水,下层悬浊液称作石灰乳或石灰浆。上层清液澄清石灰水可以检验二氧化碳,下层浑浊液体石灰乳是一种建筑材料。

氢氧化钙是二元强碱。但氢氧化钙的溶解度较小,实际上显中强碱性,具有碱的通性,对皮肤和织物有腐蚀作用。氢氧化钙在工业中应用广泛,是常用的建筑材料,也用作杀菌剂和化工原料等。工业制备方法为生石灰与水反应。

2.2.4 异噻唑啉酮类制造工艺

异噻唑啉酮类衍生物是指具有噻唑啉酮环的一系列化合物,具有抗菌能力强、应用剂量小、相容性好、毒性低等优点,对多种细菌、真菌都具有很强的抗菌作用。广泛应用于工业、农业和医药等(王向辉等,2008)。

异噻唑啉酮类化合物的合成方法最早由 Goerdeler 和 Mittler 提出(Goerdeler 等,1963),此后,美国 Rohm&Hass 公司全面研究异噻唑啉酮类化合物合成方法。形成了现在普遍使用得非常经典的二硫代二酰胺及巯基酰胺两种合成方法。

制备异噻唑啉酮类化合物有 5 种主要方法,以下化学式中的 R_1 或 R_2 可相同也可不同,也可为氢卤素、C_1—C_4 的烷基;Y 是 C_1—C_8 的烷基、C_3—C_6 的环烷基、可达 8 个碳原子的芳烷基、芳烃基或是带有取代基的 6 个碳原子的芳烃基;若式中 Y 为低烷烃,则至少有一个 R_1 或 R_2 为氢(一般 R_1 为氢)。

(1)1963 年 Goerdeler 和 Mittler 的异噻唑啉酮的制备方法中,异噻唑啉酮是由 β - 硫酮酰胺在惰性有机溶剂中卤化制得。

(2)1965 年 Grow 和 Leonard 提出,β - 硫氰丙烯酰胺或硫代丙烯酰胺经酸化处理(如硫酸)可制备异噻唑啉酮。

(3)20 世纪 70 年代,美国 Rohm&Hass 公司取得了在有机溶剂中将 3 - 羟基异噻唑啉酮与卤化剂反应制得异噻唑啉酮的制备专利。

(4) 1973年,Rohm&Hass公司又提出新的制备方法,即在惰性溶剂中将二硫代二酰胺与卤化剂反应而制得。

$$\left(S-\underset{R_1}{\underset{|}{C}}\underset{H}{\overset{R_2}{\underset{|}{C}}}-\underset{H}{\overset{}{C}}=\underset{H}{\overset{Y}{\underset{|}{C}}}-\underset{H}{\overset{}{N}}\right) \xrightarrow{Cl_2 \text{ 或 } SO_2Cl_2} \begin{array}{c} R_2 \\ \\ R_1 \end{array} \begin{array}{c} O \\ \| \\ N-Y \\ S \end{array}$$

(5) 1974年,Rohm&Hass公司再一次提出以巯基酰胺为原料制备异噻唑啉酮的方法。

$$HS-\underset{R_1}{\underset{|}{C}}=\underset{}{\overset{R_2}{C}}-\underset{}{\overset{O}{\underset{\|}{C}}}-NHY \xrightarrow{Cl_2} \begin{array}{c} R_2 \\ \\ R_1 \end{array} \begin{array}{c} O \\ \| \\ N-Y \\ S \end{array}$$

以二硫代二酰胺及巯基酰胺为原料的制备方法为制备异噻唑啉酮最常用的方法,此后的方法都是在此基础上的改进方法。

2.3 发展前景

近年来,世界上都十分重视新型杀菌剂的研制及应用。例如,国际上某公司的含氯噻唑啉衍生物,用于杀死淤渣型菌极为有效,可用于离子交换体系,并可与大多数聚合物兼容,就有可能成为钻井流体的有效杀菌剂。

中国也成功研制出多种工业用水杀菌剂,包括氧化型杀菌剂(如氯气、次氯酸盐等)和非氧化型杀菌剂,如二硫氰基甲烷。杀菌剂高效、低毒、广谱、抑菌时间长,对菌胶团有解体作用,处理费用也不高,在长庆油田已得到推广应用。

2.3.1 存在问题

钻井过程中的细菌危害及其后续危害已引起石油行业的高度重视。虽然钻井流体用杀菌剂的研制费用增加、研制难度增大,但钻井流体杀菌剂发展较快,主要关注两个方面。

必须提高微生物生长代谢机理及相关杀菌剂作用机理研究水平,以更有力地推动杀菌剂的发展。另外,进一步加强杀菌剂与钻井流体用有机处理剂及钻井流体的兼容性研究。

2.3.2 发展方向

钻井流体用杀菌剂研制以提高钻井流体使用效率和保护环境为目标,向高效、低毒和环境友好方向发展、由单剂向复配混剂方向发展、由单一功能向多功能方向发展以及利用生物技术向生物制剂方向发展等4个方面。

(1)向高效、低毒和环境友好方向发展。从历史发展看,醛类杀菌剂使用最广。醛类杀菌剂的共性是有毒性,特别是甲醛,使用后不能自行生物降解,有残毒,长期使用对人畜及周围环境产生污染。鉴于上述原因,美国现已禁止在海洋作业中使用甲醛作为钻井流体的杀菌剂。绿色环保是 21 世纪的主旋律,为了降低杀菌剂的环境效应,应开发高效、低毒和环境友好易降解型杀菌剂。

(2)由单剂向复配混剂方向发展。单剂会造成抗药性。混剂是杀菌剂的发展方向。中国现有杀菌剂品种相对较少,很多品种由于连续使用,都已产生了不同程度的抗药性,研制新品种的费用又相当昂贵,研发周期长,开发难度大。因此,利用现有的杀菌剂品种开发及应用科学合理的混剂,可以使杀菌剂的使用获得更好的社会效益、经济效益和生态效益。

(3)由单一功能向多功能方向发展。开发研究油田用杀菌剂,除要求产品本身具有高的杀菌效果外,还要求产品具有较强的渗透性和剥离污垢、油垢的能力等,以便将藏匿的细菌全部杀死,提高杀菌效果,延长杀菌处理的有效期。

(4)利用生物技术向生物制剂方向发展。生物技术是 20 世纪 90 年代发展最快的一种技术,也是 21 世纪的主导技术。细菌胞外酶及代谢产物,帮助聚合物和表面活性剂,提高油层采收率,防止油层酸性化。

第3章 除 硫 剂

除硫剂(Sulfur Removal Agent)是钻井流体用来清除硫化氢而加入的处理剂。钻井过程中经常遇到硫化氢,主要有4个来源:

一是,地层中常常伴有硫化氢。打开含硫化氢地层后,地层流体侵入钻井流体。这是钻井流体中硫化氢的主要来源。

二是,某些物质经过井下高温高压热分解产生硫化氢。这类硫化氢可能来自钻井液完井液中的有机磺化物(磺化酚醛树脂、磺化沥青、磺化丹宁、磺化褐煤、磺化栲胶等)在温度超过150℃(磺化褐煤降解温度更低)条件下发生热分解产生硫化氢。地下高温环境也会引起原油中的有机硫裂解,也可以产生硫化氢。

三是,细菌作用产生硫化氢。原油开采过程中,原油中所含的硫元素在硫酸盐还原细菌的微生物作用下产生硫化氢。

四是,某些钻具螺纹用螺纹脂在高温下与游离硫反应生成硫化氢(在含硫油气井中禁止使用红丹螺纹脂)。

硫化氢极易溶解于水。硫化氢的水溶液具有强酸性和腐蚀性,会引起金属腐蚀,缩短钻具使用寿命,侵害钻井流体。硫化氢受温度、碱度和压力扩散程度影响较大。有剧毒。如果逸出硫化氢,威胁工作人员生命和健康。

为保证钻井安全顺利,同时从保护钻具的角度出发,在钻井过程中应加入适量的除硫缓蚀剂,防止钻具的腐蚀,避免井下事故(耿东士等,2007)。目前钻井过程中,主要通过添加除硫剂达到清除硫化氢的目的。

目前钻井流体常用的除硫剂主要是碱式碳酸锌,还有部分氧化铁。完井液中采用螯合物除硫剂为好。钻遇高浓度硫化氢时可选用碱式碳酸锌或海绵铁。

一般情况下,在钻进含硫地层前60m添加除硫剂。以海绵铁为主要原料的除硫剂推荐加量为1.1%。碱式碳酸锌的推荐加量为0.2%。添加量随着钻井流体中硫化氢含量的增加而增加,直至返回地面的钻井流体中不含硫化氢或硫化氢浓度对人体不产生影响。

3.1 除硫剂作用机理

按照作用机理,除硫剂可分为氧化型和沉淀型两大类。

(1)氧化型除硫剂。氧化型除硫剂可把低价态的硫氧化成高价态硫。这种类型的除硫剂有重铬酸钾(钠)、二氧化氯、过氧化氢、亚氯酸钙。

$$H_2S \longrightarrow S^{2-} + 2H^+$$

(2)沉淀型除硫剂。沉淀型除硫剂与硫化氢反应不改变硫的价态,而是把硫化氢中的活性硫转化成非活性硫。这类除硫剂有氧化锌、碱式碳酸锌、铁氧化物及碳酸钡等。

$$H_2S + M^{2+} \longrightarrow MS\downarrow + 2H^+$$

(3)氧化/沉淀型除硫剂。铁螯合物同时具有氧化和沉淀两种特性。铁氧化物除硫剂不溶水,在完井液中呈分散的固体颗粒。通过氧催化和化学沉淀两种途径达到除硫目的。

$$Fe_2O_3 + 3H_2S \longrightarrow 2FeS\downarrow + S + 3H_2O$$

$$FeO + H_2S \longrightarrow FeS\downarrow + H_2O$$

含氧体系中,氧会催化加速铁氧化物氧化硫化氢的速度。铁氧化物除硫剂的另一特点是在硫化氢侵入的瞬间除硫速度极高。一般可除去40%以上的侵入硫化氢。因此,铁氧化物除硫剂在钻井、完井中得到广泛应用。不过,铁氧化物除硫剂密度高且不溶于水,使用时应防止压漏或伤害储层。

从现场应用来看,理想的除硫剂应该是对人身及设备安全。因此,理想的除硫剂应满足7条要求:

(1)除去有害的硫化氢可靠。化学反应应该迅速完全彻底,可以预测反应的生成物,是钻井流体中的惰性物质。

(2)除硫剂在钻井流体中充分发挥化学作用和物理作用。包括pH值范围大,在温度和压力条件变化下,在钻井流体中可以起化学反应。

(3)加过量除硫剂后,不产生大的负面影响或者也不影响钻井流体的流变性、失水性和滤饼质量等钻井流体的主要性能。

(4)在井场上快速且易于测量出在钻井流体中除硫剂的真实用量,及有效的化学反应情况。

(5)化学除硫剂及其反应物应该是对金属和其他材料不产生腐蚀作用。

(6)使用除硫剂对人身安全无风险或环境友好,使用区域安全,环境可接受。

(7)化学除硫剂工业原料来源广泛、性价比高。

3.2 常用除硫剂制造工艺

含硫化氢井钻井,普遍使用除硫剂。现场常用除硫剂有微孔碱式碳酸锌、氧化铁(海绵铁)。

3.2.1 碱式碳酸锌制造工艺

碱式碳酸锌,分子式为$Zn_5(CO_3)_2(OH)_6$或者$Zn_4CO_3(OH)_6$,分子量为342.15,为白色无定形粉末,无嗅、无味,不溶于水和醇,微溶于氨,能溶于稀酸和氢氧化钠溶液。常温常压下稳定。贮存于阴凉、通风、干燥的库房中。不可与酸碱类物品共贮混运。注意防潮。运输过程中要防雨淋、受潮,防日晒、受热。失火时可用水浇救,或用沙土、灭火器扑救。

碱式碳酸锌的制备方法是将含锌35%以上的氧化锌矿粉碎,过80~100目筛,加入3倍量的120~125g/L硫酸,直接用火加热至50℃,保温搅拌1.5h,加入相当于氧化锌质量0.5%的氯酸钠,搅溶,升温至80℃,用50%以下浓度的石灰乳调pH值为5.0~5.2。取样检测料液中铜、镉、锰的含量,加入相当铜、镉理论量3~4倍的锌粉(含锌99.5%以上,粒度

100目)。如锰含量较高,将溶液升温至60℃,加入相当锰量2倍的高锰酸钾,搅溶,静置使二氧化锰沉淀完全,过滤弃渣(含二氧化锰),得净化液,取样检验锌含量。将净化液升温至55~60℃,加入相当锌含量2.9倍的碳酸氢铵,升温至75℃,保温搅拌1h,滤取碱式碳酸锌晶体(滤液经浓缩结晶,得副产硫酸铵),用清水洗涤3次,抽滤、离心脱水、烘干、粉碎、过200目筛,得白色粉状碱式碳酸锌成品。

陈传濂等(1982)在川南矿区自流层位的深1井试用碱式碳酸锌,井深6050.00m,井底温度181~192℃。应用表明,除硫反应速度快、效率高、对钻井流体性能影响小,对管材有防腐作用。除硫剂用量为0.5%,在川设6-1井钻井流体挂片测定,缓蚀率为70%。

3.2.2 氧化铁/海绵铁制造工艺

氧化铁是海绵铁的主要成分,碳含量低(低于1%),不含硅元素和锰元素等,保存了矿石中的脉石。这些特性使其不宜大规模用于转炉炼钢,只适于代替废钢作为电炉炼钢的原料。合成方式有两种:一种是直接还原法,另一种为熔融法。

(1)直接还原法是指不用高炉,从铁矿石中炼制海绵铁的工业生产过程。海绵铁是一种低温固态下还原的金属铁。产品未经熔化,仍保持矿石外形,但由于还原失氧形成大量气孔,在显微镜下观察形似海绵而得名。直接还原法可分为两大类:

一类是使用气体还原剂的直接还原法,称为气基法。气基法中竖炉法和流化床法是主要方法。另一类是使用固体还原剂的直接还原法,称为煤基法。煤基法以回转窑法和转底炉法为代表。目前在中国使用的工艺有隧道窑工艺、回转窑工艺和转底炉工艺三种。

(2)熔融还原法则以非焦煤为能源,在高温熔态下铁氧化物还原,渣铁能完全分离,得到类似于高炉的含碳铁水。

Y201井须钻穿侏罗系的沙溪庙组和自流井组,三叠系的须家河组、嘉陵江组和飞仙关组,二叠系的长兴组和茅口组。嘉陵江组和茅口组有硫化氢,通过提高钻井流体的pH值、使用粒径小于325目海绵铁除硫剂防止振动筛清除,结合使用钻井流体硫化氢快速测定仪监测钻井流体中硫化氢含量,有效解决了含硫地层的安全钻进问题(张小平等,2014)。

3.3 发展前景

除硫剂在钻井中应用广泛,对环境保护、人员安全和原油开采有重要的意义,具有广阔的发展前景。

3.3.1 存在问题

尽管除硫剂在钻井过程中发挥着重要作用,并且取得了很好的应用效果,但是除硫剂还存在除硫不彻底和生成新的沉淀杂质问题。

(1)除硫不彻底。锌基除硫剂与硫化氢的反应产物为硫化锌,在pH值小于3的条件下硫化锌会分解再次释放出硫化氢。所以,不能用于可能接触酸的体系中。在水基钻井液、完井液中,碱式碳酸锌由于除硫比高且可提高pH值,因而得到广泛应用。

碱式碳酸锌为两性物质,pH值大于11时溶解性良好,但易引起固相聚集和絮凝。这种条件下使用碱式碳酸锌应同时加入分散剂；在pH值等于9~11时溶解性不好，大部分呈颗粒状态，除硫效果不降低，因为消耗掉的锌离子立即会从固体颗粒得到补充；在pH值小于9的碱性条件下溶解性好，除硫效果好，但完井中一般不允许这样低的pH值。氧化锌则比较适合油基钻井流体。

（2）生成新的沉淀或者不稳定。除硫剂在清除硫化氢的过程中会和硫化氢反应生成沉淀。虽然钻井流体会清除大部分的沉淀，但是残余的沉淀会对钻井流体的性能造成影响。钡盐除硫剂由于与完井液中的某些离子易形成钡垢而很少使用。

在氧化型除硫剂中，二氧化氯和过氧化氢不稳定，使用不便。亚氯酸钙除硫剂已有报道，但仍无现场应用实例。氢氧化钙除硫剂由亚氯酸钙、过硼酸钠、高锰酸钾和过硫酸钾等4种物质复制而成，与硫化氢的反应产物为硫和硫酸根离子及氯化钙等。

3.3.2 发展方向

目前世界上的除硫剂种类很多，除硫的效率也参差不齐。随着科技的进步，除硫剂的研制进程也会越来越快、越来越多。许多学者针对具体需求，开发了自己的处理剂。

赵2井和赵3井等在2272.00~2435.00m井段硫化氢含量高达92.6%，用碳酸铜化合物作除硫剂，pH值调整到12~13。有效清除硫化氢。

$$CuSO_4 + NaHCO_3 \longrightarrow CuCO_3 + NaHSO_4$$

$$CuCO_3 + H_2S \longrightarrow CuS + H_2CO_3$$

使用过程中，按碳酸氢钠：硫酸铜为4∶2配制混合溶液$1.8m^3$，将混合液按1%的比例加入钻井流体中，生成硫化铜沉淀，大小如钻屑，容易清除。硫化氢含量从34mg/L下降到2.7mg/L。

锌螯合物是锌离子与易溶于水的有机物配合而成。成功地解决了碱式碳酸锌在pH值为9~11时的溶解性不好的问题。但除硫比比较低（碱式碳酸锌含锌55%，锌螯合物仅含锌20%左右）。1985年7月，加拿大Canterra能源公司在Canterra Caroline 12-36-6W5M井钻井时，完井液中使用锌螯合物作为除硫剂。硫化氢含量90%，pH值为11，顺利钻穿硫化氢气层。

铁螯合物是一种除硫剂。除硫速度快，易溶于水，且不产生沉淀物，在将来的完井液中可能会成为主导产品。铁螯合物是由乙二胺四乙酸、二亚乙基三胺五乙酸、氮川三乙酸和羟乙基乙二胺三乙酸同铁螯合而成。除硫剂在含氧体系中可再生并重复使用，在经济和环保上有一定的优越性。

第4章 除 氧 剂

除氧剂(Deoxidizer)是除去流体中溶解氧,防止钻具腐蚀的钻井流体用处理剂。广义上的除氧剂,可用在食品、制药或其他产品中,用来防止产品腐烂、变质、发霉。通过除氧剂可以保持产品本身的营养价值,避免质量损耗。

钻井流体中的溶解氧是钻具腐蚀的主要因素之一。溶解氧自身具有强烈的去极化作用,从而腐蚀钻具。溶解氧还是腐蚀促进剂,加剧其他腐蚀介质如氯离子、酸性气体和细菌的腐蚀。

为了减弱钻具吸氧腐蚀及有氧引起的其他腐蚀,经济、有效的做法是加入高效除氧剂。

4.1 除氧剂作用机理

除氧剂是用化学方法将氧从钻井流体中清除。亚硫酸钠与氧反应生成硫酸钠,是清除钻井流体中氧的最基础的机理。

$$Na_2SO_3 + O_2 \longrightarrow Na_2SO_4$$

常用的除氧剂分成两大类:一类是按照主剂的成分分类;另一类是按照反应类型分类。

(1)除氧剂按照主剂成分可分为无机系列脱氧剂和有机系列脱氧剂两大类型。

无机系列脱氧剂应用最广的是铁系脱氧剂。灰色或灰黑色无定形细粒或粉末,有极微光泽。为氧化铁在700~900℃时用氢还原所得,内含90%~96%金属铁,其余主要为氧化亚铁。暴露于空气和湿气中易氧化。溶于稀酸,不溶于水。保存用吸氧、绝氧等实现。由于环保性能好,应用越来越广泛。能将容器内氧气几乎全部除去,使氧浓度降至0.1%以下。借助脱氧保鲜剂的储备能力,不断将渗入氧气吸收,使被保鲜产品始终处于无氧状态,从而使微生物(如细菌、霉菌等)丧失生存条件,同时也相应阻止了油脂和蛋白质等有效成分的氧化分解。1g铁除氧能力为300mL,折合空气1500mL,除氧效果好,且经济。

有机系列除氧剂包括酶氧化(酶系列)、抗坏血酸氧化、光敏感性染料氧化等。除氧机理不同,如酶是直接氧化或产生分解物除氧,抗坏血酸是氧化除氧。

(2)除氧剂按照反应类型可分为高水分食品型和自动吸收型两大类型。

高水分食品型除氧剂与食品同时密闭后,吸氧剂的吸氧一般在水存在的条件下进行,主要以食品蒸发的水分进行脱氧反应。自动吸收型除氧剂又可分速效型、一般型与缓放型。

自动吸收型除氧剂保持自身水分,即使外部不存在水也能反应。通过改变吸氧剂成分、用量及包装材料的透气性,能控制反应速度从速效型转为缓效型。

4.2 常用除氧剂制造工艺

除氧剂用途广泛,一般应用于制药、维生素和食品等行业。石油化工行业主要用作添加剂防止器械的氧化腐蚀,延长器械寿命。

常见的除氧剂或干燥剂有铁、氧化钙、氢氧化钠等。纯铁为银白色,常见的为生铁,黑色。固体,多为块状,干燥剂时为粉末状。氧化钙俗称生石灰,白色,固体,多为粉末状。氢氧化钠又叫火碱、烧碱、苛性钠,白色,固体,多为粉末状。食品中的除氧剂一般是铁,干燥剂一般是氧化钙。钻井流体常用的除氧剂主要使用亚硫酸钠。

(1) 亚硫酸钠生产工艺。用亚硫酸氢钠母液进一步反应生成亚硫酸钠。

$$Na_2SO_3 + SO_2 + H_2O \longrightarrow 2NaHSO_3$$

$$2NaOH + SO_2 \longrightarrow NaHSO_3 + H_2O$$

$$NaOH + NaHSO_3 \longrightarrow Na_2SO_3 + H_2O$$

由硫酸装置风机接管道引出烟气通过冷却水箱冷却,水洗冷却釜除尘及三氧化硫后,在0.02MPa压力下进入吸收系统。在吸收塔内,用质量分数16%的氢氧化钠溶液作为吸收剂,对二氧化硫逆流吸收(稀碱液由质量分数32%的氢氧化钠溶液和清水配制而成)。当吸收液pH值达到5.4~6.0时,送去中和。吸收液与稀碱液分别控温后混合,调整pH值为9~10,然后用真空泵过滤固液分离。分离后的液体进入蒸发器浓缩。利用蒸发循环泵大流量地循环蒸发,蒸发量达到亚硫酸钠约50%为终点,高于50℃时过滤得到含湿亚硫酸钠固体产品,取样送去化验室干燥后化验。硫酸废热锅炉所产蒸汽经减压后供中和加热和亚硫酸钠浓缩。母液继续返回吸收系统继续与二氧化硫吸收,循环吸收至吸收液pH值达到3.8~4.0,得到亚硫酸氢钠溶液产品。

(2) 亚硫酸钠除氧剂用催化剂生产工艺。为了加快亚硫酸钠除氧剂的除氧速度,常常使用催化剂。除氧催化剂主要是一些双价金属离子,如钴离子、锰离子、镍离子和亚铁离子等。其中钴离子最有效,应用最广。

钴盐催化剂一般使用的是氯化钴,这些催化剂一般应用于中性和碱性体系。对于体系中含有少量硫化氢溶解气的情况,钴盐没有催化作用。这种体系下可使用铁的氧化物作为除氧的催化剂。这种催化剂不仅能催化除氧,也能除去部分硫化氢。它与除氧剂的配比随体系的变化而不同。催化剂可与除氧剂混合使用,也可先加入。但把钴离子与亚硫酸钠混合使用,由于形成亚硫酸钴沉淀,而使其催化效果降低。试验表明,把钴离子加到亚硫酸钠体系内1h后,其催化效果降低40%。某些螯合物,如二乙胺四乙酸钠也会降低钴离子的催化作用。钴离子加量一般为20~100μg/L,这个量就可使除氧反应进行完全。过量的催化剂对钻井流体的流变性没有太大的影响。也就是说,在使用亚硫酸钠除氧时,可以加一点催化剂。

(3) 亚硫酸钠除氧剂影响因素。亚硫酸盐除氧剂与氧的反应主要受pH值、温度以及硫酸根离子、钙离子和离子浓度的影响。其中pH值影响最大:pH值等于8.4,亚硫酸钠在1min内能从水中除去5mg/L的氧;pH值等于6.0,要用5min;pH值等于10.9,要用7min;pH值在8.5~10.0除氧速率最快。

温度具有双重影响:一方面温度每升高10℃,除氧速度就会增加1倍;另一方面,温度升高,氧在水溶液中的溶解度降低。当氧的含量降到0.8mg/L时,除氧反应进行很慢。

在富含钙离子的钻井流体中,亚硫酸钠加量必须增加。因为钙离子与亚硫酸根离子反应生成亚硫酸钙难溶物。亚硫酸钙比硫酸钙更难溶解,在水中的溶解度分别是 43mg/L 及 2410mg/L。钡离子的存在,也会因生成亚硫酸钡沉淀物,消耗除氧剂。

除氧效率还受溶液中的固相影响。溶液中固相总含量越高,除氧速率就越快。

体系内如含有硫化氢会干扰除氧反应,因为硫化氢与催化剂金属离子反应生成难溶的金属硫化物,从而降低催化效能。这种情况下最好使用铁的氧化物作催化剂,将硫化氢吸附在其表面的物理过程,不会造成化学伤害。某些化学物质也会干扰除氧反应。几乎所有的缓蚀剂、杀菌剂和防垢剂,都不同程度地降低除氧反应速度。螯合剂、硫醇、乙醇、苯酚、胺及甲醛都会干扰除氧反应(韩秋玲,1993)。

郭亮等(2014)室内研制出复合钻井流体用除氧剂。根据现场实际工况制作出模拟井筒实验装置实施除氧效果评价。在静态和动态的条件下,对不同的除氧剂浓度下,除氧效率 100% 时所需时间和溶氧浓度小于 0.1mg/L 的持续时间测试表明,除氧效率高、作用时间长、兼容性好。

4.3 发展前景

钻井流体中溶解氧是钻具腐蚀的主要因素之一。目前最有效、最经济的防护方案就是加入高效除氧剂。

4.3.1 存在问题

目前,除氧剂作用时间不长、耐温性不好、不兼容、清除速度慢,在溶液中很短时间分解失效,达不到彻底清除的效果。

4.3.2 发展方向

要解决存在的三大问题,发展主要是加快除氧速率、作用时间更长、效率更高、耐高温、与钻井流体兼容等方面。

(1)开发除氧速度快的除氧剂。加入除氧剂后要求能快速除氧,保证钻井流体进入井筒时,溶解氧的含量小于 0.1mg/L。

(2)开发作用时间长的除氧剂。钻井流体的 1 个循环周期大概为 7~8h,除氧剂应能保证在 1 个循环周期内,溶解氧的含量小于 0.1mg/L。

(3)开发效率高的除氧剂。由于微量的溶解氧就会对钻具产生腐蚀,所以要求除氧剂的除氧率要大于 90%,尽可能达到 100%。

(4)开发耐温性好的除氧剂。地层温度和钻具在钻进过程产生摩擦,会加热钻井流体。要求除氧剂在温度高时除氧效果不变。

(5)开发和钻井流体兼容性好,对储层无伤害的除氧剂。除氧剂只是钻井流体中的一种防腐处理剂,不能对钻井流体的其他性能造成负面影响。

第5章　高温稳定剂

　　高温稳定剂(Temperature Stability Agents, High – Temperature Stabilizer)又称温度稳定剂、高温稳定剂、高温保护剂，是指高温环境中用来稳定钻井流体性能的处理剂。钻井流体稳定剂是一种比较传统的处理剂。

　　20世纪60年代，使用铁铬木质素磺酸盐稀释剂，解决了钻井流体高温增稠难题。

　　20世纪70年代，磺化丹宁、磺化酚醛树脂、磺化褐煤以及磺化丹宁、磺化酚醛树脂与磺化褐煤的缩合/复合物，耐高温能力大多为180~200℃，基本上解决了深井处理剂的耐温难题。同时代，还研制出淡水钻井流体耐温200~220℃磺甲基褐煤、磺化酚醛树脂200~220℃甚至更高温度下不会发生明显降解、腐殖酸与酚醛树脂的缩和物耐高温降失水剂以及磺化丹宁、磺化栲胶等耐高温降黏剂。在此基础上，研制出一系列用于地层温度比较高的油气井钻井用耐高温深井钻井流体。以磺化类处理剂理论为指导，通过改性天然高分子物质，开发出褐煤与聚合物接枝的特种树脂，耐盐耐高温稳定特种树脂、褐煤类降失水剂、木质素磺甲基酚醛树脂，改性磺化酚醛树脂、改性褐煤树脂、磺化沥青、磺化沥青和两性离子型磺化酚醛树脂等耐高温降失水剂，木质素络合物与磺化木质素类等降黏剂，推动了高温井钻井技术进步。

　　褐煤类产品受热易高温氧化降解。受钙和盐侵害后的钻井流体，黏度与切力增加幅度大，降失水效果不好。磺化酚醛树脂需要与磺化褐煤类处理剂复配使用才能保证钻井流体性能稳定。但钻井流体的耐高温和耐盐侵害能力有限。为此研制出了高温降失水量的中分子量聚丙烯酸盐和高温流变性的低分子量聚丙烯酸盐，实现高温环境下的流变性和失水护壁性能稳定。

　　聚丙烯酸盐类主链上均为饱和的碳—碳链。热稳定性好，对环境的污染比较小。但由于其水化基团为羧酸盐，耐二价阳离子与耐温能力均比较差，使用范围受到限制。为此，20世纪80年代研制出乙烯磺酸盐共聚物和磺化聚合物等耐温、耐盐降失水剂，磺化苯乙烯与马来酸酐共聚物等耐温、耐盐降黏剂。

　　形成了以包被剂为代表的丙烯酸多元共聚物抑制型降失水剂，如水解聚丙烯腈钙盐与水解聚丙烯腈钠盐。这类化合物是直线型高分子聚合物，其主链上的亲水基与主链的连接键均为碳—碳键，热稳定性高，但在降失水作用的同时又有提黏和絮凝作用，在低固相不分散钻井流体中应用较为广泛。

　　20世纪90年代初，研制聚合物2-丙烯酰氨基-2-甲基丙磺酸，并形成2-丙烯酰氨基-2-甲基丙磺酸共聚物钻井流体，先后用丙烯酰胺与2-丙烯酰氨基-2-甲基丙磺酸、丙烯酸等单体共聚开发出多种耐高温、耐盐侵害的降失水剂和降黏剂。90年代中期，以褐煤为主要原料的耐温、耐盐阳离子降失水剂与阳离子耐高温降失水剂陆续出现。有机硅氟降黏剂和降失水剂也得以应用。

　　纵观高温钻井流体的发展过程，可以看出褐煤、改性木质素、树脂类产品是解决世界上耐高温钻井流体的主要处理剂。钻进过程中,高温钻井流体要解决的难题主要是高温条件下处理剂的交联、降解。高温影响黏土分散交联的主要因素有黏土种类、温度高低及作用时间、酸碱度和高价无机阳离子。

不同的黏土,分散能力不同。在常温下,黏土水化越容易,高温分散能力也越强;温度越高,作用时间越长,高温分散越显著;氢氧根离子有利于黏土的水化,高温分散作用随 pH 值升高而增强;一些高价无机阳离子如钙离子、镁离子、铝离子、铬离子和铁离子等的存在不利于黏土水化,对黏土高温分散具有抑制作用。激励和抑制共同存在,比较复杂。

为了能更好地控制钻井流体的性能,需要分析添加的处理剂的作用机理。其中主要的性能有增黏机理、耐高温机理和钻井流体的综合性能如失水性、流变性、护壁和封堵能力、热稳定性等。

高温钻井流体所用的处理剂主要有两种:一种是降失水剂,另一种是稀释剂。耐高温降失水剂的作用是护胶。在压力差的作用下使钻井流体形成薄而密的滤饼,控制钻井流体失水。控制高温失水的同时,黏度增加。吸附能力强、分子量小的高分子线性聚合物能防止高温胶凝,并且在高温或高温后都能有效地控制钻井流体的失水性。钻井流体中的耐高温稀释剂,能抑制黏土粒子聚结或高温分散,抑制提高黏度。这就需要从分子结构上提高处理剂的耐温性。这些性能,可以在实验室内模拟测量用常温常压(室温,690kPa)失水仪和高温高压(50℃以上,3.5MPa)失水仪测定 30min,称 API 失水量和高温高压失水量。高温稳定剂用来维持钻井流体和聚合物处理剂稳定性,还可作为防腐剂使用。

(1)选用耐温能力强的键作为主链,不易断裂造成聚合物降解,可提高热稳定性,且交联易控制,增强吸附作用,保证高温下的黏土吸附量。

(2)选择含强水化基团作为亲水基,减小处理剂的高温去水化作用,并且可提高处理剂的耐盐能力。处理剂的耐盐能力取决于水化基团的种类和比例。吸附基团可引入阳离子基团以减少高温解吸附作用。

(3)深井高温钻井流体不应使用高 pH 值,且深井钻井流体也难以维持高 pH 值,故要求处理剂在较低的 pH 值下效能不减。

(4)分子量过大可能会引起高温增稠,因此要求处理剂分子量不要过大。

5.1 高温稳定剂作用机理

高温引起黏土的高温分散、高温聚结、高温钝化,导致钻井流体增稠,流变性改变;高温还会引起处理剂高温降解和高温交联,造成处理剂失效,钻井流体失稳;高温导致处理剂解吸附和去水化,引起钻井流体失水量增加。高温稳定剂应从分子结构、防止黏土的高温分散、流变性等角度发挥作用。

影响聚合物溶液黏度的因素有两个方面,聚合物的分子量和分子形态。高温老化对这两个因素都会起作用,热降解造成断链使分子量降低,高温破坏高分子的溶剂化膜使体系的熵增加,导致高分子卷曲。如果分子内部形成氢键,这种卷曲具有不可逆性。温度降低后,黏度不能恢复。但是加入高温稳定剂和表面活性剂后,从除氧和提高耐温两个方面起作用。

(1)高温稳定剂可清除钻井流体中的氧,从而有效地保护高分子量聚合物不被流体中的氧氧化。

钻井流体处理剂,尤其是淀粉、纤维素、生物聚合物类天然高分子材料的高温失效是钻井流体难题之一。改性淀粉、改性纤维素、生物聚合物等天然材料具有来源广、可再生、价格低、使用效果好且环保等优点,但耐温能力差,使其使用范围受到很大限制。

孙明波等研制一种钻井流体高温稳定剂及提高天然高分子钻井流体耐温性能的方法。向天然高分子(改性淀粉、改性纤维素、生物聚合物等)钻井流体中加入除氧剂和过氧自由基清除剂,清除钻井流体中的溶解氧和过氧自由基,减轻热氧化降解对天然高分子的破坏作用,提高钻井流体的高温稳定性,扩大天然高分子钻井流体的应用范围,显著降低钻井成本。

(2)表面活性剂可提高钻井流体的耐温性能。表面活性剂吸附颗粒表面阻止了不可逆卷曲现象。表面活性剂增加了钻井流体中黏土颗粒的分散度,使得聚合物吸附在黏土颗粒上的概率增大。表面活性剂还可与聚合物形成络合物,抑制聚合物分子链的卷曲。因此,高温稳定剂向着这两个方向开发。

5.2 常用高温稳定剂制造工艺

常用的稳定剂有磺化酚醛树脂及其改性物、铬酸盐类、磺化褐煤改性物、有机磺化聚合物类、含硫基的杂环化合物类以及能防止有机物在温度升高时发生氧化降解的还原剂等。

5.2.1 重铬酸盐制造工艺

重铬酸盐是常用的高温稳定剂。重铬酸盐主要通过聚结作用和络合作用提高钻井流体的热稳定性。

重铬酸钾又名红矾钾,为无水三斜晶系的针晶或片晶,橙红色,分子量294.192,相对密度2.7,能溶于水而不溶于酒精中。易潮解,有强氧化性,水溶液因水解作用而呈酸性。可以提高钻井流体的热稳定性,提高聚合物处理剂的热稳定性,作防腐剂。

在高温作用下,重铬酸盐在钻井流体中产生氧化还原反应,生成铬离子,这种高价金属离子对黏粒具有强的聚结(或絮凝)作用,防止了黏粒的高温分散而使钻井流体增稠。高聚物处理剂加入铬离子,形成含铬的络合物,铬离子容易与黏粒形成强的正电吸附。在高温下,由于这类化学处理剂不易发生解吸现象,因而对黏粒可起到保护作用,能提高钻井流体的热稳定性。

由重铬酸钠(或母液)和洗液稀释,加热至沸,加入理论量的氯化钾进行复分解反应,加入少量氯酸钠,用氢氧化钠溶液碱调pH值为4,再加入少量硫酸铝使杂质絮凝,经澄清分离除去杂质,将清液冷却结晶,固液分离,水洗,干燥制得。

重铬酸钾用于生产铬明矾、氧化铬绿、铬黄颜料,调制火柴药头、电焊条、印刷油墨,金属钝化。也用作鞣革剂,搪瓷工业的着色剂,媒介染料媒染剂,合成香料和有机合成氧化剂和催化剂。

5.2.2 丙烯酰胺共聚物制造工艺

丙烯酰胺共聚物是提高磺化钻井流体的整体耐温性能的高温保护剂。制造采用质量份

50~70份丙烯酰胺、30~50份2-丙烯酰胺基-2-甲基丙磺酸、20~30份苯乙烯磺酸钠、1~3份硫代乙醇酸、0.5~1.5份浓度8%~15%的引发剂过硫酸铵、0.5~1.5份无水亚硫酸钠以及pH值调节剂、沉淀剂丙酮和水。

先将丙烯酰胺、2-丙烯酰胺基-2-甲基丙磺酸、苯乙烯磺酸钠溶解为10%~20%的水溶液,调节pH值为8~9,通氮气驱氧30min,加热到50~60℃,加入硫代乙醇酸、过硫酸铵、无水亚硫酸钠,恒温1~8h,得到胶状产物,用丙酮沉淀、洗涤,除去未反应物质,恒温100~110℃,干燥1~3h;粉碎、过60目筛,得到钻井流体高温保护剂。

针对中国目前高温深井钻井的需求,研制出了一种耐高温水基钻井流体,耐温可达240℃。主要由耐高温保护剂、高温降失水剂、封堵剂、增黏剂等组成。耐高温保护剂可以大幅度提高磺化聚合物的耐高温降失水性能、高温稳定性能及钻井流体的整体耐温性能。评价了耐高温水基钻井流体在高温下的高温稳定性、高温高压降失水性能、流变性能、抑制性能和抗钻屑侵害性能。实验结果表明,耐高温水基钻井流体各种密度配方在240℃温度下均具有良好的高温稳定性,高温高压失水量低,并具有良好的流变性能、抑制性能和抗钻屑侵害性能(孙金声等,2006)。

5.2.3 磺化褐煤树脂制造工艺

刘乾忠等发明出一种钻井流体稳定剂,包含磺化褐煤树脂、磺化酚醛树脂、高强度聚丙烯纤维、聚乙二醇和丙酮肟混合制得。

钻井流体用稳定剂能够很好地抑制钻井流体降解,从而起到高温稳定作用,改善钻井流体流变性。不仅失水变小,高温前后失水变化率能够控制在30%以内(刘乾忠等,2016)。

5.3 发展前景

近年来,随着超深井、特殊井和复杂井数量的增多,石油勘探开发向深部地层和海上发展,钻遇地层条件日趋复杂,钻井深度的增加,为了满足在复杂地层钻井、优化钻井、储层伤害控制和提高固井质量的需要,钻井作业对钻井流体处理剂的耐温性要求越来越高,原有的钻井流体处理剂已不能完全满足需要。因此研制耐高温稳定剂的水基钻井流体有极重大的理论价值和实际意义。

5.3.1 存在问题

环保意义日益加强,人们对钻井流体的生物毒性越来越重视。在处理高温稳定剂生物毒性还有待进一步的研究。耐温能力达到240℃的降失水剂和降黏剂在水基钻井流体还仅限于实验研究阶段,还没有生产性的应用指导,需要进一步研究和开发。

5.3.2 发展方向

近年来,通过向钻井流体中加入高温稳定剂及表面活性剂来稳定或者提高钻井流体在高温下的性能成为一个新的研究方向,并取得了一定的效果。

根据高温稳定剂的功能设计分子结构,依据分子结构特点和钻井流体的流变性能,可以选择相应的合成工艺，在未来研制不同功能的高温稳定剂，填补中国钻井流体高温稳定剂的空白。

通过多种处理剂复配达到更好的耐温效果。卢明等通过考察加入表面活性剂和高温稳定剂后钻井流体在不同温度下流变性能和失水性能的变化，研究了高温稳定剂和不同的表面活性剂对不同钻井流体高温稳定性的影响机制。

表面活性剂与高温稳定剂能在一定程度上提高淀粉类钻井流体的耐温能力，但提高有限；表面活性剂与高温稳定剂不能提高褐煤类钻井流体的耐温性能；能显著提高铵盐及铵盐褐煤钻井流体的高温稳定性，对铵盐褐煤钻井流体的高温保护作用尤其突出，铵盐褐煤钻井流体中加入稳定剂和表面活性剂后，在250℃高温下持续作用48h和72h后，钻井流体性能稳定性良好，这对于深井和超深井钻井具有很重要的意义(卢明等，2013)。

第6章 缓 蚀 剂

缓蚀剂(Corrosion Inhibitors)又称阻蚀剂、阻化剂或腐蚀抑制剂,以适当的浓度或形式存在于介质中,防止和减缓化学物质或复合物质的腐蚀。缓蚀剂用量小、见效快、成本较低、实用方便。缓蚀剂种类繁多,机理复杂,因此可从不同角度分类。

(1)按化学成分分类,可分为无机缓蚀剂、有机缓蚀剂(郑家燊等,2000)。无机缓蚀剂主要是无机盐类,如硅酸盐、正磷酸盐、亚硝酸盐、铬酸盐等。按阻滞腐蚀过程特点分类,可进一步将无机缓蚀剂分为阳极型缓蚀剂、阴极型缓蚀剂和混合型缓蚀剂。有机缓蚀剂一般为含有氮、硫、氧等元素的化合物,如胺、吡啶、硫脲、醛等(Mann et al. ,2002)。

(2)按作用机理分类,可分为阳极型缓蚀剂、阴极型缓蚀剂和混合型缓蚀剂。阴极型缓蚀剂分为能在金属表面形成化合物膜的缓蚀剂,提高阴极反应过电位的缓蚀剂以及吸收腐蚀介质中氧的缓蚀剂三类。

(3)按缓蚀剂形成的保护膜特征分类,可分为氧化型缓蚀剂、沉淀型缓蚀剂以及吸附型缓蚀剂。

(4)按物理性质分类,可分为水溶性缓蚀剂、油溶性缓蚀剂和气相缓蚀剂。

(5)按使用介质的pH值分类,可分为酸性介质缓蚀剂、中性介质缓蚀剂和碱性介质缓蚀剂。

(6)按用途分类,可分为冷却水缓蚀剂、锅炉缓蚀剂、酸洗缓蚀剂、油气井缓蚀剂、石油化工缓蚀剂、工序间防锈缓蚀剂等。

(7)按油田用缓蚀剂用途,可分为压裂酸化用缓蚀剂、油气集输用缓蚀剂以及油田水处理缓蚀剂等。

6.1 缓蚀剂作用机理

根据腐蚀电化学理论,任何电化学腐蚀过程都是由金属溶解释放电子的阳极过程以及去极化剂接受电子的阴极过程组成的。加入缓蚀剂后,就会使阳极过程或者阴极过程受阻滞,或者同时使这两个共轭过程受阻。

6.1.1 阳极型缓蚀剂的缓蚀作用机理

阳极型缓蚀剂加入腐蚀介质时,容易引起金属表面氧化,形成致密氧化膜(钝化膜)从而抑制金属溶解。因此,阳极缓蚀剂有时又称为钝化剂。无机缓蚀剂常常与金属表面发生反应,形成钝化膜或金属盐膜,阻止阳极溶解。阳极型缓蚀剂抑制阳极反应,增大阳极极化,腐蚀电流下降,腐蚀电位正移。

溶液中加入钝化剂后,对阴极极化曲线几乎没有影响,对阳极极化曲线影响显著的变化。由于金属表面吸附了氧化性离子或溶液中的氧,或者因金属表面的氧化作用形成钝化膜阻滞金属离子化过程。金属的稳定钝化电位向负方向移动,过钝化电位(破坏钝化膜的电位)向正方向移动,钝化区域变宽。同时,临界钝化电流和维钝电流密度变小。

金属的腐蚀电位向正方向移动,阳极极化曲线的塔菲尔斜率增大,金属离子要克服更大的势垒才能从金属表面转入溶液中去,金属腐蚀减缓。

使用阳极型缓蚀剂时,特别注意缓蚀剂的用量。缓蚀剂的添加量不足,阴极去极化,加快腐蚀。加入阳极钝化剂,虽然整体金属的溶解速度大大减小,但是,因加入量不够,形成的表面膜不完整,对大面积的阴极来说,局部未覆盖的小面积阳极的溶解速度(阳极电极密度)急剧增加,结果就导致了金属表面点蚀、坑蚀,甚至穿孔,特别是缓蚀剂同时具有阴极去极化的性能时,会在金属的局部区域引起严重的腐蚀。因此,阳极型缓蚀剂常称为危险性缓蚀剂。只有当阳极型缓蚀剂的用量足以保证能在金属表面形成完整的致密的保护膜时,才能可靠地起到缓蚀作用。

6.1.2 阴极型缓蚀剂的缓蚀作用机理

与阳极型缓蚀剂相反,腐蚀过程中能够阻滞阴极反应而使腐蚀减少的物质称为阴极型缓蚀剂。阴极型缓蚀剂主要在金属的活化溶解区中起缓蚀作用。

加入阴极型缓蚀剂后,金属的缓蚀电位向负方向移动,阴极极化曲线的斜率增大,即表明腐蚀的阴极过程受阻滞,引起腐蚀电流减小。

在中性介质中,腐蚀过程的阴极反应使氧去极化反应:

$$O_2 + 2H_2O + 2e^- \longrightarrow H_2O_2 + 2OH^-$$

$$H_2O_2 + 2e^- \longrightarrow 2OH^-$$

或者

$$O_2 + 2H_2O + 4e^- \longrightarrow 4OH^-$$

反应所生成的氢氧根离子与缓蚀剂作用,生成氢氧化物沉淀,就在金属表面的阴极区形成多孔性的较密的沉淀膜,阻碍氧扩散,即起到抑制阴极去极化作用,腐蚀速度减小。属于这类的缓蚀剂有钙、镁、锌、锰和镍的盐类。

在酸性介质中,锑、铋和汞等重金属盐类在腐蚀过程中于阴极析出时,提高了析氢的过电位,使氢离子的还原反应受到阻滞,从而达到缓蚀的目的。

阴极型缓蚀剂能抑制阴极反应,增大阴极极化,使腐蚀电流下降,且使自腐蚀电位负移。混合型缓蚀剂对阴极过程和阳极过程都起抑制作用,腐蚀电位可能变化不大,但腐蚀电流显著降低。

6.1.3 阴阳极型缓蚀剂的缓蚀作用机理

应该注意的是,阳极抑制型缓蚀剂和阴极去极化型缓蚀剂的界线很难区分,而且一种缓蚀剂可能同时起这两种作用,即同一种缓蚀剂因金属或腐蚀介质的不同而具有不同的作用机理。例如,铬酸盐在中性介质中对铁的阻滞腐蚀作用,是以阳极控制为主的,但是在酸性介质中,主要是起阴极去极化的作用。因此,通常就把这两种作用机理都归结为阳极型缓蚀剂。

混合型缓蚀剂是一种既能阻滞金属的阳极溶解,同时又能增大阴极极化、使阴极反应也难以进行的物质,其作用原理:

加入这种类型的缓蚀剂后,金属的腐蚀电位变化不大,阴极和阳极极化曲线的斜率同时增大,但腐蚀电流则明显减小。

(1)氧化(膜)型缓蚀剂。这类缓蚀剂能使金属表面生成致密而附着力强的氧化物膜,从而抑制金属的腐蚀。这类缓蚀剂有钝化作用,故又称为钝化型缓蚀剂。

(2)沉淀(膜)型缓蚀剂。这类缓蚀剂本身无氧化性,但它们能与金属的腐蚀产物(如二价铁离子、三价铁离子)或与共扼阴极反应的产物(一般是氢氧根)生成沉淀,能够有效地修补金属氧化膜的破损处,起到缓蚀作用。

(3)吸附型缓蚀剂。这类缓蚀剂能吸附在金属介质界面上形成致密的吸附层,阻挡水分和侵蚀性物质接近金属,或者抑制金属腐蚀过程,起到缓蚀作用。这类缓蚀剂大多含有氧、氮、硫、磷的极性基团或不饱和键的有机化合物。

有机缓蚀剂往往在金属表面上发生物理和化学吸附,从而阻止腐蚀性物质接近金属表面或者阻滞阴极和阳极。

有机缓蚀剂按其阻滞电化学反应机理来看,同样地可分为阳极型缓蚀剂、阴极型缓蚀剂和混合型缓蚀剂。但是,与无机缓蚀剂不同的是,有机缓蚀剂在金属表面是以形成吸附膜为主,也有形成钝化膜和沉淀膜的。有机缓蚀剂通常是由电负性较大的氧、氮、硫和磷等原子为中心的极性基以及碳原子和氢原子组成的非极性基所构成。性能不同的基团在金属表面所起的作用也不一样,极性基因吸附于金属表面,改变了双电层的结构,提高金属离子化过程的活化能;非极性基团远离金属表面作定向排布,形成疏水薄膜,成为腐蚀反应有关物质扩散的屏障,这样就使腐蚀反应受到抑制,特别是在腐蚀性强的酸性介质中,有机缓蚀剂具有很好的缓蚀作用。

(1)有机缓蚀剂极性基团的物理吸附。Sieverts 和 Kuhn 最先提出有机缓蚀剂极性基团的物理吸附作用,后来 Mann 进一步研究,指出在酸性溶液中,烷基胺、吡啶、三烷基磷和硫醇等的中心原子都有未共用的电子对,都能与酸液中的质子配位,形成带正电荷的阳离子。

$$RNH_2 + H^+ \rightleftharpoons (RNH_3)^+$$

$$C_5H_5N + H^+ \rightleftharpoons (C_5H_5NH)^+$$

$$R_3P + H^+ \rightleftharpoons (R_3PH)^+$$

$$RSH + H^+ \rightleftharpoons (RSH_2)^+$$

由于静电引力,阳离子被吸附在金属表面的阴极区,使金属表面仿佛是带正电荷一样,阻止溶液中的氢离子进一步接近金属,提高了氢离子放电的活化能。因此,腐蚀大大减缓。像这种因静电引力或范德华力而金属离子引起的吸附称为缓蚀剂的物理吸附。

物理吸附中,吸附作用力小,吸附热也小。因此,物理吸附较迅速,但也容易脱附,即吸附具有可逆性;受温度的影响小;对各种金属无选择性。物理吸附可以是单分子吸附层,也可以是多分子层吸附。

(2)极性基团的化学吸附/供电子型缓蚀剂。大多数有机缓蚀剂是以配价键的形式吸附在金属表面的,这种吸附与金属、缓蚀剂分子中极性基团的电子结构有密切关系。有机缓蚀剂中心原子的氮、氧、硫等原子都有未共用的电子对。金属表面存在空的 d 轨道时,极性基团中心原子的独对电子与空的 d 轨道形成配价键,缓蚀剂分子吸附在金属表面。

凡是由缓蚀剂中心原子的电子对与金属形成配价键的吸附,称为化学吸附,这种缓蚀剂称为供电子型的缓蚀剂或电子给予体的缓蚀剂。苯环和双键上的 π 电子起着和独对电子同样的作用,也属于供电子缓蚀剂。

20 世纪 50 年代 Hackerman 提出缓蚀剂化学吸附(Hackerman et al.,1954)。他根据氮原子的独对电子对金属提供电子难易的不同,在金属表面可能出现两种吸附,即物理吸附和化学吸附,并且指出化学吸附的作用力大,吸附热高,吸附缓慢,吸附后难以脱离,即吸附近于不可逆性。同时,化学吸附受温度影响大,对金属吸附有选择性,只能形成单分子吸附层等。实际上,物理吸附和化学吸附有时难以区分,而且往往相继发生。

(3)极性基团的化学吸附/供质子型缓蚀剂。藤井晴一在研究硫醇对铜的吸附和十二烷基胺对铁的吸附实验后指出,除了供电子型的缓蚀剂外,还存在着提供质子吸附金属的缓蚀剂,这种缓蚀剂称为供质子型缓蚀剂或质子给予体缓蚀剂。

用红外吸收光谱和电化学测试证明,伯胺对金属的吸附是以供质子吸附为主的,也存在供电子吸附。而仲胺和叔胺,特别是当它们被引入斥电子基后,是以供电子吸附为主的。除了胺以外,含氧的酸类也是质子给予体缓蚀剂。

(4)π 键吸附。由于双键、三键的 π 电子类似于独对电子,具有供电子的性能。所以它们也能与金属表面空的 d 轨道形成配位键而被吸附。这类化合物具有较好的缓蚀性能。

(5)缓蚀剂在金属表面的吸附规律。为了研究缓蚀剂在金属表面的吸附规律,曾引出覆盖度的概念,并定义为吸附于金属表面的活性点占全部活性点的分数。如果金属被缓蚀剂质点吸附后,被覆盖的表面部分对腐蚀介质可以起到隔离作用,而没有覆盖的表面部分仍旧按照原来的机理进行。这样,加有缓蚀剂后金属的腐蚀速度就可以表示为:

$$i = i_0(1 - \theta) \tag{3.6.1}$$

式中 i_0——未加缓蚀剂时的腐蚀速度;
  i——加缓蚀剂后的腐蚀速度;
  θ——覆盖度。

引入缓蚀剂的抑制系数:

$$\gamma = \frac{i_0}{i} = \frac{1}{1-\theta} \tag{3.6.2}$$

式中 γ——缓蚀剂的抑制系数。

$$\theta = 1 - \frac{1}{\gamma} = 1 - \frac{i}{i_0} \tag{3.6.3}$$

缓蚀剂的缓蚀率计算公式:

$$z = \frac{i_0 - i}{i_0} \times 100\% \tag{3.6.4}$$

$$z = 1 - \frac{i}{i_0} = \theta \tag{3.6.5}$$

式中 z——缓蚀剂的缓释率。

因此测得缓蚀剂的缓释率后,就表明金属表面被缓蚀剂吸附的覆盖度。也可以用其他方法,如微分电容法求得缓蚀剂的覆盖度。

6.2 常用缓蚀剂制造工艺

油气田开发过程中,不但含有硫化氢和二氧化碳等溶解性气体,而且采出水本身矿化度高,石油设备腐蚀严重,经常造成套管穿孔、钻采设备失灵、管线开裂等事故。新开发的油气井越来越深,多为深井和超深井,井内腐蚀因素和腐蚀机理更加复杂多变,且含硫量更高,腐蚀程度更加严重。因此,缓蚀剂也是常见的处理剂。

6.2.1 咪唑啉衍生物缓蚀剂制造工艺

咪唑啉衍生物是两性离子型表面活性剂,呈浅黄色透明状,无毒、无异味,对皮肤无刺激,水溶性好,是一种吸附成膜型缓蚀剂。咪唑啉衍生物能在金属表面形成定向排列的分子膜,阻止介质腐蚀管线,尤其是对高硬度、高硫化氢含量的矿化水具有较好的防腐效果,且与其他杀菌剂具有较好的兼容性(徐宝军等,2003)。咪唑啉衍生物是由油酸、亚乙基三胺、氯乙酸、30%氢氧化钠以及溶剂在高温下反应制造。

(1)将油酸、二亚乙基三胺加入反应釜中,在氮气保护下升温至100~110℃,保温1h,然后续慢升温至160℃左右,在真空度为64kPa下反应1h,然后在真空度为5.33kPa下脱水反应3h,再缓慢升温至200~210℃,保温反应9h。

(2)反应时间达到后降温至50℃,将氯乙酸溶于适量水中,缓慢加入反应釜中,控制釜内温度在130~150℃,反应不再有氯化氢气体放出时,降温至50℃。

(3)将30%的氢氧化钠溶液在温度小于60℃下慢慢加入反应釜中,投加完毕后,在50~60℃下保温3h,再在80~90℃下保温1h,最后加入溶剂稀释即得成品。

咪唑啉衍生物可以单独使用,也可与阻垢剂和杀菌剂等复配使用,视水质质量差异,一般加量为20~50mg/L。

华北油田钻井过程中钻具腐蚀严重,赵福祥等研制出咪唑啉衍生物、有机季铵盐、有机硫化物和除氧剂的混合物,二氧化碳压力为1MPa时,缓蚀剂100℃的缓蚀率达到90%,120℃的缓蚀率达到80%以上,不影响钻井流体其他性能(赵福祥等,1996)。

6.2.2 磷酸酯类缓蚀剂制造工艺

为与亚磷酸酯区别,磷酸酯又称正磷酸酯,是磷酸的酯衍生物,属于磷酸衍生物。用于钻井流体的缓蚀剂,一般为五氧化二磷分散缓释法合成工艺。

(1)向装有温度计及控温装置、搅拌器的三口烧瓶中称入一定量的蓖麻油,升温到45℃左右,事先将五氧化二磷加入选定的适量溶剂中搅拌均匀备用,加入已分散好的磷酸化剂。

(2)升温到70~80℃,保温反应4h,加入少量水,水解2h,制得酸性磷酸酯。

(3)降温到50℃以下,加入氢氧化钠溶液中和,并调整固相含量,取样检查pH值、乳化性和固相含量,达要求后降温出料。

江汉油田地处潜江凹陷,地下有近2000m厚的盐、膏及芒硝层,钻井时要用近饱和盐水钻井流体。钻井流体含盐量高,钻进过程中易腐蚀钻具。唐善法等使用有机磷酸酯、磷酸酯和高聚物复配成新缓蚀剂。两口试验井,平均缓蚀率均在80%以上,井段最低缓蚀率为67%,最高达98%(唐善法等,1997)。

6.2.3 季铵盐类缓蚀剂制造工艺

季铵盐又称四级铵盐,是铵离子中的4个氢离子都被烃基取代后形成的季铵阳离子的盐。季铵盐有4个碳原子通过共价键直接与氮原子相连,阴离子在烃基化试剂作用下通过离子键与氮原子相连。季铵盐类缓蚀剂也可作为钻井流体缓蚀剂。

季铵盐合成,一般在适当溶剂中,由叔胺和卤代烃依次经季铵化和结晶两个过程一步反应制备高纯度季铵盐。

取配比量的叔胺置于反应釜,加入适当溶剂,常温搅拌,控制适宜流量泵入相应量的卤代烃,加热至40~90℃,保温1~6h;反应完成后的物料自然冷却至室温后,继续老化12~36h,然后分离母液,得到高纯度的季铵盐产品。

也可以用多胺和脂肪酸为原料,将原料按比例加入反应器后,搅拌加热反应,反应完成后,冷却至室温得中间产物;然后季铵化,得到缓蚀剂样品。

盐膏层钻井过程中,盐层溶解,盐膏层塑性蠕变,井眼不规则,饱和盐水钻井流体矿化度高,有效地抑制盐膏层溶解,维持井壁稳定,适合在大段复合盐膏层中使用。但饱和盐水钻井流体氯离子含量较高,溶解氧,腐蚀钻具严重,常常造成钻井事故。

在盐膏层钻井流体中使用季铵盐类缓蚀剂,能控制腐蚀速率,起到较好的缓蚀作用(邓义成等,2013)。

6.2.4 有机胺类缓蚀剂制造工艺

有机胺为橘红色至棕褐色黏稠液体,有氨的气味。溶于水和乙醇,不溶于乙醚,易吸收空气中的水分和二氧化碳,与酸反应可生成相应的盐。能在钢铁表面形成吸附膜。合成有机胺的原料为二氯乙烷、液氨以及氢氧化钠。

(1)将氢氧化钠配成浓度为30%的水溶液。

(2)将二氯乙烷与氨水通入管式反应器中于150~250℃和0.39MPa下液压氨化反应,将反应液用氢氧化钠水溶液中和,得到混合游离胺。

(3)中和反应完成后,将液体转入浓缩塔并加热,在塔顶温度为96~100℃时,可驱尽釜中氨气与大部分水分,100~118℃间的馏出物为乙二胺水溶液。

(4)将蒸馏釜底部剩余物卸出并过滤除去氯化钠,滤液为两层,上层油状物为乙烯胺类混合物,下层为浓碱液,回收后可供中和反应再使用。

(5)将已分离碱液的乙烯胺类混合物转入精馏塔中,首先常压蒸馏,在塔顶温度115~118℃时收集乙二胺,然后减压蒸馏,在真空度98.6kPa下,分别收集90~140℃馏分为二亚乙基三胺,140~180℃馏分为三亚乙基四胺,180~200℃馏分为四亚乙基五胺。即为有机胺。

钻井流体成分比较复杂,腐蚀井下钻具严重。张姣姣等使用二乙烯三胺、三乙烯四胺和含硅化合物复配缓蚀剂。电化学实验和电镜扫描实验表明,腐蚀电流较小,能降低点蚀敏感性抑制点蚀,可用于钾盐钻井流体防止钻具防腐(张姣姣等,2017)。

6.3 发展前景

缓蚀剂作为石油工业中重要的防腐蚀技术应用广泛。使用缓蚀剂防腐不需要复杂的辅助设备,操作简单,见效快,成本低,适用性强。开发优质、高效、价廉、环境友好的缓蚀剂具有重大的意义。

6.3.1 存在问题

目前,缓蚀剂存在缓蚀剂体系复杂,针对局部腐蚀的缓蚀剂研究少,适配难以及储层伤害等问题。

(1)缓蚀剂体系复杂,研究集中在用电化学和表面分析探讨缓蚀剂结构参数与缓蚀性能的关系,对用量子化学计算缓蚀剂与材料的相互作用研究甚少。

(2)油气井中设备的局部(点蚀、应力腐蚀、氢致开裂等)腐蚀严重,对防止局部腐蚀的缓蚀剂研究相对较少。局部腐蚀得不到有效控制,很快遍及整体。如何协调防止局部腐蚀和全面腐蚀的缓蚀剂,是一个重要课题。

(3)油田功能化学药品用得种类越多,药品间的适配越难。

(4)油气田缓蚀剂易被硅石和黏土牢固吸附伤害储层,缓蚀剂减小伤害程度应引起研究者的重视。

6.3.2 发展方向

需要科研人员建立更加完善的模型,利用多重手段研究缓蚀剂以及研究无毒无污染的缓蚀剂。

(1)将电化学、表面分析引入,探讨缓蚀剂结构参数与缓蚀性能的关系以及量子化学计算缓蚀剂与材料的相互作用结合,能建立更为完善的腐蚀控制机理模型。

目前,智能缓蚀剂开发和优化主要是建立在试错试验和正交试验基础上的,成本高、周期长、效果不显著。应用环境差异,亟须引入多种更具针对性的智能体系。随着量子化学理论、计算机技术发展,引入分子设计理论、材料基因组理论,结合理论分析、模拟计算和试验证明,应用量子化学计算软件,可以大幅度提高智能缓蚀剂的开发成功率,优化智能缓蚀剂的缓蚀性能,提高经济效益。

(2)面向工程的神经网络技术、模糊数学、灰色系统理论已运用于腐蚀工程,在预测缓蚀效率、模拟缓蚀行为和建立缓蚀模型方面前景广阔。

(3)加强无毒无污染的高效、多功能缓蚀剂,同时多利用炼油副产品作为原料,降低成本,节约资源。

第7章 除 钙 剂

除钙剂（Calcium Reducer）是指用来降低配浆水中的钙离子浓度、处理水泥侵害和地层中的硬石膏、石膏侵害的钻井流体用处理剂。

钙离子侵害钻井流体是钻井流体应用过程中经常遇到的问题之一。通常的处理方法是在钻井流体中加入碳酸钠或是硅酸钠等除钙剂，将钻井流体中的钙离子以碳酸钙或是硅酸钙的形式除去。纯碱和小苏打等碳酸根除钙剂简单易得，常被用来做钻井流体的除钙剂。

7.1 除钙剂作用机理

除钙剂与钙离子生成不溶物，从而减少溶液中钙离子浓度，是除钙剂的作用机理。常见的难溶钙化合物主要有碳酸钙、硫酸钙、磷酸钙等，25℃ 的溶度积分别为 2.8×10^{-9}、9.1×10^{-6} 和 2.0×10^{-20}。磷酸价格昂贵，虽除钙效果最佳，但从经济效益角度考虑，不合适工程大规模使用。所以，通常使用纯碱或者小苏打做除钙剂，基本满足钻井流体的除钙要求。

（1）碳酸根离子除钙。在钻水泥塞或钻井流体受到钙侵时，加入适量纯碱使钙离子沉淀成碳酸钙。其原理为：

$$Na_2CO_3 + Ca^{2+} \Longrightarrow CaCO_3 \downarrow + 2Na^+$$

含羧钠基官能团的有机处理剂，遇到钙离子侵害或钙离子浓度过高造成溶解能力降低，也可以采用加入适量纯碱的办法恢复。

（2）碳酸氢根离子除钙。碳酸氢钠水解后的碳酸氢根离子除钙也常用于处理受到钙侵害的钻井流体。但一般需要配合烧碱使用，烧碱离解出氢氧根离子除钙，与碳酸氢根离子除钙反应生成碳酸根离子除钙，碳酸根离子除钙与钙离子结合生成碳酸钙沉淀，其原理为：

$$HCO_3^- + OH^- \longrightarrow CO_3^{2-} + H_2O$$
$$CO_3^{2-} + Ca^{2+} \longrightarrow CaCO_3 \downarrow$$

（3）氢氧根离子除钙。钻井流体常被二氧化碳侵入，二氧化碳与水反应生成酸性物质碳酸。钻井流体受到钙侵害时，加入氢氧化钠，可以使钙离子与碳酸根离子生成不溶性沉淀，其原理为：

$$H_2CO_3 + 2OH^- \longrightarrow CO_3^{2-} + 2H_2O$$
$$HCO_3^- + OH^- \longrightarrow CO_3^{2-} + H_2O$$
$$CO_3^{2-} + Ca^{2+} \longrightarrow CaCO_3 \downarrow$$

（4）磷酸根离子除钙。磷酸根离子可以由磷酸盐水解提供。磷酸盐的溶解性按正盐、一氢盐、二氢盐依次渐增。一般用磷酸钠作为除钙剂，水解出的磷酸根离子与钙离子结合生成

不溶物磷酸钙,其原理为:

$$2PO_4^{3-} + 3Ca^{2+} \longrightarrow Ca_3(PO_4)_2 \downarrow$$

7.2 常用除钙剂制造工艺

常用的除钙剂纯碱、烧碱和碳酸氢钠的合成工艺较为成熟,有多种工业化合成方法。

7.2.1 纯碱的制造工艺

钻井流体用除钙剂使用的纯碱为重质纯碱。中国的重质纯碱生产大体有固相水合法、流相水合法和结晶法(易忠寿,1990),与机械挤压法不同,用轻质的碳酸钠作原料,首先将轻质碳酸钠和水反应生成一水碳酸钠,然后经煅烧得到重质碳酸钠,亦称重质纯碱或重灰。

$$NaCO_3 + H_2O \longrightarrow NaCO_3 \cdot H_2O$$

$$NaCO_3 \cdot nH_2O \longrightarrow NaCO_3 + H_2O$$

工业生产中,一定碱水比,适当长的反应时间、适宜的反应温度是重质纯碱生产的重要控制因素。包括固相水合法、液相水合法和结晶法。

(1)固相水合法。固相水合法也称重混法,在非均相中进行。出煅烧炉的轻质碳酸钠经输碱设备,通过计量后进入水合机,碱温度应保持在150℃以上。适时喷入质量为轻质纯碱原料质量40%左右的软水或重碱煅烧炉气的洗涤水,水温保持在10~60℃。在回转圆筒水合机连续转动的情况下混合并水合反应。为使物料混合均匀且防止物料在容器壁打滑,有些设计者在水合机内器壁上装有抄板,抄板分为正向和反向两种。为了保证碱与水反应充分,要求物料在容器内停留时间不小于18min。水合反应为放热反应,及时移去反应热有利于反应进行。通常采用强制通风的方法移走反应热。

反应产物一水碳酸钠出反应器的温度约90℃左右,为亮晶晶的长方形结晶体,呈松散状,试验时松装密度约$12t/m^3$,随工艺条件的变化而有所不同。改变工艺条件不但影响一水碳酸钠的粒度,甚至会影响结晶的形状。一水碳酸钠的结晶形状、粒度大小及均匀程度将直接影响重质纯碱的质量标准。即一水碳酸钠的结晶形状、粒度及均匀程度将决定重质纯碱的装载密度、平均粒径及颗粒的均匀程度。因此,严格控制工艺条件是至关重要的。

(2)液相水合法。液相水合法是指将固体碳酸钠加入碳酸钠饱和溶液中重新溶解、结晶得到碳酸钠晶体的技术。首先在水合器中制备碳酸钠饱和水溶液并保证温度在90℃以上。将160℃以上的轻质纯碱原料按水溶液质量的30%~40%的质量不断地加入水合器中。为保证高水合率及高质量一水碳酸钠粒度,物料在器内的反应停留时间约30min。为使反应均匀且不使处于悬浮状的轻质纯碱沉降到底部,水合器内装有搅拌器,搅拌速度要适当,否则会影响一水碳酸钠结晶粒度。反应产物由接近底部出料口不断引出。取出温度90℃,取出液经分离、干燥、筛分或不经筛分,制得重质纯碱。滤过液通过泵返回水合器。返回母液温度要维持在90℃左右。

液相水合法制得的重质纯碱含盐低,颗粒均匀,紧装密度在$1t/m^3$上下。在液相水合过程中,由于过滤母液返回水合器中,有轻质纯碱原料不断地加入,不可避免造成氯化钠和其他杂质在水合器内积累。碱饱和液中含氯化钠大于3.8%,产品重质纯碱含盐量有明显增加。如果碱饱和液中含氯化钠为6%,重质纯碱含盐为0.54%,与合成轻质纯碱含盐量相当。因此,生产过程中,应该根据母液成分变化,不断排放部分母液,保证重质纯碱质量。

(3)结晶法。结晶法也称水溶法,是将轻质碳酸钠制成溶液,经蒸发结晶制得一水碳酸钠,再分离干燥得到低盐分的重质纯碱。一般是将一定浓度的氢氧化钠注入碱矿井,以中和矿源中的酸式碳酸盐。

$$NaHCO_3 + NaOH \longrightarrow Na_2CO_3 + H_2O$$

某井三开套管至5100.00m,扫塞完后钻井流体钙侵害严重,失水量增大,滤饼质量变得虚厚,黏度急剧下降,体系不稳定,加重剂沉降。再次扫塞前加300kg纯碱预处理钻井流体,但由于水泥塞过长,受侵害程度高,钻井流体性能仍然不理想。扫塞完成后置换新配制钻井流体50m^3,同时向井内钻井流体中加入0.1%纯碱、3%水化膨润土浆、0.5%酚醛树脂、0.1%高黏羧甲基纤维素、0.1%聚丙烯酸钾、0.5%液体润滑剂,钻井流体性能明显改善,气泡逐渐消失,稳定性增强,失水下降,滤饼质量改善(杜欢,2015)。

7.2.2 碳酸氢钠制造工艺

碳酸氢钠制造一般以卤水法为主。卤水法以天然卤水为原料,与农用碳酸氢铵复分解反应,再利用碳酸氢钠的溶解度较小直接从溶液中析出。

$$NaCl + NH_4HCO_3 \longrightarrow NaHCO_3 + NH_4Cl$$

离心分离出湿重碱(含水的碳酸氢钠),经水洗、离心分离、气流干燥、流化床冷却包装即可出厂。

卤水法合成碳酸氢钠的过程包括卤水净化、湿重碱的生成、离心分离、小苏打精制、干燥、包装。

(1)卤水净化。用盐水泵将卤水打入带挡板的沉淀槽,同时在入口处按一定比例加入碳酸钠饱和溶液或固体,使卤水中的钙镁离子生成碳酸钙和碳酸镁沉淀经自然沉降除去。碳酸钠的加入量应根据卤水中的钙镁离子含量来确定,一般加入理论量的120%。常温进行时间0.5~1.0h。反应温度为35~45℃,出口温度为50℃,气流量为$(1.4~2.5)\times 10^4 m^3/d$,气速3m/s。

$$Mg^{2+} + Ca(OH)_2 \longrightarrow Mg(OH)_2\downarrow + Ca^{2+}$$

$$Ca^{2+} + Na_2CO_3 \longrightarrow CaCO_3\downarrow + 2Na^+$$

氢氧化镁结晶很细,只有0.03~0.1μm,沉降速度很慢,碳酸钙结晶约为3~10μm,饱和趋势很强,氢氧化镁结晶和碳酸钙结晶同时存在于溶液中可变为聚合体,沉降速度可达0.1~0.8m/h。因此,应在开始时加入少量沉淀泥作为晶种,防止细结晶析出,从而加快沉降速度。为保证钙镁沉淀完全,液体在反应桶中停留时间不低于30min。

卤水中硫酸钠过多影响小苏打和氯化钠质量,因此在加入碳酸钠之前加入适量的氯化钡除去硫酸根离子。过量的氯化钡将被碳酸钠除去,从而保证产品质量。净化后的卤水经溢流进入卤水贮槽备用。

（2）湿重碱的生成。用盐水泵将净化后的卤水打入反应槽中，并计量。盘管通蒸汽将卤水升温至35~45℃。开始搅拌，按碳氨卤水比1：2.5~1：3.5加入碳酸氢铵，投料时间1h，总反应时间2~3h，降温至25~30℃出料。

（3）离心分离。用泵将反应料液打入离心机离心脱水，并用清水初洗一遍，母液供氯化铵回收，洗水处理外排。

（4）小苏打精制。脱水并经初洗的湿重碱放入精制槽，加入等量的水，搅拌0.5h，用泵打入离心机脱水。

（5）干燥、包装。精制脱水后的湿重碱送入空气干燥塔气流干燥再经流化床冷却后，过筛包装即可出厂。

某施工单位因钻孔坍塌埋钻事故处理需要，2011年6月水泥封孔，孔深1088.56m注入G级油井水泥8t。造成钻井流体钙侵害。处理钻井流体的方法是，抽取部分钻井流体进备用池，加入新浆，候凝期间就向池中加入磺化单宁约135kg，充分循环。

下钻至895.82m处扫水泥，透孔后，钻井流体黏度上升到164s，钻井流体配方为水、1%~2%磺化单宁、0.5%碳酸氢钠，同时替出部分稠浆。

钻井流体黏度降到50~70s后，调整钻井流体配方为水、1%~3%土、2%磺化单宁、0.5%碳酸氢钠。至1051.50m后侧钻，再调整钻井流体配方为水、3%土、1%~2%磺化酚醛树脂、2%腐殖酸钾、1%磺化褐煤树脂、5%纯碱（土重）、0.3%~0.8%羧甲基纤维素、1%磺化单宁。

水泥固井或水泥填孔施工后，水泥在孔内产生钙离子与氢氧根离子，钻井液性能变化大，不再适用于钻探施工。通过添加适量碳酸氢钠或磷酸钠沉淀钻井流体中的钙离子，降低pH值。添加磺化单宁稀释剂降低黏度和切力，添加磺化酚醛树脂、腐殖酸钾、羧甲基纤维素等降低钻井流体的失水量，改善流变性能，满足钻探施工要求（张正等，2013）。

7.2.3 烧碱的制造工艺

碱工业的主体是电解食盐水。目前世界上最先进的是离子膜烧碱生产工艺。主要包括配水、化盐、盐水精制、电解、淡盐水脱氯等5个工序（王志勇等，2011）。

为了避免盐水中的硫酸根离子累积超标，从电解工序返回一次盐水工序的脱氯淡盐水需要脱除一部分硫酸根离子。电解脱氯后的淡盐水自电解工序经外管网分为两部分送一次盐水工序，一部分由自动控制装置调节后直接进入化盐水储槽。

另一部分，加入氯化钡与硫酸根离子反应形成硫酸钡，经澄清桶除去硫酸钡沉淀后清液也进入化盐水储槽。其他工序的回收水、盐泥压滤排出的滤液以及调节用的生产水都送入化盐水储槽，按比例调配成合格的化盐水用于化盐。

化盐水经调节温度后从化盐池下部通入，与经过计量的原盐逆流接触化盐，在化盐池上出口得到饱和粗盐水。流经折流槽时加入氢氧化钠和次氯酸钠溶液，然后自流入粗盐水槽中精制反应，镁离子与氢氧根离子生成氢氧化镁、菌藻类和腐殖酸等有机物则被次氯酸钠分解为小分子。粗盐水用加压泵送入气水混合器中，与空气混合后经加压溶气罐、文丘里混合器，再进入预处理器。氯化铁溶液也被加入文丘里混合器中与盐水混合后一起进入预处理器,悬浮于盐水中的氢氧化镁絮凝物、分解为小分子的有机物和部分非溶性机械杂质通过氯化铁的吸附与共沉淀作用被同时除去。清盐水进入反应槽,同时加入过量的碳酸钠溶液,盐水中的钙离子与碳酸根离子形成碳酸钙沉淀,然后膜过滤分离,合格的滤过盐水经缓冲槽进入精盐水贮槽,最后在精盐水中再加入亚硫酸钠溶液除去其中残存的游离氯等氧化性物质,得到合格的一次盐水。该盐水由泵送去二次盐水及电解工序。

将膜过滤器、反应槽、预处理器、澄清桶等截留的盐泥渣浆排入盐泥槽,用流体泵打入板框压滤机,压滤后的滤液回收去化盐,滤饼作为废渣送出界区外供综合利用。

离子膜电解槽要求入槽盐水的钙离子和镁离子含量低于 0.02mg/L,普通的化学精制法只能降到 10mg/L 左右,所以必须用螯合树脂进行二次精制。

用过滤盐水泵将一次盐水经调节温度后送入螯合树脂塔,通过离子交换使盐水中含有的钙离子和镁离子等多价阳离子含量达到规定值,合格的二次精制盐水送入电解工序。螯合树脂塔运行一定时间后需用烧碱和盐酸再生。再生排出的废盐水经树脂捕集器进入废盐水贮槽,用泵送回一次盐水工序再利用;再生产生的酸性和碱性废水进入再生废水贮槽,用泵送入中和调节池处理回收。

盐水二次精制后,添加部分淡盐水,经阳极液进料总管以及软管送入各单元槽的阳极室中。阳极液电解产生淡盐水和氯气,经阳极分离器后,氯气从淡盐水中被分离出来送氯气处理工序,淡盐水流到淡盐水循环槽由泵送去脱氯塔。阴极液用烧碱液循环泵在各单元槽的阴极室以及阴极液槽之间部分循环。为保持电解液温度在 85~90℃,部分阴极液送入冷却器中冷却。成品碱经过调节阀、流量累积仪并冷却降温后送入液碱储槽。电解产生的氢气经分离后送氢气处理工序,氢气的压力由氢气主管线上的压力计和氯气压力串级式控制。

从离子膜电解槽中出来的淡盐水需返回化盐系统用于化盐,由于淡盐水中含有大量的游离氯,为减轻其腐蚀盐水生产系统设备和管道,避免氯的浪费,必须脱除淡盐水中的游离氯。通过脱氯塔脱氯后,淡盐水中仍含有约 10~100mg/L 的游离氯,需加入还原性物质亚硫酸钠除去淡盐水中剩余的游离氯,其原理为:

$$ClO^- + SO_3^{2-} \longrightarrow SO_4^{2-} + Cl^-$$

从电解槽出来的淡盐水首先加入高纯盐酸调节 pH 值,然后送入脱氯塔由脱氯真空泵将淡盐水中的游离氯抽出,氯气经冷却、分离后,回收至湿氯气总管。经过真空脱氯的淡盐水再加入氢氧化钠调节 pH 值,并加入亚硫酸钠溶液除去淡盐水中残留的游离氯,彻底脱氯后的淡盐水由泵送回一次盐水工序用于配水、化盐。

程芳琴等针对运城盐湖的高、低钙镁含量卤水,采用烧碱、纯碱以及磷酸二氢铵等作为除钙镁试剂,聚合氯化铝、硫酸亚铁、硫酸铝、氯化铁及聚丙烯酰胺等作为絮凝剂和助凝剂,净化除杂。结果表明,卤水钙镁含量较高时,选用烧碱除镁、纯碱除钙,其过量系数为 1.05;卤水中钙镁含量较低时,选择烧碱除镁的过量系数为 1.05,或磷酸氢二铵除镁的过量系数为 1.1,纯碱除钙的过量系数为 1.05,除钙镁的效果最好。同时,反应时的最佳搅拌转速为 50~60r/min,反应时间为 15min;选择工业聚合氯化铝作絮凝剂快速搅拌 2min,质量浓度为 5mg/L 的聚丙烯酰胺做助凝剂,慢搅 15min,其絮凝剂与助凝剂的最佳投放体积比为 14∶5(程芳琴等,2004)。

7.3 发展前景

除钙剂在原油生产过程中防止钙离子侵入有重要作用,对提高原油开采效率有重要的意义,具有广阔的发展前景。

7.3.1 存在问题

除钙剂在生产过程中发挥着重要的作用,并且取得了很好的应用效果,但是除钙剂还存在钙离子清除不彻底和引入新的沉淀杂质问题。

(1)钙离子清除不彻底。生产过程中清除不彻底的钙离子不仅会降低钻井流体的性能。还会造成钙侵,影响钻井流体的性能。还可能会和钻井流体中的处理剂发生反应,使钻井流体发挥不出应有的作用。

(2)生成新的沉淀杂质。除钙剂在清除钙离子的过程中会和钙离子反应生成沉淀,虽然钻井流体会清除大部分的沉淀,但是残余的沉淀杂质会储层伤害,影响钻井流体性能。

7.3.2 发展方向

目前,除钙剂需要更高的除钙效率,研制更有效的除钙剂。针对不同的目标,采取不同的手段。如二乙酸钠在低 pH 值淡水钻井流体中表现出良好的除钙效果,二乙酸钾在低 pH 值淡水钻井流体和盐水钻井流体中均表现出良好的除钙效果。因此,在低 pH 值淡水体系中可选用二乙酸钠作除钙剂,在低 pH 值盐水体系中可选用二乙酸甲作除钙剂(孙明波,2013)。

(1)更高的除钙效率。提高除钙剂的除硫效率才能更好地清除钻井过程中产生的钙离子,防止钙侵,保证原油开采的顺利进行和提高原油的质量。

(2)研制除钙剂。目前世界上的除钙剂种类有很多,钙离子的清除效果越来越好,随着科技的进步和钻井实践的深入,除钙剂的研制进程也会越来越快。有机除钙剂因为其环保性可能成为应用的主流。

第8章 水合物抑制剂

水合物(Hydrate)一般是指由天然气和水组成的类冰状结晶物。密度与冰近似。普遍存在于低温(0~10℃)和高压(10MPa以上)环境中(Crepin et al.,1998)。水合物的形成温度可以在冰点之上,随压力升高而升高。只要条件合适,任何时候都可能形成。因此,油气田生产过程中任何环节都可能产生水合物。如1997—2007年建南气田共发生水合物堵塞133次(朱福安等,2007)。影响天然气的开采、集输和加工作业正常进行。

深水钻井作业中,海底较高的静水压力和较低的温度环境增加了水合物形成的概率,成为钻井遇到的重大潜在危险因素之一,浅层含气砂岩也可以生成气体水合物。通常使用醇基处理剂,用于阻止或抑制深水、寒冷水域、隔水导管等水合物的生成。

水合物抑制剂(Hydrate Inhibitor)是抑制天然气在钻井过程中形成水合物的钻井流体用处理剂。抑制剂按照作用机理可以分为热力学抑制剂和动力学抑制剂两大类(诸林,2008)。

8.1 水合物抑制剂作用机理

从分子角度看,水与轻质烃在温度下降、并(或)压力上升时,轻质烃分子被捕获与水分子形成笼形结晶,从而生成小的水合物结晶(成核),小的晶体再通过凝聚作用逐渐聚集成块(生长),是水合物的形成过程。水合物抑制剂主要是针对水合物形成的这两个过程,改变体系的相平衡、晶体成核、晶体生长或者聚集方面的性质。水合物抑制剂主要有热力学抑制剂、动力学抑制剂和防聚集剂。

8.1.1 热力学抑制剂作用机理

热力学抑制剂通过改变天然气、水以及水合物三相平衡的热力学平衡条件,降低水的活度系数,致使生成水合物需要更高压力或更低温度,不易形成水合物。

热力学抑制剂主要包括醇类和无机电解质。如甲醇、乙二醇、异丙醇、二甘醇、氨等有机类热力学抑制剂和氯化钙、氯化钠等无机类热力学抑制剂。

加入的第三种活性组分,与水分子的竞争力增加,水的活度系数降低,改变水分子和烃分子间热力学平衡,改变溶液或水合物的化学势,水合物生成所需温度更低或压力更高。环境条件无法满足形成水合物的温度、压力(许维秀等,2006)。避免水合物形成或抑制剂直接与水合物接触,水合物不稳定。先分解后清除水合物,从而抑制水合物的形成。

深水油气管线天然气水合物生成预测理论模型中,Hammerschmidt模型最为简单,精度较高。为分析加入水合物热力学抑制剂后水合物生成条件的变化规律,确定水合物抑制剂对水合物生成条件的影响机制,提出MOT(Mobile Order Thermos-Dynamics)理论,计算模型更简单。溶液水活度和水合物相平衡温度关系为:

$$\lg\alpha_w = -\int_{T_X}^{T_0} \frac{\Delta H_{fus}}{RT^2}dT \tag{3.8.1}$$

式中 α_w——水活度;
T_0——纯水中水相混合物的相平衡温度,℃;
T_X——加入水相混合物后的相平衡温度,℃;
ΔH_{fus}——水合物的熔化焓,J/mol;
R——气体常数,J/(mol·K)。

计算加入水相混合物后的相平衡温度:

$$T_X = \frac{T_0 \Delta H_{fus}}{\Delta H_{fus} - T_0 R\lg\alpha_w} \tag{3.8.2}$$

进一步对水活度求导:

$$\frac{dT_X}{d\alpha_w} = \frac{\Delta H_{fus}}{\ln 10 R\alpha_w \left(\frac{\Delta H_{fus}}{RT_0} - \lg\alpha_w\right)^2} > 0 \tag{3.8.3}$$

可以看出,水合物相平衡温度与溶液水活度成正比,水活度越低,水合物相稳定存在所需的温度越低,水合物越难生成。因此,只要在水溶液中加入可降低水活度的物质,就可破坏水合物相平衡,需要更低的温度或者更高的压力来维持水合物相的存在。

Hammerschmidt 修正模型可用来预测盐和醇类水合物抑制剂作用下水合物的生成条件。

$$\ln(\gamma_w x_w) = \frac{\Delta H}{RT}\left(\frac{T}{T_0} - 1\right) + \frac{\Delta c_p}{R}\left(\frac{T}{T_0} - 1\right) + \frac{\Delta c_p}{R}\ln\left(\frac{T}{T_0}\right) \tag{3.8.4}$$

式中 T——加入水合物抑制剂后水合物的生成温度,℃;
T_0——纯水中水合物的生成温度,K;
ΔH——水合物的熔化焓,J/mol;
Δc_p——空水合物晶格与水的比热容差,J/(mol·K);
γ_w——水的活度系数。

水合物抑制剂通过改变溶液的水活度降低水合物的生成温度,达到抑制水合物生成的目的(赵欣等,2015)。

8.1.2 动力学抑制剂作用机理

动力学抑制剂是一些水溶性或水分散性聚合物,仅在水相中抑制水合物的形成,相对于热力学抑制剂来说,动力学抑制剂加入的浓度较低,通常小于1%。动力学抑制剂并不会对水合物生成的热力学条件产生影响。在水合物结晶成核和生长聚集的初期,通过吸附到水合物颗粒的表面,使其自身的环状结构或者官能团通过氢键与水合物的晶体结合,一定程度上延长水合物晶体成核的时间,或者一定程度上阻止晶体的生长。动力学抑制剂主要有表面活性剂类、聚合物类和无机盐类。

(1)表面活性剂类。表面活性剂接近临界胶束浓度,对体系热力学性质影响无显著。但相比于纯水,可降低约质量转移常数,减少气液分子接触机会,降低水合物生成速率。这些处理剂有聚氧乙烯壬基苯基酯、十二烷基苯磺酸钠、乙酸与二乙醇胺的混合物、聚丙三醇油酸盐等。

(2)聚合物类。聚合物分子链中含有水溶性基团及脂肪碳链,能够利用自身的性质实现水合物抑制,主要有为酰胺类、酮类、亚胺及二胺类、共聚物类等。

① 酰胺类聚合物。酰胺类聚合物是动力学抑制中最主要的一类,主要有聚丙烯酰胺、聚乙烯基己内酰胺、聚乙烯基己内酰胺、乙烯基甲基乙酰胺、含二烯丙基酰胺单元的聚合物,聚乙烯基己内醜胺是其中抑制效果较好的一种。

② 酮类聚合物。聚乙烯吡咯烷酮是目前被用作天然气水合物动力学抑制剂主要的酮类聚合物,是第一代高效的动力学抑制剂。聚乙烯链上的五元环结构使其具有较好的抑制性能。

③ 亚胺及二胺类聚合物。现已开发的亚胺类聚合物抑制剂有聚乙烯基—顺丁烯二亚胺和聚酰基亚胺。

④ 共聚物类。此类抑制剂是以上某些动力学抑制剂的单体作为其中一种单体通过二元共聚或三元共聚而合成的共聚物类抑制剂,包括二甲氨基异丁烯酸乙酯、乙烯基吡咯烷酮、乙烯基己内酰胺三元共聚物,二甲氨基乙基异丁烯酸、乙烯基吡咯烷酮、乙烯基己内酰胺三元共聚物,1-丁烯、1-己烯、1-癸烯、氯乙烯、乙烯基乙酸盐(或酯)、丙烯酸乙酯、2-乙基己基丙烯酸盐(或酯)、苯乙烯共聚物。

(3)有机盐类。此类处理剂较多,如烷基芳基磺酸及其碱金属盐、铵盐都已被作为水合物动力学抑制剂。

8.1.3 防聚集剂作用机理

目前动力学抑制剂的抑制机理尚无定论,不同团队提出了各自的假说,最具代表性的有临界尺寸说、层传质阻力说、空间和吸收阻碍说以及在水合物动力学成核后生长聚集阶段的黏附机理等防聚集的作用机理。

(1)临界尺寸说。水合物成核前即晶核达到临界尺寸。动力学抑制剂分子通过与水分子作用破坏形成水合物笼形结构的关键结构,阻止水分子零散结构到水合物形成需要的团簇结构,并使部分形成的水合物团簇结构不稳定。没有团簇结构,水合物无法成核,晶体也就难以形成(Talley et al.,1999)。

Anderson 等认为抑制剂分子扰乱了水分子和客体分子之间的有序状态,增加了形成晶核和长大的困难(Anderson et al.,2006)。

Kvamme 研究了聚乙烯吡咯烷酮八聚物分子对甲烷水合物生成的作用模拟,发现抑制剂分子的氧原子与水分子的氢原子形成氢键,阻碍水合物的成核,水分子的团簇结构部分破坏(Kuznetsova et al.,2010),从而支持了临界尺寸学说。

Rodger 等利用分子模拟研究了聚乙烯吡咯烷酮单体考察五元环对水分子能够强烈影响水分子结构从而影响成核(Carrer et al.,1999)。

Lederhos 等认为,聚乙烯吡咯烷酮及 N-乙烯基己内酰胺的分子结构中所含五元及七内酰胺环,其大小与水合物笼形结构中的五面体及六面体相似。当这些环通过氢键吸附于水合物的晶粒上时,可以产生空间位阻并抑制水合物晶粒的生长(Lederhos et al.,1996)。对高分子侧链基团进入水合物笼形空腔,吸附在水合物晶体生长的特殊表面上,与水合物表面形成氢键,从而阻止了水合物达到生长热力学条件下对其生长有利的临界尺寸。

(2)层传质阻力说。Kvamme 认为水合物成核后,动力学因素占主导。由于抑制剂多为水溶性,其溶解性能远优于客体分子,类似聚乙烯吡咯烷酮的抑制剂在水合物成核后在水和客体分子间形成一个层,使得甲烷分子和水分子传质阻力的增加而导致生长困难,这种机理就是层传质阻力说。

采用分子动力学模拟研究聚乙烯吡咯烷酮对水合物的抑制效应,研究将聚乙烯吡咯烷酮聚合物的单体注入液态水、含水合物单胞的水溶液、聚乙烯吡咯烷酮单体分子取代部分水分子的水合物溶液等三种体系,分子模拟预测到氢键会在聚乙烯吡咯烷酮环上的双键氧和水中的氢形成,混合系统中聚乙烯吡咯烷酮优先与水合物表面的水分子形成氢键,并且聚乙烯吡咯烷酮趋向于垂直于水合物表面,阻止了水分子再在水合物表面形成氢键,起到抑制作用。

Kvamme 考察了上述动力学抑制剂对水合物表面的影响规律,与聚乙烯吡咯烷酮实验结果做了对比,发现与聚乙烯吡咯烷酮相比,N-乙烯基己内酰胺与水合物溶液有着更为适宜的交互性质,更适合作为水合物动力学抑制剂。但是 N-乙烯基己内酰胺的水溶性不如聚乙烯吡咯烷酮。N-乙烯基己内酰胺单体环上添加一个羟基改性后,增强了其亲水性与水溶性,可增加与水合物表面的附着性(Kvamme et al.,2001)。

(3)吸附和空间阻碍说。动力学抑制剂分子作用的吸附分为其在非水合物结构上的吸收以及水合物结构上的吸收。非水合物结构上的吸收主要发生在水合物非匀相成核的过程中,水合物笼形结构会通过系统内杂质或者表面来形成。研究认为,动力学抑制剂要发挥性能,必须吸附到这些成核的地方,使其成核的作用失效,这些成核的地方包括硅和铁氧化物以及憎水的容器表面(Huang et al.,2007)。

动力学抑制剂在水合物上的吸收是目前动力学抑制机理研究最被广为接受的说法。认为动力学抑制剂分子吸附到了成核过程中的水合物结构或者晶体上,通过扰乱水合物成核和阻止其进一步增长达到抑制水合物的目的(Anderson et al.,2005)。Rodger 通过分子模拟发现了表面吸附与动力学抑制剂有一定的相关性。通过对聚乙烯吡咯烷酮的研究发现,吡咯烷酮环上的氧与水合物的表面形成两个氢键,吸附到水合物表面,从而阻止了水合物的进一步生长。

Urdahl 等认为,水合物对动力学抑制剂的吸收使得水合物晶体发生变形,晶体表面活性中心被隔离,被吸收的抑制剂分子产生了空间阻碍作用,从而影响了水合物晶体的生成,达到抑制水合物生成的效果(Urdahl et al.,1995)。

Makogon 认为,抑制剂的活性基团在氢键的作用下被吸附到水合物晶体的表面,从而使水合物晶体以较小的曲率半径围绕聚合体或者在聚合体链上生长(Makogon et al.,2000)。抑制剂吸附到晶粒表面后,与甲烷分子发生作用,阻止了甲烷分子进入并填充水合物孔穴。

Anderson 等认为聚乙烯吡咯烷酮及 N-乙烯基己内酰胺等动力学抑制剂分子先阻止客体分子与水团簇形成水合物晶体,在水合物晶体形成后,吸附在水合物晶体上面,然后阻止向在 Z 轴方向的生长晶体,聚乙烯吡咯烷酮及 N-乙烯基己内酰胺等动力学抑制剂等动力学抑制剂分子的性能与抑制剂与水合物晶体表面的负结合能(Negative Binding Energies)和自由结合能(Free Energies of Binding)有关(Anderson et al. ,2005)。

(4)颗粒黏附理论。在水合物成核之后,在水合物的生长及聚集阶段水合物颗粒之间的黏附作用能够促使水合物颗粒聚集成团,引起水合物堵塞。跟水合物表面或者笼子相互作用的动力学抑制剂,可以改变水合物颗粒的物理性质和化学性质,从而影响颗粒之间的黏附作用,增大或者降低颗粒的黏附力。

关于水合物的聚集机理目前还没定论。Fidel – Dufour 和 Camargo 认为,液桥在颗粒间形成后产生了毛细力作用,颗粒的润湿性是形成水合物堵塞的主要原因。Høiland 等研究了水－油乳液中氟利昂水合物颗粒的润湿性,认为亲油性水合物颗粒聚集风险小。水合物形成后,水合物颗粒的表面润湿性及水合物颗粒间的相互作用,是影响水合物堵塞重要因素。Palermo 等解释水合物颗粒的聚集机理认为,水合物颗粒的聚集不是由于颗粒间的黏附力,而是由水合物颗粒与水滴接触,继而水滴又迅速转化成水合物而黏结在一起造成的。Fan 等研究了聚乙烯醇作为防聚剂的潜力,发现其改变水合物颗粒的形貌引起水合物颗粒表面粗糙,减少水合物颗粒间的接触面积,降低颗粒间的黏附力从而阻止水合物颗粒聚集。

8.2 常用抑制剂制造工艺

钻井流体中常用的有热力学抑制剂和动力学抑制剂。主要用热力学抑制剂较为常用的动力学抑制剂是乙二醇。因为钻井流体本身有聚合物和表面活性,在一定程度上具有水合物抑制作用。

甲醇和乙二醇是使用最为广泛的热力学抑制剂,使用多年,特别是在海上应用较广。甲醇易挥发,具有中等毒性,水溶液凝固点较低,不易结冰,在水中溶解度高,水溶液黏度低,作用效果迅速,自身腐蚀性低,降低水合物温度幅度大(压力一定),便宜可得。但由于高挥发性,低压时进入气相的比例达到75%,且消费总量大,正逐渐被淘汰(王书森等,2006)。乙二醇毒性较小,沸点远远高于甲醇,挥发损失小,适于较大处理量得到使用。

无机电解质类热力学抑制剂中氯化钙最佳,氯化钠也经常使用,其使用效果、经济等方面都优于其他无机电解质。

8.2.1 乙二醇的制造工艺

(1)石油路线法。石油路线法均以石油化工产品乙烯或其所制产品环氧乙烷为原料,再经不同反应过程制得乙二醇,中国工业生产实际应用的石油路线法为环氧乙烷直接水合法。

环氧乙烷直接水合法采用原料环氧乙烷与水在190~200℃、2.23MPa操作条件下,反应0.5h,生成乙二醇含量约10%的乙二醇、二乙二醇和三乙二醇混合水溶液,再经分离制得乙二醇。

中国目前还缺少自主产权技术,工艺技术对外依赖程度高,原料受石油价格影响较大。此外,该工艺乙二醇选择性低,副产品较多,装置水循环量大、能耗高。

(2)合成气路线法。该工艺是以煤或天然气为原料,制得合成气后,通过直接合成法或间接合成法最终制成乙二醇。实际工程应用的间接法为草酸酯法。即先以煤制得合成气,然后再经催化反应生成草酸二甲酯,然后以铜/铬为催化剂,在150℃条件下低压加氢草酸二甲酯制取乙二醇。转化率99.8%,乙二醇选择性95.3%。目前中国合成气路线法乙二醇生产装置均采用间接法。

在油田实际应用过程中,往往会以乙二醇热力学抑制剂为基础,在抑制剂中增加处理剂以增强抑制剂的效果,例如主要由水溶性的聚合物和乙二醇或多元醇溶剂组成的动力学抑制剂能推迟天然气水合物成核过程和减慢晶体初始生长速度,即所谓诱导时间。

8.2.2 工业级氯化钙的制造工艺

以纯碱废液为原料生产氯化钙工艺有直接蒸发工艺和盐田预蒸发工艺两种。

(1)直接蒸发工艺。一般情况下,纯碱废液密度为1.12~1.13g/cm^3。其中氯化钙含量为76.8g/L左右,氯化钠含量为42.9g/L,同时还含有少量氢氧化钙、石膏、铵盐和悬浮物杂质。经净化处理后,采用多效钛板蒸发器提浓,当氯化钙浓度达到40%左右时,氯化钠结晶析出,高效析盐分离后,剩余固相即为氯化钙。

分离氯化钠以后的氯化钙溶液质量浓度达到45%~50%,密度约1.45g/cm^3,送升降膜蒸发器继续快速提浓,待氯化钙浓度升至50%左右,造片或造粒并干燥制得二水或无水氯化钙产品。

(2)盐田预蒸发工艺。在自然蒸发量较大的地区,通常采用盐田摊晒自然蒸发纯碱废液,使废液在盐田中沉降和初步提浓。溶液波美度升至29°Bé时,氯化钠开始析出,随着蒸发量的不断加大,溶液波美度可以升高至32~5°Bé,此时约有50%的氯化钠析出,初步析盐以后的氯化钙溶液进入设备蒸发、析盐精制,生产操作与直接蒸发工艺的操作基本相同。

该工艺在内地沿海地区,蒸发速度很慢,而且很难自然摊晒至29℃以上,自然蒸发效率很低。适合于在干燥少雨、自然蒸发量较大且有足量土地面积的地区。

8.3 发展前景

近年来,世界上在水合物热力学抑制剂领域的研究主要集中在热力学预测模型的改进,热力学抑制剂作用下水合物的相平衡条件的测定,以及传统热力学抑制剂与低剂量水合物抑制剂的复配使用效果评价;动力水合物学抑制的理论研究也较为丰富,但在现场实际应用方面仍有所欠缺。

虽然热力学抑制剂耗量大、成本高、毒性强,不能满足目前需求,但由于低用量水合物抑制剂还不成熟,并未得到广泛应用。当前很多现场如多相混输管线、气井等大多还采用甲醇、乙二醇等热力学抑制剂。因此,还需要依靠技术人员和操作人员摸索生产动态、寻求合理的注醇解堵技术、合理优化注醇量,或者把热力学抑制剂和动力学抑制剂配合起来使用,以降低天然气生产成本。此外,还要完善含甲醇污水处理工艺及技术以保护环境。

8.3.1 存在问题

虽然钻井流体水合物抑制剂对保护钻具有重要作用,但是水合物抑制剂存在的问题依然十分明显。

(1)热力学抑制剂的缺陷。热力学抑制剂必须应用在高浓度下(质量分数为6%以上),一般为10%~60%(质量分数);低浓度(1%~5%)的热力学抑制剂非但不能发挥抑制效果,而且事实上可以促进水合物的形成和生长。热力学抑制剂在水溶液中质量分数一般为10%~60%,用量大、存储和注入设备庞大、环境不友好,使用起来既不方便也不经济。通常在生产系统的下游回收甲醇、乙二醇,循环应用。甲醇则面临着环境保护问题,甲醇还会分散在原油中或被冲洗掉,造成污水处理费用额外增加。

(2)动力学抑制剂的缺陷。动力学抑制剂抑制活性能力偏弱,通用型差,受外界环境影响较大。理论上动力学抑制剂使用的过冷度最低10℃,温度升高时动力学抑制剂的溶解性变差,其应有的抑制效能降低。

(3)防聚剂的缺陷。防聚剂分散性能有限,且仅在油和水共存时才能防止气体水合物生成,作用效果与油相组成、含水量和水相含盐量有关,即防聚剂与油气体系具有相互选择性。

8.3.2 发展方向

钻井流体水合物抑制剂在深水钻井工程中应用广泛,对于保护钻具和井下工具有重要作用,在未来的发展方向主要有7个方面:

(1)进一步完善热力学抑制剂的相关研究。热力学抑制剂是目前抑制剂的重要部分,研究开发其性能有重要意义。中国石油西南油气田公司天然气研究院自主研发的动力学抑制剂应用于重庆气矿现场管线,原来加入乙二醇约50kg/d;现在小排量连续加注动力学抑制剂介于13~16kg/d(毕曼等,2009)。现场试验结果表明,动力学抑制剂对于硫化氢含量为7.34%(体积分数)、二氧化碳含量为1.65%(体积分数)的高含硫天然气,能有效抑制天然气水合物生成,防治管线堵塞。加注动力学抑制剂可使清管周期延长超过15d。

从20世纪90年代起,国际上已经开始研究低剂量的动力学抑制剂来取代热力学抑制剂的使用,开发出来的多种水合物抑制剂,以N-乙烯基己内酰胺和聚乙烯吡咯烷酮为代表,加入浓度低、高效、费用低。尽管国际上已开发出多种水合物动力学抑制剂,并在墨西哥湾、中东等气田已使用近10年,但因成本的影响,动力学抑制剂在中国并未得到应用,目前通常采用的方法仍然是注入甲醇和乙二醇等醇类物质来抑制水合物生成。中国未应用动力学抑制剂的原因是中国市场没有相关产品,从国际上看,动力学抑制剂花费高昂,而中国研发则缺乏动力学抑制剂在油气田中的应用数据和经验。

(2)建立可靠的水合物成核、生长和抑制微观机理模型,在模型的指导下,实验模拟多相混输条件,开发和筛选组成结构更为合理、性能更为优异的动态抑制剂。加拿大12口气井井深为2500~3500m,井底温度为30~100℃,每天注醇量60~300L。应用聚醚氨的水—醇溶液来防治天然气水合物,不仅注入率降低,而且甲醇量也减少了50%~70%(Bybee,2003)。

复配聚醚氨的水—醇溶液应用于美国北得克萨斯地区,质量分数为0.3%,过冷度[所谓过冷度是指在一定压力下冷凝水的温度与相应压力下饱和温度的差值,或是指物质(如金属、合金、晶体)的理论结晶温度($T_{\text{cyrstalize}}$)与实际给定的结晶现场温度(T_{current})的差值]为14℃。原甲醇用量400~500L/d;现聚醚氨的水—醇溶液用量3~5L/d,质量分数为20%的聚醚氨的水—甲醇溶液,用量低于30L/d。

(3)设法改善动态抑制剂在油气井流体中的溶解性,重点解决温度变化影响溶解能力规律。

(4)加大开发聚合物类抑制剂以及研究其性能、回收利用等问题。

(5)对防聚剂而言,首先要大力提高其对水合物晶粒的分散和防聚能力,然后利用适用范围互补、可产生协同效应的防聚剂联合解决油气体系与水合物防聚剂具有相互选择性的问题。如将环氧氯丙烷—甲醇复合型抑制剂应用于加拿大艾伯塔南部气田2口新井,且在低于-30℃的冬季和20℃的温暖季节连续进行现场试验(曹莘等,2005)。

加拿大艾伯塔气田气井投产初期套管加注甲醇200L/d,约为86.6美元/d。接着套管和管线加注环氧氯丙烷—甲醇复合型抑制剂135L/d,高注入量的目的是为了饱和生产系统,使环氧氯丙烷—甲醇复合型抑制剂能够覆盖所有滞留点;10周内逐步降低到30L/d,产气量提高40%;此后5周内暂时将环氧氯丙烷—甲醇复合型抑制剂注入量调整为50~140L/d,产气量再次提高10%;冬季室外温度较低,致使1台管线加热炉发生破裂,但是该气井仍能连续生产,并未发生天然气水合物堵塞。随着更多经验的积累和环氧氯丙烷—甲醇复合型抑制剂注入量的进一步优化,成本费用也将进一步降低。

(6)在确保抑制剂性能优良的情况下,开发成本更为低廉的抑制剂。

(7)将灰色理论和人工智能等新兴科学应用于抑制剂的研究中。新兴学科的发展为水合物的开发打开一个新的方向。

第 9 章　盐析抑制剂

油气钻井需要钻穿盐膏层时，盐溶可能造成"糖葫芦"井眼，引起井径扩大，发生坍塌卡钻等。所以，钻穿盐膏层时设法控制盐溶现象。使用油基钻井流体或油包水钻井流体能很好地解决盐溶问题，但由于成本高、环境限制等原因，普遍推广难。

饱和盐水钻井流体虽能减少盐溶，但不能解决深部盐层溶解与地面盐的重结晶。因为盐的溶解度随温度升高而增加，原来在地面处于饱和状态的盐水钻井流体循环到井底因井温升高变成不饱和，盐层向钻井流体中溶解，引起井径扩大进而造成井下难题甚至事故。钻井流体上返时，井温降低，钻井流体中溶解的盐由饱和状态变成过饱和状态，在钻杆上部、接头及地面循环系统中结晶析出，给钻井操作增加难度。

为利用水基钻井流体顺利钻穿盐膏层，防止溶解在钻井流体中的盐重结晶，保证饱和盐水钻井流体在井底温度下仍处于饱和状态，迫切需要一种能够抑制盐在过饱和溶液中结晶析出的处理剂，即盐析抑制剂。盐析抑制剂（Salt Inhibitor）是指能够抑制盐在过饱和溶液中结晶析出的钻井流体用处理剂。

这里说的盐析是盐结晶。结晶是指热饱和溶液冷却后溶质因溶解度降低导致溶液过饱和，从而溶质以晶体的形式析出的过程。盐结晶的量与溶液的密度有关。

溶质从溶液中析出的过程，可分为晶核生成（成核）和晶体生长两个阶段。两个阶段的推动力都是溶液的过饱和度，即溶液中溶质的浓度超过其饱和溶解度。

晶核的生成有初级均相成核、初级非均相成核及二次成核等三种形式。高过饱和度下，溶液自发生成晶核的过程，称为初级均相成核；溶液在外来物如大气中微尘的诱导下生成晶核的过程，称为初级非均相成核；在含有溶质晶体的溶液中的成核过程，称为二次成核。二次成核也属于非均相成核过程，是在晶体之间或晶体与其他固体碰撞时所产生的微小晶粒的诱导下发生的。

但是，从科学的角度讲，盐析（Salting Out）是指在蛋白质水溶液中加入中性盐后，随着盐浓度增大而使蛋白质沉淀出来的现象。中性盐是强电解质，溶解度大，在蛋白质溶液中，一方面与蛋白质争夺水分子，破坏蛋白质胶体颗粒表面的水膜；另一方面中和蛋白质颗粒上的电荷，从而使水中蛋白质颗粒积聚而沉淀析出。常用的中性盐有硫酸铵、氯化钠、硫酸钠等，以硫酸铵居多。蛋白质析出一般不失去活性，一定条件下又可重新溶解，因此，利用盐析分离、浓缩、贮存、纯化蛋白质，应用广泛。

9.1　盐析抑制剂作用机理

要了解盐析，就要了解氯化钠为什么析出。氯化钠晶体具有规则的立方晶体结构，其形成过程是氯离子、钠离子堆积形成晶核，钠离子、氯离子在晶核上有规则地堆积成立方晶体析出。只有在晶种不存在或者破坏晶核等两种情况下，氯化钠不能从溶液中结晶析出。

(1)控制溶液中不存在晶种。不存在晶种,则两种离子无法吸附形成晶核,盐就不会结晶。可以通过改变盐晶体形状,降低晶体在固体表面的黏附力,增加氯化钠在水中的溶解度,晶体由立方体形变为树枝状,降低晶体对固体(如钢铁、玻璃等)的黏附力。

(2)氯化钠晶核的电荷分布受到破坏,使氯离子、钠离子不能在晶核上继续堆积长大。钻井流体中机械杂质较多,几乎所有的机械杂质都可作为晶种。要想使钻井流体中不存在晶种是不可能的。盐析抑制剂是针对第二种情况抑制氯化钠结晶析出而开发的。

盐析抑制剂的主要成分是氨三乙酸,有三个酰胺基团。因酰胺基团中各原子电负性的差别,使其具有极性电荷分布特征,即氧原子带部分负电荷,氮原子带部分正电荷。

在氯化钠溶液中,带负电荷的氧原子吸附在钠离子上,带正电荷的氮原子吸附在氯离子上。一定量的抑制剂分子中的酰胺基团适当地吸附在氯化钠晶体或在钠离子、氯离子周围,按一定次序排列时,改变氯化钠晶核表面的电荷分布,破坏氯化钠晶核的生长,抑制氯化钠从溶液中结晶析出(张鹏等,1987)。

9.2 常用盐析抑制剂制造工艺

钻井流体常用的盐析抑制剂有金属盐析抑制剂、耐高温聚胺盐析抑制剂等。

9.2.1 金属盐析抑制剂制造工艺

金属盐析抑制剂是抑制氯化钠结晶的化学剂,主要成分为铁、钠、钾等络合物,无毒无害,可用于钻井流体、采油、卤水开采和输送等方面。

谢和溢等通过筛选和复配试验,得到以黄血盐钾(六氰合亚铁酸钾三水合物,$K_4Fe(CN)_6 \cdot 3(H_2O)$)为主要成分的盐析抑制剂(谢和溢,1987)。

在饱和盐水中放一根玻璃棒。静置时水不断蒸发,玻璃棒上有一层盐结晶产生。未加盐析抑制剂时,盐晶体致密地黏附在玻璃棒上,不容易除去。显微镜下观察,晶体呈立方体状。加入抑制剂后,玻璃棒上的晶体很细小,看上去像一层霜,黏附力很弱,易刮去。显微镜下观察,晶体呈树枝状(雪花状),结构疏松,内部有许多小孔隙。小晶体的溶解度比正常晶体要大。金属盐析抑制剂用于油井防盐现场试验,在江汉油田实施,效果良好(谢和溢,1990)。

9.2.2 耐高温聚胺盐析抑制剂制造工艺

左凤江等研制了钻井流体用耐高温聚胺盐析抑制剂。室温下将80～120份(质量份)低分子量的聚合醇、20～40份胺化试剂和12～20份金属催化剂置于反应釜中,通氢气加压到2.4～2.6MPa;在40～60min内升温至220～240℃,保持3～4h反应时间;冷却泄压,过滤除掉金属催化剂,蒸馏脱水;将脱水后的产物在0～10℃条件下与高温保护剂和酸性调节剂混合反应均匀,得到钻井流体用耐高温聚胺盐析抑制剂(左凤江,2012)。

以耐高温聚胺盐析抑制剂为主剂形成的水基钻井流体,在大庆油田致密油区块的Long2井现场应用。在钻进过程中,针对不同井段采取分段维护钻井流体的原则,直井段耐高温聚胺盐析抑制剂加量维持在1%;造斜段和水平段耐高温聚胺盐析抑制剂加量不低于1.5%。

到完井时，耐高温聚胺盐析抑制剂总加量为1.5%，能够满足大段泥岩地层钻井需求（侯杰，2017）。

9.3 发展前景

盐析抑制剂在未来深井钻井中大有作为，为非常规油气资源的高效开发提供技术支撑，应用前景广阔。

9.3.1 存在问题

目前，盐析抑制剂的研究主要存在现场数据缺乏、作用机理和机制不明，以及现场应用缺乏科学理论支撑等问题。

一是，抑制剂的性能研究大多基于对井场条件的室内模拟实验，缺乏现场应用效果的数据分析。

二是，抑制剂的抑制机理，以及抑制的作用机制，尚不明确。

三是，抑制剂使用只能延缓盐卡和盐堵问题，且抑制剂的添加周期和实际工作浓度主要基于现场经验，缺乏科学理论计算支撑。

9.3.2 发展方向

盐析抑制剂应该结合井筒参数、气液两相流动情况、结合量子化学等以及开发其他复合除盐技术，将会有更广泛的利用和发展。

（1）现场应用中井底到井口温度压力的急速变化、井内气液两相流动情况以及不同井场地层水的复杂成分变化等因素，无疑会影响盐析抑制剂的抑制作用。若能结合气液相平衡及气液两相流相关理论，模拟井内复杂情况下盐溶液的浓度温度变化与井深的内在联系，将会对抑制剂的筛选及性能考察提供有力的理论依据。

（2）抑制剂的作用机理与离子解离和静电相互作用密切相关，结合量子化学理论，探究抑制剂的引入、其他共存离子影响钠离子和氯离子的稳定存在的机制，有助于明晰抑制剂的作用机理和抑制剂的设计开发。

（3）开发化学防盐和其他防盐除盐技术相结合的复合除盐技术如管柱加抑制剂技术。开发复合抑制剂和降滤缓释抑制剂，减少抑制剂用量和缩短添加周期。开发环境友好易降解的盐析抑制剂，提高安全性和环境友好性。

第10章 包 被 剂

包被是指通过聚合物大分子伸展长链,在钻屑、黏土颗粒或井壁上多点吸附,包裹黏土颗粒,降低或阻止与水分的接触,起到防止水化分散作用。通过桥连包被起作用的抑制剂又叫包被抑制剂,或包被剂(Coating Agent)。包被剂是能够抑制页岩的水化膨胀和分散的处理剂,具体来说主要是通过包被钻屑抑制其分散以维持钻井流体性能稳定、吸附在井壁上维持井壁稳定的钻井流体用处理剂。

20世纪70年代,高分子量聚丙烯酸铵用作包被剂,后为提高其包被和抑制性能,用聚丙烯酸钙、聚丙烯酸钾作包被剂。为进一步提高抑制性,80年代末期两性离子聚合物、阳离子聚丙烯酸胺、低分子量阳离子聚合物等用作包被剂。

10.1 包被剂作用机理

包被抑制剂能够对地层起到抑制作用,主要体现在封堵和成膜两个方面:一是,能够在井壁上多点吸附后封堵裂隙;二是,能够形成聚合物膜,阻挡水分的侵入。

除了能够抑制井壁的水化,包被剂的作用主要还体现在降低钻井流体的固相含量上。钻进过程中,钻屑进入钻井流体容易水化分散,钻屑的水化分散会使得钻井流体的固相含量增加,提高钻井流体黏度切力,影响钻井流体的流变性。包被剂可以包被钻屑,防止分散,还可以吸附、桥连亚微米颗粒,增大颗粒粒径,便于固控设备清除。

高分子聚合物抑制泥页岩水化分散作用机理,普遍认为是聚合物大分子吸附在钻屑颗粒和井壁黏土矿物表面,形成包被(包裹黏土颗粒),阻止和减弱自由水分子与钻屑和井壁周围的黏土矿物相接触,一定程度上减弱了黏土的水化膨胀。包被膜能减缓钻屑颗粒由于机械碰撞发生的破碎,促使黏土颗粒不再分散成更细小颗粒。

聚合物包被剂水解后,溶液在钻屑表面铺展开,形成包裹,在钻屑表面形成一层薄膜,隔离液相、降低渗透率以及增加钻屑黏结能力。

(1)隔离钻井流体中液相。包被剂中聚合物大分子吸附在固相颗粒表面,形成包被,使之与钻井流体中液相分隔开。

(2)堵塞钻屑表面孔隙,降低钻屑孔隙渗透率,阻止滤液进入钻屑。

(3)形成网兜形状网住钻屑颗粒,减少钻井流体入侵导致的抗压强度降低,增加钻屑颗粒表层黏结能力。

10.2 常用包被剂制造工艺

钻井现场主要是聚合物包被剂,根据包被剂主要成分可分为两性离子包被剂、乙烯单体聚合物包被剂、聚丙烯酰胺类包被剂以及天然高分子改性包被剂。

10.2.1 两性离子包被剂制造工艺

两性离子聚合物包被剂是在分子中引入阴离子、阳离子和非离子基团的线性大聚合物,阴离子、阳离子、非离子基团在同一个分子链上,与阴离子型多元共聚物相比,分子中含有阳离子基团,防塌和抑制黏土水化分散,其耐温性能也有所提高,能够抑制岩屑分散和增加钻井流体黏度。包被抑制能力很强,减少钻井流体中亚微米颗粒含量,有利于提高机械钻速和储层伤害控制。

两性离子聚合物强包被剂为淡黄色粉末,溶于水,工业产品为白色或微黄色粉末,能有效地包被钻屑,防止钻屑和泥页岩水化,防止井壁坍塌,提高钻井速度,同时耐温、抗钙和耐盐以及降失水。适用于淡水、海水、饱和盐水钻井流体。

何振奎等以两性离子聚合物作包被剂,形成钻井流体,在河南油田钻完井 77 口,表明两性离子聚合物包被剂抑制性很强,能够抑制钻屑水化分散,同时对钻屑具有絮凝、包被作用,能够较好地控制钻井流体密度的上升,性能稳定,满足井下需要(何振奎等,1996)。

10.2.2 乙烯基单体聚合物包被剂制造工艺

乙烯基单体多元共聚物分子链中有羧基、羧钠基、羧钙基和酰胺基等官能团,分子中的各类基团经优化后,具有较强的耐盐、抗钙镁和耐温能力,主要用于低固相不分散聚合物水基钻井流体,有改善流变参数、提高剪切稀释能力、降低失水量和包被钻屑等作用。

新疆塔河油田钻井过程中,经常发生起下钻遇阻、下钻不到底及卡钻等井下难题,特别是井径扩大率大,井壁坍塌严重,易膨胀强分散的砂泥岩互层。针对这些难题,使用乙烯基单体聚合物作为包被剂,强抑制泥页岩膨胀,现场试验表明,平均井径扩大率由 14.6% 降至 3.14%(刘波等,2003)。

此外,荆丘地区构造位于冀中坳陷的束鹿凹陷南部。自 1982 年以来,钻井卡钻、井塌频繁发生。使用乙烯基单体聚合物钻井流体,有效抑制黏土的水化膨胀分散,解决了膏盐层的严重侵害和井塌难题(赵江印等,1994)。

10.2.3 聚丙烯酰胺类包被剂制造工艺

聚丙烯酰胺类包被剂是由丙烯酰胺单体经引发、聚合而成的水溶性高聚物。聚丙烯酸钾是其典型代表产品。由于聚合物内存在钾离子,能防止软泥页岩和硬脆性泥页岩的水化和剥落,稳定井壁,改善钻井流体流变性能。现有的聚丙烯酸钾合成工艺有反相乳液聚合和溶液聚合两种方法。实际生产中大多采用溶液聚合。聚丙烯酸钾合成工艺为丙烯酸先由氢氧化钾中和形成丙烯酸钾,后加引发剂聚合生成聚丙烯酸钾。

杨海军等(2011)选用聚丙烯酸钾作为包被剂,氯化钾等为抑制剂,配套辅助剂得到高性能水基钻井流体,钻井周期大幅度减少,机械钻速成倍增加,井径扩大率大幅度降低。

此外,阿塞拜疆 K&K 油田地层胶结疏松,成岩性差,岩屑造浆严重,钻井流体流变性不易控制,井眼缩径引发卡钻。使用聚丙烯酸钾作为包被剂,实现了地层岩屑分散控制,钻井流体固相含量控制(张高波等,2008)。

10.2.4 天然高分子改性包被剂制造工艺

常规钻井流体用聚合物包被剂中的残余单体,如丙烯酰胺、丙烯腈、丙烯酸等为有毒物质,进入环境会造成环境污染。此外,用于生产聚合物包被剂的单体价格偏高,聚合反应的成本也较高。

天然高分子包被剂是通过天然聚合物改性、接枝合成。通过天然植物高分子自身间的加长反应,使植物高分子链加长数倍,提高其包被能力,并使有抑制性的基团接枝到加长后的植物高分子链上,提高其抑制能力,使其具有包被抑制性,然后对产物进行化学处理,使其具有耐温、抗发酵微生物作用。

李静等(2004)评价了天然高分子包被剂性能认为,有较强的抑制钻屑分散能力即包被能力。分子量较高,为 500×10^4 以上。有较强的耐盐、抗钙能力。

10.3 发展前景

钻井流体聚合物包被剂自20世纪70年代应用以来,取得显著成绩。随着认识地层物性不断深入,发现某些地层,钻进过程中钻屑包被不好,流变性及固相控制困难,即缩径、垮塌、反复划眼、粘卡甚至卡钻等,大多是由于聚合物包被效果不理想引起的。因此,选择和使用良好的聚合物包被剂是钻井流体成功的关键之一。

10.3.1 存在问题

目前常用的钻井流体包被剂包括两性离子包被剂、乙烯基单体聚合物包被剂、聚丙烯酰胺类包被剂或者大分子聚合物,在某些条件下均具有良好的应用效果,但是普遍存在耐温性较差的缺点,一般不超过150℃。

随着深井超深井的开发,井下高温环境对钻井流体的耐温性能提出了更高的要求,尤其是高温下钻屑与黏土水化严重。如果包被剂不能产生有效包被,钻井流体抑制性不足,极易造成黏度增加过快、钻头泥包、卡钻等问题,严重影响钻进效率。

10.3.2 发展方向

为了使钻井流体包被剂更加适用地层特性,需要优化包被剂分子链基团结构、强化包被剂包被能力以及控制适当的盐和pH值。

(1)从产品设计入手,优化分子链基团结构。强化抑制的同时,体现出良好的包被作用,设计碳—碳键结构提高分子链的热稳定性,选用碳链高分子和在分子中引入可增加分子链刚性的环状结构,可明显提高聚合物的热稳定性和抗剪切能力。

引入大或刚性侧基提高分子链运动阻力,引入大侧基的阳离子单体,采用对盐不敏感基团提高耐盐性能,进一步提高产品的耐温和耐盐能力。

(2)粉状包被剂与乳液聚合物包被剂配合使用,在单独的粉状聚合物包被剂难以满足的情况下,可以利用乳液聚合物。

乳液包被剂分子量大,有效含量高,溶解状态好,且容易复配,发挥耐盐、耐温、抗剪切能力好等优点,以强化抑制包被能力。

(3)控制适当的盐和 pH 值。除饱和盐水及欠饱和盐水钻井流体外,常用盐和聚合物配制强抑制钻井流体。盐的含量高有利于抑制泥岩水化膨胀,但是也同时阻碍聚合物的链伸展,影响剪切稀释性。同样,钻井流体各处理剂都是在碱性条件下发挥作用,因此配制聚合物包被剂时,pH 值最佳推荐 7~10。因此,应该加大力度研究能够耐盐和耐酸碱的钻井流体用包被剂。

第11章 絮 凝 剂

絮凝剂(Flocculants)是使钻井流体澄清液相或使固相脱水保证钻井流体低固相,也可使钻井流体中的胶体颗粒聚集或成絮凝物沉降的钻井流体用处理剂。

絮凝剂称作为混凝剂、聚凝剂,还有的称作凝集剂、凝结剂、聚合电解质等。虽然名称各有不同,实际上,所指的物质是相同的,其含义也相同。其意思是向水中加入化学药品,使水中不想要的物质产生絮状物沉淀,利于过滤、沉降、上浮等,分离净化。因此,叫作絮凝剂更为确切。

有机高分子絮凝剂也有人叫作聚电解质(Polyelectrolytes)。实际上有的絮凝剂并不是电解质,在水溶液中不能解离出带电的游离离子,水溶液也不导电,所以不能叫作电解质。再如,淀粉胶体溶液、聚丙烯酰胺、聚氧乙烯、糖等,均被称为非离子型的聚合电解质也是不妥的,应该称为非离子型有机高分子絮凝剂。

钻井流体用絮凝剂主要有盐(或盐水)、熟石灰、石膏、纯碱、碳酸氢钠、四磷酸钠、丙烯酰胺基聚合物等。

11.1 絮凝剂作用机理

体系中加入一定量的电解质,可中和微粒表面的电荷,降低表面电荷的电量,降低电动电位及双电层的厚度,使微粒间的斥力下降,从而使微粒的物理稳定性下降,微粒聚集成絮状,形成疏松的纤维状结构,但振动摇动可重新分散均匀,这种作用叫作絮凝作用,加入的电解质叫絮凝剂。

絮凝是由于液体流动使微絮粒进一步增大的过程。如果两个黏土颗粒在运动过程中相互碰撞,就会吸引在一起,逐渐形成一个大的颗粒集合体,质量增大,很快沉于底部,这个过程称为絮凝过程,包括异向絮凝和同向絮凝。由布朗运动所引起的胶体颗粒碰撞聚集称为异向絮凝。布朗运动随着颗粒粒径增长逐渐减弱。粒径增长到一定尺寸,布朗运动不再起作用。由外力推动所引起的胶体颗粒碰撞聚集,称为同向絮凝。

絮凝剂的絮凝原理可分为化学絮凝和物理絮凝两种。前者假设粒子以明确的化学结构凝集,并由于彼此的化学反应造成胶质粒子的不稳定状态;后者则是由于存在双电层及某些物理因素,加入与胶体粒子具有不同电性的离子溶液时,会发生凝结作用。发生凝结作用时,胶体粒子失去稳定作用或发生电性中和,不稳定的胶体粒子再互相碰撞而形成较大的颗粒。不同类型的絮凝剂发挥作用时,特点不同。

胶体稳定性是胶体粒子在水中长期保持分散悬浮状态的特性。胶体稳定性分动力学稳定和聚集稳定两种。

动力学稳定是颗粒布朗运动对抗重力影响的能力。粒子越小,动力学稳定性越高。颗粒间的排斥能是影响絮凝的重要参数。

$$V_R = \frac{1}{2}rDu^2\ln[1+\exp(-KH)] \qquad (3.11.1)$$

式中 V_R——颗粒间的排斥能,erg❶;

r——颗粒的半径,cm;

D——水的介电常数;

u——吸附层和扩散层界面上的电位(静电电位);

K——离子云的厚度,cm;

H——颗粒间的最短距离,cm。

两个胶体颗粒之间还存在相互吸引能,大小与颗粒间的距离有关。两个球形颗粒的体积相等,距离非常小的情况下,吸引能可以计算:

$$V_A = -\frac{Ar}{12H} \qquad (3.11.2)$$

式中 V_A——吸引能,erg;

A——范德华常数,$1A=10^{-12}$erg;

r——颗粒的半径,cm;

H——颗粒间的最短距离。

两个颗粒间距离非常小时,颗粒间的相互作用能也可以计算:

$$V_T = \frac{1}{2}rDu^2\ln[1+\exp(-KH)] - \frac{Ar}{12H} \qquad (3.11.3)$$

式中 V_T——相互作用能,erg。

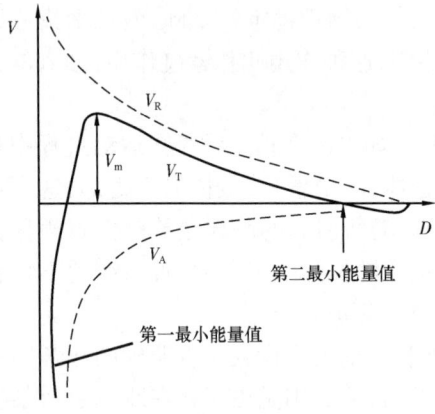

图 3.11.1 颗粒表面电荷相互作用能曲线

这样,颗粒表面电荷吸引能、排斥能、相互作用能的曲线就可以画在一个坐标系中。V_m 表示能峰,D 为颗粒表面间距离,如图 3.11.1 所示。

从图 3.11.1 中可以看出,颗粒间的距离很大或者很小时,相互作用能以吸引能为主,能够形成絮凝体。

颗粒间的距离处于中等程度时,相互作用能以排斥为主,颗粒处于稳定状态,不能形成絮凝体。

颗粒相距很远时,吸引能和排斥能都等于零,也能够形成絮凝体。

曲线相互作用能有两个最小能量值,颗粒间的相互作用能达到第一个或第二个最小能量值时,产生絮凝沉淀。为了使颗粒脱稳而加入絮凝剂,其主要作用就是减少或消除处于中等距离上的排斥能,使得它们之间以吸引能为

---

❶ erg(尔格)是能量与机械功的单位,是 1dyn 的力使物体在力的方向上移动 1cm 所做的功。来源于希腊语 ergon(功的意思)。1erg = 10^{-7}J = 100nJ;1erg = 624.15GeV = $6.2415×10^{11}$eV;1erg = 1dyne·cm = 1g·cm/s。

主,以便于颗粒聚集和絮凝。

曲线相互作用能存在能量障碍,颗粒间相互作用能曲线相互作用能有能量峰,能量峰是凝聚和絮凝的最大能量障碍。

DLVO理论是关于胶体稳定性的理论。由德亚盖因(B. V. Derjaguin)和兰多(Landau)于1941年,弗韦(E. J. W. Verwey)与奥弗比克(J. T. G. Overbeek)于1948年分别提出。因此,通常以4人名字的起首字母命名该理论。

他们认为溶胶在一定条件下能否稳定存在取决于胶粒之间相互作用的位能。总位能等于范德华吸引位能和由双电层引起的静电排斥位能之和。这两种位能都是胶粒间距离的函数,吸引位能与距离的6次方成反比,而静电的排斥位能则随距离按指数函数下降。

换言之,前者在很近距离处方起作用,而后者在较远距离处已起作用。胶粒在接近时往往因静电排斥作用而分开,但当一些胶粒的相对移动能大于排斥能垒时,胶粒即可逾越能垒而进入吸引能起主要作用的距离内,因而发生凝结。

DLVO理论成功地解释了各种价态的电解质在聚沉能力上的显著差别,很好地解释了舒尔策-哈迪法则的不同价态的电解质聚沉憎液溶胶的经验规则。

舒尔策(H. Schulze)于1882年提出,后经哈迪(W. B. Hardy)等提供数据建立的法则。认为与胶粒带相反电荷的离子对溶胶有凝结作用,如带负电的三硫化二砷溶胶,阳离子是反离子,且价数越高,凝结能力也越大。一般来说,对于反离子为一价、二价和三价的电解质,其凝结值的比例大约为100:1.6:0.16。

比值并非严格固定,对于不同的溶胶和电解质可有不同程度的变化,也能较好地预测离子型表面活性剂影响胶体稳定能力规律。

絮凝技术是目前世界上用来提高水质处理效率的既经济又简便的水处理技术,絮凝剂可以分为无机絮凝剂、有机絮凝剂、微生物絮凝剂和复合絮凝剂等四大类。

11.1.1 无机絮凝剂作用机理

传统无机絮凝剂主要是铁盐和铝盐,以电性中和、卷扫作用为主要作用机理。硫酸铝或三氯化铁作为絮凝剂时,加量一般需要超过各自氢氧化物的沉淀溶度积,因而胶体的脱稳是由水合铝离子或水合铁离子在水解聚合物生成氢氧化物沉淀过程中的中间产物,也就是铝或铁的单核或多核羟基配合物离子引起。

带正电荷的水解产物通过静电中和减弱了胶粒间的斥力,胶粒以范德华力凝聚在一起。在一定范围内,通过加量调整能使已解稳胶体重新稳定。静电中和不压缩胶粒表面双电层而是通过表面吸附絮凝。铝盐的多核水解产物 Al_{13}^{7+} 和铁盐的多核水解产物 $Fe_3(OH)_4^{5+}$ 的分子量不高,用类似聚电解质的主要通过吸附架桥机制解释絮凝不合理。加量较大时,铝或铁的氢氧化物沉淀迅速发生,卷扫胶粒。因此,胶粒浓度很低时,通过卷扫机制除去水中胶体粒子是可行的。

网捕/卷扫作用是指加入铝盐、铁盐等混凝剂后,盐水解后形成三维立体结构的水合金属氧化物沉淀。水合金属氧化物体积收缩沉降时,像筛网一样将水中胶体颗粒和悬浊液中的颗粒捕获、卷裹,一起沉降。网捕/卷扫作用主要是机械作用。

与无机盐类絮凝剂相比,无机高分子絮凝剂絮凝体形成快,颗粒密度大,沉降速度快,化学需氧量和生化需氧量以及色度、微生物等有较好的去除效果,适应温度和 pH 值范围广,原料价格低廉,生产成本较低等。因此,广泛应用于化工、冶金、煤炭、纺织、造纸、石油、环保等生产领域。

无机高分子絮凝剂及铝盐铁盐絮凝剂都是以其水解产物对水中颗粒或胶体电中和脱稳、吸附架桥或黏附卷扫,生成粗粒絮凝体再加以分离去除。

聚合铝和聚合铁,无论是液体或固体产品,都属于水溶性无机高分子物质,实际是铝铁盐类水解过程的中间产物。Al(Ⅲ)和 Fe(Ⅲ)在其水解、络合、聚合、胶凝、沉淀过程中的水溶液化学有文献报道。汤鸿霄归纳出 Al(Ⅲ)和 Fe(Ⅲ)在溶液中随 pH 值的增加水解/聚合/沉淀转化模型和聚合形态(汤鸿霄,1990)。

近年来,也有人认为铝盐的凝聚、絮凝作用机理中优势是 Al_{13} 存在(刘红等,2005)。实践证明,聚合的铝铁絮凝剂与传统的无机盐絮凝剂相比,絮凝效能提高 2~3 倍。

传统絮凝剂的主要作用形态是自发水解产物即初聚物、低聚物和凝胶沉淀物;无机高分子絮凝剂聚合铝铁在形态特征、作用机理和行为效能上与铝盐铁盐等传统絮凝剂都有一定的区别,具有相对的形态稳定性,加入后可直接吸附在颗粒物表面,发挥电中和及架桥黏结作用。因此,其过程首先是吸附水体中颗粒物(例如黏土矿物和腐殖质等)上的羟基,即与羟基的配位和互补,为电中和及架桥过程。随后,发生与溶液中的羟基相互作用的水解过程,结果在界面上生成氢氧化铝凝胶沉淀物,进一步发挥黏结团聚作用。

因此,无机高分子的絮凝机理类似于有机高分子絮凝剂,但由于它的分子量和尺度远低于有机高分子,主要借助于微米级小颗粒的相互聚集成为链状物的电中和、架桥作用,同时本身又逐步转化为凝胶沉淀物形态。

无机高分子的絮凝机理,类似有机高分子絮凝剂但又有所不同。絮凝作用机理介于传统絮凝剂和有机絮凝剂之间,属于多核羟基络合物的表面络合、表面水解及表面沉淀过程。

无机高分子絮凝剂比无机盐类絮凝剂性能有所提高,分子量和絮凝架桥能力仍较有机高分子絮凝剂有较大差距,也存在诸如处理水中残余离子浓度较大、影响水质、造成二次污染的缺点。

11.1.2 有机高分子絮凝剂

根据所带基团能否离解及离解后所带离子的电性,可将其主要分为非离子型、阳离子型、阴离子型和两性型 4 种。

非离子有机高分子絮凝剂常用的有聚丙烯酰胺和聚氧化乙烯。以聚丙烯酰胺为主,相对分子质量为 $(50~600) \times 10^4$(陈中元,2005)。聚丙烯酰胺分子中含 $(10~20) \times 10^4$ 个酰胺基。既是亲水基团,又是吸附基团,在水处理中主要用作辅助絮凝剂。通过分子链中特有酰胺基官能团与悬浮物吸附架桥,增大絮状物(矾花❶)的尺寸,利于快速沉降清除。

阴离子絮凝剂既可以是非离子絮凝剂聚丙烯酰胺的水解产物,也可以是丙烯酰胺与乙烯类磺酸盐或丙烯酸盐、马来酸盐等的共聚产物。使用最多的是丙烯酸阴离子型聚丙烯酰

---

❶ 矾花,是指明矾(十二水硫酸铝钾)水解之后跟水中的杂质吸附一起,形成絮状物,结合适当的搅拌,絮状物会互相黏结成团。这种清洁水的工艺叫矾花。经过静置,重力作用使矾花处于底层。取上层清水,达到分离水中杂质的效果。

胺,相对分子质量为 700×10^4 左右,极性基羧基含量低于10%(摩尔分数)时,称为弱阴离子型产品;羧基含量高于25%(摩尔分数),称为强阴离子型产品(唐善法,2004)。

阴离子絮凝剂易受 pH 值和盐类的影响,在酸性介质中羧基的解离受到限制,对某些矿物的吸附活性较低。如果引入强酸性磺酸基代替弱酸性羧基,可改善其在酸性环境中的解离。另外,由于分子结构中存在带负电的强亲水基团,对表面带负电荷的胶体微粒选择絮凝,悬浮物表面负电荷增加,其絮凝效果变差,甚至不产生絮凝(张国杰等,2004)。

阳离子有机高分子絮凝剂可通过乙烯单体聚合、高分子反应及缩合聚合等方法得到。种类多于非离子、阴离子有机高分子絮凝剂,是有机高分子絮凝剂品种发展的主要方向。与非离子和阴离子有机高分子絮凝剂相比,阳离子有机高分子絮凝剂相对分子质量相对较低,为 $(10 \sim 1000) \times 10^4$。不同的合成方法、不同的实验条件及作用机理都有所不同(胡瑞等,2005)。

两性有机高分子有机絮凝剂兼有阴离子和阳离子基团的特点,不仅有电性中和、吸附架桥而且有分子间的缠绕包裹作用,使处理的污泥颗粒粗大,脱水性好。因此在不同介质条件下,其离子类型可能不同,适于处理带不同电荷的污染物,特别是对于污泥脱水。其适应范围也较广,酸性、碱性介质中均可使用,耐盐性也较好。如 Corpart 等采用苯乙烯—丙烯酰胺共聚物,在不同条件下分别进行霍夫曼消除反应❶和酰胺基的水解反应,制得相同颗粒大小、不同电荷密度、不同等电点的含羧基和氨基的乳胶共聚物。典型产品聚丙烯腈—双腈双胺类有机絮凝剂可以用于染料废水,有较好的脱色和去除化学需氧量(程云,2003)。

有机高分子物质可直接引起聚沉称作絮凝。有机高分子的絮凝机理主要分为两种:一种为高分子吸附架桥作用;另一种为电中和作用。

有机高分子物质浓度较低时,吸附在颗粒表面上的高分子长链同时吸附在另一个颗粒的表面上,通过架桥方式将两个或更多的微粒联在一起,从而导致絮凝。架桥的必要条件是微粒上存在空白表面,倘若溶液中的高分子物质浓度很大,微粒表面已全部被所吸附的有机高分子物质所覆盖,则微粒不会再通过架桥连接而絮凝。相反,此时高分子物质反而对颗粒起到稳定保护作用,因此最佳絮凝所需要的浓度都很低,往往小于 1mg/L。

聚合物带有与粒子相反的电荷时,可以产生强烈的定量吸附作用,此时为电中和作用。有的时候絮凝是架桥和电中和共同作用,一般同电荷以吸附架桥为主,异电荷以电中和为主。

11.1.3 微生物絮凝剂

微生物絮凝剂是继无机絮凝剂和有机絮凝剂之后出现的一种可自然降解的水处理剂,具有高效、无毒、无二次污染的特点(Shih et al.,2001)。

微生物絮凝剂是一类由微生物产生并分泌到细胞外具有絮凝活性的代谢产物,一般由多糖、蛋白质、脱氧核糖核酸(DeoxyriboNucleic Acid,DNA)、纤维素、糖蛋白、聚氨基酸等高分子物质构成,分子中含有多种官能团,能使水中胶体悬浮物相互凝聚、沉淀。

---

❶ 霍夫曼消除反应(Hofmann Elimination),指的是季铵碱与碘化钾、氢氧化银反应,从含氢较多的 β-碳原子上消除氢,得到的主要产物是双键碳上含取代基比较少的烯烃,这一消除方式与卤代烃的消除方式相反。

微生物絮凝剂的絮凝机理研究，提出了许多能解释特定条件下絮凝过程的理论，如吸附架桥学说、菌体外纤维素纤丝说、类外源絮凝集素假说、病毒学说、化学反应学说、Crabtree 的聚羟基丁酸酯酯合学说和 Butterfield 黏质假说等。在微生物絮凝剂的絮凝机理学说中，目前较为普遍接受的是吸附架桥学说。把微生物絮凝剂的絮凝过程看成是电荷中和、吸附架桥和网捕—卷扫等物理化学过程共同作用的结果。

（1）生物高分子絮凝剂所带电荷与颗粒带电性质相反时，溶液中的离子与胶体颗粒表面带的相反电荷发生中和作用，从而降低颗粒的表面电荷密度，颗粒之间能够充分相互靠拢使得吸引力成为主要作用力，为絮凝剂的架桥提供了有利条件。

（2）絮凝剂生物大分子浓度较低时，分子上的活性基团（羧基、羟基、氨基等）借助离子键、氢键和范德华力能够吸附其他胶体颗粒，通过架桥方式将两个或更多的微粒联在一起从而导致絮凝。细胞外物质为酸性时，离子键结合是主要吸附形式；细胞外物质为中性时，氢键结合是主要方式。Qin 等研究某絮凝剂时发现，在絮凝过程中使用尿素时，絮块大量分解。说明絮凝剂与胶体颗粒之间可能是靠氢键力结合的。尿素可以和胶体颗粒之间形成氢键，从而破坏其与絮凝剂之间的氢键，使沉淀发生解絮凝现象（Qin et al.，2004）。

（3）微生物絮凝剂从颗粒表面伸展到溶液的距离远远大于溶液中胶体颗粒间产生排斥力的有效作用范围时，就会发生架桥，从而形成三维网状结构的絮凝体。大分子的吸附架桥作用是桥联机理的核心内容，也是促使胶体物质絮凝沉淀的最主要作用力（He et al.，2005）。

（4）微生物絮凝剂投加量一定且形成小粒絮体时，絮凝体在重力作用下沉降，网捕和卷扫水中的胶体颗粒，沉淀分离。这种作用基本上是机械作用，所需絮凝剂量与原水杂质含量成反比（Yan et al.，1999）。

11.2　常用絮凝剂制造工艺

钻井流体需要絮凝剂处理钻井流体中的固相。钻井污水处理时也需要絮凝剂。钻井污水是钻井施工中产生的废水，由振动筛冲洗水、钻井泵冲洗水、钻台和钻具机械设备清洗水、废弃钻井流体池清液、柴油机排出的冷却水及井场生活污水组成。

钻井污水所含有的污染物主要是石油类、碱类、岩屑、黏土和钻井流体处理剂，如盐类、聚合物、磺化酚醛树脂、褐煤等。钻井污水含有大量的悬浮物、矿化度高并且呈碱性，处理用的混凝剂要求具有很强的絮凝能力、沉降速度快、絮凝体体积小、在碱性和中性条件下同样有效等。

11.2.1　无机絮凝剂的制造工艺

无机高分子絮凝剂主要是聚铝和聚铁。聚铝主要有聚合氯化铝、聚合硫酸铝、聚合磷酸铝、聚合硫酸铁、聚合氯化铁、聚合磷酸铁、活化硅酸、聚合硅酸等；复合型的有聚合氯化铝铁、聚合硫酸铝铁、聚硅酸硫酸铁、聚硅酸硫酸铝、聚合氯硫酸铁、聚合硅酸铝、聚合硅酸铁、聚合酸铝铁、硅钙复合型聚合氯化铁等。

尹承龙等（2002）应用聚铁硅复合絮凝剂处理煤泥水。栾兆坤等（2006）采用向聚硅酸中加入铝盐的方法合成絮凝剂。此外,还出现了锌盐和钛系絮凝剂。传统无机絮凝剂主要有硫酸铝、三氯化铝、碱式氯化铝、硫酸亚铁、三氯化铁等。

11.2.1.1 硫酸铝制造工艺

中国于 1950 年开始生产硫酸铝,全国生产规模较大的有山东省淄博市制酸厂以及大连市、湖南省、上海市、河南省和苏州市等硫酸铝生产厂。

中国主要是以铝土矿硫酸反应法为主。铝土矿价廉易得。铝土矿硫酸反应法最早是在常压下反应,整个反应过程分为 7 个工序,即:铝土矿石粉碎、煅烧、常压反应、沉降、蒸发、冷却结晶、成品粉碎及包装。为简化流程,加速反应,改善操作环境,减少投资,节约能源,采用了在加压条件下将铝土矿矿石和硫酸进行反应制取硫酸铝。加压法省去了煅烧工序,增加了加压反应工序。

铝土矿粉和硫酸进行反应时放出大量热并产生蒸汽。由于反应设备密闭,形成一定压力,从而提高了反应温度,加快了硫酸和氧化铝的反应速度。

$$Al_2O_3 + 3H_2SO_4 \longrightarrow Al_2(SO_4)_3 + 3H_2O$$

$$Fe_2O_3 + 3H_2SO_4 \longrightarrow Fe_2(SO_4)_3 + 3H_2O$$

原料不同,有 4 种不同的生产方法:

(1)明矾法。将明矾石煅烧、粉碎后用硫酸溶解,滤去不溶物,得硫酸铝和明混合溶液,经迅速冷却结晶后分离出钾明矾,母液经蒸发,浓缩,冷却,固化而到硫酸铝成品。

(2)高岭土法。将高岭土煅烧后用过量硫酸分解制取。

(3)氢氧化铝硫酸法。氢氧化铝和硫酸在常压下反应制取。

(4)铝土矿硫酸反应法。分为常压和加压下反应。均为用硫酸分解铝土矿制取。

11.2.1.2 三氯化铝制造工艺

三氯化铝是无水氯化铝的简称,也称氯化铝。国际上在 20 世纪初开始生产和应用,中国于 20 世纪 50 年代初开始生产和应用。中国生产三氯化铝的生产方法有两种,即铝锭法和铝氧粉法。

(1)铝锭法。此法用铝锭及氯气直接反应制取。将氯气用导管导入铝液层下,由于反应是放热反应,铝锭不断熔化,使铝液保持一定液位与氯气发生反应,生成三氯化铝气体,在一定温度下成结晶析出。其反应原理如下:

$$2Al + 3Cl_2 \xrightarrow{700 \sim 800℃} 2AlCl_3$$

此方法流程短,设备简单。由于原料为铝锭,费用较高。

(2)铝氧粉法。铝氧粉法是以铝氧粉(氧化铝)、氯气为原料,以碳作还原剂,在一定温度下反应生成三氯化铝。在中国,在 1977 年以前,使用铝氧粉法制三氯化铝,采用固定床氯化工艺,后改用沸腾床氯化工艺。沸腾床法与固定床法相比,前者具有工艺流程短、氯气利用率高、成本低、劳动强度低和三废量低的优点。其反应机理为在还原剂碳存在的条件下,铝氧粉和氯气发生置换反应。

$$Al_2O_3 + (m+n)C + 3Cl_2 \longrightarrow 2AlCl_3 + mCO + nCO_2$$

提高温度,选择适当的操作速度,增加铝氧粉的表面积和氯气浓度有利于反应进行。

11.2.1.3 碱式氯化铝制造工艺

目前,碱式氯化铝工业化生产大致分为金属铝直接溶解法、以结晶氢氧化铝为原料的制造方法、以三氯化铝为原料的制造方法、以硫酸铝为原料的制造方法以及以黏土矿和铝土矿为原料的制造方法。

(1)金属铝直接溶解法。原料昂贵,工业化生产价值不大。

(2)以结晶氢氧化铝为原料的制造方法。分为凝胶法、加压溶出法和气流活化法3种。气流活化法生产条件好、产品质量高,但流程长,成本较高。

(3)以三氯化铝为原料的制造方法。代表性方法有中和法、电渗析法、热分解法3种。电渗析法流程短、原材料和能源消耗少,盐酸可回收,有发展前途,但成本高。

(4)以硫酸铝为原料的制造方法。大致可分为硫酸铝沉淀法、凝胶法和铝酸钠中和法。

(5)以黏土矿和铝土矿为原料的制造方法。按铝溶出又分为酸法和碱法2种。

目前,中国最常采用的是铝灰酸溶一步法,就是以黏土矿和铝土矿为原料的制造方法的酸法。铝灰是一种工业废渣,容易混杂其他废渣。因此,在使用前用机械筛分法和水洗法去除废铝表面杂质。其反应原理为:

$$2Al + (6-m)HCl + mH_2O \longrightarrow Al_2(OH)_mCl_{6-m} + 3H_2\uparrow$$

$$mAl + (6-m)AlCl_3 + 3mH_2O \longrightarrow 3Al_2(OH)_mCl_{6-m} + \frac{3m}{2}H_2\uparrow$$

铝灰和盐酸的全部反应包括溶出反应、水解反应及聚合反应三个过程。由于铝的溶出,pH 值升高,因而配位水分子发生水解,水解反应产生了盐酸,盐酸浓度随之增加,又促使铝锭溶出反应继续进行,pH 值也继续升高,相邻的两个羟基间发生桥连聚合。由于聚合又减少了水解产物的浓度,从而促使水解继续进行。在反应的同时控制反应投料比和反应时间,就能制得合格的碱式氯化铝溶液。

11.2.1.4 硫酸亚铁制造工艺

硫酸亚铁俗称绿矾,也叫黑矾。小规模生产这种化工原料,常常使用硫酸和废铁屑的反应制得。

$$Fe + H_2SO_4 = FeSO_4 + H_2\uparrow$$

$$Fe_2O_3 + 3H_2SO_4 = Fe_2(SO_4)_3 + 3H_2O$$

$$Fe_2(SO_4)_3 + Fe = 3FeSO_4$$

11.2.1.5 三氯化铁制造工艺

三氯化铁不仅可以做絮凝剂,也可以做防水剂、堵漏剂,小规模生产常用铁屑与盐酸反应制得。为了综合利用,也可以用烧渣,烧渣中含铁为 20%~30%。

$$2Fe + 6HCl(浓) \longrightarrow 2FeCl_3 + 3H_2\uparrow$$

碱式氯化铁絮凝效果要比三氯化铁高得多。被处理的水温较低时,效果更明显。目前世界上都在研究其制法。在这里介绍两种实验室制法。

（1）碱法制碱式氯化铁。在三氯化铁溶液中加入氢氧化钠，生成碱式氯化铁－钠，加入氢氧化钙生成碱式氯化铁—钙。要求铁离子浓度在0.01~0.75mol，氢氧根离子与铁的比为0~2.5。每次制备数量不宜过多，制备后立即使用。如存放，不得超过20h，否则溶液将发生变化。

（2）加热法制碱式氯化铁。在大约100℃和快速搅拌下，用自来水稀释三氯化铁溶液，稀释后的三氯化铁溶液的铁离子浓度范围为0.75~0.7mol/L。制备出来的溶液即为碱式氯化铁溶液，此液可以立即使用，也可以在100℃下保存直到使用为止。

11.2.2 有机高分子絮凝剂制造工艺

中国有机高分子絮凝剂的发展从20世纪60年代初，少量生产聚丙烯酰胺系列产品开始（高华星等，2000），产量占有机高分子絮凝剂总产量的80%以上。生产厂约80家，总生产能力大约1×10^5t/a（赵谨，2003）。中国应用有机高分子絮凝剂的历史不太长，能生产的品种和数量远远不能满足生产发展的需要。

有机高分子絮凝剂的合成工艺主要有溶液聚合、绝热带式聚合、反式悬浮球状聚合、反相乳液聚合、微乳液聚合等。有机高分子絮凝剂特别是人工合成有机高分子絮凝剂是利用高分子有机物分子量大、分子链官能团多的结构特点，经化学合成的有机絮凝剂。

人工合成的有机高分子絮凝剂主要有丙烯酰氧乙基三甲基氯化铵—丙烯酰胺共聚物、二甲基二烯丙基氯化铵－丙烯酰胺共聚物、双氰胺—甲醛类阳离子絮凝剂、有机胺－环醚聚合物阳离子絮凝剂、聚丙烯酰胺等。其中以聚丙烯酰胺的应用最多。

11.2.2.1 阳离子絮凝剂的制造工艺

（1）2－正十七烷基－2－咪唑啉的制备。制取2－正十七烷基－2－咪唑啉的主要原料是硬脂酸和各种胺，常用的胺有乙二胺、二乙撑三胺、三乙撑四胺、四乙撑五胺等。硬质酸与各种胺反应的物质的量之比为1∶1。硬质酸与乙二胺反应时，物质的量之比为1∶1.1。所生成的2－正十七烷基－2－咪唑啉分子中N上的H原子可以被取代，生成相应的衍生物。

具体制备方法是在玻璃或玻璃钢制成的反应器上，装有温度计和搅拌器，并连接冷凝管，在冷凝管末端有冷凝液接收器。先将硬质酸加入反应器中，在搅拌下加热至60℃，使硬质酸全部熔化然后缓慢加入乙二胺（二乙撑三胺、三乙撑四胺、四乙撑五胺），随着温度上升反应进行。由于所用的胺不同，反应温度为80~250℃，反应时间为5~10h。必要时可抽真空后通入干燥氮气，以促使反应的进行。

反应过程中产生出来的水量达到理论计算的水量时，反应即达到终点。所以要测定分离出来的水量。另外，结合红外光谱图来控制反应终点。产物便可作为絮凝剂使用。

（2）水溶性阳离子型有机高分子絮凝剂制备。环氧氯丙烷与N,N－二甲基－1,3－丙二胺反应，能够生成水溶性阳离子有机高分子絮凝剂。最佳反应条件为环氧氯丙烷与胺的物质的量之比从0.75∶1至1.3∶1，反应温度为80~100℃，终止反应的pH值为2~5。

在2L的塑料器口瓶上，安装温度计、冷凝管和搅拌器。加入471.1g水，再加入344.5gN,N－三甲基－1,3－丙二胺。将275.2g的环氯氟丙烷缓慢地滴加到上述溶液中，用约1h加完。在90℃下将反应物加热1h。在90℃下将29.1g（0.31mol）的环氧氯丙烷分9次加入，每次加入量要递减，最后一次的加入量为0.1g。反应直到产物达到所要求的黏度为止。

11.2.2.2　阴离子型有机高分子絮凝剂的制造工艺

(1)丙烯酰胺—丙烯酸(盐)共聚物的制备。目前，国际上生产和使用量以丙烯酰胺—丙烯酸(盐)共聚物絮凝剂占首位，制造方法综合起来有5种：

第一种，丙烯酰胺在定量的碱金属氢氧化物作用下聚合反应，也就是部分碱水解法。此法的优点是同时聚合、同时水解，工序简单，产物分子量可达 500×10^4 或更大些。其缺点是只能制得羧基含量较低的共聚物。

第二种，丙烯酰胺在碳酸钠或碳酸氢钠作用下聚合反应。实际上和第一种方法相同，只是碱性弱些，颇受欢迎。

第三种，聚丙烯酰胺控制水解反应。首先制成聚丙烯酰胺，然后使用1%左右的水溶解，在碱作用下水解。此法在工业生产上意义不大。目前中国一些单位用此法小批量生产，生产能力很低。

第四种，聚丙烯腈在一定条件下，水解生成一定数量的酰基和羧基。此法处于科研阶段。

第五种，丙烯酰胺与丙烯酸(盐)共聚。可用单体丙烯酰胺和丙烯酸的加入量控制羧基的百分含量。丙烯酸与丙烯酰胺的比例为0~100，扩大了絮凝剂的使用范围。但是，由于使用两种单体，聚合工艺复杂，生成的共聚物分子量也比均聚物分子量低。

丙烯酰胺—丙烯酸盐共聚物作絮凝剂使用时，以去除无机固体颗粒为主。对采矿工业所产生的悬浮废水以及其他工业产生的固体悬浮物絮凝效果良好。

(2)聚丙烯酸钠的制法。丙烯酸与氢氧化钠反应生成丙烯酸钠。在引发剂的作用下丙烯酸钠聚合生成聚丙烯酸钠。聚合方式可采用水溶液聚合、乳液聚合、沉淀聚合等。根据产品形式又可分为固体粉末状、含水液体状等形式。按其分子量大小，可划分为高分子量、中分子量和低分子量三级。

聚丙烯酸钠的合成与其工艺条件和原材料的质量等因素的关系很大。如单体的纯度和浓度，引发剂的种类和用量、聚合温度、pH值等对合成的聚丙烯酸钠分子量有很大影响。

11.2.2.3　非离子型有机高分子絮凝剂的制造工艺

(1)聚丙烯酰胺的制备。聚丙烯酰胺是目前使用量较多，应用范围较广的絮凝剂，对去除悬浮物颗粒有较好效果，并不易受pH值和金属离子的影响。在酸性介质中效果更好。

丙烯酰胺是含有两个官能团的单体，带有活泼的双键。双键反应的特征是一个缺电子键，易于进行自由基型及阴离子型聚合反应。因而它们均有高度的极性和聚合能力，易溶于水而不溶于非极性的有机溶剂。丙烯酰胺在室温下是固态。

丙烯酰胺的生产早已实现工业化，是使用丙烯腈作为原料，在铜催化剂作用下，与水反应生成的。丙烯酰胺在引发剂作用下遵从锁链聚合反应机理，自由基聚合形成高聚物。丙烯酰胺的引发聚合可通过加热使单体中的引发剂分解。这是常用的方法。

过氧化物、有机偶氮化合物以及过硫酸盐等受热都能产生自由基，促使丙烯酰胺单体引发。例如过硫酸钾在亚硫酸盐的存在下，可在40~50℃较低的温度下进行引发，生成活泼的自由基,链增长迅速,聚合物的分子量很高。

(2)丙烯酰胺系水溶性高分子絮凝剂的制备。水溶性高分子聚凝剂用途很广,除用作絮凝剂外,为提高造纸合格率而用作改进剂、滤水性能改进剂以及回收石油用的流动性调节剂、增稠剂等。为得到聚合度更高的水溶性高分子絮凝剂,改进水溶性聚合、乳化聚合、悬浮聚合等聚合方法,改进氧化还原系引发剂,偶氮系引发剂或者用放射线的聚合引发剂等的聚合引发方法以及改进了原料单体种类及其质量等。

马放等研究出分子量高于 20×10^4 的水溶性高分子絮凝剂制法,溶于水,既可作絮凝剂,使用在上下水及各种悬浮物处理上,又可作提高造纸成品合格率的改进剂以及浊水性能改进剂。在水溶液中由丙烯酰胺系单体和脂肪族二醛的混合物在聚合引发剂作用下合成。

原料丙烯酰胺系单体有,丙烯酰胺、甲基丙烯酰胺,或者能与丙烯酰胺、甲基丙烯酰胺共聚的其他乙烯系单体。如丙烯酸、甲基丙烯酸,或者丙烯酸酯、己烯吡啶烷酮、乙烯基吡啶、醋酸乙烯酯等。

聚合引发剂有 2,2 - 偶氮 2 - 咪基丙烷盐酸盐、偶氮氰基戊酸钠等。或者过氧化氢、过硫酸盐等过氧化物,亚硫酸钠和硫化亚铁等的氧化还原系引发剂。偶氮系引发剂和氧化还原剂也可并用。脂肪族二醛有丙二醛、丁二醛、马来醛、富马醛、戊二醛等。单用或两种以上并用都可以。醛的用量一般为 $10^{-5} \sim 10^{-2}$ 质量比。如果比这少,所得到的高分子物质聚合度与不用脂肪族二醛得到的高分子物质的聚合度没有多大差别。如果使用量多,所得到的高分子物质不易溶解于水。

S47 - 8 - 68H2 井是一口开发丛式水平井,位于苏里格气田北部,属鄂尔多斯盆地伊陕斜坡构造。设计井深 4766.00m,表层 650m,水平段长 1000m。在井深 3200.00m 处开始定向。定向前,在二开直井段试验强絮凝钻井流体,使用非离子絮凝剂快速沉降岩屑,防止了岩屑的水化分散,实现钻井流体净化的目的。试验井段为 650~2450m,段长 1800m。净化后的钻井流体基本呈清水状态,密度为 $1.0 \sim 10.1 \text{g/cm}^3$,漏斗黏度为 26~27s,试验井段平均机械钻速达到 27.42m/h,与 2014 年苏里格气田水平井直井段平均钻速 23m/h 相比,提高了 19.22%(陈在君,2016)。

11.3 发展前景

中国研究絮凝剂始于 20 世纪 80 年代中期,随着技术发展,传统絮凝剂逐渐被无机和有机高分子絮凝剂取代。絮凝剂在钻井流体中作用重要,具有广阔的发展前景。

11.3.1 存在问题

早期的絮凝剂以无机为主,成本高、投量大、腐蚀性大,并降低失水,在低温和钻井流体较稠的情况下,絮凝效果不理想等。

总之,有机高分子絮凝剂具有用量少,絮凝效果好,种类繁多,且产生的絮体粗大,沉降速度快,处理过程时间短,污泥易于脱水潮解,产品性能稳定,容易根据需要控制合成产物分子量等优点。但现有高分子絮凝剂也有产品质量不高,速溶性差,废渣含水率高,残存毒性,易受水中共存离子、pH 值及温度的影响,单一使用时价格昂贵等缺点。

后期的微生物研究,由于微生物自身的抗温能力、抗盐碱能力等自身的性质没有改善,即这些性能的作用机理没有新的突破,造成微生物絮凝剂一直未取得突破性的进展。

11.3.2 发展方向

复合型无机高分子絮凝剂具有絮凝效果好、适用范围广等优点,是未来无机絮凝剂研究的重点。有机絮凝剂的发展将会越来越复杂,絮凝剂的应用研究将集中在降低生产成本、提高生产和絮凝效率。

镁离子在处理废水中发挥絮凝作用,特别是在较高 pH 值条件下处理石灰钻井流体时能离解出镁离子的聚合物絮凝效果较好(Semerjian et al. ,2003)。

微生物絮凝剂为微生物菌体或菌体外分泌的生物高分子物质,属于天然有机高分子絮凝剂,安全无毒。用作除油时作絮凝剂有较好作用。用于生物除油时,一般的化学絮凝剂在不同程度上抑制微生物降解作用。微生物絮凝剂则不同,不但具备絮凝作用,而且具有降解功能,可提高油的去除效果。

微生物絮凝剂为微生物菌体或有机高分子,较化学絮凝剂便宜。微生物絮凝剂是靠生物发酵产生的,化学絮凝剂是人工合成的。从生产所用原材料,生产工艺能源消耗等方面考虑,微生物絮凝剂应是经济的。微生物絮凝剂处理技术总费用较化学絮凝处理技术总费用低。

但是,工作开展的范畴太窄,只停留在菌种筛选和絮凝剂性能的研究上。建议研究重点从微生物絮凝剂本身的开发上,转移到复合型微生物絮凝剂的研究上,实现大规模的工业生产和应用。开发廉价的复合型的微生物絮凝剂,研究微生物絮凝剂与其他絮凝剂如何配合应用,也是微生物絮凝剂发展的重要方向(马放等,2002)。

第12章 页岩水化抑制剂

页岩水化抑制剂(Shale Inhibitors)俗称防塌剂,是用来抑制页岩中黏土矿物的水化膨胀、水化分散,防止井壁失稳的钻井流体用处理剂。

页岩水化抑制剂按其化学组分,可分为无机盐类如氯化钾、硅酸盐、氯化钙等,聚合物类如部分水解聚丙烯酰胺、两性复合离子聚合物和阳离子聚合物等,天然物质改性类如腐殖酸钾及其与树脂的交联物等,低分子有机物类如甘油、甲基葡萄糖苷、小阳离子和某些表面活性物质等。

12.1 页岩水化抑制剂作用机理

井壁失稳的首要原因是孔隙压力扩散,即由于钻井流体滤液进入岩石孔隙,使得孔隙压力增大,矿物颗粒之间有效结合力随之降低,岩石强度也降低。

其次是地层黏土矿物颗粒之间非化学胶结的结合力被水破坏,如黏土水化膨胀分散、硬石膏吸水膨胀变为二水石膏、水溶性盐岩溶解等都可导致井壁不稳定。

井壁失稳的前提是水进入井壁岩层才能产生作用。因此,防塌剂作用方式有二:一是阻止或延缓水从井眼进入井壁岩石孔隙,即消除或减小水迁移的驱动力,增大水迁移的阻力;二是增大岩石中矿物颗粒间的联结力(丁锐,1997)。

页岩抑制剂的作用机制在于前者。水迁移的驱动力为井眼水化学势与孔隙水化学势之差。

$$\Delta u = V(p_m - p_s + p_c) + \alpha RT \ln \frac{A_m}{A_s} \tag{3.12.1}$$

式中 V——水的偏摩尔体积;
p_m——井眼压力;
p_s——孔隙压力;
p_c——毛细管压力;
α——膜效率;
R——气体常数;
T——绝对温度;
A_m——井眼水活度;
A_s——孔隙内水活度。

若井眼水化学势与孔隙水化学势之差大于零,即井眼水化学势大于孔隙度水化学势,井眼水就可以进入岩石孔隙内。流速不太高时,单位时间内水向岩石孔隙内流入的体积为:

$$q = \pi r^4 \frac{\Delta p}{8\eta l} \tag{3.12.2}$$

式中 r——孔隙半径；

Δp——压差；

η——水的黏度；

l——Δp 的两点之间的距离。

化学势差与压差都是水迁移的驱动力，而且 $\Delta u/V$ 是具有压力的量纲，以某种函数 $f(\Delta u/V)$ 代替压差。

$$q = \pi r^4 \frac{1}{8\eta l} f\left(\frac{\Delta u}{V}\right) \tag{3.12.3}$$

也就是说，化学势之差的增大导致水迁移的趋势增强，同时也使水迁移的速度变大。

井眼压力取决于钻井流体密度，孔隙压力取决于地层特性。人为地增大孔隙压力，虽然使水迁移的驱动力降低，但也使岩石有效应力降低，这样易导致井塌。

井眼水活度小于孔隙内水活度，膜效率是随孔隙度减少而增大的。毛细管压力取决于矿物表面的润湿性，减小孔隙半径，则水迁移量按4次方倍数迅速减小。增大滤液黏度，则水迁移量成线性减小。

从微观上看，增加矿物颗粒间的联结力有两种途径：一是通过范德华力或氢键在颗粒之间形成桥联，减弱它们遇到水时的分散倾向；二是在颗粒间形成化学胶结，使它们遇水时不自动分散。同样，控制进入地层水的方式可分为两大类：

第一大类为阻止或者延缓页岩与钻井流体中的水接触，即如何最大限度避免或者阻缓水向地层运移，主要通过封堵井壁或降低钻井流体失水量来实现。

第二大类是钻井流体滤液侵入地层后，如何最大程度降低或者延缓页岩水化趋势。按作用机制可分为降低水活度、桥连包被、润湿改变、降低水化能和胶结强度等5种。页岩水化抑制剂就是利用这种原理开发的。

12.1.1 水活度降低抑制水化机理

水活度是指物质中水分含量的活性部分或者说自由水部分，钻进过程中，钻井流体与井壁接触，一般钻井流体的化学势较高，地层中水倾向于流入钻井流体，但在压差作用与渗透压共同作用下，钻井流体中的水分一般会渗透入地层。因此，通过降低钻井流体中自由水的含量以提高渗透阻力能够有效降低失水量。

高浓度氯化钠溶液的活度很低，可以产生较高的渗透压，能够有效地减缓钻井流体滤液向地层的渗透，尤其是与聚合醇、小阳离子等处理剂一起使用时产生的效果更为优异。相同浓度下二价无机盐由于高价位可以产生更高的渗透压、更低的活度。因此，一些钻完井流体中经常加入一些二价钙离子和镁离子来降低活度。同时，甲酸盐和乙酸盐等有机盐也经常用来降低水活度，但一价盐浓度较高时才能起到有效作用。

水活度降低型页岩抑制剂。氯化钙是这类页岩抑制剂的典型代表，氯化钙在许多情况下以其较大的溶解度使钻井流体的水活度降到0.7以下。

12.1.2 桥连包被成膜阻隔自由水机理

桥连包被是指通过聚合物大分子伸展长链，在钻屑、黏土颗粒或井壁上多点吸附，形成包附,降低或阻止与水分的接触,来起到抑制作用。利用桥连包被起作用的抑制剂又叫包被抑制剂,或包被剂。

桥联型防塌剂是一些分子量高、分子链长的聚电解质,主要是含有丙烯酰胺、丙烯酸链节的高聚物。使用最早的是部分水解聚丙烯酰胺。聚丙烯酰胺的极性酰胺基易与黏土表面物理吸附,负电基团也可吸附于黏土的正电性端面。长分子链可以同时在相邻数个黏土颗粒上吸附,对黏土颗粒起到桥联作用,即在黏土颗粒之间产生附加的结合力。这个结合力是范德华力、氢键等多种力。

随着井眼内钻井流体温度的升高,聚合物分子动能增大,物理吸附趋势降低,防塌作用降低。阳离子聚合物因其分子链上带有正电基团,吸附在带多余负电荷的黏土颗粒上的速度相对于阴离子更快、强度更高。因此,在黏土颗粒之间产生的附加结合力也明显高于阴离子聚合物。两性复合离子聚合物的作用程度,介于阴离子聚合物和阳离子聚合物之间。

包被抑制剂能够对地层起到抑制作用,主要体现在两个方面:一是能够通过多点吸附井壁封堵裂隙,能够形成聚合物膜,阻挡自由水侵入;二是,包被剂的作用还体现在降低钻井流体的固相含量上。钻进过程中,钻屑容易水化分散,钻井流体固相含量增加,钻井流体黏度、切力增加,影响钻井流体的流变性。包被剂可以包被钻屑,防止分散,还可以吸附桥连亚微米颗粒,增大颗粒粒径,以便被固控设备除去。

12.1.3 润湿改变阻止自由水接触机理

泥页岩由硅氧四面体、铝氧八面体晶片构成。晶片表面含有氧原子和羟基结构,亲水性较强。改变或降低表面亲水性,可有效降低水化能力。

表面活性剂吸附泥页岩,造成岩石润湿性改变,液体润湿固体的能力会因为第三种物质的加入发生改变。例如,亲水性的固体表面吸附表面活性物质后,可以改变成亲油性表面;或者相反,亲油性表面吸附表面活性物质后改变成亲水性表面。固体表面的亲水性和亲油性可在一定条件下相互转化。因此,固体表面亲水性、亲油性相互转化叫作润湿反转。

一些阳离子表面活性剂能够起到改变润湿性的效果,与泥页岩接触时,阳离子表面活性剂的亲水阳离子端通过静电引力吸附在泥页岩表面,疏水端无法向水中伸展,覆盖在泥页岩表面,可降低泥页岩表面亲水性,甚至改亲水性为亲油性,有效抑制水分子的接触渗入。有机硅能够通过与泥页岩表面的硅—氧键反应吸附在泥页岩表面,有机端硅—甲基覆盖在泥页岩表面,起到同阳离子表面活性剂类似的效果。相比之下,有机硅的化学键吸附更为牢固。

某些表面活性剂,特别是阳离子表面活性剂,极性端或阳离子端吸附黏土矿物表面,非极性端朝向钻井流体连续相。黏土表面亲水能力减小,甚至从水润湿性反转为油润湿性,减少岩石对水的毛细管引力,从而降低水进入井壁岩石的趋势。

常用的表面活性剂有氯化十二烷三甲基胺、氯化十二烷吡啶等。某些低聚酰胺、低聚氨基酸盐也可作为这类页岩抑制剂。

12.1.4 降低水化能机理

钾离子和铵离子的水化半径和水化能较小,容易进入黏土晶层间隙,交换水化半径和水化能较大的钙离子和钠离子等,降低黏土水化能。电荷数相同的离子的水化能与其未水化时的离子半径成反比。因此,低分子的有机阳离子,如环氧丙基三甲基氯化铵的离子半径大,降低黏土水化趋势的效果比钾离子和铵离子好得多。

黏土的表面水化主要受到本身性质以及其交换阳离子水化性质的影响,交换阳离子的强水化作用会促进渗透水化的进行,将交换阳离子替换为水化能小的离子,能够有效抑制泥页岩的表面水化。

钾离子与铵离子具有较低的水化能,其大小与相邻晶层中氧原子之间的网格尺寸接近,可以嵌进网格中而不易被其他阳离子交换,能有效地抑制泥页岩水化。

12.1.5 缩合胶结强化岩石机理

石灰可以与黏土矿物化学反应,在矿物颗粒之间产生不能被水破坏的强结合力,即起到化学胶结作用。只是由于石灰的溶解度很低,控制石灰钻井流体高温稳定性的技术难度大,从而限制了石灰作为防塌剂的推广应用。

后来,含可溶铝的防塌剂,在矿物颗粒间隙中析出的氢氧化铝在地层温度和压力的作用下会逐步脱水,在此过程中如果与其相邻的其他矿物表面带有烷氧负离子或也有脱羟基的作用,则氢氧化铝就会与矿物颗粒进行缩合反应,形成牢固的化学胶结。

通常条件下,堵塞井壁孔隙是硅酸盐主要防塌方式。特殊条件如高温下,硅酸盐能与地层黏土矿物发生化学反应,产生无定形的、胶结力很大的物质,使黏土等矿物颗粒结合成牢固的整体。

12.1.6 提高滤液黏度

根据钻井流体的失水规律,滤液的黏度增大,流体地层渗透阻力增大。因此,凡是能够增加钻井流体滤液黏度、降低失水量的,均能起到抑制作用,均可称之为抑制剂。

虽然甘油和甲基葡萄糖苷等低分子多羟基化合物溶于水或配制钻井流体后,能够降低水活度,但是由于水活度随着溶质分子数或离子数的增多而减少。浓度相同的条件下,甘油、甲基葡萄糖苷减小水活度的能力低于氯化钠或氯化钙。但是,增大滤液黏度的能力则高于氯化钠和氯化钙。由于甘油水溶液的黏度比水的黏度大很多。因此,可以把它们归为滤液提高黏度性的页岩抑制剂。

绒囊钻井流体在煤层气储层中的防塌防漏,即是利用了绒囊流体的粘接能力,提高了煤岩储层的强度,从而实现了防塌防漏钻井(Zheng et al.,2018)。但这个黏度不是滤液的黏度。

12.2 常用页岩水化抑制剂制造工艺

按防塌剂的一般作用方式可将页岩抑制剂分为两个系列:一是具有降低水化学势之差及水从井眼向地层内迁移速度的功能;二是具有增加地层矿物颗粒之间的结合力,使井壁岩石或岩屑在水侵作用下不易分散的功能。

单一物质成分的页岩抑制剂具有多种作用方式中的两个或更多,其中有一种是较为高效或主要的,才能实现处理剂的有效。在实际应用中,为便于管理,常常按组分分类。常用抑制剂主要包括有无机盐、有机盐和一些相对分子质量小的阳离子有机物等。

12.2.1 无机盐类制造工艺

抑制页岩水化的无机处理剂的种类很多,比较常用的无机处理剂有氯化钾、硫酸铵、硅酸钠、羟基铝等。

12.2.1.1 氯化钾

氯化钾是比较常用的页岩抑制剂。外观无色,等轴晶系(常呈长柱状),在空气中稳定,加热即行龟裂,冷后固化为玻璃状物质,可溶于水,水溶液呈中性,不溶于无水酒精及醚中。目前研究认为,稳定井壁的作用机理主要有固定作用、钾离子弱水化作用、压缩双电层、降低水化作用等。

(1)钾离子固定作用。蒙皂石和伊利石黏土矿物中,相邻的硅氧四面体共用氧原子所组成六边环的内切圆直径为 0.288nm,而未水化的钾离子的直径为 0.266nm,于是钾离子就镶嵌到相邻两层硅氧四面体氧原子所组成的六边环中,把带负电荷的黏土片紧紧地联结在一起,阻止黏土的水化膨胀。

(2)钾离子弱水化作用。抑制黏土水化膨胀,钾离子的未水化半径(0.266nm)比钠离子的未水化半径(0.190nm)大。钾离子的水化半径(0.76nm)比钠离子的水化半径(1.12nm)小。钾离子的水化能(77kcal/mol)比钠离子的水化能(97kcal/mol)低,钾离子的水化膜薄,进入黏土的层间,既减少黏土的水化,又增加黏土层间的吸引力,从而抑制黏土的水化膨胀。因此,反对钾离子固定作用的观点,认为由于钾离子先水化,所以固定作用不可信。

(3)压缩黏土颗粒扩散双电层机理。钾离子水化能力较弱。作为黏土颗粒吸附的反离子,电性作用压缩悬浮体中黏土颗粒的扩散双电层,电动电位降低,有利于有机处理剂吸附黏土,提高处理剂的使用效果。

(4)减少黏土表面水化和渗透水化。无机盐类处理剂由于溶解造成的低活度作用,降低了钻井流体中自由水的活度,进而降低黏土表面水化和渗透水化的程度。

氯化钾的多种作用机理,使得氯化钾在现场应用较为广泛。制备氯化钾的方法主要有浮选法、光卤石法、溶解结晶法和重介质分离法。

(1)浮选法是采用浮选法从含钾矿的浆中生产氯化钾的方法。氯化钾和氯化钠晶体表面不同程度被水润湿。加入浮选药剂后,能改变它们的表面性质,扩大它们的表面润湿性差异,鼓入空气后产生小气泡,氯化钾晶体附着在小气泡上形成泡沫上升到矿浆表面。

所用浮选剂分为捕收剂、起泡剂和调整剂等 3 大类。捕收剂含有 16～18 个碳原子的脂肪胺。起泡剂,如松油和二恶烷以及吡喃系的单原子和双原子醇类。调整剂包括 5 大类,包括 pH 值调节剂,如石灰、碳酸钠、氢氧化钠和硫酸等;活化剂,如硫化钠;抑制剂,如石灰、硫酸锌和水玻璃等;絮凝剂,如聚丙烯酰胺和淀粉等;分散剂,如水玻璃和磷酸盐等。

(2)光卤石法是原料为光卤石矿时使用的方法,有全溶法和冷分解法。

全溶法是用加热到 105℃ 的饱和氯化钠的卤水溶解光卤石,分离氯化钠和不溶物后,将所得澄清液冷却到 25℃,析出氯化钾晶体,经洗涤、干燥即得。母液蒸发浓缩后,回收其中氯化钾后,一部分排放,另一部分返回溶浸光卤石矿。此法所得产品质量好,但能耗高。

冷分解法是在常温下用卤水或水溶解光卤石,得到粒度很小的氯化钾,用重力或离心力分离出氯化钾,再经洗涤、干燥即得氯化钾含量90%、细度小于200目的产品。

(3)以盐田光卤石为原料生产氯化钾的方法有冷分解浮选法、冷分解热溶结晶法和冷结晶法。

冷分解浮选法是用浮选药剂富集氯化钾,所得产品质量差、粒度小,已趋于淘汰。

冷分解热溶结晶法与全溶法类似,所得产品质量好,但能耗大。

冷结晶法是在冷分解盐田光卤石过程中,控制光卤石加入速度,以维持氯化钾的过饱和度,再将其中氯化钠和氯化镁分离而得氯化钾产品。此法产品粒度大,质量好,能耗和成本较低,但要求光卤石原料中含氯化钠较少。

(4)溶解结晶法是利用钾盐矿中氯化钾与氯化钠在不同温度下溶解度的差异进行分离的方法。

用加热到100~110℃已结晶分离析出氯化钾母液(卤液)溶浸钾盐矿,其中氯化钾转入溶液,氯化钠和其他不溶物残留在不溶性残渣中,离心分离出残渣,将澄清液冷却后得氯化钾结晶。此法所得产品质量好,对矿石适应性强。适用于氯化钾晶体单体分离颗粒小、组分比较复杂的钾盐矿,但能耗较大。

(5)重介质分离法是利用钾石盐矿中石钾盐与石盐的相对密度的不同,加入一种密度介于石钾盐与石盐之间的介质而使它们分离的方法。

重介质悬浮液可用硫铁矿粉(或硅铁粉)或饱和卤水配制。此法适用于大颗粒、高品位的钾石盐矿的分离。如粒度小于1mm者,因内附着力导致颗粒间无选择性的附聚作用,不能采用此法。食用和药用氯化钾由工业级氯化钾加蒸馏水溶解成饱和溶液,加入脱色剂,除砷剂和除重金属剂进行溶液提纯,经沉淀、过滤、冷却结晶、离心分离、干燥制得。

Clark 等用部分水解(20%~40%)相对分子质量大于 300×10^4 的聚丙烯酰胺和氯化钾复配,用其作为水基钻井流体中的页岩抑制剂,不但抑制黏土膨胀效果显著,抑制页岩膨胀率大于85%,200℃高温井下应用广泛(Clack et al.,1976)。

12.2.1.2 硅酸钠

无水硅酸钠为无定形的玻璃状物质,可溶于水,不溶于酒精。其水溶液(水玻璃)呈透明无色、淡黄色、棕黄色或青绿色浓稠的液体,碱性,遇酸分解析出硅酸的胶质沉淀,俗称水玻璃。

硅酸盐在水中可以形成纳米级不同尺寸的胶体粒子和高分子粒子,这些粒子通过吸附、扩散或在压差作用下进入地层的微小孔隙中,其硅酸根离子与岩石表面或地层水中的钙离子和镁离子发生反应,生成的硅酸钙沉淀覆盖在岩石表面起封堵作用

进入地层的硅酸根离子遇到pH值小于9的地层水时,会立即变成凝胶,形成三维凝胶网络,封堵地层的孔喉与裂缝。

温度超过80℃时,硅酸盐的硅醇基与黏土矿物的铝醇基发生缩合反应,产生胶结性物质,将黏土等矿物颗粒结合成牢固的整体,从而封固井壁。水玻璃的生产有干法和湿法两种方法。

干法用石英岩和纯碱为原料,磨细拌匀后,在熔炉内于1300~1400℃温度下熔化,反应生成固体水玻璃。溶解于水而制得液体水玻璃。

湿法生产以石英岩粉和烧碱为原料,在高压蒸锅内,0.2~0.3MPa压蒸反应,直接生成液体水玻璃。

12.2.2 钾盐腐殖酸类制造工艺

腐殖酸的钾盐、高价盐及有机硅化物等均可用作页岩抑制剂,其产品有腐殖酸钾、硝基腐殖酸钾、磺化腐殖酸钾、有机硅腐殖酸钾、腐殖酸钾铝、腐殖酸铝和腐殖酸硅铝等。其中腐殖酸钾盐的应用更为广泛,包括腐殖酸钾、硝基腐殖酸钾和水解聚丙烯腈钾盐。

(1)腐殖酸钾(HA-K)。腐殖酸钾是以褐煤为原料,用氢氧化钾提取而制得的产品。外观为黑褐色粉末,易溶于水,水溶液的pH值为9~10。主要用作淡水钻井流体的页岩抑制剂,并兼有降低黏度和降失水作用。耐温能力为180℃,一般剂量为1%~3%。

腐殖酸钾的生产工艺流程主要是从原料煤开始,到粉碎、抽提、固液分离、溶液、蒸发、干燥,最后精制产品。残渣经过水洗,洗涤水重复利用。

主要生产过程是,在反应器中放入原料煤、水和氢氧化钾,在90℃左右抽提40min左右。将反应物料放入沉降池初沉淀,将粗清液泵入沉降离心机或斜板(或斜管)沉降器进行固液分离。澄清液在蒸发器中浓缩到10波美度(用比重表征浓度的方法)左右,送至干燥机干燥后即成精制产品。沉淀分离出来的残渣放入洗涤槽,用软水洗涤几次,将洗涤水回收作为下次抽提的用水。

腐殖酸含量大于60%(干基)的原料煤也可采用干法或半干法生产粗制产品,即不经固液分离和浓缩,直接进行干燥。

生产腐殖酸钾的工艺设备主要是带加热夹套的反应器、沉降离心机或斜板沉降器、蒸发器、干燥机等。

(2)硝基腐殖酸钾。硝基腐殖酸钾是用硝酸处理褐煤后,再用氢氧化钾中和提取制得产品。外观为黑褐色粉末,易溶于水,水溶液的pH值为8~10。性能与腐殖酸钾相似。与磺化酚醛树脂的缩合物为无荧光防塌剂(MHP),适于在探井中使用。

(3)水解聚丙烯腈钾盐。水解聚丙烯腈钾盐是硝基腐殖酸钾、特种树脂、三羟乙基酚和磺化石蜡等的复配产品。黑色粉末,易溶于水,水溶液呈碱性。常用页岩抑制剂,具有较强的抑制页岩水化的作用,并能降低黏度和降低失水量,耐温180℃。

12.2.3 醇类抑制剂制造工艺

醇类抑制剂主要有聚合醇和多元醇。聚合醇为环氧乙烷和环氧丙烷的乙二醇—丙二醇嵌段共聚物,无色液体,相对分子质量约3000,非离子型低分子聚合物。多元醇是多种聚合醇的复配物。多元醇的综合性能良好,具有较强的抑制性能。

多元醇钻井流体抑制性强,兼容性、润滑性好,降失水,具有一定的耐温、耐盐和抗钙能力,无毒,储层伤害程度小。多元醇没有浊点,抑制泥页岩水化分散的机理主要有吸水、渗透、竞争吸附和成膜等。

(1)吸水机理。多元醇的强吸水性抑制水化物的形成,降低泥页岩中黏土的吸水趋势。

(2)渗透机理。多元醇可降低钻井流体滤液的化学活性,阻止水分子向泥页岩内渗透而稳定井壁。

（3）竞争吸附机理。多元醇能够与水分子争抢页岩中黏土矿物上的吸附位置,阻止水分子与黏土反应形成可使黏土膨胀分散的有机结构。

（4）成膜机理。多元醇树脂吸附交联、黏附成连续致密膜,该膜渗透率特别低,对井壁起固结作用。

聚合醇是一种环境可接受的非离子型钻井流体处理剂,聚合醇钻井流体具有较好的抑制性、封堵性、润滑性,储层伤害程度低,毒性低,易生物降解,维护简单。聚合醇抑制泥页岩水化分散机理主要有浊点机理、吸附机理、渗透机理和增黏机理。

（1）浊点机理。聚合醇具有浊点特性。水基钻井流体的温度高于浊点时,聚合醇钻井流体发生相分离,不溶解于水的聚合醇能封堵泥页岩的孔喉,黏附在泥页岩的表面形成涂层,阻止钻井流体滤液进入地层,抑制地层膨胀稳定井壁。

（2）吸附机理。醇类分子链束自动在钻屑表面吸附,形成一层憎水性的分子膜,阻止钻屑水化分散。分子膜类似于油的半透膜,可降低钻具的扭矩,提高井壁的稳定性。一定量的醇类分子还可以通过吸附在黏土表面,使水从黏土中排出,降低膨胀压达到抑制黏土分散的目的。

（3）渗透机理。醇类分子能降低钻井流体滤液的化学活性而稳定井壁。

（4）增黏机理。溶解于水的醇分子增加了钻井流体滤液的黏度,延缓了滤液侵入页岩的速度。

吕开河等通过页岩回收率实验表明,多元醇在淡水、饱和盐水及7%氯化钾溶液中都具有较好的抑制性能(吕开河等,2002)。

聚合醇无论浊点高于还是低于井眼温度,对页岩都有一定的抑制作用。页岩膨胀模拟实验结果表明,浊点在80℃左右的聚合醇对膨润土的抑制性能呈现出很大的差异。在浊点温度以下抑制性能很好,在浊点温度以上抑制性能迅速降低。浊点温度以上,随着浓度的增加,聚合醇对膨润土的抑制性增强,但在较低浓度时抑制效果不明显。只有达到较高浓度时才呈现出较好的抑制性。随着压力的增大,聚合醇浓度较低时抑制性不理想;聚合醇浓度较高时,随压力的增大抑制性增强(郭宝利等,2005)。

彭商平等通过生物毒性测试得到聚合醇类处理剂样品的实验结果,最大半有效浓度值(EC_{50})均大于30000mg/L,达到了工业废弃物生物毒性所要求的排放标准。在与铬木质素磺酸盐复合淡水钻井流体中,体系的半致死浓度(LC_{50})为65000~100000mg/L,远远超过排放标准。

钻井流体聚合醇处理剂的生物降解性无论是在淡水中还是在海水中,降解速度均快于其他常用的处理剂(彭商平等,2004)。

12.2.4 胺类抑制剂制造工艺

为满足环保要求和降低钻井流体成本,国际上钻井液公司研制了一种以氨基抑制剂为主剂的高性能水基钻井流体,氨基抑制型钻井流体(High-Performance Water-Based Muds,HPWBM),优质水基钻井流体或译成"高性能水基钻完井流体",又名氨基水基钻完井流体(Amine Based Muds)。实际是氨基聚醚(Amine Polyether,APE)钻井流体,由水化抑制剂、分散抑制剂、防沉降剂、流变性控制剂和降失水剂等组成。其主要处理剂水化抑制剂是一种水解稳定性强,缓冲 pH 值,对海洋生物毒性低的水溶性胺化合物,俗称聚胺。

胺不是新的处理剂,氯化铵处理剂→铵盐钻完井流体体系→有机阳离子处理剂(季铵阳离子聚合物如环氧丙基三甲基氯化铵,小阳离子)→部分水解聚丙烯酰胺处理剂→有机阳离子处理剂(季烷基铵)→有机阳离子处理剂(季羟基铵)→两性聚胺酸处理剂→烷基二胺处理剂→聚胺乙二醇类处理剂→醚乙二醇聚胺类处理剂,即聚胺(张克勤等,2007)。

分散抑制剂系具有良好的生物降解性,是海洋生物的毒性低的低相对分子质量的水溶性共聚物;防沉降剂为可包被钻屑和吸附在金属表面的表面活性剂和润滑剂的复合物,可减少水化钻屑的凝聚及其在金属表面的黏结;流变性控制剂为黄胞胶;降失水剂为在高含盐量或高钻屑含量的钻井流体中均可保持稳定的低黏的改性多糖聚合物。从钻井流体组成与性能看,抑制性和环保是该体系的主要特征。

聚胺是指重复结构单元中含有氨基的聚合物,钻井流体行业所谓的"聚胺",并非真正意义上的聚胺,而是聚醚的氨基化产物,即端氨基聚醚或聚醚胺,其主要合成方法包括聚醚催化还原加氢胺化法、聚醚腈催化加氢法和离去基团法。在其他行业是成熟产品,不再详述其合成工艺。主要有聚乙烯胺,用于染料助剂、化妆品添加剂、造纸助剂、絮凝剂等;聚乙烯亚胺,用于造纸湿强剂、固色剂,纤维改性、印染助剂、离子交换树脂及絮凝剂等;环氧氯丙烷—二甲胺缩聚物,用于污水、印染废水处理剂,油田水处理剂、黏土防膨剂等;环氧氯丙烷—多乙烯多胺缩聚物工业废水脱色剂、絮凝剂,油田水处理剂、黏土防膨剂等;2-乙烯基-4,6-二氨基均三嗪,化工原料;三聚氰胺,化工原料。

氨基聚醚独特的分子结构,能很好地镶嵌在黏土层间,并使黏土层紧密结合在一起,从而有效抑制黏土和岩屑的分散,且其抑制性持久,有利于井壁稳定和储层保护,可以单独作为钻井流体抑制剂或防塌剂,也可以形成氨基聚醚钻井流体。在氨基聚醚钻井流体设计中,要突出氨基聚醚的主体作用,钻井流体中氨基聚醚的量的控制及兼容处理剂的选择是该体系控制的关键。强抑制性及可生物降解是氨基聚醚钻井流体的优势(王中华,2012)。

为了解决深水钻井中低温下钻井流体增稠、当量循环密度变化较大、作业安全密度窗口窄、低温高压下易形成天然气水合物等问题,采用聚胺、包被剂、防沉包润滑剂、降失水剂、流型调节剂及水合物抑制剂等构建了适合深水钻进的钻井流体。深水聚胺钻井流体在 4~50℃流变性能稳定,具有较强的抑制性能和水合物抑制能力,防泥包效果好,携砂能力、抗盐、抗钙及抗钻屑侵害能力强,抗温达 160℃,能满足井深 2000m 左右的深水钻进,南海流花油田 LH-A 井等 5 口深水井成功应用(罗健生等,2014)。

12.3 发展前景

钻井过程中,向井内加入钻井流体抑制剂有利于提高钻井效率,在一定程度上还可以减少钻井事故的概率。在钻井流体中添加抑制剂后,从井口返排出的碎石中可以直接观察出井下抑制剂与碎石的作用行为,以此可以推断出井下各类岩石的分布状况,有利于提前采取措施,防止发生钻井事故。

12.3.1 存在问题

抑制页岩水化剂目前还存在机理无效、效果不佳、不能进入黏土层间等问题造成抑制剂的适用性不够普遍,或者抑制剂的针对性不强等应用效果不理想。

(1)无机盐阻止黏土水化膨胀是通过在黏土表面阳离子交换实现。黏土包含很少量的阳离子或不可交换的离子时,没有效果。

(2)与无机盐相比,单分子铵盐页岩抑制剂的另一个优势是增强了页岩抑制的效果,但绝大多数的单分子铵盐页岩抑制剂与低碳链铵盐和聚胺抑制页岩膨胀的效果相比,页岩抑制水平还较低。因此,用它作为钻井流体用页岩抑制剂是有局限的。

(3)低碳链胺与单体胺相比,多元活性点同时发生在黏土层间很多位置,因此不可避免地会将已经吸收的水分再释放回去。

(4)聚胺页岩抑制剂中聚胺分子有很大的分子尺寸,不能像低碳链的季铵盐一样穿透进入黏土层间,这样会使吸附只发生在黏土表面,导致页岩水化膨胀率变高(刘音等,2015)。

12.3.2 发展方向

理解岩石和流体的各自特征是以页岩抑制剂控制黏土矿物稳定为重要前提,只有这样,页岩抑制剂与不同类型的黏土的相互作用机理才更容易理解。流体侵蚀页岩时,页岩层的状态和特性是很难概括与分类的,因为每种岩石都有各自的特征,如矿物的组成、结构、粒度分布、完整性和黏土矿物的其他地质特性,因此都具有不同的意义。另外,岩石特性、活性和稳定性能改变页岩的结构,特别是在细微的薄层页岩中。而复杂的内部结构,尤其是黏土富足的区域、或自然裂缝的存在区域,都是影响井筒不稳定的潜在因素。未来钻井流体用页岩抑制剂的发展,其方向应该有三点:

(1)设计低相对分子质量长碳链铵盐页岩抑制剂,具有控制页岩稳定时间长、与其他处理剂兼容性好等特点。

(2)从小分子铵盐的链上引入刚性环(杂环、五元环、六元环)结构,增加其链强度,从而使页岩抑制剂耐更高的温度,增加其在高温下的稳定性。

(3)做成纳米尺寸的页岩抑制剂分子,与高性能的降失水剂和润滑剂等兼容,形成一种特殊浓度、特殊尺寸的纳米铵盐页岩抑制剂,使泥页岩的抑制效果达到最佳。

第13章　封堵防塌剂

封堵防塌剂(Seal and Plug Anti-collapse Agent)是指能封堵井壁的裂缝和孔隙、实现防塌、稳定井壁作用的处理剂,主要通过降低钻井流体向地层的失水量和漏失量来实现。

封堵防塌剂可以明显提升钻井流体封堵微裂缝、碳质泥岩裂缝、页岩等性能,满足易塌水平井施工、破碎带、碳质非均质泥岩、页岩气水平井等封堵需要。

13.1　封堵防塌剂作用机理

阻止或者延缓页岩与钻井流体中的水接触,即如何最大限度避免或者阻缓水向地层运移,可以通过封堵井壁或降低钻井流体失水量来实现。

(1)提高滤饼质量。滤饼质量直接影响失水量的大小。提高滤饼质量可以有效降低失水量的大小,从而起到抑制作用。腐殖酸衍生物、聚丙烯酰胺衍生物类、纤维素衍生物能够封堵滤饼孔隙,且其本身具有护胶作用,可以有效改善滤饼质量,降低失水量。

(2)封堵渗流通道。通过封堵填充地层的不同尺寸的裂隙,阻止水分向地层渗透,可以起到对地层的抑制作用。选择与孔喉大小接近的纳米颗粒经改性后也可用于封堵,如纳米硅颗粒经接枝改性后可进入泥页岩孔喉,并通过改性基团形成吸附点,固定于孔隙中,阻止压力传递,有效抑制滤液的渗入。

13.2　常用封堵防塌剂制造工艺

常用的封堵型抑制剂主要有磺化沥青防塌剂、氧化沥青防塌剂和铝化合物防塌剂等。

沥青是一种典型的封堵型抑制剂,是沥青粉、磺化沥青以及沥青与其他有机化合物缩合物的总称。沥青类产品软化点是产品的特征温度。软化点以下,随着温度升高,沥青的变形能力增强,相应地封堵能力也会增强;温度超过其软化点后,沥青具有流动性,无法实现封堵效果。

沥青粉具有形变特性,在井下高温高压环境下可以发生形变,进入地层裂隙与层理,或形变后形成致密滤饼,实现有效封堵与隔离水分的效果。

磺化沥青的磺化部分为水溶性阴离子基团,未磺化部分为油溶性。与泥页岩接触时,磺化沥青的水溶性部分可以吸附在泥页岩表面,提供支撑点而使得磺化沥青覆盖在泥页岩表面,同时油溶性部分还可以进入地层实现封堵。

13.2.1　磺化沥青防塌剂制造工艺

磺化沥青(Sulfonated Asphalt,SAS)实际上是磺化沥青的钠盐。常规沥青用发烟硫酸或三氧化硫黄化后制得的产品。沥青经过磺化,引入了水化性能很强的磺酸基,使之从不溶于水变为可溶于水。磺化时应控制产品中含有的水溶性物质约占70%,既溶于水又溶于油的部分约占40%。磺化沥青为黑褐色膏状胶体或粉剂,软化点高于80℃,密度约为$1.0g/cm^3$。

磺化沥青中由于含有磺酸基,水化作用很强。吸附在页岩晶层断面上时,可阻止页岩颗粒的水化分散;同时不溶于水的部分又能起到填充孔喉和裂缝的封堵作用,并可覆盖在页岩表面,改善滤饼质量。但随着温度升高,磺化沥青的封堵能力有所下降。磺化沥青还在钻井流体中起润滑和降低高温高压失水量的作用,是一种多功能的有机处理剂。

此外,为了提高封堵能力与抑制能力,可将沥青类产品与其他有机物进行缩合,如磺化沥青与腐殖酸钾的缩合物高改性沥青粉在各类水基钻井流体中均有很好的防塌效果。

针对长北区块12¼in 大井眼大斜段地层复杂,在温度65~150℃、压差1.4~3.5MPa范围内,测试认为2%封堵防塌剂在裂缝与微裂缝地层、煤层等易塌地层有良好的护壁和防塌效果(凡帆等,2016)。

郑力会等(2005)用环氧乙烷、环氧丙烷共聚物在碱性条件下与一种天然大分子反应的产物,含磺酸物30%、油溶物40%、水溶物70%,性能与磺化沥青的相仿。

用石蜡40~50份、烷基酚聚氧乙烯醚1~2份、聚乙二醇4~5份、聚丙烯酰胺4~5份、硬脂酸20~30份、轻质碳酸钙20~30份,研制钻井液用白沥青获得了专利(张占山等,2014)。

此外,还有不少关于无荧光白沥青的应用报道。

13.2.2 氧化沥青防塌剂制造工艺

氧化沥青(Oxidized Asphalt)是将沥青加热并通入空气氧化后制得的产品。沥青氧化后,沥青质含量增加,胶质含量降低,软化点升高。

氧化沥青为黑色均匀分散的粉末,难溶于水,多数产品的软化点为150~160℃,细度为通过60目筛部分占85%。在水基钻井流体中用作页岩抑制剂,兼有润滑作用,一般剂量为1%~2%。此外,还可分散在油基钻井流体中起提高黏度和降失水作用。不同原料及不同的加工工艺可以得到不同的氧化沥青产品。

氧化沥青的防塌作用主要是一种物理作用。在一定的温度和压力下软化变形,从而封堵裂隙,并在井壁上形成一层致密的保护膜。在软化点以内,随温度升高,氧化沥青的降失水能力和封堵裂隙能力增加,稳定井壁的效果增强。但超过软化点后,在正压差作用下,会使软化后的沥青流入岩石裂隙深处,因而不能再起封堵作用,稳定井壁的效果变差。软化点是一个重要的指标。应使其软化点与所处理井段的井温相近,软化点过低或过高都会使处理效果大为降低。

延长油田罗庞塬区块部分层段由于泥页岩、碳质泥岩和油页岩发育突出,钻井施工中常出现定向托压、掉块普遍和地层垮塌严重等现象。针对这些现象,确定4%氯化钾、5%聚合醇和0.6%~0.8%有机胺作为抑制性防塌处理剂主体防塌,选择1%氧化沥青、3%超细碳酸钙和1%弹性石墨作为封堵性防塌处理剂协助防塌,形成了适合延长油田罗庞塬区块防塌钻井流体,在罗平16井和蒲平48井2口水平井成功应用(张文哲等,2017)。

13.2.3 铝化合物防塌剂制造工艺

铝是地壳中含量最多的金属,铝的许多化合物在人类的生产和生活中具有重要的作用。

常见的铝的化合物有氧化铝和氢氧化铝等。氢氧化铝(Aluminum Hydroxide),化学式 $Al(OH)_3$,是铝的氢氧化物。

氢氧化铝既能与酸反应生成盐和水,又能与强碱反应生成盐和水,因此也是一种两性氢氧化物。由于一般情况下显酸性,所以又可称之为铝酸。但实际与碱反应时生成的是四羟基合铝酸盐,因此通常在把它视作一水合偏铝酸。将硫酸和铝粉或铝灰作用生成硫酸铝,再与碳酸氢铵反应,制得氢氧化铝。或者以铝酸钠溶液与硫酸铝溶液中和至 pH 值为 6.5,生成氢氧化铝沉淀,经水洗、压滤,70~80℃干燥,再经粉碎,制得氢氧化铝。

铝的无机化合物 pH 值为 9~12,一般极难溶解。为了使溶解态铝在水基钻井流体中达到足够的浓度,有时以腐殖酸、灰黄霉酸与铝离子形成螯合物,称为铝复合物或氢氧化铝复合物。pH 值达到 10 以上时可稳定存在于溶液中。从井眼进入井壁孔隙后,由于 pH 值降低而被析出并沉淀,即可产生封堵作用。有时使用碱性更高的铝酸钠,一般加量为 0.5%~3.0%,并可与 3%~15% 的纸浆废液复配。其中的溶解铝到达井壁孔隙时因 pH 值降低而产生沉淀从而起到封堵作用。但是,铝酸钠钻井流体的碱性太高,性能很难控制,应用前景不看好。

以聚合铝防塌剂为主要处理剂,利用兼容处理剂协同作用和物理封堵、化学抑制、化学封固等防塌方法,提高钻井流体的封堵、抑制和护壁能力,成功研发出强抑制高钙盐钻井流体。耐温达 180℃、抗钙达 30g/L、耐盐饱和,具有良好的耐温、抗侵害能力。有效解决了胜利油田大位移低密度沙河街组泥页岩垮塌和硬脆性地层井壁失稳等问题(孔勇等,2017)。

13.3 发展前景

一般说来,封堵防塌剂控制水进入地层的量,所以能产生较好的防塌效果。封堵防塌剂可以明显提升钻井流体封堵微裂缝、碳质泥岩裂缝、页岩等性能,有效地抑制页岩水化膨胀和分散,实现防塌稳定井壁的作用,用于科学钻探、石油天然气钻井、基础工程施工等,效果明显。

13.3.1 存在问题

沥青类防塌剂一般含有不溶于水的沥青颗粒,并且有一定的软化点。井眼内有足够高的温度和压力时软化变形,被挤入井壁微裂缝中,与滤饼一起有效地封堵地层。

但沥青类防塌剂的荧光较强,在不能将其荧光与地层原油的荧光区别清楚的情况下,不宜将其用于探井的钻井。油溶性树脂也是靠地层温度和压力的作用而软化并封堵地层孔隙的,存在金属离子侵害和适应温度范围窄等问题。

(1)铝离子为高价金属离子,使用过程中高价金属离子往往会受到侵害。

(2)沥青类处理剂防塌效果受其原料沥青的软化点影响较大,有效作用温度在其软化点附近,难以在广谱温度范围内有效封堵地层微裂缝。

13.3.2 发展方向

针对硬脆性泥页岩井壁失稳问题,已成功开发出多种封堵防塌钻井流体处理剂。但许多处理剂在使用中并不理想,如沥青封堵防塌剂和铝化合物封堵防塌处理剂耐温大都低于160℃,中国部分深部复杂地层井温达到200℃以上,进一步研发耐高温封堵防塌处理剂,以满足深部复杂地层钻探的需要,是未来发展方向。

(1)含油污泥磺化处理剂。王金利等为实现含油污泥的资源化利用,磺化改性含油污泥,制备封堵防塌剂。结果表明,磺化比0.7∶1、反应温度30℃、反应时间2h,所得磺化产物的高温高压(120℃,3.5MPa)失水量为40mL/30min(王金利等,2016)。

(2)改性磺化沥青处理剂。氢化苯乙烯丁二烯共聚物与沥青互溶后磺化,制备出磺化沥青封堵防塌剂,不仅在磺化前有利于增溶沥青,并促进磺化完全,而且能够很好地抑制钻井流体的起泡。扫描电镜测试表明在特定磺化度下,磺化沥青能够和滤饼形成致密的堵层,起到良好的封堵防塌作用(胡正文等,2018)。

(3)无荧光白沥青,是通过用油溶物质水溶化的方法开发研制的水溶油溶性钻井流体防塌剂。性能相当于常规磺化沥青,但荧光级别极低且对环境无任何污染(朱春光,2012)。

此外,一些其他封堵材料也很有特点,如以烯丙基磺酸钠、丁二烯、苯乙烯等为主要原料,过硫酸铵为引发剂的四元共聚物,也是很好的钻井流体防塌封堵剂。

在今后处理剂研发中,应在提高其兼容性和防塌性能、环境友好性的同时,加强对封堵防塌剂作用机理和评价方法研究,推动相关产品工业化步伐和现场应用验证。

第14章 解絮凝剂

解絮凝剂(Deflocculants)是用来改变钻井流体中的固相含量和黏度之间的相互关系的处理剂。用于降低静切力,提高钻井流体的可泵性。

解絮凝剂通过降低黏土颗粒之间造成高黏度和胶凝强度的吸引力(絮凝作用),进而达到降低黏度的目的。因此,解絮凝剂也可以理解成破坏黏土颗粒间相互作用达到降低黏度目的的处理剂。

解絮凝剂可以是降黏剂的一种,但是由于是拆散的网架结构,所以与常说的降黏剂不同。钻井流体在使用过程中,常常由于温度升高、盐侵或钙侵、固相含量增加或处理剂失效等原因,使钻井流体形成的网状结构增强,钻井流体黏度、切力增加。若黏度、切力过大,则会造成开泵困难、钻屑难以除去或钻井过程中激动压力过大等现象。

激动压力是由于井内钻井流体流速的变化,使井内液柱压力发生变化,严重时会导致各种井下复杂情况。因此,要加入解絮凝剂,以降低体系的结构黏度和切力,使其具有适宜的流变性。

14.1 解絮凝剂作用机理

钻井流体的黏度大,是由于体系中固相的含量太高,大量黏土颗粒间产生了空间网状结构,解絮凝剂会首先选择吸附在那些水化程度小的黏土颗粒的边缘上,利用亲水基使水化程度增大,破坏了黏土颗粒间的空间网状结构,从而释放出自由水,降低了黏土颗粒对钻井流体流动性造成的摩擦阻力。

解絮凝剂中的水化基团,它们能给黏土颗粒带来较多的负电荷和水化层,使黏土颗粒端面处的双电层斥力和水化膜厚度增加,从而拆散和削弱了黏土颗粒间通过端—面和端—端连接而形成的网架结构,使黏度和切力下降。因此,解絮凝剂主要通过拆散结构起降低黏度作用。

由于解絮凝剂主要在黏土颗粒的端—面起作用,因此与降失水剂相比,其剂量一般较少。当加大其剂量时,也会在一定程度上起降失水的作用。这是由于随着结构的拆散和黏土颗粒双电层斥力和水化程度的增强,有利于形成更为致密的滤饼。

14.2 常用解絮凝剂制造工艺

目前,由于解絮凝剂与降黏剂机理差异,解絮凝剂主要为分散型解絮凝剂,主要包括磺化褐煤、磺化栲胶、磺化单宁以及铁铬木质素磺酸盐。

14.2.1 磺化褐煤制造工艺

磺化褐煤是褐煤腐殖酸的衍生物,是褐煤在磺化剂、适当温度等条件下合成制得的,其外观形状为棕黑色粉末,是一种能耐 200~220℃ 高温、廉价又高效的钻井流体处理剂。

合成磺化褐煤需要的原材料为含黑腐殖酸 55% 以上的风化褐煤、氢氧化钠、焦亚硫酸钠、甲醛以及重铬酸钾。制备步骤有 7 步:

(1)搅拌状态下在蒸馏水中加入褐煤,搅拌均匀后加入片状烧碱。

(2)边搅拌边升温至 68℃±2℃,持续 1h 后停止加热,继续搅拌 2h,静置 12h 以上。

(3)再搅拌 1h,静置 12h 以上。

(4)把上层清液转入反应器中,以蒸馏水分两次洗涤沉淀,静止 1h 后除去沉淀,上层清液再与蒸馏水一起搅拌均匀后一并转入反应釜。

(5)将焦亚硫酸钠与甲醛按 4:3 的比例混合均匀后搅拌状态下 10min 内加入上述反应器中,升温至 95℃ 并保持 4h。

(6)降温至 75℃ 后,将重铬酸钾缓慢加入反应器中,再升温至 95℃ 反应 40min 后结束。

(7)出料、干燥、粉碎,即得到磺化褐煤。

青海省天峻县木里镇被多年冻土所覆盖,地表冻土厚度一般在 60~95m,钻井流体在 0℃ 以下的低温环境中极易产生絮凝、流动性下降、黏度升高,甚至冻结的现象,同时失水量增大等问题。由于地层松散、破碎,应力较大,在钻进过程中出现钻孔孔壁松散坍落以及埋钻现象。在其防塌钻井流体中加入磺化褐煤,提高钻井流体解絮凝能力。在使用优化的钻井流体配方后,钻进中孔壁趋于稳定,坍落及埋钻现象消失,成功解决钻孔遇到的问题(高元宏等,2017)。

此外,CT-1 井是塔里木盆地巴楚隆起巴东构造带楚探 1 号岩性圈闭上的一口风险探井,井型为直井,完钻井深 7806.50m。井底温度 170℃,钻进过程中出现掉块、垮塌、井漏、流变性复杂等问题。针对井底高温与井下复杂情况,对传统的欠饱和盐水磺化体系进行优化,引入磺化褐煤替代稀释剂改善流型,以拆散黏土间结构为基础,解决深井后期因使用稀释剂致强分散、强依赖性而出现加料—放浆—再加料的恶性循环难题。经优化后的欠饱和磺化钻井流体在 CT-1 井成功穿越了深井复合膏盐层。钻井流体具有良好的高温流变性、沉降稳定性、润滑防塌性,解决了深井膏盐层钻井流体的抑制与分散、固相与流变性、失水量控制与流变性等矛盾(祝学飞等,2017)。

14.2.2　磺化栲胶制造工艺

栲胶是一种重要的林化产品,它是以富含单宁的植物根、果壳、树皮和木材等为原料,经过浸提、浓缩和干燥等工艺加工而成。其中除主要成分单宁外,还有非单宁和不溶物。栲胶是一类复杂的混合物的总称。

磺化栲胶是在栲胶分子上引入耐盐性好的磺甲基团,从而赋予栲胶良好的水溶性和耐温耐盐能力。将栲胶加入三颈瓶中,在搅拌下升温至 75℃,缓慢滴加 100mL 浓度为 25% 的羟甲基磺酸钠溶液。加热升温至 85℃,总反应时间 4h,然后用萘甲醛缩合物和有机酸调 pH 值至 4.5~5.5。

目前,世界上应用的复合盐水钻井流体普遍应用于深井、超深井的高压储层,通常钻井流体密度大于 1.2g/cm^3,对于常压—低压储层从未开展过复合盐水钻井流体的应用研究,复合盐水钻井流体还不能满足常压—低压储层钻井的需求。使用一种加入磺化栲胶的复合盐水钻井流体,对储层中的水敏性矿物起到了良好的抑制作用,对储层渗透率伤害性低;无黏土相、固相含量低,对储层伤害也较轻;具有流变性好、抑制性强、成本较低的优点;现场配制工艺简单,便于操作和维护,可有效应用于低孔隙度、低压、低渗透储层的保护性钻井作业(王锦昌,2014)。

14.2.3 磺化单宁制造工艺

单宁(Tannins)又称鞣质,广泛存在于植物的根、茎、叶、皮、果壳和果实中,是一大类多元酚的衍生物,属于弱有机酸。由于从不同植物中提取的单宁具有不同的化学组成,因此单宁的种类很多。中国四川省、湖南省和广西壮族自治区一带盛产五倍子单宁,云南省、陕西省、河南省一带盛产橡碗栲胶。栲胶是用以单宁为主要成分的植物物料提取制成的浓缩产品,外观为棕黄色到棕褐色的固体或浆状体,一般含单宁 20%~60%。

为了提高单宁的使用效果,通过单宁与甲醛和亚硫酸氢钠进行磺甲基化反应可制备磺甲基单宁。

(1)将氢氧化钠和水按配方要求加入反应瓶中,溶解后慢慢加入配方量的栲胶。
(2)在(1)中加入配方量 1/3 的甲醛溶液,于 60~120℃下反应 0.5~1.5h。
(3)在(2)中加入配方量的亚硫酸氢钠和剩余甲醛,于 60~120℃下反应 1.5~4.0h。
(4)在(3)中加入络合剂,反应 0.5~1h。将反应产物浓缩、烘干、粉碎得磺化单宁。

为了得到比磺化单宁解絮凝效果更好的解絮凝剂,使用磺化单宁进行改性,并在中原油田进行试验应用。文 13-27 井和文 13-94 井使用饱和盐水钻井流体分别钻至 2905.00m 和 2836.00m 时,到达沙三段盐膏层顶部,分别用 2.0t 和 1.5t 改性磺化单宁对钻井流体进行了预处理,顺利钻穿盐膏层,电测一次成功。采用饱和盐水体系钻文 13-28 井,钻达 3500.00m 时出现钻井流体稠化现象,加入由 0.5t 改性磺化单宁配成的碱液,控制了钻井流体的稠化现象。文 13-30 井采用饱和盐水钻井流体钻至 3600.00m 时,钻井流体黏度和切力上升,加入改性磺化单宁 0.4t,循环后钻井流体黏度和切力显著降低,顺利完井(王中华等,1989)。

14.2.4 铁铬木质素磺酸盐制造工艺

铁铬木质素磺酸盐是通过氢键吸附在黏土颗粒表面的,可提高黏土颗粒表面的负电性并增加水化层厚度,将黏土颗粒形成的结构拆散,起到降低黏度和切力的作用。

铁铬木质素磺酸盐通常由硫酸、硫酸亚铁、过氧化氢、主要成分为木质素磺酸盐的酸法造纸废液以及重铬酸钠制成。

(1)常温状态下在反应釜中依次加入含木质素磺酸钙浓度为 44%~52% 的酸法造纸废液和硫酸高铁置换剂,加完后在 20~40min 内将反应釜内温度升到 70~100℃,保温 20~40min 后,将置换好的物料放到真空抽滤机上抽滤,除去反应生成的沉淀物硫酸钙杂质。

(2)将除去硫酸钙杂质的滤液放入反应釜中并为反应釜内滤液加热,在反应釜内温度达到 50~70℃时向反应釜中加入用水溶解后浓度为 50% 的重铬酸钠,加完后在 10min 以内将温度升至 70~100℃,保温 20~40min 完成氧化过程,出料。

(3)将从反应釜出来的料液用喷雾干燥塔在 280~320℃ 温度下喷雾瞬间干燥,制得棕色粉末状钻井流体用铁铬木质素磺酸盐。

柴3井是新疆油田柴窝铺地区土墩子构造上的一口探井,是柴2井的替身井,设计井深为4500.00m,地层泥页岩成岩性差,水敏性强,极易水化剥落,易絮凝,含有二氧化碳气体。针对这一问题使用室内研制的铁铬木质素磺酸盐、氧化钙和氢氧化钾胶液配方处理被二氧化碳严重侵害的钻井流体,顺利完钻。同时加入铁铬木质素磺酸盐、氧化钙和氢氧化钾钻井流体降低黏度效果很好(金军斌,2001)。

14.3 发展前景

一直以来,中国从未间断对钻井流体解絮凝剂的钻研,目前,很多这方面的科研成果已经在实际应用中得到了较好的预期效果。由于木质素磺酸盐类工业品具有来源广且成本低的优势,目前其改性产品解絮凝剂仍是油田使用比较多的化学处理剂,一直是科研工作者研究的热点。随着钻井流体解絮凝剂研究的不断深入,解絮凝剂的耐盐能力以及抗侵害能力正在逐步提高,而且产品能很好地抑制黏土的分散,为油田钻井安全有效地开展奠定基础。

14.3.1 存在问题

目前,钻井用解絮凝剂还存在着毒性大、稳定性差以及成本高等缺点。

(1)铁铬木质素磺酸盐由于含有金属铬,在制备和使用过程中具有环境污染风险,其毒性会对人体和环境都带来很大的害处。此外,铁铬木质素磺酸盐容易发泡,降低钻井流体密度、钻井流体滤饼摩擦系数较高,增大钻具摩阻。

(2)研制出的许多不含有毒铬的解絮凝剂在使用性能方面还是不稳定,而且使用量比较大,成本高,解絮凝性能不是很理想。

14.3.2 发展方向

针对目前解絮凝剂铁铬木质素磺酸盐毒性大和无铬解絮凝剂稳定差、解絮凝效果不理想等问题,需要今后要向无毒无害、稳定性强以及制备高效解絮凝剂等方向进行发展。

(1)开发一类高效且性能稳定的钻井流体无铬解絮凝剂。由于铁铬木质素磺酸盐具有较高的环境毒性,应用受到进一步的限制,在全球范围内环境敏感和生态脆弱、环境法规严格的地区已禁止使用。因此未来研发的解絮凝剂需要对环境污染小且稳定性强。开发一类高效且性能稳定的钻井流体无铬解絮凝剂是非常迫切的。

(2)由单剂向复配混剂方向发展。由于无铬类解絮凝剂井下稳定性差、解絮凝效果不理想,可以使用抑制作用的无铬解絮凝剂与其他解絮凝剂复配,增强其解絮凝效果,提高无铬解絮凝剂的稳定性。

(3)利用栲胶或单宁的结构特征和反应活性,将接枝共聚、缩聚等方法用于解絮凝剂的研究逐渐发展起来。接枝共聚物产品用作解絮凝剂,具有很高的耐温、耐盐和抗碱土金属离子侵害的能力,特别适用于高温深井。

第15章 增 黏 剂

增黏剂(Viscosifiers)是指加入钻井流体中,通过表面扩散或内部扩散湿润粘接表面,使钻井流体组分之间粘接强度提高的物质。增黏剂一般为水溶性高分子化合物,在钻井流体中可形成空间网状结构,能显著提高钻井流体的黏度。增黏剂还可以通过分子间的摩擦提高溶液的黏度。增黏剂除了起增黏作用外,往往还具有抑制页岩水化和降失水的作用。因此,使用增黏剂不仅可以改善钻井流体的流变性,而且有利于稳定井壁。

15.1 增黏剂作用机理

一般认为,增黏剂作用机理是高分子的收缩和舒展,体积增大,形成空间网架结构和增大内摩擦力,增加了体系的黏度。

钻井流体黏度的影响因素:其一是黏土含量;其二是加入的水溶性大分子,如加入水化性好的黏土能迅速提高体系的黏度。但是,这样整个钻井效率会降低。因此,加入黏土增黏往往是不合理的。钻井用的增黏剂主要采用水溶性高分子化合物。

在钻井流体中,应考虑提高结构黏度的问题,也就是提高动切力。高分子增黏剂在钻井流体中,肯定会同时提高动切力。但是,处理剂能够大幅度提高动切力,即增加体系的结构,本身用量很少,对滤液本身黏度影响很小,就会出现动切力/塑性黏度上升、流性指数值下降的情况。这一类增黏剂,称为流型调节剂。

因为这种处理剂能提高钻井流体的非牛顿性以及提高钻井流体的剪切稀释作用,这对于提高钻井效率很有意义的。这种流型改进剂还能改变钻井流体在井筒内的流态,使得尖峰型流态变成平板型流态。

15.2 常用增黏剂制造工艺

常用的增黏剂主要有磺甲基化聚丙烯酰胺、无机阳离子聚合物、聚阴离子纤维素、羟甲基纤维素等(胡文庭等,2011)。下面从产品性能、配方和生产工艺实例等方面介绍常用的钻井流体增黏剂。

15.2.1 磺甲基化聚丙烯酰胺制造工艺

磺甲基化聚丙烯酰胺是一种阴离子型相对分子质量较高的聚合物,易溶于水,水溶液呈弱碱性。用作钻井流体处理剂具有良好的增黏及调节流型的能力,耐温、耐盐能力强,能在高温、高盐、高钙镁离子等苛刻条件下保持钻井流体的黏度,同时还具有良好的降失水能力,适用于水基钻井流体。

磺甲基化聚丙烯酰胺配方为 700kg 水、71kg 丙烯酰胺、0.1kg 引发剂、85kg 甲醛、100kg

亚硫酸氢钠和适量氢氧化钠。磺甲基化聚丙烯酰胺生产工艺包括，按配方要求将丙烯酰胺和水加入聚合釜，搅拌至丙烯酰胺溶解，配成20%的丙烯酰胺水溶液，通氮除氧，30min后于35℃下加入配方量的引发剂，恒温反应4~8h，得凝胶状聚丙烯酰胺。将凝胶状聚丙烯酰胺取出造粒，加入计量的水，在搅拌作用下配制成2%的聚丙烯酰胺水溶液。用氢氧化钠溶液将体系pH值调至11，升温至60~75℃，加入配方量的甲醛和亚硫酸氢钠水溶液，搅拌反应5h得磺甲基化聚丙烯酰胺胶体。将反应产物冷却至室温，出料，用95%乙醇沉淀分离，乙醇水溶液经回收、精馏后循环使用。取出沉淀出的聚合物，通热风除去乙醇后，于50~60℃下真空干燥、粉碎后得磺甲基化聚丙烯酰胺。

磺甲基化聚丙烯酰胺外观为淡黄色粉末，水分含量不大于7%，水溶液的pH值为9~10，黏度不小于50mPa·s。

磺甲基化聚丙烯酰胺不宜直接使用，在使用时应先配成0.5%~1.0%的胶液，然后再慢慢加入钻井流体中，其加量一般为0.05%~0.2%。磺甲基化聚丙烯酰胺易吸潮，包装用内衬聚乙烯薄膜袋，外层用聚丙烯塑料编织袋双层包装，或者采用塑料复合编织袋或牛皮纸袋单层包装，储存于干燥通风的库房，严防受热、受潮，防止日晒雨淋。

15.2.2 无机阳离子聚合物制造工艺

无机阳离子聚合物是一种凝胶状无机金属氢氧化物，可分散于水中，用作钻井流体处理剂具有良好的增黏能力和较强的抑制页岩水化膨胀和分散性能，经其处理的钻井流体具有优良的携带钻屑能力、良好的抗电解质侵害和耐温性能以及对储层低伤害的特点。与阳离子和两性离子型处理剂有良好的兼容性，可与阴离子性较弱的处理剂兼容使用，可用于各种水基钻井流体。

生产无机阳离子聚合物配方为300kg硫酸铝、150~180kg氯化镁、20kg氯化钙、100kg氨水、0.5kg催化剂、50kg辅料、1000~1500kg水。将硫酸铝、氯化镁、水加入反应釜，搅拌至原料全部溶解。向反应釜中加入氧化钙，搅拌反应0.5~1.0h加入催化剂，在搅拌作用下升温至50~60℃，然后分批加入氨水和辅料，保温反应1h。将反应产物经反复离心分离、洗涤至所分出水中无氯离子，然后用纯水配制成有效含量为20%的胶体即为无机阳离子聚合物。

外观为白色或黄褐色胶体，有效物含量为20%，表观黏度提高率不小于200%，动切力提高率不小于150%。使用时可根据需要直接加入钻井流体中，但需控制用量和速度，避免引起钻井流体局部黏度和切力过高。其加量一般为0.05%~0.2%。无机阳离子聚合物采用塑料桶包装，储存于干燥通风的库房，严防受热和日晒。

胜利油田水平2井是高难度的一井双探水平井，因三开期间需钻两个斜井眼和进行取心作业，故施工时间较长。为解决斜井段的井壁稳定与大斜度段变井径井眼的清洁问题，决定用无机阳离子增黏剂。钻至变井径井段，在钻井流体中一次加入1%无机阳离子增黏剂。在随后的钻进中，用无机阳离子增黏剂与聚合物配成的胶液维护钻井流体，动塑比逐渐上升，可达到1，有效地改善了钻井流体的携砂性能。在1898.00m以下井段钻进时，钻井流体排量仅25.0~28.0L/s，在ϕ215.9mm井眼内的上返速度小于0.4m/s，但无明显的沉砂现象，在整个ϕ215.9mm井眼施工中，仅用ϕ311.2mm钻头通大井眼3次，每次均畅通无阻。

另外，加入无机阳离子增黏剂后，井壁稳定性增强，虽然发生了 4 次严重漏失但全井段均无垮塌掉块现象，漏失事故的处理顺利（赵永峰等，1993）。

15.2.3 聚阴离子纤维素制造工艺

聚阴离子纤维素是一种聚合度高、取代度高、取代基团分布均匀的阴离子型纤维素醚，具有与羧甲基纤维素相同的分子结构。用作钻井流体处理剂具有比羧甲基纤维素更优良的提黏度和切力、降失水能力、防塌和耐盐、耐温特性，适用于淡水、盐水、饱和盐水和海水钻井流体。

生产聚阴离子纤维素配方为 81.5kg 精制棉（α-纤维素≥98%）、60kg 氢氧化钠、116.5kg 氯乙酸、1190kg 异丙醇、132kg 水和适量盐酸。

聚阴离子纤维素生产工艺包括按配方将预先剪切粉碎的精制棉和异丙醇加入反应釜，搅拌均匀后于 30℃下滴加氢氧化钠水溶液，碱化反应 60min。将配方量的氯乙酸配成适当浓度的水溶液，在碱化反应完成后分批加入反应釜，然后升温至 70℃，反应 90min。用盐酸将体系调节至中性，除去溶剂，然后用 80% 的乙醇水溶液洗涤产物，除去氯离子，异丙醇和乙醇分别回收、蒸馏后循环使用。取出絮状产物，通入热风除去乙醇，将产物碾碎，于 100℃下烘干得白色纤维状聚阴离子纤维素产品。

聚阴离子纤维素外观为白色纤维状粉末，水分含量不大于 7%，1% 水溶液黏度不小于 1000mPa·s，取代度不小于 0.8。

使用聚阴离子纤维素在使用时应先配成 0.2%~0.5% 的胶液，然后再慢慢加入钻井流体中，其加量一般为 0.05%~0.2%。聚阴离子纤维素易吸潮，包装用内衬塑料袋外用聚丙烯塑料编织袋双层包装，或者采用防潮牛皮纸袋内衬塑料袋包装，储存于干燥通风的库房，严防受热、受潮，防止日晒、雨淋。

15.2.4 羧甲基纤维素/丙烯酰胺/二甲基二烯丙基氯化铵接枝共聚物制造工艺

一种水溶性两性离子型聚合物，可生物降解，用作钻井流体处理剂，具有良好的抑制黏土水化膨胀和增黏性能，且耐盐能力较强，与阴离子型和阳离子型处理剂兼容性好，可用于各种类型水基钻井流体。

接枝共聚物配方为 8kg 羧甲基纤维素、47.6kg 丙烯酰胺、19.4kg 二甲基二烯丙基氯化铵、0.6kg 高锰酸钾、0.19kg 浓硫酸和 925kg 水。将配方量的羧甲基纤维素和水加入反应器中，搅拌至羧甲基纤维素溶解，加入高锰酸钾，通入氮气，预氧化反应 20min；将体系升温至 60℃，加入定量的硫酸溶液和丙烯酰胺，反应 60min 后加入二甲基二烯丙基氯化铵，在氮气保护下反应 5h；将反应产物倒入异丙醇中，分离出共聚物，异丙醛溶液经回收、蒸馏后循环使用，胶状共聚物于 40℃真空干燥，粉碎后得两性离子接枝共聚物。

接枝共聚物外观为白色粉末，水分含量小于 7%，游离单体含量不大于 0.5%。使用时应先配成 0.5%~1.0% 的胶液，然后再慢慢地加入钻井流体中，其加量一般为 0.05%~0.15%。本品包装采用内衬聚乙烯薄膜袋外层用聚丙烯塑料编织袋双层包装，或者采用塑料复合编织袋单层包装，储存于阴凉、干燥、通风的库房，严防受热、受潮，防止日晒雨淋。

15.3 发展前景

增黏剂在钻井过程中应用广泛,是钻井流体清洁井眼必需的处理剂,提高和改进钻井流体的增黏剂有重要的意义。

15.3.1 存在问题

尽管增黏剂在钻井过程中发挥着重要的作用,但是增黏剂还存在耐温性能差的问题。目前中国的增黏剂耐高温性能普遍较差,且国际上对耐高温增黏剂进行技术封锁,而面对越来越深的开采深度和高温地层,目前使用的增黏剂难以满足现场的应用需求。

15.3.2 发展方向

针对目前增黏剂存在的耐温性能差的问题,主要的发展方向就是提高增黏剂的耐温性能,包括用不同的处理剂进行复配或者研制增黏剂。

(1)不同处理剂复配。单一的处理剂或者复配的增黏剂在使用过程中难以达到钻井需求,因此需要通过不断地变换处理剂以优选最佳性能的增黏剂。

(2)研制增黏剂。目前国际上的增黏剂有很好的性能,但由于技术封锁,并不能引进国际上增黏剂,而随着中国科技的进步和钻井实践的深入,增黏剂的研制进程会越来越快,耐盐和耐高温能力会越来越好。

利用丙烯酰胺与 N,N-二甲基甲基丙烯酰氧乙基辛基溴化铵跟羧甲基纤维素钠进行接枝共聚制备了耐盐增黏剂。通过红外光谱及元素分析对其结构与组成进行了分析。初步考察了无机盐、温度、剪切作用和表面活性剂等因素对其水溶液黏度的影响,研究发现耐盐增黏剂具有良好的耐盐、一定的耐温和抗剪切性能,对 pH 值的敏感度低于一般聚电解质,表面活性剂十二烷基磺酸钠对耐盐增黏剂溶液的黏度性能具有协同增效作用(张建,2000)。

以 N-乙烯基己内酰胺为温敏性单体,对苯乙烯磺酸钠为亲水性单体,N,N-亚甲基双丙烯酰胺为交联剂,采用自由基胶束乳液聚合法研制出了一种耐高温钻井流体聚合物增黏剂。环渤海湾地区冀东油田深部潜山储层现场的成功应用表明,处理剂能够在深部超高温地层、低膨润土含量及低密度钻井流体中有效发挥增黏作用(邱正松等,2015)。

第16章 提 切 剂

提切剂(Shear Strength – improving Agent),有人也称为流型改进剂,流型调节剂(Flow Pattern Improver),是指改变钻井流体结构黏度的处理剂。

提切剂与增黏剂从作用来看是不同的。增黏剂增加的是表观黏度的量,而提切剂是增加结构黏度进而增加的黏度。表观黏度是指在一定速度梯度下,用相应的剪切应力除以剪切速率所得的商。它只是对流动性好坏做一个相对的大致比较。真正的黏度应当是不可逆的黏性流动的一部分,而表观黏度还包括了可逆的高弹性变形那一部分。所以表观黏度一般小于真正黏度。表观黏度又可以分为剪切黏度和拉伸黏度。表观黏度有可能大于真实黏度,也有可能小于真实黏度。

油基钻井流体提切剂是油基钻井流体的核心处理剂。使用过程中发现钻井流体的黏度控制较为困难,针对大位移井,其井眼清洁能力不够,具体表现在机械钻速降低和携砂能力下降两个方面:

一是钻井流体的表观黏度或漏斗黏度、塑性黏度较高,会导致机械钻速下降,从而影响经济效益。漏斗黏度是以一定规格的漏斗,流出一定体积(500mL 或 946mL)的钻井流体所经历的时间来衡量黏度的大小,是一种相对黏度,计量单位是 s;塑性黏度是在层流条件下,剪切应力与剪切速率呈线性关系时的斜率值。计量单位为 mPa·s。用范氏黏度计测量时,600r/min 时的读值与300r/min 时的读值之差即为塑性黏度。流体中塑性黏度是塑性流体的性质,不随剪切速率而变化。塑性黏度反映了在层流情况下,钻井流体中网架结构的破坏与恢复处于动平衡时,悬浮的固相颗粒之间、固相颗粒与液相之间以及连续液相内摩擦作用的强弱。

二是钻井流体悬浮能力较差、钻井流体静切力低,影响钻井流体携砂能力和悬浮钻屑能力。表观黏度和悬浮能力以及钻井流体失水量等性能不易兼顾。降低表观黏度导致静切力下降,使钻井流体悬浮能力下降、钻井流体失水量增加。反之,提高切力表观黏度上升,机械钻速下降。因此,提切剂只增加钻井流体的结构黏度即只增加钻井流体切力。提高钻井流体的非牛顿性和剪切稀释作用,流型改进剂还能改变钻井流体在井筒内形成平板层流。

16.1 提切剂作用机理

一般认为,高分子化合物钻井流体中,应考虑提高结构黏度的问题,也就是提高动切力和静切力。高分子增黏剂在钻井流体中,肯定会同时提高动切力和静切力。但是,如果一种处理剂能够大幅度提高动切力,即增加体系的结构,而本身用量很少,对滤液本身黏度影响很小,这样就会出现动塑比上升、流性指数下降的情况,就可以解决这个问题,动塑比是在流体工艺中,常用动切力与塑性黏度的比值(简称动塑比)表示剪切稀释性的强弱。动塑比值越大,剪切稀释性越强。为了能够在高剪率下有效地破岩和在低剪率下有效地携带岩屑,要求钻井流体具有较高的动塑比。

常规凝胶的形成条件主要依赖于交联剂,聚合物通过与交联剂的作用在一定温度和一定时间下成胶。快速弱凝胶体系,与常规凝胶的形成机理不同,是利用聚合物之间的协同效应,不加交联剂,成胶温度和成胶时间要求低,所形成的弱凝胶具有独特的流变性,具体表现在低浓度溶液具有高黏度的特性,是一种高效增稠剂。

具有良好的抗剪切性(假塑性),在静态或低剪切作用下具有高黏度,在高剪切作用下表现为黏度下降,但分子结构不变;当剪切作用消失后黏度恢复正常。

弱凝胶提切剂具有凝胶作用是由于成分中含有经表面活性剂活化后的生物聚合物,其分子链具有特殊的形态和构象。在水溶液中有的分子链呈自由卷曲状态,但在大多数情况下,由于大分子内部氢键的存在而成双螺旋麻花状的立体构型,进而有序地排列成聚合体结构,这种聚合体又叫超会合结构。

这种立体构型在温度和剪切速率的变化下可以互相转化。静止时,分子链形成超会合的聚合体,形成弱凝胶,特性黏度高;在高剪切速率下,聚合体离解,分子链恢复自由卷曲状态,特性黏度下降,恢复良好流变性。

16.2 常用提切剂制造工艺

目前常用的提切剂主要有弱凝胶提切剂和聚酯提切剂。其中,水基最常用的就是黄胞胶。黄胞胶(Xanthan Gum,XG,XC)是世界上第一个大规模生产的细菌杂多糖,有较大的工业和经济价值,广泛用于石油开采、食品、化妆品、医药、纺织、陶瓷等多个行业。由美国农业部北方研究室于20世纪50年代发现,Kelco公司于1963年将其商业化。中国于20世纪70年代末开始研究,1985年实现工业化生产。目前我国已成为世界上生产量最大的国家,其中45%用于食品加工,40%用于石油工业,15%用于农药、饲料、化妆品、环保等行业,50%以上出口。

黄胞胶是一类微生物杂多糖,一级结构包括2个葡萄糖、2个甘露糖、1个葡糖醛酸组成的重复五糖单位,相对分子质量为$(2\sim20)\times10^6$。D-葡萄糖通过$\beta-1,4$糖苷键相连形成主链,每间隔一个葡萄糖,在其O-3位置连有D-甘露糖、D-葡糖醛酸、D-甘露糖形成的三糖侧链。每个XG分子约有一半的末端D-甘露糖在其4,6位间可连有丙酮酸残基;与主链相连的D-甘露糖在O-6位可连有乙酰基,带负电。

XG由野油菜黄单胞杆菌(Xanthomonas Campestris)经有氧发酵并分离纯化而得,主要经过发酵和纯化两个阶段。菌种的选育、培养基组成、生物反应器类型、发酵形式(批次发酵,连续发酵)、培养条件(温度、pH值、溶氧等)影响收率、结构、相对分子量等。

首先对菌种进行选育,然后经种子培养基培养扩大数量以用于发酵,并采取适当方法长期保存。除常用菌种选育方法外,也可对其进行基因工程改造。常用的种子培养基为YM培养基或YM-T培养基,菌种的生长温度为25~30℃,应根据不同菌种选取不同种子培养基并优化培养温度。

黄胞胶具有高黏弹性,浓度很低时,发酵液黏度也较大,导致溶氧减少,产率和质量下降。生物反应器的类型与溶氧密切相关。目前国内常用的生物反应器为搅拌型发酵罐。许多研究致力于通过改变搅拌体系和气体分布器提高溶氧。另外,将传统的六直叶圆盘涡轮改为下压式双折叶圆盘涡轮(上层桨)和六叶布鲁马金或单独最大叶片桨(下层桨),提高了底物转化率,增大黄胞胶产率。也有研究提出其他类型的生物反应器,如泵式静态混合循环反应器、气升式反应器、离心式填充床反应器、聚氨酯泡沫体的空气压力脉冲反应器等用于黄胞胶制备,提高氧通量进而提高黄胞胶产量。

发酵条件的优化主要集中在温度、搅拌速度、溶氧等方面。黄胞胶的生长温度为 25~34℃,常用温度为 28~30℃。提高温度有助于黄胞胶生成但降低丙酮酸含量,31~33℃利于黄胞胶高产,27~31℃有利于丙酮酸生成。

发酵后,发酵液包括黄胞胶 10~30g/L、菌体 1~10g/L、残余培养基 3~10g/L 和其他的代谢产物等。发酵液黏度较高,所以黄胞胶的纯化较困难且成本较高。一般的纯化步骤,首先稀释发酵液,通过加热、过滤或离心等方式去除菌体;然后调节盐浓度和 pH 值,用异丙醇、乙醇或丙酮沉淀。最后除水、干燥、打粉、包装、避水保存。

纯化方法和步骤与黄胞胶的最终用途和经济损耗有关。用于石油工业的 XG 需要去除菌体,防止细菌伤害储层。

16.2.1 弱凝胶提切剂制造工艺

弱凝胶提切剂以天然生物聚合物为主要原料,将生物聚合物加入表面活性剂水溶液中,进行活化反应,并与纤维素改性物、耐高温氧化剂等复合制备得到弱凝胶提切剂(冯萍等,2012)。制备步骤如下:

(1)在 142.5mL 水中加入 7.5g 表面活性剂,配制得到 5% 表面活性剂水溶液;

(2)将 150g、5% 的表面活性剂水溶液加入反应釜中,边搅拌边加入 100g 生物聚合物,在 80~90℃ 温度下,活化反应 6~8h;

(3)活化后产品经 105℃ 烘干、粉碎及过 200 目筛后,得中间产品;

(4)将活化反应所得中间产品与纤维素改性物或淀粉改性物和耐高温氧化剂进行复合,利用中间产品与其他原料间的协同效应,得到最终产品。

弱凝胶提切剂具有凝胶作用是由于成分中含有经表面活性剂活化后的生物聚合物,其分子链具有特殊的形态和构象。在水溶液中有的分子链呈自由卷曲状态,但在大多数情况下,由于大分子内部氢键的存在而成双螺旋麻花状的立体构型,进而有序地排列成聚合体结构,这种聚合体又叫超会合结构。这种立体构型在温度和剪切速率的变化下可以互相转化。静止时,分子链形成超会合的聚合体,形成弱凝胶,特性黏度高;在高剪切速率下,聚合体离解,分子链恢复自由卷曲状态,特性黏度下降,恢复良好流变性。

塔里木油田轮南区块应用了该提切剂,在井深超过 4000m、井底温度 150℃ 以上情况下,仍具有热稳定性好、耐温耐盐能力强等特点,很好地解决了以往无固相钻井流体高温状态下由于聚合物的降解而造成的降低黏度问题,携岩能力强,保证了钻井施工安全顺利(谢水祥等,2011)。

16.2.2 聚酯提切剂制造工艺

油基钻井流体所用的聚酯提切剂的生产是,将 0.2mol 的聚氧乙烯醚脂肪胺和 0.3mol 的高纯二聚酸依次加入容积为 500mL 的三口烧瓶中,在 90℃ 的油浴锅中缓慢搅拌 30min 至混合均匀。然后取 3.4g 浓度为 98% 的硫酸,溶于 25mL 水中配成溶液,在搅拌下缓慢滴入混匀的单体中,待浓硫酸全部滴加完,添加冷凝管及分水器装置,并向三口烧瓶中通氮气10min。将油浴缓慢升温至 175℃,中速搅拌下保温 10h,倒出产物后冷却,即得到油溶性聚酯提切剂。

以高纯二聚酸与聚氧乙烯醚脂肪胺为原料,通过缩聚法研制了低分子量油溶性聚酯提切剂。钻井流体基本性能良好,动切力在 10Pa 左右,180℃ 高温高压失水量低于 2mL/30min,且热滚后破乳电压均在 1000V 以上;含聚酯提切剂的高密度油包水钻井流体维持了较高的低剪切速率动切力及静切力,且在 180℃ 热滚后二者的下降幅度均很小。高温热滚后的钻井流体悬浮性良好,5h 以内各钻井流体的上下层密度差仅维持在 $0.5g/cm^3$ 左右。综上可知,在高密度油包水钻井流体中应用良好,聚酯提切剂满足钻井流体对悬浮性的要求(覃勇等,2015)。

16.3 发展前景

随着目前世界上对页岩气及非常规气藏的大规模开发,油基钻井流体得到了广泛的应用。在水平井施工过程中暴露出高密度油基钻井流体流变性调控困难、黏度和切力过高、起下钻不畅、易黏卡等问题。提切剂是油基钻井流体的核心处理剂之一,对于油基钻井流体的流变性能好坏起着至关重要的作用。

16.3.1 存在问题

目前提切剂存在的问题是塑性黏度增幅大、耐温性不好、影响流变性等,特别是油基钻井流体的提切剂更是缺乏。

(1)塑性黏度增幅大。水基钻井流体增黏提切剂普遍存在塑性黏度增加幅度大于切力增加幅度的缺点。

(2)耐温性不够好。温度升高时,钻井流体的动切力和低剪切速率切力降低幅度大。

(3)影响流变性。高密度油基钻井流体中提切的同时伴随着黏度的大幅度上升,导致高密度油基钻井流体过稠,严重影响体系的流变性。

16.3.2 发展方向

提切剂的发展主要是改善已有提切剂的性能和开发提切剂。即,处理剂的开发是重点。水基提切剂的主要目标是提高抗温性,油基提切剂的主要目标是提高提切的效率。将室内实验成果放大到现场试用也是一个重要的方向。

聚酯提切剂具有良好的油溶性,分子链可以在以非极性烃类构成的油中自由伸展;聚酯提切剂具有酯基、醚基以及叔氨基 3 种强极性基团,使分子与油包水乳化钻井流体中的水滴之间可以依靠氢键缔合成一定强度的空间网架结构,从而具有一定的提高动切力作用。

由于钻井流体的静切力大小取决于单位体积流体中结构链的数目与单个结构链的强度,当油包水乳液钻井流体由流动状态变为静止状态时,聚酯提切剂的缔合作用使钻井流体内部结构链快速发育并趋于稳定,且缔合成的空间网架结构增加了结构链的强度,表现出明显的提高静切力作用,从而改善了钻井流体的静态悬浮性。作为聚合物,聚酯提切剂的分子量很低,流体力学尺寸较小,不会显著增加油包水钻井流体的内摩擦,从而不增加钻井流体的塑性黏度。聚酯提切剂以自身独特的分子结构,可作为高性能提切剂应用于油包水钻井流体中。

(1)增黏提切剂。针对高温时常规油基钻井流体面临着大量有机土带来的流变恶化导致机械钻速低和增加钻井成本等问题,以二聚脂肪酸和二乙烯三胺为原料,改进合成工艺,制备了一种高性能油基增黏提切剂。利用红外谱图确定了增黏提切剂的分子结构,结合三维分子式模拟图解释了增黏提切剂作用机理。增黏提切剂对基础油的增黏提切性能显著,可用于常规油基钻井流体和无土相油基钻井流体;在200℃和260℃的高温条件下,增黏提切剂在油基钻井流体中性能表现优异,可提供很强的悬浮能力(王伟等,2019)。

(2)稳黏提切剂。针对水平井施工过程中暴露出高密度油基钻井流体流变性调控困难、黏度和切力过高、起下钻不畅、易黏卡等问题,以脂肪酸二聚体与多元醇为原料的反应产物复配以肉豆蔻酸,研制出一种油基钻井流体用提切剂。评价了该提切剂在高密度无土相油基钻井流体的提切性能、耐温性能以及在不同基础油的提切性能并对比了国际上同类产品。结果表明,提切剂可显著增强油基钻井流体的动切力和低剪切速率切力,对黏度和切力影响较小,耐温可达180℃,对基础油的适应广泛,可用于多种基础油。在长宁—威远页岩气示范区和四川油田反承包项目进行了推广应用,取得了良好的效果,解决了长水平段施工中高密度油基钻井流体黏度过高而低剪切速率切力过低,钻井流体流动性差,流变性难以调控的难题。为页岩气及其他非常规气藏低成本规模开发提供了技术保障(杨斌,2019)。

第17章 降 黏 剂

降黏剂（Viscosity Reducer）又称为解絮凝剂（Deflocuulants）和稀释剂（Thinners），是指能够降低钻井流体塑性黏度的处理剂。降黏剂与解絮凝剂不同，一个是降低黏土的成胶性，另一个拆散了网架结构。这也是经常将两种降黏剂复配使用的原因。

钻井流体在使用过程中，常常由于温度升高、盐侵或钙侵、固相含量增加或处理剂失效等原因，使钻井流体形成的网状结构增强，钻井流体黏度和切力增加。若黏度和切力过大，则会造成开泵困难、钻屑难以除去或者钻井过程中激动压力过大等现象，严重时会导致各种井下复杂情况。因此，在钻井流体使用和维护过程中，经常需要加入降黏剂，以降低体系的黏度和切力，使其具有适宜的流变性。

17.1 降黏剂作用机理

自有旋转钻井以来，直到20世纪60年代，水基钻井流体基本上都是分散型的，包括细分散和粗分散。黏土和钻屑的分散造成钻井流体的稠化，一方面是由于固相含量本身造成，另一方面则是由于黏土颗粒之间引力所形成的空间网架结构所致。黏土颗粒表面带电性质极不均匀，即黏土颗粒有两种不同的表面，即带永久负电荷的板面和既可能带正电荷也可能带负电荷的端面，这样黏土表面在溶液中就可能形成两种不同的双电层。一般说来，黏土胶体颗粒间的相互作用力是斥力和吸力的代数和。

分散型的降黏剂就是通过吸附在黏土颗粒带正电的边缘上，使其转化为带负电荷，同时形成厚的水化层，从而拆散黏土颗粒间端—端、端—面结合而形成的结构，放出包裹的自由水，降低体系的黏度。同时降黏剂的吸附还可提高黏土颗粒的电动电位，增强颗粒间的静电斥力作用，从而削弱其相互作用，达到降低黏度的目的。

分散型钻井流体降黏剂直接与黏土产生吸附，增加了黏土颗粒本身的负电荷，对钻井流体的胶体稳定性有贡献，在加量大的情况下，都兼有一定的降失水性能。同时，也由于这种负电增强作用，加剧了黏土颗粒的分散速度，在钻井流体循环的机械力作用下，降黏剂同时也是一种分散剂。

20世纪70年代，水解聚丙烯腈盐类、聚丙烯酰胺和水解聚丙烯酰胺在钻井流体中得到广泛应用，并形成了低固相不分散钻井流体。从而促进了钻井流体技术水平的提高，解决了一系列的复杂问题。20世纪70年代，聚合物钻井流体技术在中国得到普遍推广应用，形成了阴离子聚合物钻井流体、阳离子聚合物钻井流体和两性离子聚合物钻井流体。低固相不分散钻井流体中，聚合物对钻井流体黏度的影响主要取决于聚合物与黏土颗粒之间的吸附和桥联作用。采用传统的降黏剂处理，又会因其兼有的分散作用而改变体系的不分散性。当相对分子质量很低的聚合物降黏剂与钻井流体中的主体聚合物形成氢键络合物时，因与黏土争夺吸附基团，可有效地拆散黏土与聚合物间的结构，同时能使聚合物形态收缩,减弱聚合物分子间的相互作用并解脱溶剂化水,从而具有明显的降低黏度作用。

17.2 常用降黏剂制造工艺

钻井流体降黏剂的种类很多,根据其作用机理的不同可分为分散型钻井流体降黏剂和聚合物型钻井流体降黏剂。在分散型钻井流体降黏剂中主要有单宁类和木质素磺酸盐类,主要与黏土发生作用;聚合物型降黏剂主要包括共聚型聚合物降黏剂和低分子聚合物降黏剂等,主要与聚合物发生作用。

17.2.1 单宁类制造工艺

单宁又称鞣质,广泛存在于植物的根、茎、叶、皮、果壳和果实中,是一大类多元酚的衍生物,俗语弱有机酸。由于从不同的植物中提取的单宁具有不同的化学组成,因此单宁的种类有很多。中国四川省、湖南省、广西壮族自治区一带生产五倍子单宁,云南省、陕西省、河南省一带盛产橡椀栲胶。栲胶是用以单宁为主要成分的植物物料制成的浓缩产品,一般含单宁20%~60%。单宁的改性产物是钻井流体中最早的降黏剂产品之一。

人们早期研制的磺甲基五倍子单宁酸钠铬络合物降黏剂,具有较好的耐温、耐盐和抗钙能力。近年来,随着单宁酸价格的提高,以五倍子单宁酸为原料生产的单宁酸钠铬络合物成本增加。为了降低成本,以天然五倍子为原料,经水解、浸提、缩聚、磺化、络合等工艺,研制出改性磺化单宁,而随着天然五倍子市场价格的提高,人们又开始研究以栲胶为原料制备单宁类降黏剂。

目前,栲胶类钻井流体降黏剂有栲胶碱液、磺化栲胶等产品。制备这类降黏剂使用的碱均为氢氧化钠,因此产品中含有大量钠离子。钠离子对黏土和钻屑有水化分散作用,不利于井壁稳定。考虑到钾离子有防止泥页岩吸水膨胀及井壁垮塌的功能,选用氢氧化钾代替氢氧化钠制备栲胶类处理剂,合成了一种防塌降黏剂单宁酸钾。单宁酸钾是栲胶在氢氧化钾水溶液中的水解反应产物。将由橡椀浸提出的浓胶与氢氧化钾按碱比1∶3.5加入配料罐中,搅拌均匀后泵入反应釜,在常压、80℃左右反应1~4h,反应产物经干燥器处理后即得单宁酸钾。

大庆油田南二区和南三区西部高161—高165排井区极易发生浅层出水而井塌。1988—1989年初使用磺化栲胶降黏剂在该区钻井,由于磺化栲胶防塌能力差,所钻的5口井均未钻成。后改用单宁酸钾降黏剂,成功地钻完了高163-473井、高48井、高432井、高44井、高443井、高414井等。在此基础上,1990年开始使用单宁酸钾在浅层套断区大面积钻井(李来文等,1993)。

17.2.2 木质素磺酸盐类制造工艺

木质素磺酸盐来自亚硫酸盐制浆废液,将蒸煮废液喷雾干燥后即可制得木质素磺酸盐。随蒸煮液组成的不同,可分为木质素磺酸钙和木质素磺酸钠两类物质。由于木质素来源不同,分子结构有差异,分子量也存在着一定的不均一性,一般自200至10000不等。最普通的木质素磺酸盐分子量约为4000,含有8个磺酸基和16个甲氧基。通常低分子木质素磺酸盐多为直链,在溶液中缔合在一起;高分子木质素磺酸盐多为支链,在水介质中显示出聚合电解质的行为。

在过去相当长的一段时期,以铁铬盐为代表的木质素磺酸盐是世界上使用剂量最大的一类降黏剂。铁铬木质素磺酸盐(Ferrochrome Lignosulfonate,FCLS)俗称铁铬盐。从20世纪60年代开始,铁铬木质素磺酸盐成为主要的钻井流体降黏剂。90年代后,由于世界各国环保意识的加强,对人体及环境污染严重的铁铬木质素磺酸盐应用受到限制,人们开始研制无铬的木质素磺酸盐、栲胶类降黏剂。

以木质素磺酸钙、腐殖酸和栲胶为主要原料,合成了钻井流体降黏剂。称取一定量的木质素磺酸钙加入硫酸溶液、七水合硫酸亚铁,加热、搅拌均匀后用真空泵抽滤。将收集到的滤液同腐殖酸和栲胶混合均匀后加入甲醛,在高温高压釜内反应数小时。反应产物经烘干、粉碎即得降黏剂产品。

钻井流体降黏剂呈黑色粉状,水分不大于15%,30目筛筛余物不大于5%,水溶液pH值为7~9。降黏剂分子中有较多的吸附基团,并含有水化能力较强的磺酸基,易吸附在黏土颗粒表面,阻止空间网状结构的形成,因而具有良好的降低黏度作用和一定的耐盐性能。

降黏剂投产后在胜利油田进行了现场试验。根据地层特点,钻上部地层时用控制造浆,至井深1400~1500m改小循环后加入1.5%降黏剂,同时按降黏剂和氢氧化钠3∶2的比例加入氢氧化钠,使处理后的钻井流体pH值保持为9~11。

现场试验表明,无铬降黏剂能显著降低钻井流体的黏度和切力,具有一定的耐温、抗侵害能力。用该剂处理的钻井流体性能稳定,滤饼光滑、致密,不易发生黏卡,能满足钻井作业的要求(鲁令水等,1997)。

17.2.3 共聚型聚合物类制造工艺

国际上降黏剂新产品不多,但合成聚合物降黏剂是近几年的发展主流。例如,含有酸官能团的聚合物或共聚物(聚丙烯酸与磷酸三乙酯之共聚物等),以负电度至少等于0.95的盐化剂(镁、锰、铁、锌、铜等金属盐)盐化,制得在任何井温条件下均适用于不同密度钻井流体的无侵害降黏剂。

聚合后的液体可直接作降黏剂,亦可干燥后制成粉剂。又如,以分子量为2000~10000的异丁烯-磺化异丁烯共聚物、异丁烯磷酸异丁烯共聚物、异丁烯马来酸酐共聚物、异丁烯马来酸共聚物、异丁烯富马酸共聚物以及其他70种共聚物或均聚物作为钻井流体、水泥浆、完井液的降黏剂,并有效地控制流变性和失水量。要求降黏剂耐盐性好,要求少含羧酸基多含磺酸基和磷酸基,要求耐盐性特别好时,含磺酸基和磷酸基的同时,还可含极性非离子基团、羟基、脂族酯基、烷氧化物基团。

在众多降黏剂中,以天然高分子改性物和合成有机物居多,但是能抗高黏土侵的降黏剂报道较少。针对这一问题,合成了能抗高黏土侵的低分子量丙烯酸/马来酸酐共聚物降黏剂。该产品已在山东省滨州市华建化工厂批量生产,名称为降黏剂。在搅拌下按一定顺序在反应容器中加入一定比例的单体丙烯酸和马来酸酐,严格控制反应温度、引发剂用量和反应时间,得到丙烯酸/马来酸酐共聚物,干燥后得到降黏剂。

胜利油田所在济阳坳陷古近系—新近系含有60%～70%蒙皂石,钻井过程中造浆严重,经常引起钻井流体黏度切力升高,特别是在固控设备运转不良的情况下,不得已时只有加入适量的分散剂或放去一部分钻井流体以确保钻井工程顺利进行。降黏剂在胜利油田钻井五公司3240队所钻的辛9－更11井进行了现场应用试验。从现场观察来看,加入降黏剂之前钻井流体流动困难,黏土含量为94g/L,加入降黏剂后(未加水)钻井流体流动状态明显改善,在钻井流体槽内呈浪花状紊流。

此后,降黏剂相继在胜利5号钻井平台和胜利6号钻井平台和胜利7号钻井平台CB8井、桩海2井、CB27A-6井和CBG5井中推广应用,在固相含量高达12%的海水钻井流体中仍有明显的降低黏度效果,这是其他聚合物降黏剂难以达到的效果(纪春茂等,1998)。

17.3 发展前景

降黏剂是钻井流体重要处理剂之一,在钻井作业中对调节钻井流体流变性起着非常重要的作用。目前,虽然固控设备能有效清除钻井流体中的各种固相,起调节钻井流体流变性、减少降黏剂使用量的作用。但在现场固控设备的使用不理想,且随着深井、超深井的发展及环境保护的要求,所钻地层越来越复杂,高温、高压、高含盐地层增多,钻井流体在高温、高固相含量、高矿化度的条件下作业时间较长,更难保证高密度钻井流体流变性能的稳定,因此选择适当的钻井流体降黏剂就显得更为重要。

17.3.1 存在问题

目前,降黏剂主要存在着环境污染的问题,特别需要适宜深层勘探开发的性能良好、环境友好的处理剂。

(1)木质素是造纸工业的一种废液,中国的产量很大,若大量排入河流或田野必会造成很大的环境污染。

(2)铁铬木质素磺酸盐含有重金属铬,不仅对人体有害,而且还污染环境。

17.3.2 发展方向

伴随油气资源的不断开发,钻遇地层条件日益复杂,对钻井流体工艺技术提出了更高的要求,尤其针对深井用高固相含量的钻井流体,综合解决钻井流体的流变性、耐温、耐盐等之间的矛盾非常困难。因此,研究耐高温钻井流体已成为当今钻井流体技术的关键。伴随中国油田的进一步开发,常规的降黏剂已不能满足油田开发的需要,因此,研究高效实用、价格低廉的降黏剂产品,实现经济与环境友好双赢,已成为适应深部储层钻探的必然趋势。近年来,中国研究了耐高温、高压的钻井流体用含硅、氟基团的降黏剂,具有降黏效果好、耐温、耐盐性能好、用量少等优点。设计含硅元素和氟元素的耐高温降黏剂,将其引入新的修饰基团,接枝共聚后能提高聚合物的耐高温性能,使已完成的研究成果向生产力方面转化。用该产品作为新型降黏剂添加到耐高温、高压的钻井流体中,其应用效果必然会越来越受到关注。

(1)持续围绕降黏机理深入开展工作,为研究新型钻井流体降黏剂提供一定的理论基础。

（2）完善已有聚合物处理剂性能，形成不同体系所需要的降黏剂的系列规范。

（3）开发成本低廉的产品和一些原料来源丰富、价格低廉的天然材料，同时形成原材料的系列规范。

（4）开发对环境无污染或污染小，耐高温、高盐、高密度能力强，能适用海上钻井和深井钻探的处理剂。以腐殖酸和聚丙烯腈为主要原料，以乙酸锌和尿素为复合交联剂，接枝共聚合制备出了抗温性、抗盐性与铁铬木质素磺酸盐性能相当的腐殖酸接枝聚合物降黏剂，既解决了铬污染环境的问题，又降低了降黏剂的生产成本，大大提高了降黏剂的性价比和市场竞争力（孟繁奇等，2015）。

第18章 交 联 剂

所谓交联,系指将线型或有轻度支链高分子转变为三维网状结构高分子的作用。凡能在分子间起架桥作用的处理剂,称为交联剂(Crosslinking Agent)。交联剂在不同的行业中有不同叫法。在橡胶行业中称为硫化剂,在塑料行业中称为固化剂、熟化剂、硬化剂,在粘接剂行业中称为固化剂。但它的含义均为使线性高分子交联为网状结构(安家驹,2000)。钻井流体用交联剂主要用于防漏堵漏。交联剂按照交联的交联方式分为螯合型和共价键型。

螯合型交联剂主要采用铬、铝、钛、锆等金属离子与适当的螯合剂金属螯合物。由于螯合物种类甚多,其结构和类型各不相同,即使中心金属离子的种类相同,所形成的金属螯合物的性质也会发生种种变化。

共价键型交联剂是指能与聚丙烯酰胺等聚合物中的功能官能团反应生成新的共价键有机化合物。常用的共价键交联剂包括低分子醛类(甲醛、乙二醛、戊二醛)、低聚酚醛树脂等。与螯合剂交联剂相比,共价键交联剂的耐盐能力、使用性较好,但低温时交联反应较慢。

18.1 交联剂作用机理

交联剂分为螯合型交联剂和共价键型交联剂,二者作用机理不相同。螯合型交联剂主要是金属螯合物。金属螯合物交联剂中起交联作用的是金属离子,一般为铬、铝、钛、锆等金属离子,金属螯合物不易离解,故开始时只有一部分金属离子离解而起交联作用。当这部分交联离子遭受剪切或受热,造成交换速率增加,平衡受到破坏,交联作用减弱,新离解出的金属离子即填补上去恢复平衡、维持交联作用。如此不断继续下去,直至所有螯合物离子全部离解,再无金属离子补充为止。交联金属离子交联能力不断受到削弱,螯合物离子则逐步离解,补充金属离子供应交联之用。

共价键型交联剂主要是有机化合物共价。有机交联剂的交联作用,大致可分成交联剂引发自由基反应、交联剂的官能团与高分子聚合物反应以及交联剂引发自由基反应和交联剂官能基反应相结合三种类型。

(1)交联剂引发自由基反应。交联剂可分解产生自由基,自由基又可引发高分子自由链式反应,从而导致高分子的碳—碳交联。这里的交联剂实际是引发剂的作用。

(2)交联剂的官能团与高分子聚合物反应。利用交联剂分子中的官能团作为桥基,主要是双官能团、多官能团、碳—碳双键等与高分子化合物发生反应,并将高分子的大分子链交联起来。

(3)交联剂引发自由基反应和交联剂官能基反应相结合。这种交联机理实际上是前述两种机理的结合形式,自由基引发剂和官能团化合物可配合使用。

18.2 常用交联剂制造工艺

现阶段使用的交联剂中,水解聚丙烯酰胺生产量最大,应用最为广泛。聚丙烯酰胺分子中可参与交联的官能团为酰胺基和羧基,因此能与酰胺基和羧基反应的化合物,都可作为交联剂,根据成键形式不同可分为螯合型的金属螯合物交联剂和共价键型的有机交联剂。

18.2.1 金属螯合物交联剂制造工艺

金属螯合物(Metal Chelating Agent)可以通过螯合剂分子与金属离子的强结合作用,将金属离子包合到螯合剂内部,变成稳定的,分子量更大的化合物。

有机钛交联剂属于金属螯合物,有机钛交联剂的合成工艺为,称取适量无机钛和乙酸钠,分别溶于水中,配制成一定浓度的水溶液。取上述配制好的溶液加入三颈烧瓶中,在搅拌情况下加入适量配位体,反应液立即变成深红色乳状液体。连续搅拌反应一定时间后,再向反应液中加入一定量的配位体,并在强烈搅拌下向反应液中缓慢滴加已配好的乙酸钠溶液,继续搅拌反应一定时间,此时反应液呈橘黄色。将最终反应液静置。溶液逐渐分成两层,上层呈红褐色透明状,下层呈无色透明状且伴有结晶生成,上层的红褐色透明液体即为有机钛交联剂产品。

近年来,研究钻井流体用交联剂越来越多。用亚硝酸钠将四价铬离子还原为三价铬离子,有机酸再与三价铬离子络合,形成有机酸铬络合物(段洪东,2002)。用羟丙基瓜胶、无机钛、乙酸钠、配位体 A 以及配位体 B 合成有机钛交联剂,交联体系还具有良好的耐温和耐盐性能(李秀花等,2001)。

18.2.2 有机共价化合物交联剂制造工艺

水溶性酚醛树脂由于苯环上的羟甲基官能团具有很强的反应活性可与分子链中含有亚氨基、肽键、羟基等基团的聚合物发生交联反应,在一定条件下形成凝胶,树脂交联剂能提高聚合物的黏度和耐温、耐盐性能。

水溶性树脂交联剂以苯酚和糠醛为实验原料,按物质的量之比 1:2.3 称取适量的苯酚,倒入三口烧瓶中,加热至50℃,使其融化为液体;按苯酚和糠醛纯物质总量1%的比例称取催化剂,将其配成溶液加入融化的苯酚溶液中混合均匀,将称量好的糠醛缓慢地加入三口烧瓶中,将三角烧瓶放入 70℃的水溶液中连续反应 4h 得到水溶性树脂交联剂(陈学冬,2011)。

马古 3 井在四开井段使用了中国首创耐温达150℃的无固相钻井流体,并成功实现了欠平衡钻井。加入有机交联剂,利用井底温度条件 120~150℃使无固相钻完井液中的增黏剂与交联剂反应,增大增黏剂的分子量和抗剪切能力,从而提高体系的热稳定性,再通过其他处理剂调配,可得到完善的高温交联无固相钻完井流体。悬岩、携岩能力强,由于引入了最新的无渗透油层保护技术,实现了无钻井流体滤液渗透,免除了防漏需要,耐温达150℃。利用该项新技术,马古 3 井成功地实现了低密度无固相欠平衡钻井施工(刘榆等,2005)。

为满足高温盐层快速钻进和储层伤害控制的需要,通过对增黏剂和交联剂等优选,得出一种新型耐高温饱和盐水无黏土相钻井流体。室内性能评价表明,该钻井流体耐温性较好,耐温达170℃;密度为1.22g/cm³;抗劣质土侵害能力较好,抗侵害容量达10%,极压润滑系数为0.0388,与油基钻井流体接近,润滑性能较好;钻屑在钻井流体中的回收率高达96.84%,黏土在钻井流体中的膨胀率远小于清水,防塌抑制性能较好;岩心渗透率恢复率大于90%,储层保护效果较好(杨鹏等,2013)。

18.3 发展前景

在钻井流体中,若直接使用聚合物,钻井流体的黏度一般不易达到现场要求。为此,一方面需要性能稳定的优质聚合物,另一方面还必须配合添加适当的交联剂。适当的交联剂可以使聚合物在水中发生交联,从而使形成的钻井流体达到所需要的黏度。石油行业中,交联剂是钻井流体主要处理剂之一。因此,深入对交联剂的分析进而推进交联剂的发展对石油行业的发展有积极的推进作用。

18.3.1 存在问题

钻井流体用交联剂存在限定条件多、高温下无法控制成胶和纳米交联剂成本高等问题。

(1)有些金属螯合物交联剂仅在低pH值下稳定,在碱性的油藏条件下不能有效地形成凝胶。只适合低温、酸性或中性油藏条件。

(2)铬螯合物交联剂是一种适应性很强的交联体系,它可以在较宽的温度和pH值范围内控制成胶时间。但体系在高温时的成胶倾向强烈,无法控制。

(3)纳米交联剂由于交联点位多,在低浓度稠化剂下压裂液黏度高,但是其合成较复杂、成本较高。

18.3.2 发展方向

今后,钻井流体用交联剂需要向低伤害高性能以及多种交联剂复配等方向发展。

(1)向高效、低毒和环境友好方向发展。有机金属交联剂对储层伤害严重,需要针对此问题逐步开发低伤害甚至无伤害的钻井流体交联剂。郑延成等以无机铝盐和无机锆为络合金属离子,以α-羟基脂肪酸、乙酸和多元醇为配体合成了一种酸性压裂用有机铝锆交联剂,其在pH值为3~4时,可与合成聚合物交联形成冻胶。该冻胶体系具有良好的耐温耐剪切性,可用于酸性高温地层压裂,且破胶彻底,易返排,残留少(郑延成等,2013)。

(2)由单剂向复配混剂方向发展。为了更好发挥交联剂作用,可以将交联剂进行复配,充分发挥其中复配的交联剂的优点,提高其交联效率。熊俊杰等针对目前常规有机硼、无机硼交联的瓜尔胶压裂液普遍存在羟丙基瓜尔胶用量大、残渣含量高等问题,先将硅酸钠水解制得纳米二氧化硅,然后将制得的纳米二氧化硅与γ-氨丙基三甲氧基硅烷反应得到表面修饰纳米二氧化硅,再与硼酸进行反应,最后制得可交联的硼修饰纳米二氧化硅交联剂,该交联剂可有效降低瓜尔胶用量及残渣含量,在现场应用中取得了良好效果,满足现场施工的要求(熊俊杰等,2019)。

第19章 固 化 剂

钻井流体固化剂(Drilling Fluid Curing Agent)是用于钻井流体固化过程所用到的处理剂。按照钻井流体固化剂的作用对象和目的,钻井流体用固化剂分为钻井堵漏过程用固化剂、固井过程用到的固化剂和废弃钻井流体固化处理过程所用到的固化剂。

钻井堵漏过程用固化剂主要目的是通过固化剂的加入形成可固化堵漏钻井流体(吴奇兵,2012)。可固化堵漏主要以水泥浆堵漏技术和钻井流体转化为水泥浆(Muds to Cement,MTC)堵漏技术为主(陈红兵等,2001)。常用的堵漏固化剂包括特种水泥材料、混合水泥稠浆和其他固化剂等。

特性水泥主要包括快干水泥、触变性水泥、膨胀水泥以及相关的外加剂,如速凝剂、缓凝剂等。其中,钻井流体转化为水泥浆堵漏技术有效运用在防漏和堵漏方面,尤其是大裂缝性漏失,是利用矿渣加入钻井流体中固化堵漏。优选矿渣、堵漏颗粒及合理设计堵漏方案是成功的关键。优点是,钻井流体转化为水泥浆兼具有较好的触变性和剪切稀释性,确保浆体顶替到位,并且浆体在挤入地层停泵后立即形成网架结构。触变性是指物体(如涂料)受到剪切时稠度变小,停止剪切时稠度又增加;或受到剪切时稠度变大,停止剪切时稠度又变小的性质,即一触即变的性质。剪切稀释性是指塑性流体和假塑性流体的表观黏度随着剪切速率的增加而降低的特性。钻井流体转化为水泥浆与钻井流体、地层水有较好的相容性,使浆体与钻井流体、地层水相混后,仍能发生凝固并具有相当的强度。同时,固化后的堵漏材料能与地层孔隙壁形成较好胶结,这样浆体进入孔隙后固化与地层形成一体,达到封堵近井壁孔隙以提高地层承压能力的目的。

固井是钻井过程中的重要作业。在钻井作业中一般至少要有两次固井(生产井),多至4~5次固井(深探井)。最上面的固井是表层套管固井,是钻井流体通路、油气门户。在下一次开钻之前,表层套管上要装防喷器预防井喷。防喷器之上要装钻井流体导管,是钻井流体返回钻井流体池的通路。钻井过程中往往要下技术套管固井,巩固后方,安全探路。与公路的隧道、煤矿中的巷道一样,钻井过程中也会遇到井塌、水层高压和不稳定地层。同时,也是为了在向前探路中遇险有个退路,起到救助的作用。固井过程用到的水泥即是固化剂,水泥种类很多。因为井有深有浅,地下有常压常温和高压高温,地层中还含有各种不同的化学物质,所以要求固井水泥有广泛的适应能力。

API油井水泥分A~H共8个级别,每种水泥适用于不同井况。此外还根据水泥抗硫酸盐能力进行分类,分为普通型(O)、中抗硫型(MSR)和高抗硫型(HSR)。

A级:在无特殊性能要求时使用,适用于自地面至1830m井深的注水泥。仅有普通型。

B级:适合于井下条件要求高早期强度时使用,适用于自地面至1830m井深的注水泥。分为中抗硫酸盐和高抗硫酸盐型两种类型。

C级:适合于井下条件要求高的早期强度时使用,适用于自地面至1830m井深的注水泥。分为普通型、中抗硫酸盐型和高抗硫酸盐型三种类型。

D级:适合于中温中压的井下条件时使用,分为中抗硫酸盐和高抗硫酸盐型两种类型。
E级:适合于高温高压的井下条件时使用,分为中抗硫酸盐和高抗硫酸盐型两种类型。
F级:适合于超高温高压的井下条件时使用,分为中抗硫酸盐和高抗硫酸盐型。
G级、H级:是一种基本油井水泥,分为中抗硫酸盐型和高抗硫酸盐两种类型。
J级:适用于超高温高压条件下的3660~4880m井深的注水泥。

油井水泥的物理性能要求包括:水灰比、水泥比表面积、15~30min内的初始稠度,在特定温度和压力下的稠化时间以及在特定温度、压力和养护龄期下的抗压强度。

不同级别和类型的水泥适用不同的井下条件。根据井的深度和温度选择水泥是注水泥作业的首要任务。水泥级别有限,无法满足注水泥浆时要求的性能,现在使用最普遍的G级和H级水泥多采用添加剂调节其性能,主要有调节密度剂、调节凝固时间添加剂、控制漏失处理剂、降失水剂、控制黏度剂、异常情况的特殊处理剂等。一种级别的水泥可使用一种或多种处理剂。

废弃钻井流体固化剂就是固化处理废弃钻井流体加入的处理剂(陈孝彦,2012)。向防渗废弃钻井流体土池中投入适量配比的固化剂,按照一定的技术要求均匀搅拌使其发生一定时间的物理和化学变化,使其中的有害成分发生转化、封闭、固定作用,转变成为环境友好的固体。

处理废弃钻井流体的研究始于20世纪中期,后来逐渐认识与重视钻井废弃钻井流体无害化处理,并且投产运行了一系列的钻井废弃钻井流体处理技术。

1982年,墨西哥海湾上由于钻井作业形成的水基钻井流体对环境造成了严重的污染,美国环境保护署就此制定了严格的钻井废弃钻井流体处理标准,由此钻井废弃钻井流体的处理有了法律的基础。

陆上的钻井废弃钻井流体,美国采用的方法是回注到地底下或者可以进一步循环利用;对于海洋上的钻井废弃钻井流体,美国已有公司提出申请,在海水中开凿洞穴,将废弃钻井流体注入海上的洞穴中进行无害化处理。

特别注意的是,中国可以积极学习国际的方法和经验,这样就能够将产生的废物量降至最低,因为中国每年废弃钻井流体排放总量约 $2 \times 10^6 m^3$,其中1/2直接排放到周围环境中,并且由于钻井行业日益发展,钻井流体种类和成分也越来越复杂。现阶段对废弃钻井流体的处理措施主要有回填、机械脱水、生物处理、钻井流体转化水泥浆技术、固化技术等。通过在废弃钻井流体中添加固化药剂对其进行固化,减少其中有害物质的迁移,改变其物化性质,达到对环境无害化的最终效果,是一种简单可行的处理方式,固化处理法通常采用不同的固化剂进行固化。

19.1 固化剂作用机理

无论是钻井堵漏工作液用固化剂、固井用水泥浆或是废弃钻井流体用固化剂,其作用方式都是通过添加固化剂,使体系发生固化的一种作用方式,所采用的固化剂可大致分为有机固化剂和无机固化剂。从钻井流体用固化剂的作用机理来看主要发生胶凝固化、离子络合和分子絮凝等。

（1）胶凝固化。胶凝固化是固化剂通过与体系发生胶凝的方式发生固化的过程。所用到的固化剂一般为胶凝材料。胶凝材料是指通过自身的物理化学作用，由可塑性浆体变为坚硬石状体的过程中，能将散粒或块状材料黏结成为整体的材料，也称为胶结材料。

关于凝胶的形成机理，不同的固化剂形成机理也不同，目前也存在一定的争议。有关无机胶凝剂如水泥、矿物等比较主导的胶凝机理是水化胶凝机理（陈琳等，2010）。以粉煤灰—水泥的胶凝机理为例，广泛采用粉煤灰与水泥熟料水化浆体的界面结构和耦合机制来解释。Rodger 和 Groves（1989）采用透射电子显微镜观察了粉煤灰和硫化碳、水泥熟料分别水化形成的浆体中，粉煤灰颗粒表面产物的显微特征。结果表明，粉煤灰颗粒表面沉积一层纤维状的水化硅酸钙凝胶，部分颗粒的原始周界内包含有反应产物，并含有结晶良好、化学组成接近 $Ca_{12}A_3FS_4H_{13}$ 的水化石榴石晶体，粉煤灰没有改变水化硅酸钙的显微结构特征。未水化的熟料颗粒表面有内部水化产物和外部水化产物，外部水化产物呈典型的纤维状，有时很难区分这两种水化产物。王培铭等发现粉煤灰改变了硅酸盐水泥的显微结构特征，尤其在水化初期。没有粉煤灰的水泥浆体中，纤维状、棒状水化产物生长良好，外形完整，长而且粗大，棒状物的长度一般为 $1\sim2\mu m$，而同龄期掺粉煤灰的浆体中，纤维状和棒状水化产物的外形不完整，且短而纤细，棒状物的长度小于 $1\mu m$（王培铭等，1997）。如前所述，粉煤灰影响了水化硅酸钙的化学组成，因此，无论是内部水化产物或者是外部水化产物，其凝胶体的结构与性能可能发生了某种微妙变化。

通过对不同矿渣掺量时水泥—矿渣复合胶凝材料中矿渣的反应程度、硬化浆体中氢氧化钙含量以及水化硅酸钙凝胶的钙/硅比（钙和硅的物质的量之比）的测定，研究复合胶凝材料体系中矿渣的水化特性（刘仍光等，2012）。结果在水泥—矿渣复合胶凝材料中，矿渣掺量越大，矿渣反应程度越低，但矿渣掺量不大于70%时，对矿渣的反应程度影响不大。高温养护可提高早期矿渣的反应程度，但阻碍其后期的进一步水化。矿渣早期水化生成外部水化产物时消耗一定的氢氧化钙，使硬化浆体中氢氧化钙含量降低，矿渣水化吸收氢氧化钙中的钙离子，使生成的水化硅酸钙凝胶的钙/硅比降低较少；在水化后期，矿渣生成内部水化产物不再消耗较多的氢氧化钙，使水化硅酸钙凝胶的钙/硅比降低相对较多，硬化浆体中氢氧化钙含量有增加的趋势，保证硬化浆体的长期稳定性。可固化堵漏工作液是一种流体堵漏液，同时具有凝结性能。

首先堵漏工作液性能要能满足堵漏施工作业的要求，同时还要具有较好的抗侵害性、相容性、触变性。固化材料的优选在综合性能方面起到非常重要的作用。因此在研发可固化堵漏液之前，必须优选可固化堵漏工作液所用材料和配套的外加剂。针对裂缝性（溶洞性）漏失条件，要求堵漏钻井流体具有能进入、易停留、速固化、可膨胀等特点；且堵漏是一项反复进行、施工快捷的工作，要求堵漏钻井流体具有配制方便、施工安全、操作简单等工程性能要求。以上两者决定了可固化堵漏工作液应具有常温流变性好、钻井流体稳定、失水量小、触变性强、抗压强度较高、稠化时间可调、承压能力强等特点。可固化堵漏液设计的难点在于低温条件下难以胶结形成固化体，堵漏钻井流体中需要加入大量的激活剂提高低温下的固化强度，但激活剂导致基于钻井流体为基液的堵漏工作液的切力高、流动小；所以难以搅拌均匀；高温条件下，缓凝剂对其作用很小，难以延长稠化时间，这些难点都需要通过合理的材料优选来解决。在实际应用中常常以漏失特点为要求设计可固化堵漏工作液。因此，必须注重组成材料之间的交叉影响,合理兼容,采用化学同向的思路,尽量避免各外加剂及外掺料作用相互抵消。因此在进行组成材料优选时,主要应遵循以下原则:现场可控性强。外加剂及外参料的加量应不具敏感性,在实际的施工过程中加量上下有误差时,堵漏钻井流体性能不发生突变。所用的组成材料应具有良好的实用性,操作简单,固态的应易溶于水,干混时易与水泥浆掺混均匀,具有一定可陈化性,即组成材料陈化一段时间后性能不发生突变。

(2)离子络合。在有机物中,一个电负性强的原子,具有孤电子对时,基团中的氢原子,因电负性弱,原子半径小,其结合的共价键,虽属两个原子共享,但事实上电子云密度偏向电负性强的原子,而使氢原子呈半裸露状态,导致容易解离。例如烃基中,氧原子电负性大于氢原子,氢与氧原子间的共价键其电子云密度偏于氧原子。因此,氢原子常称为活泼氢原子,易于离解,当其与配位金属离子相接触时,氢原子容易被金属离子取代而形成共价键性质的 O—Me 键,共价键的两个电子由 O 与 Me 共享。如果电负性强的原子与碳原子相接,则电负强的原子因具有孤电子对,可以与金属离子配位,形成配位键。螯合剂中至少含有一对孤电子对,而金属离子必须有空的价电子轨道,孤电子对就可以填充 Me 的空轨道,从而形成配位键,使中心金属离子空轨道杂化。形成正四面体、正六面体、正八面体等络合物。

对于不同的固化剂,其进行反应络合的机理不同,固化的效果也不同,对于同一配方中的不同固化剂,其在固化过程中所起的作用也是不同的。席建等以普通水泥、烟灰、石灰、氧化铝、聚丙烯酰胺为固化剂对钻井流体进行固化的效果表明,对于铬溶出量的固化效果为:烟灰>氧化铝>石灰>聚丙烯酰胺>水泥,而对于抗压强度,其影响顺序为:水泥>石灰>烟灰>氧化铝>聚丙烯酰胺(席建等,1994)。不同的固化剂具有不同的效果是烟灰、氧化铝因具有较强的吸附作用,能够较有效地阻止重金属铬的溶出,而水泥和石灰因具有较强的水合的水硬胶凝作用,对固化强度影响显著,同时它们的高 pH 值,可以加快对金属氢氧化物的连续封闭。抗压强度不仅能反映稳定与固化效果的好坏,而且能说明固化剂对废物微粒的封闭,化学凝固效果,较之后者,更能全面、综合地反映固化处理效果的好坏,因此影响固化效果的因素主次为:水泥>石灰>烟灰>氧化铝>聚丙烯酰胺。其实,这些固化剂很大程度上是通过相互作用而达到固化的效果,如单独以水泥为固化剂,则其并不能达到良好的固化效果。这些固化剂的配比也应该比较合理,如加大烟灰量虽可减少废弃钻井流体中的重金属离子的浸出,但是加量过大,会影响固化产物构造的完成,也会使固化体的其他指标超标。

能够与金属离子络合的物质称为络合剂。络合剂分为一般络合剂和螯合剂两大类。一般络合剂是因为化合物中具有孤电子对的分子、原子或离子,能够与金属离子(其电子亚层轨道中有空穴的离子)形成配位键的物质。如氨中的氮原子具有孤电子对,能与铜、铁、钴、铬、镍等金属离子络合形成络合物。例如常用的铜氨溶液就是由氢氧化铜(不溶物)与氨水制成的络合物(形成可溶物)。氨常称为络合剂或配位体,铜等金属离子则称为配位金属离子或中心金属原子。另一种络合剂是螯合剂,它们不但具有可供配位的孤电子对,而且能与配位金属离子形成环状结构,金属离子取代配位原子上的氢(或钠)而进入螯合环中,使金属离子钝化,这种络合剂(或配位体)称为螯合剂,形成的络合物称为螯合物。在一般络合物中,孤电子对仅是金属离子与配位原子之间的共用,在化学上常用配位键(以→或⋯)表示,而螯合物的金属配位离子则取代了电负性强的具有孤电子对的原子基团上的氢而进入配位体内,形成的键常具共价键的性质,与此同时,也可以形成配位键,如铜离子与羟基螯合,则形成—$OH^- + Cu^{2+} \rightarrow$—$O$—$Cu^+ + H^+$。

一个金属离子能与一个或多个电子给予体(络合剂)进行取代(或键合)。能够形成螯合物的有机基团很多,一般都是周期表中第Ⅴ和第Ⅵ族的非金属原子,如氮、磷、硫、氧等。可以螯合的基团有羟基、氨基、羧基、磷酸根等。

(3)分子絮凝。对钻井流体进行固化即在不宜进行絮凝的高密度钻井流体中,加入固结材料,使其从絮凝状变为固状体。其机理是向废水基钻井流体(或其沉淀物)中加入固化剂,使钻井废物中的有害成分固定在惰性固体终产物中。固化过程中,钻井流体中的重金属离子生成羟基化合物固定,阻止重金属离子外移,其他侵害物由于吸附作用及固化体的网状结构和较小的空隙通道,限制了其迁移,所以浸出率较低,例如总氯离子的迁移速率降低,这已经被研究人员通过电子显微照相仪对固化钻井流体和未固化钻井流体进行扫描电镜分析得到了证实,通过对电镜照片分析可以看出:水基钻井流体原钻井流体固化体中颗粒胶结较松散,有较大的空隙通道;而水基钻井流体用处理后的滤饼固化后颗粒聚结紧密,有交叉网状结构,空隙通道较小。利用固化剂的化学稳定、封闭和化学凝固作用,废物中金属离子和有机物在环境中的侵蚀和沥滤大为减少,最终废弃钻井流体将转化似土壤或胶结强度很大的固体,就地填埋或用作建筑材料。

郑怀理等(2011)研究了聚磷硫酸铁的絮凝机理。首先采用红外、X射线衍射,确定了聚磷硫酸铁的结构组成,得出聚磷硫酸铁是一种高电荷的多羟基多核络合物,电镜扫描表征分析,聚磷硫酸铁具有簇状类珊瑚礁立体网状的形貌结构;混凝烧杯试验说明,聚磷硫酸铁在絮凝时不是以电中和机理为主,吸附架桥和网捕卷扫作用才是它具有优异混凝效果的主要原因,电动电位值证实了该推测。

聚磷硫酸铁的絮凝机理可能是电中和作用能有效地降低水中胶体的ζ电位致使胶体脱稳,之后聚磷硫酸铁发挥吸附架桥作用、网捕及卷扫作用最终有效地去除污水中的各种物质,所以聚磷硫酸铁是电中和、吸附架桥和网捕卷扫几种作用的综合体现。

杨春英等(2013)对施工废弃钻井流体进行絮凝脱水试验研究,使用聚丙烯酰胺对钻井流体进行固液分离,结果表明含水量是影响絮凝发育的重要因素,且在消耗等量絮凝剂情况下,絮凝效果与含水量成正比。分析絮凝作用机理,提出絮凝是"黏土颗粒—水—絮凝剂"相互作用过程的理论。阐述了吸附架桥是钻井流体絮凝脱水的主要作用方式,得出土结构中基本单元体存在联结力,絮凝发育需要克服此联结力等结论。用絮凝剂高分子链遇水后会舒展及"共用水膜"的假设解释了含水量影响絮凝作用的机理。

19.2　常用固化剂制造工艺

根据化学组成的不同,胶凝材料可分为无机与有机两大类。石灰、石膏和水泥等工地上俗称为胶凝材料"灰"的建筑材料属于无机胶凝材料;而沥青、天然或合成树脂等属于有机胶凝材料。无机胶凝材料按其硬化条件的不同又可分为气硬性和水硬性两类。

(1)水硬性胶凝材料。和水成浆后,既能在空气中硬化,又能在水中硬化、保持和继续发展其强度的称水硬性胶凝材料。这类材料通称为水泥,如硅酸盐水泥、铝酸盐水泥、硫铝酸盐水泥等。

（2）气硬性胶凝材料。非水硬性胶凝材料的一种。只能在空气中硬化,也只能在空气中保持和发展其强度的称气硬性胶凝材料,如石灰、石膏和水玻璃等;气硬性胶凝材料一般只适用于干燥环境中,而不宜用于潮湿环境,更不可用于水中。

外界条件(如温度、外力、电解质或化学反应等的)变化,使体系由溶液或溶胶转变成一种特殊的半固体状态,称为凝胶。它是胶体的一种存在形式,它不同于溶胶,有一定的弹性、强度和屈服值,它和真正的固体又不完全一样,由固液两相组成,属于胶体的分散体系,其结构强度往往有限,状态易遭受变化。改变条件如温度、介质成分或外加力等,往往使结构破坏,发生不可逆变形,产生流动。

溶胶或溶液在适当条件下转变为凝胶,即发生了胶凝作用。溶液中加入电解质时,胶粒相连,部分形成结构,出现反常黏度,当电解质达到一定的量时,体系发生胶凝,静置时凝胶老化。一部分分散介质析出,此即脱水收缩作用,也可引起溶液胶凝。盐对胶凝作用的影响主要表现在阴离子上。按影响大小可将阴离子排成以下次序,即 Hofmeister 次序:SO_4^{2-} > $C_2H_4O_6^{2-}$ > CH_3COO^- > Cl^- > NO_3^- > ClO_3^- > Br^- > I^-。氯离子以前的诸阴离子使胶凝加速。因而采用硫酸盐可加快凝胶的生成速度。

凝胶中的化学反应表现在凝胶即能够进行扩散,也可以发生化学反应,但没有对流存在,化学反应中生成的不溶物在凝胶中呈现周期性分布,这是其显著的特点(胡家国,2004)。

不管是钻井堵漏工作液用固化剂、固井用水泥浆或是废弃钻井流体用固化剂,其固化处理的核心问题是寻求合理的固化剂的选择及配方的优化。

常用的固化剂分为有机和无机两大类。无机固化剂主要为无机盐类、胶凝材料类等,它具有价廉、无毒、固结稳定、周期长等优点,但用量较大。用无机固化剂处理废弃钻井流体的研究事例,世界上均有报道。有机固化剂主要有凝聚型的树脂类、有机聚合物类等,它的特点是固化体的体积小,但是固化条件复杂,成本高。对固化剂的研究,自 20 世纪 70 年代以来,美国、苏联、德国、加拿大和中国等国家均进行了深入研究。综合文献可知,美国使用较多的固化剂为硅酸盐类、无机盐类、无机絮凝剂以及有机黏土、有机絮凝剂等,而苏联使用的固化剂主要为硅酸盐类、脲醛树脂和一些无机盐等。目前中国主要使用的固化剂为以一些无机盐类药剂作为主料,通过无机盐中的金属离子跟钻井流体中的多羟基化合物等反应形成络合物,包络住一部分重金属离子以及有机污染物,然后配以硅酸盐辅料对这部分络合物进行包结固化,达到降低污染物的目的(杜江,2016)。随着技术的发展,钻井流体处理难度的加大,复合固化剂的应用研究也日益推进(安娜等,2015)。

有机固化剂适用于污染物质较复杂的钻井流体,具有应用范围广,固化效果良好且固化块体积小的优势,但是由于有机固化剂费用较高,且处理条件较复杂,还有可能存在二次污染的情况,因此目前使用较受限。

无机固化剂适用于固相含量高的废弃钻井流体,无机固化剂因其原料易得、价格低廉、无毒且不会造成二次污染,固化后强度较大,稳定性强,抗侵蚀,抗渗滤性能高,目前较为推广使用,但是缺点在于固化剂的添加量大,且固化后体积较大。

单一的有机固化剂或无机固化剂并不能满足实际钻井作业的需要,因此油气田公司使用的是复合固化剂,它是将有机固化剂和无机固化剂按照一定的比例混合而成。

中国所使用的固化剂是以钻井流体为原材料的复合固化剂,很多学者在固化剂方面也做了大量的研究。

例如,张淑侠(2007)研制出一种高效的废弃钻井流体复合固化剂,主要有铁铬盐、氢氧化钠、纯碱、高分子聚合物、磺化沥青等。经处理后钻井流体中的有害成分基本得到了较好的固定,可以满足土还耕,具有处理成本低、工艺简单的优点。

利用水泥窑粉与水泥混合物对钻井流体进行固化处理,该方法固化时间一般为12~24h,可恢复地貌进行复耕,适用于盐水钻井流体的处理(周迅,2001)。

19.2.1 常用的胶凝固化材料制造工艺

常用的胶凝固化剂有纤维塑凝固化剂、胶凝剂和清洁压裂液胶凝剂等。纤维塑凝固化剂的整体配方,即2%的水镁石纤维、2%的木质纤维、5%的云母粉、2%的二水硫酸钙、89%的胶凝剂。清洁压裂液胶凝剂的制备配方及方法是以50%的十八烷基三甲基氯化铵、45%的混合醇类、3%的稳定剂、2%的水杨酸钠,先将丙二醇、十八烷基三甲基氯化铵按配比加入反应釜中,升温到70~75℃,反应2h,加入异丙醇、甲醇、乙醇、二乙醇胺、水杨酸钠,加完后温度降到50℃,反应1h,出料。

吴奇兵(2012)分析裂缝性漏失封堵效率低的原因,评价了桥浆堵漏技术和水泥浆堵漏技术的优缺点。基于裂缝性漏失特点、工程性能对材料性能的要求,优选了固化剂为胶凝材料,隔离液剂为悬浮稳定剂和降失水剂,复合碱为激活剂、促凝剂,考察了悬浮稳定剂、隔离降失水剂、激活剂对堵漏液工程性能影响规律;结合井下环境考察了可固化堵漏工作液的工程适用性,表明可固化堵漏工作液具有流变性好、失水低、触变性强、强度高、稠化时间可调等特性。

19.2.2 常用的离子络合固化材料制造工艺

常用的离子络合絮凝剂有木质素季铵盐阳离子絮凝剂、胶原蛋白改性的阳离子絮凝剂等。胶原蛋白改性的阳离子絮凝剂的制备方法是以胰蛋白酶为水解剂,对工业明胶进行水解,得到胶原蛋白溶液,然后利用乙醛酸或没食子酸,对所得胶原蛋白溶液进行以增加胶原蛋白分子上羧基或酚烃基含量为目的的改性,得到改性胶原蛋白溶液,最后将所得改性胶原蛋白溶液与硫酸铁或硫酸铝,以水解所得的胶原蛋白的干基计,按照质量比1∶2~1∶4进行络合,即得到基于胶原蛋白改性的阳离子絮凝剂。

聚磺钻井流体是水基钻井流体中一种常见的体系,具有良好的润滑性、防塌性、耐温性,使用范围广,适应大部分地层钻井要求。但产生的钻屑、废弃钻井流体污染环境且处理量大,治理难度大。

钱续军等(2017)首先采用氧化破胶的方法对岩屑、废钻井流体进行预处理,改变污染物在黏土颗粒上的界面吸附作用力,使吸附在黏土表面的污染物易于剥离,分散在钻井流体中,将有机物等大分子氧化为小分子,一定程度上改变岩屑、废钻井流体性能。

钻井流体固化剂的配方为2%的氧化破胶剂、10%的水泥、5%的盐类、5.5%的调节剂。盐类提供络合离子,强烈吸附胶体微粒,通过吸附、架桥、交联作用,从而使胶体凝聚;同时中和胶体微粒即悬浮物表面的电荷,使胶体微粒由原来的相斥变为相吸,破坏胶体稳定性,使胶体微粒相互碰撞，从而形成絮状混凝沉淀。水泥、调节剂等包裹形成有一定强度的固化体，固化体的浸出液达到国家污水排放标准。

以化学清洗法为主要处理手段，以破稳剂、清洗剂和重金属离子固化剂为主要药剂对磺化水基钻井流体进行处理。现场工程实践结果表明，当破稳剂浓度为50g/L、清洗剂浓度为5%、重金属离子固化剂浓度为20%时，磺化水基钻井流体经此工艺处理后可达到DB 23/T 1413—2010《油田含油污泥综合利用污染控制标准》及GB 15618—2018《土壤环境质量农用地土壤污染风险管控标准》二级标准的要求（张克江等，2017）。

19.2.3　常用的分子絮凝固化材料制造工艺

常用的分子絮凝固化材料有无机絮凝剂和有机絮凝剂等。无机絮凝剂按金属盐可分为铝盐系及铁盐系两大类；铝盐以硫酸铝和氯化铝为主，铁盐以硫酸铁和氯化铁为主。后来在传统的铝盐和铁盐的基础上发展合成出聚合硫酸铝和聚合硫酸铁等处理剂，它的出现不仅降低了处理成本，而且提高了功效。除常用的聚铝、聚铁外，还有聚活性硅胶及其改性品，如聚硅铝（铁）、聚磷铝（铁）。改性的目的是引入某些高电荷离子以提高电荷的中和能力，引入羟基、磷酸根等以增加配位络合能力，从而改变絮凝效果，其可能的原因是某些阴离子或阳离子可以改变聚合物的形态结构及分布，或者是两种以上聚合物之间具有协同增效作用。近年来，中国相继研制出复合型无机絮凝剂和复合型无机高分子絮凝剂。聚硅酸絮凝剂由于制备方法简便，原料来源广泛，成本低，是一种无机高分子絮凝剂，对油田稠油采出水的处理具有更强的除油能力，故具有极大的开发价值和广泛的应用前景。聚硅酸硫酸铁絮凝剂高度聚合的硅酸与金属离子一起可产生良好的混凝效果。

无机高分子类絮凝剂复聚铝的制备方法是，将18水硫酸铝860kg热溶后，加入60~80kg盐酸，另加入0.5~4.0kg氮化合物助剂，最后加入80~100kg硫酸，加热蒸发浓缩、常温固化，粉碎得絮凝剂产品，或在生产硫酸铝的过程中，当硫酸铝处于液态时，按前述顺序及计量标准（以产品为固体计算），分次加入盐酸、助剂、硫酸，然后经蒸发浓缩、常温固化，粉碎得絮凝剂产品。

有机高分子絮凝剂出现于20世纪50年代，它们应用前景广阔，发展非常迅速。已用于给水净化、水/油体系破乳、含油废水处理、废水再资源化及污泥脱水等方面；还可用作油田开发过程的钻井流体处理剂、选择性堵水剂、注水增稠剂、纺织印染过程的柔软剂、静电防止剂及通用的杀菌剂和消毒剂等。非离子型有机高分子絮凝剂主要是聚丙烯酰胺，它由丙烯酰胺聚合而得。阴离子型有机高分子絮凝剂主要有聚丙烯酸、聚丙烯酸钠、聚丙烯酸钙以及聚丙烯酰胺的加碱水解物等聚合物。阳离子型有机高分子絮凝剂有季铵化的聚丙烯酰胺等。

19.3　发展前景

絮凝剂应用广泛，无机高分子絮凝剂在中国的水处理中的用量占80%以上，主要是因为絮凝效果较好，价格相应较低，而有逐步取代传统的铝盐、铁盐等无机絮凝剂，成为主流水处理剂的趋势。随着石油产品价格不断上涨及人们生活质量水平不断提高，尤其是合成类有机高分子絮凝剂由于残留单体毒性,限制了它在食品加工、给水处理及发酵工业等方面的发展,天然有机高分子絮凝剂由于原料来源广泛、价格低廉、无毒、易于生物降解等特点显示了良好的应用前景。生物絮凝剂具有广阔的开发应用前景。

19.3.1　存在问题

当前中国固化剂的生产正面临着挑战,一是来自国际上固化剂的竞争越来越激烈,二是人们对环境质量的客观要求也越来越严。

19.3.2　发展方向

改变传统的废弃钻井流体的处理方法,从环境保护和以人为本的角度出发,充分认识到油气田开发过程中废弃钻井流体对周围环境产生的有害影响,搞清废弃钻井流体无害化处理原理,研究和应用废弃钻井流体无害化处理技术,对于保护区域环境,保障石油工业长期稳定发展,实现人类可持续发展具有非常重要的现实意义。研究多功能复合型固化剂,并且和其他处理剂协同使用是固化剂发展的主要方向。

(1)多功能复合型固化剂是未来水处理化工应用的主导。通过引入其他离子或加入助凝剂的方法来制备多功能复合型絮凝剂具有成本低、利用空间广泛的特点。

(2)适应性强的多功能复合型固化剂。新型复合型固化剂应能适合多变的水质(pH值、悬浮物等波动),还具有杀菌、脱色、缓蚀等功能中的一种或几种,如絮凝—杀菌剂、絮凝—缓蚀—阻垢剂等。

针对废弃钻井流体特点,开展废弃钻井流体无害化处理技术研究。主要分两步进行:第一,实验室成功合成出高分子有机阳离子絮凝剂,主要成分为二甲基二丙烯基氯化铵—丙烯酰胺共聚物,并与无机絮凝剂复配使用,优选出了絮凝—沉降处理钻井废水的配方;第二,将钻井废水絮凝—沉降后所得的污泥与废弃钻井流体一同固化处理,研制开发了废弃钻井流体固化处理的配方和施工方案。

自制絮凝剂絮凝处理效果较好,与聚合氯化铝复配使用,并用重晶石加重絮凝—沉降的方法来处理钻井废水,处理效果较好,各项水质指标均达到 GB 8978—1996《污水综合排放标准》要求;通过考察固化物浸出液化学需氧量、抗压强度等指标,优选出了废弃钻井流体固化处理配方,浸出液各污染指标均达到排放标准,体系的毒性由微毒变为无毒,说明该配方切实可行;依据实验研究结果,对废弃钻井流体的处理工艺进行了一体化处理工艺的初步设计,该技术具有一定的推广应用价值(张祎徽,2007)。

(3)配合适当消毒剂使用效果更佳。在聚合铁铝钾中加入适量的苏打和漂白粉等制成水质净化消毒剂,能有效地除去工业废水等废水中的悬浮物,还可以杀菌,降低铬的含量和色度,使得符合要求。

第20章 破 胶 剂

钻井流体用的破胶剂(Gel Breaker)是指破坏冻胶体型结构的化学处理剂。

破胶剂使稠化剂分子链在预定的地层温度下降解断裂,进而破坏聚合物分子与交联剂所形成的交联结构。

破胶剂按作用方式可分为氧化剂破胶剂、生物酶破胶剂和热力破胶剂等三种。

20.1 破胶剂作用机理

破胶剂的作用机理包括氧化、生物酶作用以及热力脱水作用。

(1)氧化原理。氧化破胶剂已广泛用于压裂,典型的氧化破胶剂是过硫酸铵、过硫酸钠、过硫酸钾。过硫酸盐的热力活化作用,产生两种游离原子团 $O_3S—O:O—SO_3^-$ 和 $—SO_4^-$ 以及非活动的硫酸根离子 SO_4^{2-}。

在温度小于 51.7℃,过硫酸盐必须通过添加催化剂的活化释放游离基,作为过硫酸盐的催化剂包括叔胺、乙(烷)基乙酰乙酸和活泼的金属离子。例如,铁在三价状态,过硫酸盐的催化作用过程:

$$S_2O_8^{2-} + Fe^{2+} \longrightarrow Fe^{3+} + —SO_4^- + SO_4^{2-}$$

两个游离基位(势)消耗一个氧,形成 $O_3S—O:O—SO_3^-$ + 催化剂—SO_4^- + 催化剂:SO_4^-。

分解出的高反应活性的硫酸基,使聚合物主链发生分裂,温度越高,反应活性越强。

加入稠化剂的溶液和交联剂交联成高黏度的冻胶压裂液,注入地层,压裂液黏度越高,携砂性能越强,施工的成功率越高。但是,施工结束后,高黏压裂液必须尽快彻底破胶返排,以减少储层伤害。

破胶剂浓度必须足够大,才能使聚合物完全破胶,加大破胶剂用量,可以减少储层伤害,提高油井产量。但加大破胶剂用量会使压裂液黏度过早降低,导致压裂施工中出现脱砂、砂堵,严重时导致施工失败,因此施工中压裂液保持高黏度和施工后使压裂液彻底破胶是一对矛盾。更重要的是,压裂液在泵送和裂缝闭合时,由于液体失水,聚合物浓度增大 5~7 倍,聚合物浓缩给压裂液的破胶带来了困难(杨振周,1999)。

胶囊破胶剂是在普通破胶剂颗粒上包裹一薄层屏蔽材料,使破胶剂延迟释放,可以高浓度使用,并能很好地保持黏度,它会随滤饼上聚合物的浓缩而浓缩,能有效地使滤饼破胶溶解,从而可以清除滤饼,减轻伤害支撑剂导流能力。

制备胶囊破胶剂的关键是选择适当的材料,胶囊破胶剂是在普通破胶剂颗粒上包裹一层薄膜,这种膜是可以渗透的,破胶剂可以缓慢释放出来,制备胶囊破胶剂的材料主要包括囊芯,主要是高效的破胶剂;囊衣,可以在囊芯上形成膜的材料,主要是水溶性的(或油溶性的)高分子材料。

胶囊破胶剂的囊芯材料必须是在适当浓度下能有效地降低压裂液的黏度,使聚合物的分子链断裂,最大限度地减少对支撑剂导流能力的伤害。

用作囊芯的材料很多,主要是氧化剂和酶。大部分胶囊破胶剂的囊芯材料是过硫酸盐氧化剂,其中过硫酸钠、过硫酸铵、过硫酸钾常用作胶囊破胶剂的囊芯。

过硫酸盐以晶体形式存在,室温下比较稳定,易溶于水,在水中有很强的活性,广泛地用作压裂液的破胶剂,能高效地降解聚合物。

过硫酸盐和聚多糖反应,每摩尔过硫酸盐生成 2mol 的亚硫酸盐,破胶是氧化降解和酸降解双重作用。干燥的过硫酸盐在 100℃ 以下都是稳定的,适合用作胶囊破胶剂的囊芯。

高温胶囊破胶剂采用的是非过硫酸盐氧化剂,其流变数据表明,高温胶囊破胶剂使用浓度是普通破胶剂的 3~10 倍,高浓度可以大大改善支撑剂充填带,可以和硼、有机锆、有机钛等交联的压裂液一起泵入地层,使用温度可达 121~164℃。

酶也广泛地用作低 pH 值、低温水基压裂液的破胶剂,酶的活性(酶催化反应的能力)与温度和 pH 值有关,温度升高,活性下降,酶在 3.5~8.0 的 pH 值范围内有活性,一般酶在 pH 值为 6 时活性最大。

胶囊破胶剂采用的囊芯材料不同,使用温度范围也不一样。酶胶囊破胶剂主要用于低温、低 pH 值压裂液。过硫酸盐类胶囊破胶剂主要用于 120℃ 以下的压裂液。在低温、高 pH 值压裂液中使用时,由于过硫酸盐类氧化剂在 60℃ 以上起作用,温度低于 60℃ 时分解很缓慢,必须和低温破胶活化剂配套使用,低温破胶活化剂和过硫酸盐形成氧化—还原破胶体系,可以使过硫酸盐快速分解,从而实现压裂液的低温破胶。用非过硫酸盐氧化剂制成的胶囊破胶剂主要用于 120℃ 以上的条件。

研制胶囊破胶剂最关键的是选择囊衣,要求囊衣在应用温度范围内有适当的释放性能,同时要求囊衣不能与包着的囊芯破胶剂发生反应或降解,以免降低破胶剂的破胶效率。另外,要求囊衣不能与压裂液和地层中的任何流体反应,以免囊衣降解、溶解和破坏,不同的生产方法对囊衣的要求也不尽相同。

用作囊衣的材料很多,主要有聚酰胺类,如尼龙 6、尼龙 9、尼龙 12、尼龙 66;纤维素类,如甲基纤维素、乙基纤维素;可交联的乙烯共聚物,如聚氯乙烯、聚丙烯腈;磺化乙烯类,如磺化的聚苯乙烯、磺化的乙烯丙烯共聚物、磺化的乙烯丙烯二烯三聚物;橡胶类,如磺化的丁苯橡胶。

(2)生物酶破胶机理。利用喜氧菌对酶的破坏作用,胍豆和胍豆衍生物聚合物溶液和凝胶是高度敏感的。酶的破坏作用降低聚合物分子量和溶液的黏度(胡凯等,2007)。

酶破胶剂是原生的酶混合物,它是偶然的天然水解聚合物。这些常规的酶是半纤维素酶、纤维素酶、淀粉酶和果胶酶以非专门的比例的混合物。这些酶分别同瓜尔豆、纤维素、淀粉和果胶聚合物反应。其中的每一种都是水解酶。这些非瓜尔豆特效酶不产生断开瓜尔豆聚合物链系。然而,它们将附着于瓜尔豆聚合物。因为,瓜尔豆对每种酶有共同的黏结位置。一旦黏结,这个非特效酶不能从聚合物中除去。因为劈裂位置是黏结、未破裂。对于常规酶混合物来说,所有黏结位置适合于瓜尔豆分子,但是,只有半纤维素酶的活动位置可以适合瓜尔豆劈裂位置。缺点是一旦酶已附着,它们不可以分离直至劈裂位置破裂。说明这个现象是不可逆的抑制物,结果聚合物碎片使普遍的酶分子量同聚合构成的分子量相联结,这就是联结聚合物碎片分子量的双重效应。

瓜尔豆链系特效酶(GLSE)破胶剂是一种高度净化的两种水解酶的合成物。其设计完成仅用瓜尔豆基聚合物。瓜尔豆聚合物降解成功的关键是:瓜尔豆聚合物结构的拆除与断开 $\beta-1,4$ 苷链系有关,它在聚合物主链的甘露糖单元和半乳糖的 $\alpha-1,6$ 苷链系之间,即介于甘露糖和半乳糖单元之间。把这些链系成功地劈断将降低聚合物成为单糖,单糖是完全可溶于水的。在瓜尔豆基聚合物结构中,再没有其他反应位置可以断开以有效地降低分子量。

第一个水解酶,甘露聚糖内桥 $-1,4-\beta-$ 甘露糖苷酶,随意地水解,$4-\beta-D$ 瓜尔豆主链的甘露糖苷链系;第二个水解酶是用特殊的水解劈断非还原 $\alpha-D$ 半乳糖主链的末端,作为半乳糖取代基。由于阻滞作用不可改变,破胶剂合成物是充分的游离纤维素,淀粉酶、果胶酶和其他纤维素,伤害最小。应用范围:从环境温度(室温)至 148.9℃,pH 值为 3~11(李希明等,2006)。

(3)热力脱水机理。热力破胶在温度达到 115.6℃,导致聚合物的脱水作用,高温引起从聚合物链中失去水(徐严波,2004)。

20.2 常用破胶剂制造工艺

下文以胶囊破胶剂、过硫酸铵、生物酶破胶剂为例,分别从产品性能、质量指标和合成工艺介绍钻井流体破胶剂的合成工艺。

20.2.1 过硫酸铵制造工艺

过硫酸铵以晶体形式存在,室温下比较稳定,易溶于水,在水中有很强的活性,广泛地用作压裂液的破胶剂,能高效地降解聚合物。

过硫酸铵,外观为无色单斜结晶或白色结晶性粉末。熔点 120℃(分解),相对密度 1.982,具有很强的氧化性和腐蚀性。易溶于水,完全干燥的过硫酸铵不易分解,潮湿的过硫酸铵会逐渐分解,放出氧气和臭氧,其水溶液在室温下也会分解,过硫酸铵与某些有机物或还原物相混合会引起爆炸,与金属接触会分解。

经过除铁和除杂质后的精制电解液,由高位槽连续进入隔膜电解槽,电解液的组成如下:阴极浓为硫酸 $280 \sim 340 kg/m^3$、硫酸铵 $180 \sim 210 kg/m^3$,阳极液为硫酸 $110 \sim 140 kg/m^3$、硫酸铵 $300 \sim 340 kg/m^3$。通常阳极的电流密度为 $20 \sim 25 A/L$,槽电压 $5.5 \sim 5.8V$,电解温度控制在 $25 \sim 30℃$,槽电压过高,易使已生成的过二硫酸水解成过硫酸而降低电流效率;槽温过低,易析出过硫酸铵结晶,堵塞管路。为了提高电流效率,通常添加硫氰酸铵,其量约为电解液的 $0.015\% \sim 0.03\%$。电解后,阳极液中的过硫酸铵含量应达到 $220 \sim 260 kg/m^3$,收集于阳极液储槽后,经过滤加入结晶器内,在搅拌下,通入冷冻剂进行间接冷冻,使过硫酸铵结晶。待温度降至 $-8 \sim 12℃$ 时,停止冷冻。然后离心分离,再经干燥,即得成品。母液循环使用,电解法的电流效率约为 84%。

胶囊破胶剂是在普通破胶剂颗粒上包裹一薄层屏蔽材料,使破胶剂延迟释放。胶囊破胶剂可以高浓度使用,并能很好地保持黏度,它会随滤饼上聚合物的浓缩而浓缩,能有效地使滤饼破胶溶解,从而可以清除滤饼,减少对支撑剂导流能力的伤害。

界面聚合法(或交联法)(Gupta et al.,1992)是两种单体反应形成聚合物薄膜或用已知的交联剂交联沉积在囊芯(破胶剂)表面的线性聚合物,从而有效地控制释放,另外膜的交联度是可以变化的。交联度越高,控制释放的能力越强。

在一个容量为1L的装有涡轮型搅拌器的烧杯中,把油溶性单体或可交联的乙烯类聚合物溶在有机溶剂(如苯)中,为了加快溶解可以加热。加入非溶剂类的油(如植物油),适当冷却形成乳化液。加入颗粒状囊芯(破胶剂)继续冷却,直至聚合物包住过硫酸盐颗粒,成为完整的、均匀的包膜。过滤后,胶囊用快速蒸发的溶剂洗涤(如甲苯、异丙醇)除去油,蒸洗干时可得到干燥的可流动的胶囊。

20.2.2 生物酶破胶剂制造工艺

以高温生物酶破胶剂在吐哈油田红台区块气田开发过程中的应用为例,介绍破胶剂在钻井过程中的施工原理、施工方案及增产效果(党建锋等,2010)。随着吐哈油田红台区块气田开发的不断深入,储层压力持续下降,目前储层压力系数为 0.24~0.87,压裂改造排液缺乏及时、经济实用的有效手段,压裂效果下降,严重影响了该区块的开发,为此引进了高温生物酶破胶剂。

生物酶是利用基因工程技术对极端环境中的古生物热袍菌中的甘露聚糖酶功能基因进行分离、纯化、克隆、表达而产生,进而对该基因表达产物进行分离、纯化制得的。生物酶破胶剂与压裂液冻胶中的半乳甘露聚糖形成了远远低于糖苷键活化能的过渡物,使活化分子大大增多,1,4-糖苷键水解键断裂速度大大提高。作为多糖聚合物糖苷键特异性水解酶,遵循的是"一把钥匙配一把锁"原理,只分解多糖聚合物结构中特定的糖苷键,可将聚合物降解为非还原性的单糖和二糖。发生的化学反应是瓜尔胶中 $1,4-\beta-D-$ 糖苷键的环内水解反应。添加某种氧键环内水解酶,可分解末端的非还原性 $\beta-D-$ 葡萄糖基,将剩余的20%二糖分解成单糖,且生物酶本身在瓜尔胶降解前后不变,只是参与反应过程,反应后又恢复原状,继续参加反应,所以在短时间内能将大量的瓜尔胶及其衍生物彻底分解,这就是它的高效性(李军等,2008)。

20.3 发展前景

破胶剂使压裂液在施工中保持高黏度,施工后又能彻底破胶,使压裂液能彻底破胶返排,减少聚合物对支撑剂填充带导流能力的伤害。

20.3.1 存在问题

目前破胶剂还存在着提前降解、伤害储层以及工作温度高,对储层造成伤害,使用条件苛刻等问题。

(1)氧化型破胶剂的缺陷主要有压裂液提前降解、伤害储层以及工作温度高等。在高温下与压裂液反应迅速,使压裂液提前降解而失去输送支撑剂的能力,甚至导致压裂施工失败;氧化型破胶剂属于非特殊性反应物,能和遇到的任何反应物如管材、地层基质和烃类等发生反应,生成与地层不兼容的伤害物,造成储层伤害;氧化型破胶剂很可能在到达目标裂缝前就耗尽,因而达不到破胶目的;它在温度低于51.7℃时,必须经过催化才有效。

(2)普通破胶剂溶解在液体中,随着液体失水到地层中,溶解的破胶剂不会随滤饼上聚合物的浓缩而浓缩,不能有效地使滤饼破胶,因此会对地层造成永久性伤害。普通破胶剂的另一个缺点是破胶速率过快且不宜控制,造成施工中压裂液黏度过早损失。

(3)酶破胶剂的生物活性目前只能在一定的温度和pH值下作用,常规酶破胶剂无法降解特定的聚合物。

20.3.2 发展方向

破胶剂的发展主要是提高破胶剂的适用范围,通过不同的处理剂复配和改进制备方法。

(1)提高酶破胶剂的使用范围(高温,高pH值)以及提取更优良的特异性酶破胶剂。常永梅针对某井埋藏浅,温度低(23~25℃),破胶困难的问题,室内评价了生物酶破胶剂在20℃和30℃条件下的破胶性能。加入单独生物酶在4h内均不能实现有效破胶;20℃时0.003%生物酶、0.03%过硫酸铵复配破胶效果最好,30℃时0.003%生物酶、0.01%过硫酸铵复配破胶效果最好,4h内均可实现彻底破胶。

生物酶、过硫酸铵复配破胶技术在某井中可以实现分段破胶,但由于地层温度恢复慢,破胶液黏度下降也较慢。因此低温条件下生物酶破胶剂及复合破胶剂加量需进一步优化研究(常永梅,2019)。

为了使酶破胶剂效果更好,国际上研制出了多种特异性破胶酶,这种新型破胶体系为多糖聚合物糖苷键特异性水解酶,它们只分解多糖聚合物结构中特定的糖苷键,可将聚合物降解为非还原性的单糖和二糖。这些特异性破胶酶主要有纤维素糖苷键特异性酶、淀粉糖苷键特异性酶和瓜尔胶糖苷键特异性酶。

(2)开发成本相对较低的胶囊破胶剂制备方法。从增加囊衣膜的完整性和致密性方面考虑,研制控制释放效果好且有效成分高的产品。

(3)开发可按照多种机理释放的胶囊破胶剂,能通过不同释放方式间的互补拓宽产品的适用范围。包敏新等针对浅井压裂破胶不彻底的问题,研制了生物酶破胶技术。生物酶破胶剂为多糖聚合物糖苷键特异性水解酶,专一作用于多糖聚合物的$\beta-1,4-$糖苷键,使其断裂成小分子的糖,酶本身在多糖聚合物降解前后不变,只是参与反应过程,反应后又恢复原状(包敏新等,2019)。

第21章 降失水剂

降失水剂(Filtration Reducers)是指用于降低钻井流体失水量的化学剂,又称为失水控制剂(Filtration Control Agents)、降滤失水剂(Fluid Loss Agent, Fluid Loss Additive, Fluid Loss Reducer)。

失水量是钻井流体中的液相通过滤饼进入地层的量度。钻井流体的滤液侵入地层,可能会引起泥页岩水化膨胀,严重时可导致井壁不稳定和各种井下复杂情况,钻遇储层时还会造成储层伤害。加入降失水剂,可通过在井壁上形成低渗透率、柔韧、薄而致密的滤饼,尽可能降低钻井流体的失水量。

降失水剂是钻井流体处理剂的重要剂种,且降失水剂的品种繁多,分类的方法也有很多。按组分分类,主要分为纤维素类、腐殖酸类、烯类单体化合物、淀粉类和树脂类等。按合成工艺分类,主要分为天然产物及其改性类、合成聚合物、合成树脂类和无机/有机复合类。本书按组分对降失水剂进行分类。

21.1 降失水剂作用机理

钻井流体降失水剂主要通过吸附机理、增黏机理、护胶机理、捕集机理和物理堵塞机理起到降低钻井流体失水量的作用。

(1)吸附机理。钻井流体降失水剂都可通过氢键吸附于黏土颗粒表面,通过降失水剂上的水化基团使黏土颗粒表面的负电性增加和水化膜加厚。不仅增加了黏粒聚结的机械阻力和静电斥力,而且提高了黏粒的聚结稳定性,使黏土颗粒保持较小的粒度并有合理的粒度大小分布,这样可产生薄而韧、结构致密的优质滤饼,降低滤饼的渗透率,从而减少钻井流体的失水量。

(2)增黏机理。失水量与钻井流体滤液黏度的0.5次方成反比,即钻井流体滤液黏度增加,钻井流体失水量就会降低。钻井流体降失水剂大多为水溶性高分子,加入钻井流体后都能提高滤液黏度,从而使失水量降低。

(3)护胶机理。为了形成渗透率低的滤饼,要求钻井流体中黏土颗粒粒径有合适的大小分布,同时要求有较多的细颗粒。降失水剂的护胶作用在于:一方面,吸附在黏土表面形成吸附层,以阻止黏土颗粒絮凝变大;另一方面,能在钻井流体循环搅拌作用下把所拆散的细颗粒通过吸附稳定在分子链上,不再粘结成大颗粒。这样就大大增加了细颗粒的比例,使钻井流体形成薄而致密的滤饼,降低滤饼的渗透率,从而降低失水量。这称之为降失水剂的护胶作用。

(4)捕集机理。捕集是指高分子的无规则线团(或固体颗粒)通过架桥而滞留在孔隙中的现象。捕集产生的条件为:

$$d_c = (1/3 : 1)d_p$$

式中 d_c——高分子的无规则线团(或固体颗粒)的直径;

d_p——孔隙的直径。

一般钻井流体降失水剂都是高分子,它们由许多不同相对分子质量的物质组成。这些物质在水中蜷缩成大小不同的无规线团。当这些无规线团的直径符合在滤饼孔隙中捕集的条件时,就被滞留在滤饼的孔隙中,降低了滤饼的渗透率,减少了钻井流体的失水量。

(5)物理堵塞机理。对于无规则线团(或固体颗粒)的直径大于孔隙的直径的高分子无规线团(或固体颗粒),虽然它们不能进入滤饼的孔隙,但可通过封堵滤饼孔隙的入口而起到减少钻井流体失水量的作用。这种降低钻井流体失水量的机理称为物理堵塞机理,它不同于捕集机理。

21.2 常用降失水剂制造工艺

降失水剂是钻井流体处理剂重要的剂种之一,降失水剂的种类和品种很多,常用的降失水剂有纤维素类、腐殖酸类和淀粉类。

21.2.1 纤维素类制造工艺

纤维素是地球上最为丰富的资源,具有廉价、可降解和对环境无污染的特点,由纤维素为原料可以制得一系列钻井流体降失水剂,目前使用最多是羧甲基纤维素;但由于羧甲基纤维素在钻井流体中耐温只能达到130~140℃,抗高价金属离子污染、耐盐能力有限,为此,人们研制了以聚阴离子纤维素和纤维素接枝物为主的纤维素降失水剂。

取代度(Degree of Substitution)常用 DS 表示,纤维素醚是纤维素分子链上的羟基为醚基取代的产物,平均每个失水葡萄糖单元上被反应试剂取代的羟基数目,称为取代度。由于纤维素分子链中每个失水葡萄糖单元上只有3个羟基能被取代,所以取代度只能小于或等于3。

当纤维素醚形成侧向分支的醚时,平均每个失水葡萄糖单元上所结合的取代醚基总量用摩尔取代度(Molar Degree of Substitution,MS)表示。

摩尔取代度的大小与侧链形成的程度有关,理论上摩尔取代度值可以是无限的。对纤维素烷基、羧烷基和酰基衍生物,取代度和摩尔取代度是相同的;对纤维素羟烷基衍生物,当一个羟烷基被引入纤维素分子链时,就形成一个附加的羟基,这个羟基本身又可被羟烷基化。

因而,在纤维素分子链上可形成相当长的侧链,所以通常摩尔取代度大于取代度。摩尔取代度大小视侧链形成的程度而定。

阴离子纤维素是一种聚合度高、取代度高、取代基团分布均匀的阴离子型纤维素醚,具有与羧甲基纤维素相同的分子结构,用作钻井流体处理剂具有比羧甲基纤维素更优良的提高黏度和切力、降失水能力、防塌和耐盐、耐温特性,适用于淡水、盐水、饱和盐水和海水钻井流体。其主要性能指标为白色纤维状粉末,水含量不大于7%,1%水溶液黏度不小于2000mPa·S,取代度不小于0.9。聚阴离子纤维素的制造方法一般分为水媒法和溶剂法。水媒法以水为介质,由于副反应激烈,导致反应总的醚化率仅为45%~55%,同时,产品中含有羟乙酸钠、乙醇酸和更多的盐类杂质,影响纯度,造成产品纯化困难。溶剂法采用乙醇、异丙醇和丁醇等作为反应的介质,反应过程中传热、传质迅速、均匀,主反应加快,醚化率可达60%~80%,反应稳定性和均匀性高,使产品的取代度和取代均匀性和使用性能大大提高。因此工业上主要采用溶剂法。

溶剂法生产聚阴离子纤维素的配方为精制棉 81.5kg、氢氧化钠 60kg、氯乙酸 116.5kg、异丙醇 1190kg、水 132kg、乙醇、盐酸适量。按配方将精制棉和异丙醇加入反应釜,搅拌均匀后于30℃下滴加氢氧化钠水溶液,碱化反应 60min;将氯乙酸配成水溶液,在碱化反应完成后分批加入反应釜,然后升温至 70℃,反应 90min;用盐酸将体系调节至中性,抽滤除去溶剂,然后用80%的乙醇水溶液洗涤产物,除去氯离子;异丙醇和乙醇分别回收、蒸馏后循环使用;取出絮状产物,通入热风除去乙醇,将产物碾碎,于100℃下烘干得白色纤维状聚阴离子纤维素(王中华等,2009)。

在四川地区上部地层的钻井中,存在大井眼段钻井流体上返速度低、携带钻屑效果差以及上部地层大段泥页岩的水化膨胀引起井壁不稳定等问题,增加了钻井工程的复杂性,影响钻井速度的提高,聚阴离子纤维素在川东卧117井和池25井的应用表明,它对于提高钻井流体黏度和动切应力、调整钻井流体动塑比、改善钻井流体流变性等都有较为理想的作用,从而使不分散钻井流体携带钻屑、剪切稀释、控制失水、稳定井壁、控制井径扩大率以及钻井流体抗膏盐侵害等性能均有很大改善和提高(李向碧,1987)。

21.2.2 腐殖酸类制造工艺

泥炭、褐煤,不包括沥青和矿物质那一部分物质为腐殖酸(Humus Acid,简称HA),它能被碱化进而被抽出。腐殖酸物质不同于其他天然大分子,不具有某种完整的结构和化学构型,是由分子量大小不同、结构组成不一致的高分子羟基芳香羧酸类物质组成的复杂混合物。由于分子中具有多种活性官能团,腐殖酸具有酸性、亲水性、界面活性、阳离子交换能力、络合作用及吸附分散能力,所以常常被选作生产耐高温降失水剂的主要材料,腐殖酸类降失水剂是目前油田化学品中用量最大的处理剂之一。

早在20世纪50年代,中国就开始使用腐殖酸类降失水剂,主要以含有腐殖酸的褐煤、风化煤为原料,采用不同的生产方法制得。早期的产品主要为腐殖酸钠、铬褐煤、腐殖酸铁和硝基腐殖酸钠。为了提高腐殖酸的应用性能,对腐殖酸产品进行了磺甲基化和接枝改性。

以褐煤、苯酚、聚丙烯腈、甲醛和阳离子丙烯酰胺为原料研制的降失水剂)能耐200℃以上高温,抗钙能力强,可耐盐至饱和,具有良好的抑制性能和降失水作用,与其他处理剂兼容性良好,适用于各种水基钻井流体。

降失水剂的合成方法是将磺化腐殖酸钠、水解聚丙烯脂钠盐加入容积1L的高压釜内配制成水溶液,搅拌升温,然后依次加入苯酚、甲醛溶液、阳离子丙烯酸胺中间体,在140~150℃反应3~4h,烘干后得到成品。

阳离子降失水剂已在塔里木油田、南海油田和渤海油田等70余口定向井、直井、水平井钻井流体中使用,初见成效。塔里木亚哈8井使用新型防塌阳离子聚合物钻井流体。从2400.00m到4900.00(吉迪克组)先后钻遇约15个高矿化度盐水层,氯离子含量最高达1.9×10^5ppm,盐水压力很高,通常需要使用密度 1.8g/cm^3 的钻井流体。钻井流体中使用降失水剂,高温高压失水一直控制在8mL/30min以内,流变性能稳定,钻进顺利,井径规则(刘雨晴等,1996)。

21.2.3 淀粉类制造工艺

淀粉(Starch)是一种天然高分子物质,由直链淀粉和支链淀粉组成,由于淀粉颗粒的外层主要由支链淀粉构成,内层主要由直链淀粉构成,故原淀粉在冷水中不溶胀分散,但是,淀粉分子中含有大量醇羟基,通过预胶化、羧甲基化、羟乙基化改性,引入强吸水性的亲水基团后,可使它成为良好的增黏剂和降失水剂。

淀粉具有增稠、凝胶、黏结与成膜等性能,且价格低、货源广,因而广泛用于国民经济各部门。在石油工业中,淀粉主要用于钻井流体,主要通过接枝和醚化对其改性。经接枝和醚化改性的淀粉可用作油井水泥降失水剂,其水溶性、降失水性好,与其他水泥外加剂兼容性好,且具有较好的分散性和流变性。

淀粉本身不具有降失水效果,经化学改性后在降失水、增(降)黏、提高钻速、稳定井壁等方面有良好的效果,是最早应用于钻井流体降失水剂的天然材料之一。国际上对改性淀粉降失水剂的研究起步较早,已成功开发了多种地层条件下使用的改性降失水剂,并且开展了工业化应用。而中国对改性淀粉降失水剂的研究相对较晚,但经过近些年的发展已取得一定的进步。目前,改性淀粉降失水剂的研究方向主要集中在醚化改性、接枝改性和预胶化3个方面。

(1)醚化改性淀粉。醚化淀粉由醚化剂与淀粉分子进行醚化反应制得,醚化反应发生在脱水葡萄糖单元的2位、3位、6位醇羟基上。醚化反应工艺简单,用于醚化反应的改性剂主要有环氧丙烷、环氧乙烷、氯乙醇、一氯醋酸、胺类化合物等。在几种醚化淀粉降失水剂中,羟丙基淀粉和羧甲基淀粉已经实现工业化生产,应用于油田钻井现场多年。磺烷基淀粉和羧乙基淀粉还处在实验研究阶段,未开展工业化应用。最常见的羧甲基淀粉制造工艺主要有三步:

第一步,将30份的水和10份的乙醇加入反应釜中,然后加入淀粉,搅拌30min以使淀粉充分润湿、分散,然后慢慢加入由10份水和5份氢氧化钠配成的溶液,待氢氧化钠溶液加完后继续搅拌30~40min,使淀粉充分碱化。

第二步,待碱化时间达到后,将体系的温度升至45℃,在此温度下慢慢加入氯乙酸乙醇溶液(用20份乙醇和55份氯乙酸配成),待氯乙酸加完后在45~50℃下反应2~2.5h。

第三步,反应时间达到后,将反应混合液转移至中和洗涤釜中,首先用稀盐酸中和至pH值7~8,然后再加入适量的乙醇使产物沉淀,沉淀物经分离回收乙醇,所得沉淀物在60℃下真空干燥、粉碎即得羧甲基淀粉油田应用产品。

以玉米淀粉为原料,以3-氯-2-羟基丙磺酸钠为醚化剂,分别采用溶剂法和半干法制备了两种醚化改性淀粉,并测试了两种淀粉的降失水性能,结果表明,通过溶剂法制备的醚化淀粉经140℃热滚后,耐盐可达20%,抗钙可达350mg/L,抗镁可达180mg/L。通过半干法制备的醚化淀粉在相同条件下,耐盐可达25%,抗钙可达450mg/L,抗镁可达360mg/L。并且半干法制备的醚化淀粉在150℃下仍可耐盐达4%,抗钙达250mg/L,抗镁达120mg/L(贾丹丹,2015)。

(2)接枝改性淀粉。接枝改性淀粉降失水剂不仅具有天然淀粉的耐盐性能,还具有接枝单体的耐温性能。接枝改性反应主要是通过用物理或化学方法先进行引发使淀粉1位、2位或者2位、3位碳碳键断裂产生自由基,该自由基再引发淀粉接枝共聚。常用的接枝单体有丙烯酰胺、丙烯酸、对苯乙烯磺酸钠、2-丙烯酰胺-2-甲基丙磺酸等,可以根据不同的性能需求选择不同的反应单体接枝改性淀粉。目前,接枝改性淀粉降失水剂主要有阴离子接枝改性淀粉和两性离子接枝改性淀粉。

以2-丙烯酰胺-2-甲基丙磺酸、二甲基二烯丙基氯化铵、丙烯酰胺为单体,采用过硫酸铵引发玉米淀粉进行接枝改性得到一种两性离子改性淀粉降失水剂,通过红外光谱和扫描电镜分析发现接枝共聚发生在淀粉颗粒表面,并且该降失水剂耐温可达180℃,耐盐可达35%,抗钙可达5%,岩屑一次和二次滚动回收率都高于90.%,比较发现该接枝改性淀粉的降失水性能明显高于钻井现场使用的降失水剂(罗先波,2011)。

(3)预胶化淀粉。预胶化淀粉是由淀粉胶化得到的一种疏水性改性淀粉,通过酸性水解法和碱性水解法制备。在盐水或饱和盐水钻井流体中使用时,不会影响钻井流体的黏度,并且价格十分便宜,降失水效果与羧甲基纤维素钠差不多,曾被中国油田大规模应用。但是预胶化淀粉在淡水钻井流体中的效果不好,并且易发酵,无法长时间保存。因此,预胶化淀粉的进一步研究和应用受到了限制(黄俊等,2011)。

21.2.4 丙烯衍生物类制造工艺

丙烯酰胺是聚丙烯酰胺的单体。降失水剂主要是聚丙烯酰胺。聚丙烯酰胺(Polyacrylamide,PAM)是线型高分子聚合物。产品主要有干粉和胶体两种。

按其平均分子量大小,聚丙烯酰胺可分为低分子量(100×10^4 以小)、中分子量[$(200 \sim 400) \times 10^4$]和高分子量($700 \times 10^4$ 以大)三类。

按分子结构,聚丙烯酰胺可分为非离子型、阴离子型和阳离子型。阴离子型多为聚丙烯酰胺的水解体,即水解聚丙烯酰胺(Hydrolyzed polyacrylamide,HPAM)。

聚丙烯酰胺结构单元中含有酰胺基,易与水形成氢键,因此具有良好的水溶性和很高的化学活性,易通过接枝或交联得到支链或网状结构的改性物,制取许多聚丙烯酰胺的衍生物,广泛应用于造纸、选矿、采油、冶金、建材、污水处理等行业。聚丙烯酰胺作为润滑剂、悬浮剂、黏土稳定剂、驱油剂、降失水剂和增稠剂,在钻井、酸化、压裂、堵水、固井及二次采油、三次采油中得到了广泛应用,是一种极为重要的油田化学品。聚丙烯酰胺的分子量是影响聚丙烯酰胺及其衍生物性能的重要参数。随聚丙烯酰胺分子量的增大,絮凝能力、提黏效应、堵漏和防漏效果都会提高。钻井流体用聚丙烯酰胺及其衍生物使用的分子量:$(100 \sim 500) \times 10^4$,作絮凝剂用;$(10 \sim 90) \times 10^4$,为降失水剂;$10 \times 10^4$ 以下,主要用在缺少优质黏土时作稳定剂,或与高分子量的配合作选择性聚沉剂或者絮凝剂和降失水剂。

丙烯酸是不饱和有机酸,分子内含有碳碳双键和羧基结构,可衍生出系列化合物,形成丙烯酸类产品。与聚丙烯、丙烯腈和环氧丙烷一样成为丙烯重要的衍生物。丙烯酸优异的聚合和酯化能力,为各种精细化学品的合成与制备提供了极为重要的中间体。

聚合物类钻井流体降失水剂种类繁多,丙烯类是用得最多且比较理想的处理剂。造浆土适度分散的水基钻井流体较常见,主要有丙烯聚丙烯聚合物和树酯类。

21.2.4.1 丙烯聚丙烯聚合物类

丙烯酸类聚合物的主要原料有丙烯腈、丙烯酰胺、丙烯酸和丙烯磺酸等,是低固相聚合物钻井流体的主要处理剂类型之一。常用的降失水剂水解聚丙烯腈及其盐类、聚丙烯酸盐聚合物和丙烯酸盐的多元共聚物。

除最常使用的部分水解聚丙烯酰胺(Partially Hydrolyzed Polyacrylamide,PHPA)外,还有很多处理剂。如德国的 B40 降失水剂(丙烯酸和丙烯酰胺共聚物)、ANTISOLHT(丙烯酸、丙烯酰胺、丙烯腈共聚物);苏联的降失水剂 MLTAS(甲基丙烯酸和甲基丙烯酰胺共聚物)、M14(甲基丙烯酸和甲基丙烯酸甲酯共聚物)、NAKPNC – 20(甲基丙烯酸、甲基丙烯酸甲酯等共聚物加交联剂);英国的丙烯酸盐、羟基丙烯酸盐与丙烯酰胺共聚物降失水剂;日本的降失水剂ハィフロ – 25(ha yi fu lo – ni jiu guo – 25)(丙烯酸、丙烯酸酯、羟基丙烯酸及乙烯磺酸盐等共聚物)、G – 20LL(丙烯酸、丙烯酰胺、丙烯磺酸盐共聚物)、ラハフロ(wu ha fu lo)(特殊丙烯酸盐)等;中国的 PAC 系列、SK 系列和 80A 系列等都是这样的聚合物处理剂。

(1)水解聚丙烯腈钠盐。聚丙烯腈是制造腈纶(人造羊毛)的合成纤维材料,由丙烯腈合成的高分子聚合物。聚丙烯腈不溶于水,不能直接用于处理钻井流体。只有经过水解生成水溶性的水解聚丙烯腈之后,才能在钻井流体中起降失水作用。

生产时用腈纶废丝(腈纶废料)在碱水溶液中水解后的产物,水解温度一般为 95 ~ 100℃。经碱水解后的产物,外观为白色粉末,密度 1.14 ~ 1.15g/cm^3。由于水解时所用的碱、温度和反应时间不同,最后所得的产物及其性能也会有所差别。一般产品的平均聚合度,大约为 235 ~ 3760,平均分子量为 $(12.5 ~ 20) \times 10^4$。实际上,水解聚丙烯腈钠盐是丙烯酸钠、丙烯酰胺和丙烯腈的共聚物,因而也可由丙烯酸钠、丙烯酰胺和丙烯腈三种单体共聚制得,主要用作降失水剂。

丙烯酸钠链节数和丙烯酰胺链节数的和与总聚合度之比,称为水解聚丙烯腈钠盐水解度。水解度和聚合度是影响降失水效果的主要因素。实验证明,含羧基量在 70% ~ 80% 时降失水效果最好,过大和过小都是不利的。水解度过大,会影响在黏土上的吸附;水解度太小,水化能力不够强。因此,生产时控制适当的水解条件十分重要。

聚合度较高的水解聚丙烯腈钠盐的降失水能力比较强,钻井流体黏度的增加也比较明显;聚合度较低的水解聚丙烯腈钠盐的降失水能力比较弱,钻井流体黏度的增加作用也相应较弱。由于测定聚合度比较复杂,一般选用1%的水解聚丙烯腈钠盐溶液的黏度作为判断标准。实验证明,1% 水溶液的黏度在 7 ~ 16mPa·s 时,适用于控制低含盐量和中等含盐量的钻井流体的失水量;黏度高于上述范围时,适用于高含盐量钻井流体的失水量控制。

水解聚丙烯腈钠盐除具有降失水作用外,还对钻井流体的黏度有一定影响。增加淡水钻井流体的黏度;对含氯化钠约从 15000mg/L 至近于饱和的钻井流体有降低黏度作用。水解聚丙烯腈钠盐的抗钠盐能力较强,抗钙能力较弱,其生产工艺主要有三步:

第一步,将所用的聚丙烯腈废料,先经人工拣出非聚丙烯腈部分,然后再用水清洗,晾干备用,将氢氧化钠溶于水配成水溶液。

第二步,将聚丙烯腈废料和氢氧化钠溶液加入水解反应釜中,使聚丙烯腈废料全部浸入氢氧化钠溶液中,而后在 95 ~ 100℃下水解反应 4 ~ 6h。

第三步,将所得的产物在 150 ~ 160℃下烘干、粉碎、包装即得水解聚丙烯腈钠盐成品。

（2）水解聚丙烯腈铵盐。水解聚丙烯腈铵盐是由腈纶废料在高温高压下水解而制得的产品，故也称为高压水解聚丙烯腈。水解时使用的温度为180~200℃，压力15~20MPa。水解度大约50%，分子量约为10×10^4。

水解聚丙烯腈铵盐是一种高温降失水剂。由于可提供铵离子，抑制黏土分散的能力很强，是一种较好的防塌剂，加量一般为0.3%~0.4%。聚丙烯腈铵除了降失水作用外，还具有抑制黏土水化分散的作用，因此常用作页岩抑制剂。

（3）水解聚丙烯腈钙盐。除水解聚丙烯腈钠盐和铵盐外，常用的同类产品还有水解聚丙烯腈钙盐。水解聚丙烯酸钙是由腈纶废料在氧化钙存在下经高温高压下水解、交联而得到的聚合物交联体，为灰白色粉末，呈碱性，可溶于水。产品中通常混入1/4的纯碱。

聚丙烯酸钙不溶于水，使用时必须加碳酸钠或氢氧化钠，使分子中的羧酸钙部分地转化为羧酸钠。分子量和各基团的比例是影响性能的重要因素。现场常用的产品是以分子量$(150~350) \times 10^4$的聚丙烯酰胺为原料，加氢氧化钠水解，当水解度达60%以上后，加氯化钙溶液交联聚沉而制得的。聚丙烯酸钙是一种抗高钙离子和镁离子的降失水剂，且具有改善钻井流体流变性的性能。生产工艺主要有三步：

第一步，将所用的聚丙烯腈废料，先经人工选出非聚丙烯腈部分，然后再用水清洗，晾干备用，将氧化钙粉碎后与按配方量的水混合配成石灰乳。

第二步，按配方将聚丙烯腈废料加入高压釜中，加入石灰乳，密封高压釜，将体系的温度升至140~160℃，在此温度下水解反应5~6h。

第三步，降温、卸压后出料，得到胶团状的产物，经过水洗后在水泥地上晾晒1d，然后在80~100℃下供干、粉碎，混入1/4的纯碱即得到水解聚丙烯腈钙盐成品。

水解聚丙烯腈处理钻井流体的性能，主要取决于聚合度和水解度。水解度是分子中的羧钠基与酰胺基之比。聚合度较高时，降失水性能比较强，增加钻井流体的黏度和切力；聚合度较低时，降失水和提高黏度作用均相应减弱。为了保证其降失水效果，羧钠基与酰胺基之比最好控制在2:1~4:1。处理剂的抗盐能力较强，抗钙能力较弱。当钙离子浓度过大时，会产生絮状沉淀。

（4）聚丙烯酸盐共聚物。聚丙烯酸盐系列产品，是指各种复合离子型的聚丙烯酸盐聚合物，实际上是具有不同取代基的乙烯基单体及其盐类的共聚物。由于在高分子链节上引入不同含量的羧基、羧钠基、羧钾基、羧铵基、羧钙基、酰胺基、腈基、磺酸基和羟基等多种基团，因而，也称为复合离子聚合物。在各种官能团的协同作用下，聚合物在各种复杂地层和不同的矿化度、温度条件下均能发挥其作用。通过调整官能团的种类、数量、比例、聚合度和分子构型等，可分别制取用于聚合物钻井流体的具有提高黏度、改善流型和降失水等作用的处理剂。只要调整好聚合物分子链节中各官能团的种类、数量、比例、聚合度及分子构型，就可设计和研制出一系列的处理剂，以满足降失水、提高黏度和降低黏度等要求。目前应用较广的是PAC141，PAC142和PAC143。

① PAC141是丙烯酸、丙烯酰胺、丙烯酸钠和丙烯酸钙的四元共聚物。它在降失水的同时，还兼有提高黏度作用，并且能调节流型，改进钻井流体的剪切稀释性能。该处理剂能抗180℃的高温，抗盐可达饱和。

② PAC142是丙烯酸、丙烯酰胺、丙烯腈和丙烯磺酸钠的四元共聚物。在降失水的同

时，提高黏度幅度比 PAC141 小。主要在淡水、海水和饱和盐水钻井流体中用作降失水剂。在淡水钻井流体中，其推荐加量为 0.2～0.4%；在饱和盐水钻井流体中，推荐加量为 1.0%～1.5%。

③ PAC143 是由多种乙烯基单体及其盐类共聚而成的水溶性高聚物。分子量为 $150×10^4$～$200×10^4$，分子链中含有羧基、羧钠基、羧钙基、酰胺基、腈基和磺酸基等多种官能团。该产品为各种矿化度的水基钻井流体的降失水剂，并且能抑制泥页岩水化分散。在淡水钻井流体中的推荐加量为 0.2%～0.5%；在海水和饱和盐水钻井流体中，推荐加量为 0.5%～2%。

还有在用的丙烯酸盐多共聚物，主要是指 SK 系列产品。SK 系列是一种以丙烯酰胺、丙烯酸、丙烯磺酸钠、羟甲基丙烯酸为单体的四元共聚物，其外观为白色粉末，易溶于水，水溶液呈碱性。主要用作聚合物钻井流体的降失水剂。但不同型号的产品在性能上有所区别。

粉剂商品名为 SK-Ⅰ，SK-Ⅱ和 SK-Ⅲ。不同型号的产品在性能上有所区别，但其抗高盐和抗钙镁能力都较强，是良好的降失水剂和流型调节剂。

① SK-Ⅰ可用于无固相完井液和低固相钻井流体，在配合用氯化钠和氯化钙等无机盐加重的过程中，主要起降失水和提高黏度的作用。

② SK-Ⅱ具有较强的抗盐和抗钙能力，是一种不提高黏度的降失水剂。

③ SK-Ⅲ主要用在当聚合物钻井流体受到无机盐侵害后，作为降黏剂，同时可改善钻井流体的热稳定性，降低高温高压失水量。

21.2.4.2 树脂类

树脂一般认为是植物组织的正常代谢产物或分泌物，常和挥发油并存于植物的分泌细胞、树脂道或导管中，尤其是多年生木本植物心材部位的导管中。由多种成分组成的混合物，通常为无定型固体，表面微有光泽，质硬而脆，少数为半固体。不溶于水，也不吸水膨胀，易溶于醇、乙醚和氯仿等大多数有机溶剂。加热软化，最后熔融，燃烧时有浓烟，并有特殊的香气或臭气。

树脂有天然树脂和合成树脂之分。天然树脂是指由自然界中动植物分泌物所得的无定形有机物质，如松香、琥珀、虫胶等。合成树脂是指由简单有机物经化学合成或某些天然产物经化学反应而得到的树脂产物。树脂类产品是以酚醛树脂为主体，经磺化或引入其他官能团而制得。其中磺甲基酚醛树脂是最常用的产品。

(1) 磺甲基酚醛树脂。磺甲基酚醛树脂(Sulfonated Phenol Formaldehyde Resin)包括两种产品 SMP-1 和 SMP-2，都是耐高温降失水剂，合成路线有两种：

一是，先在酸性条件(pH 值 3～4)下使甲醛与苯酚反应，生成线型酚醛树脂，再在碱性条件下加入磺甲基化试剂进行分步磺化，通过适当控制反应条件，可得到磺化度较高和分子量较大的产品。

二是，将苯酚、甲醛、亚硫酸钠和亚硫酸氢钠一次投料，在碱催化条件下，缩和与磺化反应同时进行，最后生成磺甲基酚醛树脂。

磺甲基酚醛树脂分子的主链由亚甲基桥和苯环组成，又引入了大量磺酸基，故热稳定性强，可抗 180～200℃ 的高温。因引入磺酸基的数量不同，抗无机电解质的能力会有所差别。目前使用量很大的 SMP-1 型产品可用于矿化度小于 $1×10^5$ mg/L 的钻井流体，SMP-2 型产品可抗盐至饱和,抗钙也可达2000mg/L,是主要用于饱和盐水钻井流体的降失水剂。此外,磺甲基酚醛树脂还能改善滤饼的润滑性,对井壁也有一定的稳定作用。其加量通常为3%~5%。

(2)磺化木质素磺甲基酚醛树脂。磺化木质素磺甲基酚醛树脂是磺化木质素与磺甲基酚醛树脂的缩合物。合成磺化木质素磺甲基酚醛树脂的反应一般分两步进行。首先合成磺甲基酚醛树脂,然后与磺化木质素缩合得到磺化木质素磺甲基酚醛树脂。

磺化木质素磺甲基酚醛树脂与磺甲基酚醛树脂有相似的优良性能,但在原来树脂的基础上引入了一部分磺化木质素。所以磺化木质素磺甲基酚醛树脂在降低钻井流体失水量的同时,还有优良的稀释特性。该产品解决了造纸废液引起的环境污染问题,成本也有所下降。缺点是该产品在钻井流体中比较容易起泡,必要时需配合加入消泡剂。

磺化木质素磺甲基酚醛树脂是一种水溶性线性高分子共聚物,既能耐高温,又能抗盐、抗钙的降失水剂。降失水效果与原料配合比和合成方法有很大关系。

共聚物分子量的大小与结构影响其高温失水性能,磺化度的大小与抗盐和抗钙性能有关。磺化木质素磺甲基酚醛树脂的抗盐和抗钙能力是由于分子结构上既含有碳碳键和碳硫键,又有强水化基团,高温失水化作用小。磺化木质素磺甲基酚醛树脂的抗盐和抗钙能力强是由于分子结构上有大量强水化磺酸钠基团存在。

(3)磺化褐煤树脂。磺化褐煤树脂是褐煤中的某些官能团与酚醛树脂通过缩和反应所制得的产品。在缩和反应过程中,为了提高钻井流体的抗盐、抗钙和抗温能力,还使用了一些聚合物单体或无机盐进行接枝和交联。国际上常用的产品为Resinex和中国常用的产品为SPNH。

① Resinex是自20世纪70年代后期以来国际上常用的一种耐高温降失水剂,由50%的磺化褐煤和50%的特种树脂组成。产品外观为黑色粉末,易溶于水,与其他处理剂有很好的相容性。据报道,在盐水钻井流体中抗温可达230℃,抗盐可达1.1×10^5mg/L。在含钙量为2000mg/L的情况下,仍能保持钻井流体性能稳定。并且在降失水的同时,基本上不会增大钻井流体的黏度,在高温下不会发生胶凝。因此,特别适于在高密度深井液体型钻井流体中使用。

② SPNH是以褐煤和腈纶废丝为主要原料,通过采用接枝共聚和磺化的方法制得的一种含有羟基、羰基、亚甲基、磺酸基、羧基和腈基等多种官能团的共聚物。SPNH主要起降失水作用,但同时还具有一定的降低黏度作用。其抗温和抗盐、抗钙能力均与Resinex相似。总的来看,其性能优于同类的其他磺化处理剂。

21.3 发展前景

国际上在耐高温钻井流体降失水剂方面的研究起步较早,目前已经开发了多种适合不同地层条件的耐高温降失水剂,并在现场得到了应用。中国在该方面虽然起步晚,但经过十几年的快速发展,耐高温降失水剂的研究与应用已取得长足的进步,现有产品基本可以满足200℃以内钻井需求,部分产品性能已经达到或超过国际先进水平,并且在应用方面积累了一些成功经验。

21.3.1 存在问题

中国在钻井流体降失水剂的使用方面已形成自己的特色。在分散型钻井流体中,常用的是低黏钠羧甲基纤维素。聚合物钻井流体中使用的降失水剂均为由单体合成的聚合度相对较低的聚合物,目前其产品种类繁多,并已形成系列。聚合度是指衡量聚合物分子大小的指标,以重复单元数为基准,即聚合物大分子链上所含重复单元数目的平均值,以 n 表示;以结构单元数为基准,即聚合物大分子链上所含结构单元数目的平均值,以 x 表示。聚合物是由一组不同聚合度和不同结构形态的同系物的混合物所组成,因此聚合度是统一计平均值。如常用的聚丙烯腈盐类、聚丙烯酸盐类,还有近年来推广使用的阳离子和两性离子聚合物等。在深井和超深井下部井段,可选用耐温能力强的磺化褐煤、磺化酚醛树脂-Ⅰ以及酚醛树脂和腐殖酸缩合物。在饱和盐水钻井流体中可选用磺化酚醛树脂-Ⅱ。另外,还经常使用沥青类产品来改善滤饼质量,降低滤饼的渗透性,增强滤饼的抗剪切强度和润滑性。降失水剂多为水溶性高分子化合物。目前降失水剂还存在着不耐高温、产品化慢、种类少、抗侵害能力差等问题。

(1)适用于超高温(不低于220℃)钻井流体的超高温钻井流体降失水剂研究较少。

(2)部分具有良好应用效果的降失水剂产品化较慢。

(3)同国际相比,形成生产规模的耐高温降失水剂种类较少。

(4)通常使用的羧甲基纤维素暴露出热稳定性差及抗可溶性盐类侵害能力差的弱点,不能满足钻井工程的需要,其应用受到限制。

21.3.2 发展方向

从近年的发展来看,中国在钻井流体降失水剂研究与应用方面已经取得了可喜的进展,研制出了一批耐200℃以上、耐盐抗钙能力强、性能优良的钻井流体降失水剂,钻井流体工艺技术日趋完善,从目前降失水剂的发展趋势看,今后钻井流体降失水剂的研究发展主要从以下几方面着手:

(1)产品复配及降低使用成本。开展无机/有机单体聚合物处理剂研究或与无机材料等产品的复配,以降低聚合物成本并研制一些降失水效果好、不提高黏度的降失水剂。开发成本低廉的产品,一些原料来源丰富、价格低廉的天然材料,如淀粉、褐煤、栲胶等。

(2)完善现有聚合物性能。完善现有的聚合物性能,进一步提高聚合物降失水剂的耐温200℃以上和防塌能力。

(3)无污染降失水剂。随着世界对环保理念的增强及日益严格的环境保护要求,开发无污染、或污染小、能适用海上钻井和深井的钻井流体降失水剂。

(4)简化生产工艺。对实际的生产设备提高要求,简化生产工艺、降低反应条件,使降失水剂的生产更有利于向工业化道路发展。

第22章 堵 漏 剂

堵漏剂(Lost Circulation Materials)又称为堵漏材料,是通过物理或者化学的方法,把已经形成的漏失通道封堵,从而达到堵漏目的的处理剂,是钻井工程防漏堵漏过程中必不可少的物质基础,堵漏剂能有效降低钻井过程中井漏的发生率,减少经济损失。

据统计,全世界井漏发生率占钻井总数的20%~25%,其中恶性井漏损失占井漏总损失的50%以上(Fidan et al.,2004),全球石油行业因井漏而造成的经济损失每年高达数亿美元(Whitfill et al.,2003),因此堵漏剂的研究是当前的热点。

世界上堵漏材料品种很多,依据其作用机理可将堵漏材料分为6类,即桥接堵漏材料、高失水堵漏材料、暂堵材料、化学堵漏材料、无机胶凝堵漏材料和软(硬)塞类堵漏材料。

22.1 堵漏剂作用机理

堵漏技术按照作用机理可分为刚性封堵机理、柔性封堵机理以及韧性封堵机理等三大类。

(1)刚性封堵机理。刚性封堵机理指用第一级刚性材料充填、架桥提高漏失通道承受液柱压力能力,再用小一级材料,充填第一级刚性材料充填后剩余空间及尺寸小于第一级刚性材料的次级漏失通道,降低漏失地层渗透率的封堵机理。刚性封堵机理按照封堵机理,可再分为充填封堵机理和架桥封堵机理。

充填封堵机理是随着对漏失问题的认识不断深入,逐渐意识到有效封堵地层漏失通道,需要封堵材料在漏失通道内堆积,并尽可能占据孔隙和裂缝内部空间。这便是充填封堵机理出发点。充填封堵机理,是指利用封堵材料在漏失通道内堆积,形成致密充填层以降低漏失层渗透率、承受漏失压力的理论。

在充填封堵思想指导下,1961年,Gatlin等引入了封堵层最大密度理论(Gatlin et al.,1961)。

1973年,Kaeuffer M. 提出了理想暂堵式充填理论($D^{1/2}$规则),即当暂堵剂颗粒累积体积百分数与$D^{1/2}$成正比时,可实现颗粒的理想填充(D表示颗粒粒径)。Hands N. 等依据Kaeuffer M. 提出的理想充填理论提出了屏蔽暂堵D_{90}规则(Hands et al.,1998),即当储层最大孔喉尺寸与暂堵剂颗粒的D_{90}相匹配时,可取得理想暂堵效果。2000年,M. A. Dick等找到理想暂堵基准线(Dick et al.,2000)。

充填封堵机理发展了80多年,概括而言有四大变化。从最初直接运用其他领域的研究成果,发展到利用数学方法针对漏失地层研究漏失机理,再利用室内实验和现场试验验证,发展成封堵机理。从最大密度决定封堵效果,发展到寻找理想充填基准线决定封堵效果,充填封堵形成了比较完善的理论体系。从利用数学方法计算充填粒径,发展到利用计算机软件作图寻找最佳封堵材料复配比例,丰富了充填封堵机理的研究手段。从最初强调有效封堵漏失地层,发展到强调控制工作流体进入储层,实现储层保护,扩大了充填理论的应用范围。

以第一级刚性材料为充填关键,不断完善充填理论,扩大封堵范围,充填理论发展比较成熟。然而,刚性材料讨论累积充填效果,还有许多问题有待解决。例如,如何控制大、小刚性颗粒材料侵入地层漏失通道的次序,如何充填最小刚性材料不能充填的漏失通道等。

架桥封堵机理,是指利用刚性封堵材料,在漏失通道内像架设桥梁一样形成封堵层骨架,再以次一级材料充填骨架间隙或进一步在小尺寸通道中架桥,降低封堵层渗透率,承受漏失压力。在架桥理论指导下,架桥封堵技术迅速发展,出现了有针对性的桥接堵漏材料,如混合堵漏剂、桥塞堵漏剂、单项压力封堵剂等。反过来,封堵技术快速发展也促进了架桥封堵机理的完善。

1976 年,A. Abrams 提出了"三分之一"架桥规则(Abrams,1976);1989 年,Khatib Z. I. 等提出了 Herzig 准则(Khatib et al.,1989);1992 年,罗向东等提出"三分之二"架桥理论(罗向东等,1992)。即在一定的正压差下,当架桥颗粒的粒径为储层平均孔径的 $1/2 \sim 2/3$ 时,在储层孔喉处的架桥最为稳定。架桥封堵机理认为,有效封堵需要封堵材料粒径与漏失喉道大小存在定量关系,而且封堵材料的作用不同。架桥材料应为刚性材料。架桥存在临界条件和封堵粒径最优范围。充填材料用次一级材料和软化材料。不同作用的封堵材料需要一定浓度,才能在近井壁地带形成渗透率较低、强度较大的封堵层,平衡井筒液柱压力与地层孔隙压力间的压差。为高效封堵地层,重点研究地层漏失通道与架桥堵漏材料尺寸间的匹配关系,用数学方法兼顾漏失地层的非均质性。但测量地层漏失通道的尺寸、确定不同封堵材料的浓度,需要建立在实验的基础上,很可能因为与地层真实情况不符合,降低封堵漏失成功率。

充填封堵机理和架桥封堵机理表明,刚性封堵机理不考虑地层孔喉形态,试图通过材料充填和架桥,在近井地带建立压力支撑层,降低封堵带渗透率,阻止井内流体进入地层。刚性封堵发展到架桥封堵机理,既考虑有效架桥,还考虑有效充填,增强封堵效果。充填和架桥趋于融合。刚性封堵的核心是刚性封堵材料。因此,把充填封堵和架桥封堵称为刚性封堵。刚性封堵机理的最大特点是,封堵地层时,第一级封堵材料必须是刚性的,在温度和压力作用下基本不变形,起到占据漏失通道大部分空间,提高封堵层强度的作用。刚性封堵过程中,还需要次一级充填材料。次一级充填材料既可以是刚性材料,也可以是软化材料,或者二者兼有,以降低封堵层渗透率,强化封堵层强度。刚性封堵机理没有充分考虑地层漏失通道的形态,刚性材料在架桥时有可能失败,这在封堵非均质性较强的地层时,缺陷凸现。

(2)柔性封堵机理。柔性封堵机理是指利用没有固定形状的非刚性材料、聚合物等封堵材料,在地层温度和压力等条件下,发生物理和化学变化,封堵地层漏失通道的理论。柔性封堵机理的出发点是,认为封堵材料混于或溶于液体后能够变化形态,进入漏失通道,在地下温度、矿化度和渗流场等作用下,封堵材料发生物理化学变化,如胶联、膨胀、吸附、凝固等,充填、封堵小孔隙、小漏失通道,形成具有一定承压强度的封堵带,控制漏失。

柔性封堵机理的关键在于,封堵材料要具备在漏失通道中膨胀、吸附、凝固等性能,适合于封堵不需要测定地层漏失通道的漏失地层。柔性封堵材料的出现和发展,可以看成是对刚性封堵机理的补充。它充分考虑了地层漏失通道的非均质性,具有较强的适应性。但柔性封堵也存在明显的不足,如漏失压差、地层温度、漏失通道体积以及有些材料储层伤害程度严重等因素,限制了柔性封堵材料的使用。

不管是用刚性颗粒还是用柔性材料封堵地层,根本目的是建立"挡水墙"。"墙"的一边是高压,另一边是低压。"墙"的抵抗"压力差"的性能决定封堵效果。一方面,"墙"自身有孔隙和渗透性,流体存在自由水且有液柱压力,防漏堵漏有条件成功;另一方面,还要承受着激动压力和抽吸压力,"墙"的抗"震"能力,体现在"墙"是否会依然致密。因此,"墙"有时很好地挡住了液柱压力驱动的工作流体,有时则不然,有时建立隔墙时,还加剧漏失程度。

(3)韧性封堵机理。韧性封堵机理认为封堵剂不仅要具备一定的强度,还要有合适的塑性,才能够抵抗钻井过程中的静态的液柱压力和动态的冲击力,实现有效封堵。

由于地层非均质性,有效封堵漏失通道,需要从模糊数学角度认识地层漏失通道、封堵材料、封堵方式,提出模糊封堵的概念。认为封堵材料大小、形状和数量属于集合分类,封堵无法准确确定大小、形状的漏失通道,需要用模糊方法,先封堵,提供材料实施粘接然后提强增韧的目的。

封堵的基本原理是采用大小、数量和形状都是自然形成的符合模糊数学规律封堵材料,采用分压、耗压、撑压等非确定封堵方式,封堵尺寸、数目和形态都符合模糊数学范畴的地层漏失通道,同时具备缝内黏结性能,有效提高井壁的力学稳定性,增强封堵能力。模糊封堵不同于刚性封堵和柔性封堵,又区别于减压理论,是一种新的封堵机理和技术。在模糊封堵机理的指导下,经过数年的室内研究结合现场试验,充分考虑煤层气钻井过程中地层因素及外部材料和设备的影响,开发了缝内黏结煤体分割单元的煤层气绒囊钻井流体。

绒囊钻井流体基本特点:一是工作流体密度在 0.75~1.4g/cm^3 内可任意调整;二是绒囊可测得的粒度分布为 15~150μm,范围广且可以变形、组合,适应不同形状的地下漏失通道;三是绒囊能把不同的封堵方式组合,如架桥、充填、凝胶等融合实现堆积、拉伸和填塞等封堵方式;四是绒囊钻井流体控制漏失压力具有不同方式,如分压、耗压和撑压等方式,阻止漏失压力向地层传递。

通过对封堵作用机理的研究,已经形成钻井过程中黏结内封堵弹性宽稳动态安全密度窗口技术(郑力会等,2017;Zheng et al.,2018)、完井过程中脂肪层卸压强化弱承压能力地层技术、修井过程中活塞流体非接触平衡地层压力压井技术(王金凤,2015)、压裂过程中原缝无损重复压裂技术(郑力会,2015)、酸化过程中新缝疏导重复酸化技术(温哲豪,2015)、堵水过程中充填增阻控水技术和驱油过程中卷扫剩余油技术。其手段就是绒囊流体,并在实际作业中都要应用并取得良好效果。

22.2 常用堵漏剂制造工艺

目前,常用的堵漏剂根据作用机理可分为刚性封堵材料、柔性封堵材料以及韧性封堵材料。刚性封堵材料以碳酸钙为代表,包括橡胶、水泥、纤维、塑料、固相颗粒等。柔性封堵材料以凝胶为代表,包括聚合物、无机凝胶、树脂、沥青、微粉纤维、聚丙烯酰胺聚合物等,韧性封堵材料以绒囊流体为代表包括韧性水泥、胶凝水泥等。

22.2.1 刚性封堵材料制造工艺

目前现场常用的刚性封堵材料,其主要组分为硅藻土、超细碳酸钙以及植物等经过改性的堵漏材料。

(1)硅藻土。堵漏剂是由细碎的纸屑、硅藻土和石灰按一定比例配成的混合物。碎纸屑是悬浮剂,用以悬浮其他堵漏材料,如硅藻土、石灰和果壳等。如有必要,也能悬浮加重材料,如重晶石等。为使堵漏液稳定,碎纸屑用量在2%~30%范围内,最佳用量为9%~11%,这样既可提供对硅藻土的极好的悬浮作用,又不至于使堵漏剂黏度过分增高。

硅藻土是一种生物成因的硅质沉积岩,主要由古代硅藻的遗骸所组成。其化学成分以二氧化硅为主,化学成分为式$SiO_2 \cdot nH_2O$。

矿物成分为蛋白石及其变种,大部分地区由于杂质含量高,不能直接深加工利用,往往需要进行处理方可使用。

硅藻土提纯方法主要分为物理法、化学法和物理化学综合法。常用操作方法包括擦洗法和酸浸法。

① 擦洗法提纯硅藻土的前提是通过擦洗将原料颗粒打细,尽量使固结在硅藻壳上的黏土等矿物杂质脱离,为分离提纯创造条件,然后根据各矿物性质和颗粒范围的不同,其中石英泥、含铁矿物、砂的颗粒大,因沉降快可先分出,而黏土杂质蒙皂石经搅拌擦洗已经分散成很小的颗粒,并与硅藻土带有相同的负电荷,彼此同性相斥,所以具有良好的悬浮性和分散性,故可以在料浆中加入氢氧化钠等分散剂来强化蒙皂石的悬浮性和分散性,蒙皂石粒子很难沉淀,而硅藻土粒子在料浆中沉降速度比蒙皂石粒子要快很多,把以蒙皂石为主的悬浮液分出,就可获得以硅藻土为主的硅藻精土。

擦洗法可去除硅藻壳体外面的杂质,但对清除硅藻微孔内的杂质作用不大。擦洗法提纯硅藻土工艺简单,设备投资少,易于实现工业化生产,但占地面积较大,用水量大,生产周期较长,硅藻精土烘干耗能也较大。

② 酸浸法是通过剥片后酸洗,除去了矿浆中大部分铁和铝等杂质,沉降分级第二次得到硅的含量为91.27%的硅藻土精矿,经过粗选、剥片、酸浸处理的精矿达到了预期要求,硅含量由71.86%增至91.27%,有效地去除了杂质,提升了比表面积,整个工艺流程产率约为40%。

松科2井位于松辽盆地徐家围子断陷带。钻井过程中,井越深,施工难度越大,井下温度可达200℃。董洪栋为满足高温钻井防漏堵漏的需要筛选合适的随钻堵漏材料。经过室内试验发现三类材料复合使用时,其堵漏效果明显增强,并最终优选出适用于松科2井的随钻堵漏剂配方为5%颗粒性材料、2%片状材料以及2%纤维状材料,其中颗粒性材料可使用硅藻土作堵漏剂。堵漏效果较之前有明显提高(董洪栋,2017)。

(2)超细碳酸钙材料。超细碳酸钙是一种用途广泛、潜力巨大、具有较高开发价值的新型纳米固体材料,它所具有的特殊的量子尺寸效应、表面效应,使其与常规粉体材料相比在补强性、透明性、分散性、触变性和流平性等方面都显示出明显的优势。现在,超细碳酸钙正朝着专用化、精细化和功能化方向发展,具有很广阔的发展前景。超细碳酸钙的生产方法有机械粉碎法、碳化法、复分解法等。

① 机械粉碎法是对碳酸钙含量较高的天然方解石、白垩石等矿石,机械物理粉碎制备重质碳酸钙产品,经过超细工业制造系统的加工,可以得到粒径小于 $1\mu m$ 的微细碳酸钙。

② 碳化法是将质量较好的石灰石煅烧,生成氧化钙和二氧化碳气体,然后氧化钙与水反应生成氢氧化钙浆液,再通入二氧化碳气体进行反应,在反应过程中控制合适的浆液浓度、反应温度、添加剂用量及加入时间等工艺条件即可合成合格超细碳酸钙产品。在反应过程中,使用不同浓度的水杨酸或乙酸等添加剂作为晶形控制剂,可以制备不同形状和大小的超细碳酸钙颗粒。根据实际操作过程的不同,可分为间歇鼓泡碳化法、连续喷雾碳化法、连续鼓泡碳化法以及超重力碳化法。

③ 复分解法是利用水溶性钙盐和水溶性碳酸盐在合适的反应条件下发生复分解反应合成超细碳酸钙。在复分解反应过程中,使用木糖醇、己二酸、苯酚等添加剂作为晶形控制剂,可以制备出粒径分布均匀,比表面积大、层状立方形的碳酸钙。

中原油田卫 22-19 井因邻近注水井影响,油气侵入钻井流体严重,钻井流体密度由 $1.26g/cm^3$ 降至 $1.03g/cm^3$。邻井加重到 $1.29g/cm^3$ 时曾发生严重井漏。因此,加重压井前必须加入防漏剂防漏。通过 4 次加入超细碳酸钙 8t 配合碱液和羧甲基纤维素提高地层承压能力,钻井流体密度逐步加到 $1.44g/cm^3$ 仍无任何漏失现象发生,压稳了储层,稳定了钻井流体性能,使该井恢复了正常钻井。

此外,中原油田文 72-433 井是一口高难度井,技术套管仅下到 3010m,三开后低压层与高压层同存于一个井眼中,由于该井采用了 1.5% 超细碳酸钙与 1% 的堵漏剂,配合磺化沥青等处理剂,提高了地层承压能力,使低压层能承受的当量密度为 $2.33g/cm^3$。但该井钻至 3910.00m 时,由于钻井流体密度太低,造成 3850.00~3870.00m 处高压盐水层涌出,严重破坏了钻井流体性能,导致了黏卡事故。后采用解卡剂解卡,经 30h 的浸泡,钻井流体的封堵性能和已形成的封堵被破坏,解卡后循环即发生井漏。为恢复钻井流体性能,除在钻井流体中加入必要的处理剂外,还加入了超细碳酸钙 4t、核桃壳 1.5t、云母 1.5t,之后开始循环,在整个循环过程中再无漏失现象发生。循环一周后,钻井流体密度加到 $2.15~2.18g/cm^3$,分段循环到底,无井漏发生,保证了这口井的顺利完成。

22.2.2 柔性封堵材料制造工艺

柔性封堵材料是指利用没有固定形状的非刚性材料和聚合物等封堵材料。现场应用的主要有聚丙烯酰胺以及脲醛树脂等。

(1) 聚丙烯酰胺。聚丙烯酰胺是一种线状的有机高分子聚合物,同时也是一种高分子水处理絮凝剂产品,可以吸附水中的悬浮颗粒,在颗粒之间起链接架桥作用,使细颗粒形成比较大的絮团,并且加快了沉淀的速度。聚丙烯酰胺在中性和酸条件下均有增稠作用,当 pH 值在 10 以上时聚丙烯酰胺易水解。

世界上工业化聚丙烯酰胺的聚合工艺技术主要有 5 种,分别为乳液聚合工艺、均聚现场水解工艺、均聚后水解工艺、共聚合工艺以及前加碱共水解聚合工艺。前三种工艺均可以通过调整引发体系,生产不同分子量的聚丙烯酰胺产品。

① 乳液聚合工艺是将单体水溶液按一定比例加入油相中,在乳化剂的作用下形成油包水型乳液,丙烯酰胺单体在此环境中进行聚合反应,得到质量分数为20%以上的乳液聚合物产品,其产品相对分子质量能达到2400×10^4以上,黏度在70mPa·s以上。乳液聚合工艺在生产过程中减少了聚合物胶体的切割、造粒、干燥等工序,降低了聚合物工厂的设备投入和能耗,但同时增加了产品的运输和贮存量,在生产过程中需用大量的有机溶剂。

② 均聚现场水解工艺是将在化工厂内聚合得到的非离子聚丙烯酰胺干粉运至聚合物注入现场溶解后,再加入氢氧化钠进行水解得到质量分数为2.2%的阴离子聚丙烯酰胺产品,最终产品的相对分子质量最高能达到2400×10^4以上,黏度能达到70mPa·s以上,其他各项指标均符合要求。工艺过程是先均聚成非离子聚丙烯酰胺,在造粒后加入氢氧化钠水解,最后通过干燥得到粉状聚合物产品。产品的相对分子质量能达到2200×10^4以上,黏度能达到50mPa·s以上。这种工艺技术的特点是较其他干粉生产工艺得到的产品相对分子质量高,对产品类型可进行灵活调整,但工艺过程较为复杂。

③ 共聚合工艺采用丙烯酰胺和丙烯酸两种聚合单体在较低的引发温度条件下,由引发体系作用,进行共聚合反应,聚合得到的胶体经切割、造粒、干燥等过程得到粉状阴离子聚丙烯酰胺产品。这种技术在国际上已应用多年,世界上大多数聚丙烯酰胺产品为共聚物,阴离子聚丙烯酰胺产品的相对分子质量能达到2000×10^4,黏度可达50mPa·s以上。该工艺的特点是可以根据不同的用途生产不同水解度的产品,产品的水解度可在0~70%的范围内调整。

④ 前加碱共水解聚合工艺采用丙烯酰胺和碳酸钠两种主要原料。这种工艺技术与其他工艺的主要区别是在聚合溶液制备过程中加入碳酸钠,在进行聚合反应的同时进行水解反应,聚合和水解在同一反应釜内完成,在熟化过程中使水解反应更加完全。

董伟等对聚丙烯酰胺和棉纤维复合堵漏剂进行了室内试验研究,用0.5%聚丙烯酰胺和0.2%棉纤维复合堵漏剂配制的堵漏钻井流体对微裂缝地层能起到很好的防漏堵漏效果,其耐温可达150℃。沈625-平7井在钻至水平段潜山油层时,用密度为$0.95g/cm^3$水包油完井液钻进,发生井漏。加入了0.5%聚丙烯酰胺和0.2%棉纤维后,只有轻微渗漏,由每天补充40m^3钻井流体转为每趟钻补充10m^3。沈625-平8井在钻至潜山油层时,提前在完井液中加入0.5%聚丙烯酰胺和0.2%棉纤维,结果直至完井没有发生漏失现象,防漏成功(董伟等,2007)。

(2)脲醛树脂。脲醛树脂又称脲甲醛树脂,是尿素与甲醛在催化剂(碱性或酸性催化剂)作用下,缩聚成初期脲醛树脂,然后在固化剂或助剂作用下,形成不溶、不熔的热固性树脂。

脲醛树脂由尿素和甲醛经缩聚反应而成,一般分两步进行:第一步是加成反应,即在中性或微碱性条件下,尿素和甲醛反应生成各种羟甲基脲的混合物。

$$O=C\begin{array}{c}NH_2\\NH_2\end{array} + \begin{array}{c}H\\H\end{array}C=O \longrightarrow O=C\begin{array}{c}HN-CH_2OH\\NH_2\end{array} + O=C\begin{array}{c}HN-CH_2OH\\N-CH_2OH\\H\end{array}$$

第二步是缩合反应,即将第一步所得产物在酸性条件下加热蒸去水分得到线型缩聚物。

$$\begin{array}{c}\text{HN}-\overset{\text{H}_2}{\underset{|}{\text{C}}}-\text{N}-\overset{\text{H}_2}{\underset{|}{\text{C}}}-\text{N}-\overset{\text{H}_2}{\underset{|}{\text{C}}}-\text{N}-\\ \underset{|}{\text{C}}=\text{O}\quad \underset{|}{\text{C}}=\text{O}\quad \underset{|}{\text{C}}=\text{O}\quad \underset{|}{\text{C}}=\text{O}\\ \text{NH}\quad\quad \text{NH}_2\quad\quad \text{NH}_2\quad\quad \text{NH}\\ |\quad\quad\quad\quad\quad\quad\quad\quad\quad\quad\quad\quad\quad\quad |\\ \text{CH}_2\text{OH}\quad\quad\quad\quad\quad\quad\quad\quad\quad\quad\text{CH}_2\text{OH}\end{array}$$

缩合反应既可以发生在亚氨基和羟甲基之间、羟甲基和羟甲基之间(先脱水脱去甲醛),又可以发生在甲醛和两个亚氨基之间。

把计量的甲醛放入装有搅拌装置、回流器以及夹套加热或冷却的搪瓷反应釜中。在不断搅拌下,把烧碱液加入甲醛中,调整 pH 值为 7~8,并开始慢慢升温到 25~30℃(以搪瓷反应釜内的温度为准)。在不断搅拌下,把粉碎成粉末状的尿素总用量的 50% 加进反应釜,并在 30min 内升温至 60℃(掌握使其每 10min 升温 10℃)。当反应釜内温度达到 60℃,第二次加入尿素总量的 25%,同样要不断搅拌,并控制如前升温速度,控制在 30min 内,使温度升至 90℃。最后加入尿素的剩余部分,在 90℃保温 30min。恒温后即用甲酸调整 pH 值至 5,调酸后应注意其自然放热反应,如有这种情况要迅速降温,以免影响胶料的质量。调酸后的 10~20min 内,用常温清水检验胶料是否到达反应终点,到达终点的胶液滴入清水内即起白色雾状。如已到反应终点,立即降温至 75℃左右,再用烧碱液调整 pH 值为 6.8~7.0,并恒温成胶。这个恒温阶段也是脱水阶段,脱水时间长短根据对胶浓度的要求而定,也可以经喷雾干燥成粉状树脂。成料后立即把胶料冷却至 35~40℃,然后放进胶桶,如暂不使用,应密封桶盖,放置阴凉室内保存。

脲醛树脂的合成过程中,由于加成反应与缩聚反应这两个阶段表现得非常明显,反应分两步进行,所以工业上称为"两步法"生产。用此工艺生产的脲醛树脂,固体含量较高,游离甲醛较低。

聚乙烯醇—脲醛树脂作为堵漏剂,存在热稳定性差、强度低等问题。针对此问题,雷鑫宇等利用稳定剂十二烷基磺酸钠、增韧剂超细碳酸钙以及固化剂氯化铵对脲醛树脂进行改性,改性后的堵漏剂得到一种稳定性好、强度高。经过评价实验,岩心渗透率下降明显,封堵率达到了 96.6%,表明该改性树脂作为堵漏剂有较好的堵漏效果(雷鑫宇等,2014)。

22.2.3 韧性封堵材料制造工艺

韧性封堵材料是根据地层需要,在现场实施配制。封堵材料主要是绒囊钻井流体,其现场配制工艺包括 10 个步骤:

(1)现场配制钻井流体罐容积 $40m^3$,配制绒囊钻井流体密度范围为 $0.89~1.01g/cm^3$。

(2)先期放入占罐体容积 80%~90% 的清水体积,为 $32~36m^3$,预留 $4~8m^3$ 体积用于钻井流体中气核形成后膨胀空间,以及后续性能调整时补充清水用空间。

(3)如果配制钻井流体罐有搅拌设备,开启搅拌功能,提高配制效果。

(4)将泵车吸水口与液罐端口连接,泵车出水口连接加料漏斗后接入液罐。

(5)开启泵车,保证循环流速接近或者大于500L/min,在加料漏斗中先后加入设计用量50%的囊层剂、绒毛剂配制形成绒囊钻井流体基液。及时测量基液性能,评估后续囊层剂、绒毛剂加量。囊层剂与绒毛剂加入速度控制低于3.5kg/min。

(6)保持流体循环状态下,根据性能测定效果,补充囊层剂和绒毛剂,观察液罐中钻井流体表层特征。

(7)保持流体循环状态下,从加料漏斗中缓慢加入设计用量的囊核剂。

(8)保持流体循环状态下,从加料漏斗中缓慢加入设计用量的囊膜剂。

(9)保持流体循环状态下,循环20~30min,取样测量钻井流体基础性能。

(10)如果钻井流体性能不达标,通过添加不同处理剂调整性能至设计范围。性能达标后,视情况加入后续氢氧化钠等辅助处理剂。

H3-X井为煤层气水平井,设计井深为1638.00m,不同岩性过渡段渗漏严重,最高漏速达15m^3/h。使用绒囊钻井流体解决漏失问题,H3-X井针对地层漏速变化,动态调整处理剂加量比,组合使用随钻控漏、随钻堵漏、静止堵漏配方,控制多类型漏失有效,且单位进尺处理剂用量相对M1-X井下降37%左右,表明优化后上部漏失层钻井流体性能控制工艺在保证防漏效果的同时,提升经济效果明显(魏攀峰等,2018)。

针对漏失地层固井,采用聚丙烯纤维加入水泥浆中改善水泥浆的防漏性能,增加水泥石韧性。实验和应用结果表明,5~19mm聚丙烯短纤维能提高水泥浆切力,显著改善水泥浆堵漏能力,加量为0.6%,其30min的承压能力达到5.0MPa。聚丙烯纤维提高了水泥石的变形能力,抗折强度提高30%,抗冲击韧性提高32%,弹性模量下降35%,具有良好的抗冲击能力。聚丙烯纤维同各类外加剂配伍良好,现场使用简单,有效地解决了循环漏失问题。在保证原浆综合性能的同时,能明显改善其防漏增韧功能,保证水泥环与地层套管间良好的胶结,有利于提高固井质量(张成金等,2008)。

22.3 发展前景

自20世纪90年度以来,研究人员对钻井漏失机理的研究逐渐深入,对井漏漏失层位的特征、漏失的影响因素等方面的认识也更加明晰。在此基础上,针对性地做出防漏堵漏措施,取得了一定的成果。与此同时,随着各种复合堵漏产品以及新材料的应用,堵漏的成功率也有相应的提高。进入21世纪以来,由于国家对环境保护的重视,各种环境友好性的堵漏材料得到开发与应用。

22.3.1 存在问题

总体来看,现有堵漏剂在处理常规漏失时种类颇多且均取得了良好效果。但针对严重漏失情况,可应用的堵漏剂还相当有限,主要包括混合物堵漏剂和水泥堵漏剂。对于极易出现恶性漏失的裂缝型、溶洞型地层时,又会出现堵漏剂易与地层相混合、稀释被带走的情况,难以形成强度较高的封堵层。此外,堵漏剂能否准确送达漏失层,也是影响堵漏成功与否的重要因素。随着油田开发速率的不断加快,以及在国家大力倡导建设环境友好型社会的背景下,如何高效环保地应对复杂多变的漏失层已成为当下石油工作者亟待解决的问题。

（1）目前高温钻井堵漏方面研究主要集中在新材料的研发方面，且其应用一般都集中在石油钻井领域，针对高温科学钻井全井段取心需要而研制的堵漏材料还非常少。

（2）现有的一些堵漏材料一般是以常用的堵漏材料复合而成，对复合材料耐温性能的评价较少，对钻井流体性能方面的影响研究也存在不足。

（3）目前已有的耐高温堵漏材料，耐温性能大都在180℃以下，少数能够达到200℃。一些新材料，如弹性石墨，虽然它耐温性能良好，但成本较高，应用范围受到限制。

22.3.2　发展方向

如果能够在现有研究的基础上，采用耐温性较好的堵漏材料，如矿物纤维、耐高温颗粒等，通过粒度匹配及各组分加量比例调节，研究出性能更好的堵漏剂，将具有重要意义。

（1）复合材料堵漏剂。导致地层发生漏失的原因有多种，且地层的漏失特点又具有多样性，单一的堵漏材料难以取得较好的效果，故通常采用复合堵漏材料，通过多种堵漏材料之间的协同作用，在漏失表面形成封堵层，减少钻井流体向地层渗透。

（2）可固化型堵漏剂。可固化型堵漏剂机理是堵漏剂进入漏失地层后能有效停留，快速固化并能形成强度较高的固化体，减少钻井流体漏失，进而使封堵率得到提高。

（3）膨胀类堵漏剂。膨胀类堵漏剂的机理是通过吸取溶液中的水膨胀，形成具有一定弹性和韧性的物质，在压力作用下通过架桥作用堵塞裂缝，也可通过压实充填改善堵漏效果。

（4）桥接型堵漏剂。桥接型堵漏剂的机理是颗粒状的架桥剂在漏失通道的表面及狭窄部位产生挂阻并架桥。开发金属类的材料能够增加其强度（艾正青等，2017）。

（5）暂堵型堵漏剂。暂堵型堵漏剂的机理是在工作液中加入固相粒子和纤维结网剂结网架桥，使固相颗粒在一定的正压差下形成具有一定承压能力、渗透率极低的暂堵层。

第23章 泡 沫 剂

　　泡沫剂也称为发泡剂(Foaming Agents),是表面活性剂在有水的情况下起发泡作用的钻井流体处理剂。可用于空气或天然气钻井完成含水水层钻进。

　　泡或气泡(Bubble),是指存在于液体或固体中的不溶性气体,或存在于以液体或者固体薄膜包围的气体。气泡是具有气—液、气—固、气—液—固界面的分散体系。

　　泡沫(Foam)则是许多气泡聚集在一起彼此以薄膜隔开的积聚状态。一般来说,泡沫是气体在液体中的粗分散体,属于气—液非均相体系,也是体积密度接近气体而不接近液体的气—液分散体。气—液分散体分为液多气少的气泡分散体和气多液少的泡沫。乳状液是一种液体被另一种不相混溶的液体分隔开来。泡沫则是气体分散在液体中的分散体系,气体是分散相(不连续相),液体是分散介质(连续相)。由于气体和液体密度相差很大,故在液体中的气泡有上升至液面趋势,形成以少量液体构成的液膜分隔的气泡聚集物,即通常所说的泡沫。

　　一般来说,泡沫中气体含量较低时,以小球型均匀分散,气体含量较高时,呈多面体结构。泡沫钻井流体是气体含量较高的泡沫,称作浓泡沫或干泡沫。

　　泡沫形成的前提条件是必须有气体和液体发生相互接触。气体和液体接触有3种途径:一是直接向液体中通入外来气体;二是利用气井内气流的流动;三是钻井流体中处理剂在一定条件下发生反应产生不溶气体。

　　观察搅拌或吹气肥皂水产生的泡沫可以发现,许多气泡被液体分隔开。这与乳状液由液膜隔开的本质有很大的差别。泡沫形成后,体系比表面积增加,自由能随之增加。从热力学观点看,这样的体系不稳定,容易破坏。要使体系稳定,液—气界面应有更低的表面张力,加入泡沫剂就能达到此目的。一般来说,泡沫剂选用遵循5个原则:

　　(1)起泡能力好。一旦与气体接触立即可产生大量的泡沫,即泡沫膨胀倍数高。

　　(2)泡沫稳定性强。所产生的泡沫性能稳定,寿命长。

　　(3)与地层岩石流体兼容性好。与原油、盐水、碳酸盐及各种化学处理剂接触时,也可保持其稳定性。

　　(4)用量少,成本低。相对而言,用量少的泡沫剂较好,但用量少未必成本低。

　　(5)货源充足,便于就地取材。

　　常用的泡沫剂为表面活性剂。表面活性剂指的是能在低浓度下吸附于体系的两相表(界)面上,改变界面性质,显著降低表(界)面张力,并通过改变体系界面状态,从而产生润湿和反润湿、乳化与破乳、起泡与消泡、在较高浓度下产生增溶的物质。

　　钻井流体常用的泡沫剂有:阴离子型,如烷基磺酸盐、烷基苯磺酸盐,用于气含水井;非离子型,烷基酚聚氧乙烯醚,用于含矿化水气井;两性离子聚合物,有机硅化合物、甜菜碱,用于含矿化水和凝析油;固体泡沫剂(组分如聚氧乙烯烷基醚),复合型,用于含矿化水和凝析油。

美国、英国和加拿大等在1999年后开发了一种名为VES(Viscoelastic Surfactant)的表面活性剂,称为黏弹性表面活性剂(Samuel et al.,1999)。黏弹性表面活性剂是一种新型Gemini阳离子表面活性剂,分子结构中含有两个阳离子位点,在水中很容易形成独特的蠕虫状胶束而使其水溶液具有优异的黏弹性。

黏弹性表面活性剂依然是由亲水基团和亲油骨架构成。该类表面活性剂分散在盐水中时,骨架结构发生翻转形成柔性棒状胶束(Worm – like Micelles Structure),相互交叉,从而增大流体黏性和拟固体弹性,一旦受到剪切作用,棒状胶束取向迅速一致,流体的黏度和弹性迅速减低,流动性增强;当移除剪切作用,流体又恢复黏度和弹性。因此,将含有表面活性剂流体泵入井下所需动力比常规表面活性剂或高分子溶液低得多。另外,相比于聚合物,黏弹性表面活性剂具有更好的温度稳定性和化学稳定性。表面活性剂最早是阳离子表面活性剂,后来又开发了阴离子黏弹性表面活性剂,在强制采气、强制采油方面获得了巨大成功。

Rhone – Poulenc公司开发了一种基于咪唑啉的醋酸盐两性表面活性剂,作为抗油表面活性剂用于强制采油、采气(Dino et al.,1997)。该类表面活性剂要获得较好的抗油性能必须具有非常高的纯度,几乎不含羟基乙酸盐、不含未烷基化的氨基酰胺中间产物,生产过程控制非常严格,分离比较烦琐。据介绍,该类高纯度表面活性剂在纯水、高矿化度水介质以及含有烃类的油水混合介质中的起泡性能和泡沫稳定性表现优异,在矿化度为5×10^4mg/L、含油量为4%的混合介质中表面活性剂加量1%时,初始泡沫高度达到95mm,3min后泡沫高度为45mm。

所有这些研究,对于一般油气井地下介质[大多数矿化度在$(10\sim20)\times10^4$mg/L,含油量5%~20%]和较高温度(70~80℃)下,表面活性剂的泡沫性能均不尽人意,需要开发一种在较高矿化度和含油量下具有良好泡沫性能的表面活性剂体系。

23.1　泡沫剂作用机理

泡沫剂具有较高的表面活性,能有效降低液体的表面张力,并在液膜表面双电子层排列而包围空气,形成气泡,再由单个气泡组成泡沫。

泡沫剂有广义与狭义两个概念。这两个概念是有一定差别的,它可以区分非应用性的泡沫剂与应用性泡沫剂。

(1)广义泡沫剂。广义的泡沫剂是指所有其水溶液能在引入空气的情况下大量产生泡沫的表面活性剂或表面活性物质。因为大多数表面活性剂与表面活性物质均有大量起泡的能力,因此,广义的泡沫剂包含了大多数表面活性剂与表面活性物质。因而,广义的泡沫剂的范围很大,种类很多,其性能品质相差很大,具有非常广泛的选择性。

广义的泡沫剂的发泡倍数(产泡能力)、泡沫稳定性(可用性)等技术性能没有严格的要求,只表示它有一定的产生大量泡沫的能力,产出的泡沫能否有实际的用途则没有界定。

(2)狭义的泡沫剂。狭义的泡沫剂是指那些不但能产生大量泡沫,而且泡沫具有优异性能,能满足各种产品发泡的技术要求,真正能用于生产实际的表面活性剂或表面活性物质。它与广义泡沫剂的最大区别就是其应用价值,体现其应用价值的是其优异性能。其优异性能表现为发泡能力特别强,单位体积产泡量大,泡沫非常稳定,可长时间不消泡,泡沫细腻,和使用介质的相容性好等。

狭义的泡沫剂就是工业上实际应用的泡沫剂，一般人们常说的泡沫剂就是指这类狭义泡沫剂。只有狭义的泡沫剂才有研究和开发的价值。

表面活性剂的类型是决定起泡力的主要因素，而环境条件也很重要。例如，温度、水的硬度、溶液的 pH 值和添加剂等对起泡力都有很大的影响。

温度对非离子表面活性剂起泡力的影响不同于阴离子表面活性剂。例如，对聚氧乙烯醚型非离子表面活性剂来说，温度低于浊点时起泡力大，达到浊点时发生转折，高于浊点时起泡力急剧下降。阴离子表面活性剂对温度敏感性不大，相反，有的随温度升高起泡力增大，所以在使用时不必担心。

泡沫稳定性是指生成的泡沫存在时间的长短，即泡沫的持久性或存在的寿命，也可以理解为泡沫破灭的难易程度。影响泡沫稳定性的因素有很多：

(1) 表面张力。如前所述，泡沫生成时体系的总表面积增大，体系的能量也相应增高；泡沫破灭时体系的总表面积减小，体系的能量也相应降低。因此，可以认为，液体的表面张力是影响泡沫稳定性的因素之一。这可以从丁醇水溶液不能生成稳定泡沫的事实，及纯水的表面张力大，不能得到稳定的泡沫加以佐证。然而，单纯的表面张力这一因素并不能决定泡沫的稳定性。比如，一些有机液体，如乙醇、正乙醇等，它们的表面张力较水低得多，甚至比肥皂水溶液还要低，为什么也不易生成稳定的泡沫呢？这可做如下解释。

液体的表面张力低有利于生成泡沫，这是仅就与表面张力高的液体相对而言的，即生成泡沫时，外部对其做功相对地较少。而体系由于总表面积增大，毕竟还是不稳定的，也就是说，不能保证泡沫有较好的稳定性。只有当泡沫的表面膜有一定强度、能形成多面体的泡沫时，低表面张力才有助于泡沫稳定。根据拉普拉斯公式，液膜的交界处与平面膜之间的压力差与表面张力成正比，表面张力低，压力差小，所以排液较慢，液膜变薄也较慢，有利于泡沫稳定。

许多事实均说明，液体的表面张力不是泡沫稳定性的决定因素。比如，十二烷基硫酸钠水溶液的最低表面张力为 38mN/m，一些蛋白质水溶液的表面张力高于此值。但它们均能生成稳定性较高的泡沫，而丁醇水溶液的表面张力为 25mN/m，却不能生成稳定的泡沫。

(2) 表面黏度。实验和理论表明，决定泡沫稳定性的关键因素是液膜的强度，而液膜的强度取决于界面吸附膜的坚固度，可由表面黏度来度量。

当液体膜表面上吸附有表面活性剂时，由于表面膜上表面活性剂分子的存在，使表面黏度增高，阻碍膜上液体流动排出，从而使泡沫稳定。在液体中加入蛋白质或阿拉伯胶后，由于生成的泡沫液膜有较大的黏度，也能阻止液膜上液体流动排出。可见表面黏度越高，此效应越大，泡沫越稳定。使表面黏度增高的物质很多，特别是高分子物质，如蛋白质、皂角苷、淀粉、阿拉伯胶、琼胶、合成高分子等。此外，一些表面活性剂也具有很好的增高表面黏度的能力。

泡沫稳定剂的作用除能增高泡沫液膜的黏度外，主要是增大液膜吸附表面活性剂分子的作用，使液膜强度增高。由于泡沫液膜的强度增大，泡沫的稳定性增大。泡沫稳定剂增大表面膜强度的机理可用下例加以说明。在月桂酸钠或十二烷基硫酸钠水溶液中加入少量十二醇或月桂酰异丙醇胺（泡沫稳定剂）后，泡沫的液膜上构成密度较大的混合吸附分子膜，混合膜中分子间的作用较强。这是因为在加入十二醇或月桂酰异丙醇胺之前,表面上吸附的表面活性剂分子的直链烷基由于极性基带有负电荷而产生排斥不能靠近;加入之后,由于十二烷的插入,表面上烷基的总数增多,密度增大;此外,两种极性基之间还可能形成氢键,这就更增大了分子间的作用,因此使表面的强度增大。

蛋白质分子较大,分子链中有很多极性键,分子间的作用较强,其水溶液形成的泡沫的稳定性很高。一般疏水基中支链较多的表面活性剂,其分子间的作用力较直链疏水基表面活性剂分子弱,故泡沫稳定性差。例如,不饱和烯烃经硫酸酸化后制得的烷基硫酸盐带有两条烷链,其水溶液生成的泡沫远不及正烷基硫酸盐生成的泡沫稳定。

既然表面上吸附分子间的相互作用是导致膜强度增大、泡沫稳定性增高的主要因素,那么若使用阴离子和阳离子复配型表面活性剂又当如何呢?阴离子表面活性剂和阳离子表面活性剂吸附于表面膜上后,正离子与负离子间的作用很强,表面强度变得很大,由这种复配表面活性剂水溶液生成的泡沫,其稳定性极高。

分别由浓度为 0.0075mol/L 的辛基硫酸钠和辛基三甲基溴化铵溶液生成的气泡,在 25℃下它们的寿命相应为 19s 和 18s;而浓度分别为 0.0075mol/L 的辛基硫酸钠和辛基三甲基溴化铵溶液按 1∶1 比例混合形成的混合表面活性剂溶液所生成的气泡,在 25℃下长达 26100s 尚未破裂,尽管此时气泡中的气体已全部扩散到泡外,气泡仍未消失。由此可见,阴离子表面活性剂和阳离子表面活性剂在表面膜上相互作用非常强烈,除碳氢链间的相互作用外,还有强烈的静电引力作用,从而导致气泡极为稳定。

(3)溶液黏度。高黏度溶液生成的泡沫,其液膜的黏度也必然大,使泡沫稳定性提高,这是不言而喻的。其另一原因是,体相液体黏度大,液体不易流动,阻碍了液膜排液,其厚度变小的速率减慢,延缓了液膜破裂,从而使泡沫的稳定性增高。

(4)表面张力的"修复"作用。当泡沫的局部液膜受到冲击(外力作用)时会变薄,同时液膜表面积增大,吸附于其上的表面活性剂分子的密度发生急剧变化,表面变薄处的密度减小,未受冲击处与受冲击的连接处密度增大(在外力作用下,表面活性剂分子向未受作用处移动导致的)。这就引起表面变薄处表面张力增大(表面自由能增大),而表面薄厚连接处(此外,由于受外力挤压液膜亦变厚)表面张力减小(表面自由能减小),于是体系变为非平衡状态。根据热力学观点,该非平衡体系能自发地向原平衡状态移动或形成一种新的平衡状态。表面活性剂密度大处的分子会向密度小处移动并带去一部分液体,同时由于表面薄处的表面张力大而有使表面缩小的作用,最终使表面张力复原(即吸附的表面活性剂的分子密度复原),液膜厚度复原,液膜强度亦复原,这时泡沫表现出良好的稳定性。这种情况称为表面张力的"修复"作用。而当受冲击处,即表面活性剂的分子密度小、表面薄处的分子不足以由溶液中的表面活性剂分子吸附至该处来填补的,体系则不能达到原来未受冲击时的初始状态,即变薄的液膜不能恢复原厚度,这样液膜强度较小,泡沫稳定性也就较低。

表面活性剂溶液的浓度适当(低于临界胶束浓度)时,表面的修复靠表面张力的作用,泡沫的稳定性较高;表面活性剂溶液的浓度过高(超过临界胶束浓度)时,表面吸附表面活性剂分子的速率较快,以第二种方式达到新的平衡状态,因此,泡沫的稳定性往往较低。一般低级醇水溶液的泡沫稳定性不高,这与醇分子自溶液中吸附于表面的速率快有关。

(5)气泡内的气体通过液膜的扩散。液体生成的泡沫中气泡有大有小,根据拉普拉斯关系式,小气泡的压力高于大气泡,气体能自发地由小气泡中扩散转移进入大气泡中。因此,小气泡逐渐变小直至消失,大气泡逐渐增大最终破裂。浮于液体表面上的独立气泡,其中的气体不断地透过液膜扩散到大气中,而气泡逐渐变小最终导致消失。

气泡中气体扩散透过液膜的速率(或难易)与气泡液膜的厚度、黏度以及表面吸附膜的紧密程度(如表面活性剂分子在液膜上吸附的数量和排列的紧密程度)等有关。气泡液膜的厚度越小,黏度越低,表面吸附膜越松散不紧密,气泡中的气体越容易扩散透过液膜,即气体透过性越大,气泡越不稳定,越容易消失;反之,气泡的液膜厚度越大,黏度越高,表面吸附膜越紧密,气泡越稳定,寿命越长。例如,在十二烷基硫酸钠溶液中加入少量十二醇,表面吸附膜即会含有大量十二醇分子,使吸附膜中分子间力加强,分子排得更为紧密,气体透过性降低,较由十二烷基硫酸钠溶液生成的泡沫的稳定性高得多。

(6)液膜电荷。如果泡沫的液膜带有电性相同的电荷,液膜的两液面相互排斥,能防止液膜变薄而破裂。以离子表面活性剂作为泡沫剂,溶液中的表面活性剂分子富集于表面。如用十二烷基硫酸钠作为泡沫剂,当生成泡沫时,泡沫液膜的两表面吸附一层十二烷基硫酸基,而反离子(钠离子)则分散于液膜的内部(当然,液膜的内部也有表面活性剂离子),液膜的两表面构成了表面双电层。当液膜变薄时,两表面电层的排斥力增强,防止液膜进一步变薄。显然,当泡沫的液膜厚度较大时,这种静电排斥作用不大。溶液中表面活性剂浓度过高(或电解质的浓度过高),双电层的扩散层会被反电荷离子所压缩;电位降低,液膜两表面的排斥作用减弱,液膜厚度变小,泡沫稳定性变差。

上述6种作用对泡沫的稳定性均有影响,而其中影响最大的是表面膜强度因素。以表面活性剂作为泡沫剂时,表面活性剂分子(离子)在液膜上排列的紧密程度对液膜的强度起主要作用,表面活性剂分子(离子)在液膜上吸附得越强烈,排列得越紧密,液膜的强度越高。此外,液膜上表面活性剂分子(离子)排列得紧密还能使表面层下面邻近的溶液层中的液体不易流走,使液膜排液相对较困难,液膜不易变薄。另外,液膜的强度高、吸附分子排列紧密,还能减缓泡内气体透过液膜,使泡沫的稳定性增高。

因此,为获得稳定性高的泡沫,或破坏不需要的无益泡沫,应首先考虑构成表面膜物质(表面活性剂,即泡沫剂和助泡剂)的分子结构、性质,分析它是否在液膜上有利于形成目的表面膜。对于具体情况必须深入分析,采取最适宜的措施。

23.2 常用泡沫剂制造工艺

纯液体是很难形成稳定的泡沫的。钻井流体中加入表面活性剂或高分子聚合物后,发泡并稳定。由于它们起稳定作用,称为稳泡剂。最常用的泡沫剂和稳泡剂是表面活性剂。此外还有其他处理剂。

表面活性剂类是常见的发泡剂。例如十二烷基苯磺酸钠,十二醇硫酸钠以及肥皂等,都具有良好的发泡能力。这些活性剂的溶液表面张力很容易达到 25mN/m 左右,这样低的表面张力无疑是具有良好起泡作用的主要因素之一,同时这类分子在液膜上下两侧的气液界面作定向排列,伸向气相的碳氢链段之间的相互吸引,使活性剂分子形成相当坚固的膜,同时伸向液相的极性基团由于水化作用,具有阻止液体流失的能力。这些性质对泡沫稳定性起着重要的作用。

蛋白质类如蛋白质、明胶等对泡沫也有良好的稳定作用。这类物质虽然对降低表面张力的能力有限,但是它可以形成具有一定强度的薄膜,这是因为蛋白质分子间除了范德华引力外,分子中的羧酸基与氨基之间有形成氢键的能力。所以蛋白质生成的薄膜十分牢固,形成的泡沫也相当稳定。但这类发泡剂易受溶液 pH 值的影响,并有老化现象。

固体粉末类如炭沫矿粉、黏土等固体粉末常常聚集于气泡表面,也可以形成稳定泡沫。这是因为在气—液界面上的固体粉末,成了防止气泡相互合并的屏障。同时吸附在液膜上的固体粉末,形状各异,杂乱堆集,这就增加了液膜中液体流动阻力,也有利于泡沫的稳定。

一些高聚物,例如聚乙烯醇、甲基纤维素以及皂素等,也可以稳定泡沫。

综上所述,各类发泡剂的一个共同特点是,必须在气—液界面上形成坚固的膜。除了使用以上的稳泡剂外,为了使泡沫具有一定持久性,往往再加入一些辅助泡沫稳定的表面活性助剂,常用的这类助剂有尼纳尔(月桂酰二乙醇胺等)。

泡沫剂的种类很多,作为商品出售的泡沫剂的种类更多,不管泡沫剂的名称是什么,其生产方法不外乎有如下三条途径:

(1)根据钻井工作的特殊条件及要求,有针对性地设计一些具有特殊结构的化合物,这些化合物多数都是从单体、有机化合物的中间体进行合成,或是在现有物质的基础上进行改性而成。此种泡沫剂的特点是能够有针对性地解决泡沫钻井过程中所遇到的问题,如耐盐、抗钙、耐高温、抗低温、良好的携带水能力等,是泡沫钻进最理想的泡沫剂。国际上生产的泡沫剂多属于此种类型,在专利中见到的也往往是这种类型。在中国则往往由于设备技术条件和资金的限制,这种泡沫剂目前尚很少见,以后应加强这方面的工作。

(2)以化工行业生产的商品为基本原料,复配以其他物质而成的泡沫剂。这种方法在中国采用的较多,其优点是生产周期短、价格低廉、产品来源比较广泛。有些物质本身的发泡性能就很好,稍加改进就能成为泡沫剂。缺点是性能往往不能满足实际钻井工作的需要、同时可供选择的现有产品较少,所以往往造成泡沫剂的产品很多,其主成分是相同的。随着化工业的不断发展,可供选择的品种会越来越多,性能也会越来越好。这种方法仍不失为一条合成泡沫剂的捷径。

(3)利用某些工业部门的生产废料,如亚硫酸酒精废液、纸浆废液浓缩物等;或者利用某些天然产物,粗制的塔尔油、松节油之类作为泡沫剂。它的优点是价格低廉,缺点是产品的性能较差。采用这种方法生产泡沫剂目前较少。

23.2.1 十二烷基苯磺酸钠阴离子型泡沫剂制造工艺

十二烷基苯磺酸钠是典型的阴离子表面活性剂,常用的阴离子表面活性剂还有十二烷基苯磺酸钠、直链十二烷基苯磺酸钠、α-烯烃磺酸盐、十二烷基磺酸钠、十二烷基硫酸钠、脂肪醇醚硫酸钠、椰子油烷基硫酸盐、脂肪酸皂等。阴离子泡沫剂的气泡能力高,价格适中且来源广,但缺点是抗电解质能力差,因为其分子结构中一般都含有硫酸根离子之类遇到钙离子、镁离子等多价阳离子而生成沉淀的阴离子结构,其起泡能力和稳定性都受到影响。

十二烷基苯磺酸钠的合成方法较为成熟,大多利用磺化反应得到相应的酸,再与氢氧化钠中和成盐的产物。一般所选用的磺化剂有三氧化硫、氯磺酸、氨基磺酸、浓硫酸等,其中,三氧化硫非常活泼,反应剧烈,易生成多磺化、氧化等副产物;氯磺酸作为磺化剂时,耗费量大,操作复杂,生成的盐酸具有强腐蚀性;氨基磺酸的价格较高,生产成本高。选用过量浓硫酸作为磺化剂,反应速度易控制,操作简单。以十二烷基苯作为被磺化物,先加入反应瓶内,再向其中滴加过量的浓硫酸,经磺化反应得到十二烷基苯磺酸,再与氢氧化钠发生中和反应,成盐,得到最终产物十二烷基苯磺酸钠。

23.2.2 氧化胺阳离子型泡沫剂制造工艺

此类泡沫剂实质就是阳离子表面活性剂,是由有机胺衍生出来的盐类。在水溶液中能离解出表面活性阳离子。该类发泡剂发泡能力适中,但由于来源少、价格高,从经济上考虑很少使用。

用过氧化氢氧化叔胺工艺路线。反应过程里,过氧化氢用计量泵打入,不能一次性加入,过氧化氢要过量,反应后用亚硫酸钠除去。因为过氧化氢及氧化胺对铁等某些金属离子比较敏感,合成过程里体系内常加入少量螯合剂。

在装有搅拌器、回流冷凝管、温度计和控制加料装置的反应釜中加入十二烷基二甲基胺和柠檬酸,在加料装置中加入30%的过氧化氢。然后搅拌,升温到60℃,在规定时间内将过氧化氢均匀注入反应釜。然后将反应物升温至80℃,回流反应约4h。在反应过程中,体系黏度不断增加,当搅拌状况不好时,将水和异丙醇的混合物加入搅拌均匀。反应物降温到40℃时,加入亚硫酸钠,搅拌均匀后出料。

23.2.3 烷基酚聚氧乙烯醚非离子泡沫剂制造工艺

烷基酚聚氧乙烯醚是典型的非离子表面活性剂,在水溶液中不离解为离子态,而是以分子或胶束态存在于溶液中,它的亲油基一般是烃链或聚氧丙烯链,亲水基大部分是聚氧乙烯链、羟基或醚键等(周凤山,1989)。

常用的非离子泡沫剂的种类有醚型系列、聚氧乙烯脂肪醇醚系列、烷基氧化胺等。非离子泡沫剂抗电解质能力强,但其起泡能力低,使用范围常受浊点影响。

在不锈钢反应釜中加入原料烷基酚,搅拌下加入50%浓度碱催化剂,用反应釜夹套蒸汽加热至105℃,抽真空脱水1h,充入氮气再抽真空。然后从计量罐向反应釜内压入环氧乙烷,通过环氧乙烷进料阀控制反应压力在0.1~0.4MPa,用冷却水控制反应温度在130~180℃,待加完环氧乙烷后继续搅拌至釜内压力不下降为止。降温至小于100℃,放料入精制釜,加醋酸中和,70~90℃加入总量1%的过氧化氢漂白,最后包装。

23.2.4 十二烷基二甲基甜菜碱两性泡沫剂制造工艺

此类泡沫剂实质上就是两性离子表面活性剂,在水溶液中离解出的表面活性离子是一个既带有阳离子又带有阴离子的两性离子,而且此两性离子随着pH值变化而变化。通常在碱性条件下显示出阴离子性质,在等电点显示出非离子性质,在酸性条件下显示出阳离子性质。

两性泡沫剂主要有甜菜碱型、咪唑啉型β-氨基羧酸型、α-亚氨基酸型等。该类泡沫剂毒性低、生物降解好,但成本高,因而很少使用。

合成十二烷基二甲基甜菜碱最广泛采用的方法是以高级叔胺与氯乙酸作用的季铵化法。合成十二烷基二甲基甜菜碱采用的原料为十二烷基二甲基胺、一氯乙酸和氢氧化钠。反应分两部进行,首先用一氯乙酸与氢氧化钠反应制取一氯乙酸钠,然后加入十二烷基二甲胺继续反应合成十二烷基二甲基甜菜碱。

23.2.5 蛋白质聚合物泡沫剂制造工艺

聚合物类泡沫剂是指那些分子量较大(分子量高达几千、几万甚至几百万),而且具有一定表面活性的物质。如美国 Colgon 公司研制的丙烯酰胺和乙酰丙酮丙烯酰胺的共聚物就属于聚合物泡沫剂,现场上将其用于含矿化水、凝析油的气井进行泡沫排水收到了良好效果。

国际上,20 世纪 70 年代开始一直非常重视在含油含盐体系中高泡沫性能表面活性剂体系的研究,也取得了一定的进展,有些也进入了商业化领域。

比如国际上研究了两性表面活性剂 AO 系列和醋酸乙烯酯—丙烯酸系列共聚物高分子表面活性剂系列、改性聚硅氧烷系列、氟碳表面活性剂系列等,其中仅 AO 系列和共聚物高分子表面活性剂系列有相关报道,改性硅氧烷系列和氟碳表面活性剂系列的研究未公开报道。

美国报道了用于采油采气的两性表面活性剂 AO 系列表面活性剂在由盐水溶液和煤油构成的混合介质中的泡沫性能数据(Green et al. ,1984)。

23.2.6 辛基硫酸钠/辛基三甲基溴化铵复配泡沫剂制造工艺

由于单一的阴离子泡沫剂抗电解质能力差,对于高含钙或盐的地层,可将阴离子与阴离子复配、阴离子与非离子等复配形成复合型发泡剂,以增强发泡剂的抗静电能力。使其可用于高含钙或盐的地层。

在水基钻井流体中加入泡沫剂(表面活性物质),在操作过程中混入气体产生泡沫,即成为泡沫钻井流体。其目的是大幅度降低钻井流体的密度,从而降低井筒内的液柱压力。这种钻井方法具有摩擦阻力小,钻井速度快,可防止井漏和井塌事故,对低压储层有保护作用等特点。

23.3 发展前景

随着中国合成树脂工业的迅猛发展,发泡剂与其他处理剂一样呈现良好发展前景和巨大市场潜力。

23.3.1 存在问题

尽管中国发泡剂的生产研发水平处于国际先进地位,但目前中国使用发泡剂还存在着生产成本高、使用习惯不好、环保法规不完善等问题,消费量较少,潜在市场需求大,但没有形成真正的消费,有的发泡剂污染较严重。

23.3.2 发展方向

中国发泡剂工业生产基础较好,今后应加快传统发泡剂替代产品的开发与推广;紧跟国际潮流,加大主要发泡剂的改性研究与生产,增加产品附加值和技术含量;随着中国塑料品种多样化,加大新型发泡剂的研究与生产,满足中国发泡剂不断增长的需求。

(1)可循环泡沫剂。蓝强等(2012)研制出一种新型 pH 敏感的可循环泡沫剂,并对其在泡沫钻井流体中的应用效果进行了室内研究。结果表明长链烷基氨基二乙酸钠和长链烷基氨基二丙酸钠两体系在 pH 值反复从酸性到碱性的循环后,基液仍然能保持良好的起泡能力;在相同的气速下,长链烷基氨基二丙酸钠、甜菜碱+聚合醇、泡沫剂+稳泡剂、长链烷基氨基二乙酸钠+稳泡剂体系都具有较强的携液能力;长链烷基氨基二丙酸钠体系的抗油能力强,泡沫可控循环次数在 10 次以上,且发泡能力仍然维持在较高水平。研究结果为泡沫钻井流体可循环性提供了一个可能的方向。

(2)耐高温泡沫剂。耐高温泡沫钻井流体是开采深井、超深井、高温地热井、干热岩等资源,特别是超高温资源的有效钻井流体之一。董海燕等(2014)在分析耐高温泡沫钻井流体面临的主要问题的基础上,对世界上耐高温泡沫处理剂、耐高温泡沫钻井流体的应用情况进行了介绍。深井、超深井、干热岩和地热井等钻探中会面临超高温、低压易漏地层,因此对低密度钻井流体的要求也越来越高,主要技术难点是高温、低压,窄密度窗口钻井流体性能的控制。结合对耐高温泡沫钻井流体主要技术难点的分析以及高温对泡沫钻井流体的要求,并综合目前耐高温泡沫钻井流体技术的发展得出耐 260℃以上耐高温、低密度泡沫钻井流体处理剂及体系,耐高温泡沫钻井流体测试仪器及评价方法是未来耐高温钻井流体的发展方向。

第24章 乳　化　剂

　　乳化剂（Emulsifiers）是用来使两种互不相溶的液体成为非均匀混合物的钻井流体处理剂，包括用于油基钻井流体的脂肪酸和氨基化工产品以及用于水基钻井流体的清洁剂、脂肪酸盐、有机酸、水溶性表面活性剂等。这类产品根据不同的用途，可以是阴离子型、非离子型或阳离子型的化工产品。

　　钻井流体用乳化剂是使两种互不相溶的液体成为具有一定稳定性的乳状液的处理剂。常用的乳化剂有改性木质素磺酸盐、磺化沥青及各种磺酸盐类和吐温型、斯盘型、平平加型、氟/磷复配型等。

　　由于亲水基团在种类和结构上的变化对表面活性剂的影响要比亲油基团的大，所以参照表面活性剂依据亲水基团的结构进行分类的方法，将常用的油包水乳化剂主要分为阴离子型乳化剂和非离子型乳化剂。

　　阴离子型乳化剂，在水中离解后，能生成带有烷基或芳基的负离子亲水基团的乳化剂被称为阴离子型乳化剂，如磺酸盐、硫酸盐、羧酸盐等。这类油包水乳化剂中最常见的有高级脂肪酸的二价金属皂（硬脂酸钙、烷基磺酸钙、烷基苯磺酸钙）、石油磺酸盐、环烷酸钙、油酸钙、松香酸钙等。阴离子型乳化剂要求在碱性或中性条件下使用。在使用多种乳化剂配制乳状液时，阴离子型乳化剂可以互相混合使用，也可与非离子型乳化剂混配使用。

　　非离子型乳化剂，在水中不离解的乳化剂被称为非离子型乳化剂。其稳定性很高，受强电解质无机盐类的影响程度很小，且受酸、碱的影响也小。它与其他类的表面活性剂都有较好的相溶性，能很好地溶于水及有机溶剂中。这类乳化剂中常见的有聚醚型（OP系列）、脂型（SP系列、TW系列）、酰胺型（环烷酸酰胺、腐殖酸酰胺）。它既可在酸性条件下使用，也可在碱性条件下使用，而且乳化效果很好。

　　国际上常用乳化剂主要包括聚酰胺型、聚酰胺脂肪酸皂和聚酯酰胺型（彭芳芳等，2011）。

　　（1）聚酰胺乳化剂。开发了一种聚酰胺类乳化剂。其乳化剂包括末端羧酸聚酰胺、妥尔油脂肪酸、松香酸和其与亲双烯体反应产物的混合物。降低了乳化剂的黏度，能够提高钻井流体的降失水性能和高温下的乳化稳定性；粗妥尔油存放时容易变质，而处理过的妥尔油其稳定性有了很大提高，消除了原先存在的问题。（Kirsner et al. ,2005）

　　（2）聚酰胺脂肪酸皂固体乳化剂。将聚酰胺脂肪酸阴离子乳化剂与金属氢氧化物（固体或25%~75%的溶液）进行中和反应，制备相应的脂肪酸金属皂，然后将一定含水量的脂肪酸皂进行喷雾干燥，得到了固体状的乳化剂（Phillip Hurd et al. ,2014）。

　　（3）聚酯酰胺乳化剂。一般情况下，聚酯酰胺乳化剂亲水基团的半径比常规乳化剂的亲水基团半径大，具有较强的吸附力而不易解吸。使用该类乳化剂配制的油基钻井流体能够迅速去除滤饼，提高钻速，可用于钻进水平井段。

　　（4）烷醇酰胺乳化剂。Christine等用菜籽油甲酯与单乙醇胺为原料进行转胺基化反应，制备了酰胺含量达90%的"超酰胺"。由"超酰胺"与妥尔油脂肪酸按1∶1配比组成的复合乳化剂在钻井流体中使用,耐温性可达200℃(Evans et al.,2000)。

(5)烷基伯胺可逆转乳化剂。该乳化剂主要由烷基伯胺表面活性剂组成,其分子中含有8~12个碳原子的亲油基和一个亲水的氨基。通过调节亲水亲油平衡值,可以使乳化剂的润湿性由亲油性转变为亲水性。在酸性条件下,烷基伯胺通过质子化生成阳离子表面活性剂,亲水亲油平衡值增加为6~7,乳化剂的润湿性由亲油性变成了亲水性,该乳化剂质子化和去质子化过程是可逆的。在碱性条件下,可逆转乳化剂属于非离子型结构,受盐水的影响较小,能有效地抵抗海水等侵害物。由于不存在易水解的基团,在高温、高碱度条件下能保持稳定。

人们常用乳化剂的亲油亲水平衡值来表示乳化剂的这种特点。具有不同亲水亲油平衡值的表面活性剂有不同的用途。亲水亲油平衡值范围3~6,为油包水乳化剂;亲水亲油平衡值范围7~9,为润湿剂;亲水亲油平衡值范围8~18,为水包油乳化剂;亲水亲油平衡值范围13~15,为洗涤剂;亲水亲油平衡值范围15~18,为助溶剂。

24.1 乳化剂作用机理

为了形成稳定的油包水乳状液,提高油基钻井流体的乳化性能,必须正确地选择和使用乳化剂。核心作用是,阻止分散相液滴聚并变大,从而使乳状液保持稳定。其中又以吸附膜的强度最为重要,被认为是乳状液能否保持稳定的决定性因素。乳化剂的作用机理有在油、水界面形成具有一定强度的吸附膜、降低油水界面张力和增加连续相黏度三种。

对油水两相形成的乳状液,同时含有水溶性的乳化剂和油溶性的乳化剂时,会形成更为结实的混合膜,界面膜的强度更大,乳状液的稳定性更高。一般来说,乳化剂的亲水性强,则有利于形成水包油乳状液;反之,亲油性强则有利于形成油包水乳状液。

用于油包水乳化钻井流体的乳化剂大多数是油溶性的表面活性剂,它们的亲水亲油平衡值一般为3~6。但为了形成密堆复合膜,增强乳化效果,有时也使用亲水亲油平衡值大于6的表面活性剂作为辅助乳化剂。乳化剂的有效性还与基油的化学组成、水相的值、电解质等因素有关,某些乳化剂在高温下还会失效。

乳化剂本质上作为表面活性剂有稳定和保护两种作用:稳定作用乳化剂有降低两种液体间界面张力而使混合体系达到稳定的作用。因为当油(或水)在水(或油)中分散成许多微小粒子时,扩大了它们之间的接触面积,导致体系能位增加而处于不稳定状态。保护作用表面活性剂在油滴表面形成的定向排列分子膜是一层坚固的保护膜,能防止液滴碰撞而聚集。如果是由离子型表面活性剂形成的定向排列分子膜,还会使油滴带上同种电荷,使相互间的斥力增加,防止液滴在频繁碰撞中发生聚集。

为了形成稳定的油包水乳化钻井流体,必须选择和使用乳化剂,一般认为乳化剂的主要作用机理有以下几个方面:

(1)降低油水两相液体之间的界面张力。乳状液分子结构中同时具有亲油和亲水两个基团,可存在于油—水界面上,亲油基团一端伸向油相而亲水基团一端伸入水相中。故降低油水界面张力,抵消界面上的剩余表面自由能,阻碍并减少油水合并的趋势。

（2）形成坚固的界面膜。乳化剂聚集在两种液体的界面处,形成较稳定且具有一定强度的乳化基层,尤其当采用复合乳化剂时,则可形成强度更大的"复合物"层,其结果必然是进一步降低界面张力而有利于乳化;按照吉布斯函数,界面张力减低就会引起表面吉布斯自由能的减少,体系就会趋于稳定,就可形成更为紧密的分子排列,从而大大增加界面膜的强度;增加液滴所带的电荷,加大乳状液滴之间的排斥力,使其在体系分散相液珠在做无休止的布朗运动时受到碰撞而不易于破裂,因此避免水珠变大而降低乳状液的稳定性。这也是使用两种或以上的混合乳化剂在界面上形成复合膜提高乳化效果,增加乳状液稳定性的主要原因之一。

（3）增加连续相黏度。用于油包水钻井流体的乳化剂大多具有两亲结构,主乳化剂的亲水亲油平衡值一般小于6,故属于亲油表面活性剂,其亲油(非极性)基团的截面直径大于亲水(极性)基团的截面直径。当主乳化剂在油相中的浓度超过临界胶束浓度时,主乳化剂在油基钻井流体中的油水界面层上(吸附状态)与在油相内(溶解状态)处于近似的动态平衡中。而主乳化剂的加量一般都会远大于其本身在油相中的临界胶束浓度,因此有相当多的主乳化剂会进入连续相中,这样就会增加连续相黏度,在一定程度上会影响油基钻井流体的流变性能。

鉴于乳化剂以上的作用机理,在选择乳化剂时要遵循亲水亲油平衡值小、截面直径大、降低表面张力等7个原则:

(1)亲水亲油平衡值为3~6。
(2)非极性基团的截面直径必须大于极性基团的截面直径。
(3)盐类或皂类,应选用高价金属盐。
(4)与油的亲和力要强。
(5)能较大幅度降低界面张力。
(6)耐温性能好,在高温下不降解,解吸不明显。
(7)选用的乳化剂要无毒或低毒。

24.2 常用乳化剂制造工艺

作为一种乳化剂,乳化剂必须能吸附或富集在两相的界面上,使界面张力降低。乳化剂必须赋予粒子以电荷,使粒子间产生静电排斥力,或在粒子周围形成一层稳定的、黏度特别高的保护膜。所以,用作乳化剂的物质必须具有两亲基团才能起乳化作用,表面活性剂就能满足这种要求。主要用于形成稳定的油包水乳化钻井流体。以硬脂酸钙、十二烷基苯磺酸钙和司盘为例介绍典型乳化剂的合成工艺。

24.2.1 硬脂酸钙工业产品制造工艺

硬脂酸钙是硬脂酸金属皂的代表品种,在聚氯乙烯、聚丙烯、丙烯腈–丁二烯–苯乙烯共聚物等塑料加工中作为稳定剂和润滑剂应用广泛,同时可作为涂料制造中的平光剂和耐水剂,也可作为脱模剂使用(郭立新等,2006)。

硬脂酸金属皂的合成工艺有两种,即复分解法和直接法,其中复分解作为经典的合成工艺得到了广泛的应用,其工艺流程为硬脂酸与氢氧化钠在70℃热水中进行皂化反应,然后与金属盐水溶液进行复分解反应,得到的糊状物料用离心机脱水,闪蒸机干燥得到产品。

$$C_{17}H_{35}COOH + NaOH \longrightarrow C_{17}H_{35}COONa + H_2O$$

$$2C_{17}H_{35}COONa + CaCl_2 \longrightarrow (C_{17}H_{35}COO)_2Ca + 2NaCl$$

但直接法也得到了很多厂家和研究者的重视,其中以低熔点的硬脂酸盐熔融法合成工艺最为成熟,其工艺流程为硬脂酸在加热到硬脂酸盐的熔点以上时,投入金属氧化物,根据需要添加催化剂,反应一定时间后,产物冷却切片,粉碎或直接应用。

$$ZnO + 2C_{17}H_{35}COOH \longrightarrow (C_{17}H_{35}COO)_2Zn + H_2O$$

$$PbO + 2C_{17}H_{35}COOH \longrightarrow (C_{17}H_{35}COO)_2Pb + H_2O$$

24.2.2 十二烷基苯磺酸钙工业产品制造工艺

十二烷基苯磺酸钙的制备工艺包括苯烷基化、烷基化产物磺化以及中和三大步骤。将432kg苯投入反应釜中,在搅拌下加入1.06kg三氯化铝和168kg十二碳烯。十二碳烯采用滴加法,滴加完毕后升温至60~70℃,保温1.6h进行缩合反应。反应完毕沉降除去泥脚进行中和处理。然后脱苯。苯脱完毕后减压至9.8kPa精馏,切取折射率在1.478~1.495的馏分即为精烷基苯。将迷基苯投入磺化釜中,在20℃左右滴加发烟硫酸。加毕后在25~30℃下反应1h。磺化完毕,加水在50℃左右滴加发烟硫酸。加毕后在25~30℃下反应1h。磺化完毕,加水在50℃左右静置6h,分出废酸。最后用石灰水乙醇溶液中和至pH值7~8为止。中和液用板框过滤机除去废渣,滤液经浓缩,蒸出乙醇,高沸点物即为产品。

十二烷基苯磺酸钙也可由四聚丙烯与苯进行烷基化反应成十二烷基苯后,再经磺化和用消石灰中和而得。

24.2.3 司盘80工业产品制造工艺

司盘-80化学名称失水山梨糖醇单油酸酯,是一种非离子型表面活性剂,产品具有优良的乳化、分散、发泡和湿润等性能。司盘-80是由山梨醇和油酸酯化而成,其亲水亲油平衡值为4.3,能和油类相混溶成为油包水型乳化剂(莫学坤等,1991)。

中国制造司盘80的厂家众多,大都采用直接酯化法,原料为山梨醇、油酸、催化剂和脱色剂等,基本制造工艺是先将一定浓度的山梨醇浓缩脱水,与一定量的油酸和适量催化剂一起投入酯化釜搅拌加热至某一温度范围并用氮气保护,进行醋化反应,保温数小时,抽样分析,当酸值小于某个值时,加入脱色剂脱色,过滤即得产品。

国际上制造司盘80的方法较多,有一步酯化法和二步酯化法。以催化剂为分类标准,概括为:以碱为催化剂的一步反应(主要为氢氧化钠);以酸为催化剂的一步反应(主要为磷酸);以盐为催化剂的一步反应(主要为碳酸盐、醋酸盐);以酸和脂肪盐(或金属)为催化剂的二步反应;以碱和酸为催化剂的二步反应;以酸和碱为催化剂的二步反应。

以碱为催化剂,山梨醇和脂肪酸在260℃下的直接反应,指出最好使山梨醇先脱水生成脱一水山梨醇(一缩)或脱二水(二缩山梨醇),然后加脂肪酸醋化。以酸为催化剂,山梨醇和脂肪酸的直接反应或以酸为催化剂,吡啶作为中间介质,二缩山梨醇和卤代酸(和月桂酸氯)的反应(Kenneth,1943)。

以碱为催化剂直接反应,有所改进的是在反应混合物中通入一定量的惰性气体,至反应结束为止(Griffin,1945)。

日本资料也介绍了山梨醇和失水山梨醇的合成方法,在氮气流下搅拌加热,一直加热至开始酯化和脱水,从而生成失水山梨醇的脂肪酸单酯和副产物双酯的混合物,当反应温度继续升高至某一温度时适当地控制反应时间,即可完成制备失水山梨醇脂肪酸单酯(含有部分双醋)或二失水山梨酯。

先使山梨醇脱水,再用脂肪酸酯化,脱水时可使用硫酸、磷酸、氢氧化钠(Duncan,1948)。

先以酸再以碱为催化剂的二步反应,如山梨醇和酸性催化剂共热制得失水山梨醇、异山梨醇和山梨醇的混合物,再将它与脂肪酸混合,在小于215℃温度下用碱催化剂进行酯化,生成的失水山梨醇单油酸酯比直接酯化法生成的色泽要浅(Stockburger,1981)。

还有波兰化学工业上介绍:在山梨醇和脂肪酸中,加入二甲苯,并加入催化剂,如对二甲苯磺酸、磷酸、氢氧化钠(钙)氧化锌,结果表明,在酸性催化剂存在下,山梨醇的脱水居先,生成的失水山梨醇再酯化,在碱催化剂存在下次序则相反。还进一步论证了催化剂氢氧化钠、磷酸对甲苯磺酸脱水,酯化,其相对速率为1∶15∶340,酯化速率3∶2∶450。

石油工业是表面活性剂的大用户,在美国用于石油开发的表面活性剂占表面活性剂总工业用量的17%~20%。在石油工业中,表面活性剂广泛用于钻井、固井采油、原油破乳、脱水集输、炼油等各种制造环节。对于保证钻井安全,提高原油采收率、油品质量和制造效率以及节省运输设备,保护和防止环境污染等方面起着重要作用,已成为油田开发中必不可少的化学助剂,其中有许多场合表面活性剂是作为乳化剂使用的。

24.3 发展前景

乳化剂是油包水油基钻井流体中最为关键的处理剂。因此,乳化剂的研究决定着油基钻井流体技术发展,在国际经验和中国初步实践的基础上,应着重研发适合中国使用的耐高温乳化剂、适用于高密度体系的乳化剂等,以促进中国钻井流体技术水平的不断进步。

24.3.1 存在问题

目前乳化剂还存在稳定时间不长、成本高、适应性不好等问题。

(1)稳定时间不长。柴油乳化剂在使用性能方面均存在乳化柴油的稳定时间不够长,乳化效果不好。

(2)成本高。乳化剂需要经过反应合成才可得到,制造成本较高,不利于推广应用。

(3)适应性不好。乳化剂对高密度体系的适应性不好,影响性能。

24.3.2 发展方向

随着石油勘探开发的日益深入和油气资源的日趋紧张,中国油气资源勘探开发逐步由浅层油气向深层、由常规油气向非常规油气和由国内向国际市场转变。钻探过程中将会更多钻遇泥页岩、页岩和大段盐膏层等复杂地层,对具有强抑制和高润滑的油基钻井流体的需求愈加迫切。乳化剂的发展方向主要是耐高温、适用性强或者研制新型乳化剂。

(1)研制适用于高密度体系的乳化剂。针对目前国际油基钻井流体已经发展较为成熟,而中国油基钻井流体乳化剂还存在耐温和耐盐水侵害能力不足的问题。为打破国际公司的技术垄断,需要研究高温高密度油基钻井流体,乳化剂是油基钻井流体关键处理剂,决定整个体系的稳定性,因此研制了耐盐耐高温高密度油基钻井流体用乳化剂。从油基钻井流体用乳化剂的性能要求出发,对乳化剂类型和分子结构进行筛选。通过对烷醇酰胺合成方法调研,确定了合成方法,优选了合成条件,比如温度、时间和加料比等。以油酸甲酯和二乙醇胺为原料,在一定温度和催化剂条件下合成了一种耐盐耐高温高密度油基钻井流体用乳化剂。最后对所合成的产品进行了抗侵害实验、不同密度性能评价、不同油水比钻井流体性能评价以及世界上耐高温高密度乳化剂性能对比,通过优选有机土、降失水剂和乳化剂,形成密度达 $2.35g/cm^3$、耐温达 180℃和耐盐水侵害 50%的油基钻井流体。室内评价结果表明,该油基钻井流体适应的油水范围广,高温性能稳定,耐盐水和钻屑侵害能力强,与国际油基钻井流体性能相当。有望打破国际技术垄断,解决塔里木库车山前高温高压盐膏层的钻进问题(黄丹超,2016)。

(2)在乳化剂选择与研制,以及体系综合性能优化的基础上,研制新型可逆转乳化钻井流体。根据可逆转乳化钻井流体的性能要求,对其乳化剂体系进行了研究。优选出酸接触可逆转的有机胺类主乳化剂,可提高乳液稳定性的助乳化剂,以及有助于稳定乳液并能改善酸转相后水包油体系流变性的助表面活性剂。确定了各乳化剂的最佳加量分别为 2%,1%和 0.4%。由此建立了可逆转乳化钻井流体,在酸转相前后,均具有良好的流变性、热稳定性及较低的高温高压失水量(华桂友等,2009)。

(3)开发新型油包水钻井流体用乳化剂。闫晶等利用 N,N-二甲基 1,3-丙二胺、脂肪酸、脂肪胺和环氧氯丙烷合成出阳离子表面活性剂,作为新型油包水钻井流体用主乳化剂,主乳化剂具有极强的表面活性,可以形成致密的油水界面膜,在相对较小加量下既具有较高的破乳电压,同时可以润湿重晶石粉和岩屑等固相。使用主乳化剂研制出的新型油包水钻井流体,在 XS 平 1 井、S25 平 1 井和 PF 平 84 井进行了现场试验,表现出低黏高切的良好流变性,以及携屑能力、电稳定性和失水护壁性强等优点,动塑比维持在 $0.4Pa/mPa·s$ 以上,满足了复杂结构井的钻探需求,可替代国际油包水钻井流体乳化剂(闫晶等,2013)。

第25章 消泡剂

消泡剂(Defoamer),也称消沫剂,是降低生产过程中体系的表面张力,抑制泡沫产生或消除已产生泡沫的处理剂。

在石油与天然气勘探开发过程中,钻井流体随着钻井工艺技术的发展而不断发展和更新。在众多的钻井流体处理剂中,有些具有发泡的性质,如铁铬木质素磺酸盐、硫化妥尔油、烷基磺酸钠、聚丙烯酸钙、聚丙烯酰胺盐等。这些处理剂存在于水基钻井流体或钻井流体中,在气体和机械的搅动下,会使钻井流体产生大量的泡沫,导致钻井流体的密度下降,润滑性能变差,冷却钻头的效率降低,并给钻井流体的循环带来一定的困难。因此钻井流体发泡成为钻井过程中不可忽视的问题。为解决钻井流体发泡问题,目前采用较为普遍、方便、经济的方法是在钻井流体中添加消泡剂。消泡剂的种类很多,使用的场合又各不相同,作为消泡剂通常具备如下的一些性质:

(1)消泡剂的表面张力应低于被消泡体系的表面张力或比起泡剂有更高的表面活性,能促使起泡剂脱附,但它本身所形成的表面膜强度较差。

(2)消泡剂在泡沫表面有较好的铺展性。在其铺展过程中促进泡沫的排液作用,使液膜变薄。

(3)在被消泡的体系中不溶解或溶解度极小,但又有一定的亲和性。

(4)化学惰性,不与被消泡体系中的组分发生化学反应。

另外,对不同的应用场合,还要求消泡剂具有无毒、无嗅、无味、低挥发性、耐热和耐酸、耐碱等性质。对长周期循环体系,消泡剂应具有很小的积累副作用。

25.1 消泡剂作用机理

液体体系起泡既与自身的化学组成及物理性质有关,也和工作条件及混入的杂质(气体、液体、固体)有关。一些表面活性物质,如洗涤剂、皂类、淀粉及蛋白质等很容易起泡;液体在强烈混合及泵送过程中容易混入空气或杂质而起泡;溶于液体中的气体,在加热及化学反应过程中被释放时,也容易导致起泡。

热力学理论认为,纯液体产生的泡沫只能短暂存在,而溶有杂质的液体,却能增强起泡倾向,并使泡沫变得持久而稳定。泡沫是气体作为非连续相(球形体)在液体中的分散体系。而且气体占据了大部分体积,气泡之间仅被很薄的液膜所隔离。当大小不同的两个气泡接触时,由于小泡内部压力高,经过一定时间,空气通过隔膜向大泡移动,最后合并成一个更大的气泡。而且泡沫一经形成,由于相对密度低等原因,逐渐上升至液面,逃离液体。因而当泡沫产生速度大于破泡速度时,泡沫就有害,就需要消除它。

消泡剂有较强的针对性及专用性,一种消泡剂可以在某一起泡体系中效果十分突出,但在另一起泡体系中却可成为助发泡剂。

一般认为消泡剂的作用机理,是低表面张力的消泡剂进入了双分子定向气泡膜的局部,破坏了定向气泡膜的力学平衡,而导致破泡(或抑制发泡),但是对具体防泡过程都有不同的解释。

一种看法,认为是由于低表面张力的消泡剂粒子,附着在气泡膜表面,降低了接触点上液膜的表面张力,形成了薄弱点,泡沫面上在较强张力的拉引下,由此导致泡沫破裂。如图3.25.1所示为Davis J. T. 消泡过程。

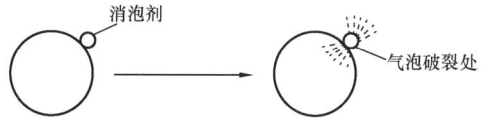

图3.25.1 Davies J. T. 消泡过程

另一观点认为,消泡过程分为三步,首先是低表面张力的消泡剂粒子渗入气泡液膜内;其次是消泡剂膜进一步向气泡液膜扩展变薄,最后消泡剂膜被拉破,导致整个气泡破裂。消泡过程如图3.25.2所示。

还有一种理论认为,消饱剂的作用是增加气泡壁的空气渗透性,从而加速泡的合并,减小泡膜壁的强度与弹性。

因此,适用作消泡剂的化合物最好兼具基本上不溶于起泡液(溶解的多半有助泡作用),表面张力低于起泡液,能迅速分散在起泡液内等三个条件。

进一步说,使用溶解性大及分散性大的消泡剂(如丙酮、乙醇等),效果是破泡弱,而抑泡强;使用溶解性大而分散性小的消泡剂(如

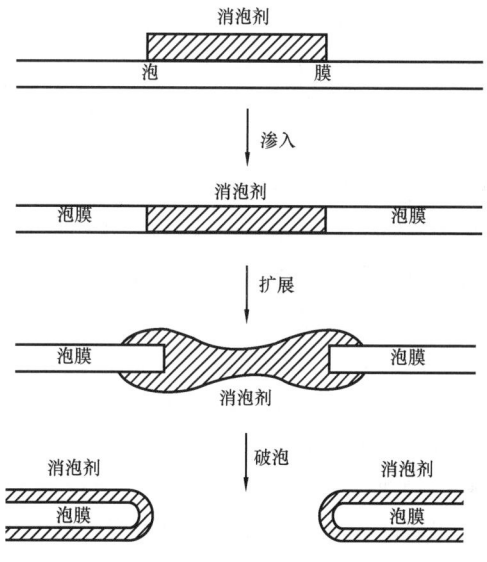

图3.25.2 消泡过程示意图

苯酚),效果是破泡及抑泡均弱;使用溶解性小及分散性也小的消泡剂(如硅油,聚醚乙二醇等),效果是抑泡强而破泡弱。据此,只有使用溶解性小而分散性大的物质,才有可能破泡能力强,抑泡能力也强。这样,概括起来消泡剂的消泡机理比较有代表性的三种观点:

(1)降低部分表面张力观点。这种观点认为,消泡剂的表面张力比发泡液小,当消泡剂与泡沫接触后,使泡膜的表面张力局部降低而膜面其余部分则仍然保持着原来较大的表面张力,这种在泡膜上的张力差异,使较强张力牵引着这个张力较弱的部分,从而使泡破裂。

(2)扩张观点。首先是消泡剂小滴浸入泡膜内,使消泡剂小滴成为膜的一部分。然后在膜上扩张,随着消泡剂的扩张,消泡剂进入部分最初开始变薄,最后破裂。

(3)渗透观点。这种观点认为,消泡剂的作用是增加气泡壁对空气的渗透性,从而加速泡沫的合并,减小了泡膜壁的强度和弹性,达到破泡的目的。

25.2 常用消泡剂制造工艺

国际上所使用的钻井流体消泡剂种类繁杂,各有优点,大致可分为金属皂类、脂肪酸、脂肪酸酯、酰胺、醇类、有机硅及一些副产物的复合物。中国目前所使用的钻井流体消泡剂有硬脂酸铝及其复合物、脂肪酸、脂肪酸酯和有机硅油。

25.2.1 硅油消泡剂制造工艺

硅油(Silicone Oil)又称有机硅油,属于有机硅聚合物的一类,是由二官能和单官能有机硅单体经水解缩聚而得的线性结构的油状物。一般是无色、无味、无毒,不易挥发的液体,有各种不同的黏度,有较高的耐热性、耐水性、电绝缘性和较小的表面张力。其中以甲基硅油最为常用,此外还有乙基硅油、甲基苯基硅油、含腈硅油。

针对油田现场用黄胞胶剂的钻井流体消泡难和消泡剂使用成本较高,在室内对二甲硅油、二氧化硅、乳化剂等处理剂的类型和加量进行优选,成功地开发出乳液型有机硅消泡剂(李蔚萍,2007)。

室内研究的乳液型有机硅消泡剂主要由二甲硅油、二氧化硅及表面处理剂、乳化剂及助乳化剂、增稠剂、去离子水、增效剂等组成。向捏合机中依次加入二氧化硅和二甲硅油,混合均匀后,在120℃下恒温2h制成硅膏;在搅拌情况下,向50~60℃去离子水中依次加入几种乳化剂,充分搅拌配制复合乳化剂。将制好的硅膏在高速电动搅拌下缓慢加入二甲硅油中,充分搅拌使硅油与硅膏混合均匀,然后在搅拌下缓慢加入配好的复合乳化剂,升温至50~80℃,再缓慢均匀地滴加剩余的去离子水,若出现黏度突然增大转相时,停止加水,继续搅拌均匀后再滴加余下的去离子水,然后缓慢地加入稳定剂,加完后再搅拌制成粗乳,降温到30℃;调整胶体磨到最利于乳状液稳定的位置,使乳状液反复经过胶体磨,将符合要求的乳状液包装即成乳液型有机硅消泡剂产品。

乳液型有机硅消泡剂不仅对普通钻井流体具有较好的消泡与抑泡效果,而且对黄胞胶作为增黏剂的难消泡钻井流体也具有良好的消泡效果。与中国同类产品相比,在流变性、稳定性和消泡性方面也具有明显优势。先后在麦克巴服务的海上油田、江汉油田以及冀东油田现场投入使用,取得较好的应用效果和经济效益。

25.2.2 硬脂酸铝消泡剂制造工艺

硬脂酸铝(Aluminum Stearate)又称十八铝酸。纯粹的呈白色粉末,相对密度为1.07,熔点为115℃;普通的呈黄色粉状,不溶于水、乙醚、乙醇,而溶于碱溶液、煤油、松节油,遇强酸分解为硬脂和相应的铝盐。

硬脂酸铝是由硬脂酸与氢氧化钠溶液作用生成硬脂酸钠皂后,再与稀硫酸铝作用生成硬脂酸铝。

$$CH_3(CH_2)_{16}COOH + NaOH \longrightarrow CH_3(CH_2)_{16}COONa + H_2O$$

$$6CH_3(CH_2)_{16}COONa + Al_2(SO_4)_3 \longrightarrow 2[CH_3(CH_2)_{16}COO]_3Al + 3Na_2SO_4$$

用作钻井流体泡沫的消泡剂时,必须先将硬脂酸铝溶于柴油或煤油中,加入量按钻井流体与硬脂酸铝柴油(或煤油)混合液的体积分数 0.1%~0.5%计。

消泡剂种类很多,如缓释型复合消泡剂应用实例(王卫东等,2008),缓释型复合消泡剂制备方法为硬脂酸铝、二甲硅油及白油在120℃反应2h,冷却后加25%~30%乳化剂制成乳状液,再加入微胶囊化剂,在高剪切力作用下制成微胶囊化消泡剂。乳状液可维持稳定60d以上。该剂在加入丙烯腈—丁二烯—苯乙烯发泡的淡水、4%盐水、饱和盐水基浆中的综合消泡性能好于醚类、酯类和醇类消泡剂。在聚磺、聚合物和饱和盐水凹凸棒实验钻井流体中,该剂消泡性能好,对钻井流体常规性能无影响,还有减摩阻作用。在聚醇和钙基实验钻井流体中,加入该剂0.07%时密度恢复率超过90%。在聚磺实验钻井流体中,缓释型复合消泡剂在150℃仍具有良好的消泡和抑泡效果。

缓释型复合消泡剂已在中国许多大油田获得应用。大港板深 22 井 2005~5127m 井段使用的高温有机硅钻井,由于加入了磺化类、腐殖酸类和树脂类处理剂而产生了气泡,加入该剂0.2%~0.3%后迅速消泡,密度恢复原值,处理一次可维持4~5d不起泡,井底温度175℃,循环钻井流体温度约165℃,缓释型复合消泡剂消泡性能仍良好。

25.2.3 多元醇脂肪酸酯消泡剂制造工艺

脂肪酸(Fatty Acid)是由碳、氢、氧三种元素组成的一类化合物,是中性脂肪、磷脂和糖脂的主要成分。脂肪酸是指一端含有一个羧基的长的脂肪族碳氢链,是有机物,低级的脂肪酸是无色液体,有刺激性气味,高级的脂肪酸是蜡状固体,无可明显嗅到的气味。脂肪酸是最简单的一种脂,它是许多更复杂的脂的组成成分。脂肪酸在有充足氧供给的情况下,可氧化分解为二氧化碳和水,释放大量能量,因此脂肪酸是机体主要能量来源之一。脂肪酸主要用于制造日用化妆品、洗涤剂、工业脂肪酸盐、涂料、油漆、橡胶、肥皂等。

在消泡剂种类中,脂肪酸酯不仅消泡和抑泡能力强,而且在钻井流体中还具有一定的润滑作用。因此,以脂肪酸酯作为消泡主剂,复配一定量的辅助消泡剂,使其分散于有机溶剂中即可制成技术上可行,经济上合理的钻井流体消泡剂(石永忠等,1989)。消泡剂的制备分为两步:一是脂肪酸酯消泡主剂的合成;二是进行消泡剂的复配。

(1)脂肪酸酯消泡主剂的合成。消泡主剂是一种多元醇脂肪酸酯,为了提高消泡能力,使用了两种多元醇和脂肪酸作为原料,进行了单个反应能力、复合反应速度、反应产物分析等工作,以确定原料配比及反应条件。多元醇加脂肪酸在加热、酯化和脱水条件下,催化形成。

(2)消泡剂的复配。采用上述原料按流程制备多元醇脂肪酸酯消泡剂,再加入辅助消泡剂和溶剂形成现场用的消泡剂。

多元醇脂肪酸酯消泡剂于1988年先后在川西北矿区的拓6井、拓4井、思1井和龙14井以及川东矿区的峰六井和卧131井现场试验,并取得了明显的效果。

钻井流体消泡剂对于高黏度、高切力的三磺钻井流体(如思1井)也有一定的消泡作用。通过拓6井、拓4井、思1井和卧131井的现场投井试验,多元醇脂肪酸酯消泡剂加入钻井流体后,滤饼的黏附系数均有降低,表明多元醇脂肪酸酯消泡剂具有一定的润滑作用。当多元醇脂肪酸酯消泡剂的加量达到0.2%时,其润滑作用更为显著。从峰6井和卧131井的现场试验可以看到,分别经过12个周期和6个半周期的循环后,钻井流体的密度未下降,表明多元醇脂肪酸酯消泡剂具有良好的抑泡能力。

25.3 发展前景

在生产操作过程中必须消除导致生产率下降、产品质量降低、环境污染、甚至造成生产事故的泡沫。为了消除这些有害的泡沫,世界上进行了大量的试验研究工作。针对不同的用途研制出了各种类型的消泡剂,广泛用于石油、化工、纺织、食品、医药、发酵、造纸、涂料、橡胶及合成树脂等工业,具有广阔的推广应用前景。

25.3.1 存在问题

目前中国消泡剂存在着加量过大而消泡作用范围窄且消泡与抑泡能力差的问题,国际上好产品价格昂贵,因此,自主研制高效多用途消泡剂解决钻井流体起泡问题至关重要。

25.3.2 发展方向

消泡剂在钻井流体中的重要作用愈加显著,应用也越来越广泛,其应用关系到石油勘探开发能否顺利进行。

刘建等(2018)研制的新型油井水泥消泡剂兼有抑制配制水起泡沫和消除油井水泥混配时的泡沫的作用,针对胶乳水泥浆有很好的消泡和抑泡作用,对于加有消泡剂的胶乳水泥浆,在4000r/min搅拌下,配浆水和油井水泥浆的消泡时间小于10s和发泡高度小于10mm;且对其流变、强度及稠化实验没有负面影响。合成工艺简单,开展了吨级中试,中试产品已经用于现场的固井技术服务,具有广阔的推广应用前景。

为了进一步适应深井、超深井钻井需要,拓宽消泡剂在钻井流体中的应用,应加强4个方面工作:

(1)充分利用消泡剂之间的协同效应,降低产品用量,提高产品纯度,拓展应用功能。

(2)开发高效低毒消泡剂。

(3)开发以天然材料为主、无污染的消泡剂。

(4)进一步加强消泡剂在钻井流体中的应用机理研究,以提高钻井流体用消泡剂的整体水平,进一步提升钻井流体技术水平,解决钻进中存在的技术难题,满足石油钻探技术不断发展的需要。

第26章 增 溶 剂

增溶剂(Solubilizing Agent)是在水溶剂中形成胶束后,能使不溶或微溶于水的有机化合物的溶解能力显著增强且溶液呈透明状的表面活性剂。表面活性剂的这种作用,称为增溶作用,如吐温类;助溶是指难溶性物质在水中,加入第三种物质时能增加其溶解度。

助溶与增溶不同,其主要区别在于加入的第三种物质是低分子化合物,而不是胶体电解质或非离子表面活性剂,如苯甲酸钠、水杨酸钠、乙酰胺等。不能理解为增溶剂是助溶剂的一种。

表面活性剂浓度低于临界胶束浓度,被增溶物的溶解度几乎不变,高于临界胶束浓度则显著增大,表明起增溶作用的内因是胶束。如果在已增溶的溶液中继续加入被增溶物,达到一定量后,溶液呈白浊色,生成的白色浊液即为乳状液。在白色乳状液中再加入表面活性剂,溶液又变得透明无色。乳化和增溶在不同的浓度下可以转换。

但是,乳化和增溶的本质不同。增溶作用可使被增溶物的化学势显著降低,体系更加稳定,即增溶在热力学上是稳定的,只要外界条件不变化,体系不随时间变化,而乳化在热力学上是不稳定的。

增溶作用在热力学上是可逆平衡过程。即,被增溶物在增溶剂中的饱和溶液可以通过稀释过饱和溶液得到,也可溶解被增溶物得到。

26.1 增溶剂作用机理

增溶是与胶束相关的现象。因此,掌握被增溶物在胶束中的位置和状态,认识增溶的本质,了解被增溶物与胶束之间的相互作用,至关重要。

紫外分光光度法、核磁共振波谱法和电子自旋共振频谱法研究物质增溶时在胶束中的位置和状态表明,被增溶物质和表面活性剂类型的不同,被增溶的位置和状态也不同。

早期理论认为,被增溶物在胶束中的位置和状态基本上是固定的,称为单态模型。近年来研究表明,被增溶物均匀地分布于胶束的内部。增溶作用与胶束形成作用一样,是一种动态平衡过程。被增溶物在胶束内的停留时间为$10^6 \sim 10^{10}$s。被增溶物的几种不同的状态能相互变换。胶束内芯并非完全与烃相似,靠近胶束表面区域的性质也并非与水相同。当被增溶物质从胶束内芯向界面移动时,受不同作用力发生变化,故被增溶物在胶束内是以多态存在的,至少两态。多态模型认为至少胶束内芯和界面对增溶所起的作用是不同的。

26.1.1 单态模型

由于被增溶物的分子结构和胶束类型不同,被增溶物分子在胶束中的存在状态和位置也不同,且基本上是固定的。通常有非极性分子在胶束内部的增溶、极性分子在表面活性剂分子间的增溶、不溶物在胶束表面的增溶以及聚氧乙烯基非离子增溶剂在聚氧乙烯链间的增溶等4种方式,如图3.26.1所示。

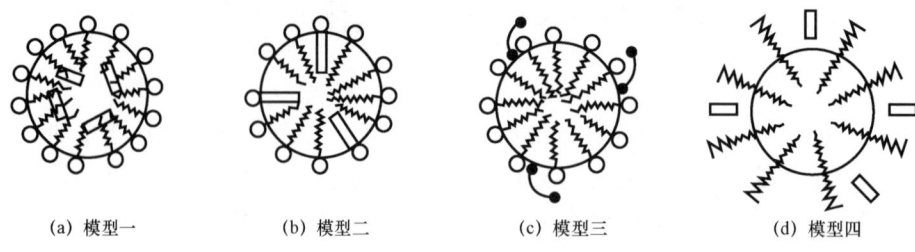

(a) 模型一　　　　(b) 模型二　　　　(c) 模型三　　　　(d) 模型四

图3.26.1　单态增溶模型

(1)非极性分子在胶束内部增溶。被增溶物进入胶束内部,像是被增溶物溶于液体烃内,如图3.26.1(a)所示。正庚烷、苯、乙苯等简单烃类的增溶即属于这种方式增溶。增溶量随着增溶剂的浓度增高而增大。

(2)极性分子在表面活性剂分子间增溶。被增溶物分子在"胶束"与"栅栏"之间,即非极性碳氢链插入胶束内部,极性头处于表面活性剂极性基之间,通过氢链或偶极子相互作用联系。极性有机物的烃链较大时,极性分子插入胶束的程度增大,甚至极性基也被拉入胶束内,如图3.26.1(b)所示。长链醇、胺、脂肪酸和各种极性物质等极性化合物的增溶属于这种方式增溶。

(3)不溶物在胶束表面增溶。被增溶物分子吸附于胶束的表面区域,或靠近胶束"栅栏"表面的区域,如图3.26.1(c)所示。如高分子物质、甘油、蔗糖及某些不溶于烃的物质的增溶属于这种方式增溶。这种方式增溶的增溶量在临界胶束浓度以上时几乎呈一定值,较上两种方式的增溶量少。

(4)聚氧乙烯基非离子增溶剂在聚氧乙烯链间的增溶。具有聚氧乙烯基非离子增溶剂的增溶与前3种不同,被增溶物包藏于胶束外层的聚氧乙烯的亲水链中,如图3.26.1(d)所示。例如苯、苯酚等的增溶即属于这种方式的增溶。这种方式的增溶量大于上述三种方式。

上述4种增溶的方式,增溶量大小顺序为模型四>模型二>模型一>模型三。

26.1.2　两态模型

被增溶物质在胶束溶液中和水相中的分配状态并不相同。胶束被认为是油滴覆盖以极性外衣。胶束内部溶解被增溶物质,成为溶解态;当极性较小,能溶于胶束的被增溶物具有表面活性时,它也能发生吸附作用而引起增溶剂在表面过量,这种位于极性较大的胶束—水界面的吸附称为吸附态。溶解态和吸附态的浓度比,即为被增溶物在胶束相和水相中的分配系数K_m。

$$K_m = C_m/C_a$$

式中　C_m, C_a——被增溶物在胶束中的浓度和水中的浓度,mol/L。

这说明,任何被增溶物都不同程度地在界面上微溶于水。例如,像苯基十一酸钠,其苯基也不完全处于烃液环境中。从被增溶物具有表面活性不难理解被增溶物在胶束相和水相的相对溶解度。胶束增溶量分为吸附态分数和溶解态分数两部分。当发生吸附作用时,其增溶量大大超过仅考虑烃内层的溶解量。

26.2 常用增溶剂制造工艺

应用于钻井流体的增溶剂有阴离子型增溶剂以及非离子型增溶剂。更多的是使用两种增溶剂进行复配,增强其增溶能力。

26.2.1 离子型增溶剂制造工艺

钻井流体用离子型增溶剂主要为阴离子增溶剂(Anionic Solubilizer),主要呈现为半透明黏稠液体,白色针状,白色粉状等形态。阴离子增溶剂在水中解离后,生成憎水性阴离子。常用的阴离子型增溶剂有琥珀酸二磺酸钠。

琥珀酸二磺酸钠的合成工艺一般为在250mL三口烧瓶中加入马来酸酐、仲辛醇、适量催化剂及带水剂,装上温度计及带有油水分离器的回流冷凝器,在100~140℃下加热回流反应3~4h,得黄色油状物,冷却,用稀碱中和,水洗,分离水相,再真空蒸馏脱醇,冷却得琥珀酸二己酯。

将16.5g焦亚硫酸钠溶于20mL水中,倒入三口烧瓶中,再把制得的酯加入,用稀碱溶液调pH值至适宜值,装上搅拌器、温度计、回流冷凝器,在强搅拌下使两相充分地混合,加热回流一定时间,得浅黄色黏稠液,反应结束,蒸馏除去水分,冷却得粗产品,精制得白色蜡状固体,即为琥珀酸二磺酸钠。

油基钻井流体性能稳定、润滑性好、抑制性强,有利于保持井壁稳定。但残留油基钻井流体难以冲洗,需要钻井流体清洗液使油基钻井流体变为微乳液。使用琥珀酸二磺酸钠和一种非离子增溶剂进行复配,按比例配制形成冲洗液。油基钻井流体具有较强的增溶能力,能将冲洗下的油包裹在微乳液液滴之中,液滴粒径小,可避免因液滴粒径过大而产生乳液阻塞的现象。冲洗液对油基钻井流体的冲洗效率高,7min对柴油基钻井流体冲洗效率可达95%以上(王成文等,2017)。

26.2.2 非离子型增溶剂制造工艺

非离子增溶剂(Nonionic Solubilizer)是指在水溶液中不离解,其亲水基主要是由具有一定数量的含氧基团,一般为醚基和羟基构成。油田现场使用的有异构十三醇聚氧乙烯醚。

异构十三醇聚氧乙烯醚合成一般以异构十三醇和环氧乙烷为原料,然后使用质量分数0.1%~0.6%的三氟化硼作为催化剂,在催化剂存在下进行聚合反应,然后在强碱催化剂的存在下进行聚合反应制得。

针对微乳液型油基钻井流体清洗液适用温度范围窄,且在高盐情况下易失效的问题,选用非离子增溶剂和阴离子增溶剂制备了一种耐温耐盐的油基钻井流体清洗液,通过室内实验,确定了油基钻井流体清洗液的最优组成。清洗液遇到油基钻井流体后能够自发增溶油相形成微乳液,具有界面张力超低、增溶能力强、扩散速率快等优点,能够在40~120℃及高盐含量下有效地清除黏附在套管和井壁上的油基钻井流体,清洗效率高达95%,并将套管和井壁的润湿性由亲油性变为亲水性,在南海区域取得了很好的应用效果(卜继勇等,2018)。

26.3 发展前景

增溶剂的应用使稳定性有了很大的提高。随着合成增溶剂的发展,增溶剂的应用将日趋合理化和规范化。钻井流体中增溶剂是表面活性剂的一种,因其可增加其他处理剂或固相的溶解度,提高钻井流体中处理剂的含量。增溶剂对于钻井流体的应用具有很大的发展前景。

26.3.1 存在问题

目前,应用于钻井流体中的增溶剂较少且存在增溶效果不同以及亲水亲油平衡值与增溶效果的关系的认识不足等问题。

(1)增溶剂的种类不同,其增溶量也不同,即便是同系物,其分子量的差异也会导致增溶效果的不同。如离子型增溶剂的增溶能力随着碳氢链增长而增加,而非离子型增溶剂的增溶能力随氧乙烯链减小而增大。虽然上述两类增溶剂分子结构的改变均能增大胶团,但增溶量的增加与此关系不大。

(2)业界对于增溶剂亲水亲油平衡值与增溶效果的关系目前尚无统一的认识。对极性或半极性处理剂来说,非离子型的亲水亲油平衡值越大,其增溶效果也越好,但极性低的处理剂其结果恰好相反。

26.3.2 发展方向

根据目前钻井流体增溶剂的缺陷,需要提高其同时溶解非极性疏水性处理剂和溶解极性亲水性处理剂的能力,使用安全无毒易降解的绿色增溶剂以及对增溶剂复配提高其增溶能力。

(1)针对钻井流体增溶剂的不足,今后需要增溶剂利用其两性分子在溶液中可缔合形成超分子自组装体结构微乳液,微乳液中的增溶剂既能溶解非极性的疏水性处理剂,又能溶解极性的亲水性处理剂,提高难溶物质的溶解度。

(2)近年来,增溶剂的研究转向安全、温和、无毒、易生物降解等方向,具有这些特点的增溶剂应用将更为广泛。

(3)使用两种或多种离子型增溶剂以及非离子型增溶剂进行复配,增加钻井流体增溶能力,使增溶剂在钻井流体配制中将发挥它的最大功效。

第27章 润 湿 剂

大多数天然矿物是亲水的。一般情况下,希望矿物亲水,不仅油气容易开采,而且钻井流体的处理剂易于分散在水中。然后,重晶石粉和钻屑等亲水的固体颗粒进入油包水型钻井流体时,这些固体趋于与水结合并发生聚结,黏度增高和沉降加剧,从而破坏乳状液的稳定性。与水基钻井流体相比,油包水钻井流体一般切力较低,如果重晶石和钻屑维持其亲水性,则它们在钻井流体中的悬浮能力变差。为了避免以上情况的发生,有必要在油相中添加润湿反转剂,简称润湿剂(Wetting Agent)。

润湿剂是具有两亲结构的表面活性剂。分子中亲水的一端与固体表面亲和力较很强。这些分子聚集在油和固体的界面并将亲油端指向油相时,原来亲水的固体表面,便转变为亲油,这一过程常被称作润湿反转(Wettability Alteration)。润湿剂的加入使刚进入钻井流体的重晶石和钻屑颗粒表面迅速转变为油湿,从而保证它们能较好地悬浮在油相中。

27.1 润湿剂作用机理

F. E. Bartell 最先提出润湿剂以及其一些表征方法。他将润湿性定义为,当加入水后相对于纯水能够提高水的润湿能力或具有降低界面张力的一类物质,并且所有润湿剂的润湿原理都是相似的,都是由于表面活性剂在界面间定向排列,使得界面间分子受力不均,导致表面能趋向最小铺展,从而减小了液滴与界面之间的接触角,如图 3.27.1 所示。

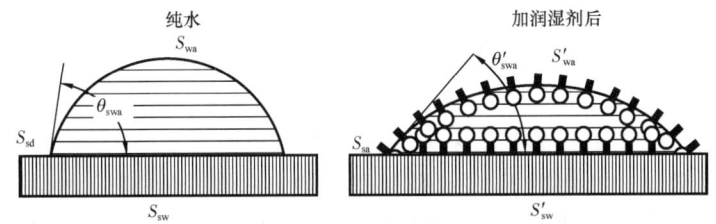

图 3.27.1 水滴在疏水固体表面的铺展示意图

S_{sd}—"三相润湿周边";S_{sw}—固—液接触面;S_{wa}—液—气接触面;S'_{sw}—加润湿剂后的固—液接触面;S'_{wa}—加润湿剂后的液—气接触面;θ_{swa}—平衡接触角;θ'_{swa}—加润湿剂后的平衡接触角

利用润湿角与三种物质之间界面张力的计算公式,可以勾画出界面张力与润湿角间的关系图,如图 3.27.2 所示。从图 3.27.2 中可以看出,润湿角的大小为:

$$\cos\theta = \frac{\sigma_{ws} - \sigma_{os}}{\sigma_{ow}}$$

式中　θ——润湿角或接触角;
　　　σ_{ws}——液—固界面张力;

σ_{os}——油—固界面张力;

σ_{ow}——油—水界面张力。

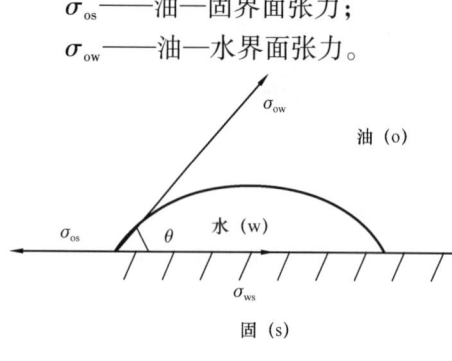

图 3.27.2 润湿角与界面张力的关系示意图

油—水界面张力影响润湿角的大小,但不能决定润湿角的正负,也不能决定润湿角是否大于90°,更不能决定固体表面是亲油还是亲水。因此,要实现润湿性反转,关键是降低固体与水之间的界面张力,使得固体表面向亲水方向发展,在固—液界面张力的作用下使孔壁上的油膜收缩为油珠并参与流动。润湿剂实现反转的工作原理是降低油水毛细管压力,从而改变渗流介质的润湿性。

岩石表面转变成中性时,毛细管压力接近零,降低了气水或油水两相流动时的毛细管阻力;当岩石表面转变成弱亲油时,岩石表面具憎水性,因此减弱了水与岩石表面之间的物理化学作用,降低了孔隙喉道的水化膜厚度,相当于增大了岩石的孔喉有效流动半径,水相更容易流动,相对易排出,降低了束缚水饱和度。油层水相的有效渗透率明显提高,对降低低渗透气层侵入水的伤害有明显效果。改变低渗透亲水油层岩石表面润湿性,可明显提高水相的有效渗透率,因此有助于提高低渗透亲水油层的注入能力,达到增产增注的目的。

注入润湿剂之前,原油主要是沿岩石孔道壁的表面流动。注入水占据着孔道轴心位置,原油逐渐被注入水驱替出来。随着原油越来越少,附着在孔道壁面的油膜越来越薄,其流动阻力也越来越大,至最后剩余一层油膜附着在岩石壁上不能流入井筒,一些小孔道中的原油也没有被驱动。注入润湿剂后,孔隙表面的润湿性向亲水转变,润湿剂使油—水界面张力减小,油膜变薄。

润湿剂在孔道壁上的吸附,孔隙壁面的亲油性逐渐变弱,油膜在壁面上吸附力减小,孔隙表面的油水分布得到改善。当驱替力足够大时,油膜就被剥离下来,从而提高了渗吸洗油效率,改善了渗吸效果。而小孔道则会由于润湿性的改变而产生自动渗吸,驱替液进入小孔道中将原油驱替出来,剥离和驱替出来的原油在大孔道中流动时,在孔道的轴心处形成油桥,渗流阻力大大降低。如此不断作用,孔道壁面的亲水性变强,残余油得以流动。润湿反转不但可以改变岩石的润湿性,还可以降低油—水界面张力。通过这两方面的作用,使得润湿剂呈现更好的驱油效果。通过以上分析可知,导致润湿性发生改变的决定性因素是表面活性剂改变水—固界面张力的能力,使油—水界面张力较高或即使油—水界面张力不能达到超低值,通过加入的活性剂可以有效地降低水—固界面张力来提高最终采收率。因此,钻井流体中加入润湿剂,储层伤害控制十分重要。研究润湿剂的作用机理,更是应用润湿剂的基础。

(1)阳离子表面活性剂的电性吸附作用机理。阳离子表面活性剂带正电,在带负电的岩石表面吸附量较大。阳离子表面活性剂通过正电荷与岩石表面相互作用,吸附在带负电的岩石表面,形成亲油端朝外的疏水吸附层,能够使油相渗透率加大,水相渗透率降低,使孔壁中的残余油聚集并脱离岩石表面,改变其润湿性,起到选择性堵水的作用。烷基三甲基溴化铵(Cetyltrimethylammonium Bromide,CTAB)阳离子表面活性剂通过油水相间传质和扩散,既能降低油—水界面张力,又能通过吸附来改善液—固界面润湿性,使地层岩石表面向亲水方向发展。

三甲胺类阳离子表面活性剂在油—水界面上吸附,并在油相中形成反相胶束,包裹在胶束中的水成为油湿表面的有效反转相,进而与孔隙表面的活性物质作用,提高孔隙表面的亲水性,从而达到润湿反转的效果。

Zhichu Bi 等研究烷基三甲基溴化铵对氧化硅粉末的润湿反转能力发现,阳离子表面活性剂可以通过吸附在带负电的固体表面改变润湿性(Bi et al.,2004)。

(2)阴离子表面活性剂的暂时乳化作用机理。阴离子表面活性剂的作用机理与阳离子表面活性剂不同,阴离子活性剂不能像阳离子表面活性剂那样在岩石表面吸附,而是通过与原来吸附在表面的极性物质形成混合吸附层产生乳化作用,从而在一定程度上改变润湿性。由于阴离子活性剂并不能使极性物质从固体表面彻底脱附,所以阴离子表面活性剂改变润湿性的效果是可逆的。

在磺酸盐型阴离子表面活性剂中,以石油磺酸盐型最为普遍。它具有较好的润湿反转作用,使固体表面向亲水方向变化。石油磺酸盐成本较低,界面活性高,耐温性能好,但耐盐性能弱,临界胶束浓度较高,在地层中的吸附、滞流和与多价离子的共同作用,导致了在驱油过程中的损耗。由于吸附层与固体表面的吸附力较弱,所以阴离子表面活性剂对地层润湿性的改变是暂时的。

(3)非离子型表面活性剂的稳定乳化作用机理。该类活性剂的亲水基为非离子性基团。如聚氧乙烯烷基酚醚能显著降低水在二氧化硅表面的接触角,使原来水湿的表面水湿性更强,原来油湿的表面油湿性减弱甚至变成水湿,具有较好的润湿性反转效果。由于非离子性基团的亲水性要比离子性基团差得多,因此非离子性表面活性剂要保持较强的乳化作用。此类表面活性剂的优点是耐盐能力强、耐多价阳离子的性能好,临界胶束浓度低,但缺点是在地层中稳定性差,吸附量比阴离子表面活性剂高,而且不耐高温、价格高(张瑞等,2011)。

此外,非离子型表面活性剂所形成的分子沉积膜(Molecular Layer Deposition,MLD)的降低黏附力作用机理。分子层沉积是一种高级的有机聚合物薄膜与有机无机杂化膜制备技术,可以实现每个循环沉积一个分子层,精确控制厚度。分子沉积膜驱油剂是一种表面非活性物质,是利用有机/无机阴阳离子的静电吸附反应特性,通过异性离子体系的交替沉积,在岩石表面自动形成单分子层纳米级层状有序的超薄膜的纳米材料,以水溶液为传递介质,分子沉积膜分子靠静电作用沉积在岩石表面,改变了储层表面的性质和与原油的相互作用状态,使界面性质发生变化,降低黏附力,使原油在注入流体冲刷孔隙的过程中易于剥落和流动而被驱替出来。浸泡实验、接触角的测量及环境扫描电镜实验研究结果表明,分子沉积膜吸附到岩石表面后会使其表面润湿性不同程度地向憎油/亲水方向转变,亲油性越强的表面其转化幅度越大。

27.2 常用润湿剂制造工艺

钻井过程中常用润湿剂主要有3类:阳离子表面活性剂,以烷基三甲基溴化铵为主;阴离子表面活性剂,常见聚氧乙烯/丙烯烷基醇醚硫酸酯盐或磺酸盐;非离子表面活性剂大多为聚氧乙烯烷基酚醚。此外,卵磷脂和石油磺酸盐等混合物也常用于钻井流体中。一般要求油包水乳化钻井流体中润湿剂的亲水亲油平衡值为7~9。

27.2.1 阳离子型润湿剂烷基三甲基溴化铵制造工艺

钻井过程中使用的阳离子型表面活性剂烷基三甲基溴化铵居多,十六烷基三甲基溴化铵最为广泛。

由十六醇经溴素溴化后与三甲胺反应生成季铵盐,将三甲胺水溶液投入汽化釜中,加热至沸,产生的三甲胺气体经干燥后用丙酮吸收,在吸收塔中生成三甲胺丙酮溶液,使其进入季铵化釜。然后在搅拌下滴加溴代十六烷,二者物质的量之比为1.1∶1。滴加过程中保温30~40℃,滴毕后再保温搅拌1h。冷却结晶,得粗品,用丙酮洗涤,甩干,干燥得产品。

27.2.2 阴离子型润湿剂的十二烷基苯磺酸制造工艺

钻井流体应用润湿剂的阴离子表面活性剂是以烷基为主的磺酸盐表面活性剂。烷基苯磺酸盐主要的应用是在石油的三次采油上,也有将其应用在民间洗涤产品上。外观通常为白色或是淡黄色的粉末状固体。目前,对烷基苯磺酸盐的研究主要局限于支链烷基苯磺酸盐,也有少量关于多支链的烷基苯磺酸盐。其中应用最为广泛的烷基苯磺酸盐为十二烷基苯磺酸钠(Sodium Dodecyl Benzene Sulfonate,DDBS),十二烷基苯磺酸也叫作直链烷基苯、十二苯磺酸。

十二烷基苯磺酸钠作为出现较早的表面活性剂,已经被当作合成阴离子表面活性剂的典型。以苯和α-烯烃为起始原料,合成直链烷基苯磺酸钠。制备工艺目前有三种,通过傅克烷基化反应以α-烯烃和苯为原料得到直链烷基苯;通过氨基酸将直链烷基苯磺化得到烷基苯磺酸铵;通过氢氧化钠将烷基苯磺酸铵中和得到烷基苯磺酸钠,生成的氨气用稀盐酸中和。

27.2.3 非离子型润湿剂的月桂醇聚氧乙烯醚制造工艺

非离子表面活性剂是以分子中含有在水溶液中不发生离解的羟基或醚键为亲水基的表面活性剂,由于羟基和醚键的亲水性弱,因此分子中必须含有多个此类亲水基团,才能达到需求的亲水性能。大多数非离子表面活性剂是由含有活泼氢的疏水化合物和环氧乙烷加成聚合而成。

醇醚的合成是将脂肪醇作为起始原料,在酸性或碱性催化剂的存在下,一定量的环氧乙烷依次进行加成反应。如月桂醇聚氧乙烯醚、α-十二烷基-ω-羟基(氧-1,2-乙二基)的聚合物、脂肪醇聚氧乙烯醚、醇醚、醇乙氧基化物。脂肪醇和环氧乙烷的加成反应是一个阶梯式反应,最终产品是各种不同聚合度的醇醚聚合物(吴致宁等,1992)。

具体生产是,将月桂醇原料与催化剂按比例加入压热釜中,密闭;将环氧乙烷通过氮气压由储罐压入计量加料罐,并将反应系统进行氮气置换;搅拌下于80℃、30mmHg下抽真空30min,以脱去反应体系中的水及其他低沸点物质;待釜温升到反应温度160℃时,在压力为0.3~0.4MPa下,连续稳定滴加环氧乙烷至所要求量;保温1h后冷却,在低真空下脱除反应物料中未反应的环氧乙烷,泄压,称产品质量,计算产量。

27.3 发展前景

在钻井流体中加重材料、岩屑及惰性材料占很大一部分比例,这些材料大多数表面为亲水性,它们的加入会使钻井流体的稳定性发生破坏,同时在钻井过程中钻井流体会受到地层亲水性黏土的侵害,而使钻井流体的性能变差。通常解决此类问题的方法是加入润湿剂,使亲水性颗粒表面的润湿性发生改变,提高加重剂的悬浮性和减弱钻屑颗粒的聚集,防止在钻井流体中聚结和沉降,因此润湿剂具有良好的发展前景。

27.3.1 存在问题

目前润湿剂在钻井过程中还存在着润湿效果不理想的问题,加入润湿剂可以改变一部分物质的润湿性达到改变流体性能的目的,但是由于钻井流体中混合存在亲水、亲油的物质,单一的润湿剂不能达到很好的效果。

27.3.2 发展方向

针对钻井流体润湿剂在使用过程中存在的问题,钻井流体润湿剂的发展主要是向着更好的润湿效果方向发展。可以通过不同润湿剂的复配改善钻井流体的性能,或者研制润湿剂达到目的。

(1)研制耐高温润湿剂。耐高温润湿剂是配制耐高温油基钻井流体的一种重要处理剂。唐力等通过有机胺、脂肪酸和乙二酸合成了耐高温油基钻井流体润湿剂。室内对比评价了耐高温润湿剂、十二碳炔二醇聚氧乙烯醚类表面活性剂和阳离子表面活性剂等三种润湿剂的表面张力、接触角和吸光度,表明改变重晶石润湿能力从强到弱的顺序依次为耐高温油基钻井流体润湿剂、十二碳炔二醇聚氧乙烯醚类表面活性剂和阳离子表面活性剂,合成的高温润湿剂具有更好的润湿能力,改善油基钻井流体性能,耐温200℃(唐力等,2019)。

(2)开发生物降解型润湿剂。采用油脂加工废料经过提纯和胺化可得到生物降解型润湿剂,评价了润湿性在油相中对重晶石表面润湿性改变性能及降解性能,最后将其引入油基钻井流体(包括白油、柴油、合成基)综合性能评价。表明,研制出的生物降解型润湿剂对亲水和亲油表面均具有改变其润湿性效果,有效地促使重晶石在油相(白油、柴油、合成基)中润湿性改变和分散性能,其生物降解率最高可以达到80%。引入生物降解型润湿剂的油基钻井流体(白油、柴油、合成基)后,其乳化稳定性均在400V,流变性稳定,失水性较好,特别是高温高压失水性能均小于5mL/30min(李巍等,2014)。

第28章 清 洁 剂

在石油钻井中,固相含量对钻井流体的密度、黏度、滤饼以及储层和环境产生直接影响。为保证顺利、快速钻井,固相控制是维持钻井流体性能稳定的关键。固相失控易导致钻速降低、储层伤害、钻井流体性能降低、摩阻系数增大、引起井下复杂情况发生等问题,同时钻井流体的外排量大大增加。从环境保护出发,钻井流体外排不可取,所以加强钻井流体的固相控制,保证钻井流体性能稳定十分必要。

清洁剂(Cleaning Agent)是用于减少钻井流体中低密度固相,控制钻井流体膨润土含量,提高固控效率的钻井流体处理剂。一般用含极性吸附基的阳离子化合物、低相对分子质量的无机/有机插入聚合物、星形或支化聚合物作为固相化学清洁剂。

28.1 清洁剂作用机理

固相控制技术主要是通过化学和机械净化方法清除钻井流体中的无用惰性固相,将活性固相控制在一定范围内。

机械净化方法是通过固相控制系统,对不同粒径的固相选择使用不同级别的净化设备实现。化学方法是加入化学处理剂,通过包被、护胶等获得较大的岩屑颗粒,返送至地面再进行固相控制。

目前常用的化学方法是利用不分散钻井流体絮凝、包被钻屑以利于机械排除或自然消除。由于不分散钻井流体不能有效地抑制钻屑的水化膨胀和分散,增加机械排除的困难,导致固相清除效率降低。所以开发提高固相清洁效率的清洁剂成为需要。

28.2 常用清洁剂制造工艺

目前油田常用的清洁剂是固相清洁剂。大多数是一些表面活性剂。按配方量将丙烯酰胺、水加入反应瓶,全部溶解后,加入一定量的二甲胺,在 $0 \sim 20℃$ 下反应 $2 \sim 10h$,升温至 $50℃$ 反应 $2 \sim 4h$,降温至 $30℃$,加入催化剂,再分批向反应瓶中加入环氧氯丙烷(加入过程中反应体系的温度控制在 $35℃$ 以下),加完后升温至 $50 \sim 60℃$,反应 $0.5 \sim 1.5h$;降温至 $45℃$,慢慢加入改性剂后升温至 $80℃$,恒温 $0.5 \sim 1.5h$,降温,出料,制得固相化学清洁剂(杨小华等,2003)。

宋玉太等(2002)在中原油田10多口井中应用固相化学清洁剂,清除钻井流体中的有害固相,减少钻井流体中亚微粒子含量,保证钻井流体清洁。解决了上部地层水化膨胀与缩径问题。保证上部地层起下钻的畅通,避免三开配制钻井流体中膨润土含量低、提高钻井流体的黏度困难、处理剂用量大的弊端。部分井段膨润土含量上升缓慢,钻井流体黏度、切力易控制,维护简单,大大减少处理剂的种类和用量,避免替换钻井流体,节约钻井流体成本,有效控制固相含量,有利于提高机械钻速,有较好的经济和社会效益。

28.3 发展前景

自 20 世纪 80 年代以来,一系列钻井流体处理剂相继投入生产,有力地促进了中国钻井流体技术的进步,解决了生产中存在的问题。然而近年来,不合理的成本控制、不合理的技术管理等因素,使得钻井流体出现了停滞不前的现象,已难以满足复杂条件下钻井及特殊井钻井的需要。可见,研制能够满足复杂情况下钻井需要的高性能钻井流体及处理剂,是钻井流体工作者面临的重要课题。

28.3.1 存在问题

目前清洁剂存在清除效率低、兼容性不好等问题:一是不分散钻井流体不能有效地抑制钻屑的水化膨胀和分散,增加机械排除的困难,导致固相清除效率降低;二是耐温耐盐和抑制能力不够强,与聚合物的兼容性不够好。

28.3.2 发展方向

钻井流体清洁剂对于保持井筒清洁有重要作用,清洁剂的发展主要是找寻替代品或者开发新型清洁剂。

(1)开发新型清洁剂。为了满足清洁化生产的要求,提高钻井流体的环保性能,解决钻井流体生物毒性普遍偏高且难于降解的问题,研制关键处理剂、氨基抑制剂和堵漏剂以纳米聚合物为主剂,通过优选其他天然绿色处理剂,构建清洁型可生物降解钻井流体。实现苏里格区块的清洁生产(欧阳勇等,2019)。

(2)引用新方法,开发传统产品的替代品。按照价同质优、质同价低原则合成新产品,促进钻井流体进步。从方法上,可以考虑利用分子设计优化,使分子结构更合理,性能更优越,利用工业废料、农副产品、可循环废物,以及天然材料作为主要原料制备处理剂,以降低生产成本。

(3)适用于高盐高钙环境下处理剂开发。研究满足高矿化度钻井流体处理剂的需要,以及严重钙侵害条件下钻井流体性能控制的需要。

第29章 润 滑 剂

润滑剂(Lubricants)是能改变钻井流体润滑性的物质。钻具高速回转会产生很大阻力,要求钻井流体具有良好的润滑性。一般来说,向钻井流体中加入润滑剂,改变钻井流体的流动能力或者降低钻井流体的黏滞系数和改善滤饼的摩阻系数。

黏滞系数(Viscosity Coefficient)又称为内摩擦系数或黏度,是描述液体内摩擦力性质的重要物理量。表征液体反抗形变的能力,只有在液体内存在相对运动时才表现出来。摩阻系数(Friction Coefficient)是指一定条件下,相对运动物体(固体)所产生的摩擦力与垂直摩擦面作用力的比值。摩阻系数可用于衡量润滑性。这就是说,润滑剂应该具有两种作用:一是降低钻井流体黏度;二是用于降低滤饼摩阻系数。钻井流体现场以后者为主。

按照钻井流体润滑剂存在形式,可分为两大类,即液体类和固体类,还有一部分是有机质类。

液体润滑剂主要是油,其中包括矿物油如柴油、煤油和机械润滑油,植物油如豆油、蓖麻油、棉籽油,动物油如动物油。为了使油在摩擦面上形成均匀的油膜,还常在钻井流体中加入表面活性剂。液体类润滑剂可分为油性润滑剂和极压润滑剂。油性润滑剂常为脂和羧酸,在低负荷下能发挥作用;极压润滑剂常含有硫、磷、硼等活性元素,在高负荷下起作用。若润滑剂中含有活性元素,则该润滑剂具有油性润滑剂和极压润滑剂双重作用。

固体类润滑剂包括石墨、塑料小球或者玻璃小球、碳黑、坚果圆粒等。其中,常用的固体润滑剂有石墨和塑料小球。

石墨作为固体类润滑剂,具有熔点高、硬度低、化学惰性等特点。分散在钻井流体中与其他材料一起形成滤饼时,钻柱与井壁的摩擦变成低硬度石墨晶体片间和钻柱与低硬度石墨晶体片间相对运动的摩擦,起降低摩阻的作用。石墨适用于各类钻井流体的润滑剂。

塑料小球可用聚酰胺(尼龙)小球和聚苯乙烯与二乙烯苯共聚物小球,具有耐温、耐压和化学惰性等优点,适用于所有的钻井流体润滑剂。玻璃小球可用不同成分的玻璃如钠玻璃、钙玻璃制成。具有耐温、化学惰性等优点,成本比塑料小球低,可替代塑料小球;但抗压强度比塑料小球差,易沉降。固体润滑剂在使用过程中因为尺寸问题,容易被固控设备清除,在钻具的挤压、剪切等下容易发生变形或者破碎,从而润滑失效。石墨的片状结构和自润滑性可降低滑动摩擦系数,但石墨类固体润滑剂由于漂浮和扬尘等缺陷,影响施工人员的健康,一定程度上限制了其推广应用。

按照润滑剂的主要组分,可以将润滑剂分为酯类如合成脂肪酸类、油类如废弃机油复配、醚类等。

钻井流体润滑剂应不影响对地层资料的分析和评价,即润滑剂应具有弱荧光或无荧光性质。因此,润滑剂基础材料的选择应注意尽量不用含苯环,特别是多芳香烃的有机物质,而原油尤其是重馏分和沥青等,因含荧光物质较多,应尽量少用。

基于以上要求,一般植物油类,既无荧光和毒性,又易于生物降解,且来源较广,较适合作润滑材料。植物油的主要成分是脂肪酸,而脂肪酸又是润滑剂所需要的表面活性物质。经化学改性后,其表面活性可进一步提高。如磺化棉籽油就可以作为耐温抗挤压的极压润滑剂使用。磺化棉籽油还可以增加矿物油的活性,使其润滑效果得以提高。

29.1　润滑剂作用机理

润滑剂多是通过润滑剂本身在摩擦面之间形成润滑膜。作用机理是提高滤饼润滑能力,减小滤饼/钻具界面的静摩擦力和动摩擦力,防止钻具黏附井壁或者降低钻井滑动时的阻力。

钻井流体的润滑性能与密度、粒度分布、温度、黏度、液相活度及润滑剂的润滑性能等因素有关,其中润滑剂的润滑性能是影响水基钻井流体润滑性能最主要的因素,加入润滑剂后可以大幅度提高水基钻井流体的润滑性能,根据润滑方式的差异,可以将润滑机理分为 3 种(Sheppard et al.,1987),包括硬润滑机理、膜润滑机理和内润滑机理。

(1)硬润滑机理。主要针对干摩擦而言,固体润滑剂一般通过这种润滑机理起作用。由于井身质量和钻柱的转动因素,一部分钻柱与井壁紧密接触,此时滤饼的厚度、强度和粒度分布对摩擦起主导作用。合理的粒度分布能增加起"轴承"效应的粒子数量,起"轴承"效应的粒子增多,接触点增多,摩擦系数减小。

(2)膜润滑机理。液体润滑剂一般通过这种润滑机理起作用。润滑剂或具有润滑作用的钻井流体处理剂,在井壁与钻柱之间形成一层润滑油膜,边界膜的润滑性能取决于这层膜的性质,润滑系数的高低意味着减摩阻能力的大小,润滑油膜强度的高低意味着承载能力的大小。

(3)内润滑机理。加入表面活性剂后,降低体系总的总表面能降低钻井流体中固—固、固—液、液—液之间的表面张力,降低内摩擦,减少钻柱转动过程中受到的黏度、切力和阻力。

润滑剂根据形态可以分为惰性固体、沥青类处理剂、液体润滑剂等,每一类润滑剂都有其独自的作用机理。

(1)惰性固体的润滑机理。固体润滑剂能够在两接触面之间产生物理分离,其作用是在摩擦表面上形成一种隔离润滑薄膜,从而达到减小摩擦、防止磨损的目的。多数固体类润滑剂类似于细小滚珠,可以存在于钻柱与井壁之间,将滑动摩擦转化为滚动摩擦,从而可大幅度降低扭矩和阻力。固体润滑剂在减少带有加硬层工具接头的磨损方面尤其有效。还特别有利于下尾管、下套管和旋转套管。固体类润滑剂的热稳定性、化学稳定性和防腐蚀能力等良好,适于在高温、但转速较低的条件下使用,缺点是冷却钻具的性能较差,不适合在高转速条件下使用。

(2)沥青类处理剂的润滑机理。沥青类处理剂主要用于改善滤饼质量和提高其润滑性。沥青类物质亲水性弱,亲油性强,可有效地涂敷在井壁上、在井壁上形成一层油膜。这样,即可减轻钻具对井壁的摩擦,又可减轻钻具对井壁的冲力作用。由于沥青类处理剂的作用,井壁岩石由亲水转变为憎水,所以,可阻止滤液向地层渗透。

(3)液体润滑剂的润滑机理。矿物油、植物油和表面活性剂等主要是通过在金属、岩石和黏土表面形成吸附膜，使钻柱与井壁岩石接触（或水膜接触）产生的固—固摩擦，改变为活性剂非极性端之间或油膜之间的摩擦，或者通过表面活性剂的非极性端还可再吸附一层油膜。从而使回转钻柱与岩石之间的摩阻力大大降低，减少钻具和其他金属部件的磨损，降低钻具回转阻力。

29.2 常用润滑剂制造工艺

润滑剂是改善钻井流体润滑性能、降低摩擦阻力的主要途径。大部分的油类、合成基烃类以及石墨和表面活性剂、乙二醇、甘油以及硅油等其他化学产品都可作为润滑剂使用。

为降低滤饼/钻具界面的黏附力和黏滞力，故在钻井过程中加入润滑剂，通常按照即润滑剂的相态来分可分为液体类和固体类，而现今并没有用气体作为润滑剂的研究。

近年来，钻井流体润滑剂品种发展最快的是惰性固体类润滑剂，液体润滑剂中主要发展了高负荷下起作用的极压润滑剂及有利于环境保护的无毒润滑剂；由于环境保护的原因，沥青类润滑剂的用量正逐年减少。

29.2.1 改性石墨固体润滑剂制造工艺

石墨（Graphite）是碳的一种同素异形体，质软，为灰黑色不透明固体，密度为$2.25g/cm^3$，熔点为3652℃，沸点为4827℃，是最耐温的矿物之一。它能导电、导热。化学性质稳定，耐腐蚀，同酸、碱等药剂不易发生反应。687℃时在氧气中燃烧生成二氧化碳。可被强氧化剂如浓硝酸、高锰酸钾等氧化。石墨由于其特殊结构，而具有如下特殊性质：

（1）耐高温性。石墨的熔点为3850℃±50℃，即使经超高温电弧灼烧，质量的损失很小，热膨胀系数也很小。石墨强度随温度提高而加强，在2000℃时，石墨强度提高1倍。

（2）导电性与导热性。石墨的导电性比一般非金属矿高100倍。导热性超过钢、铁、铅等金属材料。导热系数随温度升高而降低，甚至在极高的温度下，石墨成绝热体。石墨能够导电是因为石墨中每个碳原子与其他碳原子只形成3个共价键，每个碳原子仍然保留1个自由电子来传输电荷。

（3）润滑性。石墨的润滑性能取决于石墨鳞片的大小，鳞片越大，摩擦系数越小，润滑性能越好。

（4）化学稳定性。石墨在常温下有良好的化学稳定性，能耐酸、耐碱和耐有机溶剂的腐蚀。

（5）可塑性。石墨的韧性好，可碾成很薄的薄片。

（6）抗热震性。石墨在常温下使用时能经受住温度的剧烈变化而不致破坏，温度突变时，石墨的体积变化不大，不会产生裂纹。

针对长庆油田分支水平井大斜度井段、长水平段，润滑防卡问题，研制了一种改性石墨固体润滑剂。固体润滑剂改性石墨配方为75%天然鳞片石墨粉、15%润湿剂磺化油、8%高分子聚合物羧甲基纤维素、2%乳化剂十二烷基三甲基溴化铵。室内评价表明，固体润滑剂加量达3%时，体系润滑系数降低率达80.3%，且具有较好的耐温性，不影响钻井流体性能，不发泡，不伤害储层。改性石墨固体润滑剂的使用保证了长水平段的安全钻进，使用高效长效固体润滑剂，安全顺利钻过2195m水平段分支，超过2000m的设计（董宏伟等，2018）。

29.2.2 塑料小球固体润滑剂制造工艺

塑料小球是一种高效固体润滑剂,具有耐高温、无荧光、无毒、不影响钻井流体流变性等特点,可广泛用于直井、超深井和定向井的各类钻井流体中。以苯乙烯和二乙烯苯为原料制得的塑料小球的使用效果远超过其他润滑剂,具有无荧光、无毒、密度低、抗压强度高、耐温性好、不与钻井流体中的任何组分发生化学反应等特点,可用于各种类型的钻井流体中(耿东士等,1993)。

将苯乙烯、二乙烯苯精制后混合,加入定量过氧化苯甲酸、蒸馏水和4%聚乙烯醇水溶液,在强力搅拌下升温至80℃进行悬浮聚合。反应3~4h后升温至95℃以上,熟化反应0.5~1.0h,经出料、水洗、烘干、筛分、包装和检验等工序,即可得到符合要求的塑料小球固体润滑剂。

新安309井位于河西务断裂构造带,地层情况复杂,主要表现为断层多、断块多、地层倾角大,在沙河街组存在大段易水化膨胀、易塌泥岩和油气十分活跃的井段。在钻开高压储层前,为防止高密度钻井流体的黏附卡钻,使用了塑料小球固体润滑剂。加入塑料小球后共钻进281.0m,起下钻5次,均未遇阻卡,20min 摩阻系数由0.2降为不黏附,扭矩下降38%,套管顺利下至3265.00m,井壁取岩心、中途电测和完井电测顺利,固井质量全优。

冀中凹陷的荆邱构造在2000m以浅是泥岩,2000.00~3000.00m是泥膏盐和膏盐互层。在这个构造上共打了33口直井,黏附卡钻及键槽卡钻10井次,占事故井次的83.3%。

晋45-63井是一口定向井,井身呈S形,斜深3405.67m,最大井斜22°,井底闭合方位角123.54°,井底水平位移443.31m。该井钻具与滤饼接触面积大,钻具作用于井壁的侧压力也大,易发生黏附卡钻和键槽卡钻。为防止黏卡事故,该井采用塑料小球为润滑剂。加入塑料小球后,钻井流体25min摩阻系数由0.2降为不黏附,扭矩降低25%~35%,平均机械钻速提高14.8%~32.9%,未发生黏卡,起下钻及下套管顺利,电测和井壁取心均一次成功,固井质量好。该井在3035.16m修泵时,钻具疲劳断裂落入井底,落鱼2340.30m,在井底停留10h,打捞一次成功,无任何黏卡显示。

29.2.3 液体无毒弱荧光润滑剂制造工艺

弱荧光润滑剂为棕褐色液体,具有无毒、无污染、水分散性良好,用作钻井流体处理剂,具有弱荧光干扰、防卡、润滑性好等特点,且与各类钻井流体兼容性好,对钻井流体流变性无不良影响,能满足探井、详探井、地质录井及环境保护的要求。

配方为:十二烷基苯磺酸钠10%~15%、松香酸钠5%、油酸20%、白油50%~55%和适量水。按配方要求,将水加入反应釜内,并将体系升温至50℃,然后在不断搅拌下,加入十二烷基苯磺酸钠、松香酸钠、油酸和白油,在30~40℃温度下搅拌1.0~1.5h,使物料充分混合均匀得到棕褐色液体即为弱荧光润滑剂。弱荧光润滑剂可直接混入钻井流体中使用,采用铁桶或塑料桶包装,存于阴凉通风的库房中,防曝晒,推荐用量为0.3%~1.0%。在储运时不宜倒置,存储不可接触明火。

这种润滑剂在冀东油田的T30-1井和高12-3井等14口直井、大斜度井、水平井得以应用,荧光级别低,可有效降低摩阻、润滑性能好,减轻了钻机负荷,并可降低钻井流体失水量(霍胜军等,2008)。

29.2.4 液体醚类润滑剂制造工艺

环保型润滑剂聚合醚是由天然物质经精炼提纯后,在一定温度、压力和缩合剂的作用下与低分子烷氧基化合物缩合而成。环保型润滑剂聚合醚属于非离子型处理剂,没有浊点,在水面上迅速扩散,并形成一层类似油的分子膜,吸附在井壁和钻具表面,能提高钻井流体的润滑效果。

聚合醚可增强海水钻井流体的抑制性,适应造浆地层定向钻井;聚合醚可耐温150℃,性能稳定,适应在4500.00m以内的深井施工;聚合醚可增强海水钻井流体的抗侵害能力;室内研究和现场应用表明(季龙华等,2008),聚合醚具有优于聚合醇润滑剂的润滑性能,没有浊点,不受温度和环境的影响,适用于水平井及大斜度井;聚合醚的急性生物毒性测试表明,钻井流体具有无毒、易生物降解的特点,钻井流体可直接排入海中。

国家海洋局北海监测中心用青岛太平角纹缟虾虎鱼作为受试生物对聚合醚的生物毒性进行了检验,结果表明,纹缟瑕虎鱼的96h半致死浓度(96h LC_{50})大于30000mg/L,符合国家海洋局"海洋石油勘探开发钻井流体使用管理暂行规定"对生物毒性的要求(孙启忠等,2003)。

29.3 发展前景

钻井流体润滑剂和其他油田化学处理剂一样,伴随着石油勘探与开发的发展而发展。钻井流体润滑剂在国际上有15类100多种,在中国有10类40余种,主要由矿物油、植物油及其油脚的改性产物、表面活性剂与有机物的混合物、合成脂类等精细化工产品及固体润滑组成。选用或研制润滑剂既要考虑直接成本问题,更要考虑环境保护和储层保护问题。无论是国际上还是中国已基本不提倡将植物油或油脚直接用作润滑剂,或将其和矿物油相混配后当润滑剂。天然润滑剂(矿物油、植物油改性混合物)将逐渐为合成的精细化工产品代替,润滑剂的精细化过程只是个时间问题。开展钻井流体高效润滑剂研究具有现实意义,经济和社会效益将十分显著。

29.3.1 存在问题

随着钻井井深的增加,钻井温度随之增加,特别是现今深井超深井越来越多,井底温度达到350℃。高温时,很多有机高分子一类的钻井流体润滑剂,在高温状态下,会发生降解交联、解吸附以及去水化作用,使得其性能遭到破坏,会严重影响钻井流体的润滑性能。

29.3.2 发展方向

钻井流体润滑剂和其他油田化学处理剂一样,伴随着石油勘探与开发的发展而发展。

(1)天然润滑剂(矿物油、植物油改性混合物)将逐渐被合成的精细化工产品代替,润滑剂的精细化过程只是个时间问题。由于成本和性能方面的优势,矿物油润滑剂还会不断完善,低芳香烃含量的精制矿物油代表了这种润滑剂发展方向。有了合适测试手段后,柴油和沥青作为润滑剂仍有生命力。

（2）充分利用油脂工业下脚料，作为钻井流体润滑剂的重要原料也是一个发展方向。

（3）由于石油钻井对钻井流体润滑剂的要求越来越高，研制开发这种产品的精细化率也在不断提高。鉴于钻井流体润滑剂所属的油田用化学品在中国已属精细化工产品范畴，故钻井流体润滑剂的研制开发将有标准可依，有可靠的理化检测方法来保证产品的质量。由于精细化工产品的技术含量较高、专业性较强，所以要求研制开发者具备系统的专业知识，还要求配备相当先进的实验装置和合成手段。

（4）钻井流体润滑剂的测试与评价是选择使用和研制生产的重要依据，是杜绝假冒伪劣产品入井的重要手段，是新产品质量控制的保证，所以草率不得。非润滑性测试项目日益受到重视，润滑性测试有待完善与规范。

第30章 解　卡　剂

解卡剂（Pipe Freeing Agents）是指能降低滤饼与钻杆摩擦系数，解除卡钻的钻井流体处理剂。从定义中可以看出，解卡剂主要用于黏附卡钻的解卡。解卡剂的主要成分一般为清洁剂、脂肪酸盐、油、表面活性剂和其他化工产品。

钻井过程中，钻具在井下既不能转动又不能上下活动的现象称为卡钻。卡钻是钻井施工中的常见事故，以黏附卡钻居多。黏附卡钻，也叫压差卡钻，是卡钻的形式之一，是指钻具在井中静止时，钻井流体液柱压力与地层压力之间的压差，将钻具压在井壁上而致，诱因是钻井流体的失水护壁性能不佳。

钻井静止时，在液柱压力和重力作用下，钻具与滤饼紧密接触，黏结在一起，造成黏附卡钻。滤饼与钻具表面之间的黏附力和黏滞力是影响黏附卡钻的重要因素。黏附力指某种材料附着于另一种材料表面的能力。黏滞力就是常说的黏度大小。

卡钻后必须立即处理。否则，轻则延误钻井时间，重则导致井眼报废。当然，卡钻要以预防为主，解除也必须尽快。处理黏附卡钻，使用解卡剂是钻井工程中使用最多的解卡方法，也是解卡最快的一种。配制解卡流体，泵注解卡流体至预测卡点井深，解除卡钻。

30.1　解卡剂作用机理

解卡的基本原理就是提高滤饼润滑能力改变黏附力，减小滤饼对钻具的黏附力，破坏滤饼结构降低滤饼的黏滞力。因此，解卡剂以实现这两个性能要求为目标。

解卡剂一般由渗透剂、润湿反转剂、润滑剂、乳化剂、具有去水化作用的盐类或带有大量极性基团的物质等组成。解卡机理包括渗透作用、润湿作用、润滑作用和去水化作用等。

（1）渗透作用。油类或渗透剂能够显著降低表面张力。润湿反转剂则使亲水表面转变为亲油表面，在渗透剂和润湿反转剂的共同作用下，滤饼中毛细管阻力减弱，解卡剂通过毛细管进入井壁地层和管柱—滤饼界面。钻井流体液柱压力传递到地层中，降低界面压差。

（2）润湿作用。解卡剂通过吸附，使钻具和滤饼的润湿性发生反转，在两个接触面之间产生物理分离，形成隔离薄膜，实现解卡。

（3）润滑作用。在解卡剂进入管柱—滤饼界面，完成界面的表面改性后，润滑剂分子中的亲水基团吸附在钻具和滤饼表面上或滤饼颗粒间形成定向紧密排列，另一端非极性基团形成一层油膜，降低界面和滤饼颗粒间的摩擦系数。

（4）去水化作用。解卡剂中的盐或者降低活度的成分，可以使滤饼中的水化膨润土收缩（罗文其等，1996）。黏土颗粒聚结，滤饼产生裂缝，为解卡剂的渗入提供通道，也可使原滤饼变薄，降低被黏钻具与滤饼的接触角，减小界面面积。同时，滤饼中产生的通道供解卡剂通过，井壁岩层与滤饼间的黏结力减弱，促使滤饼从井壁上脱落。

30.2 常用解卡剂制造工艺

解卡剂必须有良好的润滑性,且对钻井流体没有侵害或侵害程度较小。通常,按照即解卡剂的相态来分可分为液体类和固体类,现今还没有用气体作为解卡剂的研究。

油基、水基、粉状解卡剂是常见的处理剂。解卡剂主要分为油基液体解卡剂、水基液体解卡剂、粉状解卡剂。

30.2.1 油基液体解卡剂制造工艺

油基液体解卡剂是灰黑色黏稠液体,润湿、润滑性能好,失水量小,滤饼黏滞系数小,滤饼薄而韧,渗透能力强,能根据需要调节密度,具有较好的悬浮稳定性,对水基钻井流体滤饼有一定的渗透破坏作用,流变性能好。可用于卡点以下有坍塌地层的井、不混油的井、深井、高压储层等复杂井压差卡钻时解卡,对黏附卡钻有特效,还可以作为混油钻井流体防卡使用。油基液体解卡剂,目前常见的配方有两大类,主要是表面活性剂有所差别。

一类解卡剂配方为柴油、氧化沥青、有机膨润土、硬脂酸铝、石灰、水、司盘80、烯丙基磺酸钠、烷基酚聚氧乙烯醚以及顺丁烯二酸二仲辛酯磺酸钠。另一类解卡剂配方为柴油、氧化沥青、有机膨润土、硬脂酸铝、石灰、水、司盘80、烷基磺酸钠以及顺丁烯二酸二仲辛酯磺酸钠。合成工艺分为三步,搅拌、混合以及加重晶石和顺丁烯二酸二仲辛酯磺酸钠即可得到解卡剂。

(1)按配方要求将柴油加入配制罐中,然后依次加入氧化沥青、有机膨润土、硬脂酸钠、石灰和表面活性剂等组分,充分搅拌0.5~1.0h。

(2)使体系的温度升至50~60℃,加入配方量的水,搅拌1h,使反应混合物体系充分乳化、分散,即可得到油基解卡剂。

(3)向所得基础液中加入重晶石(重晶石量根据井内钻井流体密度来定,解卡剂密度必须接近或略大于井内钻井流体密度为好)加重,加入顺丁烯二酸二仲辛酯磺酸钠,即得油基解卡剂。

施工前测准卡点,计算好所需要解卡剂剂量,施工剂量比理论计算量附加10%~20%,注解卡剂前必须调整好钻井流体性能,达到设计要求,保证井眼循环畅通。配制解卡剂时,配制罐与循环管线应清洁干净,不窜不漏,以保证连续施工。药品必须按顺序加入,充分搅拌,使其分散乳化,方可加重,解卡剂的密度应与钻井流体密度相同或略高。随配随用,不宜储存。

长307井卡钻后,注入解卡剂10.8m³,浸泡8h解卡。解卡后,直接在解卡剂中起钻,通井时循环过程中解卡剂全部混入井内,之后由于井底位移超标,红层段下入定向钻具进行了定向扭方位施工,定向过程中钻具最长静止时间20min,没有拖压和黏卡迹象,且"红层"等易塌井段未出现坍塌现象(程岂凡等,2016)。

此外,河北省磁西一号720.00~760.00m井段,地层裂隙发育,地层钻井流体漏失量大,滤饼厚度较大,增大了钻头与孔壁的摩擦力,摩擦力和钻头自重超过设备提升力造成了卡钻事故,席杰使用油基解卡液进行解卡,有效地缩短了事故处理的时间,简化了事故处理程序,防止了事故扩大化(席杰,2016)。

30.2.2 水基液体解卡剂制造工艺

水基液体解卡剂为液体产品,用于不允许混油的探井及油基液体解卡剂解卡难度大的井,最高密度只能达到 $1.5g/cm^3$。

水基液体解卡剂使用淡水、聚丙烯酰胺、顺丁烯二酸二仲辛酯磺酸钠、无荧光消泡润滑剂、碳酸钠、氢氧化钠以及适量氯化钠或者氯化钙配制而成。

在配制罐中加入淡水,然后在淡水中视需要混入卤水或加氯化钠或者氯化钙作为基液,加入氯化钠或者氯化钙并完全溶解均匀后,在配制罐中依次加入聚丙烯酰胺、顺丁烯二酸二仲辛酯磺酸钠、无荧光消泡润滑剂等,充分分散,混合均匀,即得解卡剂。

施工前测准卡点,计算好解卡剂剂量,施工剂量比计算量附加10%~20%,解卡剂的密度应与钻井流体密度相同或略高,注解卡剂前必须调整好钻井流体性能,达到设计要求,保证井眼循环畅通;使用水基解卡剂必须在加入前和顶替前使用隔离液,剂量 $1.5\sim3.0m^3$,解卡后必须全部排掉包括两头混浆段,以避免侵害钻井流体。随配随用,不宜储存。

针对酒泉盆地长沙岭构造砂泥岩段长,存在高压盐水层,平均钻井流体密度为 $1.98\sim2.02g/cm^3$,压井过程中压差卡钻事故频繁发生,通常采用油基解卡剂浸泡解卡,配方复杂且侵害钻井流体的现状。优选无机盐、加重剂和渗透剂开发由无机盐和琥珀酸二异辛酯磺酸钠为主要成分的水基解卡剂,提高了解卡速度和成功率。解卡剂防塌性好,在长时间浸泡后不会造成井塌复杂,解卡后可配合降失水剂和稀释剂混入钻井流体中,进一步提高钻井流体的防塌性。通过室内评价实验,该解卡剂耐温能力在140℃以上。在解卡仪上测得解卡时间最短为85min,而油基解卡剂的解卡时间最短为100min(刘梅全等,2007)。

此外,针对油基解卡剂荧光强度高,侵害钻井流体,污染环境,安全性差,特别是会严重干扰勘探井的地质录井准确性等缺点,开发了一种水基解卡剂。水基解卡剂在密度小于 $1.45g/cm^3$ 钻井流体中解卡较快,在密度大于 $1.45g/cm^3$ 钻井流体中解卡较慢。水基解卡剂基本上无荧光(邰楠等,2001)。

30.2.3 粉状解卡剂制造工艺

粉状解卡剂为灰黑色自由流动的固体粉末,用于深井、复杂井以及泡油未能解卡的井压差卡钻时的解卡作业。具有润滑性好、失水量低、滤饼薄,流变性与耐温性能好等特点,能较长期存放不结块、不失效,解卡效率高,在井下高温高压下稳定性好,与柴油和水搅拌可配成各种密度的解卡剂。

粉状解卡剂主要由氧化沥青、石灰、油酸、环烷酸、烷基酚聚氧乙烯醚以及脂肪醇聚氧乙烯醚制成。

按配方要求依次将氧化沥青、石灰、有机土、环烷酸、烷基酚聚氧乙烯醚、脂肪醇聚氧乙烯醚等组分加入捏合机中,不断搅拌使其混合均匀,即得黑灰色自由流动的粉末解卡剂。

使用粉状解卡剂需采用内衬塑料袋,外用防潮牛皮纸袋包装,储存在阴凉、通风、干燥处,防止受潮和雨淋,防止高温。使用时,首先在现场或工厂配制成解卡剂,然后再根据需要加重,配制的解卡剂不宜长期保存,一般随配随用。

磁西一号回灌试验钻孔因为漏失存在,滤饼虚厚造成卡钻。使用粉状解卡剂,配制成流体,加重至钻井流体密度。施工现场期间把自由钻柱重量的加至钻柱,防止卡点上移。边注入边活动钻具,钻具能自由活动了,表明成功解卡(席杰,2016)。

(1)计算替钻井流体量。准确的替浆量能使钻杆内外的流体(水及水泥浆)在静压平衡状态时,达到同一高度。在提升钻杆的过程中,钻杆内外的水泥浆互相混合,解卡剂要顶替到预计卡点位置。

(2)先注隔离液,再将解卡剂经钻具泵入孔内,然后泵入钻井流体以将解卡剂送至预判卡点位置,钻具内剩余解卡剂。之后每隔两小时强力活动钻具10次,无解卡迹象则继续浸泡,并泵入少量钻井流体,防止沉砂堵塞钻头水眼。浸泡期间加钻压,防止卡点上移。

30.3 发展前景

随着钻井新技术的不断推广应用,钻井速度大幅度提高,钻井成本不断降低,但是由于井下地层和设备等各方面因素的影响,在钻井过程中发生卡钻事故还是不可避免的,应用常规解卡剂、打原油、替清水等方法虽然也能解除黏卡事故,但由于其浸泡时间长,易造成井壁垮塌,把钻具埋死,使井下事故复杂化,特别是用清水浸泡解卡,对井壁滤饼冲蚀太大,不利于巩固井壁,给以后的工作带来许多困难,因此需要研发多种解卡剂应对不同情况,给钻井工作带来可观的综合经济效益。

30.3.1 存在问题

世界上的解卡剂大多是油基解卡剂。油基解卡剂大多是依据泡油或泡解卡剂解卡的机理研制的,传统的解卡液包括油和解卡剂,主要存在的问题有解卡时间长、荧光强度高以及高密度条件下解卡效果差等问题。

(1)解卡时间长,效率低,易造成井下的二次事故。

(2)解卡剂荧光强度高,影响测录井解释的准确性。

(3)在高密度条件下的解卡效果差,甚至无法解卡。

30.3.2 发展方向

从体系的稳定性考虑解卡剂应具有良好的悬浮性,以保证其能加重到所需要的密度;混入钻井流体中对钻井流体的流变性影响要小。解卡剂从解卡功能上讲需要对井壁具有良好的渗透性、油润湿性和润滑性。

(1)向更好的润滑性发展。滤饼油润湿效果的实现,增加了润滑作用。同时,解卡剂中要含有一定的润滑剂,由于润湿、渗透及滤饼压缩的结果,使解卡剂中的油、润滑剂等挤入管柱和滤饼之间,从而减少滤饼对管柱的黏附力。

(2)良好的乳化稳定性。解卡剂尽管对滤饼有油润湿效果,但它必须是稳定的水包油乳化体系,需要选择合适的乳化剂,这是保证解卡剂综合性能稳定的基本条件。

(3)具有良好的悬浮性。解卡剂的悬浮性是保证解卡剂的密度根据需要而调整,选用聚合物类处理剂提高解卡剂的黏度和结构性,防止加重材料的沉降。

第31章 防水锁剂

防水锁剂(Condensate Blocking Damage Control Agent)是指抑制或解除水锁效应的钻井流体用处理剂。在钻井、完井、修井及开采作业过程中,在许多情况下都会出现外来相在多孔介质中滞留的现象。另外一种不相混溶相渗入储层;或者多孔介质中原有不相混溶相饱和度增大,都会伤害相对渗透率,使储层渗透率及油气相对渗透度都明显降低。在不相混溶相为水相时,这种现象被称作水锁效应。

水锁效应是油田注水开发中普遍存在的问题,通常表现在钻井、完井、修井作业中油层被封堵,或被管外窜漏进入油层的水或产出的地层水封堵,有时也出现产液良好的油井在洗压作业后产量大幅度降低甚至不产液的情况。低渗透、特低渗透储层由于供流体自由流动的孔喉较小,表皮压降往往很大,所以更容易发生水锁。因此,研究水锁效应的影响因素,寻找抑制和解除水锁伤害的方法,对改善低渗透油藏的水驱开发效果具有重要意义。水锁伤害的机理包括毛细管力自吸作用和毛细管力滞留作用,如图3.31.1所示。

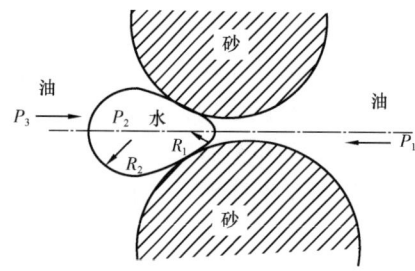

图 3.31.1 水锁效应的产生示意图

从图 3.31.1 可以看出,外来相侵入储层后,会在井壁周围孔道中形成液相堵塞,液/气或液/油弯曲界面上存在毛细管力,毛细管力影响着储层中润湿相和非润湿相渗流。

如果遇阻变形的是气泡,又称为气阻效应;如果遇阻变形的是液滴,又为液阻效应。

假设储层孔隙结构可视为毛细管束,毛细管中弯液面两侧润湿相和非润湿相之间的压力差定义为毛细管压力,其大小可由任意界面的 Laplace 方程来表示:

$$P_2 = \sigma\left(\frac{1}{R_1} + \frac{1}{R_2}\right) \tag{3.31.1}$$

式中 P_2——毛细管压力,mN;

σ——界面张力,mN/m;

R_1, R_2——两相间形成液膜的曲率半径,m。

从式(3.31.1)中看出,毛细管压力的大小与多孔介质的直径成反比。由于低渗透层的平均孔隙直径比中高渗透储层要小得多,所以低渗透储层水锁效应更严重一些。

根据 Paiseuille 定律,毛细管排除液体的体积为:

$$Q = \frac{\pi r^2 \left(p - \dfrac{2\sigma\cos\theta}{r}\right)}{8\mu L} \tag{3.31.2}$$

式中 r——毛细管半径,m;

L——液柱长度,m;
p——驱动压力,Pa;
μ——外来流体的黏度。

换算为线速度,则式(3.31.2)成为:

$$\frac{dL}{dt} = \frac{\pi r^4 \left(p - \frac{2\sigma\cos\theta}{r}\right)}{8\mu L}$$

积分得出从半径为 r 的毛细管中排除长度为 L 的液柱所需时间为:

$$t = (4\mu L^2)/(pr^2 - 2r\sigma\cos\theta)$$

由此可见,造成水锁伤害除与储层内在因素孔喉半径有关外,还与侵入流体的表面张力、润湿角、流体黏度以及驱动压差和外来流体的侵入深度等外在因素有关。渗透率越低,孔喉半径越小,油层压力越低,越容易产生水锁伤害,且越难以解除其伤害。总之,储层致密、孔隙喉道小、岩石颗粒表面覆盖绿泥石等易水化的薄膜,且油藏压力低、生产压差小是造成储层产生水锁效应的内在因素。而驱动压差小、外来流体与岩石的润湿角小、表面张力大和黏度大是造成储层产生水锁效应的外在因素。这样,就相当于存在一个压差。

因此,挤注放差可以较弱和部分消除水锁效应,挤注放差是向油层中挤注一定的表面活性剂体系工作液,可以有效地提高油相渗透率的保留率。

31.1 防水锁剂作用机理

防水锁剂主要有低级醇和表面活性剂两大类。低级醇作防水锁剂,主要是利用醇能与水互溶且易挥发,挥发时携带地层滞留水。表面活性剂作防水锁剂,主要利用的是降低液相固相的界面张力,改变岩石表面的润湿性,增大液相与岩石表面的润湿角,从而降低毛细管阻力。低级是相对而言的。中碳醇是相对于低碳醇和高碳醇而言的。一般4个碳以下的叫低碳醇,10个碳以上的叫高碳醇,中间的都属于中碳醇。

钻井作业中,单独加入防水锁剂的案例并不多,大多是在钻井流体中加入防水锁剂来实施储层保护和解除储层伤害。

防水锁剂的作用机理主要是降低水的表面张力进而降低毛细管阻力,与水互溶易挥发携带伤害水,气化补充地层能量返排力增加。

但是,一般地层水矿化度较高,加入甲醇可能引起醇析,导致盐沉淀、二次伤害。同时,低碳醇暂时性解除水锁伤害,再次作业量时需要再次采取措施,持久性不强。另外,通过氧乙烯基与岩石表面硅羟基形成氢键,能很好地吸附在岩石表面,形成亲油保护膜,增大水在岩石表面的接触角,从而降低毛细管阻力。氟烷基具有疏水疏油性,能降低岩石表面的强水润湿性,增大滞留水的接触角,从而降低毛细管阻力。其缺点是浊点低,在高温地层条件下不适用。

针对青海油田的低渗透砂岩油气藏的水锁储层伤害,实验评价了在酸化液中添加甲醇、乙醇和乙二醇等防水锁剂,发现甲醇的效果最好,乙醇次之。认为防水锁剂降低了含水饱和度(张文斌等,2009)。

针对塔中低渗透气藏的水锁伤害,实验评价认为,甲醇解除水锁的效果要优于石油磺酸盐,不仅可以降低表面张力,还具有易挥发性,带走部分滞留水,补充地层能量(白方林,2010)。

赵东明等室内对比实验低级醇防水锁的机理,醇与地层水混合后形成低沸点共沸物,易于气化排除,从而减少排液时间和降低含水饱和度,有效减缓水锁效应。

非离子氟碳表面活性剂利用析出物质吸附在岩石表面,减弱岩石表面的水润湿性,增大液相的界面接触角,降低毛细管阻力,从而提高气相渗透率(Bang et al.,2009)。

利用含氟链阳离子双子表面活性剂与多元醇溶液复配后,降低水锁伤害(刘燕等,2011)。同样的机理,将氟碳表面活性剂、非离子表面活性剂、两性孪连表面活性剂、有机硅消泡抑泡剂等复配降低表面张力和界面张力,有效减少低孔隙度、低渗透储层的水锁伤害(王昌军等,2011)。

31.2 常用防水锁剂制造工艺

目前使用较多的防水锁剂有两大类:一类是低碳一元醇,主要有甲醇和醇醚,醇醚主要有乙二醇单甲醚、乙二醇单丁醚等;另一类是非离子型表面活性剂,如烷基酚聚氧乙烯醚、聚氧乙烯聚氧丙烯丙二醇醚、聚氧乙烯聚氧丙烯醇醚、氟碳表面活性剂等,单独或复配使用。

31.2.1 低级醇作为防水锁剂的制造工艺

甲醇是最简单的饱和一元醇,俗称木精、木醇,其分子式为 CH_3OH,分子量为32.04。常温常压下,纯甲醇是无色透明、易燃、极易挥发且略带醇香味、刺激性气味的有毒液体。甲醇能和水以任意比互溶,但不形成共沸物,能和多数常用的有机溶剂如乙醇、乙醚、丙酮、苯等混溶,并形成沸点稳定的混合物。

甲醇有很强的毒性,口服5~10mL可造成严重中毒,10mL以上可造成失明,30mL以上可致人死亡。以一氧化碳与氢气为原料合成甲醇的方法有高压、中压和低压三种方法。甲烷氧化于20~30MPa和350~470℃在铜金属催化剂存在下,生成甲醇,为高中压法。液化石油气氧化法主要由丙烷和丁烷等组成的轻质的混合物。主要产品有乙醛、甲醛、甲醇和一部分作为溶剂的混合化学品。甲醇作为防水锁剂使用效果虽然好,但毒性强。所以一般不使用。

乙二醇单丁醚(Ethylene Glycol Aminobutyl Ether,EGMBE)又叫防白水、化白水,化学式为 $C_6H_{14}O_2$,分子量为118.17,是无色易燃液体,具有中等程度醚味,低毒。可溶于水和醇,与石油烃互溶。分子中同时含有烷基、醚键和羟基。羟基的存在使其在水中具有良好的分散性,各个基团的存在使其能够溶解大部分物质,因此有万能溶剂之称,在工业中得到了极为广泛的应用。

丁醇与三氟化硼—乙醚络合物混合,再于25~30℃通入环氧乙烷并升温至80℃进行反应。反应后回收多余丁醇,用碱中和、蒸馏、分馏,得乙二醇单丁醚成品。工业上,乙二醇单丁醚一般由环氧乙烷和正丁醇通过氢氧化钾催化反应制得。由于反应为连串放热反应,使用反应精馏工艺能够获得较高的收率和反应物转化率,并能够有效地避免传统釜式反应器或列管式反应器容易出现的温度失控现象。所以使用此法较多。

歧口 18-2 油田为复杂断块油藏,多种油水系统。2004 年完钻 5 口井投入开发。生产过程中达不到配产要求,含水上升快。多种作业措施效果不理想。原因是开发井设计的钻完井流体,没有考虑中低渗透储层易发生的水锁伤害因素。后来,设计的 4 口调整井钻井工作中,钻完井流体中加入防水锁剂,投产后效果显著,均达到或超过配产要求(柳雪青,2016)。

31.2.2　表面活性剂作为防水锁剂的制造工艺

烷基酚聚氧乙烯醚(alkylphenol ethoxylates,APE)是一种重要的非离子型表面活性剂。由烷基酚和环氧乙烷分为两个阶段加成而得。第一阶段是烷基酚与等物质的量的环氧乙烷加成,直到烷基酚全部转化为加成物后,才开始第二阶段环氧乙烷的聚合反应(赵勇,1999)。主要有带搅拌的单釜生产法、外循环反应工艺等两种方法。国际上还有 Press 工艺、BUSS 工艺和 CP tech 工艺等。

(1)带搅拌的单釜生产法。在不锈钢的反应釜中加入原料烷基酚,搅拌下加入 50% 浓度的碱催化剂,用反应釜夹套蒸汽加热到 105℃,抽真空脱水 1h,冲入氮气再抽真空。然后从计量罐向反应釜内压入环氧乙烷,通过环氧乙烷进料阀控制反应压力在 0.1~0.4MPa,用冷却水量控制反应温度 130~180℃,待加完环氧乙烷后继续搅拌至釜内压力不下降为止。降温至小于 100℃,放料入精制釜,加醋酸中和,70~90℃加入总量 1% 的过氧化氢漂白,最后包装。

(2)外循环反应工艺。针对单釜反应存在的不足,中国目前有部分单位已开始采用外循环生产工艺。将烷基酚和催化剂投入不带搅拌器反应釜中,釜内物料利用循环泵打循环,物料通过换热器升温至 105℃回到反应釜顶部,抽真空脱水 1h。从计量罐压入环氧乙烷反应,调节循环速度和环氧乙烷进料速度,使温度和压力处于受控状态。通完环氧乙烷后待压力不再下降,可降温出料精制。

大庆油田龙西地区扶杨油层录井显示较好,但实际产量并不高。主要原因是,龙西地区储层孔隙度小于 10%,渗透率为 10mD 左右。低孔低渗低压,极易造成水锁伤害。后来在塔 30 井使用氯化钾聚合物钻井流体钻井时,加入 0.4% 表面活性剂异构十三醇醚磷酸酯作为防水锁剂,降低滤液的表面张力,渗透率恢复值达 88.14%,满足该地区储层保护的要求(丁伟等,2013)。

31.3　发展前景

低渗透油气藏在中国分布广泛,大量的研究表明,在这些油气藏的勘探和开发过程中存在着很严重的水锁伤害,严重地影响了低渗透油气藏的高效开发。因此,寻找能抑制或解除水锁伤害的高效防水锁剂,对保护油气藏有重要意义(柳敏等,2013)。

31.3.1　存在问题

低级醇作防水锁剂可能引起醇析,导致盐沉淀,给地层带来不可恢复的附加伤害,并且只能暂时解除水锁伤害,如果外来水再次入侵时需要再次采取措施。表面活性剂作防水锁剂存在浊点低、高温地层条件下不适用等问题。

31.3.2 发展方向

高效防水锁剂应能大幅度降低液相界面张力,能减弱岩石表面的水润湿性,增大液相接触角,在井底温度下能快速蒸发,蒸发时能带走地层滞留水,能使地层渗透率大幅度恢复,耐温、耐盐性能好,与其他处理剂兼容性好,原料廉价易得。鉴于以上物质单独作防水锁剂使用时都存在一定的问题。通过原料筛选、复配,充分发挥每种物质的优点,甚至是复配时产生的协同作用,克服其单独使用时的缺点,是今后开发高效防水锁剂的主要方向。

(1)有机硅醚类防水锁剂、脂肪酸乙二醇酯类性能较好。在常温及14℃老化后对膨润土钻井流体流变性、失水量影响较小。有机硅醚类防水锁剂在加量0.3%时就能够显著降低膨润土钻井流体的润滑系数,润滑效果明显;同时,降低油水表面/界面张力能力较强,有利于钻井流体滤液的返排,从而有利于地层渗透性的恢复(闫方平,2018)。

(2)氟碳表面活性剂类。张林强等针对鄂尔多斯盆地致密气低渗透储层,研制出一种防水锁剂。防水锁剂属于氟碳表面活性剂类型。通过测定防水锁剂与鄂尔多斯区块地层水兼容性、表面张力、岩心自吸、接触角、渗透率恢复值等试验,对其性能进行室内评价。结果表明,防水锁处理剂与地层兼容性良好,可使表面张力达到超低,岩心自吸水质量最低,接触角可达到78.6°,渗透率恢复率可达到89.6%。该防水锁处理剂能有效预防水锁伤害的产生,对改善鄂尔多斯盆地低渗透气藏的开发具有指导意义(张林强等,2017)。

(3)生物表面活性剂。除与化学合成的表面活性剂一样,具有明显的表面活性,能在界面形成定向排列的分子层,显著降低表面张力和界面张力。生物表面活性剂具有可生化降解性、低毒或无毒等特点,但耐温能力为90℃,由于生产工艺复杂,成本较高,限制了其使用范围。

(4)微乳液防水锁剂。根据页岩储层超低渗透特性,对不同加量所形成的纳米乳液开展了表面张力、接触角、粒度分布、膨胀抑制性以及岩心自吸等性能评价实验,探讨了其防水锁机理。研究表明,微乳液防水锁剂能够有效降低体系表面张力,增大与页岩的接触角,减弱孔喉水化膨胀缩径效应,最终降低外来流体侵入储层孔喉的毛细管力,同时可以多形态变形挤入微孔缝中,阻挡水分子侵入,阻缓压力传递,大幅降低页岩储层岩心自吸水量,有效减少液相圈闭及水锁伤害,有利于页岩气储层保护(邱正松等,2013)。

(5)Gemini 表面活性剂。Gemini 表面活性剂分子是由两个普通单链单头基表面活性剂分子在头基处通过连接基团以化学键连接而成。

与传统表面活性剂相比较,Gemini 表面活性剂具有很多优良性能,如很高的表面活性,很低的临界胶束浓度转换的 Krafft 点(离子型表面活性剂在水中的溶解度随着温度的变化而变化,温度升高至某一点时,表面活性剂的溶解度急剧升高,该温度称为 Krafft 点)和很好的水溶性。在降低水的表面张力方面表现出更高的效率,与传统表面活性剂(尤其是非离子型表面活性剂)复配时能产生较强的协同效应。独特的流变性能,更强的降低油水界面张力的能力,良好的钙皂分散性能、润湿性能,对油的增溶能力更强,对皮肤的刺激性更小等。

第 32 章 示 踪 剂

钻井流体用示踪剂(Drilling Fluids Citers)是指能够指示溶解自己的钻井流体在多孔介质中的流动方向和渗流速度的物质。良好的示踪剂应具备在地层中背景浓度低、在地层中滞留量少,化学稳定性和生物稳定性好、与地层流体兼容好,分析操作简单,灵敏度高,无毒、安全、对测井无影响,来源广、成本低等特征。

示踪剂的种类较多,按其化学性质可分为化学示踪剂和放射性示踪剂;按其溶解性质可分为分配性示踪剂和非分配性示踪剂。分配性示踪剂既溶于水,又溶于油,但在油、水中的分配比例不同;非分配性示踪剂只溶于水。

(1)化学示踪剂。易检出的阴离子物质,主要是带有无机阴离子的物质,如硫氰根离子、硝酸根离子、溴离子、碘离子等。由于砂岩地层表面带负电,阴离子在地层表面不易吸附,所以消耗量很少。油田通常不用阳离子作示踪剂。阳离子能与地层表面发生离子交换而消耗。

易检测的染料类物质,主要是荧光染料如荧光素钠。能检出浓度低至 10^{-3} mg/L,但在地层表面吸附量大,地层中一些成分会消除荧光。在地层中停留时间超过 5d 时不能使用。这类示踪剂主要用于检测井间地层的裂缝。因为它在裂缝中停留时间短,吸附损失少。

易检测的低分子醇类物质。可用的低分子醇有甲醇、乙醇、正丙醇、异丙醇等。优点是水溶性好,易用色谱法检出。缺点是生物稳定性差,因而必须与杀菌剂一起使用。取样时也要立即加入杀菌剂。防止发生生物降解而引起浓度改变。

有些示踪剂,可以不必专门加入,直接检测即可,如聚丙烯酰胺、磺酸类物质、硅酸类物质、硫酸类物质、盐酸类物质等都可用作示踪剂。

(2)放射性同位素示踪剂。主要有含氚的化合物,如氚水、氚化乙醇等。优点是用量少,可检出浓度低至 3.7×10^{-2} Bq/L),放出 100% β 射线,易防护,不影响自然 γ 射线测井,价格便宜。缺点是要由专业部门投放和检测。

但是,不同的地层需要的示踪剂在化学性质上稳定,如在岩心中扩散慢,吸附量小;与钻井流体的兼容性好,比如不影响钻井流体的性能或对钻井流体的性能影响小;油层中不含或含量很低;检测方法灵敏,重复性好,操作简便,适合现场使用等,都需要具体情况具体分析。

32.1 示踪剂作用机理

示踪剂的作用机理主要是示踪剂能够和欲检测的流体一起流动,以表征检测流体所在位置。所以,化学示踪剂要通过检测出不同位置的离子或者物质的浓度,推测流体进入地层的量或者轨迹。放射性示踪剂的作用原理是,通过检测出不同位置放射线的强度,推测流体进入地层的量。

井间示踪测试技术参照测试井组的有关动静态资料,设计测试方案,选择、制备合适的示踪剂,在测试井组的注入井中投加示踪剂,按照制订的取样制度,在周围生产井中取样、制样,在实验室进行示踪剂分析,获取样品中的示踪剂含量,然后分析获得需求的信息。

32.2 常用示踪剂制造工艺

在油田施工作业中,可以用作示踪剂的有氚水(^3H_2O)、硫氰酸铵(NH_4CNS)、硝酸铵(NH_4NO_3)、溴化钠(NaBr)、碘化钠(NaI)、氯化钠(NaCl)、荧光素钠($C_{20}H_{12}O_5Na_2$)、乙醇(C_2H_5OH)等8种。常用的主要有硫氰酸铵和碘化钠。

32.2.1 硫氰酸铵制造工艺

硫氰酸铵合成主要是通过两种方法来完成:一种是,二硫化碳通过加压法或者减压法合成硫氰酸铵;另一种是,硫氰酸钠与氯化铵复分解获得。

将二硫化碳和稍过量的液氨同水混合,在压力5.88×10^5Pa、温度100℃下,反应约20h,生成硫氰酸铵。反应液经减压蒸发脱除硫化氢,在液温105℃时,用硫化铵除去铁及重金属,过滤,将滤液减压浓缩后在结晶器内冷却结晶,再经离心分离、干燥,制得硫氰酸铵。

焦炉煤气净化过程中,采用多硫化铵溶液直接从煤气中脱除氰化氢时,获得含量大于92%的工业硫氰酸铵产品。参与吸收反应中的氨来自焦炉煤气自身,因此脱氰装置必须位于焦炉煤气回收氨工艺之前。焦炉煤气经电捕焦油器除掉焦油雾和萘后,再用多硫化铵溶液脱除煤气中的氰化氢,生成硫氰酸铵。吸收液不断循环洗涤煤气以提高吸收液中硫氰酸铵的浓度,同时不断取出一部分吸收液加硫再生。当吸收液中硫氰酸铵的含量达到250g/L时,即可取出送去加工,经过蒸发和结晶等步骤,生产出工业硫氰酸铵产品。

检查密闭取心保护液对密闭取心保护效果,通常是在钻井流体中加入示踪剂,分析钻井流体及所取岩心中示踪剂的含量,确定钻井流体对岩心的储层伤害程度和密闭取心质量。

胜利油田自20世纪70年代开始采用硫氰酸铵作示踪剂,大直径密闭取心。但是,由于后期开采中注水也使用硫氰酸铵、碘化钾、铝酸铵、硝酸钠等多种化学剂作为注水示踪剂。使得在钻井取岩心时使用硫氰酸铵作示踪剂就受到了限制。后根据化学性质稳定,在岩心中扩散慢,吸附量小,以及不影响钻井流体性能或对钻井流体性能的影响小,可通过化学剂处理加以消除,油层中不含或含量很低,检测方法灵敏,重复性好,操作简便,适合现场使用。所以,应用前需要研究适用性,寻找胜沱油田2-1-1J803井为代表的适合的示踪剂,并得以在该油田应用。

32.2.2 碘化钠制造工艺

常用制备碘化钠的方法,有铁屑还原法和八碘化三铁法。

(1)铁屑还原法。取100%~103%烧碱,加水稀释加热,然后再搅拌下分次加入定量碘进行反应,然后将反应液降温至30℃以下,加入2倍于理论量的铁屑使碘酸钠还原成碘化钠；再次进行反应，然后再加热、冷却、过滤、蒸发、结晶、干燥既得成品。

（2）八碘化三铁法。按碘：铁屑质量比3.3:1，先将洗净的铁屑加入反应器内，再加水，加水量与铁屑质量比为7:1，然后再分批加入碘片反应，生成八碘化三铁。在碳酸氢钠溶液中慢慢加入八碘化三铁反应，最后经蒸发、过滤、结晶、分离、干燥既得成品。

针对不同的目的应用示踪剂前，计算示踪剂用量，准备好检测方法和结果评价手段。在一定的钻具组合下，井漏前以一定泵冲开泵，记录一段时间内钻井流体池容积变化，求得入口流量。同时记录出口挡板流量计流量读数、变泵冲数，重复上过程操作，得入口流量和实际出口流量。如果不变泵冲，可用多次测量取平均值方法，提高测量精度。这样在后续加入示踪剂测量漏失位置时，就可以比较准确地计算上返速度。

克拉玛依油田五区南58043井钻进至井深2050.00m时，钻井流体循环一周的时间为30.55min。井内发生渗漏后投入示踪剂测得钻井流体循环一周时间为34.35min。测得钻井流体入口和出口排量分别为55.02L/s和48.08L/s。漏前从示踪剂循环时间反求出平均井径扩大率为18.5%。根据示踪剂返出的时间，判定其漏层为已钻遇的齐古组煤层。

32.3 发展前景

对国际油价上涨的焦虑促使世界上各大公司加大了对现有油田二次和三次采油的力度。示踪剂作为唯一能进入油藏并携带出流体和油藏信息的物质，已广泛应用于油田勘探和采油过程中，在调查地下油层分布及走向、聚合物投加与采油井之间的联系等方面起着非常重要的作用。

32.3.1 存在问题

由于地下条件和自身技术的原因，目前示踪剂存在着用量大、成本高、检测误差大、使用过程复杂、品种少等问题。

（1）硫氰酸铵、溴化钠、碘化钾、异丙醇等物质大都存在用量大、成本高、检测误差大的缺点。井与井之间出现多重交叉是就会分辨不清，有时还会使矿化度增高，直接影响了聚合物溶液的黏度（于瑞香等，2007）。

（2）放射性同位素使用过程复杂、操作严格、易发生放射性事故。

（3）非放射性同位素示踪剂品种少，分析测试繁杂，费用高昂。

32.3.2 发展方向

随着三次采油技术在油田中的应用和油田调整挖潜的需要，示踪技术在指导油田开发、认识油藏的非均质特征方面发挥着重要作用。但在目前，油田水驱和聚合物驱使用的示踪剂容易受到液碱、表面活性剂及聚合物（三元驱体系，简称ASP）的影响，干扰正常的颜色显示，使颜色变化不明显或颜色反常等，从而无法检测出示踪剂的真实含量，因此需要对示踪剂的检测方法进行改进和研究，可以用于钻井过程中研究储层伤害或者漏失量等。

（1）开发研究具有无放射性、无污染、安全稳定性好、用量少、价格便宜和分析精度高的微量物质示踪剂。

（2）开发推广电位法井间检测技术。其具有可操作性强、施工周期短、不影响生产的优点。

（3）荧光示踪技术在医学、生物学、水处理等领域已得到广泛应用,而荧光物质作为油田示踪剂的应用,特别是在油田井间测试地下水运动方向和油层非均质性等方面的应用,是荧光物质潜在应用的新领域。

第33章 荧光消除剂

钻井流体用荧光消除剂(Fluorescence Remover)也叫荧光屏蔽剂、荧光抑制剂、荧光去除剂、荧光猝灭剂,是用于屏蔽紫外线波长在290~390nm的处理剂。

一般情况下,岩屑荧光录井要求钻井流体处理剂及钻井流体本身的荧光强度越低越好。这就要求用来配制钻井流体的各种处理剂不仅具有良好的性能,而且荧光强度应尽可能低。但是,由于地质荧光录井技术比较薄弱,无法识别地层的荧光,所以只能要求钻井流体处理剂的荧光越来越苛刻。但由于荧光可能在常温下没有,但在地温作用下产生,所以迫切需要消除荧光技术。

除了钻井流体中不能有油外,水为连续相的钻井流体润滑剂、钻井流体连续相需要消除荧光。在其他领域也广泛应用如水性涂料体系、水溶性化学防晒剂、防晒霜、乳液、香波、沐浴露、造纸、纺织等各种水性体系中,有效屏蔽紫外线,防止紫外线带来的危害。概括起来分为物理方法和化学方法。物理方法包括热处理和使用荧光抑制剂,化学方法则包括各种氧化性漂白剂,如氯和次氯酸盐、二氧化氯、臭氧、过氧乙酸、氧化物酶脱除荧光等。

33.1 荧光消除剂作用机理

紫外光照射到某些物质时,这些物质发射出各种颜色和不同强度的可见光,而当紫外光停止照射时,这种光线也随之很快消失,这种光线称为荧光。荧光通常发生于具有 $\pi-\pi$ 电子共轭体系的分子中,这些分子在吸收了光而被激发至电子激发态的各个振动能级之后,通常急剧降落至电子激发态的最低振动能级。在此过程中不发出光,而继续降落至基态的各个不同振动能级时,则发出荧光。

氨基磺酸类基团具有共轭双键结构,芳香胺、脂肪胺及其衍生物的基团,能吸收紫外光因而能发生荧光。所以有两种机理:一种是破坏荧光的物质,另一种是控制荧光物质发光。

氧化剂如二氧化氯、氯气、臭氧除去荧光,断裂荧光剂化合物中的分子键,使之不再带有能激发荧光的基团,破坏其传送光的能力,从而不能发生荧光。荧光抑制剂不破坏和除去发荧光的分子,荧光消除剂和荧光剂不发生化学反应,不改变荧光剂分子中官能团的结构,只能抑制荧光剂发荧光的性质。

(1)温度升高荧光强度下降机理。荧光物质温度足够低,荧光发射光谱在加热/冷却循环过程中是可逆的。温度上升而荧光强度下降的一个主要原因是分子内部能量的转换作用。温度升高,分子运动加快,通过碰撞而将能量转移给其他分子,同时激发分子和溶剂分子之间发生某些可逆的光化学反应也是荧光强度下降的原因之一。还有,高温溶解并通过水洗除去了荧光物质,荧光物质的数量大大减少,产生荧光量下降。

(2)抑制荧光产生机理。不破坏或除去发荧光的分子,而只能抑制发荧光性质。如抑制荧光的物质如聚酰季胺类化合物被水解,则荧光性又恢复。三嗪基为活性基团,其既同荧光基团结合,还能与非荧光物质结合,将激发光转换为适宜波长的可见光如紫光、蓝光等,其影响主要集中在三嗪环上,而对共轭中心的影响很小。主要是因为取代基的加入虽然可使原子上的电荷密度发生变化,但由于连接三嗪环与共轭中心亚氨基的一对电子流的阻断作用,使三嗪环和共轭中心上的电子几乎不互相流动。

(3)溶解消除机理。荧光消除剂可用能溶解荧光物质的溶质来溶解荧光物质以消除钻井流体中的荧光。常用的化学试剂有环己烷,氯仿等。它是利用荧光物质溶解进溶剂中,溶度降低造成的。吸电子基例如磺酸钠基虽然不参与整个分子共轭体系共轭,只作为吸电子取代基对所连的碳原子发生影响,但它的加入可导致分子的某些物理性质发生变化,如在水中的溶解度增大。

(4)氧化清除荧光物质机理。利用强氧化作用以及其可以破坏不饱和碳碳双键的能力。或者使苯环羟基化,氧化开环如臭氧;也可与共轭体系中的共轭反应生成氧环,环氧化物再水解生成醇,从而破坏共轭体系如过氧乙酸。还有,先氧化介体,使介体成为活性物质去破坏荧光物质,从而消除荧光,如氧化物降解酶/介体体系。

33.2 常用荧光消除剂制造工艺

常用的荧光消去方法有两种:一是采用氧化剂处理以破坏荧光增白剂的化学结构从而消除荧光;二是添加荧光抑制剂来消除荧光。荧光消除剂虽然很多,但是,有的则不能用于钻井流体中,因为有些有荧光的物质在起作用,消除了物质后,钻井流体的性能减弱。所以,部分溶解的和氧化的比较合适。

33.2.1 抑制荧光剂制造工艺

针对安塞和姬塬油田水平井开发,要求钻井流体润滑剂必须弱荧光。由改性植物油与羟基胺反应生成的亲水性脂溶于阴离子活性水润滑剂。依次将改性植物油和多羟基胺加入盛有溶剂的三颈瓶中,在一定温度下反应一定时间,然后依次向三颈瓶中加入水、阴离子表面活性剂和助乳化剂,充分搅拌后形成稳定的乳状液。

弱荧光润滑剂首先在靖平6井的开发中进行了试验应用。该井直井段井深为2100m,水平段长为550m。进入造斜段后使用聚硅酸盐聚合物钻井流体,摩擦阻力大,钻具负荷很大,黏附钻具问题严重。此时,钻井流体的密度为$1.07\sim1.17g/cm^3$,API失水量为6mL/30min。加入了0.5%的弱荧光润滑剂,钻井流体失水量降为5.1mL/30min,摩擦阻力减小,润滑系数降低率达到86%。最终该井的斜井段钻进快,起下钻和完井作业正常,技术套管下入顺利。

随后弱荧光润滑剂在安塞油田和姬塬油田的水平井中得到了推广应用,在21口水平井的使用过程中效果良好,现场检测钻井流体荧光级别低于2级,润滑系数降低率均在80%以上,有效降低了摩擦阻力,减轻了钻机负荷,并与聚合物钻井流体处理剂兼容性良好(郝宗香等,2012)。

33.2.2 氧化消除荧光剂制造工艺

废弃动植物油脂俗称地沟油,是不同种类的植物油和动物油的混合油脂,来源广泛。由于其价格低廉,不法商贩经过过滤、提炼,又使地沟油重新回流餐桌,对人们的身体健康造成危害。如果可以利用废弃动植物油脂合成石油钻井用液体润滑剂,不仅具有大的经济效益,还会产生很好的社会效益。而废弃动植物油脂本身凝固点高、热稳定性差、润滑性不强,需要进行有针对性的改性,使之达到钻井需求。

首先将废弃动植物油脂和乙醇胺以及对甲基苯磺酸加入三颈烧瓶中,在一定温度下反应一定时间生成酰类物质,然后加入过氧化氢和白油,充分搅拌后得到棕褐色液体,即为合成的润滑剂。在135℃反应4h合成的润滑剂为棕褐色液体,密度为 $0.9g/cm^3$、凝固点为 $-15℃$、荧光级别为3级,对地质录井没有影响。

将润滑剂在新库H井的储气库中进行现场应用。该井为水平井,直井段井深为2600.00m,水平井段900m,最大斜度79.32°。该井进入造斜段后使用有机盐钻井流体,摩擦阻力较大,钻具负荷很大,定向时的黏附钻具问题严重。此时,钻井流体的密度为 $1.2g/cm^3$,API失水量为5mL/30min。加入0.5%润滑剂后,钻井流体摩擦阻力减小,黏附系数由原来的0.2降至0.11,进尺快,无托压现象,起下钻和完井作业正常,技术套管下入顺利。

随后润滑剂在大港油田的大位移井和水平井中得到了推广应用。在10余口井的使用过程中效果良好,现场检测钻井流体荧光级别均低于4级。该润滑剂性能优异,有效降低了摩擦阻力,减轻了钻机负荷,并与各种钻井流体处理剂兼容性良好(李广环等,2014)。

33.3 发展前景

近几年来,中国一些油田,尤其是地质荧光录井技术比较薄弱的油田,不仅在探井,而且在一些开发井中,对钻井流体处理剂的荧光对比级别的要求越来越苛刻,致使一些不可能存在荧光发射的处理剂也被禁止使用。主要原因是由于对荧光机理缺乏认识,忽略了不同的荧光评价方法所导致的评价结果差异,未能从处理剂本身对原油荧光显示的实际影响程度(即荧光干扰度)来考虑问题,而片面强调处理剂本身的所谓"绝对荧光"。这样势必陷入荧光问题的误区,误导钻井流体处理剂的研制、生产和销售,给钻井生产和钻井流体施工带来不良影响。因此,有必要对钻井流体处理剂的荧光问题进行深入探讨,以便对钻井流体处理剂荧光问题形成正确的认识,为建立一套科学而又行之有效的荧光评价方法提供参考。

33.3.1 存在问题

目前荧光消除剂存在适应范围窄、不兼容等问题。荧光消除剂种类虽然很多,但是有的则不能用于钻井流体中。一些荧光消除剂不能与其他处理剂兼容。在钻井流体处理剂当中加入过多的荧光消除剂,有可能将地层原油的荧光一起猝灭掉了。降低钻井流体处理剂的有效成分来降低荧光级别,会使钻井流体处理剂优良的性能不能充分发挥,适得其反。

33.3.2 发展方向

常规的荧光消去方法有两类:一类是采用氧化剂处理以破坏荧光增白剂的化学结构从而消除荧光;另一类是添加荧光抑制剂来消除荧光,荧光抑制剂是典型的聚酰季铵类化合物。

但是，强氧化型的荧光消除剂消除荧光后纸浆的白度下降，导致之前的漂白作用所增加的白度几乎完全被抵消，不仅造成化学品的浪费，而且还增加了流程，多耗费资源，增加环境的负担。

聚酰季铵类荧光消除抑制剂对抑制荧光有一定的作用，但是对于荧光较强的体系，其去除效果有限。

因此，从根本上解决荧光问题，即从产品自身出发生产无荧光的处理剂，研究既能与其他钻井流体处理剂兼容又有优异的荧光去除效果的荧光消除剂产品迫在眉睫。

第34章 分 散 剂

钻井流体用分散剂(Dispersant)是指能提高和改善固体或液体钻井流体用处理剂分散性能的处理剂。

加入分散剂后,有助于钻井流体中固体颗粒类处理剂分散,并阻止已碎颗粒凝聚,从而稳定分散体系。不溶于水的油性液体在高剪切力搅拌下分散成很小的液珠,停止搅拌后,在界面张力的作用下很快分层。加入分散剂后,搅拌能形成稳定的乳浊液。分散剂的主要作用是降低液—液和固—液间的界面张力。因此,分散剂也是表面活性剂。但是,传统分散剂分子结构存在易解吸以及亲油基团碳链不够长无法起到稳定作用。

(1)亲水基团在极性较低或非极性的颗粒表面结合不牢固,易解吸,导致分散后离子的重新絮凝。

(2)亲油基团不具备足够的碳链长度(一般不超过18个碳原子),不能在非水性分散体系中产生足够多的空间位阻效应,无法起到稳定作用。

为了克服传统分散剂在非水分散体系中的局限性,开发了分散剂。分子结构含有两个溶解性和极性相对的基团。较短的极性基团称为亲水基。这种分子结构很容易定向排列在物质表面或两相界面上,降低界面张力,分散效果较好。这一类分散剂称为超分散剂,又名超级分散剂(Super Dispersant)。

超级分散剂可以快速充分地润湿颗粒,缩短达到合格颗粒细度的研磨时间。同时,大幅度提高研磨基料中的固体颗粒含量,节省加工设备与加工能耗。还有,分散均匀,稳定性好,从而使分散体系的最终应用效果显著提高。

34.1 分散剂作用机理

常规的分散剂和超级分散剂的作用机理不同。常规的是通过双电层和位阻效应来实现体系稳定。超级分散剂的作用机理主要是锚定机理和溶剂化机理。当然两种分散的作用机理也有相同的部分,如位阻机理。

(1)双电层原理。分散剂吸附到粉体与水的界面上,在水中离解形成阴离子,并具有一定的表面活性,被粉体表面吸附。粉状粒子表面吸附分散剂后形成双电层,阴离子被粒子表面紧密吸附,被称为表面离子。在介质中带相反电荷的离子称为反离子。它们被表面离子通过静电吸附,反离子中的一部分与粒子及表面离子结合得比较紧密,它们称束缚反离子。它们在介质中成为运动整体,带有负电荷,另一部分反离子则包围在周围,它们称为自由反离子,形成扩散层。这样在表面离子和反离子之间就形成双电层(张清岑等,2000)。微粒所带负电与扩散层所带正电形成双电层,称电动电位。

所有阴离子与阳离子之间形成双电层及相应的电位,其中起分散作用的是动电电位而不是热力电位。动电电位电荷不均衡,有电荷排斥现象。而热力电位属于电荷平衡现象。

如果介质中增大反离子的浓度,扩散层中的自由反离子会由于静电斥力被迫进入束缚反离子层,这样双电层被压缩,动电电位下降。当全部自由反离子变为束缚反离子后,动电电位为零,称之为等电点。没有电荷排斥,体系没有稳定性,进而发生絮凝。

(2)位阻效应。稳定分散体系的形成,除了利用静电排斥,即吸附于粒子表面的负电荷互相排斥,以阻止粒子与粒子之间的吸附、聚集最后形成大颗粒、分层、沉降之外,还要利用空间位阻效应,即在已吸附负电荷的粒子互相接近时,使它们互相滑动错开,这类通过空间位阻作用的分散剂一般是非离子表面活性剂。灵活运用静电排斥配合空间位阻的理论,即可以构成一个高度稳定的分散体系。

高分子吸附层有一定的厚度,可以有效地阻挡粒子的相互吸附,主要是依靠高分子的溶剂化层,当吸附层达 $8\sim 9\mathrm{nm}$ 时,它们之间的排斥力可以保护粒子不致絮凝。所以高分子分散剂比普通表面活性剂好(汪剑炜等,1995)。

(3)锚固机理。对于超级分散剂而言,还有锚固机理,主要包括单点锚固和多点锚固两种形式。对表面强极性的无机颗粒,如钛白、氧化铁或铅铬酸盐等。超分散剂只需要单个锚固基团。基团可与颗粒表面的强极性基团以离子对的形式结合起来,形成单点锚固。对表面弱极性的有机颗粒,如有机和部分无机物质,一般是用多个锚固基团的超分散剂。这些锚固基团可以通过偶极力在颗粒表面形成多点锚固。

此外,对完全非极性或极性很低的有机物质及部分炭黑,因不具备可供超分散剂锚固的活性基团,所有超分散剂,分散效果均不明显。需使用带有极性基团表面增效剂,分子结构及物理化学性质与分散物质相似,通过分子间范德华力紧紧地吸附于有机分散物质表面,同时通过其分子结构的极性基团为超分散剂锚固基团的吸附提供化学位,通过这种协同作用,超分散剂就能对有机分散物质产生非常有效的润湿和稳定作用。

(4)溶剂化机理。溶剂化机理是超级分散剂的分散机理之一。超分散剂中与分子极性相对的另一部分为溶剂化聚合链。聚合链的长短影响超分散剂分散性能。聚合链长度过短时,立体效应不明显,不能产生足够的空间位阻。如果过长,对介质亲和力过高,不仅会导致超分散剂从粒子表面解吸,而且还会引起在粒子表面过长的链发生反折叠现象,从而削弱立体位阻或者造成与相邻分子缠结,最终造成粒子的再聚集或絮凝。

34.2 常用分散剂制造工艺

常规分散剂按是否含碳分为无机分散剂和有机分散剂两大类。常用的无机分散剂有硅酸盐类(如水玻璃)和碱金属磷酸盐类(如三聚磷酸钠、六偏磷酸钠和焦磷酸钠等)。有机分散剂包括三乙基己基磷酸、十二烷基硫酸钠、甲基戊醇、纤维素衍生物、聚丙烯酰胺、古尔胶、脂肪酸聚乙二醇酯等。

高温深井钻井流体本身具有黏度大、密度高以及成分复杂等特点,钻井流体转化为水基钻井流体时也使用分散剂。钻井流体中常用的有六偏磷酸钠、聚乙二醇以及两性离子型接枝共聚物等。

34.2.1 六偏磷酸钠制造工艺

六偏磷酸钠的制备,跟原料有很大的关系。合成方法分热法工艺和湿法工艺。采用湿法工艺用磷酸二氢钠法为原料生产六偏磷酸钠杂质含量较多,采用热法工艺用五氧化二磷和纯碱制备的六偏磷酸钠,杂质含量少,用量少,质量稳定。

(1)湿法工艺。由二水磷酸二氢钠加热至110~230℃分别脱去两个结晶水和结构水,再进一步加热至620℃脱水,生成偏磷酸钠熔融物,并聚合成六偏磷酸钠。然后卸出,从650℃冷却至60~80℃时制片,经粉碎制得六偏磷酸钠成品。

(2)热法工艺。由五氧化二磷与纯碱按一定比例混合反应,并加热使其脱聚,生成的六偏磷酸钠熔体经骤冷制片、冷却,得到工业六偏磷酸钠成品。

为了研究水基钻井流体用碳酸钙微米颗粒在水溶液中的分散状况,使用无机分散剂六偏磷酸钠对水基钻井流体进行分散,分散剂对于碳酸钙微米颗粒的分散效果比较显著。无机类分散剂六偏磷酸钠分散效果最好,可以使碳酸钙微米颗粒 D_{10} 达到 0.12μm,取得显著的分散效果(陈辛未等,2016)。

34.2.2　聚乙二醇制造工艺

聚乙二醇因分子量不同,可以用作分散剂或者超分散剂。聚合反应可采用气相或液相聚合。工业上大都采用液相聚合,用氢氧化钠或氢氧化钾作催化剂,反应在装有循环泵和外热交换器的钢质反应器或带机械搅拌的间歇反应器内进行。

选用高压釜式反应器,按 2.1∶180∶0.5 的比例,投入苯胺、水和氢氧化钾,在通氮气保护下通入环氧乙烷,使反应温度达到110℃,压力小于 0.29kPa,环氧乙烷通入完毕。要维持反应温度,使系统压力为零,甚至呈负压。在反应前通入氮气保护,则反应到初始压力可终止反应(汪多仁,2000)。

高纯度的平均分子量为 800~8000 的聚乙二醇是用环氧乙烷或乙二醇在130~140℃下反应,再在 0.01%~0.5% 无机酸存在下,在 145~155℃下反应,反应后用柠檬酸中和催化剂,中和温度控制在 80~105℃。在不同的温度、不同的反应次数下会得到不同的分子量和不同的纯度。

苏里格气田 2012—2015 年施工完成的 62 口水平井,其中 28 口井在钻至斜井段时发生漏失。为解决苏里格区块漏失、垮塌矛盾突出的技术难题,改进已有钻井流体,加入 2% 乳化沥青、3% 超细碳酸钙和 1% 聚乙二醇使钻井流体中膨润土含量控制在 50g/L 以内,有效地增强体系的护壁性,改善滤饼质量,同时提高钻井流体的动切力,增强其携砂洗井能力,降低钻井流体密度和施工排量(陈华,2018)。

34.2.3　两性离子型接枝共聚物制造工艺

由于超高密度钻井流体固相含量高(重晶石体积分数可达 50% 以上),加重材料及部分钻屑长期在高温高压环境下受高剪切速率作用及钻头研磨,致使钻井流体中细小粒子增多,流变性不易控制,导致机械钻速降低,因此需要适用于超高密度钻井流体的两性离子型接枝共聚物分散剂。

将反应单体丙烯酸、2-丙烯酰胺基-2-甲基丙磺酸和二甲基二烯丙基氯化铵溶解于清水中备用,将引发剂过硫酸铵溶解于清水中备用,然后将天然材料与一定量的相对分子质量调节剂溶解于清水中并加入四口烧瓶中,加热至60℃后,将反应单体和引发剂溶液同时进行滴加,滴加结束后将体系加热至90℃反应1h,最后将产物用氢氧化钠中和,烘干,得到天然材料接枝共聚物分散剂。

天然材料与乙烯基单体接枝共聚合成的超高密度钻井流体用分散剂,在基浆和超高密度钻井流体中均表现出良好的分散性能,同时还具有一定的抑制、防塌能力,可显著提高钻井流体的流变性和沉降稳定性,满足现场施工需求。

针对聚合物钻井流体的抗钙难题,以分散解絮凝为主要思路,使用2-丙烯酰胺基-2-甲基丙磺酸、对苯乙烯基磺酸钠和二甲基二烯丙基氯化铵为单体合成了一种耐高温抗钙两性离子聚合物分散剂。对影响聚合反应的关键参数进行了优选,最终将单体物质的量之比优选为2-丙烯酰胺基-2-甲基丙磺酸:对苯乙烯基磺酸钠:二甲基二烯丙基氯化铵=7.5:0.5:2,引发剂加量优选为单体总质量的0.4%。单剂评价结果表明,分散剂能够在高钙且高温的环境中有效分散膨润土,具有降低失水量与低剪切速率黏度的作用。从分散剂的分子构型入手分析了其作用机理。以分散剂为核心,兼容消泡剂与惰性封堵材料,配制了高钙钻井流体(李斌等,2019)。

34.3 发展前景

钻井流体处理剂是保证钻井流体优良性的关键,会促使研究人员不断地改进、开发出新的钻井流体处理剂,钻井流体处理剂的种类将不断增加,钻遇不同井段时选择性也将越来越多。近些年来中国在钻井流体处理剂的研究与应用方面也取得了可喜的进展,但与国际上先进的工艺技术还存在着一定的差距。在分散剂这方面的研究,世界上都研究甚少,从发展趋势看,分散剂的研究必将成为一个大的课题展。

34.3.1 存在问题

目前,钻井流体分散剂存在着环境污染、无机分散剂易带入杂质离子以及有机小分子分散剂应用范围小等问题。

(1)因有机溶剂的毒性、价格以及对人体和环境的污染,使它的应用范围在一定领域受到了限制,所以,粉体的分散稳定性研究正朝着水性体系的方向发展。

(2)无机分散剂虽然可满足分散的要求,但易带入杂质离子,使用受到限制。

(3)有机小分子分散剂对温度、pH值及体系中的杂质离子很敏感,分散性差,其应用范围较小。

34.3.2 发展方向

目前,中国常见的钻井流体分散剂产品的品种还比较少,对于今后钻井流体分散剂的研究开发应注意从成本、理论研究以及环保等方面入手。

(1)选择廉价原料,开发低成本、高性能、多功能的分散剂,特别是适于高钙、高碱、高效分散剂。谢建宇等采用天然材料与乙烯基单体进行接枝共聚,合成了超高密度钻井流体用分散剂。该分散剂分散作用强,在密度2.8g/cm³钻井流体中加入,可使漏斗黏度由282s降低至130s,并且具有较好的抑制性和耐盐、抗钙性能,可显著提高钻井流体的流变性和沉降稳定性(谢建宇等,2013)。

(2)加大分散剂分散机理、结构以及性能等方面的理论研究,为今后分散剂的进一步研究开发提供理论基础。

(3)随着人们环保意识的日益加强,加速环境友好型分散剂的研究开发,尽快实现其商品化是今后分散剂发展的一个方向。

(4)高分子分散剂即超分散剂对温度、pH值及体系中的杂质离子不敏感,分散稳定效果好,且可提高固体含量,增强粉体与有机基质间的结合力,因此已成为分散剂研究的主要方向。尤其是利用分子设计的方法设计出有效的高分子分散剂是未来发展的主流。

第35章 加 重 剂

钻井流体用加重剂又称加重材料(Weighting Material),是用于提高钻井流体密度的不溶于水或者油的惰性物质,或者是溶于水的活性物质。由于大部分物质是天然物质通过物理方法制造获得,所以习惯上称之为材料。

钻井流体用加重剂应该具备两大特点:一是自身密度大,磨损性小,易粉碎,不溶于水如惰性材料或者易溶于水如活性材料;二是,不管是惰性材料还是活性材料,都应不与钻井流体中的任何组分发生剧烈的化学反应。

不同加重剂对钻井流体流变性能、失水护壁性能、润滑性能影响较大。依据钻井流体优选重晶石、活化重晶石、铁矿粉、活化铁矿粉、方铅矿等加重材料。

密度 $2.0g/cm^3$ 以上的高密度钻井流体一般采用铁矿粉与活化重晶石复配加重,以期降低固相含量改善高密度钻井流体流变性,解决铁矿粉加重时高固相含量造成滤饼致密性及润滑性变差、失水量增加,活化重晶石加重高固相含量引起流变性、沉降稳定性等相关问题。还可以制备通过不同密度的淡水、盐水、复合盐水,再结合惰性加重剂获得理想密度。

35.1 加重剂作用机理

惰性和活性两大类钻井流体加重剂的作用机理不同,但目的相同,都是为了提高钻井流体的密度,或者降低钻井流体的密度。

(1)惰性加重剂用于提高钻井流体的密度。惰性加重剂是在形成体系后加入,从而提高或者降低钻井流体的密度。惰性加重剂可用于油基、水基等液体型钻井流体。加重后的钻井流体封堵能力与加重材料的种类和性能相关。

(2)活性加重剂用于提高水相的密度进而提高钻井流体的密度。活性加重剂通过溶解于配制钻井流体的水,提高了水的密度,再加入其他处理剂,提高钻井流体密度。活性加重剂加重后的钻井流体,由于体系中自由水减少,一般来说抑制能力增强。当然,还有一些负面的作用,如流变性变化较大,腐蚀性增强等。

35.2 常用加重剂制造工艺

惰性加重剂制造一般采用物理方法。活性加重剂制造有时采用物理方法,有时采用化学方法。

35.2.1 惰性钻井流体加重剂制造工艺

惰性加重剂是传统的加重材料,如石灰石、重晶石粉、钛铁矿粉、方铅矿粉、赤铁矿粉等。对不同的地层特点,选择不同加重剂。当然为了不同的目的,也选择不同的材料。如用于小井眼防喷的氧化锰加重材料（郑力会,2007），碳酸钡用于储层钻进钻井流体（王西江,2010），以及自主研发的可酸溶性的加重剂（段志明等,2012）等。

35.2.1.1 石灰石粉制造工艺

石灰石粉（Limestone）的主要成分为碳酸钙。易与无机酸反应，生成二氧化碳、水和可溶性盐。因而，适用于非酸敏性酸化改造储层加重。但由于其自身密度较低，密度最低要求 2.7g/cm³，一般适用于加重后的密度不高于 1.68g/cm³ 的钻井流体和完井液。

根据碳酸钙生产方法不同，可以将碳酸钙分为重质碳酸钙、轻质碳酸钙、胶体碳酸钙和晶体碳酸钙。根据碳酸钙粉体平均粒径大小，可以将碳酸钙分为平均粒径5μm以上微粒碳酸钙、平均粒径1~5μm微粉碳酸钙、平均粒径0.1~1.0μm微细碳酸钙、平均粒径0.02~0.1μm超细碳酸钙和平均粒径0.02μm以下超微细碳酸钙。按微观排列分类：胶体碳酸钙、晶体碳酸钙、纳米碳酸钙。

工业用石灰石用机械方法直接粉碎天然的方解石、石灰石、白垩、贝壳等制得。其工艺流程分为两段：第一段为破碎作业主要流程。石灰石原矿石、振动给料机、颚式破石机、斗式提升机、原料仓、反击式破碎机、斗式提升机、冲击式破碎机（圆锥破碎机）等一系列工作。第二段为石灰石制粉流程。超细磨粉机、斗式提升机、输送机、熟料仓冷却、储存、成品等诸多环节。其中粉磨环节尤为关键。

针对油气储层打开后容易受到伤害，从而导致采收率低，严重的油气储层伤害影响油气田的可持续开发。从储层保护的角度考虑，从前置液入手，采用理论分析和实验研究相结合的方法进行了非渗透隔离液的研究，经过大量的室内试验，研制出一种耐高温低伤害的非渗透隔离液。

隔离液主要以石灰石粉为加重剂，其悬浮稳定性、流变性能均好，失水量低，成膜效果好，滤饼薄而有韧性，提高井壁的承压能力，有利于增加水泥返高，并能有效预防随后流经的水泥浆的失水，最大限度地降低了固完井作业中对储层的伤害程度，保护了油气储层（路志平等,2011）。

35.2.1.2 重晶石粉制造工艺

重晶石粉（Barite）的主要成分是硫酸钡，是钻井流体最常用的加重剂。可机械制造成合适细度的粉末，纯品为白色。一般工业品都含有少许杂质，所以呈淡黄色或棕黄色。重晶石不溶于水和酸，不易吸水，但受潮后易结块。按照API标准，密度应达到4.2g/cm³，粉末细度要求通过200目筛网时的筛余量小于3%。中国重晶石粉自身密度最低要求4.0g/cm³。重晶石粉一般用于加重密度不超过2.3g/cm³的水基和油基钻井流体，是目前应用最广泛的钻井流体加重剂。深井中常用活化重晶石。

制取重晶石可用露天开采法，原生矿多数用地下开采法。提纯手段主要有物理提纯、化学提纯。化学提纯主要有浮选法提纯、煅烧法提纯和浸出法提纯。

官3井二叠系阳新统存在压力系数为2.85的超高压地层，需用密度为2.92~3.00g/cm³的钻井流体。通过研究重晶石的表面性质及其他技术指标，结合稀释剂和润滑剂优选，确定了可配制密度为3.02g/cm³钻井流体的重晶石技术指标。经室内试验和在井深4000m实钻应用证明，超高密度钻井流体流变性、沉降稳定性及其他性能良好，配制及维护处理简易(胡德云,2001)。

35.2.1.3 铁矿粉制造工艺

铁矿粉一般指赤铁矿(Hematite)和钛铁矿粉(Ilmenite)。前者的主要成分为氧化铁,密度为 $4.9 \sim 5.3 \text{g/cm}^3$;后者的主要成分为铁和钛的氧化物,密度 $4.5 \sim 5.1 \text{g/cm}^3$。均为棕色或黑褐色粉末。因它们的密度均大于重晶石,故可用于配制密度更高的钻井流体。

如果将某种钻井流体加重至某一给定的密度,选用铁矿粉时,加重后钻井流体中的固相含量要比选用重晶石时低一些。例如,用密度为 4.2g/cm^3 的重晶石将某种钻井流体加重到 2.28g/cm^3,其固相含量为 39.5%;使用密度为 5.2g/cm^3 的铁矿粉将该钻井流体加至同样密度时,固相含量为 30%。加重后固相含量低有利于流变性能的调控和提高钻速。此外,由于铁矿粉和钛铁矿粉均具有一定的酸溶性,可应用于酸化储层。

由于这两种加重材料的硬度约为重晶石的 2 倍,因此耐研磨,在使用中颗粒尺寸保持较好,损耗率较低。但对钻具、钻头和钻井泵的磨损也较为严重。中国铁矿粉作为加重剂的用量仅次于重晶石。

赤铁矿矿石的生产,是性质研究结果结合中国铁矿选矿研究与生产经验,采用的选矿工艺流程为阶段磨矿、粗细分级、重选—磁选—反浮选工艺。

为满足四川油田高压天然气井固井要求,水泥浆压稳、替净、封严,选用高密度(5.05g/cm^3)、过孔径为 $74 \mu \text{m}$ 筛的精制铁矿粉作水泥浆的加重剂,并调整了其粒度分布,优化了干灰组分比例,确定了最优水灰比($0.29 \sim 0.35$)。同时,通过多种水泥外加剂优化组合来调整高密度水泥浆性能,实现了水泥浆流变性、稳定性和抗压强度 3 者相协调,使水泥浆具有良好的动态和静态特性,研制出了密度为 $2.1 \sim 2.4 \text{g/cm}^3$ 的高密度水泥浆。该水泥浆 API 失水量小于 $50 \text{mL}/30 \text{min}$,流变性好,稳定性高,水泥浆性能系数值小于 3,有较好的防气窜性能,稠化时间可调,水泥石早期强度大于 14MPa。该高密度水泥浆在龙岗 61 高压天然气井中进行了应用,一次性成功封固 4065m 的井段,评价结果表明,其优质率为 43.75%,中等质量井段占 42.13%,单井合格率达 85% 以上(严海兵等,2009)。

35.2.1.4 空心玻璃微珠制造工艺

空心玻璃微珠是一种经过特殊加工处理的玻璃微珠,其主要特点是密度较玻璃微珠更小,导热性更差。是 20 世纪五六十年代发展起来的一种微米级轻质材料,其主要成分是硼硅酸盐,一般粒度为 $10 \sim 250 \mu \text{m}$,壁厚为 $1 \sim 2 \mu \text{m}$,空心玻璃微珠具有抗压强度高、熔点高、电阻率高、热导系数和热收缩系数小等特点,它被誉为 21 世纪的空间时代材料。空心玻璃微珠具有明显的减轻重量和隔音保温效果,使制品具有很好的抗龟裂性能和再加工性能,被广泛地使用在玻璃钢、人造大理石、人造玛瑙等复合材料以及石油工业、航空航天、高速列车、汽车轮船、隔热涂料等领域,有力地促进了中国科技事业的发展。为满足 5G 通信材料低介电、低损耗、轻量化的需求,空心玻璃微珠也因其低成本和良好性能发挥其越来越显著的作用。

人造中空玻璃微球的主要生产工艺有粉末法、液滴法、干燥凝胶法、叶轮抛射法、煅烧法等多种。

粉末法是把含有起泡剂的碾碎的玻璃粉加湿为浆,然后喷雾,加热。起泡剂含硫、碳、氢和氮元素,当玻璃粉融化时可在玻璃中形成0.05%~20.0%(质量比)的三氧化硫、二氧化碳、水和二氧化氮。玻璃原料是硼硅酸盐玻璃,加湿剂为水或有机可燃液体,玻璃粉的粒径为0.5~50.0μm,浓度为5%~50%,喷雾压力为0.1~20kg/cm^2。

低钠(氧化钠<3%)中空玻璃微珠的制备方法,其制备工艺分3步。首先制备玻璃前体水液或浆,然后把水液或浆变为液滴,最后加热液滴成微珠。前体含有表面活性剂和发泡剂等,表面活性剂优选为碳氟化合物,液滴在加热前要干燥(吴华珠等,2012)。

针对近年来漂珠的产量越来越少,质量也越来越差,找一种代替漂珠的减轻材料,以满足配制低密度水泥浆的需求。优选出的高性能空心玻璃微珠,根据颗粒级配紧密堆积理论,对高性能空心玻璃微珠、水泥以及其他各种外加剂进行合理配比,设计出了一种低密度水泥浆。室内评价结果表明,该低密度水泥浆具有良好的稳定性、流动性,且失水量小,空心玻璃微珠能够替代常规漂珠来配制低密度水泥浆;空心玻璃微珠抗压能力比较高,用其配制的低密度水泥浆具有不可压缩性,解决了漂珠低密度水泥浆高压下漂珠破碎或进水导致水泥浆密度升高的问题;同一密度下,空心玻璃微珠低密度水泥浆的成本比漂珠低密度水泥浆的成本稍高,为降低成本,可考虑加入其他低密度外掺料(滕兆健等,2011)。

35.2.2 水溶性钻井流体加重剂制造工艺

水溶性钻井流体加重剂,目前使用量较大的主要是工业盐和有机盐,而且还比较重视盐溶于水后的储层保护性能或者是防塌性能。

35.2.2.1 工业食盐加重剂的制造工艺

工业食盐主要成分是氯化钠,化学式为NaCl,俗名食盐(Sodium Chloride,Salt),为无色立方结晶或白色结晶。25℃时的密度为2.165g/cm^3。溶于水、甘油,微溶于乙醇、液氨。不溶于盐酸。在空气中微有潮解性。水溶液密度最高为1.19g/cm^3。

不同质量的食盐加入水中,获得不同的浓度和盐水质量及体系变化系数。20℃时盐水溶液的密度、质量溶度、单位体积的质量数,见表3.35.1。

表3.35.1 20.0℃时氯化钠水溶液的密度与浓度的关系

溶液密度 g/cm^3	溶解度 %	溶液浓度 kg/m^3	溶剂浓度 kg/m^3	体系变化系数
0.9982	0	—	—	1.000
1.0053	1	10.04	10.07	1.003
1.0125	2	20.26	20.37	1.006
1.0268	4	41.08	41.62	1.013
1.0413	6	62.48	63.68	1.020
1.0559	8	84.48	86.85	1.028
1.0707	10	107.07	110.90	1.036
1.0857	12	130.24	136.15	1.045
1.1009	14	154.06	162.51	1.054
1.1162	16	178.54	190.15	1.065

续表

溶液密度 g/cm³	溶解度 %	溶液浓度 kg/m³	溶剂浓度 kg/m³	体系变化系数
1.1319	18	203.70	219.08	1.075
1.1478	20	229.58	249.55	1.087
1.1640	22	256.06	281.59	1.100
1.1804	24	283.27	315.23	1.113
1.1972	26	311.32	350.66	1.127

由于氯化钠在低浓度和高浓度下的浓度单位差别较大，也为了方便现场和研究使用，建立了氯化钠溶解度、质量浓度和质量分数等关系，见表3.35.2。

表3.35.2 氯化钠溶解度与质量分数和质量浓度关系

溶解度 %	质量分数 ppm	质量浓度 mg/L	溶解度 %	质量分数 ppm	质量浓度 mg/L
0.5	5000	5020	14	140000	154100
1	10000	10050	15	150000	166500
2	20000	20250	16	160000	178600
3	30000	30700	17	170000	191000
4	40000	41100	18	180000	203700
5	50000	52000	19	190000	216500
6	60000	62500	20	200000	229600
7	70000	73000	21	210000	243000
8	80000	84500	22	220000	256100
9	90000	95000	23	230000	270000
10	100000	107100	24	240000	279500
11	110000	118500	25	250000	283300
12	120000	130300	26	260000	311300
13	130000	142000	—	—	—

工业盐制作是由海水引入盐田，经日晒干燥，浓缩结晶，制得粗品。粗盐中因含有杂质，在空气中较易潮解。也可将海水经蒸汽加温、砂滤器过滤，用离子交换膜电渗析法浓缩，含氯化钠160~180g/L的盐水，经蒸发析出盐卤石膏，离心分离制得的氯化钠95%以上、水分2%的粗品，再经干燥可制得食盐。还可用岩盐、盐湖盐水为原料，经日晒干燥，制得原盐。用地下盐水和井盐为原料时，通过三效或四效蒸发浓缩，析出结晶，离心分离制得。

针对也门基岩的孔隙度和渗透率低，裂缝是其主要油气渗流通道，多采用大斜度定向井和水平井开发，井漏是钻井面临的主要潜在风险，固相颗粒侵入是储层伤害的主要因素。室内通过对比固相含量和动塑比，筛选出加重剂氯化钠和碳酸钙，流型调节剂，进而优选出2种无膨润土钻井流体配方，密度范围为1.01~1.40g/cm³，动塑比为1~2Pa/(mPa·s)。

另外,针对漏失问题,提出了三种防漏堵漏技术:一是用酸溶性的架桥堵漏剂暂堵;二是用化学交联堵漏浆或是触变性水泥浆封堵;三是以可循环无固相微气泡钻井流体作为备选钻井流体,满足低压地层钻井需要。也门基岩钻井流体流变性能优良,处理剂能够完全酸溶或水溶,具有低固相或无固相的特点,对油气藏伤害轻微。现场应用32口井,包括9口水平井,取得了较好的应用效果(郭京华等,2012)。

35.2.2.2 甲酸盐加重剂制造工艺

甲酸盐(Format)主要是指甲酸钠、甲酸钾或甲酸铯。在钻井作业中,可单独使用其中的一种,也可使用两种或三种协同使用。通过选择甲酸盐的类型和不溶性加重剂,获得1.6~2.3g/cm³(孟小敏等,2003)。

一氧化碳和氢氧化钠或者氢氧化钾溶液在160~200℃和2.0MPa压力下反应生成甲酸钠,然后经硫酸酸解、蒸馏即得成品甲酸钠。即使用焦炭为原料,经造气除尘、水洗、脱碳、再除尘等工艺,取得工艺所需的一氧化碳气体,再经加热加压与氢氧化钠反应生成甲酸钠溶液,后经蒸发、分离、干燥生成固体产品甲酸钠。

甲酸钾工艺生产因原料路线不同,主要有两种:一种为以甲酸、氢氧化钾为原料的甲酸法;另一种为以一氧化碳和氢氧化钾为原料的一氧化碳法。

(1)甲酸法以甲酸与氢氧化钾为原料反应生成甲酸钾和水。

$$KOH + HCOOH \xrightarrow{\text{一定条件}} HCOOK + H_2O$$

(2)一氧化碳法以一氧化碳和氢氧化钾为原料,反应生成甲酸钾,没有副产物。

$$CO + KOH \xrightarrow{\text{高压}} HCOOK$$

目前中国主要采用的是一氧化碳法生产甲酸钾,其工艺过程包括合成气变压吸附、合成反应、蒸发浓缩、结晶、离心分离、干燥包装等工艺步骤。

为了防止水平分支长裸眼井段井壁失稳,在长北区块应用了甲酸盐钻井流体。以甲酸钠为加重剂和抑制剂,通过测试甲酸钠对基浆黏度和切力的影响,模拟地层条件进行甲酸钠对岩心的伤害试验,评价甲酸钠的抑制性及加重效果,研制出一种适合长北区块水平井的甲酸钠钻井流体。现场2口井的应用表明,钻井流体具有抑制性强、失水量小、流变性良好、固相含量低等优点,综合防塌效果好。该区块应用甲酸钠钻井流体成功钻穿水平段多套泥岩段,表明甲酸钠钻井流体能有效保持稳定井壁,避免井下复杂情况出现,解决了长北区块水平分支长裸眼井段的安全钻进问题(赵向阳等,2013)。

Statoil公司选择甲酸铯盐水配制钻井流体和完井液,用于开发高温高压的Kvitebj(o)rn气田。选择甲酸铯盐水主要是为了减少井控问题并提高井的产能。在过去5年中,Statoil公司所完成的高温高压钻井和完井作业已证实了甲酸铯盐水的主要优势,使用同样的流体进行钻井和完井还可以简化作业程序,减少浪费,解决不同流体的兼容性问题。

Kvitebj(o)rn气田的难题在于以大斜度井眼轨迹钻穿多个页岩层段进入储层,储层压力高达81MPa,温度高达155℃。迄今,在Kvitebj(o)rn气田用甲酸铯盐水已成功地完成了7口大斜度高温高压生产井的钻井、完井和测井作业,其中2口井以固井尾管完井,5口井以滤砂管完井。此外,还从Kvitebj(o)rn平台钻了1口大位移探井,钻至Valemon构造。这口井井深7380.00m,储层段长705m,井斜角69°,也是用甲酸铯钻井流体成功地完成了钻井作业。

在所有这些井中,甲酸铯盐水都显示出优良的性能,如非常低的当量循环密度、中等至较高的机械钻速、良好的井眼净化能力、电测时极佳的井壁稳定性。在完井作业中也呈现出速度快、无复杂情况、安全、稳定的特性,已投产井的表皮系数较低,产能较高(夏建国等,2008)。

35.3 发展前景

钻井流体加重剂在钻井过程中起着非常重要的作用,在高地应力、高压、易坍塌地层中可以稳定井壁、防止井壁坍塌掉块,并且对材料的要求不是很高,因此钻井流体加重剂发展前景广阔。

35.3.1 存在问题

尽管加重剂在钻井过程中具有非常重要的作用,但目前钻井流体加重剂还存在着固相沉降、流变性难以调控等问题。

(1)固相沉降。由于有些加重剂以固体颗粒的形式存在于钻井流体中,因此当钻井流体循环速度较低时可能会造成加重剂的沉降,不利于钻进。

(2)流变性难以调控。有些加重剂加入钻井流体中使得钻井流体密度较大,钻井流体流动性较差,在钻进过程中流变性难以调控。

35.3.2 发展方向

针对钻井流体加重剂在使用过程中存在的问题,钻井流体加重剂的发展主要是选取既不会造成固相沉降,也不会影响钻井流体流变性的物质,在加重剂的使用过程中,通过优选不同类型的加重剂或者研制新型加重剂,从而达到目的。

(1)有机盐活性加重剂与惰性加重剂联合加重。在成本可接受的情况下,采用适当密度的不饱和有机盐钻井流体和重晶石粉加重,可使钻井流体在满足地层盐岩适当溶解的同时又具有较强的抑制性,并从力学角度达到盐膏层井眼稳定的目的。

在室内评价密度为 $1.3g/cm^3$ 和 $1.36g/cm^3$ 有机盐水溶液为基液配制两套钻井流体常规性能、抗侵害性能和盐溶量实验的基础上,现场应用 Y5-2 井在未钻进盐膏层前使用聚磺钻井流体,进入盐膏层前200m,井深4700m 时转化为不饱和有机盐水钻井流体。使用井深 $4700.00\sim5050.00m$,钻进时的钻井流体密度为 $2.05\sim2.33g/cm^3$,用时20d,无复杂事故。钻井过程无须采取特殊钻井工艺措施,钻井及起下钻顺利,井径规则,井径扩大率5%。电测、下套管、开泵循环、固井等作业顺利(郑力会,2005)。

(2)亲油性重晶石。随着目前油井深度的增加,在遇到某些特殊的油井时,比如遇水膨化的油井,需要使用高密度的油基钻井流体,然而普通的 API 重晶石平均粒径比较大,且其表面是疏油的,因此其在油基钻井流体中很容易彼此聚结成团,而后受重力影响沉淀。沉降在井底的重晶石增加了钻井难度,严重影响钻井进度,而重晶石被大量地浪费,增加了钻井成本。目前解决重晶石在油中沉降问题的一种方法就是对重晶石表面进行亲油化改性,得到亲油性的重晶石,使其在较长一段时间内仍能很好地分散在油中,降低聚结沉降的速度。制备亲油重晶成本低廉,方法简单,使用效果好,在未来有巨大的发展潜力。

(3)为了改善钻井流体的流变性和沉降稳定性,制备出了粒径小于 $5\mu m$ 的微粉重晶石。分别在大位移水基钻井流体和深井油基钻井流体配方中进行了性能评价,室内实验结果表明,与 API 重晶石加重钻井流体相比,用微粉重晶石和 API 重晶石混合加重的水基钻井流体和油基钻井流体塑性黏度更低,动切力更大,能明显降低钻井流体当量循环压耗,在水基钻井流体中极压润滑系数能降低8%以上,用其加重的高密度油基钻井流体具有更好的沉降稳定性。因此,微粉重晶石是大位移井和高温高压深井理想的加重材料(王建华等,2014)。

(4)针对复杂地质条件下深井高密度钻井流体流变性调控难题,基于浓悬浮液流变性调控理论及实验研究,提出高密度钻井流体的沉降稳定性与重晶石在连续介质中的聚结—分散特性有关,并利用近红外透射/反射光扫描技术建立了一种评价优选重晶石的新方法,即以重晶石浓悬浮液背散射谱图、稳定性参数及沉降速率表征颗粒的聚结稳定性,作为优选重晶石的依据。利用该方法对粒度分布差别不大的广西与塔北重晶石进行了评价(张洪霞,2013)。

(5)方铅矿粉和锰粉作加重剂。方铅矿粉(Galena)是一种主要成分为硫化铅的天然矿石粉末,一般呈黑褐色。由于其密度为 $7.4 \sim 7.7 g/cm^3$,因而可用于配制超高密度钻井流体,以控制地层出现的异常高压。由于该加重剂的成本高、货源少,一般仅限于在地层孔隙压力极高的特殊情况下使用。电解金属锰是锰的湿法冶金产品,在中国多年的生产实践中,一般采用"浸出—净化—电解"的生产工艺。主要是采用碳酸锰粉与无机酸反应,制得锰盐溶液,加铵盐作缓冲剂,用加氧化剂氧化中和的方法除铁,加硫化剂除重金属,经过沉降—过滤—深度净化—过滤得出纯净的硫酸锰溶液,加入添加剂后,作为电解液进入电解槽电解,生产出金属锰。方铅矿粉和锰粉在钻井流体中用的比较少,但不失为一个新的方向。

第 36 章　提　速　剂

提速剂(Speed – up Agent)是通过改善钻井流体润滑性,从而降低扭矩来提高机械钻速,避免发生井壁坍塌、钻头泥包、卡钻等问题的处理剂。

国际上从 20 世纪 90 年代开始研究钻井流体提速剂,取得了很大的进展,在现场应用中获得了可观的经济效益。添加了提速剂的钻井流体称为快速钻井流体。除了具备普通钻井流体基本功能外,还能够有效地减少井下复杂情况,保证安全钻进。添加了提速剂的钻井流体润滑性得到了改善,钻杆摩阻、扭矩大大降低,在不影响钻井流体原有流变性、固相含量及分散性的基础上提高了机械钻速。

36.1　提速剂作用机理

水基钻井流体的钻井速率通常低于油基钻井流体,因此导致了钻井作业成本的增加。钻井速率的影响因素很多。虽然在现实操作中很受限制,但是系统变量可以控制。系统变量包括钻头的机械学和水力学以及钻井流体的性能。钻井流体性能对钻井速率有明显的影响,包括密度、固相含量、失水量、黏度和摩阻系数。改变钻井流体性能,如减少固相含量,减少黏度和摩阻系数能使水基钻井流体的钻井速率约达到油基钻井流体的水平。因此,加入一些处理剂可以实现。钻井流体提速剂的作用机理有减弱联结、阻止聚集、防止泥包和抑制分散等 4 种。

(1)钻井流体提速剂能够渗入并润滑钻屑的薄鳞片间剪切面,减弱薄鳞片间的结合力,缩小钻屑的尺寸,以利于钻屑脱落。

(2)阻止钻屑相互聚集。通过表面活性剂的润湿性能,便于钻屑相互排斥。钻速的提高不仅依赖于钻柱润滑性的提高,还有钻井固体减少黏附的作用。丙二醇的混合物能提高机械钻速可能是这种机理。这与用阳离子聚合物钻井流体的润滑实验结果相一致。实验中没有观察到润滑性增加,阳离子聚合物对活性黏土的中和作用,和阳离子聚合物自身的内在润滑性的影响,达到提速目的。

(3)在钻头、井底钻具组合等金属表面形成一层憎水性薄膜,起到润滑钻头和钻具的效果,并防止亲水性的钻屑黏附于钻头、井底钻具组合上发生泥包。

(4)控制黏土膨胀及孔隙压力的传递,以保持井壁稳定性。

水基钻井流体通过加入机械钻速提速剂来提高钻速的机理是在钻井流体原有的流变性、固相含量及分散性的基础上,通过改善其润滑性,降低扭矩来实现的。机械钻速提速剂能在钻头、钻具组合等金属表面形成一层薄膜,防止了钻屑黏附于钻头和钻具上发生泥包,起到润滑的效果(孙长健等,2007)。

36.2 常用提速剂制造工艺

将聚甘油衍生物、脂肪醇类表面活性剂和水溶性稀释剂按一定的比例混合,在50℃水浴中搅拌均匀,得到一种提速剂(罗刚等,2015)。

(1)聚甘油的合成。将一定量的丙三醇、氢氧化钠加入装有搅拌子、温度计、回流管的三口烧瓶中,通入惰性气体氮气,进行保护,开动磁力搅拌装置,控制一定的反应温度,在反应的不同时间取样进行分析,达到预定的聚合度时即停止反应。

$$n(CH_2OH-CHOH-CH_2OH) \longrightarrow H-(OCH_2CHOHCH_2)_n-OH + (n-1)H_2O$$

通过实验分析可知,催化剂氢氧化钠加量在4.5%~5.0%之间、反应温度为260℃、反应时间为2h时得到的聚甘油产物纯度最高。另外由反应条件和结果可以看出,产物的色泽与反应温度、催化剂用量无明显关系,而是随着反应时间的增加色泽加深。分析原因可能是由于甘油在空气中发生了氧化反应生成了有色聚合物,所以选择氮气作为保护气体,防止空气进入反应系统,得到色泽较浅、纯度较高的聚甘油。

(2)聚甘油衍生物的合成。首先,聚甘油与高级脂肪酸(月桂酸、硬脂酸等)在酸或碱存在下,直接酯化生成聚甘油酯。聚甘油酯继续与三氧化硫在膜式磺化反应器中发生磺化反应生成聚甘油衍生物。反应温度为200℃左右时转化率最高。

$$H-(OCH_2CHOHCH_2)_x-COO-CH_2-R + SO_3 \longrightarrow H-(OCH_2CHOHCH_2)_x-COO-(CH-SO_{3H}-R)$$

反应产生三氧化硫,必须过量。先控制反应温度为50~60℃反应1h,继续升高温度至80℃反应2h,要控制好最终的反应时间,再进行中和、漂白等工艺后得到转化率较高的产物。

聚甘油酯分子中含有呈一定刚性和空间位阻的亲油性基团,还含有亲水性基团,能与脂肪醇类和聚醚类表面活性剂复配,表现出很好的润湿性和增溶性;聚甘油衍生物中不仅具有聚甘油酯的非离子表面活性剂的特性,还具有阴离子表面活性剂的优良特性。合成得到的聚甘油衍生物中由于引入了磺酸基,增强了水溶解性和耐温性能,使其能够在水基钻井流体中发挥更好的作用。

Hasley等(1994)开发了添加特殊处理剂的水基钻井流体,替代柴油基钻井流体并成功应用于南得克萨斯Wilcox地层钻井。依靠钻井流体提高了钻速,降低了钻井流体及钻屑的处理成本,减少了开发井的总体成本。用该水基钻井流体钻的45口井的平均钻速比柴油基钻井流体提高了30%。总成本降低了20%。

Growcock等(1994)采用钻井装置测试了几类有机化合物作为水基钻井流体机械钻速提速剂的效果。结果表明,水基钻井流体中加入2%~4%石蜡或不溶性聚甘油化合物能使钻速提高5%~20%;石蜡产品形成了非常薄但可见的油脂薄膜。薄膜在润滑性实验中可减少钻柱和井壁间的扭矩,聚甘油化合物能与泥页岩直接作用,避免泥页岩水化形成黏性泥团。

Bland等研制出了机械钻速提速剂。微型钻机及钻井模拟试验结果表明,钻井流体中加入5%机械钻速提速剂后,钻速提高了2倍多,有效抑制了钻头泥包。

在美国路易斯安那州内陆水区中硬至硬性泥页岩地层钻了一口井深为4419.60m的井。采用密度为1.15g/cm³的膨润土聚阴离子纤维素衍生物钻井流体,分5次泵入含有机械钻速提速剂的段塞(13.67m³/段),平均钻速低于6.1m/h。然后在井深2356.5m处增大了机械钻速提速剂9%,再分5次泵入段塞,钻速平均增加了7.01m/h。表明无需对钻井流体进行大规模处理,只要周期性泵入机械钻速提速剂就能有效地提高钻速。

在路易斯安那州近海区用密度为1.94g/cm³的木质素磺酸盐钻井流体及位移岩石钻头钻井,平均钻速为4.94m/h(采用聚晶金刚石钻头平均钻速仅为1.34m/h),在该钻井流体中加入机械钻速提速剂后,平均钻速增为6.80m/h,是用聚晶金刚石钻头而没有使用机械钻速提速剂时的5倍(Bland et al.,1997)。

后来,Bland等研制出了2种机械钻速提速剂,用Terra Tek钻机,以氯化钠/聚乙二醇钻井流体和氯化钙/聚乙二醇钻井流体模拟室内试验。结果表明,在氯化钠/聚乙二醇钻井流体中添加5%提速剂后,减少了钻头和钻柱的泥包现象,增强了井眼清洁效率,钻速由10.06m/h提高到26.82m/h。

氯化钙/聚乙二醇钻井流体中添加5%的提速剂后,消除了钻头和钻柱的泥包现象,钻屑很少滞留于环形空间中。在Maracaibo湖、墨西哥湾的Matagorda岛及路易斯安那州近海地区的现场应用结果表明,钻井流体中加入机械钻速提速剂后,显著提高了钻井速度,并减小了钻柱与井壁之间的扭矩(Bland et al.,1998)。

2002年在澳大利亚近海处钻了A井和B井,A井用油包水型合成基钻井流体和八叶片钻头钻井,平均钻速为29.82m/h。B井用两相聚乙二醇水基钻井流体和六叶片聚晶金刚石钻头钻井,采取泵入方式注入机械钻速提速剂,其体积分数维持在2%,钻速达到45.6m/h,约比A井钻速超过50%。结果表明,使用加有机械钻速提速剂的水基钻井流体并配合适宜的钻头钻井,确实优于油包水型合成基钻井流体。

钻井模拟试验结果也表明,在深泥页岩地层中钻井,水基钻井流体易发生钻头泥包现象,导致泥包的钻头端面承担了部分钻压,限制钻头的切削深度并降低了钻速,加入机械钻速提速剂后,有效地抑制了钻头泥包,提高了钻速(Bland et al.,2002)。

Friedheim等(2000)研制出了一种水基钻井流体并成功用于墨西哥湾地区。钻井流体配方中包含泥页岩水化抑制剂、分散抑制剂及机械钻速提速剂。采用水基钻井流体及部分水解聚丙烯酰胺水基钻井流体进行对比试验表明,水基钻井流体能保持钻头清洁,而部分水解聚丙烯酰胺水基钻井流体却引起钻头泥包。在墨西哥湾深水及大陆架地区应用也证实了该结果,采用水基钻井流体的平均机械钻速与早期使用合成基钻井流体的相当,比目的区块使用传统水基钻井流体的高60%~70%。

在科罗拉多州白河油区,钻进富含膨润土地层时,聚晶金刚石钻头易泥包而导致钻速下降,在钻井流体中添加一种机械钻速提速剂(聚甘油酯)后,减轻了钻头的泥包,由原来平均每口井用4.2个钻头降到3.1个钻头,钻井流体中加入2%机械钻速提速剂后,钻速提高了10.3%(Walton et al.,2003)。

从白油及食用级石蜡中筛选了一种用作机械钻速提速剂的非毒性、可生物降解的纯化石蜡。William等介绍了一种高性能环保型的水基钻井流体,加入机械钻速提速剂后,钻速与采用油基或合成基钻井流体相当(Dye et al.,2006)。

屈沅治等研究机械钻速提速剂,在胜利油田试验,在相同钻具结构、水力参数条件下与邻井同井段相比,砂岩段机械钻速提高了26%,泥岩段提高了18%(屈沅治等,2006)。

36.3 发展前景

提高钻井速度的途径有3种:一是开发快速钻井流体技术;二是设计高效钻头,优化钻具结构;三是应用钻井最优化技术。

目前,常将快速钻进钻井流体与高效钻头的优化设计结合起来提高钻速。在高效钻头的优化设计中最重要的进展是研发了聚晶金刚石钻头,并出现了抛光牙轮聚晶金刚石钻头。聚晶金刚石钻头与油基、合成基钻井流体结合使用钻泥页岩地层时,因油基或合成基钻井流体能降低扭矩,减弱钻柱黏附,防止钻头泥包,保持井壁稳定,从而提高了钻速。但是添加的油类化合物浓度超过10%,易造成环境污染而使其应用受到限制。当聚晶金刚石钻头与水基钻井流体结合使用时,特别是钻深层泥页岩地层时,虽不造成环境污染,但存在井壁坍塌、钻头泥包、卡钻、钻速慢等问题,随后添加萜烯类化合物(其浓度很低),虽能显著提高钻速,但易富集而污染环境,故也限制了使用。为此,迫切需要研发环保型快速钻进钻井流体技术,其中最关键的是研制出具有良好兼容性、可生物降解的提速剂。

36.3.1 存在问题

国际上从20世纪90年代开始研究快速钻进钻井流体技术,并已取得了很大的进展。中国目前提速剂存在着不互溶、润湿能力差、防黏附能力差等问题。提速剂水溶液大多存在明显的油水界面,表明其中有不溶性的油相物质。提速剂水溶液的接触角不够大,说明润湿反转的能力不够好。防黏附聚结能力不够好。

36.3.2 发展方向

通过加入机械钻速提速剂可使钻井流体的黏度和摩擦系数减小,从而提高钻井速率。在钻井流体中,石蜡/酯的混合物、一系列萜稀、混合物对牙轮和聚晶金刚石钻头都起到了提高钻井速率的作用。

萜烯在油田的使用率已下降,一种理想的提速剂代替了萜烯,它既能满足提速剂的性能,又对健康、安全、环境没有威胁。结合微钻机和模拟钻井试验对萜烯替代产品进行了评价,该化合物利用表面活性物质来增加润滑性和防止乳化作用。

石蜡和萜烯产品具有表面憎水性,从而保持了钻头清洁,防止了钻头泥包。丙二醇混合物主要是与页岩和黏土相互作用,在抑制分散的同时还减少了堵塞。

虽然有效的提速剂能溶解或分散在钻井流体中,改变了钻柱表面的性质,但是水分散不溶解的处理剂,如果乳化程度高或者与钻井流体中的其他组分相互作用,则其改变钻柱表面的作用就不明显,如固相的吸收。

现场数据显示这些物质经过了很高的剪切,如长时间通过钻头的剪切可减少其有效性,更重要的是这些产品与黏土之间的相互作用。页岩回收率实验结果显示萜烯分散黏土,而石蜡特别是丙二醇的混合物则抑制黏土分散,这些作用伴随产品自身的吸附消耗程度,因此必须选择合适的提速剂。

钻井流体提速剂的发展可以从3个方面入手:开发提速剂,使其能形成均匀稳定的悬浊液。开发水溶液接触角大的提速剂。润湿反转能力效果相对较强,有助于防止钻头泥包而提高机械钻速。开发具有良好的润滑性能、防黏附聚结能力的提速剂。

第 37 章 钻井流体用连续相

钻井流体的连续相(Continuous Phase)是钻井流体分散体系中分散其他处理剂的物质,是钻井流体的主要成分。钻井流体是多相分散体系,目前用于钻井流体作为连续相的主要有水相、油相和气相。

连续相在钻井流体中起着重要作用,特别是一些与传导有关的性能,如扩散、渗透、传热、导电以及黏着、溶胀等性能的影响均十分显著,而分散相的影响则较有限。

相是指物质的物理性质和化学性质都完全相同的均匀部分。体系中含有两个或两个以上的相叫多相体系。在多相分散系中,被分散的物质叫作分散相。

在多相分散体系中,包围分散相的叫作连续相(Continuous Phase)。连续相钻井流体的性能起着重要作用,特别是与传导有关的一些性能,如扩散、渗透、传热、导电以及黏度、溶解等,影响均十分明显,对分散相的影响则比较有限。

37.1 连续相作用机理

水是配制多种液体型钻井流体时不可缺少的基本部分。在水基钻井流体中,水是连续介质,大多数处理剂均通过溶解于水而发挥其作用;甚至在泡沫钻井流体中,水也是不可缺少的连续相。

在油基钻井流体中,常选用柴油和矿物油作为连续相。油基钻井流体是一种固体相态的颗粒悬浮在油基当中,水或者是盐水都乳化在油基当中,此时油是连续相,水是分散相。在水基钻井流体中,也常混入一定量的原油或柴油,以提高其润滑性能,并起到降失水作用。

油包水乳化钻井流体的水相含量通常用油水比来表示。在一定的含水量范围内,随着水所占比例的增加,油基钻井流体的黏度、切力逐渐增大。因此,常用水作为调控油基钻井流体流变参数的一种方法,同时增大含水量可减少基油剂量,降低配制成本。但另一方面,随着含水量增大,维持油基钻井流体乳化稳定性的难度也随之增加,必须添加更多的乳化剂才能使其保持稳定。对于高密度油基钻井流体,水相含量应尽可能小些。

气体作为连续相主要有空气、天然气、氮气。气基钻井流体是利用高速气体或者是高压天然气将井底岩屑清除。它们都是将高压空气、天然气以及氮气作为连续相,利用气体的冲击力将岩屑从井底带到地面。

37.2 常用连续相制造工艺

钻井流体是多相分散体系,目前用于钻井流体作为连续相的主要有水、油和气体。钻井流体用连续相大致可以分成 3 种:钻井流体用水、钻井流体用油和钻井流体用气体。

37.2.1 钻井流体用水制造工艺

水(Water)是配制多种液体型钻井流体时不可缺少的基本组分。水,在现场配制钻井流体过程中,一般是直接采取地下水配制钻井流体,即直接使用地下水作为连续相。

在水基钻井流体中,水是分散介质,大多数处理剂均通过溶解于水而发挥其作用;甚至在泡沫钻井流体中,水也是不可缺少的连续相。

自然界的水按其来源可以分为地面水和地下水;按其酸碱性可分为酸性水、中性水和碱性水;按所含无机盐的类别可分为氯化钠型、氯化钙型、氯化镁型、硫酸钠型和硫酸氢钠型等水型。在液体型钻井流体工艺中,根据水中可溶性无机盐含量的多少,一般将配制钻井流体用水分为含盐量较少的淡水、含盐量较多的盐水和含盐量达饱和的饱和盐水三类。与之相应的液体型钻井流体分别称作淡水钻井流体、盐水钻井流体和饱和盐水钻井流体。此外,常将含钙离子和镁离子较多的水称为硬水。

淡水、盐水或平均含2.4%氯化钠海水均可用作油基钻井流体的水相。但通常使用氯化钙盐水或氯化钠盐水,主要目的在于控制水相的活度,提高抑制性,防止或减弱泥页岩地层的水化膨胀,保证井壁稳定。

(1)淡水。淡水即含盐量小于500mg/L的水。人们通常的饮用水都是淡水。地球上水的总量为$14 \times 10^8 km^3$,地球上的水很多,淡水储量仅占全球总水量的2.53%,而且其中的68.7%又属于固体冰川,分布在难以利用的高山和南北两极地区,还有一部分淡水埋藏于地下很深的地方,很难进行开采。目前,人类可以直接利用的只有地下水、湖泊淡水和河床水,三者总和约占地球总水量的0.77%。目前,人类对淡水资源的用量越来越大,除去不能开采的深层地下水,人类实际能够利用的水只占地球上总水量的0.26%左右。迄今人类淡水消费量已占全世界可用淡水量的54%,淡水只占全球总水源量的1%以下。

长庆油田A区块三叠系长2油层组发育古地貌控制的低幅度/低电阻率油藏,含油面积较大,可形成规模低电阻率油藏。经岩石物理成因机理研究发现,该区低电阻率油层的主要成因在于低幅度油藏背景造成其含油饱和度较低及淡水钻井流体侵入对油层、水层双感应测井的不同影响。在此基础上,分别建立了淡水钻井流体条件下分步骤的测井识别与定量评价方法。通过常规测井交会、基于侵入原理的侵入因子分析、多井对比等3个步骤对油、水层进行识别,提高了测井识别低电阻率油层的能力。通过淡水钻井流体侵入影响正演建模、地质和油藏工程参数等约束的反演解释、定量评价结果检验等3个步骤开展油层定量评价,提高了低幅度油藏背景下低电阻率油层测井识别与定量评价的精度和可信度。此测井解释模式对低电阻率储层勘探具有重要借鉴意义(李长喜等,2010)。

(2)盐水。盐水常指海水或普通盐(氯化钠)溶液。盐水就是在一杯水中,加入了食盐,就称作盐水。早在古代,古人们就已经发现了这种水的存在。美国材料与试验协会定义盐水是溶解物质含量大于30000mg/L的水。盐水可以消毒,是生活中常用物品,而且生病时所用的也是盐水。

钻井行业认为,凡食盐含量超过质量分数1%,氯离子含量约为6000mg/L的统称为盐水。不饱和盐水,含盐量自1%直至饱和之前。饱和盐水,含盐量达到饱和,即常温下质量浓度为3.15×10^5mg/L或者氯离子浓度为1.89×10^5mg/L左右。但需注意食盐的溶解度随温度而变化。超过这个浓度的为过饱和盐水。

江汉油田王平 1 井在钻进车档断层盐间非砂岩储层时采用了饱和盐水钻井流体,现场施工表明,不仅满足了常规钻井施工需要,也满足了欠平衡压力钻井的需要,顺利完钻,为饱和盐水钻井流体在水平井欠平衡压力钻进中的应用积累了经验(郭保雨等,2002)。

在长庆油田东部地区的下古生界中钻遇大段膏盐层,纯厚度 300m 左右,包括夹层总厚度 800 多米,埋深 2250~3050m。钻进中若控制不好,就会造成大段井塌等井下复杂情况。为解决这一严重问题,先后在镇川 1 井、米 1 井和榆 9 井等试验饱和盐水钻井流体,其中榆 9 井取得了好的效果(王映等,1989)。

(3)海水。盐水中不仅有质量浓度约 3×10^4 mg/L 的食盐,还含有一定量的钙离子和镁离子。海水是一种特殊的盐水。海水是海中或来自海中的水。海水是流动的,对于人类来说,可用水量是不受限制的。海水是名副其实的液体矿产,平均每立方千米的海水中有 3570×10^4 t 的矿物质,世界上已知的 100 多种元素中,80% 可以在海水中找到。海水还是陆地上淡水的来源和气候的调节器,世界海洋每年蒸发的淡水有 450×10^4 km^2,其中 90% 通过降雨返回海洋,10% 变为雨雪落在大地上,然后顺河流又返回海洋。

海水是一种非常复杂的多组分水溶液。海水中各种元素都以一定的物理化学形态存在。在海水中铜的存在形式较为复杂,大部分是以有机化合物形式存在的。在自由离子中仅有一小部分以二价正离子形式存在,大部分都以负离子络合物出现。所以自由铜离子仅占全部溶解铜的小部分。海水中有含量极为丰富的钠,几乎全部以钠离子形式存在。

卡拉图轮海油田濒临里海,距哈萨克斯坦阿克套市 277km,距北布扎齐油田 50km。井场属于人工岛类型,四周被里海环绕,仅余一条道路进出,道路和平台高出海平面 3m。由于无法获得生产淡水,只能取用里海海水作为生产水,使用海水钻井流体。海水钻井流体在 4 口定向井中得到成功应用,定向钻进过程中没有出现钻具托压的现象,全井段井眼规则,无扩径和缩径井段,全井无复杂无事故(张启峰等,2018)。

根据含盐量的多少,也有将盐水分为以下 4 种类型,相应的盐水配制的钻井流体,则可以称为某某钻井流体,以表征盐的浓度或者含量:①含盐量在 1% 与 2% 之间时为微咸水;②含盐量在 2% 与 4% 之间时为海水;③含盐量在 4% 与近饱和之间时为非饱和盐水;④含盐量最大值 31.5% 时则被称为饱和盐水。

(4)油包水。油包水乳化钻井流体的水相含量通常用油水比来表示。由钻井流体蒸馏实验测得的油相体积分数和水相体积分数,可以很方便地求出油水比。例如,当测得油相体积分数为 0.45,水相体积分数为 0.3,固相体积分数为 0.25 时,则油水比为 3/2。一般情况下,水相含量为 15%~40%,最高可达 60%,且不低于 10%。在一定的含水量范围内,随着水所占比例的增加,油基钻井流体的黏度和切力逐渐增大。因此,常用水作为调控油基钻井流体流变参数的一种方法,同时增大含水量可减少基油剂量,降低配制成本。

另外,随着含水量增大,维持油基钻井流体乳化稳定性的难度也随之增加,必须添加更多的乳化剂才能使其保持稳定。对于高密度油基钻井流体,水相含量应尽可能小些。由于钻井流体的多样性和复杂性,目前还没有确定油水比最优值的统一标准。调整油水比的一般原则是,以尽可能低的成本配制成具有良好乳化稳定性和其他性能的油包水乳化钻井流体。

在实际钻井过程中,一部分地层水会不可避免地进入钻井流体,即油水比呈自然下降趋势,因此为了保持钻井流体性能稳定,必要时应适当补充油基钻井流体基油的量。对于全油基钻井流体,水是应加以清除的侵害物,但一般3%~5%的水是可以接受的,不必一定要清除为全部是油。靠增加基油来减少水量会使钻井流体成本显著增加。

达深CP302井是一口老井侧钻的小井眼水平井,也是大庆油田自己独立设计、施工的第一口老井侧钻水平井,技术难度高,作业风险大。该井设计侧钻井深3753.21m,整个施工井段为登三段到营城组,该地层平均压力系数已知为1.08,平均破裂压力系数为2,整个钻进期间均需要采用欠平衡钻进。钻进过程中使用的油包水钻井流体性能稳定,流变性合理,携岩能力强,润滑性能良好,各项性能均达到了预期的技术指标,顺利完成了技术服务,取得了很好应用效果(梁勇,2017)。

37.2.2 钻井流体用油的制造工艺

油(Oil),油基钻井流体的主要成分。在油包水乳化钻井流体中用作连续相的油称为基油(Base Oil)。白油、动物油、植物油、柴油、矿物油和合成油均可作为油相,而黏度低、闪点高的柴油最为有效和经济,是最好的选择。油相含量一般为60%~90%,不过应尽量减少,这样既可节约加重剂,乳状液黏度又不会过低,还可减少着火的机会,甚至可增加钻速。

(1)柴油(Diesel Oil)。柴油是轻质石油产品,是碳原子数约10~22的混合物。主要由原油蒸馏、催化裂化、热裂化、加氢裂化和石油焦化等过程生产的柴油馏分调配而成;也可由页岩油加工和煤液化制取。按沸点高低,分为沸点范围180~370℃轻柴油和沸点范围350~410℃重柴油两大类。按凝点分级,轻柴油有5,0,-10,-20,-35和-50等6种牌号,重柴油有10、20、30等三种牌号。温度在-4℃以上时选用0号柴油;温度在-5~-4℃时选用-10号柴油;温度在-14~-5℃时选用-20号柴油;温度在-29~-14℃时选用-35号柴油;选用柴油的牌号如果高于上述温度,发动机中的燃油系统就可能结蜡,堵塞油路,影响发动机的正常工作。钻井流体一般选用0号柴油。

柴油用作基油时应具备三个条件,闪点和燃点应分别在82℃和93℃以上。由于柴油中所含的芳烃对钻井设备的橡胶部件有较强的腐蚀作用,因此,芳烃含量不宜过高,一般要求柴油的苯胺点在60℃以上。苯胺点是指等体积的油和苯胺相互溶解时的最低温度。苯胺点越高,表明油中烷烃含量越高,芳烃含量越低。为了有利于对流变性的控制和调整,其黏度不宜过高。

渤页平1-2井是中国石化部署在济阳坳陷沾化凹陷罗家鼻状构造带的一口深层页岩油水平井,钻探目的为了解罗家地区罗7井区沙三下亚段泥页岩储层性能及含油气情况。井斜深为3505m,完钻井深为3542m,垂深为2970m,水平段长为371.65m,采用三开井身结构,完井后下入完井管柱进行投产开发。三开井段(2957~3542m)钻遇沙三下亚段主要为泥页岩,由于泥页岩易水化膨胀造成井壁不稳定,因此采用生物柴油油包水钻井流体。现场应用结果表明,生物柴油钻井流体的性能稳定、易于维护,在高密度情况下流变性、携岩效果和抑制性能较好,能保证泥页岩井壁的稳定性,该井三开井段井眼规则,施工过程中起下钻通畅,完井管柱下入顺利(孙明波等,2013)。

(2)白油(Mineral Oil)。白油又名低毒矿物油、石蜡油、白色油、矿物油,通常是指经过开采和初加工的原油或石油。原油经常压和减压分馏、溶剂抽提和脱蜡,加氢精制而得,是饱和环烷烃与链烷烃的混合物。石油是埋藏于地下的天然矿产物,经过勘探、开采出的未经炼制的石油也叫作原油。在常温下,原油经过炼制后的成品叫作石油产品。

依据习惯,把通过物理蒸馏方法从石油中提炼出的基础油,称为矿物油类基础油。提炼加工过程主要是将原油分成不同的部分以得到所需产品。主要分离过程包括将原油分离成粗汽油、粗煤油、粗柴油、重柴油、各种润滑油馏分、裂化原料及渣油(又称残油)的蒸馏分离和将各种润滑油提纯所使用的溶剂分离。生产过程基本以物理过程为主,不改变烃类结构,生产的基础油取决于原料中理想组分的含量与性质。矿物油在提炼过程中因无法将所含的杂质清除干净,得到的基础油流动点较高,不适合寒带作业使用。因此,矿物油类基础油在性质上受到一定限制。

任东2井是一口预探任东坡任东2圈闭雾迷山组孔隙裂缝型油藏的风险探井,预测地层压力系数为0.98。根据勘探部门的要求,回收长6井水包白油钻井流体用于该井三开3975~4192m井段欠平衡钻进。在施工过程中,通过白油、高分子胶液和流型调节剂维护调整钻井流体性能,使该钻井流体密度控制为$0.89 \sim 0.92 \mathrm{g/cm^3}$,漏斗黏度大于53s,塑性黏度为$20 \mathrm{mPa \cdot s}$,钻井流体性能稳定,确保了任东2井顺利完钻,表明该钻井流体可以满足华北油田潜山储层的开发要求(吕传炳等,2009)。

(3)气制油(Gas Oil)。气制油是利用化学方法调整天然气分子链,通过一系列复杂工序将其油化。这样处理后,新燃料的运输可以在常温下完成,而不需再进行高压、低温保存。除了更为便利、安全外,天然气制油的清洁程度也会大幅提高,所含杂质极少,对发动机的影响较小。

用作油基钻井流体基液的气制油为天然气制油的一组馏分油。目前,通过天然气制油有两种工艺:埃克森公司开发的合成油技术,其技术路线是天然气通过流化床反应器,催化转为合成气,合成气通过悬浮床反应器催化转化为正构烷烃,最后通过固定床加氢异构化转化为合成油;壳牌公司开发的合成油技术,其技术路线是天然气氧化生产合成气,采用费-托合成工艺把合成气转化为大分子重质烷烃,最后通过加氢裂化把含蜡的大分子烷烃转化为中馏分油。

天然气制油基本上由饱和烷烃、烯烃组成,具有无硫、无氮、无金属、无芳烃等特点,是对环境友好的燃料油和化学品。由于合成气生成技术、合成催化剂和反应工艺的不断改进,用天然气制油燃料技术开发利用边远地区和分散的中小气田的天然气资源在价格上已能和原油竞争。

中国使用气制油钻井流体起步较晚。2005年渤中25-1油田开始使用气制油钻井流体,并成功钻完了3口井的$\phi 215.9 \mathrm{mm}$井段,取得很好效果;平均机械钻速为22.8m/h,比邻井相同井段提高了30%;当量循环密度低,防止了井漏、溢流、井塌等井下复杂情况。2008年该公司又在印度尼西亚成功钻完2口井,其中印度尼西亚AC13井的$\phi 215.9 \mathrm{mm}$井段平均机械钻速为46.9m/h,AC203井开窗侧钻井平均机械钻速为48.8m/h(罗健生等,2009)。此外,气制油钻井流体对储层岩心伤害小,形成的滤饼容易清除,储层伤害控制效果好,岩心渗透率恢复值大于90%,投产后油井产量高。

(4)烃衍生物。烃是由碳和氢两种元素构成的一类有机化合物,也称碳氢化合物。烃分子中的氢原子被其他原子或者原子团所取代而生成的一系列化合物称为烃的衍生物(Hydrocarbon Derivative),其中取代氢原子的其他原子或原子团使烃的衍生物具有不同于相应烃的特殊性质,被称为官能团。在不改变烃本身的分子结构的基础上,将烃上的一部分氢原子替换成其他的原子或官能团的一类有机物的统称。

在加氢处理催化剂存在下,将馏程为130~400℃的石油馏分在反应温度150~500℃、操作压力14~40MPa条件下进行加氢处理,然后从加氢产物中脱除正构烷烃,并将脱蜡提余油进行精馏,得到环烷烃/(环烷+正构烷烃)之比(通常称为环烷比)为0.35以上的、芳烃含量为2%以下的石油烃类溶剂。热稳定性高、溶解性好,对环境无不利影响。所用原料油为混合基或石蜡基原油馏分油,馏程为130~400℃,如直馏煤油、柴油、加氢裂化煤油柴油等。所用加氢处理的反应温度最好为200~350℃,操作压力最好为17~23MPa,液时空速最好为1~5h^{-1},所得产物经脱蜡、蒸馏,得到的烃类溶剂环烷之比最好为0.4~0.6。此类溶剂可用作印刷油墨的溶剂、干洗剂、涂料溶剂、金属部件清洗剂等。

渤页平2井位于济阳坳陷沾化凹陷罗家鼻状构造带罗602井区。区块地层自下而上为古生界,中生界,古近系孔店组、沙河街组、东营组,新近系馆陶组、明化镇组,以及第四系平原组。沙三下亚段烃源岩厚度最大、范围最广,烃源岩有机碳含量高、生烃潜量大、演化程度高,为泥页岩油气勘探的主力层系。低烃油基钻井流体平均机械钻速达8.22m/h,较渤页平1井有了大幅提高。解决了三开井段泥页岩井壁不稳定、长水平段井眼清洁等难题(侯业贵,2013)。

37.2.3 钻井流体用气的制造工艺

气体钻井过程中,气体作为连续相循环清洁井眼。这些连续相主要有空气、天然气、氮气。当然,还有利用柴油机尾气,但都不是主要气体钻井的循环介质。这些气体主要是用压缩机制造的。

(1)空气(Air)。空气是指地球大气层中的混合气体。空气属于混合物,它主要由氮气、氧气、稀有气体、二氧化碳以及其他物质组合而成。其中,氮气的体积分数约为78%,氧气的体积分数约为21%,稀有气体的体积分数约为0.934%,二氧化碳的体积分数约为0.04%,其他物质的体积分数约为0.002%。空气的成分不是固定的,随着高度和气压的改变,空气的组成比例也会改变。

在0℃及1atm下,空气密度为1.293g/L。把气体在0℃和1atm下的状态称为标准状态,空气在标准状态下可视为理想气体,其摩尔体积为22.4L/mol。因此,为了降低钻井流体密度,将空气充入钻井流体中,形成充气钻井流体,用于防漏堵漏或者提高机械钻速。显然,混入的气体越多,钻井流体密度越低。钻井中使用的泡沫钻井也是将空气分散在液体中,并添加适量发泡剂和稳定剂而形成的分散体系。空气钻井过程中,还可以使用表面活性剂,使地层中的水分散于空气中,携带出井眼。

空气的比热容与温度有关,温度为250K时,空气的比定压热容为1.003kJ/(kg·K),300K时,空气的比定压热容为1.005kJ/(kg·K)。用空气可以冷却钻井过程中的钻井工具和钻头。

元坝27-2井是中国石化西南油气分公司部署的一口开发井,该井位于四川盆地东北部巴中低缓构造元坝区块长兴组4号礁带,针对元坝地区在空气钻井技术钻进时出现的问题,选出了适合该地区的钻头和钻具组合,也制订了相应的处理方法和技术措施,并提出了在本井一开和二开使用空气钻井钻进(邓霖,2016)。

(2)天然气(Natural Gas)。天然气是存在于地下岩石储层中以烃为主体的混合气体的统称。比空气轻,具有无色、无味、无毒的特性。天然气蕴藏在地下多孔隙岩层中,包括油田气、气田气、煤层气、泥火山气和生物生成气等,也有少量出于煤层。主要由甲烷(85%)和少量乙烷(9%)、丙烷(3%)、氮(2%)和丁烷(1%)组成,又称沼气。

天然气不溶于水,0℃、1atm 下的密度为 $0.7174 kg/m^3$,液化天然气相对于水的密度为 0.65,燃点为 650℃,爆炸极限为 5%~15%。在标准状况下,甲烷至丁烷以气体状态存在,戊烷以上为液体。甲烷是最短和最轻的烃分子。主要用作燃料,也用于制造乙醛、乙炔、氨、炭黑、乙醇、甲醛、烃类燃料、氢化油、甲醇、硝酸、合成气和氯乙烯等化学物的原料。压缩天然气可致冻伤。不完全燃烧可产生一氧化碳。

长庆油田在陕 242 井采用了纯天然气钻井科学试验并取得了成功,进尺 157m,平均机械钻速 11.77m/h,天然气用量 $7×10^4 m^3$。对气体钻井的井壁稳定性、地层出水的综合评价、钻进中的注气参数、井控安全钻井技术以及相关的技术问题进行了分析,得出在干气钻井条件下井壁是稳定的结论。同时分析了 15 个层段的出水情况,确定了 10 个层段共 157m 的段长出水量 $0.5m^3/h$,适合于天然气钻井,从而为实施天然气钻井打下了基础。钻进中严格按天然气欠平衡钻井的技术规范操作,使得钻进过程顺利,填补了中国天然气钻井的空白(赵业荣等,2001)。

(3)氮气(Nitrogen)。氮气通常状况下是一种无色无味的气体,氮气比空气密度小,1 体积水可溶解 0.02 体积的氮气。氮气占大气总量的 78.08%,是空气的主要成分之一。在标准大气压下,氮气冷却至 -195.8℃时,变成无色的液体,冷却至 -209.8℃时,液态氮变成雪状固体。氮气的熔点是 63K,沸点是 77K,临界温度是 126K,难于液化。溶解度很小,常压下在 283K 时 1 体积水可溶解 0.02 体积的氮气。氮气的化学性质不活泼,常温下很难跟其他物质发生反应。但在高温和高能量条件下可与某些物质发生化学变化,用来制取新物质。0℃,1atm 下密度为 1.25g/L。氮气可与水、炼制油及乙醇三种基液兼容,配制泡沫。由于性能适合、来源广、成本低,不仅作为钻井流体,还用于石油工业的其他作业。

为了提高新疆油田乌夏区块二叠系风城组的机械钻速,缩短建井周期,在艾克 1 井风城组风三段、风二段和风一段进行氮气钻井试验。艾克 1 井氮气钻井井段 4700.00~5386.00m,累计进尺 686m,钻井总时间 10.21d,累计纯钻时间 131.61h。消耗牙轮钻头 3 只,平均机械钻速 5.21m/h。而邻井风城 1 井和风南 7 井同尺寸井眼采用常规钻井流体钻井,平均机械钻速只有 0.76m/h 和 0.71m/h,艾克 1 井的平均机械钻速分别是这两口井的 6.86 倍和 7.33 倍。现场实际钻井情况表明氮气欠平衡钻井工艺在艾克 1 井四开风城组段应用成功,氮气钻井能大幅度提高机械钻速,为以后该地区的钻井提供了新的技术选择(孙琳等,2014)。

37.3 发展前景

为了打破国外的技术壁垒,中国应致力于研发出具有自主知识产权的钻井流体处理剂和一套完整的钻井流体,使其性能可以接近或达到国际先进水平,提高对于钻井流体的认识,对于完善和提升钻井流体技术具有重要的意义。但是,现有钻井流体在体系规范、性能控制、高温稳定性和处理剂质量等方面都还存在一些问题,不同程度地影响了钻井流体的性能和应用效果,从而也在一定程度上制约了油气井钻井效果和技术发展。

37.3.1 存在问题

中国在钻井流体用连续相体系研究和应用方面严重滞后于国外。结合国际上成功经验,中国在钻井流体用连续相方面有5点不足:

(1)油基钻井流体的缺点主要体现在成本高、不利于录井作业、对环境存在严重影响等。

(2)盐水钻井流体有很高的矿化度,因而抑制性较强,能有效抑制泥页岩的水化,确保井壁稳定,并且其岩屑容纳能力也较好。

(3)悬浮稳定性问题。油基钻井流体存在切力较小的缺点,特别是加重材料的悬浮比较困难。

(4)天然气的溶解凝析。天然气在临界条件下会溶解在油基钻井流体中,使得钻井流体中密度下降,可能引发井喷等灾难性事故。

(5)低剪切速率流变性控制。在海洋深水钻井作业中,钻井流体流经立管时处于低温低剪切速率的条件下,会使钻井流体形成一种高弹性类凝胶结构,黏弹性增大,不利于现场作业。

37.3.2 发展方向

国际上钻井流体用连续相已比较成熟,目前重点是改善钻井流体的环境可接受性,中国尽管开展了一些钻井流体用连续相研究工作,但应用很少,从钻井流体发展趋势看,中国应该在钻井流体用连续相上投入人力和物力,通过钻井流体用连续相处理剂和应用于钻井流体用连续相的基油的研制或选择,在国际经验和中国初步实践的基础上,形成适用的钻井流体用连续相,以促进中国钻井流体技术水平的不断进步。

(1)完善高性能水基钻井流体,强化钻井流体的抑制和封堵能力,尤其是发展与油基钻井流体性能相近的近油基钻井流体,尽可能减少在页岩气水平井钻井中使用油基钻井流体,减轻环保压力。

(2)发展无芳烃油基或植物油基钻井流体,合成基和可逆乳化钻井流体,特别是生物质合成基钻井流体。为满足保护生态环境的需要,围绕绿色环保目标,开发综合性好的水基环保钻井流体。

(3)低芳烃油基钻井流体既能够满足页岩油气藏水平井钻井施工需要,又对人体健康影响较小,建议在页岩油气藏水平井中推广应用。

第38章　钻井流体用黏土

钻井流体用黏土(Clay for Drilling Fluids)是指用于钻井流体室内研究或者作业应用的所有黏土。黏土的本质是黏土矿物。

黏土矿物是含水的层状硅酸盐和含水的非晶质硅酸盐矿物的总称。晶质含水的层状硅酸盐矿物有高岭石、蒙皂石、伊利石、绿泥石等；含水的非晶质硅酸盐矿物有水铝英石、硅胶铁石等。黏土矿物决定整个黏土类土或岩石的性质，是土或者岩石中最活跃的成分。钻井流体用黏土，是用于室内和现场用的黏土或者黏土改性处理剂。

黏土矿物起源于火成岩原位降解，其母体矿物是云母。母体矿物形成黏土矿物的风化过程十分复杂，主要因素是气候、地形、植被和暴露时间(Chang et al.,1957)。二氧化硅在碱性条件下浸出，氧化铝和氧化铁在酸性条件下浸出。浸出和沉积导致晶型取代。

原位形成的黏土称为初级黏土。二次黏土由通过河流和河流带走的初级黏土形成，并且在淡水或海洋环境中作为沉积物沉积。

各种黏土矿物不均匀分布在整个沉积序列中。蒙皂石在古近纪—新近纪沉积物中丰富，在中生代较少见，中生代以下罕见。绿泥石和伊利石是最丰富的黏土矿物，出现在所有年龄的沉积物中，并且在古代沉积物中占主导地位。高岭石在年轻和老沉积物中均有，但量少。

黏土在钻井流体中的作用是可以形成稳定的胶体，在井壁上形成滤饼而稳定井壁。在一定范围内它能调节钻井流体的密度，使钻井流体具有一定的流变性能和触变性能，使之可以携带岩屑和悬浮岩屑。黏土经过化学处理后性能变化很大，钻井流体性能也会随之改善。钻井流体用黏土主要起降失水作用和流变性。钻井流体学中常用的黏土矿物有膨润土、耐盐黏土和有机膨润土等三类。

膨润土即常说的钠土，膨润土由火山灰风化形成，是以蒙皂石为主的含水黏土矿物，具有很强的吸湿性，能吸附相当于自身体积$8\sim20$倍的水而膨胀至30倍，在水介质中能分散成悬浮液，并具有一定的黏滞性、触变性和润滑性，它和泥沙等的掺和物具有可塑性和黏结性，有较强的阳离子交换能力和吸附能力。蒙皂石存在于膨润土的主要沉积物中。怀俄明膨润土蒙皂石含量约85%。钠离子、钙离子和镁离子是最常见的碱交换离子。一价阳离子与二价阳离子的比率为$0.5\sim1.7$。世界上许多地方已经发现了不同纯度的蒙皂石。中三叠世和晚白垩世的膨润土中特别丰富。

全球膨润土资源丰富，分布广泛，主要集中在环太平洋带、印度洋带和地中海—黑海带。美国是世界上最大的膨润土资源国和生产国之一，已探明矿床150多处。到2016年，已查明资源总量8×10^8t，其中钠基膨润土储量约1.5×10^8t，居世界首位。膨润土资源主要集中产于美国怀俄明州及蒙大拿州，其次为南达科他州、得克萨斯州、加利福尼亚州、科罗拉多州及亚利桑那州等地。怀俄明膨润土以储量多、质量好著称，是海相层状膨润土矿床的典型代表，所产膨润土主要用于钻井液、铁矿球团及铸造。亚利桑那州和加利福尼亚州的膨润土可生产酸性白土,用于精炼石油。

中国膨润土资源丰富,已经探明储量20多亿吨,年开采量不足已知储量的2%。约占世界总量的60%左右。从省份分布上看,中国膨润土资源分布于23个省区,其中查明资源储量超过亿吨的有广西壮族自治区、新疆维吾尔自治区、内蒙古自治区、江苏省和安徽省等10个省区。中国80%以上的天然膨润土原矿为钙基膨润土,并且蒙皂石质量分数介于30%~60%,属于中低品位膨润土矿。除蒙皂石之外,还有含量不等的石英、长石和云母等脉石矿物,达不到现代工业生产的纯度要求,一般要经过选矿提纯才能满足工业需求。

此外,加拿大、墨西哥、巴西、阿根廷、日本、印度、巴基斯坦、土耳其、塞浦路斯、土库曼斯坦、亚美尼亚、澳大利亚、新西兰、莫桑比克、南非、阿尔及利亚、希腊、西班牙、法国、英国、意大利和罗马尼亚也发现了膨润土矿,以土库曼斯坦和亚美尼亚的质量较好,仅次于美国。

膨润土是有固相钻井流体中不可或缺的配制钻井流体材料。主要作用在于提高体系的塑性黏度、静切力和动切力,以增强钻井流体对钻屑的悬浮和携带能力;同时降低失水量,形成致密滤饼,增强护壁性,是钻井流体的基础材料。用此配制的流体,常称为基浆。

基浆就是基础钻井流体或者基准钻井流体、空白样钻井流体。基浆是用来检验目标处理剂参照物。因此,用于配制基浆的产品所能达到的技术标准或技术条件、技术规范是关键要素之一。与此相匹配,配制和调整基浆的性能,达到规定技术要求也是至关重要的(孙明卫,2006)。

钻井流体的基浆有两类:一类是为考查某种钻井流体处理剂性能专门配制的,具有规定性能的钻井流体试样。另一类则是在现场应用时配制的基础胶体,如水基钻井流体用膨润土钻井流体、油基钻井流体用的有机土、无固相体系用基础胶体溶液等。目前用来配制基浆的黏土主要有钠土、钙土、耐盐土、评价土。

由于蒙皂石层间水和层间可交换阳离子存在,可以按蒙皂石所含可交换阳离子种类、含量和结晶化学性质等特点,将膨润土划分为钠基膨润土(碱性土)、钙基膨润土(碱性土)和天然漂白土(酸性土或酸性白土)三种。

当层间阳离子为钠离子时,称之为钠基膨润土;层间阳离子为钙离子时,称之为钙基膨润土;层间阳离子为氢离子时,称之为氢基膨润土,即活性白土;天然黏土经酸处理后,称为酸性白土,也称活性白土,主要成分是硅藻土,硅藻土本身有活性。活性白土的化学组成质量分数为二氧化硅50%~70%、氧化铝10%~16%、氧化铁2%~4%、氧化锰1%~6%等,因原料黏土和活化条件不同活性白土的化学组成差别很大,但一般认为吸附能力和化学组成关系不大。活性白土主要用于润滑油及动植物油脂的脱色精制,石油馏分的脱水及溶剂的精制等。层间阳离子为有机阳离子时,称之为有机膨润土。

在钙土中加入一定量的纯碱,或者在粉碎之前加入少量的有机聚合物,都可以提高造浆率。但加入量以稍高于钙土的阳离子交换量为宜。有机聚合物起到了护胶作用。提高膨润土造浆率的方法还有加入活性氧化镁,主要是利用氧化镁颗粒微细化,外表原子与体相原子数的份额较大而具有极高的化学活性和物理吸附能力。

由于盐会压缩水化膨润土的水化双电层,因此有一定的水化分散抑制作用。所以,黏土在盐水中的造浆率一般要低于淡水。此时,应先将膨润土在淡水中浸泡,即预水化24h或更长,然后再与盐水混合,以提高其在盐水中的造浆率。

膨润土作为钻井流体配制钻井流体的材料,起着重要的作用:增加黏度和切力,提高井眼净化能力;形成渗透率较低的滤饼,降低失水量;胶结不良的地层,还可改善井眼稳定性;防漏堵漏。膨润土在上部地层主要利用其增黏作用,下部地层主要利用其降失水作用。

为了评价配制钻井流体用膨润土性能,提出了造浆率概念。造浆率(Yield of Clay)是指 1t 干膨润土能配成黏度为 15mPa·s 的钻井流体体积,单位 m^3/t。钠土的造浆率比较高,钙土的造浆率比较低。一般要求膨润土的造浆率要达到 $16m^3/t$。

钠膨润土的造浆率一般较高,而钙膨润土则需要通过加入纯碱使之转化为钠膨润土后方可使用。纯碱的加入量依黏土中钙的含量而异,可通过小型试验确定。一般约为配制钻井流体土质量的 5%。加入纯碱的目的是除去黏土中的部分钙离子,将钙膨润土转变为钠膨润土,从而使黏土颗粒的水化作用进一步增强,分散度进一步提高。因此,在原配制的钻井流体中加入纯碱后,一般呈现表观黏度增大,失水量减小。如果随着纯碱加入失水量反而增大,说明过多的钠离子压缩了水化膜,纯碱加入过多。膨润土逐渐分散在淡水中致使钻井流体的黏度、切力不断增加的过程称为造浆,在添加主要处理剂之前的预水化膨润土钻井流体,常称作原浆或基浆。

目前中国将配制钻井流体所用的膨润土分为三个等级:

一级为符合美国石油协会(API)标准的钠膨润土,造浆率不小于 $16m^3/t$,失水量小于 15mL/30min,动切力小于 1.5 倍塑性黏度数值(Pa),湿度不大于 10%,湿筛分析 200 目筛余小大于 4%。

二级为改性土,经过改性符合欧洲石油公司材料协会(OCMA)标准要求。造浆率不小于 $16m^3/t$,失水量不大于 17mL/30min,动切力小于 1.5 倍塑性黏度数值,湿度不大于 10%,湿筛分析 200 目筛余小大于 4%。

三级为较次的配制钻井流体土,仅用于性能要求不高的钻井流体。造浆率不小于 $12m^3/t$,失水量不大于 22mL/30min,动切力小于 1.5 倍塑性黏度数值,湿度不大于 10%,湿筛分析 200 目筛余小大于 4%。

但是,室内评价时,往往由于受检土样技术参数不明确,实验人员操作经验差别,导致操作过程的盲目性很大,特别是人工处理实验数据会造成明显误差,致使造浆率指标的测定过程比较烦琐,准确度不高,方法可操作性较差。室内实验结果表明,利用数据的趋势线拟合功能能够有效消除上述各环节中存在的误差,并且可以从根本上消除实验过程中的盲目性(蔡利山等,2015)。

膨润土的制备工艺主要有两种,人工合成法和天然提纯法。人工合成法,将硅酸钠、硫酸铝、食品级氧化镁、铝酸钠、氢氧化钠先分别制成高浓度的水溶液,按适当比例,先后顺序进行反应,过滤、洗涤、干燥后即得。天然提纯法,将膨润土粉制浆,加入改性剂进行改性处理,再经分离、干燥、粉碎、混合改性而成。地层黏土主要包括晶态黏土、膨润土及有机土,也是井壁失稳的重要因素。

黏土矿物具有片状或棒状结构,形状很不规则,颗粒之间容易彼此连接在一起,形成空间网架结构,是由于黏土颗粒表面的性质(带电性和水化膜)极不均匀引起。片状的黏土颗粒有两种不同的表面,即带永久负电荷的板面和既可能带正电荷也可能带负电荷的端面。这样黏土表面在溶液中就可能形成两种不同的双电层。一般说来,黏土胶体颗粒的相互作

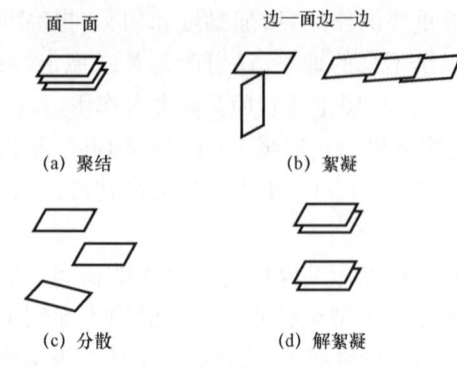

用受三种力的支配,即双电层斥力、静电吸引力和范德华引力。黏土颗粒间净的相互作用力是斥力和吸力的代数和,因此在不同条件下,会产生以上三种不同的连接方式。即面—面、端—面和端—端连接,如图3.38.1所示。

三种不同的连接方式将产生不同的后果。面—面连接会导致形成较厚的片,即颗粒分散度降低,这一过程通常称为聚结(Aggregation);端—面与端—端连接则形成三维的网架结构,特别是当黏土含量足够高时,能够形成布满整个空间的

图3.38.1 黏土颗粒连接方式示意图

连续网架结构,胶体化学上称作凝胶结构,这一过程通常称为絮凝(Flocculation)。与聚结和絮凝相对应的相反过程分别叫作分散(Dispersion)和解絮凝(Deflocculation)。

晶态黏土(Crystalline Clay)是指具有晶体结构的黏土矿物。黏土水化也是引起井壁失稳的物理化学因素之一。黏土矿物吸附水的形式有结晶水、断键水、表面或层间水。

(1)结晶水。结晶水是黏土结构单元的组成部分,与黏土结合得十分牢固,脱水需要较高的温度。黏土矿物不同,结晶水的脱水温度不同:蒙皂石 600~700℃,伊利石 500~600℃,高岭石 350~600℃。

(2)断键水。黏土片被切断时形成不饱和电荷,水分子吸附于黏土结构单元断边和棱角上,中和电荷。断键吸附水容量随黏度的降低而增加。这种吸附水脱水温度 100~200℃。伊利石的吸附水大部分属于此种类型。

(3)表面或层间水。吸附于黏土结构单元的表面上。脱水温度 100~200℃。蒙皂石可以吸附大量表面水或层间水,而伊利石较少。主要原因是蒙皂石晶胞两面都是氧层,层间联结靠的是较弱的分子间力,水分子易沿着硅氧层面进入晶层间,使层间距离增大,引起黏土的体积膨胀。伊利石单元晶片与钾离子紧密结合,有足够的引力抵抗晶面被撬开,因此,即使加上磨细后所吸附的层面水,与蒙皂石吸附水相比,也少得多。

这些水与地层中的黏土矿物吸附可以分为表面水化、离子水化和渗透水化等三个阶段(梁大川,1997)。

① 表面水化是黏土水化的第一个阶段,是黏土晶体表面上吸附水分子,使其晶格发生膨胀,明显增加了黏土晶体晶层间距,其主要驱动力为表面水化能。表面水化造成黏土总体积增加不大,但所产生的膨胀压力较高。随着水化作用深入,膨胀压力快速下降。所有黏土矿物都会发生表面水化,这阶段大约吸附4个分子层厚的水,作用距离为1nm。

② 离子水化是黏土水化的第二个阶段,是指在黏土所含硅酸盐晶片上的补偿性阳离子周围形成水化壳,它一方面增加黏土表面的水化膜厚度,另一方面水化离子又与水争夺黏土晶面的连接位置。阳离子引起的膨胀压力还不足以破坏阳离子与层表面负电荷引起的静电引力,因而黏土仅产生晶格膨胀,即表面水化膨胀。

③ 渗透水化是黏土水化作用的第三阶段,完成黏土表面水化和离子水化后。发生渗透水化的条件是相对湿度为100%。当黏土暴露在自由水中时,由于黏土表面的阳离子浓度大于溶液内部的浓度,水化的离子在液体中离解,远离黏土矿物表面,形成了扩散双电层。由

双电层斥力、离子浓度差及半透膜的存在产生的渗透压共同作用而产生的水化作用称为渗透水化。只有阳离子交换容量大的黏土矿物才能发生明显的渗透水化。渗透水化作用距离可达 10nm 以上。渗透水化引起的体积增量要比表面水化大得多,可高达原体积的 20~25 倍,但所产生的膨胀压力较低,且达到平衡的速度较慢。

水基钻井流体用膨润土(Bentonite)俗称膨润土,是以蒙皂石为主的含水黏土矿物,具有很强的吸湿性,能吸附相当于自身体积 8~20 倍的水而膨胀至 30 倍,在水介质中能分散呈胶体悬浮液,并具有一定的黏滞性、触变性和润滑性,它和泥沙等的掺和物具有可塑性和黏结性,有较强的阳离子交换能力和吸附能力。

膨润土的层间阳离子种类决定膨润土的类型,层间阳离子为钠离子时,称之为钠基膨润土;层间阳离子为钙离子时,称之为钙基膨润土;层间阳离子为氢离子时,称之为氢基膨润土,即活性白土;层间阳离子为有机阳离子时,称之为有机膨润土。

由于无机盐对膨润土的水化分散具有一定的抑制作用,因此膨润土在淡水和盐水中的造浆率不同,在盐水中造浆率一般要低一些。此时可将膨润土先在淡水中预水化,然后加入盐水,这样可以提高其在盐水中的造浆率。膨润土作为钻井流体配浆材料起着重要的作用。

在淡水钻井流体中,可以实现增加黏度和切力,提高井眼净化能力;形成低渗透率的致密滤饼,降低滤失量;对于胶结不良的地层,可改善井眼的稳定性;防漏堵漏。

通常将以蒙皂石为主要成分的配浆土称为膨润土(Bentonite)。膨润土是分散钻井流体中不可缺少的配浆材料。其主要作用在于提高体系的塑性黏度、静切力和动切力,以增强钻井流体对钻屑的悬浮和携带能力;同时降低失水量,形成致密滤饼,增强护壁性。

在淡水钻井流体中膨润土具有提高流动性、降低失水量、改善稳定性以及防止井漏等作用。增加黏度和切力,提高井眼净化能力;形成低渗透率的致密滤饼,降低失水量;对于胶结不良的地层,可改善井眼的稳定性;防止井漏。

由于蒙皂石层间水和层间可交换阳离子存在,按蒙皂石所含可交换阳离子种类、含量和结晶化学性质等,可将膨润土划分为钠基膨润土、钙基膨润土和天然漂白土三种。

目前中国将配制钻井流体所用的膨润土分为三个等级,见表 3.38.1。一级为符合 API 标准的钠膨润土;二级为改性土,经过改性符合欧洲石油公司材料协会标准要求;三级为较次的配浆土,仅用于性能要求不高的钻井流体。

表 3.38.1 膨润土等级标准

项目	指标		
	一级膨润土	二级膨润土	三级膨润土
造浆率,m^3/t	≥16	≥16	≥12
失水量,mL/30min	≤15	≤17	<22
动切力,Pa	<1.5		
湿度,%	≤10	≤10	≤10
湿筛分析,200 目筛余,%	≤4	≤4	≤4

膨润土是水基钻井流体的重要配浆材料。一般要求 1t 膨润土至少能够配制出 $16m^3$ 黏度为 15mPa·s 的钻井流体。钠膨润土的造浆率一般较高,而钙膨润土则需要通过加入纯碱

使之转化为钠膨润土后方可使用。膨润土逐渐分散在淡水中致使钻井流体的黏度和切力不断增加的过程称为造浆,在添加主要处理剂之前的预水化膨润土浆常称作原浆或基浆。

几乎在所有室内实验中,首先都要进行原浆的配制。由于蒙皂石含量和阳离子交换容量各不相同,来自不同产地的膨润土,其造浆效果往往有很大差别。常将每吨黏土能配出表观黏度为 15mPa·s 的钻井流体体积称作造浆率(Yield of Clay)。通常配浆土的质量是以造浆率来衡量的。

由于无机盐对膨润土的水化分散具有一定的抑制作用,因此膨润土在淡水和盐水中的造浆率不同,盐水造浆率一般要低一些。将膨润土先在淡水中预水化,然后再加入盐水中,可以提高其在盐水中的造浆率。

配制原浆时,还需加入适量纯碱,以提高黏土的造浆率。纯碱的加入量依黏土中钙的含量而异,可通过小型试验确定。一般约为配浆土质量的5%。加入纯碱的目的是除去黏土中的部分钙离子,将钙质土转变为钠质土,从而使黏土颗粒的水化作用进一步增强,分散度进一步提高。因此,在原浆中加入纯碱后,一般呈现表观黏度增大、失水量减小的现象。如果随着纯碱加入失水量反而增大,则表明纯碱加过量了。一般用半湿法生产高效活性白土方法、催化酸处理海泡石、膨润土的工艺以及干法生产有机膨润土的方法。

有机土(Organic Soil)是由膨润土经季铵盐类阳离子表面活性剂处理而制成的亲油膨润土。有机土可以在油中分散,形成结构,其作用与水基钻井流体中的膨润土类似。有机土是由亲水的膨润土与季铵盐类阳离子表面活性剂发生相互作用后制成的亲油黏土。所选择的季铵盐必须有很强的润湿反转作用,目前常用的季铵盐主要为十二烷基三甲基溴化铵($C_{15}H_{34}N·Br$)和十二烷基二甲基苄基氯化铵($C_{22}H_{40}N·Cl$)。

有机土很容易分散在油中起到提黏作用和悬浮重晶石的作用。通常在 100mL 油包水乳化钻井流体中加入 3g 有机土便可悬浮 200g 左右的重晶石粉。有机土还可在一定程度上增强油包水乳状液的稳定性,起固体乳化剂的作用。国际上常用的有机土一般剂量为 5.7~17.1kg/m^3。

传统的有机土制备方法是将未水化分散的钠膨润土直接加入季铵盐溶液中浸泡 5~6h,然后过滤、干燥、磨碎。这样未经加热、搅拌等工艺生产的有机土,由于阳离子交换可能不充分而使有机土质量不稳定,不能很好地满足不同基液的油基或合成基钻井流体的要求。为了研究适合于合成基钻井流体的有机土,在室内开展了有机土制备工艺、季铵盐处理剂优选等工作,取得了良好的效果。

38.1 黏土作用机理

晶体结构与晶体化学特点决定了能够离子交换、遇水作用以及黏土矿物与有机质反应。

(1)离子交换性。具有吸着某些阳离子和阴离子并保持交换状态的特性。一般交换性阳离子是钙离子、镁离子、氢离子、钾离子、铵离子和钠离子,常见的交换性阴离子是硫酸根离子、氯离子、磷酸根离子和硝酸根离子。产生阳离子交换性的原因是氢键和晶格内类质同象置换引起的不饱和电荷需要通过吸附阳离子而取得平衡。阴离子交换则是晶格外露羟基离子的交代作用。

(2)黏土与水作用。黏土矿物中的水以吸附水、层间水和结构水的形式存在。结构水只有在高温下结构破坏时才失去,但是吸附水、层间水以及海泡石结构孔洞中的沸石水都是低温水,经低温(100~150℃)加热后就可脱出,同时像蒙皂石族矿物失水后还可以复水,这是一个重要的特点。黏土矿物与水的作用所产生的膨胀性、分散和凝聚性、黏性、触变性和可塑性等特点在工业上得到广泛应用。

(3)黏土矿物与有机质的反应。有些黏土矿物与有机质反应形成有机复合体,改善了它的性能,扩大了应用范围,还可作为分析鉴定矿物的依据。此外,黏土矿物晶格内离子置换和层间水变化常影响光学性质的变化。蒙皂石族矿物中的铁离子和镁离子置换八面体中的铝,或者层间水分子的失去,都使折光率与双折射率增大。

38.2　常用黏土制造工艺

黏土在钻井流体中的作用是可以形成稳定的胶体,在井壁上形成滤饼而稳定井壁。在一定范围内它能调节钻井流体的密度,使钻井流体具有一定的流变性能和触变性能,使之可以携带岩屑和悬浮岩屑。黏土经过化学处理后性能变化很大,钻井流体性能也会随之改善。

钻井流体学中常用的黏土矿物有膨润土、耐盐黏土、有机膨润土以及评价土等4类。

38.2.1　膨润土制造工艺

通过在钻井流体中加入一定浓度的降失水剂,其一方面可吸附在黏土表面形成吸附层,以阻止黏土絮凝变大,另一方面能把循环作用下拆散的细颗粒稳定下来而不会黏结成大颗粒,这就大大增加了细颗粒比例,使得钻井流体能形成薄而致密的滤饼,降低失水量,这种作用称为降失水剂的护胶作用。

57.06kg/m³(20lb/bbl)干怀俄明膨润土所配成原浆的表观黏度随含盐量的变化规律,如图3.38.2所示。

从图3.38.2中可以看出,一开始随盐度增加,表观黏度不断降低;但当盐度增至37000mg/L左右时,表观黏度不再随盐度增大而明显降低,最后基本上保持稳定,这表明膨润土在较高盐度的盐水中已不再容易发生水化,而是类似于一种惰性固体,无法再起到造浆和降失水的作用。但实验表明,如果先将膨润土在淡水中经过预水化,并在加盐之前用适量分散剂进行处理,情况就完全不同了。此时膨润土仍表现出具有一定的水化性能,从而能有效地起到提高黏度切力和降失水的作用。

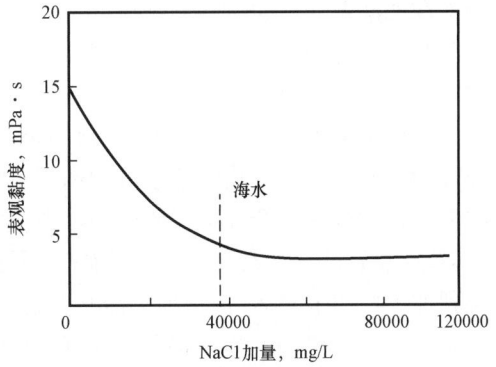

图3.38.2　在57.06kg/m³干膨润土配制的原浆中表观黏度随含盐量的变化

渤海油田是中国海油主要油气产区,尝试在明化镇组失稳、坍塌周期内,利用膨润土钻井流体深钻,以达到非储层段快速钻进和提高生产时效的目标。通过分析渤海某油田的沉积环境、地质油藏概况和优化井身结构及井眼轨迹。

叶周明等(2015)优选钠基膨润土,添加增黏剂、烧碱和纯碱等处理剂提高动切力、静切力和确保 pH 值大于 10,并在淡水配制后让充分水化形成的膨润土钻井流体深钻至馆陶组,实现了快速钻进,钻速由 50~70m/h 提高至 90~100m/h,扩大了上部井段的井径,减少了起下钻和下套管作业的阻卡风险,而且节约了钻井流体成本,形成了渤海油田降本增效和钻井提效典型技术。

38.2.2 耐盐黏土制造工艺

海泡石、凹凸棒石和坡缕缟石是较典型的耐盐、耐高温的黏土矿物,主要用于配制盐水钻井流体和饱和盐水钻井流体。用耐盐黏土配制的钻井流体一般形成的滤饼质量不好,失水量较大。因此,必须配合使用降失水剂。海泡石有很强的造浆能力,用它配制的钻井流体具有较高的热稳定性。

海泡石族矿物俗称耐盐黏土(Salt Resistant Clay),属链状构造的含水铝镁硅酸盐,包括海泡石、凹凸棒石、坡缕缟石(又名山软木)。它们具有耐盐、耐高温的特点,常用于海洋钻井、地热钻井和超深钻井。

(1)坡缕缟石(Palygorskite)。凹凸棒石黏土是指以凹凸棒石为主要组成部分的一种黏土矿。分子式 $(Mg·Al)_2(Si_4O_{10})(OH)·4H_2O$。

坡缕缟石属于单斜晶系,其集合体为土状块体构造,颜色为灰白色、青灰、微黄或浅绿,油脂光泽,密度 $2.0~2.3g/cm^3$,摩氏硬度 2~3 级,潮湿时呈黏性和可塑性,干燥收缩小,且不产生龟裂,吸水性强,可达到 150% 以上,pH 值为 7.5~9.5。由于内部多孔道,比表面可达 $500m^2/g$ 以上,大部分的阳离子、水分子和一定大小的有机分子均可直接被吸附进孔道中,电化学性能稳定,不易被电解质所絮凝,在高温和盐水中稳定性良好。常用它生产具有高触变性能和耐盐碱能力的钻井流体。

凹凸棒石中即使含有少量的蒙皂石杂质也会影响其耐盐性能。因此,除要求耐盐黏土在盐水中的造浆率要在 $12~16m^3/t$ 范围内,其杂质含量要少。

(2)海泡石(Sepiolite)。海泡石族晶体构造独特,外形为纤维状。配制的悬浮体搅拌后,纤维互相交叉,形成乱稻草堆似的网架结构,从而悬浮体稳定。因此,海泡石族黏土悬浮体的流变特性取决于纤维结构的机械参数,而不取决于颗粒的静电引力。

坡缕缟石、凹凸棒石黏土矿石从矿区用推土机、锄耕机等进行露天开采,然后粉碎加工。在拉到加工厂加工之前,在晒场上铺开、太阳下晒干,再粉碎成粉末。

海泡石生产精选工艺为将 1000kg 的海泡石矿石与 6000kg 水连续地加入捣矿机中,捣成矿泥,其矿石粒度由 200mm 分散至 360 目以下。然后,矿泥经储槽和矿泥加料槽连续地加入制浆槽内,同时连续地加入 2000kg 浓度为 0.2%(质量比)的三聚磷酸钠水溶液。矿泥在制浆槽内停留 40min 后连续排出,经过 2.0mm×2.0mm 的振动筛筛分除去粗颗粒矿物和悬浮物(草、叶之类),筛下矿浆流至储槽再经过稳压槽和流量计进入双级沉降分离槽中沉降分选。石英、滑石和方解石等杂质沉积于槽底部,用钻井流体泵排出,溢流出的为高纯度海泡石悬浮液。该悬浮液再经过板框压滤机脱水,得到湿海泡石,滤液部分返回到捣矿机中。湿海泡石于 100℃ 温度下在烘干机中干燥,用粉碎机粉碎至所需粒度,即得到精选海泡石。

顺南区块却尔却克组地层坍塌掉块严重,井壁不稳定,并且地温梯度较高,钻进过程中出现盐水入侵,井底存在异常高压。针对这一问题,使用耐温耐盐高密度水基钻井流体,通过对钻井流体黏土进行优选,选择耐盐黏土作为基浆土。凹凸棒土可以显著提高钻井流体的黏度和切力,凹凸棒土体系性能提升得更加明显有效,高温失水量也显著低于海泡石。该钻井流体具有良好的耐高温性能,在高温下具有良好的流变性和失水护壁性,具有优异的润滑性、防塌封堵性,耐盐、钙侵害能力强,满足顺南深井钻探的需要(于悦,2017)。

38.2.3 有机膨润土制造工艺

有机膨润土(Organic Bentonite)是由膨润土经季铵盐类阳离子表面活性剂处理而制成的亲油膨润土。有机土可以在油中分散,形成胶体,与水基钻井流体中膨润土类似。用有机土配制油基钻井流体,主要起提黏和悬浮重晶石的作用,通常在100mL油包水乳化钻井流体中加入3g有机土便可悬浮200g左右的重晶石粉。有机土还可在一定程度上增强油包水乳状液的稳定性,起固体乳化剂的作用。加量为$5.7 \sim 17.1 kg/m^3$。

用钠土和季铵盐类阳离子表面活性剂实施阳离子交换,可以制备有机膨润土。凹凸棒石和海泡石也可以用于制备有机土。但所选择的季铵盐必须有很强的润湿反转作用,季铵盐中的长链烷基一般含有12~18个碳原子。目前常用十二烷基三甲基溴化铵、十二烷基二甲基苄基氯化铵,含有两个长链烷基的季铵盐如双十八烷基二甲基氯化铵效果更好。

季铵盐(Quintenary Ammonium Salt),又称四级铵盐。铵离子中的4个氢原子都被烃基取代形成的化合物。4个烃基可以相同,也可以不同;卤素负离子多为氟离子、氯离子、溴离子以及碘离子,也可以是硫酸氢根离子、酸根离子,季铵盐性质与无机铵盐相似,易溶于水,水溶液导电。

为解决苏53区块石盒子组泥岩段的井壁稳定、携岩净化及润滑防卡等井下复杂问题,研制了全油基钻井流体。李建成等(2014)在全油基钻井流体加入自主研发的有机膨润土,所制备的有机膨润土性能满足油基钻井流体的要求。全油基钻井流体在苏53-82-50H井现场应用过程中性能稳定、易维护,能大幅度提高机械钻速,润滑防卡效果好,井径扩大率小,满足现场施工的各项要求。

38.2.4 评价土制造工艺

评价土(Clays Drilling Fluids Tests)主要是用于室内评价其他处理剂的标准土。主要有试验配制钻井流体用钙膨润土和高岭土。

(1)试验配制钻井流体用钙膨润土(Test Ca-Bentonite)是经过晾晒干燥和粉碎,但未经过处理的天然钙土。配制钻井流体时按土量的3.5%加入碳酸钠。有人称之为试验配制钻井流体用钠膨润土。行业标准规定了在常温和180℃热滚后的一些主要性能指标。

(2)试验配制钻井流体用高岭土(Test Kaolin)是以高岭土为主要成分的专门用来评价降失水剂性能的一种土粉。评价土没有造浆性能,其作用只是帮助形成滤饼。行业公认的是英国高岭土,俗称英国评价土。适用于钻井流体用羧甲基纤维素钠盐、改性淀粉等产品性能评价时配制钻井流体用土。

为了测定水基钻井流体的流变性以及失水护壁性能,姚如钢评价了5%和8%的英国评价土侵害钻井流体实验。实验表明,钻井流体在被不同浓度及不同类型的低密度固相侵害后,仍具有较低的黏度和切力,触变性高,有利于防止钻井流体在井筒中长时间停止循环后,因其形成的较强凝胶结构而在开泵瞬间产生过大的激动压力,造成井漏、憋泵等复杂情况(姚如钢,2017)。

38.3 发展前景

钻井流体是以钻井黏土为主要原料,根据黏土原矿性质对其进行改性加工并添加增效剂而制得的。钻井流体被公认为油田钻井的血液,在钻探过程中可以起到清洁井底并携带岩屑、冷却和润滑钻头及钻柱、封闭和稳定井壁、平衡地层压力、悬浮岩屑和加重剂的作用,在钻井作业中非常重要。随着中国石油工业的发展对钻井流体用黏土需求量逐年增加,目前中国高品位钻井流体用黏土产量远远供不应求,钻井用黏土在石油钻井方面应用前景广阔。

38.3.1 存在问题

使用含黏土的钻井流体时,不能做到保存有用的黏土而絮凝无用的岩屑,也不能很好地控制固相含量,使用时间一长就成了高固相钻井流体,因此如何维持钻井流体固相含量是一大问题。

38.3.2 发展方向

中国钻井流体黏土资源丰富,由于其出色的性能在钻井流体领域得到了广泛的应用,但是其生产加工技术远远落后于发达国家,大量的钻井级钻井流体黏土还需要依赖进口。

(1)钻井流体黏土生产企业应加强科研投入,不断提升产品质量,以满足中国不断发展的钻探行业对优质材料的需求。

(2)开发耐高温钻井流体黏土,寻求优质资源,不断增加对钻井流体黏土的研究和生产,替代进口产品,填补中国产品空白。黏土颗粒在不同温度作用下对钻井流体的流变性能影响较大,从常温到90℃,其表观黏度呈递增状态,且在90℃时达到最大值;之后随温度升高急剧减小,在150℃时出现最小值;从150℃到200℃,表观黏度随温度升高略有增大。

黏土颗粒的高温作用随温度的不同而变化,从常温到90℃,高温聚结作用占据主导地位,钻井流体中黏土粒子的颗粒度增大,比表面积减小;从90℃到180℃,高温钝化作用占据主导地位,钻井流体中粒子的颗粒度减小,比表面积增大,黏土粒子的电动电位减小;从180℃到200℃,黏土颗粒的高温聚结作用在此时是占据了主导地位,已经高度分散的黏土颗粒由高温作用降低分散度,从而使钻井流体中黏土粒子的颗粒度增大,比表面积减小。

黏土在钻井流体中的作用是可以形成稳定的胶体,在井壁上形成滤饼而稳定井壁。在一定范围内它能调节钻井流体的密度,使钻井流体具有一定的流变性能和触变性能,使之可以携带岩屑和悬浮岩屑。黏土经过化学处理后性能变化很大,钻井流体性能也会随之改善。钻井流体用黏土主要起降失水作用和流变性。钻井流体学中常用的黏土矿物有膨润土、耐盐黏土和有机膨润土等三类。

1985年左右，日本TOYOTA公司的研发人员采用层状硅酸盐（如蒙脱土等）与己内酰胺共混合，然后在聚合条件下引发聚合，得到聚酰胺—黏土纳米复合材料。这种复合材料比纯基体聚酰胺的性能大幅度提高，具有纯基体聚酰胺无法比拟的热性能。

自1995年，中国科学院开始进行跟踪研究，在研发中先后有10余项聚合物—层状硅酸盐纳米复合材料被发明，例如，采用蒙脱土制备的纳米复合材料及其发明有蒙脱土—聚苯乙烯、蒙脱土—聚酯纤维、蒙脱土—聚对苯二甲酸丁二酯、蒙脱土—聚酰胺、蒙脱土—硅橡胶和二氧化硅—聚合物纳米复合材料等。

聚合物—无机纳米复合材料的制备方法，采用逐级表面处理与插层反应方法，先将纳米颗粒表面接枝活性基团，然后与聚合物单体或者齐聚物共混合（称为逐级分散）或者插入反应，在聚合条件下引发聚合，得到聚合物纳米复合材料。这种纳米复合材料的性能与基体聚合物比较，有综合性能优越的优点：在纳米粉体加入量只有1%~5%（质量分数）情况下，复合材料的热变形温度可以提高1倍以上；流变性能提高明显；模量大幅度提高2~5倍；加工性能提高（降低加工模温）；综合性能提高。

因此，通过纳米复合技术，将聚合物的可加工性与无机材料的刚性有机地结合起来。大大改善了聚合物的热变形行为。改变聚合物的渗透能力。在添加1%的情况下，可以使聚合物渗透率下降30%~50%。纳米技术也同时提高了聚合物的抗氧化行为，产生阻燃效果，改变聚合物的极性。因此，使许多聚合物的应用范围大大扩展。纳米的添加工艺也就是分散是至关重要的，它的重要意义已经超出纳米粉体自身的制造。

第 39 章　钻井流体用表面活性剂

钻井流体用表面活性剂(Surfactant for Drilling Fluid)就是用于钻井流体中,起降失水、稀释分散、润滑、乳化以及防腐和解除储层堵塞等作用的表面活性剂。

表面活性剂在石油工业中有广泛的用途。就钻井流体而言,表面活性剂对于安全钻井和防止钻井事故,作用重大。表面活性剂有许多分类方法,从钻井流体的角度,可以分为降失水、稀释分散、润滑、乳化以及防腐、解除储层堵塞等。表面活性剂有许多分类方法,因此种类很多。

39.1　表面活性剂作用机理

表面活性剂有两个方面的作用机理:第一个是能降低接触界面的表面张力,第二是能形成胶束。

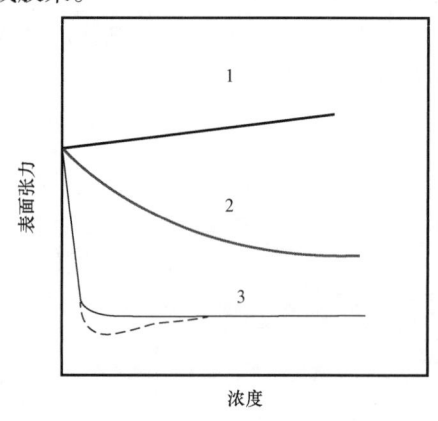

图 3.39.1　表面张力与浓度的关系

(1)表面活性剂能降低接触界面的表面张力。纯液体的表面张力在恒温下是定值,而溶液的表面张力则随溶液的组成不同而不同。通过实验,人们发现各种物质的水溶液的表面张力与浓度的关系主要有三种情况,如图 3.39.1 所示。

从图 3.39.1 可以看出:第 1 类物质表面张力随浓度增加稍有上升,为无机盐(氯化钠、硫酸钠)及多羟基有机物(蔗糖、甘露醇);第 2 类物质表面张力随浓度增加逐渐降低,为低分子极性有机物(醇、醛、酮、脂、醚等);第 3 类物质在低浓度时,表面张力显著降低,浓度升高后变化不大(通常为含有 8 个碳以上的碳氢链的羧酸盐、磺酸盐等)。通常把第 2 类和第 3 类物质称为表面活性物质,而把第 1 类物质称为非表面活性物质。而第 3 类称为表面活性剂,即加入少量即能大幅降低溶液的表面张力,随着浓度继续增大表面张力降低不再明显的物质。

表面活性剂能够降低溶液的表面张力主要是由其结构的特殊性决定的。它具有两性基团,即亲水性基团和亲脂性基团,它能显著降低接触界面的表面张力,增加侵害物特别是憎水性有机侵害物在水相的溶解性。这一特点可以用于钻井流体的乳化、润滑等作用的解释。

(2)表面活性剂能形成胶束。当表面活性剂达到一定浓度时,其单体急剧聚集,形成球状、棒状或层状的胶束,称为临界胶束浓度。胶束是由水溶性基团包裹憎水性基团核心构成的集合体,胶束溶液达到热力学稳定时可以形成微乳溶液。表面活性剂从单体缔合成为胶团时,表面活性剂在溶液中的浓度即为临界胶团浓度。胶团化作用是胶束形成以后,溶液表面的表面性质及油水界面的界面性质都发生了突变,使溶液的表面张力突降,油水界面的界面张力突降,润湿性能提高,乳化作用加强,增溶作用加强。

根据相似相容原理,憎水性有机物有进入与它极性相同胶束内部的趋势,因此将表面活性剂达到或超过临界胶束浓度时,侵害物分配进入胶束核心,大量胶束的形成,增加了侵害物的溶解性,同时非水相液体从含水层介质上大量解析,溶解于表面活性剂胶束内,表面活性剂对非水相液体溶解性增加的程度可以由胶束/水分配系数和摩尔增溶比来表示。这一作用机理可以用于解释封堵、储层伤害控制等作用。

39.2 常用表面活性剂制造工艺

表面活性剂有很多作用,如润滑、乳化、起泡、消泡、防腐、储层解堵、增溶等,不同用途的表面活性剂有不同的制造工艺。

39.2.1 润滑用表面活性剂制造工艺

在钻井流体中加入表面活性剂,能明显降低钻杆扭矩、防止卡钻及提高钻速。目前使用的具有润滑性能的表面活性剂主要有烷基芳基磺酸盐,煤油烃基磺酸和磺化沥青、月桂酸聚氧乙烯酯和辛基酚聚氧乙烯醚,同时含有石蜡的石油与非离子型表面活性剂如油酸聚氧乙烯酯、十八烷基酚聚氧乙烯醚复配成的润滑剂能减少储层伤害。

以烷基酚聚氧乙烯醚为例,在不锈钢反应釜中加入原料烷基酚,搅拌下加入50%浓度碱催化剂,用反应釜夹套蒸汽加热至105℃,抽真空脱水1h,充入氮气再抽真空。然后从计量罐向反应釜内压入环氧乙烷,通过环氧乙烷进料阀控制反应压力在0.1~0.4MPa,用冷却水量控制反应温度在130~180℃,待加完环氧乙烷后继续搅拌至釜内压力不下降为止。降温至小于100℃,放料入精制釜,加醋酸中和,70~90℃加入总量1%的过氧化氢漂白,最后包装(赵勇,1999)。

39.2.2 乳化用表面活性剂制造工艺

为了提高钻井流体的润滑性能、耐温性和防止地层坍塌,有时需要使用油包水型或水包油型乳化钻井流体。这类钻井流体对于钻深井、定向井以及不稳定地层是非常重要的。

为了使乳化钻井流体的性能稳定,通常需要加入一定量的稳定剂,如脂肪酸、C_{12}—C_{20}的烷基苯磺酸、石油磺酸钠等表面活性剂。通常是将多种表面活性剂复配使用,将表面活性剂与有机钛化合物混合使用,效果更佳。

以石油磺酸钠为例,称取适量减三减四混合油于三口烧瓶中,用滴液漏斗缓慢加入一定比例的发烟硫酸,在恒温水浴中进行磺化反应。磺化反应完成后,向三口烧瓶中缓慢滴加定量的蒸馏水,充分搅拌10min,在一定温度下静置2h,待混合物分成上下两层,分出磺酸和硫酸。再用20%的氢氧化钠中和分出的磺酸至pH值达到8~9。然后加适量50%乙醇于中和后的磺酸钠中,充分搅拌后将溶液静置分层,分离磺酸盐和未磺化油。最后在105℃下除去大部分水和乙醇,即得石油磺酸钠粗产品(李莎莎等,2006)。

研究表明,当界面张力小于5.25mN/m时,能够实现降低地层流动阻力的作用,且随着界面张力的降低,其降压效果越显著;界面张力下降,采收率上升。

但当其降低到 10^{-1} mN/m 时,表面活性剂提高采收率的增幅有限;界面张力达到 10^{-2} mN/m时,表面活性剂仍无法完全解除水流通道中残余油的附加阻力。

当表面活性剂的乳化速率大于 0.11mL/min 时,有降压作用,能进一步提高乳化速率,从而提高降压率,但当表面活性剂的乳化速率大于 0.42mL/min 时,对降压率的影响程度减弱;对采收率增幅的影响为乳化速率加快,采收率增幅加大,当表面活性剂的乳化速率大于 0.21mL/min 时,继续增加乳化速率对采收率增幅的影响不大。

因此,表面活性剂用于降压增注的表面活性剂形成乳状液的时间短,能够使油水充分乳化,迅速扩大波及面积后再降低界面张力、提高洗油效率,可以更有效地降低驱替压力,提高采收率(祝仰文等,2016)。

39.2.3 消泡及起泡用表面活性剂制造工艺

钻井流体处理剂大多是表面活性剂,因而在循环过程中容易发泡。为了消除钻井流体中的泡沫,以保证液柱压力能够平衡地层压力,防止井喷,通常需要加入一些消泡剂。常用的消泡剂有甘油聚醚、丙三醇聚醚、以四乙烯五胺为单体的聚醚和有机硅等表面活性剂。与之相反,低压储层、水敏性地层及易漏易塌地层钻井时,通常采用泡沫钻井流体。

泡沫钻井流体的发泡剂也是表面活性剂。常用的发泡剂有烷基苯磺酸钠 C_{12}—C_{20} 烷基磺酸盐及 α-烯烃磺酸盐。其中 α-烯烃磺酸盐效果最佳,适宜加量为 0.1%~0.5%。以十二烷基苯磺酸钠为例,以十二烷基苯作为被磺化物,先加入反应瓶内,再向其中滴加过量的浓硫酸,经磺化反应得到十二烷基苯磺酸,再与氢氧化钠发生中和反应,成盐,得到最终产物十二烷基苯磺酸钠(王贝等,2018)。

根据川东北普光地区聚磺钻井流体,在基浆中添加聚合醇和表面活性剂十二烷基苯磺酸钠,以减小钻井流体滤液对储层的水锁伤害,提高钻井流体的渗透率恢复率。

聚合醇和十二烷基苯磺酸钠加入基浆中,其黏度和切力略有变化,但变化不大;失水量略有降低;基浆滤液的表面张力降低,降低率分别达到37.6%和33.5%,说明聚合醇和十二烷基苯磺酸钠与聚磺钻井流体有良好的兼容性,有效解决了该地区的水锁伤害(孟丽艳等,2012)。

39.2.4 防腐用表面活性剂制造工艺

为了防止或缓解钻井流体及硫化氢、二氧化硫等酸性气体腐蚀钻具、套管,通常需要加入表面活性剂。常用的有含氧或硫的焦磷酸盐及其杂环化合物。

此外,以咪唑啉为基础原料的季铵盐型阳离子表面活性剂,用于二氧化碳钻井流体,缓蚀效果良好,与其他表面活性剂复配,效果更好。

具体生产是,在容器中加入二乙烯三胺,再加入甲酸溶液,升温至95℃,滴加甲醛溶液,恒温反应7~13h,倒入烧杯;在60~80℃滴加氢氧化钠至pH值10~12,静止取上层油状物减压蒸馏,取128~132℃/60mmHg的馏分得中间体;在容器中加入上述中间体、无水乙醇,滴加溴代烷,在100℃下反应48~72h,最后重结晶,干燥后制得产品。

表面活性剂在钻井流体中的应用极为广泛,其作用也不是单一的,一种表面活性剂可能同时具有多重作用。因此,在选用表面活性剂时应当尽量选择一剂多效的表面活性剂,使钻井流体成本大幅降低。

39.2.5　储层解堵用表面活性剂制造工艺

用表面活性剂的清洗作用,实现钻井流体完井后的滤饼解除。欧红娟等(2015)开展了基于表面活性剂特性的优选方法研究,发现适用于柴油基钻井流体的前置液用表面活性剂应满足非离子或阴离子表面活性剂且亲水亲油平衡值值应在 12～15;表面活性剂加量应接近或大于表面活性剂的临界胶束浓度;表面活性剂的溶液表面张力应小于或接近润湿柴油基钻井流体表面的表面张力。此时,前置液的清洗效率较高。通过采用前置液有效驱替油基钻井流体提高页岩气井固井质量,表面活性剂是决定前置液驱替效果的关键(欧红娟等,2015)。

因此,钻井流体用的解堵用表面活性剂,可以通过实验按以上指标优选市场用的材料满足钻井流体需要即可,不用单独生产,必要时可以进一步复配。

39.2.6　增强溶解性用表面活性剂制造工艺

将表面活性剂加入大分子物质可以迅速裂碎成细小颗粒的物质,从而使功能成分迅速溶解。这类物质大都具有良好的吸水性和膨胀性,形成易于润湿的毛细管通道润湿。在水中溶解时产生热,使不溶解物质空气膨胀促使崩解。

交联聚乙烯吡咯烷酮,是白色、流动性良好的粉末或颗粒,在有机溶媒及强酸强碱溶液中均不溶解,但在水中迅速溶胀并且不会出现高黏度的凝胶层,因而其崩解性能十分优越。

加入方法有与处方粉料混合在一起制成颗粒的内加法,与已干燥的颗粒混合后压片的外加法,一部分与处方粉料混合在一起制成颗粒,另一部分加在已干燥的颗粒中,混匀压片的内外加法。以乙炔、甲醛为主要原料,经反应生成 1,4-丁炔二醇,用镍作催化剂加氢,再在乙炔铜催化剂作用下生成 γ-丁内酯,然后在无水氨气作用下生成吡咯烷酮;吡咯烷酮和乙炔通过加成反应得到乙烯基吡咯烷酮;最后在引发基作用下聚合即可得到聚乙烯吡咯烷酮(徐兆喻,2004)。

针对钻井流体材料溶解慢,达到理想性能时间长,提出使用表面活性剂降低配制钻井流体水的表面张力和接触角,同时对材料有润湿和增溶作用。通过分析表面活性剂的作用机理,测试表面活性剂对钻井流体基本性能影响来优化表面活性剂;观察表面活性剂对土和大分子材料的性能影响来优化表面活性剂的加量。结果表明,该表面活性剂在短时间内促进材料的水化分散效果最好(王道宽等,2015)。

39.3　发展前景

中国作为目前世界经济发展的强力引擎,一直保持着对表面活性剂的较高的需求,随着中国经济的不断增长,工业用表面活性剂的市场需求量将保持较快增长,具有良好的发展前景。

39.3.1　存在问题

中国表面活性剂工业生产规模由小到大,品种由少到多,应用面不断扩大。对国民经济发展起到了促进作用,但也存在着一些问题(藕民伟,1991)。

(1)基础原料短缺制约表面活性剂工业发展。我国非离子表面活性剂几乎全靠进口,生产各类表面活性剂的基础原料脂肪酸、脂肪醇、脂肪胺和环氧乙烷供应一直非常紧张,产量少、质量低,严重阻碍表面活性剂的发展。

(2)设备装备和工艺技术水平比较落后。"七五"期间已引进24套连续磺化设备,已引进或正在引进4套喷雾式乙氧基化技术,2套甲酯化装置,但在消化、吸收、仿制、定型、设备制造方面存在不少问题。仍有相当多的企业技术装备处于落后水平。

(3)品种规格不全,产品质量不高。国际上表面活性剂生产已系列化、品种规格齐全。美国磷酸酯型产品有40余种,中国仅几种。聚醚型产品有50余种,中国仅10余种。多数厂只能生产一些普通品种,而且产品质量不高。

(4)消费结构不合理,应用面比较窄。中国表面活性剂以民用为主,而工农业应用领域相对比例较小。与国际上工业应用相比差距较大。工业应用面也较窄,许多工业应用尚未开拓。

(5)管理体制不合理,缺乏统一管理机制。表面活性剂科研与生产分散在化工、轻工、纺织和石油各个系统,没有统一协调,没有列入国家计划。从原料、产品制造到应用以及投资、引进、价格、外贸等方面各自分散经营,不能发挥系统优势,造成重复引进。

39.3.2　发展方向

表面活性剂作为化工新材料行业的主要分支,其规模发展将在全球尤其是亚太地区呈稳步增长趋势,这为中国相关行业的发展和壮大提供了良好的外部环境。中国表面活性剂行业的发展逐渐与国际上同行业的发展趋势接轨,主要体现在三个方面(孙淑华等,2012):

(1)大品种绿色表面活性剂将逐步大规模工业化生产。随着国民经济的增长以及居民生活水平的提高,消费者对于环境保护和社会资源节约方面的意识逐步增长,对表面活性剂产品品质的要求也越来越高。

在满足使用安全性的前提下,市场对表面活性剂产品的资源可再生性以及环境友好性提出了更高的要求。因此采用天然可再生资源如植物油为原料生产的天然油脂基表面活性剂,得到了大力发展。可以预计,中国大品种绿色表面活性剂将逐步实现大规模工业化生产。

(2)特种表面活性剂发展将更为迅速。普通表面活性剂的疏水基一般是碳氢链,若将碳氢链中的氢原子部分或者全部替换成氟原子,就成为含氟表面活性剂,类似的还有含硅表面活性以及含硼表面活性剂等,称之为特种表面活性剂。由于结构上具有特殊构造,特种表面活性剂具有普通表面活性剂没有的一些特性,并在许多领域发挥着重要作用。

含氟表面活性剂具有高表面活性、高耐热稳定性以及高化学稳定性,其应用领域已经扩展到包括石油、农药、机械、染料、建材和皮革等国民经济的18个领域中,且应用领域还在进一步扩大。

含硅表面活性剂具有良好的湿润性、较强的黏附力、极佳的延展性、气孔渗透率和良好的抗雨水冲刷性等,已被应用于油田等工业领域,并逐渐由特种发展成为常规表面活性剂。含硼表面活性剂也在石油炼制、润滑油添加剂、高水基汽车刹车液、高水基液压液等工业领域得到实际应用。

(3)生物表面活性剂开始多品种工业化,应用领域将逐步扩大。生物表面活性剂是指由细菌、酵母和真菌等多种微生物产生的,具有表面活性剂基本结构与性质的化合物。

生物表面活性剂同化学合成的表面活性剂一样,具有润湿、分散、乳化、破乳、消泡、去污等性能,与化学合成表面活性比较,生物表面活性剂具有以下优势:结构更多样性、表面活性/乳化更强;可生物降解无毒或低毒;生产工艺简单、施工简单;通过微小孔隙能力强、不堵地层;耐盐性好,不结垢,保护地层。

经过 30 余年的研究,目前生物表面活性剂许多研究成果已应用于石油、医药和食品工业。随着中国生物表面活性剂科研的深入、新产品新功能的不断问世,中国生物表面活性剂行业将会在未来得到快速发展,并在石油、化工、医药、洗涤剂、化妆品、食品等工业领域,农业和环境保护等方面得到广泛应用。

第 40 章　钻井流体用可溶性盐

钻井流体可溶性盐(Soluble Salt in Drilling Fluids)是指可以溶解于钻井流体的连续相，用于提高钻井流体性能的盐。

钻井流体用无机盐(Mineral Salt, Inorganic Salt)除了由金属离子和酸根离子所组成的化学品以外，还包括气体、单质、氧化物、氢氧化物和某些酸类及其他许多化合物如无机颜料、稀土化合物、精细陶瓷、超细粉末等。无机盐品种众多、涉及面广、古老但具备发展潜力。与其他制造业相比，无机盐具有以天然矿物资源为原料来源、三废大、吞吐量大及技术多样化的主要特点。石油化工发展促进了无机盐工业的发展。应用于钻井流体的有机盐主要有甲酸盐。

40.1　可溶性盐作用机理

无固相钻井流体也称无黏土钻井流体，是为了适应现代钻井技术发展的要求，在低固相钻井流体的基础上形成的。无固相钻井流体与传统的黏土钻井流体相比，有四大优点：

(1)黏度和流变性可调范围大，可适应不同地层的需要。

(2)体系无固相，对机械和钻具的磨损小，在钻杆内不易结泥皮，有利于金刚石小口径钻进和绳索取心技术的要求。

(3)有较好的紊流减阻和润滑性能，可降低输送压力。

(4)含有较大数量的有机高聚物，与不同的无机盐配合，可有效地抑制地层和岩屑的膨胀和分散。

以前，一提到可溶性盐，就认为是氯化钠、氯化钙等无机盐，实际上，以甲酸钾为主要可溶性盐的可溶性有机盐已经成为主流。而且可溶性盐在软件配浆水，调整碱度等方面是常用的处理剂。

甲酸盐无固相钻完井流体具有稳定页岩的作用：一是由于甲酸盐钻井流体的滤液黏度高，使水不易进入页岩；二是由于在非裂缝性的低渗透页岩地层中，页岩相当于选择性半透膜。在高浓度的盐水中水的活度低，产生的渗透压能促进页岩孔隙水返流。这种返流会减少从钻井流体中流入页岩的流体的净流量，从而导致页岩水化降低和毛细管压力上升缓慢。如果渗透返流比流入页岩的水流多，且比从页岩流到钻井流体的水流动慢，在近井壁地带会造成脱水和毛细管压力降低。这些都将使地层应力和近井壁地带的有效应力增加，从而有利于稳定井壁。

甲酸盐与油田常用聚合物兼容性好，并能减缓许多增黏剂和降失水剂在高温高压下的水解和氧化降解速度。这主要有两方面的原因：

一是甲酸盐能大幅度提高聚合物的转变温度。聚合物的转变温度，受盐水中存在的离子的影响，一些所谓的水结构破坏剂(盐溶离子)将会降低转变温度，而那些水结构形成剂

（盐析离子）会升高转变温度。甲酸根离子是少数几种水结构形成剂之一。氯化钠、甲酸盐有盐析现象，而甲酸盐没有。

二是甲酸盐抑制聚合物的氧化降解。甲酸盐水溶性加重剂含有大量的甲酸根阴离子，该阴离子含有还原性基团，可除掉钻井流体中的溶解氧，使其他常规水中可降解的处理剂不易发生热氧化降解反应，有效地保护了各种处理剂，使其可在高温下稳定地发挥作用（张猛等，2013）。

因此，可溶性盐在钻井流体中起到的作用较多，如提高钻井流体无固相密度，提高钻井流体抑制性，提高体系中聚合物的耐温能力等，其作用机理基本是活度效应和保护作用。

40.2 常用可溶性盐制造工艺

无机盐按其溶解度大小可分为可溶物和不溶物，含有钾离子、钠离子、氨根离子、硝酸根离子的无机盐都易溶于水，均为可溶性无机盐。钻井流体用无机盐主要有氢氧化钠、碳酸钠、氯化钙、氯化钾、氯化钠等。有机盐比较单一，包括甲酸钾、甲酸钠、甲酸铯等，有能为一些复配的有机酸盐。

40.2.1 烧碱制造工艺

烧碱，即氢氧化钠，分子式为 NaOH。外观为乳白色晶体，密度为 $2.0 \sim 2.2 \mathrm{g/cm^3}$，易溶于水，溶解时放出大量热。溶解度随温度升高而增大，水溶液呈强碱性。烧碱容易吸收空气中的水分和二氧化碳，并与二氧化碳作用生成碳酸钠，存放时应注意防潮加盖。

烧碱主要用于调节钻井流体的 pH 值。与丹宁、褐煤等酸性处理剂一起配合使用，使之分别转化为丹宁酸钠、腐殖酸钠等钻井流体有效成分；还可用于控制钙处理钻井流体中钙离子的浓度等。

工业上生产烧碱的方法有苛化法、电解法和离子交换膜法三种。

苛化法是将纯碱、石灰分别经化碱制成纯碱溶液、石灰制成石灰乳，于 99～101℃ 进行苛化反应，苛化液经澄清、蒸发浓缩至 40% 以上，制得液体烧碱。将浓缩液进一步熬浓固化，制得固体烧碱成品。苛化泥用水洗涤，洗水用于化碱。

隔膜电解法是将原盐化盐后加入纯碱、烧碱、氯化钡精制剂除去钙离子、镁离子、硫酸根离子等杂质，再于澄清槽中加入聚丙烯酸钠或苛化麸皮以加速沉淀，砂滤后加入盐酸中和，盐水经预热后送去电解，电解液经预热、蒸发、分盐、冷却，制得液体烧碱，进一步熬浓即得固体烧碱成品。盐泥洗水用于化盐。

离子交换膜法是将原盐化盐后按传统的办法进行盐水精制，把一次精盐水经微孔烧结碳素管式过滤器进行过滤后，再经螯合离子交换树脂塔进行二次精制，使盐水中钙含量和镁含量降到 0.002% 以下，将二次精制盐水电解，于阳极室生成氯气，阳极室盐水中的钠离子通过离子膜进入阴极室与阴极室的氢氧根离子生成氢氧化钠，氢离子直接在阴极上放电生成氢气。电解过程中向阳极室加入适量的高纯度盐酸以中和返迁的氢氧根离子，阴极室中应加入所需纯水。在阴极室生成的高纯烧碱质量浓度为 30%～32%，可以直接作为液碱产品，也可以进一步熬浓制得固体烧碱成品。

40.2.2 纯碱制造工艺

纯碱,即碳酸钠,也称为苏打、洗涤碱,分子式 Na_2CO_3,被称为化工之母,是重要的基础化工原料之一。中国纯碱产量占世界的45%,是第一纯碱生产大国(彭志成,2013)。

无水碳酸钠为白色粉末,密度为 $2.5g/cm^3$,易溶于水,接近36℃时溶解度最大。水溶液呈碱性,pH 值为 11.5。在空气中易吸潮结成硬块(晶体),存放时要注意防潮。纯碱在水中容易离解和水解。其中离解和一级水解较强,所以纯碱水中主要存在钠离子、碳酸根离子、碳酸氢根离子和氢氧根离子,其反应式为:

$$Na_2CO_3 = 2Na^+ + CO_3^{2-}$$

纯碱能通过离子交换和沉淀作用使钙黏土变为钠黏土。

$$Ca^{2+} 黏土 + Na_2CO_3 \longrightarrow Na^+ 黏土 + CaCO_3 \downarrow$$

从而有效地改善黏土的水化分散性能,因此加入适量纯碱可使新配制钻井流体的失水量下降,黏度、切力增大。但过量的纯碱会导致黏土颗粒发生聚结,使钻井流体性能受到破坏。其合适剂量需通过造浆实验来确定。

此外,在钻水泥塞或钻井流体受到钙侵时,加入适量纯碱使钙离子沉淀成碳酸钙,从而使钻井流体性能变好,即:

$$Na_2CO_3 + Ca^{2+} = CaCO_3 \downarrow + 2Na^+$$

含羧钠基官能团(—COONa)的有机处理剂在遇到钙侵(或钙离子浓度过高)而降低其溶解性时,一般可采用加入适量纯碱的办法恢复其效能。

纯碱制备主要是氨碱法或联碱法。以岩盐卤水精制后得到的芒硝型卤水为原料,利用氨碱法或联碱法传统工艺生产中间产品碳酸氢钠、煅烧得到产品碳酸钠;重碱母液高温分离碳酸氢铵、碳酸铵得到脱氨母液;脱氨母液采用膜法分离硫酸钠,富硝液综合利用,脱硝清液采用蒸发法分离氯化钠、氯化铵。

40.2.3 氯化钾制造工艺

氯化钾(Potassium Chloride)分子式为 KCl,外观为白色立方晶体,常温下密度为 $1.98g/cm^3$,熔点为776℃,易溶于水,且溶解度随温度升高而增加。

氯化钾是一种常用的无机盐类页岩抑制剂,具有较强的抑制页岩渗透水化的能力。若与聚合物配合使用,可配制成具有强抑制性的钾盐聚合物防塌钻井流体。

自然界氯化钾主要来自钾盐和钾卤水。目前,工业制氯化钾主要是来自自然界的钾石盐。

$$KCl \cdot MgCl_2 \cdot 6H_2O + nH_2O = KCl + MgCl_2 + (6+n)H_2O$$

工业生产氯化钾的方法较多,如重结晶法、钾石盐法、浮选法、兑卤法和冷分解法等。可以概括为冷分解—正悬浮法、反浮选—冷结晶法和冷结晶—天浮选法。钾石盐法是以氯化镁和氯化钾为主要成分的岩盐光卤石粉碎,与75%的水混合,通入过热蒸汽,冷却后析出氯化钾。此粗晶体经水洗,重结晶精制而得。从海水析出氯化钠后的母液,经浓缩、结晶、精制而得。

40.2.4 氯化钠制造工艺

氯化钠(Sodium Chloride)俗名食盐,分子式为 NaCl,白色晶体,常温下密度约为 $2.2g/cm^3$。纯品不易潮解,但含氯化镁、氯化钙等杂质的工业食盐容易吸潮。常温下在水中的溶解度较大,且随温度升高,溶解度略有增大。

食盐主要用于配制盐水钻井流体和饱和盐水钻井流体,以防止岩盐井段溶解,并抑制井壁泥岩水化膨胀。此外,为控制储层伤害,还可用于配制无固相清洁盐水钻井流体,或作为水溶性暂堵漏剂使用。20℃时,不同质量浓度的氯化钠水溶液的密度、质量分数和体积膨胀系数(Adam et al.,1986)见表3.40.1。

表3.40.1 20℃时不同浓度氯化钠水溶液的密度和体积膨胀系数

密度 g/cm³	质量浓度 mg/L	质量分数		体积膨胀系数
		ppm	%	
0.9982	0	0	0	1.000
1.0053	10050	10000	1	1.003
1.0125	20250	20000	2	1.006
1.0268	41100	40000	4	1.013
1.0413	62500	60000	6	1.020
1.0559	84500	80000	8	1.028
1.0707	107100	100000	10	1.036
1.0857	130300	120000	12	1.045
1.1009	154100	140000	14	1.054
1.1162	178600	160000	16	1.065
1.1319	203700	180000	18	1.075
1.1478	229600	200000	20	1.087
1.1640	256100	220000	22	1.100
1.1804	279500	240000	24	1.113
1.1972	311300	260000	26	1.127

海盐是工业用盐的主要生产来源。一般采用日晒法,也叫"滩晒法",就是利用滨海滩涂,筑坝开辟盐田,通过纳潮扬水,吸引海水灌池,经过日照蒸发变成卤水,当卤水浓度蒸发达到波美度25°Bé时,析出氯化钠,即为原盐。日晒法生产原盐,其工艺流程一般分为纳潮、制卤、结晶、收盐等4大工序。

(1)纳潮。实际上是生产原盐的原料提取过程。目前,采用的纳潮方式有两种:一是自然纳潮;二是动力纳潮。自然纳潮是在涨潮时让海水沿引潮沟自然流入;动力纳潮一般采用轴流泵将海水引入,其特点是不受自然条件限制。

(2)制卤。制卤是在面积广阔的蒸发池内进行的,根据每日蒸发量适当掌握蒸发池走水深度,使卤水浓度逐步提高,最后浓缩成饱和卤。

(3)结晶。海水在不断蒸发浓缩过程中,各种盐类浓度不断增大,当盐类浓度达到饱和时,将以晶体形式析出,在过饱和溶液中,不断维持溶液过饱和度,晶体就能继续生长。

(4)收盐。收盐就是将长成的盐,利用人工或机械将盐收起堆坨。

40.2.5 氯化钙制造工艺

氯化钙(Calcium Chloride)分子式为 $CaCl_2$,通常含有 6 个结晶水,无色斜方晶体,密度为 $1.68g/cm^3$,易潮解,易溶于水,溶解度随温度增高而增大。

钻井流体使用氯化钙主要用于来配制高钙钻井流体,还用于油基钻井流体调节盐水的矿化度。用氯化钙处理钻井流体时 pH 值降低,要及时调整。20℃时,不同浓度氯化钙水溶液的密度和体积膨胀系数(API,2005)见表 3.40.2。

表 3.40.2 20℃时不同浓度氯化钙水溶液的密度和体积膨胀系数

密度 g/cm³	质量浓度 mg/L	质量分数		体积膨胀系数
		ppm	%	
0.9982	0	0	0	1.000
1.0166	20330	20000	2	1.004
1.0334	41340	40000	4	1.008
1.0505	63030	60000	6	1.013
1.0678	85420	80000	8	1.019
1.0854	108540	100000	10	1.024
1.1033	132400	120000	12	1.030
1.1218	157050	140000	14	1.037
1.1407	182510	160000	16	1.044
1.1599	208780	180000	18	1.052
1.1796	235920	200000	20	1.059
1.1997	263930	220000	22	1.069
1.2201	292820	240000	24	1.078
1.2410	322660	260000	26	1.089
1.2622	353420	280000	28	1.100
1.2838	385140	300000	30	1.113
1.3059	417890	320000	32	1.126
1.3283	451620	340000	34	1.141
1.3512	486430	360000	36	1.156
1.3745	522310	380000	38	1.173
1.3982	558300	400000	40	1.192

氯化钙利用海盐为原料,采用氨碱法生产纯碱,制碱废液综合利用回收氯化钙产品,主要有直接蒸发法和盐田预蒸发法两种生产工艺(李宁等,2009)。

(1)直接蒸发法。一般情况下,纯碱废液密度为 $1.12\sim1.13g/cm^3$。其中,氯化钙含量为 76.8g/L 左右,氯化钠含量为 42.9g/L,还有少量氢氧化钙、石膏、铵盐和悬浮物杂质。经净化处理后,采用多效钛板蒸发器提浓。氯化钙浓度达到40%左右时,氯化钠结晶析出,析盐分离后,固相制备精制工业盐。分离氯化钠以后的氯化钙溶液质量浓度为45%~50%,密度约1.45g/cm³,送升降膜蒸发器继续快速提浓,待氯化钙浓度升至50%左右,造片或造粒并干燥制得二水或无水氯化钙产品。

(2)盐田预蒸发法。在自然蒸发量较大的地区,通常采用盐田摊晒自然蒸发纯碱废液,沉降和初步提浓废液。当溶液波美度升至29°Bé时,氯化钠开始析出,随着蒸发量的不断加大,溶液波美度可以升高至32~35°Bé,此时约有50%的氯化钠析出,初步析盐以后的氯化钙溶液进入设备蒸发、析盐精制,生产操作与直接蒸发工艺的操作基本相同。该工艺在沿海地区,蒸发速度很慢,很难自然摊晒至29°Bé以上,自然蒸发效率很低。适合于在干燥少雨、自然蒸发量较大且有足量土地面积的地区。

40.2.6 石灰制造工艺

石灰(Lime)又称生石灰,是一种以氧化钙为主要成分的气硬性无机胶凝材料。分子式CaO。密度为3.25~3.38g/cm³,与颗粒大小有关,计算一般采用3.25g/cm³。

钙处理钻井流体中,石灰用于提供钙离子,控制膨润土的水化分散在适度絮凝状态。但高温条件下石灰钻井流体可能固化,不能满足钻井要求。因此,在高温深井中应慎用。其原因是钙离子在高温下,与钻井流体中的膨润土胶体颗粒发生反应,二氧化硅溶出并生成水化硅酸钙。

$$(SiO_2)_x^- + 2H_2O + OH^- \longrightarrow (SiO_2)_x^- + Si(OH)_5^-$$

$$Ca^{2+} + Si(OH)_5^- + OH^- \longrightarrow CaO \cdot SiO_2 \cdot 3H_2O$$

胶体颗粒表面被水化硅酸钙产物层完全覆盖,产物密实,其他离子难以穿过。故出现高温钝化现象,发生高温固化。解决这类问题的方法有:一是控制pH值不能太高,最多为10;二是加入有分散性能的表面活性剂,增强钻井流体耐高温固化能力,提高体系的稳定性。

油包水逆乳化钻井流体,氧化钙提供的钙离子有利于二元金属皂的生成,使烷基苯磺酸钠作为乳化剂转化为烷基苯磺酸钙,从而保证所添加的乳化剂可充分发挥其效能。调节pH值,维持油基钻井流体的pH值在8.5~10.0范围内,可有效地防止地层中二氧化碳和硫化氢等酸性气体对钻井流体的侵害,防止钻具腐蚀。此外,石灰还可配成石灰乳堵漏剂,封堵漏层。

$$Ca(OH)_2 + H_2S \longrightarrow CaS \downarrow + 2H_2O$$

$$Ca(OH)_2 + CO_2 \longrightarrow CaCO_3 \downarrow + 2H_2O$$

在油基钻井流体中,未溶解氢氧化钙的量一般应保持在0.43~0.72kg/m³范围内;或者将钻井流体的甲基橙碱度控制0.5~1.0cm³,当遇到二氧化碳或硫化氢侵害时应提至2cm³。

石灰是用石灰石、白云石、白垩和贝壳等碳酸钙含量高的产物,经900~1100℃煅烧而成。生石灰呈白色或灰色块状,为便于使用,块状生石灰常需加工成生石灰粉、消石灰粉或石灰膏。生石灰粉是由块状生石灰磨细而得到的细粉,其主要成分是氧化钙;消石灰粉是块状生石灰用适量水熟化而得到的粉末,又称熟石灰,其主要成分是氢氧化钙;石灰膏是块状生石灰加约为生石灰体积的 3~4 倍水,熟化而得到的膏状物,也称石灰浆。其主要成分也是氢氧化钙。

40.2.7 石膏制造工艺

石膏的化学名称为硫酸钙(Calcium Sulfate),分子式为 $CaSO_4 \cdot 2H_2O$。天然二水石膏($CaSO_4 \cdot 2H_2O$)又称为生石膏。石膏是白色粉末,密度为 2.31~2.32g/cm³。常温下溶解度约为0.2%,稍大于石灰。40℃以前,溶解度随温度增高而增大;40℃以后,溶解度随温度升高而降低。吸湿后会结成硬块,存放时应注意防潮。

钙处理钻井流体中,石膏与石灰的作用大致相同,都用于提供适量的钙离子。其差别在于石膏提供的钙离子浓度比石灰高一些,此外用石膏处理可避免钻井流体的 pH 值过高。

根据物理成分,石膏粉可分为磷石膏粉、脱硫石膏粉、柠檬酸石膏粉和氟石膏粉等。

根据颜色,石膏粉可分为红石膏粉、黄石膏粉、绿石膏粉、青石膏粉、白石膏粉、蓝石膏粉和彩色石膏粉等。

根据物理特征,石膏粉可分为白云质石膏粉、黏土质石膏粉、绿泥石石膏粉、雪花石膏粉、滑石石膏粉、含砂质石膏粉和纤维石膏粉等。

根据用途,石膏粉可分为建材用石膏粉、化工用石膏粉、模具用石膏粉、食品用石膏粉和铸造用石膏粉等。

一般来说,石膏根据水的含量分为生石膏(Gypsum, $CaSO_4 \cdot 2H_2O$)和熟石膏(Anhydrite, $CaSO_4$)两种。通常用蒸压釜在饱和蒸汽介质中蒸炼而成的是 α 型半水石膏,也称高强石膏;经过煅烧、磨细可得 β 型半水石膏($2CaSO_4 \cdot H_2O$),即建筑石膏,又称熟石膏、灰泥。α 型半水石膏比 β 型需水量少,制品有较高的密实度和强度。

石膏属单斜晶系,解理度很高,容易裂开成薄片。将石膏加热至 100~200℃,失去部分结晶水,可得到半水石膏。半水石膏是一种气硬性胶凝材料,具有 α 和 β 两种形态,都呈菱形结晶,但物理性能不同。α 型半水石膏结晶良好、坚实;β 型半水石膏是片状并有裂纹的晶体,结晶很细,比表面积比 α 型半水石膏大得多。

以天然石膏矿石、脱硫石膏、磷石膏等为原料,经过破碎、预粉磨、煅烧环节和储料输送等四个环节形成建筑石膏粉。

40.2.8 甲酸盐制造工艺

甲酸盐无固相钻井流体是一种无固相钻井流体,甲酸盐无固相钻完井液是一种无毒的水基钻井流体,不仅符合环保要求,而且耐温性能好、水力特性好、有良好的抑制性和抗侵害能力,特别是与油层有良好的兼容性,有良好的储层保护效果。

世界上甲酸钠生产工艺主要有一氧化碳合成法、季戊四醇副产法和新戊二醇副产法和三羟甲基丙烷制法等,甲酸钾生产工艺主要有一氧化碳合成法、甲酸法等。采用一氧化碳合成法制成的甲酸盐最大特点是纯度较高。

韩玉华等(2002)室内实验研究了甲酸盐的特性,分析了甲酸盐钻井流体的作用机理,针对储层特点,确定了应用于大庆油田外围低压低渗透油田的甲酸盐钻井流体。并进行了现场试验和推广应用。室内实验和现场应用结果表明,甲酸盐钻井流体性能稳定,钻井完井施工顺利。无井塌、井漏、卡钻事故。能够满足 $\phi178mm$ 和 $\phi200mm$ 井眼开发井钻井施工要求；抑制性强。井壁稳定效果好，井眼规则。井径扩大率小；机械钻速高，油层浸泡时间短，是一种有利于储层保护和增产的钻井流体。

40.2.9 硅酸盐制造工艺

硅酸钠系列产品主要有工业液体硅酸钠、五水偏硅酸钠、粉状速溶硅酸钠、硅溶胶等产品。钻井流体中常用的硅酸盐主要有硅酸钠和硅酸钾。俗称泡花碱，是一种水溶性硅酸盐，其水溶液俗称水玻璃，是一种矿黏合剂。其化学式为 $R_2O \cdot nSiO_2$。R_2O 为碱金属氧化物。n 为二氧化硅与碱金属氧化物摩尔数的比值，称为水玻璃的模数。建筑上常用的水玻璃是硅酸钠的水溶液（$Na_2O \cdot nSiO_2$）。

硅酸钠分两种：一种为偏硅酸钠，化学式 Na_2SiO_3，式量 122.00。偏硅酸钠别名三氧硅酸二钠。另一种为正硅酸钠（原硅酸钠），化学式 Na_4SiO_4，相对分子质量 184.04。硅酸钠的生产方法分干法（固相法）和湿法（液相法）两种。

干法是将石英砂和纯碱按一定比例混合后在反射炉中加热到 1400℃ 左右，生成熔融状硅酸钠；湿法生产以石英岩粉和烧碱为原料，在高压蒸锅内，0.6~1.0MPa 蒸汽下反应，直接生成液体水玻璃。微硅粉可代替石英矿生产出模数为 4 的硅酸钠。

硅酸钾是无色或微黄色半透明至透明玻璃状物，有吸湿性，有强碱性反应。在酸中分解而析出二氧化硅。慢溶于冷水或几乎不溶于水（依其成分组成而不同），不溶于乙醇。硅酸钾通常用于制造电焊条、焊接用电极、还原染料、防火剂；也用作荧光屏涂料层和肥皂填料。稳定状态时为透明质黏稠状液体，呈蓝绿色。易溶于水和酸并析出胶状硅酸，钾含量越高则越易溶。不溶于醇。生产方法有熔融法。

熔融法将硅砂和苛性钾按一定比例混合后加入熔融炉中，用重油或电加热至 1200~1400℃，形成完全熔融透明体时，从炉中放出冷却固化后，再放入高压釜中，通加压蒸汽（0.2MPa）溶解。将溶液静置澄清，除去杂质，澄清液经浓缩得到硅酸钾成品。

硅酸钾聚合醇钻井流体是根据硅酸钾的化学效应（胶凝沉淀）以及聚合醇的物理效应（浊点效应）配制而成的。钻井流体抑制强水敏性地层水化，减少因水化作用产生的井眼缩径；阻止弱水敏性地层（破碎性或硬脆性泥岩）因压力传递、毛细管压力、水化等造成的掉块、垮塌。

联产法生产硅酸钠系列产品新工艺是作者在多年研究硅酸钠系列产品生产工艺的基础上，总结各生产工艺优劣点，将其生产所需的相同或相似设备合并，为综合利用原料、动力、料液、废液，减少设备投资，提高产品质量档次，达到按不同品种、规格、用途和市场情况调整各产品的联产比例的目标而开发的。该工艺以固体工业硅酸钠为起始原料生产工业液体硅酸钠，再由液体工业硅酸钠生产五水偏硅酸钠、粉状速溶硅酸钠和工业硅溶胶等产品（王金阁等，2003）。

40.2.10 正电胶制造工艺

混合金属层状氢氧化物（Mixed Metal Layered Hydroxide Compounds，MMH）是一种带正电的晶体胶粒，产品有溶胶、浓胶和胶粉等三种，浓胶和胶粉在水中可迅速分散形成溶胶。

因胶体颗粒带永久正电荷,所以统称为正电胶。

正电胶主要是由二价金属离子和三价金属离子组成的具有类水滑石层状结构的氢氧化合物,化学组成通式为 $[M_{1-x}^{2+}M_x^{3+}(OH)_2]^{x+}A_{x/n}^{n-}\cdot mH_2O$。$M^{2+}$ 是指二价金属阳离子,如 Mg^{2+},Mn^{2+},Fe^{2+},Co^{2+},Ni^{2+},Cu^{2+},Zn^{2+} 和 Ca^{2+} 等;M^{3+} 是指三价金属阳离子,如 Al^{3+},Cr^{3+},Mn^{3+},Fe^{3+},Co^{3+},Ni^{3+} 和 La^{3+} 等;A 是指价数为 n 的阴离子,如 Cl^-,OH^- 和 NO_3^- 等;x 是 M^{3+} 的数目;m 是水合水数。这类化合物也叫层状二元氢氧化物(Layered Double Hydroxides),简称 LDHs。油田现场应用的正电胶主要是铝镁氢氧化物,某实际产品的化学组成式为 $Mg_{0.43}Al(OH)_{3.72}Cl_{0.14}\cdot 0.5H_2O$。

(1)正电胶电荷来源。正电胶胶粒的电荷主要来自同晶置换和离子吸附作用。同晶置换所产生的电荷是由物质晶体结构本身决定的,只要晶体结构不被改变,与外界条件如 pH 值、电解质种类及浓度等无关,因而称为永久电荷(Permanent Charge)。正电胶带永久正电荷,黏土带永久负电荷。

正电胶胶粒带电荷的另一个原因就是离子吸附作用,高 pH 值时吸附氢氧根离子带负电荷,低 pH 值时吸附氢离子带正电荷。正电胶胶粒吸附高价阴离子如硫酸根离子、碳酸根离子、磷酸根离子等时,表面负电荷增加。这种离子吸附作用产生的电荷与外界条件如 pH 值、电解质种类和浓度等有关,随外界条件的改变而改变,所以称为可变电荷(Variable Charge)。

胶粒的净电荷(Total Net Surface Charge)是永久电荷和可变电荷之和。正电胶带永久正电荷的特性对其应用非常重要。如在某条件如高 pH 值或某些高价阴离子存在情况下,正电胶的净电荷可能是负的,但与黏土形成复合悬浮体时,黏土颗粒可顶替正电胶胶粒表面吸附的阴离子,带正电荷的正电胶核与黏土颗粒发生静电吸引作用,仍可发挥正电胶胶体的功效。

(2)正电胶胶粒的零电荷点和永久电荷密度。正电胶胶粒所带的电荷分为永久正电荷和可变电荷两部分,因而电荷密度就有永久正电荷密度、可变电荷密度和净电荷密度之分。可变电荷与环境条件有关。如改变 pH 值或电解质浓度等可改变可变电荷,从而影响净电荷。当电荷密度为零时的 pH 值或电解质浓度称为零电荷点(Zero Point of Charge,ZPC)。一般如不特别说明,零电荷点是指电荷密度为零时的 pH 值,用 pH_{ZPC} 表示。

零电荷点分为两种:一是零可变电荷点(Zero Point of Variable Charge,ZPVC),即可变电荷密度为零时的 pH 值;二是零净电荷点(Zero Point of Net Charge,ZPNC),即净电荷为零时的 pH 值。pH 值高于零电荷点时,正电胶胶粒的净电荷为负,pH 值低于零电荷点时,正电胶胶粒的净电荷为正。

(3)等电点。正电胶胶粒电动电位为零时的 pH 值称为等电点(pH_{iep})。pH 值高于等电点时,正电胶胶粒的电动电位为正值;pH 值低于等电点时,正电胶胶粒的电动电位为负值。铝镁物质的量之比不同时,镁/铝型正电胶的等电点,镁/铝物质的量之比越大,等电点越高。

正电胶体系中存在高价离子时,由于其特性吸附作用也会影响等电点,体系中存在不同电解质时的等电点。一般存在高价阴离子特性吸附时,会导致等电点降低;存在高价阳离子特性吸附时,则会导致等电点升高。惰性电解质的影响不大。

硝酸和硝酸铵不影响体系的等电点,表明不发生特性吸附,在测定正电胶的电动电位时可选作支持电解质。

碳酸钠、硫酸钾、铬酸钠和磷酸钠明显降低等电点,表明这种电解质的阴离子在正电胶胶粒上都发生了特性吸附。

氯化铝使体系等电点略有升高,说明铝离子也发生了特性吸附。但因铝离子易发生水解,多以低价的羟基络合离子形式存在,所以影响不大。

正电胶的制造工艺主要有低饱和共沉淀法、高过饱和共沉淀法、水热合成法、成核晶化隔离法、离子交换法、焙烧复原法、尿素分解/均匀共沉淀法、氮气保护合成法和微波晶化法等9大类。

(1)低饱和共沉淀法。按照一定的比例,将金属硝酸盐溶液配成一定浓度的混合盐溶液,将氢氧化钠和碳酸氢钠按照一定比例配成混合碱溶液,在大烧杯中预先装入一定量的蒸馏水,加热至一定的温度,将混合盐溶液和混合碱溶液按一定的滴速同时滴入大烧杯中维持反应体系的pH值为一恒定值,剧烈搅拌。滴定完毕后,继续搅拌陈化,最后经过滤、洗涤、烘干,得产物。此合成方法是水滑石合成中的一种常用方法。其中镁盐和铝盐可以采用硝酸盐、硫酸盐、氯化物等,碱可以采用氢氧化钠、氢氧化钾、氨水等,碳酸盐可以采用碳酸钠、碳酸钾等,也可以采用尿素代替碱和碳酸盐。

(2)高过饱和共沉淀法。高过饱和共沉淀法,即将混合盐溶液和混合碱溶液各自预先加热至反应温度,快速将两种溶液同时倒入装有预先加热到和该溶液具有相同温度的二次蒸馏水的大烧杯中,剧烈搅拌。

(3)水热合成法。先将混合盐溶液和混合碱溶液缓慢滴加在一起快速混合,然后将得到的浆状液立即转移至高压釜中,在一定的温度下(通常是100℃)陈化较长时间,最后经过滤、洗涤、干燥、研磨,得产品。此法的特点是使水滑石的成核和晶化过程隔离开,并通过提高陈化温度和压力来促进晶化过程。水热合成法由于反应发生在密闭的系统中,因而没有其他杂质被引入。制备所得纳米金属氧化物具有粉末细(纳米级)、纯度高、分散性好、颗粒均匀、晶粒发育完整、形状可控等优异特性。另外,水热法还能够避免高温下反应物的挥发、应力诱导缺陷、物相相互反应等缺点,更重要的是水热法通过调整反应条件可控制生成物的形貌、大小、黏度分布等。

(4)成核晶化隔离法。将混合盐溶液和混合碱溶液迅速于全返混旋转液膜成核反应器中混合,剧烈循环搅拌几分钟,然后将浆液于一定温度下晶化。采用该反应器实现盐液与碱液的共沉淀反应,通过控制反应器转子线速(5m/s)可使反应物瞬间充分接触、碰撞,成核反应瞬间完成,晶核同步生长保证了晶化过程中晶体尺寸的均匀性。

(5)离子交换法。当金属离子在碱性介质中不稳定,或当阴离子没有可溶性的阳离子盐类,共沉淀法无法进行时,可采用离子交换法。该法是从给定的水滑石出发,通过溶液中某种阴离子对原有阴离子的交换作用,形成新的相。然而在层状双金属氢氧化物材料上,直接用大体积无机阴离子通过离子交换法制备很困难,一般先用大体积有机阴离子把层间撑开,然后用无机阴离子交换制得样品。

(6)焙烧复原法。在一定条件下热处理水滑石,焙烧产物即层状双金属复合氧化物加到含有某种阴离子的溶液中,重新吸收各种阴离子或简单置于空气中,使其能恢复原来的层状结构,得到新的水滑石。支撑过程的选择性与层板组成元素、反应介质、支撑有机阴离子的空间结构和电子结构相关。这种方式多用于插入较大体积的客体分子。优点是消除了与有机阴离子竞争支撑的金属盐无机阴离子,但缺点是容易生成非晶相物质,且制备过程较为烦琐。水滑石易受干燥条件、焙烧温度、焙烧时间和pH值等因素影响,尤其焙烧温度对催化剂碱性和比表面积有较大影响。

(7) 尿素分解/均匀共沉淀法。利用尿素在低温下呈中性,可与金属离子形成均一溶液,而溶液温度超过90℃时尿素分解使溶液pH值均匀逐步地升高这一特点,用尿素代替混合碱溶液。优点是溶液内部的pH值始终是一致的,因而可以合成出高结晶度的镁/铝类、镁/锌类、镍/铝类水滑石,难以合成钴/铝类、锰/铝类、钴/铬类水滑石。另外,以尿素为沉淀剂,反应过程中在层间形成氨基甲酸铵(NH_2COO^-)插层,经水热处理即转化为碳酸根离子,而溶液内形成的硝酸六氨合镍($+\mathrm{II}$)($[Ni(NH_3)_6]^{2+}$)水热条件下则释放出氨气,所以尿素可以取代强碱混合液来制备碳酸型水滑石并且可以制备得到结晶较好、粒径均匀的水滑石样品。

(8) 氮气保护合成法。在合成时向反应体系中不断通入氮气。用氮气保护,一是为了避免合成中一些易被氧化的物质被空气中的氧气氧化;二是在制备非碳酸根离子型水滑石时防止空气中的二氧化碳的干扰。此种方法适用于较精细的合成。

(9) 微波晶化法。利用微波辐射法研究了一系列水滑石类化合物,利用微波的特殊反应环境(均匀的快速升温加热)得到了较理想实验效果(产物粒子的快速均匀生长),并且还结合微波与水热条件来处理材料得到了具有一定孔结构的材料。

为了解决无机正电胶不溶于油的难题,有人开发了有机正电胶,提高其油溶性,实现储层伤害控制。将水滑石粉末加入水中制成悬浊液,加入双阴离子表面活性剂、阴离子表面活性剂或有机酸,加入待处理的有机废水中搅拌,反应产物在沉淀池停留,固液分离,废水即可达标排放。分离得到的有机水滑石可重复使用一次到两次或将少量混合含有阴离子表面活性剂的悬浊液中使用,可以减少水滑石的用量,处理后的废水可达标排放。

40.3 发展前景

井壁稳定问题是钻进过程中经常遇到的难题。世界石油工业每年用于处理井壁稳定事故的经费高达7亿美元。由于无机盐抑制性能近于油基钻井流体,有利于储层伤害控制,且成本低、无毒、无污染,具有良好性能。

40.3.1 存在问题

目前钻井流体可溶性盐的加量必须适中、具有腐蚀作用、改变钻井流体性能等。

(1) 聚合物钻井流体中含盐量高时,当聚合物在黏土颗粒上的吸附作用大于压缩黏土周围双电层作用时聚合物钻井流体表现为聚结稳定;反之表现为聚结不稳定。

(2) 无机盐类钻井流体对油管、套管和金属钻具有腐蚀作用。流速增加,腐蚀率提高。而流速过低易导致点蚀速率的增加。

(3) 大量无机盐溶解在钻井流体中,导致钻井流体的黏度、失水量增高、井径扩大,会给继续钻进带来困难,会严重影响固井。

40.3.2 发展方向

钻井流体可溶性盐的发展主要是控制盐的含量、改善腐蚀性和其他处理剂配合使用等。

(1)控制钻井流体中的钙离子和镁离子是保持钻井流体聚结稳定性的主要方法。

(2)确定钻井流体的流速,使之腐蚀速率处于最佳状态,控制油气系统腐蚀。

(3)保持氯化钠、氯化钾、氯化铝和硫酸铝在合适的浓度下,可以提高机械钻速。

(4)加入适量氯化钙和硫酸钠可因同离子效应对石膏的溶解性有抑制作用,而氯化钾和氯化镁对石膏溶解性有促进作用。

参 考 文 献

艾正青,叶艳,刘举,等.2017.一种多面锯齿金属颗粒作为骨架材料的高承压强度、高酸溶随钻堵漏钻井液[J].天然气工业,37(8):74-79.

安家驹.2000.实用精细化工辞典[M].北京:中国轻工业出版社:491.

安娜,马秀兰,王富民.2015.废弃钻井泥浆固化处理技术的研究和进展[J].广东化工(11):103-104.

白方林.2010.气藏水锁伤害及解除措施实验研究[J].石油化工应用,29(10):14-17.

包敏新,殷玉平,张裕.2019.生物酶破胶现场应用工艺研究[J].内江科技,40(5):19.

北京力会澜博能源技术有限公司.2018-01-19.煤层气绒囊钻井液内封堵黏结地层提高地层强度方法:CN201710734097.2[P].

毕曼,贾增强,吴红钦,等.2009.天然气水合物抑制剂研究与应用进展[J].天然气工业,29(12):75-78.

卜继勇,赵春花,童坤,等.2018.微乳液油基钻井液清洗液的研制与应用[J].钻井液与完井液,35(2):68-72.

蔡利山,杨健.2015.膨润土造浆率测定方法探讨[J].钻井流体与完井液,32(5):94-97.

曹莘,赵炜,乔欣,等.2005.在阿尔伯塔气田应用的强化型水合物抑制技术[J].石油石化节能,21(10):14-16.

常永梅.2019.生物酶破胶剂的室内性能评价及现场应用[J].内蒙古石油化工,45(3):34-36.

陈传濂,黄纹琴.1982.钻井泥浆除硫剂的研究[J].石油学报(4):49-58.

陈红兵,吴修宾,马玉斌,等.2001.MTC复合高强堵漏技术研究与应用[J].石油钻探技术(6):32-33.

陈华.2018.苏里格气田水平井斜井段防漏防塌钻井液技术[J].钻井液与完井液,35(1):66-70.

陈琳,潘如意,沈晓冬,等.2010.粉煤灰—矿渣—水泥复合胶凝材料强度和水化性能[J].建筑材料学报(3):380-384.

陈孝彦.2012.钻井废弃泥浆固化处理技术综述[J].科技与企业(14):338-339.

陈辛未,黄进军,徐英,等.2016.水基钻井液用碳酸钙微米颗粒的分散状况[J].材料科学与工艺,24(3):50-54.

陈学东.2011.水溶性树脂交联剂的合成[J].黑龙江科技信息(25):5-6.

陈在君.2016.强絮凝钻井液在苏里格气田的试验应用[J].钻井液与完井液,33(3):64-66.

陈中元.2005.高聚物絮凝剂在水质处理中应用的现况[J].化工时刊,19(10):64-65

程芳琴,李华,田园春.2004.盐湖卤水净化除杂的试验研究[J].山西大学学报(自然科学版),27(4):387-391.

程岂凡,张玉祥,马冠军,等.2016.油基解卡剂不排放技术[J].西部探矿工程,28(11):75-77,80.

程云.2003.染料废水处理技术的研究与进展[J].环境污染治理技术与设备,4(6):56-60.

党建锋,龚万兴,张宁县,等.2010.红台低压气藏用压裂液生物酶破胶剂的性能与现场试验[J].油田化学(3):245-249.

邓霖.2016.浅谈空气钻井技术在元坝27-2井的应用[J].山东工业技术(21):125.

邓义成,荣沙沙,郑金山.2013.季铵盐类缓蚀剂YGC-03在饱和盐水及盐膏层钻井液中缓蚀性能评价[J].石油天然气学报,35(11):105-107,8.

丁锐.1997.钻井液防塌剂的作用方式及分类[J].石油大学学报(自然科学版),22(6):125-128.

丁伟,王娇,谢建波,等.2013.防水锁聚合物钻井液在大庆油田低渗透储层的应用[J].精细石油化工进展,14(4):18-20.

董海燕,单文军,李艳宁,等.2014.耐高温泡沫钻井液技术研究概况及研究方向探讨[J].地质与勘探,50(5):991-996.

董宏伟,凡帆,高洁.2018.新型固体润滑剂在长庆分支水平井超长水平段的应用[J].精细石油化工进展, 19(2):12-15.

董洪栋.2017.松科2井抗高温随钻堵漏材料优选及封堵效果评价[D].成都:成都理工大学.

董伟,姚烈,杨永胜,等.2007.聚丙烯酰胺和棉纤维复合堵漏剂的研究与应用[J].钻井液与完井液(5): 36-37,88-89.

杜欢.2015.塔河油田钻井液水泥钙侵的预防与处理[J].西部探矿工程(8):24-26.

杜江.2016.钻井废弃泥浆固化处理技术研究[D].西安:西安石油大学.

段洪东.2002.部分水解聚丙烯酰胺/Cr(Ⅲ)凝胶的交联机理及交联动力学研究[D].杭州:浙江大学.

段志明,王小玉,李青山,等.2012.新型酸溶性加重剂 bkj-1 的研制与应用[J].广州化工,40(11):108-110.

凡帆,林海,陈磊,等.2016.高效防塌封堵处理剂的研究与应用[J].西部探矿工程,28(1):45-48.

冯萍,邱正松,曹杰,等.2012.国际上油基钻井液提切剂的研究与应用进展[J].钻井液与完井液,29(5): 84-88,101-102.

高华星,饶炬,陆兴章.2000.人工合成有机高分子絮凝剂[J].化工时刊(9):5-10.

高元宏,梁俭,刘海声,等.2017.青海祁连木里地区天然气水合物钻探钻井液应用分析研究[J].青海大学学报,35(3):52-57,64.

郜楠,董德,刘元清,等.2001.水基解卡剂 WJK-1 的研制与评价[J].油田化学(3):193-195,211.

耿东士,陈卫红,孙树清,等.1993.钻井液用固体润滑剂——塑料小球的研究与应用[J].油田化学(2): 169-172.

耿东士,何纶,李道芬,等.2007.钻井液中硫化氢的危害及其控制.钻井液与完井液,24(S1):1-3.

郭宝利,袁孟雷,王爱玲,等.2005.聚合醇抑制性能评价研究[J].钻井液与完井液,22(4):35-36

郭保雨,柴金鹏,王宝田.2002.饱和盐水钻井液体系在王平1井的应用[J].石油钻探技术(3):30-32.

郭京华,夏柏如,王长生,等.2012.也门裂缝性基岩油气藏钻井液技术[J].石油钻采工艺,34(1):46-49.

郭立新,黄福星,谢斌,等.2006.直接法工艺合成硬脂酸钙的研究及工业化生产[J].化工文摘(3):37-38.

郭亮,李养池,张新发.2014.新型钻井液用除氧剂的研制与评价[J].广州化工(5):76-78.

韩秋玲,冀成楼,路金宽,等.1993.钻井液用除氧剂与缓蚀剂[C].第八届全国缓蚀剂学术讨论会论文集:5.

韩玉华,顾永福,王树华,等.2002.大庆油田外围开发井甲酸盐钻井液研究与应用[J].钻井液与完井液 (5):31-33.

郝宗香,王泽霖,何琳,等.2012.低荧光水基润滑剂 RY-838 的研制与应用[J].钻井流体与完井液,29 (4):24-26.

何振奎,常洪超,赵善波,等.1996.两性离子聚合物泥浆的推广应用[J].河南石油(2):39-43,6.

河北华运鸿业化工有限公司.2013-04-03.一种钻井液用白沥青及其制备方法:CN201210576300.5[P].

侯杰.2017.新型抗高温聚胺抑制剂在大庆致密油水平井中的应用[J].钻采工艺,40(5):84-87,6.

侯业贵.2013.低芳烃油基钻井液在页岩油气水平井中的应用[J].钻井液与完井液,30(4):21-24.

胡德云.2001.超高密度($\rho \geqslant 3.00\text{g/cm}^3$)钻井流体的研究与应用[J].钻井流体与完井液(1):9-14.

胡家国.2004.电厂粉煤灰矿山充填胶凝机理研究及水化反应动力学特性[D].长沙:中南大学.

胡凯,易绍金,邓勇.2007.生物酶破胶剂的现状及展望[J].科技咨询导报(21):159-159.

胡瑞,周华,李田霞,等.2005.阳离子高分子絮凝剂的制备及其影响因素的研究[J].化工时刊,19(8): 4-6.

胡文庭,吴政国,戴林,等.2011.油田钻井液增黏剂聚丙烯酸钠的合成研究[J].科学技术与工程(25): 6164-6166.

胡正文,孟义征,邓小刚,等. 2018. SEBS改性磺化沥青性能的研究. 应用化工,47(8):37-40.
华桂友,舒福昌,向兴金,等. 2009. 可逆转乳化钻井液乳化剂的研究[J]. 精细石油化工进展,10(10):5-8.
黄丹超. 2016. 抗盐抗高温高密度油基钻井液用乳化剂的研制[D]. 北京:中国石油大学(北京).
黄俊,胡嘉. 2010. 油田用改性淀粉降失水剂的研究[J]. 石油化工应用,29(12):4-7.
霍胜军,郑力会. 2008. 钻井液用润滑剂ET24的研制与应用[J]. 钻井液与完井液,25(1):24-26.
纪春茂,李培林,梁希奎,等. 1998. AA/MA共聚物降黏剂的研制与应用[J]. 油田化学(2):2-4.
季龙华,王松环. 2008. 保型润滑剂聚合醚HLX在海洋钻井中的应用[J]. 重庆科技学院学报,10(5):46-49.
贾丹丹. 2015. 水基钻井液降滤失剂磺丙基淀粉的制备与性能研究[D]. 青岛:中国石油大学(华东).
金军斌. 2001. 钻井液CO_2污染的预防与处理[J]. 钻井液与完井液(2):17-19.
孔勇,金军斌,林永学,等. 2017. 封堵防塌钻井液处理剂研究进展[J]. 油田化学,34(3):556-560.
蓝强,杨景利,李公让. 2012. 新型可循环泡沫钻井液用发泡剂性能研究[J]. 石油钻采工艺,34(3):28-32.
雷鑫宇,李卉,陈爽,等. 2014. 聚乙烯醇-脲醛树脂堵水剂的改性研究[J]. 应用化工,43(2):207-208,211.
李斌,蒋官澄,贺垠博. 2019. 一种抗高温抗钙两性离子聚合物分散剂[J]. 钻井液与完井液,36(3):303-307.
李长喜,石玉江,周灿灿,等. 2010. 淡水钻井液侵入低幅度-低电阻率油层评价方法[J]. 石油勘探与开发,37(6):696-702.
李广环,龙涛,田增艳,等. 2014. 利用废弃动植物油脂合成钻井液用润滑剂的研究与应用[J]. 油田化学,31(4):488-491,496.
李建成,关键,王晓军,等. 2014. 苏53区块全油基钻井液的研究与应用[J]. 石油钻探技术,42(5):62-67.
李静,姚少全. 2004. 一种钻井液用天然高分子包被剂[J]. 钻井液与完井液,21(3):60-60.
李军,王潜,齐海鹰,等. 2008. 新型生物酶破胶剂的研究与应用[J]. 石油矿场机械(10):90-92.
李来文,王波. 1993. 钻井液稀释剂单宁酸钾的研究与应用[J]. 油田化学(3):247-249,252.
李宁,王树轩,王寿江,等. 2009. 氯化钙生产和应用综述[J]. 盐业与化工,38(6):42-46.
李莎莎,黄志宇,吕玲. 2006. 石油磺酸钠的合成及性能研究[J]. 精细石油化工进展,7(7):47-51.
李巍,陶亚婵,罗陶涛. 2014. 油基钻井液生物降解型润湿剂的研制与性能评价[J]. 钻采工艺(6):96-98.
李希明,陈勇,谭云贤,等. 2006. 生物破胶酶研究及应用[J]. 石油钻采工艺(2):52-54,85.
李向碧. 1987. 聚阴离子纤维素(JYX-1)——一种新型钻井液处理剂[J]. 油田化学(4):243-250.
李秀花,许长勇,陈进富. 2001. 有机钛交联剂LX-1的制备及其缓交联体系研究[J]. 钻井液与完井液(2):20-22.
梁大川. 1997. 泥页岩水化机理研究现状[J]. 钻井液与完井液,14(4):1.
梁勇. 2017. 油包水钻井液在达深cp302井的应用[J]. 西部探矿工程,29(10):34-35.
刘波,鄢捷年. 2003. 高效防塌钻井液的研制及在新疆塔河油田的应用[J]. 石油大学学报(自然科学版)(5):56-59,5.
刘红,王东升,吕春华,等. 2005. $AlCl_3$去除水中腐殖酸的混凝作用机理[J]. 环境化学,24(3):12-124.
刘建,肖京男,王其春,等. 2018. 新型油井水泥消泡剂的研制[J]. 钻井液与完井液,35(5):98-101,106.
刘梅全,张禄远,李德全,等. 2007. 无机盐水基解卡液的研究及其在长5井的应用[J]. 钻井液与完井液(3):45-48,92.
刘仍光,阎培渝. 2012. 水泥-矿渣复合胶凝材料中矿渣的水化特性[J]. 硅酸盐学报(8):1112-1118.
刘燕,郭亮,毕凯. 2011. 阳离子双子表面活性剂的合成及其在水锁损害中的应用[J]. 精细与专用化学品,19(8):8-10.

刘音,崔远众,张雅静.2015.钻井液用页岩抑制剂研究进展[J].石油化工应用,34(7):7-10.

刘榆,李先锋,宋元森,等.2005.无固相甲酸盐和高温交联钻完井液体系的研究应用[J].油田化学(3):199-202.

刘雨晴,孙金声,王书琪,等.1996.抗高温抗盐阳离子降滤失剂CHSP-Ⅰ的合成及其应用[J].油田化学(1):21-24.

柳敏,吴茜.2013.防水锁剂的研究进展与展望[J].广州化工(5):32-33.

柳雪青.2016.防水锁钻完井液体系在QK18-2油田的研究与应用[J].中国石油和化工标准与质量,36(10):72-73.

卢明,王学良,王恩合,等.2013.提高水基钻井液高温稳定性的实验研究[J].钻井液与完井液(1):21-25,94.

鲁令水,盖新村,高在海,等.1997.钻井泥浆无铬稀释剂ZHX-1的研制与应用[J].油田化学(2):11-14.

路志平,李作会,步玉环.2011.抗高温低伤害非渗透隔离液的室内研究[J].中国科技纵横(23):456-456.

吕传炳,孟庆立,张国兴,等.2009.低密度水包白油钻井液在潜山欠平衡钻井中的应用[J].钻井液与完井液,26(3):32-34,89.

吕开河,高锦屏,孙明波,等.2002.一种新型多元醇钻井液性能评价及应用[J].油田化学,19(1):7-9.

栾兆坤,赵奎霞,朱书全,等.2006.聚硅氯化铝絮凝剂的中聚合态特征[J].中国矿业大学学报,35(1):109-113.

罗刚,任坤峰,舒福昌,等.2015.一种钻井液提速剂的研制及性能研究[J].海洋石油,35(4):63-66.

罗健生,李自立,李怀科,等.2014.HEM深水聚胺钻井液体系的研究与应用[J].钻井液与完井液,31(1):20-23.

罗健生,莫成孝,刘自明,等.2009.气制油合成基钻井液研究与应用[J].钻井液与完井液,26(2):7-11,129.

罗文其,夏俭英.1996.去水化解卡机理的研究[J].钻井液与完井液(2):37-38.

罗先波.2011.两性淀粉接枝共聚物钻井液降滤失剂的合成与性能评价[D].成都:西南石油大学.

罗向东,罗平亚.1992.屏蔽式暂堵技术在储层保护中的应用研究[J].钻井液与完井液,9(2):19-27.

马放,李淑更,金文标,等.2002.微生物絮凝剂的研究现状及发展趋势[J].工业用水与废水,33(1):7-9.

孟繁奇,薛伟,张志磊,等.2015.水基钻井液用无铬降黏剂腐殖酸接枝聚丙烯腈的制备及其降黏特性[J].工业技术创新,2(3):359-365.

孟丽艳,张希红,张麒麟.2012.钻井液中表面活性剂的应用及室内研究[J].化学工业与工程技术,33(6):4-7.

孟小敏,曾李,郭千河.2003.甲酸盐钻井流体技术的应用[J].钻井流体与完井液,20(5):62-63.

莫学坤,张宁,江金陵.1991.司盘-80生产方法改进探讨[J].浙江化工(3):55-56.

欧红娟,李明,辜涛,等.2015.适用于柴油基钻井液的前置液用表面活性剂优选方法[J].石油与天然气化工(3):74-78.

欧阳勇,董宏伟,陈在君.2019.清洁型可生物降解钻井流体体系研究及应用[J].钻采工艺,42(2):12,108-111.

藕民伟.1991.国内外表面活性剂工业现状及"八五"期间发展方向[J].精细石油化工(6):3-9.

裴正建.2011.纯碱生产工艺综述[J].内蒙古石油化工(5):38-39.

彭芳芳,潘小铺.2011.中国际上油基钻井液乳化剂研究新进展[C].第十二届中国油田化学品开发应用研讨会暨全国油田化学品行业联合会年会:82-86.

彭商平,蒲晓林,罗兴树,等.2004.聚合醇PPG钻井液添加剂的环保性能研究[J].钻采工艺,27(6):94-95.

彭志成.2013.卤水为原料直接生产纯碱工艺[J].盐业与化工,42(10):7-14.
钱续军,何升平,张梁,等.2017.聚磺钻井液岩屑随钻治理固化剂的室内研究[J].石化技术(2):156-157.
邱正松,毛惠,谢彬强,等.2015.抗高温钻井液增黏剂的研制及应用[J].石油学报,36(1):106-113.
邱正松,逢培成,黄维安,等.2013.页岩储层防水锁微乳液的制备与性能[J].石油学报,34(2):334-339.
屈沅治,孙金声,苏义脑.2006.快速钻进钻井液技术新进展[J].钻井液与完井液,23(3):68-70.
石永忠,史光荣.1989.CT5-3钻井泥浆消泡剂的研究[J].石油与天然气化工(3):1-10.
四川泓华油气田工程科技有限公司.2016-06-15.一种钻井液用稳定剂及其制备方法:CN201610131395.8[P].
宋玉太,张全明,安继承,等.2002.钻井液用固相化学清洁剂ZSC-201在中原油田的应用[J].精细石油化工进展,3(12):9-12.
孙长健,陈大钧,彭园.2007.钻井液提速剂新进展[J].钻井液与完井液,24(S1):52-54.
孙金声,杨泽星.2006.超高温(240℃)水基钻井液体系研究[J].钻井液与完井液,23(1):15-18.
孙琳,王磊,廖宏,等.2014.氮气钻井技术在艾克1井的应用[J].西部探矿工程,26(2):52-55.
孙明波,乔军,刘宝峰,等.2013.生物柴油钻井液研究与应用[J].钻井液与完井液,30(4):15-18,92.
孙明波,杨泽宁,高晓辉.2013.低pH值钻井液用除钙剂[J].钻井液与完井液,30(2):15-17.
孙明卫,朱玉萍,朱飞飞,等.2006.钻井液化学剂质量检验中的基浆问题[J].石油工业技术监督,22(6),32-33.
孙启忠,胥洪彪,刘传情,等.2003.聚合醚润滑剂HLX的研究及应用[J].石油钻探技术,31(1):42-43.
孙淑华,李真,万晓萌.2012.表面活性剂行业现状及发展趋势[J].精细与专用化学品,20(3):18-21.
覃勇,蒋官澄,邓正强.2015.聚酯提切剂的研制及高密度油包水钻井液的配制[J].钻井液与完井液(6):1-4.
汤鸿霄.1990.无机高分子絮凝剂的基础研究[J].环境化学,9(3):1-12.
唐力,黄贤斌,刘敏.2019.抗高温油基钻井液润湿剂的研制及性能评价[J].断块油气田,26(1):97-100.
唐善法,傅绍斌,程满福,等.1997.复合盐水钻井液缓蚀剂DFP的研制及应用[J].油田化学(2):15-19.
唐善法.2004.合成有机高分子絮凝剂研究进展[J].精细石油化工进展,5(6):28-32.
滕兆健,邢秀萍,常燕.2011.空心玻璃微珠低密度水泥浆的初步研究[J].钻井液与完井液,28(S1):23-25,84.
汪多仁.2000.聚乙二醇的应用与合成进展[J].能源化工,21(5):21-23.
汪剑炜,王正东,胡黎明.1995.超分散剂的应用[J].涂料工业(1):页码不详.
王贝,杨欢.2018.十二烷基苯磺酸钠的合成工艺研究[J].山东化工(1):49-51.
王昌军,王正良,罗觉生.2011.南海西部油田低渗透储层防水锁技术研究[J].石油天然气学报,33(9):113-115.
王成文,孟仁洲,肖沣峰.2017.微乳液型油基钻井液冲洗液技术[J].油田化学,34(3):422-427,443.
王道宽,乌效鸣,朱永刚,等.2015.表面活性剂改善钻井液速溶的效果评价[J].煤田地质与勘探,43(5):26-30.
王建华,季一辉,张忠民,等.2014.微粉重晶石改善钻井液性能室内研究[J].钻井液与完井液,31(4):23-25.
王金凤,郑力会,张耀刚,等.2015.天然气井的绒囊流体活塞修井技术[J].天然气工业,35(12):53-57.
王金阁,李铁山.2003.联产法生产硅酸钠系列产品新工艺[J].山东化工,32:30-32.
王金利,李秀灵,蔡勇.2016.含油污泥磺化制备封堵防塌剂的研究[J].精细石油化工进展,17(3):12-16.
王培铭,陈志源,Schoz H.1997.粉煤灰与水泥浆体间界面的形貌特征[J].硅酸盐学报(4):106-110.
王书森,吴明,王国付,等.2006.管内天然气水合物抑制剂的应用研究[J].油气储运,25(2):43-46.

王卫东,邱正松,吕开河.2008.钻井液用缓释复合消泡剂的研制与应用[J].油田化学,25(1):1-4.
王伟,杨洁,荆鹏.2019.油基增黏提切剂VSSI的制备和性能评价[J].长江大学学报(自然科学版),16(6):30-32,42,5.
王西江.2010.钻井流体用可酸化加重剂碳酸钡研究与应用[J].西部探矿工程,22(7):85-89.
王向辉,贺永宁,盘茂东,等.2008.异噻唑啉酮类衍生物的合成及应用研究进展[J].海南大学学报(自然科学版),26(4):372-377.
王映,董上云,刘学惠.饱和盐水钻井液的现场应用[J].钻井液与完井液,1989,6(3):54-58,84.
王志勇,李和平,尹志刚.离子膜烧碱生产工艺的优化[J].桂林理工大学学报,2011,31(1):100-105.
王中华.2012.关于聚胺和"聚胺"钻井液的几点认识[J].中外能源,17(11):36-42.
王中华,王福昌.1989.改性磺化单宁(M—SMT)降黏剂的研制与应用[J].钻井液与完井液(1):57-61.
王中华,杨小华.2009.水溶性纤维素类钻井液处理剂制备与应用进展[J].精细与专用化学品,17(9):15-18,2.
魏攀峰,臧勇,陈现军,等.2018.绒囊钻井液处理煤层气钻井上漏下塌地层的施工工艺[J].天然气工业,38(9):95-102.
温哲豪,薛亚斐,白建文,等.2015.GX-3井绒囊流体暂堵重复酸化技术[J].石油钻采工艺(5):85-88.
吴华珠,余萍,王闯.2012.空心玻璃微珠的生产及工艺研究进展[J].化工新型材料,40(4):26-27.
吴奇兵.可固化堵漏工作液体系研究与应用[D].成都:西南石油大学,2012.
吴致宁,程侣伯.1992.窄分布月桂醇聚氧乙烯醚合成工艺的研究[J].日用化学工业(1):1-8.
席建,李进强.1994.废弃钻井泥浆的固化处理[J].四川环境(4):28-31.
席杰.2016.使用油基解卡剂处理吸附卡钻案例分析[J].中国设备工程(15):130-131.
夏建国,严新新.2008.用高密度甲酸铯盐水完成大斜度井钻井、完井作业及其裸眼地层的评价——2004—2006年Kvitebj(o)rn气田的实践[J].石油石化节能,24(1):30-40.
谢和溢.1987.Ⅱ号盐析抑制剂的研制[J].油田化学(2):132-137.
谢和溢,梅宪然.1990.Ⅱ号盐析抑制剂在江汉油田采油中的应用[J].油田化学(2):171-175.
谢建宇,李彬,张滨.2013.超高密度钻井液分散剂的合成及性能评价[J].精细石油化工进展,14(4):4-6.
谢水祥,蒋官澄,陈勉,等.2011.凝胶型钻井液提切剂性能评价与作用机理[J].石油钻采工艺,33(4):48-51.
熊俊杰,李春,杨生文,等.2019.硼修饰纳米二氧化硅交联剂研发及性能评价[J].钻井液与完井液,36(2):245-249.
徐宝军,滕洪丽,王金波,等.2003.咪唑啉衍生物缓蚀剂的研究[J].腐蚀与防护,24(8):340-344.
徐严波.2004.水平井水力压裂基础理论研究[D].成都:西南石油学院.
徐兆喻.2004.聚乙烯吡咯烷酮和N-甲基吡咯烷酮合成工艺及应用[J].精细化工原料及中间体(4):33-37.
许维秀,李其京,陈光进.2006.天然气水合物抑制剂研究进展[J].化工进展,25(11):1289-1293.
闫方平.2018.新型防水锁剂的研究与评价[J].石油化工应用,37(3):48-51.
闫晶,刘永贵,张坤,等.2013.一种新型油包水钻井液乳化剂的研究与应用[J].钻井液与完井液,30(2):12-14,17,90.
严海兵,张成金,冷永红.2009.精铁矿粉加重水泥浆体系研究与应用[J].钻井液与完井液,26(6):43-46.
杨斌.2019.油基钻井液稳黏提切剂的研制及应用[J].钻采工艺,42(1):80-82.
杨春英,徐薇,白晨光.2013.施工废弃泥浆絮凝脱水试验及机理分析[J].环境科技(5):15-17,21.
杨海军,屈沅治,张毅,等.2011.乍得H区块井壁失稳及钻井液技术浅析[J].钻井液与完井液,28(5):31-33,37,97.

杨鹏,吕开河,甄鹏鹏,等.2013.抗高温饱和盐水无黏土相钻井液室内研究[J].油田化学,30(4):482-485.

杨小华,徐忠新,王华军.2003.钻井液固相化学清洁剂ZSC-201的合成及性能[J].精细石油化工进展,4(1):1-4.

杨振周.1999.胶囊破胶剂的生产工艺及释放机理[J].钻井液与完井液(1):35-38.

姚如钢.2017.无毒环保型高性能水基钻井液室内研究[J].钻井液与完井液,34(3):16-20.

叶周明,刘小刚,马英文,等.2015.膨润土钻井液深钻技术在渤海某油田的应用[J].石油钻采工艺,37(6):53-56.

易绍金,彭少华,鹿桂华,等.2002.油田生产中的细菌危害与杀菌技术[J].河南化工(2):3-4.

易忠寿,陈克彦.1990.我国重质纯碱生产现状及展望[J].纯碱工业(6):1-5.

尹承龙,单忠健.2002.应用聚铁硅复合絮凝剂处理煤泥水的研究[J].煤矿环境保护,16(1):22-24.

于瑞香,张泰山,周伟生.2007.油田示踪剂技术[J].工业水处理,27(8):12-15.

于悦.2017.顺南区块抗温抗盐高密度水基钻井液体系研究[D].北京:中国地质大学(北京).

张成金,冷永红,李美平,等.2008.聚丙烯纤维水泥浆体系防漏增韧性能研究与应用[J].天然气工业(1):91-93,170-171.

张高波,贾建文,梁志强,等.2008.阿塞拜疆K&K油田钻井液关键技术[J].钻井液与完井液(6):77-79,82,95.

张国杰,王栋,程时远.2004.有机高分子絮凝剂的研究进展[J].化学与生物工程(1):10-13.

张洪霞.2013.高密度盐水钻井液重晶石优选新方法[J].钻井液与完井液,30(1):1-4.

张健,张黎明,李卓美,等.2000.耐盐增粘剂HCMC的研究[J].石油与天然气化工,29(2):80-82.

张姣姣,龚厚平,陈李,等.2017.氯化钾钻井液缓蚀剂的研究[J].钻井液与完井液,34(3):54-58.

张克江,马江平,钱壁,等.2017.化学清洗法处理磺化水基钻井液[J].油气田环境保护(6):32-35.

张克勤,何纶,安淑芳,等.2007.国际上高性能水基钻井液介绍[J].钻井液与完井液(3):71-76,97-98.

张林强,赵俊,邓义成,等.2017.鄂尔多斯盆地低渗透气藏新型防水锁剂的研制及性能评价[J].长江大学学报(自然科学版)(11):6,52-54,58.

张猛,贺连放.2013.甲酸盐钻井液体系的作用机理[J].中国化工贸易(9):181-181.

张鹏,于培志,王聚勇.1987.盐析抑制剂FAP[J].河南科技(6):26-27.

张启峰,赵雷青,陈毅平,等.2018.海水钻井液在卡拉图轮海油田的研究与应用[J].西部探矿工程,30(8):89-91,95.

张清岑,黄苏萍.2000.水性体系分散剂应用新进展[J].中国粉体技术(4):32-35.

张瑞,杨杰,叶仲斌.2011.油田用润湿反转剂的应用与展望[J].化学工程与装备(7):153-162

张淑侠.2007.钻井废弃泥浆固化处理工艺的研究与应用[J].安全与环境工程(2):63-67.

张文斌,李丛峰,施晓雯.2009.醇酸酸化在青海油田的应用[J].油田化学,26(1):24-28.

张文哲,李伟,符喜德,等.2017.延长油田罗庞塬区水平井钻井液防塌技术研究[J].探矿工程(岩土钻掘工程),44(7):15-18.

张小平,王京光,王勇强,等.2014.一种复合钾盐聚合物钻井液的研究及应用.西安石油大学学报(自然科学版)(5):89-92.

张祎徽.2007.废弃钻井液无害化处理技术研究[D].青岛:中国石油大学(华东).

张正,张统得.2013.钻井液水泥钙侵问题分析与处理技术研究[J].探矿工程(岩土钻掘工程)(3):32-34.

赵福祥,范荣增,范旭波,等.DPI-03型钻井液缓蚀剂的研制[J].油田化学,1996(1):37-39,96.

赵江印,吴太,关玉君,等.1994.荆丘地区钻井液技术的研究与应用[J].钻井液与完井液(1):55-59,

77,79.

赵谨. 2003. 中国有机高分子絮凝剂的开发及应用[J]. 工业水处理,23(3):9-12.

赵向阳,张小平,陈磊,等. 2013. 甲酸盐钻井液在长北区块的应用[J]. 石油钻探技术,41(1):40-44.

赵欣,邱正松,黄维安,等. 2015. 天然气水合物热力学抑制剂作用机制及优化设计[J]. 石油学报,36(6):760-766.

赵业荣,丁世宣,袁孟嘉,等. 2001. 陕242井天然气钻井实践[J]. 石油钻采工艺(2):13-15,83.

赵永峰,陈剑萍,苏长明. 1993. 无机阳离子增粘剂MA-01的室内研究与现场应用[J]. 油田化学(2):105-109.

赵勇. 1999. 烷基酚聚氧乙烯醚的合成工艺及新进展[J]. 化工进展(3):40-42.

郑怀礼,张会琴,蒋绍阶,等. 2011. 聚磷硫酸铁的形貌结构与絮凝机理[J]. 光谱学与光谱分析(5):1409-1413.

郑家燊,黄魁元. 2000. 缓蚀剂科技发展历程的回顾与展望[J]. 材料保护,33(5):11-15.

郑力会,陈勉,张民立,等. 2005. 稳定盐膏层井眼的不饱和有机盐水钻井流体新技术[J]. 岩土力学,26(11):1829-1833.

郑力会,翁定为. 2015. 绒囊暂堵液原缝无损重复压裂技术[J]. 钻井液与完井液,32(3):76-78.

郑力会,鄢捷年,陈勉,等. 2005. 钻井液用仿磺化沥青防塌剂的性能与作用机理[J]. 油田化学(2):97-100.

郑力会,张立波,魏志林. 2007. 四氧化锰加重水基聚磺钻井流体研究[J]. 钻井流体与完井液,24(2):11-12.

郑力会,张明伟. 2012. 封堵技术基础理论回顾与展望[J]. 石油钻采工艺,34(5):1-9.

郑延成,薛成,张晓梅. 2013. 一种酸性压裂液用交联剂的合成及性能评价[J]. 钻井液与完井液,30(6):68-70.

中国石油大学(华东). 2012-01-18. 钻井液高温稳定剂:CN201110207250.9[P].

中国石油化工股份有限公司,中国石油化工股份有限公司华北分公司工程技术研究院. 2014-06-25. 一种复合盐水钻井液:CN201410137054.2[P].

中国石油集团渤海钻探工程有限公司. 2012-04-11. 钻井液用抗高温聚胺盐抑制剂的制备方法:CN201110392249.8[P].

周凤山. 1989. 泡沫性能评价[J]. 油田化学,6(3):267-271.

周迅. 2001. 废钻井液的处理技术综述[J]. 油气田环境保护(4):10-12.

周元一. 1984. 烧结用生石灰生产方式的讨论[J]. 烧结球团(6):41-46.

朱春光. 2012. 白沥青在钻井液中的应用[C]. 第十五届中国油田化学品开发应用研讨会.

朱福安,范举忠,刘义斌. 2007. 建南气田天然气水合物的危害与防治[J]. 石油与天然气化工,36(6):500-502.

诸林. 2008. 天然气加工工程[M]. 北京:石油工业出版社.

祝学飞,周华安,孙俊,等. 2017. CT1井膏盐层钻井液技术[J]. 天然气与石油,35(4):88-93.

祝仰文,孟红丽,马宝东,等. 2016. 低渗透油藏表面活性剂降压增注效果影响因素[J]. 油气地质与采收率,23(1):74-78.

Abrams A. 1976. Mud Design to Minimize Rock Impairment due to Particle Invasion [C]. SPE 5713.

Adam T Bourgoyne Jr, Keith K Millheim, Martin E Chenevert, et al. 1986. Applied Drilling Engineering (SPE Textbook Series) [M]. Richardson, Texas: Society of Petroleum Engineers.

Anderson B, Borghi G P, Tester J W, et al. 2006. Design of Natural Gas Hydrate Inhibitors from a Mechanistic Understanding [J]. Abstracts of Papers of the American Chemical Society, 232:901.

Anderson B J, Tester J W, Borghi G P, et al. 2005. Properties of Inhibitors of Methane Hydrate Formation via Molecular Dynamics Simulations [J]. Journal of the American Chemical Society, 127(50):17852.

Bang V, Pope G A, Sharma M M. 2009. Development of a Successful Chemical Treatment for Gas Wells with Water and Condensate Blocking Damage[C]. SPE 124977.

Bi Z, Liao Wensheng, Qi Liyun. 2004. WettabilityAlteration by CTAB Adsorption at Surfaces of SiO_2 Film or Silica Gel Powder and Mimic Oil Recovery[J]. Applied Surface Science, 221(1):25-31.

Bland R, Jones T, Tibbitts G A. 1997. Reducing Drilling Costs by Drilling Faster[C]. SPE 38616 - MS.

Bland R G, Halliday W S. 1998. Improved Sliding through Chemistry[C]. SPE 48940 - MS.

Bland R G, Waughman R R, Tomkins P G, et al. 2002. Water - based Alternatives to Oil - based Muds: do They Actually Exist[C]. SPE 74542 - MS.

Brown Kenneth R. 1943 - 06 - 29. Partial Esters of Ethers of Polyhydroxylic Compounds: US2322821A[P].

Bybee K. 2003. Two Low - dosage Hydrate Inhibitors[J]. Journal of Petroleum Technology, 55(4):65-68.

Carver T J, Drew M G B, Rodger P M. 1999. Molecular Dynamics Calculations of n - methylpyrrolidone in Liquid Water[J]. Physical Chemistry Chemical Physics, 1(1):1807-1816.

Chang S C, Jackson M L. 1957. Solubility Product of Iron Phosphate[J]. Soil Science Society of America Journal, 21(3):265-269.

Clark R K, Scheuerman R F, Rath H, et al. 1976. Polyacrylamide/Potassium - Chloride Mud for Drilling Water - Sensitive Shales[C]. SPE 5514 - PA.

Crepin S S, Ybert J L, Foulhoux L L, et al. 1998. Experience Acquired during Deep Water Drilling and Testing of 3 Explo/Appraisal Wells in the Girassol Field[C]. SPE 39337.

Dick M A, Heinz T J, Svoboda C F. 2000. Optimizing the Selection of Bridging Particles for Reservoir Drilling Fluids [C]. SPE 58793.

Duncan Gordon W. 1948 - 01 - 13. Rust Preventive Lubricating Oil Compositions: US2434490A[P].

Dye W M, Daugereau K, Hansen N A, et al. 2006. New Water - based Mud Balances High - performance Drilling and Environmental Compliance[C]. SPE 92367 - PA.

Evans N, Langlois B, Audibert - Hayet A, et al. 2000. High Performance Emulsifiers for Synthetic Based Muds[C]. SPE 63101 - MS.

Fidan E, Babadagl I T E. 2004. Use of Cement as Lost Circulation Material - field Case Studies [C]. SPE 88005.

Fiedheim J, Sartor G. 2002. New Water - base Drilling Fluid Makes Mark in GOM[J]. Drilling Contractor(6).

Gatlin Carl, Nemir Charles E. Some Effects of Size Distribution on Particle Bridging in Lost Circulation and Filtration Tests[C]. SPE 1652 - G, 1961.

Geordeler J, Mittler W. 1963. Synthesis von 3 - hydroxy - 3 - alkoxy and 3 - anino - isothiazolen [J]. Chem. Ber. (96):944-954.

George J Stockburger. 1981 - 04 - 27. Process for Preparing Sorbian Esters. US4297290A[P].

Georgia - Pacific Chemical LLC. 2015 - 02 - 26. Methods for Producing Emulsifiers for Oil - based Drilling Fluids: WO2014US51311[P].

Griffin William C. 1945 - 07 - 10. Emulsions: US2322166A[P].

Growcock F B, Sinor L A, Reece A R, et al. 1994. Innovative Additives can Increase the Drilling Rates of Water - cabsed Muds[C]. SPE 28708 - MS.

Hackerman N, Makrides A C. 1954. Action ofPolar Organic Inhibitors in Acid Dissolution of Metals [J]. Industrial & Engineering Chemistry, 46(3):523-527.

Halliburton Energy Services, INC. 2005 - 01 - 12. Additive for Oil - based Drilling Fluids: EP20040253947[P].

Hands N, Kowbel K, Mrikranz S. 1998. Drilling in Fluid Reduces Formation Damage Increases Production Rates [J]. Oil&Gas J., 96(28):65-68.

Hasley J R, Dunn K E, Reinhardt W R, et al. 1994. Oil Mud Replacement Successfully Drills South Texas Lower Wilcox Formation[C]. SPE 27539-MS.

He N, Li Y, Chen J, et al. 2005. Recent Investigations and Applications of Bioflocculant [J]. Microbiology, 32: 104-108.

Huang Z, Virginia K W, John A R. 2007. Approaches to the Design of Better Low-dosage Gas Hydrate Inhibitors [J]. Angewandte Chemie, 46(28):5402.

Khatib Z I, Sanjan Vitthal. 1989. Theory and a 3D Network Model to Predict Matrix Damage in Sandstone Formation [C]. SPE 19649.

Kuznetsova T, Sapronova A, Kvamme B, et al. 2010. Impact of Low-dosage Inhibitors on Clathrate Hydrate Stability [J]. Macromolecular Symposia, 287(1):168-176.

Kvamme B, Kuznetsova T, Aasoldsen K. 2001. Molecular Dynamics Simulations as a Tool for Selection of Candidates for Kinetic Hydrate Inhibitors[C]. International Workshop Global Phase Diagrams:2815-2824.

Lederhos J P, Long J P, Sum A, et al. 1996. Effective Kinetic Inhibitors for Natural Gas Hydrates[J]. Chemical Engineering Science, 51(8):1221-1229.

Makogon Y F, Makogon T Y, Holditch S A. 2000. Kinetics and Mechanisms of Gas Hydrate Formation and Dissociation with Inhibitors [J]. Annals of the New York Academy of Sciences, 912(1):777-796.

Mann C A, Lauer B E, Hultin C T. 2002. Organic Inhibitors of Corrosion, Aliphatic Amines[J]. Industrial & Engineering Chemistry, 28(2):159-163.

Millmaster Onyx Group, INC. 1984-01-10. Foaming Agents for use in Drilling for Oil and Gas: US06/435720 [P].

Qin P Y, Zhang T, Chen C X. 2004. FlocculatingMechanism of Microbial Flocculant MBFTRJ21][J]. Environmental Science, 25(3):69.

Rhone-Poulenc INC. 1997-03-25. Use of High Purity Imidazoline based Amphoacetate Surfactant as Foaming Agent in Oil Wells: US19950446393[P].

Rodger S A, Groves G W. 1989. Electron Microscopy Study of Ordinary Portland Cement and Ordinary Portland Cement-Pulverized Fuel Ash Blended Pastes [J]. Journal of the American Ceramic Society, 72(72): 1037-1039.

Samuel M M, Card R J, Nelson E B, et al. 1999. Polymer-free Fluid for Fracturing Applications[J]. Soc. Petrol Engrs Drilling Completion, 14(4):240-245.

Semerjian L, Ayoub G M. 2003. High-pH-magnesium Coagulation-flocculation in Wastewater Treatment[J]. Advances in Environmental Research, 7(2):389-403.

Sheppard M C, Wick C Burgess. 1987. Designing Well Paths to Reduce Drag and Torque [J]. SPE 15463-PA:12.

Shih I L, Van Y T, Yeh L C, et al. 2001. Production of a Biopolymer Flocculant from Bacillus Licheniformis and its Flocculation Properties[J]. Bioresource Technology, 78(3):267-272.

Talley L D, Edwards M. 1999. First Low Dosage Hydrate Inhibitor is Field Proven in Deep Water [J]. Pipeline & Gas Journal, 226(3):44-46.

The Western Company of North America. 1992-11-17. Encapsulations for Treating Subterranean Formations and Methods for the use Thereof: US19900623013[P].

Urdahl O, Lund A, Mørk P, et al. 1995. Inhibition of Gas Hydrate Formation by Means of Chemical Additives—I. Development of an Experimental Set-up for Characterization of Gas Hydrate Inhibitor Efficiency with Respect to Flow Properties and Deposition[J]. Chemical Engineering Science,50(5):863 – 870.

Walton D, Ward E, Frenzel T, et al. 2003. Drilling Fluid and Cementing Improvements Reduced Perfect Drilling Costs by 10%[J]. World Oil,224(4):39 – 47.

Whitfill D, Hemphill T. 2006. All Lost – circulation Material and Systems are not Created Equal[C]. SPE 84319, 2003:1 – 9. World Oil's Fluids:Classifications of Fluid Systems[J]. World Oil,6:61.

Yan Xushi, Fan Jinchu. 1999. Water Supply Engineering [M]. Beijing:China Architecture &Building Press.

Zheng L, Su G, Li Z, et al. 2018. The Wellbore Instability Control Mechanism of Fuzzy Ball Drilling Fluids for Coal Bed Methane Wells via Bonding Formation[J]. Journal of Natural Gas Science and Engineering,56:107 – 120.

Zheng Lihui, Su Guandong, Li Zhonghui, et al. 2018. The Wellbore Instability Control Mechanism of Fuzzy Ball Drilling Fluid for Coal Bed Methane Well via Bonding Formation Journal of Natural Gas Sciences and Engineer (56):107 – 120.

第4篇 分散状态钻井流体

第1篇中提到根据钻井流体中分散相在连续相中的分散状态,划分出的钻井流体类型,称为分散状态钻井流体(Dispersed Phase Drilling Fluids)。分为三大类14小类。

水基钻井流体中的不同分散状态包括造浆土细分散水基钻井流体、造浆土粗分散水基钻井流体、造浆土适度分散水基钻井流体、无造浆土水基钻井流体、烃分散水基钻井流体、泡分散水基钻井流体和盐溶液水基钻井流体等7种。

烃基钻井流体作为第二大类钻井流体,包括造浆土适度分散全烃基钻井流体、造浆土分散乳化烃基钻井流体、无造浆土烃基钻井流体和泡分散烃基钻井流体4种。烃基钻井流体(Hydrocarbon – based Drilling Fluids)是在油基钻井流体的基础上发展起来的,以油或人造烃类衍生物作为连续相的钻井流体。

气基钻井流体(Gas – based Drilling Fluid)是以气相为连续相的钻井流体,是与水基钻井流体和烃基钻井流体并列的一类钻井流体。按气体与水或者油的比例可以分为气体钻井流体、泡沫钻井流体和充气钻井流体等3种气基钻井流体。

本篇将按水基钻井流体、烃基钻井流体、气基钻井流体等三大类钻井流体的按分散相的状态,从开发原理和体系种类出发,介绍气体钻井流体的组分、维护处理方法以及相关的应用实例,共14章。

第1章　造浆土细分散水基钻井流体

造浆土细分散水基钻井流体(Bentonite Dispersed Water Based Drilling Fluids)也称为水基细分散钻井流体,是由淡水、配浆膨润土和各种对黏土、钻屑起分散作用的处理剂配制成的水基钻井流体。为了与钙处理钻井流体等粗分散钻井流体相区别,有时又称为细分散钻井流体或淡水钻井流体。

细分散钻井流体是油气钻井中最早使用的一种水基钻井流体,也是目前用在许多地区的一些井段上,特别是在钻开表层时,至今仍然普遍使用。细分散钻井流体的主要特点是黏土在水中高度分散。通过高度分散的黏土颗粒使钻井流体具有所需的流变性和降失水性能。其优点除配制方法简便、成本较低之外,还有许多优点:

(1)滤饼致密,韧性好,护壁性好,常温中压失水量和高温高压失水量相对较低。

(2)可容纳较多的固相,较适于配制高密度钻井流体,密度可高达 $2.0g/cm^3$ 以上。

(3)耐温能力较强,如以磺化栲胶、磺化褐煤和磺化酚醛树脂为主处理剂的三磺钻井流体,是中国常用于钻深井的分散钻井流体,耐温可达 160~200℃。1977 年,中国陆上当时最深的关基井,使用这种钻井流体钻至 7175m。

细分散钻井流体所用的处理剂多为分散剂,矿化度低性能不稳定,易受侵害。有一定局限性,如黏土不易消除,对含钙离子和钠离子等盐的侵污敏感,能耐温不足 200℃。遇到以上的情况易稠化、失水量较大、钻井流体排量减少、泵压增高、对井眼安全及快速钻进均有不利影响。

随着钻井流体工艺技术的不断发展,虽然细分散钻井流体的使用范围已不如过去广泛,但它有着配制方法简便、处理剂用量较少、成本较低、适于配制高密度钻井流体的优点,某些体系还具有耐温性较强等优点。因此,仍在许多地区的一些井段上使用。

1.1　开发依据

石油钻井中最早使用的是清水钻井流体,由于其携岩能力较差,不能够完全清除井眼。随后发现混入黏土后的清水钻井流体黏度增加,携岩能力加强,于是开始加入黏土配制分散钻井流体,使其能够容纳更多的固相。这就是最早的细分散钻井流体。

细分散钻井流体除了必需的淡水和配浆膨润土外,还需要其他处理剂,主要的有降黏剂、降失水剂、pH 调节剂等,如烧碱、纯碱、单宁酸钠、腐殖酸钠等。

(1)氢氧化钠、碳酸钠,用于调节 pH 值的氢氧化钠具有较强的分散作用。提供的钠离子易水化,分散黏土能力强,能在井壁上形成低渗透率、柔韧、薄而致密的滤饼,降低钻井流体的失水量,从而减少因钻井流体失水引起的缩径、坍塌现象。

缩径是黏土质地层、页岩层遇水后分子黏结力降低,体积膨胀或分散,井眼小于钻头直径的现象。

(2)降黏有多聚磷酸盐、丹宁碱液、铁铬木质素磺酸盐、褐煤及改性褐煤等处理剂。

单宁是白坚木等植物的提取物,提取的植物不同化学组成液不同,是没食子酸(也称五倍子酸、棓酸。3,4,5-三羟基苯甲酸,$C_7H_6O_5$)和鞣酸(化学式为$C_{76}H_{52}O_{46}$)的复杂衍生物。单宁碱的降黏作用机理是单宁酸钠一方面通过其相邻的双酚羟基,吸附在黏土片状晶体颗粒的断键边缘的铝离子上;另一方面,通过分子上的其他极性基的水化,给黏土边缘造成吸附水化层,结果可以削弱或拆散钻井流体中黏土颗粒间的网状结构,增加体系中颗粒自由化,减少颗粒间的摩擦。单宁碱液亦可以起到降失水量的作用。单宁粉直接加入钻井流体,可以提高切力和黏度。

腐殖酸钠或煤碱液的主要作用为降黏作用和降失水量作用,由褐煤、烧碱和水配成。由于腐殖酸含有较多可与黏土吸附的官能团,特别是含有邻位双酚羟基,又含有水化作用较强的羧钠基,使腐殖酸钠既具有降失水量作用,又具有降黏作用。作降黏剂用的煤碱液一般比作降失水剂作用的煤碱液加量较小。

腐殖酸结构的主链骨架都是碳环结构。因此,腐殖酸的热稳定性比单宁和羧甲基纤维素钠盐的要高得多,耐温可达180~190℃。腐殖酸钠可抗钙离子500~600mg/L,抗氯化钠可达4%~5%,腐殖酸钠遇到钙离子以后不会发生反应生成腐殖酸钙沉淀,因此腐殖酸钠在钙处理钻井流体中有控制钙离子浓度的作用。

1.2 体系种类

细分散钻井流体有很多种,主要有天然造浆土分散钻井流体、细分散铁铬木质素磺酸盐混油钻井流体、三磺分散钻井流体等。

1.2.1 天然造浆土分散钻井流体

天然造浆土分散钻井流体是用清水钻井流体在钻进易造浆地层时自然形成或利用清水、膨润土和烧碱或纯碱配制而成,基本上不添加处理剂。采用的膨胀土的造浆能力强。

用纯碱或烧碱处理的钻井流体便是最简单的细分散钻井流体,利用纯碱除去膨润土中的部分钙离子,将钙质土转化为钠质土。烧碱充分分散配制钻井流体所用的膨润土,以提高钻井流体黏稠度和护壁性能。多数情况下,都是采用自然造浆的办法,钻井时直接将清水泵入孔内,清水混合钻下来的地层黏土相混合而在孔内自然形成细分散钻井流体。

这种方法是钻地表层最简单的方法,化学处理较少。但是它仅限于在所钻地层含有造浆性能良好的黏土并有淡水水源的条件下使用。天然造浆土分散钻井流体组分见表4.1.1。

表4.1.1 天然造浆土分散钻井流体组分表

序号	组分	代号	加量范围,%	作用
1	原土	未明确代号	10.0~15.0	配制钻井流体的基浆
2	碳酸钠	未明确代号	0.7~1.2	稳定井壁
3	氢氧化钠	未明确代号	0.5~0.7	调节钻井流体的pH值
4	羧甲基纤维素	CMC	0.5~0.7	改善钻井流体的流变性、稳定井壁
5	铁铬木质素磺酸盐	FCLS	未明确范围	降低钻井流体的黏度

续表

序号	组分	代号	加量范围,%	作用
6	磺化栲胶	SMK	未明确范围	降低钻井流体的黏度
7	自制煤碱剂	未明确代号	未明确范围	降低钻井流体的失水量

日常维护要求每2h测量漏斗黏度、密度,每4h测量漏斗黏度、密度、六速黏度计读数,计算动塑比,保证符合设计要求。

开钻前,充分循环,调整钻井流体性能合适。钻进过程中,直接用清水控制钻井流体黏度和切力。

20世纪80年代末,由于中国钻井流体技术发展不成熟,只能利用天然钻井流体钻井。1979年至1982年,由于钻井流体材料品种匮乏,也无优质膨润土,所用造浆黏土全是钻井队自行采掘的红土。因未经加工,造浆率极低。钻井使用以钠基为基础的普通水基细分散钻井流体。在浅层,地层较简单的情况下,这一体系有其优越性。成本低,密度调整范围较大。期间钻成了麦参1井、麦参2井、跃参1井和喀1井等重点探井。其中,麦参2井井深达到4125.00m。

1.2.2 细分散铁铬木质素磺酸盐混油钻井流体

随着钻井深度的增加,频频钻遇复杂地层,如大段泥页岩岩层、膏岩层,时常发生井壁垮塌、黏附卡钻等恶性事故,甚至导致井眼报废。为此,钻井技术人员在普通水基钻井流体的基础上,开发出了细分散铁铬木质素磺酸盐混油钻井流体。

铁铬木质素磺酸盐是被公认为性能最好的降黏剂。磺酸基与三价铁离子和三价铬离子形成了结构稳定的螯合物,不仅稀释性能良好,并且具有优异的抗温、抗侵害能力,远远超过了聚合物降黏剂和无机降黏剂,广泛地用于淡水、海水、饱和盐水及各种钙处理钻井液中。但是,铁铬木质素磺酸盐的弊端也很明显。在生产过程中会产生一种有害物质铁铬矾,使得生产残渣难以处理,易造成环境污染;使用过程中易发泡,需要有高效消泡剂配合使用,操作不便;更为严重的是,因为含有会污染环境的高价铬离子,因此其使用受到一定的限制(孟繁奇等,2015)。细分散铁铬木质素磺酸盐混油钻井流体组分见表4.1.2。

表4.1.2　细分散铁铬木质素磺酸盐混油钻井流体组分表

序号	组分	代号	加量范围,%	作用
1	膨润土	未明确代号	7.0~10.0	配制钻井流体的基浆
2	碳酸钠	未明确代号	0.3~0.5	稳定井壁
3	氢氧化钠	未明确代号	0.2~0.5	调节钻井流体的pH值
4	羧甲基纤维素钠盐	CMC	0.5~0.7	改善钻井流体的流变性、稳定井壁
5	矿物油	未明确代号	8.0~12.0	增加钻井流体的润滑性
6	铁铬木质素磺酸盐	FCLS	未明确范围	降低钻井流体的黏度
7	腐殖酸钾	KPAN	未明确范围	防止井壁坍塌
8	重铬酸钾	未明确代号	未明确范围	增加钻井流体的密度

用细分散铁铬木质素磺酸盐混油钻井流体完成了阿参1井、沙参1井、沙参2井、喀2井、沙3井、柴1井和柴2井等探井。现场应用结果表明,铁铬混油钻井流体具有很好的润滑性能,可以有效地稳定井壁,取得了较好的应用效果。

1.2.3　三磺分散钻井流体

三磺钻井流体就是利用磺甲基褐煤、磺甲基单宁或磺甲基栲胶、磺甲基酚醛树脂等三种处理剂配制的钻井流体。磺化栲胶是耐温降黏剂,磺化褐煤与磺化酚醛树脂配合使用,具有很强的降失水作用;添加适量的红矾钾和司盘80,都是为了增强体系的耐温能力。在中国,三磺钻井流体常用于钻深井和超深井。

20世纪70年代中后期,四川地区所用深井钻井流体用磺甲基褐煤、磺甲基丹宁或者磺化栲胶、磺化酚醛树脂配合铁铬木质磺酸素和羧甲基纤维素钠以及表面活性剂等处理剂,基本上形成了抗温220℃淡水、低矿化度盐水、高矿化度盐水、饱和盐水的"三磺"钻井液体系。4000m以上的深井采用"三磺钻井液"是较为理想和成功的。80年代在"三磺钻井液"全面推广应用的同时,为适应新的更加复杂的深井地质条件和钻井工艺而不断完善和发展了深井及超深井钻井流体(何纶等,1992)。

中国常用于钻深井和超深井的三磺钻井流体中三种磺化类产品用作主处理剂。其中,磺化栲胶是耐温降黏剂;磺化褐煤与磺化酚醛树脂配合使用,具有很强的降失水作用;添加适量的红矾钾和司盘80,增强体系的耐温能力。

三磺可以用膨润土原浆加入磺甲基褐煤、磺甲基单宁或磺甲基栲胶和磺甲基酚醛树脂配制而成。但大多数情况下,由井浆转化而成。

井浆可以是褐煤/氯化钙钻井流体、聚丙烯酰胺钻井流体,也可以是羧甲基纤维素钻井流体、铁铬木质素磺酸盐钻井流体和高矿化度钻井流体,比较容易转化。转化前需对井浆的矿化度进行测量,选用合适的磺化酚醛树脂。

磺化沥青、磺化栲胶和磺化酚醛树脂在配制三磺钻井流体中的比例根据钻井需要确定,并掌握好处理剂之间的比例及加量。可以单独使用,也可以配合使用。

抗盐钻井流体中磺化酚醛树脂的加量应大一些。淡水钻井流体调节其流变性和降失水特性,磺化沥青和磺化栲胶加量亦大一些。高密度钻井流体降低滤饼摩擦系数,调节流变性能,磺化栲胶和磺化酚醛树脂的加量应适当加大。

钻井流体中膨润土含量决定钻井流体在高温下的稳定性。钻井流体中膨润土含量超过高温容量限较多时,就会造成钻井流体高温胶凝。钻井流体的膨润土含量高,处理剂加量增大,热稳定性能仍然较差,增加工作量,浪费处理剂。因此,要控制膨润土含量。

1975年,三磺钻井流体首先在川南阳深1井试用,紧接着在中国第一口6000.00m深井关基井的5251.00~6011.00m井段和第一口7000.00m超深井的关基井成功地使用了这一体系,效果良好。经过不断改进,三磺钻井流体现已应用于不同深度钻井,耐热稳定性、流变性、失水护壁性以及滤饼的黏滞性和抗侵害能力等性能优越。

此外,低胶磺化钻井流体主要利用较大加量的腐殖酸盐与钙离子作用产生大量腐殖酸胶粒,部分充当膨润土粒子便于悬浮加重剂和提供失水护壁性基础。低胶磺化钻井流体膨润土含量低,比一般钻井流体膨润土低8~10倍,低至2.85g/L。凝胶强度弱、流动性好、热稳定和抗石膏至饱和、至少抗盐15%、性能稳定、钻速快等特点,可配制密度高达$2.3g/cm^3$的高密度钻井流体。钻浅井至深井的石膏层可用至井深5500.00m,耐温可达180℃。也可用于钻造浆严重的地层,须强化固相控制设备应用。特别适合于小井眼高低压交替出现的气层井段。严格按配方添加处理剂及顺序配制,维护处理工艺的关键在于严格控制膨润土含量和清除有害固相。

针对川南地区深井及超深井古生界寒武系长段石膏为主的膏盐层,研制成功饱和石膏基磺化钻井流体。主要处理剂为20%浓度的磺化沥青水溶液加入磺化酚醛树脂胶液、聚乙烯醇、铁铬木质素磺酸盐、烧碱、活化沥青、司盘80、石膏、加重剂等。

饱和石膏基磺化钻井流体密度可达$2.3g/cm^3$,是适应钻探探井、超深井大段膏岩层,耐温180℃、抗盐和抗石膏至饱和的磺化钻井流体,具有防塌防卡能力强、性能稳定、易于配制及转化、工艺简便等特点。饱和石膏基磺化钻井流体在东深1井5313.75~5740.00m和临7井4794.00~5547.00m井段应用,连续钻进膏盐层278m和753m,钻井流体性能优质稳定、井径规则、井下安全无阻卡、取心及电测作业顺利、钻具落鱼井下静止15h多没有黏附等。

1.3 发展前景

早期钻井流体用于洗井,仅仅认识到钻井流体中的黏土颗粒应该分散得细一些,以便控制钻井流体的失水量和具有一定的黏度利于携带岩屑。然而,随着石油工业的发展,钻井数量、钻井深度以及裸眼长度都不断增加,细分散钻井流体的缺点就充分暴露。细分散钻井流体以淡水作为分散介质,黏土颗粒高度分散,每个黏土颗粒的外面又吸附有较厚的水化膜,钻井流体中的自由水较少,颗粒之间距离小,带来诸多问题。因此,细分散钻井流体的发展需要更深入的探索。

1.3.1 存在问题

造浆土细分散水基钻井流体的问题,主要是性能不稳定、防塌能力差、固相含量高、不能有效控制储层伤害等和含有有害物质。

(1)性能不稳定。容易受到钻井过程中进入钻井流体的黏土和可溶性盐类的侵害。钻遇盐膏层时,少量石膏、岩盐就会使钻井流体性能发生较大的变化。

(2)防塌能力差。滤液的矿化度低,容易引起井壁附近的泥页岩水化、松散、垮塌,并使井壁的岩盐溶解。钻井流体抑制性能差,不利于防塌。

(3)固相含量高。由于体系中固相含量高,特别是粒径小于$1\mu m$的亚微米级颗粒所占的比例非常高。因此,明显影响机械钻速,尤其不宜在强造浆地层中使用。

(4)不能有效控制储层伤害。滤液侵入易引起黏土膨胀,不能有效控制储层伤害,钻遇储层时必须加以改造才能达到要求。

(5)含有有害物质,会对环境造成危害。

1.3.2 发展方向

细分散钻井流体应该向着开发适合的包被剂、合理使用固控设备和开发无毒的钻井液体系等方向发展。

(1)开发包被剂。开发适用于细分散钻井流体的包被剂,有效地包被钻屑,防止钻屑和泥页岩水化,防止井壁垮塌,稳定井壁,提高钻井速度,同时还兼有降失水、改善流型及增加润滑性等功能。使用配伍性好的降失水剂减少失水量,从而达到安全快速钻进、控制储层伤害的目的。

(2)合理使用固控设备。利用固控设备除去对钻速影响较大的粒径 $1\mu m$ 的颗粒,配合使用聚合物絮凝剂可更有效地控制钻井流体中的固相颗粒。

(3)开发无毒的钻井液体系,降低其对储层的伤害程度,研制组分简单高效的钻井液体系,使钻井液的固相含量低,促进钻井液的正常循环,使其达到最佳的应用效果,提高深井钻探施工的经济性。

第 2 章 造浆土粗分散水基钻井流体

造浆土粗分散水基钻井流体(Bentonite Coarse Dispersed Water Based Drilling Fluids)是黏土颗粒处于适度絮凝的粗分散状态的一类钻井流体,是 20 世纪 60 年代在使用细分散性钻井流体的基础上发展起来的。随着深井、超深井数目日益增多,钻井过程中,井眼越深,井筒内的温度越高,水基钻井液的稠化难题就越突出。特别是淡水钻井液遇到盐或盐膏层入侵,稠化严重,甚至失去流动性。

粗分散钻井流体具有较好抗盐、抗钙侵害能力,以及较强的泥页岩水化抑制作用。钻井流体主要由含钙离子的无机絮凝剂、降黏剂和降失水剂组成,又称为钙处理钻井流体(Calcium Treated Drilling Fluid)。由于其分散程度不如细分散钻井流体高,所以称为粗分散钻井流体。

细分散钻井流体在使用时,一旦受到钙、盐等侵害,很快便失去其良好的流动性,并且失水量剧增,滤饼厚度增加且结构变疏松。处理细分散钻井流体侵害问题过程中发现,与原来的细分散钻井流体相比,经过钙、盐等侵害的钻井流体表现出稳定性好,抑制性强,抗盐类侵害能力强等许多优越性,就开始有意识地配制和使用粗分散钻井流体。

2.1 开发依据

造浆土粗分散钻井流体中钙离子起着决定性作用,主要是因为钙离子改变黏土分散度。

一是,钙离子通过钠离子与钙离子交换,将钠土转变为钙土。钙土水化能力弱,分散度低,分散度明显下降。

二是,钙离子本身是一种无机絮凝剂,会压缩黏土颗粒表面的扩散双电层,使水化膜变薄电动电位下降,从而引起黏土晶片面—面和端—面的聚结,黏土颗粒分散度下降。

因此,钙处理钻井流体在加入钙离子的同时,还必须加入羧钾基纤维素钠盐等分散剂。由于这类分散剂的分子中含有大量的水化基团,吸附黏土颗粒表面后,引起水化膜增厚,电动电位增大,从而阻止黏土晶片之间的聚结。

钙处理钻井流体作用原理,是通过调节钙离子和分散剂的相对加量,使钻井流体处于适度絮凝的粗分散状态,从而使性能保持稳定,满足钻井工艺要求。

2.2 体系种类

目前常用的无机絮凝剂主要有石灰钻井流体、石膏钻井流体、氯化钙钻井流体、钾石灰钻井流体等。石灰钻井流体钙含量较低,钙离子含量为 120~200mg/L;石膏钻井流体钙含量中等,钙离子含量为 300~500mg/L;氯化钙钻井流体钙含量较高,钙离子含量为 500mg/L 以上。

2.2.1 石灰钻井流体

石灰是一种难溶的强电解质,水中的溶解度主要受温度和溶液 pH 值的影响。石灰在水中溶解时放热。随温度升高,石灰的溶解度反而减小,溶液中钙离子浓度也相应减小。

石灰钻井流体(Lime Drilling Fluid)除适量的膨润土外,常用处理剂有铁铬木质素磺酸盐、单宁酸钠、羧甲基纤维素、石灰和烧碱等。其中,铁铬木质素磺酸盐和单宁酸钠用作稀释剂,羧甲基纤维素用作降失水剂,石灰为絮凝剂,烧碱为 pH 值调节剂。目前,常用耐温性更强的磺化栲胶代替单宁酸钠。有时也使用褐煤碱液、聚丙烯腈或淀粉作为降失水剂。

石灰钻井流体一般在原有分散钻井流体基础上经转化而形成。转化程序为,先加入一定量的水降低固相含量,然后同时加入石灰、烧碱和稀释剂。加量均需通过室内实验确定,整个处理过程大约在一个循环周期内完成,再补充适量降失水剂调整性能。

维护时,要特别注意控制掌握滤液中钙离子浓度、pH 值和储备碱度等关键指标。此外,还应注意高温固化问题。钻达井底温度超过 135℃ 时,钻井流体中的黏土会与石灰、烧碱发生反应,生成类似于水泥凝固后的水合硅酸钙,导致钻井流体急剧增稠。此时,须将石灰含量、钻井流体碱度和固相含量降低,转化为低石灰低固相钻井流体。有效地使用固控设备,保持尽可能低的固相含量是将该类钻井流体用于高温深井的前提条件。

石灰钻井流体可承受的盐侵约为 50000mg/L。随着盐的侵入,钻井流体的 pH 值降低,石灰溶解度提高,应适当加大烧碱的用量,以限制体系中钙离子的浓度,使用铁铬木质素磺酸盐控制流变性能。

石膏侵对石灰钻井流体的性能一般不会有大的影响。但在钻入大段石膏地层时,钻井流体的黏度、切力及失水量都会有所增加。正确的处理方法是,在钻遇石膏层之前可先加适量烧碱预处理以维持所需的滤液的酚酞碱度值。钻遇石膏层后,先不急于加石灰,待钻井流体的酚酞碱度值开始出现下降时再行加入。此时,若流变性和失水量出现较大变化,可通过加入铁铬木质素磺酸盐和羧甲基纤维素等处理剂控制。

徐同台等针对大庆油田长垣顶部松基 6 井遇水易崩塌、掉块、坍塌等问题,利用石灰钻井流体很好地解决这些难题。石灰钻井流体组分见表 4.2.1。

表 4.2.1 石灰钻井流体主要组分表

序号	组分	代号	加量范围,%	作用
1	石灰	未明确代号	0.1~0.2	絮凝黏土和钻屑
2	单宁碱液	未明确代号	1.0~2.0	降低分散型钻井流体的黏度
3	羧甲基纤维素	未明确代号	0.1~0.2	改善钻井流体的流变性
4	混油	未明确代号	5.0~8.0	降低分散剂的分散作用

松基 6 井钻穿新生界的第四系,中生界的白垩系和侏罗系等地层。2236.00~4097.00m 井段采用石灰、单宁碱液和羧甲基纤维素混油钻井流体。随着钻井加深,钻井流体出口温度为 56℃,钻井流体黏度、切力和失水量增加,静结构力增强,起下钻后,钻井流体流变性变差,黏度切力大幅度增加,起下钻后第一个循环周内钻井流体漏斗黏度可相差 100s。

为了提高钻井流体热稳定性,采用石灰、单宁碱液、羧甲基纤维素、混油钻井流体。钻井流体失水量从 11mL/30min 降为 5mL/30min 以下,漏斗黏度从 30~55s 降至 22~35s,终切力从 2~17Pa 降至 0.2~2.0Pa。处理一次可以稳定 5~10d。

性能稳定,起下钻后第一个循环周钻井流体漏斗黏度仅差 5s。为利于发现储层,将钻井流体密度从 $1.32g/cm^3$ 降至 $1.2g/cm^3$。为了防止压差卡钻,从 3212.29m 混入废机油与柴油,钻井流体密度降至 $1.15g/cm^3$。现场应用结果表明,石灰钻井流体解决大庆油田长垣顶部松基 6 井钻进过程中的问题(徐同台等,2008)。

2.2.2 石膏钻井流体

石膏钻井流体(Gypsum Drilling Fluid)选用石膏作为絮凝剂,分别用铁铬木质素磺酸盐和羧甲基纤维素作为稀释剂和降失水剂,维持 pH 值 9.5~10.5,滤液中钙离子含量为 600~1200mg/L,即可配制成石膏钻井流体。

石膏钻井流体可以控制任何类型的侵害且性能易于维护。不含有任何重金属或有害成分,所以能满足环保方面的要求。从 20 世纪 60 年代后期开始,石膏钻井流体在匈牙利应用最为广泛。这种体系可抗二氧化碳和盐水侵害,且具有抗固相侵害和耐温能力。最深钻达 5400.00m,最高井底温度 197℃。但因这种钻井流体中使用的铁铬木质素磺酸盐、羧甲基纤维素等处理剂的耐温能力有限,必须废弃从井底返出的钻井流体(约 $20.0m^3$),才能保证整个钻井流体的性能稳定。

在高温深井中,如要继续使用这种钻井流体,需要一种高温稳定性强且具有抗钙能力的处理剂。选定高相对分子质量不同分子结构的褐煤并进行磺甲基化和化学交联,得到了适用于中高温条件下的降失水剂和流变性稳定剂。用降失水剂和流变性稳定剂混合配制的高密度石膏钻井流体已成功地用于多口井底温度达 217~227℃ 的深井钻井(徐同台等,2004)。

与石灰钻井流体相比较,石膏钻井流体具有更强的抗盐侵害和抗石膏侵害的能力。石膏钻井流体由于石膏的溶解度比石灰大得多,因而石膏钻井流体具有比石灰钻井流体更高的钙离子含量。钻井流体的絮凝程度增大,相应地所需稀释剂和降失水剂的加量也应有所增加,才能使性能达到设计要求并保持稳定。

与石灰相比,石膏的溶解度受 pH 值的影响较小。这样,石膏钻井流体的 pH 值和碱度可维持较低。又由于钙离子含量较高,因而更有利于抑制黏土的水化膨胀和分散,即防塌效果明显优于石灰钻井流体。

石膏钻井流体具有比石灰钻井流体更高的耐温能力,其发生固化的临界温度在 175℃ 左右,明显高于石灰钻井流体。据资料报道,它可以在某些 5000m 以深的井段使用。

因此,石膏钻井流体多用于石膏层和容易坍塌的泥页岩地层的深井钻井。

石膏钻井流体的主要种类有混合剂/石膏钻井流体和铁铬木质素磺酸盐/石膏钻井流体。混合剂-石膏钻井流体由褐煤、烧碱、丹宁、纯碱及水组成,比例为 5:4:1:5:25。性能稳定。在四川地区推广应用后,取得了较好的防塌效果。

铁铬木质素磺酸盐/石膏钻井流体用铁铬木质素磺酸盐作为稀释剂,钠羧甲基纤维素作为降失水剂。铁铬木质素磺酸盐/石膏钻井流体组分见表 4.2.2。

表 4.2.2　铁铬木质素磺酸盐/石膏钻井流体组分表

序号	组分	代号	加量范围,%	作用
1	膨润土	未明确代号	未明确范围	配制钻井流体的基浆
2	铁铬木质素磺酸盐	TCLS	1.0~1.5	降低钻井流体黏度和失水量
3	氢氧化钠	未明确代号	0.4	提高钻井流体的pH值
4	羧甲基纤维素	CMC	0.3~4.5	改善钻井流体的流变性
5	磺化栲胶	未明确代号	未明确范围	改善钻井流体的流变性
6	石膏	未明确代号	1.2~1.8	絮凝钻屑和黏土
7	重晶石	未明确代号	未明确范围	增加钻井流体的密度

与石灰钻井流体相似,石膏钻井流体也常由分散钻井流体转化而成。转化时,首先加入适量淡水,以防止钻井流体黏度太大,所需水量可根据实验确定。然后,在1~2个循环周期内加入约 $4kg/m^3$ 的烧碱、$10~15kg/m^3$ 的铁铬木质素磺酸盐和 $12~18kg/m^3$ 的石膏。在添加以上处理剂之后,再在1~2个循环周期内加入 $3.0~4.5kg/m^3$ 的降失水剂羧甲基纤维素。

有时若要将高pH值钻井流体或石灰钻井流体转化为石膏钻井流体,则需加用更多的淡水进行稀释,并将石膏和稀释剂的加量适当提高,此时不必再加入烧碱。

石膏钻井流体维护时,除应经常检测滤液中钙离子含量和pH值外,还应注意将钻井流体中游离的石膏含量控制在 $5~9kg/m^3$ 范围内,并根据流变参数和失水量的变化,随时调整必要的性能。

2.2.3　氯化钙钻井流体

氯化钙钻井流体使用氯化钙作为絮凝剂。一般仍分别选用铁铬木质素磺酸盐和羧甲基纤维素等作稀释剂和降失水剂,并用石灰调节pH值,使pH值保持9~10。

氯化钙钻井流体由于体系中钙离子含量很高。因此,与石灰钻井流体和石膏钻井流体等两钙处理钻井流体相比,具有更强的稳定井壁、抑制泥页岩坍塌和造浆的能力。

由于钻井流体中固相颗粒絮凝程度较大,分散度较低,因而流动性好,固控过程中钻屑比较容易清除,有利于维持较低的密度,可对提高机械钻速及控制储层伤害提供良好的条件。

相对而言,由于钙离子含量高,影响了黏土悬浮体的稳定性。黏度和切力容易上升,失水量也容易增加,从而增加了维护处理的难度。

美国和俄罗斯都使用过这种高钙钻井流体,多用于易卡钻、易坍塌的泥页岩地层,其滤液中钙离子浓度一般1000~3500mg/L。中国成功地将褐煤碱液应用于氯化钙钻井流体中,形成了具有特色的褐煤/氯化钙钻井流体(邵振世,1983)。

褐煤/氯化钙钻井流体在组成上的突出特点,是褐煤粉的加量很大。褐煤中含有的腐殖酸与体系中的钙离子发生反应,生成非水溶性的腐殖酸钙胶状沉淀。

胶状沉淀物一方面使滤饼变得薄而致密,失水量降低,提高钻井流体的动塑比,其作用与膨润土相似;另一方面,储备钙离子,使滤液中钙离子浓度不至过大。钻进过程中,滤液中钙离子消耗以后，钙离子及时补充。从而保证钻井流体的抑制能力和流变性能保持稳定。中国四川地区常用的褐煤/氯化钙钻井流体组分见表4.2.3。

表4.2.3 中国四川地区常用的褐煤/氯化钙钻井流体组分表

序号	组分	代号	加量范围	作用
1	膨润土	未明确代号	未明确范围	配制钻井流体的基浆
2	纯碱	未明确代号	未明确范围	防止黏土水化膨胀、防塌
3	褐煤碱剂	NaH-1	未明确范围	降低钻井流体的失水量
4	氯化钙	未明确代号	未明确范围	保持钻井流体的抑制性和流变性
5	羧甲基纤维素	CMC	未明确范围	改善钻井流体的流变性
6	重晶石	未明确代号	未明确范围	增加钻井流体的密度

氯化钙钻井流体维护要点是掌握好钻井流体中氯化钙和褐煤碱剂的比例。只要这种比例维持较好，并且固控措施得当，就可以达到很好的钻井流体效果。

Paul 等在墨西哥湾深海钻井中，利用氯化钙钻井流体解决了钻遇的高活性软泥岩造成的难题。此钻井流体是 Conoco 公司和 M-1 公司研究出氯化钙/低分子量羟乙基纤维素聚合物钻井流体，解决墨西哥湾深海钻井中钻遇高活性软泥岩造成的不能彻底清洁井眼、安全密度窗口窄等难题并成功应用(Paul et al.,2000)。

2.2.4 钾石灰钻井流体

钾石灰钻井流体(Potash Lime Drilling Fluid)是在石灰钻井流体基础上发展起来的一种更有利于防塌的钙处理钻井流体，也称钾基石灰钻井流体。

石灰钻井流体高温下容易发生固化，pH值较高以及强分散剂的使用不利于提高钻井流体的抑制性等缺点，将钾离子引入石灰钻井流体中，改进配方，形成石灰防塌钻井流体。

美国和俄罗斯均使用过钾石灰钻井流体。1986年，中国在辽河油田开始使用，后来在大港油田和玉门油田推广，有效地降低了井径扩大率(赵继成等,1991)。钾基石灰钻井流体组分见表4.2.4。

表4.2.4 钾基石灰钻井流体组分表

序号	组分	代号	加量范围,%	作用
1	膨润土	未明确代号	7.0~10.0	配制钻井流体的基浆
2	钙基防塌剂	未明确代号	1.0~1.5	防止井壁坍塌
3	氢氧化钾	未明确代号	0.3~0.8	增加钻井流体的密度
4	铁铬木质素磺酸盐	TCLS	1.0~3.0	降低钻井流体黏度和失水量
5	羧甲基纤维素	CMC	0.1~5.0	改善钻井流体的流变性
6	磺化沥青钠盐	未明确代号	1.0~2.0	降低钻井流体失水量、防塌

钾基石灰钻井流体维护时要注意控制pH值在10.5~12.0。每次处理前，需要测定钻井流体滤液中钙离子和钾离子浓度，估算其他处理剂的含量，据此进行小型试验，确定处理配方。

处理剂配成混合液按循环周均匀加入有条件的井队,应配备带有搅拌器的处理剂专用配制罐。

钻井流体中有害固相含量高,加入钙基防塌剂后黏切急剧上升。使用好固控设备,最大限度地降低钻井流体中有害固相含量。用磺化沥青钠盐配合适量消泡润滑剂,将滤饼黏附系数控制在设计范围内。

达1井是柴窝堡凹陷达坂城次凹柴窝堡地区构造圈闭翼部的重点探井。地层上部120m为砾石层,胶结疏松、极易坍塌,还会遭受二氧化碳侵害。使用钾聚石灰钻井流体,解决了直井段大井眼和裸眼段长、胶结疏松和二氧化碳侵害难题。低黏度、低切力保证了深井段长裸眼井段钻井施工顺利,悬浮携砂能力强,井底清洁,失水量低,井壁稳定,防塌效果好。

2.3 发展前景

钙处理钻井流体可在很大程度上克服细分散钻井流体的缺点,防塌、抗侵害和在含有较多钙离子情况下性能稳定。但目前浅井运用较多。

粗分散钻井流体未来在高温井、深井的发展,需要高性能处理剂。研制耐温解絮凝剂、降失水剂等处理剂,对粗分散钻井流体的发展至关重要。

2.3.1 存在问题

造浆土粗分散钻井流体存在着一些缺点,如高温下容易发生固化,pH值较高以及强分散剂的使用不利于钻井流体的抑制性等。

(1)高温固化。石灰钻井流体和石膏钻井流体,处理剂比较单一,钙离子高温下容易固化,钻井流体流变性改变后处理可选择性方法少。

(2)pH值较高。造浆土粗分散钻井流体大部分都要加入氢氧化钠、氢氧化钾等强碱性处理剂,钻井流体pH值较高,不利于安全环保和钻井流体性能的控制。

(3)抑制性差。钙处理钻井流体使用具有强分散性能的处理剂,钻井流体抑制性较弱。

2.3.2 发展方向

造浆土粗分散水基钻井流体应该向耐温能力、增强体系抑制性等方向发展。

(1)提高耐温能力。用改性淀粉取代原石灰钻井流体中使用的强分散剂铁铬木质素磺酸盐,从而使钻井流体中黏土和钻屑的分散程度减弱。改性淀粉在井壁上的吸附有利于增强防塌效果。

引入改性淀粉后,由于pH值和石灰含量均有所降低,可以克服石灰钻井流体的高温固化问题。磺化沥青、乙烯磺酸盐/乙烯酰胺共聚物和改性丙烯酸盐二元共聚物解絮凝剂等处理剂,不仅可以解决石灰基钻井流体的高温稳定性问题,还可以充分发挥钻井流体的抗侵害能力等特点,提高钻井流体的整体性能。

(2)增强抑制性。用氢氧化钾控制钻井流体的碱度,不再使用氢氧化钠,其优点在于通过引入钾离子,相应减少体系中钠离子的含量,提高钻井流体的抑制性。

第3章　造浆土适度分散水基钻井流体

造浆土适度分散水基钻井流体(Bentonite Moderately Dispersing Water Based Drilling Fluids)是利用聚合物控制黏土的适度分散,从而获得良好钻井流体性能的钻井流体。通常称为聚合物钻井流体(Polymer Drilling Fluids)。

造浆土适度分散,需要钻井流体具有包被作用才能实现。包被作用是高分子链吸附在颗粒上并将其覆盖包裹的作用。以某些具有絮凝或包被作用的高分子量聚合物作为主处理剂实现钻井流体的选择性絮凝,配合各种功能的处理剂使造浆土达到适度分散的性能。因为目前几乎所有的体系都用聚合物,所以称这类钻井流体为聚合物钻井流体不适合。

聚合物作为主处理剂的钻井流体,是20世纪70年代初发展起来的一种新型钻井流体。聚合物钻井流体最初是为提高钻井效率开发研究的。

Wheless等指出,钻井流体低密度固相含量越高,机械钻速越低。清水无固相,机械钻速应最高,但当时没有能够有效清除钻井流体中固相的手段(Wheless et al.,1953)。直到Gallus等首次发表应用了聚合物絮凝剂聚丙烯酰胺后,实现了近似清水钻井(Gallus et al.,1958)。

聚丙烯酰胺可同时絮凝钻屑和蒙脱土,称为完全絮凝剂。在钻井流体中加入极少量的聚丙烯酰胺即可使钻屑絮凝而全部除去,形成清水钻井流体。

清水钻井大大提高了钻速,但因其携带钻屑能力差,失水量大,影响井壁稳定等缺点,只能用于地层特别稳定的浅层井段,不能广泛使用。因此,试图配制低固相钻井流体。但随着钻井作业进行,钻屑不断混入,时间长就变成了高固相钻井流体。当时对此束手无策,因而称之为无法控制的低固相钻井流体。

为进一步提高聚合物钻井流体的防塌能力,于20世纪70年代后期发展了聚合物与无机盐配合的钻井流体,发现对水敏性地层的防塌效果显著。常见无机盐比较,氯化钾抑制黏土水化分散的效果最好。典型的钾基聚合物钻井流体是一类以各种聚合物的钾(或铵、钙)盐和氯化钾为主处理剂的防塌钻井流体。

无机盐提供防塌性能,聚合物处理剂使钻井流体具有聚合物钻井流体的特性。因此,在钻遇泥页岩地层时,钾基聚合物钻井流体可以取得比较理想的防塌效果。

良好的使用效果促使聚合物处理剂快速发展,除带阴离子基团的处理剂如部分水解聚丙烯酰胺、醋酸乙烯酯/马来酸酐共聚物、高压水解聚丙烯腈铵盐、聚丙烯酸盐等,带阳离子基团的阳离子聚合物和分子链中同时带阴离子基团、阳离子基团和非离子基团的称为两性复合离子聚合物的处理剂都不断涌现,使聚合物钻井流体不断发展和完善。

20世纪70年代以后,聚合物钻井流体已在中国普遍推广应用。聚合物处理剂的抑制性、降失水能力和降黏性能等作用机理也得到系统研究。

3.1 开发依据

细分散、粗分散等传统水基钻井流体,不能很好地解决钻进过程中遇到的问题,需要开发具有良好的流变性、稳定井壁能力较强、储层伤害程度低、可防止井漏并能用来堵漏的黏土适度分散钻井流体,达到良好的流变性、较强的抑制性和良好的储层伤害控制能力。

(1)良好的流变性。良好的流变性是目前所有钻井流体都需要具有的性能,是保证钻井流体顺利钻穿地层和携岩的条件。

(2)较强的抑制性。钻井流体中加入防塌剂、抑制剂等提高钻井流体稳定井壁的能力。

(3)良好的储层伤害控制能力。控制储层伤害就要防止钻井流体漏失,在钻井流体中加入防漏堵漏剂和降失水剂可以降低钻井流体对储层造成的伤害。

3.2 体系种类

目前造浆土适度分散水基钻井流体有黏土适度分散高效清洁钻井流体、黏土适度分散防塌钻井流体、高密度氯化钾/聚合物钻井流体和钾钙基沥青树脂两性离子聚合物钻井流体等。

3.2.1 黏土适度分散高效清洁钻井流体

刘从军等(2010)针对高平1井目的层较浅,位垂比大,地层造浆严重,钻进过程中容易出现黏卡、传压困难、套管下入困难等复杂情况,合成了高效润滑剂,并优选出一种高效清洁钻井流体。高平1井高效清洁钻井流体组分见表4.3.1。

表4.3.1 高平1井高效清洁钻井流体组分表

序号	组分	代号	加量范围,%	作用
1	现场膨润土浆	未明确代号	未明确范围	配制钻井流体基浆
2	聚丙烯酰胺	未明确代号	0.3	改善黏土水化分散性能
3	降失水剂	KFT	1.5	降低钻井流体的失水量
4	磺化酚醛树脂	SMP-1	1.0(二开) 1.5(三开)	防塌、降低钻井流体的失水量
5	硅氟降黏剂	SF-1	0.5	降低钻井流体的黏度
6	氨基抑制剂	未明确代号	1.0(二开) 2.0(三开)	提高滤饼质量
7	润滑剂	BH-1	2.0(二开) 5.0(三开)	增加钻井流体的润滑性
8	降黏降失水剂	BM-1	4.0(二开) 10.0(三开)	降低钻井流体的黏度和失水量

二开上部井段采用不同相对分子质量的聚合物合理搭配,保持聚丙烯酰胺、天然高分子絮凝剂、氨基聚醇及有机胺等高效抑制剂在钻井流体中的有效含量,提高钻井流体的整体抑

制性及抗黏土侵害的能力。

充分利用四级固控设备,振动筛采用 120~150 目筛布,二开后期采用 180 目筛布。配合聚合物包被絮凝剂以达到控制钻井流体固相含量的目的。

随着水平段的延长,适时提高铵盐、降失水剂、磺化酚醛树脂等防塌降失水剂加量,以保持钻井流体的低失水量并能形成优质的滤饼,在保证钻井流体流变性合理的基础上提高钻井流体的护胶、护壁能力,并配合各种润滑剂降低摩阻。

通过提高钻井流体黏度、形成优质滤饼、加入足量的高效润滑剂(加量 5%~15%)达到提高钻井流体润滑性的目的。

三开保持聚胺的含量在 0.3% 以上,氨基聚醇含量在 0.5% 以上,并随着水平段的不断增长,适当提高聚合物浓度来提高钻井流体的抑制性,以减少钻屑的过度分散,保持 pH 值的稳定,保证钻井流体性能的稳定性。

利用固控设备将钻井流体固相含量控制在 10% 以下,密度控制在 $1.15g/cm^3$ 左右。

在保证钻井流体具有强抑制性的前提下,通过补充预水化膨润土浆、铵盐、硅氟稀释剂、磺化酚醛树脂和生物聚合物等处理剂,提高钻井流体的防塌、护壁能力。调整钻井流体漏斗黏度小于 65s,静切力控制在 3~5Pa/10~12Pa,保证钻井流体悬浮携带钻屑及清洁井眼的能力。

采用高效氨基抑制剂,配合常规的聚丙烯酰胺和天然高分子聚合物及复合铵盐、降失水剂等控制黏土适度分散。膨润土含量控制在 5.0%~7.5%,提高了滤饼质量,降低失水量,水平段 API 失水控制在 3mL/30mim 以内,保证了井壁的稳定性。

钻进过程中没有掉块坍塌,井径扩大率小于 2%,全井起下钻顺畅,无任何阻卡情况出现,井壁稳定性好,井眼规则。

3.2.2 黏土适度分散防塌钻井流体

胥洪彪等(2000)针对埕北 302 井馆陶组以上地层造浆性强,东营组和沙河街组地层剥蚀掉块严重,古生界和太古界地层破碎、裂缝发育,在钻进过程中经常出现井涌、井喷、井塌和卡钻等难题,选用适度分散防塌钻井流体得以解决。埕北 302 井适度分散防塌钻井流体组分见表 4.3.2。

表 4.3.2 埕北 302 井适度分散防塌钻井流体组分表

序号	组分	代号	加量范围,%	作用
1	三开基浆	未明确代号	未明确范围	作为钻井流体的基浆
2	海水	未明确代号	未明确范围	改变钻井流体黏度
3	聚丙烯酸盐	PAC-141	0.5	增加钻井流体黏度、改变流变性
4	部分水解聚丙烯酰胺钾盐	KPHP	0.5	改善黏土水化分散性能
5	防塌剂	未明确代号	未明确范围	防塌、稳定井壁
6	磺化酚醛树脂	SMP	未明确范围	防塌、降低钻井流体的失水量
7	碳酸钠	未明确代号	未明确范围	抑制黏土水化膨胀

三开和四开使用适度分散的防塌钻井流体,严格控制钻井流体失水量在4mL/30min以内,将腐殖酸类防塌剂、树脂类耐温降失水剂和丙烯磺酸盐共聚物联合使用,较好地控制了井壁剥蚀掉块的产生。

埕北302井在防塌钻井流体基础上配合使用中分子量的丙烯磺酸盐共聚物,进一步提高了深井钻井流体的高温稳定性。完井电测连续72h,井底返出钻井流体失水量仍然维持在4mL/30min以内,最大漏斗黏度为58s。适度分散的防塌钻井流体,具有较强的防塌能力、耐温能力和抗侵害能力。

3.2.3 高密度氯化钾/聚合物钻井流体

范江等(2010)针对阿塞拜疆地区钻井流体密度偏高、泥页岩水化膨胀严重、泥页岩坍塌、膨润土含量不易控制和滤饼摩阻普遍偏大等问题,确定适度分散、强抑制性的氯化钾/聚合物钻井流体。阿塞拜疆地区氯化钾/聚合物钻井流体组分见表4.3.3。

表4.3.3 阿塞拜疆地区氯化钾/聚合物钻井流体组分表

序号	组分	代号	加量范围,%	作用
1	水	未明确代号	未明确范围	配制钻井流体的连续相
2	水化膨润土浆	未明确代号	2.0~3.0	改变钻井流体的黏度
3	活性土	未明确代号	2.0~4.0	增加钻井流体的黏度和润滑性
4	氯化钾	未明确代号	15.0~20.0	抑制黏土水化膨胀
5	聚丙烯酸钾	KPAM	1.0~1.5	改善黏土水化分散性能
6	腐殖酸钾	NPAN	0.5~0.8	抑制黏土水化膨胀
7	聚丙烯酸盐	PAC-SL	0.3~0.5	增加钻井流体黏度、改变流变性
8	降失水剂	JT888	0.3~0.5	降低钻井流体的失水量
9	磺化酚醛树脂	SMP-1	1.0~1.5	防塌、降低钻井流体的失水量
10	磺化沥青	未明确代号	2.0~3.0	抑制黏土水化分散
11	超细碳酸钙	未明确代号	2.0~3.0	增加钻井流体的密度、防塌

K5803井是在Kursenge区块的深探井。一开ϕ444.5mm钻头,下入ϕ339.7mm套管1805.04m。二开ϕ31lmm钻头,下入ϕ244.5mm套管3496.54m。三开下入ϕ215.9mm钻头,下入ϕ177.8套管0~34.04m和ϕ139.7mm套管34.04~4445.95m。

二开和三开作业,钻井流体失水量为3.5~5.0mL/30min,减少泥页岩水化膨胀、保证滤饼质量,减少了划眼和倒划眼的时间,提高了钻井速度。

3.2.4 钾钙基沥青树脂两性离子聚合物钻井流体

周华安(1995)利用适度分散的强抑制、强封堵特性的钾钙基沥青树脂两性离子聚合物高密度钻井流体,解决了川东地区的坍塌问题。川东深井钾钙基沥青树脂两性离子聚合物高密度钻井流体组分见表4.3.4。

表 4.3.4　川东深井钾钙基沥青树脂两性离子聚合物高密度钻井流体组分表

序号	组分	代号	加量范围	作用
1	预水化新浆	未明确代号	未明确范围	作为钻井流体的基浆
2	降黏剂	XY27	未明确范围	降低钻井流体的黏度
3	磺化酚醛树脂	SMP	未明确范围	防塌、降低钻井流体的失水量
4	腐殖酸钾	KHm	未明确范围	抑制黏土水化膨胀
5	氧化钙	未明确代号	未明确范围	调节钻井流体的pH值
6	沥青类处理剂	未明确代号	未明确范围	抑制黏土水化分散、防塌
7	润滑防卡剂	未明确代号	未明确范围	增加钻井流体的润滑性
8	加重剂	未明确代号	未明确范围	增加钻井流体的密度

以降黏剂为主与钾离子和钙离子配合提高抑制性,仅使用一种降黏剂,用沥青质、树脂和腐殖酸提供可压缩性胶团实现强封堵性以改善泥页岩地层的胶结性及体系高温高压下的失水护壁性,还提供防黏卡性能,用树脂和腐殖酸提高体系的胶体稳定性、耐温、抗膏盐能力,用氧化钙在维持体系碱性条件以控制酸性气侵害。在川东地区高陡构造区的天东18井、天东2井等5口井进行了系统试验,现场应用结果表明,钾钙基沥青树脂两性聚合物钻井流体类型既保持了磺化钻井流体的优点,又解决了磺化高密度钻井流体和聚合物不分散高密度钻井流体存在的技术难题。

3.3　发展前景

造浆土适度分散钻井流体具有良好的性能和适用性,但同样在稳定性、环境保护性能等方面遇到挑战。

3.3.1　存在问题

聚合物钻井流体在钻速较快时,无用固相不能及时清除,难以维持低固相,特别是在强造浆井段更加明显。

一些强分散地层,抑制能力明显不足。钻井流体流变性难以控制,比如切力太高,反过来导致钻屑更不容易清除,造成恶性循环。不得不加入分散剂降低钻井流体结构强度,以改善流动性,有效清除无用固相。这种做法减弱了聚合物钻井流体的优良性能。

聚合物钻井流体的先天不足是护壁性和热稳定性差,失水量大,黏切不易控制,不利于井下安全和储层伤害(刘子龙等,1990)。

(1)护壁性和热稳定性差。护壁性和热稳定性差,不利于形成高质量的滤饼,高温下不能稳定井壁防止坍塌,造成井下事故。

(2)失水量大。钻井流体失水改变钻井流体整体性能,达不到既定的效果。钻井流体失水会伤害储层,不利于井下安全和控制储层伤害。

(3)黏切不易控制。黏切不易控制造成钻屑一旦混入就会改变钻井流体性能,维护也比较困难。

3.3.2 发展方向

为解决以上存在的问题,聚合物钻井流体向着提高护壁性和热稳定性,较低的失水量、良好的流变性、友好的安全环保性能等发展。两性复合离子聚合物钻井流体和阳离子聚合物钻井流体在抑制性和流型调节方面得到了进一步改善。

(1)增强护壁性和热稳定性。通过研制耐温高压的处理剂改变钻井流体的耐温性能是聚合物钻井流体发展的重要方向。

(2)降低失水量。通过研制或优选适合各种钻井流体的降失水剂降低聚合物钻井流体的失水量。

(3)改善流变性。控制钻井流体中的固相含量是保证钻井流体流变性的重要措施,同时需要开发能在钻进过程中加入处理剂达到控制流变性的钻井流体。

第4章 无造浆土水基钻井流体

无造浆土钻井流体也称为无固相钻井流体(Free Solids Drilling Fluids),是在低固相钻井流体的基础上发展起来的钻井流体。

无固相钻井流体由可溶解性盐和聚物配制而成。故此,可以获得需要的流变特性和失水特性。可溶性盐调节溶液的矿化度及活度,抑制黏土膨胀分散地层坍塌。

无造浆土钻井流体与清水比较,携岩能力更好,防塌能力更优,润滑与减阻优良。与有固相钻井流体相比较,较低的流动阻力、较小的静切力以及可以调节的体系黏度等优点,更有益于钻井作业。此外,无造浆土钻井流体因为无土,不会发生高温分散及钝化,储层伤害控制效果好。

4.1 开发依据

无固相钻井流体的开发主要是需要提高机械钻速性能,具有护壁防塌性能、携带岩屑性能、沉降岩屑性能、降失水和润滑性能。

(1)提高机械钻速性能。钻井流体固相含量影响机械钻速。要大幅度提高机械钻速,采用无固相钻井流体是最佳选择。同时,无固相钻井流体在循环排量一定的情况下,冲刷井壁的能力较其他体系强,难以形成虚厚的滤饼和较大的液柱压力,从根本上消除钻井施工中的厚滤饼引发的阻卡难题,最大限度地提高机械钻速。

(2)护壁防塌性能。无固相钻井流体依靠无机盐加重,体系矿化度较高,使得钻井流体中自由水向地层渗透量小。在很大程度上阻止了地层页岩水化作用,实现了防塌。

(3)携带岩屑性能。无固相钻井流体通过添加聚合物处理剂,获得悬浮和携带岩屑所需要的黏度。

(4)沉降岩屑性能。线型高分子聚合物对悬浮在钻井流体中的岩屑颗粒吸附,使钻屑连接较大絮团而迅速沉降。

(5)降失水润滑性能。无固相钻井流体本身具有较高的滤液黏度和较高的矿化度,以及线型聚合物在井壁形成的吸附膜,有效地阻止了自由水向地层渗透。

4.2 体系种类

无造浆土钻井流体以盐类作为加重剂、抑制剂,高聚物作为增黏剂,以聚合物的性能为依据,主要可分为清洁盐水类、无固相聚合物钻井流体、环保高酸溶无黏土钻井流体等。

4.2.1 清洁盐水钻井流体

清洁盐水类,如甲酸盐钻井流体、氯化钾钻井流体等。压井液还用氯化钙溶液,但因为腐蚀问题越来越少,甲酸盐钻井流体在环境保护、储层保护、抑制地层以及耐温抗侵害等方面特点显著。目前主要用于环境敏感地区的水平井、小井眼钻井和软管钻井等。甲酸盐钻井流体是采用甲酸盐作为密度调节剂,主要由甲酸盐、聚合物增黏剂和降失水剂组成。目前主要使用的甲酸盐有甲酸钠、甲酸钾和甲酸铯。

甲酸盐钻井流体不加惰性加重剂可使钻井流体密度在 $1.2\sim2.3\text{g/cm}^3$ 范围可调,容易实现无固相钻进,黏度低。流动性好,摩阻压力损失小,适于小井眼和易漏失地层钻进。抑制性强,井壁稳定,井径规则。甲酸盐与地层水接触不产生沉淀物,储层伤害小;生物毒性小,无害无毒,对水生物群落影响很小,容易生物降解,生物富集性小,对金属、橡胶等腐蚀性小,可回收,可重复利用。

隋旭强等(2014)针对非射孔完井的水平井固相侵害难以完全清除,酸洗可能导致二次储层伤害等问题,研制了适合非射孔完井的无黏土甲酸盐钻井流体。PH–BB5 井无黏土甲酸盐钻井流体组分见表 4.4.1。

表 4.4.1 PH–BB5 井无黏土甲酸盐钻井流体组分表

序号	组分	代号	加量范围,%	作用
1	海水	未明确代号	未明确范围	配制钻井流体连续相
2	增黏剂	Regular	0.5	增加钻井流体黏度
3	降失水剂	TV–5	3.0	降低钻井流体的失水量
4	碳酸钙	未明确代号	18.0	抑制黏土水化、增加钻井流体密度
5	甲酸钠	未明确代号	17.0	抑制黏土水化分散
6	聚合醇	未明确代号	1.5	使钻井流体形成滤饼
7	氢氧化钠	未明确代号	0.4	调节钻井流体的 pH 值
8	润滑剂	未明确代号	0.3	增加钻井流体的润滑性
9	防水锁剂	未明确代号	0.8	防止钻井流体产生水锁伤害

为了保证钻井施工过程中有一个合理的密度,室内采用超细碳酸钙和甲酸盐复配加重。钻井流体密度提高至 1.5g/cm^3,高温滚动(140℃/16h)前后性能稳定。

PH–BB5 井为 B5 井直接加深,在水平段采用无黏土钻井流体,密度 1.37g/cm^3,施工顺利,油气显示良好。

此外,针对甲酸盐钻井流体使用的甲酸盐中国货源不足,靠进口价格很昂贵,处理剂成本高等问题,以一氧化碳和碱金属氢氧化物为原料,在加温加压下一步反应生成甲酸盐合成了优质低成本的甲酸盐,并用甲酸盐为主剂,黄胞胶为增黏剂,加入多糖类聚合物降失水剂、超细碳酸钙滤饼形成剂等处理剂配制甲酸盐钻井流体(杨玻等,2001)。

针对延长气田子长区块地层压实作用小、渗透性强、泥岩段吸水膨胀快常出现全井段缩径、垮塌等问题,通过不同钻井流体岩屑回收率测试,评价出适合延长气田刘家沟组以浅地层的氯化钾聚合物钻井流体。氯化钾聚合物钻井流体以清水、聚丙烯酰胺、氯化钾为主剂配制而成。不同层位适当调节配比,即可满足钻井需求(郑伟娟等,2014)。

4.2.2 无黏土聚合物钻井流体

聚合物钻井流体是以某些具有絮凝或包被作用的高分子量聚合物作为主处理剂的水基钻井流体。

从广义地讲,凡是使用线型水溶性聚合物作为处理剂的钻井流体都可称为聚合物钻井流体。从狭义上讲,通常将聚合物作为主处理剂或主要用聚合物调控性能的钻井流体称为聚合物钻井流体。

聚合物无固相钻井流体不含膨润土,主要由水相、低储层伤害的聚合物和暂堵剂固相颗粒组成。密度高低取决于储层孔隙压力,通过加入氯化钠和氯化钙等可溶性盐调节,失水量和流变性主要通过选用与储层相配伍的聚合物来控制。

郎胤晟(2016)针对水基钻井流体中膨润土容易引起钻井流体高黏度、高固相导致钻井过程中起下钻阻卡、机械钻速低、储层伤害,高膨润土含量引起分散、水化、聚结、絮凝等一系列问题,研制了新型无黏土聚合物钻井流体。芳505-1区块无黏土高分子聚合物钻井流体组分见表4.4.2。

表4.4.2 芳505-1区块无黏土高分子聚合物钻井流体组分表

序号	组分	代号	加量范围,%	作用
1	水	未明确代号	未明确范围	配制钻井流体连续相
2	膜屏蔽剂	HXP	3.0	封堵地层孔隙、防塌
3	复合铵盐	未明确代号	0.5	抑制黏土水化分散
4	超细碳酸钙	未明确代号	1.5	封堵地层孔隙、增加钻井流体密度

膜屏蔽剂含有多种阳离子聚合物,聚合物胶束通过吸附或化学反应在井壁上形成一层隔离膜,起到隔离作用。纤维具有伸缩性、很强的压缩性和轻微膨胀性,尺寸可变,能在井壁附近定向滞留实现多点吸附,封堵较小孔喉与裂缝,超细碳酸钙刚性材料,利用尺寸效应封堵地层孔隙。当膜屏蔽剂分散或溶解在流动的钻井流体中,这些分子相互作用形成聚集体,在正压差作用下,能迅速对井壁上的孔喉和孔道充填并镶嵌。屏蔽膜能够阻止井筒内的流体进入地层,地层中的流体不能进入井筒,使井筒内的流体于地层流体及井壁岩石产生隔离,起到稳定井壁、保护地层、镶嵌护壁的作用。

无黏土聚合物钻井流体在芳505-1区块现场试验3口平台井,结果表明,无黏土聚合物钻井流体有很强的抑制作用,成分简单,维护方便,性能稳定,具有较强的封堵防防塌能力和抗盐抗钙抗侵害能力。

4.2.3 环保高酸溶无黏土钻井流体

石秉忠(2011)针对低压低渗透储层勘探开发、钻完井技术和提高钻速的要求,通过优选具有保护环境、高酸溶、强抑制性特点的处理剂,配制成无黏土钻井流体。环保高酸溶无黏土钻井流体组分见表4.4.3。

表 4.4.3　环保高酸溶无黏土钻井流体组分表

序号	组分	代号	加量范围,%	作用
1	清水	未明确代号	未明确范围	配制钻井流体连续相
2	非高聚物类增黏携砂剂	MZJ	1.0~2.0	防止钻井流体漏失
3	抑制剂	SMA	0.5~1.0	抑制泥岩水化膨胀
4	聚丙烯酸钾	KPAM	0.05~0.1	絮凝钻屑和岩土
5	降失水剂	KPAN 或 NH_4PAN	0.3~0.5	降低钻井流体失水量
6	超细碳酸钙	未明确代号	未明确范围	增加钻井流体的密度

经过试验评价,钻井流体各项性能良好,API失水量不大于6mL/30min,滤饼酸溶率不小于50%,砂床侵入深度不到3cm,在120℃热滚16h后钻井流体的性能基本不变,能够满足钻井施工的要求。

4.3　发展前景

虽然世界上对无黏土相钻井流体的研究与应用从20世纪80年代就已经开始,并且在实际开采中的应用也已经取得了一定的效果,但其应用仍具有很大的局限性,只能用于一些特定的低温及较浅的井段。探索耐高温高盐度,能适用于高深高密度井的无固相钻井流体依然任重而道远。

4.3.1　存在问题

目前无黏土相钻井流体还存在很多问题:

(1)不耐温,不抗盐。在高温高盐度下,无黏土相钻井流体性能受影响严重,造成钻进过程中出现很多井下难题,如钻井流体密度变化大、流变性难以控制等。

(2)护壁性能较差。无黏土相钻井流体吸附能力较弱,难以在井壁上形成质量良好的滤饼,对钻井流体中其他处理剂的要求更高。

4.3.2　发展方向

无黏土相钻井流体主要是研制具有更好的耐温抗盐性、良好的护壁性能等的处理剂。

(1)更好的耐温抗盐性。研制耐高温耐盐的新型处理剂对于无黏土相钻井流体的广泛使用有重要的意义,可以避免固相钻井流体中固相对地层的伤害。

(2)良好的护壁性能。研制具有良好的护壁性能的处理剂,能够使无黏土相钻井流体既具有固相钻井流体的优点,也可以避免其缺点,能提高机械钻速,改善井壁性能和控制储层伤害。

第5章 烃分散水基钻井流体

烃分散水基钻井流体(Hydrocarbon Dispersed Water – based Drilling Fluid)是将一定量的油分散在淡水或不同矿化度的盐水中,形成一种以水为连续相、油为分散相的水包油乳状液。烃分散水基钻井流体由水相、油相、乳化剂和其他处理剂组成。水是外相,烃是内相,以高闪点、高燃点和高苯胺点柴油、原油和白油等矿物油为主。

水包油钻井流体是最常见的一种烃分散水基钻井流体。既保持了水基钻井流体的特点,又具有油基钻井流体的部分优点,所以被大量用于各类井的欠平衡钻井中,以最大限度地实现安全钻井和控制储层伤害。

水包油钻井流体的研究与应用,国际上从 20 世纪 70 年代开始,中国始于 20 世纪 80 年代。尽管国际上水包油钻井流体研究开展的较早,但因为其耐温能力比较局限,很少应用于低密度钻井,用于低密度钻井在 20 世纪 80 年代末和 90 年代初期,逐渐随着低压低渗透油田的勘探开发才得到了应用。

5.1 开发依据

水包油钻井流体主要用于解决一些低孔低渗、缝洞发育易井漏、地层压力系数低的储层保护问题和深井欠平衡钻井技术难题而开发的。

(1)采用气制油或白油作为油相能形成稳定的水包油乳状液。随着油水比例增大,钻井流体黏度、切力增加,钻井流体密度减小,钻井流体性能基本相同。相同油水比下,气制油钻井流体的密度较白油低,对应的表观黏度和塑性黏度也略低,即选气制油更合适;为了适应探井钻探对弱荧光的要求,选白油为油相。

(2)通过调整油水比满足窄安全密度窗口钻井,能解决低压且裂缝发育地层易发生井漏井下难题。

(3)水包油钻井流体属于热不稳定体系,控制钻井流体达到一定的流变性较为困难,一般采用生物聚合物和合成聚合物作增黏剂。影响水包油乳状液稳定性的主要因素有乳化剂、外相黏度、内相性质及浓度、界面电荷和固体粉末等,其中最主要的是乳化剂。乳化剂分子作用力越大,膜强度越高,乳状液越稳定;复合乳化剂比单一乳化剂形成的界面膜强度高,乳状液中分散介质的黏度越大,稳定性越高;加入固体粉末也能使乳状液趋于稳定(钱殿存等,2001)。

(4)水包油钻井流体对聚阴离子纤维素类和淀粉类降失水剂具有较好的相容性。可以用于水包油钻井流体。油水比一定时,增加降失水剂和高温稳定剂的加量可以使水包油钻井流体的失水量降低、动塑比升高、携带岩屑的能力增强。在高温深井条件下降失水剂容易变质,需研究相容性较好的且耐温高压的降失水剂。

(5)水包油钻井流体,采用海水比采用淡水更能形成稳定的加重体系,满足现场需要。这可能是盐可以起到降低界面张力的作用,便于乳化分散的原因。

5.2 体系种类

根据油水比和处理剂的不同,可以把水包油钻井流体分为高油水比钻井流体、低油水比钻井流体和聚磺混油钻井流体。这里的油水比指的是油水体积比。

油水比的选择主要是根据欠平衡钻井所需钻井流体的密度来确定的。耿晓光指出水包油钻井流体中的油水比一般为3∶6~6∶3。这个范围的油水比体系比较稳定,乳化效果才好。含油量高于74%时,体系的乳化状态会发生反转(耿晓光,2001)。

5.2.1 高油水比水包油钻井流体

目前,对于高低油水比水包油钻井流体没有明显划分,一般把油水比达到4∶6或以上的称作高油水比水包油钻井流体。高油水比水包油钻井流体处理剂一般为水、油、烧碱、乳化剂、稳定剂、降失水剂、增黏剂、润滑剂、流变型调节剂和少量膨润土等。

刘文堂等(2011)提出吉2-平1井高油水比水包油钻井流体配方。高油水比水包油钻井流体具有较强的抑制防塌能力和润滑性能,维护简单,性能稳定,携砂能力强,储层保护效果好,平均机械钻速4.7min/m,初期投产日产油量达20t,稳产产量约7t。高油水比水包油钻井流体主要组分见表4.5.1。

表4.5.1 高油水比水包油钻井流体主要组分表

序号	组分名称	组分代号	加量范围,%	作用
1	钠土	未明确代号	4.0~5.0	配制钻井流体的基浆
2	降失水剂	PAMS-601	0.5~1.0	降失水、提黏切
3	烧碱	未明确代号	0.5~1.0	调节pH值
4	降失水剂	未明确代号	0.3~0.6	降低失水量
5	阻燃剂	ZR-1	1.0~2.0	阻止燃烧
6	乳化剂	FR-2	0.5~1.5	乳化白油,降低钻井流体摩擦阻力
7	白油	未明确代号	60.0~70.0	提供油相介质

此外,张高波等根据古潜山地层特点及欠平衡钻井技术要求,研制出了耐温低密度水包油钻井流体,油水比为6∶4。现场用水包白油钻井流体在高温高压下有良好的流变性;静态与动态渗透率恢复值分别为91.4%和83.1%,控制储层伤害效果好;具有良好的抑制性和润滑性,携砂效果良好,起下钻畅通,电测一次成功率为100%(张高波等,2002)。

现场水包油钻井流体的性能维护,主要是保持密度、流变性和体系稳定等性能稳定。

(1)钻井流体密度的调节。钻井流体密度主要受油水比影响。降低钻井流体密度应提高油相比例,同时补充少量水相,降低膨润土和增黏剂含量,以控制黏切。油水比应小于7∶3,以避免因达到水包油乳状液油相含量最高限而破乳。

小幅增加钻井流体密度时,可使用补充膨润土浆或聚合物胶液的方法,增加量较大时,可使用重晶石或青石粉加重,同时视黏度情况补充10%~20%清水,以降低因加重引起的黏度效应。

(2)钻井流体流变性的调节。水包油钻井流体属于油相高度分散在水相中的乳化体系。钻井流体的黏度主要因分散的油相微颗粒、固相颗粒及液相分子之间的摩擦形成,即表观黏度构成中的主要部分为塑性黏度,钻井流体的动切力、静切力相对较小。因此普通钻井流体稀释剂不能显著降低水包油钻井流体的黏度,其流变性调节主要靠清水和聚合物,增加体系黏度时补加增黏剂或膨润土,降低黏度时加聚合物稀胶液和油相,以降低钻井流体固相含量和聚合物含量,达到降黏的效果。

(3)钻井流体乳化稳定性维护。注意水包油钻井流体油水比变化,随时补充水分,避免因水分蒸发、失水引起逆乳化而造成体系不稳定,并视钻井流体乳化情况补充乳化剂。

(4)钻井流体 pH 值维护。按要求及时测量钻井流体 pH 值,维持 pH 值为 8~11,通过及时加入烧碱液维护,以保持水包油钻井流体的胶体稳定性。

类似研究还有,针对低压储层钻井控制储层伤害的要求,室内研究出油(白油和柴油混合)水比为 7:3~3:7 的水包油钻井流体,密度在 0.88~0.97g/cm^3 可调,耐温达 180℃(马文英等,2013)。

针对 BZ28-1 油田地层压力系数低,潜山地层裂缝发育,井漏风险非常大,何瑞兵等用水包油钻井流体配合压力控制钻井,并取得了良好的效果(何瑞兵等,2008)。

5.2.2 低油水比水包油钻井流体

油水比为 1:9 至 2:8 时为低油水比水包油钻井流体。低油水比钻井流体配方与高油水比钻井流体相似,只是油水比例低。

王多金等(2008)针对磨溪气田高压、高渗透、高含硫气藏研制的超高密度低油水比(1:9)水包油钻井流体,抗钙盐联合侵害能力强,流变性稳定;具有快速密封地层孔缝能力,大幅度降低井壁岩石渗透率,有效地防止了小井眼段高泵压和黏附卡钻事故。低油水比水包油钻井流体主要组分见表 4.5.2。

表 4.5.2 低油水比水包油钻井流体主要组分表

序号	组分名称	组分代号	加量范围,%	作用
1	膨润土	未明确代号	6.00	提高流体的密度
2	烧碱	未明确代号	0.2	改善黏土的水化分散性能
3	钠土	OCMA	0.3	配制钻井流体的基浆
4	降失水剂	RSTF	1.0	降低失水量
5	降失水剂	SMC	6.5	降低失水量
6	封堵剂	RLC101	1.5	封堵地层
7	降失水剂	SMP22	5.0	降低失水量
8	油基润滑剂	未明确代号	7.0	降低钻井流体的流动阻力和滤饼摩阻系数
9	生石灰	未明确代号	0.8	吸收地层中的酸性气体
10	稀释剂	HTX	0.3	降低钻井流体的黏度和切力

续表

序号	组分名称	组分代号	加量范围,%	作用
11	主乳化剂	未明确代号	0.5	乳化,降低钻井流体摩擦阻力
12	辅乳化剂	未明确代号	0.25	乳化,降低钻井流体摩擦阻力
13	润滑反转剂	未明确代号	1.0	使钻井流体中的固相由亲水转换为亲油

低油水比水包油钻井流体的维护处理方法与高油水比水包油钻井流体相似,主要是密度、黏度、乳化稳定性方面的维护,不再赘述。

此外,刘绪全等(2012)为了解决静北地区古潜山油藏的井漏和储层伤害问题,研究了水包油钻井流体。油水比控制在1:9~3:7。静北区块16口井二开钻进应用,较好地保护了油层,提高了机械钻速,解决了井下难题,后来在茨榆坨、海外河潜山等地区推广应用。

针对南堡2号构造潜山老堡南1断块油藏井底温度高(超过150℃),地层压力系数低(0.99~1.01),使用常规的钻井流体容易发生高温流变性差、漏失、储层伤害和水平段施工携砂困难等问题,通过优选处理剂和调整油水比,在该井五开使用密度为0.94~0.96g/cm^{3}的水包油钻井流体,解决了上述问题(韩立胜等,2011)。

5.2.3 聚磺混油钻井流体

聚合物磺化混油钻井流体是将聚合物与磺化处理剂整合,然后混油,实现钻井流体性能稳定、井壁稳定、润滑性提高和减少井下难题。

聚合物处理剂在钻井流体中具有抑制水敏性泥页岩水化膨胀作用,剪切稀释性,润滑减阻作用,匹配合适的降失水处理剂,实现护壁作用,一定的抗盐、抗钙侵害能力与耐温能力。

磺化处理剂通常指磺化褐煤、磺化酚醛树脂、磺化单宁、磺化褐煤树脂等。磺化处理剂的主要作用是具有较强的耐温、抗盐钙能力,降失水,增强钻井流体的稳定性,与聚合物配伍,可保持黏土在钻井流体中适度分散。磺化处理剂是深井和高盐钙地层必需的处理剂。

聚磺钻井流体引入原油,既保留了聚磺钻井流体原有的优势,又弥补了润滑性方面的相对不足,特别适合含盐钙地层水平井的施工。

针对新疆油田吉木萨尔致密油钻井工区地层存在强水敏泥岩、膏质泥岩、碳酸根离子、碳酸氢根离子等易造浆、易缩径、易垮塌、易侵害钻井流体性能等技术难题,研制了钾钙基聚磺混油钻井流体(倪红霞等,2014)。钾钙基聚磺混油钻井流体主要组分见表4.5.3。

表4.5.3 钾钙基聚磺混油钻井流体主要组分表

序号	组分名称	组分代号	加量范围,%	作用
1	预水化膨润土浆	未明确代号	4.0~5.0	提高流体的密度
2	氢氧化钾	未明确代号	0.3	改善黏土的水化分散性能
3	氯化钾	未明确代号	7.0	降低泥页岩的水化分散
4	生石灰	未明确代号	0.5	降低黏土颗粒的亲水性和分散度,防止钻井流体侵害

续表

序号	组分名称	组分代号	加量范围,%	作用
5	抑制剂	FA367	0.5	抑制长段泥岩地层膨胀缩径、垮塌、造浆
6	白油	未明确代号	15.0	防止钻屑在井壁和钻具表面的黏附
7	抑制剂	SP-8	1.0	抑制长段泥岩地层膨胀缩径、垮塌、造浆
8	水解聚丙烯腈铵盐	NH_4-HPAN	1.0	降低泥页岩的水化分散
9	降失水剂	SMP-1	2.0	降低失水量
10	阳离子乳化沥青	KR-n	未明确范围	封堵、桥接、防膨、防塌、降失水
11	随钻堵漏剂	TP-2	2.0	对地层渗漏进行封堵
12	随钻堵漏剂	FD-8	2.0	对地层渗漏进行封堵

JHW003井二开直井段采用钾钙基聚磺钻井流体,二开造斜段和三开水平段应用钾钙基聚磺混油钻井流体,全井无事故、无井下难题。钻井周期比设计缩短17.5d,机械钻速同比提高23%。

此外,张庆港等针对伊拉克AHDEB油田AD4-10-1H井泥岩易水化,盐膏层易缩径,侵害钻井流体,燧石密度大,岩屑上返困难等难题,使用聚磺混油钻井流体。在钻上部大段泥岩段时,加足包被剂,抑制泥岩水化分散;在钻盐膏层时,用高浓度磺化胶液维护钻井流体,增强钻井流体的抗侵害能力;燧石层钻进时,适当补充优质膨润土浆,提高黏切,增强携岩能力;在定向段和水平段时,加大钻井流体中原油和润滑剂含量,增强润滑性。全井起下钻和下套管顺利,电测一次成功,钻井周期大大缩短(张庆港等,2014)。

5.3 发展前景

水包油钻井流体和其他水基钻井流体一样,都是钻井史上曾经应用过的重要钻井流体。尽管水包油钻井流体与其他水基钻井流体比较,成本相对较高,但与油包水钻井流体相比,成本低30%~50%。水包油钻井流体可实现较低的钻井流体密度。水包油钻井流体具有较好的稳定井壁能力。水包油钻井流体由于其外相是水,对电系列测井和核磁测井无影响。水包油钻井流体在一些油层压力系数低、井漏严重的储层中得到了很好的应用。

5.3.1 存在问题

虽然水包油钻井流体在世界上都进行了成功的应用,但从整个水包油钻井流体仍然存在高温下(大于150℃)乳化稳定性问题、高温后沉降稳定性问题、高温后流变性问题。

5.3.2 发展方向

水包油钻井流体,未来的发展方向主要有耐温、抗氧、建立评价体系等(马勇等,2006)。
(1)研制耐温能力强、抗盐能力好、环保的新型低成本乳化剂,从而提高水包油钻井流体高温高压、高矿化度条件下的稳定性。

(2)加强水包油钻井流体稳定机理研究,以提高其承压、耐温、抗盐能力,从而提高水包油钻井流体在深井欠平衡钻井完井作业中的推广应用价值。

(3)深入研究高温高压下体系的密度变化趋势,以及在现场使用过程中如何实时监测密度变化,为实现真正的欠平衡钻井作业提供强有力支持。

(4)建立系统的、简易可行的水包油钻井流体稳定性评价方法。

第6章 泡分散水基钻井流体

泡分散钻井流体(Bubbles Dispersed Drilling Fluid)是指钻井流体中独立分散着泡状体的钻井流体。目前,依据作用机理可以分成降低密度实现防漏堵漏的可循环泡沫/微泡沫钻井流体、以封堵实现防漏堵漏的微泡钻井流体和以粘接破碎地层改变岩石强度的绒囊钻井流体。

可循环泡沫钻井流体是由水、固相颗粒(黏土)、表面活性剂(发泡剂)、增黏剂、降失水剂等制成的气、液、固三相分散的胶体体系。

微泡钻井流体一般是指 Aphrons 钻井流体泡。由独特的高黏水层形成的微泡,分散、可循环、低密度,不需要空气或者气体注入。

绒囊是由聚合物和表面活性剂自然形成的可变形材料,粒径 $15 \sim 150\mu m$,$60 \sim 70\mu m$ 居多;壁厚 $3 \sim 10\mu m$。可根据井下条件,改变性能和形状全面封堵地层漏失通道。静止或者减速后提供粘接条件把分散着绒囊的流体叫绒囊工作液(Fuzzy Ball Working Fluids)。用于钻井的称为绒囊钻井流体。

6.1 开发依据

泡沫具有良好的携砂性能和悬浮能力、良好的失水性以及较低的腐蚀性和生物降解性,泡沫钻井流体具有密度低、失水量小、携岩能力强和提高钻速等特性,现已成为油气田开发过程中钻井流体的一个重要发展方向。

中国最早使用泡沫钻井流体应追溯到 1984 年,当时新疆油田成功应用空气泡沫流体进行洗井。随后尝试进行钻井,取得了良好效果。但是由于其不可循环,所以推广应用比较困难。可以循环使用的泡分散在连续相中的钻井流体应运而生。

可循环泡沫/微泡沫钻井流体主要机理是低密度,实现低压裂缝性油气藏、稠油油藏、低压、低渗透储层、易发生严重漏失的油气藏和能量枯竭油气藏及实现近平衡压力钻井或负压差钻井(宫新军等,1996)。

微泡钻井流体是把某些表面活性剂与聚合物结合在一起产生一种微泡。在渗透性地层中这些微泡能聚集成网状形成坚韧的具有弹性的屏障,从而阻止钻井流体的漏失,实现无侵入和平衡地层(Tom,1998)。

绒囊是由气核、表面张力降低膜、高黏水层、高黏水层固定膜、水溶性改善膜以及聚合物高分子和表面活性剂过渡层组成的,绒囊钻井流体是一种由多种高分子有机物和表面活性剂形成的囊状结构。进入地层后,在地层压力和温度的共同作用下,绒囊通过堆积、拉伸、填塞等形式封堵各种类型裂缝性漏失地层,提高地层承压能力;加入一定量的黏土抑制剂,提高了绒囊钻井流体的抑制性,防止黏土矿物水化膨胀、分散,维持井壁稳定,有效防止因坍塌掉块引发的井下复杂情况(郑力会等,2010)。

6.2 体系种类

泡分散钻井流体可以分为可循环泡沫钻井流体、微泡钻井流体和绒囊钻井流体,这些种类除了水基外,微泡和绒囊都有油基钻井流体。

6.2.1 可循环泡沫钻井流体

可循环泡沫类钻井流体,与应用其他泡沫钻井流体的根本区别是不需要附加特殊设备,就可以实现一定体积的气体稳定存在于钻井流体中。气体的存在,降低了钻井流体密度。因此,一般认为可循环泡沫类钻井流体降低了整个井眼的液柱压力,减小了液柱与地层孔隙压力间的压差,进而降低了漏失量,从而控制了储层伤害。中国也称微泡沫钻井流体。

张振华研(2004)制出了一种发泡剂及对应的可循环微泡钻井流体,微泡沫钻井流体在锦45-15-26C侧钻井进行的现场试验初步证实,该钻井流体在整个循环和钻进过程中性能稳定,没有出现气液分层现象,泡沫细小,钻井流体泵上水正常,地面出口钻井流体密度最低可调整至 $0.8g/cm^3$,振动筛处不漏钻井流体,微泡沫钻井流体的其他各项参数都基本满足现场使用的技术要求。微泡沫钻井流体保护低渗透储层效果良好。微泡沫钻井流体主要组分见表4.6.1。

表4.6.1 微泡沫钻井流体主要组分表

序号	组分名称	组分代号	加量范围,%	作用
1	发泡剂	MF-1	0.3	产生泡沫
2	液膜强度增强型稳泡剂	SF-1	0.03	稳定泡沫
3	耐温型降失水剂	SMP-17	2.0	降低钻井流体失水量
4	增黏剂	80A51	0.05	增加钻井流体黏度
5	增黏剂	XC	0.2	调节流型、增加钻井流体黏度
6	耐温型降失水剂	SPNH	1.0	降低钻井流体失水量

根据井口返出微泡沫钻井流体的密度、黏度、切力及微泡沫大小,及时对微泡沫钻井流体进行维护处理。通过现场小型试验及时补加发泡剂和稳泡剂,以维持各处理剂在微泡沫钻井流体中的有效含量。充分利用各循环罐中的搅拌器以及混合漏斗将微泡沫钻井流体中的大泡变成微泡,维持钻井流体泵较好的上水效率,保证了钻井工程的顺利进行。

配制微泡沫钻井流体前,先用加料漏斗添加生物聚合物和改性淀粉。在添加微泡沫发泡剂和稳泡剂之前,钻井流体密度为 $1.04g/cm^3$,马氏漏斗黏度为75s,表观黏度为 $25mPa·s$,塑性黏度为 $16mPa·s$,动切力为9Pa,钻井流体API失水量为 $14mL/30min$,滤饼厚度为1mm,pH值为12。由于开始加发泡剂时采用的是直接在钻井流体罐中添加的方式,搅拌机的剪切速率不够,同时井筒中涌出的部分原油不断溶解发泡剂,因此钻井流体密度在开始阶段较高。后来采用如下措施:增加发泡剂的用量;采用加料漏斗的方式添加发泡剂和稳泡剂,让部分气体进入钻井流体;将用铣锥开窗的钻柱组合改换成侧钻的钻柱组合,并堵住1个钻头水眼,增加井底钻头喷嘴的剪切速率。之后钻井流体密度开始降低。

此外,刘德胜等研制了无固相微泡沫钻井流体,由发泡剂、稳泡剂、降失水剂和流型调节剂组成。密度 $0.75\sim0.92g/cm^3$,在二连油田哈345X井解决了地层压力系数0.68的井漏问题(刘德胜等,2000)。

左凤江等引入膨润土和聚阴离子纤维素,研制出含黏土相可循环微泡沫钻井流体。采用密度 $0.80\sim0.84g/cm^3$,完成了哈336井,地层压力系数0.71;采用密度 $0.90\sim0.95g/cm^3$,完成了淖102-6井,地层压力系数0.91,报道最大井深1858.00m(左凤江等,2002)。

罗健生等室内用膨润土、碳酸钠、正电胶、小阳离子、改性淀粉、80A51、磺化酚醛树脂、稳定剂、耐温剂、缓蚀剂和高黏聚阴离子纤维素,研制了密度 $0.66\sim0.9g/cm^3$ 的淡水膨润土正电胶微泡沫钻井流体、聚合物微泡沫钻井流体以及海水膨润土微泡沫。虽然没有应用,但发展了以海水为连续相的可循环微泡沫钻井流体(罗健生等,2001)。

使用膨润土、降失水剂、增黏剂、发泡剂、稳泡剂、抑制剂和磺化沥青等研制三相可循环微泡沫钻井流体,采用密度 $0.73\sim0.90g/cm^3$,完成 $300.00\sim700.00m$ 主漏失井段钻井;再用钻井流体密度 $0.87\sim0.97g/cm^3$,完成 $1800.00\sim2000.00m$ 次漏失井段钻井。实验3口井,有效封堵水泥都没有实现有效封堵地层。应用结果认为,钻井流体当量密度可控制在 $1.00g/cm^3$ 左右,用于井深1000.00m以内效果较为明显;井深超过1500.00m时,循环当量密度接近基液密度。三相可循环微泡沫钻井流体对钻井流体泵的上水效率有一定影响,循环时地面管汇振动幅度较大(张毅等,2004)。

根据井眼漏速大小交替使用微泡沫钻井流体和微泡沫桥浆。微泡沫钻井流体使用土浆、润滑剂和起泡剂,密度 $0.75\sim0.96g/cm^3$;桥浆加入桥接剂,密度 $0.85\sim0.99g/cm^3$。很好地解决了井深400.00m的玉皇1井表层大井眼段钻进中长段低压地层和破碎带地层的恶性井漏难题。根据漏失情况和固井时的水泥浆密度,折算地层压力系数为0.4,预计提高地层压力系数 $1.02\sim1.32$(张坤等,2004)。

将随钻堵漏技术与低密度可循环泡沫钻井流体相结合,用于裂缝性高含硫枯竭储层钻井,井深939.00m。用膨润土、氢氧化钠、碳酸钠、黄胞胶、低黏聚阴离子纤维素、果壳、云母、二甲醚、发泡剂、碱式碳酸锌、缓蚀剂,改造成抗钙聚磺泡沫钻井流体,在钻井过程中出现放空的情况下,顺利钻成伊朗MIS油田的V-1井。井深939.00m,钻井流体密度 $0.97\sim1.03g/cm^3$,地层压力系数0.43(刘德胜等,2008)。

针对江汉油田储层压力系数低且盖层为盐膏层所造成的钻井流体技术难点,研制了饱和盐水微泡沫钻井流体。离子型起泡剂为主起泡剂,非离子型起泡剂为辅起泡剂,改性黄胞胶和聚阴离子纤维素作稳泡剂,成功用于簰深1井、拖26斜-2井等4口井,最大井深2200.00m。再一次发展了微泡沫钻井流体的连续相(叶诗均,2008)。

研制膨润土浆、聚丙烯酸钾、水解聚丙烯酰胺钠盐、发泡剂等微泡钻井流体,用于沙试3井煤层气一开和二开钻井。一开密度 $0.80\sim1.15g/cm^3$,二开密度 $0.7\sim0.8g/cm^3$,复配使用随钻防漏堵漏剂、两种单封复配、白沥青、封堵防塌剂,顺利完钻826m。而邻井沙试1井,从井深462m开始直到井底625m,全部为漏失井段,先后使用了复合堵漏剂、单封、蛭石、锯末、棉籽壳、水泥及自行设计加工的泥球、泥包、棕绳段、皮绒等多种堵漏剂,堵漏方法采用了桥堵、高固相膨润土石粉塞子、水泥等多种方法,效果都不好。微泡钻井流体第一次用于煤层气随钻防漏堵漏获得成功(夏廷波等,2005)。

用膨润土浆、聚阴离子纤维素、稳泡剂、聚丙烯酸钾、发泡剂及其他处理剂,研制了低密度微泡沫压井液,密度 $0.70\sim0.99\text{g/cm}^3$,在红南 2 井、温砂 301 井和雁 244 井等修井 5 口井,压力系数均小于 0.88。不但没有发生漏失,而且表皮系数仅 0.20~2.34。微泡钻井流体第一次应用于修井作业获得成功(李八一等,2006)。

用膨润土浆、氢氧化钠、稳泡剂、中黏度絮状纤维素、发泡剂研制成微泡沫钻井流体,用于探矿经常遇到的构造复杂、裂隙发育、地层破碎等井段的岩心钻探。完成了 ZKB12-8 井、ZKD9-0 井、BZK32-48 井和 BZK32-32 井等的钻孔。解决了漏失问题,流变性和润滑性良好,携带岩粉能力强,提高岩心采取率、机械钻速和钻探质量。微泡第一次用于探矿工程,取得了良好的应用效果(要二仓等,2008)。

使用微泡沫钻井、粗泡沫堵漏固井。完成伊朗 TBK3 井,井深 133m。微泡沫由膨润土、碳酸钠、黄胞胶、氢氧化钠、发泡剂组成,粗泡沫在微泡沫的基础上添加正电胶。钻井利用微泡沫可降低井筒液柱压力,又可在近井壁形成类似于"液体套管"的滞留层防漏堵漏。固井需要稳定性差一些的粗泡沫进入地层,在低流速或静止状态下,微泡沫变成"蜂窝"状结构的强度很大的泡沫凝胶,对漏失通道产生"气锁"和凝胶封堵,防止固井水泥浆漏失,提高固井质量。不仅解决了 ϕ914.4mm 大井眼的漏失和携岩问题,也将可循环泡沫钻井流体应用于注水泥防漏(刘德胜等,2004)。

6.2.2 微泡钻井流体

武学芹等引用 Aphrons 的微观结构,用基浆、改性黄胞胶、发泡剂、流型调节剂、降失水剂,研制微泡钻井流体,密度 $0.9\sim1.13\text{g/cm}^3$,完成吐哈油田雁 653 井,井深 1887.00m,地层压力系数 0.96(武学芹等,2004)。

Growcock 等(2006)观察到 Aphrons 钻井流体防漏堵漏的方式独特。提出了微泡钻井流体提高地层承压能力的论断,而且认为,防漏堵漏的机理在于低密度缓解井漏,低摩阻降低泵压,高黏度和高切力阻止井漏,气锁阻止井浆继续流动,桥浆具有气锁和架桥封堵双重作用。

Boyd D. Schaneman 等(2003)针对印第安盆地开发了 35 年的新墨西哥油田,Cisco 气层压力下降至 600psi,硫化氢含量 6000~8000ppm。钻井会遇到井漏、卡钻以及安全,Aphrons 钻井流体。Aphrons 钻井流体组分见表 4.6.2。

表 4.6.2 Aphrons 钻井流体主要组分表

序号	组分	代号	加量范围,lb/bbl	作用
1	杀菌剂	未明确代号	0.5	清除细菌
2	碳酸钠	未明确代号	1.5	软化配浆水
3	活性剂一	Activator I	5.0	形成 Aphrons 体系,增加钻井流体黏度
4	活性剂二	Activator II	1.0	形成 Aphrons,增加钻井流体黏度

续表

序号	组分	代号	加量范围,lb/bbl	作用
5	调节剂二	Go – Devil II	3.5	加强 Aphrons 强度
6	保护剂	ActiGuard	0.25	防止井壁坍塌
7	消泡剂	Blue Streak	1.0～2.0	消除虚泡,增加 Aphrons 钻井流体密度

现场操作比较简单,直接加入处理剂,配制钻井流体达到预期性能。按常规水基钻井流体施工。替出原井筒内的钻井流体,建立循环后开始钻井或者磨洗井下落物。

6.2.3 绒囊钻井流体

绒囊是一种由多种高分子有机物合成的囊状结构。进入地层后,在地层压力和温度的共同作用下,绒囊通过堆积、拉抻、填塞等形式封堵各种类型裂缝性漏失地层,提高地层承压能力;加入一定量的黏土抑制剂,提高了绒囊钻井流体的抑制性,防止黏土矿物水化膨胀、分散,维持井壁稳定,有效防止因坍塌掉块引发的井下复杂情况。改变钻井流体的走向与改变地层强度。与传统钻井流体不同,主要有五大区别。

研制了能够粘接破碎岩土的煤层气绒囊钻井流体。针对聚合物和表面活性剂在流动中没有足够时间粘接破碎岩土的难题,研制了自然形成分散着囊泡的全部溶于水的绒囊流体。实现了能够进入各种形态通道实施封堵控制流动速度,保证大分子及表面活性剂粘接破碎单元,解决了封堵材料进入破碎性岩土难、建立粘接环境难的瓶颈问题。

开发了既能形成稳定囊泡又能有效粘接的煤层气绒囊钻井流体主处理剂。针对煤层气绒囊钻井流体利用现有的处理剂形成稳定体系和良好粘接性能需要处理剂种类多、调整性能烦琐等困难,研发了靶向改性纤维素、改性淀粉及表面活性剂并加以优化,实现两种聚合物和两种表面活性剂即可达到控制漏塌性能,解决了处理剂粘接强度与囊泡稳定调整时处理剂种类多、影响因素多等调整难题。

发现了煤层气绒囊钻井流体能够自匹配孔隙形态封堵流动通道的作用机制。针对不同尺度的囊泡封堵不同尺度流体通道作用方式不明问题,实验观测发现囊泡在压力作用下变形注入破碎岩土孔隙,通过堆积、拉抻、填塞实施分压、耗压、撑压作用方式控制流体流动,建立了不同粒径范围封堵不同尺度范围并实施某类封堵方式的模糊封堵理论,解释了绒囊流体普适性好的原因,为绒囊流体推广应用提供了理论支撑。

创立了利用工程参数调整性能的计算方法。绒囊流体依靠囊泡数量和处理剂浓度实现控制坍塌、漏失和储保、环保,其性能不遵守常规材料计算方法且受配制条件影响,现场按普通钻井液操作经常造成性能达不到标准。对此开发了利用处理剂加量、配制参数及施工参数达到目标性能的层维工程参数自择优计算方法,实现性能合适、成本合理的智慧控制,解决了绒囊流体应用时性能、成本、环保定量协调难题。

发现了煤层气绒囊钻井流体能够自匹配孔隙形态封堵流动通道的作用机制。针对不同尺度的囊泡封堵不同尺度流体通道作用方式不明问题,实验观测发现囊泡在压力作用下变形注入破碎岩土孔隙,通过堆积、拉抻、填塞实施分压、耗压、撑压作用方式控制流体流动,建立了不同粒径范围封堵不同尺度范围并实施某类封堵方式的模糊封堵理论,解释了绒囊流体普适性好的原因,为绒囊流体推广应用提供了理论支撑。

袁明进等(2012)针对延平1井煤层段水平钻进过程中的井壁稳定和储层保护问题,三开试验采用了绒囊钻井流体。绒囊钻井流体组分见表4.6.3。

表 4.6.3　绒囊钻井流体主要组分表

序号	组分	代号	加量范围,%	作用
1	清水	未明确代号	未明确范围	作为绒囊钻井流体溶剂
2	囊层剂	未明确代号	0.4~0.6	绒囊组分,保持气核稳定,提高绒囊强度
3	绒毛剂	未明确代号	0.6~0.8	绒囊组分,增加绒囊钻井流体黏度
4	成核剂	未明确代号	0.05~0.1	绒囊组分,形成囊核
5	成膜剂	未明确代号	0.6~0.8	绒囊组分,形成囊膜
6	氯化钾	未明确代号	3.0~5.0	防止井壁坍塌
7	重晶石	未明确代号	20~40	增加绒囊钻井流体密度

三开钻进前,清除钻井流体罐及沉降池中的钻井流体,备足清水,扫水泥塞。扫完水泥塞后,清楚钻井流体循环坑中的水泥块,使用加料漏斗按配方顺序依次加入绒囊钻井流体处理剂并继续开动加料漏斗直至处理剂完全溶解。储层段采用绒囊钻井流体钻进,井壁稳定性较好,三开钻进施工顺利,同时在绒囊钻井流体中加入氯化钾等黏土抑制剂,增强了钻井流体的抑制性,抑制地层的黏土分散,稳定井壁。

此外,针对鄂尔多斯盆地东缘的煤层气水平生产井EJ2井大井眼、水平井存在携岩困难、井壁失稳等技术难点,采用重晶石加重绒囊钻井流体。克服了邻井钻井过程中因坍塌、掉块引发的事故,全井无漏失、坍塌掉块,无复杂情况发生,保证施工顺利进行;同时,有效地提高了机械钻速,缩短钻井周期,大幅度地节约井队、定向、录井、地质勘探等费用,展现了良好的经济效益(孙法佩等,2012)。

针对磨80-C1侧钻水平井地层孔隙裂缝发育、地层压力系数低、钙侵、矿化度高等问题,采用绒囊钻井流体。现场应用表明,绒囊钻井流体流变性能稳定,密度调节0.70~1.20g/cm³,随钻封堵地层。现场利用现有设备加入专用处理剂即可配制完成绒囊钻井流体且维护无须特殊处理,与原聚磺井浆混合后施工。钻进2564~2906m,钻井周期19d,增斜段机械钻速为1.95m/h,水平段机械钻速2.38m/h,全井无明显漏失。利用PPS28测压仪实测2500m井深处压力的当量钻井流体密度为1.05g/cm³。水平段钻进,密度1.05~1.07g/cm³,漏斗黏度48~55s,塑性黏度13~16mPa·s,动切力14~17Pa,API失水3.8~5mL/30min,控制起下钻摩阻为40~100kN(胡永东等,2013)。

针对樊试U1H井内出现坍塌及大量掉块,引起井下复杂的问题,使用绒囊钻井流体,保持近煤层压力系数密度钻进,全井未发生煤层垮塌、漏失等复杂情况,有效地解决了煤层气井水平段的井眼清洁、井壁失稳和垮塌问题,较好满足了钻井施工要求(滑志超等,2014)。

6.3 发展前景

泡分散钻井流体优势明显,如密度减轻压差,剪切稀释性好,携岩效果好。但是,劣势也非常清楚,如稳定性、耐温能力不足等。

6.3.1 存在问题

泡分散水基钻井流体在诸多方面存有优势,当然,由于其自身的特点,有待发展的方面也很多。如优良的发泡稳泡材料相对缺乏,性能稳定影响因素尚无定论等。

6.3.2 发展方向

加强认知和研究泡分散钻井流体,进一步开发和优选发泡剂、稳泡剂,提高体系稳定性;增加消泡技术研究,促进泡沫钻井流体的可循环利用;研究抑制剂、井壁稳定剂,建立专用的室内井壁稳定评价方法和统一的标准,促进泡分散钻井流体在中国的进一步推广应用。

(1) 研制适用的起泡剂和稳泡剂,提高泡分散水基钻井流体在高温高压以及高矿化度条件下的稳定性。

(2) 继续加大对泡分散水基钻井流体应用极限深度的研究,提高其应用深度,以解决适合的钻井作业难题。

(3) 加强泡分散水基钻井流体稳定机理研究,提高其承压和耐温、抗盐能力,从而提高泡分散水基钻井流体在深井欠平衡、近平衡钻井完井作业中的推广应用价值。

(4) 深入研究高温高压下体系的稳定性,在现场的使用过程中如何实时监测其密度变化,进一步完善体系的评价方法。

第7章　盐溶液水基钻井流体

盐溶液水基钻井流体(Salt Solution Water-based Drilling Fluid)是以可溶于水的盐为主要处理剂,其他辅助处理剂分散在盐溶液中调节性能的钻井流体。

盐溶液钻井流体是历史悠久的钻井流体。在水基钻井流体的发展过程中,无机盐、有机盐以及正电胶体类钻井流体以其独特的性能在钻井作业中崭露头角,解决了许多特殊地层钻井难题。其主要特点有:

(1)矿化度高,抑制性较强,能有效地抑制泥页岩水化,保证井壁稳定。

(2)不仅抗盐侵的能力很强,而且能够有效地抗钙侵和抗高温,适于钻含盐岩地层或含盐膏地层,以及在深井和超深井中使用。

(3)滤液高矿化度,抑制性强,储层伤害较弱。

(4)岩屑不易在盐水中水化分散,地面清除容易,有利于保持钻井流体固相含量较低。

(5)盐水钻井流体还能有效地抑制地层造浆,流动性好,性能较稳定。

但该类钻井流体的维护工艺比较复杂,对钻柱和设备的腐蚀性较大,钻井流体配制成本也相对较高。

7.1　开发依据

在诸多的盐溶液钻井流体中,有的使用的盐溶液是人为控制的实现盐溶液钻井流体,如饱和盐水钻井流体;有的则是就地取材配制成盐溶液钻井流体,如海水钻井流体。其主要作用机理:

(1)钻高温高压井时,需要高密度钻井流体,但是使用加重材料的高密度钻井流体流变性、高固相及高密度条件的润滑性能和防卡难题不易解决。为了达到高密度而低固相,使用水溶性好的盐类增加基浆的密度,不用或者少用加重材料,从而降低体系的固相含量。

(2)盐溶液有其特殊的性质,抑制性好。提高盐溶液的密度,相当于提高了盐溶液的抑制性,许多需要强抑制钻井流体的地层钻井就可以实现,如盐膏层和软泥岩钻井。

(3)盐溶液有许多优点,但配制钻井流体也带来诸如耐盐处理剂选择、膨润土的配制方法、高含盐废弃钻井流体的环境处理等十分棘手的难题。配制和维护、处理过程中有许多困难,反过来也形成了独特的钻井流体配制方法和施工维护处理工艺。

7.2　体系种类

水溶性盐类钻井流体可以分为无机盐钻井流体、有机盐钻井流体以及硅酸盐钻井流体、正电胶钻井流体。当然,针对不同的地层,还开发了一些特殊的盐水钻井流体,如碳酸钠钻井流体。

7.2.1 无机盐钻井流体

钻井过程中,经常钻遇大段岩盐层、盐膏层或盐膏与泥页岩互层。使用分散钻井流体,会有食盐和其他无机盐溶解,致使钻井流体的黏度切力升高,失水量剧增。同时,盐的溶解还会扩大井径,给继续钻进带来井下难题,也会影响完井固井质量。钻遇盐水层,盐水侵害严重影响钻井流体性能。遇到这种情况,添加工业食盐和分散剂,增强水基钻井流体的抗盐能力和抑制性能,就可以克服。

与钙处理钻井流体的配制原理相同,盐水钻井流体通过人为地添加阳离子抑制黏土颗粒的水化膨胀和分散,在分散剂的协同作用下,形成抑制性粗分散钻井流体。

7.2.1.1 海水钻井流体

海水钻井流体与其他盐溶液钻井流体的不同,配浆水是海水。海水中除含有较高浓度的氯化钠外,还含有一定浓度的钙盐和镁盐。总矿化度一般为 3.3% ~ 3.7%,即 33000 ~ 37000mg/L,pH 值为 7.5 ~ 8.4,密度为 $1.03g/cm^3$ 左右。某海域海水实测各种盐含量质量分数:氯化钠 78.32%、氯化镁 9.44%、硫酸镁 6.40%、硫酸钙 3.94%、氯化钾 1.69%、其他盐类 0.21%。这就增加了钻井流体的配制、维护和处理的难度。

显然,海水钻井流体得以发展,主要依赖于海上钻井的需要。海上供给淡水不仅难度大,而且成本很高。因此,最实际的办法是使用海水配浆。

既然海水的主要成分是氯化钠,矿化度低于饱和浓度下的矿化度,因此,海水钻井流体的作用原理和配制、维护方法与不饱和盐水钻井流体基本相同。

不同之处在于体系中镁离子含量较高,会影响钻井流体性能。此外,不饱和盐水钻井流体的含盐量可随时调整,比如钻穿盐层后可转化为淡水钻井流体,海水钻井流体由于受施工条件的限制,其矿化度一般不做调整。配制海水钻井流体一般用两种方法:

一种方法是先用适量烧碱和石灰将海水中的钙离子和镁离子清除,再配制钻井流体。烧碱主要用于清除镁离子,石灰主要用于清除钙。这种体系的 pH 值应保持在 11 以上,分散性相对较强,流变性能和失水性能较稳定且容易控制,但抑制性较差。

另一种方法是保留钙离子和镁离子。这种方法配制的海水钻井流体 pH 值较低。由于含有多种阳离子,护胶的难度较大,所选用的护胶剂既要抗盐,又要抗钙、镁,但这种体系的抑制性和抗污染能力较强。

国际上过去多使用凹凸棒石、石棉和淀粉配制和维护海水钻井流体,目前倾向于使用黄胞胶和聚阴离子纤维素等聚合物配制。由于聚合物的包被作用,可使井壁更为稳定。通过合理地使用固控设备,机械钻速也可明显提高。

中国使用的海水钻井流体配方与不饱和盐水钻井流体相似。比如,较常用的铁铬木质素磺酸盐/羧甲基纤维素钠海水钻井流体的 pH 值为 9 ~ 11,可维持其稳定的性能。井较深时,可加入适量重铬酸钾以提高钻井流体的抗温性能。必要时混入一定量的油以改善滤饼的润滑性,也可在一定程度上降低失水量。

7.2.1.2 不饱和盐水钻井流体

不饱和盐水钻井流体通常称为盐水钻井流体(Saltwater Drilling Fluids),是用盐水或海水配制而成的,含盐量从1%至饱和,即氯离子浓度为6000~189000mg/L的钻井流体。不饱和盐水钻井流体主要应用于三种情况:

(1)配浆水本身含盐量较高,就地取材。

(2)钻遇盐水层时,淡水钻井流体不可能继续维持良好的性能。

(3)钻遇含盐地层或厚度不大的岩盐层以及为了抑制强水敏泥页岩地层的水化等。

选择盐水钻井流体时,可能仅考虑以上某些因素,或者更多因素。多数情况下,盐水钻井流体只用于某一特定的井段。

比如,预先知道某深度有岩盐层时,可在进入此地层前将盐和处理剂加入钻井流体,使之转化为盐水体系。钻过盐层下入套管后,通过稀释与化学处理,逐步恢复至淡水钻井流体。

盐水钻井流体中含盐量的多少一般根据地层情况决定。显然,含盐量越大,钻井流体的抑制性越强,岩盐层溶解量越小,即越有利于井壁稳定,但护胶的难度增大,配制成本相应增加。因此,确定含盐量是十分重要的。

在配制盐水钻井流体时,最好选用抗盐黏土作为配浆土,如海泡石、凹凸棒石等。这类黏土在盐水中可以很好地分散,黏度和切力较高,配制比较简单。若用膨润土配浆,则必须先在淡水中经过预水化,再加入各种处理剂,最后加盐至饱和,方能获得理想的黏度和切力。

盐水钻井流体中常用的分散剂有铁铬木质素磺酸盐、羧甲基纤维素钠、褐煤碱液和聚阴离子纤维素等。各地区使用的配方不尽相同,性能要求也不一样。最简单的体系为铁铬木质素磺酸盐盐水钻井流体,含1.5%~3%膨润土、5%食盐、5%铁铬木质素磺酸盐、1.5%氢氧化钠和重晶石。可以实现密度1.20g/cm³、漏斗黏度20~50s、失水量3~6mL/30min。另一种体系为羧甲基纤维素钠/铁铬木质素磺酸盐/表面活性剂盐水钻井流体,主要用于井底温度150℃左右的井。不饱和盐水钻井流体所用的主要组分见表4.7.1。

表4.7.1 不饱和盐水钻井流体的主要组分表

序号	组分名称	组分代号	加量范围,%	作用
1	抗盐黏土	未明确代号	2~3	提高钻井流体的黏度和切力
2	膨润土(经预水化)	未明确代号	2~3	提高钻井流体的黏度和切力
3	聚阴离子纤维素	未明确代号	0.4~0.6	分散、护胶,降低钻井流体失水量
4	铁铬木质素磺酸盐	未明确代号	3~4	分散,降低钻井流体失水量
5	磺化褐煤	未明确代号	1.5~2.0	分散,降低钻井流体失水量
6	高黏羧甲基纤维素钠	未明确代号	0.1~0.3	提高钻井流体的黏度
7	改性沥青	未明确代号	视需要而定	降低钻井流体的失水量
8	抗高温处理剂	未明确代号	视需要而定	提高钻井流体处理剂的耐温能力

维持体系所需要的含盐量,是饱和盐水钻井流体维护处理的关键。经常为钻井流体补充盐或盐水,并用硝酸银滴定法定时检测滤液中的食盐浓度。根据含盐量和钻井流体性能处理好降黏和护胶两方面的问题。

含盐量越低,降黏问题越突出;含盐量越高,护胶问题越重要。常用的降黏剂有铁铬木质素磺酸盐、单宁酸钠和磺化栲胶等,需要护胶时则选用高黏羧甲基纤维素钠、聚阴离子纤维素及其他抗盐聚合物降失水剂和包被剂。使盐水钻井流体的流变参数和失水量保持合理,满足钻井工程要求。

7.2.1.3 饱和盐水钻井流体

饱和盐水钻井流体(Saturated Saltwater Drilling Fluids)是指钻井流体中氯化钠含量达到饱和时的盐水钻井流体。可以用饱和盐水配成,也可先配成钻井流体再加盐至饱和。饱和盐水钻井流体主要用于普通水基钻井流体难以对付的大段岩盐层和复杂的盐膏层,也可作为完井液和修井液使用。

饱和盐水钻井流体矿化度极高,抗侵害能力强,对地层中黏土水化膨胀和分散有很强的抑制作用。钻遇岩盐层时,可将盐的溶解减至最低程度,避免大肚子井眼的形成,从而使井径规则。饱和盐水钻井流体使用方法有两种:

一种是在盐岩层中使用。用地面配好饱和盐水钻井流体,在钻达岩盐层前替换掉原钻井流体,钻穿整个岩盐层。

另一种是进入岩盐层前转化为饱和盐水钻井流体。进入岩盐层前,将上部地层使用淡水或不饱和盐水钻井流体,边循环边加盐处理钻井流体,使含盐量和钻井流体性能逐渐达到要求再钻井。使用饱和盐水钻井流体,需注意以下几点:

(1)地层越深,温度越高,地层压力作用下岩盐层蠕变缩径越严重。根据岩石力学实验岩盐层的蠕变曲线,确定合理的钻井流体密度,克服因盐层塑性变形而引起的卡钻或挤毁套管。

(2)最好选用海泡石、凹凸棒石等抗盐黏土配制饱和盐水钻井流体。如选用膨润土,钻井流体的总固相和膨润土含量均不宜过高,防止黏度切力过高。膨润土一般应控制在 $50kg/m^3$ 左右;如果井浆转化成饱和盐水钻井流体,应在加入食盐前先将固相含量及黏度切力调整得较低。

(3)食盐的溶解度随温度上升而增加。26.6℃时饱和溶液中的含盐量为 $93.2kg/m^3$,90℃时饱和溶液中的含盐量为 $390.9kg/m^3$,地面配制的饱和盐水,在井底可能不是饱和盐水了。为了解决因温差而可能引起的岩盐层井径扩大的问题,一般有两种方法:

一种比较有效的方法是在钻井流体中加入适量的重结晶抑制剂。在岩盐层井段的井温下使盐达到饱和,当钻井流体返至地面时,可抑制住盐的重结晶。

另一种是过饱和盐水钻井流体,防止地层中的盐溶入钻井流体(牟云龙,2016)。

饱和盐水钻井流体有多种配方。国际上一般使用抗盐黏土(如凹凸棒石)造浆并调整黏度和切力,用淀粉控制失水量。但目前倾向于用各种抗盐的聚合物降失水剂(如聚阴离子纤维素)代替淀粉,实现低固相。用抗盐黏土配制饱和盐水钻井流体主要分三步走:

(1)在每桶($0.159m^3$)淡水中加入125lb(56.75kg)工业食盐,可得到密度为 $1.13g/cm^3$ 的饱和盐水。

(2)在饱和盐水中加入 28~30lb/bbl($79.9~85.6kg/m^3$)优质抗盐黏土,即可配制成漏斗黏度为 36~38s 的基浆。

(3)加入淀粉,边加边搅拌。加入 4~5lb/bbl($11.4~14.3kg/m^3$)时可使失水量降至15mL/30min 以下;加入 4~10lb/bbl($22.8~28.5kg/m^3$)时则可使失水量控制在 5mL/30min 以内。

中国在实践中形成了适合各油田特点的饱和盐水钻井流体。饱和盐水钻井流体主要组分见表4.7.2。

表4.7.2 饱和盐水钻井流体的主要组分表

序号	组分名称	组分代号	加量范围,%	作用
1	基浆	未明确代号	2~3	提高钻井流体的黏度和切力,稀释至$1.10~1.15g/cm^3$
2	膨润土	未明确代号	2~3	经预水化,提高钻井流体的黏度和切力
3	增黏剂	CPA或PAC141、SK、KPAM	0.3~0.6	分散、护胶,降低钻井流体失水量
4	降失水剂	CMC或SMP-1、Na-PAN、FLCS	3~4	分散,降低钻井流体失水量
5	食盐	未明确代号	达饱和	钻井流体需保持$1.20g/cm^3$以上的密度,克服由于盐层蠕变而引起的塑性变形和缩径
6	烧碱	未明确代号	0.2~0.5	调整钻井流体的pH值
7	红矾	未明确代号	0.1~0.3	提高钻井流体处理剂的耐温能力
8	表面活性剂	未明确代号	视需要而定	提高钻井流体处理剂的耐温能力

饱和盐水钻井流体的维护以护胶为主,降黏为辅。由于盐浓度高,钻井流体中黏土颗粒不易形成端—端或端—面连接的网架结构,即结构黏度低。但容易面—面聚结,变成大颗粒而聚沉。因此,需要护胶剂维护其性能,否则经常出现黏度切力下降且失水量上升。保持性能稳定对饱和盐水钻井流体最关键,一旦出现异常情况,应及时补充护胶剂。添加预水化膨润土也能起到增加黏度和降失水作用,但加量不宜过大。

7.2.2 有机盐钻井流体

有机盐钻井流体(Organic Salt Drilling Fluids)是以可溶性的有机盐溶于水形成的盐水钻井流体为连续相,配制而成的一类钻井流体。具有流变性好、抑制性强、护壁性好、控制储层伤害效果好、对钻具无腐蚀、对环境无污染等优点。主要有甲酸盐钻井流体和有机盐复合钻井流体两大类。

7.2.2.1 甲酸盐钻井流体

甲酸盐是一类无毒环保型钻井流体、完井液处理剂,国际上在小井眼、大斜度井、大位移井及地层水敏性很强的高难度井钻井施工中,应用了甲酸盐钻井流体并取得很好的效果。

在钻进高温高压小井眼油气井时,在配制高密度钻井流体过程中,加入普通固体加重材料,往往会引起钻井流体黏度和切力大幅度上升、流动性变差。甲酸盐易溶于水,体系不需添加任何固体加重材料就能获得高密度,达到较高密度时钻井流体仍保持低黏、低活度,较好地解决了高密度与失水及流变性之间的关系。

甲酸盐钻井流体常选用的甲酸盐有甲酸钠(HCOONa)、甲酸钾(HCOOK)和甲酸铯(HCOOCs),它们都可以由甲酸(HCOOH)与碱金属氢氧化物在高温高压条件下相互作用而制成。利用这些甲酸盐配制而成的水基钻井流体称为甲酸盐钻井流体。研究结果表明,这类新型钻井流体具有以下多种优良的性能：

（1）甲酸盐钻井流体具有较宽的密度范围。甲酸钠和甲酸钾饱和溶液的密度分别为 $1.34g/cm^3$ 和 $1.60g/cm^3$，而甲酸铯钻井流体最高密度可达 $2.3g/cm^3$。由于不需另添加膨润土，甚至加重材料，因此非常适于配制成无固相或低固相钻井流体。显而易见，该类钻井流体不仅水力特性优良，环空压耗小，有利于提高机械钻速，还对储层具有很好的保护作用。

（2）甲酸盐与常用的聚合物处理剂具有很好的配伍性，并能减缓多种黏度控制剂和降失水剂在高温高压条件下的水解和氧化降解速度。因此，甲酸盐钻井流体可耐温，并且性能稳定。

（3）甲酸盐为强电解质，因此甲酸盐钻井流体对泥页岩水化膨胀、分散有很强的抑制作用，与储层岩石和流体的配伍性好，同时抗盐、抗固相侵害的能力也明显优于淡水钻井流体。

（4）甲酸盐水溶液对金属的腐蚀性很弱，对钻具和井下设备、材料基本不会造成伤害，从而避免了使用氯化钠、氯化钾、氯化钙、溴化钙和溴化锌等卤化物配制清洁盐水钻井流体时带来的腐蚀问题。

（5）甲酸盐的毒性极低，并可生物降解，因而容易为环境所接受。

虽然甲酸铯溶液密度较高（饱和溶液可以达到 $2.367g/cm^3$），但甲酸铯资源有限，价格昂贵；甲酸钠饱和溶液本身密度较低（$1.338g/cm^3$），若加重到 $2.6g/cm^3$ 以上，钻井流体中固相含量比较高，故一般使用甲酸钾钻井流体。

20世纪90年代末甲酸钾用于钻井完井液，具有强抑制、配伍性好、环境保护、储层伤害控制等突出优点。

甲酸钾钻井流体一般由水、膨润土、结构剂、降失水剂、封堵剂、甲酸钾、烧碱、固体加重剂、润滑剂等组成。重晶石不能作为甲酸钾钻井流体加重剂，因为甲酸钾能使重晶石部分溶解。

孟小敏等（2003）针对青海花土沟油田钻井过程中易发生地层漏失、井眼缩径、起下钻阻卡和储层伤害严重等问题。油田采用无固相低密度的甲酸盐钻井流体，并配合相应的维护处理工艺技术。甲酸盐钻井流体具有摩阻压耗小、热稳定性好、水力特性优越、页岩抑制性强、侵害容限大的特点，减少了井下复杂情况，提高了机械钻速，有效地保护了储层。提高了原油产量。甲酸钾钻井流体主要组分见表4.7.3。

表4.7.3 甲酸钾钻井流体主要组分表

序号	组分名称	组分代号	加量范围,%	作用
1	黄原胶	XC	0.1	提高钻井流体的黏度
2	降失水剂	SJ-3	1.5~2.5	降低钻井流体的失水量
3	羧甲基淀粉	CMS	0.1	降低钻井流体的失水，提高钻井流体的黏度
4	甲酸钾	未明确代号	5.0~6.0	提高钻井流体的抑制性，抑制页岩水化
5	助排剂	未明确代号	0.2~0.3	提高钻井流体的返排效率，保护储层

续表

序号	组分名称	组分代号	加量范围,%	作用
6	屏蔽暂堵剂	ST-2	1.5~2.0	屏蔽暂堵,提高储层保护能力
7	杀菌剂	SPF-RL1	0.5~0.8	清除钻井流体中的细菌

此外,北海 Gullfaks 油田使用甲酸钾盐水,加入黄胞胶,再配合有效的降失水聚合物,以四氧化三锰为加重剂,解决了 Gullfaks 油田窄安全密度窗口,非均质高渗透储层,砂岩黏结性差,地层黏土含量高等难题(Svendson et al.,1994)。

7.2.2.2 有机盐复合钻井流体

有机盐复合钻井流体是一种性能优良的加重材料,是在甲酸盐的基础上发展起来的一种碱金属低碳有机酸盐和有机酸铵盐、季铵盐的复合物。有机盐复合钻井流体不但继承了甲酸盐的优点,还具备甲酸盐不具备的理化性能。使用该盐配制的钻井流体是一种抑制性强、无毒的水基钻井流体,既能满足日益严格的环保要求,又能满足不断发展的现代钻井工艺的技术要求。性能稳定,抗侵害能力强,有利于发现和控制储层伤害、抑制防塌能力强、有利于提高机械钻速、有利于提高固井质量,解决了井壁稳定和控制储层伤害之间的矛盾。无固相钻井流体密度可以达到 2.50g/cm³。

针对塔里木盆地羊塔克 5 构造上的 YTK5-2 井盐膏层研制了高密度有机盐钻井流体。该钻井流体流变性好;抑制性强,能控制井径扩大率在 5% 左右;机械钻速快,明显高于近年完井的邻井 YTK5-1 井和 YTK5-1T 井;抗盐、抗钙、抗钻屑侵害的能力强,在没有排放钻井流体的情况下顺利穿过盐膏层;具有极强的抗水泥浆侵害能力;解决了饱和氯化钠聚磺钻井流体失水量控制与流变性的矛盾,也解决了固相含量与流变性的矛盾;维护简单,对金属无腐蚀,对环境无污染(郑力会等,2004)。高密度有机盐钻井流体主要组分见表 4.7.4。

表 4.7.4 高密度有机盐钻井流体主要组分表

序号	组分名称	组分代号	加量范围,%	作用
1	纯碱	未明确代号	0.3	清除配浆水中的钙镁离子
2	提切剂	Visco2	0.3	提高钻井流体的切力
3	增黏剂	Visco1	1.5~2.5	提高钻井流体黏度
4	降失水剂	Redu1	1.0~2.0	降低钻井流体失水量
5	水溶性加重剂	Weigh2	70.0~80.0	调节钻井流体密度
6	水溶性加重剂	Weigh3	15.0~30.0	调节钻井流体密度
7	防塌剂	NFA25	1.0~2.0	封堵、防塌、降低高温高压失水量
8	润滑剂	PGSC1	1.0	封堵防塌,提高润滑性

此外,针对钻井流体所形成的滤饼和进入储层的滤液堵塞了油气通道的问题,开发了双保型(保护储层、保护环境)的有机复合盐钻井流体。有机复合盐钻井流体抑制性强,井下安全,井壁稳定,润滑性能优良。无须酸洗,直接试采,2h 见油(步宏光等,2011)。

7.2.3 硅酸盐钻井流体

硅酸盐钻井流体起始于 20 世纪 30 年代,与硅酸盐相关的还有硅酸盐聚合物钻井流体、植物胶/硅酸盐钻井流体、硅酸盐/硼凝胶钻井流体及混合金属硅酸盐钻井流体,硅酸盐主要起抑制作用,流变性和失水护壁性主要依靠聚合物来调节。同时,聚合物对井壁稳定有一定辅助作用,黏土主要起媒介作用,对失水和抑制性影响很少。通过良好的抑制页岩的分散和膨胀,同时通过与地层中流体和多价金属离子反应生成三维胶凝物和沉淀堵塞页岩裂缝,能阻止或减缓压力传递和水传输,使井壁应力状态尽可能保持不变,从而保持井壁稳定(王明贵,2002)。

不足之处为抗盐、抗钙侵害能力较弱,不适合于岩盐地层、膏盐地层以及海上等地层和地区的施工。

郭健康等(2005)针对苏丹六区井壁严重失稳的问题,研制了氯化钾/硅酸盐钻井流体。氯化钾/硅酸盐钻井流体抑制性强、化学封堵固壁性能好、性能稳定、容易维护。满足苏丹六区地层钻井的需要,使井壁稳定性大大提高,同时还有利于控制储层伤害。氯化钾/硅酸盐钻井流体主要组分见表 4.7.5。

表 4.7.5　氯化钾/硅酸盐钻井流体主要组分表

序号	组分名称	组分代号	加量范围,%	作用
1	膨润土	未明确代号	2.0~4.0	配制钻井流体的基浆
2	聚阴离子纤维素	PAC – SL	0.2~0.4	降低钻井流体失水量
3	无荧光沥青类产品	NAT – 20	2.0~3.0	降低钻井流体失水量
4	液体硅酸钠	Silicate	9.0~12.0	用作钻井流体抑制剂
5	氯化钾	未明确代号	5.0~8.0	用作钻井流体抑制剂

氯化钾/硅酸盐钻井流体除了用胶液常规维护处理外,使用与硅酸钠配伍的处理剂,严格控制低密度固相和膨润土含量,并控制合理的处理剂浓度和 pH 值。

氯化钾/硅酸盐钻井流体最合理的 pH 值范围为 11.0~12.5。钻井流体的 pH 值主要由硅酸盐浓度来控制。因此,钻井流体的酚酞碱度值和滤液的酚酞碱度值可与硅酸盐浓度试验和 pH 值测定结合在一起使用,监控硅酸盐有效浓度的有用工具。钻井流体的酚酞碱度值为 10~30,钻井流体滤液的酚酞碱度值为 8~25。

钻井过程中,pH 值和碱度降低是由于硅酸盐消耗所致。pH 值和碱度值可通过加入硅酸钠或预先配制的混合液维持。在正常情况下,不需要加入氢氧化钠或氢氧化钾维持 pH 值。

硅酸盐可作为金属的腐蚀抑制剂,不需要再另外考虑防腐蚀剂。硅酸盐会与含铁的材料发生反应,形成硅酸盐保护层,防止腐蚀反应。

必须经常监测硅酸盐浓度,补偿硅酸盐损耗。如果不能对已溶解的硅酸盐进行测量,可以通过 pH 值和碱度的变化趋势来推测。

在正常情况下不需加入烧碱,但在遇到石膏侵害时,用烧碱处理。加入烧碱将有助于减弱硅酸盐的聚合作用,并控制流变性和失水量。过量有可能引起聚合物絮凝,黏度增大。

钻井过程中不提倡使用海水和其他硬水进入钻井流体,如果确实需要,所有用水需经过检测,必要时处理钙离子和镁离子浓度。

硅酸盐所提供的页岩抑制程度随 pH 值增大而提高,pH 的最佳值超过 11。通过不断加入烧碱,将 pH 值维持在 11 以上是非常重要的。维持 pH 值对体系的性能和稳定性均至关重要。曾认为硅酸盐溶液有很强的碱性,不必加入烧碱,结果导致钻进中井壁失稳。特别是在钻遇石膏地层以后,一定要控制 pH 值。可以采取每天加入较小量($0.6 \sim 1 \text{kg/m}^3$)烧碱将 pH 值维持在 $11 \sim 12.5$。应经常监测酚酞碱度与甲基橙碱度的比值,能很好地显示硅酸盐的损耗程度。

硅酸盐应在钻完水泥塞并充分除钙离子后加入。套管固井完成后,将所有泥浆罐清洗,然后配制氯化钾聚合物钻井流体钻水泥塞。钻水泥塞完毕后,加入酸式焦磷酸钠清除钙离子。钙离子浓度降低至零时,加入硅酸盐。

硅酸盐钻井流体的最佳膨润土含量为 10g/L 左右,低密度固相的含量应小于 20g/L。若超过其上述含量值,应在保持固控设备正常运转情况下,根据计算排放部分井浆。

此外,针对 Bongor 盆地 Prosopis 区块 Kubla 地层和 Mimosa 地层钻井过程中的膨胀、垮塌、缩径等井下难题,研制出强抑制的硫酸钾/硅酸盐钻井流体,具有良好的抑制泥页岩水化膨胀能力,能够防止地层的垮塌,起到了保护井壁的作用,井径规则,悬浮携岩能力强。安全环保(代礼杨等,2010)。

7.2.4 正电胶钻井流体

正电胶钻井流体还有与之相似的正电钻井流体,主要处理剂是混合金属层状氢氧化物。以混合金属层状氢氧化物为主处理剂的钻井流体称为正电胶钻井流体。

低固相钻井流体的稳定性通常靠体系中存在适量的具有一定分散度的黏土颗粒来维持,增加钻井流体的稳定性往往靠提高黏土的分散度来实现。传统的阴离子型聚合物或其他有机处理剂具有良好的稳定钻井流体能力时,因其较强的分散作用会降低钻井流体抑制钻屑分散和稳定井壁的能力;具有较强的抑制钻屑分散和稳定井壁能力时,往往又具有较强的絮凝能力,对钻井流体的稳定有一定的破坏作用。

因此,钻井流体的稳定措施同抑制钻屑分散、保护井壁稳定的措施往往相互矛盾。正电胶钻井流体的出现正好可解决这个矛盾。由于正电胶粒与黏土负电胶粒靠静电作用形成空间连续结构,因而可稳定钻井流体,同时可吸附在钻屑和井壁上,具有抑制钻屑分散和稳定井壁的作用,实现了钻井流体稳定措施同抑制钻屑分散和保护井壁稳定措施的统一。此外,正电胶钻井流体具有极强的剪切稀释性,这对抑制钻屑分散和稳定井壁也有利的。

7.2.4.1 正电胶钻井流体性能

正电胶钻井流体性能主要有电性、稳定性、流变性、抑制性、兼容性和储层伤害控制能力等。

(1)电性。普通水基钻井流体是由黏土分散在水中形成,所用的处理剂也是带负电荷的,这样整个钻井流体具有强负电性,这种强负电性易导致钻屑分散和井壁不稳定。带正电荷的正电胶胶粒加入钻井流体后,会降低体系的负电性,甚至会转化为正电性,这对抑制钻屑分散和稳定井壁是有益的。pH 值为 9.5 时,在膨润土和高岭土浆中加入正电胶后,其电泳淌度随正电胶含量的增大,钻井流体由负电性变为正电性。高岭土体系电性反转需要正电胶的量比蒙脱土体系要低得多。这是因为高岭土的负电性明显低于蒙脱土的缘故。高岭土的电动电位为 $-12.8mV$,蒙脱土的电动电位为 $-30mV$。因此,通过改变正电胶的加量,调节正电胶钻井流体电性。

(2)稳定性。在负电性的钻井流体中加入带正电荷的正电胶胶粒是否会破坏钻井流体的稳定性,关系钻井工程安全。实验证明,在含蒙脱土钻井流体中,正电胶不会破坏体系的稳定性,而且能提高体系的结构强度。目前公认的稳定机理是形成正电胶—水—黏土复合体。正电胶粒带有高密度的正电荷,对极性水分子产生极化作用,使其在胶粒周围形成一个稳固的水化膜。水化膜的外沿显正电性。黏土胶粒带负电荷,也会对水分子产生类似作用,只是水化膜外沿显负电性。当两个带有强水化膜的粒子靠近时,首先接触的是水化膜外沿,由于电性相反而形成贯通的极化水链,使两个粒子保持一定的距离而不再靠近。这样,在整个空间就会形成由极化水链联结的网络结构,这种由正负颗粒与极化水分子形成的稳定体系称为正电胶/水/黏土复合体,赋予正电胶钻井流体特殊的流变性。

(3)流变性。正电胶钻井流体的流变性可通过正电胶的加量来调控。正电胶影响膨润土动切力。随正电胶加量增大,表观黏度和动切力先升高,然后下降,因而出现一个峰值。峰值的位置与黏土含量有关,随着黏土含量的增加,出现峰值所需要的正电胶量也增大。

正电胶钻井流体具有一个特殊的流变学现象,即静止时呈现假固体状,具有一定弹性;搅拌时迅速稀化,变为流动性很好的流体,这种现象称为"固—液双重性",实际为极强的剪切稀释性。其原因主要是形成的正电胶—水—黏土复合体结构所引起。静止时体系的水全部被极化形成网络结构,因而结构很强,但这种极化水链很容易破坏,所以搅拌时很容易稀化。同时,极化水链结构破坏和形成都很迅速,因而从假固态向流体的转化或相反的转化都很迅速。这是钻井工程需要的理想特性。钻井过程中由于外界因素造成突然停钻时,钻井流体在静止的瞬间立即形成网架结构,使钻屑悬浮不滑落。需要开泵时,钻具的轻微扰动,可使结构立即破坏,不会产生开泵困难或过大的压力激动,从而避免将地层压漏。当然,实际钻井时结构强度不宜太强,必须控制在过程允许的范围内。

(4)抑制性。正电胶具有非常强的抑制黏土或岩屑分散的能力。可以用页岩膨胀测试仪测定的蒙脱土在正电胶和氯化钾溶液中的膨胀曲线。

正电胶的浓度越高,相对膨胀度越低,表明抑制黏土分散的能力越强。相同实验条件下,氯化钾水溶液的抑制性随其浓度增大而增强,但其浓度高于7%后抑制能力不再增大,基本达到最高限,即再继续提高氯化钾浓度就无多大作用了。1%的正电胶溶胶对钙膨润土的抑制性超过10%的氯化钾溶液,因此,正电胶抑制黏土水化分散和膨胀能力很强。

通过页岩回收率实验可得到同样的结果。在膨润土和劣质土配制的钻井流体中,加入不同量的正电胶后,在滚子炉中经110℃滚动16h后的页岩回收率高30%。可以看出,随正电胶含量的增加,页岩回收率大幅度提高。

用页岩粉与试液配成的悬浮液的滤液渗过特制滤纸0.5cm距离所需的时间称作CST值。该值反映页岩膨胀率,该值越大说明试液的抑制防塌效果差,页岩水化分散严重。正电胶加入对4%新疆夏子街组膨润土钻井流体,CST值大幅度降低,表明抑制性明显增强。

当地层中的黏土侵入钻井流体时,如果很快就能吸水膨胀和分散,会使体系内细小水化颗粒增多,导致体系黏度上升,切力增大。这种作用越强,提高黏切的幅度就越大。试验表明,在正电胶钻井流体中加入劣质土(即地层造浆土,从钻屑中取得)时,对钻井流体的流变性能影响不大,即使对于钠蒙脱土侵入,流变性没有多大变化。

室内实验和现场应用均证明,正电胶钻井流体具有很强的抑制钻屑分散和稳定井壁的能力,作用机理主要有三个观点:

① 滞流层机理。由于正电胶钻井流体具有"固—液"双重性,近井壁处于相对静止状态,因此容易形成保护井壁的滞流层,以减轻钻井流体对井壁的冲蚀。有人曾推测滞流层的厚度约为19mm,实际上滞流层的厚度应与现场井浆的性能等有关。一般认为,滞流层对解决胶结性差的地层的防塌问题更为重要。此外,在钻屑表面也可形成滞流层,从而能够阻止钻屑的分散。

② 胶粒吸附膜稳定地层活度机理。试验发现,正电胶在与黏土形成复合体时,能将黏土表面的阳离子排挤出去,使黏土矿物表面离子活度降低,从而削弱渗透水化作用。此外,正电胶胶粒在黏土矿物表面可形成吸附膜,产生一个正电势垒,阻止阳离子在液相和黏土相间的交换。即使钻井流体中离子活度不断改变,也难以改变黏土中的离子活度,从而使地层活度保持稳定,减弱了由于阳离子交换所引起的渗透水化膨胀。同时,胶粒吸附膜相当于在黏土表面形成一层固态水膜,也可减缓水分子的渗透。

③ 束缚自由水机理。在正电胶钻井流体中,水分子是形成复合体结构的组分之一,因而在复合体中可束缚大量的自由水,减弱了水向钻屑和地层中渗透的趋势,有利于阻止钻屑分散和保持井壁稳定。

(5)兼容性。正电胶钻井流体是由带正电荷的胶粒和带负电荷的黏土颗粒组成体系。从稳定性上讲,可与阴离子型、阳离子型和非离子型的处理剂相配伍。从电性方面考虑,最好使用阳离子型和非离子型处理剂。以下介绍正电胶与降失水剂、降黏剂两大类的兼容性状况。

① 配合使用的降失水剂。传统的降失水剂就电性而言,大致可以分为:非离子型,如预胶化淀粉、聚乙烯醇和聚乙二醇等;弱阴离子型,如羧甲基淀粉和低取代度的羧甲基纤维素钠盐等;强阴离子型,如高取代度的羧甲基纤维素钠盐、磺化酚醛树脂和水解聚丙烯腈等。这些降失水剂在正电胶钻井流体中都有良好的降失水作用,但这些降失水剂对钻井流体的电性和流变性质会产生一些影响,其中阴离子型处理剂会增强钻井流体的负电性。

在低加量阶段,动切力趋于下降,但随加量的继续增大,动切力又逐渐恢复。相对来讲,非离子型的预胶化淀粉对钻井流体流变性质的影响最小,低取代度的羧甲基淀粉影响居中,而高取代度的羧甲基纤维素钠盐影响最大。由此可见,降失水剂的负电性越强,影响越大,但恢复起来也越快。在钻井现场由于加量较大,并没有明显看出降失水剂对钻井流体的流变性产生特殊的影响,而与处理其他类型钻井流体的情况基本相同。

从现场资料获悉,正电胶钻井流体中使用过的降失水剂已有14种,如预胶化淀粉、改性预胶化淀粉、羧甲基淀粉、各种黏度的羧甲基纤维素钠盐、磺甲基酚醛树脂、水解聚丙烯腈(包括其钠盐、钙盐、钾盐和铵盐)、钻井流体用褐煤树脂和两性离子聚合物。

② 配合使用的降黏剂。正电胶钻井流体的结构强度主要由正电胶粒和黏土负电颗粒靠极化水形成的极化水链网络结构提供。因此,凡是能降低胶粒正电性的处理剂都能产生

降黏作用,即负电性的处理剂都具有一定的降黏效果。

强负电性的处理剂如铁铬木质素磺酸盐、水解聚丙烯腈、磺甲基酚醛树脂和磺化单宁等降黏作用明显。在用强负电性降黏剂处理低固相正电胶钻井流体时,注意处理不要过量,否则再恢复结构很困难。室内实验和现场应用均证明,水解聚丙烯腈是比较理想的降黏剂,效果显著且价格低廉,同时具有降失水效果。注意正电胶钻井流体只需很少量降黏剂即可达到降黏效果,有时加过量反而有缓慢地增加黏度作用。

(6)储层伤害控制能力。正电胶钻井流体具有较高的渗透率恢复值,有时甚至与油基钻井流体相近,因此具有良好的储层伤害控制的效果。如某油田测定了使用的聚合物铁铬盐钻井流体、聚合物铵盐钻井流体和正电胶钻井流体三种体系的岩心渗透率恢复值,结果分别为52.4%,54.3%和75.2%,表明正电胶钻井流体的岩心渗透率恢复值明显高于前两个体系。各油田的使用情况也充分证明,在各类水基钻井流体中,正电胶钻井流体是控制储层伤害比较理想的体系。

7.2.4.2 正电胶钻井流体应用

1991年以来,中国大部分油气田的浅井、深井、超深井、直井、斜井和水平井等各种类型共几千口井的钻井过程中使用正电胶钻井流体。所使用的钻井流体类型包括淡水钻井流体、盐水钻井流体和饱和盐水钻井流体等;所钻进的地层包括未胶结或胶结差的流砂层与砾石层、软的砂泥岩互层、易坍塌的泥岩层、含盐膏地层、强地应力作用下裂隙发育的地层(包括砂岩、岩浆岩和石灰岩)和煤系地层等。在使用中积累了丰富的经验,取得了很好的效果。

用于钻进一般地层的正电胶钻井流体,多数情况下是在预水化膨润土浆中加入正电胶、降失水剂和降黏剂等配制而成。如果在易坍塌地层钻进,还应加入防塌剂,用于钻定向井或水平井时应加入润滑剂,用于钻深井时应加入抗高温处理剂,用于钻膏盐层时应使用抗盐膏处理剂。各油田所钻进的地层特点、井深、地层压力、井的类别等因素各不相同,因而具体的钻井流体配方也有所区别。例如,在钻进浅层或中深井段软的砂泥岩互层时,浅井段可用正电胶胶液,至中深井段转化为正电胶钻井流体。正电胶胶液使用清水加0.1%~0.3%正电胶配制而成。一般直井正电胶钻井流体的典型配方为3%~5%预水化膨润土浆+0.1%~0.5%正电胶+0.3%~1.5%降失水剂+0.1%~0.3%降黏剂。

张振华等(2000)针对轮南古潜山奥陶系裂缝性碳酸盐岩储层存在着较强的应力敏感性和水锁伤害,优选正电胶钻井完井液体系。该钻井流体降低表面张力和油水界面张力效果明显,与裂缝性碳酸盐岩储层的配伍性及保护效果良好。正电胶钻井流体主要组分见表4.7.6。

表4.7.6 正电胶钻井流体的主要组分表

序号	组分名称	组分代号	加量范围,%	作用
1	正电胶液	MMH	5.0	控制储层伤害
2	防塌剂	WFT-666	2.0	防塌
3	膨润土	未明确代号	4.0	增加钻井流体黏度、润滑
4	降失水剂	CHSP-1	3.0	降低钻井流体失水量
5	降失水剂	SMP-1	2.0	降低钻井流体失水量

续表

序号	组分名称	组分代号	加量范围,%	作用
6	降失水剂	DFD-140	3.0	降低钻井流体失水量
7	增稠剂	SP-Ⅱ	0.2	增加钻井流体黏度
8	润滑剂	MHR86D	2.0	增加润滑性
9	表面活性剂	ABSN	0.2	降低表面张力

由于正电胶钻井流体的结构是以正电胶—水—黏土方式形成的,要求黏土带足够多的负电荷,并有较厚的水化膜,因而要求使用优质的钠膨润土,并经过充分预水化后才能按要求加入正电胶,其配制顺序不能颠倒。基浆中必须保持一定含量的膨润土,才能形成正电胶—水—黏土复合体,获得所需的流变性能;但膨润土含量也不能太高,否则钻井流体流动困难,性能难以维持,一般膨润土含量值应控制 30~60g/L。各油田对正电胶钻井流体的处理方法主要有两种:

一种是将正电胶作为主处理剂,再用其他处理剂来调整钻井流体性能,以满足钻井工程的需要。具体处理方法是在预水化膨润土浆中加入正电胶,然后再依据所钻地层特点、井的类别、井深、井温、地层孔隙压力等情况,加入所需量的降失水剂、降黏剂、防塌剂、润滑剂、加重剂等处理剂。钻井过程按等浓度处理原则,将所需处理剂配成胶液,细水长流地加入,加入量依据钻井速度与地层特点而定。如果地层造浆性强,钻井流体中固相含量高,黏切难以控制,则应充分利用固控设备清除无用固相或加水稀释,并可适量加入降黏剂。

另一种方法是将正电胶作为一般处理剂,用来调整钻井流体的流变性能,提高钻井流体动切力与动塑比。此处理方法主要用于部分井钻井过程中发生井塌、井漏、井眼净化不好、水平井或定向井存在钻屑床等情况下,使携岩效果得以提高。

7.2.4.3 正电胶钻井流体配制维护处理

(1)造浆性极强的地层,尽管正电胶能有效控制黏土的分散,钻井流体中亚微米粒子很少,但正电胶不能控制泥岩进入钻井流体后变成 2~10μm 的颗粒,因而单靠正电胶的抑制作用难以控制膨润土含量值上升,需加入其他处理剂来共同抑制地层造浆,例如可加入适量氯化钠、氯化钾和氯化钙等盐类或加入各类高分子聚合物等。

(2)正电胶钻井流体在井壁附近形成的滞流层防止井塌,但厚度过大则易黏附钻屑,特别是在上部软地层中钻进时,易发生黏附卡钻,故应控制滞流层厚度不宜过大,并在钻井过程中坚持短起下钻。滞流层的厚度与多种因素有关,如钻井流体中固相含量、膨润土含量、钻井流体流变性能、环空返速、井径变化情况、井眼尺寸和钻具结构等。通常采取控制钻井流体的动切力在 4~15Pa 来控制滞流层的厚度。

(3)正电胶钻井流体在井壁附近形成滞流层影响水泥浆的顶替效率,从而影响水泥、井壁和套管的胶结,造成固井质量不好。为了提高固井质量,必须在固井前清除滞流层。可采取在接近钻达下套管深度之前 50~100m,减少或停止加入正电胶,加入降黏剂,降低钻井流体的动切力,改善钻井流体的流变性能;钻达中完或完钻井深,处理好钻井流体,坚持短起下钻,保证电测顺利;下套管通井时,尽可能加大环空返速,用以破坏井壁附近的滞流层和假滤饼;下完套管固井前洗井时,调整钻井流体流变性,降低钻井流体的黏度与切力,提高环空返速循环钻井流体 2~3 个循环周,继续破坏井壁附近的滞流层和假滤饼,尽量加大水泥浆与钻井流体之间的黏度与切力差别(特别是切力),提高水泥浆顶替效率。

(4)钻井流体的 pH 值一般控制在 8~10 之间,因为正电胶钻井流体 pH 值过高,会引起钻井流体黏度与切力的增高,流动困难。

(5)使用好固控设备,搞好净化是保持正电胶钻井流体良好性能的关键。由于正电胶钻井流体动切力较高,岩屑不易在地面循环系统中自然沉降,因而必须使用好固控设备。钻进造浆性强的地层时,必须使用离心机,清除细的钻屑。此外,由于正电胶钻井流体在地面流动性不好,因而钻井过程必须保持循环罐中的搅拌设备正常运转,促进钻井流体的流动。

(6)使用阴离子型降黏剂时,应特别注意控制加量,因加量过大,会将正电胶钻井流体的动切力及动塑比降得过低,继续加入正电胶也难以恢复正电胶钻井流体特有的流变特性。

此外,王佩平等针对胜利油田临盘临南洼陷街斜 2 块易发生井壁失稳垮塌的问题,研制了正电胶/聚合醇/纳米乳液钻井流体。钻井流体性能稳定,明显提高钻进速度,降低钻井流体储层伤害程度,保证四级固控设备正常运转,可充分使用离心机清除固相;完井作业顺利,电测/井壁取心一次成功,二开后的井径规则,下套管固井顺利(王佩平等,2006)。

7.3 发展前景

海上、滩海地区水平井和水平分支井不断发展,在环境保护方面日益严格的大环境下,现有钻井流体不能达标,又由于油公司不断重视储层保护在发现油气藏,增产、稳产和节约开发成本等方面的巨大作用,使得对既环保又有良好保护效果的钻井流体的需求日益紧迫(蒋友强等,2011)。

7.3.1 存在问题

目前常用的有机盐钻井流体,一方面耐温能力低于 130℃,不能满足中、深水平井和水平分支井钻探的需求;另一方面原料价格较高,货源不足,限制了其在油田大面积推广。

在使用中要特别注意含盐量的大小,一般应根据含盐的多少来决定所选用的分散剂的类型和用量。

盐水钻井流体的 pH 值一般随含盐量的增加而下降,这一方面是由于滤液中的钠离子与黏土矿物晶层间的氢离子发生了离子交换;另一方面则是由于工业食盐中含有的氯化镁杂质与滤液中的氢氧根离子反应,生成氢氧化镁沉淀,从而消耗了氢氧根离子所导致的结果。因此,在使用盐水钻井流体时应注意及时补充烧碱,以便维持一定的 pH 值。一般情况下,盐水钻井流体的 pH 值应保持 9.5~11.0。

7.3.2 发展方向

盐溶液钻井流体发展方向主要有耐温、环保、价格低廉等。以可溶性有机盐为加重剂的有机盐钻井流体,密度调节范围大,低固相,耐温性强,流变性及润滑性好,有较强的抑制性,并且对环境无污染。

(1)耐温性、原料来源广、价格便宜、环保型处理剂。

(2)开发性能优异、配伍性强的耐温剂,或者提高处理剂的耐温性能都是可以满足深井及超深井耐温性的要求。

(3)开发新的环保处理剂,并考察不同处理剂比例对钻井流体性能的影响,同时要加强处理剂的机理研究;中国对钻井流体的研究大多还停留在实验室内,建议进行大量的现场试用;扩大材料来源,通过加强对天然高分子的化学改性研究来降低钻井流体成本(代秋实等,2015)。

张国新等(2001)针对安棚碱井使用饱和碳酸钠型碱水钻井流体存在的碱加量大、钻井流体密度高、钻速低和钻井流体成本高等问题,室内优选出了饱和碳酸氢钠碱水钻井流体。饱和碳酸氢钠碱水钻井流体抑制性强,性能稳定,碱加量少,取出的碱心直径都大于80mm,机械钻速提高了30%,节约了钻井流体成本,取全取准了各项资料,满足了碱层钻井施工的要求。饱和碳酸氢钠碱水钻井流体主要组分见表4.7.7。

表4.7.7 饱和碳酸氢钠碱水钻井流体主要组分表

序号	组分名称	组分代号	加量范围,%	作用
1	膨润土	未明确代号	11.0~13.0	配制钻井流体的基浆
2	包被剂	FA-367	0.1~0.3	强包被作用,增黏
3	降失水剂	MG-1	1.5~2.0	降低钻井流体失水量
4	羧甲基淀粉	CMS	0.5~1.5	降失水、增黏
5	纯碱	未明确代号	13.0	抑制页岩水化
6	褐煤树脂	SPNH	1.5~2.0	降低钻井流体失水量,降黏

此外,王学军等(2016)针对苏里格气田水平井易发生垮塌、掉块,井径扩大率大的问题,研制了新型复合无机盐钻井流体。复合无机盐钻井流体具有良好的黏土分散抑制性和较强的润滑性能。可减少对储层伤害,防塌抑制能力强,利于提高机械钻速,平均井径扩大率小于8%,缩短钻井周期。

随着现代钻井技术的发展,世界上在钻井流体工艺技术的室内研究和现场应用方面均取得了很大进展。但同时还存在许多井下复杂问题,需要不断改进现有钻井流体体系。世界上钻井工作流体技术在近年来取得的重要进展,主要表现在以下几个方面:

在井眼稳定性方面,重点开展岩石力学和泥浆化学的耦合研究。耦合是指两个实体相互依赖于对方的一个量度。岩石力学和泥浆化学的耦合是流体力学与固体力学交叉而生成的一门力学分支,它是研究变形固体在流场作用下的各种行为以及固体位形对流场影响这二者相互作用的一门科学。流固耦合力学的重要特征是两相介质之间的相互作用,变形固体在流体载荷作用下会产生变形或运动。变形或运动又反过来影响流体,从而改变流体载荷的分布和大小,正是这种相互作用将在不同条件下产生各种不同的流固耦合现象。在处理剂和体系的发展与应用方面,目前十分重视新型钻井工作流体体系的研制和应用。

(1)高温、高密度钻井流体体系。一般情况下,井越深,井底温度越高,钻井流体技术难度也越大。高温条件下的高密度钻井流体存在以下问题:密度过高,加重剂的加量过大,沉降稳定性难以控制;体系中低密度固相含量固相控制;井壁失稳;处理剂用量过大等。与此相关的井壁失稳机理与防塌钻井流体技术、钻井流体润滑性及防卡解卡技术、钻井流体防漏堵漏技术、钻井流体流变性等研究也备受关注。

(2) 大斜度井、水平井、多底井和小井眼、欠平衡钻井等特殊工艺井的钻井流体技术。特殊结构井要求钻井流体的润滑性、悬浮能力和携砂能力强且保持能井眼稳定；防喷、防漏和保护储层技术高；钻井流体参数优选难度大。欠平衡钻井流体要综合考虑：储层、流体、作业和经济因素，需要解决钻井流体、储层产出流体、注入气、产出气的相容性以及安全问题；储层润湿性问题；注气钻井流体的循环模式等。

(3) 新型处理剂和新型钻井流体体系的发展与应用，这与废弃钻井流体处理技术和环境可接受钻井流体体系的研究和应用相联系，这需要满足经济效益要求和社会效益要求，实现处理剂多功能且高效，尽可能减少主要处理剂种类和添加量；现场维护简单，尽可能减少操作环节和劳动量；成本容易接受，尽可能减少油田经营者投入成本；达到环保指标，尽可能减少废弃钻井流体处理投入和改善生态环境；保护油气储层，尽可能减少对储层的伤害。然而，环境可接受钻井流体体系，要面临思想观念、技术进步、经济效益和社会效益等4个方面的挑战。

目前水基钻井流体面临井壁强化、复杂地质钻井、新型体系及组分研究和废弃物管理4个方面的难题。

(1) 钻井流体强化井壁技术。这是世界上广泛关注的一个重要课题，主要攻关目标将集中在化学固壁研究、井壁失稳的岩石力学和泥浆化学因素的耦合研究、盐岩层蠕变规律研究以及仿油基钻井流体研究等方面。其最终目的是能够通过钻井流体优化设计，有效地解决在各种复杂泥页岩地层和大段盐膏层钻进时经常遇到的井塌问题。通过准确地确定地层的孔隙压力和坍塌压力剖面，以及有关水化力、膨胀力、岩石地应力的实验数据和计算，决定采用的钻井流体密度和钻井流体体系及配方。

(2) 复杂地质条件下深井、超深井、大位移井钻井流体技术。对于深井、超深井，将主要解决抗高温及高温条件下抗盐、抗钙侵和防塌等问题。关键技术为抗高温处理剂的研制和系列化，并通过机理研究解决处理剂在高温条件下的降解、解吸附及处理剂之间的配伍等问题。对于大位移井，除解决抗温问题外，还将主要解决大位移复杂井段的井塌、井漏和润滑问题。

(3) 新型钻井流体体系及其处理剂的研制与应用。为了适应钻深井、超深井和复杂地层的需要，以及为了满足日益受到重视的环保要求，并进一步降低钻井流体成本，在钻井流体体系及其处理剂的研制方面，目前正面临新的突破。新型的合成基钻井流体、硅酸盐钻井流体、甲酸盐钻井流体均可能得到进一步的发展。

(4) 钻井流体废弃物管理技术。为满足保护生态环境的需要，国外已投入大量人力、物力解决废泥浆的排放问题。目前在处理技术方面已取得一定进展，但仍存在着处理工艺复杂、处理成本高等问题，可望在今后几年内找到简便易行且成本较低的处理方法。此外，钻井流体及其处理剂的毒性检测技术和无毒、低毒处理剂的研制技术也必将得到进一步的发展。

未来，向着改善和提高水基钻井流体稳定井眼的能力、避免或最大限度地减轻水基钻井流体对储层的伤害、提高水基钻井流体的高温稳定性等三个方面发展。

(1) 改善和提高水基钻井流体稳定井眼的能力。井眼稳定是实现安全、快速钻进的前提。近几十年来,钻井流体技术进步始终围绕井壁稳定性这一主题,从部分水解聚丙稀酰胺钻井流体到目前推广的两性离子体系、阳离子体系和正电胶体系,技术切入点均是改善钻井流体稳定井眼的能力,提高钻井效率。未来水基钻井流体技术的发展仍将继续围绕井壁稳定这一主题。解决问题的主攻方向是继续研制新型的抑制型的降失水剂、抑制型的防塌剂和抑制型稀释剂等有助于增进井眼稳定的钻井流体处理剂。

(2)避免或最大限度地减轻水基钻井流体对储层的伤害。油气资源是一种不可再生资源。随着油气的大规模开采,资源日益减少,找油越来越困难,同样采油的难度也在加大。因此,保护油层提高油产量受到高度重视。水基钻井流体因而面临巨大的压力和挑战,避免或最大限度地减轻水基钻井流体对油层的伤害成为科技人员攻关的重点技术之一。投入应用并证明行之有效的技术为屏蔽暂堵技术。其保护原理是井壁上形成一个非渗透性封闭带,从而阻止钻井流体中的液固相侵入油层造成伤害。该封闭带通过射孔返排或酸洗可以解除。正在使用的屏蔽剂有液体套管、超细碳酸钙、低软化点油溶树脂等。研制之中的新型屏蔽暂堵剂有高软化点油溶树脂、能生物自解的膨胀型或半膨胀型屏蔽剂等。未来保护储层技术的发展将是屏蔽暂堵技术的改进和完善,例如研制出更高效的屏蔽暂堵剂。

(3)提高水基钻井流体的高温稳定性。探采深部油气资源将是未来石油工业发展的必然之路。改善和提高钻井流体高温稳定性一直是钻井流体科技人员的重点工作。近年来不断有新型抗高温处理剂问世并投入使用。今后主要的研究方向是抗200~250℃的高效降失水剂、抑制剂、稀释剂、润滑剂及其高温稳定机理。

第8章 造浆土适度分散全烃基钻井流体

全烃基钻井流体(All-hydrocarbon Drilling Fluids)指的是以油相或烃类衍生物为连续相,无水相或者水相含量极低的一类烃基钻井流体。

全烃基钻井流体是以烃基(如柴油、白油等)为连续相,在全烃基钻井流体中,水是无用的组分,其含水量不应超过7%,并添加适量的乳化剂、润湿剂、亲油胶体、无机盐和加重剂等所形成稳定的一类油基钻井流体。它有利于控制储层伤害和提高钻井速度,已经发展成为解决泥页岩水化问题的重要钻井流体技术,目前已成为钻探高难度井、高温深井、海上钻井、大斜度定向井、水平井、各种复杂井段和储层保护的重要手段,并且还可广泛地用作解卡液、射孔完井液、修井液和取心液等。

8.1 开发依据

(1)要求杂质含量低、黏度低、固相不易沉降、形成乳化液稳定性好、来源广、流动性好、燃点低、防火性能优异、后期处理简单、对现场施工人员影响较小以及配制油基钻井流体性能良好等(Mazee,1941)。

(2)具有良好流变性、井眼净化效果、高温高压失水性以及配制工艺简单,有利于保持钻井流体较低的黏度等。

(3)逆乳化油基钻井流体(油包水钻井流体)具有良好的润滑性、抑制性、热稳定性、储层保护性能等优点(蓝强等,2006)。但逆乳化油基钻井流体成胶能力差、对重晶石悬浮能力弱、钻屑难以清除。

8.2 体系种类

造浆土全烃基钻井流体按照烃基种类可以分为全柴油基钻井流体、全白油基钻井流体、全烃类衍生物钻井流体和全气制油钻井流体。

8.2.1 全柴油基钻井流体

以柴油作为连续相,无分散相或者含极少量分散相的油基钻井流体称为全柴油基钻井流体。一般来说,全柴油基钻井流体是无水相的,但是在实际应用中,会因钻遇含水地层或钻屑带水等各种原因使钻井流体含有少量的水。

全柴油基钻井流体成分一般包括柴油、常规的有机黏土增黏剂、乳化剂、润湿剂、失水控制剂、悬浮剂、石灰和重晶石等。

刘振东等(2009)针对胜利油田王732区块储层具有非速敏、极强水敏、强酸敏、弱碱敏的特征,配制出的全柴油基钻井流体组分,具有全柴油基钻井流体的显著特征与工作性能,但由于水相含量略高,并非真正意义上的全柴油基钻井流体。该钻井流体适用于水敏、酸敏、碱敏地层,能够起到很好的控制储层伤害的作用。在王73-平4井进行了首次应用。全油基钻井流体配方能够适应王732区块储层特征,满足现场施工的要求,能够有效地控制储层伤害和提高油气产量。全油基完井液能对全油基钻井流体滤饼进行有效清除,使王73-平4井精密滤砂管裸眼完井,实现了免酸洗作业。全柴油钻井流体主要组分见表4.8.1。

表4.8.1 全柴油钻井流体主要组分表

序号	组分名称	组分代号	加量范围,%	作用
1	基液(10%氯化钙溶液:90%柴油)	未明确代号	84.0	提供连续介质
2	主乳化剂	未明确代号	2.0	乳化作用,形成乳状液
3	辅乳化剂	未明确代号	3.0	乳化作用,形成乳状液
4	润湿剂	未明确代号	1.0	维持所有亲油性固相表面润湿性
5	增黏剂	未明确代号	2.0	抑制泥页岩水化分散,防止井壁坍塌
6	生石灰	未明确代号	8.0	吸收地层中的二氧化碳

此外,Fraser(1991)研制出具有良好流变性、悬浮性以及有利于井眼净化的全柴油基钻井流体,克服了水基钻井流体与逆乳化钻井流体中水相对储层的不利影响,并将其在美国密西西比州陆上油田、路易斯安那州近海油田得到了成功应用。

全柴油基钻井流体在使用过程中,需要注意对钻井流体密度、黏度和切力、失水量、乳化稳定性以及水相含量等方面的维护处理措施。

(1)全柴油基钻井流体密度控制。需要提高钻井流体密度时,可以使用重晶石、碳酸钙等加重材料加重。需要降低钻井流体密度时,用基油(柴油)稀释,用固控设备清除加重材料以及加入塑料微球。

(2)全柴油基钻井流体黏度和切力控制。提高黏度和切力的方法有,增大有机土、氧化沥青等亲油胶体的含量,或者通过加入加重剂等惰性材料,也能达到提高黏度和切力的目的,但同时要求及时补充乳化剂和润湿剂。还可通过及时清除地层中混入的水相,增大油水比,利用固控设备清除钻屑、加重材料等固相来降低黏度和切力。

(3)全柴油基钻井流体失水性能控制。当需要失水量增大时,可及时补充乳化剂和润湿剂,增强钻井流体稳定性,也可适当补充有机褐煤、氧化沥青等亲油胶体含量。在某些情况下,为提高钻速,可适当放宽对失水量的控制。

(4)全柴油基钻井流体乳化稳定性能控制。钻井过程中随时监测钻井流体中水相含量,保持其处于较低的水平内,及时补充乳化剂和润湿剂,并注意调整油水比,使乳化稳定性尽快恢复。

(5)全柴油基钻井流体固相含量的控制。利用作业现场固控设备及时清除钻井流体中钻屑、残渣等固相。

8.2.2 全白油基钻井流体

由于全柴油基钻井流体对环境影响较大,逐渐被以白油为连续相的逆乳化白油基钻井流体代替。但是,逆乳化白油基钻井流体中水相含量一般为10%~40%,同样无法避免水相对储层的不利影响。全白油基钻井流体的优点主要有水相含量少、抗钻屑侵害和机械钻速高。

(1)以白油为基液,生物毒性低,无水相或者含量极少,乳化剂加量小,电稳定性好(通常大于2000V),塑性黏度低,失水量小,且滤液全为油或大部分为油相。

(2)由于以白油作为基液,具有抗钻屑侵害、抗水侵害性强,润滑性能好,抑制钻屑水化分散能力强及储层保护效果好等特点。

(3)与逆乳化白油基钻井流体相比,有利于提高机械钻速、稳定井壁,可用于易塌地层、盐膏层,特别是水相活度差异较大,以及能量衰竭的低压地层和海洋深水钻井作业中。

全白油基钻井流体组分一般包括白油、有机土、增黏剂、润湿剂、稳定剂、降失水剂、加重材料以及少量乳化剂等。

李建成等(2014)为解决苏53区块石盒子组泥岩段的井壁稳定、携岩净化及润滑防卡等井下复杂问题,研制了全油基钻井流体。全油基钻井流体在苏53-82-50H井现场应用过程中性能稳定、易维护,能大幅度提高机械钻速,润滑防卡效果好,井径扩大率小,满足现场施工的各项要求。全白油钻井流体主要组分见表4.8.2。

表4.8.2 全白油钻井流体主要组分表

序号	组分名称	组分代号	加量范围,%	作用
1	5#白油	未明确代号	84.0	提供连续介质
2	有机膨润土	GW-GEL	3.0	提高钻井流体的黏度和切力
3	激活剂	GW-OGA	0.5	提高钻井流体的黏度和切力
4	降失水剂	GW-OFL	1.5	控制失水量
5	润湿剂	MO-WET	2.0	调节岩屑表面活性
6	生石灰	未明确代号	8.0	吸收地层中的二氧化碳
7	乳化剂	未明确代号	1.0	乳化生成乳状液

此外,舒福昌等(2008)针对油包水乳化钻井流体应用中存在的不足,研究了以生物毒性低的白油为基液的无水全油钻井流体。全油基钻井流体无水相,电稳定性好(大于2000V),塑性黏度低,失水量小(滤液全为油),具有抗钻屑、抗水侵害性能强、润滑性能好、抑制性强及储层保护效果好等特点。使用无水全油基钻井流体,有利于提高机械钻速、井壁稳定性和储层保护效果,可用于易塌地层、盐膏层,特别是水相活度差异较大的地层,以及能量衰竭的低压地层和海洋深水钻井。

刘绪全等(2011)通过室内实验,以茂名白油作为全白油基钻井流体基液,使用高效有机土和树脂类增黏剂,有效提高了全白油基钻井流体的黏度和切力,并提高降失水作用。同时,优选出适合全白油基钻井流体的润湿剂和稳定剂,通过进行各种处理剂加量条件下,全白油基钻井流体性能影响测试实验,确定了各种处理剂的最佳加量,形成两套全白油钻井流体最佳配方。先在中国辽河油田沈 307 井 3709.00~4146.00m 井段进行了现场应用。全油基钻井流体具有较好的流变性、沉降稳定性、剪切稀释性以及优良的悬浮和携带固相的能力,失水量低,满足了现场施工的要求;具有较强的抗水侵(20%水)和抗土侵害能力(15%劣质土)。

全白油基钻井流体维护处理与全柴油基钻井流体总体相似,要保证处理剂充分分散、及时补充润湿剂和表面活性剂等。

(1)现场配制全白油基钻井流体过程中,按循环周均匀地依次加入各功能性处理剂,并用钻井流体喷枪反复冲刺,保证每一种处理剂充分分散或溶解。

(2)现场要求控制好钻井流体中固相含量和油水比,及时补充白油稀释流体。

(3)及时补充润湿剂,将加重材料、钻屑等固相表面润湿为亲油性,并调整全白油基钻井流体的流变性。

(4)应用全白油基钻井流体作业过程中,应避免用水冲洗振动筛和钻井流体槽,防止水相混入体系,导致钻井流体性能发生变化。

(5)作业过程中,及时补充表面活性剂,乳化侵入体系的水相,维护全白油基体系的稳定性。

(6)在作业过程中,应加强固控设备的使用,及时清除体系中倾入的固相,保证全白油基钻井流体具有优良的抗劣土侵害性能。

8.2.3 全烃类衍生物钻井流体

烃类衍生物钻井流体(Synthetic – Based Drilling Fluids)是以人工合成的高分子聚合物为基液的钻井流体,按基液类型划分,可以分为酯基、醚基、聚 α – 烯烃基、线性 α – 烯烃基、内烯烃基和线性石蜡基等钻井流体。根据出现的大致时期划分,可分为第一代合成基和第二代烃类衍生物钻井流体。不同烃类衍生物钻井流体,由于基液分子结构不同,其物理、化学性能也存在一定的差异,所以在选用相应功能性处理剂配制钻井流体时,应在分析基液分子结构特性的基础上,进行选择和添加。目前,烃类衍生物钻井流体一般采用合成基液作为连续相,水和有机土作为分散相,辅以其他处理剂配制成烃类衍生物钻井流体(Alcantara 等,2000)。

(1)酯(Ester)基钻井流体。酯是由植物油脂肪酸与醇反应制得,植物脂肪酸来源很广,如菜籽油、豆油、棕榈油等。酯基钻井流体是最早成功应用于现场的一类烃类衍生物钻井流体,与 20 世纪 90 年代初成功应用于北海油田。该钻井流体具有闪点高、无毒、润湿效果好等优点。

① 与柴油和白油等常规基液相比,酯基液的闪点较高,倾点较低,不易燃,流动性好,在生产、储存、运输以及应用过程中安全性很高。同时,酯基液具有较高的黏度,所以在配制酯基钻井流体时,要求控制低密度或者提高油水比至合适值。

② 酯基液中不含芳香烃,无毒性,生物降解迅速,环保性能优良。

③ 酯基钻井流体具有良好的流变性和润湿性,可用于大斜度井和大位移井。但是普通酯基钻井流体不能抵抗石灰和酸性气体的侵入,可通过调整酯分子中烃基的长度,达到提高水解稳定性和黏度的目的。

④ 与柴油基以及白油基钻井流体相比,酯基钻井流体抑制页岩水化分散能力相对较

弱,但与水基相比,其抑制泥页岩水化分散能力还是比较强的。

⑤ 使用酯基钻井流体可有效提高机械钻速、节约成本,具有良好的现场应用效果和经济效益。

合成酯是比天然酯(如植物油)更纯,稳定性更好,且不含任何有毒性的芳香烃物质。但部分研究人员对酯基钻井流体进行了热稳定性和抗侵害实验,实验结果表明,酯基钻井流体耐温和抗侵害能力较差。

酯基钻井流体最早由 Statoil 公司在北海挪威区域的 Statfjord 气田使用,先后钻了 10 口井,均取得了良好的应用效果。在实际钻井作业中,酯基钻井流体有效提高了钻速,节约了成本。这 10 口井均为定向井,其中有 6 口井的井斜角大于 80°,1 口井的水平位移达到了 7290.00m,斜度在 80°以上的斜井段长度达 5470.00m,不但提高了钻井速度,环境污染程度也低于常规油基钻井流体。含氧条件下 35d 后有 82.5% 被细菌降解,而矿物油只有 3.9%,允许直接排放钻屑(罗跃等,1999)。另外,Baroid 公司研制的酯基钻井流体在应用中同样获得了较好的效果,在 Ula 油田与同条件下使用的常规逆乳化油基钻井流体以及水基钻井流体进行对比,钻时节约了 13.2d,其毒性水平都在环保允许范围内(张琰,2001)。

合成基液的商业造价为 1380 美元/m^3,低毒矿物油的造价为 430 美元/m^3,相比之下,虽然合成基液的价格较贵,但是由于使用烃类衍生物钻井流体提高了机械钻速,井眼稳定性较好,节约了常规油基钻井流体用于处理钻屑和环境污染的费用。因此,使用烃类衍生物钻井流体的钻井成本比使用油基甚至比水基钻井流体都要低。在墨西哥湾 8 口井的钻井总成本对比结果为(Friedheim et al.,1996):水基钻井流体约为 11.5×10^6 美元,而相比之下,烃类衍生物钻井流体约为 5.5×10^6 美元。

岳前升等(2004)为满足中国海洋石油的勘探开发需要,研制出了高闪点、环保型合成基钻井流体。合成基钻井流体具备优异的防塌抑制性、润滑性和储层保护性能,生物毒性低,生物可降解性好。渤海湾 SZ36-1 油田 CF1 井使用合成基作基液,合成基钻井流体性能稳定,井眼清洁,井壁稳定,摩阻小,无任何井下复杂事故。该井采用裸眼筛管方式完井,筛管也是一次性下到位。合成基钻井流体主要组分见表 4.8.3。

表 4.8.3 合成基钻井流体主要组分表

序号	组分名称	组分代号	加量范围,%	作用
1	基液 (酯基液:氯化钙溶液=70:30)	未明确代号	未明确范围	提供连续介质
2	有机土	未明确代号	2.0	配制钻井流体的基浆
3	主乳化剂	未明确代号	3.0	乳化生成乳状液
4	辅乳化剂	未明确代号	2.0	乳化生成乳状液
5	润湿剂	未明确代号	1.0	调节岩屑表面活性
6	生石灰	未明确代号	8.0	吸收地层中的二氧化碳
7	碱度调节剂	未明确代号	1.0	调节 pH 值
8	增黏剂	未明确代号	1.0	调节黏度
9	降失水剂	未明确代号	3.0	降低失水量

(2)醚基钻井流体。醚的分子结构为 R_1—O—R_2,与酯基物理性质较为相似,不含任何芳香烃物质。同时,由于醚基钻井流体基液醚分子结构中没有活泼的羧基,在水溶液中不会离解,性质较稳定,因而有较好的抗盐、抗钙能力,为环境可接受钻井流体。目前使用的变体二乙醚比以前使用的单醚生物降解性能更高,对环境影响更小。

醚基钻井流体一般以醚为连续相,以盐水或海水为分散相,再配合乳化剂、降失水剂、流型改进剂等功能性处理剂配制而成。

(3)缩醛(Acetal)基钻井流体。缩醛是通过醛类缩合制得,除运动黏度和闪点低于酯、醚基液外,其他物理性质类似。但由于其相对成本较高,实际使用较少,属于第一代烃类衍生物钻井流体。

1991—1994年,缩醛基钻井流体被应用于北海油田挪威区块的24口海上油气井的钻井作业。1992年6月至1994年9月,缩醛基钻井流体被应用于北海油田英国区块的16口海上油气井的钻井作业。

(4)聚α-烯烃(Poly Alpha Olefin,PAO)基钻井流体。聚α-烯烃由烯烃聚合而成,因含有双键可逐渐降解。聚α-烯烃以及线性α-烯烃、内烯烃和线性石蜡都可通过合成过程或精炼过程再加上纯化等反应步骤获得。已用于钻井作业的聚α-烯烃钻井流体可经过催化聚合直线型α-烯烃(如1-辛烯、1-癸烯)而成,也可由低级烯烃(乙烯)聚合或石蜡加热裂化得到,关键是控制聚合条件以保证形成直链烃,同时保证分子中仍存有剩余双键,这样有利于维持生物降解性及低毒性质。聚α-烯烃类基液特性不随温度和pH值改变而改变,而酯基液会在碱性条件下发生不可逆的皂化反应,因此聚α-烯烃钻井流体相对酯基流体更能耐温和石灰温燃。

为有效缓解海洋钻井作业中遇到的问题,研发出适合深水钻井作业的聚α-烯烃钻井流体(许明标等,2004)。M-Z公司1992年在北海中部盆地应用聚α-烯烃钻井流体钻了第一口井,该钻井流体用于1920.00~4592.00m井段,井眼倾角平均为55°,主要由古近纪—新近纪活性页岩组成。聚α-烯烃钻井流体中聚α-烯烃基液与水相比例现场调节为80:20,钻完该井段共用时13d,表现出与油基钻井流体相同的抑制性,同时机械钻速相比油基钻井流体提高15%。

(5)线性α-烯烃(Linear Alpha Olefin,LAO)基钻井流体。线性α-烯烃与聚α-烯烃是同系物,由乙烯聚合成的直链低聚产物,无支链,且在分子链末端α位置上有双键,分子量范围为112~260。线性α-烯烃不含任何芳香烃,基液黏度低于聚α-烯烃,成本相应也较低,但毒性较大。

目前,中国对线性α-烯烃基逆乳化钻井流体研究较多,其配方通常包括基液、乳化剂、润湿剂、有机土、盐溶液以及降失水剂等。孙金声等(2003)通过室内性能优化开发出线性α-烯烃基乳化钻井流体,性能稳定、密度为 $0.86 \sim 2.10 \text{g/cm}^3$、耐温达215℃,具有良好的控制储层伤害性能。

岳前升等(2011)开发出适用于深水钻井作业的线性α-烯烃基逆乳化钻井流体,有良好的流变性和低温流动性。隋旭强等(2011)研制出一种新型线性α-烯烃基乳化钻井流体,具有优良的流变性能、抑制性、抗侵害性能、高温稳定性及电稳定性。胡友林等(2012)研制出一种适用于深水钻井作业的线性α-烯烃基逆乳化钻井流体。

(6)内烯烃(Internal Olefin,IO)基钻井流体。内烯烃与聚 α-烯烃是同系物,均由烯烃合成,且同样是不存在支链的线性化合物。内烯烃由线性 α-烯烃经异构化合成,化学组成与线性 α-烯烃相同,结构差异是内烯烃双键位置在中间碳原子之间,由此反映出的性质差是倾点明显比线性 α-烯烃的倾点较低,这可能是内烯烃的内双键使内烯烃分子在冷却时不能均匀裹在一起的缘故。内烯烃同样相对于聚 α-烯烃有较低的运动黏度,配制成本也相应较低。由内烯烃基液配制出的烃类衍生物钻井流体的综合性能优良,是目前最为理想的合成基液品种之一。

(7)线性石蜡(Linear Paraffin,LP)基钻井流体。线性石蜡除了不含双键外,与线性 α-烯烃和内烯烃有类似的化学性质。其碳骨架像线性 α-烯烃一样是线性的。线性石蜡可归类于烷烃,而线性 α-烯烃和内烯烃是烯烃。由于线性石蜡不含双键,使其与具有相同碳原子数的线性 α-烯烃和内烯烃相比,倾点和动力黏度均有所升高,因此需要通过调整基液的组成以获得适合的流体性质。具体做法是将相对分子质量较低的不同线性石蜡混合在一起。线性石蜡既可通过合成制得,也可通过加氢裂化和利用分子筛方法经多级精炼制得,目前国际上使用的线性石蜡大多数是由后一种方法制得的,因此线性石蜡也被称为假油(Pseudo-Oil)基钻井流体。

作为第二代烃类衍生物钻井流体的一种,线性石蜡基钻井流体的突出特点是成本低、热稳定性好、抗侵害能力强,其环保性能优于普通的油基钻井流体,但与酯基钻井流体相比,其生物降解速度较为缓慢。近几年,在国际上线性石蜡基钻井流体已经在现场得到应用,主要用于海上钻井。1991—1994 年,线性石蜡钻井流体成功应用于北海油田英国区块 4 口海洋油气井的钻井作业。

室内试验优选出线性石蜡基钻井流体,常温和高温老化后的流变性、失水性能均符合钻井作业要求,热稳定性较好,可用于 200℃以上的深井作业(张琰等,2000)。

(8)线性烷基苯(Linear Alkyl Benzene)钻井流体。线性烷基苯的化学性质与甲苯类似,但有长链烷基与苯环连接。基液具有低运动黏度的特点,成本较低。1993 年 6 月至 1994 年 9 月,线性烷基苯钻井流体在北海油田英国区块用于 33 口井的钻井作业。因线性烷基苯含有芳香烃等毒性物质,环境友好性较低,故实际使用较少。

不同类型烃类衍生物钻井流体除基液的选用以外,其维护方式相似:

(1)性能稳定技术。定时补充合成基油,保持钻井流体适当的油水比;同时,每天定时向钻井流体中补充主乳化剂、辅乳化剂以及石灰,保持合理的碱度以及破乳电压,维护合成基乳化液体系稳定。

钻井作业时,及时补充降失水剂,以保持钻井流体高温高压失水量,同时维持钻井流体具有好的粒度分布,优化滤饼质量,防止在高渗透砂岩地层形成厚滤饼缩径。现场用钻井流体罐和钻井流体槽上应严格密封,防止雨水混入烃类衍生物钻井流体;用柴油清洗振动筛,随时监测钻井流体油水比,严禁任何形式的水混入钻井流体,破坏烃类衍生物钻井流体性能。

(2)井眼稳定技术。保持水相中氯化钙含量稳定,降低水相活度,保持滤液对泥岩的强抑制性;观察振动筛上的钻屑完整性,及时补充乳化剂和润湿剂等。

(3)携岩洗井技术。井斜过大时,保持烃类衍生物钻井流体合适的黏度,防止振动筛出砂量极少,大量钻屑不能及时携带出来;同时,使用有机土提高钻井流体黏度后,振动筛上会出现大量棱角分明的钻屑,起钻前,应使用稠浆清扫井底,以保持井眼畅通。

（4）固相控制技术。现场配备一定数量的振动筛,时刻保持钻井流体处于净化状态。

（5）降低烃类衍生物钻井流体消耗技术措施。烃类衍生物钻井流体成本高,其损耗主要包括刚揭开渗透性砂岩地层的瞬时渗漏和钻屑表面吸附;用稠浆清洗井底时,用小孔径振动筛会跑浆,加入一些粗粒碳酸钙和纤维材料进行随钻堵漏,降低钻井流体渗透量,控制其黏度,保持钻屑及时带出地面,减少稠浆洗井次数。

（6）烃类衍生物钻井流体的回收措施。完钻作业后回收烃类衍生物钻井流体,并针对不同种类烃类衍生物钻井流体对环境的污染性大小,依据相关标准和规范,对钻屑进行处理。

8.2.4　全气制油钻井流体

气制油(Gas To Liquid,GTL)是以天然气为原料,经催化聚合(费托法合成)反应制成的大分子烷烃类物质。通过控制反应条件,可以控制产物的分子组成分布和形态(徐同台等,2010)。

蒋卓等(2009)针对储层乳化堵塞的问题,研制了新型的全油合成基钻井流体。采用低毒、容易生物降解的气制油为基液,体系不含水,具有电稳定性好、塑性黏度低、失水量小等特点,且抗钻屑、抗水侵害性以及抑制性都很强,对储层保护效果也很好,可用于易塌地层、盐膏层,特别是水相活度差异较大的地层;同时,该体系还具有密度低(可以降到 0.8g/cm^3)、低温流变性好等特点,因此也可用于能量衰竭的低压地层和海洋深水钻井。全油合成基钻井流体主要组分见表 4.8.4。

表 4.8.4　全油合成基钻井流体主要组分表

序号	组分名称	组分代号	加量范围,%	作用
1	气制油	未明确代号	未明确范围	提供连续介质
2	有机土	未明确代号	3.0	配制钻井流体的基浆
3	主乳化剂	未明确代号	2.0	乳化生成乳状液
4	润湿剂	未明确代号	0.5~1.0	调节岩屑表面活性
5	提切剂	未明确代号	1.0	提高切应力
6	碱度调节剂	未明确代号	0.5	调节 pH 值
7	增黏剂	未明确代号	2.5	调节黏度
8	降失水剂	未明确代号	1.0	降低失水量

气制油基钻井流体维护处理与全白油基钻井流体总体相似,但需注意随着有机土和水含量的增加,体系的黏度和动切力均明显增大;增黏提切剂对流变性影响较大,加量一般控制在 1% 以下。为了确保体系的流变性和稳定性能达到应用要求,需要加入适量的耐温剂来控制温度对其的影响。

罗健生等(2009)为了提高合成基钻井流体的使用效率,研究了一套抑制性、润滑性好、有利于提高机械钻速,适用于钻大斜度井、水平井及深水井,有良好的储层保护效果,又符合环境保护要求的气制油合成基钻井流体。2005年和2008年,气制油分别用于中国渤海及印度尼西亚的3口井的ϕ215.9mm井段及一口开窗侧钻井。A井的ϕ215.9mm井段平均机械钻速为22.8m/h,比A平台其他井提高了30%;印度尼西亚AC13井的ϕ215.9mm井段平均机械钻速为46.9m/h,AC-03井的开窗侧钻井平均机械钻速为48.8m/h,钻速都很高,井眼清洁,钻头水马力高,表明气制油合成基钻井流体具有好的流变性。

8.3 发展前景

中国自20世纪80年代开始应用油基钻井流体以来,发展较为缓慢,与国际上同类技术相比具有一定的差距,主要表现为流变性差、处理剂用量大、高品质处理剂缺乏和配套技术不完善,导致页岩气勘探初期的重点水平井不得不使用国际上的油基钻井流体,从而大幅度增加了钻井成本。自2009年起,随着页岩油气资源勘探开发的迅速发展,中国开展了油基钻井流体及其配套技术的研究与应用。截至2014年,研发了多种关键处理剂,形成了柴油基、矿物油基等多套油基钻井流体,已经基本弥补了中国传统油基钻井流体技术的不足。

8.3.1 存在问题

全油基钻井流体的缺点主要体现在成本高、不利于录井作业、对环境存在严重影响等。采用油基钻井流体成功钻井的同时,会对周围的环境产生污染及对伤害储层,甚至不能准确评价地层性质;天然气等可溶于油基钻井流体,在超过临界压力和临界温度的井眼内,天然气可能在油基钻井流体中完全溶解凝析,甚至发生超临界现象。在向上部井段运移过程中,溶解气存在反凝析挥发现象和气体因压力降低而发生等温膨胀现象,引起井筒气液体积比急速升高。若不对侵入油基钻井流体的天然气进行井口控制,可能引发灾难性事故(张伟勋,2016)。

8.3.2 发展方向

全烃基钻井流体发展方向主要包括基液的筛选、有机土的筛选和处理机的筛选。

(1)基液的筛选。现在大部分油基钻井流体主要以柴油为基液,柴油中芳香烃含量一般高达30%~50%,其中多核芳烃常占20%以上。如果将这些芳烃尤其多核芳烃组分对海洋生物会有很高的毒性,使用时往往会对井场附近的生态环境造成严重影响,因此在研究中选用低毒性的白油作为基液,白油芳烃含量低,其中多核芳烃不超过5%,因而对于海洋生物,其毒性要小得多。

(2)有机土的筛选。有机土是油基钻井流体中最基本亲油胶体,在油基钻井流体中既可提高钻井流体的黏度和切力,又能降低油基钻井流体的失水量,因此有机土是油基钻井流体中不可缺少的处理剂。

(3)其他处理剂的筛选。国际上油基钻井流体的技术已经成熟,处理及产品多,高温(大于200℃)的油基降失水剂已经商品化;中国在油基钻井流体这方面研究较少,全油基钻井流体与水基钻井流体的组成规律相似,只是其连续相是油而不是水,其余成分与功能同水基钻井流体相似。所以其失水规律与评价方法与水基钻井流体相同。

(4)日常维护处理技术和现场施工预案的制订。油基钻井流体的维护处理技术包括淡水、盐水侵维护处理技术和固相侵污维护处理技术。现场施工预案有现场复杂情况预案和处理以及全油基钻井流体的回收储存方案。为了节约成本,对油基钻井流体进行回收再利用不失为一种行之有效的解决办法。

第9章 造浆土分散乳化烃基钻井流体

烃包水钻井流体（Water-in-Hydrocarbon Drilling Fluid）是以油相或烃类衍生物为连续相，水为分散介质的乳化钻井流体。

白油基钻井流体是以白油为连续相，以水（淡水或盐水）为分散相，并添加适量的乳化剂、润湿剂、亲油胶体和加重剂等所形成稳定的油基钻井流体。其中白油又叫作矿物油，主要是含有碳原子数比较少的烃类物质，多的有几十个碳原子，多数是不饱和烃，即含有碳碳双键或是三键的烃。石油工业所用工业级白油，比较有代表性的是茂名5号白油，其炼制方法是由加氢裂化生产的基础油为原料，经过深度脱蜡、化学精制等工艺处理后得到。直观表象为亮泽、鲜艳、能与人类自然亲近，无伤害，故用作油基钻井流体基液可以提高钻井流体的环境友好性和低毒性。

9.1 开发依据

造浆土水分散烃基钻井流体的开发依据主要包括乳状液稳定性、抗侵害能力等。

（1）具有良好的稳定性和耐温性，全油白油基钻井流体在老化150℃后，性能依旧保持良好。

（2）具有良好的抗土侵害性和抗水侵害性。

（3）具有较好的抑制"钻屑水化分散"的能力，可以很好地稳定井壁，同时其润滑性能优于普通柴油基钻井流体。

（4）有较高的破乳电压，乳化稳定性强

（5）使用低毒乳化剂时，矿物油中必须含芳香烃馏分，否则不会形成合适的、稳定的钻井流体。

9.2 体系类型

按照连续相类型的不同，烃包水型钻井流体包括柴油包水钻井流体、白油包水钻井流体、烃衍生物包水钻井流体和气制油包水钻井流体等。

9.2.1 柴油包水钻井流体

逆乳化柴油基钻井流体是以柴油为连续相，以水（淡水或盐水）为分散相，并添加适量的乳化剂、润湿剂、亲油胶体、有机盐以及加重剂等所形成稳定的油包水乳状液体系。低密度乳化柴油钻井流体具有不可压缩（井底负压值波动小）、密度可调范围广、不伤害储层等优势。而密度可调范围广既可以确保发现油气，又可在出现井眼失稳时及时上调钻井流体密度保证施工安全（葛明军，2007）。

常规逆乳化柴油基钻井流体与乳化水基钻井流体最大的区别在于,流体中乳化剂的结构和功能导致其形成油包水乳化结构,即油相为连续相,水相作为分散相。Patel 等研制出一种可逆转的逆乳化钻油基钻井流体并投入使用(Patel 等,1998)。该钻井流体在逆乳化阶段(油包水状态),油为连续相,盐水为分散相,所使用的固体和盐水悬浮在油相中,因此可使页岩地层和钻屑保持完整性,并可以像常规油基钻井流体一样保持井身稳定,有利于钻出规则的井眼。通过加入酸碱,可逆乳化钻井流体能够转换成正乳化阶段(水包油状态),在完井和洗井等操作中连续相转化成水,使滤饼易于清除,减少储层伤害(Patel et al.,1999)。目前逆乳化钻井流体应用于墨西哥湾、西非和中国部分海上钻井,取得了良好的应用效果。

在逆乳化柴油基钻井流体发展早期,连续相一般为柴油,分散相为氧化沥青,而常用的乳化剂为硬脂酸钠皂,热稳定剂为石灰粉。后来随着不同种类的高性能表面活性剂被引入,逆乳化柴油基钻井流体的配方进一步得到优化,钻井性能也进一步得到加强。在这种体系中往往加入一定量的亲油胶体颗粒,如有机膨润土、亲油褐煤和皂类等,它们除了可以增加连续相黏度,还可以在油水界面上形成界面能极高的界面膜,从而提高乳状液的稳定性。对于表面活性剂乳化液体系的制备,其方法一般分为以下 7 种:

(1)乳化剂在水中法。适用于亲水性强的乳化剂,具体步骤是把乳化剂直接溶于水中,再在激烈搅拌下将油相加入表面活性剂水溶液中形成油—水型溶液。然后继续添加油相直至发生反转。用此方法得到的乳状液颗粒大小均匀性较差,乳状液滴粒径较大,稳定性较低。为克服不稳定和颗粒多、分散性高的缺点,经常使用胶体磨或者均质器进行处理(Binks,1998)。

(2)乳化剂在油中法。此法也叫转相乳化法,是将乳化剂加入油相中,再加入水直接制得水/油型乳状液。用该方法制得乳状液,一般液滴相当均匀,因此稳定性良好。原因在于乳化剂溶解到油相后再加入水,在加水过程中先转变成层状液晶结构,再转变成表面活性剂连续相所包裹的油滴 O/D 凝胶结构,最后才转变成水/油型乳状液。由于在乳化过程中表面活性剂连续相形成 D 相结构把油滴分散溶解使其不易聚集变大,所以得到比较细微的乳状液(Aveyard et al.,2003)。

(3)轮流加液法。将水相和油相轮流加入乳化剂中,每次只加少量,使两相混合形成乳状液(Binks,2002)。

(4)初生皂法。把脂肪酸溶在油中,把碱溶于水中,然后使油水两相接触,在界面上即有肥皂(脂肪酸盐)生成并形成稳定的乳状液。当使用肥皂作为乳化剂时,初生皂法应用效果最好(Chen et al.,2005)。

(5)自乳化法。在没有机械外力作用下获得乳化液的方法。在高性能乳化剂存在的条件下,油和水发生平静的接触也可以形成乳状液而不需要搅拌,这种形成乳状液的方法称为自乳化法(Toxvaerd,2004)。

(6)相转变温度法(PIT)。对于给定的油—水体系,每一非离子型表面活性剂均存在相变温度,低于此温度体系形成油—水型乳状液,高于此温度则形成水—油型乳状液(Binks,2002)。

(7)D 相乳化法。在该方法中,在乳化过程中形成了层状液晶,但在一些表面活性剂的油—水体系中不能形成层状液晶相,可以采用 D 相乳化法。在该方法中,除了表面活性剂、油、水外，还需要加入助乳化剂多元醇(Tambe et al. ,1994)。

相比于表面活性剂稳定的乳状液，聚合物和固体颗粒稳定的乳状液则没有这么多制备方法，大多数仍然是前两种方法(Aveyard et al. ,2003)。

李家龙等(2008)研制出超低密度硬胶极压型逆乳化柴油基钻井流体。广安 002 - H9 产层段先采用无固相钻井流体，ϕ158.8mm 钻头钻至 1984.00m 后一次性替入硬胶极压型油包水乳化钻井流体继续钻至 2130.00m 进入水平段，最后钻至 2630.00m 完钻(水平段长 500m)。其间钻井流体性能稳定，起下钻无挂卡，摩阻很小。完钻后将密度提至 1.15g/cm^3。钻井与完井作业均十分顺利。柴油包水钻井流体主要组分见表 4.9.1。

表 4.9.1 柴油包水钻井流体主要组分表

序号	组分名称	组分代号	加量范围,%	作用
1	柴油	未明确代号	未明确范围	提供油相介质
2	阻燃剂	ZR - 1	6.0	阻止燃烧
3	有机土	未明确代号	3.0	增稠
4	降失水剂	RLC - 101	8.0	降低失水量
5	润湿反转剂	JY - 1	6.0	改变岩层的亲水亲油性质
6	生石灰	未明确代号	1.5	吸收酸性气体
7	水	未明确代号	25.0	提供水相介质
8	乳化稳定剂	ALR	2.0	稳定乳状液

董耘等(2010)针对四川盆地莲花山钻进时井眼易打斜，水敏及应力坍塌严重等问题，研制出高密度硬胶极压型逆乳化柴油钻井流体。逆乳化柴油钻井流体在莲花 000 - X2 大斜度定向井中使用，具有快速密封地层裂缝、大幅度降低扭矩和起下钻摩阻、改变岩石表面润湿特性、安全性高、风险小、可多次重复使用降低单井钻井流体成本的优点。顺利在复杂地层中完成大斜度定向钻进，取得较好的技术效果和经济效益，适合在类似的复杂地层中推广使用。针对特殊的可逆乳化柴油基钻井流体维护处理措施有优选油水比、乳化剂和加重剂量等。

(1)通过优选钻井流体中油水比，达到调节流体密度和基液黏度的目的。构建逆乳化油基钻井流体时应适当减小油水比，保证体系加酸反转后，水相具有足够体积。作为外相稳定内相的油保证水包油状态的黏度不至于过高，获得更高的切力，有利于降低施工成本。

(2)优选乳化剂的种类和浓度，保证可逆乳化油基钻井流体具有可逆性质。

(3)石灰过量值是可逆乳化油基钻井流体中一个关键参数，石灰加入量不当会引发可逆表面活性剂的质子化，造成可逆乳化钻井流体表面润湿性的突变，甚至引发钻井事故。

(4)通过调节加重剂的量，控制钻井流体密度。而加重剂类型对流行性能影响不大，可以选用重晶石或者碳酸钙等加重材料。

(5)可逆乳化钻井流体的破乳电压和逆转所需酸量是需要重点监控的性能参数，破乳电压过大或者过小，以及可逆转所需酸量不恰当，将会严重影响可逆乳化钻井流体的乳化稳定性、可逆转性以及可调性。

9.2.2 白油包水钻井流体

逆乳化白油基钻井流体是以白油为连续相,以水(淡水或盐水)为分散相,添加适量的乳化剂、润湿剂、亲油胶体和加重剂等所形成稳定的乳状液体系,除了用作连续相的基油类型不同,逆乳化白油基流体体系与逆乳化柴油基流体相似度较高。

使用白油替代柴油,在不降低钻井工作效率的前提下,可以有效改善逆乳化油基钻井流体的毒性和生物降解性;具有良好的润滑性、抑制性、井壁稳定性和耐温性,适用于易坍塌地层;携岩效率高,能够很好地清洗井眼;低毒,容易生物降解。

周定照等(2012)根据室内研究以及现场反馈数据,在冀东人工岛浅海区域三开井段使用白油基钻井流体,最大限度地满足密闭取心需要,减少对储层的伤害。白油基钻井流体的高温高压失水量低,形成的滤饼质量好,拥有强抑制性,有利于井壁稳定,防止井径扩大,同时该体系具有较低的密度和良好的触变性,塑性黏度低,有利于提高钻进速度。现场应用结果表明,白油包水钻井流体具有高的低剪切速率黏度和良好的静态与动态悬砂能力,能够很好地满足现场钻井要求。白油包水钻井流体主要组分见表4.9.2。

表4.9.2 白油包水钻井流体主要组分表

序号	组分名称	组分代号	加量范围,%	作用
1	白油	无明确代号		提供油相介质
2	氯化钙水溶液	ZR-1	20.0	提供水相介质
3	主乳化剂	MGEMUL	2.5	乳化作用,形成稳定的乳状液
4	辅乳化剂	MGCOAT	1.5	降低失水量
5	润湿剂	JY-1	1.5	降低钻井流体的表面张力
6	碱度调节剂	无明确代号	2.0	吸收酸性气体
7	有机土	无明确代号	2.5	增稠
8	降失水剂	FLB-6	3.0	稳定乳状液
9	提切剂	HMHSV-4	0.2	提高切应力

此外,王松(2002)研发出用于钻复杂页岩层、高温井和水平井的逆乳化白油基钻井流体,该体系耐温性高,抑制性强,抗水泥侵、黏土侵和水侵的能力强。现场应用表明,白油基体系对泥页岩地层具有较强的抑制作用和润滑作用,能很好地保证井下安全,控制储层伤害。

逆乳化白油基钻井流体维护方式与逆乳化柴油基钻井流体相似,唯一不同的是,相对于柴油基钻井流体,逆乳化白油基钻井流体后期处理相对简单一些。

(1)现场维护处理逆乳化白油基钻井流体时,要控制各种处理剂的添加量在设计的范围内,以维护乳化液体系稳定。

(2)添加乳化剂时,及时补充表面活性剂,保证体系中固相表面油润湿性,并保持石灰过量,以提高其乳化性能。

(3)添加适量的有机土,提高低剪切速率下的流体黏度,提高携屑能力。

(4)根据现场作业需求,利用重晶石、氯化钙等加重材料提高钻井流体密度,但不可两者同时加入,防止引起重晶石表面水润湿,并控制氯化钙的加量,防止钻井流体乳化液稳定性降低。

(5)作业过程中随时监测钻井流体的失水量,当发现失水量超过规定范围时,及时补充高温高压降失水剂进行调节。

(6)若钻井过程中出现摩阻和扭矩增大的情况,应通过补充白油适量提高油水比,以提高钻井流体及滤饼的润滑性,降低摩阻和扭矩。

(7)在保持钻井流体密度符合使用要求的前提下,及时清理体系中侵入的钻屑,尽量控制固相含量处于较低的水平。

(8)现场使用逆乳化白油基钻井流体时,除不可避免的地层水进入循环系统内,以及调整钻井流体性能时必须添加的水相外,禁止其他类型的水相进入循环系统。

9.2.3 烃衍生物包水钻井流体

烃衍生物包水钻井流体又称合成基钻井流体,是以合成有机物为连续液相,盐水为分散液相,有机土为分散固相,加入乳化剂、降失水剂、稳定剂和流型改进剂等组成的一种逆乳化—悬浮分散体系。

(1)酯基钻井流体。许明标等提出的酯基钻井流体,由酯基基液配制的合成基钻井流体流变性好,抗海水及抗钙镁侵污能力强,各项指标符合环保要求,钻屑可直接排海,是一种优良的钻井流体(许明标等,2001)。酯基钻井流体主要组分见表4.9.3。

表 4.9.3 酯基钻井流体主要组分表

序号	组分名称	组分代号	加量范围,%	作用
1	酯基基液	未明确代号	70	提供油相介质
2	25%氯化钙盐水	未明确代号	30	提供水相介质
3	主乳化剂	未明确代号	5.0	乳化作用,形成稳定的乳状液
4	辅乳化剂	未明确代号	5.0	乳化作用,形成稳定的乳状液
5	降失水剂	未明确代号	2.0	降低失水量
6	润湿剂	未明确代号	3.0	改变润湿性
7	储备碱	未明确代号	0.5	吸收酸性气体

岳前升等(2004)为满足中国海洋石油的勘探开发需要,研制出了高闪点、环保型合成基钻井流体配方,合成基钻井流体具备优异的防塌抑制性、润滑性和储层保护性能,生物毒性低,生物可降解性好。合成基钻井流体在CF1井ϕ215.9mm井段开始使用,在整个使用过程中,合成基钻井流体性能稳定,井眼清洁,井壁稳定,摩阻小,无任何井下复杂事故。该井采用裸眼筛管方式完井,筛管也是一次性下到位。

(2)醚基钻井流体。向兴金等(1998)针对海洋钻井环保要求研制的醚基基液的物化性能都能满足合成基钻井流体的需要。醚基钻井流体的抗海水侵害、抗劣质土固相侵污、抗钙和抗镁能力都较强,且各项指标均达到环保要求,钻屑可直接排入海中。

9.2.4 气制油包水钻井流体

气制油基钻井流体是以气制油为连续相、盐水(30%氯化钙水溶液)为分散相的油包水乳化钻井流体。气制油包水钻井流体主要由气制油和盐类水溶液及乳化剂、加重剂调制而成。

胡友林等(2012)针对深水钻井低温、安全密度窗口窄、浅层气易形成气体水合物、井壁易失稳等技术难题。配制了一种深水气制油合成基钻井流体,气制油合成基钻井流体具有较好的低温流变性,动切力几乎不受温度影响,在较大的温度变化范围内保持稳定;在20MPa甲烷气体,0℃温度条件下能有效抑制天然气水合物的生成;能有效保护油气储层,其渗透率恢复率达85%以上。气制油包水钻井流体主要组分见表4.9.4。

表4.9.4 气制油包水钻井流体主要组分表

序号	组分名称	组分代号	加量范围,%	作用
1	气制油	未明确代号	60.0~80.0	提供油相介质
2	盐水	未明确代号	20.0~40.0	提供水相
3	乳化剂	RHJ	3.0~5.0	乳化作用,形成稳定的乳状液
4	有机土	未明确代号	3.0~5.0	增稠
5	降失水剂	HiFLO	3.0	降低失水量
6	生石灰	未明确代号	2.0	吸收酸性气体

王茂功等(2012)提出的耐温气制油钻井流体在150~220℃的温度范围内具有较高的电稳定性;在温度为220℃,密度在2.3g/cm³时,钻井流体电稳定性在1000V以上,重晶石未出现沉淀,且钻井流体具有良好的流变性和较低的失水量。

钻进过程中,根据钻井速度和钻井流体消耗量,及时补充新浆或基液,保证施工安全;及时检测钻井流体各项性能指标,发现异常应立即进行维护处理,保证钻井流体性能稳定。

(1)密度的调整。提高密度时使用重晶石按循环周均匀加重,同时根据钻井流体稳定变化补充乳化剂等处理剂。钻井过程中,针对钻屑、重浆压钻具水眼引起的密度上升,应及时使用固控设备清除固相,或酌情补充基液稀释。

(2)流变性的控制。通过固控设备控制固相,保持良好的流变性。黏度异常时,首先检测油基钻井流体的油水比例、固相含量是否符合要求。根据情况调整油相、水相,并充分剪切乳化;针对由加重剂和钻屑等固相引起的增黏,可使用固控设备清除固相,同时补充乳化剂改变钻井流体中固相的润湿性,以降低钻井流体黏度。保持钻井流体具有适当的剪切速率,防止因钻井流体长时间静止而造成的乳化不稳定。

(3)电稳定性。确保乳状液的稳定性是油包水钻井流体的核心。始终保持破乳电压大于400V。如出现异常,应考虑油水比、电解质浓度、钻屑、处理剂、剪切状况、温度等因素影响,有针对性地进行调整。

(4)碱度。根据消耗将补充适量石灰,保持体系碱度在1.5~2.5mg/L范围内。

(5)高温高压失水量。保持高温高压失水量小于4mL/30min。如果大于4mL/30min,应补充氧化沥青、有机土或加入封堵剂

9.3 发展前景

油包水乳化钻井流体是以水为分散介质、油为连续相的钻井流体,其抑制性强,井壁稳定性、页岩抑制性好,特别适合于复杂地层和易水敏地层。其润滑性好,抗盐和抗钻屑侵害能力强,具有现场维护简单、钻井流体可循环使用的特点,已成为钻高难度高温深井、大斜度定向井、水平井、各种复杂井段和储层保护的重要手段。对于煤层、煤线较发育地层,煤岩易垮塌,导致井壁失稳,引发井下复杂情况,由于油类矿物对煤岩有溶解、溶胀作用,需要对油包水钻井流体钻穿煤层的可行性进行评价。

9.3.1 存在问题

目前造浆土分散烃基钻井流体存在悬浮稳定性、乳液稳定性、钻屑和钻井流体污染环境问题以及低剪切速率流变性控制等问题。

(1)悬浮稳定性。对于油基钻井流体,加重材料的沉降问题特别突出。研究表明,加重剂的油润湿性及油包水钻井流体中水相的组成,对加重剂的悬浮稳定性影响较大。在白油中将重晶石磨碎,可提高油润湿性和悬浮能力。采用处理的重晶石,可以形成稳定的低固相、高密度、低黏度钻井流体。

(2)乳液稳定性。确保油基钻井流体的乳液稳定性非常重要。目前,表示乳液稳定性的主要指标是破乳电压。破乳电压通常是将老化处理后的钻井流体于低温下测定。结果并不能真实反映油基钻井流体在高温下的稳定性。因此,钻井流体工作者提出了采用高温高压电稳定仪来测量高温下的破乳电压。从钻井流体的组成来讲,乳液稳定性关键取决于表面活性剂的特性及高温稳定性,以及与其他处理剂的配伍性,故研制高性能表面活性剂是提高油基钻井流体稳定性的关键。

(3)钻屑和钻井流体污染环境问题。钻屑或钻井流体的排放,会对环境造成一定的影响,影响程度取决于钻井流体的毒性、生物可降解性和聚集特性,影响范围主要取决于钻屑的排放量和排放深度等,在深水区域由于水流,排放点越深影响的区域就越广。使用油基钻井流体时,钻屑上滞留的油量越多,处理起来越复杂。国际上研制出一种复合阳离子表面活性剂,添加至油基钻井流体后,不仅可有效地减少钻屑表面所吸附的油量,还具有改善流变性和降失水的作用。通过加入一种油溶性的聚合物表面活性剂,能够显著降低岩屑上油的滞留量。

(4)低剪切速率流变性控制。在海洋深水钻井作业中,钻井流体循环过程不仅处于低温下,且当钻井流体流经立管时还会处于低剪切速率下。研究表明,油包水钻井流体在静置或低剪切速率下,会形成一种高弹性类凝胶结构。温度升高时,凝胶结构强度减弱。剪切力可使钻井流体从黏弹性固态转化成黏弹性液态。经剪切的钻井流体静止后会转化成固态结构,黏弹性会逐渐增大,一定时间后(大于4h)趋于平衡。这一现象对于现场作业很不利,故保证钻井流体低剪切速率下良好的流变性非常重要(王中华,2011)。

9.3.2 发展方向

水分散烃基钻井流体发展方向主要为提高稳定性、无毒环保等。

(1)围绕改善钻井流体的悬浮稳定性、流变性及乳化稳定性,研制新型的油基钻井流体处理剂。特别是高温高效乳化剂、增黏剂、降失水剂,并在此基础上形成高温高密度的油基钻井流体。

(2)选择或研制新的无毒或低毒基础油。研制可降解油基钻井流体处理剂:油包水钻井流体是指水相分散于油相中形成油包水乳状液,并添加一系列处理剂后形成的钻井流体。油包水钻井流体的组成与传统的油基钻井流体类似,但其油相从常用的白油或者柴油被替换成酯类、α-烯烃类和醚类等,其中酯类最为常见,其次是 α-烯烃类。具有乳化、降失水和增黏作用的多元醇类和甲基多糖类在合成基钻井流体中使用也较多。大多数合成基钻井流体的乳化剂与普通油基钻井流体相同,主要有山梨糖醇酐酯类、咪唑啉衍生物等。该类钻井流体在井壁稳定、提高钻速以及保护环境方面具有较好的效果和优势。

渤页平1-2井是中国石化部署在济阳坳陷沾化凹陷罗家鼻状构造带的一口深层页岩油水平井,钻探目的为罗家地区罗7井区沙三下亚段泥页岩储层性能及含油气情况。该井斜深为3505.0m,完钻井深为3542.0m,垂深为2970.0m,水平段长为371.65m,采用三开井身结构,完井后下入完井管柱进行投产开发。

三开井段(2957~3542m)钻遇沙三下亚段主要为泥页岩,由于泥页岩易水化膨胀造成井壁不稳定,因此采用生物柴油油包水钻井流体。现场应用结果表明,生物柴油油包水钻井流体的性能稳定,在高密度情况下的流变性能良好,施工过程中起下钻通畅,完井管柱下入顺利(孙明波等,2013)。

(3)通过重晶石加工处理、新加重剂选择,或者高性能提切剂、提黏剂和表面活性剂研制,提高油基钻井流体的沉降稳定性。

(4)在乳化剂选择与研制,以及体系综合性能优化的基础上。研制新型可逆转乳化井液体系。

(5)在油基钻井流体循环利用、固液分离和含油钻屑处理等方面深入研究,形成经济可行的废弃钻屑处理技术,满足环境保护的需要。

(6)研究油基钻井流体的流变性和稳定性等,以形成系统的流变性控制方法,建立钻井流体流变性和密度预测模型。通过理论和应用研究相结合,使油基钻井流体技术水平尽快赶上甚至超过发达国家水平,以满足中国石油勘探开发的需要。

第10章 无造浆土烃基钻井流体

无造浆土烃基钻井流体(No-soil Hydrocarbon-based Drilling Fluid)是钻井流体中不含造浆土,以油相或烃类衍生物为连续相的钻井流体。无造浆土烃基钻井流体与水基钻井流体相比,烃基钻井流体抗侵害能力强,润滑性好,抑制性强,有利于保持井壁稳定,能最大限度地控制储层伤害;同时,烃基钻井流体性能稳定,易于维护,耐温能力强,热稳定性好。烃基钻井流体优良的抑制性及耐温性,使其在钻复杂井,特别是在钻高温深井和水敏性地层中优势更明显,能够更有效地保护水敏性储层,提高油气产量。

目前在开发页岩气及非常规气藏的过程中使用的烃基钻井流体均为含土相烃基钻井流体,采用有机土作为增黏剂,悬浮重晶石。而在实际应用过程中含土相体系在高密度条件下流变性差,使起下钻不畅,易引发压差卡钻等井下复杂事故。与常规的含土相烃基钻井流体相比,新型无土相烃基钻井流体除具有抑制性强、润滑性好的特点之外,还具有流变性好、相同条件下当量循环密度低、利于提高机械钻速等突出特性。无土相烃基钻井流体只需要很小的驱动力,即可破坏其形成的空间结构。

10.1 开发依据

无造浆土烃基钻井流体应具有乳液稳定性好、钻井流体污染环境程度低以及良好的流变性,用来解决井漏、井垮等现场难题,提高机械钻速、井壁稳定性和储层保护效果。

(1)乳液稳定性。确保烃基钻井流体的乳液稳定性非常重要。目前,表示乳液稳定性的主要指标是破乳电压。破乳电压通常是将老化处理后的钻井流体于低温下测定,结果并不能真实反映烃基钻井流体在高温下的稳定性。因此,钻井流体工作者提出了采用高温高压电稳定仪来测量高温下的破乳电压。从钻井流体的组成讲,乳液稳定性关键取决于表面活性剂的特性及高温稳定性,以及与其他处理剂的配伍性,故研制高性能表面活性剂是提高烃基钻井流体稳定性的关键。

(2)钻井流体污染环境问题。钻屑或钻井流体的排放,会对环境造成一定的影响,影响程度取决于钻井流体的毒性、生物可降解性和聚集特性,影响范围主要取决于钻屑的排放量、排放深度等,在深水区域由于水流,排放点越深影响的区域就越广。使用烃基钻井流体时,钻屑上滞留的油量越多,处理越复杂。国际上研制出一种复合阳离子表面活性剂,添加至烃基钻井流体后,不仅有效地减少钻屑表面所吸附的油量,还具有改善流变性和降失水的作用。通过加入一种油溶性的聚合物表面活性剂,能够显著降低岩屑上油的滞留量。

(3)低剪切速率流变性控制。在海洋深水钻井作业中,钻井流体循环过程不仅处于低温下,且当钻井流体流经立管时还会处于低剪切速率下。研究表明,油包水钻井流体在静置或低剪切速率下,会形成一种高弹性类凝胶结构。温度升高时,凝胶结构强度减弱。剪切力可使钻井流体从黏弹性固态转化成黏弹性液态。经剪切的钻井流体静止后会转化成固态结构,黏弹性会逐渐增大,一定时间后趋于平衡。这一现象对于现场作业很不利,故保证钻井流体低剪切速率下良好的流变性非常重要。

10.2 体系种类

目前,应用于现场的无造浆土烃基钻井流体主要有无造浆土柴油基钻井流体、无造浆土白油基钻井流体以及无土相合成基钻井流体。

10.2.1 无造浆土柴油基钻井流体

针对常规有土相烃基钻井流体因有机土、沥青降失水剂等黏度效应较大、不利于流变性控制。李振智等(2017)以自主研发的增黏提切剂、乳化剂和聚合物降失水剂为基础,通过室内试验考察了其配伍性并优选了其加量,形成了无土相烃基钻井流体。无土相柴油基钻井流体主要组分见表4.10.1。

表 4.10.1 无土相柴油钻井流体主要组分表

序号	组分名称	组分代号	加量范围,%	作用
1	乳化剂	未明确代号	3.0~4.0	乳化作用,形成乳状液
2	增黏提切剂	未明确代号	1.5~3.0	增加钻井流体黏度
3	氧化钙	未明确代号	3.0	吸收地层中的二氧化碳
4	降失水剂	未明确代号	2.0~3.0	降低钻井流体失水量

(1)控制油水比,以降低含水波动对钻井流体性能的影响。
(2)及时补充乳化剂和聚合物降失水剂等材料,以补充岩屑和井壁吸附等造成的材料损耗。
(3)充分利用固相控制设备严格控制固相含量,并及时补充维护浆。
(4)在井壁稳定的情况下,尽量减少具有增稠作用封堵防漏材料的加量(如超细碳酸钙)。
(5)控制钻井流体密度。
(6)针对烃基钻井流体黏度对温度敏感的特性,长时间停泵、起下钻作业后,减少参与循环钻井流体罐的数量,并降低循环罐的液面,以减少开钻时循环钻井流体的体积,缩短循环升温时间。

焦页47-6HF井三开钻进中无土相烃基钻井流体性能稳定,密度1.30~1.44g/cm^3,塑性黏度28~40mPa·s,固相含量13%~15%,破乳电压420~752V,油水比75∶25~83∶17。该井三开井段钻进顺利,平均钻时9min/m,水平段平均钻时7min/m,水平段平均井径扩大率1.1%。无土相烃基钻井流体性能稳定,流变性易于控制,维护处理简单,且固相含量低,具有良好的剪切稀释性,有利于降低循环压耗和提高水功率传递。

此外,针对涪陵焦石坝区块黏土矿物含量高、脆性强、微裂缝发育,易发生垮塌掉块造成井下事故及井温升高,携岩带砂要求越来越高,部分井发生垮塌掉块,起下钻遇阻卡的问题,梁文利等(2016)使用无土相柴油基钻井流体具有良好的耐温性、在低油水比(70∶30)下仍然具有稳定的性能,随钻堵漏材料能够封堵2mm的裂缝,承压强度达7MPa,纳米封堵剂(纳米石墨粉和超细海泡石纤维组成的混合物)能够封堵0.1mm裂缝,承压达到20MPa。现场应用结果表明,该体系具有良好的井壁稳定能力,井径扩大率低,平均小于3%,润滑性好,起下钻摩阻低,钻井流体性能稳定,易于维护处理,能够解决井漏、井垮等复杂情况。柴油基钻井流体完全适用于涪陵区块的页岩气水平井钻井施工。

分加量对体系性能的影响确定各组分的加量,从而确定钻井流体的基本配方为基油、0.8%增黏剂、1.0%降失水剂、1.5%润湿剂、2%有机土和2.5%氯化钙盐水。

全油基钻井流体无水相,电稳定性好(大于2000V),塑性黏度低,失水量小(滤液全为油),具有抗钻屑、抗水侵害性能强,润滑性能好,抑制性强及储层保护效果好等特点。使用无水全油基钻井流体,有利于提高机械钻速、井壁稳定性和储层保护效果,可用于易塌地层、盐膏层,特别是水相活度差异较大的地层,以及能量衰竭的低压地层和海洋深水钻井。

蓝强等(2010)使用5#白油为基油,通过对主要处理剂等进行优选,得到了一种新型无土相低密度钻井流体。性能评价结果表明,该全油基钻井流体性能稳定,切力适中,失水量低,黏度可控,破乳电压稳定且大于2000V,润滑性能极佳,页岩抑制能力强。

南海西部北部湾海域地质构造复杂,一直以来是钻完井事故的多发区。面对边际油田开发难度的不断增加,针对该海域涠洲组易垮塌、断层多、易井漏、易发生卡钻和储保难度大等特征,通过室内配伍实验,分析各材料加量比例,确定配方,形成了一套新型全油基钻井流体。通过现场应用表明,与常规油基钻井流体对比,全油基钻井流体具有更强的封堵能力和抑制性,润滑性能好,抗侵害能力强,井眼清洁好,储层保护效果好,有效提高机械钻速,解决了传统强封堵油基钻井流体出现的诸多问题,达到了综合提速的效果(陈浩东等,2018)。

10.2.2 无造浆土白油基钻井流体

针对川渝地区地层压力高,井底温度高,高密度有土相烃基钻井流体流变性难以控制,常出现钻井流体稠化现象。陈在君(2015)新研制了以复合型乳化剂和增黏剂为核心、结合降失水剂和提切剂等处理剂配套形成了无土相高密度白油基钻井流体。无土相白油基钻井流体主要组分见表4.10.2。

表4.10.2 无土相白油基钻井流体主要组分表

序号	组分名称	组分代号	加量范围,%	作用
1	复合型乳化剂	G326-HEM	3.0	乳化作用,形成乳液
2	氢氧化钠	未明确代号	2.0	调节钻井流体pH值
3	增黏剂	G336	1.0	增加钻井流体黏度
4	降失水剂	G328	4.0	降低钻井流体失水量
5	提切剂	G322	0.5	改善钻井流体流变性

威远204H4井组是开发威远构造斜坡带下古生界龙马溪组页岩气水平井组,该井组水平井段泥页岩的吸水、水化能力不高,但是具有较强的层理结构,裂隙和微裂隙在液体侵入后所产生的毛细管压力作用使井壁极易发生层间剥落,并具有地层压力高、温度高等技术难点,要求水平段钻井流体密度2.2g/cm³,井底温度实测150℃。

无土相高密度烃基钻井流体在 ϕ215.9mm 井段现场施工，顺利钻达至完钻井深 5750m，裸眼井段长 2800m，电测、下套管、固井作业一次性到底。其中威 204H4-3 井更换顶驱期间井底静置时间超过 72h，钻井流体未发生稠化、沉降等不良变化，流变性能良好。后续的威 204H4-1 井钻井周期 69d，创造了威远东区块最短的钻井周期记录。

无土相高密度烃基钻井流体具有良好的流变性能、耐温性能和抑制防塌性能，解决了高密度烃基钻井流体流变性差、胶凝强度大的难题；现场应用效果良好，为页岩气水平井安全快速钻进提高了技术支持；配方简单，易于现场维护，适宜于进一步推广应用。

10.2.3 无土相合成基钻井流体

合成基钻井流体（Synthetic Base Drilling Fluid）是一类以合成的有机物为连续相，以盐水为分散相的新型钻井流体。

针对尼日利亚边际油田地层复杂，软泥岩水敏性极强，硬脆性泥岩坍塌掉块严重，且所钻井均为斜井，S5 井使用的聚合物钻井流体无法抑制造浆性极强的软泥岩地层水化膨胀，硬脆性泥岩裂隙、层理发育，钻井过程中多次出现缩径阻卡、井眼坍塌、卡钻等复杂情况，肖超等（2009）使用无土相合成基钻井流体保证钻井流体性能稳定和井下安全等问题。无土相合成基钻井流体主要组分见表 4.10.3。

表 4.10.3　无土相合成基钻井流体主要组分表

序号	组分名称	组分代号	加量范围,%	作用
1	主乳化剂	Synvert-Ⅰ	0.15	乳化作用，形成乳状液
2	辅乳化剂	Synvert-Ⅱ	0.15	乳化作用，形成乳状液
3	增黏剂	未明确代号	3.00	增加钻井流体黏度
4	降失水剂	SynvertFLG	0.20	降低钻井流体失水量
5	润湿剂	SynvertTWA	0.05	改变钻井流体表面张力
6	流型调节剂	SynvertLEM	0.05	改善钻井流体流变性
7	生石灰	未明确代号	0.20	调节钻井流体 pH 值
8	氯化钙	未明确代号	1.50	提高钻井流体抑制性

（1）定时补充基础油，保持油水比为 71∶29，每天向钻井流体中补充 400kg 主、辅乳化剂，定期补充生石灰，保持碱度为 1，保持破乳电压为 400~440V，维护乳状液的稳定。钻进时，每 24h 补充 600kg 降失水剂，保持钻井流体高温高压失水量小于 3mL/min，使钻井流体具有好的粒度分布，优化滤饼质量，防止在高渗透砂岩地层形成厚滤饼缩径。钻井流体罐和钻井流体槽上应严格密封，防止雨水混入钻井流体；用柴油清洗振动筛，监测钻井流体油水比，严禁任何形式的水混入钻井流体，破坏钻井流体性能。

（2）保持水相中氯化钙含量为 28%，降低水相活度，保持滤液对泥岩的强抑制性。观察振动筛上的钻屑完整性，及时补充乳化剂和润湿剂。因为乳化剂和润湿剂过量消耗会导致油水分离，软泥岩吸水膨胀变软糊筛和钻头泥包。水分子进入硬脆性泥岩微裂隙内产生的膨胀导致井眼坍塌等复杂情况。由于硬脆性泥岩地层坍塌压力较高，将钻井流体密度提高到 1.30g/cm^3，以力学作用稳定井壁。

S6 井二开、三开井段钻进与起下钻顺利,井眼稳定状态良好,不存在坍塌现象,合成基钻井流体对水敏性泥岩和硬脆性泥岩均具有良好的稳定作用,在砂岩地层也没有形成厚滤饼缩径。S6 井钻井周期为 36d,比 S5 井减少了 92d。

10.3　发展前景

传统烃基钻井流体以有机土等为主要处理剂,随着勘探开发的不断深入,烃基钻井流体需要有新的发展来满足要求。无土相烃基钻井流体作为一种新型烃基钻井流体,能满足特殊地层、特殊结构井钻井需求,具有较为突出的性能优势。

10.3.1　存在问题

烃基钻井流体的缺点主要体现在成本高、不利于录井作业、对环境存在严重影响以及地层天然气溶于钻井流体,易造成事故等。

（1）烃基钻井流体的使用在成功钻井的同时,也造成环境污染,其对储层的伤害也不能忽视,甚至不能准确评价地层性质,也无法评价污染环境的后果。

（2）天然气等可溶于烃基钻井流体,在超过临界压力和临界温度的井眼内,天然气可能在烃基钻井流体中完全溶解凝析,甚至发生超临界现象。在向上部井段运移的过程中,溶解气存在反凝析挥发现象和气体因压力降低而发生等温膨胀现象,引起井筒气液体积比急速升高。若不对侵入烃基钻井流体的天然气进行井口控制,可能引发灾难性事故。

10.3.2　发展方向

传统烃基钻井流体以有机土和沥青等为主要处理剂,中国相关技术已基本成熟。随着勘探开发的不断深入,传统烃基钻井流体逐渐暴露出了一些不足之处,烃基钻井流体需要有新的发展来满足要求。

中国亟须开展耐温无土相烃基钻井流体研究,对完善和提升中国烃基钻井流体技术具有重要意义;另外,相对于合成基钻井流体而言,柴油的成本较低,更有利于现场推广应用。除此之外,耐温型无土相油包水体系更是急缺,因为非常规、高温强水敏地层钻探的需求是非常急迫的,因此,亟须开展耐温无土相烃基钻井流体研究。

第 11 章 泡分散烃基钻井流体

泡分散烃基钻井流体(Bubble Dispersed Hydrocarbon Drilling Fluid)指的是以油相或烃类衍生物为连续相,气相为分散相,且气泡为非连续状态分散其中的一类体系。非连续泡主要有可循环泡沫、微泡和绒囊3种。在非连续泡体系中,气泡细小、分散,是由多层膜包裹着的独立球状气核,气泡半径很小,液膜厚,其尺寸与气泡半径相当,泡与泡之间分散排列,气泡大小分布比较均匀。微气泡由专门的聚合物和表面活性剂稳定的气体或液体的核构成,在渗透性地层中这些微泡能聚集形成坚韧的具有弹性的屏障,从而阻止钻井流体的漏失。

泡分散烃基钻井流体以油相或烃类衍生物抑制页岩水化膨胀、地层造浆,防止储层发生水敏伤害,以泡沫、微泡、绒囊等非连续泡形式降低钻井流体密度,产生的特别稳定的微小气泡以抑制钻井流体漏入高渗透地层,封堵防漏,实现泵送,可在枯竭储层、高渗透地层和微裂缝地层使用,能够从根本上解决泥页岩井壁失稳和水敏性储层伤害问题。

11.1 开发依据

由于油相或烃类衍生物为连续相中表面张力较低,泡分散烃基钻井流体开发须解决发泡剂及稳泡剂的问题。

(1)油具有较低的表面张力,如柴油的表面张力约为 $21m·N/m$,本身对水基气泡具有消泡作用,要进一步降低表面张力的表面活性剂很少,要使油的表面活性降低并使其发泡是一项非常艰难的工作,且价格也极其昂贵。需要解决在油相或烃类衍生物为连续相中发泡的难题,因此需要开发一种在油中具有一定溶解度、分子由疏油基与亲油基组成、具有特定的分子构型、可构成稳定吸附的膜的发泡剂。

(2)油为连续相,水基稳泡材料在油中不具有稳泡作用,需要解决在油相或烃类衍生物为连续相中稳泡的难题。为了保持微泡的外壁结构稳定,微泡需满足一定的膜厚度和黏度。微泡厚度足够、表面黏度大有利于增加微泡的稳定。因此,开发一种能使泡分散烃基钻井流体产生的泡沫稳定的稳泡剂十分关键。

11.2 体系种类

作为新型钻井流体,泡分散烃基钻井流体既可以充分发挥泡沫钻井流体的携带悬浮、高效封堵、控制储层伤害等优点,又可发挥油基钻井流体强抑制性、强润滑性、耐温的长处。

泡分散烃基钻井流体主要有可循环泡沫钻井流体、油基微泡钻井流体和绒囊钻井流体。

11.2.1 可循环泡沫钻井流体

为了实现在泡分散烃基钻井流体中发泡,采用在油水乳状液中发泡的方式,既实现了发泡的目的,同时也降低了发泡的难度。王广财等(2014)通过发泡剂与稳泡剂的优选实验,确定可循环油基泡沫钻井流体。可循环油基泡沫钻井流体主要组分见表4.11.1。

表4.11.1 可循环油基泡沫钻井流体主要组分表

序号	组分名称	组分代号	加量范围,%	作用
1	膨润土	未明确代号	2.0	悬浮钻井流体中岩屑
2	油基转化剂	未明确代号	0.5	将水基钻井流体转化为油基钻井流体
3	耐温降失水剂	未明确代号	1.0~2.0	降低钻井流体失水量
4	油基发泡剂	DRfoam-2	0.1~0.7	降低钻井流体表面张力
5	油基稳泡剂	未明确代号	0.3~0.5	提高油基泡沫稳定性

使用时充分循环钻井流体,利用离心机等四级固控设备清除钻井流体中的有害固相,在此基础上,排掉部分井浆,混入65%原油,充分循环,转化成油基钻井流体。在油基钻井流体中加入转化剂,充分循环,将性能调整至设计要求。均匀缓慢加入发泡剂和油基稳泡剂,利用加重泵、剪切泵和搅拌器循环搅拌起泡。钻进过程中根据井口返出微泡钻井流体的密度、黏度、切力及微泡大小,及时对微泡钻井流体进行维护处理。为了便于现场调整密度以维持地层压力,可以通过加入发泡剂和增黏剂来降低钻井流体密度,通过降黏和加入消泡剂来提高钻井流体密度。

钻进期间,根据井口返出可循环泡沫钻井流体的密度、黏度、切力、微泡大小及钻井流体泵上水情况,及时对可循环泡沫钻井流体进行维护处理。通过现场小型试验及时补加各种处理剂,以保持各种处理剂在钻井流体中的有效含量。当上水池泡沫聚积过多时,用混合漏斗循环将大泡变成微泡,均匀分散在钻井流体中,维持钻井流体泵较好的上水效率。

可循环油基泡沫钻井流体在胜北区块应用6口井,钻井流体密度低,且范围可调,在钻进油层期间,钻井流体密度始终控制在设计范围之内,从而实现了近/欠平衡压力钻进。6口应用井的机械钻速与邻井的平均水平相比,提高了30.54%,提高了钻井综合效益。应用井段钻井流体漏斗黏度为72~98s,动塑比基本保持在0.7Pa/(mPa·s)以上,能够满足携砂要求。应用井段钻井流体性能良好,起下钻畅通无阻,没有复杂事故。

通过对胜北平2井应用井段的钻屑观察发现,钻屑完全没有分散,充分证明油基泡沫钻井流体具有强抑制能力和悬浮携带能力,有利于稳定井壁和确保井下钻井安全,更有利于储层钻进中防止强水敏性储层的伤害,达到控制储层伤害的目的。应用井投产后效果突出,较邻井平均产量提高了1倍多。

11.2.2 油基微泡钻井流体

页岩气开发越来越受到行业各界的重视,但由于页岩气层自身的特殊性,如页岩地层裂缝发育,水敏性强,容易发生井漏、垮塌、缩径等问题。杨鹏等(2014)基于对页岩气开发的要求,通过大量的室内实验,选择白油作为油基可循环微泡沫钻井流体的基液。通过实验确定油基可循环微泡沫钻井流体配方,油基可循环微泡沫钻井流体密度为0.65~0.88g/cm³。白油微泡钻井流体主要组分见表4.11.2。

表 4.11.2　白油微泡钻井流体主要组分表

序号	组分名称	组分代号	加量范围,%	作用
1	有机土	未明确代号	3.0	悬浮钻井流体中岩屑
2	激活剂	未明确代号	0.5	
3	稳泡剂	Z-2	0.8	使钻井流体产生的泡沫稳定
4	发泡剂	F-1	0.6	使钻井流体产生泡沫

该类钻井流体与可循环油基泡沫钻井流体的维护处理方法相似。

通过实验研制出密度为 $0.65\sim0.88g/cm^3$ 的油基可循环微泡沫钻井流体,体系能够稳定60h,耐温达150℃。通过性能评价可以看出,研制的油基可循环微泡沫钻井流体抗侵害性能、防塌抑制性、润滑性和封堵性能较好,具有良好的储层保护作用。

油基可循环微泡沫钻井流体不仅可应用于页岩气开发领域,还可应用于低压、低渗透储层,在此类型地层钻进过程中,常用钻井流体对低压储层尤其是气藏伤害较大。利用油基可循环微泡沫钻井流体的低密度、耐温、防漏堵漏、强抑制等特性,适合于低压低渗透储层钻进过程中的储层保护。油基可循环微泡沫钻井流体可应用于盐膏层间低压油气藏,该类型油气藏含有盐膏层,同时由于地层压力低易发生井漏,钻井难度大。利用油基可循环微泡沫钻井流体优良的抗盐特性、低密度和防漏堵漏能力强等特点,为盐膏层低压易漏油气藏的开发,提供了技术基础。

11.2.3　绒囊钻井流体

水基绒囊钻井流体具有良好的流变特性及防漏堵漏能力,但抑制性及润滑性不足,油包水绒囊钻井流体可弥补水基绒囊钻井流体的不足。油包水绒囊钻井流体主要组分见表4.11.3。

表 4.11.3　油包水绒囊钻井流体主要组分表

序号	组分名称	组分代号	加量范围,%	作用
1	囊核剂	未明确代号	未明确范围	用于形成绒囊钻井流体囊泡的气核
2	囊膜剂	未明确代号	未明确范围	用于增强囊泡的泡膜强度
3	囊层剂	未明确代号	未明确范围	用于形成囊泡层并使之致密
4	绒毛剂	未明确代号	未明确范围	用于形成钻井流体囊泡的绒毛

测定其密度为 $0.85g/cm^3$,塑性黏度为 $20mPa·s$,动切力为 $15.5Pa$,初/终切力为 $4Pa/5Pa$,API失水量为 $3.9mL/30min$,极压润滑系数为 0.054。含绒囊结构钻井流体具有良好的流变性、失水性、润滑性和强剪切稀释性。通过甲酸钾或碳酸钙加重,含绒囊结构钻井流体密度可调至 $1.0g/cm^3$ 以上,仍能保持良好的性能(郑力会等,2010)。

结合地层情况,认为油基绒囊钻井流体钻井成败的关键在于维护钻井流体的流变性,保证井眼清洁是前提和基础。为保证安全钻进,钻井流体性能应在合理范围内。为此,建议泛抑制钻井流体日常维护应注意:

(1) 保证 24h 连续开启固控设备，清除无用固相；
(2) 每 2d 按比例配制 10m³ 新钻井流体加入钻井流体中；
(3) 每 8h 加入处理剂进入钻井流体维护一次；
(4) 每 4h 测量一次钻井流体密度、六速等性能。

清洁井眼需保持动塑比约 0.8Pa/(mPa·s)，一旦加入绒毛剂，或者是加入囊核剂并辅以囊膜剂，同时，全天候使用固控设备，清除钻井流体中固相颗粒，才能保证钻井流体表观黏度合适，否则固相含量高，塑性黏度很大，动塑比维持需要很高的动切力，此时钻井流体的表观黏度过高，不仅钻井流体性能变差，还影响机械钻速。

清洁井眼还要考虑钻井流体的密度是否满足控制掉块要求。绒囊钻井流体封堵能力不能仅通过密度来控制，密度只是表征囊泡数量的一种方法，只要囊泡数量足够，就可以实现低密度防塌。当钻至高压地层，可以采用加盐方式，如甲酸钠、氯化钠等来提高密度，达到平衡地层孔隙压力的目的。同样，提高密度还可以控制出水量大的问题。调整钻井流体密度后，及时补充处理剂，恢复钻井流体性能，可以很好地实现清洁井眼。

绒囊钻井流体具有低剪切速率下的高黏度和高剪切速率下的低黏度特性，对井眼清洁效率较高，水马力发挥较好，有利于提高机械钻速。水平井和定向井等复杂结构井的长裸眼钻井过程中，由于井眼轨迹的特殊性，易造成井眼净化不佳，形成岩屑床，致使拖压，影响机械钻速，严重时还会卡钻。绒囊钻井流体的动塑比在表观黏度不高的情况下可以调整至 1.0Pa/(mPa·s) 以上。合适的表观黏度、高动塑比，保证了绒囊钻井流体优异的携岩性能和水力破岩效率，进而实现了快速钻井。FL-D 井位于山西柳林县，使用绒囊钻井流体钻五分支井。采用 ϕ152.4mm 钻头三开。设计水平段总长 4000.00m，实际钻遇 4690.00m。单分支水平段最长 1050.00m，平均水平段长 935.00m。钻井流体密度 0.95g/cm³，塑性黏度 10.0~14.0mPa·s，动切力 7.5~11.0Pa，动塑比始终维持在 0.75Pa/(mPa·s) 以上；初切 8~10Pa，终切 12~14Pa，维持较高的低剪切速率黏度。上部直井段，膨润土钻井流体机械钻速 6.86m/h，水平井段绒囊钻井流体平均机械钻速 7.5m/h，提高 9.3%；实际施工周期比设计周期缩短了 28d，大幅度地节约了钻机、定向、录井及现场用水等费用；为保持煤层渗流通道打开，控制漏失速度 0.5~1.0m³/h，以利于煤层气排采（郑力会，2011）。

11.3 发展前景

作为新型钻井流体，泡分散烃基钻井流体既可以充分发挥泡沫钻井流体的携带悬浮、高效封堵、控制储层伤害等优点，又可发挥油基钻井流体强抑制性、强润滑性、耐温的长处。

11.3.1 存在问题

针对水基微泡沫体系的稳泡剂和高分子材料研究较为成熟，但对于油基微泡沫钻井流体稳泡剂和高分子材料研究较少。

油基微泡沫钻井流体发泡剂的成本较高，一定程度上限制了油基可循环微泡沫钻井流体的应用，因此建议加大油基可循环微泡沫钻井流体发泡剂及稳泡剂的研发力度，降低综合成本，促进油基可循环微泡沫钻井流体的现场应用。

油基绒囊钻井流体与微泡沫体系、微泡钻井流体的作用机理不同,依靠的是堵后粘接,实现井壁稳定和防漏堵漏。

11.3.2 发展方向

对页岩气的开发利用越来越受到重视,但由于页岩气成藏的特殊性,页岩地层裂缝发育,水敏性强,因此容易发生井漏、垮塌、缩径等问题。油基钻井流体可以有效抑制泥页岩水化膨胀,减少井壁垮塌、井眼缩径等复杂情况的发生;但是由于裂隙存在,采用油基钻井流体钻井避免不了发生井漏,从而造成成本的大幅度增加。微泡沫钻井流体具有良好的封堵和防漏作用,能有效减少钻井流体的漏失。

油基可循环微泡沫钻井流体既可以充分发挥微泡钻井流体的携带悬浮、高效封堵、控制储层伤害等优点,又可发挥油基钻井流体强抑制性、强润滑性、耐温的长处,能够在一定程度上解决页岩气钻井过程中可能出现的井漏、井壁垮塌等问题,从而减少井下复杂情况的发生。目前国际上已经开展了油基微泡沫钻井流体技术现场试验并取得了良好的效果;而国内该项研究较少。因此,需要对油基可循环微泡沫钻井流体进行深入研究。

虽然泡分散烃基钻井流体能够从根本上解决泥页岩井壁失稳和水敏性储层伤害的问题,但不易实现。因此,寻找经济适用的发泡剂与稳泡剂是开发泡分散烃基钻井流体的一个重要发展方向。

采用油基钻井流体产生的污水量较水基钻井流体少。这是因为很少发生井壁坍塌,钻井流体可重复使用。但由于油基钻井流体对环境污染,不能就地排放,对油基钻井流体的处理增加了费用,这就使油基钻井流体的应用范围大大减小。未来油基钻井流体的发展主要是研制新型的油基钻井流体处理剂,尤其是高温高效乳化剂。

由于合成基钻井流体、生物柴油钻井流体的使用相对而言具有创新性,技术仍在发展,将来的发展方向是继续开发其他类型的基础化合物,毒性更低,价格更便宜。此外,还要就其对环境影响进行更详细的研究工作,比如其对水体的影响、对海洋生物的影响等。只要有充足的证据表明其满足环保要求,使得新型钻井流体就具有十分良好的应用前景。

第 12 章 气体钻井流体

气体钻井流体(Gas Drilling Fluid)是以空气、氮气、天然气等气体作为循环介质,应用于欠平衡钻井中的一类的钻井流体,是为了钻开低压油(气)层、严重漏失层或坚硬而不含水的地层而发展起来的。目前主要有空气、氮气、天然气和尾气、雾滴以及粉尘钻井流体等。

自 20 世纪 30 年代开始,人们就已经开始使用空气和天然气进行欠平衡钻井。与水基和油基钻井流体相比,纯气体钻井流体可使用冲击钻具、空气马达,在坚硬地层钻进可提高机械钻速、增加钻头寿命和进尺;对低压气藏、敏感性油气藏储层伤害小,易于发现储层,增加油气产量;末储层伤害岩屑上升速度快,易准确评价储层;可有效地解决井漏问题,特别适合石灰岩带有缝洞的储层;不易发生井斜,对固井质量、完井作业有益。

但在实际的应用中,钻井完井流体存在着易引起井下事故、成本高、钻具腐蚀严重、对井壁稳定性差以及井控能力差等很多难点。

(1)空气钻井是以压缩空气既作为循环介质又作为破碎岩石能量的一种欠平衡钻井技术。在储层使用空气钻井完井容易引起井下着火与爆炸。在钻遇高压储层、含硫化氢地层及煤层时,油气和空气混合后受到温度影响,着火的可能性比较大,进一步引起井下爆炸,造成井下钻具损坏,导致钻井事故。同时容易受到地层出水、井壁不稳、平衡地层压力困难以及需要专用钻井设备等因素的限制。

(2)氮气钻井是以压缩氮气既作为循环介质又作为破碎岩石能量的一种欠平衡钻井技术。钻井完井需要的气体排量大,设备庞大,需要昂贵的地面设备,成本高。尤其是气基流体氮气钻井完井成本比空气钻井完井成本高,主要表现在进口的气体发生设备和井口压力控制等气体钻井专用设备上。

(3)气基钻井完井流体对于尾气钻井的钻具腐蚀和冲蚀比较严重。

(4)没有处理井壁力学性失稳(如破碎岩体、高构造应力、流变性岩体)的能力。

(5)井底欠压值太大,处于无控制的欠平衡状态,导致储层速敏、出砂甚至坍塌,尤其是钻遇高压、高产层时,井控安全性较差。速敏是指储层中各种微粒因流体流动速度增加引起的颗粒运移,并堵塞孔道而造成储层渗透率下降的可能性及其程度。

目前,气体钻井流体主要采用氮气钻井流体、设备国产化、添加缓蚀剂、添加稳定剂等方式应对以上难点。

(1)干空气钻井不宜用在含有大量液体的井段、高压储层及含硫化氢的地层。为防止燃爆,中国一般在产层用氮气、尾气或天然气代替空气。

(2)应进一步将其国产化、产业化,以利于氮气钻井技术的进一步推广应用。

(3)利用气体钻井流体进行钻进时,应该添加缓蚀剂,防止井下钻具被腐蚀;添加稳定剂,使钻井流体具有稳定井壁的能力。

12.1　开发依据

根据气体钻井的目的和井下情况来选择流体类型是气体钻井的核心内容之一,它们不仅在性能上要满足工程上的各种需求,而且还必须满足复杂地层、低压油藏的储层伤害控制要求,甚至于还需满足环境保护的严格要求。钻井流体选择得当,是气体钻井安全性和有效性的保证措施之一。

(1)天然气钻井是以天然气为钻井流体进行钻井。对于坚硬地层,为大幅度提高机械钻速而采用气体钻井时,一般选用纯气体,如空气、氮气、天然气、柴油机尾气等,其中空气钻井尽可能限制在非产层使用;若有少量地层水侵入,可加大气体排量,采用雾滴钻井方式;在井下出水速度较大易冲蚀井眼时或井眼较大时,可选用泡沫或充气流体钻井;若井内有可燃气体产生,或钻大斜度井、水平井时,可选用氮气或天然气钻井。

(2)针对井下严重漏失,根据情况不同可选择不同的气体钻井流体。当井眼稳定性好时,若井下无出水,注气设备的供气能力也能满足要求,首先选用空气钻井;当气基流体难以克服井下出水和严重井漏问题时,应选用充气流体。为保证井下作业安全,充气钻井流体的基液应具有较好的质量,基液的黏度、切力切勿过高,以利于充气和脱气,同时能够抗水泥和钻屑侵害,并且有较强的抑制泥页岩水化膨胀与分散的能力,确保其基液的反复泵送,满足低压钻井工艺各项工序的要求。充气流体密度范围一般为 $0.4\sim1.0\text{g/cm}^3$,实钻中应根据井下情况,及时调整气液比来控制充气流体的平均当量密度,以满足井下需要;注气设备的供气量不能满足要求时,选用泡沫钻井,但泡沫的悬浮性是表征携砂能力的特征,它受流体动切力和黏度的影响,泡沫的质量是决定举升岩屑能力的重要参数,也是保证井下安全的关键。

(3)根据超压钻井易发生压差卡钻的问题,情况不同,选择不同气体的钻井流体:采用相对低密度的钻井流体;在天然气层钻井且地面为闭环时,应选用氮气钻井流体;在天然气层钻井且地面为开环时,应选用充气钻井流体;在地层硬且孔隙压力低时,用泡沫钻井流体。

(4)当在低等或中等枯竭层钻井并存在储层伤害时,钻井流体的选择原则:注气体钻井流体,选用氮气盐水或原油钻井流体,其注入方法根据地层压力不同而不同,孔隙压力低时,用钻柱注入法;孔隙压力高、水平井眼需要随钻测量、有钻井流体马达时用伴管注入法;孔隙压力中等、钻井速度高时,用同心套管注入法;孔隙压力低、闭环且需高气速时,用钻杆和套管注入法;孔隙压力低、设备在地表开环放置,应选用泡沫钻井流体;正常压力钻井存在储层伤害,可采用边喷边钻,若有酸性气体侵入则采用闭环;存在漏失与储层伤害问题的裂缝储层,可采用边喷边钻,若无酸性气体侵入,则采用常压系统;高压储层伤害,采用强行钻进,若有酸性气体侵入,则采用闭环。

(5)对于地层压力系数低于1的油气井,若使用常规钻井流体,由于不能建立正常循环,常会导致钻井效率降低,井下安全性变差,钻井综合成本升高。此时可以考虑使用气体型流体替代常规钻井流体。

(6)钻井过程中有时会发生复杂井漏,采用常规堵漏技术的效果往往无法预测且不理想;也有时由于地层压力无法准确预测,当对水基钻井流体密度调整得不合适时会压漏地层;有时还会发生一些恶性井漏,清水强钻、水泥堵漏、桥接堵漏等方法的堵漏效果均不理想,此时应考虑采用气体型流体的钻井技术解决防漏、治漏的问题,它可以避免正压差引起的井漏事故发生。

(7)对于可钻性差的潜在性漏失地层,如果采用气体型流体钻井,就可能大大提高机械钻速,有效避免漏失,缩短建井周期,降低钻井综合成本。

12.2 体系种类

目前,现场中应用的气体钻井流体可分为空气钻井流体、氮气钻井流体、天然气钻井流体、柴油机尾气钻井流体、雾滴钻井流体及粉尘钻井流体。

12.2.1 空气钻井流体

空气钻井流体(Air Drilling Fluid)是利用空气作为分散介质,加入一些干燥剂、防腐剂等处理剂形成的一种钻井流体。其中空气欠平衡钻井是指利用空气钻井流体作为循环介质,通过特殊的设备(压风机和增压器)注入井中来进行钻井的一种现场工艺。

正坝1井是设计井深为2400m的一口预探井。该井钻至30m开始发生井漏,漏失以失返的恶性井漏为主。该井在43~132m井段堵漏6次,水泥堵漏5次,桥堵1次,进入新地层后都发生井漏,因此决定实施空气钻井。魏武等(2008)使用空气钻井流体,空气钻井流体组分见表4.12.1。

表4.12.1 空气钻井流体的主要组分表

序号	组分名称	组分代号	加量范围,%	作用
1	空气	未明确代号	未明确范围	用作钻井流体连续相
2	干燥剂	未明确代号	未明确范围	干燥空气
3	防腐剂	未明确代号	未明确范围	防止井下钻具被腐蚀

ϕ311.15mm井眼空气钻井井段138~518m,钻井参数为钻压80~120kN;转速60r/min;扭矩2.50~3.15kN·m;泵压1.7~3.5MPa;空气排量110~150m^3/min;安全快速钻进至井深518m,结束空气钻井,顺利下入套管,空气钻井总进尺379m,空气纯钻井时间23.92h,平均机械钻速15.9m/h。

正坝1井清水钻进至138m共发现4个漏层,漏速46m^3/h至失返,多次发生阻卡,堵漏6次均未成功,耗时28h。后采用空气钻井,进尺379m,至井深518m下套管成功。由于空气钻井的流体密度低,在恶性井漏层段有效地减少了漏失,甚至避免了漏失,减少了井下事故的发生,提高了机械钻速。

12.2.2 氮气钻井流体

水敏是指当与储层不配伍的外来流体进入储层后,引起黏土矿物膨胀、分散、迁移、堵塞,从而导致储层渗透率下降的现象。氮气钻井流体钻井(Nitrogen Drilling Fluid)主要适用于钻坚硬的井壁、稳定的地层、水敏性低压地层及易漏失的地层等,但不宜用在含有大量液体的井段。由于氮气和充氮气钻井的成本高于空气钻井,常常在产层前采用气体流体空气进行钻井作业,只在产层用氮气或充氮气进行钻井、修井等作业。此外,因为选用氮气作为气体循环流体的主要目的是防止井下着火,所以循环气体不必是纯氮气,目前有的采用混合气体钻井方式,即用空气与氮气的混合气体,可以降低成本。

吐哈油田红台地区已钻井30多口,由于地质条件复杂,地层压力低,储层以泥质胶结为主,水敏性强,孔隙间连通性差,为了确切了解该地区储层产能情况,决定试验全过程欠平衡钻井、完井工艺技术(吕金钢等,2006)。氮气钻井流体组分见表4.12.2。

表4.12.2 氮气钻井流体的主要组分表

序号	组分名称	组分代号	加量范围,%	作用
1	氮气	未明确代号	未明确范围	用作钻井流体连续相
2	干燥剂	未明确代号	未明确范围	干燥空气
3	防腐剂	未明确代号	未明确范围	防止井下钻具被腐蚀

采用 ϕ152.4mm HJ517 三牙轮钻头,自2294m 三开开始氮气钻进。钻至井深2320m 排砂口返出天然气,自动点火成功,火焰呈蓝色、橘红色,火焰高约4m;钻至井深2375m 火焰顶部出现浓烈的黑烟,注入压力升高到 5~6MPa,判断为地层出油;为有效携岩,将排量增加至 70~80m^3/min,随着井深增加火焰不断增高,最高可达 25~30m;井深2420m 氮气钻井完钻后,进行第二次环空中途测试。不压井下入 ϕ73mm 油管至井深2288m,安装采油树完井。

该井在钻井完井过程中进行了两次环空中途计量测试,完井后又进行了一次完井计量测试。第一次环空中途测试,关井40min 后压力升至4MPa,ϕ10mm 油嘴求产,测算日产天然气5.8×10^{4}m^3,无阻流量8×10^{4}m^3/d;第二次环空中途测试,关井90min 后压力升至4MPa,ϕ10mm 油嘴求产,测算日产天然气(6~8)×10^{4}m^3,日产油 50~80m^3;完井测试,6mm 油嘴求产,套压 14MPa,油压 12MPa,日产天然气(4~5)×10^{4}m^3,日产油 50~80m^3。邻井红台204井、红台2-13井和红台2-10井相距均500m,日产油均不足5m^3。

12.2.3 天然气钻井流体

天然气钻井流体(Natural Gas Drilling Fluid)钻井,就是在钻开产层前或在可能含有天然气的上部地层中,采用气基流体天然气作为钻井循环介质,替换常规水基钻井流体进行钻井的作业方式,是一种无储层伤害的非常规钻井。

为适应地质条件和工程要求,在空气钻井技术的基础上,使用天然气钻井流体。何纶等(2007)使用天然气钻井流体在川渝地区、长庆油田等天然气气田进行了应用并取得了宝贵经验。气基流体天然气可以在产层井段和含有天然气的油气井中应用,能够在提高钻速的同时有效地防止井下燃爆等复杂问题的发生。天然气钻井流体组分见表4.12.3。

表4.12.3 天然气钻井流体的主要组分表

序号	组分名称	组分代号	加量范围,%	作用
1	天然气	未明确代号	未明确范围	用作钻井流体连续相
2	干燥剂	未明确代号	未明确范围	干燥空气
3	防腐剂	未明确代号	未明确范围	防止井下钻具被腐蚀

（1）天然气钻井可以通过调整供气管线内的节流阀控制注气量。即可以不用测量注气量，而是通过调整立管压力达到控制注气量的目的。为了达到期望的值，可以调整压力控制阀来达到立管压力要求。

（2）使用天然气钻井没有井下着火的危险，但在易形成钻井流体环的地层仍然易于卡钻。如果油井开始出液，用天然气作为注入气体时可能产生雾滴现象，这时应改用雾滴钻井。

（3）在天然气钻井过程中，需要特别注意燃烧池的燃烧情况，当有大量地层液体侵入时，火焰的特点也发生明显变化。此外，在整个过程中返出的气体要燃烧，返出气体中的水滴在放喷管线中不如空气钻井容易被观察到。同样返出的细小钻屑也不易被观察到。

中国某油田在西北地区一口井进行了天然气钻井作业，初步形成了一套具有特色的天然气钻井工艺技术。针对该井的井壁稳定性、地层出水综合评价、钻进中的注气参数、井控安全钻井技术以及相关的技术问题进行了分析，得出在干气钻井条件下井壁是稳定的结论。同时分析了15个层段的出水情况，确定了10个层段共157m的段长出水量为$0.5m^3/h$，能够进行天然气钻井。

陕242井于2000年6月13日开钻，8月6日至7日在三开3033.00～3190.00m井段，赵业荣等（2001）采用了纯天然气钻进科学试验，进尺157.00m，机械钻速11.77m/h，天然气用量$7×10^4m^3$，试验顺利完成压井后，采用普通钻井流体继续钻进至3370m完钻。

在陕242天然气钻进过程中，钻进平稳，测试、接单根上提钻具无遇阻卡现象，岩屑能够及时返排出来，机械钻速高（赵业荣等，2001）。

12.2.4 柴油机尾气钻井流体

为了针对在某些地质构造及大多数含有天然气的地层中，应用空气进行钻井、修井、完井时，易发生井下失火、爆炸等井下事故。在现有气体钻井设备基础上，利用柴油机尾气钻井流体(Diesel Exhaust Drilling Fluid)和柴油机尾气泡沫钻井流体的钻井工艺技术是能满足钻井与修井作业的。在某些地区运用柴油机尾气钻井流体被得到广泛利用。

四川石油管理局川西南矿区兴隆场气田经过长期开采地层压力远远低于清水柱，为保护产层提高最终单井产量，叶林祥等（2000）在兴24井进行了柴油机尾气钻井工艺现场实践。柴油机尾气钻井流体组分见表4.12.4。

表4.12.4 柴油机尾气钻井流体的主要组分表

序号	组分名称	组分代号	加量范围,%	作用
1	柴油机尾气	未明确代号	未明确范围	用作钻井流体连续相
2	干燥剂	未明确代号	未明确范围	干燥空气
3	防腐剂	未明确代号	未明确范围	防止井下钻具被腐蚀

油层ϕ177.8mm套管固井后按常规方法探水泥塞、替钻井流体、试压、钻水泥塞、测声幅检查固井质量、钻完水泥塞后，将井筒内洗井流体替喷完，即用尾气开始钻进。钻进参数为转速55～60r/min，供气压力1.5MPa；井底干净，岩屑能有效带出。

该井采用柴油机尾气钻井技术自1999年6月26日钻出套管仅10.23m就发现天然气，随着进尺增加气量增大，同时钻至完钻井深1575.23m发现少量盐水产出停钻。经正规完井测试及试井车测井底压力,在上压 0.4MPa 下产天然气 $1.89\times10^4\mathrm{m}^3/\mathrm{d}$,井深 1559m 处压力 1.26MPa,即地层压力梯度为 0.00808MPa/100m。若不采用气体钻井技术打开产层,该井将是一口无气井或微气井。对照同构造上的兴浅 2 井,在相同层位用无固相完井并试油仅获不足 $0.3\times10^4\mathrm{m}^3/\mathrm{d}$ 气,该井效果增加近 6 倍。

12.2.5 雾滴钻井流体

雾滴钻井流体(Mist Drilling Fluid)是由空气、发泡剂、防腐剂以及少量的水混合而成的钻井循环流体。其中空气是连续相,液体为分散相,它们与岩屑一起从环空中呈雾状返出。以前都叫雾化钻井流体,雾化是动词,不合适。

K 井是中国某盆地西南坳陷某构造带的一口预探井,由于勘探程度低、地震资料品质差、地层可对比性差,地层、地质不确定性因素多。该井漏层当量密度低,多次堵漏无效,继续采用黏土钻井流体钻井困难,面临工程报废的风险。魏武等(2013)采用膨润土浆雾滴钻井技术空气与雾滴钻井流体,完成钻井任务。雾滴钻井流体组分见表 4.12.5。

表 4.12.5 雾滴钻井流体的主要组分表

序号	组分名称	组分代号	加量范围,%	作用
1	发泡剂	QP-2	0.4	使钻井流体产生泡沫
2	稳泡剂	XC	0.1	提高钻井流体泡沫稳定性
3	降失水剂	SMP-Ⅱ	0.5	降低钻井流体失水量
4	膨润土	未明确代号	4.0	提高钻井流体固相含量

该区块的砂质黄土岩样遇水极易分散,且普通抑制剂对该岩样抑制性效果较差,但在膨润土浆基液体系中坍塌时间明显延长,且随膨润土含量增加,坍塌时间呈现增加趋势。膨润土浆基液体系对砂质黄土层抑制性较好,能满足该构造雾滴钻井要求。

K 井采用膨润土浆雾滴钻井技术,优选气液比,有效地控制了钻井流体的漏失量。雾滴钻进期间,出口有气体返出,液体间断返出。由于雾滴钻进所用钻井流体排量较小,每天漏失钻井流体 $260\mathrm{m}^3$ 左右,比黏土钻井漏失量减少 8 倍多,满足现场钻井流体供应要求,可以保证持续钻进作业,避免了该井由于井漏造成的井下复杂及施工停滞,减少钻井流体漏失 $15000\mathrm{m}^3$ 以上。

此外,某井设计井深为 3990m,目的层为砾岩层、火山岩储层、砾岩储层。该井三开 2870~3990m 上部非储层井段(非含水层)采用空气钻井,下部井段采用空气雾滴泡沫钻井。使用空气钻井进尺 14m,排砂口及取样口见水雾,进而发展为小水流,开始转化为雾滴钻进。钻至井深 3635m 后,由于已进入目的层,存在一定风险,结束空气钻井。空气钻井总进尺为 765.00m,平均机械钻速为 4.46m/h(赵晓竹等,2009)。

12.2.6 粉尘钻井流体

粉尘钻井流体(Dust Drilling Fluid)又称干空气钻井流体,是以干空气为循环介质的钻井流体。粉尘钻井在钻井过程中没有地层水进入井筒,环空中的钻屑不会相互结块且排砂口始终是粉尘。在空气量足够的情况下,井筒钻屑易携带。从地面上看,正常的粉尘钻井有立管压力稳定、返出的粉尘干燥,不黏结和扭矩较小等现象。由于粉尘钻井气量大、不能处理地层流体的侵入等问题。当钻进过程中地层水侵入就会造成粉尘结块,堵死井眼,进而造成严重的井下事故。

空气锤是自由锻造机器的一种。它有两个汽缸,压缩汽缸将空气压缩。通过分配阀送入工作汽缸,推动活塞连同锤头作上下运动起锤击作用;操作灵活,广泛适用于化肥、化工、食品、医疗、农药、玻璃、水泥等行业。由于玉门青西油田钻遇地层较多,地层岩性不均,岩性变化频繁,地层极硬,研磨性极强,可钻性差,在钻头使用方面受到制约,平均机械钻速较低,造成全井钻井速度较慢,给钻井施工带来了极大的难度。

为了提高钻进速度,项德贵等使用粉尘钻井流体即干空气钻井流体。该流体仅使用干空气,通过额外的空气设备钻进(项德贵等,2006)。

(1)安装整套空气钻井设备。包括空气系统、旋转头、主空气供应管线、钻台管汇、记录仪、出口管线和所有辅助设备。

(2)下入三牙轮钻头,在套管内替出井内钻井流体,直至套管鞋。

(3)尽可能在短时间内干燥套管和井眼。

(4)在井眼干燥过程中,使用最大允许空气量。

(5)若排砂口排出粉尘,就开始空气钻井。初始气量大约为$70m^3/min$左右,转盘转速应为$70\sim90r/min$,钻压为$20\sim100kN$。

(6)在井筒条件允许的前提下,尽量用空气/牙轮钻头向下钻进。

Q2-33井和Q2-17井位于酒泉盆地酒西坳陷青西凹陷窟窿山构造,都为开发井。其中Q2-33井首次在古近系—新近系采用空气钻井进尺1228m,平均钻速10.87m/h,与邻井2.39m/h相比,速度提高3倍以上;Q2-17井在古近系—新近系采用空气钻井进尺1273.00m,平均钻速12.44m/h,与邻井2.07m/h相比,速度提高5倍以上,一次裸眼钻井段长创中国空气钻井之最。

12.3 发展前景

气体钻井流体是使用空气、天然气、氮气、柴油机尾气、雾滴和粉尘等作为钻井介质,进行欠平衡钻井的钻井技术。由于气体的特点,虽然气体钻井流体具有一些优势,但也造成气体钻井流体存在一些不能避免的弊端。分析了解气体钻井流体存在的问题,才能更好地为气体钻井流体的发展指明方向。

12.3.1 存在问题

在气体钻井技术飞速发展的同时,也暴露出了一些作业风险及安全的问题,这些作业风险及安全问题已成为制约气体钻井技术进一步发展的瓶颈。气体钻井技术具有提高机械钻速、克服井漏和延长钻头使用寿命等优点,同时也存在容易造成井壁失稳、地层水进入井筒引起卡钻、井下燃爆和井控困难等井下复杂情况或事故的不足(舒尚文等,2007)。采用气体钻井技术施工需要重点考虑井眼清洁、井壁坍塌、井壁稳定性、井下燃爆、井斜大小、井控、录井监测、钻具腐蚀、钻具断裂以及气体转化等问题。

(1) 井眼清洁。在气体钻井中,井眼清洁特别重要。加大气体排量是保证井眼清洁的最好手段,可以避免井壁坍塌、掉块和扼流等井下复杂情况的发生。重点是严格按照设计参数配备气体钻井设备。

(2) 地层出水会导致裸眼的泥、页岩水化膨胀而造成井眼缩径,或由于高速气流冲刷井壁造成井壁坍塌;岩屑水化后很容易形成滤饼环,堵塞环空通道。这种情况是发生卡钻和井下爆炸等事故的重要原因。

(3) 井眼稳定。在实施气体钻井前,需要对气体钻井适用井段地层进行井壁稳定性分析,不稳定的地层不适合采用气体钻井技术。

(4) 井下着火及爆炸。空气钻井时,地层产出的可燃气体与空气混合,有可能发生井下燃爆。但是采用氮气钻井可以很好地避免这个问题的发生。

(5) 井斜控制。气体钻井由于没有"压持"效应和井底处于"爆破"应力状态,所以需要的钻压比常规钻井流体钻井要小,故造成井斜的可能性也要小。

(6) 井控问题。井控问题是气体钻井过程中需要特别重视的问题。对于气体钻井,由于对井筒没有控制能力,因此一次井控无法实现,只能立足二次井控。

(7) 气侵。早期监测在空气钻井中,井下侵入流体的早期监测和识别特别重要。由于环空气流上返速度快,可以达到 20~30m/s,因此一旦地层流体侵入井眼,将会在非常短的时间内到达井口。所以,加强地质录井监测是重要的工作。

(8) 钻具的腐蚀及冲蚀。空气钻井中,由于钻具直接与空气中的氧及多种腐蚀性的化学剂接触(雾滴钻井中),故腐蚀作用较钻井流体钻井更为严重;另外,研磨性颗粒的高速冲击,对钻杆的冲蚀作用很强,在诸如钻杆的吊卡台阶处可以看到非常明显的冲蚀。

(9) 钻具断裂。现场施工结果发现,气体钻井发生钻具断裂的事故比较多。这可能由以下因素造成:夹着岩屑的气体对钻柱的冲刷;地层气体损害钻具;钻柱旋转与井壁的碰撞比较大;钻具振动比常规钻井严重;钻具本身的质量问题。

(10) 钻井流体转换。气体钻井钻至设计井深或者出于安全考虑终止气体钻井,就需要进行钻井流体转换。一方面,要重视钻井流体转换过程中的井眼稳定和井控安全问题;另一方面,也要重视转化完成后钻井流体与井壁接触造成的泥页岩水化膨胀和井壁坍塌问题,确保转化过程和转化后的井眼安全。

12.3.2 发展方向

目前,在气体钻井设备不断发展完善的基础上,气体钻井技术更加成熟,成为主流钻井技术中的重要组成部分。美国和加拿大已将气体/欠平衡钻井作为常规钻井方法使用,在可以应用气体/欠平衡钻井的地区优先选用气体/欠平衡钻井技术。气体钻井领域逐渐扩大,气体钻井向与水平井、侧钻井、小井眼钻井、挠性管钻井等钻井方法相结合的方向发展。

中国已经掌握了纯空气钻井、雾滴钻井、泡沫钻井、氮气或天然气钻井、充气钻井等常规气体钻井的施工工艺,对气体钻井配套技术进行了积极的研究。但由于中国气体钻井设备发展相对落后,气体钻井工艺技术进一步发展受到制约。气体/欠平衡钻井技术是一项系统工程,目前中国气体钻井技术迫切需要钻井、地质、油藏、录井、测井、井下作业和采油等各专业共同研究、试验、配套发展。

第 13 章　泡沫钻井流体

　　泡沫钻井流体(Foam Drilling Fluid)是气体和液体完全混合的多孔膜状多相分散体系。其中液体是连续相,气体是非连续相。与纯气体钻井相比,泡沫钻井因具有携屑能力强、适应地层水侵入能力强和现场施工安全等优点,受到广泛的关注。

　　泡沫钻井流体在 20 世纪 60 年代已经成功应用于石油天然气钻井行业,中国则始于 20 世纪 80 年代初。现场使用的泡沫为两相泡沫,即以水为基液,加入发泡剂、稳定剂等,配制均匀的泡沫基液与压缩空气以一定比例分别注入,经泡沫发泡器作用后形成均匀、稳定且具有较高黏度的泡沫流体。泡沫流体具有密度低、黏度和切力高、携带岩屑清洗井筒能力强、高温状态性能稳定等特点。目前,中国研制的泡沫钻井流体基本是水基泡沫钻井流体,泡沫钻井流体所用气体为空气、天然气、氮气与二氧化碳气。为避免与地层碳氢化合物混合后爆炸,多采用氮气和二氧化碳气。泡沫钻井流体具有良好携岩能力、对气体需求量低以及稳定井壁的优点。

　　(1)泡沫钻井流体具有良好的携岩能力,能有效地悬浮钻进过程中的岩屑。接单根循环停止时,钻屑仍悬浮在环空中。

　　(2)泡沫钻井流体对气体的需求量较低,使用的气体压缩设备相对较少。

　　(3)保持回压可以减少地层流体的侵入,并能有效地稳定井壁。

　　但泡沫钻井流体也有泡沫处理难、成本高以及稳定性差等局限性。

　　(1)需要建造钻井流体池来容纳泡沫,同时对泡沫钻井流体进行处理。

　　(2)用于消泡的消泡剂使得成本升高。

　　(3)地层流体侵入量较大时会破坏泡沫的稳定性,而使其携岩能力降低。

13.1　开发依据

　　井下流体和所钻岩性的化学性质发生变化时,其相应的泡沫钻井流体性能要求也不一样。一般泡沫钻井流体要求其具有提高井壁稳定性、抑制性强、自身稳定性好及携岩能力强等特性。

　　(1)稳定井壁。泡沫是由连续液相圈闭住不连续气相的紧密多孔结构的屏障。气/液二相吸附界面形成的溶剂化膜,具有一定的弹性;液相基质中含有的抑制剂对泥页岩起抑制作用。用泡沫作为循环介质,它与井壁之间不会形成滤饼,而形成的是三相吸附界面,这种三相吸附界面具有 3 大特性,即黏弹性、均质性和疏水性,疏水性指的是一个分子与水互相排斥的物理性质。这是因为泡沫吸附在井壁上形成的气、液、固三相吸附界面,而这种三相界面膜是多层结构,膜的内层是表面活性剂分子形成的溶剂化膜,外层则吸附有黏土颗粒和聚合物分子,使膜黏弹性提高,也提高了膜的稳定性,它能强烈地吸附在井壁上,形成一层保护膜,产生机械护壁作用,提高其抗剪切和冲蚀强度,提高了井壁的稳定性。

(2)泡沫本身是均匀致密的,吸附于井壁时固相部分也很均匀致密,以集合体结构紧密地吸附在井壁上。泡沫对自由水有排斥作用,当自由水欲经泡沫吸附壁向井壁渗透时,会受到较大的气相阻力,这种特性是泡沫壁独有的。在泡沫的液膜中需要含有足够量的抑制剂,对井壁具有较好的抑制性而外来液体较难以进入(吴飞等,1995)。因此需要泡沫钻井流体具有较好的抑制性能,一般添加抑制剂。

(3)泡沫钻井流体的基液需要具有一定的黏度,以提高泡沫的稳定性和携屑能力,但这个黏度不能过高,需要保持泡沫液膜的弹性和机械强度,返出的泡沫需要将钻屑携带出来,并能在地面尽快消泡。如果基液黏度太高,就会降低所形成泡沫液膜的弹性和机械强度,泡沫特征值也会降低,由于它的黏滞性,不利于包裹住大量的气体,当井底压力稍大时,气泡也极易破裂,因而不能充分地体现出发泡剂的作用。而且经过循环后,从环空循环出来的仍有较好的发泡性能,返出井筒后对它的后期处理也困难。因此,需要泡沫钻井流体具有适合的黏度来提高泡沫钻井流体的稳定性及携岩能力。

13.2 体系种类

根据泡沫的气相可以将泡沫钻井流体分为空气泡沫钻井流体和氮气泡沫钻井流体。这两种泡沫一般不能循环使用,而可循环泡沫可以重复使用。

13.2.1 空气泡沫钻井流体

空气泡沫钻井流体是将空气作为气相,与泡沫基液混合,经泡沫发泡器作用后形成均匀、稳定且具有较高黏度的泡沫钻井流体。在现场的钻探施工中,通常将空气作为泡沫钻井流体的气相使用。

根据川东北地区上部陆相地层资料及地层出水情况,曹品鲁等(2011)研发了能够有效保证井壁稳定,钻井流体携岩、携水能力强的可循环空气泡沫钻井流体。空气泡沫钻井流体组分见表4.13.1。

表4.13.1 空气泡沫钻井流体的主要组分表

序号	组分名称	组分代号	加量范围,%	作用
1	发泡剂	TP-1	0.05	使钻井流体产生泡沫
2	稳定剂	HXC	0.15	提高钻井流体稳定性
3	抑制剂	GXG	0.50	抑制泥页岩水化膨胀
4	井壁稳定剂	YIM	0.03	提高钻井流体稳定井壁能力
5	井壁稳定剂	WJ-3	0.30	提高钻井流体稳定井壁能力

空气泡沫钻井流体开始作业时,需要比较合理的配制方法。在正常施工中,需要补充或者添加处理剂。在性能变化较大时,需要处理以恢复其性能(龙刚等,2008)。

(1)及时在注入的空气过程中增大注入泡沫胶液,提高泡沫含量提高携带能力。

(2)优化泡沫胶液配方,提高泡沫质量,并在其中加入黏土抑制剂,抑制地层中的泥页岩水化膨胀,防止井眼缩径和井壁坍塌。

(3)及时进行短拉,破坏已形成的滤饼环和缩径井眼。

(4)测准出水地层,打水泥塞堵水。

元坝10井气举钻井流体、干燥井眼、准备气体钻进时,由于井眼尺寸大,钻井流体不易举出。向井内注入20m³清水清洗井眼,并稀释井底残留钻井流体,然后继续气举、干燥。排砂口长时间不见钻井流体返出,返出气体比较潮湿,于是直接采用空气泡沫进行举液。以空气排量105m³/min,基液排量180m³/min,向井内注入泡沫液,排砂口返出大量泥糊状钻井流体和泡沫的混合物。至排砂口返出连续、致密泡沫,井底清洗干净,调整钻井参数钻进。

施工过程中,根据取样口泡沫质量及排砂口岩屑返出情况,通过适时调整泡沫基液黏度、优化空气排量和基液排量、补充发泡剂量,有效保证了泡沫流体的携岩能力和井眼的稳定,顺利钻至井深702.63m。

元坝10井泡沫钻井井段30.00~702.00m,钻压40~200kN,转速40~60r/min,空气排量105~175m³/min,泡沫钻井总进尺672m,纯钻时间为1388h,平均机械钻速达4.88m/h。

空气泡沫钻井流体有效解决了大尺寸井眼的岩屑携带问题,提高了机械钻速。通过调整泡沫配方和优化钻井参数,空气排量仅需105~175m³/min即可满足携岩要求,岩屑直径最大达15mm,表明泡沫钻井流体具有良好的携岩能力。顺利钻至导眼设计深度700m,其平均机械钻速较其他钻井方式钻进的邻井提高了3倍。

坝10井导眼尺寸大,泥质含量高,存在一定程度的水化不稳定因素。钻该井段时,及时调整了泡沫钻井流体配方,提高了井壁稳定剂和防塌剂的有效浓度,钻进过程中井壁稳定,起下钻顺利,未出现划眼等井下事故。

此外,针对核桃1井采用常规钻井流体就会发生漏失,钻井流体难以维持正常的循环,无法完成正常的钻井作业。徐英等使用空气泡沫钻井流体解决漏失问题,从井深77m开始采用空气泡沫钻井,钻井井段77.00~300.00m。

空气排量40~43m³/min;泡沫基液量360~480L/min;安全顺利钻至固井井深300m,顺利下套管到井底;泡沫钻井总进尺223m,纯钻时间22h,平均钻井机械钻速10.1m/h。空气泡沫钻井井段安全顺利,达到了使用空气泡沫钻井的最初目的,克服了井下复杂情况,缩短了复杂井段的钻井作业周期(徐英,2004)。

针对油层低压、低渗透的地质特点,以泡沫为钻井流体,合理利用配套的泡沫欠平衡钻井工艺,可最大限度地减少对油层的侵害。泡沫钻井流体有较强的净化能力,尤其在大斜度井段和水平井段的钻井过程中,解决了易沉积在井眼下侧的岩屑床等问题。泡沫钻井流体与常规钻井流体相比,具有静液柱压力低、携岩性能好、失水量小、助排能力强以及对油层伤害小等优点,适用于压力系数较低地层的钻井(关富佳等,2003)。

杨虎等(2001)针对水平井钻井流体容易伤害储层问题,优选了泡沫钻井流体。牛102井实施泡沫水平钻井的层段为1677.37~2098.37m该井采用非循环式泡沫流体,地面泡沫密度为0.005~0.01g/cm³,但是经过井底压力的作用,泡沫井筒当量密度为0.65~0.68g/cm³,而该井油藏地层压力系数为0.8左右,完全满足泡沫流体在水平井段的欠平衡压力要求。泡沫流体的主要组分见表4.13.2。

表 4.13.2　泡沫钻井流体主要组分表

序号	组分名称	组分代号	加量范围,%	作用
1	中黏度羧甲基纤维素钠盐	MV–CMC	0.4	降低失水量、增黏
2	生物胶	XC	0.2	提高钻井流体的携岩能力和护壁性能
3	发泡剂	未明确代号	0.4	形成发泡体

此外,程玉华等(2014)优选了稳定泡沫钻井流体,泡沫钻井流体配制工艺较简单,稳定性高,失水量小,对油层伤害少,并具有优良的防塌性能。在绥中36–1S–1井进行了现场应用,在整个钻进过程中该钻井流体性能稳定,能够有效减小漏失压差,提高机械钻速,减少钻井成本,泡沫钻井流体的各项性能均能满足现场使用的技术要求。

13.2.2　氮气泡沫钻井流体

应力敏感是指多孔介质孔隙体积(孔隙度)、渗透率随有效应力变化的改变量。对于压力系数低于1.0的地层,特别是低于0.8的低压储层,现有气体钻井流体、充气钻井流体或气体泡沫钻井流体等开发技术,这些技术在现场应用过程中均存在着一些问题。为此,杨景利等(2007)开发氮气泡沫钻井流体,通过实验确定氮气泡沫钻井流体。氮气泡沫钻井流体组分见表4.13.3。

表 4.13.3　氮气泡沫钻井流体的主要组分表

序号	组分名称	组分代号	加量范围,%	作用
1	发泡剂	AC–1	0.4~0.6	使钻井流体产生泡沫
2	稳泡剂	WP–3	0.2~0.4	提高钻井流体泡沫稳定性
3	抑制剂	DY–7	0.3~0.5	抑制泥页岩水化膨胀
4	防腐剂	ZJF–1	1.0~2.0	防止钻井流体腐蚀钻具
5	辅助剂	未明确代号	未明确范围	

(1)依据钻进返砂情况及时补充处理剂的量,保持泡沫液的性能稳定,满足携岩要求。

(2)施工过程中按比例加入调节剂,以使返出的泡沫有效地消泡,进入振动筛除去钻屑,进入循环,对消泡后的泡沫液激活使之重新发泡,循环使用。

(3)加入一定量的钻具防腐剂防止钻具腐蚀。

(4)起钻或完钻前充分循环钻井流体保证完井作业的顺利实施。

史3–3–斜91井使用氮气泡沫钻井流体,发泡量为350~560mL/30min,立管压力稳定在5.0~6.5MPa,满足了正常的可循环氮气泡沫要求。钻进过程中观察泡沫液的返出情况,保持泡沫液的连续性。

钻井过程中保持了泡沫的稳定,整个钻井施工过程中没有排放泡沫液,钻至井深3324m完钻。保证了完井作业各项工作的顺利实施。该技术密度低,有利于发现和控制储层伤害。该井达到的最低循环当量密度为$0.6g/cm^3$,在钻井过程中振动筛处不断有原油返出,表明该技术有利于发现和控制储层伤害。提高了机械钻速。氮气泡沫钻井流体的机械钻速较该井常规钻井流体的钻速提高44%。

此外,针对低渗透致密气层的盒1储层,对应力敏感,毛细管压力高,为了有效动用盒1气层探明未动用储量,实现自然建产,在盒1气层实施了欠平衡钻井。陈晓华等(2011)使用氮气泡沫流体在盒1气层实施泡沫钻井,机械钻速均比常规钻井机械钻速高,体现了实施欠平衡泡沫钻井的优越性。DP14井和DP22井水平段采用氮气泡沫欠平衡钻完井工艺在三类储层盒1气层实现自然建产,分别获得无阻流量 $5.68 \times 10^4 m^3/d$ 和 $3.65 \times 10^4 m^3/d$,与周围直井相比单井产量提高 1.35~2.88 倍。

13.3 发展前景

泡沫钻井流体是气体和液体完全混合的多孔膜状多相分散体系。其中液体是连续相,气体是非连续相。由于泡沫的特点,既含有液相,又有气相,明确泡沫钻井流体的优势,了解泡沫钻井流体存在的一些弊端,才能为泡沫钻井流体的发展指明方向。

13.3.1 存在问题

随着连续油管钻井技术的快速发展,国际上已经将连续油管钻井应用到欠平衡钻井、微小井眼钻井、老井侧钻中。但连续油管欠平衡钻井技术也面临一系列问题,例如利用氮气、空气等进行欠平衡钻井时,由于它们密度较低,不能为井下动力钻具提供足够扭矩;而利用泡沫钻井能为井底动力钻具提供足够扭矩,但不能保证井筒的欠平衡。

(1)井眼稳定问题。泡沫钻井属于欠平衡钻井,其钻井时的井筒压力比常规的过平衡钻井的要小,这可能会引起井壁坍塌,且低的井眼压力还可能会引起一些井段的缩径。欠平衡钻井过程中经常能看到返出很多的页岩岩屑,这些岩屑并不只是钻头切削井底产生的,而是井壁的坍塌掉块。当钻遇大段水敏性黏土地层时,这种情况就可能发生。原因是吸水作用或脱水作用使得页岩的含水组分变化,导致了近井眼处额外的岩石应力产生,从而引起井壁失稳,并且突然的井壁坍塌会引起卡钻。

(2)经济问题。由于氮气的惰性和不可燃性,其应用正在迅速增加,尤其是在烃引起井下着火和爆炸的水平井以及空气中的氧气引起严重腐蚀的井中。目前现场多采用薄膜装置法产生氮气,这样就增加了钻进时的成本。

(3)泡沫破裂和重复循环泡沫。用泡沫钻井流体的主要问题是在重重循环中,当钻井流体在井下时如何使泡沫稳定不破裂。而返到地面时如何破裂稳定的泡沫,表面活性剂有效地应用于高盐度、高烃类环境中。设计表面活性剂的目的,在于用酸降低 pH 值,使泡沫破裂,用苛性碱使 pH 值升高,重新形成泡沫。用改变 pH 值使泡沫重复循环的技术已被成功地用在意大利的一口 5486.40m 的井上,新的破裂和处理泡沫的机械和化学方法正在开发中,它们将有效地减少这些问题,并且扩大泡沫的应用。

13.3.2 发展方向

泡沫钻井流体的优势已被逐渐认同,现场应用也取得长足发展。但相比其他常用钻井流体,其应用范围依然狭窄,理论研究相对匮乏。泡沫钻井流体的发展方向主要在新型起泡剂、深入研究以及稳定性等方向。今后还需要针对性地开展工作,以促进其发展(许启通,2012)。

(1)要进一步开发和优选发泡剂、稳泡剂,增加泡沫钻井流体的稳定性。包括提高抗侵害、耐温和适应井内压力变化的能力。稳定性的提高,为开展井下泡沫模拟实验奠定基础。

(2)增加消泡技术研究,使其更适用于现场,促进泡沫钻井流体基液的循环利用。化学方法和物理方法的研究应同时进行,以拓宽在时间和空间上的应用范围。如此,既能降低成本,又可减少储层伤害侵害。

(3)加强抑制剂、井壁稳定剂的开发,从抑制性和封堵性等角度,研究泡沫钻井流体井壁稳定作用,建立室内泡沫钻井流体井壁稳定专用评价方法和统一的标准。通过加强稳定井壁机理的研究,指导现场更好地配制、维护泡沫钻井流体,延长安全作业时间,实现经济效益最大化。

第14章 充气钻井流体

充气钻井流体(Gasified Liquid Drilling Fluid)是将空气或氮气注入钻井基液内所形成的钻井流体,形成以气体为分散相、液体为连续相,并加入稳定剂而成为气液混合均匀的稳定体系。充气钻井流体经过地面除气设备后,气体从钻井流体中脱离出来,保证钻井流体的正常工作。充气钻井流体的优点有控制储层伤害、携带能力强、密度低以及机械钻速高。

(1)在负压状态下钻进,能保护低压储层;
(2)切力大,黏度高,携带岩屑清洗井筒能力强;
(3)密度低,液柱压力小,能防止和消除漏失;
(4)剪切稀释特性强,钻头寿命长,机械钻速高。

因此,在低压储层钻进中,采用充气钻井流体有利于提高钻进效率、控制储层伤害、增大油气产量。尤其在低压渗漏地层,充气钻井流体能有效地减少乃至全消除漏失,减少井内事故,提高钻进速度。

充气钻井流体的缺点主要有费用高、加剧储层伤害以及存在安全问题。

(1)钻井费用比常规井高。
(2)加剧储层伤害。由于井壁上基本没有滤饼作屏障,一旦某一环节如完井过平衡,伤害储层程度比常规钻井流体更大。
(3)安全问题。以空气为注入气虽经济,但有导致井下燃烧爆炸的可能,特别是在高温深井中。

此外,还有高温高含氧环境下钻具的腐蚀等问题。

14.1 开发依据

充气钻井流体以聚合物钻井流体为基础,加入泡沫剂,经高速喷射或空压机充气起泡而成。它具有密度低、井内液柱压力小、能形成泡沫群体结构等显著特点,因此在欠平衡状态下采用充气钻井流体钻井,具有能有效保护低压储层、携岩能力强、防止和消除漏失、机械钻速高、储层伤害小等优势。

充气钻井流体钻井比空气钻井流体钻井更安全,因空气钻井流体通常会出现井下燃爆问题。而采用充气钻井流体钻井,即使地层流体进入井眼,充气钻井流体钻井仍可继续安全进行。充入空气或者氮气的目的是为了减小密度,从而降低流体液柱对井底的静压力。通过改变充气量可以调节钻井流体的密度,从而实现平衡压力钻井或欠平衡压力钻井。充气钻井流体的最低密度一般为 0.5g/cm^3,钻井流体与空气或氮气比一般为 10∶1。由于充空气的充气钻井流体在钻开产层时存在一定的井下燃爆危险,以及可能造成钻具的氧化腐蚀等问题,目前国际上充气钻井主要采用充氮气或是氮气与氧气按一定阻燃比例加入的混合气体方式。

充气钻井流体是一个气、液、固三相复杂体系,根据多相流体力学原理,分析认为:充气钻体系除重力和颗粒间的相互作用力外,固相颗粒主要受到由压差阻力、摩擦阻力、视质量力、Basset加速度力(两相流中颗粒与流体存在相对加速度时所产生的一种非恒定气动力)、压强梯度力、马格努斯力(流体中转动的物体受到的力)和滑移/剪切升力影响。

段塞流指管道中一段气柱、一段液柱交替出现的气液两相流动状态。充气钻井流体在环空中的段塞流动和假液化特性对井眼净化是有利的,细小颗粒的假液化速度比粗颗粒大。良好的流动性有利于混气、脱气,保证施工的连续性和有效性,常用5%碱液调节体系的流变性。充气钻井中,由于体系的密度低,固相含量低,为了在井壁形成有效的封堵,需要优化固相的粒度分布,加入适量的超细碳酸钙。

14.2 体系种类

充气钻井流体一般按气体类型分类,充入的气体为空气、氮气和柴油机尾气等多种方式。

14.2.1 充空气钻井流体

充气钻井是以常规钻井流体或清水为基液,将一定量的气体连续不断地注入基液内,使其呈均匀气泡分散于基液中,从而有效降低钻井流体密度。

充空气钻井流体的组分主要包括基液和气相。基液主要是水,还有增黏剂、降失水剂、抑制剂等处理剂;气相主要是空气。钻井流体基液应满足低黏度、气泡稳定、流变性、低失水量以及强抑制性要求。

(1)钻井流体(基液)的质量较好,应是具有较低黏度和切力的稳定体系;
(2)基液与空气易混合,气泡稳定确保基液能反复泵送不失稳;
(3)具有良好的流变性、携岩能力;
(4)具有较低的失水量及较强的抑制性。

为了实现上述基液中的性能,需要往基液中加入增黏剂、降失水剂、抑制剂等处理剂。其中增黏剂是用于增加钻井流体黏度,确保充气钻井流体具有较好的携岩和净化井眼能力;抑制剂是控制储层中伊利石、绿泥石和高岭石的水化膨胀。

艾贵成等(2008)为解决青西油田巨厚白垩系推覆体易井斜、钻压轻、机速慢的难点和古近系—新近系钻井提速问题,在窿12井的推覆体和Q2-37井的古近系—新近系实施了充气钻井技术试验。充气钻井中,由于体系的密度低、固相含量低,为了在井壁形成有效的封堵,需要优化固相的粒度分布,加入适量的超细碳酸钙以满足井壁稳定的需要。加入2%阳离子乳化沥青保证体系的润滑防卡,并通过严格控制固相来满足体系低黏切的需要。充气钻井流体主要组分见表4.14.1。

表 4.14.1　充气钻井流体的主要组分表

序号	组分名称	组分代号	加量范围,%	作用
1	膨润土	未明确代号	3.0	悬浮岩屑
2	小阳离子抑制剂	NW-1	0.3	强化钻井流体的抑制性
3	大阳离子抑制剂	CHM	0.5	强化钻井流体的抑制性
4	阳离子乳化沥青	LRQ-1	2.0	保证体系的润滑防卡
5	超细粉	未明确代号	2.0	防渗漏和封堵

(1)充气前对基液进行预处理,通过机械和化学方法清除无用固相,降低钻井流体密度至 1.12g/cm³ 以下。

(2)1%降失水剂、水解聚丙烯腈钾盐降低 API 失水在 6mL/30min 以下。

(3)用 0.5%大阳离子抑制剂、小阳离子抑制剂、碳酸钙按常规钻井流体基液维护,保护钻井流体的强抑制性。

(4)钻井流体充气液相的连续性受到影响,携带能力减弱,提高膨润土含量至 50g/L,动切力 16Pa,以满足携带能力的要求。

(5)固相控制为 80 目,振动筛使用率 100%,除砂器的使用率为 100%,离心机使用率 50%,控制固相小于等于 8%,含砂小于等于 0.1%。

(6)地层严重出水,钻井流体失水由 6mL/30min 升至 13mL/30min 后转为常规钻井。

田鲁财等使用空气充气钻井流体完成的大庆油田徐深 21 井是比较典型的实例(田鲁财等,2006)。

徐深 21 井是大庆油田深层天然气勘探的一口重点探井,位于松辽盆地东南断陷区徐家围子断陷徐东斜坡带,设计井深 4450m,钻探目的层主要是登娄库组、营城组砂、砾岩及火山岩层,沙河子组。空气钻井井段为泉头组 2 段至登娄库组 3 段,井深 2550.00~3305.00m 处。提高了徐深 21 井泉二段及其以下非储气层的钻进速度;探索空气钻井条件下的井眼稳定情况;通过分析实钻清岩效果评价并修正设计的合理性;在一定井眼直径下采用理论与现场实践相结合的方法摸索计算所需注气排量的方法;通过实践分析充气钻井流体和气体流量的合理性;寻找提高大庆油田深层机械钻速的新工艺新技术;探索降低深井勘探开发综合成本的新途径。

14.2.2　充氮气钻井流体

充氮气钻井流体的组分包含了基液和氮气,其中基液为连续相,氮气为分散相。在基液中加入降失水剂、抗氧剂、抑制剂、润滑剂、缓蚀剂等处理剂,其中降失水剂是控制钻井流体失水量,抗氧剂是为了减少处理剂的降解,抑制剂是为了维护体系稳定,抑制黏土的水化膨胀,保持井壁稳定。润滑剂是减少钻具与井壁的摩擦,降低摩阻,缓蚀剂是减少钻具的腐蚀。水锁是在钻井、完井、修井及开采作业过程中,在许多情况下都会出现外来相在多孔介质中滞留的现象。充氮气钻井流体可以有效解决此种情况。

DP4 井的目的层为盒 1 段,地层压系数较低,为了有效保护气层,DP4 井水平段全过程采用了充气欠平衡钻井工艺技术。针对 DP4 井卢周芳(2010)提出了无固相充氮气钻井流体。充氮气钻井流体主要成分见表 4.14.2。

表 4.14.2　充氮气钻井流体的主要组分表

序号	组分名称	组分代号	加量范围,%	作用
1	降失水剂	TV-2	4.5~7.0	降低钻井流体的失水量
2	润滑剂	未明确代码	2.0~3.0	降低钻井流体摩阻系数
3	增黏剂	XC	0.3~0.5	提高黏度和增加凝聚强度
4	甲酸钾	HCOOK	2.0~3.0	用于配制含水油井加注液
5	防水锁剂	未明确代号	3.0~5.0	降低溶液表面张力

在钻井过程中,根据钻井进尺及钻井流体量消耗,适时补充胶液维护。

为了满足欠平衡钻进及携岩要求,钻井流体漏斗黏度控制 40~50s,动塑比为 0.35~0.6,静切力为 2~3Pa/3~7Pa,这样既满足欠平衡脱气要求又满足携带钻屑要求。

维护过程中调整黏度切力时,增黏剂加量 0.5%~1%。通过补充抗氧剂,减少对处理剂的降解,同时加大降失水剂降失水剂的加量,降失水剂的加量为全井钻井流体量的 7%~8%;

通过补充抑制剂甲酸钾维护体系性能稳定。

根据钻井流体基液密度增加趋势,更换高目数的筛布,及时清理沉砂罐,增加固控设备运转时间,控制钻井流体密度。

加入水溶性润滑剂来降低摩阻,控制钻井流体极压润滑系数 0.068~0.078。

提高钻井流体的表观黏度,提高抗氧剂的加量,保持缓蚀剂在钻井流体中呈过量状态(加量为 0.3% 左右),保持钻井流体 pH 值 10~12 等措施来解决钻具在氧含量较高的情况下的腐蚀问题。

BY1 井位于克百断裂带百口泉断鼻圈闭,主要勘探目的是探索环玛湖凹陷下组合克百断裂带下盘掩伏带的含油气性,为克百断裂带下盘掩伏构造带的勘探开发拉开序幕。通过克百断裂带构造钻探邻井资料分析,BY1 井所钻三开段风城组和目的层佳木河组存在储层岩性变化快、可钻性差、裂缝发育等地质风险,导致机械钻速低、钻井周期长,对玛湖凹陷的勘探探索工作造成严重阻碍。出于控制储层伤害、减少井漏事故发生的目的和分析氮气钻井可行性,在 BY1 井三开、四开段实施充氮气欠平衡钻井技术(杜宗和等,2018)。

14.2.3　充柴油尾气钻井流体

柴油机尾气钻井是用柴油机尾气作为循环介质的一种特殊的欠平衡钻井方式,在控制储层伤害、提高机械钻速、防止井下燃爆、降低钻井成本等方面效果明显。

柴油机尾气钻井是利用燃料与空气混合在地面预燃所产生的尾气钻井,可以防止井下燃爆,有利于进入产层使用。燃烧产物废气中的主要成分为氮气、二氧化碳、水,此外还含有少量的一氧化碳。为使燃烧反应充分,采用了过氧供给技术,故废气中仍有部分氧气,理论计算为 12% 左右。将该尾气注入气井,可完成防止井下燃烧爆炸的任务,而且其组成不会影响气体、充气泡沫流体的性质,不会产生伤害地层的副作用,腐蚀性能满足压缩机正常工作要求。

一般气体钻井选择空气作为循环流体，但是在某些地质构造及大多数含有天然气的地层中，应用空气进行钻井、修井、完井时，易发生井下失火、爆炸等事故，造成较大的经济损失。何纶等(2007)提出充柴油尾气钻井流体，解决此难题。充柴油尾气钻井流体主要成分见表4.14.3。

表4.14.3　充柴油尾气钻井流体的主要组分表

序号	组分名称	组分代号	加量范围,%	作用
1	降失水剂	未明确代号	未明确范围	降低钻井流体的失水量
2	抗氧剂	未明确代号	未明确范围	延缓或阻止氧化
3	抑制剂	未明确代号	未明确范围	抑制黏土的水化膨胀
4	润滑剂	未明确代号	未明确范围	降低钻井流体摩阻系数
5	缓蚀剂	未明确代号	未明确范围	减少钻具腐蚀

充柴油尾气钻井流体的维护处理方法大致分为四点：

(1)使用柴油机尾气充气的低固相钻井流体，其充气流体的当量密度为0.90g/cm^3。

(2)用于充气的钻井流体基液的密度控制为1.03~1.05g/cm^3，应具有较好的性能、较低的切力，易于充气、脱气，充气钻井流体应均匀稳定，气液不分层，满足井下携砂及地面反复循环泵送要求，现场维护处理时根据实际情况加入适量的表面活性剂，保持充气钻井流体的稳定性，协助调整钻井流体密度及地面脱气。

(3)为在低密度低压差条件下维护井壁稳定，防止垮塌，钻井流体中加入足量的降失水剂及防塌剂，降低钻井流体失水量及改善滤饼质量，保证了井下安全。

(4)尾气充气钻井流体基液性能。密度为1.03~1.05g/cm^3，漏斗黏度为40~60s，塑性黏度为10~25mPa·s，动切力为4~8Pa，流性指数为0.5~0.7，稠度系数为0.2~0.6Pa·s^n，黏附系数小于0.2，初切为1~3Pa，终切为3~6Pa，失水量为8~10mL/30min，滤饼厚度为0.5~1.0mm，含砂量小于0.5%，pH值为8~10。

四川石油管理局川西南矿区兴隆场气田经过长期开采地层压力远远低于清水柱压力，为保护产层提高最终单井产量，在兴24井进行了柴油机尾气钻井工艺现场实践。总结了一套柴油机尾气用于钻井所需的气量、装备、钻具结构和不压井起下钻及不压井完井工艺技术，获得了有价值的工业性气流。

14.3　发展前景

利用充气钻井流体作钻井循环介质进行欠平衡钻井作业，因其可以降低漏失和减少卡钻等诸多优点而在低压或小于静水压力的油藏中得到充分应用。为达到采用该技术进行有效作业，作业前需针对所钻井状况、充分考虑充气钻井流体在所钻井段的水力学、携岩能力等因素，做好钻井流体气/液流量的优化设计。中国新疆油田、胜利油田、四川油田等已经采用充气钻井流体钻井技术进行过现场试验，取得了一定成果，但仍需在借鉴国际先进经验的基础上发展和推广应用该项技术，以进一步降低易漏失低压地层的钻井流体漏失量，提高钻进效率，降低钻井综合成本。

出于安全、井控和环境及降低成本方面的原因,在国际上,以美国和加拿大等为先进代表的充气、泡沫钻井技术,正朝着与其他钻井新技术(封闭循环系统、连续软管、小井眼、水平井技术等)紧密结合的方向发展。例如发展惰性气、可循环技术来扩大泡沫钻井的推广应用。加拿大将封闭循环系统和空气马达、无线随钻测量仪等仪器设备与充气和泡沫钻井结合,成功发展了封闭循环氮气泡沫钻井系统,现已在水平井得到推广应用,它具有钻井过程中能够实时精确测量、井下和地面安全(无氧气进入)和污染环境程度低等优点。此外积极开展与泡沫钻井相适应的配套技术,如泡沫压裂、泡沫酸化、泡沫蒸汽驱、泡沫驱油、泡沫调剖、泡沫修井等。

14.3.1 存在问题

充气钻井流体钻井过程中,除了高温高含氧环境下钻具的腐蚀问题外,还存在一些问题,主要表现在三个方面:

(1)钻井费用比常规钻井高。

(2)加剧储层伤害。由于井壁上基本没有滤饼作屏障,一旦某一环节(如完井时)过平衡,伤害储层程度比常规钻井流体伤害更严重。

(3)安全问题。以空气为注入气虽经济,但有导致井下燃烧爆炸的可能,特别是在高温深井中。

14.3.2 发展方向

充气钻井流体设备的不断发展完善,才能使充气钻井技术不断发展和成熟,成为主流钻井技术中的重要组成部分。中国充气钻井技术常用的气体主要为纯空气、氮气、天然气和柴油机尾气等。对充气钻井流体所用设备不断完善,解决充气效率,是充气钻井工艺技术进一步发展的重要因素。此外,解决充气钻井充气存在的安全等方面的问题,对于充气钻井技术的发展也具有重要意义。

对于空气或天然气钻井流体,要加强其安全性能,应用更加安全的气体用以空气钻井。转化成雾滴钻井流体后,因其具有腐蚀性,因此应该发展没有腐蚀性的雾状流体。泡沫的稳定性和发泡能力是泡沫钻井流体的两个重要参数,因此应该加强这些方面的研究,研制出更加稳定和发泡能力更强的泡沫钻井流体。应设法使充气钻井流体的密度可调范围更大些,以很好地满足低压储层的需要。

当然,除了以上阐述的问题和发展方向外,新型工作流体技术不断地开发和应用,这是井下复杂的地质条件、地质目的和工程要求所决定的。相信钻井工作流体会随着勘探开发需要进一步发展和完善。

参 考 文 献

艾贵成,穆辉亮,王卫国,等.2008.充气钻井流体技术在青西油田的应用[J].吐哈油气(2):170-173.

步宏光,张民立,唐世忠.2011.有机盐钻井流体技术在大港油田水平井的研究与应用[J].钻采工艺,34(1):83-85,118.

曹品鲁,马文英,张兆国,等.2011.可循环空气泡沫钻井技术在元坝10井的应用[J].石油钻探技术,39(5):49-52.

陈浩东,李龙,郑浩鹏,等.2018.北部湾盆地全油基钻井流体技术研究与应用[J].探矿工程(岩土钻掘工程),45(12):1-4.

陈晓华,邓红琳,闫吉曾,等.2011.泡沫钻井在大牛地气田盒1气层的应用[J].探矿工程(岩土钻掘工程),38(10):19-22.

陈在君.2015.高密度无土相油基钻井流体研究及在四川页岩气水平井的应用[J].钻采工艺,38(5):70-72,10.

程玉华,张鑫,石张泽.2014.泡沫钻井流体实验研究及现场应用[J].中国石油和化工标准与质量(5):187-188.

代礼杨,李洪俊,苏秀纯.2010.硫酸钾/硅酸盐钻井流体技术在Prosopis E1-1井的应用[J].石油化工应用,29(10):42-44.

代秋实,潘一,杨双春.2015.国内外环保型钻井流体研究进展[J].油田化学,32(3):435-439.

董耘,刘勇,张昆,等.2010.高密度硬胶极压型油包水乳化钻井液在定向井的应用[J].钻采工艺,33(S1):153-155,170.

杜宗和,辛小亮,田山川,等.2018.充氮气钻井技术在BY1井区的应用[J].辽宁化工,47(4):334-336.

范江,李晓光,张巨杰,等.2010.高密度KCl—聚合物钻井液在阿塞拜疆的应用[J].钻井液与完井液,27(5):44-46,91.

葛明军.2007.乳化柴油钻井流体在石油欠平衡钻井中的应用[J].探矿工程:岩土钻掘工程,34(11):43-45.

耿晓光.2001.抗高温水包油钻井流体研制与应用[D].哈尔滨:黑龙江大学.

宫新军,陈建华,成效华.1996.超低压易漏地层钻井液新技术[J].石油钻探技术,24(4):61-62.

关富佳,童伏松,姚光庆.2003.泡沫钻井流体研究及其应用[J].钻井液与完井液,20(6):54-56.

郭健康,鄢捷年,王奎才,等.2005.强抑制性KCl/硅酸盐钻井流体体系及其在苏丹六区的应用[J].钻井液与完井液(1):14-18,80.

韩立胜,张家义,崔海弟,等.2011.水包油钻井流体在NP23-P2002井五开井段的应用[J].钻井液与完井液(4):36-39,94.

何纶,魏武,徐征,等.2007.气基流体天然气在钻井中的应用技术[J].钻井液与完井液(S1):23-25,126.

何纶,许期聪,樊世忠,等.2007.气基流体柴油机尾气钻井工艺技术[J].钻井液与完井液(S1):26-30,126.

何纶,周华安.1992.四川油气田深井"三磺钻井流体"的发展[J].石油和天然气化工,21(2):99-104.

何瑞兵,李立宏,李刚,等.2008.水包油钻井流体在BZ28-1油田潜山地层的研究和应用[J].钻井液与完井液(3):32-35,85-86.

胡永东,赵俊生,陈家明,等.2013.磨80-c1侧钻水平井绒囊钻井液实践[J].钻采工艺,36(1):110-113.

胡友林,乌效鸣,岳前升,等.2012.深水钻井气制油合成基钻井流体室内研究[J].石油钻探技术,40(6):38-42.

胡友林,岳前升,刘书杰.2012.深水合成基钻井流体研究[J].钻采工艺,35(3):12,71-74.

滑志超,王照辉,邬恩中.2014.绒囊钻井流体在煤层气樊试U1井组的应用[J].化工管理,21:82-83.
蒋友强,王小月,陈远树,等.2014.双保有机复合盐钻井流体的研究[C].中国石油和石化工程研究会.环保钻井流体技术及废弃钻井流体处理技术研讨会:5.
蒋卓,舒福昌,向兴金,等.2009.全油合成基钻井流体的室内研究[J].钻井液与完井液,26(2):19-20.
蓝强,李公让,张敬辉,等.2010.无黏土低密度全油基钻井完井液的研究[J].钻井液与完井液,27(2):6-9,87.
蓝强,苏长明,杨飞,等.2006.乳液和乳化技术及其在钻井液完井液中的应用[J].钻井液与完井液,23(2):61-69.
郎胤晟.2016.新型无黏土高分子聚合物钻井液的研究[D].大庆:东北石油大学.
李八一,席凤林,雍富华.2006.低密度微泡沫压井液的研究与应用[J].钻井液与完井液,23(4):39-40,43.
李家龙,张坤,吴士荣,等.2008.超低密度硬胶极压型油包水乳化钻井流体在广安002-H9井的应用[J].天然气工业,28(1):88-90.
李建成,关键,王晓军,等.2014.苏53区块全油基钻井流体的研究与应用[J].石油钻探技术(5):62-67.
李振智,孙举,李晓岚,等.2017.新型无土相油基钻井流体研究与现场试验[J].石油钻探技术,45(1):33-38.
梁文利,宋金初,陈智源,等.2016.涪陵页岩气水平井油基钻井流体技术[J].钻井液与完井液(5):19-24.
刘从军,蓝强,张斌,等.2010.高平1井钻井流体技术[J].石油钻探技术(6):71-74.
刘德胜,郭志强,邓永臣.2000.微泡沫钻井流体在哈345X井的应用[J].钻井液与完井液,17(5):21-24.
刘德胜,罗淮东,董大康.2008.伊朗MIS油田裂缝性高含硫枯竭储层钻井流体技术[J].钻井液与完井液,25(5):5-8.
刘德胜,苑旭波,申威.2004.微泡沫钻井粗泡沫堵漏工艺在TBK气田的应用[J].石油钻采工艺,26(6):27-30.
刘文堂,孙善刚,史沛谦,等.2011.吉2-平1井三开特殊完井工艺水包油钻井流体技术应用[J].经济策论(9):534-540.
刘绪全,陈敦辉,陈勉,等.2011.环保型全白油基钻井液的研究与应用[J].钻井液与完井液,28(2):10-12.
刘绪全,南旭,刘榆,等.2012.辽河油田兴隆台古潜山深水平井钻井液技术[C].全国钻井液完井液学组工作会议暨技术交流研讨会.
刘振东,薛志玉,周守菊,等.2009.全油基钻井液完井液体系研究及应用[J].钻井液与完井液,26(6):10-12.
刘子龙,万正喜.1990.聚合物—有机硅腐殖酸钻井流体应用研究[J].油田化学,7(3):211-215.
龙刚,王希勇,钟水清,等.2008.空气泡沫钻井技术在川东北QX-2的应用[J].钻采工艺(4):126-127,134.
卢周芳.2010.充气欠平衡钻井流体技术在DP4井水平段的应用[J].探矿工程(岩土钻掘工程),37(2):17-19.
吕金钢,张克明,李建忠.2006.吐哈低压低渗储层氮气钻井技术[C].中国石油工程学会钻井工作部年会暨石油钻井院所长会议.
罗健生,莫成孝,刘自明,等.2009.气制油合成基钻井流体研究与应用[J].钻井液与完井液,26(2):7-11.
罗健生,莫成孝,姚慧云.2001.可循环微泡沫钻井流体的研制[J].中国海上油气田(工程),13(4):17-20.
罗跃,王志龙,梅平,等.1999.合成基钻井流体技术研究进展[J].湖北化工(2):9-10.
马文英,刘彬,卢国林,等.2013.抗温180℃水包油钻井流体研究及应用[J].断块油气田(2):228-231.

马勇,崔茂荣,孙少亮.2006.水包油钻井流体国内研究应用进展[J].断块油气田,13(1):4-7.
孟繁奇,薛伟,张志磊,等.2015.水基钻井液用无铬降黏剂腐殖酸接枝聚丙烯腈的制备及其降黏特性[J]. 工业技术创新,2(3):359-365.
孟小敏,曾李,郭千河.2003.甲酸盐钻井流体技术的应用[J].钻井液与完井液,20(5):62-63.
牟云龙,由福昌,王雷,等.2016.超高密度过饱和盐水钻井液体系研究[J].长江大学学报(自然科学版),13(8):4-5,46-49.
倪红霞,魏云,彭健.2014.钾钙基聚磺混油钻井流体在JHW003水平井中的应用[J].化工管理(29):113-114.
钱殿存,王晴,王海涛,等.2001.水包油钻井流体体系的研制与应用[J].钻井液与完井液,18(4):3-6.
邵振世.1983.NaH-1钻井泥浆稀释剂的研究[J].石油与天然气化工(4):10-14.
石秉忠.2011.环保高酸溶无黏土钻井流体的室内研究[J].钻井液与完井液,28(4):30-31.
舒福昌,岳前升,黄红玺,等.2008.新型无水全油基钻井流体[C].断块油气田,15(3):103-104.
舒尚文,侯树刚,胡群爱,等.2007.气体钻井技术提高普光气田钻井速度研究[J].钻采工艺(6):4-5,12,140.
隋旭强,何平,王艳丽.2014.抗高温无黏土钻井流体技术研究与应用[J].中国石油大学胜利学院学报(4):12-14.
隋旭强,唐代绪,侯业贵,等.2011.一种新型线性α-烯烃烃类衍生物钻井流体[J].钻井液与完井液,28(1):30-32.
孙法佩,张杰,李剑,等.2012.煤层气215.9mm井眼水平井绒囊钻井流体技术[J].中国煤层气,9(2):18-21.
孙金声,刘进京,潘小镛,等.2003.线性α-烯烃钻井流体技术研究[J].钻井液与完井液,20(3):27-30.
孙明波,乔军,刘宝峰,等.2013.生物柴油钻井流体研究与应用[J].钻井液与完井液,30(4):15-18,92.
田鲁财,刘永贵,白晓捷,等.2006.空气钻井技术在徐深21井的应用[J].石油勘探技术(4):27-29.
王多金,张坤,黄平,等.2008.低油水比水包油钻井流体体系的研制及应用[J].天然气工业,28(7):70-72.
王广财,熊开俊,曾翔宇,等.2014.可循环油基泡沫钻井流体在胜北油田的应用[J].钻井液与完井液(6):17-20,96.
王茂功,徐显广,苑旭波.2012.抗高温气制油基钻井流体用乳化剂的研制和性能评价[J].钻井液与完井液,29(6):4-5.
王明贵.2002.硅酸盐钻井液体系的研究[D].成都:西南石油学院.
王佩平,应付晓,刘红玉.2006.正电胶纳米乳液钻井流体在胜利油田的应用[J].江汉石油职工大学学报,19(4):38-39.
王松.2002.新型高温高密度W/O乳化钻井流体的研制[J].断块油气田,9(6):66-68.
王学军,夏迎春,梁鼎,等.2016-02-03.一种复合无机盐钻井流体:CN105295866A[P].
王中华.2011.国内外油基钻井流体研究与应用进展[J].断块油气田,18(4):533-537.
魏武,乐宏,许期聪.2008.气体钻井应用技术[M].东营:中国石油大学出版社.
魏武,许期聪,路琳琳,等.2013.基于膨润土浆基液的雾化钻井技术研究与应用[J].钻采工艺,36(1):9-11,7.
吴飞,朱宗培.1995.泡沫在井壁的物理化学作用[J].钻井液与完井液(1):34-37.
武学芹,李公让,唐代绪.2004.微泡沫钻井流体在吐哈油田雁653井的应用[J].特种油气藏,11(1):60-63.
夏廷波,席凤林,雍富华.2005.煤层气沙试3井钻井流体体系的研究与应用[J].钻井液与完井液,22(1):

71-73.

向兴金,李自立.1998.醚基钻井流体的室内研究[J].钻井液与完井液(6):3-6.

项德贵,余金海,赖晓晴,等.2006.空气钻井在玉门青西油田的应用[J].西部探矿工程(6):178-180.

肖超,冯江鹏,宋明全,等.2009.尼日利亚边际油田合成基钻井流体技术[J].钻井液与完井液,26(6):80-81,87,97-98.

胥洪彪,刘传清,卢运才.2000.埕北302井钻井流体工艺技术[J].钻井液与完井液,17(2):39-42.

徐同台,刘雨晴,苏长明,等.2008.钻井流体典型技术应用文集[C].北京:石油工业出版社:183-189.

徐同台,彭芳芳,潘小铺,等.2010.气制油的性质与气制油钻井流体[J].钻井液与完井液(5):75-78,93.

徐同台,赵忠举.2004.21世纪初国外钻井液和完井液技术[M].北京:石油工业出版社:119-120.

徐英.2004.空气泡沫钻井技术在核桃1井的应用[J].天然气工业(10):62-64,9-10.

许明标,邢耀辉,肖兴金,等.2001.酯基钻井流体性能研究[J].油田化学,18(2):108-110.

许明标,张娜,王易军,等.2004.聚α-烯烃合成基深水钻井流体体系性能研究[J].江汉石油学院学报,26(4):112-113.

许启通,孙举,刘彬.2012.国内泡沫钻井流体应用与研究进展[J].中外能源,17(1):43-46.

杨玻,黄林基.2001.无黏土低固相甲酸盐钻井流体[J].钻采工艺(4):58-60.

杨虎,郭振义.2001.泡沫钻井流体在水平井段中的应用[J].石油钻采工艺(1):16-18.

杨景利,薛玉志,张斌,等.2007.可循环氮气泡沫钻井流体技术[J].钻井液与完井液(6):17-21,88.

杨鹏,李俊杞,孙延德,等.2014.油基可循环微泡沫钻井流体研制及应用探讨[J].天然气工业,34(6):78-84.

要二仓,郑秀华,杨爱军.2008.可循环微泡沫泥浆在地浸砂岩铀矿中的应用[J].地质与勘探,44(5):87-89.

叶林祥,游贤贵.2000.柴油机尾气钻井工艺技术在兴24井的实践[J].天然气工业,20(4):104-105.

叶诗均.2008.高矿化度微泡沫钻井流体技术的研究与应用[J]钻井液与完井液,25(2):4-8.

袁明进,朱智超,刘浩,等.2012.鄂尔多斯盆地延川南区块延平1井钻井流体技术[J].油气藏评价与开发,2(1):70-72.

岳前升,刘书杰,耿亚男,等.2011.深水线性α-烯烃合成基钻井流体性能室内研究[J].钻井液与完井液,28(1):27-29.

岳前升,舒福昌,向兴金,等.2004.合成基钻井流体的研制及其应用[J].钻井液与完井液,21(5):1-3.

张高波,徐家良,史沛谦,等.2002.抗高温低密度水包油钻井流体在文古2井的应用[J].钻井液与完井液(3):33-35,57.

张国新,邱建君,赵保中,等.2001.饱和碱水钻井流体技术[J].钻井液与完井液(6):39-41.

张坤,田岚,秦宗伦.2004.微泡沫钻井流体在川渝地区玉皇1井的应用[J].天然气工业,24(10):78-79.

张庆港,李刚.2014.AD4-10-1H井聚磺混油钻井流体技术[J].西部探矿工程(1):55-57.

张伟勋.2016.全油基钻井流体国内外应用现状及发展趋势[J].城市建设理论研究(电子版)(11):6012-6012.

张琰,任丽荣.2000.线性石蜡基钻井液高温高压性能的研究[J].探矿工程(5):47-49.

张琰.2001.酯基钻井流体物性及应用研究[J].石油大学学报(自然科学版),25(5):117-119.

张毅,胡辉,高立新.2004.三相可循环微泡沫钻井流体的研究及其在彩南油田的应用[J].钻井液与完井液,21(1):11-14.

张振华.2004.可循环微泡沫钻井流体研究及应用[J].石油学报,25(6):92-95.

张振华,鄢捷年,王书琪.2000.保护裂缝性碳酸盐岩油气藏的钻井完井液[J].钻采工艺,23(1):61-64.

赵继成,黄正烊.1991.钾基石灰泥浆的现场应用[J].钻井液与完井液,8(4):44-46.

赵晓竹,何恕,张坤,等.2009.大庆油田雾化/泡沫钻井流体的研究与应用[J].钻井液与完井液,26(4):29-31,91.

赵业荣,丁世宣,袁孟嘉.2001.陕242井天然气钻井实践[J].石油钻采工艺,23(2):13-15.

郑力会,曹园,韩子轩.2010.含绒囊结构的新型低密度钻井液[J].石油学报,31(3):148-151.

郑力会.2011.仿生绒囊钻井流体煤层气钻井应用现状与发展前景[J].石油钻采工艺,33(3):78-81.

郑力会,王志军,张民立.2004.盐膏层用高密度有机盐钻井流体的研究与应用[J].钻井液与完井液(4):37-39.

郑伟娟,刘刚,张锋三,等.2014.延长气田刘家沟组以上地层无固相钻井流体体系研究[J].内蒙古石油化工(11):138-140.

周定照,陈平,田峥.2012.白油基钻井流体在冀东浅海区域的应用[J].石油钻采工艺(S1):34-36.

周华安.1995.川东地区深井高密度聚合物钻井流体技术问题的研究[J].钻井液与完井液(1):41-45.

左凤江,贾东民,郭卫.2002.可循环微泡沫钻井流体技术研究及应用[J].钻井液与完井液,19(6):85-88.

Aveyard R,Binks B P,Clint J H. 2003. Emulsions Stabilized Solely by Colloidal Particles Advances in Colloid and Interface Science [J]. Advances in Colloid and Interface Science,100:503-546.

Aviles-Alcantara C,Guzman C C,Rodriguez M A. 2000. Characterization and Synthesis of Synthetic Drilling Fluid Shale Stabilizer[C]. SPE 59050.

Binks B P. 1998. Modern Aspects of Emulsions Science [M]. Cambridge :The Royal Society of Chemistry.

Binks B P. 2002. Particles asSurfactants—Similarities and Differences [J]. Current Opinion in Colloid & Interface Science,7(1-2):21-41.

Boyd D Scheinman,Tom Jones,Anthony B Rea. 2003. Aphrons Technology-A Solution[C]. AADE-03-NTCE-41.

Chen G,Tao D. 2005. AnExperimental Study of Stability of Oil-Water Emulsion [J]. Fuel Processing Technology,86(5):499-508.

Claus C R,Standish G A. 1954. Drilling Mud Control in the Southwest Louisiana Coastal Area[J]. J. Pet. Technol.,6:33-38.

Fraser L J. 1991. Field Application of the All-Oil Drilling-Fluid Concept[J]. SPE drilling engineering,1992,7(1):20-24.

Friedheim Conn. 1996. Second Generation Synthetic Fluids in the North Sea Are They Better[C]. SPE 35061.

Fullerton R D,Svendsen L F. 1994. Minimum Area Rig Concept:Second Generation[J]. SPE/IADC Drilling Conference.

Gallus J P,Lummus J L,Fox J E. 1957. Use of Chemicals to Maintain Clear Water for Drilling[C]. SPE875-G.

Growcock F B,Belkin A,Fosdick M. 2006. Recent Advances in Aphron Drilling Fluids[C]. IADC/SPE 97982.

Mazee W M. 1942-09-29. Nonaqueous Drilling Fluid:US2297660A[P].

Patel Growcock. 1999. Reversible Invert Emulsion Drilling Fluids,Controlling Wettability and Minimizing Formation Damage[C]. SPE 54764.

Paul D,Mercer R,Bruton J. 2000. The Application of New Generation $CaCl_2$ Mud System in the Deep Water GOM [C]. SPE 59186:2-11.

Tambe D E,Sharma M M. 1994. The Effect of Colloidal Particles on Fluid-fluid Interfacial Properties and Emulsion Stability [J]. Advances in Colloid & Interface Science,52(1):1-63.

Tom Brookey. 1998. "Micro-Bubbles":New Aphron Drilling Fluid Technique Reduces Formation Damage in Horizontal Wells [C]. SPE 39589.

Toxvaerd S. 2004. Droplet Formation in a Ternary-Fluid Mixture:Spontaneous Emulsion and Micelle Formation [J]. Journal of Physical Chemistry A,108(41):8641-8645.

第 5 篇 地层特性钻井流体

一般来说,钻井流体完成常规地层作业任务比较容易,但在地层流体特殊、地层物性特殊、地层环境特殊等环境下作业比较困难。此时,需要使用能解决这些特殊作业的特殊作业钻井流体才能完成。即,针对钻井过程中特殊要求的地下情况使用相匹配的钻井流体,开发、应用具有特殊功能的钻井流体,称为地层特性钻井流体。即,地层特性钻井流体是指针对地质特点,开发或者改进的钻井流体、完井流体及修井流体,称为地层特性钻井流体(Formation Characteristics Drilling Fluids)。

例如,钻井过程中所钻遇的具有特殊特性质的岩层,如煤层、页岩层、致密砂岩层、盐膏层、深水区域地层、地热井地层,如果只是简单地使用传统的水基、烃基或气基钻井流体,而不根据岩层特点改进性能,往往难以取得良好的钻井效果、产能效果或者地质效果,延缓勘探开发此类特殊油气藏的进程。此时,需要用某些性能优良的钻井流体,完成工程、产能和地质任务。

本篇主要介绍松散地层钻井流体、水敏地层钻井流体、水溶地层钻井流体、坚硬地层钻井流体、异常压力地层钻井流体、高温地层钻井流体、高应力地层钻井流体、煤岩储层钻井流体、页岩储层钻井流体、致密砂岩气储层钻井流体、水合物储层钻井流体、地热储层钻井流体、酸气储层钻井流体、油气储层钻井流体、漏失地层钻井流体、坍塌地层钻井流体、盐膏地层钻井流体和破碎性地层钻井流体等特殊地层钻井流体 18 种,从开发原理和体系种类两个方面,介绍流体组分、维护处理方法以及应用实例等内容。

第1章　松散地层钻井流体

松散地层是指结构松散、胶结性差、稳定性差和易破碎的地层,如流沙层、砾卵石层、砂夹砾石层、黄土层、海上表层、糜粒煤层和破碎带地层等,松散地层的存在给钻井作业带来了地层易塌、钻井流体易漏失、水对井壁冲蚀以及水敏性物质的影响等难题。

(1)松散地层胶结物强度低,地层松散,井壁承压能力低,易出现坍塌、脱落等问题,造成井眼扩径。

(2)松散地层孔隙、裂缝等结构发育,钻井流体易浸透至地层内部,造成钻井流体漏失,严重时发生井漏。

(3)水对松散地层性质影响较大,被水浸泡后松散颗粒间本来不大的胶结力变得更小,在钻井流体冲刷和抽吸作用下,颗粒脱离井壁并随钻井流体返回地表,使钻孔孔径扩大或发生坍塌。

(4)水对松散地层另一方面的影响。水对地层中水敏性物质的影响,若存在地层水敏性较强的物质,在水基钻井流体的冲蚀下,进一步加重了地层坍塌、脱落和井眼扩大等问题。

由于松散地层对钻井作业带来了很多难题,所以在钻遇松散地层时需要采取适当的应对措施来避免或减少松散地层带来的负面影响,主要的对策有选择密度高的钻井流体、减少起下钻速度、添加降失水剂、提高流体碱性以及下套管支撑。

(1)在合适范围内选择密度较高的钻井流体,适当增加对井壁的支撑作用,减少井壁坍塌,且有利于在井壁表面形成护壁泥层,减少水的渗透。

(2)减缓起下钻速度,控制流速与流量,减少因起下钻而引起的激动压力或抽吸作用对井壁的冲刷。

(3)使用处理剂降低钻井流体的失水量,减少水对地层胶结强度等方面的影响,如水解聚丙烯腈铵盐可控制失水量。

(4)提高钻井流体的碱性,减少钻井流体对松散地层中钠离子和钾离子的溶解,提高钻井流体的抑制性。

(5)若松散厚度较大,不能依靠自稳能力及钻井流体的支撑力来维持井壁稳定,可选择下套管来对井壁进行支撑。

松散地层钻井流体(Unconsolidated deposit Drilling Fluids)是指用于机械性分散地层的钻井流体,一般是指用于松散地层的钻井流体,简称松散地层钻井流体。由于这些地层结构松散,胶结性弱,稳定性差,在钻井施工过程中存在很多难点问题,对松散层钻井流体的性能有严格的要求。

1.1　开发依据

由于松散地层如流沙层、砾石层、鹅卵石层和破裂带等地层胶结强度低,孔隙和裂缝发育,钻井过程中漏失严重,钻井耗时时间长,就需要配制适用于松散地层的钻井流体即松散地层钻井流体,来解决漏失严重、地层伤害的问题。

针对松散地层孔隙和裂缝发育、漏失严重、易坍塌等情况,需保证用于松散地层钻井的钻井流体具有降失水、堵漏、提高井壁稳定性的性能,随着钻遇地层越来越复杂,钻遇松散地层如流沙层、破裂带地层等复杂地层越来越多,松散地层钻井流体应用越来越广泛。所以在采用合理密度有效支撑井壁的前提下,提高钻井流体的封堵能力以减少钻井流体或者滤液侵入泥页岩孔隙,则成为保证井壁稳定的关键措施。要求钻井流体具有强降失水性、强黏结性、剪切稀释性以及润滑性等特点。

(1)强降失水性及抑制性,减少滤液的渗入及泥页岩的水化膨胀。

(2)强黏结性,胶结松散易坍塌层段。

(3)一定的剪切稀释性,由于取心需要,携屑性不宜过强。

(4)强的润滑性,降低钻具对地层的扰动及与地层间的摩擦,降低孔内抽吸作用,以此来稳定孔壁,实现顺利优质施工。

由于松散的流沙层、黄土层和破碎带层,地层松散,会引起井壁不稳定、井眼易坍塌、钻井流体漏失等问题,多使用水基聚合物钻井流体,通过加入相应的处理剂,使钻井流体满足地层需要,目前普遍应用于各个油田现场。水基聚合物钻井流体即使处理的非常到位,但有些破碎带、裂缝发育地层的维护井壁稳定效果差,加之水基钻井流体长时间对井眼进行浸泡,造成井壁进一步失稳,井壁坍塌。可以开发并使用具有降失水性强、优良的流变性以及悬浮性能好的油基钻井流体代替水基钻井流体。

1.2 体系种类

目前,根据流体介质不同,可以分为水基松散地层钻井流体及油基松散地层钻井流体。

1.2.1 水基松散地层钻井流体

刘远亮等(2009)在松科一井,针对该井段地层主要是松散的流沙层、松软泥岩、水敏性泥岩和砂岩互层,井壁不稳定,易坍塌,漏失严重,影响正常安全钻井,导致漏失严重的问题。使用改性淀粉、植物胶和羧甲基纤维素钠水基聚合物钻井流体配方体系,解决了井壁稳定性差、失稳坍塌和漏失严重的问题。水基流沙层聚合物钻井流体所用的主要组分作用见表5.1.1。

表5.1.1 水基流沙层聚合物钻井流体的主要组分表

序号	组分名称	组分代号	加量范围,%	作用
1	膨润土	未明确代号	6.00	提高流体的密度
2	碳酸钠	未明确代号	1.00	改善黏土的水化分散性能
3	改性淀粉	DFD	1.25	降低钻井流体的失水量
4	植物胶	LG	1.00	抑制泥页岩水化膨胀
5	羧甲基纤维素钠	Na-CMC	0.25	降低钻井流体的失水量

改性淀粉、植物胶和羧甲基纤维素钠防塌钻井流体在一开和二开钻进过程中使用,性能稳定,各项指标均控制在一定范围内,以利于钻进施工。在地层造浆严重的情况下,通过稀释及替浆方式进行调节,效果显著,同时证明植物胶钻井流体与其他添加剂兼容性好,易于调节。

正常钻进时添加清水、改性淀粉、植物胶和羧甲基纤维素钠胶液对钻井流体进行维护。在钻井流体变得过稠时,采用添加稀释剂或碱水即"水、氢氧化钠和羧甲基纤维素钠"进行维护。

一开地层在211m以上为松散流沙层,至245m为松软泥岩,这类地层在岩心钻探上均被认为是极复杂地层,钻井流体工作稍有不慎,不但会引发卡钻、埋钻等井内事故,还可能会因长井段坍塌导致钻井报废。一开至完钻历时53d,钻具在流沙层与松软泥岩层中裸眼提、下110回次,不仅从未发生过井内险情,且井径规整、极少沉淤,固井作业时井内注液量表明,井眼超径系数不到1.08。

二开井段总长1566m,上部为松软、水敏性泥岩与疏松、脆弱的砂岩、泥岩穿插,850～1500m含多段易掉块地层。在如此复杂的地层中,二开至完钻裸眼历时193d,钻具共提下295回次,从未发生水敏地层膨胀缩径导致钻具遇阻与卡钻。频繁掉块是最难防范与治理的井内复杂现象,该井段仅发生三次钻进中掉块蹩钻,其他妨碍正常工作的大量掉块均因粗径取心钻具提钻抽吸作用从井壁塌落,未造成任何井中险情。

该井采用的改性淀粉、植物胶和羧甲基纤维素钠防塌钻井流体技术起到了很好的防塌护壁效果,保证了整个工程顺利、安全地进行,同时节约了工程成本、缩短了工期。该井长裸眼钻进作业和完钻,一开由于井眼规整,节约了固井水泥浆费用。

此外,青海祁连山南缘木里地区天然气水合物矿区,高元宏等(2017)针对地层松散、破碎、应力较大,在钻进过程中极易发生孔壁失稳的现象,优化钻井流体配方,使用一种聚合物钻井流体。在选择优化配方后,305～360m松散段地层,每次钻进中岩屑浓度的上升幅度较优化前的配方大幅下降,采用优化后的钻井流体岩屑含量仅为优化前的10%,可见孔壁松散坍塌落物大幅减少。在此后的钻进中孔壁趋于稳定,埋钻现象消失。

陕北油田地层属于黄土层,胡祖彪等(2010)针对陕北油田黄土层钻井井漏问题,使用水基黄土层聚合物钻井流体,复配使用高分子聚合物及其他堵漏材料配制的钻井流体能有效封堵黄土层,旗XX井表层堵漏成功,显示了高分子聚合物与常用桥堵剂复配后对裂缝性漏失具有良好的封堵效果,能够成功堵漏且不再发生重复井漏。

玉皇1井是在川东地区玉皇庙构造上的第一口预探井,在川渝地区,由于低压地层和长短破碎带地层松散,导致井漏。张坤等(2004)针对这一问题,利用微泡沫钻井流体成功完成了玉皇1井的钻进,解决了地层漏失严重的问题。微泡钻井流体提高了地层的承压能力,且具有良好的抑制性、动态携砂能力和静态悬浮岩屑的能力,微泡沫钻井流体的其他各项参数都基本满足现场使用的技术要求。微泡沫钻井流体保护低渗透储层效果良好,满足了安全钻井的需要。

1.2.2 油基松散地层钻井流体

桩129-平10井是胜利油田在桩西滩海部署的一口大位移海油陆采井。姚良秀等

(2016)针对桩129-平10井在钻进施工过程中在大斜度井段需穿过油页岩破碎带地层,增加了这口井的施工难度的问题,使用油基破碎带钻井流体对松散地层钻进施工。该钻井流体所用的主要组分见表5.1.2。

表5.1.2 油基破碎带聚合物钻井流体的主要组分表

序号	组分名称	组分代号	加量范围,%	作用
1	主乳化剂	未明确代号	2.0~3.0	降低钻井流体表面张力
2	辅乳化剂	未明确代号	1.0~1.5	降低钻井流体表面张力
3	润湿剂	未明确代号	2.0~3.0	改善黏土颗粒润湿性
4	乳化封堵剂	未明确代号	2.0	提高钻井流体封堵能力
5	降失水剂	未明确代号	2.0~3.0	降低钻井流体的失水量
6	氧化沥青	未明确代号	1.0~2.0	降低钻井流体的失水量
7	碱度调节剂	未明确代号	2.0	调节钻井流体pH值

确保体系的乳化稳定性,保证钻进过程中具有较低的高温高压失水量,避免由于流体侵入导致的井壁失稳。针对油页岩极易井壁失稳难题,进一步提高钻井流体防塌能力,进入该井段前(预计3900m处)加大封堵剂含量,提高至3%。提高钻井流体密度1.5g/cm³。加强返砂观察,及时监测摩阻、扭矩变化,当发现返砂突然增多或摩阻/扭矩变大时,及时采取措施提高井壁稳定性,及时补充提切剂提高钻井流体的携岩性能。

该油基钻井流体具有较高的电稳定性,确保乳化体系稳定。使用的油基钻井流体具有优良的流变性及悬浮性能,能及时将钻屑带出井底,保证井眼通畅。具有低的失水量和良好的封堵性能,能够提高井壁稳定性。通过井眼轨道优化设计、油基钻井流体等技术应用成功解决了桩129-平10井客观存在破碎带的问题。

1.3 发展前景

松散地层钻井,核心问题是避免井壁的失稳、坍塌以及减少钻井流体漏失,微泡钻井流体的防漏、堵漏能力好,以一种新的、有效的、安全的"随钻堵漏"技术对松散地层进行钻进,将泡沫钻井流体与其他钻井流体交替使用,取长补短,协同增效,取得性能独到的钻井技术。

深井超深井中的松散地层对钻井流体要求更高,深井处的高温和高压环境对钻井流体抗温抗压性及稳定性都提出了更高的要求,加大对松散地层钻井流体承压能力、抗高温、抗盐能力的研究,推广其应用范围并提高其应用安全性。如开发抗温能力强、承压能力好的起泡剂、稳泡剂用于配制泡沫钻井流体,提高泡沫钻井流体的承压及抗温能力。

1.3.1 存在问题

影响微泡沫钻井流体稳定性的因素分内因和外因,内因主要有液膜的排液作用和气体透过液膜的扩散作用;外因主要有温度、压力和外界物质的侵入等。对于微泡沫而言,由于其与普通泡沫在微观结构上的差异,引起微泡沫破裂的主要因素是重力作用。液体因其自身的重力而下降,使液膜不断变薄,最终导致泡沫的破裂。因此,液膜的性质是影响微泡沫稳定性的主要因素。另外,当温度和压力等外界条件发生变化或受外力冲击、振动时,更会加速其破裂。

1.3.2 发展方向

微泡钻井流体作为欠平衡钻井技术的一种,凭借其独特的优势发挥越来越大的作用,并且开发出了可循环微泡沫技术、耐高温泡沫钻井流体、无固相微泡沫钻井流体和三相微泡沫钻井流体等技术。国内大庆油田、江汉油田和辽河油田等都对微泡沫技术进行了研发和应用。微泡沫的性质受起泡剂和稳定剂的影响较大,这两个方面的研究将会是未来微泡沫技术的重点。通过对新型微泡沫技术的研究和应用,今后要从泡沫机理研究、发泡剂的选择和配方实验研究三个方面开展微泡沫技术的研究。

第2章 水敏地层钻井流体

水敏地层（Water Sensitive Strata）是指含有较多的水敏性黏土矿物的地层，包括松散黏土层、各种泥岩、软页岩，有裂隙的硬页岩，黏土胶结及水溶矿物胶结的地层。水敏性地层在钻井逐步钻进的过程中，由于水基钻井流体的注入，会吸收钻井流体中的自由水，引起地层水化膨胀，发生井壁缩径，井壁易塌；同时，也会发生岩屑分散，造浆严重，使得钻井流体密度迅速提高，流变性能急剧恶化，钻进困难，极易造成孔内事故。水敏地层与储层水敏略有区别，储层水敏是一种伤害单井产层产量和经济效益的一种伤害类型。水敏性地层是地质钻探中常遇的主要不稳定地层之一。一般用于水敏地层的钻井流体，简称水敏地层钻井流体（Water Sensitivity Drilling Fluids）。

黏土遇水膨胀是水敏性地层井壁不稳定的主要原因之一（和冰，2008）。黏土水化膨胀是指黏土颗粒表面吸附水分子形成水化膜，黏土晶格层面间距增大，产生膨胀和分散的过程。水敏性地层容易发生水化膨胀，因此在水敏性地层钻进的过程可能会遇到水化膨胀所带来的一系列问题，如井壁稳定性问题、储层保护问题、钻井流体性能稳定性问题等。

（1）油基钻井流体（张文波，2010）或合成基钻井流体（岳前升等，2004；马东等，2008）可以有效解决水敏性地层稳定问题，主要应用在油气深井和深水油气井钻探，但兼顾成本、环保等方面困难。

（2）解决水敏性地层的水化作用引起的地层水化膨胀和分散，发生孔壁缩径，造成井壁不稳定的问题。

（3）水敏性地层会发生岩屑分散，造浆严重，使得钻井流体密度迅速提高，流变性能急剧恶化，极易造成孔内事故。

水敏性地层对钻井施工影响较大，造成严重井下事故。因此，在水敏性地层施工时，应从降低钻井流体失水量、提高冲洗液的抑制性能、控制岩屑分散、封堵毛细管通道、改善流变性能、良好的润滑性能以及控制钻井流体pH值着手。

（1）尽可能降低钻井流体的失水量；在井壁快速形成坚韧、致密的泥皮，避免大量自由水进入地层。

（2）提高冲洗液的抑制性能，在钻井流体中加入含有钾离子或铵离子的钻井流体处理剂，抑制渗透水化，以防止蒙皂石含量较高地层的水化膨胀。

（3）采用具有吸附交联作用的钻井流体处理剂，控制岩屑分散。

（4）封堵毛细管通道，防止或减少自由水进入黏土层理或微裂隙而引起黏土水化。

（5）良好的流变性能。在其他条件相同的情况下，钻井流体黏度低，有利于降低环空压力和防止钻杆内壁结垢（陶士先等，2007）。因此在保证钻井流体正常携带岩屑的前提下，尽可能保持低黏度。另外，在水敏性地层钻进中保持良好的流变性能（占样烈等，2010），可以降低黏附卡钻的风险。

（6）良好的润滑性能。除满足减摩降阻要求外，良好的润滑性能有助于保护钻具，提高钻具的使用寿命。

(7)控制钻井流体的pH值。pH值越高,越不利于孔壁的稳定。

2.1 开发依据

水敏性地层存在着很多的难点,如易引起地层水化膨胀和分散,发生孔壁缩径,造成井壁不稳定;又如水敏性地层会发生岩屑分散,造浆严重,使得钻井流体密度迅速提高,流变性能急剧恶化,极易造成孔内事故。因此在开发水敏性钻井流体时,钻井流体应具有良好的护壁性能、较低失水量、良好的抑制性能、良好的流变性能以及润滑性。

水敏性地层钻井流体的优选,要从安全、经济、环保三个大方面去考虑。安全指技术可行,如钻井流体的评价方法是否可行;经济指成本是否合算,且成本低的同时还要兼顾技术可行性和环保方向正确,因此根据水敏地层的难点与对策及开发原理,主要从三点解决水敏地层所遇到的问题。

(1)降失水剂的优选。在降低失水量的同时,缓慢增加黏度。护壁性能好,失水量低,能够形成薄而致密的滤饼。具有较强的抗伤害能力。

(2)抑制剂的优选。如选用钾离子和铵离子等无机盐抑制剂。

(3)封堵剂的优选。如高聚物的堵孔,沥青类物质形成油膜的封堵和分子链插入裂缝进行封堵等。

但对于某些水敏地层,常规水基钻井流体与储层发生物理化学作用,引起地层中黏土的水化膨胀和分散、岩石强度下降,导致井壁不稳定,使得油气层受到很大程度的伤害。因此,会使用油基钻井流体来代替水基钻井流体。

2.2 体系种类

目前,应用在水敏地层的钻井流体可以分为水基钻井流体和油基钻井流体,其中水基钻井流体可分为聚合物水基钻井流体、盐水基钻井流体和不分散低固相水基钻井流体;油基钻井流体包括油包水油基钻井流体和全油基钻井流体。

2.2.1 聚合物水基钻井流体

针对水敏性地层钻井难的问题,陶士先等(2012)采用具有淀粉和低分子聚合物产品优良特性的接枝淀粉共聚物为降失水剂,并优选抑制剂、防塌剂、润滑剂、包被剂和膨润土等钻井流体处理剂,研究设计了水敏性地层用接枝淀粉聚合物钻井流体配方。钻井流体主要组分见表5.2.1。

表5.2.1 聚合物水基钻井流体的主要组分表

序号	组分名称	组分代号	加量范围,%	作用
1	包被剂	GBJ	0.2	抑制泥页岩水化分散
2	接枝淀粉	未明确代号	0.5	降低钻井流体失水量

续表

序号	组分名称	组分代号	加量范围,%	作用
3	铵盐	未明确代号	1.0	降低钻井流体失水量
4	改性沥青	未明确代号	1.0	防止孔壁膨胀,稳定孔壁
5	润滑剂	GLUE	0.5~0.7	提高钻井流体润滑能力

使用接枝淀粉聚合物钻井流体共钻进5216m,该钻井流体的性能一般都保持在漏斗黏度22~30s,API失水4~8mL/30min,动塑比0.15~0.30Pa/(mPa·s),泥皮薄韧光滑,厚度小于0.2mm。没有出现过坍塌、掉块和缩径现象,进入强造浆地层,加入少量稀释剂,并配合固控设备的使用,钻井流体仍维持良好的性能。

在水敏性地层钻探中,钻井流体应具有良好的护壁性能、较低失水量和良好的抑制性能、良好的流变性能以及润滑性。该钻井流体在水敏性地层钻探中取得了好的护壁效果,钻进效率高,钻井流体配制简单、便于维护。

此外,王政敏(2001)针对河南省栾川县狮子庙金矿区白垩系泥岩层吸水膨胀问题和朱罗系水敏性地层易坍塌、掉块、缩径的问题,提出了一种高分子聚合物钻井流体,高分子材料在助剂交联作用下,在井壁形成一层比较坚韧的不可逆的薄膜,由于该膜的强胶结性、不脱落和致密不透水性,对孔壁上松软水敏的岩石和松散、破碎的岩石都有极强的胶结保护作用,解决了水敏性地层井壁稳定性问题。

又如代国忠等(2010)针对水敏性地层井壁稳定性的问题,通过正交实验优选出聚合物型无固相钻井流体主剂与交联剂组分,确定了合理的配制工艺。能起到下套管的固壁作用;具有良好的絮凝钻屑聚沉的能力,维持体系无固相,且降低了失水量,特别是对松散砂、风化碎石层及水敏性地层的胶结能力强。

再如针对水敏性地层,研究了新型抑制性钻井流体,即甲基葡萄糖甙钻井流体。甲基葡萄糖甙分子结构上同时具有亲水基团和亲油基团,除了具有热稳定性好、无环境污染等特点外,还可在井壁上形成一层半透膜,使甲基葡萄糖甙体系的钻井流体具有类似油基钻井流体的特点。优选出的甲基葡萄糖甙钻井流体流变性及失水性良好并具有较强的抗温性,适用于水敏性地层钻井。

2.2.2 盐水基钻井流体

盐水基钻井流体主要包含无机盐、有机盐以及正电胶钻井流体,盐水基钻井流体可以有效解决黏土水化问题,抑制钻屑分散以及保护井壁稳定。在水敏性地层得到了有效的应用。

正电胶钻井流体中带有永久正电荷,能与黏土表面的负电荷中和,靠静电作用形成空间连续结构,抑制黏土的水化分散,同时其吸附在钻屑和井壁上,阻止亚微米颗粒侵入储层,起到了稳定井壁、抑制钻屑分散和保护储层的作用。刘贵传等(2000)针对带负电分散体系的水基钻井流体在保证自身稳定的同时不能保证井壁稳定的问题,无法在水敏性地层应用,使用了正电胶钻井流体。盐水基钻井流体主要组分见表5.2.2。

表 5.2.2　盐水基钻井流体的主要组分表

序号	组分名称	组分代号	加量范围,%	作用
1	正电溶胶	MMH	无明确范围	与黏土颗粒形成了稳定的复合体
2	降失水剂	LP_1	无明确范围	降低钻井流体失水量
3	稀释剂	LP_2	无明确范围	稀释钻井流体

加强固控,保证除砂。维护处理以正电溶胶、降失水剂为主,根据流变性变化及钻屑返出情况控制正电溶胶的干基含量达 0.3%~0.6%,如黏切上升,以浓度 10% 的水解聚丙烯腈铵盐降黏;3000m 后的深井阶段加入磺甲基酚醛树脂 3t,磺化褐煤 1~2t,转化成正电胶磺化钻井流体,并加大正电溶胶用量;完钻前 100m 停用正电溶胶,逐步加大稀释剂及磺化褐煤用量,降低钻井流体结构力,以保证钻井作业顺利进行。

自 1991 年至 1996 年底,胜利油田临盘地区用正电胶钻井流体钻井近 300 口。该地区通过三个阶段的应用,使 MMH 钻井流体技术不断完善,其使用效果显著提高,能够有效解决水敏地层黏土水化膨胀等问题。据临盘地区近 300 口井统计,处理复杂事故时效降低 48.7%,平均机械钻速提高 25%,电测一次成功率达到 91.6%,较以往电测一次成功率提高 6.57%,固井优质率提高 40%,原油产量提高 5%~10%。

SZ-2 钻孔位于彰县殪虎桥铁沟村,钻遇地层为碳质泥岩,碳质泥岩易水化膨胀,属于水敏性地层。使用一种以无机盐为主要处理剂的硅酸盐钻井流体,通过增加滤液黏度,降低页岩的渗透率,用有效渗透压力产生的反向流动抵消因压差产生的滤液侵入等途径均可以减少滤液侵入,从而有利于井壁稳定。该钻井流体具有良好的泥页岩抑制性,再加上氯化钾的协同作用,抑制效果明显,总体起到了很好的防塌抑制目的,适合水敏性地层使用(刘选朋等,2010)。

2.2.3　不分散低固相水基钻井流体

平山湖矿区第四系主要为砂砾层,古近系—新近系为粗砂岩夹杂泥岩、页岩,属于水敏性地层。针对平山湖水敏性地层的问题,蔡晓文等(2010)采用以聚合物为主要添加剂的不分散低固相水基钻井流体。不分散低固相水基钻井流体主要组分见表 5.2.3。

表 5.2.3　不分散低固相水基钻井流体的主要组分表

序号	组分名称	组分代号	加量范围,%	作用
1	低黏增效粉	LBM	1.50	降低钻井流体失水量
2	聚丙烯酰胺	PHP	0.05	包裹岩屑,使岩屑不易分散到钻井流体
3	包被剂	未明确代号	0.30	抑制泥页岩水化分散
4	降失水剂	未明确代号	2.00	降低钻井流体失水量

由于现场没用振动筛和除砂器等固控设备,所以需要组织工人及时清理沉淀坑中的岩粉。在钻井流体循环使用中,需要经常测试钻井流体性能,均匀补充聚合物胶液,维持钻井流体的优良性能。在孔深 600m 后,为了保证钻井流体的携岩能力,根据具体情况可以加入

适量生物聚合物或羧甲基纤维素。

不分散低固相水基钻井流体能够有效地抑制黏土造浆及泥页岩水化膨胀。钻探施工时钻井流体造浆严重,孔壁坍塌掉块现象经常发生,井径扩大率高。903号孔在孔深800~1200m井段试用了该体系,取得了一定效果。随后在909号、908号和901号孔等孔推广使用,采用该体系共完成钻探工作量3800m,现场应用表明,该体系解决了地层造浆问题,不需要排浆,钻井流体成本大大降低,使用该体系效果明显。不分散低固相钻井流体具有很好的流变性能和抑制性能,实践证明,该体系能够满足该地区钻探施工的需要。

2.2.4 油包水油基钻井流体

柯克亚8001井在塔里木油田柯克亚油田,储层为强亲水性岩石并且水敏性强,水基钻井流体与储层发生物理化学作用引起地层中黏土的水化膨胀和分散、强度下降,不仅导致井壁不稳定而且使得油气层受到很大的伤害。何斌等(2009)针对这一问题,研制了一种油包水油基钻井流体,可以形成理想的半透膜,通过控制钻井流体的水活度就可以阻止钻井流体中水侵入储层岩石中,从而阻止水化膨胀。油包水油基钻井流体主要组分见表5.2.4。

表5.2.4 油包水油基钻井流体的主要组分表

序号	组分名称	组分代号	加量范围,%	作用
1	降失水剂	未明确代号	3.0	降低钻井流体失水量
2	主乳化剂	未明确代号	无明确范围	降低钻井流体表面张力
3	辅乳化剂	未明确代号	无明确范围	降低钻井流体表面张力
4	润湿剂	未明确代号	3.0	降低钻井流体表面张力
5	生石灰粉	未明确代号	2.0	提高钻井流体密度

(1)油相及水相配制。根据泥浆罐配制钻井流体油水总体积量按配方计算柴油以及其他处理剂的加量,将柴油打入泥浆罐中,打开搅拌器进行搅拌,按比例按顺序添加胶体结构剂、辅助乳化剂、主乳化剂、润湿剂、增黏剂、降失水剂和生石灰等化学处理剂,每种处理剂添加速度控制在2~3袋/min,每种物料加完后搅拌0.5~1h,生石灰加完后搅拌2h。水相配制则是根据钻井流体量计算20%氯化钙水溶液所需水和氯化钙用量,将水打入泥浆罐,打开搅拌器进行搅拌,加入氯化钙,搅拌均匀。

(2)油水混合。按油水比例,将氯化钙溶液用泥浆枪打入油相体系中,利用泥浆枪的高速喷射,将水剪切成细小的分子,促进油水乳化,并随时观察检测体系性能,待形成稳定的乳化体系后,进行钻井流体加重处理。

(3)加重。根据钻井要求钻井流体密度,计算重晶石粉加量,加重过程中严格控制重晶石添加速度,要求2袋/min,直到体系密度达到钻井要求为止。

所研究的油基钻井流体具有强的抑制能力,高的固相容量限,能够满足大套活性泥页岩地层的钻井作业要求,具有良好的抗侵害能力和储层保护能力。实验结果表明,该油基钻井流体具有良好的流变性能、抗侵害能力、电稳定性以及强的抑制能力。能够满足大段泥页岩等水敏性地层的钻井要求,具有广阔的应用前景。

2.2.5 全油基钻井流体

雷家地区自上而下为馆陶组、东营组、沙河街组。沙河街组易发生井塌,主要岩性为泥岩、碳酸盐岩互层,以泥岩为主,属于水敏性地层。目的层泥页岩钻遇率高,钻井流体抑制性差,导致泥岩水化分散膨胀,致使井壁失稳。孙云超(2017)针对雷家地区地质情况,利用自主研发的处理剂形成了全油基钻井流体。全油基钻井流体主要组分见表5.2.5。

表 5.2.5　全油基钻井流体的主要组分表

序号	组分名称	组分代号	加量范围,%	作用
1	有机土激活剂	未明确代号	0.3	改善有机土配浆能力
2	降失水剂	未明确代号	2.0	降低钻井流体失水量
3	氧化钙	未明确代号	0.5	增加钻井流体密度
4	增黏提切剂	未明确代号	0.1	改善钻井流体流变性
5	润湿剂	未明确代号	1.0	降低钻井流体表面张力
6	封堵剂	未明确代号	1.5	提高钻井流体封堵能力

钻井施工中,钻水泥塞至1838m后,替入密度为1.33g/cm³的全油基钻井流体,下钻顺利到底,未出现开泵泵压异常及井底重晶石沉淀现象。随着井深的增加,全油基钻井流体流变性性能稳定,失水量稳定在2mL左右,整个井段平均井径扩大率仅为6.25%,无掉块、垮塌现象发生。表明全油基钻井流体能够保持碳酸盐岩、油页岩地层井壁稳定,满足钻井流体施工要求。该全油基钻井流体具有良好的抑制性、封堵性能及对岩石强度有较好的保持能力,在高28井应用过程中流变性能稳定、失水量低,未发生井壁失稳现象。

2.3 发展前景

从机理出发研究地层的蠕变及其与钻井流体间的相互作用是有必要的,用实验和物理、化学分析方法了解和掌握各种常用及特种钻井流体材料和配方的作用机理也是符合实际地找出优选配方的关键,对于最终确保勘探及工程施工优质、顺利、安全、高效、低廉地完成有着重要的意义,并对进一步提高施工工艺及设备水平提供依据,达到最大限度地提高钻进效率,节约成本,科学优化利用资源的目的。

国内外对于水敏性泥页岩和松散性砂岩地层的研究始终都没有间断过,早在20世纪20年代,曾使用原油作为钻井流体,以避免和减少钻井中各种复杂情况的发生。在当时起到了防塌、防卡和保护油气层的作用,但也存在着切力小、难以悬浮重晶石、失水量大、流变性不易控制以及原油中的易挥发组分易着火等缺点。于是,后来逐渐发展成以柴油为连续相的两种油基钻井流体,全油基钻井流体和油包水乳化钻井流体,然后又经历了低胶质油包水乳化钻井流体和低毒油包水乳化钻井流体等阶段。油基钻井流体的出现又给水敏性和分散性地层钻井流体新的发展空间,水相含量的降低有效地抑制了地层的水化和分散。

2.3.1 存在问题

国内外对水敏性和松散性地层井壁稳定的研究已经非常深入透彻,且在一定领域内已经实现了应用性,针对该类地层所研制的各种钻井流体也已经得到广泛的应用。但就大范围而言,水敏性地层通常与松散性地层同时存在,且相互胶结,因此对这种复合型地层的研究还有待深入。而针对该类复杂地层的钻井流体技术研究也应该在除石油和油气井领域外的各类工程中普遍展开并最终得到应用。

(1)水敏性地层通常与松散性地层同时存在,现今对于复杂地层的研究多侧重于泥页岩水敏性地层,对于砂岩等松散性地层的研究及两种地层同时存在的复杂性地层的研究非常有限。

(2)油基钻井流体是对付水敏性地层稳定性的有效钻井流体,但由于油基钻井流体成本过高且多用于石油勘探中,对于煤田及其他矿产勘探及工程施工来说显得非常昂贵。因此,对性价比高的水基钻井流体的研究显得尤为重要。油基钻井流体、合成基钻井流体、有机盐钻井流体等成本很高,尤其是还受到易发生井漏或严重井漏的影响,加之环保方面的严格要求,制约了其推广应用,但是在深井和超深井可以选择使用,综合成本有时低于水基钻井流体。

(3)在钻井流体材料方面,目前石油勘探中常用的硅酸盐属于封堵型防塌材料,通过封堵近井壁岩层的孔隙及微裂缝来防止钻井流体向地层内过度漏失,从而维持井眼的强度和稳定,这使得其在很多胶结性良好的地层中无法发挥作用。因此,开发新的钻井流体材料和多作用机理的新型钻井流体问题仍需继续研究。

(4)像硅酸盐钻井流体、甲基葡萄糖苷等钻井流体不适用于超深井。

(5)以聚胺为主要处理剂的新型防塌水基钻井流体,成本较低,抑制性强,环境友好,是目前大规模推广应用的新型钻井流体之一。

(6)钻井流体的使用与维护缺乏科学指导。国内绝大多数施工单位普遍缺乏正确使用钻井流体的意识,导致施工时经常发生垮孔、缩径、埋钻、卡钻、泥包等孔内问题。不仅影响钻探效率,还影响经济收益。

(7)作为应用型技术,实用、简易的钻井流体性能测试实验器具研制仍有待深入研究。

2.3.2 发展方向

井壁失稳主要发生在泥页岩、砂岩、砂泥岩层段,包括脆性泥页岩井壁的坍塌剥落,塑性泥页岩层的缩径,砂岩地层的漏失等。从本质来说,井壁失稳是岩石力学与钻井流体化学共同作用的结果。因此,井壁稳定问题的研究方向始终会朝着力学与化学耦合的方向发展。纯理论研究方法、实验研究方法、模拟耦合研究方法等共同结合是未来研究水敏性和松散性地层稳定性的主要手段和关键技术。在井壁稳定力学研究的基础上,钻井流体材料及机理的研究亦是探寻井壁稳定方法的关键。此外,施工工艺的改进也是解决井壁稳定问题的又一关键因素(张晓静,2007)。

第3章　水溶地层钻井流体

　　水溶性地层(Water Soluble Formation)又称溶蚀性地层,是指遇水溶解的地层。这类地层中主要含有可溶性碱或可溶性盐组成的矿体,如天然碱、岩盐、芒硝钾盐及光卤石等。水溶性地层遇到钻井流体中的水,就会造成井壁矿体溶解,使钻井井壁溶蚀掉,其结果经常导致井眼超径、垮塌。水溶性地层钻井流体(Water Soluble Formation Drilling Fluid)是指用于水溶性地层钻进的钻井流体。

　　在水溶性地层钻进经常会遇到矿体溶解、钻井流体侵害、可溶性矿体吸水、盐重结晶以及井下钻具腐蚀等问题。

　　(1)矿体遇水溶解,导致钻孔扩径,岩心采取率低。

　　(2)侵害钻井流体。盐是电解质,会引起钻井流体中的固相絮凝、切力降低和失水量增大,从而导致钻井流体固液分离,岩屑携带困难,孔壁泥皮增厚。

　　(3)埋藏较深的可溶性矿体不含结晶水,地层被钻开后迅速吸水导致钻孔缩径;深度较深时,盐矿体可能由于塑性蠕变导致钻孔缩径。

　　(4)钻井流体中含盐量达到饱和时,由于温差作用会有盐重结晶现象,影响绳钻岩心管打捞。

　　(5)通常与黏土层交替出现,水敏性地层存在的问题在此同样存在。

　　(6)大部分可溶性盐对钻具有腐蚀性,影响钻具使用寿命。

　　由于水溶性地层对钻井作业带来了很多难题,所以在钻遇水溶性地层时需要采取适当的应对措施来避免或减少水溶性地层带来的负面影响,主要有选择饱和盐水钻井流体、添加抗盐处理剂、添加抑制剂、添加缓蚀剂以及控制钻孔直径等方法。

　　(1)可溶性盐的溶解是由于钻井流体中的盐未达到饱和造成的,因此使钻井流体中的盐达到饱和或通过其他手段降低盐的溶解度(或溶解速度),抑制地层中可溶性盐的溶解。通常情况下,采用与地层中所含盐矿体相同的盐来配制饱和盐水钻井流体;若地层中存在多种盐,一般选用溶解度高的盐配制饱和盐水钻井流体。

　　(2)配制盐水钻井流体需要用抗盐钻井流体处理剂。

　　(3)为控制钻井流体的抑制性能,非钾盐矿勘探时可添加4%~6%的氯化钾代替部分配浆用的其他盐。

　　(4)可通过欠饱和(或加入盐重结晶抑制剂),抑制盐的重结晶。

　　(5)加入缓蚀剂,预防和减缓钻具腐蚀。

　　(6)在保证取心率的前提下,可采用欠饱和钻井流体控制钻孔直径,使孔壁盐矿体少量溶解以抵消由于盐矿层吸水或塑性变形引起的孔壁缩径。

3.1 开发依据

对付水溶性地层,主要从两方面入手解决:一是降失水,水溶性地层遇到钻井流体中的自由水,会溶解井壁矿体,造成井下事故如垮塌等。因此需要在钻井流体中加入降失水剂,降低水溶地层钻井流体的失水量,防止井壁矿体被钻井流体溶解。二是降低钻井流体对地层的溶蚀性。在钻井流体中加入与地层被溶物相同的物质,使溶解度趋于饱和,就是常用的治理溶蚀的方法。例如在盐岩中钻进,采用盐水作为钻井流体,防塌效果良好。盐水钻井流体是黏土悬浮液中盐类含量大于1%,或用咸水或海水配制的钻井流体,它是靠盐类的含量较大而促使黏土颗粒适度聚结并用有机保护胶维持此适度聚结的稳定粗分散钻井流体。依含盐量的高低,分为盐水钻井流体、海水钻井流体和饱和盐水钻井流体。盐水钻井流体的黏度低,切力小,流动性好,抗盐侵,抑制盐岩地层的溶解,抗黏土侵的能力强,抑制泥页岩水化膨胀、坍塌和剥落的效果好。

钻井流体应该不改变或较少改变油气层渗透性、孔隙度和润湿性,并且能有效抑制储层中黏土的水化膨胀和微粒的分散运移,以及尽可能地与油气层岩石和流体相兼容。

(1)预防漏失。在钻井流体中加入降失水剂,减少钻井流体失水量,防止水溶地层遇水溶解。

(2)防止盐岩溶解。提高钻井流体中盐类溶解度或加入抑制剂,防止盐类矿体溶解,增加钻井流体抑制能力。

(3)防止井下钻具腐蚀。水溶性地层通常含有大量可溶性盐,钻具易被腐蚀。钻井流体中加入缓蚀剂,防止井下钻具被腐蚀。

3.2 体系种类

通常在水溶性地层中使用的钻井流体主要分为无固相有机盐水溶地层钻井流体和低固相水溶地层钻井流体。

3.2.1 无固相有机盐水溶地层钻井流体

埕北30潜山油藏古生界碳酸盐岩和太古界花岗片麻岩储集空间以构造裂缝、水溶性孔洞为主,唐代绪等(2003)结合埕北30潜山油藏的地层特征,研究设计适合埕北30潜山油藏的无固相有机盐钻井流体。无固相有机盐水溶地层钻井流体的主要组分见表5.3.1。

表5.3.1 无固相有机盐水溶地层钻井流体的主要组分表

序号	组分名称	组分代号	加量范围,%	作用
1	抗高温增黏剂	YHS-1	3.0	提高钻井流体的黏度
2	降失水剂	SR-1	2.0	降低钻井流体的失水量
3	耐盐抗高温处理剂	PVPKA120	3.0	提高钻井流体在高温条件下的稳定性

当出现井涌时,加入甲酸钠。由于室内优选的抗高温无固相钻井流体中有机盐为国际上进口产品,为了完善和提高抗盐抗高温无固相钻井流体的性能,研制了适合该体系的处理剂抗高温增黏剂和耐盐抗高温处理剂,并重新调整了无固相钻井流体配方。

埕北 30B-1 井在 3502~3913m 井段应用无固相有机盐钻井流体钻进,密度为 1.10g/cm³ 时仍平衡不了地层压力,发生井涌,最后用密度为 1.17g/cm³ 的无固相钻井流体完钻,中途裸眼测试,用 ϕ8mm 的油嘴放喷求产,日产原油 169.2m³、天然气 14686m³。该井钻至太古界片麻岩段时,发现良好油气显示。海水抗高温无固相钻井流体在埕北 30B-1 井成功地进行了应用。

3.2.2 低固相水溶地层钻井流体

泌阳凹陷安棚碱矿钻探过程中常钻遇芒硝、碱岩和石膏地层,属于水溶性地层,常规钻井流体无法满足安全钻井要求,为此郑永超等(2016)研制了抗盐抗高温低固相钻井流体。抗盐抗高温低固相水溶地层钻井流体的主要组分作用见表 5.3.2。

表 5.3.2 抗盐抗高温低固相水溶地层钻井流体的主要组分表

序号	组分名称	组分代号	加量范围,%	作用
1	土浆	未明确代号	4.0	提高流体的密度
2	包被剂	PAC141	0.5	抑制泥页岩水化膨胀
3	降失水剂	RHTP-1	1.0	降低钻井流体的失水量
4	降黏剂	XY-27	0.2	降低钻井流体黏度
5	封堵沥青粉	SFT120	3.0	提高钻井流体封堵能力
6	极压润滑剂	未明确代号	2.0~3.0	增加钻井流体润滑性能
7	固体润滑剂	RT-1	2.0	增加钻井流体润滑性能
8	防塌润滑剂	CY-1	1.0	增加钻井流体润滑性能

泌阳凹陷安棚 HV027-8 井二开进入芒硝层前,充分使用固控设备,除去无用固相;将配制好的 0.5%~0.8% PAC141 胶液加入钻井流体中,利用大分子聚合物增强抑制能力,加入适量降失水剂 RHTP-1;钻至膏岩层时,适当提高相对密度;进入芒硝层前,为防止缩径,将密度提高到 1.25g/cm³ 以上,并在钻开芒硝层前,将体系转换成抗盐抗高温钻井流体,芒硝层出水量较大时,改用地面大土池循环,同时回收多余芒硝水。考虑到油基钻井流体主要成分是乳化剂、沥青、白油、氯化钙水溶液,在进入水平段前,向井中加入 2%~5% 油基钻井流体,以增强钻井流体的润滑能力

HV27-8 井二开和三开采用抗盐抗高温钻井流体,钻井流体性能稳定,全井无事故,起下钻、取心顺利,最终成功将 VT012-8 和 VT013-8 碱井连通,同时钻井流体成本降低了 1/3 或 33%。

此外,在水溶性地层钻探施工时,普遍存在孔壁膨胀缩径、坍塌掉块、地层溶解等现象,严重制约了钻探施工效率和取心质量。付帆等自主研发了由多功能剂(MBM)等配制的系列盐水钻井流体,简称为多功能剂盐水低固相钻井流体。在老挝万象市巴根县钾盐钻探目

标层主要存在石盐岩、光卤石、石膏、岩盐等,采用多功能剂二盐钻井流体较好地解决了盐矿心溶蚀问题(付帆等,2015)。

3.3 发展前景

在未来的油气田开发中,钻遇地层将越来越复杂,对钻井流体的要求也越来越高,加上已有的传统钻井流体存在的一些缺点,现有的低固相钻井流体技术也将不能满足未来钻井工程的要求。因此,目前低固相钻井流体主要朝着阳离子、不分散、抗高温及聚合物等方向发展,以满足不断出现的复杂地层条件。当然,低固相钻井流体也要符合环保的要求。因此低固相钻井流体具有很好的发展前景。

3.3.1 存在问题

水溶性地层一般使用无固相或者低固相钻井流体,对钻井流体的固相含量的控制尤为重要。

(1)为了将低固相钻井流体中的固相含量控制在一定的比例范围内,必须在现场施工中,充分利用固控设备控制固相含量,选用适当的振动筛筛布,离心机保证能24h运转,含砂量控制在一定范围以下。

(2)由于钻井流体在携砂循环的过程中,会有一些非有用固相或者有害固相混入其中,因此,在地面的循环池中应进行充分的沉淀,必要时可以采取去其他措施去除有害固相。

3.3.2 发展方向

多年来,石油钻井使用的钻井流体主要是含阴离子型有机处理剂的黏土在水中的负电分散体系。带有很强负电基团的阴离子型钻井流体分散剂或稳定剂是靠增大黏土颗粒的负电动电位和强化负电颗粒的水化效应来使钻井流体稳定。因此,这种处理剂必然会增大带负电的泥页岩及地层中各种膨胀性黏土矿物的负电动电位和强化其水化效应,使其水化膨胀与分散,给井壁稳定和油气层保护带来一系列的问题。为了解决负电分散体系钻井流体存在的分散性强而抑制性较差的缺点,近年来国内外开始研究出了阳离子、不分散钻井流体。目前,低固相钻井流体也在朝着这个方向发展,朝着低固相、阳离子、不分散的方向发展。

另外,目前努力把钻井流体处理剂纳米化,其主要出发点是:钻井流体材料颗粒的细化,必然使其比表面积增大,这样就大大增加了它与其他物质发生吸附反应的机会和程度。实际上,这只是利用了纳米材料四大效应中的一大效应,显然,真正纳米钻井流体材料的性能表现还不仅限于此。因此,将低固相钻井流体处理剂纳米化是目前最新的一个研究方向。

第4章 坚硬地层钻井流体

硬度,物理学专业术语,材料局部抵抗硬物压入其表面的能力称为硬度。固体对外界物体入侵的局部抵抗能力,是比较各种材料软硬的指标。由于规定了不同的测试方法,所以有不同的硬度标准。各种硬度标准的力学含义不同,相互不能直接换算,但可通过试验加以对比。

一类是划痕硬度,主要用于比较不同矿物的软硬程度,方法是选一根一端硬另一端软的棒,将被测材料沿棒划过,根据出现划痕的位置确定被测材料的软硬。定性地说,硬物体划出的划痕长,软物体划出的划痕短。

二类是压入硬度,主要用于金属材料,方法是用一定的载荷将规定的压力压入被测材料,以材料表面局部塑性变形的大小比较被测材料的软硬。由于压头、载荷以及载荷持续时间的不同,压入硬度有多种,主要是布氏硬度、洛氏硬度、维氏硬度和显微硬度等。

三类是回跳硬度也称为肖氏硬度,主要用于金属材料,原理是将一特制的小锤从一定高度自由下落冲击被测材料的试样。通过小锤的回跳高度测定,确定材料的硬度。

人们在长期的实践中认识到,有些岩石容易破碎,另一些则难于破碎。难于破碎的岩石一般也难于凿岩,难于爆破,则它们的硬度也比较大,概括地说就是比较坚固。因此,人们就用岩石的坚固性这个概念来表示岩石在破碎时的难易程度。坚固性的大小用坚固性系数来表示,又叫硬度系数,也叫普氏硬度系数。坚固性系数是岩石标准试样的单向极限抗压强度值除以100。通常用的普氏岩石分级法根据坚固性系数对岩石分级。

极坚固岩石,坚固性系数为15~20,如坚固的花岗岩、石灰岩、石英岩等;坚硬岩石,坚固性系数为8~10,如不坚固的花岗岩,坚固的砂岩等;中等坚固岩石,坚固性系数为4~6,如普通砂岩、铁矿等;不坚固岩石,坚固性系数为0.8~3,如土类。进一步细分为最坚固的岩石、非常坚固的岩石、坚固岩石、比较坚固的岩石、中等坚固的岩石、比较软的岩石、软岩石、土状岩石、松散岩石、沙流层等10级坚固程度,普氏硬度系数分别为20~52,15~19,8~14,5~7,3~4,1.54~2,0.8~1.0,0.6,0.5和0.1~0.3等。

矿岩的坚固性也是一种抵抗外力的性质,但它与矿岩的强度却是两种不同的概念。强度是指矿岩抵抗压缩、拉伸、弯曲及剪切等单向作用的性能。坚固性所抵抗的外力却是一种综合的外力,如抵抗锹、镐、机械碎破以及炸药的综合作用力。

坚硬地层(Hard Formation)是指结构致密硬度较高的岩石地层。坚硬地层可分为两大类:强研磨性硬地层和弱研磨性硬地层。强研磨性硬地层主要是硅质胶结的石英砂岩、长石砂岩。弱研磨性硬地层主要包括硬泥岩、含燧石结核亮晶灰岩、高抗压白云岩等。坚硬地层钻井流体(Hard Formation Drilling Fluids)是指应用于坚硬地层的钻井流体。

随着中国浅层油气资源的衰竭,目前,陆上勘探开发的重要工作已从浅层资源转为在深部硬地层以及复杂地质条件下寻求油气发现。不仅深井存在硬地层钻井,而且在中国油气开发重点的西部地区,在浅层井段就存在硬度很高的岩层,该地区最为突出的就是钻进坚硬老地层。在钻井过程中,井深越深,地层硬度越高,钻井难度随之呈指数形式增加,提高钻进坚硬地层的速度已成为普遍关注的钻井难题之一。

目前,国家的各个油田在深井、超深井以及硬地层钻进中都遇到了很多难题,例如钻井速度慢、钻井周期长、钻具寿命短、钻井成本高等一系列问题,这些问题直接制约着钻井的整体效益,因此研究可以高速高效钻进深井坚硬岩层的新钻井方法,以及开发适合在坚硬地层使用的钻井流体势在必行。

4.1 开发依据

目前,坚硬地层岩石坚硬致密,可钻性差,通常会遇到钻井速度慢、钻井时间长以及钻头被磨损等问题,导致井下钻具寿命降低。因此开发适用于坚硬地层的钻井流体会提升坚硬岩层钻进效率和钻进寿命,具有实际意义。

(1)气体型钻井流体技术是对于坚硬难钻地层、地层倾角大的地层和严重漏失地层的一种行之有效的钻井技术,被公认是缩短钻井周期、降低钻井成本和解放油气层的一种实用技术。目前,国际上已成功采用气体型流体为循环介质来解决易漏、钻井速度低的钻井技术难题。美国和加拿大应用这方面技术比较普遍,它们用氮气、空气和天然气等轻质流体为循环介质,成功地解决了地层漏失特别严重、地层比较坚硬以及地层渗透率特别低的区块的钻井问题,其设备趋于完善,技术趋于成熟。

(2)在坚硬地层中,大多数采用空气泡沫钻井流体,解决大井眼段的井壁失稳是重点,特别是上部地层出水引起井壁不稳定。所以选用的泡沫钻井流体必须具有良好的抑制性,又有较好的携水性能,使钻井过程中出来的水能尽快带出地面,减少地层水对地层的浸泡时间,有利于井壁的稳定。

(3)对于深井坚硬地层,会出现机械钻速慢、层理裂隙发育、易发生剥落掉块和坍塌等情况,因此对钻井流体悬浮、携屑能力要求较高;随井深逐渐增加,摩阻增大,对钻井流体润滑性要求较高。

4.2 体系种类

目前,国内外应用于坚硬地层的钻井流体主要有气体型钻井流体、泡沫钻井流体以及低固相盐水聚磺钻井流体。

4.2.1 气体型钻井流体

川东北通南巴地区地层古老,岩石中富含硅质,研磨性强岩石的不均质性、强研磨性和多变性,钻进中蹩跳严重,大大地影响了钻头的使用效果,降低了机械钻速。陶冶等针对川东北地区坚硬地层,使用空气钻井流体,空气钻井流体主要使用空气进行钻进(陶冶等,2006)。

(1)根据所钻井眼尺寸,准备好足够数量的空气压缩机、增压机,以确保能提供满足空气钻井要求的足够空气量,同时准备好雾化泵、化学药剂注入泵,在井下出水时,空气钻井不能满足要求的情况下,及时转化成雾化或泡沫钻井。

(2)入井钻具必须安装两只以上钻具止回阀,一只接在钻头上,另一只接在井口附近的钻柱上。在有条件的井队,还应在钻铤与钻杆之间装一只井下防火阀。同时,在空气钻井时,每钻进50~100m应在钻具上加接一只钻具止回阀。

(3)空气钻进期间,应注意立管压力及井下情况,发现立压突然升高、扭矩变化、憋跳严重、上提钻具遇卡等井下异常现象时,应立即停钻,活动钻具,循环观察,并及时处理。

(4)空气钻进过程中,若发现地层出水,应立即停钻,加大空气排量循环观察。若出水量较小,则降低机械钻速钻进观察,确认空气钻进安全后,摸索出合理的钻进参数继续钻进。若出水量较大,空气钻进难以确保正常钻进和井下安全时,应立即转化为其他(雾滴、泡沫或充气)气体型流体钻进。

(5)接单根或起钻前必须充分循环洗井,确认排岩管线返出的钻屑量明显降低后,方可停止向井下注气。

河坝2井位于四川省通江县境内,该井用φ316.5mm钻头在二开井段,井深600.00~1273.57m实施空气钻井。二开开钻前,先进行了空气钻井前的替浆,河坝2井替浆的气量为50m³/min,干燥井眼的气量为130m³/min。替浆至排沙管线出口无液体及水雾返出,试钻有粉尘返出后,打开降尘装置,转入空气钻井的试钻钻井过程,采取合理工艺技术措施,包括每钻300m测斜一次,钻压从40kN开始,后调整至60kN,不超过80kN。井斜控制在1°左右。此时机械钻速控制在10~12m/h之间,达到了快速钻井的目的。

当钻至井深1259.80m,无任何岩屑上返,停止钻进循环观察,取样口(捞砂口)开始出现水滴,然后排砂口处出现细柱状(铅笔粗)水流,持续不断。随后开启所有空气设备,以150m³/min最大气体排量循环尝试干燥井眼。但未建立正常的空气钻井循环方式。

4.2.2 泡沫钻井流体

隆盛1井是中国石油化工集团勘探南方分公司部署在重庆地区川东弧形高陡褶皱带隆盛潜伏构造高点的一口重点预探井,由于上部地层可钻性差,研磨性强,地层古老,岩石坚硬,机械钻速较慢。为了提高机械钻速,采用了空气钻井,空气钻井只钻了39.70m,但因地层出水无法继续进行空气钻井。覃家钦等(2012)使用空气泡沫钻井流体,解决了地层出水和坚硬地层机械钻速慢的问题。空气泡沫钻井流体的主要组分见表5.4.1。

表5.4.1 空气泡沫钻井流体的主要组分表

序号	组分名称	组分代号	加量范围,%	作用
1	发泡剂	未明确代号	1.0~2.0	使钻井流体产生泡沫
2	井壁稳定保护剂	未明确代号	1.0~2.0	提高钻井流体稳定井壁能力
3	抑制剂	未明确代号	1.0~2.0	抑制泥页岩水化膨胀

(1)若地层出水,首先将空气钻井流程转化为雾滴泡沫钻井流程。

(2)按雾滴泡沫钻井施工参数进行,待泡沫循环正常,试钻进1~2m,显示正常后进行钻进。

(3)根据钻进返砂情况,返出的泡沫情况、泵压及扭矩情况及时调整充气参数,满足携岩要求,保证正常钻进。

(4)每天测定地层的出水量,根据地层出水量大小及时补充泡沫剂和井壁稳定保护剂,以保证泡沫浓度能及时将地层出水带离井筒,以利于井壁稳定。

(5)测斜或起钻前充分循环,见排砂口岩屑明显减少,井下正常后方可测斜或起钻。

空气泡沫钻井流体解决了地层出水问题,保证了大井眼的井壁稳定。隆盛 1 井在 12.65m 处开始空气钻进,钻进至 52.35m,因地层出水无法继续进行空气钻井,所以转化为空气泡沫钻井。空气泡沫钻井中,由于配方合理,措施得当,同时根据出水情况,及时补充泡沫剂和井壁稳定剂,有效地解决了地层出水问题,保证了空气泡沫钻井顺利钻至 502.60m,未出现复杂和垮塌;也很顺利地转化为常规钻井流体,进行一开中完作业一次成功,固井质量良好。较好地满足了大井眼的岩屑携带问题和地质录井要求。下钻畅通,测斜顺利。空气泡沫钻井流体大大提高了机械钻速。

4.2.3　低固相盐水聚磺钻井流体

古城 15 井是在新疆油田塔东区块施工的一口深层预探井,三开地层坚硬致密,可钻性差,层理裂隙发育,易发生剥落掉块、坍塌,机械钻速慢,属于坚硬地层。马宏文(2018)使用了较强的悬浮和携带能力的低固相盐水聚磺钻井流体。低固相盐水聚磺钻井流体的主要组分见表 5.4.2。

表 5.4.2　低固相盐水聚磺钻井流体的主要组分表

序号	组分名称	组分代号	加量范围,%	作用
1	无机抑制剂	未明确代号	无明确范围	抑制泥页岩水化膨胀
2	黏土稳定剂	未明确代号	无明确范围	提高钻井流体稳定井壁能力
3	磺化沥青	未明确代号	无明确范围	提高钻井流体封堵能力
4	超细碳酸钙	未明确代号	无明确范围	提高钻井流体封堵能力

4.3　发展前景

目前在破碎硬度非常高的岩层方面,采矿业中最经济实惠的方法是射弹冲击破岩,该方法已经经过室内实验,并在巷道掘进等实际工程中被成功运用,同时美国先进技术规划局对其产生了高度重视。火药是射弹冲击破岩技术的动力源,高速运动的弹丸是破碎岩石的能量载体。如果将射弹冲击破岩方法直接应用于油气钻井,会遇到很多难以克服的技术问题,例如如何将弹丸和弹药从井口输送到井底、如何对一次破碎后的岩石进一步破碎以便返回地面等问题。已成功地钻出了 64 口井,并且能够保证 100% 移除岩石碎屑和粒子,目前 PD-TI 公司正在实验室中进一步研究试验尺寸更小的和更大的 PID 钻头,从而适合各种钻井状况。

从试验结果可以看出,粒子冲击钻井技术在钻进深井硬地层方面具有很大潜力,并有广阔的应用前景。

4.3.1 存在问题

虽然利用空气作为循环介质的钻井技术具有克服井漏、提高机械钻速、延长钻头使用寿命等许多优点,但空气钻井也是有条件的,同时又存在井壁失稳、井下着火、地层水进入井筒引起卡钻等井下复杂问题。

(1)井壁失稳。空气钻井在井筒中形成的压力比常规钻井流体钻井小得多。低的井筒压力可能引起井眼机械失稳,尤其是在松软地层钻井更是如此。另外,当空气钻井有较多的地层水进入井筒时,产出的水在被空气举升过程中经过裸眼井段的水敏性岩层,可能会造成井壁的水化失稳。由于井眼失稳,从井壁上垮塌的岩屑可能会很大,不能被空气有效地举升到地面来,那么,这些留在井下未被带出的岩屑就会聚集在井下,最终造成卡钻,给空气钻井带来严重麻烦。

(2)地层水入井引起井下复杂问题。利用空气钻渗透性地层、裂缝性地层或含水层时,地层水会流入井眼。当地层水进入井眼时,干燥的钻屑就会吸水,若进入井眼的地层水较多,钻屑很容易黏糊成块,并附着在井壁和钻具上形成泥环,造成卡钻、钻具泥包、循环管路被堵等,甚至导致井下着火。

(3)井下着火。井下着火是空气钻井的一大缺点。天然气或油等烃类物质与空气混合后,当混合量达到燃烧范围并有火源的情况下,就会引起井下着火。在大气中,天然气的含量达到5%~15%时就会燃烧爆炸。空气钻井作业时,若有地层水进入井眼,使钻屑形成泥环,井内流动受阻,井下压力迅速上升,泥环以下的气体温度升高,这时,即使天然气等烃类物质进入井眼的流速很低,也可能会迅速形成可燃的混合物。一旦混合物达到燃烧范围,压缩本身会引起燃烧。另外,钻柱与井壁的摩擦、钻头在钻硬地层时会产生火花把井下混合气体点燃。井下着火很少会到达井口,因此难于监测。井下着火常常会熔化掉火点附近的钻具,造成井眼报废,给钻井带来巨大损失。另外,空气钻井时钻柱与井壁之间摩擦阻力较大,在钻定向井和水平井时,常规的井下动力钻具及随钻测量工具的使用也受限制。

国内对空气钻井的工作特性和工艺参数研究还不成熟,尚存在如下问题:

(1)空气钻井理论模型与实际工况存在较大差距。现在大部分资料还沿用20世纪50年代Angel的混合流体均匀流的模型,但该模型未考虑气体压缩性和岩屑与气体之间的滑移。

(2)对最小气量和钻速等参数的深入分析和优化尚待加强。

(3)空气钻井计算中将流体温度当作线性分布,这样的处理过于简单,与实际存在较大差距。

(4)空气螺杆马达不同状态下的工作特性缺乏系统研究。

4.3.2 发展方向

根据查阅资料,目前在粒子冲击钻井研究过程中,还存在以下问题需要进行进一步的探讨和研究。

(1)为保证带有硬质钢粒的钻井流体在钻头喷嘴出口处的速度达到150m/s,这就要求地面钻井泵的输出功率及泵给压力必须足够大,然而这又直接影响着钻井泵、管线系统的使用寿命和可靠性。

（2）PID钻头喷嘴磨损以及井底流场优化等一系列问题还需要深入探讨。

（3）粒子冲击钻井过程中钻井流体回流特性研究还不够完善，还没有能有效控制粒子冲击钻井中钻井流体回流的装置。

空气钻井作为一种特殊的欠平衡钻井技术，具有钻速高、成本低、环保性好等优势，在国内外应用得越来越广泛。

第5章　异常压力地层钻井流体

异常压力地层包括异常高压地层和异常低压地层两种情况。当地层压力大于钻井流体静液柱压力时,称为异常高压;当地层压力小于钻井流体静液柱压力,被称为异常低压。异常压力地层钻井流体(Abnormal Pressure Formation Drilling Fluids)是指用于异常低压或异常高压地层的钻井流体,简称异常压力地层钻井流体。

在异常压力地层钻井时,由于异常低压地层中地层压力小于静液柱压力,会引起钻井流体漏失;异常高压地层,地层压力大于静液柱压力,地层流体会涌入井内,严重时发生井涌或井喷等事故。

(1)低压地层钻井易漏失,严重伤害储层。

(2)高压地层压井困难,易发生井涌、井喷等事故。

(3)当钻遇异常高压气层时,一般采用近平衡钻井流体密度钻井。但该方法对下部低压地层往往会造成较强的冲洗破坏,既不利于保护低压油气层,又易造成下漏、上喷及卡钻等井下恶性事故,且高密度钻井流体对提高钻速有一定不利影响。

钻遇异常压力地层,应对方法主要是调整钻井流体密度的方面,具体有下面几种措施:

(1)对于异常低压地层,可适当控制钻井流体固相含量,降低钻井流体密度,或采用泡沫钻井流体、绒囊钻井流体等低密度钻井流体钻开低压地层。

(2)对于异常高压地层,适当提高钻井流体密度,保持适当井内液柱压力,维持平衡钻井。

(3)利用适当的井控设备,降低钻井过程中因地层异常高压引起井涌或井喷的可能性。

5.1　开发依据

异常压力地层钻井流体的主要功能就是维持井筒内适当的液柱压力,平衡压力异常地层出现的异常压力,异常低压地层采用低密度钻井流体,避免将低压地层压漏;异常高压地层提高钻井流体密度,采用高密度钻井流体,维持井筒内应有的压力,避免井涌或井喷等事故的发生。

(1)在异常低压地层钻井时,由于地层压力小于静液柱压力,通常采取降低钻井流体密度的方式,如减少加重材料的使用以及控制其固相含量。在异常低压地层使用低密度钻井流体,一般为泡沫钻井流体。

(2)在异常高压地层钻井时,地层压力大于静液柱压力,会导致地层流体入侵井内,严重时造成井涌、井喷等事故。通常提高钻井流体密度,维持井内压力,使静液柱压力与地层压力相近。因此需要开发使用适用于异常高压地层的高密度钻井流体。

5.2 体系种类

在异常压力地层应用的钻井流体(即异常压力地层钻井流体)主要分为异常低压地层的低密度钻井流体如低密度泡沫钻井流体和异常高压地层使用的高密度钻井流体。

5.2.1 低密度泡沫钻井流体

泡沫钻井流体是钻井过程中添加发泡剂和稳定剂形成泡沫用作钻井工作流体。包括一次性泡沫和可循环泡沫钻井流体。一次性泡沫是利用气体携带泡沫进入井筒实现钻井流体携带钻屑的一类钻井流体。泡沫破裂后再重复利用或者一次性废弃。可循环泡沫钻井流体,依靠发泡剂和稳泡剂在钻井流体中发泡,气体达到能够循环的量。虽然连续相依旧是水或者油类,但气泡的基本特征没有发生太大变化。所以,仍然划归于泡沫类钻井流体。泡沫消耗后,钻井液加入处理剂维护,循环利用。

部署在玉果区块的果 807 井属于典型的低压、低孔隙度、低渗透率、强水敏性储层,为防止漏失和保护油气层,马平平等(2015)应用低密度高抗油泡沫钻井流体,降低井筒液柱压力和井底压差,阻止和减少钻井流体及滤液进入岩石孔隙。低密度高抗油泡沫钻井流体组分见表 5.5.1。

表 5.5.1 低密度高抗油泡沫钻井流体的主要组分表

序号	组分名称	组分代号	加量范围,%	作用
1	膨润土	未明确代号	3.00	提高流体的密度
2	碳酸钠	未明确代号	0.20	改善黏土的水化分散性能
3	聚丙烯酰胺钾盐	未明确代号	0.30	降低钻井流体的失水量
4	高温堵水剂	未明确代号	0.60	提高钻井流体封堵能力
5	羧甲基纤维素	CMC	0.15	降低钻井流体的失水量
6	生物聚合物	XC	0.60	提高钻井流体黏度
7	沥青防塌剂	未明确代号	3.00	抑制泥页岩水化膨胀
8	发泡剂	DRfaom-2	0.30	使钻井流体产生泡沫

(1)三开前配制钻井流体灌注泵、钻井流体枪,以及一台防爆输油泵和一定数量符合防爆防火等级的灭火器材,灌注泵配制在钻井流体泵前端,辅助进液,避免因泡沫的存在影响上水。

(2)三开钻塞时,用 0.1% 碱液对原钻井流体进行除钙处理,钻塞完后放掉地面钻井流体并清罐。

(3)先按设计配制聚合物钻井流体,调整好各项性能,然后顶替排放原浆,计算井筒原浆顶替时间并时刻观察井口,待原浆全部返排出进口。

(4)顶替干净后边循环边从上水池匀速缓慢加入发泡剂,用防爆输油泵匀速缓慢加入原油,原油加量依据设计油水比。循环 1~2 周,开启上水池钻井流体枪,在循环过程中地面和井筒会逐渐产生泡沫,钻井流体密度逐渐下降,密度达到设计要求后三开钻进。

(5）由于仅在储层段应用该技术,应用井段较短,只需根据密度变化和工况需要,及时补充发泡剂、稳泡剂、降失水剂等调控性能,即能满足钻进的要求。

(6) 对于欠平衡井,完钻后采用欠平衡完井方式保护储层。

应用井段 3580~4050m,密度维持在 0.85g/cm³ 左右,应用井段平均机械钻速 8.11m/h,同比多口邻井 3500m 以下平均机速 2.63m/h 有较大幅度提高;试油后初期日产 8.16t,稳产 5.11t/d,与邻井相比有一定幅度提高。低密度高抗油泡沫钻井流体对低压、水敏性储层具有较好的保护效果,较低的密度对提高机械钻速也有一定辅助作用。

此外,伊朗 MISV-1 井三开、四开地层以石灰岩为主,异常低压油气层,高含硫化氢,缝洞发育,可能出现严重井漏风险。刘德胜等在三开、四开地层使用密度不超过 0.9g/cm³ 的可循环泡沫钻井流体。可循环泡沫钻井流体顺利钻到目的井深,并在 2~5 油组取心 5 筒,平均收获率为 95.55%。仅漏失 13.6m³ 泡沫钻井流体,最大漏速为 4.5m³/h,平均为 1.5m³/h。说明该钻井流体具有良好的防漏效果（刘德胜等,2008）。

5.2.2 高密度钻井流体

中海油缅甸区块是中海油战略开发的一个重要区块,该区块存在异常高压地层,同时还存在高温情况。针对这一问题,匡韶华等（2010）开展了超高密度钻井流体技术研究,优选出密度为 2.80g/cm³ 的有机盐水基钻井流体,该钻井流体所用的主要组分见表 5.5.2。

表 5.5.2 超高密度有机盐水基钻井流体的主要组分表

序号	组分名称	组分代号	加量范围,%	作用
1	聚阴离子纤维素	PAC-LV	0.1	降低钻井流体的失水量
2	超细碳酸钠	未明确代号	5.0	提高钻井流体封堵性能
3	氢氧化钠	未明确代号	0.8	调节钻井流体 pH 值
4	抗高温降失水剂	未明确代号	3.0~7.0	降低钻井流体的失水量
5	磺化酚醛树脂	SMP-2	3.0~7.0	降低钻井流体的失水量
6	褐煤树脂	SPNH	3.0~7.0	降低钻井流体的失水量
7	白沥青	GEL	3.0	提高钻井流体封堵性能
8	无明确名称	SFX-1	2.0	
9	减阻润滑剂	未明确代号	3.0	提高钻井流体润滑性能
10	乳化剂	未明确代号	0.2	降低钻井流体表面张力
11	加重剂	weight3	根据流体密度调整	提高钻井流体密度

高密度钻井流体的维护主要是固相颗粒的悬浮稳定性和钻井流体中无用固相如钻屑等的及时清理,避免因无用固相增加钻井流体密度而增加失水量。

匡韶华等（2010）成功地研发了一种具有良好流变性和失水护壁性的超高密度钻井流体,室内研究出了一种密度为 2.8g/cm³ 的超高密度钻井流体。评价表明该体系的性能满足以下指标：表观黏度小于 100mPa·s,API 失水量小于 5mL/30min,高温高压失水量小于 15mL/30min,并且具有较好的抑制性、抗温性、抗侵害能力和沉降稳定性。适合用于中国海油缅甸区块异常高压的地层。

此外，针对赤水地区深井段、地层异常高压、多压力系数、高压盐水层等难题，优选出超高密度抗盐水钻井流体中主体处理剂以及表面经过特殊处理的加重剂重晶石，确保了超高密度抗盐水钻井流体在密度为 3.02g/cm³，体系固相含量达极限的条件下其流动性、抗侵害能力、热稳定性等技术难点都得以很好地控制和解决（程启华等，2006）。

又如，川西坳陷深层天然气资源丰富，白田坝、沙溪庙组等须四段和须三段存在异常高压气层，地层压力系数高，要求钻井流体密度高。使用深井高温高密度钻井流体，有效降低复杂事故发生率，实现优质、安全、高效和低成本钻井（石秉忠等，2011）。

凤 1 井是苏北盆地海安凹陷海北次凹南部凤山断块构造高部位的一口重点探井。该井 2760.00~2780.00m 为一异常高压地层段，使用复合金属离子聚合物聚合醇防塌钻井流体钻遇异常高压地层时，通过添加加重材料调整钻井流体密度，同时配合反复划眼、使用震击器以及简化钻具组合等措施，成功克服了钻井过程中出现的复杂情况，安全快速钻穿了泥岩层（董川等，2012）。

5.3　发展前景

泡沫流体在国内外的石油工业中使用比较广泛，其应用的范围主要有：泡沫流体钻井、泡沫水泥固井、泡沫砾石充填、泡沫试油、泡沫洗井修井、泡沫酸化、泡沫压裂、泡沫注蒸汽和泡沫驱替高效采油等。

在 20 世纪 30 年代石油工程中就开始了应用泡沫流体，随着对泡沫钻井流体的研究，美国开始把泡沫钻井流体应用于易塌，地层压力小的地层，打造出了一口大直径的井，接着加利福尼亚州研制出了一种比较抗盐水和原油的稳定泡沫钻井流体，保证泡沫钻井流体的稳定性，在钻穿油气层时就不会发生井下燃爆危险。国际上为了消除这种井下燃爆的危险，推出了氮气泡沫钻井流体，这样产生的泡沫的气相就不会是空气，而是惰性气体氮气。氮气泡沫钻井流体具有抗高温、减少腐蚀的特点，作为深部地层的欠平衡钻井流体还具有防止地层细菌伤害的特点。因此，在异常压力地层中应用的泡沫钻井流体具有很好的发展前景。

5.3.1　存在问题

异常低压地层中使用低密度泡沫钻井流体，异常高压地层中使用高密度水基钻井流体，两种钻井流体应用效果较好，都能完成异常压力地层的钻进工作，减少井下事故的发生。但两者都存在一些问题。

（1）泡沫钻井流体逐渐受到重视，在国内得到更多的应用。泡沫钻井流体本身密度很低，需要配合欠平衡钻井技术进行钻进。低密度高抗油泡沫钻井流体实现液相欠平衡钻井需要配套合适的完井工艺，才能更有效发挥保护储层的作用。

（2）在异常低压地层应用可循环泡沫钻井流体时，会影响随钻测量仪器和螺杆钻具正常工作。

（3）异常高压钻井流体降失水剂的种类过多，需要对降失水剂进一步优化或研究适合超高密度钻井流体的高效降失水剂。

（4）由于井内存在异常高压，为平衡地层压力防止坍塌，必须提高钻井流体密度，而高密度对应的高固相含量将会大大提高钻井流体的摩阻,使钻井流体流动性变差,沉降稳定性变差,从而影响固井质量。

三开前利用离心机彻底清除钻井流体中的劣质固相,严格控制膨润土含量在 30~50g/L,并参照三开设计配方,做好现场配方室内小型实验,参照小型实验配方与加药顺序,对二开钻井流体进行有效转化,采用重晶石粉调整钻井流体密度。通过地面循环系统将老浆与新浆混合均匀,利用流型调节剂调整钻井流体黏度和切力,待钻井流体各项性能满足施工要求后加入 3% 极压润滑剂及 2% 固体润滑剂,提高钻井流体润滑防卡能力。钻进过程中钻井流体性能稳定,API 失水量始终维持在 4.0mL 以下,摩阻系数不超过 0.1,现场维护以补充胶液为主,并及时补充抑制剂和润滑剂,控制泥页岩地层黏土矿物水化膨胀分散,同时强化四级固控设备的使用,特别是离心机的使用,最大限度地清除劣质固相,降低环空岩屑浓度,防止阻卡。该井段裸眼段长达 2092m,为提高钻井流体润滑防卡能力,采用极压润滑剂与固体润滑剂复配作用,极大地提高了体系的润滑能力,有效避免了长裸眼段卡钻的发生,整个过程起下钻无任何挂卡显示。三开完钻后,长起下钻通井,充分循环钻井流体携带岩屑,底部注入封闭浆,加入一定量润滑剂,保证下套管顺利。

5.3.2 发展方向

在异常低压地层钻井作业中,经常采用泡沫流体作为钻井流体。近年来,国内外推出了一种新型的、可循环使用的、成本较低的低密度钻井流体,可循环微泡沫钻井流体,很好地解决了低渗透储层较多、储层裂缝发育、承压能力低,以及地层压力较低、渗透率较高等问题,其未来发展趋势主要有以下 4 点:

(1)研制新型起泡剂,提高微泡沫钻井流体在高温高压以及高矿化度条件下的稳定性。

(2)继续加大对微泡沫钻井流体应用极限深度的研究,提高其应用深度,以解决一些钻井作业难题。

(3)加强对微泡沫钻井流体稳定机理方面的研究,以提高其承压和抗温、抗盐能力,从而提高可循环微泡沫钻井流体在深井欠平衡、近平衡钻井完井作业中的推广应用价值。

(4)深入研究高温高压下体系的稳定性,在现场的使用过程中如何实时监测其密度变化,进一步完善体系的评价方法。

第6章 高温地层钻井流体

高温地层(High Temperature Formation)是指地层温度达到150℃以上的地层,高温地层一般较深,地层岩石坚硬,多为火山岩和变质岩。高温地层钻井流体(Drilling Fluid in High Temperature Formation)指用于高温地层钻进的钻井流体。

在高温地层中,由于温度以及钻井流体稳定性的影响,高温井钻进困难。主要有高温地层地质钻进难、损坏钻具以及钻井流体稳定性差等问题。

(1)钻探中遇到的高温地层常具有多孔性、裂隙性,属低压或常压地层,极为脆弱,钻井流体易于漏失;并且高温地层岩石坚硬、研磨性强且地应力高,多为火山岩和变质岩,与油气井的沉积岩石相比,具有坚硬、研磨性强和地应力高的特点,地层破碎而且常常不稳定。

(2)钻入高温热储层(温度达100~200℃)后,下入的生产套管因受热膨胀应力的作用,可造成套管断裂或顶裂井口地盘、套管外水泥环酥裂,酿成热水、热蒸汽喷发事故。

(3)孔底高温能破坏钻井流体的稳定性,使其组分分解不能发挥钻井流体的冷却、清洗、护壁、携粉等基本功能。

(4)防喷设备要齐全,除配齐防喷器组外,还要备10倍于井筒容积的冷水,以备用冷水控制井喷。

随着井深的增加,钻井技术难题逐渐增多,井下高温严重影响钻井流体性能,特别是流变性和失水量控制困难。针对高温地层对钻进造成的不利影响,应使用优质钻井流体、用耐高温水泥固井以及提高钻井流体耐温性。

(1)用清水、优质低密度泥浆或空气进行压力平衡钻探或减压钻探,以免高温地层被损坏。

(2)要采用套管悬挂或伸缩装置,用加硅粉的耐高温水泥固井,并要加固井口地盘。

(3)地热超过200℃时,要用耐高温的海泡石泥浆、高温处理剂,还必须配备固相控制设备和冷却塔。

6.1 开发依据

在高温地层中,影响高温地层钻井流体性能的主要有高温分散作用、高温胶凝作用、高温降解作用、高温交联作用、高温解吸附作用以及高温去水化作用。

(1)高温分散作用。在高温作用下,钻井流体中的黏土颗粒,特别是膨润土颗粒的分散度进一步增加,从而使颗粒浓度增多、比表面增大的现象称为高温分散。其实质是水化分散,高温进一步促进了水化分散。影响高温分散的因素有黏土的种类,在常温下越容易水化的黏土,高温分散作用也越强。温度越高,作用时间越长,高温分散也就越显著。随pH值升高而增强。一些高价无机阳离子,如钙离子,由于高温分散引起的高温增稠与钻井流体中黏土含量密切相关。

(2)高温胶凝作用。当黏土含量大到某一数值时,钻井流体在高温下会丧失其流动性而形成凝胶,这种现象被称为高温胶凝。防止钻井流体形成高温胶凝是深井钻井流体的一项关键技术。目前有以下两项措施可有效地预防高温胶凝的发生:一是使用抗高温处理剂抑制高温分散;二是将钻井流体中的黏土(特别是膨润土)含量控制在其容量限以下。某种钻井流体的黏土容量限可通过室内实验确定。高温深井水基钻井流体必须将黏土的实际含量严格控制在其容量限以下。

(3)高温降解作用。高分子有机处理剂受高温作用而导致分子链发生断裂的现象称为高温降解。包括高分子主链断裂和亲水基团与主链连接键断裂这两种情况。前一种情况会降低处理剂的分子量,失去高分子化合物的特性;后一种情况会降低处理剂的亲水性,使其抗侵害能力和功效减弱。任何高分子处理剂在高温下均会发生降解,但由于其分子结构和外界条件不同,发生明显降解的温度也有所不同。影响高温降解的首要因素是处理剂的分子结构,同时与钻井流体的 pH 值以及剪切作用等因素有关。

(4)高温交联作用。在高温作用下,处理剂分子中存在的各种不饱和键和活性基团会促使分子之间发生各种反应,相互联结,从而使分子量增大的现象称为高温交联。可将其看作是与高温降解相反的一种作用。高温交联对钻井流体性能的影响有好和坏两种可能。如果交联适当,适度增大处理剂的分子量,则可能抵消高温降解的破坏作用,甚至可能使处理剂进一步改性增效。比如,在高温下磺化褐煤与磺化酚醛树脂复配使用时的降失水效果要比它们单独使用时的效果好得多。如果交联过度,形成体型网状结构,则会导致处理剂水溶性变差,这种必然破坏钻井流体的性能,严重时整个体系变成凝胶,丧失流动性。

(5)高温解吸附作用。在高温下,处理剂在黏土表面的吸附作用会明显减弱,其原因主要是分子热运动加剧所造成的。高温解吸附会影响处理剂的护胶能力,使黏土颗粒更加分散,从而影响钻井流体的热稳定性和其他各种性能,常表现出高温失水量剧增,流变性失去控制。

(6)高温去水化作用。在高温下,黏土颗粒表面和处理剂分子中亲水基团的水化能力会降低,使水化膜变薄,从而导致处理剂护胶能力减弱。导致失水量增大,严重时会发生高温胶凝和高温固化等现象。

高温地层大多数处于较深地层,随着地层不断深入,需要的钻井流体密度也不断加大,因此多使用高温高密度钻井流体。一般认为,密度高于 $1.5g/cm^3$,温度大于150℃的钻井流体就认为是高温高密度钻井流体。但随着钻井流体技术工艺的不断发展,常规条件下使用 $1.8g/cm^3$ 以上钻井流体的情况也越来越多,目前的高密度钻井流体或许在不久的将来就会成为一种常规的钻井流体。对于高温地层钻井流体,还存在着流变性差、加重材料选择困难、失水量大等难点。

(1)高温高密度钻井流体存在流变性和沉降稳定性之间的矛盾,在高温高压条件下钻井流体的流变性难以控制。要控制好膨润土含量的上下限以避免高温增稠或高温减稠。高密度钻井流体所适用的井底温度较高,所添加的处理剂容易高温降解,导致处理剂的作用效果降低以致失效。

(2)提高高密度钻井流体的润滑性时,往往要加入一些处理剂,使钻井流体由水—固两相变成水—固—油三相,使得相与相之间的摩擦力增加,钻井流体流变性变差,从而增加了研究的难度。

(3)难以选择合适的加重材料。高温高密度钻井流体中固相含量较高,为了减少固相含量就必须选用密度高的加重材料,常常随着加重材料密度的增加,钻井流体的沉降稳定性变差。因此,选择合适的加重材料又是高温高密度钻井流体的难点之一。

(4)在钻井的过程中,随着地层深入,钻井流体密度的逐渐增加,钻井流体液柱压力与地层孔隙之间的地层压力差也逐渐增大,从而导致钻井流体进入地层的失水量也相对增加。随着钻井流体密度的提高,钻井流体中固相含量增加且井底钻井流体液柱压力与地层压力差增大。由于压力的增大,使得钻井流体中更多的液相和固相侵入地层,更加有利于其渗透入地层,并且钻井流体密度越高其侵入深度就越大,以至对地层的伤害也就越大。

(5)钻井流体的密度过高容易压漏地层的薄弱层。由于深井井底温度较高,高密度钻井流体的处理就会异常复杂,会经常陷入"加重、变稠、降黏、加重材料沉降、加重"的恶性循环,影响钻井作业的正常进行,甚至会引起严重卡钻事故。

因此,为了开发高温地层钻井流体,需要钻井流体具备良好抗高温性能、强抑制性、良好的高温流变性以及良好润滑性等特点。

(1)具有抗高温的能力。应优选出各种能够抗高温的处理剂。例如,褐煤类产品(抗温204℃)就比木质素类产品(抗温170℃)有更高的抗温能力。

(2)在高温条件下具有强的抑制能力。除常用的氯化钾、氯化钠等无机盐和氢氧化钙外,在有机聚合物处理剂中,阳离子聚合物就比带有羧钠基的阴离子聚合物具有更强的抑制性。

(3)具有良好的高温流变性。对高温地层加重钻井流体,尤其应加强固控,并控制膨润土含量以避免高温增稠。通过加入生物聚合物等改进流型,提高携屑能力;加入抗高温的稀释剂控制静切力。

(4)具有良好的润滑性。通过加入抗高温的液体或固体乳化剂以及混油等措施来降低摩阻。

6.2 体系种类

目前,国内外应用于高温地层的钻井流体主要分为水基钻井流体、油基钻井流体以及合成基钻井流体。

6.2.1 抗高温深井水基钻井流体

龙岗地区是四川油气田的重点勘探开发区域,其主力产层为飞仙关组鲕滩和长兴组生物礁储层,钻井井深超过6000m,井底温度高达170℃,并需钻遇长段盐膏层,因此,要求钻井流体具有良好的抗盐抗钙能力和高温稳定性能。为此,王兰等(2010)优选了抗高温水基钻井流体。抗高温水基钻井流体的主要组分见表5.6.1。

表 5.6.1 抗高温水基钻井流体的主要组分表

序号	组分名称	组分代号	加量范围,%	作用
1	膨润土	未明确代号	1.0~2.0	提高流体的密度
2	氢氧化钠	未明确代号	0.2~0.3	调节钻井流体pH值
3	聚丙烯酰胺钾盐	KPAM	0.01~0.02	降低钻井流体的失水量
4	高温抗盐失水剂	RSTF	4.0~5.0	降低钻井流体的失水量
5	磺化酚醛树脂	SMP	4.0~6.0	降低钻井流体的失水量
6	防卡降失水剂	未明确代号	4.0~6.0	降低钻井流体的失水量
7	防塌剂	未明确代号	1.0~2.0	抑制泥页岩水化膨胀
8	降黏剂	未明确代号	0.5~1.0	降低钻井流体黏度
9	仿油基材料	未明确代号	8.0~10.0	改善钻井流体黏度
10	抑制剂	未明确代号	2.0~4.0	抑制泥页岩水化膨胀

由于现场为一次性转化,转化后抗高温钻井流体的性能基本稳定。因此,现场钻井流体的维护主要是补充处理剂的消耗量,即只对钻井流体性能进行日常维护,但维护方式仍采用处理剂配成胶液,以缓慢加入的方式进行。

钻井流体表观黏度随温度的上升而下降,但钻井流体没有发生明显的高温增稠或减稠现象,说明钻井流体抗温能力强、高温稳定性好、流变性好,能很好地满足深井高温井段的钻井要求。尤其是剑门1井,井底温度高达175℃,钻井流体在井内静置5d,下钻通井循环无阻卡。在龙岗地区井深4000~7000m的应用表明,抗高温水基钻井流体综合性能稳定,满足该井段钻井流体设计指标,安全钻井未发生井下复杂情况。

此外,刘晓栋等(2010)针对大港滨海区块钻遇层系多,岩性复杂,深探井井底温度高达180℃的问题,合成出了抗200℃的磺酸盐共聚物,并在室内优选出了抗200℃的高温海水基钻井流体。抗高温海水基钻井流体高温流变性好、钻井流体长时间井下静止性能稳定;显著减少扭矩和摩阻,井径规则,起下钻畅通;满足海上环境保护要求,达到渤海湾海洋钻井流体排放标准;同等工况条件下机械钻速比邻井提高5%以上,钻井复杂事故时效降低10%以上;提高钻井综合效益,比同区块类似井型钻井流体成本降低10%~15%。

国际上采用结构调整和配方组合的方式使弱凝胶钻井流体的抗温性能最高可达150℃,但这种钻井流体的成本较高。因此,万芬等(2014)研制出了一种抗高温无黏土相钻井流体。抗高温无黏土水基钻井流体抗高温无黏土体系在130~170℃热滚16h后,体系都具有良好的流变性、失水性、抑制性、抗侵害性、润滑性;形成的滤饼薄,裸眼完井时,通过破胶处理易于清除滤饼,岩心渗透率恢复值达到92.6%,适合于各种类型的高温高压井的水平钻井作业。

6.2.2 抗高温油基钻井流体

随着勘探的深入,塔里木盆地库车坳陷深井、超深井、特殊井和复杂井不断增加,钻遇地层条件日益复杂,现有水基钻井流体已无法满足日益复杂的钻井条件,尤其是在水平井、高温深井、储层保护等方面问题尤为突出。XX井是塔里木盆地库车坳陷内某构造上的一口预探直井,设计井深8000m,预测井底温度达180℃,为此,张跃等(2013)使用一种高密度抗高温油基钻井流体,解决这一难题。高密度抗高温油基钻井流体主要组分见表5.6.2。

表5.6.2 高密度抗高温油基钻井流体的主要组分表

序号	组分名称	组分代号	加量范围,%	作用
1	主乳化剂	未明确代号	2.0	降低钻井流体表面张力
2	辅乳化剂	未明确代号	3.5	降低钻井流体表面张力
3	降失水剂	未明确代号	3.5	降低钻井流体的失水量
4	流型调节剂	未明确代号	1.0	提升钻井流体的动切力、初切和终切值
5	润湿剂	未明确代号	0.6	降低钻井流体表面张力
6	提切剂	未明确代号	0.3	提高钻井流体的悬浮能力,具有剪切稀释能力
7	石灰	未明确代号	2.0~3.0	凝固作用
8	氯化钙	未明确代号	1.5~2.0	提高钻井流体润滑能力

(1)合理使用主乳化剂和辅乳化剂控制体系的稳定性,为防止体系破乳,加入主乳化剂的同时复配一定量的石灰,保持破乳电压(ES)值大于900V,高温高压下滤液中不含有自由水;配制基浆和新钻井流体时必须充分剪切,由于水珠的尺寸支配着乳状液的稳定性,高度的剪切使水相分散成更细更均匀的水珠,体系更稳定,对于配制新浆尤为重要。

(2)用与该油基钻井流体相匹配的降失水剂控制体系的高温高压失水量和改善滤饼质量,保持高温高压失水量小于5mL/30min,滤饼厚度小于1.5mm,没有虚厚滤饼。

(3)采用流型调节剂、润湿剂调整钻井流体流变性,固相油润湿不足,会造成固相分散,致使塑性黏度、静切力增大,动切力减小,使固相不易清除,严重时造成堆积,进而影响油基钻井流体的其他性能,在加入较多的重晶石或者铁矿粉等加重剂前要先补充适量的润湿剂;引入提切剂调节体系的黏切力,保持低转速下具有较高的黏切力,保证良好悬浮能力,从而达到井眼净化等作用。

(4)由于所用油基钻井流体密度较高,因此固控系统必须保持良好运转,充分利用振动筛和除砂器、除泥器清除岩屑,运用离心机除去体系中的有害低固相,充分净化钻井流体,保证良好性能,同时有利于提高机械钻速。

XX井先用2.20g/cm³钾聚磺水基钻井流体钻至7179.5m,然后用密度2.25g/cm³的油基钻井流体替换水基钻井流体钻进,钻至井深7230m增加密度到2.32g/cm³时发生井漏。经过承压堵漏后密度提高到2.35g/cm³,顺利钻至井深7830m四开结束。五开油基钻井流体密度范围为2.20~2.39g/cm³,钻至井深7945.5m结束,套管顺利下至井底。六开储层段降密度至1.80~1.85g/cm³,顺利钻至井深8023m完井。根据油基钻井流体现场应用实际,该体系在钻穿XX井泥岩、膏盐地层及白垩系储层段时,总体性能始终良好,失水量较低,乳化稳定性优良,黏切适中,抗温性及抗侵害能力较强。

此外,针对塔里木盆地山前构造带井深高温以及地层裂缝发育的特点,张蔚等(2017)以乳化剂和提切剂为核心处理剂配制的无黏土高温高密度油基钻井流体,抗温达220℃,密度达 2.5g/cm³,老化后乳化稳定性好,不出现分层现象,高温高压失水量小于 10mL/30min,具有极好的失水性,可通过柴油配制得到。无黏土高温高密度油基钻井流体克服了以往有机土油基钻井流体高温易降解失效和高密度下流变性差的缺点;同时提切剂取代有机土,除了能进一步加快钻速外,还能降低储层伤害程度。

再如塔里木山前构造巨厚盐膏层和储层主要采用国际上油基钻井流体钻进,研发出抗高温、高密度的油基钻井流体,有利于打破国际上技术垄断,提升国内油基钻井流体技术水平。油基钻井流体广泛用于高温高压深井、大斜度定向井、大位移水平井和超强水敏等各种复杂地层,能有效减少井下复杂情况发生,保护储层。王建华等(2015)开发了具有自主知识产权的抗高温高密度油基钻井流体,核心处理剂包括有机土、主(辅)乳化剂、降失水剂和纳米封堵剂,研发了包括 3 类不同基础油(柴油、白油和气制油)的油基钻井流体。油基钻井流体最高密度可达 2.6g/cm³,抗温达 200℃,破乳电压大于 1000V,具有良好的流变性和沉降稳定性,替代了进口产品。在塔里木油田深井和涪陵、长宁、黄金坝等页岩气地区现场应用,油基钻井流体稳定,携岩和封堵能力强,井径规则,起下钻和下套管顺利,钻速明显提高,钻井周期平均缩短 15～20d。

6.2.3 抗高温合成基钻井流体

CY21-1-4 井是在莺琼盆地钻探的一口高温高压井,井深5250m,井底温度200℃。针对地层温度高这一难题,彭放(2000)采用 ULTIDRILL 合成基钻井流体,在现场应用成功。抗高温合成基钻井流体组分见表5.6.3。

表5.6.3 抗高温合成基钻井流体的主要组分表

序号	组分名称	组分代号	加量范围,kg/m³	作用
1	线型 α-烯烃	LAO	0.475	用作钻井流体基油
2	高温主乳化剂	EmulHT	57	降低钻井流体表面张力
3	高温有机膨润土,	TRUVIS	4.28	悬浮岩屑及提高钻井流体密度
4	高温降失水剂	NAHT	71	降低钻井流体失水量
5	氯化钠	未明确代号	11.8	提高钻井流体抑制性能
6	铁矿粉	未明确代号	1574	提高钻井流体密度
7	高密度加重剂	MICRO-MAX	143	提高钻井流体密度

为解决在井内高温下长期静置的问题,现场进行高温老化实验非常重要,依据现场实验结果随时调节钻井流体性能,用新配制的含较高浓度稀释剂和润湿剂的钻井流体作为段塞打入井底,也是电测前的处理方法。

合成基抗高温钻井流体性能稳定,抗高温能力强,组分简单,基本由有机土、主乳化剂、降失水剂、盐、石灰、加重剂组成,不需过多的辅乳化剂、润湿反转剂、流型调节剂。流变参数维持在较低的范围内,该钻井流体在密度为 2.33g/cm³ 时,漏斗黏度仅有50s,动切力为6～7Pa。采取颗粒搭配技术,加重剂选用了两种细度不一的铁矿粉,一种是细颗粒的,另一种是表面经过特殊处理的球状颗粒。合成基钻井流体的滤液是基油,有利于稳定井壁和保护储层,体系内不含荧光类物质,可生物降解、无毒,因此合成钻井流体解决了油基钻井流体污染环境,具有较好的抗高温性能。

6.3 发展前景

国际上在超高温高密度钻井流体研究与应用方面已经比较成熟,将来的重点是针对现场需要,特别是异常高温高压地层开发的需要,不断优化钻井流体性能。与国际上相比,国内在超高温钻井流体研究方面还存在较大差距,尽管国内在超高温高密度水基钻井流体研究方面开展的工作较多,且部分指标接近或领先于国际上,但从整体情况看,国内还缺乏专用的钻井流体处理剂。国内在油基和合成基钻井流体方面开展的工作少,无论是技术水平还是应用方面都与国际上差距很大。结合国内外情况,对于超高温高密度钻井流体的研究,特别是油基和合成基钻井流体的研究,要加强攻关力度,围绕处理剂研制、钻井流体配方优化、高温高压下钻井流体流变性和失水量控制方面开展研究工作(王中华,2011)。

目前深井水基钻井流体的流变性控制仍是目前钻井流体技术未能很好解决的重大技术难题,当高温、高矿化度、高密度同时存在时,钻井流体的流变性能、失水护壁性能更加难以控制,具体表现为低温和高温流变性很难同时兼顾,高温高压失水大且滤饼厚。因此,深入研究能同时满足高温(大于 180℃)、高矿化度、高密度(大于 $2.00g/cm^3$)三大要求的水基钻井流体技术的作用机理,形成新的理论认识,指导高温高密度水基钻井流体技术的改进和提高,从而满足中国复杂地层深井安全、快速、优质、高效钻井的技术需要,使中国钻井流体技术达到世界先进水平显得尤为重要。

在盐水基钻井流体中,高温和高密度将使 zeta 电位降低,从而导致体系胶体稳定性变差,可以通过优选高温护胶能力强的抗盐处理剂,以及处理剂之间的复配等提高钻井流体性能的稳定性(蒋官澄等,2014)。

深井井下温度和压力较高,这不仅要求钻井流体抗高温性能好,而且具有较高密度以保证井下安全。因此,抗高温钻井流体技术是高温深井钻井的技术瓶颈,其技术核心是钻井流体高温流变性的有效调控(王富华等,2007)。

高密度水基钻井流体属于较稠的胶体—悬浮体分散体系,具有固相含量大、固相颗粒分散度高、钻井流体中自由水含量少、钻屑的侵入和积累不易清除等特点。在井筒高温高压条件下,钻井流体的流变性难以控制。因此,开展高密度水基钻井流体高温高压流变性研究,对深井钻井流体配方研制与现场应用具有重要的指导意义(王富华等,2010)。

钻井实践表明,高温深井钻井流体性能难以控制,已成为制约深部地层石油天然气资源勘探、开发的瓶颈技术之一。高温促使钻井流体中的黏土颗粒分散度增大,这要求合成聚合物的分子量不能太大,以避免在其有效加量范围内造成钻井流体严重增稠,同时要求聚合物要有一定的抑制性,可以有效地抑制黏土高温分散。因此为解决以上难题,需要研制具有良好抗温能力的不增黏降失水剂,以达到在不增加钻井流体黏度情况下,有效地降低失水量和保证高温稳定性(王旭等,2009)。

6.3.1 存在问题

聚合物在高温环境下热降解是必然的,且不可逆,关键是如何提高分子的热稳定性,保证高温下处理剂的相对分子质量能够满足控制钻井流体性能的需要。在满足钻井流体性能要求的情况下尽可能降低处理剂的相对分子质量,因为相对分子质量越大降解越明显。基团变异,即官能团性质的改变,也是必然趋势,基团性质的改变可能使处理剂完全丧失作用。如何抑制基团变异是难点,从聚合物自身来讲,应采用高温下稳定的基团,也可以引入能够抑制基团变异的功能基。

由于高温加剧了分子的运动,因此高温下吸附量减少,以至脱附(解吸附),这种趋势是自然规律,不可改变,但可以通过选择高温下吸附能力强的基团,并通过提高分子链刚性增加分子运动的阻力来尽可能提高高温下的吸附能力,减少高温脱附。高温也会导致水化基团水化能力的减弱,以至于失去作用。可以选择水化强的基团来改善高温环境下处理剂的水化能力。特别是在有盐存在的时候,高温会使钻井流体的pH值降低,使处理剂的作用效果下降,影响其水化作用。应选择对盐和pH值不敏感的水化基团,尽可能减少pH值对水化能力的影响。

6.3.2　发展方向

今后国内在超高温高密度水基钻井流体方面,应集中力量把研究重点放在超高温钻井流体处理剂研制上,重点解决超高温钻井流体的流变性和高温高压失水量控制之间的矛盾,优化钻井流体配方,进一步提高钻井流体的抗侵害和抗温能力。可从以下几方面进行研究:

(1)针对超高温钻井流体处理剂研制的需要,开展新单体合成与转化,如:乙烯基甲(乙)酰胺、2-丙烯酰胺基长链烷基磺酸、N,N-二甲(乙)基丙烯酰胺和异丙基丙烯酰胺等单体的工业化研究,尽快形成经济可行的生产工艺;开展N-(甲基)丙烯酰氧乙基-N,N-二甲基磺丙基铵盐、2-丙烯酰胺基-2-苯基乙磺酸等单体的合成工艺研究。

(2)研制适用于超高温高密度钻井流体的、低相对分子质量的聚合物降失水剂,以及抗盐高温高压降失水剂、降黏剂、抑制剂、润滑剂、封堵剂和井壁稳定剂等。

(3)利用腐殖酸等来源丰富价格低廉的天然材料,通过接枝共聚改性和高分子化学反应获得低成本、高性能的超高温钻井流体处理剂。

(4)在聚磺钻井流体中引入新型超高温聚合物处理剂和低密度固相控制剂,并经配方和性能优化,将其抗温性能提高到200℃以上。

(5)研制抗温能力不小于240℃、密度不小于2.5kg/L和饱和盐水超高温高密度钻井流体,重点解决流变性和高温高压失水量控制问题。

(6)研制抗温能力不小于200℃、密度不小于2.0kg/L的超高温无黏土相钻井流体和超高温高密度有机盐钻井流体,重点是抗高温增稠剂和高温高压降失水剂的研制。

与发达国家比,国内在油基钻井流体方面明显滞后,故更要重视油基钻井流体的开发。在油基钻井流体方面,可围绕改善钻井流体的悬浮稳定性和流变性,以及乳化稳定性等,从以下方面开展工作:

(1)研制高性能油基钻井流体处理剂,特别是超高温高效乳化剂、增黏剂、降失水剂,并在此基础上形成抗温大于220℃、密度大于2.4kg/L的超高温高密度油基钻井流体。

(2)通过加工处理重晶石、选择新的加重剂,或者通过研制高性能提黏切剂和表面活性剂或软化点大于220℃的高软化点沥青,提高钻井流体的沉降稳定性。

（3）围绕油基钻井流体向低毒或无毒方向发展的目标，选择或研制新的无毒或低毒基础油，如低芳香烃的矿物油、无芳香烃基油和植物油，同时研制可降解的油基钻井流体处理剂。

（4）研制新型可逆乳化钻井流体，重点是乳化剂的选择与研制，以及钻井流体综合性能优化，保证钻井流体具有较低的失水量和较高的乳化稳定性。

（5）油基钻井流体循环利用、固液分离和含油钻屑的处理，形成经济可行的废弃钻屑处理技术。

（6）研究高密度油基钻井流体在高温（大于200℃）下的流变性、稳定性等，形成系统的流变性控制方法，建立高密度钻井流体流变性和密度预测模型。

国际上高温合成基钻井流体的应用还较少，中国在该方面的应用更少，因此中国应该围绕超高温高压条件下钻井的需要，在合成基钻井流体方面开展以下工作：

（1）借鉴国际上经验，在引进、消化、吸收的基础上，研制和应用既有利于井壁稳定和油气层保护，又有利于环境保护的合成基钻井流体，并努力降低合成基钻井流体的成本。

（2）结合国内情况选择或研制新型合成基材料。

（3）研制适用于合成基钻井流体的乳化剂、流型调节剂和增黏剂等，开展加重剂加工处理及优选新的加重剂。

（4）研究高密度合成基钻井流体在超高温高压条件下的流变性、悬浮稳定性。

（5）探索合成基钻井流体的现场应用工艺及配套技术，包括合成基钻井流体的回收再利用。

今后应集中力量在现场应用经验的基础上，把研究重点放在超高温钻井流体处理剂的成果转化上，并根据超深井的需要开发抗高温不增黏处理剂和高温高压失水控制剂、流型调节剂、润滑剂等。加强油基钻井流体和合成基钻井流体的攻关，油基钻井流体和水基钻井流体并重，通过钻井流体配方优化以及钻井流体高温性能评价，不断完善超高温高密度钻井流体的性能，提高钻井流体技术水平，形成适用的超高温高密度钻井流体。同时强化基础研究，为钻井流体性能优化提供理论依据，以解决钻井流体在高温下的流变性和失水量控制问题，从而满足深层油气资源勘探开发的需要。

第7章　高应力地层钻井流体

高应力地层钻井流体(Drilling Fluids in High Ground Stress)是在高应力地层中钻进的流体。高地应力地层易产生微裂缝,且井壁多沿弱面破坏,引起坍塌和漏失,导致井下阻卡等复杂情况频繁发生,钻井效率低下。高地应力的存在会直接导致要保证孔壁稳定的钻井流体当量密度增大,而密度过大也会导致黏卡、渗漏、流变性变差等不利影响;同时,高地应力还会加剧孔壁破碎地层发生坍塌掉块以及塑性地层发生缩径的程度。针对高地应力的地层特点,最直接的手段就是提高钻井流体密度,而往往在提高密度的同时必须保证体系具有优良的封堵性,较强的抑制性及较低的失水量,在达到压力平衡钻进时要能在孔壁形成良好的滤饼质量,这样才能有效保证在高地应力状态下钻进的孔壁稳定。

7.1　开发原理

由于地层应力很高、各向异性较强,微裂缝发育,钻井流体在失水过程中降低缝壁间黏结强度、有效应力,使裂缝扩展沟通。其解决措施是强化钻井流体封堵性能,在井壁附近形成超低渗透封隔层,减少钻井流体进入微裂缝。同时提高钻井流体密度及抑制性,平衡地层高坍塌压力并降低黏土矿物的水化程度,避免井壁失稳加剧。目前,氯化钾和甲酸钠等有机盐、多元醇、聚胺和硅酸盐等抑制剂对于抑制黏土的水化应用广泛,沥青、超细碳酸钙、纳米防塌剂和腐殖酸—铝等封堵剂也很成熟。惰性加重剂硫酸钡、铁矿粉、方铅矿,以及无机盐和有机盐等加重方法适用性较广。因此,将上述各类添加剂有机结合开发出高密度的强抑制强封堵钻井流体解决高地应力地层是可行的。

7.2　体系种类

目前国内应用于高应力地层来提高封堵性及抑制性的高密度钻井流体有聚磺高密度钻井流体及有机盐高密度钻井流体。

7.2.1　聚磺高密度钻井流体

蔡勇等针对沙河街组的硬脆性地层黏土含量和矿化度较高,存在异常高地应力和次生应力,沙四段存有盐膏层、高压盐水层,油气显示活跃等问题,优选出了聚(磺)聚合醇高密度钻井流体(蔡勇等,2010)。该钻井流体组分作用见表5.7.1。

聚磺高密度钻井流体施工采用"强封固—抑制—合理密度有效支撑井壁—合理匹配防塌钻井工艺"的技术路线。转化为高密度钻井流体时,一定要严格控制钻井流体中的膨润土含量。该井三开钻井流体密度为 $1.8 \sim 2.0 \text{g/cm}^3$ 的井段,井底温度高达 $130 \sim 150 ℃$,膨润土含量需要控制为 $20 \sim 30 \text{g/L}$ 。

表5.7.1　利67区块沙河街组聚(磺)聚合醇高密度防塌钻井流体组分表

序号	组分	代号	加量范围,%	作用
1	井浆	未明确代号	未明确范围	用作钻井流体基浆
2	聚丙烯酰胺	PAM	0.3~0.4	絮凝黏土及钻屑、防塌
3	氢氧化钠	未明确代号	0.3~0.5	调节钻井流体pH值
4	降失水剂	KFT	2.0~3.0	降低钻井流体失水量
5	磺化酚醛树脂	SMP-1	3.0~5.0	防塌、控制钻井流体黏度
6	磺化沥青	FT-1	2.0~3.0	稳定井壁、降低钻井流体失水量
7	聚合醇防塌润滑剂	未明确代号	2.0~3.0	防塌、润滑作用
8	固体润滑剂	未明确代号	1.0~2.0	润滑作用
9	硅氟稀释剂	未明确代号	0.5~1.0	改善钻井流体流变性
10	表面活性剂	SP-80	0.2~0.3	增加钻井流体抗温性能
11	重晶石	未明确代号	未明确范围	增加钻井流体密度

　　高密度钻井流体的维护重点是控制密度和流变性。调整性能时要遵循密度第一、流变性第二的原则。高密度钻井流体由于其固相含量高，会导致钻井流体的摩阻和压差较大，易导致压差卡钻事故，因此，钻井过程中聚合醇防塌润滑剂和固体润滑剂的含量必须分别不低于2.0%和1%，使钻井流体具有良好的润滑性能。为提高钻井流体的抑制能力和防塌能力，必须加入足量聚丙烯酰胺、磺化沥青、聚合醇防塌润滑剂等抑制类处理剂。为提高钻井流体的高温稳定性，控制降失水剂和磺化酚醛树脂的含量，可加入表面活性剂增加钻井流体的抗温能力。应用该钻井流体顺利解决了利67区块沙河街组高密度钻井的需要。应用结果表明，聚(磺)聚合醇高密度钻井流体流变性能良好，抑制防塌及抗温能力强(抗150℃的井底高温)，且固相容量很低，可加重至密度为$2.0g/cm^3$，该钻井流体采取合理密度、强化学抑制和强物理封堵等措施增强钻井流体的抑制防塌能力，能较好地解决井壁的严重失稳问题。

　　此外，王东明等(2016)针对华北油田古近系黏土矿物含量高，岩石水化膨胀严重，地层岩石黏聚力和内摩擦角变化幅度大，长时间浸泡后易形成缝网，当钻井流体柱压力高于坍塌压力到某种程度时，裂隙宽度呈几何倍数增加，导致井壁掉块，奥陶系和蓟县系石灰岩地层地应力差相对较大，岩石微裂缝发育，高地应力作用下易产生微裂缝，且多沿弱面破坏，而引起坍塌和漏失等问题，采用在氯化钾—聚磺钻井流体中引入聚胺抑制剂和纳米防塌剂，提高抑制性和封堵能力，并增大润湿角，降低岩石亲水能力。在阳探1、文安101x、安探1x等深井古近系进行了应用，取得了井壁稳定、钻井复杂事故为零的效果。应用结果表明，在氯化钾—聚磺钻井流体中加入抑制剂和封堵剂可以适应高应力地层的钻进。

7.2.2　有机盐加重高密度钻井流体

　　有机盐钻井流体是一种针对极易水化膨胀、缩径、剥落掉块的泥岩及由于高地应力要求较高钻井流体密度(最高密度为$2.6g/cm^3$)的钻井流体。它具有的强抑制、防塌、润滑防卡、高密度、良好的流变性等特点，能有效解决高压、多裂缝、强水敏、强造浆、化学成分复杂等客观地质情况的地层给钻井工作带来的各种问题。

唐仕忠等(2000)针对准噶尔盆地南缘地驻安集海河组存在超高压、强造浆、强坍塌应力、复合离子侵害等问题,分析了该地区易塌层段的黏土矿物组分、结构特性和物理化学特性以及存在的钻井流体液技术难题,研究出有机盐钻井流体,该钻井流体组分见表5.7.2。

表5.7.2 安5井安集海河组有机盐钻井流体组分表

序号	组分	代号	加量范围,%	作用
1	膨润土	未明确代号	1.0~2.0	润滑、配制钻井流体基浆
2	抗温抗盐稀释剂	TX	7.0~9.0	改善钻井流体流变性
3	低黏羧甲基纤维素钠盐	LV-CMC	2.0~3.0	降低钻井流体失水量
4	高温抗盐降失水剂	RSTF	3.0~5.0	降低钻井流体失水量
5	抗高温防塌降失水剂	PHT	12.0~15.0	稳定井壁、降低钻井流体失水量
6	生物聚合物	XC	0.2	作胶凝剂
7	褐煤树脂	SPNH	2.0~3.0	降低钻井流体失水量、防塌
8	磺化酚醛树脂	SMP-Ⅱ	2.0~3.0	防塌、控制钻井流体黏度
9	羧酸盐	OS-100	30.0~45.0	增加钻井流体密度
10	重晶石粉	未明确代号	未明确范围	增加钻井流体密度

高密度有机盐钻井流体在安5井安集海河组2250.00~3050.00m钻进过程中,钻井流体密度2.25~2.52g/cm^3,通过控制合适的密度和失水及润滑性能,克服了安集海河组的高压地层流体、高地应力、地层倾角大、同一裸眼段多个压力系统并存及多个砂泥岩互层等复杂地质条件中,起下钻25次,起下阻力一般5~10tf,最大15tf。钻进中扭矩平稳,砂样代表性好,钻屑基本呈原生片状且棱角分明;电测一次到底,电测井径规则,未出现垮塌现象,最大井径扩大率4.6%,平均井径扩大率3.2%,下套管固井一次成功。现场应用结果表明,有机盐防塌钻井流体具有抑制造浆、稳定井壁、润滑防卡、抗可溶性盐侵害、流变性能好等特点,并在现场摸索出一套满足准南地区安集海河组复杂地层井壁稳定的防塌性能指标控制范围及控制方法。

7.3 发展前景

从国内外的最新研究成果来看,水基钻井流体的使用是钻井行业工艺技术进步的必然趋势。对此国内的研究与国际上相比,有成果也有不足。国际上对此类钻井流体的研究应用已经日趋成熟,需要着重深入的是针对现场需要在细节上不断优化,提高性能,针对特殊情况的地层具体提出详细的处理意见和解决方案;而对于国内现实情况而言,虽然在水基钻井流体的研究上也取得了较多的成果,有了相当的进展,但是由于处理剂的使用上的经验缺乏和理论不足,导致在工艺水平和国际上还有较大的差距,尤其是国际上成熟使用油基或合成基钻井流体的同时,国内相应的研究实践却屈指可数,故而应该是国内目前研究的重点和难点。

7.3.1 存在问题

目前高应力地层钻井流体还存在固相含量高、流变性难以调整和控制、钻井流体维护处理困难等问题。

(1)固相含量高。高温、高压、高盐及多压力系统环境,高密度钻井流体中40%~60%固相含量导致高密度钻井流体黏度、切力过高变稠,同时产生加重剂沉降问题。深井施工中经常因钻井流体流动困难、循环阻力大、激动压力高而发生井漏、钻井流体失稳、固化、高温胶凝等复杂情况。采用稀释剂减稠进一步恶化加重剂沉降,采用结构稳定剂提高切力,以悬浮加重剂会导致流变性变差。经常陷入"加重—增稠—降黏—加重剂沉降—密度下降—再次加重"的恶性循环,高密度钻井流体流变性与沉降稳定性控制已成为深井钻井的关键技术。

(2)流变性难以调整和控制。钻井流体流变性的调整与控制是高密度钻井流体的技术难点,尽管表面改性和活化改善了加重材料沉降问题,仍需要膨润土和分散剂提供高密度钻井流体的结构强度,增加高密度钻井流体稳定性。膨润土含量过高,深井高温、高 pH 值条件会促进膨润土水化分散,造成黏度、切力增大从而失去流动性;膨润土含量过低,钻井流体处理剂中高价阳离子深井高温条件下挤压膨润土颗粒扩散双电层,造成膨润土高温聚集,削弱钻井流体凝胶强度,破坏高密度钻井流体沉降稳定性,促进加重材料沉降甚至导致复杂事故。极高固相条件下膨润土含量存在高温增稠及减稠的双重危险,影响高密度钻井流体的流变性和沉降稳定性,合理膨润土含量的确定是控制高密度钻井流体性能的核心。

(3)深井钻遇多压力系统,石膏层、复合膏盐层、高压盐水层和不稳定地层等复杂地质情况,井漏、钙浸及盐膏浸等使高密度钻井流体维护处理工作复杂化。石膏、复合膏盐侵害引起黏度切力升高,铁铬盐稀释剂引起加重剂沉降。钻高压盐水层受盐水压力、侵入速度、侵害程度及上部地层等情况影响,选择合理密度和找准井漏压力平衡点是关键因素。高应力地层要求高密度钻井流体具较强抑制性和良好护壁性。

7.3.2 发展方向

降低固相含量、流变性和失水量的控制、钻井流体配方的优化以及钻井流体抗侵害抗高温高压的能力将是高应力地层钻井流体的主要发展方向。

(1)降低固相含量。降低固相含量可以通过引入新型超高温聚合物处理剂和低密度固相控制剂提高抗温性来实现。在重晶石加工方面,应当选择新的加重剂或者通过研究高性能黏切剂和表面活性剂来提高钻井流体的沉降稳定性并选择新型的合成基材料来降低成本。

(2)流变性和失水量的控制。研制低相对分子质量的聚合物降失水剂,以及抗盐高温高压降失水剂、降黏剂、抑制剂、润滑剂、封堵剂和井壁稳定剂等,研制流形调节剂改善钻井流体的流变性,使其易于控制。

(3)钻井流体抗侵害抗高温高压的能力。研制新型抗高温高压添加剂提高钻井流体在高温高压条件下的稳定性,使其能适应高应力地层的钻进。

第8章 煤层气储层钻井流体

煤层气(Coalbed Methane,CBM),俗称瓦斯(Gas),是煤层中自生自储的非常规天然气清洁资源,主要成分为甲烷,还有二氧化碳和氮。煤层气与常规天然气在组分构成、储集形态、运移方式等方面又有很大不同。

从组分构成上看,煤层气甲烷含量大于95%,常规天然气组成为甲烷和重烃类气体。

在储集形态上看,煤层气主要是以大分子团的吸附状态存在于煤层中,煤层气藏中有以吸附态的形式直接附着在煤孔隙内表面上的吸附气、以游离态分布在煤岩储层孔隙和裂缝内的游离气和以溶解态存在于地层水中的溶解气三种存在形式,天然气主要是以游离气体状态存在于砂岩或石灰岩中,常规天然气藏一般以气相为主,即储集空间被游离的气相所占据,存在少量束缚水。

在运移方式上看,煤层气主要以解吸、扩散、渗流为主,天然气主要靠自身正压产出。

虽然都是天然气,但不同的特性使得开发过程中存在诸多不同,必须符合自己的特性,所以开发比较困难。但是,煤层气开发关系国家安全、国家能源和国家经济等三个战略,所以必须加以开采。而煤层气钻井是开发煤层气的关键环节之一。

煤层气储层钻井流体(Coalbed Methane Reservoir Drilling Fluids)是指在钻进煤层气储层中所使用的循环流体。以组成为依据,煤层气储层钻井流体主要分为油基的无固相聚合物钻井流体、低密度聚磺钻井流体、无膨润土聚合物钻井流体、乳化钻井流体、可降解钻井流体、聚合物钻井流体和低固相聚磺钻井流体;水基的清水钻井流体、煤层气绒囊钻井流体、无固相盐水钻井流体、泡沫钻井流体和空心玻璃微珠钻井流体;气基的空气钻井流体和超临界二氧化碳钻井流体等三大类。

煤层气钻井的难点主要体现在复杂地层的钻探对技术要求高、施工难度大等两个方面(刘大伟等,2011)。

一是地层情况复杂、技术要求高。煤储层孔隙压力低,渗透性差,高密度钻井流体浸入将会导致煤层伤害,影响煤层的产气量。而且煤岩杨氏模量较小,一般为$(2.1 \sim 6.3) \times 10^4$ kg/cm^2,而常规储层杨氏模量一般为$(1.1 \sim 4.2) \times 10^5 kg/cm^2$,煤岩泊松比较大,一般为$0.27 \sim 0.40$,而常规储层大多小于0.2。说明煤岩是松软矿体、强度低,比常规储层岩石更易被压缩、破碎,取心困难。而且使用无固相或清水钻进煤层段,会造成井壁稳定性差、易坍塌,易发生井斜与井径扩大率超限;由于岩层倾角大,且为岩理及片理发育,岩层软硬交错,煤层厚,在钻进中容易造成井斜超限、井壁坍塌、漏失和井斜等事故的发生。

二是钻井施工难。与常规天然气储层相比,煤储层具有割理发育、非均质性等特殊物理性质(储渗结构)。煤岩基质低孔隙度、低渗透率,煤储层割理和裂缝形成的双重孔隙结构发育,毛细管自吸力较强,比表面积大,具有非常大的内表面积,一般可达$10 \sim 40 g/m^2$,故煤岩吸附能力较强。当钻开煤层后,工作液、高分子聚合物极易渗入储层中,吸附在煤层上。它一方面诱发煤基质膨胀而使有效裂缝受到挤压变窄;另一方面,聚合物在煤表面的多点吸附形成胶凝层,堵塞煤层的裂缝和割理系统。而且据推测,如果在钻井、固井过程中,钻井流体和水泥浆的密度控制不好或施工不当,就易发生井漏而造成煤层伤害(郑毅等,2002)。此外,在钻井施工过程中还面临着对煤岩储层造成重大伤害的风险。

三是储层保护难。造成伤害的作用机理主要有水化膨胀吸水化分散、无机垢堵塞、有机垢堵塞、微粒运移及固相侵入、钻井流体失水引起相圈闭伤害和甲烷吸附解吸引起应力敏感这 6 种。

(1)水化膨胀及水化分散。黏土矿物层状构造的含水铝硅酸盐矿物是构成黏土岩、土壤的主要矿物组分。煤储层中黏土矿物含量测定常用全岩矿物 X 射线衍射(X-ray Diffraction,XRD)分析与扫描电子显微镜(Scanning Electron Microscope,SEM)分析。将油气藏中黏土矿物按成分分为四类高岭石、蒙皂石、伊利石和绿泥石,其中蒙皂石主要是水化膨胀,伊利石主要是水化分散(Almon et al.,1981)。各类黏土都有一定程度的膨胀作用,认为水化指数越高表示黏土膨胀越大,储层伤害程度越大(法鲁克,2003)。煤岩中黏土矿物与钻井流体、地层水等外来流体中的水分相互作用,由于煤岩比表面积较大,使得煤岩颗粒与水分接触面积变大,更容易发生黏土矿物水化膨胀和水化分散。黏土矿物水化膨胀后煤岩基质体积变大,甲烷气体流动通道收窄,煤岩基质渗透率降低,严重时改变煤岩结构,使得煤岩本身岩石力学性能变差,井壁坍塌。

煤不是碳,且其成分十分复杂,煤是由古代植物遗体埋在地层下或在地壳中经过一系列非常复杂的变化而形成的,是由有机物和无机物所组成的复杂的混合物,主要含有碳元素,此外还含有少量的氢、氮、硫、氧等元素以及无机矿物质(主要含硅、铝、钙、铁等元素)。一般砂岩、泥岩等应用 X 射线衍射分析黏土矿物含量,但是,针对煤岩比较标准的方法是低温灰分法(李春柱等,1989)。煤在规定条件下完全燃烧后剩下的固体残渣,称为灰分(Ash Element)。经 BP 能源数据整理,中国灰分小于 10% 的特低灰煤仅占探明储量的 17% 左右,大部分煤炭的灰分为 10%~30%,而黏土矿物含量在灰分含量 10% 左右。

(2)无机垢堵塞。煤岩储层结垢类型主要为无机垢(Inorganic Precipitate)。无机结垢是因矿物水溶液的热力学和化学平衡状态的变化而变成过饱和时,垢从中沉淀的一种过程。

Stiff 等和 Skillman 等提出了无机垢预测模型。其中 Stiff 介绍了一种通过对朗格列方程中实验推导,预测油田水中硫酸钙垢(Stiff et al.,1951)。而 Skillman 提出以热力学溶解法来预测硫酸钙结垢趋势(Skillman et al.,1969)。但这两种模型忽略了地层温度、压力、离子强度等因素对无机垢的影响,应用具有一定的局限性。

而 Vetter 等和 Yuan 等提出的模型的方法又过于复杂。Vetter 等运用 I/Subs 方程对结垢模型进行计算(Vetter et al.,1982),其方法十分复杂。Yuan 等提出以原子守恒条件来对结垢模型进行计算(Yuan et al.,1991)。J. E. Oddo 等以 Amaefule 的理论为基础,得到了较为完善的无机垢储层伤害的预测模型(Oddo et al.,1994)。

除黏土矿物之外,煤岩储层中还存在一定量非黏土敏感性矿物,包括碳酸盐矿物、硅酸盐矿物、硫化物和氧化物矿物等。碳酸盐矿物主要是指充填次生粒间孔、粒内溶孔及包裹有浊沸石溶蚀残余的含铁方解石、铁方解石和铁白云石。铁方解石、铁白云石等为酸敏矿物,与酸反应释放出亚铁离子、铁离子。在富氧流体中,亚铁离子还会转化为铁离子。当液体 pH 值升高到一定程度时,会生成絮状沉淀而堵塞喉道,造成储层伤害。

一些高含钙和镁的矿物对氢氟酸较为敏感,如方解石、白云石等与氢氟酸反应后,矿物溶解释放出离子作用生成不溶解的氟化物,滞留在孔隙中。同时一些硅酸盐矿物,如石英、长石等,与氢氟酸作用后,在一定条件下可形成氟硅酸盐、氟铝酸盐及硅凝胶沉淀物,堵塞喉道,降低渗透率。

地层水中富含钙离子、镁离子等二价离子,这类离子的存在致使储层潜伏着强碱敏,作业过程中也会诱发硫酸钙、碳酸钙、碳酸镁等无机垢沉积,对煤岩基质渗透率影响较大。高pH值钻井流体进入储层,易与钙离子、镁离子结合形成沉淀,堵塞孔喉。

(3)有机垢堵塞。有机垢(Organic Precipitate)是近井地带的高pH值钻井流体的侵入和低表面张力流体注入储层产生的沥青质沉淀,而且沥青质、石蜡软泥可在酸化过程产生的低pH值条件下形成,而石蜡主要因冷却而沉淀。石蜡、胶质、沥青等有机垢沉积的伤害机理为孔喉堵塞;孔隙表面吸附;将岩石由水湿变为油湿,从而减小油相的有效渗透率;形成乳状液,增加流体黏度(Thallak et al.,1993)。建议欠饱和沥青质油藏沥青质沉淀引起储层伤害和产能下降的简化模型,对有机垢预测效果较好。煤中有机质含量很少,基本为煤焦油、苯衍生物、醛类有机物等(Leontaritis et al.,1998)。煤中的煤焦油沉淀而成有机垢孔喉压缩,诱导裂缝闭合或张开,影响煤岩基质渗透率。

(4)微粒运移及固相侵入。Amaefule等统计并分析了4000多口井的资料,认为微粒运移是造成储层伤害最普通的原因(Amaefule et al.,1990)。若控制地层流体流速小于临界流速,能够有效地降低注入层因地层微粒运移造成的渗透率的伤害(Muecke,1979)。Kumar等建立模拟钻井流体固相侵入地层的数学模型(Kumar et al.,1988)。

煤岩储层裂缝具有平、直、宽的特点,煤岩裂隙的孔隙度很低,通常只有1%~2%,煤层和钻井流体中小于孔隙直径或裂缝宽度的固相颗粒,在正压差作用下进入储层堵塞孔隙和裂缝,极易被滤液携带进入储层深部残留在孔隙中而无法清除,在井眼周围形成一个半径较大的固相侵入带,造成储层永久性伤害。

(5)钻井流体失水引起相圈闭伤害。侵入近井地带的钻井流体滤液会在井筒周围产生地层伤害带,并在假定钻井流体滤液与油层流体混合且盐水浓度变化的基础上建立了单相钻井流体滤液侵入模型(Civan et al.,1994)。煤岩储层原始含水饱和度一般低于束缚水水相圈饱和度,在正压差条件下,由于煤岩比表面积较大、吸附性强、微裂隙发育,低孔隙度、低渗透率和毛细管压力高等特点导致侵入流体难以返排,钻井流体滤液侵入使近井地带储层含水饱和度增加,形成水相圈闭,气相渗透率降低。造成严重的水相圈闭伤害(张国华等,2011)。

(6)甲烷吸附解吸引起应力敏感。室内试验研究了与解吸有关的煤岩体基质体积变化后得出,解吸引起的煤基质收缩变化远大于基质的压缩率(Harpalani et al.,1995)。Mavor等(1996)利用美国SanJuan盆地的现场实测数据验证了"基质收缩理论"的正确性,在数值模拟中考虑了压缩和基质收缩对煤的孔隙度的影响,建立数学模型。Harpalani等(1990)通过室内试验发现,气体压力减小时,煤层气解吸,煤基质体积减小,且煤岩基质应力、应变与解吸的气体量呈线性关系。赵阳升等(1990)研究了吸附和变形对煤岩渗透率的影响,认为渗透系数随孔隙压力的变化存在临界值,孔隙压力小于该临界值时,渗透系数减小,大于该临界值时,渗透系数增加,并得出了渗透系数随孔隙压力和体积应力变化的经验公式。唐巨鹏等(2006)进行了有效应力对煤层气解吸渗流影响的试验研究,认为由于煤层气解吸时,煤基质会收缩使得裂隙扩张,从而导致煤层渗透率的增大。杨永杰等(2007)进行了煤岩应力—应变全过程中的渗透性试验,揭示了煤岩在变形破坏过程中的渗透率变化规律。隆清明等(2008)通过试验研究了吸附作用对煤的渗透率的影响,得到吸附作用越强、吸附瓦斯量越多,煤的渗透率越小的结论。

煤岩储层中由于储层裂缝一定程度发育,钻井过程中压力波动易引起扁平状的喉道闭合或扩张,发生应力敏感性伤害。其中,力敏性伤害的原因分为两类:

(1)排水、采气过程引起煤层孔隙内流体压力下降后,煤层骨架所承受的有效覆压增加,储层受到压缩,基质孔隙变小、天然微裂缝闭合,导致渗透率下降(杨胜来等,2006)。

(2)有效压力的改变导致裂隙的开启和闭合,进而导致渗透率的改变,而且这些裂隙在闭合后再卸压过程中不易张开,宏观上表现为随着有效压力的增加渗透率滞后的现象(张亚蒲等,2010)。

正压差作业时甲烷解吸,煤岩基质收缩,裂缝宽度扩张,容易发生钻井流体渗透性漏失,漏失进入储层的液相可以弱化岩石强度,加剧储层应力敏感性。煤岩本身胶结强度较差,裂缝扩张会诱发井壁上煤岩崩塌。钻井作业中沟通裂缝通道,甲烷气体流动,处于未饱和状态下煤岩储层吸附游离态甲烷气体,基质膨胀,裂缝闭合,煤岩内部应力变大,加之煤岩本身硬度低,同样引起煤岩崩塌。

综合以上作用机理,发现煤层气钻井流体对煤岩储层伤害影响很大,开发煤层气专项钻井流体时重点考虑钻井流体进入煤层后对煤层气运移通道的堵塞以及井壁稳定问题。一般要求钻井流体具有低密度、低黏度、低失水量、中性pH值及低固相含量等特性,减少钻井流体的侵入,达到保护储层的目的。

关于煤层气研究现状,国际上从20世纪50年代就开始研究煤岩储层伤害的机理和原因,但只限于经验性和定性研究用代表性研究的结论;20世纪50年代到70年代进行了半定量研究结论;20世纪80年代到90年代致力于物理模型和数学模型的研究,对储层伤害的机理和原因逐步有了了解(李花花,2009)。

中国煤层气研究起步相对较晚,从20世纪80年代开始,经历中国石油第一口煤层气井山西沁水盆地晋平2-2井(盛玉奎等,2006)试采成功,21世纪初才开始对煤层气储层有深入研究,国内储层伤害研究是在国际上的研究基础之上针对中国煤层特点进行。

目前,国内外研究认为煤岩储层伤害主要是由于储层中的黏土矿物、非黏土矿物与钻井流体等外来流体相互作用的结果(敬军淇等,2015)。

8.1 开发依据

针对煤层气钻井在复杂地层的钻探对技术要求高、施工难度大并且由于煤是松软矿体、强度低,取心困难,煤储层孔隙压力低,渗透性差,因此在使用无固相或清水钻进煤层段,造成井壁稳定性差、易坍塌,易发生井斜与井径扩大率超限;或者由于岩层倾角大,且层理及片理发育,岩层软硬交错,煤层厚,在钻进中容易出现井斜超限;使用高密度钻井流体侵入将会导致煤层伤害,影响煤层的产气量的难题。专家们提出了针对不同煤岩储层在设备上加以优化和开发煤岩储层钻井流体的方略。

首先,针对煤层气钻井的各项难点,提出了以下通用的设备上的解决思路:

(1)把好设备安装关,正确选择钻具组合,合理选择钻井参数,及时测斜,跟踪作图是保证井直的关键。

(2)二开钻进上部地层段,选用钾铵基低固相钻井流体可避免破碎地层井壁坍塌与漏失。

(3)见煤层前换用无固相钻井流体,实现近平衡钻井,用无机盐类处理剂能抑制煤岩层的吸附膨胀,可保持适当密度,稳定井壁,起到对煤储层的保护。

(4)加长循环槽,设置二级设备净化,控制钻井流体固相含量,维护好钻井流体性能,可减少对煤储层的伤害。

(5)取煤时采用低钻压、低转速、低排量、低泵压的"四低"参数钻进,每次钻进到预定井深,采用干磨方法,使煤心自然堵塞取心筒后割心,可提高煤心的收获率。

(6)合理选择钻井流体和钻井设备、机具与钻井参数,提高钻效,缩短钻井周期,减少钻井流体对地层的浸泡时间,防止井壁坍塌与井径扩大。

其次,为了解决钻进过程中的一系列问题,相对应地对煤岩储层钻井流体的要求也应运而生:

(1)防塌。主要的防塌机理有三类,这里使用煤层气绒囊钻井流体为例进行介绍,即,提高煤岩地层强度、增大流体进入煤层的地层阻力、吸收钻具冲击力这三种(郑力会等,2016)。

一种是煤岩对机械力的作用十分敏感。煤岩裂缝发育是区别于砂岩、泥页岩的本质特征。单纯提高钻井流体密度,不仅会使钻井流体失水量增加导致井漏,甚至会使储层形成新的裂缝,使得破碎地层储层结构失稳。因此,煤层钻进过程中钻井流体密度必须保持在合适的范围内,合适的钻井流体密度应在煤层坍塌压力与破裂压力之间。

泥页岩夹层的膨胀推挤效应。煤岩多与泥页岩互层,也可能与砂岩夹杂。煤层下的泥岩或砂岩坍塌后,煤层因失去支撑而坍塌,同时煤层的坍塌进一步促使上部泥页岩坍塌,形成恶性循环。因此考虑煤岩的稳定时,必须同时考虑泥页岩夹层的稳定性。

(2)防漏。在钻井完井作业中,割理系统所受有效应力降低,割理宽度变大,钻井流体封堵性能变差,在压差作用下钻井流体侵入张开的裂缝。侵入的钻井流体引起煤岩强度降低,割理宽度进一步增大,钻井流体侵入量加大,极易引起井漏。

(3)储层保护。煤是一种可燃的有机岩,其化学组成可分为有机质和无机质两大类,以有机质为主。煤层中含有大量的黏土类矿物,主要以高岭石为主,另外还有少量的绿泥石、蒙皂石和伊利石,黏土均匀分布于有机质的颗粒中,呈团粒块状。高岭石矿物是膨胀特性比较稳定的黏土矿物,是煤层中产生微粒运移的基础物质。绿泥石是在富含镁离子和铁离子环境中生成的黏土类矿物,当绿泥石遇酸后会溶解出亚铁离子,待酸消耗尽后就很容易形成氢氧化亚铁凝胶物。蒙皂石具有较强的离子交换能力,水分子容易进入晶胞之间发生水化、膨胀和分散。特别是在碱性条件下,蒙皂石的水化分散作用更加明显。在煤层裂隙内膨胀后的蒙皂石对渗透率的伤害是非常严重的。汪伟英等在分析煤层气储层特征的基础上,利用饱和指数法预测了山西沁水郑庄煤层气储层在钻井流体侵入时的结垢趋势,然后通过室内静态实验测定了钻井流体与地层水在不同混合比、不同pH值条件下的结垢量,并通过岩心流动实验,进一步证实了钻井流体侵入产生结垢对储层的伤害程度(汪伟英等,2010)。研究结果表明,采用地表水配制的钻井流体在侵入储层后有碳酸钙垢形成,结垢量随 pH 值升高而增大;钻井流体侵入量越大,煤储层伤害越严重。

黄维安等(2012)研究分析山西沁水盆地煤层气储层伤害机理主要为黏土矿物,且微裂缝发育,存在潜在水敏性伤害;煤岩表面属弱亲水性,存在潜在的水锁伤害;存在较强的应力敏感性伤害。在此基础上优选出了表面润湿性改善剂,水敏性抑制剂,并最终研制出了山西沁水盆地煤层气储层的钻井流体,其对煤层气储层岩样湿态下的渗透率伤害最低。

以山西沁水盆 3 号煤样为研究对象,实验研究了外来流体侵入对煤层气解吸时间和渗透率的影响。结果表明,外来流体侵入延长煤层气解吸时间和降低渗透率,随着含水率上升,煤层气解吸时间延长和渗透率降低(胡友林等,2014)。在此基础上进行了防水锁剂的研究,优选出了防水锁剂。结果表明,该种防水锁剂起泡性弱,并且能够降低表面张力、增大接触角、降低煤心自吸水量、减少煤层气储层水锁伤害,具有较好的防水锁效果。

煤层较低的孔隙压力,发育的割理系统,较强的毛细管自吸力,导致钻井流体极易侵入或漏入煤层并难以返排。侵入或漏入的钻井流体以液相圈闭、固相堵塞及流体敏感的形式伤害煤层。

8.2 体系种类

煤层气钻井流体多以常规油气钻井流体为基础,尚缺少成熟煤层气储层钻井流体技术及体系,然而煤层气井对钻井流体要求较高,特别是对钻井流体密度、固相含量有相当严格的标准。

以主要组分进行划分,目前煤层气储层钻井所采用的流体体系主要分为三类。即:属于油基的无固相聚合物钻井流体、低密度聚磺钻井流体、无膨润土聚合物钻井流体、乳化钻井流体、可降解钻井流体、聚合物钻井流体、低固相聚合物聚磺钻井流体;属于水基的清水钻井流体、煤层气绒囊钻井流体、无固相盐水钻井流体、泡沫钻井流体、空心玻璃微珠钻井流体;属于气基的空气钻井流体、超临界二氧化碳钻井流体。

8.2.1 清水钻井流体

为解决煤屑携带不彻底、水平段岩屑床清除不完全、钻井流体对煤层伤害问题,可以取用清水钻井流体(Clear Water Drilling Fluid)。较之其他钻井流体,清水钻井流体有着可以有效携带煤屑、清除水平段岩屑床、在钻进过程中循环洗井、防止储层受到伤害的先天优势,以保证试井工作顺利进行并获取准确的储层参数。

通过樊庄区块 2 口多分支水平井现场实施情况表明,在煤层的水平段及分支段钻进过程中,宜采用近平衡钻井,钻井流体以清水为主;尽量保持井眼轨迹沿煤层中上部靠近煤层顶板位置钻进,且实施快速钻进;减少煤储层在钻井流体中的浸泡时间,以利于保持煤层井壁稳定,减少对煤储层的伤害及煤层坍塌危险(董建辉等,2008)。

沁水盆地多分支水平井采用清水充气欠平衡钻井,很好地保护了煤层气资源。但清水充气钻井不利于煤层井壁稳定,其原因可归结为 3 个方面:钻井流体密度不合理,合理欠压值有待深入研究;钻井流体性能不稳,携岩效果差;气体在清水及井筒中分布不均,易引起压力激动。且清水钻井流体并不能有效地防塌防漏,例如使用清水钻井流体的晋平2-0-4井在水平段及分支段发生7次卡钻漏失、樊平1-1井发生了2次煤层垮塌事故。

针对沁水盆地煤层气水平井开采中以清水作为钻井流体的情况,室内采用X射线衍射、扫描电镜、煤岩膨胀实验和敏感性实验分析了煤层气储层岩石组成及理化性能,同时结合水质结垢预测、水质粒度分析与动态体积流过量实验等方法研究了清水钻井流体,结果表明清水对煤层气储层造成伤害的因素有:与地层水兼容性不好易结垢、矿化度较地层流体低易引起煤层中黏土矿物水化膨胀、自身絮凝能力弱易造成微小固相颗粒堵塞伤害和返排能力差不利于煤层气排水开采(陈军等,2014)这4类。

针对清水钻井流体的不足,通过引入无机盐、防垢剂、表面活性剂和低分子量絮凝剂对清水钻井流体进行改进。在此基础上,优选出煤层气水平井钻井流体配方,该钻井流体组分见表5.8.1(岳前升等,2012)。

表5.8.1 煤层气水平井钻井流体组分表

序号	组分	代号	加量范围,%	作用
1	防膨絮凝剂	PXA	0.5	降低膨胀程度,降低液体之间摩擦阻力
2	防垢助排剂	GPA	0.5	使水软化,防止结垢帮助工作残液返排
3	羧甲基纤维素钠	未明确代号	50L/3单根	循环清扫钻屑,保障水平段施工安全顺利

性能测试结果表明,改进后清水钻井流体与煤层水、黏土矿物具有很好的兼容性,返排和絮凝能力增强,伤害后的煤心渗透率恢复值接近100%,具有优异的储层保护效果。

钻井流体使用低密度、低黏度、低失水量、中性pH值及低固相含量的钻井流体。固井采用低密度、低上返的固井技术。这不仅对煤储层具有一定的适应性,也保护了煤储层的渗透性。

煤层气钻井中使用密度低、黏度低、pH值低、失水量低和固相含量低或无固相的钻井流体技术,既能满足安全钻进的要求,又能防止钻井流体对储层的碱性侵害、黏土侵害、固体颗粒侵害、高分子聚合物的侵害。

在地层复杂不能使用清水钻进时,使用由API标准钠膨润土和低分子量三元共聚物按一定比例配制的低黏度低失水量高分散性的LBM低固相钻井流体,密度是$1.025g/cm^3$,失水量是3mL/30min、pH值等于7的钻井流体,该种钻井流体可以很好地控制钻井流体对储层渗透性的碱性伤害和滤液侵入伤害。

(1)一开。配制$40m^3$膨润土浆,充分水化24h后,进行一开钻进。一开钻完后,打入漏斗黏度为100s的高黏度钻井流体彻底洗井,保证井眼洁净,确保下表层套管和固井作业顺利。

(2)二开直井段。在一开膨润土浆的基础上,补充聚丙烯酰胺胶液,提高钻井流体的抑制能力和包被能力,控制固相含量。钻至3号煤层前,为保护煤层不被伤害,逐步替换为清水,控制密度和固相含量。

(3)二开定向侧钻井段。在原井浆的基础上补充正电胶,提高钻井流体的抑制与防塌能力,同时增加钻井流体的携砂和悬浮能力;补充聚丙烯酰胺胶液,提高钻井流体的抑制与包被能力,维护钻井流体性能:密度 1.05g/cm³、漏斗黏度 44s、切力 2~8Pa。二开钻完后,充分洗井,确保测井,下套管顺利。

(4)三开水平井段。主要在煤层段钻进,将前开次使用的钻井流体放掉,使用清水加2%氯化钾的钻井流体钻进;每钻进3个单根加入50L高黏钠羧甲基纤维素胶液循环清扫钻屑,保障水平段施工安全顺利。充分使用三级固控设备,清除钻井流体中的固相,将密度控制在 1.01~1.02g/cm³,固相含量控制在1%以内,漏斗黏度28~33s,pH值在8以下。在三开钻进至煤层时应当注意:

① 实时监测钻井流体性能,根据现场情况及时预判并调整钻井流体性能。

② 配制固体处理剂胶液,若需调整性能时,根据情况加入胶液,防止钻井流体性能有较大波动。

③ 严格控制钻井流体中固相含量,要求现场配备振动筛,若有固相进入钻井流体,可通过振动筛予以清除,控制钻井流体密度。

④ 若钻井流体在井下停留时间较长,应在钻井流体中加入适量除氧剂,防止处理剂变质及对井下金属的腐蚀。

⑤ 严格控制钻井流体 pH 值,pH 值达不到要求,应加入氢氧化钠调节。

⑥ 作业完成,可根据要求加入破胶剂加速破胶返排投产。

樊庄区块位于山西省南部沁水盆地南部,总含气面积为 398.23km²,煤层气总资源量为 $1043 \times 10^8 m^3$,已探明 $352.26 \times 10^8 m^3$。3号煤层和15号煤层为该区块的主力产气层,其中3号煤层探明储量 $288 \times 10^8 m^3$。该煤层埋深适中,为 500.0~650.0m,利于开采;煤层厚度为 5.0~7.0m,总体趋势东厚西薄,且煤层横向分布稳定,结构相对简单,无明显分岔;煤质好,生气能力强;煤的生气量在 170m³/t 以上,远大于煤层自身的吸附能力;气源充足,煤层含气量为 17.10~25.29m³/t,含气饱和度高达 90%~98%;地解压差为 0.84MPa、煤岩解吸能力强;煤层物性较差、非均质性强,孔隙度为 2.9%~7.09%,连通孔喉中值半径为 53.09~90.65μm,煤层割理较发育,密度可达 530~580 条/m,宽度大于 1μm,割理充填不明显;煤层顶底板主要为泥岩、粉砂质泥岩,底板以粉砂质泥岩为主,其次为粉、细砂岩,泥岩封盖能力强,直接顶板泥岩一般厚 15.0~59.0m,泥岩裂隙不发育,封盖能力较强,突破压力为 8~15MPa。

晋平 2-0-4 井和樊平 1-1 井是中国石油在沁水盆地南部晋城斜坡樊庄区块实施完成的两口煤层气多分支水平井,其中晋平 2-0-4 井主分支共计10支,总进尺 4289.25m,最大井斜角96.4°;樊平 1-1 井主分支共计9支,总进尺 6084.00m,最大井斜角93.99°。

晋平 2-0-4 井在水平段和各分支段使用的钻井流体为清水配合使用石灰石粉和柠檬酸。钻进过程中,采用清水钻进,每钻进 100m 用漏斗黏度为 70~80s 的高黏钻井流体循环清洗井下岩屑,下扩眼器修复不规则井段,用柠檬酸循环防止煤岩孔隙堵塞,并用清水循环洗井,防止储层伤害。

樊平 1-1 井的水平段和各分支段是在煤层中钻进,采用了充气欠平衡钻井技术。钻井流体为清水和 XC 生物聚合物,这对于防止煤层受伤害、携带煤屑、清除水平段岩屑床起到了积极作用。

两井在施工过程中,使用清水流体钻进,在防止煤层受伤害、携带煤屑、清除水平段岩屑床起到了积极的作用,应用效果良好。但同时也存在井壁稳定性差、煤层易垮塌导致卡钻事故等问题。针对清水钻井流体储层水敏伤害、兼容性差、易遭到微小颗粒易侵入、返排能力弱 4 项伤害机理,提出了相应的改进措施。

(1)水敏伤害。采用在清水中加入一定量的无机盐以平衡沁水盆地煤层气储层水矿化度,充分发挥钾离子对黏土矿物独特的防膨能力。

(2)兼容性差。清水作为一种地表水,与煤层水混合后存在结垢现象,这对煤储层的伤害是非常严重的。通过添加化学防垢剂可以较好地解决清水和煤层水混合后不兼容问题。

(3)微小颗粒易侵入。煤层经钻头破碎后会产生大量碎屑(即钻屑),被清水携带至地面通过固控设备时部分固相颗粒得以清除,但有些尺寸较小的颗粒仍然会残留在清水中,清除这种钻屑主要靠絮凝剂和地面固控设备。由于固控设备无法清除一定粒径以下的微小固相,在油气钻井中主要靠钻井流体中聚合物大分子通过吸附、架桥等产生絮凝作用而去除。但添加聚合物大分子又会造成聚合物堵塞而伤害煤储层。通过添加一些特殊无机低分子混凝剂来解决此类问题。

(4)返排能力弱。在正压差钻井条件下清水钻井流体会不可避免侵入煤层,由于煤层表面的亲水性,低渗透煤层会产生一种自吸现象,因自吸产生的毛细管力会阻止侵入的清水向井筒返排,不利于煤层气排水降压开采。而表面活性剂能够吸附于气液表面,显著降低气—液表面张力,从而降低毛细管阻力。可以通过优选适当种类的表面活性剂来降低清水钻井流体的表面张力以利于侵入液体的及时返排。还可以变清水充气钻井为可循环泡沫钻井,这样不但可增加携岩效果,还有利于对煤层进行暂堵,有利于钻井流体返排,降低钻井流体失水量,切实做好欠平衡钻井工作;暂堵—自降解钻井流体。

(5)增加清水黏度,提高清水携岩效果,要求增黏剂与煤层兼容性好,可在一定的时间内自动失效,以便后期改性水降黏,增加排水采气效果。

所以,如果要使用清水钻井流体,在煤层的水平段及分支段钻进过程中,应采用近平衡钻井;并尽量保持井眼轨迹沿煤层中上部靠近煤层顶板位置钻进,且实施快速钻进;减少煤储层在钻井流体中的浸泡时间,保持煤层井壁稳定,减少煤储层的伤害及煤层坍塌危险。

8.2.2 空气钻井流体

为解决钻头无法快速冷却、岩屑无法完全排除、井壁不能被较好保护的问题,空气钻井流体(Air Drilling Fluid)得以被提出。空气钻井是用压缩空气代替常规钻进时用常规钻井流体来进行循环,达到冷却钻头、排除岩屑和保护井壁的作用。

空气钻井可以最大限度地降低钻井流体对煤层的伤害,提高机械钻速,缩短钻井周期。施工表明,该技术钻进效率高、成本低、孔内安全,最为重要的是保护目标煤层原生结构不受伤害,显示出空气钻进技术极大的优越性,有较好的经济和社会效益(林洪德等,2009)。为满足携岩要求,环空空气流上返速度应达到 900m/min 以上,因此应配备压风机甚至增压机(鲜保安等,2004)。

空气钻井主要采用空气或空气泡沫作为循环介质,潜孔锤冲击钻进工艺(吴建光等,2011)。该技术具有钻进速度快、效率高、钻压低、井身质量好、无循环液漏失等优点,既保护了储层,又节省了工程成本,提高了效益,从而能高质量地完成钻井施工任务,具有明显的技术和经济优势。

充气钻井流体可以通过调整清水与空气的比例,改变流体液柱对井底的静压力,实现平衡或欠平衡钻进,该钻井流体可有效地钻穿易漏地层,并能减轻或避免钻井流体对储层的侵入和伤害,并且如果在钻井流体中加入3%~5%的氯化钾,就能有效地钻探易水化膨胀的蒙皂石页岩地层和易剥落掉块的伊利石页岩地层。该钻井流体有较强的防塌能力,对防止物理、化学因素引起的地层垮塌效果显著(边继祖等,2001)。

同时,三交地区SG-3井低压储层煤层气井钻井流体技术。该井完钻井深为516.50m,完钻层位为9号煤层底。一开采用膨润土钻井流体,钻至井深111.00m时发生井漏,漏速为9.6m^3/h;二开采用低固相聚合物钻井流体;三开煤气层段采用由清水、空气及合适的无机盐组成的充气钻井流体,将所有钻井流体罐清洗干净后注入清水,用清水替换技术套管内的钻井流体,然后加入3%氯化钾,全井混合均匀通过调整清水与空气的比例,改变流体液柱对井底的静压力,携屑能力及防塌效果良好;井眼稳定,井径规则,井径扩大率为3.2%,取心、测井顺利;实现平衡或欠平衡钻进。该钻井流体可有效地钻穿易漏地层,并能减轻或避免滤液和固相侵入和伤害储层。测试表明,目标煤层均有良好的煤气显示,防漏堵漏效果显著。

此外,针对高陡构造煤储层特点,提出了一种适合开发高陡构造煤层气的U形井钻完井技术,并给出了配套的U形井钻完井技术、欠平衡钻井工艺及地面采气技术(鲜保安等,2010)。直井钻以安全快速钻井为主要目的。斜井的三开主要使用充气清水作为钻井流体实现欠平衡钻进保护煤层。结果表明:U形井钻采技术可有效保护煤储层,减少储层伤害,并可以实现多口U形井共用一口直井进行排采,从而节约地面资源,发挥一井多用的作用。

8.2.3 无固相聚合物钻井流体

相比于其他水基钻井流体,无固相聚合物钻井流体(Solid Free Polymer Drilling Fluid)具有更低的固相含量及更好的流变性,且对于煤层气钻进过程中易出现的井壁不稳定和煤层吸水的问题,聚合物钻井流体具有更好的稳定井壁能力和抑制煤层吸水分散作用。

针对煤层气生产井钻井施工中存在低固相钻井流体用水量大,固相含量高,不利于清除岩屑,机械钻速低,易引起泥岩膨胀分散,导致坍塌、断杆、卡钻、井眼不规则等问题,张振平(2011)采用了一种无固相钻井流体,即以清水作为基液,加入高分子聚合物、聚丙烯腈、聚丙烯酰胺的水解物、高分子量纤维素等人工配制成具有一定黏度和静切力等性能的钻井流体,其密度为1.01~1.05g/cm^3,漏斗黏度26~30s,pH值7.0~8.5,使用该无固相钻井流体,在CLY-23井、CLY-31井和FL-EP6井进行了生产实验,所钻井眼规则,钻速可高达6m/h,具有较低的密度,同时黏度也可调整,流动性很好,钻头寿命延长20%~30%,钻井流体成本低,具有较好的携带和悬浮岩屑的能力,且能在井壁上形成致密的吸附膜,具有一定的护壁能力;并有较好的润滑和减阻作用,提高了钻井速度,获得较好成果。水基无固相聚合物钻井流体组分见表5.8.2。

表 5.8.2　水基无固相聚合物钻井流体组分表

序号	组分	代号	加量范围,%	作用
1	水解聚丙烯腈铵盐	NH_4-HPAN	0.2	降低高压差失水,能改善钻井流体流变性,抑制黏土水化分散,具有防塌效果,兼有降黏作用
2	高分子量纤维素	CMC	4.0	抗盐侵害能力强,降失水效果明显,改善滤饼质量和保护井壁
3	水解聚丙烯酰胺	PHPA	0.3	絮凝沉淀岩屑,可以减少钻头的摩阻

以清水作为基液,加入聚丙烯腈、聚丙烯酰胺的水解物两种高分子聚合物、高分子量纤维素等人工配制成具有一定黏度和静切力等性能的钻井流体,其密度为 $1.01\sim1.05g/cm^3$,漏斗黏度 $26\sim30s$,pH 值 $7\sim8.5$。

接下来以聚合物钻井流体在山西柳林地区的实际应用为例,进一步介绍该体系在煤层气钻井中的应用特性。

煤层气勘探开发柳林示范项目位于山西省柳林县境内,黄河东岸—吕梁山西坡的南北向构造带上,煤田总体上是一个基本向西倾斜的单斜构造,区块内断层稀少。该区主要开发石炭系—二叠系山西组和太原组煤层气,产层埋藏深度为 $500\sim1000m$。

二开钻遇地层石千峰组—太原组时使用该无固相聚合物钻井流体,将配制好的钻井流体通过混合漏斗一次性加入,随后按此比例配制,开动所有固控设备,清除钻井流体中固相颗粒,降低固相含量,保证钻井流体稳定性。钻井流体性能稳定在:密度 $1.03\sim1.04g/cm^3$,漏斗黏度 $30\sim34s$,失水量 $8\sim10mL/30min$,pH 值小于 8,含砂量小于 0.2%。

中煤第二钻井队在该区施工 5 口生产井,CLY-03 井和 CLY-13 井使用低固相钻井流体,CLY-23 井、CLY-31 井和 FL-EP6 井使用无固相聚合物钻井流体,对比分析现场施工数据可得出,使用无固相聚合物钻井流体后钻井、生产辅助时间相对减少,机械钻速提高 1.42 倍,而建井周期缩短了 1/2 左右,达到了提高钻井速度、降低钻井成本的目的。水基无固相聚合物钻井流体现场配制与维护的要点有:

(1)配聚合物溶液。先用纯碱将水中的钙离子除去,以增加聚合物的溶解度,然后加入聚合物絮凝剂。

(2)处理清水钻井流体。将配好的聚合物溶液喷入清水钻井流体中,喷入位置可以在流管顶部或振动筛底部。喷入速度取决于井眼大小和钻速。

(3)促进絮凝。加适量石灰或氯化钙,通过储备池循环,避免搅拌,让钻屑尽量沉淀。

(4)适当清扫。在接单根或起下钻时,用增黏剂与清水配几立方米黏稠的清扫液打入循环,以便把环空中堆积的岩屑清扫出来。只要保证上水池内的清水清洁,即可获得最大钻速。

此外,任美洲(2012)阐述了大佛寺井田煤层气水平对接井 DFS-C04-H1 井钻井流体应用情况:结果表明 DFS-C04-H1 井水平段煤层钻遇率达到 97.1%,且在水平段钻进过程中,摩阻和扭矩大,施加钻压比较困难,钻具磨损较为明显,说明井壁没有形成滤饼,有效地保护了煤储层,保证了煤层气的解吸。

牟全斌等(2014)研究了潘庄地区煤层气 U 形水平井井组,垂直排采井 SH-U2 井和水平对接井 SH-U1 井的技术工艺。SH-U1 井一开和二开直井段在钻进中使用高密度、高黏度膨润土,增加钻井流体的护壁性能和黏度,起到防塌护壁和携带岩屑的作用。三开造斜段和稳斜段使用无固相聚合物体系,增加水力破岩、提高机械钻速并有效携带岩屑。三开水平井段采用在清水中加入1.5%氯化钾的钻井流体,严格执行四级固控,达到保护储层的目的,并大大提高了最高产气量。

8.2.4 低密度聚磺钻井流体

为解决煤层坍塌、煤层伤害和取心效率低下等问题,开发低密度聚磺钻井流体(Low Density Polysulfonated Drilling Fluid)以实现防塌、防伤害并实现快速取心。

由于和煤1井存在煤层坍塌、煤层伤害、取心效率低下等技术问题。王宏伟等研制了低密度聚磺钻井流体,并应用于新疆维吾尔自治区额敏县和煤1井钻井过程中(王宏伟等,2009)。

为了满足新疆维吾尔自治区额敏县和什托洛盖盆地中央坳陷白羊河西凹陷和煤1井防塌、防漏、润滑、减阻的要求,优选出和煤1井在二开后不同地层井段使用的防塌、润滑、护壁性能优良的聚磺钻井流体(王宏伟等,2009),该钻井流体组分见表5.8.3。

表 5.8.3 聚磺钻井流体组分表

序号	组分	代号	加量范围,%	作用
1	超细碳酸钙	QCX-1	0.2	最开始由于油气层保护,后每钻进100m就加入2%的QCX-1
2	聚合物降失水剂	MAN101	0.6~0.8	降失水,不提黏,改善流变性
3	聚合物增黏剂	MAN104	0.5~0.7	提高黏度,降失水,抗温
4	多元共聚胺盐	NPAN	0.5~0.7	抗盐,降失水
5	磺甲基酚醛树脂	SMP-1	1.5~2.0	抗盐,降低摩阻,降低滤饼渗透性
6	褐煤树脂	SPNH	1.0	抗高温,抗盐,降失水,改善滤饼抗盐质量
7	弱荧光润滑剂	未明确代号	1.0	提升钻井流体的润滑性,避免了环境污染
8	阳离子沥青	未明确代号	2.0~3.0	封堵作用,并且可以防膨胀、防坍塌、降失水及保护油气层作用
9	水性树脂	WC-1	1.0	最开始由于油气层保护,后每钻进100m就加入1%的WC-1

在应用此钻井流体的钻进过程中,应当注意以下4点:

(1)清除沉砂罐和循环罐中的沉砂,将高分子包被剂和降失水剂配成胶液,充分循环搅拌均匀,然后用胶液和清水将一开钻井流体稀释至膨润土含量在40g/L左右,开动固控设备清除钻井流体中有害颗粒,按配方要求转化钻井流体,要求钻井流体性能和各处理剂加量必须一次到位和满足设计要求。

(2)钻进过程中应根据井下实际和钻井流体性能情况,按设计提示的各种处理剂比例配成等浓度的胶液,以细水长流的方式补充和维护钻井流体,钻进过程中要做到勤维护和勤测量钻井流体性能,尽量避免钻井流体性能波动过大。

(3)钻进中以聚合物增黏剂加强抑制,以聚合物降失水剂、多元共聚胺盐控制钻井流体失水量,以磺甲基酚醛树脂、褐煤树脂、阳离子乳化沥青改善滤饼质量,增强滤饼的防渗性,加足弱荧光润滑剂,注意防卡。

(4)煤层段地层承压能力低,钻进过程中严格控制钻井完井液密度,并加足阳离子乳化沥青以提高钻井流体的封堵能力。进入煤层钻进前一次性加入2%超细碳酸钙、1%水性树脂的油气层保护剂,以后每钻进100m再加入2%超细碳酸钙、1%水性树脂,保证钻井流体中油气层保护剂在2%以上,以致形成高强度低渗透率的屏蔽暂堵要求。尽量减少钻井流体滤液进入气层产生伤害。

位于新疆维吾尔自治区额敏县和什托洛盖盆地中央坳陷白羊河西凹陷的和煤1井全井二开后使用合理性兼容处理剂,对泥岩的水化膨胀线性强抑制、严封堵原理、控制优质的防塌聚磺钻井流体性能,有效地预防了煤层的欠压实不稳定性造成的井壁失稳、垮塌掉块。井眼规则,开泵畅通无沉砂,电测成功率100%,静止28h后下钻通井顺利到底。完井固井质量声幅为优。应用效果表明:和煤1井完钻井深960.00m,最高钻井流体密度控制在1.13g/cm³,钻井周期19天,全井机械钻速15.6m/h,全井无事故,绳索取心收获率达到88.6%,满足勘探目的要求。

8.2.5 煤层气绒囊钻井流体

针对其他钻井流体无法在相同成本下更好地处理地层漏失、地层坍塌及封堵效果不理想的问题,煤层气绒囊钻井流体(Coalbed Methane Cashmere Drilling Fluid)体系,经由室内试验的成功,首先提出了运用煤层气绒囊钻井流体来解决以上问题的方案,并将之推广应用于沁水、吉县等8个地区35口井,煤层气直井、水平井、分支井等钻完井作业。

煤层气绒囊钻井流体能较好地解决煤层气储层钻进中的坍塌问题。开发煤层气绒囊钻井流体不但可以解决煤岩储层钻井流体漏失;事实上在现场防漏治漏的应用过程中,发现也可以防塌治塌,比如解决了JU2井大井眼水平井钻井坍塌的问题。可见煤层气绒囊钻井流体在现场应用上大有可为。

室内配制的一种常用的煤层气绒囊钻井流体,配方组分见表5.8.4(郑力会等,2016)。

表5.8.4 煤层气绒囊钻井流体组分表

序号	组分	代号	加量范围,%	作用
1	囊层剂	未明确代号	2.00	在绒囊气核外形成包裹气核的膜层,保持气核稳定,提高绒囊强度
2	绒毛剂	未明确代号	0.50	稳定绒囊工作液体系中的绒囊,调节绒囊工作液流型作用
3	囊核剂	未明确代号	0.40	形成绒囊核,调节绒囊工作液密度,还具有抗盐、抗钙能力强等特性
4	囊膜剂	未明确代号	0.40	形成绒囊膜,具有很强的稳定性和支撑作用

绒囊钻井流体现场配制过程共分为估算加入清水含量、现场根据钻井流体罐实际容量进行计算、依次加入主要组分、调节钻井流体 pH 值四步。

(1) 假设钻井流体罐容积为 $10m^3$，现需要配制 $10m^3$ 密度为 $0.90g/cm^3$ 的绒囊钻井流体，加入清水不得超过 $9m^3$，否则加入处理剂后会溢出钻井流体罐。

(2) 现场根据钻井流体罐实际容量进行计算。在工作液罐中加入清水，不得超过钻井流体罐容积的 90%，然后在工作液罐中加入配浆水。

(3) 使用加料漏斗按配方中处理剂最小加量依次加入囊层剂、绒毛剂、囊核剂、囊膜剂。

(4) 加料完毕后，再加入氢氧化钠钠调节流体 pH 值至设计值，继续开动加料漏斗使工作液在工作液罐与加料漏斗间循环至处理剂完全溶解。

现场配制过程需要注意 4 种处理剂加量顺序。同时，保证循环泵性能稳定可靠，加量过程严格按照要求进行。测量配制完成钻井流体性能，若不能满足现场施工要求，在加量范围内加入合适处理剂进行调整。由于绒囊钻井流体独特的气液两相特征，性能调整方式与常规水基钻井流体，尤其与常规泡沫钻井流体不同，需要根据实际情况和施工要求决定提高或降低密度及黏度，具体实施步骤如下：

(1) 提高密度。如果囊泡较大、透明呈现细条状，需要加入囊层剂，增强其绒囊层强度，提高绒囊稳定性，从而调整密度。增强囊泡壁厚，加强囊泡的稳定性。如果囊泡较大且胶联明显，需要加入囊膜剂，增强其绒囊膜强度，提高绒囊稳定性，从而提高密度。

(2) 降低密度。若黏度满足施工要求，加囊核剂调整密度 $0.85\sim0.95g/cm^3$。若黏度太大，加入清水稀释，再加入囊核剂、囊膜剂。若黏度较小，不能满足施工要求，加入绒毛剂、囊核剂、囊膜剂，并检查循环剪切是否足够。

(3) 提高黏度。若密度高于设计密度，应加入囊层剂、囊核剂囊膜剂；若密度低于设计密度，应加入清水、绒毛剂，控制表观黏度。

(4) 降低黏度。若黏度高于设计黏度，应加入清水/氯化钾、囊核剂、囊膜剂；若黏度低于设计黏度，应加入清水、囊膜剂，控制表观黏度。

沁平 12H 煤层六分支井钻井。沁平 12H 井是泌水盆地南部晋城斜坡带郑庄区块的一口六分支水平井。设计水平井煤层总进尺 4440.22m，2 个主分支，6 个小分支，裸眼完井。该区块钻井过易发生井壁垮塌、卡钻等事故。钻井成功率低。提高井壁稳定性和提高钻井成功率是成井的难点。

沁平 12H 井二开前用清水钻进，二开水平分支井采用绒囊钻井流体，密度介于 $0.96\sim1.08g/cm^3$，塑性黏度介于 $7\sim17mPa\cdot s$，动切力介于 $4.0\sim10.22Pa$，煤层钻遇率达到 95%。中途克服井漏、井塌等井下难题，钻井总进尺 4189.49m。两主井眼顺利下入筛管，完井。

8.2.6 无膨润土聚合物钻井流体

为了在钻进过程中更好地保护煤储层、保护井壁稳定和减小对储层的伤害，无膨润土聚合物钻井流体(Bentonite - free Polymer Drilling Fluid)体系被专家们所关注和应用。相较于其他钻井流体，无膨润土聚合物钻井流体在煤炭资源丰富、煤质不错、具备较好的生气物质基础、也具有形成良好储层条件的地区大有作为。

无膨润土聚合物钻井流体技术有固相含量低、流变性合理、对储层伤害小、抑制性强、使用屏蔽暂堵技术、使用低泡高性能表面活性剂、有利于减轻储煤层的水锁效应的优点。

当应用无膨润土聚合物钻井流体时,对钻井流体技术有以下要求:

(1)合理的钻井流体密度。合理的钻井流体密度必须根据煤岩的物理力学参数、煤层压力、煤层地应力等参数综合分析后确定,同时要考虑泥页岩夹层的稳定问题,钻井流体的密度不要大幅度地变化。

(2)钻井流体必须具有较强的封堵能力及优良的护壁性。煤层的割理、节理以及裂缝发育,钻井流体滤液进入煤层层理和裂缝中容易引起煤岩强度降低,煤中黏土矿物水化膨胀和分散,加剧煤层坍塌,良好的封堵能力是液柱压力有效支撑和减少滤液进入煤层的先决条件。

(3)钻井流体滤液必须具有良好的降低气液表面张力的能力。由于水锁伤害是煤层伤害的一个重要因素,必须对钻井流体中所使用的表面活性剂进行优选,使其既不能影响钻井流体的性能,又具有良好的降低表面张力的能力。

(4)优化钻井流体流变参数。钻井流体黏切不宜太低,否则容易在井眼内形成紊流,使钻井流体对井壁的冲刷能力增强,容易造成煤层坍塌,同时钻井流体的携砂能力下降;黏切太高,钻井流体结构太强,活动钻具或起下钻时波动压力增大,容易引起井壁煤块的松动,也不利于井壁稳定。合理的流变性既满足携砂要求,又能减少对井壁稳定的不利影响。

(5)钻井流体必须具有良好的抑制性。煤岩中黏土矿物含量虽然很低,但泥页岩夹层黏土矿物含量高,水化分散和膨胀性很强,抑制性差的钻井流体滤液进入泥页岩会产生水化膨胀压,改变井周应力分布,诱发或加剧井壁失稳,泥页岩坍塌会导致煤岩进一步坍塌,二者相互影响,相互促进,因此要求钻井流体必须具有良好的抑制能力。

(6)钻井流体必须具有良好的润滑性。在煤层中钻水平井或分支井,必须保证钻井流体具有良好的润滑性,减少钻具与滤饼之间的摩擦力,减少起下钻时卡钻的可能性,防止井下复杂情况的发生。

(7)控制钻井流体的 pH 值在合适的范围内。钻井流体的 pH 值过高,不利于钻屑的清除和井壁稳定,也不利于与煤液的兼容性,但能使大多数有机类钻井流体处理剂溶解和发挥作用。钻井流体 pH 值过低,不利于钻井流体中腐殖酸类等有机处理剂的溶解,同时对钻具也有腐蚀作用。因此,钻井流体的 pH 值必须控制在一个合适的范围内,推荐钻井流体的 pH 值在 7~8 的范围内比较合适。

张振华(2005)根据辽河盆地小龙湾地区煤岩储层的地质特征以及煤储层钻井流体技术进行研究,从保护煤储层和井壁稳定的角度出发,使用无膨润土聚合物钻井流体应用于煤层气井储层钻进,特别是在煤储层中钻水平井或分支水平井,取得了很好的效果。无膨润土聚合物钻井流体主要组分见表 5.8.5。

表 5.8.5 无膨润土聚合物钻井流体组分表

序号	组分	代号	加量范围,%	作用
1	增黏剂	未明确代号	0.5~1.5	由 XC、HV－CMC 和 CMS 等三者混合,提高钻井流体黏度
2	暂堵剂	SAS	2.0~3.0	暂时降低地层渗透性并暂时封堵高渗透油层

续表

序号	组分	代号	加量范围,%	作用
3	乳化剂	未明确代号	0.0~1.5	改善表面张力,使之形成均匀稳定的分散体系
4	密度减轻剂	未明确代号	0.0~40.0	即柴油,降低体系密度
5	助排剂	未明确代号	0.5~20.0	帮助工作残液从地层返排

该体系不含膨润土。可以防止固相伤害,强抑制性保持井壁稳定,密度范围可调,低失水量,pH值接近中性,流变参数合理,较强的抑制防塌能力和降低气液表面张力的能力,这些特性可防止水锁效应或内外流体不兼容而造成储层伤害,是小龙湾地区煤层气钻井尤其是钻水平井或分支井理想的钻井流体。

辽河盆地东部凹陷小龙湾地区具有良好的煤层气资源,该地区煤储层深度在1530~1640m,累计煤层厚度一般为20~60m,煤级主要为褐煤和长焰煤。该区煤炭资源丰富,煤质中等—较好,具备较好的生气物质基础,也具有形成良好储层的条件。

小龙湾地区煤层气钻井较适合使用无膨润土聚合物钻井流体,该钻井流体不含膨润土、密度范围可调,失水量低,pH值接近中性,流变参数合理,具有较强的抑制防塌能力和降低气液表面张力,该体系是小龙湾地区煤层气钻井尤其是钻水平井或分支井的理想的钻井流体。

8.2.7 无固相盐水钻井流体

为克服其他无固相钻井流体上水不好,泵压不易控制,排量波动大,钻井过程中产生气泡,加入页岩抑制剂后性能受到影响,体系费用较高的问题,无固相盐水钻井流体(Solid-free Brine Drilling Fluid)应运而生。

刘彬等(2013)介绍了沁水盆地 SN-015 煤层气 U 形水平井无固相盐水钻井流体技术,该钻井流体主要组分见表5.8.6。该井一开、二开采用膨润土钻井流体,三开采用无固相盐水钻井流体。

表5.8.6 无固相盐水钻井流体组分表

序号	组分	代号	加量范围,%	作用
1	降失水剂	未明确代号	0.20~0.50	阻止了钻井流体的进一步失水,起到保护井壁的作用
2	包被剂	未明确代号	0.50~1.00	抑制页岩水化膨胀,稳定井壁,抑制缩径和分散垮塌;减小油气层渗透率的损害
3	页岩抑制剂	未明确代号	0.20~0.50	抑制页岩中所含黏土矿物的水化、膨胀、分解作用,以防井塌
4	增黏剂	未明确代号	0.03~0.06	提高体系的黏度
5	工业盐	未明确代号	30.00	加重钻井流体密度

在现场应用过程中,控制钻井流体密度 $1.15~1.20 \text{g/cm}^3$,漏斗黏度 40~50s,利用增加工业盐的含量控制密度以保证井壁力学稳定性,加入降失水剂控制失水以保持煤层结构强

度,增强钻井流体抑制性,提高滤饼质量,防止井壁坍塌,利用增黏剂控制钻井流体流变性实现高效携岩。应用该钻井流体,SN-015井水平段纯钻时间148.3h,平均机械钻速4.51m/h,煤层总进尺668.1m,最终煤层钻遇率达100%。

采用无固相盐水钻井流体开发煤层气主要具有排量稳定、信号优良、抑制性佳和成本低廉4方面优点。

(1)无固相盐水钻井流体摆脱了其他无固相钻井流体尤其是微泡钻井流体上水不好,泵压不易控制,排量波动大的问题。钻进过程排量保持稳定,降低出现抽吸压力和激动压力出现的可能性。

(2)钻井过程中,其他无固相钻井流体可能由于含有大量聚合物,聚合物在循环过程中导致气泡现象,影响录井导向工作,无固相盐水钻井流体传输信号良好,不影响随钻测量(MWD)信号运输。

(3)无固相盐水钻井流体中加入页岩抑制剂后性能基本不受影响,体系具有良好的抑制性,利于井壁稳定。

(4)工业盐价格低廉,形成体系费用不高,经济效益好。

但在使用无固相盐水钻井流体时应注意以下四点:

(1)通过盐水钻井流体平衡地层压力,降低井壁坍塌风险,满足现场工艺要求。

(2)考虑到煤层气孔隙裂缝发育,易漏失的情况下,加入增黏剂和降失水剂等大分子聚合物有利于形成致密滤饼,有效降低失水量,维护井壁稳定;同时增加钻井流体黏度,提高动切力,利于水平段井底携岩,防止黏卡事故。

(3)体系中加入一定量的页岩抑制剂,可以防止黏土矿物的水化膨胀和分散,提高了体系的抑制性,减少了混层泥页岩坍塌掉块的可能性,维护井壁稳定。

(4)包被剂主要是针对小颗粒有害固相的清除起到重要作用,小颗粒固相既影响机械钻速,同时容易造成堵塞煤层气储层微裂缝,加入包被剂利于分散相的固相颗粒清除。

位于沁水盆地南部向西北倾的斜坡带上的SN-015井,开采的目的层为山西组3号煤层。三开水平段地层为3号煤层,煤层厚度约为6.0m,有粉煤存在,本段钻进最可能发生的复杂情况还是以井壁垮塌为主。

钻进过程中,钻井流体密度控制在1.18g/cm³左右,利于维持井壁稳定,防止煤层坍塌掉块,漏斗黏度40~50s,保证钻井流体黏度,利于高效携岩,及时除去有害固相,失水量不大于5mL,降低滤液进入储层,减少储层伤害,同时维护井壁稳定。

施工过程及现场维护配制无固相聚合物盐水钻井流体,控制密度为1.1g/cm³,pH值为8,漏斗黏度35s,开始钻进,钻进126m后出现掉块,为维护井壁稳定、减少掉块,继续添加工业盐,适量加入增黏剂、降失水剂,提高密度至1.15g/cm³,仍有掉块,继续添加工业盐,加入增黏剂、降失水剂、页岩抑制剂维护体系性能,密度提至1.19g/cm³,解决了煤层坍塌问题。在保证作业安全的前提下,可适当降低钻井流体密度,以达到降低漏失保护储层的目的。钻进过程中,在原钻井流体的基础上加大工业氯化钠的含量,逐渐提高钻井流体的密度,调整密度至1.18g/cm³,解决了煤层垮塌问题。钻进过程中,最大限度地使用固控设备,及时除去有害固相,减少储层伤害,降低岩屑堆积,防止卡钻事故

选用合理的密度来保持井壁力学稳定,严格控制失水以保持煤层结构强度,增强钻井流

体的抑制性能,提高滤饼质量,防止井壁垮塌;在保证作业安全的前提下,可适当降低钻井流体密度,以达到降低漏失保护储层的目的。

8.2.8 乳化钻井流体

为解决一般钻井流体在某些地层中与煤层的接触面积较小,泄气通道不足,煤层气的产量较低,开采成本较高的问题,就必然要使用合理的钻井流体,用来很好地排除岩屑、稳定井壁、平衡地层压力等,所以使用合适的钻井流体显得十分重要。开展煤层气分支水平井钻井流体研究,减少钻井流体对煤层渗透率的伤害,优化配方,具有现实意义。乳化钻井流体(Emulsified Drilling Fluid)在此方向上大有可为。

梁维天等(2009)根据韩城地区低渗透率的11号煤层对钻井流体的要求进行分析,结合QPCUCBM 0301—2002企业标准,通过进行的正交试验以及实验数据的分析,最后确定乳化钻井流体最优配方,该钻井流体组分见表5.8.7。

表5.8.7 乳化钻井流体组分表

序号	组分	代号	加量范围,%	作用
1	高黏羧甲基纤维素钠	HV-CMC	0.7	提高体系的黏度
2	羧甲基淀粉	CMS	0.7	提高体系的黏度
3	乳化剂	未明确代号	1.0	改善表面张力,使之形成均匀稳定的分散体系
4	密度减轻剂	未明确代号	12.0	即柴油,降低体系密度
5	磺化沥青	FT-1	0.3	阻止页岩颗粒的水化分散,起到防塌作用
6	聚丙烯酰胺	未明确代号	0.2	作润滑剂、悬浮剂、黏土稳定剂、驱油剂、降失水剂和增稠剂
7	氯化钾	未明确代号	0.5	抑制页岩水化

梁维天等通过进行室内模拟钻进试验,实验选取韩城地区某煤层气开采区11号煤层的一个典型煤区。在钻进过程中,模拟钻机的一切机械动力指数正常,钻速稳定,通过传感器测得钻头最大温度为110℃左右,钻井流体成分稳定,在孔壁离煤样外壁较薄的部分,煤样稳定,可见钻井流体可以很好起到润滑钻具稳定井壁防止坍塌的作用,完成钻进后,钻孔底部钻屑为0.4mm,钻孔内壁均匀黏接一层钻井流体,孔壁稳定,未见凹陷区。通过以上试验,可见设计钻井流体基本满足需求,所测性能基本满足钻井用钻井流体性能要求,可以投入实际生产施工。

建议采用水平分支井对煤层气进行开采,使钻井与煤层的接触面积大大增加,增加泄气通道,将大大提高煤层气的产量,而且可以使开采成本降低。理论上分析研究煤层所需钻井流体性能要求,在配制钻井流体时进行了大量的试验和研究工作,在钻井流体配方中加入了比较合适的成分。在研究添加剂用量时,进行了正交试验,配制了含有组分不同比例的钻井流体来测试其性能,对钻井流体配方进行了最优化选择。

8.2.9 泡沫钻井流体

传统钻井流体技术虽然能较好地解决孔壁失稳问题,但清水钻井流体携带岩屑的能力差,且容易引起地层坍塌、掉块等问题,对煤层气储层伤害严重;空气钻井流体难以直接应用于不稳定煤层,主要适用于目的层浅、储层压力低、地层较硬及裂缝发育的煤层。而为了满足在低孔隙低压力煤层气钻井过程中钻井流体不仅要保持孔壁稳定,更要尽可能降低对煤储层的伤害的需求,可循环微泡沫钻井流体(Foam Drilling Fluid)由此诞生。可循环微泡沫钻井流体具有低密度特性,故可适应低压煤层钻进需求。泡沫钻井流体不需要专门的泡沫发生器,只要具备搅拌或流动条件即可。

泡沫钻井流体是指气体介质分散在液体中,配以发泡剂、稳泡剂或黏土形成的分散体系,一般分为稳定性强、泡沫寿命长、携岩能力强的硬胶泡沫和密度低、兼容性好、低储层伤害的稳定泡沫。对于中国煤储层的低压情况,一般要求稳定均匀泡沫的密度范围为 $0.6 \sim 0.9 \text{g/cm}^3$。空气和泡沫作为钻井流体可以减少钻井流体对煤层的伤害,提高机械钻速,降低钻井成本,提高开发经济效益(秦佑强,2010)。纳米材料稳定的微泡沫钻井流体组分见表5.8.8。

表5.8.8 纳米材料稳定的微泡沫钻井流体组分表

序号	组分	代号	加量范围,%	作用
1	发泡稳泡剂	未明确代号	0.6~1.1	延长和稳定泡沫保持长久性能
2	流型调节剂	未明确代号	0.2	控制液体流变性质
3	降失水剂	未明确代号	0.3~0.5	阻止了钻井流体的进一步失水,起到保护井壁的作用
4	增黏剂	未明确代号	0.2~0.4	提高体系黏度
5	相溶剂	ABS	0.3	聚丁二烯的丙烯腈、苯乙烯接枝共聚物与苯乙烯-丙烯腈游离共聚物的混合物,较强的润湿、净洗性能,良好的起泡性
6	羧甲基纤维素钠盐	CMC	0.3	用于保护油井,作为钻井流体稳定剂、保水剂
7	k-12十二烷基硫酸钠	K12	0.3	第2种,纳米二氧化硅加量在0~0.125%
8	黄胞胶	XC	0.3	第2种,纳米二氧化硅加量在0~0.125%

韩5H井位于渭北煤田的铜川—韩城断褶带北部地区的韩城市板桥乡,北与陕北的伊陕单斜区相连,东南隔汾渭断陷与秦岭纬向构造带相望,东北和河东断褶带相接,西与西缘褶皱冲断带相连,总体构造形态是一倾向北偏西的具波状起伏的缓倾斜大型单斜构造。构造简单,断层稀少,煤层气资源丰富,含气饱和度较好,是理想的煤层气水平对接井施工区。

韩5H井一开钻达井深121.70m,下入 ϕ244.5mm 表层套管后固井工程车压力固井;二开钻进采用三牙轮钻头钻至井深430.00m开始造斜,至井深830.00m完钻,下入 ϕ177.8mm 技术套管固井工程车压力固井;在井深833.00m钻遇11号煤层,水平段施工过程中首次使用了泡沫钻井流体,并下入井内电磁波随钻测量仪,配合钻时、气测、岩屑录井及伽马随钻测量等地质导向方法在目的煤层中水平钻进。钻进至井深1428.00m(井斜87.9°,方位320.80°)接收不到对接磁信号,重新检查核对定向数据,发现实测方位与设计方位存在13°的误差;采取起钻至井深1391.00m处悬空侧钻的方法,并重新调整钻头定向参数进行钻进,以期实现两井的对接。钻进至井深1459.80m处与韩5V井对接。停钻循环钻井流体,观察泵压由10MPa突降至6MPa左右,井口返浆明显减少,而且WL05-1a井水位增高,说明两井对接连通成功。使用0.6%生物酶溶液和清水,替出井内泡沫钻井流体后完井。全井总进尺1509.1m,水平段进尺679.1m,煤层进尺676.1m,煤层钻遇率为99.56%,裸眼完井,顺利完成了与韩5V井远距离末端水平对接。

此外,刘大伟等针对钻井流体对地层可能会造成的伤害,提出伤害控制技术,认为提高钻井流体暂堵性能,控制失水,可有效降低固液相侵入深度和流体敏感伤害程度,并开发了可于井壁处形成滤饼的高效暂堵钻井流体,有效地保护了煤层(刘大伟等,2011)。

夏廷波等(2005)针对沙尔湖区块煤层的压力系数低,裂缝发育,易垮塌等技术难题,决定在沙试3井采用可循环微泡钻井流体。微泡钻井流体密度降低,同时提高了微泡堵漏浆中的堵漏剂浓度,有效地封堵了漏层。

蔡记华等(2013)针对中国煤层气储层低孔低压的特点,提出采用纳米材料暂堵技术与可循环微泡沫钻井流体相结合的技术思路。并通过研究发现纳米材料稳定的微泡沫钻井流体不仅可以保证煤层稳定,还能降低对煤储层的伤害,适合低孔低压煤层气储层钻进。

宋一男等(2014)针对煤层气井施工过程中易垮塌、裂缝渗漏及水平段携岩困难等问题,研究并应用了泡沫钻井流体配合生物酶钻井流体技术。通过研究表明,在水平段的长井段未进行短起下、井眼稳定通畅煤层钻进过程中,泡沫钻井流体防塌抑制能力强,悬浮携带能力较强。

8.2.10 空心玻璃微珠钻井流体

针对煤储层井壁易坍塌、易受钻井流体伤害、漏失严重等难题,空心玻璃微珠钻井流体(Hollow Glass Bead Drilling Fluid)应运而生。

侯岩波等(2014)针对柿庄南区钻井中漏失严重的难题,配制低密度玻璃微球钻井流体,该钻井流体主要组分见表5.8.9。

表5.8.9 低密度玻璃微球钻井流体组分表

序号	组分	代号	加量范围,%	作用
1	降失水剂	未明确代号	0.6~0.8	阻止了钻井流体的进一步失水,起到保护井壁的作用
2	增黏降失水剂	未明确代号	0.5~0.7	提高体系黏度,降低失水率
3	超低渗透处理剂	未明确代号	1.0~2.0	井筒表面上形成的超低渗透膜能阻止钻井流体中的固相和液相进入储层,达到稳定井壁和保护储层的目的
4	聚合物弹性微球	未明确代号	4.0~10.0	降低体系密度
5	表面活性剂	未明确代号	0.4~1.0	提高钻井流体表面活性

应用该种钻井流体有减少地层漏失、改善钻井流体流变性两种好处。

(1)利用低密度玻璃微球钻井流体的防漏堵漏能力控制地层漏失。低密度玻璃微球钻井流体由聚合物弹性微球、超低渗透处理剂、降失水剂、增黏降失水剂、表面活性剂等组成。体系主要通过玻璃微球降密度和大分子降失水剂减少钻井流体的地层漏失。

(2)利用高分子处理剂提高钻井流体性能。低密度玻璃微球钻井流体中含有部分高分子处理剂,通过高分子处理剂的连接作用增强钻井流体的黏度,改善钻井流体的流变性,增强悬浮岩屑能力;表面活性剂,改善润滑性,降低摩阻。

SX-177 和 SX-181 井组位于沁水盆地东南部,沁水复向斜东翼南部转折端,该区块井自上而下依次钻遇第四系、三叠系、二叠系和石炭系,其中二叠系山西组为主要含煤层,由砂岩、粉砂及泥岩组成,含煤4层,3号煤较厚,为目的煤层,厚度约6.0m,该层漏失严重,易坍塌掉块。

现场应用 SX-177 和 SX-181 井组10余口井,平均机械钻速18.4m/h,平均建井周期20.18d,比设计周期(30d)缩短了9.82d。但是玻璃微球作为减轻剂在钻进过程中,在管柱、钻头和井筒循环过程,玻璃微球容易破碎,导致钻井流体密度变高,体系稳定性变差,影响了钻井流体实现低密度钻进的目的。

该区块煤层气井平均井深1000.00m左右,进入下石盒子组后,距离煤层100m开始配制使用低密度玻璃微球钻井流体。

在发现桃花泥岩层位后,大约距顶板100.00m处,进一步调节钻井流体性能,1180m开始加400kg表面活性剂,2t中空玻璃微球,后在1247.20m进入煤层,密度0.95g/cm^3,漏斗黏度39s,失水5.0mL,滤饼0.4mm,pH值为8,动切力6Pa,塑性黏度17mPa·s,煤层厚度为6.9m。130.00m左右有水侵现象,为顺利钻进,对钻井流体不断维护,加入土粉0.5t,纯碱40kg,降失水剂100kg,增黏降失水剂200kg,保持黏度、切力和悬浮能力,降低失水,井深1300.00m。完井钻井流体性能:密度0.98g/cm^3,漏斗黏度36s,失水9.0mL,滤饼0.4mm,动切力6Pa,塑性黏度18mPa·s。

二开顺利钻进,进入下石盒子组1130.00m后,开始转换钻井流体,逐渐提高黏度、切力和悬浮能力,降失水,加入土粉2t,纯碱120kg,降失水剂400kg,增黏降失水剂300kg,超低渗透处理剂1t,聚合物弹性微球2.1t,密度1.03g/cm^3,漏斗黏度39s,失水9.0mL,滤饼0.4mm,pH为8.5,动切力6Pa,塑性黏度18mPa·s。

此外,针对煤储层井壁易坍塌、易受钻井流体伤害等难题,通过中空玻璃微球密度降低剂的优选及对钻井流体性能的影响评价实验,研发了中空玻璃微球低密度钻井流体(左景栾等,2012)。实验结果表明,钻井流体具有良好的流变性和失水性,滤饼薄而致密,可防止液体对煤储层的伤害,有利于后续的煤层气开采。

8.2.11 可降解钻井流体

岳前升等(2012)以山西沁水盆地山西组3号煤层为研究对象,对羽状水平井钻井过程可能发生伤害煤储层因素如钻井流体固相、水敏伤害、应力敏感性、毛细现象、结垢和聚合物堵塞等进行了实验研究。结果表明,山西沁水盆地3号煤层孔隙度和渗透率均较低,煤层黏土矿物含量较高,水敏伤害、结垢、钻井流体固相侵入和聚合物堵塞是水平井钻井过程中造成煤储层伤害的主要因素。使用合适矿化度、密度和具有防垢功能的钻井流体以及可解除的钻井流体处理剂是煤层气水平井钻井过程保护煤储层的有效措施。同时，为解决煤层气羽状水平井井眼净化、井壁稳定和储层保护之间的矛盾，研制出可生物降解的钻井流体技术（Degradable Drilling Fluid）。可生物降解钻井流体主要组分见表5.8.10。

表5.8.10　可生物降解钻井流体组分表

序号	组分	代号	加量范围,%	作用
1	增稠剂	VIS	未注明范围	由多种天然聚合物复配而成,白色流动性颗粒,增加钻井流体黏度
2	生物酶	SWM	未注明范围	灰色粉末,属于多糖酶的一种,起到降解作用

　　该钻井流体为无固相聚合物钻井流体，具有较高的动塑比和低剪切速率黏度，能很好地稳定井壁和保持井眼清洁。优选出能够降解无固相聚合物钻井流体的生物酶，测试结果表明：该生物酶在0.01%加量1h能有效降解钻井流体，较适宜的降解环境为pH值为5.5~7.0，温度20~50℃，氯化钠和氯化钾对生物酶降解效果影响较小。由于优质钻井流体中的黏土颗粒和高分子化合物进入储层会因堵塞孔隙和裂缝，造成储层气相对渗透率降低而影响产能，但无黏土钻井流体或清水、清洁盐水钻井时，因难以形成有效的滤饼，使得钻井过程中产生的侵入储层的内相颗粒更多，对储层造成的伤害也更严重；而中国煤层气生产井一般采用优质或无黏土钻井流体进行平衡钻井或近平衡钻井，钻至目的煤层时才采用无黏土钻井流体或清水钻进。如何有效地提高钻井流体的暂堵、返排或自降解性能，是解决传统钻井流体煤层保护问题的关键，因此，可降解钻井流体被市场所广泛需要。

　　此外，多数研究者认为，沁水盆地绝大多数煤层气生产井采用优质钻井流体，形成低失水量且坚韧致密、隔离固相颗粒效果良好的滤饼，均获得良好施工效果（孙建平，2003）。

　　蔡记华等针对煤层气水平井钻井用可生物降解钻井流体的流变模式和影响其破胶效果的影响因素进行了分析（蔡记华等，2010）。经过研究表明，幂律模式可作为可生物降解钻井流体的优选流变模式；瓜尔胶和羧甲基纤维素的降解更容易被控制；羧甲基纤维素和生物酶反应的最佳质量分数比为3∶1；生物酶浓度的增加可加快破胶过程，能使可生物降解钻井流体保持井壁稳定和储层低伤害的双重优点，适于煤层气水平井钻进。

　　蔡记华等（2011）同时对煤层气水平井可降解钻井流体进行了综合评价。经过研究表明，在可降解钻井流体中，液态的特种生物酶具有较快的破胶速度和较彻底的破胶效果，并在降解加盐酸酸化的双重解堵措施下，可有效地清除可降解钻井流体对煤层气储层的伤害，并能恢复甚至提高煤岩气体渗透率。可降解钻井流体具有保持井壁稳定和储层保护的双重优点，适合煤层特别是松软煤层水平井钻进。

　　黄维安等（2012）分析了山西沁水盆地煤层气储层的损害机理。由于含有黏土矿物，且微裂缝发育，存在潜在水敏性伤害；煤岩表面属于弱亲水性，存在潜在的水锁伤害；存在较强的应力敏感性伤害。在此基础上进行了针对性的保护对策研究，优选出了表面润湿性改善剂，水敏性抑制剂，并最终研制出了山西沁水盆地煤层气储层的钻井流体，其对煤层气储层岩样湿态下的渗透率伤害最低。

　　贺建群等（2013）解决煤层钻井井眼净化、井壁稳定和储层保护之间的矛盾，采用生物酶可解堵钻井流体技术进行黏度衰减实验,用固液耦合法分析了影响生物酶在岩心中解堵聚合物的可能因素。岩心流动实验结果表明,对特定聚合物生物酶的解堵速率,纤维素酶大于液态瓜尔胶酶大于淀粉酶大于普通生物聚合物酶,且如果采用特定生物酶破胶,岩心渗透率恢复率可达70%以上;可解堵钻井流体用于煤层气钻探具备前期稳定井壁后期降低对煤储层伤害的特性。

8.2.12 聚合物钻井流体

"多元协同"防塌钻井流体在稳定井壁上有着更大的优势,在满足"多元协同"防塌钻井流体中,聚合物钻井流体(Polymer Drilling Fluid)必不可少。

邱春阳等(2013)提出了"多元协同"防塌钻井流体,"多元协同"防塌就是通过不同的防塌方式、机理或手段共同作用,来达到稳定井壁的效果。

在准噶尔盆地乌参1井的施工中采用合理钻井流体密度支撑—双重封堵防塌—多元强化抑制技术,确定铝胺"多元协同"防塌钻井流体配方,该钻井流体主要组分见表5.8.11。

表5.8.11 铝胺"多元协同"防塌钻井流体组分表

序号	组分	代号	加量范围,%	作用
1	聚丙烯酸钾	KPAM	0.3~0.6	降失水、改善流型和增加润滑
2	磺酸盐聚合物降失水剂	未明确代号	1.0~2.0	阻止了钻井流体的进一步失水,起到保护井壁的作用
3	有机胺	未明确代号	1.0~2.0	改进润湿性
4	无水聚合醇	未明确代号	2~3	较强的抑制性、良好的润滑性、钻速快、防止和消除钻头泥包
5	沥青类防塌剂	未明确代号	2.0~3.0	防止坍塌
6	超细碳酸钙	未明确代号	2~3	增加钻井流体密度
7	磺化酚醛树脂	SMP-1	2.0~3.0	增强体系耐热性和化学稳定性
8	褐煤树脂	SPNH	2.0~3.0	稳定井壁、预防黏卡和不堵塞油气层
9	聚合铝防塌剂	未明确代号	0.3~0.5	防止坍塌
10	非渗透成膜处理剂	未明确代号	0.5~1.5	形成一层膜,对储层起保护作用
11	磺化酚醛树脂	SMP-1	1.0	耐高温、降失水,同时有防塌、控制黏度的作用,抗盐
12	沥青类防塌剂	未明确代号	0.6	封堵,防坍塌
13	乳化剂	SN-1	0.5	降低钻井流体黏切
14	白油润滑剂	未明确代号	1.5	润滑作用
15	塑料球	未明确代号	1.0	做固体润滑剂
16	抗盐钙降失水剂	未明确代号	1.0	抗盐,降失水
17	固体润滑剂	未明确代号	1.5	润滑作用(3800.00~4286.00m井段中使用)

钻井流体强抑制和强封堵。与清水、常规聚磺钻井流体、膨润土浆相比，抑制性与封堵性能更好，保证了长裸眼井段的井壁稳定，特别是煤层段的井壁稳定，满足了三开钻进的要求。

乌参 1 井是准噶尔盆地乌伦古坳陷参数井，完钻井 6323.60m。中生界地层埋藏深，成岩性好但性脆，砂泥岩互层，地应力作用明显，井眼钻开后，地应力释放后井壁失稳严重。西山窑组、八道湾组及黄山街组泥岩及砂质泥岩夹薄—中厚层状煤层，煤层性脆，节理微裂缝发育，在外力作用下易垮塌；煤层下的泥岩水化后强度降低，煤层因失去支撑而垮塌；同样，煤层的坍塌也会促使上部泥岩坍塌，形成恶性循环。三开裸眼长达 2000.00m，使用 ϕ311.2mm 钻头钻进，中完时钻井流体量共计 550m^3，大井径长裸眼井段的井壁稳定和大体积钻井流体的维护处理是本井钻井流体施工的又一个难点。

三开开钻前，在扫水泥塞过程中，按照配方逐渐加入各种处理剂，充分循环，将钻井流体转化为铝胺"多元协同"防塌钻井流体，待性能稳定后开钻。钻进中以胶液形式补充聚合物，保证聚合物在钻井流体中的含量达到 0.5%，使之有效包被钻屑并抑制泥页岩水化膨胀和钻屑分散。

开钻后，调整钻井流体密度在 1.24～1.25g/cm^3，以后根据实钻情况及地层压力监测数据调整钻井流体密度，钻井流体的漏斗黏度控制在 45s 左右，随钻进井深逐渐提高钻井流体黏度，流型由紊流逐渐到层流，由冲刷井壁到护壁防塌。钻至煤层时钻井流体密度提高到设计上限，保证钻井流体液柱压力能够平衡地层压力，防止地层应力释放而导致井壁失稳。使用磺酸盐聚合物降失水剂和磺化酚醛树脂降低钻井流体的失水量，控制中压失水量在 4mL 以内，高温高压失水量控制在 12mL 以内。保持钻井流体中沥青类防塌剂的含量在 3% 以上，非渗透成膜封堵剂的含量在 1% 以上，并随井深的增加以干剂形式补充，配合不同粒径的超细碳酸钙，封堵地层孔隙、节理及微细裂缝。同时，保持钻井流体中有机胺的浓度在 0.8% 左右，聚合铝防塌剂的含量在 1%，无水聚合醇的含量在 2% 以上，随井深的增加以胶液形式补充，抑制地层泥页岩水化膨胀，防止地层吸水后坍塌。钻进至三开下部地层时，加入 2% 白油润滑剂，并根据实钻摩阻和扭矩情况实时补充，保持钻井流体具有一定的润滑能力。钻进中，需要提高钻井流体密度时，采用均匀混入大密度钻井流体的方式，大密度钻井流体提前配制好，至少水化 24h。加重时按照循环周均匀加入，每周幅度不超过 0.03g/cm^3。振动筛筛布 120～140 目，除砂除泥器使用率保证 60%～80%，离心机根据情况使用，以便能及时清除钻井流体中的劣质固相。并要控制起下钻速度，避免因起下钻速度过快引起的抽吸和压力激动，下钻时要分段循环，避免在煤层段开泵。三开中完作业钻井流体主要有钻完进尺后充分循环、电测完应下钻至井底充分循环、井壁取心后应下钻至井底充分循环等技术措施。

（1）钻完进尺后充分循环，短起钻至 2200.00m。下钻至井底，循环彻底，泵入 80m^3 封井浆保证电测顺利。

（2）电测完，下钻至井底，加入 0.5% 降黏切，充分循环，待返砂明显减少后，泵入 80m^3 封井浆，起钻准备井壁取心。

（3）井壁取心后，下钻至井底，充分循环，加入乳化剂降黏切，待返砂明显减少后，泵入 80m^3 封井浆，准备下套管。

铝胺"多元协同"防塌钻井流体抑制性好,封堵能力强,满足了三开长裸眼段及煤层的钻进要求。本井段共钻遇煤层24套,累计长度75.50m,施工中井壁稳定,井下安全,起下钻畅通无阻。

三开井段取心收获率100%;下套管一次到底;电测成功率100%。

三开井身质量良好,井径平均扩大率为10.13%,煤层段井径平均扩大率为9.34%,表明铝胺"多元协同"防塌钻井流体封堵效果好。

取得了一定的勘探成果。西山窑组:煤层气46m/5层;气测异常层2m/1层;三工河组:气测异常层7m/3层;八道湾组:煤层气28m/6层;气测异常层62m/24层;黄山街组:煤层气14m/6层;气测异常层5m/2层。

此外,针对沁水盆地煤层气井钻遇泥页岩及煤岩体地层井壁失稳机理,依据"多元协同"防塌原理,从加强包被抑制、封堵,有效应力支撑和活度平衡多角度制订防塌钻井流体对策,并优选出高效包被抑制剂,封堵防塌剂和活度平衡剂,最终构建了适合沁水盆地煤层气井泥页岩段的防塌钻井流体和煤层段的钻井液(黄维安等,2013)。

针对吐哈油田丘东低渗透凝析气藏钻采过程中存在不同形式的液锁伤害问题,系统分析了其伤害机理和主要影响因素。发现液锁伤害程度主要与岩心的渗透率、孔隙度、初始含水饱和度及油水界面张力有关,还与储层岩性、胶结物类型及含量、孔隙结构特征和侵入流体的性质有关。针对钻井、完井、生产、储集层改造及修井过程中液锁伤害机理及特征,研发出防液锁低伤害成膜钻井流体及保压、增能、助排等综合防治技术(舒勇等,2009)。

岳前升等(2014)根据沁水盆地煤岩理化性能测试结果,认为煤层气水平井煤层垮塌有工程因素、煤岩的自身性质、煤岩的脆性、"水力切割"效应这四方面原因。

(1)工程因素。由于煤层多为低压甚至是干煤层,在煤层实际钻进过程中钻井流体液柱压差很大,会造成钻井流体侵入煤层。

(2)煤岩的自身性质。由于煤岩表面的亲水性、微裂缝或割理发育以及应力敏感性,会造成对水的"自吸"现象,水一旦进入煤岩,势必会与煤岩中的各种矿物发生作用。

(3)煤岩的脆性。煤岩被清水侵入后会引起其内部黏土矿物膨胀,虽然这种膨胀性不强,但足以引起煤岩强度大幅度下降,最终造成煤岩破坏形成碎块。

(4)"水力切割"效应。煤岩一旦因黏土矿物膨胀造成破裂后,这一过程会持续,不断有新的微裂缝产生,当这些缝隙互相贯通时,煤岩因发生所谓的"水力切割"效应而与井筒中的钻井流体处于相同的压力系统,此时煤岩会因钻井流体流动而发生掉块从而导致井壁垮塌。

从上述分析可知,水相进入煤层并引起煤岩矿物出现变化是煤层气水平井井壁失稳的根本原因。因此从稳定井壁的角度出发,必须阻止或延缓水相进入煤层,对于低渗透的煤层而言,比较可行的钻井流体技术措施就是提高钻井流体液相黏度或在煤层表面成膜以阻止或延缓钻井流体水相进入煤层。加强煤层气水平井井壁稳定的技术措施有很多,但必须与煤层气储层保护结合起来,若稳定了煤层井壁而牺牲了煤层保护显然是无意义的。从稳定井壁、保护煤层的技术角度出发,具有适宜黏度的无固相、可降解聚合物钻井流体是煤层气水平井钻井流体的首选。

8.2.13 低固相聚合物聚磺钻井流体

为了保证钻井流体 pH 值较低,失水量小,滤饼致密光滑,可以起到保护井壁的作用,从而能有效地保护煤层,同时可降低钻井流体材料的费用,低固相聚合物聚磺钻井流体(Low Solid Polymer Polysulfonate Drilling Fluid)在山西煤层气井中进行了应用。结果表明,这种钻井流体适用于山西煤层气井钻井。

分析山西地区煤层气井的主要特征认为,低固相聚合物钻井流体与绒囊钻井流体更适合煤层气钻井。低固相聚合物钻井流体在山西河东区探井与山西沁水盆地探井均得到成功应用(何晋元,2014)。

LXC-004 井是美国 PHILLIPS 公司在山西河东区块作业的一口探井。一开采用钻头钻至 146.00m,下入表层套管。钻井流体技术措施为在预水化膨润土浆中加入一定量的羧甲基纤维素和生物聚合物形成高黏度、高切力钻井流体。顺利钻完井深后,下入表层套管。二开钻完水泥塞后,加入适量水解聚丙烯腈铵和聚丙烯酸钾预处理。在钻进至 400.00m 时,因地层压力系数较高,用重晶石调整钻井流体密度、漏斗黏度(40~45s)、切力、API 失水量。当钻进至 1150.00m 时,由于地层破碎带坍塌,造成钻具上提遇卡。继续钻进下入技术套管。三开后因为马上要进入煤层,防漏和防塌是钻井流体施工的关键,因为二开钻井流体密度较高,不利于防漏,所以将其全部放掉,重新配制低密度钻井流体。在预水化膨润土浆中加入水解聚丙烯腈铵和适量生物聚合物进行处理,降低失水量,减小滤液对地层的伤害,防止地层垮塌。钻井流体性能为密度为 1.05g/cm³,漏斗黏度 32s,API 失水 6mL,切力 2/4Pa。在钻进中补充聚合物胶液加以维护。使用好除砂器,适当使用离心机,控制固相含量在 4% 以下。钻进中钻井流体性能稳定,携砂良好,井壁稳定。顺利钻完煤层,共计取心 32m,取心比较顺利。在长达 8d 的测试过程中,井眼稳定,说明钻井流体性能完全可以满足井下的要求。

此外,张天龙等(2001)通过山西三口典型的煤层气井(河东区块探井 LXC-004、沁水盆地开发井 FZ-004 和开发井 FZ-009),论述了低固相、低密度聚合物钻井流体在煤层气井中的应用。针对表层地层特点,配制高黏度高切力的膨润土浆,提高携砂能力,稳定井眼,防止漏失。中下部地层比较古老,钻速慢,容易形成细的钻屑,使钻井流体密度上升,增加了漏失的危险性,改为低固相聚合物钻井流体。这种钻井流体失水量小,絮凝能力强,固相容易分离,易于维持低密度,能够很好地起到防漏和防塌作用。维持钻井流体漏斗黏度 30~40s,API 失水小于 8mL,pH 值 7~8,固相含量控制在 4% 以下。在煤层段钻进或取心中,由于煤层的特点,钻井流体应能够迅速在井壁上形成一层薄而致密的滤饼,封堵煤层的微裂缝,采用低密度、低固相聚合物钻井流体,可以较好地做到这一点,控制 API 失水小于 6mL/30min,尽量减小滤液对煤层的侵害,造成煤层坍塌。结果表明,低固相聚合物钻井流体 pH 值较低,失水量小,滤饼致密光滑,可以起到保护井壁的作用,从而有效地保护煤层,同时可降低钻井流体材料的费用,适用于煤层气钻井。

但家祥(2010)发现阜新高瓦斯矿区钻井过程中钻井流体的漏失是非常严重的,为了保护储气层,使用低固相聚合物钻井流体,钻井流体的密度为 1.05~1.08g/cm³,黏度为 15~20mPa·s。

钻井完成后,采动区大斜度井 WL4 日产混合气 $3.74 \times 10^4 \mathrm{m}^3$,$CH_4$ 浓度 62%,折合纯气 $2.28 \times 10^4 \mathrm{m}^3$;直井 WL3 日产混合气 $0.403 \times 10^4 \mathrm{m}^3$,$CH_4$ 浓度 85% 以上,折合纯气 $0.25 \times 10^4 \mathrm{m}^3$。

包贵全将低固相,密度 $1.02\sim1.05\mathrm{g/cm}^3$ 的双聚钻井流体(聚丙烯酰胺和聚丙烯腈)应用于辽宁阜新煤层气参数井及试验井(包贵全,2007)。这种钻井流体由无机盐、聚合物和暂堵剂组成,在辅以相应储层保护技术基础上,该钻井流体在现场施工中取得了良好效果。同时,包贵全认为低固相钻井流体并不是钻开煤层的最佳选择,最佳体系应该是泡沫钻井流体,因为泡沫钻井流体对于保护煤层气储层、增加煤层气产量、提高钻井效率更加有效。

秦建强等(2008)在山西沁南煤层气田钻井时,钻进至 3 号煤层顶 20m,对井内、地面的钻井流体全部更换为清水,配备简易的固控设备,把钻井流体的密度控制在 $1.03\mathrm{g/cm}^3$ 以内,降低钻井流体的固相伤害。若地层复杂不能使用清水钻进时,使用由 API 标准钠膨润土和低分子量三元共聚物按一定比例配制的低黏度、低失水量、高分散性的 LBM 低固相钻井流体,密度为 $1.025\mathrm{g/cm}^3$、失水量为 3mL/30min、pH 值为 7 的钻井流体,很好地控制了钻井流体对储层渗透性的碱性伤害、滤液侵入伤害。

8.3 发展前景

近年来,随着石油勘探开发技术的不断发展,特别是深井、超深井及特殊工艺井钻探越来越多,对钻井流体提出了更高的要求。"安全、健康、高效"的钻井流体技术,标志着钻井流体技术研究和应用进入了一个全新的发展阶段。

从近年来国内钻井流体技术发展及新体系应用情况看,虽然满足了安全快速钻井的需要,且大部分技术表面上已经具有国际先进水平,但实际上在钻井流体整体水平上与国际上的差距仍然很明显,特别是国内外在钻井流体技术与管理方面存在的认识上的区别,是制约国内钻井流体整体水平和技术进步的主要问题。国内外认识上的差别主要表现在目的、设计理念、处理剂、实施过程、对钻井流体工程师的要求、创新目标、环境保护等方面。

8.3.1 存在问题

首先在对煤岩工程师的要求上,应当让其在按照设计执行的前提下,学会灵活处理,在不出现问题的情况下,尽可能减少处理剂用量。

在创新上:应当根据实际需要,同时考虑满足环保和有关法律要求,注重高性能处理剂研制。

在环保上应当从源头抓处理剂生产用原料、生产过程、处理剂、钻井液体系均要达到要求。所用材料必须有毒性实验数据,满足要求才能应用。钻井液性能稳定看作环保的一部分。

8.3.2 发展方向

在对工程师的要求上:围绕钻井流体工程技术和"安全、健康、高效"这一发展主题,投入更多的人力和财力,培养以满足复杂条件的钻探技术、油气层保护、油气测录井与评价、环保要求以及提高油气勘探开发综合效益等为目标的工程师人才,并开展基础理论和应用技术研究,以取得更多的研究成果和应用技术。

在创新上,首先,应当在实践经验的基础上,钻井流体技术工作始终围绕钻井生产需要,把解决复杂问题、缩短完井周期作为努力方向,再求创新。特别是近年来,在深井、超深井钻井流体方面取得了一系列新成果,解决了一系列生产难题。在生产中结合国内实际,借鉴国际上新技术,逐步形成了两性离子聚合物钻井流体、正电胶钻井流体、硅酸盐钻井流体、甲基葡萄糖苷钻井流体以及聚合醇钻井流体等一系列新技术,并在逐步形成高难度的超高温和超高密度钻井流体,为中国钻井流体技术的进一步发展奠定了基础。在气体钻井方面,针对普光气田的需要,通过引进、消化、吸收,逐步完善了一套适合普光气田安全施工要求的气体钻井(包括雾化和泡沫)技术。在防漏和堵漏方面,逐步建立了一套从找漏到堵漏,防堵结合的有效堵漏方法,并借助成像测井技术对井漏特征、堵漏机理有了更清晰的认识,结合现场实际建立了行之有效的防漏、堵漏模拟评价实验装置,使室内评价更符合现场实际,逐步使堵漏一次成功率得到有效的提高,凝胶堵漏剂的研究与应用,使堵漏技术有了长足的进步。在井壁稳定方面,引入了"多元协同"钻井流体防塌理念,为了提高封堵和强化钻井流体的抑制性,研制了一系列专用的抑制剂,形成了氨基防塌钻井流体、聚合醇钻井流体以及正电胶钻井流体等。

同时,为解决储层保护困难,储层产能低,采收率低,开发成本高等难题,超临界二氧化碳钻井流体(Supercritical Carbon Dioxide Drilling Fluid)被提出。

赵焕省(2014)分析了超临界二氧化碳用于钻完井的优势,对超临界二氧化碳钻井和携岩研究现状进行了总结,并为未来的发展方向提出了建议。超临界二氧化碳具有气体的低黏度和液体的高密度,同时具有易扩散、溶解性好等特性,将超临界二氧化碳流体用于钻完井过程,可以有效解决煤层气等非常规油气资源的过程中遇到了储层保护困难、储层产能低、采收率低、开发成本高等难题。以超临界二氧化碳为主体,实际未投入应用,还在实验阶段。但对其前景已有展望和设想。

(1)超临界二氧化碳由于特殊的物理性质,在非常规油气藏开发领域有着广泛的应用。

(2)目前有关超临界二氧化碳携岩方面的研究多局限在宏观携岩规律的数值模拟以及试验研究上,对微观携岩机理方面的研究未见报道,应根据现场条件逐步将研究模型复杂化,考虑地层流体入侵以后的多相流的影响,向微观以及现场应用两个方面拓展。

(3)超临界二氧化碳钻完井技术作为一种新兴技术,在保护储层、开发非常规油藏方面展示出巨大的应用价值。但作为一种新技术,也发现存在一些不利因素,超临界二氧化碳溶解于水后呈酸性,会对钻具造成腐蚀;超临界二氧化碳的低黏度特性,并不是在所有的条件下都利于携带岩屑。建议紧密跟踪关注二氧化碳腐蚀方面的研究,借鉴其他学科研究的成果,把成熟的材质和工艺引入该研究领域。同时,有关欠平衡钻井流体携岩机理的研究已经比较成熟,工业中增黏剂和增稠剂的成功研发应用为提高超临界二氧化碳携带岩屑能力提供了参考,建议借鉴其他欠平衡钻井流体携岩机理的研究方法并结合增黏剂和增稠剂的使用展开超临界二氧化碳携岩应用的探索研究。

(4)超临界二氧化碳流体具有低黏度、高扩散性、高密度等特点,使得超临界二氧化碳在油气藏开发的各个过程中都能应用,因此,在研究超临界二氧化碳携岩时不要简单局限于与其他携岩技术单方面的比较,要在钻采一体化这个新的发展趋势和背景下,全面衡量它在整个钻完井、提高采收率、环境保护等方面的综合效应。

未有现场应用实例,均为实验室状态下的试做,仍处于研究阶段。

在环保上应当同时围绕环境保护的需要开展有机盐钻井流体、甲基葡萄糖苷钻井流体和生物可降解钻井流体的研究与应用,并围绕钻井废水和钻井流体无害化开展了大量的卓有成效的工作,特别是普光气田的钻井废水和钻井流体无害化处理,有效地保护了环境。

第9章　页岩储层钻井流体

页岩储层钻井流体(Drilling Fluids in Shale Reservoir)是在页岩储层中钻进的流体。页岩气是以多种相态存在、主体富集于泥页岩(部分粉砂岩)地层中的天然气聚集。页岩气具有储量大、生产周期长等特点,全世界页岩气总资源量约为 $4.56 \times 10^{14} m^3$。美国和加拿大已经开始了对页岩气的勘探开发,特别是美国,目前已对密歇根州和印第安纳州等5个盆地的页岩气进行商业性开采。

页岩气储层具有自生自储、低孔隙度、低渗透率、无自然产能以及开发周期长的特点,因而具有独特的开发方式;水平井能有效提高页岩气的开发效率,目前已成为页岩气开发的主要钻井方式;页岩气钻井的关键技术包括页岩气进入井眼途径、钻井井位部署和浅层大位移井技术;页岩气钻井技术难点主要有井壁稳定技术、井眼轨迹优化设计和控制技术、下套管与固井技术、降摩阻技术、井眼清洗技术。

页岩气开发主要存在地层不确定因素多、压力及流体性质难以预测、泥页岩和致密砂岩易水化膨胀、易破碎、井壁不稳定、固井易气窜、完井困难、储层易伤害、采收率低、钻井速度慢、钻井周期长、开发技术难度大以及钻井成本高等问题。

(1)井壁稳定性差。成岩过程后,强结合水变成自由水,排不出则形成高压,孔隙压力高于钻井流体密度;滤液进入层理间隙,页岩内黏土矿物遇水膨胀,形成新的孔隙、膨胀压力,削弱结构力;层理和微裂缝较发育,水或钻井流体滤液极易进入微裂缝破坏其原有的平衡,破坏泥页岩胶结性,导致岩石的破裂。井眼周围的应力场发生改变,引起应力集中,井眼未能建立新的平衡。井壁稳定性差导致各种相应的井下事故或复杂情况(井漏、井垮、钻具阻卡严重、埋钻具)的发生,从而限制了钻头、钻具组合、钻井流体以及钻井参数的选择和确定。

(2)摩阻和扭矩高。摩阻和扭矩来源于钻具与井壁摩擦、钻头扭矩、机械扭矩和动态扭矩。摩阻和扭矩高会导致如下问题:起钻的负荷明显增加,下钻的阻力大;定向滑动钻进时,无法明确判定钻头实际工作的钻压;钻具在过高的轴向压力下会发生屈曲。

(3)岩屑床难清除。泥页岩的崩塌、钻井流体性能及返速、钻井岩屑重力效应使得岩屑床难清除,残留的岩屑将进一步增加摩阻、扭矩和井下事故复杂发生的概率。

(4)井眼控制轨迹难。页岩气井造斜点浅、井壁稳定性差、目的层疏松、机械钻速高、井径变化大、扭矩规律性不强,定向工具面摆放困难等因素使井眼轨迹控制难。井漏、井垮以及其他井下事故和复杂情况;频繁变化的扭矩严重干扰定向的实际效果,定向工具、钻头作用力方向控制和调节。

(5)套管下入困难。由于浅层大位移水平井定向造斜段造斜率高,斜井段滑动钻进,定向时容易在井壁形成小台阶;造斜点至 A 靶点相对狗腿度较大,起下钻过程中容易形成键槽;井斜变化大,井眼难清洁,下套管过程中易发生黏卡。另外,由于井眼斜率大,水平段长,套管自由下滑小,摩阻大。套管的自重摩阻和弹性变形的摩阻非常大,直井段套管自重能够提供的驱动力非常有限,套管能否安全下至地质设计井深有很大的风险。

(6)套管受损。套管柱通过水平井弯曲段时随井眼弯曲承受弯曲应力作用。同时,套管属于薄壁管或中厚壁管,套管柱随井眼弯曲变形时,即使弯曲应力未超过其材料的屈服极限,但套管截面已成为椭圆形状而丧失稳定性。由于椭圆的短轴小于套管公称尺寸,故一些工具无法下入。套管柱弯曲严重时也有可能产生屈曲变形破坏。

(7)钻具组合选择局限性大。由于浅层大位移水平井的造斜点浅,上部地层疏松,胶结质量差,同时页岩易垮塌的特性,上部钻具自身质量轻,加压困难,导致整个钻具组合的选择更加受限制。如果钻具组合选择不恰当,极易偏磨套管。扭矩、摩阻过大,也将极易导致发生钻具事故。

(8)套管居中程度差。由于造斜点浅,从造斜点至 A 靶点,井斜将达最大井斜,下套管时,斜井段套管易与井壁发生大段面积接触。当井斜超过 70°时,套管重力的 90%将作用于井眼下侧,套管严重偏心,居中难以达到 66.7%以上。

(9)固井前洗井、驱替效果差,水泥浆胶结质量差。岩屑床中的岩屑也难以清洁干净;油气层顶界埋深浅,顶替时接触时间段,不容易顶替干净;井斜角大、水平位移长,套管在井眼内存在较大偏心,低边钻井流体难以驱动,产生"拐点扰流"现象;油基钻井流体必须进行润湿反转后,水泥浆才能有效胶结。

(10)固井过程中井漏。固井作业过程中,井底钻井流体液柱产生的正压差要比钻井过程中压差大得多,且要求水泥浆返至地面,封固段长,由于水泥浆摩阻及携砂能力大于常规钻井流体,顶替钻井流体后期易造成水泥浆漏失。

页岩气储量多、开发价值大,但开发难点较多、难度大,所以需要采取适当的措施解决页岩气钻探开发过程中遇到的难点:

(1)旋转导向技术,用于地层引导和地层评价,确保目标区内钻井,钻井过程可以减少岩屑床的形成,更迅速地实现钻井。

(2)随钻测井技术和随钻测量技术,用于水平井精确定位、地层评价,引导中靶地质目标,及时调整井眼方位和井斜角等钻井参数,寻找最优目标区。

(3)控压或欠平衡钻井技术,用于防漏、提高钻速和储层保护,采用空气作为循环介质在页岩中钻进。

(4)泡沫固井技术,用于解决低压易漏长封固水平段固井质量不佳的难题,套管开窗侧钻水平井技术有效地降低了增产措施的技术难度。

(5)有机和无机盐复合防膨技术,确保了井壁的稳定性。

(6)开展典型区块地层特征分析,建立重点层位钻井风险识别与处理预案,针对地层及邻井资料对井身结构、钻具组合、钻井参数进行优选设计,形成该区块页岩气钻井工艺优化设计模板。

(7)开展水平段减阻防磨工艺及工具研制,以及长水平段井眼清洁监测控制技术研究,降低钻井事故复杂时效,减少钻井成本。开展页岩气钻井井壁稳定控制技术研究,研究页岩岩石应力、垮塌机理以及安全钻井流体密度窗口,优选适合页岩储层的钻井流体,优化施工工艺以及进行水平段长度优化。

(8)开展页岩气油基钻井流体及相关配套处理剂的开发和引进工作,探索高效水基钻井流体的适应性,降低成本以及针对不同构造建立钻井流体配套体系,满足安全钻井及储层保护要求。多方面展开快速钻井技术研究研制适合的聚晶金刚石复合片钻头,解决部分地层机械钻速低、增斜能力不强的问题;着力井眼清洁控制技术研究,解决长水平段和疏松地层"托压"问题。

(9)固井难度大,易发生气窜,后期增产压裂对水泥环强度要求高,完井方式选择及工艺技术要适合页岩气储层特性,降低成本,为后期压裂创造有利条件。开展页岩气储层固井工艺研究、页岩气水泥浆配方的研制以及适应性分析和提高页岩气固井质量技术研究。开展页岩气完井优化设计(完井方式优选、套管优选、射孔优化、附件工具研制等)、页岩气分级完井技术研究以及相关完井工具的研制。

9.1 开发依据

页岩中一般含有蒙皂石、伊利石和高岭石等易水化分散、膨胀的黏土矿物。页岩水化一方面产生水化膨胀应力,另一方面水的进入又削弱了岩石的力学强度,容易导致井壁失稳,基于上述原因,在页岩气水平井钻井中解决井壁稳定、降阻减摩和岩屑床清除等问题就成为钻井流体选择和设计的关键(王中华,2012)。针对页岩易膨胀、易破碎的特点,开展页岩气钻井井壁稳定性及适合页岩地层特点的钻井流体优化等方面的研究,对于避免钻井过程中井壁的缩颈或坍塌、井漏,降低钻具有效摩阻,避免卡钻、埋钻具等井下复杂情况的发生,具有重大现实意义。鉴于此,要求页岩气水平井钻井流体必须具有封堵能力强和强抑制性、润滑性好、携砂能力强等特点。

(1)强封堵能力和强抑制性。在钻井流体中加入抑制剂、降漏失剂、防塌剂、堵漏剂等保护井壁稳定的处理剂,如无机盐、聚合物、乳化沥青等。

(2)润滑性好。在钻井流体中加入润滑剂和其他添加剂改善钻井流体的流变性,以维持钻井流体良好的润滑性能。

(3)携砂能力强。良好的携岩能力是钻井流体设计和选择很重要的部分,对于提高机械钻速,保持井眼清洁有重要作用。

9.2 体系种类

近几年针对页岩气储层的钻采,钻井流体逐渐丰富起来,除了性能优良价格昂贵的油基钻井流体,还发展了用于页岩储层的水基聚合物钻井体系、有机盐聚合醇钻井流体和气体钻井流体等。

9.2.1 水基聚合物钻井流体

传统的水基钻井流体由于以水作为连续介质,在钻进页岩地层时易诱发页岩水化膨胀,曾一度被认为不适宜作为页岩层钻进流体。Bailey 提出在原有水基钻井流体基础上加入阳离子聚合物或是醇类添加剂等抑制页岩水化膨胀的成分,形成新的水基聚合物钻井流体。改进后的水基聚合物钻井流体具有油基钻井流体抑制页岩水化膨胀的优点,同时又拥有油基钻井流体不具备的更环保、易发现钻井过程中的天然气侵、温度变化对其流变性的影响较小、成本相对较低、遇井漏容易处理等优点(Bailey et al.,1987)。

针对安徽宣城—桐庐区块的第一口页岩气参数井宣页1井目的层荷塘组(2052.22~2848.80m)以黑色泥岩为主,夹硅质泥岩以及泥灰岩互层,钻井过程中极易发生漏失和泥页岩吸水膨胀垮塌现象,页岩气储层通常呈现低孔隙度、低渗透、极低渗透等问题,设计出防塌性能较好的水基正电胶聚合物防塌钻井流体(袁明进,2011),该钻井流体组分作用,见表5.9.1。

表5.9.1　宣页1井水基正电胶聚合物防塌钻井流体组分表

序号	组分	代号	加量范围,%	作用
1	生产水	未明确代号	无明确范围	作为钻井流体的连续相
2	膨润土	未明确代号	4.0	配制钻井流体的基浆、润滑
3	正电胶	MMH	0.3~0.4	稳定井壁、防塌
4	聚丙烯酸钾	KHPAM	0.1	抑制页岩分散、降低钻井流体失水量
5	水解聚丙烯腈铵盐	NH_4HPAN	0.5~0.8	降低钻井流体失水量、防塌、稳定井壁
6	中黏羧甲基纤维素钠盐	MV-CMC	0.1~0.3	调节钻井流体黏度、改善钻井流体流变性
7	硅腐殖酸钾	OSAMK	2.0	抑制黏土水化膨胀
8	弱荧光防塌沥青	LF-TEX-1	2.0	防塌、稳定井壁

配制的水基正电胶聚合物防塌钻井流体性能良好,在宣页1井下部长泥页岩井段(2052.00~2848.00m)施工过程中,井壁稳定性较好(二开后平均井径扩大率小于3.0%),无掉块、垮塌现象;全井取心进尺179.8m,取心收获率100%;钻进过程中钻井流体性能稳定,易于维护处理。现场应用结果表明,水基正电胶聚合物防塌钻井流体适合宣城—桐庐区块页岩气储层的钻进,并具有良好的应用效果。

此外,通过研究聚乙二醇对页岩水化作用的抑制性机理,设计出水基聚乙二醇钻井流体。水基聚乙二醇钻井流体是在传统水基钻井流体中加入抑制剂聚乙二醇达到防止页岩水化分散的效果。其通过室内试验发现,当加入一定量的聚合物时,聚乙二醇的抑制性能有所提高。为满足现场施工要求,应选择合适的有机处理剂。使聚乙二醇的抑制性能得到最大程度地发挥。此外,温度对聚乙二醇的页岩抑制性能也有重要的影响。当温度高于聚乙二醇的浊点温度时,析出的聚乙二醇封堵页岩裂缝,温度越高,析出的聚乙二醇越多,抑制作用会越强(刘平德等,2001)。

针对雪谷1井的地质情况在钻进过程中选择醇基钻井流体进行钻进,醇基钻井流体以聚乙二醇类抑制剂为主抑制剂,加入其他防塌剂、降失水剂、润滑剂配制而成。雪谷1井三开开始钻进时,用预先配制好的醇基钻井流体顶替原钻井流体,并尽快调整好钻井流体性能,同时根据钻进情况及钻井流体性能变化,不断对钻井流体性能进行调整、维护,在该井施工中该钻井流体性能稳定、流变性较好、悬浮携带性强,井壁稳定,井眼规则、畅通,起下钻顺利,满足了钻井的需要(张景红等,2011)。

Amoco公司在美国俄克拉何马州的Catoosa地区所钻的5口井中使用了水基阳离子聚合物钻井流体,现场数据表明,相比传统的水基钻井流体,改进后的钻井流体抑制页岩水化膨胀能力更强(Beihoffer et al.,1990)。

9.2.2 油基钻井流体

与水基钻井流体相比,油基钻井流体在井壁稳定、润滑防卡、抑制页岩水化膨胀、地层造浆以及快速钻进等方面具有明显优势。

针对威201-H1井目的层为威远地区下古生界筇竹寺页岩层,其页岩气储层石英含量较高,岩石脆性特征明显,属弱水敏,同时具有较强的层理结构,极易发生层间剥落,页岩强度有显著的各向异性,层理面倾角为40.0°~60.0°,岩心易发生沿层理面的剪切滑移破坏,造成定向段和水平段井壁失稳等问题,重点考虑钻井流体的稳定性、热敏性、封堵性和化学抑制性后,配制出适合该地区的油基钻井流体(何涛等,2012),该油基钻井流体组分见表5.9.2。

表5.9.2 威201-H1井油基钻井流体组分表

序号	组分	代号	加量范围,%	作用
1	柴油	未明确代号	无明确范围	配制油基钻井流体的材料
2	有机土	未明确代号	3.5	配制钻井流体基浆
3	氯化钙溶液	未明确代号	10.0	增加钻井流体密度、抑制黏土膨胀
4	主乳化剂	未明确代号	4.0~6.0	使钻井流体形成乳状液
5	辅乳化剂	未明确代号	1.0~2.0	使钻井流体形成乳状液
6	降失水剂	未明确代号	2.0~3.0	降低钻井流体失水量
7	塑型封堵剂	未明确代号	1.0~3.0	封堵地层防止钻井流体漏失
8	润湿剂	未明确代号	0.5~1.0	稳定油基钻井流体性能
9	碳酸钙(粒径0.043mm)	未明确代号	1.0~2.0	封堵地层、增加钻井流体密度
10	碳酸钙(粒径0.030mm)	未明确代号	2.0~3.0	封堵地层、增加钻井流体密度
11	氧化钙	未明确代号	1.0~1.5	调节钻井流体pH值、抑制黏土水化膨胀
12	重晶石	未明确代号	无明确范围	增加钻井流体密度

威201-H3井在ϕ215.9mm井眼钻进中井下情况异常复杂,水基钻井流体已不能满足钻井安全,故在井深2135.00m处替换为油基钻井流体钻进,使用井段为下寒武纪统遇仙寺组—筇竹寺组。其中导眼A点井深为3010.00m(井斜为98.0°);正眼于井深2320.00m处开窗,A点井深为2910.00m(井斜为90.14°),其中定向造斜段为沧浪铺组中部到筇竹寺组上部,水平位移为291m,岩性多为硅质、硅钙质页岩,硬脆性较大、易垮易塌。正眼进入A水平段后,主产层地层倾角变化较大,由上倾2°变为9°。为确保后期完井作业产量,井身轨迹一直跟踪主产层高伽马段,井斜变化范围为90°~98.14°。现场应用油基钻井流体能很好地控制热敏性的影响,通常10h左右的短程起下钻后,泵压在几分钟内就能恢复到短程起下钻前的水平,振动筛没有出现跑浆情况,现场倒换钻具和修整窗口为期8d,直至下钻完成开泵

循环,泵压较8d前只上涨2MPa左右,在50min就恢复了正常。现场应用效果表明,根据威远地区页岩气储层特性,威201-H3井在定向、水平段应用了油基钻井流体,保证了合理的钻井流体密度、强封堵性、低失水量和良好的携砂能力,该油基钻井流体成功应用于威201-H3页岩气水平井钻探,较好地解决了威远地区泥页岩层垮塌的问题。

9.2.3 有机盐聚合醇钻井流体

醇类钻井流体处理剂最早由美国 Baker Hughes INTEQ 公司于1987年提出并开始应用研究,先后在18个国家和地区进行推广应用。有机盐聚合醇钻井流体具有"低黏度和切力、低渗透、低固相、低活度"特性,对碳质页岩有着很强的抑制封堵防塌能力,使井壁稳定,钻井流体性能维护周期长,防卡性能好,能够较好地满足工程和地质的需要,对于今后页岩气井开发提速钻井具有很好的参考价值。

针对四川盆地第一口页岩气专层井宁206井页岩气开发中面临的页岩极易吸水膨胀、缩径、破碎垮塌等特点,优选出有机盐聚合醇钻井流体(肖金裕等,2011),该钻井流体组分见表5.9.3。

表5.9.3 宁206井有机盐聚合醇钻井流体组分表

序号	组分	代号	加量范围,%	作用
1	膨润土	未明确代号	2.0~3.0	配制钻井流体基浆、润滑
2	聚丙烯酰胺钾盐	KPAM	0.1~0.2	抑制页岩分散、降低钻井流体失水量
3	木质素磺酸盐	LS-2	1.0~2.0	降低钻井流体失水量
4	酚醛树脂	JD-6	2.0~3.0	降低钻井流体失水量
5	阳离子乳化沥青	SEB	3.0~4.0	防膨、防塌、降低钻井流体失水量
6	有机盐	Weigh2	8.0~10.0	抑制黏土水化膨胀
7	聚合醇	MSJ	3.0~4.0	抑制黏土水化膨胀
8	水基润滑剂	FK-10	3.0~4.0	润滑作用

宁206井一开使用 ϕ444.5mm 钻头钻至井深139.00m,下入 ϕ339.7mm 套管至137.41m,二开使用 ϕ311.2mm 钻头充气钻进至井深650.00m产水,转化为聚合物低固相钻井流体,钻至井深1122.00m出现垮塌卡钻,将钻井流体密度提高至1.25g/cm^3,采用爆炸松扣、套铣、打捞解除事故。钻至井深1860.00m下入 ϕ244.5mm 套管至井深1678.26m,固井。三开主要对九老洞组碳质页岩井段进行取心作业,对页岩的抑制以及封堵防塌是工作的重点,采用有机盐聚合醇钻井流体抑制页岩的吸水膨胀和垮塌,确保连续取心的安全。现场应用三开使用有机盐聚合醇钻井流体钻进中,没有出现页岩吸水膨胀、缩径现象,起下钻顺利,摩阻一般在3tf以内,返出岩屑形态清晰,非常成形,砂样不杂。完井电测井径曲线非常平滑,井眼规则,井径扩大率仅为1.19%。从碳质页岩取出的岩心表面呈蜂窝状,非常破碎,水平层理发育,只要用手锤轻敲一下岩心,就会横向呈块脱落。通过控制钻井流体失水量在3mL以内,强化钻井流体的失水护壁性,加入聚合醇、沥青类防塌剂改善滤饼质量,封堵微裂缝,充分体现钻井流体"超低渗透、强封堵"特性,井壁稳定,无掉块,起下钻无拉挂现象,无沉

砂,钻进中无蹩钻现象。从实钻情况看,井下顺利,聚晶金刚石复合片钻头机械钻速达10.97m/h,牙轮钻头机械钻速达6.29m/h,钻井流体密度比设计低0.2g/cm³以上,钻井速度显著提高。现场应用结果表明,有机盐聚合醇钻井流体对页岩的抑制性强、防塌效果好、封堵效果好、流变性好、润滑性能好、提速效果显著,可以解决页岩气钻井中易吸水膨胀、井壁稳定性差等难题。

9.2.4 气体钻井流体

针对长宁地区部分井区表层溶洞、裂缝发育,全区中下部韩家店组和石牛栏组岩性致密,可钻性差。前期开发井采用常规钻井流体方式在表层段钻井易发生恶性井漏,在韩家店组和石牛栏组井段钻井机械钻速低、钻井周期长等问题,通过在上述地层开展气体钻井可行性分析,优化气体钻井方案,最终成功在该区开发井应用气体钻井技术(乔李华等,2015)。

鉴于长宁页岩气田表层无浅层气,但有水侵现象,因此表层段采用空气钻井,一旦钻进中地层出水,则转换为空气雾化钻井或充气钻井,韩家店组—石牛栏组为干层或差气层,无水层,因此韩家店组—石牛栏组井段首先采用空气钻井,若钻遇地层出气,则转换为氮气钻井。2014年,长宁页岩气田开发井一开表层段实施气体钻井8井次,均顺利钻达设计层位,平均单井漏失量由钻井流体钻井时的2816.0m³降低至0,井漏复杂损失时间由平均2.09d降为0d;韩家店组—石牛栏组实施气体钻井12井次,均为1只钻头顺利钻完该层段,同比钻井流体钻井节约钻头3.5只,平均机械钻速达8.35m/h,同比钻井流体钻井的3.1m/h提高了169.3%,平均钻井周期4.1d,同比钻井流体钻井缩短14d;累计节约钻井成本1500万元以上,达到了良好的治漏、提速、降本效果。现场应用结果表明,气体钻井在治漏、提速方面具有突出的技术优势,为长宁页岩气田的规模效益开发提供了一条高效、经济并且适用的技术手段。

9.3 发展前景

尽管中国已在陆相泥页岩中获得了页岩气勘探的一定成果,但从全球范围内,以北美为代表的商业化开发仍以海相页岩为主,陆相页岩主体由于处于生油阶段,目前仍然尚未实现大规模的商业化开采的技术突破,国内油气开采商无成熟经验可以借鉴。

未来页岩气开发仍以海相页岩为突破方向是最佳选择。中国页岩气资源具有类型多、分布广、潜力大的特征。相关统计数据显示,国内海相沉积分布面积约$3\times10^6 km^2$,海陆交互沉积面积超过$2\times10^6 km^2$,陆相沉积面积约$2\times10^6 km^2$。其中海相厚层富有机质页岩主要分布在中国南方,以扬子地块为主;海陆交互相中薄层富有机质泥页岩主要分布在中国北方,以华北、西北和东北地区为主;陆相中厚度富有机质泥页岩,主要分布在大中型含油气盆地,以松辽盆地和鄂尔多斯盆地等地为主。

由于中国页岩气产业尚处于发展初期,对资源认识还不到位,加上开采技术难度大,成本高,这些都对页岩气产业化形成了制约。对页岩气的开发既要坚持积极的态度,更要采取科学的方法,要有序推进、稳步开发,避免一哄而上和投资过热现象。相应的页岩储层钻井流体的开发也具有广阔的前景。

9.3.1 存在问题

钻井流体穿过地层裂隙、裂缝和弱的层面后,钻井流体与页岩相互作用改变了页岩的孔隙压力和页岩的强度,最终影响到页岩的稳定性。

(1)孔隙压力变化造成井壁失稳。页岩与孔隙液体的相互作用,改变了黏土层之间水化应力或膨胀应力的大小。滤液进入层理间隙,页岩内黏土矿物遇水膨胀,膨胀压力使张力增大,导致页岩地层(局部)拉伸破裂;相反,如果减小水化应力,则使张力降低,产生泥页岩收缩和(局部)稳定作用。

(2)对于低渗透性页岩地层,由于滤液缓慢地侵入,逐渐平衡钻井流体压力和近井壁的孔隙压力(一般为几天时间),因此失去了有效钻井流体柱压力的支撑作用。由于水化应力的排斥作用使孔隙压力升高,页岩会受到剪切或张力方式的压力,减少使页岩粒间联结在一起的近井壁有效应力,诱发井壁失稳。

(3)对于层理和微裂缝较发育、地层胶结差的水敏性页岩地层,滤液进入后会破坏泥页岩的胶结性。水或钻井流体滤液极易进入微裂缝,破坏原有的力学平衡,导致岩石的碎裂。近井壁含水量和胶结的完整性改变了地层的强度,并使井眼周围的应力场发生改变,引起应力集中,井眼未能建立新的平衡而导致井壁失稳。

9.3.2 发展方向

针对以上页岩储层钻井流体存在的问题,页岩储层钻井流体应该朝着更低的失水量、更好的携岩能力以及更好的防塌效果等方向发展。

(1)更低的失水量。更低的钻井流体失水量可以保持钻井流体液柱压力,防止井涌、井喷、井壁失稳坍塌等重大井下事故的发生。

(2)更好的携岩能力。更好的携岩能力能够保持井眼清洁、防止沉沙卡钻,提高机械钻速,缩短钻井时间,提高经济效益。

(3)更好的防塌效果。在钻井流体中加入更好的防塌剂、抑制剂是防止井壁坍塌的重要手段,研制新型环保高效的处理剂是页岩储层钻井流体发展的重要方向。

第10章 致密砂岩气储层钻井流体

致密砂岩气储层钻井流体(Drilling Fluids in Tight Sandstone Gas Reservoir)是在致密砂岩气储层中钻进的流体。致密砂岩气是非常规天然气的主要类型,也是目前国际上开发规模最大的非常规天然气,在天然气资源结构中的意义和作用日趋显著。致密气概念已经使用了30多年的时间,由于不同国家和地区的资源状况和技术经济条件的差异,不同学者对致密气概念有不同的认识。国内外学者在成藏机理上提出了多种模型,如国际上学者提出了"深盆气""盆地中心气""连续油气聚集"等成藏模型,描述了致密气作为非常规气,具有大面积连片分布、不存在气水界面、气藏边界不明显的分布特征;国内学者根据储层致密演化与成藏时期的先后顺序提出了"先成型"与"后成型""原生型"与"改造型"致密气藏成藏模型,这些成藏模型描述了致密气藏的分布规律,"先成型"和"原生型"成藏模型类似国际上学者提出的模型,形成的气藏分布范围广、储量规模大,"后成型"和"改造型"是指常规气藏经过后期改造后储层致密化而成为致密气藏,但在分布特征上可保留常规气藏特征,一般分布范围有限、储量规模较小(马新华等,2012)。致密气概念,公认的是20世纪70年代美国联邦能源管理委员会的定义,即将地层条件下渗透率小于0.1mD(不包含裂缝渗透率)的砂岩储层中的天然气定义为致密砂岩气,一般情况下没有自然产能或自然产能低于工业标准,需要采用增产措施或特殊工艺井才能获得商业气流,并以此作为是否给予生产商税收补贴的标准。中国SY/T 30501《致密砂岩气地质评价方法》也采用了上述标准。

国际上多采用地层条件下的渗透率来评价致密储层,通过试井或实验室覆压渗透率测试来求取地层条件下的渗透率值。中国一般习惯采用常压条件下实验室测得的空气渗透率来评价储层,测试的围压条件一般为1.0~2.0MPa。考虑到致密储层的滑脱效应和应力敏感效应的影响,对于不同孔隙结构的致密砂岩,地层条件下渗透率0.1mD大体对应于常压空气渗透率0.5~1.0mD。与渗透率不同,从常压条件恢复到地层压力条件,致密砂岩的孔隙度变化不大。地层条件下渗透率为0.1mD的致密砂岩对应的孔隙度一般在7.0%~12.0%。Surdam认为致密砂岩气储层的物性特征一般为孔隙度小于12.0%、常压空气渗透率小于1.0mD。中国鄂尔多斯盆地苏里格气田和四川盆地须家河组气藏的砂岩储层常压条件下孔隙度一般为3.0%~12.0%、渗透率为0.001~1.000mD,覆压条件下渗透率小于0.1mD的样品比例占80.0%以上,属致密砂岩气范畴。

国际上致密砂岩气藏钻完井技术,经过几十年的不断探索和完善,目前已发展形成了一系列成熟的先进工艺技术,尤其是工厂化钻井和水平井钻井技术配合大型酸化压裂改造技术的使用,大幅度降低了该类气藏的钻完井综合成本,提高了勘探开发效益(陈志学等,2013)。

(1)水平井钻井技术。致密砂岩气钻井技术先后经历了直井、单支水平井、多分支水平井、丛式井、丛式水平井钻井的发展历程。由于水平井可以增大储层泄流面积,获得更高的天然气产量，随着2002年Devon能源公司Barnett页岩气实验水平井取得巨大成功，水平井已成为页岩气等致密气藏开发的主要钻井方式。而丛式水平井钻井是利用一个钻井平台作为钻井点钻多口水平井，可以降低成本、节约时间，便于后期开发集中管理。

（2）工厂化钻井技术。国际上致密气钻井多数采用丛式水平井钻井技术。在钻井施工过程中，经常出现交叉作业或者重复作业的现象。因此，为了提高现场作业效率，降低钻井综合成本，产生了钻井工厂这一理念，其核心是在钻井作业过程中实现设备以及作业流程的标准化。钻井工厂化主要具有以下特点：批量钻井、整车运输、集装箱存储、批量操作、减少钻井流体的更换，对同一个井场数口井采用批量作业，从而大幅度提高钻井效率。

（3）欠平衡钻井技术。在致密气井钻井过程中，欠平衡钻井可大幅度降低钻遇裂缝时井漏的发生和有效保护储层，减少钻井流体对储层的伤害，还能及时识别常规钻井不能发现的储层；同时，能显著提高钻井速度，减少压差卡钻等事故的发生。欠平衡钻井的优点是通过钻井数据的收集和分析应用，使得气藏描述提高了对勘探前景、地层流体流动、储层渗透率各向异性及生产能力的理解，不足之处是为确保钻井施工安全，需要增加更多的设备，导致费用较高。目前，在美国欠平衡钻井占总钻井数的比例达到30%。英国北海南部致密气藏在20世纪80年代采用大位移井传统钻井后水力压裂，90年代初井型由大位移井改为水平井，90年代中期改用欠平衡钻水平井。

（4）控压钻井技术。控压钻井技术是从欠平衡钻井技术的基础上发展出来的。控压钻井可以精确地控制整个井眼的环空压力剖面。控压钻井技术的优势是没有钻井流体漏失和井筒稳定性问题，封闭系统可避免气体或液体运移到地面；缺点是费用高，需要特殊工具及对钻井人员培训。2008年，壳牌公司评价了全球在北美、北非、中东和亚洲的10个致密气藏勘探开发欠平衡钻井和控压钻井项目。评价结果显示，采用欠平衡钻井和控压钻井能大幅度提高钻井速度，缩短钻井周期，有助于保护气层，减少后期改造成本，适合致密砂岩气藏"低成本、高效益"快速开发要求。

（5）连续油管钻井技术。致密砂岩气连续管钻井技术由BP公司和贝克休斯公司在2009年用于克里弗兰气藏。该致密气藏储层垂深2400.00m，厚度为6~26m，孔隙度4%~15%，渗透率0.003~0.015mD，含水饱和度30%。连续管钻井技术重点用于对老井改造及侧钻分支井钻井等施工，累计实施20口井。连续管钻井的优点是非生产时间减小，环境影响小，能在欠平衡环境使用，较为安全；缺点是受连续油管尺寸限制，其钻井深度不够。致密砂岩气主要用来重新进入钻井和侧钻，在多层和高度衰竭致密砂岩气藏最具有应用潜力。

（6）优质钻井流体技术。针对致密砂岩气层的水敏和液相圈闭伤害难题，开发了适用于致密气藏的高品质水基钻井流体技术，包含微缩形变密封聚合物、铝化学物和钻速增效剂。铝化学物可以进入孔隙喉道和微裂缝保持稳定性，减少孔隙压力传播；微缩形变密封聚合物可以机械桥接孔隙喉道和微裂缝；钻速增效剂可以油湿钻头，减小黏土对钻头的附着。应用结果表明，该钻井流体对环境更有利，费用更少，具有较强稳定性，有助于消除黏附卡钻，提高钻速。

10.1 开发依据

致密砂岩气是一类非常规油气资源,属于典型的难动用储量。该类气藏岩石致密、孔喉细小、孔隙度和渗透率低、黏土矿物改造作用强、强亲水并且原始水饱和度低,储集空间往往是孔隙、裂缝、孔洞的组合,钻井完井过程中该类气藏易受伤害并难以解除,主要的储层伤害类型包括固相堵塞、与液相侵入相关的敏感性损害和水锁伤害、应力敏感性伤害等。致密砂岩气藏储层保护的重点是防止水锁伤害和防止漏失。

(1)防止水锁。可以加入添加剂改善钻井流体性能或者采用气体钻井防止钻井流体对储层造成水锁伤害。

(2)防止漏失。在钻井流体中加入降失水剂、抑制剂或者采用欠平衡钻井等防止钻井流体漏失。

10.2 体系种类

钻井流体作为石油工业的血液,经过多代科研人员的努力使之形成了比较完整和固定的体系,是石油工业中较为成熟的一个分支。目前常用的致密砂岩气储层钻井流体有两性离子聚合物磺化钻井流体、复合盐水低伤害钻井流体、油溶暂堵钻井流体、气体钻井流体等。

10.2.1 两性离子聚合物磺化钻井流体

针对吐哈油田丘东低渗透凝析气藏钻采过程中存在不同形式的液锁伤害问题,系统分析了其伤害机理和主要影响因素。发现液锁伤害程度主要与岩心的渗透率、孔隙度、初始含水饱和度及油水界面张力有关,还与储层岩性、胶结物类型及含量、孔隙结构特征和侵入流体的性质有关。针对钻完井、生产、储层改造及修井过程中液锁伤害机理及特征,研发出防液锁低伤害成膜钻井流体及保压、增能、助排等综合防治技术(舒勇等,2009)。两性离子聚合物磺化钻井流体组分见表5.10.1。

表5.10.1 两性离子聚合物磺化钻井流体组分表

序号	组分	代号	加量范围,%	作用
1	钠土	未明确代号	3.0	提高钻井流体黏度、润滑
2	包被剂	FA-367	0.3	改善钻井流体流变性,降低失水量
3	聚合物降失水剂	JT-888	0.6	降低钻井流体失水量
4	两性离子聚合物降黏剂	XY-27	0.1	降低钻井流体黏度、改善流变性
5	磺化酚醛树脂	SMP-1	1.5	减少滤饼渗透性
6	褐煤树脂	SPNH	1.5	降低钻井流体失水量
7	乳化剂	ABSN	0.4	使钻井流体形成乳状液
8	聚胺	CMJ-2	2.0	形成低渗透膜
9	理想充填暂堵剂	未明确代号	4.0	封堵地层孔隙

QD7井定容衰竭开采实验结果为气藏地层压力与露点压力差值较小,为2.27MPa(地层压力为25.1MPa,露点压力为22.83MPa),气藏衰竭开采会很快进入反凝析期;地层压力为11.0MPa时反凝析液量最大,造成的液锁伤害相对较大。该钻井流体在QD7井应用,可使受伤害储层岩心的渗透率恢复值由平均54.0%提高到81.0%,后,较好地保护了产层,提高了低渗透气藏的综合开发效益。

10.2.2 复合盐水低伤害钻井流体

针对苏里格地区低孔隙度、低渗透率砂岩气藏的特点,依据全酸溶钻井流体在该地区探井的应用经验,研制出了复合盐水低伤害钻井流体(崔贵涛等,2011),该钻井流体组分见表5.10.2。

表5.10.2 复合盐水低伤害钻井流体组分表

序号	组分	代号	加量范围,%	作用
1	酸溶降失水剂	G301-SJS	2.0~3.0	降低钻井流体失水量
2	提黏提切剂	G310-DQT	0.3~0.5	提高钻井流体黏度和切力
3	无机盐抑制剂	G312-WZJ	8.0~10.0	抑制岩石水化、稳定井壁
4	有机盐抑制剂	G313-YZJ	5.0~7.0	抑制岩石水化、稳定井壁
5	氧化镁	未明确代号	0.2~0.5	形成复合盐
6	防腐剂	未明确代号	适量	防止腐蚀
7	无荧光润滑剂	G303-WYR	0.5~2.0	起到润滑作用

桃7-9-5AH井目的层埋藏深度约为3290m,并存在泥岩夹层,采用复合盐水低伤害钻井流体钻进,在钻井施工中,该钻井流体抑制性强、密度可调、失水量低、动塑比高,抑制了水平段泥页岩地层的水化膨胀,防止了聚晶金刚石复合片钻头的泥包,保证了聚晶金刚石复合片钻头安全、快速钻进,一只聚晶金刚石复合片钻头安全顺利钻过810m的水平段。该钻井流体经受了100℃高温的长时间作用,整个施工安全顺利,维护处理方便,维护周期长。现场应用结果表明,复合盐水低伤害钻井流体具有性能稳定、润滑防卡性和抑制性强、失水量低等特点,能适应长水平段钻进,同时对气层的暂堵效果好,伤害低,是一种新型高效钻井完井液体系。

10.2.3 油溶暂堵钻井流体

针对用钻井流体钻开油气层时,在正压差作用下,钻井流体的固相进入油气层造成孔喉堵塞,其液相进入油气层与油气层岩石和流体相互作用,破坏原有的平衡,从而诱发油气层潜在伤害因素,造成渗透率下降。对于低渗透和特低渗透率储层,孔喉半径细微,常规固相暂堵剂难以实现钻井目的,发明了一种油溶暂堵钻井流体(杨呈德等,2005)。油溶暂堵钻井流体组分见表5.10.3。

表 5.10.3　油溶暂堵钻井流体组分表

序号	组分	代号	加量范围,%	作用
1	油溶性暂堵剂	未明确代号	2.0~5.0	封堵地层
2	表面活性剂	未明确代号	0.3~1.0	增加钻井流体润滑性
3	抑制剂	未明确代号	0.2~1.0	抑制岩石水化、稳定井壁
4	降失水剂	未明确代号	0.5~1.0	降低钻井流体失水量
5	磺甲基褐煤	未明确代号	未明确范围	降低钻井流体黏度
6	重晶石	未明确代号	未明确范围	增加钻井流体密度
7	高黏羧甲基纤维素钠盐	CMC	未明确范围	增加钻井流体黏度

桃 5 井和陕 240 井未使用暂堵钻井流体,井壁垮塌段占 30%~70%,使测井仪器不能紧贴井壁,导致密度、补偿中子曲线严重失真,电阻率、声波曲线测量值亦偏离实际值,使用暂堵钻井流体的苏 6 井和陕 241 井目的层段井径规则段达 90%~100%,测井资料真实可靠。同时对比发现,试验井的未使用暂堵剂的上部层段,由于钻井流体性能优良,井径也取得了较明显的改善,井径垮塌段一般小于 30%,且垮塌幅度较小。现场应用结果表明,油溶暂堵钻井流体适应于低渗透致密砂岩气层的钻进,且具有良好的效果。

10.2.4　气体钻井流体

针对 BQ111H 井致密砂岩气藏采用气体钻井技术。BQ111H 井位于川西白马庙构造,目的层是侏罗系蓬莱镇组致密砂岩气藏。2004 年 7 月,BQ111H 井水平段在储层内设计延伸 200m,采用了柴油机尾气现场制取惰性气体的技术提供注入气体。柴油机尾气钻进水平段 25m 后,由于临时调用的高压天然气压缩机与低压压缩机之间的参数不匹配,造成高压天然气压缩机工作困难,改用管道天然气完成水平段 200.0m 的钻进。机械钻速由常规钻井的不足 3m/h 提高到 9.76m/h,一只钻头完钻。BQ111H 井与 BQ106 井、BQ108 井和 BQ109H 井处于同一井场的丛式井组,其中 BQ111H 井地质条件及井身设计与 BQ108 井极为相近。BQ108 井为大斜度井,最大井斜为 80.4°,目的层与 BQ111H 井均为蓬Ⅳ主砂体,实钻斜深 977.0~1308.0m,进尺 331m,采用无固相钻井流体钻进,完钻后提高钻井流体密度至 1.15g/cm³ 压井。由于较好地保护了储层,采用了天然气钻井结合水平井工艺的 BQ111H 井完井测试产量远高于其他井产量。现场应用结果表明气体钻井对致密砂岩气藏的钻进具有很好的效果(李皋等,2007)。

10.3　发展前景

近几年来,由于非常规连续型油气聚集理论的创新,致密储层中纳米级孔隙的重大发现,推动了中国致密砂岩油气的快速发展。目前,鄂尔多斯盆地和四川盆地是中国致密砂岩气开发的主要地区,塔里木盆地、松辽盆地和吐哈盆地也开展了致密砂岩气开发的探索,预计致密砂岩气可建产总体规模在 $6\times10^{10}\mathrm{m}^3$ 以上。根据中国天然气发展形势,"十二五"期间天然气年产量有望达到 $1.5\times10^{11}\mathrm{m}^3$，其中致密砂岩气年产量有望增长到 $3\times10^{10}\mathrm{m}^3$ 以上，致密砂岩气钻井流体具有广阔的开发前景(李建中等,2012)。

10.3.1 存在问题

中国致密砂岩气藏天然气远景资源丰富,致密砂岩气藏储量有着丰度低、产量递减快以及经济开发难度大等特点。中国致密砂岩气藏不仅具有陆相碎屑岩储层的一般特点,而且还表现为低孔隙度、低渗透率、裂缝发育、局部超低含水饱和度、高毛细管压力、地层压力异常以及高伤害潜力等工程地质特征,因此导致致密砂岩气层钻井流体在钻井过程中出现固相含量过高堵塞地层、对地层伤害高等问题。

(1) 固相含量过高。钻井流体中加入的一些固相颗粒暂堵剂和加重剂能显著提高钻井流体的固相含量,如果后续洗井过程不能将留在储层的固相颗粒洗掉,就会造成储层堵塞,使油气产量降低。

(2) 对地层伤害高。钻井流体失水进入地层,会对地层造成水锁伤害等降低地层渗透率,增加油气开采难度,降低产量。

10.3.2 发展方向

中国形成了裂缝性致密砂岩气藏保护屏蔽暂堵技术系列、气体钻井及全过程欠平衡完井保护技术系列。二氧化碳泡沫压裂液体系、氮气增能压裂液体系和低摩阻高黏度瓜尔胶有机硼冻胶压裂液等低伤害压裂技术的应用,极大地挖掘了致密砂岩气藏的潜能。贯彻保护与改造并举的方针,实现全过程储层保护是致密砂岩气藏及时发现、准确评价和经济开发的重要保证(康毅力等,2007)。

致密砂岩气藏与常规天然气藏的开发技术存在很大的差别,应借鉴国际上先进技术经验,取长补短,针对国内致密砂岩气藏的具体储层特征,研究形成以工厂化钻井为主的长水平段丛式水平井加大型分段压裂改造技术一体化的综合配套开发技术,加快了国内致密砂岩气藏开发的步伐;致密砂岩气藏的开发技术应以水平井技术、丛式水平井技术、工厂化钻井技术、欠平衡储层保护和后期完井及改造技术来加快钻井速度、提高其单井产量,达到降低钻井综合成本的目的,从而实现致密砂岩气藏的高效、快速开发;此外,应根据中国不同区块的致密砂岩气藏特点,研发不同类型的致密岩石分析系统、井间监测技术等技术,形成致密砂岩气藏高效开发综合的配套技术,达到提高致密砂岩气藏采收率的目的。

而致密砂岩气层钻井流体的发展方向主要是通过开发处理剂来降低固相含量、降低对地层的伤害等。

(1) 降低固相含量。研制可溶性暂堵剂或者生物暂堵剂,从而降低钻井流体中的固相含量,防止堵塞地层。

(2) 降低对地层的伤害。研制和优选效果好的降失水剂和抑制剂等钻井流体添加剂。改善钻井流体性能和增强井壁稳定,防止钻井流体失水对地层造成伤害。

第 11 章 水合物储层钻井流体

水合物又称水化物,是天然气中某些组分与水分在一定温度和压力条件下形成的白色结晶,外观类似致密的冰雪,密度 $0.88\sim0.90\mathrm{g/cm^3}$。研究表明,水合物是一种笼形晶格包络物,水分子借氢键结合形成笼形结晶,气体分子被包围在晶格之中。水合物有两种结构,低分子的气体(如甲烷、乙烷、硫化氢)的水合物为体心立方晶格,较大的气体分子(如丙烷)则是类似于金刚石的晶体结构。在水合物中,一个气体分子结合的水分子数不是恒定的,与气体分子的大小、性质以及晶格孔室中被气体分子充满的程度等因素有关。戊烷以上的烃类一般不形成水合物。形成水合物的条件有足够的水分、一定的温度和压力、气体处于脉动、紊流等激烈扰动之中,并有结晶中心存在。

对于在深水沉积地层以及含有的天然气水合物的储层进行勘探和开发,钻井是必不可少的。钻井活动不可避免地会破坏原位温度、压力以及孔隙水盐度等从而导致地层中水合物分解,由此引发取样困难、井壁失稳和井涌甚至井喷等问题。

在水合物层钻进时,储层井壁和井底附近的地层应力释放,地层压力降低;同时,钻头切削岩石、井底钻具与井壁及岩石摩擦会产生大量的热能,从而使井孔内温度升高,造成水合物的分解。钻进过程中水合物分解会对钻井、钻进质量、设备等造成严重危害。

(1)很难采集到高保真的水合物岩样或岩样采集率很低,造成对储层特征的错误判断。

(2)气体进入钻井流体后,与钻井流体一起循环,使钻井流体密度降低,导致井底静水压力降低,加速水合物分解,并表现为恶性循环,最终导致井底水合物的大量分解,造成井径扩大、井喷、井塌、套管变形和地面沉降等井下难题或事故。

(3)在深海和温度很低的冻土层钻井时,井身内一定位置或地面管路中具有气体重新生成水合物的温度和压力条件,钻井流体中水合物一旦形成则会堵塞钻井流体循环(类似油气输送管道的水合物堵塞)或钻井系统其他管理的堵塞,导致一系列井内恶性事故;由于形成水合物所需水来自钻井流体本身,钻井流体失水会影响其流动性,其固相会沉析,使井身中钻井流体减少。

因此,能够控制钻进过程中水合物分解,关系到取心质量、试验性和商业性钻井开采的过程、钻井作业能否顺利实施和钻井伤害等关键性问题。其根本在于对钻进过程中井内温度和压力的掌握和控制,以及提取岩心的速度和岩心储存。同时,不同地层的井内温度、压力特性和规律也是钻探高保真取样系统、钻井开采设备、整体钻井技术系统和开采技术系统等设计和实施的依据。

水合物地层的钻进过程中温度、压力特性与很多因素有关,包括钻井流体特性、钻井工艺参数、钻井深度、地温、地层压力、形成水合物的气体成分和类型、水合物在地层中的存在形式、矿体的埋藏深度和厚度等。

目前,国际上对于天然气水合物层的钻探,根据永冻土及水合物的物性和钻探经验,主要有两种方法,即分解抑制法和分解容许法。

(1)分解抑制法。分解抑制法是通过提高钻井流体密度、增大井内压力和钻井流体冷却,将相平衡状态维持在天然气水合物的分解抑制状态的钻井方法。钻进永冻土一般都采用这种方法。

(2)分解容许法。分解容许法是由 L. J. Franklin 提出的,实质是使用低密度未冷却的钻井流体,诱发水合物分解,分解是被控制的,使钻井流体中所含气体排出到地面上的、有充分容量的设备,允许水合物边钻进边分解。分解的气体通过钻机上的回流器和大容量低压气体分离器安全地处理。钻头进尺受气体处理器的制约。在起下钻、电测井和下套管固井作业时,为使天然气水合物停止溶解,需事先向井内注入重钻井流体。这种方法与传统的压井方法相矛盾。该方法尽管理论上正确,但实际生产可能产生问题。例如,与浅层游离气的适应性、井壁失稳、与天然气水合物层下部游离气层的区别难度等。该方法尚未得到公众认可,只不过有人采用了这种方法进行了试验性钻井。

与水合物分解抑制相反的钻进过程是诱发水合物的分解,主要是为了钻进管路中再生水合物的解堵和获得水合物的气体样品。采用低密度钻井流体,诱发水合物分解(这种分解是被控制的,例如在起下钻、换钻头、测井时则需增加钻井流体浓度,抑制水合物的分解),在气体进入钻井流体后,随钻井流体循环到地面并被分离出来。该方法的可行性取决于在钻井流体循环过程中形成水合物的可能性、钻井流体循环速度、温度、发生井喷和井涌的可行性、孔底水合物分解的可控制程度、地层特性等参数。

11.1 开发依据

水合物钻井特点决定了所用钻井流体必须满足良好的稳定井壁的能力、有可调的井控能力、好的携带岩屑的能力、低温下的流变性要好、能抑制天然气水合物在管道内重新生成以及安全环保等要求(王富华等,2004)。

(1)良好的稳定井壁的能力(抑制水合物分解和泥页岩水化分散)。良好的稳定井壁能力是所有钻井流体的要求,井壁稳定对于保证钻井过程顺利进行和油气资源开发的有重要意义。

(2)有可调的井控能力。良好的井控能力能够避免发生钻井事故时井内复杂状况不受控制,有利于保证安全。

(3)好的携带岩屑的能力。携岩能力强可以保持井眼清洁、提高机械钻速,避免卡钻和伤害。

(4)低温下的流变性要好。钻井流体良好的流变性能够提高携岩能力和机械钻速,避免发生卡钻等井下复杂事故。

(5)能抑制天然气水合物在管道内重新生成。水合物储层的钻进要避免水合物重新生成伤害井眼和储层。

(6)满足环保方面的要求。反出的钻井流体和其他物质不能对环境造成污染,要满足环保法规的要求。

11.2 体系种类

随着石油能源的日益紧俏以及对环境保护的要求,钻井流体的选择与应用越发注重其实效性,目前常用的有硅酸盐钻井流体、聚合醇钻井流体、甲酸盐钻井流体等环保型钻井流体。

11.2.1 硅酸盐钻井流体

硅酸盐钻井流体是一种以硅酸钠和硅酸钾为主要成分的钻井流体,由于具有独特的流变性和防塌性,能有效抑制黏土水化分散,具有固壁防漏的功能;硅酸盐在水中可以形成不同大小离子的、胶体的和高分子的颗粒。这些颗粒通过吸附、扩散等途径结合到井壁上,封堵地层孔隙与裂缝,进入地层中的硅酸盐与岩石表面或地层中的钙镁离子起作用形成硅酸钙沉淀覆盖在岩石表面起封堵作用。

针对在海洋含天然气水合物地层中钻进时有水合物在井底的分解和管线内的再生成,以及井壁稳定和井涌;DW-1井岩性以易水化分散的页岩为主,以前在该地区曾用氯化钾和部分水解聚丙烯酰胺及氯化钾-聚乙二醇钻井流体钻过几口井,但仍未有效地解决井壁失稳等问题,通过大量实验,得到一种加入无机盐和动力学抑制剂的稀硅酸盐钻井流体(涂运中等,2009)。硅酸盐钻井流体的组分见表5.11.1。

表5.11.1 DW-1井硅酸盐钻井流体组分表

序号	组分	代号	加量范围,%	作用
1	人造海水	未明确代号	未明确范围	配制钻井流体的液相
2	膨润土	未明确代号	2.0	增加钻井流体黏度、润滑
3	聚阴离子纤维素	LV-PAC	1.0	降低钻井流体失水量
4	磺化酚醛树脂	SMP-2	3.0	降低钻井流体失水量、防塌
5	硅酸钠	未明确代号	3.0	防止水合物分解
6	氯化钠	NaCl	10.0~15.0	稳定井壁
7	抑制剂	PV	0.5~1.0	控制水合物再生成

施工过程中,0~960.00m井段使用胶凝石灰钻井流体,960.00~3230.00m使用硅酸盐钻井流体。使用后取得较好的效果,钻井及起下钻过程中没有发现遇阻或井底沉砂过多的现象,在井底接头及钻具组合周围没有泥包现象;振动筛上观察到的钻屑很稳定、干净且棱角分明;完钻后电测工作十分顺利;井径规则,没有井径扩大现象。现场应用结果表明,其研制的硅酸盐钻井流体不仅能具备携带岩屑和清洁井眼的性能,还能有效抑制井壁岩层的水化,抑制天然气水合物分解,以及控制天然气水合物在管线的再生成,可以满足深水含天然气水合物地层钻进的要求,确保天然气水合物地层钻探安全、高效地进行。

11.2.2 聚合醇钻井流体

针对海底天然气水合物地层的特性,在充分考虑现有的常用聚合醇钻井流体的基础上,通过室内实验讨论了含动力学抑制剂的聚合醇钻井流体在海底天然气水合物地层钻探中的适用性,得到一种适合海底天然气水合物地层钻进的聚合醇钻井流体(刘天乐等,2009)。陵水17-2气田聚合醇钻井流体组分见表5.11.2。

表5.11.2 陵水17-2气田聚合醇钻井流体组分表

序号	组分	代号	加量范围,%	作用
1	人造海水	未明确代号	未明确范围	作为钻井流体液相
2	膨润土	未明确待还	3.0	增加钻井流体黏度、润滑
3	聚阴离子纤维素	LV-PAC	1.0	降低钻井流体失水量
4	磺化酚醛树脂	SMP-2	4.0	降低钻井流体失水量、防塌
5	聚乙二醇	未明确代号	10.0	抑制水合物分解和再生成
6	氯化钠	NaCl	20.0	稳定井壁
7	抑制剂	PVP(K90)	1.0	抑制水合物分解和再生成
8	氢氧化钠	NaOH	0.5	调节钻井流体pH值

在钻井流体的配制过程中,固体类处理剂的加入速度不能过快,否则会有很难溶解的大的团块产生,增加钻井流体的配制时间过长。在配制的过程中,各物质的加入顺序非常重要,将对钻井流体的稳定性和其他性能产生很大的影响。钻井过程中主要考虑向钻井流体中添加水合物抑制剂,保证钻井流体在正常钻进及停钻时不会生成水合物,而测试过程中主要考虑采用含水合物抑制剂的盐水溶液作为测试液以及井下持续注入抑制剂等方法。热力学抑制剂仍是目前钻完井水合物防治的主要选择,动力学抑制剂和防聚剂存在通用性差、受外界环境影响大等诸多缺点,一般不作为主要抑制剂,但可辅助热力学抑制剂使用。随着抑制剂添加质量分数的增大,水合物稳定区间逐渐减小,直到消失。为保证一定的安全余量,可适当提高抑制剂配方中的抑制剂含量。

南海自营深水气田陵水17-2气田位于三亚市东南偏东方向155km,水深约1455m,海底温度3~4℃,地温梯度4.4℃/100m,压力系数1.24~1.30。该气田探井LS17-2-1井设计井深3561.00m,井底温度95℃,最大井底压力45.32MPa。出于环保及成本考虑,采用水基钻井流体。陵水17-2正常钻进时,325.00~1426.00m井段位于水合物稳定区,最大过冷度6.5℃,宜采用17%氯化钠加2%抑制剂配方;停钻时,水合物稳定区位于300.00~1963.00m井段,最大过冷度19℃,宜采用20%氯化钠加10.71%~18.0%的抑制剂配方;停测关井时,水合物稳定区位于0~1981.00m井段,最大过冷度23℃,宜采用氯化钙加抑制剂配方。现场应用结果表明,改良的低温聚合醇钻井流体具有很好的页岩抑制性和流变性,能够满足井壁稳定、润滑钻具、携带钻屑及井眼清洁等要求,且密度适中。推荐的热力学抑制剂和动力学抑制剂复配使用,不仅能够有效防止天然气水合物生成,还可以有效抑制井筒内天然气水合物的重新生成。添加0.5%~1.0%的抑制剂加10.0%的氯化钠就可以确保在井筒内压力为18.0MPa的低温环境下,20.0h不会生成天然气水合物。

11.2.3 甲酸盐钻井流体

甲酸盐钻井流体在不加或少量加入固体加重剂的情况下,可使钻井流体具有较高密度且密度可调范围也较大(1.2~2.3g/cm³)，容易实现无固相钻进或低固相钻进。而且其在页岩中有着页岩抑制性强、井壁稳定、井径规则、黏度低、流动性好和摩阻压力损失小等特点。另外，甲酸盐环保、容易生物降解、毒性和腐蚀性小(陈乐亮等，2003)。

针对海洋天然气水合物开发难点，优选了一种甲酸盐钻井流体(蒋国盛等，2009)。甲酸盐钻井流体组分见表5.11.3。

表5.11.3 甲酸盐钻井流体组分表

序号	组分	代号	加量范围,%	作用
1	海水	未明确代号	未明确范围	作为钻井流体液相
2	甲酸钠	NaCOOH	3.0	抑制水合物水解
3	降失水剂	SK-2	3.0	降低钻井流体失水量
4	聚丙烯酰胺钾盐	KPAM	0.2	抑制页岩分散、降低钻井流体失水量
5	聚阴离子纤维素	LV-PAC	0.1	降低钻井流体失水量
6	改性淀粉	未明确代号	0.3	絮凝黏土和钻屑，清洁井眼
7	动力学抑制剂	PVP(K30)	0.5	提高甲酸盐钻井流体的天然气水合物抑制性
8	氯化钠	NaCl	未明确范围	提高甲酸盐钻井流体的黏度和切力，稳定井壁
9	氯化钾	KCl	未明确范围	提高甲酸盐钻井流体，稳定井壁的黏度和切力
10	生物聚合物	未明确代号	未明确范围	悬浮钻屑
11	聚烯醇	未明确代号	3.0~4.0	改善滤饼质量

甲酸盐钻井流体应该添加较高含量的无机盐和较低含量的动力学抑制剂，才能比较好地满足水合物钻井要求。也可以考虑加入适量的聚合醇，形成甲酸盐-聚合醇钻井流体，其水合物抑制性和防塌性能会更好。

此外，挪威是从事海洋深水钻井较早的国家之一，挪威采用无机盐和其他有机盐组成的高浓度含盐钻井流体在抑制水合物分解方面也取得了较好的效果。挪威某井所处海域水深837.0m，海底温度-2.5℃，所使用的钻井流体需要有较好的水合物抑制性、页岩抑制性，并能稳定井壁，避免钻头泥包。工作者用甲酸钠配合氯化钠、氯化钾和聚烯醇和乙二醇单体的混合物作为水合物抑制剂，加量极少即可获得很好的水化抑制效果，且能够抑制任何水合物的形成；用低黏聚阴离子纤维素和淀粉以1:2的比例配成降失水剂和增黏剂控制钻井流体的失水量和流变性能；用精细加工的生物聚合物辅助悬浮钻屑；用具有浊点效应的一种聚烯醇加量为3%~4%来改善滤饼质量，从而改善失水性能(Rgrd et al.，2001)。

11.3 发展前景

与俄罗斯、美国和日本等国家相比，中国在天然气水合物钻井流体方面的研究和应用严重滞后。水合物储层的钻井流体的开发具有广阔的前景。

11.3.1 存在问题

天然气水合物藏的开采会改变天然气水合物赖以赋存的温压条件，引起天然气水合物的分解。目前水合物钻井流体存在如何高效抑制水合物的分解、如何处理分解产生的水以及抑制剂的效率等问题。

（1）抑制水合物的分解。开采过程中天然气水合物的分解会产生大量的水，释放岩层孔隙空间，使天然气水合物赋存区地层的固结性变差，引发地质灾害。

（2）水合物分解产生水。如何在天然气水合物开采中对天然气水合物分解所产生的水进行处理，也是一个应该引起重视的问题。

（3）抑制剂的效率。抑制剂效率低使钻井过程中水合物分解得不到抑制，可能会造成严重的井控事故。

11.3.2 发展方向

在含天然气水合物地层钻进时，其核心问题是天然气水合物的存在及分解导致的井壁稳定难题，基于目前的研究，未来在天然气水合物钻井流体研究的同时应重点开展的工作包括通过低温钻井流体抑制水合物分解、研发更高效的抑制剂、开展矿场先导试验寻找合适钻井流体等。

（1）低温钻井流体抑制水合物分解。针对降低循环温度应加强钻井流体冷却（或冷冻）设备的研制，特别是适用于海上和高原地区的近冰点冷却设备，配合气候窗口，选择在冬季作业，利用低温环境和增加钻井流体地面循环时间达到冷却（或冷冻）的效果。

（2）研发更高效的抑制剂、研发类似于国际上已在天然气水合物层钻井中使用的表面活性蛋白、卵磷脂和聚乙烯吡咯烷酮化学抑制剂或更高效的化学抑制剂。

（3）开展矿场先导试验寻找合适的钻井流体。尽快开展矿场先导试验，通过矿场应用查找研究中的不足，结合理论研究完善低温钻井流体技术，以满足中国天然气水合物勘探开发的需求。

第12章　地热储层钻井流体

地热储层钻井流体(Drilling Fluids in Geothermal Layer)是在地热层中钻进的流体。地热储层,一般是指在地壳表层以下5000m深度内的地壳层。地球内部蕴藏的巨大热能,通过大地的热传导、火山喷发、地震、深层水循环、温泉等途径不断地向地表散发,从而在这一层地壳中蕴藏有巨大的热能。地热分高温、中温和低温三类,高于150℃,以蒸汽形式存在的,属高温地热;90~150℃,以水和蒸汽的混合物等形式存在的,属中温地热;高于25℃、低于90℃,以温水、温热水、热水等形式存在的,属低温地热。地热储层钻井难点有岩石硬度大、温度高、埋深大、非均质强、腐蚀性强。

(1)岩石的硬度大,研磨性强,可钻性差。高温地热储层的岩石一般为火山岩、花岗岩或结晶岩等,其岩石强度比含油气储层中的砂岩要大得多,有些地区岩石的单轴抗压强度超过240MPa(Frolova et al.,2010)。

(2)温度高。高温地热区块的地温梯度较高,储层温度超过150℃,目前较为成功的地热开发项目温度一般超过200℃。

(3)埋深大。高温地热储层一般埋藏在地表3000m以下。对于增强型地热而言,埋深越大,储层温度越高,更有利于发电。

(4)非均质性强。高温热液型地热资源主要集中在构造板块活跃区,地层裂缝较为发育,裂缝尺寸大,并且含有大颗粒的石英。在非构造板块区的高温地热资源一般埋藏较深,钻遇地层非均质性强。

(5)腐蚀性强。高温热液型地热流体一般含有腐蚀性化学物质,如二氧化碳、硫化氢、氨气和氯化物等。

12.1　开发依据

地热井与油井使用钻井流体的目的是相同的,但又有其特殊的要求。

(1)要求钻井流体密度较低。高温热液型地热资源储层裂缝比较发育,同时为了使地热井获得高产,井眼轨迹一般需要穿过大的裂缝带,钻井过程中容易发生井漏(Steven et al.,1982)。高温地热井由于其特殊的地层特性,其防漏堵漏技术对策与油气钻井有所区别。广泛应用的技术包括空气/泡沫钻井、堵漏剂堵漏/注水泥堵漏和盲钻三种。目前防止井眼漏失的方法主要是采用欠平衡钻井技术,如雾化和空气钻井。为了携岩,环空流速较大,在高温含氧的环境下,加剧了管柱的腐蚀和工具接头的损坏,需要采用经济可行的方法解决。针对地层漏失较小的情况,可以采用堵漏剂或水钻井流体堵漏,为了防止井下高温影响堵漏材料的性能,需要采用耐高温堵漏材料或耐高温水钻井流体,同时要提高堵漏材料的承压稳定性。针对漏失较大的地层,可以采用清水盲钻,再进行多次堵漏,采用盲钻时需要防止沉砂卡钻。

（2）由于井温明显提高，要求使用150℃以上能保持钻井流体稳定的处理剂。在高温地热钻进过程中，钻井流体受高温影响，流变性会发生变化，导致黏度增加，严重稠化并形成凝胶，影响钻井作业的正常进行。油基钻井流体的抗温性能比水基钻井流体要高，但是油基钻井流体会对储层造成伤害，增加发电期间水处理成本，钻井过程中通常采用水基钻井流体。甲酸盐钻井流体具有密度可调、高温稳定性好、抑制性强、抗侵害能力强、低毒且易降解和储层保护效果好等特点，在高温井中可以有效替代传统高密度盐水钻井流体。

（3）影响生态环境的含重金属化学处理剂原则上禁止使用。

12.2 体系种类

国内外常见的地热储层钻井流体有抗高温硅基钻井流体、磺化沥青钻井流体、聚合物防塌钻井流体和泡沫钻井流体4类。

12.2.1 抗高温硅基钻井流体

针对高阳地热田 GYX 地热井二开钻遇的覆盖层厚且较全，存在漏失、坍塌、卡钻及油气侵的风险。钻进沙河街组时，为了防塌及油气侵，必须对钻井流体进行加重，而为了达到抑制沙河街组泥页岩水化后掉块坍塌的目的，既要控制好钻井流体的密度，同时还要控制好钻井流体的失水量。钻井流体加重的同时，由于钻井流体液柱压力相应增大，又容易引起上部馆陶组砂砾岩地层的漏失，所以加入诸如单项压力封闭剂或碳酸钙粉等暂堵剂非常必要。同时，二开的下部地层温度接近100℃，所以在钻井流体处理剂的选用上，还要考虑耐高温性等问题，从而优选了抗高温硅基防塌钻井流体（李砚智等，2019）。抗高温硅基钻井流体组分见表5.12.1。

表 5.12.1 抗高温硅基钻井流体组分表

序号	组分	代号	加量范围,%	作用
1	基浆	未明确代号	未明确范围	配制钻井流体的连续相
2	聚丙烯酰胺钾盐	KPAM	0.2~0.5	抑制黏土水化分散和膨胀
3	硅稳定剂	未明确代号	1.0~2.0	抗高温、稳定钻井流体性能
4	硅稀释剂	未明确代号	1.0~1.5	抗高温、改善钻井流体流变性
5	防塌降失水剂	未明确代号	2.0	稳定井壁、降低钻井流体失水量
6	磺甲基酚醛树脂	SMP-1	2.0	抗高温降失水剂
7	润滑剂	未明确代号	1.0	润滑作用
8	抗高温降失水剂	LV-PAC	0.5	抗高温、降低钻井流体失水量
9	氢氧化钠	未明确代号	未明确范围	调节钻井流体 pH 值
10	重晶石粉	未明确代号	未明确范围	增加钻井流体密度
11	单向压力封闭剂	未明确代号	未明确范围	稳定井壁

进入沙河街组之前配制 40~60m³ 胶液，根据配方加入大分子、防塌降失水剂、酚醛树脂等材料，然后在循环罐加入 3000kg 硅稳定剂转化为硅基防塌钻井流体，将 API 失水量控制

到 6.0mL/30min 以下,pH 值保持在 9 左右。进入沙河街组后循环加重钻井流体密度至 1.25g/cm³。钻进期间坚持每班加入大分子胶液,胶液中大分子含量 0.2%~0.3%。根据井下实钻情况确定钻井流体密度,防止地层坍塌。沙河街组控制中压失水在 6mL/30min 以下,从实际测量看,中压失水量大多控制在 4~5mL/30min;另外,加入抗高温降失水剂降低高温高压失水至 15mL/30min 以下,并做好润滑防卡措施和井眼净化措施。现场应用结果表明,抗高温硅基防塌钻井流体有效地解决了高阳地热田 GYx 地热井钻井中遇到的问题,取得了良好的应用效果,抗高温硅基防塌钻井流体适合该类地热储层的钻进。

12.2.2 磺化沥青钻井流体

用磺化沥青处理钻井流体,可使滤饼变薄,可压缩性增大,失水量也会随之下降。同时磺化沥青还可以增加滤饼的润滑性,降低钻具的阻力和扭力,延长钻头的使用寿命,还有防卡和解卡的作用。另外,磺化沥青还具有较好的抗高温性能,可在高温条件下维持较低的切力和较低的失水量。磺化沥青钻井流体比普通钻井流体润滑性更好,使用磺化沥青钻井流体时钻具在孔内的摩擦阻力和扭矩更低;降失水能力更强,可以抑制黏土成分在钻井流体中的分散,尤其是在井壁的稳固方面,磺酸基团本身的亲水性抑制了水分子向地层内渗漏的趋势,更大限度地减小了孔壁吸水膨胀甚至垮塌的可能。

针对贵州省某地热勘探井岩溶裂隙发育、以碳酸盐岩为主的复杂地层中,孔内事故频发、处理难度颇高,严重影响了生产效率和施工进度等问题,使用了磺化沥青钻井流体(李勇等,2015)。磺化沥青钻井流体组分见表 5.12.2。

表 5.12.2 磺化沥青钻井流体组分表

序号	组分	代号	加量范围,%	作用
1	土浆	未明确代号	5.0	配制钻井流体的连续相
2	纯碱	未明确代号	0.015	改善黏土水化分散性能
3	部分水解聚丙烯酰胺	PHP	0.01	絮凝黏土和钻屑
4	植物胶	未明确代号	0.5	稳定井壁
5	高黏羧甲基纤维素钠盐	HV-CMC	0.5	降低钻井流体失水量
6	腐殖酸钾	KHM	0.1	抑制黏土水化膨胀
7	磺化沥青	FT-1	1.0	防塌、润滑、抑制黏土水化膨胀

贵州省某地热勘探井初始钻井流体的失水量偏大,泥皮厚度也偏大。从现场使用效果看,在使用此钻井流体期间,井壁失稳严重,钻井缩径、掉块以及垮塌事故频发,并且部分地段出现地层造浆情况,一天只能钻进 20.0m 左右,钻进效率及钻井效益极其低下。在后续钻井施工过程中,开始使用磺化沥青钻井流体。在相同岩性段(破碎带、泥页岩层)地层换用磺化沥青钻井流体后,孔壁无垮塌现象,检验上返钻井流体性能无明显变化,施工进度明显增加,正常钻进平均进尺可达 18.0m。钻井流体黏度更趋稳定,在破碎带地层、泥页岩地层中失水量更能得到控制,滤饼厚度明显低于初始钻井流体。现场应用结果表明,使用磺化沥青钻井流体,有效防止了孔壁垮塌和缩径,提升了安全生产质量,取得了良好的经济效益。

12.2.3 聚合物防塌钻井流体

针对吉林省伊通满族自治县地热井 ZK1 井吉舒伊陷盆地,古近系—新近系沉积岩,以泥岩、粉砂质泥岩为主,其中夹有砂岩、砾岩,在钻进中泥岩、粉砂岩、粉砂质泥岩和泥质粉砂岩、砂岩互层频繁,地层松软易水化,裂隙发育、掉块,易垮塌等问题,在设计中采取提高钻井流体的携岩性控制钻井流体失水量,加入优质防塌剂,控制泵量等工艺技术措施,总结了一套漏失、垮塌地层地热井聚合物防塌钻井流体技术(杨洪彬等,2013)。聚合物防塌钻井流体组分见表 5.12.3。

表 5.12.3 聚合物防塌钻井流体组分表

序号	组分	代号	加量范围,%	作用
1	淡水	未明确代号	未明确范围	配制钻井流体连续相
2	钠土	未明确代号	4.0	配制基浆、改善钻井流体流变性
3	碳酸钠	未明确代号	5.0	改善黏土水化分散性能
4	防塌降失水剂	FT-99	2.0	降低钻井流体失水量
5	羧甲基纤维素钠盐	CMC	0.3	降低钻井流体失水量
6	聚丙烯酰胺钾盐	KPAM	0.3	抑制黏土水化分散和膨胀
7	水解聚丙烯腈-铵盐	NH_4-HPAN	1.0	改善钻井流体流变性、防塌
8	降黏剂	SF-1	未明确范围	降低钻井流体黏度
9	防塌降失水剂	HA 树脂	2.0	防塌、降低钻井流体失水量
10	储层保护剂	PB-1	1.0	保护储层
11	氢氧化钠	未明确代号	未明确范围	调节钻井流体 pH 值
12	加重材料	未明确代号	未明确范围	增加钻井流体密度
13	复合堵漏剂	未明确代号	未明确范围	防止钻井流体漏失

按配方提示比例加入各种处理剂,调整至钻井流体设计性能。FT-99、HA 树脂防塌降失水,确保井眼稳定,及时补充防塌降失水剂抑制页岩水化膨胀。二开进入目的层前 100.0m,加入储层保护剂 PB-1,按设计调整好钻井流体性能,形成屏蔽暂堵保护储层。钻井流体保持低密度固相,以增强护壁性、防渗漏、防塌。钻进过程中,要注意井口返浆情况,严格控制固相含量,提高钻井流体的悬浮、携带岩屑能力,确保正常钻进。充分了解实钻情况,钻进过程中根据钻井流体性能变化情况及时调整、配制、储备。每次起下钻及测井起钻前,充分循环钻井流体,防止泥岩黏卡,保证井眼畅通,安全顺利测井。起钻灌好钻井流体,防止抽汲井喷或井下其他复杂情况发生。在设计中采取提高钻井流体的携岩性控制钻井流体失水量,加入优质防塌剂,控制泵量等工艺技术措施,效果显著。

12.2.4 泡沫钻井流体

沈炎等针对肯尼亚 OW904 井从山地表面到目的层主要以流纹岩、粗面岩和玄武岩为主,凝灰岩次之,上部地层有少量的燧石和黄铁矿夹层,全井基本无泥质含量,具有典型的高温地层(蒸汽型)的特点,即裂缝发育的火山岩,地层压力低,漏失严重、温度高等问题,采用泡沫钻井技术(沈炎等,2009),泡沫钻井流体的核心处理剂为抗高温发泡剂。为保证泡沫钻井流体的携岩能力,需要按一定的步骤进行。

(1)在清水中加入适量的发泡剂作为泡沫基液,并根据井深和地层漏失状况在泡沫基液中充入一定量的空气,保持泡沫的质量系数在0.55左右,这样可建立一个良好的循环来保证携岩效果。

(2)在不能建立循环的漏失地层,在泡沫性注入参数不变的情况下,可进行盲钻。但在盲钻过程中要经常测试井眼是否清洁。测试的方法是刚开始盲钻时,先钻井3~4m,上提钻具,然后停止泡沫流体的注入钻具静止5min左右,然后再次下入钻具,测试井底是否有沉砂,如果没有沉砂则开泵继续往下钻进。注意在重新下入钻具过程中不要开泵和转动转盘,以后不管是否返出,只要每次接单根能下放到井底,就可放心地进行盲钻。

(3)在建立循环时,一定要进行"大"循环,即返出的流体在除气后要排入废水坑中进行散热,然后用潜水泵抽回继续使用。由于废水坑的散热面积较大,可较迅速地降低循环流体的温度。

(4)在循环流体再利用时,要适当补充发泡剂,保证流体的质量系数不会太低,这样可有效地抑制断塞流的产生,有利于清洁井眼。

(5)严格控制气体的注入量。充气钻井中并不是气体注入量越多越好,当气体不能完全分散于气体中时,就会破坏流体的层流状态,在环空中形成紊流或断塞流,这样将严重影响流体的携砂能力。

在OW904井的实际钻井过程中,采用清水钻井解决表层和上部地层的井漏问题;采用充气水和抗高温硬胶泡沫解决中、深部地层井漏问题;采用抗高温保护剂提高原有发泡剂的抗高温能力,保证发泡剂的高温稳定性,并在不定的时间内向井内灌入冷水。让地层保持适当的漏失达到降低循环温度的目的。从而形成了一套适合肯尼亚地热井的泡沫钻井作业程序和特有泡沫流体配方,顺利完成了钻井施工任务,取得了较好的经济效益。

12.3 发展前景

地热能在地球上有巨大的蕴藏量,具有广阔的开发前景,但是地热能的开采难度大,能量储存运输困难,地热储层钻井流体的开发和选择也具有更大的前景和挑战。

12.3.1 存在问题

在高温地热钻进过程中,钻井流体存在受高温高压影响使得失水严重、钻井流体伤害储层和环境等问题。

(1)受高温高压影响大。水基钻井流体在高温高压下失水量增加,黏土颗粒分散度增强,温度越高,分散性越强,导致黏度增加,严重稠化并形成凝胶,流动性较差,影响钻井作业的正常进行

(2)伤害严重。油基钻井流体的抗温性能比水基钻井流体要高,但是油基钻井流体会对储层造成伤害,增加处理成本,钻井过程中通常采用水基钻井流体或者泡沫钻井流体。

12.3.2 发展方向

地热储层钻井流体有着研制新型抗高温处理剂、抗高温抑制剂等钻井流体添加剂和新型环保钻井流体等发展方向。

(1)新型抗高温钻井流体添加剂。地热储层的钻井流体相比常规储层主要是要求钻井流体有更好的抗高温能力,因此研制新型的抗高温处理剂对于地热储层的开发有着重要的意义。

(2)新型环保钻井流体。比如抗高温泡沫或者气体钻井流体,既不会对储层造成伤害,也不会对环境有大的影响,也不如水基钻井流体受高温高压的影响大,是地热储层钻井的好的钻井流体选择。

第13章 酸气储层钻井流体

酸气储层钻井流体(Sour Gas Reservoir Drilling Fluid)是用于钻开酸气储层过程中减少酸气对钻井影响的工作流体。随着钻井技术的不断发展,对各类油气层钻探不断加深,含有硫化氢和二氧化碳的地层开发来越多,全球大约有1/3的油气田存在酸气储层(叶慧平等,2009)。钻开酸气储层时,钻井流体与酸气接触,硫化氢和(或)二氧化碳侵入钻井流体中,影响钻井流体性能。选择合适的钻井流体以减少酸气的影响是安全高效勘探与开发酸气储层的重要手段之一。

酸气储层钻进过程中,由于硫化氢和二氧化碳等酸性气体的存在,侵入钻井流体后,改变了钻井流体pH值,使钻井流体黏度和切力等性能改变,降低了钻井流体稳定性和悬浮携带岩屑的能力,且腐蚀钻具增加了钻井风险和钻井成本。需要根据钻井过程中遇到的难点,采取相应的应对措施,减少酸气对钻井作业的危害。

13.1 开发依据

由于酸气储层中酸性气体含量较高,钻进过程中对钻井流体提出了相应的要求。为了在不对钻井作业及钻具带来危害的前提下,安全快捷的钻开酸气储层,需要钻井流体对酸性气体具有抑制作用,并可祛除侵入钻井流体的酸性气体。这就要选择合适的钻井液体系,并选择祛除酸性气体的相应处理剂。

(1)钻井流体的选择与确定。根据已经完成的酸气储层的钻井施工实践,工程师们认为使用油基钻井流体钻开酸气储层是最好的选择,如果使用常规的水基钻井流体,当配合有效的酸气祛除剂和缓蚀剂时,效果也比较理想。

(2)酸气祛除剂的选择。可以用作酸气祛除剂的物质要保证反应完全且产物为惰性物质;能够适用于大部分钻井流体且对钻井流体的性能没有明显的影响;毒性小,不会对环境造成伤害;用量小、效率高、商品化程度比较高。

对于硫化氢来说,已经投入应用的祛除剂主要为金属氧化物和金属盐。锌的碳酸盐(碱式碳酸锌);铬酸盐及其氧化物;氧化铁;铜的碳酸盐(碳酸铜);海绵铁;有机除硫剂;钾或钠的重铬酸盐;锌的螯合物;铁基清除剂,主要是硫酸铁或黄铁矿;过氧化氢除硫剂。

对于二氧化碳来说,较为常用的祛除剂主要有氧化钙、石膏、氯化钙。

13.2 体系种类

随着钻井过程中钻遇酸气储层越来越多,为了解决含酸气储层开发过程中遇到的难题,酸气储层钻井流体越来越丰富。其中应用最广泛的有聚合物聚磺钻井流体、高抗硫聚合醇钻井流体、水包油钻井流体、钾石灰钻井流体等。

13.2.1 聚合物聚磺钻井流体

聚合物聚磺钻井流体,早期称三磺钻井流体,一般是在水基聚合物钻井流体中引入磺化单宁、磺化栲胶及磺化酚醛树脂,从而提高钻井流体抗高温、抗盐性能。经过三磺、聚磺和盐水聚磺等三个发展阶段。

针对塔里木盆地塔中隆起塔中北斜坡地层硫化氢气体含量高、井壁不稳定的难题,使用聚合物聚磺钻井流体(毛俊,2010),该钻井流体主要组分见表5.13.1。

表 5.13.1 聚合物聚磺钻井流体主要组分表

序号	组分	代号	加量范围,%	作用
1	预水化膨润土浆	未明确代号	1.0	增黏、降失水、提高井壁稳定
2	烧碱	未明确代号	0.2	调节pH值
3	增黏剂	CX-216	0.2~0.3	增黏防塌、降失水
4	聚阴离子纤维素聚合物	DRISPAC	0.2~0.3	降低失水量与减薄滤饼厚度
5	降失水剂	JMP-1	1.0~2.0	降低钻井流体失水量
6	提切剂	PF-PRD	0.5~1.0	提高钻井流体切应力
7	碳酸钙(325目)	YX-1	1.5~2.0	屏蔽暂堵
8	碳酸钙(600目)	YX-2	1.0~1.5	屏蔽暂堵
9	碱式碳酸锌	未明确代号	未明确范围	除硫

钻井流体在高温高压条件下性能稳定,满足了超深井施工中的井壁稳定、润滑防卡岩屑携带的需要,有效地解决了二叠系火成岩和以伊/蒙混层为主的泥岩坍塌掉块,较好地解决了超深井钻井流体防垮塌、黏卡和抗高温等方面的技术难题。

此外,针对土库曼斯坦尤拉屯地区气探井15和气探井16地层温度、压力高,且含高压盐水、天然气和硫化氢,钻井风险极大的问题,研究应用了高密度饱和盐水聚磺钻井流体。该钻井流体克服了高压盐水侵、天然气气侵溢流以及盐膏层蠕动而引起的多次井下复杂情况,充分满足了该盐膏层井段地层特性和安全钻井对钻井流体技术的要求(杨晓冰等,2009)。

13.2.2 高抗硫聚合醇钻井流体

聚合醇是一种非离子型表面活性剂。井下温度高于聚合醇浊点温度时,聚合醇与水分离,附着在井壁上实现抑制功能。高抗硫聚合醇—钾聚磺钻井流体,聚合醇和聚磺的优良性能,且具有高抗硫特性。

针对川渝油气田天东97X井硫化氢含量高的难题,利用高抗硫聚合醇—钾聚磺钻井流体解决了该井高硫的难题(王新学等,2007)。高抗硫聚合醇—钾聚磺钻井流体主要组分见表5.13.2。

表 5.13.2　高抗硫聚合醇—钾聚磺钻井流体的主要组分表

序号	组分名称	组分代号	加量范围,%	作用
1	预水化膨润土浆	未明确代号	5.0	抑制泥岩膨胀
2	井浆	未明确代号	25.0	提供连续介质
3	高温降失水剂	RSTF	2.0~3.0	降低钻井流体失水量
4	增黏剂	LV-CMC	1.0~3.0	增加钻井流体黏度
5	重晶石粉	未明确代号	10.0	调节密度

　　天东 97X 井三开采用高抗硫聚合醇—钾聚磺钻井流体钻井,该钻井流体性能稳定,具有一定的防塌性、剪切稀释性和润滑防卡性能,并且具有悬浮携岩能力和抑制造浆能力强、高温稳定性好等特点,较好地解决了该井岩屑床的形成、微裂缝发育地层的防塌和大斜度井中起下钻摩阻大时的防卡难题,满足了该气田复杂水平深井钻井需要。

　　此外,针对罗家寨构造地质特点及水平井钻井流体技术难点,大斜度井段使用钾钙基聚合醇正电胶钻井流体,防止形成岩屑床,通过护胶剂、润滑剂、表面活性剂和柴油的复配使用,提高了该钻井流体的抗膏盐、酸性气体侵害的能力和润滑防卡性能;水平井段使用改性钾钙基聚合醇正电胶钻井流体,利用聚合物保护产层,保持过量的除硫剂,以提高钻井流体的抗硫化氢侵害能力。现场应用表明,该套钻井流体能减轻岩屑床的形成、有效地防止了岩屑分散、井漏,降低了起下钻摩阻,有效地保护了油气层,确保了该构造水平井的顺利钻探(冯学荣等,2005)。

13.2.3　水包油钻井流体

　　水包油钻井流体是将一定量的油分散在淡水或不同矿化度的盐水中,形成一种以水为连续相、油为分散相的水包油乳状液,它由水相、油相、乳化剂和其他处理剂组成。在水包油钻井流体中加入碳酸钠、氢氧化钠等碱性物质,提高钻井流体的 pH 值,可用于酸气储层以防止酸性气体侵入钻井流体,改变钻井流体性能。

　　针对气藏储层埋藏深、井底温度高、地层压力系数低、裂缝发育等特点,优选了水包油欠平衡钻井流体,该钻井流体具有很好的抗二氧化碳侵害能力,储层保护效果显著。分别在龙深 2 井和龙深 3 井进行了现场应用,效果良好,现场钻井流体的岩心渗透率恢复值均在 85% 以上,满足欠平衡钻井的要求(耿娇娇等,2011)。水包油钻井流体主要组分见表 5.13.3。

表 5.13.3　水包油钻井流体的主要组分表

序号	组分名称	组分代号	加量范围,%	作用
1	碳酸钠	未明确代号	0.5~1.0	降低钻井流体黏度
2	氢氧化钠	未明确代号	0.8~1.0	调节 pH 值
3	高温降失水剂	LHR-Ⅱ	8.0	降低钻井流体失水量
4	柴油	未明确代号	50.0~60.0	提供连续介质
5	重晶石粉	FRJ-Ⅱ	3.0	调节密度

此外,根据龙深 2 井高含二氧化碳气体造成钻井流体稳定性差的难题,利用水包油钻井流体解决了该井易井喷、井塌、卡钻等问题。该水包油钻井流体抗二氧化碳侵害能力强,性能参数保持在合理范围内;具有很强的携屑能力,动塑比较高(达 0.3~0.5),整个钻进过程中振动筛上的岩屑返出正常,起下钻畅通无阻;乳化稳定性好,抗高温能力强,未出现油水分层现象;具有较强的稳定井壁能力,在三开井段施工过程中没有出现井喷、井塌、卡钻等复杂情况。完井测试显示该井日产气达 $12.5 \times 10^4 m^3$(袁志平等,2015)。

13.2.4 钾石灰钻井流体

钾石灰钻井流体是在石灰钻井流体基础上发展起来的一种更有利于防塌的钙处理钻井流体。由于石灰钻井流体存在着一些缺点,如高温下容易发生固化,pH 值较高以及强分散剂的使用不利于提高钻井流体的抑制性等原因,将钾离子引入石灰钻井流体中,并将配方进行改进,形成了这种新的石灰防塌钻井流体。利用该新型的石灰钻井流体,用于酸气储层,可解决酸性气体侵入钻井流体,影响钻井流体性能的难题。

针对汶川地层二氧化碳气体含量多、侵害钻井流体的问题,利用钾石灰钻井流体解决了二氧化碳侵害问题。该钻井流体性能稳定,其中有足够的储备钙,能预防地层中新进入的二氧化碳气体对钻井流体造成侵害。在钻井流体遭遇低浓度二氧化碳侵害时,能够自我平衡酸根离子浓度,维持钻井流体性能的稳定,且在二氧化碳侵害较重时,也有处理的基础,现场应用取得了良好的效果(管强盛等,2014)。钾石灰钻井流体主要组分见表 5.13.4。

表 5.13.4 钾石灰钻井流体的主要组分表

序号	组分名称	组分代号	加量范围,%	作用
1	膨润土	NV-1	4.0	增加钻井流体黏度、润滑
2	选择絮凝剂	K-PAM	0.1	抑制泥岩膨胀
3	降失水剂	NH_4-HPAN	0.2	封堵、防黏土分散
4	润滑剂	FT-342	3.0	润滑
5	稳定剂	FRJ-Ⅱ	3.0~5.0	稳定钻井流体性能
6	氧化钙	未明确代号	0.4	缓冲调节 pH 值
7	磺甲基酚醛树脂	SMP-1	3.5~5.0	降低钻井流体失水量
8	降失水剂	CMC	0.6	降失水、增黏
9	降黏剂	SMC	2.0	降低黏度
10	褐煤树脂	SPNH	2.0	降低钻井流体失水量
11	超细碳酸钙	QS-1	3.0	加重钻井流体密度

此外,在达 1 井从开钻到完井均使用钾石灰钻井流体,钻井流体性能在防塌、防卡、井壁稳定、抗二氧化碳气体入侵和抗高温上均满足了钻井的需要,全井电测一次成功率为 100%(全井四次普通电测,三次声幅电测),平均井径扩大率为 8.21%(李晓峰,2006)。

13.3 发展前景

现在应用于酸气储层的钻井流体一般存在祛除酸性气体不彻底,不能完全抑制酸气对钻具的腐蚀作用。并且现阶段钻井深度越来越深,井温越来越高,对钻井流体及其处理剂都有了更高的要求。这就需要选择或开发性能更优良的钻井流体,提高钻井流体对酸性气体的吸收祛除效果,提高钻井流体抗高温高压稳定性,开发相应的处理剂解决相关难题。

13.3.1 存在问题

聚磺钻井流体是聚合物钻井流体和磺化钻井流体结合形成的,具有一定的优越性,但它仍具有许多的不足,例如,对油气层具有一定程度的伤害等,这就要求要不断地完善和发展。在钻井过程中聚磺钻井体系常常会出现抗温能力不足,引起钻井流体失水上升;高温稠化,流变性难以调控等问题,这些都有可能引发钻井流体的恶化,从而导致井下事故的发生。

虽然水包油钻井流体在国内外都进行了成功的应用,但从整个水包油钻井流体的应用来看,还存在高温(大于150℃)乳化稳定性存在问题;高温后沉降稳定性存在问题;高温后流变性存在问题。

聚合醇体系具有抑制性较强、润滑性较好、环保性能好和对地层伤害小等优点,在稳定井眼、提高钻速和防止钻头泥包等方面具有独特的优势,但随着钻探区域的扩大和井塌问题的复杂化,聚合醇水基钻井流体的抑制性不足以满足钻井需要的矛盾日渐突出,例如胜利油田新疆勘探公司在准噶尔盆地钻探过程中,常钻遇岩膏层和膏泥岩混层造成井眼的蠕动、垮塌及缩径等问题。

为了提高聚合醇钻井流体的抑制性,加入了7%的氯化钾,氯化钾的高浓度会对环境造成不利影响,环境处理的费用较高,并且会影响探井的能谱测井解释。

腐殖酸处理剂也存在不足和缺陷,主要有剂效低、抗盐抗钙能力差、伤害储层等方面。

(1)加量大,剂效低。腐殖酸处理剂价格便宜,但由于现场使用加量大(一般在3%~5%),与聚合物类处理剂加量在百分之零点几相比,不仅因用量大抵消了价格便宜的优势,而且还加大了现场工人劳动强度和材料的运输成本。随着新的腐殖酸接枝聚合物的研制和应用,这种局面正在发生改变。

(2)抗盐抗钙性能差。这是腐殖酸处理剂的通病和最大的弊端。一般腐殖酸的凝聚极限都很低,对电解质比较敏感,特别是风化煤,由于其芳香缩合度高、化学活性相对差,通过化学改性提高抗盐、抗钙性能难度较大。相对而言,褐煤和泥炭提高抗盐性能要容易一些。近些年来,腐殖酸类树脂产品的开发和应用,使腐殖酸产品抗盐、抗侵害能力明显提高。

(3)对高标准环保要求及储层伤害控制有不利影响。高标准的无害化钻井流体要求处理剂的色度尽可能浅,以利于环保色度的处理,而腐殖酸在这方面却难以满足要求。钻井流体不仅要求满足快速安全钻井的需要,而且无侵害钻井流体要求不伤害油层的标准也越来越高,不含有害成分的腐殖酸产品虽然对地面及地下水体环境没有危害,但它在渗入油气层后可能会随环境的酸化等对油层造成伤害,特别是随着无渗透钻井流体的开发应用,对油层有伤害的处理剂发展将受到制约。

13.3.2 发展方向

水包油钻井流体在一些油层压力系数低、井漏严重的储层中得到了很好的应用,其未来的发展方向主要有抗温、抗盐、承压以及稳定性等。

(1)研制抗温能力强、抗盐能力好、环保的新型低成本乳化剂,从而也就能提高水包油钻井流体高温高压、高矿化度条件下的稳定性。

(2)加强水包油钻井流体稳定机理方面的研究,以提高其承压、抗温、抗盐能力,从而提高水包油钻井流体在深井欠平衡钻井完井作业中的推广应用价值。

(3)深入研究高温高压下体系的密度变化趋势以及在现场使用过程中如何实时监测其密度变化,从而为实现真正的欠平衡钻井作业提供强有力的支持。

(4)建立一套系统的、简易可行的评价水包油钻井流体稳定性的方法。

(5)在聚合醇体系中用含多羧基烷醇与氧乙烯的反应产物作添加剂,这种钻井流体在不存在钾离子的协同作用下对页岩有良好的阻抑性能,这方面的工作也值得关注和进一步深入研究。

第 14 章　油气储层钻井流体

油气储层钻井流体(Reservoir Drilling-In Fluids)是指用于油气储层钻进的流体。油气储层钻井流体在希望钻井流体具备良好的钻井流体性能的同时,具备良好的完井流体性能。主要考量形成有效防止地层伤害并容易清除的滤饼,同时要求滤液和滤饼适合完井过程,实现井壁稳定和储层保护双重目的。一般用生物聚合物处理剂和桥堵材料来实现。

储层保护的重点首先是防止水锁伤害,其次是防止漏失。因此应当避免将水基钻井流体引入地层,采用油基钻井流体或是气基钻井流体可以有效避免气层的水锁伤害。若是在作业过程中必须使用水基钻井流体,应该尽量降低其失水量并增强其封堵能力以减轻水锁伤害。对于裂缝发育的储层,应当选择低密度钻井流体实施欠平衡钻井技术钻进,防止因为漏失造成的储层伤害。另外,针对深井水平井作业过程中的摩阻、扭矩问题,应当提高钻井流体的润滑性来解决该难题,例如采用高油水比的油基钻井流体,加入润滑剂材料等。综上所述,储层段作业过程中应当选择一种低固相、低密度、低伤害、高润滑性的钻井流体。

14.1　开发依据

钻井流体是深井钻井成败的关键因素之一。钻井过程中,钻井流体的作用主要是携带和悬浮岩屑、稳定井壁和平衡地层压力、冷却和润滑钻头及传递水动力。除此之外,钻井流体除要能保持井眼的稳定性和有效携带岩屑外,还必须具有良好的抗高温性能,能够保护油气层,尽量减少储层伤害的发生。上述任何一方面性能达不到要求,都可能会造成钻井的复杂问题或降低油井的产能。钻井流体工艺技术一直被认为是钻井流体技术乃至于钻井技术水平高低的重要标志。世界各大石油公司和国内各油田都投入大量的人力物力开发钻井流体处理剂和性能优良的钻井流体。

(1)防塌。针对某些特殊储层若单纯提高钻井流体密度,不仅会使钻井流体失水量增加导致井漏,甚至会形成新的裂缝,使得破碎地层储层结构失稳。因此,钻进过程中钻井流体密度必须保持在合适的范围内,合适的钻井流体密度应在储层坍塌压力与破裂压力之间。

(2)防漏。对于裂缝性储层可以采取两种措施进行防漏:一种是提高滤饼的质量,降低失水量;另一种是引入高效的封堵剂,暂时性地封堵井筒周围,防止漏失。

(3)储层保护。防止水敏,优选抑制剂;防止水锁,优选降失水剂;防止速敏,优选排量;防止应力敏感,制订合理的施工压力等。

14.2　体系种类

储层钻井流体主要有正电胶钻井流体、超低渗透钻井流体、甲基葡萄糖甙钻井流体、硅酸盐钻井流体、甲酸盐钻井流体以及油基钻井流体。

14.2.1 正电胶钻井流体

混合金属层状氢氧化物(MMH)钻井完井液又称为正电胶钻井完井液。混合金属层状氢氧化物是20世纪80年代后期成功开发的新型钻井流体处理剂。钻井流体具有很强的携岩能力和抑制性;具有独特的流变性,有利于井壁稳定;有良好的抗温及抗侵害能力;对储层有保护作用。目前这种钻井完井液体系已成为钻各类水平井和大位移井的重要手段。从1991年开始到现在,正电胶钻井完井液已在中国大部分油气田浅井、深井、超深井、直井、斜井、大位移井和水平井各种类型几千口井的钻井完井中使用,成本不高,且有良好的效果(黄珠珠等,2008)。

针对轮南古潜山奥陶系裂缝性碳酸盐岩储层存在着较强的应力敏感性和水锁伤害,优选正电胶钻井完井液体系。该钻井流体降低表面张力和油水界面张力效果明显,与裂缝性碳酸盐岩储层的兼容性及保护效果良好(张振华等,2000)。正电胶钻井流体主要组分见表5.14.1。

表5.14.1 正电胶钻井流体的主要组分表

序号	组分名称	组分代号	加量范围,%	作用
1	正电胶液	MMH	5.0	保护油气层
2	防塌剂	WFT-666	2.0	防止井壁坍塌掉块
3	膨润土	未明确代号	4.0	增加钻井流体黏度、润滑
4	降失水剂	CHSP-1	3.0	降低钻井流体失水量
5	降失水剂	SMP-1	2.0	降低钻井流体失水量
6	降失水剂	DFD-140	3.0	降低钻井流体失水量
7	增稠剂	SP-Ⅱ	0.2	调节钻井流体流变性
8	润滑剂	MHR86D	2.0	增加润滑性
9	表面活性剂	ABSN	0.2	降低表面张力

此外,王佩平等(2006)针对胜利油田临盘临南洼陷街斜2块易发生井壁失稳垮塌的问题,研制了正电胶-聚合醇-纳米乳液钻井流体。钻井流体性能稳定,明显提高钻进速度,降低钻井流体对储层的伤害,保证四级固控设备正常运转,可充分使用离心机清除固相;完井作业顺利,电测/井壁取心一次成功,二开后的井径规则,下套管固井顺利。

14.2.2 超低渗透钻井流体

超低渗透钻井流体技术能限制钻井流体侵入和钻井流体产生的压力侵入,有利于提高井壁强度、保持地层岩石的完整性、解决机械性不稳定地层的许多问题(如压差卡钻、井漏等)以及减少地层伤害、提高油气井产能。而且,超低渗透钻井流体能生物降解,对环境无害,能用于水基、油基和合成基钻井流体中。

超低渗透钻井流体主要工作原理是利用特殊的聚合物处理剂在井壁岩石表面浓集形成胶束,依靠聚合物胶束或胶粒界面吸力及其可变形性,封堵岩石表面较大直径范围的孔喉,并在井壁岩石表面形成致密的超低渗透封堵膜,有效封堵不同渗透性地层和微裂缝泥页岩地层,在井壁的外围形成保护层,使钻井流体及其滤液完全隔离,不会渗透到地层中,从而实现近零失水钻井。

针对钻井过程压差卡钻、钻井流体漏失和井壁垮塌等复杂问题。研制了超低渗透钻井流体,超低渗透钻井流体通过增强内滤饼封堵强度,大幅度提高了岩心的承压能力,能提高漏失压力和破裂压力梯度,相当于扩大安全密度窗口,可较好解决以往钻长裸眼多套压力层系或压力衰竭地层时易发生的漏失、卡钻和坍塌技术难题(孙金声等,2005)。超低渗透钻井流体主要组分见表5.14.2。

表5.14.2 超低渗透钻井流体的主要组分表

序号	组分名称	组分代号	加量范围,%	作用
1	包被剂	FA367	0.5	防止钻屑和泥页岩水化
2	复合铵盐	NPAN	0.8	降低钻井流体失水量
3	膨润土	未明确代号	4.0	增加钻井流体黏度、润滑
4	两性离子聚合物降粘剂	XY27	0.3	降低钻井流体黏度
5	磺化沥青	FT-1	1.0	阻止页岩颗粒的水化分散,防塌
6	页岩抑制剂	CSW-1	0.3	抑制页岩水化,分散
7	硫酸钡	未明确代号	5.0	调节密度
8	零失水井眼稳定剂	JYW-2	1.0	稳定井壁

此外,针对裂缝性气藏储层伤害问题,优选出超低渗透水基钻井流体。该钻井流体流变性能优良,易于调整和控制,抗高温能力强,滤饼致密、光滑,可在井壁形成一层致密的隔离层(非渗透膜)。API失水量可控制在2.3mL/30min以下,高温高压动态累计失水量少于0.3mL/30min,可显著提高裂缝性气藏的储层保护效果(李怀科等,2008)。

14.2.3 甲基葡萄糖甙钻井流体

甲基葡萄糖甙是近年来利用半透膜机理优选出的优质添加剂,是聚糖类高分子物质的单体衍生物,为环式单体,包括α-甲基葡萄糖苷和β-甲基葡萄糖甙苷两种对应异体,含有强亲水的4个羟基基团,同时含有弱亲油性的甲氧基基团,属弱性表面活性物质。这些亲水的羟基可以吸附在井壁岩石和钻屑上,如果在钻井流体中加入足量的甲基葡萄糖甙,则在井壁上可形成一层类似油包水泥浆的吸附膜,这个膜可以把页岩中的水和钻井流体中的水隔开,使钻井流体具有较强的页岩抑制性和润滑性。

针对吐哈油田小井眼开窗侧钻井主要采用混原油钻井流体,不利于环境保护。优选MEG钻井流体配方。该钻井流体在4口小井眼开窗侧钻井进行了试验应用。应用井无阻、卡现象,平均钻井周期缩短了7.2d;在未混原油的情况下钻井流体润滑系数比乳化原油(15%~20%)钻井流体降低了34.6%;油层保护效果好。优选出的MEG钻井流体具有优良的润滑性、抑制防塌性及良好的储层保护效果,特别适合强水敏地层及大斜度井和水平井等特殊复杂工艺井的钻进(雍富华等,2006)。甲基葡萄糖甙钻井流体主要组分见表5.14.3。

表 5.14.3 甲基葡萄糖甙钻井流体的主要组分表

序号	组分名称	组分代号	加量范围,%	作用
1	高分子量聚合物	KPAM	0.2	抑制泥岩膨胀
2	纯碱	未明确代号	0.5	降低钻井流体黏度
3	膨润土	未明确代号	4.0	增加钻井流体黏度、润滑
4	甲基葡萄糖甙	MEG	5	降低失水量,调整黏度,增加触变性
5	黄胞胶	XC	0.1	抑制泥页岩表面水化
6	羧甲基纤维素钠	MV-CMC	0.2	降低失水量、增黏
7	降失水剂	SPNH	2.0	降低钻井流体失水量
8	两性离子聚合物降黏剂	XY-27	0.1	降低钻井流体黏度、降低失水量

此外,张瑛等(2001)研制了甲基葡萄糖甙钻井流体在准噶尔盆地沙南油田沙 113 井进行的现场试验,该钻井流体具有优良的页岩抑制性,井眼规则,稳定性好;具有独特的护壁作用,钻井流体密度低,有利于保护储层;具有良好的剪切稀释特性,悬浮和携带岩屑能力强,井眼清洁;抗电解质侵害能力强;流变性易调节。

14.2.4 硅酸盐钻井流体

硅酸盐结构近似于砂岩的无机物,无毒性,对自然环境的影响很小;没有荧光,在任何条件下都不会分解出低分子烃类,不干扰荧光录井及气测录井;含有粒度分布广与地层矿物亲和力强的粒子,且尺寸分布宽,通过吸附扩散等途径可堵塞井壁裂缝、孔洞,从而可抑制泥页岩膨胀和分散。硅酸盐钻井完井液能够稳定各种复杂地层,具有类似于油基钻井流体的优良抑制稳定性能,但也须通过聚合醇和低价无机盐的复配等来强化其整体性能。

针对在碳质泥岩钻探中经常遇到漏失、坍塌、掉块、涌水等问题,研究了硅酸盐钻井流体,该钻井流体具有良好的泥页岩抑制性,再加上氯化钾的协同作用,抑制效果明显。另外,硅酸盐体系的 pH 值需保持在 11 以上,才能更好地发挥该体系的封固和抑制分散能力,总体起到了很好的防塌抑制作用(刘选朋等,2010)。钻井流体组分见表 5.14.4。

表 5.14.4 硅酸盐钻井流体主要组分表

序号	组分	代号	加量范围,%	作用
1	黏土	未明确代号	4.0	增加复合盐钻井流体黏度、润滑
2	降失水剂	Na-CMC	0.3	调节钻井流体流变性
3	硅酸钠	未明确代号	5.0	降低钻井流体失水量、防塌
4	氯化钾	GLA	3.0	抑制页岩水化膨胀

此外,针对鄂深 6-侧钻井极易垮塌,起下钻遇阻遇卡等问题,研制了硅酸盐防塌钻井流体。该井平均井径扩大率 13.87%,远低于设计的 20%。平均机械钻速 3.01m/h,高于鄂深 6 井的 2.47m/h,发现了三段油层,取得了较好的勘探开发综合效益(黄尚德等,2006)。

14.2.5 甲酸盐钻井流体

甲酸盐钻井流体密度可调范围宽、固相含量低、流变性能优良。钻井流体密度控制在 $1.0\sim2.3\text{g/cm}^3$ 范围内，实现了高密度下钻井流体的低固相，减少了固相对储层的伤害；不需使用普通加重材料和膨润土，可使用生物聚合物调整流变性，生物聚合物的高剪切稀释和高固相悬浮特性，使钻井流体的环空压耗很低，相同条件下，循环当量密度低于其他钻井流体。甲酸盐钻井流体对页岩的抑制性强，泥、页岩表面相当于选择性半渗透膜，甲酸盐钻井流体中水的活度远比岩石中水的活度小，这将产生一个渗透压力使岩石中的水保持渗入钻井流体的趋势；而且甲酸盐的甲酸基能与水分子形成氢键，对自由水具有很强的束缚能力；这都有利于减少泥页岩的水化膨胀，降低储层中水敏性矿物水化膨胀引起的地层伤害，从而起到稳定井壁和保护储层的作用。甲酸盐盐水与地层矿物和流体具有极好的相容性，2价甲酸盐是水溶性的，可避免钻井流体滤液中的甲酸基与地层流体中的2价离子接触生成沉淀对储层造成的伤害。

针对钻进高温高压地层时，常规高密度钻井流体完井液因其重晶石含量高、高温稳定性不好、流变性难以控制等问题，筛选出了以甲酸盐溶液为基液的甲酸盐钻井流体完井液配方，评价了其抑制性、抗侵害能力和油层保护效果。甲酸盐钻井流体完井液性能评价试验及在库1井的现场应用效果表明，甲酸盐钻井流体完井液具有密度可调、高温稳定性好、抑制性强、抗侵害能力强、低毒且易降解、油层保护效果好等特点，能很好地满足了高温高压地层钻井、完井的需要（王西江等，2010）。甲酸盐钻井流体主要组分见表5.14.5。

表5.14.5　甲酸盐钻井流体的主要组分表

序号	组分名称	组分代号	加量范围,%	作用
1	高分子量聚合物	KPAM	1.5	抑制泥岩膨胀
2	包被剂	FA367	0.2	防止钻屑和泥页岩水化
3	膨润土	未明确代号	2.0	增加钻井流体黏度、润滑
4	甲酸钾	未明确代号	5.0	降低失水量,调整黏度,增加触变性
5	黄胞胶	XC	0.1	抑制泥页岩表面水化
6	羧甲基纤维素钠	CMC	0.1	降低钻井流体失水量、增黏
7	降失水剂	JT888	0.5	控制泥页岩与钻屑的水化、膨胀和分散
8	两性离子聚合物降黏剂	XY-27	0.6	降黏、降低钻井流体失水量
9	超细目碳酸钙	QS-2	5.0	屏蔽暂堵
10	降失水剂	SMP-Ⅱ	0.5	降低钻井流体失水量

此外，针对海上油田古近系沙河街组钻井流体抑制性和封堵能力不足的问题，优选出一套适合海上油田古近系沙河街组钻井流体。钻井流体能抗15%氯化钠、1.5%氯化镁、1.5%氯化钙和20%钻屑的侵害，同时体系抗温可达140℃，抑制性和润滑性较好，其岩屑滚动回收率在95%以上，滤饼黏滞系数低于0.1，能很好地满足海上油田古近系沙河街组钻井的需要（肖扬等，2018）。

14.2.6 油基钻井流体

油基钻井流体剪切稀释性能良好;不形成乳状液,乳化稳定性好;携屑能力强,井眼清洁;化学剂成本低;密度可保持在 0.8g/cm³ 左右,可提高钻速;有良好的润滑性;保护油气层;使用低毒矿物油原料,保护环境;不存在水相,无活度问题;维护处理简单。

目前使用较多的油基钻井流体是油包水乳化钻井流体。由于这类钻井流体以油为连续相,其滤液是油,因此能有效地避免对油气层的水敏伤害。与一般的水基钻井流体相比,油基钻井流体的伤害程度较低。从油基钻井流体的发展历程来看,正朝着抗高温、提高钻速、降低成本及防止环境污染等方向发展。近年来,油基钻井流体和水基钻井流体一样有了长足的进步,如在新型环保油基钻井流体的研制、油基钻井流体性能的深入研究等方面取得较大进展。

针对威远地区定向段和水平段井壁失稳,威 201 – H3 井在定向、水平段应用了油基钻井流体。钻井流体具有强封堵性、低失水量和良好的携砂能力(何涛等,2012)。油基钻井流体主要组分见表 5.14.6。

表 5.14.6 油基钻井流体的主要组分表

序号	组分名称	组分代号	加量范围,%	作用
1	柴油	未明确代号	0.2	提供连续介质
2	氯化钙水溶液	未明确代号	10.0	封堵防塌
3	有机土	未明确代号	3.5	增加钻井流体黏度、润滑
4	主乳化剂	未明确代号	4.0~6.0	形成乳状液
5	辅乳化剂	未明确代号	1.0~2.0	形成乳状液
6	润湿剂	未明确代号	3.0	增加钻井流体润湿性
7	碳酸钙	未明确代号	5.0	加重钻井流体密度
8	生石灰	FT – 1	1.5	调节钻井流体 pH 值
9	降失水剂	未明确代号	2.0~3.0	控制钻屑的水化、膨胀和分散
10	塑性封堵剂	PF – CP1	1.0~3.0	抑制页岩分散

此外,针对油包水乳化钻井流体应用中存在的不足,研究了以生物毒性低的白油为基液的无水全油基钻井流体。全油基钻井流体无水相,电稳定性好(大于 2000V),塑性黏度低,失水量小(滤液全为油),具有抗钻屑、抗水侵害性能强、润滑性能好、抑制性强以及储层保护效果好等特点。使用无水全油基钻井流体,有利于提高机械钻速、井壁稳定性和储层保护效果,可用于易塌地层、盐膏层,特别是水相活度差异较大的地层,以及能量衰竭的低压地层和海洋深水钻井(舒福昌等,2008)。

14.3 发展前景

近年来,国内外均高度重视油气层保护技术的发展和领域的拓宽。对于特殊工艺井而言,由于其地质条件的复杂性和井眼轨迹的特殊性,储层受伤害程度往往更大。此时,储层伤害加剧影响油气井产能和原油采收率。钻井流体作为接触地层的第一层液体，在研究储层保护方面更是受到相当的重视。

14.3.1 存在问题

如何设计合理的钻井流体密度、钻井流体抑制性和封堵能力多大才算足够，仍是复杂地层条件下的井壁稳定问题所需要考虑的因素，当前虽然得出了决定井壁稳定问题的坍塌压力是岩石力学与化学耦合的结果，但至今还没有建立起它们之间的关系，只能是经验性的合理应用。

目前国内外研究重点主要是通过封堵技术来保护储层，但选择暂堵剂的规则和方法均有一定局限性，仅考虑了孔喉平均尺寸和暂堵剂颗粒粒径的匹配关系，而未对储层孔喉分布与暂堵剂粒度分布的匹配关系进行充分考虑。且随着低压低渗透储藏不断被发现，并成为未来油气产量的重要接替区，而相应的储层保护技术还不完善，若不采取有效保护措施，将会伤害储层、降低产能，无法做到经济开发。因此，研究储层保护技术具有重要意义。

国际上油基钻井流体所占市场份额将近50%，而中国油基钻井流体所占市场份额很低。国内业界于20世纪80年代开发出油基钻井流体，单项技术也取得突破，但综合解决问题能力差，主要表现在配制和维护油基钻井流体的处理剂和材料在数量和质量上都达不到国际上石油专业技术服务公司的产品水平，加上缺乏油基钻井流体的后续处理再利用技术，使得具有多项突出优点的油基钻井流体一直没有得到真正应用。因此，研发与开发效能、质量和成本达到国际先进水平的油基类钻井流体处理剂系列产品，研制适用于各种地层条件和工程要求的油基钻井流体及后续处理再利用等系列技术是提升中国油基钻井流体技术的当务之急。

14.3.2 发展方向

钻井流体技术发展趋势主要有低密度、提高钻速、抗高温高盐以及防漏堵漏等方向。

(1) 低密度、超低密度钻井流体，以满足枯竭地层、低压超低压地层钻井需求。
(2) 有助于提高机械钻速的水基、油基钻井流体技术。
(3) 降低地层坍塌压力的稳定井壁钻井流体。
(4) 形成抗高温(180~250℃)、高盐、高密度($2.6g/cm^3$)钻井流体技术。
(5) 水平井、大位移井及特大位移井钻井流体技术。
(6) 自适应性防漏堵漏技术，形成能自适应性封堵不同大小孔缝的防漏堵漏技术。
(7) 新型合成基、油基钻井流体及后续处理再利用系列技术。
(8) 深水钻井流体技术，形成适合海洋深水钻井的钻井流体及配套技术。
(9) 环保型钻井流体及钻井流体废弃物无害化处理技术。
(10) 能动态模拟井下条件的钻井流体性能及储层保护评价新设备，更加接近井下实际条件的实验技术，可为合理的钻井流体与储层保护设计提供科学依据。

第 15 章　漏失地层钻井流体

漏失地层钻井流体(Drilling Fluid in Lost Formation)是适用于在易漏失地层中钻进的钻井流体。漏失是指钻井过程中井筒内的流体以大于某一临界流量的流速向地层中漏失的现象。在地质勘探和油气田开发的钻井过程中,世界各国都遇到井漏难题。

据统计,苏联用于堵漏作业的工时,占钻井总工时的 3.0%~4.0%。中国钻井中也普遍存在着漏井问题。四川地区由于碳酸盐地层裂缝、孔洞发育、断层多、层间压力梯度悬殊等原因,井漏更为突出。据不完全统计,1982 年四川石油管理局管辖地区发生井漏 320 次,堵漏耗工 40767.0h,占钻井总工时的 5 成以上,损失钻井流体 11785m^3,耗水泥 581t,仅此两项损失即达 634 万元(马兴峙,1984)。1984 年因井漏停钻工时为钻井总工时的 5.5%,个别井漏的损失十分惊人,如阳深 1 井漏失长达 1 年多,仅钻井流体材料损失就达百余万元,雷 5 井堵漏用时 168.9d,耗资达 160 万元,仍未堵住漏层,只好"暂闭"该井(李荫柑,1984)。这不仅消耗了大量的人力、物力,而且直接影响地质勘探与油气田开发进程。最近几年,中国石油在处理井漏上的花费也越来越高。

井漏发生必须具备两个条件:一是井筒与地层之间存在正压差,即井筒中工作液的液柱压力大于地层孔隙、裂缝或溶洞中液体的孔隙压力;二是地层中存在着漏失通道和较大的足够容纳液体的空间,此通道的开口尺寸应大于外来工作液中的固相粒径。因此,钻完井过程中,发生井漏的原因有两种。

当地层存在天然漏失通道时,钻井流体作用于井壁动态的压力超过地层的漏失压力即发生井漏。研究井漏必须搞清漏失地层中漏失通道的形成原因、基本形态和分布规律。漏失通道按其形成原因分为天然漏失通道和人为漏失通道两类。

天然漏失通道是指由变形作用和物理成岩作用使岩石中存在的天然裂缝。天然漏失通道在泥页岩、砂砾岩、石灰岩、白云岩、火成岩和变质岩中均可存在。

(1)泥页岩地层。泥页岩在一般情况下不容易发生井漏,但一些埋藏久远的地层泥页岩,因构造运动形成的裂缝、因风化作用形成的溶孔或其他层间疏松的通道,易发生井漏;中深井段和深井段的泥页岩因成岩作用、异常高压和构造运动形成裂缝。成岩作用是形成岩石的各种地质作用的统称。如岩浆成岩作用、变质成岩作用、沉积成岩作用、花岗岩化作用以及混合岩化作用等。通常所说的成岩作用是指沉积物被埋藏后,直到固结为岩石以前所发生的一切物理的和化学的(或生物)变化过程。一般包括沉积物的压实作用、胶结作用、交代作用、结晶作用、淋滤作用、水合作用和生物化学作用等。这些作用通常是在压力和温度不高的地壳表层发生的。当成岩物质被覆盖之后,由于厌氧细菌的作用,有机质腐烂分解,产生硫化氢、甲烷、氨气和二氧化碳等气体,促使碳酸基矿物溶解成重碳酸盐,高价氧化物还原成低价硫化物,酸性氧化环境变为碱性还原环境。此时沉积物质发生重新分配、组合,胶体矿物脱水陈化、压缩胶结,最终固结为岩石。成岩作用一词最早由德国学者 C. W. 冈贝尔(1868)提出,各国学者对这一名词所赋予的含义并不完全一致。但这种裂缝长度短、宽度小,最大宽度 0.5mm 左右,一般为 0.05~0.1mm,不易形成漏失通道,但也有的裂缝发育,宽度较大,有可能形成漏失通道。构造运动是指由于地球内部动力引起的组成岩石圈物质的机械运动。构造运动无时无刻不在发生,它使得岩石圈或是上升,或是下降,或是遭受挤压,或是受到拉伸。构造运动按其运动方向分为两类,即升降运动和水平运动。升降运动是指垂直于地表(即沿地球半径方向)的运动,表现为岩石圈的上升和下降。水平运动指沿平行于地表(即沿地球切线方向)的运动,表现为岩石圈物质水平位移和旋转。一般认为,岩石圈中以水平运动为主导,而垂直运动往往是由于水平运动而导致的。

(2)砂砾岩地层。砂砾岩地层的漏失通道按其成因可分为三类:一是浅层、中深井段,未胶结或胶结差的未成岩的砂砾层,其漏失通道主要是大孔隙。由于其连通性好,渗透率高,因而易发生漏失;二是中、高渗透砂砾岩,其漏失通道为孔隙型;三是中深井段、深井段经成岩作用形成的低孔隙度、低渗透率的砂、砾岩,其漏失通道主要为裂缝型。其裂缝是由于在构造应力作用下,砂砾岩出现破裂而形成的构造裂缝。

(3)石灰岩和白云岩地层。石灰岩和白云岩是碳酸盐岩主要岩石类型,其漏失通道主要是成岩作用与构造运动作用所形成的溶孔、溶洞、较大的裂缝和碳酸盐沉积颗粒所形成的原生孔隙等。

(4)火成岩地层。火成岩以熔岩为主,最主要的是玄武岩和安山岩,其次是英安岩、粗面岩、流纹岩和少数火山岩及脉岩类,相伴生的是火山碎屑岩及火山碎屑沉积岩类。火成岩由于岩浆喷发、溢流、结晶、构造运动和风化作用等因素,在熔岩内形成发育的孔隙和裂缝,构成了易发生漏失的通道。古生代、太古代和元古代的变质岩因受变晶、构造运动、物理风化和化学淋溶形成裂缝和孔隙构成漏失通道。

人为漏失通道是指在施工过程中,由于钻井工艺措施不当,如开泵过猛,下钻过快而造成井下压力激动,产生的诱导性裂缝。诱导裂缝又分为新启裂缝和重启裂缝两种。

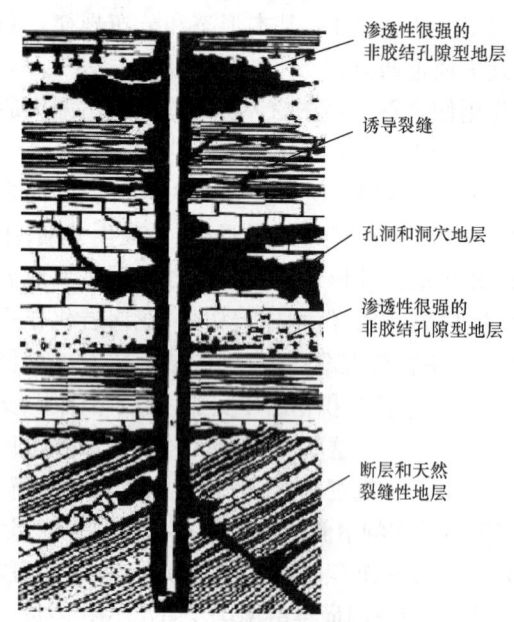

图 5.15.1　漏失通道的基本形态图

新启裂缝是由于施加的外力大于地层岩石破裂压力,造成岩石破碎而形成的裂缝;重启裂缝是外力使天然闭合裂缝开启而形成的裂缝。诱导裂缝可以发生在各种岩性地层中,通常沿最大地应力方向发育,大多为垂直裂缝。

漏失通道的基本形态主要孔隙型、裂缝型、洞穴型、孔隙裂缝型和洞穴裂缝型等 5 种类型,后两类是前三类的交叉,如图 5.15.1 所示。

(1)孔隙型漏失通道。孔隙型漏失通道是以孔隙为基础,由喉道连接而成的不规则的孔隙体系。孔隙可按其尺寸分为大尺寸(大于 $100\mu m$)、中尺寸($20~100\mu m$)和小尺寸(小于 $20\mu m$),按喉道可分为粗喉道(大于 $50\mu m$)、中细喉道($1~50\mu m$)和微细喉道(小于 1μm)。

(2)裂缝型漏失通道。裂缝型漏失通道是指由不规则的裂缝连接形成的裂缝体系。裂缝可分布在各种岩性的地层中,裂缝在地层中的分布和发育极不均匀,其形状有的是直线,有的是曲线和波浪形;其表面有的是光滑的,也有粗糙的;裂缝段长可以从几米到几十米。裂缝在地层中可能以张开状态存在,也可能以闭合状态存在。按张开裂缝的开度大小,可将裂缝分为大裂缝、宽裂缝、中裂缝、小裂缝、细裂缝、微细裂缝和毛细管裂缝等;裂缝按倾角大小可分为垂直裂缝、斜交裂缝、水平裂缝和网状裂缝等;裂缝按其成因又可分为构造裂缝和非构造裂缝。

构造裂缝的形成和发育程度主要取决于构造应力场、地层岩性及岩相等。与断层有关的构造裂缝,发育程度和宽度与断层性质、规模、断距及地层离断层距离所处断层位置有关;一般在断层附近裂缝发育,且宽度大;断距越大裂缝越发育,断层上盘一般比中、下盘裂缝发育。裂缝在形成或张开的同时,常常被各种物质所充填。充填物可以是方解石、石英、白云石、泥质和碳质等。按其充填程度可分为无充填、不完全充填和完全充填等类别。

(3)洞穴型漏失通道。洞穴型漏失通道是指大小不同的溶洞相互连通形成的溶洞体系。溶洞形态极不规则,且大小和长度不等。小的可小至 0.2m,大的可达十几米;其空间形态有廊道型、厅堂型、倾斜型和迷宫型等。洞穴呈网状交织分布,没有明显主通道,也没有固定的延伸方向;洞穴大多分布在碳酸盐岩、黄土层及煤层所形成的烧变岩中,均表现出很强的非均匀性;部分洞穴中有水流,会给堵漏施工带来较大困难。

当动态压力大于地层的破裂压力时,先压破地层,形成新的漏失通道,然后发生漏失。为了搞清井漏发生的原因,必须分析影响地层漏失压力、破裂压力和动压力的因素。

(1)地层漏失压力。地层漏失压力是指使钻井流体进入地层漏失通道所需的最低压力,其值等于地层孔隙压力与钻井流体在地层漏失通道中发生流动的压力损耗之和。漏失压力与地层孔隙压力、地层漏失通道的性质、钻井流体流变性以及漏失层滤饼的质量等因素有关。

漏失压力随地层孔隙压力的增大而增高;地层天然漏失通道的大小、形态及漏层厚度直接关系到钻井流体在漏失通道中流动阻力的大小;钻井流体进入漏失通道的阻力随钻井流体塑性黏度和动切力的增加而增大,因而可以通过调整钻井流体流变性能来提高地层的漏失压力,防止井漏;对于孔隙性地层,当钻井流体进入漏层时,必须克服内、外滤饼的阻力。因此,地层的漏失压力随滤饼质量的改善而增高。

(2)地层破裂压力。地层破裂压力是指在某深度处,井内的钻井流体柱所产生的压力升高到足以压裂地层,使其原有裂缝张开延伸或形成新的裂缝时的井内流体压力。地层破裂压力大小主要取决于地层的岩石力学性质和所受地应力的大小。对于地层破裂压力的起因目前有两种看法:一种看法认为地下岩石中存在着层理、节理和裂缝,井内流体只是沿着这些薄弱面侵入,使其张开,因此使裂缝张开的流体压力只需克服垂直于裂缝面的地应力;另一种看法认为井内流体压力增大会改变井壁上的应力状态,当此应力超过地层岩石的抗拉强度,地层就会发生破裂。地层破裂压力为:

$$p_{\mathrm{f}} = p_{\mathrm{p}} + \frac{(\sigma_{\mathrm{z}} - p_{\mathrm{p}}) + S_{\mathrm{t}}}{1 - \dfrac{(1-\beta)(1-2\mu)}{1-\mu}} \tag{5.15.1}$$

式中 p_f——地层破裂压力,MPa;
p_p——地层孔隙压力,MPa;
σ_z——有效上覆岩层压力,MPa;
S_t——地层抗拉强度,MPa;
β——构造应力系数;
μ——地层的泊松比。

(3)钻井流体当量压力。钻井流体当量压力等于钻井流体静液柱力、循环时的环空压耗和作业产生的激动压力之和。当量压力的大小与钻井流体静液柱压力、环空压耗和激动压力有关,也可以折算成当量循环密度来表示。钻井流体动态压力随钻井流体密度增加而增大,随钻井流体环空压耗增加而增大,随钻井流体激动压力增加而增大,而激动压力取决于开泵泵压、钻井流体静切力、静止时间长短以及起下钻速度等因素。

漏失在各种岩性地层中均可能发生,如黏土岩、砂砾岩、碳酸盐岩、岩浆岩、变质岩和烧变岩等。发生井漏的直接表征是钻井流体的损失,并且具有一定的漏失速度。但井漏的特征还与地下孔、缝的性质,井壁上的漏失面积、钻井流体性能、压差等多种因素有关。因此,现场只有搞清漏层的特征,将漏层按一定方式进行分类,才能确定正确的处理方法。漏层的分类方法很多,按定量和定性两种方法来分。

(1)漏失定量分类,地层漏失特征可用漏速、漏强、漏径比、吸收系数和渗透率5种方法来表征。

① 漏速。漏速是指钻井流体在单位时间内的漏失量。

$$Q = V/t \tag{5.15.2}$$

式中 Q——漏速,m³/h;
V——单位时间内的漏失量,m³;
t——时间,h。

$Q < 10.0$ m³/h,为Ⅰ级漏失,属于微漏;Q 为 10.0~20.0 m³/h,为Ⅱ级漏失,属于小漏;Q 为 20.0~50.0 m³/h,为Ⅲ级漏失,属于中漏;$Q > 50.0$ m³/h,为Ⅳ级漏失,属于大漏;当钻井流体失返时,为Ⅴ级漏失,属于严重漏失。

② 漏强。漏强即漏失强度,是指在单位压差下,单位面积上钻井流体的漏失速度。

$$K' = Q/(\Delta p \cdot S)$$

式中 K'——漏强,m/(MPa·h);
Δp——压差,MPa;
S——漏失面积,m²。

$K' < 7.0$ m/(MPa·h),为Ⅰ级漏失;K' 为 7.0~20.0 m/(MPa·h),为Ⅱ级漏失;K' 为 20.0~45.0 m/(MPa·h),为Ⅲ级漏失;K' 为 45.0~50.0 m/(MPa·h),为Ⅳ级漏失;$K' > 55.0$ m/(MPa·h),为Ⅴ级漏失。

③ 漏径比。指漏速与井眼直径之比。

$$M = Q/D$$

式中 M——漏径比,m^2/h;
D——井眼直径,m。

M 为 0.08~0.82m^2/h,为Ⅰ级漏失;M 为 0.82~1.64m^2/h,为Ⅱ级漏失;M 为 1.64~4.1m^2/h,为Ⅲ级漏失;M 为 4.1~6.0m^2/h,为Ⅳ级漏失;M>6.0m^2/h,为Ⅴ级漏失。

④ 吸收系数。吸收系数也叫地层吸收系数,是指在单位压差下钻井流体的漏速。

$$K_C = Q/\Delta p$$

式中 K_C——吸收系数,$m^3/(h \cdot MPa)$;
Δp——压差,MPa。

K_C 为 0.1~0.5$m^3/(h \cdot MPa)$,为Ⅰ—Ⅱ级漏失;K_C 为 0.5~1.5$m^3/(h \cdot MPa)$,为Ⅲ—Ⅳ级漏失;K_C>1.5$m^3/(h \cdot MPa)$,为Ⅴ级漏失。

⑤ 渗透率。渗透率是指在有压力差时岩石允许液体及气体通过的性质。此处的渗透率是指岩石漏失性能的数量化,它表征了工作流体通过地层岩石流向漏失地层的能力。

$$K = Q\mu L/(\Delta p \cdot A)$$

式中 K——岩石渗透率,D;
Q——漏速,cm^3/s;
μ——流体黏度,$mPa \cdot s$;
L——孔隙长度,cm;
Δp——压差,atm;
A——流通面积,cm^2。

K 为 1.4~10.0mD,为Ⅰ级漏失;K 为 10.0~200.0mD,为Ⅱ—Ⅳ级漏失;K>200.0mD,为Ⅴ级漏失。

(2) 定性分类是根据地层漏失特征用漏层特征和漏失通道等两种方法来定性表征。

① 漏层特征。在未胶结或胶结很差的浅井段地层(如粗砂岩、砾岩、含砾砂岩等地层)和微裂缝地层,钻井流体漏失级别为Ⅰ级漏失;普通裂缝,为Ⅱ—Ⅳ级漏失;地层有大裂缝、孔洞或大洞穴,为Ⅴ级漏失。

② 漏失通道。裂缝缝宽小于 0.1mm,为Ⅰ—Ⅱ级漏失;缝宽为 0.1~1mm,为Ⅲ级漏失;缝宽为 1~3mm,为Ⅳ级漏失;缝宽大于 3mm 以及高度为 0.2~3.0m 的孔洞或洞穴,为Ⅴ级漏失。

确定漏层的位置是堵漏措施中一个非常重要的环节,确定漏层有观察钻进情况、观察岩心和钻屑情况、观察钻井流体的变化情况、综合分析钻井过程中的各种资料、水动力学测试、仪器测试等方法。

(1) 观察钻进情况。通过钻进时凭经验观察,可以判断天然裂缝、孔隙或洞穴地层一类漏层的位置。例如,当钻开天然裂缝性岩层时,钻井流体通常会突然漏失,并伴随有扭矩增大和蹩跳钻现象;如上部地层没有发生过漏失,则此现象即是漏层在井底的表征。又如,当钻开孔洞岩层段时,钻进时加不上钻压,则不管上部井段是否发生过漏失,只要往井底泵注一种常规堵漏钻井流体段塞,就容易证实漏层的位置和严重程度。

(2) 观察岩心和钻屑情况。通过观察岩心,可以了解地层的倾角、接触关系、孔隙、溶洞、裂隙及断层等发育情况；通过岩心收获率可以判断地层的破碎程度；通过对这些观察结果的综合分析，可以了解漏失通道情况，判断漏层层位。

（3）观察钻井流体变化情况。钻井流体性能的变化通常能反应井底岩石性质，以此来判断漏层位置。

（4）综合分析钻井过程中各种资料。综合分析钻井过程中钻井参数、钻井流体性能、地层压力、地层破裂压力、地质剖面、岩性、原来曾漏失过层位重漏的可能性、邻井同层段钻井情况等资料，判断漏失的位置。

（5）水动力学测试。采用正反循环测试、从钻杆内外同时泵注钻井流体测试、井漏前后泵压变化测试、最优分割法和两分法、立管压力变化测试、注轻钻井流体等方法来确定漏失的准确位置。最优分割法（Fisher法）是指在不打乱样本秩序的条件下对样本进行聚类分析，基本思想是要求分类所产生的离差平方和增加量达到最小。它是对有序样品进行最优化分段的一种数学方法，具有客观、最优的特点。二分法，又称分半法，从数学角度看，是一种方程式根的近似值求法。欲求某一已知函数的根，则先定义一个区间，使其包含方程式的根，求出函数在该区间中点的值，若其与该区间两端点中某一点函数值正负号相反，则将中点至该点区间定义为新的区间，重复进行至理想精确度为止。

（6）仪器测试法。使用专门仪器，通过测试井温、声波、电阻、流量、放射性示踪原子等来判断漏失的位置。

钻井过程中，井漏是最普遍最常见而损失严重的一个突出问题。治理井漏，首先应重在防漏，只有有效地表防漏才能最大限度地减少甚至避免堵漏，而真正有效的防漏主要是防止诱发性井漏。防漏至关重要的内容在于控制好井内液柱压力，而引起井内液柱压力过高的因素很多，它不仅取决于钻井流体密度井身结构工程参数和钻井操作，而且还取决于钻井流体的性能特别是流变性能。

（1）设计采用合理的井身结构。根据地层状况和气水显示情况以及地层压力系数变化和漏失情况，考虑到钻井手段和目的，设计采用合理的套管程序，以达到最大限度地封隔破碎裂缝发育洞穴性地层和活跃性气水层和高低过渡带以免钻井时低压地层产生高压差的目的。

（2）根据预告的地层压力，设计合理的钻井流体密度，并结合实钻情况，及时合理地调控维持钻井流体密度，实现近平衡钻井，从而尽可能降低钻井流体液柱压力。对于无气的低压层段最好选用水或聚合物钻井流体，钻进中搞好固控以控制钻井流体密度的相对稳定。

（3）优控钻井流体流变性能。在保证井眼良好净化的前提下，应尽可能调低钻井流体的黏度和切力特别是静切力，从而最大限度地降低环空循环当量密度和减轻压力激动。防止诱发性井漏，对弱凝胶钻井流体显得尤为重要。一般情况下，不论钻井流体密度高低，漏斗黏度 $30\sim50s$，初切 $1\sim5Pa$，终切小于 $2.5\sim12.5Pa$，动切力小于 $10Pa$。

（4）气层钻进时易发生井喷和井漏，防喷和压井工作是防止井漏的重要环节，应搞好液面监测，严密控制钻井流体密度，起钻严格按规程灌满钻井流体，近平衡钻进等防止井喷。一旦发生井喷则需要压井，同时也应严格控制压井液密度，防止井漏发生。

（5）严格钻井操作，避免过高的压力激动。特别是易漏层段和气层钻进中，选用合理的排量，避免过高的环空返速，控制起下钻速度，平稳操作，下钻到底后应先转动钻具 $5\sim15min$

破坏钻井流体结构后再缓慢地开泵,在超深井段必要时可分段低排量、低泵压循环。

(6)避免环空障碍。维持优良的钻井流体防塌性、防卡性、流变性和失水护壁性,以保证井壁的稳定、井眼的净化和有效的环空水力值,从而避免由环空泥环、砂桥、钻头泥包等引起的阻卡造成的井漏。

(7)钻进已知的裂缝发育、破碎地层的易漏层段和预计漏层前,在钻井流体中加入堵漏材料(桥塞剂、单封剂)2%~4%以防漏。

(8)采用高密度钻井流体钻进气层、易漏层段,维护处理加重时要严格坚持"连续、均匀、稳定"的原则,以免局部钻井流体密度过高而压漏地层。处理钻井流体时,井内钻井流体密度波动不大于$\pm 0.03 g/cm^3$。

(9)应尽可能地避免在上裸眼井段试压作业。若不能避免,应采用阶梯性钻井流体密度的方法、循环加重方法、井下封隔器隔离试压方法等进行试压。尽量避免井内地层薄弱处在试压时发生井漏。

漏层的判断包括观察钻进反应判断法、电测法、回声仪法、分段循环法、浮筒探液面法以及综合判断法。

(1)观察钻进反应判断法:通过钻时、泵压、出口钻井流体量,岩屑的变化分析而判断漏层位置。钻进中钻速明显加快、泵压降低、出口钻井流体量减少、返出岩屑少而裂缝发育,漏层一般在井底;钻进中当时发生井漏而漏速转大,漏层一定在井底井底之蛙而且可能钻遇天然裂缝或洞穴。

(2)电测法:①测井温法。井漏层段一般都存在流体,温度变化转大,可利用井温变化曲线判断。②测电阻率法。井漏层段存在流体,而各种流体与地层岩石的电阻差异转大。③转子流量法。井漏时下入一个安在单根电缆上的小型转子流量计,并从上到下测出各井深位置的流量变化。流量记录突然增大处就是漏层。

(3)回声仪法:测试井内钻井流体密度以及液面深度,推算出地层压力,从而为确定漏层和堵漏方法提供依据。

(4)分段循环法:对于长裸眼井漏、漏层位置不清时,采用等量法分段循环并注水泥塞封隔漏层。

(5)浮筒探液面法:视待测井深,用一根足够长的钓鱼线,一端系一个具有一定重量的空瓶(瓶口封严),下入空井内,当密封瓶接触液面时手感悬重会明显下降,重复2~3次,确认悬重变化明显并在同一井深时,即可上收小瓶,求得回收的线长,即为静液面井深,从而推算出地层压力确定出漏层。此法受可测井深限制。

(6)综合判断法:对于长裸眼漏层位置不清时,可通过对裸眼井段的压力系统分析及压力系数情况、钻时资料、气水显示层位岩性变化情况和起下钻阻卡情况等进行综合了解分析。如果钻时变化转大,起下钻转阻卡固定位置且压力系数又相对转低,很可能是漏失层段。

常规堵漏方法与堵漏浆液。任何一种堵漏方法和堵漏剂并不能对所有的井漏均能有效,它们因漏失层位、漏失强度、漏失通道类型和走向形状等不同而堵漏效果各异,因此,应正确地合理选择堵漏方法和堵漏剂。

观察法原理:钻井流体通常是具有触变性的液体(除水和无固相外),利用静止增稠从而增大钻井流体在地层通道中的流动阻力以止漏。同时,除无固相钻井流体以外的钻井流体是一种多级多相分散的胶质悬浮体系,静止后在一定压差作用下,其中的钻屑和膨润土颗粒(以及加重剂)进入漏失通道并形成坚实滤饼以止漏。施工要点是将钻具起至安全位置,静止 8~24h 后缓慢开泵,小排量循环观察,若不漏则可恢复钻进。适用范围:对付漏失小于 $5m^3/h$ 的渗透性地层漏失和微裂缝漏失十分有效;对付漏速不很大、井较浅的水平裂缝漏失(井深 H 小于1200m);适用于深部诱发性的垂直裂缝漏失(如起下钻过猛、开泵泵压过高造成的深部漏失)。特点是方法简单、方便、经济、见效快,但对于大裂缝和破碎性地层及洞穴类地层的漏失无效。安全注意事项包括:防卡、防喷、起钻中按规程灌满钻井流体;气层段静止观察时严格注意溢流情况。

降低钻井流体密度法原理:降低钻井流体密度能有效地减少甚至完全消除过高的压差以平衡地层孔隙压力。施工要点是首先根据漏失性质,综合考虑裸眼井段各层压力和显示情况,确定安全的最低钻井流体密度;根据地层压力确定降密度方案及加入量。在对其他性能影响不大时,加水降低密度最有效且经济,加入稀浓度的处理剂液,可降低密度且能保持原有性能,降低密度幅度不大时也可用优质轻钻井流体。加柴油但用量受限且不大经济。经确定的方案及加量在一个循环周以上连续、均匀"细水长流"地加入以达到均匀地降低钻井流体密度到要求;低泵压小排量地循环观察,若不漏再逐渐将泵压和排量提高到钻进要求,仍不漏即可恢复正常钻进。适用范围:适用于压差引起的渗透、孔隙性漏失,但降低钻井流体密度的幅度受到裸眼段高压层压力的限制。特点是方法简便、见效快、经济,但受一定条件(油气水显示和超低地层压力等)限制。注意事项:防喷、防塌、防降低密度不均匀和过猛;储备足够的高密度钻井流体、石粉及堵漏材料。

降低钻井流体流动摩阻法原理:钻井流体流动惯性和钻井流体与井壁流动摩擦将会产生一定的正压作用力,即钻井流体循环压耗。降低循环压耗也可止漏。施工要点是在保证钻井流体携带、悬浮固相能力的前提下,尽可能地调低钻井流体的黏度和切力,以改善流变性能(原钻井流体黏切高时);可混入适量减阻剂,以提高钻井流体的润滑性,降低摩阻;调整时要均匀处理,小排量循环。适用范围:仅适用于漏速和漏失量较小的渗透性漏失。注意事项包括:调整流变性不能过猛以防止携砂和悬浮不良造成沉砂等卡钻,同时应保持其他性能符合设计要求。

高黏切钻井流体堵漏法原理:向漏层替挤高黏切钻井流体段塞或让其自然漏进地层使其在漏失通道中形成具有一定胶凝强度的"堵塞"从而达到解除井漏的目的。施工要点是地面配制好膨润土含量 8%~15% 的高黏切钻井流体 $30~50m^3$,保持一定的可泵性,然后将其替入到漏层段以完全能封完为准,立即将钻具起到安全位置,自然静候或关井。适用范围:对付漏层清楚的小型漏失,有时对中等程度的浅层漏失也有效。特点是风险小、经济简便,但不适合对付大漏。堵漏强度低,乘压能力弱。注意事项包括保持钻具及水眼的畅通,顶替过程中注意活动钻具,注意防卡。

清水强钻解除井漏法原理:在堵漏无效或已知只能用清水钻过的层段,用清水快速穿过负压地层以便于下套管封隔。施工要点是强钻进段必须无气层和易坍塌层;地面应具有足够的水源准备;地面准备 $100m^3$ 左右的高黏切钻井流体(密度 $1.05~1.10g/cm^3$,漏斗黏度 80~100s);强钻中应保持足够的排量防沉砂卡钻、防断钻具,接单根动作应快,经常活动钻具;起钻前应注入高黏切钻井流体 15~25m³ 冲砂垫底;强行钻完漏层段并下套管封隔。适用范围:适用于堵漏无效严重井漏的无气层段和已知的负压严重漏失井段。特点是损失小、见效快、简便,但因易沉砂卡钻而有一定的风险性,并受到地面水源的限制。注意事项包括:防喷、防沉砂卡钻、防塌、防断钻具。

低密度钻井流体强钻进法原理:用低密度钻井流体强行钻穿严重井漏堵漏无效的异常高压层段以解除井漏。施工要点是依平衡强钻裸眼井段相对最高地层孔隙压力,确定轻钻井流体的密度;按确定的密度准备足够的钻井流体(一般 150~200m³),仅要求悬浮稳定性和一定的失水护壁性能;强钻中要求严格工程参数和钻井操作。适用范围:仅适用于裸眼内存在低压气层而严重漏失堵漏无效而且清水不能强钻的井,且强钻井段不太长。特点是相对于反复堵漏而言,经济、高效、简单、易行。注意事项包括:防喷、防卡、防断钻具、防塌和防无谓地损耗钻井流体。

投料、注塞法原理:空井投入大量填料(如石块、砖块、干黏土、泥球或尼龙带、重晶石和石灰石等堵塞料)以尽快建立井壁漏失隔墙,为实施其他堵漏方法打下基础以解除井漏。施工要点是首先确认漏层是大裂缝、溶洞或大孔穴后,向空井中投入填料,下带尖钻头的钻具拨挤,然后进行其他方法的堵漏;投入填料应根据漏失强度等预测漏层形状,通道大小等进行分析加以选择,最好是先投石块类硬料再跟投泥球、干黏土类较软料或重重晶石等细颗粒硬塞。

重晶石塞配方:按清水:羧甲基纤维素钠:重晶石粉 = 100:0.1~0.2:200~250,石灰石塞配方:按清水:羧甲基纤维素钠:碳酸钙 = 100:0.1:150~200,配制数量要足以建立固体塞,配制时要连续搅拌,浆体不能静止。适用范围:适用于漏速大于 100m³/h 到有进无出的大裂缝、溶洞、大孔穴地层并且用其他方法无法建立隔墙的特大漏失井。重晶石塞、石灰石塞主要用于喷、漏并存井起分隔作用,以便于压井,堵漏分步作业。特点是对于特大漏失井建立隔墙确实效果显著,多用于大尺寸上部井段。注意事项包括:防止钻具拨挤时卡钻。

胶凝膨润土堵漏浆配方主要有石灰乳膨润土浆、石灰水玻璃膨润土浆、石灰高聚合物膨润土浆等三种。

(1)石灰乳膨润土浆。密度 1.35g/cm³ 左右的生石灰浆,配方为膨润土原浆(膨润土:水为 1:5~6),调整为膨润土:水为 3:1~1:3 后,加入石灰乳。

(2)石灰水玻璃膨润土浆。在密度 1.35g/cm³ 左右的生石灰浆基础上,加:含水玻璃 2%~5% 的密度 1.10~1.12g/cm³ 的膨润土原浆(清水 + 15%~20% 膨润土。此时膨润土:水为 3:1~1:4。

(3)石灰高聚合物膨润土浆,配方为清水:膨润土:生石灰:部分水解聚丙烯酰胺(最好用聚丙烯酰胺)为 100:10~15:2:0.01~0.1。

堵漏原理是,利用石灰、水玻璃、高聚物与膨润土粒子形成胶凝特性,特别是进入井下后一定温度作用下形成的胶凝物强度要增加,从而堵塞漏失通道。要求稠化时间以保证从地面到漏层的注入过程中必要的可泵送性为准,浆液密度应接近钻井流体密度(特别是气层段)。注入量要能完全覆盖漏失层段并附加 5~10m³。

施工要点是,首先根据漏失速度大小和漏层段长度以确定配制量;按配方配制需要量的浆液,配制时应注意灰浆不宜存放过久,与膨润土原浆或含水玻璃的膨润土浆或高聚合物膨润土浆混合时必须观察胶凝程度,而且要即配即用;光钻杆下到漏层底部,低排量泵泵入浆液并顶入漏失层段,立即起钻至安全井段,静止候凝 4~8h(注入过程中要保证低转速转动钻具而且连续注替)。

适用于微漏—中漏且漏层清楚的裂缝性浅层漏失,不适用于活跃水层和存在过高压力气层漏失井。堵塞强度低、承压弱、不具备永久性。注意事项:防止浆液在地面丧失流动性和泵送性、防止黏卡、防配石灰浆时烧伤人。

(1)水泥原浆配方:油井水泥:水=100:50~60(视井温稠化时间决定加催缓凝剂与否或其用量。

(2)快干水泥浆配方:100%油井水泥+50%~60%清水+3%~5%$CaCl_2$(或加6%~15%水玻璃或2%~3%硫酸铝)。

(3)胶质快干水泥浆配方:密度 1.70~1.80g/cm^3 的水泥原浆与水玻璃膨润土浆(清水:膨润土:水玻璃=100:15~20:20~50)按1:1左右的比例与漏层混合,其最佳配比最好以小型试验确定。

(4)胶质水泥浆配方:油井水泥+60%~70%水+2%~4%膨润土+调稠剂。

(5)柴油水泥浆配方:柴油:工业凡士林:水泥=100:0.1~0.2:200~500,即配即用,不宜久存。

① 堵漏原理。水泥浆泵送到井下漏层中,一定时间后,水泥浆将从新形成具有相当强度的固状体,而与地层胶结连为一体,从而填塞了井下漏失通道以达到解除井漏的目的。加有 $CaCl_2$ 水玻璃等催凝剂的快干水泥浆或胶质快干水泥浆,凝固更快、时间更短、强度更大、堵塞效果更好。而柴油水泥浆不遇水难以凝固,当它与活动水接触后即水置换柴油,从而水泥浆凝固建立堵塞隔墙。

② 稠化时间:以保证整个堵漏施工过程安全的时间而定初凝时间。

③ 浆液密度:原则上堵塞水泥浆密度应偏低为好,但为保证水泥浆凝固后的强度,提高地层承压能力,通常水泥原浆和快干水泥浆的密度 1.80~1.85g/cm^3,而胶质快干水泥浆和柴油水泥浆的密度以配方所具有的密度为准。

④ 加量及注入量:一般推荐 8~16t 油井水泥,注入量应按 2/3 的水泥浆注入漏层并余 2.2~4.4m^3 在井内形成水泥塞计算。

施工过程中要重点把握三点:

(1)根据漏层深度和井温,漏失特征选择响应的水泥浆类型。

(2)准确计算水泥浆量和初凝时间(其中初凝时间既不能远大于水泥堵漏作业的施工时间造成水泥浆完全漏入地层孔道深处,也不能太短而提高固结造成"钢筋水泥",应与施工完时间基本吻合),并通过小型试验确定所选水泥浆的配方,现场施工前必须复查试验,一般情况下选稠化时间是施工时间加 1~2h。

(3)下光钻杆到漏层顶部,用压裂车配打水泥浆(或快干水泥胶、胶质快干水泥浆)或泵送柴油水泥浆,准确顶替水泥浆到要求位置,迅速将钻具起到位置(有条件的最好再循环一周钻井流体以清除可能出现的水泥环),而后静候和憋压或关井候凝 8~24h;配打水泥浆、快干水泥浆、胶质快干水泥浆或泵送柴油水泥浆前均应注入隔离液。

堵漏过程中,可以采用三种方法:

(1)平衡法。注入泥浆后,井筒液柱压力大于漏层压力,使水泥浆量 2/3～3/4 进入漏层,随后液柱压力与漏层压力相平衡,其中要求钻杆内水泥浆面高出环空水泥浆面 100～200m,以保证起钻后水泥凝固强度好、无夹心。该法适用于漏失层性质单一,并有一定液面的情况。

(2)憋压法。在水泥浆不易进入漏层,采用平衡法不见效时,可进行加压把水泥浆憋进漏层,促成堵漏。

① 循环加压。注完水泥后,起钻到水泥塞以上,循环钻井流体,利用循环泵压把水泥浆挤入漏层,一般以 5～8MPa 的泵压为宜。

② 直接加压。在注入水泥浆至顶部位置后立即关封井器憋压,把水泥浆直接挤入漏层,并立即起钻静候,此法风险较大,仅适用于水泥净浆。

③ 间接加压。钻具起到安全井段(最好是水泥浆面)后,关井挤入水泥浆入地层,此法安全,适用于上述泥浆类型。

(3)卡喉法。适用于漏速大、压力低、连通性好的地层,就是让注入的水泥浆在漏层孔道的狭窄处凝固,避免全部漏入地层通道,多限于浅层—表层漏失。适用于单层漏速 20m³/h 到完全不返的水平漏层和深部诱导裂缝的部分到完全漏失井,其中快干水泥浆、胶质快干水泥浆和水泥原浆(或加入缓凝剂)不适合水层堵漏,而且前两种仅限于浅部到地表漏失的堵漏,柴油水泥浆适用于堵水层漏失。

水泥浆堵漏成功率不太高,一般平均仅 28% 左右,而且风险性较大,但较经济。防憋泵、防实心铁杆、防卡钻。

桥接堵漏浆液配制时注意仅以配浆密度而言,桥浆浓度选择可参照表 5.15.1,但具体选择时还应综合考虑漏速、漏量、漏层压力、液面深度和漏层段长以及漏层形状等因素加以选择,一般范围是 5%～20%,对漏速大、裂缝大或孔隙大的井漏,应用大粒度、长纤维、大片状的桥堵料配成高浓度浆液;反之,则用中小粒度、短纤维、小片状的桥接剂配成低浓度浆液。

表 5.15.1　基浆密度与堵漏剂加量关系

基浆密度,g/cm³	堵漏剂加量(质量浓度),%
1.10～1.50	6～20
1.50～1.80	4～15
1.80～2.30	2～8

桥接剂级配选择,采用硬质果壳(核桃壳等)薄片状材料(云母、碎塑料片等)、纤维状材料(锯末、甘蔗、棉籽壳等)。桥接剂级配比例的合理选择对于提高堵漏成功率至关重要,通常搭配比例是粒状：片状：纤维状 = 1～5：1～2：0.5～1,现场具体搭配比例可参照表 5.15.2。

基浆通常选定钻井井浆,有时用含膨润土 8% 左右的新浆,基浆性黏度和切力要适当,不能太低也不能过高,以防桥接剂漂浮和下沉以及桥浆丧失可泵性,通常漏斗黏度为 30～50s。

桥浆泵至井下漏层后,整个桥浆的多功能作用及工程措施的配合作用,使堵漏材料在漏经地层时进行挂阻架桥、堵塞嵌入、拉筋、渗滤成厚滤饼填塞,加之整个体系的高黏切阻力在井下漏层通道窄小部位卡喉以及静止候凝中材料吸水膨胀,从而形成具有一定强度的绵密堵塞以解除井漏。

表 5.15.2　桥接剂现场搭配比例

漏速,m³/h	配比
<2	核桃壳(7~12目):锯末或甘蔗(小于6目) = 2~5:2~3:1~2
2~10	核桃壳(7~12目):云母(小于6目):锯末(或甘蔗渣小于6目):棉籽壳 = 5~10:2~5:1~3:1~3
10~30	核桃壳(5~12目):云母(小于6目):锯末:棉籽壳 = 6~12:3~5:2~3:2
30~60	核桃壳(4~9目):云母:锯末:棉籽壳 = 8~14:3~5:2~3:2~3
>60	核桃壳(4~9目):云母:锯末:棉籽壳 = 10~16:4~6:2~4:2~4

桥浆密度、配制量和注入量:桥浆密度应近于钻进的井浆密度;配制量应以漏速大小,漏失通道形状和段长以及井眼尺寸等综合分析确定,通常范围是 20~50m³;注入量以能全部覆盖漏层段并附加 2~10m³ 为宜,通常是 10~25m³。桥堵施工要点:

(1)循环法堵漏工艺。往钻井流体中加入一定级配的桥接剂 3%~8%,不超过 8%;边钻边堵时,必须采用大水眼钻头;含桥接剂的钻井流体应有一定的可泵性;严防卡钻。停用固控设备防除掉桥塞剂。

此法适用于漏层刚钻开、还未暴露完全的井段、钻遇渗透性的或小裂缝的多漏失层段、漏层位置不清楚的漏失井段以及井口无加压装置的漏失井。

(2)"挤压法"堵漏工艺。根据井漏情况综合分析,确定好桥浆浓度、级配和配制数量。

① 在地面配浆罐连续搅拌条件下,最好通过加重漏斗以纤维状—颗粒状—片状顺序配够要求的桥浆、防漂浮、沉淀和不可泵。

② 确定准漏失层段,将带大水眼钻头的钻具下到漏层顶部 30~300m 位置,立即泵入即配好的桥浆到漏失层段,在井下条件允许时最好直接关井挤压,控制压力在 0.5~5MPa 内,直到井下能维持压力 10~30min 后,泄压开井,起钻到安全井段加压静置 4~3h,此法适合于漏速小、井筒易满,不宜压差黏卡井。

③ 井漏严重、井筒不易满且易黏卡的井,应起钻到安全井段,关井挤压,如不能承压,则泄压静候 8h 以上;如能承压,应控压 0.5~5MPa 静候 8h 以上。

④ 桥浆进入地层的量应为注入量的 2/3 到全部,如果桥浆不易进入漏层,为防"封门",必须采取上述挤压方式进行间隙法挤压,即间隔 10~30min 挤压一次。

⑤ 对于漏层不清的井,可采取注较大量的桥浆进行全部覆盖可能的漏失层段,然后关井挤压堵漏。

⑥ 挤压法施工时,应坚持"通、替、拨、挤、静、准、补、试"作业程序要求。"通",保证井眼、钻具、地面管线通;"替",连续不断、一次性替入,防"夹心";"拨",钻具下放到漏层位置转动和上下活动以分散"封门"的桥浆;"挤",循环渐进逐步提高压力,尽可能将桥浆挤进漏层,挤压应考虑到整个井筒地层的承压能力,一般而言,刚开始时挤压力不得超过 5MPa;"静",静候或加压静候一定时间(一般 8h)以让堵塞充分牢固强化;"准",钻具下深准、计量、替量准;"补",不能一次性成功的井应采取"补"措施,方法有改变桥浆配方、其他堵漏方法等进行第二次作业;"试",恢复钻进前应对漏层试压,可用钻井泵循环和替入相当密度的

钻井流体循环试压,达到要求即可钻进。

桥堵浆适用范围广,浅井—超深井、负压—异常高压地层的渗透漏—大漏均能适应。堵活动水层漏失,效果下降。配方灵活,简单易行,覆盖面广,施工方便、安全,风险小,经济见效快,效益好,对环境和钻井流体无化学侵害。因此,桥接堵漏应用普遍,成功率高,平均成功率65%。下光钻杆或大水眼钻头以防堵水眼;施工中应尽量多活动钻具以防黏卡;挤压时防蹩漏新地层。现场作业过程中,经常用复合堵漏工艺,见表5.15.3。

表5.15.3 复合堵漏法的常用复合方式

序号	复合方式	适合漏层类
1	单向压力封闭剂+桥接浆混配	局部漏失、漏层位置清楚,一般孔隙性、渗透性漏失、裂缝性漏失
2	复合堵漏剂(FDJ、PB-1、HD复合剂)	孔隙性、渗透性漏失、裂缝性漏失
3	复合堵漏桥浆+间歇关井憋压封堵	局部漏失、漏层位置不清,须提高井筒承受力
4	高失水堵剂+桥接剂混配	大裂缝性漏失、渗透性漏失
5	暂堵剂+桥接剂混配	产层、大裂缝性漏失、渗透性漏失
6	桥塞泥浆+水泥浆	严重漏失、漏层位置清楚
7	单向压力封闭剂+高失水堵剂浆混配	较大渗透性漏失、裂缝性漏失
8	柴油膨润土浆+屏蔽暂堵剂	低压高孔渗砂岩漏失、裂缝性漏失
9	桥浆+压井液(反循环)	严重漏失、喷漏并存

(1)屏蔽暂堵剂随钻堵漏工艺。若漏失量小,采用静止或配制屏蔽暂堵剂随钻堵漏;在加堵漏剂的前几个循环周内,振动筛可停用;如果井下摩阻较大,可考虑混入润滑剂。在过平衡压力的作用下堵漏剂通过架桥、堵塞、压实,堵塞漏失通道,使漏失速度得到有效的控制。随钻堵漏钻井流体配方为井浆+2%~3%PB-1+2%LCM。

(2)架桥堵漏浆间隙关挤堵漏工艺。若漏失量大,采用复合堵漏材料配合堵漏稠浆憋压封堵,堵漏剂复合配方应兼顾大中小、软硬系列。其处理方式主要有循环架桥堵漏、桥浆间隙关挤堵漏工艺、纤维材料的憋压桥接封堵。

堵漏钻井流体配方为:井浆+1.5%~5%PB-1+2%~6%云母片+2%~8%棉籽+3%~10%粗核桃壳+2%~10%LCM+1%~4%QS-2+2%~6%膨润土+加重剂。

(3)水泥浆封固堵漏。采用"隔离+凝固"堵漏,隔离封堵浆防止井内流体流失、稀释或置换;凝固性物质可选用水泥化学胶凝堵漏剂。来大幅度提高漏层的承压能力。采用泥浆转化水泥浆技术(在桥浆基础上加入活性矿渣和激活剂而形成的)进行封固堵漏。桥塞泥浆+水泥浆封固堵漏。

(4)又喷又漏的堵漏工艺。先注入30~50m³桥接堵漏钻井流体后紧跟压井钻井流体,密度略大于钻进时钻井流体密度,待堵漏浆进入漏层段进行憋挤;先调整合适的压井钻井流体密度,使井内基本建立平衡(即漏而不喷)的同时,再使用堵漏钻井流体堵漏。

由于现场漏失情况复杂多变,具体操作工艺依据实际情况再调整。

15.1 开发依据

井漏是在钻井、固井和测试等各种井下作业过程中,包括钻井流体、水泥浆、完井液或其他工作流体,在压差作用下进入地层的现象。钻井流体漏失是钻井作业中常见的井下复杂情况之一。井漏可以发生在不同地层中,也可发在不同的地质年代,如从第四系直到古生界中,而且各类岩性的地层也都可能出现。一旦发生漏失,不但延误钻井时间,损失钻井流体,伤害油气层,干扰地质录井工作,而且可能引起井塌、卡钻、井喷等一系列复杂情况或事故,甚至导致井眼报废,造成重大的经济损失。因此,在钻井过程中应尽量避免井漏发生。要想避免井漏,需要首先弄清楚井漏的原因。

15.1.1 井漏预防

解决井漏问题应坚持以预防为主的原则,尽可能避免因人为失误而引起的井漏。井漏的预防主要有设计合理的井身结构、降低井筒中钻井流体动压力和提高地层承压能力等方法。

(1)设计合理的井身结构。钻井所遇地层的孔隙压力、漏失压力和破裂压力有较大的差别。如果同一裸眼井段中地层存在多压力层系,并且一组地层的孔隙压力高于另一组地层的漏失压力或破裂压力,这时为了平衡高压层的孔隙压力,必须使用高密度钻井流体钻进。但其结果会在低漏失压力或低破裂压力地层处发生井漏。为了解决上述矛盾,既要防喷又要防漏,则必须设计合理的井身结构,用套管封隔高压层或漏失层,才能确保钻井作业的顺利进行。井身结构设计必须以各种地层压力剖面为依据。

(2)降低井筒中钻井流体动压力。过高的钻井流体动压力是造成井漏的主要原因之一。一般可在钻井和完井过程中,采取3种措施降低钻井流体的动压力:①选用合理的钻井流体密度与类型,实现近平衡压力钻井;②降低钻井流体的环空压耗;③降低开泵、下钻和下套管过程中的激动压力。

(3)提高地层承压能力。地层的漏失压力主要取决于地层特性,因此可以通过采用人工方法来封堵近井筒的漏失通道,增大钻井流体进入漏失层的阻力来提高地层承压能力,达到防漏的目的。通常采用调整钻井流体性能、随钻堵漏和先期堵漏等三种方法。

① 调整钻井流体性能。钻进孔隙型渗透性漏失层时,进入漏层前,可通过适当增加钻井流体中的膨润土含量或加入增黏剂等措施来提高钻井流体的动切力、静切力,达到提高地层承压能力的目的。

② 随钻堵漏。对于孔隙—裂缝性漏失层,在进入该层段之前,可在钻井流体循环过程中加入堵漏材料,钻进过程中如遇漏失,封堵材料在压差作用下,进入漏层,封堵近井筒的漏失通道,提高地层的承压能力,起到防漏作用。

③ 先期堵漏。当所钻井下部井段存在高压地层,其孔隙压力超过上部地层的漏失压力或破裂压力,并且又因受各种条件制约而无法采用下套管封隔上部地层时,为了安全钻进,进入高压层前必须按下部高压层的孔隙压力所确定钻井流体密度钻进,由此可能引起上部地层漏失。为了防止因上部地层漏失而引起井涌、井喷、卡钻等井下复杂情况,可在进入高

压层之前,对上部易漏地层进行先期堵漏,提高上部地层的承压能力。

对于存在天然漏失通道的地层,可以通过预先进行循环堵漏或先期堵漏来提高地层的承压能力;但对于天然漏失通道不发育的漏失层,采用上述方法却难以奏效。为了防止压漏此类地层,必须严格控制钻井流体的动压力,使其始终低于地层的破裂压力,或通过改变套管程序防漏。

15.1.2 井漏处理

分析井漏的原因是为了预防和处理井漏,预防井漏如果没有达到预期目的,或者突发性漏失,则需要对井漏进行处理才能满足继续钻井需要。

钻井和完井过程中发生井漏,为堵住漏层,需要加入各种堵漏剂,使之在距井筒很近范围的漏失通道中建立堵塞屏障,用以切断钻井流体的流动通道。

(1)堵漏材料到达漏层时,其固相颗粒的形状、尺寸、浆液的流变性能等都要适应漏失通道的复杂形态,以满足封堵材料按设计的数量进入漏层。

(2)堵漏材料剂进入漏层后,不允许连续进入地层深处。进入地层的堵漏剂必须能抵御各种流体充填物的干扰,在各种流动阻力的作用下,在近井筒漏失通道的某处发生滞流、堆集而充满一定范围的漏失通道空间。

(3)充满一定范围漏失空间的堵漏剂,在高温、压差或化学反应等作用下,以机械堆砌或化学生成物的堆集方式,建立具有一定机械强度的封隔带,并与漏失通道有比较牢固的黏结强度才能有效地封堵住漏层,而不发生暂堵现象。

在此原则的基础上,处理井漏时一般遵循9项程序,能比较顺利地完成井漏复杂情况处理:

(1)分析井漏发生原因,确定漏层位置、类型及漏失严重程度;

(2)施工前要进行科学的施工设计,精心施工;

(3)如果条件允许,尽可能强钻一定进尺,确保漏层完全被钻穿,做到同一漏失层一次处理,减少处理时间;

(4)施工时如果能起钻,应尽可能使用光钻具,下钻至漏层顶部;

(5)使用正确的堵剂注入方法,确保2/3的堵剂进入漏层近井筒处;

(6)施工过程中不断地活动钻具,避免卡钻;

(7)凡采用桥堵剂堵漏,要卸掉循环管线及泵中的滤清器和筛网等,防止因堵塞憋泵发生不安全事故;

(8)憋压试漏时,加压须缓慢,且压力一般控制在3MPa以内,避免产生新的诱导裂缝;

(9)施工过程中,各种资料必须收集整理齐全、准确。

常用的堵漏方法有调整钻井流体性能与钻井措施法、静止堵漏法、桥接材料堵漏法、高失水浆液堵漏法、暂堵法、化学堵漏法、无机胶凝物质堵漏法、软硬塞堵漏法等。

(1)调整钻井流体性能与钻井措施法。采用降低钻井流体密度、调整流变参数和排量及改变开泵措施等方法,降低井筒液柱压力,减小激动压力和环空压耗,改变钻井流体在漏失通道中的流动阻力,减少地层产生诱导裂缝的可能性。此方法一般用于封堵渗透性孔隙地层的漏失。

(2) 静止堵漏法。静止堵漏是在发生完全或部分漏失的情况下,将钻具起出漏失井段或起至技术套管内。静止一段时间后,漏失现象即可消除。此法适合5种井漏情况:

① 钻进过程因操作不当,人为憋裂地层而发生诱导裂缝而引起的井漏;
② 钻井流体密度过高,液柱压力超过地层破裂压力而产生的井漏;
③ 深井井段发生的井漏;
④ 钻进过程中突然发生井漏;
⑤ 无论什么原因所发生的井漏,在组织堵漏实施准备阶段均可采用静止堵漏。

静止堵漏的施工要点有5个方面:

① 发生井漏时应立即停止钻进和循环钻井流体,将钻具起至安全井段,静止一段时间。静止时间的长短要合适,太短容易失败,太长又容易发生井下复杂情况。一般控制在8~24h。
② 如果起至技术套管内静止,静止时间内可以不灌钻井流体。但如果在裸眼井中静止,则应定时灌钻井流体,保持液面在套管内,以防止裸眼井段地层坍塌。
③ 在发生部分漏失的情况下,如果循环堵漏无效,最好在起钻前先替入堵漏钻井流体覆盖于漏失井段,然后再起钻,以增强静止堵漏效果。
④ 再次下钻时,应控制下钻速度,尽量避开在漏失井段开泵循环。如必须在此井段开泵循环,应先采用低泵压、小排量开泵循环观察。若不发生漏失即可恢复钻进,然后再逐渐提高排量。
⑤ 恢复钻进后,钻井流体密度和黏度、切力不宜立即做大幅度调整。若需调整,也要逐渐进行,并注意控制加重速度,防止再次发生漏失。

(3) 桥接材料堵漏法。桥接堵漏是将不同形状(颗粒状、片状、纤维状)和不同尺寸(粗、中、细)的惰性材料,以不同的配方混合于钻井流体中,直接注入漏层的一种堵漏方法。采用桥接堵漏时,应根据不同的漏层性质,选择堵漏材料的级配和浓度。否则,会在漏失通道中形不成"架桥",或是在井壁处"封门",使堵漏失败。通常桥浆的浓度为5%~20%,随基浆密度增高而减少。粒状、片状、纤维状桥接材料的级配比例一般为6:3:2。采用桥接堵漏的施工方法有两种,即挤压法和循环法。施工前应准确地确定漏层位置;钻具尽量下光钻杆,钻头不带喷嘴(不然应选择合适的桥接材料的尺寸,以避堵塞钻头水眼);钻具一般应下在漏层的顶部,个别情况可下在漏层中部,严禁下过漏层施工,以防卡钻。施工时要严格按照施工步骤进行。堵漏成功后,应立即筛除井浆中的堵漏材料。特别要提出的是,对于在试压过程中出现的井漏,由于漏失井段长、位置不清楚,采用桥浆(通常为40~60m³)覆盖整个裸眼井筒的堵漏方法,经常可取得成功。

(4) 高失水浆液堵漏法。高失水浆液堵漏法是使用高失水堵漏剂,采用清水配制成浆液,将浆液泵入井内进行堵漏的一种方法。在压差的作用下,浆液迅速失水,形成具有一定强度的滤饼,封堵漏失通道。此法可用于渗透性漏失、部分漏失及低严重程度的完全漏失,但一般是在漏层位置比较确定的情况下使用。如果是长裸眼井段,漏层位置不能确定,也可采用此法进行盲堵,即利用该堵剂在压差作用下快速建立堵漏隔墙的特点,在长裸眼井段自行找漏层封堵。为了提高完全漏失的堵漏效果,也可依据漏失通道的特性,在高失水堵漏浆液中再加入桥接堵漏剂。

(5)暂堵法。暂堵法是指应用暂堵材料对油气层进行封堵,油气井投产后采用相应的解堵剂进行解堵的一种堵漏方法。此法主要用于封堵渗透性和微裂缝地层漏失,并能有效地减少因井漏引起的油气层的伤害。各油田目前已广泛采用单向压力封堵剂、易酸溶、油溶、水溶的堵剂进行堵漏。例如,除单向压力封堵剂暂堵法外,还有石灰乳—钻井流体、PCC 暂堵剂、盐粒、油溶性树脂等暂堵法。

(6)化学堵漏法。该法是将经过筛选的化学堵剂(如 PAM 化学凝胶、脲醛树脂、ND-1 堵漏浆、水解聚丙烯腈稠浆、硅酸盐和合成乳胶等)注入漏层,形成凝胶,以封堵漏失通道。此堵漏浆液密度较低,凝固时间调节范围大,浆液的渗滤能力较强,滤液也能固化,可以封堵微孔缝漏失通道。该方法对于含水漏失层具有特殊效果。但此法所用的化学堵剂价格较高,广泛使用受到一定影响。

(7)无机胶凝物质堵漏法。无机胶凝堵漏物质主要以水泥浆及各种水泥混合稠浆为基础,此法一般用于较为严重的漏失。采用水泥浆堵漏一般均要求漏层位置比较确定,大多用来封堵裂缝性和破碎性灰岩及砾石层的漏失。堵漏时必须搞清漏失层位置和漏失压力,使用"平衡"法原理进行准确计算,才能确保施工质量和安全。施工时一般必须在井筒中留一段水泥塞,水泥塞的体积约等于水泥浆总体积的 1/3 左右。这是为了避免有限量的水泥浆被顶得过远而不能封堵住漏失通道,造成堵漏失败。采用此法要避免钻井流体混入水泥浆,造成所形成的封堵隔墙质量不佳,故试工时应先注入一段隔离液。采用无机凝胶物质堵漏的施工方法有几种:

① 平衡堵漏法。该堵漏法是将堵漏水泥浆经钻杆泵送至井内,并顶替至钻杆内外水泥面相等时为止。然后慢慢地上提钻具至安全位置,并将井内 2/3 体积的水泥浆挤入漏层。其基本原理是保持井筒内的液柱压力与漏层压力平衡,在此平衡状态下水泥候凝以确保堵漏成功,如图 5.15.2 所示。此法用于漏层性质单一,并有一定液面,漏速不大的情况,深井、浅井均可用。

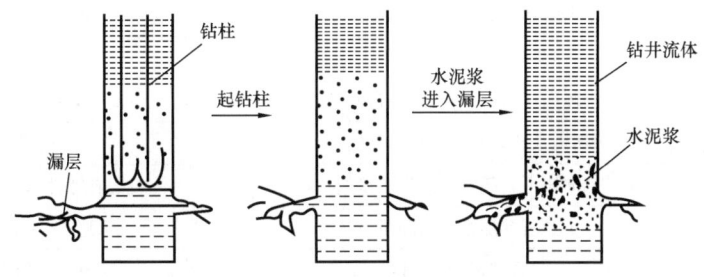

图 5.15.2 平衡法堵漏示意图

② 降塞法。降塞法是利用水泥柱超过所替换钻井流体的重量,使水泥塞在停泵后降到漏层,1/6~1/3 的水泥浆留在井内,而其余 2/3~5/6 的水泥浆进入漏层时即达到平衡。此法不适用于井径大于 312.4mm,钻井流体密度高于 1.32g/cm^3 或注水泥少于 4t 等情况。

③ 挤水泥浆法。对于完全漏失井,可采用"降塞法"使 2/3 水泥浆进入漏层,但对于部分漏失井,水泥浆到达漏层后,仅有一小部分进入漏层,其余部分则需靠外界压力才能被挤入漏层。挤水泥方法有三种:

第一种为循环加压法。此法在注完水泥浆后,将钻具起至水泥浆面以上进行循环,靠增加的附加压力把水泥浆挤入漏层。在井筒易压裂情况下一般采用此法,一般以 5~8MPa 泵压为宜。采用这种方法时必须准确监测循环钻井流体数量的变化,计算水泥浆进入漏层的量。此法比较安全,但挤入地层水泥浆的数量不易掌握。

第二种为关井挤压法。当把水泥浆替至钻杆底部以后,借助关闭防喷器或井口阀门以产生挤水泥浆压力而把水泥浆挤入漏层,并立即起钻候凝。

第三种为倾筒法。倾筒法是在一个倾卸筒里装上一定量的水泥浆,用钢丝绳下入井内注水泥。在预计水泥塞层段下面坐一个固定桥塞,倾卸筒接触包打开,再上提倾卸筒,水泥就倾倒在桥塞上,如果漏层在井底,用此法比较方便。此法只用在浅层。

(8)软硬塞堵漏法。软硬塞指的是所形成的堵塞不固化,它靠形成不流动的黏稠物体封堵漏层,此法适用于较大的裂缝或洞穴漏失,特别是人为裂缝所造成的漏失;因为软塞切力大,流阻大,可限制人为裂缝的发展。软塞不固结,人为裂缝稍增大的情况下,它也会变形而起到堵漏作用;在挤压时,软塞不仅能封堵大裂缝,也能封堵小的裂缝。

常用的软硬塞堵漏浆有柴油膨润土浆、剪切稠化浆、正电胶膨润土浆、重晶石塞。

(9)复合堵漏法。由于漏失类型十分复杂,尤其是水层、气层、长段裸眼、大裂缝和大溶洞的漏失,采用单一的堵漏方法往往成效不大,而采用复合堵漏可提高堵漏的成功率。表 5.15.4 列出了处理各种严重漏失的复合堵漏方法。

表 5.15.4 复合堵漏法及适用范围

序号	复合堵漏方法	适用范围
1	化学凝胶加水泥浆	水层漏失、严重井漏
2	桥接堵漏加水泥浆	大裂缝漏失
3	水泥浆加桥接剂	大裂缝漏失
4	高失水堵漏浆液加桥接剂	大裂缝漏失
5	暂堵剂浆液加桥接剂	油气层、大裂缝
6	化学凝胶加桥接剂	水层、大裂缝
7	单向压力封闭剂加桥接剂	一般孔隙性、裂缝性漏失
8	高失水堵漏浆液加化学膨体	大裂缝漏失
9	单向压力封闭剂加高失水堵剂	较大孔隙性、裂缝性漏失
10	重晶石塞加桥接堵漏浆液	水层、大裂缝漏失
11	复合堵漏剂(FDJ)	小、中、大裂缝漏失
12	柴油膨润土浆加暂堵剂	低压高孔高渗砂岩、水层漏失
13	正电胶膨润浆加桥接剂	孔隙型、裂缝型漏失层

(10)强行钻进下套管封隔漏层。有时,浅部地层存在长段天然水平裂缝及溶洞,钻井过程中发生有进无出井漏,而采用以上各种堵漏方法均未能堵住。对付这种漏失,在条件许可的情况下,可采用清水强行钻进,等完全通过漏层后,再下套管封隔。

强行钻进包括清水强钻和轻质钻井流体强钻。采用清水强钻必须具有 5 个条件:
① 不是地质的目的层;

② 井眼稳定,能以受清水长时间浸泡而不塌;
③ 是已钻和待钻井段,无油气水进入井内;
④ 钻头所破碎的岩屑能带入漏层;
⑤ 准备足够量的稠浆,每次起下钻前泵入 $10.0 \sim 30.0 \mathrm{m}^3$,用以提高井壁稳定性,防止沉砂卡钻。

如果漏层以上裸眼井段存在易塌地层,为了防止井塌,可在环空吊灌防塌钻井流体,从钻杆中打清水抢钻,以确保井下安全。

在漏失地层钻井过程中,由于钻井流体密度过高或者地层承压能力低,钻井流体液柱压力常常大于地层的破裂压力或漏失压力,井漏将不可避免。如果为防止井漏,降低钻井流体密度,则很容易诱发地层流体溢流、甚至井喷等问题。因此,地层承压能力低常常会给钻井施工带来多点井漏、漏溢同层、井壁坍塌等技术难题。

根据提高地层承压能力原理,要封堵裂缝提高地层的承压能力,必须在裂缝中快速地形成满足以下要求的填塞层,形成的填塞层必须满足低渗透率,能够承受一定的压力,才能够有效地止漏和消除裂缝中的诱导作用。目前普遍用于堵漏的水泥和一般惰性材料远远不能适应各类井漏的需要,一次和二次封堵成功率不高。为提高封堵成功率,缩短堵漏时间,迫切需要一种新的高效堵漏材料。

漏失地层钻井流体的开发富有多样性,针对不同类型漏失方式存在相应解决方法。

(1) 对于泥页岩、煤岩等裂缝多,裂缝发育能力强,地层破裂压力低的地层,需要在裂缝处形成高质量的滤饼,提高地层承压能力,需要开发对封堵裂缝提高承压能力的钻井流体,如水基防漏堵漏钻井流体、油基防漏堵漏钻井流体。

(2) 对于由于钻井流体液柱压力过高压裂地层引起的井漏,需要开发低密度的钻井流体来降低液柱压力,如泡沫防漏堵漏钻井流体,空气钻井流体、充气钻井流体等。

(3) 对于砂岩、砾岩等黏土颗粒较分散而引起井漏的地层,需要开发粘接地层提高地层强度的钻井流体,如绒囊钻井流体。

15.2 体系种类

漏失地层钻井流体主要有通过封堵裂缝提高承压能力钻井流体、降低液柱压力钻井流体、粘接地层提高地层强度钻井流体。

15.2.1 封堵裂缝提高承压能力钻井流体

封堵裂缝提高承压能力钻井流体有水基防漏堵漏钻井流体和油基防漏堵漏钻井流体。

15.2.1.1 水基防漏堵漏钻井流体

在水基钻井流体中加入一定量的零失水井眼稳定剂可以形成超低渗透钻井流体。利用表面化学原理,在岩石表面形成一定强度的超低渗透膜,这些膜在滤饼和岩石表面浓集形成胶束,该胶束在弱地孔隙或天然裂缝处形成屏障,膨胀变大限制渗透,在漏失处锁住堵漏材料,通过压力作用从颗粒中挤出滤液,提高地层承压能力。由于堵漏材料的去水化作用,在漏失层封堵更好。

针对大港油田官字井的生物灰岩井段 1950.00～2055.00m 几乎每口井都发生严重漏失,采用常规方法堵漏效果差,井下复杂情况多;辽河油田目前采用的其他钻井流体全部发生漏失等问题,故采用了超低渗透钻井流体钻进(孙金声等,2005),该钻井流体组分见表 5.15.5。

表 5.15.5　大港油田及辽河油田超低渗透钻井流体组分表

序号	组分	代号	加量范围,%	作用
1	膨润土	未明确代号	4.0	配制钻井流体基浆、润滑作用
2	两性离子强包被剂	FA367	0.5	改善钻井流体流变性、抗侵害能力
3	水解聚丙烯腈铵盐	NPAN	0.8	降低钻井流体失水量
4	两性离子聚合物降黏剂	XY27	0.3	改善钻井流体流变性
5	磺化沥青	FT－1	1.0	填充封堵裂缝
6	阳离子化合物	CSW－1	0.3	水基钻井流体抑制剂
7	重晶石	未明确代号	15.0	增加水基钻井流体密度
8	井眼稳定剂	JYW	未明确范围	井眼稳定剂
9	核桃壳	HTK	未明确范围	堵漏材料

该钻井流体在官 23－50 井应用,打入井底起钻,漏失停止,下钻后没有出现漏失及渗漏现象,顺利钻至设计井深。在欧 51 井钻井流体中加入井眼稳定剂,钻穿粗岩面,中途完钻,电测一次成功,下套管固井施工顺利,三开顺利钻至目标深度。在小 22 平 1 井钻井流体中加入井眼稳定剂,当钻穿粗面岩后,有轻微渗漏,顺利中途完钻,下入技术套管,防漏效果明显。在欢 612 平 1 井中的应用也未发生漏失,施工顺利。应用结果表明,超低渗透钻井流体对不同孔隙的砂岩、岩心和裂缝性岩心具有很强的封堵能力,可有效防漏堵漏。超低渗透钻井流体通过增强内滤饼封堵强度,大幅度提高岩心承压能力,能提高漏失压力和破裂压力梯度,相当于扩大安全密度窗口,因此能较好解决以往钻长裸眼多套压力层系或压力衰竭地层时易发生的漏失等技术难题。超低渗透钻井流体使用同一配方就能有效封堵不同渗透性地层、微裂缝及裂缝,具有广谱防漏堵漏效果。

此外,针对巴楚地区井漏频繁,在依南 4 井、塔中 162 井、塔中 451 井、康 2 井和玛 2 井等 4 个地区的 20 多口井中的井漏问题优选出正电胶防漏堵漏钻井流体,该钻井流体主要由正电胶、聚合物及膨润土组成,再加入细颗粒防漏堵漏材料或者桥接材料,以此提高地层承压能力。一种是在钻进过程中采用正电胶钻井流体,外加小颗粒的堵漏剂,进行防漏和随钻堵漏。该方法适用于渗透性漏失和微裂缝(开口小于 1.0mm)漏失。另一种是对于大裂缝、大孔隙引起的有进无出、无法进行循环的严重井漏,可用正电胶与桥堵材料复配成正电胶堵漏浆进行停钻堵漏。现场应用结果表明,对于渗透性易漏地层和微小裂缝易漏地层有良好的防漏、堵漏效果,且成本低廉,可以随钻随堵,提高桥堵的效果(尹达等,2000)。

15.2.1.2　油基防漏堵漏钻井流体

油基防漏堵漏钻井流体以油为连续相,油基钻井流体因稳定性高并能抑制页岩水化膨胀和分散而被认为是高活性页岩、油页岩及致密岩地层的"黄金选项"。但高成本及比水基钻井流体更容易漏失等因素制约了油基钻井流体使用,因此需要在油基钻井流体中加入堵漏剂或者桥接材料,通过封堵地层孔隙或裂缝提高地层承压能力达到防漏堵漏的效果。

针对川渝地区的金秋—梓潼井区的致密气井以及富顺—永川井区、长宁—威远井区的页岩气水平井在使用油基钻井流体的过程中都出现不同程度的漏失现象,研究出一种具有三维网络交联结构或者微孔结构的膨胀型堵漏剂,其可选择性地吸收油水混合体系中的油,具有温度敏感延时膨胀特性,并具有一定的抗压以及成膜能力,形成膨胀型油基防漏堵漏钻井流体(刘伟等,2016)。金秋—梓潼井区膨胀型油基防漏堵漏钻井流体组分见表5.15.6。

表5.15.6 金秋—梓潼井区膨胀型油基防漏堵漏钻井流体组分表

序号	组分	代号	加量范围,%	作用
1	基础油	未明确代号	未明确加量	油基钻井流体的连续相
2	乳化剂	G326	2.0~3.0	形成乳状液
3	盐水	未明确代号	20.0~30.0	改善油基钻井流体性能
4	碱度调节剂	未明确代号	未明确加量	调节油基钻井流体PH
5	降失水剂	G328	2.0	降低钻井流体失水量
6	有机土	G330	2.0~3.0	增高油基钻井流体密度、黏度、静切力
7	加重材料	未明确代号	未明确加量	增加油基钻井流体密度
8	堵漏剂	XFD-1	0~0.5	堵漏钻井流体用、封堵裂缝
9	堵漏剂	XFD-2	2.0(堵漏) 0~1.0(防漏)	封堵裂缝
10	封堵剂	G327	0.5~1.0	防漏用吸油膨胀封堵裂缝
11	堵漏剂	G337	1.0~2.0(堵漏) 0~0.5(防漏)	封堵裂缝
12	封堵剂	G338	1.0~2.0(堵漏) 0~1.0(防漏)	吸油膨胀封堵裂缝
13	多功能屏蔽暂堵剂	RFD-1	1.0~3.0	堵漏钻井流体用、封堵裂缝
14	多功能屏蔽暂堵剂	RFD-2	0~1.5	防漏钻井流体用、封堵裂缝
15	封堵剂	GFD-F	0~1.5	桥接材料,封堵裂缝
16	封堵剂	GFD-M	0~2.0	桥接材料,封堵裂缝
17	封堵剂	GFD-C	0~6.0	桥接材料,封堵裂缝

长宁X-1井为平台第一口井,三开钻遇地层破裂压力低,钻井流体密度设计过高,发生漏失。长宁X-2井完钻后井筒钻井流体密度较高,地层密度窗口窄,双扶通井时环空循环阻力增加,造成龙马溪组井段被压漏。使用油基堵漏钻井流体后,不再漏失。在威X-1井油基防漏钻井流体,表现出了良好的封堵防漏效果。现场应用结果表明,膨胀型油基防漏堵漏钻井流体可封堵高密度下微孔性或微裂缝型渗漏,配合工程措施可有效堵封由地层裂缝引起的中型漏失。膨胀型油基防漏堵漏钻井流体能显著提高地层承压能力,降低油基钻井流体使用成本,为油基钻井流体技术大规模推广应用提供技术支持。

此外,针对牛94井油基钻井流体在使用过程中发生严重漏失情况,从油基钻井流体漏失机理出发,通过机理评价及漏失原因分析,研发了适用于油基钻井流体堵漏的纳米封堵剂,以刚性单体(苯乙烯)、柔性单体(丙烯酸酯类、丙烯酸、丁二烯和丙烯腈)为主单体,以改性石英粉为凝结核,在引发剂过硫酸钾—亚硫酸氢钠和偶氮二异丁脒盐酸盐作用下,通过乳液聚合,研制油基钻井流体纳米封堵剂,并形成一套油基钻井流体配方。该钻井流体现场应用效果良好,无漏失(钱志伟等,2017)。

15.2.2 降低液柱压力钻井流体

降低液柱压力的钻井流体有微泡沫钻井流体、空气钻井流体和充气钻井流体。

15.2.2.1 微泡沫钻井流体

微泡沫钻井流体密度低,液柱压力小,防漏效果好。并且在钻井流体中通过加入起泡剂和稳泡剂生成泡沫,形成具有高能量的微泡网结构,进入漏层后能聚结成蜂窝状的泡沫凝胶,多级分散的微泡沫球体能在钻井流体中作为架桥粒子及变形填充粒子,起到堵漏作用。

针对江汉油田使用饱和盐水体系钻井易发生漏失问题,对低密度高矿化度微泡沫钻井流体进行了研究。研制出了离子型起泡剂和非离子型起泡剂,并优选出了改性黄胞胶和聚合氯化铝作抗盐型稳泡剂。以优选出的起泡剂和稳泡剂为添加剂配制成高矿化度微泡沫防漏堵漏钻井流体(叶诗均,2008),该钻井流体组分见表5.15.7。

表5.15.7 江汉油田高矿化度微泡沫防漏堵漏钻井流体组分表

序号	组分	代号	加量范围,%	作用
1	钠膨润土	未明确代号	4.0	增加微泡沫钻井流体黏度、润滑
2	羧甲基淀粉钠	CMS	1.0	降低微泡沫钻井流体失水量
3	降失水剂	HPNH	1.0	降低微泡沫钻井流体失水量
4	磺钾基酚醛树脂	SMP-2	2.0	降低微泡沫钻井流体失水量
5	羧甲基纤维素钠	HV-CMC	1.0	降低微泡沫钻井流体失水量
6	氢氧化钠	未明确代号	0.1	调节微泡沫钻井流体pH值
7	氯化钠	未明确代号	30.0	增加微泡沫钻井流体密度
8	聚阴离子纤维素	PAC	0.2	降低微泡沫钻井流体失水量
9	起泡剂	QP-1	0.1~0.2	产生泡沫
10	改性黄胞胶	H-XC	0.2	增加微泡沫钻井流体黏度
11	起泡剂	QP-2	0.1~0.2	产生泡沫

簿深1井井身结构复杂,上部井眼开孔直径大、机械钻速低、漏失严重,影响钻进。使用微泡沫防漏堵漏钻井流体后,只进行了一次堵漏,对渗透性漏失采用随钻暂堵,大大降低了堵漏时间和钻井流体成本。拖26斜-2井860.00~2000.00m井段为富含盐膏层的潜江组,盐膏层累计厚度从几十米到几百米,属于典型的盐湖盆地,三开将井浆转化成高矿化度微泡沫钻井流体后,钻井流体密度低,性能稳定,易于维护,钻井流体防漏堵漏能力较聚合物饱和盐水钻井流体明显增强。应用结果表明,高矿化度微泡沫钻井流体密度低,且加入堵漏

剂后,可以明显提高防漏堵漏能力。

此外,针对常规水基钻井流体密度控制难度大、防漏堵漏效果不理想等难点,开展可循环微泡沫钻井流体技术的研究与应用,优选出可循环微泡沫钻井流体,该钻井流体由基浆加入表面活性剂及防塌、封堵类助剂所组成,在不注入气体的情况下,通过物理、化学作用,使钻井流体内部产生由多层膜包裹的微泡,其液膜具有强度高、气体通透性差的特性,由多层膜包裹的气核平均直径较普通泡沫小,微泡以悬浮分散状态分布于溶液中,具有较强的抵制压缩和膨胀能力。乾234-2-2井因井漏引发坍塌卡钻,引起巨大损失,在二开后使用可循环微泡沫钻井流体,通过合理加入发泡剂,将钻井流体密度控制在 1.01~1.039g/cm³,实现近平衡钻井,由于地层裂缝发育,施工中发生少量渗漏。应用结果表明,可循环微泡沫钻井流体有效控制了钻井流体密度,钻至易漏层位前,及时加入随钻堵漏剂,可以提高钻井流体的封堵能力(王占林等,2014)。

15.2.2.2 空气钻井流体

空气钻井流体因其较低的密度而具有很好的防漏效果,但是容易造成地层流体进入井眼。

针对凉东10井在20.00~1300.00m井段发生了严重井漏,用桥塞堵漏6次,消耗桥浆157m³,水泥堵漏9次,消耗水泥199t,漏失的钻井流体流入了距离井场5km处海拔500m左右的水库和农田,造成了严重的污染,说明漏失空间的连通性极好,而且直接与山下的地表连通等问题,为节约堵漏材料,减少堵漏时间,消除环境污染,加快钻井速度,决定在凉东003-2井采用空气钻井技术(张新民等,2007)。

空气钻井的设备配置为空压机、气体控制管汇、增压器、气体参数记录仪、调气管线、旋转头、单流阀、排出管线。嘉陵江组三段,井段为20.50~375.00m,岩性为石灰岩的地层采用空气钻进,钻压为50~140kN,气量为140~160m³/min,转速为60r/min,泵压为2.2~3.9MPa。地层为嘉三段、嘉二段和嘉一段,井段为375.00~775.87m,岩性为石灰岩的地层采用空气—泡沫钻进,钻压为50~150kN,气量为30~60m³/min,基液排量为250~420L/min,转速为60.0r/min,泵压为3.5~5.0MPa。泡沫钻进井段为775.87~788.00m。空气钻井、空气—泡沫钻井和泡沫钻井总进尺为767.5m,纯钻时为116h,平均机械钻速为6.62m/h。

现场应用结果表明,空气/泡沫钻井技术加快了钻井进度,降低钻井成本,能够起到一定防漏作用,但是较大量的地层出水会严重影响空气—泡沫钻井顺利进行。

15.2.2.3 充气钻井流体

与常规钻井流体一样,新型充气钻井流体也是一种气体分散在钻井流体中形成的稳定分散体系,其组分包括水、空气、发泡剂、稳泡剂、泥浆处理剂、化学处理剂。现场一般通过搅拌钻井流体基浆或在基浆中注入空气来形成该种钻井流体。

针对中国西部干旱缺水漏失的问题,利用特殊植物纤维作为泥浆处理剂的新型充气钻井流体,不仅具有常规充气钻井流体低密度、排粉能力强、节约用水等优点,还可以不受钠离子和钙离子的影响,提高钻井泡沫稳定性和钻井流体抗盐能力。通过采用此种新型充气钻井流体,利用其低密度特性、特殊滤饼、泡沫的群体封堵作用和泡沫的疏水屏蔽作用,成功解决了裂隙地层的漏失问题,恢复了钻探生产(夏建国等,2005)。充气钻井流体主要组分见表5.15.8。

表 5.15.8　新疆哈密地区充气钻井流体主要组分表

序号	组分	代号	加量范围,%	作用
1	水	未明确代号	未明确范围	配制钻井流体基浆、润滑作用
2	羧甲基纤维素钠	Na－CMC	1.0	改善钻井流体流变性、抗侵害能力
3	特殊粗植物纤维	KWS	2.0	降低钻井流体失水量
4	纯碱	XY27	0.5	改善钻井流体流变性
5	十二烷基苯磺酸钠	ABS	0.3	填充封堵裂缝

此外,针对云参－1井在钻进过程中,因钻遇超低压地层而发生严重井漏问题,采用充气(氮气)钻井流体。充气钻井流体降低了钻井流体当量循环密度,提高了机械钻速,达到了很好的防漏效果。另外,气雾钻井可以彻底堵漏,缓解山区淡水季节水源不足的矛盾(姚德辉等,2002)。

15.2.3　粘接地层提高地层强度钻井流体

粘接地层提高地层强度钻井流体有绒囊钻井流体。通过粘接内部不稳定单元提高整体强度和韧度的技术途径。针对构成破碎岩土单元非连续、抗外力能力差以及稳定困难等特点,数值模拟发现内部粘接破碎性岩土不连续单元可以提高破碎岩土弹性模量、抗剪压强度等力学特征,进而破裂压力极值提高、坍塌压力极值降低。

绒囊防漏堵漏钻井流体是由十二烷基硫酸钠、十二烷基苯磺酸钠和水、羟乙基淀粉、聚丙烯酰胺以及专有化学处理剂为原料,研发出的新型防漏堵漏钻井流体。钻井流体中有一种球形材料,静态下具有"一核二层三膜"微观结构。内部似气囊,外部似绒毛,遂称该材料为"绒囊"。静态下,气囊绒毛结合完整,凝胶强度高;动态下,绒毛被剪切或散落,黏度低,满足工程需要。若漏失通道直径或宽度大于绒囊直径,绒囊堆积成侧躺圆锥状分解工作液液柱压力,实现防漏堵漏;漏失通道直径或宽度与绒囊直径相当,绒囊被低压区吸入时由圆形变成椭圆形,增加漏入漏失通道阻力,实现防漏堵漏;漏失通道直径或宽度小于绒囊直径,绒囊工作液利用高凝胶强度形成非渗透膜屏蔽漏失通道,实现防漏堵漏(郑力会等,2010)。

针对沁水盆地煤层气井因岩性变化快而引发的漏失、坍塌、掉块等情况,通过室内研究及现场应用,采用绒囊钻井流体解决上述问题(闫立飞等,2016),该钻井流体见表5.15.9。

表 5.15.9　沁水盆地绒囊钻井流体组分表

序号	组分	代号	加量范围,%	作用
1	清水	未明确代号	未明确加量	用作绒囊钻井流体溶剂
2	囊层剂	未明确代号	0.83	增强钻井流体抑制性,抑制黏土分散,稳定井壁
3	绒毛剂	未明确代号	0.2	增强钻井流体抑制性,抑制黏土分散,稳定井壁
4	成核剂	未明确代号	0.17	控制钻井流体密度、平衡地层坍塌压力
5	成膜剂	未明确代号	0.13	控制钻井流体密度、平衡地层坍塌压力

试验区3号和15号煤层易发生坍塌掉块,严重影响钻井与测井作业,个别井甚至需要通井5~6次方能顺利测井。MBS26－11井自上而下钻遇地层为第四系、三叠系、二叠系、石

炭系、奥陶系。目的层是山西组、太原组及本溪组煤层。二开井段采用绒囊钻井流体，钻进过程中无漏失、掉块、遇阻、卡钻现象，测井与固井顺利。MBS24 为丛式井平台，前 4 口井一开 40.0~50.0m 井段存在恶性失返性漏失，采用土粉、羧甲基淀粉、聚丙烯酰胺加锯末、棉籽壳等惰性堵漏材料堵漏，效果不明显，也只能是边漏边钻。二开采用绒囊钻井流体，钻进顺利，没有出现复杂情况，且不影响定向信号传输。现场应用结果表明，绒囊钻井流体具有良好防塌、防漏、堵漏性能，既达到了顺利钻井的目的，又能够有效提高机械钻速，为煤层气岩性交替井的高效开发提供了宝贵经验。

此外，针对马壁区块煤层气钻井漏失、井壁失稳和气侵等成井难题，采用绒囊钻井流体。在钻井流体在 MB1 井和 MB2 井应用，钻进过程没有发生钻井流体漏失，钻进顺利。应用结果表明，煤层气绒囊钻井流体适应能力较强，能够适应不同的钻井方式、加重方式和固控方式，但前提要维护得当（郑力会等，2016）。

15.3 发展前景

近年来钻井流体的防漏堵漏技术取得了长足的发展，在油气勘测中得到了很好的应用，并通过国内外的研究深入而获得良好的发展趋势，漏失地层钻井流体越来越引起人们的普遍关注，它的发展还有很长的一段路要走。

15.3.1 存在问题

新材料和新方法的出现使堵漏成功率进一步提高，但堵漏效果仍不理想，尤其对于裂缝型和缝洞型等复杂漏失，在漏点与漏型判断（找漏）、堵漏材料及驻留能力以及堵漏强度，以及模拟现场情况的评价方法方面仍然存在问题。

（1）漏点与漏型判断。漏失机理及堵漏机理研究与现场存在差距，对施工的指导性还不强；由于漏点或漏型判断或识别不准确，堵漏的针对性和科学性还不强，盲堵的现象仍然普遍存在，从而影响了堵漏的效率和成功率；在对堵漏的认识和理念上与国际上还存在差距，尤其是缺乏预防手段和机制，往往是出现了复杂漏失才重视。

（2）堵漏材料及驻留能力、堵漏强度。缺乏专用的高效材料与方法，尤其是对于大漏失，仍然多用传统方法以及处理普通漏失的传统材料。尽管在复杂漏失地层堵漏方面有很多成功的实例，但防漏的效果及堵漏一次成功率低，且易发生重复漏失，堵漏作业周期长。

（3）模拟现场情况的评价方法。缺乏可以有效模拟现场情况的评价手段，对堵漏效果的评价与现场实际还存在差距，室内评价结果对现场的指导作用小。

15.3.2 发展方向

针对存在问题，围绕提高复杂漏失地层堵漏一次成功率，还要从漏失机理和堵漏机理、应对复杂漏失的有效手段、能够模拟现场情况的室内评价方法，以及准确判断漏失类型、漏点、裂缝和溶洞等方面开展工作。

（1）漏失及堵漏机理。通过漏失机理和堵漏机理研究，可为科学选择堵漏材料及配方、堵漏方法和工艺提供依据。机理研究上可以从力学平衡、漏失通道（天然或诱导）、封堵方式

（表面堆积还是深部井壁加固）等方面着手，同时将堵漏与井壁稳定一并考虑，并做到重视预防。

（2）复杂漏失堵漏材料及工具。堵漏材料可以从惰性材料（物理）、活性材料（化学）以及物化复合材料方面出发，重点从解决封堵溶洞漏失过程中堵漏材料的驻留、封门和后期强度问题出发，使材料的针对性和适应性更强。同时也可以从钻井流体方面，如触变性钻井流体、微泡钻井流体和充气钻井流体等方面考虑。

（3）防漏堵漏模拟评价方法。通过建立能够有效模拟现场情况的室内评价手段，指导现场堵漏材料及配方的选择，为提高一次成功率提供理论支撑。评价仪器的关键是模拟循环过程及地层裂缝或孔洞情况，同时必须具备评价仪器的科学性、评价方法的准确性、评价浆体的代表性、评价材料的稳定性和评价结果的可靠性，最终保证评价结果与现场情况尽可能一致或相近。

第16章 坍塌地层钻井流体

坍塌地层钻井流体(Drilling Fluid in Collapsed Formation)是指为解决地层坍塌使用的钻井流体。坍塌地层主要有层理裂隙发育或破碎的各种岩性的地层、孔隙压力异常的泥页岩、处于强地应力作用地区的地层、厚度大的泥岩层、生油层、倾角大易发生井斜的地层、薄的砂泥岩互层等。引起地层坍塌的影响因素有力学因素、物理化学因素、钻井工程因素等,如地应力、孔隙压力、地层渗透性、井径扩大率、地层破碎程度以及钻井流体性能。不同岩性地层所含的矿物类型含量不同,对井壁产生影响的主要是地层所含的黏土矿物。当地层被钻开后,钻井流体与地层孔隙流体之间存在的压差、化学势差和毛细管力驱动钻井流体滤液进入井壁地层,产生水化应力,改变了井筒周围地层的孔隙压力和应力分布,从而引起井壁岩石强度降低、地层坍塌压力发生变化,导致地层坍塌。

16.1 开发依据

地层坍塌使得返出岩屑增多,砂样混杂,使钻井流体黏度、切力、密度和含砂量增高,泵压忽高忽低,有时突然憋泵,严重时会憋漏地层,钻进时扭矩增大,蹩钻严重,停转盘打倒车,接单根下不到底,起钻遇卡,下钻不到井底,离井底较远,遇阻频繁,划眼速度慢,划眼中有蹩钻、打倒车现象,划眼中接单根困难,划过的井段提起钻具后仍放不下去,甚至越划越浅;延误钻井作业时间,造成物资损失;降低钻速,影响钻井施工;干扰地质录井工作。坍塌地层钻井流体对于盐膏层和泥页岩等要求不同。

(1)对于盐膏层的坍塌,其主要原因是因为盐膏层中的盐溶解使井壁失稳造成剥落、掉块、坍塌。因此为解决盐膏层的坍塌问题,钻井流体必须为不溶解或者抑制盐的溶解的液体,有必要开发复合盐钻井流体或者其他抑制盐溶解的钻井流体。

(2)对于泥页岩及砂岩、煤岩层等黏土膨胀性较强,水化分散性能差的岩层,必须开发抑制黏土膨胀,改善水化分散性能的钻井流体,在钻井流体中加入各类稳定剂、防塌剂等处理剂达到防塌效果。

16.2 体系种类

目前常用防塌钻井流体有复合盐防塌钻井流体、聚合醇防塌钻井流体、强抑制性氨基防塌钻井流体、绒囊防塌钻井流体、钾基防塌钻井流体和硅酸盐防塌钻井流体。

16.2.1 复合盐防塌钻井流体

复合盐防塌钻井流体是用各种盐通过复配做防塌剂的钻井流体。对于易发生坍塌的页岩层复合盐中的阳离子能够进入黏土和页岩的晶层间,促使黏土颗粒连接在一起,从而降低页岩在水中的分散作用,有利于井壁的稳定。

针对莫116井区吐谷鲁群组泥岩易缩径,易发生憋泵卡钻、堵水眼、泥包钻头现象,井壁稳定周期短等问题,优选出了适合莫116井区二开段的复合盐防塌钻井流体(赵利等,2012),该钻井流体组分见表5.16.1。

表5.16.1 复合盐防塌钻井流体主要组分表

序号	组分	代号	加量范围,%	作用
1	膨润土	未明确代号	4.0	增加复合盐钻井流体黏度、润滑
2	碳酸钠	未明确代号	0.2	改善黏土水化分散性能
3	斯盘系列	SP-80	1.0	降低复合盐钻井流体失水量
4	氢氧化钠	未明确代号	0.3	调节复合盐钻井流体PH
5	氯化钾	未明确代号	7.0	防止井壁坍塌
6	抑制剂	PMHA-2	1.0	抑制黏土膨胀
7	复配铵盐	未明确代号	0.7	防止黏土膨胀、井壁坍塌
8	中黏度羧甲基纤维素钠盐	CMC-MV	0.4	增加复合盐钻井流体黏度
9	褐煤树脂	SPNH	3.0	降低复合盐钻井流体失水量
10	磺化酚醛树脂	SMP-1	2.0	堵漏剂,防止复合盐钻井流体漏失
11	阳离子乳化沥青	未明确代号	2.0	抑制页岩掉块、坍塌
12	磺化沥青	未明确代号	2.0	防止井壁坍塌
13	生石灰	未明确代号	0.2	增加复合盐钻井流体黏度
14	有机盐	未明确代号	10.0~15.0	防止井壁坍塌
15	重晶石	未明确代号	未明确范围	增加复合盐钻井流体密度

应用结果表明,该钻井流体能够较好地抑制膏质泥岩、塑性泥岩水化缩径,且对下部地层脆性泥岩、煤层的掉块、坍塌能起到较好的封堵作用。已完成的16口井平均钻井周期为37.1d,比设计工期提前26.2%,平均机械钻速高达11.4%。同比2010年以前完成的井,目前莫116井区完成井均未发生钻井复杂事故,为莫116井区安全、快速、高效钻井提供了有力的技术保障。

此外,针对冀中高家堡油田出现井垮、井漏、缩径、电测遇阻等复杂情况甚至在钻进过程中出现卡钻等复杂事故,优选出了一套适合现场应用的复合盐钻井流体配方。现场应用效果显示,盐膏岩段坍塌问题得到有效遏制,盐膏层井段的井径扩大率大幅度缩小,每次起下钻均正常到底,返出岩屑代表性较强,未见大量较大的泥岩掉块和膏盐掉块,复合盐钻井流体取得了良好的防塌效果(程琳,2016)。

16.2.2 聚合醇防塌钻井流体

聚合醇防塌钻井流体是由非离子型聚合物配制而成的钻井流体。非离子型聚合物,其作用机理具有浊点效应,当井底温度低于浊点温度时,聚合物产生相分离,并附着在井壁上起到保护油气层的作用。因此,聚合纯钻井流体有保护油气层、润滑、对环境又好等特点,但由于聚合醇的生产成本较高,限制了聚合醇钻井流体的应用。

针对塔里木轮古地区地层较复杂,上部地层一般为松散的砂泥岩互层,渗透性极强,造浆难以控制,极易发生阻卡;中部地层为砾石层、大段砂岩及砂泥岩互层,渗透性较好,极易坍塌掉块,引起阻卡;下部地层为深灰色泥岩、砂岩,夹有煤层、高压盐水层,如控制不当,煤层易发生坍塌、掉块,高压盐水会侵蚀井壁,灰岩地层随时会发生严重的裂缝性漏失等问题,考虑到聚合醇防塌钻井流体具有很强的抑制性与封堵性,能有效地稳定井壁,润滑性能好,优选出一套适合轮古地区中部地层的聚合醇钻井流体(司贤群等,2001),该钻井流体组分见表5.16.2。

表 5.16.2 聚合醇钻井流体主要组分表

序号	组分	代号	加量范围,%	作用
1	膨润土	未明确代号	3.0~4.0	增加聚合醇钻井流体黏度、润滑
2	正电胶	MMH	0.3~0.5	抑制黏土膨胀
3	高聚物	未明确代号	0.2~0.3	增加聚合醇钻井流体黏度、防塌
4	降失水剂	未明确代号	1.0~3.0	降低聚合醇钻井流体失水量
5	润滑剂	未明确代号	1.0~2.0	起到润滑作用
6	聚合醇	未明确代号	1.0~3.0	防止井壁坍塌
7	氢氧化钠	NaOH	0.1~0.3	调节聚合醇钻井流体的pH值

现场采钻进过程中采用大分子量、中分子量和小分子量聚合物相匹配的原则,利用大分子聚合物吸附包被作用,中分子量和小分子量聚合物的填补搭配,抑制黏土的膨胀及分散运移,以形成薄而韧的滤饼,减少渗漏的发生;中部及中下部地层遇到大段砾石层,膏泥岩层及大段煤层,为避免井壁的坍塌掉块,将钻井流体逐渐转化为聚合醇防塌钻井流体,使钻井流体中聚合醇含量逐步达到1.5%~3.0%,以满足井壁稳定、降低摩阻的需要。应用结果表明,中下部地层将正电胶钻井流体转化为聚合醇防塌钻井流体后,井下返出的钻屑表面光滑、硬且棱角分明。这说明处理剂在钻屑表面形成了一层保护膜,有效地防止了水分的进入,从而有效地控制了膏泥岩及煤层的坍塌掉块。

此外,针对吉林油田大安地区大安背斜带钻进过程中井壁易剥落、掉块坍塌,导致复杂情况,优选出以强抑制性聚合醇为主要防塌剂,并配合使用防塌降失水剂的强抑制性聚合醇防塌钻井流体。在现场应用中取得了良好的效果,表明强抑制性聚合醇防塌钻井流体具有优良的抑制和防塌能力,适合于强水敏性地层的钻井,且荧光级别低,不影响地质录井(李万清等,2006)。

16.2.3 强抑制性氨基防塌钻井流体

氨基钻井流体是近年发展的一种新型水基钻井流体,在国际上是水敏性泥页岩钻进的优选体系,已获得了广泛应用。有机胺有较高的抑制能力和防泥包能力,因此氨基钻井流体具有抑制性强、机械钻速高、储层保护效果好、保护环境等特点。

针对苏里格气田储层非均质性强,随着水平井的大规模开发和水平段的不断延伸,在水平段钻遇泥页岩后,经常会发生坍塌、卡钻等恶性事故,开发了一种具有良好抑制性,很强的抗温、抗钙、抗侵害能力,对气层伤害很小的强抑制性氨基防塌钻井流体(张明等,2014),该钻井流体主要组分见表5.16.3。

表5.16.3 强抑制性氨基防塌钻井流体主要组分表

序号	组分	代号	加量范围,%	作用
1	有机胺抑制剂	G319-FTJ	1.5	抑制黏土水化分散、稳定井壁
2	聚丙烯酰胺钾盐	KPAM	0.3	降低钻井流体失水量、防塌
3	增黏剂	G310-DQT	0.3	增加氨基钻井流体黏度
4	降失水剂	309-JLS	2.0	降低氨基钻井流体失水量
5	降失水剂	G301-SJS	2.0	降低氨基钻井流体失水量
6	润湿反转剂	FW-134	0.03	改变黏土润湿性

强抑制性氨基防塌钻井流体在苏里格气田展开应用3口井,其中苏2#-30H井钻遇大段连续泥岩,最长达252m(井深4038.00~4290.00m),累计318m泥岩,苏2#-38H井安全钻过331m泥岩段,苏5#-56H井钻遇30.0m易碎性泥岩,水平泥页岩段无掉块、无坍塌、无缩径现象,井眼畅通无阻,井径规则,钻井流体滑块摩阻系数控制在0.07以下,扭矩小于9kN·m,起下钻摩阻保持在12tf以下,起下钻无遇阻、遇卡现象,该氨基防塌钻井流体表现出良好的防塌效果。

此外,针对济阳坳陷沾化凹陷桩西古潜山披覆构造带南部桩64-平1井的斜井段、水平段泥页岩、油泥岩、灰色泥岩夹层,极易发生坍塌掉块、井壁失稳等井下复杂情况,优选氨基硅醇强抑制封堵防塌钻井流体。利用氨基硅醇的强抑制性抑制泥页岩、油泥岩水化膨胀,利用强抑制钻井流体的高膨润土容量限,提高体系的优质黏土含量,并复配封堵防塌材料对地层微裂缝进行封堵,有效地避免了钻进易坍塌地层出现掉块、井壁失稳等井下复杂情况(张翔宇,2016)。

针对准噶尔盆地陆梁隆起北端石西凹陷英2井水敏性强,易发生黏卡,下部地层含有大段煤层,易发生掉块、井塌、气侵、井漏等复杂情况,引起划眼、卡钻等事故,应用了具有强抑制性及良好封堵能力的铝氨基聚醇封堵防塌钻井流体,应用结果表明,该钻井流体有较好的悬浮携带能力、润滑防塌防卡能力强,流变性易控制,可满足该区块钻井施工要求(赵立新等,2013)。

16.2.4 绒囊防塌钻井流体

绒囊防塌钻井流体是用绒囊作防塌剂的钻井流体,所谓绒囊,是一种由多种高分子有机物合成的囊状结构。进入地层后,在地层压力和温度的共同作用下,绒囊通过黏附、堆积、拉伸等形式封堵各种类型裂缝性漏失地层,提高地层承压能力;加入一定量的黏土抑制剂,提高了绒囊钻井流体的抑制性,防止黏土矿物水化膨胀、分散,维持井壁稳定,有效防止因坍塌掉块引发的井下复杂情况。

针对延平1井煤层段水平钻进过程中的井壁稳定和储层保护问题,三开试验采用了绒囊防塌钻井流体(袁明进等,2012),该钻井流体主要组分见表5.16.4。

表 5.16.4　绒囊防塌钻井流体主要组分表

序号	组分	代号	加量范围,%	作用
1	清水	未明确代号	未明确范围	作为绒囊钻井流体溶剂
2	囊层剂	未明确代号	0.4~0.6	绒囊组分,保持气核稳定,提高绒囊强度
3	绒毛剂	未明确代号	0.6~0.8	绒囊组分,增加绒囊钻井流体黏度
4	成核剂	未明确代号	0.05~0.1	绒囊组分,形成囊核
5	成膜剂	未明确代号	0.6~0.8	绒囊组分,形成囊膜
6	氯化钾	未明确代号	3.0~5.0	防止井壁坍塌
7	重晶石	未明确代号	20~40	增加绒囊钻井流体密度

三开钻进前,清除钻井流体罐及沉降池中的钻井流体,备足清水,扫水泥塞。扫完水泥塞后,清除钻井流体循环坑中的水泥块,使用加料漏斗按配方顺序依次加入绒囊钻井流体处理剂并继续开动加料漏斗直至处理剂完全溶解。储层段采用绒囊钻井流体钻进,井壁稳定性较好,三开钻进施工顺利;同时,在绒囊钻井流体中加入氯化钾等黏土抑制剂,增强了钻井流体的抑制性,抑制黏系地层的黏土分散,稳定井壁。应用结果表明,绒囊钻井流体对于井壁稳定、防塌有良好的效果。

此外,针对鄂尔多斯盆地东缘的煤层气水平生产井 EJ2 井大井眼、水平井存在携岩困难、井壁失稳等技术难点,采用重晶石加重绒囊钻井流体。克服了邻井钻井过程中因坍塌、掉块引发的事故,全井无漏失、坍塌掉块,无复杂情况发生,保证施工顺利进行;同时有效地提高了机械钻速,缩短钻井周期,大幅度地节约井队、定向、录井、地质勘探等费用,展现了良好的经济效益(孙法佩等,2012)。

针对樊试 U1H 井内出现坍塌及大量掉块,引起井下复杂的问题。使用绒囊钻井流体,保持近煤层压力系数密度钻进,全井未发生煤层垮塌、漏失等复杂情况,有效地解决了煤层气井水平段的井眼清洁和井壁失稳、垮塌问题,较好满足了钻井施工要求(滑志超等,2014)。

16.2.5　钾基防塌钻井流体

钾基防塌钻井流体是以氯化钾溶液做基液配制的钻井流体,氯化钾属于环保型的溶液,没有毒性,对环境不会造成污染。该钻井流体具有较强的抑制性,适用于一般的泥页岩地层,能够抑制泥页岩的水化膨胀,预防井壁失稳发生井垮。与聚合物进行复配,形成钾基聚合物防塌钻井流体,该钻井流体既能保持较低的失水量,又能抑制黏度水化分散,维持井壁稳定。

针对国 21 井钻进过程中易水化膨胀,常发生井壁缩径、垮塌等井壁失稳现象,研制了钾基聚合物防塌钻井流体。该钻井流体有效抑制了泥页岩地层水化膨胀,增强了井壁稳定性,实现了高效快速钻进(王歌,2017)。该钻井流体主要组分见表 5.16.5。

此外,针对冀东油田沙河街组存在着塌、卡、喷、漏等复杂情况,在柳赞地区 3 口深井钻井中,采用了防塌性能强、热稳定性能好的硅钾基防塌钻井流体,较好地解决了深井地层的坍塌问题,目的层井径扩大率均小于15%,电测一次成功率达100%,提高了钻井速度,保护了油气层(杨慧英,1999)。

表5.16.5 钾基聚合物防塌钻井流体主要组分表

序号	组分	代号	加量范围,%	作用
1	膨润土	未明确代号	2.0~3.0	增加复合盐钻井流体黏度、润滑
2	包被剂	BBJ	0.1~0.2	抑制钻屑分散及黏土膨胀
3	聚丙烯酰胺钾盐	K-PAM	0.5~1.0	降低钻井流体失水量、防塌
4	防塌剂	GLA	0.5~1.0	抑制页岩水化膨胀
5	成膜抑制剂	未明确代号	1.0	稳定井壁

16.2.6 硅酸盐防塌钻井流体

硅酸盐钻井流体是一种以无机盐为主要处理剂的防塌抑制性钻井流体,具有物理封堵和化学加固井壁双重防塌作用,能有效地降低井壁的渗透率、阻止压力传递,且具有较好的流变特性、无毒、无荧光、成本低,被认为是具有发展前景的水基钻井流体之一。

针对在碳质泥岩钻探中经常遇到漏失、坍塌、掉块、涌水等问题,研究了硅酸盐钻井流体,该钻井流体具有良好的泥页岩抑制性,再加上氯化钾的协同作用,抑制效果明显。另外硅酸盐体系的pH值需保持在11以上,才能更好地发挥该体系的封固和抑制分散能力,总体起到了很好的防塌抑制作用(刘选朋等,2010)。硅酸盐防塌钻井流体主要组分见表5.16.6。

表5.16.6 硅酸盐防塌钻井流体主要组分表

序号	组分	代号	加量范围,%	作用
1	土	未明确代号	4.0	增加复合盐钻井流体黏度、润滑
2	降失水剂	Na-CMC	0.3	增加钻井流体稠度
3	硅酸钠	未明确代号	5.0	降低钻井流体失水量、防塌
4	氯化钾	未明确代号	3.0	抑制页岩水化膨胀

此外,针对鄂深6-侧钻井极易垮塌,起下钻遇阻遇卡的问题,研制了硅酸盐防塌钻井流体。该井平均井径扩大率13.87%,远低于设计的20%。平均机械钻速3.01m/h,高于鄂深6井的2.47m/h,钻井周期39d19h,发现了三段油层,取得了较好的勘探开发综合效益(黄尚德等,2006)。

16.3 发展前景

在当前国际能源供需矛盾日益突出的形式下,页岩气勘探开发备受世界瞩目。初步估计,中国页岩气资源量可达$100\times10^{12}m^3$,是非常重要的接替能源,中国已全面启动对页岩气的勘探开发。页岩气属于非常规天然气勘探范畴,以吸附态和游离态为主要赋存状态,其中游离态占20%～85%,主体上富集于泥页岩(部分粉砂岩)地层中。因此,在页岩气钻井过程中,井壁稳定问题十分突出,普遍存在井塌、井漏等问题。那么,选用适合的钻井流体,解决页岩气钻井过程中遇到的井壁稳定问题,保证钻井顺利钻达目的层,具有十分重要的意义。

16.3.1 存在问题

尽管目前各种防塌钻井流体在现场应用中都取得了较好的效果,但是也存在着影响电测、不适应高温高压地层、热稳定性及流变性不好控制以及成本高、环境污染严重等问题。

(1)影响电测。复合盐防塌钻井流体中盐水解含有阴离子和阳离子,会影响电测。

(2)不适应高温高压地层。氯化钾聚合物防塌钻井流体不适用于需要钻井流体密度较高的高温高压地层,因为钻井流体在高温高压条件下加重后流变性变得较差,不能满足井下要求。

(3)热稳定性及流变性不好控制。硅酸盐防塌钻井流体热稳定性不好,流变性难以控制,在固相含量高的条件下显得越发突出。

(4)成本高、污染严重。油基防塌钻井流体环保压力大,易造成污染,配制成本高,特别是钻遇漏层所造成经济损失巨大。

16.3.2 发展方向

为解决在易坍塌地层中遇到的井壁坍塌、缩径和井壁失稳等钻进问题,以及克服防塌钻井流体本身的缺陷,防塌钻井流体的发展方向主要有复合盐影响电测、抗高温高压和降低油基钻井流体成本等方面。

(1)在适合使用复合盐防塌钻井流体的区块,降低复合盐钻井流体中阴阳离子对电测的影响将会提高复合盐钻井流体的适用性。

(2)氯化钾聚合物防塌钻井流体的抗高温高压能力的改进是其今后增加应用范围的发展方向。

(3)如何提升硅酸盐防塌钻井流体的热稳定性,控制其流变性,以及是否可以通过添加相应的处理剂达到要求等都是提升硅酸盐防塌钻井流体应用范围的方向。

(4)降低油基防塌钻井流体的成本、提高其自身的清洁将会显著提升油基防塌钻井流体的使用性。

第17章 盐膏地层钻井流体

盐膏地层钻井流体(Drilling Fluid in Salt – Gypsum Formation)是用于在盐膏地层进行钻进的钻井流体。盐膏层主要由盐岩和石膏组成,盐岩和石膏的含量不相等,而且还含有大量其他矿物,除常见的石英、长石、碳酸盐岩等矿物外,还含有各种不同的黏土矿物。盐膏层在中国东西部油田广泛分布,由于盐膏层的塑性蠕变、非均质性、含盐泥岩溶解引起垮塌等地质因素,及上下压力系统差异,在钻井施工过程中常常引起卡钻、埋钻、套管挤坏、固井管外水泥挤空等工程事故,同时由于盐的溶解使钻井流体进一步受到钠离子和钙离子等的侵害,抑制能力减弱,井壁失稳加剧,施工作业风险极大,甚至因盐膏层影响无法钻达设计井深或中途报废。巨厚盐层是良好的油气盖层,顺利钻穿盐膏层是盐下油气勘探开发技术的难点之一。目前国内外主要用盐水钻井流体钻进盐膏地层,也有用油基钻井流体钻进的。

17.1 开发依据

盐膏层是石油天然气钻井过程中经常钻遇的地层,由其引起的井下复杂情况和诱发的各种井下恶性事故,对钻井、完井工程危害极大,一直是国内外石油工程界特别关注的问题。盐膏层钻井的难点主要是盐膏层蠕变引起井眼缩径、套管挤毁,井壁垮塌引发沉砂卡钻、埋钻、套管挤坏、固井管外水泥挤空以及盐溶解产生的钠离子、钙离子侵害钻井流体等问题,针对以上问题,对盐膏地层钻井流体类型及性能要求有适宜的密度、抗盐、抗高温等。

(1)有一个适宜的密度范围以抗衡盐岩及软泥岩的塑流缩径和泥页岩的坍塌。

(2)抗盐、抗高温、失水量低或对盐、泥岩不水化,护壁性和润滑性好。

(3)在井深、高温、高压条件下有较稳定的钻井流体流变性,在钻井作业中能使循环压耗降低,同时对岩屑有较好的悬浮和携带能力。

17.2 体系种类

根据地层特性及成本等方面因素,结合钻井实践,目前最适合的具体钻井流体主要有盐水基钻井流体和油基钻井流体。

17.2.1 盐水基钻井流体

根据盐水的盐的种类以及饱和度可以分为欠饱和盐水钻井流体、饱和盐水钻井流体和有机盐钻井流体。

17.2.1.1 欠饱和盐水钻井流体

欠饱和盐水钻井流体,也就是一般盐水钻井流体,是指氯化钠含量自1%(质量分数,氯离子质量浓度约为6000mg/L)至饱和(常温下浓度为315000mg/L,氯离子质量浓度约为

189000mg/L)前的钻井流体。

一般欠饱和盐水钻井流体具有强抑制性、抗侵害能力、良好的造浆性能、腐蚀性等特点。盐水钻井流体中含盐量的多少一般根据地层情况来定。含量越多,钻井流体抑制性越强,对盐岩层的溶解量越小,即越有利于井壁稳定,但护胶的难度也同时增加,配制成本也会相应增加。因此,确定合理的含盐量是十分重要的。

对于埋藏深度小、厚度小而不太复杂的盐膏层,而且能够很快钻穿就下技术套管或油层套管封隔的井,从经济观点出发,可选用合理的欠饱和盐水钻井流体钻井。

采用此钻井流体钻盐膏层,均会因盐溶而引起井径扩大或复杂的含盐膏泥岩坍塌。另外,室内实验和现场实践证明,随钻井流体中氯离子含量增加,盐岩溶解速率降低,但随氯离子含量继续增加,盐岩溶解速率降低的幅度减小。

因此,选用适当氯离子含量的欠饱和盐水钻井流体,既可以部分溶解盐层蠕变缩径的井壁,又因为盐岩钻屑和井壁的溶解,使得环空中钻井流体的氯离子浓度接近于饱和,从而可以减轻钻井流体对上部盐岩层井壁的冲蚀,避免复杂情况的发生。

由于欠饱和盐水钻井流体的含盐量低于饱和值,因此现场配制与维护技术较饱和盐水钻井流体简单,既可以在地面配制成胶液,也可以通过井浆转化,配制和维护的关键是保证所需含盐量,总的原则是保证顺利钻井,起下钻畅通无阻,并保证测井、固井等作业的顺利进行。

赵岩等(2011)针对 S/D-2 井钻遇了大段复杂的盐膏层,由于盐的溶解而造成井径扩大及盐析而结晶造成卡钻的问题。应用了聚磺欠饱和盐水钻井流体。该钻井流体不仅具有良好的抗盐侵害的能力,同时具有较强的防塌能力,配制成本低、易于维护。聚磺欠饱和盐水钻井流体主要组分见表 5.17.1。

表 5.17.1 聚磺欠饱和盐水钻井流体主要组分表

序号	组分	代号	加量范围,%	作用
1	膨润土(经预水化)	未明确代号	5.0	增加钻井流体黏度、润滑作用
2	高黏度聚阴离子纤维素	PAC	0.7	增加钻井流体黏度、降失水
3	聚丙烯酸钾	K-PAM	0.3	抑制黏土水化和分散
4	磺甲基酚醛树脂	SMP-2	未明确范围	降低欠饱和盐水钻井流体失水量
5	氯化钠	NaCl	5.0	形成盐溶液、加重
6	氯化钾	KCl	20.0	抑制剂
7	改性石棉	未明确代号	8.0	增加欠饱和盐水钻井流体黏度
8	页岩抑制剂改性沥青	FT-341	2.0	稳定井壁及润滑
9	盐重结晶抑制剂	NTA	未明确范围	抑制盐结晶

该钻井流体在现场应用中取得了良好的效果,无垮塌和严重阻卡现象,每次起下钻均能一次到底,阻卡最大吨位 20~30tf,均属于正常现象。在各方的配合下,安全钻穿 2480.00~2719.00m 的盐膏层,电测一次成功,下套管、固井基本顺利。

此外,针对 S-117 井段盐膏层易缩径、溶解、膨胀、坍塌的特点和与上部低压层同处一裸眼井段的特殊情况采用聚磺欠饱和盐水钻井流体钻进,不但安全钻过了蠕变性强的巨厚盐层,而且解决了高密度钻井流体条件下上部低压力井段易发生压差卡钻的问题。现场应用表明,钻井流体性能稳定,具有良好的抗盐、抗钙、抗高温的能力,良好的流变性和润滑性能,适合于盐膏地层的钻进(刘祚才等,2005)。

针对塔河油田T913井巨厚盐膏层采用欠饱和盐水钻井流体进行钻进,取得了良好的应用效果(李益寿等,2005)。

17.2.1.2 饱和盐水钻井流体

氯化钠含量超过1%(指氯化钠的质量分数,氯离子质量浓度约为6000mg/L)的钻井流体统称为饱和盐水钻井流体。钻复杂盐膏层一般使用饱和盐水钻井流体,通常饱和盐水钻井流体分为以下3种类型:

(1)普通饱和盐水钻井流体。指钻井流体的含盐量在地面达到饱和,即常温下氯化钠质量浓度为 3.15×10^5 mg/L(氯离子质量浓度为 1.89×10^5 mg/L)左右的钻井流体。因氯化钠溶解度随温度变化而变化,在井底处于不饱和状态,故此钻井流体虽能大大减少盐层溶解,但不能解决深部盐层溶解和盐的重结晶所引起的各种复杂情况。

(2)过饱和盐水钻井流体。指在饱和盐水钻井流体中加入盐抑制剂与过量盐,使其含盐量在地面呈过饱和,而在井底高温下仍处于饱和状态的钻井流体。要求氯离子质量浓度大于 1.89×10^5 mg/L,而在地面的过量盐大于 $3g/m^3$ 至 $5kg/m^3$。钻井流体可有效地防止因盐溶与重结晶而引起的各种井下复杂情况。

(3)复合盐饱和盐水钻井流体。此钻井流体由氯化钠和氯化钾等各种盐复配而成,适用于钻进夹有大量吸水膨胀分散的含盐膏泥岩的复合盐膏层。但复合盐的种类、加量和加入顺序必须选配好,否则会因各种盐的溶解度随温度改变而使钻井流体难以稳定,从而发生盐的重结晶,氯化钾的加量一般控制在5%~10%。

一般情况下,盐的溶解是造成盐膏层钻井过程中各种井下复杂情况的主要原因。因此,要想顺利钻穿盐膏层,就必须采取有效的措施以控制盐的溶解速率。若在钻井流体中预先加入工业食盐,可使水基钻井流体具有很强的抗盐能力和抑制性。由于饱和盐水钻井流体矿化度极高,因此抗侵害能力强,对地层中黏土的水化膨胀和分散具有极强的抑制作用。钻遇盐膏层时,由于钻井流体中的盐已达饱和,使盐的溶解受到抑制,因此可使盐膏层中盐的溶解减至最低程度,避免大肚子井眼的形成和井塌等复杂情况发生,从而使井眼规则,确保钻井过程的顺利进行。

因此,饱和盐水钻井流体适于钻穿埋藏较深、厚度较大的大段盐层及岩性复杂的复合盐膏层。但由于钻井流体矿化度高、密度高、固相含量高、流变性难以维护和配制成本较高,使用中配制和维护有一定难度。总的来说,饱和盐水钻井流体是钻进复合盐层和深层大段纯盐层的理想钻井流体。

钻井流体的维护,特别是高密度饱和盐水钻井流体的维护,对维持钻井流体性能的稳定以确保井下安全至关重要。高密度饱和盐水钻井流体在井下极易形成厚滤饼和假滤饼从而造成井径缩小和钻头、扶正器泥包,再与盐、膏软泥岩的复杂情况交织在一起时,会造成对井下阻卡原因的判断失误和操作处理不当。因此,对于高密度饱和盐水钻井流体,必须运用科学方法和态度精心维护、正确处理,严格控制其固相组成和各项性能参数,以形成优质滤饼,并具有良好流变性。高密度饱和盐水钻井流体维护原则是以护胶为主,降黏为辅。这是因为在钻井流体中颗粒不易形成端—端或端—面连接的网架结构,而特别容易发生面—面聚结,变差大颗粒而聚沉,因此需要大量的护胶剂维护其性能,否则在使用过程中常会出现黏度、切力下降和失水量上升的现象。一旦出现以上异常情况,应及时补充护胶剂。添加预水化膨润土液能起到提黏和降失水作用,但加量不宜过大。

何勇波等(2008)针对该地区复合盐膏层中钻进的难点进行分析后对氯化钾—饱和盐水钻井流体及各处理剂的加量进行优化得到适合该地层的饱和盐水钻井流体配方。饱和盐水钻井流体主要组分见表5.17.2。

表5.17.2 饱和盐水钻井流体主要组分表

序号	组分	代号	加量范围,%	作用
1	膨润土	未明确代号	3.0	增加饱和盐水钻井流体黏度、润滑性
2	烧碱	未明确代号	1.0	调节饱和盐水钻井流体pH值
3	纯碱	未明确代号	0.3	改善饱和盐水钻井流体水化分散性能
4	降失水剂	DH-1	3.0	降低饱和盐水钻井流体失水量
5	阳离子乳化沥青YL-80	未明确代号	2.0	提高滤饼质量
6	抗盐结晶抑制剂	未明确代号	0.05	抑制盐结晶
7	氯化钾	未明确代号	6.0	形成盐溶液
8	氯化钠	未明确代号	25.0	形成盐溶液、增加钻井流体密度
9	加重剂	未明确代号	未明确范围	增加饱和盐水钻井流体密度
10	磺甲基酚醛树脂	SMP-Ⅱ	10.0	降低饱和盐水钻井流体失水量
11	腐殖酸树脂	SPC	8.0	降低饱和盐水钻井流体失水量
12	聚醚多元醇防塌剂	SYP-1	4.0	防止井壁坍塌
13	硅酸钾	K_2SiO_3	1.0	增加饱和盐水钻井流体黏度
14	磺化丹宁	SMT	2.0	降低饱和盐水钻井流体失水量

现场采用高密度氯化钾—饱和盐水钻井流体钻复合岩层,由于氯化钾与聚合醇、硅酸钾的兼容使用增强了钻井流体的页岩抑制性,更有利于井壁稳定,有效地抑制了地层黏土矿物的水化膨胀,密度适当,降低了软泥岩的塑性蠕变程度,保证了钻进安全。

此外,针对土库曼斯坦南约洛坦气田含油气高压盐膏层采用饱和盐水钻井流体解决了盐膏层钻井中的地层蠕动、钻具遇阻遇卡、油气水侵等复杂问题(蔺文洁等,2011)。

针对文301井埋藏深、厚度大的S32段和S33段破碎泥膏盐混杂结合体,选用并配制钾基聚磺饱和盐水钻井流体,抑制了盐膏泥层水化膨胀,防止了因层间膨胀性不一致而引起的地层掉块、坍塌,保证了井壁稳定,井径规则,满足了含长盐层段深井优质、安全、快速施工的要求(高金云等,2003)。

17.2.1.3 有机盐钻井流体

以甲酸盐为基液而形成的新型低固相钻井流体是20世纪90年代为适应多种钻井新技术发展,如大斜度井、水平井和多支侧钻井尤其是小眼井深井的要求逐步研究开发形成的。尤其到20世纪90年代后半期,甲酸盐基低固相钻井流体在实际试用中取得了较好的实效并获得广大勘探作业者的认可,许多生产厂家相继生产出各种牌号的商品以供现场使用。

钻井流体具有常规油基钻井流体的耐高温、强抑制性和抗外来物侵污的良好特性,并且对环境无污染。不需用加重材料,而是选用不同类型和浓度的碱金属盐调节钻井流体密度,最高密度可达 2.39g/cm^3。但若需要形成滤饼也可加入某种加重剂,如氧化锰(Mn_3O_4)等。

甲酸盐基钻井流体与以往常用的无固相盐基钻井流体,如氯化钠、氯化钙和溴化锌盐基钻井流体相比,具有无毒、易降解、不腐蚀钻井设备等优点,故可以说是其换代类种,并且与许多常规增黏剂(如黄胞胶)、降失水剂(如聚阴离子纤维素以及改性淀粉)等钻井流体添加剂具有较好的兼容性;不会与储层流体产生不良反应(如产生沉淀等),可起到保护油气层的良好作用。

钻井流体常选用的甲酸盐有甲酸钠、甲酸钾和甲酸艳等 3 种。这些盐价格较高,所以在发展初期钻井流体没有很快被接受。可是它在试用后,尤其在一些特殊井如小眼井深井和裸眼深井完井中试用后,取得了好的经济效益,因此受到了作业者的重视。钻井流体可以很大限度地降低在小眼井深井和裸眼完井中的摩阻,减小循环时的压力损失,从而提高钻速、缩短建井周期并增加产能,故从全井总成本看钻井流体是完全可行的。因而在 20 世纪 90 年代后期甲酸盐基钻完井流体的应用大大增加。

为了降低甲酸盐自身的成本,可采用密闭循环方法或经净化后回收再利用。其次,甲酸盐液不能在较高渗透性地层上形成滤饼,因此在需要形成滤饼时可在钻井流体中加入少量适合的加重材料,成为低固相钻井流体。钻井流体从 1995 年以后开始,在特殊钻井中推广应用,并可能成为特殊井优选的钻井流体类型。

郑力会等(2004)针对塔里木油田羊塔克地区的复合盐层分布复杂,钻井工作十分困难的问题,优选了适合地段的有机盐钻井流体,解决了这井壁失稳难题。有机盐钻井流体主要组分见表 5.17.3。

表 5.17.3 有机盐钻井流体主要组分表

序号	组分	代号	加量范围,%	作用
1	水	未明确代号	未明确范围	用作有机盐钻井流体溶剂
2	碳酸钠	未明确代号	0.3	改善有机盐钻井流体水化分散性能
3	生物聚合物	XC	0.1~0.2	调整有机盐钻井流体黏度、切力
4	提切剂	Viscol	2.0~4.0	调整有机盐钻井流体黏度、切力
5	降失水剂	Redu1	1.0~2.0	抑制有机盐钻井流体失水量
6	抑制剂	Weigh2	70.0~80.0	提高钻井流体抗盐、抗石膏侵害能力
7	抑制剂	Weigh3	15.0~30.0	提高钻井流体抗盐、抗石膏侵害能力
8	无荧光白沥青	NFA25	1.0~2.0	对井壁封堵防塌,提高钻井流体润滑性
9	固体聚合醇	PGSC1	1.0	对井壁封堵防塌,提高钻井流体润滑性
10	重晶石粉	未明确代号	未明确范围	增加有机盐钻井流体密度

YTK5-2 井从井深 4700.00m 开始使用有机盐钻井流体,至井深 5050.00m 钻完盐膏层,历时 20d,无复杂情况发生,无事故。应用结果表明,有机盐高密度钻井流体抑制性强,机械钻速快,抗侵害能力强;在钻遇盐膏层时,解决了饱和氯化钠聚磺钻井流体失水量控制与流变性的矛盾,也解决了固相含量与流变性的矛盾。因此有机盐钻井流体是一种非常适合

盐膏层的钻井流体。

此外,针对塔里木东河油田 DHl-8-6 井强水敏性泥岩,易分散造浆,易发生缩径卡钻,侏罗系极易发生垮塌、掉块,井壁难稳定,易发生井漏等问题,采用了有机盐钻井流体,钻进顺利,取得良好的应用效果(周建东等,2002)。

针对家 59 井钻进过程中钻遇大段泥岩、膏泥岩、泥膏岩和盐膏岩等地层采用有机盐钻井流体,应用有机盐钻井流体。钻井流体对膏泥岩地层具有较强的适应性,抗石膏侵、盐侵能力强,有效抑制了软泥岩的分散造浆,钻进过程中钻井流体性能稳定,维护处理简单,开泵循环通畅,取得了良好的效果(虞海法等,2004)。

17.2.2 油基钻井流体

油基钻井流体是指以油作为连续相的钻井流体。它不溶解盐,因而避免了盐岩溶解与含盐膏泥岩的吸水膨胀和分散引起的各种复杂情况。早在 20 世纪 20 年代,曾使用原油作为钻井流体以避免和减少钻井中各种复杂情况的发生。但在实践中发现使用原油切力小,难以悬浮重晶石,失水量大,以及原油中的易挥发组分容易引起火灾等。于是后来逐渐发展成为以柴油为连续相的两种油基钻井流体——全油基钻井流体和油包水乳化钻井流体。在全油基钻井流体中,水是无用的组分,其含水量不应超过 10%。而在油包水乳化钻井流体中,水作为必要组分均匀地分散在柴油中,其含水量一般为 10%~60%。

但是,由于此类钻井流体配制成本高,对环境造成污染,以及使用时机械钻速低等缺点,使其在推广使用中受到一定限制,特别是在研制出成本相对较低的饱和盐水钻井流体后,油包水乳化钻井流体用于一般的盐膏层钻井已不多见。但对于复杂的复合盐层,由于水基钻井流体难以对付,油包水乳化钻井流体仍不失为一种理想钻井流体。

樊世忠(1980)针对华北油田高家堡构造古近系沙四段有盐岩、膏盐、膏泥、泥页岩交互地层,发生卡钻导致无法钻进等情况,选用油包水乳化钻井流体进行钻进,该钻井流体组分见表 5.17.4。

表 5.17.4 油包水乳化钻井流体组分表

序号	组分	代号	加量范围,%	作用
1	有机土	未明确代号	3.0	增加油包水钻井流体黏度,降低失水量
2	氧化沥青	AL	3.0	稳定井壁,防止黏土水化分散
3	柴油	未明确代号	70.0	作基础液
4	斯盘-80	SP-80	7.0	作乳化剂形成乳状液
5	石油磺酸铁	未明确代号	10.0	作解卡剂
6	腐殖酸酰胺	未明确代号	3.0	降低钻井流体失水量、防止井壁坍塌
7	饱和盐水	未明确代号	30.0	提高油包水乳化钻井流体稳定性
8	石灰	CaO	9.0	增加油包水乳化钻井流体密度
9	重晶石	无明确代号	未明确范围	增加油包水乳化钻井流体密度

此井三开采用油包水乳化钻井流体钻进,安全钻穿了该构造各井已钻遇的严重阻卡复杂井段(3671.00~3712.00m)。在井深 3821.00m 顺利钻穿盐膏地层,控制了盐膏层在高温

高压条件下的塑性变形乃至阻卡。钻井中虽发生了多次不同程度的井漏,都及时采取了措施进行消除,顺利钻达井深4578.00m,实钻进尺888.00m。共用 ϕ215.9mm 钻头68只,平均机械钻速0.68m/h。在井下高温高压及大段膏盐和泥质侵害的影响下,油包水乳化钻井流体性能稳定,抗侵害能力强,维护容易,控制方便,井径规则,取得了良好的试验效果。

此外,针对磨005-H8井在钻井过程中均发生了不同程度的压差黏附卡钻,部分井除多次发生高压差卡钻外,还发生了下套管不到位等技术难题,研制了一套高密度弱凝胶、无土相水包油钻井流体,钻井流体顺利地穿过了114.00m(斜深)的石膏层,性能十分稳定。顺利穿过了143.00m(斜深)的低压层和501.00m水平段,未发生压差卡钻。应用结果表明,钻井流体具有很好的防黏卡能力和稳定性能;较好地克服了高密度钻井流体流变性与失水护壁性难以调整的矛盾(王多金等,2008)。

针对库车山前巨厚盐膏层工程地质特征复杂,强度软硬交替等问题,采用油基钻井流体解决了库车山前巨厚盐膏层防斜打快的难题(周健等,2017)。

17.3 发展前景

盐膏层在中国陆上钻探中分布范围广泛,塔里木油田、辽河油田、胜利油田和中原油田等都遇到过钻遇盐膏层时发生卡钻、套管挤毁,甚至油井报废等恶性事故。因此对于盐膏层钻井流体的研究对于解决盐膏层钻进,合理高效开发油气资源有重要的意义。

17.3.1 存在问题

盐膏层钻井,特别是深井盐膏层和复合盐层钻井,是一个世界级的技术难题。目前的盐膏层钻井流体主要还存在腐蚀设备和成本高等问题:

(1)盐水钻井流体由于含有一定量的盐,因此对钻具和设备的腐蚀性较大,对电测也有一定的影响,且较淡水钻井流体的配制成本高。

(2)饱和盐水钻井流体的耗盐量很大,钻井流体性能维护成本高,往往是对厚度大的盐层、深层盐层或复杂盐层不得已而用之。

(3)有机盐钻井流体由于有机盐的成本较贵,所以经济效益较差,比较适用于一些特殊井如小眼井深井和裸眼深井完井中。

(4)油基钻井流体由于切力小,难以悬浮重晶石,失水量大,以及原油中的易挥发组分容易引起火灾等,并且由于配制成本高,对环境造成污染,以及使用时机械钻速低等缺点,使其在推广使用中受到一定限制。

17.3.2 发展方向

针对目前盐膏层钻井中存在的一些问题,以及对盐膏层下巨大的油气资源含量的开发需求,盐膏层钻井流体有减少腐蚀、降低成本等发展方向。

(1)对于盐水钻井流体,减少其对钻具和设备的腐蚀是对其研究改进的重点。盐水对金属设备的腐蚀是不可避免的,如何减小或者抑制其腐蚀将是盐水钻井流体发展的方向。

(2)减少饱和盐水钻井流体的耗盐量,降低其性能维护成本,提高经济效益,或者开发新的高效低成本溶质盐是饱和盐水钻井流体开发的新方向。

(3)降低有机盐钻井流体的成本,增大有机盐钻井流体的适用范围,开发新型低成本高效益宽范围的有机盐是有机盐钻井流体发展的方向。

(4)减少全油钻井流体。油包水钻井流体、水包油钻井流体的失水、污染、成本以及增加其携岩能力对于油基钻井流体的发展有重要意义。

(5)通过引入各类添加剂,提高滤饼质量降低钻井流体的失水量,抑制黏土的水化膨胀和分散,抑制盐膏吸水膨胀,提高抗盐侵钙侵侵害能力,抑制盐膏的溶解,从而开发出控制盐膏层的蠕变流动、缩径、坍塌掉块、抑制盐溶解的钻井流体。

第 18 章 破碎性地层钻井流体

破碎性地层是指在外力作用下,具有破碎力学行为和物理机制的岩体,包含断层、解理、裂缝等多种弱面结构。最常见的破碎性地层是低强度的脆性岩石如煤层、页岩层、石灰岩、某些白云岩等。可以说,地层岩石整体强度偏低,力学环境发生改变后,易破碎,形成不规则裂体,视为破碎地层(王平全,1999)。储集资源的破碎地层称之为破碎性储层。

从广义上讲,破碎性地层包括破碎性储层,属于破碎性岩土。狭义上说,破碎性地层是指没有油气资源的地层,而破碎性储层则是生产油气资源的地层。破碎性岩土则是指整体强度低的岩石和土。两者在钻井过程中有诸多不同,如地层流体的特性、使用的材料等。

目前,破碎性储层主要有以煤、碳酸盐岩、疏松砂岩为典型代表的天然破碎性储层,相似的还有干热岩储层、白云岩储层、水合物储层、油砂储层和砾岩储层等,以及以改造后致密砂岩为代表的人工破碎性储层,相似的有致密油储层、页岩气储层等(郑力会等,2019)。

钻遇这类地层时,井壁垮塌、钻井流体漏失十分严重,不仅浪费大量钻井时间和材料,钻井成本迅速上升,而且影响后期作业质量。因此,破碎性地层钻井流体是指用于钻探地层各向异性的钻井流体(Sofigenthcarbon Drilling Fluids)。钻井流体面临的主要困难是井塌、井漏和储层伤害控制。

18.1 开发依据

破碎性地层存在断层、层理面等弱面结构,这类储层在储层组分、渗流能力和岩石特性各向异性严重。因此,开发钻井流体目前主要有三个方面的考虑:

(1)多数认为,稳定破碎地层井塌为主,钻井流体应以提高密度和封堵为主。一是提高钻井流体密度;二是封堵;三是优化参数清洁井眼(张荣华等,2019)。在破碎性地层井壁周围形成渗透率为零或较低的封隔带,在压差足够时就能保持井壁的稳定。为此,应该研究纤维材料、混合材料的封堵规律,提出用封堵效率来评价封堵效果(李艳等,1999)。

(2)漏失比较严重的地层,钻井流体强调的漏失控制。往往通过对刚性、柔性粒子等材料筛选,配方优化,解决漏失相关的井下难题(徐浩等,2019)。

(3)大多数破碎性地层钻井过程中塌漏并存。大多数是先封堵提高地层承压能力后再提高钻井流体密度。这种方法的前提是封堵的成功率。从理论和实践的结果看,有些问题依然没有解决,因此,从改变地层的力学特性出发,粘接破碎性地层,提高地层的强度,进而提高地层的漏失压力,同时降低地层的坍塌压力是一条从理论到实践的可行之路。

18.2 体系种类

从作用方式的角度看,破碎性地层钻井流体主要有两大类:一类是依靠封堵实现井下安全的钻井流体;另一类是改变以储层力学特性的钻井流体。从应用的对象看,比较多如石油钻井流体、基础建设钻井流体和煤层气钻井流体。

18.2.1 有机盐/无机盐复合盐水钻井流体

福山油田花深1x井钻遇流二段和流三段交界面不整合存在破碎带,且钻遇该层位时不存在垮塌周期,钻开即垮塌,或者可能钻遇断层。同时受地层最大主应力影响。钻探过程中,因对地层岩性掌握不够,四开大斜度段出现严重垮塌不能穿过,需要三次侧钻。

第三次侧钻的井眼使用有机盐与无机盐复配的复合盐水钻井流体。钻井流体具有强抑制、强封堵性和抗高温性,解决了流沙港组流二段与流三段交界面破碎带地层垮塌难题(汪鸿等,2019)。钻井流体组分见表5.18.1。

表 5.18.1 有机盐/无机盐复合盐水钻井流体组分表

序号	组分	代号	加量范围,%	作用
1	氯化钾	未明确代号	5.0~8.0	增加钻井流体抑制性
2	抑制剂	BZ-YJZ-I	25.0~30.0	增加钻井流体抑制性
3	抑制剂	SD-101	2.0~3.0	增加钻井流体抑制性和高温稳定性
4	抑制剂	SD-201	2.0~4.0	增加钻井流体抑制性和高温稳定性
5	抗高温改性沥青	未明确代号	3.0~4.0	增加钻井流体高温稳定性
6	封堵剂	BZ-YRH	2.0~3.0	增加钻井流体封堵性能
7	乳化沥青	未明确代号	3.0~4.0	增加钻井流体高温稳定性
8	封堵剂	BZ-BYJ-I	0.3	增加钻井流体抑制性
9	高温稳定剂	REDUL200	1.0~2.0	增加钻井流体高温稳定性
10	抑制剂	BZ-MJL	2.0~3.0	增加钻井流体抑制性
11	细目钙	未明确代号	4.0	增加钻井流体封堵性能
12	封堵剂	BZ-DFT	2.0~3.0	增加钻井流体封堵性能
13	润滑剂	未明确代号	2.0~3.0	增加钻井流体润滑性能
14	亚硫酸钠	未明确代号	0.3	调节pH值

钻进过程中,不断实验,优选材料,优化体系。四开各项工作顺利。钻井流体的具体维护要点有5项:

(1)按照配方配制所需量的钻井流体,测量钻井流体性能,达到要求后进行钻进。钻进时每班补充胶液 $10 \sim 15 m^3$,维持足够的钻井流体量。

(2)根据情况每班另增加 10~20kg 抗高温改性沥青、10~20kg 乳化沥青、30kg 细目钙(600目、800目、1250目、2000目)、10kg 润滑,补充固控设备消耗,保持封堵材料的有效含量。

(3)在定向钻进时,提前配制 15m³ 润滑浆泵入钻杆,待润滑浆出水眼后,转动顶驱 5～10min,拍打井壁,使润滑材料充分贴紧在井壁上。根据托压情况可以多次泵入润滑浆(150kg 塑料小球 +200kg 石墨 +400kg 乳化沥青),保证顺利定向钻进。

(4)为减少钻井流体劣质固相含量,振动筛全程使用 220 目筛布。平时根据密度变化、固相含量变化、短程起下钻到底等情况及时开启离心机 1～2 个循环周。

(5)每次起钻之前,泵入 10～15m³ 润滑封闭浆,密度高于井浆 0.02g/cm³ 左右,另泵入 10m³ 压冒重浆,弥补循环压耗,保证井壁稳定性。

18.2.2 兰渝铁路防塌孔钻井流体

铁路工程和公路工程等国家基础设施建设项目投资力度的加大,路基勘察钻探中,经常要钻遇一些松散破碎性地层(胶结程度较差的砾石层、煤层等)、流砂层、泥页岩地层以及构造比较发育的节理、褶皱和断层性地层等,钻进过程中极易发生钻井流体漏失、孔壁坍塌、掉块以及孔径扩缩等复杂情况,从而严重影响到铁路勘察质量和施工进度(户现修,2010)。

兰渝铁路深孔隧道勘察 BDSZ - 25 钻孔位于西秦岭北支海西褶皱带,地层为侏罗系前浅变质的砂岩、碳质泥岩,断层、褶皱、节理等构造发育。钻进过程中塌孔、缩径、掉块等频繁出现,提下钻不畅,岩心采取率极低,严重影响了施工进度和钻探质量。同时,铁路勘察要求不能使用水泥等材料封堵复杂地层,以获取真实的工程/水文地质资料。通过对无渗透钻井流体配方和硅酸盐钻井流体配方的常规性能和抑制性能测试,表明这两种配方均具有良好为钻孔的碳质泥岩而研究的防塌孔钻井流体成套技术,解决了上述钻进问题,同时提高了钻进速度(郑秀华等,2010)。兰渝铁路防塌钻井流体主要组分见表 5.18.2。

表 5.18.2 兰渝铁路防塌钻井流体主要组分表

序号	组分	代号	加量范围,%	作用
1	膨润土	未明确代号	4.0	增加钻井流体黏度
2	羧甲基纤维素钠盐	未明确代号	0.2	增加钻井流体防塌性能
3	水解聚丙烯酰胺	未明确代号	0.8	絮凝黏土颗粒,抑制造浆
4	碳酸钠	未明确代号	0.3	抑制黏土水化分散

兰渝铁路深孔隧道勘察碳质泥岩防塌钻井流体取得很好的效果,金刚石复合片钻进,钻孔逐步正常。160～480m 井段钻进顺利,机械钻速提高,平均每天进尺 13.3m,钻井效率提高了约 6 倍,直至终孔,用时 24d,2009 年 4 月 11 日钻孔结束。第四阶段孔内试验,钻孔质量好。兰渝铁路深孔隧道勘察碳质泥岩防塌钻井流体研究与应用表明,钻井流体是构造复杂、地层破碎、裂隙发育、大段泥页岩层钻进的关键技术,不但可以解决坍塌、缩径、掉块等突出问题,还可以提高钻进速度和钻探质量。

18.2.3 吉 X 井煤层气绒囊钻井流体

吉 X 井二开井段 530.00～616.00m 为高压水层,780.00～860.00m 井段有 80m 砾石层,目的层山西组地层压力系数为 0.55～1.00、太原组地层压力系数为 0.67～1.03,不同压力系数共存同一裸眼。采用膨润土钻井流体、聚合物钻井流体,钻穿高压水层。但聚合物钻井流体在密度 1.2~1.5g/cm³、滴流状态时,仍无法解决砾石层的井壁失稳和岩屑携带问题。钻至井深 925.00m 后,通井距井底 70m 无法到底。后改用绒囊钻井流体技术,用重晶石加重,密度 1.03g/cm³,漏斗黏度 90s,12h 清洗 70m 沉砂;密度 1.07g/cm³,漏斗黏度 70s,顺利钻进到 1278m 完钻。下套管和固井顺利。

(1)地层方面。不同地层压力系数共存同一裸眼,钻井流体密度选择困难。山西组地层压力系数为 0.55~1.0,太原组地层压力系数为 0.67~1.03。钻井流体的密度大于 1.03g/cm³ 可能漏失,小于 1.0 g/cm³ 可能涌水。而且 448~870m 的破碎泥岩与裂隙含砾砂岩钻井流体密度 1.03g/cm³ 时仍然有大量掉块,造成无法下钻到底;相同密度下石盒子组岩石的应力不同,应力较低的井段容易出现掉块、坍塌。

(2)钻井流体方面。首先石千峰组与石盒子组的泥岩井段容易水化、分散造浆;其次在不同压力系数共存的情况下,石千峰组存在涌水,太原组又存在漏失,整体上造成了钻井流体性能维护困难;在携岩困难的情况下,提高钻井流体黏度,一方面要有较高的动塑比,另一方面又要保证钻井流体有很好的流变性,普通钻井流体很难做到;过高的固相含量会增加摩阻,危害井下安全,同时影响机械钻速。这些钻井流体方面存在的难点,使得普通钻井流体很难应对鄂尔多斯盆地东部晋西挠褶带南段吉 X 井在钻进过程中出现的复杂情况。

(3)设备方面。现场固控设备有限,没有除泥器、除砂器和离心机,高黏度情况下振动筛不能正常使用,给普通钻井流体控制固相含量带来一定难度。

膨润土钻井流体自身存在缺陷,无法解决以上问题。针对以上复杂情况,绒囊技术可以通过在不同层位加入成核剂、成膜剂调节密度,平衡地层压力;加入定位剂调节黏度和切力,提高携岩能力;控制固相含量,保证井下安全;调整成层剂加量,降低失水量,稳定井壁,防止掉块;调整抑制剂加量,抑制泥岩层位黏土分散。

(1)针对不同地层压力系数共存于同一裸眼的工程难题,提高低压地层承压能力,然后使用高密度钻井流体平衡地层承压能力。普通钻井流体要提高低压地层承压能力,需加入堵漏剂,而绒囊钻井流体应用效果表明,绒囊钻井流体能提高地层承压能力 30MPa。

(2)井内存在坍塌地层。在普通聚合物钻井流体携岩效果不好的情况下,通过提高钻井流体黏度,以提高切力。而绒囊钻井流体在漏斗黏度 50s 左右时,动塑比可以达到 0.9 以上,可以保证岩屑能够被顺利携带出井口。

(3)摩阻过大。针对摩阻过高,接单根困难的情况,普通钻井流体需要加入润滑剂来提高钻井流体的润滑性,而绒囊钻井流体的润滑系数在 0.1 左右,小于或接近于油基钻井流体的润滑系数,可以满足润滑性要求。

(4)对于石盒子组的松散、破碎和遇水失稳地层,需要提高钻井流体的失水与护壁性和抑制性,稳定井壁。绒囊钻井流体 API 失水量小于 5.0mL/30min,绒囊钻井流体滤液使标准钠土的膨胀率小于 11%,小于蒸馏水 14% 的膨胀率,抑制性可以满足要求。

(5)在固控设备有限的情况下,为保证井下安全,使用无固相的绒囊钻井流体,减少惰性加重材料和膨润土使用,降低钻井流体固相含量,利于润滑性和流变性等维持良好状态(王德桂等,2011)。吉 X 井煤层气绒囊钻井流体组分见表 5.18.3。

表 5.18.3　吉 X 井煤层气绒囊钻井流体组分表

序号	组分	代号	加量范围,%	作用
1	氢氧化钠	未明确代号	0.05~0.2	调节钻井流体 pH 值
2	碳酸钠	未明确代号	0.1~0.2	抑制黏土水化分散
3	绒毛剂	未明确代号	0.5~1.5	形成绒囊的毛
4	囊层剂	未明确代号	0.5~2.0	形成绒囊的层
5	成核剂	未明确代号	0.1~0.4	形成绒囊的核
6	成膜剂	未明确代号	0.1~0.4	形成绒囊的膜
7	重晶石	未明确代号	10.0~30.0	增加钻井流体密度

二开 55~925m 井段采用聚合物钻井流体,二开开始至进入目的层以前,钻井流体以防垮、防漏、防水涌为主,为保证地质录井准确性,全井段钻井流体中不能使用含有荧光的处理剂。聚合物钻井流体在 55~530m 施工顺利,从 530m 开始,逐渐出现涌水、掉块、漏失现象,导致遇卡,接单根困难,影响了下一步的施工,密度从 $1.05g/cm^3$ 逐渐调整到 $1.5g/cm^3$,漏斗黏度从 33s 调整到滴流状态,复杂情况仍然未能解除。说明普通聚合物钻井流体的抑制性不够,导致了掉块越来越严重,出现遇卡;润滑性不够,导致上提钻具阻力过大,接单根困难;失水与护壁性不够,导致井壁失稳;携岩能力不够好,滴流状态下仍不能满足携岩要求,不适合这种复杂地层的钻进要求。

二开 925~1278m 井段采用绒囊钻井流体,根据复杂情况,利用绒囊钻井流体密度可调的特点,钻井流体密度保持 0.98~$1.07g/cm^3$,漏斗黏度保在 70~93s,大量 20~30mm 泥岩掉块被循环出井口,循环 48h 后循环出大量新的细小岩屑,上提钻具无明显阻力,复杂情况得到解除。在处理复杂情况的过程中,绒囊钻井流体的抑制性及失水与护壁性有效控制了泥岩的水化膨胀,稳定了井壁,使得掉块现象得到控制;阻力明显减小,说明绒囊钻井流体的润滑性能满足解决井下难题要求;漏斗黏度保持在 70s 左右时,此时动塑比为 $1.2Pa/(mPa·s)$,能够满足携带 20~30mm 泥岩掉块要求,说明绒囊钻井流体良好的携岩能力,适合该复杂情况的施工要求。

在非煤层段钻进时,绒囊钻井流体密度控制在 1.01~$1.13g/cm^3$,以平衡地层压力,保证井下安全;在煤层段钻进时,为保护储层,采用低密度绒囊钻井流体钻进,密度控制在 $1.0g/cm^3$ 以下,同时降低失水量,控制储层伤害;同时加入黏土抑制剂,抑制煤系地层中的黏土分散,保护储层。

绒囊钻井流体技术有效地提高了低压目的层承压能力,解决了不同压力系统共存同一裸眼的工程难题,为勘探低压煤层气提供了钻井流体技术。

18.3　发展前景

破碎性地层主要有三个特点,井漏、井塌和储层伤害控制。目前有关理论、方法和工艺都需要进一步发展。

18.3.1 存在问题

从理论、方法和工艺看,理论单一,沿用的是岩石力学常规手段,方法只有封堵,工艺上也只能以改善钻井流体的性能为主。乍看起来,研究应用都比较多,但总体上比较单一。

因此,针对目前破碎性地层所需要的稳定地层和控制储层伤害的手段是比较单一的现状,建议在发展刚性封堵、柔性封堵和模糊封堵的基础上,实施以目标特性为主,多样化理论、方法和工艺为辅,全面发展。

18.3.2 发展方向

破碎性地层,特别是破碎性储层,不仅仅在工程上,需要稳定井壁和防漏堵漏,在储层存伤害控制方面也需要很好的控制储层的伤害程度。

(1)理论上,破碎性地层研究理论比较单一,需要突破原来地层稳定的室内研究和评价方法,进而提不出适合于破碎性地层的井壁稳定和储层伤害控制的理论。

(2)方法上,需要根据不同的目标实施不同的措施,特别是材料开发,如采取化学封堵方法或者是用机械方法,还是降压方法防治井壁失稳,不应局限于对目前普通材料的改进,以解决储层伤害控制方法单一的问题,提高封堵效率。

(3)在理论、方法研究的基础上,大力开发适合于以上理论和方法的现场施工工艺,为稳定井壁和储层伤害控制提供保障。

参 考 文 献

包贵全.2007.煤层气钻井工程中几个重点技术问题的探讨[J].探矿工程(岩土钻掘工程)(12):4-8.
边继祖,张献丰,魏兰.2001.三交地区煤层气井钻井液技术[J].钻井液与完井液(6):50-51.
蔡记华,刘浩,陈宇,等.2011.煤层气水平井可降解钻井液体系研究[J].煤炭学报,36(10):1683-1688.
蔡记华,乌效鸣,谷穗,等.2010.煤层气水平井可生物降解钻井液流变性研究[J].西南石油大学学报(自然科学版),32(5):126-130,194.
蔡记华,袁野,王济君,等.2013.纳米材料稳定的微泡沫钻井液降低煤层气储层伤害的实验研究[J].煤炭学报,38(9):1640-1645.
蔡晓文,纪卫军,阮海龙,等.2010.不分散低固相钻井液体系在张掖平山湖矿区中的应用[J].探矿工程(岩土钻掘工程)(8):27-28,31.
蔡勇,罗立公,何兴华,等.2010.利67井三开高密度防塌钻井液技术[J].钻井液与完井液,27(4):47-49.
长庆石油勘探局工程技术研究院.2005-09-07.保护低渗砂岩气层油溶暂堵钻井液:CN200510041788.1[P].
陈军,马玄,岳前升,等.2014.沁水盆地清水钻井流体对煤储层损害机理[J].煤矿安全,45(11):68-71.
陈乐亮,汪桂娟.2003.甲酸盐基钻井完井液体系综述[J].钻井液与完井液(1):34-39,70.
陈志学,冯晓炜,崔龙连,等.2013.致密砂岩气藏钻完井关键技术研究进展[J].科技导报,31(32):74-79.
程琳.2016.高家堡油田家3断块复合盐钻井液技术研究与应用[D].大庆:东北石油大学.
程启华,杨青廷.2006.赤水地区深井超高密度钻井液技术问题的研究及应用[J].钻采工艺,29(2):110-111,117.
崔贵涛,陈在君,黎金明,等.2011.复合盐水低伤害钻井液在桃7-9-5AH水平井的应用[J].钻井液与完井液,28(3):42-44,94.
代国忠,张亚兴,赖文辉,等.2010.PVM聚合物型无固相钻井液研究与应用[J].地质与勘探(6):1127-1132.
但家祥.2010.阜新高瓦斯矿区煤层气井钻井工艺技术研究[D].大庆:东北石油大学.
董川,李帆,闫长秀.2012.凤1井异常高压地层的钻井技术[J].中国化工贸易(1):197-198.
董建辉,王先国,乔磊,等.2008.煤层气多分支水平井钻井技术在樊庄区块的应用[J].煤田地质与勘探(4):21-24.
法鲁克 西维.2003.油层伤害:原理、模拟、评价和防治[M].北京:石油工业出版社.
樊世忠.1980.油包水加重乳化泥浆[J].石油钻采工艺,2(2):21-27.
冯学荣,周华安,贾兴明.2005.罗家寨构造水平井钻井液技术[J].钻井液与完井液,22(4):8-11,81-82.
付帆.2015.MBM盐水冲洗液的研究与应用[C].第十八届全国探矿工程(岩土钻掘工程)技术学术交流年会.
高金云,郭明贤,庄义江,等.2003.文301井钾基聚磺饱和盐水钻井液技术[J].钻井液与完井液,20(4):55-56.
高元宏,梁俭,刘海声,等.2017.青海祁连木里地区天然气水合物钻探钻井液应用分析研究[J].青海大学学报,35(3):52-57,64.
管强盛,陈礼仪,张林生,等.2014.汶川科钻WFSD-4孔钻井液CO_2污染及其处理[J].探矿工程(岩土钻掘工程),41(4):14-17.
何斌,马超.2009.适合柯克亚地层的油基钻井液体系研究及应用[J].新疆石油科技,19(2):5-8.
何晋元.2014.煤层气井中低固相聚合物钻井液的应用[J].科技传播,6(19):200,199.
何涛,李茂森,杨兰平,等.2012.油基钻井流体在威远地区页岩气水平井中的应用[J].钻井流体与完井液,

29(3):1-5,91.

何涛,李茂森,杨兰平.2012.油基钻井液在威远地区页岩气水平井中的应用[J].钻井液与完井液,29(3):1-5.

何勇波,余兴伟,乔勇,等.2008.高密度氯化钾—饱和盐水钻井液在羊塔克1-12井的应用[J].钻井液与完井液,25(4):68-70.

和冰.2008.泥页岩水化试验研究[J].断块油气田(4):105-108.

贺建群,乌效鸣,向阳,等.2013.煤层气生物酶可解堵钻井液的岩心流动实验研究[J].钻井液与完井液,30(2):33-36,92.

侯岩波,刘彬,王力,等.2014.柿庄南区块煤层气低密度玻璃微球钻井液现场应用[J].中国煤层气,11(2):17-19,16.

胡友林,乌效鸣.2014.煤层气储层水锁损害机理及防水锁剂的研究[J].煤炭学报,39(6):1107-1111.

胡祖彪,李德波,陈秉炜,等.2010.智能凝胶GD-1在陕北黄土层防漏堵漏中的应用[J].钻井液与完井液,27(1):85-86,94.

户现修.2010.兰渝铁路深孔隧道勘察碳质泥岩防塌钻井液研究[D].北京:中国地质大学(北京).

滑志超,王照辉,邬恩中.2014.绒囊钻井液在煤层气樊试U1井组的应用[J].化工管理(21):82-83.

黄尚德,叶诗均,彭本甲.2006.鄂深6-侧钻井硅酸盐防塌钻井液技术[J].江汉石油科技(4):34-36.

黄维安,邱正松,王彦祺,等.2012.煤层气储层损害机理与保护钻井液的研究[J].煤炭学报,37(10):1717-1721.

黄维安,邱正松,杨力,等.2013.煤层气钻井井壁失稳机理及防塌钻井液技术[J].煤田地质与勘探,41(2):37-41.

黄珠珠,蒲晓林,董学成.2008.关于储层保护的钻井液技术[J].化工时刊(7):65-68.

蒋官澄,姚如钢,李威,等.2014.高温高密度盐水基钻井液性能[J].东北石油大学学报,38(2):74-79,9-10.

蒋国盛,施建国,张昊,等.2009.海底天然气水合物地层钻探甲酸盐钻井液实验[J].地球科学(中国地质大学学报),34(6):1025-1029.

敬军淇,何志君.2015.煤岩储层潜在损害因素分析[J].科技创新与应用(16):154.

康毅力,罗平亚.2007.中国致密砂岩气藏勘探开发关键工程技术现状与展望[J].石油勘探与开发(2):239-245.

匡韶华,蒲晓林,罗兴树,等.2010.超高密度有机盐钻井液流变性和失水量控制技术[J].石油钻采工艺,32(2):30-33.

李皋,孟英峰,唐洪明,等.2007.气体钻井高效开发致密砂岩气藏[J].天然气工业,27(7):59-62.

李花花.2009.近井带地层堵塞预测、诊断与处理效果评价数学模型研究[D].西安:西安石油大学.

李怀科,鄢捷年,叶艳.2008.保护裂缝性气藏的超低渗透钻井液体系[J].石油钻探技术,36(4):34-36.

李建忠,郭彬程,郑民,等.2012.中国致密砂岩气主要类型、地质特征与资源潜力[J].天然气地球科学,23(4):607-615.

李万清,于建,蔡恩宏,等.2006.强抑制性聚合醇防塌钻井液在大安地区的应用[J].钻井液与完井液,23(3):77-78.

李晓峰.2006.钾聚石灰钻井液技术在达1井的应用[J].西部探矿工程,18(S1):364-365.

李砚智,张长茂.2019.GYx地热井钻井液技术[J].探矿工程(岩土钻掘工程),46(1):68-73.

李艳,邓明毅,李春霞.1999.破碎性地层封堵机理及规律[C].中国石油学会度钻井液完井液技术研讨会.

李益寿,王卫国,郝仕根,等.2005.欠饱和盐水钻井液在T913井的研究及应用[J].新疆石油科技(4):19-21.

李荫柑. 1984. 惰性材料堵漏在四川见到好苗头[J]. 天然气工业(1):93.

李勇,陈怡,王虎,等. 2015. 磺化沥青钻井液在贵州地热勘探井中的应用[J]. 探矿工程(岩土钻掘工程),42(1):27-30.

梁维天,郑秀华,邹万鹏,等. 2009. 乳化钻井泥浆在韩城 11# 煤层气井中的应用研究[J]. 勘察科学技术(1):44-47.

林洪德,邢立杰. 2009. 煤层气井空气钻井条件下地质录井面临的新问题及解决方法[J]. 中国煤炭地质,21(S1):44-48.

蔺文洁,黄志宇,张远德. 2011. 高密度饱和盐水钻井液在盐膏层钻进中的维护技术[J]. 天然气勘探与开发,34(1):64-67.

刘彬,宋百强,王瑞城,等. 2013. SN-015 煤层气 U 形水平井钻井液技术[J]. 中国煤层气,10(3):15-17,36.

刘大伟,王益山,虞海法,等. 2011. 煤层多分支水平井安全钻井技术[J]. 煤炭学报,36(12):2109-2114.

刘德胜,罗淮东,董大康,等. 2008. 伊朗 MIS 油田裂缝性高含硫枯竭油气层钻井液技术[J]. 钻井液与完井液(5):5-8,83.

刘贵传,郭才轩. 2000. 正电胶钻井液体系及其应用[J]. 地质与勘探(2):76-79.

刘平德,牛亚斌,王贵江,等. 2001. 水基聚乙二醇钻井液页岩稳定性研究[J]. 天然气工业(6):57-59,116-117.

刘天乐,蒋国盛,涂运中,等. 2009. 海洋水合物地层钻井用聚合醇钻井液研究[J]. 石油钻采工艺,31(5):52-55.

刘伟,柳娜,张小平. 2016. 膨胀型油基防漏堵漏钻井液体系[J]. 钻井液与完井液,33(1):11-16.

刘晓栋,徐鸿志,王宇宾. 2010. 大港滨海区块磺酸盐共聚物高温海水基钻井液[J]. 钻井液与完井液,27(6):30-33,37,97.

刘选朋,郑秀华,王志民,等. 2010. 硅酸盐防塌泥浆研究及其在碳质泥岩钻探中的应用[J]. 地质与勘探(5):967-971.

刘远亮,乌效鸣,朱永宜,等. 2009. 松科一井长裸眼防塌钻井液技术[J]. 石油钻采工艺,31(4):53-56.

刘祚才,黄贤杰,刘宗兵,等. 2005. 聚磺欠饱和盐水钻井液在 S117 井的应用[J]. 钻井液与完井液,22(3):47-49.

隆清明,赵旭生,牟景珊. 2008. 孔隙气压对煤层气体渗透性影响的实验研究[J]. 矿业安全与环保(1):10-12,91.

马东,蒋发太,赵林. 2008. 仿油基钻井液技术的研究[J]. 断块油气田(2):98-100.

马宏文. 2018. 新疆塔东区块古城 15 井钻井液技术[J]. 西部探矿工程,30(12):55-58.

马平平,杨官杰,陈芳. 2015. 低密度高抗油泡沫钻井液研究及在低压油气井的应用[J]. 钻采工艺,38(5):85-88,11.

马新华,贾爱林,谭健,等. 2012. 中国致密砂岩气开发工程技术与实践[J]. 石油勘探与开发,39(5):572-579.

马兴峙. 1984. 减少和预防四川地区钻井复杂情况的探讨[J]. 天然气工业(1):7,41-47.

毛俊. 2010. 中古 13 井优快钻井钻井流体技术[J]. 科技创新导报(34):111-112,114.

牟全斌,韩保山,张培河. 2014. 潘庄地区煤层气 U 形水平井技术工艺研究[J]. 中国煤炭地质,26(11):53-56.

彭放. 2000. YC21-1-4 井钻井液技术[J]. 钻井液与完井液(3):44-46.

钱志伟,鲁政权,白洪胜. 2017. 油基钻井液防漏堵漏技术[J]. 大庆石油地质与开发(6):105-108.

乔李华,周长虹,高建华. 2015. 长宁页岩气开发井气体钻井技术研究[J]. 钻采工艺(6):15-17.

秦建强,刘小康.2008.煤层气钻井中煤储层的保护措施[J].中国煤炭地质(3):67-68,76.
秦佑强.2010.泡沫钻井液技术在末端水平对接井的应用研究[J].现代商贸工业,22(19):354-355
邱春阳,王宝田,司贤群,等.2013.铝胺多元协同防塌钻井液在乌参1井三开井段的应用[J].新疆石油天然气,9(4):24-27,5.
任美洲.2012.大佛寺井田煤层气水平对接井钻井技术研究[D].西安:西安科技大学.
沈炎,刘俊,程晓年.2009.泡沫流体钻井技术在肯尼亚OW904超高温地热井的应用[J].重庆科技学院学报(自然科学版),11(4):16-18,32.
盛玉奎,白振平.2006.中国石油第一口煤层气井喜获工业气流[J].国外测井技术,21(4):74.
石秉忠,欧彪,徐江,等.2011.川西深井钻井液技术难点分析及对策[J].断块油气田,18(6):799-802.
舒福昌,岳前升,黄红玺,等.2008.新型无水全油基钻井液[J].断块油气田(3):103-104.
舒勇,鄢捷年,熊春明,等.2009.低渗致密砂岩凝析气藏液锁损害机理及防治——以吐哈油田丘东气藏为例[J].石油勘探与开发,36(5):628-634.
司贤群,吕振华.2016.聚合醇防塌钻井液体系的室内评价与应用[J].石油钻探技术,29(3):45-46.
宋一男,窦亮彬.2014.泡沫钻井液配合生物酶在煤层气钻井中的应用[J].石油机械,42(7):7-11.
孙法佩,张杰,李剑,等.2012.煤层气215.9mm井眼水平井绒囊钻井液技术[J].中国煤层气,9(2):18-21.
孙建平.2003.煤层气井钻井流体特点的探讨[J].中国煤田地质(4):65-66,75.
孙金声,唐继平,张斌,等.2005.超低渗透钻井液完井液技术研究[J].钻井液与完井液(1):1-4,79.
孙金声,张家栋,黄达全,等.2005.超低渗透钻井液防漏堵漏技术研究与应用[J].钻井液与完井液,22(4):22-24,26.
孙荣华,赵冰冰,王波,等.2019.尼日尔Agadem油田井壁稳定技术对策[J].长江大学学报(自然科学版)(6):24-29.
孙云超.2017.雷家地区全油基钻井液技术[J].辽宁化工,46(7):677-678,681.
覃家钦,孙胜,王利军.2012.空气/泡沫钻井液技术在隆盛1井特大井眼中的应用[J].江汉石油科技(2):34-36.
唐代绪,刘保双,薛玉志,等.2003.埕北30潜山油藏保护油层钻井液技术[J].钻井液与完井液(5):35-37,40,75-76.
唐巨鹏,潘一山,李成全,等.2006.有效应力对煤层气解吸渗流影响试验研究[J].岩石力学与工程学报(8):1563-1568.
唐仕忠,萧映雪.2000.新疆准噶尔盆地南缘地区钻井液技术[J].钻井液与完井液,17(3):28-31.
陶士先,胡继良,纪卫军.2012.水敏性地层钻探用接枝淀粉聚合物泥浆体系研究[J].地质与勘探(5):1029-1033.
陶士先.2007.绳索取心钻杆内壁结垢机理与防治[C].第十四届全国探矿工程(岩土钻掘工程)学术研讨会:5.
陶冶,廖新伟,周强.2006.大尺寸井眼气基流体钻井技术的应用[C].中国石油工程学会钻井工作部年会暨石油钻井院所长会议.
涂运中,蒋国盛,张昊,等.2009.海洋天然气水合物钻井的硅酸盐钻井流体研究[J].现代地质,23(2):224-228
万芬,王昌军.2014.抗高温无黏土相钻井液体系研究[J].石油天然气学报,36(4):140-142,9-10.
汪鸿,杨灿,周雪菌,等.2019.风险探井花深1x井深部破碎带地层钻井液技术[J].钻井液与完井液,36(2):208-213.
汪伟英,陶杉,黄磊,等.2010.煤层气储层钻井液结垢伤害实验研究[J].石油钻采工艺,32(5):35-38.

王德桂,何玉云,卜渊,等.2011.吉X井煤层气绒囊钻井液实践[J].石油钻采工艺,35(5):93-95.
王东明,陈勉,罗玉财,等.2016.华北古近系及潜山内幕地层井壁稳定性研究[J].钻井液与完井液(6):33-39.
王多金,李家龙,徐英.2008.高密度水包油钻井液在磨005-h8井的应用[J].天然气工业,28(6):93-95.
王富华,邱正松,王瑞和.2004.保护油气层的防塌钻井液技术研究[J].钻井液与完井液(4):50-53,76-77.
王富华,王力,张祎徽.2007.深井水基钻井液流变性调控机理研究[J].断块油气田(5):61-63,96.
王富华,王瑞和,刘江华,等.2010.高密度水基钻井液高温高压流变性研究[J].石油学报,31(2):306-310.
王歌.2017.钾基聚合物防塌钻井液在页岩气勘探中的应用[J].中国石油和化工标准与质量(12):114-115,117.
王宏伟,李玉良.2009.和煤1井煤层气井钻井液技术[J].探矿工程(岩土钻掘工程),36(1):25-26,30.
王建华,王立辉,杨海军,等.2015.抗高温高密度油基钻井液体系DR-OBM[J].石油科技论坛,34(S1):56-58,62.
王兰,马光长,吴琦.2010.抗高温水基钻井液在龙岗地区的应用[J].精细石油化工进展,11(10):23-26.
王佩平,应付晓,刘红玉.2006.正电胶纳米乳液钻井液在胜利油田的应用[J].江汉石油职工大学学报,19(4):38-39.
王平全.1999.破碎性地层概念界定及其破碎的热力学分析[J].西南石油学院学报(1):19-22,3.
王西江,曹华庆,郑秀华,等.2010.甲酸盐钻井液完井液研究与应用[J].石油钻探技术,38(4):79-83.
王新学,周华安,杨兰平,等.2007.川渝东部气田复杂深井水平井钻井液工艺技术[J].钻井液与完井液(S1):104-106,109,132.
王旭,周乐群,张滨,等.2009.抗高温高密度水基钻井液室内研究[J].钻井液与完井液,26(2):43-45,132.
王占林,冯水山,王昱涵,等.2014.可循环微泡沫钻井液技术在易漏失地层钻井施工中的应用[J].西部探矿工程,26(11):69-72.
王政敏.2001.PAA高分子聚合物冲洗液在复杂地层钻探中的应用[J].地质与勘探(4):83-84.
王中华.2011.国内外超高温高密度钻井液技术现状与发展趋势[J].石油钻探技术,39(2):1-6.
王中华.2012.页岩气水平井钻井液技术的难点及选用原则[J].中外能源,17(4):43-47.
吴建光,孙茂远,冯三利,等.2011.国家级煤层气示范工程建设的启示——沁水盆地南部煤层气开发利用高技术产业化示范工程综述[J].天然气工业,31(5):9-15,112-113.
夏建国,乌效鸣,胡郁乐.2005.新型充气钻井液在新疆严重漏失地层的应用[J].探矿工程(岩土钻掘工程),32(9):46-48.
夏廷波,席凤林,雍富华,等.2005.煤层气井沙试3井钻井液体系的研究与应用[J].钻井液与完井液(1):71-73,86.
鲜保安,高德利,陈彩红,等.2004.煤层气高效开发技术[J].特种油气藏(4):63-66,126.
鲜保安,夏柏如,张义,等.2010.煤层气U形井钻井采气技术研究[J].石油钻采工艺,32(4):91-95.
肖金裕,杨兰平,李茂森,等.2011.有机盐聚合醇钻井液在页岩气井中的应用[J].钻井液与完井液,28(6):21-23,92.
肖扬,杨弘毅,李长城.2018.适合海上油田古近系沙河街组钻井液体系研究[J].当代化工,47(2):316-319.
徐浩,窦正道,王媛媛,等.2019.侧钻井破碎性地层钻井液封堵性研究.内江科技,40(3),81-83.
闫立飞,申瑞臣,袁光杰,等.2016.沁水盆地岩性交替井绒囊钻井液实践[J].煤田地质与勘探(1):

137-140.

杨洪彬,皮微微,王禹,等.2013.吉林伊通地热井钻井液设计及重点技术要求[J].西部探矿工程,25(8):55-57,61.

杨慧英.1999.硅钾基防塌钻井液在冀东油田深井中的应用[J].石油钻探技术,27(5):41-43.

杨胜来,杨思松,高旺来.2006.应力敏感及液锁对煤层气储层伤害程度实验研究[J].天然气工业(3):90-92,167-168.

杨晓冰,高利华,蔺志鹏.2009.土库曼斯坦尤拉屯气田15、16井盐膏层钻井流体技术[J].钻井流体与完井液,26(1):69-71,95.

杨永杰,宋扬,陈绍杰.2007.煤岩全应力应变过程渗透性特征试验研究[J].岩土力学(2):381-385.

姚德辉,李建成,燕修良.2002.充气钻井液技术在云参1井的应用[J].石油钻探技术,30(4):34-35.

姚良秀,徐旭升.2016.桩129-平10井大井斜、油页岩破碎带的钻井技术[J].科技视界(23):290-291.

叶慧平,王晶玫.2009.酸性气藏开发面临的技术挑战及相关对策[J].石油科技论坛,28(4):63-65.

叶诗均.2008.高矿化度微泡沫钻井液技术的研究与应用[J].钻井液与完井液,25(2):4-8.

尹达,王书琪,张斌.2000.MMH正电胶防漏堵漏技术[J].钻井液与完井液,17(1):46-48.

雍富华,余丽彬,熊开俊.2006.MEG钻井液在吐哈油田小井眼侧钻井中的应用[J].钻井液与完井液,23(5):50-52.

虞海法,左凤江,耿东士,等.2004.盐膏层有机盐钻井液技术研究与应用[J].钻井液与完井液(5):8-11.

袁明进.2011.宜页1井钻井液技术[J].油气藏评价与开发,1(4):78-80.

袁明进,朱智超,刘浩,夏巍巍.2012.鄂尔多斯盆地延川南区块延平1井钻井液技术[J].油气藏评价与开发,2(1):70-72.

袁志平,李巍,肖振华.2015.高-磨地区高密度钻井液CO_2污染预防与处理技术[J].石油与天然气化工,44(4):106-109.

岳前升,陈军,邹来方,等.2012.沁水盆地基于储层保护的煤层气水平井钻井液的研究[J].煤炭学报,37(S2):416-419.

岳前升,马玄,陈军,等.2014.沁水盆地煤层气水平井井壁垮塌机理及钻井液对策研究[J].长江大学学报(自然科学版),11(32):73-76,4.

岳前升,舒福昌,向兴金,等.2004.合成基钻井液的研制及其应用[J].钻井液与完井液(5):3-5,69.

岳前升,邹来方,蒋光忠,等.2010.基于煤层气可降解的羽状水平井钻井液室内研究[J].煤炭学报,35(10):1692-1695.

岳前升,邹来方,蒋光忠,等.2012.煤层气水平井钻井过程储层损害机理[J].煤炭学报,37(1):91-95.

占样烈,徐力生,李月良.2010.SM植物胶冲洗液的流变性分析与探讨[J].地质与勘探,46(2):343-347.

张国华,梁冰,侯凤才,等.2011.渗透剂溶液水锁效应对瓦斯解吸影响实验研究[J].科技导报,29(22):45-50.

张景红,赵健,李波,等.2001.AQUA-DRILL醇基钻井流体体系在雪古1井的应用[J].石油钻探技术(6):30-31.

张坤,田岚,秦宗伦,等.2004.微泡沫钻井液在川渝地区玉皇1井的应用[J].天然气工业,24(10):78-79.

张明,李天太,李达,等.2014.苏里格气田氨基聚合物防塌钻井液体系[J].科技导报,32(31):61-64.

张天龙,屈俊瀛,霍仰春.2001.低固相聚合物钻井液在山西煤层气井中的应用[J].西安石油学院学报(自然科学版),16(1):33-34.

张蔚,蒋官澄,王立东,等.2017.无黏土高温高密度油基钻井液[J].断块油气田,24(2):277-280.

张文波,戎克生,李建国,等.2010.油基钻井液研究及现场应用[J].石油天然气学报,32(3):303-305.

张翔宇.2016.氨基硅醇强抑制封堵防塌钻井液体系研究与应用[J].天然气勘探与开发,39(3):76-79.

张晓静. 2007. 水敏/松散地层钻井液的护壁机理分析与应用研究[D]. 武汉:中国地质大学(武汉).

张新民,聂勋勇,颜小兵,等. 2007. 空气/泡沫钻井技术在高陡构造带凉东 003-2 井的应用[J]. 钻井液与完井液,24(S1):89-90.

张亚蒲,何应付,杨正明,等. 2010. 煤层气藏应力敏感性实验研究[J]. 天然气地球科学,21(3):518-521.

张琰,艾双,钱续军. 2001. MEG 钻井液在沙 113 井试验成功[J]. 钻井液与完井液,18(2):27-29.

张跃,张博,吴正良,等. 2013. 高密度油基钻井流体在超深复杂探井中的应用[J]. 钻采工艺,36(6):95-97,8.

张振华. 2005. 辽河盆地小龙湾地区煤层气井钻井液技术探讨[J]. 特种油气藏(5):68-71,108.

张振华,鄢捷年,王书琪. 2000. 保护裂缝性碳酸盐岩油气藏的钻井完井液[J]. 钻采工艺,23(1):61-64.

张振平. 2011. 无固相聚合物钻井液在柳林煤层气钻井中的应用[J]. 河北煤炭(5):51-52,54.

赵焕省. 2014. 超临界二氧化碳在钻完井过程中的应用研究[J]. 广东化工,41(22):90-91.

赵立新,张希成,温守云,等. 2013. 铝胺聚醇封堵防塌钻井液体系在英 2 井的应用[J]. 西部探矿工程,25(12):37-39.

赵利,刘涛光,齐国忠,等. 2012. 复合盐钻井液技术在莫 116 井区的应用[J]. 钻井液与完井液,29(5):33-36,97.

赵岩,仲玉芳,王卫民,等. 2011. S/D-2 井欠饱和盐水钻井液技术[J]. 探矿工程-岩土钻掘工程,38(3):46-48.

赵阳升,胡耀青,杨栋,等. 1999. 三维应力下吸附作用对煤岩体气体渗流规律影响的实验研究[J]. 岩石力学与工程学报(6):651-653.

郑力会,陈必武,张峥,等. 2016. 煤层气绒囊钻井液的防塌机理[J]. 天然气工业,36(2):72-77.

郑力会,孔令琛,曹园,等. 2010. 绒囊工作液防漏堵漏机理[J]. 科学通报,55(15):1520-1528.

郑力会,刘皓,曾浩,等. 2019. 流量替代渗透率评价破碎性储层工作流体伤害程度[J]. 天然气工业,39(12):74-80.

郑力会,刘俊英,滑志超,等. 2016. 马壁区块复杂结构煤体的煤层气绒囊钻井液研究[J]. 煤炭科学技术,44(5):79-83.

郑力会,王志军,张民立. 2004. 盐膏层用高密度有机盐钻井流液体的研究与应用[J]. 钻井液与完井液(4):37-39.

郑秀华,王军,蔡福民,等. 2010. 兰渝铁路深孔隧道勘察碳质泥岩防塌孔钻井液技术[J]. 铁道建筑(2):45-47.

郑毅,黄洪春. 2002. 中国煤层气钻井完井技术发展现状及发展方向[J]. 石油学报(3):81-85,2.

郑永超,忽建泽,肖俊峰,等. 2016. 抗盐、抗高温钻井液在 HV027-8 井的应用[J]. 石油地质与工程,30(1):115-117.

周建东,李在均,邹盛礼,等. 2002. 有机盐钻井液在塔里木东河油田 DH1-8-6 井的应用[J]. 钻井液与完井液,19(4):21-23.

周健,刘永旺,贾红军,等. 2017. 库车山前巨厚盐膏层提速技术探索与应用[J]. 钻采工艺(1):21-24,6.

左景栾,孙晗森,周卫东,等. 2012. 适用于煤层气开采的低密度钻井液技术研究与应用[J]. 煤炭学报,37(5):815-819.

Almon W R, Davies D K. 1981. Formation Damage and the Crystal Chemistry of Clays[C]. Min. Assoc, Canada Short Course, Calgary,7(5):315-319.

Alterås E, Fimreite G, Dzialowski A, et al. 2001. Design Of Water Based Drilling Fluid Systems for Deepwater Norway[C]. SPE/IADC Drilling Conference.

Amaefule J O,梅文荣. 1990. 地层损害的新进展及控制战略[J]. 国际上钻井技术,5(1):50-57.

Bailey T J, Henderson J D, Schofield T R. 1987. Cost Effectiveness of Oil – Based Drilling Muds in The UKCS[C]. SPE 16525.

Beihoffer T W, Dorrough D S, Schmidt D D. 1990. The Development of an Inhibitive Cationic Drilling Fluid for Slim – Hole Coring Applications[C]. SPE 19953.

Civan F, Engler T. 1994. Drilling Mud Filtrate Invasion—Improved Model and Solution[J]. Journal of Petroleum Science & Engineering, 11(3):183 – 193.

Frolova J, Ladygin V, Rychagov S, et al. 2014. Effects of Hydrothermal Alterations on Physical and Mechanical Properties of Rocks in the Kuril Kamchatka Island arc[J]. Eng. Geol., 183:80 – 95.

HarpaLani S, Chen G. 1995. Estimation of Changes in Fracture Porosity of Coal with Gas Emission[J]. Fuel, 74(10):1491 – 1498.

HarpaLani S, Schraufnagel R A. 1990. Shrinkage of Coal Matrix with Release of Gas and its Impact on Permeability of Coal[J]. Fuel, 69(5):551 – 556.

Kumar T, Todd A C. 1988. A New Approach for Mathematical Modeling of Formation Damage Due to Invasion of Solid Suspensions[J]. SPE 18203.

Leontaritis K. 1998. AspHaltene Near – wellbore Formation Damage Modeling[C]. SPE 39446.

Matthew J Mavor. 1996. The Accurate Method for Determining the Content in CBM[J]. Oilfield Review, 3:21 – 25

Muecke T W. 1979. Formation Fines and Factors Controlling their Movement in Porous Media[C]. SPE 7007:144 – 150.

Oddo J E, Tomson M B. 1994. Why Scale Forms in the Oil Field and Methods to Predict It[C]. SPE 21710:47 – 54.

Skillman H F, McDonald J P, Stiff H A Jr. 1969. A Simple, Accurate, Fast Method for Calculating Calcium Sulfate Solubility in Oilfield Brine[C]. The Spring Meeting of the Southwestern District, API, Lubock, Texas(3):12 – 14.

Steven Eckfield, 张蛮庆. 1982. 意大利波特利地热钻井液的设计[J]. 国际上地质勘探技术(11):14 – 15.

Stiff H A, Davis L E. 1952. A Method for Predicting the Tendency of Oil Field Waters to Deposit Calcium Carbonate[J]. SPE 130 – G.

Thallak S G, Holer Jon, Gray K E. 1993. Deformation Effects on Formation Damage during Drilling and CompLetion Operation[J]. SPE 25430:21 – 23

Vetter O J, Phillips R C. 1982. Prediction of Deposition of $CaCO_3$ Saturation at High Temperature and Pressure in Brine Solution[J]. JPT., 34(12):2409 – 2412.

Yuan M D, Todd A C. 1991. Prediction of Sulfate Scaling Tendency in Oilfield Operations[C]. SPE 18484:63 – 72.

第 6 篇　钻井环节钻井流体

　　按钻井流体的作业程序或者作业环节划分钻井流体的种类,实际上是按用途划分钻井流体的种类。因此,可以按钻井到交出一口合格的井的每一个过程所用的流体来命名。按照钻井完井每个作业环节使用的工作流体,称为钻井环节钻井流体(Drilling Fluids During Operation)。

　　为油田开发交一口井,要经过许多作业环节。首先,钻井是把整个地层流体流到地面的流动通道建立起来,不同的环节作业的目的不同。所以,从表层开始到目的层,应该经过表层段钻井、技术井段和目的层段钻井,所用的钻井流体的性能也不相同。

　　其次,每次钻井结束,不论是中间过程完井还是最终完井,都需要多种不同性能的流体完成或者协助完成钻井工作。如固井作业前,需要把整个井眼中的固相或者"死"钻井流体清除,调整好钻井流体的性能为固井服务。这个环节就需要清洗性能良好的清洗流体、隔离性能良好的前置流体、顶替性能良好的顶替流体,配合水泥浆完成整个工作。

　　固井工作结束后。恢复井眼需要清除固井工具和水泥对井眼的堵塞。钻塞流体需要协助钻塞工具完成破碎工作或者通井作业。目前,水平井完井和小井眼完井,使得钻塞工作成为完井难题。当然,有的不用水泥完井,那就涉及另外一种需要工作流体的作业——砾石充填。对于目前漏失井,砾石充填的难度越来越大。如果储层固井或者砾石充填后,需要良好的射孔流体满足射孔要求,以便很好完成测试地层压力和地层流体参数等的试井工作。当然试井工作也需要满意的工作流体的支持。

　　试井结束后,如果发现储层近井地带地下流体的流动阻力增加,就要用解除阻力的方法如使用破胶剂解决聚合物胶体的影响,酸洗近井地带的堵塞物,就需要使用破胶流体或者酸洗流体。在达到开采部门要求的井筒前,还需要做好井下管柱的下入工作。下入完后,套管和井下管柱,需要封隔流体完成保护封隔器、防止水合物等工作。有人还把储层改造用的压裂液、酸化液以及提高采收率用的驱替液也认为是钻完井流体的一种。钻井流体学认为这些流体在储层中起作用,没有在井筒中工作,没有将它们列入钻井流体学中。随着钻井流体的研究和应用,有可能纳入,那是以后的事情了。

　　如果开采过程中有地层或者管柱问题,或者储层改造,则需要通过修井来恢复生产。钻完井作业完成后的废弃物和废弃流体都需要处理,实现环境友好。因此,需要处理钻井废弃物的流体。

　　这样,大约有钻进流体、洗井流体、固井前置流体、水泥浆、水泥浆顶替流体、砾石充填流体、钻塞流体、射孔流体、试井流体、破胶流体、套管封隔流体、储层伤害解堵流体、修井流体、钻井流体废弃物处理流体等 14 种钻井流体,从各环节工作流体的难点和对策入手,介绍开发原理、体系种类和发展前景。

第1章 钻 进 流 体

钻进流体(Fluids in Drilling Process)是指用于完成钻井进尺任务的钻井流体。正常工作情况下,钻井流体即为钻进流体,或称钻进液。按是否考虑油气可以分成两大类:一类是非储层钻进流体,另一类是储层钻进流体。

非储层钻进流体(Drill Fluids)是指钻井过程中不用考虑与油气相关的钻井流体。储层钻进流体(Drill-in Fluids)是能够不改变或较少改变储层渗透性、孔隙度和润湿性的液体,并且能有效抑制储层中黏土的水化膨胀和微粒的分散运移,以及尽可能地与储层岩石和流体相配伍。

通常使用的水基钻进液有改性钻进液、清洁盐水聚合物完井液和聚合物低固相钻进液等。此外,还有气体类钻进液和油基钻进液。

1.1 开发依据

在钻进过程中需要不同体系的钻进流体来应对钻进过程中遇到的井下难题,这就需要开发不同的钻井流体,解决难题。

(1)表层套管井段钻进流体,即一开钻进流体。通常一开钻进大多在地层的表面层,经常钻遇土质疏松的地层,容易造成一开钻进过程中地层垮塌,钻井流体漏失等问题。碳酸岩地层还有可能钻遇溶洞,石灰岩硬度高,使进尺变慢。因此,一开钻井在使用清水的基础上需配制盐水或者膨润土钻井流体抑制水化和降低失水量,防止垮塌和漏失。

(2)技术套管井段即表层与油层之间的井段。虽然是非目的储层,但在钻进过程中经常会遇到漏失、异常压力等复杂的地层情况,影响正常钻进。因此,需要开发适应的钻进流体来解决技术套管井段遇到的问题。

(3)油层套管井段钻进流体,即用于钻开储层的钻井流体。由于其直接接触储层,对储层影响较大。体系内存在的伤害储层物质,会造成产量降低严重。因此,对钻井流体性能的要求更为严格,需选用性能优良的钻井流体,既能稳定井壁、增加黏度和切力,也能起到储层伤害控制的作用。

1.2 体系种类

根据钻进在不同的井段可将钻进流体分为三类:一是表层套管钻进流体;二是技术套管钻进流体;三是油层套管钻进流体。

1.2.1 表层套管钻进流体

如果地层条件好,大多数直接采用清水开钻。条件有限的,则采用膨润土结合地层的具体问题,添加其他处理剂来配制钻进流体。

膨润土水化分散后形成胶体用于表层钻进,比较常见。如果地层需要抑制,再加入适当的盐。开钻钻井流体,为分散钻井流体,通常通过自然造浆形成,用于上部井段。为防止钻屑和黏土颗粒分散,一般不加入稀释剂和分散剂。一般为天然钻井流体。

天然钻井流体是用清水钻井流体在钻进易造浆地层时自然形成或者是利用清水、膨润土和烧碱或纯碱配制的。利用烧碱或纯碱除去膨润土中的部分钙离子,将钙质土转化为钠质土,充分分散配制钻井流体所用的膨润土,以提高钻井流体黏度和护壁性能。一般不添加其他化学处理剂。20世纪80年代末,中国钻井流体技术发展不成熟,利用天然钻井流体钻井虽然遇到很多困难,但也成功钻探了很多井。

通过分析渤海某油田的沉积环境、地质油藏概况和优化井身结构及井眼轨迹,优选钠膨润土,添加烧碱和纯碱等处理剂配制膨润土钻井流体,实现快速钻进。钻速由50~70m/h提高至90~100m/h,上部井段的井径由342.90mm扩至374.65mm,减少了起下钻和下套管作业的阻卡风险,节约了钻井流体成本(叶周明等,2015)。膨润土钻进流体主要组分见表6.1.1。

表6.1.1 膨润土钻进流体的主要组分表

序号	组分名称	组分代号	加量范围,%	作用
1	烧碱	未明确代号	0.2~0.4	除去钙离子和镁离子,促进膨润土水化
2	纯碱	未明确代号	0.2~0.3	除去钙离子和镁离子,促进膨润土水化
3	膨润土	未明确代号	9~10	水化膨胀

此外,针对科钻1井环空大、钻井流体上返流速低、岩屑密度高以及破碎带发育的特点,采用钠膨润土/高黏羧甲基纤维素钠钻井流体,性能稳定(陈小明等,2001)。

针对玉门青2-7井一开井段砾石层成岩性差,胶结疏松,易引起井漏、井塌、沉砂的问题,一开使用高膨润土含量、高失水量、高黏切及适当密度的普通膨润土钻井流体,有效地防止了砾石层成岩性差、胶结疏松引起的井漏、井塌、沉砂,使钻井工程和下套管作业顺利进行(周代生等,2003)。

1.2.2 技术套管井段常用钻进流体

技术套管井段常用的钻进流体是聚合物钻进流体。聚合物钻进流体主要是加入长链、大分子化合物,提高钻进流体的絮凝能力,增加钻进流体黏度、有效降失水、稳定井壁。

聚合物常见的有膨润土分散剂、生物聚合物、交联聚合物、丙烯酰胺、纤维素和天然胶类等。同时,为了提高页岩稳定性,聚合物流体中常加入一些抑制性无机盐类,如氯化钾和氯化钠。还常添加极少量的膨润土。钻井流体对二价钙离子和镁离子较为敏感,大多数的聚合物的温度最高限在149℃(300°F)。主要有钾铵聚合物钻进流体、正电胶聚合物钻进流体等,满足快速钻进需要。

1.2.2.1 钾铵聚合物钻进流体

钾铵聚合物钻进流体是利用钾铵类聚合物配制的聚合物类钻进流体,用于钻开地层的钻进流体。

针对二连盆地吉尔嘎郎图油田,大井眼钻进过程中泥页岩地层的黏土矿物含量高易造浆,砂砾岩层渗透性强滤饼厚易黏卡,井壁稳定控制与钻屑携带难度大的难题,选用了钾铵聚合物钻进流体,保持适当的环空返速、较高的动塑比以及定期打稠塞举砂等措施,有效实现了井壁稳定和井眼净化(郑文龙等,2016)。钾铵聚合物钻进流体主要组分见表6.1.2。

表6.1.2 钾铵聚合物钻进流体的主要组分表

序号	组分名称	组分代号	加量范围,%	作用
1	氯化钾	未明确代号	4.0	提高钻井流体稳定性
2	碳酸钠	未明确代号	0.24	提高钻井流体抑制性
3	氢氧化钠	未明确代号	0.1	调节pH值
4	絮凝包被剂	KPAM	0.3	絮凝、包被作用
5	聚合物降失水剂	NH_4HPAN	0.6	降失水,兼具一定的降黏效果
6	降失水剂	CMC-LV	0.5	降失水,兼具一定的提黏效果
7	重晶石粉	BFT-1	4.0	调节密度

应用钾铵基不分散聚合物钻进流体提高了机械钻速,缩短了施工周期。与在同一地区井深相近的其他井队相比平均机械钻速2.74m/h,提高28%。平均钻井周期缩短23%,钻井流体单位成本降低5%。

1.2.2.2 正电胶聚合物钻进流体

正电胶聚合物流体的流体组分主要包括正电胶聚合物大分子、无机盐类(如氯化钾、氯化钠等)、膨润土等。尽管在常规钻井流体中,无机正电胶钻进流体对储层伤害较小,是储层伤害控制效果较好的钻井流体,但仍存在电性不够高、失水量偏大、黏度控制不易等不足。

(1)无机正电胶的正电性还不够高,且具水溶性而不具油溶性,因此须进一步提高正电性,增加油溶性。

(2)无机正电胶钻进流体的失水量偏大,可配伍的降失水剂较少。

(3)无机正电胶钻进流体对降黏剂敏感,不易控制黏度和切力,并且黏度和切力一旦被破坏,再恢复其性能就特别困难。

针对无机正电胶不具油溶性、失水量偏大以及不易控制黏度和切力的问题,开发了液态有机正电胶钻进流体。与无机正电胶相比,有机正电胶聚合物钻进流体具有更强的正电性,能被水润湿,具有油溶性(油溶率大于98%),并易与常用钻井流体处理剂相配伍,具有更强的页岩抑制性、稳定井壁和储层伤害控制性能。在侧平苏185井施工中较好地解决了钻井过程中的井壁稳定、摩阻控制、井眼净化及储层伤害控制等技术难题,有力地配合了钻井工程的正常施工和特殊作业,达到较理想的效果(王富华等,2004)。正电胶钻进流体主要组分见表6.1.3。

表 6.1.3 正电胶钻进流体的主要组分表

序号	组分名称	组分代号	加量范围,%	作用
1	膨润土	未明确代号	4.0	水化膨胀
2	正电胶体	SDPC	2.0	增强膨润土的水化膨胀性
3	降失水剂	JLS-1	0.2	控制钻井流体失水量和调整钻井流体性能
4	包被剂	PMHA-Ⅱ	0.5	抑制页岩分散
5	包被剂	PAC-141	1.0	抑制页岩分散
6	磺化沥青钠盐	SAS	4.0	抑制页岩水化、降低失水量
7	降失水剂	JLS-2	4.0	稳定井壁,保持井眼规则
8	超细碳酸钙	QS-2	3.0	屏蔽暂堵

此外,针对胜利油田临盘临南洼陷街斜2块易发生井壁失稳垮塌的问题,研制了正电胶/聚合醇/纳米乳液钻进流体。在街207井应用后明显提高钻进速度,降低钻进流体对储层的伤害,保证四级固控设备正常运转,可充分使用离心机清除固相,完井作业顺利(王佩平等,2006)。

针对冀东油田油层黏土矿物含量较高,钻井流体固相和滤液对储层伤害较严重的问题,选用了复配暂堵剂配制成的氯化钾有机正电胶钻进流体,配合屏蔽暂堵技术储层伤害控制。在G104-5P1井的应用结果表明,氯化钾有机正电胶钻进流体能在近井壁处形成滞流带,防止了流体对井眼的冲蚀,利于井壁稳定(伍勇等,2004)。

1.2.3 油层套管井段常用钻进流体

油层套管井段常用钻进流体主要应具有保护油层,减少伤害的作用。主要包括屏蔽暂堵钻进流体、钾钙聚磺钻进流体等储层伤害钻进流体。

1.2.3.1 屏蔽暂堵用钻进流体

暂堵剂钻进流体一般是利用金属离子聚磺聚合物、暂堵剂、外加其他必须的处理剂,如黏土、分散剂等,形成的一类储层伤害小、用于钻开储层的钻井流体。

针对玉门青2-7井三开井段井底温度较高,处理剂易发生降解失效,地层倾角大,裂缝发育,岩性为硬脆性泥岩,易发生掉块垮塌现象,利用金属离子聚磺屏蔽暂堵钻进流体,防止了油层段的剥落掉块垮塌,实现了近平衡井,保护储层(周代生,2003)。屏蔽暂堵钻进流体主要组分见表6.1.4。

表 6.1.4 屏蔽暂堵钻进流体主要组分表

序号	组分名称	组分代号	加量范围,%	作用
1	金属离子聚合物	MMAP	0.1	提高钻井流体抑制性
2	磺化酚腐殖酸铬	PSC	1.0	抗盐耐温
3	氧化钙	未明确代号	0.2	稳定钻井流体
4	两性离子聚合物降黏剂	XY-27	0.1	降低钻井流体的黏度

续表

序号	组分名称	组分代号	加量范围,%	作用
5	腐殖酸丙磺酸酰胺多元共聚物	RSTF	3.0	耐温降失水防塌剂
6	蓖麻油聚氧乙烯醚	EL-1	5.0	乳化
7	消泡剂	XPG-1	0.5	杀菌

完钻时钻进流体的密度为 $1.35g/cm^3$,漏斗黏度为59s,失水量为3.2mL/30min,滤饼厚度为0.5mm,pH值为9,切力为5Pa/25Pa,塑性黏度为20mPa·s,动切力为10.5Pa,高温高压失水量为9.4mL/30min,黏附系数为0.076。

此外,针对吉林油田两井地区低孔隙度、低渗透率砂岩储层外来流体侵入后产生的敏感性伤害问题,优选出强抑制性钾铵基聚合物屏蔽暂堵型钻进流体。该流体有良好的流变性能;室温下累计动失水量不超过1mL/30min,80℃温度下累计动失水量不超过3.5mL/30min,页岩回收率高达96.9%,具有良好的防塌抑制能力;对低孔隙度、低渗透率岩心封堵能力强,渗透率恢复值可达88%以上,储层伤害控制效果好(张灵霞等,2014)。

针对塔河长裸眼井钻井过程中出现的钻井流体黏切上升、起下钻阻力大、井壁易坍塌等问题,使用超细碳酸钙、暂堵剂和沥青类处理剂复配的屏蔽暂堵钻进流体,在TK451井成功应用。钻进过程中,钻井流体漏失量小于 $10m^3$,起下钻阻力小,渗透性地层滤饼薄,减少了起下钻时间,有效地解决了渗透性地层的渗漏问题,并提高了破碎性地层的承压能力(王程忠等,2003)。

1.2.3.2 钾钙聚磺钻进流体

钾钙聚磺钻进流体组分一般包括聚合物大分子、分子抑制剂、聚合物稀释剂、氯化钾、氧化钙等。

利用具有防塌性、耐温性、强抑制性、抗污染能力的钾钙聚磺钻进流体,满足安集海河组钻进要求(李斌等,2006),该钻进流体主要组分见表6.1.5。

表6.1.5 钾钙聚磺钻进流体的主要组分表

序号	组分名称	组分代号	加量范围,%	作用
1	氯化钾	未明确代号	3.0	提高钻井流体稳定性
2	氧化钙	未明确代号	0.5	提高钻井流体抑制性
3	氢氧化钾	未明确代号	0.2	调节pH值
4	抗盐聚合降失水剂	FST518	0.5	抗盐降失水
5	高分子聚合物降失水剂	HLP-1	1.0	耐温降失水防塌
6	润滑剂	SHC-2	4.0	润滑
7	替加氟衍生物	BFT-1	4.0	杀菌

安集海河组富含伊/蒙间层,岩性以灰绿色和棕红色泥岩为主,地层水化能力强,存在强水平挤压应力和高压地层流体,导致钻井过程中发生井壁失稳、缩径、垮塌、阻卡等严重复杂

情况。钻井流体转型后钻至井深 4424.00m 时钻井流体性能稳定,井下情况正常,消除了钻进过程中、短程起下钻时的阻卡现象。现场应用表明,钾钙聚磺钻进流体具有防塌性、耐温性、强抑制性、抗污染能力,满足安集海河组钻进要求。

此外,针对四川地区特别是川东高陡构造复杂地质条件下各类深井面临的塌、漏、喷、卡、高温高压、膏盐层及含硫、二氧化碳等一系列技术难题,研制了钾钙基沥青树脂两性离子聚合物高密度钻井流体。在天东 18 井首次成功地试验了此种聚合物高密度钻井流体,成为川东第一口实现全井用聚合物钻井流体无垮塌、无阻卡钻成的深直井,全井平均机械钻速达 1.93m/h,其使用高密度钻井流体阶段的平均机械钻速达 1.3m/h,比邻井天东 13 井使用的磺化高密度钻井流体的机械钻速提高 18.75%(周华安,1995)。

为了解决井壁稳定、井眼净化、悬浮固体、润滑性和储层伤害控制问题,在直井段使用钾钙基聚合醇有机硅聚合物钻井流体,引入抑制和防塌能力强的聚合物和有机硅等处理剂,防止直井段的井眼坍塌和钻屑分散;大斜度井段使用钾钙基聚合醇正电胶钻井流体,防止形成岩屑床,通过护胶剂、润滑剂、表面活性剂、柴油的复配使用,提高了该钻井流体的抗膏盐、抗酸性气体污染的能力和润滑防卡性能;水平井段使用改性钾钙基聚合醇正电胶钻井流体,利用聚合物控制储层伤害,保持过量的除硫剂,以提高钻井流体的抗硫化氢污染能力。该套钻井流体能减轻岩屑床的形成,有效地防止了岩屑分散、井漏,降低了起下钻摩阻,有效地保护了储层,确保了该构造水平井的顺利钻探(冯学荣等,2005)。

1.3 发展前景

钻井流体处理剂的发展是钻井技术发展的关键,其在安全、经济、优质、快速钻井中起着重要作用。随着世界石油工业的发展,钻井的数量、速度和深度均显著增长,所钻穿的地层更加复杂多样,裸眼也越来越长,因此研究钻井流体的配方和性能,选用性能良好且环保的钻井流体具有重要的意义。

1.3.1 存在问题

随着钻井技术的不断发展,尽管开发了很多种不同体系的钻井流体,但仍然存在以下几点问题:

(1)一开钻井流体,由于其组分简单,在应用过程中十分方便,所以没有人重视。但当钻遇地表多为松软地层或坚硬致密高密度地层或含溶洞等易漏地层时,易发生井下复杂情况,进而引发了诸多难题。

(2)在钻进过程中,既要保证一定的动塑比,又要考虑钻井流体与钻速的关系。提高动塑比可以解决岩屑转动问题,同时可增强钻井流体的剪切稀释性能。但遇到井下情况比较复杂或出现井塌时就必须提高钻井流体的塑性黏度,而动塑比减小就必然会降低钻速,增加钻井成本。

(3)在钻进过程中使用的钻井流体破坏储层,污染土壤及地下水。

1.3.2 发展方向

钻进流体的发展方向主要表现在低密度、提高机械钻速、稳定井壁、防漏堵漏、废弃物处理等6个方面：

(1)开发低密度、超低密度钻井流体,满足枯竭地层、低压超低压地层钻井需求。

(2)继续开发有助于提高机械钻速的钻井流体技术,如优化无固相钻井流体。

(3)开发降低地层坍塌压力的稳定井壁钻井流体。

(4)开发自适应性防漏堵漏技术,形成能自适应性封堵不同大小孔缝的防漏堵漏技术,解决易漏失地层的问题。

(5)加大力度开发新型合成基、油基钻井流体及后续处理再利用系列技术。

(6)环保型钻井流体及钻井流体废弃物无害化处理技术。

第 2 章 洗 井 流 体

洗井是用流体介质冲洗井底和钻具,将井底工作面上被钻头破碎的岩屑、岩渣、岩粉以及钻井流体自身所不需要的物质,及时地清除并携带到地面上来的工艺过程。洗井流体(Well Flushing Fluids)是在钻井过程中能够用来冲洗井壁,清除井内沉渣或淤砂,完成洗井循环而达到清洗井眼目的的流体,一般由表面活性剂及溶剂组成,并添加增黏剂和降失水剂以调整其性能。

2.1 开发依据

钻井流体对低渗透砂岩气藏的伤害主要来自钻井流体滤液,滤液产生的伤害主要为水锁,同时也有水敏膨胀及高分子聚合物在孔隙内壁的吸附滞留作用以及少量的固相微粒进入孔隙形成堵塞。对于埋藏较深的特低孔隙度、超低渗透砂岩气藏,在钻完井过程中,通常使用2%氯化钠溶液洗井,并没有考虑与储层流体的配伍性,以及气井对洗井流体的密度要求,致使在实际作业中常有井喷或井涌的事故发生,加之该类洗井流体的过度失水也会造成储层的水锁伤害,因此,为解决上述问题,需要开发合适的洗井流体。

2.2 体系种类

常见的钻井洗井流体有水基洗井流体、空气或天然气洗井流体、泡沫洗井流体,此外还有二氧化碳洗井流体、酸性洗井流体等几类。

2.2.1 水基洗井流体

水基洗井流体是指以水为连续相(可以是淡水、海水、硬水、软水等)配制成的洗井流体。其固相有黏土(包括所钻地层进入的能水化的黏土和页岩,这些固相经化学处理后可以控制洗井流体的性能)和惰性固相颗粒(如惰性的钻屑、石灰岩、白云岩、砂岩、加重剂)。水基钻井流体配制简单,随着处理剂的发展,它已成功地用于钻7000m左右的超深井,而且性能稳定。

钻穿大厚度易塌红层,可采用聚丙烯酰胺—部分水解聚丙烯酰胺清水洗井流体。四川中部常钻遇800m以上易塌红层,采用井口加入聚丙烯酰胺,钻井流体泵上水管加入部分水解聚丙烯酰胺(水解度25%)的措施。水敏性易塌地层浓度控制在500mg/L左右,清水始终保持透明,相对密度不超过1.01,可顺利穿过,机械钻速和钻头进尺均高。通过黄土和松软的泥岩、夹砂岩地层,可采用部分絮凝聚丙烯酰胺低相对密度钻井流体,开钻使用清水,不断加入部分水解聚丙烯酰胺(水解度30%),控制钻井流体相对密度1.05~1.15g/cm³,用铁铬盐、氢氧化钠和羧甲基纤维素钠盐改善流动性和降低失水量后,得以顺利钻进,且钻速高。

清水洗井流体主要组分见表6.2.1。

表6.2.1 清水洗井流体主要组分表

序号	组分	代号	加量范围,%	作用
1	聚丙烯酰胺	PAM	未明确范围	降失水剂
2	部分水解聚丙烯酰胺	PHP	未明确范围	选择性絮凝剂
3	铁铬盐	FCLS	未明确范围	降黏剂
4	氢氧化钠	未明确代号	未明确范围	调节pH值
5	羧甲基纤维素钠盐	CMC	未明确范围	缓凝剂

不分散、低固相钻井流体是用高分子化学絮凝剂而不用黏土水化分散的分散剂,并采用钻井流体固体控制工艺,使钻井流体具有不分散和低固相的特点。这种钻井流体可提高钻井速度,有效地携带岩屑,保持井壁稳定和保证井下安全。

针对在复杂层(如蚀变岩、破碎的石英金矿脉角砾岩等疏松层与水敏层)中进行金刚石钻进仍然存在的许多技术难题,开展了聚乙烯醇无固相钻井流体洗井流体的室内研究试验工作。将一定质量的聚乙烯醇干粉置于烧杯中,加入蒸馏水(或一般用水),加热、搅动、水解。温度升到90~100℃时,水解终止。此时,聚乙烯醇粉已变成一定黏度的白色水溶液。对3%浓度的聚乙烯醇水溶液进行测定,其漏斗黏度为23s,表观黏度为10mPa·s,塑性黏度为0,密度1.02g/cm^3,pH值为7。用3%浓度的聚乙烯醇水溶液对配制的某钻井流体性能测定,其失水量为6mL/30min,表明聚乙烯醇洗井流体具有良好的降失水能力。对实验结果进行分析后发现,聚乙烯醇无固相洗井流体在孔壁上形成一层韧性膜,具有防塌能力,有一定的黏度和润滑性,密度低,且有较高的抗钙离子和镁离子侵蚀的能力,对于漏失层的钻孔,可通过加入硼化物交联,达到对微裂隙的堵漏目的。该洗井流体适用于复杂层的金刚石钻进,比其他低固相洗井流体更能适应绳索取心和冲击回转钻进(栾合道,1988)。

此外,针对埋藏大于2500m的特低孔隙度、超低渗透率砂岩气藏在钻完井过程中主要存在的水锁伤害和井喷、井涌事故,还有与储层的配伍和水敏等造成的孔喉堵塞等问题进行研究得到配方为0.5%氟碳型非离子表面活性剂+0.05%烷基磺酸钠+10%甲醇+0.02%破乳剂+加重剂(氯化钾与甲酸钠复配)的洗井流体。现场应用结果表明,该洗井流体预防了低渗透层气井井筒中的气侵、井涌或井喷等情况。调节加重剂和防水锁剂组分含量可改变洗井流体密度及降水锁、破乳能力,能够广泛适用于多个低渗透层油田,改善低产或不出气的气井,具有很好的洗井效果(付美龙等,2017)。

2.2.2 空气或天然气洗井流体

分析空气洗井技术在硬岩大直径钻井工程中的应用结果,给出了空气洗井系统参数设计的计算模型,同时提出了3种空气洗井设计方案(曹均等,2010)。

(1)气举反循环洗井工艺技术。气举反循环洗井是将压缩空气通过气水龙头或其他注气接头(气盒子)注入双层钻具内管与外管的环空,气体流至双层钻杆底部,经混气器处喷入内管,形成无数小气泡,气泡一面沿内管迅速上升,一面膨胀,其所产生的膨胀功变为水的位能,推动液体流动;压缩空气不断进入内管,在混合器上部形成低密度的气液混合液,钻杆外和混气器下部是密度大的钻井流体。

气举反循环钻井流体流在钻具内直接上返,携带岩屑能力强,岩样清晰,在漏失地层钻进时能实现捞砂等地质目的;钻头处的钻井流体对井底产生抽汲作用,岩屑被及时带走,减少压实效应,在漏层钻井时,可减少岩屑重复破碎,能提高机械钻速,增加钻井效率;由于反循环钻井时环空压耗小,作用于地层的压力小,所以在易漏地层钻进时,可减少或消除钻井流体的漏失,控制储层伤害,并节约大量钻井流体材料。

采用气举反循环钻井时,钻井流体泵的作用只是向环空灌钻井流体(或采用灌注泵灌注),泵负荷大大减小,使用寿命延长;可采取正循环或反循环两种方法,井控灵活。反循环重钻井流体可以直接送至井底,不必分段循环,缩短处理时间。

但是气举反循环洗井对井底工作面的冲洗能力较差,特别是径向流速低,岩渣带不走,造成重复破碎。为了提高冲洗井底能力,只好加大冲洗量,但冲洗量增加,能量消费大,成本高。对井底工作面形成静压力。其会使刀具破碎下来的岩渣碎片停留在原地不易排除,不能及时送到吸收口,造成重复破碎、研磨,形成一个缓冲层,降低了破岩的荷载,降低了钻压发挥的能量,影响钻进速度。

(2)正循环洗井工艺技术。正循环洗井指泵从出浆池中将洗井流体压入钻杆直达工作面冲洗刀具,冲洗井底,洗井流体与钻屑混合后,沿着井孔上升排到地面,净化后的洗井流体又回到贮浆池。由于正循环洗井的洗井流体流速高,压力大,冲洗能力强,对刀具、井底均能有较好的冲洗效果,可减少钻屑被重复破碎的机会,而且还可以兼作动力源,使钻具旋转。但是正循环洗井只能适用于小直径钻井,主要原因是洗井流体上返速度问题,钻井直径越大,上返速度越慢,往往呈现层流状态,不能携带较大颗粒的钻屑。这种洗井方式在石油钻井中广泛应用。

(3)混合循环洗井工艺技术。所谓混合循环洗井,就是根据不同地层,利用类似现在的气举钻井流体反循环和钻井流体正循环系统定时、交替地进行排碴、冲洗、稀释钻井流体和冷却钻头。由于钻井速度是在一定的范围内,井底破碎物积聚要有一定时间。通过对钻井速度、气流量和间隔时间进行调节,实现洗井。在反循环停止期间,应采用钻井流体正循环冷却钻头、冲洗工作面和稀释钻井流体。由于正循环所耗电量远比反循环小,如果在钻井期间正、反循环时间各占一半,既可以节电,同时也降低了机械损耗。混合洗井是利用正循环和反循环的优点,达到既能较好的冲洗工作面又能使岩渣迅速排出井外的目的。

混合循环洗井弥补了正循环洗井对较大钻井直径的冲洗不足的缺点,但不能连续地进行钻进施工,增加了辅助时间。另外,在扩孔钻进方式的开孔期间不宜采用反循环。传统的大直径钻井工程中,普遍采用气举反循环洗井技术。对于硬岩地质条件,洗井介质一般采用清水;对于表土层地质条件,洗井介质一般采用钻井流体。

混合循环洗井不足之处为不适用于寒冷地区冬季施工作业。因此,解决寒冷地区冬季施工问题,实现连续钻井,减少施工撤场和重复进场,提高钻井速度、钻井效率和钻井性价比,一直是钻井工程技术人员探索的课题。就硬岩钻井工程而言,冬季钻井施工的瓶颈问题是洗井流体结冰,洗井无法实施,解决这一问题的有效办法是使用空气洗井。

从空气洗井的实际条件出发来分析,要使用空气洗井,岩层应比较完整,且井壁强度能够抵抗地层压力的作用,钻井工程不会出现岩爆现象,即不必考虑洗井介质的护壁作用。同时,空气洗井要求地下水的出水量尽可能小。对于日出水量大的地区,应考虑对井筒周围地下水进行封堵。空气洗井可提高钻井速度 2~10 倍。

2.2.3 泡沫洗井流体

泡沫钻进是一种新的钻进技术,泡沫钻井流体密度最低可达 0.03g/cm³,钻进时钻井流体液柱压力小于地层压力,可实现负压钻进,泡沫钻进携屑能力强、失水量小、钻井效率高,在含矿含水层中不致发生地层伤害,堵塞矿层。泡沫洗井效果好、效率高、成本低。

泡沫洗井的原理是根据泡沫流体密度低、携带沉砂及清洗井底杂物能力强的特点,对钻井实施特殊的泡沫作业。清洗井底杂物、剥落结垢层,在井底矿层处造成负压,激励含矿含水层,顺畅通道,是一种非常有效的洗井方法。应用泡沫洗井工艺的技术要点主要有:

(1)泡沫液浓度。洗井用泡沫液的浓度要高于钻井时的浓度。取值范围为 0.3%~2%。地下涌水少时取小值,地下涌水大或污染严重时,可取大值。

(2)泡沫液的混入比。泡沫液的混入比为 0.1% 左右。需要加大泡沫量时,一般不增加混入比,而只增加浓度。

(3)注入方式采用连续式注入泡沫液。

(4)洗井时自上而下,分层冲洗。

(5)洗井过程中,可同时停止送风和送泡沫液,使井内造成负压,地下涌水和压入孔隙中的泡沫液回流井内,增强近井地带地层孔隙中泥砂的冲洗效果。

阙为民等研究发现,采用泡沫钻进能很好地解决低压渗漏地层中的钻进问题,最大限度地减少对地层的伤害。为此,其选择了发泡能力强、泡沫稳定、性能好的新型泡沫剂。新型泡沫剂临界胶束浓度为 0.2%。钻井施工应用时,一般应略大于临界胶束浓度。因此,使用新型泡沫剂配制泡沫液时,其浓度应在 0.2%~0.4%。

经过近两年的试验研究和应用,证明了泡沫钻进特别适用于低渗透、低承压水头矿床地浸工艺钻孔的施工。泡沫钻井流体性能稳定,携砂能力强,润滑性能好,抗污染性能和清洁能力好,便于分析,可防渗防漏。投资少,钻井效率高(提高钻井效率近50%),钻井成本低(钻井成本降低20%),洗井效果好,扩大钻孔直径,增强对复杂地质条件的适应能力,减少井下事故。泡沫洗井工艺比干空气洗井效果好,洗井效率高,洗井成本低,可增加钻孔涌水量。因此,对于低渗透、低承压水头矿床地浸工艺钻孔的施工使用泡沫钻进较钻井流体钻进具有明显优势。今后应不断完善泡沫钻进工艺,在地浸钻孔施工中推广泡沫钻进和泡沫洗井方法,最大限度地恢复和保护矿层的渗透性能,提高钻孔的抽注液能力(阙为民等,2007)。

2.2.4 酸性洗井流体

河南油田水平井涉及油藏类型复杂,油层物性差异大,储层的主要潜在伤害因素各异。由于水平井油层打开井段长,水平段根部和端部存在一定的压差,洗井作业时易发生洗井流体漏失等问题。针对上述问题开展了超低界面张力表面活性剂的评选,并和目前油田常用助排剂进行了对比试验,选择具有超低表面张力的表面活性剂与黏土稳定剂配伍,组成储层伤害控制洗井流体配方(杨琪等,2012)。河南油田洗井流体主要组分见表 6.2.2。

表 6.2.2　河南油田洗井流体主要组分表

序号	组分	代号	加量范围,%	作用
1	清水	未明确代号		提供连续介质
2	氯化铵	未明确代号	1.0	黏土稳定剂
3	JS-7	未明确代号	2.0	黏土稳定剂
4	XT-05	未明确代号	0.05	表面活性剂

经过测试,洗井流体防膨率为 95.1%,表面张力为 15.5mN/m,具有良好的防膨性和超低的表面张力;同时,洗井流体与地层水配伍性良好,在地层温度下与地层水混合无沉淀、乳化产生,混合液清澈透明。洗井流体注入岩心后,岩心的渗透率伤害很小,岩心渗透率保持率在 94.58%,具有较好的保护油层作用。

此外,针对鄂尔多斯盆地低渗透含油气砂岩储层水锁现象普遍,严重影响油气藏动用程度并使采收率降低的问题,分析影响水锁效应的因素,从降低水锁程度的角度出发,选用解水锁剂、抑制剂、防水锁表面活性剂、耐高温缓蚀剂等配制成一种新型降水锁洗井流体(赵宏波等,2015)。降水锁洗井流体以盐酸为基液,丙二醇为低碳醇降水锁剂,磺胺氯达嗪钠为抑制剂,全氟辛基磺酰基季胺碘化物为防水锁表面活性剂。其密度约为 1.01kg/L,pH 值为 1.0~5.0,与水混溶,无沉淀。利用地层伤害测试系统先测定岩心经钻井流体、甲酸钠溶液伤害后的渗透率,再测定伤害岩心经降水锁洗井流体冲洗后的渗透率。室内试验表明,降水锁洗井流体中的防水锁表面活性剂和缓蚀剂可以较好地降低洗井流体的表面张力和腐蚀速度,能够使低渗透砂岩油气藏由强亲水变为弱亲水或中性,降低储层毛细管压力和水锁储层伤害。

降水锁洗井流体成功应用于 CBX-C 井,从投产到采用降水锁洗井流体洗井前,关井压力一直约为 11.3MPa,开井压力约为 6.0MPa,产气量约为 $7 \times 10^4 \mathrm{m}^3/\mathrm{d}$ 或不出气。洗井之后,关井压力没有变化,但是节流阀开度与洗井前相同时,井口压力升到了 7MPa,产气量升到了 $13 \times 10^4 \mathrm{m}^3/\mathrm{d}$,相当于早期产量的 185.7%,表明降水锁洗井流体能够有效降低水锁效应。

2.3　发展前景

随着钻井工具的改进和钻井技术的进步,且对环保问题的关注越来越多,对高效环保的洗井流体的需求越来越紧迫,目前洗井流体已经从最初的清水洗井流体逐渐发展为泡沫洗井流体。并且研制更高效环保的洗井流体也是目前石油工程的重要研究领域。

2.3.1　存在问题

目前各类洗井流体还存在洗井流体水质不合格、防膨能力差、携岩能力差、与地层流体配伍性差等问题。

(1)洗井流体水质不合格。洗井流体本身水质不合格,机械杂质含量超标,杂质进入地层造成堵塞,不仅起不到洗井作用,反而会对钻具和井眼造成伤害,更不利于钻进和储层伤害控制。

(2) 防膨能力差。传统的洗井流体进入地层,引起黏土膨胀,降低地层渗透率,尤其当采用清水洗井,地层黏土含量高时,这种矛盾更加突出。

(3) 携岩能力差、与地层流体配伍性差。当没有考虑与地层配伍性的洗井流体被注入储层后,溶垢和携砂性能较差,致使井筒及炮眼中的颗粒和污垢洗不下来,或是携带不出井眼而造成井眼内污垢积累,加之处理后的污水洗井流体表面张力较高,与储层及流体配伍性差,对储层易造成伤害。

2.3.2 发展方向

针对钻井中钻井流体漏失造成的水锁效应、岩屑岩渣等杂质堵塞地层以及等问题,要求洗井流体本身必须清洁高效,具有很好的防膨能力、携岩能力,以及与地层流体有良好的配伍性。

(1) 泡沫洗井流体越来越高效清洁。泡沫洗井流体中的表面活性剂溶液对地层黏土有一定的防膨作用,同时由于表面活性剂降低了油水界面张力,能够增强对石蜡、胶质和沥青的清洗能力,并且表面活性剂产生的细小泡沫,可以提高洗井流体的携带能力,因此,泡沫洗井流体的发展将会是研制质量更好的泡沫和效果更好的表面活性剂。

(2) 水基洗井流体与地层流体配伍性更好,携砂能力更好。由于水基洗井流体成分容易控制,只要改变各种处理剂的配方和用量就可以显著改变洗井流体的性能,其与地层的配伍性可以通过改变处理剂来实现,且其携砂能力本就优于其他洗井流体,因此水基洗井流体的发展方向将会是其与地层流体的配伍性及其良好的携砂能力。

此外,用卤水做洗井流体的设想也被提出(任勋,1986)。卤水密度比较高,并可进行调节,以卤水为主配成基液,可满足对钻井流体、洗井流体要求不很高的地层的需要;由于卤水没有固相粒子(黏土或加重剂),所以会提高机械钻速,减少钻具磨损,也降低对储层的伤害,另外,因卤水价格低廉,会降低钻井流体、洗井流体成本,从而可较大地减低钻井总成本;卤水基液流变性能好,性能稳定,具有较理想的剪切稀释性,完全可以满足井下携砂及悬砂要求;当要求更高的洗井流体密度时,可加入酸溶性加重剂,以满足钻井工艺的要求。

(3) 酸性洗井流体防水锁能力更好。由于水浸入后会引起近井地带含水饱和度增加,岩石孔隙中油水界面的毛细管阻力增加,产生水锁效应,引起水锁伤害。合适的酸性洗井流体可以有效地防止水锁伤害,储层伤害控制,因此,酸性洗井流体的防水锁能力的改进是酸性洗井流体发展的重要方向。

第 3 章　固井前置流体

固井前置流体(Ahead Fluid)是用在固井注水泥之前,主要是用于清洗井壁油污和胶凝钻井流体,改善固井二界面亲水性能,提高二界面与水泥环的胶结强度。

固井前置流体的作用原理主要是利用物理冲刷、添加化学剂如表面活性剂等方法,清洗井壁油污和胶凝钻井流体,改善固井二界面亲水性能,提高二界面与水泥环的胶结强度。

物理冲刷理论是采用冲洗流体的紊流冲刷作用和水力机械作用冲刷井壁,清除井壁虚滤饼和油污以达到提高第一和第二界面胶结强度的目的。配方中加入一种或多种化学试剂,有效清除井壁虚滤饼和油污,改善井壁,提高水润湿环境和第一和第二界面胶结强度。

加入表面活性剂是利用表面活性剂的润湿、渗透、乳化等特性,可以良好改善二界面水湿特性,提高冲洗流体对固井二界面冲洗能力和冲洗效率。加入聚合物,利用聚合物与井壁滤饼的吸附作用使冲洗流体在冲洗过程中的拖拽拉力提高对井壁的冲洗效率,同时可以有效地提高水泥环与界面的胶结质量;也有的加入胶结类物质,主要是金属的碳酸氢盐和金属的液态硅酸盐等,可以辅助提高二界面与水泥的胶结强度。

目前世界上已开发出表面活性剂类、聚合物类等多种前置流体并广泛用于固井工程中,显著提高了固井质量和顶替效率。对前置流体的技术研究,主要集中于前置流体评价方法和前置流体本身。

3.1　开发依据

在保证钻井流体悬浮性能前提下,改善其流动性能,提高水泥浆顶替钻井流体的效率,提高固井质量。最初采用清水作为前置流体,但随着钻井流体的发展,对前置流体性能的要求不断提高,清水已无法满足要求。例如用于油基钻井流体或油包水乳化钻井流体以及合成基钻井流体等钻井流体钻井。前置流体的性能指标和设计要求一般有低黏度、低临界返速、有一定悬浮性能以及能够渗透滤饼等八条要求:

(1)一般都有较低的基浆密度 $1.0\sim1.03\mathrm{g/cm^3}$,并接近牛顿流体类型。如果在流体中加入了研磨性固体颗粒时,可以不受此限制,但要低于水泥浆的密度。

(2)有很低的黏度。基浆流型应接近牛顿型,在井底循环温度下有很低的紊流临界返速,一般在 $0.3\sim0.5\mathrm{m/s}$ 或更低,用于紊流顶替。

(3)有一定的悬浮性能。可以有效地防止钻井流体固相颗粒和冲蚀下来的滤饼的沉降和堆积。

(4)前置流体对井壁疏松滤饼具有渗透能力,使滤饼易于冲洗剥落。

(5)对于稀释型前置流体要求能稀释和分散钻井流体,降低钻井流体的黏度和切力,使钻井流体或滤饼的结构松弛、拆散,易于在较低的流速下达到紊流顶替,临界返速控制在

0.5m/s 以下。

(6)与水泥浆相容性好,对水泥浆稠化时间和强度的影响要小。

(7)对于冲洗型一般都要求在流体中加入惰性固体颗粒,增强冲刷能力,同时还要有一定的悬浮性。

(8)对套管不产生腐蚀作用。

3.2 体系种类

前置流体在配方设计上的一般要求和原则有尽量用水基、水敏地层用抑制剂、pH 值不小于 8 等 9 条(杨香艳等,2005):

(1)前置流体尽可能用水基。用水考虑为:盐层用盐水,海上用海水,一般情况用淡水。

(2)对于泥页岩的过敏性地层考虑使用 10%~15% 的氯化钠溶液或 3%~5% 的氯化钾溶液。同时可用羟乙基纤维素或羧甲基羟乙基纤维素作为悬浮剂。

(3)淡水加入 28~29kg/m³ 的氢氧化钠,使钻井流体与水泥浆接触的部分 pH 值在 8 以上,可以防止破坏钻井流体,造成井壁的坍塌。

(4)淡水加 0.5~1.0kg/m³ 的木质素磺酸盐或铁络盐或磺化栲胶等可以稀释钻井流体,分散和缓凝水泥浆作用,但要注意对水泥浆的沉降作用。

(5)淡水加 2~3kg/m³ 焦磷酸钠和焦磷酸氢钠,可防止对水泥浆的增稠和促凝作用。

(6)淡水(或海水或盐水)加入 1.5~3kg/m³ 羧甲基纤维素(或羟甲基纤维素、羧甲基羟乙基纤维素),和 5~10kg/m³ 的氢氧化钠悬浮固体颗粒。

(7)淡水(基液)加入 6%~12% 水玻璃(页岩抑制剂)、0.2% 羧甲基纤维素(增黏和悬浮作用)、0.2% 硼砂(缓凝作用)复配。

(8)淡水加入表面活性剂(非离子表面活性剂、阴离子表面活性剂、两性表面活性剂以及它们的复配),有利于提高对界面的清洗和冲刷作用,改善界面的润湿性能。

(9)基液中加入小分子有机物质可以增加对井壁滤饼的渗透作用,使井壁虚滤饼易于冲洗剥落。基液中加入固体颗粒可以增强前置流体对井壁和套管壁的冲刷作用。

常见的前置流体类型包括表面活性剂类化学前置流体、有固相前置流体和无黏土固相前置流体。

3.2.1 表面活性剂类化学前置流体

表面活性剂类化学前置流体主要是以一定量的表面活性剂及复配的表面活性剂为主剂,利用表面活性剂所特有的表面活性(润湿性、渗透性及乳化性等)作用于井壁和套管壁,降低二界面表面张力,增强前置流体对界面的润湿作用和冲洗作用。对于用油基钻井流体钻井的冲洗流体,常使用亲水亲油平衡值在 8 以上的亲水性强的水包油型表面活性剂或复配的水包油型表面活性剂。一般规律为表面活性剂的亲水性越强,冲洗和润湿界面的作用就强。

表面活性剂类化学前置流体主要流体组分为表面活性剂,常用表面活性剂包括非离子表面活性剂、阴离子表面活性剂。非离子表面活性剂和阴离子表面活性剂有:羟乙基化壬烯苯酚、羟乙基化醇、磺化线性直链醇以及脂肪酸的酰胺化合物、脂肪醇聚氧乙烯醚、脂肪酸山梨醇酐聚氧乙烯醚、聚氧乙烯烷基酚醚和十二烷基硫酸钠、烷基磺酸钠、烷基苯磺酸钠等表面活性剂以及二烷基或三烷基胺同脂肪酸反应得到的两性表面活性剂等。这些表面活性剂中可以进行阴离子、非离子及两性表面活性剂之间的复配,调节复配表面活性剂的亲水亲油平衡值达到配制冲洗流体的要求,可以配制出适用于水基钻井流体或油基钻井流体的冲洗流体。适用于油基钻井流体钻井的冲洗流体在含有亲油表面活性剂时,也要有不溶于油的亲水表面活性剂。如恶唑啉、复胺盐、环烷基钠盐、羟乙基酚、脂肪酸聚甘油酯、复合有机磷酸酯等,以及含氮的脂肪羧酸酯、十二烷基苯、十六烷基胺化合物、N - 二乙基乙醇胺硬脂酸皂等。

表面活性剂类化学前置流体主要的维护处理方法是合适的表面活性剂的加量。

针对油基钻井流体钻井后清洗困难、固井顶替效率低、固井质量差等问题,采用阴离子表面活性剂、非离子表面活性剂配制出了清油剂,将清油剂与增溶剂、螯合剂复配出清油前置流体,在濮深地区现场应用。清油前置流体组分见表 6.3.1。

表 6.3.1 清油前置流体组分表

序号	组分名称	组分代号	加量范围,%	作用
1	水		70	提供连续介质
2	清油剂	RJ – 4	9	清洗油滤饼、套管井壁
3	增溶剂	B	18	增加溶解度
4	螯合剂	C	3	进行螯合反应,生成螯合物

濮深 18 - 侧 1 井开窗位置在井深 3170.00m 处,使用 ϕ149.2mm 钻头钻 3170～3342m 井段,下入 ϕ101.6mm 尾管封固 3070～3340m 井段,尾管重叠段长度为 102m,钻井过程中井下情况复杂,原油不断侵入,完钻油基钻井流体密度高达 2.20g/cm^3,上层套管形成较厚滤饼和油污,清除困难。应用 20m^3 的前置流体,配合柴油或白油 + 清油冲洗剂 + 清油型隔离液 + 低密度水泥浆四级冲洗工艺,固井水泥浆返至井口,封固段声幅值在 2% 左右,固井质量评价为优质(李韶利等,2014)。

此外,利用 10% 阳离子表面活性剂 + 2% 有机溶剂和螯合剂 + 1% 稳定剂 + 水的前置流体,并在 X – 1 井应用,解决了油基钻井流体和井壁上的滤饼清除难题。改善了固井质量(姚勇等,2014)。

3.2.2 有固相前置流体

针对武页 1 井地层破碎、坍塌掉块和水敏性钻探施工难题,研制有固相前置流体。现场使用时先在钻井流体搅拌机中放入清水,然后加入成膜剂,待其充分分散后依次加入随钻防塌堵漏剂、降失水剂、腐殖酸钾、环保型固体润滑剂,搅拌 5～10min,然后再加入增黏剂、包被剂,充分搅拌后即可使用。成膜低固相冲洗流体组分见表 6.3.2。

表 6.3.2　成膜低固相冲洗流体组分表

序号	组分名称	组分代号	加量范围,%	作用
1	成膜剂	B	2.0－5.0	护壁,提高取心质量
2	增黏剂	GTQ	0.2－0.8	增黏、提切、降失水、抗污染
3	固体润滑剂	无明确代码	1.0－2.0	提高冲洗流体润滑性
4	堵漏剂	GPC	1.0－2.0	封堵漏失地层
5	包被剂	BBJ	0.2－0.3	抑制地层造浆,有利于钻井流体固相控制
6	腐殖酸钾	KHm	1.0－2.0	提高冲洗流体密度,平衡地层的坍塌压力

现场使用成膜低固相冲洗流体钻进 1915.55m,护壁效果好,井壁稳定。每次起下钻均无遇阻现象。抑制造浆能力强,钻井流体流动性好,岩粉携带能力强、地表沉降效果好。下钻时井底几乎无沉淀,钻具直接就能下到井底;岩心采取率高,采用成膜低固相冲洗流体后,岩心采取率100%,解决了地层破碎、坍塌掉块和水敏性钻探施工难题(单文军等,2016)。

3.2.3　无黏土固相前置流体

无黏土固相前置流体用在采矿业中居多,但也有少量用在固井工程上。主要是抑制页岩、泥岩的膨胀,抑制水敏地层,起到保护井壁作用。水溶性聚合物如天然聚合物、生物聚合物及人工合成的聚合物为主要组分,再辅助以其他的处理剂。冲洗流体中没有固相成分,对钻井井壁有稳定和防坍塌的效果。

通过水溶性高分子的吸附成膜和胶结作用,当聚合物在岩石表面形成一定厚度和致密程度的吸附膜时,便对岩石产生相对的胶结作用。聚合物的官能团和分子量是影响聚合物吸附成膜的主要因素,官能团对聚合物成膜影响较大。一般阴离子型聚合物,带有强亲水基团(酯基、硫酸酯)具有分子链伸展性好的特点,对吸附成膜很有利,但是与水亲和力强、紧密及与岩石的吸附选择性又很不利于吸附成膜作用。与非离子聚合物相比成膜作用稍差。非离子聚合物分子的官能团有氨基、酰胺基、羟基、醚键等,此类聚合物与水排斥作用较强,吸附时的水膜阻力小。非离子官能团与岩石表面裸露氧产生氢键缔合,并对岩石的吸附无选择性,有利于吸附成膜作用。阳离子型聚合物由于其对岩石的吸附性较强并且产品少而使用较少。

根据无黏土固相前置流体中含有的聚合物不同,可将前置流体分为人工合成聚合物类前置流体、天然聚合物类前置流体和生物聚合物类前置流体。

其中人工合成的聚合物都是一些低聚合度、分子量不高的低聚物。主要常用的聚合物有聚丙烯腈、聚乙烯醇等非离子型,阴离子与非离子型共存的聚丙烯酰胺(水解聚丙烯酰胺)和阴离子型聚丙烯酸、聚丙烯酸钠等。

陈礼仪等(2001)研制了复合胶无黏土固相前置流体,其失水量低,能抑制泥页岩地层的水化分散与膨胀,防止水敏、松散地层的井壁坍塌,该前置流体组分见表 6.3.3。

表 6.3.3　复合胶无黏土固相前置流体主要组分

序号	组分名称	组分代号	加量范围,%	用途或作用
1	瓜尔胶	GRJ	0.2	水化膨胀,增黏
2	水解聚丙烯酰胺	PHP	0.1	絮凝,增黏作用
3	交联剂	PS–DL	0.04	进行交联反应,增加溶解性

在溪洛渡水电站使用新型复合胶无黏土冲洗流体钻井总进尺为128.67m,取得岩心长度115.96m,岩心采取率达90.12%,满足岩心钻探取心质量要求和现场生产的需要(陈礼仪等,2001)。

此外,以微硅为载体结合高分子聚合物研制的微硅–聚合物前置流体在塔北地区10口井进行了推广使用,固井合格率达到100%,储层段固井质量优质率在95%以上(丁士东等,1995)。

天然聚合物主要包括各种植物胶、纤维素及其衍生物、淀粉及其衍生物。植物胶产品有魔芋胶(主要组分是葡萄甘露聚糖)、田菁胶(主要成分是半乳甘露聚糖)、瑰豆胶(主要成分是半乳甘露聚糖)、多糖类等。纤维素是植物纤维的主要成分,是由单糖–葡萄糖组成的线性分子。淀粉是一种吡喃葡萄糖单体,是通过 α–葡萄糖单体苷键连结的聚合碳水化合物。

湖南煤田五队在水敏性泥页岩、煤系地层和厚煤层中使用植物胶无黏土固相前置流体,取得了很好的效果。水玻璃加量不宜太高,否则会使pH值过高,对浆液其他组分(特别是植物胶)的稳定性会有不良影响(张可能,1989)。植物胶无黏土固相前置流体组分见表6.3.4。

表 6.3.4　植物胶无黏土固相前置流体主要组分

序号	组分名称	组分代号	加量范围,%	作用
1	植物胶	未明确代号	0.5~0.8	控制流变特性和失水特性
2	水玻璃	PJXC	10	胶结护壁
3	氯化钾	未明确代号	1~2	防止井壁坍塌

生物聚合物主要利用蔗糖、葡萄糖、麦芽糖、果糖、乳糖和半乳糖用黄单胞菌发酵制成,可作为前置流体的有效组分,具有良好的悬浮能力。

3.3　发展前景

随着油气勘探开发工作的逐步深入以及向深层、复杂地层、非常规储层、海洋等领域的拓展,油气井固井难度显著增加,对固井后水泥环长期密封性能要求越来越高,固井工作液的研发及应用面临新的挑战。

3.3.1　存在问题

目前一些前置流体达不到固井流体设计要求,对于一些薄弱压力地层、水敏坍塌地层,一些前置流体的使用也受到限制。因而现场钻井条件及工况条件的要求就不断推进冲洗流体的研究。现阶段前置流体存在的主要问题有三类:

(1)前置流体漏失严重会导致无法完整清洗封固段,顶替效率不好或固井质量差;当隔离液提前漏失,会造成水泥浆和钻井流体接触,引发固井事故等问题。

(2)高温高压地层钻探的增加,致使前置流体表现出了在高温高压方面的不足。

(3)冲洗流体将井壁滤饼完全冲洗,裸露的井壁丧失了致密滤饼的保护,容易漏失(前置流体、水泥浆),不利于固井施工。若不把滤饼冲洗完全,滤饼的存在危害固井质量,固井质量难以保证。

表面活性剂的加量及常见问题主要有两个。以前置流体总量的 0.1%~1.0% 的比例加入较为合适。单独使用非离子表面活性剂,加量以 0.4%~1.5% 为佳,并且使用时要注意非离子表面活性剂的浊点问题,一般选用合适阴离子表面活性剂复配可提高其浊点。阴离子与非离子表面活性剂复配,要考虑阴离子易起泡的问题。控制阴离子与非离子表面活性剂的总量不超过 1.5%,阴离子与非离子表面活性剂的比例在 2∶1~1∶1。两性表面活性剂一般与阴离子、非离子表面活性剂复配使用,其加量占表面活性剂总量的 3%~20%,占前置流体总质量的 0.05%~0.54%(张明霞,2002)。

3.3.2 发展方向

近年来前置流体已取得了很大进展,但是在保证深层、低压、低渗透、低丰度、海洋、非常规储层等复杂井固井长期密封性能方面仍不够完善,另外固井材料精细化、系列化程度不够。前置流体需要进一步发展以满足工程需要。主要的发展方向是向着承压堵漏前置流体、高温高压地层固井双作用前置流体、自修复固井前置流体、可固化前置流体等方向发展。

针对前置流体在工程应用过程中的漏失严重的问题,研究开发出承压封堵前置流体,可有效地解决前置流体漏失严重的问题。其中开发封堵材料是其中的重点,主要的封堵材料是封堵碳纤维、封堵颗粒材料等。

传统施工中,为获得好的界面封固质量,常采用低黏度不加重的(获得紊流顶替)冲洗流体。双作用前置流体性能的设计思路是同时具有冲洗和隔离双效作用,以保证施工安全为主。地层环境对高温高压地层固井双作用前置流体有 11 项要求:

(1)对于高温高压井,前置流体应有足够的密度,以平衡地层压力,同时要求前置流体具有良好的热稳定性。

(2)有效地隔开钻井流体和水泥浆,阻止钻井流体与水泥浆接触污染。

(3)与钻井流体的相容性好,能够稀释钻井流体,降低钻井流体的黏度和切力。

(4)与水泥浆的相容性好,不应使水泥浆发生变稠、絮凝、闪凝等现象。

(5)黏度较低,在低的泵速下能获得紊流顶替,提高对钻井流体的顶替效率。

(6)对井壁疏松滤饼具有一定渗透力,有助于剥离井壁上的疏松滤饼,提高水泥环与井壁的胶结质量。

(7)能够有效地冲洗套管壁,改善管壁亲水性,提高水泥浆与套管的界面胶结强度。

(8)对固相具有一定的悬浮能力,既可以悬浮加重剂,有助于隔离液稳定,同时可防止钻井流体固体颗粒及冲刷下来的滤饼沉降和堆积。

(9)具有一定的控制失水的能力,失水量一般应小于 150mL/30min,以控制井下不稳定地层,防止坍塌。

（10）前置流体对储层伤害应小，有利于储层伤害控制。

（11）前置流体对套管的腐蚀性应小，以保证施工安全。

为满足这些要求，前置流体中应加入耐高温的清洗剂、加重剂、悬浮剂和降失水剂等。

由于井下条件的复杂性，固井界面及本性的密封失效难以避免。为此人们采用了多种防止水泥环密封失效的方法：改进水泥环力学参数、使用膨胀剂避免水泥环产生微环隙、自愈合水泥浆、钻井流体转换水泥浆技术、滤饼仿地成凝饼技术等。自修复固井前置流体也是现场的一种新的探索。

在固井前置流体中加入对固井水泥环微间隙和微裂缝有自修复能力的自修复剂，使前置流体在发挥常规固井前置流体基本功能的同时具有以下功能：

（1）自修复固井前置流体冲洗过的井眼和套管表面，能够涂覆自修复剂的活性成分，改善界面胶结质量。

（2）能够自动修复固井施工后和开发过程中固井水泥环发生的微间隙和微裂缝，保证固井的耐久性和可靠性（前置流体可以长期留存在水泥环上部，一旦水泥环发生裂缝，前置流体就会向下运移进入水泥环裂缝）。

自修复机理是，前置流体中的活性物质位于水泥环顶部，当水泥环未发生损伤时，由于密度差的原因活性物质向水泥石内部渗透，与孔隙中的高碱性水化产物氢氧化钙发生反应，生成不溶于水的结晶体和水化产物，密实水泥石结构，增强水泥塞的抗渗抗腐蚀性能。而当水泥化发生损伤形成微间隙和微裂缝等渗漏通道时，自修复前置流体沿渗漏通道渗入，与附近的高碱性水化产物、氢氧化钙晶体和未水化产物发生二次水化反应，形成水化产物、修复水泥环损伤产生的微裂缝和微孔隙，恢复水泥环封隔性能与完整性。

可固化前置流体在把钻井流体滤饼冲洗掉后，又在井壁形成新的可固化滤饼，防漏且有利于固井质量的保证。可采用的可固化外掺料为矿渣、偏高岭土等潜活性材料。

第 4 章 水 泥 浆

水泥浆(Cement Slurry)是固井作业时注入套管与井壁环形空间内的流体,由水泥、水和各种水泥外加剂及外掺料按一定比例配制而成。

API 标准是指美国石油学会专用水泥标准。按此标准生产的油井水泥称 API 油井水泥。API 油井水泥分 A—H 共 8 个级别,每种水泥适用于不同井况。此外,还根据水泥抗硫酸盐能力进行分类,分为普通型(O)、中抗硫型(MSR)和高抗硫型(HSR)。

A 级:在无特殊性能要求时使用,适用于自地面至 1830m 井深的注水泥。仅有普通型。

B 级:适合于井下条件要求高早期强度时使用,适用于自地面至 1830m 井深的注水泥。分为中抗硫酸盐型和高抗硫酸盐型两种类型。

C 级:适合于井下条件要求高的早期强度时使用,适用于自地面至 1830m 井深的注水泥。分为普通型、中抗硫酸盐型和高抗硫酸盐型三种类型。

D 级:适合于中温中压的井下条件时使用,分为中抗硫酸盐和高抗硫酸盐型两种类型。

E 级:适合于高温高压的进行条件时使用,分为中抗硫酸盐和高抗硫酸盐型两种类型。

F 级:适合于超高温高压的进行条件时使用,分为中抗硫酸盐和高抗硫酸盐型。

G 级、H 级:是一种基本油井水泥,分为中抗硫酸盐型和高抗硫酸盐两种类型。

J 级:适用于超高温高压条件下的 3660~4880m 井深的注水泥。

油井水泥的物理性能要求包括水灰比、水泥比表面积、15~30min 内的初始稠度,在特定温度和压力下的稠化时间以及在特定温度、压力和养护龄期下的抗压强度。

水泥浆的密度对封隔过程以及封隔的效果是非常重要的。对钻遇高压储层的井,要用高密度的水泥浆以避免固井时发生井喷;对钻遇低压储层的井,较高的流体静压力不适合裸露的地层,必须使用较低密度的水泥浆,若水泥浆密度太高,较高的流体静压力会引起地层破裂,使水泥浆漏入地层。良好的水泥浆密度应符合设计要求、有较好的流动性和适宜的初黏度、失水量低、对储层的伤害小、水泥浆必须能有效地置换环空内的钻井流体以及固化后所形成的水泥石有较好的强度。

因此,根据地层的适用性可将水泥浆分为常规水泥浆和特种水泥浆。适用于一般地层的水泥浆称为常规水泥浆。常规水泥浆由标准水泥、淡水、一般外加剂及外掺料配制而成。适用于特殊地层的水泥浆称为特种水泥浆。特种水泥浆根据外加剂和外掺料可将水泥浆分为 7 类,即水泥浆促凝剂、水泥浆缓凝剂、水泥浆减阻剂、水泥浆膨胀剂、水泥浆降失水剂、水泥浆密度调整外掺料、水泥浆防漏外掺料。

水泥浆的外加剂与外掺料是为了调节水泥浆性能,需在其中加入一些特殊物质,其加入量小于或等于水泥质量 5% 的物质称为外加剂。外加剂分为促凝剂、缓凝剂、分散剂、降失水剂、防气窜剂、消泡剂;其加入量大于水泥质量 5% 的物质,则称为外掺料。外掺料分为减轻剂、加重剂、热稳定剂。

4.1 开发依据

水泥浆广泛使用在民用建筑、桥梁和公路修建过程中,其具有很好的固定、防塌和增加强度的作用。在固井作业中,水泥浆可以固定和保护套管,保护高压储层;封隔严重漏失层和其他复杂层,保证整个开采过程中合理的油气生产。

常规水泥浆适用于硬度较高、缝隙小的地层,这种地层条件良好的较少。大多地层条件复杂,岩石疏松、易漏、易坍塌、气窜、高温、高盐等问题导致固井作业难度大,需要配制特种水泥浆,降低其失水量,增加其硬化后膨胀体积,提高其顶替效率,还应具有良好的配伍性。

水泥浆的性能关系到固井的质量,因此从提高固井质量和储层伤害控制角度考虑,针对不同地层条件,通过调整水泥浆的各个组分或改变其比例,优选外加剂和外掺料来开发不同的水泥浆。

4.2 体系种类

常规水泥浆是由普通 G 级水泥、水、分散剂及降失水剂配制而成,其密度、黏度、强度较小,顶替效率较低。目前,常规的水泥浆密度只能达到 $1.89 \sim 1.92 \text{g/cm}^3$,泥浆与水泥浆的密度差较小,影响顶替效率的提高。因此开发应用特种水泥浆是当前固井技术的难点和重点。

从主要成分可将水泥浆分为含盐水泥浆、弹韧性材料水泥浆、膨胀材料水泥浆、低密度材料水泥浆等;从主要性能可将水泥浆分为耐温水泥浆、抗盐水泥浆、触变水泥浆等;从主要用途可将水泥浆分为防塌水泥浆、防气窜水泥浆、堵漏水泥浆等。以水泥浆主要用途为依据划分并介绍了防塌、防漏堵漏、防气窜等三类水泥浆。

4.2.1 防塌水泥浆

根据钻进地层的特点与作业需求的不同,防塌水泥浆又可分为抗盐水泥浆和耐温水泥浆。

4.2.1.1 抗盐水泥浆

钻井过程钻遇盐层、膏层或盐膏层时,常规水泥浆对盐膏层很敏感,它抗盐能力很弱,遇到高矿化度的钻井流体时,水泥浆明显增稠甚至胶凝,性能变差,不能满足固井施工的性能要求。因此,多采用欠饱和或半饱和盐水水泥浆,盐对于水泥浆具有复杂的双效作用,溶液含盐浓度 2%~8% 时,对体系起稀释、促凝和增强作用;浓度 10%~18% 时,水泥浆性能无明显变化;浓度 20%~36% 时达到近饱和状态,水泥浆变稀、超缓凝、强度严重下降;且高浓度钠盐会引起大多数降失水剂失效,即使失水量得到控制,但水泥石早期抗压强度仍然很低。

雁木西区块地层水矿化度较高,上部地层主要含盐,其含量为 7%~11%,钻井过程中主要为盐溶,钻井流体滤液矿化度一般为 $(8\sim18)\times10^4 \text{mg/L}$,氯离子为 $(6\sim2)\times10^4 \text{mg/L}$。盐膏层在钻井流体长期浸泡下极易溶解、坍塌并污染钻井流体。受污染的钻井流体矿化度 $(5\sim8)\times10^4 mg/L$。高矿化度会改变水泥浆的性能，使得水泥浆流变性变差，内摩擦力增大，难以泵替，稠化时间缩短，给固井作业带来困难。因此，研究开发了具有良好的抗污染能力，且有一定抗压、抗剪切强度，水泥石不收缩的抗盐水泥浆，并试验雁木西油田的雁233井（田军等，2006）。配方为水泥+2.5%降失水剂+激活剂+缓凝剂+0.1%消泡剂，艳木西油田雁233井水泥浆主要组分见表6.4.1。

表6.4.1　艳木西油田的雁233井水泥浆主要组分表

序号	组分名称	组分代号	加量范围,%	作用
1	水泥	天山G级水泥	—	固化作用
2	降失水剂	BXF-200L	2.5	提高抗渗和抗腐蚀能力
3	激活剂	BAS-1	1.0	固化作用
4	缓凝剂	BXR-100L	0.1	降失水作用
5	消泡剂	HBF-818	0.1	分散降黏作用

雁233井井深1840.00m，用密度为1.02g/cm³可循环微泡钻井流体完钻，封固段长600m，平均井径扩大率为4.6%，电测环容为24.63L/m，油井水泥附加为97%。试验条件：压力为30MPa、温度为45℃，水泥浆密度为1.89g/cm³，稠度70Bc时稠化时间为132min，稠度40Bc时稠化时间为110min，稠度系数为0.29Pa·s^n，流性指数为0.87，失水量为40mL/30min；抗压强度为26.4MPa（60℃、24h、21MPa）。降失水剂和缓凝剂采取水溶方式加入，激活剂和其他外加剂与水泥干混施工，用自动混浆水泥车注水泥，保证足够的混合能；用流量计对替浆排量进行监控，确保足够的顶替返速。注入6m³密度为1.70g/cm³的3.0%高效冲洗流体，领浆为5.0m³，尾浆为21.0m³，最大密度为1.92g/cm³，最小密度为1.88g/cm³，固井施工顺利。

试验表明，水泥浆具有抗盐性好、低失水、稠化和凝结时间短、稠化时间可调节范围大、与早强剂等外加剂配伍性好、流动性好、易达到紊流顶替、浆体稳定、强度高等特点。既保证了盐膏层固井的施工安全，又提高了固井质量，特别是解决了第二界面的固井质量问题，为油田的持续改造奠定了良好的基础。

此外，哈萨克斯坦阿克纠宾油气股份公司针对希望油田勘探盐下多个目的层需要有效封固盐层，应用15%抗盐水泥浆固井施工。结果表明该抗盐水泥浆具有良好的抗盐性能，轻微的触变性，对盐层有较好的抑制失水效果，且与钻井流体有良好的相容性，提高了盐层固井质量（李根海，2009）。

4.2.1.2　耐温水泥浆

井下高温主要作用：一是会影响黏土的分散作用；二是会导致水泥浆的表面钝化；三是会发生高温固化或胶凝；四是会引起处理剂高温降解和高温交联反应。因此在超深井固井作业中水泥浆的耐温性能尤为重要。合格的超深井水泥浆必须具有良好的热稳定性，要求从井口至井底之间的任何温度（特别是高温条件下）下性能均能满足钻井需要。

耐温水泥浆要求水泥浆在高温下具有稠化时间易调、失水量低、稳定性好、强度高等性能,并且降水剂、缓凝剂等外加剂的配伍性好,因此,耐温水泥浆的设计关键是水泥外加剂的选择及水泥浆性能调整。于永金等研制了耐温降失水剂和与之配伍性好的其他耐温水泥外加剂,开发了一种以耐温降失水剂为主剂的耐温水泥浆。在室内对该耐温水泥浆的性能进行了评价,结果表明:该水泥浆能抗200℃高温。该耐温水泥浆在辽河油田、塔里木油田及华北油田的7口高温深井固井作业中进行了应用,固井质量全部达到合格以上(于永金等,2012)。

针对土库曼斯坦南约洛坦气田盐膏层易蠕变、易溶解、易垮塌,生产层泥岩、砂岩疏松易垮塌,窄窗口压力梯度,存在喷、漏同层等问题,通过添加高温抗盐水泥浆降失水剂和缓凝剂,水泥浆性能满足了固井的需要(温雪丽等,2011),配方为70%水泥+30%硅粉+4.0%缓凝剂+4.0%降失水剂+2.0%分散剂,该水泥浆主要组分见表6.4.2。

表6.4.2 土库曼斯坦南约洛坦气田井水泥浆的主要组分表

序号	组分名称	组分代号	加量范围,%	作用
1	水泥	G级水泥	70	固化作用
2	硅粉	—	30	提高抗渗和抗腐蚀能力
3	缓凝剂	GHN	4.0	固化作用
4	降失水剂	GFL	4.0	耐温、抗盐、降失水作用
5	分散剂	FCJ	2.0	分散降黏作用

土库曼斯坦南约洛坦气田井深一般为5000.00m,根据岩性和构造特征,通常将盆地划分为基底、过渡层和地台盖层3个构造层,其上部为含水层与浅层气。中国石油川庆钻探工程有限公司承担了土库曼斯坦阿姆河和南约洛坦2个区块的工程技术服务,其膏盐层埋藏深度为4000.00~5000.00m,井底静止温度高达150℃,固井水泥浆的密度为2.40~2.60g/cm³。高温抗盐水泥浆的应用温度范围为100~180℃,可将失水量控制在100mL/30min以内,与多种外加剂、外掺料的相容性好。

高温抗盐水泥浆在土库曼斯坦试验7口井,施工顺利,固井质量合格率为100%,解决了该气田高温盐膏层固井技术难题及高压、多气层固井过程中井漏与气侵并存的问题。

4.2.2 防漏堵漏水泥浆

防漏堵漏水泥浆又可分为触变水泥浆、防窜水泥浆和低密度水泥浆。

4.2.2.1 触变水泥浆

水泥浆中加入触变剂(无机或可交联的聚合物)形成搅拌后具有水泥浆变稀、静止后变稠的特性。适用于松散地层、漏失地层,一定条件下可以防止气窜。常用的触变剂有硫酸钙、硫酸铝/硫酸亚铁等。

开发的TC-11触变水泥浆可有效地降低失水和提高水泥石的强度(姚晓等,1996),配方为0.6%三乙醇胺钛+0.8%磺化醛酮缩合物+3%浓度10%的降失水剂+1.5%早强剂,该触变水泥浆主要组分见表6.4.3。

表 6.4.3　TC-11 触变水泥浆的主要组分表

序号	组分名称	组分代号	加量范围,%	作用
1	三乙醇胺钛	TC-1	—	触变作用
2	磺化醛酮缩合物	SXY	25.0	触变作用
3	降失水剂	PVA	2.5	降低失水作用
4	早强剂	SH	1.0	增加强度作用

由于胜沱油田断层复杂化的背斜构造油气藏,在固井作业中套漏井和套窜井逐年增多,且漏点基本在水泥返高以上。许多油井由于套管窜漏出水而导致无法正常生产,水井因此停注或报废,严重影响了注采井网的完善程度,影响了注采平衡对应关系和水驱效果,从而影响了原油产量。针对其研发的触变水泥堵漏剂在 2001 年 3 月至 2004 年 3 月进行了现场堵漏 40 余井次,工艺一次成功率 95% 以上。当年累计增油 5×10^4 t 以上,取得了较好的经济效益。同时修复油井,完善了注采井网,增加了水驱控制储量(高学生等,2004)。

4.2.2.2　防窜水泥浆

水泥浆形成水泥石的过程中会发生体积收缩、胶凝失重和孔隙压力降低等问题。并且固井后环空发生气窜将损坏储层,影响自然产能,对油气田开发后续作业造成不利影响,即使采用挤水泥等补救工艺也很难奏效,严重时将导致油气井报废,浪费资源。

自 20 世纪 60 年代以来,世界上对固井后环空气窜机理、预测方法及防窜技术方法进行了大量的系统研究,研制了防窜水泥浆,对水泥浆防窜关键性能的研究主要集中在失水、渗透率、稳定性、静胶凝强度过渡时间、体积收缩率和气侵阻力等方面。如由速凝剂、膨胀剂、抗渗透剂、减阻剂和消泡剂等外加剂复配而成的锁水抗窜水泥浆。

针对 D2-7 井 D 区块的一口高压气井,在固井作业中大部分井出现环间带压现象,影响气井安全生产。多功能防窜水泥浆有效解决了 D2-7 井 D 区块井出现的环间带压问题(滕学清等,2011),该防窜水泥浆主要组分见表 6.4.4。

表 6.4.4　D2-7 井 D 区块井多功能防窜水泥浆主要组分表

序号	组分名称	组分代号	加量范围,%	作用
1	水泥	H	—	固化作用
2	铁矿粉	未明确代号	75.0	提高抗渗和抗腐蚀能力
3	硅砂	未明确代号	35.0	固化作用
4	降失水剂	FSTA	2.0	降失水作用
5	分散剂	未明确代号	1.6	分散降黏作用
6	缓凝剂	未明确代号	0.5	增加稠化时间
7	悬浮剂	未明确代号	4.0	分散作用
8	防窜剂	未明确代号	3.0	封堵窜流作用
9	防窜剂	未明确代号	1.0	封堵窜流作用

D2-7井四开钻至5040.00m中完,裸眼段4598.00~5038.00m存在30多个活跃气层,气层压力高,水泥浆密度设计为2.20g/cm³。固井施工前做好井眼准备工作,严格执行通井规定,调整钻井流体性能,科学设计前置流体。

采用1号防窜水泥浆封固裸眼井段,静胶凝强度过渡时间短、气侵阻力高、体积收缩率小,防窜性能优良。固井施工顺利,施工后憋压候凝24h。声幅测井表明,固井质量合格率达88%,后期生产作业未发现环空带压现象。

4.2.2.3 低密度水泥浆

低密度水泥浆是一种主要由水泥、减轻剂及其他外加剂组成的水泥浆。低密度水泥浆主要优点在于:一是其密度低,固井过程中能够以较低的液柱压力作用于地层,避免注替过程中发生水泥浆的漏失;二是对于低孔隙度、低渗透储层,低密度水泥浆可以减少滤液和颗粒侵入储层,减少对储层的伤害;三是为欠平衡井、近平衡井和长封固井等特殊井的固井施工提供了条件;四是对于易套管腐蚀井及气井,低密度水泥浆固井可以减少对套管的压力,提高套管的使用年限。

低密度水泥浆主要用于存在低漏失压力地层时的固井,常作为领浆封固上部地层。通过在水泥灰中加入减轻剂和填充剂,优化水灰比开发而成。普遍应用的减轻剂和填充剂有漂珠、膨润土、微硅、粉煤灰和惰性气体等。多压力体系共存时,低密度水泥浆密度设计不仅需要满足易漏层防漏,还需要兼顾高压层的压稳防窜。

针对YS-6井井下压力系统复杂,存在的低压层,封固段长,易井漏问题,采用密度0.6g/cm³的微珠作为减轻剂,配制密度为1.40g/cm³的低密度水泥浆(郭鸿,2018),配方为水泥+微珠+微硅+降失水剂+稳定剂+缓凝剂。该低密度水泥浆主要组分见表6.4.5。

表6.4.5 低密度水泥浆的主要组分表

序号	组分名称	组分代号	加量范围,%	作用
1	水泥	G	未明确范围	固化作用
2	微珠	未明确代号	未明确范围	减轻密度增加强度作用
3	微硅	未明确代号	未明确范围	减轻密度增加强度作用
4	降失水剂	未明确代号	未明确范围	降失水作用
5	缓凝剂	未明确代号	未明确范围	延缓凝固时间
6	稳定剂	未明确代号	未明确范围	分散降黏作用

在尾管封固井段2600~3800m采用密度为1.40g/cm³的低密度水泥浆,在3800m至井底采用密度为1.63g/cm³的低密度水泥浆。施工时首先进行管线试压,试压完成后接水泥头。使用2台水泥车交替施工,注入双效前置流体25m³。随后注入1.40g/cm³低密度水泥浆48m³,注入1.63g/cm³低密度水泥浆21m³。其中上部低密度水泥浆最大密度1.42g/cm³,最小1.37g/cm³,平均密度1.40g/cm³。瞬时最大排量1.0m³/min,最小排量0.87m³/min,注入压力2.0~3.0MPa。

微珠作为重要的低密度水泥浆减轻剂,具有破碎率低、承压能力高、耐酸碱等特点。在

YS-6井现场应用低密度水泥浆固井技术后,提高了低压层、长封固井段的固井质量。

此外,采用水泥、漂珠、微硅、颗粒级配增强剂进行不同粒度的颗粒级配,并添加配套使用的增塑纤维,研制开发出了既能降低水泥浆密度,又能保证水泥石抗压强度的高强增塑低密度水泥浆(张立哲等,2007)。

高强增塑低密度水泥浆在胜利油田地区及川东北地区进行了10多口井的应用,取得了良好的应用效果,固井质量明显好于其他低密度水泥浆。例如辛176井,井深2460.00m,钻头直径为241.0m,下入ϕ177.8mm套管,钻井流体密度为1.06g/L左右。电测环空容量为67m^3,固井施工时,先注入1.2~1.3g/cm^{3}高强增塑低密度水泥浆40m^3,最后注入常规水泥浆20m^3。电测曲线显示,该井水泥胶结质量良好,全井固井质量优质。

4.2.3 防气窜水泥浆

防气窜水泥浆可分为膨胀水泥浆、胶乳水泥浆和泡沫水泥浆。

4.2.3.1 膨胀水泥浆

水泥浆的体积收缩和油侵、水侵和气侵等问题,会造成气窜、井壁不稳固等问题,需要在水泥中加入膨胀剂来解决这些问题。

根据膨胀源与作用机理的差异,常用的固井水泥膨胀剂可分为两大类:晶体类膨胀剂与发气类膨胀剂。钙矾石类晶体膨胀材料是以钙矾石为膨胀源的膨胀剂,主要组分为硫铝酸盐和铝酸盐等。此种膨胀剂在水泥浆中反应形成钙矾石晶体,晶体在水化过程中持续变大使水泥石体积膨胀,能够弥补水泥硬化时产生的体积收缩并在一定程度上改良硬化浆体结构,然而该功效主要产生在水泥水化早期,对水泥浆体后期收缩的补偿作用不大。氧化钙类膨胀剂主要是依靠氧化钙水化生成氢氧化钙或氧化镁水化生成氢氧化镁而产生体积变大。氧化钙膨胀剂为轻烧氧化钙,具有早期膨胀功效明显、原材料方便获取等优点,但也存在膨胀过快等问题。氧化镁膨胀剂具有物理化学性质稳定、使用温度高及应用范围广泛等特点,但是膨胀剂产生的氢氧化镁膨胀属于延迟性膨胀,对水泥浆早期收缩弥补欠缺(郑凯,2014)。

针对苏丹1/2/4区块水平井地层高渗透、气窜、易塌、易缩径等复杂问题。开发出了新型膨胀水泥浆,其可泵时间可调,具有非常好的流变性能,能有效提高水泥浆的顶替效率(高兴原等,2006),其配方为水泥 + 1.66%降失水剂 + 0.5%膨胀剂 + 0.3%缓凝剂 + 0.1%减阻剂,新型膨胀水泥浆所用的主要组分见表6.4.6。

表6.4.6 苏丹1/2/4区块水平井膨胀水泥浆主要组分表

序号	组分名称	组分代号	加量范围,%	作用
1	水泥	G级嘉华	—	固化作用
2	降失水剂	CHJ	1.66	降低失水的作用
3	膨胀剂	XP	0.5	增加固化膨胀的作用
4	缓凝剂	J-RL	0.3	延缓凝固作用
5	减阻剂	BF	0.1	降低摩阻的作用

先使用冲洗流体和隔离液,清洗井壁,分隔水泥浆和钻井流体。再注前置流体 $16m^3$,同时发挥大功率固井泵车的优点,密度偏差控制在 $±0.02g/cm^3$ 范围内。采用常规固井方法,施工顺利,一次成功。

防气窜膨胀水泥浆在苏丹1/2/4区块 Monga South11井中成功应用,通过声幅曲线的检测,此声幅值均维持在5%以内,幅值较小。具有较强的防气窜能力,能有效控制油、气、水窜,进一步提高水泥石胶结质量和固井质量。

4.2.3.2 胶乳水泥浆

在固井作业中经常会遇到水泥石与套管、地层间胶结质量差等问题。因此,在水泥浆中加入弹性或韧性材料,改善力学性能,使其具有一定的抗冲击韧性和形变恢复能力,止裂增韧,保证固井质量。

胶乳水泥浆是一种性能良好的固井水泥浆,可改善水泥石的韧性和弹性,还具有防气窜效果。国际上早在1958年就已经开始应用胶乳水泥固井,现已广泛应用于分支井、天然气井固井中。

深井水平井存在高温、易气窜的问题,在固井作业中,水平段的水泥浆受到重力的影响,其中固相颗粒发生沉降,并且在静止时伴随游离液析出,易产生高边游离水连通窜槽和低边水泥颗粒沉降窜槽,因此研制出了防沉降胶乳水泥浆 DHL－600。室内评价结果表明,该水泥浆在高温水平条件下具有低失水、无游离液、水泥浆及水泥石上下层密度差小、沉降稳定性好、防气窜等特点(苏博勇等,2010),配方为18%胶乳＋水泥＋25%石英砂＋5% DCR 防腐剂＋0.4%高温缓凝剂＋0.4%分散剂＋0.3%高温稳定剂(表6.4.7)。

表6.4.7 DHL－600防沉降胶乳水泥浆主要组分表

序号	组分名称	组分代号	加量范围,%	作用
1	胶乳	DHL－600	18	增稠、增韧作用
2	水泥	G	未明确范围	固化作用
3	石英砂	未明确代号	25	增强、分散作用
4	防腐剂	DCR	5	抗腐蚀作用
5	高温缓凝剂	未明确代号	0.4	延缓凝固时间
6	分散剂	未明确代号	0.4	分散降黏作用
7	高温稳定剂	未明确代号	0.3	乳化作用

DHL－600防沉降胶乳水泥浆在升深平1井和徐深1－平1井2口深井水平井上得到了应用,施工采用2台100－30水泥车,实注水泥浆 $47.5m^3$,低密度段密度控制在 $1.55 \sim 1.64g/cm^3$,原浆段控制在 $1.87 \sim 1.94g/cm^3$。注入过程中最大排量 $2.1m^3/h$,最小排量 $1.6m^3/h$。压胶塞后替入钻井流体 $50.7m^3$,替完后套管20MPa试压5min未降。现场试验应用表明,固井质量良好,有效地解决了中国深层气井水平井固井后由于水泥浆沉降稳定性问题气窜的难题。

此外,针对SN井区井底静止温度高、气层活跃、压稳与防漏难度大等问题,研制出耐温液硅—胶乳防气窜水泥浆,其具有 API 失水量小于 50mL/30min、直角稠化、SPN 值小于 1、防气窜效果好、沉降稳定性好等特点(陈超等,2016)。

4.2.3.3 泡沫水泥浆

泡沫水泥浆固井是将发泡剂和稳泡剂等外加剂加入水泥浆中形成稳定的、细小而又相互独立的气泡的工艺方法。

泡沫水泥突出的优点是密度低、强度高,能在较低密度下仍能保持较高的抗压强度。除此之外,可降低失水率,有一定的触变性。在与普通的水泥浆对比测试中,普通水泥浆固井容易发生气窜,而使用泡沫水泥浆固井起到了很好的防气窜效果,证实了泡沫水泥浆具有低渗透防气窜特点(杨得鹏,2012)。

开发的新型泡沫水泥浆,泡沫细小均匀,结构稳定,具有密度低、渗透率低、强度高、导热率低的特点(田红,2006),配方为水泥+25%漂珠+2.5%发气剂1+1.0%发气剂2+2.5%稳泡剂+1.0%增强剂+0.4%缓凝剂,主要组分见表6.4.8。

表6.4.8 玉东平1井水泥浆主要组分表

序号	组分名称	组分代号	加量范围,%	作用
1	水泥	天山G级水泥	未明确范围	固化作用
2	漂珠	未明确代号	25.0	增强作用
3	发气剂	FCA	2.5	增加发气作用
4		FCB	1.0	增加发气作用
5	稳泡剂	FCF	2.5	保证泡沫细小均匀和稳定性
6	增强剂	FCP	1.0	增加强度作用
7	缓凝剂	FCR	0.4	延缓凝固作用

玉东平1井为一口水平井,表层套管下深800.00m,其中500.00~800.00m井段采用普通水泥浆封固,0~500.00m井段采用泡沫水泥浆封固;技术套管下深2866.00m,其中2466.00~2866.00m井段采用普通水泥浆封固,2466.00m至地面采用泡沫水泥浆封固。

泡沫水泥浆在吐哈油田的应用,减少了稠油开采的热量损失,解决了吐哈油田低压易漏井、气井等复杂情况的固井问题。

4.3 发展前景

固井工程作为油气井钻井工程中一个重要的环节,是保证油气井寿命、提高采收率以及合理开发油气资源的关键。虽然近年来固井技术在世界上的开发和应用获得了很快的发展,但仍不能满足当今钻井的需要,如何应对复杂的地质环境和新兴钻井技术的发展,保证油气资源高效安全的开采,是摆在固井作业面前的重要难题。不同水泥浆性能的好坏直接关系到固井的质量,因此新型水泥浆材料的开发与应用将具有广阔的发展前景。

4.3.1 存在问题

目前水泥浆存在的主要问题包括外加剂性能单一和水泥浆成本高两个方面。

（1）外加剂的性能单一，效能较低。为了适应固井的需要，调整和改善特殊地层条件下水泥浆体的性能，开发的固井材料越来越多（水泥外加剂和掺料）。在调配水泥浆时往往加入多种大量外加剂，而不同类别外加剂的相容性问题和各材料的配比问题，影响了水泥水化过程，使水泥浆性能不易控制，造成固井质量不高。

（2）水泥浆的成本高。由于地质环境的恶劣，地层安全作业窗口窄，对油气藏保护力度和难度大，同时又产生了各种新兴钻井技术，对固井水泥浆性能的要求更高，因而水泥浆的成本也在不断增加。

固井质量还与顶替的效率有关。水泥浆顶替流体（Cement Replacement Fluids）是固井时将水泥浆顶替至预定上返高度的流体，也叫顶替液，一般是在钻井流体中加入处理剂使钻井流体达到顶替水泥浆的要求。合理的水泥浆上返高度是保证固井质量的基础，影响固井质量的因素很多，钻井流体是影响固井质量和注水泥作业成败的重要因素之一。不同的钻井流体类型和体系，不同的处理剂成分，不同的钻井流体性能对固井质量的影响程度不同。

在固井过程中，提高环空注水泥顶替效率是防止钻井流体窜槽、保证水泥胶结质量和提高水泥环密封效果的基本前提。对于宾汉或幂律模式，增加水泥浆与钻井流体的密度差、增加水泥浆的稠度系数或钻井流体的流性指数、增加水泥浆的塑性黏度以及增大水泥浆或钻井流体的动切力，都有利于提高顶替效率；反之，增加水泥浆的流性指数或钻井流体的稠度系数，或增加钻井流体的塑性黏度，会使水泥浆的顶替效率降低（张铎远，2007）。

另外，固井堵漏注水泥过程中一般都注入隔离液，但仍难以避免泥浆与水泥浆混合。在某些井高压层的固井、打水泥塞等注水泥施工，为了保证施工质量，维持较高液柱压力，不能注隔离液。若井温高，混浆往往迅速初凝，容易引起蹩泵、固化实心套管及将送尾管钻具凝固卡钻等恶性事故（李章禄，1988）。因此，为解决上述问题，需要开发合适的水泥浆顶替液。

4.3.2 发展方向

水泥浆未来的发展方向需要从新材料和现场工艺两个方面进行研究，结合不同地层和井况的需求，从面临的具体困难出发，有针对性地克服或减弱不良影响，形成具有多种效能于一体的多功能水泥浆。

（1）固井新材料的研发。固井新材料的研究包括针对易漏地层的防漏堵漏材料；针对高压气井、深井和调整井的油井水泥晶体类膨胀材料；针对低压低渗透油气藏的高性能低密度材料；针对含腐蚀性介质和稠油油藏的耐温耐腐蚀材料；针对深水固井的低温材料等，特别是能够形成具有长期层间封隔效能及较强力学形变能力水泥环的新材料，包括外加剂的更新换代。同时要考虑材料间的匹配和外加剂的相容性问题。

（2）现场施工研发。加强数值模拟结合现场施工参数和工艺方面的研究，有效提高固井质量。

第5章 水泥浆顶替流体

水泥浆顶替流体(Cement Slurry Displacement Fluid)也称替浆,是指在固井作业中用于驱替环空中水泥浆到达预定位置的钻井流体。固井是向井内下入套管,并向井眼和套管之间的环空注入水泥的作业过程。固井的目的是形成良好的环空封固质量,防止油、气、水窜,保障快速、安全钻进以及后续生产作业(艾正清等,2016)。

5.1 开发依据

固井质量取决于顶替效率与候凝效果,为了提高固井质量,需要分析影响顶替效率的各种因素,进而评价顶替效率,以寻求改善固井质量的方案。影响顶替效率的因素众多,包括钻井流体的防塌抑制能力、滤失造壁能力、流变性能和自身及产生的滤饼的润滑性能。为了提高顶替效率、改善固井质量,有必要开发更经济、更实用的水泥浆顶替流体(冯学荣等,2006)。

5.2 体系种类

水泥浆顶替流体要有一定的密度和黏度,满足钻井流体顶替和压井要求且要与储层矿物、储层流体以及压裂液配伍。因此,针对性地采用水泥浆顶替流体是必要的,依据水泥浆顶替流体的应用范围可以分为低密度水泥浆顶替流体和高密度水泥浆顶替流体两种。

5.2.1 低密度水泥浆顶替流体

采用低表面(界面)张力的水泥浆顶替流体,可以减少储层的水锁伤害。该体系主要由优选的密度调节剂、稠化剂、抗高温保护剂、pH值调节剂、黏土稳定剂、防水锁剂、破乳剂组成(彭元东等,2014)。该体系主要组分见表6.5.1。

表6.5.1 低密度水泥浆顶替流体主要组分表

序号	组分名称	组分代号	加量范围,%	作用
1	密度调节剂	NaCl	15.0	调节体系密度,使满足正常压井要求
2	稠化剂	HV – CMC	0.3	增加钻井流体黏度,提高顶替效率
3	抗高温保护剂	CSMP – 1	2.0	抗高温,对顶替流体起保护作用
4	pH值调节剂	NaOH	0.1	调节顶替流体pH值至8~9
5	黏土稳定剂	WY – 1	2.0	抑制黏土膨胀
6	防水锁剂	DYGX	0.2	降低油水界面张力,从而降低储层水锁损害程度
7	破乳剂	DXGX	依据实际	破乳

室内实验评价结果表明,所研制的替浆完井液体系抗温性能好、配伍性好、同时能够降低表面(界面)张力、对管柱腐蚀性小、岩心渗透率恢复值大于89%,具有良好的应用推广价值。

5.2.2 高密度水泥浆顶替流体

当钻遇高压层段时,只有提高钻井流体密度才能有效控制井口溢流。为实现良好的顶替效果和保证施工安全,在低密度替浆完井保护液配方的基础上对主要功能助剂进行调整,形成了一套高密度替浆完井保护液配方(彭元东等,2014)。该体系主要组分见表6.5.2。

表6.5.2 高密度水泥浆顶替流体主要组分表

序号	组分名称	组分代号	加量范围,%	作用
1	密度调节剂	HCOOK	72.0	调节体系密度,使满足正常压井要求
2	增黏剂	XC	0.3	提高顶替流体黏度,且XC具有较好的热稳定性
3	防水锁剂	DYGX	0.2	降低油水界面张力,从而降低储层水锁损害程度

热滚前后混合液性能没有发生急剧变化,且表观黏度、塑性黏度和动切力值较钻井流体均有一定程度的降低;絮凝没有导致混浆段流动性变差,施工过程不会对驱替造成影响;隔离液与钻井流体配伍性好、流动性好。

5.3 发展前景

固井是油田开发作业中必不可少的一环。随着超深井高温高压固井技术、页岩油气固井技术及超长封固段大温差固井配套技术的形成,配套的新型水泥浆外加剂和自愈合、液硅防气窜、温度广谱性、智能堵漏、防腐蚀等水泥浆顶替流体也需要加以开发,满足了中国石化油气勘探开发的需求(丁士东等,2019)。

5.3.1 存在问题

虽然油井水泥浆在油气田的固井阶段发挥了积极的作用,但在标准实施和油井水泥现场应用过程中,仍反映出一些急需解决的问题。

比如水基钻井流体在低温、长时间静止的条件下,黏度也会变高(电测静止时漏斗黏度达到126s)。其高黏度、高切力高不利于固井施工,易造成固井施工压力高,水泥浆驱替钻井流体的效果差。同时,如果在钻井流体中混有2%的白油,页岩表面的油膜会影响水泥石的胶结质量,易产生胶结缝隙,后期压裂开发形成气窜(何朕等,2017)。

或者在气体钻进后,替入水基钻井流体,井筒内的液柱压力突然提高,井浆中的小尺寸颗粒、自由水将通过地层孔隙、裂缝或微裂缝,大量迅速地进入地层,加速地层诱导裂缝的形成,进一步扩张地层裂缝或微裂缝,导致井漏;对于泥页岩地层而言,大量的自由水将导致泥页岩的水化膨胀,导致井眼缩径,甚至垮塌;同时,由于自由水的严重流失,将在井壁周围形成更厚、质量更差的滤饼,伴随着泥页岩的水化膨胀作用,增加了阻卡和滤饼黏附卡钻的风险;此外,普通钻井流体对井壁的冲刷大大高于气体对井壁的冲刷程度,就更加剧了井眼内井壁不稳定现象的发生(冯学荣等,2006)。

5.3.2 发展方向

为适应复杂地层开发需求,需要进行进一步的固井技术攻关,首先必须要做好钻井流体材料的检验关,不合格的钻井流体不可以用于固井作业,应该从密度、失水量、切力和黏度等4个方面入手(何冰月,2019):

(1)控制好钻井流体密度,如果密度不大于 $1.2g/cm^3$,其固井施工质量优质率可以达到85%之上。

(2)控制好钻井流体的失水量,如果失水量在 $5\sim6mL/30min$,那么固井施工质量的优质率会达到78%。

(3)注入水泥浆之前控制好钻井流体的切力。水泥浆密度小于 $1.3g/cm^3$ 时,切力应该在5Pa以下;当密度位于 $1.3\sim1.7g/cm^3$ 区间内,可以把切力控制在8Pa之下。

(4)控制好钻井流体的黏度,如果黏度值不大于 $25mPa\cdot s$,固井施工的优质率可以提高1%。

第6章 砾石填充流体

砾石充填流体(Gravel-Packing Fluid)也叫携砂液,是将砾石携带到筛管和井壁(或筛管和套管)环形空间的液体。砾石充填流体的作用是输送砾石至恰当位置以封堵松散砂层,其选用原则与套管封隔流体相同。

砾石充填防砂的基本原理就是利用具有一定性质的携砂液,携带加工好的标准砾石,充填到筛套环空中,依靠绕丝筛管的阻挡,使流体通过筛管进入冲管,返出井口。砾石被阻挡在筛套环空内,形成具有一定厚度、高孔隙、高渗透的砾石层,防止地层砂在生产过程中进入油井。

充填砾石可分为挤压方式和循环方式。挤压方式充填砾石,砾石携带液不上返,环空中的完井液不会被砾石携带液稀释,携带液不必按井控要求进行加重。挤压砾石充填作业使用氯化铵或氯化钾盐水做携带液的基液。循环方式充填砾石,砾石携带液的密度要满足井控要求。

目前世界上大多采用无固相的水基聚合物溶液,此外有用地层水或钾盐作基液配制充填流体,或有用高黏油作充填流体的。

6.1 开发依据

砾石充填完井方法具有长期保持油井高产、井壁稳定以及防止地层出砂等优点,尤其对于疏松易出砂油藏,砾石充填是首选的完井方式,但是部分充填流体将进入油层,因此对充填流体的性能应严格要求。

(1)从携带砾石的角度考虑。要求它的携砂能力强,即含砂比高,以节省用量。并希望砾石在充填流体中不沉降,形成紧密的砾石充填层。

(2)从储层伤害控制的角度考虑。要求充填流体无固相颗粒,并尽可能防止液相侵入后引起储层黏土的水化膨胀或收缩剥落。

6.2 体系种类

砾石充填流体主要依据黏度分为低黏砾石充填流体和高黏砾石充填流体。国际上目前采用生物聚合物和某些表面活性剂溶液进行高黏砾石充填作业,中国多采用大排量注入低黏液的方式。

6.2.1 低黏砾石充填流体

低黏砾石充填流体可使砾石充填得紧密。盐水、原油、柴油或盐酸溶液等都是良好的砾石充填流体。目前,世界上最常用的低黏砾石充填携砂液大致可分为:

(1) 天然植物胶携砂液。该携砂液包括如瓜尔胶、田菁、香豆粉及衍生物羧甲基羟丙基、羧甲基羟乙基等。

(2) 纤维素携砂液,如羧甲基纤维素、羟乙基纤维素、羧甲基乙基纤维素。

(3) 合成聚合物携砂液,如聚丙烯酰胺、部分水解聚丙烯酰胺、甲叉基聚丙烯酰胺及其共聚物。

张增玉等针对储层松动和微粒的释放迁移导致严重出砂,造成储层伤害等问题,研制了低黏砾石充填流体(张增玉等,1994),其具体组分见表6.6.1。

表 6.6.1 低黏砾石充填流体组分表

序号	组分名称	组分代号	加量范围,%	作用
1	水	未明确代号		提供连续介质
2	氯化钾	未明确代号	2	抑制黏土水化膨胀
3	增黏剂	XC	0.50	增加黏度,调节流型
4	柠檬酸	C	0.07	助分散
5	氢氧化钠	未明确代号	0.05	助水化
6	螯合剂	NTA	0.14	进行螯合反应,生成螯合物
7	破胶剂	W-325	0.05	防止聚合物滞留,伤害储层

冷平3井采用筛管管外砾石充填完井,现场使用时先向配制装置中打入淡水,边搅拌边加入柠檬酸,使pH值为3~4;加入增黏剂,充分搅拌;加入氢氧化钠,使pH值保持在8~9,但不能超过9;加入螯合剂,充分搅拌;加入氯化钾,充分搅拌后过滤,以除去不溶解的颗粒;加砂和破胶剂,等待充填作业使用充填流体后充填率达92.3%,完井替油后油管内压力1MPa,套管压力2MPa,收到了较好的效果,投产后平均日产45t,是本层位直井平均产量的3倍,且维持时间长。

此外,针对水基砾石充填流体返排率较低,容易造成地层的二次伤害,影响产量等问题,利用1%季铵盐类表面活性剂+0.5%盐水水化物+0.2%水化延迟剂配制成清洁砾石充填流体。清洁无聚砾石充填流体与压裂技术相配合现场应用,返排率在90%以上,取得了良好的增产防砂效果(吴琼等,2007)。

6.2.2 高黏砾石充填流体

墨西哥湾沿岸油田最近实践结果表明,在已经除砂或由于使用孔眼冲洗工具而在套管外产生的空穴中,用高黏携带液既能有效地充填砾石。高黏砾石充填流体有油基类和水基类。

针对高泥质疏松砂岩油藏开发中后期常规酸化易导致储层出砂加剧和近井地带堵塞等问题,研发了具有解堵、携砂、稳砂等功能的黏稳酸(李鹏等,2013)。黏稳酸砾石充填流体的组分见表6.6.2。

以黏稳酸作为携砂液挤压或压裂充填防砂,在胜利油田金家、老河口和乐安等高泥质疏松砂岩油藏口井进行现场试验。新、老油井产能提高了1.54倍,井口化验含砂量均低于

0.03%,最长连续生产时间已超过400d,达到解堵防砂要求。

表 6.6.2 黏稳酸砾石充填流体组分表

序号	组分名称	组分代号	加量范围,%	作用
1	复合酸	ZNW	9	酸蚀地层
2	非离子聚丙烯酰胺	NPAM	0.1	增加黏度
3	柠檬酸铝	YL–1	0.05	进行交联反应
4	氯化铵	NH_4Cl	1.43	降低膨胀率
5	铁离子稳定剂	未明确代号	0.45	防止铁离子沉淀
6	缓蚀剂	XP	1	降低腐蚀
7	助排剂	CF–5B	0.5	帮助返排

此外,砾石充填携带液也可以与水平井裸眼钻井完井液结合使用。采用烯烃作基液,氯化钙、溴化钙、石灰、表面活性剂、碳酸钙粉调节需要的性能。砾石到位后,调整 pH 值低于 7,砾石充填流体内相为盐水,桥堵剂和石灰等变为水润湿,从而破乳,溶解滤饼。

6.3 发展前景

中国各大油田现已逐步进入开发中后期,油田稳产上产难度越来越大,而油田出砂已成为制约油田稳产上产的重要因素之一。因此作为油田防砂的重要措施,砾石充填流体的研究对油藏的顺利开发至关重要,有力保障了砂岩油藏正常生产。

6.3.1 存在问题

聚合物砾石填砂流体因有残渣、吸附、破胶不彻底等原因造成储层伤害,降低了渗透率,油井产量下降,甚至有的井不出油,长期关井(朴弼善等,2004)。高黏砾石充填流体充填过程中防砂效果较差(谢盛涛等,2015)。油包水乳状液砾石充填流体不适用于沥青质高含蜡原油储层,这些都是要解决的重点工作。

6.3.2 发展方向

砾石充填流体在地面需要较高黏度,而井下需要较低黏度,把砾石充填在所需充填的位置。为了满足双重黏度的需要,地面配制较高黏度的携砂液,同时加破胶剂以分解增黏聚合物。除分解剂要选适当类型、浓度和湿度外,高聚物黏度的降低时间还取决于测定黏度时的剪切速率。

常规的油基砾石充填流体会糊住绕丝筛管,不易清除,并且还有乳堵以及润湿反转的风险。鉴于此,采用了可逆转逆乳化砾石充填流体,遇酸反转成黏度较低水包油乳状液,易于清洗,并且会使固相颗粒表面从油湿转向水湿。使用可逆转逆乳化钻井液所钻的井,也可以使用水基砾石充填流体。可逆转钻井液钻开油层所形成的滤饼坚韧而致密。可逆钻井液钻井油层后,使用密度稍高于钻井液的盐水生物聚合物段塞替掉钻井液,然后再使用常规的水基砾石充填流体作业。可逆钻井液所形成的滤饼,在段塞与水基砾石充填流体浸泡下仍能保持致密的特性,能够保证砾石充填作业中不会出现较大的失水量。充填作业完成后,使用酸液清洗可逆转钻井液形成的滤饼,这样实现了油基与水基性能的完美结合(华桂友等,2009)。

泡沫黏度较大,其视黏度也高,携砂比高,因而携砂能力较强,试验测定在接近竖直的环空管道中,水的携砂能力稍大于泡沫流体的携砂能力,而在接近水平的环空管道,泡沫流体的携砂能力是水的10倍。泡沫流体与普通牛顿流体相比具有密度低、低失水、携砂能力强的优点(王海彬等,2010)。

无固相油基砾石充填流体特别适合于钻敏感性储层,以及在页岩含量未知的探井中使用;含有破乳剂的水基携带液也可用于在合成基/油基钻井流体钻井的砾石充填技术中使用油基钻井流体时形成的滤饼,其屈服应力比使用水基钻井流体所形成的滤饼低1~2个数量级,表明在砾石充填过程中更容易被冲蚀(白小东等,2005)。

第7章 钻塞流体

固井完成后要将留在套管或井眼内的凝固水泥塞、桥塞等钻掉。钻塞流体(Drilling Plug Fluids)是指在钻塞作业过程中用来携带岩屑、减小摩擦和阻力的液体。钻塞流体可分为钻桥塞流体和钻水泥塞流体。

压裂完成后需要钻除桥塞打通井眼通道,提高试气产量。钻桥塞流体是指在压裂完成后清除桥塞时所使用的钻塞流体。可钻式复合桥塞分段压裂技术是大规模储层改造的关键技术,也是目前世界上进行页岩气藏开发使用的主体储层改造技术。受井口带压条件限制,需采用连续油管设备钻磨复合桥塞,快速有效钻除桥塞是保证页岩气顺利试气投产的关键。

钻水泥塞流体是指钻除水泥塞所使用的流体。随着注水泥塞技术的日臻完善,其对复杂井况的适应能力有所加强,应用范围也逐渐拓展,施工成功率也不断提高,特别是对水平井来说,更是大有用武之地。

7.1 开发依据

随着油气资源的开发和能源的不断耗竭,致密砂页岩、页岩气和致密油等非常规油气资源将成为未来石油、天然气能源的主流。由于这些非常规油气资源的渗流率较低、流通性差、渗透阻力大、水平单井的产能低,需要对水平井进行分层压裂以达到增产的目的,因此,目前广泛使用钻桥塞技术。钻磨桥塞工艺的原理简单来说即为通过连续油管组合将钻磨工具送至预定钻塞位置后,启动水力泵驱动磨鞋铣掉桥塞,最终通过井筒液体循环将碎屑带出至地面,随后重复上述工艺清除各段桥塞。

由于钻塞流体携带能力的限制,钻磨碎屑难以返出井口,易出现憋泵或卡钻等复杂情况。因此,需要钻塞流体具有良好的碎屑携带和悬浮能力,配制适合钻丝的高效悬浮性循环液体以便清洗水平段/造斜段碎屑,预防下钻遇阻、卡钻问题,确保顺利安全施工。

7.2 体系种类

根据钻塞作业目的的不同,钻塞流体可分为钻压裂用桥塞流体和钻水泥塞钻井流体。钻压裂用桥塞流体是由增稠剂、流变剂、减阻剂、金属润滑剂和消泡剂等组成;钻水泥塞钻井流体是由降失水剂、缓凝剂、稳定剂、盐和金属氧化物等组成。

目前,在钻塞作业过程中一般使用连续油管钻塞作业。连续油管一般缠绕在卷筒上,其长度可达数千米。在下井施工时,连续油管离开卷筒并通过矫正变直后,慢慢通过一个导向拱(也被称为鹅颈)进入注入头。然后在注入头的矫正变直后及一个夹持力的共同作业下慢慢注入井下。完成作业后,油管从油井内慢慢提升,重新缠绕在回卷筒上。连续油管在使用时经常发生作业压力高、自锁、井下性能不稳、少量地层出砂等现象,因此需要性能良好的钻塞流体(马骏骥,2018)。

7.2.1 钻压裂用桥塞流体

利用连续油管钻塞流体钻磨水平井桥塞,对钻磨施工参数及钻塞流体性能要求较高,需要提高黏度和切力来增强钻塞流体的携带性能,有效清洗井眼钻屑,降低钻塞故障复杂率,保证施工顺利进行。

几乎所有的钻磨作业都使用降阻剂。与使用基液相比,在使用液体降阻剂后,通常连续油管摩阻下降40%~60%,达到降低施工泵压的作用。在长期使用液体再循环的作业中,之前添加的降阻剂效果仍然存在,后期添加的降阻剂数量可以适当减少。金属润滑剂在水平井钻磨作业中也普遍应用。连续循环金属润滑剂可以降低油管与套管间的摩阻,稳定地将地面悬重传递到井下工具,延缓出现自锁现象,提高后面几个桥塞的钻磨效率。

针对JY25-1HF井钻屑难以返出井口,易出现憋泵、卡钻等现象,以水为介质引入多糖类高分子聚合物为流型改性剂,通过材料优选及性能对比,研发出一种多糖类高分子聚合物钻塞流体。配方为低分子稠化剂+复合增效剂+流变助剂1+流变助剂2+流型改性剂+消泡剂(何吉标等,2016)。该钻塞流体所用的主要组分见表6.7.1。

表6.7.1 多糖类高分子聚合物钻桥塞流体主要组分表

序号	组分名称	组分代号	加量范围,%	作用
1	低分子稠化剂	SRFR-CH3	0.2~0.5	增稠作用
2	复合增效剂	SRSR-3	0.1~0.3	提高清洗能力
3	流变助剂1	SRLB-2	0.2~0.5	提高流变性作用
4	流变助剂2	SRVC-2	0.05~0.15	提高流变性作用
5	流型改性剂	CMX	0.2~0.5	改变流变性作用
6	消泡剂	未明确代号	0.01~0.05	消泡作用

JY25-1HF井人工井底为4503.00m,水平段长1500.00m,造斜点为1970.00m;30°,45°和60°井深分别为2400.00m,2679.00m和3007.00m;套管内径为115.02mm;套管容积为0.01m³/m;油管容积为6.8m³,抗拉屈服载荷为80%,闭排为0.002m³/m,在排量为400L/min时,环空上返速度为50m/min。钻完第8个桥塞之后使用多糖类高分子聚合物钻塞流体,直到探到第15个桥塞4257.10m为止,共使用了40m³多糖类高分子聚合物钻塞流体。

多糖类高分子聚合物钻塞流体与原胶液相比,具有水化性能优异、无残渣、安全环保、悬浮能力强等优点。

此外,针对涪陵页岩气井水平段长、井眼轨迹复杂等问题,当钻塞管柱下到一定深度时,连续油管易产生螺旋弯曲状态并紧贴在水平段套管壁上,管柱摩阻迅速增加,特别是在井眼轨迹上翘严重、水平段较长等特殊井,管柱自锁问题普遍存在,导致底部桥塞无法顺利钻除。为降低连续油管钻塞管柱的下入阻力以及延伸管柱的自锁深度,应用了金属减阻剂(李爱春,2016)。

以减阻水为钻塞基本工作流体,在不影响钻进速度的前提下,采用分段式加钻塞流体的方式,可以经济有效地携带出井内碎屑,每钻3个桥塞,泵注约10m³钻塞流体,并缓慢上提连续油管至造斜点再次泵入 5m³ 钻塞流体,实现了连续充分洗井、有效返排桥塞碎屑,降低了卡钻风险。

7.2.2 钻水泥塞钻井流体

钻水泥塞过程中,水基钻井流体容易受到水泥浆隔离液、水泥浆混浆、水泥塞的污染,严重时出现钻井流体脱胶,造成恶性钻井事故。以往钻水泥塞过程中,均采用两种方法:一是加入纯碱进行预处理和维护处理;二是加入树脂类抗钙处理剂充分护胶,增强其抗钙能力。这两种方法比较容易处理隔离液量小、水泥塞较短的井,但处理隔离液量大、水泥塞长、井底温度高的井比较困难。

克深区块水泥浆隔离液的处理剂与水基钻井流体不兼容,水泥浆运移段长,易产生大量混浆;套管管串结构要求浮箍距离井底 200~300m,形成长段水泥塞,对尾管要求更高,水泥塞达 500~700m,这些都是造成水基钻井流体严重污染的原因,尤其是高密度钻井流体,增加了水基钻井流体的抗水泥浆隔离液、混浆、水泥塞污染的难度。

引入速溶硅酸钾对钻塞流体进行预处理,利用速溶硅酸钾在水溶液中的胶凝沉淀效应与强抗污染能力,以及硅酸根离子与钙离子反应生成硅酸钙沉淀,使钻塞流体保持较强的黏结性能,避免钻井事故发生。配方为速溶硅酸钾 + 氧化钙 + 降失水剂 + 润滑剂 + 消泡剂(祝学飞等,2015)。速溶硅酸钾钻塞流体主要组分见表 6.7.2。

表 6.7.2 速溶硅酸钾钻水泥塞流体的主要组分表

序号	组分名称	组分代号	加量范围,%	作用
1	硅酸钾	未明确代号	0.1	提高钻塞流体黏结性能
2	氧化钙	未明确代号	0.5	提高钻赛流体抑制性
3	降失水剂	FST518	0.5	降低速溶硅酸钾钻塞流体失水量
4	润滑剂	SHC-2	4.0	润滑作用
5	消泡剂	未明确代号	0.01~0.05	消泡作用

克深区块位于塔里木盆地库车坳陷克拉苏构造带,区块特性山前构造、区块内地层差异巨大、膏盐层埋藏不一、断层较多、完钻井深 6000~8000m,井身结构差异大,井底温度 130~175℃、目的层为高压气层、套压 100~130MPa。

通过克深 16 井与克深 904 井钻水泥塞过程中分别使用速溶硅酸钾与纯碱处理的对比,证明速溶硅酸钾优于纯碱,同时使用速溶硅酸钾的钻塞流体表现出良好的流变性与热稳定性。

7.3 发展前景

经过很多的技术改革,连续油管也有了提高作业效率以及稳定其钻塞安全性能的新方法,如高效磨鞋优选、钻塞管柱组合优化、水力振荡器减阻、软件模拟、地面流程优化控制、天然气水合物卡钻预防以及施工参数优化等技术。其中,钻塞管柱成为保障作业安全性能、提高成功率、保证施工结果的主要因素。在钻塞流体中加入金属减阻剂,能够改善钻塞管柱在水平段的弯曲变形程度,延缓管柱的自锁现象,增加连续油管可下达的深度,提高管柱的钻磨效率,降低连续油管施工风险。因此钻塞流体在连续油管作业中起着举足轻重的作用,具有很好的发展前景。

7.3.1 存在问题

随着连续油管水平井钻磨桥塞工艺不断改进和完善,该技术已经逐步走向成熟,但受自身工艺条件限制还存在以下技术难题:

(1)井眼净化效率低,施工风险高。连续油管受到排量小、钻柱无法旋转等因素限制,井眼净化效率较低;井底岩屑在重力作用下容易沉积在井壁下侧,形成岩屑床。

(2)流体携带性差,桥塞钻屑携带困难大。复合桥塞卡瓦由铸铁浇铸而成,铁块密度大,在井眼内运移困难;桥塞胶皮钻磨碎块大,携带返出困难,容易造成憋泵和卡钻现象。

(3)钻磨工艺复杂,易发生复杂事故。水平井钻磨施工参数及流体性能要求高,钻磨加压控制难度大,管柱、尺寸及工具性能选择要求高,组合不当易发生磨穿套管、砂卡或无进尺等问题。

7.3.2 发展方向

钻塞流体向着提高井眼净化效率、增加流体携带性、降低成本等三个方面发展。

(1)提高井眼净化效率。井眼的净化效率低一方面是由于连续油管作业过程中,流体排量小造成,另一方面是由于钻塞流体的性能导致。良好的钻塞流体需要一定的密度、黏度、流变性及承压能力。

(2)增加流体携带性。钻塞作业过程中对于钻塞流体要求其携带能力强,如果不及时将井底和井壁上的岩屑携带出来会造成通道堵塞、井壁不稳、破坏储层及油气产量下降。

(3)降低成本。在钻塞作业过程中,钻塞流体的成本占据了很大一部分,因此急需开发研制材料成本低、效果好的钻塞流体。

第8章 射孔流体

在生产层段采用专用的射孔工具将套管、水泥环和地层岩石射穿形成孔眼,建立油气流的通道,连通储层与井筒的工艺技术被称为射孔(Perforation)。

射孔时使用的流体称为射孔流体(Perforating Fluids),通常按照其密度要求用各种无机盐配制而成,也可使用油基钻井流体作为射孔流体。射孔流体必须与储层相配伍,并且要求其固相含量少、固相颗粒小,以防止射孔孔道被堵塞。负压射孔是控制储层伤害的有效措施,应尽量采用。如果保持负压条件确有困难,射孔流体液柱压力最好保持比地层压力高$0.3\sim 3$MPa。

8.1 开发依据

与钻井过程中的钻井流体和完井液相比,井下作业过程中工作液造成的储层伤害及保护问题还未得到足够的重视。在某些油田还有相当一部分井直接使用盐水(甚至污水)作射孔流体。用盐水(或污水)作射孔流体虽然成本低,但盐水失水量大,悬浮能力差,上举力受限;而且有可能对储层造成外来固相颗粒堵塞、黏土水化分散膨胀、水锁效应、微粒运移堵塞等伤害(曲同慈等,2003)。

射孔流体作为完井过程中射孔时的工作流体,应具有储层伤害控制和满足射孔施工要求的双重作用。优选射孔流体,首先要对地层岩心进行分析评价,以确定出地层潜在的伤害因素,选出预防这些伤害的各种化学试剂,确定出合理用量及配方。利用敏感性评价流动实验,通过岩心渗透率恢复值的高低即可评价各种稳定剂性能的优劣,以此作为确定射孔流体配方的主要依据。再根据工程及经济要求,优选出与之配伍的各种处理剂等进行科学调配,即可确定最佳射孔流体配方。通常射孔流体需满足密度合适、腐蚀性小、稳定性好、固相含量小以及低失水量等要求。

(1)密度合适。密度为防止高渗透性地层、高产能井,尤其是气井射孔时井喷事故发生,射孔流体的密度必须适合地层压力,要选择合适的密度,保持合理的压差。

(2)腐蚀性小。要求射孔流体应减少对套管和油管的腐蚀,同时也要减少产生不溶物,防止进入射孔孔道对储层造成伤害。

(3)稳定性好。要防止聚合物射孔流体在高温下降解和高密度盐水液在井下结晶。

(4)固相含量小。固相最小含量应小于2mg/L。

(5)低失水量。进入储层的液体减少可减轻射孔伤害,因此要求射孔流体具有较低失水特性。

8.2 体系种类

目前,应用现场的射孔流体主要有无固相清洁盐水射孔流体、低温微泡射孔流体、聚合物射孔流体、油基射孔流体和酸基射孔流体5种。

8.2.1 无固相清洁盐水射孔流体

无固相清洁盐水射孔流体是由各种盐类及清洁淡水加入适当处理剂配制而成的。该射孔流体保护油层的机理是利用体系中各种无机盐及其矿化度与地层水中的各种无机盐及其矿化度相匹配,液体中的无机盐改变了体系中的离子环境,降低了离子活性,减少了黏土的吸附能力。在滤液侵入油层后,油层中的黏土颗粒仍然保持稳定,不易发生膨胀运移,因而可以尽可能地避免油层中敏感性黏土矿物产生变化。同时,由于射孔流体中无固相颗粒,不会发生外来固相侵入油层孔道的问题。

此种射孔流体具有成本低、配制方便、使用安全的特点。但对于裂缝性地层、渗透率较高且速敏效应严重的油层不宜使用。

针对辽河油区储层特点,研制出适合该区储层特性的无固相盐水射孔流体。该射孔流体具有无固相、密度可调、稳定性强、耐温、配伍性好以及对储层伤害小等特点(曲同慈等,2003)。该射孔流体主要组分见表6.8.1。

表6.8.1 无固相盐水射孔流体的主要组分表

序号	组分名称	组分代号	加量范围,%	作用
1	卤水或甲酸盐	未明确代号	卤水:10.0~100.0 或 甲酸盐:25.0~40.0	射孔流体密度为1.05~1.25g/cm^3,加卤水作为加重基液; 射孔流体密度为1.25~1.30g/cm^3,加甲酸盐溶液作为加重基液
2	增黏降失水剂	Drispac	0.6~1.0 (射孔流体密度为1.05~1.25g/cm^3) 或 0.8~1.2 (射孔流体密度为1.25~1.30g/cm^3)	降低射孔流体的失水量,增加黏度
3	黏土稳定剂	LDM961	0.1~0.3	抑制泥页岩及钻屑分散作用

当射孔流体密度为1.25~1.30g/cm^{3}时,选用甲酸盐作加重剂,加量为25%~40%;当射孔流体密度为1.05~1.20g/cm^{3}时,选用卤水作加重基液,加量为10%~100%。

该射孔流体分别在双18-44井、双16-41井和欢634井等进行了试验,取得了较好的应用效果。尤其是双16-41井效果十分明显,该井在实施无固相优质射孔流体作业前日产油0.2t,实施后初始日产油最高达23.6t。

无固相盐水射孔流体稳定性好、抑制性强、失水量低,并具有一定的悬浮携带能力;密度可调;配制简单,易维护处理,作业施工方便;配伍性好,对储层有较好的保护作用。

通过对主剂以及各种处理剂的筛选,得到的无固相盐水射孔流体密度可调范围为 1.00~2.50g/cm³,腐蚀速率不高于0.076mm/a,防膨率大于80%,渗透率恢复值高达95%,具有低固相(无固相)、低失水(失水量不大于16mL/30min)、配伍性好、高温150~185℃下性能稳定等特点。岩心渗透率伤害恢复实验中,渗透率恢复值高达95%以上,能在后续的施工开采过程中有效地降低其在射孔中储层伤害(彭科翔等,2016)。

8.2.2 低温微泡射孔流体

对于低压裂缝油气田、稠油油田、低压强水敏或易发生严重井漏的油气田及枯竭油气田,储层压力系数往往低于0.8,为了降低压差对储层的伤害,不能采用常规的水基或油基完井液,在地层条件允许时,可以采用气基完井液。然而空气和雾滴钻井流体易造成井壁失稳、地层出水等问题。目前大部分油气田处于开发中后期,漏失日趋严重,亟须控制油气井漏失的新材料。针对上述问题,发明了一种海上石油完井用低温微泡射孔流体(何保生等,2011)。低温微泡射孔流体主要组分见表6.8.2。

表6.8.2 低温微泡射孔流体的主要组分表

序号	组分名称	组分代号	加量范围（质量分数比）	作用
1	碳酸钠	未明确代号	0.1~0.3	去除钙离子等
2	流型调节剂	未明确代号	0.3~0.4	控制体系流变性质能力
3	发泡剂	未明确代号	0.1~0.2	降低体系表面张力
4	稳定剂	未明确代号	0.2~0.4	抑制泥页岩及钻屑分散作用
5	黏土稳定剂	未明确代号	2~3	抑制泥页岩及钻屑分散作用
6	缓蚀剂	未明确代号	1.5~2	减缓井下工具腐蚀
7	防水锁剂	未明确代号	0.3~0.5	减缓中低渗储层的水锁损害

海上石油完井用低温微泡射孔流体除具现在常用射孔流体的优点外,新增防漏堵漏的优点,解决了完井过程中的漏失问题,且更具密度可调的特点。在使用上,该低温微泡射孔流体克服了氮气泡沫配制设备庞杂、可循环泡沫密度控制困难的缺点,配制设备简易,密度调整便易。

8.2.3 聚合物射孔流体

聚合物射孔流体主要用于可能产生严重漏失(裂缝)或失水(高渗透)以及射孔出差较大、速敏较严重的油层。它是在无固相盐水射孔流体的基础上,根据需要添加不同性能的高分子聚合物配制而成的。加聚合物的主要目的是调整流变特性和控制失水量。

常用的聚合物射孔流体包括阳离子聚合物黏土稳定剂射孔流体、无固相聚合物盐水射孔流体、暂堵性聚合物射孔流体。

射孔完井是中原油田的主要完井方式,同时也是产生储层伤害的一个重要过程。中原油田大部分储层均不同程度地存在强水敏效应,只要射孔流体与储层接触,储层中的黏土矿物就会吸收射孔流体中的自由水,使其变成束缚水,而且此过程不可逆,对储层伤害极大,对于低渗透储层伤害更大。针对上述问题,通过室内大量试验,研制出 ZYNP-1 射孔流体(魏军等,2003),其主要组分见表 6.8.3。

表 6.8.3 ZYNP-1 射孔流体的主要组分表

序号	组分名称	组分代号	加量范围,%	作用
1	流型调节剂	未明确代号	1.50	控制体系流变性质能力
2	氯化钾	未明确代号	4.00	阻止颗粒运移,阻止黏土膨胀
3	纳米暂堵剂	未明确代号	0.70	降低射孔流体的失水量
4	阳离子聚合物强抑制剂	W-Y	0.50	阻止颗粒运移,阻止黏土膨胀
5	乳化剂	OP-10	0.01	降低体系表面张力

文东油田的文 16、文 13 和文 203 断块区主要含储层为沙三中亚段,共分 10 个砂层组,其中 1~3 砂层组为盐、泥页岩组成的韵律层,4~10 砂层组为深灰色泥岩夹稳定油页岩与砂岩、粉砂岩组成的砂泥岩段。储层岩石结构的粒度偏细,以粉砂岩和粉细砂岩为主。根据文东油田地质特征,优选了 ZYNP-1 射孔流体配方,并测定了其储层伤害控制效果。ZYNP-1 射孔流体的岩心渗透率恢复值平均在 90% 以上,表明其具有良好的储层伤害控制能力。对文东油田使用 ZYNP-1 射孔流体的井及未使用 ZYNP-1 射孔流体的井的初期产量等进行了统计,使用 ZYNP-1 射孔流体的井平均产液量、产油量和产气量分别提高了 10%,23.1% 和 47.52%,含水量降低了 5.6%。

根据其他油田地质特点,推广应用适宜的 ZYNP-1 射孔流体。可以看出,淮城油田、文留油田和文卫油田应用储层伤害控制 ZYNP-1 射孔流体的井产量普遍高于应用普通射孔流体的井,3 个油田的单井平均产量分别提高 84.7%、60%、32.8%,地层的压力系数分别下降了 0、0.01 和 0.21。因此,ZYNP-1 射孔流体储层伤害控制效果较好。

此外,渤海油田射孔作业过程中,入井液不可避免会进入新射孔层孔隙,容易造成储层水敏、水锁、颗粒堵塞等伤害,影响油井后期生产。特别是渤海油田为黏土含量高达 5%~10%、岩心渗透率为 50~300mD 的中低渗透率储层,这类地层水敏伤害和微粒运移伤害尤其严重。

针对渤海油田此类中低渗透率储层的射孔作业,研发了一种防膨抑砂射孔流体,既能有效抑制黏土膨胀,又能较好地控制地层微粒运移,达到降低射孔作业储层伤害、保护新射孔层的目的(王冬等,2017)。

8.2.4 油基射孔流体

油基射孔流体可以是油包水型乳状液,或者直接用原油或柴油加入一定量的处理剂制成。油基射孔流体由于其滤液为油相,所以避免了油层的水敏作用。

但应注意由于某些处理剂(如表面活性剂)的作用可能导致油层润湿反转(由亲水变为亲油),或者是用作射孔流体的原油中的沥青或石蜡等乳化剂进入油层会形成乳状液,使油层渗透率降低,因此使用前应进行防乳破乳试验,使用中应注意防火和安全。

挪威北海部分油田水平井的水平段为 1000~2000m,地层压力较高,因此射孔时要求钻井流体具有较高的密度(1.65g/cm³左右)以平衡地层压力。挪威北海水平井应用一种低固相油基射孔流体。用甲酸铯调节密度，低固相油基射孔流体的密度可调节至1.65g/cm³(Taugbol et al.，2002)。油基射孔流体主要组分见表6.8.4。

表6.8.4 油基射孔流体主要组分表

序号	组分名称	组分代号	加量范围,%	作用
1	基油	未明确代号	未明确范围	提供连续介质
2	甲酸铯	未明确代号	未明确范围	增加射孔流体密度
3	乳化剂	未明确代号	未明确范围	降低体系表面张力
4	增黏剂	未明确代号	未明确范围	增加射孔流体黏度
5	降失水剂	未明确代号	未明确范围	降低射孔流体的失水量

低固相油基射孔流体的密度在1.65 g/cm³左右最好，可用甲酸铯水溶液调节。实验研究发现其破乳电压非常低，形成了非常稳定的乳液。在储层温度为115℃时，乳液稳定时间为7个星期。成分分析和物理性能研究表明，重盐及最小量的固体(碳酸钙)起架桥作用，且能很好地控制失水量。用少量的黏土和石灰控制流变性和碱度，流变性非常稳定，其返排率高于80%。

大多加重的油基钻井流体固相含量较高，常常会堵塞油层通道。因此，用低固相高密度的油包水钻井流体(水相用盐水加重)作射孔流体比较合理。油水比为40∶60，密度为1.65g/cm³。用于挪威北海一口水平井，全井井深6530m，于5039m处开始射孔，产量比邻近相同井提高了3~4倍。

8.2.5 酸基射孔流体

酸基射孔流体是由醋酸或稀盐酸加入适量不同用途的处理剂配制而成的。由于盐酸或醋酸本身具有一定的溶解岩石矿物或杂质的能力，可使射孔后孔眼中以及孔壁附近压实带的物质得到一定的溶解，从而预防射孔后压实带渗透率降低及残留颗粒堵塞孔道。一般采用10%左右的醋酸溶液或5%左右的盐酸溶液对油层进行处理。

与水基射孔流体类似，该类射孔流体必须加入黏土稳定剂、破乳剂、防腐剂。此外，还应加入铁离子稳定剂(螯合剂)、抗酸渣处理剂(酸与原油接触可能形成酸渣)。酸的类型和浓度的选择是重点考虑的因素。

酸基射孔流体的使用应当注意两个问题：一是防止酸与岩石或油层流体反应生成沉淀和堵塞，尤其是酸敏矿物较多的油层更应当慎重选用；二是要考虑设备和管线的防腐问题，尤其是在含硫化氢的储层会引起钢材严重腐蚀和脆裂。

射孔作业的目的是建立储层和井筒之间清洁的流体通道，并以此来解除钻井、固井等前期作业对储层产生的伤害带，事实上射孔作业并不能全部解除前期作业造成的储层污染。针对上述问题，通过添加酸性螯合剂，射孔流体从传统的工程功能型、储层伤害控制型发展到了现在的改造储层型的新型酸性射孔流体(岳前升等，2008)。酸基射孔流体主要组分见表6.8.5。

表 6.8.5　酸基射孔流体的主要组分表

序号	组分名称	组分代号	加量范围,%	作用
1	酸性螯合剂	HTA	0.3	调节射孔流体 pH 值
2	缓蚀剂	CA101-3	1.0	减缓井下工具腐蚀
3	黏土稳定剂	HCS	2.0	抑制泥页岩及钻屑分散作用
4	减阻剂	HXS	0.5	降低体系摩阻
5	助排剂	未明确代号	未明确范围	减缓中低渗透率储层的水锁伤害
6	密度调节剂	未明确代号	未明确范围	调节射孔流体密度

替入隔离液 $5m^3$、套管清洗液 $30m^3$，用海水将套管清洗液顶替到井底，浸泡 1h，然后大排量循环海水洗井，至进出口液体一致，在洗井过程中适当上下活动钻具，以加强清洗效果；将井筒全部替为射孔流体，要求返出全为射孔流体；起出刮管洗井钻具，检查刮管器是否完好及干净；按设计好的顺序下入射孔枪、点火头、减振器及其他入井工具；投入棒射孔，通过地面泡泡头观察射孔后返出情况，记录射孔枪引爆时间、气液返出到地面时间；打开阻流管汇阀门，通过可调油嘴放喷，油气到达地面停止放喷。

酸性射孔流体首先在渤海湾的 JZ9-3、QK17-2、QHD32-6 和 SZ36-1 二期开发的油井完井中应用，特别是在 QK17-2 和 SZ36-1 二期开发的试验中现已取得试油数据，并同邻井产油量进行了对比。现场试验测试表明，试验井的比采油指数大多高于邻井值，单层产油量高，而且都超过了油田配产要求，现场试验是成功的。目前酸性射孔流体在中国海洋油田已经大规模推广应用。

8.3　发展前景

目前，中国各油田都十分重视射孔流体的研制与优选，以储层伤害控制、增效、增产为目标，形成了适用不同地质条件的无固相清洁盐水射孔流体、低温微泡射孔流体、聚合物射孔流体、油基射孔流体和酸基射孔流体，实现了从单一技术向综合技术方向发展，满足了中国油田勘探开发的需要。

随着超低渗透油藏在全球的占比越来越大，射孔流体受到许多研究者的关注，并得出其具有很大发展前景的结论。但是，在油田射孔施工中常用的射孔流体多使用的是回收污水，并不具有针对性。对于超低渗透油藏中的深井而言，在钻完井及注水开发过程中进行射孔施工时更容易产生不同程度的伤害。因此，有针对性地对其开展储层伤害控制的低伤害射孔流体研究，研究射孔流体配方以及评价各项性能、伤害评价研究等，对降低开发施工过程中对储层的污染，进而提高地层资料录取的准确率，提高试油效率，具有非常重要的意义。

8.3.1　存在问题

无固相清洁盐水射孔流体和聚合物射孔流体两种体系的射孔流体应用较多，油基射孔流体、酸基射孔流体和低温微泡射孔流体由于受价格的限制研发和应用较少。

8.3.2 发展方向

随着特低渗透和特殊岩性储层开发规模的增大,今后应以储层伤害控制效果为目标,结合难采储层的实际需要和环境保护的现实要求,大力发展无固相清洁盐水和聚合物溶液作为射孔流体,油基射孔流体、酸基射孔流体和低温微泡射孔流体,并应进一步研究低失水且具有暂堵作用的有固相射孔流体。

第9章 试井流体

试井(Well Testing)是一种通过获得有代表性储层流体样品、测试同期产量及相应的井底压力资料来进行储层评价的技术。试井除了完井试井外,还应该包括钻井过程中的中途测试。

中途测试又叫钻杆测试(Drill Stem Test),是在钻井过程中钻遇储层以后,为及时了解有关储层性能及其所含油、含气、含水等具体情况并取得有关资料所采取的一种措施。完井测试(Completion Test)指在完井后对有利的或可能的含油储层进行的油气流测试工作。

试井流体(Well Test Fluids)是指用于确定井的生产能力和研究储层参数及储层动态的液体。试井流体包括中途测试流体、完井测试流体。

在试井作业中,由于试井时出现的井漏、易塌等问题,要求试井流体具有良好的抑制防塌性能、良好的稳定性,具有一定的悬浮能力以防井内掉块、沉砂直至测试管柱被埋。

在试井过程中,储层伤害控制也是首要考虑的问题。储层伤害控制是石油勘探开发过程中的重要技术措施之一,试井作业过程中,固相、滤液进入储层发生作用,不适当工艺会引起有效渗透率降低,伤害储层,储层伤害将降低产出或注入能力及采收率,损失宝贵的油气资源,增加勘探开发成本。所以要求试井流体具有一定的储层伤害控制的性能(陆敬阳,2012)。

因此,具有良好性能的试井流体尤为重要,试井流体基本能够满足试井的要求才能够及时了解有关储层性能,创造良好的经济效益。

9.1 开发依据

中途测试主要使用中途测试压井流体。在以往长裸眼中途测试过程中,由于施工措施及准备工作的不细致或其他原因,导致有的井发生黏卡、坍塌卡钻等事故,有的井则不能成功坐封,造成测试不成功。为此,从中途测试基础的工作做起,细化每一步的施工要点,加强对井眼的处理,加强试井流体性能的优化,确保了长裸眼井较长时间内井壁稳定。

在测试过程中,由于井段较长,各井段地层压力系数高低差别较大,在较长时间的测试过程中,容易出现井眼垮塌、压差黏附卡钻、沉砂卡钻、试井流体性能变差等复杂情况。因此要想满足中途测试的要求,试井流体必须具有稳定性好、润滑性良好、抑制能力强以及良好的悬浮性能和流变性等特点。

(1)良好的稳定性。稳定性是指试井流体的沉降稳定性和热稳定性。试井流体良好的热稳定性就是试井流体在井眼内静止一段时间,经过高温作用后(相对静止时间较长,36h左右),其流变性能、常温性能和高温性能发生微小的变化,因此要求试井流体处理剂必须具有耐温的性能,选用的试井流体处理剂护胶能力要强。

加入耐温处理剂可以使试井流体拥有良好的热稳定性。良好的沉降稳定性首先需要缩小黏土颗粒的尺寸,采用优质黏土造浆,以提高其分散度;其次是提高液相的密度和黏度。

(2) 良好的润滑性。滤饼摩擦系数要尽量小。中途测试期间钻具在井内需要静止约 8h 甚至更长的时间,在静止期间试井流体的失水速度随着时间的延长越来越小,但失水量是逐渐增大的,所以试井流体滤饼会越来越厚,由于井筒不是垂直的,而且大小井眼交错,必然导致钻具在某些井段随井眼弯曲,靠近井壁一侧,嵌入滤饼当中,当试井流体液柱压力大于地层压力时,便发生黏卡。黏附力的大小与滤饼摩擦系数成正比,因此要降低黏附力,必须降低摩擦系数,而提高试井流体的润滑性是降低摩擦系数的有效途径。润滑性的调整方法有使用固控设备、改善固相粒子分布以及控制 API 失水量。

① 使用好固控设备,控制合理的膨润土含量。通井循环期间,开启离心机等固控设备,降低试井流体中劣质固相含量。

② 在试井流体中加入超细碳酸钙,改善试井流体中的固相粒子分布。

③ 控制 API 失水量,加入沥青类防塌剂,降低试井流体的失水量并增强滤饼的韧性和润滑性;分别加入聚合醇润滑剂和石墨粉,提高试井流体的润滑性能;加入磺化酚醛树脂等降低试井流体的高温高压失水,控制高温高压失水量。

(3) 良好的抑制防塌性能。如果试井流体没有强抑制性,泥页岩段就会吸水膨胀而导致缩径或泥页岩剥落、掉块、垮塌,而对于砂岩来说,失水量的增加一方面加剧了泥页岩的吸水,另一方面必然导致滤饼增厚,引起假"缩径"。因此试井流体必须具有良好的抑制防塌性能,以防止井眼出现缩径、垮塌等复杂情况。

调整抑制防塌性能可以选用沥青类防塌剂、聚合醇防塌剂以及硅甲基抗钙防塌剂等三种方法来实现。

① 选用沥青类防塌剂。它具有强封堵防塌能力和屏蔽憎水特性,能够对裂缝发育的硬脆性地层起到封堵屏蔽、减缓压力传递的作用。

② 选用具有浊点特性、抑制防塌能力强的聚合醇防塌剂。

③ 选用硅甲基抗钙防塌剂。它含有硅酸盐类防塌剂,能增强试井流体的封堵作用和抑制能力,进一步提高试井流体的防塌性能。硅甲基抗钙防塌剂含有硅酸盐,当含有硅酸盐的滤液进入地层后,因化学环境的改变,能够迅速凝固对近井壁起到固化作用。并且硅酸盐离子通过在黏土颗粒表面的吸附,堵塞黏土层片之间的缝隙;硅酸盐能够有效抑制黏土水化分散。

(4) 良好的悬浮性能。测试静止期间,井眼内的岩屑要发生沉降,当试井流体的切力、悬浮力、黏滞力等不足以平衡岩屑的重力时,岩屑就会发生下滑,形成沉砂,直至测试管柱被沉砂埋住,发生沉砂卡钻,导致测试失败。因此试井流体必须具有一定的悬浮能力,即静切力一定要控制在一定的范围内。

维持悬浮性是十分重要的,试井流体切力的大小影响井眼的清洁程度,切力过小会导致岩屑下沉,切力过大则容易导致开泵困难,甚至憋漏地层。因此,试井流体的切力是否合理非常关键。井径大的井眼,由于掉块较多,循环时岩屑难以携带干净,应适当增大试井流体的静切力,尽量悬浮环空中的岩屑。

(5) 良好的流变性能。试井流体的塑性黏度、动切力要合适,循环压耗要尽量小,避免长时间静止后开泵循环激动压力大,导致井漏(丁海峰,2008)。

在性能上,完井测试试井流体与中途测试压井流体有一点差别。在试井过程中,有可能对储层带来破坏。因此除了需要完井测试试井流体具有良好的流变性、耐温性能,额外要求完井测试试井流体具有一定的储层伤害控制的能力,这对提高油气采收率有着非常直观的效果,也对油田增储上产有着非常重要的意义(李兴亭,2016)。

(1)完井测试试井流体与地层及地层流体的配伍性好。在施工过程中,试井流体与地层流体不兼容,会增加渗流阻力,降低储层的导流能力。而长时间的作业,也会导致储层受到一定程度的伤害,尤其是当试井流体与地层流体不兼容时,施工时间越长,对储层的伤害就越严重。这种伤害的后果往往表现为两种情况:其一是流体侵入油层后与地层原油发生化学反应,导致地层流体黏度增大,变成乳状液体,从而增加原油的流动阻力;其二是在低渗透储层中,近井地带含水量大幅增加,从而在地层孔喉中形成毛细管阻力,降低储层渗透率。

试井流体要与岩石兼容。但是,使用的试井流体与岩石完全兼容几乎是不可能的。因此,这类流体难免会与岩石中的敏感性矿物发生物理或化学反应,从而对储层造成破坏,从而导致产能损失或下降。

选择合适的试井流体。若试井流体与岩石地层不匹配,会对油层造成破坏。因此,在选择试井流体的时候,必须全面考虑储层的敏感性,油层的矿物成分,以及储层岩性等多方面因素。选择完井测试试井流体时应进行兼容性实验,选择与地层及地层流体兼容性好的试井流体,对兼容性差的流体进行改造。

(2)完井测试试井流体中固相含量低。在井下作业过程中,储层内含有的细小矿物颗粒在流体运移的过程中,堵塞孔喉,导致储层的渗透率下降。而当储层结构相对比较松散时,如果生产压差过大,就有可能引发储层大量出砂,从而导致储层坍塌,储层破坏严重。

保证试井流体在井下具有良好的稳定性,而且具有一定的携带固相颗粒的作用,在一定程度上能够防止固相颗粒堵塞问题。另外,利用固控设备清除固相,减少试井流体固相含量。

9.2 体系种类

目前,应用于现场的试井流体种类较多,按照用途可分为中途测试压井流体、完井测试试井流体。

9.2.1 中途测试压井流体

目前,应用于现场的中途测试压井流体包括无固相中途测试压井流体及有固相中途测试压井流体。无固相中途测试压井流体是试井时重新配制的试井流体,有固相中途测试压井流体是在原有钻井流体基础上改性用于试井作业。下面分别介绍无固相中途测试压井流体及有固相改性中途测试压井流体。

针对埕古19井漏失严重,钻井施工困难问题,总结了无固相复合防漏堵漏钻井流体技术。利用聚阴离子纤维素、天然高分子耐温抗盐降失水剂,调整钻井流体性能,提高钻井流体携带悬浮能力,采用可变形堵漏剂、酸溶性膨胀堵漏剂、高效堵漏剂等复配防漏技术(李云贵,2012)。无固相中途测试压井流体主要组分见表6.9.1。

表6.9.1 无固相中途测试压井流体的主要组分表

序号	组分名称	组分代号	加量范围,%	作用
1	聚丙烯酰胺	未明确代号	0.2	提高钻井流体絮凝能力
2	聚阴离子纤维素	未明确代号	0.5	提高钻井流体絮凝能力
3	天然高分子耐温抗盐降失水剂	未明确代号	1.0	降低体系失水量
4	高效堵漏剂	未明确代号	1.0	提高流体封堵能力
5	酸溶性膨胀堵漏剂	ZX-12	2.0	提高流体封堵能力
6	可变形堵漏剂	SY-4	3.0	提高流体封堵能力

用聚阴离子纤维素、天然高分子耐温抗盐降失水剂溶液控制钻井流体的黏度和失水量。用固控设备控制钻井流体中的固相含量,保持钻井流体的密度小于 $1.03g/cm^3$。在钻井流体中定期补充各类堵漏剂,保持其有效含量。

无固相复合防漏堵漏钻井流体技术基本达到了预期目的,钻进中有效控制钻进漏速小于 $0.5m^3/h$,漏失现象得到了减缓、控制,并顺利完钻现场。应用表明,该井应用的无固相复合防漏堵漏钻井流体技术,预防及堵漏处理方法,解决了埕古19井太古界不同井漏的现象,测试前利用无固相复合防漏预处理措施钻井流体技术,成功进行了三次中途测试,无任何井下复杂情况的发生,保证了该井的顺利施工。

此外,针对裸眼井段中途测试黏卡问题,使用了无固相防卡润滑钻井流体。对华北地区1996—1999年钻井流体资料统计表明,由于采用了防卡润滑钻井流体,与钻井流体有关的钻井复杂事故得到了有效地控制,缩短了建井周期。到1999年钻井事故和复杂情况时效分别控制为0.8%和1.6%。使用该技术的319口井,其中定向井占125口,黏卡井占19口,黏卡解卡19口井,万米黏卡率从0.26次降到0.18次,解卡成功率为100%,中途测试防卡成功率为100%(王立泉等,2000)。

针对新疆油田车排子地区排661区块上部地层造浆严重、易坍塌,下部地层含大段角砾岩且裂缝发育,易漏失,储层位于侏罗系和石炭系交界面处,地层不稳定等问题,使用低固相非渗透钻井流体,具有良好的流变性和抗污染能力(张志财等,2013)。低固相改性中途测试压井流体主要组分见表6.9.2。

表6.9.2 低固相改性中途测试压井流体的主要组分表

序号	组分名称	组分代号	加量范围,%	作用
1	烧碱	未明确代号	0.3	调节试井流体pH值
2	聚丙烯酰胺	未明确代号	0.3	提高钻井流体絮凝能力
3	防塌降失水剂	未明确代号	2.0	降低体系失水量
4	非渗透处理剂	YHS-1	1.0	使流体保持较好的流变性能
5	无水聚合醇	未明确代号	1.0	提高流体防塌能力

在目的层施工过程中,选用的低固相非渗透钻井流体对储层起到了良好的保护效果,在1060.22~1250.00m井段进行中途测试,求产12h,累计产油 $10.29m^3$,折算日产量 $20.58m^3$,

远高于邻井排 66 井 5.6m³ 的日产量。排 661 井中途测试获得工业流油,为车排子地区石炭系的进一步勘探打开了局面。

此外,从中途测试的工作要点和中途测试对钻井的具体要求入手,提出了中途测试的钻井流体技术方案。2005—2007 年,该低固相试井流体在王 143 井、王古 7 井、坨 174 井、官 14 井和官 119 井进行长裸眼中途测试时,采取了相应的钻井流体技术措施,取得了良好的效果。特别是官 119 井,测试管柱坐封静止 20h 不黏不卡,满足了勘探测试的要求(丁海峰,2008)。

9.2.2 完井测试试井流体

苏 50 井是华北油田的一口重点预探井。该井超深、井况复杂,下部裸眼井段富含硫化氢,高庆云等采用了一种碱性无固相盐水流体进行试油测试。采用的试井流体不仅要能平衡地层压力、压住井,做到不喷、不溢、不漏,同时又要能与硫化氢发生化学反应,将沿井筒上返的硫化氢在上返过程中消耗掉,以降低硫化氢对井内管材、工具及地面施工人员的危害。该试井流体主要组分见表 6.9.3(高庆云等,2001)。

表 6.9.3 无固相盐水完井测试试井流体的主要组分表

序号	组分名称	组分代号	加量范围,%	作用
1	烧碱	未明确代号	10	调节试井流体 pH 值
2	氯化钾	未明确代号	5	抑制泥页岩水化膨胀
3	碱式碳酸锌	未明确代号	0.5	清除井内硫化氢气体

超深苏 50 井,硫化氢从深达 5000m 的井下上返至地面,整个上返过程中有足够的垂向空间接触碱液,与碱液发生中和反应被消耗掉。实践证明,试井流体配方合理,压井做到了不溢不漏,整个施工过程起下钻等井口监测硫化氢浓度均为 0,有效地保证了施工安全,碱式碳酸锌清除效果良好,保护了下井管串,施工中起出的油管及井下工具无受腐蚀迹象。

此外,水溶性有机盐加重剂其水溶液具有较低的活度而具有较强的抑制性,在易水化膨胀、易坍塌、盐岩、盐膏等复杂地层钻井、完井、试油作业中推广应用,而且腐蚀性很小。从储层伤害控制技术的角度,优选了基液中的盐水组分,形成了一种无固相盐水试井流体。具有可减少用盐量、降低矿化度、抑制大盐晶体形成、相对减少沥青质析出、且在岩石表面形成的高分子覆盖膜较薄等优点。即使试井流体与井下原油遭遇,其乳化程度也较低,流动阻力相对较小(景岷雪,2000)。

9.3 发展前景

中途测试在钻井施工中具有重要的作用,如果测试措施不到位,容易导致测试失败和钻井复杂情况的发生。为保证长裸眼中途测试的顺利施工,从中途测试的工作要点和中途测试对钻井的具体要求入手,着重从钻井流体的润滑性、悬浮性、抑制防塌性等方面进行分析,优选钻井流体配方,使得钻井技术能够满足长裸眼井中途测试的施工,为类似井的施工提供了宝贵的经验和借鉴作用,具有良好的应用前景(范玉福,2009)。

9.3.1　存在问题

固相含量对于试井流体的影响尤为重要。基浆的调整为钻井流体的处理提供了有力保证,固控设备清除劣质固相的效率还有待提高。施工中要充分利用固控设备,严格控制钻井流体劣质固相含量,保证其性能稳定。要注意安全合理地控制钻井流体性能及中途测试时间。对钻井流体密度和黏度较大的超深井进行中途测试时,要尽量缩短测试工具在井内静止时间,防止因钻井流体性能不稳定而造成卡钻甚至发生工程事故。

9.3.2　发展方向

为保证中途测试的顺利实施,必须从提高钻井流体的润滑性和抑制防塌性,调整好钻井流体的悬浮性、流变性等性能入手,满足中途测试的需求,这也是试井流体的发展方向。

(1)要保证测试钻具在裸眼内静止较长的时间不发生黏卡,就必须提高钻井流体的润滑性。主要从调整钻井流体的滤饼和添加润滑剂方面着手。

(2)钻井流体的悬浮性是十分重要的,切力的高低影响井眼的清洁程度,切力过低会导致岩屑下沉,切力过高容易导致开泵困难,甚至憋漏地层。因此,合理的切力值非常关键。

(3)要提高井眼的稳定性,必须提高钻井流体的抑制防塌能力,从优选钻井流体防塌入手,增强钻井流体的防塌能力。

第10章 破 胶 流 体

破胶流体(Gel Breaking Fluid)是用于在钻井作业结束后,为解除钻井流体中聚合物对储层造成的伤害的流体。破胶目的是除去滤饼或进入地层的聚合物和固体颗粒。破胶处理方式有外破胶和内破胶两种。内破胶是破胶剂参与滤饼形成过程的一种立体的破胶方式,外破胶是破胶剂作用于滤饼表面的接触破胶处理方式,效率较低。破胶完井是水平井裸眼完井作业中的一个重要环节。

目前,石油界通用的破胶作业方法包括氧化剂破胶、酶化学破胶和酸破胶。对于非酸敏的地层可采用酸破胶;低温地层可采用酶化学降解的方法破胶;大多数情况下可采用氧化物破胶。

10.1 开发依据

破胶剂是破胶的核心处理剂,用于降解聚合物的破胶剂主要有氧化剂、酸和生物酶类。

(1)氧化剂类破胶剂破胶过程中通过氧化断裂胶体高分子链上的缩醛键,从而使大分子深度降解导致破胶。

(2)生物酶催化胶体内糖苷键断裂形成小分子糖,从而达到破胶的目的。而酶本身在胶体降解前后不变,只是参与反应过程,反应后又恢复原状,继续参加反应,所以生物酶在短时间内以较低的浓度将大量的胶体彻底降解。

(3)无机酸或有机酸降解聚合物不破坏高分子主链,仅通过化学平衡移动原理改变交联状态。为了保证交联的碱性环境,所加酸必须具有一定的延迟释放作用。

10.2 体系种类

依据破胶流体中破胶剂种类,将破胶流体分为氧化剂型破胶流体、生物酶型破胶流体和酸型破胶流体。

10.2.1 氧化剂型破胶流体

常用破胶液的组成主要有破胶剂、黏土稳定剂、缓蚀剂等处理剂,具体组成和配方应视储层具体特性而定。

针对聚合物对地层造成的伤害,研制了过硫酸盐类氧化剂型破胶剂(岳前升等,2010)。氧化剂型破胶液主要组分见表6.10.1。

破胶液施工工艺及应用情况中将破胶液顶替至储层是发挥破胶液作用的关键,裸眼和优质筛管完井的施工工艺为下筛管前将井眼替满干净的钻井流体,以防止污染物堵塞筛管和保证筛管顺利下入;用隐形酸完井液替出筛管里的钻井流体;替入破胶液,下生产管柱。

表 6.10.1　氧化剂型破胶流体的主要组分表

序号	组分名称	组分代号	加量范围,%	作用
1	过滤海水	未明确代号	94	提供连续介质
2	黏土稳定剂	HCS	2	防止黏土颗粒水化膨胀
3	缓蚀剂	CA01-4	2	防止或减缓金属材料腐蚀
4	过硫酸盐类破胶剂	HBK	2	降解聚合物

氧化剂型破胶液在东方 1-1 气田一期和二期成功应用,并在文昌油田和涠洲油田等推广应用,在下生产管柱过程中有明显漏失现象,说明破胶液发挥了作用,滤饼和侵入储层的聚合物被有效清除,投产效果良好。

此外,针对聚合物钻井流体黏度高,容易吸附、滞留在孔隙中,使油流受阻,油井产能降低的问题,优选过氧化物破胶剂。其破胶效果好,受温度影响不大,对储层无伤害,满足低温作业的要求(马美娜等,2005)。

10.2.2　生物酶型破胶流体

生物酶破胶是使聚合物主链中的某些薄弱链节破裂,再断裂氢键,从而使大分子的聚合物断链成小分子的聚合物,达到有效降低聚合物黏度,破胶液化的目的。

针对钻井流体聚合物滤液在井壁形成的致密滤饼,阻碍原油的流动,伤害储层等问题,利用生物酶破胶,解除钻井液对油层的伤害(许明标等,2009)。生物酶型破胶流体主要组分见表 6.10.2。

表 6.10.2　生物酶型破胶流体的主要组分表

序号	组分名称	组分代号	加量范围,%	作用
1	海水	未明确代号		提供连续介质
2	生物酶破胶剂	JBR	4	降解聚合物
3	缓蚀剂	JNC	2	防止或减缓金属材料腐蚀

破胶液在3%的碳酸钙酸溶性暂堵剂存在的情况下,钻井液生物破胶后的渗透率恢复值可以达到80%以上,基本满足储层伤害控制的要求。

此外,针对无固相弱凝胶钻井流体完井后,必须采用破胶技术来解除滤饼,以恢复油井产能的问题。优选出了具有储存时间长、储存和运输方便的固体中温生物酶破胶剂。现场应用表明,破胶流体破胶效果明显优于传统氧化,对井筒残余胶液、井壁/筛管滤饼、储层滤液均具有较好的破胶效果,而且与储层原油具有较好的兼容性,同时还具有环境保护性能、选择性好的优点(李蔚萍等,2008)。

10.2.3　酸型破胶流体

针对压裂液黏度下降太快,携砂能力减弱,容易在近井地带脱砂造成堵塞的问题,优选出了适用于低温煤储层的复合酸破胶流体(倪小明等,2016)。复合型破胶流体的主要组分见表 6.10.3。

表 6.10.3　复合酸型破胶流体的主要组分表

序号	组分名称	组分代号	加量范围,%	作用
1	硝酸	未明确代号	0.1	氧化破胶
2	氯化铵	未明确代号	0.05	

破胶流体具有良好的低温破胶效果,并且使用浓度越大,破胶效果越好,并且破胶彻底,无反胶现象。破胶后,储层原始渗透率越大,煤心伤害率越大,但是其伤害率远小于常规过硫酸铵破胶流体伤害率。

10.3　发展前景

在油井射孔、砾石充填和修井等作业中往往使用聚合物胶液,但聚合物分子团在岩心孔隙中的吸附和滞留造成了储层伤害。在聚合物胶液中加入破胶流体可以显著提高岩心的渗透率恢复值,改善储层伤害控制效果。

10.3.1　存在问题

氧化剂型破胶液破胶效果明显,但作用时间较短,对下完生产管柱后发生的漏失无法处理;再者由于过硫酸盐类破胶流体产生自由基时有温度制约,一般温度需高于65℃,在储层埋藏浅、储层温度较低的油田中应用会受到限制,具体有运输储存不便、使用条件苛刻等三条。

（1）氧化剂型破胶流体在运输、贮存和使用过程中存在安全隐患,氧化剂型破胶流体属强氧化剂,在运输、贮存和使用过程中易引起安全事故。

（2）在一定温度和压力下,氧化剂对水溶性聚合物降解速度快。对于高孔隙度、高渗透率型疏松砂岩储层,如果破胶速度过快,易造成漏失。因为破胶液是完井过程中接触储层的最后一类流体,之后下生产管柱和安装井口,如果此时发生漏失,工艺上很难补救;如果是气井,则安全隐患更大,比较理想的方案是替入破胶液后能够控制破胶速度,在生产管柱下入完成后开始发挥破胶作用。

（3）对于采用砾石充填水平井,砾石充填作业结束后,才能进行替入破胶液作业工序,如果在砾石充填作业之前破胶,则在充填作业过程中易造成漏失。

一般市售的生物酶制剂或多或少会掺杂一些用于稳定生物酶和稀释生物酶的载体,这些载体物质既是生物酶的诱导剂也是维持菌体生长和取得能量的碳源和能源。而这些诱导剂通常为水不溶物,这些生物酶掺和物与酶制剂本身形成了对岩心孔喉通道的堵塞,降低了生物酶的储层伤害解除效果,造成与直接用生物酶破胶液的破胶效果相差较大。酶具有专一性,而且对外界环境条件比较敏感,如温度、矿化度和pH值等的变化会显著影响其活性,在聚合物种类未知条件下酶的种类难以选择

酸破胶只适用于非酸敏地层。同时残酸可能对储层造成二次伤害。

10.3.2　发展方向

用生物酶解除钻井液伤害储层是一个新的方向,在中国还处于研究阶段。由于工作环

境的特殊性,利用嗜热微生物能够产生耐高温酶,可以筛选出具有高度专一性,催化效率高,无污染,在一定条件下可替代化学破胶流体的生物酶破胶流体(李希明等,2006)。

温度对破胶速度影响很大,随着温度升高,破胶时间逐渐减少,符合温度对一般化学反应速度影响的规律。温度升高时分子热运动加快,碰撞机会增加,反应速度提高有利于快速破胶。低温条件下不容易破胶,由于煤层气藏一般埋藏深度在1000m以内,温度比较低(20~40℃),因此需要开发低温条件下的破胶流体(戴彩丽等,2010)。

第 11 章 套管封隔流体

封隔流体(Sealing Fluid)是完井时套管与油管之间的一种充填流体,也叫环空保护液。对于这种液体,要求其具有一定的密度和适当的流变性、触变性和悬浮固相的能力,还要有一定的防腐蚀性能,以防止油管和套管被腐蚀,并且尽可能不伤害储层的渗透率。

常用的封隔流体有清洁盐水、羧甲基纤维素钠胶液、改性封隔流体和油基封隔流体等。其中油基钻井流体的优点比较明显,通常可耐温 200℃ 以上,密度在 $0.94 \sim 2.40 \mathrm{g/cm^3}$ 范围内可调节。

封隔流体要实现防腐、平衡压力的作用,必须具有长期稳定性:由于大量固相在封隔器顶部沉积会影响封隔器的稳定性,所以要求封隔流体不产生固相沉淀。另外,封隔流体中的各种成分不发生降解。封隔流体的一个重要作用是防腐,不仅要求封隔流体本身无腐蚀性,并且必须具有防腐性。

石油工作者已开发气体型、油基型以及水基型三大类封隔流体。无机盐型水基封隔流体在低温、腐蚀性要求较低的油气井应用广泛,有机盐型封隔流体在密度需求较高、井下高温高压或高酸性气井中应用效果好。近年来国际上研究并现场应用了碳酸钾和磷酸盐封隔流体,具有潜在的推广应用价值,当前研究应用最多的是隔热性水基封隔流体,具有提高油气产量以及保证油气井完整性的作用,在热采井、深水井及永久冻土油气井中具有广泛的应用前景。

11.1 开发依据

从套管封隔流体的作用环境考虑,套管封隔流体本身与套管内壁和油管外壁之间的防腐是研究的主体,而化学防腐是主要的技术手段。

封隔器发生泄漏、甚至完全失效,或者修井作业必须取出封隔器时,封隔流体不可避免地和储层相接触,因此封隔流体必须具有储层伤害控制的特性。对于隔热性封隔流体,它还需具有隔热性能(李冬梅等,2012)。

处于油管和套管间的环空水,实质上是具有一定矿化度的电解质溶液,除配液水本身固有的离子外,还有添加的可溶性加重剂、防腐剂和缓蚀剂等。油管和套管大部分浸泡在这种电解质溶液中,会产生相应的电化学反应,如溶解氧引起的腐蚀,二氧化碳引起的腐蚀和氯离子引起的腐蚀。

由于油套环空长时间处于封闭状态,这一密闭空间能提供金属发生腐蚀和滋生硫酸盐还原菌的最佳条件(郑义等,2010)。这些腐蚀主要有氧腐蚀、二氧化碳腐蚀、硫化氢腐蚀、氯离子腐蚀、细菌腐蚀等。在具有一定温度的密闭环境中,细菌腐蚀不容忽视,其中硫酸盐还原菌在缺氧和含水条件下出现,腐生菌只要有微量的氧就能繁殖,铁细菌在有氧、有铁的地方存在,这 3 种细菌及其他菌种以不同的形式对金属产生腐蚀(李晓岚等,2010)。

由上述分析可知，除氧剂、缓蚀剂和杀菌剂是研制套管封隔流体需要重点优选的内容，并且为了避免保护液进入地层对储层造成伤害，还要加入适量的防膨剂。

11.2 体系种类

封隔流体是完井液的一种，一般可分为水基型、气体型以及油基型三大类。气体型封隔流体一般只用来进行隔热，在地热井、深水油气井以及注蒸汽热采井中应用较多（Ezell et al.，2008）。气体型封隔流体和油基型封隔流体的应用较少，世界上目前主要应用水基型封隔流体。

11.2.1 水基型封隔流体

水基型封隔流体是最常用的一种封隔流体，根据流体成分可分为改性钻井流体封隔流体、清洁盐水封隔流体及聚合物—盐水封隔流体。

当前世界上普遍使用的封隔流体是无固相清洁盐水，通过改变盐的种类和加量来调节密度，再配合增黏剂、杀菌剂、缓蚀剂和除氧剂等处理剂来实现防腐、储层伤害控制及隔热等功能。有些情况下，还加入降失水剂来控制失水，防止滤液进入储层造成伤害。按照所使用的盐类型，可分为无机盐型和有机盐型两大类。

（1）无机盐型封隔流体。无机盐型封隔流体主要是指以钠、钾、钙或锌的卤盐为加重剂而配制的封隔流体，典型的有氯化钠、氯化钾、氯化钙、溴化钠、溴化钙和溴化锌等 6 种。单独使用或使用多种的组合来配制满足不同需要的封隔流体。

无机盐型封隔流体种类多，不同的无机盐盐水成分和密度范围适合不同的情况。现场应用这些盐水配制封隔流体时，应根据压力，生产井种类是油井还是气井，气井是否含硫化氢或二氧化碳等而选择合适的体系。无机盐封隔流体的高腐蚀性和甲酸盐封隔流体的高成本分别制约了两者的广泛应用。近年来，在开发高温高压复杂油气田的过程中，人们研究并现场应用了一些新型封隔流体，如碳酸钾、磷酸盐。

碳酸钾盐水在中东和北海地区被一些作业者用作封隔流体。碳酸钾盐水主要具有腐蚀性弱、水溶液密度高、黏度低以及结晶温度低等优点，适合用作封隔流体（Houchin et al.，1994）。

① 碳酸钾是强碱弱酸盐，其盐水具有天然的弱碱性，本身腐蚀性小。

② 碳酸钾在水中的溶解度大，其盐水密度范围宽，最大能够达到 $1.52g/cm^3$，能够满足较宽范围压力系数油气井的需要。

③ 碳酸钾盐水本身的黏度低，接近于清水。

④ 盐水中不含氯离子，消除了油套管钢发生氯化物应力开裂的风险。

⑤ 碳酸钾盐水结晶温度低，一般情况下不会有晶体析出。然而，如果碳酸钾封隔流体与储层接触，会与地层水中含有的大量钙离子和镁离子等二价阳离子生成沉淀，在高温下还会与砂岩储层中的硅酸盐矿物作用，造成严重的储层伤害，两者制约了其广泛应用。

磷酸盐封隔流体是近几年开始应用的一种新型盐水封隔流体，所用磷酸盐是磷酸的碱金属盐，主要指钠盐和钾盐。自 2008 年起，已经在印度尼西亚 Pertamina EP 公司所属的 5 口高温高压酸性气井(探井)中应用(Sangka,2010)。磷酸盐封隔流体主要具有腐蚀性弱、水溶液密度高、黏度较高、耐温性较好以及对环境无伤害等优点,适合用作封隔流体。

密度高,其水溶液密度能够达到 $2.5g/cm^3$;腐蚀性低,对井下工具的腐蚀很小;黏度较高,磷酸盐水溶液具有较高的黏度,可以悬浮一定岩屑或砂粒;磷酸盐耐温性较好,在232℃下仍然具有良好的性能;磷酸盐水溶液呈弱碱性,其水溶液 pH 值为 9~10.5;由于所用的盐是用作肥料的磷酸盐,对环境基本无害。

(2)有机盐型封隔流体。由于无机盐封隔流体存在着腐蚀性大、容易结垢等缺点,人们一直寻求更好的体系,有机盐型封隔流体应运而生。有机盐钻井流体完井液是近年来发展起来的新型油气井工作液,用作封隔流体时,也显示出了其优良的特性。所使用的有机盐包括甲酸盐和乙酸盐,其中乙酸盐应用较少。甲酸盐一般包括甲酸钠、甲酸钾和甲酸铯。由于极其昂贵,目前用作封隔流体的情况极其少见。甲酸盐封隔流体与无机盐封隔流体相比具有很多独特的性质,其腐蚀性更低、水溶液密度高、不产生沉淀、不易分解、有效预防酸性气体的损害以及环保性强(Howard et al.,2008)。

① 腐蚀性极小。由于甲酸盐盐水呈弱碱性,pH 值较易调节,并且不含氯离子和溴离子等侵蚀性离子,故对油套管及井下工具的腐蚀很小。

② 密度范围宽。甲酸钠流体密度最大为 $1.30g/cm^3$。甲酸钾流体密度最大为$1.60g/cm^3$,甲酸铯流体密度最大可达 $2.30g/cm^3$。

③ 与钙离子和镁离子等不生成沉淀。即使甲酸盐封隔流体与地层水接触,也不会产生伤害储层的钙、镁沉淀。

④ 不易分解。甲酸盐封隔流体在井下长期的高温高压环境下稳定性强,不易发生分解,即使在油套管钢所含杂质金属的催化作用下可能发生分解,但也可以通过加入特定的pH 缓冲剂(如碳酸钾/碳酸氢钾)来有效抑制。

⑤ 能够抵御酸性气体侵入带来的风险。在酸性气田的生产井中,含二氧化碳和硫化氢的天然气从密封不佳的封隔器缝隙侵入封隔流体中是无法避免的。含有 pH 缓冲剂(如碳酸钾/碳酸氢钾)的甲酸盐封隔流体能够维持稳定,起到原有的防腐效果。

⑥ 体系生物毒性很小,环保性强。基于以上优点和特性,甲酸盐封隔流体得到了越来越多的应用。由于甲酸盐价格较高,因此只有在密度需求较高、井下高温高压或高酸性气田,甲酸盐封隔流体才相对无机盐显示其优势。

四川盆地普光、罗家寨和元坝等高酸性气田的开发是一个世界级难题。在高温、高压、高含硫化氢和二氧化碳气井生产过程中,需要向油管与套管的环空中注入防腐能力强的封隔流体来防腐,以保证油管、套管及井下工具能够安全工作。该封隔流体必须抵御酸性天然气的侵入而保持防腐性能稳定,一旦与储层接触也不伤害储层。

利用甲酸盐封隔流体,针对四川盆地高酸性气田,研制出了聚合物/甲酸盐盐水封隔流体。为了防止腐蚀,有必要在封隔流体配方中加入除氧剂、除硫剂、杀菌剂以及缓蚀剂。室内大量实验对这 4 种助剂进行了优选和评价,最终形成封隔流体完整配方(熊汉桥等,2013)。聚合物—甲酸盐型封隔流体主要组分见表 6.11.1。

封隔流体要实现防腐、平衡压力的作用,必须具有长期稳定性、防腐性及储层伤害控制性。对于隔热性封隔流体,它还须具有隔热性能。

表 6.11.1 聚合物—甲酸盐型封隔流体的主要组分表

序号	组分名称	组分代号	加量范围,%	作用
1	甲酸钠	未明确代号	未明确范围	提高水泥浆顶替流体的密度
2	生物聚合物	XC	0.2~0.5	增加水泥浆顶替流体的黏度
3	高黏聚阴离子纤维素	PAC-HV	0.1~0.4	降低水泥浆顶替流体的失水量
4	低黏聚阴离子纤维素	PAC-LV	0.3~0.6	降低水泥浆顶替流体的失水量
5	耐温保护剂	HTS	4~6	提高水泥浆顶替流体在高温下的稳定性
6	除氧剂	未明确代号	2	除去水泥浆顶替流体中的氧
7	除硫剂	未明确代号	4.5	除去水泥浆顶替流体中的硫
8	杀菌剂	未明确代号	0.006	抑制水泥浆顶替流体中细菌的滋生
9	缓蚀剂	未明确代号	6	防止或减缓材料腐蚀

钻井流体中含有大量固相,这会引起许多问题。为了防止沉淀或分层现象,需要认真处理。如果处理不好,会发生大量沉淀,或者液体变得很黏而无法循环。

井场钻井流体应预先通过试验,以决定合适的类型和主要处理的量。将次钻井流体处理后到达井底时,应作该工作温度下和高压下的静态老化试验,以决定是否处理得合适。在一般情况下,碱度超过1.5,pH值就要高达12,以及要大量加入木质素磺酸盐,方可适用。

Baroid公司的自交联隔热封隔流体(The Ultra-High-Temperature Insulating Packer Fluid)不含交联剂,在一定温度下发生高温自交联。耐温177℃,其密度在1.02~2.04g/cm³间连续可调,导热系数小于0.35W/(m·K)。精确的室内模拟实验测得对流传热系数仅为17.3W/(m²·K),同等条件下水的对流传热系数达503.9W/(m²·K),热损失量仅为纯水损失量的3%。具有耐温性能力强、密度范围宽、隔热性能佳的特点,成功地避免了墨西哥湾地区深水井的环空带压现象及注蒸汽热采井井口的温度上升过高难题(樊宏伟等,2014)。

改性钻井液环空保护液、低固相环空保护液、清洁盐水环空保护液因其施工简单、方便、成本低,在完井后比较常用,但普遍存在着腐蚀问题;油基环空保护液是非腐蚀性的,但存在单位成本高、环境污染严重,不能广泛应用等难题,因此研究了有机盐水溶液作封隔流体。通过金属挂片腐蚀试验、金属自腐蚀试验和应力腐蚀破裂试验以及对橡胶试样的硬度和重量影响试验,发现这两种有机盐水溶液均能达到井下管柱防腐和保护环空的目的。作为环空保护液在现场应用了6口井,效果良好,且成本合理,对环境无污染(郑力会等,2004)。

11.2.2 气体型封隔流体

气体型封隔流体一般只应用在注蒸汽热采井及深水油气井隔水管中,其作用是隔热。由于气体的导热系数很低,热量从油管通过环空介质封隔流体的热传导大大削弱,从而起到减少热损失的作用。这些气体有水蒸气、氮气及氢气等气体,其中效果最好且最常用的是氮气(李冬梅等,2012)。气体型封隔流体主要组分见表6.11.2。

表 6.11.2 气体型封隔流体的主要组分表

序号	组分名称	组分代号	加量范围,%	作用
1	氮气	未明确代号	未明确范围	
2	其他处理剂	未明确代号	未明确范围	添加其他处理剂,防止或减缓井下工具腐蚀

辽河油田从 20 世纪 80 年代开始就在环空中注入氮气进行隔热,配合使用隔热油管,大大地提高了注蒸汽吞吐的采油效率。但是,气体在环空中的"回流"(Wellbore Refluxing)造成的热量损失比预想的要多 6 倍以上,有研究表明,热量损失仅仅是不充入隔热性封隔气体时的 30%~40%。其实质是导热造成的损失大大降低,而起决定作用的对流传热并没有明显削弱。因此,气体类封隔流体的隔热作用很有限。

环空伴注氮气技术是指从油管注入高温蒸汽的同时,在油套管环空持续注入氮气,蒸汽和氮气在下部混合后进入稠油油层。其井身结构相对较简单,没有热采封隔器,甚至不使用隔热油管。除了隔热作用,伴注的氮气技术一般还具有以下作用:氮气扩大蒸汽的波及体积,补充地层能量,提高回采水率;氮气所具有的良好膨胀性既能减少注蒸汽量,又能增大驱油时的弹性能量;伴注氮气还能有效控制底水锥进,降低原油含水率。该隔热方法主要应用在蒸汽吞吐开采稠油方面,一般称为氮气辅助蒸汽吞吐技术。

自 20 世纪 90 年代开始,中国在克拉玛依油田,胜利单家寺、胜坨和乐安油田,辽河曙光采油厂以及江汉八庙河油田对该技术进行了大量试验和应用,取得了很好的经济效益(樊宏伟等,2014)。

11.2.3 油基型封隔流体

注二氧化碳驱油或是生产过程中都会有大量的二氧化碳伴随并与管道接触,二氧化碳溶于水后形成碳酸,钢材在碳酸溶液中会产生腐蚀,当二氧化碳分压超过 0.2MPa 时就会产生严重腐蚀。近年来,封隔流体作为保护油气井环空管材的重要技术,在世界上得以广泛应用。水基型封隔流体容易溶解氧、二氧化碳等气体,作用于普通碳钢材料的油套管时,对缝隙腐蚀和应力腐蚀方面抑制效果较差,而油基型封隔流体具有良好的热稳定性和抗腐蚀性等性能。因此,研发一种适用于高含二氧化碳油气井的油基型封隔流体具有重要意义。

针对上述情况,研发了一种能够有效抑制油套管环空的二氧化碳腐蚀的封隔流体,具有良好的环保性、耐温性,能够确保环空管柱长期安全生产(孙宜成等,2018)。环保型油基封隔流体主要组分见表 6.11.3。

表 6.11.3 环保型油基封隔流体的主要组分表

序号	组分名称	组分代号	加量范围,%	作用
1	白油	未明确代号	未明确范围	用作油基封隔流体的基础油
2	咪唑啉类缓蚀剂	未明确代号	未明确范围	防止或减缓材料腐蚀

油基型封隔流体处于油套管之间,受到井筒中温度压力的影响,需对其进行理化性能测试,包括闪点、倾点和密度等,测试闪点是为了防止油品发热升温时易产生危险,火灾甚至爆

炸；测试倾点是为了防止存储环境温度过低而产生凝固；测试密度是为了平衡井底环空压力。闪点测试使用开口闪点测定仪，测得闪点大于160℃，倾点测试使用倾点测试仪，测得倾点为37℃，密度测试使用密度测试仪，测得密度为0.82g/cm³。依据理化性能测试结果可知，该油基封隔流体能够保证施工的安全性。

  油基封隔流体具有良好的防护效果和耐温性能，同时兼具经济环保等优势，可以用于中国新疆油田、江苏油田和吉林油田的注二氧化碳井以及南海的高含二氧化碳的生产井环空的防护。油基型封隔流体的热稳定性好、防腐能力强，缺点之一是成本很高。如果把油基钻井流体经一定处理后留在环空中，成本可得到降低，但会带来两个方面的问题：

  一方面，固相沉积会导致封隔器难以起出；另一方面，一旦需要修井，封隔流体必然与储层接触，造成严重的储层伤害（Darring et al.,1999）。

11.3 发展前景

  封隔流体是一种常用的完井液，一般具有防腐及平衡压力的作用，需要其本身具有长期稳定性、防腐性、储层伤害控制性，作为隔热性封隔流体，还需具有良好的隔热性能。无机盐型水基型封隔流体在低温、腐蚀性要求较低的油气井应用广泛，有机盐型封隔流体在密度需求较高、井下高温高压或高酸性气井中应用效果好。近年来，国际上研究并现场应用了碳酸钾和磷酸盐封隔流体，具有潜在的推广应用价值，当前研究应用最多的是隔热性水基型封隔流体，具有提高油气产量以及保证油气井完整性的作用，在热采井、深水井及永久冻土油气井中具有广泛的应用前景。

11.3.1 存在问题

  封隔流体必须具有长期稳定性、低腐蚀性、储层伤害控制性等性能，从而实现防腐、平衡压力的功能。对于隔热性封隔流体，它还需具有隔热特征。

  （1）气体型封隔流体的隔热性并不理想，油基型封隔流体的储层伤害控制效果或隔热性能较差，因此该类型的封隔流体应用较少。水基型封隔流体的应用最为广泛。

  （2）无机盐型封隔流体适合应用在低温、腐蚀性要求较低的油气井，有机盐型封隔流体在密度需求较高、井下高温高压或高酸性气井中应用效果好。磷酸盐等种新型封隔流体具有的独特性能，使其潜在的应用前景广泛。

11.3.2 发展方向

  气基型封隔流体和油基型封隔流体都具有极低的导热系数，但因为分别存在"回流"和"热点"现象，其隔热效果并不理想。近年来，国际上研究出了隔热效果优良的水基隔热封隔流体，并在现场成功应用。该体系具有很低的导热系数，导热损失少。另外，当它在环空中静置时，具有足够高的黏度，从而把对流传热损失大大削弱。国际上两种具有代表性的体系是 N-SOLATEH 和 NAIF。

  N-SOLATE 是盐水聚合物。盐既起加重作用，又起到降低导热系数的作用。体系中的聚合物主要是指两种特殊的无机增黏剂，在配制和泵送过程中不发生作用，在井下环空中受热后发生交联反应,体系黏度剧增,并保持长期稳定,从而有效降低了对流传热损失(Darring et al.,1999)。

NAIF 也是盐水聚合物。同样地,可溶性盐的加入既增加体系密度,又降低基液的导热能力。核心处理剂有两种增黏剂和固化剂。增黏剂是一种多糖类聚合物,形成的溶液具有极佳的剪切稀释性,保证封隔流体在泵送过程中黏度极低,在环空低剪切速率下具有极高的黏度,自然对流热损失大幅度下降。固化剂使封隔流体中的自由水部分地固化,进一步减小自然对流的热量损失。室内试验表明,NAIF 在 82.2℃温度下经过 1 年多的时间性能稳定,具有广泛的应用前景。

水基隔热封隔流体有效地降低了热量损失,确保了热采井、地热井、深水油气井以及永久冻土区油气井的井筒完整性,保证了产量,是目前最为科学合理的隔热方式。随着海上油气田开发对深水不断挑战,水基隔热封隔流体将会得到深入研究和广泛应用。

第12章 储层伤害解堵流体

储层伤害解堵流体(Formation Damage Removal Fluids)是用来清洗储层、解除堵塞以及储层伤害控制的流体。油气田开发过程中油层伤害的本质是油层有效渗透率降低。在钻井、完井和射孔作业过程中储层存在伤害,造成一些新井在投注时完不成配注,甚至注不进水或注水压力较高。分析钻井、完井和开发作业过程中外来污染物及注水井注水后伤害因素后发现,油层堵塞原因有外来固相入侵、水化膨胀、微粒运移、结垢、水锁、贾敏效应、润湿反转和乳化堵塞等(梅玉芬等,2006)。

(1)钻完井液伤害储层。油层段被钻完井液长时间浸泡,普通直井钻井流体对油层段浸泡时间为50~60h,钻井流体中的固相颗粒、液相流体浸入,易伤害储层。钻井过程中会在裸眼井筒上形成滤饼,由于井眼不规则,固井时注入的替洗液难以将滤饼冲洗干净,残留的滤饼对储层是一种堵塞。

(2)采油过程伤害储层。采油过程中生产压差过小,影响油井产量;压差过大,产量提高,但对于速敏性地层,极易引起油层内部微粒运移,堵塞孔隙。对于弱胶结油层,很可能出现骨架疏松、部分脱落,结果造成油井出砂、砂堵、砂埋;且各种采油方法都会有不同的无机盐垢(硫酸盐、碳酸盐)或有机垢(沥青质、石蜡)的沉积,这种沉淀物或悬浮于流体中,或附着在设备、管道和地层孔隙的内壁形成致密的垢层,并容易堵塞孔喉,降低地层有效渗透率,使油井产能降低。随着地层压力的降低,原油中的溶解气逸出,在气泡之间未连通成为连续相之前,孔隙处气泡很容易气锁。出砂同样伴随着地层孔隙不同程度的堵塞。采油过程中地层微生物也会对储层造成堵塞。

(3)注水过程伤害储层。注水过程中随着注水开发时间的延长,油层温度下降而导致原油中胶质、沥青质、石蜡等化学物质的析出所产生的堵塞;黏土矿物的膨胀和分散运移,堵塞油层孔隙;注入水中含有的机械杂质、沉积、堵塞储渗空间;注入水与地层流体不兼容造成的结垢堵塞;注入水与地层内原油生成的乳状液堵塞。

(4)注蒸汽过程伤害储层。在高温强碱性介质注蒸汽过程中,地层矿物将发生一系列水化反应,形成许多新的矿物相,非膨胀型黏土转化为膨胀型黏土,结果导致多种形式的油层伤害,包括矿物的溶解、矿物转化和结垢;强碱性条件下黏土矿物的热膨胀性和水化膨胀;沥青质沉淀,会改变润湿性,形成乳状液堵塞。

(5)修井过程伤害储层。修井过程中修井流体中固相颗粒的侵入,造成油层孔隙、喉道产生机械堵塞;修井流体与地层不兼容,导致油层渗流能力下降或产生水锁;修井流体与地层流体不兼容易产生沉淀。

12.1 开发依据

油气井堵塞会造成油气储层伤害,降低储层渗透率,使油气产量显著降低。为恢复地层渗透率,提高油井产能,需要解除储层堵塞,针对不同类型的堵塞,开发相应的解堵流体。

(1) 针对无机酸溶性堵塞类型,注入酸能够溶解油层内的无机污染物质,清洗岩面上烃类及非烃类有机沉淀,有效地去除地层油路通道的堵塞,改善油层的渗流能力。根据实验数据统计分析表明,常规酸洗措施能清除地层堵塞物的 30.0%~40.0%,从而改善和提高了地层的渗透能力,增加油井产能。

(2) 常规酸洗通常受到储层岩性和堵塞物性质的制约,使得去除堵塞物效率低,特别是对于一些特殊岩性如变质岩、粗面岩、花岗岩,常规酸洗效果较差,为此,需要开发复合酸洗解堵流体。

(3) 如果储层胶结疏松,原油胶质、沥青质含量高,加上稠油中重质组分与细粉砂、泥质成分混在一起,往往在防砂管柱筛孔处形成复合堵塞,有机解堵或酸洗增产措施很难解除这种复合堵塞,并且酸洗会对筛管造成一定的腐蚀,泡沫解堵是一种有效的技术。

(4) 针对嵌在储层裂缝中的堵塞和沥青、蜡质等有机沉淀,可以改变其润湿性,采用表面活性剂解堵。

(5) 针对微生物及其衍生物造成的堵塞以及乳化堵塞,酸、泡沫和表面活性剂易受温度、压力、酸、碱、水矿化度的影响,可采取分解微生物的解堵流体。

12.2 体系种类

储层伤害解堵流体有常规酸洗解堵流体、复合酸洗解堵流体、泡沫解堵流体、生物酶解堵流体、表面活性剂解堵流体等。

12.2.1 常规酸洗解堵流体

酸洗解堵工艺技术是一种通过清除井筒的酸溶性物质或者其他部分物质而解堵的工艺,是解除油气储层伤害,恢复油气井产能的一种有效措施(郑力军等,2011)。常规注入酸包括盐酸、氢氟酸、磷酸、甲酸等有机酸和无机酸,注入储层的酸一方面扩大增加了油气孔道,有利于渗透率的恢复;另一方面,当酸液浓度较大时,会对储层骨架造成较严重的伤害,并且会对套管和管柱造成腐蚀。酸洗液作为一种能通过井筒注入地层并能改善储层渗透能力的工作液体,必须根据储层条件和工艺要求加入各种化学处理剂,以完善和提高酸洗液性能,保证施工效果,常用的处理剂主要有缓蚀剂、表面活性剂、稳定剂、增黏剂、减阻剂和暂时堵塞剂等。

下二门深层系储层存在储层物性差、温度高,储层矿物中普遍长石含量较高,长石与酸反应易产生氟硅酸盐沉淀,造成二次伤害,储层黏土矿物绿泥石、伊利石含量较高,酸洗过程中易产生酸敏、微粒运移伤害,下深平 1 井井段较长,水平段均匀酸洗难度大,下深平 1 储层物性差,酸洗后残酸返排难度大,容易造成二次伤害等问题。为了较好解除钻井流体在地层表皮形成的钻井流体滤饼,采用下深平 1 井钻井流体,在室内评价失水、烘干。评价在地层温度下不同酸液配方对钻井流体的溶蚀性能,优选出了酸洗液和黏弹性酸化液配方(巫长奎等,2009)。下深平 1 井酸洗液组分见表 6.12.1。

表 6.12.1　下深平 1 井酸洗液组分

序号	组分	代号	加量范围,%	作用
1	盐酸	未明确代号	12.0	溶解碳酸盐类和铁质、铝质
2	氢氟酸	未明确代号	1.5~2.0	溶解硅酸盐矿物和黏土

为更有效解除钻井流体、完井液对地层的伤害,酸洗施工分两步实施:先采取酸洗措施解除钻井流体在地层表皮形成的钻井流体滤饼,再采用酸化结合热化学气体助排复合工艺解除滤液、颗粒、乳化等因素造成的地层近井地带伤害,酸洗后采取液氮气举助排方式排液。下深平 1 井开展了酸洗施工,酸洗液用量 20.0m³,施工排量约 0.32m³/min,酸洗施工中,残酸携带大量钻井流体返出,地层漏失量从酸洗前的 20.0L/min 增大到 50.0L/min,酸洗施工取得较好的清洗井壁滤饼效果。开展了酸化施工,酸液用量 130.0m³,施工初期排量 1.2m³/min,泵压 44.0MPa,施工过程中施工压力明显下降,施工后期排量达到了 1.6m³/min,泵压降为 32.0MPa,说明酸洗施工起到了解除地层堵塞和改造地层的目的,施工工艺是成功的。从酸洗前后产量变化情况看,酸洗起到了解除地层堵塞的作用,取得了一定的增产效果。但由于地层物性差,酸洗改造能力弱,没有起到大幅提高地层渗流能力的作用。

此外,针对涠洲 6-1 油田石炭系石灰岩储层,打开储层时使用的是无固相水基钻井流体,其密度为 1.06~1.07g/cm³;完井过程中使用了隐性酸完井液、破胶液等,在储层钻进过程中,钻井流体漏失量小于 2.0m³/h 等。通过分析,认为钻完井液的失水产生的水伤害及黏土矿物(泥质)水化膨胀、分散运移是储层伤害的主要因素。为此通过室内试验确定了一套以盐酸为主液,加入缓蚀剂、互溶剂、铁离子稳定剂、防膨剂、破乳剂、助排剂等处理剂的酸洗解堵流体。涠 6-1-A1h 井和涠 6-1-A2h 井均为刚完钻的新井,对这两口井采取酸洗+气举诱喷技术后,取得了非常理想的增产效果,两口井自喷生产,涠 6-1-A1h 井压力 2.78~4.55MPa,日产油 330.0~380.0m³。涠 6-1-A2h 井压力 3.7~4.83MPa,日产油 340.0~460.0m³,超过了方案设计指标。现场应用结果表明,盐酸酸洗能有效地解除裂缝—孔隙型碳酸盐岩储层在钻完井过程中的伤害,疏通地层,提高了地层导流能力(冯浦涌等,2008)。

针对胜利油田博 24 区块水平井采用常规酸洗工艺时,存在成功率低、酸洗效果差的问题。为了保证施工效率和酸液对钻井流体、滤饼及地层泥质的有效溶蚀率,达到最佳的酸洗效果,在现场取样实验的基础上,得到了以盐酸和氟硼酸为主液的酸洗解堵流体。现场应用取得了良好的效果,酸洗施工成功率 100%,效果显著率 100%。现场应用结果表明,博 24 区块水平井筛管外滤饼酸洗工艺可减小钻井流体伤害,恢复或提升油层渗流能力,进一步提高水平井筛管完井产能。增油效果显著,配套的各种工具,操作简单,性能稳定可靠;完善后的水平井筛管外滤饼酸洗工艺成功率高,酸洗效果达到了采油厂要求的各项指标(冯德杰等,2010)。

针对水平井的钻井和完井过程中钻井流体和完井液长时间、大面积地与储层接触,其固相和液相进入井壁周围地层形成大范围伤害带,增大了流体在地层中的渗流阻力,使油层受到严重的伤害,造成开采效果不理想等问题,研制了一种泡沫酸洗流体。该泡沫酸洗液是由 3.0%~5.0% 的氢氟酸和 8.0%~15.0% 的盐酸构成的常规土酸中加入耐酸起泡剂配制而成。在现场应用中有效解除了钻井流体伤害,降低酸液漏失,避免了二次伤害(李兆敏等,2013)。

针对长山盐矿由于注水井长期注水,注水井结垢非常严重的问题,经单泵单井注水测试,多数注水井注水能力减弱40.0%以上。注水井作为岩盐水溶开采注水系统重要组成部分,更新投资大、技术难度高。注水井注水能力减弱,一方面造成采卤泵效不能正常发挥,生产调峰能力减弱,增加了支出;另一方面导致采区注水能力不足,部分出卤井生产能力不能正常发挥,利用酸洗技术清洗注水井,增大注水井注水能力。

酸洗所需设备和材料主要是耐酸高压注射泵,浓度为31.0%的工业盐酸,缓蚀剂(可加入转垢剂、去泡剂、镀膜剂),淡卤(氯化钠),因为垢的主要成分为碳酸钙、碳酸镁、氧化铁,与盐酸反应生成氯化钙、氯化镁、氯化铁,与卤水具有相同的阴离子,使氯化钙、氯化镁、氯化铁溶解度增大,能使盐酸充分反应完,从而使清洗达到最佳效果。酸洗方案为根据计算出的所需容量,把淡卤、缓蚀剂、去泡剂、工业盐酸混合均匀,泵入井下后用清水清洗注射泵、容器罐及地面管线,静置浸泡,溶解井壁垢层,并重复以上步骤1~2次。现场应用时,注水流量提高了50.0%,达到了预期目的。结果表明酸洗工期短、投资少、不受场地限制、对卤井伤害小,具有良好的应用效果(王建新,2004)。

12.2.2 复合酸洗解堵流体

针对安塞油田在长期生产过程中,由于地质和开发因素的影响,地层出现不同程度的复合堵塞,造成部分采油井产量下降、注水井注水量下降或注不进等问题,分析研究认为,安塞油田地层堵塞机理为各类储层增产措施将各种固相颗粒和液相流体带入地层,与地层发生物理及化学反应,使得黏土膨胀、岩石骨架及胶结物被溶蚀、地下油水平衡状况被破坏,地层有效渗透率下降;储层本身存在敏感性矿物,加之生产压差下多相流体流度不均,导致生产后期岩石骨架颗粒脱落、黏土矿物膨胀、油相渗透率下降,造成地层伤害;注入水质不合格,与地层流体不兼容,导致地层中生成不溶性碳酸钙、硫酸钙等盐垢,造成堵塞;油管、套管腐蚀产生的亚铁离子、铁离子、硫酸盐还原菌、腐生菌等细菌超标,细菌及细菌代谢产物与地层流体发生反应,产生胶状物、黏液堵塞;油水界面上的原油受注入水的影响,在孔喉处形成蜡质、沥青质堵塞。根据地层堵塞机理和复合解堵酸液作用机理配制了适合安塞油田地层复合解堵的酸洗液(李天太等,2005)。安塞油田复合酸洗解堵液组分见表6.12.2。

表6.12.2 安塞油田复合酸洗解堵液组分

序号	组分	代号	加量范围,%	作用
1	二氧化氯	未明确代号	2~5	接触堵塞、杀灭细菌、减少腐蚀
2	盐酸	未明确代号	10~20	溶解碳酸盐类和铁质、铝质
3	氢氟酸	未明确代号	2~4	溶解硅酸盐矿物和黏土
4	缓蚀剂	AMC-3	0.3~0.5	防止套管腐蚀
5	铁离子稳定剂	WT-100	0.2~0.4	防止铁离子再次沉淀
6	黏土稳定剂	未明确代号	0.2~0.3	防止黏土水化膨胀
7	活性剂	ABS	0.03~0.05	润滑帮助返排

通过现场应用,该复合酸洗解堵液对有机物堵塞、无机物堵塞以及复合堵塞的解除都取得了良好的效果,储层渗透率增加,油田产能大幅度提升,达到了增产增注的目的。应用结果表明复合酸洗解堵流体通过调整各成分的加量可以解除有机物堵塞、无机物堵塞以及复合堵塞,是一种良好的储层解堵流体。

此外,针对稠油储层中敏感性矿物遇不兼容流体而发生膨胀、分散、运移而堵塞储层;储层中某些矿物与不兼容流体发生化学反应,生成无机垢而堵塞储层;在储油层被打开后,稠油作为一种胶态体系所处的平衡状态被破坏,所含的大量胶质沥青质从油中沉淀出来;胶质沥青质遇到不兼容的酸液等外来流体时产生不溶性胶体沉淀;开采稠油时注入的蒸汽破坏了岩石孔隙结构及胶结,使发生固体颗粒堵塞的可能性增大,用常规酸洗方法很难解除堵塞等问题,优选有机酸—潜伏酸复合固体酸酸洗技术。

复合固体酸由固体有机酸、固体潜伏酸及多种复合处理剂组成,固体有机酸主要为混合脂肪酸及芳香酸,能溶解地层中的有机堵塞,可部分溶解无机物。固体潜伏酸在地层温度下一定时间内释放出土酸及多元羧酸,主要溶解无机物堵塞。两种酸都能络合地层中的多价金属离子,防止二次沉淀的产生。处理剂包括助溶剂、烃类溶剂、反应控制剂及反应时间调节剂等,使酸液能适应不同区块的地层条件。其中固体有机酸与潜伏酸的质量比一般为3∶1。

复合酸解堵液在现场应用10口试验井,这些井在酸洗施工前处于停产状态的主要原因基本上是相同的,即油层受到伤害,发生了不同程度的堵塞,油流通道受阻,进行酸洗解堵后,施工成功率100%,酸洗后油井迅速恢复产能,形成一定的产量,甚至维持较长的有效期。现场应用结果表明,该复合酸对稠油井中发生的复合堵塞有良好的解堵效果,达到80%以上,能恢复油井渗透率,提高油气产量(李峰等,1999)。

12.2.3 泡沫解堵流体

针对渤海油田稠油油藏由于储层胶结疏松,原油胶质、沥青质含量高,加上稠油中重质组分与细粉砂、泥质成分混在一起,往往在防砂管柱筛孔处形成堵塞,造成近井地带堵塞,影响油井产能;常规的有机解堵或酸洗增产措施很难解除这种复合堵塞,即使解堵后,效果也不理想等问题,提出了泡沫流体吞吐解堵技术,该泡沫解堵流体包含某常规解堵剂(竺彪等,2010)。

泡沫吞吐解堵技术可以解除这种复合伤害、改善近井地带渗流状况。其原理是将一定量的清洗剂打入防砂段,将筛管附近的胶质和沥青质等有机质溶解,然后注入低密度泡沫,利用泡沫的低密度、高携带性能、表面活性剂的清洗作用及泡沫回吐时的高速冲刷、紊流搅动混排作用,将小于筛管孔隙的泥质、细粉砂携带出井筒,自喷速度降低时,循环低密度泡沫提供返排动力。循环返排过程中泡沫流体携带能力强弱和造成多大负压取决于密度、黏度、质量、摩阻等参数。当泡沫质量大于98.0%,就形成雾,当泡沫质量小于52.0%时,在井底易形成近似牛顿流体的混合体。在这两种情况下泡沫结构特性差,携带能力也差。

因此,泡沫流体循环返排时,一般要求井底泡沫质量保持在52.0%以上,井口保持在84.0%~98.0%,以保证泡沫有较好的携带能力。

渤海LD5-2油田A24井是一口优质筛管防砂的稠油井,采油一段时间后产油量开始明显下降,怀疑近井地带及防砂段存在伤害,使用降黏剂解堵,作业后产油量仍然持续下降。应用泡沫吞吐解堵技术对该井进行解堵,施工过程中解堵剂溶解了防砂管柱附近死油,泡沫循环返排携带出近井地带杂质 $3.0m^3$,作业后该井复活,产油量稳定在 $28.0 \sim 30.0m^3/d$。现场应用结果表明,泡沫吞吐解堵工艺简单、成本适当,可以解除稠油井防砂管柱和近井地带复合堵塞,为海洋油田低产低效井综合治理探索了一条新的途径,值得在海洋油田广泛推广(李松岩等,2007)。

此外,针对生产过程中油井近井地层的堵塞问题研究了泡沫混排解堵技术。泡沫混排解堵技术主要应用于近井地带发生堵塞的老井和即将投产的新井。对于老井,主要用于解除堵塞,提高产能;对于新井,主要用于解除钻井过程中的伤害和完善射孔炮眼。泡沫混排解堵机理包括射孔孔道的扩展、孔道末端的水平扩展和近井地带冲蚀。在胜利油田石油开发中心已取得了成功应用且效果显著,有效解除了储层堵塞,恢复油井产能,是一项行之有效的解堵技术(李兆敏等,2010)。

12.2.4 表面活性剂解堵流体

针对其矿所处油田欠注井较多由于酸化、压裂等增注措施每年工作量相对较少,不能满足不断出现欠注井的需要;而正常洗井效果不好,达不到解除油层伤害的目的,从而导致欠注井不能及时得到治理,油田开发效果逐渐变差等问题,采用表面活性剂堵增注技术,提高地层渗透率,从而提高水驱开采效果(宋金钟,2016)。

表面活性剂具有降低油水界面张力,使残余油变为可流动油,增加原油在水中的分散作用,溶解井底附近的石蜡、沥青、胶质等有机沉淀,疏通孔隙,减小渗流阻力的作用。由于压裂、酸化、补孔等增注措施费用高,措施工作量少,中间环节较多,酸化还可产生沉淀造成地层的再次伤害,酸液对管柱和封隔器有腐蚀性,效果又不特别好,而表面活性剂解堵增注技术施工过程简单,不需改变施工井原注水流程。将配制好的表面活性剂溶液由柱塞泵经放空阀门注入井管,与来水一同注入井底。该表面活性剂在现场应用 5 口井,注水量显著上升,注水压力下降,解堵效果良好,提高了油井产能。现场应用结果表明,表面活性剂解堵对油层发育较好、连通较好,注水量下降幅度较大井的恢复注水有较好的效果,不适合由于地层发育差导致水量较低井的恢复注水。

此外,针对萨北开发区北二西西块二类油层渗透率低、孔隙小、喉道细,渗流阻力大,随着注聚时间的延长,聚合物注入体积的增加,部分注入井注入压力高、注入量下降,达不到方案设计要求,严重影响了区块的开发效果等问题,采取了表面活性剂解堵。该表面活性剂在现场应用了 9 口井,注水能力明显上升,注水压力下降,表皮系数下降,流动系数上升。应用结果表明,表面活性剂注入后降低了注入井启动压力,提高了油层的吸入能力,改善了流体的流动能力,改善了井组的开发效果,采取表面活性剂配方既可以对聚合物絮凝物有效氧化降解,又可对有机质、黏土及机械杂质完全溶解(袁媛,2010)。

12.2.5 生物酶解堵流体

生物酶是一种水溶性产品,它与堵塞物的反应过程是一个生物反应过程。生物酶不受温度、压力、酸、碱、水矿化度的影响,具有较强的适应性及可控性。对于固体颗粒沉淀造成的堵塞,解堵过程中生物酶与地层水配成溶液注入受伤害地层。它与堵塞物进行生物反应,在井下生成酶与油的中间体以及表面上吸附有酶的固体堵塞物。然后在采出过程中酶与油分离,而固体堵塞物因表面吸附有酶,改变了其表面性能,变成亲水性,在生产过程中可以采出,以达到油井解堵的目的。生物酶直接作用于堵塞物且不会改变原油的特性,不会生成新的衍生物。洗油过程完成后,生物酶还原为原始状态,吸附在固体上的生物酶可使固体改为亲水性,从理论上说,它不会被消耗掉。对于蜡质、沥青质造成的堵塞,生物酶具有非常高的释放储层岩石颗粒表面碳氢化合物的能力,与碳氢化合物不会发生乳化作用,可以解除因蜡质、沥青质沉积造成的地层堵塞。

针对濮城油田油井因为地层堵塞造成产量下降的问题,通过分析,认为是蜡质、沥青质沉积在出油通道的岩石内壁上,造成在近井地带出油通道堵塞,原油中固体微粒体积增大,从而造成地层出油孔道的堵塞;地层中泥质含量较高,因水化膨胀而降低了地层的渗透率。并且现场实施证明,酸化对于以上三种情况造成的堵塞都不能达到预期的效果,且造成一定的环境污染,因此采用生物酶解堵。

生物酶在濮城油田应用25口井,对蜡质、沥青质沉积在出油通道的岩石内壁上造成近井地带出油通道堵塞和原油中固体微粒体积增大造成地层出油孔道的堵塞这两种情况解堵效果较好,产液量大幅增加;对水化膨胀而降低了地层的渗透率这种情况的井效果略有下降。现场应用表明,该技术是一项不伤害地层、不污染环境、投入少、效益高的绿色环保解堵技术(杨建华等,2011)。

此外,针对百色油田部分油井出砂、乳化、结蜡严重,地层存在堵塞现象,部分油井因井况、出砂等原因无法使用常规酸化解堵等问题,采用较为新型的阿渡罗生物酶解堵技术。该生物酶解堵剂由生物酶和生物酶处理剂按一定比例混配而成,在百色油田的子寅油田、塘寨油田、雷公油田、花茶油田和那坤油田等进行生物酶解堵试验,其中地层能量充足的3个油田产液量大幅增加,有两口井因地层能量过低或含水过低没有取得效果。现场应用结果表明,生物酶解堵技术对于地层能量充足,含水50.0%~95.0%,油井由于乳化、结蜡及出砂造成产量下降的井均有效,生物酶解堵对于乳化严重的井效果最好,对于出砂井和结蜡井也有一定的增油效果(邓正仙等,2007)。

12.3 发展前景

油井的解堵对于油气资源的开发和油气产量有着巨大的影响,用解堵流体解除堵塞作为目前较有效的储层伤害控制的手段,有着很好的前景。

12.3.1 存在问题

尽管目前使用储层伤害解堵流体是解除储层堵塞的有效手段,且在油田开发中有着广泛的应用,但储层解堵流体还存在酸液漏失、残酸返排不彻底、腐蚀套管和井内工具、适应性窄等问题。

(1)酸液漏失。酸洗过程中随着堵塞的解除,酸液会漏失到储层造成二次伤害,酸液漏失和钻完井液漏失一样会伤害储层,降低油气产能,不利于油气资源的开发。

(2)残酸返排不彻底。酸液携岩能力差,使带有沉淀的残酸返排不彻底,造成二次沉淀。

(3)腐蚀套管和井内工具。套管和井底工具都是由钢铁制成,而钢铁制品都极容易被酸腐蚀,就会造成开发成本大幅增加。

(4)适应性窄。有的解堵流体只能解除一类或几类堵塞,不能完全解除所有类型的堵塞,造成解堵效果不明显或者没有起到储层伤害控制的作用,不能明显恢复地层渗透率,提高油井产能。

12.3.2 发展方向

储层伤害解堵流体的发展方向主要有低漏失量、携岩能力强、低腐蚀性、宽适应性等。

(1)低漏失量。降低酸洗流体的漏失量对于储层伤害控制有重要的意义,提升酸洗效率,避免造成二次伤害,恢复地层渗透率,提高油气井产能,提升经济效益。

(2)携岩能力强。可以携带酸洗产生的残酸和沉淀,并将其顺利带出井筒,从而达到解堵、恢复地层渗透率、提高产能的目的。

(3)低腐蚀性。降低酸洗液的腐蚀性对于保护套管和钻具具有重要意义,可以显著降低油气资源开发的成本。

(4)宽适应性。宽适应性的解堵流体有利于简化解堵工艺,注入一次解堵流体就能解除地层堵塞,恢复地层渗透率,显著提高油井产能,降低开发成本。

第13章 修井流体

修井流体(Well Workover Fluid)是用于解除井下井眼故障,完善井眼条件,恢复油井、气井和水井正常生产的流体。修井作业不但是油井和气井提高单井产量和采收率、水井调剖、油井合理注水、延长生产周期的一项重要措施,也是老井挖掘潜力、发现新层位、扩大勘探成果的重要手段。

修井作业可以分为压井和不压井两大类,以压井作业为主。特别是气井,压井才能使作业更安全。压井流体压井以防漏堵漏为核心,以保证安全和控制储层伤害为目标的修井流体研究和应用取得了长足进步,主要有以下两类流体:

一类是以降低液柱压力实现漏失控制的修井流体,其典型代表是泡沫修井流体。泡沫修井流体具有密度低、储层伤害控制能力强等许多优点。但其稳定周期短、现场补液条件困难等缺陷也显而易见。以降低液柱压力实现防漏堵漏的修井流体还有水包油、油包水等类型,同时可以加入密度减轻剂。与泡沫修井流体相比,这些修井流体防漏堵漏能力有限。

另一类是以提高地层承压能力实现漏失控制的修井流体,其典型代表是屏蔽暂堵型修井流体(杨健等,2007)。该流体封堵强度高,但修井流体用于低压气井时,控制漏失普适性不强,修井流体的固相颗粒、聚合物会造成储层伤害,施工后需要采取破胶、酸化解堵等措施。

不压井修井技术(Pressure Balanced Workover)是指在不用循环液压井的条件下,用专用的修井装备对高压油井进行修井作业(蔡彬等,2008)。中国已把不压井作业技术应用于油田生产,但在装备研究方面起步较晚,与国际上技术有较大差距。为了有效开发油气资源,应加大不压井作业技术的研究,特别是液压不压井修井作业技术和装备的研究。

13.1 开发依据

油气井进入开发后期以后,地层能量不断衰减,当油气井出现异常或停产时,必须进行修井,更换或优化生产管柱,使油气井恢复生产。对生产井进行修井作业时,通常需要在井筒内灌满修井流体,利用修井流体产生的静水液柱压力防止地层流体向井筒内流动,以免发生井涌或井喷,并能帮助支撑油管管串,防止井壁坍塌,保证修井施工作业的安全。性能优良的修井流体既要防止地层流体向井筒流动而产生井喷等事故,又要防止修井流体向地层漏失。修井流体发生漏失后会导致严重的地层伤害,地层渗透率降低,进而导致油气井的产能降低,更严重的会导致井喷,造成作业不安全与环境污染问题。为了解决漏失问题,通常在修井流体中加入降失水剂及增黏剂等处理剂以提高修井流体的流动阻力,阻止修井流体流向近井地带。修井流体一般要求适当的密度、清洁井眼能力和储层伤害控制能力。

(1)适当的密度。适当的密度以控制地层压力来保证作业安全,尤其对于高压油气井,高密度修井流体保证修井的安全。

(2)携带岩屑能力。携岩能力用来保证井眼清洁。

(3)储层伤害控制能力好。修井流体可能会漏失,引发储层伤害,所以修井流体应与储层以及地层流体有很好的兼容性。控制修井流体中的固相含量,减小储层伤害。对于裂缝性和低压油气藏等易漏失储层,修井流体应该具有封堵能力,增强地层承压能力,减小修井流体漏失,以达到储层伤害控制。

13.2 体系种类

常见的修井流体主要有水基型修井流体和油基型修井流体。

13.2.1 水基型修井流体

水基型修井流体,主要是以水为主要成分,包括无固相修井流体、泡沫修井流体、聚合物修井流体、绒囊修井流体等4类。

13.2.1.1 无固相修井流体

无固相盐水修井流体是目前水基型修井流体较多采用的一种。这种修井流体也称为洁净的压井液,一般含20%左右的溶解盐类,由一种或多种盐类和水配制而成,有的还加入化学处理剂以增加黏度和降低失水量。适当选配盐类可以得到满足大部分地层条件的密度。其防止地层伤害的机理是由于它本身不存在固相,所以就不会发生像修井钻井流体那样夹带着固相颗粒侵入储层的情况。另外,其中溶解的无机盐类改变了体系中的离子环境,使离子活性降低,这样即使部分无固相修井流体侵入储层,也不会引起黏土膨胀和运移,它是依靠其本身的无固相特性和其中溶解盐类的抑制性来防止地层的伤害。

无固相盐水修井流体的种类很多,密度范围也较大,一般$1.06\sim2.30g/cm^3$,因而能满足大多数油气井射孔及其他作业的需要。在选择合适的盐水修井流体时,除了考虑储层岩性的特点外,还要了解盐水本身的特点,例如易受气候影响、吸湿性、腐蚀性、密度和结晶温度等。盐水的结晶温度和密度是配制盐水时要参考的两个很重要的参数。

(1)结晶温度。盐水的结晶温度是指其中某一种盐水达到饱和时的温度,若低于此温度的条件下使用,则会有固相盐粒析出。由此可能产生一系列问题,如盐粒沉积在地面设备上形成堵塞;盐水密度下降,固相多,可能使盐水失去可泵性等。对盐水的结晶温度,应根据不同地区、不同季节进行选择。对由两种或更多种成分组成的盐水,其组分的选择应根据成本、盐水结晶温度来考虑。例如,氯化钙可配制密度为$1.40g/cm^3$左右液体,其饱和溶液在18℃开始结晶,而密度降低到$1.36g/cm^3$时在3℃左右开始结晶。国际上许多公司都研发了一些满足某一温度的最经济的修井流体配方。

(2)密度。由于盐水的密度受温度和压力的影响,所以为了满足盐水修井流体的密度要求,必须了解深井井下温度较高的特点,在高温环境下盐水密度会由于热膨胀而下降。一般氯化钠、氯化钾、氯化钙盐水的密度受温度影响小,而重盐水如溴化钠、溴化钙和溴化锌盐水的密度则受温度影响较大。因而,在使用时,在地面配制或选用的盐水密度要比井下所需的密度大些,同时应考虑井下的高温可以抵消高温的膨胀作用。

(3)腐蚀性。高密度的溴化锌盐水对地面设备和井下管材腐蚀严重,一般采取的措施是加入酸缓蚀剂在钢材表面形成一层保护膜,以防止电化学腐蚀。盐水还具有吸湿性,易从空气中吸收水分而使密度下降,因此最好不要露天储存。

(4)降失水处理。无固相盐水修井流体若不经过高聚合物处理,其黏度低,只比淡水稍高,失水量较大,特别是在高渗透地层容易造成漏失,这样不但浪费了昂贵的盐水,而且还会直接引起水锁、乳化液堵塞以及冲蚀胶结疏松的矿物微粒,发生微粒运移等伤害地层的现象。一般可以通过加羟乙基纤维素、生物聚合物、瓜尔胶等来提高盐水黏度,以降低盐水失水量并防止盐水漏失。

针对中原油田的储层特征和生产实践,研究开发出了新型低伤害无固相修井流体。密度在 $1.00 \sim 2.00 \mathrm{g/cm^3}$ 间可调,具有性能稳定、防膨效果好、对油层伤害小、腐蚀低、耐温性能好和现场使用方便等特点(乔欣等,2006)。无固相修井流体主要组分见表6.13.1。

表6.13.1 无固相修井流体的主要组分表

序号	组分名称	组分代号	加量范围,%	作用
1	氯化钙	未明确代号	3~4.5	降失水剂
2	有机酸盐	未明确代号	10~15	加重剂
3	加重剂	ZC	30	增加密度
4	表面活性剂	CY-4	0.1	减小表面张力,增加水在土颗粒表面的分布面积,充分湿润
5	黏土稳定剂	TD-15	0.5	防止因地层水敏性矿物的膨胀而储层伤害
6	降失水剂	FKJ-Ⅱ	3	降低失水量

无固相修井流体在中原油田累计进行了23口井现场试验,施工成功率98%以上。采油一厂209-37井先使用密度为 $1.80 \mathrm{g/cm^3}$ 的钻井流体压井失败,后使用该无固相修井流体,采用边作业施工边不断补充的方法,最终完成了分注作业。

此外,针对大港油田在以往修井过程中普遍采用卤水修井流体,造成了地层伤害、结垢、腐蚀等问题,研制出了高密度低固相无腐蚀修井流体(杨小平等,2010)。

针对水平井在检泵作业过程中修井流体漏失情况十分严重的问题,设计出密度为 $1.00\mathrm{g/cm^3}$ 的无固相清洁助排修井流体,其具有较好的防膨、防乳化、防水锁、阻垢、降黏助排作用。其应用于渤海油田水平井作业后,使油井产能恢复率控制在95%以上,产能恢复期在5天以内,储层伤害控制效果较好(白健华等,2014)。

针对低压油井修井作业中修井流体的漏失储层的问题,研究开发了一种低密度、无固相、低伤害修井流体,密度在 $0.99 \sim 1.01 \mathrm{g/cm^3}$,现场配制工艺简便易行,适用于低压油井的各种措施作业中的压井(张佩玉等,2008)。

针对大庆油田地下压力较高等问题,研发高密度低伤害无固相修井流体,结果表明,高密度低伤害无固相修井流体耐温达70℃,密度在 $1.60 \sim 1.90\mathrm{g/cm^3}$ 可调,其腐蚀速率小于 $0.1\mathrm{g/(m^2 \cdot h)}$,岩心恢复率大于80%。无固相修井流体现场应用11口井,使用此修井流体后产液量增加,油井产液恢复较好,取得了良好的效果(王忠辉,2010)。

针对无固相修井流体存在稳定性差、失水量大、悬浮能力弱以及价格昂贵等缺点,研究开发了一种新型无固相高密度修井流体。该修井流体稳定性和抑制性好,对储层伤害小,与自来水和油田污水的兼容性好,防止油侵的能力较强,而且应用简单、方便。在孤东油田进行了推广应用,取得了良好的效果。与同类修井流体相比,新型无固相修井流体所用的加重剂为廉价的无机盐。此外修井流体对人体无伤害,对环境无污染(刘高友等,1998)。

13.2.1.2 泡沫修井流体

泡沫修井流体是利用泡沫的可变形性等特性配制而成的修井流体。可在泡沫钻井流体的基础上,通过添加高效发泡剂和稳泡剂,使其形成具有特殊结构的微泡状材料,微泡具有一定的抗压、耐温能力。

为了有效控制储层伤害,国际上对低压气井进行修井时一般采用低密度流体作为修井流体,工作液是气体(氮气、天然气),采用充气的办法来降低液体的密度会使现场的施工组织难度进一步加大,施工费用偏高。为了解决修井流体的污染问题,中国开发了泡沫修井流体,通过现场应用表明,该流体现场配制简便易行,易于泵注,密度易于根据气井的实际情况进行调整,完全达到室内试验和施工设计的要求,运行费用低,压井性能稳定,无漏失,对气层的伤害小,更有利于气井的诱喷和复产。

泡沫修井流体的流体组分与泡沫钻井流体的组分类似,主要包括水、发泡剂、稳泡剂、活性剂、降失水剂、膨润土等。

针对在气井作业过程中常规修井流体大量漏失到气层,使气层渗透率大大降低,作业后产能无法恢复等问题。研究的泡沫修井流体在流变性能方面有着良好的稳定性、耐温性、抗污染性和低漏失性,其密度低、摩阻小、返排迅速彻底,解决了低压气层作业时的井漏造成的污染问题(范志毅等,2011)。可循环泡沫修井流体主要组分见表6.13.2。

表6.13.2 可循环泡沫修井流体主要组分表

序号	组分名称	组分代号	加量范围,%	作用
1	润滑剂	WP-1	4~5	用于提高钻井流体的润滑性
2	聚丙烯酸钾	FP-1	0.3~0.6	抑制泥页岩及钻屑分散作用
3	磺化酚醛树脂	WP-3	4.0	降失水剂
4	高温抗盐降失水剂	WP-2	3.0	降失水剂
5	沥青粉	ZSC-201	未明确范围	用于维持井壁稳定

泡沫修井流体在中原油田采油三厂现场应用6口井,根据气层静压配制的泡沫密度0.65~0.95g/cm^3,使用量控制在35~70m^3,在使用的过程中,没有发生漏失的现象,在泡沫压井后,井口也没有出现气苗现象,施工成功率100%,有效率83.3%,平均单井恢复增气463708m^3,累计恢复增气2318541m^3,作业后产能恢复效果较好。

针对吐哈油田部分区块地层压力系数小于0.9,常规水基修井流体对储层伤害大,若使用油基修井流体成本高,环境污染严重的问题,研发了一种新型泡沫修井流体。它具有稳定性好、失水率低、黏度适中、用液量小、返排迅速彻底,以及摩阻小、易泵注、携砂能力强等特点。最终选择了聚合物增强泡沫流体,克服常规泡沫半衰期短、强度低的缺点,同时也克服了三相泡沫和凝胶泡沫都可能对地层造成较严重的伤害的缺点(石晓松,2003)。

泡沫修井流体运行费用低,压井性能稳定,无漏失,对气层的伤害小,更有利于气井诱喷和复产,解决中原油田气井后期开采修井流体大量漏失造成的产量下降,产能难以复产等问题(申世芳等,2005)。

针对大港油田作业过程中流体漏失所造成施工困难、油层伤害等难题,为了达到封堵效果,在可循环泡沫钻井流体基础上,通过添加发泡剂及稳泡剂,配制了一种微泡修井流体。该微泡技术在官8-1-1井和官7-28井等5口低压冲砂井进行了应用,平均每口井的恢复率为133.8%,平均恢复期为2天,平均每口井缩短恢复期为1.6天,储层伤害控制效果明显。

此外,针对川西北气矿中39井研究泡沫修井流体室内配方,2002年1月在川西北气矿中39井2次泡沫修井流体压井施工。现场应用试验表明,现场配制基液经检测其性能达到了室内试验和施工设计要求,设计的泡沫修井流体施工方案有较强的可操作性,能顺利实现压井作业,适用于低压、易漏失地层井的压井作业施工。无固相低密度油基泡沫修井流体得以实现,并在吐哈盆地胜北油气田喀拉扎组应用效果良好(王广财等,2017)。

13.2.1.3 聚合物修井流体

聚合物固相盐水型修井流体常以盐水为基液,包括聚合物类和其他类别处理剂,如加重剂、分散剂、稠化剂、暂堵剂、温度稳定剂、杀菌剂等。聚合物低固相盐水修井流体是以聚合物代替黏土而产生适当黏度、切力及失水量,同时还规定采用各种类型的固相作为桥堵剂,以防止无固相液体大量漏入油层,桥堵剂应是可以酸溶、水溶或油溶的。

聚合物固相盐水由三部分组成:桥堵剂、携带液和增黏剂。所有这些成分均应是对储层无伤害的,且都是根据地层敏感性研究结果而选择的。

(1)桥堵剂。对桥堵剂有两个要求,即必须是降解型的;颗粒尺寸必须完全适用于所用地层,能够封堵储层孔隙。一般常用的桥堵剂有三种:酸溶性的(如碳酸钙、碳酸镁)、水溶性的(如盐粒)和油溶性的(油溶树脂)。

(2)携带液。水、盐水和油基液,应根据压井作用所要求的密度、地层温度等来确定。一般用盐水作为携带液的情况较多。

(3)增黏剂。由于羟乙基纤维素对地层几乎没有伤害,因而一般常用羟乙基纤维素聚合物作为增黏剂。用水和盐水作携带液的,可用粉末状羟乙基纤维素聚合物提黏,也可以用羟乙基纤维素悬浮液来混合,以避免出现团状和鱼眼,对含有溴化钙和溴化锌的高密度盐水,一般用羟乙基纤维素活化液提黏。

针对大港油田亏损严重,漏失井、漏失层相应增多,在完井及修井作业中产生大量流体漏失的问题。研制了新型防漏型修井流体,现场应用表明,该防漏型修井流体具有耐温性好、防漏能力强、地层伤害低、配制方便、工艺简单、环保性好的特点,有效解决砂岩油藏低压漏失井冲砂、洗井、检泵、补孔补层、增产措施过程中的漏失问题(郭元庆等,2005)。聚合物修井流体主要组分见表6.13.3。

针对低压低渗透裂缝较发育储层易发生修井流体漏失,造成水敏、液锁伤害的问题,利用缓蚀剂、黏土防膨剂、表面活性助排剂及增黏降失水剂等优选出了适合储层特点的修井流体。矿场应用效果表明,试验井应用修井流体作业后,日产气量、日产油量降幅和含水量增幅均较小,明显减轻了因修井流体漏失储层造成的液锁伤害和产能损失,提高了储层伤害控制效果和修井效率(舒勇等,2011)。

表 6.13.3 聚合物修井流体主要组分表

序号	组分名称	组分代号	加量范围,%	作用
1	氯化钾	未明确代号	3	抑制页岩水化膨胀
2	生物胶	XC	0.4	增稠提切
3	温度稳定剂	WD-1	0.4	提高生物胶的耐温能力
4	温度稳定剂	WD-2	0.2	提高生物胶的耐温能力
5	杀菌剂	未明确代号	0.05	防止生物胶的生物降解
6	暂堵剂	ZDE	1.5	屏蔽暂堵
7	暂堵剂	TBD-2	5.0	屏蔽暂堵

针对孤岛油田地层压力高的问题,研制了一种盐水聚合物修井流体。该修井流体密度调节范围大、受温度矿化度影响小、失水量低、流变性能好。现场施工12井次,所有的试验井均压井一次成功,并快速完成返排,修井成功率达100%(肖建洪等,2001)。

针对衰竭地层的修井过程中,滤液的深侵入、恶性漏失现象普遍的问题,研制了树脂型修井流体。在吐哈油田应用10口井,树脂型修井流体施工过程安全,施工过程中未发生漏失且性能稳定,返排时间短,施工后产液量有较大程度增加,达到了良好的储层伤害控制效果,施工成功率100%(房炎伟等,2014)。

13.2.1.4 绒囊修井流体

绒囊是一种内部为气囊、外部附着绒毛的可以实现找孔堵孔的新型材料。绒囊与其存在的胶体环境构成的绒囊工作液,已成功应用于钻井、完井作业防漏堵漏和控制储层伤害。绒囊工作液以水为连续相,通过表面活性剂、聚合物处理剂在物理、化学作用下,自然产生粒径 $15\sim150\mu m$、壁厚 $3\sim10\mu m$ 的绒囊作为分散相,形成稳定的气液分散体系。

绒囊流体活塞修井是一项绒囊流体作为修井流体在井筒形成封堵段塞,以封隔地层流体的修井技术。低压气井修井中的压井作业需要平衡地层压力,以防止天然气溢出引发井控安全问题。为此引入绒囊流体作为修井流体,采用绒囊流体活塞修井能够有效解决漏失、储层伤害等修井问题。

绒囊流体活塞工作原理:绒囊流体密度在 $0.5\sim1.5g/cm^3$,低剪切速率下的黏度达到 $7.85\times10^6 mPa\cdot s$,性能可控,在井筒内胶结形成无固相、结构强度较高类似活塞的封堵段塞。修井时,通过注入不同密度和液量的绒囊流体建立不同的液柱压力,流体以低剪切速率下高结构强度控制天然气从活塞内部突破,阻止天然气从井筒内上升至地面,隔开井筒中天然气与地面的通道。绒囊流体活塞在井筒内形成后,由于地层压力变化或者作业变化,引起流体压力变化,流体上下移动,套管内壁和流体内部剪切速率低,结构力很强,气体无法突破套管内壁和中部。修井结束后,低压气井一般通过气举恢复生产。气举气体流动速度呈现高剪切速率,绒囊流体活塞在高剪切速率下绒毛与气囊分开,黏度降低至只有低剪切速率的千分之一或者更小,易返排至地面,气井产能逐步恢复。作业后,同常规作业一样气举清理井筒内流体即可恢复生产。

绒囊流体活塞工作流程：修井前，注入绒囊流体，封隔地层天然气。作业时，起下管柱，活塞缩短伸长，地层天然气压力变化，活塞上下浮动，平衡地层压力；气举恢复生产时，活塞被气举气体推出井口，恢复气体生产通道。

理论和现场应用表明，绒囊流体活塞在修井时可以不接触或尽可能少地接触储层，既保证了修井安全，也保护了储层。采用绒囊流体活塞修井是在实践中针对生产难题提出的新方法。室内研究和现场实践证明其具有实际应用价值，也拓宽了绒囊流体应用的领域。绒囊修井流体为无固相流体，在使用过程中，间隔一定时间测量一次绒囊修井流体的性能参数，保证绒囊修井流体应用的性能指标，此外，应控制绒囊修井流体的固相含量，即控制密度。

根据天然气井地层压力系数低的特点，设计出密度为 $1.1g/cm^3$ 的绒囊修井流体（王金凤等，2015）。绒囊修井流体主要组分见表 6.13.4。

表 6.13.4　绒囊修井流体的主要组分表

序号	组分名称	组分代号	加量范围，%	作用
1	绒毛剂	未明确代号	0.8	吸附，形成绒囊钻井流体囊泡的绒毛
2	囊层剂	未明确代号	2.0	防塌，维持井壁稳定
3	囊核剂	未明确代号	0.4	
4	囊膜剂	未明确代号	0.8	
5	盐	未明确代号	20	

中国西北地区某气田经过 10 多年开发，地层压力系数从很正常下降至约 0.6。由于压力过低，天然气携液能力减弱，气井无法正常生产，甚至被迫关井。为防止漏失引发安全问题，同时为尽快恢复生产，采用绒囊流体修井。其中，3 口井考虑到流体活塞无法封堵，采用绒囊流体全井充满修井，现场施工依据井下压力折算压力系数，附加压力系数为 0.1，作为配制绒囊流体密度的依据，封堵至井口见液，再修井。另外 3 口井试验利用绒囊流体活塞修井，配制当量密度大于压力系数 0.3~0.4，计算活塞长度，再计算出用量，配制绒囊流体，注入油压套管为 0 后实施修井作业。

现场应用证明绒囊修井流体具有低剪切速率下的高结构强度，能够控制天然气从活塞内部突破，有效阻止天然气从井筒内上升至地面，并且绒囊流体易返排至地面。从产量恢复效果分析，绒囊流体活塞封堵作业等产量恢复时间平均为 3 天，全井充满作业等产量恢复时间平均约为 7 天，表明绒囊流体对储层伤害甚微，气井产能恢复快。

针对冀东油田在修井过程中出现漏失、含水恢复时间长、储层伤害严重等问题，现场采用绒囊修井流体，利用绒囊自匹配漏失通道实现全面封堵并可自动返排的特性解决了这一难题。L12-6 井采用绒囊修井流体暂堵检泵，含水恢复至正常水平仅需 3 天，且日产油增加 3t 多，含水率下降了 30%；NP23-X2409 井采用绒囊修井流体暂堵后挤水泥，承压能力提高了 6~7.5MPa，日产油增加了 10t 多，含水率下降了 5%（李良川等，2011）。

针对渤海某油田修井过程中漏失问题，使用绒囊暂堵流体实现有效封堵。陆上 S181 井气井全井筒段塞先导试验成功后,在渤海某油田 A 井储层段段塞封堵成功(王珊等,2015)。

针对气井修井作业常规降压过程导致安全性差、产能浪费等问题,采用绒囊流体活塞技术不降压压井修井作业技术思路,现场应用于中国西北和西南地区的 3 口气井,其中 2 口井连续气举作业 2~3d,气井产量便恢复至作业前等产量点,缩短了气井压井作业周期(李治等,2018)。

13.2.2 油基修井流体

油基修井流体是一种以油为连续相的修井流体。具有低伤害、兼容性好等优点。目前使用的油基作业液体大体可分为两种:一种是脱气原油,对于亲水地层来说,原油无疑是一种理想的作业液;因为原油来源于地层,与地层兼容性极好,基本不伤害地层。但是由于原油密度较低且不可调节,对于压力系数较高的地层无法使用,且原油属于易燃易爆物品,使得作业安全无法保障。另一种是油基乳化修井流体,这种修井流体的密度可调且无固相,但油水乳化的条件非常苛刻,油水比、乳化剂的种类、加量、乳化温度、搅拌速度等都直接影响乳状液的形成,一旦形成乳状液,该修井流体的密度也不可调节,如果调节密度,必须改变上述参数才能使乳状液形成且保持稳定。这样,乳化修井流体则无法重复使用,即使重复使用,投入成本也很大。油基修井流体常见流体组分一般包括油相、水相、盐、乳化剂、增稠剂、密度调节剂等。

针对水基修井流体对储层都存在着不同程度的伤害,特别是对中、强水敏性储层的伤害不可避免的问题,研制出了一种低伤害油基乳化修井流体。试验表明该修井流体具有较强的抑制性能,并且具有良好的返排能力,有效地保护了储层的流通能力,对储层具有很好的保护效果。油基修井流体主要组分见表 6.13.5(陈安等,2009)。

表 6.13.5 油基修井流体的主要组分表

序号	组分名称	组分代号	加量范围,%	作用
1	盐水	未明确代号	5	提供连续介质
2	乳化剂	FHJ	1.6	乳化作用
3	水相增稠剂	XC	0.3	水相增稠,减少失水量
4	油相增稠剂	ZC-3	0.8	油相增稠,提高乳化效率
5	无机盐	AT	20	调节密度

此外,针对油基钻井流体无法长时间在高温静止条件下保持悬浮稳定,部分固体颗粒侵入地层,对地层产生伤害,影响施工安全等问题,研制了具有悬浮稳定性、密度可调的油基修井流体。该修井流体与地层的兼容性很好,不发生黏土颗粒运移,对地层无伤害。经压井作业后,很短时间内油井产量恢复率可达到较高水平(倪文学,1996)。

13.3 发展前景

修井流体是井下作业过程中重要的钻井流体类型,目前而言,中国在井下作业修井技术的发展仍然处于一个迟缓的阶段,总体表现为对大多数先进且高端的修井工具或者技术等方面的应用效率普遍较低。而修井流体也是主要的储层伤害源之一,其在使用过程中遇到很多难点,因此需要根据其难点提出修井流体的发展方向。

13.3.1 存在问题

油田较多的修井作业中,修井流体会在激动压差和渗吸作用下由射孔炮眼进入储层孔隙和微裂缝中,造成储层水敏、液锁及有效渗流率下降和有效渗流通道的堵塞,导致产能损失。目前气田应用的修井流体存在失水量大、携屑能力差、对储层伤害严重等问题。

低压油气井的出现包括油气井本身是低压井和随着油气田开发逐步进入生产后期,地层压力明显下降形成低压井两种情况。油田进入开发中后期,注采矛盾会十分突出,加剧了油层原有的非均质性和井间、层间的差异,使部分油井、油层能量得不到补充,亏损严重,漏失井、漏失层相应增多。在低压油气井中,很多油气井压力低于静水柱压力,这不但加大了修井作业难度,而且导致试井流体在低压油气井的检泵、转抽、修井等各种增产措施和修井作业中常常漏失伤害储层,造成固相堵塞、敏感性伤害、岩性改变及液相圈闭等储层伤害,特别是在裂缝性和衰竭地层的修井过程中,滤液的深侵入、恶性漏失现象普遍,会对储层造成极大的伤害。修井流体发生漏失后会导致严重的地层伤害,地层渗透率降低,进而导致油气井的产能降低,更严重的会导致井喷,造成作业不安全与环境污染问题。如气井在修井作业前,通常在井筒内灌满修井流体,利用液体的静水柱压力防止地层流体向井筒流动,其压力应大于地层流体向井筒流动而导致井涌或井喷的临界压力。

随着中原油田的文23、户部寨、白庙、刘庄等气田逐步进入中后期开采,气井压力逐年降低,气层抗伤害的能力也在下降。很多气井因修井流体大量漏失造成作业后产量下降甚至难以复产,使单井采收率大大降低;又如以塔河油田雅克拉白垩系气藏为例,岩性伤害率高达88%,其中液相圈闭伤害达44%,同时大量漏失又会诱发边底水快速锥进,导致自喷井日产油量大幅度降低或停喷,修井后含水率增加幅度大,降低了油气采收率和开发效益。

修井流体对修井后油气井产能的影响,主要取决于修井流体类型、对储层形成的回压和储层的渗透率。

修井流体类型对产能的影响。如对于低压、低渗透、易漏失的油气井,使用常规修井流体会因为修井流体的密度大,对储层形成的回压大,而使修井流体中的固相和液相侵入储层,造成严重伤害,压井后产能难以恢复。

漏失的修井流体或使用清水压井时会引起储层水敏、水锁等伤害,导致储层渗流能力下降,油气井产液、产油气能力下降及含水上升,某些井即使产能恢复也需要一个较长周期,造成油气井减产。又如吐哈油田部分区块地层压力系数小于0.9,常规水基修井流体对储层伤害大,若使用油基修井流体成本高,环境污染严重,据实际统计资料表明,使用性能不佳的修井流体压井可能会使油气井产能普遍降低30%~50%。

渗透率对产能的影响。如中原油田部分储层地层压力日趋降低,在作业压井过程中,因循环液柱压力过高引起修井流体大量漏失,造成地层的黏土膨胀、毛细管水锁、乳化堵塞等灾难性的伤害,使气层渗透率大大降低,产能无法恢复。

修井流体在高压油气井使用时,也面临一些难题。一些井的地层压力高于静液柱压力,一般的修井流体不能满足现场使用要求,如大港油田在近阶段的勘探开发过程中,深井、高温高压井不断增多,急需保护油层的高密度修井流体,以解决施工安全、储层伤害、管柱腐蚀等问题,但大港油田在以往修井过程总是普遍采用卤水修井流体,造成了地层伤害、结垢、腐蚀等问题。

再如板桥油田的高压注水井、近年来开发的几口深层井,以及环境保护要求高的海上作业井,均需要保护油层的高密度修井流体来解决现场作业问题。还有,大庆油田储层地下压力较高,给日常作业施工带来困难。

又如,英深1井是一口五开重点复杂超深预探井。该井位于塔里木盆地西南坳陷齐姆根凸起英吉沙构造,完钻井深为7258.00m。该井在侧钻后处理井漏过程中,发生高压盐水溢流,控制溢流需密度为2.8g/cm³的超高密度修井流体。据调研,所有密度高于1.4g/cm³的盐水修井流体都是含溴或含锌化合物溶液,价格昂贵。因此,现场迫切需求失水量小、密度可调范围大、对井下设备低腐蚀、价格低廉、性能优良的修井流体,既保证油井不喷,又尽量减少对储层的伤害。

而在某些存在多压力层系的地区将会出现窄安全密度窗口或无安全密度窗口的情况,施工中表现为高压层压不住,低压层漏失严重。

还有一些其他问题,如修井流体稳定性差、失水量大、悬浮能力弱以及价格昂贵等,且多数只在特殊井中应用;目前川中勘探开发公司仍普遍采用清水、原油压井,个别高压井还使用钻井流体压井。测井和试验数据表明:清水、钻井流体对储层伤害较大,原油又不适用于气井和高压油井的压井作业。

中国现有修井流体大都仅适用于中、高渗透砂岩地层,而川中地区属于低渗透地层;大庆油田气藏的储层渗透率变化大(0.05~500mD),气层温度最高达110℃,地层压力梯度变化大(8.8~12MPa/km)。对气井修井流体的基本要求是失水量低,热稳定性好,密度可调性大,与地层配伍性好。

世界上选用的气井修井流体通常为无固相修井流体,但常规的泡沫修井流体、烃基修井流体、可溶性无机盐水溶液及以高分子聚合物或纤维素为主剂的结构型修井流体等都各有其局限性,难以满足油田气井"三无"(无污染、无爆炸、无井喷)作业的要求。

中国各大油气田通常使用的是水基修井流体,其对储层都存在着不同程度的伤害,特别是对中、强水敏性储层的伤害是不可避免的。随着油田开发的进展,保持现有产能与修井流体伤害的矛盾日益突出:在气井作业中,必须采用修井流体进行压井以保证施工安全。在压井过程中选择优质修井流体以降低修井流体对地层的伤害,实现气井作业无井喷、无爆炸、无(低)伤害,越来越受到人们的重视。气井作业中会有一部分修井流体滤液滤入地层,导致地层中黏土膨胀和颗粒运移,堵塞孔隙,降低渗透率,因此抑制黏土膨胀、减少堵塞是降低伤害的根本所在。

13.3.2 发展方向

要对修井流体配方进行室内研究与评价,以期达到使用密度合适、性能优良的修井流体的目的,使修井流体在井筒产生的液柱压力对油井"压而不死,压而不漏,活而不喷",即既要保证油井不喷,又要尽量减少对油层的伤害。

(1)研制新型无固相修井流体。大量的生产实践证明,保护储层的措施是保护油气资源和"少投入、多产出"的重要技术。在20世纪70年代,苏联开始采用对油层无伤害的反相乳液压井工艺。目前许多注水开发使用无固相修井流体,油田的地层压力呈现出高于原始地层压力的趋势,有的地层压力甚至高出静水液柱压力1.5倍之多。针对这种情况,国际上又开始使用高密度无固相盐水修井流体,如密度1.39~1.81g/cm³的溴化钙和溴化锌溶液、密度高达1.81~2.30g/cm³的溴化锌—溴化钙—氯化钙复配物溶液。盐水修井流体的漏失量大,上举力受限,无悬浮性,密度受气候、温度的影响较为显著,尤其是溴化物价格昂贵,致使该系列修井流体难以在油田推广使用。中国在以前的修井作业中大多使用普通钻井流体压井。20世纪80年代后,玉门油田、辽河油田和大庆油田先后针对各自油田的实际情况研制了新型修井流体。

总之,要求新型无固相修井流体失水量低,稳定性好,腐蚀性低,有较宽的密度调节范围,成本低廉,能适应不同压力、渗透性、孔隙度等多种类型地层,有更好的储层伤害控制。

(2)研制新型油包水修井流体,既要改善水基修井流体对易水敏储层伤害,又要降低油基修井流体的价格,同时要保护环境。

(3)研制新型泡沫修井流体,因为泡沫修井流体密度低(密度0.65~0.99g/cm³可以任意调整),在起出井下管柱过程中无漏失,不伤害气层,能将保护气层的要求落到实处;泡沫修井流体不漏失,不需要在起下管柱的过程中频繁地往井筒内补充修井流体,缩短了作业周期,有利于作业后的产能恢复;泡沫修井流体技术的成功实施,为低压气藏的开发提供了一条更有效的工艺途径,建议在类似的油藏推广应用;井内的凝析油等烃类和其他杂质会降低泡沫修井流体的稳定性,压井前应先洗井清除杂质;泡沫修井流体现场施工工艺技术可行,现场配制方便,能顺利实现压井作业。例如在低压油井的修井作业中,修井流体的漏失会伤害储层,特别是对于裂缝性油藏,造成极大的伤害。修井流体发生漏失后会导致严重的地层伤害,地层渗透率降低,进而导致油气井的产能降低,更严重的会导致井喷,造成作业不安全与环境污染问题。据实际统计资料表明,使用性能不佳的修井流体压井可能会使油气井产能普遍降低。因此,必须根据地层特征,选用合适的修井流体。研制新型泡沫钻井流体就有可能解决裂缝性问题。

(4)研制高分子聚合物修井流体。树脂型修井流体岩心渗透率恢复值大于85%,伤害深度小于2cm,暂堵层承压能力大于12MPa,可以达到良好的储层伤害控制效果;树脂型修井流体施工过程安全,施工过程中未发生漏失且性能稳定,返排时间短,施工后产液量有较大程度增加,达到了良好的储层伤害控制效果。所以根据多组分的基本原理,研发新型的聚合物复配修井流体。例如在雅克拉凝析气田地层压力系数下降幅度大,使用常规修井流体漏失量大,储层伤害严重,应采取修井过程中的储层伤害控制措施。低渗透漏压井液采用高分子吸水材料形成固化水,堵漏效果好,返排解堵彻底,渗透率伤害微小。实验室渗透率恢复率达到92.23%。在雅克拉等低压油气田修井中具有广阔的应用前景。

(5)研制超高密度压井液。超高密度压井液配制的关键是控制膨润土含量,含量大造成黏度、切力太高,无法控制;含量过低,造成悬浮能力差,加重剂沉淀,影响性能稳定。选用加重剂时要密度高,不能有明显的增黏效应,还需考虑加重剂的粒度配比和降失水等问题。

第14章　钻井流体废弃物处理流体

钻井过程中一般会产生大量的废弃钻井流体及钻屑、完井液、水泥浆、隔离液和其他含有各种化学物质的污水、气体等钻井废弃物。

目前,国际上废弃钻井流体处理技术主要有简单处理排放、注入安全地层或井的环形空间、集中处理、回填、坑内密封、土地耕作、固化、固液分离、焚烧、微生物处理等。

(1)直接排放。直接排放是海上钻井处理钻屑和废弃钻井流体最普遍的方法。直接排放费用少,操作也十分简便。但是,近几年人们对由此产生的环保问题日益重视。现在已经意识到即使采用水基钻井流体,在排放废弃物过程中也会产生长期的环保问题。

(2)直接填埋。直接土地填埋是一种花费少、操作简便的方法。这种方法被大多数国家用于处理工业固体废物。填埋前选择坑池将废弃钻井流体沉降分离,将分离出的上部污水进行澄清处理,达到环保标准后就地排放。剩下的泥渣让其自然脱水,风干到一定程度后,即可储存在坑池内,待固相干化后就地填埋。这种方法适用于废弃钻井流体中盐类、有机质、油类、重金属等含量很低,并且对储存坑池周围环境地下水污染可能性很小,污染物浓度维持在可接受范围以下的情况。

(3)坑内密封。这是在直接填埋法基础上改进的一种钻井废弃物处理方法,又称安全土地填埋法。当钻井废弃物有害成分含量较高时,为防止渗透而造成地下水和土壤污染,在储存坑池内设以衬里,再按普通直接填埋法操作。

(4)土地耕作。土地耕作处理就是将废弃钻井流体移至井场周围进行地面耕作。在处理前对要处理的土壤耕地做全面的特征研究。其处理的成本较低。对油基废弃钻井流体而言,只要在土壤含油量小于5%时进行耕作处理,对环境就是安全的。

(5)地层回注。地层回注是指在钻井作业中将钻井废弃物进行固液分离,在大于地层破裂压力的条件下将以固相为主的钻井流体泵入地层的一种处理方法。回注可以实现海洋钻井零排放的目标,有利于保护海洋生态环境。

在海上钻井中,回注处理使用起来比较复杂。首先面临的问题就是建立地层通道。废弃钻井流体可以通过软管、套管或者套管和地层间的环形空间注入地层。但无论使用哪种方法,回注地层必须和海面及其他地层隔离,特别是固井的环形空间。在许多钻井作业中,有时并不存在这种通道。

(6)生物治理。生物治理技术就是引进降解菌和营养物质,通过细菌的生长、繁殖和内呼吸使废弃钻井流体中的污染物分解、矿化。一般利用生物液/固处理工艺(LST)、微生物絮凝剂、添加菌剂和营养物。微生物絮凝剂为微生物菌体或生物高分子物质,属于天然有机高分子絮凝剂,对人体无害,絮凝后残渣可被生物降解,对环境无害。与一般化学絮凝剂比较,不仅有絮凝作用,还有降解作用,同时对于油、色度去除明显。

(7)固化处理。固化处理是向废弃水基钻井流体(或沉积物)中加入固化剂,使其转化为类固体,原地填埋或用作建筑材料等。该方法能显著降低钻井流体中金属离子和有机质对土壤的沥滤程度,从而减少了对环境的影响和危害,回填还耕也比较容易。它是取代简单回填的一种更易为人们所接受的方法,近年来受到了重视。

(8)固液分离。使用化学方法使废弃钻井流体絮凝、脱稳,然后进行机械强制固液分离的一种技术。废弃钻井流体的含水率一般为80%~90%,因而可以考虑固液分离后对沉积固相固化处理。选用有效的絮凝剂使废弃钻井流体最大程度脱水。另外,化学脱稳、絮凝技术可以强化机械分离固体的能力,使用这种技术可以使废弃钻井流体体积减少50%~70%,分离出的滤饼固相最大可达50%~60%。在化学脱稳絮凝的过程中,如果加入合适的药剂,可以在固液分离的同时把钻井废物中的毒害成分转化为危害小或无害的物质。

(9)回收利用。随着勘探开发的需要,对钻井流体的性能要求越来越高,钻井流体材料消耗量也在增加,回收钻井流体对降低钻井成本,减少钻井废弃物的产生意义重大。

处理钻井废弃物流体(Fluid for Treatment of Drilling Waste)是对钻井产生的废弃钻井流体进行无害化处理的流体。如今,固化技术、固液分离技术采用化学方法,通过添加钻井废弃物处理流体,对钻井废液进行处理。

固化用钻井废弃物处理流体包含有机类固化剂和无机类固化剂。有机类固化剂应用范围广,适用于多种类型废弃物的处理,且具有固化有机废弃物效果好的优点,但处理费用高,废弃物中某些成分可能会引起有机固化剂降解,且该类固化剂使用时,需配用乳化剂等缺点限制了其使用。无机固化剂具有原材料价廉易得、使用方便、处理费用低、固结好、稳定周期长(10年以上)、原料无毒、抗生物降解、低水溶性及较低的水渗透性、固结物机械强度高、对高固相废弃物的处理效果好等优点。但固化剂用量大,使处理后的钻井废液体积增加。

絮凝用钻井废弃物处理流体分为有机絮凝剂、无机絮凝剂以及微生物絮凝剂。有机絮凝剂是指起絮凝作用的有机物质。这类絮凝剂主要是有机高分子化合物,早期使用的主要是淀粉、明胶、藻朊酸钠等天然有机高分子化合物。有机高分子絮凝剂适用范围广,稳定性好,絮凝速度快,效果好,投加量少。但价格较高,且水解或降解产物会对人类健康和生态环境产生不利影响。无机絮凝剂的优点是比较经济、用法简单,但是用量大、絮凝效果差。微生物絮凝剂来源非常广泛,安全无毒、无二次伤害,生产成本和处理技术总费用低于化学絮凝剂,但是相比于化学絮凝剂,它们容易受到有毒物质的干扰,处理废液时要求没有妨害菌体生长的因素。

14.1 开发依据

在一定条件下,这些钻井废弃物将破坏周围自然生态环境,危害空气、水、土地、动物和人类。如陆上钻井完成后,废弃钻井流体露天放置,易造成废弃物的渗漏和溢出,引起地表水和地下水的污染,并危及周围农田和水生生物的生长;海上钻井完成后,废弃钻井流体如果排放到海中,可能影响海洋和港口资源。因此,有必要开展钻井废弃物处理技术的研究,进行钻井废弃物处理流体的开发,尽量减少钻井废弃物对环境的危害。

中国石油工业虽然起步较晚,但对废弃钻井流体的治理工作极为重视,在钻井流体固化、固液分离、回收利用等方面做了大量的有益工作,探索出许多适合现场的废弃钻井流体处理技术(龙安厚等,2003)。

(1)固化用钻井废弃物流体使危害性成分稳定住的原因可能有两种:一种是将可溶性的成分转化为难溶性的;另一种是把有害成分用土壤封闭、包裹在其中。选用固化剂应使其与废物的混合比达到最小,这样不仅费用减少,而且可抑制固化后的产物体积过大。通过加入固化剂,破坏原有胶体状态,使其慢慢硬化,彻底失去触变性,最终具有一定抗压强度。因此需要加入能在固化条件下还能生成一些胶凝沉淀物,增加吸附性,也能使部分有害重金属离子沉淀掉的材料。

(2)配制泥浆用的膨润土本身就具有很强的水化能力,此外由于钻井流体中又加入了大量的各种护胶剂,致使废弃钻井流体中具有表面活性的固体比普通污泥要高很多,废弃钻井流体脱稳的难度也就大大增加了。通过加入各种化学处理剂、破胶剂改变钻井流体的物理、化学性质,破坏钻井流体胶体,促使悬浮的细小颗粒聚结成较大的絮凝体,最后加入絮凝用钻井废弃物处理流体絮凝沉淀分离。

随着石油工业的发展,由钻井带来的污染问题也越来越受到人们的重视,特别是为满足钻井工艺的要求,钻井流体日益增多,配方也越来越复杂,从而使得废弃钻井流体的处理难度也越来越大。目前,世界上废弃钻井流体处理方法有多种,最主要的处理方法还是固化法和回注法。

固化法是向废弃钻井流体中加入固化剂,使其转化为土壤或胶结强度很大的固体,就地填埋或作为建筑材料等。该方法能够消除废弃钻井流体中的金属离子和有机物对水体、土壤和生态环境的影响和危害。该方法现在被认为是一种比较可靠的治理废弃钻井流体污染的好方法。对于治理难度最大的化学需氧量、镉含量、pH 值和总铬污染最为有效。根据固化液毒性测定达到国家工业废水排放标准,对于含水量最高的废弃钻井流体可以结合固液分离技术以取得最佳的处理效果。适用的钻井流体主要为膨润土型、部分水解聚丙烯酰胺、木质素磺酸铬油基钻井流体等。现在对废弃钻井流体已有许多成熟的技术可用于不同废弃钻井流体的固化。

为提高钻井废液固化的针对性和固化效果,前人研究了许多高效复合固化剂用于处理废弃钻井流体,其中中国已应用过的和国际上专利报道过的有 5 类:

(1)水泥/水泥窑粉基固化剂。此法适用于处理盐水钻井流体。水泥窑粉与水泥混合物进行固化处理。废弃钻井流体沉淀 1 ~ 2d,排出上层液体,将预计量的固化剂混合物均匀地分散到储存坑表面,用反铲将固化剂和钻井废渣混合均匀,加入填料(即挖储存坑时刨出的泥土)并使其混合,以水泥作为黏合剂将废渣、填料密封块黏结在一起形成大团块,使其固化成坚硬基岩,而后用泥土覆盖,即可恢复地貌进行复耕。一般固化时间需 12 ~ 24h。

(2)水泥/三氯化铁基固化剂。将三氯化铁引入废弃钻井流体固化过程,既可提高固液絮凝分离的速度,又可以获得高强度的固化物,因为与废弃钻井流体中的许多阴离子基团发生交联或络合反应,有利于浸出液化学需氧量的脱出,并能保证固化物经多次浸泡仍不脱附。依据不同的钻井流体性能,可选用以下三组基本配方:

① 10% 水泥 + 1% Na_2SiO_3 + 2% $CaSO_4$ + 0.2% $FeCl_3$。

② 1% 水泥 + 1% 苦土 + 8% MgO + 8% $FeCl_3$。

③ 10% 飞灰 + 0.5% MgO + 1% $FeCl_3$。

(3)水泥—石灰—炉渣基固化剂。废弃钻井流体固化剂复合配方主要由 G 级油井水

泥、石灰、粉煤灰、炉渣或是高炉矿渣组成。依据不同的钻井流体性能,可选用以下3组基本配方:

① 30%~35%水泥+10%~15%石灰+15%~20%粉煤灰。

② 30%~35%水泥+10%~15%石灰+20%~25%高炉矿渣。

③ 25%~30%水泥+10%~15%石灰+10%~15%高炉矿渣。

(4) 水泥—硅酸钠基固化剂。水泥—硅酸钠基固化剂的主凝剂为水泥(7%~12%),助凝剂为硅酸钠(水玻璃)(2%~3%),催化剂为工业硫酸铝(0.1%~0.5%)。其步骤是先加入工业硫酸铝,待完全溶解后,再加入水玻璃,搅拌均匀,最后匀速加入水泥,2~7d后固化强度可高达1.2MPa。依据不同钻井流体性能,可选用以下4组基本配方:

① 0.5%石膏+1.5%Na_2CO_3+10%水泥。

② 2%硅酸钠+1%CaO+10%水泥。

③ 2%硅酸钠+1%Na_2CO_3+10%水泥。

④ 3%硅酸钠+0.5%$Al_2(SO_4)_3$+10%水泥。

(5) 直接固化用固化剂。上述各种复合固化剂均可实现废浆及岩屑的固化,可依不同的工艺条件选择使用。但是对于pH值较高、含盐量较低而铁铬木质素磺酸盐(FCLS)使用量较大的聚磺钻井流体,如直接固化用的固化剂TG-1加量约为10%,即可使废屑连同脱水泥浆残渣一同固化,24h后的胶结强度大于40kPa。用清水浸泡,其含油、化学需氧量均下降至符合排放标准(含油小于20mg/L,化学需氧量小于500mg/L)。固化后形成的水泥石块用清水泡不变形、不开裂,浸出水pH值为7~8。可将水泥石安全埋入地下或用作他用。

固化剂TG-1的基本配方为1%六水三氯化铁+4%硫酸钙+5%氧化镁+10%硅酸钠+80%飞灰(超细水泥)。使用时将10%固化剂直接加入废弃钻井流体脱水残渣与废钻屑的混合物(混合比为1:2),搅拌均匀即可,施工工艺十分简单。

钻井废液与固化剂经过加药漏斗和管道混合后,可以采取三种方法:直接喷洒在地上固化,废弃流体因加入固化剂后凝聚固化,在很短的时间内就失去流动性,成为塑性体,使其自然堆成一个土堆,在空气中干燥24h以上,即成为坚硬的固化体;将固化剂直接注入废液池中,搅拌,使之充分混合,在空气中自然干燥24h以上,固化体强度随时间增长而增加;将固液分离后的沉淀物进行固化。参考现场实施工艺6大步骤:

① 取具有代表性的废井浆做小型试验,以确定固化剂(凝聚剂、絮凝剂)的具体最佳加量。

② 清淘两个循环罐,一个罐配制无机絮凝剂等溶液,另一个罐配制有机絮凝剂溶液,溶液浓度根据小样试验确定。

③ 启动钻井流体泵,向大土池或污水里先均匀加入无机絮凝剂溶液,然后均匀加入有机絮凝剂溶液,带絮凝物完全沉淀后,用塑料管或是小水泵吸出上部清液入污水处理罐。若吸出的清液未达到国家排放标准,则需进一步处理,直至达到标准向外排放。

④ 将吸出清液中不流动大块状凝聚沉淀物表面大致推平,然后在其上面均匀铺上一层纤维类物质或粗竹席,加量多少可由小样试验确定。

⑤ 用搅拌器或是水泥车配制废弃钻井流体,然后先加一部分废弃钻井流体到上述纤维类物质上面,待其凝固后再分批加入剩余的废弃钻井流体,直至全部废弃钻井流体都固化

成功。

⑥ 待废弃钻井流体完全凝固，测试可承受的压力，使土地还耕，进行土地再利用。

回注法主要是针对海上石油勘探、开发等生产作业过程中产生的钻屑、污水、废弃钻井流体等废弃物，如果直接排放会污染海洋环境。海上钻井废弃物主要是运回岸上处理，或回注到地下。以钻屑回注方式处理海洋钻井废弃物是安全可靠、经济环保的处理方法，可以实现废弃物零排放。钻屑回注技术是将钻井废弃物从固控设备传输到处理设备内，通过研磨、筛选和加处理剂造浆，使钻屑的粒度和浆体流变性能满足回注要求，然后通过套管环空或者专用回注井注入有一定容纳浆体能力的深部地层内。回注浆体性能调控是钻屑回注技术的重要部分，回注浆体性能必须进行合理的调控，才能使之与回注地层配伍。

有些废弃钻井流体可以通过回注法来处理；有些钻井废弃物毒性较大又难以处理就可以采用这种方法来处理。回注方法有：

(1) 注入非渗透性地层。用废弃钻井流体配成压裂液，然后下到非渗透性地层，加压到足以使地层压裂的压力将要处理的废弃钻井流体注入地层裂缝中，撤销压力时，周围地层中的裂缝自行关闭，从而防止地层中的废弃钻井流体发生迁移。现在许多海上钻井时，其废弃钻井流体的处理就是用该法。用一根长管伸入海底，通过除油处理，加压将废弃钻井流体压入海底地层，不让其迁移。这对于远离海岸的海上钻井来说是一种较好的方法。

(2) 注入地层或井眼环形空间。将废弃钻井流体通过井眼注入安全地层或井眼的环形空间。但该方法对地层有严格的要求，深度必须要在600m以上。一般钻井流体的处理可以采用该方法。

通过室内实验考察钻屑对回注浆体密度流变参数和失水性能的影响规律，提出回注浆体配制方法，4%膨润土 +0.2%纯碱 +0.3%聚丙烯酰胺(1600×10^4) +淡水，现场应用时须根据废弃钻井流体和钻屑的实际情况做出调整。

注浆体的性能要求为：剪切速率$170s^{-1}$时表观黏度为$70 \sim 160 mPa \cdot s$，静切力为$0.66 \sim 0.88 Pa$，流性指数低于0.5，密度控制在$1.1 \sim 1.3 g/cm^3$之内，固相含量20%～40%，钻屑颗粒度不大于$300\mu m$(50目)，回注浆体API失水量须小于10mL/30min。回注处理过程和方法(高飞等，2011)：

① 钻屑粉碎或碾磨。为使钻屑能为流体所携带并在流体中均匀分布，不堵塞注入通道，必须将收集和分离出的大块钻屑粉碎成细小颗粒。粒径大小由回注层孔隙度和渗透率等岩层特性和浆体黏度所决定，一般应小于$300\mu m$。

② 回注浆体制备。将经粉碎处理后的钻屑颗粒与液体(海水，淡水，废弃钻井流体或其他废液)和处理剂混合制备成适当黏度和密度的回注浆体，符合施工要求的物性。

③ 泵注浆体。泵注压力足以在回注层产生裂缝，使浆体能随裂缝进入地层。可使用常规水力压裂设备和类似工艺以间歇性注入方法进行，即首先注入清水压开地层，接着注入回注浆体，然后使用清水冲洗套管环空或专用井井筒后关井完成一个循环。回注间歇关井期间，地层与井口压力降低后，开始新一次注入循环。为满足钻井作业进程要求，在注入量小的特殊条件下，也可采用一次性连续方法注入。

④ 地下存储。地下存储适合于接纳与存储回注浆体的回注层为高渗透率砂岩层或砂岩/页岩夹层，与之匹配的隔离层为低渗透率的页岩层或盐岩层；海洋平台回注有时也选择

低渗透率的页岩层为回注层。

钻屑回注技术在蓬莱19-3油田Ⅰ期开发应用过程中遇到一些问题,造成了一定的经济损失。据不完全估计,损失约为200万美元,而到2011年止共投资约500万美元,包括设备投资、操作和管理费等。

从经济效益角度来说,该钻屑回注系统彻底解决了环境保护的问题,避免了由于环境污染而支出的补偿费用。与其他的钻屑处理方法相比,例如钻屑运回陆地进行蒸馏、焚烧、添加化学药剂、水洗和固化等,具有钻屑处理彻底、不会带来二次污染的优点,尤其是对于油基钻井流体,其在海上进行钻屑回注的费用比运回陆地后处理的费用还要低。从这方面来说,钻屑回注具有较好的经济效益。

随着海洋环境保护问题变得日益严重,为了经济的可持续发展,海洋钻井的零排放势在必行,保护海洋环境和资源是石油人肩负的历史使命。钻屑回注技术完全能够实现这一目标,开辟一条实现海洋钻井零排放的最行之有效的方法。从这个角度来说,钻屑回注技术具有较大的社会效益。

14.2 体系种类

按照处理钻井废弃物方式分类,现阶段包括固化用钻井废弃物处理流体和絮凝用钻井废弃物处理流体。

14.2.1 固化用钻井废弃物处理流体

川西平原是成都平原的一部分,近年来,由于该地区天然气开采量不断增加,钻井工作量也逐年加大,致使石油钻井工业污染程度较之以往也有明显加剧。川西地区天然气井施工废物均存在一定数量的有害物质,比较具代表性的有油类物质、有机物和重金属等。针对环境污染问题,主要采用了固化处理,使用固化钻井废弃物流体(蔡利山等,2001)。固化用钻井废弃流体主要组分见表6.14.1。

表6.14.1 固化用钻井废弃流体的主要组分表

序号	组分名称	组分代号	加量范围,%	作用
1	特种高强水泥	HB-1	未明确范围	用于流体的基料
2	填充促进剂	未明确代号	未明确范围	起到促进化学反应,缩短固化时间的成分
3	膨胀促进剂	未明确代号	未明确范围	促进流体中成分膨胀
4	水化促进剂	未明确代号	未明确范围	促进流体中成分水化

作业时将固化剂直接加入被固化钻井流体的表面,靠近废浆池边缘可以人工直接倾倒,较远地带借助挖掘机的铲将固化剂均匀撒开。施工初期,根据特种高强水泥推荐用量,按200kg/m³的量加入,首次固化废弃钻井流体约80m³。固化浆经12h候凝后已具有相当强度,完全可供成人行走。由于固化物是直接装车运走,只需其呈土壤样即可,不需要具有强度,以后便适当调整了固化剂加量至160~180kg/m³,并采取边混合边候凝的方式。

经固化处理的废弃钻井流体干结后具有一定强度,且彻底失去了水敏性,不再具有返浆性。浸泡实验表明,有害物得到了比较彻底的固定,经山东省分析测试中心检测,各种污染指标大都低于国家一级标准,表明自然条件下外排的废弃钻井流体不再对环境造成污染。检测结果表明,废弃钻井流体中的有害成分得到较好的固定,浸泡水中有害物含量均达到国家一级排放标准,多数指标与当地农灌水相近,表明固化处理后的废弃钻井流体对环境已构不成危害。

此外,针对大庆油田水平井施工结束后废弃掉的水基钻井流体,为了达到对生物无生理危害、无坑陷危害的双重环保目的,使用了一种固化用钻井废弃物处理流体。该流体组分包含疏松剂、吸收剂、硬化剂以及破胶剂。大庆油田水平井废弃水基钻井流体通过固化处理技术,解决了环保处理的技术难题,水平井废弃水基钻井流体固化后重金属和部分有机物浸出浓度及化学需氧量的值大大降低,浸出液达到国家有关排放要求(于兴东,2017)。

14.2.2 絮凝用钻井废弃物处理流体

长庆油田钻井数量多,完井钻井废液有较大差异。如不采用合适的工艺加以处理和处置,必然会形成潜在的污染源,造成周边环境和地下水的污染,直接影响油气田正常生产。王长宁等在钻井废液水质分析基础上,优选优化破胶剂、破胶助剂和脱色剂等化学处理剂,采用絮凝钻井废弃物流体(王长宁等,2005)。絮凝用钻井废弃流体主要组分见表 6.14.2。

表 6.14.2 絮凝用钻井废弃流体的主要组分表

序号	组分名称	组分代号	加量范围,%	作用
1	破胶剂	未明确代号	未明确范围	增加流体破胶能力
2	无机絮凝剂	YW-1	未明确范围	使流体拥有较好的脱色能力
3	破胶助剂	ZNJ-1	未明确范围	增加流体破胶能力

将废液池中的钻井废液泵送到破胶反应器,加入破胶剂,缓慢搅拌实现钻井废液破胶后,再加入破胶助剂,絮体长大,析出较多的游离水;送入压滤机分离,滤液进入调节池,滤饼返回污泥池;做进一步脱色处理的滤液泵送入沉降罐,混凝剂泵前加入;澄清液直接外排,沉降污泥返回污泥池。

检测沉降分离出水水质分析,同时对分离出的污泥进行浸泡试验,监测浸泡后的水质,评价污泥的稳定性。水质检测结果表明,西 29-25 井钻井废液现场中试处理出水和污泥浸泡出水水质均达到当地排放要求。

此外,针对中原油田每年因钻井和其他措施作业产生的大量废水,且由于对环保和生态越来越重视,这类废水不能直接外排或露天晾干这一问题,使用絮凝剂、强氧化剂进行预处理,分离掉泥渣,然后将两种上清液集中后按 1:20 的比例与采油污水掺混进行再处理,可使处理后的水质达到回位水的指标要求。经现场应用 1 年多表明,与地层水的配伍性良好(蔡爱斌等,2005)。

针对中国石油新疆油田公司的废弃钻井流体,研究出了絮凝用钻井废弃物流体,对钻井废液进行固液分离。该流体使用破胶剂、絮凝剂、混凝剂和混凝助剂。处理出水几乎无色,化学需氧量约 90mg/L(陈明燕等,2012)。

14.2.3 处理后有毒有害物质的测定

钻井完井液环境可接受性评价不同时期有不同的要求,在实际工作中参阅相关标准即可。中国不断制修订相关标准,钻井完井液环境可接受性评价指标至少要包括三类,即腐蚀性指标(pH值)、急性生物毒性和浸出毒性。此外,国际上奥斯陆—巴黎公约(OSPAR)、经济合作与发展组织(OECD)、ISO等组织对有机污染物提出了严格的管理要求,其评价指标中还有石油类和生物降解性两项指标。参照国内外相关标准的相关评价指标和评价方法,分别针对废弃钻井流体的腐蚀性污染、浸出毒性元素污染、烃类污染、有机物污染和生物毒性污染,将钻井完井液环境可接受性评价指标分为pH值、浸出毒性(化学需氧量、悬浮物、镉、汞、铬、铅、砷)、石油类、生物毒性和生物降解性进行介绍。

14.2.3.1 浸出毒性的测定指标和测定方法

中国现有与钻井完井液技术相关的环境质量标准和污染物控制标准规定了14项指标,包括汞、镉、砷、氟等等元素及其化合物的含量。这些指标中的污染物在环境中只能迁移和转变,而不能被降解,对环境的影响是长期的,其主要表现在两个方面:一方面进入土壤中,直接影响土壤质量水平;另一方面是被地表水淋滴、浸出进入地表水和地下水,直接影响地表水和地下水水质。因此,评价钻井流体和钻井流体处理剂中重金属元素的环境影响可以从两个角度进行考虑,即对土壤环境质量的影响和对地表水、地下水水质的影响,分别分析的是固体废物中总含量和浸出液中的含量,其中农用污泥性质与钻井流体性质最为相似。故主要介绍浸出毒性中化学需氧量(COD)、悬浮物(SS)和色度以及重金属离子总镉、总汞、总铅、总铬、六价铬和总砷离子含量的监测方法,各检测和研究机构可以根据实际情况参考选用。选择的化学需氧量、悬浮物、色度及重金属元素含量评价指标及评价标准,见表6.14.3。

表6.14.3 重金属元素标准值

项目	最高允许含量,mg/kg	项目	最高允许含量,mg/kg
COD	执行 GB 8978—1996 规定的分类标准	COD	15
SS	执行 GB 8978—1996 规定的分类标准	SS	1000
色度	执行 GB 8978—1996 规定的分类标准	色度	1000
总镉	20	总镉	75

14.2.3.2 化学需氧量测定方法

(1)重铬酸盐法适用于各种类型含化学需氧量值大于30mg/L的水样,对未经稀释的水样的测定上限为700mg/L。但本标准不适用于含氯化物浓度大于1000mg/L(稀释后)的钻井完井液中的化学需氧量的测定。

测定原理是,在水样中加入已知量的重铬酸钾溶液,并在强酸介质下以银盐作催化剂,经沸腾回流后,以试亚铁灵为指示剂,用硫酸亚铁铵滴定水样中未被还原的重铬酸钾,由消耗的硫酸亚铁铵的量换算成消耗氧的质量浓度。在酸性重铬酸钾条件下,芳烃及吡啶难以被氧化,其氧化率较低。在硫酸银催化作用下,直链脂肪族化合物可有效地被氧化。

(2)碘化钾碱性高锰酸钾法适用于油气田和炼化企业氯离子含量高达几万至十几万毫克每升的高氯废水化学需氧量的测定。方法的最低检出限 0.20mg/L，测定上限为 62.5mg/L。适用于氯离子含量大于 1000mg/L 的钻井完井液中的化学需氧量的测定。

测定原理是，高氯废水是指氯离子含量大于 1000mg/L 的废水。在碱性条件下，加一定量高锰酸钾溶液于水样中，并在沸水浴上加热反应一定时间，以氧化水中的还原性物质。加入过量的碘化钾还原剩余的高锰酸钾，以淀粉作指示剂，用硫代硫酸钠滴定释放出的碘，换算成氧的浓度。

由于碘化钾碱性高锰酸钾法与重铬酸盐法氧化条件不同，对同一样品的测定值也不相同，而中国的污水综合排放标准中化学需氧量指标是指重铬酸盐法的测定结果。通过求出碘化钾碱性高锰酸钾法与重铬酸盐法间的比值 K，可将碘化钾碱性高锰酸钾法的测定结果换算成重铬酸盐法的化学需氧量值，来衡量水体的有机物污染状况。

(3)氯气校正法适用于油田勘探开发采油废水中，氯离子浓度有数千至数万毫克每升，氯碱厂、沿海炼油厂等也排放氯离子含量较高的废水。重铬酸盐法不适用于含氯离子浓度大于 1000mg/L（稀释后）的含盐水。氯离子含量超过 1000mg/L 时，氯离子的最低允许限值为 250mg/L，低于此值的准确度就不可靠。高氯离子废水，如油田勘探开发采油废水中化学需氧量的测定，特别是经净化处理后达标排放的采油废水化学需氧量小于 150mg/L。

该方法消除了高氯离子含量对化学需氧量测定的干扰，可作为高氯废水中化学需氧量测定方法之一，适用于油田、沿海炼油厂、油库、氯碱厂、废水深海排放等废水中化学需氧量的测定。该方法适用于氯离子含量小于 20000mg/L 的高氯废水中化学需氧量的测定。方法检出限为 30mg/L。

测量原理，在水样中加入已知量的重铬酸钾溶液及硫酸汞溶液，并在强酸介质下以硫酸银作催化剂，经 2h 沸腾回流后，以 1,10-邻菲罗啉为指示剂，用硫酸亚铁铵滴定水样中未被还原的重铬酸钾，由消耗的硫酸亚铁铵的量换算成消耗氧的质量浓度，即为表观化学需氧量。将水样中未络合而被氧化的那部分氯离子所形成的氯气导出，再用氢氧化钠溶液吸收后，加入碘化钾，用硫酸调节 pH 值为 2~3，以淀粉为指示剂，用硫代硫酸钠标准滴定溶液滴定，消耗的硫代硫酸钠的量换算成消耗氧的质量浓度，即为氯离子校正值。表观化学需氧量与氯离子校正值之差，即为所测水样真实的化学需氧量。

14.2.3.3 重量法测悬浮物

水中悬浮物的测定，适用于地面水和地下水，也适用于生活污水和工业废水中悬浮物（Suspended Solids）测定。水质中的悬浮物是指水样通过孔径为 0.45μm 的滤膜，截留在滤膜上并于 103~105℃ 烘干至恒重的物质。

实验用蒸馏水或同等纯度的水。常用仪器有全玻璃微孔滤膜过滤器，滤膜、孔径 0.45μm、直径 60mm，吸滤瓶、真空泵，无齿扁嘴镊子等。

测量时，量取充分混合均匀的试样 100mL 抽吸过滤，使水分全部通过滤膜，再以每次 10mL 蒸馏水连续洗涤三次，继续吸滤以除去痕量水分。停止吸滤后，仔细取出载有悬浮物的滤膜放在原恒重的称量瓶里，移入烘箱中于 103~105℃ 下烘干 1h 后移入干燥器中冷却到室温，称量。反复烘干、冷却、称量，直至两次称量的质量差不大于 0.4mg 为止。注意，滤膜上截留过多的悬浮物可能夹带过多的水分,除延长干燥时间外,还可能造成过滤困难,遇此情况,可酌情少取试样。滤膜上悬浮物过少,则会增大称量误差,影响测定精度,必要时,可增大试样体积。一般以 5～100mg 悬浮物量作为量取试样体积的适用范围。

悬浮物含量为:

$$C = \frac{(A-B) \times 10^6}{V} \tag{6.14.1}$$

式中　C——水中悬浮物浓度,mg/L;
　　　A——悬浮物 + 滤膜 + 称量瓶质量,g;
　　　B——滤膜 + 称量瓶质量,g;
　　　V——试样体积,mL。

14.2.3.4　稀释倍数法分析评定色度

稀释倍数法分析评定色度规定了两种测定颜色的方法。铂钴比色法适用于清洁水、轻度污染并略带黄色调的水,比较清洁的地面水、地下水和饮用水等。稀释倍数法适用于污染较严重的地面水和工业废水,该方法中水的颜色定义为改变透射可见光光谱组成的光学性质;水的表观颜色为由溶解物质及不溶解性悬浮物产生的颜色,用未经过滤或离心分离的原始样品测定;水的真实颜色仅由溶解物质产生的颜色,用经 0.45μm 滤膜过滤器过滤的样品测定。色度的标准单位为度,在每升溶液中含有 2mg 六水合氯化钴(Ⅱ)和 1mg 铂[以六氯铂(Ⅳ)酸的形式]时产生的颜色为 1 度。

(1)铂钴比色法用氯铂酸钾和氯化钴配制颜色标准溶液,与被测样品进行目视比较,以测定样品的颜色强度,即色度。样品的色度以与之相当的色度标准溶液的度值表示。

试剂用光学纯水、色度标准储备液、色度标准溶液。常用实验室仪器和具塞比色管、pH 计、容量瓶。

测试时将样品倒入 250mL(或更大)量筒中,静置 15min,倾取上层液体作为试料测定。将一组具塞比色管用色度标准溶液充至标线。将另一组具塞比色管用试料充至标线。将具塞比色管放在白色表面上,比色管与该表面应呈合适的角度,使光线被反射自具塞比色管底部向上通过液柱。垂直向下观察液柱,找出与试料色度最接近的标准溶液。如色度不大于 70 度,用光学纯水将试料适当稀释后,使色度落入标准溶液范围之中再行测定。另取试料测定 pH 值。

稀释过的样品色度:

$$A_0 = \frac{V_1}{V_0} A_1 \tag{6.14.2}$$

式中　A_0——稀释前样品色度的观察值,度;
　　　V_1——样品稀释后的体积,mL;
　　　V_0——样品稀释前的体积,mL;
　　　A_1——稀释样品色度的观察值,度。

(2)稀释倍数法是将样品用光学纯水稀释至用目视比较与光学纯水相比刚好看不见颜色时的稀释倍数作为表达颜色的强度,单位为倍。同时用目视观察样品,检验颜色性质:颜色的深浅(无色、浅色或深色),色调(红色、橙色、黄色、绿色、蓝色和紫色等),可能包括样品的透明度(透明、混浊或不透明)。

试剂用光学纯水。常用仪器及具塞比色管、pH计。

测量分别取试料和光学纯水于具塞比色管中,充至标线,将具塞比色管放在白色表面上,具塞比色管与该表面应呈合适的角度,使光线被反射自具塞比色管底部向上通过液柱。垂直向下观察液柱,比较样品和光学纯水,描述样品呈现的色度和色调,如可能包括的透明度。将试料用光学纯水逐级稀释成不同倍数,分别置于具塞比色管并充至标线。将具塞比色管放在白色表面上,用上述相同的方法与光学纯水进行比较。将试料稀释至刚好与光学纯水无法区别为止,记下此时的稀释倍数值。

稀释的方法为试料的色度在50倍以上时,用移液管计量吸取试料于容量瓶中,用光学纯水稀释至标线,每次取大的稀释比,使稀释后色度在50倍之内。试料的色度在50倍以下时,在具塞比色管中取试料25mL,用光学纯水稀释至标线,每次稀释倍数为2。试料或试料经稀释至色度很低时,应自具塞比色管倒入量筒适量试料并计量,然后用光学纯水稀释至标线,每次稀释倍数小于2。记下各次稀释倍数值。另取试料测定pH值。

将逐级稀释的各次倍数相乘,所得之积取整数值,以此表达样品的色度。

14.2.3.5 原子荧光光度法测定总砷含量

总砷指单体形态、无机和有机化合物中砷的总量,可用二乙基二硫代氨基甲酸银分光光度法测定水和废水中的砷。

测定原理是,锌与酸作用,产生新生态氢,在碘化钾和氯化亚锡存在下,使五价砷还原为三价;三价砷被初生态氢还原成砷化氢(胂);用二乙基二硫代氨基甲酸银－三乙醇胺的氯仿液吸收砷,生成红色胶体银,在波长530nm处,测量吸收液的吸光度。

试剂用二乙基二硫代氨基甲酸银($C_5H_{10}NS_2Ag$)、三乙醇胺$[(HOCH_2CH_3)_3N]$、氯仿($CHCl_3$)、无砷锌粒(10~20目)、盐酸(HCl)、硝酸(HNO_3)、硫酸(H_2SO_4)、硫酸溶液($1/2 H_2SO_4$)、氢氧化钠(NaOH)溶液、碘化钾(KI)溶液、氯化亚锡溶液、硫酸铜溶液、乙酸铅溶液、乙酸铅棉花、吸收液、砷标准溶液(100.0mg/L)、砷标准溶液(1.00mg/L)。

一般用实验室仪器和分光光度计、砷化氢发生装置、砷化氢发生瓶、导气管、吸收管。

实验时,试样的消解处理不必要时,可直接制备试份,进行显色和测定。否则,先要进行预处理。试份制备好后,进行显色,于砷化氢发生瓶中加4mL碘化钾,摇匀,再加2mL氯化亚锡溶液,混匀,放置15min。取5.0mL吸收液至吸收管中,插入导气管,加1mL硫酸铜溶液和4g无砷锌粒于砷化氢发生瓶中,并立即将导气管与发生瓶连接,保证反应器密闭。在室温下,维持反应1h,使胂完全释出。加氯仿将吸收体积补足到5.0mL。

光度测定时,用10mm比色皿,以氯仿为参比液,在530nm波长下测量显色步骤中得到的吸收液的吸光度,减去空白试验所测得的吸光度,从校准曲线上查出试份中的含砷量。砷含量$c(\mathrm{mg/L})$为:

$$c = \frac{m}{V} \qquad (6.14.3)$$

式中 m——校准曲线查得的试份砷含量,大于7g;

V——试份体积，mL。

14.2.3.6 总汞含量测定方法

总汞指原水样中无机的、有机结合的、可溶的和悬浮的全部汞的总和。测量方法有原子荧光光度法和冷原子吸收分光光度法两种检测方法。

(1)原子荧光光度法测定金属离子汞。此法是测定固体废物浸出液中总汞的高锰酸钾—过硫酸钾消解冷原子吸收分光光度法。在一般情况下，测定范围为 $0.2\times10^{-3}\sim50\times10^{-3}$ mg/L。

在硫酸/硝酸介质及加热条件下，用高锰酸钾和过硫酸钾等氧化剂，将试液中的各种汞化合物消解，使所含的汞全部转化为二价无机汞。用盐酸羟胺将过量的氧化剂还原，在酸性条件下，再用氯化亚锡将二价汞还原成金属汞。在室温下通入空气或氮气，使金属汞气化，通入冷原子吸收测汞仪，在253.7nm处测定吸光度。

试剂用无汞蒸馏水、巯基棉纤维除汞管、巯基棉纤维、硫酸（H_2SO_4）、硝酸（HNO_3）、盐酸（HCl）、重铬酸钾（K_2CrO_4）、高锰酸钾（$KMnO_4$）溶液、过硫酸钾（$K_2S_2O_8$）溶液、盐酸羟胺（$NH_2OH\cdot HCl$）溶液、氯化亚锡（$SnCl_2$）溶液、经碘化处理活性汞标准固定液（称固定液）、稀释液、汞标准贮备液、汞中间标准溶液、汞标准使用溶液、变色硅胶、洗液。

仪器用一般实验室器皿及测汞仪、汞还原器、U形管、三通阀、汞吸收装置。

测试用高锰酸钾过硫酸钾消解处理试样，同时制备两份空白试料。取出汞还原器吹气头，逐个吸取10.0mL经处理后的试样或空白溶液注入汞还原器中，加入氯化亚锡1mL，迅速插入吹气头，将三通阀旋至"进样"处，使载气通入汞还原器，记下检测表头的最大读数或记录仪上的峰高。待指针或记录笔重新回零后，将三通阀旋至"校零"处，取出吹气头，弃去废液，用水冲洗汞还原器两次，再用稀释液洗涤一次（氧化可能残留的锡离子），仪器读数恢复到零，然后测定另一份试料。浸出液中（汞）浓度 $c(10^{-3}$ mg/L)为：

$$c = c_1\frac{V_0}{V} \tag{6.14.4}$$

式中 c_1——被测试料中汞的浓度，mg/L；

V_0——制样时定容体积，mL；

V——试料的体积，mL。

(2)冷原子吸收分光光度法测定金属离子汞。在硫酸/硝酸介质中及加热条件下，用高锰酸钾和过硫酸钾将水样溶解，或用溴酸钾和溴化钾混合试剂在20℃以上室温和0.6～2mol/L的酸性介质中产生溴，将试样消解，使所含汞全部转化为二价汞，用氯化亚锡将二价汞还原成金属汞。在室温通入空气或氮气流，将金属汞汽化，载入冷原子吸收测定仪，于253.7nm的紫外光处测定，汞蒸汽浓度与吸收值成正比。

14.2.3.7 原子吸收分光光度法测定金属离子铅和镉

测定土壤中铅、镉的石墨炉原子吸收分光光度法。采用盐酸—硝酸—氢氟酸—高氯酸全消解的方法，彻底破坏土壤的矿物晶格，使试样中的待测元素全部进入试液。然后，将试液注入石墨炉中。经过预先设定的干燥、灰化、原子化等升温程序使共存基体成分蒸发除去，同时在原子化阶段的高温下铅、镉化合物离解为基态原子蒸汽，并对空心阴极灯发射的特征谱线产生选择性吸收。在选择的最佳测定条件下，通过背景扣除，测定试液中铅、镉的吸光度。

试剂用盐酸(HCl)、硝酸(HNO_3)、(1+5)硝酸溶液、体积分数为0.2%的硝酸溶液、氢氟酸(HF)、高氯酸($HClO_4$)、磷酸氢二铵((NH_4)$_2$$HPO_4$)(优级纯)水溶液、铅标准储备液、镉标准储备液、铅与镉混合标准使用液。

仪器用石墨炉原子吸收分光光度计(带有背景扣除装置)、铅空心阴极灯、镉空心阴极灯、氩气钢瓶、手动进样器。

实验按照仪器使用说明书调节仪器至最佳工作条件,测定试液的吸光度。用水代替试样,采用空白溶液,并按步骤进行测定。每批样品至少制备2个以上的空白溶液。土壤样品中铅、镉的含量$W[Pb(Cd),mg/kg]$为:

$$W = \frac{cV}{m(1-f)} \tag{6.14.5}$$

式中 c——试液的吸光度减去空白试验的吸光度,然后在校准曲线上查得铅与镉的含量,10^{-3}mg/L;

V——试液定容的体积,mL;

m——称取试样的重量,g;

f——试样中水分的含量,%。

14.2.3.8 二苯碳酰二肼分光光度法测六价铬

水质六价铬的测定用二苯碳酰二肼分光光度法。在酸性溶液中,六价铬与二苯碳酰二肼反应生成紫红色化合物,于波长540nm处进行分光光度测定。适用于地面水和工业废水中六价铬的测定。该方法最低检出浓度为0.004mg/L,测定上限浓度为1.0mg/L。

试剂:丙酮、硫酸、1+1硫酸溶液、1+1磷酸溶液、氢氧化钠、氢氧化锌共沉淀剂、高锰酸钾溶液、铬标准贮备液、铬标准溶液、尿素、亚硝酸钠、显色剂(Ⅰ)、显色剂(Ⅱ)。

仪器用一般实验室仪器和分光光度计。

测试时,样品中不含悬浮物,是低色度的清洁地面水,可直接测定。如样品有色但不太深时,用色度校正。对混浊、色度较深的样品可用锌盐沉淀分离法处理。取适量(含六价铬少于50μg)无色透明试份,置于50mL比色管中,用水稀释至标线。加入0.5mL硫酸溶液和0.5mL磷酸溶液,摇匀。加入2mL显色剂(Ⅰ),摇匀,5~10min后,在540nm波长处,用10nm或30nm的比色皿,以水做参比,测定吸光度,扣除空白试验测得的吸光度后,从校准曲线上查得六价铬含量。按同试样完全相同的处理步骤进行空白试验,仅用50mL水代替试样。六价铬含量$c(mg/L)$为:

$$c = \frac{m}{V} \tag{6.14.6}$$

式中 m——由校准曲线查得的试份含六价铬量,10^{-3}mg;

V——试份的体积,mL。

14.2.3.9 总铬含量测定方法

总铬含量的测定是将三价铬氧化成六价铬后,用二苯碳酰二肼分光光度法测定,当铬含

量高时(大于 1mg/L)也可采用硫酸亚铁铵滴定法。

(1)高锰酸钾氧化/二苯碳酰二肼分光光度法。在酸性溶液中,试样的三价铬被高锰酸钾氧化成六价铬。六价铬与二苯碳酰二肼反应生成紫红色化合物,于波长 540nm 处进行分光光度测定。过量的高锰酸钾用亚硝酸钠分解,而过量的亚硝酸钠又被尿素分解。

试剂用丙酮、硫酸、磷酸、硝酸、氯仿、高锰酸钾、尿素、亚硝酸钠、氢氧化铵、铜铁试剂、铬标准贮备溶液、铬标准溶液、显色剂。

试验仪器用一般实验室仪器和分光光度计。

一般清洁地面水可直接用高锰酸钾氧化后测定,样品中含有大量的有机物质采用硝酸硫酸消解处理,用铜铁试剂—氯仿萃取除去钼、钒、铁、铜,用高锰酸钾氧化三价铬。

取 50mL 或适量(含铬量少于 50×10^{-3} mg)经高锰酸钾氧化三价铬处理的试份置 50mL 比色管中,用水稀释至刻线,加入 2mL 显色剂摇匀。10min 后,在 540nm 波长下,用 10nm 或 30nm 光程的比色皿,以水做参比,测定吸光度。减去空白试验吸光度,从校准曲线上查得铬的含量。空白试验按上述步骤进行,仅用 50mL 水代替试样。总铬含量为:

$$c_1 = \frac{m}{V} \qquad (6.14.7)$$

式中 m——从校准曲线上查得的试份中含铬量,10^{-3} mg;

V——试份的体积,mL。

(2)硫酸亚铁铵滴定法。在酸性溶液中,以银盐作催化剂,用过硫酸铵将三价铬氧化成六价铬。加入少量氯化钠并煮沸,除去过量的过硫酸铵及反应中产生的氯气。以苯基代邻氨基苯甲酸做指示剂,用硫酸亚铁铵溶液滴定,使六价铬还原为三价铬,溶液呈绿色为终点。根据硫酸亚铁铵溶液的用量,计算出样品中总铬的含量。钒对测定有干扰,但在一般含铬废水中钒的含量在允许限以下。实验用品及方法如下。

试剂用硫酸溶液、磷酸、硫酸—磷酸混合液、过硫酸铵、铬标准溶液、硫酸亚铁铵溶液、硫酸锰、硝酸银、无水碳酸钠、氢氧化铵、氯化钠、苯基代邻氨基苯甲酸指示剂。

实验时吸取适量样品于 150mL 烧杯中,消解后转移至 500mL 锥形瓶中(如果样品清澈、无色,可直接取适量样品于 500mL 锥形瓶中)。用氢氧化铵溶液中和至溶液 pH 值为 1~2。加入 20mL 硫酸—磷酸混合液、1~3 滴硝酸银溶液、0.5mL 硫酸锰溶液、25mL 过硫酸铵溶液,摇匀,加入几粒玻璃珠。加热至出现高锰酸盐的紫红色,煮沸 10min。

取下,稍冷却,加入 5mL 氯化钠溶液,加热微沸 10~15min,除尽氯气。取下并迅速冷却,用水洗涤瓶壁并稀释至 220mL 左右,加入 3 滴苯基代邻氨基苯甲酸指示剂,用硫酸亚铁铵溶液滴定至溶液由红色突变为绿色即为终点,记下用量 V_1。空白试验按上述步骤进行,仅用和样品体积相同的水代替样品。总铬含量 c_2(mg/L)为:

$$c_2 = \frac{(V_1 - V_0) T \times 1000}{V} \qquad (6.14.8)$$

式中 V_1——滴定样品时,硫酸亚铁铵溶液用量,mL;

V_0——空白试验时,硫酸亚铁铵溶液用量,mL;

T——硫酸亚铁铵溶液对铬的滴定度,mg/mL;

V——样品的体积,mL。

14.2.3.10 氟试剂比色法测定氟化物

水质氟化物的测定方法,适用于测定地面水及地下水和工业废水中的氟化物。最低检测限为含氟化物(以 F 计)0.05mg/L,测定上限可达 1900mg/L。其测定原理如下:

当氟电极与含氟的试液接触时,电池的电动势 h 随溶液中氟离子活度变化而改变(遵守 Nernst 方程)。当溶液的总离子强度为定值且足够时,服从以下关系:

$$E = E_0 - \frac{2.303RT}{F}\lg C_{F^-}$$

式中 E——测试电位,mV;
E_0——氟电极电位常数,mV;
T——温度,K;
F——氟化物摩尔质量,mol;
R——摩尔气体常数(也叫普适气体恒量),J/(mol·K);
C_{F^-}——氟离子浓度,mol/L。

E 与 $\lg C_{F^-}$ 呈直接关系,$\frac{2.303RT}{F}$ 为该直线的斜率,也为电极的斜率。所以前面的一些参数不需要具体代入。

工作电池可表示为 Ag｜AgCl,Cl(0.3mol/L),F(0.001mol/L)｜LaF3P 试液 P 外参比电极。实验用品及方法如下。

试剂用盐酸(HCl)、硫酸(H_2SO_4)、总离子强度调节缓冲溶液(TISAB)、0.2mol/L 柠檬酸钠—1mol/L 硝酸钠(TISAB Ⅰ)、总离子强度调节缓冲溶液(TISAB Ⅱ)、1mol/L 六次甲基四胺—1mol/L 硝酸钾—0.03mol/L 钛铁试剂(T1SAB Ⅲ)、氟化物标准贮备液、氟化物标准溶液、乙酸钠(CH_3COONa)、高氯酸($HClO_4$)。

仪器用氟离子选择电极、饱和甘汞电极或氯化银电极、离子活度计、pH 计、磁力搅拌器、聚乙烯杯、氟化物的水蒸气蒸馏装置。

测定前应使试份达到室温,并使试份和标准溶液的温度相同(温差不得超过 ±1℃)。用无分度吸管,吸取适量试份,置于 50mL 容量瓶中,用乙酸钠或盐酸调节至近中性,加入 10mL 总离子强度调节缓冲溶液,用水稀释至标线,摇匀,将其注入 100mL 聚乙烯杯中,放入一只塑料搅拌棒,插入电极,连续搅拌溶液,待电位稳定后,在继续搅拌时读取电位值 E_x(单位:mV)。在每一次测量之前,都要用水充分冲洗电极,并用滤纸吸干。根据测得的电位值,由校准曲线上查找氟化物的含量。用水代替试份,按上述条件和步骤进行空白试验。根据测定所得的电位值,从校准曲线上,查得相应的以 mg/L 表示的氟离子含量。

14.2.3.11 石油醚萃取重量法测定石油类含量

石油类又称矿物油,其测定方法大致可分为 4 类(表 6.14.4),无论是哪一类方法,测试之前都需要进行萃取,常用的萃取溶剂有石油醚、己烷、三氯氟烷和四氯化碳等非极性或弱极性的溶剂。不同的测定方法对萃取溶剂有特殊的选择性,以避免溶剂对后续测试带来的干扰。常用的方法是红外分光光度检测方法。

表6.14.4 石油类测定方法比较

方法	检测范围,mg/L	特点
重量法	≥10	不受油类品种限制,但操作复杂,灵敏度低
紫外分光光度法	0.05~50	操作简单,灵敏度高,但标准油品的取得较困难,数据的可靠性较差
荧光法	0.002~20	灵敏度最高,但当组分中芳烃数目不相同时,所产生的荧光强度差别很大
非分散红外分光光度法	0.02~1000	操作简单,灵敏度较高,但当样品含大量芳香烃及其衍生物时,对测定结果的影响较大
红外光度法	≥0.01	适用范围广,结果可靠性好

根据不同的废弃物处理水平以及石油类物质对植物生长影响的研究成果,推荐钻井完井液的石油类含量控制指标为不超过3000mg/kg。

红外光度测定方法。用四氯化碳萃取样品中的石油类物质,然后将萃取液用硅酸镁吸附,去除动、植物油等极性物质后,测定石油类。石油类的含量均由波数分别为 $2930cm^{-1}$（CH_2基团中C—H键的伸缩振动）、$2960cm^{-1}$（CR基团中C—H键的伸缩振动）和 $3030cm^{-1}$（芳香环中C—H键的伸缩振动）谱带处的吸光度 A_{2930}，A_{2960} 和 A_{3030} 进行计算。测定方法主要如下：

(1)固相含量测定。称取5.0g(精确到0.1mg)钻井流体样品,在105℃±2℃下烘干至恒重,取出,放入干燥器中冷却30min,称重,计算样品的固相含量。

(2)萃取。用减量法准确称取钻井流体样品10g(精确至0.01g)全部倾入分液漏斗中,加盐酸酸化至pH值不超过2,注入约100mL四氯化碳,充分振荡2min,经常开启活塞排气。静置分层后,将萃取液经10mm厚度无水硫酸钠的玻璃砂芯漏斗流入容量瓶内。用20mL四氯化碳重新萃取一次,取适量的四氯化碳洗涤玻璃砂芯漏斗,洗涤液一并流入容量瓶,加四氯化碳稀释至标线定容,并摇匀。

(3)吸附。取适量的萃取液通过硅酸镁吸附柱,弃去前约5mL的滤出液,余下部分接入玻璃瓶用于测定石油类。如萃取液需要稀释,应在吸附前进行。也可采用振荡吸附法。经硅酸镁吸附剂处理后,由极性分子构成的动、植物油被吸附,而非极性石油类不被吸附。某些非动、植物油的极性物质(如含有—C—O和—OH基团的极性化学品等)同时也被吸附,当样品中明显含有此类物质时,可在测试报告中加以说明。

(4)石油类含量测定。以四氯化碳作参比溶液,使用适当光程的比色皿,在 $3400\sim2400cm^{-1}$ 对硅酸镁吸附后滤出液进行扫描,于 $3300\sim2600cm^{-1}$ 之间划一直线作基线,在 $2930cm^{-1}$，$2960cm^{-1}$ 和 $3030cm^{-1}$ 处硅酸镁吸附后滤出液的吸光度 A_{2930}，A_{2960} 和 A_{3030}，计算石油类的含量。

(5)校正系数测定。以四氯化碳为溶剂,分别配制100mg/L正十六烷、100mg/L姥鲛烷和400mg/L甲苯溶液。用四氯化碳作参比溶液,使用1cm比色皿,分别测量正十六烷、姥鲛烷和甲苯三种溶液在 $2930cm^{-1}$，$2960cm^{-1}$ 和 $3030cm^{-1}$ 处的吸光度 A_{2930}，A_{2960} 和 A_{3030}。正十六烷、姥鲛烷和甲苯三种溶液在上述波数处的吸光度均服从于通用式

$$C = XA_{2930} + YA_{2960} + Z(A_{3030} - A_{2930}/F) \tag{6.14.9}$$

由此得出的联立方程式经求解后,可分别得到相应的校正系数 X,Y,Z 和 F。

式中 C——萃取液中化合物的含量,mg/L;

$A_{2930},A_{2960},A_{3030}$——各对应波数下测得的吸光度;

X,Y,Z——与各种 C—H 键吸光度相对应的系数;

F——脂肪烃对芳香烃影响的校正因子,即正十六烷在 $2930cm^{-1}$ 和 $3030cm^{-1}$ 处的吸光度之比。

对于正十六烷(H)和姥鲛烷(P),由于其芳香烃含量为零,即:

$$A_{3030} - \frac{A_{2930}}{F} = 0$$

则有:

$$F = A_{2930}(H)/A_{3030}(H)$$
$$C(H) = XA_{2930}(H) + YA_{2960}(H)$$
$$C(P) = XA_{2930}(P) + YA_{2960}(P)$$

其中,$C(H)$ 和 $C(P)$ 分别为测定条件下正十六烷和姥鲛烷的浓度(mg/L)。即可得 F 值、X 和 Y 值。对于甲苯(T),则有:

$$C(T) = X \cdot A_{2930}(T) + Y \cdot A_{2960}(T) + Z[A_{2930}(T) - A_{2930}(T)/F]$$

换算可得 Z 值,其中 $C(T)$ 为测定条件下甲苯的浓度(mg/L)。

可采用异辛烷代替姥鲛烷、苯代替甲苯,以相同的方法测定校正系数。两个系列的物质,在同一仪器相同波数下的吸光度不完全一致,但测得的校正系数变化不大。

(6)校正系数检验。分别准确量取纯正十六烷、姥鲛烷和甲苯,按 5∶3∶1 的比例配成混合烃。使用时根据所需浓度,准确称取适量的混合烃,以四氯化碳为溶剂配成适当浓度范围(如 5mg/L,40mg/L 和 80mg/L 等)的混合烃系列溶液。在 $2930cm^{-1}$,$2960cm^{-1}$ 和 $3030cm^{-1}$ 处分别测量混合烃的吸光度 A_{2930},A_{2960} 和 A_{3030},按式计算混合烃系列溶液的浓度,并与配制值相比较。如混合烃系列溶液测定值和回收率在 90%~100% 范围内,则校正系数可采用,否则应重新测定校正系数并检验,直到符合条件为止。

采用异辛烷代替姥鲛烷、苯代替甲苯测定校正系数时,用正十六烷、异辛烷和苯按 65∶25∶10 的比例配制混合烃,然后按相同方法检验校正系数。

(7)空白试验。以水代替试验样,加入与测定时相同体积的试剂,并使用相同光程的比色皿,按步骤进行空白试验。

计算钻井流体样品中固相含量 $S(\%)$:

$$S = \frac{m_2 - m_0}{m_1 - m_0} \times 100\% \tag{6.14.10}$$

式中 m_0——称量瓶的质量,g;

m_1——烘干前样品和称量瓶的质量,g;

m_2——烘干后样品和称量瓶的质量,g。

样品中石油类的含量 $C(\text{nag/kg})$:

$$C = [XA_{2930}(\text{T}) + YA_{2960}(\text{T}) + Z(A_{3030} - A_{2930}/F)] \times \frac{100V_0 Dl}{mSL} \quad (6.14.11)$$

式中　X,Y,Z,F——校正系数;

　　　$A_{2930},A_{2960},A_{3030}$——各对应波数下测得萃取液的吸光度;

　　　V_0——萃取溶剂定容体积,mL;

　　　m——样品的质量,g;

　　　D——萃取液稀释倍数;

　　　l——测定校正系数时所用比色皿的光程,cm;

　　　L——测定水样时所用比色皿的光程,cm。

14.2.3.12　pH值测定方法

pH值是影响动植物生长的重要因素。过高或过低的pH值还具有明显的腐蚀性,因此pH值是常见的污染物控制指标。一般将钻井完井废液pH值环境评价指标推荐为6~9。一般采用玻璃电极法和便携pH计法。

(1)玻璃电极法(Class Electro Method)。pH值由测量电池的电动势而得。电池通常由饱和甘汞电极为参比电极,玻璃电极为指示电极所组成,在25℃溶液中每变化1个pH单位,电位差改变59.16mV,据此在仪器上直接以pH值的读数表示。温度差异在仪器上有补偿装置。适用于饮用水、地面水及工业废水pH值的测定。

pH是从操作上定义的。对于溶液X,测出伽伐尼电池参比电极｜氯化钾浓溶液‖溶液X‖H2｜Pt的电动势E_X。将未知pH(X)的溶液X换成标准pH溶液S,同样测出电池的电动势E_S,则:

$$\text{pH}(\text{X}) = \text{pH}(\text{S}) + \frac{(E_S - E_X)F}{RT\ln 10} \quad (6.14.12)$$

式中　pH(X)——未知的溶液pH值;

　　　pH(S)——未知的溶液pH值;

　　　E_X——待测液电动势,mV;

　　　E_S——电动势,mV。

因此,所定义的pH是无量纲的量。

pH没有理论上的意义,其定义为一种实用定义。但是在物质的量浓度小于0.1mol/dm³的稀薄水溶液有限范围,既非强酸性又非强碱性时,则根据定义

$$\text{pH} = -\lg[c_{(\text{H})}y] \pm 0.02 \quad (6.14.13)$$

式中　$c_{(\text{H})}$——氢离子的物质的量浓度,mol/L;

　　　y——溶液中典型1-1价电解质的活度系数。

常用试验仪器有酸度计或离子浓度计、玻璃电极、甘汞电极。

先将水样与标准溶液调到同一温度,记录测定温度,并将仪器温度补偿旋钮调至该温度

上。用标准溶液校正仪器,当仪器、电极或标准溶液三者均正常时,方可用于测定样品。测定样品时,先用蒸馏水认真冲洗电极,再用水样冲洗,然后将电极浸入样品中,小心摇动或进行搅拌使其均匀,静置,待读数稳定时记下 pH 值。

(2)便携式 pH 计法。pH 值的检测均采用玻璃电极法进行检测,但与便携式 pH 计法相比,玻璃电极法相对较烦琐,而且便携式 pH 计法在实际中应用非常广泛。

测定原理是,pH 值测量常用复合电极法。其是以玻璃电极为指示电极,以 Ag/AgCl 等为参比电极合在一起组成 pH 复合电极,利用 pH 复合电极电动势随氢离子活度变化而发生偏移来测定水样的 pH 值。复合电极 pH 计均有温度补偿装置,用以校正温度对电极的影响,用于常规水样监测可准确至 0.1pH 单位。较精密的 pH 计可精确至 0.01pH 单位。为了提高测定的准确度,校准仪器时选用的标准缓冲溶液的 pH 值应与水样的 pH 值接近。浸出液的制备:直接取钻井流体作试验液。如果电极插入困难,可制取钻井流体失水测试。

测量时,将仪器温度补偿旋钮调至待测样品温度处,选用与样品 pH 值相差不超过 2 个 pH 单位的标准溶液校准仪器。从第一个标准溶液中取出电极,彻底冲洗,并用滤纸吸干。再浸入第二个标准溶液中,其 pH 值约与第一个相差 3 个 pH 单位,如果测定值与第二个标准溶液 pH 值之差大于 0.1pH 单位,就要检查仪器、电极或标准溶液是否有问题。当三者均无异常情况时方可测定样品。

先用蒸馏水仔细冲洗电极,再用样品溶液冲洗,然后将电极浸入样品溶液中,小心搅拌或摇动,待读数稳定后记录 pH 值。

14.2.3.13 生物毒性的测定方法

生物毒性包括急性毒性、慢性毒性,评价的方法也较多。考虑钻井流体、钻屑、生产水等污染物的样品采集、样品处理、试验生物种类、试验方法、质量控制等要求,应用较广的糠虾生物实验法、微毒性分析法、生物冷光累积实验和发光细菌法。

(1)糠虾生物试验方法。糠虾(Mysid Shrimp)生物试验方法是 20 世纪 70 年代中期由 EPA 美国环境保护局与石油工业界共同制定的唯一的钻井流体毒性评价方法。这一方法主要是为保护近海水质限制将油基钻井流体、岩屑和毒性超过限度的水基钻井流体排入海中。目前,中国在石油及海洋业中引用了 API 的糠虾生物试验法来评价钻井流体完井液的毒性。

糠虾生物试验法是美国 EPA 唯一批准的标准方法,但这种方法精度不高,物种来源不便、操作困难、耗时、试验成本高(每次试验至少需要 360 只糠虾,成本约为 1000 美元)。国际上评价钻井完井液毒性的糠虾生物试验方法(API 13H 中的规定),三相生物鉴定图解如图 6.14.1 所示。

按 1:9 的体积比将钻井流体及其废弃物与海水混合配制成悬浮液,先强烈搅拌 30min。再静置 60min,悬浮液分为液相、悬浮颗粒相(SPP)及固相(SP)。固相测定,用 0.45μm 的滤纸滤去液相,其余为进行试验的悬浮相。将悬浮相适当稀释后,分成浓度不同的若干盘,每盘放入经挑选的年龄均为 4~6d 的糠虾 20 只,观察 96h 后糠虾的存活情况,以 96h 试验期内糠虾死亡率达 50% 时,悬浮颗粒浓度(LC_{50})表示钻井流体生物毒性的大小。悬浮颗粒相浓度值越大,生物毒性越小;反之则越大。

中国在 20 世纪 80 年代中后期基本采用这种方法开展了对钻井流体和处理剂的生物毒性试验评价工作,并初步拟定了生物毒性试验鉴定程序。对低毒油包水钻井流体悬浮颗粒

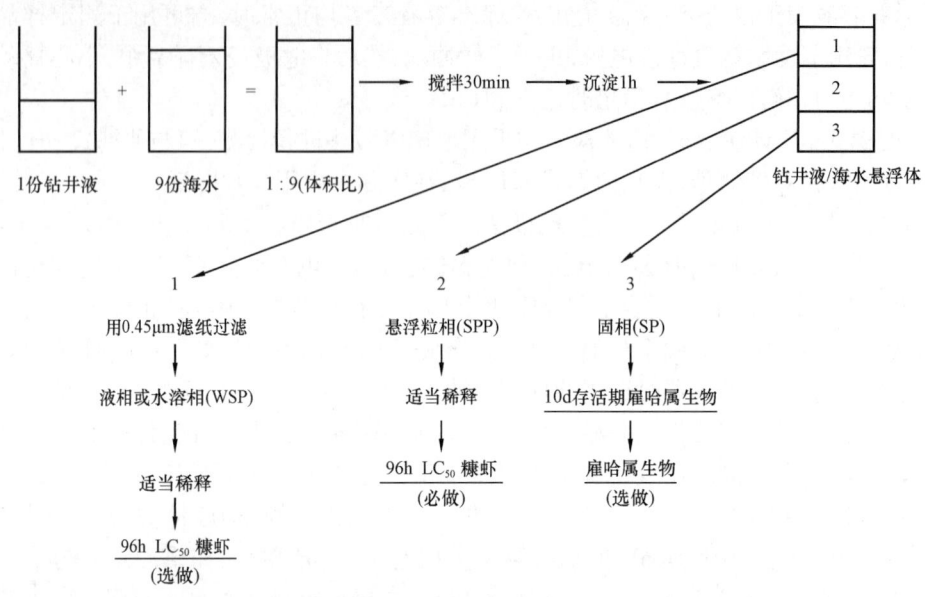

图 6.14.1 三相生物鉴定图解

相进行生物致毒试验,试验地点选在山东省日照市水产养殖试验场。

实验用显微镜或解剖镜(400~800 倍)、721 型分光光度计、pH 计(PXS-201)、折光盐度计、TH-2 溶氧仪、控温仪、极谱仪、恒温水槽(自制大型水浴锅可以存放 35 个 1000mL 烧杯)、烘箱、电炉、消毒器等,生物培养用的玻璃器皿。

利用对虾育苗场水站进行抽水,经沙滤前处理的新鲜海水作为试验介质的原料水,及时测定重金属离子等有毒参数,此原料水经过筛绢及脱脂棉过滤,并加入相应浓度的 EDTA 液体,以络合其中的金属离子,该溶液为试验介质,这一步骤的工作主要是在排除金属毒性影响,达到生物致毒全系钻井流体所致的目的。

由于中国没有人工培育的糠虾,从国际上进口又不现实,因此采用了中国对虾的仔虾的 2~3 期幼体,作为致毒试验生物。

首先对样品进行配制,调整 pH 值,按体积比配制悬浮颗粒相液,钻井流体与海水的体积比 1:9,高速搅拌 20min,再慢速搅拌 30min,自然沉降 2h,及时虹吸原始浓度为 1×10^6mg/L 的悬浮液,测 pH 值,用盐酸调至海水 pH 值。然后确定毒液浓度区间,即探索试验是将待测的钻井流体悬浮颗粒配成 5 个不同浓度的试验液(之间浓度相差 10 倍),并测定其盐度、pH 值,恒温(放入 2~3 期幼体仔虾及相应数量的卤虫作饵料),按正常培养法管理,观察 8h,24h 和 48h 的仔虾成活数,以确定正式致毒试验的毒液浓度区间。之后进行悬浮颗粒相生物致毒正式试验,根据探索试验,设计配制 5~7 个浓度的试验液(通常浓度间比值为 1.8)总体积为 1000mL,同时做 2~3 个平行样试验(最后计算取平均值);测其盐度、温度、pH 值及溶解氧;每杯试验液放入 20 只尾仔虾及相应数量的卤虫(90~100 只/d)及适量单胞藻;96h 不更换实验液,溶解氧维持在 5mg/L 以上,连续通入空气。定时观测活的仔虾数量(0h,8h,24h,48h,72h,96h),并且随时清除死虾。

对照试验是生物致毒试验的基础,因此首先要优选仔虾、卤虫及单胞藻(浮游植物为卤虫的饵料),并做好海水和器皿的消毒工作。对照组仔虾(双样)96h 的死亡率在10%以内可以接受。其次为确定对照组自然无毒培养实验及试验液对仔虾的致毒性,必须对海水分析测定。

表 6.14.5 为低毒油包水钻井流体悬浮颗粒相进行生物致毒试验的试验结果。

表 6.14.5 低毒油包水钻井流体悬浮颗粒相进行生物致毒试验的试验结果

序号	油基钻井流体(编号) 油类(白油、柴油等)	原始的悬浮颗粒相浓度 10^6 mg/L	96h 的悬浮颗粒相浓度 10^6 mg/L	毒性级别
1	15 号白油	16	—	无毒
2	5%腐殖酸酰胺 15 号白油	20	—	无毒
3	3%有机土 15 号白油	30	—	无毒
4	大港 2 号(白油)	48	—	无毒
5	南海 2 号	—	20～34	无毒
6	南海 1 号	—	15～20	无毒
7	1%渗透剂块 T 南海 1 号	—	14～20	无毒
8	南海 4 号	—	10～20	无毒
9	大港 1 号	—	10～14	无毒
10	5%环烷酸 15 号白油	—	2.8～3.6	无毒
11	0 号柴油	—	0.8～1.0	微毒
12	南海 7 号	—	0.5～0.9	微毒
13	南海 8 号	—	0.3～0.7	微毒
14	5%渗透剂快 T15 号白油	—	0.1～0.3	微毒
15	5%烷苯钙 15 号白油	—	0.08～0.12	低毒
16	5%淋洗完全的烷苯钙 15 号白油	—	0.05～0.1	低毒

注:(1)以上样品为钻井流体(水基或油基)、油类、处理剂对中国对虾的仔虾(2～3 期幼体)幼体进行致毒试验的结果。

(2)11～16 号样品悬浮颗粒相浓度都低于 10000mg/L,毒性偏大,适宜用于低毒油基钻井流体中。

实验时注意事项一共有 8 项:

① 要确保实验顺利进行,选择试验场所极为重要,一定要选择育苗场较集中和水质较好的地方,以保证试验生物仔虾的充足供应及提供可靠的实验数据。

② 保证实验室内气、暖、电的连续供应,这是基本的实验条件。

③ 认真清洗试验器皿,连同海水要严格消毒,净化空气,避免空气致毒。

④ 及时用显微镜检查水中的混杂生物及实验生物(包括饵料)的健康情况,并及时排除故障。

⑤ 基于水温增高,微生物相应繁殖,生物毒性增强,在试验期间,曾出现对照组三次仔虾死亡率达 15%～30%的现象,此系生物原因引起仔虾生病所致;凡是出现此等情况,实验物均重做之。

⑥ 实验中发现,不同批次仔虾对同种试验液的致毒反应有较小的差异,故对同种实验

生物来说,悬浮颗粒相浓度是个大致量值。

⑦ 虾仔饵料要讲究勤投少投的原则,达到实验生物能吃饱,但又无过多积累的目的。

⑧ 同一浆液,几次配制稀稠有所不同,破乳电压也有所差异,势必影响生物致毒数据,建议今后选择样品要有统一的标准。

生物毒性等级分类见表6.14.6。

表6.14.6 生物毒性等级分类

毒性分级	剧毒	高毒	中毒	微毒	实际无毒	排放限制批准
LC_{50},mg/L	<1	1~100	100~1000	1000~10000	>10000	>30000

1993年,中国对21种水基钻井流体和钻井流体处理剂的毒性进行了试验,建立了中国生物鉴定的程序。所检测的21种水基钻井流体处理剂的名称及毒性数据见表6.14.7。

表6.14.7 常见水基钻井流体处理剂的毒性数据

序号	代号	编号	产品名称	英文名称	$LC_{50}(96h)$,mg/L
1	PAC-141	010	乙烯基单体多元共聚物	Viscosifier Copolymer	500060.0
2	SMP-1	020	磺化酚醛树脂	Sulfomethylated Phenolic Resin	180000.0
3	FCLS	027	铁铬木质素磺酸盐	Ferro Chromoligno Sulfonate	18000.0
4	XY-27	057	抑制型降黏剂	Shale Inhibiter Copolymer	58571.0
5	FA-367	058	强包被剂	Tinner Copolymer	100000.0
6	SPNH	059	褐煤树脂	Sulfonated Lignite-phenolic Resin	100000.0
7	80A-51	075	流型调节剂	Viscosifier Copolymer	320000.0
8	FT-1	077	磺化沥青	Sulfoasphalte	6666.0
9	FPK	082	聚丙烯酸钾	Potassium Polyacrylamide	340000.0
10	SMP	039	磺化栲胶	Sodium Sulfomethylted Tannin Extracte	50500.0
11	SPC	211	磺化木素树脂	Sodium Sulfomethylted Resin Copolymer	7700.0
12	JT-888	212	抑制型降失水剂	Filltration Reducer Polymer	29700.0
13	KH	217	腐殖酸钾	Potassium Hum. Ate	27200.0
14	RH-3	217	润滑剂	Lubricant	98100.0
15	RH-4	218	清洁剂	Detergent	20000.0
16	SMC	011	磺化褐煤	Sulfomethylated Lignite	54000.0
17	XC	012	黄胞胶	Xanthan	7200.0
18	DFD	013	改性淀粉	Modified Starch	52000.0
19	NW-1	014	小阳离子	Low Molecular Weight Cationic Polymer	21600.0
20	DF-1	015	消泡剂	Deformer	26470.0
21	PMNK	016	增黏剂	Viscosifier Polymer	23900.0

(2)微毒性分析法。由于糠虾生物试验过程及条件极为繁杂,试验精度不高,专用设备需要专门的场地,现场使用极不方便,试验结果误差较大。因此研究人员研究了一种新的试验方法——微毒性分析法(Micro Toxicity Analyzer)。微毒性分析法是利用发光菌的生物冷光的光强对不同毒性物质的不同响应研制而成的快速生物毒性测试方法。发光是发光细菌健康状况的一种标志。当毒性物质存在时,发光细菌的发光能力减弱,甚至为零。生物毒性越强,细菌的发光能力越弱。利用光强测定仪测定发光细菌在不同待测物中的生物毒性大小。半最大效应浓度(EC_{50}),是指使发光细菌的光强减少一半时待测物试验液的浓度。半最大效应浓度越大,生物毒性越小;反之则越大。

微毒性法用于评价钻井流体及其废弃物的生物毒性,具有快速(1h 准备,15min 测定),方法简单[先把发光细菌储存在干冷状态下,试验时直接加入待测物(钻井流体、完井液、试修废水、产品 X 液等),无须进行细菌培养],以及成本低廉(每次 25 美元)等优点。其在欧洲一些国家已广泛应用于钻井流体及其废弃物的生物毒性评价。该种方法的试验结果与糠虾生物试验结果没有直接关系,经验上发现同样试样半最大效应浓度值比悬浮颗粒相浓度值小。相关性无规律性,该试验方法还有待研究。

(3)生物冷光累积实验法。该方法的原理与微毒性试验一样,只是所用生物和测量方法不同而已,试验所用生物采用海藻植物。由于海藻是植物类,生长快,当加有海藻的钻井流体试样被剪切搅拌时,便发出噼噼啪啪的爆破声,并伴有闪光,因此,计量这种闪光的总通量(累积流量),而不是测量光强,该法操作简单,适用于现场测试毒性。

(4)发光细菌法。发光细菌法以明亮发光杆菌(Photo Bactrium Phosphoreum)为标准菌种,该菌于白海水中分离得到。其发光机理是借助活体细胞内具有三磷酸腺苷(ATP)、荧光毒(FMN)和荧光酶等发光要素。这种发光过程是该菌体的一种新陈代谢过程,即氧化呼吸链上的光呼吸过程。当细菌体内生成荧光酶、荧光毒、长链脂肪醛时,在氧的参与下,能发生生物化学反应,反应结果便产生发光。当细胞活性高,处于积极分裂状态时,细胞三磷酸腺苷含量高,发光强;休眠细胞三磷酸腺苷含量明显下降,发光弱;当细胞死亡,三磷酸腺苷立即消失,停止发光。处于活性期的发光菌,当加入毒性物质时,菌体会受到抑制甚至死亡,体内三磷酸腺苷含量也随之降低甚至消失,发光度下降至零。由于发光细菌相对发光度与水样毒性组分的有关浓度呈显著负相关,因此可通过生物发光光度计测定水样的相对发光度,并以此表示待测样品急性毒性的水平。

这种方法与微毒性法相似,具有快速、简便、廉价等优点,是中国测试水质急性生物毒性的推荐标准方法之一。为了鉴别钻井完井液废弃物及其污水生物毒性的大小,中国参考以下生物毒性分级标准,见表 6.14.8。

表 6.14.8 生物毒性分级标准

标准 1		标准 2	
生物毒性等级	发光细菌半最大效应浓度,mg/L	生物毒性等级	发光细菌半最大效应浓度,mg/L
剧毒	<1	剧毒	<1
高毒	1~100	重毒	1~100
中毒	100~1000	中毒	101~1000

续表

标准1		标准2	
微毒	1000~10000	微毒	1001~25000
无毒	>10000	无毒	>25000
排放限制标准	>10000		

实验仪器用 DXY-2 生物毒性测试仪或者其他同类产品、高速搅拌器(3000~12000r/min)、冰箱。

实验时,将固体的油田化学剂,按常规使用浓度,用蒸馏水配制成实验液。按体积比取1份油田化学剂实验液加入9份3%氯化钠溶液的稀释液,用转速为11000r/min±300r/min搅拌器搅拌30min,静置60min后,取中层混悬液并将其稀释成(通过密度换算所得的)不同浓度的样品液(10^6mg/L,10^5mg/L,10^4mg/L,…,10mg/L,1mg/L)。测定样品液的稀释浓度以接近相对发光度50%时为宜。

取350mL蒸馏水于转速为11000r/min±300r/min高搅杯中,边搅拌边加入17.5g钻井流体用膨润土。搅拌20min,其间至少中断两次,以刮下黏附在容器壁上的膨润土。然后转移到密闭的玻璃容器中,在25℃±3℃下老化24h。

取上述基浆在高速搅拌器搅拌的同时,加入1~10g钻井流体处理剂(加样量视样品的习惯用量而定),搅拌20min,其间至少中断两次,以刮下黏附在容器壁上的样品。然后立即转移到密闭的玻璃容器中,在25℃±3℃下老化24h。记下加样量。

按体积比取1份钻井流体处理剂实验浆加入9份稀释液,用11000r/min±300r/min搅拌器搅拌30min,静置60min后,取中层混悬液并将其稀释成(通过密度换算所得的)不同浓度的样品液(10^6mg/L,10^5mg/L,10^4mg/L,…,10mg/L,1mg/L)。样品的稀释浓度以接近相对发光度50%时为宜。

在测试管架上按下列顺序排列测试管。前排放置样品测试管(简称样品管),后排放置对照测试管(简称CK管)。同一浓度的样品重复测定3次。加3%氯化钠溶液:用定量加液瓶给每个对照测试管加2mL的3%氯化钠溶液。加样品液。测定前用1mol/L氢氧化钠和1mol/L盐酸调节样品液的pH值至6.5~8.5。用2mL移液管给每个样品管加2mL样品液。

在发光菌液复苏稳定(约半小时)后,在测试管架上从左到右,按样品管—对照测试管—样品管—对照测试管……顺序,用微量注射器准确吸取10μL复苏菌液,逐一加入各管,盖上瓶塞,用手颠倒5次,拔出瓶塞,放回原位。每管在加菌液的同时须精确计时到秒,即样品与发光菌反应起始时间。15min后,记作各管反应终止时间。

当样品管和对照测试管管内的液体与发光菌反应15min后,按各管原来加菌液的先后顺序,立即将测试管放入仪器测试舱,并读取记录仪器显示的各自发光量(以mV表示)。

采用回归方程法,样品相对发光度为:

$$T = \frac{E_{样品}}{E_{CK}} \times 100\% \tag{6.14.14}$$

式中 T——相对发光度,%;

$E_{样品}$——样品管发光量,mV;

E_{CK}——对照管发光量,mV。

再用一个样品浓度三次重复的相对发光度计算样品相对发光度平均值(%),求出一元一次线性回归方程的 a(截距)、b(斜率、回归系数)和 r(相关系数),并列出方程:$\overline{T} = a + bC_{样品}$。查相关系数显著水平($P$ 值),检验所求 r 值的显著水平。若 $P \leq 0.05$,则所求相关方程成立,并将 $T = 50$ 代入方程,则 $EC_{50} = (50 - a)/b$,求样品半致死最大效应浓度值。

若检验相关方程不成立,则按曲线法求出半最大效应浓度值。以浓度(C)为横坐标,相对发光度($\overline{T}$)为纵坐标,绘制 C—$\overline{T}$ 曲线;对照曲线找出与样品相对发光度对应的浓度值。

14.2.3.14 生物降解性的检测方法

评定有机物生物降解性的方法很多,主要有 BOD/COD 比值评定方法(包含 BOD_5/COD_{Cr} 的比值评定法、BOD/THOD 的比值评定法、TOC 和 TOD 的评定法、三角瓶静培养筛选技术评定方法)、生化呼吸线评定方法、利用脱氢酶活性的测定和三磷酸腺苷(ATP)量的测定、目标物浓度变化等。一般有机化学品生物降解性的研究最常用的方法是 OECD 试验方法,有快速生物降解(筛选试验)、固有生物降解试验、确认试验。各种试验方法的考核内容和生物降解指标见表 6.14.9。

表 6.14.9 钻井完井液废弃物及处理剂生物降解性试验评价标准

	试验方法	考核指标,%	生物降解性要求
快速生物降解	301A:DOC 消除试验	DOC 去除率	在 28d 和在 DOC 去除 10% 的 10d 内,DOC 去除率不小于 70%
	301B:CO_2(改进 Stum 试验)	CO_2 生成率	在 28d 和在 CO_2 去除 10% 的 10d 内,CO_2 生成率 ≥70% 的理论生成量
	301C:MITI 试验(Ⅰ)	BOD 去除率	在 28d 内 BOD 去除率不小于 60% 的理论 BOD
	301D:密闭试验	BOD 去除率	在 28d 内 BOD 去除率不小于 60% 的理论 BOD
	301E:改进的 OECD 筛选试验	DOC 去除率	在 DOC 去除 10% 的 10d 内,DOC 去除率 ≥70%
	301F:压差呼吸器	BOD 去除率	在 28d 和在 BOD 去除 10% 的 10d 内,BOD 去除率 ≥60% 的理论生成量
固有生物降解	302A:改进 SACS 试验	每天循环中 DOC 去除率	在 12 周的试验中,每天 DOC 的去除率为 20%~70%
	302B:Zahn – Wellens/ EMPA	DOC 去除率	在 28d 内,DOC 去除率为 20%~70%
	302C:改进的 MITI 试验(Ⅱ)	BOD 去除率/或母体化合物损失率	在 28d 内,BOD 或母体化合物去除率为 20%~70%
	304A:土壤中固有生物降解性	从放射性元素标记基质生成量 $^{14}CO_2$	无具体要求
	303A:厌氧生物处理	DOC 去除率	计算生物降解速率

注:TOC—Total Organic Carbon 的缩写,总有机碳;DOC—Dissolved Organic Carbon 的缩写,溶解有机碳;BOD—Biochemical Oxygen Demand 的缩写,生化需氧量;COD—Chemical Oxygen Demand 的缩写,化学需氧量。

阴离子和非离子表面活性剂生物降解度试验方法是以表面活性剂驯化培养的活性污泥作降解生物源,加于试验份中进行振荡培养,测定培养周期中表面活性剂的减少量来计算试样的生物降解度。钻井流体处理剂和钻井流体,是多种物质的混合体系,显然采用测定其中组分的浓度来判定其生物降解性是不合适的。

BOD_5/COD_{Cr} 比值评价有机物的生物降解性在世界上都得到认可,BOD 和 COD 等指标检测容易,一般环保监测单位均有条件进行检测,因此本研究中选用 BOD_5/COD_{Cr} 的比值评价钻井流体处理剂和体系的生物降解性。

BOD_5 是指有机物在微生物作用下 5d 内被氧化分解所需要的氧量,可反映有机物在微生物作用下的总体含量变化;COD_{Cr} 是指有机物在强氧化剂重铬酸钾的作用下被氧化分解所消耗的氧量,可反映有机物的总体含量水平。因此,在有机物快速生物降解试验中,BOD_5/COD_{Cr} 比值(Y)可以反映有机物的生物降解性,比值越大越容易生物降解,见表 6.14.10。

表 6.14.10 钻井完井液废弃物及处理剂生物降解性试验评价标准

试验方法	不同技术指标下生物降解性			
	$Y > 25$	$15 < Y < 25$	$5 < Y < 15$	$Y < 5$
BOD/COD	容易	较易	较难	难

测定方法可按表 6.14.11 中规定方法测定试验液中的 BOD_5 和 COD_{Cr}。

表 6.14.11 试验液的 BOD_5 和 COD_{Cr} 测定方法

项目	方法名称	方法来源
COD_{Cr}	重铬酸盐法	HJ 828—2017
	碘化钾碱性高锰酸钾法	HJ/T 132—2003
	氯气校正法	HJ/T 70—2001
BOD_5	稀释与接种法(以城市污水为接种水(取自污水管或取自没有明显工业污染的住宅区污水管))	HJ 505—2009
	微生物传感器快速测定法	HJ/T 86—2002

计算生物降解性指标(BOD_5/COD_{Cr},%)

$$BOD_5/COD_{Cr} = \frac{BOD_5}{COD_{Cr}} \times 100\%$$

稀释与接种法测 5 日生化需氧量(BOD_5)的试验方法,即 BOD_5(Water Quality – Determination of Biochemical Oxygen Demand after 5 days – Dilution and Seeding Method)是按照 GB/T 7488—1987(现行标准为 HJ 505—2009)规定作为测定水中生化需氧量的标准方法。适用于 BOD_5 大于或等于 2mg/L 并且不超过 6000mg/L 的水样。

生物化学需氧量(BOD)为在规定条件下,水中有机物和无机物在生物氧化作用下所消耗的溶解氧(以质量浓度表示)。将水样注满培养瓶,塞好后应不透气,将瓶置于恒温条件下培养 5d。培养前后分别测定溶解氧浓度,由两者的差值可算出每升水消耗掉氧的质量,即 5 日生化需氧量。

由于多数水样中含有较多的需氧物质,其需氧量往往超过水中可利用的溶解氧(DO)量,因此在培养前需对水样进行稀释,使培养后剩余的溶解氧符合规定。一般水质检验所测生化需氧量只包括含碳物质的耗氧量和无机还原性物质的耗氧量。有时需要分别测定含碳物质耗氧量和硝化作用的耗氧量。常用的区别含碳和氮的硝化耗氧的方法是向培养瓶中投加硝化抑制剂,加入适量硝化抑制剂后,所测出的耗氧量即为含碳物质的耗氧量。在5d培养时间内,硝化作用的耗氧量取决于是否存在足够数量的能进行此种氧化作用的微生物,原污水或初级处理的出水中这种微生物的数量不足,不能氧化显著量的还原性氮,而许多二级生化处理的出水和受污染较久的水体中,往往含有大量硝化微生物,因此测定这种水样时应抑制其硝化反应。

在测定 5 日生化需氧量的同时,需用葡萄糖和谷氨酸标准溶液完成验证试验。

将试验样品温度升至约20℃,将已知体积样品置于稀释容器中,用稀释水或接种稀释水稀释。若需要抑制硝化作用,则加入 AUT 或 TCMP 试剂。若只需要测定有机物降解的耗氧,必须抑制硝化微生物以避免氮的硝化过程。

按采用的稀释比用虹吸管充满两个培养瓶至稍溢出。将所有附着在瓶壁上的空气泡赶掉,盖上瓶盖,小心避免夹空气泡。将瓶子分为两组,每组都含有一瓶选定稀释比的稀释水样和一瓶空白溶液。空白溶液是用接种稀释水进行测定。放一组瓶于培养箱中,并在黑暗中放置 5 日。在计时起点时,测量另一组瓶的稀释水样和空白溶液中的溶解氧浓度。达到需要培养的 5 日时间时,测定放在培养箱中那组稀释水样和空白溶液的溶解氧浓度。验证试验同试验样品同时进行。

5 日生化需氧量(BOD_5)以每升消耗氧的数量(mg/L)表示:

$$BOD_5 = \left[(c_1 - c_2) - \frac{V_t - V_c}{V_t} \times (c_3 - c_4)\right] \times \frac{V_t}{V_c} \quad (6.14.15)$$

式中 c_1——在初始计时时一种试验水样的溶解氧浓度,mg/L;
c_2——培养 1d 时同一种水样的溶解氧浓度,mg/L;
c_3——在初始计时空白溶液的溶解氧浓度,mg/L;
c_4——培养 1d 时空白溶液的溶解氧浓度,mg/L;
V_c——制备该试验水样用去的样品体积,mL;
V_t——该试验水样的总体积,mL。

14.2.3.15 钻井完井废液环境可接受性综合应用

钻井废水主要含黏土、钻屑、钻井流体处理剂和石油类等组分,固相含量高,直接电絮凝(气浮)处理很困难,处理前必须先进行固液分离。实验废水采用川东构造开发井(七里50井)废弃聚磺钻井流体的组成及基本性质,见表6.14.12 至表 6.14.14。

表 6.14.12 废水中主要污染物的性质分析

代号	名称	使用浓度,%	毒性分析,EC_{50} mg/L	可生化性分析,BOD_5/COD_{Cr}(系数)
SMT	磺化单宁	0.5	$>3 \times 10^4$(实际无毒)	0.017(难生物降解)
SMC	碘化褐煤	0.5	$>3 \times 10^4$(实际无毒)	0.021(难生物降解)
SHE-9	沥青类防卡防塌剂	1.0	$>3 \times 10^4$(实际无毒)	0.046(难生物降解)

续表

代号	名称	使用浓度,%	毒性分析,EC_{50} mg/L	可生化性分析,BOD_5/COD_{Cr}(系数)
RSTF	高温抗盐降失水剂	1.0	$>3×10^4$(实际无毒)	0.095(难生物降解)
PPL	防卡降失水剂	1.0	$>3×10^4$(实际无毒)	0.16(较易生物降解)
KHm	腐钾	1.0	$>3×10^4$(实际无毒)	0.35(易生物降解)
SEB	乳化沥青	1.0	$>10^5$(无毒)	0.099(难生物降解)
SRP	阳离子酚醛树脂	1.0	$>10^5$(无毒)	0.095(难生物降解)
LS-2	降黏剂	1.0	$>10^5$(无毒)	0.125(较难生物降解)
FA367	两性离子聚合物	0.5	$>10^5$(无毒)	0.13(较难生物降解)
PDF	润滑剂	1.0	$>10^5$(无毒)	0.398(易生物降解)

由表6.14.12可以看出,用发光细菌法进行生物毒性鉴定,废水中的主要污染物大多是难生物降解的物质,普通的废水处理方法无法实现此类废水的达标排放。

表6.14.13　废水中主要污染物的性质分析

水样	pH值	COD mg/L	石油类 mg/L	悬浮物(SS) mg/L	Cl^- mg/L	色度 解释倍数	外观
钻井废水	9.10	198190	3076	101900	26	20000	棕黑色有浮油
固液分离出水	6.90	1511	21.7	33.2	45	1500	酒红色

由表6.14.13中钻井废水经固液分离后的化学需氧量、色度、石油类等水质指标可见仍然超标,必须进行进一步的深度处理。

表6.14.14　不同类型钻井流体组成特征及其废水固液分离出水水质分析

钻井流体类型	主要成分	pH值	Cd mg/L	T_{Cr} mg/L	Cr^{6+} mg/L	As mg/L	Pb mg/L	石油类 mg/L	COD mg/L
聚丙烯酰胺水基	土粉、Na_2CO_3、NaOH、PAM、CMC、HPAN、PAN、FCLS	7~10	0.002~0.074	0.01~350	0.002~8.00	0.002~7.49	0.05~10.0	32~8160	1420.6~12400
聚丙烯酰胺油基	土粉、Na_2CO_3、HPAN、CMC、原油、柴油、乳化剂	7~10	0.002~0.055	2.01~3.20	2.002~2.74	0.002~2.16	0.05~2.82	483~800000	988.8~473200
两性聚合物淡水基	土粉、FA367、FA368、XY27、PPL、LS-2、Na_2CO_3、KOH、K-PLAM、FRH	7~9.8	0.002~0.062	0.01~272.6	0.012~4.14	0.002~6.84	0.72~8.16	120~386	440.2~64800
两性聚合物油基	土粉、NaOH、Na_2CO_3、FA367或FA369、XY27或XY28、ABSN、SP-80、原油、柴油、PAC141	7~9.6	0.002~0.012	0.01~157.9	0.25~6.48	0.07~5.74	0.05~4.3	586~20000	44720.2~532000

续表

钻井流体类型	主要成分	pH值	Cd mg/L	T_{Cr} mg/L	Cr^{6+} mg/L	As mg/L	Pb mg/L	石油类 mg/L	COD mg/L
三磺混油	土粉、Na_2CO_3、FT-1、JT、KD-21B、OSAM、原油、柴油、乳化剂、FCLS	11	—	28.26	4.82	0.68	0.43	24000	817000
复合金属离子水基	土粉、Na_2CO_3、$CaCO_3$、PM-HA-Ⅱ、HPAN、GP-18、JT888、FT-388、FCLS、MV-CMC	7~8	—	0.14~0.43	0.042~1.89	0.024~5.31	0.27~3.14	588~1440	1471.2~4284.3
复合金属离子油基	土粉、Na_2CO_3、$CaCO_3$、PM-HA-Ⅱ、HPAN、GP-18、FCLS、MV-CMC、SN-1、FT-388、柴油、原油、乳化剂	7~9	—	0.52~1.26	0.022~2.73	0.17~4.12	0.15~0.73	726~740000	5728.4
聚磺钾盐深井复杂体系	土粉、Na_2CO_3、CaO、BY-1、XY27、SMC、SMP、KHm、FK-10、RSTF、SEB、SMT、CPF、JD-6、SHE-9、SP-80、加重剂	10~14	—	—	—	47.7~63.7	—	3076~5076	46400~77300

[**实例**]四川油田音26井钻井废液固化技术。四川油田音26井钻至井深4500m完钻,所用钻井流体因长期钻进,钻井流体固相含量较高,钻井流体老化陈旧,无转运再回收利用的价值,需把钻井流体就地固化以利井队搬迁。音26井钻井流体为磺化重钻井流体,钻井流体密度范围在1.61~2.20g/cm³,平均1.87g/cm³,固相含量31%~47%,平均41%,含油量平均5%,需固化量约490 m³,按试验平均加固化剂量为16.1%,需固化剂65t。

在原井场施工,因该井处理量大,在原井场边角处用石头围砌加固简易土池进行固化,采用半流动状态废弃液,利用钻井流体泵供浆送到混合漏斗的固化工艺程序。对比额定排量在漏斗处直接加入固化剂,钻井流体与固化剂混合均匀喷出入池内进行堆积。由于该井场堆积容量有限,有一部分钻井流体运至另一场地,用水泥车作供浆设备,利用水泥车上的混合漏斗进行施工。施工时控制供浆量以及加入固化剂的速度,在短时间内即完成固化处理。

钻井流体固化物从出口喷出后,很快能成型堆积,24h后固化物硬度能达到人们行走和跳跃而不下沉的程度,采集固化物的样品时,需刃器加力撬剥。对所取固化体样品检测,24h胶结硬度为38.2~44.8kPa,固化前后侵蚀水水质检测结果见表6.14.15。

表 6.14.15 音 26 井固化前后侵蚀水水质检测结果

技术指标	含油量,mg/L	硫化物,mg/L	COD_{Cr},mg/L	色度,倍
环保指标	20.00	2.00	200	100
钻井废液	98.40	4.18	830	1536
固化物	0.20	0.01	198	8

14.3 发展前景

在钻井作业完成之后,大部分钻井流体通常都要被废弃掉,成为钻井作业中数量最多、环境影响最大的污染源。其主要成分是无机盐、碱、重金属离子、油以及具有不同程度毒性、很难自然降解的有机处理剂。这些固相和液相组合而成的有害物质成分复杂,对环境造成直接和潜在的损害。大量废弃钻井流体不经过处理堆放在井场,即使掩埋也会通过渗透的途径进入农田、河流、海底,对环境造成污染,影响饮水水源、土壤及动植物生长,更严重的会透过食物链直接或间接危及人类身体健康与生命安全。随着国家对环境保护的日益重视和人们环保意识的不断提高,油田企业所面临的环保压力越来越大。因此,钻井废弃物处理流体发展具有很好的前景。

14.3.1 存在问题

尽管钻井废弃物无害化处理意义重大,但钻井废弃物处理流体的开发还存在着一些问题。

(1)钻井流体是一种含有许多护胶剂的特殊胶体悬浮流体,目前尚没有哪一种钻井废弃物处理流体能处理所有类型的废弃钻井流体。实践中都是针对某种特定类型的废弃钻井流体,采取对应的处理试剂,使其达到脱稳脱水的效果。

(2)由于钻井废液具有分散性和多变性等特点,在应用中,应通过现场小型试验结果确定处理药剂的加量;调整井钻井废液主要以水相为主,相应的处理工艺流程较简单,建议与开发井处理装置整合在一起。

14.3.2 发展方向

近年来,随着世界范围内人们对环保事业的关注,各石油公司均大量增加了环境保护的投入。钻井废弃物治理的目的有二:一是消除污染,保护环境;二是回收利用,化害为利。因此,其发展主要集中在如何减少废弃物的产生、废弃物对环境的影响以及如何降低处理成本等。

(1)钻井流体转化为水泥浆固井技术。钻井流体转化为水泥浆固井(Mud Turn Cement,MTC)技术,是在钻井流体中加入固化处理剂,使其经过充分混合形成稳定的固化物,完成钻井流体转换水泥浆的过程。它利用钻井流体的失水性和悬浮性,通过加入廉价的高炉水淬矿渣、激活剂(BAS)等,将钻井流体转化为完全可以与油井水泥浆相媲美的固井水泥浆。此技术不仅可节约固井成本,而且又可解决一部分钻井废液污染环境问题。

(2) 开发无毒钻井流体和新型处理剂。从本质上讲,钻井废弃钻井流体的毒性主要取决于钻井生产期间钻井流体中添加的各种化学处理剂的毒性。因此,开发并尽量选用低毒或相对无毒的钻井流体,是降低钻井废弃钻井流体处理难度的根本措施。现已开发出无芳香化合物的改性矿物油型低毒润滑剂,如铁/锆木质素磺酸盐、钛铁木质素磺酸盐等无毒钻井流体降黏剂;国际上首先开发了酯基钻井流体并成功地用其代替油基钻井流体,最早由Statoil公司在北海、挪威等海域使用。环保部门的监测结果表明,废弃物不会对海水形成污染,可直接排放。稍后又开发了可代替油基钻井流体的醚基钻井流体和聚α-烯烃基钻井流体。

(3) 加强有肥效特性固化剂的研发。固化法处理钻井废弃钻井流体具有简便易行、处理效果好等优点,是一种很有发展前景的处理方法。目前世界上都在致力于开发固化能力强、解毒性好、具有肥效特性的固化剂,土壤中掺入此类固化剂处理过的废弃钻井流体,不但不会污染环境,具有很好的稳定性,而且能明显改善土壤性能,提高土壤肥力。另外,开发高效廉价固化剂也得到了迅速发展,以获得高强度、无污染的固结体,将其用于建筑材料,达到废弃物再利用永久无害化的目的。

(4) 研究开发最佳废弃物管理系统。目前,国际上各大泥浆公司积极开发最佳废弃物管理系统。

选择最佳钻井作业,使废弃物量减至最少。控制废弃物质量,保证废弃物无害化。加强井场废弃物分类管理,可降低处理费用及废弃物体积。采用环境安全和经济有效的方法处理废弃物。

成功的废弃物管理程序首先是根据地质特点,正确选用钻井流体及其处理剂,进行好的水质管理,使钻井过程中产生的废弃物减至最低量;第二是鉴别和隔离潜在的废弃物源,减少问题的复杂性,使废弃物的加工和处理更加容易和经济;第三是选择经济且环保可接受的废弃物处理方法。

(5) 加强开发研究专业化的固化处理设备。现阶段各油田废弃钻井流体现场固化工艺主要有两种:一是采用代用机械(如挖掘机之类的机械设备)将固化剂与废弃钻井流体进行混合;二是直接用钻井泵以及配浆设备将固化剂混入废弃钻井流体中。

第一种方法比较简单,但混合均匀程度较差,直接影响最终的处理效果;第二种方法混合较均匀,但要求钻井废弃钻井流体具有较好的流动性,在很多井场处理中都受到限制。因此,开发专业化的机械处理设备势在必行。同时,由于钻井作业的分散性和流动性的行业特点,对廉价、简单的车载式钻井废弃钻井流体处理设备的需求更为迫切。

按照工业废物的分类办法,世界上通常把废弃钻井完井液的固相和固化物看成是工业固体废物,在贮存、处置和管理方面根据各国环保制度和技术水平不同而有不同的处理方法和污染物控制标准。对于海洋石油开发和内陆河流、湖泊石油的开发,钻井流体不仅要满足钻井工艺和储层伤害控制的要求,而且必须满足环境保护的要求,世界各国政府的地方政府机构对石油公司的废物排放都制定了严格的法规。例如,美国环保署(EPA)批准以糠虾法作为钻井流体生物毒性评价标准方法,其糠虾试验LC_{50}(50%致死量)值超过30000mg/L时,废弃钻井流体和钻屑才允许向海洋排放;中国环保局和技术监督局推荐采用发光细菌法作为评价工业废弃物生物毒性的批准方法等。在中国,废弃钻井完井液的贮存、处置和管理应满足国家环境保护法和水污染防治法、固体废物污染环境防治法的要求。

目前,世界上尚无统一的钻井完井液环境可接受性评价标准,但随着人们环保意识的加强和国家各项相关法律法规的出台,各大油田和环保研究机构已经纷纷开展此方面的研究。

参 考 文 献

艾正青,石庆,秦宏德,等.2016.综合评价固井顶替效率[J].西部探矿工程,28(10):79-81,85.
白健华,谭章龙,刘俊军,等.2014.渤海油田水平井用保护储层的无固相修井液技术[J].钻井液与完井液,31(4):30-32,97.
白小东,蒲晓林.2005.国外保护储层的油基钻井完井液新技术研究与应用[J].精细石油化工进展(12):12-14,17.
蔡爱斌,吴建军,汪新志,等.2005.中原油田钻井和措施井作业废水的处理[J].石油化工腐蚀与防护(2):37-39.
蔡彬,彭勇,闫文辉,等.2008.不压井修井作业装备发展现状分析[J].钻采工艺(6):106-109,172.
蔡利山,刘四海.2001.CX170-1井钻井废水及废钻井液处理技术[J].油气田环境保护(4):26-30.
曹钧,王定贤,陈昌明.2010.空气洗井技术在硬岩大直径钻井工程中应用的探讨[J].矿山机械(11):1-4.
陈安,陈大钧,熊颖,等.2009.一种低伤害油基乳化压井液及其性能评价[J].钻井液与完井液(6):53-55,96.
陈超,王龙,李鹏飞,等.2016.SN井区抗高温液硅—胶乳防气窜水泥浆[J].钻井液与完井液,33(5):88-91.
陈礼仪,朱宗培,费立,等.2001.新型复合胶无黏土冲洗液研究[J].探矿工程(岩土钻掘工程)(S1):224-226.
陈明燕,徐琦,罗林.2012.新疆油田钻井废液固液分离实验研究及现场应用[J].石油与天然气化工,41(3):346-348,362.
陈小明,李传武,孙德宇,等.2001."科钻一井"一开泥浆技术[J].探矿工程(岩土钻掘工程)(6):63-64.
戴彩丽,赵辉,梁利.2010.煤层气井用锆冻胶压裂液低温破胶体系[J].天然气工业,30(6):60-63.
单文军,段晓青,任福建,等.2016.甘肃武威盆地页岩气"武页1井"成膜低固相冲洗液的应用[J].探矿工程(岩土钻掘工程),43(7):111-115.
邓正仙,梁远安,翁高富,等.2007.阿波罗生物酶解堵技术在百色油田的应用[J].中外能源,12(5):67-70.
丁海峰.2008.长裸眼中途测试钻井液技术[J].石油钻探技术,36(1):38-41.
丁士东,陶谦,马兰荣.2019.中国石化固井技术进展及发展方向[J].石油钻探技术,47(3):41-49.
丁士东,曾义金.1995.MS高效前置液的研制及其应用[J].石油钻采工艺(3):27-33,106.
樊宏伟,李振银,张远山,等.2014.无固相水基隔热封隔液研究应用现状[J].钻井液与完井液,31(3):83-88,102.
樊宏伟,刘菊泉,宋胜军,等.2014.油气井井下隔热技术及应用现状研究[J].长江大学学报(自然科学版),11(16):54-57,6.
范玉福.2009.提高钻井裸眼中途测试技术[J].科技信息(5):419-420,422.
范志毅,宋翠红,马生宝.2011.泡沫压井液技术在中原油田采油三厂气井的应用[J].石油地质与工程,25(4):101-103.
房炎伟,杨嘉伟,马玉梁,等.2014.树脂型压井液研究及应用[J].石油与天然气化工(4):433-435.
冯德杰,张建国,赵勇.2010.胜利油田博24区块水平井筛管外滤饼酸洗工艺应用[J].中外能源,15(3):45-48.
冯浦涌,刘刚芝,彭雪飞,等.2008.酸洗+气举诱喷技术在涠洲6-1油田石炭系储层的应用[J].海洋石油(4):41-44.
冯学荣,贾兴明,周华安,等.2006.川东北地区气体钻进后的钻井液技术及应用[J].钻井液与完井液(5):

18—20,83.

冯学荣,周华安,贾兴明.2005.罗家寨构造水平井钻井液技术[J].钻井液与完井液,22(4):8—11,81—82.

付美龙,黄倩.2017.一种低渗层气井保护型洗井液体系[J].科学技术与工程(19):132—137.

高飞,赵雄虎,何涛,李玉飞.2011.钻屑回注浆体调控及流变性研究[J].钻采工艺,34(5):101—103.

高庆云,张雪芹,赵瑞明,等.2001.苏50超深H_2S井试油测试工艺技术[J].油气井测试(6):38—39,74.

高兴原,李国金,李喜峰,等.2006.膨胀水泥浆体系在苏丹1/2/4区块水平井固井中的应用[J].钻采工艺,29(4):96—97.

高学生,徐忠,田冰,等.2004.TC—1触变水泥堵漏剂的研制与应用[J].精细石油化工进展,6(2):4—6.

郭鸿.2018.低密度水泥浆在深井固井中的应用[J].资源信息与工程,33(2):68—70.

郭元庆,崔俊萍,杨小平,等.2005.防漏型压井液研究与应用[J].石油钻采工艺(S1):38—42,95.

何保生,郑力会,孙福街,等.2011—02—16.一种完井用射孔液:CN101974315A[P].

何冰月.2019.影响固井质量的因素分析及提升方法探讨[J].西部探矿工程,31(5):49—50.

何吉标,梁文利,陈明晓,等.2016.连续油管新型钻塞胶液在JY25—1HF井的应用[J].钻井液与完井液,33(3):123—126.

华桂友,舒福昌.2009.可逆转乳化钻井液研究与应用进展[J].内江科技,30(12):17,34.

景岷雪.2000.NaCl、NaCl—$CaCl_2$、$CaCl_2$盐水作基液对压井液性能影响的实验研究[J].天然气工业(6):57—59,5.

李爱春.2016.页岩气水平井连续油管钻塞工艺[J].江汉石油职工大学学报,29(6):25—27.

李斌,刘宝锋,刘江勇,等.2006.屯1井三开钻井液工艺技术[J].钻井液与完井液,23(6):74—76.

李冬梅,杜春朝,刘菊泉,等.2012.封隔液及其应用现状研究[J].长江大学学报(自然科学版),9(12):86—89.

李峰,赵海龙,梅玉芬.1999.固体有机酸—潜伏酸酸化用于稠油井解堵[J].油田化学,16(2):113—115.

李根海.2009.欠饱和盐水水泥浆固井技术在希望油田的研究与应用[J].中国石油和化工(9):50—52.

李良川,卢淑芹,彭通.2011.冀东油田绒囊修井液控制储层伤害应用研究[J].石油钻采工艺,33(3):031—34.

李鹏,周承诗,武明鸣,等.2013.NWS—I型黏稳酸体系配方研制及性能评价[J].油田化学,30(1):18—21,42.

李韶利,姚志翔,李志民,等.2014.基于油基钻井液下固井前置液的研究及应用[J].钻井液与完井液,31(3):57—60,99—100.

李松岩,李兆敏,孙茂盛,等.2007.水平井泡沫流体冲砂洗井技术研究[J].天然气工业,27(6):71—74.

李天太,刘小静,董悦,等.2005.安塞油田注水开发中后期复合解堵酸液配方实验[J].石油勘探与开发,32(6):101—104.

李蔚萍,向兴金,舒福昌.2008.无固相弱凝胶钻井完井液生物酶破胶技术[J].钻井液与完井液,25(6):8—10.

李希明,陈勇,谭云贤.2006.生物破胶酶研究及应用[J].石油钻采工艺,28(2):52—54.

李晓岚,李玲,赵永刚,等.2010.套管环空保护液的研究与应用[J].钻井液与完井液,27(6):61—64,100.

李兴亭.2016.关于在试油过程中保护油气层的几点思考[J].石化技术,23(7):97.

李云贵.2012.大段太古界地层防漏堵漏钻井液技术[J].内蒙古石油化工,38(11):99—100.

李章禄.1988.抗凝固泥浆的探讨[J].天然气工业(2):78—81.

李兆敏,王冠华,曹小朋.2010.泡沫混排解堵技术研究与应用[J].西南石油大学学报(自然科学版),32(2):178—181.

李治,魏攀峰,吕建.2018.天然气井绒囊流体活塞技术不降压压井工艺[J].天然气工业,38(2):90—96.

刘高友,程芙蓉.1998.新型无固相高密度压井液性能评价[J].钻井液与完井液,4:31-33.
龙安厚,孙玉学.2003.废钻井液无害化处理发展概况[J].西部探矿工程(3):165-168.
陆敬阳.2012.如何在试油过程中保护好油气层[J].科技与企业(11):139.
栾合道.1988.PVA无固相洗井液的试验与探讨[J].地质与勘探(3):66-67.
马骏骥.2018.连续油管作业在页岩气开发中的应用分析[J].化学工程与装备,1(1):97-98.
马美娜,许明标,唐海雄.2005.有效降解PRD钻井液的低温破胶剂JPC室内研究[J].油田化学(4):289-291.
梅玉芬,阮宏伟,罗艳红.2006.储层解堵工艺在欢西油田的应用[C].中国油气钻采新技术高级研讨会.
倪文学,何湘清,朱淑梅,等.1996.一种新型油基压井液的研究与应[J].吐哈油气(1):29-37.
倪小明,于芸芸,何景朝.2016.煤层气井HPG压裂液低温破胶剂实验优选[J].煤炭学报(5):1173-1179.
彭科翔,李亭,彭安钰.2016.超低渗深井新型射孔液研究[J].当代化工(10):2343-2346.
彭元东,冯兴武,郭晶晶,等.2014.安棚深层系致密砂岩水平井替浆完井保护液技术[J].钻井液与完井液,31(2):43-46,98.
朴弼善,付维武,陈俊.2004.无残渣砾石充填携砂液研究[C].第一届全国特种油气藏技术研讨会:589-594.
乔欣,许魏,杨方方.2006.新型低伤害无固相压井液的研究与应用[J].石油与天然气化工,35(5):395-397.
曲同慈,李建成,鲁政权,等.2003.无固相优质射孔液的研究与应用[J].特种油气藏(3):75-78,98.
阙为民,姚益轩,赵伍成.2007.泡沫钻进和泡沫洗井在地浸采铀钻井施工中的应用研究[J].有色金属(矿山部分)(3):9-11,38.
任勋.1986.用卤水做钻井液和洗井液的设想[J].石油钻采工艺,8(4):62-62.
申世芳,吴修宾,陈元强,等.2005.泡沫压井液的研究和应用[J].断块油气田(3):78-80,94.
石晓松.2003.泡沫压井液在中39井的应用[J].钻采工艺(S1):123-128,17.
舒勇,熊春明,张建军.2011.低损害无固相复合聚合物修井液体系研制及性能评价[J].油田化学,28(3):245-249.
宋金忠.2016.注水井表面活性剂解堵增注技术应用效果分析[J].内蒙古石油化工(3):106-108.
苏博勇,姜宏图,马淑梅.2010等.胶乳水泥浆体系在深井水平井的应用[J].石油钻采工艺,32(5):53-55.
孙宜成,陆凯,曾德智,等.2018.抗CO_2腐蚀环保型油基环空保护液研究[J].钻采工艺,41(5):90-93,10-11.
滕学清,刘洋,杨成新,等.2011.多功能防窜水泥浆体系研究与应用[J].西南石油大学学报(自然科学版),33(6):151-154,214.
田红.2002.泡沫水泥浆固井技术在吐哈油田的研究与应用[J].断块油气田,9(1):58-61.
田军,王恩合,秦静,等.2006.吐哈油田抗盐水泥浆固井技术研究与应用[J].钻井液与完井液,23(5):67-69.
王长宁,马海忠,朱哲,等.2005.长庆陇东地区钻井废液无害化处理技术研究[J].钻井液与完井液(3):14-17,80-81.
王程忠,白龙,赵凤森.2003.利用屏蔽暂堵技术解决塔河油田长裸眼井的地层渗漏问题[J].石油钻探技术,31(2):60-61.
王冬,权宝华,杨凯,等.2017.防膨抑砂射孔液在渤海A油田的应用[J].精细与专用化学品,25(11):34-40.
王富华,吴明强.2004.有机正电胶聚合物钻井液研制与应用[J].石油学报,25(5):93-98.

王广财,钱峰,高利民,等.2017.无固相低密度油基泡沫修井液性能评价与应用[J].油田化学,34(4):711-716.

王海彬,周生田.2010.水平井砾石充填研究进展及展望[J].内蒙古石油化工,36(10):14-19.

王建新.2004.长山盐矿酸洗结垢注水井应用实践[J].中国井矿盐(1):30-31.

王金凤,郑力会,张耀刚,等.2015.天然气井的绒囊流体活塞修井技术[J].天然气工业,35(12):53-57.

王立泉,李学庆,王洪升,等.2000.华北油田长裸眼防卡防塌钻井液技术[J].钻井液与完井液(6):43-45.

王佩平,应付晓,刘红玉.2006.正电胶纳米乳液钻井液在胜利油田的应用[J].江汉石油职工大学学报,19(4):38-39.

王珊,曹砚锋,姜文卷.2015.渤海某油田绒囊暂堵流体修井工艺[J].石油钻采工艺,37(3):114-117.

王忠辉.2010.高密度低伤害无固相压井液的研究与应用[J].精细石油化工进展,10:14-18.

魏军,郭国强,宋世军,等.2003.保护油气层射孔液在中原油田的研究与应用[J].钻井液与完井液(1):14-16+67.

温雪丽,魏周胜,李波,等.2011.高温水泥浆体系研究与应用[J].钻井液与完井液,28(5):50-53.

巫长奎,贾跃立,彭文忠,等.2009.下深平1井水平井酸化研究与应用[J].石油地质与工程,23(2):98-99,102,8.

吴琼,苏志鹏,尚岩,等.2007.FPF清洁无聚携砂液的研制与应用[J].钻井液与完井液(3):55-56,63,93.

伍勇,许绍营,王思友.2004.KCl有机正电胶钻井液在G104-5P1井的应用[J].钻井液与完井液(4):45-47.

肖建洪,于滨,王代流.2001.新型聚合物盐水体系低污染修井液[J].油气田地面工程(4):30-31.

谢盛涛,赵虎.2015.完井液应用进展[J].广东化工,42(5):82.

熊汉桥,刘菊全,熊箫楠,等.2013.高酸性气田聚合物—甲酸盐封隔液的室内实验研究[J].钻井工程,33(10):69-74.

许明标,黄红玺,王昌军.2009.生物酶破胶对PRF钻开液的油层保护效果研究[J].石油天然气学报,31(3):91-94.

杨得鹏.2012.泡沫水泥浆体系的研究及在胜坨油田的应用[J].中国石油和化工标准与质量,32(S1):141.

杨建华,所英姿,南楠.2011.生物酶油层解堵技术在濮城油田的应用[J].清洗世界,27(11):15-17.

杨健,骆进,冉金成,等.2007.低压气井暂堵修井工艺技术探讨[J].天然气工业(5):81-84,154-155.

杨琪,王利敏,翁霞,等.2012.压井液和洗井液配方试验[J].油气田地面工程,31(3):24-25.

杨香艳,郭小阳,样远光,等.2005.固井前置冲洗液的研究发展[J].西南石油学院学报,27(1):70-74.

杨小平,郭元庆,樊松林,等.2010.高密度低腐蚀无固相压井液研究与应用[J].钻井液与完井液,5:51-54,91.

姚晓,彭斯,冯玉军,等.1996.触变水泥配方及性能研究[J].油田化学,13(3):201-205.

姚勇,焦建芳,邓天安.2014.川西地区页岩气井高密度前置液固井技术[J].天然气勘探与开发,37(4):86-89,14.

叶周明,刘小刚,马英文,等.2015.膨润土钻井液深钻技术在渤海某油田的应用[J].石油钻采工艺,37(6):53-56.

于兴东.2017.水平井废弃钻井液固化处理技术研究与应用[J].石化技术,24(9):19.

于永金,靳建洲,刘硕琼,等.2012.抗高温水泥浆体系研究与应用[J].石油钻探技术,40(5):35-39.

袁媛.2010.表面活性剂解堵改善二类油层聚驱开发效果分析[J].中国科技财富(12):85-85.

岳前升,刘书杰,谢克姜,等.2010.海洋油田水平井破胶液技术[J].钻井液与完井液,27(4):29-31.

岳前升,向兴金,杨海东.2008.保护储层新型射孔液工艺技术及其在稠油油藏中的应用[J].油气井测试(4):69-71,78.

张铎远.2007.浆体性能及井眼条件对顶替效率的影响研究[D].青岛:中国石油大学(华东).
张可能.1989.无黏土冲洗液体系的研究与应用[J].西部探矿工程(2):44-47,51.
张立哲,张宏军,聂正朋,等.2007.高强增塑低密度水泥浆体系研究[J].石油钻采工艺,29(3):83-85.
张灵霞,邓田青,陈建康.2014.两井地区强抑制性钾铵基聚合物屏蔽暂堵型钻井液体系实验研究[J].石油地质与工程,28(3):106-108,112.
张明霞.2002.水泥浆前置液评价方法总论[J].钻采工艺(5):81-83.
张佩玉,刘建伟,李静,等.2008.WD-1型低伤害压井液的研究与试验[J].钻采工艺(1):109-111,157.
张增玉,秦永宏.1994.冷平3井砾石充填携砂液研究与设计[J].钻井液与完井液(4):56-61,75,78.
张志财,胡高群,罗云凤.2013.准噶尔盆地排661井钻井液技术[J].中国石油大学胜利学院学报,27(1):22-25.
赵宏波,贾进孝,孟令涛,等.2015.一种新型降水锁洗井液NDF-1的性能评价及现场试验[J].石油钻探技术(6):87-92.
郑凯.2014.碳酸钙晶须与矿渣对固井水泥体积收缩性能的影响研究[D].成都:西南石油大学.
郑力会,张金波,杨虎,等.2004.新型环空保护液的腐蚀性研究与应用.石油钻采工艺,26(2):13-16.
郑力军,杨立华,张涛,等.2011.泡沫酸化技术研究及其在低渗非均质油藏中应用[J].油田化学(1):9-12.
郑文龙,乌效鸣,黄聿铭,等.2016.松辽盆地大陆科钻二开段大井眼钻井液技术[J].地质与勘探,52(5):931-936.
郑义,陈馥,熊俊杰,等.2010.一种适用于含硫油气田环空保护液的室内评价[J].钻井液与完井液,27(02):37-39,90.
郑朕,何大鹏,何文博.2017.云页平3井固井难点与措施[J].化工设计通讯,43(12):228-229.
中国石油大学(华东).2010-06-02.水平井泡沫酸洗工艺方法:CN200910256523.1[P].
周代生,孙俊.2003.玉门青2-7井钻井液技术[J].钻井液与完井液(1):62-63,73.
周华安.1995.川东地区深井高密度聚合物钻井液技术问题的研究[J].钻井液与完井液(1):41-45.
竺彪,李翔,林涛,等.2010.渤海油田泡沫吞吐解堵技术研究与应用[J].海洋石油,30(2):44-47.
祝学飞,冯丽,严福寿.2015.速溶硅酸钾在克深区块钻水泥塞中的应用[J].天然气与石油,4(13):56-59.
Darring M T,Moore K R,Ali S A,et al. 1999. Novel Completion Brine Applications at Viosca Knoll in Hot,H_2S and CO_2 Environment [C]. SPE 52155.
Ezell R G,Harrison D J. 2008. Ultra High Temperature Solids - Free Insulating Packer Fluid for Oil and Gas Production,Steam Injection,and Geothermal Wells[C]. SPE 117352.
Houchin L R,Foxenberg W E,Zhan J. 1994. Evaluation of Potassium Carbonate as a Non - Corrosive,Chloride - Free Completion Fluid[C]. SPE 27392.
Howard S K,Downs J D. 2008. Hydrothermal Chemistry of Formate BRINES and Its Impact on Corrosion in HPHT Wells[C]. SPE 14111.
Jiang Ping,Knut Taugbøl,Anne Mette Mathisen,et al. 2002. New Low - Solids Oil - Based Mud Demonstrates Improved Returns as a Perforating Kill Pill[C]. SPE 73709.
Sangka N B. 2010. New High - density Phosphate - based Completion Fluid:a Case History of Exploration Wells:KRE-1,BOP-1,TBR-1,and KRT-1 in Indonesin [C]. SPE 139169.

第7篇　作业需求钻井流体

一般地,钻井流体都能够完成正常的钻井作业任务,但是特殊作业任务就需要特殊性能的钻井流体。此时,钻井流体需要具备解决这些特殊作业的性能才能顺利完成特殊需求的作业。即针对钻井过程中地下情况的特殊要求或者地质、工程要求,开发、应用具有特殊功能的钻井流体。

也就是说,针对工程、地质和产能的具体需求,开发或者改进钻井流体、完井流体及修井流体以更好地完成钻完井作业。这类钻完井流体统称为作业需求钻井流体(Drilling Fluids for Operational Requirements)。

例如,钻进过程中可能出现掉块、卡钻等井下难题、事故,需要用针对掉块或者卡钻的钻井流体预防和治理。再如,气体钻井,需要开发与之配套的钻井之后的完井流体才能很好地完成整个钻井工作,支持新技术向前发展。

因此,需要不断改进及研发新型钻井流体,以满足不同工程、地质及产能要求下的钻井任务。根据作业目标对钻进流体的需求,通常将钻井流体分为溢流/井喷压井钻井流体、防卡/解卡钻井流体、打捞落物钻井流体、水平井钻井流体、深水钻井流体、欠平衡钻井流体、控压钻井流体、小井眼钻井流体、大井眼钻井流体、套管钻井流体、连续管钻井流体、提速钻井流体、大位移井钻井流体、科学探索钻井流体、气体钻井完井流体、取心钻井流体、反循环钻井流体、环境友好钻井流体等18类。

此篇将依次介绍钻井流体的开发依据、组分、维护处理方法、应用情况及发展前景。

第1章 溢流/井喷压井钻井流体

钻井过程中,出现溢流、井涌或井喷时,应立即关井,并记录关井立管压力和关井套管压力。如果关井立管压力大于0,说明地层压力已大于钻井流体液柱压力,地层与井眼压力平衡已打破。必须立即压井恢复和重建压力平衡关系。通常把溢流或者井喷发生后,在井内重新建立钻井流体液柱压力平衡地层压力的方法称为压井(Killing the Well, Well – Killing)。溢流或者井喷发生后,压井应既保证压井安全,又必须使作用于井筒的压力最小。它不同于修井过程中使用的修井流体。压井工艺实施期间通过调整钻井流体密度平衡地层压力的钻井流体,就是溢流/井喷压井钻井流体(Killing Drilling Fluids),称为压井钻井流体,也叫压井液、压井流体。

井喷发生的原因有多种。钻井过程中,井内的液柱压力不是一个恒定值,而是随钻井作业条件而经常变化。作用于井底的压力可用以下通式来表示:

$$p = p_{静} + p_{环损} + p_{波动} \tag{7.1.1}$$

式中 p——井底压力,MPa;
$p_{静}$——钻井流体静液柱压力,MPa;
$p_{环损}$——钻井流体循环时环空压力损失,MPa;
$p_{波动}$——起下钻或开泵压力波动值,MPa。

不同作业条件下,作用在井底的压力可以表示为:

钻井流体静止,钻具不动

$$p = p_{静} \tag{7.1.2}$$

钻井流体静止,上提钻具

$$p = p_{静} - p_{抽} \tag{7.1.3}$$

钻井流体静止,下放钻具

$$p = p_{静} + p_{激} \tag{7.1.4}$$

钻具不动开泵

$$p = p_{静} + p_{开} \tag{7.1.5}$$

钻具不动,循环钻井流体

$$p = p_{静} + p_{环损} \tag{7.1.6}$$

钻井流体循环,上提钻具

$$p = p_{静} + p_{环损} - p_{抽} \tag{7.1.7}$$

钻井流体循环,下放钻具

$$p = p_{静} + p_{环损} + p_{激} \tag{7.1.8}$$

式中　$p_{抽}$——上提钻具造成的抽吸压力,MPa;

$p_{激}$——下放钻具激动压力,MPa;

$p_{开}$——开泵时产生的激动压力,MPa。

发生井喷的基本条件是井内静液柱压力加立管压力小于井底流压。井喷发生的主要原因可以归纳为地层压力预测不准确,采用的钻井流体密度太低;井筒中钻井流体液柱下降;钻井流体密度因地层流体的进入而下降;下钻具时抽吸压力或激动压力过高;钻遇特高压油层、气层、水层。

前文已经分析了不同钻井作业过程中井内液柱压力的不同之处,表明在不同钻井作业过程中,发生井喷的原因也不完全相同。下面分别对钻井的5个主要作业过程中所发生的井喷原因进行分析。

(1)钻进过程中井喷发生原因。油气井在钻进过程中常有以下原因会导致井喷事故发生。

① 钻到油层、气层和水层时,钻井流体当量密度低于地层的压力系数就会发生井喷。

② 钻进储层过程中,钻屑里的天然气、油混入钻井流体中,钻井流体受到油侵和气侵。随着钻井流体沿着环空上返,气体不断膨胀。越靠近井底处钻井流体中的含气量越低,钻井流体密度越高;越靠近井口处钻井流体中的含气量越高,钻井流体密度越低。如钻井流体气侵严重,没有及时采取措施,一旦液柱压力降低到小于地层压力,就会发生井喷。钻井过程中钻井流体气侵的严重程度与钻井流体密度大小、地层中含气量多少、钻进储层的钻速大小以及环空返速等因素有关。

③ 如果钻进过程中发生井漏,井筒内钻井流体液面下降,液柱压力降低,当液柱的静液压力降至低于高压油层、气层、水层压力时,就会引起井喷。

(2)起钻过程中井喷发生的原因。起钻过程中,有下述原因可引起井筒中钻井流体作用在油层、气层、水层的压力下降,当压力一旦降至低于地层孔隙压力时就会引起井喷:

① 起钻时未及时灌钻井流体,造成井内液柱压力下降;

② 起钻时钻井流体停止循环,失去循环压力,使钻井流体作用在地层的压力下降;

③ 起钻过程中,因钻头或钻铤泥包、地层缩径、钻井流体黏度和切力过大、起钻速度过快等原因,使上提钻具时发生严重的抽吸作用,产生很高的抽吸压力,因而造成井内液柱压力下降。

(3)下钻过程中井喷发生的原因。钻井过程中如钻井流体切力过大,下钻时下放速度过快,就会形成过大的激动压力。如裸眼井段存在易漏地层,当井筒液柱压力加上激动压力超过地层漏失压力或破裂压力时,就会发生井漏。井漏的发生导致液面下降引起井喷。此外,储层被钻穿后,如起钻后钻井流体在井中静止时间过长,地层中气层中的气体由于浓度差通过滤饼向井内扩散,钻井流体循环过程中会发生油气上窜,引起液柱压力下降,下钻过程中当此压力降到低于地层压力时,也会引起井喷。

(4)下钻后循环过程中井喷发生的原因。油层、气层、水层被钻穿后,由于起钻上提钻具所发生的抽吸作用,会将地层中的油气抽至井中,再加上起钻后钻井流体在井中静止,地层中的气体会通过井壁扩散到井筒内,因而下钻至油层、气层、水层等部位循环钻井流体时,随着钻井流体不断上返,钻井流体中的气体便不断膨胀,当气体膨胀所产生的压力大于上部液柱压力时,钻井流体就会被顶溢出井口,井内液柱压力不断下降至低于储层压力时,地层中的油气就会大量侵入井中造成井喷。

(5)其他井喷原因。井口未安装防喷器,或防喷器承压能力太低;防喷器及管汇安装不符合要求;井身结构设计不合理;对浅气层缺乏足够的认识;未及时发现溢流,或发现溢流后处理措施不当;在发生井漏后,没有预防可能发生的井喷;思想麻痹,违章操作。

当井内液柱压力低于地层孔隙压力时,会发生地层流体(油、气、水)侵入井内,井口返出的钻井液量大于泵入量,或停泵后钻井液从井口自动外溢的现象,这种现象称之为溢流。如不及时采取有效措施就有可能发生井喷。但地层流体进入井中是有征兆的。钻井实践证明,根据这些征兆,完全可以对井喷进行有效的预防。下面分别阐述不同钻井作业时地层流体进入井内的征兆。

(1)钻进过程中出现的征兆。钻进过程中的征兆有三类:

① 在油层、气层、水层钻进时,机械钻速突然升高或出现放空现象;钻井流体中出现油气显示;钻屑中发现油砂或水砂,或出现荧光显示,气测值增大。

② 钻井流体性能发生比较突然的变化。如钻遇储层时,钻井流体因受气侵而造成密度降低,黏切增高,温度升高;钻遇盐水层时,出现钻井流体密度下降,黏度和切力一开始增高,随后又下降,失水量增大,pH值下降,钻井流体滤液中气泡、氯离子、气测烃类含量增加,温度升高等现象;钻遇淡水层时,出现钻井流体密度下降,黏度和切力也下降,钻井流体电导率增大或减小,声波传播速度变慢等现象。

③ 泵压上升或下降,悬重减小或增大,从环空返出的钻井流体量不正常。钻遇高压气层时,井底压力突然升高,导致悬重减小,泵压升高;地层流体侵入钻井液后,钻井液密度降低,浮力减小,悬重增大,泵压减小。钻井流体出口管所返出的钻井流体流速增快,井筒中返出钻井流体的量大于泵入钻井流体的量,钻井流体罐和钻井流体槽液面上升,钻井流体池钻井流体体积增加;停泵后,钻井流体出口管仍有钻井流体返出等。

(2)起钻过程中出现的征兆。起钻灌钻井流体不正常,灌入钻井流体体积小于所计算的起出钻具体积;起完钻之后,钻井流体出口管仍有钻井流体返出,钻井流体池中钻井流体体积增加。

(3)下钻过程中出现的征兆。下钻返出的钻井流体量不正常,从井中返出钻井流体的量超过下入钻具计算的体积;钻井流体池液面增高等。

(4)钻进过程中发生井漏,钻井流体侵入地层导致钻杆内钻井流体静液柱压力降低。

(5)停止循环后,井口仍有钻井流体外溢。

1.1 开发依据

井喷是指地层流体失去控制,喷出地面,或是井下井喷的现象。它是钻井工程较为常见的恶性事故。轻者使储层受到破坏,影响钻井工期;重则使油气井报废,延误油气田的勘探开发工作。钻井过程中出现溢流、井喷难题或者事故时,应立即采取压井措施。措施的基本依据,首先是提高钻井流体的密度,平衡地层压力;其次是要提高钻井流体的悬浮能力,防止在接单根、起下钻或因故停止循环时,钻井流体又将井内的钻屑悬浮在钻井液中,钻屑下沉,导致沉砂卡钻等复杂情况的发生;最后还要防止加重材料的沉降,避免埋钻具。

1.1.1 预防井喷

为了预防井喷,应采取的措施包括工程措施和钻井流体技术措施两个方面。主要的工程措施包括:控制在储层钻进时的机械钻速,以防因钻速过快而造成油气进入井筒;依据三个地层压力剖面设计合理的井身结构,防止上喷下漏或下喷上漏造成液柱压力下降而引起井喷;按井的类别正确选用井控装置,发现溢流应及时使用井控装备,钻井流体的表观黏度随剪切速率增大而降低,钻速越快,剪切速率越大,黏度越小,钻井流体越容易流动,防止井喷的发生等。下面重点介绍预防井喷的钻井流体技术措施。

(1)选用合理的钻井流体密度。依据三个地层压力剖面(地层孔隙压力剖面、地层坍塌压力剖面和地层破裂压力剖面),设计合理的钻井流体密度,使其所形成的液柱压力高于裸眼井段最高地层孔隙压力,低于地层漏失压力和裸眼井段最低的地层破裂压力。对于油层或水层,钻井流体密度一般应附加 $0.05\sim0.10\text{g/cm}^3$,对于气层则应附加 $0.07\sim0.15\text{g/cm}^3$。对于探井应依据随钻地层压力监测的结果,及时调整钻井流体密度,始终保持井筒中液柱压力高于裸眼井段最高地层孔隙压力。

(2)进入油层、气层、水层前调整好钻井流体性能。除调整钻井流体密度,使其达到设计要求之外,在保证钻屑正常携带的前提下,应尽可能采用较低的钻井流体黏度与切力,特别是终切力随时间变化幅度不宜过大,以降低起下钻过程中的抽吸压力或激动压力。

(3)严防井漏。在钻进过程中需要加重时,应控制加重速度,防止因加重速度过快而压漏地层。应注意控制开泵泵压,防止憋漏地层。此外,对于裸眼井段存在不同压力系统的地层,当下部存在的高压油层、气层、水层的压力系数超过上部裸眼井段地层的漏失压力系数或破裂压力系数时,应在进入高压层之前进行堵漏,提高上部地层的承压能力,防止钻进高压油层、气层、水层时因井漏而诱发井喷。

(4)及时排除气侵气体。钻进高压储层时,钻井流体不可避免会受到气侵造成密度下降。因而进入储层后,应注意随时监测钻井流体密度,在含气量比较大的地区或气田要有高度的警惕性,下钻时,可采用分段循环的方法排除侵入井内气体。一旦发现气侵,应立即开动除气器,并使用消泡剂除气,以及时地恢复钻井流体密度。

(5)注意观测钻井流体的体积。钻开油层、气层、水层后,钻进过程中应随时用肉眼观测钻井流体池中钻井流体的体积总量。起钻时应灌满钻井流体,并监测灌入钻井流体的量;下钻时,应观测钻井流体池液面和从井筒中所返出钻井流体的量。

(6)储备一定数量的加重钻井流体。钻进高压油层、气层、水层的井,应储备高于井筒内钻井流体密度的加重钻井流体,其数量应接近井筒中钻井流体的量。

(7)分段循环钻井流体。油气活跃的井,下钻时应分段循环钻井流体,以避免大量气体上返时膨胀而形成井涌。循环时要计算油气上窜速度,用以判断油气活跃程度和钻井流体密度是否适当。

1.1.2 处理井喷

溢流往往是井喷征兆的第一信号。因而只要一发现溢流,必须立即关闭防喷器,用一定密度的加重钻井流体进行压井,以迅速恢复液柱压力,重新建立压力平衡,制止溢流。压井时,将增大了密度的钻井流体注入井内,使井内钻井流体液柱的压力稍大于储层压力。对于高压井,主要用循环压井的方法,包括正压法和反压法。正压法是将压井流体从钻杆泵入,再由钻杆和井壁之间的环形空间返出。如此不断循环,将井内稀释的钻井流体排出,将井压住。反压法是将压井流体从钻杆之间的环形空间泵入,再由钻杆返出,不断循环,将井内稀释的钻井流体排出,将井压住。压井法根据压井的次数还可发分为司钻法和工程师法。

(1)司钻法。司钻法又称二次循环法压井。发现溢流并关井后,第一循环周用原钻井流体循环排出井内受侵害钻井流体。待压井钻井流体配制好,开始第二循环周,将压井钻井流体泵入井内。

(2)工程师法。工程师法又称一次循环法压井。井涌关井后,计算压井流体密度。计算压稳井筒所需要的压井钻井流体密度,并配制钻井流体,然后开启节流阀并开泵注入压井钻井液循环压井。

正确选用压井钻井流体是缩短处理溢流、井喷的时间,防止处理过程中再出现井漏、卡钻等井下复杂情况与事故的重要技术措施之一。下面讨论对压井钻井流体的一般要求。

(1)压井钻井流体密度的确定。压井钻井流体的密度可由下式求得:

$$\rho_{m1} = \rho_m + \Delta\rho \tag{7.1.9}$$

$$\Delta\rho = 100(p_d/H) + \rho_e \tag{7.1.10}$$

式中 ρ_m——原钻井流体的密度,g/cm^3;

ρ_{m1}——压井钻井流体密度,g/cm^3;

$\Delta\rho$——压井所需钻井流体密度增量,g/cm^3;

p_d——发生溢流关井时的立管压力,MPa;

H——垂直井深,m;

ρ_e——安全密度附加值,g/cm^3。

安全密度附加值取值的一般原则是油、水层 $0.05\sim0.1g/cm^3$,气层为 $0.07\sim0.15g/cm^3$。用于压井的钻井流体密度不宜过高,以防止压漏地层,诱发更为严重的井喷。但其密度亦不宜过低,否则压不住井。

(2)压井钻井流体的类型、配方及性能。压井钻井流体的类型和配方应与发生溢流前的井浆相同。对其性能的要求也应与原井浆相似,即必须使压井钻井流体具有较低的黏度,适当的切力;尽可能低的失水量、滤饼摩擦系数和含砂量;24.0h 的稳定性应小于 $0.05g/cm^3$,以防止重晶石沉淀和压井过程中发生压差卡钻。

(3)压井用加重钻井流体的量及配制要求。用于压井的加重钻井流体,其体积量通常为井筒体积加上地面循环系统中钻井流体体积总和的 $1.5\sim2$ 倍。配制加重钻井流体时,必须预先调整好基浆性能,膨润土含量不宜过高(应随加重钻井流体密度的增高而减小),然后再加重。往钻井流体中加入重晶石一定要均匀,力求保持稳定的钻井流体性能。采取循环加重压井时,加重应按循环周加入重晶石,一般每个循环周钻井流体密度提高值应控制在 0.05~0.1g/cm³,以力求均匀、稳定。

综上所述,尽管井喷是钻井过程中的恶性事故,会造成巨大经济损失,但只要掌握了科学的钻井和钻井流体技术,井喷是完全可以预防的。

1.2 体系种类

钻井作业中,由于地层情况的个体差异,即使地层压力明确的井也可能会出现溢流和井喷事故。因此,采取合适的压井钻井流体尤为重要。目前在现场应用的压井钻井流体主要有水基压井钻井流体,使用重晶石、铁矿粉、方铅矿、菱铁矿、钛铁矿、磁铁矿、石灰石粉等加重压井流体密度,此外还有油基型压井流体,泡沫压井流体。

1.2.1 水基压井钻井流体

英深1井是一口五开重点复杂超深预探井,完钻井深为7258.00m。该井在侧钻后处理井漏过程中,发生高压盐水溢流。针对这一问题,使用密度为4.8g/cm³的铁矿粉作为加重剂配制压井流体,在兼顾流变性、抗盐侵害等性能基础上,通过现场实验,成功配制出能够控制溢流,密度为2.8g/cm³的超高密度压井流体,经反复实验以膨润土的变化调整钻井流体的密度(王书琪等,2006)。水基铁矿粉压井钻井流体主要组分见表7.1.1。

表7.1.1 水基铁矿粉压井钻井流体的主要组分表

序号	组分名称	组分代号	加量范围,%	作用
1	膨润土	未明确代号	2.7 或者 2.0	两套配方,2.7%用于调整密度2.6g/cm³压井流体,2.0%用于调整密度2.8g/cm³压井流体,主要用于悬浮加重材料
2	磺化酚醛树脂	SMP-1	3.0	降低钻井流体的失水量
3	褐煤树脂	SPNH	1.5	与磺化酚醛树脂降低钻井流体的失水量
4	氯化钾	未明确代号	2.0	抑制水敏性地层水化膨胀
5	铁矿粉	未明确代号	根据密度要求	提高流体密度

按配方配制压井流体。根据计算比例混合,在不断搅拌的情况下,向膨润土浆和胶液的混合液中加入氯化钾,用铁矿粉加重到需要的密度。配制300.0m³密度为2.6~2.63g/cm³的压井流体以及150.0m³密度为2.8g/cm³的压井流体。

下钻至井深4300.18m,用159.0m³密度为2.6g/cm³压井流体以及92.0m³密度为2.8g/cm³压井流体循环压井,排量为5.0~18.0L/s,套管压力由2.7MPa升至6.3MPa,然后下降至0。期间,替出盐水100.0m³(密度为1.22g/cm³,氯离子含量195000.0mg/L),压井成功。解除了英深1井在钻井过程中溢流难题。

用优化配方配制密度小于2.6g/cm³的压井流体,流变性良好,150.0℃老化24.0h后性能良好。但是密度超过2.6g/cm³时,对流变性不好控制,只适用压井等特殊作业。即密度小于 2.6g/cm³ 的水基铁矿粉压井钻井流体流变性、耐高温性能良好,可用于钻井;密度高于 2.6g/cm³ 的压井钻井流体,流变性能不好控制,不宜用于钻井。

1.2.2 油基压井流体

一种油基压井液在一定时间内具有耐温悬浮稳定性、密度可调、能防止固相侵入和防火安全性。

采用不同类型悬浮剂组成与原油配成体系,在 $170s^{-1}$ 的剪切速率下,剪切 120min,同时将体系的温度从 30℃升到 94℃,测定体系的黏流特性,以考查各种组分对体系黏度和流变特性的影响,对近 40 组配方进行的筛选确定了基础配方。再用悬浮剂与不同量的原油配成三个应用体系,在 94℃和 $170s^{-1}$ 速度梯度下剪切 60min;然后,每隔 2.5min 将速度梯度从 $170s^{-1}$ 升到 $600s^{-1}$ 再回落到 $170s^{-1}$ 变化一次,测定流变特性。

1.2.3 泡沫压井流体

泡沫压井液具有密度低、漏失量小、黏度适中、用液量小、返排迅速彻底、摩阻小、易泵注等特点。2002 年 1 月在川西北气矿中 39 井现场试验泡沫压井。按施工设计方案,2 次压井作业均成功。表明泡沫压井液现场配制方便,可实现连续压井 38h 无天然气外溢,基本上能满足中坝气藏低压低产井常规试修作业中的单项工艺措施;泡沫压井液漏入产层后,历时 50 余天仍能排出地面,恢复该井正常生产,表明泡沫压井液对类似岩性的产层伤害较小。

1.3 发展前景

压井钻井流体是溢流发生后维持井内压力平衡的钻井流体,与常规钻井流体相比具有密度大的特点。但压井钻井流体密度过高,不易控制其流变性,在井下难以达到压井的目的。因此,配制出维持井下钻井作业的性能良好的压井钻井流体,提高钻井效率,成为预防及治理钻井井喷、溢流的有效措施。

1.3.1 存在问题

超高密度压井流体配制的关键是控制膨润土含量。但膨润土含量大造成黏度和切力太高,无法控制;含量过低造成悬浮能力差,加重剂沉淀,影响性能稳定。选用加重剂时要高密度,不能有明显的增黏效应,还需考虑加重剂的粒度配比和降失水等问题。

1.3.2 发展方向

配制低剪切稀释特性,低触变性的稳定的超高密度压井流体是压井钻井流体的关键。在处理溢流过程中,选取合适密度的钻井流体能够恢复或重建井内压力平衡关系,阻止溢流、井喷事故进一步严重化。因此,配制流变性能良好、性能稳定以及密度合适压井作业的钻井流体是压井钻井流体的发展方向。

第2章 防卡/解卡钻井流体

在钻井过程中,钻具在井下既不能转动又不能上下活动而被卡死的现象称为卡钻(Drill Pipe Sticking)。防卡和解卡都有其相应的钻井流体,称为防卡解卡钻井流体(Control Drill Pipe Sticking Drilling Fluids)。卡钻是钻井施工中的常见事故,在卡钻类型中,黏附卡钻所占的比例最大,给钻井工程带来严重的经济损失。如果钻具卡钻,必须立即停钻进行处理。轻者延误钻井时间;严重时甚至导致井的报废,给钻井工程带来极大损失。因此,防止卡钻和快速解卡非常重要。

钻井过程中,常见的卡钻方式有压差卡钻、沉砂卡钻、井塌卡钻、砂桥卡钻、掉块卡钻、缩径卡钻、泥包卡钻和键槽卡钻等8种。前7种卡钻现象与钻井流体有关,后一种与井眼轨迹有关。

(1)压差卡钻。压差卡钻又称滤饼黏附卡钻。此类卡钻在钻井所发生的卡钻事故中占的比例最大,它的发生与钻井流体关系最为密切。

压差卡钻是指钻具在井中静止时,在钻井流体与地层孔隙压力之间的压差作用下,紧压在井壁滤饼上而导致的卡钻。

钻井过程中,钻柱旋转时,它被一层钻井流体薄膜所润滑,钻柱各边的压力相等。但是,当钻柱静止时,钻具的一部分重量压在滤饼上,迫使滤饼的孔隙水流入地层,滤饼的孔隙压力降低,而滤饼内的有效应力则随孔隙压力减少而增加,当钻具较长时间停靠井壁,滤饼内的孔隙压力逐渐降至与地层的孔隙压力相等,钻柱两侧产生压差(此压差等于钻井流体在井眼内的压力与地层孔隙压力之间的差),从而增加了上提钻柱的阻力,如果此阻力超过钻机的提升能力,就会造成卡钻。

当钻具在井中静止靠在井壁上,如要上提钻具,其提升力必须超过其摩擦阻力才能将钻具提起,如此力克服不了摩擦阻力,就会发生卡钻。根据摩擦作用的物理意义可以得知,钻具运动的摩擦阻力为:

$$F = kA(0.1\rho H - p_p)$$

式中 F——摩擦阻力,kgf;

k——滤饼摩擦系数;

A——钻具与井壁接触面积,cm³;

ρ——钻井流体密度,g/cm³;

H——卡点深度,m;

p_p——地层孔隙压力,MPa。

从以上分析和公式可以得出,压差卡钻是否发生取决于钻具与井壁的摩擦阻力的大小,而影响摩擦阻力的因素有三个方面:钻井流体密度增大,压差增高,摩擦阻力也增大;钻具与井壁接触面积越大,则摩擦阻力越大,钻柱与井壁接触面积大小与很多因素有关;滤饼摩擦系数越大,摩擦阻力亦越大。垂深、井斜越大,越容易发生压差卡钻。

因此,压差卡钻的主要因素有:

① 井眼与钻具尺寸。井眼尺寸相同时,钻柱尺寸增大,钻柱与井壁接触面积增大。

② 井斜角及方位。钻柱与井壁接触面积随井斜角增大及方位角变化幅度的增大而增大。

③ 滤饼厚度及质量。钻柱与井壁接触面积随滤饼厚度增加而增大。

④ 卡钻后时间。钻柱与井壁接触面积随钻柱靠井壁时间增长而增大。

⑤ 岩屑床厚度。大位移井与水平井钻柱与井壁接触面积随岩屑床厚度增加而增大。

防止压差卡钻需要采取一定的合理的措施:

① 选择合理的钻井流体密度。降低钻井流体密度,在确保不发生井喷的前提下,尽可能降低钻井流体密度。

合理设计钻井流体密度。确保其处于平衡地层压力下,能够尽可能降低钻井流体密度,从而有效降低钻井流体静液柱压力与相应地层孔隙压力之间的压力差,从而实现近似于平衡力钻井。油井压差控制在 $1.5 \sim 3\text{MPa}$,而气井压差则控制在 $3.5 \sim 5\text{MPa}$。切实做好地层压力监测工作。依据地层压力系数来对钻井流体密度值进行及时调整。

② 调整好钻井流体性能。减少钻屑床的厚度。大位移井和水平井依据所钻井井斜角大小,选用钻井流体合适的流变参数、环空流型和环空返速,防止岩屑床的形成。

确保钻井流体性能的低失水性、低黏度以及低含砂等特点,保持良好的滤饼质量。对使用的钻井流体性能要进行定期测量,要勤于观察、维护。在对加入药品进行处理时,一定要依据循环周进行均匀加入,切记加量不应过猛。

③ 减少钻具与井壁的接触面积。钻进作业过程中,尽快能地减少和控制钻具与孔壁的接触面积。如使用加重钻杆代替钻铤,使用带扶正器的钻具组合。为了减少钻具与井壁的接触面积,应采取以下措施:降低钻井流体失水量(特别是高温高压失水量),改善滤饼质量,使其薄、坚韧、致密,并具有低的渗透率和良好的可压缩性;注意活动钻具,减少钻具与井壁接触时间;对于直井,应尽可能把井打直,避免过大井斜角以及井斜角和方位角的剧变;采用合理的钻具结构,使用螺旋钻铤,将钻具与井眼接触面积减至最小限度;对于定向井,应避免方位角剧变;对于大位移井和水平井,采用合理的流变参数、环空流型与环空返速,防止岩屑床的形成等。

④ 减少钻具的静止时间。尽量减少钻具在裸眼内静止时间。如果需要设备修理,尽量起钻到上层套管内,如条件不允许,则尽量在修理时保持钻具处于活动或间歇性活动状态。对于预测的低压、高渗透砂岩井段,尤其要注意减少钻具静止时间。

⑤ 及时发现卡钻,尽早处理。发现钻具启动摩阻增高,有压差卡钻的征兆,要及时分析原因并采取有效措施,避免情况进一步恶化导致卡钻。

⑥ 降低滤饼摩擦系数:采用优质钻井流体,在钻井流体中混油或加入润滑剂,使用好固控设备,降低钻井流体含砂量等。

减少钻屑床的厚度(对于大位移井和水平井)。依据所钻井井斜角大小,选用钻井流体合适的流变参数、环空流型和环空返速,防止岩屑床的形成。

解除压差卡钻,一般主要采用浸泡和降密度的方法,同时辅以其他方法。

① 浸泡油或解卡剂来解卡,并可使用震击器。为了解除卡钻,必须首先确定卡点位置,其方法有两种:一种方法是实测钻杆受到一定拉力后产生的伸长值,再用公式计算卡点;另一种方法是用测卡仪进行实测。然后浸泡原油、柴油或解卡剂,减少钻具与井壁的黏附面积及降低钻具下滤饼的摩擦系数。由于油对水基钻井流体滤饼的毛细管压力较大,使滤饼压缩而降低接触角,油可沿着滤饼凹凸的地方渗入,降低滤饼摩擦系数,从而达到解卡的目的。

解卡剂必须具有对固相表面有良好的润滑及油润湿的特性,且对钻井流体没有侵害或侵害程度较小。解卡剂有两种:一种是非加重的,另一种是加重的。非加重的解卡液通常用原油或柴油加表面活性剂(渗透剂和润滑剂等)配成,适用于非加重钻井流体;由于其密度低于钻井流体的密度,因而该液顶替到预定位置后会自动向上运移。故在顶替时,当钻杆内的解卡液液面高于环空解卡液液面时必须停泵,否则钻杆内高密度的钻井流体会继续把解卡液向上顶直至压力平衡为止,那么就可能使解卡液不能全部泡经卡点而导致失败。加重解卡液用于加重钻井流体,其密度必须接近或等于钻井流体密度,这样才能保证解卡液能停留在卡点部位,在全部浸泡时间内均能起作用。

② 浸泡盐酸。如果钻井流体是用石灰石粉加重,在钻井过程发生卡钻或卡钻地层为碳酸盐岩的情况,可采用泡盐酸解卡。

③ 降低钻井流体密度以求达到降低压差的目的。如裸眼井段地层比较稳定,不易坍塌,则在发生压差卡钻后,可泡加有抑制剂与润滑剂的水,通过降低压差来解卡。

(2)沉砂卡钻。沉砂卡钻是由于钻井流体悬浮性能不好或处理钻井流体过程中钻井流体黏度与切力下降幅度过大,导致钻井流体中所悬浮的钻屑和重晶石沉淀,埋住井底一段井眼。如处于正常钻进,则可能埋住一部分钻具,造成卡钻;如果发生在下钻过程中,若下钻过猛或遇阻强压,则有可能使钻头和一部分钻具压入沉砂中,水眼被堵死,不能循环钻井流体,造成沉砂卡钻。沉砂卡钻也可能发生在上部极软地层钻进时,由于钻速快,环空钻屑浓度高,所使用的钻井流体黏切低,环空返速低等原因,导致井底有大量沉砂,若司钻操作不当,接单根后下放速度过快,就可能使钻头和钻铤插入沉砂而卡钻,或设备发生故障而突然停泵,钻井流体因黏切过低而无法悬浮钻屑而造成沉砂卡钻。

防止沉砂卡钻主要是使钻井流体保持合适的黏度与切力,有效地携带和悬浮岩屑;还应设计合理的环空返速,较好地清洗井眼与井底,保持井眼清洁;此外,在极软地层钻进时,应控制钻速,防止环空形成过高的钻屑浓度。

一旦发生沉砂卡钻,应千方百计憋通钻头水眼,恢复循环(开泵时应采用小泵量),提高钻井流体黏度与切力,边循环边活动钻具,以期达到逐渐清除沉砂,进而解卡的目的。切忌用大泵量猛开泵,或盲目地猛提、硬压、强转钻具,致使沉砂挤压得更紧,卡得更死,甚至造成井漏或井塌等更为复杂的井下情况。如无法恢复循环解卡,只有采取套铣倒扣。对于沉砂卡钻,还可以采用浴井解卡的方法,即向井内环空注入黏度和切力大于原洗井液的液体(一般为原油、柴油),泡松钻具周围的沉砂,降低黏附系数,减少与钻具的接触面积,减少压差,从而活动解卡。

(3)井塌卡钻。井塌卡钻是指在钻井过程中突然发生井塌而造成的卡钻。井塌卡钻大多是由于以下原因所造成:突然钻至破碎性地层,钻井流体无法抑制坍塌;井壁已经发生坍塌,处理井塌划眼过程中又出现坍塌,塌块将钻具卡死;钻井过程发生井漏,液柱压力下降,突然引起上部地层坍塌造成卡钻;钻井过程中发生井喷,井筒中液柱压力下降,引起上部地层坍塌;钻井过程中,由于上提或下放钻具速度过快造成强烈的抽吸或挤压,或由于开泵过猛,或钻具对井壁的撞击等原因造成突然井塌而造成卡钻。处理井塌卡钻时,如钻头水眼还没有堵死,不要采取硬提猛放或大排量等强化措施,可采用小泵量开泵,建立循环,并同时缓慢活动钻具,逐渐增大泵量,慢慢带出坍塌物而解卡;如仍无法解卡,或钻头水眼已被堵死,则只有通过套铣倒扣来解卡。防止井塌卡钻的根本方法是搞清地层特性,采取有效措施保持井壁稳定,防止突发性井塌。

(4)砂桥卡钻。砂桥卡钻是由于井壁不稳定或洗井效果不好,松散的易坍塌或易剥落的地层与胶结牢固、井径规则的地层交互造成井径不规则,出现"糖糊芦"井眼,钻井过程中岩屑在"大肚子"井段上返速度低,不能被携带上返,逐渐沉积在大小井径交错的台阶处,形成砂桥;下钻时,如下放钻具过猛,速度过快,将导致钻头插入砂桥,造成砂桥卡钻,并同时堵死水眼。预防砂桥卡钻的方法是尽可能维持泥页岩的稳定性,防止泥页岩的剥落坍塌;采用合理的聚丙烯酰胺钻井液流变参数和水力程序,提高钻井流体携带岩屑的能力。另外,在钻具组合、钻井措施和操作上也要采取相应的措施。砂桥卡钻的处理方法与井塌卡钻相似。

(5)掉块卡钻。当井内掉入较大的物块,不能无阻地通过环形空间,在某段井径较规则或较小的环空处卡住而造成的卡钻;有时即使掉下的块较小,但因所采用的钻具是满眼钻具也会卡住钻具,上述的卡钻均称为掉块卡钻。掉块可能是塌块,也可能是钻头使用不好而掉的牙轮,或地面操作不慎而掉的落物。

为了防止掉块卡钻,钻井过程中应采取有效措施,保持井壁稳定;使用好钻头,防止掉牙轮;地面谨慎操作,防止落物。若已发生掉块卡钻,在起下钻中要尽量下压,并可同时启用随钻下击器进行下击。上提时以不超过原悬重50kN为宜,然后迅速下放。在上下活动中,可试启动转盘,反复活动,也可泡酸。若下压、转动、震击、泡酸都无效,则要用爆炸松扣或倒扣的方法从卡点倒开,起出钻具后进行套铣。

(6)缩径卡钻。缩径是指已钻过井段的井眼直径小于所采用的钻头直径的现象。缩径卡钻发生在起钻过程中,当钻头起至缩径井段发生遇卡,上提过猛而卡死;或在下钻过程中,钻头下至缩径井段遇阻,划眼中措施不当而卡死。

缩径常发生在盐膏层、含盐膏软泥岩、含膏泥岩、浅层高含水泥岩、浅层或中深井段的泥岩层、高渗透砂砾岩层等类地层中。造成缩径的原因有以下4种:

① 盐岩、含盐膏软泥岩是一种塑性体。当其被钻开,如钻井流体密度不足以平衡上覆应力和地应力等所产生的侧向应力时,盐岩或含盐膏软泥岩就会发生塑性变形,造成缩径。

② 浅层或中深井段成岩程度较低的含大量蒙皂石的泥岩,当其被钻开后,蒙皂石吸水膨胀造成井径缩小。此现象大多发生在井深700~1200m井段新近系—古近系或白垩系泥岩中。

③ 纯沥青层段。

④ 钻进高压高含水厚层塑性泥岩时,如钻井流体密度不能平衡此种高压,泥岩就会发生塑性变形,造成缩径。

⑤ 钻进高渗透砂岩或砾岩时,如钻井流体失水量大或环空返速过低,就会形成厚滤饼而造成缩径。

(7)泥包卡钻。泥包卡钻是指钻进上提钻具过程中,因钻头泥包而遇阻所造成的卡钻。造成钻头泥包是由于钻进易吸水膨胀的泥岩层时,由于环空上返速度过低,钻井流体黏度高、失水量大,吸水膨胀的泥岩岩屑黏附在钻头上,而没能及时被上返的钻井流体所清洗掉,从而造成钻头泥包。

防止泥包卡钻可采取以下措施:选用合适的环空上返速度,及时携带岩屑;依据地层的特性,选用抑制性强的钻井流体;在钻井流体中加入钻头防泥包剂,改善钻井流体的润滑性能,降低岩屑在钻头上的黏附力等。

此外,现场还发现未凝结水泥造成的卡钻,以及生产过程中出砂、压裂砂、填砂、蜡卡、封隔器卡、测试的钢丝卡、套管卡。由此可以看出,卡钻的原因很多。因此,除积极预防卡钻发生外,一旦发生卡钻,应及时正确地判断分析,找出卡钻的原因,正确地采取有效措施,及时解卡,避免事故进一步恶化。

2.1 开发依据

卡钻的预兆可从扭矩、起下钻阻力及泵压的变化来判断。如果油气井发生卡钻,必须立即停钻进行处理,轻者延误钻井时间,严重时甚至导致井的报废,给钻井工程带来极大损失。因此,卡钻是钻井中应尽量避免的一种井下复杂情况。对于卡钻,首先要以预防为主。但一旦发生,必须设法尽快加以解除。

在处理卡钻的方法上,常用的机械方法有振击、套铣、连续液压解卡等,常用的化学处理方法有泡油、泡酸、泡解卡剂等。使用机械方法存在耗时长、作业费用高的缺点,因此绝大多数情况下,还是采用化学处理方法。泡酸解卡方式仅限于处理碳酸盐岩地层卡钻,而且酸液在储运、施工中存在诸多限制条件,使其不能广泛应用。泡油解卡和泡解卡剂解卡法常常联合使用,是钻井施工中使用最多的一种解卡方法。卡钻的处理方法较多,应根据卡钻的类型及原因,卡点深度等综合考虑并分析研究选择不同的解卡方式,解除卡钻。

(1)活动解卡。在井内管柱及设备能力允许范围内,通过上提下放反复活动管柱,以达到解卡目的。活动解卡适用于各种管柱或落物卡钻。

(2)震击解卡。将震击器和加速器等与打捞工具一起下井。捞上并抓紧落物后,根据井况,通过操作震击工具,对被卡管柱进行连续上击或下击,将卡点震松以达到解卡目的。震击解卡适用于落物被砂卡、化学堵剂卡、物件卡及套管损坏卡等。

(3)倒扣解卡。在井内被卡管柱较长,活动解卡无法解卡时,可采用反扣打捞工具,将被卡管柱捞获分别倒出,以分解卡点力量,达到解卡目的。倒扣解卡适用于活动和震击解卡无效时的各种类型卡钻。

(4)套铣解卡。采用合适的套铣工具,将卡点周围的致卡物套铣清除,达到解卡目的。套铣解卡适用于砂、水泥、封隔器及小件落物卡等。

(5)磨蚀解卡。利用磨铣工具,对卡点进行磨铣,以达到解除卡钻的目的。磨蚀解卡适用于打捞物内外打捞工具无法进入及其他工艺无法解卡时使用。

(6)爆炸解卡。用电缆将一定数量的导爆索下至卡点处,引爆后利用爆炸震动,可使卡点钻具松动解卡。爆炸解卡适用于卡点较深的管柱卡。

(7)泡油解卡机理。解卡油一般由混合油组成,具有很强的渗透性和润滑性能,当解卡油泵入钻具和滤饼之间时,油能够快速渗透到滤饼与管柱界面,减小钻具两侧因压差而产生的摩擦力,减小滤饼黏滞系数,达到解卡的目的。

(8)泡解卡剂解卡机理。解卡剂分为水基型和油基型,一般由渗透剂、润湿反转剂、润滑剂、乳化剂、具有去水化作用的盐类或带有大量极性基团的物质等组成,其解卡机理包括渗透作用、润湿作用、润滑作用、去水化作用和滤饼脱落作用等。

在由解卡剂配制成的解卡液中,油类或渗透剂能够显著降低表面张力,润湿反转剂则使亲水表面转变为亲油表面,在渗透剂和润湿反转剂的共同作用下,滤饼中毛细管阻力减弱,使解卡液能够通过毛细管进入井壁地层和管柱—滤饼界面,将钻井流体柱的压力传递到地层中,降低界面压差。

配制好的解卡液注入被卡部位后,它可以渗透到很多相对致密的阻卡物孔隙中,能有效地破坏或疏松由泥浆、岩屑形成的胶结结构,降低其黏滞系数或摩阻,通过间断性的提拉、下放被卡钻具,改善渗透范围,从而达到被卡钻具逐渐解卡的目的。

在解卡液进入管柱和滤饼接合部,完成界面的表面改性后,润滑剂分子中的亲水基团吸附在钻具和滤饼表面上或滤饼颗粒间形成定向紧密排列,另一端非极性基团形成一层"油"膜,降低界面和滤饼颗粒间的摩擦系数。

去水化作用的物质可以使水化膨润土收缩,促使黏土颗粒聚集,这种反应在钻具和滤饼界面发生,会使滤饼脱水产生裂缝,为解卡液的渗入提供通道,也可使原滤饼变薄,降低被黏钻具与滤饼的接触角,减小界面面积;在滤饼其他结构上发生,会在滤饼结构中产生许多小的通道,供解卡液通过,并可使井壁岩层与滤饼间的黏结力减弱,促使滤饼从井壁上脱落。

泡解卡剂是解决黏附卡钻的有效方法之一,但是由于解卡剂的应用范围窄,现场施工人员对解卡剂的配制方法掌握不足,以及受现场施工设备的限制,常常使解卡液的性能不完备,可能导致解卡效率不高,甚至造成更加严重的事故。要及时有效地解除黏附卡钻,需要提高对解卡剂机理、配方和施工方法的认识,避免卡钻后引起其他井下复杂情况,达到缩短钻井周期,节省钻井费用的目的。

2.2 体系种类

常见的防卡钻井流体包括防缩防卡钻井流体和有机硅防卡钻井流体。解卡钻井流体有油包水解卡钻井流体、无机盐水解卡钻井流体、聚合物解卡钻井流体和解卡酸钻井流体等。

2.2.1 防卡钻井流体

井下作业管柱,仅能在很小范围内活动或转动,不能上提时称为卡钻。造成卡钻的原因多种多样,防卡钻井流体主要从控制井底钻井流体密度、增强井壁稳定性、降低钻井流体失水量、改善滤饼质量等诸多方面起作用,防止卡钻情况的发生。

冀东油田南堡凹陷高尚堡构造带上的第一口中深水平井 G59-平2井,该井由于井斜、位移大,使得防卡难度增大。井斜大于 40.0°以后,由于携岩困难,岩屑床极易形成且很难破坏,易发生拖压现象,严重时很容易造成卡钻。针对上述情况,配制并使用有机硅防卡钻井流体,重点解决其抑制性和稳定性(胡景东等,2005)。有机硅防卡钻井流体主要组分见表7.2.1。

表7.2.1　有机硅防卡钻井流体的主要组分表

序号	组分名称	组分代号	加量范围,%	作用
1	快钻剂	KZ-1	未明确范围	减小钻井流体对井底岩石造成的压持效应,提高了钻井速度
2	聚丙烯酰胺钾盐	KPAM	0.2	抑制泥页岩及钻屑分散作用
3	水解聚丙烯腈铵盐	NPAN-2	0.3	降低钻井流体的失水量
4	硅稀释稳定剂	未明确代号	1.5	有效地防止泥页岩的膨胀
5	耐温降失水剂	KJ-1	3.0~5.0	与水解聚丙烯腈铵盐作用一样,降低钻井流体的失水量
6	石墨润滑剂	未明确代号	2.0	提高钻井流体的润滑性

冀东油田 G59-平2 井完钻井深为2778.00m,水平段长198.0m,井底水平位移为1097.32m。

(1)钻至井深1000.00m以前,控制钻井流体中的固相含量和膨润土含量分别低于8.0%和45.0g/L。

(2)钻至井深1000.00m,将钻井流体转型为有机硅聚合物钻井流体。转型方法为首先使用离心机降低固相含量和膨润土含量,保持较低黏度,通过小型试验在钻进中均匀加入1.5%硅稀释稳定剂。钻进过程中使用0.5%强力抑制剂、0.5%水解聚丙烯腈铵盐配制成胶液维护,用烧碱调整pH值到8.5以上,及时补充硅稀释稳定剂和强力抑制剂,使钻井流体始终具有较强的稳定性和抑制性。

(3)进入玄武岩地层(2086.00~2112.00m)前,在井深2030.00m处开始加入3.0%~5.0%有机硅腐殖酸钾,高温高压失水量控制在8.8mL/30min,很好地解决了玄武岩地层的垮塌问题。从电测井径曲线看,在1936.00~2160.00m井段井径规则,井径与钻头大小相符。

(4)钻进深部地层后,为更好地改善滤饼质量,增强钻井流体的耐温性,在井深2270.00m加入浓度为3.0%~5.0%的耐温降失水剂,保证了深部孔隙发育地层和易垮塌井段的施工安全。

(5)润滑剂的加入情况。第一次造斜时在井深700.00m加入10.0t原油,钻井流体含油量达到6.0%;进入玄武岩前在井深1925.00m补加10.0t原油,钻井流体含油量达到9.0%;在着陆前200.0m井深2331.00m处再加入12.0t原油,钻井流体含油量达到9.0%;在井深2424.00m起钻至井深720.0m时发生键槽卡钻,泡10.0t原油解卡,最高含油量达到15.0%。为防止第二次造斜段滑动拖压,增强防卡效果,在第二造斜点前400.0m(井深1750.00m处)添加石墨润滑剂,逐步使其在钻井流体中的含量达到2.0%,进一步提高钻井流体的润滑性,降低摩阻系数至0.08以下,确保钻井施工顺利。

(6)在井斜角大于40.0°后要经常加入流型调节剂,以提高钻井流体的悬浮和携带岩屑能力,延缓岩屑床的形成时间。

(7)采用固液润滑剂复合防卡措施,保持含油量为 8.0%～10.0%,石墨及阳离子乳化沥青的含量为 2.0% 和 1.5%,滤饼质量得到了明显改善,始终保持了较低的高温高压失水量(小于 9.0mL/30min)和较好的润滑防卡效果,水平段钻进期间未出现拖压现象,复合钻进加压 2.0～3.0tf,滑动钻进加压 6.0～8.0tf。短程起下钻,起下钻畅通无阻。

以有机硅防卡钻井流体在 G59-平 2 井的实际应用为例,进一步介绍该钻井流体在实际地层中的应用特性。

在大斜度及水平井段固液润滑剂合理兼容,液体润滑剂、固体石墨、阳离子乳化沥青复配使用起到了很好的润滑防卡效果,改善了滤饼的原始状态。该井在大斜度及水平井段起下钻畅通无阻,几乎拉力不增。复合钻进加压 2.0～3.0tf,滑动加压 6.0～8.0tf。基本解决了拖压和防卡问题。

使用有机硅体系钻井流体流型便于调整,稳定性好。在完钻后期 7.0d 时间内基本没有大量补充处理剂也能保持较好的流型。每次下钻到底不做处理,循环 1 周钻井流体基本恢复了起钻前的性能。由于钻井流体性能稳定、流型好(能达到紊流),井壁干净,岩屑床不易形成。勤用稠浆带砂增强了钻井流体的携岩效果。

此外,二连油田巴音都兰地区砂砾层渗透性强,泥岩段富含蒙皂石,水敏性强,施工过程中易发生缩径、拔活塞、大段划眼、卡钻等复杂情况。通过对二连油田巴音都兰地区地质情况及卡钻原因的分析研究,配制出针对该地区的防缩防卡钻井流体。通过优选钻井流体配方,调整钻井流体维护处理方案,及时并保量地加入防塌剂和高温高压降失水剂,提高了钻井流体抑制性,解决了该地区缩径、卡钻的复杂情况(夏景刚等,2003)。

2.2.2 解卡钻井流体

压差卡钻是由于井筒内液柱和地层之间存在压力差,使钻具黏附于滤饼造成。其解卡机理包括渗透作用、润湿作用、去水化作用等。解卡液通过降低及消除毛细管阻力或去水化作用向滤饼渗透,同时通过表面活性剂降低滤饼和钻具间的黏附系数,实现解卡。其中去水化作用尤为突出。

针对该区块前期完成的长 2 井和长 3 井等在钻遇高压盐水层后,经关井、压井等工序压稳盐水层后,由于钻井流体密度变化幅度过大,均发生压差卡钻。针对采用油基解卡剂浸泡均不能解除的问题,研制了盐水溶液解卡剂配方(刘梅全等,2007)。盐水溶液解卡钻井流体主要组分见表 7.2.2。

表 7.2.2 盐水溶液解卡钻井流体的主要组分表

序号	组分名称	组分代号	加量范围,%	作用
1	氯化钠	未明确代号	10～20	用于解卡钻井流体的脱水,利于解卡液的渗入和解卡
2	氯化钾	未明确代号	20～30	其作用与氯化钠一样
3	快速渗透剂	OT	0.1～0.8	提高解卡钻井流体的渗透能力
4	甲酸钾	未明确代号	未明确范围	提高解卡钻井流体的密度

长 5 井属于酒泉盆地长沙岭构造上的一口探井,地质条件极为复杂。长 5 井采用 ϕ444.5mm 钻头开钻,钻至井深 1501.27m 下入 ϕ339.7mm 表层套管至井深 1500.62m;采用 ϕ311.0mm 钻头二开钻至井深 3859.45m 起钻至井深 3274.00m 时发生压差卡钻,经过分段套铣倒扣将事故解除,继续钻进,钻至井深 3977.32m 揭开中沟组高压盐水层,将钻井流体密度提至 2.0g/cm^3,水层压稳后,在短程起钻过程中起至井深 3256.59m 发生第二次压差卡钻。

(1)第一次泡解卡液。解卡液配方为 23.0m^3 柴油、7.0t 解卡粉、1.0t 快速渗透剂、30.0t 重晶石,解卡液密度为 1.83g/cm^3,漏斗黏度为 86.0s,失水量为 12.0mL/30min,切力为 7Pa/13Pa,浸泡 74.75h 后,不能解卡。

(2)第二次泡解卡液。解卡液配方为 5.0t 解卡剂、4.0m^3 清水、200.0kg 氧化钙、400.0kg 润滑剂、19.6m^3 柴油、18.0t 重晶石、1.0t 快速渗透剂,解卡液密度为 1.75g/cm^3,漏斗黏度为 72.0s,失水量为 11.2mL/30min,切力为 9Pa/17Pa,浸泡 57.25h 后,不能解卡。

(3)泡无机盐水基解卡液。解卡液配方为 14.0m^3 清水、6.0t 氯化钠、4.0t 氯化钾、600.0kg 快速渗透剂、20.0t 甲酸钾、21.0t 重晶石粉。解卡剂密度为 2.0g/cm^3,漏斗黏度为 68.0s,失水量为 112.0mL/30min,切力为 2Pa/3Pa,动切力为 10.0Pa,塑性黏度为 74.0mPa·s,pH 值为 8.0,含砂量为 0.2%,动塑比为 0.14Pa/(mPa·s),固相含量为 28.0%,氯离子浓度为 16500.0mg/L。注入 18.4m^3 解卡剂,浸泡井段为 2979.57~3256.59m,10.0h 后自行解卡。

长 5 井在浸泡油基解卡液 132.0h 无效后采用无机盐水基解卡液配方,浸泡 10.0h 后自行解卡。该配方通过增强渗透性、降低活化度、提高润湿性的解卡机理,大幅度缩短了解卡周期,提高了解卡成功率。

王旭等考虑到油基解卡剂在环境敏感地区使用时的局限性,在大量试验的基础上,确定了 LH-1 水包油型解卡剂,具有良好的乳化稳定性,解卡效果良好;具有良好的沉降稳定性,在 1.4g/cm^3 高密度条件下,仍然保持良好的解卡效果;大大减少了柴油的用量,既降低了材料成本,又减少了对环境的污染(王旭等,2006)。

针对磨溪地区水平井段易出现的压差卡钻,配制出 SPJ 解卡液。SPJ 解卡液是一种具有流动性好,破乳电压高,穿透滤饼能力强,浸泡滤饼后滤饼脱水快、易硬化、龟裂明显,且对钻井流体流变性影响小的高效解卡液。SPJ 解卡液对于解决磨溪地区钻井过程中的压差卡钻事故有良好的效果(张坤等,2007)。

针对柴油直接浸泡解卡存在的储层伤害问题,研制了油包水解卡钻井流体。该钻井流体具有良好的渗透性、悬浮性、乳化稳定性以及润滑性。避免了单独使用柴油浸泡发生上穿的现象,增大了对卡点的有效浸泡,解卡成功率大大提高(玄美玲等,2013)。

针对常规解卡钻井流体解卡率不高的问题,研制了聚合物解卡钻井流体(王立泉等,2001)。钻井流体在现场解卡 5 口井,均获得了成功。此钻井流体尤其适用于井深小于 3000.00m,钻井流体密度小于 1.3g/cm^3,地层压力系数正常或地层压力系数较低,且井壁稳定、较长裸眼造成的压差卡钻的井。该钻井流体成功率高,且施工费用低,尤其适用浅井解除此类卡钻事故。

YB 地区部分碳酸盐岩储层微裂缝发育,钻井过程中发生卡钻事故后采用常规酸液进行酸化解卡,但易发生酸液漏失,难以达到解卡目的。针对这一问题,研制了解卡酸液钻井流体(戴建全,2010)。在 YB 区块 YB11 井解卡中得到成功应用,为 YB 区块及其他地区高温深井碳酸盐岩岩屑卡钻的解卡提供了新的解决手段。

2.3 发展前景

钻井过程中由于遇到特殊地层构造、钻井流体的类型与性能选择不当、井身设计等原因都容易造成井下卡钻事故,在钻井中钻井流体尤为重要。钻井流体的好坏决定了整个钻井成功与否,钻井流体中的固相对钻速有较大影响。设清水的钻速为 100.0%,固相含量升高到 7.0% 时钻速降为 50.0%。研究表明,固相含量每降 1.0%,钻速至少可提高 10.0%,固相含量越高越易造成井下卡钻事故。因此,钻井流体的研究优化就很重要了。

2.3.1 存在问题

理论研究和现场实践都证明,钻井流体在满足携岩的情况下,进一步提高黏度和切力,携岩能力不会有大的提高,反而会给井下带来不利的影响。

上部地层的阻卡对钻井流体的黏度和切力比较敏感,表现为黏度和切力高则阻卡严重。高黏度、高切力钻井流体有许多弊端。在钻屑及井壁表面形成黏糊层,增加岩屑之间及岩屑与井壁之间的黏附力;不利于冲刷井壁;容易造成钻头泥包;影响地面固控设备对有害固相的清除效果;增加沿程压耗,影响工程水力参数的发挥;在泵功率一定的情况下,使泵压升高而排量降低,直接威胁到井下安全;起下钻时易引起压力激动,甚至下钻到底开泵困难。

井壁上的滤饼越厚,井下阻卡越严重,由于上部地层的强渗透性,可适当通过控制失水量来减小滤饼厚度,从而降低阻卡。然而,滤饼厚度不仅与失水量有关,而且与钻井流体的固相含量及其类型有关。在井眼尺寸大、机械钻速高、产屑量大且极易分散、地层渗透性强的情况下,钻井流体中固相含量高且混杂,很难形成很薄滤饼。现场实践证明,刻意追求很低的 API 失水量(如低于 5.0mL/30min)是不可取的,阻卡问题也远不是仅控制很低的失水量所能解决的;加入过多的降失水剂来降低失水量,会严重影响到聚合物钻井流体的抑制性和流变性,其结果往往是得不偿失。

在现场施工时,非加重钻井流体的密度最高不能超过 $1.15g/cm^3$,否则,密度自然上升得越高,有害固相含量越高,井下阻卡越严重(贾建文等,2003)。

2.3.2 发展方向

造成卡钻的原因多种多样,防卡钻井流体主要从控制井底钻井流体密度、增强井壁稳定性、降低钻井流体失水量、改善滤饼质量等诸多方面起作用,防止卡钻情况的发生。因此,防卡钻钻井流体未来的发展方向还是要解决如何平衡使用钻井流体处理剂来使钻井流体密度、井壁稳定性、失水量及滤饼质量都达到最优,从而更好地解决卡钻问题,降低钻井事故发生率,提高钻井速度。

此外,现场上发现的还有泥包卡钻、钻具脱落下顿卡钻等类型,由此可以看出卡钻的原因很多,因此,除积极预防卡钻发生外,还要在一旦发生卡钻时进行正确的判断分析,找出卡钻的真正原因，正确地采取有效措施及时解卡，避免事故进一步恶化。

也有文献指出，可以通过回收废弃机油与柴油混合配制油基混合液（赵振云，2016），能够成功处理黏卡事故。

现场实践表明，充分发挥聚合物钻井流体的包被抑制性，抑制钻屑分散，并与高效固控相结合，可很好地实现钻井流体的低固相，再控制适当的膨润土含量，保证了钻井流体具有良好的流变性、携砂性和失水护壁性，而且性能稳定，完全可以满足井下要求，大大降低阻卡的严重程度。

解决阻卡问题需要多方面工作的协同配合，而钻井流体工作是最重要的一个方面。针对上部地层"弱膨胀、强分散"特点而使用的聚合物钻井流体，必须强调两点：充分发挥聚合物体系的抑制性，强有力地抑制钻屑的分散；保持钻井流体有良好的流变性。很显然，用好聚合物钻井流体的主剂，即包被剂，是实现以上两点的关键。同时，加强固控设备的使用，确保钻井流体清洁。现场通过上述钻井流体技术措施，在解决阻卡问题上取得了良好的效果。

第3章 打捞落物钻井流体

一般情况下,有井下落物时需要实施修井作业,才能保证开采工作顺利进行。打捞复杂落物是井下作业的重要组成部分,只有及时将井下落物打捞出油井,才能避免对油井正常生产工作造成不良影响。井下落物形态各异,打捞落入井下的复杂物件时,可以采用多种工艺技术,在选择技术时应综合考虑多种因素。打捞落物钻井流体(Drilling Fluid for Fishing)是指打捞井下落物时所用的钻井流体。

井下复杂落物主要包括小件类井下落物、井下工具、不规则管类、杆类落物等,如柱塞、拉杆、加重杆、油管及筛管等。由于井下落物较为复杂,如无法及时打捞,将可能造成井下工具及管柱等被卡死,甚至导致套管损坏。由复杂落物导致的套管损坏主要分为套管折断、错位、破裂及管径缩小等,如套管破裂,则可能导致油井中涌入大量砂子,砂子进入油井后可造成停产事故;当套管的管径变小时,可能导致下井工具无法顺利通过。

3.1 开发依据

为了提高井下落物打捞的成功率,采取必要的打捞工艺技术措施,将各种简单以及复杂的井下落物打捞起来,恢复油水井的正常生产状态。打捞工艺技术措施主要有6种:小件类落物的打捞技术措施、复杂杆类及管类落物的打捞技术措施、封隔器类落物的打捞技术措施、井口落物的处理技术措施、井下桥塞的打捞技术措施、井下碎管材的打捞技术措施。

在油井修理和复杂打捞作业中,管类落物的打捞占有相当大的比例。由于碎管材的大小不一,鱼顶形状模糊不清,没有办法采用常规的打捞工具进行打捞作业,无论内部打捞,还是外部打捞,都必须进行磨铣作业,将鱼顶磨铣施工,费时费力,解决问题的难度大,需要处理打捞工具。

因此,使用合适的打捞落物钻井流体可以显著提高打捞效果。另外,井下沉砂会影响打捞效果,需要打捞落物钻井流体能够具有冲洗井底沉砂的能力。

3.2 体系种类

目前,由于打捞时一般都借助于原来的钻井流体,所以应用的打捞落物钻井流体主要为水基打捞钻井流体和油基打捞钻井流体。

3.2.1 水基打捞钻井流体

YB29井是部署在元坝区块长兴组和飞仙关组Ⅱ号礁滩复合体的一口预探井,完钻井深6970m。2011年7月对长兴组二段(6636.00~6699.00m)采用环空压力响应(Annular Pressure Responsive,APR)工具测试时发生射孔枪断落事故,后采用可退式打捞筒捞获射孔枪撞针一个,未捞获全部落物。

针对上述问题,以套铣和倒扣打捞工艺为主,配制造浆土适度分散水基打捞流体,井下打捞作业顺利(范青,2017)。无固相微泡钻井流体主要组分见表7.3.1。

表7.3.1 无固相微泡钻井流体主要组分表

序号	组分名称	组分代号	加量范围,%	作用
1	羧甲基纤维素	CMC – LV	0.40	提高钻井流体的黏度,降低钻井流体失水量
2	生物聚合物	XC	0.20	降低钻井流体失水量
3	磺化褐煤	SMC	3.00	降低钻井流体的黏度,降低钻井流体失水量
4	聚丙烯酸钾	KPAM	0.05	降低钻井流体失水量
5	氢氧化钠	未明确代号	0.50	调节钻井流体pH值
6	磺化酚醛树脂	SMP – 1	1.50	降低钻井流体失水量
7	褐煤树脂	SPNH	1.00	降低钻井流体失水量

在钻扫水泥塞及修井打捞落物期间做好振动筛出口处铁屑的收集,跟踪套管磨损情况,实时加入浓度0.5%~1%的减磨剂,以保护好套管。钻扫水泥塞期间不允许采用有保径齿的钻头进行钻扫施工,修井处理工具不允许有外出刃,降低工具对套管的损伤。

YB29井通过采用套铣、倒扣打捞分步走、套铣打捞一体化等修井工艺,成功打捞出长二段全部射孔枪,共计64.62m,为该井的投产奠定了良好基础。修井结束后,对该井的油层套管进行了测井径和电磁探伤,分析套管在钻扫水泥塞及后期修井打捞作业期间套管的磨损情况。通过测井径和电磁探伤结果分析知,在整个作业期间套管的磨损较小,最大磨损量为±3mm。说明该井的套管防磨措施有效,为后期的投产准备了完善的井筒,保证了后期生产的安全。

此外,针对高含硫高压气井钢丝打捞作业面临断落钢丝分布复杂、难以判断井下落物的状态、打捞难度大的问题,配制低固相水基打捞落物钻井流体。该钻井流体相对钻井流体固相含量比较低,后续处理过程中卡埋井下落物风险小;在环空保护液介质中更易于打捞,且不受处理周期长的影响。YB121H井确定钢丝断落后,采用正推法压井,配合钢丝探测器组合、内捞矛组合的打捞工艺,成功打捞起井内所有井下落物(苏镖等,2016)。

3.2.2 油基打捞钻井流体

沙河街组井段极易发生剥落掉块及垮塌,造成钻井过程中起下钻遇阻划眼的原因比较明显,井眼稳定问题十分复杂。根据胜利油田桩西地区东营组以下水平井井身结构和该地区地质情况分析,钻井流体施工存在东营组以下地层,特别是沙河街组井段泥岩垮塌的技术难点。

针对这一问题,李志亮等配制聚磺醇油基打捞钻井流体,打捞井下掉块(李志亮等,2011)。该钻井流体主要组分见表7.3.2。

表 7.3.2 聚磺醇油基打捞钻井流体主要组分表

序号	组分名称	组分代号	加量范围，%	作用
1	高分子强力抑制剂	LS-YW	0.5~0.8	阻止页岩颗粒的水化分散起到防塌作用
2	稀释剂	GHM	2	稀释打捞钻井流体
3	抗盐耐高温降失水剂	WFL-1	1.5~2	降低打捞流体的失水量
4	高效硅氟降黏剂	SF-1	1~2	降低打捞流体的黏度
5	烧碱	未明确代号	0.2~0.3	调节打捞流体的pH值
6	抗盐耐高温防塌降失水剂	KFT	2~3	降低打捞钻井流体的失水量
7	硅氟井壁稳定剂	SF-4	2~3	抑制泥页岩水化膨胀
8	磺化沥青粉	ZX-8	3.0	阻止页岩颗粒的水化分散起到防塌作用
9	极压润滑剂	SD-505	5~6	提高打捞钻井流体润滑性
10	羧甲基磺化酚醛树脂	SD-101	2~3	降低打捞钻井流体的失水量
11	聚合醇润滑剂	SD-302	3~5	提高打捞钻井流体的润滑性能
12	粗塑料小球	未明确代号	2	提高打捞钻井流体的润滑性能

胜利石油管理局渤海钻井一公司近几年完成东营组以下水平井 5 口，分别是埕北 21-平 1 井、孤平 1 井、义 34-平 1 井、孤北 361-平 1 井和桩 11-平 1 井。下部地层钻井流体施工必须强化钻井流体的防塌、润滑和携岩性能，防止硬脆性泥岩垮塌。

钻井流体维护处理时，使钻井流体高温高压失水量小于 12mL/30min，防止泥页岩吸水膨胀。用硅类防塌剂形成化学固壁作用。使用沥青类、醇类封堵材料，封堵泥页岩微裂缝。根据实际情况，选择适当的钻井流体密度，以提供正压差，防止井壁的物理坍塌。

桩 11-平 2 井和桩 11-平 1 井这两口水平井应用该打捞钻井流体进行施工。桩 11-平 2 井与桩 11-平 1 井情况大体相同，东营组底和沙一段钻遇断裂带破碎性地层，使用聚磺醇油基打捞钻井流体后，泥岩垮塌情况略有改善。桩 11-平 2 井与桩 11-平 1 井下入 ϕ339.7mm 技术套管至目的层位置，发生破碎性地层垮塌后，采用了高黏土含量（膨润土含量不小于 70g/L）的高黏切钻井流体，在 ϕ444.5mm 大井眼中多次循环打捞掉块，成功解除了井下掉块问题。

3.3 发展前景

随着近年来中国石油行业的快速发展，中国石油工业的采油技术水平也取得了较大的成果，使得中国的原油生产效率得到了极大的提升。在石油行业的生产作业过程中，井下打捞作业始终是一项非常重要的作业过程，井下打捞能够直接影响油田的正常生产作业。使用正确的打捞落物钻井流体是打捞作业的关键所在。因此，在井下打捞作业中，针对不同的井下情况，通过不同的打捞技术，使用合理的打捞落物钻井流体，完成井下冲砂、打捞落物的施工作业，不断提升井下打捞工艺水平，对中国石油工业的发展有重要的现实意义。

3.3.1 存在问题

井下打捞作业使用造浆土适度分散水基打捞流体难免会磨损套管。在井下打捞作业期间,做好振动筛出口处铁屑的收集,跟踪套管磨损情况,实时加入浓度 0.5% ~1% 的减磨剂,以保护好套管。使用无固相打捞落物钻井流体的时候,认为无固相打捞流体的相对固相含量比较低,压井及后续处理过程中卡埋落物风险小;在环空保护液介质中更易于打捞。

3.3.2 发展方向

配制对储层伤害低的无固相打捞流体能够有效地减少井下作业事故的发生,减少对套管的磨损,提高打捞落物成功率,恢复油气井正常的生产状态。另外,采用无固相打捞流体配合实时液面监测,能够有效地解决井筒净化及井筒安全矛盾的难题,保证含硫气井井控安全,可在类似含硫气井作业中进行推广。因此,如何配制及改进此类低伤害性无固相流体且实施监测,仍是以后发展的重要方向。

第4章 水平井钻井流体

水平井是最大井斜角达到或接近90°(一般不小于86°),并在目的层中维持一定长度的水平井段的特殊井,有时为了某种需要,井斜角也可超过90°。水平井钻井流体(Drilling Fluids in Horizontal Wells)是指钻水平井用的钻井流体。

水平钻井的历史可追溯到19世纪末期,但在前半个世纪的历程中发展缓慢。20世纪80年代,国际石油界迅速发展并日臻完善的综合性配套技术,包括水平井油藏工程和优化设计技术、水平井井眼轨道控制技术、水平井钻井流体与储层伤害控制技术、水平井测井技术和水平井完井技术等一系列重要技术,它综合了多种学科的一些先进技术成果。由于水平井钻井主要以提高油气产量或提高油气采收率为根本目标,所以,已经投产的水平井绝大多数带来了十分巨大的经济效益,因此水平井技术被誉为石油工业发展过程中的一项重大突破。

20世纪50年代,这项技术曾取得明显进展。继苏联和美国之后,中国是世界上第三个开展水平井钻井的国家。1965—1966年,中国的钻井工作者在四川油田先后钻成了磨3井和巴24井两口水平井。磨3井的主要井身参数为总斜深1685m、垂深1368m、水平位移44m、储层内井段长28m、水平段长160m。限于当时的技术条件,这两口水平井都是采用加弯接头的涡轮钻具及氟氢酸瓶测斜方式完成的。

国际上的水平井钻井从20世纪60—70年代基本上处于停顿状态,其原因在于技术落后与不配套造成水平井成本远高于直井,这在油价偏低的情况下显得不合时宜。但20世纪70年代末,国际上许多大石油公司又重新重视水平钻井,并致力发展和完善各项有关配套技术,其原因是全球对油气资源需求量的增加和水平井技术本身可以大幅度提高油气产量和采收率。20世纪80年代是国际水平井钻井技术快速发展、逐步完善并开始大规模推广的重要时期。1980—1984年,世界上有30m以上水平段长的水平井数量尚不足20口,而且主要是长半径水平井。随着被誉为20世纪80年代国际钻井三大新技术的随钻测量仪(MWD)、聚晶金刚石复合片钻头(PDC)和高效螺杆导向钻具的应用,大大促进了水平井钻井技术的进步,使钻井成本仅为直井的2倍左右甚至只略高于直井,而水平井的产量一般是直井的3~5倍。每年新钻成的水平井数量成倍增长,仅1989年1年钻成的中长半径水平井即达257口。1990年又钻成水平井1290口,是1989年的5.2倍。由于中半径水平井较长半径水平井有诸多优点,所以绝大多数是中半径水平井。20世纪90年代以来,水平井钻井技术得到大力发展(张桂林,2005)。

4.1 开发依据

水平井钻井技术是在定向井技术基础上发展起来的一项钻井新技术。由于定向井和水平井能够扩大储层裸露面积。对于提高油气井单井产量、油气采收率效果显著,特别是对于薄层油气藏、高压低渗透油藏以及井间剩余油等特殊油气藏,应用水平井开发具有明显的优势。所以水平井钻井技术已经成为当今重要的钻井技术,今后也必将作为勘探开发的重点技术得到进一步发展。水平井钻井流体技术的难点和重点均在水平段的钻进,其次是造斜井段的钻进。概括地讲,既要求有直井段和造斜段钻井流体的特点,又要求有水平段完井液的特点。

长水平段水平井技术已经被广泛地应用在世界各类油气田,其技术优势体现得很明显。对于稠油油气藏、低孔低渗透油气藏、薄层油气藏,长水平段增加了渗流面积,提高了产量;对于垂直裂缝性油气藏,长水平段可垂直钻穿多条裂缝,使多条裂缝同时产油产气;对于边底水、气顶油气藏,长水平段可以减缓水、气的锥进问题,提高油气产量;天然气藏在高渗透层水平段可以降低近井区域的产气速度,降低近井地区的紊流现象,改善高渗透储层的产能;注水注气井,长水平段能够增加注入流体的波及体积,延伸到储层深部,提高注水气井的效果;较长的水平段可以穿越距离陆上较远的海上油气藏,减少海上钻井成本。此外,同直井和一般的水平井相比,水平井钻井可大大降低钻井平均密度,长水平段水平井节省了井场用地、钻机搬迁安装等费用。近年来,长水平段水平井钻井成本已降至直井的 2.0~2.5 倍,甚至更低,而产量却是直井的 5.0~8.0 倍甚至更高。

面对有明显技术优势的勘探开发技术,国际上早已大力开展长水平段水平井技术的研究,尤其是近几年现代钻井技术、地质导向工具、闭环钻井系统、新型钻井流体、先进完井工具和随钻测量系统的应用推动了长水平段水平井技术的进展。挪威国家石油公司在 Gulfaks 油田钻的 Gulltopp 井,10000m 长的井段大多是水平段。目前世界上水平位移 10000m 以上的井有:英国 Wvtch 油田的 M11 井和 M16 井,阿根廷 Ara 油田的 CN-1 井。中国长水平段水平井技术主要受一些核心工具的研发和钻完井技术的限制,使得中国的长水平段水平井技术远远落后于其他国家。但是中国也正积极研究长水平段水平井技术,其水平段长度也不断攀升:广安 002-H1 井,水平段长 2010m;垣平 1 井,水平段长 2660m;苏 76-1-20H 井,水平段长 2856m。目前中国长水平段水平井的水平段长度大多在 2000m 左右,与国际上差距还很大。主要是由长水平段水平井技术难点决定的(郭元恒等,2013)。

(1)水平段合理长度和位置的确定。长水平段水平井的所有技术优势都是源于水平段较长,但是水平段长度越长,施工难度就越大,水平段合理长度和位置的确定受到产量、钻井成本、钻完井技术等因素的综合影响而成为技术难题。通常从产量上考虑:随着水平段长度的增加,井筒与油气藏的接触面积增加,但同时井内流体流动的摩擦阻力也增加,前者利于单井的产量,而后者却相反。一般地,长水平段水平井的合理长度等于井筒内摩擦损失使单井产能显著减少(减少量超过 20% 产能)时的长度。

(2)井眼轨迹控制。长水平段水平井在井眼轨迹控制上的主要难点有造斜段和稳斜段的设计难度较大;水平段合理位置的要求决定了水平段轨迹的控制精度要高;随着水平段的延伸,井眼摩阻随之增加,导向工具钻压传递困难,造成井眼轨迹控制难度大;钻遇岩性的多样性增加了井眼轨迹的控制难度。

(3)钻具摩阻扭矩大。在长水平段水平井钻井过程中,钻具与井壁之间的摩擦阻力主要由钻柱的轴向摩擦阻力及周向摩擦扭矩组成。摩阻扭矩大的原因有:钻进所需管柱的结构复杂,易与井壁底部接触;钻具与井壁底部岩屑的相互作用;固相含量高的钻井流体混入细小岩屑后,润滑效果下降;水平段长、井壁稳定性差、易发生卡钻,致使钻具上提下放困难、承压严重、加压困难。

(4)稳斜段及水平段极易形成岩屑床。长水平段水平井在钻进过程中由于在稳斜段和水平段井眼净化效果非常差,极易形成岩屑床,给钻进带来很多技术难题。岩屑床的成因主要有:在稳斜段和水平段,钻具在井眼中靠向下井壁,岩屑易沉在下井壁且不易清除;井眼中部的环空较大、钻具偏心、环空返速降低、携岩效果变差;在造斜段,岩屑返出难度增大,岩屑在此处易堆积;钻井流体的性能差和钻具结构复杂,影响钻井流体的携岩效果,易形成岩屑床。

(5)润滑防卡和井眼稳定。对长水平段水平井而言,随井深的增加,钻进过程中摩阻扭矩逐渐增大,极易发生卡钻事故;同时由于短程起下钻和划眼次数多,造斜、增斜、稳斜和扭方位等工序复杂,全角变化率较大,极易形成键槽而发生键槽卡钻;另外,随着井深的增加,井眼受到力学和化学两方面的影响加剧,其稳定性能变差。

(6)套管磨损严重。套管磨损在所有钻进过程中都存在,容易导致套管挤毁,严重时会使一口几乎要完成的井报废。引起套管磨损的各种因素,在钻长水平段水平井过程中表现得尤为明显,使得套管磨损尤为严重,其原因主要有:钻进时钻柱直接与井壁贴住,造成钻柱对套管的正压力大;起下钻和划眼次数多、钻进时间长、固井时套管不居中、钻具结构复杂;钻具与套管在材料性能(如硬度、刚度、表面性质)上有较大差异;钻井流体的类型、固相含量、腐蚀作用会加剧套管的磨损程度。

随着世界上石油与天然气勘探开发的不断深入,一些油气藏的开发效果很不理想,如:低孔低渗油气藏、垂直裂缝油气藏、小型圈闭油气藏、多层系油气藏、海上油气藏等,以及底水或气顶油藏、页岩气藏。而长水平段水平井技术具有更大限度地提高产量和采收率的技术优势,对上述油气藏具有显著的开发效益。与常规水平井相比,浅层大位移井、丛式水平井布井为主的页岩气水平井水平段长,并需要进行分段压裂。对于要进行分段压裂的水平井,原则上其水平段方位应垂直于最大水平主应力方向或沿着最小水平主应力方向。井眼沿着最小主应力方向钻进时,由于页岩地层裂缝发育,长水平段(1200m左右)钻井中不仅易发生井漏、垮塌、泥页岩水化膨胀缩径等问题而产生井下复杂情况,而且在长水平段,摩阻、携岩及储层伤害问题也非常突出,钻井流体性能的好坏将直接影响钻井效率、井下复杂情况的发生率及储层伤害控制效果。因此,从钻井流体方面讲,井壁稳定技术、降阻减摩技术和井眼清洗技术等将成为页岩气水平井钻井中的关键技术;同时,在实施这些技术的过程中,将面临井壁稳定、降阻减摩和岩屑床清除等难题(王中华,2012)。

(1)井壁稳定问题。从井壁稳定的角度讲,页岩气钻井中70%以上的井眼问题是由于页岩不稳定易水化造成的。钻井流体穿过地层裂隙、裂缝和弱的层面后,钻井流体与页岩相互作用改变了页岩的孔隙压力和页岩强度,最终影响到页岩的稳定性。

孔隙压力变化造成井壁失稳。页岩与孔隙液体的相互作用,改变了黏土层之间水化应力或膨胀应力的大小。滤液进入层理间隙,页岩内黏土矿物遇水膨胀,膨胀压力使张力增大,导致页岩地层(局部)拉伸破裂;相反,如果减小水化应力,则使张力降低,产生泥页岩收缩和(局部)稳定作用。

对于低渗透性页岩地层,由于滤液缓慢地侵入,逐渐平衡钻井流体压力和近井壁的孔隙压力(一般为几天时间),因此失去了有效钻井流体柱压力的支撑作用。由于水化应力的排斥作用使孔隙压力升高,页岩会受到剪切或张力方式的压力,减少使页岩粒间联结在一起的近井壁有效应力,诱发井壁失稳。

对于层理和微裂缝较发育、地层胶结差的水敏性页岩地层,滤液进入后会破坏泥页岩的胶结性。水或钻井流体滤液极易进入微裂缝,破坏原有的力学平衡,导致岩石的碎裂。近井壁含水量和胶结的完整性改变了地层的强度,并使井眼周围的应力场发生改变,引起应力集中,井眼未能建立新的平衡而导致井壁失稳。

(2)高摩阻和高扭矩问题。对于浅层大位移水平井,由于其定向造斜段造斜率高,斜井段滑动钻进,定向时容易在井壁形成小台阶,造斜点至 A 靶点相对狗腿度较大,起下钻容易形成键槽。在水平井段,定向滑动钻进时钻具与井壁摩擦力大,正常钻进时钻头扭矩大,必须要求钻井流体具有良好的润滑性,以起到降阻减摩的作用。同时,由于井眼曲率大、水平段长,套管自由下滑重力小、摩阻大等原因,下套管过程中易发生黏卡,这些也都对钻井流体性能,特别是润滑和防卡能力提出了更高的要求。

(3)岩屑清除问题。由于水平井造斜段井斜变化大,井眼难清洁;同时,在水平段由于页岩的坍塌和井中岩屑重力效应,影响了井眼清洁;再者,小井眼环空间隙小,泵压高,因排量受到限制,施工中易形成岩屑床,进一步增加摩阻、扭矩和井下复杂情况发生的概率。此时,钻井流体流变性和携岩清砂能力显得更加重要。总之,针对页岩易膨胀、易破碎的特点,开展页岩气钻井井壁稳定性及适合页岩地层特点的钻井流体优化等方面的研究,对于避免钻井过程中井壁的缩颈或坍塌、井漏,降低钻具有效摩阻,避免卡钻、埋钻具等井下复杂情况的发生,具有重大现实意义。鉴于此,要求页岩气水平井钻井流体必须具有携砂能力强、润滑性好、封堵能力强和强抑制性等特点。

针对页岩气的成藏特征,页岩气开发以浅层大位移井、丛式水平井布井为主。由于页岩地层裂缝发育、水敏性强,在长水平段钻井中,不仅容易发生井漏、垮塌、缩径等问题,而且由于水平段较长,还会带来摩阻、携岩及储层伤害等问题,从而增大了产生井下复杂情况的概率。因此,在页岩气水平井钻井中解决井壁稳定、降阻减摩和岩屑床清除等问题就成为钻井流体选择和设计的关键。

长水平段水平井在钻进过程中,水平段长给钻进带来了很多技术难题。如水平段长度和位置的确定、井眼轨迹的控制、摩阻扭矩的降低、岩屑床的清除、润滑防卡和井壁稳定等技术难题。分析这些技术难题的原因并提出相应的处理措施对提高长水平段水平井的钻进技术是很有必要的(郭元恒等,2013)。

(1)水平段合理长度和位置确定。对于水平段的合理位置,水平段越靠近油藏或气藏顶部,底水驱油气藏中水平井渗流阻力增大,产能越低。一般认为,水平段到油水或气水界面的距离为 0.9 倍储层厚度,是水平井在底水油藏中最佳位置。

(2)井眼轨迹控制。优选造斜点:造斜点应该选在成岩性好、岩层比较稳定的地层,利于较快实现造斜并确保井眼稳定;优选造斜段类型:一般选择圆弧形,利于降低摩阻扭矩和防止套管磨损;优选钻具组合:优选钻头+单弯螺杆动力钻具+欠尺寸扶正器+无磁钻具+控压钻井的单弯柔性倒装钻具组合,利于加压、造斜和井眼轨迹控制。复合钻进与滑动钻进交替进行。坚持少滑动、多旋转、微调、勤调原则,保证井眼规则、井壁稳定。应用随钻测量工具。利用控压钻井随时监测井眼轨迹,实时分析底部钻具组合与地层岩性的关系,合理调整滑动钻进与复合钻进的时间和比例,控制井眼轨迹。实时计算摩阻扭矩。利用相关软件实时计算钻进时的摩阻扭矩,及时调整钻具组合和钻进参数。

(3)钻具摩阻扭矩大。使用斜坡钻杆:在斜井段使用柔性斜坡钻杆,减少钻具与井壁的接触面积,降低互相间的摩擦阻力。优化钻具结构:尽量采用加重钻杆代替钻铤,将加重钻杆接于井斜较小的井段,斜坡钻杆置于斜井段和水平段或采用倒装钻具组合,以保证钻压能有效地传递到钻头上,并减少黏卡的机会,使用无磁承压钻杆加长无磁环境,提高测量数据的精确性。优化钻井流体性能:钻井流体应具有较好的携岩性能和润滑性能,降低钻进过程中的摩阻扭矩。使用计算软件对摩阻扭矩进行较为准确的预测,为钻进过程中提供理论依据。

(4)稳斜段及水平段极易形成岩屑床。增大排量,控制环空返速。环空返速是影响井眼净化的主要因素,但过高的环空返速将会对井壁造成较严重的冲蚀作用,所以在利于减缓岩屑床形成的同时需要控制环空返速和排量;改善钻井流体性能,提高钻井流体的动切力。钻进中要随时补充高分子聚合物,增强钻井流体的悬浮、携岩能力;钻井过程中配合短程起下钻、分段循环和划眼等措施。当井斜角超过30°后,要根据岩屑床的情况,适时做短程起下钻,有效清除岩屑;在起下钻换钻头时,分段循环钻井流体,利于清除岩屑;如果岩屑床比较严重,则需要多次划眼以清除岩屑床;优化井眼轨迹设计。采用该措施以控制造斜率和稳斜段的长度,防止岩屑在造斜段堆积;简化钻具结构。在满足钻进工艺条件下,钻具结构越简单越好,一般不连接过多的大钻具。

(5)润滑防卡和井眼稳定。加入润滑剂降低滤饼摩阻系数:该方法通常是使用润滑防卡钻井流体,一般是液体润滑剂原油和固体润滑剂塑料小球的组合,其润滑防卡效果最好。这种方法在确保润滑防卡效果的同时,有利于携带岩屑,为钻长水平段水平井提供了一种良好的钻井流体。严格控制失水量及滤饼厚度:失水量过大导致形成的滤饼太厚,井眼缩径,起下钻不畅通,并影响固井质量。严格控制钻井流体的含砂量:含砂量高会增大滤饼摩擦系数,造成黏附卡钻。另外,形成的滤饼厚且松,胶结性差,起钻时易造成井眼垮塌。现场应采用五级净化设备,彻底清除钻井流体中的有害固相,保证较低的含砂量。选择合适的钻井流体密度:钻井流体密度要根据压力剖面进行合理地选择,既要平衡地层压力有效支撑井壁,又要防止井漏,保护储层。使用必要的添加剂:如降失水剂,控制钻井流体失水量,减少滤液进入地层;大分子包被剂,充分包被岩屑,增强钻井流体抑制性,防止地层造浆;防塌剂甲酸钾,使形成的滤饼致密坚韧,有效封堵和保护储层等。

(6)套管磨损严重。钻杆保护器:用特殊的材料(橡胶护箍、钻杆保护器)固定在钻杆上,减小或避免套管与工具接头直接接触的机会,减小套管与接触材料的摩擦系数,从而减少套管磨损。减磨接头:用特殊的接头接在钻杆上,钻杆旋转时减小或避免套管与钻杆接头接触的机会,将钻杆接头与套管的相对运动变为钻杆与减磨接头套筒的相对运动,从而减少套管磨损。钻杆接头耐磨带:用特殊的工艺措施对钻杆接头表面进行化学处理,使其表面的材料具有很好的耐磨性,减小钻杆接头与套管接触时的摩擦系数,这样在减小套管磨损的同时也可以有效地保护钻杆。使用不同类型的钻井流体和添加剂来改善润滑性能,从而减小钻具与套管的摩擦系数,减小套管的磨损。简化钻具结构,提高套管居中度,有利于减小套管磨损。

针对上述井壁稳定性影响因素分析,井壁稳定的措施包括钻井流体的化学作用(抑制和封堵)、钻井流体密度以及控制环空压力激动,特别是利用钻井流体的化学作用来控制水合离子在页岩中的进出从而控制水化应力、孔隙压力和页岩强度,非常重要。在页岩气水平钻井中钻井液的选用需考虑以下情况:

(1)对于低渗透性页岩,当钻井流体的活度比孔隙液体的活度低时,孔隙液体的渗透回流作用可以平衡水力流动,使水化减慢、孔隙压力升高速度降低,地层强度和近井壁有效应力增加,此结果将有利于井眼稳定。通过使用高矿化度聚合物钻井流体或氯化钙钻井流体,可减少钻井流体的活性,降低页岩和钻井流体相互作用的总压力。采用高含量甲酸钾、氯化钙和铝盐,可以通过页岩脱水、孔隙压力降低和影响近井壁区域化学变化的协同作用,使钻井流体产生非常好的井眼稳定作用。

(2)对于裂隙和裂缝性或层理发育的高渗透性页岩,可使用有效的封堵剂进行封堵。因为在原始地层被压裂的情况下(如构造应力区的硬性易碎泥页岩),即使采用低活度水基钻井流体,也不一定起到稳定作用。此时,可以通过提高液体滤液黏度或封堵作用与渗透回流作用相结合,以降低页岩渗透率来降低水力传导率;采用低相对分子质量的增黏剂,如糖类(如甲基葡萄糖甙等)、甲酸钾、氯化钙和高浓度的低相对分子质量聚合物来实现减小水力传导率;使用含有铝、聚合醇的钻井流体或采用页岩孔隙封堵剂在页岩表面或微裂隙内形成一个渗透率阻挡层,以降低渗透率来实现稳定页岩的目的;采用触变性钻井流体和低密度钻井流体,尽可能降低钻井流体对缝隙的穿透能力。

(3)由于油基钻井流体可提高水湿性页岩的毛细管压力,防止钻井流体对页岩的侵入,通过使用油基钻井流体和合成基钻井流体,可以有效地解决井壁不稳定的问题。即使采用油基钻井流体,对裂缝或层理发育的页岩地层,还必须强化封堵,阻断流体通道以减少液体进入地层造成的压力传递。在应对页岩气水平井井壁稳定方面,采用油基钻井流体是国际上目前最有效的措施。油基钻井流体在润滑、防卡和降阻作用方面有着水基钻井流体无法比拟的优势,可以避免滑动钻井时的拖压问题,这也是其得到广泛应用的根本原因所在。

4.2 体系种类

常见的水平井钻井主要包括超薄储层水平井钻井技术和大位移井钻井技术等11项。

(1)超薄储层水平井钻井技术。超薄储层主要包括薄层油藏、断块油藏、边水/底水油藏、水锥油藏等,采用常规水平井技术难以实现有效开发。因此,胜利油田在"九五"引进FEWD随钻地层评价系统的基础上,研究应用了超薄储层水平井钻井技术。到2004年底,应用随钻地层评价系统、随钻测井完成薄储层水平井钻井127口,使超薄储层得到了有效开发,也推动了水平井技术的发展。目前,胜利油田超薄储层水平井钻井技术已经成为成熟技术。

营31断块是胜利油田的薄储层区块,2001年应用随钻测量和随钻地层评价系统完成了两口井:营31-平1井是一口双靶点水平井,完钻井深2013.0m,储层平均厚1.0m,应用随钻地质导向及轨迹测量控制,顺利钻穿储层段116m,钻穿率100%;营31-平2井是一口四靶点水平井,完钻井深2178.0m,储层平均厚0.9m,钻穿储层段229.0m,钻穿率85%。完井后投产效果良好,单井产量是邻井的几倍以上。目前单井产量仍在20t/d以上。

(2)大位移井钻井技术。胜利油田从1999年开始大位移井钻井技术攻关,重点是将大位移井钻井技术应用于"海油陆采"钻井。目前已完成了两口大位移井:埕北21-平1井和垦东405-平1井。

垦东405-平1井是一口海上人工平台井,平台距海岸线3000.00m,从该平台应用大位移井钻井技术继续向海上延伸钻进。该井设计井深2985.30m,垂深1181.00m,井底闭合距2184.20m,造斜点井深500.00m,最大井斜角90.00°,井底闭合方位63.54°,垂位比1:1.85,目的层为馆陶组,三靶点。因储层与设计误差较大,在井眼延伸方向发生了尖灭,提前完钻。实际完钻井深2888.89m,垂深1186.00m,水平位移2073.00m,垂位比达到了1:1.74,是目前中国陆上垂位比最高的一口水平井。在大位移井井身轨道设计和轨迹控制中,采用了悬链线剖面,实践证明摩阻系数与设计吻合程度较好。采用了由动力钻具、测量仪器、加重钻杆组成的简化的下部钻具组合,随钻测量与随钻地层评价系统组合,润滑防塌钻井流体,套管防磨技术,滚动型套管扶正器等先进适用技术,保证了施工的安全顺利。

(3)欠平衡水平井钻井技术。将水平井钻井技术应用于欠平衡井具有更好的开发效果,但同时具有更大的钻井难度。胜利油田对充气和泡沫钻井流体影响随钻测量信号的问题进行了技术研究,针对性地解决了一些实际问题,形成了欠平衡压力钻井配套技术。到2004年底,胜利油田完成欠平衡水平井12口,取得了显著的勘探开发效果。

(4)分支井钻井技术。胜利油田分支井钻井起步较早,1986年与斯派里森合作完成三分支井CG40井,分支井眼水平位移均超过220m。但开展分支井钻井技术研究是从"九五"期间开始的。

1999年,胜利油田完成中国第一口双分支水平井之后,又先后完成了3口双分支水平井,其中2001年完成的梁46-支平1井,两分支井眼完钻井深分别为3595.00m和3622.00m。水平位移分别为566.29m和628.18m,2004年完成的TK908DH分支水平井,两分支井眼完钻井深分别达到了5234.55m和5239.64m,两分支水平段分别为449.84m和500.00m,创造了中国分支井井深最深5239.64m、垂深最深1597.00m和累计水平段最长950.00m三项纪录。通过几年的攻关研究和引进先进钻具,胜利油田分支井钻井技术已趋于成熟。

(5)丛式水平井钻井技术。应用丛式水平井技术,能大幅度提高钻井效益和勘探开发效益。近年来胜利油田在丛式井组应用水平井钻井技术方面取得了良好效果,钻井综合效益显著。

永安油田永8断块两个丛式井平台钻成7口水平井;桩139海上人工岛平台井组,在78.3°扇面内钻成2~6口水平位移较大的丛式井,创海油陆采平台井数最多、井口最密纪录,该井组累计完成进尺46762.00m,平均井深2226.70m,平均水平位移1199.93m,单井最大水平位移1805.67m,固井质量合格率、中靶率均为100%。

(6)复合大井眼水平井钻井技术。胜利油田郑科平1井是一口配合直井注蒸汽实现蒸汽辅助重力泄油(SAGD)开发新技术的科学探索试验井,目的是实现该井水平段与两口直井建立热连通,实现该区超稠油有效开采。该井采用(ϕ346.1mm+ϕ311.1mm)大尺寸复合井眼,完钻井深 2055.50m,水平位移 820.52m,下入 ϕ273.1mm + ϕ244.5mm 复合套管;ϕ311.1mm 井眼水平段长 560.76m;创中国水平井水平段井眼最大纪录。郑科平 1 井的顺利完成,为复合大井眼水平井的施厂积累了经验。

(7) 小井眼水平井钻井技术。胜利油田在"九五"期间已经进行了套管开窗侧钻短半径水平井技术攻关,并形成了成熟技术。近年来,在胜利油田内部仍以套管开窗侧钻为主,在开窗工艺技术、小井眼测量和轨迹控制技术、安全钻井技术等方面不断成熟完善。胜利油田在卡塔尔杜汉油田完成了 63 口水平井钻井技术服务项目,大部分井眼直径为 152.40mm,最大水平段长 1635.00m,水平位移 1852.00m,水平段靶点数最多达到 12 个。新疆塔河油田 TK406H 井是一口短半径、小井眼水平井,采用了欠平衡钻井技术,井眼直径 149.20mm,完钻井深 5879.60m,垂深 5473.55m,水平位移 430.29m,造斜点井深 5390.00m,最大造斜率 1.44°/m,最大井斜角 92.30°。

(8) 阶梯式水平井钻井技术。阶梯式水平井技术是应用一口井完成两个(或两个以上)储层开发的钻井技术,一般需要储层位置相对准确,并且结合随钻地质导向技术完成。胜利油田已完成了多口该类水平井。临 2-平 1 井是一口双阶梯水平井,完钻井深 1956.09m,水平位移 640.22m,两储层相距 109.00m、落差 11.0m。在新疆哈德油田完成的深层双阶梯薄储层水平井 HDI-27H 井,第一层储层厚 0.6~1.8m,中间泥岩隔层 3.0~3.8m,第二层储层厚 1.2~2.1m。完钻井深 5488.00m。侧钻点井深 4790.00m,水平位移 571.78m,水平段长 365.00m,储层穿透率 100%;胜利油田完成的 DHI-H3 井,是中国最深的双台阶水平井,完钻井深 6326.00m,垂深 5736.79m,造斜点井深 5483.02m,水平位移 725.31m,最大井斜 88.8°,两水平段落差 13.51m;在卡塔尔杜汉油田 DK-522 井创出扩水平段连续调整方位 70°的最高指标。

(9) 井间剩余油开发技术。胜利油田在油田老区,应用水平井钻井技术和随钻地质导向技术开发底水油藏、次生底水油藏形成的"水上漂"储层、"水锥"储层,取得了良好效果。

辛 151 断块由于底水锥进严重形成了"水上漂"储层,普通直井开发含水 90% 以上。胜利油田采用 911 口水平井、2 口定向井、1 口探井进行开发试验,单井平均初产原油 90t/d,采收率达到 60% 以上;孤岛中 1 区的正韵律储层,采用水平井进行馆陶组顶部储层挖潜,已钻的 10 多口井初产原油 25t/d 以上,而老井含水都达到了 90% 以上。

(10) 双井连通水平井钻井技术。双井连通水平井钻井技术目前主要应用于江苏砣硝矿开采,到 2004 年底胜利油田在江苏已完成连通井组 18 对。通过该类井的施工,提高了定向钻井技术水平,为实施钻井抢险等重要施工积累了宝贵经验。

(11) 短半径、超短半径水平井技术。2001 年,胜利油田完成了 2 口两分支超短半径水平井。2 口试验井都是在垂直井眼的方向上借助特殊转向器、特殊钻具和特殊钻井工艺钻出了曲率半径为 0.3m 的水平井,且这 2 口井都是直接在储层中垂直转向水平钻进,水平段井斜角均为 90°。高 12-39 侧平 1-1 井完钻深度 994.49m,水平段长 11.68m;高 12-39 侧平 1-2 井完钻深度 995.37m,水平段长 12.56m;高 17-16 侧平 1-1 井完钻深度 1122.47m,水平段长 12.69m;高 17-16 侧平 1-2 井完钻深度 1120.04m,水平段长 10.26m。

水平井尤其是深井水平井具有高难度、高投入、高风险的特点,施工时钻井流体非常重要。优良的钻井流体,是水平井安全钻井成功的重要保证,它不但要稳定井壁、携带岩屑,还需对井筒和钻柱起到高效的润滑作用,以减少扭转阻力和轴向阻力,而且对储层应起到良好的保护作用。

目前,主要应用的水平钻井流体有水基钻井流体、油基钻井流体、气基钻井流体、泡沫钻井流体及绒囊钻井流体等。

4.2.1 水基钻井流体

张42井位于南襄盆地南阳凹陷张店鼻状构造上的南79断块。该井的钻探目的是进一步评价南79断块构造及储层展布情况,了解H2－H3段的含油性,增加地质储量。该井完钻井深为3000m,是一口3靶大位移井,水平位移达1688m,最大井斜为70.88°。该油田地质情况复杂,钻井事故较多。

张店油田过去都采用直井钻探,由于地层倾角大、易斜,纠斜时间长,导致钻井周期长。通过对已钻井资料的分析,该地区出现的复杂情况有:上部地层钻屑易分散造浆而造成缩径和钻具阻卡;核桃园组易发生破碎垮塌、阻卡。例如,张20井在1415～1842m井段出现严重垮塌,发生2次卡钻,导致2次填井侧钻;南56井在1532～1793m井段出现严重垮塌,卡钻2次,填井重钻;南63井在300～1800m井段垮塌严重,造成3次卡钻,最终因钻具断落井中无法捞获而事故报废;张28井在1350～1800m井段出现严重垮塌,划眼20多天。经分析,造成这些复杂情况的主要原因为:泥岩中大量蒙皂石和伊/蒙混层的水化、膨胀、分散是造成缩径、坍塌和阻卡的主要原因;地层倾角大及泥页岩的层理和裂缝发育使外来流体侵入地层,存在于碎屑矿物粒间裂隙处的蒙皂石和伊/蒙混层的水化作用使粒间连结力降低,产生掉块,导致井壁垮塌;当钻井流体与泥页岩相互作用时,泥页岩发生水化膨胀、分散,引起岩石的力学性能、强度及近井壁处应力状态的改变,进一步加剧了井壁垮塌的发生;钻井流体密度控制不当造成液柱压力过低而使井壁失去力学支撑,导致井壁垮塌、缩径和卡钻。

针对此情况优选出水平井水基钻井流体,解决难题(何振奎等,2011)。水平井水基钻井流体主要组分见表7.4.1。

表7.4.1 水平井水基钻井流体的主要组分表

序号	组分名称	组分代号	加量范围,%	作用
1	高分子量聚合物	KPAM	0.3	抑制泥页岩膨胀
2	抑制剂	PMHA－2	0.3	抑制泥页岩膨胀
3	双聚胺盐	SHN－1	0.8	降低钻井流体失水量
4	两性离子聚合物增黏包被剂	FA367	0.3	抑制泥岩膨胀,配浆性
5	双聚胺盐	OSAM－K	1.0	降低钻井流体失水量
6	乳化沥青	SFT	3.0	抑制泥页岩分散
7	弱荧光润滑剂	ZRH－2	2.0	提高钻井流体润滑性能

以张店油田南79断块张42井所使用钻井流体为例,介绍该钻井流体维护处理方法:
(1)二开前将一开钻井流体进行预处理。按照二开配方补充各处理剂,加入少量碳酸钠

预防水泥侵害。钻进过程中,用3%聚合物胶液维护钻井流体黏度和切力,絮凝包被钻屑,抑制地层分散造浆。

(2)为提高钻井流体的悬浮携带、润滑防卡和护壁防塌能力,在施工中保持钻井流体动塑比为 $0.5\sim0.7Pa/(mPa\cdot s)$;在井斜角达40°以后,保证井浆中含有1%乳化沥青、2%弱荧光润滑剂和3%白油;井斜角增加到60°以上时,保证井浆中含有3%乳化沥青、3%弱荧光润滑剂和8%白油,控制失水量为 $3\sim5mL/30min$。

(3)控制泵排量不小于30L/s,保持钻井流体环空返速大于1.20m/s,实施紊流洗井,以避免岩屑床的形成。此外,每钻进80m左右进行一次短程起下钻,以破坏岩屑床,提高井眼净化效果。

(4)完井电测前可适当提高钻井流体的黏度和切力,同时采用大排量洗井,保持井眼干净,起下钻畅通无阻。起钻前配 $80m^3$ 含3%白油和3%乳化沥青的防卡钻井流体,封闭井深1200m以下井段,以确保电测顺利。下套管通井时配制 $80m^3$ 含3%塑料小球的封闭浆注入井底,以保证下套管作业的顺利。

现场应用结果表明,该钻井流体技术解决了张店南79断块上部地层分散造浆严重,中、下部地层易吸水膨胀,剥落掉块等施工难题,井径规则,平均井径扩大率降至11%,而其邻井张28和南44井的井径扩大率分别为49.5%和34.3%;起下钻顺利,没有出现类似张20井、南56井、张28井和南63井等的井壁严重垮塌、起钻遇阻、下钻遇卡、长段划眼、卡钻等井下复杂情况,起钻遇阻最大不超过40tf。

针对大斜度井及水平井优选出甲基葡萄糖甙钻井流体(刘艳等,2005),该钻井流体的流变性、失水性以及耐温性能良好,并且具有类似油基钻井流体的较好的页岩抑制性、储层伤害控制特性及润滑性能,同时可以避免环境污染问题,是一种适用于大斜度井及水平井钻进的仿油性水基钻井流体。

4.2.2 油基钻井流体

中国页岩油气资源丰富,在四川盆地、鄂尔多斯盆地、渤海湾盆地、江汉盆地、吐哈盆地和塔里木盆地等含油气盆地及其周缘,浅埋的暗色页岩大面积发育,有机碳含量高,具有页岩油气成藏的有利地质条件。同时,在中国南方寒武系、志留系和二叠系等古老地层分布区的页岩油气勘探前景亦不可忽视。世界上普遍使用油基钻井流体进行页岩油气水平井施工,使用的油基钻井流体基液大部分为柴油,例如胜利油田第一口页岩油水平井渤页平1井。虽然使用柴油基钻井流体较好地满足了钻井施工需要,但是由于柴油具有刺激性气味,含有一定的芳香烃,对人体健康存在一定伤害。渤页平2井位于济阳坳陷沾化凹陷罗家鼻状构造带罗602井区,该井三开井段泥页岩井壁不稳定、长水平段井眼清洁难。因此,需要既能够满足页岩油气藏水平井钻井施工需要,又对人体健康影响较小的油基钻井流体。

针对上述问题,开展低芳烃油基钻井流体研究。通过大量的室内实验,在确定精制白油作为低芳烃油基钻井流体基油的基础上,优选了相配套的主处理剂及加量(侯业贵,2013)。水平井油基钻井流体所用的主要组分、组分代号、加量范围及作用,见表7.4.2。

表 7.4.2　水平井油基钻井流体的主要组分表

序号	组分名称	组分代号	加量范围,%	作用
1	主乳化剂	未明确代号	3.0	降低钻井流体表面张力
2	辅乳化剂	未明确代号	1.5	降低钻井流体表面张力
3	润湿剂	未明确代号	2.0	改变加重材料或岩屑的润湿性
4	有机土	未明确代号	3.0	提高钻井流体密度
5	降失水剂	CFA	3.0	降低钻井流体的失水量
6	氧化钙	未明确代号	2.0	调节钻井流体 pH 值
7	复合封堵剂	FB	2.0	提高钻井流体的封堵性能
8	提切剂	未明确代号	0.5	提高钻井流体的黏度

以渤页平 2 井所使用钻井流体为例,介绍该钻井流体维护处理方法:

(1) 现场通过固控设备,使用 3 台细目(筛孔孔径不大于 0.1mm)振动筛,配合离心机、除泥器减少无用固相,降低塑性黏度,加入基浆或氯化钙盐水控制油水比,同时配合加入润湿剂改变体系中固相的润湿性,平均每 150m 左右补充加入 200kg 润湿剂。

(2) 在钻进期间,随着钻屑及加重材料等固相不断进入钻井流体中,为保证油基钻井流体的乳化稳定性,现场有针对性地补充乳化剂及润湿剂,配合加入油水比为 80∶20 的油基钻井流体,保证了油基钻井流体的乳化稳定性。

(3) 该井三开油基钻井流体的 API 失水量控制在 1mL/30min 以下,高温高压失水量控制在 4mL/30min 以内。钻进过程中通过调整降失水剂的加量、油水比、封堵材料的加量保证体系维持低失水量。

(4) 现场采用合理的钻井流体滤液活度防止地层水的侵入及油基钻井流体中水相缺失,以保证钻井流体合理的油水比;在日常维护中,根据所测的钻屑活度及油水比实时调整,使油基钻井流体的活度始终保持在低于钻屑活度 0.02~0.10。现场通过缓慢补充浓度为 10%~25% 的氯化钙水溶液,控制钻井流体水相含量及降低活度。

渤页平 2 井三开施工顺利,无任何复杂事故,水平位移为 1329.75m,水平段长 881.88m。该井平均机械钻速达到 8.22m/h,较渤页平 1 井有了大幅提高。该油基钻井流体解决了三开井段泥页岩井壁不稳定、长水平段井眼清洁等难题,应用井段井眼扩大率为 2.3%,在三开钻进中无托压现象、扭矩小,起下钻摩阻小(7~8tf),完井下入磨鞋修整井眼施工中起下钻顺利,振动筛返出钻屑量极少,后期压裂管柱下入顺利。

此外,在分析了涪陵深层页岩气开发钻井流体技术难点的基础上,提出了钻井流体主要技术对策,决定在该区块采用高效油基钻井流体,研制出一种高效油基钻井流体,具有良好的流变性能、沉降稳定性能、抑制性能以及抗侵害性能,能够满足涪陵深层页岩气钻井施工的需求(刘元宪,2019)。

4.2.3　泡沫钻井流体

胜利油田草桥古潜山目的层是奥陶系马家沟组石灰岩,属裂缝、溶洞型稠油油藏。该地区地层压力系数低,如果使用的钻井流体密度太高,容易引起钻井流体漏失,造成井眼内的液柱压力降低,地下稠油涌进井眼沿着井眼上升,给以后的电测及下筛管造成困难;密度太低,钻井流体静止后,稠油也会进入井眼内造成复杂情况。由于该区块水平井水平段的轨迹为 U 形锅盖底形状,水平段穿过多套裂缝,地层压力系数变得很复杂,井漏、井涌的现象增加。因此,选择合适的钻井流体及钻井流体密度是解决该区块非滋即漏复杂情况的关键。

针对上述情况,开发并使用了可循环泡沫钻井流体,解决了漏失和溢流难题(王作颖等,2000)。水平井可循环泡沫钻井流体主要组分见表 7.4.3。

表 7.4.3 水平井可循环泡沫钻井流体的主要组分表

序号	组分名称	组分代号	加量范围,%	作用
1	无机盐	未明确代号	0.1	防塌,维持井壁稳定
2	羧甲基纤维素	HV-CMC	0.8	降低钻井流体失水量
3	铵盐	未明确代号	0.3	降低钻井流体失水量
4	钻井流体用多元接枝共聚物	SK-Ⅱ	0.5	降低钻井流体失水量
5	聚丙烯酰胺	PAM	0.1	提高钻井流体黏度
6	抗盐耐高温降失水剂	SJ-Ⅰ	1.0	降低钻井流体失水量
7	乳化剂	ABS	0.8	降低钻井流体表面张力
8	乳化剂	AS	0.3	降低钻井流体表面张力
9	增稠剂	PAS-Ⅰ	0.3	提高钻井流体黏度
10	发泡剂	F873	1.5	产生泡沫
11	发泡剂	F842	0.6	产生泡沫

草古 100-平 6 井是一口新区水平井,构造位置为济阳坳陷广饶凸起西部潜山构造带草古 1 潜山北部。设计井深:A 靶垂深 835.8m,B 靶垂深 852.8m,C 靶垂深 848.8m,A—B 间水平距离 74.04m,B—C 间水平距离 74.04m。二开完钻井深为 943.00m,技术套管下深 942.56m。在钻水泥塞期间加入 3%~5% 的泡沫复合处理剂,将其密度降为 0.95~1.01g/cm³ 后循环起钻,测固井质量。三开钻进,钻至井深 1121m 完钻。地面配制的泡沫钻井流体密度为 0.94~0.96g/cm³,漏斗黏度为 83~85s,失水量为 5~6mL/30min,塑性黏度为 15mPa·s,动切力为 5~8Pa。

(1)钻至井深 967m 时发生井涌,涌出稠油 15m³,当时泡沫钻井流体密度为 0.92~0.95g/cm³,漏斗黏度为 82~115s。加入 15m³ 密度为 1.02~1.04g/cm³ 的钻井流体,直至不再涌出后,调整泡沫钻井流体密度为 0.96~0.98g/cm³,钻进正常。该钻井流体漏斗黏度为 82~115s,API 失水量为 5mL/30min,切力为 4~6Pa/8~12Pa,塑性黏度为 10mPa·s,动切力为 5Pa。钻至井深 1056m 时,振动筛处涌出 1m³ 左右原油,将该钻井流体密度提高到 0.98~0.99g/cm³ 后不再涌出。

(2)钻进过程中,随水平段的不断延长,岩屑易沉降在下井壁而形成岩屑床,加之使用动力钻具使钻井流体携岩能力大大降低,环空压耗逐渐增大,因此发生渗漏,漏失 20m³ 泡沫钻井流体,及时补充 20m³。在以后的钻进过程中,由于接单根、短程起下钻,每次在开泵过程中均漏失 5m³ 泡沫钻井流体。共漏失 40m³ 泡沫钻井流体。

（3）完井时，配制 $20m^3$ 可循环泡沫钻井流体，其密度为 $1.01\sim1.02g/cm^3$、漏斗黏度为 $100\sim120s$。加入 5% 的轻质堵漏材料及 1% 的单向压力暂堵剂，用 2 号泵单阀排量为 $0.6m^3/min$ 替入裸眼段，起钻电测。电测和下筛管作业顺利。

可循环泡沫钻井流体在草桥古潜山水平井中的应用，解决了草桥地区的漏失问题，为该地区高难度水平井开发提供了新的钻井流体。该钻井流体的气泡均匀稳定，气液不分层，钻进过程中能够反复泵送、循环使用，有一定的经济可行性。该钻井流体有适当的静切力和动切力，具有良好的携带和悬浮岩屑能力。具有较低的失水量，同时又能够满足钻井采油工程的需要。能够减少钻井流体对低压储层伤害，起到了保护储层的作用。

4.2.4 绒囊钻井流体

延平1井是鄂尔多斯盆地东缘延川南区块东部平台区的第一口煤层气水平排采井，目的层为山西组2号煤层。该井煤层气主要以吸附状态储集在煤层中，平均渗透率低，且分布不均匀。煤层渗流通道由割理和裂隙组成，通道发育且大小分布范围大，不仅是煤层气流动的主要通道，而且使煤层脆性大、易碎、易发生弹塑性变形。钻井过程中，高密度钻井流体使煤层裂隙进一步造缝、漏失、煤层膨胀掉块、卡钻。煤层裂缝发育易漏失，煤层强度低。低密度钻井流体使煤层应力坍塌、掉块、卡钻。

绒囊钻井流体是继泡沫钻井流体之后的新兴钻井流体，能够封堵大小不同的漏失通道且不影响工作。工作液中有一种球形材料，静态下具有"一核二层三膜"微观结构。内部似气囊，外部似绒毛，遂称该材料为"绒囊"。静态下，气囊绒毛结合完整，凝胶强度高；动态下，绒毛被剪切或散落，黏度低，满足工程需要。若漏失通道直径或宽度大于绒囊直径，绒囊堆积成侧躺圆锥状分解工作液液柱压力，实现防漏堵漏；漏失通道直径或宽度与绒囊直径相当，绒囊被低压区吸入时由圆形变成椭圆形，增加漏入漏失通道阻力，实现防漏堵漏；漏失通道直径或宽度小于绒囊直径，绒囊工作液利用高凝胶强度形成非渗透膜屏蔽漏失通道。

针对上述问题，使用绒囊钻井流体（匡立新等，2012）。该钻井流体主要组分见表7.4.4。

表7.4.4 水平井绒囊钻井流体的主要组分表

序号	组分名称	组分代号	加量范围,%	作用
1	囊层剂	未明确代号	0.4~0.6	提高体系黏度切力，保证钻井流体具有足够强的携岩能力
2	绒毛剂	未明确代号	0.6~0.8	提高体系黏度切力，保证钻井流体具有足够强的携岩能力
3	囊核剂	未明确代号	0.05~0.1	维持钻井流体中囊泡数量，控制漏失
4	囊膜剂	未明确代号	0.6~0.8	稳定钻井流体密度
5	氯化钾	未明确代号	5~10	增强绒囊钻井流体抑制性，维持井壁稳定

2011年7月25日配制绒囊钻井流体，pH值为7，密度 $1.05g/cm^3$，动切力 $7Pa$，动塑比 $0.77Pa/(mPa\cdot s)$。正常钻进24h后停钻，由于螺杆损坏，更换新螺杆。2011年7月30日，

更换螺杆完毕,校正 EWD 数据正常、检修设备正常后,开始钻进至完钻。中途起下钻 2 次,更换钻头、划眼,短起下钻 2 次,划眼。施工过程中,根据钻遇地层及钻井流体施工设计要求,通过施工队伍自制的剪切漏斗加入不同的处理剂维护钻井流体性能,以满足正常钻进要求。三开段钻井流体密度保持 1.08~1.10g/cm^3,漏斗黏度 35s 以上,失水小于 4mL/30min,动切力 2.5~8Pa,动塑比 0.35~0.85Pa/(mPa·s)。

延平 1 井三开井段采用绒囊钻井流体钻进,使用过程中,其配制、维护方法简便,保持井壁稳定、防止煤层坍塌,及时携带出煤层夹矸少量掉块,阻止了岩屑床的形成;不影响新型定向设备 EWD 的使用,保证施工顺利进行;有效提高机械钻速,缩短钻井周期,大幅度节约井队、定向、录井、地质勘探等费用,取得了良好的社会效益与经济效益,同时为延川南区块煤层气钻井开拓出一条新的思路。

4.3 发展前景

近年来,随着科学技术水平的不断完善,油田水平井钻井技术获得了相应的发展,该技术在各大油田中的应用也越来越广泛,油田的产量和经济效益随之获得了显著提升。针对不同地理环境可选择合适的钻井流体,并通过实验修改配方,达到真正的对症下药,加强了对产层的保护,提高资源采收率。并且某些钻井流体原料来自其他行业的废料,达到了原料的废物再利用。

在水平井技术发展的基础上,发展最大储层接触技术(Maximum Reservoir Contact,MRC),该技术是指在一口主井眼中钻出若干个进入油气藏的分支井眼的技术,井眼与储层接触位移大于 5km。其作为开发高含水、低渗透、非常规及海上油气藏的一项新技术,能最大限度地增大井眼与储层接触长度,有效提高油气藏开发效果。以时间为主线,该技术的发展历程可分为概念阶段、探索阶段、迅速发展阶段和最大储层接触技术阶段;按照井型分类,最大储层接触技术可分为音叉型、鱼骨型和混合型;目前的最大储层接触井多采用 4 级以上完井方式。最大储层接触技术的关键技术是层位优选、最大储层接触井参数优化设计、随钻测井(Logging While Drilling,LWD)工具优选及地质导向钻井、完井技术以及钻井流体技术。目前,最大储层接触技术主要用于提高单井产能及改善油藏开发效果,以沙特地区应用最为成功,中国也有诸多成功经验。预计未来的最大储层接触技术将实现更高级别的智能化,并与更多工程技术相结合,应用前景广阔(郑延超等,2015)。

4.3.1 存在问题

水平井钻井流体存在的问题主要表现在井壁稳定、降阻减摩和井眼清洗等水平井钻井的关键难题方面(肖烈文,2013):

(1)井壁稳定问题。从井壁稳定的角度讲,以页岩气水平井钻井为例,70% 以上的井眼问题是由于页岩不稳定造成的。钻井流体穿过地层裂隙、裂缝和弱的层面后,钻井流体与页岩相互作用改变了页岩的孔隙压力和页岩强度,最终影响到页岩的稳定性。

(2)高摩阻和高扭矩问题。对于浅层大位移水平井,由于其定向造斜段造斜率高,斜井段滑动钻进,定向时容易在井壁形成小台阶,造斜点至 A 靶点相对狗腿度较大,起下钻容易形成键槽。在水平井段,定向滑动钻进时钻具与井壁摩擦力大,正常钻进时钻头扭矩大,必须要求钻井流体具有良好的润滑性,以起到降阻减摩的作用。同时,由于井眼曲率大、水平段长,套管自由下滑重力小、摩阻大等原因,下套管过程中易发生黏卡,这些也都对钻井流体性能,特别是润滑、防卡能力提出了更高的要求。

(3)岩屑清除问题。由于水平井造斜段井斜变化大,井眼难清洁;同时,在水平段由于页岩的坍塌和井中岩屑重力效应,影响了井眼清洁;再者,小井眼环空间隙小,泵压高,因排量受到限制,施工中易形成岩屑床,进一步增加摩阻、扭矩和井下复杂情况发生的概率。此时,钻井流体流变性和携岩清砂能力显得更加重要。

4.3.2 发展方向

针对水平井存在的问题,为避免钻井过程中井壁的缩颈或坍塌、井漏,降低钻具有效摩阻,避免卡钻、埋钻具等井下复杂情况的发生。要求水平井钻井流体必须具有携砂能力强、润滑性好、封堵能力强和强抑制性等特点。

(1)多井联合蒸汽辅助重力泄油技术的应用将会更加普遍。因此,要求应用于复合大井眼水平井的钻井流体能够保证复合大井眼水平井井眼的清洁与稳定,还应具有良好的储层伤害控制效果。

(2)随钻测井和随钻录井技术的应用将更加广泛。要求钻井流体固相物质均匀分散,能够传递无线脉冲信号。

(3)旋转导向钻井技术的应用领域更为宽广。要求钻井流体具有良好的润滑性能,有效减小摩阻、提高机械钻速。

(4)深层水平井钻井技术将取得重大突破。要求钻井流体的密度较高以及具有较强的携砂能力。

(5)大位移水平井钻井技术的快速发展,要求严格控制钻井流体失水量并有足够的抑制性和封堵性能。

第5章 深水钻井流体

据了解,海洋石油勘探开发钻井深度已超过3000m。与浅水区域相比,深水钻井面临的主要问题有海底页岩的稳定性差、钻井流体用量大、井眼清洗难、浅层天然气与形成的气体水合物、低温下钻井流体的流变性、地层破裂压力窗口窄等,这对钻井流体提出了更高的要求,在保证钻井安全的前提下,须兼顾钻井成本和环境效益(王松等,2009)。

(1)海底页岩的稳定性差。在深水区中,由于沉积速度、压实方式以及含水量的不同,海底页岩的活性大。河水和海水携带细小的沉积物离海岸越来越远,由于缺乏上部压实作用,胶结性较差,易于膨胀、分散,导致过量的固相或细颗粒分散在钻井流体中,从而影响钻井流体性能。

(2)钻井流体用量大。在深水环境下的钻井流体需求量是很大的。常用的隔水管体积高达150多立方米,再加上平台钻井流体系统;而且由于井眼直径大,为了钻达设计井深,一般下入的套管常常是4~7层。因此,钻井流体用量就比其他同样井深的陆上或浅水区的井大得多。

(3)井眼清洗难。深水钻井时,由于开孔直径、套管和隔水管的直径都比较大,如果钻井流体流速不足就难以达到清洗井眼的目的。因此,对钻井流体清洗井眼的能力提出了更高要求。一般采用稠浆清洗、稀浆清洗、联合清洗、增加低剪切速率黏度,以及有规律地短程起下钻等方法,这些方法均有助于清除钻井过程中的钻屑。使用与钻井过程中钻井流体黏度不同的清扫液清除钻屑,效果明显。比如使用稀浆钻进,稠浆清洗钻屑。

(4)浅层气与气体水合物。深水钻井作业中,气体水合物的形成不仅是一个经济问题,更是一个安全问题。气体水合物具有类似于冰的结构,主要由气体分子和水分子组成,外观上看起来类似于脏冰,但是它在性质上又不像冰,如果压力足够,它可以在0℃以上形成。海底附近或井中溶解的水合物受到冷却后易在隔水管和压井节流管线上重新凝结,尤其是在节流管线、钻井隔水导管、防喷器以及海底的井口里,一旦形成气体水合物,就会堵塞气管、导管、隔水管和海底防喷器等,从而造成严重的事故;同样,钻井过程中的水合物分解可能导致地层变弱,井眼扩大、固井失败以及井眼清洁方面的问题。

(5)低温度。随着水深加大,钻井环境温度也越来越低,给钻井和采油作业带来很多问题。如在低温下,钻井流体的黏度和切力大幅度上升,而且会出现明显的胶凝现象,形成天然气水合物的可能性增大。

(6)地层孔隙压力和破裂压力之间窗口狭窄。深水区域上覆岩层由海水替代岩石。因此,上覆岩层压力与陆地上相比偏低。由于地层具有较低的破裂压力而孔隙压力没有很大的变化,这就使孔隙压力与破裂压力差值较小。对于相同沉积厚度的地层来说,随着水深增加,地层破裂压力梯度在降低,致使破裂压力梯度和地层孔隙压力梯度的窗口较窄。深海钻井尤其是表层地层容易出现井漏等井下复杂情况。

深海钻井流体(Deep Sea Drilling Fluids)是指深海钻井作业时使用的钻井流体。深水钻井面临的特殊海况条件和困难对钻井技术提出了更高的要求,与陆上钻井相比,海洋石油钻井,尤其是深水钻井,具有更高的风险与投入,需要具有更高技术含量的钻井装备与钻井技术。有针对性的钻井技术是深水钻井作业成功的关键,包括导管井段的喷射下导管技术、表层套管井段的动态压井钻井技术、技术套管井段的双梯度钻井技术(Dual Gradient Drilling,DGD)、微流量控制钻井技术(Micro Flux Control,MFC)等。此外,为保持钻井流体性能稳定需注意浅层气/浅层流的控制、钻井流体性能优化等两点(王友华等,2011)。

(1)浅层气/浅层流的控制。尽量避免井位选择在有浅层气/浅层流的地方。控制抽汲是避免地层流体进入井眼的主要措施,是安全钻穿浅层流的关键。由于抽汲引起的压力降低是很明显的,特别是当有气体存在于岩屑中时。因此建议在钻进井段不要进行通井作业,而且要求在顶替完钻井流体后,才能开泵起钻。钻井过程中钻具组合中带随钻测量(Measure While Drilling,MWD)和随钻测井(Logging While Drilling,LWD)实时监测,同时采用水下机器人(Remote Operated Vehicle,ROV)辅助监测。一旦发现有浅层气/浅层流,应该立即停止钻进,泵入加重高黏度钻井流体循环,并用水下机器人对回流进行监测。如果确认井眼有浅层流,应该立即以最大排量替入压井液,压井液密度应该接近预期的地层破裂压力当量密度,但是不能超过它,以免引起井下复杂情况。或者根据随钻测量和随钻测井实时监测的井底压力,用动态压井法(Dynamic Well Killing,DKD)压井。压井液继续被泵入,直到随钻测压(Pressure While Drilling,PWD)系统显示当量循环钻井流体密度稳定,环空中的钻井流体没有来自浅层流稀释的显示,再进行井眼的回流检查。如果没有控制住浅层流,那么继续加重钻井流体重复上述作业。

(2)钻井流体性能优化。室内研究表明,黏土含量及高分子聚合物是影响钻井流体低温流变性的最主要因素,而盐类抑制剂及醇类抑制剂能有效抑制天然气水合物的生成。因此,必须在处理剂单剂优选的基础上,优化出适合于深水钻井的钻井流体,其性能须满足切力受温度影响较小,流变性合理,失水量较小,耐温抗侵害能力强,能够有效拟制水合物的形成,而且环保的要求。处理剂单剂优选应注意以下方面:

① 膨润土加量优选。室内试验结果表明,随膨润土加量增加,低温对钻井流体流变性的影响加剧,黏度、切力明显增加,当膨润土加量为4.0%时,基浆流变性和失水性比较合理,此时温度对基浆性能影响不大。

② 增黏剂优选。室内试验结果表明,天然高分子聚合物的耐温性能较差,可应用于浅部地层钻进;合成高分子聚合物具有较好的耐温性,更适合于钻进深部地层。值得注意的是,合成高分子聚合物在低温下不但不会使黏度增长,反而使黏度略有下降,比较适合深水钻井流体选用。

③ 降失水剂优选。室内研究结果表明,在淡水环境下,酚醛树脂类降失水剂具有很好的降失水效果;腐殖酸类降失水剂也能满足要求;不同聚合物降失水剂的降失水效果相差不大,但对黏度的影响差别较大,因此,在使用时应根据具体情况进行优选,以避免对钻井流体性能造成不良影响。

④ 降黏剂优选。分散型降黏剂适合深水钻井流体,优先选用聚合物降黏剂。

⑤ 水合物抑制剂的优选。扰动有利于水合物的生成,膨润土可在钻井流体中充当水合物晶核,促进水合物的生成。多数钻井流体处理剂对水合物生成有抑制作用,但仅靠钻井流

体处理剂抑制水合物生成效果不理想,仍需加入合适的水合物抑制剂才能防止水合物在钻井流体中生成。水合物动力学抑制剂具有延缓水合物生成的作用,但在高于低温条件下抑制效果不够理想;水合物热力学抑制剂中乙二醇抑制效果较差,而食盐具有很好的水合物抑制效果,但加量较大;动力学抑制剂和热力学抑制剂复配具有很好的协同作用,可大大降低热力学抑制剂的加量。因此,需要通过试验优化热力学抑制剂和动力学抑制的加量,优选出满足不同水深钻井条件的水合物抑制剂组合。

5.1 开发依据

实践证明,深水钻井流体应具有良好的低温流变性,与常温流变性无太大的差别,能够有效地抑制气体水合物的产生,能有效稳定弱胶结地层并有效防止浅层流危害,具有良好的悬浮和清除钻屑能力,满足海洋环境保护的要求。协助实施喷射下导管、动态压井、双梯度钻井、微流量控制钻井技术是通过对钻井流体流量的控制达到对井眼压力精确控制的目的(侯福祥等,2009)。

5.2 体系种类

世界上深水钻井中,合成基钻井流体和油基钻井流体是常选用的钻井流体,但因价格昂贵,遇到漏失时损失更大。因此,在达到目的的情况下,更倾向于使用成本较低的水基钻井流体。

5.2.1 水基聚合物钻井流体

水基钻井流体由于其能够满足钻井需要和较低的成本,被深水钻井所采用。贾艳秋等通过模拟深水作业温度环境,室内优选钻井流体在不同温度下的流变性,配制出具有良好低温流变性、抑制气体水合物生成能力的深水钻井流体(贾艳秋等,2011)。张群在室内也优选出水基聚合物钻井流体(张群,2007)。但是,均未在现场应用。

针对墨西哥湾地区在深水钻井过程中遇到钻井流体的漏失及泥包等问题,Karen Bybee研制出水基聚合物钻井流体并现场应用成功(Karen Bybee,2000)。该钻井流体主要组分见表7.5.1。

表7.5.1 墨西哥湾水基聚合物钻井流体的主要组分表

序号	组分名称	组分代号	加量范围,%	作用
1	聚合物	未明确代号	未明确范围	降低黏土钻头的分散性
2	脱水添加剂	未明确代号	未明确范围	提高钻井流体性能
3	无机盐	未明确代号	未明确范围	抑制页岩膨胀
4	硅酸钠	未明确代号	未明确范围	改变钻井流体的表观黏度、塑性黏度和动切力
5	聚丙二醇	未明确代号	3	改善钻井流体润滑性
6	表面活性剂	未明确代号	未明确范围	提高渗透速率

为保持钻井流体性能稳定并适应钻井需要,应从以下4方面实施维护处理:

(1)调整钻井流体性能,使之具有较高的悬浮和携带能力,及时将钻屑从井眼中运移出来,避免发生阻卡现象。

(2)根据地层渗漏的特点,钻进过程中采用大、中、小分子量聚合物相匹配的原则,利用大分子聚合物吸附包被作用,中、小分子量聚合物的填补搭配,抑制黏土的膨胀及分散运移,以形成薄而韧的滤饼,减少渗漏的发生。

(3)为防止在打开下部地层时发生严重漏失,一方面在钻井流体中加入随钻堵漏剂,增强地层的抗压能力;另一方面加入降失水剂,以提高钻井流体的抗侵害能力,降低钻井流体失水量,使之在设计范围之内。

(4)海底温度较低,用抑制性钻井流体替满阻流管线和压井管线以防止形成水合物,有效抑制这些管线中的流体。根据钻井监督的指令,阻流管线和压井管线每天循环1次,同时保证这些管线中的重晶石不沉淀,以免堵塞阀门。

Karen Bybee 应用水基聚合物钻井流体技术钻井,采用高分子量的聚合物包被剂替代原有的聚合物,并加入不受固相浓度影响的、特制低分子量的羟乙基纤维素控制失水量,解决了深水钻井中的漏失、泥包等问题,钻井流体的性能得到很大改善,流体的流变性变好、抑制性增强,并且机械钻速得到提高。

5.2.2　油基钻井流体

水基钻井流体在深水钻井过程中出现润滑性不好、钻井效率不高等诸多不足,为了解决深水钻井中易出现的低破裂压力梯度、天然气水合物、浅层水流、深水低温等问题,开发出油基钻井流体,其中中国南海 LW3－1－1 井成为油基钻井流体应用的代表。

中国南海 LW3－1－1 井作业水深 1480m,是中国第一口水深超千米的深水钻井,其地层基本以大套灰色泥岩和页岩为主,具有强水敏性,其间夹有厚度不等的粉砂岩,砂岩主要集中在珠江组和珠海组,珠江组以上基本为泥岩,偶见砂岩。针对 LW3－1－1 井钻井过程出现的强水敏性,研制出油基钻井流体有效地解决了此类问题(戴智红等,2007)。该钻井流体主要组分见表 7.5.2。

表 7.5.2　中国南海 LW3－1－1 井油基钻井流体的主要组分表

序号	组分名称	组分代号	加量范围,%	作用
1	食盐	未明确代号	未明确范围	防塌,维持井壁稳定
2	提黏剂	XANPLEX	未明确范围	增加黏度
3	抑制剂	NEWDRILL	未明确范围	抑制泥页岩水化膨胀
4	降失水剂	PAC LV	未明确范围	降低钻井流体失水量
5	抑制剂	SHIELD	未明确范围	抑制泥页岩水化膨胀
6	液体抑制剂	GUARD	未明确范围	抑制泥页岩水化膨胀
7	防泥包剂	PENETREX	未明确范围	防止岩屑被包被
8	加重剂	BAR	未明确范围	稳定井壁,提高钻井流体密度

为保持钻井流体性能稳定并适应钻井需要,应从以下4方面实施维护处理:

(1)配制钻井流体时,各处理剂要按时、按量依次加入,按规定的时间搅拌。

(2)针对不同钻进地层,添加相应处理剂,及时调整钻井流体性能。

(3)在钻进过程中定时补充基油及各种处理剂,维持钻井流体性能稳定。

(4)确保钻井船上备足钻井水,以供稀释和调整时使用。

该钻井流体表现出油基钻井流体的很多优点,如润滑性好、钻进速率高及膜效应、井眼稳定强及页岩抑制性。钻井周期49d,解决了强水敏性地层的井壁稳定等问题,还解决了深水钻井中遇到的挑战,如低的破裂压力梯度、天然气水合物、浅层水流、深水低温等问题,满足了该区块作业需要。

5.3 发展前景

与大陆架和陆上勘探钻井作业相比,深水作业的施工风险高、技术要求高,成本非常昂贵,资金风险也极高;作为回报,深水勘探钻井作业所发现的石油地质储量也相对比较高。因此,单位储量发现成本并不算高。深水钻井是指作业水深大于400m而小于1500m的海洋钻井作业,常规浅水钻井工艺和钻井装备表现出明显的局限性,已经不再适应深水钻井;面对深水油气勘探开发的困难和危险性,深水钻井新技术不断涌现。

5.3.1 存在问题

与浅水区域相比,深水钻井面临的主要问题有海底页岩的稳定性差(窦玉玲等,2006)、钻井流体用量大(徐加放等,2008)、井眼清洗难,浅层气与气体水合物温度过低,地层孔隙压力和破裂压力之间窗口狭窄(Shaughnessy et al.,2007)等。这些问题给钻井工作带来了诸多困难,同时对钻井流体技术提出了在保证钻井安全的前提下,兼顾钻井成本和环境效益的要求(胡友林等,2004)。

5.3.2 发展方向

随着经济的发展,对石油的消费日益增加,钻井技术不断成熟,石油勘探开发逐渐向更深的海域迈进,对深水钻井流体的要求不断提高,配制新型无毒、低成本的钻井流体和钻井流体处理剂是今后发展的必然趋势。

张晓东等(2010)提出在海洋钻井流体处理剂及钻井流体的推广应用过程中,要将钻井工程、储层伤害控制和环境保护有机结合起来,从钻井成本和环境效益两方面综合评判它们的推广应用效果,以获得最佳的综合效益。加强对低温条件下深水钻井流体的流变性及携岩能力、新型水合物抑制剂及作用机理的研究,并建立一套全面、准确评价深水钻井流体性能的标准和方法。

(1)无隔水管套管钻井技术应用。随着海洋钻井的不断发展,套管钻井技术已经应用于海上表层钻进,代替隔水导管和表层套管,避免了海底表层沉积物松软、胶结性差、浅层流体等问题造成井壁坍塌、下套管困难、井控事故等钻井问题。套管钻井有涂抹效应和动态当量钻井流体控制两个特点。

涂抹效应就像一个泥铲，套管单方向旋转形成旋转离心力场，粉碎的岩屑在较小的环空内沿着井壁表层向上运输，岩屑颗粒镶嵌在井壁的表面形成天然的封闭层。这个封闭层的不透水性较专用钻井流体护壁效果更好，涂抹效应有利于钻井流体流失的控制和井筒的稳定性。

改善当量钻井流体密度控制，或者叫作动态钻井流体重量控制。套管与井壁之间的环空较小，这样更有利于井眼净化，也有利于通过调整钻井流体的速度，控制当量钻井流体密度。例如，典型的深水表层井筒为812.8mm、钻柱为165mm，而套管钻井中钻开812.8mm的井眼，一般采用ϕ711.2mm的套管柱，这样环空面积就减少了75%，这对减少井筒的沟道效应有很明显的效果。沟道效应会导致浅层流体流进井筒而引发一系列的钻井问题。

(2) 无隔水管钻井流体回收技术的应用。无隔水管钻井流体回收钻井技术就是在钻井过程中不采用常规隔水管，钻杆直接暴露在海水中，依靠安装在海底井口的吸入模块实现井眼和海水之间的密封，岩屑和钻井流体经一条小直径回流管线返回钻井平台。通过控制海底泵系统保证环空顶部压力等于海水压力，从而可以有效地控制海底泥面以下井眼的环空压力、井底压力，更好地匹配地层压力和破裂压力之间狭小的间隙，实现安全钻井作业，可以解决目前深水钻井遇到的诸多问题。该技术属于双梯度钻井技术范畴，其应用使得地层孔隙压力与地层压力相对变宽，钻井流体应用范围变大，简化了井身结构，避免由隔水管破坏而引发的钻井事故，为控制压力钻井提供了技术支撑。

(3) 控制压力钻井技术的应用。通过对回压、流体密度、流体流变性、环空液位、水力摩阻和井眼几何形态的综合控制，使整个井筒的压力维持在地层孔隙压力和破裂压力之间进行平衡和近平衡钻井，有效控制地层流体侵入井眼，减少井涌、井漏、卡钻等多种钻井复杂情况，非常适合孔隙压力和破裂压力窗口窄的地层作业。

控制压力钻井技术控制井口压力，通过控制井口回压或者在井筒的某一位置安装泵，来调整井底压力；改变环空压耗，正常钻进时，井底压力是钻井流体液柱压力和环空压耗之和，通过改变钻井流体流态、流速和环空间隙（通常是改变钻杆组合的外径）就可以控制环空压耗；改变钻井流体参数，通过改变钻井流体密度、黏度、排量等调整环空压耗。

(4) 深水智能钻井技术。陆地油气田开发已进入中后期，油气勘探开发逐渐转向海洋方向，而海上油气储量的90%都赋存于水深超过1000m的地层中，随着水深增加，钻井环境更复杂，作业条件更恶劣。然而，随着新钻井技术、新材料技术、检测控制、微电子技术、通信和计算机、机器人和超微加工等技术的进一步发展，智能钻井新技术必将应运而生，为复杂的深水油气勘探开发提供条件。随着智能钻井技术的不断成熟，未来钻井技术将向更加精确、高效、低成本、环保和安全方向发展（张晓东等，2010）。

第6章 欠平衡钻井流体

钻井过程钻井流体循环时井底压力低于地层孔隙压力,使地层的流体有控制地进入井筒并将其循环到地面,这一钻井技术称为欠平衡钻井。欠平衡钻井又称为负压钻井,负压钻井可减少或防止储层伤害,对产层实时连续测试,提高钻速,延长钻头寿命,杜绝或减少井漏,压差卡钻等井下复杂状况,提高生产率,降低完井及增产作业成本,提高初期产量,延长有效储层开采期和发现新的产层。

欠平衡钻井技术开始于20世纪50年代,美国在1953年使用空气作为循环介质成功地完成了一口井。此后很长一段时间内由于设备和技术的限制因素,欠平衡钻井技术并没有得到很好的发展。进入20世纪80年,欠平衡钻井技术迅速发展,成为一种降低开发成本、保护储层必不可少的技术。

欠平衡钻井过程中,用于欠平衡钻井的钻井流体称为欠平衡钻井流体(Underbalanced Drilling Fluids)。

欠平衡钻井技术按工艺分为流钻和人工诱导两大类。流钻(Flow Drilling)也称边喷边钻,是指使用普通钻井流体的欠平衡钻井,在低于正常储层压力的密度下完成钻井;人工诱导欠平衡钻井(Artificially Induced Underbalanced Drilling)是指由于地层压力太低,必须采用特殊的钻井流体和工艺才能建立欠平衡。因此,欠平衡钻井使用的钻井流体可以分为气体钻井、雾滴钻井、泡沫钻井流体钻井、充气钻井流体钻井、水或卤水钻井流体钻井、油包水或水包油钻井流体钻井、常规钻井流体钻井、钻井流体帽钻井(Mud Cap Drilling)这8类。

(1)气体钻井,如空气、天然气和氮气钻井,密度范围为$0.00 \sim 0.02 \text{g/cm}^3$。

(2)雾滴钻井,密度范围为$0.02 \sim 0.07 \text{g/cm}^3$。

(3)泡沫钻井流体钻井,包括稳定和不稳定泡沫钻井,密度范围为$0.07 \sim 0.60 \text{g/cm}^3$。

(4)充气钻井流体钻井,包括通过立管注气和井下注气两种方式。立管注气是通过立管注入气体。井下注气技术是通过寄生管、同心管、钻柱和连续油管等在钻进的同时往井下的钻井流体中注空气、天然气、氮气。其密度范围为$0.7 \sim 0.9 \text{g/cm}^3$。充气钻井流体用于欠平衡钻井,是应用较为广泛的欠平衡钻井方法。

(5)水或卤水钻井流体钻井,密度适用范围为$1.00 \sim 1.30 \text{g/cm}^3$。

(6)油包水或水包油钻井流体钻井,密度适用范围为$0.80 \sim 1.02 \text{g/cm}^3$。

(7)常规钻井流体钻井(采用密度减轻剂),密度适用范围大于0.9g/cm^3。

(8)钻井流体帽钻井,国际上称之为浮动钻井流体钻井(Floating Mud Drilling),用于钻地层较深的高压裂缝层或高含硫化氢的储层。

6.1 开发依据

美国钻井承包商协会欠平衡作业委员会的风险油井分类体系共为6级,分别为:

0级,只提高钻井效率,不涉及储层。

1级,油井靠自身压力无法自流到井口。油井是稳定的,从井控的角度看风险较低。

2级,油井依靠自身压力可以自流到地面,如果发生井喷致使设备失效时可以采用常规压井方法处理。

3级,地热井不产油气。最大关井压力小于欠平衡设备的承压能力。如果发生井喷导致设备失效会产生严重后果。

4级,有原油产出,最大关井压力小于欠平衡设备的工作压力。如果发生井喷设备失效会立即导致严重后果。

5级,最大注入压力大于欠平衡作业压力,但小于防喷器的最大承压能力。井喷发生,设备失效会立即导致严重后果。

从6级的情况看,钻井流体可以分为两大类:

(1)边喷边钻所用的钻井流体。所谓边喷边钻,一般是在地层压力系数大于1.10时,采用常规钻井流体,用降低钻井流体密度来实现欠平衡钻井。

(2)人工诱导法欠平衡钻井所用的钻井流体。一般是在地层压力系数小于1.10,采用常规钻井流体无法实现欠平衡钻井时而直接使用低密度流体(气雾、泡沫、空气、二氧化碳、天然气、氮气等)作循环介质,或往钻井流体基液中注气等方法,实现欠平衡钻井。因此,根据储层的压力系数选择钻井流体是欠平衡钻井流体的依据。

6.2 体系种类

在优选欠平衡钻井流体时,要充分了解储层特点和钻井情况,主要有以下几点:井眼是否稳定;钻进的水平井段是否有水层;钻进地层是否存在多压力系统、多渗透地层;属于哪种伤害类型,是由于滤液与地层流体不兼容,还是滤液与地层岩石发生化学反应从而发生伤害;地层中是否存在酸气;井眼几何形状的特点是否适合欠平衡钻井;适合的设备及消耗产品,包括作为钻井流体的液体和气体等。应用于现场的欠平衡钻井流体主要分为气体钻井流体、雾滴钻井流体、泡沫钻井流体、充气钻井流体、水或卤水钻井流体、油包水或水包油钻井流体以及超低密度钻井流体。

6.2.1 气体钻井流体

气体钻井流体分为气基流体、稳定泡沫、充气钻井流体这三类(何纶等,2007)。气基流体包括纯气体(空气、氮气、天然气等)、雾。稳定泡沫主要为气体、液体相混合,以泡沫为主,气体为分散相,液体为连续相。充气钻井流体是气泡分散在钻井流体中的分散体系(气体、液体混合,以液体为主)。

充气、泡沫流体是以气体为分散相、液体为连续相的循环流体。但应用充气、稳定泡沫流体钻井时,除需要与纯气体钻井相同的一些配套装备外,如空压机、增压机、旋转防喷器等,还需要配置雾化泵、泡沫发生器、化学药剂注入泵、基液罐等,这是与硬胶泡沫钻井的不同之处。因而按照钻井工艺技术分类,满足气体钻井工程要求的循环流体——充气及稳定泡沫流体仍然应归属于气体型流体。

20世纪末出现的超临界二氧化碳钻井技术,在欠平衡钻井中具有能有效驱动深井井下马达、控制井底压力容易、破岩门限压力低、破岩速度快、防止储层伤害等优点,得到广泛应用。

超临界二氧化碳是指处于临界温度31.1℃、临界压力7.38MPa之上的二氧化碳流体,其具有黏度低、扩散系数大、密度大、流动性好、溶解能力强和传质性强等特性。超临界二氧化碳的表面张力为零,不存在毛细管力,可以进入任何大于超临界二氧化碳分子的空间。超临界二氧化碳技术优势有:

(1)超临界二氧化碳与液体类似的较高密度能为欠平衡连续管钻井过程中井底动力钻具提供足够的动力。

(2)从钻头喷嘴到环空,二氧化碳的密度和黏度变化较大,而密度和黏度是影响钻井流体携岩性能的两个主要因素。通过控制二氧化碳的密度和黏度,可以达到高效携岩的目的,并且在钻井过程中可通过控制井口回压来调控环空压力,实现控制压力钻井。

(3)由于超临界二氧化碳的低黏、易扩散等特性,使其水楔作用突出,且超临界二氧化碳表面张力为零,无毛细管作用,易渗入裂隙深部,使裂隙深部流体与高压射流流体连通为统一的压力体,可增大作用在岩石裂隙内表面上的压力,降低破岩门限压力,提高破岩效率。

(4)超临界二氧化碳流体侵入储层后,能有效保护储层、提高采收率。因为超临界二氧化碳流体密度大,有很强的溶解能力,能溶解近井地带的重油组分和其他有机物,降低表皮系数,减小近井地带油气流动阻力;超临界二氧化碳流体能使储层中的黏土脱水收缩,从而增大孔隙度;还能降低原油黏度,使原油体积膨胀,利于原油流动,提高采收率。

(5)二氧化碳来源广,成本低。目前中国已发现28个二氧化碳气田,另外,随着烃能源的发展,将产生大量的二氧化碳副产品。在超临界二氧化碳钻井过程中,地层要消耗、吸收二氧化碳,因此,应用超临界二氧化碳钻井技术有利于保护环境。

6.2.2 雾化钻井流体

雾化空气钻井是将空气、水、泥页岩抑制剂和添加剂混合,利用在高速流动下形成雾状的循环介质进行钻进的欠平衡钻井技术,是最早发展的一种欠平衡钻井技术。

雾化空气钻井的工艺流程为:以空气为工作对象,利用空压机对空气先进行初级加压,然后再增压入井,同时用一台水泥车在立管处泵入基液与空气混合,其他设备则与空气钻井时采用的设备相同。根据空气钻井总体流程方案,对设备进行方案设计及优选,最后完成携带岩屑、取得砂样和消除粉尘的任务(王允伟,2009)。

6.2.3 泡沫钻井流体

泡沫钻井流体具有密度低、携岩能力强和提高钻速等特性,特别适合用于开发易漏失、水敏性储层,解决了一些常规钻井流体难以实现的欠平衡钻井技术难题。泡沫流体钻井综合效益高,现已成为油气田开发过程中钻井流体的一个重要发展方向。泡沫钻进过程容易产生井壁失稳等井下复杂情况,但一些性能优异的泡沫钻井流体对井壁稳定仍具有积极的作用。(苏雪霞等,2015)。欠平衡钻井泡沫钻井流体主要组分见表7.6.1。

表 7.6.1 欠平衡钻井泡沫钻井流体主要组分表

序号	组分名称	组分代号	加量范围,%	作用
1	阳离子单体	YD-1	5.0~10.0	稳定黏土、提高钻速、降低失水
2	丙烯酸	AA	3.0~5.0	稳定乳液、聚合速度非常快
3	丙烯酰胺	AM	未明确范围	聚合成高黏度的聚合物
4	烷基取代丙烯酰胺	TBAM	未明确范围	合成疏水缔合水溶性聚合物
5	过硫酸铵	APS	未明确范围	作乳液聚合的引发剂
6	亚硫酸氢钠	SBS	未明确范围	作还原剂
7	两性离子包被絮凝剂	PDAM	0.10	包被钻屑、稳定井壁、防塌作用
8	小阳离子化合物	CFT-1	0.3	使黏土稳定

泡沫钻井用两性聚合物防塌剂 WPZY-1 合成工艺是将丙烯酸单体溶于适量去离子水中,在冰水浴中用氢氧化钠溶液中和至 pH 值为 7~8,加入丙烯酰胺、烷基取代丙烯酰胺、阳离子单体,其中丙烯酰胺、烷基取代丙烯酰胺质量比为 2:8~5:5,搅拌溶解后,在搅拌下缓慢滴加适量的引发剂过硫酸铵和亚硫酸氢钠,其质量比为 1:1,控制反应 pH 值为 9~10,搅拌 0.5~1h,得到多孔状产物,产物经剪切造粒,于 60℃ 下烘干、粉碎,得到目标产物两性聚合物防塌剂。

6.2.4 充气钻井流体

充气钻井以常规钻井流体或清水作为基液,将一定量的气体连续注入基液内,使其呈均匀气泡状分散于基液中,有效降低了钻井流体密度,是一种特殊的欠平衡钻井技术。充气钻井技术适用于地层压力系数低、井壁稳定性强的地层,具有提高机械钻速、预防井漏和保护储层的作用(郑峰等,2018)。

王古 1 井是胜利石油管理局在王家岗油田为探测深层奥陶系石灰岩地层含油气情况而部署的一口重点探井,完钻井深为 4192m。该井四开使用密度为 $1.01g/cm^3$ 的无固相钻井流体,钻至井深 3438m 处发生井漏,漏速为 $6.0m^3/h$,继续钻至井深 3440m,起钻至井 2294m 时发生井涌,下钻至井深 2546m 时发生井喷。用密度为 $1.36g/cm^3$ 的钻井流体压井,循环钻井流体降低密度、测后效,最后调整密度为 $1.08g/cm^3$。经取心证实井漏属裂缝—孔洞性漏失,漏失井段最大漏速为 $28.9m^3/h$。对 3421.46~3444.50m 井段进行中途测试,测得地层压力系数为 1.0,日产油量 $467m^3$,日产天然气量为 $3504m^3$。采用边漏、边钻、边堵(锯末、堵漏干粉等)的方式钻至井深 3497.5m,由于发生井漏,返出岩屑极少,不能满足地质岩屑录井要求,达不到探井的钻探目的。采用充氮气复合盐水钻井流体技术,解决此难题(刘建民等,2005),该钻井流体主要组分见表 7.6.2。

表 7.6.2 欠平衡钻井充氮气复合盐水钻井流体表

序号	组分名称	组分代号	加量范围,%	用途或作用
1	抑制剂	PAC141	0.3~0.5	抑制作用,阻滞反应速度
2	防水锁剂	未明确代号	1.0	有利于储层伤害控制

续表

序号	组分名称	组分代号	加量范围,%	用途或作用
3	增粘剂	PAC	0.5~1.5	增加黏度
4	钻具防腐剂	未明确代号	1.0	防止钻具被腐蚀
5	其他辅助剂	未明确代号	未明确范围	辅助作用

充气前将井浆调整为密度为 $1.05g/cm^3$ 的复合盐水钻井流体基液,并调整性能。在充气参数确定以后,钻井流体性能参数应根据返砂情况、钻井进尺及钻井流体漏失情况,适时调整,维持钻井流体性能稳定。该井控制钻井流体漏斗黏度在 30~40s,配合充气,有效地满足了携岩要求。随着井深的增加,补充耐高温增粘剂,较好地解决了复合盐水的高温稳定问题。在充气过程中,为了减少氧气对钻具产生的腐蚀,加入 0.5%~1.0% 的钻具防腐抗氧剂;同时为了减少高矿化度的盐类对钻具的腐蚀,在钻井流体中加入 0.3% 缓蚀剂,较好地抑制了氧气和无机盐对钻具的双重腐蚀。钻至井深 3914m 处发生原油溢出井眼现象,通过及时调整钻井流体基液密度,停止充气,将基液密度由 $1.05g/cm^3$ 提至 $1.07g/cm^3$,循环,溢流问题短时间内得到控制,钻井流体性能也未受到原油的侵害。

通过使用充气钻井流体解决了井口钻井流体循环失返的严重井漏问题,从而使岩屑录井工作得以顺利进行。充氮气钻井技术解决了井漏问题,大大缩短了处理井漏时间,提高了钻井时效,降低了井底循环当量密度,提高了机械钻速。

6.2.5 水或卤水钻井流体

五段制预探井 NP3-80 井于 2012 年 11 月 19 日交井,该井是冀东油田最深井之一。该井所钻遇地层极其复杂,钻井阶段采用 BH-KSM 特色钻井流体顺利完钻。该井完井试油阶段施工程序烦琐,难度大,所以必须选择一种同时满足钻井、完井和洗井要求的钻井流体作为后期施工的保障。

为降低成本,减少菱铁粉的用量,使用卤水代替水配成新的基液,其在压力不很高的地层,用卤水作钻井流体对减少储层伤害,提高采收率有较大作用(周宏宇等,2013)。工业卤水与 BH-KSM 调配的卤水钻井流体主要组分见表 7.6.3。

表 7.6.3 工业卤水与 BH-KSM 调配的卤水钻井流体主要组分表

序号	组分名称	组分代号	加量范围,%	作用
1	磺酸盐共聚物	DSP	1.5	阻垢
2	耐高温增黏剂	WTZN	0.4	耐高温性较好,增加黏度
3	褐煤树脂	SPNH	5	抗盐、抗钙、降低高温高压降失水量的作用
4	耐高温磺化处理剂	SMT	1	形成适用于深井的聚磺钻井流体
5	丙烯酸酯共聚物羧酸盐	SD-101	2~4	防止涂料沉淀、凝絮,具有良好的耐热性,润湿性极高
6	未明确名称	SD-201	2	
7	未明确名称	BZ-JLS-I	2	

续表

序号	组分名称	组分代号	加量范围,%	作用
8	未明确名称	BH-YFT	2	
9	聚胺	SNF	0.5	混凝脱稳
10	无荧光液体润滑剂	RH-1	2~3	在金属与黏土表面形成牢固的吸附膜,可使钻井流体润滑性显著提高,减少钻头及其他配件的磨损,延长使用寿命,同时防止黏附卡钻,减少泥包钻头
11	钻井流体用抗盐包被剂	BZ-BBJ	0.2	降低失水量

6.2.6 油包水或水包油钻井流体

针对储层孔隙压力当量密度小于 1.0g/cm³ 的储层,且针对地层水敏性强,易垮塌掉块的现象,研制出一种油包水的油基钻井流体(郭才轩,2002)。低固相聚磺钻井流体与低密度乳化柴油钻井流体主要组分见表 7.6.4。

表 7.6.4 低固相聚磺钻井流体与低密度乳化柴油钻井流体主要组分表

序号	组分名称	组分代号	加量范围,%	作用
1	轻质柴油	未提及	90.0~97.0	低密度乳化柴油钻井流体
2	乳化剂	SAA	1.0~2.0	降低界面张力和减少形成乳状液所需要的能量,提高乳状液的能量
3	磺甲基酚醛树脂	SMP	2.00~3.00	低固相聚磺钻井流体,亲水性和抗盐析能力强,受高温影响小,降低钻井流体的高温高压水
4	钻井流体用褐煤树脂	SPNH	2.00	耐高温、抗盐降失水
5	聚丙烯酰胺钾盐	KPAM	0.20~0.30	抑制页岩分散,控制地层造浆,降失水,改善流型,增加润滑性
6	钻井流体用复合金属两性离子聚合物增黏剂	PMHC	0.50~1.00	乳化,降低失水量,高温稳定
7	钻井流体用页岩抑制剂磺化沥青	FT-1	2.00~3.00	做增黏剂,强抑制剂,包被剂

乳化柴油密度低,可控制在 0.9g/cm³ 以下,抑制能力强,可防止井壁坍塌掉块和钻头泥包,乳化柴油钻井流体不可压缩,能保持井底稳定的欠平衡值,提高机械钻速,缩短钻井周期;可将乳化柴油加重后用作压井液;完钻后的乳化柴油可回收用于下口井;现场制备、维护与处理方便。

SN98 井为松南八屋构造的一口开发井,设计井深为 2300m,目的层为营城子组和沙河子组低压低渗透天然气储层,孔隙压力当量密度为 0.98g/cm³ 左右,渗透率小于 10mD,欠平衡钻井井段为 2010~2310m。

三开前按室内研究的配方配制乳化柴油 100m³,将井内原钻井流体替出,由于乳化柴油钻井流体静切力极低,且岩屑在该钻井流体中不分散,因此,利用岩屑的自然沉降可以将其清除,保证钻井流体密度为 0.84~0.86g/cm³、漏斗黏度为 34~37s,井底动欠平衡值控制在 2.5MPa 左右,钻进至 2038m 时点火成功,随钻日产天然气 10000 余立方米,实现了"边喷边钻",钻进至 2310m 完钻,然后将乳化柴油钻井流体加重至 1.05g/cm³ 作为压井液进行压井,完成电测和下套管作业。

低密度乳化柴油钻井流体适用于低压气体欠平衡钻井,但井场安全要求高,成本也相对较高。对储层实施欠平衡钻井,会影响原油的分离,需进一步研究。

6.2.7 超低密度钻井流体

大牛地气田属于典型的低压低渗透储层,为了提高油气的产收率,中国石油化工华北分公司先后部署了 3 口重点水平井,第一口是 2006 年 DP1 井,水平井段采用微泡钻井流体,因钻遇煤层发生井塌而失败;第二口是 2007 年 DF2 井,采用密度减轻剂的无固相钻井流体,进入水平段 800m 后因钻遇大段泥岩而中途测试;第三口是 DP3 井,采用新型超低密度水基无固相钻井流体,顺利钻穿 1201m 长的水平段。

采用以 HGS 复配系列和纳米乳化石蜡为主的新型超低密度水基无固相钻井流体。使用美国 3M 公司的 HGS5000,HGS6000 和 HGS10000 复配作为密度减轻剂,控制钻井流体的密度达到要求范围,加入纳米乳化石蜡提高钻井流体的润滑性和更加有效封堵储层,聚合醇作钻井流体的防塌剂,改性淀粉降低钻井流体的失水,黄胞胶调节钻井流体的流变性(王治法等,2010)。新型超低密度水基无固相钻井流体主要组分见表 7.6.5。

表 7.6.5　新型超低密度水基无固相钻井流体主要组分表

序号	组分名称	组分代号	加量范围,%	作用
1	羧甲基淀粉	CMS	1.5	提高钻井流体黏度
2	低粘羧甲基纤维素钠盐	CMC-LV	0.3	降低钻井流体失水量
3	生物聚合物	XC	0.1	提高钻井流体黏度
4	固体防滑剂	未明确代号	4	增大摩擦系数
5	聚酯增塑剂	QS-2	1	提高钻井流体塑性
6	单胞碱石灰硅酸硼类	HGS	10	呈化学惰性,耐高温高压
7	聚合醇	未明确代号	4	防塌效果较好
8	乳化石蜡	EW	10	使钻井流体有很强的封堵性和润滑性
9	防腐剂	未明确代号	0.1	防腐蚀,提高热稳定性

针对大牛地气田的低压低渗透地层,为减轻钻井流体对储层的伤害,并验证水平井中欠平衡技术对盒 3 储层的增产效果,在 DP3 井的大位移水平井中采用玻璃微珠低密度无固相钻井流体,实施欠平衡钻井技术,收到了良好的效果。

此外,谢晓永等研制一种适用于川中某裂缝性低渗透砂岩气藏的水基钻井流体应用于欠平衡钻井以解决欠平衡钻井过程中的储层伤害问题(谢晓永等,2008)。主要由膨润土、增黏剂、降失水剂、抑制剂、封堵材料、润滑剂等组成。

6.3 发展前景

欠平衡钻井的关键技术主要包括产生和保持欠平衡条件(有自然和人工诱导两种基本方法)、井控技术、产出流体的地面处理和电磁随钻测量技术等。近年来,欠平衡钻井技术的进展主要集中在井控、钻井流体、程序设计、特殊工具等方面。目前已经成功应用全过程欠平衡钻井技术,同时欠平衡钻井技术也越来越多地与水平井多分支井及小井眼钻井技术相结合,有效开发了一些新老油田,其应用范围日益广泛,已成为一种增产稳产的可选钻井技术。

6.3.1 存在问题

欠平衡钻井流体主要存在钻井流体与地层流体的相容性较差、地层产出流体会将钻井流体稀释、钻井流体的防腐工作较难、水基钻井流体滤液对流自吸对储层可能构成危害、合理设计欠压值困难、井底欠压值控制困难、钻井流体、压井液体系选择困难、生置换性漏失时压井作业困难、发生置换性漏失时强行完井作业难、现场施工时立压的控制较为复杂这10个方面问题。

(1)钻井流体与地层流体的相容性。在欠平衡钻井中,如实现了真正的欠平衡,地层中的油、水、气就会进入井眼,同循环的钻井流体接触,可能出现生成高黏度乳状液、润湿反转、结垢和沉淀物以及注入介质的氧化作用问题。

(2)地层产出流体对钻井流体的稀释。在任何欠平衡钻井作业中,循环流体会被地层产出的混相流体迅速稀释,即便使用闪点调控的很好的油基钻井流体也可能受到侵害。多数泡沫钻井流体与油和地层盐水接触后会迅速稀释,并产生不良反应。

(3)钻井流体的防腐问题。如果用充有空气或氮气的钻井流体,咸盐水(产自地层或用作循环流体)与其中的微量(痕量)氧接触,会具有极强腐蚀性。如果地层产出气中含有硫化氢,腐蚀问题会更严重。

(4)对流自吸作用。在低渗透、亲水、地下残余水饱和度异常低的储层(气藏)进行欠平衡钻井时,即使在欠平衡状态下,毛细管压力效应也可能会导致水基钻井流体滤液对流自吸入近井带地层,对储层构成潜在的危害。在欠平衡钻进过程中,井壁上不会形成致密滤饼,失去了防止流体和固体颗粒侵入储层的屏障,钻井流体直接跟储层岩石接触,必然受到毛细管力的作用,地层岩石通常具有亲水性,因此毛细管力的方向由井筒指向地层内部,虽然有负压力的存在,但其远远低于毛细管力,钻井流体滤液在毛细管力的作用下会发生连续地反向吸入储层的逆流自吸效应,在近井壁形成水侵带,水量增加形成厚水膜使油气流道减小,甚至造成细小喉道完全封闭,形成水锁。与此同时,自吸作用带动近井壁处少量钻井流体向地层内运动,钻井流体中的固相颗粒、聚合物和黏土矿物等被过滤、吸附于孔喉内,使气体流动受阻,储层渗透率降低。采用水基钻井流体欠平衡钻进裂缝性低渗砂岩储层时,裂缝面和基质孔隙内同时存在指向地层的毛细管力,欠平衡压差并不能完全抵消该力,因而为钻井流体侵入提供了驱动力。水基钻井流体欠平衡钻井过程中逆流自吸效应以及伴随的钻井流体吸附是造成储层伤害的主要原因,但伤害程度低,侵入深度浅;如果欠压状态不稳定,钻井流体会迅速侵入裂缝,影响其渗流能力,并且这种影响随裂缝宽度的增大而增强。

(5)合理设计欠压值困难。欠压值设计要满足探井施工的要求。欠压值是井底液柱压力与地层压力之差,若设计不当会对欠平衡钻井施工造成不利影响。设计值过小,易造成井下过平衡,达不到钻井目的,失去了欠平衡钻井的意义;设计值过大,易造成井口设备过载甚至失控,引起重大钻井事故。以塔河油田为例:塔河油田储层的主要特点就是产能高、钻井流体密度安全窗口小,如果欠压值较大就会大量产液,太小易造成井下过平衡从而产生井漏。另外,合理设计欠压值也是满足探井发现油气的需要。所以,设计一个合理的欠压值是保证欠平衡施工成功的关键,但是难度较大。

(6)井底欠压值控制困难。有效控制井底压力是欠平衡钻井成功的关键,如果井底压力控制不当,会造成井漏和地层产液过大的问题。当施工过程中井口起压时是开大节流阀还是关小节流阀,压力的传播速度对节流阀的操作会有怎样的影响,因为钻井流体密度安全窗口小,这些都更应该加以考虑。必须寻找欠压值与其他钻井参数的关系,建立数学模型,然后根据其互动关系,制订一套便于操作的井底压力现场控制方法。

(7)钻井流体、压井液体系选择困难。尽管奥陶系稳定性好,但是井温高不利于钻井流体处理剂的选择,如何把很黏稠的原油及时分离出来也是一个难点。由于潜水泵等常规工具不能有效地把稠油抽走,置换性漏失发生时,如何处理大量的随钻产油是欠平衡钻井的技术难点之一。

(8)生置换性漏失时压井作业难。当发生恶性漏失时,因钻井流体密度安全窗口小,很难找到钻井流体密度平衡点。从理论上讲,避免发生置换性漏失的方法是使用比产液密度更低的钻井流体,这在欠平衡钻井施工中是可行的,但起下钻时由于需要压井,则不可避免地发生置换性漏失。因此,发生置换性漏失时,如何以较小的代价、最快的速度完成压井作业是该地区欠平衡钻井中的又一难点。

(9)发生置换性漏失时强行完井作业难。发生置换性漏失时常伴随着大量的油气产出,这时一般都提前完钻,甚至不测井而裸眼完井。即使当时压稳的井,由于置换性漏失的存在,又会出现井涌。因此,作业过程中交互地发生井涌与压井,如何安全顺利地提出钻具又将完井管柱下到井底是该地区欠平衡钻井中的技术难题之一。

(10)现场施工时由于压力传播的延迟,使立压的控制较为复杂。为不出现判断错误,应在井口设备试压时求出压力的传播延迟时间。调节节流阀记下开始调节时的时间,停下来观察立压的变化,当立压也出现明显变化时记下时间,二者的差就是压力传播延迟时间。这样,当欠平衡钻井作业需要维持立压不变调节套压值时,增加或减少套压到一个数值时等待压力传播延迟时间后根据套压的变化再进一步采取措施。

6.3.2 发展方向

空气钻井、泡沫钻井、雾化钻井等技术将广泛推广和应用。未来的欠平衡钻井技术将进一步朝着安全、简便和适用的方向发展。这项技术对于发现低孔低渗透储层油气、保护储层、提高钻井速度具有重要意义,将广泛应用于低压低渗透油田和老油田(朱弘,2009)。

使用无固相钻井流体作为欠平衡钻井流体、油田盐水作为压井液解决储层伤害及钻屑分离问题。钻井流体密度调整范围大;有较强的携岩能力;有良好的抗盐、抗气侵及抗侵害能力,流变性能稳定;钻井流体与原油分离效果好,能够安全地将产出的地层流体输送到地面并有效分离。

使用改进的反循环和平推法压井技术解决置换性漏失问题。塔河油田碳酸盐岩储层欠平衡钻进过程中发生钻井流体与原油的置换性漏失时,即使使用稠化处理过的清水压井也会发生漏失,若使用正循环法压井,压井液会在钻头处漏入地层,从而无法在环空建立高压液柱;而使用反循环法压井,可以很快在环空中建立高压液柱,当压井液柱从井口移动到井底后会漏入地层,不会从钻头进入钻杆而形成高压液柱。但是,由于此时钻杆内几乎都是地层产液,使用平推法压井,用压井液把钻杆内的地层产液推入地层从而在钻杆内也形成高压液柱,这样可把压井作业对储层的伤害降到最低。该地区置换性漏失压井时也常采用平推法压井技术,但对储层伤害要严重些,只有在无法进行改进的反循环压井时才采用。

利用科学方法合理设计欠压值。欠压值的设计须考虑随钻的油气产量并保证井底负压。对于生产井,如果工程人员操作水平高,压力波动小,在考虑计算误差下欠压值应尽量小,以避免有大量产液产出。钻遇溶洞时一般压力窗口都很低,且随钻油气产量增大,因此,设计的欠压值应尽量小,以保证负压施工,避免井漏。另外,欠压值的设计还受井深、工程人员操作水平、软件计算误差等的影响。多口井的实践证明,塔河油田欠平衡钻井的欠压值设计为 0.5MPa 较为合理。对于探井,由于地层压力、能否钻遇裂隙等都具有一定的不确定性,为满足尽可能发现储层的需要,在钻井流体密度允许、井口设备条件较好的情况下,欠压值尽量大一些。塔河油田探井设计欠压值推荐为 2.0~3.0MPa。施工时采用如下控制方法:开始欠平衡钻进时井口加压 1.5~2.5MPa,这时井底欠压值约 0.5MPa;如果几个循环周后没有油气显示,把套压减至 1.0~2.0MPa,这时井底欠压值约 1.0MPa;这样反复多次,直到有油气产出或井口套压为 0MPa。

结合压力传播速度,依据立压值精确控制。由于欠平衡压力等于地层压力加上管内摩阻减少管内液压减少立压。当排量和入口钻井流体性能不变时,喷嘴压降、管内厚阻、管内液压、地层压力为常量,设常量为地层压力加上管内摩阻减去管内液压,则欠压值为常量减去立压。也就是说,钻井流体排量不变时,如果泵压下降,则井底欠压值按同值增加;反之,如果泵压上升,则井底欠压值按同值减少。因此,当随钻油气产量变化或气体滑脱上升时,靠调节节流阀使泵压保持不变即可保持井底欠压值不变。

第7章 控压钻井流体

控压钻井(Managed Pressure Drilling, MPD)通过对井口回压、流体密度、流体流变性、环空液位和水力摩阻的综合控制,使整个井筒的压力维持在地层孔隙压力和破裂压力之间,实施平衡或近平衡钻井,从而有效地控制地层流体侵入井眼,减少井涌、井漏、卡钻等。

用于控压钻井的钻井流体,就是控压钻井流体(Managed Pressure Drilling Fluids)。

自20世纪60年代中期开始,陆地钻井使用控压钻井技术,但没有引起足够重视。后随着海上油气勘探开发,受到海上钻井决策者的重视,促进了控压钻井技术快速发展,并日渐成熟。常规钻井技术在钻穿安全密度窗口窄的储层时,易发生置换性漏失,井下气液两相滑脱上升、油气带压膨胀等,可能造成钻井流体漏失、井控风险、井眼延伸能力、携带岩屑等难题,控压钻井则提供了解决问题的方法(宋巍等,2013)。

使用控压钻井解决窄窗口地层钻井可以通过合理准确地确定窄安全窗口,通过化学方法或工具扩大安全窗口,采用装备或工艺把环空压力和当量循环密度控制在窄安全窗口之内(周英操等,2010)。安全密度窗口下安全钻井一般需要预测安全窗口、扩大安全窗口、控制钻井过程和降低液柱压力等方法。

(1)预测安全窗口。一是通过地震资料、工程测井资料以及邻井钻井资料预测安全窗口;二是钻井过程中通过井下测量工具如环空压力测量仪、随钻地层压力测量装置等实测安全窗口。还有一种是通过钻井过程中井口加压的现场试验求取地层压力。

(2)扩大安全窗口。在保证井壁稳定的前提下尽量降低坍塌压力,或将地层漏失压力及承压能力提高到井下安全程度,扩大窄窗口的安全作业区间,避免发生窄窗口钻井复杂情况。可以通过性能合适的钻井流体抑制水化作用,实现降低坍塌压力。也可以通过化学方法或工具将漏失压力或承压能力提高到安全范围。

(3)控制液柱压力。控制液柱压力主要是控制环空压力和当量循环密度。环空压力和当量循环密度控制是指在一定的密度窗口条件下改善钻井作业环境的控制方法,包括测量技术、压力控制技术、钻井流体技术、钻井工艺技术等,使液柱压力在不塌不漏的范围内;调控钻井流体热稳定性和流变性符合窄窗口需要;优化钻井流体性能和井身结构调整井筒循环压降;采用控压钻井,降低环空压耗的影响;使用工具降低当量循环密度等。还有无风险钻井技术(No Drilling Surprises, NDS)、简易注气控压钻井技术、当量循环密度实时监测与预测、优化井身结构、优质钻井流体、水泥浆流变性调控、高效防漏堵漏技术等都是控制液柱压力的有效措施。

7.1 开发依据

控压钻井技术起初用于钻穿窄密度窗口或裂缝地层。传统的控压钻井方式根据应用的方式可分为4种(蒋宏伟等,2012)。

（1）井底恒压控压钻井（Constant Bottom Hole Pressure，CBHP）。井底压力恒定控压钻井又称为当量循环密度控制钻井，是通过环空水力摩阻、节流压力和钻井流体静液柱压力来精确控制井眼压力的钻井方法。钻井流体密度可能低于孔隙压力，但这并不是欠平衡钻井，因为钻井流体当量密度仍高于地层孔隙压力，属于控压钻井技术。可以使用控压钻井井口装置实现控制意外侵入流体。主要用于狭窄安全密度窗口钻井。

（2）双梯度控压钻井。双梯度钻井（Dual Gradient Drilling，DGD）是井筒中两种液柱压力共存控压钻井技术。隔水管内充满海水或不使用隔水管，采用海底泵和小直径回流管线旁路回输钻井流体，或在隔水管中注入低密度介质如空心微球、低密度流体和气体，降低隔水管环空内返回流体的密度，使之与海水相当。在整个钻井流体返回回路中保持双密度钻井流体，有效控制井眼环空压力、井底压力，使压力维持在地层孔隙压力和破裂压力之间，克服深水钻井中窄密度窗口带来的问题，实现安全、经济地钻井。主要用于窄密度的深水或超深水钻井，通过采用合适的套管直径和最少的套管层数来钻达目的层位。包括海底泵举升钻井流体、无隔水管钻井、双密度钻井等几种。

（3）加压钻井流体帽控压钻井。钻井流体帽钻井技术（MCD）是一种钻井流体不返出地面的较为成熟的控压钻井。加压钻井流体帽钻井（Pressurized Mud Cap Drilling，PMCD）是在钻井中因环空流体密度较小而需在井口施加一个正压，才能保证环空中的钻井流体不外溢。因此称为加压钻井流体帽钻井，这也是与钻井流体帽钻井的主要区别。通常，注入的钻井流体帽已经过加重和增黏处理，高密度钻井流体应缓慢注入环空，防止油气上窜进入环空，从而保持良好的井控状态。为了更好地携带岩屑，避免岩屑在钻头以上层段的孔洞或裂缝中沉积，在岩屑上返的同时，还需要向钻杆内注入一段牺牲流体（Sacrificial Fluids），即注入井筒但不返出的低成本流体，通常是清水或盐水。防止漏失引起的井喷。主要用于钻井流体完全或近乎完全漏失的高裂缝/大溶洞地层。

（4）健康、安全、环保密闭控压钻井或称回流控制钻井。回流控制钻井（Return Flow Control）钻井是出于健康、安全、环保目的，将钻井流体返回到钻台上的一项控压钻井技术。可对整个井眼提供精确的压力控制，本身就比常规作业更安全，可以更好地解决前面所说的由于井下压力忽大忽小所造成的漏失和井涌现象。尽管技术应用可能有所变化，但与敞开式循环系统相比，回流控制钻井应用了闭合、承压的钻井流体循环系统。闭合式钻井流体循环系统可防止岩屑和气体从钻台进入大气，因此可降低硫化氢气体的含量，减少钻台闪火花的危险。通常应用于在发生危险而被迫停钻或因此影响开采时的地层。

控压钻井所用的钻井流体，主要是依据控压所需要的主要性能，一般通过调整钻井流体的密度、流变性能，满足当量循环密度需要。

7.2 体系种类

控压钻井过程中所采用的钻井流体主要包括盐溶液水基钻井流体和油基控压钻井流体。

7.2.1 盐溶液水基钻井流体

大港油田公司勘探的重点区块是滨海油田北大港构造带，主要目的层为沙河街组。沙一段地层厚度为500~1000m不等,主要以深灰色泥岩、砂质泥岩为主,夹细粉砂岩及泥质砂岩、泥质粉砂岩,成岩性较好,层理和微裂缝发育;沙二段地层厚度为200~1000m不等,以深灰色、灰色砂质泥岩、细砂岩为主,加少量泥质粉砂岩、灰色砂岩。沙三段地层厚度为500~800m不等,主要为深灰色泥岩夹浅灰色细砂岩。为及时发现并保护储层滨海油田部分中深层探井在目的层井段采用控压钻井技术,优选钻井流体。

针对滨海油田地层特性和控压钻井技术对钻井流体的要求,对现场施工技术和钻井流体进行了优化,优选出了既能保证安全钻井,又利于发现和保护储层的耐高温盐水聚合物钻井流体(黄达全等,2009),该钻井流体主要组分见表7.7.1。

表7.7.1 耐高温盐水聚合物钻井流体的主要组分表

序号	组分名称	组分代号	加量范围,%	作用
1	高温降失水剂	未明确代号	1.0	降低钻井流体的失水量
2	耐高温改性树脂	未明确代号	7.0	降低钻井流体的失水量
3	高温防塌降黏降失水剂	未明确代号	4.0	降低钻井流体的失水量
4	超高温调流型聚合物降失水剂	未明确代号	5.0	降低钻井流体的失水量
5	高软化点沥青	未明确代号	3.0	提高钻井流体的封堵能力,降低钻井流体失水量
6	未明确名称	F26	1.0	增加黏度
7	超细碳酸钙	QS-2	1.0	提高钻井流体屏蔽暂堵的能力,保护储层
8	润滑剂	未明确代号	3.0	增强钻井流体润滑性
9	乳化剂	未明确代号	0.3	降低界面张力
10	超低渗成膜剂	未明确代号	2.0	减少钻井流体滤液和有害固相的侵入
11	氯化钾	未明确代号	5.0	抑制水敏性地层水化膨胀

(1)维持钻井流体中氯化钾的有效含量为4%~7%,用耐高温改性树脂配合耐高温抗盐降失水剂来控制钻井流体的失水量,使钻井流体具有较好的耐高温稳定性,流变性易于调整,每次下钻到底,钻井流体的黏度、切力、流变参数变化幅度小,钻进的过程中返砂正常。起下钻以及电测等长时间静止后下钻中途开泵顺利没有憋高压现象,没有高温增稠或减稠现象,高温高压失水量控制为15~18mL/30min。

(2)使用耐高温盐水钻井流体进行控压钻井,同时控制较低的失水量,在钻井流体中加入成膜封堵剂,减少了钻井流体滤液和有害固相的侵入。

在岐口凹陷中深层累计开钻35口探井,完井33口,其中定向井30口,最大井斜位移为2642.98m。完成井中采用耐高温盐水聚合物钻井流体施工了6口井,在目的层井段采用了控压钻井技术,平均井深为5003m,最深井达到5583m,实现了发现并保护储层的目的。

滨海油田东营组和沙河街组存在大段泥岩,容易发生坍塌,使用耐高温盐水钻井流体的6口井,较好地控制了泥岩的坍塌,施工中没有掉块和缩径现象,各井的多次起下钻均畅通无阻,完井电测顺利,平均井径扩大率小于8.79%。

土库曼斯坦亚苏尔哲别油田存在多套盐膏层和高压盐水层,盐水层矿化度高、安全密度窗口窄,施工难度极大。针对这一问题,采用控压钻井技术,使用密度与盐水层压力当量密度接近的堵漏型饱和盐水钻井流体,在盐水层进行控压钻井,确保井底微漏或不涌,严防钻井流体受到侵害。为今后处理钻井过程出现的类似问题提供了一种可行的解决方法(张桂林,2010)。

因此,盐溶液水基钻井流体性能稳定,能满足控压钻井时井壁稳定和发现并保护储层的需要。

7.2.2 油基控压钻井流体

涪陵焦石坝地区志留系龙马溪组页岩气藏裂缝发育、岩性构成复杂且破碎严重,存在安全钻井流体密度窗口窄、易发生垮塌、溢漏同存、水平井段漏失大量油基钻井流体、安全施工风险高等问题。控压钻井既可以用于过平衡钻井、近平衡钻井,也可以用于欠平衡钻井。使用较低的钻井流体密度,通过回压泵自动节流控制系统提供井口回压保持井底压力稳定,使井底压力略高于地层压力的微过平衡状态。精细控压钻井技术能够在井口迅速提供回压,阻止进一步井侵,能够降低井底压力,减少压差卡钻的风险,在井控状况下能够更好地控制井底压力,更好地保障钻井施工作业安全。

焦石坝区块是涪陵页岩气田产能建设的重点区域,针对油基钻井流体存在的循环失水量大、废钻井流体处理费用高以及钻井流体成本高等问题开发并优化了油基控压钻井流体。用于焦石坝地区控压钻井的油基钻井流体油水比 70∶30,解决了成本问题(闫道斌等,2016)。油基控压钻井流体主要组分见表 7.7.2。

表 7.7.2 油基控压钻井流体的主要组分表

序号	组分名称	组分代号	加量范围,%	作用
1	有机土	未明确代号	2.5	造浆,提高润滑性能
2	乳化剂	未明确代号	2.5	降低界面张力
3	降失水剂	未明确代号	3	降低钻井流体的失水量
4	氧化钙	CaO	2.5	调节钻井流体 pH 值
5	油基封堵剂	未明确代号	3	提高钻井流体的封堵能力
6	凝胶颗粒	未明确代号	1	提高钻井流体封堵能力
7	膨胀颗粒	未明确代号	0.5	提高钻井流体封堵能力

以焦石坝区块油基钻井流体为例,介绍实际钻进过程中的维护处理方法。

(1)通过引入高效多活性点乳化剂,大幅提升该区块油基钻井流体的性能,有效提高油基钻井流体在低油水比条件下的乳化效果,增强回收后油基钻井流体对冲洗液等水相的抗侵害能力。

(2)施工过程中加强油基钻井流体流变性能的检测,调控钻井流体保持合理的切力,确保初切处于 4.0~7.0Pa 的范围,维持其在低剪切速率下具有较高的切力,防止停泵时形成岩屑床,确保井眼清洁。

(3)确保固控设备的完好与高效,完善油基钻井流体重复利用前的净化工作,将入井油基钻井流体的固相含量控制在18%~25%,充分保证油基钻井流体的各项性能,提高老浆重复利用率。

(4)由于该区块储层压力系数通常为1.40~1.45,安全施工密度窗口较窄,故钻进过程中通过控制钻井流体密度、流变性和循环排量等参数控制井底的当量循环密度,避免液柱压力过高压漏地层。

(5)使用与地层微裂隙尺寸范围匹配的新型封堵材料。通过扫描电子显微镜等分析手段对该区块页岩储层进行分析,获得页岩储层微裂隙的尺度范围。依据有效堆积和架桥理论,设计在合理粒径范围的封堵材料,封堵裂隙、强化井筒,降低油基钻井流体漏失量。

通过推广应用高效乳化剂,油基钻井流体油水稳定性得到有效提高,油水比降低,减少基础油用量,一定程度上降低了成本。通过推广应用合理级配的新型封堵材料,有效控制了钻井流体消耗量,减少了钻进过程中油基钻井流体漏失及正常钻进消耗,使用新型封堵材料后,平均消耗量降低 $8.3m^3/100m$,漏失概率降低18个百分点,减少了油基钻井流体损失,降低了钻井流体成本,且复杂时效减少,进而缩短钻井周期。

采用高温高压失水低的油基钻井流体。钻井流体密度 $1.41~1.55g/cm^3$,漏斗黏度 $50~90s$,塑性黏度 $20~35mPa·s$,屈服值 $8~10Pa$,动切力 $10~25Pa$,API失水量小于 $2mL/30min$,滤饼厚 $0.3mm$,固相含量 $12\%~18\%$,油水比(70~80)/(20~30)。为了达到更好的防漏、防塌效果,钻井流体除了保证正常钻井需要的性能外,在三开钻井流体中加入随钻堵漏剂和防塌材料、控制钻井流体失水量;随钻堵漏剂的粒径应小于螺杆和随钻仪器要求的粒径。该油基钻井流体配合控压钻井技术大大减少了油基钻井流体的漏失及其不良影响,减小了经济损失,取得了显著应用效果(陈林等,2016)。

此外,针对NP23-P2016井存在多压力系统,常规钻井存在严重井漏、喷漏同存,难以钻达完钻井深等问题。采用控压钻井技术,使用油基钻井流体,通过井口回压与钻井流体排量调节,可控制井底压力当量密度在 $0.99~1.10g/cm^3$ 范围内。该方法有效解决了类似NP23-P2016井潜山奥陶系多压力系统裂缝储层安全钻井难题(杨玻等,2014)。

7.3 发展前景

控压钻井能够对井底压力进行实时精确地控制,解决现场遇到的井下复杂钻井问题。理论研究与应用实践均表明,控压钻井技术可以有效解决世界上普遍遇到的狭窄密度窗口安全钻井难题。

7.3.1 存在问题

控压钻井技术在环空水力学和动力学方面研究较多。国际上,相关理论和技术比较成熟;实践上,应用成功的实例也较多。中国控压钻井技术与充气欠平衡技术结合较好,在实际应用中,也有实践。但是,考虑到设备的使用和维护昂贵,控压钻井应用较少。

7.3.2 发展方向

控压钻井在解决压力衰减、窄密度窗口、高温高压、高渗透裂缝性油藏等复杂钻井问题方面具有优势。国际上在环空水力学、环空动态控制、井底恒压、钻井流体、井下检测仪器、地面控制程序、配套工具以及操作人员培训等方面都做了细致的研究。技术日趋成熟,并在工程运用中取得良好的效果(黄兵等,2010)。

中国发展控压钻井技术,一是要提高对该技术重要作用和意义的认识;二是走科研、中试、现场试验、理论升级、再试验的路,加强前期研究,重视技术储备;三是要培养一批高精尖的技术人才队伍,为该技术研究和推广创造必备条件;四是要注重多学科合作,配套发展;五是要明确和深刻理解控压钻井技术的概念,统一认识,才能从人员、队伍、装备、技术和管理等各方面进行专业化配套和发展(魏俊,2012)。

总的来看,控压钻井流体向着配合控压钻井工艺实现低成本钻井流体的研制和应用发展。

第8章 小井眼钻井流体

小井眼钻井(Slim Hole Drilling)是指90%以上的井眼用小于152.4mm的钻头钻成,或者完钻井眼小于常规完钻井眼215.9mm,或者井眼环空间隙小于25.4mm的钻井工艺。

小井眼较常规尺寸井眼在井径和环空间隙有两个基本差别:一是井径小,二是环空间隙小。由此造成牙轮钻头效率下降、环空压耗增加、井控储层伤害控制矛盾激化、固井质量要求更高、连续取心及现场岩心分析更难、定向井或者水平井轨道控制更难等难题。

针对以上难题,目前采用无轴承钻头、强化钻头机械能量、完善井口装置、使用早期监测井涌系统、动力压井法控制液柱压力、使用现场岩心分析系统等方法解决并取得良好进展(周煜辉等,1994)。

小井眼钻井使用的钻井流体,称为小井眼钻井流体(Slim Hole Drilling Fluids),小井眼钻井流体是小井眼钻井的主要内容之一,也是解决小井眼钻井时环空间隙小、压耗大、易塌、易漏等难题的主要研究方向。

8.1 开发依据

小井眼钻井目前仍存在不少的弊端:钻具小,抗风险能力弱,处理井下难题、事故的手段少;钻井流体上返速度高,环空压耗大,泵压高,易憋漏地层;环空间隙小,起钻时易发生抽吸坍塌,大直径井眼掉块难带出,起下钻困难;钻具与井壁接触比率大,定向井、水平井钻具完全与下井壁接触,易发生黏卡;机械钻速低、钻屑小、固相含量高,钻井流体维护处理难度大。针对这些问题,钻井流体就需要具备良好的剪切稀释性、流动性、润滑性和良好的抑制护壁、防塌、悬浮携带能力。目前,主要从环空压耗、携带能力、保护储层能力、防卡能力等4个方面来优化小井眼钻井流体的性能。

(1)环空压耗。使用合适密度的钻井流体形成优质滤饼来防止井塌,避免形成不规则井眼;向钻井流体中添加适量的填充软粒子和刚性粒子,使得固相颗粒粒级分布合理,滤饼致密光滑;另外,加入润滑剂降低滤饼摩阻系数,也有利于降低钻井流体与井壁之间的摩擦阻力。

(2)携带能力。由于开窗侧钻定向井和水平井要求钻井流体具备悬浮携带能力达到防止岩屑床和沉砂卡钻的目的,因而就需要优选流型改进剂使钻井流体塑性黏度降低、动切力增高、动塑比提高。

(3)保护储层能力。通过调节钻井流体形成薄而韧的滤饼,可以防止井塌和井漏,从而保护储层。

(4)防卡能力。使用多种润滑剂解决润滑类型多样问题,从而降低钻井流体与井壁之间的摩擦阻力,防止黏卡。

小井眼钻井流体要求固相含量低以满足流变性和防黏卡的需要。由于钻具柔性强,在加压条件下,钻具与井壁啮合,即钻具紧密贴附于井壁,当固相含量高时,特别是滤饼质量不好,很易发生黏附卡钻。同时由于上提钻具产生的摩阻较大,如果钻具抗拉强度不够,往往引发断钻具事故。另外,井深较大时,钻井流体密度、固相含量不断升高,所以需要钻井流体具有良好的剪切稀释特性来降低环空压耗,润滑防卡效果好,悬浮携带能力强,净化效果好,具有良好的封堵护壁性能,达到保护储层的目的。

8.2 体系种类

目前应用于现场的钻井流体分为低膨润土适度分散的水基钻井流体和正电胶盐溶液水基钻井流体。

8.2.1 低膨润土适度分散的水基钻井流体

胜利油田丰深1-斜1井是高密度、小井眼定向井。该井在沙四段富含大段的盐膏层和盐岩层,该地层容易发生井壁坍塌和盐膏层蠕变事故,给钻井施工带来很大困难。为了在减少事故发生的同时保持钻进速率,决定采用小井眼高密度钻井流体技术。

孙建华等(2008)提出小井眼钻井流体可以使用改性而成的聚磺钻井流体,用于小井眼钻井。该钻井流体主要组分见表7.8.1。

表7.8.1 小井眼聚磺钻井流体的主要组分表

序号	组分名称	组分代号	加量范围,kg/m^3	作用
1	聚丙烯酰胺	PAM	3~4	提高钻井流体黏度
2	防塌降失水剂	SF-1	5~10	提高钻井流体黏度
3	羟基磷灰石树脂	KFT	20~30	降低钻井流体失水量
4	磺化酚醛树脂	SMP-Ⅱ	30~50	降低钻井流体失水量
5	聚醚多元醇	SYP-1	20~30	抑制泥页岩水化膨胀
6	聚醚改性硅油	FF-2	20~30	提高钻井流体消泡的能力
7	十二烷基甜菜碱	Sa-40	5~10	降低钻井流体表面张力
8	氢氧化钠	未明确代号	2~4	调节钻井钻井流体pH值

在上部钻井流体聚合物钻井流体配方的基础上,增加重晶石含量,使钻井流体密度调整为$1.72~1.81g/cm^3$。在钻井过程中,由于重晶石过量使用,导致了钻井流体黏度和切力升高,需要加入适量$5~10kg/m^3$的极压润滑剂,并且再次加入$3~5kg/m^3$的十二烷基甜菜碱。以丰深1-斜1井为例,介绍钻井流体现场维护措施:

(1)严格控制钻井流体性能达到设计要求,高温高压失水量控制在$12mL/30min$以下,减少钻井流体滤液进入地层。

(2)及时监测钻井流体中黏土的含量及其粒度分布,保证形成坚韧致密的滤饼。

(3)钻遇盐膏层时,钻井流体失水量有所增加,采取饱和盐水体系控制失水量。

(4)调剂钻井流体密度平衡地层坍塌压力,防止密度过低导致井眼坍塌。

(5)及时监测钻井流体中黏土的含量及其粒度分布,保证形成坚韧致密的滤饼。

现场施工结果表明,采用小井眼技术之后,钻井流体密度较高,避免了井壁坍塌事故。另外,润滑性能保持得较好,没有发生压差卡钻事故,平均钻时保持在 10~15min/m,顺利完成了钻井任务。钻遇盐膏层时,钻井流体失水量有所增加,采取饱和盐水体系控制失水量。

王莉等(2011)认为低固相、低造浆土的聚磺钻井流体比较适合于小井眼钻井,为此研制了钻井流体并提出了维护处理方法。从现场施工效果来看,低固相聚磺钻井流体有效降低了环空压耗,在钻井过程中泵压保持在 16~18MPa,无憋泵现象;体系悬浮携带能力强、净化效果好,切力大于 10Pa,动塑比为 0.45Pa/(mPa·s) 以上,从而具有良好的封堵护壁性能,储层伤害控制效果好。

8.2.2 正电胶盐溶液水基钻井流体

玉门青西油田现场施工过程中,需要在原 ϕ177.8mm 套管内用 ϕ149.2mm 钻头开窗侧钻或加深钻井 4500~6000m,由于目的层是白垩系下沟组的裂缝性的硬脆性易塌易掉块地层,因此决定实施小井眼钻井。

考虑到青西油田特殊的地质情况,研制了预防与处理井塌性能好、深井钻井流体携带能力强、高压储层伤害控制性能优良的阳离子/正电胶/有机硅醇钻井流体(艾贵成等,2007)。小井眼正电胶盐溶液水基钻井流体主要组分见表 7.8.2。

表 7.8.2 小井眼正电胶盐溶液水基钻井流体的主要组分表

序号	组分名称	组分代号	加量范围,%	作用
1	小阳离子	NW-1	0.2~0.5	钻井流体用泥页岩抑制剂
2	聚阳离子多元共聚物	CHM	0.5~1.0	防膨胀剂
3	正电胶	MMH	1.0	井壁稳定
4	聚丙烯酸钾	K-HPAN	0.5	井壁稳定剂
5	润滑剂	未明确代号	未明确范围	润滑和稳定井壁
6	氧化钙	未明确代号	2.0	吸水剂
7	丙烯酸酯共聚物羧酸盐	SD-101	2.0	分散剂
8	改良羧甲基酚醛树脂	SD-202	3.0	耐高温防塌降黏
9	聚合醇	SD-301	3.0	增稠剂
10	聚合醇	SDFD-160	1.0	防塌剂
11	有机硅醇聚合物	YGC	1.5	缓蚀剂
12	聚合树脂	DYFT	2.0	防塌剂
13	磺化单宁	SMT	5.0~10.0	降黏剂
14	铁铬木质素磺酸盐	FCLS	5.0	抗盐
15	润滑剂	RH-3	1.0	絮凝剂
16	润滑剂	RH-4	0.5	清洁剂
17	阳离子乳化沥青	YRF-1	1.0	增抑制降失水

钻井流体是以抑制防塌为基础,控制中压失水小于 4mL/30min,高温高压失水小于 8mL/30min,井浆岩屑回收率为 92.4%,其他性能在此基础上改进。

提高钻井流体的动塑比,维持在 0.7~1.0Pa/(mPa·s),保持钻井流体良好的携带能力,防止岩屑床的形成和较大钻屑的堆积卡钻;5%铁铬木质素磺酸盐加5%~10%磺化单宁碱液用来降低钻井流体的漏斗黏度到50s左右,改善其流动性,保证钻井流体对井壁形成良好的冲刷,从而减少固相颗粒的吸附。

1%润滑剂+1.5%有机硅醇聚合物+1%阳离子乳化沥青+0.5%清洁剂控制钻井流体润滑性。润滑剂同时还可以起到稳定井壁的作用。0.5%清洁剂的加入可以降低液相表面张力,减少固相颗粒的吸附,使各井的滤饼摩擦系数小于0.1,滤饼更加清洁润滑。

根据邻井资料和配套软件,确定暂堵剂总加量为4%,并且3种不同规格暂堵剂在钻井流体中的加量为1.2%碳酸钙(300目)+2%碳酸钙(600目)+0.8%碳酸钙(1000目)。为了形成低渗透钻井流体,在使用刚性粒子的同时,还加入适量磺化沥青、油溶性暂堵剂、成膜降失水剂。

玉门青西油田 Q2-12X 井、窿 2-X 井、窿 104 井和 Q2-14 井实施小井眼侧钻、加深之后,使用该钻井流体使得油井防塌性强,润滑性好,复杂事故发生率降低,并且4口井未发生井塌、划眼、掉块卡钻、黏附卡钻事故;电测、下套管、固井均一次成功,施工效率得到很大提升;储层伤害控制能力增强。

8.2.3　钠羧甲基纤维素钻井流体冲洗液

为了减小钻井流体冲洗液性能波动,缩短岩粉混入钻井流体后的处理时间,同时防止岩粉沉淀导致卡钻、埋塞事故发生,改进了钠羧甲基纤维素钻井流体冲洗液(丁振宇等,2009)。该钻井流体主要组分见表7.8.3。

表 7.8.3　钠羧甲基纤维素钻井流体冲洗液主要组分表

序号	组分名称	组分代号	加量范围,%	作用
1	钠羧甲基纤维素 (中黏度)	Na-CMC	0.02	降失水,提高钻井流体黏度
2	纯碱	未明确代号	0.3~0.45	使钻井流体失水量下降,黏度、切力增大
3	膨润土	未明确代号	20~30	润滑钻井,防止腐蚀,提黏提切
4	部分水解聚丙烯酰胺	PHP	0.0005	抑制泥页岩的水化作用

淮南矿区杨村煤矿风井井筒地面预注浆深度为998m,0~538.90m为表土段。538.90~663.60m为古近系红层,厚124.70m,由粉砂岩、细砂岩和泥岩组成。粉砂岩为泥质胶结,疏松,岩心破碎,无法取样,水浸破裂。细砂岩以细粒结构为主,泥钙质胶结,斜切裂隙发育,岩心破碎,水浸基本稳定。泥岩为泥质结构,成岩程度较差,岩心破碎,无法取样,水浸泥化。663.60~759.30m段为二叠系岩层风化带,厚95.70m。其中663.60~731.10m段为强风化带,厚67.50m,由泥岩、砂质泥岩(夹粉细砂岩及中砂岩)组成,裂隙发育,岩心破碎,水蚀现象明显,为破碎—基本稳定状态。731.10~759.30m段为弱风化带,厚28.20m,岩性为砂质泥岩,夹有泥岩及中砂岩,岩心破碎,裂隙发育,见有水蚀现象,水浸基本稳定。RQD 达到70%。岩体 RQD 指标是指岩心中长度等于或大于10cm的岩心的累计长度占钻孔进尺总长度的百分比,它反映岩体被各种结构面切割的程度。RQD 值规定用直径为

75mm金刚石钻头,双层岩心管钻进获得。美国迪尔于1964年首先提出,并用于岩体分级。工程岩体中发育有不同规模、不同形状、不同期次、不同成因的结构面,将工程岩体切割成形状各异、大小不一的空间镶嵌块体。实践表明,结构性(完整性)是工程岩体的重要特性,在工程岩体分类中具有关键作用。

井筒注浆孔穿过风化破碎带时,孔内坍塌破坏情况较为严重。尽管对破碎带采取了加固措施,但效果不明显,先后发生卡钻、埋钻事故18起,严重影响了施工效率。因此改用钠羧甲基纤维素钻井流体冲洗液,并在施工中跟踪监测冲洗液性能参数;同时针对不同地层及施工工序,及时调整冲洗液性能参数,使得事故发生率明显降低。

此外,针对煤矿井瓦斯抽采的特点,优选出与国际产品性能相当的冲洗液产品,该产品具有优异的增黏能力、速溶性、良好的水中分散性、较好的润滑性和抑制性。能够保证及时排粉、冷却和润滑钻头以及保持钻孔稳定,满足煤矿井下钻孔冲洗液性能要求(岳前升等,2013)。

8.3 发展前景

从小井眼钻井技术日益完善的角度看,小井眼的使用范围十分广阔,不仅可用于探井,也可用于开发井;不仅可用于直井,也可用于定向井、水平井;不仅可用于打新井,也可用于老井加深及侧钻;不仅可用于浅井,也可用于深井;不仅可用于油井,也可用于气井。但小井眼不适用于高产井,对加深井段可能较长的探井也不适用。同时考虑到小井眼钻井的经济效益,要较大幅度降低钻井费用,必须解决小井眼带来的一系列技术问题,而且要作为一项系统工程来解决(巨满成等,2005)。在此背景之下,作为小井眼钻井技术发展的核心内容,小井眼钻井流体的配方设计也需要依据现场井况、作业要求、成本投入等不断优化发展。

8.3.1 存在问题

小井眼钻井流体存在成本优化、井壁稳定、钻进效率提升等问题。

(1)成本问题。为了进一步节约深井小井眼钻井成本,提高采收率,需要深入研究小井眼卡钻机理、井壁稳定机理,开发出相应的钻井流体,以实现低投入高产出的钻井目的。

(2)井壁稳定性、地层出水影响以及固井质量等问题。

(3)钻进效率以及安全性问题。由于井眼小,钻具轻,钻压严重受限,机械钻速慢,钻井流体需要在保持井壁稳定的同时具备良好的润滑性。

(4)可行性评价问题。小井眼钻井流体的配方设计需要协调钻井、完井、测井、压裂、采油、地质以及油藏需求。

8.3.2 发展方向

在小井眼技术中,性能优越、满足工艺需求的钻井流体的研制则是未来小井眼钻井技术发展的关键技术。目前主要通过改变钻井流体的配方来调节钻井流体的密度、黏度、润滑性、抑制黏土水化能力、耐高温抗盐能力、携岩防塌能力等来适应不同现场作业情况,达到降低小井眼环空压力损失、提高井壁稳定性、降低钻井成本的目的。

第 9 章 大井眼钻井流体

大尺寸井眼钻井,是指井眼直径 311.1mm 以上的井眼钻井,俗称大井眼钻井。

用于大尺寸井眼钻井的钻井流体,就是大尺寸井眼钻井流体(Large Borehole Drilling Fluid)。

井眼直径到达 311.1mm 的井一般要钻深为 4000~5500m 才能满足井身结构的要求。随着大尺寸井段的加深,机械钻速慢的问题越来越突出,而且已影响到全井的钻井周期和钻井成本。

影响大尺寸井眼机械钻速低的主要原因,除了机械破岩能量不足、大尺寸钻头类型少、钻头水力能量小、井底洁净难度大、钻井时钻具憋跳严重等机械、工程类难题(张国龙等,2001)外,还包括以下几点技术难题:

(1)大井眼钻井流体维护难度大。大尺寸井眼井筒容积大,需要维护处理钻井流体体积大,也导致当井筒内岩屑含量大时,泥岩水化分散造成钻井流体流变性变差,岩屑易黏附在井壁上引起缩径。

(2)井壁稳定控制难度大。地层中富含伊利石和蒙皂石时,井段泥岩地层浸泡后,易水化膨胀、缩径等,造成卡钻、坍塌等问题。大尺寸井眼裸露面积大,更容易失稳。

针对这些难题,除了合理优选钻具组合、引入先进工具等外,提高钻井流体净化和携岩效率,以及提高钻井流体协助破岩效率等方向也十分重要,因此,开发、改进钻井流体是解决大尺寸井眼钻井难题的发展方向之一。

9.1 开发依据

钻井流体功能主要包括悬浮携带固相、平衡井下压力、稳定井壁、冷却工具、传递水动力、润滑、反馈井下信息等,针对大尺寸井眼钻井过程中遇到的难题,开发或改进大井眼钻井流体的主要方向应该为在满足普通钻井所需性能的基础上,提高钻井流体悬浮携带固相、稳定井壁等方面性能。如可以采取调整钻井流体切力和定时泵入稠塞来清洗井底,携带岩屑(高伟,2018);泥岩储层中在钻井流体中加入氯化钾作为抑制剂,提高钻井流体稳定井壁的功能;调整好钻井流体对地层的封堵胶结能力,保证井眼稳定,根据井眼、岩性合理调整钻井流体润滑性、封堵性。应以维护为主,处理为辅,避免钻井流体性能波动过大(万云祥,2015)。开发大尺寸井眼钻井流体的主要技术思路包括提高井眼清洁能力,提高钻井流体的抑制水化能力,控制钻井流体失水与改善滤饼质量,以及提高钻井流体润滑性能等 4 项(刘涛光等,2007)。

(1)提高井眼清洁能力,主要是提高钻井流体悬浮岩屑、携带岩屑的能力,通过调整钻井流体流变性,尤其是保持合适的动塑比,提高体系的携带与悬浮能力。

(2)提高钻井流体的抑制水化能力,对于伊/蒙混层、泥岩等吸水膨胀严重的储层,易造成井眼缩颈,主要通过提高体系的抑制能力解决。

(3)控制钻井流体失水,改善滤饼质量,对于渗透性好、易形成虚、厚滤饼而引起阻卡的地层,如高渗透砂岩或含裂缝储层,主要通过控制体系失水,改善滤饼质量,强化体系封堵能力的手段,有效封堵有垮塌漏失地层的微裂缝,阻止钻井流体滤液大量渗入微裂缝,造成地层垮塌。

(4)提高钻井流体润滑性能,在保证井眼稳定的前提下,选用液体润滑剂与固体润滑剂(改性石墨粉)提高钻井流体的润滑性能,保证长段大尺寸套管的顺利下入。

大井眼钻井由于存在井眼清洁、井壁稳定等难题,所以在选择钻井流体时,需加强钻井流体悬浮岩屑、携岩、抑制性等性能。目前看,难度较低的钻井流体主要使用膨润土浆,难度较大的主要靠抑制性强的水基钻井流体,如钾盐聚合物水基钻井流体、双聚水基钻井流体、正电胶钻井流体等抑制性较强的钻井流体,此种方法在大尺寸井眼钻井过程中得到了很好的应用。

9.2 体系种类

目前,应用于现场的大井眼钻井流体主要是水基钻井流体。可分为有钾盐聚合物水基钻井流体、双聚水基钻井流体以及正电胶水基钻井流体。

9.2.1 钾盐聚合物水基钻井流体

聚合盐主要是以低分子量的有机盐为结构重复单元通过一定条件下的化学反应聚合出具有较大分子回旋半径的高分子,盐类物质分子量为$(200\sim400)\times10^4$。钾盐聚合物水基钻井流体有抑制和预防储层伤害等两个特性。

(1)钾盐聚合物水基钻井流体具有抑制性,主要体现在聚合物包被作用,钾离子等阳离子的嵌入,抑制岩屑水化膨胀。

(2)钾盐聚合物水基钻井流体对稳定井壁、防止储层伤害效果明显(柴金鹏,2012)。

在直径为311.1mm的大井眼井乌深1井上部地层(馆陶组以上)岩性主要为黏土、泥页岩与砂岩互层,遇水极易软化分散,造浆严重。

采用钾盐聚合物水基钻井流体,对钻井流体进行预处理,将胶液与井内钻井流体循环均匀后开钻,解决了这一难题(陈克胜,2001)。该钻井流体主要组分见表7.9.1。

表7.9.1 乌深1井超深大井眼井钾盐聚合物水基钻井流体的主要组分表

序号	组分名称	组分代号	加量范围,%	作用
1	聚丙烯酰胺钾盐	KPAM	0.5	降低钻井流体失水量
2	水解聚丙烯腈铵盐	NH_4-HPNA	1.0	降低钻井流体失水量
3	氯化钾	未明确代号	5.0	抑制黏土水化和防塌能力
4	高分子聚合物与低分子聚合物	未明确代号	未明确加量	提高钻井流体防塌效果,改善滤饼质量
5	腐殖酸钾	未明确代号	1.0~2.0	防止井壁坍塌
6	弱荧光防塌剂	未明确代号	1.0~1.5	降低钻井流体失水量
7	纯碱	未明确代号	未明确加量	清除钙离子,调节钻进流体pH值

虽然钾盐聚合物水基钻井流体性能稳定,易于维护,但在使用时也应注意加入适量的纯碱,充分循环以控制钻井流体动塑比。

(1)为了防止水泥的侵害,钻井过程中加入适量的纯碱,清除钙离子。钻进过程中,以胶液形式及时补充聚合物,保持聚合物在钻井流体中的有效含量,稳定钻井流体性能,抑制上部地层造浆。

(2)每次起钻、电测和下套管前都充分循环钻井流体至振动筛上无砂子为止。利用好四级固控设备,有效地清除钻井流体中的钻屑等有害固相,钻井流体含砂量始终控制在0.5%以下。较好地发挥钾盐聚合物水基钻井流体的作用。

(3)控制钻井流体动塑比0.37~0.75Pa/(mPa·s),适当提高钻井流体静切力,提高钻井流体携岩净化效果。

钾盐聚合物水基钻井流体具有较强的抑制性和防塌性能。实践表明,钾盐聚合物水基钻井流体较好地抑制了地层分散造浆;较强的携岩净化能力,能够满足大井眼净化需要,改善钻井流体返速低造成携岩效果不良的现象;较好的润滑防卡性能,有效地防止了卡钻事故,有利于测井、下套管等施工作业。

9.2.2 双聚水基钻井流体

双聚水基钻井流体,是指使用两种高分子聚合物的钻井流体,满足强抑制性、强封堵能力的地层作业要求。双聚水基钻井流体有解决阻卡和性能稳定的特性。

(1)可以较好地解决阻卡问题,井身质量控制良好,钻井流体抑制性能突出,抗钙能力强。

(2)钻井流体性能稳定,没有大的波动,基本上都控制在设计范围之内;较好地满足了钻井施工对钻井流体的要求。

DUH4井是中国石油化工西北分公司塔里木盆地库车坳陷都护圈闭的一口重点预探井。二开大井眼长裸眼段施工为该井的重难点之一。ϕ444.5mm牙轮钻头钻进至1031m换PDC钻头钻至井深3300.00m中完井。

针对DUH4大井眼井在二开阶段地层岩性以砂岩夹泥岩段、砾岩段为主。该井段受地应力和山前构造的影响,砂泥岩地层不稳定,易剥落、掉块,砂岩渗透性好,易形成厚滤饼缩径,引起起下钻遇阻、吸附卡钻、埋钻等复杂情况的问题,采用双聚钻井流体。双聚钻井流体的基础配方是在适度分散的膨润土浆中,加入聚丙烯酸钾和聚合物包被剂(张瑜等,2012)。DUH4大井眼井双聚水基钻井流体主要组分见表7.9.2。

表7.9.2 DUH4大井眼井双聚水基钻井流体主要成分表

序号	组分名称	组分代号	加量范围,%	作用
1	膨润土	未明确代号	4.5	具有良好的黏结性、膨胀性、吸附性、可塑性、分散性、润滑性、阳离子交换性
2	碳酸钠	未明确代号	0.3	防止水泥的侵害,清除钙离子
3	氢氧化钠	未明确代号	0.1	主要用于调节钻井流体的pH值
4	聚丙烯酸钾	K-PAM	0.3	抑制页岩分散剂,具有控制地层造浆的作用并兼有降失水、改善流型及增加润滑性等功能

续表

序号	组分名称	组分代号	加量范围,%	作用
5	水解聚丙烯铵盐	NH_4-HPAN	1.0	较强降低钻井流体失水量,耐温能力强,具有一定的抑制黏土水化和防塌能力,同时具有较好的抗盐以及抗侵害的能力
6	阳离子沥青粉	PR-1,YK-H(沥青类)	2.0	具有较好抑制、护壁、稳定、降失水和封堵作用
7	聚胺抑制剂(聚合物包被剂)	XJA-1(聚胺)	1.0~3.0	提高滤液抑制性,降低钻井流体滤液水的活度,防止地层中的泥质固相吸水膨胀,减小渗透压力传递,保证稳定井壁

除以上主要成分外,还应加入重晶石粉调整密度。钻井流体在使用过程中注意应加入适量聚合物包被剂,加入适量聚合物包被剂以及保持油含量不低于1.0%。

(1)用高分子聚合物提黏切,增强钻井流体的携岩能力,往钻井流体中加入聚合物包被剂,抑制劣质黏土分散。

(2)为防止砂泥岩水化膨胀、分散,剥落掉块,在保持钻井流体低膨润土含量及加入聚合物包被剂的情况下,直接往钻井流体中加入适量聚合物包被剂,提高钻井流体滤液的抑制能力,减小渗透压力传递;加入适量的液体润滑剂和钻井流体用塑料小球,提高钻井流体的封堵能力,改善滤饼质量,阻止钻井流体及滤液进入地层,保证井下安全。

(3)加足液体润滑剂,使钻井流体中的油含量不低于1.0%。同时加入固体润滑剂,最大限度地提高钻井流体的润滑性能,使钻井流体的黏附系数小于0.1。

双聚水基钻井流体提高了钻井流体的抑制性、封堵性、润滑性能。此外,还有许多有特色的钻井流体,解决大井眼在钻进过程中的不同需求。

(1)解决地表的井壁稳定与井眼清洁问题。莫深1井大尺寸井眼660.4mm井眼至井深501m,选用正电胶钻井流体,利用高蒙脱土含量与正电胶的特殊流变学特性,解决地表流沙层的井壁稳定与井眼清洁问题(刘涛光等,2007)。

(2)解决缩径问题。钻探克深6井钻盐膏层井眼直径431.8mm,采用复合盐溶液钻井流体技术成功钻穿1438m的盐膏层(左万里等,2015)。

(3)防泥包垮塌。钻穿土库曼斯坦南约洛坦气田3100m长裸眼444.5mm大井眼井段,上部采用两性离子聚合物钻井流体突出抑制性,下部地层转化为聚磺钻井流体,改善滤饼质量突出抑制性,解决了上部泥岩地层长时间浸泡易使黏土造浆、钻头泥包以及泥岩吸水膨胀造成的井眼缩径和垮塌以及下部水敏性硬脆泥岩,泥岩粉砂岩、石膏夹层的井壁稳定问题(高利华等,2015)。

9.2.3 正电胶水基钻井流体

正电胶水基钻井流体是由正电胶、膨润土、其他处理剂和水组成的一种电位大于-10mV的水基钻井流体,具有独特的流变性。该钻井流体同时具有抑制性强、抗可溶性盐侵害能力强、热稳定性好、储层伤害控制性好等特点,常用来钻水平井或地层泥页岩含量高

的井(杨睿等,2016)。在大井眼钻井过程中具有其独特性(张春光等,2000)。正电胶水基钻井流体具有以下特性:

(1)独特的流变性。在含有蒙脱土的钻井流体中,正电胶不仅不会破坏钻井流体的稳定性,而且能够提高钻井流体的结构强度,是钻井流体的稳定剂。原因在于在钻井流体中形成了由极化水链连接的网络结构,这种结构的形成是由于钻井流体内带正负电性的颗粒与极化水分子形成了"正电胶-水-黏土复合体"。正是由于该复合体的形成,使得正电胶钻井流体具有独特的流变性。正电胶钻井流体独特的流变性主要表现在低的塑性黏度,高的动切力,动塑比高;静切力、卡森切力、3转和4转读数高,终切力随时间变化小;极高的剪切稀释特性,卡森极限剪切黏度低;具有固液双重性,静止瞬间即成假固体,加极小的力立即可以流动;较强的松弛能力。

(2)较强的抑制性。正电胶水基钻井流体能有效地抑制黏度与钻屑水化膨胀和分散,表现为:钻屑回收率高,毛细管吸收时间值低,膨胀率低;钻井流体黏度容量高;各种膨润土在正电胶胶液中不易膨胀,膨胀率低。

(3)较低的负电性。正电胶的粒子带有较高的正电荷,因而正电胶水基钻井流体具有较低的负电性。

因此,正电胶水基钻井流体适合在大井眼快速钻进时使用。辽河油田滩海地区上部隔水管井段以流砂层为主,机械钻速高,环空岩屑量大,选用了正电胶水基钻井流体。开钻时使用海水喷射钻进。钻至大段流砂层,使用正电胶水基钻井流体,其密度为 1.11~1.12g/cm^3,漏斗黏度为 58.0~62.0s,pH 值为 9~10,失水量为 5.0~7.0mL/30min,静切力为 3.5~18.0Pa,塑性黏度为 19.0~21.0mPa·s,动切力为 10.0~12.5Pa,膨润土含量为 66.0~73.0g/L(张洪霞等,2007)。辽河油田浅海正电胶水基钻井流体主要组分见表7.9.3。

表 7.9.3 辽河油田浅海正电胶水基钻井流体主要成分表

序号	组分名称	组分代号	加量范围,%	作用
1	海水	未明确代号	0.6	提供连续介质
2	膨润土	未明确代号	0.6	增黏
3	海水造浆粉	未明确代号	0.5	增黏
4	改性淀粉	未明确代号	3.0	降失水剂
5	正电胶	未明确代号	1.0	流型调节剂

施工效果为井段起下钻畅通无阻,开泵顺利,没有泥包钻头现象。该钻井流体中的所有处理剂被环保部门确认为安全产品,钻井流体废弃物分类处理,定期倒运,最大限度地降低了对海洋环境的污染。

钻井流体维护处理措施,主要是维持钻井流体性能,防止其变化过大出现复杂情况,主要体现为4点:

(1)补充新浆时,以补充预水化好的新浆为主,新浆根据基本配方在胶液罐内进行配制,需充分循环搅拌6h以上才能缓慢、均匀混入井浆中。

(2)井斜超过30°后,及时加入液体润滑剂,以降低滤饼的摩阻系数,提高钻井流体的润滑防卡能力。

(3)全井段要正确使用净化设备,离心机要按照要求使用,控制好固相含量。

(4)可采用超细碳酸钙封堵地层来提高地层的承压能力及降低漏失。

辽河油田高检1井,采用正电胶钻井流体在直径444.5mm井眼施工,虽然环空返速较低,但是仍有良好的携岩能力,从1571～1682m井段取心34次,井下未出现复杂情况(杜新军,2017)。

在胜利油田,聚合物—正电胶钻井流体先在大王庄油田等得到成功使用,后得到推广应用,目前,胜利油田70%以上的井上部地层使用该钻井流体。西部成功将胜利油田成熟的钻井流体技术应用在塔里木石油勘探开发中,利用聚合物—正电胶钻井流体成功解决了上部地层大井眼、快钻时、钻井流体固相高、黏度不易控制以及短起下钻遇阻划眼的问题,提高了钻井时效(张宁等,1999)。

9.2.4 煤层大口径井钻井流体

大口径井主要是用于煤矿瓦斯排放、矿山抢险、井下送料和矿山救援等工作。大口径井井径较大,一开井径一般为1000～1500mm,二开井径一般为600mm以上,才能称之为大口径井。

根据大口径井施工特点,研究设计了大口径井钻井流体,总结了大口径井施工要点(张毓蓉,2016)。该钻井流体主要组分见表7.9.4。

表7.9.4 大口径井钻井流体的主要组分表

序号	组分名称	组分代号	加量范围,%	作用
1	羧甲基纤维素		0.1～0.15	降失水,提高钻井流体黏度
2	纯碱	未明确代号	0.15～0.2	使钻井流体失水量下降,黏度、切力增大
3	膨润土	未明确代号	10	润滑钻井,防止腐蚀,提黏提切
4	磺化沥青	未明确代号	0.5～0.6	改善滤饼质量,降低高温失水,兼有润滑作用
5	腐殖酸	KHm	0.5～0.6	抑制泥页岩的水化作用

大口径井钻进时,必须要求钻井流体的性能达到最优质的标准,因此,钻井井径较大时,可供选用的最大钻井泵为3NB1300型或者3NB1600型。依靠钻井泵的排量来满足钻井要求,显然是无法实现的。为此,只能提高钻井流体的性能,从而实现安全优质高效的钻井目的,所以在钻井流体处理剂的选择方面必须认真细致,选用的处理剂应符合大口径钻井施工地区的地层要求,从而保证做到井径不塌、不漏、井壁稳定,尽量提高钻效。

9.3 发展前景

根据全国第二次油气资源评价,在深部地层有丰富的储层资源尚未探明,故今后深井、超深井的钻井工作量会有较大幅度的增加。打好打快深井、深探井、超深井,特别是新区新层的第一口深探井是钻井工作者面临的艰巨任务。大井眼段占深井的80%～85%。因此,大井眼快速钻井技术以及大井眼钻井流体应用前景非常广阔。

9.3.1 存在问题

大井眼必然出现钻屑量大、钻井流体量多、处理剂用量多、处理时间长、处理间隔周期短、上返速度低、钻速慢、浸泡时间长等引起井下复杂情况的因素。钻井流体性能的变化越复杂,各类井下复杂情况出现的越多、越严重。

9.3.2 发展方向

充分认识深井大井眼中可能引起井下复杂情况的因素及这些因素对钻井流体性能的影响。以稳定井眼、防止井壁坍塌为基础,以发现储层、保护储层为目的,选择合适的大井眼钻井流体和维护处理方法(王福昌等,1998)。

(1)返速低是大井眼段钻井流体工艺中的致命弱点。应尽量实施好相应措施,如提高钻井流体的动塑比、降低流性指数等,弥补返速低的不足,使钻井流体达到满足工程需要和保护储层的目的。

(2)大井眼中钻井流体量多,钻屑量大且分散。因此,钻井流体的处理时间长,处理剂用量大,处理间隔短,处理频繁,所以应定时、定量补充处理剂胶液以维护钻井流体性能。

(3)固相控制是深井大井眼钻井流体工艺中的关键。固控设备必须配备齐全并有效使用,以更好地维护钻井流体性能。

第10章 套管钻井流体

套管钻井(Casing Drilling)是指用套管代替钻杆对钻头施加扭矩和钻压,实现钻头旋转与钻进的一种钻井方式。

套管钻井流体(Casing Drilling Fluids)自套管当中进入,由套管与井眼之间的环形空间返回。

套管钻井有的是全程的,有的则是阶段性的。目前可以分成三类,即使用可回收的钻头钻井、尾管钻井、套管钻井。1996 年,加拿大 Tesco 公司钻成第一口套管钻井的试验井,用 $9\frac{5}{8}$in(244.5mm) 套管钻进 150m。另外,$4\frac{1}{2}$in(114.3mm)、7in(177.8mm) 和 $13\frac{3}{8}$in(339.7mm)套管在套管钻井中也得到应用(Tommy,2000)。在实际钻井过程中,有可能使用更大直径套管钻井。

套管钻井最明显的特点是不用常规钻杆,而是用套管代替钻杆。钻井流体循环方式、送钻方式、取心方式、防喷器组以及钻井参数与常规钻井没有大的区别。套管钻井由顶部驱动装置带动旋转,由套管传递扭矩,带动安装在套管端部工具组上的钻头旋转并钻进。套管钻井不需要起下立柱。因此,钻机高度可以降低到 20m 左右,结构也可以简化。由于钻头内径小于套管内径,不能钻出直径大于套管外径的井眼,故在钻头上方装有可以扩张或缩进的扩眼器。钻进时扩眼器打开,即可将井眼扩大。钻头固定在一个专门设计的工具组前端,工具组锁定在套管柱端部,通过钢丝绳与一部专用起下钻头的绞车相连接。需要更换钻头时,将锁定装置松开,利用绞车通过套管将工具组起出。换上新钻头后,再用绞车通过套管将工具组送入,锁定在套管端部。

10.1 开发依据

套管钻井过程中,不再使用钻杆、钻铤等井下管柱。钻头是利用钢丝绳投捞,在套管内实现钻头升降,即实现不提钻更换钻头钻具,完钻后即可开始固井,减少了起下钻时间,减少了井喷、卡钻等意外事故,提高了钻井安全性和施工效率,降低了钻井成本。但是,套管钻井作业时,环空间隙小,当量循环密度大,容易导致地层破漏、压差卡钻等井下难题、钻井事故。因此,需要开发合适的套管钻井流体满足套管钻井需要。

10.2 体系种类

目前,套管钻井流体主要分为油基套管钻井流体和水基套管钻井流体。

10.2.1 油基套管钻井流体

针对挪威 Ekofisk 区块的 Eldfisk 油田钻井流体性能差,井壁易坍塌等难题,套管钻井过程采用改性超微重晶石浆体(Micronized Barite Slurry)加重油基套管钻井流体(Reagan,2008)。该钻井流体主要组分见表7.10.1。

表7.10.1 油基套管钻井流体的主要组分表

序号	组分名称	组分代号	加量范围,%	作用
1	乳化剂	未明确代号	4	降低钻井流体表面张力
2	储备碱	未明确代号	2.5	调节钻井流体pH值
3	降失水剂	未明确代号	2	降低钻井流体失水量
4	润湿剂	未明确代号	0.7	改变加重材料或岩屑的润湿性
5	重晶石	未明确代号	未明确范围	增加钻井流体密度

为保持钻井流体性能稳定并适应钻井需要,应从以下三方面实施维护处理:
(1)配制钻井流体时,各处理剂要按顺序、按量依次加入,按规定的时间搅拌。
(2)针对不同钻进地层,添加相应处理剂,及时调整钻井流体性能。
(3)在钻进过程中定时补充基油及各种处理剂,维持钻井流体性能稳定。

改性超微重晶石油基钻井流体提供了非常稳定的流体性能。仅使用两个振动筛,流体体积/岩屑体积为1.2,比稀释系数为1.5的常规钻井流体性能还好。钻井流体低黏度、低流变性、低扭矩和悬浮稳定。钻井流体当量循环密度小,波动压力峰值低,水力学性能和静态稳定性好。钻井流体的关键处理剂是微重晶石粉浆,或者说微米级的重晶石浆体。便于分散在油相中。因此,配制的钻井流体密度高,加重材料悬浮稳定性好。

10.2.2 水基套管钻井流体

针对莺歌海盆地乐东22-1气田地层疏松、成岩性差,易坍塌、水化起泥球,摩阻大,且经常出现表层井段钻完后,又被未固结的黏土层垮塌下来埋掉的难题,提出使用套管钻井,并研制出水基套管钻井流体(程玉生等,2014)。该钻井流体主要组分见表7.10.2。

表7.10.2 莺歌海盆地乐东22-1气田水基套管钻井流体的主要组分表

序号	组分名称	组分代号	加量范围,%	作用
1	氢氧化钠	未明确代号	0.3	调节钻井流体pH值
2	碳酸钠	未明确代号	0.2	调节钻井流体pH值
3	降失水剂	PF-PAC-LV	0.2	降低钻井流体失水量
4	降失水剂	PF-FLO	1.5	降低钻井流体失水量
5	抑制润滑剂	PF-GJC	2.0~3.0	改变加重材料或岩屑的润湿性
6	流型调节剂	PF-VIS	0.3~0.5	调节钻井流体流型
7	包被抑制剂	PF-PLUS	0.5~0.7	抑制泥页岩水化膨胀
8	重晶石	未明确代号	未明确范围	增加钻井流体密度

为保持水基套管钻井流体性能稳定并适应钻井需要,应从以下三方面实施维护处理:
(1)配制钻井流体时,各处理剂要按顺序、按量依次加入,按规定的时间搅拌。

（2）进入易塌地层前调整钻井流体，提高钻井流体对地层层理、微裂缝的封堵能力，减少进入地层。

（3）严格控制失水量，特别是高温高压失水量，从而减少滤液进入地层，造成水化坍塌。

水基套管钻井流体解决了该区块长久以来的泥球、井眼净化、润滑防卡等技术难题，确保了套管顺利下到位，提高了现场作业安全，缩短了钻井周期，降低了钻井成本，对同类油气田具有一定的借鉴作用。

10.3 发展前景

套管钻井技术常用的可更换钻头套管钻井系统和套管钻井专用钻机主要为德士古（Tesco）公司产品，1995年以来始终引领多行程套管钻井技术。斯仑贝谢（Schlumberger）公司的定向套管钻井技术、威德福（Weatherford）公司的套管钻井钻头、贝克休斯（Baker Hughes）公司的套管钻井井底钻具组合、Tesco公司的尾管钻井系统，也陆续出现并投入应用。套管钻井技术在中国许多油田也已应用，且已研究出了适合中国地质构造的套管钻井系统。

10.3.1 存在问题

现在，虽然套管钻井发展迅猛，但在具体作业过程中依然存着4大技术难题：

（1）国际上套管钻井依托顶驱，中国套管钻井转盘驱动简易套管钻井。在装备、技术水平和应用等方面都与国际上有较大的差距。中国套管钻井还仅限于表层套管和浅井，尚未应用于复杂地层如盐膏层钻井。

（2）套管钻井钻至目的层深度后套管留在井里，无法用传统测井工具进行裸眼测井作业，一个解决办法是应用随钻测量工具进行随钻测井。进行裸眼井测井还是套管井测井受储层类型的影响，测试设备和岩心筒还应适合于钢丝绳回收。

（3）套管钻井的另一个挑战是套管连接处不能承受高扭矩、疲劳和屈曲过程中的复合负载。

（4）在可回收套管钻井系统中，如果工具疲劳或受到损害，那么回收底部钻具极为困难。受各方面因素的影响，底部钻具的回收成功率只有70%。在某些情况下，套管尺寸受到限制，也会影响工具的回收。因此，必须改变施工工艺或修改工具解决这类问题。

10.3.2 发展方向

根据国际上及中国前期套管钻井经验，套管钻井目前在中国油气资源埋藏较浅的地区应该有比较大的应用前景。例如，渤海湾地区和松辽地区，新疆准噶尔盆地彩南油田易漏失地层，江汉平原松软地层，考虑采用常规钻井与套管钻井相结合。在某些井段使用套管钻井来保证顺利复杂地层。随着套管钻井迅速发展，应用范围不断扩大。中国的公司和科研机构也可以尝试进行联合开发攻关，考虑开发基于顶驱的套管钻井技术，并且扩大其应用范围，使得这项技术能够为中国钻井技术的水平提升做出贡献（李刚等，2014）。

未来套管钻井会在深层可更换钻头和下部钻具组合方面获得突破，将向更深地层的尾管钻井方向发展。Baker Hughes 公司研制的 Sure Trak 导向尾管钻井装备可有效应对复杂储层,钻进、评价和下尾管等作业可一次性完成。目前已成功应用于北海海上作业及美国、沙特阿拉伯的陆上作业。配有尾管的旋转导向系统,可有效应对低压及不稳定的页岩和煤层井段;尾管钻井在保持井眼稳定的同时,还省去了起出钻杆下套管的作业过程,大大缩短了非作业时间,提高了安全性,减少了漏失,节约了成本;尾管钻头比常规的扩眼钻头转速更低,减少了负荷,延长了寿命。

套管钻井技术是石油工业一项新技术,为钻井设备和钻井工艺带来了新理念,预示着今后特殊钻井的发展方向。用钢丝绳起下井底钻具不用进行起下钻,井眼间隙缩小,井斜问题减少,不用下套管和起下钻柱,作业效率大大提高,回收式套管钻井技术仍然是今后套管钻井技术发展的目标。中国还应不断拓展套管钻井技术的应用领域,如盐膏层段、易漏区等复杂地层的钻井施工中,利用其固有的技术优势,致力于解决井下常见复杂情况,使中国套管钻井技术上一个新台阶(陶林,2010)。

第11章 连续管钻井流体

连续油管技术最早是1944年6月盟军应用于"诺曼底登陆"之前的跨越英吉利海峡管线工程(Pipe Lines Under the Ocean,PLUTO)。但直到1976年,加拿大的Flex Tube公司使用直径60mm连续油管作为钻柱在加拿大Alberta东南部钻成浅气井,才受人们关注。特别是,20世纪80年代中后期,连续油管制造工艺和可靠性提高,连续油管钻井技术得以迅速发展。1991年,美国、加拿大和法国等地作业成功后,连续油管钻井技术迅速从技术经济可行性评价阶段进入商业化应用阶段,一度被认为是替代常规钻井方法的钻井技术(Crouse et al.,2000)。

连续管钻井(Coiled Tubing Drilling)按钻井类型可分为定向重钻和直井钻井两类;按工艺方式分为欠平衡钻井、近平衡钻井和过平衡钻井三种。

连续管钻井流体(Coiled Tubing Drilling Fluids)是指用于连续管钻井的钻井流体。

11.1 开发依据

连续管钻井在实际钻井中取得了很多实例,通过实例对照,发现连续管钻井有八大优点:

(1)井场占地小,适合于地面条件受限制的地区或海上平台作业。

(2)适用于小井眼钻井。

(3)在老井加深钻或侧钻的重钻作业中,因连续管管径小,可过油管作业,而且无须取出老井中的现有生产设备,可实现边钻边采的目的。

(4)可安全地进行欠平衡钻井作业,最大的优势是可以确保井下始终处于欠平衡状态,减少钻井流体漏失,防止储层伤害的发生。

(5)小井眼钻井可以减少硬件和人力需求,降低作业成本。

(6)连续管不需接单根便可以实现连续循环钻井流体,减少起下钻时间和作业周期,提高起下钻速度和作业安全性,避免因接单根可能引起的井喷和卡钻事故。

(7)连续管内置电缆后可改善信号的随钻传输,实现随钻测井,有利于实现闭环钻井。

(8)最小限度地冲蚀地层,可以得到良好的录井质量。

连续管钻井有许多优点的同时,也存在7大缺点:

(1)必须借助常规钻机或修井机才能下入套管。

(2)连续管作业装置钻井前,需要借助常规钻机或修井机做入井前的准备工作。

(3)连续管不能旋转,增加了卡钻的可能性。

(4)需要频繁起下钻以更换井下钻具组合或调整电动机的弯曲角度,加重连续管过早疲劳,降低使用寿命。

(5)因直径小而限制了井眼尺寸和钻井流体排量。

(6) 钻压、扭矩、水力参数和井下钻具组合受到限制,可能出现螺杆钻具故障、压差卡钻、钻压传递和钻头泥包等问题。

(7) 庞大的滚筒不易运输和提升。

因此,连续管钻井流体主要是针对连续管钻井管内循环压耗大、钻压传递困难及黏卡概率高等难题研制合适的钻井流体,满足钻井工程需要。

11.2 体系种类

连续油管在油田中多应用于冲砂洗井、打捞、压裂、钻井、测井和酸化等作业(王玎珂,2010),还用于气举排液(张奉喜,2011)。连续管钻井目前用于钻塞特别是水平井压裂后钻塞的比较多。由于大多都是储层中作业,所以多为无固相钻井流体。

11.2.1 连续钻塞用水基无固相钻井流体

大位移水平井钻井和大规模储层改造技术是页岩气商业化开采的两个关键技术。世界上可钻式复合桥塞分段压裂技术是大规模储层改造的主体技术。压裂返排后需要钻除桥塞打通井眼通道,提高试气产量。受井口带压条件限制,需采用连续油管设备钻磨复合桥塞,快速有效钻除桥塞是保证页岩气顺利试气投产的关键。

连续油管自身设备及钻塞液携带能力有限,钻磨碎屑难以返出井口,易出现憋泵、卡钻等复杂情况,给页岩气勘探开发的有序推进提出挑战。针对目前存在的技术难题,从改进钻塞流体性能出发,研发了钻塞钻井流体,通过提高黏度和切力来增强钻塞胶液的携带性能,清洗井眼钻屑,提高连续油管钻磨桥塞施工效率。

何吉标等(2016)引入多糖类高分子聚合物为流型改性剂,通过材料优选及性能对比,研发出一种新型钻塞钻井流体。提高黏度和切力来增强钻塞胶液的携带性能,有效清洗井眼钻屑。该钻井流体具有水化性能优异,无残渣,安全环保,悬浮能力强等优点,其主要组分见表 7.11.1。

表 7.11.1　多糖类高分子聚合物钻塞流体主要组分表

序号	组分名称	组分代号	加量范围,%	作用
1	低分子稠化剂	SRFR – CH3	0.2~0.5	增加钻井流体黏度
2	复合增效剂	SRSR – 3	0.1~0.3	改善钻井流体性能
3	流变助剂	SRLB – 2	0.2~0.5	改善钻井流体流变性能
4	流变助剂	SRVC – 2	0.05~0.15	改善钻井流体流变性能
5	流型改性剂	CMX	0.2~0.5	改善钻井流体流变性能
6	消泡剂	未明确代号	0.01~0.05	消除黏度带来的泡沫

现场施工过程中,注入 $10m^3$ 钻井流体时循环泵压最高增加 1.80MPa,与理论计算循环压耗增量吻合。表明不需要调整钻井流体性能。继续钻进。

在钻塞过程中出现憋泵、钻完桥塞或需短程起下钻循环时,注入 $5\sim10m^3$ 钻井流体清洗井底,待循环 1 周后拆除捕捞器,收集返出钻屑。在钻完第 8 个桥塞(3633.9m)之后,注入

$10m^3$ 钻井流体,以 400L/min 的排量循环一周后,取出捕捞筒,收集返出碎屑。发现经过钻井流体循环后,从捕捞器中取出大量胶皮碎屑和少许小金属块,胶皮碎屑大量增加,中小型碎屑比例明显增大,钻井流体返屑能力比原钻塞胶液有所提高。

JY25-1HF 井是四川盆地川西南坳陷威远构造上一口页岩气水平井,人工井底为 4503m,水平段长 1500m,造斜点为 1970m;30°、45°和 60°井深分别为 2400m,2679m 和 3007m;套管内径为 115.02mm;套管容积为 $0.01m^3/m$;油管容积为 $6.8m^3$,抗拉屈服载荷为 80%,闭排为 $0.002m^3/m$,在排量为 400L/min 时,环空上返速度为 50m/min。钻完第 8 个桥塞之后使用钻井流体,直到探到第 15 个桥塞(4257.1m)为止,共使用了 $40m^3$ 钻井流体。

钻井流体比原钻塞胶液表观黏度提高了 288%,塑性黏度提高了 167%,固相与液相摩擦力增强,携带岩屑能力明显提升;动切力提高了 650%,胶液的动塑比由 $0.33Pa/(mPa \cdot s)$ 提高到了 $0.94Pa/(mPa \cdot s)$。

11.2.2 连续管侧钻无固相卤水钻井流体

连续管钻井技术具有地面设备占地少、起下钻速度快、操作人员少且压力控制能力强等优点,是老井侧钻、小井眼钻井和欠平衡钻井的重要手段。然而,连续管施工过程中,多余长度的油管缠绕在滚筒上,管内循环压力损失高达 50% 以上,不利于水力能量的有效利用;连续管刚性差,易发生弯曲,导致钻压传递困难;其钻井方式自始至终为滑动钻进,容易生成岩屑床,引发黏卡和钻头泥包。通常连续管钻井施工中选择钻井流体类型时只着重考虑地质因素,不仅经常发生常规钻井中存在的井眼净化难、托压和卡钻等问题,也会出现泵压过高、上提过程溜管以及钻头泥包等特殊现象。因此,研究与连续管钻井工艺相匹配的钻井流体,以减少复杂事故并提高连续管钻井效益,是极为重要的。

以卤水为基液优选处理剂,研发无固相卤水钻井流体,评价其性能并现场应用(王晓军等,2018)。该钻井流体主要成分见表 7.11.2。

表 7.11.2 侧钻无固相卤水钻井流体主要组分表

序号	组分名称	组分代号	加量范围,%	作用
1	流型调节剂	HT-XC	0.2~0.4	调整钻井流体黏切力
2	钻井流体用饱和盐降失水剂聚合物	YLJ-1	2.0~3.0	降低钻井流体失水量
3	钻井流体用新型纳米润滑剂	SDNR	0.5~2.0	提高钻井流体润滑性能
4	钻井流体用磺化沥青	FT-1A	1.0~2.5	抑制泥页岩水化膨胀
5	钻井流体用润滑剂白油有机钼复合物	SD-505	1.0~5.0	提高钻井流体润滑性能
6	复合盐密度调节剂	未明确代号	未明范围	调整钻井流体密度

无固相卤水钻井流体在实钻过程中性能优良,因此维护只需要补充钻井流体材料即可。前 22-17C 井为 118mm 小井眼,侧钻井时,增加 0.5%~2.0% 无渗透处理剂,控制失水量,密度 1.23~$1.32g/cm^3$。

连续管侧钻用无固相卤水钻井流体在辽河油田应用 3 口井。锦 2-丙 5-215C 井是辽河油田第 1 口成功实施的连续管侧钻井,纯机械钻速 6.07m/h,比邻井提高了 21.7% 以上;锦 2-7-307C 井机械钻速 5.54m/h,井径扩大率为 2.1%;前 22-17C 井在中国连续管侧钻井中完钻井深 1759m,裸眼井段长 707m。

11.3 发展前景

连续管钻井应用范围较广。涉及软地层小井眼直井、定向井和水平井、老井加深、侧钻、过油管钻井、产层取心、完井等,利用连续管可以进行固井、射孔和压裂一体化作业。

11.3.1 存在问题

从钻井流体的角度看,连续管钻井流体的问题主要是悬浮和携带问题,包括井眼净化效率低,施工风险高;流体携带性差,钻屑携带困难大;钻井工艺复杂,易发生复杂事故等。

连续管钻井技术在使用中也暴露出不少问题,包括连续管的屈曲摩阻、挤毁及疲劳破坏等。

11.3.2 发展方向

针对连续管钻井流体悬浮和携带问题,提出用超临界二氧化碳完成小井眼、超短半径水平井、复杂结构井等钻井工程,成为特殊油气藏开发的高效钻井技术(沈忠厚等,2010)。但目前有两项重要的工作要做:一是连续油管钻井流体摩擦压力损失研究,是连续油管钻井设计的基础;二是水平井中连续油管钻井钻屑的有效携带问题。

连续管技术进展主要表现在连续管的材料、尺寸、增产技术;连续管在欠平衡、小井眼及侧钻中的应用;电动井底钻具总成的研制与完善;数字化控制和自动连续管系统。

第12章 提速钻井流体

一般来说,影响机械钻速的因素包括地质条件、井身结构、钻井方式、钻井设备及钻井流体(孙金声等,2009)。相应地,提高机械钻速的途径主要是通过开发提高机械钻井速度的钻井流体、设计高效钻头、优化钻具结构及应用钻井最优化技术来实现(张克勤等,2007)。其中,钻井流体提高机械钻速方法较为独特。

把通过物理化学的方法用于提高钻井机械钻速的钻井流体,称为提速钻井流体,俗称快速钻井流体(Rapid Drilling Fluids)。

钻井流体的许多性能制约着钻井流体的应用,如钻井流体的密度与机械钻速成反比。机械钻速随黏度增加而降低。因此,强化钻井流体的性能是提高机械钻速的重要方法之一。

12.1 开发依据

影响机械钻速的钻井流体性能主要有固相含量、钻井流体的抑制性等。因此,提速钻井流体开发依据主要有以下4点,即开发提速钻井流体的开发原理:

(1)降低钻井流体固相含量。降低固相含量,特别是低固相含量。
(2)提高钻井流体的抑制性。降低钻屑分散程度,钻井流体流变性好。
(3)提高钻井流体的清洁能力。清洁钻头、提高钻头破岩效率。
(4)提高钻井流体的润滑性能。润滑性能突出,可以显著减少扭矩和摩阻。

概括起来,快速钻进钻井流体应该使用处理剂渗入并润滑钻屑薄鳞片间剪切面,减弱薄鳞片间的粘接,限制钻屑尺寸变化,以利于其从钻屑槽脱落下来,阻止钻屑相互聚结,阻止黏土黏附于钻头和井下钻具面;快速钻进钻井流体同时还可以通过对黏土膨胀及孔隙压力传递的控制来保持井壁稳定性。

12.2 体系种类

提速钻井流体一般是以某一种钻井流体所用的处理剂为主处理剂,结合原有体系,通过兼容性测试评价形成新的钻井流体,达到低固相、强抑制等提速钻井流体的性能。由于作业需求不同,性能也有所差异,所以也就有了不同的体系种类,但都是为了提高原机械钻速。

提速钻井流体有表面活性剂提速水基钻井流体和聚胺提速水基钻井流体两个种类。

12.2.1 表面活性剂提速水基钻井流体

车排子—中拐油区(以下简称车—拐地区)位于准噶尔盆地西北缘西南角,红山—车排子断裂带。自上而下钻遇的地层为新近系、古近系、白垩系、侏罗系、三叠系、二叠系及石炭系。车—拐地区白垩系、侏罗系和三叠系等岩层存在大段泥岩与泥质粉砂泥岩,地层水敏性强,易水化分散膨胀导致缩径和井塌;普通钻井流体在使用过程中黏度和切力较高,易发生钻头泥包、提钻挂卡严重等复杂情况;钻井流体固相含量较高;以及个别井段密度窗口窄。为此,开展了快速钻井流体技术的室内研究。

室内通过对钻井流体表观黏度、动切力、初切力和终切力、润滑系数、黏滞系数、失水量等评价,从3种快钻剂中优选了1种快钻剂(KSZJ)。研制了以4%膨润土为基浆的钻井流体(张伟等,2012)。该钻井流体主要组分见表7.12.1。

表7.12.1 表面活性剂提速水基钻井流体主要组分表

序号	组分名称	组分代号	加量范围,%	作用
1	碳酸钠	未明确代号	0.2	提高钻井流体的黏稠度
2	氢氧化钠	未明确代号	0.2	调节钻井流体的pH值
3	乙烯基单体聚合物	MAN104	0.6	使钻井流体起到封堵、桥接、防膨、防塌、降失水及保护储层作用
4	乙烯基单体多元共聚物	MAN101	0.6	提高钻井流体的黏稠度
5	水解聚丙烯腈铵盐	NH_4HPAN	0.5	降低钻井流体的失水量
6	阳离子乳化沥青	ZHY-I	3	使钻井流体起到封堵、桥接、防膨、防塌、降失水及保护储层作用
7	弱荧光润滑剂	JF11-5	1	提高钻井流体润滑性
8	降失水剂	JCM-102	2~3	降低钻井流体的失水量
9	快钻剂	KSZJ	0.5	提高表面活性与钻井速度

及时补充该钻井流体的处理剂即可满足钻井流体维护处理需要。车—拐地区的提速钻井流体,首先在车峰5井第二次开钻井段980~1441m试用。

钻井至井深980m时,加入快钻剂。发现加入前后钻井流体性能变化不大。进一步循环钻井流体一周,发现振动筛上岩屑上附带油花,岩屑颗粒变大;转盘转速增加,钻头无泥包现象。车峰5井第二次开钻只使用了1个牙轮钻头,邻井一般使用2~3个牙轮钻头;钻井速度明显提高。

车峰5井试验成功后,快速钻井流体在车峰6井、车峰7井、车峰031井、红光4井、沙门1井、石桥1井推广应用,机械钻速明显提高。其中,车峰7井机械钻速达26.9m/h,在泥岩、砂泥岩井段均能提高机械钻速60%以上。有效解决了车—拐地区白垩系、侏罗系和三叠系等岩层易垮塌、易缩径阻卡、易钻头泥包、摩阻大、钻速慢等问题。

现场应用表明,快速钻井流体性能稳定,使用后固相含量相对减少,钻屑变硬变粗,无钻头泥包,井壁稳定,摩阻和扭矩减小,转速增大,机械钻速提高,降低了钻井综合成本。

此外,Baroid与M-I公司共同开发出的快速钻井流体技术在美国得克萨斯州的Karnescountry地区应用了19口井,其机械钻速比应用常规水基钻井流体提高了46%,取得了良好的应用效果,其主要原理是清洗钻头,防止钻屑吸附,减小扭矩,从而提高钻速(张海峰,2015)。

针对美国路易斯安那州的中硬至硬性地层研制了新型提速剂,室内和现场实验均显示新型提速剂能够显著降低钻头和钻具的泥包现象,从而提高机械钻速(杨灿,2017)。

12.2.2 聚胺提速水基钻井流体

南堡油区活性泥页岩水化分散引起钻井流体中黏土含量上升,微米、亚微米固相颗粒增多,导致滤饼虚厚、钻井流体黏切升高、振动筛跑浆、流变性能恶化。同时,黏性泥岩钻屑对钻头表面黏附力很强,一定程度上增强了钻屑与钻头表面的黏合力泥包钻头,增加扭矩和压持效应,降低钻头的切削深度和破岩效率。因此,需要针对活性泥页岩,研究适用的钻井流体,提高机械钻速。

活性泥页岩快速钻井流体以抑制其水化为原则,在钾盐聚合物钻井流体的基础上,引入聚胺抑制剂和防泥包快钻剂,研制抑制活性泥页岩水化分散、清洁钻头、防塌效果好、破岩效率高的钻井流体,为活性泥页岩安全、快速、高效钻井提供强有力的钻井流体技术支持。

室内通过处理剂优选、体系兼容性试验,研制出适用低于120℃和120~150℃的两套低黏土快速钻井流体(刘晓栋等,2011)。聚胺提速水基钻井流体主要组分见表7.12.2。

表7.12.2 聚胺提速水基钻井流体主要组分表

序号	组分名称	组分代号	加量范围,%	作用
1	包被抑制剂	PLH	0.2	协同抑制活性泥岩的渗透水化分散、分散造浆
2	羧甲基纤维素	LV-CMC	0.5	乳化分散
3	氨基聚醇	AP-1	2.0	阻止泥页岩的表面水化膨胀和钻屑的黏附聚集
4	防泥包快钻剂	KZJ	1.0	润滑、清洁钻头,提高破岩效率
5	聚胺抑制剂	HIB	1.0	抑制黏土水化造浆
6	铝基聚合物	DLP-1	1.0	封堵孔隙,抑制泥页岩吸水膨胀、坍塌
7	生物聚合酶	XC	0.2	提高钻井流体的黏度
8	氯化钾	KCL	4.0	保护井壁
9	磺酸盐共聚物	DSP	0.5	提高钻井流体的黏度
10	耐高温降失水剂	JA	2.0	降低钻井流体的失水量

此钻井流体性能稳定,没有出现因为泥页岩水化分散而导致的造浆问题,只要持续补充聚胺、快钻剂即可。

NP17-×1511井为一口二开五段制定向井,位于南堡油田1号构造1-5区南堡1-7南断块构造较高部位。二开 $\phi 241.3mm\times(951\sim 2944)m$,依次钻穿明化镇组、馆陶组和东营组东一段,岩性主要为泥岩、细砂岩、砂砾岩不等厚互层,采用海水钾盐聚合物聚合醇钻井流体。钻进至1500m时,地层是蒙皂石含量高且极易水化分散的软泥岩、黏泥岩,60目振动筛出现钻井流体糊筛布,跑浆,钻井流体性能密度1.14g/cm^3,漏斗黏度72s,API失水7.0mL/30min,滤饼厚1.0mm,后使用提速钻井流体顺利完成二开。

NP17-×1511井试用成功后,为对比聚胺提速效果,NP17-×1506井二开全部采用钾盐聚合物聚合醇钻井流体,平均机械钻速6.88m/h。NP21-×2462井二开由钾盐聚合物聚合醇钻井流体转化快速钻井流体,平均机械钻速10.50m/h,表明聚胺水基提速钻井流体可用于在泥页岩层段提高钻井速度。

12.3 发展前景

国际上从很早就开始注重快速钻井流体的研究,并取得长足进展。研发了可以代替柴油基钻井流体的添加了特殊处理剂的水基钻井流体,提高钻速(Hasley et al.,1994)。Growcock等(1994)利用全尺寸钻井装置对比2%~4%的石蜡或不溶性聚甘油化合物的提速机理。两者都可以提高钻速5%~20%。石蜡通过形成膜,减少泥包提高钻速,而聚甘油化合物则通过降低含砂量提高钻速。Aaron等(2003)研制针对墨西哥湾大陆架黏性地层水基钻井流体,通过聚胺泥页岩抑制剂、聚合包膜及抗增黏剂抑制作用实现泥页岩提速。但与现场需求相比,世界上任何一种提速钻井流体都存在一定的局限性。

12.3.1 存在问题

快速钻进钻井流体技术的发展,除了需要具备一般钻井流体的基本功能外,还需要避免复杂的程序,并且在提高钻进效率的同时,确保施工安全。钻井流体的流变性、润滑性、固相含量及分散性等因素会直接影响钻进的速度。因此,还有三大类问题依然没有解决:

(1)钻井流体的流变性在钻头喷嘴处通过流动阻力影响钻速。钻头喷嘴处的流速越高,流动性阻力越小。减少阻力,流液可以更好地渗透到井底岩层的裂缝中,润湿岩石,提高机械钻速。

(2)钻井流体的润滑性会影响钻头的各项性能。钻井流体的润滑性越好,就越能减小钻具的扭矩、磨损和疲劳,延长钻头的寿命,能防黏卡,减小钻柱摩擦阻力,缩短起下钻时间,防止钻头泥包。

(3)钻井流体中固相含量及其分散性影响机械钻速。钻井流体中固相含量越接近0,钻速就越快,当钻井流体的固态含量为0时钻速将达到最快速度。因此,固相含量是影响钻速的一大因素;钻井流体中亚微米颗粒的含量也对钻速有一定的影响,小于$1\mu m$的亚微米颗粒含量越多,钻速将越慢。

12.3.2 发展方向

影响机械钻速的因素有很多。通过研究快速钻井流体提高钻井效率是现在钻井流体的发展趋势。不同地域、不同地质条件、不同岩性都会影响机械钻速。所以研究快速钻井流体之前,研究地质条件是前提。

水基钻井流体中添加提速剂能有效减轻或防止泥包现象,虽然可以从一定程度上提高机械钻速,但相对油基或合成基钻井流体,钻头水功率对机械钻速的作用更大,提速钻井流体,应考虑钻头匹配问题,研究提高钻速的作用机理,研制出更适合的提速剂及钻井流体处理剂。考虑钻井流体的兼容性,采用钻井模拟试验装置及现场应用,全面测试、评价钻井流体的性能(孙金声等,2011)。

第13章 大位移井钻井流体

大位移井(Extended Reach Well)是一种定向井,一般来说它的水平位移和垂直深度之比大于2,而比例大于3的称为特大位移井。

应用于大位移井的钻井流体被称为大位移井钻井流体(Drilling Fluid of Extended Reach Well)。

然而,大位移井钻井作业与直井和定向井相比也存在着诸多技术难题。大位移井由于井斜较大,裸眼段长,井壁更容易垮塌失稳;井下钻柱与长裸眼段接触,增大了作业过程中钻具的摩阻与扭矩;同时,钻柱在大位移井中的偏移、会导致井眼净化困难;在海上进行大位移井作业还必须尽可能地减少对海洋环境的污染。

13.1 开发依据

大位移井遇到的这一系列技术问题,决定了作为影响大位移井成败的钻井流体必须具有抑制性强、润滑性高、井眼净化效果好、环境友好等特点。大位移井钻井流体的难点主要有以下四方面(刘成,2017):

(1)钻井流体性能的合理控制。钻井流体的流变性能是影响大位移钻井流体携岩效果的重要因素,流变性能的控制应将井眼净化作为维护的重点。尽量控制钻井流体中的黏土含量,并充分利用固控设备清除钻井流体中有害固相;合理降低钻井流体的失水,调整失水护壁性固相颗粒粒径分布,改善滤饼质量,减小滤饼厚度;合理使用流型调节剂,控制钻井流体合适的触变性,以保证钻井流体在斜井段仍有较好的携岩能力。

(2)井壁的稳定。如何保持井壁稳定也是大位移钻井的一个难点。经过研究和实践表明,大位移井的井壁稳定问题往往要比常规井更加严峻,在实际施工中,井壁稳定若受到破坏会导致井壁与钻具的摩擦阻力增大,这样使钻具运动阻力增加,甚至发生卡钻,除此之外井壁的完整性如果受到破坏会可能造成钻井流体漏失,如果发生井壁失稳,处理这种后果的工作也是异常复杂的,因此要保持斜度较大的井,尤其是水平井段井壁稳定性,是大位移井钻井顺利的技术基础。针对大位移井井壁稳定问题,应采取优化井身轨迹设计;确定好适合钻井实际情况的钻井流体安全密度窗口;优选适应地层的钻井流体;控制钻井流体合适的失水量。

(3)井眼净化。井眼净化从来就是钻井作业中的一个普遍存在的问题,保持井眼的清洁必须要通过各种技术手段相结合才能完成,而大位移井对各种技术相互配合的要求更为严格,在大位移井钻井施工的过程中,井眼不干净就会导致井下异常,使得钻井工作更加复杂。如何及时有效地携带出井内钻屑,消除岩屑床,保持井眼清洁是十分关键的问题。

(4)润滑与减摩。井眼摩擦问题存在一定的复杂性,其主要体现在井下钻柱处于非弹性状态;井壁的刚性较差;井眼的横截面非圆形;摩擦系数受温度的影响存在不确定性;井眼的各层段的摩擦系数不同;钻柱在井眼内的受力状态、环空钻屑浓度和环空流体流型等的差异会引起摩阻的较大变化。从以上可以看出摩擦阻力存在不确定性,需要减摩技术支持,才能有助于钻井施工的顺利完成。

随着油气资源开采的不断发展,大型整装油气田和优良储层油气的开发程度不断加大,以单井方式获得的可采油气储量呈现出递减趋势。为了提高单井可控储量,降低开采油气资源的成本,大位移井钻井流体技术应运而生。大位移井实现了老油田剩余油或边际油田的开发,在滩海或极浅海实现海油陆采,在降低作业成本、节省投资等方面具有巨大优势,已成为油气勘探开发的重要技术手段(张军伟,2016)。

13.2 体系种类

目前,大位移井钻井流体分为水基钻井流体、油基钻井流体和聚合物钻井流体。世界上的大多数大位移井是用油基钻井流体来完成的,少数大位移井则使用水基钻井流体和聚合物钻井流体。

13.2.1 水基钻井流体

针对渤中 34-1 油田二井区和三井区进行调整,但目标靶点距离现有平台渤中 34-1 油田 A 水平距离达到 3km 以上,水垂比大于 2,开发难度大。在盘活边际地质储量、降低开发成本的整体开发思路指导下,决定采用大位移井技术开发二井区和三井区新近系明化镇组油藏。对于大位移井,国际上自 20 世纪末起普遍使用油基钻井流体,但环境难以接受、成本高,有时废弃钻井流体的处理费用甚至高于钻井流体自身价值。渤海作为一级海域,在渤中 34-1 油田使用水基钻井流体是环保首选,同时也能大大降低钻井流体费用(王洪伟等,2014)。渤中 34-1 油田大位移井水基钻井流体主要组分见表 7.13.1。

表 7.13.1 渤中 34-1 油田大位移井水基钻井流体主要组分表

序号	组分名称	组分代号	加量范围,%	作用
1	海水膨润土基浆	未明确代号	3	提高钻井流体润滑性能
2	高黏聚阴离子纤维素	PF-PAC HV	0.25	提高钻井流体黏度
3	提切降失水剂	PF-VIF	1	降低钻井流体失水量
4	封堵剂	PF-LPF	1.5	提高钻井流体封堵性能
5	抑制剂	PF-HAS	1.2	抑制泥页岩水化膨胀
6	聚丙烯酰胺	PF-PLH	0.5	降低钻井流体失水量
7	高效润滑剂	RT101	1.5	提高钻井流体润滑性能

为保持水基钻井流体性能稳定并适应钻井需要,应从以下 3 方面实施维护处理:

(1)配制钻井流体时,各处理剂要按顺利、按量依次加入,按规定的时间搅拌。

(2)进入易塌地层前调整钻井流体,提高钻井流体对地层层理、微裂缝的封堵能力,减少其进入地层的程度。

(3)严格控制失水量,特别是高温高压失水量,从而减少滤液进入地层,造成水化坍塌。

该水基钻井流体成功完成了渤中 34-1-D8H 井和渤中 34-1-D6 井这 2 口大位移井钻井作业,无起泥球、憋抬钻具等任何复杂情况发生,最高可抗质量分数为 20% 的岩屑侵害,能满足大位移井井段长、作业周期长的钻井要求,并且体现出了非常优异的润滑性能,两口井终完时启动摩阻皆在 3t 以内。由于体系在这两口井的成功应用,截至 2014 年 3 月,该水基钻井流体已迅速应用到渤海的旅大、锦州等区块。

13.2.2 油基钻井流体

大位移井 KA-1 井(最大井斜 70.3°,最大位移 3810.16m)所用钻井流体存在钙土侵害和海水侵害,挟砂能力弱等问题。刘刚等针对上述问题,提出降低有机土的用量,引入特殊功能的流型调节剂来有效地提高油基钻井流体的动切力、动塑比,同时维持较低的塑性黏度来满足大位移井井眼净化的要求,还配套使用降失水剂等材料,最终形成一套满足大位移井作业的油基钻井流体(刘刚等,2017)。该钻井流体主要组分见表 7.13.2。

表 7.13.2 大位移井 KA-1 井油基钻井流体主要组分表

序号	组分名称	组分代号	加量范围,%	作用
1	白油	未明确代号	未明确范围	提供连续介质
2	主乳化剂	PF-MOEMUL	0.9	降低钻井流体表面张力
3	辅乳化剂	PF-MOCOAT	1.1	降低钻井流体表面张力
4	润湿剂	PF-MOWET	1.5	改变加重材料或岩屑的润湿性
5	有机土	PF-MOGEL	2.5	造浆,提高润滑性能
6	石灰	未明确代号	3	调整钻井流体 pH 值
7	氯化钙溶液	未明确代号	26	调节密度
8	重晶石	未明确代号	未明确范围	调节密度

为保持油基钻井流体性能稳定并适应钻井需要,应从以下 3 方面实施维护处理:

(1)配制钻井流体时,各处理剂要按顺序、按量依次加入,按规定的时间搅拌。
(2)针对不同钻进地层,添加相应处理剂,及时调整钻井流体性能。
(3)在钻进过程中定时补充基油及各种处理剂,维持钻井流体性能稳定。

该油基钻井流体乳化稳定性好,流变性能稳定且能满足携岩的要求,且现场返出钻屑具有连续性,体系具有的耐温、抗侵害、流变性稳定和低黏高切等优点使得在起下钻及下套管等施工过程中,没有出现遇阻、卡钻等复杂情况,能满足大位移井中的作业要求,为现场施工提供了有力的支持。

13.2.3 聚合物钻井流体

刘云等针对延长油田东部区块大位移井钻进过程中出现摩阻高、携岩困难、井壁失稳、储层伤害控制和钻井周期长等问题,对现有的聚合物钻井流体配方进行优化及优选,最终形成低伤害、低摩阻聚合物钻井流体(刘云等,2018)。该钻井流体主要组分见表 7.13.3。

表 7.13.3 延长油田东部区块大位移井聚合物钻井流体主要组分表

序号	组分名称	组分代号	加量范围,%	作用
1	膨润土	未明确代号	4.0	造浆,提高润滑性能
2	碳酸钠	未明确代号	0.2	去除钙离子,调整钻井流体 pH 值
3	聚丙烯酸钾	K-PAM	0.4	降低钻井流体失水量
4	耐温聚合物降失水剂	RHPT-1	0.5	降低钻井流体失水量
5	水基润滑剂	未明确代号	2.0	提高钻井流体润滑性能
6	无荧光防塌剂	未明确代号	1.5	抑制泥页岩水化膨胀
7	纳米乳液	RL-2	1.0	降低钻井流体表面张力
8	极压减摩剂	JM-1	0.5	降低钻井流体磨阻
9	防止水锁剂	F113	0.5	防止水锁效应

为保持聚合物钻井流体性能稳定并适应钻井需要,应从以下 3 方面实施维护处理:

(1)调整钻井流体性能,使之具有较高的悬浮和携带能力,及时将钻屑从井眼中运移出来,避免发生阻卡现象。

(2)根据地层渗漏的特点,抑制黏土的膨胀及分散运移,以形成薄而韧的滤饼,减少渗漏的发生。

(3)由于砂体泥质含量高,长时间暴露在钻井流体中时,要在钻井流体中添加适当的处理剂,避免发生水敏伤害,产生水化剥落掉块或膨胀缩径的现象。

延长油田东部区块大位移井应用聚合物钻井流体后黏度和切力有了明显的提高,其具有较强的携岩能力;失水量控制在 5mL/30min 以内,以减少滤液渗入地层;摩阻系数控制在 0.1 以内,能有效降低摩阻和扭矩;同时,降低了钻井流体的表面张力和界面张力,防止储层水锁伤害。该钻井流体现场试验了 10 口井,相比非试验井,平均机械钻速提高了 19.6%,钻井周期平均缩短了 4.8d,取得了较好的应用效果,具有推广价值。

13.3 发展前景

基于传统的油田钻井技术成本高、效率低、不利于环境保护,为有效解决这一问题,大位移井钻井流体技术应运而生。作为当前世界最先进的钻井技术,与传统钻井技术相比,其在环境保护及作业成本降低方面具有极大的优势,大位移钻井流体具有良好的发展前景。

13.3.1 存在问题

目前,虽然大位移井发展迅猛,但在具体作业过程中依然存着井壁失稳和井眼清洁两大技术难题。

(1)井壁稳定。大位移井井斜大、裸眼段长影响井壁失稳的程度高,易造成井壁垮塌。这是大斜度井自身的技术难题。

(2)井眼清洁。大位移井钻井流体的排量小、环控返速低以及钻具在井筒作业过程中易出现偏心等特点,使得携岩困难。这是大斜度井钻井流体研究的技术难题。

13.3.2 发展方向

针对大位移井目前存在的两大问题,大位移钻井流体应该向钻井流体抑制性、钻井流体流变性和钻井流体施工工艺三大方向发展。

(1)合理选择防塌钻井流体,作为维持钻井壁稳定的关键所在,可以有效地防止地层中泥页岩出现水化。

(2)选择合理的钻井流体黏度来确保井眼清洁效果,控制好钻井流体的流态与钻井流体黏度可以起到很好地清除岩屑的作用。

(3)对钻井流体排量范围也需要进一步优化,作为井眼净化的关键因素,通过结合大位移井实际作业过程合理计算出钻井流体排量范围,可以有效提升井眼净化的效果。

第14章 科学探索钻井流体

科学探索井简称科探井(Scientific Exploration Well),一般是在没有研究过的新区,为了查明区域沉积层系、地层接触关系、生储盖及其组合特征等,评价盆地的含油气远景,或者是为了解决一些重大地质疑难问题和提供详细的地质资料而部署的区域探井。

科学探索钻井流体(Scientific Exploration Well Drilling Fluids)是指用于科学探索井的钻井流体。

中国大陆科学钻探工程第一口科探井——科钻一井——于2001年8月4日正式宣布开钻(实际上早在2001年6月25日已经开始进行试验性钻探工作),这是两代钻探技术人员经过近20年努力奋斗所换来的,它标志着中国钻探技术的发展进入了一个新阶段。在结晶岩中钻进5000m并全孔连续采取岩心、岩屑及地层中的液体、气体样品;进行系统的编录、描述、实验和测试,建立钻孔的岩性、矿物、化学组成、同位素、岩石物性、流体成分和微生物垂向变化剖面;进行详尽的地球物理测井;以钻孔为中心进行高分辨率三维地震勘探、垂直地震剖面(VSP)测量和二维三分量测量,在此基础上进行全方位、多学科的综合科学研究。这就是科钻一井的主要任务。

14.1 开发依据

要完成这样的任务,最大的关键和难点是钻井工程。为此,中国钻探工程界集中了一大批经验丰富的老专家和才华横溢的中青年技术骨干,经过长达10年的准备,在充分吸收国际上先进经验的基础上,结合中国的实际情况,提出了一套完整的5000m钻进技术方案:

(1)双孔方案,即先施工2000m的先导孔(取心),再施工5000m的主孔(其上部2000m不取心)。

(2)组合式钻探技术,即将大型石油钻井的全套装备与地质岩心钻探工艺相结合的一种综合钻探技术。

(3)以金刚石绳索取心钻探为主体的多种取心技术。

(4)改进的液动冲击回转钻探技术。

(5)井底动力与绳索取心二合一钻具的应用技术。

(6)井斜的控制与纠正技术(垂钻系统 VDS 应用技术)。

(7)活动套管的使用技术。

松科1井是中国继江苏东海科钻1井、青海湖环境科钻井之后的中国第3口科学探井,全球第1口陆相白垩纪科学探井(李国钊等,2012)。

松科1井(主井)主要钻遇以泥岩和砂岩为主的沉积岩地层。取心钻进过程中存在的钻井流体技术难点有:一开段主要钻遇无胶结松散砂层和水敏性强的松软泥岩,防塌和护心难度大;二开段裸眼钻进时间长,长裸眼时间对井壁稳定形成较大威胁;二开四方台组及嫩江组上部泥岩易造浆,嫩江组下部地层泥岩较脆,易掉块。取二开四方台组及嫩江组上部灰色采用 TJS-2000 水源钻机、BW1200 和 3NB-350 钻井泵等钻探设备,这较石油钻井设备而言较差,钻井流体技术实施难度大(蔡记华等,2008)。因此,开发科学探索钻井流体尤为重要。

14.2 体系种类

目前,科学探索钻井流体主要分为耐高温无固相钻井流体及聚合物防塌润滑钻井流体。

14.2.1 耐高温无固相钻井流体

BZ21-2-1井是渤中凹陷设计较深、层位较全的一口科学探索井,为渤海迄今所钻最深井,设计井深5355.00m,实钻井深5141.00m;该井是高温高压井,井底最高温度大于170℃,预测最高压力系数为1.65。根据邻井资料,预测该区古近系潜山岩性包括元古界花岗岩、下古生界碳酸盐岩和中生界火山岩系地层,呈现裂缝带与低孔隙度、低渗透性的致密储层互层,孔、缝均发育。

针对潜山的储层特征及高温高压深井的特点,在 ϕ152.4mm 井眼 4881.50~5141.00m 井段应用了耐高温无固相钻井流体。该体系耐高温、防水锁、无固相,具有良好的抑制性,滤液具有较低的界面张力,储层伤害控制效果好,满足高温及低孔低渗型油藏的开发(李刚等,2012)。该钻井流体主要组分见表7.14.1。

表7.14.1 耐高温无固相钻井流体主要组分表

序号	组分名称	组分代号	加量范围,%	作用
1	氢氧化钠	未明确代号	0.3	调整钻井流体pH值
2	碳酸钠	未明确代号	0.2	去除钙离子,调整钻井流体pH值
3	生物聚合物	XC	0.3	提高钻井流体黏度
4	聚阴离子纤维素	PF-PAC-HV	0.4	降低钻井流体失水量
5	磺甲基酚醛树脂	PF-SMP-Ⅰ	1.5	降低钻井流体失水量
6	新型耐高温淀粉	PF-FLO-T	4.0	降低钻井流体失水量
7	耐温处理剂	PF-HJW	1.5	改善钻井流体耐温性能
8	聚胺	PF-UHIB	0.5	防止钻井流体水锁性伤害

耐高温无固相钻井流体应用在渤海科学探索井 BZ21-2-1井 ϕ152.4mm 井段,井深4881.50~5141.00m,所钻层位为潜山组,地层岩性为石灰岩、泥灰岩和白云岩,机械钻速为1~2m/h。钻进期间一直伴有30%以上的气测值,为达到井下安全和发现储层的目的,现场钻井流体密度调整幅度较大。其中在六开钻进至4962.55m时,发生漏失,最大漏速22m³/h,起钻至ϕ177.8mm 套管鞋,使用计量罐测静止漏速由8.5m³/h逐渐降低至6m³/h,现场通过交联吸水堵漏液进行堵漏获得成功。钻遇高压后采用了重晶石加重,中途测试结束后,采用固控设备进一步除去固相,降低钻井流体密度至完钻。整个钻井过程中,该体系性能稳定。

14.2.2 聚合物防塌润滑钻井流体

胜利油田郑家王桩地区沙三段储层厚、油藏规模大，是受不整合面控制的地层—岩性稠油油藏，储层以粒间孔和微孔隙为主，平均孔隙度37.8%，平均渗透率11311.48mD，属于高孔隙、高渗透性储层。地面原油密度为1.0113~1.0588kg/L，黏度为5024~61229mPa·s(80℃)，凝固点约为65℃，属于超稠油。为了加快该稠油油藏的勘探开发步伐，探索适合于超稠油的开采模式，设计施工了郑科平1井。

为加快探索稠油油藏的开发步伐，设计并使用聚合物防塌润滑钻井流体(周跃云，2004)。该钻井流体主要组分见表7.14.2。

表7.14.2 聚合物防塌润滑钻井流体主要组分表

序号	组分名称	组分代号	加量范围，%	作用
1	增粘剂	MMH	未明确范围	提高钻井流体的动切力
2	防塌剂	NJ-2	未明确范围	提高钻井流体的防塌能力
3	防塌剂	SPM-1	未明确范围	提高钻井流体的防塌能力
4	复合防塌抑制剂	未明确代号	4~6	提高钻井流体的防塌能力
5	硅稀释稳定剂	GXW-1	未明确范围	抑制泥页岩水化膨胀
6	水解聚丙烯腈胺盐	NH_4-HPAN	未明确范围	提高钻井流体的防塌能力
7	聚合物防塌润滑剂	未明确代号	未明确范围	提高钻井流体的防塌能力
8	生物聚合物	XC	未明确范围	提高钻井流体黏度

直井段井径大、地层松软，造浆严重，易发生井壁坍塌、钻屑携带困难等复杂情况。因此钻进过程中要有足够的排量，钻井流体要有良好的抑制性和携岩性。该井段采用淡水配浆，钻进中不断加入高黏度羧甲基纤维素钠盐胶液，将钻井流体漏斗黏度调整至60s以上，pH值调整至8~9。下表层套管前加入15m³高黏切钻井流体进行充分循环，以扫清井眼，确定井眼干净、无沉砂和无井壁坍塌后，用高黏度羧甲基纤维素钠盐配制稠钻井流体封井起钻，以保证下套管和固井顺利施工。在钻至造斜点(井深1087.02m)前，不断加入高黏度羧甲基纤维素钠盐胶液进行维护，以抑制地层造浆，保持井眼规则和井壁稳定。

斜井段及水平段该井在馆陶组开始定向造斜，增斜段穿过馆陶组和沙一段，水平段全部在沙三段中，地层岩性变化较大。为保证该井顺利钻进和保护储层，采用了聚合物防塌润滑钻井流体和醇基抑制性润滑钻井流体。在ϕ346.1mm斜井段钻进时，以聚合物胶液维护为主，使聚合物的质量分数达到0.4%以上，控制地层的造浆，防止钻井流体黏度过高。

使用聚合物防塌润滑钻井流体和醇基抑制性润滑钻井流体，不但能保证复合大井眼水平井井眼的清洁与稳定，还具有良好的储层伤害控制效果。

14.3 发展前景

川科1井是中国石化南方勘探分公司在四川盆地川西孝泉构造部署的一口超深重点科学探索井，井深7540m，井身结构为四开制。在川西新场构造，该井首次将不同压力体系的须家河组放在同一裸眼井段钻进,须家河组上部地层须三段和须四段为高压含气层,压力系数为 2.0~2.02,下部须二段为新场构造主力产层,压力系数 1.6~1.7,易漏、易喷,属于典型的狭窄钻井流体密度窗口井。该井采用控压钻井工艺对须三段和须四段适度欠压,有控制引流燃烧该段天然气,须二井段近平衡钻井,以防止井喷和井漏。实钻过程中,实时计算并控制井底压力,保持压差稳定及产出天然气在可控范围内。

川科 1 井设计井深 8875.00m,是目前亚洲设计井深最深的井,为保证二开大尺寸井眼的井身质量,为后续施工打下良好的井眼条件,选用了美国贝克休斯公司的 Verti Trak 垂直钻井系统,累计进尺 2240.44m,平均机械钻速 1.87m/h,全井段井斜角控制在 0.5°以内。牙轮钻头配合闭环自动垂直钻井系统施工,无论进口牙轮钻头还是国产牙轮钻头,由于采用高钻压、高转速,其寿命大幅度缩短。建议在应用高密度钻井流体钻进可钻性差的地层时,尽量避免采用螺杆配合牙轮钻头钻进。采用闭环自动垂直钻井系统最大限度地解放了钻压,应用低密度钻井流体钻进的情况下既能控制井身质量,又能提高机械钻速;而在应用高密度钻井流体钻进的情况下,仅能控制井身质量,提速效果不明显。对于含砾石井段建议采用常规钻具组合钻进,以避免跳钻严重对钻头的损害。采用机械钻机配合闭环自动垂直钻井系统使用,由于设备所限在转换模式上存在一定的难度。建议尽量选用电动钻机配合垂直钻井系统施工。

14.3.1 存在问题

科钻一井的钻探施工岩石主要是硬岩,岩层产状陡,属于坚硬、难钻的强造斜性地层。该工程是一项高难度的钻探工程。主要困难表现在以下几方面:

(1)在坚硬的岩石施工深度 5000m、终孔直径 157mm 的连续取心钻井,在中国没有先例,没有现存可用的钻探技术。

(2)钻进施工遇到的岩石坚硬难钻,研磨性强,导致钻进速度低、钻头寿命短、岩心易堵塞,导致回次长度短。

(3)片麻岩各向异性显著,加上岩层产状陡,岩层造斜性强,易井斜。

(4)某些岩层段井壁坍塌、破碎严重,扩径显著,易导致事故。

14.3.2 发展方向

针对 5000m 硬岩连续取心钻进施工的恶劣条件,采取了一整套特殊钻探技术方案,它不但吸收了国际上的成功经验,而且展现了中国最先进的钻探技术和一些独具的特色。迄今的钻进施工实践证明,这一套方案实施很成功,反映了中国钻探界的广大科技工作者多年来持久努力的结果。这只是一个良好的开端,要走的路还很长,需要解决的技术难度还很多。希望国内广大科研工作者能够继续与世界钻探界通力合作,攻克该项目钻进施工的一道道难关,为中国地学研究和钻探技术的发展做贡献。

第15章 气体钻井完井流体

气体钻井中采用的作业流体被统称为气体型流体。不可循环的气基钻井流体以及充气泡沫和稳定泡沫均属于气体型流体。气体型流体大约有气/气型、气/液型和气/固型三种。以气体为连续相的流体为气/气型流体,如氮气、天然气、尾气、混合气体等;以气体为连续相、以液体为分散相的流体为气/液型流体,如雾化液,雾滴,泡沫;以气体为连续相、以固体为分散相的流体为气/固型流体,如粉尘钻井,目前实质性应用较少。

气体钻井能够提高机械钻速、防塌防漏,优势明显。但气体钻井作业结束后转换成常规钻井流体作业时,有的比较顺利,有的则比较困难,甚至造成井漏、井塌等井下难题和事故。这就要求开发适用于气体钻井钻完进尺后的完井流体,即气体钻井完井流体。

气体钻井完井流体(Completion Fluid After Gas Drilling)是指气体钻井完成进尺后,用于恢复常规钻井流体钻井的钻井流体。

气体钻井作业转换为常规钻井流体作业是整个气体钻井的重要组成部分。采用气体钻井后井壁干燥。如果钻井流体性能适合井下条件,且注入钻井流体工艺合理,转换顺利,用时较短。否则,在随后的钻井中还可能发生卡钻、井漏等问题,转换时间较长(许期聪等,2009)。

15.1 开发依据

气体钻井井眼状况及注入钻井流体后可能出现井下难题或者事故,迫使注入钻井流体应做好8项准备:

(1)合理的钻井流体密度。空气所钻井眼上裂缝处于开启状态,合理密度钻井液利于减少钻井液漏失,利于平衡地层孔隙压力和地层坍塌压力。钻井流体密度过高易导致地层漏失、钻井流体失水量增加从而影响井壁稳定;钻井流体密度过低,则难以平衡地层孔隙压力和坍塌压力。因此,前期注入密度较低的钻井流体,有利于防止井漏和因瞬时失水过大引起的井壁失稳。待钻井流体在井壁上形成封堵后,再根据井下情况适当提高钻井流体密度,以平衡地层孔隙压力和坍塌压力。

(2)强封堵和胶结能力,提高顶替钻井流体的护壁能力。减少钻井流体漏失量,尽快在井壁周围形成屏蔽带,阻止钻井流体中的自由水、胶体粒子和小尺寸颗粒侵入地层。井壁滤饼形成,主要通过提高滤饼质量、降低顶替浆失水量实现。特别是,控制钻井流体动失水,对滤饼形成和井壁稳定至关重要。可以通过加入沥青质处理剂提高封堵地层孔隙和微裂缝能力,并提高胶结强度。

(3)适当的流变性能,降低顶替时冲刷井壁程度。可通过加入流型调节类处理剂,改善顶替液在环空的流型和流态,降低注入钻井流体过程中对井壁的冲刷程度。在大井眼施工中,由于钻井液上返速度低,钻井液必须具有良好的携岩性能,以保证钻井的正常施工。

(4)增强抑制能力,减少泥页岩地层因吸水膨胀产生缩径、垮塌等。泥砂质胶结物在气液转换时进入钻井液,降低胶结强度,从而诱发井壁失稳。因此,要求钻井液具有强抑制性,阻止砾石间胶结物的水化、分散、膨胀导致垮塌风险。钻井流体进入井眼,与裸眼地层接触。由于地层水活度、矿化度与钻井流体滤液不一致,活度作用下的渗透压造成泥页岩的水化和分散。可以通过提高钻井流体中矿化度,加大聚合醇、聚合物抑制剂等加量,提高钻井流体抑制能力。

(5)增强润滑性能,减少顶替钻井流体初期,虚厚滤饼摩阻增大引起的长时间划眼和卡钻。可以通过加入聚合醇、润滑剂或者混油等方式来实现。

(6)降低界面张力,实现润湿反转。增大表面活性剂的加量,将岩石转化为润湿油相,增大毛细管阻力,减小水的浸入量和浸入深度。另外,还可以在注入钻井流体前注入润湿反转隔离液,将近井壁周围的岩石由亲水性转变成亲油性,从而防止气液转化时泥页岩吸水膨胀垮塌。

(7)加入堵漏材料,提高钻井流体的防漏能力。注入前可在钻井流体中加入随钻防漏材料并注入可疑漏层井段,防止井漏。

(8)制订合理的注入工艺并落实。提前做好顶替钻井流体的准备和处理工作。简化钻具结构,使用铣齿钻头、光钻杆,防止卡钻;采用小排量顶替、低返速注入;严禁猛开泵猛停泵,逐步实现钻井流体转换;缓慢均匀下钻,循环2~3周后,应及时下常规钻具通井,多次起下划眼,减少井壁的虚厚滤饼,防止井下难题与事故。钻井流体转换时应先采用较低密度的钻井流体,以较低的排量循环,待钻井流体在井壁形成滤饼后再提高钻井流体密度平衡地层流体。气体钻井达到井深的井眼,最好空井固井完井,不再注入钻井流体,从根本上消除注入钻井流体初期可能发生的井下复杂问题。

15.2 体系种类

气体钻井后使用的钻井流体,从成本的角度出发,目前还没有采用油基钻井流体,主要以控制井壁失稳的水基钻井流体为主,优化流变性、润滑性等及施工工艺,实现安全完井。

15.2.1 水基聚磺钻井完井流体

高峰场区块上三叠统须家河组以上属于水敏性地层。要求注入钻井流体的密度应尽量低,以减少钻井流体的漏失量,尽量防止地层吸水过多引起地层垮塌或井漏。但气体钻进结束后,井眼完全裸露,即便是注入低密度的钻井流体,瞬时失水也不可避免,已浸入地层的液相将使水敏性地层吸水膨胀,膨胀至一定程度很可能会发生地层垮塌;但此时并不能说明钻井流体密度偏低,这属于地层性质变化的正常现象,不能盲目提高钻井流体密度,盲目地提高钻井流体密度将引起或加剧井漏。此时应重点维护钻井流体性能并保持井壁的畅通。随着钻井流体作用时间加长和井壁形成滤饼,地层垮塌的情况会逐渐好转。

气体钻井技术在川东地区高峰场区块应用较为普遍,实现了提速目的。但气体钻井后的后续作业,容易因钻井流体性能不匹配或钻井流体转换工艺不完善造成井壁不稳定等难题、事故,相反降低了作业时效。针对这一难题,考虑四川高峰场区块注入钻井流体密度参

考密度 $1.17\sim1.25\mathrm{g/cm^3}$ 较为合理。

根据空气钻井后钻井流体需达到的性能,推荐使用聚磺钻井流体。峰 003-6 井钻井流体替换时先采用聚磺钻井流体加随钻堵漏剂和复合堵漏剂的桥浆作为前置液浆,注入钻井流体后及时按进尺量和钻井流体消耗量补足沥青类防塌剂和大小分子聚合物复配胶液(王亮等,2011)。水基聚磺钻井完井流体主要组分见表 7.15.1。

表 7.15.1 水基聚磺钻井完井流体主要组分表

序号	组分名称	组分代号	加量范围,%	作用
1	润滑剂	ZFRJ	未明确范围	用于提高钻井流体的润滑性
2	聚丙烯酸钾	K-PAM	0.2	抑制泥页岩及钻屑分散作用
3	磺化酚醛树脂	SMP-1	4	降低钻井流体失水量
4	高温抗盐降失水剂	RSTF	3	降低钻井流体失水量
5	沥青粉	RLC-101	未明确范围	用于维持井壁稳定
6	氯化钾	未明确代号	4	提供钾离子及抑制水敏性地层水化膨胀
7	固体润滑剂	PPL	5	用于提高钻井流体的润滑性
8	生石灰粉	未明确代号	0.5	作絮凝剂及控制 pH 值
9	柴油	未明确代号	5	改善钻井流体滤饼质量
10	司盘-80	SP-80	0.3	降低钻井流体表面张力
11	聚合醇泥页岩稳定剂	MSJ	2	抑制泥页岩

高峰场区块气体钻井结束后,维持钻井流体密度在参考密度范围内。峰 003-5 井在气体钻井结束注入密度 $1.30\mathrm{g/cm^3}$ 钻井流体,发生井漏后井壁垮塌,提高钻井流体密度至 $1.43\mathrm{g/cm^3}$,井漏加剧,水泥堵漏时卡钻。

峰 003-4 井和峰 003-6 井气体钻井结束注入密度 $1.21\sim1.27\mathrm{g/cm^3}$ 钻井流体恢复钻进,无垮塌及较大井漏,钻进正常。后续注意按设计维护钻井流体的流变性、润滑性、抑制性以及抗侵害能力。

气体钻井后替换钻井流体,按配方配制钻井流体 $180\mathrm{m^3}$,回用其他井钻井流体 $120\mathrm{m^3}$,共 $300\mathrm{m^3}$,调整密度、流变参数、失水护壁参数、碱度等,顺利转换。

川东地区高峰场区块,峰 003-4 井、峰 003-5 井和峰 003-6 井都采用了气体钻井,有效地提高了钻井速度。但在气体钻进后替换钻井流体,峰 003-4 井和峰 003-5 井都先后出现卡钻事故,只有峰 003-6 井通过强化钻井流体性能和空气钻井后钻井流体替换工艺,顺利实现了转换。

从总体上看,优选钻井流体密度还需特别考虑是否具有良好的抑制性能、失水护壁性、封堵性、流变性和抗下部膏盐层侵害能力。钻井流体替换时先采用聚磺钻井完井流体加随钻堵漏剂和复合堵漏剂的桥浆作为前置液浆,以降低失水和井漏程度,注入钻井流体后及时按进尺量和钻井流体消耗量补足沥青类防塌剂和大小分子聚合物复配胶液。

15.2.2 前置液结合防塌水基完井流体

四川龙岗地区气体钻井井段主要为砂泥岩和页岩,要求注入的钻井流体失水要低、抑制性强,防止引起泥页岩水敏性垮塌。气体钻井在井壁上可能在井径扩大处残留,需要使用重稠钻井流体携带出井筒。气体钻井作业转换为常规钻井流体钻井注入前,应先替入前置液,使干燥的井壁适用一段时间。应考虑到可能发生井漏以及井漏后的堵漏措施。

因此,转换钻井流体应以低密度、低黏度、低固相等相对"三低"的防塌钻井流体为主,同时还结合前置液、防漏钻井流体和携砂液(李晓阳等,2009)。"三低"钻井流体主要组分见表7.15.2。

表7.15.2 "三低"钻井流体的主要组分

序号	组分名称	组分代号	加量范围,%	作用
1	抑制性润滑剂	CA-8	10	用于携砂液的配制,提高携砂液的润滑性
2	聚丙烯酸钾或复合离子型聚丙烯酸钾盐	KPAM 或 FA367	0.2~0.3	抑制页岩水化膨胀
3	聚合物降失水剂	DR-Ⅱ 或 DJS	2	用于前置液的配制,降低钻井流体失水量
4	磺化酚醛树脂或高效降失水剂	SMP-1 或 SHE-7	8~10	降低钻井流体失水量
5	高温抗盐降失水剂	RSTF	6	降低钻井流体失水量
6	钻井流体用封堵剂	DHD	5~8	提高前置液封堵性能
7	乳化沥青粉	NRH	8	用于维持井壁稳定,封堵
8	磺化单宁	SMT	0.5~1	降低钻井流体黏度
9	氯化钾	未明确代号	5	提供钾离子及抑制水敏性地层水化膨胀
10	生石灰粉	未明确代号	0.5	作絮凝剂及控制 pH 值
11	柴油	未明确代号	5	改善钻井流体滤饼质量
12	司盘-80	SP-80	1	降低钻井流体表面张力

气体钻井作业转换为常规钻井流体作业,维护处理方法相对复杂。气体钻井过程中无油气显示或地层产油、气量全烃小于5%,注入钻井流体未返出之前,直接经排砂管线返至沉砂池。钻井流体即将返出前,关井,经放喷管线排气至振动筛软管。钻井流体返出后,开井,钻井流体经排砂管线、软管至振动筛;地层产气量全烃大于5%,注入钻井流体未返出之前,关半封封井器,经4号放喷管线返至点火池。钻井流体返出后,经液气分离器循环,如无套压,方可开井,经排砂管线、软管至振动筛。采用气体钻井作业至转换井深后,将钻具提离井底2m左右充分循环,直至排砂管线内无大量岩屑返出后,再将钻具提离井底20m左右后开始注入钻井流体。先注入前置液 20~40m³。再注入 40m³ 防漏钻井流体。后防塌钻井流体返出地面。最后注入重稠钻井流体举砂钻井流体 10~20m³,大排量循环带砂。在随后的作业中可多次采用重稠钻井流体举砂。循环正常后,短起钻 15~20 柱,再下钻到底循环带砂。

注入钻井流体时的注意排量需要根据井眼不同达到一定值。对于 ϕ311.2mm 井眼,注入钻井流体量小于钻具内容积时,排量为35L/s;大于钻具内容积后,逐渐增大排量为60L/s。钻井流体返出后,大排量循环 2~3 周。对于 ϕ215.9mm 井眼,注入钻井流体量小于钻具内容积时,排量为20L/s;所注入钻井流体量大于钻具内容积时,增大排量至40L/s,钻井流体返出后,保持此排量循环 2~3 周。

注入钻井流体过程中钻井流体出钻头前钻具可保持不动。钻井流体返出钻头后每3min下放钻具0.2m,钻井流体返出地面后,可大力活动并转动钻具。在注入钻井流体过程中如发生井漏应先进行堵漏,再循环举砂作业。

LG26井ϕ311.2mm井眼从605m开始采用纯空气钻井,钻至2164.84m(层位为沙一段)转换为氮气钻井,钻至井深3142.33m(珍珠冲组底部,离须家河组顶还有25m左右),由于上部地层垮塌和钻遇了厚煤层,为了确保井下安全,决定注入钻井流体。注入钻井流体情况:先以25L/s的排量注入25m³前置液,接着注入防漏钻井流体20m³,然后注入"三低"防漏密度为1.30g/cm³钻井流体145m³后,再注入防漏钻井流体20m³,继续注入"三低"钻井流体至返出,以55L/s的排量循环钻井流体3h,短起钻15柱下钻至3098m遇阻,反复在3098~3104m划眼后,注入密度为2.20g/cm³的举砂液20m³,返出垮塌物约1m³,顺利下入3139m遇沉砂仅3.67m。举砂情况:在短起钻划眼到底后,用密度为2.20g/cm³的钻井流体20m³举砂,返出垮塌物约5m³,最大尺寸为60mm×20mm×40mm;钻至3162m起钻换钻头,起钻前又注入密度为2.20g/cm³的钻井流体20m³举砂,返出岩屑约2m³,最大的为40mm×20mm×10mm,循环均匀密度为1.37g/cm³,带扶正器下钻至2493m遇阻,划眼至2504m,下钻至3158m遇阻,划眼到底后用密度为2.20g/cm³的加重钻井流体20m³举砂,返出约1.5m³砂,钻至井深3180m第三次开钻完钻用55L/s的排量循环一周后,再用密度为2.20g/cm³的加重钻井流体20m³举砂,返出0.5m³的砂,最后电测到底。电测完后,用三扶正器通井到底,大排量循环后再注入密度为2.20g/cm³的加重钻井流体20m³,返出少量砂,下套管固井均十分顺利。防塌钻井流体较好地解决了气体钻井后注入钻井流体的井壁稳定和井眼通畅技术难题。

采用气体钻井技术提高了川东北地区普光气田钻井速度,引入润湿反转技术和无渗透处理剂,聚合物防塌钻井流体、聚磺防塌钻井流体或聚合醇封堵防塌钻井流体结合钻井流体转化施工中防漏、防塌措施,改善了井下状况,保证了井下安全(叶文超等,2010)。

利用黑色正电胶钻井流体,也可以解决气体钻井后元坝16井转换钻井流体过程中井漏垮塌问题(熊志敏等,2012)。

15.3 发展前景

随着越来越多的气田进入开发后期,地层压力不断下降,常规修井技术已不能满足需要,气体钻井技术恰好能弥补这一缺陷,具有很大的应用空间和发展潜力,应开展相关研究,做好技术储备。气体钻井不存在压持效应,能提高机械钻速,对井眼形成的压力极低,不会发生漏失。与常规钻井流体钻井相比,有着速度快、周期短、综合成本低等优点。但气体钻井结束后井眼在由气体介质转换成液体介质过程中,由于转换的钻井流体性能不适应干燥的井下条件、转换工艺技术不合理,易出现复杂情况或事故,使得转换时间长,气体钻井优势没有充分体现出来。目前雾化、泡沫钻井技术的应用还局限于浅层段,而应用于深井、长裸眼段地层及储层的雾化泡沫钻井工艺技术还需进一步研究完善。为解决气体钻井结束后转换成常规钻井流体钻井的井壁稳定、井眼畅通和防塌等问题。气体钻井后转换为常规钻井流体和气液转换工艺及井眼清洁的工艺技术措施,成为气体钻井的一个重要环节。

15.3.1 存在问题

使用气体钻成的井眼和用常规钻井流体所钻成的井眼相比,有很大区别,故在转化钻井流体时,需要特别关注注入钻井流体的性能。

(1)由于气体钻井时,所钻开的地层没有液柱压力的支撑和平衡地应力,容易在近井壁周围形成更多的应力释放缝,进而发生应力失稳。气体钻井时,流体柱压力极低,在井眼周围地层岩石应力得到充分释放,加之空气锤和钻头的振荡,在井壁上形成更多的应力释放缝或加剧了井壁周围微裂缝的发育。由于没有液柱压力的支撑和平衡地应力,有的井在空气钻井时井径扩大率较大,形成葫芦状井眼,在注入钻井流体转化为常规钻井流体后,导致井下携砂不良,甚至造成砂桥卡钻。因此,在空气钻井时,钻头破碎岩石更容易,能够大幅度地提高钻速,缩短钻井周期,减少成本。同理,对井壁岩石,空气钻井中,井壁岩石更容易出现破坏、垮塌,井壁不稳定现象。

(2)无外来流体侵入,地层岩石干燥无水化现象。采用气体钻井时,若地层自身不产水,当井眼钻开后,无外来流体侵入地层,地层岩石始终保持干燥,并且无水化现象产生,井壁无滤饼。采用常规钻井流体钻井时,在井下正压差的作用下,钻井流体失水后在井壁上形成致密的滤饼,进一步降低失水量和阻止钻井流体中的固相粒子进入地层。采用气体钻井时,在井眼周围地层的岩石应力得到充分释放,形成更多的应力释放缝,加之井壁岩石干燥,没有滤饼保护,当气体钻井完成注入常规钻井流体时,易于引起以下复杂情况:一是迅速吸水膨胀、水化而引起井壁失稳;二是在渗透性极好的井壁上形成厚滤饼引起划眼或卡钻复杂;三是井眼不规则导致井下携砂不良,甚至造成砂桥卡钻;四是钻井流体注入后,液柱压力增加和自由水通过地层孔隙、裂缝或微裂缝大量而迅速地进入地层,加速地层诱导裂缝的形成,导致井漏或者加剧井漏。

15.3.2 发展方向

针对气体钻井所形成的井眼状况,首先分区块、分构造对气体钻井所形成的井眼条件深入研究,针对不同的井下情况,制订针对性更强的技术对策。通过采取提高钻井流体的抑制能力、增强钻井流体的封堵能力、降低钻井流体失水量、提高钻井流体的表面活性、增强钻井流体滤饼的润滑性等技术措施,尽可能减少注入钻井流体后的井下复杂问题。在钻井流体注入工艺上,通过简化钻具结构、小排量注入钻井流体、及时通井拉划井壁,减少井壁的虚厚滤饼等工艺措施,降低作业风险(刘翔等,2008)。

第 16 章　取心钻井流体

岩心是油田基础资料之一,通过肉眼观察或者借助仪器研究岩心,了解岩性和岩相特征,结合重矿物、粒度和薄片鉴定及其他测试技术分析,判断沉积环境。研究古生物化石及其分布特征,确定地层时代,对比地层。观察、分析岩心以发现储层,并观察描述岩心含油、气、水产状。研究生油层特征及生油指标,弄清楚储层分布,合理划分储层组、砂岩组和小层。研究储层的孔隙度、渗透率和含油饱和度等储油气物性,建立储层物性参数图版,确定和划分有效厚度和隔层标准,为储量计算和油田开发方案设计提供可靠资料。研究储层的岩性、物性、电性、含油性等"四性"之间关系,定性和定量解释储层特征。研究地层产状、地层接触关系、裂隙、溶洞及断层发育情况。研究不同开发阶段储层的水洗特征和水淹层的驱油效率,检查开发效果。研究水淹层的岩电关系,定性和定量解释水淹层状况。了解开发过程中所必需的其他资料数据。为钻井、压裂、酸化等工程作业,提供岩石物理和化学信息(田野等,2016)。

利用自锁式取心、加压式取心、绳索式取心和井壁取心等工具,通过常规取心、密闭取心和定向取心等方法,环状破碎岩石、保护岩心和取出岩心获得岩心的过程,称为取岩心,通称取心(Coring)。

取心过程中,破碎岩石所用的钻井流体,称为取心钻井流体(Coring Drilling Fluids)。

16.1　开发依据

取心是钻井过程系统工作,除了取心工具外,还有取心过程中使用的钻井流体是否能够满足取心和保护岩心需要。目前,取心过程中与钻井流体相关的难点主要有4点,特殊取心还有不同的要求:

(1)堵心卡心。地层松软,成型难。碎岩心在岩心筒内堆积,易出现堵心。软地层碎岩心容易进入岩心柱和岩心筒内壁之间,造成卡心。

(2)丢心。岩性疏松,胶结能力差。岩心易被钻井流体冲蚀,丢失岩心。

(3)资料丢失。地层松软,堵心后机械钻速变化很小,易造成岩屑和岩心信息不对等。

(4)工程事故。地层破碎容易漏失,不仅岩心难以保证,而且还有可能造成卡钻。

此外,水平井取心时,井斜角较大,井壁与钻柱之间摩擦力大,显示钻压与井底实际钻压不统一,现场取心工程师通过钻压判断井下情况困难。井斜大,割心后起钻过程中很可能需要倒划眼起钻,增加了丢失岩心概率。同时,外岩心筒易粘贴井壁,导致起下钻困难甚至是卡钻。

由此可见,良好的抑制性、润滑性和防漏堵漏性能成为钻井流体的关键性能。因此,取心钻井流体应努力向着这个方向发展。

16.2 体系种类

在实际应用过程中,大多数钻井流体的操作者是在现有钻井流体的基础上,通过优化现有钻井流体配方,增强针对性的性能,完成作业任务。概括起来,主要有聚合物适度分散的聚合物钻井流体、低/无固相钻井流体和油基(酯基)钻井流体,还有一些钻井流体如盐溶液钻井流体、泡分散钻井流体也在取心工作中发挥了重要的作用。

16.2.1 膨润土适度分散的聚合物钻井流体

针对不同地层,选择取心用的钻井流体也有一定区别。因此,由于水基钻井流体的材料来源广,使用便捷,使用后处理方便,大多数在煤勘查、地震带探测、地热井等探测过程中都使用水基钻井流体。下面以煤层气资源调查评价项目地质调查所用的水基钻井流体为例,介绍体系配方、配制维护方法以及应用效果。

针对新疆维吾尔自治区昌吉市庙尔沟煤层气资源调查评价项目地质调查井采用绳索取心。设计井深2500m,要求全井取心。漏失、缩径、冬季施工困难等制约着取心任务的完成,为此研制了聚合物钻井流体(张英传,2017)。该钻井流体主要组分见表7.16.1。

表7.16.1 庙尔沟煤层气地质调查井取心聚合物钻井流体主要组分表

序号	组分名称	组分代号	加量范围,%	作用
1	抗盐土	GTQ	0.5~1.0	三开至四开均使用,盐水侵害后,性能稳定
2	降失水剂	GPNA	1.0~1.5	降低体系失水,提高体系黏度
3	接枝淀粉	GSTP	0.50~1.00	三开—四开,增黏,降失水,抗盐
4	包被剂	GBBJ	0.20~0.30	三开—四开,抑制水化分散

由于取心困难多,现场比较重视钻井流体维护,加强技术管理和行政管理。技术上注重小样测试,管理上注重工作制度。

(1)使用处理剂要先配制小样测试,用现场钻井流体测试仪测试钻井流体性能,达到设计标准后方可使用。

(2)现场采用的黏土及处理剂均采用预制浸泡的方式:一是为了使黏土及处理剂充分溶解;二是可以根据处理剂溶液的浓度来调节处理剂的加量。

(3)严格控制钻井流体材料的添加顺序,防止材料之间由于添加顺序不当造成的絮凝现象。严格按照先添加无机处理剂后添加有机处理剂,先添加分子量小的处理剂再添加分子量相对大的处理剂的顺序来添加。

(4)钻井流体搅拌充分。预制浸泡阶段要充分搅拌,保证充分溶解。每次添加处理剂后都要搅拌30min以上,保证各处理剂之间的充分胶联。

(5)每班测试2次钻井流体密度、漏斗黏度,并做好记录,钻井流体性能达不到要求的要及时调整。

(6)勤捞取沉淀池中岩粉,尽可能避免岩粉参与钻井流体循环。

(7)时刻观察钻井流体液面的变化,发现钻井流体漏失或孔内涌水,要及时治理。

一开采用硬质合金提钻取心钻进,钻孔直径170mm,套管直径168mm,孔段0~15.61m。

二开采用金刚石提钻取心钻进工艺,钻孔直径150mm,套管直径146mm,孔段15.61~70.70m。

三开采用绳索取心钻进工艺,钻孔直径122mm,套管直径114mm,孔段70.70~1378.05m。受钻杆自身材质限制,钻进至1378.05m后钻杆自重过高,且孔内情况复杂,发生了跑钻、卡钻事故。事故处理占据了大部分时间,事故处理结束后以φ114mm钻杆作为套管下至孔底。

四开为了降低钻孔地层缩径的影响及考虑压力平衡钻进,采用常规S96绳索取心钻进工艺,钻头外径加大至98mm。钻孔直径98mm,孔段1378.05~2310.81m。完成了全井取心任务。

此外,针对汶川地震科学钻探遇到的地震断裂带,地层极其破碎并伴有地应力,钻进过程中经常发生掉块和坍塌现象;水敏性地层吸水后膨胀缩径;强塑性断层泥地层塑性变形,地层漏失;摩擦阻力大、循环泵压高。开发以磺化沥青和褐煤为主处理剂的聚合物钻井流体,采用低黏增效粉/改性沥青钻井流体并成功实现高收获率取心(陶士先等,2012)。

针对东北松辽盆地强水敏泥岩、泥页岩、凝灰岩发育,地温梯度高达4.1℃/100m,深井钻进过程中易出现井壁失稳、钻井流体耐温能力不足等问题,研制钠土与凹凸棒土复配深部取心钻进配套用超高温钻井流体,可以有效抵挡井中超高温,从而实现高收获率取心(黄聿铭等,2017)。

16.2.2 无造浆土或低造浆土水基钻井流体

西藏罗布莎铬铁矿区科学钻探孔是大陆科学钻探选址与科学钻探实验项目中7口预导孔的第一个钻孔。目的是揭示铬铁矿矿集区深部地质构造和成矿岩体的延深和展布,评价罗布莎岩体深部的铬铁矿矿产和雅鲁藏布江缝合带中有关超镁铁岩体的铬铁矿矿产的远景,查明罗布莎岩体和其所在的超镁铁岩带的成因和构造背景。罗布莎含矿超基性岩体沿雅鲁藏布江的谷底分布,严格受雅鲁藏布江构造带的控制。在成岩期和成岩后期都遭受了强烈的构造运动,形成了一系列复杂的构造变形。直接表现为区内矿床发育,地层复杂,上部卵砾石直径大,胶结性差,下部超基性岩破碎以及蚀变(蛇纹石化)严重,对钻探的影响是岩心采取率低,全孔不间断存在漏浆、难钻、坍塌等。

针对西藏罗布莎铬铁矿区钻探过程中岩心采取率低,全孔不间断存在漏浆、难钻、坍塌等问题,提出应用无固相钻井流体来完成取心任务。邱玲玲提出用聚乙烯醇为主剂配制钻井流体(邱玲玲,2011),该钻井流体主要组分见表7.16.2。

表7.16.2 西藏罗布莎铬铁矿区钻井流体主要组分表

序号	组分名称	组分代号	加量范围,%	作用
1	聚乙烯醇	PVA	2.5	低黏、低切、润滑性能好、抑制性强、携岩能力好、具有剪切稀释性、优良护壁性作用
2	聚合氯化铝	PAC	0.05	剪切稀释性能好,提高钻井流体的动塑比,加强携粉能力
3	褐煤树脂	SPNH	3	热稳定性好,抗盐,降失水,黏度效应低
4	O型润滑剂	ACF-SIS-3	0.5	热稳定,抗氧化,抗腐蚀,抗钙化

实验室的成果,到现场发挥需要满足钻井流体配制、设备使用和施工工艺等方面现场绳索取心钻井流体施工要求。例如高分子聚合物搅拌时间不够,处理剂的添加顺序颠倒或在起下钻过程中速度过快等。针对聚乙烯醇无固相钻井流体,制订维护处理方法为:

(1)地层水的检测。地层水的矿化度需要与钻井流体的性能相兼容,例如加入润滑剂需要注意不要被破乳,如果现场地层水不满足要求,需要加入处理剂在钻井流体中以处理地下水。加入烧碱调整 pH 值,加入防破乳等。

(2)聚乙烯醇在使用前需要熬制,在现场需要配备熬制钻井流体的器具和燃料。聚乙烯醇开始溶解时,需要不间断搅拌聚乙烯醇,否则很可能熬焦。

(3)在加入高分子聚合物时,最好先进行预水化。每班在施工前将高分子聚合物提前放入专用的桶内预水化,至高分子聚合物完全溶解于水,施工中,可以采取上一班配制、下一班使用,节省水化时间。

加入处理剂时,无论是把高分子聚合物还是一般的聚合物加入搅拌,应在搅拌的情况下缓慢均匀加入,避免因为处理剂结块而影响钻井流体整体性能。在钻井流体使用过程中,需要主要测试钻井流体性能,规定以正常频率为次班,工作时间分别为中间和最后。若遇地层特殊情况漏失或者涌水则需测试更为频繁。在循环使用过程中,测试钻井流体如果不符合要求,需要在钻井流体中添加处理剂,若黏度降低则加入高分子聚合物提高黏度,若降水增大则加入降失水剂等。

聚乙烯醇无固相钻井流体在文献中没有提供现场应用情况,只是作为室内研究成果。但从配制维护看,现场操作可能比较复杂。

针对无造浆土或者低造浆土的地层,使用低质量钻井流体实现卡塔尔杜汉油田海绵取心和岩心井大段取心。使用不同目数的细粒碳酸钙配合其他聚合物处理剂,研制出低固相钻井流体,解决了卡塔尔杜汉油田海绵取心大量高质量、无储层伤害岩心 DK-597 井大段取心设计的目的(王在明,2003)。

16.2.3 极地钻井用酯基钻井流体

深部冰层钻探取心用钻井流体是确保极地钻探钻具正常工作的最关键因素之一,平衡孔壁压力及清除钻头上碎屑。现有三种深冰芯双组分石油基质钻井流体、乙醇混合型钻井流体、酯基钻井流体并不能完全符合要求。引入无危害的椰子油庚基衍生物 ESTISOL™ 和优选低分子不饱和脂肪酸酯,构建新的钻井流体(于达慧,2013)。极地钻井流体所用的主要组分见表 7.16.3。

表 7.16.3 极地钻井流体主要组分表

序号	组分名称	组分代号	加量范围,%	作用
1	椰子油庚基酯 140	ESTISOLT-140	当和 ESTISOLT-165 混合时: 97.20~87.25 当和 ESTISOLT-F2887 混合时: 96.90~85.90	平衡冰层压力
2	椰子油庚基酯 165	ESTISOLT-165	2.80~12.75	平衡冰层压力
3	椰子油庚基酯 F2887	ESTISOLT-F2887	3.10~14.10	平衡冰层压力

为满足极地钻探施工,钻井流体选择 −30℃ 为低温参考点,设定要达到的钻井流体平均密度为 $920 \sim 940 \text{kg/m}^3$,平均动力黏度不高于 $15\text{mPa} \cdot \text{s}$,确定出一类双组分极地夏季施工用酯基超低温钻井流体。钻井流体以脂肪族的人造脂肪 ESTISOL™140 为基液,以气味温和清澈透明液体 ESTISOL™165 或多元醇制成的聚合脂 ESTISOL™F2887 为基重液,混合后制得双组分极地用酯基超低温钻井流体;其中所述基液与基重液的质量配比为 $(85.9 \sim 97.2):(14.1 \sim 2.8)$;优选的 ESTISOL™140 与 ESTISOL™165 的质量配比为 $(97.2 \sim 87.25):(2.8 \sim 12.75)$;优选的 ESTISOL™140 与 ESTISOL™F2887 的质量配比为 $(96.9 \sim 85.9):(3.1 \sim 14.1)$。

椰子油庚基酯的衍生物 ESTISOL™140,ESTISOL™165 和 ESTISOL™F2887 选择性复配形成的双组分酯基钻井流体在 −30℃ 以上温度范围内的性能良好。−30℃ 时,密度为 $920 \sim 940\text{kg/m}^3$,黏度为 $8.2 \sim 11.2\text{mPa} \cdot \text{s}$。以椰子油庚基酯 140 为基液,以椰子油庚基酯 165 或椰子油庚基酯 F2887 为基重液的实验设计合理。基液与基重液可以均匀混合,形成无色透明的液体。

于达慧根据 Lange G. R. 发表的 1973 *Deep Rotary Core Drilling in Ice* 的报告 (*Technical Report 94. Hanover, NH: USA Cold Region Research and Engineering Laboratory*),介绍了 2012 年丹麦科学家在格陵兰西北部 NEEMCamp 考察站使用酯类 ESTISOL™140 成功钻探 28m 获得冰芯,野外实验获得成功。它首次在实践中证明了 ESTISOL™140 型钻井流体在冰钻方面的可行性。

此外,王莉莉等(2013)研究了极地钻探工程深冰芯钻探,以脂肪族的人造脂肪 ESTISOL™140 为基液,以气味温和清澈透明液体 ESTISOL™165 或多元醇制成的聚合脂 ESTISOL™F2887 为基重液,混合后制得双组分极地用酯基超低温钻井流体。

16.2.4 饱和盐水钻井流体

饱和盐水钻井流体可以有效地保持井壁稳定、抑制封堵、润滑防卡及井眼净化。

官108−8井位于河北省沧县木官屯乡东偏南约 2.5km,因设计要求从三开孔二段设计连续取心,所以需要钻井流体具有稳定井壁、抑制封堵、润滑防卡及净化井眼的功能,结合钻井泵排量、确定 BH−ERD 为三开取心井段的钻井流体。

BH−ERD 钻井流体是一种以复合有机盐作为主抑制剂,具有较强抑制性,并且活度低,具有双保特性,适用于强水敏性泥页岩层、油页岩层等特殊岩性地层;也可满足高温、小间隙井及水平井等特殊工艺井安全施工的需要(王长在等,2014)。该钻井流体主要组分见表 7.16.4。

表 7.16.4 BH−ERD 钻井流体主要组分表

序号	组分名称	组分代号	加量范围,%	作用
1	复合有机盐	BZ−WYJ−I	15.00~20.00	抑制剂,活度低,双保特性
2	抗盐强包被抑制剂	BZ−BYJ−I	0.30~0.50	补充包被剂
3	抗盐提黏切剂	BZ−HXC	0.03~0.05	抗电解质,提高黏度
4	抗盐耐高温降失水剂	BZ−REDU−I	1.50~2.00	抗盐,耐高温,降失水

续表

序号	组分名称	组分代号	加量范围,%	作用
5	抑制防塌剂	BZ–YFT	2.00~3.00	提高封堵能力,控制失水量
6	抑制润滑剂	BZ–YRH	1.00~3.00	提高钻井流体润滑性能
7	极压润滑剂	BZ–RH–I	2.00~3.00	提高钻井流体润滑性能
8	低渗透封堵剂	BZ–DFT1	1.00	提高钻井流体封堵性能

官108-8井二开中途完钻清洗循环罐,在循环罐内注满清水,使用剪切泵按配方依次加入处理剂,地面低压循环配浆。

(1)日常维护以补充新浆为主,通过剪切罐配制复合有机盐胶液补充包被剂。

(2)取心期间钻井流体密度保持为1.28g/cm³。为保持收获率,根据邻井和现场钻屑确定割心井深,避免在破碎带割心。

(3)随时监控含盐量并及时补充消耗,保持体系的抑制性。

(4)使用低渗透封堵剂和抑制防塌剂提高封堵能力,并严格控制高温高压失水量小于10mL/30min。

(5)钻进期间保持排量为18~19L/s,钻井流体黏度提至65s以上,Φ_3读值高于4,动塑比控制要求为0.38~0.44Pa/(mPa·s)。

(6)为提高钻屑的分离效率,现场增加1台高速离心机,振动筛筛孔孔径小于0.076mm。

(7)为保证收获率,每取心3次使用3只满眼扶正器进行1次通井作业,每次通井时使用100s以上稠塞托带井内残留的岩屑。

(8)取心钻进期间始终保持摩阻系数低于0.07。在取心通井期间使用膨化石墨配合极压润滑剂配制润滑塞提高润滑性能。

官108-8井实际完钻井深3455m,取心井段2915~3415m,累计岩心长495.71m,平均收获率为99.14%。该井共下入取心筒26次,其中有19筒次取心收获率为100%。

三开井段使用BH-ERD钻井流体进行连续取心施工,油页岩井段浸泡87d,井径扩大率仅为4.43%,证明使用BH-ERD钻井流体能够有效抑制地层坍塌,并延长坍塌周期。取得500m连续岩心,平均收获率99.14%,充分证明BH-ERD钻井流体具有极强的抑制封堵能力。三开累计施工92d,起下钻畅通无阻,完井电测19项,所有项目均1次测完,显示了BH-ERD钻井流体具有优异的抑制、封堵、润滑防卡和井眼净化性能,满足连续取心等特殊工艺井的施工要求。

根据上部1300m前主要为芒硝($Na_2SO_4·10H_2O$)、石膏泥岩段,下部井段为含白云质的砂泥岩,以及地层相对稳定这些特点选用了无固相芒硝钻井流体(潘广业等,2006)。现场用芒硝钻井流体完成12口井,6口井碱层取心2164~2497m井段碱盐取心,进尺198.04m,岩心累计长176.23m,平均取心收获率88.9%,平均机械钻速比饱和碱钻井流体提高50.4%以上。

饱和盐水钻井流体完成中国科学院陕北奥陶系盐盆地钾盐资源调查镇钾1井,实际取心900.4m,取心收获率98.56%。盐岩长177.06m,盐层取心收获率100%(徐雄等,2016)。

文昌油田的密闭取心用的抑制型钻井流体,流变性、润滑性、防塌性能及低失水性能优良,取心 8 筒密闭取心率都达到了 100%(向雄等,2014)。

16.2.5 微泡钻井流体

金刚石绳索取心钻进具有环状间隙小、回转速度高等特点,常常出现难以钻进复杂地层和钻杆结垢等问题,微泡沫钻井流体适用这种作业,提出用无固相微泡沫钻井流体应用于孔壁稳定地层钻进,低固相微泡沫钻井流体针对坍塌掉块地层取心方案,如下:

提前预水化稳泡剂 -1 和水解聚丙烯酰胺,按顺序添加水、稳泡剂、水解聚丙烯酰胺、发泡剂、烧碱、润滑剂。首先,将钻井流体池中放入将满的水,调整搅拌速度至最高,按照比例加入已预水化好的稳泡剂 -1 和水解聚丙烯酰胺。再向池中均匀洒落稳泡剂 -2,待钻井流体池中稳泡剂 -2 没有块状时加入发泡剂,发泡剂加入要缓慢,充分搅拌,钻井流体池中钻井流体有明显膨胀时再向钻井流体池中加入皂化油和烧碱,充分搅拌即可使用。现场配制好的钻井流体性能指标,pH 值 9,漏斗黏度 24s,密度 0.85g/cm^3(刘维平,2011)。无固相微泡沫钻井流体主要组分见表 7.16.5。

表 7.16.5 无固相微泡沫钻井流体主要组分表

序号	组分名称	组分代号	加量范围,%	作用
1	稳泡剂 -1	WPJ -1	0.30	维持微泡沫
2	水解度 30% 的水解聚丙烯酰胺	PHP	0.2~0.3	增稠性、絮凝性、耐剪切性、降阻性
3	稳泡剂 -2	WPJ -2	0.10	维持微泡沫
4	发泡剂	FPJ	0.05	产生微泡沫
5	氢氧化钠	NaOH	加至酸碱度为 8~9	调节酸碱度
6	氯化钾	KCl	1.0	水敏性地层添加

此绳索取心钻井流体主要特点是无固相、不分散和微泡沫型聚合物钻进液。一是必须使用高效的絮凝剂使钻屑始终保持在不分散状态,在地面循环系统中发生絮凝而全部清除;二是有一定的提高黏度措施,并能够按工程上要求,实现平板型层流并能顺利携带岩屑;三是要有一定的防塌措施,以保证井壁的稳定。在其应用过程中,须注意事项如下:

(1)遇到易涌水地段,停止加发泡剂,提前准备充足的钻井流体材料、加重材料,配制好固相含量高、密度大、质量好的钻井流体。钻进过程中一旦发现孔内上返钻井流体变稀或有微涌现象,要及时将受水侵的钻井流体排出孔外,通过搅拌机再往基浆中补充增黏材料和加重材料,调整性能,增大钻井流体的黏度和密度。遇到泥页岩等水敏性地层,可在钻井流体池中加入 1% 的氯化钾,有条件的可加入 0.2%~0.3% 分子量 20×10^4 左右的阳离子聚丙烯酰胺。促进絮凝,加适量的氢化钙,通过储备池循环,避免搅拌,让钻屑尽量沉淀。

(2)遇到微裂隙地层,要加大发泡剂的添加量,一般不超过 0.3% 即可,在搅拌池中充分搅拌,当钻井流体在搅拌池中体积明显增大时,便可以使用。适当清扫。在接单根或起下钻时,用增黏剂与清水配几立方米黏稠的清扫液打入循环,以便把环空中堆积的岩屑清扫出来。只要保证上水池内的清水清洁,即可获得最大钻速。

还应注意的是,应当每隔一段时间对钻井流体的性能进行测试。现场应用新型绳索取心钻井流体的性能标准为pH值保持在8~9,漏斗黏度保持在24s左右,不低于15s;密度应当小于1.0g/cm³,如果密度大于1.0g/cm³,说明钻井流体中固相含量过高,应当加大絮凝与清扫工作;含砂量应小于2%。

武警黄金第一支队牡丹江金厂矿区ZK5503钻孔,金厂矿区地层主要岩性为花岗岩、闪长岩、闪长玢岩,矿化有绿泥石化、黄铁矿化,普遍存在微裂隙,部分地层存在风化带和破碎带。将微泡沫技术应用到绳索取心钻井流体,能够拓宽绳索取心钻进应用领域,充分发挥绳索取心钻进的特点,其特点如下:

(1)无固相微泡沫钻井流体絮凝效果好、润滑性好、携带岩屑能力强,适合绳索取心钻进对钻井流体低黏度、低固相含量的要求,能够平稳高效地钻进相对稳定地层。

(2)低固相微泡沫钻井流体,具有相对较高的密度和较低的失水量,对孔壁有较好的保护作用,可以有效防止地层坍塌,减少在钻进复杂地层时事故率。

现场应用表明,该新型微泡沫绳索取心钻井流体具有固相含量低、润滑性好、携岩能力强、岩心保护好、钻进效率高等特点,并具有一定的防漏堵漏能力,对地层有良好的保护作用,无论是从降低工程成本还是提高钻进效率上都是比较成功的,在实际生产中可以借鉴应用。

此外,和X1井构造位于海拉尔盆地呼和湖凹陷将军庙构造带,从地震资料看,该井距离断层较近,实测地层压力系数较低,施工时要注意防止井漏等工程事故发生,为了更好地发现和评价该区块储层和预防井漏等工程事故的发生,在目的层位选择使用了可循环微泡沫钻井流体,该钻井流体密度低,屏蔽效果好,能实现近平衡钻井,具有很好的发现和保护储层功能,且具有较强的防漏效果(李承林等,2018)。

16.3　发展前景

1978年,在浙江省进行了中国第一口超深岩心钻孔,深度1803.8m。2009年10月,山东省地矿局第三地质大队应用绳索取心技术在山东省苍山县兰陵铁矿实现了2188.28m深孔钻探。2010年4月,安徽地矿313地质大队在安徽省霍邱周集铁矿破2706m小口径最新孔深记录。2004年,中国大陆科学钻探工程,第一口实验深钻在江苏东海实施,深度为5118.2m。由此可见,取心钻井技术渐趋成熟,应用也越来越广泛。

16.3.1　存在问题

无论是常规取心还是绳索取心工艺,环空小,现在使用的钻井流体一般为低固相或无固相水基体系。最主要问题表现在循环阻力过大导致泵压能力不够,冲洗液体系性能不稳定,当钻遇复杂地层需要较大黏度和切力来护壁、排渣时,矛盾更为突出。

(1)小口径绳索取心钻孔环状间隙小,循环阻力大,憋泵情况普遍。

(2)环空间隙小,钻井流体流速大,对孔壁冲刷严重,易造成孔壁坍塌和孔壁超径,滤饼难以形成,压漏地层现象也普遍存在。

(3)润滑性问题突出,钻具磨损严重、扭矩大,协同减阻效果难体现。

(4)当钻遇松散地层时,会出现垮渣尺寸大于环空尺寸无法排除,钻井流体黏切力不够,较大尺寸颗粒悬浮不上来,甚至孔壁垮塌、卡钻、埋钻等问题。

(5)破碎地层的孔壁稳定性与钻井流体物理化学性能的关系。

(6)钻井流体的抑制效果不佳,当钻遇水敏性(膨胀岩土、溶解性岩土)岩土时,会引起钻井流体失水量过大引起缩径抱钻、绳钻杆内壁结垢以及孔壁软化加剧孔斜的问题。

(7)钻杆内壁易结垢,悬渣能力普遍偏低,有时需要驱动孔底动力机,以及深孔钻井流体的反复循环使用,但地面的除渣同控技术不到位。

(8)尽量在保证安全、高效钻进的前提下,降低钻井流体的成本。

16.3.2 发展方向

环保型钻井流体是取心钻井流体的关键技术之一。开发醋酸钾钻井流体、磷酸钾钻井流体等新一代可生物降解的、对生物无毒性的合成基钻井流体,具有很好的钻井流体性能和环保功能,但价格太昂贵,目前仅限于海上油气钻探中特定的复杂地层条件下使用。因此,开发环境保护且成本合理的钻井流体是取心钻井流体的发展方向。

第17章 反循环钻井流体

反循环钻井系统所用的冲洗介质一般为压缩空气、氮气,也可以是清水、钻井流体、泡沫等。冲洗介质经侧入式气水龙头进入双壁钻杆的环状间隙内并下行,到达孔底后经内管中心通道上返,将所钻地层岩屑携带至地表,并进入地面固控系统进行固相分离。在起下钻和接单根时,井下防喷关井阀防止气体跑出地面;地面的旋转阀防喷器密封环空和钻柱;带30.48m返出管线的节流压井管汇将岩屑循环到钻井流体池。在钻气井时,在返出管线上使用丙烷火炬点燃产生的气体。

反循环钻井流体(Reverse Circulation Drilling Fluid)就是用于反循环洗井的钻井流体。反循环钻井技术在挖掘行业应用比较普遍。在直径600mm以上口径钻孔灌注桩中应用广泛,特别是泵吸反循环钻井因功率消耗最小、方便实现而受到青睐。与正循环钻井相比,体现出钻井流体的优越性。

(1)大口径钻孔桩施工中,环状空间较大,采用正循环要求有较强的浮碴能力。浮碴能力与钻井流体流速和钻井流体浓度有直接关系,大口径正循环钻井,泵排量一定,无法提高流速,只有靠提高钻井流体浓度、密度等指标来增强浮碴能力。而这些指标的提高,钻速就会下降,泥皮会增厚,在浇灌混凝土时,这层泥皮是不会去掉的,因此在混凝土桩与原始结构的孔壁间就加了一层如润滑剂一样的滑动层。另外,钻井流体浓度高,孔底清理干净困难,承桩承载力下降。反循环浮碴能力依赖于钻杆内腔大的钻井流体流速,大的沉渣和岩屑会从钻杆内腔返回地表,避免了重复破碎,时效大大提高,延长了钻头寿命。

(2)反循环护壁效果好,泥皮薄。在一般地质条件下,只用清水护壁,自然造浆,只有在地层极不稳定时,才用人造钻井流体,但密度一般不超过$1.05\sim1.07\text{g/cm}^3$。低密度有利于成孔。正循环需要较大的泵压力才能推动钻井流体返流。泵压力大,钻井流体在大压力下失水护壁,泥皮增厚。另外,正循环需要的钻井流体浓度大,钻具起下钻的抽吸作用大,也不利于保护孔壁。相反,反循环的泥皮薄,清孔容易,桩的承载力提高。

(3)在水平钻进过程中,使用基于双壁反循环方法的RDM钻井可以更加灵活地进行控压钻进。因为这种钻进方式井筒的压力梯度基本不受当量循环密度的影响,井下压力梯度剖面稳定。除此以外,由于使用的井下动力工具较短,水平段井底压力基本相等,可以突破水平段钻井的水利延伸极限。同时,地面可以独立向中心管,井眼环空加回压,或加重被动钻井液进行小套压及无套控压钻井,从而适应不同压力系统地层的需要,实现井筒压力剖面的完美匹配(郑冲涛,2019)。

17.1 开发依据

虽说反循环钻井可以用任何类型的流体,但目前看来,主要采用空气作为钻井流体,并不能完成及时清理常规钻井流体钻井的任务。所以,反循环钻井的应用,主要是以清洗井底为主,除此以外,在大口径地质勘探、地质矿产钻探、地热和水文水井钻探等方面有重要应用。由于空气钻井的循环流体单一,所以较为简单。

17.2 体系种类

目前看来,反循环钻井流体主要是空气。一种是钻井过程中使用空气,实施反循环钻井;另一种是用空气作为钻杆中气举的流体。

17.2.1 反循环空气钻井流体

K2 能源公司在北美蒙大拿州北部的欠压 BowIsland 层(地层压力 1.05MPa),采用 Press-Sol 公司的反循环中间返出钻井技术成功地完成 2 口实验井,以空气作钻井介质,双壁钻杆外径 114.3mm、内径 73mm。

BowIsland 层沉积于白垩纪,由海洋页岩构成,有夹层砂岩,在北美蒙大拿州和加拿大阿尔伯达地区具有多产性,如 BigRock 油田的沉积总量 $4800 \times 10^4 m^3$,Blood 油田也有 $14000 \times 10^4 m^3$ 的总产量,是 BowIsland 地层的典型高产区。但在实验区域,地层为低压状态,在 1006m 深处,地层压力为 1.4MPa,但静水压力为 9.8MPa。

作业完成后储层伤害轻微,完全可忽略,即使原先井底压力低于 0.7MPa,采用反循环钻井,也达到了可商业开采的流量。取消固井生产套管、射孔以及压裂等,全井节省成本超过常规钻井作业成本的 66%(王运美等,2007)。

17.2.2 反循环气举钻井流体

贵州省贵阳市新添寨顺海村叶家庄保利温泉新城,其地貌类型主要为溶蚀地貌、侵蚀—剥蚀地貌、河谷地貌,地层构造位于地跨扬子准地台的黔北台隆和黔南台陷两个次级构造单元部,构造变形复杂,燕山运动形成区内构造骨架,其早期主要形成川黔经向构造体系,晚期则主要形成新华夏构造体系。区内断裂发育,为地下热水的深循环提供了通道。本次成井的热储层为寒武系中统娄山关群至下统清虚洞组,主要为白云岩、泥质白云岩、泥灰岩等,热储体盖层为志留系中下统高寨田组至奥陶系下统桐梓组,泥页岩、泥灰岩厚度大,具有良好的隔热性能,对下伏热储层具有良好的保温作用(陈怡等,2009)。

钻进设备包括 RPS-3000 型水井钻机 1 台,3NB-500 和 BW1200 型钻井流体泵各 1 台,VWF-5/40 型空压机 2 台,配套振动筛、旋流除砂器和系列钻具及中国地质科学院勘探技术研究所研制的 SHB127/62 型双壁钻具。ZK3 号地热井上部采用牙轮钻头正循环全面钻进方法施工,高聚物钻井流体作钻井流体,钻至孔深 858.18m 处遇一个 5.6m 深的溶洞,钻井流体全部漏失,随后采用多种堵漏措施均未堵住漏失,于是改用气举反循环钻进方法施工,气举反循环钻井流体主要是空气。

针对上述 ZK3 号井钻进过程中遇到的溶洞漏失问题,完全不能使用正循环钻进,且该孔热储体盖层属易垮塌地层,且又未打穿,不能下套管护壁,虽然气举反循环钻进技术不适宜在这种情况下使用,但因情况特殊,经研究,采用气举反循环钻进技术并向孔内补充高黏度钻井流体打穿热储体盖层,下入 ϕ178mm 技术套管进行护壁,可以正常使用气举反循环钻进技术。

（1）从孔深864.78～2191.23m处采用气举反循环技术钻进，钻进进尺为1326.45m，时效1.8m，台效约600m，钻进中无重复破碎，携带岩粉能力强，井底十分干净，孔内安全。

（2）由于钻孔上部地层泥页岩厚，孔壁垮塌严重，为防止钻进中井内液面下降，保持足够高的沉没比，采用在钻进时向井内注入高黏度钻井流体（漏斗黏度70s）的方法。

（3）双壁钻具初始长度为280m，随钻孔深度的延伸增加双壁钻具的数量，最多时达到420m。

（4）采用较高转速钻进时，反循环出水不好，采用低转速钻进时，出水效果较好。

（5）改制的三牙轮钻头中心孔为48mm，并在钻头上设置裙板，有利于岩屑在钻进过程中经钻杆顺利排至地表。

（6）根据井内情况采取合理的下钻方式，避免下钻不当，堵塞钻头孔眼。加单根前，认真观察出液情况，待循环液中基本不含岩屑后方能停风加单根。

（7）要保证空压机的送风量，必须要求（双壁、单壁）钻具本身及接头处密封良好。

（8）开始采用一台VWF–5/40型空压机施工，钻具经常堵塞，后采用2台VWF–5/40型空压机并联使用，基本上解决了钻具堵塞问题。空压机启动风压1.8～3.2MPa，工作压力1.2～2.3MPa。工作压力一旦低于1.0MPa，即不能形成气举反循环钻进。

（9）由于钻具质量较大，没有选配双壁气水龙头，而是选用正循环水龙头加一气盒子替代进行钻进。

实践证明，气举反循环钻进技术具有效率高、孔内干净、事故少、施工成本低、钻进质量好等优点。在钻井流体严重漏失地层，采用反循环钻进可以解决正循环钻进不能继续施工的问题，但在垮塌地层使用气举反循环钻进技术时一定要向井内注入高黏度的钻井流体。在不垮塌地层采用反循环钻进施工，相较于正循环钻进施工，可大大提高钻进效率。

17.3 发展前景

气举反循环作业方法，可用于捞砂。陕西省镇巴县的陕南地区页岩气开发第一口预探井春生1井，在钻井过程中因漏溢共存问题无法开展正常钻进，在井漏处理过程中，先后采用桥堵、凝胶＋水泥浆混合堵漏、充气钻及微泡沫试验等多种方式进行堵漏，均未取得效果。考虑到该井存在漏失与地下水两种工况共存、液面距地面约230m、钻屑无法携至井口的特殊工况，引进了气举反循环技术在该井开展反循环捞砂试验。试验结果表明：针对该井存在的特殊工况，气举反循环技术可实现反循环捞砂作业，且对该技术的施工参数及配套设备提出了进一步的要求，为该技术在石油钻井的应用推广提供理论指导。

通过在某煤层气井中应用反循环钻进与常规正循环钻进两种钻进技术，对两种工艺效果对比分析。相比常规钻进工艺，反循环钻进工艺具有便捷捞砂、漏层钻井效率高、可减少或消除钻井流体的漏失、保护储层、延长钻井流体泵使用寿命、井控灵活等优点（王歌，2012）。

许刘万（1998）就气举反循环钻进经常发生的事故以及处理方法进行了比较全面的阐述，这对于采用该方法施工的部门提高钻进效率，减少孔内事故有一定的参考价值。

气举反循环钻进技术是水文水井工程施工、水井修井以及大直径井施工中的一种有效手段,王永全(2008)介绍了该技术在某水源地水井施工与修井中成功应用的事例,同样具有一定的参考价值。

针对大直径工程井施工,采用正循环先导孔钻进,分级扩孔成井方法,井壁与钻具环状间隙大,钻井流体上返速度低,排渣困难,岩悬屑重复破碎,钻头泥包严重,钻进(扩孔)效率低及护壁对钻井流体性能要求高,钻井流体维护成本大等问题,研究了一套大直径工程井气举反循环钻进工艺及配套钻具。通过工程实例,介绍了大直径气举反循环钻具、机具配套、钻进工艺等。同一项目中的对比试验表明,气举反循环工艺与常规正循环工艺相比,机械钻速提高74.3%,碎岩效率提高了2.56倍,井身质量得到保证,为今后大直径工程井高效、低耗、安全施工提供了经验(袁志坚等,2014)。

气举反循环钻井技术从装备上需要空气压缩机、储气罐、气盒子、双壁钻具、混气器、反循环钻头等,现场利用原钻机连接上述设备进行作业,应用结束拆走设备后不影响正常钻井作业,利用反循环钻井原理,李立昌研制捞砂工艺的研究及工具。通过试验及现场应用,设备配套试用,漏层连续钻进400余米,效果良好(李立昌等,2006)。

反循环钻探技术可用于疏松地层取心,反循环钻探根据流体不同可分为气体反循环和液体反循环,气体反循环效率高、成本低、污染小,但是存在岩屑混乱的现象,无法清晰识别地层;液体反循环取心质量好,但是效率低,通过相应的辅助工具和双壁钻杆可有效结合这两种方法,提高钻探效率和取心效果(陈宗涛,2017)。

反循环技术的发展为提高钻进效益、降低钻进成本提供了新的思路。辽宁省东北煤田地质局一〇三勘探队采用气举反循环钻进工艺,共施工煤矿瓦斯排放井8眼,其时效皆为正循环2倍多,在钻进至700余米时,受极端天气影响,2台电动机烧毁无法提钻,6天后更换新电动机,钻具顺利提出孔外(许刘万等,2009)。

17.3.1 存在问题

泵吸反循环施工中钻井流体一定要注意以下几点:

(1)保持一定的水头高度。特别是地下水位较高时,护筒内水头高度保持2m以上来保护孔壁的稳定性。

(2)一般采用清水护壁,自然造浆,只有在地层极不稳定时,才采用钻井流体护壁,设计钻井流体时,要以最容易发生坍塌的土层为对象。

(3)使地层稳定的钻井流体,最经济的是膨润土+增黏剂(一般为羧甲基纤维素),膨润土粒子可充填孔壁间隙,羧甲基纤维素起胶体保护和隔水作用。

(4)浅井段不宜使用气举反循环钻井工艺,由于气举反循环钻进工艺使用的前提是需要形成足够的压差以建立有效的反循环,因此工艺使用必须满足一定的井深,根据实践表明,井深达到200m以上时,使用气举反循环钻井效果较好(王剑等,2019)。

(5)加强反循环钻井和注气参数匹配的理论研究。双壁钻具下入深度、注气量、注气压力、钻井液性能等参数的优选匹配应在理论方面加强研究。

(6)加强地层适应性研究。针对不同地层特性,研制不同类型的反循环钻用钻头和施工措施,增强钻头对地层的适应性。

17.3.2 发展方向

反循环钻井主要是解决钻井流体的相关问题,发展方向主要体现在钻井工具、技术的使用及研发上。随着双壁钻具的出现,反循环钻井在岩土钻掘工程中得到快速发展,已在地质、冶金、建筑、水利、煤田和军工等系统推广应用,主要涉及水井、水文地质钻孔、大口径工程施工孔、非开挖铺设地下管线等施工方面。加拿大 PressSol Ltd. 公司借鉴岩土钻掘工程中反循环钻井思想,结合油气田钻探实际,开发了反循环钻井技术,用来钻硬岩层,但当时由于没有必要的安全设备,不能用来钻油井和气井。近几年,该公司研制出了一系列应用于反循环钻井的安全系统,并成功地投入浅气层的商业开发中,走在了该项技术的世界前列。

依据不同的钻井和完井要求,需要配备反循环用电动钻杆、钻井流体电动机、随钻测量工具、三牙轮钻头、PDC 钻头、井下防喷器、隔离测试工具、套管脱气工具、固井工具、旋转头防喷器、地面压井节流防喷管线、反循环容积式气马达和注气水龙头等。

第18章 环境友好钻井流体

随着油田勘探开发的发展,对环境保护和储层的要求越来越高,在油气钻探过程中,钻井流体作为第一种入井流体,在对储层实施保护的过程中起着至关重要的作用。同时在勘探开发过程中产生的废弃钻井流体,由于其含有多种化学处理剂,污染周围的生态环境,也给后续作业带来诸多不便,容易造成环境纠纷和经济损失等不良后果。环境友好钻井流体的开发和应用,旨在满足钻井工程安全、优质、快速、高效需要的同时,达到最大限度减小环境污染,实现既保护储层又保护环境的目的。

安全、环保、高效是钻井流体技术的核心(张佳寅等,2020)。环境友好钻井流体技术是环境污染控制技术在钻井工程中的具体应用和体现,可使钻井生产的全过程中实施源头污染控制,最大限度地减少污染,减少钻井废物量,实施废物的综合利用,满足钻井工程安全、优质、快速、高效需要,既保护储层又保护环境,确保钻井流体处理剂对环境无毒无害。同时,在钻井后期,对钻井流体废弃物作业区的生态环境影响进行评价,根据环保要求,对钻井流体废弃物和钻井废水进行无害化处理,完成钻井工程中进行环境污染全程控制和治理的目的,是质量、健康、安全、环境管理在钻井过程中的有力实施。

利用认可的环保检测手段,依据认可的环保执行标准,达到认可的环保指标,具有钻井流体特征的钻井流体,称为环保钻井流体,或者称为环境友好钻井流体(郑力会,2005)。

国际上对钻井现场环保的要求起始于20世纪50年代,进入20世纪80年代以后,各国对环境管理法规和环境限制指标又进行了大的修改,很多国家在进行钻井设计时,将钻井现场的环保作为一项重要的指标来考核。钻井过程中环境污染的控制一直是世界上钻井工作者努力的目标之一。钻井流体中的环境保护研究集中在对确定钻井流体污染物评价与治理研究以及管理法则法规的制定上,其中,评价包括毒性评价和生物降解性评价(盖国忠等,2009)。自20世纪90年代以来,逐渐发展起来的醚基钻井流体、酯基钻井流体等合成基钻井流体显示出超越油基钻井流体的一些优异性能,在很大程度上取代了污染严重的油基钻井流体,取得较好的环保效果,但是水基钻井流体等依然大量采用深色难降解的处理剂,水基钻井流体环境保护从源头治理上依然存在很多问题(代秋实等,2015)。

在中国,钻井过程中环境保护开展得较晚,早期研究仍集中在废弃物治理方面。近年来,中国在新型钻井流体处理剂及体系的研究、保护储层钻井流体研究、钻井废弃钻井流体和钻井污水处理研究等方面做了大量且卓有成效的工作。随着中国石油工业的发展以及环境保护法律法规的日益严格,开展钻井工程环境污染与综合治理已势在必行。需要开发多种多系列的优质双保钻井流体处理剂,研究双保钻井流体配方和配套设备,更好地保护储层,并且从源头开始控制环境污染。同时,评价钻井流体废弃物对生态环境影响,对无害化处理废弃钻井流体进行全程控制和综合治理。

以废弃钻井流体为例。废弃钻井流体主要由三个组分组成,钻井流体的含量能占到

70%以上。钻井流体为了满足钻井作业要求，加入多种处理剂，成分相当复杂，包括各种有机的和无机的物质。坚决不能把钻井过程中产生的废弃钻井流体随意排放，否则，不仅会给环境带来污染，而且也会给生命财产带来危害。由于钻井流体中处理剂的复杂性，造成废弃钻井流体中具有毒性的物质的原因也是多方面的。根据钻井流体的组成来分析，主要污染物为油类、盐类、重金属元素、有机硫化物以及有机磷化物等。因此，它们对环境的危害也是多个方面的。其一，将提高周围土壤、地表水和地下水的酸度，提高pH值的物质有氢氧化钠、碳酸钙、六价铬、三价铁、硫酸根离子、亚硫酸根离子等。其中，六价铬对周围环境和人身体的危害尤为严重；其二，废弃钻井流体的钙离子能够让周围的土壤板结和钙化，不利于耕作；其三，多环芳烃的丙烯腈、丙烯酰胺单体以及丙烯酸不易分解，并且都具有毒性（张翔宇等，2012）。

可以说，钻井流体保障了钻井工程安全、优质、快速、高效的需求。但钻井施工中产生废弃物中含有有机聚合物、烃类、岩屑、无机物和重金属等物质，此类化学物品长期滞留在环境中，轻者污染环境，重者影响动植物的生命。油气田的勘探开发对环境的影响是不可避免的。环境污染日益加重，人们环境保护的意识也越来越强，各国法律都对钻井流体的环保性提出了更为严格的要求，积极采取各种对策和措施，减少对环境的污染和对生态环境的破坏。实现经济效益、环境效益和社会效益的统一是石油工业发展的命脉。环境友好钻井流体的开发利用既要满足钻井工程安全、优质、快速、高效的需求，还要满足环保排放标准，不污染周围的环境（包括土壤、动植物、地下水等），不影响农作物生长及施工人员的健康安全等条件。开发处理环境友好钻井流体其难点主要是成分复杂。

18.1 开发依据

钻井流体由加重材料、无机盐、化学处理剂、黏土、钻屑、油等组成，钻井流体表现的特点是处理烦琐及类型多样，成分复杂，以致影响和危害环境的成分也非常复杂。

18.1.1 废弃物组成及其毒性成分

钻井过程中产生的废弃物，主要包括固体废弃物、废水、污染气体等，具有COD值高、矿化度高、色度高、悬浮物含量高、含有多种毒性污染因子等特点。固体废弃物主要有钻屑、钻井废液及钻井废水处理后的污泥；废水主要有柴油机冷却水、钻井废水、洗井水及井场生活污水；污染气体主要来自柴油机排出的废气和烟尘，酸化压裂、脱气器产生的气体等。钻井废弃物的组分极其复杂，对人类有害的物质主要有油类、无机盐类、重金属元素，以及硫化物、有机磷化物、有害气体等。

（1）石油类。油基钻井流体的基油对环境可能造成有害影响。此外，油类也可来源于钻井设备的清洗和钻井时产生的钻屑。石油进入海洋，会降低海滨环境的使用价值，影响海洋生物的生长。柴油作为油基钻井流体的主要组分之一，是油基钻井废弃物的主要环境污染物。研究表明，柴油对海洋和淡水生物具有明显的毒性作用。用糠虾作为被试生物，将糠虾暴露在各种不同浓度的柴油水溶液中，记录96h内的半数致死浓度（Median Lethal Concentration, LC_{50}）。结果表明，96h内在7%的柴油水溶液中即有50%的糠虾死亡（换算成LC_{50}为

7mg/kg)(易绍金等,2001)。此外,当水中含油0.01~0.1mL/L时,对鱼类及水生生物就会产生有害影响,油膜和油块能粘住大量的鱼卵和幼鱼,石油污染对幼鱼和鱼卵的危害最大。石油污染短期内对成鱼影响不明显,但对水域的慢性污染会使渔业受到较大的危害;同时,海洋石油污染还能使鱼虾类产生石油臭味,降低海产品的食用价值。另外,石油进入海洋,降低海洋的自净能力。

(2)有机物。表层土壤是有机物最初直接污染的对象,土壤中的有机物在大气降水条件下既可向周边环境迁移,又可向土壤深层迁移,直接影响周围水体、土壤的环境生态、环境质量及其使用功能。因此,研究石油类污染物对环境产生的影响,对石油类污染物防治与环境保护具有重要的意义。在美国环境保护署(U. S Environmental Protection Agency,EPA)的规定,半数致死浓度为30000mg/L,是排放的废弃钻井流体的最高限度。淡水基铁铬盐钻井流体加不含有芳香物2.0%矿物油后,半数致死浓度为22500.0mg/L,当其中的芳香物含量为15.0%时,半数致死浓度降至4740.0mg/L。

据研究,石油烃类对人类健康的影响取决于对这些物质获取的途径,途径不同,对人体的影响也有所差别。如摄食吸收、表面皮肤接触等。一般来说,摄食吸收所产生的危害要比表面皮肤接触大,并且这些影响有慢性和急性之分。

急性影响包括对鼻、喉和胃的刺激,可造成消化不良。微量的烃类如果渗入肺中,就会使呼吸受到影响,产生肺气肿、支气管炎、哮喘等疾病。还能影响人的神经系统,造成头痛、头晕,降低中枢神经的兴奋度。

慢性影响包括对肾脏、肝脏和肠道的伤害,还可使心律不齐,经常处在含有苯和芳香族碳氢化合物的环境中会损害造血系统的正常功能,产生血液类疾病,如白血病。经研究发现,即使原来的芳香族碳氢化合物没有毒性,但经新陈代谢后,会诱发致癌作用,一部分多环芳香烃都与人体的皮肤癌、肺癌有关。石油类物质也会影响植物的生长。当土壤中的油类物质含量超过1.0%时,就会降低植物的生长。

(3)无机盐类。无机盐是钻井过程中常常要加入的化学处理剂,特别是钻遇含盐地层时。如氯化钾是水基钻井流体钻页岩地层常用的防塌剂,其在钻井流体中的使用情况已做了广泛报道。在不同的钻井流体中氯化钾的浓度不同,但一般约占钻井流体质量的8%~20%。因此,这类废弃物必须要进行专门的脱盐处理方可排入环境。众所周知,低浓度的盐类对动植物的健康是非常重要的,但当浓度同自然情况不同时,就会对所处生态系统产生反作用。金属离子来源于钻井流体中加入的各种化学处理剂,为满足钻井要求而加入的基础性原材料,地层本身含有金属离子进入钻井流体。金属离子可以通过食物链由低级生物向高级生物蓄积,最终给处于食物链顶端的人类带来更大的潜在危害。采用盐水钻井流体及地层矿化度较高时,会使废水中氯离子的含量增高。大量的氯化物排入土壤中,会造成土壤盐碱化,改变其理化性能,肥力下降,同时因氯离子活性比硝酸根离子和磷酸根离子强,会抑制农作物对氮、磷的吸收,因而造成农作物减产。锌离子可与天然水中的黏土矿物缔合❶,被吸附在晶格中成为吸着离子,吸持❷的形式为锌离子、锌合氢氧根离子及锌合氯离子。此时

---

❶ 缔合是指相同或不同分子间不引起化学性质的改变,而依靠较弱的键力(如配位共价键、氢键)结合的现象。
❷ 吸持是指吸附、聚合、凝聚、絮凝、离子交换、表面络合、晶核生成与成长、裹携扫带等作用的综合表现。

锌离子随同黏土矿物沉积迁移到底质中。锌离子还可形成化学沉淀物向底质迁移。含锌废水排放到天然水体中后，在碱性环境生成氢氧化锌絮状沉积物迁移到底质中。锌离子与硫离子有很强的亲和力，可形成溶度积极小的硫化锌沉积到底质中。测定结果表明，底质沉积物中含锌范围为 45.0～222.0mg/L，平均 110.0mg/L，是水体中锌含量的 10000.0 倍。水生动植物有很强的吸收锌离子的能力，致使水中的锌向生物体内迁移。研究表明，许多低级形式的动植物，都不能容忍锌的存在。由于这些有机质处于食物链的始端，也将对较高级生命形式产生明显的影响。锌浓度为 2.0mg/L 时，水有异味；锌浓度为 5.0mg/L 时水呈乳浊状；水中锌浓度为 1.0～3.0mg/L 时，废水的生物处理受抑制，影响生物降解。溴化钙和溴化锌盐水的急性经皮肤毒性试验均为轻度危害。溴化锌盐水对眼睛有中度刺激性，而溴化锌盐水对眼睛有重度刺激性，接触 30.0s 即进行冲洗的试验结果仍为重度刺激性，接触 4.0s 即进行冲洗的实验结果为中度至重度刺激性。因此，高密度重金属盐水，特别是含溴化锌的盐水对眼睛和皮肤的刺激性比低密度盐水大得多。它能引起眼睛永久性损伤，裸露的皮肤也会受到刺激。如果长时间接触将会导致化学烧伤。另外，配制完井液时使用固体溴化钙和溴化钙溶解时会产生大量的热量，对人和设备的安全造成威胁。

（4）重金属及其化合物。钻井完井液中重金属离子的主要来源之一是为了保证钻井流体的稳定性和各种工艺性能而加入的各种化学处理剂，如防腐剂、絮凝剂、pH 控制剂、润滑剂、加重剂等。中国国家环保局的规定，废弃钻井液中的铬、汞、砷等重金属为第一类污染物，它们能够对环境、动植物以及人类直接产生不良影响。特别是废弃钻井液中含有大量的铬，其中六价铬比三价铬毒性高 100 倍，并且易被人体吸附和蓄积（赵雄虎等，2004）。据初步统计，目前美国使用的此类化学剂已超过 200 种，中国也有 100 种以上。这些化学剂大部分含有重金属离子，如防腐剂常用重铬酸钠，其中就含有六价铬离子。除铬外，钻井流体中毒性较大的重金属离子还有镉、汞、铅及非金属砷等。这些重金属及其化合物随废弃钻井流体进入环境，主要集中在水体和土壤中，它们在水体和土壤中的行为直接关系到其迁移转化以及对环境污染的影响。包括铬（Chrome 或 Chromium）、镉（Cadmium）、汞（Mercury，Hg）、铅（Lead 或 Plumbum）、砷（Arsenic）等。铬是一种银白色、有光泽、坚硬而耐腐蚀的金属，相对密度 7.2，熔点 1900℃，沸点 2480℃。金属铬不引起人体损害，但其化合铬则对人体有害。通常以化合物方式存在的铬有二价铬、三价铬、六价铬。六价化合物易还原成三价，三价铬稳定，可形成许多铬盐。铬化合物中，六价铬毒性最强，三价铬次之，二价铬毒性很小。六价铬对人体的皮肤、黏膜、上呼吸系统有很大的刺激性及腐蚀作用，是一种常见的致敏物质，能引起接触性皮炎和湿疹、萎缩性鼻炎、鼻中隔穿孔等中毒症状。镉是灰色、有金属光泽的软质金属，相对密度 8.64，熔点 320.9℃，沸点 767℃。金属镉本身无毒，但镉的化合物毒性很大。镉对人的毒害主要表现在能引起高血压、神经痛、骨质松软、骨折、骨炎和内分泌失调等病症。骨痛病就是镉中毒引起的。镉在人体内的潜伏期达 10～30 年。汞又称水银，银白色液体金属。熔点 -38.87℃，沸点 356.6℃，密度 13.59g/cm³。纯汞有毒，但其化合物和盐的毒性更大，口服、吸入或接触后可以导致脑和肝的损伤。在标准气压和温度下，纯汞最大的危险是它很容易氧化而产生氧化汞，氧化汞容易形成小颗粒从而加大它的表面面积。最危险的汞的有机化合物是二甲基汞，仅数微升接触在皮肤上就可以致死。汞是一种可以在生物体内积累的毒物，它很容易被皮肤以及呼吸和消化道吸收。汞可破坏中枢神经组织，对口、黏膜和牙齿有不利影响。长时间暴露在高汞环境中可以导致脑损伤和死亡。尽管汞的沸点很高,但在室内温度下饱和的汞蒸气已经达到了中毒计量的数倍。铅是一种淡青灰色软质的重金属,相对密度为11.34,熔点327℃,沸点1740℃。铅能生成二价和四价化合物。铅化合物有毒,被摄入的铅大部分被肝脏吸收,并由胆汁排出。铅中毒导致红细胞溶血、肾肝损害及雄性性腺、神经系统和血管等损伤。铅离子对玉米的生长有很强的抑制作用,在1000mg/L铅离子条件下,玉米苗在第1天里全部死亡。铅是蓄积性毒物,一些铅盐对动物有致肿瘤、致畸作用。砷是非金属,为灰黑色固体,相对密度5.73,升华点615.0℃,不溶于水和L酸。纯砷不溶,无毒,但砷的化合物有剧毒。砷可形成负三价、三价和五价化合物。砷的毒性与其价态有关,三价砷毒性最大,砷化合物可透过皮肤、呼吸道和消化道被吸收。砷是蓄积性毒物,将对哺乳动物产生长期慢性影响。工业性砷中毒可引起皮炎、咽炎、结膜炎及鼻中隔穿孔。

(5)硫化物。钻井废弃物中的硫化物主要来自处理剂和钻遇含硫储层时进入钻井流体的硫化物。硫化物会影响钻井液酸碱数值,使钻井液的胶体特质的功能和效果下降;会腐蚀钻井设备,发生电解反应,使设备发生裂缝、断裂(邹强,2020)。当含有硫化物的钻井废水排入农田时,导致一些离子不能被植物吸收,废弃物可能会与土壤混合,将使土壤进一步恶化、酸化板结,甚至会造成土壤的贫化(赵雄虎等,2004),使植物的根系生长受到抑制,根部发黑而腐烂,造成农作物枯萎。硫化物在水中的含量为110.0~25.0mg/L时,淡水鱼将在1~3d内死亡。有机硫化物,例如硫醇,易挥发,具有强烈臭味。低浓度硫醇可引起头痛、恶心,有不同程度麻醉作用;高浓度硫醇可引起神经系统痉挛、瘫痪甚至死亡。

(6)有害气体。钻完井过程中以气体形态进入大气的污染物危害极大,其中一些有害气体的毒性数据见表7.18.1,此表摘自美国国家学会的有关文件,其中临界限量是指在这种浓度下,工人工作8h不会受危害。危险限量是指8h可能致死的浓度。死亡浓度是指短期内致死的浓度。

表7.18.1 各种气体的毒性数据

名称	分子式	密度 g/cm³	临界限量 mg/L	危险限量 mg/L	死亡浓度 mg/L
氰化氢	HCN	0.940	10	150	300
硫化氢	H₂S	1.176	10	250	600
二氧化硫	CS₂	2.210	5	*	1000
名称	分子式	密度 g/cm³	临界限量 mg/L	危险限量 mg/L	死亡浓度 mg/L
一氧化碳	CO	0.970	50	400	10000
二氧化碳	CO₂	1.520	500	50000	100000
甲烷	CH₄	0.550	90000	*	*

注:*表示在空气中超过5%即燃烧。

18.1.2 钻井废弃物

钻井废弃物成分复杂,含油量高,部分钻井废弃钻井流体含油量达10%以上;钻井废弃物中含有各种有机和无机类化学处理剂,其中的重金属、表面活性剂等有害物质浓度较高。钻井废弃物排放后将对周围环境的土壤、地表水和地下水、动植物等造成严重的危害。

(1)对土壤的影响。过高的pH值、高浓度的可溶性盐及石油类物质等会影响土壤的结构,使得附近土地呈现为棕褐色龟裂板结,使植物难于从土壤中吸收水分,危害植物的正常生长。重金属离子在土壤中,可与土壤进行复杂的物理、化学、生物作用,如吸附、离子交换、化学沉淀,与有机物络合和微生物降解等。重金属离子从污水池向地下渗滤迁移的速度十分缓慢,其向下渗入土壤的深度一般不超过50cm。但随着土壤中有机物的降解,重金属离子可重新污染环境,具有潜在危害性。石油类进入土壤后,将影响土壤的通透性,阻碍植物根部的呼吸和营养元素的吸收,引起根部腐烂;高分子烃能在植物组织表面形成一层薄膜,阻碍植物的蒸腾、呼吸和光合作用,危害植物的正常生长。

(2)对水体的影响。废弃钻井流体中的环境污染物质负电荷极高,悬浮物含量常在2000mg/L以上,这些悬浮物呈胶体状,加上钻井流体的护胶作用,使其成为特殊的稳定体系,在水体中长时间不能下沉,导致水体生态的破坏且影响水的功能。石油类在水体中含量从几十毫克每升到几万毫克每升不等。石油类漂浮于水表面将影响空气与水体界面氧的交换;被微生物氧化分解,消耗水中的溶解氧,使水质恶化;被水中动植物吸收后,通过食物链最终危害人类健康。在饮用水的标准中Ⅰ类和Ⅱ类水化学需氧量COD≤15、Ⅲ类水COD≤20、Ⅳ类水COD≤30、Ⅴ类水COD≤40。化学需氧量的数值越大表明水体的污染情况越严重。钻井废液中化学需氧量超标几十到几百倍,排入水体将会造成水体富营养化,水体发黑发臭;另外,废弃物中的有毒成分对生物有很强的毒害作用。

(3)对动植物的影响。石油类污染物会覆盖或堵塞生物的表面和微细结构,抑制生物的正常运动,以及阻碍小型动物正常摄取食物、呼吸等活动,对生物产生机械性损害。油膜使透入江河水的太阳辐射减弱,阻碍水体与大气之间的气体交换,从而影响水体植物的光合作用,干扰生物的趋化性及摄食、繁殖、生长、行为等能力。

植物对重金属离子的吸收具有一定的选择性,镉离子、铜离子、铅离子和锌离子等可以部分被植物吸收,吸收程度直接与废弃钻井流体和土壤混合物中的金属含量有关。钡离子、铬离子和汞离子都不能被植物吸收。重金属经过根系吸收进入植物体内以后,可能会抑制植物的光合作用、酶活性、促进三磷酸腺苷降解、改变细胞膜的通透性、损伤遗传物质DNA等,影响植物的生长和繁殖。多数作物对重金属离子的吸收具有累积性,这些重金属离子通过食物链转移,最终将危害人体的健康。三磷酸腺苷(ATP)是一种含有高能磷酸键的有机化合物,其高能磷酸键中储存着大量化学能,这些化学能可为生命活动提供能量来源。

废弃钻井流体中的钙离子和镁离子有利于植物生长。虽然废弃钻井流体中的磷酸盐及其他化学添加剂可作为土壤的养分,有机土分解后可转化为腐殖土。但研究者仍强烈反对将废弃钻井流体作为肥料,因为其中的营养成分和植物可吸收程度都很低。

(4)对海洋的影响。钻井流体中的黏土在海水中会凝结成小团块,而高密度的重晶石迅速沉降。由于海流和其他环境因素影响排放物与海水的混合和沉降过程,在钻井平台小范围内排放物的稀释速度很快,从排放点到海流下游 1000m～2000m 处,钻井流体质量分数已大为降低。因此,废弃钻井流体对海洋生物不会引起严重的海水生物效应。

钻井废弃物的排放,会造成局部海域的悬浮物浓度增加,影响海水的透明度,引起浮游植物的光合作用的减少。使石油开发区的海水和表层沉积物中有害重金属元素含量增高,可能会危害海洋生物。此外还会导致平台周围局部范围内底栖生物的掩埋、覆盖,造成底栖生物损失,从而对局部海域的生态环境和渔业资源产生短暂的影响,但在短时间内可恢复其正常水平。如果避开海洋生物的产卵期进行施工,就可大大降低其影响。

油类是海上钻井造成污染的主要物质。海底探测发现,使用油基钻井流体钻井产生的钻屑上残余的油降解速率非常慢,岩屑堆下的动植物被窒息,而且还影响到岩屑堆周围海洋生物的生命,因为残余油进行缓慢降解的过程中,耗尽了油周围水中的氧,所以,2000 年 4 月 1 日正式施行的《中华人民共和国海洋环境保护法》规定,含油污水和油性混合物,必须经过处理达标后排放,其含油量不得超过国家规定的标准,水基钻井液生物毒性容许值一级海域大于 30000mg/L、二级海域大于 20000mg/L,非水基钻井液一级海域大于 15000mg/L、二级海域大于 10000mg/L(邢希金等,2016)。

钻完井液体系不仅要满足钻井工艺和储层伤害控制的要求,而且必须满足环境保护的要求,世界各国政府的地方政府机构对石油公司的废物排放都制订了严格的法规。目前,世界上尚无统一的钻井完井液环境可接受性评价标准,钻井完井液环境可接受性评价可参照相关环保法规进行。

参照加拿大《ALberta 钻井废物管理指南》,以及我国 GB 15618—2018《土壤环境质量 农用地土壤污染风险管控标准(试行)》、GB 36600—2018《土壤环境质量 建设用地土壤污染风险管控标准(试行)》和 GB 4284—2018《农用污泥污染物控制标准》中的相关技术指标,废弃钻井流体的腐蚀性污染、浸出毒性污染、烃类污染、有机物污染和生物毒性污染,可归结为浸出毒性、石油类、pH 值、生物毒性和生物降解性等评价指标。另外,根据《污水综合排放标准》的规定还需对钻井废水的化学需氧量、色度、悬浮物、氟化物等进行评价。

18.1.3　减少环境影响措施

20 世纪 70 年代初,国际上开始研究废弃钻井流体对土壤、滩涂、沼泽及陆海动植物的影响,得到许多有价值的结论,并颁布了一系列环保条规和法规,也随之形成初步的废弃钻井流体处理技术。随着对环境保护的重视,环保法律日益完善,相应废弃钻井流体处理技术也得到发展和提高。另外,国际上各大钻井流体公司基本形成完整的废弃物管理系统。一是首先根据地质特点,正确选用钻井流体及其处理剂,科学进行水质管理,使钻井过程中产生的废弃物减至最低量;二是鉴别和隔离潜在的废弃物源,减少问题引起的复杂性,使废弃物的加工和处理更加容易和经济节约;三是选择经济且符合环保要求的废弃钻井流体处理方法。

实践证明,防治污染及保护环境最经济、最有效的途径是在生产过程中尽可能减少污染。因此应重视在石油钻井的整个过程中系统地、全方位地考虑环境保护问题,尽可能减少钻井废弃物的产生量,同时致力于开发、使用无污染或低污染钻井流体及添加剂。

废弃物的最小化或再利用已成为废弃物处理和钻井无污染化的重要策略。目前环境影响最小化的方法主要有两种,它们分别为钻井废弃物最小化和减少环境影响。

减少废弃物可以采取小井眼工艺、减少井眼冲蚀、强化环境管理、提高固控效率、减少废液等措施。

(1)小井眼工艺。当钻井深度一定时,井眼尺寸越小,废弃钻井流体和钻屑的产生量就越小,因此在可能的情况下采用小井眼钻井工艺会大幅度降低钻井废弃物的产生量。

(2)减少井眼冲蚀。钻井作业是在未下表层套管的裸眼情况下进行的,要实现安全快速的钻井,就必须保持井壁稳定,减小井眼冲蚀。具体做法为采用具有抑制泥页岩水化作用的钻井流体;改进钻井工艺、提高钻井操作水平。

(3)强化环境管理。钻井作业过程中,加强工艺技术的环境管理手段可以减少钻井废弃物的产生量。进行科学控制,避免钻井流体的频繁稀释及反复加药,减小钻井流体量,降低耗药量,从而使完井后的废弃钻井流体处理量降低;减少起下钻、接单根时的钻井流体喷溅;设置专门的储砂坑堆放钻屑,避免将钻屑冲入废水池中;回收利用剩余钻井流体。

(4)提高固控效率。从经济角度分析,提高固控效率,可减少钻井流体稀释和废弃钻井流体处理所用资金。现场测定表明,若固控系统的处理效率从 0 提高到 5%,则含量 4% 的低密度固体可减少 5/6,从而减少钻井废弃物量。

(5)减少废液。对钻井作业来说,最大的钻井废弃物之一是钻井污水。废水主要来自使用后的钻井流体、雨水、清洗水或冷却水。所要处理的污水体积是井眼体积的 30 倍。减少废液产生的方法主要是基于水的重复利用。

① 单程系统。冷却水、密封水和制动水应该密闭起来循环使用。循环使用这些水可以节约费用和水的使用。

② 重复使用雨水。雨水可以用来清洗钻井装置。清洗钻井设备的水,如雨水一样的流入相同水槽中重复使用,直到雨水太脏不能作为清洗液使用。

③ 脏水清洗滑板。除砂器和过滤器产生了大量的废弃钻井流体,可以用来清洗沉淀池。振动筛和离心器的滑板也需要清洗液,清洗滑板的清洗液可以不用净化,因为使用干净的水去清洗废弃固体和液体是没有必要的,在处理过程中,它们很难分离出来。

④ 减少废弃液。由于污水处理费用很高,现场增加了真空装置的使用。在软管处安装枪状控制器可以避免软管连接时钻井流体的浪费,因为当进行连接时下垂的软管将自动关闭,避免了钻井流体的流出。高压/小体积清洗器更易清洗,受到了井场工作人员的欢迎。使用它们也可以减少废弃液的产生。

⑤ 废弃物分类处理。一般情况下水基废弃物和油基废弃物不能混合,除非它们能被一起处理。这种情况下,所有废弃液都应先注入备用池,然后进行回注。

在选择钻井流体时,应先检测化学处理剂的环境特性数据,避免使用对环境有危害的化学处理剂。这些特性数据包括生物毒性、生物降解性、滞留时间、生物累积、重金属浓度。

钻井废弃物对环境的危害性差别很大,这主要取决于所用钻井流体及其添加剂的类型,因此,积极开发并尽量选用低污染或无污染钻井流体及添加剂,是减少环境影响的根本措施。

(1)合成基钻井流体开发。合成基钻井液以人工合成或改性有机物,即合成基液为连续相,盐水为分散相,再加上乳化剂、有机土、石灰等组成的油包水乳化钻井液,根据性能需要加配降滤失剂、流变性调节剂和重晶石等。油基钻井流体对环境的污染程度较高,而合成基钻井流体除了具有油基和水基钻井流体的必备性能外,还具有污染危害小的显著特点,是国际上一些钻井流体公司开发产品的主要方向之一。

在选择合成基钻井流体的种类时,应考虑液体的物理性质应该与矿物油相似、液体的毒性必须很低、不论是在好氧,还是在厌氧条件下,液体都应是可生物降解的。

酯基钻井流体在北海中部的挪威油田进行了现场实验,其性能与油基钻井流体相当,优于水基钻井流体,且有效地降低了钻井废弃物对环境的污染。美国的 M-I 钻井流体公司又推出了两种新型低污染钻井流体,它们分别是 DovadirL 钻井流体和 PAO(聚 α-烯)钻井流体,两者都不含矿物油,是可生物降解的合成基钻井流体。

(2)低毒无害的添加剂。通常,用于解决诸如扩径、热流变、失水稳定性、减阻等钻井技术问题的钻井流体处理剂都会带来不同程度的环境污染,比如烧碱、铁铬盐、红矾等添加剂都具有较大的环境危害性和毒性,因此应积极开发并且采用那些既具有良好的工艺性能指标,又能满足环保要求的新型化学添加剂。在这一领域,世界上目前都已取得了一些成功经验,如大庆油田使用的聚丙烯酰胺/磺化烤胶黏土相高密度钻井流体,不仅减少了钻井流体中的有害成分,还提高了钻井的经济效益;又比如广泛用作钻井流体稀释剂的木质素磺酸铬会引起重金属污染,对此国际上开发了无污染多糖类聚合物,成功地替代了木质素磺酸铬。

18.1.4 钻井废弃物处理技术

国际上废弃钻井流体处理技术主要有简单处理排放、注入安全地层或井的环形空间、集中处理、回填、坑内密封、土地耕作、固化、固液分离、焚烧、微生物处理等。

中国石油工业虽然起步较晚,但对废弃钻井流体的治理工作极为重视,在钻井流体固化、固液分离、回收利用等方面做了大量的有益工作,探索出许多适合本单位的废弃钻井流体处理技术。

(1)直接排放。直接排放是海上钻井处理钻屑和废弃钻井流体最普遍的方法。直接排放费用少,操作也十分简便。但是,近几年对由此产生的环保问题日益重视。现在已经意识到即使使用水基钻井流体,在排放废弃物过程中也会产生长期的环保问题。

(2)直接填埋。直接土地填埋是一种花费少、操作简便的方法。这种方法被大多数国家用于处理工业固体废物。填埋前选择坑池将废弃钻井流体沉降分离,将分离出的上部污水澄清处理,达到环保标准后就地排放。剩下的泥渣让其自然脱水,风干到一定程度后,即可储存在坑池内,待固相干化后就地填埋。

这种方法适用于废弃钻井流体中盐类、有机质、油类、重金属等含量很低,并且对储存坑池周围环境地下水污染可能性很小,污染物浓度维持在可接受范围以下的条件。

(3)坑内密封。这是在直接填埋法基础上改进的一种钻井废弃物处理方法,又称安全土地填埋法。当钻井废弃物有害成分含量较高时,为防止渗透而造成地下水和土壤污染,在储存坑池内设以衬里,再按普通直接填埋法操作。

(4)土地耕作。土地耕作处理就是将废弃钻井流体移至井场周围进行地面耕作。在处理前对要处理的土壤耕地做全面的特征研究。其处理的成本较低。对油基废弃钻井流体而言,只要在土壤含油量小于5%时进行耕作处理,对环境就是安全的。

土地耕作法的操作要求包括地面开阔平坦,便于机械化耕作;具备发生侵蚀的地表条件;地下水位有足够的深度,以防止污染地下水。此方法适用于对环境要求不高的沙漠和戈壁地区。

(5)地层回注。地层回注是指在钻井作业中将钻井废弃物进行固液分离,在大于地层破裂压力的条件下将以固相为主的钻井流体泵入地层的一种处理方法。回注可以实现海洋钻井零排放的目标,有利于保护海洋生态环境。

在海上钻井中,回注处理使用起来比较复杂。首先面临的问题就是建立地层通道。废弃钻井流体可以通过软管、套管或者套管和地层间的环形空间注入地层。但无论使用哪种方法,回注地层必须和海面及其他地层隔离,特别是固井的环形空间。在许多钻井作业中,有时并不存在这种通道。

(6)生物治理。生物治理技术就是引进降解菌和营养物质,通过细菌的生长、繁殖和内呼吸使废弃钻井流体中的污染物分解、矿化。一般利用生物液/固处理工艺(Liquids Solids Treated,LST)、微生物絮凝剂、添加菌剂和营养物。微生物絮凝剂为微生物菌体或生物高分子物质,属于天然有机高分子絮凝剂,对人体无害,絮凝后残渣可被生物降解,对环境无害。与一般化学絮凝剂比较,不仅有絮凝作用,还有降解作用,同时对于油、色度去除明显。

(7)固化处理。固化处理系向废弃水基钻井流体(或沉积物)中加入固化剂,使其转化为类固体,原地填埋或用作建筑材料等。由于废弃物固化法能有效地固化金属离子和有机物,使之惰性化,因此这种方法对水基钻井废弃物和油基钻井废弃物都适用,该方法能显著降低钻井流体中金属离子和有机质对土壤的沥滤程度,从而减少了对环境的影响和危害,回填还耕也比较容易。它是取代简单回填的一种更能被接受的方法,近年来受到了重视。但对高含氯离子钻井废弃物应限制使用本法,以免氯离子渗透到废浆池周围的土壤和地下水而引起污染(易绍金等,2001)。

固化法所用的固化剂分为有机系列和无机系列两大类。有机系列固化剂,具有应用范围广,适用于多种类型废弃物的处理,且具有固化有机废弃物效果好的优点,但处理费用高,废弃物中某些成分可能会引起有机固化剂降解,且该类固化剂使用时,需配用乳化剂等缺点。无机固化剂的优点是:原材料价廉易得,使用方便,处理费用低,固结好,稳定周期长(可达10年以上),原料无毒,抗生物降解,低水溶性及较低的水渗透性,固结物机械强度高,对高固相废弃物的处理效果好等。缺点是,固化剂用量大、使处理后的体积增加。

(8)固液分离。使用化学方法使废弃钻井流体絮凝、脱稳,然后进行机械强制固液分离的一种技术。固液分离处理法主要针对废弃的磺化钻井液或聚磺钻井液,主要有破胶、絮凝、分离三个步骤。这种工艺简单灵活,对悬浮杂质和胶质脱除率较高(冯金禹等,2019)。废弃钻井流体的含水率一般在80%~90%,因而可以考虑固液分离后对沉积固相固化处理。选用有效的絮凝剂使废弃钻井流体最大程度脱水。另外,化学脱稳与絮凝技术可以强化机械分离固体的能力,使用这种技术可以使废弃钻井流体体积减少50%~70%,分离出的滤饼固相含量最大可达50%~60%。在化学脱稳絮凝的过程中,如果加入合适的药剂,可以在固相分离的同时把钻井废物中的毒害成分转化为危害小或无毒的物质。脱稳是指通过压缩胶体颗粒扩散层厚度,降低 Zeta 电位,促使胶体颗粒互相接触,成为较大的颗粒,从而破坏胶体稳定性,使胶体颗粒沉降的一种过程。

(9)回收利用。随着勘探开发的需要,对钻井流体的性能要求越来越高,钻井流体材料消耗量也在增加,回收钻井流体对降低钻井成本,减少钻井废弃物的产生意义重大。

① 用机械方法将钻井流体转化成干料再利用。此法采用钻井流体回收处理装置将钻井流体干燥固化处理后可获得钻井流体干粉制剂。固化回收装置回收后的钻井流体干粉水化后虽然不能恢复原有的性质,但仍可以作为加重剂使用。此法的缺点是燃料耗量大,处理费用高。

② 老井钻井流体回用技术。将一口井的钻井流体完井后移至另一口相似的异地的井,再加一些处理剂调整钻井流体的性能达到设计要求后再使用。该法简单易行,回收成本低,无须中转处理,回收过程中所需设备和人员比较少,是一条降低钻井流体成本、防止环境污染的有效途径。无论是经济效益、工程效益还是环境效益都比较显著。

③ 老井钻井流体用于新井压井液。转运罐车将高密度的钻完井液转运到储备站,根据情况和需要再转到现场利用。钻井工作中迫切需要解决的实用科学问题,是要寻找一个最方便,耗费最小的废弃钻井流体利用方法。而使钻井流体能够多次利用,仍是最有前途的方法。这种方法适用于井网密度高的地区。

④ 利用固相分离技术将钻井流体再利用。结合固液分离技术,分别利用脱出水和脱出固相再配淡水钻井流体、盐水钻井流体及饱和盐水钻井流体。这种再配钻井流体性能与现场钻井流体和室内按常规方法配制的钻井流体性能相近;用脱出固相再配制的钻井流体原材料成本只是常规钻井流体材料成本的1/6。为废弃钻井流体再利用和解决钻井流体环境污染问题提供了有用的方法。

18.1.5 环境友好钻井流体应满足的条件

随着公众环保意识的增强,研发、使用环保型钻井流体必将成为石油钻井流体开发使用的重要方向,世界上在这一领域也确实取得了阶段性进展。可以说,既满足油气钻井施工需求又环保的生态钻井流体将成为钻井流体研究、发展的主要趋势之一。环境友好型钻井流体开发的基本要点是无生物毒性、可降解性,从基本要点出发,环境友好型钻井流体处理剂和体系的开发要基本满足以下条件:

(1)无生物毒性。无毒无害性是指对人体、动物无刺激无毒害,对植被、水体等生物的无侵害。淀粉、葡萄糖苷类及天然高分子类多具有此类特点。以甲基葡萄糖苷钻井流体为例,该钻井流体是一种无毒、易生物降解的新型环保钻井流体,是近几年提出的一种替代油基钻井流体的新型水基钻井流体,由于它在防塌机理及常规钻井液性能方面类似于油基钻井液,又称为仿油基钻井液体系。烷基葡萄糖苷是由葡萄糖或淀粉的酶解,经酸催化与脂肪醇脱水缩合生成的一大类有机化合物。由于生产条件和工艺的不同,烷基葡萄糖苷类产品所含的葡萄糖单元数及烷基化度有一定的差别。工业上习惯将此类产品统称为烷基多糖苷(Alkyl Polyglycoside,APG)。C_8—C_{18}的烷基多糖苷已被证明具有优良的表面活性,无毒,对皮肤无刺激性,生物降解迅速彻底,兼容性能好等特点。

(2)可降解性。可降解是指一类其制品的各项性能可满足使用要求,在保存期内性能不变,而使用后在自然环境条件下能降解成对环境无害的物质,因此,也被称为可环境降解材料。对于降解,不同的学科都有着不同的观点,有一种观点认为降解物最终要被分解成二氧化碳和水才能称为可降解。

可降解材料可以分为自然分解的材料,如木材、植物、食物、肥料等,在微生物(细菌、霉菌、藻类)作用下,发生生物化学反应,引起外观霉变到内在质量变化等各方面变化,最终形成二氧化碳和水等自然界常见形态的化合物。还可分为其他降解,如光降解、微波降解等。因此,无论是可再生利用、可重复使用还是可降解,都是比较环保的表现。但可降解并不一定等同于最环保,因为可降解材料如果不经过科学管理,随意堆放,也可能对土壤、地下水等造成污染。

对于钻井流体而言,环保型可降解材料有聚合物、合成基等。聚合物的降解是指因化学和物理因素引起的聚合大分子链断裂的过程。聚合物曝晒于氧、水、射线、化学品、污染物质、机械力、昆虫等动物以及微生物等环境条件下的大分子链断裂的降解过程称为环境降解,降解使聚合物分子量下降,聚合物材料物性降低,直到聚合物材料丧失可使用性,这种现象也被称为聚合物材料的老化降解。以合成基钻井流体为例,合成基钻井流体以人工合成或改性的有机物为连续相,盐水为分散液相,并有乳化剂、流型调节剂等形成油包水逆乳化悬浮分散体系,具有油基钻井流体的工作性能。现已在现场应用的合成基钻井流体主要有酯基、醚基、聚 α-烯烃基、线性 α-烯烃基等。合成基钻井流体无毒,内不含有荧光类物质,可生物降解,对环境无污染,是一种环境友好钻井流体。钻井排水,钻屑和废弃钻井流体均可向海洋排放。其中新研制的典型酯基钻井流体的半数致死浓度大于 2%,说明酯基钻井流体对环境无毒,厌氧降解是酯基钻井流体生物降解的主要方式。

在研究环境友好型钻井流体的同时,也应该研制与之相兼容的环保型钻井流体处理剂,这样的钻井流体才能达到环保要求。本书主要介绍4类环保型处理剂,即纤维素类增黏剂、淀粉类降失水剂、醚类润滑剂、醇类抑制剂。这些处理剂都是无毒或低毒,易生物降解的环境友好型处理剂。

(1)纤维素类增黏剂。纤维素衍生物价廉、可降解,对环境无污染。因此,以羧甲基纤维素为代表的纤维素衍生物成为迄今用量最大的钻井流体处理剂。

水溶性纤维素产品主要以羧甲基纤维素为主,根据其聚合度和黏度的不同在钻井流体中分别起到增黏、提高钻井流体的悬浮性、降低失水量和改善滤饼质量等作用,可以用于淡水、盐水、海水和无黏土相钻井流体。水溶性纤维素还有聚阴离子纤维素,羟乙丙基纤维素和接枝改性纤维素,其中,聚阴离子纤维素是在羧甲基纤维素的基础上,通过优化工艺而制得的取代度均匀的水溶性纤维素产品,在钻井流体中具有更好的增黏、降失水和防塌抑制效果。

氯乙酸和烧碱在醇或水溶液中可以合成羧甲基纤维素,取代度为 0.6~0.65,聚合度大于 700 为高黏羧甲基纤维素;取代度为 0.8~0.85,聚合度 600 左右为中黏羧甲基纤维素;取代度为 0.8~0.9,聚合度 500 左右为低黏羧甲基纤维素;环氧乙烷、环氧丙烷和烧碱在醇溶液中可以合成羟乙(丙)基纤维素;丙烯腈和烧碱在醇溶液中可以合成羧乙基纤维素;氯乙酸、丙烯腈和烧碱在醇溶液中可以合成羧甲基氰乙基纤维素(王中华等,2009)。

水溶性纤维素是应用最早,用量最大的钻井流体处理剂之一。但是,近年来其改性研究进行得比较少,与现场需要还存在差距,特别是其耐温能力低,影响了其应用范围。水溶性纤维素的分子中含有醚键,使其耐温性受到限制,通常只能在 135℃ 以下使用。水溶性纤维素可在酸性、碱性、热、生物及辐射条件下发生降解反应。该处理剂来源丰富,降解性强,绿色环保。

(2)淀粉类降失水剂。改性淀粉用作油田化学品的研究在国际上已有50多年的历史,在中国则始于20世纪80年代初期。在中国改性淀粉主要作为钻井流体处理剂,可以起降失水、增黏、降黏、稳定井壁和防塌等作用。

改性淀粉类处理剂可以有较好的流变性和降失水性,抗盐、抗钙性能好,具有一定的耐温性。对环境基本无害,易生物降解。在钻层或地层温度不高的地区,改性淀粉是应用最多的环保降失水剂。

以玉米淀粉为原料研制的复合离子型改性淀粉降失水剂,在淡水钻井流体、正电胶钻井流体和盐水钻井流体中,均有较好的流变性能和降失水性能,抗盐可达饱和、耐温可达140.0℃。改性羧甲基淀粉加量为2%时,其降失水率约46%,抗盐、抗钙性能较好,具有一定耐温能力。以马铃薯淀粉和氯乙酸为主要原料,通过交联—醚化制备了交联-羧甲基复合变性淀粉(CCMS),在饱和盐水钻井流体当其用量为中黏羧甲基纤维素钠质量分数的57%时,就可达到相应的增黏和降失水效果。将醚化淀粉和接枝淀粉按质量比1:1复配后用作钻井流体降失水剂,对环境基本无害,有望取代价格较高的纤维素类降失水剂。在淀粉分子中植入无毒的无机元素硅,既增强了淀粉的降失水性能,又将耐温性能提高到150℃,同时抗盐和抗钙能力表现突出。以玉米淀粉为原料研制的复合离子型改性淀粉降失水剂;以马铃薯淀粉和氯乙酸为主要原料,通过交联/醚化制备了交联-羧甲基复合变性淀粉。

淀粉作为一种天然高分子,来源丰富,价格低廉,易于改性,有着良好的应用前景。然而由于淀粉类产品的耐温能力不强,进一步应用受到限制,而且提高淀粉类处理剂耐温性能的技术难度大。

(3)醚类多元醇润滑剂。聚醚多元醇(简称聚醚)是由起始剂(含活性氢基团的化合物)与环氧乙烷、环氧丙烷、环氧丁烷等在催化剂存在下经加聚反应制得。环保型润滑剂聚醚属非离子处理剂,没有浊点行为,与水的混溶性较差,但在水面上迅速扩散,并形成一层类似于油的分子膜,很容易吸附在井壁和钻具表面,能提高钻井流体的润滑效果。其结构特点与常见表面活性剂相似,具备亲油基团和亲水基团,其亲水基团吸附强度小但吸附点多、面积大,而亲油基团具有相对较大的体积及表面单体分布,这就决定了聚合醚具有一系列独特的特性。

聚醚可增强海水钻井流体的抑制性,适应造浆地层定向钻井;聚合醚可耐温150℃,性能稳定,适应在4500m以内的深井施工;聚合醚可增强海水钻井流体的抗污染能力;室内研究和现场应用表明(季龙华等,2008),聚合醚具有优于聚合醇润滑剂的润滑性能,没有浊点,不受温度和环境的影响,适用于水平井及大斜度井;聚合醚的急性生物毒性测试表明,钻井流体具有无毒、易生物降解的特点,钻井流体可直接排入海中。

环保型润滑剂聚合醚是由天然物质经精炼提纯后,在一定温度、压力和缩合剂的作用下与低分子烷氧基化合物缩合而成。

国家海洋局北海监测中心用青岛太平角纹缟虾虎鱼作为受试生物对聚合醚的生物毒性进行了检验,结果表明,纹缟瑕虎鱼的96h半致死浓度值大于30000mg/L,符合国家海洋局海洋石油勘探开发钻井流体使用管理暂行规定对生物毒性的要求(孙启忠等,2003)。

(4)醇类抑制剂。醇类抑制剂主要有聚合醇和多元醇。多元醇钻井流体抑制性强,兼容性、润滑性好,降失水,而且具有一定的耐温、抗盐和抗钙能力,无毒,对储层伤害小。多元醇抑制泥页岩水化分散的机理主要有:①吸水机理。多元醇的强吸水性抑制水化物的形成,降低了泥页岩中黏土的吸水趋势。②渗透机理。多元醇可降低钻井流体滤液的化学活性,阻止水分子向泥页岩内渗透而稳定井壁。③竞争吸附机理。多元醇能够与水分子争抢页岩中黏土矿物上的吸附位置,阻止水分子与黏土反应形成有机结构,此结构可使黏土膨胀分散。④成膜机理。多元醇树脂吸附交联、黏附成连续致密膜,该膜渗透率特别低,对井壁起固结作用。

聚合醇是一种环境可接受的非离子型钻井流体处理剂,加入聚合醇的钻井流体具有很强的抑制性与封堵性,能有效地稳定井壁;润滑性能好,当加入量为3%时,钻井流体的润滑系数降低80%;聚合醇能降低钻井流体的表面张力与界面张力,因此对储层伤害程度低,渗透率恢复值在85%以上,有利于保护储层;毒性极低,易生物降解,对环境影响小;维护简单。聚合醇抑制泥页岩水化分散机理有:①浊点机理。聚合醇具有"浊点"特性,当水基钻井流体的温度高于"浊点"时,聚合醇钻井流体发生相分离,不溶解于水的聚合醇能封堵泥页岩的孔喉,黏附在泥页岩的表面形成涂层,阻止钻井流体滤液进入地层,抑制地层膨胀稳定井壁。②吸附机理。醇类分子"链束"自动在钻屑表面强烈吸附而形成一层憎水性的分子膜,抑制钻屑的水化分散。该分子膜类似于油的半透膜,可降低钻具的扭矩,提高井壁的稳定性。一定量的醇类分子还可以通过吸附在黏土表面,使水从黏土中排出,降低膨胀压达到抑制黏土分散的目的。③渗透机理。醇类分子能降低钻井流体滤液的化学活性而稳定井壁。④增黏机理。溶解于水的醇分子增加了钻井流体滤液的黏度,延缓了滤液侵入页岩的速度。

吕开河通过页岩回收率实验表明,多元醇在淡水、饱和盐水及7.0%氯化钾溶液中都具有较好的抑制性能(吕开河等,2002)。

聚合醇无论浊点高于还是低于井眼温度,对页岩都有一定的抑制作用。在YPM-03页岩膨胀模拟实验装置上进行的实验结果表明(郭宝利等,2005),随着温度的变化,浊点在80℃左右的聚合醇对膨润土的抑制性能呈现出很大的差异,在浊点温度以下抑制性能很好,而在浊点温度以上抑制性能迅速降低。在浊点温度以上,随着浓度的增加,聚合醇对膨润土的抑制性增强,但在较低浓度时抑制效果不明显;只有达到较高浓度时才呈现出较好的抑制性;随着压力的增大,聚合醇浓度较低时抑制性不理想;当聚合醇浓度较高时,随压力的增大抑制性增强。

多元醇为环氧乙烷和环氧丙烷共聚物,无色液体,相对分子质量约3000,这种多元醇综合性能良好,具有较强的抑制性能。然而多元醇结构不同、分子量不同以及EO/PO共聚物中EO与PO比例不同,均会改变多元醇的性质,从而会影响多元醇在钻井液中的使用效果。聚合醇为非离子型低分子聚合物,为乙二醇-丙二醇嵌段共聚物。

彭商平等通过生物毒性测试得到聚合醇类处理剂样品的实验结果,其有效致死浓度(Median Effective Concentration,EC_{50})值均大于30000mg/L,证明是无毒的,达到了工业废弃物生物毒性所要求的排放标准。在与铬木质素磺酸盐复合淡水钻井流体中,其钻井流体的半致死浓度达到65000~100000mg/L,远远超过排放标准。聚合醇钻井流体处理剂的生物降解性无论是在淡水中,还是在海水中,其降解的速度均快于其他几种常用的处理剂(彭商平等,2004)。而且它在海水、淡水中的 5 日累积耗氧量均大大超过空白样的累积耗氧量,说明该处理剂易于生物降解。

18.2 体系种类

环境友好型钻井流体开发主要侧重于环境友好型钻井流体处理剂的开发和环境友好型钻井流体的开发。为最大限度减轻钻井流体对环境的不利影响,在开展以天然高分子聚合物处理剂为主的环保性能指标评价的基础上,研究形成了能满足钻井工程要求的环保钻井流体,这对保护赖以生存的自然环境具有重要意义。

环境友好钻井流体主要分为合成基钻井流体、聚合醇钻井流体、有机盐钻井流体以及硅酸盐钻井流体。

18.2.1 合成基钻井流体

合成基钻井流体(Synthetic-based Drilling Fluids)是以酯类、醚类和合成烃类等工业合成化学品为基液取代柴油和矿物油作为连续相,盐水为分散相,加入普通油基钻井流体中使用的相同处理剂如乳化剂、降失水剂和增黏剂等组成的一类油包水逆乳化分散钻井完井流体。醚和酯不含任何有毒的芳香烃物质,易生物降解;合成烃易降解,但毒性稍微偏高。

岳前升等在中国渤海湾 SZ36-1 油田 CF1 井第一次应用合成基钻井流体技术钻井。该钻井流体主要组分见表 7.18.2(岳前升等,2004)。

表 7.18.2 渤海湾 SZ36-1 油田合成基钻井流体主要组分表

序号	组分名称	组分代号	加量范围,%	作用
1	无机盐	未明确代号	未明确范围	防塌,维持井壁稳定
2	主乳化剂	未明确代号	3.0	降低钻井流体表面张力
3	辅乳化剂	未明确代号	2.0	降低钻井流体表面张力
4	润湿剂	未明确代号	1.0	降低界面张力
5	降失水剂	未明确代号	3.0	降低失水
6	增黏剂	未明确代号	1.0	增加黏度
7	加重剂	未明确代号	未明确范围	加重材料采用酸溶性石灰石粉,石灰石粉起到屏蔽、加重双重作用

为保持钻井流体性能稳定并适应钻井需要,对其要进行维护处理。
(1)在配制钻井流体时,各处理剂要按顺序、按量依次加入,按规定的时间搅拌。
(2)在钻进过程中定时补充基油及各种处理剂,维持钻井流体性能稳定。
(3)针对不同钻进地层,添加相应处理剂,及时调整钻井流体性能。

合成基钻井流体在 CF1 井 ϕ215.9mm 井段开始使用,在整个使用过程中,合成基钻井流体性能稳定,井眼清洁,井壁稳定,摩阻小,无任何井下复杂事故。该井采用裸眼筛管方式完井,筛管也是一次性下到位。在 SZ36-1 油田 C25HF 和 C26HF 水平分支井中使用,也获得了成功。

18.2.2 聚合醇钻井流体

聚合醇(PEM)钻井流体是一种能协调油井工程技术和环境保护之间矛盾的新型环保钻井流体。聚合醇钻井流体具有优异的防塌、润滑、保护储层等特点,所以聚合醇钻井流体称为"双保钻井流体"。现场应用表面,聚合醇钻井流体的优点有:具有良好的润滑性能,满足快速钻井中不划眼、不断起钻以及各种定向作业的要求,延长钻头及电动机的使用寿命;有良好的抑制性和井壁稳定性,能解决满足快速钻井中机械钻速过快产生的钻屑量大的携带钻屑的要求,能有效抑制钻屑的分散和造浆,保证井眼的稳定和井下的安全;保护储层;无荧光,便于发现储层;由于在钻井流体中加入超细碳酸钙和正电胶能有效进行屏蔽暂堵,保护储层,完井时通过射孔解堵;具有环境安全的特点,该无油类和重金属盐类,可直接排放等,属于环境友好钻井流体。

胜利油田东辛采油厂在疏松砂岩油藏、薄互层油藏、低渗透油藏部署了多口水平井。为了防止钻井过程中井壁坍塌、卡钻、储层伤害,王洪宝等采用聚合醇钻井流体技术钻井,其中添加聚合醇储层伤害控制处理剂,加量3%时效果明显。该钻井流体主要组分见表7.18.3(王洪宝等,2003)。

表 7.18.3 东辛采油厂聚合醇钻井流体主要组分表

序号	组分名称	组分代号	加量范围,%	作用
1	水基润滑剂	PF – JLX	未明确范围	提高润滑性能
2	防塌剂	PF – WLD	未明确范围	保持井壁稳定不坍塌
3	高聚物	未明确代号	未明确范围	絮凝和包被钻屑、增效膨润土和重晶石
4	降失水剂	未明确代号	未明确范围	降低钻井流体失水量
5	聚合醇	JCP – 1	3	使钻井流体的润滑性能显著提高

为了使聚合醇钻井流体在钻进过程中保持良好性能,应该进行一些维护处理:

(1)调整钻井流体性能,使之具有较高的悬浮和携带能力,及时将钻屑从井眼中运移出来,避免发生阻卡现象。

(2)根据地层渗漏的特点,钻进过程中采用大、中、小分子量聚合物相匹配的原则,利用大分子聚合物吸附包被作用,中、小分子量聚合物的填补搭配,抑制黏土的膨胀及分散运移,以形成薄而韧的滤饼,减少渗漏的发生。

(3)为避免井壁的坍塌掉块,将钻井流体逐渐转化为聚合醇防塌钻井流体,使钻井流体中聚合醇含量逐步达到1.5%~3.0%,以满足井壁稳定、降低摩阻的需要。

(4)为防止在打开下部地层时发生严重漏失,一方面在钻井流体中加入随钻堵漏剂,增强地层的抗压能力;另一方面加入抗盐耐高温降失水剂,以提高钻井流体的抗侵害能力及耐温能力,降低钻井流体高温高压失水,使之在设计范围之内。

在东辛采油厂,采用聚合物钻井流体完钻的42口水平井均未出现钻井事故,投产后有多口井自喷,3口井产油量在100.0t/d以上。

18.2.3 有机盐钻井流体

有机盐是带杂原子取代基的有机酸根阴离子与一价金属离子(钾离子、钠离子等)所形成的盐。钻井液用有机盐主要为甲酸盐。目前北京培康佳业公司开发出两类有机盐Weight2 和 Weight3。有机盐钻井流体(Organic Salt Drilling Fluid)的主要特点是耐温能力强,可在超高温度(200℃)下稳定持续发挥作用;有机盐钻井流体有极强的抑制性,可有效抑制泥岩、钻屑水化分散、膨胀;它能很好地保护储层,对金属无腐蚀,不会对环境造成污染。

有机盐钻井流体在克拉玛依油田五三东井区乌尔禾油藏开发井 57031 井进行了现场试验,57031 井是准噶尔盆地西北缘的一口开发井,该井除目的层为砂泥岩互层外,其余井段为水敏性易缩径泥岩,易水化膨胀、坍塌。井身结构为 $\phi 339.7\text{mm} \times 104.12\text{m} + \phi 140.0\text{mm} \times 2364.92\text{m}$。该钻井流体主要组分见表 7.18.4(唐丽,2011)。

表 7.18.4 克拉玛依油田有机盐钻井流体主要组分表

序号	组分名称	组分代号	加量范围,%	作用
1	水溶性加重剂	Weigh2	未明确范围	对黏土矿物的吸附扩散双电层具有较强的压缩作用
2	水溶性加重剂	Weigh3	未明确范围	对黏土矿物的吸附扩散双电层具有较强的压缩作用
3	降失水剂	Redu1	未明确范围	降低钻井流体失水量
4	降失水剂	Redu2	未明确范围	降低钻井流体失水量
5	防塌剂	未明确代号	未明确范围	防坍塌,维持井壁稳定
6	无荧光白沥青	NFA-25	未明确范围	防坍塌,维持井壁稳定
7	强包被抑制剂	IND10	未明确范围	抑制泥页岩水化膨胀
8	增黏剂	Visco1	未明确范围	增加钻井流体黏度
9	增黏剂	Visco2	未明确范围	增加钻井流体黏度

根据现场需要,在钻井流体循环罐中加入水,在泵的剪切作用下,依次加入纯碱、提切剂、降失水剂、防塌剂、聚合醇、有机酸盐、重晶石。现场以配方为依据,进行维护即可。

该井二开使用有机盐钻井流体,主控配方为配浆水、0.3% 碳酸钠、0.1% 氢氧化钾、0.7%~1.0% 降失水剂、0.1%~0.2% 强包被抑制剂、10.0%~15.0% 水溶性加重剂、2.0% 钾-100。由于该井密度较低,有机盐仅作为抑制剂使用,钻井流体性能稳定,全井施工顺利,表明有机盐抑制性良好。该井二开转化为有机盐钻井流体后,有机盐钻井流体其良好的现场应用效果,缩短了钻井周期,降低了钻井密度,提高了机械钻速,减少了事故复杂的发生率,完井电测一次成功。

自 2008 年以来,有机盐钻井流体已在新疆油田、塔里木油田等现场广泛应用,其具有钻井流体流变性好、抑制性强、井壁稳定、井径规则、机械钻速快的良好效果。

18.2.4 硅酸盐钻井流体

硅酸盐钻井液最早是由 Garrison 和 Baker 等在 20 世纪 30 年代提出,目的是维持井壁稳定。

随着20世纪90年代对环保要求越来越严格,美国和英国等国家的钻井流体公司又开始研究曾一度被否定的硅酸盐钻井流体(Silicate Drilling Fluid),使用性能较稳定的稀硅酸盐钻井流体,以改性淀粉等作为稳定剂,改善钻井流体流变性和失水性能,并成功地运用破碎剂来破坏硅酸盐在储层形成的封堵层,较好地恢复了储层的渗透率。现在世界上研制开发和应用的硅酸盐钻井流体主要有:硅酸盐—聚合物钻井流体、硅酸盐—硼凝胶钻井流体、正电胶—硅酸盐钻井流体以及植物胶—硅酸盐钻井流体。

硅酸盐是一种与环境相容性好、不挥发、安全、无毒性的无机非金属,以此为基础材料的硅酸盐钻井流体具有抑制性好、无毒、低成本、无荧光、不影响录井等优点,被公认为是一种既能适应复杂地层要求又能满足环保可持续发展要求的经济型钻井流体。

D－W－1井设计井深为3230.00m。井身结构为 ϕ374.6mm 钻头 × 960.00m,下入 ϕ273.00mm 套管,ϕ250.8mm 钻头 × 3230.00m,下入 ϕ177.8mm 技术套管。该井的不稳定地层为A层,岩性以易水化分散的页岩为主。以易水化分散的页岩为主。以前在该地区曾用氯化钾/PHPA及氯化钾－聚乙二醇钻井流体钻过几口井,但仍未有效地解决井壁失稳问题。郭健康等决定使用硅酸盐钻井流体。施工过程中,0～960m井段使用胶凝—石灰钻井流体,960～3230m使用钻井流体。

D－W－1井硅酸盐钻井流体主要组分见表7.18.5(郭健康等,2003)。

表7.18.5　D－W－1井硅酸盐钻井流体主要组分表

序号	组分名称	组分代号	加量范围,%	作用
1	降失水剂	未明确代号	未明确范围	降低钻井流体失水量
2	稀释剂	未明确代号	未明确范围	降低黏度、切力和屈服值
3	分散剂	未明确代号	未明确范围	有助于失水控制
4	硅酸钠	未明确代号	5	改变钻井流体的表观黏度、塑性黏度和动切力

为了使硅酸盐钻井流体在钻进过程中保持良好性能,应该进行一些维护处理:

(1)控制钻井流体pH值适宜,保证钻井流体性能稳定。

(2)同时依据钻井速度和钻井流体消耗量补充各种所需的处理剂。

该类钻井流体是由M－I钻井流体公司近年来研制开发出的一种优质硅酸盐钻井流体。曾在英国、德国、印度、巴基斯坦、加拿大和澳大利亚广泛应用,多用于替代油基、合成基等钻井流体。它所用的处理剂种类较少,因而配制简便。其中使用模数为2.4～2.8的硅酸钠作为抑制剂,加入适量氯化钾以协同提高其抑制能力,用优质黄胞胶调节其流变性,并用聚合物和淀粉类及其改性处理剂控制其失水量,必要时,还使用适量杀菌剂以防止黄胞胶生物降解。

研究及现场实践表明,硅酸盐钻井流体中活性硅酸钠加量应保持在3%～4%,可使用10%的液体硅酸盐产品或直接向其中加入硅酸盐干粉来维持合适加量。

该钻井流体在D－W－1井使用后效果较好。钻井及起下钻过程中没有发现遇阻或井底沉砂过多的现象,在井底接头及钻具组合周围没有泥包现象;振动筛上观察到的钻屑很稳定、干净且棱角分明;完钻后电测工作十分顺利;井径规则,没有井径扩大现象;设计建井周期45.9d,实际建井周期只有34d,比原计划提前了11d。

18.3 发展前景

近年来,随着世界范围内对环保事业的关注,各石油公司均大量增加了环境保护的投入。钻井废弃物治理的目的:一是消除污染,保护环境;二是回收利用,化害为利。因此,其发展主要集中在如何减少废弃物的产生、废弃物对环境的影响以及如何降低处理成本等方面。环保型钻井流体具有良好的发展前景,其主要有合成基钻井流体、有机盐钻井流体、聚合醇钻井流体和硅酸盐钻井流体等,但在不同程度上都存在一定的缺点。因此,研发和应用高性能、低成本、无毒性的组分和处理剂是从根本上解决环保型钻井流体难推广这一难题的有力手段。

18.3.1 存在问题

目前,制约中国环保钻井流体技术开发的因素为:

(1)国际上开发的合成基、甲基葡萄糖苷等环保钻井流体,尽管具有无毒、可生物降解的性能,但成本高,无法广泛推广使用。因此,处理剂成本是关系到环保钻井流体开发成败的关键。

(2)目前所开发的环保钻井流体多数要与其他环保性能较差的处理剂复配,才能达到好的性能,这使钻井流体的环保优势受到不同程度的影响。

(3)钻井流体的抑制性能、耐温和抗侵害性能是制约环保钻井流体开发运用的主要因素,是环保处理剂和体系研究攻关的重点。

对于硅酸盐钻井流体的应用状态和条件,当前多以稀流体为主,以黄胞胶、聚丙烯酸盐和改性淀粉等作为稳定剂,强化体系的整体性能,改善钻井流体流变性难以控制的弊端。普遍使用的硅酸钠溶液固含量为37%,模数为2.6~2.8,密度为1.35g/cm^{3}左右。pH值控制在10.5~12.5,以保证钻井流体的流变性。

硅酸盐钻井流体使用过程中主要存在两个问题:一是硅酸盐本身性能与pH值有直接关系,表现为钻井流体对pH值比较敏感。如钻遇含酸性气体地层时,钻井流体增稠,流变性不易控制;二是该钻井流体的耐温性能目前受处理剂的制约,现在还没有抗超过140℃高温的环保型降失水剂可用。可见,硅酸盐钻井流体发展方向是基于硅酸盐材料的基础理论研究的前提下,研制与硅酸盐钻井流体兼容性良好的耐高温、环保型的处理剂,降低流变性不易调控的难度,从而更广泛应用于钻井工程。

18.3.2 发展方向

在今后的环保钻井流体技术研究中,应该重视以下发展趋势和研究重点。

(1)近年来发展起来的低毒性油基钻井流体和新型合成基钻井流体,在使用过程中也出现了与环保相冲突的种种问题。因此,国际上已经以纯天然材料为基础开发环保钻井流体,以达到真正意义上的环保钻井流体标准。因此,环保钻井流体的研究应建立在天然高分子材料改性、完善各种环保处理剂自身性能的基础上。在环保处理剂的开发中应重视对天然农副产品加工后的副产物的开发利用。

（2）环保钻井流体中无机盐的使用应与周围环境的矿化度及盐类一致，选择有利于环境安全无毒的无机盐类，并研究它们对环保钻井流体整体性能改善的技术和方法。环保钻井流体应以低盐度为原则。

（3）生物降解性能好的无毒纯天然的油膜形成剂能提高环保钻井流体的耐温性能和抑制性能。

（4）重视纳米技术在天然高分子材料改性方面的运用，通过选用特定的纳米材料，提高天然高分子材料耐温稳定性和抗降解能力，如纳米抗菌材料和纳米憎水性材料对天然高分子材料的表面处理。

（5）硅酸盐钻井流体是一种环保钻井流体，成本与水基钻井流体接近，是重点开发方向。硅酸盐材料是重要的无机环保钻井流体材料，如果能够通过特定的工艺对该材料进行改性，以改善其抑制性、润滑性和兼容性能等，并在此基础上发展硅酸盐钻井流体，可以开发出环保性能好、适应各种复杂钻井条件的新型硅酸盐钻井流体。硅酸盐材料的改进，应该是环保钻井流体技术发展的一个重要方向。

在社会经济快速发展的同时，中国也不断地认识到在发展经济的过程保护环境的重要性。作为中国钻井技术中的重要组成部分，环保钻井流体技术在一定程度上推动了中国钻井技术的发展，同时也有效地降低了在钻井过程中出现的环境污染问题。现阶段在中国的石油钻井中使用环保钻井流体技术正逐渐地朝着无机盐、有机盐及高分子材料等方向发展，为保障其在中国石油钻井中的有效应用，必须要加强对环保钻井流体技术的分析和研究。

参 考 文 献

艾贵成,王宝成,李佳军. 2007. 深井小井眼钻井液技术[J]. 石油钻采工艺(3):86-88,126.
蔡记华,谷穗,乌效鸣. 2008. 松科1井(主井)取心钻进钻井液技术. 煤田地质与勘探,36(6):77-80.
柴金鹏. 2012. 新型钾盐聚合物钻井液技术应用分析[J]. 现代商贸工业,24(21):186-188.
陈克胜. 2001. 乌深1井超深井大井眼钻井液技术[J]. 钻井液与完井液,18(1):41-43.
陈林,范红康,胡恩涛,等. 2016. 控压钻井技术在涪陵页岩气田的实践与认识[J]. 探矿工程(岩土钻掘工程),43(7):45-48.
陈怡,段德培. 2009. 气举反循环钻进技术在地热深井施工中的应用[J]. 探矿工程(岩土钻掘工程),36(4):23-24,28.
陈宗涛. 2017. 松散破碎地层泵吸式孔底局部反循环取心钻具研究[D]. 武汉:中国地质大学(武汉).
程玉生,杨洪烈,胡文军,等. 2014. 乐东22-1气田超浅层大位移井钻井液技术[J]. 石油天然气学报,36(12):146-148,9-10.
代秋实,潘一,杨双春. 2015. 国内外环保型钻井液研究进展[J]. 油田化学,32(3):435-439.
戴建全. 2010. 裂缝性碳酸盐岩地层解卡酸液体系研究与应用[J]. 石油钻采工艺,32(S1):146-148.
戴智红,刘自明. 2007. 中国第一口超千米深水钻井技术C-2007年度海洋工程学术会议论文集:4.
丁振宇,高晓耕,徐润. 2009. 注浆孔泥浆冲洗液配比及应用研究[J]. 建井技术,30(1):26-28.
窦玉玲,管志川,徐云龙. 2006. 海上钻井发展综述与展望[J]. 海洋石油,26(2):64-67.
杜新军. 2017. 大尺寸井眼SAGD水平井钻完井技术研究[D]. 大庆:东北石油大学.
范青. 2017. YB29井超深井修井工艺技术[J]. 油气井测试,26(4):39-40,44,77.
冯金禹,闫铁,李卓,等. 2019. 钻井作业废弃物处理技术研究与应用进展[J]. 应用化工,48(8):1966-1969,1984.
盖国忠,李科. 2009. 钻井液环境可接受性评价及环保钻井液[J]. 西部探矿工程,21(2):57-60.
高利华,杨晓冰,李华坤,等. 2015. "中土100亿商品天然气项目"大井眼长裸眼井段钻井液技术[J]. 化学工程与装备(1):112-116.
高伟. 2018. 顺北区块大尺寸井眼玄武岩深井钻井技术[J]. 化学工程与装备(10):186-187.
郭宝利,袁孟雷,王爱玲,等. 2005. 聚合醇抑制性能评价研究[J]. 钻井液与完井液(4):35-36,39-84.
郭才轩. 2002. 实用欠平衡钻井液技术[J]. 钻井液与完井液(6):97-99,159-160.
郭健康,鄢捷年. 2003. 硅酸盐钻井液体系的研究与应用[J]. 石油钻采工艺(5):20-24,93-94.
郭元恒,何世明,刘忠飞,等. 2013. 长水平段水平井钻井技术难点分析及对策[J]. 石油钻采工艺,35(1):14-18.
何吉标,梁文利,陈明晓,等. 2016. 连续油管新型钻塞胶液在JY25-1HF井的应用. 钻井液与完井液,33(3):123-126.
何纶,魏武,许期聪,等. 2007. 国内外气体型钻井流体应用技术的发展状况[J]. 钻井液与完井液(S1):10-13,125-126.
何振奎,向秀珍,李剑,等. 2011. 张店油田南79断块张42井钻井液技术[J]. 钻井液与完井液,28(5):86-88,102.
侯福祥,王辉,任荣权,等. 2009. 海洋深水钻井关键技术及设备[J]. 石油矿场机械,38(12):1-4.
侯业贵. 2013. 低芳烃油基钻井液在页岩油气水平井中的应用[J]. 钻井液与完井液,30(4):21-24,92-93.
胡景东,张明庆,李祥银,等. 2005. 有机硅防卡钻井流体在G59-平2井的应用[J]. 钻井液与完井液(5):75-77,80-89.

胡友林,张岩,吴彬等,等. 2004. 海洋深水钻井钻井液研究进展[J]. 钻井液与完井液,21(6):50-52.

黄兵,石晓兵,李枝林,等. 2010. 控压钻井技术研究与应用新进展[J]. 钻采工艺,33(5):1-4,136.

黄达全,周宝义,何柄正,等. 2009. 滨海油田中深层控压钻井钻井液技术[J]. 钻井液与完井液,26(5):36-38,90.

黄聿铭,张金昌,郑文龙. 2017. 适于深部取心钻探井超高温聚磺钻井液体系研究[J]. 地质与勘探,53(4):773-779.

季龙华,王松环. 2008. 保型润滑剂聚合醚HLX在海洋钻井中的应用[J]. 重庆科技学院学报,10(5):46-49.

贾建文,孙桂春. 2003. 解决塔河地区上部地层阻卡的聚合物钻井流体技术[J]. 钻井液与完井液,20(2):25-27.

贾艳秋,张岱,胡友林. 2011. 深水水基钻井液研究[J]. 长江大学学报(自然科学版),8(8):50-53,278.

蒋宏伟,周英操,赵庆,等. 2012. 控压钻井关键技术研究[J]. 石油矿场机械,41(1):1-5.

巨满成,陈志勇,欧阳勇. 2005. 小井眼钻井技术在苏里格气田的应用[J]. 天然气工业(4):74-76,12.

匡立新,郑烜,袁明进,等. 2012. 延平1水平井煤层气绒囊钻井液实践[J]. 天然气与石油,30(4):39-42,100.

李承林. 2018. 可循环微泡沫钻井液的研究与应用[J]. 石油和化工设备,21(12):76-78.

李刚,艾尼瓦尔,雷宇,等. 2014. 表层套管钻井技术在红山嘴油田的应用[J]. 石油钻采工艺,36(5):22-23,27.

李刚,何瑞兵,范白涛,等. 2012. Pdf-hsd钻井液体系在渤海科学探索井的应用. 断块油气田,19(3):373-377.

李国钊,陈强,张鹏. 2012. 科学探索井大尺寸井眼钻井液技术应用[J]. 天津科技(5):39-41.

李立昌,潘凤岭,魏群涛,等. 2006. 反循环钻井与洗井技术[C]. 中国石油工程学会钻井工作部2006年年会暨第六届石油钻井院所长会议:202-211.

李晓阳,张坤,吴先忠,等. 2009. LG地区超深井钻井液技术[J]. 天然气工业,29(10):62-64.

李志亮,贺文媛,李会兰,等. 2011. 桩西地区东营组以下水平井钻井液技术[J]. 钻井液与完井液,28(3):79-81.

刘成. 2017. 大位移井钻井液技术发展概述[J]. 石化技术,24(5):202,67.

刘刚,代运锋,张亚. 2017. 适用于大位移井作业的油基钻井液研究及应用[J]. 长江大学学报(自然科学版),14(23):61-65,6.

刘建民,杨景利,施德友,等. 2005. 王古1井防漏防溢充气钻井液技术[J]. 钻井液与完井液(6):78-80,92.

刘梅全,张禄远,李德全,等. 2007. 无机盐水基解卡液的研究及其在长5井的应用[J]. 钻井液与完井液(3):45-48,92.

刘涛光,朱峰,熊雄. 2007. 莫深1井大尺寸井眼钻井液技术[J]. 新疆石油科技(4):5-9,16.

刘维平,郑秀华,谢博. 2011. 微泡沫钻井液研究及其在黄金勘探中的应用[J]. 探矿工程(岩土钻掘工程),38(3):13-16.

刘翔,王娟,金承平. 2008. 气体钻井转化常规钻井的替入钻井液技术[J]. 钻采工艺,31(4):37-39.

刘晓栋,王宇宾,宋有胜,等. 2011. 活性泥页岩快速钻井液技术[J]. 石油钻采工艺,33(2):56-61.

刘艳,张琰. 2005. 适用于大斜度井及水平井钻进的MEG钻井液研究[J]. 地质与勘探(1):93-96.

刘元宪. 2019. 涪陵深层页岩气水平井高效油基钻井液体系研究[J]. 当代化工,48(1):179-182.

刘云,于小龙,张文哲. 2018. 延长油田东部浅层水平井钻井液体系优化应用[J]. 非常规油气,5(1):106-110.

吕开河,高锦屏,孙明波,等.2002.一种新型多元醇钻井液性能评价及应用[J].油田化学,19(1):7-9.

潘广业,欧阳朝霞,李振杰,等.2006.特殊盐岩地区钻井液技术[C].中国石油学会石油工程学会钻井工作部钻井液学组2006年钻井液学术研讨会:79-82.

彭商平,蒲晓林,罗兴树,等.2004.聚合醇PPG钻井液添加剂的环保性能研究[J].钻采工艺,27(6):94-95.

邱玲玲.2011.西藏罗布莎深钻绳索取心钻井液的研究与应用[D].武汉:中国地质大学(武汉).

沈忠厚,王海柱,李根生.2010.超临界CO_2连续油管钻井可行性分析[J].石油勘探与开发,37(6):743-747.

宋巍,李永杰,靳鹏菠,等.2013.裂缝性储层控压钻井技术及应用[J].断块油气田,20(3):362-365.

苏镖,陈波.2016.超深高含硫气井油管内钢丝打捞作业技术及应用[J].油气井测试,25(4):50-52,77.

苏雪霞,孙举,张亚东,等.2015.雾化/泡沫钻井用两性聚合物防塌剂WPZY-1的研制[J].油田化学,32(1):7-11.

孙建华,蓝强,史禹,等.2008.丰深1-斜1井高密度小井眼钻井液技术[J].钻井液与完井液(4):39-42,86.

孙金声,杨宇平,安树明,等.2009.提高机械钻速的钻井液理论与技术研究[J].钻井液与完井液,26(2):1-6.

孙金声,张希文.2011.钻井液技术的现状、挑战、需求与发展趋势[J].钻井液与完井液,28(6):67-76,96.

孙启忠,胥洪彪,刘传情,等.2003.聚合醚润滑剂HLX的研究及应用[J].石油钻探技术,31(1):42-43.

唐丽.2011.有机盐钻井液在新疆油田的应用[J].承德石油高等专科学校学报(2):8-11,15.

陶林.2010.套管钻井技术在盐丘井钻井中的应用[J].国外油田工程,26(10):23-27.

陶士先,陈礼仪,单文军,等.2012.汶川地震断裂带科学钻探项目WFSD-2孔钻井液工艺研究[J].探矿工程(岩土钻掘工程),39(9):45-48.

田野,张海瑞.2016.地质岩心钻探技术及其在资源勘探中的应用研究[J].低碳世界(12):110-111.

万云祥.2015.浅谈大井眼钻井技术[J].石化技术(7):141-142.

王长在,王禹,黄达全,等.2014.BH-ERD钻井液在官108-8连续取心井的应用[J].钻井液与完井液,31(6):86-88,102.

王玎珂.2010.浅谈连续油管技术的应用[J].中国井矿盐,41(6),17-19.

王福昌,刘国宏.1998.中原油田深井大井眼段钻井液工艺[J].钻井液与完井液(4):23-26.

王歌.2012.反循环钻进工艺在煤层气井中的应用[J].能源与环境(6):35-36,38.

王洪宝,王庆,孟红霞,等.2003.聚合醇钻井液在水平井钻井中的应用[J].油田化学(3):200-201,19.

王洪伟,张恒,付顺龙,等.2014.水基钻井液在渤中浅层大位移井中的研究与应用[J].石油天然气学报,36(8):100-102,6-7.

王剑,王虎,李勇,赵华宣,等.2019.气举反循环钻进工艺在贵州地热井中的推广应用[J].探矿工程(岩土钻掘工程),46(12):18-23.

王莉,赵晨,王吉文,等.2011.小井眼钻井液的开发与应用[J].石油科技论坛,30(6):20-22,70.

王莉莉,赵大军,徐会文,等.2013.南极冰层取心钻探酯基钻井液抗低温性能试验[J].世界地质,32(4):862-866.

王立泉,唐国强,胡景东,等.2001.聚合物胶液解卡工艺技术及其应用[J].石油钻采工艺(2):40-41.

王亮,吴正权,杨兰平.2011.川东地区高峰场区块气体钻井后的钻井液转换工艺[J].天然气工业(3):66-69,119.

王书琪,吕志强,贺文廷,等.2006.超高密度压井液在英深1井的应用[J].钻井液与完井液(5):12-13,82.

王松,宋明全,刘二平.2009.国外深水钻井液技术进展[J].石油钻探技术,37(3):8-12.

王晓军,余婧,孙云超,等.2018.适用于连续管钻井的无固相卤水钻井液体系[J].石油勘探与开发,45(3):507-512.

王旭,柳颖,王瑶.2006.LH-1水包油型解卡剂的研制[J].钻井液与完井液(1):30-31,36,87.

王永全,杜鸿志.2008.气举反循环技术在水井修井中的应用[J].地质装备,9(2):20-22.

王友华,王文海,蒋兴迅.2011.南海深水钻井作业面临的挑战和对策[J].石油钻探技术,39(2):50-55.

王允伟.2009.雾化空气钻井技术在普光气田的应用[J].天然气技术,3(6):31-33,78.

王运美,李琛,马建民.2007.反循环钻井技术在浅层气开发中的应用[J].石油机械(5):59-61.

王在明,赵林,曹军.2003.卡塔尔DK-597井无损害取心钻井液工艺技术[J].钻井液与完井液(5):59-60,78-79.

王治法,刘贵传,曹树生,等.2010.新型超低密度水基无固相钻井液在DP3井的应用[J].西部探矿工程,22(9):105-107.

王中华,杨小华.2009.水溶性纤维素类钻井液处理剂制备与应用进展[J].应用科技,17(9):15-18.

王中华.2012.页岩气水平井钻井液技术的难点及选用原则[J].中外能源,17(4):43-47.

王作颖,王新征,隋跃华,等.2000.可循环泡沫钻井液在草桥水平井中的应用[J].钻井液与完井液(4):50-51.

魏俊.2012.控压钻井技术分析及发展[J].中国石油和化工标准与质量,32(5):120.

夏景刚,左洪国,蒋平,等.2003.二连油田巴音都兰地区防缩防卡钻井流体技术[J].钻井液与完井液(6):65-66,79.

向雄,程玉生.2014.文昌13-2油田密闭取心钻井液技术[J].石油天然气学报,36(8):110-112,7.

肖烈文.2013.油田水平井钻井技术现状与发展趋势的研究[J].中国石油和化工标准与质量,33(19):77.

谢晓永,孟英峰,唐洪明,等.2008.裂缝性低渗砂岩气藏水基钻井液欠平衡钻井储层保护[J].石油钻探技术(5):51-53.

邢希金,耿亚楠.2016.新环保法给海上钻井流体处理带来的挑战及对策[J].石油工业技术监督,32(8):1-4.

熊志敏,许军,刘新河.2012.元坝16井空气钻井液转换技术[J].中国石油和化工标准与质量(S1):103-103.

徐加放,邱正松,吕开河.2008.深水钻井液初步研究[J].钻井液与完井液,25(5):9-10.

徐雄,李安辉,杨永玺.2016.镇钾1井取心钻井液技术[J].化工管理(32):173.

许刘万,刘智荣,赵明杰,等.2009.多工艺空气钻进技术及其新进展[J].探矿工程(岩土钻掘工程),36(10):8-14.

许刘万.1998.气举反循环钻进的事故及处理方法[J].吉林劳动保护(6):36-37.

许期聪,魏武,叶林祥,等.2009.气体钻井快速转换为常规钻井的钻井液技术[J].天然气工业,29(5):75-77.

玄美玲,蔡东芳,吴青.2013.油包水解卡液研究及在瓦6平3井中的应用[J].石油和化工设备,16(6):52-54.

闫道斌,李荣府.2016.涪陵页岩气田水平井油基钻井液优化与应用[J].中外能源,21(9):37-41.

杨玻,左星,韩烈祥,等.2014.控压钻井技术在NP23-P2016井的应用[J].钻采工艺,37(1):11-13,9-10.

杨灿.2017.钻井液组分对岩石可钻性的影响[D].北京:中国石油大学(北京).

杨睿,李君,曹光福,等.2016.正电胶钻井液性能影响因素分析[J].长江大学学报(自然科学版),13(26):43-45,52,5.

叶文超,曾李,梁伟.2010.普光气田气体钻井钻井液转换技术[J].钻采工艺,33(3):122-124.
易绍金,康群.2001.钻井废弃物的毒性、危害及其处理处置方法[J].环境科学与技术(S1):48-50.
于达慧.2013.双组分极地冰钻酯基钻井液研究[D].吉林:吉林大学.
袁志坚,耿建国,熊亮.2014.气举反循环钻进技术在煤矿瓦斯抽排井中的应用[J].中国煤炭地质,26(1):63-66.
岳前升,舒福昌,向兴金,等.2004.合成基钻井液的研制及其应用[J].钻井液与完井液(5):3-5,69.
岳前升,张育,胡友林.2013.煤矿井下瓦斯抽采钻孔冲洗液研究[J].煤矿安全,44(2):1-3.
张春光,徐同台,侯万国.2000.正电胶钻井液[M].北京:石油工业出版社:124-127.
张奉喜.2011.连续油管气举排液技术在滩海石油勘探开发中的应用[J].钻井液与完井液,28(S1):48-50.
张桂林.2005.胜利油田水平井钻井技术现状与发展趋势[J].石油钻探技术(2):66-70.
张桂林.2010.土库曼斯坦亚苏尔哲别油田控压钻井技术[J].石油钻探技术,38(6):37-41.
张国龙,曹满党,倪益明.2001.深井大尺寸井眼钻速低的原因及对策[J].石油钻探技术,29(2):24-25.
张海峰.2015.塔里木气田库车地区低伤害钻井液体系评价与优化[D].西安:西安石油大学.
张洪霞,鄢捷年,李忠华.2007.辽河油田浅海钻井液技术[J].钻井液与完井液,24(5):30-32.
张佳寅,周代生,刘阳,等.2020.去磺化环保钻井液的研究[J].钻采工艺,43(S1):85-90,5.
张军伟.2016.DS油气田T平台大位移井钻井液技术研究[D].成都:西南石油大学.
张克勤,何纶,安淑芳,等.2007.国外高性能水基钻井液介绍[J].钻井液与完井液,24(3):68-73.
张坤,李明华,万永生,等.2007.有效解除水平井段压差卡钻技术——在磨溪地区钻井中的应用[J].天然气工业(7):56-58,136.
张宁,吴海燕.1999.聚合物—正电胶钻井液体系[J].钻采工艺(2):67-69.
张群.2007.一种海洋深水水基钻井液体系室内研究[J].西南石油大学学报(S1):50-52,5,4.
张伟,杨洪,蒋学光,等.2012.快速钻井液技术的研究与应用——以准噶尔盆地车排子—中拐地区为例[J].天然气工业,32(2):60-62,117-118.
张翔宇,茆明军,赵永庆,等.2012.钻井废弃泥浆固相物资源化利用[J].科技导报(13):49-52.
张晓东,王海娟.2010.深水钻井技术进展与展望[J].天然气工业,30(9):46-48,54,123-124.
张英传.2017.新疆昌吉庙煤1井钻探施工技术[J].探矿工程(岩土钻掘工程),44(8):41-44.
张瑜,徐江,张国,等.2012.DUH4井复杂地层大井眼钻井液技术[J].西部探矿工程,24(9):91-93.
张毓蓉.2016.大口径井钻井技术初探[J].西部探矿工程,28(12):36-37,41.
赵雄虎,王风春.2004.废弃钻井液处理研究进展[J].钻井液与完井液(2):45-50,66-67.
赵振云.2016.油基解卡液处理黏附卡钻事故的分析与应用[J].探矿工程(岩土钻掘工程),43(2):32-35.
郑冲涛,刘殿琛,韩烈祥.2019.水平井恒压力梯度控压钻井新技术[J].钻采工艺,42(3):5-8,141.
郑锋,李霖,郝凤亮,等.2018.充气钻井技术在油砂山油田的应用实践[J].探矿工程(岩土钻掘工程),45(2):18-21.
郑力会.2005.天然高分子钻井液体系研究[D].北京:中国石油大学(北京).
郑延超,王婷婷,王中华,等.2015.MRC技术及应用[J].中外能源,20(3):32-37.
周宏宇,刘向甫,张家义,等.2013.继"用卤水做钻井液和洗井液的设想"的研究应用进展[J].中国石油和化工标准与质量,33(21):80.
周英操,杨雄文,方世良,等.2010.窄窗口钻井难点分析与技术对策[J].石油机械,38(4):1-7,92.
周煜辉,赵凯民,沈宗约.1994.小井眼钻井技术[J].石油钻采工艺(2):16-24,105.
周跃云.2004.郑科平1井复合大井眼水平井钻井技术[J].石油钻探技术,32(3):38-40.

朱弘.2009.欠平衡钻井技术的进展与发展趋势[J].石油地质与工程,23(2):80-82

邹强.2020.钻井液常见污染问题分析及处理措施[J].科技创新导报,17(4):50,52.

左万里,田增艳,常峰,等.2015.克深6井超常规大井眼穿盐膏层钻井液技术[J].钻采工艺,38(3):115-117.

Aaron L K,Catalin A,et al. 2003. Field Verification:Invert Mud Performance from Water-based mud in Gulf of Mexico Shelf [R]. SPE 884314.

Crouse P C,Lunan W B. 2000. Coiled Tubing Drilling? Expanding Application Key to Future[J]. SPE/icota Coiled Tubing Roundtable.

Growcock F B,Sinoir L A,et al. 1994. Innovative Additives can Increase the Drilling Rates of Water-based Muds [C]. SPE 28708.

Hasley J R,Dunn K,Reinhardt W R,et al. 1995. Oil Mud Replacement Successfully Drills South Texas Lower Wilcox Formation [C]. SPE 27539.

Paul D,Mercer R,Bruton J. 2000. The Application of New Generation $CaCl_2$ Mud Systems in the Deepwater GOM [C]. SPE 59186.

Reagan Wallace James. 2008. Reducing Risk by Using a Unique Oil-Based Drilling Fluid in an Offshore Casing Directional Drilling Operation[C]. SPE 112529.

Shaughnessy J,Daugherty W,Graff R. 2007. More Ultra-Deepwater Drilling Problems[C]. SPE/IADC 105792.

TommyM Warren. 2000. Casing-Drilling-Application Design Considerations[C]. SPE 59179.

附录 A 钻井流体相关单位转换

20 世纪 50 年代,各国自然科学家与技术人员希望草拟出一种对工程技术与自然科学在全世界范围内均能适用的统一计量单位制度,即 MKSA 制,即米、千克、秒、安培制。称为国际单位制,其国际代号为 SI,它在 1960 年第 11 届国际计量全会上决议通过。由于这种单位制较原有的工程单位制,更符合于科学性与具有精确、实用、简明等优点,故世界各国均趋向于废弃原有的工程单位制而采用国际单位制,或逐步采用,逐步过渡到国际单位制。

中国于 1978 年经国务院批准,成立了"中国国际单位制推行委员会"。在国际单位制推行委员会的主持下,以目前世界多数国家实行的国际单位制为基础,经过多年努力,制定了《中华人民共和国计量单位名称与符号方案(试行)》。并于 1981 年颁发,在文化、教育、出版以及报刊部门,积极使用方案规定的符号与名称。除采用新方案外,还应增加介绍国际单位制的内容。暂时准许使用千克力(kgf)、马力(H. P)、千卡(kcal)、千克力米(kgf·m)等工程上常用和计量单位。

国际单位制(International System of Units)规定了 7 个基本单位和 2 个辅助单位,其他单位均可由这 9 个单位导出。7 个基本单位是,长度,米(m);时间,秒(s);质量,千克(kg);热力学温度,开尔文(K);电流强度,安培(A);发光强度,坎德拉(cd);物质的量,摩尔(mol)。2 个辅助单位:平面角,弧度(rad);立体角,球面度(sr)。

工程单位制的基本物理量有时间、长度和力或重力,计量单位分别为秒(s)、米(m)、千克力(kgf)。在工程单位制中,质量单位(kg·s²/m)为由基本单位导出的导出单位。为过渡期间避免混淆,在工程单位制中以千克力(kgf)作为力的单位。

钻井流体研究中常用到许多物理量的单位换算,主要有长度、体积、密度、力、质量、力、压力、黏度、能量、温度等。

长度单位换算

1m = 3.2808ft
1ft = 0.3048m = 12in
1in = 25.4mm
1mile = 1609.344m
1n mile = 1852m

体积单位换算

$1m^3$ = 6.28978bbl
1L = $10^{-3}m^3$
1gal(US) = 3.78543L
1bbl(pertoleum) = 158.987L = 42gal(US)

密度单位换算

$1g/cm^3 = 8.3454lb/gal = 350.508lb/bbl$

$1lb/gal = 0.119826g/cm^3$

质量、力和压力单位换算

$1t = 1000kg$

$1kgf = 2.2046226lbf = 9.80665N$

$1lbf = 0.4535924kg$

$1dyn = 10^{-5}N$

$1kgf \cdot m = 9.80665N \cdot m = 7.23301lbf \cdot ft$

$1lbf \cdot ft = 1.35582N \cdot m = 0.14kgf \cdot m$

$1kgf/cm^2 = 14.2233psi = 0.0981MPa$

$1MPa = 145.037psi = 10.197ksc$

$1bar = 0.1MPa$

$1atm = 0.101325MPa$

$1MPa/m = 44.2080psi/ft = 10.19716(kgf/cm^2)/m$

黏度单位换算

$1P = 1dyn \cdot s/cm^2 = 10^{-1}Pa \cdot s$

$1St = 10^{-4}m^2/s$

能量单位换算

$1J = 0.239cal$

$1J = 10^{-3}kJ$

$1cal = 4.187J$

$1eV = 1.60218 \times 10^{-19}J$

温度单位换算

K 开	℃ 摄氏度	°F 华氏度	°R 兰氏度
t	$t - 273.15$	$\frac{9}{5}(t-273.15) + 32$	$\frac{9}{5}t$
$t + 273.15$	t	$\frac{9}{5}t + 32$	$\frac{9}{5}(t+273.15)$
$\frac{9}{5}(t-32) + 273.15$	$\frac{9}{5}(t-32)$	t	$t + 459.67$
$\frac{9}{5}t$	$\frac{9}{5}t - 273.15$	$t - 459.67$	t

附录 B 钻井流体所涉及的专业名词中英文对照

为了帮助理解前文中出现的名词概念,也为了在国际交流中熟练掌握专业词汇并得以应用,按英文字母先后顺序给出了中英文对照。

A Scatting Law Theory 标度法则原则
Abnormal Pressure Formation Drilling Fluids 异常压力地层钻井流体
Abrasive Jet Drilling 磨蚀钻井
Abs – Na(Sodium Dodecyl Benzene Sulfonate) 十二烷基苯磺酸钠
Acetal 缩醛
Acid Sensitivity Damage 酸敏性伤害
Acid – Base Properties 酸碱性能
Acidity 溶液酸度
Acrylamide(Am) 丙烯酰胺
Active Solids 活性固相
Activity Balance Theory 活度平衡理论
Activity Factor 活度系数(活度因子)
Activity 活度
Activity – Based Costing 作业成本法
Actual Density 实际密度
Addition Polymerization 加聚反应
Addition Reaction 加成反应
Additive for Drilling Fluid 钻井流体处理剂
Additivities 处理剂
Adsorption Phenomenon 胶体吸附现象
Adsorption Water 吸附水
Aerated Drilling Fluids 充气钻井流体
Aerated 充气型
Aerosol 气溶胶
Aggregation Phenomenon 聚沉现象
Aggregation 聚结
Ahead Fluid 固井前置流体
Ahp(Analytic Hierarchy Process) 层次分析法
Air Compressor 空气压缩机
Air Drilling Fluid 空气钻井流体

1639

Alkali Sensitivity Damage 储层碱敏性伤害
Alkaline Lignite 褐煤碱液
Alkalinity, pH Control Additives 碱度/pH 控制剂
Alkalinity 碱度
Alkalinity/Ph Control Additives） 碱度控制剂
Alkyl Polyglycoside(Apg) 烷基多糖苷
All Inhibitive Ability Drilling Fluids 泛抑制性钻井流体
All Inhibitive Ability 泛抑制性
All Oil Drilling Fluids 全油基钻井流体
All – Hydrocarbon Drilling Fluid 全烃基钻井流体
Alpha – D – Methylglucoside(Meg) 甲基葡萄糖苷
Aluminium Hydroxide 氢氧化铝
Aluminum Stearate 硬脂酸铝
American Petroleum Institute(API) 美国石油学会
American Society for Testing Materials(ASTM) 美国实验与材料学会
American Society of Mechanical Engineers(ASME) 美国机械工程学会
Amphlpathic 两性
Anhydrite 熟石膏
Anionic Solubilizer 阴离子增溶剂
Annular Pressure Responsive(APR) 环空压力响应
Annulus 环空
Ape(Alkylphenol Ethoxylates) 烷基酚聚氧乙烯醚
Aphron 微泡
API Filter Press API 失水量测量仪
Apparent Density 表观密度
Appropriate Chemistry 适合化学
Aprotic Solvent 非质子溶剂
Aqueous Drilling Fluids 水制钻井流体
Arsenic 砷
Artemiidae 卤虫
Artificially Induced Underbalanced Drilling 人工诱导欠平衡钻井
Ash Element 灰分
Association 缔合
Atomic Energy Drilling 原子能钻井
Attractice Effect 引力效应
Back Reaming 倒划眼
Bactericides 杀菌剂
Balls Dispersed in Water Based Drilling Fluids 泡分散水基钻井流体

Barite 重晶石粉
Base Exchange Capacity(BEC) 碱交换容量
Base Fluid 基液
Base Oil 基油
Based 基
Based – Fluids Dilution 连续相稀释法
Basic Mud 基浆
Beds of Broken Solids of Maximum Density 河床密度最大渗透率最低理论
Bentonite 膨润土
Bentonite – Free Polymer Drilling Fluid 无膨润土聚合物钻井流体
Bichromate Humic Acid(Crhm) 铬腐殖酸
Bingham Model 宾汉模型
Bingham Plastic Fluid 宾汉流体
Biochemical Oxygen Demand(BOD) 生化需氧量
Biodegradability 生物降解能力
Bit 钻头
Blocking Anti – Collapse Agent 封堵防塌剂
Bridging Flocculation 架桥絮凝
Bridging Particles 架桥粒子
Bridging Zone 架桥层
Bubble Dispersed Hydrocarbon Drilling Fluid 泡分散烃基钻井流体
Bubble 泡
Bubble 气泡
Cable Tool Drilling 绳式顿钻
Cadmium 镉
Cake Thickness 滤饼厚度
Calcite 方解石
Calcium Chloride 氯化钙
Calcium Contamination 钙离子侵害
Calcium Hydroxide 氢氧化钙
Calcium Oxide 氧化钙
Calcium Reducer 除钙剂
Calcium Sulfate 硫酸钙
Calcium Treated Drilling Fluids 钙处理钻井流体
Capillarity 毛细管现象
Capillary Suction Time(CST) 毛细管吸入时间
Carboxy Methyl Starch(CMS) 羧甲基淀粉
Carcinogen 致癌物

Carnallite　光卤石
Carrying Capacity　运送能力
Carrying Ratio(CR)　运载比
Case – Bassed Reasoning(CBR)　范例推理
Casing Drilling Fluids　套管钻井流体
Casing Drilling　套管钻井
Casing Packer Fluids　套管封隔流体
Casson Model　卡森模式
Cation Exchange Adsorption　离子交换吸附
Cation Exchange Capability　钻井流体阳离子交换容量
Cation Exchange Capacity(CEC)　阳离子交换容量
Caustic Soda　烧碱
CBM(Coalbed Methane)　煤层气
Cement Replacement Fluids　水泥浆顶替流体
Cement Slurry　水泥浆
Cementing Front Fluids　固井前置流体
Centi – Poise　厘泊
Centrifuge　离心机
Cetyltrimethylammonium Bromide(Ctab)　烷基三甲基溴化铵
Charge Effect　电荷效应
Chemical Compound for Drilling Fluids　钻井流体处理剂
Chemical Erosion Drilling　化学腐蚀钻井
Chemical Flocculation　化学絮凝法
Chemical Oxygen Demand(COD)　化学需氧量
Chemical　处理剂
Chip Hold Down Effect　压持效应
Chlorite　绿泥石
Chrome 或 Chromium　铬
Clay Minerals　黏土矿物
Clay　黏土
Clay – Free Drilling Fluid　无固相钻井流体
Clays Drilling Fluids Tests　评价土
Clean Hole　清洁井眼
Clean Water Act　净水法案
Cleaning Agent　清洁剂
Clear Water Drilling Fluid　清水钻井流体
Cluster Chemistry　团簇化学
Coagulate　凝聚

Coagulation Value　聚沉值
Coagulation　聚沉
Coalbed Methane Reservoir Drilling Fluids　煤层气储层钻井流体
Coalbed Methane(CBM)　煤层气
Coalescence　聚结
Coarse Dispersion　粗分散体系
Coating Agent　包被剂
Coiled Tubing Drilling Fluids　连续管钻井流体
Coiled Tubing Drilling　连续管钻井
Collapse Formation Drilling Fluids　坍塌地层钻井流体
Colloid Chemistry　胶体化学
Colloid　胶体
Colloidal Dispersion　分散体系
Colloidal Particles　胶粒
Combustibility　可燃性
Compatibility　兼容性
Completion Fluid After Gas Drilling　气体钻井完井流体
Completion Test　完井测试
Composition of Drilling Fluids　钻井流体处理剂
Concentration Gradient　浓度梯度
Condensate Blocking Damage Control Agent　防水锁剂
Condensation Polymerization　缩聚反应
Conductivity　电导率
Cone - Plate Viscometer　锥板式黏度计
Connection Gas　接单根气体
Consistency Coefficient　稠度系数
Constant Bottom Hole Pressure(CBHP)　井底恒压控压钻井
Constitutive Relations　本构关系
Contamination Capacity　抗侵害能力
Continuous Phase　连续相
Control Drill Pipe Sticking Drilling Fluids　防卡解卡钻井流体
Conventional Solvent　常规溶剂
Coring Drilling Fluids　取心钻井流体
Coring　取心
Corrosion Inhibitors　缓蚀剂
Corrosion　腐蚀
Co - Solvency　潜溶
Co - Solvent　潜溶剂

1643

Co – Surfactant 辅助表面活性剂
Critical Micelle Concentration(CMC) 临界胶束浓度
Crosslinking Agent 交联剂
Crystal Form 晶型
Crystal Water 结晶水
Crystalline Clay 晶态黏土
Curingat High Temperature 高温固化
Current 电流
Cut Point 分离点
Darcy Law 达西定律
Data Mining 数据挖掘
DDBS(Sodium Dodecyl Benzene Sulfonate) 十二烷基苯磺酸钠
Debye Force 德拜力
Decanting Centrifuge 倾注式离心机
Decision Tree 决策树
Deep Water Drilling Fluids 深水钻井流体
Deflocculants 解絮凝剂
Deflocculation 解絮凝
Deformer 消泡剂
Degradable Drilling Fluid 可降解钻井流体
Demulsification 反乳化作用
Demulsification 破乳
Density 钻井流体密度
Deoxidizer 除氧剂
Depetion Stabilization 空位稳定作用
Desander 除砂器
Desilter 除泥器
Desulphurizing Agent 除硫剂
Detergent 清洁剂
DGD(Dual Gradient Drilling) 双梯度钻井技术
Diesel Exhaust Drilling Fluid 柴油机尾气钻井流体
Diesel Oil 柴油
Diffusion Flux 扩散通量
Diffusion Layer 扩散层
Dilatant Fluid 膨胀性流体
Dispersants 分散剂
Dispersed Drilling Fluids 分散钻井流体
Dispersed Drilling Fluids 造浆土细分散钻井流体

Dispersed Medium　分散剂或者分散介质
Dispersion Force　色散力
Dispersion Phase　分散质或者分散相
Dispersion System　分散系
Dispersion　分散
Dispersity　分散度
Dissolved Organic Carbon(DOC)　溶解有机碳
Dynamic Well Killing(DKD)　动态压井法
Down Hole Density　井下密度
Downhole Percussion Hammer　井下冲击锤
Downhole Problems　井下难题
Drifluidology　钻井流体学
Drill Fluids　非储层钻进流体
Drill Pipe Sticking　卡钻
Drill Stem Test　钻杆测试
Drill String　钻柱
Drill-In Fluids　储层钻进流体
Drilling Accident　钻井事故
Drilling Cutting Disposal Equipment　钻屑处理设备
Drilling Fluid Compatibility　钻井流体的兼容性能
Drilling Fluid Corrosion　钻井流体腐蚀性能
Drilling Fluid Density　钻井流体密度
Drilling Fluid for Fishing　打捞落物钻井流体
Drilling Fluid in Collapsed Formation　坍塌地层钻井流体
Drilling Fluid in High Temperature Formation　高温地层钻井流体
Drilling Fluid in Lost Formation　漏失地层钻井流体
Drilling Fluid in Salt-Gypsum Formation　盐膏地层钻井流体
Drilling Fluid of Extended Reach Well　大位移井钻井流体
Drilling Fluid Solid Compatibility　钻井流体固相兼容性能
Drilling Fluid Technology　钻井流体工艺
Drilling Fluid Thermal Properties　钻井流体导热性能
Drilling Fluids Citors　示踪剂
Drilling Fluids Composition　钻井流体组分
Drilling Fluids Compositive Cost　钻井流体综合成本
Drilling Fluids Contaminated　钻井流体受侵
Drilling Fluids Direct Costs　钻井流体直接成本
Drilling Fluids for Operational Requirements　作业需求钻井流体
Drilling Fluids Formation Damage Control Properties　钻井流体储层伤害性能

Drilling Fluids Function 钻井流体的功能
Drilling Fluids Harmonization Technology 钻井流体调和方法
Drilling Fluids Harmonization Theory 钻井流体调和理论
Drilling Fluids in Geothermal Layer 地热储层钻井流体
Drilling Fluids in High Ground Stress 高应力地层钻井流体
Drilling Fluids in Horizontal Wells 水平井钻井流体
Drilling Fluids in Shale Reservoir 页岩储层钻井流体
Drilling Fluids in Shale Reservoir 页岩储层钻井流体
Drilling Fluids in Tight Sandstone Gas Reservoir 致密砂岩气储层钻井流体
Drilling Fluids Performance 钻井流体性能
Drilling Fluids Principle 钻井流体原理
Drilling Fluids Soluble Salt 钻井流体可溶性盐
Drilling Fluids 钻井流体
Drilling Inhibition Properties 钻井流体抑制性能
Drilling Jars 震击器
Drilling Mud 钻井泥浆
Drilling Plug Fluids 钻塞流体
Drilling Waste Management Additives 钻井废弃物处理工作流体
Drilling Working Fluids 钻井工作流体
Drilling–In Fluids 钻进流体
Dual Power Law Model 双曲模式
Dust Drilling Fluid 粉尘钻井流体
Dynamic Filter Press 动失水量测量仪
Dynamic Filtration 动失水
Dynamic Viscosity, Kinetic Viscosity 动力黏度
Economic Benefit 经济效益
Edge–To–Face 端—面
Effective Viscosity 有效黏度,视黏度
Egmbe(Ethylene Glycol Aminobutyl Ether) 乙二醇单丁醚
Electric Arc Drilling 电弧钻井
Electric Heating Drilling 电加热钻井
Electric Spark Drilling 电火花钻井
Electro Hygrometer 电湿度计
Electrochemical Noise(EN) 电化学噪声
Electrokinetic Phenomena 电动特性
Electron Beam Drilling 电子束钻井
Electroosmosis 电渗
Electrophilic Addition 亲电加成

Electrosmosis 渗析作用
Electrostatic Character of Double Layer 双电层特性
Electrostatice Effect 静电效应
Empirical Method 经验法
Emulsified Drilling Fluid 乳化钻井流体
Emulsifier 乳化剂
Emulsion 乳浊液
Engler Viscosity 恩氏黏度
Environmentally Friendly Drilling Fluids 环境友好钻井流体
EP(Electrophoresis) 电泳
EPA 美国环境保护协会
Equivalent Circulating Density(ECD) 当量循环密度
Equivalent Static Density(ESD) 当量静态密度
Ester 酯
Excitation Spectrum 激发光谱
Excitation – Emission Matrix(EEM) 发射矩阵
Explosive Capsule Drilling 炸药囊爆破钻井
Extended Reach Well 大位移井
External Filter Cake 外滤饼
Face – To – Face 面—面
Fast Drilling Fluids 提速钻井流体
Fast Fourier Transform(FFT) 傅里叶变换
Fatty Acid 脂肪酸
Ferro Chrome Ligno Sulfonate(FCLS) 铁铬木质素磺酸盐
Fick's Law Fick 定律
Filltration Reducer Polymer 抑制型降失水剂
Filter Loss 失水量
Filtration Control Agents 失水控制剂
Filtration Properties 失水性能
Filtration Reducers 降失水剂
Fishing Fluids/ Drilling Fluid for Fishing 打捞落物钻井流体
Fixed Layer 紧密层
Flame Drilling 火焰钻井
Flammability 易燃性
Floating Mud Drilling 浮动泥浆钻井
Floc 絮凝物
Flocculants 絮凝剂
Flocculation Phenomenon 絮凝现象

Flocculation 絮凝

Flow Behavior Index 流性指数

Flow Drilling 流钻

Flow Line 钻井流体流送管

Flow Pattern Improver 流型调节剂

Flow Resistance 环空流动阻力

Fluid for Treatment of Drilling Waste 处理钻井废弃物流体

Fluid Loss Additive/Fluid Loss Reducer/Fluid Loss Agent 降失水剂

Fluids in Drilling Process 钻进流体

Fluorescence Properties of Drilling Fluids 钻井流体的荧光性能

Fluorescence Remover 荧光消除剂

Fluorescence Spectrum 荧光光谱

Foam Dispersed Drilling Fluid 泡分散钻井流体

Foam Drilling Fluid 泡沫钻井流体

Foam Generator 泡沫发生器

Foam 泡沫

Foaming Agents 发泡剂

Foldamer 折叠体

Forced Settling 强制沉降

Format 甲酸盐

Formation Evaluation While Drilling(FEWD) 随钻地层评价测量系统

Formation Microscanner Image(FMI) 微电阻率扫描成像测井

Formulation 配方

Free Energies of Binding 自由结合能

Free Water 自由水

Fresh Water 清水

Friction Coefficient 摩阻系数

Fugacity 逸度

Fullers Earth 漂白土

Funnel Viscosity 漏斗黏度

Fuzzy Ball Fluids 绒囊流体

Fuzzy Sets 模糊集合理论

Galena 方铅矿粉

Gas Based Drilling Fluids 气基钻井流体

Gas Diffusion 扩散

Gas Drilling Fluid 气体钻井流体

Gas Oil 气制油

Gas To Liquid(GTL) 气制油

Gas Trap/Degasser　脱气器

Gas　天然气

Gas – Based Drilling and Workover Fluids　气基钻井修井流体

Gas – Based Drilling Fluid　气基钻井流体

Gaseous Drilling Fluids　气制钻井流体

Gasified Liquid Drilling Fluid　充气钻井流体

Gel Breaker　破胶剂

Gel Breaking Fluid　破胶流体

Gel Strength(GS)　静切力

Gel　凝胶

Gelatinous Structure　凝胶结构

Gelation　胶凝作用

Geothermal Formation Drilling Fluids　地热地层钻井流体

Grams Per Cubic Centimeter(g/cm^3)　克/立方厘米

Graphite　石墨

Gravel – Packing Fluid　砾石充填流体

GTL(Gas To Liquid)　气制油

Gypsum　生石膏,石膏

Hard Formation Drilling Fluids　坚硬地层钻井流体

Hard Formation　坚硬地层

Harmful Solids　危害钻井正常进行的固相

Hazard And Operability Analysis(HAZOP)　危险及可操作性研究

Height of Mud Cake　滤饼厚度

Hematite　赤铁矿

Hemorheology　血液流变学

Herschel – Bulkely Model(H – B Model)　赫—巴模式/参数流变模式

Herzig's Criteria Herzig　准则

High Gravity Solids　高密度固相

High Pressure Jet Drilling　射流冲蚀钻井

High Pressure Piping　高压管汇

High Stress Formation Drilling Fluids　高应力地层钻井流体

High Temperature Cementing　高温胶凝

High Temperature Degradation　高温降解

High Temperature Dehydration　高温去水化

High Temperature Dispersion　高温分散

High Temperature Drilling Fluids Additive　高温钻井流体处理剂

High Temperature Formation Drilling Fluids　高温地层钻井流体

High Temperature Formation　高温地层

High Temperature Passivation Effect   高温钝化作用
High Temperature Stabilizer   高温稳定剂
High–Performance Water Based Muds(HPWBM)   高性能水基钻井流体
Hollow Glass Bead Drilling Fluid   空心玻璃微珠钻井流体
Hollow Hole Pressure   井筒掏空压力
Hooke's Law   胡克定律
Horizontal Well Drilling Fluids/ Drilling Fluids in Horizontal Wells   水平井钻井流体
Hot Melt Drilling   热熔钻井
Hpht Filter Press   高温高压失水仪
Humus Acid(HA)   腐殖酸
Hydrate Formation Drilling Fluids   水合物地层钻井流体
Hydratesuppressants   水合物抑制剂
Hydraulic Conductivity   水力传导系数
Hydrocarbon Based Drilling Fluids   烃基钻井流体
Hydrocarbon Dispersed Water Base Drilling Fluid   烃分散水基钻井流体
Hydrocyclones   旋流器
Hydrodynamics   流体动力学
Hydrogen Bond   氢键
Hydrogen Bonding Force   氢键结合力
Hydrogen Embrittlement   氢脆
Hydrogen Induced Crack(HIC)   氢诱发裂纹腐蚀
Hydrogenion   氢离子
Hydrolysis   水解
HydrophilicLypophilic Balance   亲水亲油平衡值
Hydrostatic Pressure   静液柱压力
Hydroxypropyl Starch(HPS)   羟丙基淀粉
Ideal Solution   理想溶液
Ilmenite   钛铁矿粉
Incipient Flocculation   初始絮凝
Induction Force   诱导力
Inert Gas Container   惰性气体容器
Inert Solids   惰性固相
Inhibited Drilling Fluids   抑制性钻井流体
Inner Viscosity/Structural Viscosity   结构黏度
Inorganic Additives   无机处理剂
Inorganic Precipitate   无机垢
Instantaneous Dipole   瞬时偶极
Interface Effect   界面效应

Internal Filter Cake 内滤饼
Internal Olefin(IO) 内烯烃
International Association of Drilling Contractors(IADC) 国际钻井承包商协会
International Organization for Standardization(ISO) 国际标准化组织
International System of Units 国际单位制
Intial Gel Strength 初切力
Invert Emulsion Drilling Fluids 逆乳化钻井流体
IO(Internal Olefin) 内烯烃
Ion Concentration Control Performance 离子浓度控制
Iron Bacteria(IB) 铁细菌
K-12(Sodium Lauryl Sulfate) 十二烷基硫酸钠
Kaolinite 高岭石
Keenson Force 葛生力
Keep Colloid Stability 护胶作用
Kelly 方钻杆
Killing Drilling Fluids 压井钻井流体
Killing The Well/Well-Killing 压井
Kilograms Per Cubic Meter(kg/m^3) 千克/立方米
Kinematic Viscosity 运动黏度
Laminar Flow 层流
LAO(Linear Alpha Olefin) 线性α-烯烃
Large Borehole Drilling Fluid 大尺寸井眼钻井流体
Laser Drilling 激光钻井
Lation Square 正交表
Law of Gas Diffusion 气体扩散定律
Law of Viscosity 黏度定律
lb/ft^3(Pounds Per Cubic Foot) 磅/立方英尺
Lead 或 Plumbum 铅
Leakage Formation Drilling Fluids/Drilling Fluid in Lost Formation 漏失地层钻井流体
Lewis Acid 路易斯酸
Light Scattering 光散射
Lime 石灰
Limestone 石灰石粉
Linear Alkyl Benzene 线性烷基苯
Linear Alpha Olefin(LAO) 线性α-烯烃
Linear Paraffin(LP) 线性石蜡
Liquid Waste Disposal Basin 废液池
Logging While Drilling(LWD) 随钻测井

London Force 伦敦力
Lost Circulation Materials 堵漏剂
Low Density Polysulfonated Drilling Fluid 低密度聚磺钻井流体
Low Gravity Solids 低密度固相
Low Molecular Weight Cationic Polymer 小阳离子
Low Solid Polymer Polysulfonate Drilling Fluid 低固相聚合物聚磺钻井流体
Low Temperature Drilling Fluids Additive 低温钻井流体处理剂
Low-Temperature/Low-Pressure Test 低温低压失水量测量
LP(Linear Paraffin) 线性石蜡
Lubricant 润滑剂
Lubricity 润滑性
Lyosol 液溶胶
Machine 机器
Macromolecular Solution 高分子溶液
Make Pulp 造浆
Managed Pressure Drilling Fluids 控压钻井流体
Managed Pressure Drilling(MPD) 控压钻井
Marsh Funnel 马氏漏斗
Material 原生材料
Maximum Density Theory 密度理论
Maximum Reservoir Contact(MRC) 最大储层接触技术
Mayablue 马雅蓝
Mean Squared Error(MSE) 均方误差
Measure While Drilling(MWD) 随钻测量
Median Effective Concentration(EC_{50}) 有效致死浓度
Median Lethal Concentration(LC_{50}) 半数致死浓度
Medium High Temperature Drilling Fluids Additive 中高温钻井流体处理剂
Medium Temperature Drilling Fluids Additive 中温钻井流体处理剂
Mercury 汞
Metal Chelating Agent 金属螯合物
Methyl Blue 甲基蓝
Methyl Orange Alkalinity 甲基橙碱度
Methyl Violet 甲基紫
Methylene Bentonite Capability(MBC) 膨润土亚甲基蓝容量
Methylene Blue 亚甲蓝
MFC(Micro Flux Control) 微流量控制钻井技术
MFS(Molecular Fluorescence Spectra) 分子荧光光谱
Micelle 胶束,胶团

Micro Toxicity Analyzer 微毒性分析法
Micro-Emulsion Fluids 微乳液
Micronized Barite Slurry 超微重晶石浆体
Microwave Drilling 微波钻井
Midway Test 中途测试
Milliliter(mL) 毫升
Millimeterwave Drilling 毫米波钻井
Mineral Oil 低毒矿物油
Mineral Salt/Inorganic Salt 无机盐
Mineralization Degree 矿化度
Mineralization Degree 钻井流体矿化度
Mirabilite 芒硝
Mirror Image 镜像
Mist Drilling Fluid 雾滴钻井流体
Mixed Metal Layered Hydroxide Compounds(MMH) 混合金属层状氢氧化物
Mixing Funnel 加料漏斗
MLD(Molecular Layer Deposition) 分子沉积膜
MMH(Mixed Metal Layered Hydroxide Compounds) 混合金属层状氢氧化物
Moderate Dispersion Drilling Fluids 造浆土适度分散水基钻井流体
Modified Starch 改性淀粉
Moisture Absorption 吸湿性
Molar Degree of Substitution(MS) 摩尔取代度
Molecular Colloid 分子胶体
Molecular Fluorescence Spectroscopy(MFS) 分子荧光光谱分析
Molecular Layer Deposition(MLD) 分子沉积膜
Monte Carlo Method 蒙特·卡罗方法
Montmorillonite 蒙皂石
Mountain Cork 石棉
Mountain Leather 山柔皮
Mountain Shin 山皮
Mountain-Cork-Like Accumulations 山石棉状聚集物
Mtc(Muds To Cement) 水泥浆
Mud Balance 钻井流体密度计
Mud Cake/Filter Cake 滤饼
Mud Cap Drilling(MCD) 泥浆帽钻井
Mud Cap Drilling 泥浆帽钻井
Mud Cleaner 泥浆清洁器
Mud Ditch/Mud Flume 泥浆槽

Mud off　护壁性能

Mud Tank　钻井流体罐

Mud Turn Cement(MTC)　泥浆转水泥浆固井

Mud Weight(MW)/ Mud Specific Gravity(SG)　泥浆相对密度

Mud　泥浆

Mudding of Properties　造壁性能

Mud - Water Hydrometer　泥浆水比重计

Mud - Weight Balance　泥浆比重秤

Mutagen　致突变物

Mysid Shrimp　糠虾

Natural Gas Drilling Fluid　天然气钻井流体

Natural Gas　天然气

Natural Muds　天然泥浆或自然泥浆

Negative Binding Energies　负结合能

Negative Thixotropy　负触变性

Nephelometric Turbidity Unit(NTU)　浊度单位

Newton Fluid　牛顿流体

Newton Meter　牛·米

Newton's Law of Viscosity　牛顿内摩擦定律

Nitrogen Drilling Fluid　氮气钻井流体

Nitrogen　氮气

NMR(Nuclear Magnetic Resonance)　核磁共振法

No Drilling Surprises(NDS)　无风险钻井技术

Nonaqueous Drilling Fluids　非水制钻井流体

Non - Dispersed Drilling Fluids　造浆土粗分散钻井流体

Non - Inhibited Drilling Fluids　非抑制性钻井流体

Nonionic Solubilizer　非离子增溶剂

Non - Newton Fluid　非牛顿流体

Nonsteady - State Diffusion　不稳定扩散

Non - Weighted Drilling Fluids　非加重钻井流体

No - Soil Drilling Fluids　无固相钻井流体

No - Soil Hydrocarbon - Based Drilling Fluid　无造浆土全烃基钻井流体

No - Solid Drilling Fluids　无固相钻井流体

Nuclear Magnetic Resonance(NMR)　核磁共振法

Nucleophilic Addition　亲核加成

Oil Muds or Oil Based Muds　油基泥浆

Oil Well Working Fluids　油井工作流体

Oil　油

Oil – Based Muds Drilling Fluids   油基钻井流体
Oli Dominated Flow Patterns   油占优势的流型
One – Third Rule   1/3 规则
Organic Additives   有机处理剂
Organic Precipitate   有机垢
Organic Salt Drilling Fluid   有机盐钻井流体
Organic Soil   有机土
Orientation Force   偶极力
Orientation Force   取向力
Orthogonal Experimental Design   正交实验设计方法
Osmotic Effect   渗透效应
Osmotic Pressure   渗透压
Ostwald Ripening   奥氏熟化
Oxidizedasphalt   氧化沥青
Oxygen Oxide   锌盐,又称氧翁
P(Poise)   泊
Palygorskite   凹凸棒石
Palygorskite   坡缕缟石
PAM(Polyacrylamide)   聚丙烯酰胺
PAN(Polyacrylonitrate)   聚丙烯腈
PAO(Poly Alpha Olefin)   聚 α – 烯烃
Partially Hydrolyzed Polyacryl Amide(PHPA)   部分水解聚丙烯酰胺
Particle Colloid   粒子胶体
Pellet Impact Drilling   弹丸钻井
Penaeus Chinensis   中国对虾
Penaeus Monodon   斑节对虾
Penaeus Penicillatus   长毛对虾
PEO(Polyxyethylene)   聚氧化乙烯
Percussion – Rotary Drilling   冲击/旋转钻井
Perforating Fluids   射孔液
Perforation   射孔
Phase Inversion Temperature(PIT)   相转变温度
Phase Inversion   转相
Phenolphthalein Alkalinity   酚酞碱度
Phenomenology   唯象理论
Photo Bactrium Phosphoreum   明亮发光杆菌
Pipe Freeing Agents   解卡剂
Pipe Lines Under The Ocean(PLUTO)   跨越英吉利海峡管线工程

PIT(Phase Inversion Temperature)　相转变温度
Planetary Drilling　行星式钻井
Plasma Jet Drilling　等离子钻井
Plastic Fluid　塑性流体
Plastic Viscosity　塑性黏度
PLUTO(Pipe Lines Under The Ocean)　海峡管线工程
Polar Core　极性核
Polarity　极性
Polarizability　可极化特性
Poly Alpha Olefin(PAO)　聚α-烯烃
Polyacryl Amide(PA)　聚合物/聚丙烯酰胺
Polyacrylonitrile　聚丙烯腈
Polycrystalline Diamond Compact(PDC)　聚晶金刚石复合片
Polyelectrolytes　聚电解质
Polymer Colloid　聚合物胶体
Polymer Drilling Fluids　聚合物钻井流体
Polymer Rheology　聚合物流变学
Polymerization　聚合
Positive Solvatochromism　溶剂化显色
Positive Thixotropy　正触变性
Potassium Chloride　氯化钾
Potassium Hum. Ate　腐殖酸钾
Potassium Polyacrylamide　聚丙烯酸钾
Potentiometric Titration　电位滴定法
Pounds Per Cubic Foot　磅/立方英尺
Pounds Per Gallon(lb/gal, ppg)　磅/加仑
Pounds Per Gallon　磅/加仑
Powder Technology　粉体技术
Power Law　幂律模式
Power Spectral Density(PSD)　功率密度谱
Pressure Balanced Workover　不压井修井技术
Pressure Cage　应力笼
Pressure Control Performance　压力控制性能
Pressure Controlled Drilling Fluids　控压钻井流体
Pressure Surge　压力波动
Pressurized Mud Balance　加压钻井流体密度计
Pressurized Mud Cap Drilling(PMCD)　加压泥浆帽钻井
Protic Solvent　质子性溶剂

Pseudo Plastic Fluid　假塑性流体
Pseudo – Oil　假油,仿油
Pulsation Dampener　空气包
Pure Gas Drilling Fluids　气体钻井流体
Pure Hydrocarbon Based Drilling Fluids　全烃基钻井流体
Pure Oil Drilling Fluids　纯油基
PWD(Pressure While Drilling)　随钻测压
Quart　夸脱
Quatemary Ammonium Salt　季铵盐
Quebracho　单宁
Quencher　荧光猝灭剂
Quintenary Ammonium Salt　季铵盐
Raoult's Law　拉乌尔定律
Rapid Drilling Fluids　快速钻井流体
Rate Constant　反应速率常数,也称为速率系数
Ratio of Yield Point to Plastic Viscosity　动塑比
Raw Material　原材料
Reactivity　反应性
Ream Down　正划眼
Reaming Redressing　划眼
Red Muds　胶泥泥浆
Redwood Viscosity　雷德乌德黏度
Reeled Tubing Drilling Fluids　连续管钻井流体
Regression Analysis　回归分析
Regular Solution　规则溶液
Relative Permittivity/Dielectric Constant　相对介电常数
Reserve Alkalinity　储备碱度
Reservoir Damage Unblocking Fluid　储层伤害解堵流体
Reservoir Drilling – In Fluids　油气储层钻井流体
Residue　残渣
Resistor Capacitor(RC)　电阻电容器
Restrictive Effect　限制效应
Return Flow Control　回流控制钻井
Reverse Circulation Drilling Fluid　反循环钻井流体
Reversed Micelle　反胶束
Reversibly Flocculated　反向凝聚
Reynolds Number(Re)　雷诺数
Rheological Properties of Drilling Fluids　钻井流体流变性

Rheological Properties 流变性
Rheology of Polymer Materials 高分子材料流变学
Rheology 流变学
Rheopexy, Rheopecticity 震凝性
Rock Packing Fluid 砾石充填流体
Rotary Control Head, Rotary Control Device(RCD) 旋转控制头
Rotating Blow Out Preventer(RBOP) 旋转防喷器
ROV(Remote Operated Vehicle) 水下机器人
Rule-Based Reasoning(RBR) 规则推理技术
Sacrificial Fluids 牺牲流体
Safety Drilling Fluids Window 安全钻井流体密度窗口
Safety Window 安全窗口
Salt Inhibitor 盐析抑制剂
Salt Resistant Clay 抗盐黏土
Salt Solution Water-Based Drilling Fluid 盐溶液水基钻井流体
Salt(Sodium Chloride) 食盐
Salt-Gypsum Formation Drilling Fluids 盐膏层钻井流体
Saltwater Drilling Fluids 盐水钻井流体
Sand Trap 沉砂池
Saprophytes 腐生菌
Saybolt Universal Viscosity(SUV) 赛氏通用黏度
Saybolt Viscosity 赛波特黏度
Scanning Electron Microscope(SEM) 扫描电子显微镜分析
Scientific Exploration Well Drilling Fluids 科学探索钻井流体
Scientific Exploration Well 科探井
Screen Shaker 振动筛
Screening 筛分
Sealing Fluid 封隔流体
Sedimentation Equilibrium 沉降平衡
Sedimentation or Creaming 沉降或乳析
Sedimentation Potential 沉降电势
Sedimentation Velocity Method 沉降速度法
SEM(Scanning Electron Microscope) 扫描电子显微镜
Semipermeable Membrane Effect 半透膜效应
Semipermeable Membrane 半透膜
Semi-Stable State 亚稳态
Sepiolite 海泡石
SETS(Stability Enhancing Two Step) 稳定增强两步法

Settlement 沉降
SFV(Saybolt Furol Viscosit) 赛氏重油黏度
Shale Control Inhibitors 页岩抑制剂
Shale Inhibiter Copolymer 抑制型降黏剂
Shale Reservoir Drilling Fluids 页岩储层钻井流体
Shale Shaker 振动筛
Shear Rates 剪切速率
Shear Strength – Improving Agent 提切剂
Shear Stress 剪切应力
Shear Thicking Behavior 剪切增稠性
Silicate Drilling Fluid 硅酸盐钻井流体
Silicone Oil 硅油
Sliding Surface 滑动面
Slim Hole Drilling Fluids 小井眼钻井流体
Slim Hole Drilling 小井眼钻井
Slug Flow 段塞流
Smc(Sulfonated Lignite) 磺化褐煤
Smk(Sulfonated Tannin Extract) 磺甲基栲胶
Smp(Sulfonated Phenol Formaldehyde Resin) 磺化酚醛树脂
Social Benefit 社会效益
Soda Ash 纯碱
Sodium Acid Pyrophosphate(SAPP) 酸式焦磷酸钠
Sodium Carbonate 碳酸钠
Sodium Carboxymethyl Cellulose(Cmc/Na – Cmc) 钠羧甲基纤维素
Sodium Chloride 氯化钠
Sodium Chloride/Salt 食盐
Sodium Dodecyl Benzene Sulfonate(DDBS) 十二烷基苯磺酸钠
Sodium Dodecyl Sulfate(SDS) 十二烷基磺酸钠
Sodium Hydroxide 氢氧化钠
Sodium Nitro Humate 硝基腐殖酸钠
Sodium Sulfomethylted Resin Copolymer 磺化木素树脂
Sodium Sulfomethylted Tannin Extracte 磺化栲胶
Sol 溶胶
Solid Free Polymer Drilling Fluid 无固相聚合物钻井流体
Solid Sol 固溶胶
Solid – Free Brine Drilling Fluid 无固相盐水钻井流体
Solids Capacity 固相容限
Solids Content 固相含量

Solubility Equilibrim　沉淀溶解平衡
Solubility Parameter　溶解度参数
Solubility Product Constant　溶解平衡常数
Solubility Product　溶度积
Solubility　溶解度,溶解性
Solubilization　增溶
Solubilizers/Solubilizing Agents　助溶剂
Solubilizing Agent　增溶剂
Soluble Salt Drilling Fluids　盐溶液水基钻井流体
Solute　溶质
Solution　真溶液
Solvation Effect　溶剂化效应
Solvation　溶剂化作用
Solvent Strength　溶剂强度
Solvent　溶剂
Sonic Drilling　声波钻井
Sour Gas Reservoir Drilling Fluid　酸气储层钻井流体
Specific Surface Area　比表面积
Speed – Up Agent　提速剂
Spilite　海泡石
Splice　粘接
Spurt Loss　初失水
Spurt Loss　瞬时失水或初失水
Starch　淀粉
Static Filtration　静失水
Steady – State Diffusion　稳态扩散
Steric Effect　立体效应
Steric Stabilization　空间稳定作用
Stern　斯特恩面
Streaming Current　流动电流
Streaming Potential　流动电位
Stress Oriented Hydrogen Induced Cracking(SOHIC)　应力向氢诱发开裂
Su Funnel　苏氏漏斗
Suction Effect　抽吸作用
Sulfate Reducting Bacteria(SRB)　硫酸盐还原菌
Sulfide Stress Corrosion Cracking(SSCC)　硫化应力开裂
Sulfomethylated Humic Acid(SMC)　磺甲基褐煤
Sulfomethylated Lignite　磺化褐煤

Sulfonated Asphalt(SAS) 磺化沥青
Sulfonated Phenol Formoldehyde Resin(SMP) 磺甲基酚醛树脂
Sulfonatedstyrol – Maleicanhydridecopolymer(SSMA) 磺化苯乙烯—马来酸酐共聚物
Sulfur Removal Agent 除硫剂
Super Dispersant 超级分散剂
Supercritical Carbon Dioxide Drilling Fluid 超临界二氧化碳钻井流体
Supersonic Wave Drilling 超声波钻井
Support Vector Machine(SVM) 支持向量机
Supramolecular Chemistry 超分子化学
Surface Density 地面密度
Surface Energy 表面能
Surface Tension 表面张力
Surface Work 表面功
Surfactant 表面活性剂
Surfactivity 表面活性
Surge Pressure 激动压力
Suspension 悬浊液
Swab Pressure 抽吸压力
Swab Surge Pressure 抽吸波动压力
Sweet Corrosion 甜腐蚀
Swiss Blue 瑞士蓝
Swivel 水龙头
Synergistic Effect 复配协同效应
Synthetic Base Drilling Fluid 合成基钻井流体
Synthetic – Based Drilling Fluids 合成基钻井流体/烃类衍生物钻井流体
Synthetic – Based Drilling Fluids 烃类衍生物钻井流体
System 体系
Tachyhydrite 溢晶石
Tall Oil 妥尔油
Tannins 单宁
Tap Density 堆积密度
Temperature Resistance Properties 耐温性
Temperature Stability Agents/High – Temperature Stabilizer 高温稳定剂
Terminal Gel Strength 终切力
Test Ca – Bentonite 钙膨润土
Test Ca – Bentonite 试验配浆用钙膨润土
Test Kaolin 高岭土
Test Kaolin 试验配浆用高岭土

The Drilling Fluid Conductive Properties　钻井流体导电性能
The Electronic Theory of Acid and Alkali　酸碱电子理论
The Mean Field Theory　平均场理论
The Metastable System　介稳系统
The Ultra – High – Temperature Insulating Packer Fluid(HTIPF)　自交联隔热封隔流体体系
Theory of Elasticity　弹性理论
Thermal Drilling　热力钻井
Thermal Stability of Drilling Fluid　钻井流体的热稳定性
Thickening at High Temperature　高温增稠
Thickness　黏稠度
Thinners　稀释剂
Thinning at High Temperature　高温减稠
Thixotropic Bahavior　触变行为
Thixotropy　触变性
Tight Sandstone Reservoir Drilling Fluids　致密砂岩储层钻井流体
Tinner Copolymer　强包被剂
Total Dissolved Solids　完全溶解性固体
Total Ionic Strength Adjustment Buffer(TISAB)　总离子强度调节缓冲剂
Total Organic Carbon(TOC)　总有机碳
Transition Flow　过渡流
Trip Gas　起下钻气体
Turbulent Current　紊流
Tyndall Effect　丁达尔效应
Tyndall Phenomenon　丁达尔现象
U.S Environmental Protection Agency(EPA)　美国环境保护署
Unconsolidated Deposit Drilling Fluids　松散地层钻井流体
Underbalanced Drilling Fluids　欠平衡钻井流体
Uniform Experimental Design　均匀实验设计方法
Useful Solids　有用固相
Utra High Temperature Drilling Fluids Additive　超高温钻井流体处理剂
van Der Waals Force　范德华力
Vermiculite　蛭石
Vibratory Drilling　振动钻井
Viscosifier Copolymer　流型调节剂
Viscosifier Copolymer　乙烯基单体多元共聚物
Viscosifier Polymer　增黏剂
Viscosifiers　增黏剂

Viscosity Coefficient 黏滞系数
Viscosity Force 黏滞力
Viscosity Reducer 降黏剂
Viscosity 黏滞性,黏度
Viscous Fluid 黏性流体
Viscous Stress 黏性理论
Volatility 挥发性
Volume Restriction Effect 体积限制效应
Water Based Drilling Fluids 水基钻井流体
Water Based Fuzzy Ball Drilling Fluid 水基绒囊钻井流体
Water Based Micro Bubble Drilling Fluid 水基微泡钻井流体
Water Block Effect 水锁效应
Water Dominated Flow Patterns 水占优势的流型
Water in Hydrocarbon Drilling Fluid 烃包水钻井流体
Water Loss 失水性能
Water Loss/Mud Off 失水造壁性能
Water Phase 水相
Water Pool 水池
Water Quality – Determination of Biochemical Oxygen Demand After 5 Days – Dilution and Seeding Method 稀释与接种法测 5 日生化需氧量
Water Sensitive Strata 水敏地层
Water Sensitivity Damage 储层水敏性伤害
Water Sensitivity Damage 水敏性伤害
Water Sensitivity Drilling Fluids 水敏地层钻井流体
Water Soluble Formation Drilling Fluid 水溶性地层钻井流体
Water Soluble Formation 水溶性地层
Water – In – Hydrocarbon Drilling Fluids 水分散烃基钻井流体
Web – Based Management 网络管理模式
Weight 重量
Weighted Drilling Fluids 加重钻井流体
Weighting Material 加重材料
Weissenberg Effect 韦森堡效应
WellCleaning Fluids 洗井流体
Well Completion 完井
Well Test Fluids 试井流体
Well Testing 试井
Well Workover Fluid 修井流体
Wellbore Refluxing 回流

Wettability Alteration　润湿反转
Wetting Agent　润湿剂
Wetting　润湿现象
White Earth　白土
White Noise Level　白噪声水平
White Oil　白油
Whole – Body Monitor　全身监测仪
Wireless Portable Gas Monitor(WGD)　无线烃类气体检测仪
Workover Fluids　修井流体
Worm – Like Micelles Structure　柔性棒状胶束
Wyoming Bentonite　怀俄明土
X – Ray Diffraction(XRD)　X射线衍射
×× – Based Drilling Fluids　某某基钻井流体
Yield of Clay　造浆率
Yield Pseudoplastic Fluid　假塑性流体屈服值
Yield Stress/Yield Value/Yield Point　屈服值
Zone Invaded Bythe Mud Spurt　瞬时失水渗入层